国家重点出版物规划项目
2013—2025 年国家辞书编纂出版规划项目

硅 酸 盐 辞 典

（第二版）

DICTIONARY OF INORGANIC NONMETALLIC MATERIALS
（SECOND EDITION）

中 国 硅 酸 盐 学 会
中国建筑工业出版社 编
武 汉 理 工 大 学

中 国 建 筑 工 业 出 版 社

图书在版编目(CIP)数据

硅酸盐辞典 = DICTIONARY OF INORGANIC NONMETALLIC MATERIALS(SECOND EDITION) / 中国硅酸盐学会，中国建筑工业出版社，武汉理工大学编．— 2 版．— 北京：中国建筑工业出版社，2019.12

ISBN 978-7-112-24549-9

Ⅰ.①硅… Ⅱ.①中… ②中… ③武… Ⅲ.①硅酸盐—词典 Ⅳ.①TQ17-61

中国版本图书馆 CIP 数据核字(2019)第 277287 号

本辞典在《硅酸盐辞典》（第一版）的基础上修订而成，共收录相关词条 10048 条，词目按专业分类编排，共计 22 个专业，主要涵盖以下内容：物理化学基础、测试技术、热工基础、制备技术、环境保护、矿物材料、水泥及其他胶凝材料、混凝土与制品、陶瓷、玻璃、玻璃纤维、纤维增强聚合物基复合材料、耐火材料、砖瓦、搪瓷、磨料和磨具、人工晶体材料、碳材料、薄膜与涂层、生物材料、信息材料、能源材料，收词范围包括传统和新型无机非金属材料。

辞典充分体现了无机非金属材料学科和相关行业中新材料、新工艺、新技术及新装备的发展变化，可供无机非金属材料领域专业人员作为工具书使用。

责任编辑：胡永旭　范业庶　曹丹丹　万　李　曾　威
责任校对：姜小莲

硅酸盐辞典（第二版）
DICTIONARY OF INORGANIC NONMETALLIC MATERIALS
(SECOND EDITION)
中国硅酸盐学会
中国建筑工业出版社　编
武汉理工大学
*
中国建筑工业出版社出版、发行（北京海淀三里河路 9 号）
各地新华书店、建筑书店经销
北京红光制版公司制版
北京圣夫亚美印刷有限公司印刷
*
开本：787 毫米×1092 毫米　1/16　印张：99¾　字数：2680 千字
2020 年 10 月第二版　2020 年 10 月第三次印刷
定价：**298.00** 元
ISBN 978-7-112-24549-9
(35194)

《硅酸盐辞典》（第二版）编委会

分 编 委 会

（委员及编写人员以姓氏笔画为序）

1　物理化学基础

主　　任　汪长安

副 主 任　向军辉

委　　员　王海龙　李翠伟　彭志坚

编写人员　王海龙　向军辉　李翠伟　汪长安　彭志坚

2　测试技术

主　　任　吕忆农

副 主 任　王晓钧

委　　员　朱健民　刘云飞　李晓云　陈　悦　潘志刚

编写人员　王晓钧　吕忆农　朱承飞　朱健民　刘云飞　李晓云　陈　悦　陶亚秋　潘志刚

3　热工基础

主　　任　吴建青

委　　员　辛崇飞　曾令可

编写人员　关　康　吴建青　辛崇飞　程小苏

4　制备技术

主　　任　杨　辉

委　　员　朱满康　张溪文　罗仲宽　翁文剑　郭兴忠　韩高荣　程　逵　樊先平

编写人员　朱满康　乔旭升　刘　涌　杨　辉　罗仲宽　翁文剑　郭兴忠　韩高荣　程　逵　樊先平

5　环境保护

主　　任　崔素萍

副 主 任　王志宏

委　　员　兰明章　狄东仁　蒋　荃

编写人员　马晓宇　王子明　王志宏　兰明章　刘　宇　狄东仁　崔素萍　蒋　荃

6　矿物材料

主　　任　白志民

委　　员　何雪梅　周俊兴　廖立兵

编写人员　丁　浩　白志民　何雪梅　周俊兴　廖立兵

7　水泥及其他胶凝材料

主　　任　阎培渝　于兴敏　张文生

委　　员　龙世宗　叶正茂　俞为民　蒋正武

编写人员　于兴敏　龙世宗　叶正茂　张文生　俞为民　阎培渝　彭学平　蒋正武

8 混凝土与制品

主　　任　马保国

委　　员　王　军　王　玲　刘江宁　张　君　赵顺增

编写人员　马保国　王　军　王　玲　刘江宁　刘志勇　刘晓海　江　奇　杨　虎
　　　　　杨正宏　汪　杰　张云升　高　峰　高瑞军　廖宜顺

9 陶瓷

主　　任　潘　伟　周健儿

委　　员　万春磊　王世维　司文捷　同继锋　李月明　李懋强　吴　隽　吴建锋
　　　　　汪长安　张　跃　张柏清　岳振星　龚江宏　蔡　舒

编写人员　于　欢　万春磊　王　轲　王广海　王世维　王国梅　冯　青　冯　晶
　　　　　司文捷　同继锋　江　莞　李月明　李其江　李懋强　吴　隽　吴军明
　　　　　吴建锋　汪长安　宋　佳　张　跃　张亚祥　张茂林　张柏清　张乾坤
　　　　　陆　琳　岳振星　周健儿　周露亮　房明浩　徐晓虹　龚江宏　蔡　舒
　　　　　潘　伟　瞿志学

10 玻璃

主　　任　马眷荣　胡丽丽

委　　员　于春雷　王　芸　左　岩　杨小英　何　峰　陈丹平　姜　宏　蒋亚丝
　　　　　臧曙光

编写人员　于春雷　马眷荣　王　芸　王　博　王友乐　王玉芬　王荣富　左　岩
　　　　　石丽芬　石新勇　田　鹏　付　静　毕　洁　任进军　刘文远　刘华东
　　　　　江农基　安利营　李　刚　李亚迪　李志勇　李俊锋　杨　扬　杨小英
　　　　　邱建荣　何　峰　张　静　张广涛　张占彪　张保军　陈　伟　陈丹平
　　　　　陈国平　陈国荣　罗　澜　郝　艺　胡玉芬　胡丽丽　姜　宏　姜丰英
　　　　　耿智勇　唐景平　黄幼榕　曹　欣　蒋亚丝　臧曙光　滕建中　戴世勋
　　　　　魏文杰

11 玻璃纤维

主　　任　陈世超

委　　员　叶鼎铨　朱湘官　沈善夔　周拥民　姜肇中　殷志东　唐志尧　葛敦世

编写人员　丁巍冬　王　蓉　叶鼎铨　朱湘官　江　源　孙振海　吴永坤　吴淑荣
　　　　　吴嘉培　汪　辉　陈世超　周拥民　袁美芹　夏　涛　唐秀凤　黄健健
　　　　　葛敦世

12 纤维增强聚合物基复合材料

主　　任　薛忠民

委　　员　王　钧　王强华　刘在阳　张立国　胡中永

编写人员　王　钧　王强华　毛雅赛　尹　证　刘在阳　孙超明　肖文刚　肖永栋
　　　　　张立国　胡中永　高国强　黄其中　薛忠民

13　耐火材料

主　　任　李　楠
副 主 任　周宁生　王玺堂
委　　员　王杰增　王效瑞　刘解华
编写人员　于仁红　王杰增　王玺堂　王效瑞　石　凯　刘解华　李　楠　李纪伟
　　　　　周宁生　袁　林

14　砖瓦

主　　任　崔　琪　肖　慧
委　　员　王洪琳　王培铭　沈春林　林　玲　奚飞达　谢尧生　潘　华
编写人员　马岸奇　王科颖　王培铭　冯立平　刘贤萍　苏立荣　李　芳　李惠娴
　　　　　肖　慧　沈春林　张国防　林　玲　钱　明　奚飞达　崔　琪　谢尧生

15　搪瓷

主　　任　王　钢
委　　员　邢翰学　蒋伟忠
编写人员　王　钢　邢翰学　张　虎　张克敏　周　潮　蒋伟忠

16　磨料和磨具

主　　任　刘明耀
副 主 任　张　锐
委　　员　刘　芳　赵新力　侯永改　栗正新
编写人员　付冬妮　刘　芳　刘明耀　张　锐　赵新力　侯永改　栗正新

17　人工晶体材料

主　　任　王继扬
委　　员　罗豪甦　胡章贵　徐家跃　黄存新　潘世烈
编写人员　于浩海　王继扬　罗豪甦　胡章贵　徐家跃　黄存新　潘世烈

18　碳材料

主　　任　康飞宇
副 主 任　杨全红　李轩科
编写人员　李轩科　杨全红　康飞宇

19　薄膜与涂层

主　　任　赵修建
副 主 任　韩高荣
委　　员　刘宣勇　易　葵　程旭东
编写人员　刘　涌　刘宣勇　易　葵　赵修建　夏冬林　韩高荣　程旭东　熊　杰

20 生物材料

主　　任　李世普

委　　员　韩颖超　戴红莲

编写人员　李世普　韩颖超　戴红莲

21 信息材料

主　　任　黄德修

委　　员　赵　茗　聂　彦　雷　文

编写人员　赵　茗　聂　彦　黄德修　雷　文

22 能源材料

主　　任　温兆银

副 主 任　黄学杰　温廷链

委　　员　陈立东　黄富强

编写人员　马桂林　王　岭　王文继　王宏宇　王耀明　占忠亮　史　迅　吕　喆
朱小龙　刘　江　刘素琴　刘晓梅　许晓雄　李　辉　李爱民　李福燊
杨　军　杨　勇　杨汉西　杨学林　何莉萍　张　雷　张华民　陈　文
陈立东　陈春华　赵海雷　秦明升　夏保佳　高学锋　郭玉国　黄云辉
黄学杰　傅正文　温兆银　简家文

审稿人员

（以姓氏笔画为序）

王　勇　王为民　王发洲　王传彬　王国梅　王欣宇　王继辉　王培铭　水中和
文　进　尹利君　卢　兴　同继锋　朱瀛波　刘云鹏　刘世民　刘继翔　刘韩星
李　珍　李　勇　李　强　李寿德　杨学忠　肖汉宁　吴建锋　余家国　狄东仁
汪长安　张　谋　张世雄　张宏泉　陈袁魁　陈晓峰　苑克兴　郑水林　赵修建
柯昌明　姜洪洲　袁启华　夏冬林　顾少轩　徐　庆　殷海荣　唐志尧　梅启林
韩建军　谢　俊　谢峻林　薛理辉

《硅酸盐辞典》（第一版）编委会

领 导 小 组

主要编写单位

建筑材料科学研究院
武汉建筑材料工业学院
上海硅酸盐研究所
北京玻璃研究所
华南工学院
南京化工学院
清华大学
西安冶金建筑学院
西北轻工业学院
上海科技大学
北京人工晶体研究所
上海光学精密机械研究所
上海玻璃搪瓷研究所
新疆非金属矿山设计院
苏州非金属矿山设计院
四川江油水泥研究所
辽宁水泥自动化研究所
山东水泥工业设计所
北京市建材工业学校
湖南东江水泥厂
江苏省基建局
河南建筑工程材料科学研究所
北京建筑材料研究所
上海建筑科学研究所
石油部施工技术研究所
中国建筑科学研究院
东北建筑工业设计院
西北建筑工业设计院
北京市建筑工程研究所
四川渡口建工指挥部
辽宁省建筑科学研究所
天津市建筑材料设计研究所
宁夏建筑材料研究所
陕西省砖瓦研究所
同济大学
重庆建工学院
北京大理石厂
丰台桥梁厂
山东水泥制品研究所
苏州水泥制品研究所
南京工学院
九江水泥船试验场
湖北水泥制品工业设计院
华东水利学院
华新水泥厂
永登水泥厂

大连石棉水泥制品厂
沈阳石棉水泥制品厂
天津石棉水泥制品厂
上海石棉水泥制品厂
吴县石棉水泥制品厂
苏州石棉水泥制品厂
泰州水泥制品厂
蚌埠玻璃工业设计院
秦皇岛玻璃研究所
株洲玻璃工业设计研究院
秦皇岛玻璃设计所
上海化工学院
浙江大学
秦皇岛工业技术玻璃厂
上海耀华玻璃厂
上海保温瓶一厂
大连轻工业学院
上海轻工业专科学校
上海玻璃厂
上海玻璃器皿一厂
上海玻璃器皿二厂
上海玻璃仪器一厂
上海灯泡一厂
上海眼镜玻璃厂
北京电子管厂
成都红光电子管厂
新沪玻璃厂
天津市光学玻璃厂
上海工业玻璃一厂
上海工业玻璃二厂
上海有色光学玻璃厂
上海光明玻璃厂
北京料器厂
上海齿科材料厂
南京玻璃纤维研究设计院
上海建筑材料轻工业学校
北京玻璃钢研究所
哈尔滨玻璃钢研究所
上海玻璃钢研究所
建材二五三厂
上海玻搪二厂
大连辉绿岩铸石厂
轻工业部陶瓷工业科学研究所
西安电瓷研究所
咸阳陶瓷非金属矿研究所
南京火花塞研究所
唐山第十瓷厂
宜兴非金属化工机械厂
北京工业大学
北京真空电子器件研究所
冶金部钢铁研究院
山东工业陶瓷研究所
冶金部矿冶研究院
冶金部金属研究所
洛阳耐火材料研究所
鞍山焦化耐火材料研究设计院
武汉钢铁学院
鞍山钢铁大学
上海耐火材料二厂
洛阳耐火材料厂
山东王村耐火材料厂
山东耐火材料厂
北京材料工艺研究所
航空材料研究所
国营黎明机械公司
湖南大学
郑州磨料磨具磨削研究所
中国科学院物理研究所
福州物质结构研究所
吉林物理研究所
华北光电研究所
天津大学
南开大学
山东大学
北京晨光无线电器材厂
北京化工总厂

此外，还有许多单位参加了本辞典的审稿工作，恕不一一列名。

主要编审人员

（按专业编审组，正副组长单位代表列前，其余均以姓氏笔画为序）

硅酸盐物理化学编审组

张指铭（南京化工学院）

庄柄群　汪仲钧　陆大钧　郭祝昆

非金属矿编审组

李　莹（新疆非金属矿山设计院）

于世英　方亭亭　古阶祥　田　钧　田　桢　叶立鑫　汤树仁　江德玉　朱宗兴

邬维栋　沈文华　沙钟瑞　苏良赫　陈天英　陈金河　邵国有　卓乐允　张庆苏

赵炳德　贺德仁　梁继生　顾倚鳌　黄文姝　谢照宗　蔡文斌

水泥编审组

缪纪生（建筑材料科学研究院）

张学明（南京化工学院）

黄文熙（武汉建筑材料工业学院）

王天頔（华南工学院）

马玉珪　王文祥　冯修吉　刘述祖　阴国士　初　致　杨家智　李应开　李景同

陆　康　陆宗贤　张振权　张绍周　高森昌　钱汝中　黄文虎　黄大能　黄伯清

曾镜鸿　韩千忠　蒋永惠

水泥制品编审组

孙复强（武汉建筑材料工业学院）

姚　琏（南京工学院）

叶启汉（山东水泥制品研究所）

王开明（苏州水泥制品研究所）

叶连生　李连科　吴中伟　沈荣熹　张学俊　周　行　谈慕华　郭永良　黄世敏

黄蕴元　蒋家奋　蒋恩德　潘雪雯

建筑工程材料编审组

陈长熊（河南建筑工程材料科学研究所）

屠立玫（北京市建筑材料研究所）

周一鹏（上海市建筑科学研究所）

王世威　刘义基　沈　琨　余永年　张坤元　季直仓　富文权　黄兰谷　曹尔琪

平板玻璃（包括铸石）编审组

蒋国栋（蚌埠玻璃工业设计院）

丁振亚（武汉建筑材料工业学院）

洪　钟（秦皇岛玻璃研究所）

王龙士　李泽彦　李凝芳　严二林　陈正树　陈似陶　吴殿川　林　亢　张尔光

施士民　赵开芝　康树林　黄　钧　程继健　蒋文达　蒋欣之

日用玻璃编审组

陈思浩（上海保温瓶一厂）

陶　瑛（大连轻工业学院）

王在德　吕芬金　李玉华　巫振群　吴家欣　陈润生　陈清华　周龙冠　金效先
赵天佑　崔茂林

特种玻璃编审组

袁怡松（西北轻工业学院）
王裕光（北京玻璃研究所）
姜传松（北京电子管厂）
姚鹿萍（上海硅酸盐研究所）
干福熹　王广阳　王承迁　邓　和　史美光　印保忠　朱沁秋　孙灿庚　陆爱池
闵嗣桂　李家治　肖绍展　肖炳荣　吴宗道　吴祖群　吴柏诚　陈寿民　房永兴
宝志琴　郑国培　周　华　周锦章　闻　鸥　姜中宏　俞包廷　俞根寿　徐椿林
黄熙怀　龚祖同　葛立民　程长荫　蒋亚丝　潘国璋

玻璃纤维编审组

丁琪曾（南京玻璃纤维研究设计院）
王家瑾　叶鼎铨　许关禄　吕贻庄　朱道仁　杨展雄　吴正明　邵恒中　陈世超
陈惠君　陈程林　林镜良　范思鹏　张碧栋　袁澧荣　曹为本　曹尔彰

玻璃纤维增强塑料编审组

文和阳（北京玻璃钢研究所）
王进生　王云惠　田维良　朱颐龄　刘茂榆　罗耀松　熊占永

搪瓷编审组

邵规贤（上海玻璃搪瓷研究所）
王士樾　庄柄群　杨赉桐

陶瓷编审组

刘振群（华南工学院）
田运钧（西安电瓷研究所）
赵达峰（轻工部陶瓷工业科学研究所）
丁颂嘉　丁丽达　冯先铭　刘新园　刘康时　刘秉诚　羊淑子　孙会林　孙承绪
沈慧贤　李太全　李非柳　杜祥荣　余文畴　何仁德　陈　帆　陈建邦　陈全庆
吴晓东　郑可敦　张　光　罗广能　赵绍棠　侯慧芝　徐粹章　黄照柏　黄彩娥
康家钟

电子陶瓷编审组

李龙土（清华大学）
孙振鹤（上海科技大学）
沈德忠（北京人工晶体研究所）
王　鸿　叶犹楠　刘登坤　李国栋　陈秀琴　陈重华　张药西　谭少华

耐火材料编审组

徐维忠（西安冶金建筑学院）
李衍林（洛阳耐火材料研究所）
杨维俊　李广平　苏云卿　余先彬　郑安忠　钟香崇　凌继栋

高温陶瓷编审组

盛绪敏（南京化工学院）
王泽田　宋慎泰　张冀阶　郭存济　顾立德　符锡仁

高温涂层编审组

程如光（上海硅酸盐研究所）

佟　颖　陈菊龄　段绪海

碳素材料编审组

陈蔚然（湖南大学）

洪星璧

磨料磨具编审组

焦魁一（郑州磨料磨具磨削研究所）

陆　诚

人工晶体编审组

莫文裔（北京人工晶体研究所）

张绥庆（上海硅酸盐研究所）

万良凤　王宗烈　王秉中　刘宗柏　江作昭　孙建仁　沈主同　贡　盈　李达朋
苏根博　吴乾章　张克从　张英侠　范纯学　经和贞　姚建铨　章元龙　戚立昌
游　江

环境保护编审人员

赵殿五　王子亮

辞典办公室工作人员

主　　任：楚　云

副 主 任：段锡荣

主　　编：庄柄群

责任编辑：庄柄群　蒋文达　陈秀琴　曾镜鸿

先后参加本室工作的人员：

陈长熊　蒋国栋　黄照柏　贺德仁　江树儒　屠立玫　黄文虎　李景同　窦淑菊
蒋恩德　丁振亚　张秀莲　刘述祖　顾永清　卢祖荫　房永兴　姚留织　滕岳宗
王绵卿　王淑春　胡仪贞　孟宪文　赵从旭　周大卫　郭通利

《硅酸盐辞典》（第二版）前言

材料是人类文明的基础。硅酸盐材料是人类最早使用也是用量最大的无机非金属材料。从基础材料到高技术材料，从结构材料到功能材料，从民用领域到国防军工领域，无机非金属材料可谓无处不在，不可或缺。20世纪70年代至80年代，中国硅酸盐学会与中国建筑工业出版社共同组织编辑出版了《硅酸盐辞典》，这是我国无机非金属材料领域第一部较为完整的综合性辞书。在普及学科基础知识、统一名词术语及释疑解惑、促进学术研究与科技创新等方面发挥了重要的基础性作用，深受广大无机非金属材料科技工作者的欢迎。

第一版《硅酸盐辞典》自1984年出版以来至今已经30多年，我国政治、经济、文化、科技等都发生了巨大变化。现代科学技术的发展，突出地表现在学科之间相互渗透、相关学科相互影响、交叉新学科不断产生等方面，新名词、新术语大量涌现。与此同时，一些旧名词、旧术语或被赋予新的概念内涵，或逐渐消失不用，第一版《硅酸盐辞典》已不能满足广大科技工作者的现实需要，对该辞典进行修编显得十分迫切和必要。

为全面反映无机非金属材料学科和行业发展现状，满足科技创新发展的需要，许多专家学者提出了修编《硅酸盐辞典》的要求。但是，由于政府机构改革和市场经济的发展，辞典修编不可能再像计划经济体制下那样组织开展，如此浩大繁复的《硅酸盐辞典》修编工作似乎成了难以达成的使命。2009年，原国家建材局局长，时任中国硅酸盐学会理事长的张人为同志，以高度的责任感和担当精神提出由中国硅酸盐学会组织修编《硅酸盐辞典》，并亲自担任主编。2011年3月，根据修编工作进展实际情况，为保证辞典修编工作质量和进度，张人为同志提议，并商中国建筑工业出版社同意，邀请在无机非金属材料领域具有学科综合性优势的武汉理工大学作为《硅酸盐辞典》（第二版）主编单位之一，负责辞典的学术把关。为进一步加强辞典修编工作的组织领导，2011年底中国硅酸盐学会换届后，张人为同志提议成立辞典修编工作领导小组。领导小组由三个主编单位负责人组成，中国硅酸盐学会徐永模理事长担任组长。修编工作以中国硅酸盐学会相关分会为基础，成立了22个分编委会，负责各章词条的修编和初审工作。

之后，中国硅酸盐学会、中国建筑工业出版社和武汉理工大学共同投入工作资源，组织全国相关科研院所、高等院校和龙头企业的数百位专家、学者和技术带头人参与辞典修编工作。主编单位和各参编人员以高度的社会责任感、科学精神和奉献精神担当负责，始终将辞典修编质量放在第一位，对词条的取舍和释义内容严格要求，精益求精。在修编审核中特别强调了尊重知识产权，鼓励对既有词条修改完善、对新词条自主编写等，确保词条释义内容的学术性和专业权威性，充分体现修编工作的创新性。从启动辞典修编工作以来，召开的大型编审会十余次，小型编审研讨工作会议三十多次，每个章节内容都几易其稿。

在第一版《硅酸盐辞典》前言中，编者根据“硅酸盐”一词的历史沿革和国内外相关名词的使用情况，用“广义硅酸盐材料”概括无机非金属材料，解释了辞典采用“硅酸盐”一词代表无机非金属材料的缘由。为尊重学科发展历史，本次修编后辞典仍然保持原名，约定俗成沿用“硅酸盐”一词代表无机非金属材料。

《硅酸盐辞典》（第二版）保持了第一版的结构特色，将通用基础知识章节前置于各专业章节，体现基础知识对专业知识的支撑作用。同时，对章节结构进行了调整、补充和完善。一是不再分类设置“总类”和“专业分类”，直接按照知识体系排序；二是根据学科发展实际删旧补新，删除了通用原料、自动化技术和铸石 3 个章节，增加了生物材料、信息材料和能源材料 3 个章节；三是对普通物理化学、水泥等 9 个章节更改了章名；四是突出材料科学知识，删除了第一版辞典中大量过时不用的工艺、技术、装备方面的词条以及一些过于细分的产品种类词条，删除词条达 5562 条，超过第一版辞典词条总数的一半。

《硅酸盐辞典》(第二版) 定位为无机非金属材料领域综合性、学术性工具书，可供相关学科和行业的科研工作者、高校师生、管理者及专业咨询工作者学习参考。

《硅酸盐辞典》(第二版) 的主要特点如下：

1. 促进学科融合。本辞典综合了无机非金属材料领域所涉及的通用基础知识和各学科专业知识，有利于促进关联材料学科之间的相互渗透和交叉融合。

2. 遵循知识体系。在章节结构编排方面，将基础知识章节前置。各章节内按学科知识体系结构进行划分，词条按从通用到专用的次序进行编排，相当于教科书的简要读本。因此，对于需要系统地学习某一材料学科知识的读者来说，可以按照编排次序进行通读。

3. 收词与时俱进。本辞典大量收录了近年来随着无机非金属材料学科发展所涌现的新名词、新术语，尽量做到应收尽收，为科研和教学工作提供参考。新增词条达 5314 条，占辞典全部收录词条的 53%。

4. 释义规范合理。以词条释义为中心，原则上知识延伸不超过两个层次，避免释义冗赘。

5. 方便检索查阅。此次修编改变了第一版辞典对词条按学科、章节编号排序的方式，读者可直接按目录查找，或按汉语拼音和英文字母直接检索到词条及其所在页码。

在《硅酸盐辞典》(第二版) 修编出版过程中，入选了“2013—2025 年国家辞书编纂出版规划项目”，得到了国家出版基金项目 (编号 2019Z-001) 资助，在此深表感谢！

《硅酸盐辞典》(第二版) 修编工作得到国内众多专家、学者支持和参与，他们在十年的时间里，初心不改、矢志不渝、默默坚守、无私奉献，终使辞典修编工作得以顺利完成，在此谨向他们表示衷心的感谢！辞典修编过程中参考借鉴了大量专业文献和相关标准、规范，在此致以诚挚谢意。辞典修编过程虽长达十年，书稿也历经反复修改审定，但错漏和不当之处在所难免，希望广大读者提出宝贵意见和建议，以便修改、完善、再版。

中国硅酸盐学会

中国建筑工业出版社

武汉理工大学

《硅酸盐辞典》（第一版）前言

“硅酸盐”按严格的化学概念，指由二氧化硅（SiO_2）和金属氧化物（M_xO_y，M＝Na、K、Ca、Mg、Al、Fe 等）所形成的盐类。硅酸盐在自然界分布极广，种类繁多，是构成地壳岩石、土壤和许多矿物的主要成分，如长石、石英、高岭石、云母、石棉、滑石等都是常见的、具有经济价值的硅酸盐矿物。以这类矿石为主要原料，经高温处理制成的制品或材料称硅酸盐制品（silicate products）或硅酸盐材料（silicate materials）；制造这类制品或材料的工艺过程称硅酸盐工艺（ceramic process）；生产这种制品或材料的工业，称硅酸盐工业（silicate industry）。传统的硅酸盐制品有陶瓷、砖瓦、玻璃、耐火材料、水泥、搪瓷等，一般都含有硅酸盐，是无机非金属材料的主要构成部分。在硅酸盐物质中，硅氧四面体［SiO_4］是它的基本结构单元。由于硅—氧化学键键强很高，结合牢固，因此，硅酸盐制品或材料一般都具有良好的化学稳定性、较强的机械性能和耐高温性能，大量而广泛地用于日常生活、工业、国防建设以及科学技术等方面。

“硅酸盐”一词，除按化学概念所涉及的领域外，还包括不含硅的氧化物（单一氧化物如 Al_2O_3 或复合氧化物如 $BaO \cdot TiO_2$ 即 $BaTiO_3$）、氮化物、碳化物、硼化物、卤化物、硫系化合物（chalcogenide）和碳素材料（如石墨）以及其他非金属单质（如 Se）等。这些物质均需经高温处理才能成为有用的材料或制品。我国自五十年代后期把它们都概括在广义的硅酸盐材料范畴之内（四十年代中期至五十年代初期曾一度使用“陶业”一词），和国际上广义的“陶瓷”（ceramics）以及日本的“窑业”具同一涵义。近几十年来，特别是六七十年代以来，由于工业的需要和科学技术的飞跃发展，新型的无机材料不断出现，广义的硅酸盐材料几乎包括了所有的无机非金属材料，成为现代建设的三大固体材料之一（其余两大类为金属及有机高分子材料）。由于它们组成范围宽广、结构多种多样，具有各种优异性能，因此，在科学研究和工业生产中发挥着越来越大的作用。然而；就名词来说，“硅酸盐”三字和国际上的“陶瓷”和日本的“窑业”一样，作这样广义的解释，难免有其不确切性，不容易被人们直观地理解。但是，在我国，由于历史沿革，至今这个名词在各个方面仍在使用。

本辞典的收词范围既包括了传统的硅酸盐材料也包括了新型无机材料即广义的硅酸盐材料，虽然“硅酸盐”一词有其固有的缺点，但是，根据我国多年来的习惯、本辞典的名称仍然沿用了“硅酸盐”一词。

陶瓷、玻璃等一类古老的硅酸盐制品，它们的历史可以上溯到几千年至上万年之久。它们是人类智慧的结晶，文明的标志，我们的祖先对此曾作出过卓越的贡献。瓷器就是我国所发明，玻璃也曾在约 2000 年前的战国墓葬中发现。我国古代的科学技术，在许多方面一直是遥遥领先的。但是，长时期的封建统治却限制了它们的发展，特别是近百年来，帝国主义者的入侵和压迫，使发展更加缓慢。新中国成立前，我国的硅酸盐工业只有几种产品，产量也很有限，科学研究力量更是微不足道。新中国成立后，随着各项事业的蓬勃发展，硅酸盐工业也兴旺发达起来。五十年代就形成了本学科自己的独立体系，生产、设计、科研、教育等都有了相当的规模，科技队伍日益壮大。这门学科虽然起步较晚，在国内也还很少被人们所了解，但在国民经济中却发挥着越来越大的作用，它是我国实现四化的重要环节。

我国硅酸盐工业虽然有了相当规模的发展，但是遗憾的是我国从来没有一本有关硅酸盐方面较为完整的辞书，这是和本学科的发展情况不相适应的。

前建筑材料工业部马步云工程师，曾于“文化大革命”前编译了一本《硅酸盐工业辞典》书稿，1973年又作了补充和修改。在征求意见过程中，不少同志认为根据我国情况，我们可以自行编写一部较完整的《硅酸盐辞典》，这个意见得到许多单位的支持。经过酝酿、协商，由中国建筑工业出版社和中国硅酸盐学会共同负责辞典的组织编写工作。应该说，马步云工程师编译《硅酸盐工业辞典》书稿，是我们编写《硅酸盐辞典》的前驱，在我们组织编写《硅酸盐辞典》的过程中，起到了有益的参考作用，他的工作是有意义的。

经过一年的筹备和组织，1975年成立了以国家建委建材局、轻工业部一轻局、中国科学院上海硅酸盐研究所、建材科学研究院、武汉建材学院、中国建筑工业出版社和中国硅酸盐学会的领导人组成的“硅酸盐辞典编写领导小组”和它的办事机构“硅酸盐辞典办公室”。同年11月底在上海召开了有93个单位，126名代表参加的“硅酸盐辞典编写工作会议”。会上明确了辞典的性质和编辑方针，成立了十五个专业编写组，推选出组长和副组长单位，确定了参加单位的编写任务和进度，初步拟定了各专业的词目。1976年因受“四人帮”的影响，辞典的编写工作几乎陷于停顿。打倒了“四人帮”，辞典的编写工作才得以继续进行。1977年重新组织了“硅酸盐辞典办公室”。同年8月在北京召开了扩大的编写组长会议，会上成立了以编写组长为主要成员的辞典编委会，并对编审工作程序、进度等重新作了安排。从此，辞典的编审工作逐步走向正轨。各专业编写组在组长领导下，积极开展工作，经过多次的审查、修订，各个专业于1979年陆续脱稿，再经“硅酸盐辞典办公室”对全书的加工、整理和编排，到1980年底，编纂工作全部完成。

从开始到完稿，全国有二百多单位、一千多人参加了辞典的编审工作。特别是各专业编写组的组长单位和负责人作了大量的编审和组织工作，在此，我们表示衷心的感谢！还应当特别提到的是中国科学院副院长严东生同志，不但对辞典的编写工作给以热情支持、关心和指导，并且在百忙中还亲自审查，修改了许多难度较大而又十分重要的词条；段锡荣高级工程师、庄柄群教授，为整个辞典的编纂、设计，做了大量细致的工作，付出了巨大的劳动。在这里谨向他们表示诚挚的谢意。

《硅酸盐辞典》的出版，是我国硅酸盐学科的一项重要的基本建设，希望它能在普及本学科的基本知识，统一名词术语以及释疑解惑等方面起到一些作用。但是，由于我们缺乏组织编写辞书的经验，在编审出版过程中曾走过一些弯路，延误了一些时间。此外，书中的收词和释义也还存在若干缺陷，如各专业之间的收词不够均衡，释文的繁简不够一致等等，这些都有待于再版时予以改正。

中国建筑工业出版社
中 国 硅 酸 盐 学 会
一九八三年四月

编辑说明

《硅酸盐辞典》（第二版）（以下简称本辞典）定位为无机非金属材料领域综合性、学术性工具书，共 22 章，收词 10048 条。与第一版相比，在结构、内容以及使用方法等方面有一些新的变化，具体如下：

1. 本辞典按专业分类，以章节排序，每章按知识体系划分为小节，取消了第一版中按总类和专业分类划分的方式。本辞典共分为三大部分，第一部分为 1～6 章，包括物理化学基础、测试技术、热工基础、制备技术、环境保护、矿物材料，属无机非金属材料通用基础部分；第二部分为 7～16 章，包括水泥及其他胶凝材料、混凝土与制品、陶瓷、玻璃、玻璃纤维、纤维增强聚合物基复合材料、耐火材料、砖瓦、搪瓷、磨料和磨具，属传统无机非金属材料部分；第三部分为 17～22 章，包括人工晶体材料、碳材料、薄膜与涂层、生物材料、信息材料、能源材料，属无机非金属新材料部分。本辞典的编排次序有助于读者学习掌握无机非金属材料知识和体系。

2. 为方便读者查找词条，本辞典取消了第一版词条以编号排序的方式，改为直接按词条所在页码排序。读者在使用本辞典时，可以通过目录或索引标注的页码直接查找词条。本辞典提供了三种检索方式：

（1）按知识体系检索。本辞典目录反映了无机非金属材料的专业分类和知识体系，读者可以按专业类别检索，查找相关词条。

（2）按汉语拼音检索。本辞典汉语拼音索引按词条首字的拼音次序编排，首字相同时则以第二个字的拼音次序编排，余类推。对于数字、希腊字母、英文与中文组合词条，在索引中归于“其他类”。

（3）按英文检索。本辞典英文索引按词条英文字母次序编排，首字母相同时则以第二个字母的次序编排，余类推。词条的英文名称一般取自文献中常用的词汇，若同时有几个英文名称时，则一一列出以供参考。对于数字、希腊字母与英文组合词条，在索引中归于“others”。

3. 由于各学科之间会有一些关联，不同专业领域可能会涉及同一知识，或同一种材料会有不同用途（例如金刚石），故不同章节中会出现同名词条。为保持各章知识体系的完整性，同名词条在各章均予保留，具体分为以下两种情况：

（1）对于同名词条在各章释义相同或相近的情况，本辞典原则上只保留一处释义，并在另一同名词条下方注明参见的章节位置，读者可以直接到相应章节查找，也可以通过目录或汉语拼音索引查找词条页码。为便于读者直接查找该词条的释义，在汉语拼音和英文索引中，只保留有释义的词条所在页码，注明参见而无释义的词条不再列出页码。

如【玻璃纤维】，既出现在第 11 章“玻璃纤维”中，也出现在第 8 章“混凝土与制品”、第 12 章“纤维增强聚合物基复合材料”和第 14 章“砖瓦”中，该词条在第 11 章中保留释义，在第 8、12、14 章中该词条则注明：

【玻璃纤维】glass fiber

参见 11.1.1【玻璃纤维】。

其中“11.1.1”表示第 11.1.1 小节，读者可根据章节号查找；在汉语拼音和英文索引中，则只出现【玻璃纤维】在第 11 章中的页码，不再出现其在第 8、12、14 章中的页码。

（2）有部分同名词条在不同专业中释义因侧重点不同而不同，故在相关章节中均保留。如【金刚石】，在第 6 章“矿物材料”中主要介绍其矿物组成，在第 16 章“磨料和磨具”中主要介绍其作为磨料磨具的应用，故两处均保留此词条，并在汉语拼音和英文索引中注明章节号以示区分，如：

金刚石（6.1.1）……176	diamond 金刚石（6.1.1）……176
金刚石（16.2.2）……969	diamond 金刚石（16.2.2）……969

再如【锗酸铋】，同时出现在 17.2.4“压电和声光晶体”与 17.2.6“闪烁晶体”中，但因为锗酸铋有两种同素异构体，两词条各自释义不同，故在两小节中均予保留，在汉语拼音和英文索引中则区分为：

锗酸铋（17.2.4）……1006	bismuth germanate 锗酸铋（17.2.4）……1006
锗酸铋（17.2.6）……1009	bismuth germanate 锗酸铋（17.2.6）……1009

目　　录

1　物理化学基础

1.1　晶　体　状　态

1.2 非晶体状态

1.3　胶　体　状　态

1.4 纳米技术

1.5 化学热力学

1.6　相　　平　　衡

1.7 过程动力学

2 测试技术

2.1 物理性能及测试

2.2 化学分析与仪器分析

2.3 物相与结构分析

2.4 显 微 分 析

2.5 热 分 析

3 热 工 基 础

3.1 流体力学基础

3.2 传热与传质基础

3.3 干 燥

3.4 燃 料 及 燃 烧

3.5 工程研究基本理论及方法

3.6 热　工　测　量

4 制 备 技 术

4.1 基 本 概 念

4.2 固相制备技术

4.3 液相制备技术

4.4 气相制备技术

5 环 境 保 护

5.1 基 本 概 念

5.2 污染物及其危害

5.3 污 染 治 理

5.4 协同处置与资源化利用

5.5 监 控 与 检 测

6 矿 物 材 料

6.1 矿 物 与 岩 石

6.2 矿物材料加工

6.3　石　　材

6.4　宝玉石与观赏石

6.5 矿物材料测试

7 水泥及其他胶凝材料

7.1 专业理论基础

7.2 品　　种

7.3　工艺和设备

7.4 水泥物理化学性能检测

8 混凝土与制品

8.1 基本概念

8.2 品种及制品

8.3 原 材 料

8.4 设计及制备

8.5 性能及检测

9 陶　瓷

9.1　专业基础理论

9.1.2 烧结

9.2 品　种

9.2.9 建筑卫生陶瓷 483

9.3 陶瓷色釉料及原辅材料

9.4 工 艺 及 设 备

9.5 性 能 测 试

9.6 缺　　陷

10 玻 璃

10.1 专业基础理论

10.2　品　　种

10.3 原 料

10.4 工艺及设备

10.5　产品性能及表征

11 玻 璃 纤 维

11.1 专 业 理 论 基 础

11.2　品种及制品

11.3 原 料

11.4 工艺及装备

11.5　性能及表征

12　纤维增强聚合物基复合材料

12.1　专 业 基 础 理 论

12.2 原材料与品种

12.3 结构分析与设计

12.4 工艺与设备

12.4.2 固化

12.4.3 成型设备

12.5 性能与检测

13 耐 火 材 料

13.1 专 业 基 础 理 论

13.2 品 种

13.3 原　料

13.4 工 艺 及 设 备

13.5 性能及测试

13.6 缺 陷

13.7 环 保

14 砖 瓦

14.1 基 本 概 念

14.2 品　　种

14.3 原 材 料

14.4　工 艺 及 设 备

14.5 性　能　检　测

14.5.2　性能检测

15 搪　瓷

15.1 基　本　概　念

15.2 品　　种

15.3 原材料及搪瓷釉

15.4 工艺和设备

15.5 性能与检测

16 磨料和磨具

16.1 基 本 概 念

16.2 磨 料

16.3　原　材　料

16.4　磨　　具

16.5 工艺和设备

16.6 性能和用途

17 人工晶体材料

17.1 基本概念

17.2 晶体种类

17.3　晶体生长方法和设备

17.4　晶　体　缺　陷

18　碳　材　料

18.1　材　料　与　制　品

18.2 碳 素 原 料

18.3 工艺及设备

19 薄膜与涂层

19.1 基本概念

19.2 种　类

19.3 工 艺 和 设 备

19.4 特性和表征

20 生物材料

20.1 基本概念

20.2 种 类

20.3　生物材料表面修饰

20.4　生物材料的评价

21 信 息 材 料

21.1 微电子与光电子信息材料

21.2 电介质信息材料

21.3　磁介质信息材料

22 能 源 材 料

22.1 专 业 基 础 理 论

22.2 材料与部件

22.2.3 热电材料 1181

22.3 工 艺 与 器 件

22.3.1 太阳能电池工艺和器件 1184

22.4 评价与检测

1 物理化学基础

1.1 晶 体 状 态

1.1.1 晶体几何学

【晶体】crystal

相同质点(离子、原子或分子等)的排列具有三维空间的周期性，即在空间做周期性重复排列的固体，具有长程有序性。一般呈有规则的凸多面体外形，具有固定熔点，其性质具有各向异性。按照质点间作用力的不同性质，可分为离子晶体、原子晶体、分子晶体和金属晶体等四种基本类型。例如食盐、金刚石、冰和各种金属等。

【晶体对称性】crystal symmetry

晶体中相同的性质在不同的方向或位置上有规律地重复的性质称为晶体的对称性。研究晶体的对称性时，常借助于一些假想的几何要素(点、线、面)进行对称操作(旋转、倒反、反演等)，这些几何要素称为对称要素。晶体的宏观对称要素有对称中心、对称轴、对称面等，微观对称要素还有平移轴、滑移面、螺旋轴等。

【点阵】lattice

用以描述晶体结构中质点排列周期性规律的几何点的集合。每个几何点称为点阵的结点或阵点。点阵具有等同性和周期性。若将连接其中任意两点的矢量进行无限平移，则可得到整个点阵。按结点在直线、平面和空间的分布分为直线点阵、平面点阵和空间点阵。习惯上，将空间点阵和空间格子视为同义词。

【倒易点阵】reciprocal lattice

描述晶体结构的一种几何方法，是一个假想的点阵，将空间点阵(正点阵)经过倒易变换，就得到倒易点阵。倒易点阵的外形也是点阵，但其结点对应正点阵的晶面，倒易点阵的空间称为倒易空间。倒易点阵和空间点阵具有倒易关系。倒易点阵的引入，可以把正点阵中的二维问题转化为一维问题，有利于解决实际问题。

【点群】point group

决定晶体宏观几何外形的对称组合，即根据晶体的宏观对称要素进行对称操作而得到的对称要素的组合称为点群，即晶体的对称类型。宏观对称要素只包括对称轴、对称面、对称中心和反轴四种。在进行对称操作时，至少要使晶体的某一点保持不动，即构成点群的对称要素必须至少相交于一点。在晶体外形中存在的对称要素群一共只有 32 种，称为 32 种点群。点群的表示符号有熊夫利斯符号(Schöenflies symbol)和国际符号两种。

【空间群】space group

表示晶体内部结构质点(原子、离子、分子等)类别和排列对称性的全部对称要素的集合，这种微观的对称性不仅包括了所有宏观对称要素(对称轴、对称面、对称中心和反轴)，而且包括了三类微观对称要素(平移点阵、滑移面和螺旋轴)，这些对称要素共同组合成的对称型称为空间群。晶体结构所有可能的空间群共有 230 种。空间群的符号常见表示法有两种，即熊夫利斯符号(Schöenflies symbol)和国际符号。

【晶格】crystal lattice

又称空间格子。设想将空间点阵中的结点用平行的直线连接起来形成的三维空间网络结构，称为晶格。在三维方向上，晶格可以看成是由平行六面体经过无限平移堆垛而成的。根据晶体的等同性和对称性的原则，有且只有 14 种不同的点阵类型，称为布拉维点阵(Bravais lattice)，如附图所示。

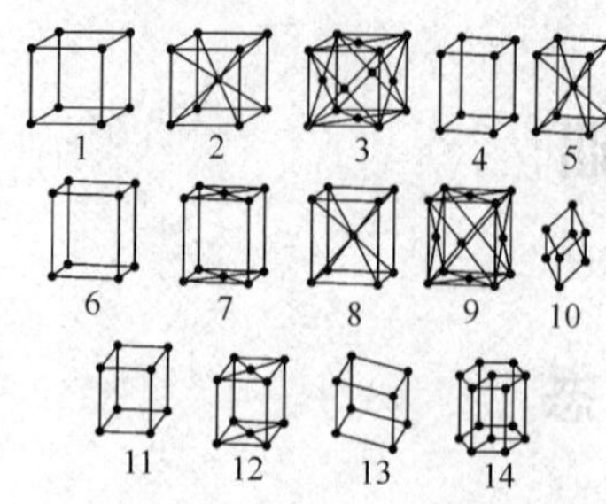

14种布拉维格子

1—简单立方(P)；2—体心立方(I)；3—面心立方(F)；4—简单四方(P)；5—体心四方(I)；6—简单斜方(P)；7—底心斜方(C)；8—体心斜方(I)；9—面心斜方(F)；10—简单三方(P)；11—简单单斜(P)；12—底心单斜(C)；13—简单三斜(P)；14—简单六方(P)

【晶胞】unit cell

在三维方向上，晶格可以看成是由单位平行六面体经过无限平移堆垛而成的，这个单位平行六面体称为晶胞。晶胞的选择要能直观地反映点阵的对称性，因此晶胞的体积要尽可能小，但不一定是最小，如面心立方晶胞中含有4个结点。

【原胞】primitive cell

晶格的最小重复单元，即晶格中的单位平行六面体，要求体积最小，仅含有一个结点，称为原胞。原胞在三维方向上经过无限平移堆垛，即可得到整个晶格，但原胞因为要体积最小往往不方便看出晶体的对称性。

【晶格常数】lattice constant

晶胞的大小和形状分别由其三个棱长 a、b、c 以及它们之间的夹角 α、β、γ 来确定。a、b、c 和 α、β、γ 合称为晶胞参数或晶格常数。

【晶面】crystal plane

在晶体中由点阵的阵点(原子、离子或分子)组成的平面称为晶面。晶体在自发生长过程中可发育出由不同取向的平面所组成的多面体外形，这些多面体外形中的平面就是晶面。晶面通常用晶面指数来表示，其通式为(hkl)。用晶面在三个晶轴上截数的倒数的互质整数比来标记，如(111)、$(2\bar{1}0)$。三指数的晶面指数又称为米勒指数(Miller indices)。但在六方晶系中，为了显示晶体的对称性，通常采用四轴坐标系下的四指数表示$(hkil)$，其中 $i=-(h+k)$，如$(11\bar{2}0)$。

【晶轴】crystal axis

又名结晶轴。选择结晶轴时必须考虑到晶体所固有的特点，应使之平行于晶体的对称轴(或倒转轴)、对称面法线或适当的晶棱方向。通常使用三个晶轴：a 轴、b 轴、c 轴，三者交于晶体中心。对于三方晶系和六方晶系由于对称性特殊，常选定四个结晶轴：a_1 轴、a_2 轴、a_3 轴和 c 轴，四者交于晶体中心，a_1 轴、a_2 轴、a_3 轴均位于同一水平面内，三者相互之间的交角均为120°，c 轴位于垂直于这个平面的直立方向。

【晶向】crystal direction

连接晶体中任意阵点列的直线所代表的方向，称为晶向，代表晶体中原子或分子排列的取向。通常用晶向指数来表示，其通式为$[uvw]$。在晶格中任取一点 O 作为原点，并以基矢 a、b、c 为轴建立坐标系，于是在此通过原点的晶列上，沿晶向方向任一结点 A 的位矢为 $ua+vb+wc$，则该晶向就用$[uvw]$表示。

【晶系】crystal system

根据晶体的宏观对称性和晶格常数的特点，可以将晶体分为七个不同的类型，称为晶系。按照对称性的高低，分别是三斜晶系、单斜晶系、斜方(正交)晶系、正方(四方)晶系、菱方(三方)晶系、六方晶系、立方晶系，见附表。

晶系的分类

晶系	晶格常数间的关系及特点	实例
三斜	$a\neq b\neq c$，$\alpha\neq\beta\neq\gamma\neq 90°$	钠长石
单斜	$a\neq b\neq c$，$\alpha=\beta=90°\neq\gamma$（第一种设置） $a\neq b\neq c$，$\alpha=\gamma=90°\neq\beta$（第二种设置）	β-S 石膏
斜方(正交)	$a\neq b\neq c$，$\alpha=\beta=\gamma=90°$	橄榄石
正方(四方)	$a=b\neq c$，$\alpha=\beta=\gamma=90°$	金红石
菱方(三方)	$a=b=c$，$\alpha=\beta=\gamma\neq 90°$	方解石
六方	$a=b\neq c$，$\alpha=\beta=90°$，$\gamma=120°$	α-石英
立方(等轴)	$a=b=c$，$\alpha=\beta=\gamma=90°$	氯化钠

【晶族】crystal group

按晶体宏观对称程度对七个晶系的一种分类。分高级、中级和低级三个晶族。无高次对称轴或反轴的晶体属低级晶族，包括三斜晶系、单斜晶系和正交晶系三种晶系。只含一个高次主轴

(含反轴)的晶体属于中级晶族，包括三方晶系、四方晶系、六方晶系三种晶系。含多个高次轴的晶体属高级晶族，只有立方晶系一种。

【晶面族】 crystal plane family

在高对称度的晶体中，往往存在一些位向不同、但原子排列情况完全相同的晶面，这些结晶学上等价的面构成的集合，称为晶面族，用$\{hkl\}$表示。晶面族中的晶面具有类似的晶面指数，如{100}晶面族包括(100)、(010)和(001)三个晶面。

【晶向族】 crystal direction family

在高对称度的晶体中，往往存在一些位向不同、但原子排列情况完全相同的晶向，这些结晶学上等价的晶向构成的集合，称为晶向族，用$\langle uvw\rangle$表示。晶向族中的晶向具有类似的晶向指数，如$<111>$晶向族包括$[1\,1\,1]$、$[\bar{1}\,1\,1]$、$[1\,\bar{1}\,1]$、$[1\,1\,\bar{1}]$、$[\bar{1}\,\bar{1}\,\bar{1}]$、$[1\,\bar{1}\,\bar{1}]$、$[\bar{1}\,1\,\bar{1}]$、$[\bar{1}\,\bar{1}\,1]$。

【晶带定律】 crystal zone law

相交于同一晶向的一组晶面就构成一个晶带，共同的这个晶向就称为晶带轴。晶带定律：晶体上的任一晶面至少同时属于两个晶带，或者说，平行于两个相交晶带的公共平面必为一可能晶面。根据晶带定律可知：由任意两个互不平行的晶面即可决定一个晶带，而由任意两个晶带又可决定一个晶面。在晶带$[uvw]$中的晶面(hkl)与晶带轴$[uvw]$之间满足晶带方程：$hu+kv+lw=0$。这个晶带方程对所有晶系都成立。

【面角守恒定律】 law of constancy of interfacial angle

同种晶体相应晶面之间的夹角保持恒定不变，而与其外形和大小无关。晶面夹角是指晶体中相邻晶面法线之间的夹角。此定律揭示了晶体外形的规律性。

【单晶体】 single crystal; monocrystal

固体中所含分子(原子或离子)在三维空间中呈规则、周期排列的一种固体状态，简称单晶。单晶体中各处的晶面和晶向是一致的，能用一个空间点阵图形贯穿整个晶体。单晶体具有三个特征：有一定的几何外形，有固定的熔点，有各向异性的特点。

【多晶体】 polycrystal

由很多晶体结构相同但位向不一致的小晶粒结合而成的固体，称为多晶体。多晶体由晶粒和晶界组成。通常在多晶体中的晶粒取向各不相同，排列是无序的，故无明显的各向异性。

【微晶体】 microcrystal

又称微晶，由极其微小的晶粒构成的固体。微晶体是晶体与非晶体之间的过渡。其大小一般为微米尺度，仅可以借助显微镜才能观察到，如微晶玻璃、微晶陶瓷中的晶体。

【孪晶】 twin crystal

又称双晶体，以共格界面相连、晶体学取向成镜面对称关系的一对晶体的总体。晶体在受到切应力作用后，在一定的晶面(孪生面)、沿着一定的晶向(孪生方向)而发生连续的剪切变形，在发生切变的区域内的每一层晶面相对于下一层都切变了相同的位移，这种变形方式称为孪生。孪晶的两个部分具有不同的位向，两者构成镜面关系，对称面(镜面)就是孪生面。

【纳米晶】 nano-crystal

尺寸在纳米尺度的晶体材料，或具有晶体结构的纳米颗粒。一般晶粒尺寸小于100nm的材料才称为纳米晶体。由于具有纳米效应，纳米晶体表现出与微米晶体不同或者更为优异的综合性能。

【准晶体】 quasicrystal

又称准晶，是一种介于晶体和非晶体之间的固体结构。准晶体具有与晶体相似的长程有序的原子排列，但是不具备晶体的平移对称性，因而可以具有晶体所不允许的宏观对称性。如普通晶体具有一次、二次、三次、四次或六次旋转对称性，但是准晶可以具有其他的对称性，例如五次对称性或者更高的六次以上对称性。由于独特的晶体结构，准晶具有独特的物理、电学、热学、力学等性能。

1.1.2 晶体光学

【晶体光学】 crystal optics

研究光在晶体中传播及其光学性质的分支学科。晶体光学研究常用的实验仪器是折射计、光学测角仪、偏光显微镜和分光光度计等。晶体光学在晶体取向、矿物鉴定、晶体结构及其他晶体光学现象（如非线性效应、光散射）的工作与研究中有着重要应用。

【偏振光】polarized light

在垂直于传播方向的平面内，光的振动偏向于某些方向时，这种光称为偏振光，简称偏光。可分为线偏振光（或平面偏光）、圆偏振光、椭圆偏振光和部分偏振光。线偏振光是振动方向单一的光。当线偏光在某些条件下叠加后，合成的振动矢量的末端沿光波传播方向做圆形或椭圆形旋转时，这种偏光称为圆偏振光或椭圆偏振光。如果光波电矢量的振动在传播过程中只是在某一确定的方向上占有相对优势，这种偏振光就称为部分偏振光。自然光经反射、双折射和选择性吸收等作用，可以获得平面偏振光。

【常光】ordinary light

自然光从一个方向射入光性非均质体的晶体后会发生双折射现象，即产生振动方向相互垂直而折射率不等的两束偏光，其中振动方向垂直光轴、各个方向折射率相同的那一束偏光称为常光，也叫寻常光；而折射率随方向不同而变化，振动方向平行于入射方向和光轴所组成平面的那束偏光称为非常光。

【振动面】vibration plane

在线偏振光中，光波振动方向和传播方向所构成的平面，称为振动面，如附图所示。

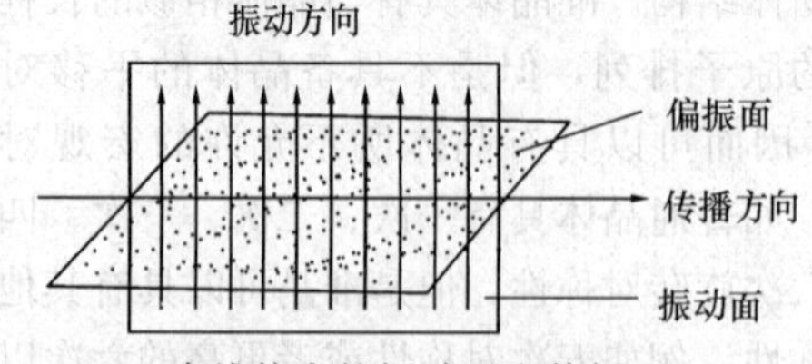

直线偏光的振动面和偏振面

【偏振面】polarization plane

在线偏振光中，包含光的传播方向而与光振动方向垂直的平面，称为偏振面，它与振动面相垂直。

【均质体】isotropic substance

光波在各向同性的介质中传播时，其传播速度不随振动方向而发生改变，并且不使入射光的性质发生变化。介质的折射率不因光波在介质中的振动方向的不同而发生改变，其折射率值只有一个，此类介质属于光性均质体，简称均质体。如等轴晶系的晶体及玻璃等。如果光波通过介质传播时，分成两束偏光（个别方向除外），且各有自己的传播速度，这种介质称为光学非均质体。如中级晶族和低级晶族的晶体都是非均质体。

【光轴】optical axis

光波沿非均质体的特殊方向射入时不发生双折射，也不改变入射光的振动方向，这种特殊方向称为光轴。通常中级晶族的晶体只有一个光轴，低级晶族的晶体有两个光轴。当作为几何光学名词时，与本节【主轴】同义。

【主轴】principal axis

描写晶体光学性质的光率体中的三个主要轴向，它们相互垂直，且分别代表大、中、小三个主要折射率数值，这三个轴被称为光学主轴，简称主轴。通常以 N_g（最大折射率）、N_m（中等折射率）和 N_p（最小折射率）来表示。

【光轴面】plane of optical axis

两个光轴所构成的平面，也就是主折射率值为 N_g 和 N_p 两个光学主轴所构成的平面。

【主轴面】plane of principal axis

每两个光学主轴所构成的平面，即 N_g-N_m 面、N_g-N_p 面、N_m-N_p 面。

【光学法线】optical normal line

通过光率体中心而垂直光轴面的方向称光学法线，光学法线与主轴 N_m 轴一致。

【光轴角】angle of optical axis

二轴晶晶体的两个光轴之间所夹的锐角，称为光轴角，一般以 $2V$ 表示。不同的晶体有不同的光轴角。同族的矿物晶体，如云母族中的晶体，光轴角也不同，所以光轴角是鉴定晶体的一个重要参数。

【光轴色散】dispersion of optical axis

又名斜方色散。在斜方晶系中，光学主轴和结晶轴一致，当不同色光进入晶体后，光率体的三主轴和结晶轴的位置不变，但三主折射率值发生变化，从而引起了光轴角大小、光轴位置亦相应改变。这种色散称为光轴角色散，简称光轴色散。

【一轴晶】uniaxial crystal

具有一个光轴的晶体，简称一轴晶或单轴晶，如水晶、方解石等。而具有两个光轴的晶体则称为二轴晶，如云母、叶蜡石等。

【波向图】skiodrome

表示锥形光射入晶体时，在各条入射线的垂直方向上，两束偏光振动方向分布情况的方位图解。如附图所示，其中十字交点为各束光在晶体上的投影，十字表示两偏光的振动方向，径向为非常光的振动方向，以 N_e 表示，切线为常光的振动方向，以 N_o 示之。

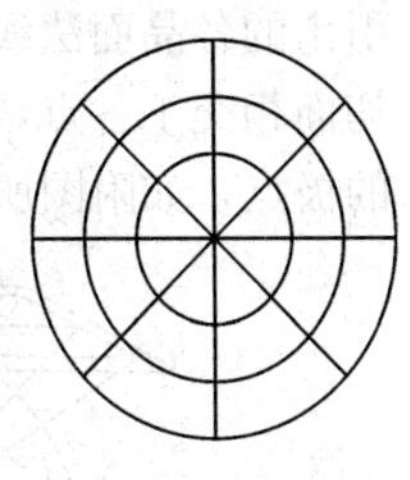

一轴晶垂直光轴切片的波向图

【光率体】indicatrix

表示光在物质中传播时，光波振动方向与相应的折射率值以及它们之间的相互关系的一种立体图形。均质体物质的光率体是一个球体。非均质体物质的光率体，一轴晶的光率体是一个旋转椭球体，二轴晶的光率体是一个三轴椭球体。非均质体物质的光率体，又有正光性光率体、负光性光率体之分，如附图所示。

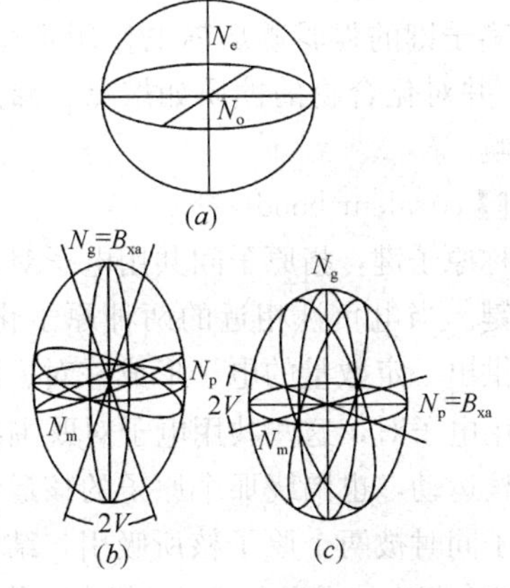

光率体

注：(a)一轴晶，负光性光率体；(b)二轴晶正光性光率体；(c)二轴晶负光性光率体
N_o—最大折射率；N_m—中等折射率；
N_p—最小折射率；2V—光轴角

【正光性晶体】optically positive crystal

晶体有正光性晶体和负光性晶体之分。(1)一轴晶：当光轴方向的折射率值大于垂直光轴方向的折射率值，即 $N_e>N_o$ 时(N_e 为非常光折射率，N_o 为常光折射率)，这种晶体为正光性晶体，它的光率体为正光性光率体，如水晶。反之，当光轴方向的折射率小于垂直光轴方向的折射率，即 $N_e<N_o$ 时，它就是负光性晶体，它的光率体是负光性光率体，如方解石。(2)二轴晶：当光轴角等分线 B_{xa} 方向为最大折射率，即 $B_{xa}=N_g$，钝角等分线 $B_{xo}=N_p$ 时，为正光性晶体，它的光率体为正光性光率体，如黄玉。反之，当光轴角等分线 $B_{xa}=N_p$，钝角等分线 $B_{xo}=N_e$ 时的晶体称为负光性晶体，它的光率体为负光性光率体，如透闪石。

【光性异常】optical anomaly

每种晶体在正常条件下都具有一定的光学性质，但当某些条件，如应力、电磁场、温度等发生显著变化时，经常引起晶体内部结构相应的变化，导致晶体的光学性质也发生异常的改变，这种现象称为光性异常。如均质体晶体在正交偏光下有干涉色；一个光轴的晶体，呈现出两个光轴晶体的干涉图的现象。

【光性方位】optical orientation

晶体的光率体主轴(N_e、N_o 或 N_g、N_m、N_p)与晶轴(a、b、c)之间位置的相对关系，称为光性方位。晶体的光性方位因其所属晶系不同而不同。例如，中级晶族和低级晶族中的斜方晶系里的晶体，结晶轴和光学主轴是平行的。单斜晶系有一个结晶轴和光学主轴平行，其他两个轴斜交。三斜晶系的晶体，结晶轴和光学主轴均斜交。

【线速面】linear velocity surface

设想在介质中有一个点光源，光通过介质向各方向放射状传播，沿光线传播的方向，截取长度和光速成正比的线段，连接各线段的末端，即成为一个连续的封闭曲面，称为线速面。均质体的线速面为一个球面；非均质体，如中级晶族的晶体，线速面有两个，其中常光为球面，非常光为椭球面。

【旋光性】optical activity

又称光活性。当平面偏振光通过某种介质时，能使入射线偏振光的偏振面发生旋转的性质，称为旋光性。具有旋光性的物质称为旋光性物质或光活性物质。能使偏振光的偏振面向右旋的物质，称为右旋物质；反之，称为左旋物质。偏振光的偏振面被旋光物质所旋转的角度，称为旋光度，用“α”表示。物质旋光性的大小可用比旋光度表示。

【球面投影】spherical projection

设想将一个很小的晶体放在一个大球中心，使晶体中心与球面中心重合。从球心出发向各晶面引出法线，投射于球面并与球面相交于各点，这些交点即为各晶面的投影，亦称为各晶面的极点。球面即为投影面，如附图所示。相交棱边平行的晶面的极点都在同一大圆上。这种球面投影虽然亦能表示出晶面夹角及晶带等晶体空间关系，但因是立体图形，使用不便，一般工作中采用平面的赤平极射投影和心射切面投影。

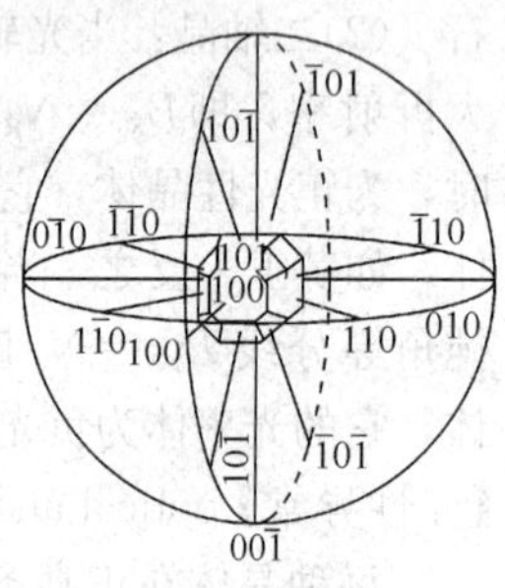

晶体的球面投影

【赤平极射投影】stereographic projection

这种投影是由球面投影发展出来的。投影中心为球面投影中大球的南极点 *S*(或北极点 *N*)，投影面为大球面的赤道平面，如附图所示。赤道平面与大球面相交的大圆称为基圆。从球面南极点 *S* 向球面上各晶面的极点引出直线，并与赤道平面相交于各点，这些点即为赤平极射投影中各晶面的极点。原球面投影中上半球的极点转换成赤平极射投影的极点时都在基圆之内；而下半球的极点则都在基圆之外。若作下半球投射时，将投射点移至球面北极点 *N*，亦可使下半球的极点投影落在基圆之内。上半球极点的投影以“*X*”表示，下半球极点的投影以“*O*”表示。

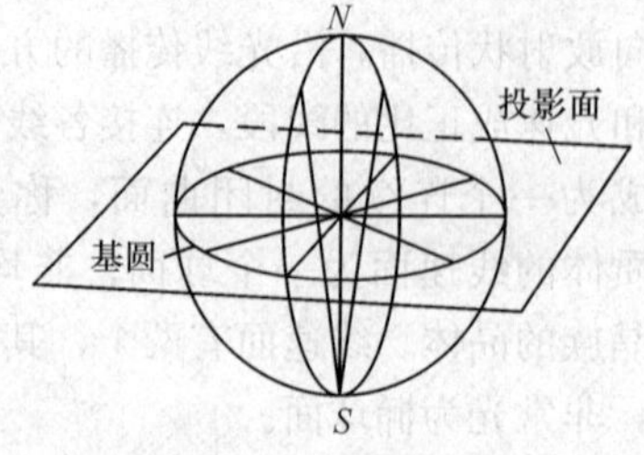

晶体的球面投影与赤平极射投影关系图

【心射切面投影】gnomonic projection

这种投影是由球面投影发展出来的。投影面为原球面投影中球面北极点 *N* 处的切面，投影中心仍为球心。只要将球面投影中自球心引出的各晶面法线延伸，与球面北极点 *N* 处的切面相交于各点，即得心射切面投影中各晶面的极点，如附图所示。

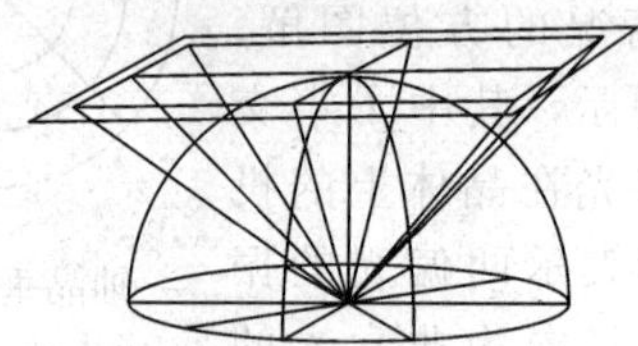
晶体的球面投影与心射切面投影关系图

1.1.3 晶体化学

【化学键】chemical bond

分子或原子团中，相邻原子间的结合。化学键通常可分为：离子键、共价键和金属键三类。有时将氢键也归入化学键。

【离子键】ionic bond

正、负离子间的静电作用所产生的化学键。两原子的电负性相差越大，则越易形成离子键。离子键的强弱遵从静电作用定律(库仑定律)，并对化合物的性质如熔点、沸点有显著的影响。

【共价键】covalent bond

又称原子键，指原子间共用电子对而结合的化学键。当电负性相近的两种原子化合时，它们各供出一定数量的电子形成一对、两对或三对共用电子对，这些共用电子对既围绕这个原子的核运动，也围绕那个原子的核运动，即共用电子同时被两个原子核所吸引，结果把两个原子结合起来。根据电子云的概念。共价键是由两原子的电子云发生重叠引起的，如 CO_2 和金刚石都是由共价键结合的。

【极性键】polar bond

指有正、负两极的化学键。共价键是否具有极性则取决于电子云在两原子核间的分布是否均衡。当电负性不等的两元素形成共价键时，电子云往往偏向电负性较大的原子一方，结果使共价键出现正、负两极，故为极性键，如硅石和碳化硅等。当电负性相等的两种元素(或同种元素)形成共价键时，电子云在两原子核间的分布是均衡的，共价键不出现两极，则为非极性键，如金刚石等。

【配位键】coordinate bond

又称配价键，是一种特殊形式的共价键。形成配价键时，原子之间的共用电子对只由一种原子给出，另一种原子只是接受。因此形成配价键时有电子对的给出和接受，给出电子的称给予体，接受电子的称接受体。给予体和接受体也可以是离子或分子。配价键往往存在于含氧酸根和络合物中，例如在 CO_3^{2-} 中 C 和 O 间除形成两个共价键外，还形成一个配价键，结构为 $\left[O\leftarrow C\begin{smallmatrix}O\\ \\O\end{smallmatrix}\right]^{-}$ 其中短箭头即表示配位键，箭头所指方向表示电子对由碳原子给出供与氧原子共用。

【金属键】metallic bond

指金属中原子之间的结合。金属中的每个原子都可能失去外层电子变成离子，每个离子也可能重新得到电子变成金属原子，即金属原子↔金属离子+电子。因电子在金属原子一离子间自由运动，故称自由电子。由于电子的自由运动，金属键没有固定的方向性和饱和性，因而是非极性键。金属键决定了金属的很多特性。例如，一般金属的熔点、沸点随金属键的强度而升高，其强弱通常与金属离子半径成逆相关，与金属内部自由电子密度成正相关(便可粗略看成与原子外围电子数成正相关)。

【氢键】hydrogen bond

化合物的分子通过它的氢原子与同一分子或另一分子中电负性较大的原子间产生的吸引作用。由于氢原子结构的特殊性(核外只有一个电子)，当它与电负性很大的元素形成氢化物时，其间的共用电子对几乎被电负性很大的原子所独占，氢分子几乎成为一个“裸露”的核，此时，一个分子中的氢原子将和另一个分子中电负性很大的原子的外层电子发生吸引而构成氢键。水分子间的氢键如附图点线所示。氢键与一般化学键相比，它的键长较长而键能较小，容易遭到破坏。氢键的存在往往对化合物的性质如沸点、溶解度等有显著的影响。

H–O(–H)···H–O–H

水分子间的氢键

【键的方向性】directionality of bond

共价键形成时，仅在电子云的特定方向上成键的特性。形成共价键时，两原子必须沿着电子云密度最大的方向彼此接近，才能发生电子云的最大重叠，形成稳定的共价键，故这种共价键具有方向性(氢分子中的共价键例外)。例如，金刚石中碳原子间的共价键即是按正四面体方向分布的。离子键则无方向性。

【键的饱和性】saturability of bond

指一原子和其他原子之间只能形成有限数量化学键的特性。当形成共价键时，由于每种原子只能提供有限数量的电子与另一种原子形成共用电子对，故共价键具有饱和性。例如，一价的氢原子只能提供一个电子，故只能形成一个共价键，氮原子可以提供五个电子，故最多能形成五个共价键。离子键则没有饱和性。

【键能】bond energy

指常温常压下(1.01×10^5 Pa 和 25℃)，将基态化学键分解成气态基态原子所需要的能量，以千焦/摩尔(kJ/mol)计。键能可以用来衡量化学键的强度。一般来说，键能越大化学键越强，该化学键也越难被破坏。

【键长】bond length

构成化学键的两个原子的核间平衡距离。当两个原子形成共价键时，原子间的距离越短，放出的能量就越多，键也就越稳定。但实际上，两个原子只能接近到一定程度。如果过于接近，则由于增大了原子核间的斥力，反而使体系变得不稳定。在化学键中都存在这种平衡距离。

【键角】bond angle

相邻化学键之间的夹角。共价键有方向性，在一个原子的两个共价键之间必然存在着一定的键角，使其分子轨道的总能量最低。例如，水分子中两个氢氧键间的键角为104°40′。

【电子亲和能】electron affinity energy

气态电中性基态原子获得一个电子变为气态一价负离子放出的能量，常以 E 为符号，单位为千焦/摩尔（kJ/mol）。负离子再得到一个电子的能量变化称为第二电子亲和能。元素的电子亲和能越大，则越易获得电子形成负离子。

【电离能】ionization energy

指原子或离子的能量与它失去电子得到的产物的能量之差，主要取决于失去电子的轨道能的大小，常用千焦/摩尔（kJ/mol）表示。从中性原子失去第一个电子所需的能量称一级电离能，失去第二个电子所需的能量称二级电离能，余类推。元素的电离能越小，则越易失去电子形成正离子。

【电负性】electronegativity

各元素的原子在形成价键时吸引电子的能力。用以比较各种原子形成负离子或正离子的倾向。两元素的电负性差越大，所形成的键的极性就越强。

【离子极化】polarization of lon；ionic polarization

在离子化合物中，正、负离子的电子云分布在对方离子的电场作用下，发生变形的现象。离子本身带有电荷，当正、负离子接近时将发生相互极化。通常由于正离子半径较小，负离子半径较大，在离子相互极化过程中，正离子引起负离子的极化是主要的。随着离子相互极化作用的增强，离子之间的作用力增大，距离缩短，结果将引起键的极性的减弱使离子键向共价键过渡。此外，离子晶体中离子的配位数、晶格能及结构类型将随着离子相互极化作用的增强而逐渐发生改变。

【离子变形性】deformability of ion

是指在离子晶体中，一种离子被异号离子极化而发生电子云变形的能力，离子变形性常用离子的极化率衡量，极化率（α）是离子在其他离子所产生的单位有效电场强度作用下发生变形所产生（诱导）的偶极矩，即 $\alpha=\mu/E$（μ 为产生的偶极矩，E 为其他离子产生的有效电场强度）。通常，在离子晶体中负离子的半径较大，因此负离子的变形是主要的，其极化率也较大。离子的变形性越大，则越易发生极化。但是，当正离子也容易变形时，负离子对正离子也会产生极化。两种离子相互极化，产生附加极化效应。

【离子的极化力】polarization power of ion

在离子晶体中，一种离子使另一种离子发生变形（极化）的能力。这主要由离子的电荷、半径和外层电子的构型决定。当半径相近和外层电子构型相同时，离子所带的电荷越多，极化力越强，如 Ca^{2+} 极化力＞Na^{+} 极化力；当离子的电荷数和外层电子构型相同时，离子的半径越小，极化力越强，如 Mg^{2+} 极化力＞Ca^{2+} 极化力；当离子的半径相近和电荷数相同时，则外层为 8 个电子的离子极化力较小，外层为 9～17 个电子的离子极化力较大，外层为 2、18、18＋2 个电子的离子极化力最大。外层具有 18 电子层构型或不规则电子层构型的正离子容易变形，可产生附加极化作用。在同一族中，从上到下，18 电子层构型的离子附加极化作用递增。例如：在锌、镉、汞的碘化物中总极化作用按 Zn^{2+}＜Cd^{2+}＜Hg^{2+} 顺序增大。在 18 电子层构型正离子的化合物中，负离子变形性越大，附加极化作用越强。

【金属晶体】metal crystal

原子间以金属键结合而成的晶体称为金属晶体，由于金属键具有无饱和性和无方向性的特点，从而使金属内部的原子趋于紧密排列，构成高度对称性的简单晶体结构，常见的金属晶体结构有三种：面心立方、体心立方、密排六方。金属晶体突出的特点是高电导性和良好的延展性。

【液晶】liquid crystal

又名晶态液体，是兼有液体流动性和晶体光学各向异性的液体。如某些有机长分子物质在一定温度范围内所呈现的具有一定流动性的各向异性的液体。是介于晶体和真正液体之间的中间状态，如超过液晶相温度的上限就转变成正常的各向同性的液体；如低于液晶相温度的下限就转变成普通晶体而失去流动性。从液晶内部结构看，晶体空间格子构造的周期性已被破坏，但长分子的取向还未改变。液晶具有晶体的光学特性，其颜色或透明度随温度、电场、形变、吸附气体等条件而异，这些性能可应用于温度指示、微波测量、无损探伤、电子录像和核磁共振研究等方面。

【离子晶体】ionic crystal

由正、负离子间通过离子键结合构成的晶体。由于离子键较强，所以离子晶体具有较高的硬度和熔点，塑性和延性都很小。几乎所有盐类和很多金属氧化物的晶体都是离子晶体，例如食盐、氟化钙、氧化钡等。

【原子晶体】atomic crystal

由中性原子构成的晶体，原子间以共价键相连接，结合较牢。例如金刚石是由碳原子构成的原子晶体。石墨是由碳原子构成的另一种原子晶体，每一层的碳原子间结合较牢，但层与层间距离较大，结合较弱，所以石墨容易沿层间滑移。其他如硅、硼等单质及碳化硅、碳化硼等化合物的晶体也可看成是原子晶体。

【共价晶体】covalent crystal

晶体内的质点以共价键结合起来的晶体，具有饱和性和方向性。共价键中成键电子均束缚在原子之间，不能自由运动，因此，共价晶体不导电。共价键晶体具有强度高、熔点高、硬度高、热膨胀系数小等特点。

【分子晶体】molecular crystal

由分子构成的晶体。质点之间由分子间力相联系。由于分子间力较弱，所以分子晶体的硬度小、熔点低。冰是常见的分子晶体，固态的二氧化碳（干冰）、氧、氮、氢等都是分子晶体。

【分子间力】intermolecular forces

一般常称范德华力（van de Waals force），分子与分子在接近时所显示的相互作用力。一般表现为引力，但随距离增大而很快减小，当分子间的距离极小时（10^{-3}cm 左右），分子间就表现为斥力。当分子间距离超过 10^{-7}～10^{-9}cm 时，可忽略不计。分子间引力由三种作用引起：(1)由永久偶极引起的取向力；(2)由诱导偶极引起的诱导力；(3)由瞬时偶极引起的色散力。在非极性分子之间，只有色散力的作用；在极性分子和非极性分子之间，有诱导力和色散力的作用；在极性分子之间，则同时有取向力、诱导力和色散力的作用。分子间的引力是气体液化和被吸附等现象的主要原因。

【晶格能】lattice energy

又名点阵能，是 1mol 离子化合物中的离子从相互远离的气态结合成为离子晶体时所释放的能量。它是离子化合物中离子间结合力的一个度量。可根据热化学原理予以测定，也可在理论上进行推算。

【哥德斯密德结晶化学定律】Goldschmid's law of crystal chemistry

哥德斯密德（V. M. Goldschmidt）基于大量事实提出的有关晶体结构规律性的定性总结："晶体的结构取决于其组成质点的数量关系、大小关系与极化性能。"此三因素应视为一整体。如 SiO_2 和 MgO 的化学式类型分别是 AB_2 和 AB 型，故两者结构不同；又如 SiO_2 和 TiO_2 虽同属 AB_2 型，但离子半径比不同，故结构也不同；再如 NaCl 和 CuCl 数量关系相同（AB 型），半径比相近，但 Cu^+ 极化力极大，故两者结构又不同。

【紧密堆积】close packing

晶体内质点间的自由空间较少的排列方式。金属晶体有这种结构，这些晶体内的质点可看作相同大小的球。通常可有三种紧密堆积方式：(1)面心立方堆积，配位数为 12；(2)密排六方堆积，配位数为 12；(3)体心立方堆积，配位数为 8。前两种称为最紧密堆积。有些氧化物和硅酸盐晶体也可看作阴离子做近似的紧密堆积，而阳离子则填充于其空隙之中。

【原子半径】atomic radius

通常指同种元素的晶体中最近相邻原子核间距离的一半。不同晶体的原子半径定义不同，即使是同一元素，其原子半径也未必是一个确定值。在金属晶体中，原子半径与配位数有关，通常以配位数为 12 的密排晶体测出的原子半径为标准的金属半径，也称为哥德斯密德原子半径（Goldschmid atomic radius）r(CN12)；在共价晶体中，同一元素的原子半径随键数的增加而减少，通常规定采用单键原子半径为共价半径 $r(1)$；对于离子晶体，用离子半径代替原子半径；对于分子晶体，不属于同一分子的两个最接近的相同原子核间距离的一半为范德瓦尔斯原子半径（Van der Waals radius）。

【离子半径】ionic radius

从离子中心到其作用力所及的有效范围的距离。大多数根据晶体结构数据计算而得。将正、负离子都看成是球体，并在晶体中这些球体相切，从切点到离子中心的距离称为离子的有效半径，简称离子半径。硅酸盐晶体常用的离子半径值(Å)按鲍林数据如下：O^{2-} 1.32；Li^{+} 0.68；Mg^{2+} 0.78；Al^{3+} 0.57；Si^{4+} 0.39；OH^{-} 1.40；Na^{+} 0.98；Ca^{2+} 1.06；Fe^{3+} 0.67；Ti^{4+} 0.64；K^{+} 1.33；Ba^{2+} 1.43；Fe^{2+} 0.83；Zr^{4+} 0.87。

【配位数】coordination number；ligancy

一个原子(或离子)周围同种原子(或异号离子)的数目称为配位数，用 CN 来表示。如在 NaCl 晶体内，每个 Na^{+} 被 6 个 Cl^{-} 所包围，故 Na^{+} 的配位数为 6。离子的配位数主要决定于相邻离子半径比值。

【鲍林规则】Pauling′s rules

鲍林(L. Pauling)提出的关于离子晶体结构的五个规则：(1)在结构中每一个阳离子周围形成一阴离子配位多面体，阳离子与阴离子的距离取决于离子半径之和，而配位数取决于阳、阴离子半径比；(2)在一个稳定的离子化合物结构中，每一个阴离子的电价等于或近乎等于从邻近阳离子至该阴离子的各静电键的强度的总和；(3)在一个配位结构中，共用棱，特别是共用面的存在会降低这个结构的稳定性，尤其是对高电价与低配位数的阳离子，这个效应更加显著；(4)在含有一种以上阳离子的晶体中，电价高、配位数低的那些阳离子周围的负离子配位多面体力图共顶连接；(5)晶体中不同配位多面体的类型数量倾向最小，如附图所示。

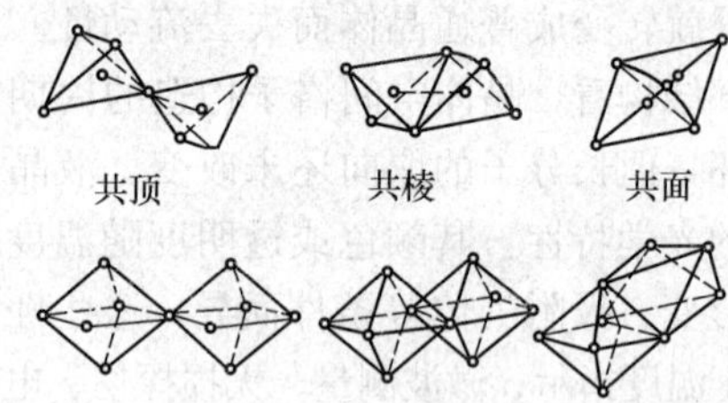

配位多面体互相联结的几种可能情况

【配位多面体】coordination polyhedron

对于离子化合物来说，指围绕阳离子周围的阴离子中心按一定方法联结起来所形成的阴离子多面体，即顶点数等于配位数的配位多面体。形状主要取决于阳、阴离子半径比，以及离子的极化性能等。常见的有正三角形、正四面体、正八面体和立方体等。

【静电键强度】electrostatic bond strength

阳离子的电价 Z 除以阴离子配位数 CN 所得的商，$S=Z/CN$，式中：S 为静电键强度。例如在硅氧四面体$[SiO_4]$中，$S=4^{+}/4=+1$，又如在铝氧八面体$[AlO_6]$中，$S=3^{+}/6=+\frac{1}{2}$

【金刚石结构】diamond structure

共价晶体的典型结构之一，符合(8-N)规则(N 为元素在周期表上的族数)，每个碳原子有 4 个碳原子最近邻，以 C—C 共价键相连，键角为 109°28′。C—C 间距为 0.154nm，整个结构可以看成是共顶相连的四面体（见附图）。空间群为 Fd3m。

金刚石结构・C

【石墨结构】graphite structure

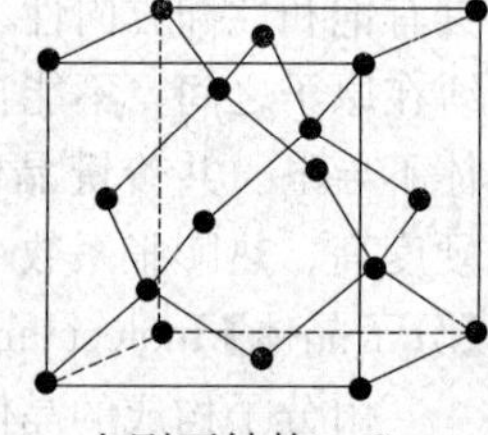

石墨结构・C

常温下稳定的石墨是层状结构，其中基面上的碳原子由强的定向共价键结合在一起形成六角排列(见附图)。层与层之间的键是微弱的范德瓦尔斯力，层内原子间距为0.142nm，层间距为0.335nm。结构具有很强的方向性。空间群为P6/mmc。

【氯化钠型结构】sodium chloride structure; rock salt structure

又称岩盐型结构，属立方晶系，空间群为Fm3m。AB型化合物结构类型之一，其中的阴离子B(如Cl^-)按照面心立方结构进行最紧密堆积，阳离子A(如Na^+)填充在全部八面体空隙中(氯化钠结构如附图所示)。A和B的配位数各为6，它包括：碱土金属的硫属化物和氧化物(MgO至BaO，而BeO除外)；碱金属的氢化物和卤化物(但CsCl、CsBr和CsI除外)，以及某些二价过渡元素的氧化物(如MnO、FeO、CoO、NiO)等。此外，还有某些AB型氮化物和碳化物(如ScN和TiC)也属于氯化钠型结构。在这些化合物中A—B键为离子键，R^+/R^-离子半径比大多在0.732～0.414之间。

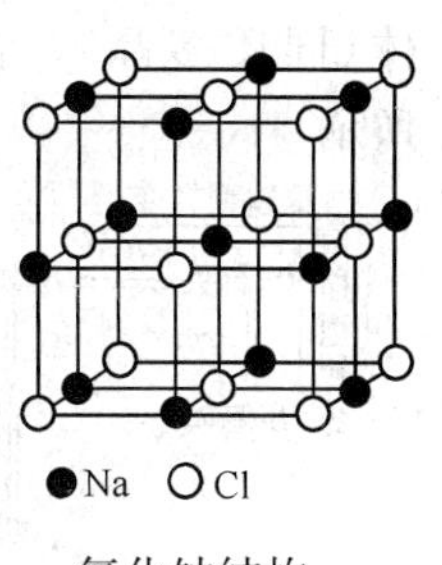

氯化钠结构

【氯化铯型结构】caesium chloride structure

以氯化铯(CsCl)为代表的一类AB型离子晶体结构，属立方晶系，空间群为Pm3n(见附图)。其中，阴离子B排列成简单立方结构，而在相当于体心的位置上配置着阳离子A。两种离子的配位数都是8。结构上属于这个类型的化合物有CsBr、CsI、TlCl、TlBr和TlI等。

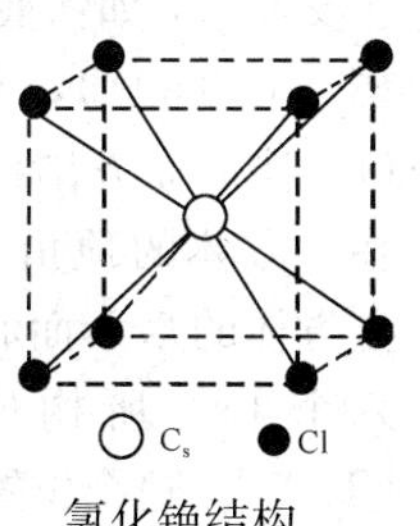

氯化铯结构

【闪锌矿型结构】Zinc blends structure

又称立方ZnS型结构，属立方晶系，空间群为$F\bar{4}3m$。AB型离子化合物晶体结构类型之一，其中的阴离子B(如S)做面心立方最紧密堆积。阳离子A(如Zn)填充在半数四面体空隙中(见附图)。A、B离子的配位数各为4。A—B键主要为离子键。属于闪锌矿型结构的化合物有：亚铜的卤化物，铍和汞的硫属化物，铍的氧化物，硼、铝、镓和铟的磷化物、砷化物和锑化物，以及SiC，单质C和单质Si等，其中Ⅲ—Ⅴ族化合物，Ⅱ—Ⅳ族化合物是重要的半导体材料，单质Si是最为成熟的半导体。

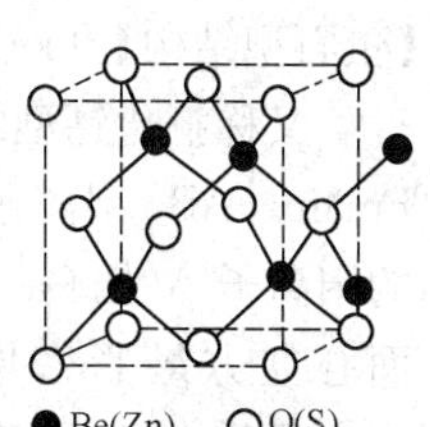

闪锌矿结构

【纤锌矿型结构】wurtzite structure

又称六方ZnS型结构。属六方晶系，空间群为P63mc。AB型离子化合物晶体结构类型之一，其中的A离子(如Zn)做密排六方结构堆积，B离子(如S)填充在半数的四面体空隙中(见附图)。A、B离子的配位数各为4。A—B键主要为离子键。属于纤锌矿型结构的化合物，有ZnO、CdSe、AlN和GaN等。在同一化合物的两种构型，即六方ZnS型和立方ZnS型两者中，前者一般为后者的高温型变化，这样的化合物有CdS和AgI等。

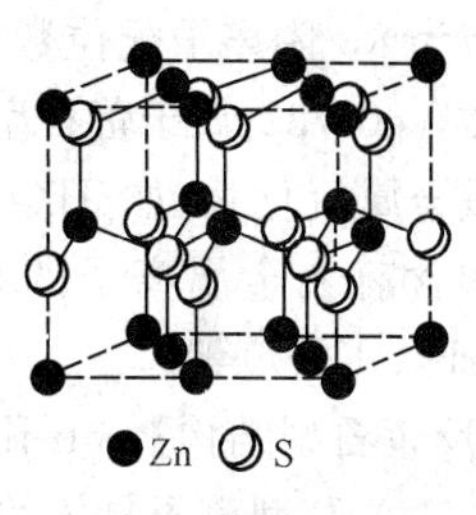

纤锌矿结构

【金红石型结构】rutile structure

以金红石(TiO_2结构的一种)为代表的AB_2型离子晶体结构的一个类型。属四方晶系，空间群为$P4_2/mnm$。在这类结构中，阴离子B(如O^{2-})做近似六方密堆积，阳离子A(如Ti^{4+})填充在半数八面体空隙中(见附图)。A、B离子的配位数分别为6和3，半径比R^+/R^-大多在0.732至0.414之间。属于金红石型结构的化合物有：一些二氧化物(如PbO_2、SnO_2、NbO_2、WO_2、MnO_2、GeO_2等)和一些二价金属氟化物(如FeF_2、ZnF_2、MgF_2等)。在这些化合物中，A—B键为离子键。

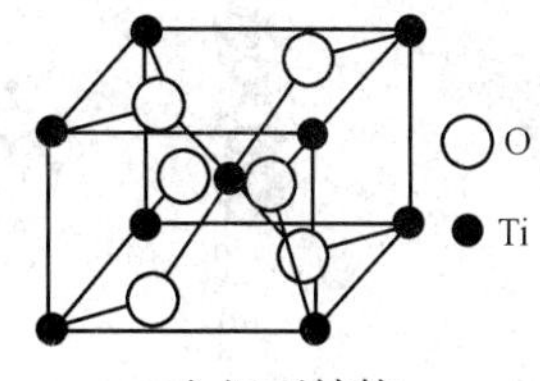

金红石结构

【萤石型结构】fluorite structure

又称氟化钙型结构。属立方晶系。空间群Fm3m。AB_2 型离子晶体结构类型之一，其中的阳离子 A(如 Ca^{2+})做面心立方最紧密堆积，阴离子 B(如 F^-)填充在全部的四面体空隙中，即位于面心立方点阵体对角线的 1/4 和 3/4 处(见附图)。阳离子配位数为 8，阴离子配位数为 4。离子半径比 $R^+/R^- > 0.732$。属于萤石型结构的化合物有：一些重金属氧化物(如 ThO_2、UO_2、CeO_2 和 PrO_2)和含有大金属离子的氟化物(如 BaF_2、PbF_2、SrF_2、CdF_2)等。

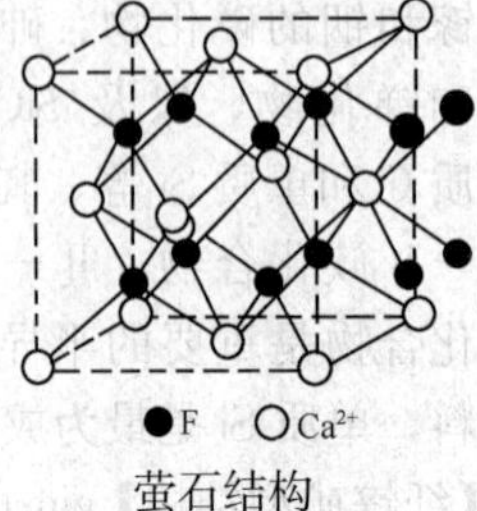

萤石结构

【反萤石型结构】anti-fluorite structure

A_2B 型离子晶体的结构，其中的阴离子 B(如 O^{2-})做面心立方堆积，阳离子 A(如 Na^+)填充在四面体空隙中。阴离子配位数为 8，阳离子配位数为 4。阴、阳离子的这种排列方式恰恰与萤石结构相反，故名反萤石结构。属于反萤石结构的化合物有 Li_2O、Na_2O 和 K_2O，以及这些碱金属的硫属化合物等。

【刚玉型结构】corundum structure

以 α-Al_2O_3 为代表的 A_2B_3 型离子晶体化合物的主要结构类型，属菱方晶系。氧离子沿垂直三次轴方向成六方最紧密堆积，而铝离子则在两氧离子层之间，充填 2/3 的八面体空隙；每个 O^{2-} 与 4 个 Al^{3+} 键合，即每一个 O^{2-} 同时被四个[AlO_6]八面体所共有；Al^{3+} 与 6 个 O^{2-} 的距离有区别，其中 3 个距离较近为 0.189nm，另外三个较远为 0.193nm，Al—O 键具离子键向共价键过渡的性质(共价键约占 40%)，从而使刚玉型结构的晶体具有共价键化合物的特征，如附图所示。刚玉、赤铁矿都具有刚玉型结构。

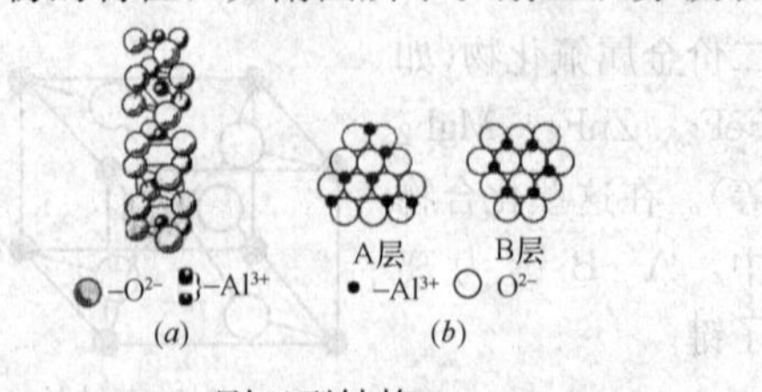

刚玉型结构

【石英结构】quartz structure

硅氧四面体[SiO_4]通过共顶连接，所有的[SiO_4]四个顶角氧都与相邻的[SiO_4]共用，而形成的具有三维空间的网络结构，即架状硅酸盐结构。石英在不同热力学条件下形成多种变体(同质多晶)，它们之间转化关系如附图所示。

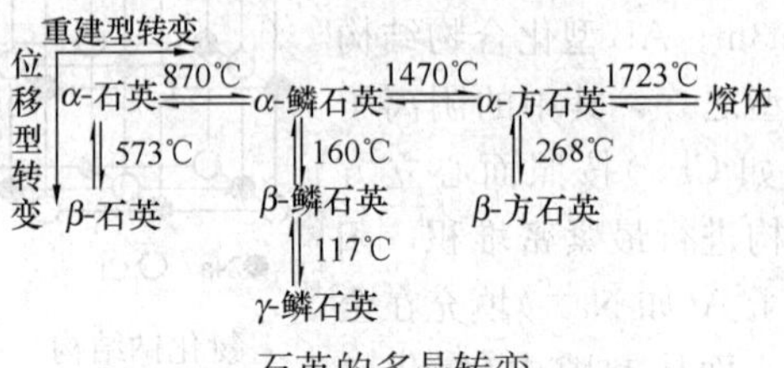

石英的多晶转变

在如附图所示的各种石英变体中，横向之间的结构转变属于重建型转变，都涉及键的破裂和重建，过程比较缓慢，不可逆。纵向之间的转变属于位移型转变，不涉及晶体结构中键的破裂和重建，转变时质点只需稍作位移，键角稍作调整，转变过程迅速，各相之间的转变是可逆的。

【钙钛矿结构】perovskite structure

以 ABO_3 为通式的很多氧化物理想情况下为立方晶系，在低温时转变为正交晶系，如钛酸钙(钙钛矿，$CaTiO_3$)，Ca^{2+} 和 O^{2-} 构成立方结构，Ca^{2+} 在立方体的顶角，O^{2-} 在立方体的六个面心上；而较小的 Ti^{4+} 填于由六个 O^{2-} 所构成的八面体空隙中，形成[TiO_6]，这个位置刚好在由 Ca^{2+} 构成的立方体的中心(见附图)。空间群为 Pm3m。

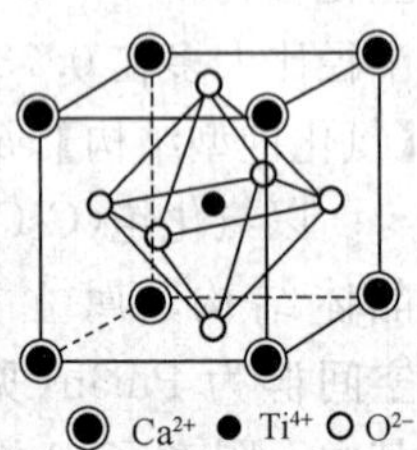

钙钛矿结构

【方解石结构】calcite structure

方解石属三方晶系，空间群为 $R\bar{3}c$，如碳酸钙(方解石，$CaCO_3$)，每个晶胞有 4 个 Ca^{2+} 和 4 个[CO_3]$^{2-}$络合离子。每个 Ca^{2+} 被 6 个[CO_3]$^{2-}$所包围，Ca^{2+} 的配位数为 6；络合离子[CO_3]$^{2-}$中的 3 个 O^{2-} 作等边三角形排列，C^{4+} 在三角形之中心位置，C—O 间是共价键结合；而 Ca^{2+} 同[CO_3]$^{2-}$是离子键结合

(见附图)。该结构相当于将 NaCl 沿三次轴方向压扁,使边间角由 90°到 101°55′。

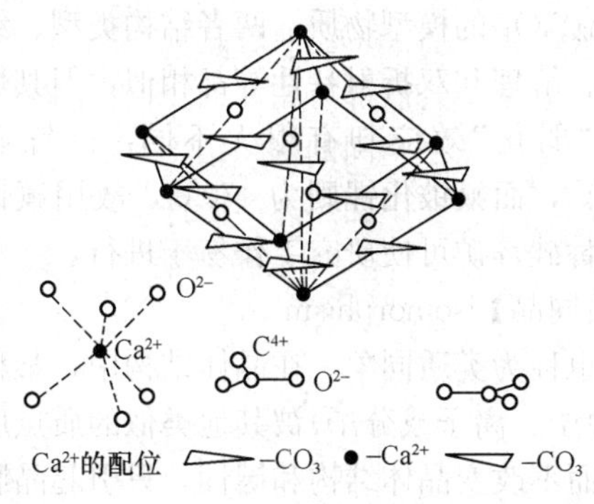

方解石结构

【尖晶石结构】spinel structure

以 AB_2O_4 为通式的很多氧化物具有立方晶体结构,空间群为 Fd3mm,如铝酸镁(镁铝尖晶石,$MgAl_2O_4$),结构中 O^{2-} 离子做面心立方最紧密堆积,其中 A 离子填充在四面体空隙中,B 离子在八面体空隙中,即 A^{2+} 离子为 4 配位,而 B^{3+} 为 6 配位,该结构通常被称为正尖晶石结构(见附图)。在反尖晶石结构中,A^{2+} 离子和半数的 B^{3+} 离子在八面体位置上,而其余一半 B^{3+} 在四面体位置上,成 B(AB)O_4 结构。

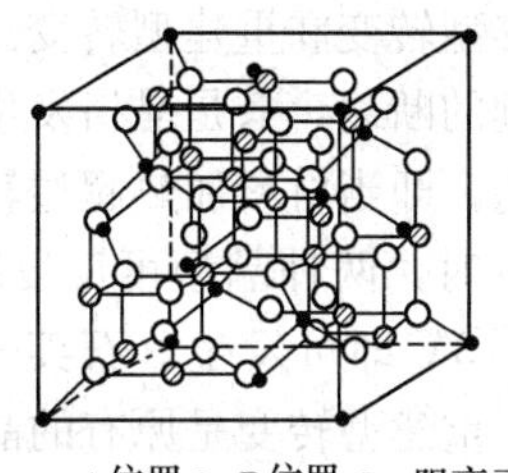

尖晶石结构

【硅酸盐结构】structure of silicates

这里指狭义的硅酸盐,即含有硅酸根和金属离子的化合物。这类化合物的结构可以认为是由氧离子形成密堆积,在堆积体的各种空隙中配置着不同的阳离子,例如,在四面体空隙中配置着硅离子 Si^{4+} 或铝离子 Al^{3+},在八面体空隙中配置着阳离子,如 Mg^{2+} 或铝离子 Al^{3+} 等。硅氧四面体$[SiO_4]^{4-}$是一切硅酸盐的结构基元。根据硅氧四面体在硅酸盐晶体中结合与排列方式不同可以将其分为岛状、链状、层状、架状结构。硅酸盐的某些共性(如化学稳定性、脆性等)和个性(如云母类的沿层解理等)是硅酸盐内部结构的反映。

【岛状结构】island structure

以分立的硅氧四面体$[SiO_4]^{4-}$或有限的硅氧四面体集团(如$[Si_2O_7]^{6-}$、$[Si_3O_9]^{6-}$等)为特征的硅酸盐结构类型(见附图)。这些分立集团相互间由其他阳离子联系起来。例如,镁橄榄石 Mg_2SiO_4(或 $2MgO \cdot SiO_2$)中各个$[SiO_4]^{4-}$四面体相互被 Mg^{2+} 联系起来;绿宝石 $Be_3Al_2Si_6O_{18}$ 中各个环形硅氧团$[Si_6O_{18}]^{12-}$相互被 Be^{2+}、Al^{3+} 联系起来。

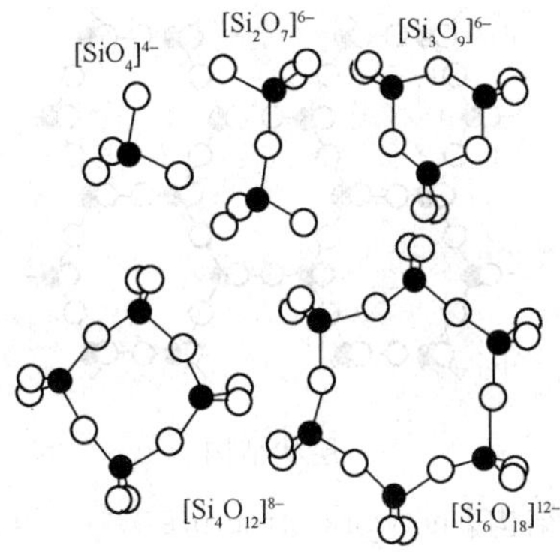

岛状结构

【链状结构】chain structure

以硅氧四面体在一维空间内通过公共氧连接而成的链为特征的硅酸盐结构类型(见附图)。按连接方式不同,链有多种形式,常见的有$[SiO_3]_n^{2n}$单链和$[Si_4O_{11}]_n^{6}$双链,前者如辉石类,后者如角闪石类。

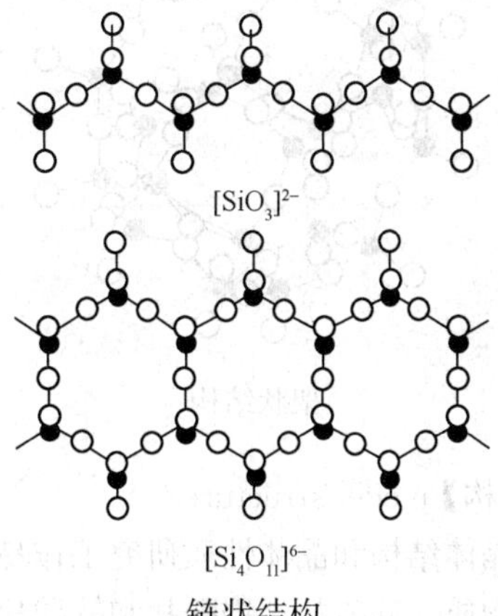

链状结构

【层状结构】layer structure

又名片状结构。以硅氧四面体沿二维空间通过公共氧连接而成的片为特征的硅酸盐结构类型(见附图)。按组合方式不同，可分为单层和双层两类。前者如高岭石 $Al_2(Si_2O_5)(OH)_4$，后者如叶蜡石 $Al_2(Si_4O_{10})(OH)_2$。有时硅氧层中的 Si^{4+} 和铝氧层中的 Al^{3+} 可分别被 Al^{3+}、Mg^{2+} 等所代替，形成蒙脱石类和云母类结构。在层状硅酸盐结构中，层内的 Si—O 键要比层间的 M—O 键强的多(M 一般为金属正离子)。因此，层状硅酸盐结构很容易沿层间结合较弱之处被插层剥离成层片状。

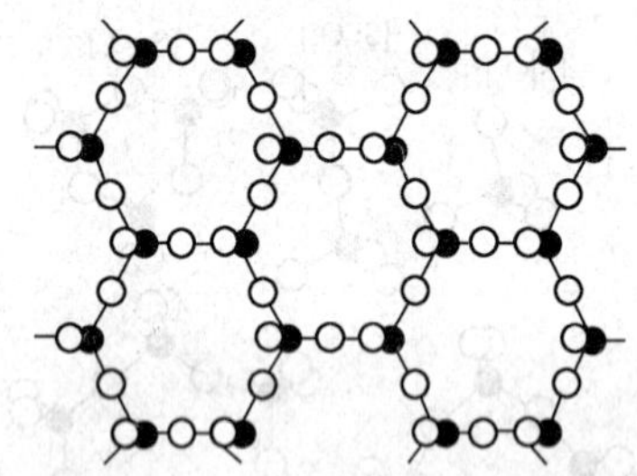

层状结构

【架状结构】network structure

以硅氧四面体在三维空间通过公共氧相互连接而成的三维网络硅酸盐结构类型(见附图)。例如硅石的几个变体(石英、磷石英、方石英)。硅氧四面体中的 Si^{4+} 有时可部分被 Al^{3+} 取代，形成架状铝硅酸盐结构，如长石等。

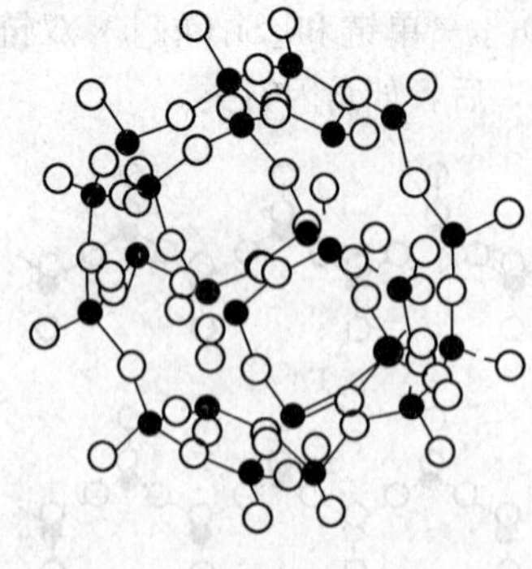

架状结构

【模型结构】model structure

使晶体结构和晶体性质研究工作易于进行的相似物质。硅酸盐、锆酸盐和钛酸盐等的反应常比较迟缓，利用模型物质能使研究工作大大变易。例如，氟铍化锂 Li_2BeF_4 可作为硅锌矿 Zn_2SiO_4 的模型物质，两者结构类型、结晶习性、解理和双折射特性等都相似，但其熔点由于“弱化”效应却有很大不同：硅锌矿为 1509℃，而氟铍化锂则为 470℃，故用氟铍化锂代替硅锌矿可使研究工作易于进行。

【类质同晶】isomorphism

也称为类质同象。在晶体结构中，某种质点(原子、离子或分子)被其他类似的质点所代替，而不改变晶体结构和键性，只引起晶胞参数微小变化的现象。

【同质多晶】polymorphism

化学组成相同的物质，在不同的物理化学条件下，能结晶成两种或多种不同结构的晶体的现象。通常也称为同质多象、多晶型现象或者同质异象。如金刚石和石墨的化学成分都是碳，前者属立方晶系，后者属六方晶系。

【晶型转变】transformation

又称多晶转变。一般指由于温度变化，材料中的结晶体各晶型之间发生的转变，即同质多晶变体之间的互变。晶型转变的温度称转变点。晶型转变有可逆转变和非可逆转变之分，也可分为位移型转变和重建型转变。位移型转变没有化学键的断裂，只是晶格发生畸变，是快速、可逆的。即当材料加热超过转变点或冷却低于转变点时，两种晶型可反复瞬时转变。如石英相在 573℃ 即可发生 β 石英→α 石英的位移型转变。重建型转变是原有的晶体结构发生破坏，重新建立了一个新的晶体结构，其转变是缓慢的，不可逆的。若加热或冷却速度过快，易出现不平衡转变。如石英和鳞石英，鳞石英和方石英之间的转变属重建型转变。由于各种晶型的晶胞参数不同，晶型转变有体积效应。转变的过程和结果对材料的工艺和使用性质有重要的影响。晶型转变时所吸收或放出的热量，称为晶型转变热。

【可逆转变】reversible transformation

又名双向转变、双变性转变，即位移型转变。在一定温度下，同质多象变体的相互转变，如 β-石英和 α-石英在 573℃的相互转变。

【不可逆转变】irreversible transformation

又名单向转变、单变性转变，即重建型转变。物质存在同质多象变体时，在转变温度下，一种变体可转变成另一种变体，但反向转变几乎不可能。如 α-石英在温度超过 870℃并有矿化剂存在时，可转变为 α-鳞石英，但将后者冷却到 870℃以下却不转变为 α-石英，而过渡到 β-鳞石英、γ-鳞石英。

【干转变】dry transformation

无液相存在情况下的晶型转变。在耐火材料工业中，常指硅质材料在加热而无液相形成或液相量极微少时发生的 α-石英→亚稳 α-方石英的转变。当材料内不含溶剂或溶剂很少，而在转变点附近升温过快时，最易产生此种过程。由于材料内无液相存在，晶型转变对发生的体积效应可导致大的应力，危害材料的组织结构，引起开裂和使材料疏松。

1.1.4 晶体缺陷

【理想晶体】ideal crystal；perfect crystal

内部质点（原子、分子或离子）完全按照空间点阵三维周期性排列的晶体，或者说没有任何点阵缺陷的晶体。

【实际晶体】actual crystal

又名真实晶体。在晶体形成过程中及形成后，由于受外界因素的影响而形成的不完整性晶体。实际晶体由于存在各种缺陷而不同程度地偏离理想晶体的结构，只是相对地符合理想晶体的有关规律。

【晶体缺陷】crystal defect；crystal imperfection

在实际晶体中，任何偏离理想晶体的周期性排列的区域，都称为缺陷。按几何形状可分：(1)点缺陷，如空位、间隙原子；(2)线缺陷，如位错；(3)面缺陷，如晶界、层错面；(4)体缺陷，如镶嵌结构、沉淀相。缺陷的存在使晶体的结构不同程度地偏离稳定的平衡状态而处于能量较高的介稳状态，即晶格被活化，并可对晶体的物理化学等性质产生一定的影响。

【点缺陷】point defect

在任何方向上缺陷区的尺寸都远小于晶体或晶粒的线度，这种缺陷称为点缺陷，又称零维缺陷，如空位、间隙原子、杂质原子等。晶体中点缺陷按产生原因有热缺陷、组成缺陷等，热缺陷可分为两类：(1)肖特基缺陷：只形成空位而不形成等量的间隙原子的缺陷，是质点由内部结点位置通过扩散而产生；(2)弗仑克尔缺陷：同时形成等量的空位和间隙原子对的缺陷，即质点由原来结点位置移入间隙而产生。以上两种缺陷常合称热缺陷。它们都能使点阵发生畸变，使晶体中产生内应力，影响其性能。组成缺陷又称为杂质缺陷，来自外来杂质（质点）引入的缺陷，外来质点取代正常质点位置或进入正常结点的间隙位置，从而形成缺陷，如固溶体和组分掺杂。组成缺陷的种类和含量明显地影响了材料的力学、物理等性能。除外，当组成偏离化学中的定比定律时，会形成非化学计量缺陷，如半导体材料中经常出现非化学计量缺陷，对其物理性能会产生较大的影响。

【位错】dislocation

晶体中的一维缺陷，又称线缺陷，缺陷区是一维有一定宽度的管状区域，管内的原子排列是混乱的，破坏了点阵的周期性，是由一部分晶面相对于另一部分晶面发生局部滑移而形成，位错线就是滑移部分与未滑移部分之间的分界线。基本类型有刃型位错和螺型位错两种。刃型位错的滑移方向与位错线垂直，如附图(*a*)所示，在切力 *F* 作用下，上下两部分晶格可在交界面产生一个原子间距的相对位移，多出了一个附加的半原子面，用符号“⊥”(或“⊤”)表示。螺型位错的滑移方向与位错线平行，如附图(*b*)所示，晶体左右两部分以 *AD* 为界，沿 *BC* 方向发生相对滑移，垂直 *AD* 的一层晶面不在同一平面内而形成螺旋梯形，用符号“//”表示。螺型位错有左、右旋之分，分别以符号“↻”“↺”表示，其中小圆点代表与该点垂直的位错，旋转箭头表示螺旋的旋转方向。它们之间符合左手、右手螺旋定则。当滑移方向与位错线既不平行又不垂直，而成一个角度，则称为混合型位错。混合型位错可以分解为刃型位错分量和螺型位错分量。位错的存在使晶体结构发生畸变，活化了晶格，并影响晶体的性能。位错理论可用以解释晶体的生长和塑性变形。

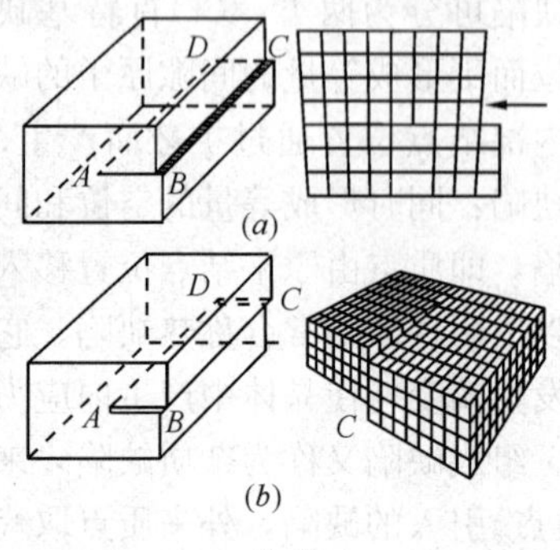

位错

(a)刃型位错；(b)螺型位错

【位错密度】dislocation density

单位体积的晶体中位错线的总长度称为位错密度。假定位错线都是彼此平行的直线状，则位错密度可以近似用垂直于位错线的平面上，单位面积内的位错露头数(位错线与观察表面的交点)来估算。位错密度的测量方法有化学腐蚀法和X射线衍射法。

【柏氏矢量】Burger′s vector

表征晶体内滑移的矢量。由J. M. Burger在1939年提出。围绕着位错区域，从晶体中某一结点出发，以每一平移矢量为一步，沿着晶体完整区域按平移矢量方向逐步移动，最后回到原出发点，这样的闭合回路称为“柏氏回路”(Burger′s circuit)。若在无位错的完整晶体中，按照同样的顺序将原子逐个连接，则对应的回路就变得不完整了(即起点与终点不重合)，不封闭的这一段位移就是柏氏矢量，又称为柏格斯矢量，用 $\vec{b}$ 表示，实际上就是滑移方向上的单位向量，如附图所示。

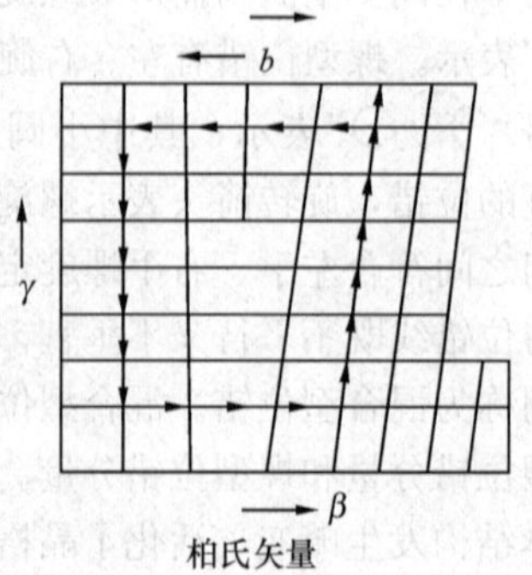

柏氏矢量

【面缺陷】planar defect

缺陷区的尺寸在二维方向上可与晶体或晶粒的线度相比拟，而在穿过该面的任何方向上，缺陷区的尺寸都远小于晶体或晶粒的线度，这种缺陷称为面缺陷，如晶粒的边界(晶界)、层错面、孪晶界面。

【固溶体】solid solution

一种组元(溶质)的质点(离子、原子或分子)溶于另一种组元(溶剂)中，而保持溶剂的点阵类型不变，这样的体系称为固溶体。固溶体有两个基本特征：一是保持溶剂的晶体结构不变；二是有一定的成分范围(称为固溶度，solid solubility)。固溶体有多种分类方法：(1)根据固溶体在相图中的位置，可以分为端部固溶体和中间固溶体。端部固溶体又称为初级固溶体，中间固溶体又称为中间相。(2)根据溶质原子在点阵中的位置，可以分为置换固溶体和间隙固溶体两类。(3)根据固溶度的大小，可以分为有限固溶体和无限固溶体。无限固溶体又称为连续固溶体。(4)根据各组元原子分布的规律性，可以分为无序固溶体和有序固溶体。有序固溶体又称为超点阵或超结构。

【置换固溶体】substitutional solid solution

又称为取代固溶体或替代固溶体，是溶质质点位于点阵的结点上，替代(置换)了部分固相溶剂的部分质点而成的固溶体。通常，两物质结构类型相近、化学性质相似、置换质点大小相近时易于形成。按置换程度可分为连续固溶体和有限固溶体两类。例如 Cr^{3+} 和 Al^{3+} 可无限置换成铬刚玉，而 Mg^{2+} 只能有限地置换CaO晶格中的 Ca^{2+}，形成有限固溶体。

【间隙固溶体】interstitial solid solution

又称为填隙式固溶体，若干溶质质点挤入固相溶剂质点的间隙而构成的固溶体。通常，溶质质点半径远小于溶剂质点半径时易于形成。如C溶入γ-Fe中形成的间隙固溶体(称奥氏体)。形成间隙固溶体通常会提高晶体的硬度、熔点和强度。

【固溶度】solid solubility

固溶体有一定的成分范围，即溶质组元的含量可在一定范围内改变，而不导致固溶体点阵类型的改变。该组元在固溶体中的最大含量(或溶解度极限)，称为该组元的固溶度。如Zn在Cu中的最大固溶度可达30%，而Cu在Zn中的固溶度则很小。

【缺位固溶体】vacancy solid solution

晶格结点位置上出现空位的一种固溶体。如在碳化钛(TiC)中溶入金属Ti时，则在TiC晶格中出现C原子空位而构成缺位固溶体。此外，不等价的离子置换也会出现缺位固溶体。缺位固溶体较置换固溶体和间隙固溶体的晶格扭曲大，故晶体的活性较高。

【Hume-Rothery规则】Hume-Rothery rule

是由Hume-Rothery于1952年在研究合金结构时，提出的关于初级置换式固溶体的固溶度的经验规则，主要包括以下五条：(1)尺寸差规则(或15%规则)，如果形成固溶体的组元的原子半径相差太大(超过15%)，则固溶度极为有限；(2)负电价效应，如果组成固溶体的组元的电负性相差太大(如$|x_A-x_B|>0.4$)，则固溶度极小；(3)相对价效应，两个给定的元素的相互固溶度与各自的原子价有关，高价元素在低价元素中的固溶度大于低价元素在高价元素中的固溶度；(4)如果用价电子浓度(用e/a表示，是指合金中每个原子平均的价电子数)表示固溶度，则ⅡB～ⅤB族元素(溶质)在ⅠB族元素(溶剂)中的固溶度都近似相同($e/a\approx1.36$)，而与元素类型无关；(5)两组元间形成连续固溶体的必要条件是它们具有相同的晶体结构，例如Cu-Ni、Cr-Mo、Ti-Zr等。基于Hume-Rothery规则的前两条，非常容易预计某溶质组元在给定的溶剂组元中的固溶度，即Darken-Gurry图。

【Vegard定律】Vegard's law

两种同结构(晶型)的组元形成连续固溶体时，固溶体的点阵常数与成分呈线性关系，即点阵常数正比于任一组元的浓度，称为Vegard定律。但实际上，因受到固溶体组元结构因素的影响，完全符合Vegard定律的固溶体很少，往往存在着正偏差(实际的点阵常数大于按Vegard定律计算出的点阵常数)或负偏差(实际的点阵常数小于按Vegard定律计算出的点阵常数)。

【非化学计量化合物】nonstoichiometric compound

化学式中原子组成偏离给定整数比的化合物。在这类化合物晶格内，某些位置上的原子数目因形成缺位或填隙而改变，使化学组成在一定范围内变化，同时改变或不改变晶格对称性，某些氧化物、碳化物和卤化物经过部分分解或在特定条件下化合，以及许多金属间化合物都可形成非化学计量化合物。例如：TiO_{2-x}为阴离子缺位；$Cu_{1-x}O$为阳离子缺位；UO_{2+x}为阴离子填隙；$Cr_{2+x}O_3$为阳离子填隙。非化学计量化合物的光吸收、扩散、电导、烧结和化学反应等物理、化学性质常常随原子比有较明显的变化。

1.2 非晶体状态

1.2.1 液态与玻璃态

【非晶态】noncrystalline state; amorphous state

固态物质原子的排列所具有的近程有序(材料的结构在原子、分子范围内有一定规则排列)、远程无序(固体材料的结构在宏观范围内没有规则排列)的状态。对于液体，其分子在很小的范围内(线度与分子间距同一量级)和很短的时间内能像晶体一样做规则排列，但在较大范围内则是无序的，这称为近程有序、远程无序。

【熔体】melt

指固体高温液化的熔融状态。它对材料制造和性能改进具有重要意义：它是玻璃制造的中间产物；瓷釉在高温状态下是熔体状态；耐火材料的耐火度与熔体含量也有直接关系。黏度和表面张力是它的两个重要性能参数。熔体结构与玻璃体相似，具有近程有序、远程无序的特征。以硅酸盐熔体为例，可以认为其结构由不同级次、不同大小、不同数量的硅氧四面体单元连接而成，如$[SiO_4]^{4-}$、$[Si_2O_7]^{6-}$、$[Si_3O_{10}]^{8-}$……$[Si_nO_{3n+1}]^{2(n+1)-}$等。硅酸盐聚合体的种类、大小、分布随组成和温度而异，决定着熔体的结构特征，各种聚合物处于不断的物理运动和化学运动中，并在一定条件下达到平衡。

【非晶态固体】amorphous solid

又称为无定形体或玻璃体，质点排列具有近程有序、远程无序的特点。它具有宏观均匀性和各向同性，没有固定的熔点且不能对X射线产生衍射效应。制备非晶态固体的方法主要包括熔体急冷、离子溅射、辉光放电、离子轰击、强激光辐射和高温爆聚等，并已能大规模连续生产。

【玻璃态】glassy state

从广义讲，玻璃态属于非晶态固体的一类，指组成原子不存在结构上的长程有序或平移对称性的一种无定型固体状态。在性质上表现出非晶态固体的共性：(1)各向同性(isotropy；物体的物理、化学等方面的性质不会因方向的不同而有所变化的特性)；(2)亚稳性(动力学稳定而热力学不稳定的性质)，虽有向晶态转变的倾向，但仍能长期以非晶态存在；(3)在向晶态转变时放出能量。但有几点却不同于其他非晶态固体：(1)从熔融态转为固态的过程存在玻璃转变温度Tg或转变区，表现为性质-温度曲线上存在一转折点；(2)这一转变是可逆的；(3)玻璃性质随化学组成的变化是连续的，但对于某些组分有反常现象。

【玻璃转变温度】glass transition temperature

也称为玻璃化转变温度或玻璃转化温度，指玻璃态与高弹态之间相互转变的温度。从分子结构上讲，是无定形部分从冻结状态到解冻状态的一种松弛现象。玻璃转变温度是非晶态的特征温度之一。脆性温度指非晶态材料在外来冲击力下出现断裂时的最高温度。外界温度高于此点，外力冲击就不再能使它断裂。用它来衡量非晶态材料的低温性能比玻璃化温度更具有实用意义。退火温度上限一般指玻璃制品能在15min内消除全部应力或3min内能消除95%内应力的退火温度。退火温度下限是指3min内消除5%应力的温度，也称最低退火温度。一般将玻璃态温度高于此温度的区域称为均热区，玻璃态温度处在此温度和退火温度下限之间的区域称为退火区。

【玻璃软化温度】glass softening temperature

也称为玻璃软化点，通常指玻璃在自重作用下开始变形的温度。根据美国材料与试验协会(ASTM)的定义，长度为235mm、直径为0.65mm的玻璃纤维，上半部分100mm在炉子中以5±1℃的升温速率升温，当玻璃纤维的伸长速度达到1mm/min时温度即为玻璃软化温度。

【临界冷却速率】critical cooling rate

熔体一般存在一个可以形成玻璃的最小冷却速率，称之为临界冷却速率。低于这个冷却速率，则熔体发生结晶，形成晶体；只有高于这个冷却速率时，才能形成玻璃。

【玻璃网络形成体】glass network former

指单键强度(单键能＝氧化物的分解能/阳离子的配位数)大于335 kJ/mol，能单独形成玻璃的氧化物。其氧化物中的正离子称为网络形成离子。

【玻璃网络变性体】glass network degeneration

指单键强度(单键能＝氧化物的分解能/阳离子的配位数)小于250 kJ/mol的氧化物。这类氧化物不能形成玻璃，但能改变网络结构，从而改变玻璃性质。其中的正离子称为网络变性离子。

【玻璃网络中间体】glass network intermediate

指单键强度(单键能＝氧化物的分解能/阳离子的配位数)介于250～335 kJ/mol之间、作用介于玻璃网络形成体和玻璃网络变形体之间的氧化物。其氧化物中的正离子称为中间离子。在玻璃结构中，在不同条件下，中间离子可以作为成网离子进入玻璃网络，也可作为网络外离子存在，并会使其配位数发生相应的变化。例如，铝(Ⅲ)离子可以$[AlO_4]$参加玻璃网络，在另一定条件下可以$[AlO_6]$处于网络之外。

【玻璃结构】glass structure

通常指氧化物玻璃的微观结构。存在多种

理论来描述玻璃结构，如晶子学说和无规则网络学说。晶子学说强调了玻璃结构的近程有序性，无规则网络学说着重说明玻璃结构的连续性、统计均匀性与远程无序性。电子显微镜已确证：在三纳米至几十纳米的范围内，玻璃的亚微结构是不均匀的，包含多种不同的玻璃为特征，这一现象已普遍存在于硅酸盐、硼酸盐、硫系化合物玻璃及熔盐玻璃中。

【硅酸盐玻璃】silicate glass

参见 10.1.3【硅酸盐玻璃】。

【硼酸盐玻璃】borate glass

参见 10.1.3【硼酸盐玻璃】。

【玻璃分相】phase separation of glass

玻璃从高温不断冷却的过程中或在特定温度热处理时，由于内部离子的迁移，产生局域组分的偏聚，形成两种或多种互不溶解（或部分溶解的）液相（或玻璃相）的现象，这一过程称为玻璃分相。析出的第二相因分相机理不同，其尺寸一般从几纳米至几百纳米。玻璃分相有两种类型：一种是以 $MgO\text{-}SiO_2$ 系统为代表，在液相线以上就开始分相的稳定分相，它使玻璃产生分层或严重的乳浊现象，给玻璃生产带来困难，应设法避免；另一种是以 $BaO\text{-}SiO_2$ 系统为代表，在液相线以下才开始发生分相的亚稳分相，绝大部分玻璃分相是发生在液相线下的亚稳分相。亚稳分相又可分为亚稳分解和“成核-长大”分相两种，两者在相变驱动力、质点扩散方式和第二相形貌等方面都有很大的差别。一方面，通常分相尺度较大时会产生较严重的光散射，因此光学玻璃生产要抑制分相；另一方面，玻璃分相时会促进其成核行为，微晶玻璃生产可以利用分相来调节晶相的成核与长大。例如，利用钠硼硅酸盐玻璃分相可获得富硅相和富硼相，利用两者对酸侵蚀的差别可制备高硅氧玻璃。另外，分相对玻璃性能如黏度、电导、化学稳定性等影响较大，但对玻璃的折射率、密度、热膨胀系数等影响不大。观察分相的方法有光散射、电子显微镜、X 射线小角散射和差热分析等。

【亚稳分解】spinodal decomposition

在一定合金系统中，固溶体经适当热处理之后，分解为成分不同的微小区域相间分布的组织。这些小区域的溶质含量沿一个方向形成一定的波形分布，波峰处成分高于平均成分，波谷处成分低于平均成分。这些富区与贫区保持原固溶体的晶体结构。此种由成分调幅的微小区域组成的不均匀组织，称为亚稳分域组织，此分解过程称为亚稳分解。这种分解不需形核势垒，只是通过固溶体中出现的成分涨落（起伏）波进行的，由上坡扩散控制。亚稳分解又被称为调幅分解、拐点分解或称旋节分解。

【亚稳状态】metastable state

又称亚稳态、介稳状态。通常指物质（包括原子、离子、自由基、化合物等各种化学物种）在某种条件下，介于稳定和不稳定之间的一种化学状态。当温度、压力和其他决定系统状态的因素稍微离开其真正平衡的数值时，在某种条件下，系统仍可具有一定的稳定性，此时系统所处的状态称为介稳状态。介稳状态存在的原因是新相形成较困难，一般可用振动或在液体中引入新相种子的方法来使它转入正常的相平衡状态。介稳态物质在条件稍有变化或介稳态物质稍受扰动、碰撞时就会变成稳定或更不稳定的状态；因为介稳状态比相同的热力学条件下的平衡状态具有较高的能量，故从介稳态向稳定态的转变是自发过程。

【过冷现象】undercooling；supercooling

晶粒成核和长大是液相结晶所需的过程，只有在适当低于相变温度时才能形成足够数量的晶核，开始结晶，这种结晶时实际结晶温度低于理论结晶温度的现象称为结晶过程的过冷现象。此外，在一定压力下，当液体的温度已低于该压力下液体的凝固点，而液体仍不凝固的现象称为液体的过冷现象。此时的液体称为过冷液体。过冷液体是热力学上的一种不稳定状态，在通过外界摩擦等作用下会迅速凝固，并使温度回升，表现在过冷曲线上便是一个 V 字形。液体越纯，过冷现象越明显。在硅酸盐系统中，由于熔体的黏度较大，质点移动排列成晶体的困难较大，因此过冷而成玻璃。

1.2.2 成核与晶体长大

【热涨落】thermal fluctuation

热学系统的微观统计平均值就是热力学量，例如温度是物体所有分子动能的统计平均值。在系统处于平衡状态时，热力学量在统计平均值附近仍然会有微小变化，这种偏离统计平均值的现象就称为热涨落或热起伏现象。处于热动平衡状态的系统中，不导致新相产生的热涨落称为均匀涨落。反之，伴随有新相出现的称为非均匀涨落。

【过冷度】degree of super cooling；degree of undercooling

指物质(如金属、合金、晶体)的理论结晶温度($T_{cyrstalize}$)与实际给定的结晶现场温度($T_{current}$)的差值，即 $\Delta T = T_{cyrstalize} - T_{current}$。它是熔体析晶的必要条件。它的大小影响组织形貌和结晶类型。连续冷却时，冷却速度的高低影响相变时过冷度的大小。

【过饱和浓度】degree of supersaturation

在一定温度下，过饱和熔体中某组分的浓度(C)与该温度下的溶解度(C_0)的差值，$\Delta C = C - C_0$。它是从熔体自发析晶的必要条件。其值越大，临界晶核及其形成功越小，就越容易成核和析晶。它对晶体的形态和缺陷也有影响。

【过饱和蒸气压】supersaturation vapor pressure

指在密闭条件中，在一定温度下，蒸气所具有的压力超过饱和蒸气压时所对应的气压。这是一种热力学不稳定的状态。一旦遇到凝结核，部分蒸气就会凝结成液体，其余蒸气就会回到原来的饱和蒸气状态。

【成核】nucleation

也称核化，是相变初始时的“孕育阶段”，也即生成晶核的过程，是结晶的初始阶段。该阶段具有下列特点：新相的产生需克服一定的势垒(成核位垒)；为能稳定存在，新相需要达到一定大小；在随后长大过程中新相的化学组成始终不变。具有上述特点而体积最小的新相称为“晶核”。

【均匀成核】homogeneous nucleation

又称本征成核、同质成核、均相成核或自发成核。指发生于均匀基质内部，而与相界、结构缺陷等无关的成核过程。也指不考虑外来质点或表面存在的影响，在一个体系中各个地方成核的概率均相等。它是在非常理想的情况下才能发生，实际成核过程都是非均匀成核，即体系里总是存在杂质、热流不均、容器壁不平整不均匀的情况，这些不均匀性有效地降低了成核时的表面能位垒，核就先在这些部位形成。

【临界晶核】critical nucleus

指能稳定存在的最小的晶核。设成核发生于降温过程，物系自由焓的变化为 ΔG，并设核为球形，其半径为 r，将 ΔG 对 r 作图，所得曲线有一极大值，据此可求得相应的半径，即临界半径，$r^* = -\dfrac{2\sigma}{\Delta H} - V\dfrac{Te}{\Delta T}$，式中：$\sigma$ 为新相与基质间的界面能；ΔH 为相变潜热；V 为新相体积；Te 为相变平衡温度；ΔT 为过冷度；当 $r > r^*$ 时，$\Delta G < 0$，过程向成核方向进行，所得核可以稳定存在；而当 $r < r^*$ 时，$\Delta G > 0$，过程将向反向进行，核将消失，此时不称为核，而称为核胚。

【非均匀形核】heterogeneous nucleation

又称非本征成核，指依靠相界、晶界或基质的结构缺陷等不均匀部位而成核的过程。所说相界包括：容器壁、气泡、杂质颗粒或添加物等与基质之间的界面，由于分相而来的界面以及空气与基质的界面(即表面)等。非均匀成核又被称为异质成核，但异质只提供底座，异质本身并未成核，并且异质不能包括晶界和位错等结构缺陷。

【晶核形成速率】nucleation rate

指单位时间、单位体积的熔体或溶液中形成稳定晶核的数目，常用个数/(min·cm^3)表示。它主要决定于过冷度，即决定于非均匀涨落概率和质点在液体中的扩散系数。由于非均匀涨落概率一般先随过冷增加而增加，随后稍有减小；而扩散系数则只随过冷度增加而单调地减小，因此在某一温度下，晶核形成速率将呈现最大值。

【晶体生长】crystal growth

指物质在一定温度、压力、浓度、介质、pH值等条件下，由气相、液相、固相转化，形成特定线度尺寸晶体的过程。晶体生成的一般过程是先生成晶核，而后再逐渐长大。一般认为晶体从液相或气相中的生长有三个阶段：(1)介质达到过饱和、过冷却阶段；(2)成核阶段；(3)生长阶段。其方法多样，如水热法生长人工水晶，区域熔融法生长硅、锗单晶，氢氧焰熔融法生长轴承用宝石晶体，航天失重法培养晶体，升华法及同质或异质外延生长法等。关于晶体生长的两种主要的理论为层生长理论和布拉维法则。

【晶体生长速率】rate of crystal growth

指单位时间内晶面沿其法线方向向外推进的距离，常以 μm/min 表示。生长速率与熔体过冷度 ΔT(或溶液过饱和度)有关，通常生长速率-ΔT 曲线上有一极大值。

【反玻璃化】devitrification

指在加工或退火过程中，玻璃态物质停留在极易晶化的温度区域内的时间过长，则可能会发生失去透光性甚至被损坏的现象。可简单理解为玻璃态物质发生晶化的过程，它是玻璃失去透光性的原因之一。

【析晶】crystallization

指当物体在处于非平衡态时，会析出另外的新相，该新相以晶体的形式被析出的现象。它广泛存在于自然界中。如过饱和溶液析出的溶质晶体，某些掺杂金属热处理中析出的小颗粒。析晶过程一般包括晶核的形成与晶体的生长。玻璃析晶是指玻璃体中析出了晶体从而改变了玻璃的性能。如微晶玻璃就是利用玻璃的析晶，控制析出晶体的数量、尺寸及分布得到的一种新型的材料。

【析晶温度范围】temperature range of crystallization

玻璃熔体在液相线以上的高温时，其内部晶核形成速度和晶核的生长速度都等于零，在此温度下无析晶情况发生。当温度逐渐下降到某种化学组成所固有的一定温度时，在玻璃熔体中首先析出极小晶核，一般把这时的温度称为玻璃析晶上限温度；在该温度下，随着温度的继续下降，在单位时间内新晶核的形成数量不断增加，一直到最大值时的温度；从这一温度起，由于熔体黏度增大，新晶核的形成数量不断减小，当温度更低时，由于玻璃熔体的黏度已很大，物质的原子已失去相互扩散的能力，故不会再形成新的晶核。同时在析晶上限温度附近，晶核生长速度很慢，但随着温度继续降低，晶核生长速度不断增大。而在某一温度时，晶核生长速度达到最大值，然后当温度下降到更低时，生长速度变慢直到晶体停止生长，一般把晶体停止生长的温度称为析晶下限温度。

【诱导析晶】induced crystallization

又称催化析晶，指利用非均匀成核原理，在玻璃配合料中掺入某种添加物以促成析晶的方法。所用添加物被称为成核剂或核化剂，主要包括：氧化物(如 TiO_2、WO_2 等)、硫化物(如 As_2S_3)、氟化物(如 CaF_2)、贵金属盐类(如 $AgNO_3$ 等)。它们的催化机理有分液、分相、结构缺陷、点阵匹配、表面活性等。

【自发析晶】spontaneous crystallization

指自熔体或玻璃中，不用成核剂(依靠非均匀涨落)形成临界晶核并继续成长的析晶过程。它的特征是析晶过程所需的过冷度不随样品来源、液体过热以及反复熔化-析晶的次数不同而变化。大部分金属熔体都会实现自发析晶。

1.3 胶体状态

【分散系统】dispersed system

指由一种或几种物质分散在另一物质中所构成的系统。被分散的颗粒称为分散相或分散质，包围分散颗粒的均一物质称为分散介质或分散剂。按分散相颗粒大小，分散系统可以分为下列类型：(1)分子分散，分散相颗粒大小在 1nm 以下，即一般分子、离子的真溶液，如糖水、盐水等。(2)胶体分散，分散相颗粒大小在 1～100nm 之间，例如溶胶。(3)粗分散，分散相颗粒在 100nm～10μm 之间，如牛奶(乳状液)、泥浆(悬浊液)等。

【分散度】degree of dispersion

指物质被分散的程度，常用比表面积表示。分散度越高，则比表面积越大。

【胶体】colloid

又称胶状分散体，它是一种均匀混合物。在其中含有两种不同状态的物质，一种分散，另一种连续。分散的一部分是由微小的粒子或液滴所组成，分散质粒子直径在 1～100nm 之间。胶体是一种分散质粒子直径介于粗分散体系和溶液之间的一类分散体系，这是一种高度分散的多相不均匀体系。

【丁达尔效应】Tyndall effect

指英国物理学家丁达尔发现的当一束强光射入含有微粒的系统时，因微粒的散射作用，在入射光的垂直方向可以看到一道光径的现象。它在溶胶中表现特别显著，常可借以鉴定被测系统是否为溶胶。

【沉降】sedimentation

又称沉积，指粗分散系中的分散相粒子在重力作用下所发生的缓慢下沉的过程。若在悬浮体中分散相粒子较大，布朗运动不足以抵消重力作用时，就会发生沉降。利用沉降作用可对物料进行颗粒分级和测定粒度分布。

【沉降平衡】sedimentation equilibrium

又称沉积平衡，指在给定条件下扩散速率和沉降速率相等时系统所达到的平衡。

【斯托克斯定律】Stokes′law

指与黏滞力相比，惯性力可以忽略的情况下斯托克斯导出的阻力表达式，是球形颗粒半径与颗粒在液体中自由沉降速率的关系式。可用 $V=\frac{(\rho_s-\rho_f)g}{18\eta}D^2$ 表示，此式成立需要系统处于低雷诺数区，式中：V 为沉降速率；D 为颗粒直径；g 为重力加速度；η 为液体黏度；ρ_s 为固体颗粒密度；ρ_f 为液体的密度。它是沉降法测试颗粒大小及粒度分布的原理。

1.3.1 胶体化学

【溶胶】sol

又称胶体溶液，是分散相粒子的半径在 1～100nm 之间的分散系统。根据分散相和液态分散介质的关系可分为亲液溶胶和憎液溶胶两类。根据分散介质的不同可分为液溶胶、气溶胶(如烟、雾)和固溶胶(如胶体着色玻璃)。

【憎液溶胶】hydrophobic sol

又称疏液溶胶，指难溶物分散在分散介质中所形成的溶胶，即分散相和液态分散介质间很少或没有亲和力的溶胶。如金、银、硫和硫化物等的水溶胶。此类溶胶性质很不稳定，极易被破坏而聚沉，聚沉后一般不能恢复原态，是热力学中的不稳定和不可逆系统。

【亲液溶胶】hydrophilic sol

指分散相和液态分散介质间亲和力很强的溶胶。一般指大(高)分子化合物溶液，如明胶、蛋白质等的水溶液。这类溶胶对电解质的稳定性影响较大且分散作用是可逆的。如明胶溶液脱水可得干凝胶，加水又可成为溶胶。它是热力学中稳定、可逆的系统。

【胶团】micelle; micellae

指在胶体溶液中胶核和其周围的双电层所构成的整体。胶体物质亦即不溶性微粒本身称为胶核。胶核连同吸附在其上面的离子，包括吸附层中的相反电荷离子，称为胶粒。胶粒连同周围介质中的相反电荷离子则构成胶团(也称为胶束)。以碘化银胶团为例($AgNO_3$ 为稳定剂)，如附图所示。

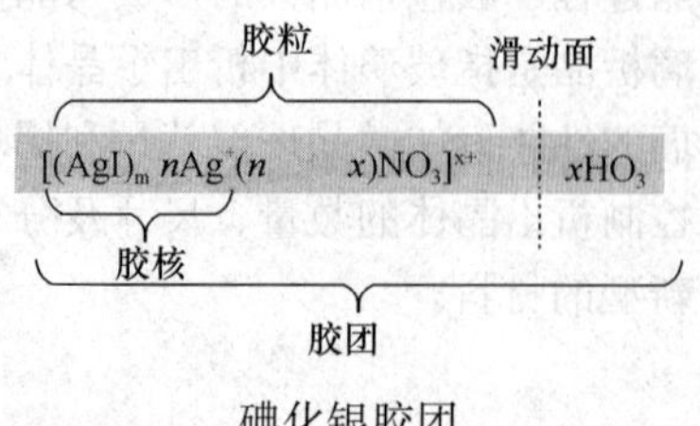

碘化银胶团

【扩散双电层】diffuse electrodouble layer

或称漫散双电层，自固体表面至溶液内电中性处所形成的双电层。当固体与液体接触时，固液两相界面各带相反符号的电荷，构成平行的两层称为双电层。液相界面上的离子因热运动而向溶液内部扩散，从而形成扩散双电层(见附图)。双电层可分为两部分：一部分紧密地排列在固体表面上，其中包括被吸附离子和部分反号(异号)离子，称为吸附层；另一部分是可以流动的，从紧密层一直分散到本体溶液中，称为扩散层，在该层中的反号离子逐渐减少直至电中性。当在电场作用下，固液之间发生电动现象时，移动的切动面(或称为滑动面)位于吸附层和扩散层的界面。相对运动边界处与溶液本体之间的电势差则称为动电位或称为 ζ 电势，而固液界面的电位差则为总电位。

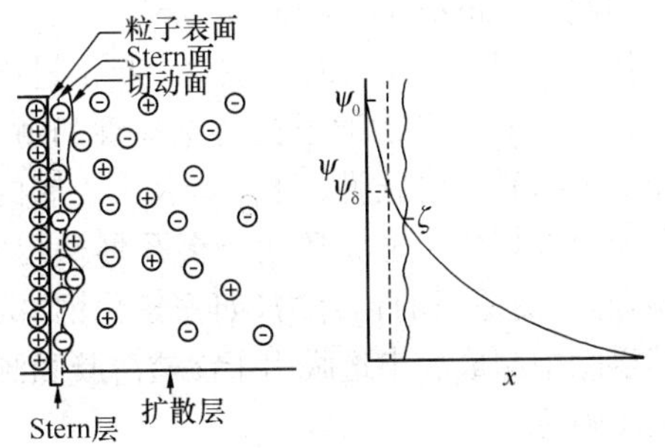

扩散双电层

【动电现象】electrokinetic phenomenon

指电泳、电渗等在外电场作用下固体和液体发生相对运动的现象。参见本节【电泳】【电渗】。

【电泳】electrophoresis；cataphoresis

指在外电场的作用下带有电荷的溶胶粒子做定向迁移的现象。例如，黏土颗粒一般情况下带负电荷，在电场作用下向正极移动。

【电渗】electroosmosis

指在外加电场下，分散介质通过多孔性物质(如素瓷片或固体粉末压制制成的多孔塞)而移动的现象，即固相不动而液相移动的现象。通常多孔固体和凝胶才表现出明显的电渗现象。

【聚沉】coagulation

又称凝结，指憎液溶胶粒子变大、分散度降低、以致最后发生沉降的过程。由于分散度下降，会使溶胶出现混浊、变色或析出沉淀等现象。引起聚沉的因素有电解质的作用、温度或浓度的变化，以及加入电荷相反的溶胶等，其中最重要的是电解质的作用。例如，江河入海口三角洲的形成，就是水中的黏土粒子受到海水中盐类电解质的作用而聚沉的结果。

【胶溶】peptization

指把新鲜沉淀重新分散成溶胶的过程。它是沉淀的逆过程。为了使沉淀转变成溶胶，常加入胶溶剂。例如，向氢氧化铁沉淀中加入少量的三氯化铁溶液作为胶溶剂，经搅拌后，沉淀就会变成红棕色的溶胶。

【絮凝】flocculation

指溶胶析出絮状沉淀的凝结现象。例如，将明矾加入水中，可使悬浮的混浊物聚结成絮状沉淀。

【解凝】deflocculation

是絮凝作用的逆过程。例如，黏土-水系统容易发生絮凝，利用 Na^+ 交换高价阳离子可使泥浆变稀，就是解凝作用(参见本节【黏土离子交换】)。多价阴离子对黏土-水系统也有解凝作用(参见本节【阴离子吸附】)。

【保护胶体】protective colloid

指为了提高憎液溶胶的稳定性而加入的亲液溶胶。由于亲液溶胶粒子和憎液溶胶粒子相互吸附，故前者对后者起“保护”作用。例如，用蛋白质作为保护胶体可制成蛋白银液。

【凝胶】gel

又称冻胶或软胶，是固-液或固-气所形成的一种分散系统，其中分散相离子相互连接形成网状结构，分散介质填充于其间。凝胶有一定的几何外形，呈半固体状态，无流动性，因而具有固体所具有的某些力学性质，如有一定的强度、弹性和可塑性等。按照分散质点的性质是柔性的还是刚性的，以及形成凝胶结构时质点间联结的结构强度，把凝胶分为弹性凝胶(如橡胶、琼脂和明胶)和非弹性凝胶(又称刚性凝胶，如硅胶等)。

【硅胶】silica gel

即硅酸凝胶，由水玻璃与硫酸或盐酸反应生成硅酸溶胶，再经胶凝、洗涤、干燥、焙烘而成。是常用的吸附剂和干燥剂。

【黏土-水系统】clay-water system

指黏土在水中的分散系统。细分散的黏土-水系统具有一系列胶体性质。泥团的可塑性和泥浆的流动性首先与黏土颗粒带电有关，同时也受所吸附的阳离子的显著影响。吸附氢离子或高价阳离子的黏土具有较好的可塑性。而吸附氢离子以外的一价阳离子的黏土则有较好的流动性。

【氢黏土】H-clay

又称氢土。吸附 OH^- 的黏土颗粒在水中与 H^+ 结合所形成的物质。黏土颗粒 P 在水中牢固吸附 OH^- 成为 POH^-，由于它带有负电，可与 H^+ 结合成 H^+POH^-，即氢黏土。氢黏土中的 H^+ 可被 Ca^{2+}、Mg^{2+}、Na^+ 等交换，分别形成 Ca 黏土、Mg 黏土、Na 黏土等。

【黏土离子交换】ion exchange in clay-water system

指黏土-水系统中的离子交换，即黏土颗粒的吸附离子和水溶液中离子相互交换的过程。可分为阳离子交换和阴离子交换两类。离子交换能力与黏土的种类、交换离子的场强以及离子的几何形状等因素有关。离子交换顺序(ion exchange sequence)如下，阳离子：$H^+ > Al^{3+} > Ba^{2+} > Ca^{2+} > Mg^{2+} > NH_4^+ > K^+ > Na^+ > Li^+$；阴离子：$OH^- > CO_3^{2-} > PO_4^{3-} > I^- > Br^- > Cl^- > NO_3^- > F^- > SO_4^{2-}$。

【阴离子吸附】anion adsorption

指泥浆、水泥浆中固体颗粒对阴离子的吸附。多磷酸、鞣酸等的阴离子被黏土、水泥颗粒表面带正电荷部分吸附后，整个固相表面都带相同的负电，即不易形成网架结构，从而达到分散颗粒、稀释浆体和改善流动性等目的。

【触变性】thixotropy

亦称摇变，是流体在振荡、压迫等机械力的作用下流变特性发生可逆变化的现象。当流体受到剪切时黏度变小，停止剪切时黏度又增加；或受到剪切时黏度变大，停止剪切时黏度又变小的性质。即所谓"一触即变"的性质。

【震凝性】rheopexy

又称流凝性，指随着有规律的和缓运动(不是剧烈的摇动)而起胶凝的现象。它是触变的一种方式。例如，由各向不对称的片状、棒状颗粒形成的悬浮体或触变溶胶在管中流动时，颗粒间容易取向，从而发生胶凝现象，使黏度上升。

【渗透压】osmotic pressure

指借助半透膜从溶液中把溶剂与溶质分开时在膜上所呈的压强。溶液与纯溶剂被半透膜隔开时，纯溶剂会通过半透膜使溶液变稀，这种现象称为渗透。若在原溶液上加一压强，恰好能阻止纯溶剂进入溶液，则此压强就等于该溶液的渗透压。溶液越浓，其渗透压越大。

【半透膜】semipermeable membrane

指一种只允许某种分子或离子扩散进出的薄膜，对不同粒子的通过具有选择性的薄膜。例如，细胞膜、膀胱膜、羊皮纸及人工制的胶棉薄膜等。现代半透膜还用于多孔性壁(如无釉陶瓷)并使适当的化合物(如铁氰化铜)沉淀于其空隙中制成。半透膜用于渗透溶胶和测定渗透压强等。

1.3.2 表面性能

【比表面积】specific surface area

即是单位质量物质的表面积，其单位通常以 m^2/g 表示。通常可用来表示多相分散系统的分散程度。对于一定质量的物体，若将其分散为粒子，粒子越小，比表面积越大。一般采用吸附法来测定多孔物质的比表面。

【表面能】surface energy

指产生单位新表面积所做的功。物质的表面具有表面张力 σ，在恒温恒压下可逆地增大表面积 dA，则需功 σdA，因为所需的功等于物系自由能的增加，且这一增加是由于物系的表面积增大所致，故称为表面自由能或表面能。

【界面能】interfacial energy

表面能的概念通常用于液-气及固-气界面，用于液-液、液-固及固-固界面时一般称为界面能。参见本节【表面能】。

【表面张力】surface tension

液体表面任意两相邻部分之间垂直于它们的单位长度分界线相互作用的拉力。表面张力的形成同处在液体表面薄层内的分子的特殊受力状态密切相关。其大小与液体本性、温度及与此液体相接触的另一相物质的性质有关。由于表面张力的作用，液体总是具有缩小表面的倾向，所以液滴通常是球形。固体也有表面张力，其与烧结、收缩等作用有关。

【界面张力】interfacial tension

表面张力的概念通常用于液-气及固-气界面，用于液-液、液-固及固-固界面时一般称为界面张力。参见本节【表面张力】。

【剩余键力】residual valence force

指固体表面的剩余结合力。固体表面的质点(如原子、离子)和内部的质点不同。在固体内部，每个质点的结合力都与四周的质点相互作用而处于平衡状态，但固体表面上的质点由于受力不均衡，还有指向空间的剩余结合力。其具有饱和性，它的存在是产生化学吸附的根本原因。

【吸附】absorption

指固体或液体表面对气体或溶质的吸着现象。由物质的表面能所引起。按表面能的性质不同，吸附作用可分为物理吸附和化学吸附两类。它是一种表面现象，若被吸物质进入吸附剂内部，起类似溶解的作用，称为吸收。吸附和吸收总称为吸着。

【化学吸附】chemical absorption

指由剩余价力所引起的吸附。它具有选择性，这类吸附总是单分子层的，且不易解吸，在吸附剂和吸附质间可形成一种吸附化合物。其吸附热的数值很大，一般大于几万千焦每摩尔。

【物理吸附】physical absorption

指由分子间的力(范德华力)所引起的吸附。它没有选择性，吸附可以是单分子层也可以是多分子层。由于分子间力较弱，吸附热较小，一般在几百到几千焦耳每摩尔。同时解吸也较容易，其吸附速率和解吸速率都很快，且一般不受温度的影响。利用它可测定多孔物体的比表面和孔径分布。

【脱附】desorption

亦称解吸，是与吸附相反的过程。是指使溶质或气体分子从吸附剂放出的作用。

【吸附平衡】absorption equilibrium

指在给定条件下吸附速度和脱附速度相等时系统所处的状态。

【吸附热】heat of absorption

指吸附过程中所放出的热量，单位为kJ/mol。根据吸附热的大小可以判断物质发生的是化学吸附还是物理吸附。

【吸附剂】absorbent

指对气体或溶质发生吸附作用的固体。一般具有巨大的吸附表面和选择性的吸附能力，如活性炭、硅胶、白土及活性氧化铝等均是常用的吸附剂。

【活性固体】activated solid

指在不改变晶格形式的条件下，比同类固体有大得多的化学反应能力或物理化学反应能力的固体。如苛性石灰遇水时猛烈消减，它比焙烧石灰有大得多的反应能力，其原因在于有晶体缺陷和高的比表面。活性的大小通常根据拟定的实验方法测定。制备方法主要有煅烧、研磨、化学升华、沉淀及用酸腐蚀等。

【表面吸附膜】surface absorption film

指在给定条件下固体表面的化学吸附膜。表面膜的存在将改变固体物质及被吸附分子的物理化学性质。

【表面活性剂】surface active agent

指能显著改变物体表面性质的物质。如润湿剂、乳化剂、分散剂、塑化剂、去污剂等均为表面活性剂。表面活性剂的分子结构分为极性部分和非极性部分。极性部分为亲水基，如羟基—COOH、磺酸基—SO_3H、羟基—OH、氨基—NH_2等；非极性部分为憎水基，如各种链烃、芳烃等。发生吸附时，极性基向着极性界面，非极性基向着非极性界面，这两部分的性质和比例决定表面活性剂的作用。表面活性剂按其在水中是否发生电离可分为离子型和非离子型两大类，离子型活性剂又可根据其发生表面活性剂作用的离子分为阴离子型、阳离子型和两性型三类。

【溶剂化】solvation

指在溶液中，溶质被溶剂分子包围的现象。溶质的基本质点会与溶剂分子发生强或弱的化学作用，使溶质与溶剂化合而形成溶剂化物。

【分子筛】molecular sieve

指具有均一微孔结构而能将不同大小的分子分离的固体吸附剂。如具有立方晶格的硅铝酸盐化合物。分子筛具有均匀的微孔结构，它的孔穴直径大小均匀，这些孔穴能把比其直径小的分子吸附到孔腔的内部，并对极性分子和不饱和分子具有优先吸附能力，因而能把极性程度不同、饱和程度不同、分子大小不同及沸点不同的分子分离开来，即具有“筛分”分子的作用。按骨架元素组成可分为硅铝类分子筛、磷铝类分子筛和骨架杂原子分子筛；按孔道大小可分为微孔分子筛(孔道尺寸＜2nm)、介孔分子筛(孔道尺寸为2～50nm)和大孔分子筛(孔道尺寸＞50nm)。天然沸石是性能良好的分子筛。它广泛应用于气体和液体的干燥、脱水、净化、分离和回收等。

【润湿性】wetting property

指液体在固体表面上铺展，将固体表面覆盖的能力。当液滴与固体表面以及周围气体相互间的作用力达到平衡时，存在如下关系：$\sigma_{SG}=\sigma_{SL}+\sigma_{LG}\cos\theta$。式中：$\sigma_{SG}$为固、气界面上的表面张力；$\sigma_{SL}$为固、液界面上的表面张力；$\sigma_{LG}$为液、气界面上的表面张力；$\theta$为$\sigma_{SL}$与$\sigma_{LG}$之间的夹角，亦即在液、固、气三相平衡点上自由液面的切线与固体表面之间的夹角。此角称为润湿角或接触角，如附图所示，它是液体对固体表面润湿能力的度量。$\theta=0°$时称完全润湿，此时液体沿固体表面铺展成薄层。θ愈大则铺展和润湿面积愈小，润湿能力愈差。当$\theta=180°$时，液滴成球形，与固体表面相切，称为完全不润湿。

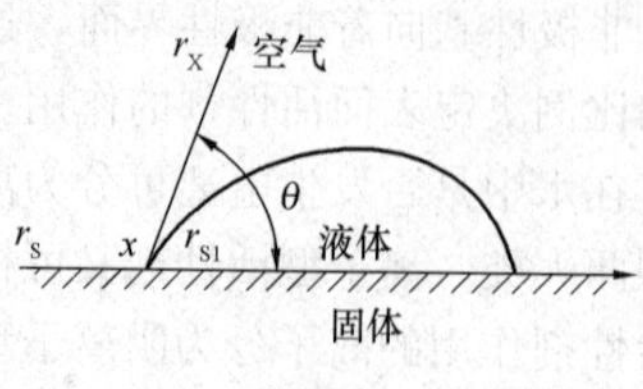

润湿角

【铺展系数】spreading coefficient

液体在不互溶的平滑固体表面自动展开成膜的过程，称为铺展。铺展系数是指在恒温恒压下，铺展面积为一个单位面积时，体系吉布斯自由能的降低或对外做的功，常用S表示，是表示液体对固体的润湿程度，或铺展能力的衡量。以液固界面为例，液体L和不互溶的固体S互相接触时，产生三个界面和其相应的界面张力σ_L、σ_S和σ_{SL}。铺展系数$S=\sigma_S-(\sigma_L+\sigma_{SL})$，式中：$\sigma_S$为固体表面张力；$\sigma_L$为液体表面张力；$\sigma_{SL}$为固-液界面张力。只有当$S\geqslant 0$，液滴才能在固体表面铺展。

【亲水性】hydrophilicity

指材料在空气中与水接触时能被水润湿的性质。与憎水性是两个互补的概念。带有极性基团的分子，对水有大的亲和能力，可以吸引水分子，或溶解于水。这类分子形成的固体材料的表面，易被水所润湿。具有这种特性的物质都表现为亲水性。

【憎水性】hydrophobicity

指材料在空气中与水接触时不能被水润湿的性质。是反映材料耐水渗透的一个技术指标，以规定的方式，经一定流量的水流喷淋之后，试样中未透水部分的体积百分率来表示。物质的憎水性是由于憎水基团的作用，一般的憎水基团为C—H键，如油脂类物质。三种憎水性的测试方法：接触法、表面张力法和喷水分级法。

【毛细现象】capillarity

指液体在毛细管内发生的液面上升或下降的现象。将毛细管插入表面张力不同的液体中时，如液体能润湿管壁，液面将在管中上升并呈凹液面；如液体不能润湿管壁，液面在管中下降并呈凸液面。管径越细和液体的表面张力越大时，此现象越显著。

【毛细管凝结】capillary condensation

指对平液面不饱和的蒸气在毛细管内的凝结。平液面上的饱和蒸气压高于毛细管内凹液面上的饱和蒸气压，因此，对平液面未饱和的蒸气对毛细管中的凹液面来说，可能已经达到饱和甚至过饱和。这样，蒸气就会在毛细管内凝结。该现象在多孔物质中易于发生。

【泡沫】foam

指由不溶性气体分散在液体中所形成的分散系统。气泡的分散度较低，其大小常在0.1μm以上，如肥皂泡等。气体可分散在固体中形成泡沫，如泡沫玻璃、泡沫混凝土等，是用起泡剂经特殊处理而制得，具有绝热、隔音等性能。

【乳状液】emulsion

又名乳浊液，是一种液体以细滴状分散在另一种不相溶的液体中的分散系统。乳状液中一相多半是水，另一相是有机液体，习惯上通称为油，所以乳状液有油分散在水中(如牛奶)和水分散在油中(如水原油)两大类。其分散相的液滴半径为0.1μm或稍大一些。

【悬浮体】suspension

或称悬浮液，指不溶性固体粒子分散在液体中形成的粗分散系统。其分散相粒子的直径大于1μm。例如，泥浆是固体分散在液体中的悬浮体，粉尘是固体分散在气体中的悬浮体，云雾是液体分散在气体中的悬浮体。

1.4 纳 米 技 术

1.4.1 纳米基础理论及常用术语

【纳米效应】nano effect

纳米效应包括多种现象，如通常所指的纳米材料的三大效应：表面效应、小尺寸效应和宏观量子隧道效应。产生纳米效应的原因在于其颗粒尺寸小、比表面积大、表面能高、表面原子所占比例大等特点，进而表现出传统材料所不具备的奇异或反常的物理、化学特性，如导体铜在其晶粒减小到某一纳米级界限就不导电，绝缘的二氧化硅在某一纳米级界限时开始导电。

【小尺寸效应】small size effect

当纳米材料的特征尺寸与光波波长、德布罗意波长等相当或更小时，纳米材料的晶体周期性边界被破坏，纳米粒子的非晶态表面层附近的原子密度减少，从而使其声、光、电、磁、热、力等性质呈现出新的变化，称之为小尺寸效应，也称为体积效应。如光吸收显著增加，产生吸收峰的等离子共振吸收；磁有序态向磁无序态转变；超导相向正常相转变等。

【表面效应】surface effect

当颗粒的直径减小到纳米尺度范围时，随着粒径减小，比表面积和表面原子数迅速增加，从而引起纳米材料的性质的变化的现象。如金属纳米粒子在室温时会在空气中被强烈氧化而燃烧，无机纳米粒子能在空气中吸附气体并与之发生反应等。

【宏观量子隧道效应】macroscopic quantum tunneling

隧道效应是由微观粒子波动性所确定的量子效应，又称势垒贯穿。近年来，人们发现纳米粒子的一些宏观量，例如，纳米粒子的磁化强度、量子相干器件中的磁通量以及电荷等也可以穿越宏观系统中的势垒，具有隧道效应。这种现象称为纳米粒子的宏观量子隧道效应，是纳米粒子基本的量子现象之一。

【量子尺寸效应】quantum size effect

当粒子的尺寸达到纳米量级时，金属费米能级附近的电子能级由连续态分裂成分立能级，半导体粒子存在不连续的最高被占据分子轨道(HOMO)和最低未被占据分子轨道(LOMO)，从而使纳米材料的带隙变宽的现象。当纳米材料的能级间距大于热能、磁能、静电能、静磁能、光子能或超导态的凝聚能时，出现量子尺寸效应，从而使其磁、光、声、热、电、超导电性能变化。量子尺寸效应带来的能级改变、能隙变宽，使微粒的发射能量增加，光学吸收向短波长方向移动(蓝移)。

【库仑堵塞效应】coulomb blockage effect

当体系的尺度进入到纳米级，体系电荷是“量子化”的，即充电和放电过程是不连续的，充入一个电子需要能量 e^2/C(e 为一个电子的电荷，C 为纳米体系的电容)，该能量称为库仑堵塞能。因此，由于库仑堵塞能产生的前一个电子对后一个电子的库仑排斥作用，导致在一个小体系的充放电过程电子不能集体传输，而是一个一个单电子的传输。通常把这种小体系中的单电子输运行为，称为库仑堵塞效应。

【超塑性】superplastic

是指材料(包括金属和非金属材料)在一定条件下显示出异常大塑性而不发生缩颈和断裂的现象。1986 年，Wakai 等在 3% 氧化钇稳定的四方氧化锆多晶体上观察到大于 100%的延伸率，确证了陶瓷材料也存在超塑性。纳米陶瓷材料的超塑性是由于大量的晶界滑移造成的。随着纳米粒子的细化，晶界数量的大幅度增加，材料的强度、缺陷的尺寸通常与晶粒大小有关。晶粒越细，缺陷尺寸越小，强度提高；其次，晶粒细小，材料断裂时裂纹的路径延长，消耗的断裂功增大，宏观表现就是材料的韧性增加。

【超顺磁性】superparamagnetic

当铁磁或亚铁磁物体小过某一临界尺寸时，它们成为单畴颗粒。在这种单畴颗粒集合体内，由于热的激发，每个颗粒的自发磁化强度不断在自己两个单轴易磁化方向之间反转，而且各颗粒的易磁化方向也是混乱取向的，因此，整体的磁化强度为零。物体的这种状态称为超顺磁状态。这种单畴颗粒组成的物质常常表现出超顺磁性：在外磁场的作用下，这些超顺磁态颗粒的磁化向量都转向磁场，沿磁场方向出现磁化强度(磁化)，但磁场去掉后，超顺磁态颗粒的磁化强度又变为零，没有磁滞。

【量子局域效应】quantum localization effect

参见本节【量子限域】。

【巨磁阻效应】giant magnetoresistance

指磁性材料的电阻率在有外磁场作用时较之无外磁场作用时存在巨大变化的现象。巨磁阻是一种量子力学效应，它产生于层状的磁性薄膜结构。这种结构是由铁磁材料和非铁磁材料薄层交替叠合而成。当铁磁层的磁矩相互平行时，载流子与自旋有关的散射最小，材料有最小的电阻。当铁磁层的磁矩为反平行时，与自旋有关的散射最强，材料的电阻最大。

【量子限域】quantum confinement

当粒子尺寸达到纳米量级时，费米能级附近的电子能级由准连续态分裂成分立能级。对于只有有限个导电电子的超微粒子来说，低温下能级是离散的；而对纳米粒子，包含的原子数有限，导电电子数 N 值很小，这就导致能级间距 δ 有一定的值，能级间距发生分裂。例如，半导体材料或金属粒子的尺寸降低到纳米尺度时，特别是等于或者小于该材料的激子玻尔半径时，由能级构成的准连续的金属或半导体能带将转化为离散的能级。因此，对于半导体材料来说，可以通过改变颗粒的尺度来调整其带隙的大小，从而改变对某些成本很高的半导体材料的依赖。

【激子发光】excitons

激子是固体中的一种基本的元激发，是由库仑作用互相束缚着的电子-空穴对。在量子化的低维电子结构中，激子的束缚能较大，激子效应增强，在较高温度或在电场作用下更稳定。束缚激子在半导体发光中有非常重要的地位。在间接带隙半导体材料中，由于动量选择定则的限制，材料的发光通常是很弱的，但如果存在束缚激子，其波函数在空间上是局域化的，因而发光跃迁的动量选择定则大大放松，无须声子参与就可能具有大的发光跃迁概率，使间接带隙材料的发光效率显著增强。

【界面效应】interface effect

参见本节【表面效应】。

【纳米磁学性质】nano-magnetic properties

纳米材料磁性与大块材料显著的不同，大块的纯铁矫顽力约为 80A/m，而粒径在 20nm 时，其矫顽力增加近 1 千倍；若进一步减少其粒径至 6nm 时，其矫顽力反而降低到零，呈现出超顺磁性。利用磁性超微颗粒具有高矫顽力的特性，已做成高贮存密度的磁记录磁粉，大量应用于磁带、磁盘、磁卡以及磁性钥匙等。利用超顺磁性，将磁性超微制成用途广泛的磁性液体。

【纳米力学性质】nano-mechanical properties

具有纳米结构的材料强度与粒径成反比。纳米材料的位错密度很低，位错滑移和增殖符合 Frank-Read 模型，其临界位错圈的直径比纳米晶粒粒径还要大，增殖后位错塞积的平均间距一般大于晶粒尺寸，使纳米材料不易发生位错滑移和增殖，这就是纳米晶强化效应。应用纳米技术制成超细或纳米晶粒材料时，其韧性、强度、硬度大幅提高，使其在难加工材料、刃具等领域占据了主导地位。

【分级结构】hierarchical structure

也称层次结构，最早是指网络环境中的多层拓扑结构，在这些层中可以有小的、高度连接的模块。在材料科学中，分级结构材料是指一种特殊结构的材料，它是由具有特定结构或形状的纳米基元(包括零维或一维纳米粒子)通过相互作用形成的特殊形态多级结构，如核壳结构、结型结构及分支结构等。

【介电限域效应】dielectric confinement effect

将纳米微粒分散在异质介质中，当介质的折射率(介电性)与纳米粒子相关较大时，产生折射率边界，导致体系介电性增强，这就是介电限域效应。介电限域效应使电子、空穴库仑作用增大，从而使激子束缚能进一步增大，最终引起吸收光谱和荧光光谱的红移。

【纳米硬度】nanohardness

硬度是评价材料力学性能的一种简单、高效的手段。根据总施加载荷的大小，将硬度分为：宏观硬度、显微硬度和纳米硬度。纳米硬度的载荷一般在 700mN 以下。

【单电子隧道效应】single electron tunneling effect

是在介观体系中出现的物理现象，包括通常所指的库仑阻塞和库仑台阶现象。它是指电子在具有微小隧道结体系的输运过程中，在其热涨落能可以被忽略的情况下，由于单个电子在隧道结的隧穿所引起系统能量的变化限制了下一个电子的隧穿，从而导致宏观电学性质(I-U 特性)呈现出某种特性。利用量子力学中电子穿透势垒的隧道效应把单个电子送入一个极小的电容器(或由此电容器中取出)，通过控制电容器两边的势垒大小，使得电子总是从一边流入另一边流出，从而形成单向电流的现象。

【单电子晶体管】single-electron transistors

是指用一个或者少量电子就能记录信号的晶体管。1989 年斯各特(J. H. F. Scott-Thomas)等在调制掺杂异质结界面形成的二维电子气上，制作了一个面积很小的金属电极，使得在二维电子气中形成一个量子点，它只能容纳少量的电子，也就是它的电容很小。当外加电压时，如果电压变化引起量子点中电荷变化量不到一个电子的电荷，则将没有电流通过。直到电压增大到能引起一个电子电荷的变化时，才有电流通过。因此电流-电压关系不是通常的直线关系，而是台阶形的。这个实验在历史上第一次实现了用人工控制一个电子的运动，为制造单电子晶体管提供了实验依据。为了提高单电子晶体管的工作温度，必须使量子点的尺寸小于 10nm，目前世界各实验室都在想各种办法解决这个问题。

【纳米电子学】nanoelectronics

由于量子尺寸效应等量子力学机制，纳米材料和器件中电子的形态具有许多新的特征。纳米电子学是指以纳米尺度材料为基础的器件制备、研究和应用的电子学领域，也称为纳电子学。

【磁热效应】magnetocaloric effect

是指磁性材料随着外加磁场的改变而发生的吸热和放热现象。磁热效应是磁性材料的内禀特性，通过磁晶格与外加磁场的耦合而产生。在热力学上来说，是指磁性材料在外加磁场的作用下产生的熵的变化，进而引起磁性材料自身温度的改变，导致外界环境温度的改变，以此达到制热或者制冷的目的。

【体积效应】volume effect

参见本节【小尺寸效应】。

【幻数结构】magic number structure

幻数的存在是原子核有"壳层结构"的反映，表示相同的粒子以集团的形式构成结合状态，就会出现某种秩序，并且决定原子核的性质。德国核物理学家迈耶和延森等人用轨道和自旋相互作用来解释这种现象，并建立了"壳层模型"。

【久保理论】kubo theory

是关于在低温下金属粒子电子性质的理论，由久保亮五(Kubo Ryogo)及其合作者提出。久保理论对小颗粒的大集合体的电子能态做了两点主要假设：(1)简并费米液体假设：超微粒子的费米面附近的电子状态是受尺寸限制的简并电子气，它们的能级为准粒子态的不连续能级，当 k_BT 远小于相邻二能级间平均能级间隔时，超微粒子的费米面附近的电子能级分布服从 Poisson 分布，从而解释了低温下超微粒子的物理性能。(2)超微粒子电中性假设：从一个超微粒子上取走或放入一个电子，需要克服库仑力做功 $W \approx e^2/d$ 远大于 k_BT(式中：d 为超微粒子的直径，e 为电子电荷)，造成费米能级附近的电子移动困难，能隙变宽，电阻率增大。

1.4.2 纳米材料种类

【纳米材料】nanomaterial

是指在三维空间中至少有一维处于纳米尺度范围(1～100nm)或由它们作为基本单元构成的材料，且其性质既不同于微观原子、分子，又不同于宏观物质的超常规特性，具有这种特性的材料称为纳米材料。

【纳米粒子】nanoparticle

是指在三维空间中至少有一维处于纳米尺度范围的纳米材料，包括零维纳米材料、一维纳米材料和二维纳米材料等。

【纳米陶瓷材料】nano-ceramic materials

是指显微结构中的物相具有纳米级尺度的陶瓷材料，其晶粒尺寸、晶界宽度、第二相分布、缺陷尺寸等都是在纳米量级(1～100nm)。相比于传统陶瓷，纳米陶瓷的强度、韧性和超塑性有明显的改善，其力学、电学、热学、磁学、光学等性能有大幅度提高，克服了传统陶瓷的许多不足。

【纳米金属材料】nano-metal materials

指三维空间中至少有一维处于纳米尺度或由它们作为基本单元构成的金属材料。

【纳米复合材料】nanocomposites

是由纳米尺寸的粒子、纤维等为分散相，弥散于基体材料中形成的复合体系，包括纳米微粒与纳米微粒复合(0－0 复合)，纳米微粒与常规块体复合(0－3 复合)及复合纳米薄膜(0－2 复合)等。

【纳米器件】nanodevices

多指纳米电子器件，参见本节【纳米电子器件】。

【纳米机械】nanomechanical

是指利用微机电系统(MEMS)技术制作的、尺度范围在纳米量级的一类机械，如分子电机等。

【纳米超级电容器】nano supercapacitors

以纳米材料作为电极材料的超级电容器。

【纳米微胶囊】nanocapsules

也称纳米胶囊，其胶囊尺度在纳米水平。另外，人们将各种尺度上介于 1～100nm 之间的，具有壳/核结构特点的金属、非金属以及有机物的包裹体，统称为纳米胶囊。

【纳米发电机】nano-generators

纳米尺度范围内将机械能转换成电能的发电机。2006 年，王中林等利用氧化锌纳米线成功地研制出世界上最小的发电机——纳米发电机，其被誉为是“纳米发电机之父”。

【光子晶体】photonic crystals

一种介电常数随空间周期性变化的新型光学微纳结构材料。实际上就是一种介质在另一种介质中周期排列组成的人造晶体，该排列周期为波长量级。光子晶体中介质折射率的周期变化对光子的影响与半导体材料中周期性势场对电子的影响相类似。在光子晶体中，由于介电常数在空间的周期性变化也存在类似于半导体晶体那样的周期性势场。当介电常数的变化幅度较大且变化周期与光的波长可比时，介质的布拉格散射也会产生带隙，即光子带隙。频率落在禁带中的光是被严格禁止传播的。光子晶体也叫电磁晶体或光子带隙材料，绝大多数光子晶体是由人工设计制造出来的，自然界中光子晶体很少，只有蛋白石和蝴蝶翅膀等。光子晶体可分为一维光子晶体、二维光子晶体和三维光子晶体。

【纳米电子器件】nanoelectronic devices

是指在纳米尺寸范围内构筑的纳米和量子

器件，集成纳米电路等，以实现量子计算机和量子通信系统的信息计算、传输与处理的相关器件。其中，以硅量子点和硅纳米线为代表的硅纳米结构及相关技术的研究受到了广泛重视，并成为当今半导体纳米科技最活跃的研究领域之一。

【纳米复合涂料】nanocomposite coatings

组成涂料的成膜材料或颜料中至少有一相的尺寸在纳米尺度的涂料。

【纳米磁性流体】nano-magnetic fluid

简称纳米磁流体，是由单畴纳米铁磁性微粒稳定地分散在液体介质中而形成的一种胶体体系，既具有固体磁性材料的磁性，又有液体的流动性，具有许多独特的磁学、流动力学、光学和声学特性，是一种性能独特的新型纳米液态功能材料。

【生物芯片】biochip

是指用生物大分子为材料制造的分子电路系统，集成度高，能耗小，速度快，生物体系中的生物分子可以自我修复、自我复制。主要包括基因芯片、蛋白质芯片等。

【分子电机】molecular motors

尺度为纳米量级的、由分子或团簇组装形成的转动机构，能够将化学能转化为机械功。最早是由美国塔夫茨大学的科研人员研制成功仅由一个分子组成的分子电机。如附图所示，把一个丁基甲基硫醚分子吸附到一个铜基板上，硫原子朝下，起到枢轴作用，碳原子则向外延伸，并通过来自扫描显微镜的电子驱动分子运动。

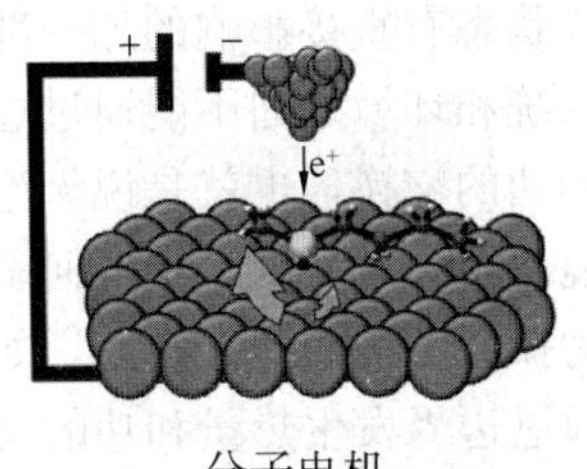

分子电机

【生物计算机】biological computer

是指以蛋白质分子作为生物芯片，并利用有机化合物存储数据的信息处理单元。在生物计算机中，信息以波的形式传播，当波沿着蛋白质分子链传播时，引起蛋白质分子链中单键、双键结构顺序等的变化。生物计算机芯片本身还具有并行处理的功能。生物计算机具有生物体的一些特点，如能发挥生物本身的调节机能，自动修复芯片上发生的故障，还能模仿人脑的机制等。

【纳米电缆】nanocables

或称同轴纳米电缆，是指直径为纳米级的电缆，其芯部通常为半导体或导体，外面包覆异质纳米壳体(导体、半导体或绝缘体)，外部的壳体和芯部的纳米丝形成共轴结构。

【零维纳米材料】zero-dimensional particles

是指在三个维度上都进入了纳米尺度范围的材料，包括团簇和纳米微粒等。

【一维纳米材料】one-dimensional nanomaterial

在两个维度上进入纳米尺度范围，长度在几百纳米甚至几个微米的纳米材料，包括纳米丝、纳米棒、纳米管及纳米电缆等。纳米管是具有中空结构的一维纳米材料，如碳纳米管等。纳米棒是纵横比(长度与直径的比率)较小、长度在纳米量级的一维纳米材料。纳米电缆是纵横比(长度与直径的比率)较大、长度在微米量级的一维纳米材料。

【二维纳米材料】two-dimensional nanomaterial

指在三维空间中有一维处于纳米尺度的纳米材料，如超薄膜、多层膜及超晶格等。

【三维纳米材料】three-dimensional nanomaterial

指材料中具有特定功能的纳米尺度的相、畴、区域结构的块体材料。

1.5 化学热力学

1.5.1 热力学

【热力学】thermodynamics

是以能量观点研究物质的热性质和热运动以及建立有关平衡的一般规律的科学。而化学热力学是物理化学和热力学的一个分支学科，主要研究物质系统在各种条件下所发生的物理和化学变化中所伴随的能量变化，从而对化学反应进行的方向和反应程度做出标准判断。

【能量守恒和转换定律】the law of conservation and transformation of energy

是自然界最普遍、最重要的规律之一。其定义是：自然界的一切物质都具有能量，能量有各种不同的形式，且能从一种形式转化为另一种形式，从一个物体传递给另一个物体，但是在转化和传递过程中能量的总量不变。能量守恒定律不仅适用于宏观过程，而且适用于微观过程。

【热力学第零定律】zeroth law of thermodynamics

又叫热平衡定律，即如果两个热力学系统中的每一个都与第三个热力学系统处于热平衡（温度相同），则它们彼此也必定处于热平衡。例如，如果物体 X 分别与物体 Y 和 Z 处于热平衡，那么如果让物体 Y 与 Z 热接触，它们一定也处于热平衡。热力学第零定律的重要性在于它给出了温度的定义和温度的测量方法。

【热力学第一定律】first law of thermodynamics

是热力学基本定律之一，是能量守恒定律对孤立系统的扩展，它可以表述为：热能是能量的一种形式，它可以和其他能量相互转换，而且转换过程中能量的总量保持不变。也表述为：热量可以从一个物体传递到另一个物体，也可以与机械能或其他能量互相转换，但是在转换过程中，能量的总值保持不变。

【热力学第二定律】second law of thermodynamics

是热力学基本定律之一，是关于热量或内能转变为机械能或电磁能，或者是机械能或电磁能转变为热量或内能的特殊转变规律。它有许多表述方式，克劳修斯（Clausius）的表述是："不可能把热量从低温物体传到高温物体而不引起其他变化"；开尔文（Kelvin）的表述是："不可能从单一热库吸取热量使之完全转变为功而不产生其他影响"；喀喇氏（Caratheeodory）的表述是："在系统的任一平衡态附近总存在着从该状态出发经绝热过程所不可能达到的状态"；哈特索普洛斯-基南（Hatsopoulos-Keenan）的稳定平衡定律："在外界不产生任何影响的条件下，系统从任何一个非平衡态出发，经过足够长的时间，总能达到一个而且只有一个稳定的热力学平衡状态"。尽管热力学第二定律的表述不一，但本质上都是一致的。

【热力学第三定律】third law of thermodynamics

是独立于热力学第一定律和第二定律的另一基本规律，它来自低温现象的研究。热力学第三定律是对熵的论述，一般当封闭系统达到稳定平衡时，熵应该为最大值，在任何自发过程中，熵总是增加，在绝热可逆过程中，熵等于零。在绝对零度，任何完美晶体的熵为零。所以，热力学第三定律也有多种不同的表述形式：(1)能斯特（Nernst）定理，即系统的熵在等温过程中的改变随绝对温度趋于零，即 $\lim_{T\to 0}(\Delta S)_T=0$，其中 $(\Delta S)_T$ 代表系统在等温过程熵的改变；(2)系统的熵会随着绝对温度趋于零而趋于零，即 $\lim_{T\to 0}S=0$；(3)不可能通过有限步骤使物体冷却到绝对零度；(4)普朗克（Planck）定义，在热力学温度零度（即 $T=0$k）时，一切完美晶体的熵值等于零。尽管热力学第三定律的表述不同，但是它们彼此是等价的。

【系统】system

在热力学中，从自然界相互作用的许多物体中划分出来作为研究对象且包含大量原子、分子的特定部分，称为系统，亦称体系、物系。对系统状态有直接影响的那一部分称为环境。如果系统和环境之间不能通过边界发生物质、热量和功的交换，也就是说无论环境如何变化，环境都不会对系统产生任何影响，这样的系统称为孤立系统或孤立体系。如果系统和环境可以通过边界发生热量和功的交往，但不能进行粒子交换，这样的系统称为封闭系统或封闭体系。如果系统和环境可通过边界交换粒子，即有质量流，这种系统称为敞开系统或敞开体系（open system）。

【状态】state

这里指热力学状态，指系统所有性质的总

和。热力学状态是由一些宏观的性质如质量、温度、压力、体积或组成等来描写和规定的。已知系统中物质的数量、化学成分以及聚集态，且处于一定的温度和压力下，则称该系统处于一定的状态，此时系统的性质均有确定的数值。而所谓标准状态，是指在标准压力(100kPa 或者 101.325kPa)下纯物质的物理状态。

【热力学平衡状态】thermodynamic equilibrium state

指在没有外界影响的条件下，热力学系统的宏观性质不随时间变化的状态。所谓外界影响，是指外界对系统做功或传热。但是，不能把平衡态简单理解为不随时间变化的状态。在已知系统的组成及数量后，系统的这个状态就可以用状态函数表示出来。

【状态函数】function of state

亦称热力学状态参数，即表征系统平衡状态的一些宏观热力学性质，其多数为具有能量量纲的热力学函数，如内能、焓、吉布斯自由能、亥姆霍兹自由能等，温度、压力、熵等是状态函数。状态函数的特点是：(1)当系统状态一定时，它们有确定的数值；(2)其变化值仅与系统的初态和终态有关而与系统变化的过程无关。因此，系统如果经历不可逆过程时，其状态函数变化值可通过相同初态和终态的可逆过程来进行计算。

【过程】process

这里指热力学过程，即在环境作用下，系统由一种热力学状态转变为另一种热力学状态所经历的变化。热力学过程有以下五种：(1)恒温过程，在整个过程中，系统的温度保持不变；(2)恒压过程，在整个过程中，系统的压力保持不变；(3)恒容过程，在整个过程中，系统的容积保持不变；(4)绝热过程，在整个过程中，系统与环境间没有热量交换。(5)若系统经过一系列变化后仍能回到原来的状态，则称该过程为循环过程。

【可逆过程】reversible process

系统在经历了一个热力学过程之后，如果可以沿终态到初态的途径进行逆向转变，并最终使系统和外界都回复到初态而不留下任何影响，则此过程称为可逆过程。可逆过程必须满足两个条件：(1)可逆过程必须是准静态过程，即必须在可以忽视势差对系统影响的条件下进行；(2)可逆过程中不存在任何耗散效应，如摩擦、扰动、电阻、永久变形等，耗散效应一定会导致无法消除的影响。

不满足可逆过程的定义或条件的过程称为不可逆过程。一个不可逆的准静态过程有两个温差无限大的物体的热交换，其热交换的速率由两物体间的一个几乎绝热的隔板所控制。在此情况下，不论过程发生得如何缓慢，两个物体的状态都绝不会无限地趋近平衡态，因为热平衡需要两个物体具有绝对相同的温度。

【热】heat

由于温度不同而在体系和环境之间交换的能量，体系吸热为正。

【功】work

在热力学中，把除热以外的其他各种能量的传递形式统称为功，体系对环境做功为负，功是强度性质(如力)和容量性质(如位移增量)的乘积。

【内能】internal energy

是物体或若干物体构成的系统(简称系统)内部一切微观粒子的一切运动形式所具有的能量总和。内能一般是下列诸能量的总和：(1)分子运动的动能；(2)分子间的能量，即分子间相互吸引能和排斥能，这是一种势能；(3)分子内的能量(包括化学键能、分子中原子的振动能，此外还有原子中的电子和原子核的能量等)。内能是系统的状态函数，系统的状态不变时内能即有固定的数值。目前，不能测知系统的内能绝对值，但可以求得系统在状态变化时内能的变化值。

【焓】enthalpy

是热力学系统中的一个能量参数，物理学上指单位质量的物质所含的全部热能，亦称热函、热函量。焓是状态函数，属容量性质。焓常用符号 H 表示，数值上焓定义为：$H=U+PV$。式中：U 为体系的内能，P 为压强，V 为体积。系统焓的改变量与变化的途径无关，仅取决于系统的初、终态，但无法确定焓的绝对值。焓具有能量的单位(J)，但是焓本身无明确的物理意义。在恒压且无非体积功的过程中，系统所减少的焓全部以热的形式传给环境，系统所吸收的热全部用来增加系统的焓。

【熵】entropy

是体系的混乱的程度，是热力学中基本状态函数之一，属于容量性质。物理学上指内能除以温度所得的商，标志热量转化为功的程度。熵变的定义式为：$dS=(\frac{\delta Q_T}{T})_R$。式中：$\delta Q_T$ 为工作物质在各温度所吸收的热；T 为该温度；下标 R 代表可逆。熵的单位是$J\cdot K^{-1}$。熵是体系的状态函数，其值与变化的途径无关，仅取决于系统的初态和终态。从分子运动论的观点看，熵的物理意义是系统内部分子热运动混乱程度的量度。根据熵的物理意义，可以定性地估计物理和化学变化过程中的熵变。熵是用来判断过程自动进行的方向和限度的一个热力学状态函数。

【标准摩尔熵】standard molar entropy

指在标准状况(压力为 101.325kPa 和温度为 T 的标准状态)下，1mol 纯物质的规定熵，记作 $S^{\ominus}_{m,T}$ 。不同的物质或同一物质的不同相态具有不同的标准摩尔熵。

【熵增加原理】principle of entropy increase

是指一个封闭系统从一个平衡态出发，经过绝热过程到达另一个平衡态，它的熵不减少。这一原理对于初、终态为平衡态的情况，或初、终态不是平衡态的情况，以及孤立系统的情况都是适用的。绝热系统不可能发生 $\Delta S<0$ 的变化。在可逆绝热过程中，系统的熵不变；在不可逆绝热过程中，系统的熵增加。在孤立系统中，一切不可逆过程必然朝着熵的不断增加的方向进行。利用熵增加原理，可以明确地判断在绝热过程下可逆过程和不可逆过程。熵增加原理是热力学第二定律的又一种表述，它比开尔文、克劳修斯表述更为概括地指出了不可逆过程的进行方向；同时，更深刻地指出了热力学第二定律是大量分子无规则运动所具有的统计规律，因此只适用于大量分子构成的系统，不适用于单个分子或少量分子构成的系统。

【微观状态数】microstate numbers

系统中所有与宏观状态相容的量子态的总数，称为微观状态数。处在一定已知宏观约束下的系统的平衡态，可用一组独立的宏观参量描述。这一组宏观参量的特定数值确定一个宏观状态。例如，孤立是一种约束，对全部粒子体系，其宏观状态可用总粒子数 N、能量 E、体积 V 描述。体系只能处在与宏观状态相容的那些量子态上，这样的量子态称为体系的可及微观状态，其总数目称为体系的可及微观状态数，用 Ω 表示。熵值可以看作是体系微观状态数的函数。相对分子量越大，可能的微观状态数也越大。

【功函】work function

是系统的一种性质，是判断恒温恒容条件下过程自动进行的方向和限度的函数。它的定义可用下式表示：$A=U-TS$。式中：A 为功函；U 为内能；T 为温度；S 为熵。功函是状态函数。其绝对值尚无法测知，在热力学中重要的是研究它的变化值 ΔA。在恒温恒容并且不做有用功的条件下，若 $\Delta A<0$，则此过程能自动进行；若 $\Delta A=0$，则表明系统处于平衡状态。即：在恒温恒容且无其他功的情况下，系统的自发变化总是朝向功函减少的方向进行，直到 $\Delta A=0$。

【自由焓】free enthalpy

亦称作吉布斯(Gibbs)函数、吉布斯自由能(Gibbs free energy)和等温等压位，是判断封闭系统在恒温恒压且不做非体积功的条件下过程的方向和限度的函数。定义表示为：$G=H-TS$。式中：G 为自由焓；H 为焓；T 为温度；S 为熵。自由焓是系统的状态函数，属于容量性质，具有能量的量纲，其单位是焦耳(J)。因 H 的绝对值未知，所以 G 的绝对值也未知。因 $\Delta G=\Delta H-T\Delta S$，自由焓可以理解为系统焓的改变量减去只能增加系统混乱度而不能用于做功的那部分热剩余的部分。等温等压且不做非体积功的过程总是朝着自由焓减少的方向进行，直到自由焓减少到最小，即达到平衡态。

【标准摩尔生成焓】standard molar formation enthalpy

在标准压力(100kPa)下，反应温度为 T 时，由最稳定的单质合成标准压力 $P^{\ominus}$ 下单位量的物质 B 的反应焓变，称为物质 B 的标准摩尔生成焓，用符号表示为：$\Delta_f H_m^{\ominus}$(B 相态)，下标 f 表示生成反应，上标 Θ 表示标准状态，下标 m 表示反应进度为 1mol，括号里的 B 表示指定的物质。单位是 $kJ \cdot mol^{-1}$。

【标准摩尔燃烧焓】standard molar combustion enthalpy

在标准压力(100kPa)下，反应的温度为 T 时，单位量(1mol)的物质 B 完全氧化为同温下的指定产物时的标准摩尔焓变，称为物质 B 的标准摩尔燃烧焓，用符号表示为：$\Delta_c H_m^{\ominus}$(B 相态)，下标 c 表示燃烧，上标 Θ 表示标准状态，下标 m 表示反应进度为 1mol，括号里的 B 表示指定的物质。单位是 $kJ \cdot mol^{-1}$。

【化学位】chemical potential

亦称化学势，指在恒温恒压下，多组分系统中组分 B 的偏摩尔吉布斯函数，用符号"μ"表示。化学位的定义为：$\mu_B = G_B = (\frac{\partial G}{\partial n_B})_{T,P,n_c}$。式中：$G$ 是多组分均相系统中温度、压力和各组分的物质的量的函数，即 $G = f(T,P,n_1,n_2,\cdots)$。它的物理意义是：在恒温恒压下，当 1mol 组分 B 加到一个无限大量的物系中，对该物系总吉氏函数的贡献。在恒温恒压和不做非体积功的条件下，系统的化学位为：$dG_{T,p} = \sum_B \mu_B dn_B$。化学位是系统的状态函数，属于强度性质，但是无法确定其绝对值。对多组分的化学平衡系统或相平衡系统，利用化学位判据可以判断在恒温恒压且没有非体积功的条件下，封闭系统中的过程的方向和限度。存在于两相中的同一组分，自发变化的方向是该组分从化学位较大的相流向化学位较小的相，直到该组分在两相中的化学位相等为止。

【活度】activity

即实际溶液的有效浓度，常以符号 a 表示。它是为使理想溶液(或极稀溶液)的热力学公式适用于真实溶液，用来代替浓度的一种物理量。用活度代替浓度，可以校正实际溶液行为对理想溶液的偏差。已知在理想液态混合物中无溶剂与溶质之分，任一组分 B 的化学势可以表示为：$\mu_B = \mu_B^*(T,P) + RT\ln x_B$。对实际溶液，$B$ 的化学势应修正为：$\mu_B = \mu_B^*(T,P) + RT\ln(\gamma_{x,B} x_B)$。如定义 $a_{x,B} \stackrel{def}{=} \gamma_{x,B} x_B$，则 $a_{x,B}$ 是 B 组分用摩尔分数表示的活度，$\gamma_{x,B}$ 称为 B 组成用摩尔分数表示的活度系数，也称为活度因子，它表示在实际溶液中，B 组分的摩尔分数与理想液态混合物的偏差。活度和活度系数皆由实验测定。

【逸度】fugacity

在化学热力学中表示实际气体的有效压强。由于实际气体对理想气体的行为有偏差，它可理解为实际气体对理想气体的校正压力；它等于相同条件下具有相同化学势的理想气体的压强，常用以符号 f 表示。即：$f = \gamma P$，γ 相当于压力的校正因子，称为逸度系数，也称为逸度因子。它的大小与温度、压力以及气体本身的性质有关。气压越低，温度越高，分子之间的引力愈小，则实际气体越趋近于理想气体的性质，即当 $P \to 0$Pa 时，$\gamma = 1$，$f = P$。

【热平衡】thermal equilibrium

指同一物体内或在可相互进行热交换的几个物体间，既不发生热的迁移，也不发生物质的相变而具有相同温度的状态。一个处于任意平衡状态的系统，在没有宏观功的条件下，靠系统与外界直接相互作用以改变系统状态的方式称热接触(或热交换)。两个热力学系统进行热接触时，系统原来的平衡状态一般都将发生变化；经过足够长的时间之后，系统的状态不再发生变化，则两个系统处于热平衡。如果两个系统热接触时，状态没有发生变化，则说明两个系统已是互为热平衡的。

【吉布斯自由能】Gibbs free energy

参见本节【自由焓】。

1.5.2 热化学

【盖斯定律】Hess's law

亦译称赫斯定律。其涵义为：化学反应的热效应只与起始状态和终了状态有关，而与变化的途径无关。这一规律是盖斯在 1836 年提出的，是热化学的最基本规律。但是，盖斯定律只对等容过程或等压过程才完全正确。盖斯定律的重要意义在于使热化学方程式可以像普通代数式一样进行运算，从而可以根据一些已经准确测定的反应热效应间接地求出难于测定或不能直接测量的反应热效应。例如，由氧化物合成硅酸盐的热效应可通过测定各氧化物和该硅酸盐的溶解热，可利用盖斯定律间接计算出。这个定律的发现以及当时所采用的实验方法，为后来热力学第一定律的确立奠定了实验基础。

【基尔霍夫定律】Kirehhoff's law

表示反应焓变与温度的关系。其积分形式为：$\Delta_r H_m(T_2)=\Delta_r H_m(T_1)+\int_{T_1}^{T_2}\Delta C_p \mathrm{d}T$；其微分形式为：$\left(\frac{\partial(\Delta H)}{\partial T}\right)_p=\Delta C_p$。两者都可称为基尔霍夫定律。式中：$\Delta C_p$ 为生成物定压热容(C_p)之和与反应物定压热容之和的差值，由于 C_p 是温度的函数，所以 ΔC_p 也是温度的函数。若知道某一温度时反应的 $\Delta_r H_m(T_1)$ 和各 $C_{p,m}$值后，就能用基尔霍夫定律求得另一温度时该反应的 $\Delta_r H_m(T_2)$ 的值。使用基尔霍夫定律时，应注意积分的温度区间内各物质没有相变，当有相变发生时，还要考虑到相变热。

【势函数】potential function

热力学势函数是根据计算需要把系统的状态函数自由能(G)、焓(H)和温度(T)重新组合而成的一个新的状态函数。其定义式为：$\Phi_T{}^{\circ}=\frac{G_T{}^{\circ}-H^{\circ}_{298}}{T}$。由于 G 和 H 均为状态函数，Φ 亦为状态函数，其改变值仅取决于系统的始态和终态，而与变化的途径无关。即：$\Delta\Phi_T{}^{\circ}=\frac{\Delta G_T{}^{\circ}-\Delta H^{\circ}_{298}}{T}$。式中：$\Delta H^{\circ}_{298}$ 为标准状态下反应的热焓变化；$\Delta\Phi_T{}^{\circ}$ 为标准状态下反应的热力学势函数。热力学的计算包括经典热力学计算和热力学势函数计算。由于经典的热力学方法计算繁琐，得不到普遍应用，而势函数法是在经典热力学的基础上导出并发展的一种既能正确、简捷地计算出某一反应在某一温度下的自由焓数值，又有利于能量平衡计算的方法，因此具有实用价值。如化学反应平衡常数 K 和势函数的关系为：$-\ln K=\frac{1}{R}\left[\frac{\Delta H^{\circ}_{298}}{T}+\Delta\Phi^{\circ}_T\right]$。应用热力学势函数法计算平衡常数的工作量可以大大减少。

【热容】heat capacity

是当系统吸收微小的热量 δQ 而温度升高 $\mathrm{d}T$ 时，$\delta Q/\mathrm{d}T$ 的比值，通常以符号 C 表示，单位为 J/K。在没有相变或化学变化的条件下，物质升高 1K 所需吸入的热量称为热容。由于热量与物质的数量有关，物质的比热容(亦称比热)是指当单位质量该物质吸收或放出热量引起温度升高或降低时，温度每升高 1 K 所吸收的热量或每降低 1 K 所放出的热量，通常以符号 C 表示，单位为 J/kg·K。而 1mol 物质升高 1K 所需吸入的热量叫摩尔热容。热容是一个容量性质，如果升温是在体积不变条件下进行，该热容称为恒容热容(C_V)；如果升温是在压力不变条件下进行，该热容称为恒压热容(C_p)。两者常常不同，对于气体尤其显著。两种热容之差 $C_p-C_v=NR$，式中：R 为气体常数；N 为物质的量。由于物体在不同温度时升高 1K 所需热不同，所以常用平均热容的概念，平均热容是某一温度范围内的平均恒容热容。设物体的温度由 T_1 升高至 T_2 时吸热为 Q，则 $Q/(T_2-T_1)$称为 T_1 至 T_2 温度间隔内的平均热容。

【热效应】heat effect

指物质系统在物理的或化学的等温过程中只做膨胀功时所吸收或放出的热量。在等温过程中，体系吸收或者放出的热因过程的性质不同，可分为反应热(如生成热、燃烧热、分解热与中和热)、相变热(如蒸发热、升华热、熔化热)、溶解热(积分溶解热、微分溶解热)、稀释热、水化热、结晶热、晶型转化热等。热效应随过程条件的不同分为两种：恒容条件下的热效应称为恒容热效应；恒压条件下的热效应称为恒压热效应。

【生成热】heat of formation

指在一定温度和压力下，由最稳定的单质生成 1mol 纯物质的热效应。亦称生成焓，因为此生成反应的热效应等于该过程体系焓的增量。如果是在标准压力(101kPa)和指定温度下时，由最稳定单质生成标准状态下 1mol 化合物时的焓变(恒压反应热)，则称为该化合物的标准摩尔生成焓或标准摩尔生成热。硅酸盐的生成热则常指由其相应氧化物生成该硅酸盐时所放出的热。根据硅酸盐和其相应氧化物分别在 20%浓度氢氟酸中的溶解热，可利用盖斯定律间接计算硅酸盐的生成热。

【燃烧热】heat of combustion

指物质与氧气进行完全燃烧反应时放出的热量。它一般用单位物质的量、单位质量或单位体积的燃料燃烧时放出的能量计量。其常见定义是：在 298K、101kPa 时，1mol 纯物质完全燃烧生成稳定的氧化物时所放出的热量，称为该物质的燃烧热，单位为 kJ/mol。在标准压力(101kPa)和指定温度下，1mol 物质完全燃烧时的反应热称为该物质的标准摩尔燃烧热，简称标准燃烧热。例如，甲烷的标准摩尔燃烧热为 893.8kJ/mol。

【溶解热】heat of solution

指一定量的物质溶解在一定量的溶剂中所产生的热效应。其常见定义为：在一定温度及压力下(通常温度为 298K，压力为 101kPa 的标准状况)，一定量的溶质溶解在大体积的溶剂中时所放出或吸收的热量，称为溶解热。在等压状态下，溶解热等同于焓值的变化，因此也被称为溶解焓。溶解热可以为正值(放热效应)，也可以为负值(吸热效应)。溶解热的大小与温度、压力以及溶质、溶剂的种类、用量有关。溶质的量为 1mol 时的溶解热称为摩尔溶解热，通常是指在 101kPa 的标准压力和 298K 的标准状态下 1mol 溶质溶解的热效应。硅酸盐研究中通常用 20%或 12%的氢氟酸(HF)作溶剂。通过溶解热的测定，可以间接计算硅酸盐的生成热、水化热等。严格地讲，由于在纯溶剂中或某一浓度的溶液中溶解相同的溶质其溶解热是不一样的，则在保持浓度不变的条件下，大量溶液在溶解 1mol 溶质时的热效应称为微分溶解热；由某一浓度 c_1 加入 1mol 溶质使浓度变为 c_2 的热效应称为积分溶解热；而在溶液中加入纯溶剂所引起的热效应称为稀释热。

【水化热】heat of hydration

指物质与水化合时所放出的热量。此热效应往往不单纯由水化作用发生，所以有时也用其他名称。例如氧化钙水化的热效应一般称为消解热。水泥的水化热通常称为硬化热，因为其中包括水化、水解和结晶等一系列作用。水化热有时也称为水合热或水合能。水化热可在量热器中直接测量，也可通过溶解热间接计算。

【熔融热】heat of fusion

亦称熔化热、熔解热，就是液化潜热。熔融热是指物质在其熔点时从晶态变成液态所需吸入的热量。所谓潜热，是指物质发生相变(物态变化)，在温度不发生变化时吸收或放出的热量。物质由低能状态转变为高能状态时吸收潜热，反之则放出潜热。熔融热、汽化热、升华热都是潜热。潜热的量值常常用每单位质量的物质或用每摩尔物质在相变时所吸收或放出的热量来表示。

【结晶热】heat of crystallization

指溶液中溶质析出单位质量结晶体需要吸收(放出)的热量。结晶热在数字上约等于熔解热，但方向相反。而硅酸盐的结晶热为在结晶时所放出的热量，但这种结晶热难于直接测定，因为其熔体的黏度较大，难以完全结晶，一般由其玻璃相与晶相的溶解热间接计算。

【晶型转变热】heat of crystal polymorphic transformation

参见 1.1.3【晶型转变】。

【润湿热】heat of wetting

指液体润湿固体表面时所放出的热量。它是反映粉体表面性质的一个常用的重要参数。

在煤化工中，由于煤的表面积大，煤被液体润湿时会释放出大量的热，通常用1g煤被润湿时释放出的热量作为煤的润湿热。在硅酸盐工业中，将干黏土放入水中会有热放出，润湿时结合的水量与黏土的表面性质有关。如膨润土与高岭土相比，前者可被润湿的比表面较大，吸附的阳离子也较多，故膨润土的润湿热是高岭土的6～8倍。而在石油工业中，由于润湿热与吸附关系密切，润湿热在采油中起着举足轻重的作用：通常，油在岩石表面的润湿热越大，越不容易被驱走，抽采难度越大；反之，所使用的驱油剂溶液在岩石表面的润湿热越大，越有利于自发渗吸，有利于提高洗油效率，降低抽采难度。

1.6 相 平 衡

1.6.1 相图原理

【相平衡】phase equilibrium

是多相平衡的简称，指在一定的条件下当一个多相系统中各相的性质和数量均不再随时间变化的状态。相平衡时，从宏观上看，没有物质由一相向另一相的净迁移，但从微观上看，不同相间分子转移并未停止，只是两个方向的迁移速率相同而已，所以相平衡是动态平衡。化工热力学研究的两相系统的平衡，有气-液平衡、气-固平衡、汽-液平衡、汽-固平衡、液-液平衡、液-固平衡和固-固平衡；相数多于二的系统，有气-液-固平衡、汽-液-液平衡等。例如，水和汽、水和冰、冰和汽以及水、冰和汽均可形成多相平衡。而一般硅酸盐工艺过程所涉及的主要是固相、液相间的平衡，这类不考虑气相的平衡又称凝聚系统相平衡。

【相】phase

在系统内部，物理性质和化学性质完全相同、均匀一致的部分称为相。相与相之间由界面分开。系统中所包含的相的总数称为相数。例如，水是一个相，若水上浮有冰块，冰也是一个相(与冰的块数无关)。水与冰共为二相，水、冰和汽就成为三相。根据所含相数，硅酸盐平衡系统可以分为：(1)单相系统，这种系统各部分组成和性质均匀一致，是均匀系统；(2)多相系统，因为其中有多个相，各部分组成和性质可能不同，因此这种系统是非均匀系统。此外，在硅酸盐相平衡研究中一般只考虑液相和固相，而不考虑气相，液相和固相都是凝聚相。

【组分】component

系统中能单独分离出来并能独立存在的化学纯物质称为细分物种或组元，细分物种的数目即细分数物种数或组元数(用符号 S 表示)。确定平衡系统中的所有各相组成所需要的最少组分数称为独立组分数，在相律中常用符号 C 表示。独立组分数可用关系式 $C=S-R-R'$ 来确定，式中：R 为物种之间实际存在的独立的化学平衡关系的数目；R' 为某一相中的浓度限制的数目。例如：在 $CaCO_3=CaO+CO_2$ 的多相平衡中，组分数为3，在这三个物质中仅有两个物质的含量能独立变动，第三者的量决定于前两者，它不是独立的，则系统的独立组分数为2。根据所含独立组分数，硅酸盐平衡系统可以分为：一元系统，如 SiO_2 系统；二元系统，如 $CaO \cdot SiO_2$ 系统；三元系统，如 $CaO\text{-}Al_2O_3\text{-}SiO_2$ 系统；四元系统，如 $CaO\text{-}Al_2O_3\text{-}SiO_2\text{-}Fe_2O_3$ 系统等。

【自由度】degree of freedom

亦称可变度。在热力学中，自由度是指当系统为平衡状态时，在不改变相的状态情况下，在一定范围内可独立改变的因素(如温度和压力)，这些变量的数目称为自由度数，用符号 F 表示。自由度数实际上是指系统的独立变量数。在相平衡中，系统的自由度为零的状态为无变量状态，自由度为1的状态为单变量状态，而自由度为2的状态称为双变量状态，以此类推。

【吉布斯相律】Gibbs phase rule

简称相律，或相平衡定律，它描述非均匀

多相系统处于平衡时系统的相数 P、独立组分数 C、自由度 F 和外界影响因素之间的关系，其数学表达式为：$F=C-P+n$。式中：n 为外界因素数，多数情况下取 $n=2$，代表压力和温度；而对于凝聚系统，如熔点极高的固体，蒸气压的影响非常小，可取 $n=1$，如硅酸盐系统不考虑气相，强度因素中也不考虑压力，因此该方程式记为 $F=C-P+1$。吉布斯相律是相平衡的基本规律，适用于平衡态下的任何系统。但是，若两相平衡时，压强不相等，如在渗透平衡中，吉布斯相律不适用。

【相图】phase diagram

狭义相图，也称相态图、相平衡状态图，是用来表示相平衡系统的组成与一些参数(如温度、压力)之间关系的一种图。当系统中多相平衡共存时，由于相的数目、状态及其相对数量与温度、压力、浓度等因素有关，所以相图其实就是用来描述多相平衡的状态受系统温度、压力、组成的影响的几何图形。但是，由于硅酸盐系统都是液态或固态的，所以其相图一般不考虑压力的影响。广义相图是在给定条件下体系中各相之间建立平衡后热力学变量——强度变量的轨迹的几何表达。相图表达的是平衡态，严格说是相平衡图。

【一元相图】one-component phase diagram

即单组分系统的相平衡图，是表示这种系统在热力学平衡状态下组分与温度、压力之间关系的几何图形。单组分系统的自由度数最多为 2，因此这类系统的相平衡关系通常用温度-压力图(T-P 图)来表示，如附图所示。图中横轴为温度，纵轴为压力。FA 线是晶型 A 的固-气平衡线，或称升华曲线；FA 线以上面积是晶型 A 的相区。AB 线是晶型 B 的固-气平衡线；AB 线以上的面积是晶型 B 的相区。BC 线是液-气平衡线，或称蒸气压曲线；BC 线以上的面积是液相区。FABC 线以下则是气相区。BE 线是晶型 B 的固-液平衡线，或称为熔点曲线，表示熔点随压力的变化关系。AD 线是晶型 A 与晶型 B 之间的转变线，表示晶型转变温度随压力的变化关系。A 点是三相点，在此点上有晶相 A、晶相 B 和气相处于平衡状态。B 点也是三相点，在此点上有晶型 B、液相和气相处于平衡状态。

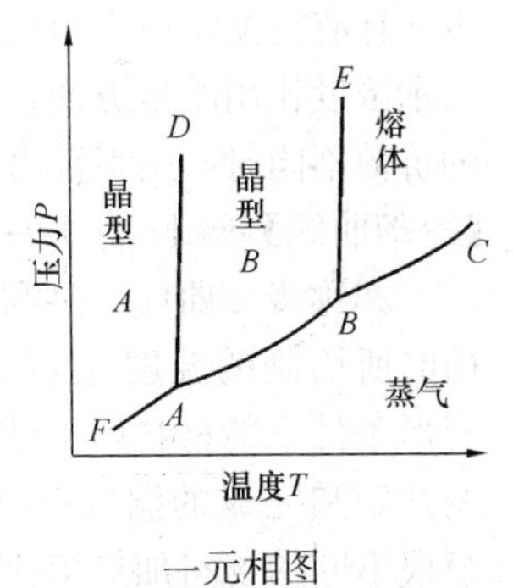

一元相图

【二元相图】binary phase diagram

即二组分系统的相平衡图，是表示这种系统在热力学平衡条件下组分与温度、压力之间关系的几何图形。对于凝聚系统，简单二元相图如附图所示。图中横轴为组成坐标，纵轴为温度坐标。aE、bE 为液相线，它们的上方为液相区。水平线 cd 为固相线、或称低共熔温度线。液相线和固相线之间为液-固二相平衡区。水平线以下为固相区。E 点为低共熔点。但是，当有化合物、固溶体生成时，则相图比附图复杂。

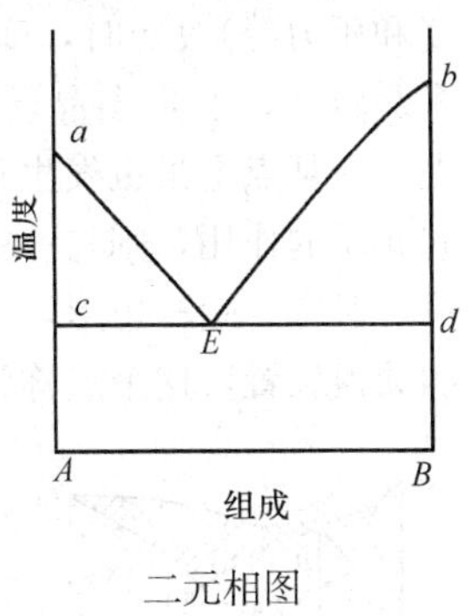

二元相图

【三元相图】ternary phase diagram

即三组分系统的相平衡图，是表示这种系统在热力学平衡条件下组分与温度、压力之间关系的几何图形。三元凝聚系统的相图通常用等边三角形来表示组成，三角形的顶点分别表示纯组分、边表示二元组成、三角形内表示三元组成、温度垂直于三角形底面。不同组成的熔体有不同的开始析晶温度，连接这些温度点构成液相面，如 $aE_1bE_2TcE_3E$ 曲线，如附图(a)所示，此曲面以上为液相区。在曲面上为一种晶相与液相处于平衡。二曲面相交的曲线叫界线，在界线(如 E_1E)上有两个晶相(A、B)与液相处于平衡。二界线相交得三元系统的无变量点即三元低共熔点，即图中 E，在此点上三晶相与液相处于平衡。三元系统相图常用投影图表示，即把无变量点和界线，有时还包括等温线及表示温度降低方向的箭头都投影在组成三角形上，如附图(b)所示。把无变量点(除多晶转变和过渡点外)周围的三个初晶区对应的晶相组成点连接成三角形，就是该无变量点对应的副三角形。如无变点处于其相应副三角形的重心位，则该无变点为低共熔点；如无变量点处于其相应副三角形的交叉位，则该无变量点为单转熔点，而双升点即处于交叉位的单转熔点。如无变点处于其相应副三角形的共轭位，则该无变点为双转熔点，而双降点即处于共轭位的双转熔点。当热力学条件(如温度和压力等)改变时，变体之间发生转变称为多晶转变，发生多晶转变的点称为多晶转变点。在某点上虽也发生双转熔过程，但液相仅起介质的作用，则它一定不是结晶结束点，也没有对应的副三角形，更不会处于相应三角形的共轭位置，这个点称为过渡点。

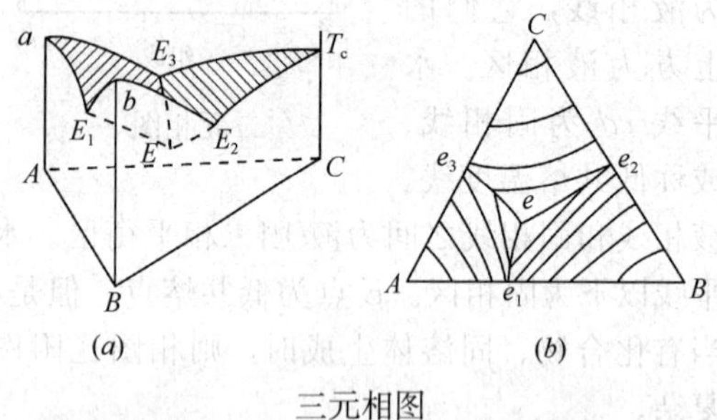

三元相图

(a)三元系统立体图；(b)三元体系投影图

【四元相图】quaternary phase diagram

即四组分系统的相平衡图，是表示这种系统在热力学平衡条件下各个组分与温度、压力之间关系的几何图形。四元相图的组成通常用一个浓度四面体来表示。四元凝聚系统相图通常用正四面体表示，如附图所示。四面体顶角表示纯组分，边表示二元系统，面表示三元系统，四面体中任一点表示一个四元组成，组成点到四个底的高分别表示四个组分的相对含量。四面体中每一点也同时表示温度。对于一些重要的点(如各化合物的熔点及无变量点)的温度，往往用数字直接标出。图中顶角附近的空间叫结晶容积，在结晶容积内一种晶相与液相达成平衡。两个结晶容积相交得结晶界面，在界面上有两个晶相与液相处于平衡状态。三个结晶界面相交得结晶界线，在界线上有三个晶相与液相处于平衡。四个结晶界线相交得四元无变量点，在此点上四个晶相与液相处于平衡。实际遇到的四元相图常较复杂，一般只重点研究其中一小部分，例如水泥化学一般只重点研究 $CaO\text{-}Al_2O_3\cdot Fe_2O_3\text{-}SiO_2$ 四元系统中的 $CaO\text{-}C_2S\text{-}C_{12}A_7\text{-}C_4AF$ 部分。

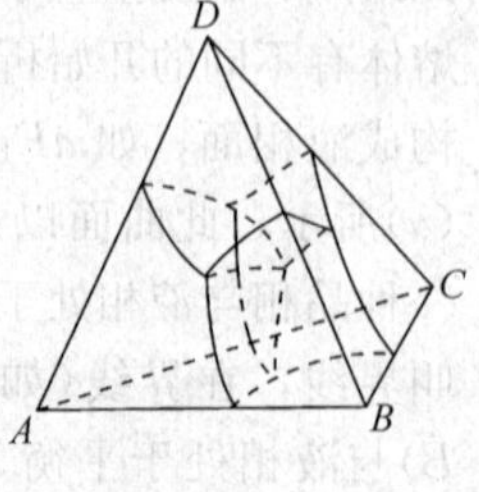

四元相图

【交互系统】interactive system

指无共同离子的组分间存在离子互换反应的系统。例如，由 NaCl、KCl、NaBr、KBr 四个地位相同的盐构成的体系，只因它们之间存在着由方程式 $NaCl+KBr \rightleftharpoons NaBr+KCl$ 所规定的相互关系，因此按照组分的定义只存在三个独立组分，从而归入三元系统，通常用三元相图来表示，这样的系统称为交互系统。因为四个盐的地位是完全相同，因此可以任意选定哪三个盐是独立的，然后根据以前所用的原则来表达体系组成，如附图所示。在有交换反应发生的交互体系中，以摩尔表示浓度比用质量方便；但是当各物质中离子的价数不同时，用当量比用摩尔更合适。

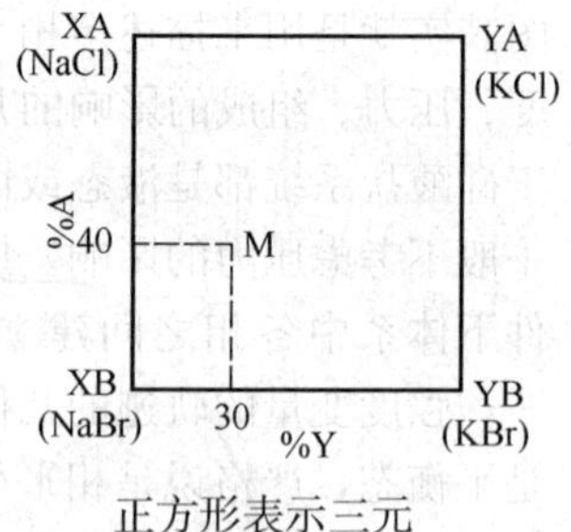

正方形表示三元交互体系组成

【冷却曲线】cooling curve

亦称步冷曲线，是利用热分析法研究相平衡时所绘制的温度-时间关系曲线，即将不同变形条件下的材料以不同的冷却速度冷却时相变开始和完成的温度-时间关系曲线。首先将组成不同的物料加热熔化，然后慢慢冷却，在此过程中记录下系统温度随时间的变化情况，然后以温度为纵坐标，时间为横坐标，绘制出曲线。当体系内无相变时，温度随时间均匀下降；当体系发生相变时，冷却曲线将出现转折点或水平线段。附图是二元系统的几种典型冷却曲线。

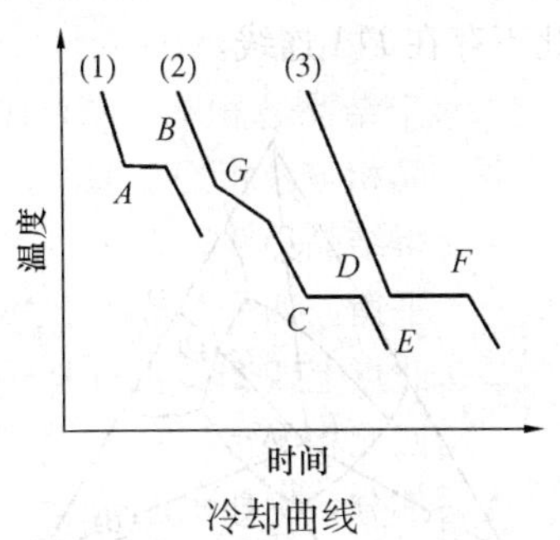

冷却曲线

注：A、B 分别为曲线(1)水平线段的两个端点；C、D 分别为曲线(2)中水平线段的两个端点；E、F 分别为曲线(3)水平线段的两个端点。

【加热曲线】heating curve

是对系统在加热过程中的温度-时间关系绘制的曲线。研究硅酸盐系统时，利用加热曲线观察相变可以消除由于熔体过冷所引起的偏差，因为加热曲线的重复性比冷却曲线更强，如附图所示。

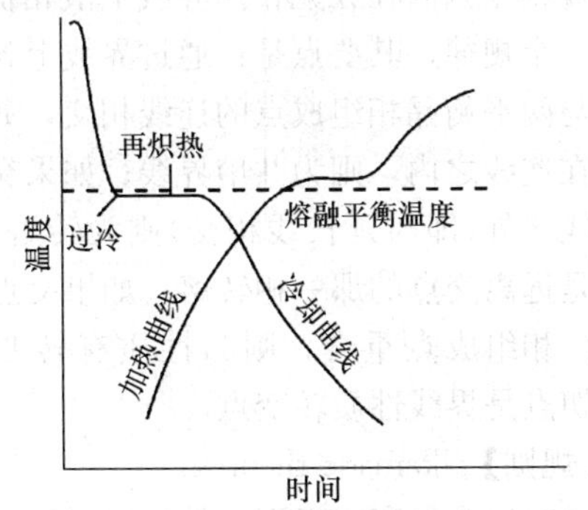

加热和冷却真实曲线

【淬冷法】quenching method

将选定的不同组成的试样长时间地在一系列预定的温度下加热保温，使其达到对应温度平衡结构状态，然后迅速冷却试样，由于相变来不及进行，冷却后的试样保持了高温下的平衡结构状态，这种方法称为淬冷法。由于绝大多数硅酸盐熔融物黏度高、结晶慢，系统很难达到平衡，采用动态方法误差较大，因此淬冷法是研究高黏度硅酸盐系统相平衡的常用静态方法之一。但是，淬冷法测试工作量大，现已被高温显微镜和高温 X 射线分析法所取代。

【无变量点】invariant point

由于相界线的交点处，各相处于平衡状态，按相律这些点的自由度为零，称为无变量点。在这些点，当加热或冷却体系时，只发生液固两相之间的比例变化(增加或减少)，而其温度和液相的组成成分数不会发生变化。无变量点的位置是由实验确定的。

【熔点】melting point

指在一定压强下，晶态物质由固态转变至液态时的温度。在该压强和熔点温度下，物质的固态和液态同时平衡存在，一般用 T_m 表示。它不是固定不变的，而受压强和杂质的影响。通常所说的物质的熔点是指一个大气压时纯净物质的情况；如果压强和杂质含量变化，熔点也会发生变化。常用的熔点测定方法主要包括毛细管测定法、显微镜热板测定法和自动熔点测定法(数字熔点测定仪)。

【低共熔点】eutectic point

将不同组分的物质以适当比例混合，存在这样一个温度，在该温度下该混合体系中各组分可同时熔化，且这个温度低于各个纯组分各自的熔化温度，即称该温度为低共熔温度，简称低共熔点。低共熔点在相图上是表示低共熔混合物的熔点和组成的点，它是相图中的无变量点。

【低共熔混合物】eutectic mixture

指由两种或两种以上物质形成的熔点最低的混合物。如伍德合金用 50％铋(Bi)、25％铅(Pb)、12.5％锡(Sn)和 12.5％镉(Cd)制成的。它的熔点是 70℃，比所有标准条件下为固态的金属熔点都低。这种混合物有固定的组成和固定的熔点，称为低共熔点。在低共熔点上，低共熔混合物的固相与由这些物质共存的液相组成相同。

【液相线】liquidus curve

是二元相图中不同组成的溶液开始析晶的各温度点的轨迹线。液相线的上方为液相区，下方为固-液两相平衡区，液相线上各点都表示固-液平衡温度和组成。如附图所示，恒压二元均晶系相图中有两个单相区，分别为液相区 L 和固相区 S。两单相区自由度为 2，温度和成分可独立变化并不会改变其单相存在的状态。此相图中有一个自由度为 1 的

两相区 $L+S$，该区被两条线所包络，其中 T_A-L-T_B 为液相线。液相线表示冷却过程中开始结晶，或加热时熔化完毕。某一混合物的组成线与液相线的交点称为此混合物的液相线温度。

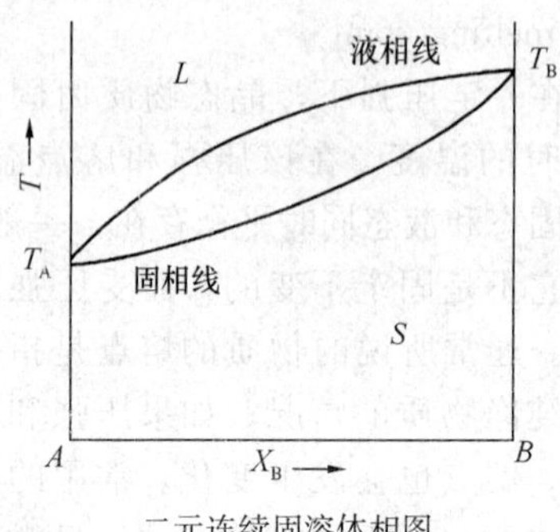

二元连续固溶体相图

【固相线】solidus curve

是二元相图中在各温度与液相平衡的固相组成点的轨迹线。如【液相线】附图中，固相线为 T_A-S-T_B 线。固相线与液相线包围着固液二相平衡区。固相线的下方全为固相。固相线表示冷却时结晶完毕，或加热时开始熔化。

【等温线】isothermal line

指三元相图中连接液相线面上同温点的曲线。在三元立体图中，等温线是液相面和等温面的交线。在三元投影图中，等温线是平行于浓度三角形的平面切割相图所得的截面与液相曲面的交线(截线)在浓度三角形的投影。在投影图的等温线上，可以确定熔体的析晶温度以及在某温度下系统与固相平衡的液相组成。等温线相隔较窄者表示温度变化对液相的影响不大；相隔较宽者表示温度变化对液相的影响较大。

【连线】alkamade line；join line

指在三元投影图中，连接有共同界线的二元化合物组成点的直线。连线可把一个复杂的三元相图分成若干个较简单的三元相图，称为副三角形，又称组成三角形。在附图中，连线 KA、KB、KD 和 KC 把 A-B-C 相图分四个副三角形 AKB、BKD、DKC 和 CKA。当物料的总组成点落在这一副三角形内时，在平衡条件下通过熔化和析晶最后应得到 A、K 和 B 三个晶相。其他副三角形照此类推。注意，由于 D 区与 A 区不直接相邻，它们没有共同界线，因此不存在 DA 连线。

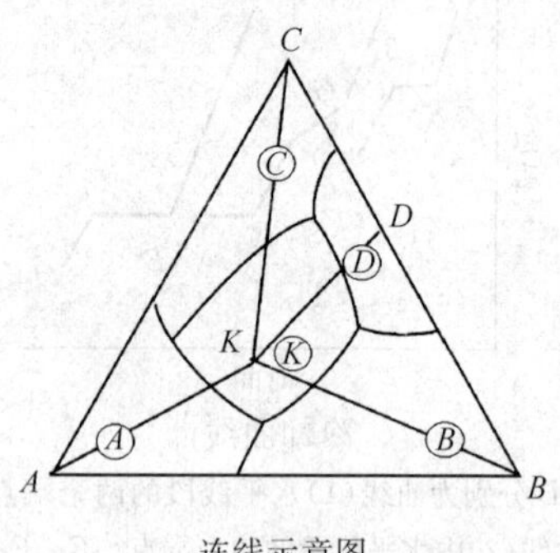

连线示意图

【界线】boundary line

三元相图中三个液相曲面的交界线，又称为界线。在界线上液相与两个晶相平衡共存，自由度为 1。四元系统中也有界线，它是三个结晶空间的交线，四元相图中界线上的任一点都表示某一温度下一液相与三晶相平衡共存。切线规则是判断在三元相图界线上液相析晶方式的一个规律。其要点是：通过界线上各点作切线与两平衡晶相组成点的连线相交，如果交点都在连线之内，则为共熔界线；如果交点都在连线之外(即与延长线相交)则为转熔界线，而且是远离交点的那一相转熔；如果交点恰好和一晶相组成点重合，则为性质有转变的界线，切点是界线性质转变点。

【连线规则】alkamade theorem

又叫温度最高点规则，是关于三元相图中界线温度走向的规则(见附图)。连接相邻初晶区的两固相组成点的直线(或其延长线)与其界线(或界线延长线)相交，则此交点为界线上温度最高点，界线的温度随着离开此点而下降。一致熔化合物的连线和其相应界线的交点是界线上的温度最高点，也是连线上的温度最低点。不一致熔化合物的连线和其相应界线不相交，界线上靠近连线的一端为其温度最高点。

【结晶界面】crystallization boundary face

指四元相图中各初晶体空间彼此相交的曲面，初晶体由四元相图中三个平面和三个曲面围成。在界面上有第二晶相析出。界面上的任一点都表示某一温度下一液相与二晶相平衡共存。

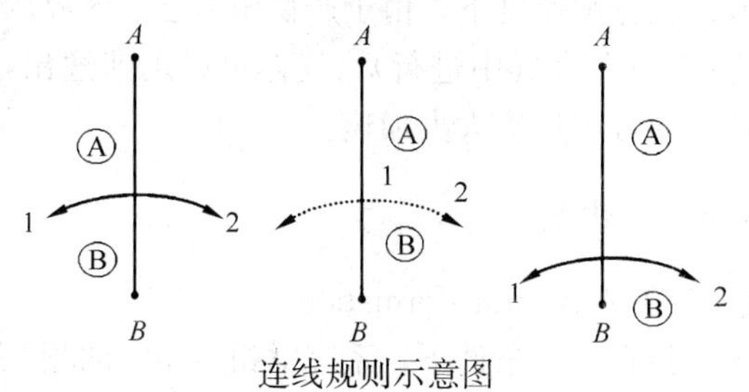

连线规则示意图

注：A、B 为化合物组成点，Ⓐ、Ⓑ为初晶区，1～2 为界线，箭头表示温度下降的方向

【液相面】liquidus face

亦即结晶面。它是三元相图中的曲面，是描述固相在液相中的溶解度(温度)点的轨迹，是系统中各组元的初始结晶面。面上两相平衡，每一点均表示与一种固相平衡时液相的组成和温度。面以上是液相区。

【固相面】solidus face

是三元相图中的一种通过析晶结束点并平行于底面的界面，结晶结束点是三条界线在空间交汇的一点。固相面是描述系统完全凝固成固相时的温度-组成点的轨迹。当有固溶体析出时是曲面，此外均为平面。平面的温度即对应三角形的四相平衡点的温度。液相面以上的区域是液相区，固相面以下的区域是固相区，固相面和液相面之间是固相和液相平衡区。

【一致熔融】congruent melting

是指化合物在熔化时其液相和固相有相同的(即一致的)组成的现象。化合物组成点在初晶区内的称为一致熔融化合物，其熔点称一致熔点。例如，在一些二元体系中，两端元组分之间可以形成一致熔融化合物，当这一化合物熔化时，其液相的成分与未熔之前的固相成分完全一致，在温度组成图上，一致熔融化合物的熔点是一个最高点。在附图(a)中，A_mB_n 为二元一致熔融化合物，D' 点为一致熔点。而在三元相图中，一致熔融化合物的组成点是在自己的初晶区之内，例如，在附图(b)中，D 点在 A_mB_n 初晶区内。以一致熔化合物为组元，所构成的相图是独立的相图，并且可能是最简单的(仅含 1 个无变点的)相图。例如，由于化合物 D 的一致熔融性质，因此附图(a)中的 $A'ADD'$(A-A_mB_n 系统)和 $D'DBB'$(A_mB_n-B 系统)以及附图(b)中的两个小三角形 ADC 和 CDB 都是独立的相图，它们可从邻图分割开来。如果二元系统 A-B 和三元系统 A-B-C 再没有其他化合物存在，则上述独立的小相图都是最简单的相图。利用一致熔融化合物的这些特点，可将复杂的相图简化以便阅读和使用。

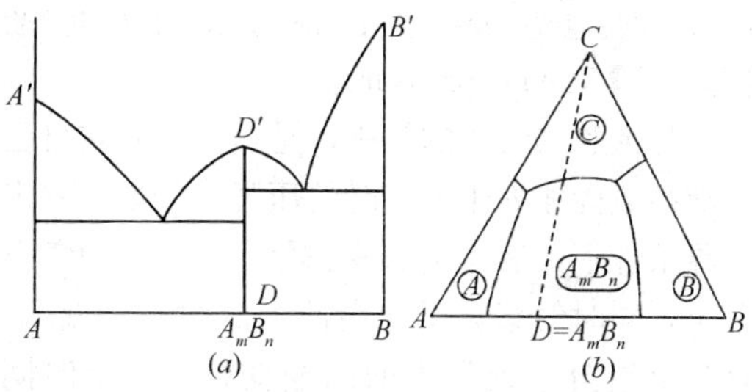

一致熔融化合物

(a)有一致熔化合物的二元相图；

(b)三元相图中的二元一致熔化合物

【不一致熔融】incongruent melting

亦称转熔，指化合物在熔化时，其液相和原来固相有不同组成的现象。化合物组成在其初晶区外的称不一致熔融化合物。例如，在 BaO-TiO_2 系统中，三钛酸钡在 1357 ℃不一致熔融，出现液相和另一个化合物四钛酸钡：$BaTi_3O_7 \underset{\text{回吸}}{\overset{\text{转熔}}{\rightleftharpoons}} BaTi_4O_9$ ＋ 液；四钛酸钡在 1428℃不一致熔融，生成 TiO_2(组元)和另一个液相：$BaTi_4O_9 \underset{\text{回吸}}{\overset{\text{转熔}}{\rightleftharpoons}} TiO_2$＋液。如附图($a$)所示，$BaTi_3O_7$ 和 $BaTi_4O_9$ 都是不一致熔融化合物。反应温度 1357 ℃和 1428 ℃称为不一致熔融点、转熔点或反应点，它们是相图中的一种无变量点。转熔的逆过程称为回吸。在三元相图中，不一致熔融化合物的组成点是在该化合物初晶区之外，如附图(b)所示。以不一致熔融化合物为组元，所构成的相图是不能独立的，例如附图(a)中的 80%～100% TiO_2 部分以及附图(b)中的两个小三角形 AGC 和 CGB，它们都不能从邻图分割开来而独立使用。

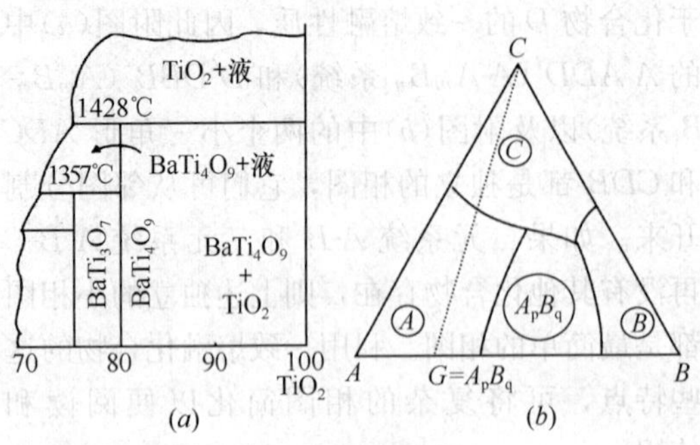

不一致熔融化合物

(a)BaO-TiO_2 系统；(b)三元相图中的二元不一致熔融化合物

【蒸气压】vapour pressure

是饱和蒸气压的简称，是指蒸气和它自己的液相或固相处于平衡时的压强。例如，一定外界条件下，液体中的液态分子会蒸发为气态分子，同时气态分子也会撞击液面回归液态。这是单组分系统发生的两相变化，一定时间后，即可达到平衡。平衡时，气态分子含量达到最大值，这些气态分子对液体产生的压强称为饱和蒸气压，简称蒸气压。蒸气压与物质本性、温度等因素有关，附表是水在不同温度下的蒸气压。

水在各温度下的饱和蒸气压

温度(℃)	20	40	60	80	100
蒸气压(毫米汞柱)	17.5	55	149	355	760

【分解压】decomposition pressure

指固体或液体化合物发生分解反应，在指定的温度下达到平衡时，所生成的气体的总压力。分解压是温度的函数，温度升高，分解压增大。水合物、碳酸盐、硫酸盐等在不同温度下都有其相应的分解压。例如，纯固体物质发生分解反应时，如有气态产物生成，则把其形成的处于动态平衡的气相压力称为分解压。如碳酸钙的分解反应达平衡时，二氧化碳的分压就是分解压。

【分解温度】decomposition temperature

通常分解反应会有气体产生，分解温度是指分解压等于 1 大气压(0.1MPa)时物质受热分解成其他物质时的温度。例如，碳酸钠的分解反应就是一个典型的热分解反应。物质的分解温度越高，热分解越困难，热稳定性也就越好。在分解温度下，由于产物压力已达外界压力(反应在大气中进行)，气体可以迅速逸出，从而使分解反应大大加速。

1.6.2 相变

【相变】phase transformation

指在一定条件下，系统中相与相间的相互转变。相变过程一般包括以下三方面的变化：(1)晶体结构的变化(例如原子、离子或电子位置和位向的改变)；(2)化学成分的变化；(3)某种物理性质的跃变(或有序程度的变化，包括原子的配位，电子结构的变化)。相变总是朝着能量降低的方向，选择阻力最小、速度最快的途径进行。相变有多种分类方法，如按热力学参数变化的特点，相变可以分为一级相变和二级相变；按原子迁移方式的不同，相变可以分为扩散型相变和无扩散型相变；按新相的生长方式，相变可以分为形核-长大型相变和连续型相变；按相变过程的控制因素，相变可分为界面控制相变和扩散控制相变；按相变的程度和速度，相变可分为平衡相变和非平衡相变。

【一级相变】first order phase transformation

指按热力学参数变化的特点进行分类时，相变的一种形式。在相变温度下，母相和新相的吉布斯自由能及化学位相等，如果相变时，化学位对温度和压强的一阶偏导数不相等，则称为一级相变。一级相变有体积(V)和熵(S)的突变。V 和 S 的突变表明相变时有体积的膨胀或收缩及潜热的释放或吸收。金属及合金中大多数的相变都为一级相变，如升华、熔化、凝固、沉淀等。具有一级相变的铁电体在相变点两个晶相共存，有热滞现象。钛酸钡的相变也是一级相变。

【二级相变】second order phase transformation

指按热力学参数变化的特点进行分类时，相变的一种形式，又称 λ 转变。在相变时，两相对学位相等，化学位对温度和压强的一阶偏导数相等，但二阶偏导数不相等，则称为二级相变。与一级相变相比，二级相变无体积(V)和熵(S)的突变，但压缩系数、膨胀系数及等压热容有突变。二级相变发生于一定的温度范围内，但无显著结构变化；在转变温度范围内，系统的内能和熵变是连续的。磁性转变、超导转变、部分有序-无序转变均为二级相变。例如，铁电材料中的相变和固溶体中的有序-无序相变等。具有二级相变的铁电体在相变点无两相共存，也无热滞现象。罗谢尔盐和磷酸二氢钾的相变也是二级相变。

【有序-无序相变】order-disorder phase transformation

对于某些置换式固溶体，当温度甚低时，不同种类的原子在点阵位置上呈规则的周期性排列，称有序相，而在某一温度以上，这种规律性就完全不存在了，称无序相。这种转变称为有序-无序相变。产生这种转变的临界温度，称为相变温度或居里点(Curie point)。有序-无序相变的实质是原子由无序排列到完全有序排列的过程。

【成核-长大型相变】nucleation and growth phase transformation

亦称不连续型相变，指在相变时，母相中先形成新相的核，然后新核不断长大，最终相变过程完成。这类相变由程度大、范围较小的浓度起伏开始发生相变，并形成新相核心。在该类相变中，新相和母相之间有明显界面分隔，界面两侧成分和结构至少有一项不相同。大多数金属中的固态相变属此类。

【连续型相变】successive phase transformation

亦称无核相变。该类型相变不需要新相的形核过程，以母相固溶体中的成分起伏作为开端，通过起伏形成高浓度区和低浓度区，但两区域间没有明显的界面，由高浓度区到低浓度区成分连续变化，靠上坡扩散使浓度差越来越大，最后导致一个单相固溶体分解为成分不同而晶体结构相同的以共格界面相联系的两相。调幅分解(spinodal 分解)即为典型的连续型相变。

【spinodal 分解】spinodal deposition

亦称亚稳分域、调幅分解、隐晶分解、亚稳相分解，是典型的连续型相变。具有溶解度间隔和拐点曲线的合金，通过上坡扩散进行溶质原子的偏聚，由单相固溶体自发、连续地分解成两种没有清晰相界面的亚稳共格固溶体，其成分存在明显差异(富溶质区和贫溶质区)，两区域结构都与母相相同，这种转变被称为调幅分解，此种由成分调幅的微小区域组成的不均匀组织，称为亚稳分域组织。调幅分解的特点是一旦开始，系统自由能便连续下降，分解过程是自发的，不需要激活能。这种分解不需形核势垒，只是通过固溶体中出现的成分起伏波的生长进行的，是按扩散-偏聚机制进行的一种特殊相变，生长由上坡扩散控制。在许多合金系统中，如 Al-Zn、Al-Ag、$SmCo_{5-x}Cu_x$、Fe-Cr-Co、Cu-Ni-Sn 等系统中皆存在有 spinodal 分解。许多玻璃系统，如 Na_2O-SiO_2、B_2O_3-PbO、V_2O_5-P_2O_5、SnO_2-TiO_2 等系统中的 spinodal 分解也有广泛的研究。

【扩散型相变】diffusive phase transformation

指依靠原子或离子长距离扩散进行的相变，是相变按原子迁移特征分类的一种方式。扩散型相变时，单个原子独立的、无序的在新旧相间扩散迁移，相变速率受原子迁移速度的控制，扩散激活能和温度是相变的绝对控制因素。扩散型相变又分为界面控制型(如纯金属的晶型转变和单相合金的块形转变)和体扩散控制型(如过饱和固溶体脱溶相变)相变。该类相变要求温度足够高，原子活动能力足够强。

【无扩散型相变】non-diffusive phase transformation

指在相变时，原子或离子发生了迁移，包含晶格畸变，但相邻原子的相对位移不超过原子间距，也不破坏原有的相邻关系。它的特点是参与转变的所有原子整体的、有序地沿着特定方向移动，相邻原子之间的相对位置关系保持不变；新相和母相的化学成分相同；新相与母相之间存在一定的晶体学位向关系；相变界面推移速度与热激活跃迁因素无关。马氏体相变即属于无扩散型相变。

【马氏体相变】martensite phase transformation

是典型的无扩散型相变，是一种位移型相变。它的基本特征是相变过程中只有晶格的改变而没有成分的变化；具有形状改变，出现表面浮突；新相总是沿一定的晶体学面(惯析面)

形成；新相与母相之间有严格的取向关系，靠切变维持共格联系；马氏体相变是点阵畸变式转变，具有可逆性。如钢中由奥氏体转变为马氏体的相变就是马氏体相变；陶瓷中较经典的马氏体相变为 ZrO_2 中的四方相（t 相）→单斜相（m 相）转变，它是通过无扩散剪切变形实现的，这一转变速度很快，并伴随 7%～9%的体积收缩。

【稳定相】stable phase

指系统在热力学平衡状态下稳定存在的相。和其他可能出现的相比较，稳定相的内能是最低的。如常温常压下，β-石英是 SiO_2 的稳定相，而 γ-鳞石英则是介稳相。铸铁中渗碳体是介稳相（参见本节【亚稳相】），石墨是稳定相，渗碳体在低温时的稳定性低于高温。因此从热力学的角度看，渗碳体在任一温度下都可以分解为石墨和铁碳固溶体，而且在低温下，渗碳体分解更容易。

【亚稳相】metastable phase

亦称介稳相。相对于热力学平衡状态下存在的稳定相来说，介稳相是较不稳定的相。其内能较同一条件下的稳定相要高，故有自发转变为稳定相的趋势，但却往往因转变速度太低（活化能太高）而能长期存在。当温度、压力和其他决定物系状态的因素稍微离开其真正平衡数值时，在某种条件下，物系仍可稳定存在，故称为介稳态。各种过饱和状态下的物质，都不是处于真正的平衡状态，而是介稳状态。这种状态之所以能够存在，都因表面效应使新相难以形成所致。如在常温常压下 SiO_2 的稳定相是 β-石英，但硅砖（属酸性耐火材料）中的 SiO_2 却主要是以鳞石英、方石英介稳相形式出现的。

【分液】liquation

由于液-液不互溶或部分互溶而形成的一种分离现象。如附图所示，A、B 为完全不互溶液体。曲线 KF 是 B 在 A 中的溶解度曲线，曲线 KG 是 A 在 B 中的溶解度曲线。FKG 外的区域为单相区，而 FKG 内则为两相区，任何落在 FKG 中的状态点（如 m 点）都要分成平衡共存的二液相（如 m' 和 m''），此平衡共存的二液相称为共轭相。t_K 为会溶温度，超过此温度只有一液相。硅酸盐系统如 CaO-SiO_2、SiO_2-TiO_2 的高温熔体均有此种分液现象。FG 范围称为混溶间隙。

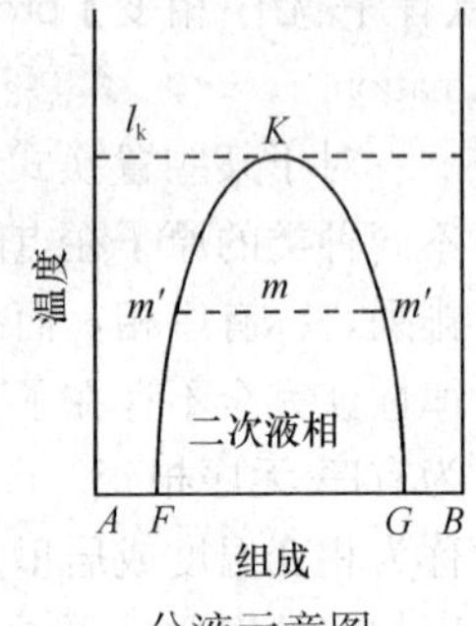

分液示意图

1.7 过程动力学

【扩散】diffusion

是物质内部的原子或分子从一个位置迁移到另一个位置的过程。扩散是固体材料中唯一的物质迁移方式，如材料的固态相变、高温蠕变、金属材料的退火、陶瓷材料的烧结等都与扩散密切相关。物质中的原子在不同情况下可以按照不同的方式扩散，由热振动而引起的扩散称为自扩散，即不伴有浓度变化的原子扩散过程，与浓度梯度无关。自扩散只发生在纯金属或均匀固溶体中，例如，纯金属晶粒长大时的晶界移动过程就是一个自扩散过程。在扩散过程中，异类原子相对迁移，互相渗透的现象称为互扩散，即有浓度梯度的扩散，也称为化学扩散 。扩散的根本推动力是系统的化学位梯度，一般以浓度梯度的形式表现出来，因此由浓度低处向浓度高处的扩散称为上坡扩散或逆扩散；由浓度高处向浓度低处的扩散称为下坡扩散或顺扩散。按原子的扩散路径分，在晶粒内部进行的扩散称为晶体内扩散（或称体扩散；在表面进行的扩散称为表面扩散；沿晶界进行的扩散称为晶界扩散。表面扩散和晶界扩散的扩散速度比体扩散的速度要快得多，一般称前两种情况为短路扩散。

【扩散通量】diffusion flux

表示单位时间内通过垂直于扩散方向的单位面积的扩散物质的质量，其单位为 kg/(m^2·s)。

【扩散系数】diffusivity; diffusion coefficient

表征原子扩散能力的参数，记作 D。扩散系数与温度 T 和扩散激活能 Q 有关，其关系式为：$D=D_0\exp\left(-\frac{Q}{kT}\right)$。式中：$D_0$ 为与扩散物质有关的常数；k 为波尔兹曼常数。在一定条件下，扩散速度主要取决于扩散系数，故不但升高温度会大大加快扩散速度，其他凡是可以影响 D_0 和 Q 的因素（如固溶体的类型和浓度、合金元素、晶体结构、应力状态、塑性变形等）都可以影响扩散速度。在多组分体系中，化学位梯度作用下的扩散系数，叫综合扩散系数，或叫互扩散系数。在多组分体系中，每一种组元都有自身的扩散系数，叫分扩散系数。综合扩散系数和分扩散系数的关系可以用达肯（Darken）方程式表达：$D=N_BD_A+N_AD_B$，式中：D 为综合扩散系数；D_A、D_B 是分扩散系数。

【菲克定律】Fick's law

为描述扩散规律性的定律。由德国生理学家菲克(Adolf Fick)于 1855 年提出。包括两个内容：(1)菲克第一定律（Fick's first law）：$J=-D\frac{\partial C}{\partial x}$。式中：$J$ 为扩散通量，单位为 $kg/(m^2\cdot s)$；D 为扩散系数，单位为 m^2/s；C 为扩散物质的浓度，单位为 kg/m^3；x 为距离，单位为 m；式中的负号表示物质的扩散方向与扩散物质浓度梯度方向相反，即表示物质从高浓度区向低浓度区方向扩散，扩散通量与浓度梯度成正比。菲克第一定律描述了一种稳态扩散，即扩散物质浓度不随时间而变化。而大多数扩散过程是非稳态扩散的，某一点的浓度是随时间而变化的，这类过程可以由菲克第一定律结合质量守恒条件导出。(2)菲克第二定律(Fick's second law)：$\frac{\partial C}{\partial t}=D\frac{\partial^2 C}{\partial x^2}$。式中：$t$ 为扩散时间，单位为 s，即浓度随时间的变化率与该点浓度梯度的二阶导数呈正比。实际上，固溶体中溶质原子的扩散系数 D 是随浓度变化的，为了使求解扩散方程简单些，往往近似地把 D 看作恒量处理。在三维扩散的情况下，菲克第二扩散定律的表达式为：$\frac{\partial C}{\partial t}=\frac{\partial}{\partial x}\left(D_x\frac{\partial C}{\partial x}\right)+\frac{\partial}{\partial y}\left(D_y\frac{\partial C}{\partial y}\right)+\frac{\partial}{\partial Z}\left(D_Z\frac{\partial C}{\partial Z}\right)$。式中：$D_x$、$D_y$、$D_z$ 分别为 x、y、z 三个方向上的扩散系数。

【稳态扩散】steady state diffusion

在扩散系统中，对于任一体积元，在任一时刻流入的物质量与流出的物质量相等，即扩散物质的浓度不随时间而改变，即 $\frac{\partial C}{\partial t}=0$，则称这种状态为稳态扩散。由菲克第一定律描述一般固体之间的互扩散很难达到稳态扩散（除非扩散时间无限长），只有气体通过固体薄膜的扩散容易实现稳态扩散。

【非稳态扩散】non-steady state diffusion

在扩散过程中扩散物质浓度随时间发生变化，即 $\frac{\partial C}{\partial t}\neq 0$ 的扩散属于非稳态扩散。非稳态扩散由菲克第二定律来描述。

【本征扩散】intrinsic diffusion

在固体晶体内部，主要依赖本征点缺陷（包括弗仑克尔缺陷和肖特基缺陷）进行的扩散叫本征扩散，或称体扩散。

【非本征扩散】extrinsic diffusion

在晶体材料内，由于受固溶引入的杂质离子的电价和浓度等外界因素所控制的扩散或由不等价杂质离子取代造成晶格空位，由此而引起的扩散称为非本征扩散。

【柯肯达尔效应】Kirkendall effect

1947 年柯肯达尔(Kirkendall)等人试验证明了互扩散过程中各组元的扩散系数不同及置换式扩散的空位机制。实验安排如附图所示，在方形黄铜(Cu+30%Zn)棒表面上缚上一些很细的钼丝作为标记，然后紧密镶嵌于一纯铜包套中，在 785℃进行保温，使 Cu 和 Zn 发生互扩散，记录得出钼丝向内移动的距离随时间的关系，发现标志物移动的距离与时间的平方根成正比。主要原因是低熔点组元(Zn)扩散快，高熔点组元(Cu)扩散慢，Zn 通过界面向外的扩散流要比 Cu 通过界面向内的扩散流大得多，这种不等量扩散导致钼丝移动的现象称为柯肯达尔效应。简言之，柯肯达尔效应就是放置在置换式固溶体扩散偶界面上的标志物朝着低熔点组元的方向移动，移动的距离与时间呈抛物线关系。柯肯达尔效应一方面否定了置换式固溶体扩散的直接换位机制，支持了空位机制；另一方面说明了在扩散系统中，每一种组元都有自己的分扩散系数。

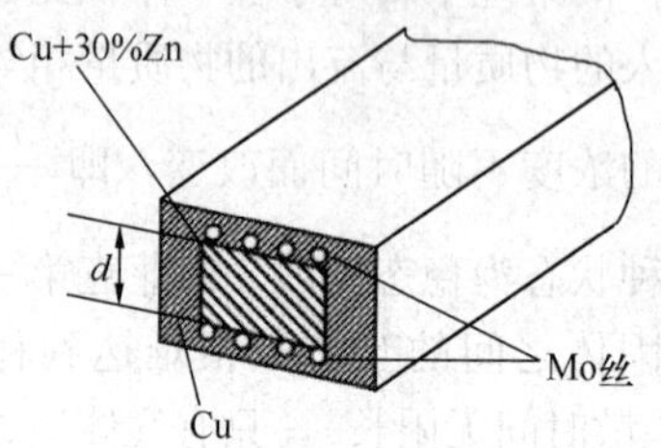

Kirkendall 试验

【扩散机制】diffusion mechanism

在晶体中，原子在其平衡位置做热振动，并会从一个平衡位置跳到另一个平衡位置，即发生扩散，一些可能的扩散机理称为扩散机制。主要有以下几种：(1)交换机制，即晶格中的原子通过交换位置发生的扩散机制，包括直接交换机制和环形交换机制；(2)空位机制，即原子通过跳入邻近的空位中而发生的扩散机制；(3)间隙机制，即在间隙固溶体中，通过间隙原子(H、C、N、O、B 等)从一个间隙位置跳入邻近的另一个间隙位置而发生的扩散机制。如果一个比较大的间隙原子可以把它邻近的、在晶格结点上的原子"推"到附近的间隙中，而自己则"填"到被推出去的原子的原来位置上的扩散机制称为"推填"机制；若一个间隙原子挤入体心立方晶体对角线(即原子密排面)上，使若干个原子偏离其平衡位置，形成一个集体，原子可沿此对角线方向移动的扩散机制称为"挤列"机制，如附图所示。

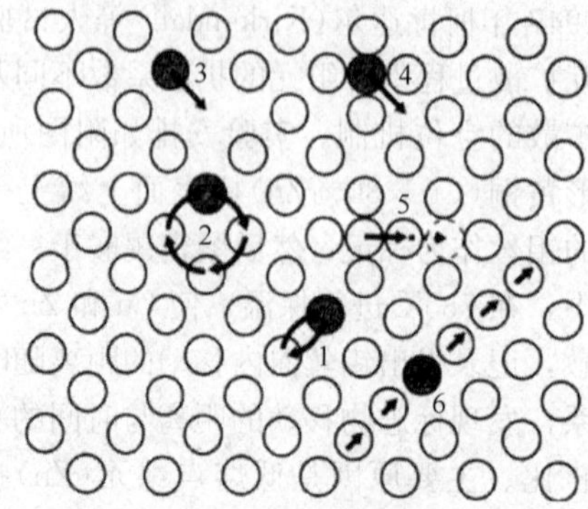

晶体中的扩散机制

1—直接交换；2—环形交换；3—空位；4—间隙；5—推填；6—挤列

【反应扩散】reaction diffusion

当某种元素通过扩散，自金属表面向内部渗透时，若该扩散元素的含量超过基体金属的溶解度，则随着扩散的进行会在金属表层形成中间相(也可能是另一种固溶体)，这种通过扩散形成新相的现象称为反应扩散，也称为多相扩散或相变扩散。

【单相反应】monophasic reaction

又称均相反应，指反应物系仅呈现一个相的反应过程，包括气相、液相和固相均相反应过程。与单相反应对应的是多相反应。多相反应指反应物和产物处于不同相中，其反应形式包括多相物理变化和化学变化，物理变化有晶型转变、析晶、蒸发及升华等各种相变过程，化学变化包括液-气、固-气、固-液和固-固反应四种类型。

【固相反应】solid-state reaction

传统上的固相反应指反应物和生成物均为固相，且反应在高温下进行。但广义的定义是指凡是有固相参与的化学反应都可称为固相反应，包括了固-液和固-气反应、固态表面反应、固态电化学、固相转变、固态烧结、固态分解、气相沉淀等。

【反应级数】reaction order

对于化学反应的总反应速率通常按反应级数分类，反应级数是指反应物浓度等幂次的总和。如对于反应：$a\mathrm{A}+b\mathrm{B}\Rightarrow g\mathrm{G}+h\mathrm{H}$。其速率方程可以表示为：$r=kc_{\mathrm{A}}^{\alpha}c_{\mathrm{B}}^{\beta}c_{\mathrm{G}}^{\gamma}c_{H}^{\delta}$，浓度项的指数$\alpha$、$\beta$、$\gamma$、$\delta$分别称为反应对于 A、B、G 及 H 的级数，$\alpha+\beta+\gamma+\delta=n$ 被称为反应(总)级数。n=0，1，2，3，…的反应分别称之为零级反应、一级反应、二级反应、三级反应等。

【海德华效应】Hadvall effect

指固体物质的反应活性在其发生相转变的温度下强烈增大的现象。此效应首先由海德华

(Hadvall)提出，故称为海德华效应。它对固相反应、烧结等过程具有重要意义。

【奥斯特华德定律】Ostwald's law

系统由介稳状态转变为稳定状态的过程不是直接完成的，而是先依次经过中间的介稳状态，最后才变为该温度下的稳定状态，该过程的转变定律称为奥斯特华德定律。

【一般动力学方程】general dynamics equation

固相反应实际上由若干简单的物理和化学过程，如化学反应、扩散、熔融、结晶、升华等综合而成。整个过程的速率的表达式为一般动力学方程：

$$\frac{1}{\frac{1}{V_{1最大}}+\frac{1}{V_{2最大}}+\frac{1}{V_{3最大}}+\frac{1}{V_{n最大}}}$$

式中：$V_{1最大}$、$V_{1最大}$、$V_{1最大}$、$V_{n最大}$ 为分别相应于化学反应、扩散、熔融、结晶、升华等步骤的最大可能速率。总固相反应的速率将由其中速率最慢的一环所控制。

【化学反应控制动力学】reaction control dynamics

在固相反应中，如果化学反应速率常数最小，其远远小于扩散速率常数，那么，总反应的速率取决于化学反应的速率，一般称这时的反应动力学为化学反应控制动力学。

【扩散控制动力学】diffusion control dynamics

在固相反应中，如果扩散速率常数最小，其远远小于化学反应速率常数，那么，总反应的速率完全由扩散速率所决定，一般称这时的反应动力学为扩散控制动力学。根据反应截面积的变化情况，扩散控制的反应动力学方程也将不同，代表性的扩散动力学方程有：抛物线方程、杨德方程、金斯特林格方程、卡特方程。

【抛物线方程】parabolic equation

又称抛物线型速率方程，从平板扩散模型导出(见附图)，设平板状物质 A 与 B 相互接触和扩散生成了厚度为 x 的 AB 化合物，假设扩散系数 D 和扩散截面积在扩散过程中保持不变，则反应生成物的厚度的平方与时间成比例，即：$x^2=2\frac{D}{\rho}t=k_pt$。式中：$\rho$ 为扩散物的密度；k_p 为抛物线型速率常数。

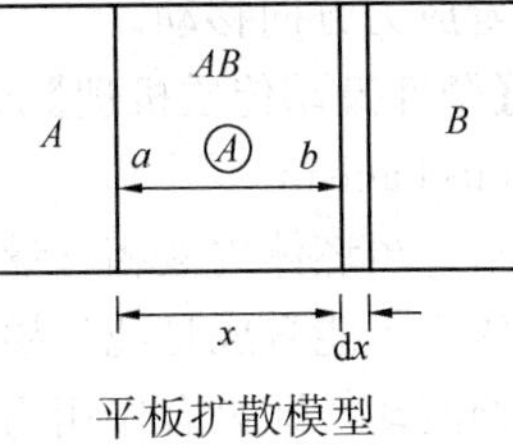

平板扩散模型

【杨德方程】Jander equation

Jander 在抛物线型速率方程的基础上采用了“球体模型”(见附图)，导出了杨德方程：设反应物 B 是半径为 R_0 的等径球粒，经时间 t 反应后，生成物层的厚度为 x，以 B 物质为基准的转化程度为 G，则有：$x^2=R_0^2[1-(1-G)^{1/3}]^2=k_pt$；$F_3=[1-(1-G)^{1/3}]^2=\frac{k_p}{R_0^2}t=k_jt$。这就是杨德方程，它的微分式为：$\frac{dG}{dt}=k_J\frac{(1-G)^{2/3}}{1-(1-G)^{2/3}}$。杨德速率常数 k_J 不随反应过程而发生变化。杨德方程只适用于固相反应的早期阶段(G 较小)，随 G 增加，误差增大。

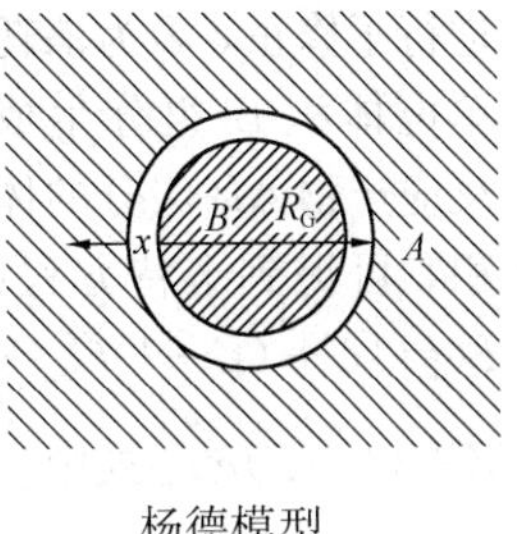

杨德模型

【金斯特林格方程】Gentling equation

在杨德方程的基础上，采用球体模型，如附图所示，假设反应物是平均半径为 R_0 的球状颗粒，在 R_0 不变情况下，认为产物层厚度 x 可变，其积分式为：$D=1-\frac{2}{3}G-(1-G)^{2/3}=k_Gt$。微分式为：$\frac{dG}{dt}=k_G\frac{(1-G)^{1/3}}{1-(1-G)^{1/3}}$。式中：$k_G=\frac{2kD}{R_0^2}$ 为金斯特林格速率常数。金斯特林格方程克服了杨德方程的局限，具有很好的普遍性，与实际较吻合，适用范围达 $0.5<G<0.9$，但 $G>0.9$ 以后就不准确了。

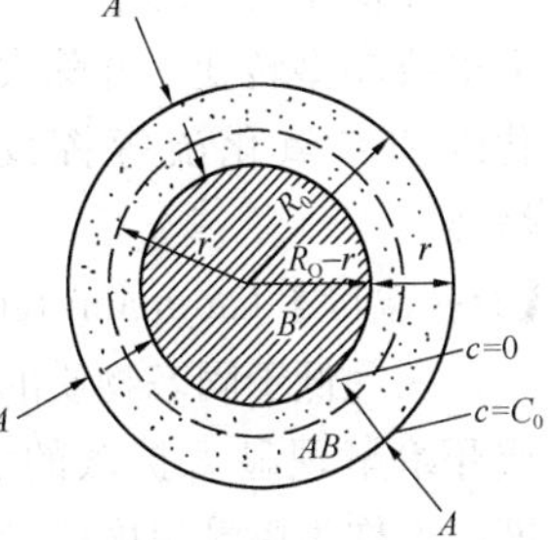

金斯特林格模型

【卡特方程】Carter equation

考虑到反应物与反应产物密度不同所带来的体积效应，卡特对金斯特林格方程进行了修正，Z 为消耗单位体积 B 组分生成反应产物 AB 组分的体积，可得到卡特方程：$D=[1+(Z-1)G]^{2/3}+(Z-1)(1-G)^{2/3}=Z+(1-Z)k_{c}t$。式中：$k_{c}=\dfrac{2kD}{r_{0}^{2}}$ 称为卡特速率常数。卡特模型如附图所示。

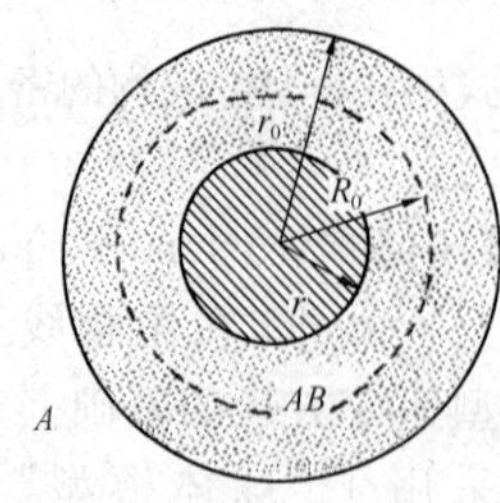

卡特模型

【烧结】sintering

陶瓷坯体在低于熔点的高温作用下，通过颗粒间相互粘结和物质传递，气孔率降低，体积收缩，力学性能提高的致密化过程即为烧结。其中无液相存在时称为固相烧结，有液相存在时称液相烧结。烧结程度通常以实际密度、体积密度、气孔率、吸水率、颗粒粒径以及烧缩率来衡量。烧结的主要驱动力是物料表面自由能的自发降低，它是通过物质在高温作用下的黏滞流动、塑性流动、扩散、蒸发和凝聚等迁移过程而实现的。烧成是将硅酸盐制品在一定条件下进行热处理，使之发生一系列物理化学变化，形成预期的矿物组成和显微结构，从而达到固定外形并获得所要求性能的工序。

【煅烧】calcination

在低于熔点的适当温度下加热物料，使其分解或晶型转变，并除去所含的结晶水、二氧化碳和二氧化硫等挥发性物质的过程称为煅烧。

【泰曼温度】Tammann temperature

在远低于固态物质的熔点温度下，一种物质开始呈现显著扩散的温度，此称为泰曼温度，也称为塔曼温度或者烧结温度。烧结温度（T_{S}）和熔点温度（T_{m}）的关系有一定的规律：金属 $T_{S}=(0.3\sim0.4)T_{m}$、盐类 $T_{S}=0.57T_{m}$、硅酸盐 $T_{S}=(0.8\sim0.9)T_{m}$。

【固相烧结】solid phase sintering

指在一定的烧结温度下，粉末坯体以固态形式达到致密化过程，整个烧结过程中没有液相参加，单一粉体的烧结常常属于典型的固相烧结。

【液相烧结】liquid-phase sintering

凡是有液相参加的烧结过程统称为液相烧结。以液相烧结来达到致密化的主要优点是提高烧结驱动力，烧结温度低，比固相烧结更易控制微观结构。

【传质机理】mass transfer mechanism

指在烧结过程中对材料内部物质迁移的方式分析，也称烧结机理，如固相烧结的传质机理包括：蒸发-凝聚传质、表面扩散、晶格扩散、气相传质、晶界扩散。

【蒸发-凝聚机理】evaporation-condensation mechanism

在烧结过程中，表面曲率的不同必然要导致系统的不同部位有不同的蒸气压，于是就产生了一种传质趋势，即原子从正曲率半径的颗粒表面蒸发，然后凝聚到两个颗粒间连接的地方（负曲率半径的颈部），这种传质机理称为蒸发-凝聚机理。

【扩散传质机理】diffusion-based mass transfer mechanism

在烧结过程中，原子在应力和空位浓度差作用下，发生的晶界扩散、表面扩散和晶格扩散的传质机理统称。

【黏性流动传质机理】viscous flow mass transfer mechanism

烧结过程中，在高温作用下，固体物质在高温和表面张力作用下发生类似于液体物质的黏滞流动而产生的传质称为黏性流动传质机理。这种传质是大多数硅酸盐材料烧结的主要传质过程，黏性流动与扩散迁移不同，后者仅是一个质点的迁移，而黏性流动是整排原子沿着应力方向移动。

【塑性流动传质机理】plastic flow mass transfer mechanism

当坯体内液相含量很少时，高温下的流动传质不能看成是纯牛顿型流动，而是属于宾汉型流动，即只有作用力超过屈服值（f）时，流动速度才与作用剪切力成正比。该流动传质机理称为塑性流动传质机理。在烧结初期，表面张力较大，塑性流动可以靠位错的滑移运动来实现；而烧结后期，靠位错的滑移或攀移来完成。塑性流动机理目前应用在热压烧结的动力学过程是很成功的。

【溶解-沉淀传质机理】dissolution-precipitation mass transfer mechanism

在有固液两相的烧结系统中，当固相可溶于液相时，就会产生由溶解度差引起的浓度差化学位梯度，使部分固相在液相中溶解而在另一部分固相上沉积，即物质从凸面溶解，通过液相传质在凹面沉积，直到晶粒长大，形成致密的烧结体的传质机理称为溶解-沉淀传质机理。研究表明，发生溶解-沉淀传质的条件有：(1)显著数量的液相；(2)固相在液相中有显著的溶解度；(3)液相润湿固相。

【初次再结晶】primary recrystallization

也称为一次再结晶，是指在已经发生塑性形变的基质中出现无应变晶粒的成核和长大的过程。

【晶粒长大】grain growth

又称为晶粒生长，是指无应变或近于无应变的材料的平均晶粒尺寸在热处理过程中连续增大而晶粒尺寸的分布保持不变的过程。

【二次再结晶】secondary recrystallization

有时称为异常晶粒长大或晶粒不连续长大。它是指在烧结末期，大晶粒通过消耗基本上不再长大的均匀细晶粒基质而过分长大的过程。

【特种烧结】special sintering

指采用压力场、电磁场、化学反应等辅助作用，制备出性能更加优越的陶瓷材料的一些特殊的烧结方法。热压烧结是在加热烧结时对被烧结体施加一定的压力促使其致密化的一种烧结方法。活化烧结是采用化学或物理的方法，使烧结活化能降低，降低烧结温度，加速烧结过程，提高烧结体的密度和其他性能的烧结工艺。气压烧结是指陶瓷在高温烧结过程中，施加一定的气体压力，通常为 N_2，压力范围在 1～10MPa，以便抑制在高温下陶瓷材料的分解和失重，从而可提高烧结温度，进一步促进材料的致密化，获得高密度的陶瓷制品的烧结方法。热等静压烧结是将粉末压坯或装入包套的粉料装入高压容器中，使粉料经受高温和均衡压力的作用，被烧结成致密件的烧结方法。微波烧结技术也是陶瓷的快速烧结方法，指微波直接与物质粒子(分子、离子)相互作用，利用材料的介电损耗使样品直接吸收微波能量从而得以加热烧结的一种新型烧结方法。激光烧结技术亦可称激光熔融法、激光烧蚀技术、激光熔覆技术，是将激光聚焦到需要加热的材料区域，使其局部熔化而高温制备或加工出所需材料。放电等离子烧结技术是指利用气体放电时形成的高温和电子能量以及可控气氛对材料进行烧结。由于等离子体瞬间即可达到高温，其升温速度可达 1000℃/min 以上，因而等离子体烧结技术是一种比较新的实验室用快速升温烧结技术。

2 测 试 技 术

2.1 物理性能及测试

2.1.1 普通物理性能及测试

【物理性能】physical properties

指可测量的材料性能，其数值描述物理系统的一个状态。常分为强度性能和广度性能。强度性能与尺寸、数量无关，依赖于材料原子间的键合、晶体结构和电子能量结构与状态；而广度性能则与尺寸、数量有一定的关系。根据与方向的关系，它又可分为各向同性物理性能和各向异性物理性能。

【密度】density

指某种物质的质量与该物质体积的比值。它是一个强度量，与物体尺寸和数量无关。它是材料最基本的属性之一，是评价材料烧结程度的重要依据。常用符号为 ρ，国际单位制中的单位为 g/cm^3 或 kg/m^3。根据体积所指内容的不同可分为真密度或理论密度、表观密度和体积密度，通常情况下材料的真密度>表观密度>体积密度。而将材料实际测得的密度与真密度或理论密度的比值称为相对密度，通常用百分数来表示，是一个无单位量纲。它可以直观地表示材料的烧结程度。对于二维材料，通常用面密度表示，即指定厚度的物质单位面积的质量，单位为 g/cm^2 或 kg/m^2。对于一维材料，如纤维、纱线等，通常用线密度来表示，即用纤维或纱线质量除以它的长度，单位是 g/cm 或 kg/m。

【黏度】viscosity

又称黏度系数。通常是表示流体黏性或者流动性的物理量，也是用来表征流体形变时的变化量。在稳态流体中，黏度 η 为剪切应力 τ 与剪切速率 γ 之比值，即 $\tau = \eta\gamma$，其国际单位制中的单位是Pa·s。凡符合该公式的流体称为牛顿流体。不符合该公式的流体称为非牛顿流体。非牛顿流体的黏度不是常数，又被称为表观黏度或运动黏度，定义为动力黏度与流体密度的比值，常用 υ 表示，其国际单位制中的单位是 m^2/s(平方米每秒)。

【粒度】particle size

指颗粒的大小。通常球形颗粒的粒度用直径表示，立方体颗粒的粒度用边长表示。而对于具有不规则形状的颗粒，则用等效粒径(指与颗粒具有某相同物理特性的球体直径)表示。根据物理特性不同，等效粒径主要包括等效体积径、等效电阻径、等效投影面积径和等效沉降速度径等。由固体颗粒组成的粉体的粗细则常用粒度分布来表征。粒度分布指不同粒度的颗粒分别占粉体总量的百分比，分为区间分布和累积分布。主要有表格法、图示法和函数法三种表示方法。目前常用的粒度分布测试仪主要有沉降仪、激光粒度仪、显微图像分析仪及库尔特计数器等。

【熔点】melting point

参见 1.6.1【熔点】。

【沸点】boiling point

指液体在特定压强下沸腾时的温度。在此温度下液体的饱和蒸气压与外界压强相等，且物质由液态转变为气态。它受外界压强影响很大，外界压强改变时液体的沸点也会随之改变。通常所说的沸点指的是外界压强为 1 大气压强时液体沸腾的温度。标准沸点的定义由 IUPAC 在 1982 年给出。

【凝固点】freezing point

指晶体物质的熔体凝固时的温度。不同晶体具有不同的凝固点。在一定压强下，任何晶体的凝固点，与其熔点相同。同一种晶体，凝固点与压强有关。凝固时体积膨胀的晶体，凝固点随压强的增大而降低；凝固时体积缩小的晶体，凝固点随压强的增大而升高。非晶体物质则无凝固点。定义在1大气压下纯水和冰平衡共存的温度为冰点，也把淡水结冰的温度称为冰点，冰点通常为0℃或32℉。

【燃点】ignition temperature; ignition point

又称着火点，指将可燃物质在空气中加热时，可燃物开始并继续燃烧的最低温度。它随试样的形状、测定方法的不同而有一定差异。它区别于自燃点，自燃点指的是在没有外部能量供应的前提下，可燃物质自发起火并燃烧的最低温度。

【闪点】flash point

指可燃性的挥发性物质在规定的条件下加热时，当物质的蒸气和周围空气的混合气一旦与火焰接触即发生闪燃现象(火焰发生的内火现象)的最低温度。它是可燃性液体贮存、运输和使用的一个安全指标，同时也是可燃性液体的挥发性指标。一般要求可燃性液体的闪点比使用温度高20～30℃，以保证使用安全和减少挥发损失。

【吸水率】water absorption

采用绝干物质在常压状态下饱和吸收水的质量与其原始质量的比值来表示。它是表示物体吸水能力的物理量；也是反映材料中开口气孔数量的一个指标，反映了陶瓷材料的烧结程度，反映了耐火材料的抗渣性能。测试吸水率的常用方法有真空法和煮沸法两种。

【耐水性】water resistance

指材料在长期的饱和水作用下不破坏，其强度也不显著降低的性质。常用特征强度降低的软化系数 K 来表示。$K=\frac{\sigma_w}{\sigma}$，其中 σ_w 为材料在饱和水状态下的抗压强度，σ 为材料在干燥状态下的抗压强度。K 值随着材料含饱和水量的增加而降低。通常 K 大于等于0.85为耐水性材料，可长期处于水中或潮湿环境中使用；对于潮湿度较轻或非主要结构的材料，K 不小于0.75。

2.1.2 热学性能及测试

【热膨胀系数】coefficient of thermal expansion; thermal expansion coefficient

指温度每升高一度时，材料的体积或者长度的相对变化量。分为线膨胀系数和体积膨胀系数。它是材料的一个重要物理性能参数，但不是一个固定的参量，而与温度有关，通常情况下的膨胀系数值指的是在一定温度范围内的平均值。无机材料的热膨胀系数大多在 10^{-5}～10^{-6}/K数量级。它与材料的结合能、熔点、热容及硬度等物理性能有一定的关系。其影响因素除温度外，还包括键强、晶体结构和结晶取向等。

【热扩散系数】thermal diffusivity

又称导温系数。其数值等于热导率与比热容和密度的乘积之比。它表示物体在加热或冷却中，温度趋于均匀一致的能力。通常以 α 表示，在国际单位制中的单位是 m^2/s。它对稳态导热没有影响，但在非稳态导热过程中，它是一个非常重要的参数。其测量采用非稳态法，常用激光脉冲法。

【热导率】thermal conductivity

又称导热系数。按傅立叶定律，其定义为：单位温度梯度下，单位时间内通过单位垂直面积的热量。反映材料的热传导能力。以 λ 或 κ 表示，在国际单位制中的单位是W/(m·K)。其影响因素主要包括温度、晶体结构、气孔结构(气孔率、气孔尺寸及孔径分布等)和晶粒尺寸等。其测试方法主要包括稳态法、准稳态法和动态法。

【热容】heat capacity

参见1.5.2【热容】。

【比热容】specific heat capacity

指每单位质量物质在没有相变和化学反应发生的条件下，温度每升高1K所吸收的热量。以 c 来表示，在国际单位制中的单位是J/(kg·K)。分为定压比热容和定容比热容。定压比热容指单位质量的物质在压力不变的条件下，温度升高或下降1℃或1K所吸收或放出的能量，以 c_p 表示。定容比热容指单位质量的物质在容积(体积)不变的条件下，温度升高或下降1℃或1K吸收或放出的能量，以 c_v 表示；对于同一种物质，$c_v<c_p$；对于固体材料，c_v 不能直接测量。

【热传导】heat conduction

指一块材料温度不均匀或两个温度不同的物体互相接触时，热量自动地从高温度区向低温度区传导的现象。它是介质内无宏观运动时的传热现象。其实质是由物质中大量的分子热运动互相撞击，而使能量从物体的高温部分传至低温部分，或由高温物体传给低温物体的过程。在固体材料中，热传导主要靠晶格振动的格波(声子和光子)和电子的运动来实现，主要包括声子热导和光子热导。而在金属材料中则以电子热导为主。

【热稳定性】thermal stability

是指固体物质耐高温的性质，也就是指这种物质在加热的情况下能否保持物相、结构和其属性的稳定。通常采用差热分析仪(DTA)或差示扫描量热计(DSC)进行分析。有时人们也将热稳定性与抗热震性能等同。

【抗热震性能】thermal shock resistance

也称为抗热冲击性，指材料承受温度急剧变化而不致破坏的能力。它是无机材料的一个重要性能，一般无机材料的热稳定性都比较差。通常可以采用材料所能承受的温度差、热循环次数或热循环后的强度损失来表示。材料的热膨胀系数、热导率、弹性模量、材料固有强度和断裂韧性等是影响其热稳定性的主要因素。一般情况下，热膨胀系数较小、热导率较高的材料具有较好的热稳定性。

【热应力】thermal stress

指材料在热膨胀或者收缩时，各处膨胀变形或收缩变形不一致，相互约束而产生的内应力。其来源主要包括：热胀冷缩受到限制、温度梯度的存在及多相复合材料的各相热膨胀系数不同等。其影响因素除温度外，还包括热膨胀系数、泊松比和弹性模量。它是影响材料热稳定性及烧结开裂的重要原因。

【德拜温度】Debye temperature

是固体比热理论中按照德拜假设分析时产生的一个参量，是固体物质的某一特征温度，固体不同，其德拜温度亦不同。当温度远高于此温度时，固体的热容遵循经典的杜隆-珀替(Dulong-Petit)定律，热容是一个与构成固体的物质无关的常量，即 $c_v=3R$,其中 c_v 为定容比热。反之，当温度远低于此温度时，热容将遵循量子规律，而与热力学温度的三次方成正比，随着温度接近绝对零度而迅速趋近于零(即德拜定律)。

【居里温度】Curie temperature

参见 2.1.4【居里点】。

【抗氧化性】oxidation resistance

指材料在高温时，抵抗空气或其他氧化性气体介质作用引起的表面化学降解的能力。它是材料的一项重要的化学性能，是评价材料在高温氧化环境适用性的重要参数之一。抗氧化性好坏可以由能否形成氧化物膜及形成的氧化物膜能否有效地阻止气体进入定性描述。氧化增重实验可以很好地定量描述材料抗氧化性能的高低。

【耐热性】heat resistance

指物质在受热的条件下仍能保持其优良的物理机械性能的性质。常用材料的最高使用温度来表征。它不是材料的物理常数，而是一个技术指标。对不同的材料有不同的标准和测试方法。在无机材料中又称耐火度，指材料在高温作用下达到特定软化程度的温度，表征材料抵抗高温作用的性能，是评定耐火材料的一项重要技术指标，可以采用温锥法进行测定。

2.1.3 电学性能及测试

【电导率】conductivity

是表征材料电性能的主要参量，其定义可以由欧姆定律给出：当施加电场产生电流时，电流密度正比于电场强度，其比例常数即为电导率。它是电阻率的倒数。其单位为西门子每米(S/m)。它与温度具有很大相关性。金属的电导率随着温度的升高而减小。半导体的电导率随着温度的升高而增加。工程中也用相对电导率来表征导体材料的导电性能；相对电导率也称为百分电导率，指的是材料电导率与国际标准软铜电导率之比。可分为本征电导率和非本征电导率。

【电阻率】resistivity

是用来表示材料电阻特性的物理量，是该

材料制成的元件在常温下(20℃)的电阻与横截面积的乘积与长度的比值。电阻率是材料本身的电学性质，与材料的长度、横截面积等因素无关，但与温度有关。在国际单位制中的单位是Ω·m，读作欧姆米，简称欧米，常用单位为Ω·cm。测试方法主要包括双电桥法、电位差计法和直流四探针法。可分为表面电阻率和体积电阻率。表面电阻率指平行于通过材料表面上电流方向的电位梯度与表面单位宽度上的电流之比，用欧姆表示。体积电阻率指材料每单位体积对电流的阻抗，用来表征材料的电性质。通常体积电阻率越高，材料用作电绝缘部件的效能就越高。通常所说的电阻率即为体积电阻率。

【迁移率】mobility

指载流子在单位电场中的迁移速度。它是表征载流子在电场作用下运动速度快慢的物理量。载流子运动得越快，迁移率越大；反之，运动得慢，迁移率小。载流子主要包括电子、空穴、离子及空位等。电子在单位电场中的迁移速度称为电子迁移率。离子在单位电场中的迁移速度称为离子迁移率。迁移率与电导率之间的关系可由 $\sigma=\sum_i n_i q_i \mu_i$ 描述。其中 σ 为电导率；n_i 为单位体积内 i 载流子的数量；q_i 为 i 载流子的荷电量；μ_i 为 i 载流子的迁移率。

【离子电导率】ionic conductivity

表征带电荷的离子载流子在电场作用下定向运动的能力。主要包括由热缺陷引起的本征电导和由杂质引起的杂质电导。在较低温度下杂质电导比较显著，而在较高温度下则主要表现为本征电导。离子电导率与扩散系数间的关系可以用能斯特-爱因斯坦方程来描述。其影响因素主要包括温度、离子性质、晶体结构和晶格缺陷。

【电子电导率】electronic conductivity

表征电子或空穴载流子在电场作用下定向运动的能力。它主要发生在导体和半导体之中。电子电导率与迁移率的关系也可以采用 $\sigma=nq\mu$ 描述，但计算时要分开电子与空穴考虑。其中 σ 为电导率；n 为单位体积内电子或空穴的数量；q 为电子或空穴的荷电量；μ 为电子或空穴的迁移率。其影响因素主要包括温度、杂质及缺陷。

【介电性能】dielectric property

指在电场作用下，材料表现出对静电能的储存和损耗的性质。主要包括介电常数、介质损耗、介电强度及介质的极化等。

【介电常数】dielectric constant

是衡量电介质在电场下的极化行为或储存电荷能力的参数，是表征电介质的最基本的参量。相同几何尺寸的某种电介质电容器与真空电容器的电容量之比，称为该电介质的相对介电常数，用 ε_r 表示，无量纲。ε_r 与真空介电常数 ε_0 的乘积称为该电介质的介电常数 ε 或电容率，量纲为 F/m。它用于衡量电介质储存电能的性能，也代表了电介质的极化程度，也就是对电荷的束缚能力，介电常数越大，对电荷的束缚能力越强。不同材料不同温度下的相对介电常数不同，利用这一特性可以制成不同性能规格的电容器或有关元件。

【介质损耗】dieletric loss

指电介质在电场作用下，单位时间消耗的电能。由电导和极化过程引起。它是电介质作为绝缘材料使用的重要评价参数。在实际应用中，通常用损耗角正切表示电介质在交变电场下的损耗 $\tan\delta=\frac{\varepsilon''}{\varepsilon'}$，其中 δ 为损耗角，ε' 为相对介电常数(复介电常数的实部)，ε'' 为介质损耗因子(复介电常数的虚部)。损耗角又称介电相位角，反映电介质在交变电场作用下，电位移与电场强度的位相差。

【极化率】polarizability

指单位电场强度下电介质材料中电偶极矩的大小。可用 $\alpha=\frac{\mu}{E_{loc}}$ 来定义，其中 α 为质点极化率，μ 为电偶极矩，E_{loc} 为微观外电场。它表征材料的极化能力，仅与材料性质有关。其国际单位制单位为 C·m^2/V，常用单位还有 F·m^2。对于非极性分子，若极化率越大，则在外电场诱导出的偶极矩越大。而极性分子具有永久偶极矩，它的极化率是原子极化、电子极化与定向极化的总和。

【极化强度】intensity of polarization

指单位体积电介质材料中的电偶极矩的总和。它是描述电介质极化程度和极化方向的物理量。在外电场不太强的情况下，可用式 $P=\varepsilon_0\chi E$ 来描述它与宏观电场的关系，其中 P 为极化强度，ε_0 为真空介电常数，χ 为电介质极化系数，E 为宏观外电场。其单位为 C/m^2。

【介电常数温度系数】temperature coefficient of dielectric constant

指随温度的变化，电介质材料介电常数的相对变化率。可以用一定温度范围内温度每升高1℃时介电常数的相对平均变化率来表示。对陶瓷介质材料介电常数温度系数常用TKE或TKε表示。它是材料重要的电参数，用它可作为许多陶瓷电介质材料分类的依据，即有正温度系数材料(PTC)、负温度系数材料(NTC)和零温度系数材料之分。不同介电常数温度系数的材料可具有不同的用途。

【介电弛豫】dielectric relaxation

指外加电场施加或移去后，系统逐渐达到平衡状态的过程。通常发生在交变电场中。把电极化弛豫过程所需要经历的时间即为介电(电极化)弛豫时间。半导体中局部多数载流子的产生与消亡的过程，伴随着电荷和电场的出现与消失，也是一种电极化弛豫过程，相应的时间也称为介电弛豫时间。相对于少数载流子的寿命而言，多数载流子的介电弛豫时间往往短得可以忽略。

【介电强度】dielectric strength

也称介电击穿强度。指材料发生击穿时相应的临界电场强度。可以定义为试样被击穿时，单位厚度承受的最大电压，表示为伏特每单位厚度(V/cm)。它是一种材料作为绝缘体时的重要参数指标。材料的介电强度越大，它作为绝缘体的质量越好。其影响因素主要包括材料厚度、环境温度和气氛、电极形状、材料表面状态、电场频率和波形、材料成分和孔隙度、晶体各向异性及非晶态结构等。

【压电常数】piezoelectric constant

是反映力学量(应力或应变)与电学量(电位移或电场)间相互耦合的线性响应系数。选择不同的自变量(或者说测量时选用不同的边界条件)，可以得到四组压电常数 d、g、e、h，其中较常用的是压电常数 d。其中压电常数 d_{33}(下标中的第一个数字指的是电场方向，第二个数字指的是应力或应变的方向，“33”表示极化方向与测量时的施力方向相同)。它是表征压电材料性能的最常用的重要参数之一，一般陶瓷的压电常数越高，压电性能越好。

2.1.4 磁学性能及测试

【磁矩】magnetic moment

也称为磁偶极矩，是描述载流线圈或微观粒子磁性的物理量。在一个载流回路中，磁矩等于电流乘以回路面积，其方向符合右旋法则。在原子中，电子因绕原子核运动而具有轨道磁矩；电子还因自旋具有自旋磁矩；原子核、质子、中子以及其他基本粒子也都具有各自的自旋磁矩。分子的磁矩就是电子轨道磁矩以及电子和核的自旋磁矩构成的，磁介质的磁化就是外磁场对分子磁矩作用的结果。

【磁化率】magnetic susceptibility

表征磁介质属性的物理量。数值等于磁化强度与磁场强度之比。某一物质的磁化率可以用体积磁化率或者质量磁化率来表示。在国际单位制(SI)中，体积磁化率是无量纲参数。根据磁化率的大小、正负及其随温度变化的行为常可判断材料磁性的种类。对于铁磁质，磁化率很大，且还与磁场强度有关。对于各向同性磁介质，磁化率是标量；对于各向异性磁介质，磁化率是一个二阶张量。

【磁化强度】magnetization intensity

又称磁化矢量。指单位体积磁性材料内各磁畴磁矩的矢量和。它是描述磁介质磁化状态的物理量。可以认为是材料在磁场中显示出的静磁矩的结果，它常采用 M 表示。在国际单位制中的单位是 A/m，它与外磁场强度和温度有关。在一个磁性物质的内部，磁化强度不一定是均匀的，磁化强度时常是位置矢量的函数。把磁性材料在外加磁场中被磁化时所能够达到的最大磁化强度称为饱和磁化强度。饱和磁化强度是铁磁性物质的一个特性，是永磁性材料极为重要的磁参量。磁场强度是描述磁场性质的物理量，用 H 表示，其单位是 A/m，也可用特斯拉(T)表示。定义式为 $H=\frac{B}{\mu_0}-M$，式中：B 是磁感应强度，M 是磁化强度，μ_0 是真空中的磁导率，$\mu_0=4\pi\times10^{-7}$ Wb/(m·A)。磁感应强度指材料在外磁场作用下，其内部原子磁矩的有序排列产生一个附加磁场与在磁性材料内部外加磁场之和，用 B 表示，单位为 T。

【磁导率】permeability

定义为磁感应强度与磁场强度之比。它是表征磁介质磁性的物理量，表示在空间或在磁芯空间中的线圈流过电流后、产生磁通的阻力，或者是其在磁场中导通磁力线的能力。常用 μ 表示。在国际单位制中磁导率的单位是 H/m。相对磁导率指磁导率与真空磁导率之比；用 μ_r 表示，无量纲，它和磁导率、磁化率都是描述磁介质磁性的物理量。

【静磁能】magnetostatic energy

指铁磁体在磁场中的能量。它包括铁磁体与外磁场的相互作用能和铁磁体在自身退磁场中的能量。铁磁体在自身退磁场中的能量也称为退磁能。

【抗磁性】diamagnetism

也称为反磁性。指物质处在外加磁场中，会对磁场产生的微弱斥力的一种磁性现象。它来源于电子轨道运动。理论上说任何物质在外磁场作用下均有抗磁性效应，但只有原子的电子壳层完全填满电子的物质才会表现出抗磁性。表现出抗磁性的物质受到外加磁场的作用时，感生出的磁化强度的方向与外加磁场方向相反。一般抗磁性物质的磁化率为负值，绝对值很小，约为 $10^{-4}\sim10^{-6}$，并且和磁场、温度无关。抗磁物质的相对磁导率小于1。完全抗磁性又称为迈斯纳效应，指磁场中的金属处于超导状态时，体内的磁感应强度为零的现象。

【顺磁性】paramagnetism

指物质处在外加磁场中，原先混乱排布的原子磁矩转向外磁场方向而趋于规则排布的现象。顺磁性物质置于外加磁场中，感生出的磁化强度与外磁场相同。顺磁性物质的磁化率为正值，数值比抗磁性大 1～3 个数量级，约 $10^{-5}\sim10^{-3}$，磁化率和温度的关系遵守居里定律或居里-韦斯定律 $\chi=\frac{C}{T-T_c}$，其中 χ 为磁化率，C 为居里常数，T_c 为居里温度，T 为温度。

【铁磁性】ferromagnetism

是指物质中相邻原子或离子的磁矩由于它们的相互作用而在某些区域中大致按同一方向排列，当所施加的磁场强度增大时，这些区域的合磁矩定向排列程度会随之增加到某一极限值的现象。也把过渡族金属(如铁)及它们的合金和化合物所具有的磁性称为铁磁性。铁磁性材料的磁化率远大于顺磁性材料，数值在 1～10^6 范围。铁磁性材料的磁化强度与外磁场呈非线性关系，这种关系是一条闭合曲线，即磁滞回线。

【居里点】Curie point

又称居里温度，或称磁性转变点。是指材料可以在铁磁体和顺磁体之间改变的温度。常用 T_c 表示。在此温度以下，组成铁磁性材料的原子磁矩在磁畴内平行或反平行排列，材料中有自发磁化，显示铁磁性；随着温度的升高，自发磁化逐渐减小，当温度升高至超过此转变温度后，材料中的自发磁化完全消失，材料内部的原子磁矩变为混乱排列，材料表现为强顺磁性，其磁化率与温度的关系服从居里-外斯定律。

【居里常数】Curie constant

指顺磁性材料的磁化率和温度的关系所遵守的居里定律或居里-韦斯定律中的常数 C，其大小取决于磁性材料的磁化强度和磁矩。

【磁致伸缩系数】magnetostriction coefficient

指铁磁性物质位于磁场中时尺寸变化量与原始尺寸的比值。用于表示铁磁性材料在磁场中的磁致伸缩效应。根据尺寸不同分为线磁致伸缩系数和体积磁致伸缩系数。线磁致伸缩系数指铁磁体磁化前后沿磁场方向线尺寸的相对变化量，常用 λ 表示，$\lambda>0$ 为正磁致伸缩；反之称为负磁致伸缩，一般 λ 在 $10^{-6}\sim10^{-3}$ 之间。体积磁致伸缩系数则指铁磁体磁化前后体积的相对变化量，常用 W 表示，一般其数量级约为 $10^{-8}\sim10^{-10}$。

【反铁磁性】antiferromagnetism

指在原子磁矩受交换作用而呈现有序排列的磁性材料中，当相邻原子自旋间受负的交换作用时，原子磁矩反向平行排列，若相邻原子磁矩相等，则原子磁矩完全相互抵消，自发磁化强度等于零的现象。具有此特性的材料在任何温度下其宏观特性都为顺磁性，磁化率相当于强顺磁性物质的数量级。温度很高时磁化率很小，温度降低则磁化率增大，降至某一温度时磁化率升至最大值；再降低温度磁化率反而减小；当温度趋于 0K 时，磁化率趋于定值。反铁磁性物质的磁化率为最大值时所对应的温度，称为尼尔温度(Neel temperature)。

【亚铁磁性】ferrimagnetism

指在无外加磁场的情况下，磁畴内由于相邻原子间电子的交换作用或其他相互作用，使它们的磁矩在克服热运动的影响后，处于部分抵消的有序排列状态，以致还有部分合磁矩的现象。具有此特性的物质称为亚铁磁体。当施加外磁场后，亚铁磁体的磁化强度随外磁场的变化与铁磁性物质相似。亚铁磁体的磁化率要远大于顺磁体，但小于铁磁体，其数值在 $10\sim10^{-3}$范围。铁氧体大多是亚铁磁体。

【磁畴】magnetic domain

指铁磁体材料在自发磁化的过程中为降低静磁能而产生分化的方向各异的小型磁化区域，每个磁化区域内部包含大量原子，这些原子的磁矩排列整齐，但相邻的不同区域之间原子磁矩排列的方向不同。每个区域大约为 $10^{-9}\,cm^3$。宏观物体一般总是具有很多磁畴，磁畴的磁矩方向各不相同，结果相互抵消，矢量和为零，整个物体的磁矩为零，不对外显示磁性。各个磁畴之间的交界面被称为畴壁，可以分为 180°磁畴壁和 90°磁畴壁两种；它有一定的厚度，是一个磁矩方向逐渐变好的过渡区。建立畴壁所需要的能量称为畴壁能，主要包括交换能、磁晶各向异性能和磁弹性能。

【磁滞回线】magnetic hysteresis loop

表示外加磁场强度周期性变化时，强磁性物质磁滞现象的闭合磁化曲线。它表明了强磁性物质反复磁化过程中磁化强度或磁感应强度与磁场强度之间的关系。它是铁磁性物质和亚铁磁性物质的一个重要的特征，顺磁性和抗磁性物质则不具有这一现象。一般可分为：正常磁滞回线、矩形磁滞回线、退化磁滞回线、蜂腰磁滞回线、不对称磁滞回线和饱和磁滞回线。它具有结构灵敏的性质，很容易受各种因素的影响。磁性材料在饱和磁化后，当外磁场退回到零时其磁感应强度或磁化强度并不退到零，而仍然保留的那部分磁感应强度和磁化强度，剩余的部分称为剩磁，分为剩余磁感应强度和剩余磁化强度。为消除剩磁使磁感应强度退回到零，而在原磁化场相反方向施加的一个磁场强度被称为矫顽力，也称矫顽磁场强度。磁性材料在外加磁场中被磁化时所能够达到的最大磁化强度被称为饱和磁化强度，它是铁磁性物质的一个特性，是永磁性材料极为重要的磁参量。剩磁与饱和磁感应强度的比值称为剩磁比，它是衡量磁滞回线矩形性的参量，是开关元件的重要指标。铁磁体等在反复磁化过程中因磁滞现象而消耗的能量称为磁滞损耗。

【截止频率】cut-off frequency

指铁磁性材料在交变磁场中的复数磁导率随着频率增加而变化的曲线中，磁导率实部减小到一半时所对应的频率值。它是磁性材料能够使用的频率范围的重要标志。一般软磁铁氧体的工作频率应选择低于它的截止频率。材料的截止频率与起始磁导率有密切的关系。一般而言，材料的起始磁导率越低，其截止频率越高，使用的工作频率也相应提高。

【磁能积】magnetic energy product

指退磁曲线上任何一点的磁感应强度和磁场强度的乘积，是衡量磁体所储存能量大小的重要参数之一。磁能积越大，说明磁体蕴含的磁能量越大，其直接的工业意义是产生同样效果时所需磁材料越少。设计磁路时要尽可能使磁体的工作点处在最大磁能积所对应的磁感应强度和磁场强度附近。退磁曲线上磁感应强度和磁场强度乘积的最大值被称为最大磁能积。

2.1.5 光学性能及测试

【折射率】refractive index

表示透明物质折光性能的物性常数，即光在真空中传播的速度与光在该材料中传播的速度之比率 n，通常 n 为该介质的绝对折射率。任意两介质中的光速之比定义为两介质的相对折射率。材料的折射率越高，使入射光发生折射的能力越强。折射率无量纲，大多数物质的折射率大于1，而对极短波长(如X射线)，大多数物质的折射率略小于1。折射率的大小随波长不同而变化，所以折射率必须注明对何种波长而言。为了说明介质的折光性能，定义的平均折射率是指介质对钠黄光(λ=589.3nm)的折射率，或者是对氦黄光(λ=587.6nm)的折射率。

【双折射】birefraction

光束入射到一个各向异性的晶体上时，除了反射光外，还会分解为两束光沿不同方向折射的现象，称为双折射。双折射光为振动方向互相垂直的线偏振光。光在非均质体中传播时，其传播速度和折射率随振动方向不同而改变，其折射率不止一个。光波入射非均质体，除特殊方向以外，都要发生双折射，分解成振动方向互相垂直、传播速度不同、折射率不等的两种偏振光。

【吸收率】absorption index

又称吸收系数。是指光束照射到物体上时，被该物体吸收的热辐射能与投射到该物体上的总热辐射能之比，称为该物体的吸收率。这是针对所有波长而言，应称为全吸收率，通常就简称为吸收率。

【反射率】reflection index

光行进到两种介质的分界面时，有一部分被返回到原介质的现象，称为反射。单位时间内从界面单位面积上反射光所带走的能量与入射光的总能量之比，称为反射率，或反射系数。能量之比等于光强之比，故反射率即为反射光强与入射光强之比，也等于反射光与入射光的振幅平方之比。

【浊度】turbidity value

又称浑浊度。为水样光学性质的一种表达语，指水中不溶性物质对光线透过时所发生的阻碍程度，以浊度单位NTU表示。水中的不溶性物质一般是泥土、砂粒、微细的有机物和无机物、浮游生物、微生物和胶体物质等。水的浊度不仅与水中悬浮物质的含量有关，而且与它们的大小、形状及折射系数等有关。浊度是反映水的物理性状的一项指标，用以表示水的清澈或浑浊程度，是衡量水质良好程度的重要指标之一。

【消光系数】extinction coefficient

消光系数是被测溶液对光的吸收大小值。被测溶液浓度高，溶液显色后颜色深，对光吸收大，消光系数大，光透射率低，反之就小。一般用摩尔消光系数来表示，指溶液浓度为1mol/L时的消光系数，用 ε 表示。

【散射系数】scattering coefficient

又称散射因子。用来描述大气或介质中各种散射元对入射光波散射作用的强弱。当散射颗粒远小于入射光波的波长时，散射系数与入射光波波长的四次方成反比；而当散射颗粒与入射光波波长可以相比拟或远大于入射辐射波长时，散射系数与波长关系不大。

【色散率】dispersion

光谱在空间按波长分离的尺度，或者说把不同波长的光分散开的能力，称为色散率。分为角色散率和线色散率。光谱仪的色散率一般是指线色散率，有时以线色散率倒数表示。

【透射率】transmittivity

透射是入射光经过折射穿过物体后的出射现象。被透射的物体为透明体或半透明体，如玻璃、滤色片等。为了表示介质透过光的程度，通常用透过后的光通量与入射光通量之比(τ)来表征物体的透光性质，称为透射率，有时又称为透过率或透光率。

【发光效率】luminescent efficiency; luminous efficiency

发光效率是反映发光体发光能力的一个参数，它是光通量与辐射通量的比值，发光体发光效率的大小反映发光体内部能量激发、能量传递、复合发光以及无辐射复合过程的总效果，它与发光体的成分、发光中心的种类及浓度、共激活剂的选择、有害杂质(猝灭中心)的控制以及发光晶体的完整性，甚至与具体的工艺过程有关。

2.1.6 力学性能及测试

【力学性能】mechanical properties

指材料在外加载荷（外力）作用下或载荷与环境因素（温度、介质和加载速率）联合作用下所表现的行为特征。它显示的是与弹性和非弹性反应相关或涉及应力-应变的关系，宏观上一般表现为材料的变形和断裂。主要包括强度、硬度、塑性、韧性、耐磨性和缺口敏感性等性能。其取决于材料的化学成分、组织结构、残余应力及表面和内部缺陷等内在因素，同时外在因素(如载荷性质、载荷谱、应力状态、温度、环境介质等)对材料的力学性能也有很大影响。对于金属材料力学性能也称为机械性能，主要包括弹性、塑性、刚度、时效敏感性、强度、硬度、冲击韧性、疲劳强度和断裂韧性等。

【塑性变形】plastic deformation

指物质在一定条件下，在外力作用下产生形变，当施加的外力撤除或消失后该物体不能恢复原状的一种物理现象。它是不可逆的。铜、银和金等金属材料具有相当大的塑性变形范围；陶瓷具有很小的塑性变形范围。在拉应力作用下，塑性变形的特点是应变硬化区、颈缩区和断裂(又称破裂)。金属在室温下的塑性变形，对金属的组织和性能影响很大，常会出现加工硬化、内应力和各向异性等现象。

【裂纹】crack

指材料在应力或环境(或两者同时)作用下产生的裂隙。其形成过程被称为裂纹形核。已经形成的裂纹在应力或环境(或两者同时)作用下不断长大的过程被称为裂纹扩展或裂纹生长。它扩展到一定程度即造成材料的断裂。根据尺寸不同可分为微观裂纹和宏观裂纹；根据成因不同可分为疲劳裂纹、蠕变裂纹、应力腐蚀裂纹及氢致裂纹等。它的出现和扩展使材料的机械性能明显变差。抗裂纹性是指材料抵抗裂纹产生及扩展的能力，是材料的重要性能指标之一。

【脆性】brittleness

指当外力达到一定限度时，材料发生无先兆的突然破坏，且破坏时无明显塑性变形的性质。具有脆性的材料称为脆性材料，其力学性能的特点是抗压强度远大于抗拉强度，破坏时的极限应变值极小。砖、石材、陶瓷、玻璃、混凝土、铸铁等都是脆性材料。与韧性材料相比，它们对抵抗冲击荷载和承受震动作用是相当不利的。脆性材料断裂前吸收的能量较少，即使是那些高强度的材料也是如此，而且断裂往往伴随着爆裂声。

【塑性】plasticity

指在外力作用下，材料能稳定地发生永久变形而不破坏其完整性的能力。应力超过弹性极限后，发生的变形包括弹性变形和塑性变形两部分，塑性变形不可逆。评价材料塑性的指标可用伸长率和断面收缩率表示。塑性越好，则发生脆性断裂的可能性越小，材料在断裂前有较大形变、断裂时断面常呈现外延形变，此形变不能立即恢复，其应力-形变关系呈非线性。而将材料在受力产生破坏之前的塑性变形能力称为延性，与材料的延展性有关。金、铜、铝等有色金属皆属于有较高延性的材料。

【强度】strength

指材料承受载荷后抵抗发生断裂或超过容许限度的残余变形的能力。它是衡量材料本身承载能力(即抵抗失效能力)的重要指标，是结构材料首先应满足的基本要求。根据承受载荷种类的不同，可分为抗拉强度、抗压强度、抗弯强度和抗剪强度。常以 σ 表示，常用单位 Pa、MPa 或 GPa。其计算公式除考虑了材料的屈服强度、极限强度性能、杨氏模量和泊松比，还考虑了材料的几何属性(如长度、宽度和厚度)及边界约束等。其影响因素主要包括气孔率、气孔尺寸及形状、晶粒尺寸、晶界及测试温度等。

【抗弯强度】bending strength

也称弯曲强度、抗折强度。指材料在弯曲负荷作用下破裂或达到规定弯矩时能承受的最大应力。此应力为弯曲时的最大正应力，以MPa为单位。它用于表示材料抵抗弯曲不断裂的能力，主要用于考察陶瓷等脆性材料的强度。一般采用三点抗弯测试或四点抗弯测试方法测定。其中四点测试要两个加载力，比较复杂；三点测试最常用。其数值与承受的最大压力成正比。在耐火材料或混凝土中常用抗折强度，试样尺寸较大。

【抗压强度】compressive strength

指材料单位面积所能承受的最大压应力。表示材料抵抗以同一轴线施加压力的能力。当压力超越抗压强度时，材料会出现脆断、塑性变形等不可逆的形变。陶瓷、混凝土的抗压强度远高于抗拉强度；而复合材料的抗拉强度则倾向高于抗压强度。

【压溃强度】crushing strength

又称环压强度。表示环状材料试样承受径向压力作用的能力。压溃值 K 可以表示为 $K=\frac{P(D_1-h)}{bh^2}$，式中 P 为压溃载荷(单位是N)，D_1 为试样外径(单位是cm)，b 为试样厚度(单位是cm)，h 为试样高度。它常用于粉末冶金材料的强度性能检测。测试试样的几何尺寸应满足 $h/D_1<1/3$。

【疲劳强度】fatigue strength

又称疲劳极限。指材料在无限多次交变载荷作用下会产生破坏的最大应力。实际上，金属材料并不可能作无限多次交变载荷试验。一般试验时规定，疲劳强度指钢在经受 10^7 次、非铁(有色)金属材料经受 10^8 次交变载荷作用时不产生断裂的最大应力。当施加的交变应力是对称循环应力时，所得的疲劳强度用 σ_{-1} 表示。

【硬度】hardness

固体材料局部抵抗硬物压入其表面的能力，是衡量固体材料软硬程度的一个性能指标；但它不是一个单纯的、确定的物理量。测试方法不同，有不同的硬度标准，且各种硬度标准的力学含义不同，相互不能直接换算，但可通过试验加以对比。

【划痕硬度】scratch hardness

也称为刻划硬度。根据一个由硬物质构成的物体在另一个由较软物质构成的物体上形成的划痕来描述。它表征材料对破裂的抗力。主要包括莫氏硬度和马尔顿斯划痕硬度。马尔顿斯划痕硬度是将标准压头在一定的载荷作用下压入被测物体表面内，然后使压头移动，则在金属表面刻出一条划痕，硬度值是用某一定的载荷下划痕的宽度或用刻划出一定宽度的划痕所需的载荷来表示。

【莫氏硬度】Mohs′ hardness

是一种利用矿物的相对刻划硬度划分矿物硬度的标准。它是一种相对标准，并非绝对硬度值，而是按硬度的顺序表示的值，与绝对硬度并无正比关系。它将十种常见矿物的硬度按照从小到大分为十级，即(1)滑石；(2)石膏；(3)方解石；(4)萤石；(5)磷灰石；(6)正长石；(7)石英；(8)黄玉；(9)刚玉；(10)金刚石。

【压痕硬度】indentation hardness

也称为压入硬度。指在规定的静态试验力下将压头压入材料表面，用压痕深度或压痕表面面积来评定的硬度。它表征材料对变形的抗力。常用在机械工程领域材料硬度值的测定。压痕深度及压痕面积的测试可以在宏观或微观尺度上进行。金属材料的压痕硬度与抗拉强度呈线性相关，这种关系可用于轻金属的无损检测。根据所用压头的不同可分为【布氏硬度】【洛氏硬度】【维氏硬度】及【努氏硬度】等。

【布氏硬度】Brinell hardness

指用一定直径的硬质合金球压头压入试样表面，在规定载荷下保持一定的时间后卸除压力而在试件表面留下压痕，单位压痕表面积上所承受的平均压力即定义为布氏硬度值。用HBW表示。其测试过程需遵循相似性法则：压痕的几何形状相似；压入角相等；压痕表面所受的平均压力相等。适用于铸铁、非铁合金、各种退火及调质的钢材，不宜测定太硬、太小、太薄和表面不允许有较大压痕的试样或工件。

【洛氏硬度】Rockwell hardness

指将顶角为120°的金刚石圆锥体或直径为1.588mm的钢球压头在一定压力下压入被测

材料的表面获得压痕，直接测量压痕深度，并根据压痕深度计算出材料的硬度值，用 HR 表示。采用不同压头并施加不同的压力，可以组成不同的洛氏硬度标尺，常用的有 A、B 和 C 三种标尺，用这三种标尺测得的硬度分别记为 HRA、HRB 和 HRC。HRA 是采用 60kg 载荷和钻石锥压入器求得的硬度，用于硬度很高的材料，如硬质合金；HRB 是采用 100kg 载荷和直径 1.588mm 淬硬的钢球求得的硬度，用于硬度较低的材料，如软钢、有色金属、退火钢、铸铁等；HRC 是采用 150kg 载荷和钻石锥压入器求得的硬度，用于硬度较高的材料，如淬火钢等。

【维氏硬度】Vickers hardness

用面角为 136°的金刚石角锥体作压头，在一定的静载荷作用下，压入试样的表面，保持一定时间后卸除载荷获得压痕，测量恢复后的压痕对角线长度，计算出压痕凹印面积，求出单位面积上承受的载荷大小，即为维氏硬度值，用 HV 表示。它适用于较大工件和较深表面层的硬度测定，测试的范围较宽。根据试验力的大小分为小负荷维氏硬度和显微维氏硬度。

【显微硬度】micro-hardness

指在显微镜下进行的一种硬度试验方法。所用的载荷很小，一般小于 1.9614N。显微硬度又分为维氏(Vickers)显微硬度和努氏(Knoop)显微硬度。一般地，美国采用努氏硬度，中国和欧洲多用维氏硬度。

【里氏硬度】Leeb hardness

指用规定质量的冲击体在弹力作用下以一定速度冲击试样表面，用冲头在距离试样表面 1mm 处的回弹速度与冲击速度之比计算出的数值，以 HL 表示。它基于物理动态硬度检测原理，和其他硬度值(HRC、HRB、HB、HV、HSD)之间有对应关系。

【巴氏硬度】Barcol hardness

指用一定形状的硬钢压针，在标准弹簧试验力作用下，压入试样表面，用压针的压入深度确定材料硬度。定义每压入 0.0076mm 为一个巴氏硬度单位，巴氏硬度单位表示为 HBa。它可用于测量玻璃钢制品、增强或非增强硬塑料、铝及铝合金、黄铜、紫铜等较软金属硬度。可通过查表，换算成布氏、洛氏、维氏、韦氏等其他硬度值。

【努氏硬度】Knoop hardness

又称努普硬度。在载荷作用下将 172.5°(努氏压头)的角锥四面体金刚石压头压入被测试样显微组织中某个相或预定细微区域，保持一定时间，在卸除载荷后，测量出压痕对角线的长度 d，计算出投影面积，进一步计算出单位面积上所受的压力，或通过查表得出硬度值。它特别适于测试硬而脆的材料。

【韦氏硬度】Webster hardness

指用一定形状的硬钢压针，在标准弹簧试验力作用下压入试样表面，用压针的压入深度确定材料硬度。定义 0.01mm 的压入深度为一个韦氏硬度单位。韦氏硬度单位表示为 HW。

【回跳硬度】scleroscope hardness; rebound hardness

又称冲撞硬度、马尔特氏硬度。它通过测量一个带金刚石触头的重锤从一定高度落向被测物质以后弹回的高度来表示硬度。表征的是材料弹性变形功的大小。

【肖氏硬度】Shore hardness

指当冲头从一定高度 h_0 自由下落到试件表面，然后由于试件的弹性变形回跳到某一高度 h，用这两个高度的比值来计算肖氏硬度值。常以 HS 表示。

【韧性】toughness

表示材料在塑性变形和断裂过程中吸收能量的能力。当承受应力时对折断的抵抗，其定义为材料在破裂前所能吸收的能量与体积的比值。韧性越好，则发生脆性断裂的可能性越小。通常以冲击强度的大小、晶状断面率来衡量。可分为断裂韧性和冲击韧性。韧性好的材料比较柔软，它的拉伸断裂伸长率、抗冲击强度较大；硬度、拉伸强度和拉伸弹性模量相对较小。

【断裂韧性】fracture toughness

又称平面应变断裂韧性。指裂纹失稳扩展的临界状态所对应的应力场强度因子，又称为临界应力场强度因子。用 K_{IC} 表示。它反映了具有裂纹的材料对外界作用的一种抵抗能力，即阻止裂纹扩展的能力。它和裂纹本身的大小、形状及外加应力大小无关，是材料固有的特性，只与材料本身、热处理及加工工艺有关。测试方法主要包括单边切口梁法、压痕法、双扭法、双悬臂梁法和短棒法等。

【冲击韧性】impact toughness

是反映材料抵抗冲击断裂能力的指标。工程上常用一次摆锤冲击的弯曲试验(试样带切口)来测定材料冲击韧性值，其单位为J/cm^2。其值的大小表示材料的韧性好坏。其值取决于材料及其状态，同时与试样的形状、尺寸有很大关系。它对材料的内部结构缺陷、显微组织的变化(如夹杂物、偏析、气泡、内部裂纹及晶粒粗化等)很敏感；此外切口深度对其值也有明显的影响。

【弹性】elasticity

指物体在外力作用下改变形状及大小，外力卸除后又可恢复到原始形状及大小的现象。可用胡克定律对其进行描述。

【弹性模量】elastic modulus

指当有外力施加于物体时，其弹性变形(非永久变形)趋势的数学描述。可定义为弹性变形区的应力-应变曲线的斜率或者应力与应变的比值。其单位为帕斯卡(Pa)。它是一个总称，包括杨氏模量(Young's modulus，常用E表示)、剪切模量(shear modulus，常用G表示)、体积模量(bulk modulus，常用K表示)等。杨氏模量最为常用，指材料在单向拉应力或压应力作用下产生单位弹性变形所需要的应力。它是工程材料重要的性能参数，反映组成材料的原子、离子或分子之间键合强度，反映材料抵抗弹性变形的能力。

【疲劳】fatigue

指材料在交变载荷和应变的长期作用下，因累积损伤而引起的断裂现象。由它引起的破坏过程可以明显地分为裂纹萌生、裂纹扩展和最终断裂三个阶段。此破坏是交变应力引起的延时断裂，其断裂应力水平往往低于材料的抗拉强度，甚至低于屈服强度。当应力低于材料的疲劳强度时，寿命可无限延长，这种规律可用疲劳曲线描述。

【抗疲劳性能】fatigue resistance

指材料抵抗疲劳破坏的能力。常采用疲劳强度来衡量金属材料的抗疲劳性能。影响它的因素主要包括残余应力、晶粒尺寸、化学成分、夹杂物、缺陷、材料表面形态及载荷形式等。

【蠕变】creep

指材料在长时间的恒温、恒载荷作用下缓慢地产生塑性变形的现象。由于这种变形而最后导致材料的断裂称为蠕变断裂。常用应变随时间变化的曲线(蠕变曲线)表示其过程，此曲线可分为减速蠕变、恒速蠕变和加速蠕变三个部分。其机理主要分为高温蠕变的位错运动理论、扩散蠕变理论和晶界蠕变理论。

【抗蠕变性能】creep resistance

指材料抵抗蠕变断裂的能力，可用蠕变极限来表示。可以定义为在给定温度下，使试样在蠕变第二阶段(恒速蠕变)产生规定稳态蠕变速率的最大应力。也可以定义为在给定温度和时间条件下，使试样产生规定的蠕变应变量的最大应力。反映长期载荷作用下的材料对高温蠕变变形的抗力，是选用高温材料、设计高温下服役机件的主要依据之一。

【摩擦】friction

指两个相互接触的物体或物体与介质之间在外力作用下，发生相对运动或者有相对运动趋势时，在接触表面上所产生的阻碍作用。按摩擦副的运动形式可分为滑动摩擦和滚动摩擦；按摩擦表面的润滑状态可分为干摩擦、边界摩擦和流体摩擦；还可分为外摩擦和内摩擦。干摩擦和边界摩擦属外摩擦，流体摩擦属内摩擦。常用摩擦系数来表征摩擦。

【摩擦系数】friction coefficient

指两表面间的摩擦力和作用在其一表面上的垂直力之比值。它和表面的粗糙度有关，而和接触面积的大小无关。依运动的性质，可分为动摩擦系数和静摩擦系数。主要由材料的结构和组成所决定，而两材料表面的相对硬度、两表面的凸凹不平程度、环境温度及滑动速度等也对其大小有直接影响。

【磨损】wear；abrasion

指物体工作表面由于相对运动而不断损失的现象。它是摩擦的直接结果，是零部件失效的一种基本类型。按照表面破坏机理特征，可以分为磨粒磨损、黏着磨损、表面疲劳磨损、腐蚀磨损和微动磨损等。前三种是磨损的基本类型，后两种只在某些特定条件下才会发生。表征材料磨损的参量主要包括：磨损量、磨损率、磨损度、耐磨性和相对耐磨性。

【磨损率】wear rate

又称磨损强度。指移动单位距离时由于磨损而引起的材料的损失量(磨损量)。它用于判断材料磨损的快慢程度。根据对磨损量的测量的参数不同，可分为线磨损率、体积磨损率和质量磨损率。线磨损率是个无单位的量。定义单位载荷及摩擦行程的磨损体积为比磨损率。定义试验材料磨损率与相同条件下标准材料磨损率之比为相对磨损率。

【耐磨性】abrasive resistance

指材料抵抗磨损的性能。以规定摩擦条件下的磨损率或磨损度的倒数来表示。将相对磨损量在相同条件下与标准材料的磨损量相比得到的比值定义为相对耐磨性。

2.1.7 声学性能及测试

【声学】acoustics

声学是物理学分支学科之一，是研究媒质中声波的产生、传播、接收、效应及其与其他物质相互作用的科学。媒质包括物质各态(固体、液体和气体等)，可以是弹性媒质，也可以是非弹性媒质。

【声阻抗】acoustic impedance

声波传导使介质位移需要克服的阻力，等于界面声压与通过该面的体积速度(穿过某一面积的介质流动速度)之比。声阻抗以复数表示，其实部相当于电阻，虚部相当于电抗。声阻抗越大则推动介质所需要的声压就越大，声阻抗越小则所需声压就越小。

【声速】acoustic velocity

声速是在介质中的传播速度，其大小与介质的性质和状态有关。在压缩性小的介质中声速大于在压缩性大的介质中的声速。介质状态不同，声速也不同。声速的数值在固体中比在液体中大，在液体中又比在气体中大。声速的大小还随大气温度的变化而变化，气温升高，声速增大。空气中的声速在 1 个标准大气压和 15℃的条件下约为 340m/s。在有些情况下声速还与声波本身的振幅、频率、振动方式有关。不同类型的声波，如纵波(质点的振动方向与波的传播方向平行)与横波(质点的振动方向与波的传播方向垂直)在同一固体中具有不同声速，一般来说同一固体中纵波声速大于横波声速。

【声压】sound pressure

声压是大气压受到声波扰动后产生的变化，即为大气压强的余压，它相当于在大气压强上叠加一个声波扰动引起的压强变化。声压的大小表示声波的强弱，在一定时间内，瞬时声压对时间取平方根值，称为有效声压。通常还用声压级(sound pressure level，简称 SPL)来描述声波的强弱，其定义为将待测声压有效值 P_e 与参考声压 P_{ref} 的比值取常用对数，再乘以 20，即：$SPL=20\cdot\lg(P_e/P_{ref})$，其单位是分贝(dB)。

【速度势】velocity potential

流体力学中同无旋运动相联系的一个标量函数。设 v 为速度矢量，则满足 $v=\nabla\phi$ 的函数 ϕ 称为速度势。存在速度势的流体运动一定是无旋的，因为 $\nabla\times v=\nabla\times(\nabla\phi)=0$；反过来，如果运动是无旋的，即 $\nabla\times v=0$。速度势具有下列性质：(1)ϕ 可加上任一常数而不影响对流动性质的描述；(2)满足 ϕ 为常数的曲面称为等势面，速度矢量与等势面垂直；(3)在单连通区域中，速度势函数是单值函数；在多连通区域内，速度势函数一般是多值函数。

【声能量】sound energy

声波在媒质中传播时，一方面使媒质质点在平衡位置附近往复运动，产生动能；另一方面又使媒质产生了压缩和膨胀的疏密过程，使媒质具有形变的势能。这两部分能量之和就是由于声振动使媒质得到的声能量。声场中单位体积介质所具有的机械能为声场的声能量密度。

【声功率】acoustical power

单位时间内声波通过垂直于传播方向某指定面积的声能量，单位为瓦(W)。声源声功率有时指的是在某个频带的声功率，此时需要注明所指的频率范围。在噪声检测中，声功率指的是声源总声功率。

【声强】sound intensity

声强是指单位时间内声波通过垂直于传播方向单位面积的声能量。单位为 W/m^2。人对声音强弱的感觉并不是与声强成正比，而是与其对数成正比的，因此通常用声强级来比较声音的强弱。声强级是指某处的声强与参考声强的比值取常用对数的值再乘以 10，单位为分贝(dB)。参考声强是 $10^{-12}W/m^2$。

【响度】loudness

感觉判断的声音强弱，即声音响亮的程度，根据它可以把声音排成由弱到强的序列。响度的大小取决于音强、音高、音色、音长等条件。响度级为响度的相对量，响度级通常指某响度与基准响度(1kHz 的纯音)相比较而言，单位为 PHON(方)，1kHz 纯音的声压级为 0dB，响度级定为 0PHON(方)，声压级 40dB 定为 40PHON，其他频率的声音响度与 1kHz 纯音响度相同，则把 1kHZ 的响度级当作该频率的响度级。把不同频率、相同响度级的点连成的曲线称为等响曲线。

【吸声系数】acoustic absorptivity; sound absorption coefficient

材料吸收的声能与入射到该材料上的总声能之比，称为吸声系数(α)。当入射声能被完全反射时，$\alpha=0$，表示无吸声作用；当入射声波完全没有被反射时，$\alpha=1$，表示完全被吸收。一般材料或结构的吸声系数 $\alpha=0\sim1$，α 值越大，表示吸声性能越好，它是目前表征吸声性能最常用的参数。不同频率上会有不同的吸声系数。人们使用吸声系数频率特性曲线描述材料在不同频率上的吸声性能。

2.2 化学分析与仪器分析

2.2.1 化学成分分析

【化学分析】chemical analysis

以物质的化学反应为基础的分析方法称为化学分析，可分为定性分析和定量分析。定性分析是鉴定物质中原子、离子、官能团或化合物的种类；定量分析是测定物质中各组分的含量。化学分析不仅对化学本身的研究和应用有着重要作用，对其他学科都有重要意义，应用十分广泛。

【试样的采集】sampling

从大批物料中采集和制备的、能代表大批物料平均组成供实验用的少量样品称为试样。气态、液态和固态试样的采集和制备，都有一定的规程。对于固态样品，首先应按规定采集较大量的样品，然后经过逐次破碎、混匀、缩分至适量，最终制得满足要求的试样。每次缩分样品的最低可靠质量，大体与其最大颗粒直径的平方成正比关系。公式为 $Q\geqslant Kd^2$，式中：Q 为样品的最低可靠质量，kg；d 为样品中最大颗粒直径，mm；K 为缩分经验系数(根据固体样品的均匀程度从 0.1～1 之间)。

【湿法分解法】wet decomposition method

采用适当的溶剂将试样分解成可溶离子状态的方法。常用的溶剂有水、酸和碱等。可溶性盐类如硝酸盐、乙酸盐、铵盐、绝大部分碱金属化合物，以及大部分氯化物、硫酸盐等可用水溶解。对于不溶于水的试样，则采用酸或碱作为溶剂的酸分解法或碱分解法进行溶解。酸分解法利用酸的酸性、氧化还原性和形成配合物等特性，将试样分解成可溶的离子状态，常用的酸溶剂有盐酸、硝酸、硫酸、磷酸、高氯酸、氢氟酸及各种混合酸，常用于溶解钢铁、合金、部分氧化物、硫化物、碳酸盐和磷酸盐矿物等。碱分解法的溶剂主要为 NaOH 和 KOH 溶液，常用来溶解两性金属铝、锌以及它们的氧化物、氢氧化物等。

【干法灰化法】dry ashing method

利用高温使样品中有机物氧化分解、燃尽除去的方法。样品经高温灰化后，待测的无机元素留在干灰中，然后再用稀酸(如盐酸、硝酸等)加热溶解。根据待测元素的特性，一般取一定量的干燥样品于瓷坩埚中，放在马弗炉里，在500～600℃灰化2～4h。应用这种灰化方法，As、Se、Hg等元素常因挥发而造成损失，因此干法灰化法不宜用于易挥发元素痕量组分的测定。

【高温熔融分解法】decomposition by fusion

用熔剂与试样混合后熔融分解试样的方法。常用的熔剂有碳酸钠/钾、氢氧化钠/钾、无水硼砂、过氧化钠、焦硫酸钾等。前四种都是碱性熔剂，其中过氧化钠除有很强的碱性外，还有很强的氧化能力；焦硫酸钾则是一种酸性熔剂。不能为酸分解的硅酸盐试样多用碱性熔剂熔融，以金属氧化物为主要成分且不易为酸分解的试样(如TiO_2等)则多用焦硫酸钾为熔剂。熔融时应根据所用熔剂选择适当的坩埚，并控制相应的熔融温度。

【封闭分解法】decomposition in sealed vessel

又称加压溶解法。在密闭容器中用酸加热并分解试样的方法。由于在密闭容器中加热，酸的蒸气压增大，沸点增高，因而和常压分解相比，试样的分解速度大大提高。在通常情况下溶解缓慢的试样可用此法分解。封闭分解的装置，通常用钢或铝作外套，用聚四氟乙烯塑料或铂作衬里。使用聚四氟乙烯衬里时，加热温度不宜超过250℃；使用铂衬里时，温度可适当增高。

【微波消解法】microwave digestion method

利用微波加热容器中的消解液和试样，在高温条件下使各种样品快速溶解的湿法分解方法。微波消解分为常压微波消解、密封高压微波消解和聚焦微波消解。常压微波消解是在敞口容器中用各种试剂在微波炉中进行消解。密封高压微波消解兼有微波加热和高压溶样技术的特点，能极大提高消解能力。聚焦微波消解技术可以将微波聚焦直接瞄准样品进行高效辐射消解，通常也可在常压下对样品进行消解。

【铂坩埚】platinum crucible

用铂制成的坩埚。铂的熔点1773.5℃，化学性质稳定，铂坩埚是一种最常用的熔融容器。由于铂质较软，铂坩埚使用时须十分小心，取出熔融物时不得揉捏及捣刮，以免变形或擦伤。通常加入一定量的铑或金，以增加机械强度。在高温下铂易与碳、硫、磷化物等反应生成脆性碳化铂、硫化铂、磷化铂，能与低熔点金属生成合金。铅、锌、铋、锡、锑、砷、银、汞、铜等重金属及其化合物在高温下易与铂生成合金。因此，铂坩埚使用时应严格遵守使用规则，成分不明的试样不得随意使用铂坩埚加热或熔融。铂与常用的酸不发生化学反应，但易溶于王水、氯水和溴水中，在高温下会受到磷酸的腐蚀。铂坩埚通常可用1∶1盐酸溶液煮沸清洗，当用盐酸溶液不能洗净时，可用碳酸钠、焦硫酸钾或硼酸熔融清洗，少量污点可用100目以上研磨砂轻轻擦拭。

【沉淀分离法】separation by precipitation

利用沉淀反应使不同组分相互分离的方法。通常是控制适当的pH值，加沉淀剂使少数几种组分首先沉淀，过滤分离后重新调整pH值，加入另一沉淀剂使另外少数几种组分生成沉淀。如此依次沉淀和分离后，可将复杂试样中的各组分分成若干组，这样可使复杂的分析问题变得比较简单。沉淀物类型有氯化物、硫酸盐、草酸盐、碱式盐或氢氧化物、硫化物以及与有机沉淀剂所形成的沉淀等。

【溶剂萃取分离法】separation by solvent extraction

用适当溶剂从水溶液中提取某些组分使之与其他组分分离的方法。用于萃取的溶剂通常是与水不相混溶(或微相混溶)的有机溶剂。被萃取的物质在有机溶剂中的溶解度应远大于在水中的溶解度，其他不欲萃取的物质在有机溶剂中的溶解度可忽略不计。萃取时将有机溶液加入水溶液中，充分摇动，静置令两液相分层后，将其分开即可达到分离目的。一般无机物质很少能溶于有机溶剂。通常加入适当的试剂有选择地与被分离的离子反应生成分子状态的络合物或缔合物，这种络合物很易溶于有机溶剂而被萃取，所加的这种试剂称为萃取剂。溶剂萃取法分离效率很高，而且彻底，设备简单，操作快速，尤其适用于某些微量成分的分离和富集，应用十分广泛。

【层析法】chromatography

利用待分离组分在固定相和流动相中分配或吸附的差异进行分离的方法，又称为液相色谱法。层析法分为纸层析法和薄板层析法。纸层析法又称纸色谱法，是一种以滤纸作载体的色谱分离方法。薄板层析法又称薄层色谱法，将固定相均匀地涂在薄板（玻璃板或塑料板）上，形成具有一定厚度的薄层进行分离。

【离子交换分离法】separation by ion exchange

通过离子交换剂中可交换离子与溶液中待交换离子的交换反应进行分离的方法。如：$R-H+Na^+ \Leftrightarrow R-Na+H^+$ 为阳离子交换反应；$R-OH+Cl^- \Leftrightarrow R-Cl+OH^-$ 为阴离子交换反应。各种阳离子与阳离子交换树脂的亲和力不等。亲和力大的首先与离子交换树脂进行交换，利用这种性质，可以将多种离子依次分离。交换方式有动态法和静态法两种。动态法是将离子交换树脂装成交换柱，使被交换离子的溶液通过交换柱进行交换，是最常用的一种方式。静态法是将树脂与被交换离子的溶液混合搅拌，进行交换，这种方式交换不彻底，但操作迅速。离子交换分离法在分析化学中用于进行定量分离和定性鉴定，在制备纯化合物时用于除去少量杂质等，此外还广泛用于制备去离子水。

【挥发和蒸馏分离法】separation by volatilization

利用某些组分容易挥发的性质使之与其他难挥发组分分离的方法。有些组分在升高温度时即可挥发，挥发的温度各不相同，例如某些化合物中的结晶水、铵盐中的各种气体、碳酸盐中的二氧化碳。有些组分需加入试剂并适当增高温度才能挥发，例如在硫化物、碳酸盐中加入盐酸并加热，使之成为硫化氢、二氧化碳逸出；又如用氢氟酸-硫酸分解硅酸盐，使其中的硅形成四氟化硅逸出。

【液膜分离法】liquid membrane separation

一种以具有选择透过性的液态膜为分离介质，以浓度差为推动力的液体混合物的膜分离操作。液膜分离是一种萃取与反萃取同时进行的分离过程，分离可利用组分在膜内的溶解与扩散性质的差别，也可利用待分离组分与液膜内载体的可逆反应。液膜按组成可分为水膜和油膜，水膜适宜分离有机化合物的混合物，油膜适宜分离无机化合物水溶液中的离子。液膜按膜型分有板状和球形两种。

【超临界流体萃取分离法】supercritical fluid extraction and separation method

利用超临界流体作萃取剂，从液体或固体中萃取出某些成分并进行分离的技术。超临界流体是介于气-液之间的一种物质，以流体形式存在。它只能在物质的温度和压力超过临界点时才能存在，通常有二氧化碳、氮气、一氧化二氮、乙烯、三氟甲烷等。超临界流体具有密度大、黏度小及表面张力小等特点，可使萃取过程快速高效。

【滴定分析法】titrimetric analysis

又称容量分析，定量化学分析方法之一。将试样制成溶液，用滴定管以适当速度滴入标准溶液至终点，这种操作称为滴定，此时滴入的试剂与被测组分恰好到化学计量点，根据滴入的标准溶液的体积（容量）及其浓度，算出被测组分的含量。用于滴定分析的化学反应必须具备下列条件：(1)反应进行完全；(2)反应速度较高；(3)有适当方法指示滴定终点；(4)共存物质不干扰主要反应。根据反应类型，滴定分析可分为四类：酸碱滴定法（又称中和法）、沉淀滴定法、配位滴定法和氧化还原滴定法。滴定分析一般不必将被测组分分离，而且操作快速简便，结果准确，应用广泛。

【基准物质】primary standard substance

可以用来直接配制标准溶液或标定某一标准溶液的物质称为基准物质。作为基准物质的化合物或单质，应具备下列条件：易于提纯，纯度应高于 99.9%；化学性质稳定，保存过程中不易变质，并在反应时不发生副反应；化学组成（包括结晶水在内）与其化学式精确符合；分子量或摩尔质量较大，以减少称量误差。

【标准溶液】standard solution

已知准确浓度的试剂溶液。在容量分析中用作滴定剂，在光度分析和离子选择性电极法等测定中，用来制备一系列浓度不同的标准溶液，绘制标准曲线。在这类分析方法中，均需用标准溶液作计算标准。其制备方法有两种：一种是直接配制法，即准确称取适量基准物质直接配成准确浓度的溶液；另一种是间接配制法，首先配制近似所需浓度的溶液，然后用基准物质标定其准确浓度。

【标定】standardization

用基准物质测定某一溶液的准确浓度的过程。准确称出适量的基准物质并制成溶液，用待标定溶液滴定至终点，根据基准物质的质量和该溶液所消耗的体积，可计算出该溶液的准确浓度。

【指示剂】indicator

在滴定分析中用以指示滴定终点的一类试剂。滴定时，将微量指示剂加入被滴定溶液中，滴定剂首先与被测物质反应。当滴定到达化学计量点附近时，滴定剂开始与指示剂反应，使被滴定溶液外观发生突变，例如颜色转变，荧光产生(或消失)，生成浑浊等，容易为肉眼或仪表所觉察，从而指示滴定终点的到达。最主要的指示剂有酸碱指示剂、氧化还原指示剂、金属指示剂等。

【缓冲溶液】buffer solution

缓冲溶液是一种对溶液的酸度起稳定作用的溶液，它不因加入少量酸、碱或加水稀释而显著改变酸度。缓冲溶液在分析化学中非常重要，它可以用来控制溶液的酸度，也可以在测量 pH 值时作为参照标准试样。通常是弱酸及其盐，或弱碱及其盐的混合溶液。如醋酸与醋酸钠的混合溶液，氢氧化铵与氯化铵的混合溶液等。组成缓冲溶液的缓冲剂可分为如下几种类型：(1)浓度较大的弱酸及其共轭碱、弱碱及其共轭酸，如 $HAc—Ac^-$、$NH_4^+—NH_3$、$H_2PO_4^-—HPO_4^{2-}$ 等，主要用于控制溶液的 pH 在 2～12；(2)高浓度的强酸或强碱溶液，主要用于控制溶液的 $pH<2$ 或 $pH>12$；(3)两性物质(酸式盐)，如邻苯二甲酸氢钾等，主要用作标准缓冲溶液。

【滴定曲线】titration curve

滴定过程中被滴定溶液的某一特性随标准溶液的加入量而变化的曲线。通常以横坐标表示标准溶液的体积，以纵坐标表示被滴定溶液的某一特征，例如 pH、pM、电势差、导电率、电流、消光、温度等。一般的滴定，在其化学计量点附近，滴定曲线必有一较明显的突跃。根据突跃范围，可选择最佳指示剂和最佳滴定条件，也可以从滴定曲线上直接找出滴定终点。

【化学计量点】equivalence point

在滴定过程中，当滴入的标准溶液物质的量与被测物质的量正好符合化学反应式的化学计量关系时，称反应到达了化学计量点，也称等当点。

【滴定终点】end point of titration

在滴定操作中，通常是借指示剂颜色的突变或被滴定溶液某一特性的突变来判定化学计量点的，这种滴定时根据指示剂颜色的变化或被滴定溶液某一特性的变化而停止滴定的那一点称为滴定终点(简称终点)。一般滴定终点与化学计量点十分接近但并不完全符合，由两者的差别引起的测定结果的误差称为滴定误差。

【酸碱滴定法】acid-base titration

以酸碱反应为基础的滴定分析方法，又称中和法，是滴定分析的一种类型。一般的酸、碱以及能与酸碱直接或间接进行质子传递的物质，几乎都可以利用酸碱滴定法进行测定。

【酸碱指示剂】acid-bass indicator

酸碱滴定法中使用的一类指示剂。多数是有机染料，而且是弱酸或弱碱，如以 HI_n 代表弱酸型指示剂分子，则在溶液中存在下述平衡：$HI_n \rightleftharpoons H^+ + I_n^-$；在氢离子浓度较大的溶液中，以 HI_n 为主；在氢离子浓度较小的溶液中，以 I_n^- 为主；而 HI_n 与 I_n^- 两者具有完全不同的颜色。所以，当溶液 pH 发生突变时，其中的指示剂的颜色也发生突变。因此，用于酸碱滴定法中即可由溶液颜色的突变判断滴定终点的到达。指示剂由一种颜色变至另一种颜色，约经两个 pH 单位。不同的指示剂，变色的 pH 范围各不相同。最常用的酸碱指示剂及其变色范围如附表所示。

常用酸碱指示剂及变色范围

指示剂	变色 pH 范围	颜色变化
甲基橙	3.1～4.4	红⇌黄
甲基红	4.2～6.2	红⇌黄
酚　酞	8.0～9.8	无色⇌红

【非水酸碱滴定】nonaqueous acid-base titration

采用非水溶剂(包括有机溶剂与不含水的无机溶剂)作为滴定介质的酸碱滴定法。以水作为介质的酸碱反应，有时会遇到困难：一些在水中离解常数很小的弱酸或弱碱，由于没有明显的滴定突跃而不能准确滴定；许多有机酸、有机碱在水中的溶解度小，也使滴定无法进行；由于水的拉平效应，使强酸或强碱不能分别进行滴定。这些困难的存在，使得在水溶液中进行酸碱滴定受到一定限制，如果采用各种非水溶剂作为滴定介质，常常可以克服这些困难，从而扩大酸碱滴定的应用范围。

【配位滴定法】complexometric titration

利用配位反应为基础的滴定分析方法，也称络合滴定法。在化学分析中，常利用金属离子与某些配合剂生成配合物的反应来测定某成分的含量。最常用的有机配合剂是氨羧络合剂，如乙二胺四乙酸(EDTA)及其二钠盐，这类有机配合剂与金属离子形成的配合物称螯合物。滴定时，以金属指示剂指示终点。配位滴定法操作简便、快速，准确度高，在化学分析中的应用十分广泛。

【配合物】complex

由阳离子(如 Cu^{2+} 或 Fe^{3+})和中性分子(如 NH_3)或阴离子(如 CN^-)以配位键结合而成具有一定特性的复杂粒子，带有电荷的称为配离子或络离子，不带电荷的称为配合分子或络合分子。配合分子或含有配离子的化合物称为配合物。分析化学中常用的配合物分为简单配合物和螯合物等。

【金属指示剂】metallochromic indicator

配位滴定法中用以指示被测溶液中金属离子浓度变化的一类指示剂。金属指示剂是一种有机配合剂，它能与金属离子形成较稳定的配合物而呈现与指示剂本身明显不同的颜色，当滴入 EDTA(乙二胺四乙酸)时，被滴定金属离子逐步与 EDTA 形成稳定的配合物，滴定至化学计量点时，已与指示剂配合的金属离子被 EDTA 夺出，将指示剂游离出来，从而发生颜色的突变，指示终点的到达。金属指示剂须在一定的 pH 范围内使用。

【直接滴定法】direct titration

将滴定剂(标准溶液)滴加至试样溶液中，直接滴定被测物质的方法。只要滴定剂(标准溶液)与被测物质的反应符合滴定分析的化学反应条件，就可用直接滴定。直接滴定操作简便，引入误差的因素少，准确度高。

【依次滴定】stepwise titration

又称连续滴定。在络合滴定法中，被滴定溶液常含有几种能与同一络合剂生成络合物的金属离子。如果它们与络合剂生成的络合物的稳定常数相差足够大，即可利用同一份溶液先后控制不同的酸度，并结合以掩蔽、解蔽、置换等方法用络合剂标准溶液依次滴定之。例如，在 Fe^{3+}、Al^{3+}、Ti^{4+} 离子共存时，先调节溶液 pH 值为 2，用 EDTA 直接滴定 Fe^{3+} 离子；然后提高溶液 pH 值至 4，加入过量的 EDTA 煮沸，用铜盐溶液回滴定，以测定 Al^{3+} 和 Ti^{4+} 离子的含量；再加入苦杏仁酸，将已与 Ti^{4+} 离子络合的 EDTA 置换出来，再用铜盐溶液滴定，以求出 Ti^{4+} 离子的含量。

【间接滴定法】indirect titration

当被测组分(X)不能与标准物质(S)溶液反应，但可与另一种离子(A)结合成能与 S 发生确定反应的化合物(XA)时，可先将 X 转化为 XA，再用标准物质(S)溶液滴定生成物(XA)中的(A)，根据(A)的含量间接得到被测组分(X)的含量，这种滴定方式称为间接滴定法。

【返滴定法】back titration

当被测物质与滴定剂反应较慢或无合适指示剂时，可先于被测试液中准确地加入过量标准物质，使之与被测物质进行完全反应，再用另一种标准溶液滴定剩余的滴定剂。这种滴定方式为返滴定法，也称回滴法或剩余量滴定法。

【置换滴定法】take-over titration; substitution titration

当被测物质与标准溶液的反应不能按一定

的反应式进行、完全度不够高或没有确定的计量关系时，可以用适当的试剂与其反应，使被测物质被定量地置换成另一物质，再用适当的标准物质滴定此物质，这种方法称为置换滴定法。

【掩蔽】masking

利用某些选择性反应使干扰离子的浓度减小，以致不足以参加反应，或参加反应的量极微，从而消除它们对被测物质干扰作用的一类方法。进行掩蔽时所加的试剂称为掩蔽剂。加入掩蔽剂后，干扰离子或是与之生成稳定的络合物，或是生成沉淀，或是被氧化、还原。其中生成络合物的反应用得最多。掩蔽的优点是不必将干扰离子从溶液中分离出去，即可直接测定被测物质，操作快速简便。

【氧化还原滴定法】oxidation reduction titration; redox titration

滴定分析的一种。用氧化剂标准溶液滴定还原性物质，或用还原剂标准溶液滴定氧化性物质以测定其含量的方法。根据所用标准溶液的不同，可分为高锰钾酸钾法、重铬酸钾法、碘量滴定法、溴酸盐法、铈量法等。

【高锰酸钾法】potassium permanganate method

用高锰酸钾标准溶液为滴定剂的氧化还原滴定法。通常滴定是在强酸性溶液中进行。高锰酸钾是强氧化剂，其溶液有很深的紫红色，还原为 Mn^{2+} 离子后基本无色。滴定时到达等当点后微过量的高锰酸钾即可使溶液呈淡红色，故可不外加指示剂。草酸盐、过氧化氢、亚铁盐等物质常用此法测定。此外，还可返滴定一些氧化性物质，即加入过量的还原剂标准溶液于被测物质溶液中，然后用高锰酸钾标准溶液回滴剩余的还原剂标准溶液。

【重铬酸钾法】potassium dichromate method

以重铬酸钾($K_2Cr_2O_7$)为滴定剂的氧化还原滴定法。$K_2Cr_2O_7$ 纯度高，可利用直接配制法配制标准溶液，$K_2Cr_2O_7$ 溶液非常稳定。$K_2Cr_2O_7$ 具有较强的氧化性，在酸性介质中可以被还原剂还原为 Cr^{3+}。由于 Cr^{3+} 离子易发生水解，因此滴定要在强酸性溶液中进行。由于 $Cr_2O_7^{2-}$ 的还原产物 Cr^{3+} 为绿色，因此必须用氧化还原指示剂确定滴定终点，常用的指示剂有二苯胺磺酸钠、邻苯氨基苯甲酸、邻二氮菲合铁(Ⅱ)等。

【碘量滴定法】iodometric method

利用 I_2 的氧化性和 I^- 离子的还原性进行氧化还原滴定分析的方法，分两种滴定方式。(1)直接碘量法。用碘标准溶液直接滴定还原剂溶液的方法。硫化物、亚硫酸盐、亚砷酸盐、硫代硫酸盐等强还原性物质常用此法测定。以淀粉作指示剂，终点由无色到蓝色。(2)间接碘量法。利用 I^- 的还原作用，与具有较强氧化性物质在一定条件下反应定量析出 I_2，再用硫代硫酸钠标准溶液滴定，从而间接测定具有较强氧化性物质的含量。凡能与 KI 作用定量地析出 I_2 的氧化性物质都可用间接碘量法测定，故间接碘量法的应用较直接碘量法更为广泛。间接碘法滴定至接近终点时才加入淀粉作指示剂，然后继续滴定至蓝色消失。

【氧化还原指示剂】oxidation-reduction indicator; redox indicator

氧化还原滴定法中使用的一类指示剂。是易被氧化还原的有机化合物，它们的氧化态和还原态具有明显不同的颜色。当用氧化剂滴定还原剂时，等当点前指示剂以还原态存在；等当点后，溶液中微过量的氧化剂将指示剂氧化为氧化态，溶液颜色发生突变，从而指示滴定终点的到达。例如二苯胺磺酸钠在还原性溶液中无色，而在氧化性溶液中呈现紫红色，可用作重铬酸钾法的指示剂。

【沉淀滴定法】precipitation analysis; volumetric precipitation method

应用沉淀反应的一种滴定分析方法。用于沉淀滴定法的反应，应具备下列条件：(1)沉淀有固定的组成，反应物之间有准确的当量关系；(2)沉淀溶解度小、反应完全；(3)沉淀吸附的杂质少；(4)沉淀反应的速度快，并易于指示终点。最常用的是银量法。根据指示剂不同分成以下 3 种情况：(1)以铬酸钾为指示剂，用硝酸银标准溶液直接滴定 Cl^- 离子至出现砖红色的铬酸银沉淀为终点；(2)用吸附指示剂(如荧光黄、二氯荧光黄、曙红等)指示终点，以硝酸银标准溶液直接滴定 Cl^- 或 Br^- 离子，到达等当点后溶液由黄色转变为粉红色；(3)以铁铵矾作指示剂，在含 Ag^+ 离子的强酸性溶液中，用硫氰酸铵标准溶液直接滴定 Ag^+ 离子至出现红色为终点。此法也可间接测定卤化物，即以过量的硝酸银定量沉淀卤化物，再用硫氰酸盐标准溶液回滴过量的硝酸银。此法只能在强酸性溶液中进行。

【重量分析法】gravimetric method; gravimetry

定量化学分析方法之一。通过化学反应使被测组分转变为化学组成一定的化合物或单质，以便与其他组分分离，称量后算出该组分含量的一类方法。常见的有以下 3 种：(1)沉淀重量法。将试样制成溶液，将其中的被测组分转变为沉淀，经过滤、洗涤、烘干或灼烧后，准确称量其重量，由此可算出该组分的含量；(2)气化重量法。使被测组分变成易挥发的物质除去，根据挥发前后重量之差计算该组分的含量；或者使被测组分变成气态化合物，用适当的吸收器吸收，根据吸收器吸收前后的重量差计算该组分的含量；(3)电解重量法。利用电解原理，使金属离子在电极上析出，通过称重求得其含量。

2.2.2 电化学分析

【电化学分析】electrochemical analysis

仪器分析的一个分支。利用被测物质的电化学性质测定其含量、性能的方法。电化学分析可以分为电解分析法、电位滴定法、电导滴定法、电流滴定法、极谱分析法、库仑分析法、库仑滴定法和离子选择性电极法等。

【电化学工作站】electrochemical system

又称恒电位仪。将恒电流仪、恒电位仪、交流阻抗分析仪有机地结合到一起，在实验过程中既能检测电化学体系的电压、电流、阻抗等基本参数，又能检测体现电极过程的反应机理，从而完成多种状态下的电化学体系参数的跟踪和分析。现在电化学工作站一般还配有快速数字信号发生器、高速数据采集系统、电位电流信号滤波器、多级信号增益 *IR* 降补偿电路等组件，可以达到较高的测量精度和较大的测量范围。在电化学实验中，电化学工作站需要与电极、电解池、电解质溶液、盐桥等构成一个电化学测试体系。

【电解分析】electro-analysis

又称电重量分析。利用电解作用进行定量分析的一种电化学分析法。将试样制成被测金属的硝酸盐或硫酸盐溶液作为电解液，将两个铂电极插入电解液，通以直流电进行电解，被测金属离子在阴极表面被还原成金属并沉积在阴极表面上。电解完毕后，根据阴极所增加的重量，计算被测金属元素的含量。此法结果准确，但费时较长。

【电量滴定】coulometric titration

又称库仑滴定(Coulomb titration)。通过电解过程中电量的多少计算溶液中被测物质的量。用电解法产生滴定剂的定量分析方法，电解时电流效率必须是百分之百，所产生的滴定剂立即与被测物质反应，电解过程一直进行到终点为止，终点可用指示剂或其他物理化学方法指示。这是一种不用滴定管的滴定法，根据法拉第定律，生成的滴定剂的量与通过溶液的电量成正比。通常用恒定电流进行电解，计量电解所经过的时间，可算出电量。从而可计算被测物质的含量。

【电位滴定】potentiometric titration

观测滴定过程中指示电极电位的变化以确定终点的滴定法。将一支参比电极和一支指示电极浸入被测离子的溶液中并接至电位差计，测量两电极间的电位差。因为参比电极的电位不变，而指示电极的电位则随溶液中被测离子的浓度而变化。当在滴定过程中被测离子的浓度不断减小，两电极间的电位差也随之改变。而在化学计量点附近，电位变化特别强烈，形成突跃。通常即在此突跃范围内确定终点。电位滴定法较一般目视滴定法更客观，准确度更高。对于滴定反应不是很完全的反应，目视滴定法根本不能准确滴定时，用电位滴定法仍可得到比较准确的结果。此外电位滴定法还适用于缺乏适当指示剂的滴定反应。

【电导滴定】conductometric titration

测量滴定过程中被滴定溶液导电率的变化

以确定终点的滴定法。温度一定时，溶液的导电率由离子的种类及其浓度所决定。若离子种类不变，则导电率与离子浓度成正比。滴定过程中，化学计量点前，离子种类不变，但浓度逐渐变化，其导电率随滴定剂的加入量的增加而呈线性变化。化学计量点后，溶液中离子种类与化学计量点前不同，此后导电率随滴定剂的加入量的增加也呈线性变化，但化学计量点前后两条直线斜率不等，将两条直线延长相交，交点即滴定终点，滴定曲线如附图所示。

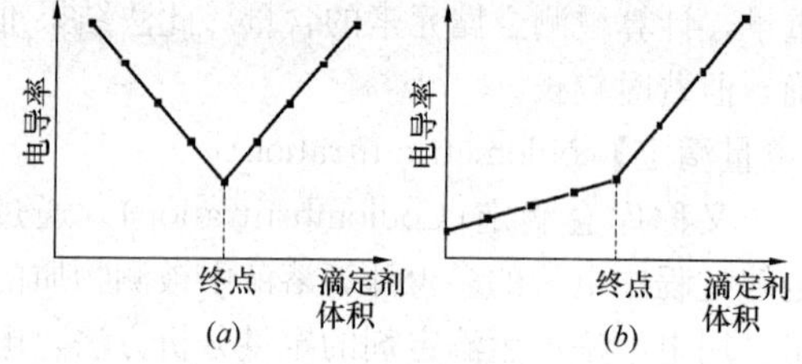

电导滴定

【电流滴定】amperometric titration

又称安培滴定(Ampere titration)或极谱滴定(polarographic titration)。用滴汞电极作指示电极的滴定法。根据极谱分析的原理，将一定电压加于滴汞电极与汞池电极之间，有关金属离子在滴汞电极上产生的扩散电流与其浓度成正比。若被滴定物质有极谱波，滴定剂无极谱波，则滴定过程中，扩散电流会随滴定剂的加入量的增加呈线性减小，达到化学计量点后，扩散电流为零，两条直线的交点即滴定终点。其滴定曲线见附图(*a*)。若被滴定物质无极谱波，滴定剂有极谱波，则化学计量点前扩散电流为零，化学计量点后随着多余的滴定剂的增加，扩散电流呈线性增加，其滴定曲线见附图(*b*)。

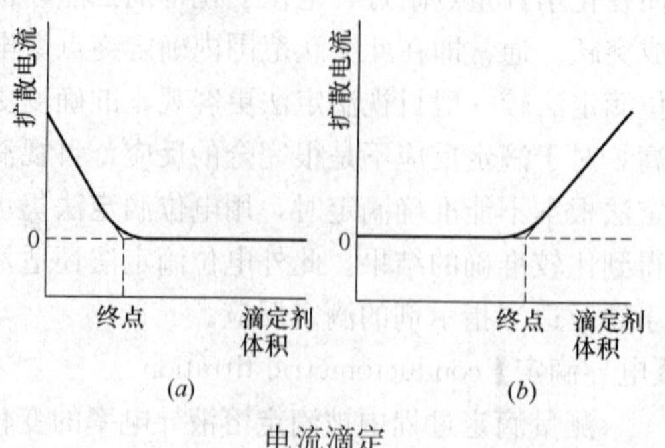

电流滴定

【极谱分析】polarography; polarographic analysis

利用在滴汞电极表面电解时产生的浓差极化现象进行定性或定量分析的电化学分析法。原理如下：令金属汞通过玻璃毛细管形成汞滴，以每2～3秒一滴的速度连续滴入被测溶液中，由此便形成一个电极，成为滴汞电极。在被测溶液底部有一面积较大的汞池电极。在两电极间施加一可变电压E，因汞池电极电位基本不变，故滴汞电极电位随E变化。当E值从零变到某一数值时，被测金属离子开始在滴汞电极表面电解，在主溶液与滴汞电极表面之间产生浓度差，被测离子由主溶液向滴汞电极表面扩散，形成电流。继续增大E值，电流增加较快，当E值增大至某一数值时，滴汞电极表面被测离子浓度几乎为零，浓度差达到最大值，电流几乎不再继续增加，达到最大值。最大电流与开始电解时电流之差，称为扩散电流i_d，i_d半值处所对应的外加电压$E_{1/2}$称为半波电位。半波电位有被测离子的性质所决定，故可由$E_{1/2}$进行定性分析。扩散电流与被测离子的浓度成正比，故可由i_d进行定量分析。如附图所示。

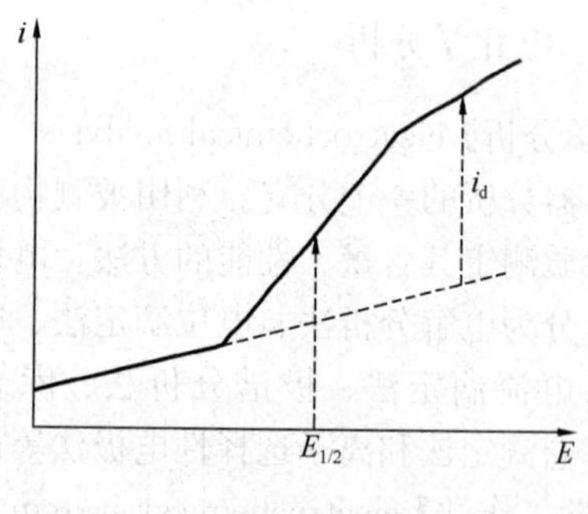

极谱分析

【伏安分析】voltammetry analysis

又称溶出伏安分析或循环伏安分析。是一种特殊的电化学分析方法，由工作电极、参比电极、辅助电极和电解液组成的电解池，在通电过程中所得的电流一电极电压曲线为基础来进行电极过程反应机理分析的方法。与电位分析法不同，伏安分析法是在一定的电位下对体系电流的测量，而电位分析法是在零电流条件下对体系电位的测量。

【电泳分析】electrophoresis analysis

带电粒子在电场作用下向着与其电性相反的电极方向移动的现象称为电泳。电泳按其仪器使用电压不同分为常压电泳(100～500V)和高压电泳(500V 以上)；按支持介质不同可分为自由界面电泳(即不用支持载体在溶液中进行的电泳)和区带电泳，区带电泳是在支持载体(如滤纸、琼脂糖凝胶、聚丙烯酰胺凝胶和醋酸纤维薄膜等)上进行电泳。利用带电粒子的电泳速度不同进行分离和分析的方法称为电泳分析。

【电化学传感器】electrochemical sensor

电化学传感器由传感电极(或工作电极)和反电极组成，并由一个薄电解层隔开，是利用敏感材料与被测物质中的分子、离子或生物质接触时所引起电极电势、表面化学势的变化或所发生的表面化学反应、生物反应，转换为电信号而测定特定物质的浓度的设备。

【参比电极】reference electrode

用作参考比较的电极，其电位基本恒定。常用的参比电极有甘汞电极、硫酸亚汞电极、银－氯化银电极、铜－硫酸铜电极等。以参比电极的电位为基准，与其他电极如各类指示电极相比较，可测定其他各种电极的电极电位。

【指示电极】indicator electrode

在电化学测量工作中其电位的变化与溶液中被测离子活度有一定的函数关系，从而能指示被测离子活度的电极。通常用镀有铂黑的铂电极作指示电极。极谱分析中的各种极化电极，测定 H^+ 离子活度的氢电极、玻璃电极、锑电极以及各种离子选择性电极等均属指示电极。

【玻璃电极】glass electrode

感应膜由特定组成的玻璃制成的一类指示电极。主要由电极架、感应膜、内参比溶液、内参比电极等部分构成。应用时将玻璃电极插入被测溶液中，感应膜将被测溶液与内参比溶液隔开。这两种溶液都含有被测离子，但活度(有效浓度)不同，因此，在感应膜两侧便产生一定的电位差，此电位差随溶液中被测离子的活度而改变，故可用这类指示电极测定有关离子在溶液中的活度。最常用的是测定溶液 pH 值的 pH 玻璃电极，此外还有测定溶液中 Na^+、K^+ 离子活度的 pNa、pK 玻璃电极。

【pH 计】pH-meter

又称酸度计，用电化学方法测定溶液 pH 值的仪器。测定时将一个参比电极(如甘汞电极)和一个 pH 玻璃电极插入被测溶液中，则在两电极间产生一定电位差，此电位差值与溶液的 pH 值呈线性关系。将此电位差输往 pH 计的放大系统放大后，在 pH 计的数字表上显示出来，即可直接读出溶液的 pH 值。测定前需用已知精密 pH 值的标准溶液对仪器的 pH 值进行校正。pH 计亦可测定两电极间的电位差。

【晶体膜电极】crystal-membrane electrode

又称离子选择性电极。对溶液中某待定离子敏感的一类电极，其电极电位能指示溶液中该种离子的活度，如指示氢离子活度的 pH 玻璃电极，指示氟离子活度的氟离子电极等。这类电极的构造与玻璃电极相似。但内参比溶液与感应膜因被测离子不同而异。用离子选择性电极测定有关离子时，通常不需分离，快速简便。

【气敏电极】gas-sensitive electrode

是由透气膜、内电解质溶液、指示电极和参比电极构成的气体传感器，其微孔透气膜由聚偏氟乙烯等材料制成，具有憎水性，但能透过气体而不能透过离子。利用待测气体透过透气膜对内电解质溶液的化学平衡的影响，使平衡中的某特定离子的活度发生变化，再用原电极来指示该离子活度的变化，从而求得试液中被测气体的分压或含量。实质上，这种电极是一个完整的电化学电池，主要应用于水质分析、环境监测、生化检验、土壤和食物分析等。

【微电极】microelectrode

又称超微电极。直径只有几纳米或几微米的铂丝、碳纤维或敏感膜制成的电极。微电极的形状有圆盘形、环形、半球形和条形，还可将其组合成为电极簇。由于电极超微的几何尺寸，在溶液中易发生边界效应，使微电极上的扩散面很快由平面转向球面，这样径向扩散大大提高了传质速率。在进行加电压扫描时，扩散层很快达到稳定。这种电极具有电极区域小、扩散传质速率快、电流密度大、信噪比高及由电流电阻引起的偏差即 *IR* 降小等特点。可用于研究快速电极反应动力学，也可用于微小区域、有机介质、生物体系或高阻抗溶液体系的测定，对生命科学的研究很有价值。

2.2.3 紫外和可见吸光光谱法

【紫外可见吸收光谱法】UV-Vis spectroscopy

又称紫外可见分光光度法，是利用光谱范围在 200～800nm 的紫外和可见范围内的电磁波经样品吸收前后的变化来分析样品物质组成、含量及自身结构等特性的一种光谱学分析方法。分子在紫外～可见区的吸收与其电子结构紧密相关，体现分子中生色团及助色团的特征，常用于共轭体系的定量分析，灵敏度高，检出限低。

【吸光度】absorption

光线通过溶液或某一物质前的入射光强度 l_0，与该光线通过溶液或物质后的透射光强度 l_1 比值的以 10 为底的对数，即 $\lg(l_0/l_1)$，称为吸收度。吸收度表征样品对光波的吸收情况，其主要影响因素有使用的溶剂、样品的浓度、测试温度等。

【Lambert-Beer 定律】Lambert-Beer law

用来描述稀溶液样品中特定物质浓度和光路长度与其吸光强度之间的定量关系，是吸光度法的基本定律，吸光度与溶液浓度、样品厚度成正比，表达为 $A=\varepsilon bc$，其中 A 为吸光度，ε 为摩尔吸光系数，单位 $mol\cdot L^{-1}\cdot cm^{-1}$，$b$ 为液池厚度，单位 cm，c 为溶液浓度，单位 $mol\cdot L^{-1}$。

【分子最低空余轨道 LUMO 和分子最高占据轨道 HOMO】lowest unoccupied molecular orbital and highest occupied molecular orbital

前线轨道理论指出，分子最低空余轨道是分子中能量最低的空轨道；分子最高占据轨道是能量最高的成键轨道；分子最低空余轨道(LUMO)和分子最高占据轨道(HOMO)在化学反应中至关重要，并称为前线轨道。在紫外可见光谱研究中心，样品对紫外可见光的吸收通常伴随着电子由分子最高占据轨道(HOMO)向分子最低空余轨道(LUMO)的跃迁。

【紫外可见分光光度计】UV-Vis spectrophotometer

用于测定紫外可见光谱的测试设备，主要由光源、单色器、样品池、检测器以及数据处理及记录(计算机)等组件构成。紫外可见分光光度计使用分立的双光源，其中氘灯的波长为 185～395nm，钨灯的为 350～800nm。光源发出的连续光进入由色散棱镜或衍射光栅组成的单色器，光束从单色器的色散原件发出后成为不同波长的单色光，通过光栅的转动将不同波长的单色光经狭缝送入样品池，根据样品对不同波长单色光的吸收情况，定性分析物质结构和组成，定量分析样品含量等。

【石英比色皿】quartz cuvette

由对紫外可见光吸收率低的石英制成的吸收池或样品池。在紫外可见吸收光谱中，用来装参比液或样品液，以对样品进行定量、定性分析，一般比色皿为多晶石英制备。

2.2.4 分子发光分析法

【光致发光】photoluminescence

样品依赖外界光源照射，获得能量，产生激发导致发光的现象。光致发光大致经过能量吸收、能量传递及光发射三个主要阶段，光的吸收及发射都发生于能级之间的跃迁，都经过激发态，而能量传递则是由于能量在激发态之间的运动。光致发光可以提供有关材料的结构、成分及环境原子排列的信息，是一种非破坏性的、灵敏度高的分析方法。紫外辐射、可见光及红外辐射均可引起光致发光，如磷光与荧光。

【激发光谱】excitation spectra

光致发光物质的特征光谱之一，反映物质在不同波长的激发光作用下测得的某一波长(一般选择具有最大发光强度的波长为测量波长)处发光强度的变化情况，即不同波长激发光下物质的相对发光效率。激发光谱图的横坐标为连续变化的激发光波长，纵坐标代表所测量波长处的发光强度。根据激发光谱，可选择光致发光物质最合适或最有效的激发光波长。

【发射光谱】emission spectra

光致发光物质的特征光谱之一，又称荧(磷)光光谱。如果将激发光固定在某一波长(一般选择具有最大发光效率的激发波长)处，然后扫描发射波长，检测不同发射波长处的(磷)光强度，即得到荧(磷)光发射光谱。分子发射光谱中的各谱峰的波长，一般都比激发光的波长长，这种现象称为 Stokes 位移。这是由于受激分子通过振动弛豫，或由于溶液中溶剂分子与受激分子的碰撞，而造成能量的损失。发射光谱的强度受激发光波长影响，而其形状则与激发光的波长无关，即只要不同波长的激发光都能激发出可检测到的发射光谱，则其相同发光谱区的谱图形状相同，其原因是它们反映的都是相同的分子能级的辐射跃迁。

【雅布隆斯基能级图】Jablonski diagram

以简化了的分子能级图为基础，将分子吸收光子后耗散能量回到基态时的单分子物理过程的特征和相互间的关系，画成简单清晰的图解，这个图解被称作雅布隆斯基能级图，如附图所示。雅布隆斯基能级图解释了分子的电子能级由激发态回到基态的几种形式，包括分子荧光、分子磷光和能级之间的转换。激发单重态和激发三重态分别代表分子中电子在受到激发后分子轨道所处的状态。

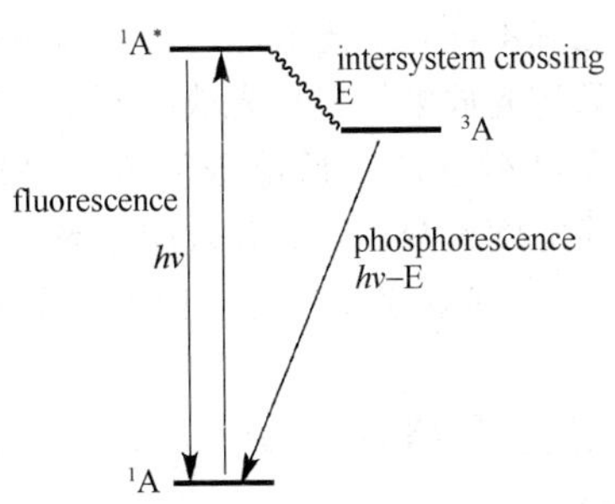

雅布隆斯基能级图

【分子荧光光谱】molecular fluorescence

利用某些物质分子受光照射时所发生的荧光的特性和强度，进行物质的定性分析或定量分析的方法。在雅布隆斯基能级图中，荧光发光由电子从激发单重态跃迁至基态产生。

【分子磷光光谱】molecular phosphorescence

利用某些物质分子受光照射时所发生的磷光的特性和强度，进行物质的定性分析或定量分析的方法。磷光发光伴随电子从激发三重态跃迁至基态产生。磷光是一种缓慢的光致冷发光现象。当某种常温物质经某种波长的入射光(通常是紫外线或 X 射线)照射，吸收光能后进入激发态(通常具有和基态不同的自旋多重度)，然后缓慢地退激发并发出比入射光的波长长的出射光(通常波长在可见光波段)。当入射光停止后，发光现象持续存在，发出磷光的退激发过程是被量子力学的跃迁选择规则禁戒的，因此这个过程很缓慢。所谓的“在黑暗中发光”的材料通常都是磷光性材料，如夜明珠。

【化学发光分析】chemiluminescence

某些化合物分子吸收化学能后，被激发到激发态，再由激发态返回至基态时，以光量子的形式释放出能量，这种化学反应称为化学发光反应，利用测量化学发光强度对物质进行分析测定的方法称为化学发光分析法。存在于生物体内或生物提取物中的生物发光和电场间的电致发光是造成化学发光的两种主要形式。

【分子荧光光谱仪】fluorescence spectrophotometer

利用特定波长的光波照射样品，受辐射样品吸收激发光，再发射出波长相同或波长较长的光线——荧光，并利用此荧光分析样品结构及化学组成的分析设备，分子荧光光谱仪可以获得物质的激发光谱、发射光谱、量子产率、荧光强度、荧光寿命、斯托克斯位移、荧光偏振与去偏振特性，以及荧光的猝灭方面的信息。

2.2.5 原子发射光谱和原子吸收光谱

【原子发射光谱分析】atomic emission spectroscopy

在激发光源中使被测样品的原子或离子激发，并测定退激时其价电子在能级跃迁中所辐射出来的电磁波(主要是近紫外及可见光)，再根据其光谱组成及强度分布情况，来定性和定量确定样品的元素种类和浓度的分析方法称为原子发射光谱分析。

【光谱定性分析】spectrum qualitative analysis

在光谱分析中，样品中元素的原子或离子在激发光源的作用下，受激发由基态跃迁到各级激发态，它们会很快地直接或经中间能级后返回到基态能级，同时将受激时吸收的能量以电磁波的形式释放出来。由于每种元素的原子结构不同，在光源的激发作用下，各种元素发射出自己的特征光谱。通过分析样品光谱的谱线波长，从而确定样品所含元素的种类，称为光谱定性分析。光谱定性分析时，确认谱线波长的方法有标准试样光谱比较法、铁光谱比较法和谱线波长测定法。

【光谱定量分析】spectrum quantitative analysis

在光谱分析中，通过精确测定、比较谱线的强度来确定该元素的浓度的方法称为光谱定量分析。元素的谱线强度 I 与该元素在试样中的浓度 c 的相互关系，可用经验式：$I=ac^b$ 表示，式中 a 是与试样蒸发、激发过程和试样组成有关的一个参数；b 为自吸系数，它的数值与谱线的自吸收有关。在一定条件下和一定含量范围内，a 和 b 为常数。这个关系式为光谱定量分析的基本公式。

【原子发射光谱仪】atomic emission spectrometer

用适当的激发源，使样品蒸发、气化并激发发光，通过色散元件和光学系统将不同波长的光色散成按波长排列的单色光（光谱），由检测系统测量波长和强度的一类仪器称为原子发射光谱仪。一般的原子发射光谱仪由激发光源、分光系统和光谱检测系统三部分组成。常用的激发源有直流电弧、低压交流电弧、高压火花和电感耦合等离子体（ICP）炬等；分光元件有棱镜和光栅；光谱检测系统分为摄谱方式和光电转换方式。

【电感耦合等离子体原子发射光谱仪】inductively coupled plasma atomic emission spectrometer; ICP-AES

采用电感耦合射频等离子体发生器产生的等离子体（ICP）作为激发源的原子发射光谱仪称为电感耦合等离子体原子发射光谱仪。等离子体是指电离了的但在宏观上呈电中性的气体。电感耦合等离子体（ICP）形成的原理同高频加热的原理相似，是由高频电流经感应线圈产生高频电磁场，使工作气体形成等离子体，并呈现火焰状放电（等离子体焰炬），达到 10000 K 的高温，是一个具有良好的蒸发—原子化—激发—电离性能的光谱光源。

【电感耦合等离子体质谱仪】inductively coupled plasma mass spectrometer; ICP-MS

电感耦合等离子体质谱仪是一种将电感耦合等离子体（ICP）和质谱（MS）结合在一起的分析仪器。在 ICP－MS 中，ICP 作为质谱的高温离子源（温度可达 10000K），样品通过引入系统在通道中进行蒸发、解离、原子化、电离等过程。离子通过样品锥接口和离子传输系统进入高真空的 MS 部分，通过高速顺序扫描分离不同质核比（m/z）的离子，测定离子的强度，进而分析计算出某种元素的强度。浓度线性动态范围达 9 个数量级。ICP－MS 技术提供了低检出限、宽动态线性范围、干扰少、分析精密度高、分析速度快、可进行多元素同时测定以及可提供精确的同位素信息等分析特性，广泛应用于环境、半导体、地质、化工、生物、制药以及核工业等行业。

【辉光放电原子发射光谱仪】glow discharge atomic emission spectrometer; GD-AES

辉光放电原子发射光谱仪主要由辉光放电激发源、分光系统和检测系统三部分组成，根据所用电源不同，辉光放电可分为直流辉光放电和高频辉光放电等。辉光放电原子发射光谱仪具有基体效应小、低能级激发、谱线干扰少、谱线宽度狭窄、自吸收效应小等特点，不仅可应用于基板分析，还可用于深度剖面分析。

【光电直读光谱仪】photoelectric direct reading spectrometer

光电直读光谱仪是应用光电转换直接接收谱线信号强度做多元素同时分析的原子发射光谱仪。光电直读光谱仪采用光电接收装置替代早期的摄谱仪，直接读取分析结果，大大提高了分析速度。尤其是真空光电直读光谱仪，可以在很短的时间内分析钢铁中的碳、磷、硫和其他合金元素，在钢铁和有色金属行业应用非常广泛。光电转换元件通常采用光电倍增管，当代光谱仪采用最先进的 CCD(charge coupled device 电荷耦合器件)技术，全谱直读检测，分析能力比传统光谱仪有了质的飞跃。

【火焰光度计】flame photometer

利用火焰激发试样，使之产生发射光谱，用光栅或棱镜分光，以光电检测器(光电管或光电倍增管)测量其特征谱线强度的一类仪器称为火焰光度计。因为火焰能量较低，只有少数元素如碱金属和碱土金属能用此法测定。通常采用标准曲线法，即将试样溶液与标准溶液进行比较测定。此法优点是谱线简单，干扰较少，操作简便，灵敏度高。

【原子吸收光谱分析】atomic absorption spectrometry; AAS

原子吸收光谱分析也称原子吸收分光光度法，是基于试样蒸气相中被测元素的基态原子对原子共振辐射吸收，来测定试样中该元素含量的一种方法。试样蒸气相中被测元素的基态原子对由光源发出的该原子的特征性窄频辐射产生共振吸收，其吸光度在一定范围内与蒸气相中被测元素的基态原子浓度成正比，以此测定试样中该元素含量。每一种元素的原子不仅可以发射一系列特征谱线，也可以吸收与发射线波长相同的特征谱线。当光源发射的某一特征波长的光通过原子蒸气时，即入射辐射的频率等于原子中的电子由基态跃迁到较高能态(一般情况下都是第一激发态)所需要的能量频率时，原子中的外层电子将选择性地吸收其同种元素所发射的特征谱线，使入射光减弱。特征谱线因吸收而减弱的程度称吸光度，与被测元素的含量成正比。

【原子吸收光谱仪】atomic absorption spectrometer

原子吸收光谱仪也称原子吸收分光光度计，主要由锐线光源、试样原子化器、分光器和检测系统四部分组成。锐线光源多采用空心阴极灯，其阴极内壁含有被测元素，点燃后能发射被测元素的特征波长的锐线光。试样原子化器最常用的是火焰原子化器和电加热石墨炉原子化器。分光器由入射和出射狭缝、反射镜和色散元件组成，其作用是将所需要的共振吸收线分离出来。分光器的关键部件是色散元件，通常采用石英棱镜或光栅。检测系统由光电倍增管和同步放大器以及显示部分组成，一些仪器也采用 CCD 作为检测器。原子吸收光谱仪有单光束型和双光束型。近年来，德国耶拿分析仪器公司(Analytik Jena AG)推出了连续光源原子吸收光谱仪。

2.2.6 原子荧光光谱

【原子荧光光谱分析】atomic fluoresence spectroscopy; AFS

原子荧光光谱分析是测量待测元素的原子蒸气在一定波长的辐射能激发下发射的荧光强度进行定量分析的方法。气态自由原子吸收特征波长的辐射后，原子的外层电子从基态或低能态跃迁到高能态，又跃迁至基态或低能态，同时发射出与原激发波长相同或不同的辐射，称为原子荧光。共振荧光强度大，分析中应用最多。在一定条件下，共振荧光强度与样品中某元素浓度成正比。该法的优点是灵敏度高，目前已有 20 多种元素的检出限优于原子吸收光谱法和原子发射光谱法；谱线简单；在低浓度时校准曲线的线性范围宽达 3～5 个数量级，特别是用激光做激发光源时更佳。主要用于金属元素的测定，在环境科学、高纯物质、矿物、水质监控、生物制品和医学分析等方面有广泛的应用。

【原子荧光光谱仪】atomic fluoresence spectrometer

原子荧光光谱仪和原子吸收光谱仪相似，均由光源、原子化器、光学系统、检测器组成。原子荧光光谱仪分非色散型与色散型，这两类仪器的结构基本相似，差别在于单色器部分。激发光源可用连续光源或锐线光源。常用的连续光源是氙弧灯，常用的锐线光源是高强度空心阴极灯、无极放电灯、激光等。常用的色散元件是光栅。非色散型仪器用滤光器来分离分析线和邻近谱线，降低背景。非色散型仪器的优点是照明立体角大，光谱通带宽，集光本领大，荧光信号强度大，仪器结构简单，操作方便，缺点是散射光的影响大。

2.2.7 X射线荧光光谱

【X射线荧光光谱分析】X-ray fluorescence analysis；XRFA

由X射线管发出的一次X射线激发样品，使样品中所含原子辐射特征荧光X射线，根据谱线的波长和强度对被测样品中元素进行定性和定量分析的方法。X射线荧光光谱分析技术有如下特点：制样简单，可直接对块状、液体、粉末进行分析；浓度测量范围为0.001%～100%；测量时间短；数据稳定性好；结果准确度高等。随着微电子和计算机技术的不断发展，目前已由单一的波长色散X射线荧光光谱仪发展成拥有波长色散、能量色散、全反射、同步辐射、质子X射线荧光光谱仪和微区X射线荧光光谱仪等不同类型的仪器。X射线荧光光谱分析是目前材料化学元素分析方法中发展最快、应用领域最广、最常用的分析方法之一。

【X射线荧光】X-ray fluorescence

X射线管发出的一次X射线激发样品，使样品中所含原子的内层电子被激发，在原子的内壳层产生空穴，这时的原子处于非稳态，外层电子会从高能轨道跃迁到低能轨道填充空穴，使原子恢复到稳定的低能态，同时辐射出具有该元素特征的二次X射线，称为X射线荧光。

【莫赛莱定律】Moseley's law

1913年莫赛莱研究了几十种元素的特征谱线波长λ和原子序数Z之间的关系，发现元素的同名特征谱线波长倒数的平方根与原子序数成正比，即：$(1/\lambda)^{1/2}=k(Z-\delta)$，式中$k$、$\delta$均为常数，称之为莫赛莱定律。莫赛莱定律很好地揭示了元素周期表上各元素之间的内在联系，提供了辨别不同元素的判据。利用这种关系，根据物质所辐射的特征谱线的波长，就可以知道某种原子序数的元素存在，即可对物质进行定性。莫赛莱定律奠定了X射线光谱定性分析的基础。

【波长色散X射线荧光光谱仪】wavelength dispersive X-ray fluorescence spectrometer；WDXRF

X射线荧光光谱仪的一种，是根据X射线衍射原理，用分光晶体作为色散元件，以布拉格定律为基础，对不同波长的特征谱线进行分光，然后进行探测。波长色散X射线荧光光谱仪由激发系统、样品室、分光系统、探测系统、仪器控制及数据处理系统五大部分组成，分为对元素逐一顺序测定的扫描型和配备多套固定的分光系统和测角仪的固定道型两大类。该仪器有分辨率好、灵敏度高等优点。

【能量色散X射线荧光光谱仪】energy dispersive X-ray fluorescence spectrometer；EDXRF

X射线荧光光谱仪的一种，是用半导体探测器等直接探测X射线，多道分析器各通道同时计数，进行多元素同时测量，通过探测不同能量水平的脉冲及数值进行定性和定量分析。能量色散X射线荧光光谱仪主要由X射线激发部分、样品元素谱线的探测部分及计数和数据处理部分组成。全反射X射线荧光光谱仪和偏振能量色散X射线荧光光谱仪可以显著降低散射背景，进行痕量元素测定。

2.2.8 X射线光电子能谱

【X射线光电子能谱法】X-ray photoelectron spectroscopy

X射线光电子能谱法是一种表面分析法，以软X射线为激发源（一般为Mg靶的1253.6eV的kα线或Al靶的1486.6eV的kα线），通过样品表面发射出的光电子的动能来检测原子核周围电子的结合能，从而获取表面丰富的物理和化学信息。当X射线与物质相互作用时，物质中原子某壳层的电子被激发，脱离原子而成为光电子，称为光电效应。尽管X射线可穿透样品很深，但只有表面一薄层（< 10 nm）发射出的光电子可逃逸出来。通过测量表面光电子的能量，可以得到表面元素组成，通过测定内壳层电子能谱的化学位移可以推知原子结合状态和电子分布状态，因此，X射线光电子能谱可提供样品表面的组分、化学

态、表面吸附、表面态、表面价电子结构、原子和分子的化学结构等信息。

【X射线光电子能谱仪】X-ray photoelectron spectrometer; XPS

以X射线为激发源的光电子能谱仪称为X射线光电子能谱仪，主要由激发源、样品室、光电子能量分析器、电子检测器、记录控制系统、真空系统和外磁场屏蔽系统等组成。以Mg、Al等金属作为阳极靶材的X射线管是较为理想的光电子能谱仪的激发源；能量分析器用于在满足一定能量分辨率、角分辨率和灵敏度的要求下，测量样品表面出射的电子能量分布，它是电子能谱仪的核心部件；电子检测器一般采用电子倍增器来测量电子的数目。

【电子结合能】electron binding energy

一受束缚电子从所在的能级转移到不受原子核吸引并处于最低能态时所需克服的能量，或是电子从所在能级移到无穷远处时所做的功称为电子结合能。对固体样品，电子结合能可定义为把电子从所在能级转移至费米能级所需要的能量。

2.2.9 俄歇电子能谱

【俄歇电子能谱法】Auger electron spectroscopy; AES

用具有一定能量的电子束(或X射线)激发样品产生俄歇效应，通过检测俄歇电子的能量和强度，从而获得有关表面层化学成分和结构的信息的方法称为俄歇电子能谱法。俄歇电子的能量分布曲线称为俄歇电子能谱，它能反映电子所属原子和原子的结构状态特征。由于对材料表面的高灵敏度和轻元素的分析优势，俄歇电子能谱也是材料表面化学元素分辨分析、化合物价键分析和材料晶粒间界分析的有力工具。

【俄歇电子】Auger electron

当原子内层电子被激发离开原子，轨道出现空穴，比空穴层主量子数高的较外层电子跃迁填充时所释放的能量不以特征X射线的形式发射出来，而是在原子内部被吸收而激发较外层另一电子，使其激发成为自由电子，这种电子称作俄歇电子。这种无辐射跃迁的现象称为俄歇效应。对于一个激发态原子，可以以特征X射线或俄歇电子的形式释放能量。原子序数大的元素，发射特征X射线的概率较大；原子序数小的元素，产生俄歇电子概率(称为俄歇电子产额 Auger electron yield)较大；当原子序数为33时，两种发射概率大致相等。因此俄歇电子能谱适用于轻元素的分析。

【俄歇电子能谱仪】Auger electron spectrometer

俄歇电子能谱仪主要由安装在超高真空室中的电子源(枪)、电子能量分析器、电子检测器以及用于控制谱仪和数据处理的数据系统等组成。电子源(电子枪)有两种常用类型：热电离发射和场发射。电子束可以聚焦、扫描，因此俄歇电子能谱可以作表面微区分析。常用的电子能量分析器有柱镜分析器(CMA)和会聚半球球面分析器(CHA)两种类型，CMA较CHA具有较大的传输率，独立的俄歇能谱仪常用柱镜分析器。在X射线光电子能谱仪(XPS)分析腔上搭载一个场发射电子枪，即可实现俄歇电子能谱(AES)分析，AES与XPS可共用一个能量分析器。

2.2.10 红外光谱和激光拉曼光谱

【红外吸收光谱】infrared spectroscopy

红外吸收光谱是利用红外光对物质的组分及结构进行分析和鉴定的方法。当连续波长的红外射线照射到物质上，某些特定波长的红外射线被吸收，从而形成这一物质的特征红外光谱。气态和液态物质的红外光谱来源于分子的振动和转动能级的跃迁，所以又称分子的“振动-转动”光谱；晶态物质的红外光谱来源于波矢 $q \approx 0$(紧靠布里渊中心)的声子振动，或者说来源于零波矢的基本晶格振动模；聚合物的红外光谱的高波数波区(基团区)来源于基团振动，低波数谱区(指纹区)与链段长短有关；而玻璃态物质的红外光谱则来源于其短程有序结构。

【波数】wavenumber

单位长度(厘米)内包含的波的数量，定义

为波长的倒数，常用单位 cm^{-1}，在红外光谱中，波数是红外光谱图的横坐标。中红外光谱波数范围在 200～4000 cm^{-1}。

【吸收谱带】absorption band

红外光与样品相互作用后，与分子(官能团)或晶体(高聚物)中的结构基元振动频率相同的红外光被样品吸收，这些被吸收的具有特定频率的红外光在红外谱图中表现为吸收谱带。

【特征频率】characteristic frequency

一个特定的分子(官能团)或晶体(高聚物)中的结构基元中的某种振动模式总是出现在一个比较小的频率范围内，此频率称作该官能团的特征频率。

【基团频率区】group frequency region

在红外光谱中，来源于物质共价键伸缩振动的高波数谱区，称基团频率区。基团频率区的吸收谱带数目不多，但具有很强的特征性，因此在硅酸盐材料基团鉴定方面具有重要价值。

【指纹区】fingerprint region of the IR spectrum

在红外光谱中，与弱化学键伸缩振动、强化学键弯曲振动或基团与基团之间相对运动有关的低波数谱区，称为指纹区。指纹区谱峰多而复杂，虽然难以对其中某个峰的归属做出确定解释，但谱带的整体特征对区别结构类似的化合物很有帮助。在有机化合物中，指纹区主要来源于单键的伸缩振动和弯曲振动；在无机化合物中，指纹区来源于基团与基团之间、基团与金属离子之间或金属离子与金属离子之间的相对振动。当物质的结构与成分稍有不同时，指纹区的吸收有明显差异，可用于鉴定结构相似的硅酸盐材料。

【色散型红外光谱仪】dispersive infrared spectrometer

一种双光路红外光谱分析设备，主要由光源、单色器、分光器、样品池、参比池、光楔和检测器等构成。由光源发出的红外光经单色器分成单色光，通过分光器改变光路后进入样品池和参比池，利用检测器调节光楔狭缝的大小，测量两束光之间的强度差，确定样品对该单色光的吸收强度。可用于气态、液态及固体样品的红外光谱检测。

【傅立叶变换红外光谱仪】Fourier transform infrared spectrometer

一种基于傅立叶变换(Fourier transform)原理的红外光谱测试设备。主要由光源、迈克尔逊干涉仪、样品池、探测器和计算机等构成。由光源发出的光经迈克尔逊干涉仪形成干涉光，照射到样品上，经样品吸收得到带有样品信息的干涉光信号经计算机处理得到红外光谱图；傅里叶变换红外光谱是基于傅里叶变换红外光谱仪的一种分析方法，主要测试模式有透射模式和反射模式两种，可用于气态、液体及固态样品的红外光谱检测。

【光谱纯溴化钾】spectrograde KBr

是指在红外光谱分析过程中，杂质含量较低，不会影响红外样品测试的溴化钾粉末晶体，通常是洁净度较高的溴化钾晶体。在透射红外光谱模式下，适量的样品与光谱纯溴化钾混合后压片，再进行红外光谱的测量。KBr 具有一定的可塑性，在整个中红外光谱区透明性好，是红外光谱压片法测试中最常用的分散介质。

【红外显微镜】infrared microscope

利用红外光为检测信号的一种微区红外光谱分析方法。利用光学显微镜作为选区手段，再利用与可见光同轴的中红外信号为检测源，定性分析样品化学组成和结构的实验方法。红外显微镜通常与傅里叶变换红外光谱仪共用同一光源，利用灵敏度更高的低温检测器实现对微区样品的红外分析。红外显微镜可用于样品断面成分变化及微量样品的红外光谱分析。

【拉曼散射】Raman scattering

物质与入射单色光相互作用有能量交换，可同时产生反映物质量子化能级分布特征的、对称分布于入射线两侧的散射谱线(带)的一种非弹性散射现象。在拉曼散射所产生的对称分布于入射线两侧的散射谱线(带)中，强度较高而能量比入射线小的称为斯托克斯线(带)，强度较低而能量比入射线大的称为反斯托克斯线(带)。单色光照射在物质上，产生包含有斯托克斯和反斯托克斯散射光的非弹性散射光的光谱，称拉曼光谱。在拉曼光谱中，反斯托克斯线(带)的强度随着拉曼位移的增加而迅速减弱，除非特别指明，拉曼散射一般指的都是斯托克斯散射。

【瑞利散射】Rayleigh scattering

一个特定频率的单色光照射在样品上，若发生弹性碰撞，只是改变光的传播方向而不改变光的频率，即散射光的频率仍与入射光的频率相同，这种散射现象称为瑞利散射。

【激光拉曼光谱仪】laser Raman spectrometer

激光拉曼光谱仪是通过拉曼位移来分析振动或转动信息，确定物质结构的仪器。激光拉曼光谱仪包括色散型和傅里叶变换型激光拉曼光谱仪两种。色散型激光拉曼光谱仪由光源、样品外光路、滤光器、控制器和数据处理系统组成；傅里叶变换型激光拉曼光谱仪由光源、滤光器、单色仪、干涉仪、控制器和数据处理系统组成。

2.2.11 核磁共振

【核磁共振】nuclear magnetic resonance；NMR

各种原子核由于结构不同而具有不同的磁矩，称为核磁矩。当物质放在磁极之间并受射频场的作用产生原子核的 Zeeman 裂分效应，在一定的射频率和磁场强度下，会发生射频能的吸收，这种以非辐射状态回到平衡态的现象即称之为核磁共振。通常是在射频频率(约为 10^6 Hz)固定的情况下测定其总输出，来求出原子共振与磁场强度的函数关系，即得核磁共振谱。核磁共振可用于研究和测定物质的精确结构，测定结构中原子的环境和状态，进行物质定性和定量测定等，凡是可以产生核磁共振效应的原子理论上都可以进行核磁共振实验。

【液体核磁共振】solution NMR

溶液中氢原子被氘取代，用于液体核磁共振实验锁场的液体试剂称作氘代试剂。将样品置于玻璃或石英核磁样品管中，以恰当的氘代试剂溶解。将核磁试样管置于磁体的探头中，经过对氘代试剂的锁场，共振频率的调谐、匀场，通过一定的脉冲程序操作进行的核磁共振实验称为液体核磁共振。

【固体核磁共振】solid state NMR

固体核磁共振技术是以固体样品为研究对象的分析技术。在液体样品中，分子的快速运动将导致核磁共振谱线增宽的各种相互作用(如化学位移各向异性和偶极-偶极相互作用等)平均掉，从而获得高分辨率的液体核磁谱图；对于固态样品，分子的快速运动受到限制，化学位移各向异性等各种作用的存在使谱线增宽严重，因此固体核磁共振技术分辨率相对于液体的较低。

将样品置于特定的固体转子中，转子放入磁体，通过气动单元产生样品的魔角旋转，在一定的脉冲程序下进行的核磁共振实验称为固体核磁共振。它可以探测各向同性化学位移、化学位移各向异性、偶极-偶极耦合、J 耦合，对四极核(自旋量子数 I 大于 1/2 的核)还有核四极作用(qudrapale interaction)。

根据核磁共振仪器的磁体的腔体直径尺寸，将固体核磁共振分为宽腔固体核磁共振和标准腔固体核磁共振。

【半固态核磁共振】semisolid state NMR

将样品置于特定的固体转子中，注入选定的氘代试剂，通过气动单元产生样品的魔角旋转，在一定的脉冲程序操作下进行的核磁共振实验称为半固态体核磁共振。半固态体核磁共振也被称为高分辨魔角核磁共振，或者纳米核磁共振。材料中，除纯固体和纯液体以外，有大量的材料有点活动性但不如液体，有点各向异性但不如固体。例如凝胶、脂类、溶胀的树脂、植物和食物等。静态条件下的谱线加宽是由于剩余的偶极相互作用和体磁化率变化这两种因素造成的。魔角旋转是去除剩下的固体线宽的有效方法，可以使样品的核磁谱接近于液体样品的分辨率。目前，半固态核磁共振已经被拓展应用于固体、液体以及分子量高于百万的样品的测试。

【核磁共振波谱仪】nuclear magnetic resonance spectroscopy

用于进行核磁共振波谱实验的仪器称为核磁共振波谱仪。核磁共振波谱仪由磁体、探头，前置放大、谱仪、操作控制单元和气动单元等部分组成。磁体产生强磁场，探头置于磁体的内部，样品管置于探头的内部。控制单元设定实验的脉冲程序使原子核产生跃迁，再产生弛豫过程回到平衡态，过程中的微弱信号经过前置放大器进行信号放大处理，传送到控制单元进行傅立叶转换，形成核磁共振谱峰。样品管的升降、旋转由气动单元控制。现今的核磁共振波谱仪分为永磁铁的低场核磁共振波谱仪、超导强磁体的高场核磁共振波谱仪和超导强磁体的成像核磁共振波谱仪等 。

【探头】probe

对样品进行核磁共振测试的部件称为探头。可以安装于磁体内，拥有多组测试线圈和特定通道，样品管或者转子放置于其中可以进行旋转，对样品进行核磁共振测试。根据实验功能的不同分为多种探头：液相探头分为正相探头和适用于异核二维实验的反相探头。固体探头分为交叉极化/魔角探头和宽腔固体探头。用于半固体实验的半固态高分辨魔角探头，也称为 nano 探头，还有高灵敏度的超低温探头等。

【魔角旋转】magical angle spinning；MAS

在相对于 Z 轴成 $54°44'$ 角度的方向轴，样品绕着该轴进行快速的机械转动，称为魔角旋转。由于固体分子不能自由运动，静态固体 NMR 谱中主要展现的是化学位移各向异性、偶极自旋偶合和四极相互作用的信息，这些物理作用往往展现出的是宽线谱，掩盖了其他精细的谱线结构。偶合作用能的大小与核的相对位置在磁场中的取向有关，其取向因子是 $(3\cos^2\theta-1)$。所以要消除这种相互作用，可通过将样品装入转子，使转子沿魔角方向轴进行快速的机械转动，取向因子将等于零，使其他相对较弱的相互作用成为主要作用，实现固体 NMR 谱线的锐化和分开。

【交叉极化】cross polorization

原子同位素自然丰度低的核称作稀核，如 ^{13}C 核、^{29}Si 核等；原子同位素自然丰度高的核称作丰核，如 ^{1}H 核等。在稀核与丰核之间建立一个 Hartmann—Hahn 平衡，让所观察的稀核的信号获得显著的增强，这种方法称之为交叉极化，它是固体核磁实验中常用的一种方法。

【一维 NMR 谱】one dimension NMR spectrum

在核磁共振谱技术中，以单时间变量设定核磁共振脉冲，对原子核产生自由感应衰减信号，经过傅立叶变换得到横坐标为化学位移的谱图称为一维 NMR 谱。在一维 NMR 谱实验中，对指定的一种原子核进行探测，通过不同的化学位移和谱峰状态可以揭示该种原子核在材料中所处的结构环境，从而确定该种原子核在材料中的结构特征。对于同一种材料，设定的一维 NMR 谱脉冲程序不同，得到的一维 NMR 谱图也不相同，所以有多种一维 NMR 谱。

【二维 NMR 谱】two dimensions NMR spectrum

在核磁共振谱技术中，以双时间变量设定核磁共振脉冲，把由核磁共振实验得到的化学位移、偶合常数等两个独立频率参数相互关联在同一个二维坐标系中，表明它们之间的相互关系，这种谱图称作二维 NMR 谱。在二维 NMR 谱实验中，对指定的一种原子核或者两种原子核进行探测，通过不同的化学位移、谱峰状态或者偶合常数的变化，揭示原子核在材料中所处的结构环境、相互作用以及相互间位置，从而确定原子核在材料中的结构特征。二维 NMR 谱可以把堆积在一起的一维 NMR 谱在二维平面内拉开，使得各峰之间的关系更加清晰。对于同一种材料，设定的二维 NMR 谱脉冲程序不同，得到的二维 NMR 谱图也不相同，所以有包括相关谱、动态谱和分解谱等在内的多种二维 NMR 谱。

【三维 NMR 谱】three dimensions NMR spectrum

在核磁共振谱技术中，以三时间变量设定核磁共振脉冲，将实验得到的化学位移、偶合常数等独立频率变量相互关联在同一个三维坐标系中，表明它们之间的相互关系，这种三维立体表示的形式称作三维 NMR 谱。三维实验可以是双通道实验(两种核，某一种核的二维谱峰在第三维展开)；或者三通道实验(三种核，即三共振实验)。

引入三维 NMR 谱，不仅可将化学位移、偶合常数等参数展开在三维空间，减小谱线的拥挤和重叠，而且可确定化学键之间的偶合作用，确定原子核的空间相互关联，有利于从三维空间上解析复杂化合物。

【化学位移】chemical shift

样品中同类的原子核，因为其化学环境和结构组成不同，产生对应的共振频率的变化，这个变化量称为化学位移。国际纯粹与应用化学会(IUPAC)建议将标准样品四甲基硅烷(TMS)的化学位移值 δ 设定为 0 ppm，TMS 左侧的化学位移设为正值，右侧的化学位移设为负值。

【液相色谱-核磁共振/质谱联用】liquid chromatography-nuclear magnetic resonance/mass spectrum；LC-NMR/MS

将液相色谱和核磁共振以及质谱串联起来一同使用，对材料进行分析的技术，称为液相色谱-核磁共振/质谱联用。由液相色谱对样品进行分离，经过分流器将大部分的分离产物输送到液体核磁共振谱仪进行测试，另外小部分的分离产物输送到质谱进行分析。利用质谱快速分析的结果，决定对输送到核磁共振谱仪的样品进行何种分析。通常用于代谢组学和药物筛选。

2.2.12 电子自旋共振

【电子自旋共振】electron spin resonance；ESR

顺磁质的原子磁矩受外加交变磁场作用而产生剧烈吸收能量的现象称为电子自旋共振。将顺磁体放在相互垂直的恒定的交变磁场内，电子磁矩与外磁场作用，产生电子 Zeeman 效应，在一定的磁场频率下原子磁矩能量被强烈地吸收，即发生了电子自旋共振，也称顺磁共振。由于物质的磁性与它们的结构密切相关，电子自旋共振成为研究物质结构的方法，在研究硅酸盐材料中也已得到应用。

【电子自旋共振波谱仪】electron spin resonance spectr-oscopy

电子自旋共振波谱仪是用于测定含有未成对电子样品电子自旋共振特性的设备，由超稳磁体及其电源、微波振荡单元、谐振腔、谱仪系统，变温装置，数据采集、处理系统等部件组成。测试中，由微波振荡单元产生的微波，通过隔离器除去反射波，使微波的相位一致，经过衰减器调节微波的功率，微波进入到插入了样品的谐振腔中，在外加磁场的作用下，样品吸收微波而产生共振，使检波电流或电压发生变化，经放大器放大后被记录仪记录下来。

2.2.13 质谱

【质谱】mass spectrum

用质谱仪器获得的离子质量记录谱称为质谱。质谱的位置由离子的质荷比决定。检测方法有照相法和电测法两种。用照相法时，离子流被聚集在感板上，其强度表现为谱线的黑度。用电测法时，一般是记录磁(电)场扫描时探测到的离子流强度。通过测量质谱中的不同质荷比的同位素的位置与强度，可以定性或定量测定样品的组成。质谱法是目前仪器分析中灵敏度高的方法之一。

【质谱仪】mass spectrometer

将物质离子化，按照不同的荷质比分离，测定离子质量及其含量的离子光学仪器。一般由离子源、质量分析器和检测器三部分组成。待测样品在离子源内离化并形成离子束，然后通过质量分析器按质荷比顺序分离，再由检测器记录质谱。通常的质谱仪器根据其离子光学结构可分为单聚焦、双聚焦型和四极矩质谱仪，从应用角度分可分为有机质谱仪、同位素质谱仪、无机质谱仪和气体分析质谱仪等。质谱仪器已广泛应用于原子能、近代物理、冶金、化学、地质和非金属材料等方面。

【离子源】ionization chamber

将待测样品离子化并加速形成具有一定能量和一定几何形状的离子束的装置。质谱分析常用的离子源有电子轰击源、化学电离源、场致电离源、场解析电离源等，如将两种离子源联用，既可以获取分子离子的信息，又可以通过碎片离子解析分子结构。

【质量分析器】mass analyzer

位于质谱仪中离子源和检测器之间，使离子源形成的离子束按质荷比分离并聚焦的装置，称为质量分析器。质量分析器是质谱仪中的重要组成部件。质量分析器的种类有磁分析器、飞行时间分析器、四极滤质器和离子阱和离子迦旋共振分析器。质谱仪中磁分析器一般由扇形磁场或电场与磁场的串联构成。

【无机质谱分析】inorganic mass spectroscopy

质谱法中分为原子质谱法和分子质谱法。原子质谱法也称作无机质谱。无机质谱法是利用质谱技术对样品所含元素进行定性、定量分析的方法。无机质谱法分类中最常用的是电感耦合等离子体质谱法（ICP-MS）。无机质谱采用电感耦合高频放电（ICP）等方式使物质离子化，分析无机物组成和结构的方法。通过测量不同质荷比的同位素的位置与强度，可以定性或定量测定样品的组成。在导体、半导体以及石英、玻璃和陶瓷等绝缘材料的微量杂质中有应用。本方法的特点是：（1）灵敏度高，可达到 10～12g；（2）样品制备比较简单；（3）可分析周期表上从氢到铀的全部元素；（4）与其他分析技术联用，可以进行微区分析、表面分析和三维分布的研究。

2.2.14 色谱

【色谱分析】chromatography

色谱分析又称层析法或者色层法。利用固定相对流动相中各种组分具有不同亲和力的物质将各组分分离和鉴定的方法。固定相一般是色谱柱中的填料，流动相可以是气体或者液体。混合物在流动相的带动下经固定相时，由于各组分对固定相之间物理性质（如溶解度、吸附能力、离子交换等）的微小差别，造成在色谱柱中流动相与固定相之间的分配系数不同，经连续多次而达到分离。组分的分配系数表示为 K_d＝某组分在固定相中的浓度/同组分在流动相中的浓度。混合物中的各组分由于分配系数 K_d 不同，在色谱柱中的停留时间就不同，分配系数 K_d 小的组分停留时间较分配系数 K_d 大的组分短，从而先流出色谱柱。温度升高，则易挥发的组分先流出色谱柱，这样就可以得到流出量-流出时间的色谱图。

【气相色谱分析】gas chromatography

气相色谱分析是色谱法的一种，是一种分离技术，其中的流动相为气相，通过先分离再实施检测。以分配气相色谱分析为例，将一种适当的难挥发的有机溶剂涂布于物体表面作为固定相，装成层析柱，使载气（流动相）连续通过。在载气流中注入试样后，试样中各组分即在固定相与流动相之间进行分配，因而都沿气流方向移动。由于各组分在两相之间的分配系数不同，流出次序不同，得到分离。分离后的各组分通入检测器中进行鉴定，气体试样和易于挥发的液体或固体试样都可用气相色谱分析进行分离和测定。

【气相色谱分析仪】gas chromatograph

气相色谱分析仪是基于不同物质在固定相和流动相所构成的体系，即色谱柱中具有不同的分配系数而将被测样气各组成分离开来，然后用检测器将各组成气体的色谱峰转变成电信号，经电子放大器转换成电压或电流输出。气相色谱仪主要由五个部分组成：气路系统、进样系统、柱系统、温控系统和检测系统。在色谱仪中，混合物蒸气样品随着载气被带入到固定相的色谱柱中，分离成为单个组分后，随着载气从柱末流出，通过检测器得到各组分的信号。气路是载气连续运行的密闭管路系统。进样系统包括进样器和气化室。柱系统包括色谱柱和色谱炉，色谱柱是色谱仪的心脏，一般由玻璃管或不锈钢管制成，根据不同用处分为填充柱、制备用柱和毛细管柱三种。色谱炉为色谱柱提供适宜的工作温度。除了上述五个主要组成外，气相色谱仪还有数据记录处理系统和样品收集器等。

【流动相】flow phase

色谱法中存在着两个相，即流动相和固定相。流动相是携带着待测样品向前移动，把样品带入到装有固定相的色谱柱中进行分离的载体物质。流动相可以是气体和液体，流动相相对固定相做相对运动。流动相是气相的色谱仪称为气相色谱仪，流动相是液体的色谱仪称为液相色谱法。固定相可以为液体和固体。被分离的样品中的各组分与色谱两相间具有不同的作用力，这种作用力的差异导致各组分通过固定相时达到彼此分离。

【色谱柱】column

固定相填充于玻璃管或者金属管内，这种填充固定相的管子称为色谱柱，色谱柱又可分为毛细管柱、填充柱和制备用柱。填充柱一般用于不太复杂的混合物分析。内径为 2～5mm，长度 1～3m，微填充柱内径在 0.5～1mm。毛细管柱用于分析较为复杂的混合物，一般内径为 0.1～1mm，长度 1～100m。制备用柱主要用于分离提纯样品，通常内径 8～10mm，长度 1～10m。

【检测器】detector

在色谱柱外用于进行定性鉴定或定量测定的部件称为检测器，根据检测原理的不同，有浓度型和质量型两类检测器。浓度型检测器的响应值与组分的浓度成正比，质量型检测器的响应值与单位时间进入检测器的某组分的质量成正比。气相色谱检测器最常用的种类有热导池检测器和氢火焰离子化检测器；液相色谱检测器最常用的有紫外分光检测器。热导池检测器属于浓度型检测器，它具有结构简单、稳定性好、线性范围宽，不破坏样品等优点。氢火焰离子化检测器属于质量型检测器，氢气在其中燃烧产生能量，有机物组分也在其中燃烧并且生成离子，离子在电场的作用下形成离子流，离子流的强度反映该组分的含量。这种 FID 检测器灵敏度高、响应快、线性范围宽，死体积小。

【液相色谱】liquid chromatography

液相色谱就是用液体作为流动相的色谱分析法。固定相可以有纸、薄板和填充床等，分别命名为纸色谱、薄层色谱和柱液相色谱。经典的液相色谱的流动相依靠重力缓慢流过色谱柱，分离后的样品被分级收集后再进行分析，分离效率低，分析速度慢，操作复杂。采用粒度小于 10μm 的高效固定相，并使用高压输液泵和自动记录检测器，发展成为高效液相色谱，也称高压液相色谱。高效液相色谱是在经典液相色谱法的基础上，引入了气相色谱的理论，在技术上采用了高压、高效固定相和高灵敏度检测器，使之成为高分离速度、高分辨率、高效率、高检测灵敏度的液相色谱法，也称为现代液相色谱法。液相色谱按其分离机理分为吸附色谱法、分配色谱法、离子交换色谱和凝胶色谱。

【液相色谱仪】liquid chromatograph

利用混合物在液-固或不互溶的两种液体之间分配比的差异，对混合物进行先分离，而后分析鉴定的仪器。液相色谱仪由四部分组成，包括流动相系统、分离系统、检测系统和辅助系统。流动相系统包括高压输液泵和进样系统；分离系统包括温度控制系统和色谱柱；检测系统包括检测器、信号记录仪等；辅助系统包括收集器、各种气瓶等。

【凝胶色谱】gel chromatography

凝胶色谱又称为排除色谱，是基于分子尺寸的差别而使被测物分离的一类液相色谱法。利用分子级大小细孔的多孔性物质，能使与其孔径相应尺寸的分子相互筛分开来，多孔性物质一般采用合成聚合物的凝胶。凝胶色谱既能用于水溶液体系，又能适合于有机溶剂体系。当所用的洗脱剂为水溶液时，称为凝胶过滤色谱。采用有机溶剂为洗脱剂时，称为凝胶渗透色谱。凝胶色谱在生物化学和高分子化学领域获得广泛应用。

【凝胶色谱仪】gel chromatograph

用于水性和油性高分子聚合物的分子量大小及分子量分布检测的色谱仪。凝胶色谱仪主要由流动相系统、分离系统、检测系统和辅助系统四部分组成。流动相系统包括高压输液泵、梯度控制器和进样系统(配有阀环和隔膜进样器，黏度大样品可用阀环来进样)。分离系统包括温度控制系统和色谱柱(直径通常为 10mm 左右，柱长 800～2000mm，可以串联使用)。检测系统由检测器和信号记录器等组成；检测器分为浓度检测器和相对分子质量检测器(紫外吸收检测器和红外吸收检测器)两类。相对分子质量检测器有间接法和直接法两种检测方法。间接法利用样品一系列的相对分子质量与淋洗体积的关系，求出试样的相对分子质量；直接法有自动黏度检测器测定法和小角激光散射光度计检测法，自动黏度检测器测定法测定柱流出物流经不锈钢毛细管黏度计的压力差，小角激光散射光度计检测柱流出组分的相对分子质量。辅助系统包括收集器、各种气瓶等。

【气质联用技术】gas chromatography-mass spectrum；GC-MS

是将气相色谱仪(GC)与质谱仪(MS)通过适当接口相结合，进行联用分析的技术。样品未经纯化注入气相色谱仪内，将各组分分离；经过分离器，载气被分离；各组分再依次进入质谱仪内，得到每一个组分的质谱。从质谱可以知道各组分的结构，从气相色谱可以得到它们的相对量，气质联合技术既是定性又是定量的分离和分析测试技术。常见接口技术有分子分离器连接(主要用于填充柱)、直接连接法(主要用于毛细管柱)和开口分流连接。GC-MS的常用测定方法有总离子流色谱法、反复扫描法、质量色谱法、选择性离子监测。GC-MS联用分析的灵敏度高，适合于低分子化合物(分子量＜1000)分析，尤其适合于挥发性成分的分析。

【液质联用技术】liquid chromatography-mass spectrum；LC-MS

液质联用又称液相色谱-质谱联用技术，它以液相色谱作为分离系统，质谱为检测系统。样品在质谱部分和流动相分离，被离子化后，经质谱的质量分析器将离子碎片按质量数分开，经检测器得到质谱图。液-质联用接口技术是液-质联用发展的关键。接口技术有液体直接导入接口、快原子轰击和连续流动快原子轰击接口、传送带式接口、离子束接口、热喷雾接口、电喷雾接口和大气压化学离子化接口等。LC-MS在生化分析、天然产物分析、药物和保健食品分析以及环境污染物分析等许多领域得到了广泛的应用。

2.2.15 中子活化

【中子活化分析】neutron activation analysis；NAA

中子活化分析，又称仪器中子活化分析，是通过鉴别和测试试样因辐照感生的放射性核素的特征辐射，进行元素和核素分析的放射分析化学方法。活化分析的基础是核反应，以中子或质子照射试样，引起核反应，使之活化产生辐射能，用γ射线分光仪测定光谱，根据波峰分析确定试样成分；根据辐射能的强弱进行定量分析，一般中子源由核动力装置提供，质子源采用回旋加速器或范德格拉夫式加速器。

2.2.16 穆斯堡尔谱

【穆斯堡尔谱】Mössbauer spectrum

原子核γ辐射的无反冲发射和共振吸收谱。实现γ射线共振吸收的关键在于消除反冲效应，如果将发射和吸收γ射线的原子核置入固体晶格中，使原子核受到晶格束缚，反冲作用将大大减小，从而实现共振吸收。这种共振吸收效应对原子核周围环境的变化反应很灵敏，如当原子处于不同化合态时，原子核γ共振吸收峰的位置会有不同的位移，因此可用来确定价态和电子组态，研究硅酸盐材料和岩石结构等。

【穆斯堡尔谱仪】Mössbauer spectroscopy

利用穆斯堡尔效应进行物质微观结构分析用仪器。谱仪主要由γ光子辐射源(如钴-57)、γ光子探测器、多道分析器、吸收体(试样)和使辐射源与吸收体之间造成相对运动的驱动装置等构成。可以用来记录各个速度下的γ射线强度变化，即得穿过吸收体后的γ射线计数率(作纵坐标)和多普勒速度(作横坐标)间的关系曲线，即穆斯堡尔谱。

2.2.17 正电子湮没技术

【快正电子】fast positron

正电子是电子的反粒子，它的质量、电荷量均与电子相同，但它带正电荷，是人类最早认识的反物质。由β^+衰变的放射性同位素发出的、能量从几十万电子伏特到几兆电子伏特的正电子称为快正电子。在正电子湮没实验中，正电子通常采用^{22}Na放射性同位素的β^+

衰变得到。

【正电子湮没寿命谱】positron annihilation lifetimes spectroscopy

正电子在被热化以后，通过晶格中的自由扩散与电子结合而湮没，或者被晶格缺陷捕获停止扩散而在缺陷中湮没，或者和电子形成正电子束后发生湮没。测量正电子在介质中湮没前所存在的时间(即正电子的寿命)，从而得到样品中有关电子密度的信息，称为正电子湮没寿命谱。例如利用角关联和多普勒展宽方法分别测量正电子湮没两根 γ 射线的角度分布和多普勒效应造成的 γ 射线能量分布，得到样品中电子动量密度分布的谱图。从电子密度和电子动量密度分布的变化可以得到样品中缺陷浓度的变化和相变的信息。

2.3 物相与结构分析

2.3.1 X射线衍射的原理和方法

【布拉格方程】Bragg equation

1913 年由英国物理学家布拉格父子总结得出的确定晶体受 X 射线照射产生衍射时，晶面间距、X 射线波长及入射方向之间关系的公式。当波长为 λ 的 X 射线射入一组平行的间距为 d 的(hkl)晶面(参见 1.1.1【晶面】中的“密勒指数”)时，当入射角的余角 θ 满足方程 $2d_{hkl}\sin\theta=n\lambda$($n$ 是衍射级数，为任一正整数)时，在反射角等于入射角的方向上通过干涉互相加强而得到极大强度，即产生 X 射线衍射。这个方程式借助于普通的反射原理解释了复杂的衍射现象，是晶体 X 射线衍射分析的基础，也适用于晶体对电子和中子的衍射。

【单晶 X 射线衍射】single crystal X-ray diffraction

利用单晶衍射数据测定晶体结构的技术。采用单色 X 射线照射单晶样品，通过测角仪选择好指定的取向位置，利用计数器记录衍射峰(hkl)的强度。通过傅立叶转换将衍射峰的强度转换成晶胞中的电子云密度分布，结合样品的化学信息，确定晶胞中原子或离子分布，最终确定晶体结构。单晶衍射通常是通过四圆衍射仪来实现。

【粉末 X 射线衍射】powder X-ray diffraction

利用单色 X 射线照射粉晶样品，在满足布拉格方程(参见本节【布拉格方程】)的方向上采集各晶面 X 射线衍射数据的技术。可进行物相定性分析、物相定量分析、晶体结构测定、晶粒大小测定、宏观应力测定、织构测定以及结晶度测定等。粉末 X 射线衍射是硅酸盐材料表征最常用的技术之一。

【粉末 X 射线衍射仪】powder X-ray diffractometer

记录粉末 X 射线衍射数据的仪器，主要由 X 射线管、测角仪、探测器及光路系统附件和仪器控制附件等组成。X 射线管可分为封闭式阳极靶和可拆式旋转阳极靶。测角仪可分为水平和立式测角仪，目前大多数粉末 X 射线衍射仪采用立式测角仪。探测器根据采集衍射数据的维度分为点探测器、一维探测器和二维探测器，根据探测器采集数据的模式可分为连续扫描或步进扫描。光路系统是用来根据不同测试要求调节 X 射线的附件，包括狭缝、索拉狭缝、单色器及多层镜等。

【反射模式】reflection mode

采集粉末 X 射线衍射数据最常用的一种模式。在反射模式下，从 X 射线管发出的发散型入射 X 射线照射到样品表面，经样品衍射后又重新聚焦到位于样品同一侧的探测器上。反射模式采集数据可以确保 X 射线管和探测器总是处于与样品表面相切的聚焦圆上，因而具有很高的角度分辨率。根据 X 射线管，样品和探测器的转动方式，反射模式可分为 θ-θ 联动方式和 θ-2θ 联动方式。在 θ-θ 联动方式下，样品保持水平方向不动，X 射线管和探测器以相同的速度转动来采集数据；在 θ-2θ 联动方式下，X 射线管固定不动，探测器的转速是样品转速的两倍。

【透过模式】transmission mode

利用透射模式采集粉末X射线衍射数据时，X射线管保持不动，入射X射线穿过样品，探测器在样品的另一侧采集数据。在该模式下，从X射线管发出的发散型X射线需要弯晶单色器或椭球多层镜产生汇聚型入射X射线，其焦点刚好位于探测器上，或者利用平面晶体单色器或抛物多层镜产生平行X光作为入射X射线。透过模式适用于仅含有质量吸收系数较小的样品。

【同步辐射X射线衍射】synchrotron X-ray diffraction

利用电子在电磁场的作用下沿弯转轨道行进时所发出的X射线进行晶体衍射分析的技术。同步辐射X射线具有亮度高、准直性高、波长可选等特点，同时具有纳秒时间脉冲结构，可用于研究与时间相关的物理化学过程。

2.3.2 多晶体物相分析

【物相定性分析】phase qualitative analysis

物相定性分析是将待测样品的粉末X射线衍射图与标准粉末衍射数据库进行比对分析，从而鉴定出待测样品中晶相物质种类。物相定性分析可广泛应用于硅酸盐原料、制品的鉴定。

【PDF卡片】powder diffraction file

PDF卡片是晶体物质的粉末衍射数据库。PDF起初由ASTM(American Society for Testing Materials)建立，后来由JCPDS(Joint Committee on Powder Diffraction Standards)进一步补充。JCPDS在1977年改名为ICDD(International Centre for Diffraction Data)并负责PDF的修订和增编。PDF涵盖了无机、有机、金属等材料，其内容也由原来的衍射峰位和峰强扩展到晶体结构信息。

【物相定量分析】phase quantitative analysis

根据混合物中各晶相的X射线衍射强度随着该相在混合物中的含量增加而增加的原理，对混合物的相组成进行定量分析的方法。常用的物相定量分析方法有内标法、外标法、K值法和全谱拟合法等。

【标准添加法】standard addition method

对于含有物质a和物质b的两相混合物，称取一定量纯物质a与待测样混合均匀并采集粉末X射线衍射数据，选取物质a和物质b的特征衍射峰并计算其强度比。然后称取不同量的纯物质a，重复上述实验。以几次称取的纯物质a在衍射样品中的含量为横坐标，以选取的物质a和物质b的特征衍射峰强度比为纵坐标绘制曲线，该曲线与横坐标的交点即为物质a在该混合物中的含量。

【内标法】internal standard method

在待分析样品中掺入一定量的标样，根据待分析样品的衍射强度与标样的衍射强度计算待分析样品中各物相含量的方法。采用内标法进行物相定量分析时，标样的颗粒大小须和样品的颗粒大小一致且混合均匀，应尽量选择质量吸收系数与样品一致的标样。

【外标法】external standard method

在相同的仪器条件下分别采集样品和标样的粉末X射线衍射数据，通过比较样品和标样的衍射强度来计算样品中各物相含量的方法。X射线衍射仪外标法需要确定样品和标样的质量吸收系数。

【里特沃尔德定量分析】Rietveld quantitative analysis

里特沃尔德定量分析是一种无标样分析方法。对多相体系进行里特沃尔德精修(参见2.3.6中【里特沃尔德精修】)后，根据每一相的尺度因子计算出归一化后各物相的相对含量。Rietveld定量分析最大程度上减轻了择优取向的负面影响，是目前最快也是相对最可靠的物相定量分析方法。

2.3.3 多晶体点阵常数的精确测定

【指标化】index

对已收集单晶或多晶衍射强度实验数据组逐个赋予每个衍射以衍射峰晶面指标(hkl)的操作过程称为(衍射)指标化。对于已知晶体结构的粉末衍射图，指标化是根据晶体结构信息来确认衍射峰的晶面指标(hkl)。对于未知晶体结构的粉末衍射图，指标化则是根据粉末衍射图中衍射峰的位置，通过计算机程序，计算出该未知晶体结构的晶胞参数。指标化是晶体物相鉴定或结构分析中重要的先行工作。

【峰形函数】profile function

峰形函数是用来描述粉末衍射图中衍射峰形状的几何函数，常用的峰形函数包括高斯函数(Gaussian)、洛伦茨函数(Lorentzian)和伪-沃伊特(pseudo-Voigt)函数等。

【Le Bail 全谱拟合】Le Bail fitting

Le Bail 全谱拟合是由 Le Bail 建立的一种无结构模型的基于最小二乘法的粉末衍射图全谱拟合方法。通过迭代计算确定晶胞参数、峰形函数及仪器零点漂移等数值，使模拟数据与实验数据最佳匹配。Le Bail 拟合与 Pawley 拟合类似，不同之处在于 Le Bail 拟合时，衍射峰的强度值是随机给出的，而 Pawley 拟合中衍射峰的强度值是迭代计算出来的。

【Pawley 全谱拟合】Pawley fitting

Pawley 全谱拟合是由 Pawley 建立的一种无结构模型的基于最小二乘法的粉末衍射图全谱拟合方法。通过迭代计算确定晶胞参数、峰形函数及仪器零点漂移等数值，使模拟数据与实验数据最佳匹配。Pawley 拟合与 Le Bail 拟合类似，不同之处在于 Pawley 拟合时，衍射峰的强度是迭代计算出的，而 Le Bail 拟合时，衍射峰的强度值是随机给出的。

【残差因子】R-factor

残差因子是用来评价粉末衍射图全谱拟合质量的重要指标。常见的残差因子有：峰形残差因子 R_{p}，带权重的峰形残差因子 R_{wp}，期望残差因子 R_{exp} 以及拟合度 χ^2 等。

2.3.4 宏观应力测定

【宏观应力测定】macrostress measurement

宏观应力是当产生应力的因素不复存在时，在宏观体积范围内存在并保持平衡的一种残余应力，也称第一类内应力，可分为张应力和压应力。在宏观应力作用下，晶面间距随晶面方位及应力的大小而有规律的变化，X 射线衍射法通过测量晶面间距的相对变化计算出宏观应力。X 射线衍射法测定宏观应力常用的方式为同倾法和侧倾法。

2.3.5 织构测定

【极图】pole figure

一种晶体取向分布的图解表示法。根据多晶体外形特征选择一宏观坐标为投影面，将多晶体中各晶粒的某一晶面(或晶向)对该投影面投影，这样的极射赤面投影图称为该晶面(或晶向)的极图。

【反极图】anti-pole figure

以晶体的三个主要晶轴建立微观坐标系，取与晶体主要晶轴垂直的平面作投影面，将与多晶体某一外观特征方向平行的晶向对该投影面投影，这样的极射赤面投影图称为多晶体该特征方向的反极图。

【取向分布函数】orientation distribution function；ODF

取向分布函数(ODF)是用三维参数描述织构的方法，比极图和反极图能更完整地描述多晶体的织构。ODF 无法直接测定，可根据多张不同晶面极图的极密度经数学变换计算出来。

2.3.6 Rietveld(里特沃尔德)结构精修

【里特沃尔德精修】Rietveld refinement

里特沃尔德精修以基本正确的晶体结构为初始模型，通过调整该晶体结构的晶胞参数、原子位置及温度因子，以获得模拟数据与实验数据的最佳匹配，从而获得比初始结构更加准确的晶体结构。Rietveld 精修本质上是一种利用非线性最小二乘法原理的全谱拟合方法。里特沃尔德精修方法是进行晶体结构测定和物相定量分析的强力工具。

【刚性约束】rigid body constraint

里特沃尔德精修时，将空间几何关系确定的部分原子视为一个刚体，刚体内部的原子之间的位置关系在精修过程中保持不变，刚体自身需要 3 个位置变量和 3 个取向变量来描述其在晶胞中的位置。这种刚体约束可减少精修参数的数量，刚体限制有效提高了里特沃尔德精修的稳定性。对岛状硅酸盐晶体结构进行里特沃尔德精修时，通常对硅氧四面体进行刚性限制，这样硅氧四面体的变量就由原来的 12 个（每个原子 3 个变量）减少为 6 个。

【软性约束】soft constraint

在里特沃尔德精修过程中，充分利用物质的化学和结构信息，将部分原子间的键长和键角设定为理想值，并允许在限定的范围内变化。这种软性约束可提高精修晶体结构的合理性和里特沃尔德精修的稳定性。与刚性约束（参见本节【刚性约束】）不同，软性约束并未减少精修参数的数目，而是增加了“观测值”。

2.3.7 单晶取向的测定

【单晶取向测定】single crystal orientation

单晶取向测定就是确定单晶的主要结晶学方向与试样的宏观坐标之间的方位关系，包括劳厄法和衍射仪法。劳厄法是以含连续谱的 X 射线为光源，照射到不动的单晶体上，用与入射 X 射线垂直的底片接受衍射斑点，将这些劳厄斑点转化为相应的衍射面和晶带轴的极点，并将它们指标化，得到该单晶的投影图，再由投影图量出单晶宏观坐标与结晶学方向之间的夹角，从而完成单晶定向。劳厄法测定单晶取向由于拍摄距离偏差和劳厄斑点漫散造成一定的取向误差，为了获得较高精度的取向，需在劳厄法的基础之上利用衍射仪法测定单晶取向。利用衍射仪法测定单晶取向时，需采用平行光束，将待测单晶以反射模式安装在织构附件上。根据选定准备确定取向的晶面，调整 X 射线管和探测器的角度，样品转动的同时记录衍射强度，当强度极大时可确定该晶面的极点位置。测定至少三个基本结晶学方向的极点即可完成单晶取向测定。

2.3.8 同步辐射 X 射线吸收精细结构

【扩展 X 射线吸收精细结构】extended X-ray absorption fine structure；EXAFS

扩展 X 射线吸收精细结构（extended X Ray absorption fine structure，EXAFS）是 X 射线吸收精细结构中吸收边后 50 eV 至 1000 eV 的区域。在 EXAFS 区域，激发的光电子能量较高，能够摆脱吸收原子的束缚，撞击邻近原子并以一定的角度散射出去，因而背散射回到原吸收原子的光电子比例较小。相对于 X 射线吸收近边结构（Xray absorption near edge structure，XANES）而言，该区域出现的是连续可变的弱振荡，这些弱振荡信号包含了邻近原子间距离等重要信息。同步辐射 X 射线的引入增加了 EXAFS 的信噪比，使得 EXAFS 成为测定原子团簇结构的最主要手段之一。

【X 射线吸收近边结构】X-ray absorption near edge structure；XANES

同步辐射产生的 X 射线与物质相互作用时，X 射线激发的光电子被周围配位原子散射，导致 X 射线吸收强度随能量发生振荡，产生 X 射线吸收精细结构。X-射线吸收近边结构（X-ray absorption near edge structure，XANES）是 X 射线吸收精细结构中从吸收边前 10eV 到吸收边后 50 eV 的区域。在 XANES 区域，激发的光电子能量不高，一部分直接背散射回原来的吸收原子，一部分勉强撞击邻近原子后散射回原吸收原子，这样就会对原来的出射光电子波函数起到明显的调制作用。因而 XANES 区域会出现比较强烈的振荡。XANES 区域中吸收边的位置与吸收原子的种类和价电子情况密切相关，可用于判断元素的种类，甚至金属原子的价态。根据吸收边附近各吸收峰的出现与否，吸收峰强度以及吸收峰形状可以鉴定吸收原子的配位原子种类、对称性和键合类型。

2.3.9 中子衍射

【中子衍射】neutron diffraction

中子束照射晶体样品，当晶面间距、中子波长及入射方向满足布拉格方程时得到中子衍射花样，可用于测定材料的晶体结构和磁结构。中子衍射技术与 X 射线衍射技术原理类似，但中子衍射利用了中子与原子核之间的相互作用，原子序数对中子散射因子影响较小，因而在测定轻原子位置时相对于 X 射线衍射有一定的优势。中子衍射和 X 射线衍射是两种互补的材料表征技术。

2.3.10 小角散射

【X射线小角散射】small angle X-ray scattering；SAXS

基于X射线在小角度范围内(0～20°左右)相干散射现象，分析特大晶胞物质的结构以及测定粒度小于几百个埃的超细粉末(或固体物质中的超细空穴)的大小、形状及分布的方法。散射角ε与波长λ、粒子大小δ的关系为$\varepsilon=\lambda/\delta$。根据该式从某散射角的散射强度及X射线波长即可推算出粒子大小δ值。本方法可在常压条件下测定黏土、水泥水化物颗粒大小以及水泥石孔分布，也可用于玻璃结构分析。

【中子小角散射】small angle neutron scattering；SANS

中子小角散射(SANS)是以中子束为源的小角散射技术，其原理与X射线小角散射类似。不同之处在于SAXS是X射线与原子中电子的散射，而SANS是中子与原子中原子核的散射。SANS和SAXS技术互为补充，在分析含小原子序数和很大原子序数的样品以及在区分原子序数相近的元素方面，SANS与SAXS相比具有一定的优势。

2.4 显微分析

2.4.1 光学显微分析

【岩相分析】petrographic analysis

对硅酸盐材料所含各种物相(包括晶相、玻璃相和气相)进行分析，并着重于确定其中晶相的种类、含量、形态、大小及其分布，这一分析过程、分析方法以及分析结果都称为岩相分析。较为常用的是偏光显微镜分析，其方法有油浸、薄片、光片、光薄片、超薄光薄片和显微化学等。此外还可用其他光学显微镜(例如金相显微镜)、电子显微镜、电子衍射和电子探针或离子探针等方法进行分析。岩相分析对于研究硅酸盐材料的显微(和亚微)结构、指导工艺制备、改进材料性能等方面具有重要意义。

【岩相定量分析】petrographic quantitative analysis

在显微镜下测定试片中矿物含量的方法。有面积法、直线法、计点法、目测估量法等。其中以直线法和计点法较为常用。直线法是根据各切割矿物颗粒的直线总长度与其各自的体积成正比，计点法是根据观察到的矿物点子数与其体积成正比进行定量计算。各矿物所占体积分别乘以该矿物的比重，就可得出各矿物的质量百分比。

【矿物光性】optical properties of minerals

光通过矿物时，由于组成矿物质的成分和结构的不同，使光在各个方向行进或传播的速度不同，从而产生了一系列光学现象，统称矿物光性。包括光性均质与非均质、折射率、双折射、光轴、光轴角、正负光性、颜色、多色性、干涉色、延性、消光位、光轴色散、反射率等。用光学显微镜鉴定矿物时，主要以矿物光性为依据。

【光性均质体】optical isotropic body

光性均质体是指各个方向上光学性质相同的物质。光波在均质体中的传播速度不因光波振动方向的不同而发生变化，因此，光波射入光性均质体后，不会改变入射光波的振动方向和传播特点，所有方向的传播速度相等，即各个方向上的折射率都相同，不会发生双折射。自然光射入光性均质体后仍为自然光，偏光射入光性均质体后仍为偏光，偏光的振动方向保持不变。

【光性非均质体】optical anisotropic body

光性非均质体是指各个方向上光学性质变化的物质，光波在光性非均质体中的传播速度随光波振动方向不同而发生变化。在光性非均质体中，绝大多数方向上都可以发生双折射，仅一个或两个特定方向不发生双折射，这个特定方向称为光轴。有一个光轴的晶体称为一轴晶，有两个光轴的晶体称为二轴晶。除等轴晶系以外的所有晶体均属于光性非均质体。

【解理】cleavage

矿物晶体在外力作用下，沿一定方向裂成光滑平面的性质称为解理，这些光滑平面称为解理面。其中解理缝细、密、长，往往贯穿整个晶体的解理，称为“极完全解理”，如云母类矿物的解理；解理缝较稀，不完全连贯的解理，称为“完全解理”，如角闪石类、辉石类及长石类矿物的解理；解理缝断断续续，有时仅见解理痕迹的解理，称为“不完全解理”，如橄榄石类矿物的解理。

【糙面】rough surface

单偏光下观察矿物薄片，其表面有细微起伏、凹凸不平的现象，这种粗糙不平的矿物表面称糙面。它是由于矿物和介质折射率不同造成的，光通过两种物质的界面时发生折射，使矿物表面的光线集散不均，呈现亮度也不同，而显示的一种粗糙感觉。折射率值相差愈大，糙面愈明显。糙面是矿物的特征之一，可用于矿物鉴定。

【突起】relief

由于晶体的折射率 $n_{晶}$ 不同于周围介质的折射率 $n_{介}$，因而在显微镜下观察时，似乎存在晶体与介质高低不同的现象，称之为突起。当 $n_{晶}>n_{介}$ 时，晶体好像高出于介质，呈“正突起”；反之，若 $n_{晶}<n_{介}$，则晶体好像低于介质，即“负突起”。突起的正负可借助于贝克线的移动或色散效应来区分。在单偏光镜下，转动物台，非均质体矿物的突起高低(矿物边缘、糙面的明显程度)会发生显著的改变，这种现象称为“闪突起”，闪突起是无色或极淡色调透明矿物的鉴定特征之一。

【多色性】pleochroism；polychroism

非均质矿物晶体，由于内部结构方向性的差异，使其对各色光的吸收能力也因方向而不同，在单偏光下，随着矿物薄片的转动，会产生颜色深浅或色调变化的现象，称为多色性。一轴晶具有与两个光学主轴相当的颜色，亦即具有二色性，如黑电气石，当其光率体的 N_e 轴和下偏光振动方向平行时，呈现浅紫色，当 N_o 平行下偏光振动方向时，晶体呈现出深蓝色。二轴晶具有与三个光学主轴相当的三种颜色，因而具有三色性，例如普通角闪石。

【吸收性】absorptivity

晶体对入射光波吸收的性能称为吸收性。在单偏光下，非均质矿物薄片，吸收性的强弱可能随方向而变化，从而颜色深浅可能改变。某一方向颜色浅，说明晶体对此方向的光波吸收弱；另一方向颜色深，即晶体对这一方向的光波吸收强。如电气石，当 c 轴垂直下偏光时，颜色较深，即对常光吸收性强；c 轴平行下偏光时，颜色较浅，即对非常光吸收性较弱。

【贝克线】Becke line

光透过两相邻物质，总是折向折射率高的物质，这样在折射率高的物质边缘上，形成一道细亮带，这条亮带被称为贝克线。提升物镜镜筒(或下降载物台)，贝克线向折射率大的物质移动；下降镜筒(或提升载物台)，贝克线向折射率小的物质移动。利用贝克线移动规律，可以测定矿物的相对折射率值。

【消光】extinction

用偏光显微镜在正交偏光下观察薄片，当物台旋转至某一位置时，薄片晶体光率体椭圆半径与上、下偏振光振动方向平行，目镜中视域变黑，即所谓消光。此时薄片所处的位置为“消光位”。一般以目镜十字丝代表上、下偏振光的振动方向。非均质体薄片在旋转 360°时，视域有四次明亮和四次黑暗，即四次消光。对于均质体来说，则无论薄片位置如何，视域全黑，故称“全消光”。此外，按照不同的消光位，有如附图所示的各种消光：(1)平行消光。消光时，晶体的解理缝、双晶缝、晶棱与目镜十字丝之一平行；(2)对称消光。在晶体具有两组解理缝的切面上，消光时，目镜十字丝平分两组解理的夹角；(3)斜消光。消光时，晶体的解理缝、双晶缝、晶棱与目镜十字丝斜交；此时，缝或棱与光率体轴之间的夹角称为消光角。

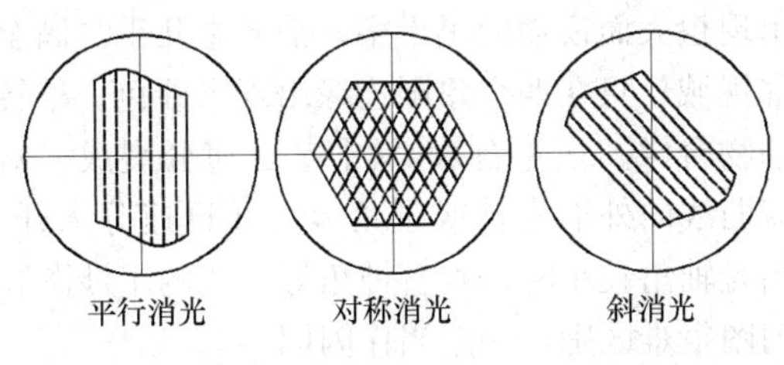

消光类型

【波状消光】wavelike extinction

显微镜处于正交偏光下，随着物台的转动，在单晶体切片内消光位发生波浪式移动的现象。这是由于晶体内积存着内应力，引起结构畸变造成的。如石英，在内应力较大时有可能出现波状消光。

【快光】fast rays

光射入非均质晶体后分成两束偏光，其中传播速度较高、折射率较低的一束称为“快光”，而传播速度较低、折射率较高的一束则称为“慢光”。

【延性】elongation

晶体具有单相延伸或双向延伸的习性，分别表现为针状或柱状形态和片状或板状形态。当晶体沿单向延伸的方向或垂直双向延伸的方向被切成薄片时，切面往往是延长形的。在晶体的延长形切面上，它的长轴方向与快光(或慢光)的振动方向之间的空间关系，称为延性。

【延性符号】elongation sign

又名延长符号。在正交偏光下，晶体的延长形切面上，切面的延长方向(即长轴方向)与慢光的振动方向平行或两者之间的夹角小于45°，该切面为正延性，或称该晶体具有正延性符号；切面的延长方向(即长轴方向)与快光的振动方向平行或两者之间的夹角小于45°，该切面为负延性，或称该晶体具有负延性符号。延性符号测定，对识别晶体有一定意义，如红柱石与斜方辉石有很多相似之处，但延性符号不同，很容易鉴别，但也有些晶体延性符号随切向不同而变化，称为正负延长，如杆沸石。还有些晶体延长符号正负不分。

【光程差】optical path difference

在同一介质内，两束光线在同一时间内的行程差。设介质的折射率为 N，则光程差 $\Delta=N(L_1-L_2)$，式中 L_1 和 L_2 分别为两束光在行进中的几何路程。光程差随着晶体的双折射率和薄片厚度的变化而变化。

【干涉】interference

干涉是指满足一定条件的两列或几列相干波在空间相遇叠加，在某些区域振动始终加强，在另一些区域振动则始终削弱，形成稳定的强弱分布新波形的现象，即在干涉区域内振动强度有稳定的空间分布。对于偏振光的干涉，可以分为“广义”和“狭义”两种。从广义上说，是偏振光通过一块均匀或者不均匀的晶体薄片后，出射光形成一种新的偏振态分布的过程，这种出射光场称为广义偏振光干涉场。从狭义上说，是广义上产生的出射光场再经过一检偏器后所形成的出射光场，即狭义偏振光干涉场。当两单色光相干波发生干涉时，将产生一系列明暗条纹，称为单色光干涉。而白光发生干涉时，则产生由紫至红的一系列彩色条纹，称为白光干涉。

【干涉色】interference color

白光由下偏光镜透过非均质体试样，产生光程差，通过上偏光镜后，产生干涉，形成由紫至红的一系列彩色条纹。根据光的干涉原理，一定的光程差，仅相当于白光中一部分色光半波长的偶数倍，并使这部分色光减弱；同时，它又相当于另一部分色光半波长的奇数倍，因而起加强作用，剩下的未消失的色光混合后成为与该光程差相当的特征颜色，这些由干涉作用形成的颜色，称为干涉色。

【异常干涉色】anomalous interference color

又称反常干涉色，即不符合一定的光程差对应着一定的干涉色之间的正常关系的干涉色。产生异常干涉色的主要原因是晶体具有较大的双折射率色散。

【干涉色级序】order of interference color

干涉色级序是指非均质体在正交偏光下，随着光程差的增加，有级次有序列出现各种干涉色的变化顺序。当光程差从零增加到白光中黄光的一个波长时，依次出现黑、灰、白、黄、橙、紫红的干涉色，称为一级干涉色。光程差增加到两个黄光波长，依次出现鲜艳的蓝、绿、黄、橙、红等干涉色，称为二级干涉色。光程差再增加，又依次出现类同二级干涉色中的各种颜色，但色调淡一些。

【米舍尔-列维色谱表】Michel-Levy table

法国学者米舍尔-列维根据干涉色（程差 R），薄片厚度（D）和双折射率（N_g-N_p）间的关系，即 $R=D\cdot(N_g-N_p)$，而作出的干涉色——双折射率值的图表（见附图）。利用此表，可以在已知两个参数的条件下，求出第三个数据。

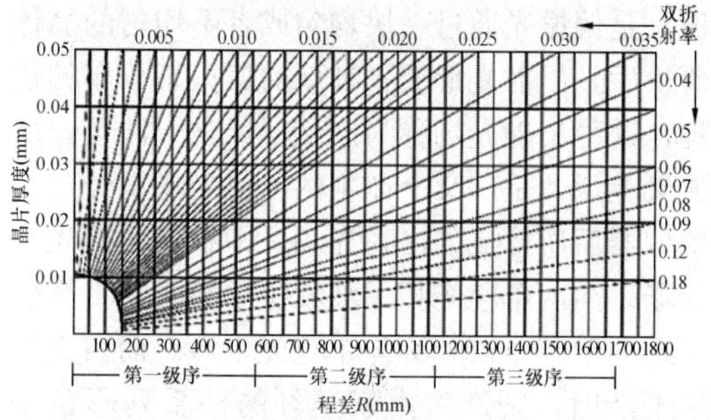

米舍尔-列维色谱表

【干涉图】interference figure

光波发生干涉时所形成的各种各样图形。干涉图的形态因晶体的光性和切片方向而不同，一定方向的晶体薄片，置于偏光显微镜的锥光系统下，下偏光透过晶体后，由于消光和光波干涉，就形成了该方向独特的干涉图形，如附图所示。干涉图可以用来识别晶体的光性方位、测定光性正负、区别均质晶体、非均质晶体等。

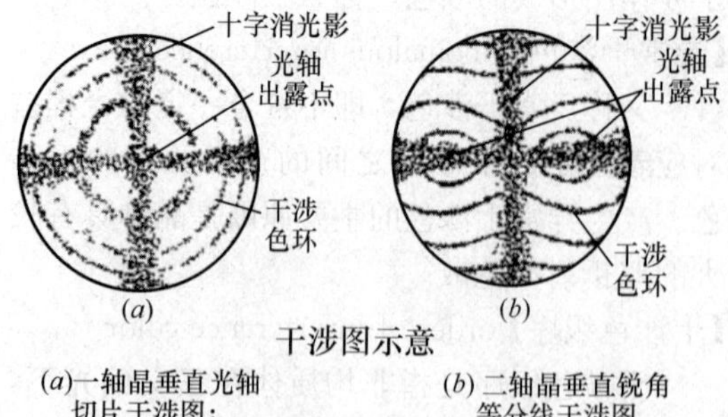

干涉图示意

(*a*)一轴晶垂直光轴切片干涉图；(*b*)二轴晶垂直锐角等分线干涉图

【闪图】flash figure

又称迅变干涉图或瞬变干涉图，即平行光轴或光轴面切片的干涉图。其特征是当光轴或锐角等分线平行上下偏光振动方向时，视域中出现粗大而模糊的黑十字，消光影几乎占满全部视域，只在四个象限边缘出现干涉色。稍转动物台（约 10°左右），黑十字迅速分裂成一对双曲线向外沿光轴或锐角等分线迅速分离开。当光轴角较小时，垂直钝角等分线的干涉图和闪图很难区别，一般当作闪图。

【高级白】high order white

光程差为四个黄光波长以上，即干涉色级序在四级以上，各色光混合后，所形成的近似白色色调。它是具有标准厚度高双折射率晶体（例如方解石）的一个特征。

【补色法则】law of compensation

又称消色法则。两非均质晶体薄片重叠，置于正交偏光镜间，并与上下偏光成 45°角，若两晶体薄片光率体椭圆半径同名轴平行，则光通过后，总光程差等于两薄片光程差之和，使干涉色缓序升高；若异名轴平行，则总光程差等于两薄片的光程差之差，干涉色级序则降低；若两薄片光程差相等，则总光程差为零，发生消色。

【补色器】compensator

又名消色器、补偿器、试板。是根据补色法则，将已知光率体椭圆半径的晶片镶在金属框中制成的偏光显微镜附件。其种类很多，常用的有：(1)石英楔子，石英沿光轴方向磨成楔形，用树胶粘结在两玻璃片之间，镶入框内而成；在正交偏光间可产生一至四级连续的干涉色，用以测定晶体的光性符号、延性符号和干涉色级序；(2)贝瑞克补色器，又称椭圆补色器，用垂直光轴方向厚 0.1 cm 的冰洲石（无色透明方解石）薄片镶在金属板圆孔中制成；在正交偏光下能出现一至四级干涉色，用以精确测定光程差、矿物光性和延性符号；测量光程差（R）可利用公式 $R=Kf(i)$，式中 K 为补色器常数，i 为冰洲石薄片倾斜角；(3)云母试板，又称四分之一玻片，是用白云母制的补色器，光程差为 147nm，约为黄光波长的四分之一；云母试板主要应用于一至三级干涉色的晶体，它对干涉色的影响恰使晶体的干涉色跳跃一个色序；主要用于区别自然光和圆偏振光，区别部分偏光和椭圆偏振光，精确测定光程差；(4)石膏试板，光通过石膏试板的光程差为575nm，干涉色为一级紫红。石膏试板主要适用于晶体的干涉色为二级黄以下。

【锥光】conical rays

偏光显微镜中，为了能观察到非均质晶体的干涉图，测定晶体的光性、轴性和光轴角等，在起偏镜上加一个会聚光镜，把来自起偏镜的平行偏振光会聚成锥体一样的偏光，这种光通常称作锥光。产生锥光的会聚光镜称为锥光镜。

【油浸法】oil immersion method

以已知折射率的油为参考介质，测定晶体折射率的方法。将欲测的矿物碎屑浸入已知折射率的油中，比较两者的折射率。如果浸油的折射率和矿物的不等，在单偏光镜下矿物有明显的边缘(黑边)和突起，折射率相差越大，突起越明显。利用贝克线移动规律，可以知道矿物和浸油折射率的相对高低。当浸油折射率与矿物的相等或相近时，矿物的轮廓几乎看不见。而在晶体边缘只有匀称的色散效应。提升镜筒(或下降载物台)时色带移动的规律是：(1)黄色色带向矿物移动，蓝色色带几乎不移动，则矿物的折射率大于浸油的折射率；(2)蓝色色带向浸油移动，黄色色带几乎不移动，则矿物的折射率小于浸油的折射率；(3)蓝色色带向浸油移动，黄色色带向矿物移动而且二者宽窄与移动速度几乎相等，则矿物与浸油的折射率相等。利用这样的色带移动规律，测出的折射率精度较高。也可以通过改变浸油的温度，同时改变光源波长，以测定晶体的折射率，此法称为双变油浸法，简称双变法。

【浸油】immersion oil

用以测定矿物光性的油料。一般配制两套已知折射率的浸油，一套为低折射率浸油 $N=1.30\sim1.74$；一套为高折射率浸油 $N=1.74\sim2.00$。已配好的浸油，其折射率必须经常校准。尤其在测定矿物的折射率时，浸油的折射率须经精确测定。

【折射仪】refractometer

又名折光仪。测量液体或固体折射率的一种仪器。常用的有阿贝折射仪和棱镜折射仪(最小偏折角法)。前者测定范围1.300～1.700，读数精度为0.0002，后者测定范围不限，精度亦为0.0002。

【光片】polished section

试样经磨平抛光而制成的光亮表面。光片表面要求平滑如镜，硬矿物和软矿物的相对突起不过于明显，不应有小坑、细裂缝或擦痕存在。光片放在反光显微镜下观察，以进行金相、矿相岩相检定。有时要用化学试剂侵蚀后再进行观察。对疏松块状或粉末样品应先胶结成型然后磨平抛光。其应用范围广泛，可做金属矿物、金属材料和无机材料的显微结构分析。

【薄片】thin section

用试样磨成的透光片。其厚度一般为0.03mm。主要用于非金属矿物、无机材料的岩相分析。对于微晶的无机材料，由于晶体较小，需要磨薄一些，以便观察。

【光薄片】polished thin section

具有光亮表面又能透光的薄片。其特点是既符合光片要求又符合薄片要求。光薄片可用偏反光两用显微镜，以鉴定未知矿物。

【超薄光薄片】ultrathin polished section

在薄片的基础上再对其两面均进行精密终抛光而制成的一种超薄切片。其厚度可薄至2～5μm，适用于晶粒小于30μm的无机材料，即使材料的晶粒很小也可清晰地进行观察，作定量及定性分析。它既能用透光观察，也可用反光观察，并可用透、反光混合照明和反光相衬等手段观察。

【显微化学法】microscopical chemical method

利用矿物与化学试剂的特定化学反应在显微镜下进行观察的分析方法。试片的制备方法与油浸相似，但它是以与样品中某特定矿物发生反应的化学试剂代替浸油，在偏光显微镜下检验反应生成物。例如，用这一方法可以鉴定水泥熟料中游离氧化钙。

【矿物化学分离】chemical separation of minerals

利用矿物化学性质的差异，使某些相分离或富集以进行相分析的方法。例如用醋酸、硼酸、苹果酸等来溶解硅酸盐水泥熟料中含硅相、富集铁相和铝相。

【重液分离】separation with heavy liquid

按矿物密度的不同，在一定密度的重液中，通过离心机进行矿物分离的一种方法。为达有效分离，要将矿物磨到足够的细度，选择合适的重液及离心速度。常用重液有三溴甲烷($CHBr_3$，密度 2.80～2.92g/cm^3)、四溴乙烷($C_2H_2Br_4$，密度 2.85～2.97g/cm^3)、杜列液($KI+HgI_2$，密度达 3.2g/cm^3)、二碘甲烷(CH_2I_2，密度 3.2～3.32g/cm^3)等。

【磁性分离】magnetic separation

根据矿物导磁率的差别进行矿物分离的方法。为达有效分离，先将被分离的矿物磨至适当细度，选择湿法磁选或干法磁选进行磁性分离。一般细颗粒分离采用湿法磁选。例如在水泥熟料研究中，根据磁性特征可分离铁相，从而研究其固溶组分。

【偏振光显微镜】polarization microscope

偏振光显微镜是在光学显微镜的光学系统中插入起偏振镜和检偏振器，用以检查样品的有序结构、各向异性、折射光学性质、化学成分等的显微镜。起偏振镜和检偏振器都是由偏光棱镜或偏光板的尼科尔棱镜制成。前者安装在光源与样品之间，后者安装在接物镜与接目镜之间或接目镜之上。反光偏振光显微镜也称矿相显微镜，通过偏振光的反射原理，利用偏振光在光性均质体和光性非均质体表面的反射规律，可进行材料显微组织的显示和夹杂物的鉴定。透光偏振光显微镜又称岩相显微镜，利用偏振光在光性均质体和光性非均质体中的传播规律，在单偏光下，可观察晶体的晶形、解理等形貌以及晶体的光学性质，如多色性、吸收性、贝克线、糙面、突起等；在正交偏光下，可观察晶体的干涉色，其颜色随晶体薄片的厚度和折射率而变化。

【测微尺】micrometer

显微镜的一个附件。一般是在玻璃板上把2mm长的线段刻划成二百等分，即每小格为1/100mm，用它和目镜中测微尺相比较后，目镜测微尺中每格的实际尺寸就知道了，这样就可以用目镜测微尺直接测出试样的尺寸。

【勃氏镜】Bertrand lens

又名勃刨镜。是偏光显微镜的一个部件。位于目镜和分析镜之间，是一个小的凸透镜，起聚敛光下放大干涉图的作用。

【尼科尔棱镜】Nicol prism

尼科尔棱镜是利用光的全反射原理与晶体的双折射现象制成的产生平面偏振光的一种棱镜。是把冰洲石(无色透明方解石)按一定方向加工成一定角度，使其中常光光束产生全反射反射掉，只留一束按一定方向振动的非常光通过棱镜。是英国科学家 W. Nicol 于 1928 年发明的，所以称为尼科尔棱镜。附图为尼科尔棱镜结构示意图。

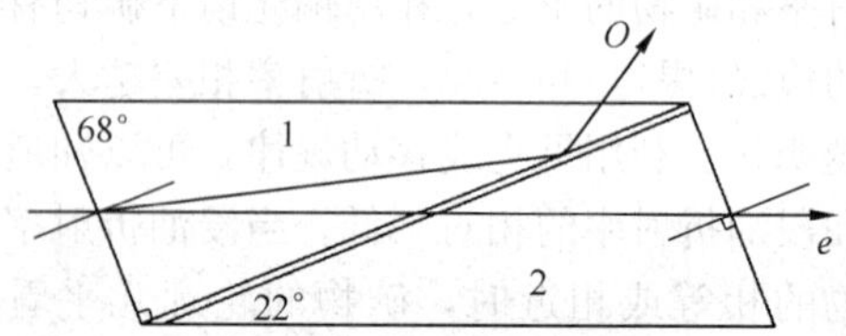

尼科尔棱镜结构示意图

1—冰洲石；2—冰洲石或折射率相当的其他透明材料

【起偏振镜】polariser；polariscope

偏光显微镜的下偏光镜。一般由尼科尔棱镜或偏振片制成，通过它可将入射光变成偏振光。

【检偏振镜】analyser

偏光显微镜的上偏光镜，又名分析镜，构造同起偏振镜。通过它可检查来自下偏光镜(起偏振镜)的偏振光振动方向和振幅大小。使用时，通常和下偏光正交。

【单偏光系统】single polarization system

只使用下偏振镜(起偏振镜)，用来观察矿物的形貌特征，如结晶性、解理、颜色、糙面、突起等。

【正交偏光系统】orthogonal polarization system

又称直线偏光系统，即上下两个偏振镜同时使用，振动方向相互垂直，主要观察消光现象和干涉色。

【立体显微镜】stereomicroscope

又称体视显微镜、实体显微镜，在观察物体时能产生放大的三维空间影像，一般放大 160

倍左右。适用于硅酸盐原料和制品的岩相分析。

【相衬显微镜】phase contrast microscope

又称相差显微镜、位相显微镜。光波通过物体时，波长和振幅不发生变化，仅由于物体不同结构成分之间的折射率和厚度的差别，产生相位的变化。相衬显微镜通过改变这种相位差，并利用光的衍射和干涉现象，把相差变为振幅(光强度)差来观察物体显微组织中的细微部分。主要用于鉴定试样表面一定范围内(一般在10～150nm)的高度微小差别。利用相衬原理，可以提高显微镜组织映像的衬度，例如浮凸、显微硬度压痕等。

【干涉显微镜】interference microscope

光学显微镜与光波干涉术结合组成的显微镜，主要采用通过样品内、外的相干光束产生干涉的方法，把相位差(或光程差)转换为振幅(光强度)变化。根据干涉图形可分辨出样品中的结构。由于分开光束的方法不同，有不同类型的干涉显微镜，主要有林尼克干涉显微镜和多光束干涉显微镜。主要用于光洁度测定、试料磨面微观几何外形观察，例如表面浮凸、位错等。

【紫外光显微镜】ultraviolet light microscope

为提高显微镜分辨率，采用紫外光作光源，用石英、萤石等制造的能透过紫外光的物镜、聚光透镜等特种光学零件所组成的显微镜。其分辨率为 100 nm 左右，放大倍数约3000倍。

【高温显微镜】high temperature microscope

观察物体在加热过程中变化的显微镜。由光学显微镜、加热物台及温度控制系统所组成。可用于烧结机理、相图研究等方面。

【激光共聚焦显微镜】confocal laser microscope

采用激光作为光源，在传统光学显微镜基础上采用共轭聚焦原理和激光扫描装置，并利用计算机对所观察的对象进行数字图像处理观察、分析和输出的显微镜。其特点是可以对同一样品不同层面进行实时扫描成像，从而实现无损伤观察和三维结构的重构。在结构上，激光扫描共聚焦显微镜除了包括普通光学显微镜的基本构造外，还包括激光光源、扫描装置、检测器、计算机系统(包括数据采集、处理、转换、应用软件)、图像输出设备、光学装置和共聚焦系统等部分。

2.4.2 透射电子显微分析

【电子显微镜】electron microscope

简称电镜，是一种以短波长高速电子束为照明光源，利用电子束与观察样品相互作用所产生的各种电信号，从而实现对样品的形貌和微观结构等进行放大观察的电子光学仪器。它是20世纪30年代发展起来的观察材料微观结构的强有力的工具。根据电子束与被观察样品相互作用的方式以及成像所用电信号的差异，电子显微镜主要有透射电子显微镜、扫描电子显微镜、扫描透射电子显微镜等。

【电子枪】electron gun

电子枪是产生电子的装置，位于电子显微镜电子光学系统中的照明系统的最上部。电子枪的种类不同，产生的电子束的汇聚直径、能量的发散度、亮度、稳定性、相干性等也不同。电子枪主要分为热阴极发射和场发射两种类型。按发射源材质的不同，热阴极发射电子枪分为钨灯丝电子枪和六硼化镧(或六硼化铈)电子枪[LaB_6 (CeB_6) electron gun]。场发射电子枪又分冷场发射电子枪和热场反射电子枪两种。冷场发射枪以钨的(310)晶面为发射极，在施加电场的状态下，不加热，在室温下使用；热场发射电子枪以钨的(100)晶面为发射极，在施加电场的状态下，将发射极加热到1600～1800K，电子经过变低的势垒发射出来，称之为肖特基发射。

【加速电压】accelerating voltage

电镜的加速电压是指电子枪中阳极相对于阴极的电压，它决定了电子枪发射的电子的波长和能量。在电子显微镜中，加速电压较高，一般在几十千伏以上，因此加速电压的变化对电子波长的影响需引入相对论校正：$\lambda = h/\{2em_0U(1+eU/2m_0c^2)\}^{1/2}$，式中：$h$ 为普朗克常数；e 为电子电荷；m_0 为电子静止质量；U 为加速电压；c 为光速。

【真空泵】vacuum pump

在大气环境下，用来获得真空的装置称为

真空泵。电子显微镜的电子光学系统(镜筒)处于高真空的状态，因此需要真空泵组成的真空系统来维持高的真空度。电子显微镜一般有三级真空系统：机械泵、扩散泵或分子泵、离子泵。机械泵是利用气体膨胀、压缩、排出的原理进行抽气而获得真空的设备，也被称为机械真空泵，极限真空为 10^{-1}Pa。扩散泵是利用低压、高速和定向流动的油蒸气射流抽气的真空泵，极限真空为 10^{-9}Pa；扩散泵是一种次级泵，它需要机械泵作为前级泵。分子泵是利用高速旋转的转子把动量传输给气体分子，使之获得定向速度，从而被压缩、被驱向排气口后为前级抽走的一种真空泵，极限真空为 10^{-9}Pa。离子泵属超高真空泵，离子泵阴极(Ti)发射电子，在泵内磁场中电离空气分子，高能的气体离子溅射出阴极 Ti 原子，Ti 原子在整个泵内主要在阳极沉积过程中俘获气体原子，从而实现超高真空。离子泵只有在高真空度($<10^{-3}$Pa)下才有效。

【透射电子显微镜】transmission electron microscope；TEM

利用透射电子成像，并将成像放大的电子显微镜。TEM 由电子光学系统(镜筒)、真空系统和电子学系统三部分组成。其中电子光学系统是 TEM 的核心，包括照明系统(电子枪、聚光镜等)，成像放大系统(物镜、中间镜、投影镜、样品台等)，图像观察记录系统。TEM 工作原理为：在高真空的镜筒中，由电子枪产生的电子束在加速管内加速，并通过照明系统的聚光镜，入射到待观察样品上。透过样品的电子波经成像系统中的物镜成像，再经中间镜和投影镜的放大后，在图像观察记录系统中可通过荧光屏观察或通过 CCD 或 CMOS 相机记录放大后的图像。TEM 是利用样品对入射电子的散射能力的差异而形成衬度图像，因此要求样品对电子束“透明”。电子束对穿透固体样品的能力取决于加速电压、样品厚度以及物质的原子序数等。对 100～200kV 的 TEM，要求样品厚度为 10～100nm；对于高分辨透射电镜，样品厚度要求＜20 nm。根据工作的需要，在透射电镜中配备一些附件，可以作选区电子衍射、小角度电子衍射、高分辨率电子衍射等，当配备透射扫描附件时，则可构成扫描透射电镜。

【图像记录系统】image recording system

透射电子显微镜的图像一般通过安装在观察室的荧光屏进行观察，传统图像的记录采用底片照相。图像的观察和记录还可以采用视频摄像的方式进行，适用于图像的动态观察。现在广泛采用电荷耦合装置(charge coupled Device，CCD)实现图像的观察和记录。CCD 采用钇铝石榴石闪烁体将电子信号转变为光信号，通过光纤传导至电荷耦合器。照射到电荷耦合器表面半导体电极的光被转换成与光强度成比例的电荷量，积累在各像素的电极上称为输出信号。CCD 大大提高了图像记录的灵敏度和效率，并实现了图像信息的定量分析。

【分辨率】resolution

显微镜的分辨率表示一个光学系统能分开两个物点的能力，数值上等于刚能分开两个物点间的最短距离，取决于衍射效应和像差。在光学显微镜中，借助于发散透镜和会聚透镜的组合，以及折射表面形状的设计，可将透镜像差校正到忽略不计的程度，其分辨率基本由衍射决定。根据瑞利(Rayleigh)判据($r=0.61\lambda/\mu\sin\beta$)，波长 λ 越短，数值孔径($\mu\sin\beta$)越大，光学显微镜的分辨率越高。磁透镜中，采用大的孔径半角可引起大的像差，特别是球差，因此透射电镜的分辨率主要取决于衍射和球差。在最佳孔径半角 β 下，由衍射和球差限定的透射电镜实际分辨率为 $r_{\min}=A\lambda^{3/4}C_s^{-1/4}$，$A$ 为常数，取决于推导时选取的像平面，选取磁透镜的高斯像平面时，A 约为 0.91；λ 为电子波长；C_s 为球差系数。

【质量厚度衬度】mass thickness contrast

衬度定义为样品相邻区域的电子束强度差。质量厚度衬度简称质厚衬度，是由样品质量(平均原子序数)或/和厚度的差异导致的电子束强度的差而形成的衬度。对于无定形或非晶样品，入射电子透过样品的厚度 t 越厚(或碰到的原子数目越多)，样品的密度 r 或原子序数 Z 越大(或原子核库伦电场越强)，被散射到物镜光阑外的电子就越多，而通过物镜光阑参与成像的电子强度就越低，即衬度与质量和厚度有关。实际工作时，常采用改变物镜光阑的大小来调节质厚衬度。

【衍射衬度】diffraction contrast

由于晶体试样中各处晶体取向不同和(或)晶体结构不同，满足布拉格衍射的程度不同，使得对应试样下表面处有不同的衍射效果，从而在下表面形成一个随位置而异的衍射振幅分布，这样形成的衬度，称为衍射衬度。利用衍射衬度所成的像为衍射衬度像，简称衍衬像，利用物镜光阑选择透射束成像，得到的衍射衬度像称为明场像(bright field image，BF)；利用物镜光阑选择一束衍射束 g 成像，得到 g 束的暗场像(dark field image，DF)。

【相位衬度】phase contrast

相位衬度是透射电子显微镜成像过程中所有参与成像的透射束和衍射束之间因为相位差而形成的干涉图像衬度。入射电子与薄晶体试样的相互作用，携带着振幅和相位信息的透射束和衍射束在试样下表面出射，让透射束和尽可能多的衍射束干涉成像，就得到由于透射束和衍射束之间因相位差而形成的能够反映样品真实结构的相位衬度。利用相位衬度所成的像为相位衬度像，薄晶体样品，在弱相位体近似下的相位衬度像称为高分辨透射电子显微像，简称高分辨像，图像衬度与晶体的二维厚度投影电势 $V(x, y)$ 直接相关，图像中的像点为在 z 方向排列的一列原子在 (x, y) 平面的投影。

【晶格条纹】lattice fringe

利用物镜光阑在物镜后焦面上的衍射花样中选择两个波来成像，由于两个波干涉，得到一维方向上强度呈周期变化的条纹花样，称为晶格条纹。在微晶和析出物等的观察中，经常利用透射波和衍射波干涉得到晶格条纹。

【一维结构像】one-dimensional microstructure image

倾斜薄晶体试样，使电子束仅平行于某一晶面族入射，得到相对原点(透射束)强度分布对称的衍射花样。利用物镜光阑选择这种衍射花样成像，得到的图像称为一维结构像，又称一维晶格像。利用一维结构像可直接测量该组晶面的晶面间距，观察长周期层状晶体的结构。

【二维晶格像】two-dimensional lattice image

倾斜薄晶体试样，使电子束平行于某晶带轴入射，得到满足相对原点(透射束)强度分布对称的电子衍射花样。在原点(透射束)附近，出现反映晶体单胞的衍射束，利用物镜光阑选择衍射波束和透射束干涉成像，得到显示单胞的二维像。这个像虽然含有单胞尺度的信息，但是因为不含原子尺度(单胞内原子排列)的信息，所以称为二维晶格像。

【二维结构像】two-dimensional microstructure image

二维晶格像是所有参与成像的透射束和衍射束之间因相位差而形成的干涉图像，理论证明在弱相位体近似下，且满足谢尔策(Scherzer)欠焦条件的二维晶格像称为二维结构像或晶体结构像(高分辨像)。二维结构像与晶体的二维厚度投影电势 $V(x, y)$ 直接相关，在二维结构像中看到的像点相当于在 z 方向上排列的一列原子在 (x, y) 平面的投影像，势高(原子)的位置是暗的，势低(原子的间隙)的位置呈现亮的。二维结构像只在参与成像的波与试样厚度保持比例关系激发的薄区域才能观察到，因此，在波振幅呈分散变化的厚区域是观察不到的。

【扫描透射电子显微镜】scanning transmission electron microscope；STEM

在较高加速电压(100kV 以上)下，场发射枪发射出的电子，通过聚光镜以及聚光镜光阑会聚成原子尺度的束斑，通过扫描线圈的控制，在薄试样上做逐点扫描，通过同步探测接收透过薄试样的电子信号进行成像的电子显微镜称为扫描透射电子显微镜(STEM)。在 STEM 中，通过不同类型的电子探测器可以获得环形暗场像、高角度环形暗场像，一般可得到高分辨明场像和暗场像等；配有电子能量损失谱仪时可得到电子能量损失谱。

【环形暗场像】annular dark field (ADF) image

环形暗场像，是指在扫描透射电子显微镜 STEM 中利用一个环形探测器接收大多数大角度的弹性和非弹性散射电子进行计数而获得的原子尺度分辨率的图像。在S会聚电子束与晶体试样相互作用时，样品中弹性散射电子分布在比较大的散射角范围内，且电子散射是旋转对称的，为了实现高效率探测，使用环形探测器，只探测高角度弹性散射电子，得到的STEM暗场像称为高角环形暗场像（HAADF像）。HAADF像的强度正比于原子序数Z的平方，即像的衬度与试样中原子的原子序数密切相关。因此这种像也称为Z衬度像（Z-contrast image），也称为Z平方衬度像。

【电子能量损失谱】electron energy loss spectrometry；EELS

电子与物质相互作用过程中，当入射电子与处于某一能级的电子发生碰撞，该电子会被激发至导带或其他未被填满的能级上，入射电子则损失相应的能量，因此被称为非弹性散射电子。将发生能量损失的非弹性散射电子按能量的大小进行统计计数，便得到了电子能量损失谱（EELS）。利用EELS可进行成分分析、化学键态分析、元素价态分析、电子结构分析，以及元素近边结构和广延精细结构分析。

【原位透射电子显微镜】in-situ transmission electron microscope；in-situ TEM

原位透射电子显微镜是指在透射电子显微中，通过专用的原位样品杆来实现样品的动态性质的直接观察。实现原位透射电子显微术，关键是设计和使用原位样品杆为样品施加外场，如加电、热、力，并可以测量特定的物性，如电流、电压、电阻等。

【球差校正透射电子显微镜】spherical aberration corrected transmission electron microscope；Cs-corrected TEM

透射电子显微镜（TEM）的分辨率主要取决于衍射和球差，球差校正透射电子显微镜（Cs-corrected TEM）又称无球差透射电子显微镜，是指在TEM的物镜后安装球差校正器（Cs-corrector）以校正物镜球差，从而获得高分辨率的透射电子显微镜。物镜球差校正器通常由两组6级或12级电磁透镜组成，整体可产生一个球差系数与物镜球差系数相同但符号相反的球差，从而用于抵消物镜的球差。目前，物镜球差校正器把200kV场发射透射电镜的分辨率从0.19nm提高到0.10nm。球差校正器不仅可装在物镜后提高TEM的分辨率，也可装在STEM的聚光镜后提高STEM的分辨率。

【球差校正扫描透射电子显微镜】spherical aberration corrected scanning transmission electron microscopy；Cs-corrected STEM

球差校正扫描透射电子显微镜（Cs-corrected STEM）是指在STEM的聚光镜后安装球差校正器以校正聚光镜球差，从而获得高分辨率的扫描透射电子显微镜。聚光镜球差校正器通常由两组6级或12级电磁透镜组成，可产生一个球差系数与聚光镜球差系数相同但符号相反的球差，从而用于抵消聚光镜的球差。目前，200kV球差校正扫描透射电镜的高角环形暗场（HAADF）像的分辨率可以达到0.08nm。

【电子全息术】electron holography

电子全息术是利用试样产生的菲涅尔衍射与相干本底参考波叠加而形成的干涉，从而获得没有任何透射畸变的试样的真实信息的技术。所得到的全息图并不像试样，但包含了重现试样所需的振幅和相位信息。电子全息术包括干涉全息图的获得和全息图中相位的恢复两个过程。从透射电子显微镜（TEM）场发射枪发出的高空间相干的电子波，其中一半穿过薄试样形成散射波（或称物波），而另一半不穿过薄试样作为参考波保留，通过TEM中间焦平面处的双棱镜，获得两种电子波的相干条纹（即全息图），全息图包括了样品出射面出射电子波的全部信息（振幅和相位）；将全息图像以数字数据的形式输入计算机，采用傅里叶变换进行相位像的再生，分别得到振幅衬度像和相位衬度像，振幅衬度像与普通TEM的明场像相同，而相位衬度像给出了样品出射面出射电子波阵面的形状。电子全息术是研究材料内势场和磁场分布的有效和高空间分辨的手段。

【三维重构】3D tomography

三维重构是一种构造三维TEM像的方法，又称电子层析成像、电子体层成像、电子CT和电子断层扫描等，是把按照一定规律拍摄的一系列二维的像重构成一张三维的形貌像。首先，在 TEM 中将样品沿某一倾转轴，每转一个小角度，拍摄一张 TEM 像，得到一系列按一定规律拍摄的二维的像；采用反投影的方法将得到的二维投影像重新构成一个三维像；可通过不同层面、不同角度对重构的三维像进行观察和分析。

【TEM 制样】specimen preparation for TEM

电子波具有波长短、受物质的散射强、穿透能力弱的特点。因此，TEM 制样指制备出对电子束"透明"的薄试样的方法，通常样品的厚度应不超过 100nm，而对于高分辨透射电子显微分析，样品厚度要求＜20nm。TEM 制样在透射电子显微分析中非常重要，针对样品的形状和尺度的不同，可采用复型、粉末制样、电解抛光、超薄切片、离子减薄、聚焦离子束切割等方法。

【复型】replication

把试样表面显微组织浮凸复制到很薄的膜上，然后对复制膜(称为复型)进行 TEM 观察与分析。要求复型膜材料本身在高倍成像时不显示任何结构细节，从而不至于干扰被复制表面形貌的观察和分析。常用的复型有碳一级复型、塑料-碳二级复型和萃取复型三种方法。

【粉末制样】powder specimen preparation

对于纳米尺度粉末(＜100nm)，首先将其分散在不与样品反应的有机溶剂如乙醇、丙酮等中，用超声波分散成悬浮液，以避免粉末颗粒团聚，然后将其滴至支撑网上即可。尺度较大的粉末，若易于脆性解理破碎，可在玛瑙研钵中粉碎，然后分散在不与样品反应的有机溶剂如乙醇、丙酮等中，用超声波分散成悬浮液，最后将其滴至支撑网上即可；若大尺度粉末不易破碎或不要求粉碎，则需要将其分散包埋在聚合物材料等中，如分散包埋在环氧树脂中使其凝固成大的块体，然后通过块体材料的制备方法进行制样，如离子减薄等。

【电解抛光】electropolishing

电解抛光主要用于金属材料薄膜试样的减薄。将预减薄好的薄片作为阳极，白金或不锈钢作为阴极，加直流电压进行电解减薄。目前广泛采用的是双喷电解抛光。首先将试样制成厚约 0.1mm、直径 3mm 的圆片，电解液通过喷枪向作为阳极的试样中心部分的两侧喷射，电解液使试样电解减薄，当圆片中心出现小孔时，停止电解减薄。试样穿孔后，需将薄膜试样放入乙醇中迅速漂洗，以免电解液继续发生作用，导致薄区的破坏。电解抛光的优点是减薄速度快，没机械损伤，但可能会导致试样组成的变化以及表面的电子状态发生变化。

【超薄切片】ultramicrotomy

超薄切片是对试样进行切割而获得厚度小于 100 nm 的透射电镜薄膜试样的制备方法，可用于生物试样、聚合物试样和比较软的无机材料的薄片制备。超薄切片前，通常需要对试样包埋，包埋剂可用丙烯基系列的树脂或环氧系列的树脂；待树脂固化后修整成一定尺寸和形状，然后在超薄切片仪上切出厚度适合的平整薄膜；一般来说，包埋操作繁复、耗时并且技术要求也较高。此外，如果试样尺寸较大时(较小时可用树脂简单包埋)，可将试样直接修整，在冷冻超薄切片仪上用液氮冷冻切片，可以根据试样的特性调整冷冻的温度，以切出高质量的薄膜试样；冷冻超薄切片技术可以免去繁复的试样包埋环节，可大大节省制样时间。

【离子减薄】ion milling method

离子减薄的原理是利用加速的离子(通常为氩离子)轰击试样表面，使表面原子溅射出，从而降低试样的厚度。离子减薄中，氩离子入射到试样表面的角度一般控制在 4°～8°，加速电压 0.1～5kV。长时间离子减薄，试样表面的成分可能发生变化，另外，离子辐照损伤也可使试样表面非晶化。为抑制表面成分变化和非晶化，需采用合适的减薄条件(电压、角度)。离子减薄会使试样温度上升或损坏样品，可配置低温(液氮)试样台降低试样温度，避免温度升高导致试样结构变化，同时也可减少表面污染和损伤。

【聚焦离子束】focused ion beam；FIB

聚焦离子束(FIB)是制备透射电镜试样的设备，是集离子束切割、显微观察和操控于一体的电子光学仪器。其原理是将离子束会聚到很小的区域，通过溅射的作用，将材料高速加工切割。通常使用 Ga 离子或 He 离子等，在 20kV 左右加速电压下，将电流密度约 10 A/cm^2 离子束缩小到几十纳米的微小区域来切割出试样的薄片。FIB 可高精度选定要观察的区域来减薄，实现"选区离子减薄"。该设备也可用于材料表面的精细加工。

2.4.3 电子衍射分析

【电子衍射】electron diffraction

一束电子投射到晶体上，晶体中长程有序排列的原子核及其电子所构成的静电场使电子的散射在一些特定的方向因相位相同而加强，在其他方向则减弱，这种现象称为电子衍射。各晶面散射波同位相加强的条件是满足布拉格公式：$2d\sin\theta=\lambda$，式中：d 是晶面间距；λ 是电子束的波长；θ 是入射束或衍射束与晶面的掠射角。由于电子波长短，衍射角 2θ 一般小于 3°～5°，其衍射的几何关系可近似表示为：$Rd=L\lambda$。对单晶体而言，R 是相对某衍射斑点距透射中心斑点的距离，对多晶体而言，R 是衍射环的半径。L 是样品到电子摄影底片的距离。$L\lambda$ 在一般情况下是已知数，称为相机常数或衍射常数。应用电子衍射，可测定晶体的晶格参数，晶体中静电场的分布及多晶材料的结构物相组成等。由于电子散射强度远比 X 射线大，因此电子衍射对研究样品中微量、微小晶体很有利。由于电子束穿透能力弱，故用电子衍射研究薄膜材料和物体的表层结构具有良好效果。

【选区电子衍射】selected-area electron diffraction

亦称微区电子衍射。系用透射电镜选择观测样品某微小区域进行电子衍射，用以研究该微小区域内晶体结构的技术。其工作原理为：在具有中间镜的三级放大透射电镜中，将一个选区光阑放置在物镜像平面处，小于光阑孔径的成像电子束才能进入中间镜产生电子衍射并达到观察屏或 CCD 相机。若物镜放大倍数为 M，选区光阑直径为 D，则在样品上可选择直径为 D/M 的区域进行电子衍射。利用选区电子衍射可将样品的微区与结构对照进行研究，可确定微小晶体的结构和取向、各种晶体缺陷的几何特征。

【微束电子衍射】nano-area electron diffraction

微束电子衍射是利用经聚光镜系统会聚得到的很细的电子束对试样进行衍射。微束电子衍射的电子束直径最小可达 50nm，因而不需要使用选区光阑就能得到微区电子衍射，也不会产生衍射与选区不相对应的情况。

【高分辨电子衍射】high resolution electron diffraction

电子衍射的分辨率 η 定义为：$\eta=r/L\propto r/R$，其中 r 为衍射斑点半径，L 为相机长度（衍射长度），R 为透射斑至衍射斑点的距离。r 对 L 或 R 的比值越小，分辨率越高。高分辨电子衍射是指将样品置于投影镜下方的专用高分辨衍射样品台，关闭第二中间镜和投影镜，实质上形成了一个由电子枪、聚光镜、物镜及中间镜所组成的照明系统，以样品台至底片距离为相机长度的电子衍射仪，此时衍射长度从选区衍射的几毫米（物镜焦距 f_0）增大到几百毫米，从而提高了衍射分辨率 η。

【高分散性电子衍射】high dispersive electron diffraction

高分散性电子衍射也称为小角电子衍射，目的是拉开大间距晶面衍射斑点或小角度衍射束斑点和透射斑点之间的距离，以便于分辨和分析。进行高分散性电子衍射时，物镜关闭，试样产生的小角度衍射束经第一中间镜成第一级衍射谱，再经第二中间镜和投影镜在观察屏上成谱。高分散电子衍射增大了有效相机长度 L，从而增大了衍射斑点至透射斑点的距离 R，提高分散性。

【会聚束电子衍射】convergent beam electron diffraction

会聚束电子衍射是指利用聚光镜及聚光镜光阑会聚得到的尺寸小（可小至 1 nm 以下）且收敛（锥形）的会聚电子束对样品进行衍射。会聚束经晶体试样衍射后成透射束的明场圆盘和衍射束的暗场圆盘，这些衍射盘中的强度分布细节及其对称性给出晶体结构到的三维信息。会聚束电子衍射可用于晶体对称性（包括点群、空间群)的测定、微区点阵参数的精确测定、薄晶厚度和晶体势函数的测定。

【菊池衍射】Kikuchi diffraction

用电子束穿透较厚(大于100nm)的完整单晶体样品时，电子由于受到非弹性散射失去较少能量后，又受到弹性散射，从而形成以一系列平行的亮、暗线对为特征的衍射花样，这种花样称为菊池衍射花样或菊池线(Kikuchi line)。电子衍射花样的斑点是由弹性散射电子的布拉格衍射造成的，菊池花样是由非弹性散射电子的布拉格散射造成的。两者都满足布拉格定律，不同的是产生斑点衍射花样的入射电子束有固定的方向，而菊池线是由发散的电子束产生的衍射。利用菊池花样可成定晶体的取向、测定试样的倾转角和测定反射晶面(hkl)偏离准确布拉格位置的偏离量(s矢量)等。

2.4.4 扫描电子显微分析

【扫描电子显微镜】scanning electron microscope; SEM

扫描电子显微镜简称为扫描电镜(SEM)，是利用聚焦电子束与样品相互作用产生的二次电子、背散射电子、特征X射线等信号对样品表面进行形貌观察和成分分析的显微镜。聚焦电子束对试样表面扫描时，由于不同部位表面的形貌、化学性质、元素成分以及表面电位的不同，致使电子束激发出的电子信号及强度各不相同，根据探测器接收的电子信号的不同，可分别获得样品的形貌衬度像、原子序数衬度像和电压衬度像等。现在钨灯丝电子枪SEM的分辨率可达3nm，场发射电子枪SEM的分辨率为1nm左右。SEM已广泛应用于各种科学研究领域和工业部门，玻璃、陶瓷、水泥等硅酸盐材料的研究也广泛采用。

【二次电子】secondary electron

二次电子是指入射电子束(一次电子)与试样中的电子发生非弹性散射，而从试样表面10 nm的深度内发射出的电子。二次电子能量比较低，习惯上将能量小于50eV的电子统称为二次电子。二次电子的产额正比于$K/\cos\theta$，其中K为常数，θ为入射电子与试样表面法线的夹角。θ角越大，二次电子产额越高，表明二次电子对试样表面状态非常敏感。二次电子的产额除与电子入射角、试样表面状态有关外，还与电子束加速电压有关。通常，加速电压越高，入射电子能量越大，激发产生的二次电子的概率也增加。

【背散射电子】backscattering electron

入射电子(一次电子)与试样相互作用，发生散射，改变行进方向，甚至损失一部分能量，在这种弹性和非弹性散射的过程中，当入射电子散射角超过90°时，可从试样表面逸出，这种由试样反射出的一次电子称为背散射电子。其特点是能量高、在试样中产生的范围大，但由背散射电子作为成像信号获得的图像分辨率稍低。

【特征X射线】characteristic X-ray

特征X射线的产生是高能入射电子使原子内壳层电子激发而产生的现象。即入射电子与样品相互作用，原子内壳层电子被电离，跃迁至比费米能高的能级上或直接被激发至原子外，导致电子轨道出现空位，外层电子迅速向内壳层空位跃迁，这种由外层电子向内壳层跃迁释放的具有特征能量的电磁辐射称为特征X射线。由于入射电子能量及分析元素的不同，会产生不同线系的特征X射线，如L层电子向K层跃迁，产生K_α系特征X射线，M层电子向K层跃迁，产生K_b系特征X射线；M层电子向L层跃迁，产生L系特征X射线。特征X射线的波长λ与原子序数Z的关系符合莫赛莱定律$\lambda\propto 1/(Z-\sigma)^2$，$\sigma$为常数。

【吸收电子】absorbed electron

入射电子进入样品后，一部分电子经多次非弹性散射能量损失殆尽(假定样品有足够的厚度没有透射电子产生)，最后被样品吸收，这部分电子称为吸收电子。由于样品表面不同原子序数部位的二次电子的产额基本相同，因此，吸收电子的产额反比于背散射电子的产额，即产生背散射电子较多的部位(原子序数大)其吸收电子的数量就较少，反之亦然。因此，吸收电子能产生原子序数衬度，同样也可以用来进行定性的微区成分分析。吸收电子像的分辨率主要受信噪比的影响，一般为 0.1～1μm。

【形貌衬度】topographic contrast

在 SEM 中，由于试样表面形貌差异而形成的衬度，称为形貌衬度。利用对试样表面形貌变化敏感的物理信号作为显像管的调制信号，可以得到形貌衬度像。形貌衬度的形成是由于某些电子信号，如二次电子、背散射电子等，其强度是试样表面倾角的函数，而试样表面微区形貌差别实际上就是各微区表面相对于入射电子束的倾角不同，因此电子束在试样上扫描时任何二点的形貌差别，表现为信号强度的差别，从而在图像中形成显示形貌的衬度。形貌衬度像包括二次电子像、背散射电子形貌像，其中二次电子像的衬度是最典型的形貌衬度。

【原子序数衬度】atomic number contrast

原子序数衬度是由于试样表面物质原子序数(或化学成分)差别而形成的衬度。利用对试样表面原子序数(或化学成分)变化敏感的物理信号作为显像管的调制信号，可以得到原子序数衬度图像。背散射电子像、吸收电子像的衬度，都包含有原子序数衬度，而特征 X 射线像的衬度是原子序数衬度。

【取向衬度】oriented contrast

按样品中各部位不同的晶体学取向分类，取其中某一取向作为参考灰度(或颜色)，其他与此参考取向有不同取向差的取不同灰度(或颜色)而形成的衬度称为取向衬度。晶体的取向由背散射电子衍射或菊池衍射确定。按晶体学取向的差别获得的衬度像称为取向衬度像。

【背散射电子衍射】electron backscattering diffraction

入射电子束与试样相互作用，由于发生弹性和非弹性散射，使其在入射点附近散射，成为背散射电子的点源。从点源发散的接近入射电子能量的背散射电子入射到试样的某些晶面，当满足布拉格衍射条件时，便产生背散射电子衍射(EBSD，即菊池衍射)，这部分产生菊池衍射的背散射电子逸出试样表面，形成背散射电子衍射花样。取向成像显微术(oriented imaging microscopy，OIM)是以背散射电子衍射花样为基础的晶体学取向成像电子显微术。在扫描电子显微镜上增加一个可将试样倾动约 70°的装置，利用 CCD 探测器和数据处理系统，扫描、接收、记录试样表面的背散射电子衍射花样，按试样各部分不同的晶体取向分类成像来获得有关晶体结构的信息，可显示晶粒组织、晶界和裂纹等，也可用于测定织构和晶体取向。

【低真空扫描电子显微镜】low vacuum scanning electron microscope；LV SEM

相对于传统 SEM 的优于 10^{-2} Pa 的真空度，低真空扫描电子显微镜(LV SEM)样品室的真空度通常为 1～270Pa。利用 LV SEM 可以直接观察含水和非导电试样。当电子与样品室中的残留气体分子碰撞时，会产生正离子和负电子，正离子被样品表面吸收，中和样品表面积累的负电荷，从而消除荷电现象。

【环境扫描电子显微镜】environment scanning electron microscope；ESEM

当 SEM 样品室真空维持在 2700Pa 以上(水在 22℃下的饱和蒸气压)，样品在样品室就能保持其中的水分，不产生挥发，这时的 SEM 称为环境扫描电镜(environmental SEM，ESEM)。在 ESEM 中，通常通过通气的方式保持低真空，ESEM 更适于观察含水样品。

2.4.5 电子探针显微分析

【电子探针】electron probe microanalyser；EPMA

电子探针(EPMA)是电子探针显微分析仪的简称，是利用高能会聚电子束激发试样产生特征 X 射线，再经过 X 射线波谱仪(WDS)或能谱仪(EDS)分析特征 X 射线的波长或能量、强度，从而对试样表面元素进行定性、定量分析的仪器。EPMA 主要是一种试样表层微区成分分析的仪器，可对试样表层体积为一至数立方微米的微小区域进行成分分析。除此之外，EPMA 还具备 SEM 的功能，因此可将显微组织结构和化学组成联系起来，对材料结构的研究很有益处。EPMA 已广泛应用在各种科学研究领域和工业部门，是研究硅酸盐材料微观结构的有力工具之一。

【波长色散谱仪】wavelength dispersive spectrometer；WDS

采用特征 X 射线的波长色散方法展谱，实现对不同波长 X 射线分别检测的 X 射线谱仪，称为波长色散谱仪(简称波谱仪，WDS)。WDS 是利用一块或数块已知晶面间距的单晶体(称为分光晶体)，根据布拉格衍射公式 $\lambda=2d\sin\theta$，通过测量 θ，计算出特征 X 射线的波长，从而确定试样表面的元素组成。WDS 主要由分光晶体(analyzing crystal)和 X 射线探测器组成，分光晶体对 X 射线起色散(分光)作用，它具有良好的衍射性能，即高的衍射效率(衍射峰值系数)、强的反射能力(积分反射系数)和好的分辨率(峰值半高宽)。

【能量色散谱仪】energy dispersive spectrometer；EDS

采用特征 X 射线的能量色散方法展谱，实现对不同能量 X 射线进行检测，从而实现对试样表面元素定性、定量分析的 X 射线谱仪，称为能量色散谱仪(简称能谱仪，EDS)。

EDS 主要由探测器、前置放大器、脉冲信号处理单元、模数转换器、多通道分析器及显示记录系统等组成。由试样出射的不同能量的 X 射线光子由锂漂移硅接收后给出电脉冲信号，该信号的大小是由 X 射线的能量所决定的；电脉冲信号经前置放大器放大整形，再通过信号处理单元、模数转换器处理后，以时钟脉冲的形式进入多通道分析器；多通道分析器按大小将与 X 射线能量成正比的时钟脉冲数存入不同存储单元(通道)，每进入一个时钟脉冲数，存储单元计一个光子数，因此通道地址和 X 射线光子能量成正比，而通道的计数为 X 射线光子数；最终得到以能量(通道)为横坐标，通道计数(强度)为纵坐标的 X 射线能量色散谱。

【点分析】point analysis

将电子束固定在试样所要分析的点(或微区)上，利用 X 射线谱仪(WDS 或 EDS)接收由该点(或微区)出射的特征 X 射线，从而确定该位置化学成分的分析方法称为点分析。点分析是最常用的 X 射线谱议分析方法，有定点定性分析和定点定量分析两种。只分析由哪些元素组成的点分析称为定点定性分析。在定点定性分析的基础上计算出各元素含量(单质或氧化物的摩尔百分数或质量百分数)的点分析称为定点定量分析。利用该方法可对材料的固定点、晶界、夹杂、析出相等的进行化学组成分析。

【线扫描分析】line scanning analysis

线扫描分析是指在电子显微镜中利用偏转线圈驱使会聚电子束在观察范围内沿试样表面一选定直线逐点进行慢扫描，利用 X 射线谱仪(WDS 或 EDS)探测记录特定元素的特征 X 射线强度，获得元素含量变化的线分布曲线的分析方法。将线扫描曲线与试样的二次电子像或背散射电子像相对照，可直观地获得特定元素在不同区域或相内的线分布。

【面扫描分析】mapping analysis

面扫描分析是指在电子显微镜中利用偏转线圈驱使会聚电子束在试样选定区域作二维光栅扫描，测量特征 X 射线的强度，用 X 射线谱仪(WDS 或 EDS)输出的脉冲信号调制同步扫描的显像管亮度，使亮度变化与特征 X 射线强度变化同步，在显示器上得到由许多亮点组成的特征 X 射线强度的二维分布图，这种分析方法称为面扫描分析。面扫描分析图的衬度与试样选定区域中所分析元素的含量成正比。

2.4.6 扫描探针显微分析

【扫描探针显微镜】scanning probe microscope；SPM

扫描探针显微镜是扫描隧道显微镜及在扫描隧道显微镜的基础上发展起来的各种探针显微镜(扫描隧道显微镜 STM、原子力显微镜 AFM、激光力显微镜 LFM、磁力显微镜 MFM 等)的统称。

【扫描隧道显微镜】scanning tunneling microscope；STM

扫描隧道显微镜亦称为扫描穿隧式显微

镜、隧道扫描显微镜，是 Gerd Binning 等人在 1983 年发明的一种利用量子理论中的隧道效应探测物质表面结构的分析仪器。STM 可在实空间原位动态观察试样表面的原子组态，还可以直接观察试样表面的物理/化学反应的动态过程及反应中原子的迁移过程。STM 的分辨率高，横向分辨率为 0.1nm，与试样检测面垂直的 z 方向分辨率为 0.01nm。

【原子力显微镜】atomic force microscope; AFM

原子力显微镜是 Gerd Binning 等人 1986 年在 STM 基础上提出的一种可用来研究包括绝缘体、导体、半导体在内的固体材料表面结构的分析仪器。它通过检测待测试样表面和一个微型力敏感元件之间的极微弱的原子间相互作用力来研究物质的表面结构及性质，从而以纳米级分辨率获得表面形貌结构信息及表面粗糙度信息。除此之外，利用 AFM 还可以测量试样表面的弹性、塑性、硬度、摩擦力等性质。

【磁力显微镜】magnetic force microscope; MFM

磁力显微镜是一种采用磁性探针检测试样表面磁畴结构的仪器。检测时，对试样表面的每一行都进行两次扫描：第一次扫描采用轻敲模式，得到试样在这一行的高低起伏并记录下来；然后采用抬起模式，让磁性探针抬起一定的高度(10～200nm)，并按试样表面起伏轨迹进行第二次扫描，由于第二次扫描时磁性探针不接触试样表面且与其保持恒定距离，因而消除了磁性探针针尖与试样表面原子的短程斥力和试样表面形貌的影响，此时，磁性探针因受到长程磁力的作用而引起振幅和相位变化，将探针的振幅和相位变化记录下来，就能得到试样表面漏磁场的精细梯度，从而得到试样的磁畴结构。

2.5 热 分 析

2.5.1 热分析

【热分析】thermal analysis

利用物质在加热过程中所引起的性质(如质量、温度、热能量、尺寸等)变化来确定状态变化的一类方法统称为热分析。通过测量和记录，对结果计算和分析以鉴别原料的矿物种类、相变、烧成过程的物理化学变化以及制品的物理性能等。热分析的方法很多，常见的有差热、热重量、差示扫描量热、热膨胀、热机械、导热、电阻温度系数分析等。

【综合热分析】combined thermal analysis

将两种或两种以上的热分析仪器耦合或联合在一起，通过一次测量可同时获得物质两种物性参数随温度变化的关系，以便于综合和快速分析。常见的有热重-差热(TG-DSC)联合在一起的综合热分析。

【热-红联用】thermogravimetric analysis combined with Fourier transform infrared spectrometer

热重量仪器通过毛细管气路传输线与红外光谱仪器连接在一起，流经热重量仪的吹扫气将物质加热过程中产生的气体通过恒温毛细管气路传输线一并载入红外光谱仪的红外光路(石英玻璃气体池)中，测量过程中同步获得物质加热过程中的热重量线和溢出气体的红外谱图，以利于定性或定量地测定物质释放的挥发物质或气体的特性随着温度变化的情况，在各种有机、无机材料的热稳定性和热分解机理方面得到广泛应用。

【热-质联用】thermogravimetric analysis combined with mass spectrum

将热重量仪器通过毛细管气路传输线与质谱仪器连接在一起，流经热重量仪的吹扫气将物质加热过程中产生的气体通过恒温毛细管气路传输线一并载入质谱仪，测量过程中同步获得物质加热过程中的热重量线和溢出气体的质谱图。该测试技术对过程中释放的气体量和种类进行定量分析，广泛应用于有机、无机及其复合材料的热分解、热降解过程机理的研究和工艺改进等。

2.5.2 差热分析

【差热分析】differential thermal analysis；DTA

用差热电偶测定试样发生吸热或放热反应的分析方法。试样与参比物，在测试气氛和温度范围内不发生相变、不与热电偶反应的物质)之间的温度差用差热电偶测量，并用电子电位差计等方法记录。用来测定物料加热过程的热量变化等。根据被测物性质的不同，测量部分可以是开放式，也可以是密闭式。开放式的测量部分直接和大气相通；密闭式则是测量部分处于一定真空度或充以某种气体。

【差热电偶】differential thermocouple

由两支完全相同的热电偶组成，并将它的一对相同材质的热电极对接在一起作为冷端，这样连接在一起的两支热电偶称为差热电偶。冷端与其他两个热电极之间的热电势，分别反映两支热电偶热端的温度，由此也反映这两个热端之间的温度差。电偶的材质由使用温度而定：1000℃以内使用镍铬-镍硅或镍铬-镍铝；1000～1500℃用铂-铂铑；1500℃以上用铼-钨等。但在测定气氛不同时，可依据具体情况选择。

【差示扫描量热分析】differential scanning calorimetry；DSC

差示扫描量热分析可分为功率补偿型和热流型两种。功率补偿型的差示扫描量热法通过对试样因热效应而发生的温度变化随时进行补偿，使得试样与参比物的温度始终相等，测量输入到试样或参比物的功率与温度的关系。热流型的差示扫描量热法首先是测定试样与参比样的温度差，获得温度差与试样温度的关系，即差热曲线，再利用差热曲线的吸热或放热峰面积正比于过程热效应来获得试样热效应与温度的关系。该方法灵敏度和精度比差热分析大有提高，可进行试样吸放热量的半定量和定量分析。可以测定多种热力学和动力学参数，例如比热容、反应热、相变热、反应速率、结晶速率、高聚物结晶度、样品纯度等。适用于无机物、有机化合物及药物分析。

2.5.3 热重分析

【热重量分析】thermogravimetric analysis；TGA

用来测量物质在受热过程中重量随温度变化的关系。它是由天平、加热炉、温度控制器及记录仪组成。由于物质重量随温度变化的曲线各有差异，据此可鉴别各种物质。用于硅酸盐原料和制品的相分析，例如研究水泥原料和水化物的相组成、陶瓷配料升温过程的脱水、氧化分解和相变等。

【热差重量分析】differential thermogravimetric analysis；DTGA

测量物质受热过程中其重量变化速率与温度关系的分析方法。用重量变化速率-温度(DTG)曲线表示，即热重量线的一次微分曲线。热重曲线上的重量台阶在DTG曲线上呈现为峰，峰尖对应最大失重速率，通常该峰与差热曲线上的峰有对应关系。常用来研究硅酸盐原料、水泥水化物、高分子材料热稳定性等。

2.5.4 热机械分析

【静态热机械分析】thermomechanical analysis；TMA

静态热机械分析是指在程序控制温度下，测量物质在静态载荷作用下的形变与温度关系的一种技术。用于测量固体(包括长条、圆片、薄膜、粒状、纤维等)、液体和凝胶在力作用下的形变性能，常用的负荷方式有压缩、针入、拉伸、弯曲等。通过加力电机对试样施加载荷，长度传感器检测试样长度变化，温度、应力和应变数据由计算机收集，根据所测试样的应力、形变与温度的关系，再由分析软件计算获得试样的收缩应力、黏度、弹性模量、膨胀系数、玻璃化转变温度等参数。

【动态热机械分析】dynamic mechanical thermal analysis；DMTA；DMA

材料的动态力学行为是指材料在远低于屈服强度的应力水平下，在振动载荷(交变应力或交变应变)作用下做出的响应。动态热机械分析就是通过测定在一定温度范围内物质在动态载荷下的应力-应变响应关系，再由应力-应变关系解得物质的弹性模量、塑性模量和力学损耗，从而获得物质的弹性模量、塑性模量和力学损耗与温度的变化关系的一种方法。试样可以是长条、圆片、薄膜、纤维等，形变模式包括拉伸、压缩、剪切、三点弯曲和单/双悬臂梁弯曲等，任何一种形变模式的动态试验中，试样通过不同的夹持方法实现不同模式的形变，实测位移幅值、载荷幅值以及位移与载荷间的相位角，根据应力应变响应公式计算得到应变和应力常数，从而获得弹性模量、塑性模量和力学损耗。该分析方法在材料研究特别在高聚物与复合材料的研究中越来越广泛地得到应用。

3 热 工 基 础

3.1 流体力学基础

3.1.1 流体的基本物理属性

【流体流动性】fluid flowability

与固体相比，流体质点易于移动，任何小的剪切应力都会使流体发生连续不断变形，这种连续不断变形的运动性质称为流动性。流速很慢时，流体会分层流动，互不混合，形成层流。流速增加，流体开始出现波动性摆动，便形成过渡流(也叫临界流)。当流速继续增加，达到流线不能清楚分辨，会出现很多漩涡，便形成湍流，又称作紊流。

【连续性】continuity

在研究流体的宏观性质时，近似认为真实流体是由流体质点连续地、没有任何空隙地充满整个流动空间的连续体，流体的特征量是空间和时间的连续可微函数，当然也允许在孤立的点、线、面上不连续，这就是流体的连续性假设。基于这种假设，研究者不需直接考察个别流体分子的微观运动情况，从而可以认为反映流体宏观结构和运动的流体特征量(例如密度、速度、压强、温度等)都是均匀、连续和确定的。引入连续性假设后，流动空间中每一个由流体质点占据的位置都有了确定的意义，因此，可以用空间位置上定义的物理量来描述流体流动系统。因为流场中的物理量是时间和空间坐标的连续函数，利用合适的数学工具就能够简化对于流体平衡和运动的研究与计算。在微观上，流体质点的尺度必须远大于流体分子平均自由程；在宏观上，流体质点的尺度远小于所研究的流体流动问题的特征尺寸(例如通道直径)时，连续性假设才能够成立。

【压缩性】compressibility

流体随压强的增大而体积缩小的性质，称为流体的压缩性，用压缩系数 β_p 表示。它的定义为在温度不变的条件下单位压强变化引起的单位流体体积的变化量，即 $\beta_p=-\dfrac{1}{V}\dfrac{\mathrm{d}V}{\mathrm{d}p}$，式中：$p$ 为压强(Pa)；V 为体积(m^3)。在通常的压强或温度下，液体比气体的压缩性小得多，而且在相当大的压强范围内，液体的密度几乎是常数。气体远比液体容易压缩，在有显著压强变化的流体运动中，气体产生的体积变化要比液体大得多。

【流体膨胀性】fluid expansibility

流体温度升高时，流体体积增大的特性称为流体的膨胀性，用膨胀系数 β 表示，它的定义为在压强不变的条件下单位温度变化时引起的单位流体体积的变化量，即 $\alpha=\dfrac{1}{V}\dfrac{\mathrm{d}V}{\mathrm{d}T}$，式中：$T$ 为温度(K)；V 为体积(m^3)。液体的膨胀系数很小，工程上一般不考虑它们的膨胀性。对于理想气体，用理想气体的状态方程 $PV=nRT$，可以得到压强不变时的 $\dfrac{\mathrm{d}V}{V}=\dfrac{\mathrm{d}T}{T}$，因此 $\beta=\dfrac{1}{T}$。

【黏滞性】viscosity

流体流动时，在不同速度的两个流体层之间的接触面上，会形成一对等值却反向的黏性阻力(或称内摩擦力)来阻碍两流体层作相对运动。流体流动时内部产生黏性阻力的这种性质称为流体的黏滞性，它是流体固有的物理属性之一。流体的黏滞性可以用动力黏度表示，其大小与流体的性质和温度有关。通常，气体的动力黏度随温度的增高而增大，液体的动力黏度随温度升高而减小。这是因为气体的黏滞性主要是气体之间分子动量交换的结果，而液体的黏滞性主要来自于分子间的引力。流体的动力黏度随着压强的增加而增加，压强不太高时，压强对动力黏度的影响很小，所以一般不考虑压强对动力黏度的影响。

【牛顿流体】Newtonian fluid

符合牛顿黏性定律的流体被称为牛顿流体。描述牛顿黏性定律的基本方程为：$\tau=\mu\frac{\mathrm{d}u}{\mathrm{d}y}$，式中：$\tau$为流体所受到的剪应力(Pa)；$\mu$为流体的动力黏度(Pa·s)；$\frac{\mathrm{d}u}{\mathrm{d}y}$为速率在垂直剪应力方向的梯度($s^{-1}$)。该方程意味着牛顿流体受到任何小的剪切应力就能流动。对于牛顿流体来说，动力黏度只与温度和压强有关。

【非牛顿流体】non-Newtonian fluid

不符合牛顿黏性定律$\tau=\mu\frac{\mathrm{d}u}{\mathrm{d}y}$的流体被称为非牛顿流体，其动力黏度不仅与温度和压强有关，并且与剪切率、时间等有关。事实上大多数的流体是非牛顿流体，动力黏度随着剪切率和时间的变化而改变。因此，在一定的温度和压强下测量的动力黏度值是不一样的，所测得的动力黏度值是个曲线而不是一个恒定的常数。非牛顿流体的黏度曲线大致分两类，一种是剪切变稠；另一种是剪切变稀，分别表示动力黏度随剪切率而增加或减小。

【理想流体】ideal fluid

是黏度为零的假想流体。当流体黏度很小而相对滑动速度又不大时，黏性应力是很小的，即可近似地看成是理想流体。实际上，理想流体在自然界中是不存在的，它只是真实流体的一种近似模型(注：在超低温状态时，黏度为零的超流体是客观存在的)。在分析和研究许多流体流动问题时，采用理想流体模型能够使流动问题得到简化，又不会失去流动的主要特性，并且也能够相当准确地反映实际流动，所以这种近似和简化具有重要的应用价值。

【表面张力】surface tension

参见 1.3.2【表面张力】。

3.1.2 流体力学

【恒定流】steady flow

若流体各空间点上的流动参数(速度、压强、密度、黏性力和惯性力等)皆不随时间变化，这样的流动是恒定流，也称稳态流动或定常流动。

【非恒定流】unsteady flow

当流体流动时各空间点的流动参数至少有一个随时间而变，这种流动称为非恒定流，也称非稳态流动或非定常流动。

【不可压缩流体】incompressible fluid

在解决实际问题中，为了简化，有时将流体的密度近似地视为不随压强变化而变化，被称为不可压缩流体。由于液体在很大的压强作用下的密度变化都很小，所以常常将液体视为不可压缩流体。对于气体来讲，一般情况下都不能忽略气体的压缩性，只有当压力变化小，流体流动速度很小时，才可以把这样的低速流动气体看作是不可压缩流体。

【流线】stream line

是流场中同一时刻不同流体质点所组成的曲线，在该曲线上任一点的切线方向就是该点的流速方向。流场中每一点都有流线通过，除了速度为零的点或者奇点外，流线不能相交，不能折转，只能是一条光滑曲线。当为非恒定流时，流线的形状随时间改变；对于恒定流，流线的形状和位置不随时间而变化。

【迹线】flow track

流体质点运动时，其位置随时间发生变化。在流动空间中，将同一质点先后经过的空间点连接起来的曲线称为该质点的迹线。迹线只与流体质点有关。对不同的质点，迹线的形状可能不同。同一质点的迹线可以相交，不同质点的迹线也可以相交。

【流速】flow velocity

单位时间流体质点移动的长度叫流速。同一截面上流体各点的流速有可能不同，通常用单位时间内流经单位横截面上流体的体积来计算平均流速，而实际使用时常用平均流速，单位为 m/s。

【速度场】velocity field

所研究的流体质点在空间内瞬时速度的分布情况。流体内任一点的速度为其位置和时间的函数，用式子表示为：$u=f(x、y、z、\tau)$。速度是向量，所以速度场是向量场。若场内任一点的速度不随时间而变则为恒定速度场。

【速度梯度】velocity gradient

两个相邻流动面的速度差 Δu 与该两面垂直距离 Δn 的商值的极限值 $\left(\frac{\partial u}{\partial n}\right)$，即 $\lim\limits_{\Delta n\to 0}\frac{\Delta u}{\Delta n}=\frac{\partial u}{\partial n}$。

【绝对压强】absolute pressure

以绝对零压作基准点所计算的压强称为绝对压强。通常所说的标准大气压强为 101.325kPa，就是标准大气的绝对压强。

【相对压强】relative pressure

指相对于某种环境的压强。一般来说相对压强是指相对于当时当地大气压的压强。相对压强按绝对压强与当时当地大气压强的差值，又可以分为两种：表压强和真空度。表压强＝绝对压强－当时当地大气压强；真空度＝当时当地大气压强－绝对压强。表压强用在相对压强为正值时；真空度用在相对压强为负值时。

【压力场】pressure field

所研究的流体在空间内瞬时压强的分布情况。流体内任一点的压强为其位置和时间的函数，用式子表示为：$p=f(x、y、z、\tau)$。若场内任一点的压强不随时间而变则为恒定压力场。

【等压面】isopressure surface

流体中压强相等的点组成的面叫等压面。等压面可能是平面，也可能是曲面。在等压面上 $\mathrm{d}p=0$。在静止流体中，作用于任意点的质量力垂直于经过该点的等压面。互不掺混的异种液体分界面或自由液面都是等压面。

【流体连续性方程】equation of continuous flow

流体在管道中作稳定流动时，由一截面流至另一截面的质量守恒定律。用公式表示为：$A_1w_1\rho_1=A_2w_2\rho_2=\cdots=$常数，式中：$A_1$、$A_2$ 为第一、第二截面处的面积(m^2)；w_1、w_2 为第一、第二截面处的平均流速(m/s)；ρ_1、ρ_2 为第一、第二截面处流体的密度($\mathrm{kg/m^3}$)。若管道中流体温度不变，或在两截面间用平均温度计算平均密度，即 $\rho_1=\rho_2$，则流体连续性方程可写成：$A_1w_1=A_2w_2=\cdots=$常数。

【纳维尔-斯托克斯方程】Navier-Stokes equation

纳维尔-斯托克斯方程是对牛顿流体微团应用牛顿第二定律所得到的流体运动微分方程，是流体动力学基本方程之一。这一方程是 1827 年由法国工程师 C. L. M. H. 纳维尔首先提出的，1845 年由英国物理学家 G. G. 斯托克斯加以完善，简称 N-S 方程，它是黏性不可压缩流体动力学的理论基础。在直角坐标系中，其矢量形式为：

$$\frac{Du_x}{Dt}=F_x-\frac{1}{\rho}\frac{\partial p}{\partial x}+\frac{1}{\rho}\frac{\partial}{\partial x}\left[\mu\left(2\frac{\partial u_x}{\partial x}-\frac{2}{3}\nabla\cdot u\right)\right]+\frac{1}{\rho}\frac{\partial}{\partial y}\left[\mu\left(\frac{\partial u_x}{\partial y}+\frac{\partial u_y}{\partial x}\right)\right]+\frac{1}{\rho}\frac{\partial}{\partial z}\left[\mu\left(\frac{\partial u_z}{\partial x}+\frac{\partial u_x}{\partial z}\right)\right]$$

$$\frac{Du_y}{Dt}=F_y-\frac{1}{\rho}\frac{\partial p}{\partial y}+\frac{1}{\rho}\frac{\partial}{\partial y}\left[\mu\left(2\frac{\partial u_y}{\partial y}-\frac{2}{3}\nabla\cdot u\right)\right]+\frac{1}{\rho}\frac{\partial}{\partial z}\left[\mu\left(\frac{\partial u_y}{\partial z}+\frac{\partial u_z}{\partial y}\right)\right]+\frac{1}{\rho}\frac{\partial}{\partial z}\left[\mu\left(\frac{\partial u_x}{\partial y}+\frac{\partial u_y}{\partial x}\right)\right]$$

$$\frac{Du_z}{Dt}=F_z-\frac{1}{\rho}\frac{\partial p}{\partial z}+\frac{1}{\rho}\frac{\partial}{\partial z}\left[\mu\left(2\frac{\partial u_z}{\partial z}-\frac{2}{3}\nabla\cdot u\right)\right]+\frac{1}{\rho}\frac{\partial}{\partial x}\left[\mu\left(\frac{\partial u_z}{\partial x}+\frac{\partial u_x}{\partial z}\right)\right]+\frac{1}{\rho}\frac{\partial}{\partial y}\left[\mu\left(\frac{\partial u_y}{\partial z}+\frac{\partial u_z}{\partial y}\right)\right]$$

式中：u_x、u_y、u_z 分别为速度 u 在 x、y、z 方向的分量；ρ 是流体密度；p 是压强；u 是流体速度；F_x、F_y、F_z 分别为外部作用于单位质量流体的体积力 F 沿 x、y、z 方向的分量；μ 是动力黏度黏性；由于全导数 $\frac{D}{Dt}=\frac{\partial}{\partial t}+v_x\frac{\partial}{\partial x}+v_y\frac{\partial}{\partial y}+v_z\frac{\partial}{\partial z}$，其中 t 为时间；$\nabla\cdot v=\frac{\partial v_x}{\partial x}+\frac{\partial v_y}{\partial y}+\frac{\partial v_z}{\partial z}$。而且，若假定 μ 为常数，这时 N-S 方程的矢量形式就为：$\frac{Dv}{Dt}$

$=F-\frac{1}{\rho}\nabla p+\frac{\mu}{\rho}\nabla^2 v$，式中：$\mu/\rho$ 称为运动黏度；$\nabla^2=\frac{\partial^2}{\partial x^2}+\frac{\partial^2}{\partial y^2}+\frac{\partial^2}{\partial z^2}$ 为拉普拉斯算子。N-S方程的物理意义是：单位质量流体微团的加速度等于它所受到的体积力、表面上作用的压力与黏性应力之和。

【欧拉平衡微分方程】Euler equilibrium differential equation

在静止流体中，流体沿某方向的压强变化率与该方向单位体积上的质量力相等。由此得到：$\rho F-\nabla p=0$，式中：第一项为质量力，第二项为压强梯度。该方程揭示了流体静止条件下压强的空间变化是由于质量力存在造成的，并且具有如下关系：(1)流体微元的质量力和表面力在各个方向都保持平衡；(2)有质量分力的作用，流体静压力就发生变化；(3)忽略质量分力的作用，流体静压力处处相等。欧拉平衡方程是平衡流体中的基本方程，此方程对于流体是否为可压缩流体、是否有黏滞性都普遍适用。

【伯努利方程】Bernoulli's equation

流体在管道或窑炉系统中作恒定流动，由一截面流至另一截面的能量守恒定律。即1kg流体在前一个截面上的位能、静压能、动能之和应等于后一个截面上的位能、静压能、动能以及流动过程中的摩擦阻力及局部阻力损失能量之和。伯努利方程为：$z_1+\frac{p_1}{\rho g}+\frac{w_1^2}{2g}=z_2+\frac{p_2}{\rho g}+\frac{w_2^2}{2g}+h_{w1\to2}$。式中：$z_1$、$z_2$ 为基准面至第一、第二截面的高度(m)；p_1、p_2 为流体在第一、第二截面处的压强(Pa)；g 为重力加速度，9.81m/s^2；ρ 为流体的平均密度(kg/m^3)；w_1、w_2 为气体在第一、第二截面处的平均流速(m/s)；$h_{w1\to2}$ 表示由第一截面至第二截面流动过程中的压头损失(Pa)。

【位压】geometric pressure

通常指窑内1m^3 热气体与窑外1m^3 空气的位能差。用公式表示为：位压$=H(\rho-\rho_a)g$，单位为Pa；式中：H 为高度(m)；ρ 为窑内气体的密度(kg/m^3)；ρ_a 为空气的密度(kg/m^3)；g 为重力加速度，9.81m/s^2。窑内热气体自下向上流动时，位压是一种推动力；自上向下流动时，位压是一种阻力。

【静压】static pressure

窑内1m^3 热气体与窑外1m^3 空气的压力能之差。即窑内压强与窑外空气压强之差，也称相对压强。用公式表示为：静压$=p-p_a$，单位为Pa；式中：p，p_a 为窑内气体和窑外空气的压强(Pa)。静压头分正压(窑内压强大于窑外压强)、零压(窑内压强等于窑外压强)、负压(窑内压强小于窑外压强)。

【动压】kinetic pressure

又名速度头。单位体积的流体在窑内或管道内流动所具有的动能。用公式表示为：动压$=\frac{w^2}{2}\rho$，单位为Pa；式中：w 为气体的平均流速(m/s)；ρ 为气体的密度(kg/m^3)。

【摩擦阻力】frictional resistance

又名沿程阻力。流体在流动过程中，由分子相互间的黏性力及流体与壁面摩擦所产生的阻力。与流体的流速、性质、通道的长短、直径(或当量直径)有关，用公式表示为：$h_{摩}=\lambda\frac{L}{d}\frac{w^2}{2}\rho$，单位为Pa；式中：$\lambda$ 为摩擦阻力系数；$\frac{w^2}{2}\rho$ 为流体的动压头(Pa)；L 为管道的长度(m)；d 为管道的直径(或当量直径，m)。

【局部阻力】local resistance

流体的流动过程中，在局部位置上由于流动的方向或流速的改变而产生的阻力。用公式表示为：$h_{局}=\zeta\frac{w^2}{2}\rho$，单位为Pa；式中：$\zeta$ 为局部阻力系数；$\frac{w^2}{2}\rho$ 为流体的动压头(Pa)。在窑炉中常遇到一些特殊的局部阻力，例如料垛阻力、粒状料层阻力等。

【水力当量直径】equivalent diameter

将非圆形当作圆形截面进行相关计算时的直径。它等于4倍的水力半径，即当量直径$=4\times\frac{\text{通道截面面积}}{\text{浸润周边长度}}$。

【层流】laminar flow

是流体流动时的一种流动状态。就宏观而言，层流分层流动，互不干扰，都向一个主流方向流动，在垂直于主流方向上的速度接近于零。管内强制流动时，雷诺准数小于2300的流态为层流状态。

【湍流】turbulent flow

又名紊流，是流体流动时的一种流动状态。就宏观而言，流体质点无规则的脉动呈紊乱状态，但是仍有一个质点运动的主流方向。管内强制流动时，雷诺准数大于10000的流态为湍流。

【过渡流】transitional flow

流体流动的一种不稳定状态。它介于层流与湍流之间，管内强制流动时，雷诺准数在2300～10000的流态。

【边界层】boundary layer

流体流经固体表面时，靠近表面总会形成一个薄层，在此薄层中紧贴表面的流体流速为零，但在垂直固体表面的方向(法向)上速度增加得很快，即具有很大的速度梯度，甚至对黏度很小的流体，也不能忽略它表现出来的黏性力；而在此薄层外，流体的速度梯度很小，甚至对黏度很大的流体，其黏性力的影响也可忽略。因此，流体在绕流过固体壁面流动时，紧靠固体壁面形成速度梯度较大的流体薄层被称为边界层。

【尼古拉兹实验】Nikurads experiment

尼古拉兹发现壁面粗糙度对沿程阻力系数的影响很大，于是通过人工粗糙管流的实验，确定出沿程阻力系数与雷诺数、相对粗糙度之间的关系。其实验曲线被划分为5个区域，即层流区、临界过渡区、湍流光滑区、湍流过渡区和湍流粗糙区。

【自由射流】free jet

又名自由流股，流体自喷口射入不受限制并且充满静止介质的空间中的流股。由于射流中的流体会把动量传给周围不动的介质，并把这些介质带到射流里来，射流量逐渐增加，截面逐渐扩大。单位时间内流经自由射流各截面的流体具有的动量均相等，速度分布相似，压强梯度变化也很小，所以，在很多情况下可以认为压强不变，而且等于周围静止介质的压强。

【限制射流】confined jet

又名限制流股。流体自喷口喷入有限空间中的流股。可以分为三个部分，即射流核心、射流以外的循环带以及漩涡带。在流动过程中，截面逐渐扩大，而流量先增加后再减少，动量逐渐降低，压强逐渐增大。在有限空间中，射流喷出后，只能从有限空间吸入介质。在喷嘴附近，射流吸入一部分介质，并且带它向前流动，经过一段距离后，一部分介质又从射流分离，即以相反方向回流至喷嘴附近，这就形成了一个循环带。在循环带之外，射流遇到障碍物或窑炉截面突然转变处，就会产生漩涡。

【气体分层】stratification of hot gases

沿窑室高度气体温度不均匀现象。当同一纵断面上的气体温度不均匀时，由于温度不同而造成气体密度不同，从而形成热气体在上，冷气体在下的分层现象。当窑内处于负压，有冷空气漏入时，则气体分层现象更为严重。分层现象的存在，将使影响产品质量或导致烧成时间延长，降低产量。

【气体分流定则】principle of parallel vertical gaseous flows

在自然通风条件下，气体分散垂直流经物体时所遵循的规律。热气体被冷却时，应由上向下流动，冷气体被加热时则相反，这样有利于水平方向的温度均匀。

【压力制度】pressure schedule

硅酸盐材料生产制备热工过程中，控制窑内气体压强分布的操作制度。通常是压强随窑炉内位置或者随烧成时间的产生变化，将这种压强变化关系绘制成的曲线称压力曲线。窑内压力制度决定着窑内气体的流动，影响热量交换、窑内温度分布的均匀性以及气氛的性质，是保证实现温度制度和气氛制度的重要条件之一。根据烧成时窑内气体压强相对窑外大气压的大小，可分为正压操作、微正压操作和负压操作。

【正压操作】operation under positive pressure

窑内气压大于大气压的操作制度。采用正

压操作，窑内压强大，冷空气不易进入窑内，热工制度比较稳定，同时载热体可充满窑内，加热均匀，利于保温。连续式窑炉烧成带或间歇式窑炉的烧成阶段常采用正压操作。若窑内正压过大，大量热气体散失于窑外，热损失增加，劳动条件恶化，还易烧坏窑外部件和设备。因此在窑炉操作中，一般采用窑内压强略大于大气压的压力制度，称微正压操作。

【负压操作】operation under negative pressure

窑内气压低于大气压时的操作制度。由于窑内负压大，冷空气易从窑体不严密处进入窑内，因此在烧成带（连续式窑炉）或烧成阶段（间歇式窑炉）很少采用它。在连续式窑炉的预热带和间歇式窑的预热阶段则普遍采用。

【零压位置】zero-pressure position

窑内气压与大气压相等（即相对压强为零）的位置，是连续式窑炉正压操作与负压操作的分界点和控制位置。比如，隧道窑的零压位置常以零压车位表示。通常控制在预热带和烧成带的交界处附近。零压位置移向预热带，则烧成带正压加大，热损失增加；零压位置向烧成带移动，则预热带负压过大，易漏入冷空气和使窑内冷热气体分层。零压位置可以通过调节各风机以及烟道闸板加以控制。

【压力平衡】pressure balance

控制隧道窑热工制度的措施之一。即在隧道窑冷却带和预热带的窑底同时分别采用强制鼓风和抽风的办法，使窑底与窑内气压达到平衡，以减少漏出和吸入气体，保证窑内压力制度稳定和减少热损失，并保护窑车和改善劳动条件。

【量纲论】dimensional theory

也称为因次论，是研究复杂的物理化学过程的一种方法。用量纲论的方法，可以找出某未知量与其他物理量的关系。量纲论的基本定理为 π 定理，具体是：用函数表示含 n 个物理量的某过程时，如果这些物理量一共具有 m 种基本量纲，这个函数就可用这些物理量的（$n-m$）个无量纲比来表示。

【相似定理】similarity theorem

运用相似方法，用模型来模拟实际过程时所应遵循的基本规律。

相似第一定理：彼此相似的物理现象必须服从同样的客观规律，若该规律能够用方程表示，则物理方程式必须完全相同，而且对应的相似准数必定数值相等。

相似第二定理：当一现象由 n 个物理量的函数关系来表示，并且这些物理量中含有 m 种基本量纲时，则能得到（$n-m$）个相似准数，描述这种现象的函数关系式，可表示成（$n-m$）个相似准数间的函数关系式。

相似第三定理：同一类物理现象，当单值条件相似（单值条件为几何条件、初始条件、边界条件、物理条件）且由单值条件中的物理量组成的相似准数对应相等时，则这些现象必定相似。这是判断两个物理现象是否相似的充分必要条件。

【相似准数】similarity number

运用相似定理，将两个相似系统中的某些物理量（例如，长度、速度、压强、黏度、温度等）组合成的无量纲数群。相似准数对于所研究现象和变化过程中的性质起主要作用，它分为两类：（1）确定性准数——物理化学变化过程中，独立起决定性作用；（2）待定准数——依赖于确定性准数的变化而起变化。由相似准数可以得出模型定律，这作为设计物理模拟模型的依据。相似准数常用方程分析法、量纲分析法和定律分析法确定。

【流体动力相似】fluid dynamic similarity

根据相似定理，使模拟过程与被研究的实际流动过程相似，即单值条件相似以及动力相似（雷诺数相等）。然后，将实验结果整理成准数方程的形式，从而便于推广运用。

【水力学模型】hydraulic model

根据相似定律，利用水流来模拟窑炉中气体流动过程的模型。因为水流速度小，也可视，所以便于观察和摄影。水力学模型多用于研究流速分布、压强分布、阻力系数和对流换热系数等。

【雷诺数】Reynolds number

流体流动过程中的常用准数。表征着流体惯性力与黏滞力之比。它为摩擦损失起作用的黏性体系中的确定性准数。$Re=\frac{\rho du}{\mu}$，式中：Re 为雷诺数；ρ 为流体密度(kg/m^3)；d 为特征尺寸(m)；u 为液体的流速(m/s)；μ 为流体的动力黏度(Pa·s)。

【欧拉数】Euler number

流体流动过程中的常用准数。表征着流体压力与惯性力之比。为速度变化很大而摩擦损失较小的惯性体系中的确定性准数。$Eu=\frac{\Delta p}{\rho u^2}$，式中：$Eu$ 为欧拉数；Δp 为压强差(Pa)；ρ 为流体密度(kg/m^3)；u 为流速(m/s)；

【格拉晓夫数】Grashof number

流体流动过程中的一个准数。表征着上升力与黏性力之比，具体公式为：$Gr=\beta_t\Delta t\frac{gl^3}{v^2}$，式中：$\beta_t$ 为气体的体积膨胀系数，1/℃；Δt 为管壁与流体的温度差(℃)；g 为重力加速度(m/s^2)；l 为特征尺寸(m)；v 为气体的运动黏度(m^2/s)。

3.2 传热与传质基础

3.2.1 传热基础

【传热】heat transfer

热量从高温物体传给低温物体的过程。可以用三种方式进行，即传导传热、对流传热和辐射传热。在实际热工设备中的传热过程，常为三种方式同时存在的综合传热过程。

【温度场】temperature field

所研究的物体在空间内各点温度的瞬时数值的集合。物体内任一点的温度为其位置和时间的函数，用公式表示为：$t=f(x,y,z,\tau)$。由于温度是标量，所以温度场也是标量场。若场内任一点的温度不随时间而变，则为稳定温度场。

【等温面】isothermal surface

在温度场内，同一时刻具有相同温度的各点所连接成的面叫等温面。

【等温线】isothermal line

参见 1.6.1【等温线】。

【温度梯度】temperature gradient

两相邻等温面的温度差 Δt 与两等温面的垂直距离 Δn 之比$\left(\frac{\Delta t}{\Delta n}\right)$的极限，即 $\lim\limits_{\Delta n\to 0}\frac{\Delta t}{\Delta n}=\frac{\mathrm{d}t}{\mathrm{d}n}$，温度梯度是一向量，与热流的方向相反，即指向温度增加的方向。单位为°/m 或 K/m。

【温差】temperature difference

物体内部不同位置(或者物体与环境之间)存在的温度差。温差是传热的必要条件。按所取平均方法不同可分为算术平均温差和对数平均温差。

【传导传热】conduction heat transfer

又称热传导、导热。依靠声子、电子将热量由物体的高温部分传到低温部分的过程，或者是从高温物体传向与之接触的低温物体的过程。这是固体中传热的主要方式，与物体的导热系数(或称热导率)、温差、厚度等有关。

【对流传热】convective heat transfer

依靠流体质点的位移来传递热量的过程。当流体与固体表面进行热交换时，传导传热与对流传热同时存在，此时称对流换热。它与对流换热系数、温差有关。

【辐射传热】radiation heat transfer

以电磁波进行热量传递的过程。高低温物体彼此都向对方辐射热量，同时也吸收对方的辐射热量，最后的结果是高温物体辐射传热给低温物体。辐射传热不依靠任何介质，也不需要温差就能进行，遵循光波的反射、折射和吸收的规律。有固体与固体间的辐射传热及气体与固体间的辐射传热两种，在窑炉中，电热元件加热物料属前者，燃烧产物加热物料属后者。固体与固体间辐射传热量用下式计算：

$$Q_{固\text{-}固}=c_b\varepsilon_n\left[\left(\frac{T_1}{100}\right)^4-\left(\frac{T_2}{100}\right)^4\right]F_1\varphi_{12}$$

式中：c_b 为绝对黑体辐射系数，$c_b=5.67$

$W/(m^2 \cdot K^4)$；ε_n 为固体间的相当黑度；T_1、T_2 为物体 1 和物体 2 的绝对温度(K)；F_1 为物体 1 的辐射传热面积(m^2)；φ_{12} 为物体 1 对物体 2 角系数。气体被外壳包围时，气体与外壳间辐射传热量用下式计算：

$$Q_{气\text{-}固}=c_b\varepsilon'_{固}\left[\varepsilon_{气}\left(\frac{T_{气}}{100}\right)^4-A_{气}\left(\frac{T_{固}}{100}\right)^4\right]F$$

式中：c_b 同上式；$\varepsilon'_{固}$ 为固体表面的导来发射率或辐射率，$\varepsilon'_{固}=\dfrac{1}{A_{气}/\varepsilon_{固}-A_{气}+1}$；$\varepsilon_{固}$ 为固体的发射率或辐射率；$\varepsilon_{气}$ 为气体的发射率或辐射率，$\varepsilon_{气}=\varepsilon_{CO_2}+\varepsilon_{H_2O}-\Delta\varepsilon_{气}$；$A_{气}$ 为气体的吸收率，$A_{气}=A_{CO_2}+A_{H_2O}-\Delta A_{气}$；$T_{气}$，$T_{固}$ 为气体、固体的绝对温度(K)；F 为固体参与辐射传热的面积(m^2)；$\Delta\varepsilon_{气}$、$\Delta A_{气}$ 为因 CO_2 和 H_2O 辐射波有一部分重叠需要进行校正的数值。

【稳定传热】steady heat transfer

物质内部各点温度不随时间而变的传热过程。即物质内部热流量不变的过程，例如，连续性窑炉窑壁向外散热。

【不稳定传热】unsteady heat transfer

物体内部的温度随时间而变的传热过程。即物体内部各点的得热量与失热量不平衡，例如间歇式窑炉的窑壁，隧道窑窑车的蓄热和散热以及物料的加热或冷却过程。

【综合传热】complex heat transfer

两种以上传热方式同时存在的传热过程。此时应当按照并联传热与串联传热这两种情况综合考虑其传热效果。并联传热是同时进行，无先后次序，例如窑墙散热过程中的对流换热和辐射传热。串联传热有先后次序，例如，电热元件加热物料时的辐射传热和物料中的传导传热；窑内壁通过窑墙导热后再通过窑外壁进行的对流和辐射散热。在窑内壁通过窑外壁散热的过程中并联传热和串联传热同时存在。

【蓄热】heat accumulation

物料在加热过程中所积蓄的热量，这是不稳定传热的现象。单位时间的蓄热量与传来热量的多少以及物料本身的性质有关。

【传热速率】rate of heat transfer

单位时间内通过单位面积所传送的热量。在窑炉计算中，一般采用每 1h 通过 1 m^2 的传热面积所传送的热量(kJ)表示。传热速率大，传热就快。

【热阻】heat resistance

传热的阻力。与电学中的欧姆定律相似，传热量与推动力(温度差)成正比，与热阻成反比。三种传热方式的热阻计算式为：传导传热时，$R=\dfrac{l}{\lambda A}$；对流传热时，$R=\dfrac{1}{\alpha_{对}A}$；辐射传热时，$R=\dfrac{1}{\alpha_{辐}A}$，式中：l 为导热体的厚度(m)；A 为传热面积(m^2)；λ 为导热系数[W/(m·℃)]；$\alpha_{对}$ 为对流换热系数[$W/(m^2 \cdot ℃)$]；$\alpha_{辐}$ 为辐射传热系数[$W/(m^2 \cdot ℃)$]。

【接触热阻】thermal contact resistance

两个物体接触时，由于接触面并非完全光滑，两层壁面只能部分接触，不能接触的部分形成空隙，空隙间充满空气，空气的导热系数比固体材料的导热系数小很多，从而使界面处产生一个附加热阻，并引起温度降落，这种热阻称为接触热阻。接触热阻的大小取决于表面粗糙程度，此外，还与接触部位的温度、接触面上的压力、空隙中介质的性质有关。当温度和压力保持不变时，接触热阻随表面粗糙度的加大而升高；对于粗糙度一定的表面，接触热阻将随接触面上的压力加大而减小。

【热流量】heat flow rate

亦称热流或传热量，即导热、对流和辐射三种传热的总量。热流量是指单位时间内，通过总传热面积 F 传递的热量，用符号 Q 表示，单位为 W。用公式 $Q=qF$ 计算，其中 q 为热流密度，单位为 W/m^2。

【热流密度】heat flux

当温度场内有温度差存在时，热量将从高温流向低温，单位时间内，通过单位面积传递的热量被称为热流密度，以符号 q 来表示，单位为 W/m^2。热流密度是矢量，其正负方向与温度梯度相反。

【傅里叶定律】Fourier's law

导热的传热量与导热系数，温度、梯度、传热面积成正比。对于一维稳定导热，可以用公式表示为：$\frac{dQ}{d\tau}=\lambda\frac{-dt}{dl}A$，式中：$\frac{dQ}{d\tau}$为传热速率(W)；$\lambda$为导热系数[W/(m·℃)]；$A$为传热面积($m^2$)；$\frac{dt}{dl}$为温度梯度(℃/m)。

【平壁导热】heat transfer through plane wall

指稳定情况下，通过平壁的导热(属串联传热)。其计算式可以用傅里叶定律推导出，单层时：$Q=\frac{\Delta t}{\frac{l}{\lambda A}}$；多层时：$Q=\frac{\Delta t}{\frac{l_1}{\lambda_1 A}+\frac{l_2}{\lambda_2 A}+\cdots+\frac{l_n}{\lambda_n A}}$；式中：$Q$为通过平壁的热量(W)；$\Delta t$为内外壁面的温差(℃)；$\lambda_1$，$\lambda_2$，…，$\lambda_n$为各层平壁的平均导热系数[W/(m·℃)]；$l_1$，$l_2$，…，$l_n$为各层平壁的厚度(m)；$A$为平壁的面积($m^2$)。

【非平壁导热】heat transfer through curved wall

指定情况下，通过非平壁的导热。窑炉的拱顶，以及回转窑、立窑的窑壁都是非平壁。通过非平壁的导热，可以应用与平壁导热相类似的计算式，但是导热面积取平均值，单层时：$Q=\frac{\Delta t}{\frac{l}{\lambda A_{均}}}$；多层时：$Q=\frac{\Delta t}{\frac{l_1}{\lambda_1 A_{1均}}+\frac{l_2}{\lambda_2 A_{2均}}+\cdots+\frac{l_n}{\lambda_n A_{n均}}}$；式中：$Q$为通过非平壁的热量(W)；$\Delta t$为内外壁的温差(℃)；$\lambda_1$，$\lambda_2$，…，$\lambda_n$为各层壁的平均导热系数[W/(m·℃)]；$l_1$，$l_2$，…，$l_n$为各层壁的厚度(m)；$A_{1均}$，$A_{2均}$，…，$A_{n均}$为各导热层的平均面积($m^2$)；当$A_{外}/A_{内}\leqslant 2$时，$A_{均}=\frac{A_{内}+A_{外}}{2}$；当$A_{外}/A_{内}>2$时，$A_{均}=\frac{A_{外}-A_{内}}{\ln\frac{A_{外}}{A_{内}}}$。

【导热系数】thermal conductivity coefficient

又称热导率，表明物料导热能力的物理量。单位为W/(m·℃)，即单位时间、单位温度梯度下单位面积所传递的热量，与物态、物质种类、结构、含水量、温度等有关，可以用导热系数仪测定。不同温度时的导热系数按下式计算：$\lambda_t=\lambda_0\pm bt$；式中：$\lambda_t$为$t$℃时的导热系数；$\lambda_0=0$℃时的导热系数；$b$为温度系数。大多数固体的导热系数随温度升高而增大；而液体则相反。

【热扩散率】thermal diffusivity

又称热扩散系数，曾称为导温系数，常用符号α表示，单位为m^2/s。它表明物体被加热或冷却时，物体内部各部分温度趋于一致的能力。物体的导温系数越大，则在同样的外部条件下，物体内部各处的温度差就愈小；反之，则温差愈大。

【单向传热】one-dimensional heat transfer

热量只向一个方向传递，这是一种简化的理想情况。例如，薄壁固体材料中一个面的温度高于另一面的温度时的导热、湍流时对流传热给予固体壁面接触的边界层，边界层中的传热等就可以近似地认为是单向传热。如果热源温度高于四周的温度，热量向三个方向传递，则称为三维传热。

【牛顿冷却定律】Newtonian cooling law

描述对流换热量与对流换热系数、流体与固体表面间的温度差以及传热面积间的关系。用公式表示为：$dQ=\alpha_{对}\Delta t dA$；dQ为对流换热量(W)；$\alpha_{对}$为对流换热系数[W/(m^2·℃)]；Δt为流体与固体表面间的温度差(℃)；dA为传热面积(m^2)。牛顿冷却定律是从换热量与推动力(温度差)成正比，与热阻成反比的概念中得出的。

【对流热相似】convection similarity

根据相似定理，使模拟的过程与被研究的实际对流换热过程相似，即单值条件相似(普朗特数相等)、动力相似(格拉晓夫数、雷诺数相等)以及对流换热相似(努塞尔数相等)。然后，将实验结果整理成准数方程形式，以便于推广运用。

【对流换热系数】coefficient of heat convection

是对流换热计算公式中的系数，单位为W/(m^2·℃)。它与流体种类、流动方式、流动状态、流体物理性质、流速、接触面的形状与位置以及尺寸、表面状态等有关。由于影响因素众多，如果使用单纯数学分析法来求解很困难，通常用相似方法来求得。

【傅里叶数】Fourier number

不稳定传热过程中的一个准数，表明物体加热的时间、热扩散率与厚度的关系。用公式表示为：$F_0 = a\tau/l^2$；式中：F_0 为傅里叶数；a 为热扩散率(m^2/s)；τ 为时间(s)；l 为固体的厚度(m)。

【努塞尔数】Nusselt number

对流换热过程中度量对流换热系数的无量纲数，用公式表示为：$Nu = \alpha l/\lambda_{膜}$；式中：$Nu$ 为努塞尔数；α 为对流换热系数[$W/(m^2 \cdot ℃)$]；l 为特征尺寸(m)；$\lambda_{膜}$ 为边界层流体膜的导热系数[$W/(m \cdot ℃)$]。

【毕奥数】Biot number

不稳定传热过程中的一个无量纲数。它表征着加热时固体内部导热热阻 $l/\lambda A$ 和外部热阻 $1/\alpha A$ 之比。用公式表示为：$Bi = \alpha l/\lambda$；式中：Bi 为毕奥数；α 为外界向固体表面的对流换热系数[$W/(m^2 \cdot ℃)$]；l 为特征尺寸(m)；λ 为固体的导热系数[$W/(m \cdot ℃)$]。

【普朗特数】Prandtl number

普朗特数(Pr)是传热过程中表明流体物理性质的一个准数。是流体的运动黏度和热扩散率之比，用公式表示为：$Pr = \nu/a$，式中：Pr 为普兰特数；ν 为流体的运动黏度(m^2/s)；a 为流体的热扩散率(m^2/s)。

【刘易斯数】Lewis number

刘易斯数(Le)是表示热扩散率和质量扩散系数比的一个无量纲数，这一无量纲数是用于描述对流过程中传热和传质各自作用的相对大小。

刘易斯数定义为 $Le=a/D$，式中：a 为热扩散率(m^2/s)；D 为质量扩散系数(m^2/s)。刘易斯数同时可以用其他无量纲数的形式表示为 $Le=Sc/Pr$，这里 Sc 是施密特数，Sc 是一个表征动量扩散和质量扩散比的一个无量纲数；Pr 是普朗特数，Pr 数是表征动量扩散和热扩散比的一个无量纲数。

【贝克来数】Peclét number

贝克来数(Pe)曾被称为培克雷特数、贝克列数。它是用来研究返混度影响的无量纲数，传热学中的 Pe 数为雷诺数 Re 与普朗特数 Pr 的乘积。其物理意义为在受迫运动时对流换热量与导热量之比。

【斯坦顿数】Stanton number

斯坦顿数(St)是描述强制对流的一个无量纲数。$St=\alpha/(\rho u C_p)$ 或 $St=Nu/(Re \cdot Pr)$，式中：α 为对流换热系数[$W/(m^2 \cdot ℃)$]；ρ 为流体密度(kg/m^3)；u 为流体速度(m/s)；Nu 为努塞尔数；Re 为雷诺数；Pr 为普朗特数。在流体的温度和流速等条件相同时，St 数愈大，发生于流体与固体壁面之间的对流换热过程就愈强烈。

【雅克布数】Jakob number

雅克布数(Ja)是相变传热时显热和潜热之比，它是衡量液膜过冷度的一个无量纲数。因为 *Nusselt* 的理论分析忽略了液膜过冷度的影响，并假定液膜温度线性分布。引入 Ja 数就是为了考虑液膜过冷和温度实际分布对传热的影响。

【瑞利数】Rayleigh number

瑞利数(Ra)是在自然对流传热中与传热系数关联的无量纲数。$Ra = Pr \cdot Gr = \frac{\nu}{a} \cdot \frac{g\beta L^3 \Delta T}{\nu^2}$，式中：$Ra$、$Pr$、$Gr$ 分别为瑞利数、普朗特数及格拉晓夫数；L 为特征长度；β 为特征膨胀系数；ΔT 为温度差(一般为流体主体温度与固体壁温之差)；ν、a 分别为流体的运动黏度和热扩散率。

【温度准数】temperature number

不稳定传热过程中的一个准数，它表征着在加热与冷却过程中，物体温度的变化情况。它以过程中某一时间双方温度差和过程起始时双方的温度差之比来表示(双方中一方是物体表面或物体内部某一点，另一方是气体或物体表面)。

【普朗克定律】Planck's law

表明绝对黑体的单色辐射强度与绝对温度和波长之间的关系。用公式表示为：$E_{b\lambda} = 2\pi hc^2\lambda^{-5} \frac{1}{e^{\frac{hc}{\lambda kT}}-1}$，式中：$E_{b\lambda}$ 为黑体的单色辐射强度(W/m^2)；h 为普朗克常数，为 6.6260755×10^{-34} J·s；λ 为波长(m)；c 为光速(m/s)；e 为自然对数的底；T 为绝对温度，

(K)；k 为玻耳兹曼常数，$1.3806505 \times 10^{-23}$ J/K。单色辐射是指射线只具有某一波长时的辐射。按上式绘成普朗克曲线。由曲线看出，波长一定时，辐射强度随温度升高而增大。温度一定时，波长值是零或无限大的辐射强度均为零，只有波长为某一定值的辐射强度最大。

【维恩定律】Wien′s law

该定律是普朗克定律的推论。维恩定律指出具有最大的单色辐射强度所对应的波长随温度升高向短波方向偏移，故而又名维恩偏移定律。其表示式为：$\lambda_{最大} \cdot T = 2896\mu m \cdot K$；式中：$T$ 为辐射时的绝对温度(K)；$\lambda_{最大}$ 为在该温度下辐射强度最大的波长(μm)。

【斯蒂芬-玻耳兹曼定律】Stefan-Boltzmann′s law

表明黑体的辐射能力与绝对温度的四次方成正比。它由普朗克公式积分而得：$E_b = c_b\left(\frac{T}{100}\right)^4$，式中：$E_b$ 为黑体的辐射力(W/m^2)；c_b 为黑体的辐射常数，$5.67W/(m^2 \cdot K^4)$；T 为绝对温度(K)。

【基尔霍夫定律】Kirehhoff′s law

参见 1.5.2【基尔霍夫定律】。

【兰贝特定律】Lambert′s law

又名余弦定律。该定律表征着向空间各个方向辐射能量的分布情况。如附图所示，dA_1 面向空间各个方向辐射热量，其中一部分投向 dA_2 面，dA_1 与 dA_2 的距离为 r，连接 r 与 dA_1 面及 dA_2 面的法线夹角分别为 φ_1、φ_2，则由 dA_1 投向 dA_2 的辐射热量 $dQ_{1\text{-}2}$ 按下式计算：$dQ_{1\text{-}2} = \frac{E_1 \cdot dA_1 \cdot \cos\varphi_1 \cdot dA_2 \cdot \cos\varphi_2}{\pi r^2}$，式中：$E_1$ 为 dA_1 面的全辐射强度，即向各个方向的辐射强度(W/m^2)。由上式可知，向 dA_2 面辐射的热量与 φ_1、φ_2 的余弦成正比，与 r 的二次方成反比。

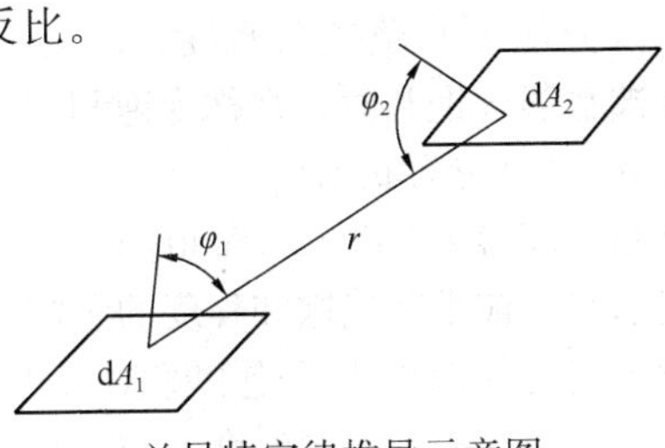

兰贝特定律推导示意图

【黑体】black body

又称绝对黑体。能全部吸收外界辐射给它的各种波长的能量，而且具有最大的辐射能力。自然界不存在绝对黑体，但是可以制造人工黑体，从而可以作为研究和计算辐射传热时的基准。

【灰体】gray body

对各种波长的辐射能都具有相同的单色发射率的物体。一般的固体通常被视为灰体。

【发射率】emissivity

也称为辐射率，曾称为黑度。物体的辐射能力(或吸收能力)与同温度下黑体的辐射能力(或吸收能力)之比。单一波长的发射率称单色发射率。表达式为：$\varepsilon = \frac{E}{E_0} = \frac{\alpha}{\alpha_0}$，式中：$\varepsilon$ 为发射率；E、E_0 分别为物体的辐射能力及黑体的辐射能力(W/m^2)；α、α_0 分别为物体的吸收能力及黑体的吸收能力(W/m^2)。

【吸收率】absorption index

参见 2.1.5【吸收率】。

【角系数】angular coefficient

第一个表面 A_1 的辐射能量投射到第二个表面 A_2 上的份数，叫第一表面对第二表面的角系数，用 φ_{12} 表示。它与两个表面的几何位置有关，而与它的表面的温度和黑度无关。两无限大的平行平面，$\varphi_{12} = \varphi_{21} = 1$；一平面 A_1 和一曲面 A_2 形成封闭体系时(附图 a)，$\varphi_{12} = 1$，$\varphi_{21} = A_1/A_2$；一面积为 A_1 的物体被另一面积为 A_2 的物体包围时(附图 b)，$\varphi_{12} = 1$，$\varphi_{21} = A_1/A_2$；两凹面组成一封闭体时(附图 c)，$\varphi_{12} = \frac{f}{A_1}$，$\varphi_{21} = \frac{f}{A_2}$。由以上各式得，$\varphi_{12} \cdot A_1 = \varphi_{21} \cdot A_2$，此式叫互换定理。

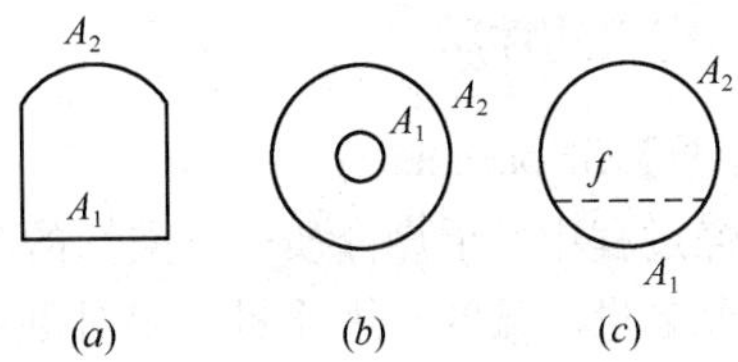

角系数示意图

【气体辐射】gaseous radiation

气体向外界的辐射。单原子、双原子气体

分子的辐射能力极弱，可以忽略。三原子以上的气体分子的辐射能力显著增强。气体没有反射，整个容积都参与辐射和吸收，射线也能透过气体层。气体辐射有选择性，每种气体只能辐射和吸收在普朗克曲线右侧的某几个波段的射线。气体的辐射能力并不与绝对温度的四次方成正比，但为计算方便起见，仍认为是与绝对温度的四次方成正比，其计算式如下：$Q=5.669\varepsilon_{气}\left(\frac{T_{气}}{100}\right)^4$，单位为W；式中：$\varepsilon_{气}$为气体的发射率；$T_{气}$为气体的绝对温度(K)。

【气体辐射系数】gaseous emissivity

气体辐射能力(或吸收率)与黑体辐射能力(或吸收率)的比值，是气体内各组分的发射率的总和。它与气体温度、各组分分压和气体辐射层厚度有关。烟气发射率($\varepsilon_{气}$)的计算式为：$\varepsilon_{气}=\varepsilon_{CO_2}+\varepsilon_{H_2O}-\Delta\varepsilon$；式中：$\varepsilon_{CO_2}$、$\varepsilon_{H_2O}$为二氧化碳与水蒸气的反射率；$\Delta\varepsilon$为校正量，$\Delta\varepsilon=\varepsilon_{CO_2}\cdot\varepsilon_{H_2O}$。火焰的发射率除了考虑气体发射率外，还要顾及所含固体微粒的发射率(可以由实验测得)。

【辐射传热系数】radiation heat transfer coefficient

辐射传热计算中的一个系数。将辐射传热计算式与传热计算通式进行比较后可以得到辐射传热系数。例如，按斯蒂芬-玻耳兹曼定律推算得两固体间的辐射传热计算式为：

$$Q=\varepsilon_n c_b\left[\left(\frac{T_1}{100}\right)^4-\left(\frac{T_2}{100}\right)^4\right]A_1\varphi_1$$

则得辐射传热系数为：

$$\alpha_{辐}=\frac{Q=\varepsilon_n c_b\left[\left(\frac{T_1}{100}\right)^4-\left(\frac{T_2}{100}\right)^4\right]A_1\varphi_1}{t_1-t_2}$$

式中：$\alpha_{辐}$为辐射传热系数[W/(m²·K)]；ε_n为当量发射率，根据参与辐射的两固体发射率和相对位置来决定；c_b为黑体的辐射系数[W/(m²·K⁴)]；T_1、T_2为参与辐射的两固体温度(K)；φ_1为固体1对固体2的角系数；A_1为固体1的面积。辐射传热系数与辐射双方的辐射率和温度有关。

【辐射力】emissive power

单位时间单位面积物体上放射出的总辐射能。以E表示，其单位为W/m^2。

【单色辐射力】monochromatic emissive power

单位波长的辐射力。设在$\Delta\lambda$波段内的辐射能力为ΔE时，辐射强度为$\frac{\Delta E}{\Delta\lambda}$，其极限值为单色辐射力$I_\lambda$，即在某波长时的单色辐射力，其单位为$W/m^3$。

3.2.2 传质基础

【自然对流】natural convection

没有外界驱动力但是流体依然存在运动的情况，引起流体这种运动的内在力量是温度差或者(组分的)浓度差。

【受迫对流】forced convection

也称强制流动，指流体在外界驱动力作用下而产生的运动。

3.3 干 燥

3.3.1 空气的性质

【空气参数】air parameter

干燥过程中，干燥介质——空气的物性数据。如含湿量、温度、热焓量、相对湿度、干球、湿球温度等。空气参数在连续干燥过程中不断变化，例如，在没有外加热源的连续干燥器中，空气的含湿量会不断增加、热焓量不断降低。

【空气绝对湿度】absolute humidity of air

1m³湿空气中所含水蒸气的质量，即该温度及水汽分压下水蒸气的密度，以$\rho_{汽}$表示。当空气被水蒸气饱和时，则称为饱和空气的绝对湿度$\rho_{饱}$，单位为g/m^3。

【空气相对湿度】relative humidity of air

表示空气被水蒸气饱和程度的参数。空气的绝对湿度与同温度下的饱和绝对湿度之比，即空气中水蒸气分压与同温度下饱和水蒸气的分压之比，以 φ 表示：$\varphi=\frac{\rho_{汽}}{\rho_{饱}}=\frac{P_{汽}}{P_{饱}}$，式中：$\rho_{汽}$、$\rho_{饱}$ 分别为空气的绝对湿度及饱和绝对湿度(g/m^3)；$P_{汽}$、$P_{饱}$ 分别为空气中水蒸气分压及饱和水蒸气分压(atm)。

【空气含湿量】moisture content of air

湿空气中，1kg 绝干空气所含的水蒸气质量，以 X 表示：$X=0.622\frac{\rho_{汽}}{\rho_{空}}=0.622\times\frac{\rho_{汽}}{\beta-\rho_{汽}}=0.622\frac{\varphi\rho_{饱}}{\beta-\varphi\rho_{绝}}$，式中：$\rho_{汽}$、$\rho_{空}$ 分别为湿空气中水蒸气及绝干空气的分压(atm)；β 为总压(atm)；φ 为空气相对湿度。1kg 绝干空气所含的最高水蒸气质量为该温度下空气的饱和含湿量。

【空气热焓量】heat content of air

湿空气中 1 kg 绝干空气及其所含水蒸气的热焓量之和。以 I 表示，在 200℃以下，可近似为：$I=1.01t+(1.93t+2490)x$，单位为 kJ/kg 绝干空气，式中：t 为湿空气温度(℃)；x 为空气的含湿量(kg 水蒸气/kg 绝干空气)。

【湿球温度】wet-bulb temperature

在酒精温度计的测温包处，用经常保持湿润的湿布包裹时所测得的温度。此时湿布上水分蒸发所需潜热及空气传给湿布的显热达到动平衡。湿球温度不是空气的真正温度，而是表明湿空气状态的物理量。空气的相对湿度越低，则湿球温度越低，空气温度与湿球温度差值亦越大。由干球和湿球温度差可以确定空气的相对湿度。

【空气绝热冷却温度】adiabatic cooling temperature of air

也称为绝热饱和温度。在绝热的情况下，较高温度的少量空气与少量的水接触时，空气传热给水，使水升温并蒸发，水蒸气又回到空气中。空气的温度逐渐降低，含湿量逐渐增加，当空气传给水的热量与水汽化所需的热量达动平衡时，水的温度维持不变。而空气由于继续传热给水，使水进行汽化，故温度仍不断降低，则含湿量不断增加，最后，达饱和时空气的温度为空气绝热冷却温度，其温度约等于湿球温度。

3.3.2 水分的性质

【露点】dew point

保持湿空气(或其他气体)中湿含量不变的条件下而使其冷却，至水蒸气达到饱和状态而凝结出露水时的温度。

【自由水】free water

又称机械结合水，或称为非结合水。它是指存在于物料表面的润湿水分，孔隙中的水分以及粗毛细管(直径大于 10^{-4} mm)中的水分。这种水分与物料结合力很弱，属于机械混合，干燥时容易除去。它所产生的蒸气压与液态水在同温度时所产生的蒸气压相同。在自由水排除阶段，物料颗粒将彼此靠拢，产生收缩现象，干燥速率不宜过快。自由水低温下会结冰，对水泥石的抗冻、抗渗性有很大影响。

【大气吸附水】hydroscopic moisture

又称物理化学结合水。指存在于物料的细毛细管(直径小于 10^{-4} mm)中的水分以及物料表面由于吸附作用所形成的水膜，在干燥时较难除去。它所产生的蒸气压小于液态水在同温度时产生的蒸气压。

【化学结合水】chemical combined water

又称结构水，与物料呈化学状态结合的水。即物料矿物分子结构内部的水分。在干燥过程中，不能除去。

【临界水分】critical moisture content

干燥过程中的等速阶段终了时物料所含的水分含量，由此点开始进入降速干燥阶段。此时物料表面的水蒸气分压小于水在同温度时的蒸气压。

临界水分值不是固定不变的，它与物料表面水分汽化速率、物料厚度、物料内的扩散阻力的大小等有关。表面水分汽化速率大、物料厚、内扩散阻力大时，临界水分较高。

3.3.3 干燥过程及计算

【理论干燥过程】theoretical drying process

维持干燥介质热焓量不变的干燥过程。在没有热量散失到环境，也没有热量用于加热运输设备和物料的条件下，干燥介质降低温度所放出之热全部用于蒸发水分，而蒸发的水蒸气又把热量带回干燥介质中。

【实际干燥过程】practical drying process

干燥介质的热焓量变化的干燥过程，由于物料以及输送设备吸热，并且有热量向外界散失，有时尚有热量补充，因此热焓量在干燥过程中不断变化。当补充热量与消耗热量相等时，则接近理论干燥过程。

【等速干燥阶段】constant rate stage of drying

物料在干燥过程中干燥速率恒定的阶段。当干燥介质的条件(温度、湿度、速度等)恒定以及物料表面保持润湿时，物料内部水分向表面扩散速率等于表面水分汽化速率，此时水分汽化仅在物料表面进行。由于干燥介质的条件恒定，物料表面的温度也维持不变(相当于干燥介质的湿球温度)，故而传热速率以及水分汽化速率(即干燥速率)均保持恒定。在此阶段中，干燥速率主要决定于干燥介质的条件。

【降速干燥阶段】retarding stage of drying

物料在干燥过程中干燥速率不断下降的阶段。当物料内部水分向表面扩散的速度小于物料表面水分汽化速率时，干燥速率下降，物料温度升高，蒸发表面逐渐内移。由于水分减少，内扩散阻力显著增加，故而干燥后期的干燥速率下降甚剧。在此阶段中，干燥速率主要由干燥介质的温度、湿度以及物料结构、厚度等决定。

【平衡干燥阶段】balance stage of drying

物料蒸发的水分量与从干燥环境中吸收的水分量相等的干燥阶段，此时干燥速度为零，物料蒸发和吸收水分达到平衡。此时物料的水分叫干燥最终水分，该水分不应低于贮存时的平衡水分。

【水分的内扩散】interior diffusion of water

坯体内部水分扩散至表面的过程，内扩散主要靠扩散渗透力和毛细管的作用力，并遵循扩散定律。

【水分的外扩散】external diffusion of water

坯体表面水分汽化，并通过气层膜向外界扩散的过程。

【热湿传导】thermo-hydro conduction

坯体内由于温度差而引起的水分移动现象。温度不同会使水分子的动能、水在毛细管内的表面张力以及空隙中气体压强等不同而使水分子由高温处向低温处移动。用热气体干燥坯体时，表面温度高于中心，热传导使水分向中心移动，此时热传导成为阻力，对干燥不利。

【干燥速率】drying rate

干燥过程中，单位时间、单位面积物体上所蒸发的水量。单位为 kg/(s・m^2)。

【对流干燥】convective drying

热气体以对流方式传热给坯体(物料)而使其干燥的方法。常用的干燥介质为热空气或热烟气，气体温度越高，流速越大，则干燥越快。为了提高对流干燥速率，常使热气体经喷头以较高速度(10～30m/s)向坯体喷吹。若间歇地进行喷吹，在停吹阶段，表面温度略低于内部，这会使热传导方向与湿度梯度方向一致，从而有利于快速干燥。

【工频电干燥】industrial electric drying

将工频电流通过坯体进行干燥的方法。由于坯体整体同时加热，热湿梯度方向一致，干燥速度较快。坯体导电性与含水量成正比，能使坯体得到均匀干燥。但是，在干燥过程中，必须随着坯体水分的减少而升高电压。适用于厚壁大件坯体的干燥。

【高频电干燥】high frequency electric drying

利用高频电场的作用而使坯体内的分子、电子及离子发生振动而导致温度升高将坯体干燥的方法。坯体含水越多，或电场频率越高，则介电损失越大，产生的热能也越多。高频电干燥时，坯体内外同时受热，由于表面水分蒸发带走热量，坯体表面的温度比内部低，因此，热传导与湿传导方向一致，干燥速度较快。高频电干燥设备较复杂，适用于形状复杂、厚壁坯体的干燥。

【红外线干燥】infrared ray drying

利用红外线辐射使坯体干燥的方法。红外线可以由红外灯泡产生，也可用高温烟气加热金属或耐火材料板获得。所用波长为 0.75～40 μm。若采用间歇照射的方法，在停止照射阶段，坯体热湿传导方向相同，能够增加干燥速率。适用于薄壁坯体的干燥。

【远红外干燥】far infrared drying

利用远红外线的辐射作用使物体干燥的方法。用作远红外的辐射材料主要为氧化锆、氧化钴、氧化铬、氧化钇、氧化铁等，将它们涂于碳化硅板和金属加热管上，加热到400～500℃，即可辐射远红外线。适用于薄壁坯体的干燥。

【微波干燥】microwave drying

利用微波的辐射作用，使坯体干燥的方法。微波波长为0.001～1 m，通常使用的频率是2450MHz，由微波发生管产生。微波频率高，产生的热量大，加热效果比高频电干燥好；微波的穿透深度比红外线大，有利于热湿传导。水是极性物质，能够强烈地吸收微波，因此，水分多的地方温度高，干燥得快，易使干燥均匀。设备较为复杂，适用于形状复杂坯体的干燥。

【真空干燥】vacuum drying

在真空条件下，将物料干燥的方法。在真空容器中，物料中的水分可以在较低的温度下汽化，因此适宜于在高温下易分解或易氧化物料的干燥，热耗较常压干燥低。

【喷雾干燥器】spraying dryer

将泥浆雾化后进行干燥的一种连续式干燥器。由干燥塔、雾化器、泥浆泵、热风炉、收尘装置、卸料装置和尾气处理装置等组成。泥浆由泵送入雾化器，雾化成细小液滴，与热气体充分接触而干燥。根据雾化方法的不同，可以分为压力法、气流法、离心法等；根据热气体和泥浆流向的不同又分为逆流式、顺流式、混合式等。

【综合干燥】multiple drying

亦称为复合干燥，这是指利用两种或两种以上干燥方法同时或先后对物料进行干燥的过程。比如，同时利用红外线和热风的综合干燥，红外线加热快，热湿传递方向一致，热风能够将水蒸气及时带走，从而获得较好的干燥效果；再如，在物料含水率高时利用微波或者工频电干燥将物料的大部分水分去除，然后利用热风干燥将剩余的水分去除，这样既能够提高干燥效率又能够提高干燥质量。

【干燥制度】drying schedule

干燥制度是指为获得理想的干燥效果而确定的干燥方法、各阶段的干燥速度以及干燥介质的种类、温度、湿度、流量与流速等。理想的干燥制度是指在合理的能耗下和最短的时间内获得无干燥缺陷物料的制度。

【热交换】heat exchange

热交换就是由于温差而引起的热量传递过程，与3.2.1中【传热】的定义相同。热交换一般通过热传导、热对流和热辐射三种方式来完成。

在硅酸盐工业中利用高温流体间接地加热低温流体的热交换过程通常是利用烟气或过热蒸气来间接加热空气。用烟气加热时，空气在管内，烟气在管外；用过热蒸气加热时，蒸气在管内，空气在管外，根据热交换器所用材质的不同，有金属质换热器或陶瓷质换热器；根据结构的不同，有平滑管换热器，翅片式换热器或整体换热器等；根据冷、热气体流向的不同，又有顺流式、逆流式或错流式换热器。

3.4 燃料及燃烧

3.4.1 燃料及其性质

【固体燃料】solid fuel

用以产生热量或动力的固态可燃性物质。大多是含碳物质或碳氢化合物(碳氢化合物又称为烃)，天然的有木柴、煤、油页岩等，经过加工的有焦炭、木炭等。固体燃料的燃烧设备简单，在硅酸盐工业中多使用烟煤和无烟煤。

【液体燃料】liquid fuel

用以产生热量或动力的液体可燃物质。主要为碳氢化合物(或称为烃)或其混合物。例如石油精炼后的分馏产物：重油、柴油、煤油、汽油等。灰分极少，热值可高达$(4.0\sim4.6)\times10^4$kJ/kg燃料，火焰辐射强，便于运输。液体燃料燃烧时易于自动调节，在硅酸盐工业中主要使用重油和柴油。

【气体燃料】gaseous fuel

能产生热量或动力的气体可燃性物质。其

主要成分为：可燃性的一氧化碳、氢、碳氢化合物(或称烃)以及不可燃的二氧化碳、水蒸气、氮等。气体燃料有天然气、石油气、焦炉煤气、高炉煤气、发生炉煤气、水煤气等。气体燃料不含灰分，便于输送及使用。气体燃料也可以利用劣质燃料制得，例如利用劣质煤气化技术来制取煤气等，这是硅酸盐工业常用的燃料。

【收到基】as received basis

实际收到的煤的组成或热值(过去曾被称为应用基)，下角标用字母 ar 表示。

【空气干燥基】atmospheric dried basis

在室温环境条件下，经过自然干燥，除去外部水分后(具体的制样条件为：在 20℃且相对湿度为 70%的空气中干燥 1h 后的质量变化不大于 1%)的煤组成或热值(过去曾经被称为分析基)，下角标用字母 ad 表示。

【干燥基】dry basis

绝对干燥煤的组成或热值，下角标用字母 d 表示。

【干燥无灰基】dry ash-free basis

理论上无水无灰分煤的组成或热值(过去曾经被称为可燃基)，下角标用字母 daf 表示。

【高位发热量】higher heating value

亦称高热值或高发热量。单位质量或单位体积的燃料完全燃烧后，燃烧产物冷却到燃烧前的温度，并且燃烧产物中的水分在燃烧过程结束后以液态水形式存在时所放出的热量。常用符号 Q_{gr} 表示，其单位为 kJ/kg(固体和液体燃料)或 kJ/m^3(标态体积，气体燃料)。

【低位发热量】lower heating value

亦称低热值或低发热量。单位质量或单位体积的燃料完全燃烧，燃烧产物冷却到燃烧前的温度，并且燃烧产物中的水分在燃烧过程结束后以水蒸气形式存在时所放出的热量。常用符号 Q_{net} 表示，其单位为 kJ/kg(固体和液体燃料)或 kJ/m^3(标态体积，气体燃料)。

【煤的工业分析组成】industry analysis composition of coal

在相关的国家标准中，煤的工业分析组成通常是指包括煤的水分(M)、灰分(A)、挥发分(V)和固定碳(FC)四个分析项目指标的测定总称。煤的工业分析组成是了解煤质特性的主要指标，也是评价煤质的基本依据。通常煤的水分、灰分、挥发分是直接测出的，而固定碳是用差减法计算出来的。如果从广义上讲，煤的工业分析组成还包括煤的全硫分测定和发热量的测定，又叫煤的全工业分析。

【煤】coal

埋于地下的古代植物形成的固体燃料。其化学成分有碳、氢、氧、氮、硫、灰分、水分等，其中主要是碳和氢以有机化合物的形式存在。根据其煤化的程度，可分为泥煤、褐煤、烟煤和无烟煤。

【褐煤】wood coal

煤化程度较低的煤。呈褐色或暗褐色，无金属光泽。挥发物含量高(占可燃物的 40%以上)、含碳少、含氧多、水分高，灰分变动大；易破碎、风化以及自燃，热值低，为 12.48～16.48MJ/kg，在硅酸盐工业中用得较少。

【烟煤】soft coal；bitumite

煤化程度较高的煤，呈灰黑至黑色。着火温度为 400～500℃，稍有金属光泽。挥发物含量较高(占可燃物的 10%～40%)，火焰较长。按燃烧火焰长短又可以分为长焰煤与短焰煤；按照粘结性的不同也可以分为粘结性煤与无粘结性煤。热值为 19.97～29.96MJ/kg。它广泛作为各种工业用的燃料和原料，也是硅酸盐工业中的重要燃料。

【无烟煤】anthracite coal

俗称硬煤或白煤。煤化程度最高，它是形成年代最久的煤。黑色质、坚硬、着火温度为 600～700℃，有金属光泽、含碳量高(一般占可燃物的 90%以上)、挥发分低(2%～10%)，热值高达 29.30MJ/kg 左右。它是重要的工业燃料和原料。

【水煤浆】coal-water slurry

是一种由煤粉、水和少量添加剂经过强力搅拌而成的煤水两相流浆体。它可以像油一样泵送、雾化、储运，并且可以直接用于各种锅炉、窑炉的燃烧。具有低污染、易泵送和燃烧效率高等优点。

【标准煤】equivalent coal

亦称煤当量，具有统一热值标准的能源计量单位。我国规定 1kg 标准煤的热值为 29.27MJ(7000kcal)。将不同品种、不同热含量的能源按各自不同的热值可以换算成 1kg 热值为 29.27MJ 的标准煤。标准煤的计算目前尚无国际公认的统一标准，1kg 标准煤的热值，中国、俄罗斯、日本按 29.27MJ 计算，联合国按 28.77MJ(6880kcal)计算。

【标准煤耗】equivalent coal consumption

参见 7.3.2【标准煤耗】。

【柴油】diesel oil

轻质石油产品的一类，它是天然石油和人工石油经分馏、裂化、焦化等方法制得的燃料。其主要成分为碳氢化合物(或称为烃)，一般分重柴油、轻柴油两类，其黏度较小，流动性好，使用时可以直接喷雾燃烧。

【重油】heavy oil

天然石油或人造石油在提取汽油、煤油和柴油以后所剩下的液态残余物，是流动性差的暗黑色的黏稠质油品。其主要成分为碳氢化合物(或称为烃)，按照恩氏黏度的不同，我国石油标准将其分为 20、60、80、100、200 五个牌号。

【天然气】natural gas

又名天然煤气。它是指蕴藏在地壳内的可燃气体。主要由烃类组成。通常含有 85%左右的 CH_4(甲烷)。其热值高(31.374～37.63 MJ/m^3)，清洁，便于输送。

【石油气】oil gas; petroleum gas

从油井中伴随石油而逸出的气体或炼制石油的副产品。其主要成分是甲烷、乙烷、丙烷与丁烷以及少量的丙烯、丁烯等。液化石油气是石油气的一种，是将石油气中的主要成分甲烷分离，其他成分液化所得的产品，石油气热值高，为 31.37～37.63MJ/m^3，便于输送。

【焦炉煤气】coke oven gas

又名焦炉气。煤在炼焦炉中进行干馏所产生的煤气。主要成分是氢、甲烷和一氧化碳，也含有少量的乙烷、乙烯、氮气和二氧化碳等，其热值为 16.73～18.82MJ/m^3。

【高炉煤气】blast furnace gas

高炉炼铁过程中产生的煤气，含有 25%～28%的一氧化碳和少量的氢、大量的氮气和二氧化碳。它的热值低(3.35～4.18MJ/m^3)，燃烧温度不高，需要与焦炉煤气混合使用以提高热值，混合所得的煤气叫混合煤气。

【城市煤气】city gas

城市家庭用的净化煤气。由煤气公司供给，可以由烟煤干馏、石油裂化等方法制取，或者采用焦炉煤气等。它的热值较高(12.55～18.82MJ/m^3)，可以用于硅酸盐工业。

【发生炉煤气】producer gas

气体燃料的一种。由固体燃料在煤气发生炉中与空气或空气和水蒸气作用而制得。其主要成分为一氧化碳、氢、二氧化碳及较多的氮气。只通空气所得的煤气为空气煤气，热值低，为 4.22～4.60MJ/m^3，通空气与水蒸气混合物而制得的煤气为混合煤气，其热值较高，为 5.02～6.69MJ/m^3，常用于硅酸盐工业。

【水煤气】water gas

由水蒸气和赤热的无烟煤或焦炭在煤气发生炉中作用而产生的煤气。主要成分是氢气、一氧化碳和少量的二氧化碳。热值较高，为 10.04～11.29MJ/m^3。由于在通入水蒸气制造水煤气的过程中炉温降低，所以必须轮流通入水蒸气和空气，制气过程的操作控制复杂，主要用于玻璃加工。

【煤层气】coalbed gas

储存在煤层中以甲烷为主要成分并含有一些烃类的可燃性气体。这是煤的伴生矿产资源，属于非常规的天然气，俗称瓦斯，其热值为 14.63～34.60MJ/m^3。

【清洁能源】clean energy

指能源清洁、高效、系统化应用的技术体系。清洁能源不是对能源的简单分类，而是指能源利用的技术体系。清洁能源的清洁性指的是符合一定的排放标准，清洁能源在强调清洁性的同时也强调经济性。清洁能源包括核能和可再生能源，例如水能、风能、太阳能、生物能、海洋能等，也包括在生产以及消费过程中能够尽可能减少对生态环境污染的非再生能源，例如低污染的化石能源(天然气等)和利用清洁能源技术处理过的化石能源(洁净煤、洁净油等)。

【生物质能】biomass energy

太阳能以化学能形式贮存在生物质中的能量形式，即以生物质为载体的能量。它直接或间接地来源于绿色植物的光合作用，可转化为常规的固态、液态和气态燃料，是一种可再生能源，同时也是可再生碳源。

【显热】sensible heat

物质的状态没有变化而温度发生变化时，物质所吸收或放出的热量。计算时常以 0℃为基准，某一温度下显热的计算公式为：显热(J)＝物料质量(kg)×平均比热容[J/(kg・℃)]×物料温度(℃)。

【潜热】latent heat

物质的温度没有变化而状态发生变化时，物质所吸收或放出的热量。例如每 1 kg 0℃的水蒸气变为同温度液态水时，就放出潜热 24897.54 kJ。

【热值】heat value；calorific value

又名发热量，它是指单位质量或体积的燃料完全燃烧时所放出的热量。这是表示燃料质量的重要标准之一。可以用量热计直接测定，或者由燃料分析结果算出。有高热值和低热值之分，高热值是燃烧产物中的水蒸气冷凝为 0℃水所放出的总热量；低热值是燃烧产物中的水蒸气冷至 20℃的水蒸气时所放出的总热量。高热值是科学技术上用以衡量发热量的标准，低热值则较为切合实际情况。

【爆炸范围】explosion limit

可燃气体与空气按一定的比例混合，形成会爆炸混合物的比例上限与下限。常用混合物中可燃气体含量的百分数表示，这与可燃气体的物理性质和混合气的组成有关。

【闪点】flash point

参见 2.1.1【闪点】。

3.4.2 燃料燃烧及燃烧技术

【燃点】ignition temperature；ignition point

参见 2.1.1【燃点】。

【理论空气量】theoretical air for combustion

单位质量(或单位体积)的燃料完全燃烧时，理论上所需空气的体积(m^3)。可以根据燃料组成，按照化学反应式来进行计算，也可以根据燃烧的热值用经验公式计算。

【空气过剩系数】excess air coefficient

燃烧时实际所用空气量与理论上所需空气量的比。与燃料种类、燃烧条件、燃烧室的结构有关。空气过剩系数大于 1 为氧化气氛，小于 1 为还原气氛，接近于 1 为中性气氛，一般用 α 表示。

【理论燃烧温度】theoretical combustion temperature

燃烧时，燃料和空气带入的热量全部用于加热燃烧产物时所能够达到的最高温度。当空气过剩系数为 1 时，即为最高理论燃烧温度。实际燃烧时，有部分热量向外界散失，并且有机械不完全燃烧损失、化学不完全燃烧损失(当燃烧在窑内进行时，尚有部分热量传给物料)，所以实际燃烧温度低于理论燃烧温度。实际燃烧温度和理论燃烧温度之比被称为高温系数。

【气幕】air curtain

在隧道窑和辊道窑的窑顶、侧墙用通风设备分散送入的急速气流幕(状如帷幕)，是用于分隔气体的一种装置。按气幕的作用分为：(1)封闭气幕，以阻止冷空气漏入窑内而设于窑入口端的一道气幕；(2)搅拌气幕，使预热带气体搅动而减少窑内上下温差的气幕，多由窑顶以一定的角度喷入与该处坯体温度相近的气体，迫使上升的较热气体下降而起搅动作用；(3)气氛幕，将来自烧成带的还原性气氛(含有较多的一氧化碳)烟气燃烧成氧化性气氛，即在 900～1000℃气氛转换处设置的空气气幕；(4)急冷阻挡气幕，使产品急冷并且阻挡烧成带烟气倒流至冷却带的空气幕，多设置于最高温度保温烧嘴后的适当位置。

【气体循环幕】circulation curtain

也称循环气幕，为减少窑内上、下温差而采取的一种措施。用风机或喷射泵将热气体自窑的下部(或上部)抽出，然后从上部(或下部)打入，使窑内气体搅动。

【着火温度】ignition temperature

在一定的条件下，燃烧由缓慢的氧化至燃烧的转折点温度为着火温度。高于着火温度时，氧化反应能够自发进行，从而温度升高。各种燃料的着火温度不是固定的，对于固体燃料来说，着火点的高低与挥发分含量、颗粒表面积及导热系数的大小、燃烧环境中氧气浓度等都有关系。挥发分含量越高，着火点越低；颗粒越细，表面积越大，着火点越低；导热系数越小，着火点越低；氧气浓度越高，着火点越低。对于液体燃料和气体燃料来说，与火焰接触它们的情况和外界压强的大小也有关系。

【延迟着火】ignition delay

燃料加热至着火温度后，需要经过一定的感应期，温度继续升高后才能燃烧的现象。由于燃料中气态组分的燃烧按连锁反应进行，在反应初期，会有一个高能量的连锁刺激物(中间活性物)的激发产生过程(感应期)，此阶段并不放出大量热能，故不能立即使周围气体温度升高而燃烧。延迟着火时间与燃料中气态组分的种类、燃烧环境温度及压强有关，温度愈高或压强愈大，延迟着火时间就愈短。

【燃烧】combustion

指燃料中的可燃物与氧气发生剧烈的氧化反应，产生大量的热量并伴随有强烈发光的现象。燃烧有完全燃烧和不完全燃烧之分，完全燃烧是指燃料中的碳、碳氢化合物等可燃物全部燃烧生成了二氧化碳、水等不可燃组分；不完全燃烧是指有部分可燃物未完全参与反应，燃烧产物仍有一氧化碳等可燃组分存在。

【燃烧室】combustion chamber

为燃料燃烧提供燃烧空间的装置或供燃料燃烧与传热、传质同步发生的窑炉火焰空间。燃烧室必须有足够的空间，其大小根据每小时的耗热量以及空间热强度(每小时每立方米空间允许产生的热量)来确定。

【火焰】flame

燃料燃烧时发光发热的那部分气体。火焰可以分为三部分：(1)焰心：中心黑暗部分，即未燃烧部分；(2)内焰：包围焰心的最明亮部分，即正在燃烧的部分，含游离碳，燃烧发出强光；(3)外焰：无色，完全燃烧的部分，温度最高。烃类气体燃烧时，逐渐分解裂化为分子量较小的碳氢化合物或游离碳，在高温下这些物质能够发出耀眼的光亮及颜色，这种燃烧称为有焰燃烧。若煤气和空气在燃烧前充分混合，一经点火即迅速燃烧完毕，温度甚高而无明显火焰，这种燃烧称为无焰燃烧。液体燃料燃烧时，经过雾化、汽化或裂化产生可燃性碳氢化合物，以及固体燃料燃烧时分解所得的挥发物燃烧，均可以产生发光火焰。

【中性焰】neutral flame

燃料完全燃烧时，燃烧产物中无多余氧气，也无残存可燃物的一种火焰，即当燃料燃烧时所供的空气量与燃料完全燃烧所需空气量相等，空气过剩系数 $\alpha=1$ 时所产生的火焰。中性焰温度最高，但是在生产上较难控制。

【氧化焰】oxidizing flame

燃料完全燃烧时，燃烧产物有多余氧气存在的一种火焰，即燃烧时供给燃料足够的空气量，空气过剩系数 $\alpha>1$。在一定的空气过剩系数范围内，氧化焰温度高，焰短且热冲击力大。

【还原焰】reducing flame

燃料燃烧不充分，燃烧产物中含有一定量一氧化碳等不完全燃烧产物的火焰，即燃料燃烧时供给空气量不足，空气过剩系数 $\alpha<1$ 得到的火焰。与氧化焰相比较，还原焰火焰较长，温度较低、热冲击力较小。

【火焰的传播】propagation of flame

可燃混合气局部着火燃烧后，已经燃烧的地带(燃烧产物)和尚未燃烧的地带(静止未燃的或新喷入的可燃混合气)被正在进行燃烧反应的薄层所分开，这一薄层的几何表面叫前焰面(火焰面)；前焰面将热量传给未燃烧地带，这使新的未燃烧混合气体温度提高，着火燃烧，从而形成一个新的火焰面，如此向前推进。这种火焰面不断向未燃气体方向移动，把燃烧过程逐渐推进到整个混合气体容积中去的现象叫火焰的传播(扩散)。

【火焰传播速度】propagation velocity of flame

火焰面移动的速度称火焰传播(扩散)速度(u_f)，也就是指单位时间内，在火焰单位面积上所烧掉的气体体积($m^3/m^2\cdot s$)，其方向与焰面垂直，故又称法向火焰传播速度($u_{n,f}$)，常以 m/s 表示。各种气体燃料燃烧的火焰传播速度与燃气种类、燃气与空气比例、混合气体压强和温度有关。当燃烧发生在湍流流场时，火焰传播速度还与燃烧管道的尺寸、湍流参数(湍流强度、湍流尺寸等)有关。在过量空气系数 α 值接近于1而略小于1时，火焰传播速度出现最大值。提高气体混合物的初温，可使邻近层的混合气体较早地达到着火温度而燃烧；增加燃烧管的尺寸时，管壁的冷却效应降低，可使单位体积气体的散热量相对减少，因而可提高火焰的传播速度。

【回火】flash back

火焰根部从燃烧道(或燃烧室)回到烧嘴中的异常现象。当可燃气体与空气的混合物经喷嘴喷入炉、窑内，气体流速逐渐降低，同时由于接受窑内燃烧产物传出的热量，温度逐渐升高至着火温度以上而燃烧。当混合气体的喷出速度较火焰扩散速度小很多时，则火焰根部可能移至喷嘴中，发生"回火"而有产生爆炸的危险。因此，要保证火焰稳定燃烧，应根据火焰传播速度来控制可燃气体与空气混合物的喷出速度，使火焰根部稳定于合适的位置。

【烧成气氛】firing atmosphere

在烧成过程中，窑内气体所具有的氧化还原性质。有氧化、还原及中性三种。当含有过剩的 O_2 时，称为氧化气氛；当含有一定量的CO(或在电窑内通入CO、H_2)时，称为还原气氛；当无过剩的 O_2 和CO时，则称为中性气氛。

【氧化气氛】oxidizing atmosphere

热工窑炉或容器内的燃烧产物中有 O_2 存在时称为氧化气氛。

【还原气氛】reducing atmosphere

热工窑炉或容器内的燃烧产物中有CO等还原成分存在时称为还原气氛。

【半煤气操作】semi-gas firing

是燃烧固体燃料时的一种操作方法。是指由火箱进入窑内燃烧的气体中，可燃气体中CO含量约相当于发生炉煤气中CO量半数的一种操作。通常当燃料层厚度较大。从炉栅底部进入的空气量不足，使燃料不能在燃烧室内完全燃烧，有15%左右的CO进入窑内再燃烧，即属于此种操作。烧固体燃料的窑炉，在高温时，采用半煤气操作，对窑温均匀和持续地缓慢升温有利。

【完全燃烧】complete combustion

燃料在一定的条件下(可以是在氧气充足或其他条件下)燃烧后的燃烧产物中不再含有可燃物，即灰渣中没有剩余的可燃物，烟气中也没有可燃气体存在时，称为完全燃烧。

【不完全燃烧】incomplete combustion

燃料的燃烧产物中还含有某些可燃物质的燃烧过程。按照发生原因的不同，有化学不完全燃烧和机械不完全燃烧两种。前者是指在燃烧产物中尚残存有CO、H_2、CH_4 等可燃物质；后者是指一部分燃料在燃烧设备内未能参与燃烧，而是以煤核、炭粒、油滴或积焦的形态出现。

【全氧燃烧】oxygen-fuel combustion

用纯度高于90%的氧气助燃，称为全氧燃烧。全氧燃烧具有理论火焰温度高、NO_x 生成量少、热效率高和排放的烟气量少等优点，在玻璃熔制和水泥熟料烧成等过程中的应用表明，其节能减排效果明显。

【全纯氧助燃技术】oxygen-assisted combustion technology

用纯度高于90%的氧气助燃，称为全氧助燃，亦称纯氧助燃。全纯氧助燃技术又分为整体增氧和局部增氧两部分，整体增氧的特点是助燃风用高纯氧气来替代，即全氧燃烧技术；局部增氧助燃技术所配纯氧量仅为所需助燃空气风量的0.5%～15.0%。全氧助燃技术避免了原空气助燃中大量 N_2 的引入，因此可使 NO_x 和烟气量减少，具有明显的环保和节能双重效果。

【富氧燃烧】oxygen enriched combustion；OEC

采用含氧量大于20.93%的空气，即用富氧空气进行助燃称为富氧燃烧，简称OEC。富氧燃烧具有明显的节能和环保效果。在同一温度下，富氧浓度越高，燃烧越完全，节能和环保效果越好。富氧空气的制取方法主要有三种：一是深冷法制得纯氧，再与普通空气勾兑而得；二是变压吸附法制得；三是富氧膜分离法制得。

【低氧燃烧】low oxygen combustion

在燃烧过程中，用含氧量较低的助燃空气，从而使燃烧后烟气中的残余氧很少的燃烧技术称为低氧燃烧。一般控制空气过剩系数低于1.05。低氧燃烧节能明显，并且可以减少氮氧化合物生成量，有利于环境保护。

【蓄热燃烧】high temperature air combustion

亦称高温空气燃烧。通过高效蓄热材料回收烟气余热，将助燃空气从室温预热至高达800～1000℃以上高温，而且使排烟温度控制在露点以上，150℃以下范围内，蓄热燃烧最大限度地回收烟气余热，炉内燃烧温度均匀，热效率高，排放量少。

【一次空气】primary air

燃烧时最初和燃料接触或最初和燃料混合的空气。煤燃烧时，从炉栅下面通入的空气。煤粉燃烧时吹送煤的空气以及烧油时雾化用的空气均为一次空气。一次空气不足时，出现不完全燃烧，送入二次空气后，才能够达到完全燃烧。

【二次空气】secondary air

为了使燃料完全燃烧而二次送入的空气。一般经预热后送入，从而保证有较高的燃烧环境温度。另外，在高速等温喷嘴中，通入二次空气，使入窑的燃烧产物降至合适的温度。

【三次空气】tertiary air

在生产水泥熟料的预热式窑外分解炉中，进入分解炉的热空气被称为三次空气，或者称为三次风。在热风送粉的储仓式制粉系统中通过专用喷口送入炉膛的空气也称为三次空气。

【燃烧产物】combustion product

燃料燃烧时所生成的高温状态气体产物。其组成为CO_2、$H_2O(g)$、SO_2、N_2、O_2、CO、NO_x等，也叫作烟气。烟气经与要加热的物料热交换后温度降低，排出窑外的气体(包括其他无用的需要排除的气体)叫作尾气或者废气。

【火箱】fire box

固体燃料燃烧的装置。由炉膛、炉栅(炉篦)、加煤口、灰坑、挡火墙以及喷火口组成。炉膛提供燃烧空间；炉栅支持煤层并分配一次空气；挡火墙、喷火口使燃烧产物具有一定的流动方向及速度，并阻挡细煤粒进入窑内。炉栅有梁状或板状两类。根据设备情况不同，又有水平式、倾斜式及阶梯式炉栅之分。根据燃烧情况不同，又有完全燃烧与半煤气火箱两种；前者煤层较薄、空气用量较多；后者煤层较厚，空气送入量较少，从而产生还原反应，生产的CO气体连同挥发分一起入窑。半煤气火箱常采用阶梯式与水平式炉栅相结合的火箱。

【短焰烧嘴】short flame gas burner

煤气与空气在烧嘴内进行部分混合的一种烧嘴。火焰较短，其长度决定于煤气与空气混合的好坏，一般为1.0～1.5 m。短焰烧嘴由煤气喷嘴、空气喷嘴、混合管和燃烧通道四部分组成，如附图所示。常用于硅酸盐工业窑炉。

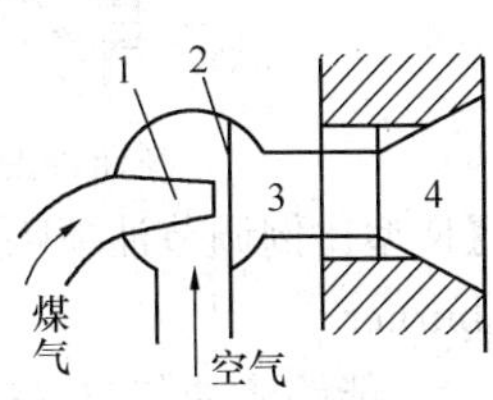

短焰烧嘴示意图
1—煤气喷嘴；2—空气喷嘴；3—混合器；4—燃烧通道

【长焰烧嘴】long flame gas burner

煤气和空气不在烧嘴内混合的一种烧嘴。火焰较长，一般为2～3 m。多做成套筒式，煤气在中心管喷出，空气在中心管外的套管喷出，燃烧推迟，火焰长。

【无焰烧嘴】flameless gas burner

煤气与空气在烧嘴内充分混合的一种烧嘴。由喷嘴喷出的煤气和空气混合物，经点火立即燃烧完全，几乎看不到火焰。由煤气烧嘴、空气吸入口、混合管、燃烧道组成，如附图所示。高压煤气(或高压空气)自喷嘴喷出，在喷口周围造成一个负压，将空气(或煤气)吸入扩散形的混合管中，混合后进入燃烧道中燃烧。

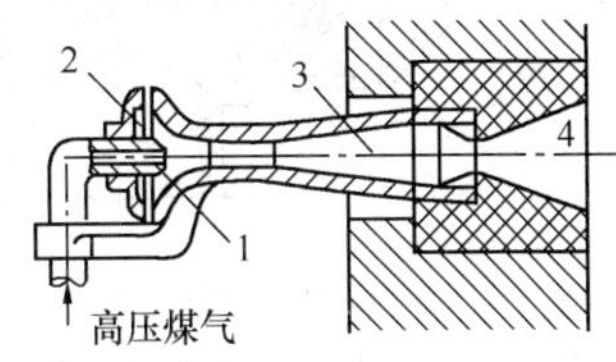

无焰烧嘴示意图
1—煤气喷嘴；2—空气吸入口；3—混合管；4—燃烧通道

【高速等温烧嘴】iso-jet burner

燃烧产物以高速喷入窑内的一种无焰喷嘴。煤气与空气在烧嘴内的燃烧室中完全燃烧后在混合室内掺入适量的二次空气，以达到所需要的温度，而且以高速(100 m/s以上)喷入窑内，从而可以强化对流，并且使窑内温度均匀，如附图所示。

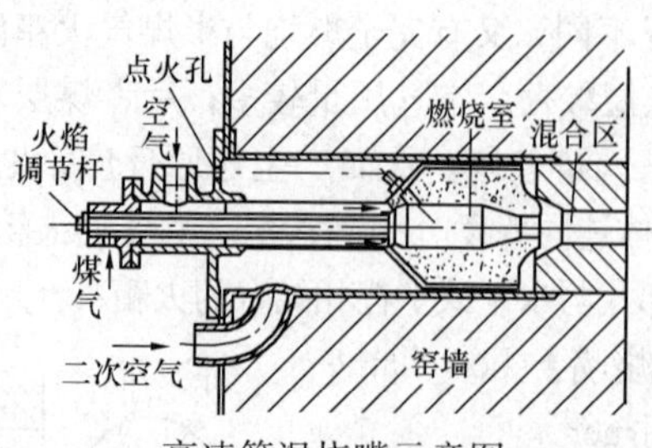

高速等温烧嘴示意图

【R型比例调节油喷嘴】R-proportioning oil burner

能够将油与空气按比例调节的喷嘴，结构见附图。当旋转调节杆时，带动旋塞芯旋转，改变旋转芯上V形槽的截面积，可以控制进油量的多少；同时空气喷头也旋转且前后移动，改变了喷头与壳体之间的截面积，从而控制空气量的多少，达到了比例调节的目的，而且重油经三级雾化，雾化效率好。但是结构复杂，对于材质的要求高。

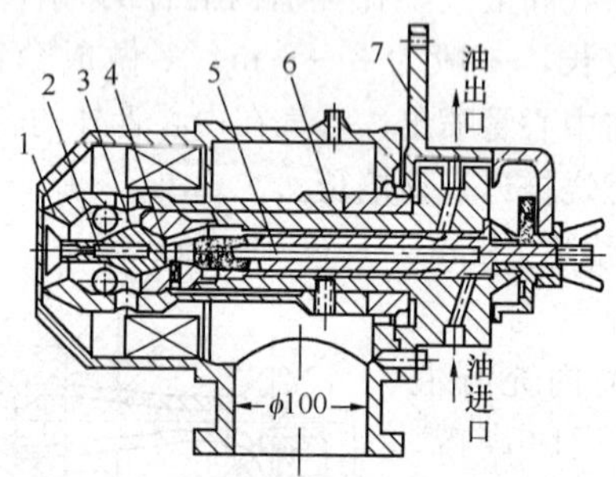

R型比例调节油喷嘴示意图
1—空气喷头；2—油喷头；3—旋塞体；4—旋塞芯；5—油管；6—转动套筒；7—调节杆

【蓄热式烧嘴】regenerative burner

是一种通过蓄热体从窑炉烟气中回收热量来预热空气的烧嘴。主要是由蓄热体、燃料喷口、高温空气喷口、绝热管道、换向阀等组成。通常，在烧嘴上安装有四个蓄热室和相应的四个独立的气体通道，相对的两个蓄热室和气体通道组合成一个工作组。这样，一个工作组在喷射火焰，另一个工作组就起排烟蓄热的作用，经过一段时间后再通过换向阀进行切换。蓄热式烧嘴主要应用于工业燃气的加热领域，以低 NO_x 排放而且具有很高的燃烧热效率著称。它是继自身预热式烧嘴后的又一大技术进步，应用于锻造炉、热处理炉、金属熔化炉和玻璃池窑等窑炉中。

【脉冲式烧嘴】pulse burner

是一种采用间断燃烧的方式，即通过调节燃烧时间的占空比(通断比)来使烧嘴周期性燃烧，热量交替输出的烧嘴。脉冲式烧嘴燃烧气体出口速度快，带动周围的气体，使炉内的气体循环量大为增加，一般可以达到原来的10倍以上，对炉内气体的搅拌作用十分强烈，使炉内温差缩小。在一定范围内，烧嘴燃烧的脉冲周期越小，热气流对流越强烈，温差也就越小。

【预混式烧嘴】premixed burner

将燃料和空气(或氧气)预先混合成较为均匀混合气的一种烧嘴。预混合气在燃烧器内进行着火、燃烧的过程称为预混燃烧。比如，煤气与一次空气先在预混室内混合，然后进入烧嘴燃烧后喷出。预混的方式常采用引射器原理，可以用空气为喷射介质以吸入燃气，或者用燃气为喷射介质以吸入空气。通常采用前者，其优点是喷射介质的压强较高，调节范围较大。

【悬浮预热器】suspension preheater

利用悬浮状态加热和煅烧粉体物料的装置。水泥窑炉的悬浮预热器是构成预分解系统的主要气固反应单元，其主要功能在于充分利用回转窑以及分解炉所排出高温的气流中具有的热焓来加热生料，使之进行预热及部分碳酸盐分解，然后进入分解炉继续受热分解，再在回转窑内完成熟料烧成。

【分解炉】calciner；precalciner

参见7.3.2【分解炉】。

【热优良度】temperature coefficient

物料在换热单元内的实际温度升高值与气体及物料进入系统的原始温差的比值，它是衡量预热器系统气固两相换热效果的一个参数，又称为温度系数。

【容积热力强度】volumetric heat load

又称为容积热负荷，是单位时间供给(或产生)的热量与炉膛容积的比值，即单位炉膛容积的热功率，单位为 kW/m^3。比如，回转窑烧成带内单位容积、单位时间内所承受的热量。

【截面热力强度】sectional thermal load

又称为截面热负荷，是单位时间供给(或产生)热量与炉膛截面积的比值，即单位炉膛截面积的热功率，单位为 kW/m^2。比如，回转窑烧成带单位截面积、单位时间内所承受的热量。

【洁净煤技术】clean coal technology

是指煤炭从开采到利用的全过程中旨在减少污染物排放与提高利用效率的加工、转化、燃烧及污染控制等的新技术，具体包括洁净生产技术、洁净加工技术、高效洁净转化技术、高效洁净燃烧技术和燃煤污染排放治理技术等。

3.5 工程研究基本理论及方法

3.5.1 基本理论

【连续方程】continuity equation

是质量守恒定律在流体力学中的具体表述形式。它的前提是对流体采用连续介质模型，速度和密度都是空间坐标及时间的连续、可微函数，其连续方程的微分形式为：$\frac{\partial \rho}{\partial t}+\nabla \cdot(\rho u)=0$，式中：$\rho$ 是流体质量密度；u 是流速矢量场，两者相乘后为质量通量。假设流体是不可压缩流体(即密度 ρ 是常数)，则质量连续性方程可以简化为体积连续性方程：$\nabla \cdot(u)=0$，事实上，并不存在完全不可压缩的流体，但是在工程应用中，流体密度不变的假定可使问题大为简化。

【动量方程】momentum equation

是动量守恒定律在流体力学中的表达形式。物体连续运动时，除了受质量守恒的约束外，还应当遵循牛顿第二运动定律所反映的动量守恒规律，即单位体积流体某方向动量的增加率等于该方向动量的净流入率与作用于它的该方向外力之和。或者说，作用于流体系统上的所有外力之和等于该系统内流体动量的变化率。对于一个控制体，动量方程表示为：

$$\frac{\mathrm{d}}{\mathrm{d}t}(m\vec{u})_{\mathrm{s}}=\sum\vec{F}=\int_{\mathrm{cv}}\frac{\partial(\rho\vec{u})}{\partial t}\mathrm{d}V+\oint_{\mathrm{cs}}\rho\vec{u}\,(\vec{u}\cdot\vec{n})\mathrm{d}A$$

式中：下标 s、cv 和 cs 分别表示系统、控制体体积和控制体表面。关于此式，需要强调以下三点：u 是流体相对于某一惯性坐标系的速度，如果坐标系运动则应当考虑相对速度，而且，在非惯性系中还必须要考虑惯性力；$\sum\vec{F}$ 是作用在控制体上所有力的矢量和，包括表面力以及质量力，整个方程为矢量式，在直角坐标系中有三个分量式；类似于质量流量，我们可以称式子右边第二项为动量通量，式中 $\vec{u}\cdot\vec{n}$ 为速度矢量与控制面外法线方向上的单位矢量的点积，对于流入控制体应为负，流出为正。控制体形式的动量方程是流体力学中最常用的基本方程之一，其优点在于：只要知道控制体进出口的流动情况，就可以得出作用在控制体上的力，而无需知道控制体内部的流动细节。

【能量方程】energy equation

分析计算热量传递过程的基本方程之一，通常表述为：流体微元的内能增量等于通过热传导进入微元体的热量、微元体中产生的热量以及周围流体对微元体所做功之和。此方程是对于非等温流动系统进行能量衡算所得的数学关系式，即：$\rho\frac{DU}{Dt}=\rho\frac{DQ}{Dt}-\rho\frac{pDV}{Dt}+\varphi+q_i$，式中：$\rho$ 为密度；$\frac{DU}{Dt}$ 为内能 U 对时间 t 的随体导数，表述为单位体积流体内能的变化率；$\frac{DQ}{Dt}$ 为周围流体以热传导方式输入单位体积流体的热流量；$\frac{pDV}{Dt}$ 为单位体积流体所作的膨胀功率(p 为压强、V 为体积)；φ 为单位体积流体在单位时间内由摩擦使机械能变为内能之值；q_i 为单位时间单位内体积流体产生的热量(例如反应热等)。

【数学模型】mathematical model

是运用数理逻辑方法和数学语言建构的科

学模型或工程模型。它是将数学理论与实际问题相结合，利用数学的概念、方法和理论进行深入的分析和研究，从而从定性的角度或定量的角度来刻画实际问题，并且为解决现实问题提供精确的数据或可靠的指导。具体来说，数学模型就是为了某种目的，用字母、数字及其他数学符号建立起来的等式或不等式以及图表、图像、框图等描述客观事物的特征及其内在联系的数学结构表达式。数学模型应当是真实完整、简明实用、能够适应变化的，并且能够通过理论推导、计算机数值模拟计算等方法来获得解答。

【物理模型】physical model

是根据所研究问题的需要，对事物的各个物理因素加以分析，忽略与问题无关或影响较小的因素，突出对问题起作用较大的主要因素，从而抽象出来的一种简单的、近似的、直观的、能够突出客观事物本质特征的模型。

【量纲分析】dimensional analysis

曾经叫作因次分析，它是在物理领域中建立数学模型的一种方法。量纲分析假定所有物理过程都可以用无量纲参数之间的关系式表示，并指明了如何去获取这些参数。通过量纲分析可以检查反映物理现象规律的方程在计量方面是否正确，并能够寻找物理现象的某些规律。

一个物理方程中各项的量纲相同，这就是量纲的齐次原则。量纲分析中物理量的数目、基本量纲和无量纲准数之间的关系服从 π 定理，即：设影响某现象的物理量数为 n 个，这些物理量的基本量纲为 m 个，则该物理现象可用 $N=n-m$ 个独立的无量纲数准数关系式表示。1915 年 W. Nusselt 将量纲分析用于换热分析，首次系统概括了以前的实验，并且规划了新的实验。

3.5.2 研究方法

【相似模拟】similar simulation

是借助与原型相似的物理模型，利用相似理论间接地研究客体原型的一种实验方法。凡发生在几何相似空间中的两个物理现象，如果每一个同名的物理量在任何对应的位置和对应的时间都各保持一定的比例，这两个现象就相似。即相似的现象，在对应的地点和时间，同名的无量纲数(相似准数)相等。相似模拟使得利用物理模型试验研究各种不同的工程设备成为可能，曾经是进行热工研究必不可少的手段之一。

相似模拟只限于用同一些物理量做相同数学描述的同类现象，对于数学描述相同但是物理量不同的数学相似问题，则被称为比拟模拟或者物理模拟，比如，用电模拟稳定导热等。

【数值模拟】numerical simulation

又称为计算机模拟，是指依靠电子计算机，结合有限差分、有限单元或有限容积等方法，通过数值计算对工程问题、物理问题乃至自然界各类问题进行模拟和研究。数值模拟实际上是用计算机来做实验。一般包含以下几个步骤：建立反映问题(工程问题、物理问题等)本质的数学模型，即建立反映问题各量之间关系的微分方程以及相应的定解条件；确定计算方法；编制程序和进行计算；数值结果的分析和图像显示。

【有限差分法】finite difference method

是计算机数值模拟最早采用的方法，至今仍被广泛运用。该方法将求解域划分为差分网格，用有限个网格节点代替连续的求解域。有限差分法以 Taylor 级数展开等方法，把控制方程中的导数用网格节点上函数值的差商代替，从而实现离散化，然后建立以网格节点上的值为未知数的代数方程组。该方法是一种直接将微分问题变为代数问题的近似数值解法，数学概念直观，表达简单，是发展较早而且比较成熟的数值方法。差分格式从精度的角度考虑可以分为一阶格式、二阶格式和高阶格式；从空间形式的角度考虑可以分为中心格式和逆风格式；从时间因子影响考虑，可以分为显格式、隐格式、显隐交替格式等。目前常见的差分格式，主要是上述几种形式的组合，不同的组合构成不同的差分格式。

【有限单元法】finite element method

又称为有限元法，是以变分原理为基础发展起来的数值模拟方法。该方法最早应用于结构力学，后来随着计算机的发展迅速扩展到几乎所有的科学技术领域，从而成为一种丰富多彩、应用广泛并且实用高效的数值分析方法。在有限元方法中，把计算域离散剖分为有限个互不重叠而且相互连接的单元，在每个单元内选择基函数，用单元基函数的线形组合来逼近单元中的真解，整个计算域上总体的基函数可以看作是由每个单元基函数组成的，这样整个计算域内的解可以看作是由所有单元上的近似解构成。

【有限差量法】terminal difference method

求解不稳定导热的一种近似方法。按极限观点，将连续的不稳定导热过程看成为许多互相衔接的稳定导热过程的总和，即采用差商(有限差量之比)代替导数的求解微分方程方法。根据单向热传导的偏微分方程式：$\frac{\partial t}{\partial \tau}=a\frac{\partial^2 t}{\partial x^2}$；式中：$t$ 为温度(℃)；τ 为时间(s)；a 为热扩散率(或称热扩散系数，m^2/s)；x 为厚度(m)。如果用 $\Delta t/\Delta\tau$ 代替 $\partial t/\partial\tau$，$\Delta^2 t/(\Delta x)^2$ 代替 $\partial^2 t/\partial x^2$，可以得到对应的差商方程式：$\frac{\Delta t}{\Delta\tau}=a\frac{\Delta^2 t}{(\Delta x)^2}$，再通过差分计算可以求解出温度和时间、距离的对应值。时间和厚度分得愈细，所得结果愈接近于连续过程。常用于求解加热或冷却时物体内的温度分布，并进而计算物体的蓄热量和放热量。

【蒙特卡罗法】Monte Carlo method

也称统计模拟方法，是 20 世纪 40 年代中期由于科学技术的发展和电子计算机的发明，而被提出的一种以概率统计理论为指导的一类非常重要的数值计算方法。是指使用随机数(或更常见的伪随机数)来解决很多计算问题的方法。当所求解问题是某种随机事件出现的概率，或者是某个随机变量的期望值时，通过某种"实验"的方法，以这种事件出现的频率估计这一随机事件的概率，或者得到这个随机变量的某些数字特征，并将其作为问题的解。在解决实际问题的时候应用蒙特卡罗法主要有两部分工作：(1)用蒙特卡罗法模拟某一过程时，需要产生各种概率分布的随机变量；(2)用统计方法把模型的数字特征估计出来，从而得到实际问题的数值解。

3.6 热 工 测 量

3.6.1 温度测量

【温度测量仪表】temperature measuring meters

用于检测物体温度高低的仪表总称。按其作用原理一般可分为附表所示的五大类。

温度测量仪表分类

名 称	测量范围
膨胀式温度计	−200～500℃
压力式温度计	−60～550℃
电阻温度计	−200～500℃
热电偶温度计	−50～1600℃
辐射式高温计	800～10000℃

膨胀式温度计是利用物体受热膨胀的原理而制作的温度计，例如，工业用水银温度计、双金属温度计等。压力式温度计是利用装于密闭系统内的介质(液体、气体和蒸气)压强，随温度而变化的原理而制作的温度计，例如，液体压力温度计、气体压力温度计、蒸气压力温度计等。电阻温度计及热电偶温度计是利用导体或半导体的电阻值和热电效应与温度的关系制成的。其测量精度高，适用于远传和集中检测控制。辐射式高温计是基于物体的辐射作用而制成的。其特点是敏感元件不与被测介质接触，不必与被测介质达到同样温度，所以测量上限较高，例如，全辐射高温计、光学高温计、比色高温计、热像仪、光色高温计以及红外线温度计等，水泥回转窑烧成带和冷却带物料温度以及分解炉温度测量可采用光电比色高温计或全辐射高温计。

【压力式温度计】pressure thermometer; capillary thermometer

指利用工作介质的体积或压强随温度变化的性质而制成的一类温度计。主要是由温包、毛细管、弹簧管组成的一个密封系统。根据工作介质的不同，分为液体式(充水银)、气体式(充氮气)、蒸气式(充氯甲烷)这三种类型。将温包插入被测温度介质中，当温度变化时，温包内工作介质的压强则会随之发生变化，压强变化经毛细管传给弹簧管，从而带动指针来指示温度，可以用于轴承油温的监视控制。

【光学高温计】optical pyrometer

根据单色辐射强度与温度的关系制成的非接触式测温仪表，测量物体在某一温度下、一定波长（一般选取波长 $\lambda=0.65\ \mu m$ 的红光）的辐射强度。在热辐射中，光线的亮度正比于物体的辐射强度。测量时将物镜对准被测物体，改变流经灯丝的电流来改变灯丝的亮度；当灯丝的亮度与物体的亮度相等时，它们的温度就相同。测量范围在 800～3000℃。光学高温计示意如附图所示。

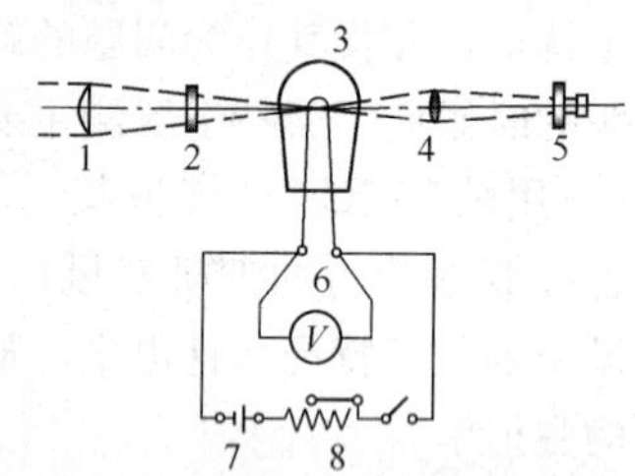

光学高温计示意图

1—物镜；2—灰色滤光片；3—光度计灯泡；4—目镜；5—红色滤光片；6—毫伏计；7—电源；8—可变电阻

【热电偶】thermocouple

测量温度的一种仪器。利用两种不同的导体或半导体连接成闭合回路，焊接端称做热端（或工作端），与导线连接的一端称做冷端。如果两端所处温度不同（热端为 t，冷端为 t_0，$t>t_0$），则在该回路内产生热电动势 E（简称热电势），此种现象称为热电效应，热电偶就是利用热电效应的原理而制成的测量温度的仪器。在热电偶材料已定时，其热电势 E 只是被测温度 t 的函数，用动圈仪表或电位差计测得 E 的数值后，即可换算出被测温度的大小。

【补偿导线】compensating leadwire

用于将热电偶冷端延长至远离高温且温度比较稳定的地方的一种专用导线，有正、负极性。根据热电偶中间温度定则，热电偶测温回路的总电势值只与热端和冷端的温度有关，而不受中间温度变化的影响，所以可以用与热电偶材料相匹配的补偿导线来代替需要延伸的贵重热电偶材料，将参比端由热电偶接线盒延伸到仪表接线端，由补偿导线对原参比端温度进行补偿。选择某一对导线，当其与某种热电偶的热电特性在小于 100℃的范围表现一致时，只要热电偶冷端小于 100℃，并将它与热电偶冷端连结，则相当于将热电偶延长，这样就便于进行热电偶的冷端温度处理，如果所移的冷端处于温度较高或有波动的地方，则此时的补偿导线就失去使用意义。常用的补偿导线有：铜-镍铜合金（配铂铑-铂热电偶），铜-康铜（配镍铬-镍铝热电偶）。镍铬-考铜热电偶、铁-考铜热电偶、铜-康铜热电偶的补偿导线是用其本身材料制成的。

【冷端温度补偿器】cold end compensating unit

利用不平衡电桥所产生的热电来补偿热电偶因为冷端温度变化所引起的热电势变化值。不平衡电桥（亦称补偿电桥）是由锰铜丝电阻 r_1、r_2、r_3 和铜丝电阻 r_{cu} 四个桥臂以及桥路稳压源 U 组成，它串联在热电偶测量回路中。热电偶的冷端与电阻 r_{cu} 感受相同的温度。电桥通常取在 20°时处于平衡（$r_1=r_2=r_3=r_{cu}$），仪表机械零位调到 20°。当冷端温度变化引起热电势变化时，适当选择桥臂电阻和电流数值，可以用电桥产生的不平衡电压 V_{ab} 正好补偿热电势的变化值，仪表即可指示正确的温度，DDZ-Ⅱ型温度变送器则是按照 0℃设计电桥平衡的，因此，仪表的零位调至 0℃。

【辐射高温计】radiation pyrometer

将物体的全部辐射能转变为热电势的非接触式测温仪表。被测物体的辐射能通过物镜、光圈聚焦于热电堆的热端上（热电堆是由几个小型热电偶串联组成），冷端用导线与电位差计或毫伏计联接，见附图。测量范围为 800～3000℃。

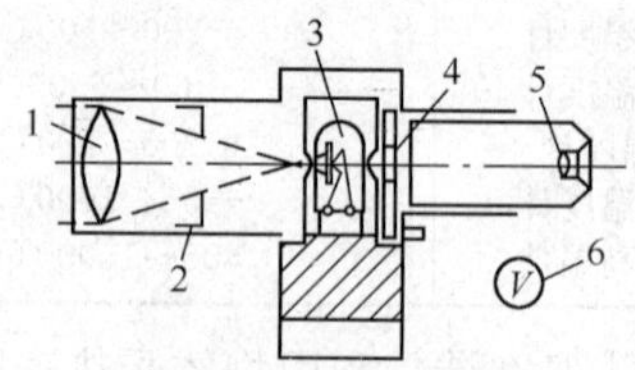

辐射高温计示意图

1—透镜；2—光圈；3—热电堆；4—灰色滤光片；5—目镜；6—毫伏计

【电阻温度计】resistance thermometer

利用导体或半导体电阻值随温度变化的原理而制成的测量仪表。它是由敏感元件、显示仪表以及连接导线所组成。工业上广泛应用的电阻温度计，测量范围为－200～500℃，其特点是精度高，适于测低温。敏感元件为热电阻，常用铜和铂的金属丝绕制而成。对于测量低温和超低温，也可以用铟、锰和碳等热电阻。显示仪表多采用动圈式仪表或电子式平衡电桥，例如，比率计、NCT系列自动圆图式仪表、EQP系列自动平衡电桥、XQC长图自动平衡电桥等。铜热电阻温度计(WZG)用于－50～100℃范围。铂热电阻温度计(WZB)用于－20～500℃范围。

【双色温度计】two-color thermometer

又称光电比色高温计或比色高温计，是根据物体在两个波长下辐射强度的比值随物体温度而变化的原理，用光电元件制成的测高温仪表。物体在各个波长下的单色辐射强度是依照温度而变化的，温度越高，各波长下的辐射能越强。光电比色高温计有单通道与双通道两种形式：双通道是用两个光电元件(例如，光电池)，分别接受两个波长下的辐射能之后产生两个电信号，用显示仪表求其比值并指示记录；单通道则是利用装有滤色片的调制盘，将两个波长下的辐射能交替送到一个光电元件上，其信号经放大、求比值等线路处理，再送到显示仪表。

【红外测温仪】infrared thermometer

利用物体的红外辐射特性(辐射能量的大小及其按波长的分布)与物体温度的关系，通过测量物体自身红外辐射能来确定物体温度的仪器。根据斯蒂芬-玻耳兹曼定律，任何物体在单位面积内的总辐射能量 E 与其绝对温度 T 的四次方成正比，即 $E=\varepsilon c_b\left(\frac{T}{100}\right)^4$ ，式中：c_b 为斯蒂芬-玻耳兹曼常数；ε 为物体表面的发射率。因此，测量物体的红外辐射能量，即可表示物体的温度。红外测温仪主要由传感元件、光学系统、调制器及放大显示部分组成。按测温范围分为测低温、测中温及测高温的红外测温仪。具有测量范围宽、反应速度快、精度高以及非接触测量等优点。在水泥回转窑上，配用自动扫描架，可以自动地连续监视烧成带的筒体表面温度，这对于防止红窑、结圈或长厚窑皮，从而保持长期安全运转有重要作用。

【表面温度计】surface thermometer

测量固体表面温度的一种仪表。常用的表面温度计有热电偶式和半导体式两种。前者系利用热电偶的热接点为感温元件；后者乃利用半导体制成的热敏电阻为感温元件。

【热像仪】thermal imaging system; thermal imager

是将物体发出的不可见红外能量转变为可见的热图像的测温仪器，又称为红外热像仪。所有高于绝对零度的物体都会发出红外辐射，红外热像仪利用红外探测器和光学成像物镜接受被测目标的红外辐射能量，从而获得红外热像图。这种热像图与物体表面的温度场相对应，不同颜色代表被测物体的不同温度。通过查看热图像，便能够观察到被测物体的整体温度分布状况。这可以用于监控窑炉、干燥器以及建筑物等热物体的温度分布和变化。

【袋式测温器】pocket-type thermometer

是一种连续测量水泥回转窑内物料温度的装置。在测点位置的窑筒体上开一圆孔，并将外壁为钢板且内镶耐火材料的袋体焊在开圆孔的筒体外壁上。袋内装有测温元件——热电偶。袋子随窑一起旋转，当袋子旋至下方时袋内充满物料，热电偶测温，并将信号通过补偿导线与固定在窑上的集电铜环及固定在支架上的炭刷传送到温度变送器和显示仪表。当袋子随窑转至上方时，袋内物料倒空，以便转至下方时再装入新料来进行下次测量。为了防止袋子内因为物料粘结而堵死，还装有电动机经皮带传动的旋转式自动清灰装置，该测温装置结构简单、运动可靠。适用于水泥回转窑预热带和分解带入口物料的温度测量。

3.6.2 压力和流量测量

【压力测量仪表】pressure meter

用来测量压强(包括负压和真空度)的仪表。在压强测量中，常有表压、绝对压强、负压或真空度之分。工业上所用的压强指标值大多为表压，即绝对压强与大气压强之差，故绝对压强是表压与大气压之和，工程上采用表压加1(计量单位为 kg/cm^2)便得到被测压强的绝对值。被测压强低于大气压强，称为负压。以绝对零压为基准的微小压强称真空，负压与真空常用毫米汞柱或毫米水柱表示。压强测量仪表一般分为：(1)压力表：测定高于大气压的压强，通常是测定表压。(2)真空表：测定低于大气压的压强，通常是测定真空度。(3)压强-真空两用表：兼测表压和真空度。(4)风压计、通风计：测定数值较小的表压和真空度。(5)气压计：测定大气压。(6)特种测压仪表：例如，高度真空计。工业生产现场多用前四种。按照测压仪表转换原理的不同，大致分为四大类：液柱式、弹性式、电气式及活塞式。

【弹簧管压力计】spring pressure gauge

弹性式压力计的一种。将被测压强值转换成弹性元件(弹簧)的弹性变形而测定压强的仪表。测压范围很广，可从 $0\sim10^{-5}$(最小)到 $0\sim10^{10}$(最大)。构造简单，安装容易，维修方便，价格便宜。弹簧管压力计可以分为单圈弹簧管(又称波登管)压力计和多圈弹簧管压力计。单圈弹簧管测压范围较宽，在工业上应用最广。

【差压计】differential pressure gauge

用于测量压差的一类测压仪表。它是基于流体流动的节流原理，利用流体经过节流装置时产生的压力差进行测量的。常与节流装置配套使用，从而组成差压流量计，测量液体、气体和蒸气的流量。也可以单独用来测量差压。工业应用的差压计主要有玻璃 U 形管式、环秤式、钟罩式、浮子式、膜片式和双波纹管式等。由于水银蒸气对人体有危害，水银浮子差压计国内已不生产，主要生产双波纹管差压计与膜片式差压计。

【双波纹管差压计】double-waved tube differential pressure gauge

按压差-位移转换原理工作的差压测量仪表。主要由双波纹管测量部分、显示部分(指示、记录与累积)构成。测量部分包括双波纹管、基座、连结轴、扭力管、芯轴及量程弹簧等。被测压差 Δp 与双波纹管的位移 δ 成正比，再经芯轴产生扭角位移 $\Delta\varphi$，则 $\Delta\varphi$ 与 Δp 成正比，并作为测量部分的输出信号，传送给显示部分，进行指示、记录和积累流体流量。双波纹管差压计的测量范围为 0～6300mmH_2O，可用来单独测量差压、压强、负压和液位，也可以与节流装置配套使用，测量液体和气体的流量。

【远传压力表】transmissible pressure gauge

远传压力表由一个弹簧管压力表和一个滑线电阻式发送器所组成。适用于测量对钢及铜合金不起腐蚀作用的液体、蒸气和气体等介质的压力。仪表内部设置的滑线电阻式发送器，可以把被测值以电量值传至远离测量点的二次仪表上，以实现集中检测和远距离控制，仪表也能够就地指示压强值，以便于现场工艺检查。

【压力变送器】pressure transmitter

压力变送器是将接受的压强变量按比例转换为标准输出信号的仪表。它能够将测压元件传感器感受到的气体或液体等物理压强参数转变成标准的 4～20mA 直流电信号输出，以供给指示报警仪、记录仪、调节器等二次仪表进行测量、指示和过程调节。压力变送器主要有电容式压力变送器、扩散硅压力变送器、陶瓷压力变送器、应变式压力变送器等。压力变送器根据测压范围可分成一般压力变送器(0.001～35MPa)和微差压变送器(0～1.5kPa)、负压变送器三种。可以用于测量液体、气体或蒸气的液位、密度和压强。

【流量测量仪表】flowmeter

用于检测瞬时流量与总流量的仪表。单位时间内，物质移动的数量或通过管道某一断面的流体数量，叫作瞬时流量，常用 kg/h、t/h 或 m^3/h 表示。在某一段时间内所通过的物质流量的总和(即各瞬时流量的累计值)，称为总流量(常用 m^3 或 t 表示)。工业上常用的流量仪表大致可以如附表所示分为三大类。

常用流量仪表分类

类别	工作原理	流量方程		属于此类流量仪表
		体积流量	重量流量	
速度式	以流体在管道内的流速 u 作为测量依据	$Q=uF$（F 为管道截面积）	$G=Q\gamma=uF\gamma$（γ 为流体重度）	叶轮式水表、差压式孔板流量计、转子流量计、靶式流量计、涡轮流量计、电磁流量计、超声波流量计
容积式	以单位时间内排出的流体固定容积 V 的次数 n 作为测量依据	$Q=nV$	$G=Q\gamma=nV\gamma$	椭圆齿轮流量计、盘式流量计

续表

类别	工作原理	流量方程		属于此类流量仪表
		体积流量	重量流量	
质量式	直接测定单位时间内所流过介质的质量流量 M(kg/h)	$M=FPV$（P 为流体密度）	$G=Mg$（g 为重力加速度）	直接式质量流量计、补偿式质量流量计

在硅酸盐产品生产过程中，为了有效地进行生产操作与控制，需要对生产过程中的气体流量、料浆量、燃料(煤粉或油)量、水量等进行检测，以便为生产过程的自动化和进行技术经济核算提供重要参数。

【流量计】flowmeter

测量流体(气体或液体)流量的仪器。流速测出后再乘以流体断面积，可以换算成流量，因而用流速计也可以间接地测量流体的流量。常用的流速计和流量计有：孔板流量计、毕托管(测流速)、文丘里流量计、喷嘴流量计等。

【孔板流量计】orifice flowmeter

是利用孔板(中心有小孔的薄金属板，装于流体流过的管路中)的节流作用来测定液体流速。由于流体通过孔板时，截面缩小，流速增大而压强降低，于是测量孔板前、后的压差即可推算出流体流速，从而求得流体流量。孔板的形式很多，有圆形、矩形、缺圆孔等。优点是结构简单，制造方便，缺点是压头损失较大。另外，喷嘴流量计与孔板流量计相似，它用喷嘴代替孔板。通过测量喷嘴前、后的压差，推算出流体流速以及流量。其压强损失较小，准确度高。

【毕托管】Pitot tube

也称皮托管，它是测定窑炉内或管道中气体流速的一种仪表，由弯成直角的小套管组成，如附图所示。内管开口正对气体流动方向，测得动压头和静压头之和。它的外管封口，周围小孔的开口截面恰与流速平行，测得静压头。根据测得的压强差，从而计算出被测点的流速。

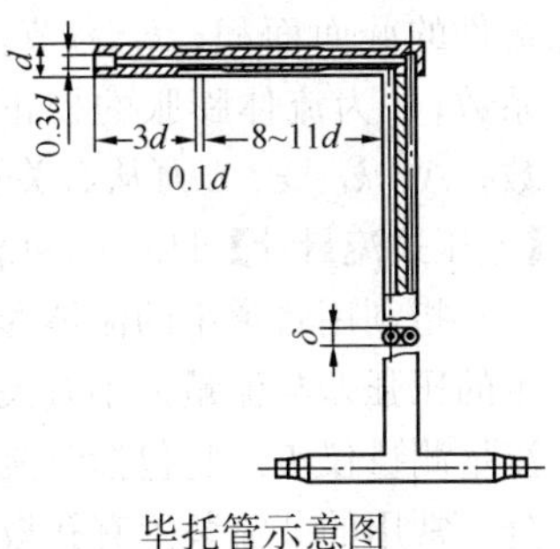

毕托管示意图

【文丘里流量计】Venturi flowmeter

由文丘里管与测压装置组成的流量计。文丘里管是由两端向中间缩小的变截面管子，截面最小处称喉颈，气流通过时，由于截面缩小，流速增大而压强降低，喉颈处流速最大，压强最小，测量喉颈前与喉颈处的压强差，即可算出流体流量。其优点是压头损失小，准确度较高。为了连续检测圆形管道中高温含尘气体的流量，也有毕托-文丘里复合管、双文丘里管以及管道文丘里管流速计。它们适用于水泥回转窑二次风与废气流量测量。

【热线风速计】hot-wire anemometer

将流速信号转变为电信号的一种测速仪器。其原理是将一根通电加热的细金属丝置于气流中，热线在气流中的散热量与流速有关，而散热量导致热线温度变化，从而引起电阻变化，流速信号即转变成电信号。它有恒流式和恒温式这两种工作模式。对于恒流式，通过热线的电流保持不变，温度随风速变化，热线电阻改变，因而两端电压变化，由此测量流速；对于恒温式，热线的温度保持不变，根据所需电流可以测量出流速。恒温式比恒流式的应用更广泛。热线风速仪具有探头体积小，对流场干扰小，响应快，能够测量非恒定流和低速流体等优点，但是不适用于含尘气流中。

【激光多普勒流速仪】laser Doppler velocimetry

是利用激光多普勒效应来测量流体运动速度的仪器。由于是激光测量，对于流场没有干扰，测速范围宽，而且由于多普勒频率与速度是线性关系，和该点的温度、压强没有关系，所以是目前世界上流体速度测量精度最高的仪器。通常由五个部分组成：激光器、入射光学单元、接收或收集光学单元、多普勒信号处理器和数据处理系统。具有非接触测量、线性特性、较高的空间分辨率和快速动态响应、比较容易实现多维流动的测量、能够获得各种复杂流动结构的定量信息等优点。

【斜管微压计】inclined tube micromanometer

一臂倾斜的U形压强计，用于测量微小压强(或压差)的一种仪器。一臂倾斜以放大读数，另一臂为大截面积的瓶状以忽略测量时瓶中液面的升降值，因而可以直接从斜管上的刻度读取液面数据，如附图所示。放大倍数和倾斜角 α 有关，大多数斜管微压计可以调整倾斜角以适应不同压强（或压差）的测量。

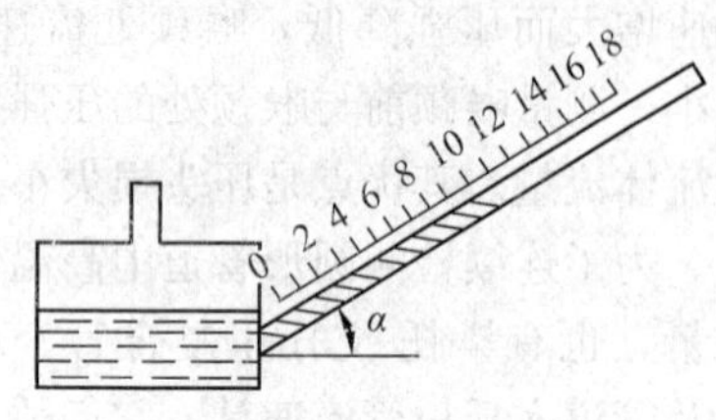

斜管微压计示意图

【补偿式微压计】compensation micromanometer

对容器液面进行光学补偿的一种测量微小压强（或压差）的精密压力计。由两个内装蒸馏水的小容器组成。中间用橡皮管连结。测压前通过容器 2 上的螺母和特殊的光学设备，准确地校正零点位置。测压时，容器 2 固定，用粗、细螺母调节容器 1 的位置。以补偿液面变化而产生的误差，从而达到精确测量的目的，该仪器测量精度较高，但是测量调节很繁烦琐，所以，实际应用不太广泛。

【弹簧膜压力计】harmonic membrane

借助于弹簧膜的变形，测量流体压强的一种仪表。弹簧膜受到待测压强的作用后所产生的弹性变形力会与待测压强形成力的平衡，于是弹簧膜的变形带动指针转动指示出待测压强，如附图所示。

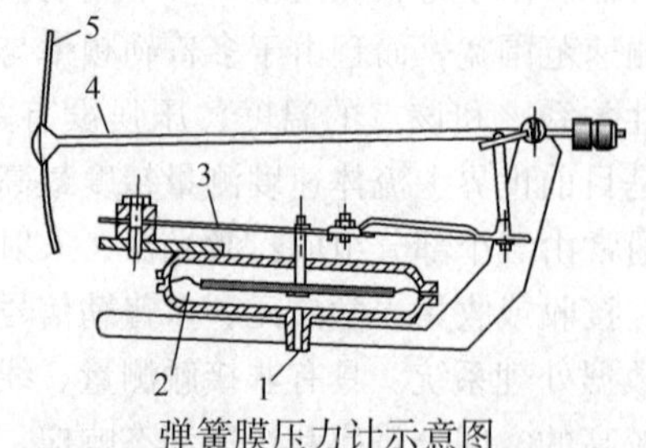

弹簧膜压力计示意图

1—接合管；2—弹簧膜；3—弹簧片；4—传动片；5—标尺

【转子流量计】rotameter

由透明锥形管和陀螺状转子组成的流量计。当液体通过转子与锥形管的环隙时，因为截面发生变化，于是损失了一部分能量，但是也使转子上下产生一个压差。当转子受力达平衡时，即可显示流量，如附图所示。

转子流量计示意图

【复合管气体流量计】compound tube flowmeter

属于差压式流量计一类，它是毕托管和文丘里管的复合形式，又称为毕托-文丘里复合管。毕托管是利用测量管道内全压与静压之差（即动压）来测量流体流速和流量。文丘里管的喉管部分是一个节流装置。流体在横截面不等的管道内流过时，横截面大的地方压强大而被称为高压（正压），横截面小的地方则称为低压（负压），这是因为横截面小的地方流速加大，使一部分静压转换为动压所致。这种流量计采用毕托管的测量原理和文丘里管的增压原理而制成，适用于测量低流速的场合。在水泥生产过程中，利用复合管气体流量计再配合差压计与反吹装置等，便可以测量高温、含尘的窑尾废气与二次风流量，而且不堵塞，工作可靠。

【节流式流量计】throttling type flowmeter

测量管道内流体流速、流量的仪表。利用流体流过节流件时截面缩小，能量发生转换，（流速增加，静压降低）来测出节流件前后的静压差，从而可以计算流量。节流件有标准孔板、标准喷嘴以及流量管（文丘里管）三种类型。流量可按下式计算：$Q=A\alpha\varepsilon k_t d^2\sqrt{\dfrac{\Delta p}{9.81\rho}}$，式中：$Q$ 为流体的体积流量（m^3/h）；Δp 为节流件前、后测出的静压差（Pa）；ρ 为流体的密度（kg/m^3）；d 为节流件孔径（mm）；A 为节流件的截面面积；k_t 为节流件热膨胀的校正系数；ε 为流体膨胀的校正系数；α 为流量系数；A、k_t、ε、α 可从有关资料中查得。

【差压式流量计】differential pressure flowmeter

指利用管道中的流体通过节流装置时所产生的压强差与流量大小有关这一原理而制成的流量测量仪表。它包括节流装置与差压计两部分。常用的节流装置有孔板、喷嘴、文丘里管等；差压计则有玻璃U形管、双波纹管式、膜片式以及气动或电动的力矩平衡式差压变送器来配合流量显示仪表。

【靶式流量计】target-type flowmeter

应用流体力学原理制成的一种流量计。在被测流体管道中装置一个靶，流体流动时对靶有个推力 F。利用该力作为流量测量信号，它与流量的平方成正比（$Q \propto \sqrt{F}$），于是测出该力的大小即可知道流量。靶式流量计由靶式流量变送器及其相应的显示仪表组成。而靶式流量变送器本身是由装置在管道中的圆形靶以及靶上所受推力 F 的转换机构组成。推力的转换机构有气动和电动(或电子)两类。电动靶式流量计是利用力-电变换器把流体作用在靶上的力转换成电信号。主要由差动变压器、交流放大器、电源以及电子开关器等组成，而气动靶式流量变送器是按照力矩平衡原理工作的。利用杠杆、喷嘴挡板、气动放大器等将推力 F 转换成输出气压信号，经过气动显示仪表来测量流量。靶式流量计可以用于水泥窑、分解炉烧油系统中，用以连续地自动测量和控制喷油量，测量精度较高。

【椭圆流量计】oval flowmeter

是容积式流量计的一种。该仪器主要由测量与显示两部分组成，测量部分由两个相互啮合的椭圆形齿轮及其外壳(计量室)构成。显示部分由齿轮减速、速比调整机构、瞬时量指示表、累积量计数器以及远传显示计数器等组成。仪器原理是利用被测介质压头作用而产生的力矩来推动椭圆齿轮旋转。齿轮每转一周，排出的体积流量为 $Q=4nV$。式中：n 是椭圆齿轮转速（r/s）；V_0 是半月形计量室容积（cm^3），在 V_0 一定时通过测量转速 n 即可知道流量。该流量计的优点是精度较高、压损小，量程比宽，无直管段要求，特别适用于高黏性介质的流量测量。例如，水泥窑与分解炉等烧油系统中，测量和调节喷油量。由于燃油温度和压强较高，应当选用相应工作条件的结构形式。否则，测量误差大，且易使齿轮卡死。

【电磁流量计】electromagnetic flowmeter

是根据导体在磁场中切割磁力线时会发生电磁感应的原理而制成的流量仪表。具有一定导电度的流体介质，通过一只置于磁场中非磁性材料的导管，流体在管中流动时不断切割磁力线。故而在与磁力线和流速相垂直的方向设置电极，即可检测出所产生的感应电动势，该电动势与流量大小有关。检测出的信号经过电子放大、检波、补偿运算等线路与显示、调节仪表连接。可以显示瞬时流量与累积流量。电磁流量计适用于含有固体颗粒的流体(料浆，泥浆等)以及各种含酸、碱、盐的溶液介质的流量测量。

【质量流量计】mass flowmeter

是一种高精度的质量流量测量仪表，可以直接获得被测量流体的质量流量、体积流量、密度、温度等参数值。质量流量计可以分为直接式与间接式两类：直接式质量流量计有多种类型，例如，量热式、角动量式、陀螺式和双叶轮式等；而间接式则包括差压式流量计与密度计的组合、体积流量计和密度计的组合、差压流量计或靶式流量计与体积流量计的组合等。质量流量计的测量准确度高，对流体状态要求低，压强损失小。可以用于燃气、空气、烟气等流量的测定。

【冲量式流量计】impact type flowmeter

又称冲击式流量计。它是利用动量原理连续测量粉粒状物料的流量计。粉粒物料从料仓经喂料机由一定的高度自由下落，当料流进入测量室与检测板相碰撞时，便会产生一个与物料瞬时质量流量成比例的冲击力 F，同时，在检测板上流动的物料量还产生一个力 φ，两者与瞬时物料质量 W 存在以下关系式：$F+\varphi=CW$。式中：C 为仪器的流量系数，随物料种类、粒度、水分以及测量范围而不同。冲击力 F 可以用垂直分力 F_V 与水平分力 F_H 表示。在系数 C 一定时，通过转换器将该冲击力转换成电信号来进行流量显示，累计以及自动控制。这种流量计存在着检测板因为黏料和磨损而降低精度等缺点，但是，改为测定水平分力 F_H($W \propto F_H$)并采用特殊检测板可以解决这个问题。按照测量转换方法的不同分为力平衡式和差动变压器式。全套装置主要由检测板、传力杆、弹性支承，整流装置、阻尼器、量程弹簧以及线性器和位移检测放大器等组成。冲量式流量计可以用干粉粒状和浆状物料的连续计量。测量范围由每小时几千克到几百吨。仪器具有动态特性好、结构简单、维护使用方便、外形小、质量轻、完全密封等特点。

3.6.3 气体成分分析

【气体分析仪】gas analyzer

指应用物理原理或物理化学原理而制成的能够自动连续分析气体成分的仪器仪表。通常包括气体取样装置、样品处理装置(过滤、降温、除水等)、传感器(分析装置和传送器)、显示仪表。分析结果可以用显示仪来指示记录或者接入自动调节系统或控制机中，对工艺流程进行控制。水泥厂用的气体成分分析仪有：磁氧分析仪、红外线气体分析器、热式气体分析仪等，主要用来测量 O_2、CO_2、CO 和 H_2 等成分的含量。

【磁氧量计】magnetic oxygen analyzer

又名磁氧分析仪。它是利用 O_2 具有高顺磁性的特点，连续分析气体中 O_2 含量的一种仪器。O_2 磁化率比其他气体高数百倍，所以混合气体的磁化率决定于其中 O_2 的含量。利用发热的铂丝作为测量元件来构成测量桥路的两个臂。铂丝电阻上、下有磁极，从而产生磁场；当被测气体含 O_2 时，因为磁化率高而被吸进磁场内，并被加热。又因为 O_2 的磁化率随温度的升高而降低，磁场对它的吸引力就减弱，于是热氧不断被磁化率高的冷氧排挤出磁场，从而产生磁风。磁风使铂电阻的温度降低，电桥的两臂电阻不平衡，根据不平衡电压的大小，便可以测量出气体中的 O_2 含量。例如，可以用它来自动地连续分析水泥窑尾废气中的 O_2 含量，当讯号送给调节器或控制计算机时就可以实现对于水泥窑的自动控制。

【氧化锆氧含量分析器】zirconia oxygen analyzer

以氧化锆陶瓷为检测元件来测定流体中 O_2 含量的一种仪器。检测元件为二氧化锆加入适量的氧化钙或氧化钇等烧结成为立方相晶体，由于晶体中部分锆离子被钙离子等置换，于是出现了氧离子空位，在一定条件下，这种材料就成为氧离子导体。将这种材料做成管状，管内充标准气体(例如空气)将管插入被测流体中，因为管内、外的 O_2 分压不同，从而形成 O_2 浓差电势。用二次仪表测出电动势后即可得出流体中的 O_2 分压和浓度。

【红外线气体分析仪】infrared gas analyzer

利用不同气体对于红外线辐射具有各自的吸收能力来连续分析气体某组分含量的仪器。当红外线通过含 CO_2、CO 等具有辐射能力的气体时，损失的能量与该气体的浓度有关。两个平行光束的红外线，其中一束经滤波室后进入工作室，被测气体从这里流过；另一束通过空气参比滤波室，然后分别进入检测室。由于两束光线被气体吸收的能力不同，从而引起薄膜的振动或位移。这个振动或位移转变成电信号，经过放大后用仪表指示、记录和控制。这种根据气体分子对红外辐射吸收的原理而制成的红外气体分析仪具有测量精度高、速度快以及能够连续测定等特点。在水泥工业、玻璃工业、陶瓷工业等行业，红外气体分析仪是生产流程控制的重要监测仪表。例如，水泥窑气体中 CO_2 和 CO 的成分分析便可以采用红外气体分析仪，以监控水泥窑内的燃烧和物料分布情况。

【热导式气体分析仪】thermal-conductivity gas analyzer

利用不同的气体具有不同导热系数的特点，能够连续分析气体成分的一种仪器。铂丝通电发热作敏感元件而组成电桥，其中一组相对桥臂封闭在干燥的参比气体中，另一组相对桥臂则通以待测气体试样。因为试样中的气体组成和参比气体不同，其导热系数也不同，所以铂丝上带走的热量就不同，这样就破坏了桥臂的平衡。根据电桥不平衡程度的大小，便可以测出被测组分的含量。例如，水泥窑尾的废气中 CO_2、H_2O 等组分的含量就可以用该仪器测量。

【气体全分析仪】complete gas analyze

指利用吸收法以及燃烧法对气体成分进行全分析的仪器。一定体积的气体试样，用氢氧化钾溶液吸收 CO_2，焦性没食子酸钾溶液吸收 O_2，在剩余气体中混以一定量的空气和纯氧，再送到专门的燃烧器去，使其生成水和二氧化碳。根据燃烧后减少的体积和燃烧方程式计算CO_2、O_2及CO等的百分含量。

【气相色谱仪】gas chromatograph

利用物理化学方法分析气体成分的一种仪器，被分析的气体样品在流动气相介质的带动下，经过充有吸附剂的色谱柱来进行分配。吸附剂对各气体组分具有不同吸附和解吸能力，但是，各组分的分配系数不同。气体样品被分离成各个单一的组分，并且按照一定的次序从色谱柱中流出，然后分别进入各种检测器，例如，氢火焰检测器、电子捕获检测器、热离子检测器等。通过检测器把各组分的含量变为电信号而输入自动电位差计，由记录仪的图形面积来确定各个组分的百分含量。

【奥氏烟气分析仪】Orsat flue gas analyser

用吸收法分析烟气成分的一种仪器。一定体积的烟气依次用氢氧化钾溶液吸收CO_2。焦性没食子酸钾溶液吸收O_2，碱性氯化亚铜溶液吸收CO，留余的N_2则利用100减去上述三种成分的含量来得到，然后再根据烟气成分计算烟气中的空气过剩系数，用以判断窑内燃烧情况，如附图所示。

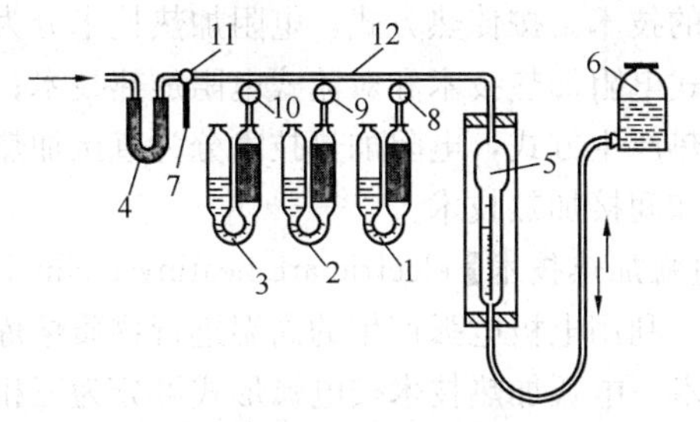

奥氏烟气分析仪示意图

1、2、3—CO、O_2、CO_2吸收液；4—过滤管；5—量气筒；6—水准瓶；7—放气管；8、9、10—活阀；11—三通阀；12—横管

3.6.4 燃料成分、热值等的测量

【氧弹式量热器】oxygen-bomb calorimeter

测量固体燃料热值的一种仪器。将一定量的燃料和过氧化钠(或压缩气体)放在氧弹内，用电火花点燃，使固体燃料完全燃烧，而且氧弹浸在一定量水的水浴中，通过测定水温的升高，可以计算燃料燃烧时放出的热量。

【电热元件】electric heating element

电阻炉的发热元件。电热元件有金属的钼、钨、钽、铂、铂铑合金、镍铬合金、铁铬铝合金，非金属的石墨、碳化硅、二硅化钼以及个别氧化物(例如氧化锆)等。按照元件的形状可以分为丝、带、棒与管四种。电热元件应当具有较高的比电阻、较小的电阻温度系数、较好的机械性能以及高温稳定性；主要根据生产工艺、窑炉的使用温度、气氛等要求选用。

【电热元件的比表面功率】specific surface power of electric heating element

即表面负荷。指电热元件在单位有效表面积上所负担的功率数，其单位为W/cm^2。它与材料的种类、规格、使用温度以及安装情况有关。同种材料的表面功率越高，所需元件的表面积就越小，但是材料的使用寿命可能会缩短。

【电阻温度系数】temperature coefficient of resistance

电热元件温度升高1℃后，变化后的电阻率和原来电阻率的比值。电热元件的电阻温度系数越小，元件随温度升高时，其电功率的变化也越小，这可以使炉温与供电电源易于平衡。故而电热元件应当有较小的电阻温度系数。

【煤的元素分析】ultimate analysis of coal

测定煤中各元素百分含量的一种分析方法。分析项目包括：碳、氢、氧、氮、硫、自由水和灰分。

【煤的工业分析】proximate analysis of coal

在工业生产中测定煤的一种简单、迅速的分析方法。分析的项目包括：自由水、可燃性挥发分、固定碳和灰分。自由水是开采和运输时混入的机械水，测定方法是在105℃下烘干所失的质量。挥发分主要是碳氢化合物(或称烃)，其测定方法是将烘干后的煤在有盖的坩埚中加热至850℃，经7 min，使有机物分解排出所减少的质量。然后，将坩埚打开盖子，继续加热使全部碳烧掉，减轻的质量即为固定碳，残渣为灰分。

【电阻率】resistivity

参见2.1.3【电阻率】。

4 制 备 技 术

4.1 基 本 概 念

【固相制备方法】solid phase preparation method

通过固相的变化或反应来制造粉体的方法。其特征是不发生状态(相)变化，原料本身就是固体，较之于液体和气体有很大的差异。对于气相或液相，分子(原子)具有大的易动度，集合状态是均匀的，对外界条件的反应很敏感。而对于固相，分子(原子)的扩散很迟缓，集合状态是多样的。固相制备方法所得的固相粉体和最初固相原料可以是同一物质，也可以是不同物质。常用的固相制备方法有热分解法、固相反应法、火花放电法、溶出法、球磨法等。

【液相制备方法】liquid phase preparation method

在液相状态下制备粉体的方法。是将可溶性原料溶解形成溶液，经化学反应转变为盐或氢氧化物，再分解后制备粉体的方法。根据制备过程的不同，液相制备方法可分为沉淀法、溶胶-凝胶法、水热法、微乳液法等。

【气相制备方法】gas phase preparation method

在气相状态下制备薄膜、涂层或体相材料的方法。原料本身可以是固相、液相或气相。对于非气相的原料，采用蒸发、升华、汽化等方法转化为气态，或以微液滴、微颗粒的形式转移至气相作为源物质，在基材或衬底表面发生物理或化学反应，获得目标材料。根据形成目标材料过程中有无发生化学反应，气相制备方法可大致分为化学气相制备方法和物理气相制备方法。

【固相反应】solid state reaction

参见 1.7【固相反应】。

【湿化学合成】wet chemical synthesis

有液相参与的、通过化学反应来合成材料的过程，也称液相合成。其一般过程是选择一种或几种可溶性的含所需材料组元的化合物(或前驱体)，按所制备材料的成分计量配制溶液，再添加合适的添加剂(如沉淀剂、络合剂、催化剂等)使溶液发生沉淀、水解、聚合、升华等反应，并经过适当处理(如分离、干燥、热处理等)，获得所需材料。与固相合成相比，湿化学合成过程相对复杂，但材料纯度、形貌、尺寸更容易控制。通过调节液相种类、化合物浓度、反应温度、反应时间等其他条件，可实现材料形貌、颗粒尺寸等特性的控制。

【电阻加热技术】resistance heating technology

采用电阻丝或电阻带为发热元件来加热物料的技术。按传热方式，电阻加热技术分为辐射式电阻加热技术和对流式电阻加热技术；按电热产生方式，电阻加热技术分为直接加热技术和间接加热技术。

【电弧加热技术】electric-arc heating technology

利用电极电弧产生的高温进行物质熔炼的技术。电弧加热技术按电弧形式可分为三相电弧加热技术、自耗电弧加热技术、单相电弧加热和电阻电弧加热技术。

【烧结活性】sintering activity

用于表示物质发生烧结反应的难易程度。单个粉末颗粒的烧结活性取决于其原子扩散的难易程度，颗粒系统的烧结活性与其本征过剩表面能驱动力、本征 Laplace 应力(又称为毛细管力)和本征化学位梯度驱动力有关。

4.2 固相制备技术

4.2.1 粉碎方法

【机械粉碎法】mechanical pulverization method

利用物体之间的相互运动所产生的作用力使物料粉碎和颗粒细化的方法，也称为机械研磨法。其作用原理是机械运动产生的冲击、剪切、挤压和摩擦等作用力使物料粉碎和颗粒细化。常用的设备有胶体磨、球磨机、砂磨机等。机械粉碎法主要用于粉碎脆而易碎的物质，对于柔韧性的物质需要经过硬化处理后才能机械粉碎。

【超声波粉碎法】ultrasonic pulverization method

利用高频超声振动能，将金属液流或液体中的固体物料破碎的方法。常用的设备主要是超声波粉碎机。超声波粉碎法具有分散、匀化、粉碎、乳化等特点，广泛用于无机非金属材料的制备。

【冲击式粉碎法】impact pulverization method

利用高速旋转的回转体对物料以猛烈的冲击，使其与固定体或颗粒发生冲击碰撞，从而使物料粉碎的方法。常用的设备主要有高速冲击锤式粉碎机、高速冲击板式粉碎机、高速鼠笼式粉碎机等。广泛用于水泥、耐火材料、磨料、玻璃原料、建筑骨料、机制砂等不同硬度物料的粉碎。

【低温粉碎法】low temperature pulverization method

将常温下硬度高或韧性强的物质冷却到其脆化点温度以下，然后在外力作用下将其破碎成粒径较小的颗粒或粉体的方法。通常是以液氮为冷源，被粉碎物料在低温下冷却、脆化，进入机械粉碎机，借助物料之间反复冲击、碰撞、剪切、摩擦等作用，完成粉碎过程。适用于在常温下无法粉碎的各种物料，广泛应用于无机非金属材料的超细粉碎。

【气流粉碎法】speed air flow pulverization method

利用高速气流或过热蒸汽的能量使颗粒相互产生冲击、碰撞、摩擦而实现物料的超细粉碎或解聚的方法。其原理是将干燥无油的压缩空气或过热蒸汽通过拉瓦尔喷管加速成超音速气流，喷出的高速射流带动物料做高速运动，使颗粒相互碰撞、摩擦而被粉碎。主要有扁平式气流粉碎机、循环管式气流粉碎机、对喷式气流粉碎机、靶式气流粉碎机等。可广泛用于化工、能源、陶瓷等行业干性物料的超细粉碎。

4.2.2 成型方法

【干压成型法】dry pressing method

应用最广泛的一种成型方法，也称模压成型（stamping process）或粉压成型（powder pressing）。通常是使用内腔具有一定形状的模具盛入流动性好的粉料，通过压头施加足够的压力，压头在模腔中位移，传递压力，使粉料重排变形而被压实，制成具有一定强度和形状的坯件。根据压头和模腔运动方式，可分为单向加压、双向加压和可动压模。

【冷等静压成型法】cold isostatic pressing method

利用流体(水、油)作为传递介质来获得均匀静压力施加到坯体上的一种成型方法。通常是将粉末包封在与流体隔绝的橡皮模或塑料模内，然后将其浸没于加压容器中液体内，流体可以是甘油、机油、水(需加防锈剂)或者其他非压缩性液体，通过高压泵将压力通过流体的传递施加在橡皮(塑料)膜的各个方向，伴随着橡皮(塑料)膜变形使粉体被均匀加压成型。所用的压力在50～300MPa之间。可分为湿袋式和干袋式冷等静压成型。

【流延成型法】tape casting method

一种陶瓷膜片的成型方法，又称带式浇注或刮刀法。通常是将具有合适黏度和良好分散性的陶瓷料浆从流延机浆料槽刀口处流至基带上，通过基带与刮刀的相对运动使料浆铺展，在表面张力的作用下形成具有光滑上表面的坯膜。坯膜的厚度主要由刮刀与基带之间间隙来调控，可以制备几个微米到 1000μm、平整光滑的陶瓷薄片。根据工作方式不同，分为连续式流延成型、间歇式流延成型、旋转式流延成型。根据溶剂体系不同，又可分为有机溶剂流延成型和水基流延成型。

【塑性成型法】plastic molding method

一类利用可塑性坯料进行成型的方法。通常是在原料中加入无机塑化剂(如黏土)或有机塑化剂，经混炼、陈腐等工艺环节，得到具有良好塑性和均匀性的坯料，再经一定工艺制得所需形状的产品。主要有挤出成型、注射成型、轧膜成型等，适合于生产管、棒、薄片状制品。

【挤压成型法】extrusion molding method

一种塑性成型工艺，也称挤出成型或挤制成型。可塑性坯料在挤压力作用下，从模具的孔口或缝隙挤出使之成为所需制品形状。适合于制造截面一致、长径比高的管状或棒状产品，广泛用于陶瓷炉管、电瓷绝缘子、催化剂载体、热交换器管、陶瓷棍棒、蜂窝陶瓷等陶瓷制品的成型，并可连续性、机械化高效批量生产。

【注射成型法】injection molding method

一种聚合物注射成型方法与陶瓷制备工艺相结合发展起来的陶瓷零部件制备的工艺。陶瓷粉料和有机载体经配料、混炼、造粒制备颗粒状喂料，喂料在注射机的料筒中加热熔融获得良好流动性，在一定温度和压力下高速注入模具内充满模腔，待冷却凝固后制得所需形状和强度的坯体。可近净成型，尺寸精度高，表面光洁度好，易于实现大批量、规模化生产，适于各种精密陶瓷制品的成型。

【浇注成型法】slip casting method

一类具有液体流动性的料浆成型的方法。将具有较高固相含量和良好流动性的料浆注入多孔模具(通常是石膏模具)中，利用模具多孔性所具有的毛细管吸力，模具内壁从料浆中吸收水分而沿模壁形成固化的坯体，待坯体形成一定强度后即可脱模。设备简单，成本低，适于复杂形状陶瓷零部件及大尺寸陶瓷制品的制造，且成型工艺控制方便，产品密度高。可分为实心浇注、空心浇注、泥浆浇注、压力浇注、触变浇注、离心浇注、可溶模浇注、凝胶浇注等。

【压力浇注法】pressure casting method

一种改进型的浇注成型方法。通过提高盛浆桶位置或采用压缩空气来加大料浆的压力，利用压力差使料浆中的水分快速传给模具，以加速吸浆速度和坯体的成长，并保证在浇注过程中料层能长久紧贴于模型上，可注成较厚坯体的浇注方法。注浆压力可根据制品的形状来决定，最小的料浆柱压力不能低于 300～400 毫米汞柱。可分为压缩空气法、高位法、压力车注浆法等。

【触变浇注法】thixotropic casting method

将含有粗颗粒原料、化学悬浮剂和少量水相混合的触变料浆在模具中振动、硬化后可制成所需的坯体。料浆触变性是悬浮体或料浆的黏度随时间和(或)切应变而变的变化速率。触变料浆在静置时处于变稠状态，扰动后可流动，再静置一段时间后又恢复变稠状态。

【可溶模浇注法】soluble die casting method

一种使用可溶性模具的浇注成型方法。其首先利用注射成型法生产一种所需形状、可溶于水的蜡模，浸没于非水溶性蜡中，使其表面覆上一层非水溶性蜡，将水溶性蜡模溶于水，制得具有精确形状的非水溶性蜡模壳，将蜡模修理后附于石膏板上，然后充满料浆，浇注完成后，再将蜡模溶于溶剂并除去，从而制备出复杂形状的陶瓷坯体。

【凝胶浇注法】gel casting method

该方法是美国橡树岭国家重点实验室(Oak Ridge National Laboratory)于 20 世纪 80 年代末首创的一种胶态成型工艺。利用有机单体水溶液为介质制备高固相含量、低黏度的陶瓷料浆，料浆注模后在引发剂和催化剂作用下，料浆中的有机单体交联聚合成三维网络聚合物凝胶，从而使料浆原位凝固成型状复杂且显微结构均匀的坯体的浇注方法。

4.2.3 烧结方法

【反应烧结法】reaction sintering method

利用化学反应的方式实现陶瓷材料致密化的方法，又称活化烧结或强化烧结。将原材料粉末以适当方式成型后，在一定气氛中加热，利用原料间的化学反应使材料合成与烧结同时完成的烧结方法。烧结过程无需加压，坯件不收缩，可制备大尺寸、形状复杂的陶瓷制品，且成本低。

【再结晶烧结法】recrystallization sintering method

由小晶粒生长为大晶粒过程的烧结方法。在烧结中、后期，随着烧结的进行，坯体中的细晶粒逐渐长大，而一些晶粒的生长过程也是另一部分晶粒缩小或者消失的过程，其结果是平均晶粒尺寸长大。这种晶粒长大不是小晶粒的相互粘结，而是晶界移动的结果，这一过程的推动力是晶界过剩的表面能。

【常压烧结法】conventional sintering method

对陶瓷坯体不进行加压而使其在大气压力下烧结的烧结方法。又称无压烧结(pressureless sintering)。是将成型坯体装入炉内，在大气压力(1.013×10^5 Pa)下烧成，包括在空气条件下的常压烧结和某种特殊气氛条件下的常压烧结。可分为固相烧结和液相烧结。该法工艺简单，设备容易制造，成本低，适于制备复杂形状的陶瓷制品，是应用最为广泛的陶瓷烧结方法之一。

【热压烧结法】hot pressing sintering method

一种机械加压的烧结方法。把陶瓷粉末装在模腔内，在加压的同时将粉末加热到烧结温度，由于外部施压而补充驱动力，从而使坯体在较短时间内达到致密化。由于加热和加压同时进行，粉料处于热塑性状态，有助于颗粒的接触扩散、流动传质过程的进行，还能降低烧结温度，缩短烧结时间，从而抑制晶粒长大，是制备高性能陶瓷材料的一种有效烧结方法，可用于共价键难烧结的高温陶瓷材料的致密化。

【放电等离子体烧结法】spark plasma sintering method

在粉末颗粒间直接通入脉冲电流进行加热烧结的烧结方法，又称等离子活化烧结。将陶瓷粉末装入石墨等材质制成的模具内，利用上、下模冲及通电电极将特定烧结电源和压制压力施加于烧结粉末，经放电活化、热塑变形和冷却完成制备高性能陶瓷材料的烧结技术。具有在加压过程中烧结的特点，脉冲电流产生的等离子体及烧结过程中的加压有利于降低粉末的烧结温度。同时低电压、高电流的特征，能快速烧结致密。

【微波烧结法】microwave sintering method

利用微波电磁场中陶瓷材料的介质损耗使材料整体加热至烧结温度而实现烧结和致密化的烧结方法。采用微波辐射来代替传统的热源，均匀混合的物料或预先压制成型的料坯通过自身对微波能量的吸收(或耗散)达到一定的温度，从而完成烧结过程。微波烧结的成功与否，关键取决于材料自身的特性，如介电性能、磁性能以及导电性能等。一般来讲，具有适中电导率和高介电损耗的材料，微波加热的效率要比导体和绝缘体都高，而具有明显电子或离子导电的导体及具有低损耗的绝缘体，则很难实现微波烧结。

【热等静压烧结法】hot isostatic pressing sintering method

一种使陶瓷快速致密化的烧结方法。将高压气体作为压力介质作用于陶瓷材料(包封的粉末或素坯、烧结体)，使其在加热过程中经受各向均匀的压力，借助高温和高压的共同作用达到材料致密化。该方法无需刚性模具来传递压力，可选择更高的压力，压力可达100～300MPa，是热压的5～10倍。可烧结少加或不加烧结助剂的陶瓷制品以及含较多纤维或晶须的陶瓷复合材料。可分为包套和无包套热等静压烧结两种技术。

4.2.4 其他方法

【自蔓延高温合成法】self-propagation high-temperature synthesis(SHS)method

利用物质反应热的自传导作用，使不同的物质之间发生化学反应，在极短的瞬间形成化合物的一种高温合成方法，又称燃烧合成。是指采用外部提供的能量对原料粉体或压坯进行局部加热，当局部燃烧反应诱发时，撤掉外部热源，依靠被引发的局部燃烧反应所放出的反应热相继点燃邻近区域的反应物，使该反应以燃烧波的形式自行蔓延至整个反应物，最后合成所需材料(粉体或固结体)。分燃烧和热爆两种模式。这是一种节能、快速(几百秒)、非常实用的合成方法，所用的设备简单，可用于合成陶瓷、复合陶瓷和金属间化合物等难熔材料。

【熔融合成法】molten synthesis method

在无溶剂存在的化学环境下，将固态物质加热到熔融状态下进行化学反应并合成固体材料的方法。在进行熔融反应时，首先应将所有反应中用到的设备进行干燥，然后加热使反应物处在熔融状态下进行反应。在熔融合成过程中，一般可通过搅拌加快反应速度。反应所得的粗产品不必采用蒸馏、萃取等方法除去溶剂，只需直接应用适当的精制方法进行产品提纯。

【微波合成法】microwave synthesis method

采用微波(频率为300MHz~300GHz的电磁波)加热来引发化学反应的一种材料合成方法。微波加热是指材料在电磁场中发生取向极化和空间电荷极化，将微波能转变为热能。与传统的合成方法相比，具有反应速度快、反应效率高、产品纯度高和形态单一等优点，可用于合成多种氧化物和硫化物纳米材料。

【爆炸合成法】shock synthesis method

利用炸药爆炸时产生的极强冲击波作用于初始原料，使其在瞬间的高温高压条件下发生破碎或者物理化学变化的合成方法。其特点是高温、高压、反应时间短，可用于制备氧化物和复合氧化物粉体。

4.3 液相制备技术

4.3.1 溶胶-凝胶法

【溶胶-凝胶法】sol-gel method

一种液相制备方法，指将含高化学活性组分的化合物作前驱体，经溶液、溶胶、凝胶而固化，再经热处理而形成固体材料的方法。具有低温合成、多物相合成、化学均匀性好、均匀掺杂、产物纯度高、可早期设计等特点。由于能在材料制备的初期进行控制，材料均匀性能达到亚微米、纳米级甚至分子级水平，并可有效控制材料的形状、组成、显微结构和性能。广泛用于制备粉体、薄膜、纤维、块体等形状各异的功能材料，涉及材料、信息、电子、光学、生物、医学、化学、物理等众多领域。

【无机聚合物型溶胶-凝胶法】inorganic polymer type sol-gel method

一种溶胶-凝胶方法。是将前驱体溶解在有机溶剂中，通过水解、缩聚反应形成溶胶，凝胶化转变为无机聚合物凝胶，最后制备成所需材料。

【络合物型溶胶-凝胶法】complex type sol-gel method

一种溶胶-凝胶方法。是采用络合剂(如柠檬酸)，将金属离子形成络合物，使之成为可溶性产物或改性金属离子，然后经过水解、聚合反应形成溶胶、凝胶及最终材料。

【传统胶体型溶胶-凝胶法】traditional colloid type sol-gel method

一种溶胶-凝胶方法。是采用加入化学添加剂，形成微粒，通过调节pH值或加入电解质中和微粒表面电荷，颗粒不团聚且均匀稳定，蒸发溶剂，形成凝胶及最终材料。

【前驱体】precursor

俗称先驱体。是指溶胶-凝胶法所使用到的含高化学活性组分的初始原料或其衍生的原料如金属醇盐、有机聚合物单体、无机盐、金属有机化合物等。

【水解】hydrolysis

利用水将物质分解形成新的物质的化工过程。在溶胶-凝胶制备中，前驱体中金属阳离子或聚合物单体与水电离产生的氢氧根离子结合，生成氢氧化物或硅醇分子等产物的过程。根据前驱体的种类可分为无机盐水解、金属醇盐水解和有机聚合物水解。

【缩聚】polycondensation

相同的或不相同的低分子物质相互作用，生成高分子物质，同时析出水、醇、氨、卤化物等小分子产物的过程。在溶胶-凝胶过程中，氢氧化物或硅醇分子等水解产物进行相互作用会破坏凝胶中的网络结构。形成无机聚合物(M-O-M)，同时析出水或醇的过程。析出水的缩聚过程成为失水缩聚，而析出醇的缩聚过程的失醇缩聚。

【凝胶化】gelation

线性高分子化合物由于分子间的交联反应使黏度无限增大、失去流动性而成为凝胶的现象。在溶胶-凝胶过程中，则是指溶胶-凝胶转化，即缩聚反应形成的聚合物或粒子聚集体通过酸度值和浓度变化长大为粒子簇，逐渐聚集形成网络结构，液相被包裹在固相骨架中，整个体系失去流动性。完成从溶胶到凝胶转变所需的时间即为胶凝时间或陈化时间。

【常压干燥】ambient pressure drying

在大气压下或与大气相通的空间中进行加热干燥。湿凝胶的干燥是气相取代液态溶剂相在凝胶网络骨架间连续分散，即固液界面被高能量的固气界面代替的过程，在此过程中一般有毛细压力、渗透压力、分离压力和温度应力的作用，这些作用力会引起凝胶固态骨架的逐步收缩、变形和开裂。常压干燥的关键是防止干燥过程中由毛细管力等引起的收缩、变形和碎裂。

【超临界干燥】supercritical drying

利用液体的超临界现象，即在临界点(临界温度和临界压力)以上，气液相界面消失，从而避免液体的表面张力，通入超临界流体实现凝胶体的干燥。在超临界状态下，流体介质以一种既非液体也非气体、但兼有气体和液体性质的超临界流体形式存在，具有与液体相似的密度、热容和导热性能，与气体相近的黏度、扩散系数和高传质速率。此时，这种流体逐渐从凝胶中排出，由于不存在气液界面，也就不存在毛细作用，因此也就不会引起凝胶体的收缩和结构的破坏。超临界干燥常用 CO_2、乙醇作为介质。

【冷冻干燥】freeze drying

将拟干燥的产物先冻结成固体，然后在低温和减压条件下直接升华除去液体的一种干燥方法。在溶胶-凝胶法中，将湿的凝胶体冷冻成固体，然后让其中的溶剂升华，实现凝胶体的干燥，从而避免了气液界面的出现。冷冻干燥不需要高压装置，成本较低，操作简便。但是液体冷冻固化发生相变时，一般都含有体积变化，趋向于形成一定形状的晶体或晶粒，凝胶网络结构甚至难以抵抗孔内介质的结晶所造成的破坏作用，最终只能得到粉末状干凝胶而不是块状干凝胶。

4.3.2 水热及溶剂热法

【水热合成法】hydrothermal synthesis

将反应原料配置成水溶液封装在反应釜中并加热至一定的温度(可达数百摄氏度)，在一定的压力范围内进行的液相反应。根据水热的反应条件与水的临界压力(22.1 MPa)及临界温度(374℃)的关系，可细分为亚临界法和超临界法。亚临界法通常合成温度控制在100℃到临界温度以下，反应釜内压力也控制在较低的范围内。超临界法则指反应温度或压力超过临界条件的水热合成法。

【溶剂热合成法】solvothermal synthesis

在密闭体系如高压釜内，以有机物或非水溶媒为溶剂，在一定的温度和溶液的自生压力下，原始混合物进行反应的一种合成方法。它与水热反应的不同之处在于所使用的溶剂为有机物而不是水。溶剂热法克服了水热法基本只适用于氧化物材料制备范围窄的缺点，可用于合成Ⅲ-Ⅴ族半导体、碳化物、氟化物以及新型磷(砷)酸盐分子筛三维骨架结构材料的制备与处理。

【模板合成法】template synthesis

在水热及溶剂热合成过程中，以模板为主体构型去控制、影响和修饰材料的形貌，控制尺寸，进而决定材料性能的一种合成方法。可分为通过共价键以维持特定的微观结构的硬模板合成法，以及通过分子间或分子内弱相互作用维持其特定结构的软模板合成法。

4.3.3 沉淀法

【沉淀法】precipitation synthesis

在溶液状态下将不同化学成分的物质混合，在混合液中加入适当的沉淀剂制备前驱体沉淀物，再将沉淀物进行干燥或煅烧，从而合成制备相应的材料。其主要优点在于可以直接得到化学成分均一、粒度小而且分布均匀的纳米颗粒材料。

【直接沉淀法】direct precipitation synthesis

在金属盐溶液中加入沉淀剂，析出的沉淀经洗涤、热分解等处理工艺后得到合成产物。

【均相沉淀法】homogeneous precipitation synthesis

利用特定化学反应使沉淀作用所需离子由溶液中缓慢均匀地释放出来，通过控制溶液中沉淀剂浓度，保证沉淀过程处于一种平衡状态，从而使沉淀均匀析出。通常，沉淀剂加入后不是立即与被沉淀组分发生反应，而是通过化学反应使沉淀在整个溶液中缓慢生成，能够克服直接加入沉淀剂引起的局部不均匀性。

4.3.4 电化学沉积法

【电化学沉积法】electrochemical deposition synthesis

金属或合金或金属化合物在电场作用下，从其化合物水溶液、非水溶液或熔盐中，在电极表面沉积出来的过程，通常伴随电子转移。即在电场的作用下，在电解质溶液中，由阴极和阳极构成回路，通过发生氧化还原反应，使溶液中的离子沉积到阴极或者阳极表面的过程。包括恒电流法、恒电压法等。

【三电极法】three electrode method

也称三电极沉积法，是指电化学沉积制备中使用三个电极，包括工作电极、辅助电极和参比电极的一种方案。三电极体系相对于传统的两电极体系而言，增加了一个参比电极用来定电位零点，电流流经工作电极和辅助电极。参比电极能够精确地控制电势差，减少误差。

4.3.5 其他液相制备方法

【拓扑化学合成法】topochemical synthesis

利用拓扑化学反应的结构不变性，进行具有特定结构和性质的固体材料的设计和合成，即通过有目的地修饰固体材料的组成和价态，得到具有指定结构和性质的材料。拓扑化学反应是在一些无机固体化学反应中，产物的结构与反应物的结构存在一定的关联，在保持一定的晶体结构条件下进行的化学合成反应。

【微乳液合成法】micro-emulsion synthesis

两种互不相溶的溶剂在表面活性剂的作用下形成微泡乳液，在微泡中进行反应、成核、聚结、团聚生成固体粒子的方法。其特点在于微泡反应器的界面是一层表面活性剂分子，在微泡反应器中形成的固体颗粒因这层界面膜隔离而不能聚结，从而成为理想的反应介质。由于微乳液的结构限制了颗粒的生长，使固体颗粒的合成及粒径控制变得容易。

【化学组装法】chemical assembly

一种利用基本单元(分子、纳米材料、微米或更大尺度的物质)在液相形成的有序结构以制备固体材料的技术。构建的基本单元可以是原子、分子，还包括拥有不同化学构成、结构、功能的纳米级、微米级的结构。主要包括自组装法、有序自组装法、层层组装法、外延组装法、模板组装法、引导组装法等。

【LB膜制备法】LB membrane-based synthesis

将兼具亲水端和疏水端的不溶性两亲性分子分散在水面上，逐渐压缩其水面上的占有面积，使其紧密有序排列形成单分子膜，然后再转移到固体基底上得到膜层的制备技术。其膜厚可达分子或纳米级，可以在分子水平上进行设计，能形成多层分子或各种超晶格结构。

【超声辅助制备法】ultrasound assisted synthesis

将超声波与其他湿化学制备技术相结合发展出来的一系列材料制备技术。其特点是利用超声波所具有的空化现象，加速和控制化学反应，改变或改善固相材料的制备过程。超声辅助法易于实现介观尺度上的均匀混合，消除局部浓度不匀，提高反应速度，刺激新相的形成，并对团聚体有剪切作用。

【微波辅助制备法】microwave assisted synthesis

将微波辐射与其他湿化学制备技术相结合发展出来的一系列材料制备技术。其特点是利用微波等离子体中常存在的、其他方法难以得到的高能态原子、分子和离子，从而使原本热力学上无法发生的合成反应得以进行。

【磁场辅助合成法】magnetic field assisted synthesis

将磁场与其他湿化学技术相结合而来的一系列材料制备技术。其特点为利用辅助静磁场或动磁场增强反应活性，提高反应效率。如磁场辅助水热法、磁场辅助溶胶-凝胶法以及磁场辅助沉淀法等。

【热注入合成法】hot-injection synthesis

采用快速注入的方式在特定温度下将前驱体注入到反应溶液中，使纳米晶体快速成核生长。前驱体的快速注入使过饱和度瞬间增大，发生均匀成核。而成核的进行使溶液过饱和度下降，成核终止并进入生长阶段。成核、生长阶段的分离使晶粒的生长状态基本一致，能够保证合成产物的单分散性。

4.4　气相制备技术

4.4.1　化学气相沉积技术

【化学气相沉积】chemical vapor deposition；CVD

反应物质在气态条件下发生化学反应，生成固态物质沉积在固态基体表面，进而制得固体材料的工艺技术。它本质上属于原子范畴的气态传质过程。依据沉积压力的不同，可以分为常压化学气相沉积（在常压条件下的化学气相沉积工艺）、低压化学气相沉积（在低压环境下，一般是低于一个大气压力的化学气相沉积工艺）、超高真空化学气相沉积（在非常低压环境下，大多低于 10^{-6} Pa 的化学气相沉积工艺）。通过降低压力可以减少不必要的气相反应，以增加衬底上薄膜的一致性。如果反应物前驱体为可挥发性金属有机化合物，这样的化学气相沉积工艺称为金属有机化学气相沉积。

【金属有机气相外延】metal organic vapor phase epitaxy

利用金属有机物热分解进行气相外延生长的技术，主要用于化合物半导体薄膜的气相生长，适合于大规模工业化生产，为实际应用中最广泛的外延技术。其包括低压金属有机气相外延（指在小于 100Pa 的压力下，进行金属有机化合物气相外延的工艺）、常压金属有机化学气相外延（指在常压条件下，利用金属有机化合物的分解和化合，在半导体单晶衬底上沿确定的晶向生长单晶薄层的工艺）、等离子增强金属有机化学气相外延（通过等离子体离子轰击和紫外光的辐照，以提高薄膜性能并降低成膜温度的技术）、光增强金属有机化学气相外延（利用光子能量促进化学反应、降低反应温度的金属有机化合物气相外延技术）。

【热激发化学气相沉积】thermal excitation CVD

通过直接加热的方式激活气相化学反应的化学气相沉积技术。只对基底加热，而不是对气体或反应室腔壁加热，可以减少气相中发生不必要的化学反应。热激发化学气相沉积技术包括热丝化学气相沉积（也称作触媒化学气相沉积或热灯丝化学气相沉积技术，使用热丝提供能量促使源气体发生化学反应）和快速热反应化学气相沉积（使用加热灯或其他方法快速加热衬底以减少空间源气体副反应的发生）。

【等离子体增强化学气相沉积】plasma enhanced CVD；PECVD

利用等离子体激活反应气体，促进在衬底表面或近表面空间进行化学反应，生成固态薄膜或涂层的化学气相沉积技术，包括射频等离子体增强化学气相沉积（利用施加于平行电极之间的射频电压，产生等离子体激活反应气体的化学气相沉积技术）和微波等离子体增强化学气相沉积（将微波发生器产生的微波信号用波导管经隔离器进入反应器，在反应室内激励产生辉光放电，产生等离子体激活反应气体的化学气相沉积技术）。

【等离子体辅助外延】plasma assisted epitaxy

利用等离子体促进化学反应，降低反应温度的气相外延生长技术。其技术特点是通过低温等离子体预先裂解反应物，提高反应物原子的势能，达到降低化合物半导体外延生长温度的目的。包括微波等离子体辅助分子束外延和激光辅助等离子体分子束外延。

【激光辅助等离子体分子束外延】laser-assisted plasma molecular beam epitaxy

在等离子体辅助外延生长中，利用准分子脉冲激光烧蚀高熔点氧化物靶，使氧化物沉积到衬底上生长薄膜的技术。

【光激发化学气相沉积】photo excitation CVD

用光能激活反应气体，使其分解或发生化学反应，在衬底上沉积薄膜或涂层的化学气相沉积技术。如果光源选择单色性更好、能量密度更高的激光，以促进化学反应降低反应温度的化学气相沉积技术，称为激光增强化学气相沉积。

【激光原子层外延】laser atomic layer epitaxy

激光原子层外延是利用激光能量促进化学反应的原子层外延技术。

【离子束增强沉积】ion beam-enhanced deposition

在化学气相沉积方法制备薄膜的同时，用低能离子束进行轰击，以在衬底上形成具有特定性能表面覆盖层的制备技术。可用于离子束增强沉积的方式有电子束蒸发、离子束溅射、分子束外延等。单一离子束溅射沉积，同时也可作为轰击手段。离子束增强沉积薄膜所用离子束能量一般在 30 eV 到 100 eV 之间，较高能量的离子束通常用于硬质薄膜合成。对于光学薄膜，单晶薄膜生长则以较低能量离子束为宜。

【原子层沉积】atomic layer deposition

又称单原子层沉积或原子层外延（atomic layer epitaxy），是一种可以将物质以单原子膜形式一层一层地镀在衬底表面的方法。原子层沉积与普通的化学沉积有相似之处，但在原子层沉积过程中，新一层原子膜的化学反应是直接与之前一层相关联的，这种方式使每次反应只沉积一层原子。

4.4.2　物理气相沉积技术

【物理气相沉积】physical vapor deposition

在真空条件下，采用物理方法，将源物质转移到气相中，在基材或衬底表面形成薄膜或涂层的方法。物理气相沉积的主要方法有真空蒸镀、溅射镀膜、电弧等离子体镀膜、离子镀膜及分子束外延等。物理气相沉积技术不仅可沉积金属膜、合金膜，还可以沉积化合物、陶瓷、半导体、聚合物膜等。

【辉光放电】glow discharge

低压气体中显示辉光的气体放电现象，即稀薄气体中的自持放电（自激导电）现象。

【溅射法】sputtering method

用带电粒子轰击固体靶材，使靶材表面的原子或分子从中逸出并在衬底上沉积薄膜或涂层的方法。溅射法制备薄膜的基础是气体放电产生的离子与靶材相互作用，将靶材表面的物质刻蚀下来。根据镀膜过程中溅射气体与镀膜材料之间是否发生化学反应，又可分为非反应溅射和反应溅射。描述溅射过程的主要参数包括溅射阀（靶材原子发生溅射的入射离子所必需的最小能量）、溅射产额（单位入射离子轰击靶材溅射出的二次粒子的平均数）以及溅射速率（溅射过程中，靶材表面在单位时间内的剥离深度）。

【反应溅射】reactive sputtering

在存在反应气体的情况下，溅射靶材逸出的原子或分子会与反应气体反应，形成化合物的溅射过程。在使用惰性气体溅射化合物靶材时，由于化合物在溅射过程的不稳定性，导致薄膜组成偏离靶材，此时如果加上反应气体可以补偿所缺少的组分，这种溅射也可以视为反应溅射。

【阴极溅射】cathode sputtering

溅射过程中，将靶材固定在阴极上，待镀膜的衬底置于正对靶面的阳极上，阴阳极放电产生的正离子在电场作用下飞向阴极，溅射出靶原子在衬底表面沉积成膜。阴极溅射时，溅射的原子有大的能量，撞击衬底表面并进入几个原子层深度，使薄膜层与衬底间有良好的附着力。

【直流溅射】direct current sputtering

使用直流电源作用于带电粒子，使之轰击靶材，使靶材表面的原子或分子从中逸出，又称为二级溅射。为增加气体离化率并保证放电自持，增加一个热阴极作为额外的电子源，将电子注入到放电系统中，无栅极(稳定极)时称为三极溅射，有辅助阳极(稳定栅极)时称为四极溅射。

【交流溅射】alternating current sputtering

使用交流电源作用于带电粒子轰击靶材，使靶材表面的原子或分子从中逸出。

【射频溅射】radio frequency sputtering

利用射频放电产生的离子轰击靶材进行的溅射。射频溅射电源的频率多用 13.56MHz。在相同的靶功率密度和工作气体压强的条件下，射频溅射的镀膜速率与直流溅射相近。其特点是可以采用绝缘材料做靶，镀制陶瓷和高分子膜。

【磁控溅射】magnetron sputtering

为了在低气压下进行高速溅射，必须有效地提高气体的离化率。磁控溅射就是通过在靶阴极表面引入磁场，利用磁场对带电粒子的约束来提高等离子体密度以增加溅射率的方法。磁控溅射分为直流磁控溅射和射频磁控溅射。

【直流磁控溅射】DC magnetron sputtering

磁控溅射中，在阳极基片和阴极靶之间加一个直流电压，作用于带电粒子进行溅射。直流溅射一般只能用于导电金属靶材，因为如果是绝缘体靶材，则由于阳粒子在靶表面积累，产生电荷屏蔽(所谓的“靶中毒”)，溅射率越来越低。

【射频磁控溅射】radio frequency magnetron sputtering

磁控溅射中，在阳极基片和阴极靶之间使用的是射频电源，带电粒子在电极间往复震荡并相互碰撞电离，电极无需与等离子体接触也能维持放电。射频的作用在于消除直流溅射绝缘靶材时所产生的电荷屏蔽，但其溅射速率一般比直流磁控溅射慢。射频磁控溅射一般适用于半导体和绝缘体靶材。

【真空蒸发】vacuum evaporation

将固体材料置于高真空环境中加热，使之升华或蒸发，并沉积在特定的衬底上以获得薄膜的方法。根据蒸发源的不同，包括反应性真空蒸发、电阻热蒸发、高频感应蒸发、激光束蒸发、电子束蒸发等。

【反应真空蒸发】reactive vacuum evaporation

在一定反应气氛中蒸发源物质，使之在淀积过程中发生化学反应而生成目标化合物薄膜。该方法会产生等离子体，使蒸发材料和反应气体电离活化，反应效率较高。

【电阻热蒸发】resistant thermal evaporation

把蒸发材料放入适当形状的电阻加热体内，通电使蒸发材料直接加热蒸发/升华，或者把蒸发材料放入坩埚中进行间接加热蒸发。电阻材料一般为难熔金属。该方法构造简单、造价便宜、使用可靠，但是加热所达最高温度有限，蒸发速率较低，蒸发面积小，不适用于高纯和高熔点物质的蒸发。

【高频感应蒸发】high frequency induction evaporation

将装有蒸发材料的石墨或陶瓷坩埚放在水冷的高频螺旋线圈中央，线圈在高频磁场作用下因产生强大的涡流损失和磁滞损失而升温，使材料受热蒸发。该方法污染少、蒸发速率高、不易产生飞溅、操作简单。缺点是功率不能微调、装置复杂昂贵。

【电子束蒸发】electron beam evaporation

一种真空蒸发镀膜工艺，是在真空条件下，利用电子束直接加热蒸发固体靶材，使之气化并向衬底输运，在基底上凝结形成薄膜的方法。

【激光辅助蒸发】laser assisted evaporation

利用高能量密度的激光束，使固体靶材气化并沉积在衬底上，以获得各种薄膜的方法。

由于激光加热可以在极短时间内达到极高的温度，几乎可以蒸发任何高熔点材料。激光器置于真空室外，采用了非接触式加热，无污染，且易于控制，易于掺杂，适合超薄薄膜的生长。提高激光器的能量也可以实现高的生长速率。

【离子束蒸发】ion beam evaporation

在镀膜中用高能离子束轰击加热蒸发固体靶材，以制备薄膜的方法。沉积过程中可能发生化学反应，而获得化合物薄膜。该方法得到的薄膜产品的光学性能及力学性能得到提高，适合镀增透膜、眼镜镀膜、光纤光学镀、高反镜、热/冷反光镜、低漂移滤波器、带通滤波器和类金刚石沉积等。

【离子镀】ion plating

在真空条件下，将固体靶材进行离子化蒸发，并使之与气体离子碰撞并沉积在衬底上形成膜层的过程。它把辉光放电、等离子镀和真空蒸发镀的技术结合在一起，提高了镀层的性能，扩充了镀膜技术的应用范围。

【离子注入】ion implantation

离子束照射到固体材料上，固体中的原子或分子发生物理和化学的相互作用，入射离子逐渐损失能量，最后停留在固体中，并引起固体表面成分、结构和性能发生变化，从而改变固体表面性能。在半导体材料掺杂，金属、陶瓷、高分子聚合物等的表面改性方面获得了较为广泛的应用。

【脉冲激光沉积】pulsed laser deposition

一种真空物理沉积工艺。将高功率脉冲激光聚焦于靶材表面，当达到足够高的能量通量和窄的脉冲宽度时，靶材表面快速受热到达蒸发温度，蒸发物的化学组成与靶材的化学计量比相同。蒸发出来的物质扩散或输运至加热的衬底表面，并沉积形成薄膜。脉冲激光沉积方法易获得目标化学计量比可控的多组分薄膜，靶材与薄膜具有良好的成分保持性，同时沉积速率高，周期短，对衬底温度要求低，对靶材组成没有特殊要求。

【热喷涂】thermal spraying

利用热源将固体材料加热熔化或者软化，靠热源自身的动力或外加的压缩气流，将熔滴雾化或推动熔粒成喷射的粒束，以一定速度喷射到基体表面形成涂层的工艺方法。可分为火焰喷涂、电弧喷涂、等离子喷涂和特种喷涂等。

【低压等离子喷涂】low pressure plasma spraying

等离子喷涂工艺在低压保护气氛中进行操作，从而获得成分不受污染、结合强度高、涂层致密的一种工艺方法。主要应用于航空航天、电子等高技术领域，如涡轮发动机的涡轮叶片、导向叶片盘等部件。

4.4.3 气相外延法

【气相外延】vapour phase epitaxy

气相状态下，在衬底上沉积单晶薄膜，使薄膜沿衬底的晶面定向生长的一种薄膜制备技术。气相外延广义上是气相沉积的一种特殊方式，其生长薄膜的晶体结构是单晶衬底的延续，而且与衬底的晶向保持对应的关系。

【同质外延】homoepitaxy

外延生长的一种，衬底和外延层属于同一种材料。如单晶硅衬底上外延生长硅薄膜，在砷化镓衬底上外延生长砷化镓薄膜。

【异质外延】heteroepitaxy

外延生长的一种，衬底材料和外延层具有不同的物质结构或组成。如在蓝宝石和硅衬底上外延生长砷化镓外延层，在砷化镓衬底上生长镓铝砷等都属于异质外延。

【分子束外延】molecular beam epitaxy

当源材料被加热到适当的高温时，其物质从表面蒸发后，不经碰撞直接喷射到单晶衬底表面进行外延生长的技术。

【固态源分子束外延】solid source molecular beam epitaxy

外延生长的薄膜各组分均采用固态源物质的分子束外延生长技术。

【气态源分子束外延】gas source molecular beam epitaxy

外延生长的薄膜组分部分或全部采用气态源物质的分子束外延生长技术。

【金属有机物源分子束外延】metal organic source molecular beam epitaxy

外延生长的薄膜组分部分或全部采用金属有机物作为物质源的分子束外延生长技术。

【化学束外延】chemical beam epitaxy

金属有机化合物和非金属氢化物等气态反应剂，通过喷口在真空生长室形成分子束流，直接喷向加热的衬底表面，经过物理化学过程，在衬底上制备外延层的工艺。

【锁相外延】lock phase epitaxy

分子束外延生长过程中，通过监测反射高能电子衍射(RHEED)，锁定组分原子(分子)束流挡板的开启与关闭，达到原子级平整度外延生长的技术。

【迁移增强外延】migration-enhanced epitaxy

在Ⅲ-Ⅴ族化合物薄膜的分子束外延生长过程中，Ⅲ族金属原子束流与Ⅴ族原子(分子)束流在较低的温度下交替喷射到生长晶体表面，获得原子级平整度的薄膜外延生长的技术。其特点是在没有Ⅲ族元素存在的情况下，Ⅴ族元素原子在表面的迁移速率增加，因而高质量的外延层可以在较低的生长温度下实现，有利于形成陡变的掺杂和组分分布。

【微波等离子体辅助分子束外延】microwave plasma assisted molecular beam epitaxy

在分子束外延生长中，用高能量微波激励气体源物质辉光放电，产生活性气体源粒子，即等离子体，以提高生长的薄膜质量的技术。

【离子束外延】ion-beam epitaxy

利用离子束在晶体衬底表面外延制备单晶薄膜的技术，也是一种特殊的真空镀膜工艺。

【选择性外延生长】selective epitaxial growth

在衬底上限定的区域内进行的外延生长，包括：侧向外延(带有掩模的图形衬底上进行外延时，横向生长速度快于纵向生长速度，导致起始的选择生长外延层扩展到窗口外并最终形成连续外延层的技术)、热壁外延(化学气相沉积时，通过电阻丝等方式加热反应腔传递能量至衬底的外延技术)、冷壁外延(化学气相沉积时，采用射频感应、光辐照等手段直接加热衬底，不加热反应腔壁，或对反应腔壁冷却，外延生长只在衬底上进行，而不会发生在反应器壁上的单晶薄层制备技术)。

5 环 境 保 护

5.1 基 本 概 念

5.1.1 生态与环境

【环境】environment

对生物体的生活、发展和存在有影响的一切外在条件的总和。有自然环境和社会环境之分。自然环境包括大气、水、土壤、各种矿物资源、光、热等非生物因素和植物、动物、微生物等生物因素；社会环境包括生活、劳动、学习和工作条件及产物，以及有关社会经济、文化教育等条件。环境保护的对象通常指自然环境。

【生态环境】ecological environment

生物有机体周围生存空间的生态条件总和。生态环境由生态因子综合而成，对生物有机体起着综合作用。生态因子包括非生物因子和生物因子：非生物因子如光、温度、水分、大气、土壤及无机盐类等；生物因子包括植物、动物、微生物等。在自然界，生态因子不是孤立地对生物发生作用，而是相互联系、相互影响，在综合的条件下表现出各自作用。

【生态系统】ecosystem；ecological system

包括生物群落和无机环境的整个物质系统。生物群落由生产者(主要是绿色植物)、消费者(动物)、分解者(细菌、微生物)所组成，相互之间通过物质循环和能量转移而维持平衡。根据生态系统的环境性质和形态特征，可分为陆地生态系统与水生生态系统。其中，陆地生态系统可划分为森林生态系统、草原生态系统、荒漠生态系统等；水生生态系统可划分为海洋生态系统、淡水生态系统等。

【生态平衡】ecological balance

组成生态系统的各类生物的数量，大体上保持相对稳定的状态。由于生态的自然演变以及气候等条件的变化，达到平衡的各类生物间的比例，总是处于重新调整之中。环境污染可使一种或几种生物的生长发生异常变化，破坏生态平衡，会给人类带来有害的后果。

【环境协调性】environmental coordination

指材料或产品具有低环境负荷、高可再生循环性或改善环境的功能。具有环境协调性的产品在生产、加工、流通、使用和废弃整个生命周期过程中对资源和能源消耗少、生态环境污染小、再生利用率高。环境协调性按特性可分为：节约能源、节约资源、可重复使用、可循环再生、化学稳定性、生物安全性、毒害替代、舒适性、环境清洁治理等。

【环境作用】environmental activity

指自然过程或人类活动对环境造成影响，从而导致生态系统的结构和功能发生变化的过程。环境作用按形成原因可分自然环境作用、环境化学作用和环境物理作用；按造成结果可分为正面环境作用与负面环境作用。

【环境污染】environmental pollution

指因排放到环境中有害物质数量超过自然界的净化能力，直接或间接地改变了环境(空气、水、土壤等)的物理、化学、生物或放射性的性质，从而对人或其他生物的生存或健康形成危害的一种现象。环境污染有人为和自然两种原因，例如，前者有工农业生产活动以及交通运输等；后者有火山爆发、风沙等。

【环境治理】environment remediation

指依据国家的环境政策、环境法律，从综合决策入手，运用各种有效手段，调控人类的各种行为，协调经济、社会发展同环境保护之间的关系，限制人类损害环境质量的活动以维护区域正常的环境秩序和安全，实现区域社会可持续发展的行为总体。可分为始端治理和末端治理。始端处理是指在工业生产之前对可能产生污染的材料、工艺、过程等进行分析与优化，从源头避免或减少污染物产生的主动处理方法。末端处理是指对生产过程产生的废弃物在排放前进行污染治理的方法，是一种被动的处理方式。

5.1.2 生态环境材料及评价方法

【生态环境材料】eco-materials

同时具有良好的使用性能和优异的环境协调性，或者是能够改善环境的材料。生态环境材料是在环境意识指导下，通过开发新型材料，或改进、改造传统材料获得的，赋予了传统结构材料、功能材料以优异的环境协调性。

【循环经济】circular economy

建立在资源回收和循环再利用基础上的经济发展模式。其原则是资源使用的减量化、再利用与再循环。其生产的基本特征是低消耗、低排放、高效率与可循环。

【3R 原则】3R rules

3R 原则是减量化(reduce)、再利用(reuse)和再循环(recycle)的简称。其中减量化是指通过适当的方法减少废弃物产生和污染排放；再利用是指尽可能多次和多种方式使用产品；再循环是把废弃物作为原材料输入到新产品生产之中。

【工业生态工程】industrial ecology engineering

指模拟生态系统的功能，建立类似于生态系统的“生产者、消费者、还原者”的工业生态链，以低消耗、低(或无)污染、工业发展与生态环境协调为目标的工业。工业生态工程的主要任务是按照循环经济的理念，把生态化思想融入工业系统的设计之中，实现“经济效益”与“生态效益”双重指标的协调。

【绿色材料】green materials

是指在原料选择、生产制造、使用、再循环利用以及废物处理等环节中，与生态环境和谐共存、节约资源和能源、减少和防止环境污染并有利于人类健康和环境保护的材料。根据其功能，可分为低(资源、能源)消耗材料、净化材料、吸波材料、(光、生物)可降解材料、生物及医疗功能材料、传感材料、抗辐射材料、相容性材料、吸附催化材料等。

【生态设计】eco-design

又称为绿色设计、生命周期设计或环境设计，是指将环境因素纳入产品设计之中，在保证产品经济性与使用性能的同时，要求在产品开发的所有阶段均考虑环境因素，从产品的整个生命周期减少对环境的影响，最终引导产生一个更具有可持续性的生产和消费系统。

【清洁生产】cleaner production

指将预防性的环境战略持续地应用于生产过程与产品中，不断采取改进设计、使用清洁能源和原料、采用先进的工艺技术与设备、改善管理、综合利用等措施，从源头削减污染，提高资源利用效率，减少或者避免生产、服务和产品使用过程中污染物的产生和排放，以减轻或者消除对人类健康和环境产生危害的生产方式。对生产过程而言，清洁生产是指通过节约资源和能源、淘汰有害原料、减少废物和有害物质的产生和排放；对产品而言，清洁生产是指降低产品生命周期过程对人类和环境的影响。

【物质流分析】material flow analysis

也称为材料流分析，是研究资源效率的一种有效工具，它通过对自然原始物质在开采、生产、转移、消耗和废弃等过程的分析，揭示物料(包括能源、水资源等)在特定范围内的流动特征和转化效率，作为评价区域、产业、行业及产品等发展的可持续性指标，进而提出相应的减少资源消耗的解决方案，为实现可持续发展目标提供科学依据。该方法广泛应用于区域废弃物产生、排放、综合利用统计，资源保证和生态环境变化的统计与评估，全社会物质流统计与核算，各种材料运输方式及服务的物质集约度和环境综合影响系数的测算与评价等领域。

基本流是指产品系统与自然环境之间的物质流动。

能量流是指单元过程或产品系统中以能量单位计量的输入或输出。

产品流是指产品从其他产品系统进入本产品系统或离开本产品系统而进入其他产品系统。

【中间流】intermediate flow

介于所研究产品系统的单元过程之间的产品、物质和能量流。

【碳足迹】carbon footprint

指由企业机构、活动、产品或个人引起的温室气体排放的总和。温室气体排放的主要来源包括交通运输、食品生产和消费、能源使用以及各类工业产品的生产过程。

【生命周期】life cycle

生命周期工程指以满足使用性能、保护环境、促进经济发展为目标，通过环保技术与理论应用到产品的设计与生产中，综合优化产品在生命周期中的成本、性能与环境表现的理论、方法与技术的统称。生命周期工程以产品生态设计理论为指导，涵盖了与产品生命周期相关的制造、管理、维修、回收、再利用等一系列技术，是由制造科学、管理科学和环境科学深层次交叉而形成的国际重要科学研究前沿领域。

生命周期指产品系统中前后衔接的一系列阶段，从自然界或从自然资源中获取原材料，直至最终处置，包括原材料的提取与加工、制造、运输和销售、使用、再使用、维持、循环回收、直到最终的废弃等过程。

生命周期评价是一种国际通行的评价产品全生命周期环境影响的方法。该方法通过确定和量化与评估对象相关的能源消耗、物质消耗和废弃物排放，来评估某一产品或过程的环境负荷；定量评价由于能源、物质消耗和废弃物排放所造成的环境影响；辨识和评估改善环境（表现）的机会。

生命周期清单分析指生命周期评价中对研究产品整个生命周期中输入和输出进行汇编和量化的阶段。该阶段将各单元过程的清单数据进行汇总与计算，得到产品系统边界内各过程的输入/输出总清单。生命周期清单分析方法包括过程累积方法、投入-产出方法与混合生命周期清单分析方法。

生命周期影响评价指生命周期评价中理解和评价产品系统在整个生命周期中的潜在环境影响大小和重要性的阶段。该阶段在生命周期清单分析结果的基础上，利用多种生态学、毒理学模型，综合表征各项输入输出物质最终造成的环境影响潜力。

【环境声明】environmental labeling

又称生态标志、绿色标志、环境标志。是一种印刷或者粘贴在产品包装上的图形，用于表明该产品不仅符合质量标准，而且在生产、使用和处置等过程中也符合规定的环保要求，对人体健康和生态环境没有或仅有较轻损害。

Ⅰ型环境声明是一种基于多准则的第三方认证计划。基于Ⅰ型环境声明颁发许可证授权产品使用环境标志证书，表明在特定的产品种类中，不仅质量合格，而且在生产、使用和处理处置过程中符合环境保护要求，与同类产品相比具有低毒少害、节约资源等环境优势。

Ⅱ型环境声明是企业通过自我环境声明并由第三方进行验证的生态标签。实施Ⅱ型环境声明的主要目的是减少不准确和无保证的环境声明，保护消费者的知情权，减少绿色欺诈的产生。

Ⅲ型环境声明又称为环境产品声明，是一种提供基于预设参数的量化环境数据的环境声明，必要时包括附加环境信息。其中预设参数应遵循生命周期评价相关国家标准。

【资源效率】resource efficiency

提供单位产品或服务的相对资源投入。可表征单位资源消耗所产生的经济、社会、生态和环境等有益效果的相对数量。

【能源效率】energy efficiency

提供单位产品/服务的相对能源投入。衡量能源效率的指标可分为经济能源效率和物理能源效率两类。经济能源效率指标又可分为单位产值能耗和能源成本效率(效益);物理能源效率指标可分为热效率和单位产品或服务能耗。

5.1.3 环境影响

【环境影响】environmental impact

指部分或全部由人为因素造成的自然环境的变化。按变化的结果可分为有利影响与不利影响;按变化的程度可分为可恢复影响和不可恢复影响;按变化的持续时间可分为短期影响和长期影响。

环境影响类型指由人类行为引起的环境问题的类型,常见的环境影响类型有全球变暖、光化学烟雾、环境酸化、水体富营养化、雾霾形成等。某类环境影响类型造成的损害程度可由影响类型参数定量表征。

影响类型参数是对于某种环境影响类型严重程度的量化表述。对于同一环境影响类型因选取评价模型不同可能有多种影响类型参数。当前使用最广泛的评价模型为当量模型,该模型对每一类环境影响类型选取一种基准物质作为影响类型参数,将其他会造成同类环境影响的物质通过生态学/毒理学/气候学原理转换到该基准物质进行表征。例如全球暖化影响类型的影响类型参数为二氧化碳当量。

【温室气体】greenhouse gas

指大气中能够吸收和释放红外辐射从而导致温室效应的气体成分,包括自然产生和人为产生两类。其中,自然产生的温室气体主要为水蒸气、臭氧等;人为产生的温室气体主要为二氧化碳、甲烷、一氧化二氮等。

【二氧化碳当量】carbon dioxide equivalent

一种基于全球增温潜势的用于比较不同气体温室效应的量度单位。为大气中的温室气体在所选定时间内(《京都议定书》基于100年以上的时间跨度)相对于二氧化碳的保持热能的能力。

【生态毒性】ecotoxicity

指外源物质进入生态环境,造成的水生或陆生生态系统中动物、植物等非人类实体的不良影响,是描述人类活动对生态环境造成损害的重要指标。

【富营养化】eutrophication

废水携带大量营养物质(主要是磷和氮)进入水体,使水生植物特别是藻类过度生长繁殖的现象。死亡植物的分解逐渐耗尽水中的溶解氧,导致水质恶化,水生动物窒息而死。

【光化学烟雾】photochemical smog

由光化学氧化剂(主要是臭氧)和二氧化氮等物质经光化学反应形成的一种有害的混合烟雾。其对人类视觉和呼吸系统有刺激性,对动植物有危害,最早发现于美国洛杉矶市。

【酸化】acidification

空气中的酸性污染物沉降至土壤或水体中,导致土壤或水体pH值降低的过程。常见的人为排放酸性污染物有二氧化硫、氮氧化物、酸性废水等。

【大气污染】air pollution

又称为空气污染,指当大气中污染物质的浓度达到有害程度,以至破坏生态系统和人类正常生存和发展,对人或物造成危害的现象。在干洁的大气中,恒量气体的组成成分比例较小。但是在一定范围的大气中,某种物质达到一定浓度,并持续足够长的时间,以致对人体、动物、植物、物品、材料、大气特性或环境美学产生可测量的不利影响,即产生了大气污染。大气污染的损害作用是多方面的,可危害人体健康,影响动、植物生长,破坏经济资源等。按其影响范围可分为局部污染、地区性污染、广域污染和全球性污染等。

【水体污染】water pollution

指当排入水体的污染物在数量上超过该物质在水体中的本底含量和自净能力(即水体的环境容量),导致水体的物理特征、化学特征发生不良变化,破坏水中固有生态系统的现象。水体是江河湖海、地下水、冰川等的总称,是被水覆盖地段的自然综合体,不仅包括水,还包括水中溶解物质、悬浮物、底泥、水生生物等。水体污染可分为自然污染与人为污染,自然污染指水中浮游生物和水底生物的生长繁殖和死亡,使水体产生不良的颜色和异嗅、异味；人为污染主要来自生活污水或工业废水及农药的污染。

【土壤污染】soil pollution

指超过土壤自净能力的污染物，或生物不能降解的污染物(重金属、有机氯农药等)进入土壤，进而对人类健康与生态系统造成危害的现象。土壤中有大量微生物，能分解污染物质。但发生土壤污染时土壤微生物的生命活动受到抑制或破坏，土壤理化性质发生变化，特别是蓄积的污染物可被农作物吸收转入食品，危害人和家畜。造成土壤污染的原因有污水灌溉、农药不适当施用、灌溉水受到污染，以及空气污染物的沉降等。

【热污染】thermal pollution

指因工业过程的高温废水排入水体，使水体温度增高，造成水中溶解氧量降低，某些有害物的毒性加重，进而对水生生物的正常生命活动产生不利影响的现象。

【电磁污染】electromagnetic pollution

又称为频谱污染或电噪声污染，指电磁辐射强度超过人体承受能力或仪器设备允许程度的现象。电荷的周围存在着电场，运动的电荷会形成磁场，而变化的磁场又会形成电场，电场和磁场的交互变化产生电磁波，电磁波在空中传播就会形成电磁辐射。当电磁辐射强度达到一定程度即造成电磁污染，电磁污染包括天然和人为两种来源。天然电磁污染最常见的为雷电，会对电气设备、交通工具、建筑造成直接危害；人为电磁污染包括脉冲放电、工频交变电磁场、射频电磁辐射等。

【环境噪声】environmental noise

简称噪声，指紊乱、断续而统计上随机的声振荡，是一切不需要声音的统称。噪声影响人类正常的工作和生活，可能造成听力损失或耳聋，引起多种疾病，降低劳动生产率，特强的噪声还影响仪器设备的正常运转，甚至损坏建筑物。

噪声级是描述噪声大小强弱的指标。人耳对声音的感受不仅和声压有关，而且和声音的频率有关。因此在噪声测量仪器中，设置频率计权网络 A、B、C，使所接收的声音受到不同程度的滤波。C 网络使所有频率的声音都通过，代表总声压级。B 网络使低频段有一定的衰减。A 网络使仪器对高频敏感，对低频不敏感，正与人耳对噪声的感觉一样，因此测得的噪声值较接近人声的感觉。在噪声测量中一般用 A 网络测得的声级代表噪声的大小，称为 A 声级，以分贝(A)或 dB(A)表示。

噪声容许标准是在工厂和闹市为保护听力和健康，以及为保证正常的生活和工作不受干扰，而制定的噪声不得超过的标准。

工业噪声是工业生产过程中产生的各种噪声。主要有：(1)气体振动产生的空气动力性噪声；(2)固体振动产生的机械性噪声；(3)电磁性噪声。

振动是噪声的主要来源，且常与噪声相结合作用于人体。可直接作用于人体，也可通过地板或其他物体间接作用于人体。分为局部振动和全身振动，但有时可同时受到两种振动的不良作用。

【污染源】pollution source

指造成环境污染的污染物发生源，通常指向环境排放有害物质或对环境产生有害影响的场所、设备、装置或人体。污染源可分为自然污染源与人为污染源。其中人为污染源是产生当前环境问题的主要原因，按其特征可分为固定污染源与移动污染源。

固定污染源指排放污染物的固定场所。如工厂、电厂、矿山等。

移动污染源指在移动中排放污染物的物体。主要指机动车、飞机和火车等。

【排放因子】emission factor

每加工或消耗单位量的原材料所产生的各种污染物的量，用来估算地区污染物的总量。例如火力发电厂的排放因子指每消耗 1t 燃料产生的烟尘、二氧化硫、氮氧化物等的公斤数。

5.2 污染物及其危害

5.2.1 污染物

【污染物】pollutant

是指直接或间接损害环境或人类健康的物质。污染物有自然界产生的，如火山爆发、森林大火产生的烟尘；也有人类活动产生的。环境科学主要研究和关注人类活动产生的污染物。污染物还可以定义为：进入环境后使环境的正常组成发生变化，直接或者间接有害于生物生长、发育和繁殖的物质。

一次污染物指污染源直接排放到空气或水体中的污染物。如空气中的二氧化硫、粉尘等，水中的重金属、有机物等。其中一部分可在环境中发生化学反应，改变形态而形成二次污染物。

二次污染物指某些一次污染物，特别是反应性较强的物质，在环境中发生化学反应而产生的，可能比其前身更为有害的新污染物。如大气中由氮氧化物和碳氢化合物反应生成的光化学氧化剂、由二氧化硫经氧化等反应过程生成的硫酸盐、水中由无机汞转化的甲基汞等。

【排放】emission

由于人类活动造成气态、液态、固态有害物质以及物理性污染物(如噪声)流向环境的过程。污染物排放需要符合排放标准，排放标准是指国家对人为污染源排入环境的污染物的浓度或总量所作的限量规定，其目的是通过控制污染源排污量的途径来达到环境质量标准或环境目标。

无组织排放指污染物不通过排放系统，而是通过跑冒滴漏等方式排出。无组织排放可通过加强管理、更换阀门、法兰、垫片等方式减少或消除。

有组织排放指污染物通过生产线设置的排放系统排出。工业生产的有组织排放通常采用计量监测手段连续测量其排放浓度/排放量。

【工业废水和废气】industrial waste water and gas

工业废水指工业生产过程中排出的废水和废液，含有流失的工业生产用料、中间产物、副产品以及生产过程中产生的污染物。工业废气指企业厂区内工业生产中排向空气的污染物总称。工业废水与废气会对人体、植物及环境等造成严重的危害。

【硫氧化物】sulfur oxides

硫的氧化物的总称。通常硫有 4 种氧化物，即二氧化硫(SO_2)、三氧化硫(SO_3)、三氧化二硫(S_2O_3)、一氧化硫(SO)；此外还有两种过氧化物：七氧化二硫(S_2O_7)和四氧化硫(SO_4)。在大气中比较重要的是SO_2和SO_3，其混合物用SO_x表示。大气中的SO_x大部分来自化石燃料(煤和石油)的燃烧和工业废气的排放，其余来自自然界中的有机物腐化。SO_x是全球硫循环中的重要化学物质，是大气污染、环境酸化的主要污染物。采用燃料脱硫、排烟脱硫等技术来降低或消除硫氧化物(主要是SO_2)的排放。

【氮氧化物】nitrogen oxides

氮的氧化物的总称，分子式为NO_x，包括多种化合物，如一氧化二氮(N_2O)、一氧化氮(NO)、二氧化氮(NO_2)、三氧化二氮(N_2O_3)、四氧化二氮(N_2O_4)和五氧化二氮(N_2O_5)等，除二氧化氮以外，其他氮氧化物均极不稳定。大部分来自自然过程。人类活动产生的氮氧化物，主要来源于燃烧、机动车尾气和某些化工生产过程。一氧化氮是无色无刺激气体，能与血红蛋白结合，使血液输氧能力下降。二氧化氮是有刺激性的黄棕色气体，毒性大于一氧化氮，损害肺功能，严重时可引起肺水肿。氮氧化物与碳氢化合物共存于大气中时，经阳光照射可产生光化学烟雾。工业生产的氮氧化物排放应遵循国家、行业与地方相关标准与法律法规。

【挥发性有机化合物】volatile organic compounds

沸点在 50～250℃的化合物，室温下饱和蒸汽压超过 133.32Pa，在常温下以蒸汽形式存在于空气中的一类有机物。按其化学结构的不同，可以进一步分为八类：烷类、芳烃类、烯类、卤烃类、酯类、醛类、酮类和其他。

【氟化物】fluoride

一种无色、有强刺激性和腐蚀性的有毒气体，主要为氟化氢。电解铝和炼钢、磷肥和氟塑料生产，以及陶瓷厂、玻璃厂、砖瓦厂等都排放氟化氢和其他氟化物。对上呼吸道黏膜和皮肤有强烈的刺激和腐蚀作用。吸入高浓度时可引起支气管炎、肺炎；能毒害某些酶系统，影响钙磷代谢造成“氟骨症”等。对植物有严重危害。牲畜可能由于长期食用蓄积一定量氟化物的牧草而中毒。工业生产的氟化物排放应遵循国家、行业与地方相关标准与法律法规。

【气溶胶】aerosol

固体或液体颗粒分散悬浮在气体介质中形成的胶体分散体系，例如空气中的飘尘、云、雾等，一般大小在 0.01～10μm 之间。大气中的气溶胶会通过吸收辐射或散射辐射等方式影响气候。人为产生的气溶胶主要来源于工业烟气、汽车尾气、采矿活动等。

【飞灰】dust

指锅炉运行中由燃料燃烧所产生烟气灰分中的细微固体颗粒物。飞灰通常携带重金属等有害物质，吸入人体会对健康造成损害，某些飞灰(如生活垃圾焚烧飞灰)已被列入国家危险废弃物名录。

【雾霾】haze

是雾和霾的统称。霾是一种天气现象，也称灰霾(烟霞)，指空气中的灰尘、硫酸、硝酸、有机碳氢化合物等大量极细微的干尘粒子均匀地浮游在空中，使空气浑浊，视野模糊并导致能见度恶化，如果水平能见度小于10000m 时，将这种非水成物组成的气溶胶系统造成的视程障碍称为霾或灰霾。当水汽凝结加剧、空气湿度增大时，霾就会转化为雾。因为空气质量的恶化，雾霾天气现象增多，危害加重。我国不少地区把阴霾天气现象并入雾一起作为灾害性天气预警预报，统称为“雾霾天气”。

【颗粒物】particulate matter

又称尘。大气中的固体或液体颗粒状物质，可分为一次颗粒物和二次颗粒物。一次颗粒物是由天然污染源和人为污染源释放到大气中直接造成污染的颗粒物，例如土壤粒子、海盐粒子、燃烧烟尘等。二次颗粒物是由大气中某些污染气体组分(如二氧化硫、氮氧化物、碳氢化合物等)之间，或这些组分与大气中的正常组分(如氧气)之间通过光化学氧化反应、催化氧化反应或其他化学反应转化生成的颗粒物，例如二氧化硫转化生成硫酸盐。有些颗粒物因粒径大或颜色黑可以为肉眼所见，比如烟尘。有些则小到需使用电子显微镜才可观察到。

常见的颗粒物有 PM10、PM2.5、PM50。PM10，指粒径在 10μm 以下的颗粒物，又称为可吸入颗粒物或飘尘。PM2.5，指环境空气中空气动力学当量直径小于等于 2.5μm 的颗粒物，其直径不到人头发丝粗细的 1/20。PM50，指粒径大于等于 50μm 的颗粒物，其体积是 PM2.5 的 8000 倍，肉眼可见。

【多环芳烃】polycyclic aromatic hydrocarbon; PAH

多环结构的碳氢化合物。种类很多，其中一些具有致癌性。环境(空气和水)中的多环芳烃主要来自煤和石油的燃烧和加工过程，以及柴油和汽油机车的排气。3，4-苯并芘等多吸附在燃烧烟尘上，通过呼吸道侵入人的肺部。

【恶臭物质】odorous substance

发出难闻臭味使人感到不适的物质。有些是有毒的。种类很多，常见的有硫化氢、硫醇、胺类、丁烯、丙烯醛等。来源于有机物在燃烧和加热过程中的不完全氧化，动物产品加工以及废液和废渣的处理。

【重金属】heavy metal

密度在 4.5g/cm^3 以上的金属，包括锰、铜、铅、锌、锡、镍、钴、锑、汞、镉和铋等。重金属的化学性质一般比较稳定，锰、铜、锌等重金属是生命活动所需要的微量元素，而其余大部分重金属如汞、铅、镉等并非生命活动所必须，所有重金属超过一定浓度都对人体有毒害作用。

【汞污染】mercury pollution

又名水银，一种液态的银白色金属，元素符号 Hg。当前环境中的汞污染，主要因工业上汞流失而造成，其中以汞电解法制碱工业最为突出。其他如汞冶炼、电气设备、仪表、涂料、农药等工业，以及煤和石油燃烧、水泥生产等也有汞的排放。在环境中以元素汞、无机汞化合物或有机汞化合物的形态存在，可在河流底泥和土壤中蓄积，通过食物链富集，通过消化道、呼吸道和皮肤侵入人体，主要蓄积在肝、肾和脑中，影响正常代谢，损害神经系统的功能。有机汞化合物和元素汞的毒性大于无机汞化合物。含汞化合物在河底沉积物中可转化为危害最大的甲基汞，通过食物链蓄积于鱼体中，引起食用者中毒。甲基汞主要蓄积在人脑中，严重伤害其功能，并能形成遗传性损害。日本的"水俣病"就是严重的甲基汞污染公害事例。工业生产的汞排放应遵循国家、行业与地方相关标准与法律法规。

【铅污染】lead pollution

一种灰白色质软的金属，元素符号：Pb。加热至 400～500℃即有大量铅蒸气逸出，在空气中迅速氧化、凝集为氧化铅尘烟。铅及其无机化合物主要用于颜料、印刷、电缆、陶瓷、釉料、铅质玻璃等，四乙基铅可作为汽油抗爆剂。铅及其无机化合物主要以尘烟形态存在于空气中，经呼吸道和消化道侵入人体，蓄积于骨髓、肝、肾、脾、大脑等处，以后慢慢进入血液中。对全身均有毒性，主要损害神经、造血、心血管等系统，引起贫血、铅绞痛和铅中毒性脑病。四乙基铅毒性大于无机铅化合物，可导致脑组织缺氧，产生弥漫性脑损伤。工业生产的铅排放应遵循国家、行业与地方相关标准与法律法规。

【镉污染】cadmium pollution

一种银白色金属，元素符号 Cd。进入环境的主要人为来源有采矿、冶炼、合金制造、电镀、玻璃、陶瓷、油漆、颜料等工业。主要随废水排放，污染水质、大气、土壤。通过饮水、食品、空气等侵入人体，蓄积在肾和肝中。中毒早期表现为头痛、鼻黏膜萎缩和溃疡、咳嗽、胃痛等，随后可发生肺气肿等，还可见骨质软化、肝肾损害和贫血等。日本出现的"骨痛病"即慢性镉中毒所致。另外，其对水生生物和农作物也有危害。工业生产的镉排放应遵循国家、行业与地方相关标准与法律法规。

【铬污染】chromium pollution

一种银灰色坚硬耐腐蚀金属，元素符号 Cr。铬在含铬化合物中以二价、三价和六价形式存在。天然水源中一般不存在铬，多来自生产和用铬的工业，如：采矿、冶金、电镀、金属加工、化工、制革、颜料、火柴以及玻璃和瓷器等工业。铬以粉尘或蒸气形式污染环境，通过消化道、呼吸道和皮肤侵入人体，蓄积在肝、肾、肺中。一般认为六价铬毒性最大，三价铬次之，二价铬毒性很小。可引起鼻黏膜损害、鼻中隔溃疡和穿孔、接触性皮炎和湿疹，以及消化道和呼吸道疾病，甚至可导致肺癌发病。另外，其对鱼类和农作物也有危害，并能腐蚀金属管道。工业生产的铬排放应遵循国家、行业与地方相关标准与法律法规。

【钒污染】vanadium pollution

一种在空气中稳定的浅灰色金属，元素符号 V。用于冶金及制催化剂，以及制陶瓷和红色玻璃，重油燃烧的烟气及灰分中也含有钒。多以五氧化二钒的形式存在于废气或废水中。急性钒中毒早期症状类似感冒，以后出现干咳、呼吸困难等。慢性钒中毒常表现为刺激性干咳、呼吸系统疾病，以及手指震颤等。严重钒中毒可导致死亡。工业生产的钒排放应遵循国家、行业与地方相关标准与法律法规。

【硒污染】selenium pollution

一种可作为半导体材料的红色或灰色粉末，元素符号 Se。用于光电元件、整流器、铜、不锈钢、橡胶、陶瓷、玻璃、染料等的生产。对人和动物毒性较强，经过消化道和呼吸道侵入人体，主要蓄积在肝和肾内。可引起接触性皮炎、头痛、腹泻、龋齿、贫血、呼吸困难以及肝脏损害等，被认为有致癌作用。植物蓄积硒的能力很强，可造成家畜中毒，影响水体自净作用，并危害鱼类。工业生产的硒排放应遵循国家、行业与地方相关标准与法律法规。

【铍污染】beryllium pollution

一种灰黑色的轻金属，元素符号 Be。工业上应用较广，如铍矿冶炼、铍合金、特种工具、氧化铍、陶瓷、X 射线管、原子能工业等。铍及其化合物毒性很大，主要以粉尘和蒸气形式通过呼吸道侵入人体，蓄积于肺、肝、肾、骨及淋巴结等处。在肺内发生弥漫性的肉芽肿性病变，称为慢性铍肺，还可引起贫血、颗粒性白细胞减少等。直接接触可使皮肤产生皮炎或鸡眼状溃疡；其还会抑制水体自净能力，毒害鱼类。工业生产的铍排放应遵循国家、行业与地方相关标准与法律法规。

【砷污染】arsenic pollution

一种灰黑色的非金属，元素符号 As。在自然界中广泛存在，煤中也含有砷。在工业上广泛应用，如硬质合金、颜料、皮革、防腐剂、农药、药剂、玻璃脱色剂等。工农业大量制造及使用含砷化合物，是环境中砷污染的主要原因。元素砷无毒性，而砷化物都有毒性。砷化合物可通过呼吸道、消化道和皮肤侵入人体，主要损害细胞中酶系统，引起神经系统、代谢、毛细血管以及其他系统的功能与器质性病变。环境污染引起的砷中毒是积累性的，往往几年后出现症状，并被认为可能有致癌作用。工业生产的砷排放应遵循国家、行业与地方相关标准与法律法规。

【氰化物污染】cyanide pollution

指含有氰基(—C≡N)的化合物，有剧毒。常见的氰化物有氢氰酸及其盐类(氰化钠、氰化钾及氰化铵等)。氢氰酸为氰化氢的水溶液，有剧烈毒性，在工业中应用广泛，多来自电镀、炼焦、炼铁等工业，因此控制工业废水中的氰化物是环境保护的重要课题。其可通过呼吸道、食道、皮肤侵入人体；吸入或误服氰化物，主要引起组织缺氧而中毒，严重者迅速呼吸停止而死亡，治愈后可后遗神经系统症状。另对鱼类和其他水生动物毒性也很大。工业生产的氰化物排放应遵循国家、行业与地方相关标准与法律法规。

【苯污染】benzene pollution

一种常温下无色、有芳香气味和易挥发的易燃液体。基本化工原料之一，大量用于有机合成和作用机溶剂，有毒。生产环境中主要以蒸气形式经呼吸道和皮肤侵入人体。急性中毒后主要呈麻醉状态，危及中枢神经系统。慢性中毒主要是抑制血机能。工业生产的苯排放应遵循国家、行业与地方相关标准与法律法规。

【酚污染】phenol pollution

酚是羟基与芳烃核直接连接的有机化合物，多数为无色晶体，难溶于水。酚类中最简单是苯酚。酚按能否与水蒸气共沸而挥发，可分为挥发酚与不挥发酚，用途很广。人为污染源主要有焦化厂、煤气厂、炼油厂、化工厂以及其他用粉的工厂。酚是一种原型质毒物，可使细胞蛋白质凝固。酚水溶液易被皮肤吸收，酚蒸气通过呼吸道侵入体内，损害神经系统和肝、肾和心肌。低浓度酚可引起积累性慢性中毒，长期饮用含酚的水会引起贫血及神经系统病症。水体被酚污染后，低浓度时水和鱼贝类会产生臭味，高浓度时导致水生动物和浇灌的农作物死亡。工业生产的酚排放应遵循国家、行业与地方相关标准与法律法规。

【二噁英】dioxin

又称二氧杂芑，是一类无色无味、毒性严重的脂溶性物质。它指的并不是一种单一物质，而是结构和性质都很相似的包含众多同类物或异构体的有机化合物。二噁英与其衍生化合物毒性各有不同，实验证明其可以损害多种人类器官和系统，国际癌症研究机构已将其列为人类一级致癌物。

【放射线】radiation

放射性元素放出的肉眼不可见的射线。可分为：(1)α 射线，带正电荷的粒子流，电离能力很强而穿透力较弱，主要应防其进入体内；(2)β 射线，高速运动的电子流，穿透力比 α 射线约大百倍；(3) γ 射线，不带电荷的波长很短的电磁波，穿透力很强但电离能力很弱，主要应防止外照射损伤。

5.2.2 污染物危害

【尘肺病】pneumoconiosis

长期吸入生产性粉尘而引起肺部弥漫性变化的一种全身性疾病。随粉尘性质的不同，尘肺可分为五类：吸入含游离二氧化硅粉尘形成的矽肺；吸入含硅酸盐粉尘形成的硅酸盐肺（石棉肺、水泥尘肺等）；吸入煤尘形成的煤肺；同时吸入含游离二氧化硅的粉尘和其他粉尘形成的混合性尘肺（煤矽肺等）；其他尘肺（金属沉着肺、植物性尘肺）。矽肺、煤矽肺、石棉肺较为常见。粉尘颗粒小（5μm 以下）、粉尘浓度高、接触时间长，则容易引起尘肺病。

矽肺即长期吸入硅尘或硅的化合物引起的以肺部病变为主的慢性、进行性、全身性疾病，是最常见的一种尘肺病。在硅尘作业的主要工种，一般接触硅尘 8～10 年可能发病。但如果硅尘浓度很高，接触几个月也可能发病。以呼吸系统的症状为主，常见气促、胸痛、咳嗽和咳痰，严重时由于肺内广泛性纤维化，导致两肺硬变，影响呼吸和循环功能。常并发肺结核、自发性气胸、肺源性心脏病等，使矽肺病变恶化，甚至导致死亡。

石棉肺是长期吸入石棉粉尘而引起，以肺组织间质纤维化病变为主的全身性疾病。发病工龄多在 5～8 年。症状一般有咳嗽、气促和咳痰，以及胸痛等。病理特征是肺内弥漫性间质纤维化和肺气肿，伴有广泛胸膜增厚及胸膜膈肌粘连，部分病例有胸膜钙化及支气管扩张。常并发呼吸道感染、肺气病、肺结核等，个别可合并胸膜间皮瘤。

【放射性损伤】radioactive injury

指人体或局部组织器官受到超过安全剂量的射线照射，电离作用引起一系列复杂的生物化学反应，使机体受到损伤的现象。通常分成两类：受照射者本身出现的损伤，如急、慢性放射病，铀、钍中毒等；由于受照射者生殖细胞的突变而在后代出现的异常，如遗传性疾病等。细胞在射线刺激下可能发生变化，组织的调节功能受到破坏，从而发生癌变。

5.3 污染治理

5.3.1 空气污染治理

【清洁能源】clean energy

参见 3.4.1【清洁能源】。

【燃料脱硫】fuel desulfurization

从燃料（重油和煤）中脱除所含硫分，以减少燃烧时生成二氧化硫的方法。燃料油一般指重油，是由原油常压蒸馏残油制成的。重油含硫较多，其中硫分大多是环状硫化物，如联苯并硫（杂）茂、萘硫（杂）茂等。这些硫化物分子量高，若含硫量为 3%，则硫化物含量可达到重油的 1/3，因此重油不宜用直接去除硫化物的方法脱硫。目前重油脱硫是在催化剂作用下，用高压加氢反应，切断碳与硫的化合键，以氢置换出碳，同时，氢与硫作用成为硫化氢，从重油中分离出来，用吸收法除去。另一种方法是将重油用蒸汽、氧气部分燃烧气化，硫转化成为硫化氢和少量二氧化硫，再进行处理。

反应中使用的催化剂采用铬、钼、钨、铁、钴、镍、铂等，也可由钴-钼，镍-钼或镍钴-钼组合使用，一般以氧化铝为载体。生产过程中，如果催化剂表面上积碳，以及重油中钒、镍的有机金属化合物与氢反应沉积在催化剂上，就会使催化剂中毒，失去催化作用。为解决这个问题，发展了直接脱硫和间接脱硫两种工艺。直接脱硫是选用抗中毒性能较好的催化剂，直接加氢脱硫，同时采取适当防护措施，如有的工艺在反应塔前加防护塔，填充其他廉价的催化剂，尽可能除去不纯物和金属成分。间接脱硫是把重油减压蒸馏，分成馏出油和残油。单独将馏出油加氢脱硫，然后与残油进行混合。或将残油以液化丙烷（或丁烷）作溶剂，对残油进行处理，分离出沥青后，再与馏出油混合进行加氢处理。

煤的脱硫方法有：

(1)物理法：硫在煤中主要以无机的硫化铁和有机的硫化物两种形式存在。其中以硫化铁(黄铁矿)形式存在的硫约占 2/3。黄铁矿密度大于煤，同时，黄铁矿是顺磁性物质，比磁化系数约为 25×10^{-6} g/cm^3；煤是反磁性物质，比磁化系数约为 -0.5×10^{-6} g/cm^3。因此，可将煤破碎，然后用重力分离法或高梯度磁分离法，将黄铁矿去除。物理法能把燃料的硫分脱除 50%左右。

(2)化学法：煤经破碎后与硫酸铁水溶液混合，在反应器中加热至 100～130℃，硫酸铁与黄铁矿反应转化为硫酸亚铁和单体硫。同时通入氧气，使硫酸亚铁再生为硫酸铁，在工艺系统中循环使用。煤通过过滤器和溶液分离，硫成为副产品。

(3)气化法：煤的气化是在煤气发生炉中进行的热化学过程。煤在 1000～1300℃高温下，通过气化剂，使之发生不完全氧化，而成为煤气。如果气化剂是空气，适量空气由下部通过煤层，首先被灰渣层预热，然后进入氧化层，空气中的氧与高温的煤作用生成二氧化碳(CO_2)和少量一氧化碳(CO)。CO_2 上升通过还原层，与炽热的煤作用被还原成 CO，以 CO 为主要成分的气体受热上升排出炉外，制得空气煤气。如果气化剂是蒸汽，则反应生成物为 CO 和 H_2，制得的煤气为水煤气。煤的气化还有加压、加氢气化法，使一氧化碳或碳元素同氢作用生成甲烷等碳氢化合物气体，提高了煤气的热值。为省去煤的开采、运输等生产环节，俄罗斯、美国等国家还采用了地下气化法。中国也在开展地下气化的实验研究。煤中的硫分在气化时大部分成为硫化氢，进入煤气，再用液体吸收或固体吸附等方法脱除。

(4)液化法：煤的液化有合成法、直接裂解加氢法和热溶加氢法等。合成法是将煤制成煤气，按一定比例加氢，在高压、高温和催化剂作用下，合成液体燃料，其主要成分是烷烃和甲醇。直接裂解加氢法是把煤溶解在溶剂里制成糊状，然后在 400～500℃，约 200 个大气压的压力下，通过催化剂的作用，使之与加入的氢反应，而成为液体燃料。热溶加氢法是把煤粉加热溶解在与煤性质近似的油里，在约 100 个大气压的压力下加氢，同时将不溶物分离出来，就得到了液态煤。在液化过程中，硫分与氢反应生成硫化氢逸出，因此得到的是高热值、低硫、低灰分燃料。

【烟气脱硫】flue gas desulfurization

从燃烧烟气中除去二氧化硫，有干法和湿法两大类。干法有活性氧化锰吸收、活性炭吸附和催化氧化等，脱硫后排气温度高，有利于扩散，但投资大，实际应用不多。湿法是当前采用的主要方法，有石灰(石灰石)浆、亚硫酸钾(钠)、氨、碱液、氧化镁和有机溶剂等吸收法，其装置较小，投资较少，但烟气温度降低，需再次加热才能排放。其中在单位时间内，被脱除的二氧化硫量与烟气中原本含有的二氧化硫总量的比值叫作脱硫效率。

【烟气脱硝】flue gas denitrification

一种通过将烟气中已生成的 NO_x 还原成 N_2，来脱除烟气中 NO_x 的技术。按照治理工艺可分为湿法脱硝和干法脱硝两种。烟气脱硝的原理是利用氧化剂将烟气中的 NO 氧化生成 NO_2，再通过水或碱溶液进行吸收，从而实现烟气脱硝。其中在单位时间内，被脱除的 NO_x 量与烟气中原本含有的 NO_x 总量的比值叫作脱硝效率。

【选择性催化还原】selective catalytic reduction

一种通过使用催化剂和还原剂来脱除烟气中 NO_x 的技术手段，简称 SCR。其原理是在含有 NO_x 的烟气中喷入氨、尿素等含氮的氧化物，在一定温度区间内通过加入催化剂使烟气中的 NO_x 被选择性地还原成 N_2 和水。催化剂的作用是降低 NO_x 分解反应的活化能，使该反应能在较低温度下进行。

【选择性非催化还原】selective noncatalytic reduction

一种通过加入还原剂来脱除烟气中 NO_x 的技术手段，简称 SNCR。其原理是在不使用催化剂的条件下，在适合脱硝反应的温度区间内(一般为 850～1100℃)喷入还原剂，将烟气

中的 NO_x 选择性地还原为 N_2 和水。该技术一般采用在锅炉炉膛内喷入还原剂，还原剂一般采用氨水、尿素。

【氨逃逸】ammonia escape

在脱硝系统中，出口烟气中未参与反应的氨气逃出反应区的过程。逃逸的氨气会造成环境污染，且易与烟气中的 SO_3 反应生成硫酸铵盐(具有腐蚀性和黏性)，造成仪器腐蚀和催化剂孔道阻塞。氨逃逸监测技术主要有抽取法和激光原位测量法。

【大气沉降】atmosphere deposition

大气中的污染物通过一定的途径被沉降至地面或水体的过程，分为干沉降和湿沉降。干沉降是指空气污染物在重力或扩散作用下，降落到地面或被地面物体吸收。湿沉降是指空气中污染物被雨雪冲洗，或自行凝聚成核后成为雨滴而降落地面。大气沉降是陆源污染物和营养物质向海洋输送的重要途径，也是土壤污染的重要途径。

5.3.2 水污染治理

【污水处理】sewage treatment

采用物理、生物及化学的方法对工业废水和生活污水进行处理以分离水中的固体污染物并降低水中的有机污染物和富营养物(主要为氮、磷化合物)，从而减轻污水对环境的污染，是处理水污染的重要过程。污水处理技术按处理程度划分，可分为一级、二级和三级处理，一般根据水质状况和处理后的水的去向来确定污水处理程度。

一级处理指废水的初步处理。用筛分法和沉降法除去大部分漂浮的和可沉降的固体，并适当降低悬浮物的浓度，对其消毒等。

二级处理指废水的生物化学处理。经过一级处理的废水，再用生物过滤、混凝沉淀活性污泥等生物化学方法，除去漂浮的和可沉淀的固体，以及约 90% 的溶解有机物和悬浮物。同时还用氯气进行消毒。

三级处理又称高级处理，即废水经过二级处理后再进行的深度处理，其目的是除去水中的氮、磷营养物，以及微细悬浮物、微量有机物、无机盐等。所用的方法有活性炭吸附、反渗透、离子交换、微滤、泡沫分离、电渗析、冰冻、生物化学氧化等。

【生物富集】biological magnification

环境中污染物的浓度通过食物链而逐步增大。例如，由于生物富集作用，重金属在鱼体中的浓度可以比在水中的浓度高出几万倍。

【生物降解】biodegradation

参见 20.1.4【生物降解】。

【自净作用】self-purification; self-cleaning

水体或空气自行消除污染物的自然过程。在水中，有机污染物在溶解氧充足时，可被细菌分解为简单的无害物质。在空气中，颗粒和气体污染物可通过沉降、扩散、降水冲洗而被消除。一旦进入环境的污染物超过自然界的自净能力，就造成环境污染。

【生物处理法】biological treatment

通过微生物的代谢作用，氧化分解水中有机物质，使有毒的变为无毒，以净化工业废水和城市污水。分好氧性和厌氧性两种。前者是利用好氧性微生物将有机物分解为二氧化碳、氨和水，如活性污泥、生物转盘、生物滤池、氧化塘等方法；后者利用厌氧微生物将有机物分解为甲烷、二氧化碳、硫化氢、氨和水，如甲烷发酵法。

【物理处理法】physical treatment

利用物理作用来处理废水的方法。主要有如下方法：筛分、沉淀、过滤、浮选(以上属一级处理)、吸附、反渗透、气提冰冻、溶剂萃取(以上属三级处理)。常与化学处理法结合应用，以净化生物处理法不能去除的有机物、营养盐类和悬浮物，从而使水质满足回用的要求。

【化学处理法】chemical treatment

利用化学反应来除去废水污染物的方法。主要有：混凝沉淀、化学氧化、离子交换、电解等(属于三级处理)。常与物理处理法结合使用，称为物理化学处理法。

【化学氧化】chemical oxidation

通过化学氧化使废水中的有机物和无机还原物氧化分解的废水处理方法。常用空气氧化、氯气氧化、臭氧氧化和湿式氧化等方法。氯气氧化、臭氧氧化同时还可以去臭、去味和去色。湿式氧化是在水中氧化有机物，可选择温度和压力以达到所需的氧化程度，还可处理污泥和易爆炸的物质。

【生物氧化】biological oxidation

微生物分解复杂的有机物，作为自身营养物的过程。水体的自然净化以及活性污染等生物方法处理废水，就是利用这种作用。

【混凝沉淀法】coagulating sedimentation

添加化学物(石灰、明矾或其他混凝剂)使废水中的微细悬浮物集合成较大的能迅速沉降的颗粒。一般用于工业废水和污染的处理。

【生化需氧量】biochemical oxygen demand

微生物氧化分解水中有机物时所需要溶解氧的数量，以每升水需氧的毫克数(mg/L)表示，又称 BOD。一般是用 20℃以下 5 天的需氧量(BOD_5)作为水质受污染值。但 BOD 值仅代表能被微生物降解的那部分有机物，并不能反映水中所含全部有机物的总量。地面水的生化需氧量(20℃，5 天)不得超过 3～4mg/L，工业废水不得超过 60mg/L。

【化学耗氧量】chemical oxygen demand

又称 COD。废水中的有机物在化学氧化过程中所消耗的氧量。与 BOD 一样，也是常用的表示水质受有机物污染程度的一个指标。测定方法一般是在酸性条件和 180℃下，用重铬酸钾氧化。这一方法能完全氧化大部分有机物。COD 与 BOD 之间一般不存在一定的相互转化关系。工业废水排放时的 COD_{Cr} 不得超过 100mg/L。

【曝气】aeration

净化水处理方法之一。将空气(或氧气)泡通入污水，以增加水中溶解氧与水体充分接触，使污水中有机物氧化，通过活性污染的细菌作用，使污水净化。

【氯化】chlorination

净化水处理方法之一。将氯通入净水和废水中，杀死污水中细菌，让水消毒，使处理后的自来水或污水对人无害。

【滤池】filter

过滤用的水池。如给水系统中的快滤和压力滤池等。为了去除用沉淀而未能去除的水中悬浮固体或胶体物质，将污水通过滤体。该滤体一般有颗粒状物质如石英砂等，也有使用滤布、素瓷或特制滤纸，使水变清洁。

【污泥消化】sludge digestion

将污泥投入消化池中，在厌氧和一定温度条件下，将污泥中的有机物或挥发性物质，气化、液化、矿化或转化成较稳定有机物质。

【活性炭吸附】activated carbon adsorption

利用活性炭的吸附作用来净化废水和废气的一种方法。活性炭具有极大的比表面积(600～1000m^2/g)。在吸附塔中的物理和化学力的作用下吸附废水和废气中的污染物，饱和后进行再生处理，所吸附物质被破坏或被解吸，恢复活性再次使用。多用以从废水中除去非生物降解有机物、色泽和臭味，以及某些重金属。

【反渗透】reverse osmosis

利用半渗透膜进行分子过滤的方法。在浓溶液一侧施加 $2\times10^8\sim1\times10^9$g/$m^2$ 的压力，水分子即可通过半渗透膜，$1\times10^{-10}\sim6\times10^{-7}$m 的溶质则不能通过而被分离。所加压力大于渗透压，水流动方向与渗透作用的方向相反，故名反渗透。常用于淡化海水，从工业废水中除去大部分溶解性有机物和胶状物质。

【超滤】ultra-filtration

在外加压力作用下，利用半渗透膜从溶液中分离溶质(污染物)的技术。与反渗透技术相似，但压力较低，膜的孔径较大。在 7×10^8g/m^2 以下的压力下，水透过薄膜，而 $2\times10^{-9}\sim1\times10^{-5}$m 的分子不能通过膜而被滤出。在这一范围内的主要是溶解的高分子有机物和悬浮物质。

【生物滤池】trickling filter

又名滴滤池，是废水生物处理的一种设施，一般用碎石或塑料堆成。废水喷洒在滤料上，利用在滤料(石料)表面生成的微生物膜来吸附分解废水中的有机物。由滤池流出的废水再经过沉淀，以除去脱落的生物膜。能适应多种工业废水，运行费用低，操作简单，但处理效率较低，卫生条件差。

【活性污泥法】activated sludge process

废水二级处理的方法。活性污泥是主要由原生动物和细菌组成的活性物质，在曝气池中与废水充分混合，鼓入空气（曝气）以供给氧气。废水中的有机物被污泥吸附，并被污泥中的微生物分解。经过一定时间后，将混合液排入沉淀池，活性污泥由于重力而沉淀，上层澄清液则作为已处理水排放或再进行三级处理。沉淀下来的污泥，一部分回流入曝气池再次使用，剩余污泥经适当处理后加以利用或抛弃。

【生物转盘法】biological rotating disc

处理废水的一种方法。在一水平轴上平行排列的圆盘，下半部浸没在废水中并缓慢转动，盘表面上生长一层微生物膜简称生物膜，交替与废水和空气接触，从空气中吸收氧，氧化分解水中有机物，使废水得到净化。可用于处理生活污水、城市污水和工业废水。适应性强，耗能较少，操作方便。

【氧化塘】oxidation pond

利用微生物分解水中有机污染物的天然或人工浅池塘。废水导入其中停留一段时间（几天），微生物所需的氧从水面吸收或由藻类的光合作用供给。如塘较深，则底部的沉积污泥发生厌氧分解。处理效率低于其他生物法。占地面积大，但使用方便，投资较少。

5.3.3 固体废弃物治理

【填埋】land-fill

处理废渣和垃圾的一种常用方法。填埋地点可选择废矿坑道、低洼地，或人工筑堤形成。废渣等倾入后应立即加以覆盖。含有害物时应立即采取措施使其稳定或固化，以防污染地下水。

【焚化】incineration

利用专门设计的焚化炉，通过高温燃烧来处理废物和废水的方法，对污染物的破坏彻底。可用于处理工业废弃物和城市垃圾、生物处理后的污泥，以及含生物不能降解的有机物的浓厚废水等。如果废物和废水本身不可燃或热值低不能产生所需的高温，就需加入燃料。废水需先加以浓缩。应注意不能使污染物通过焚烧排入大气而造成大气污染。必要时应对燃烧烟气进行处理。

【放射性废物处理】treatment of radioactive waste

放射性废物（废气、废水、废渣）的处理与一般工业废物的处理不同，不能用任何物理、化学或生物学方法改变其放射性，而只能依靠自然衰变。因此只有浓缩固化贮存和扩散稀释两种方法。

【放射性废物玻璃固化】vitrification of radioactive waste

处理放射性废物的一种方法。核反应堆的废燃料元件在水法后处理过程中产生大量的强放射性废液，为防止贮存过程中发生溶液泄漏，造成放射性扩散，污染环境，需将放射性物质浓缩并固定在稳定的固体介质中。若使用的固体介质是玻璃，则处置方法简称玻璃固化。由于玻璃固化法所得产品的抗水性、辐射稳定性、热稳定性和机械强度都较好，所以是强放射性废液固化处理的最佳方法之一。

5.4 协同处置与资源化利用

5.4.1 协同处置

【协同处置】co-processing

指不影响或有限影响原有生产活动的同时，在同一工艺生产系统中实现对工业废物的焚烧或改变其物理、化学、生物特性，达到减少工业废物数量、缩小固体废物体积、减少或者消除其危险成分的终端处置或者将下游废物最终置于符合环境保护规定要求的填埋场的活动。

【水泥窑协同处置】cement kiln for co-processing

将满足或经过预处理后满足入窑要求的废物投入水泥窑，在进行水泥熟料生产的同时实现对废物的无害化处置过程。水泥窑可以处置的废物包括工业废渣、城市垃圾、各种污泥以及各种危险废物等。

【生活垃圾】household garbage

是指在城市日常生活中或者为城市日常生活提供服务活动中产生的固体废弃物，以及法律、行政法规规定视为生活垃圾的固体废弃物，主要来自于城市居民家庭、城市商业、餐饮服务业、旅游业、市政环卫业、企事业单位办公等。

【城市污泥】municipal sludge

是城市污水处理厂在污水处理过程中，污水中大部分污染物、颗粒悬浮物转化为以固液混合为特征的沉降物，或者是城市排水管道系统中的沉积物，主要包括：有机残片、细菌菌体、无机颗粒、胶体、其他污染物等。

【替代燃料】alternative fuel

是为了以减少污染物的排放，用来代替当前的传统燃料，可以被用作燃料的材料或者化学物质。对替代燃料一般具有以下要求：达到常规燃料发热量要求范围，能够持续获得使用，供应量大、性质稳定、洁净方便等。常见的替代燃料包括生物柴油、醇类燃料（甲醇、乙醇、丁醇）、化学物质储存的电能（电池和燃料电池）、氢气、非化石燃料产生的甲烷或其他人工燃气、植物油及其他生物质燃料。

【二次燃料】secondary fuel

是由一次燃料（原煤、原油、天然气、油页岩等自然界开采后没有经过加工转换的燃料）经过加工或转换得到的其他种类和形式的燃料。二次燃料包括煤气、液化石油气、焦炭、汽油、柴油、重油、沼气、氢气、酒精等。二次燃料比一次燃料的利用更为有效、清洁、方便。

【生物质燃料】biomass fuel

将生物质材料燃烧作为燃料，一般主要是农林废弃物（如秸秆、锯末、甘蔗渣、稻糠等）。在当前的国家政策和环保标准中，直接燃烧生物质属于高污染燃料，只在农村的大灶中使用，不允许在城市中使用。生物质燃料的应用，实际上主要是“生物质成型燃料”，是将农林废物作为原材料，经过粉碎、混合、挤压、烘干等工艺，制成各种成型（如块状、颗粒状等）的、可直接燃烧的一种新型清洁燃料。

【重金属固化】heavy metals solidification

是指运用物理或化学的方法将危险废物中的重金属固定、封闭，阻止其向环境中迁移，从而降低其对环境的毒害程度。固化技术的原理是将危险废物掺入惰性基材中，或在污染物外面加上低渗透性材料，通过减少污染物暴露的淋滤面积达到限制污染物迁移的目的。常用的固化方法有：水泥固化、石灰固化、有机聚合物固化、自胶结固化、熔融固化和陶瓷固化。

5.4.2 循环利用

【综合利用】synthetic utilization

工业生产过程中，一般都产生一定量的废水、废气、废渣。它们实质上大多是流失的原料、中间产物或副产品。在一个企业内部，或在一个地区各企业之间，回收利用这些废物，做到物尽其用，减少资源浪费，是消除污染、保护环境的积极措施。

【循环利用】cyclic utilization

循环利用是将使用后的废弃产品变为可再利用材料的过程。在“资源-产品-废弃物-再生资源”的反馈式循环过程，根据资源的成分、特性和赋存形式对自然资源综合开发、能源原材料充分加工利用和废弃物回收再生利用，通过各环节的反复回用，发挥资源的多种功能，使其转化为社会所需物品的生产经营行为。

再生循环技术是一种将废弃的原材料在其功能丧失之前通过有目的的生产加工进而多次使用的技术和方法。一般通过物理或化学技术与方法使其成为中间材料或产品，在回收过程中可加入其他材料。

【再生水】reused water

将生活污水、工业废水和污水处理厂出水等丧失原有使用价值的非传统水源回收之后，经过特定的处理过程使水质达到一定的标准，并在与标准相适应的范围内重复使用的水。

【固体废弃物利用】solid waste utilization

是指消除或减轻固体废弃物对环境的污染

并使其中的有价组分得到综合利用的过程。主要途径包括：直接使用或再使用（生产碎石、生产水泥、生产硅酸盐建筑制品等）、土地利用（用作肥料或者沥青原料）、回收再利用（通过物理化学等方式，从固体废物中回收有用的物质或生产再生材料）、能源回收（可燃固体废弃物直接作为燃料或作为原料制作燃料）。

【工业炉渣】industrial slag

矿石经过选矿或冶炼后的固体残余物，有高炉渣、镍矿渣、铜矿渣等。可单独或加入少量矿物原料吹制矿渣棉。也可作为玻璃某些组分的引入原料，如锌渣、含稀土氧化物的高炉渣等。高碱性高炉矿渣经水淬后可用作水泥的混合材料。

【锌渣】zinc slag

一种是氧化锌冶炼锌后的炉渣；另一种是用锌作还原剂的有机合成工业的副产品。后一种含氧化锌量较高的锌渣，可以作为玻璃中引入氧化锌的原料。

【铬渣】chromium slag

有化工铬渣和冶金铬渣两种。(1)化工铬渣是生产铬酸盐——铬绿(Cr_2O_3)及铬酸酐所排出的废渣。含有铬的化合物以及一定量钙、镁、铝、铁、硅等铸石所需要的氧化物。已用于生产铬渣铸石，并作为附加料生产辉绿岩铸石和玄武岩铸石等。(2)冶金铬渣是以铬铁矿生产金属铬所排出的废渣。残存有铬，可作为结晶促进剂用于辉绿岩铸石、玄武岩铸石的生产。加一定白黏土和镁砂可制成炉渣镁铬耐火砖。

【铜矿渣】copper slag

冶炼铜所排出的废渣。具有生产铸石的化学组成条件，可用高温液态铜矿渣直接浇铸铜矿渣铸石。可以作为铁质矫正原料生产铜渣水泥、耐火混凝土、膨胀矿渣、微晶玻璃、面砖以及农肥（铜肥）等，还可以用作矿化剂。

【钼铁渣】molybdenum iron slag

冶炼钼铁合金所排出的废渣。在高温液态钼铁熔渣中加入炭铁渣、氧化铁皮以及镁砂粉等，搅拌后可直接浇铸成铸石。也可将已结晶的钼铁渣磨成耐酸粉。

【硫铁矿渣】pyrite cinder

又称硫酸渣。是采用硫铁矿作原料生产硫酸过程中所排出的废渣。一般含铁为30%～50%质量分数。由于所含磁性矿物量的不同，颜色呈红色（棕色）、棕黑色和黑色。硫铁矿渣经磁选-重选联合工艺后，为一种红褐色细碎粉状物料，水泥厂多用作铁质校正原料。

【电石渣】calcium carbide sludge; tourmaline sludge

是电石水解获取乙炔气后的以氢氧化钙为主要成分的废渣。主要成分是$Ca(OH)_2$，故可以代替生产水泥的石灰原料。电石渣的化学成分是：SiO_2 2%～5%、Al_2O_3 1.5%～4%、Fe_2O_3 0.2%～0.94%、CaO 65%～71%、MgO 0.22%～1.68%、烧失量22%～26%。电石渣是细分散的悬浮体。湿法消解时，水分高达85%～95%，细度小，颗粒均匀，80%左右的颗粒在0.01～0.05mm范围内，密度小而结构松散，易于沉降。利用电石渣可以代替石灰石制水泥、生产生石灰用作电石原料、生产化工产品、生产建筑材料及用于环境治理等。

【钢渣】steel slag

炼钢工业过程中的废渣。按炼钢方法，可分为平炉钢渣、转炉钢渣、电炉钢渣；按冶炼过程的钢渣排出次序，分为前期、中期、后期等钢渣。自然冷却凝固的钢渣多成块状，化学性能不稳定，常夹有铁块，故硬度大，难于破碎。为了便于利用，钢渣出炉后，需加工处理。钢渣的化学成分、矿物组成同炼钢方法及钢种有关，也与出炉后加工条件有关。如平炉初期渣是以铁的氧化物和二氧化硅为主的酸性渣，胶凝性很弱，因此，初期渣不宜用于水泥，但可用以生产其他建筑材料如钢渣砖瓦。中期渣（又称精炼渣）及后期渣含CaO较高，成分更接近于硅酸盐水泥，加工处理后可生产钢渣无熟料水泥。钢渣的其他利用还有制造筑路材料、建筑材料或农业肥料的原材料。

【工业废石膏】chemical gypsum

化学工业和其他工业排出的以石膏为主要成分的废渣的总称。有磷石膏、氟石膏、脱硫石膏、制盐石膏等几种。主要成分是 $CaSO_4 \cdot 2H_2O$。是一种生产石膏的废物利用资源，它还可用来生产石膏胶凝材料及其制品，也可作为水泥和硅酸盐建筑制品的掺合料使用。

【磷石膏】phosphorus gypsum

制取磷酸后的废渣。当磷灰石用硫酸处理，制取磷酸后所残存的渣子再用石灰中和其过量的硫酸所得。主要成分为二水石膏。可用作硅酸盐水泥的缓凝剂，但效果不如天然二水石膏。参见 8.3.1【磷石膏】。

【氟石膏】fluor gypsum

制取氢氟酸后的废渣。氟化钙用硫酸处理，制取氢氟酸后所残存的渣子再用石灰中和过量的硫酸所得。主要成分为二水石膏。可用作硅酸盐水泥的缓凝剂，但效果不如天然二水石膏。参见 8.3.1【氟石膏】。

【余热回收技术】waste heat recovery technology

余热是指受历史、技术、理念等的局限性，在已投运的工业耗能装置中，原始设计未被合理利用的显热和潜热。对这部分显热和潜热进行回收利用的技术称为余热回收技术。

【余热发电】cogeneration

是指利用生产过程中多余的热能转化为电能的技术。余热发电的重要设备是余热锅炉，它利用废气、废液等物质中的热或可燃性物质作热源，生产蒸汽用于发电。

【纯低温余热发电】waste heat power generation

在不影响水泥熟料产量、质量，不降低水泥窑运转率，不改变水泥生产工艺流程、设备，不增加熟料电耗和热耗的前提下，将水泥窑窑尾预热器、窑头熟料冷却机排出的 350℃以下废弃余热转化为电能的技术。

【窑炉保温】furnace heat preservation

是将窑炉表面包覆耐高温绝热材料以提高窑炉热效率、降低能耗的重要技术措施。窑炉表面温度高，表面散热量大，窑炉保温可减少表面散热损失，提高窑内温度，并改善操作环境。

5.5 监控与检测

【环境监测】environmental monitoring

定时或连续地采样测定或用仪器直接测定环境的污染水平和污染源的污染物排放浓度，以了解污染物在环境中的时间和空间分布，检查工矿企业对环境法令的执行，并为制定控制污染的规划和措施提供依据。

【生物测定】bioassay

根据在实验室条件下对标准实验生物的作用，来确定化合物的毒性大小。其结果一般用 24h 或 96h 的半数生存界限浓度来表示。

【生物监测】biological monitoring

利用生物对环境污染或变化所产生的反应，阐明环境污染状况，为环境质量监测提供依据。某些生物对特定污染物很敏感，因此根据它发生的变化和受到的伤害，可以估计出该污染物在环境中的浓度范围。

【指示生物】biological indicator

在某种环境条件下出现某种指示特性的生物。可利用这种生物来指示该环境条件的出现。

【环境本底值】environmental background value

又叫环境背景值。是环境要素在未受污染情况下化学元素的正常含量，以及环境中能量分布的正常值。其确定方法是，首先在远离污染源的地方采集样品，分析测定化学元素含量，再运用数理统计等方法检验分析结果，然后取分析数据的平均值（或数值范围）作为背景值。环境背景值的测定，为环境质量的评价和预测，为污染物在环境中迁移转化规律的研究和环境标准的制定等提供依据。

【半数生存界限浓度】median tolerance limit

又称 TLm。在规定时间内，半数试验生物仍然存活的毒物浓度。一般取 24h 或 96h 的 TLm。

【半致死剂量】median tethal dose

即 LD_{50}。使一组试验动物中半数死亡所需的毒物剂量。例如，丙体六六六对大白鼠的 LD_{50}（口服）为每公斤体重 126mg。

【半致死浓度】median lethal concentration

即 LC_{50}。使一组试验动物中半数死亡所需的毒物浓度。例如二氧化硫对豚鼠的 LC_{50} 为 1000ppm20h。

【溶解氧】dissolved oxygen

溶解于水中的氧量，以每升水中氧的毫克数(mg/L)表示，又称 DO。为维持水生生物的正常活动，需要达到一定水平的溶解氧。河湖水受有机物污染后，由于微生物分解有机物需要耗氧，所以溶解氧下降甚至被耗尽。地面水的溶解氧不得低于 4mg/L，东北地区渔业用水体不得低于 5mg/L。

【总有机碳】total organic carbon

又称 TOC。废水中全部有机物所含的碳量(mg/L)。TOC 结合 BOD 和 COD，对于测定废水中非生物降解部分的有机污染物质，是一个较好的方法。

【空气污染指数】air pollution index

是将常规监测的地面附近的几种空气污染物浓度转化成为单一的概念性指数值形式，简称 API。我国的空气污染指数分级标准如下：空气污染指数 0～50、51～100、101～150、151～200、201～300、大于 300 分别对应空气质量为优、良、轻微污染、轻度污染、中度重污染以及重度污染。

【综合能耗】comprehensive energy consumption

综合能耗是指企业在统计期内生产单位产品实际消耗的各种能源实物量按规定的计算方法和单位分别折算为一次能源后的总和。

综合电耗是指企业在计划统计期内生产单位产品的综合电力消耗，包括生产各工艺过程中的电耗与生产该产品所配套的辅助设备的电耗。

综合热耗是指企业在计划统计期内生产单位产品的综合热力消耗，包括生产各工艺过程中的热耗与生产该产品所配套的辅助设备的热耗。

【声压级】sound pressure level

声音强度可用声压(P)表示，单位为 N/m^2。正常人刚能听到的声音的声压为 $2\times10^{-5}N/m^2$，普通谈话声为 $2\times10^{-2}\sim7\times10^{-2}N/m^2$，载重汽车为 0.2～$1N/m^2$，人耳有疼痛感觉时为 $20N/m^2$。因其变化幅度太大，故分级(声压级)来表示声音大小。以 $2\times10^{-5}N/m^2$ 为基准声压。某个声音的声压级(L_p)是其声压(P)与基准声压(P_0)之比值的对数的 20 倍，即

$$L_p = 20\log\frac{P}{P_0}$$

声压级的单位是分贝(dB)。这样，刚能听到的普通谈话声、载重汽车、耳痛的声音的声压级，分别对应于 20～70dB、80～90dB、120dB。

6 矿 物 材 料

6.1 矿 物 与 岩 石

6.1.1 矿物

【矿物】mineral

是由地质作用或宇宙作用形成的、具有一定的化学成分和结构、在一定的物理化学条件下相对稳定的结晶态的单质或化合物，是岩石和矿石的基本组成单位。自然界中矿物有固态、液态和气态三种状态。绝大部分为固态(如石英)，其次为液态(如自然汞)和气态(如氦)。已发现的矿物有四千多种。矿物绝大部分为赋存于地球，少数来自其他天体(称为宇宙矿物)。

【金属矿物】metallic mineral

具有明显金属性质的矿物(呈金属或半金属光泽、不透明、导电性和导热性较好)；工业上特指用于提取金属元素的矿物，如磁铁矿、黄铜矿、方铅矿等。闪锌矿(ZnS)、辰砂(HgS)、锡石(SnO_2)等不具典型金属性，但仍属金属矿物；石墨虽具明显金属性，但不属金属矿物。

【非金属矿物】no-metallic mineral

一般指不具有金属性质(无色或浅色，透明，导电性和导热性较差等)的矿物。工业上，通常是指用于提取非金属元素或化合物，或利用其物理、化学性质和工艺性质的矿物，某些非金属矿物也用来提取金属元素，如绿柱石、菱镁矿。非金属矿物是构成岩石的主要矿物，有的则构成非金属、轻金属、稀有、稀土金属矿产。非金属矿物广泛用于轻重工业、电子工业、国防工业和农业中。与本节【工业矿物】同义。

【硅酸盐矿物】silicate mineral

金属阳离子与硅酸根结合形成的矿物。分布极广，种属多达800余种，占矿物总数的1/4左右。它是构成火成岩、变质岩以及许多沉积岩的主要矿物，约占地壳总质量的75%。O、Si、Al、Fe、Ca、Mg、Na、K是硅酸盐矿物的主要组成，有些含Mn、Ti、B、Be、Zr、Li、H、F等。硅酸盐矿物除形成许多非金属矿产外，Be、Li、Zr等稀有元素亦取自硅酸盐矿物。硅氧四面体[SiO_4]是硅酸盐矿物的基本结构单元，既可孤立存在，也可以共用1～4个角顶，形成不同的空间排列形式，构成诸如岛状结构、环状结构、链状结构、层状结构、架状结构硅酸盐矿物。

【工业矿物】industrial mineral

除金属矿物、矿物燃料、宝石以外，其化学成分或物理性能可供工业利用且具有经济价值的非金属矿物。按终端用途可分为工业矿物原料(如石英、硅灰石、透辉石、石膏等)和工业矿物材料(如石墨、白云母、冰洲石等)两类。与本节【矿物材料】含义相近。

【矿物材料】mineral material

可直接利用其物理、化学性能的天然矿物，或以天然矿物为主要原料加工制备而成，且组成、结构、性能和使用效能与天然矿物原料存在直接继承关系的材料。

【矿物原料】mineral raw material

参见本节【工业矿物】。

【共生矿物】paragenetic mineral

同一成因、同一成岩期或成矿期形成的不同矿物聚集在一起的矿物集合体。如橄榄岩中常见共生矿物有橄榄石、辉石、铬尖晶石等；花岗岩中常见共生矿物有石英、碱性长石、斜长石等。

【造岩矿物】rock-forming mineral

构成岩石主要成分的矿物，如花岗岩中的斜长石、碱性长石、石英，辉长岩中的辉石、角闪石等，都是造岩矿物。通常所指的造岩矿物有 20～30 种。

【解理】cleavage

参见 2.4.1【解理】。

【类质同象】isomorphism

晶体内化学性质相近的两种或两种以上的组分，在某一结构单位内以一定比例相互置换形成的化合物，且相互置换并不引起晶体结构改变。根据置换时质点的电价是否相等，分为等价类质同象和异价类质同象。前者如镁橄榄石 $Mg_2[SiO_4]$和铁橄榄石 $Fe_2[SiO_4]$的类质同象，$Mg^{2+} \leftrightarrow Fe^{2+}$；后者如钠长石 $NaAlSi_3O_8$ 和钙长石 $CaAl_2Si_2O_8$ 的类质同象，$Ca^{2+}+Al^{3+} \leftrightarrow Na^{+}+Si^{4+}$。质点以任意比例相互置换形成的化合物，称完全类质同象。质点相互置换量限制在某一范围所形成的化合物称为不完全类质同象。

【同质多象】polymorphism

又称同质异象，化学组成相同、结构不同的结晶体。同一成分形成二种结晶体，称同质二象，形成三种结晶体称同质三象。外界条件变化时，同质多象变体之间可相互转变，有可逆和不可逆两种。α-硫、β-硫、γ-硫，金刚石和石墨，高温 β-石英和低温 α-石英，都是同质多象变体。

【双晶】twin crystal

又称孪晶，是两个或两个以上同种晶体按一定的对称规律形成的规则连生体。相邻的两个单晶体相应的晶面、晶棱、角顶等要素并不完全平行，但可以通过某一反映、旋转或反伸(倒反)等对称操作使两个单体彼此重合或完全平行。双晶类型是区分鉴定的依据之一，如长石类矿物。双晶对于晶体的性能和应用也有影响，如压电石英、光学冰洲石等。

【斑晶】phenocryst

具有斑状结构和似斑状结构的岩石中，颗粒大小相差悬殊的晶体。其中，颗粒较大的称为"斑晶"，颗粒较小或为隐晶质或玻璃质的称"基质"。如似斑状花岗岩中的正长石斑晶，花岗闪长岩中的斜长石斑晶。如附图所示。

正长斑岩中的长石斑晶

【晶簇】crystal druse

在共同基底生长的、由一种或几种具有完好晶形的矿物单晶组成的集合体。在空间较大的洞穴中，常形成由发育完好的单晶体组成的晶簇，如压电水晶、光学萤石、冰洲石、电气石等均产于这类晶簇中。附图所示为水晶晶簇。

水晶晶簇

【包裹体】inclusion

又称包裹物，矿物结晶时，包含在晶体内部的各种外来物质。按物质存在状态，可分为：气态包裹体，多由易挥发物组成；液态包裹体，主要为溶液；固态包裹体，有晶质、隐晶质和非晶质多种形态。包裹体是晶体的缺陷

水晶中的气液包裹体

之一，对晶体的机械、光学、电学及化学性能以及应用价值有不利影响。有包裹体的水晶不能作压电和光学材料(见附图)。包裹体对于研究矿物形成的物理化学条件具有指示意义。

【文象结构】graphic texture

岩石中的石英和碱性长石(通常为微斜长石或条纹长石)有规则的穿插生成楔形连晶，因貌似古代象形文字而得名(见附图)。它是石英、长石在共结情况下形成的，也可由交代作用或固溶体分解而成，是花岗伟晶岩的一种典型结构，在热液交代型矿石中也常见。大者肉眼可见，小者只能在偏光显微镜下观察，称为“显微文象结构”。

伟晶岩的文象结构

【隐晶质结构】aphanitic texture

一种玻璃质结构向显晶质结构过渡的结构。矿物颗粒很细(大多小于 0.1mm)，肉眼无法分辨出矿物颗粒，在偏光显微镜下也难于分辨，但有光性反映。具有隐晶质结构的岩石称为隐晶岩。火山熔岩或超浅成火成岩常具有这种结构。

【珍珠光泽】pearly luster

一种与珍珠相似的特殊的非金属光泽。它是由于光线通过一些具有极完全解理的浅色透明矿物的解理面时，由于连续反射和互相干涉而呈现出的如同蚌壳内面的珍珠层所呈现的光泽。白云母、透明石膏具有典型的珍珠光泽。

【自然铂】native platinum

配位型自然金属单质矿物，等轴晶系。化学组成为 Pt，常含有 Ir、Pd、Fe、Cu、Ru、Ni 等。铁含量达 9%～11%时称粗铂矿(Pt，Fe)。自然铂大多是粗铂矿。偶见立方晶体，常呈粒状、葡萄状集合体。银白色至钢灰色，条痕钢灰色至光亮银白色，金属光泽，无解理。硬度 4～4.5，密度21.5g/cm^3。具延展性，富含铁时微具磁性。产于基性、超基性岩有关的铂矿床及砂矿中，与铂的矿物及自然铱、自然金、铜铁镍硫化物及铬尖晶石共生，是提炼金属铂的矿物原料。

【自然金】native gold

配位型自然金属单质矿物，等轴晶系。化学组成为 Au，纯金很少，常有银的类质同象替代，还有 Cu、Fe、Pd、Bi、Pt、Ni 及 Te、Se、Ir 等。银含量达 15%～50%者称银金矿(Au，Ag)。完好晶形少见，一般呈不规则粒状、团块状、薄片状、树枝状、海绵状集合体，也常呈细小包体存在于黄铁矿、黄铜矿、方铅矿或石英中。颜色和条痕均为金黄色，随含银量增加变浅黄色。金属光泽，无解理，硬度 2～3，密度 15.6～19.3g/cm^3，具延展性。化学性质稳定，只溶于王水。为电和热的良导体。产于热液成因的含金石英脉中。在高温热液金矿床中与黄铁矿、磁铁矿、毒砂、闪锌矿、方铅矿等共生；在中温热液金矿床中与黄铁矿、方铅矿、闪锌矿、黄铜矿共生；在低温热液金矿床中与黄铁矿、方铅矿、闪锌矿、辉银矿、黄铜矿等共生。

【自然铜】native copper

配位型自然金属单质矿物，等轴晶系。化学组成为 Cu，常含有少量或微量 Ag、Au、Hg、Bi、Sb、V、Ge 等。完好晶形少见，集合体呈不规则树枝状、纤维状、片状(见附图)。铜红色，表面常氧化成棕褐色被膜。条痕铜红色，金属光泽，无解理，断口锯齿状，硬度 2.5～3，密度 8.4～8.95g/cm^3。具强延

自然铜

展性、良好的导电性和导热性。常见于含铜硫化物矿床氧化带，与赤铜矿、孔雀石、辉铜矿等伴生。大量聚集时可作为铜矿石开采。

【自然银】native silver

配位型自然金属单质矿物，等轴晶系。化学组成为 Ag，常含 Au、Cu、Hg 等。完好晶型少见，常呈树枝状、毛发状、皮壳状及粒状、块状集合体。颜色和条痕均为银白色（含金者条痕带黄色色调），表面氧化后具灰黑色被膜。金属光泽，不透明，无解理，硬度 2.5～3，密度 10.1～11.1g/cm^3，具延展性，锯齿状断口。为电和热的良导体。主要产于中低温热液矿床中，常与含银矿物辉银矿、深红银矿、淡红银矿、方铅矿、闪锌矿、黄铜矿、辉铜矿和黄铁矿等共生。炼银的矿物原料。

【自然硒】native selenium

链状结构自然金属单质矿物，三方晶系，化学组成为 Se，含有微量硫。晶体沿 Z 轴延长呈针状、柱状，有时呈薄板状集合体，亦呈水滴状。灰色，条痕红色，金属光泽，解理平行{1010}，晶体具挠性，硬度 2.25～3，密度 4.8g/cm^3。为硒化物的风化产物，由硒铅矿变来，常与褐铁矿共生并被胶结。硒具有光电效应，可制备光电池。硒可使玻璃变粉红色，甚至达红宝石色。可提高橡胶的抗热、抗氧化及耐磨性，增加可塑性。

【自然铋】native bismuth

层状结构自然半金属单质矿物，三方晶系，化学式 Bi。晶体少见，常呈粒状，有时呈片状或致密块状、羽毛状集合体。新鲜断口呈银白色，微带浅黄，在空气中很快变成特有的浅红锖色。条痕灰黑色，强金属光泽，不透明。平行{0001}一组完全解理。硬度 2～2.5，密度 9.7～9.83g/cm^3，略具延展性，具抗磁性。产于高温热液矿床，与毒砂、辉铋矿、辉钼矿、绿柱石等伴生。提炼铋的矿物原料。

【自然硫】native sulfur

环状结构自然非金属矿物，斜方晶系。化学组成为 S，一般不纯，火山成因者含 As、Se、Sb 和 Tl；其他成因的含黏土、沥青、有机质等混入物。有三种同质多象变体，在自然条件下稳定的为 α-自然硫。晶体常呈双锥状或厚板状，集合体呈致密块状、粉末状、土状等（见附图）。硫黄色、浅黄色、蜜黄色或黄棕色，含杂质者呈红色、绿色、灰色及黑色（含有机质）。条痕白色至淡黄色。晶面金刚光泽，断口油脂光泽。透明至半透明。贝壳状断口。硬度 1～2。密度 2.05～2.08g/cm^3。不导电，摩擦带负电。热膨胀性不均匀，易受热而破裂。沉积成因的自然硫是在封闭条件下经细菌作用于硫酸盐类矿物而成，常与方解石、白云石、硬石膏、沥青等共生。火山成因自然硫与硫蒸气凝华有关。硫是制造硫酸的重要原料，还用于造纸、纺织、橡胶、食品、炸药、农药、医药及陶瓷等。

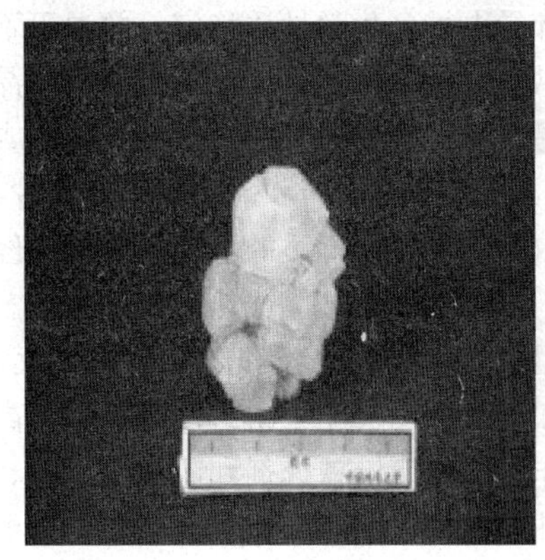

自然硫

【自然砷】native arsenic

层状结构自然半金属单质矿物，三方晶系。化学组成为 As，类质同象混入物有 Sb，少量 Ag、Fe、Ni。晶体呈假立方体、菱面体。集合体呈肾状、钟乳状、致密块状。新鲜面为锡白色，暴露空气中逐渐变暗灰色。条痕锡白色。金属光泽。不透明。平行{0001}一组完全解理。硬度 3.5。密度 5.63～5.78g/cm^3。性脆，有毒。断口参差状。是一种较罕见的矿物，主要产于热液金属矿脉内，常与含 Ag、Co、Ni 的矿物以及重晶石、砷华、辰砂、雄黄、雌黄、辉锑矿、闪锌矿、方铅矿、黄铁矿等伴生。

【石墨】graphite

俗称笔铅、黑铅。层状碳单质矿物，六方

晶系(见附图)。化学组成为C，含少量Si、Ca、Mg、Fe等杂质，有时含H_2O、CO_2及分散元素Ge等。与金刚石同为碳的同质多象变体，具典型层状结构，层内碳原子间距(1.42Å)较小，层间碳原子间距(3.42Å)较大。晶体呈六方片状或板状，通常为鳞片状、块状或土状集合体。铁黑至钢灰色，条痕为光亮黑色。强金属光泽和土状光泽。解理平行{0001}极完全，薄片可弯曲，但无弹性。有滑腻感，易污手。硬度1。密度2.09～2.23g/cm³。在7000℃超高温电弧下加热10s，其重量损失仅0.8%，是已知最耐高温的矿物之一。热膨胀系数低(在20～100℃时为1.2×10^{-6})具良好的热稳定性。还具有润滑性、可塑性、良好的导热和导电性，化学性质稳定，常温下不受强酸、碱及有机溶剂侵蚀。工业上按其结晶形态分为晶质石墨和隐晶质石墨(土状石墨或微晶石墨)，前者又分为块状晶质石墨和鳞片石墨。主要由含碳质、沥青质的沉积岩或煤层经变质而成，也可由岩浆结晶或热液交代形成。用于制石墨坩埚、机械铸模和防锈涂料、润滑剂、电碳和碳素制品及化工耐磨蚀材料等。高纯石墨用作原子反应堆减速剂和防射线材料、单晶硅元件、可控硅烧结工艺的耐高温、导电、导热材料；也是合成金刚石的主要原料。光谱纯石墨粉可代替铂金坩埚用于化学试剂熔融。还可制高级铅笔芯、染料等。

石墨

【晶质石墨】crystalline graphite

结晶石墨的统称。参见本节【石墨】。

【鳞片状石墨】flake graphite

晶质石墨的最主要类型。层状结构，六方晶系。呈鳞片状、薄叶片状的晶质石墨，鳞片大小一般为(1.0～2.0)×(0.5～1.0)mm²，片厚0.02～0.05mm，鳞片愈大，经济价值愈高。多呈浸染状、条带状分布于矿石中，具明显的定向排列，与层面方向一致。含量一般为3%～10%，最高20%。高温变质矿物，产于古老变质岩(片岩、片麻岩)中，与石英、长石、透辉石等共生。火成岩与石灰岩的接触带内也可见到。鳞片状石墨的润滑性、可塑性、耐热和导电性能均好于其他石墨，是制备高纯石墨产品的主要原料。

【隐晶质石墨】cryptocrystalline graphite

又称土状石墨。晶粒微细，晶粒多小于1μm，显微镜下不易辨认。钢灰色，金属光泽，质软，硬度1～2，密度2～2.24 g/cm³。化学性质稳定，不受强酸碱侵蚀。导电、导热、润滑性、抗氧化性能均低于晶质石墨。是碳物质经热分解深变质产物，或源于气成作用，含碳量60%～80%。矿石可选性差。

【金刚石】diamond

配位型碳单质矿物。化学式C，与石墨同为碳的同质多象变体。常含少量Si、Mg、Ca、Fe、Al、Cr及Ti杂质；常有石墨、铬尖晶石、橄榄石、镁铝榴石等包裹体。等轴晶系，晶体结构为立方面心格子，每个碳原子被周围四个碳原子所围绕，碳原子间距离相等，以共价键联结，故其强度很高，硬度10。常见晶形为八面体和菱形十二面体，次为立方体，晶面常鼓起成球面；有时出现尖晶石律双晶或穿插双晶。少数大晶体质量可达几千克拉，但以小于1克拉者居多。晶体多呈浑圆状。纯净者无色透明，含杂质时呈蓝、黄、棕、褐、黑等色。具典型的金刚光泽，色散性强。在X射线、紫外线照射下显天蓝色、黄色、绿色或紫色荧光。八面体解理完全。性脆，易沿晶面劈开。密度3.47～3.56g/cm³。有些晶体具良好半导体和导热性。抗热能力强，导电性弱。新鲜晶面具有亲油疏水性。化学性质稳定，与碱、酸不起作用，但在熔融的硝酸钠、硝酸钾或碳酸钠中熔解。在2000～3000℃绝氧下转变为石墨。天然金刚石是高温高压下碳素结晶的产物，产于偏碱性超基性岩主要是金伯利岩中，偶见于榴辉岩、镁铝榴石橄榄岩、角闪苦橄岩以及砂矿中，可工业合成。透明或色彩鲜艳的大晶体可琢磨成贵重宝石(称“金刚钻”或“钻石”)，如附图所示。作为拉丝模及高级磨削钻具材料、固体微波器、集成电路及激光器件的散热片、金刚石整流器、高温晶体管及电阻温度计等半导体器件。

金刚石

【黄铁矿】pyrite

岛状结构硫化物矿物，等轴晶系。化学式 FeS_2，Fe 46.55%、S 53.45%。常有钴、镍呈类质同象代替铁。晶体常呈立方体或五角十二面体，晶面上常有三组互相垂直的聚形条纹，以{110}为双晶面形成铁十字穿插双晶。集合体呈粒状、致密块状、结核状、胶状体(见附图)。浅黄铜色，表面常有黄褐锖色。条痕绿黑或褐黑色。强金属光泽。不透明。硬度 6～6.5。密度 4.9～5.2 g/cm³。顺磁性。当成分接近理论值时为不良导体，硫亏损时为良导体。在接触交代矿床中，多与其他硫化物共生；在热液矿床中，与其他硫化物、氧化物及自然元素矿物共生；可形成大矿床；在沉积矿床中，黄铁矿呈团块状、结核状或透镜体状，

黄铁矿

是炼硫和制硫酸的主要矿物原料，矿渣可用来炼生铁。有时可提炼 Au、Co、Ni 等。

【黄铜矿】chalcopyrite

复杂配位型硫化物矿物，四方晶系。化学式 $CuFeS_2$，Cu 34.56%、Fe30.52%、S 34.92%，常含 Ag、Au、Tl、Se、Te 等。晶体少见，集合体呈粒状或块状(见附图)。呈黄铜色、绿黄色，表面常有杂斑状蓝、褐、紫等锖色。条痕绿黑色。金属光泽，不透明。无解理，断口不平坦状。硬度 3～4。密度 4.1～4.3g/cm³。性脆。主要产于与基性、超基性岩有关的铜镍硫化物矿床、接触交代矽卡岩矿床及热液矿床。常与黄铁矿、磁黄铁矿、方铅矿、闪锌矿、石英、方解石等共生。是炼铜的主要矿物原料。

黄铜矿

【毒砂】arsenopyrite

岛状结构硫化物矿物，单斜晶系。化学式 FeAsS，Fe34.30%、As46.01%、S 19.69%。常含类质同象混入物钴。晶体多呈柱状，沿 C 轴延伸，平行柱面有纵纹。集合体呈粒状或致密块状(见附图)。锡白至钢灰色，浅黄锖色。条痕灰黑色。金属光泽。不透明。断口不平坦。硬度 5.5～6。密度 5.9～6.3g/cm³。性脆。锤击有蒜臭味，灼烧后有磁性。主要产于高、中温热液矿床和接触交代矿床中。热液矿床中与锡石、黑钨矿、黄铁矿、石英共生；接触交代矿床中与磁黄铁矿、磁铁矿、黄铜矿共生。是提炼砷的主要矿物原料。钴和金含量较高时，可综合利用。

毒砂

【纤锌矿】wurtzite

简单配位型硫化物矿物，为闪锌矿的同质多象变体，六方晶系。化学式 ZnS，Zn67.1%、S32.9%。锌可被铁、锰、镉类质同象代替。已发现 154 种纤锌矿多型，最常见的是 2H 多型。晶体呈单锥状、短柱状或板状，集合体呈纤维状、皮壳状。浅色至棕色和浅褐黑色。条痕白色至褐色。松脂光泽。平行{1120}完全解理。硬度 3.5～4。密度 4.0～4.1g/cm³。性脆。常在低温条件下的酸性溶液中结晶，与闪锌矿、白铁矿等共生。含镉高者可作提取镉的矿物原料。

【硬锰矿】psilomelane

有广义"硬锰矿"和狭义"硬锰矿"之分，前者是指块状、葡萄状且硬度较高而成分不纯的以氢氧化锰为主的细分散状多矿物集合体；后者是指作为一个矿物种的钡和锰的氢氧化物。常见的是广义硬锰矿，成分为 $m\mathrm{MnO}\cdot\mathrm{MnO_2}\cdot n\mathrm{H_2O}$。呈钟乳状、葡萄状、肾状。黑色。条痕褐至褐黑色。硬度 4～6。密度 4.4～4.7g/cm³。其是典型的表生矿物，由锰的碳酸盐或硅酸盐经风化作用而成，与软锰矿共生，也可在海相、湖相沉积层中呈团块或结核状出现，是炼锰的重要矿物原料。

【黝铜矿】tetrahedrite

复杂架状结构硫化物矿物，等轴晶系。化学式 $\mathrm{Cu_{12}[(Sb,As)_4S_{13}]}$，Cu 45.77%、Sb 29.22%、S 25.01%，常含 As、Bi、Fe、Au、Hg。它是 $\mathrm{Cu_{12}Sb_4S_{13}}$-$\mathrm{Cu_{12}As_4S_{13}}$ 类质同象系列中常见的矿物，该系列的另一端员为砷黝铜矿。晶体多呈四面体，集合体呈致密块状、粒状。颜色呈钢灰色至铁黑色(富含铁的变种)。条痕钢灰色至铁黑色，有时带褐色。半金属至金属光泽，不透明。无解理。硬度 3～4.5。密度 4.6～5.1g/cm³。性脆。具弱导电性。产于热液型矿床中。可作为提取铜的矿物原料。

【雄黄】realgar

又称鸡冠石。环状结构硫化物矿物，单斜晶系。化学式 AsS，As 70.1%、S 29.9%。晶体细小，集合体呈致密块状，有时为土状块体及皮壳状(见附图)。颜色橘红，条痕淡橘红色。晶面上具有金刚光泽，断面呈油脂光泽。半透明，解理平行{010}和{120}完全。硬度 1.5～2。密度 3.4～3.6g/cm³。晶面上具有纵条纹。雄黄与雌黄经常共生，但雄黄从不在地表出现，因其在氧化条件下易变为雌黄($\mathrm{As_2S_3}$)和砷华($\mathrm{As_2O_3}$)，是提取砷的主要矿石。

雄黄

【雌黄】orpiment

硫化物矿物，单斜晶系。化学式 $\mathrm{As_2S_3}$，As 61%、S 39%，有时含微量的 Hg。晶体细小，呈短柱状(见附图)。集合体呈片状、肾状、球状。颜色柠檬黄或金黄，条痕鲜黄色。油脂光泽至金刚光泽。解理平行{010}极完全。硬度 1～2，密度 3.4～3.5 g/cm³。薄片具挠

雌黄

性。主要见于低温热液矿床中，与雄黄、辉锑矿、白铁矿、文石、石英等共生；也见于火山升华物中，与自然硫等共生。为提取砷的重要矿物原料。中国典型的砷矿床有湖南石门界牌峪，在云南、贵州等地亦有产出。

【辉铋矿】bismuthinite

简单链状结构硫化物矿物，斜方晶系。化学式 Bi_2S_3，Bi 81.3%、S 18.7%，Pb、Cu 和 Fe 可呈类质同象。晶体常呈柱状，有时为板状、针状和毛发状，沿 Z 轴延伸，晶面上多显纵纹。集合体可呈致密块状。颜色呈锡白色(带铅灰色)，表面常有黄色锖色。条痕灰黑色或铅灰色。较强的金属光泽。不透明。平行{010}完全解理。硬度 2～2.5。密度 6.4～6.8g/cm³。沿 Z 轴方向导电率是垂直 Z 轴方向的 1/3。产于高温和中温热液矿床及接触交代矿床中，与黑钨矿、锡石、黄铁矿、绿柱石、辉钼矿、石英、长石、白云母、方解石等共生，独立矿床少见，是提取铋的主要矿物原料。

【辉钼矿】molybdenite

简单层状结构硫化物矿物，六方和三方晶系。化学式 MoS_2，Mo 59.94%、S 40.06%。铼是常见的类质同象混入物，还可有 Os、Pt、Pd。有 2H、3R 和混合的 2H+3R 多型。晶体呈平行{0001}的六方板状、片状。在{0001}面上常可见彼此 60°相交的晶面条纹。集合体呈片状或鳞片状。铅灰色。金属光泽。不透明。平行{0001}一组极完全解理。硬度 1～1.5，能在纸上划出条痕。薄片具挠性，具油腻感。密度 4.7～5.0 g/cm³。电导性沿{0001}比沿 Z 轴大 1000 倍。具光电效应和润滑性。主要产于酸性侵入岩有关的热液矿床和矽卡岩型矿床中，在前者中与黑钨矿、锡石、辉铋矿等共生，在后者中与石榴子石、透辉石、白钨矿、黄铁矿共生。是提取钼和铼的主要矿物，也用作润滑减摩材料。

【辉铜矿】chalcocite

简单层状结构硫化物矿物，斜方晶系。化学式 Cu_2S，Cu 79.86%、S 20.14%，通常含有 Ag。单晶少见，常为致密块状集合体。呈铅灰色，风化表面呈黑色，常带锖色。条痕呈暗灰色。金属光泽。硬度 2.5～3。密度 5.5～5.8g/cm³。平行{110}解理不完全。贝壳状断口。不透明。略具延展性，为电的良导体。产于富 Cu 贫 S 的热液矿床和含铜硫化物矿床次生富集带，常与斑铜矿共生。是炼铜的主要矿物原料之一。

【辉锑矿】stibnite

简单链状结构硫化物矿物，斜方晶系。化学式 Sb_2S_3，Sb 71.4%、S 28.6%，含少量 As、Pb、Ag、Cu、Fe。晶体沿 Z 轴延长，呈长柱状、针状或矢状(见附图)。晶体的柱面上常有纵纹。颜色呈铅灰色或钢灰色，表面常有蓝色的锖色。条痕灰黑色。金属光泽。不透明。平行{010}一组完全解理，解理面上常有横纹。硬度 2～2.5。密度 4.51～4.66g/cm³。薄片具挠性。产于低温热液矿床，与辰砂、石英、萤石、重晶石、方解石等共生，有时也与雌黄、雄黄共生。是提取锑的主要矿物原料。中国湖南冷水江市锑矿山是世界著名产地。

辉锑矿

【斑铜矿】bornite

一种铜铁的硫化物矿物。等轴晶系。化学式 Cu_5FeS_4，Cu 63.33%、Fe 11.12%、S 25.55%，常含黄铜矿、辉铜矿等包裹体。单晶为立方体或立方体与八面体的聚形，通常呈粒状或不规则粒状集合体。暗铜红色，风化面常具暗紫、紫等斑杂状锖色。灰黑色条痕，金属光泽，不透明，无解理。硬度 3，密度 4.9～5.3g/cm³。性脆，具导电性。产于 Cu-Ni 硫化物矿床、矽卡岩矿床及硫化物矿床的次生带。表生条件下易转变成孔雀石、蓝铜矿、赤铜矿、褐铁矿等，是重要的铜矿石矿物。中国云南东川铜矿床中富含斑铜矿。全球主要产地有美国蒙大拿州的比尤特、墨西哥的卡纳内阿、智利的丘基卡马塔。

【磁黄铁矿】pyrrhotite

硫化物矿物，六方晶系。化学式 $Fe_{1-x}S$，$x=0\sim0.223$，Fe 63.53%、S 36.47%，常见 Ni 和 Co 置换 Fe，部分 Fe^{2+} 被 Fe^{3+} 替代。晶体一般呈平行{0001}板状，少数为柱状，通常呈致密块状、粒状集合体或浸染状。暗古铜黄色，带褐色的锖色。灰黑色条痕。金属光泽。不透明。性脆。硬度3.5～4.5。密度 4.60～4.70g/cm³。在 Cu-Ni 硫化物矿床中，常与镍黄铁矿、黄铜矿共生；在矽卡岩矿床中，与黄铜矿、黄铁矿、磁铁矿、闪锌矿、毒砂共生；在热液矿床中，与黑钨矿、辉铋矿、毒砂、方铅矿、闪锌矿、黄铜矿共生。在地表易风化成褐铁矿，是制作硫酸的原料，但其经济价值远不及黄铁矿，镍含量高时，可综合利用。

【方铅矿】galena

配位型硫化物矿物，等轴晶系。化学式 PbS，常有 Ag、Cu、Zn、Fe、As、Sb、Bi、Cd、Tl、In、Se 等混入。晶体常呈立方体和八面体，集合体呈致密块状(见附图)。铅灰色。条痕黑色。金属光泽。平行{100}完全解理。硬度2～3。密度7.4～7.6g/cm³。含铋时常出现{111}裂理。具弱导电性，良好检波性。主要产于岩浆期后接触交代矿床中，与磁铁矿、黄铁矿、磁黄铁矿、黄铜矿、闪锌矿等共生。中温热液矿床中与闪锌矿、黄铜矿、黄铁矿、石英、方解石、重晶石等共生。为最主要的提炼铅的矿物原料，含银多者可提取银。

方铅矿

【闪锌矿】sphalerite

简单配位型硫化物矿物，等轴晶系。化学式 ZnS，常含有 Fe、Mn、Cd、Ga、In、Ge、Tl 等。Fe 替代 Zn 现象普遍，最高达 26%，形成铁闪锌矿。晶体常呈四面体或与立方体、菱形十二面体组成的聚形，晶面上有三角形聚形纹。颜色由无色到浅黄、棕褐至黑色，随铁含量增多而加深。条痕由白色至褐色。金刚光泽至半金属光泽(随含铁量增多而增强)。半透明至透明。平行{110}六组完全解理。硬度3～4.5。密度 3.9～4.2g/cm³。性脆。不导电。主要产于接触交代矽卡岩及热液矿床。高温成因矿石颜色深，与毒砂、磁黄铁矿、黄铜矿、黄铁矿、石英共生；中温热液成因者呈褐色、浅褐色，与方铅矿、黄铜矿、黄铁矿、石英、方解石共生。低温热液成因者颜色浅，与不含或少含铁离子的矿物共生。提炼锌的主要矿物原料，还可提取 Cd、In、Ga、Ge。

【砷华】arsenolite

简单岛状氧化物矿物，等轴晶系。化学式 As_2O_3。它与白砷石(单斜晶系)为同质异象变体。晶形呈八面体，集合体呈星状、毛发状、钟乳状、土状或贝壳状。白色或无色，有时带天蓝色、黄色或红色。条痕白色或淡黄色。玻璃光泽至金刚光泽，或油脂光泽、丝绢光泽。解理平行{111}完全。贝壳状断口。硬度 1.5。密度 3.72～3.88g/cm³。加热时发出蒜臭味。是自然砷、砷钴矿、毒砂等矿床氧化带的典型次生矿物。由于不稳定和易溶解，不常见。

【金红石】rutile

简单链状结构氧化物矿物，四方晶系。与锐钛矿、板钛矿呈同质异象变体。化学式 TiO_2，Ti 60%、O 40%，常含 Fe^{2+}、Fe^{3+}、Nb、Ta、Sn 等。晶体常呈柱状和针状(见附图)，呈膝状双晶、三连晶和环状六连晶。集合体致密块状。颜色通常呈褐红色，铁金红石呈黑色。条痕浅褐色或黄色，金刚光泽。解理平行{110}完全。硬度 6～6.5。密度 4.2～4.3g/cm³。在火成岩中呈副矿物产出；在伟晶岩脉和热液脉中亦有产出；在区域变质过程中，常由含钛矿物转变而成。常发现于砂矿中，也可由人工合成。冶炼钛的原料，用于制作海绵钛(金属钛)、钛合金、人造金红石、钛白等。金红石熔点为1720℃。介电系数114，可用作介电体材料，还可作为宝石。

金红石

【锐钛矿】anatase

简单架状结构氧化物矿物，四方晶系。化学式 TiO_2，晶体常呈双锥形，少数呈板状或柱状。通常为褐黄色，亦有蓝灰色或黑色。条痕无色至浅黄。金刚光泽。解理平行{001}和{011}完全。硬度5.5～6。密度3.9g/cm^3。性脆。多呈副矿物出现在火成岩和变质岩中。因化学性质稳定亦常存在于砂矿中。

【板钛矿】brookite

氧化物矿物。化学式 TiO_2，Ti 60%，常含少量Fe、Sn、Cr。斜方晶系。多呈板状，晶面上有横纹(见附图)。黄褐色、红褐色或铁黑色，半透明。金刚光泽。硬度5～6。密度3.9～4.0g/cm^3。加热至800～1040℃时变成金红石。化学性质稳定，氢氟酸亦不能溶解。多以副矿物存在于火成岩、变质岩或热液脉中，与锐钛矿、榍石、金红石、石英、长石等伴生，也在砂矿中出现。

板钛矿

【钙钛矿】perovskite

氧化物矿物。化学式 $CaTiO_3$，CaO 41.24%，TiO_2 58.76%，类质同象混入物有钠、铈、铁、铌等。呈假等轴晶系的似立方体或八面体。褐至灰黑色，金刚光泽。硬度5.5，密度3.97～4.04 g/cm^3。多见于基性或碱性火成岩中，主要与钛磁铁矿共生。富集时可用于提炼钛、稀土元素和铌。俄罗斯科拉半岛是世界著名的产地。

【软锰矿】pyrolusite

简单链状结构氧化物矿物，四方晶系。化学式 MnO_2，常含有少量吸附水、碱金属、碱土金属、Fe_2O_3 及 SiO_2。粒粗、晶型完好者称黝锰矿。晶体平行 Z 轴呈柱状或近等轴状。集合体呈针状、棒状、放射状。钢灰至黑色，表面常带浅蓝的锖色。条痕蓝黑至黑色。半金属光泽。不透明。晶体可见平行{110}完全解理。显晶质者硬度6～6.5，隐晶质或块状集合体可降至1～2。密度4.7～5.0g/cm^3。染手。性脆。主要见于滨海相的沉积锰矿床和风化矿床中，与硬锰矿、水锰矿及褐铁矿共生。重要的提炼锰的矿物原料。

【锡石】cassiterite

简单链状结构氧化物矿物，四方晶系。化学式 SnO_2，Nb^{5+}、Ta^{5+} 可呈异价类质同象替代 Sn^{4+}。晶体呈双锥状、锥柱状及针状，集合体呈粒状。由胶体形成的纤维状锡石(木锡石)呈葡萄状或钟乳状，具同心带状构造。热液胶体锡石亦呈隐晶致密块状体。以{011}形成膝状双晶。呈黄棕色、深褐色至黑色，含Nb、Ta高时可呈沥青黑色。条痕白色至浅黄褐色。金刚光泽，断口油脂光泽。半透明至不透明。断口不平坦至次贝壳状。硬度6～7，密度6.8～7g/cm^3。性脆，富铁的锡石具电磁性。常见于云英岩化花岗岩和热液型锡矿床中，与黄玉、电气石、黑钨矿、辉钼矿、绿柱石、石英共生，也见于砂矿，是提取锡的最主要矿物原料。黄褐色至暗褐色的完好晶体可作宝石。

【黑钨矿】wolframite

复杂链状结构氧化物矿物，单斜晶系。化学式$(Mn, Fe)WO_4$，其中的Fe和Mn呈完全类质同象。有三个亚种：钨锰矿、钨锰铁矿、钨铁矿。常指的黑钨矿为钨锰铁矿，含 Mg、Ca、Nb、Ta、Sc 和 Sn。晶体常沿{100}呈厚板状或短柱状，有时呈针状、毛发状。晶面上常有纵纹。集合体多为板状。颜色和条痕随 Fe、Mn 含量而变化，含铁愈多颜色愈深；钨锰矿为浅红色、浅紫色、褐黑色；钨锰铁矿为褐黑色至黑色；钨铁矿为黑色。金属光泽至半金属光泽。平行{010}一组完全解理。硬度 4～5.5。钨铁矿密度 7.08～7.6g/cm^3；钨锰矿密度 6.7～7.3g/cm^3，密度随 Fe 的含量增加而加大。性脆。富含铁者具弱磁性。主要产于高温热液石英脉及云英岩化围岩中，与石英、锡石、辉钼矿、辉铋矿、毒砂、黄玉、黄铁矿、绿柱石等共生；也见于矿砂。是提炼钨的主要矿物原料。

【石英】quartz

简单架状结构氧化物矿物。化学式 SiO_2，有时锗和铝类质同象代替硅。三方晶系。有 α 型和 β 型两种同质二象变体。常发育成完好的柱状晶体。集合体呈粒状或晶簇状。肾状、钟乳状的隐晶质石英称为石髓(灰蓝色至蓝绿色玉髓称蓝玉髓，绿色的玉髓称绿玉髓)；结核状的石髓为燧石；由多色石髓组成并具同心带状结构者称为玛瑙；砖红色、黄褐色、绿色的隐晶质石英致密块体称为碧玉。α-石英常呈无色、乳白色。无色透明者称为水晶；乳白色者称为乳石英(含多量的气液包体)；紫色者称为紫水晶(含锰和 Fe^{3+})；浅玫瑰色者称蔷薇石英(含锰和钛)；黄色和柠檬色者称黄水晶或黄晶(含 Fe^{2+} 和水)；烟色者称烟水晶；褐色者称茶晶；黑色透明者为墨晶；含鳞片状赤铁矿或云母而呈褐红色或微黄色者称砂金石；由于交代石棉而呈各种不同色调，似猫眼者称猫眼石。玻璃光泽。断口油脂光泽。无解理。贝壳状断口。硬度 7。密度 2.65g/cm^3。不溶于除氢氟酸以外的任何酸。α-SiO_2 是分布最广的矿物之一。是岩浆岩、沉积岩和变质岩的主要造岩矿物。在酸性火山岩中常呈斑晶出现；伟晶岩中和钾长石规则连生成文象结构；热液脉中呈块状或长柱状。无色透明、无双晶、无杂质及裂隙的晶体可作压电石英，用于无线电工业做振荡器元件，还可用于光学仪器。石英可作玻璃和陶瓷原料，如附图所示。玛瑙可作研磨器材、轴承及宝石材料等。

石英

【光学水晶】optical quartz

用于光学仪器和装置、起光学效应的石英晶体。要求纯净透明，能透过波长大于 210nm 的紫外线，10mm 厚晶体薄片透光率应≥85%，晶体应无明显缺陷，但允许有道芬双晶，边缘允许有少量小气泡、点状小蓝针及次生小裂隙。可用于制造石英折射仪、红外线分析仪、光谱仪、摄谱仪等。

【压电水晶】piezo quartz

用于压电材料的石英晶体。要求其在可用部分内无色透明，没有双晶、裂隙、包裹体以及其他缺陷。切割成单晶片后制成的谐振器、滤波器，具有高的频率稳定性，频率误差可小至 10^{-9} 以内，广泛用于电子、电信设备中。常见于花岗岩的晶洞中，也见于变质岩系的石英脉中。

【方石英】cristobalite

又称方英石、白硅石。晶质石英的一种变体。包括等轴晶系的高温方石英(β-方石英)和四方晶系的低温方石英(α-方石英)。高温方石英在 1470～1713℃范围内稳定，在 1470℃以下可呈亚稳状态存在，低于 269℃时则转变为低温方石英。一般所称方石英系指高温方石英。晶体呈细小八面体或六方体，通常呈小板状体并具复瓦状构造。乳白色。无解理。硬度 6～7。密度 2.32～2.38g/cm^3。折射率 N_o＝1.487，N_e＝1.484。自然界极少见，有时与鳞石英共生于火山岩气孔和基质中。在硅砖及陶瓷中可见。方石英与石膏结合可用于牙科铸模。

【鳞石英】tridymite

晶质石英的一种变体。化学式 SiO_2，含少量 Na 和 Al。包括两种变体：高温变体为六方晶系 β-鳞石英，低温变体为斜方晶系 α-鳞石英。β-鳞石英在温度 870～1470℃下稳定，高于 1470℃转变为高温方石英。低于 870℃时可呈亚稳状态存在；在 117℃以下转变为亚稳状态的低温 α-鳞石英。一般所称的鳞石英均系指高温鳞石英。鳞石英晶体呈假六方片状，常呈叠瓦状、花瓣状集合体。硅砖中具矛头状双晶的鳞石英常呈细片状分布在方石英的周围。无色、白色或灰白色。无解理，硬度 6.5。密度 2.3g/cm³。主要出现在流纹岩、黑曜岩及安山岩中。硅砖及陶瓷中也常见。石英在矿化剂下加热可转化成鳞石英。

【燧石】flint

又称火石，一种隐晶质 SiO_2 集合体。SiO_2 含量 86%～99%，常有 Al、Fe、Ca、Mg、Na、K 及生物遗骸。常呈结核状、块状、卵石状及泉华状产出。灰色、黄灰色、褐色及黑色。贝壳状断口。硬度 7。系冷却热液中的 SiO_2 沉积而成，也可由石灰质岩石经硅化作用而成。结核状燧石多见于石灰岩或大理岩中。可作玻璃、陶瓷、耐火材料原料；还可用作研磨材料，如油石和细工磨石等。色彩美观者可作为宝玉石。

【红锌矿】zincite

简单配位型氧化物矿物，六方晶系，纤锌矿型结构。化学式 ZnO，常有 Mn、Pb、Fe 呈类质同象代替锌。完整晶体少见，常呈粒状或叶片状。颜色呈橙黄色、暗红色或褐红色（红色是由锰引起的）。条痕橘黄色。金刚光泽。贝壳状断口。硬度 4～5。密度 5.64～5.68g/cm³。性脆。具反磁性、检波性。产于铅锌矿床、矽卡岩型锌矿中，与硅锌矿、锌铁尖晶石共生。可作为炼锌的矿物原料，还可制作表面弹性波器件。

【塔菲石】taaffeite

又称铍镁晶石，化学式 $MgBeAl_4O_8$，可含 Ca、Fe、Mn、Cr 等。六方晶系，常见六方双锥晶形或六方桶状，呈粒状集合体；无色、绿色、蓝色、紫色、紫红色、粉红色、红、深褐等色；玻璃光泽。无解理。折射率 1.719～1.723。硬度 8～9。密度 3.61 g/cm³。产于变质石灰岩和矽卡岩中。可作为宝石。

【赤铁矿】hematite

氧化物矿物，三方晶系，化学式 Fe_2O_3，Fe 69.94%、O 30.06%。单晶常呈板状，集合体呈片状、鳞片状、肾状、鲕状、块状或土状（见附图）。显晶质者呈铁黑色至钢灰色，隐晶质者则呈暗红色至鲜红色；条痕为樱红色。金属至半金属光泽。不透明。硬度5.5～6.5，密度 4.9～5.3g/cm³。性脆，电导体。炼铁的重要矿石矿物，Ti 和 Co 可综合利用。

赤铁矿

【镜铁矿】specularite

赤铁矿的一个亚种，呈玫瑰花状或片状集合体。铁黑色至钢灰色。金属光泽。形成于热液成因铁矿中。其他特征与赤铁矿相同。

【钛铁矿】ilmenite

复杂配位型氧化物矿物，三方晶系。化学式 $FeTiO_3$，FeO 47.3%、TiO_3 52.7%，有时含 Mg 和 Mn。晶体呈厚板状、菱面体状，常见者为不规则粒状。钢灰色或铁黑色，条痕黑色或褐色，半金属光泽。硬度 5～6，密度 4.72g/cm³。熔点 1450℃。微具磁性。在岩浆结晶作用初期，钛铁矿呈细小晶体析出，常与磁铁矿相伴分散在基性岩中。钛铁矿矿床的形成与碱性岩有关，有时直接产于碱性伟晶岩中，也见于砂矿中，是提取钛的主要矿物原料。

【尖晶石】spinel

复杂配位型氧化物矿物，等轴晶系。有广

义和狭义尖晶石之分，前者泛指尖晶石族矿物，后者为镁铝尖晶石。化学式 $MgAl_2O_4$，MgO 28.2%、Al_2O_3 71.8%，常含少量的 Fe、Mn、Zn 和 Cr。晶形为八面体，有时与菱形十二面体组成聚形，有时形成接触双晶（见附图）。纯者无色，有杂质时颜色为各种不同的彩色到黑色，常见为浅蓝色。玻璃光泽。解理不完全。硬度 8，密度 3.6g/cm^3。矿床多出现酸性侵入体与白云岩或白云质灰岩的接触带，在火成岩、变质岩和砂矿中也有产出。可作精密仪器轴承、陶瓷颜料、尖晶石质瓷绝缘体等；透明色美的尖晶石可作宝石。

尖晶石

【镁铁矿】magnesioferrite

又称镁铁尖晶石、铁酸镁。氧化物矿物。化学式 $MgO \cdot Fe_2O_3$。密度 4.20～4.49g/cm^3。熔点 1750℃，线膨胀系数 12.7×10^{-6}～12.8×10^{-6}(25～900℃)，赤褐到黑褐色。在某些碱性耐火制品中，由方镁石与氧化铁反应形成。

【磁铁矿】magnetite

氧化物矿物，等轴晶系，化学式 $Fe^{2+}Fe_2^{3+}O_4$，FeO 31.03%、Fe_2O_3 68.97%，常含 Mg、Mn、Ca、Ni、Co、Zn 和 Ti。晶体常呈八面体和菱形十二面体。在菱形十二面体晶面上常见平行于长对角线方向的聚形纹。依{111}形成尖晶石双晶，集合体为粒状和致密块状，黑色。条痕黑色。半金属光泽。不透明。无解理。硬度 5.5～6。密度 5.18g/cm^3。具强磁性。在岩浆岩和变质岩中以副矿物形式存在，在基性和超基性岩中可成矿床，与磷灰石、钛铁矿、辉石等共生。接触交代型磁铁矿，与黄铁矿、黄铜矿等共生。区域变质作用形成的磁铁矿，与磁赤铁矿、白云母、石英、鳞绿泥石共生。炼铁的主要矿物原料，伴生的 Ti、V、Cr 可综合利用。

【钒钛磁铁矿】vanadium titano-magnetite

氧化物矿物，等轴晶系，含钒的磁铁矿亚种。化学式 $Fe^{2+}(Fe^{3+}, V)_2O_4$，V_2O_5 含量低于 5%。性质与磁铁矿相似，可炼铁并提取钒。中国主要产地有四川攀枝花、白马、太和、红格，河北大庙，内蒙古锡林郭勒盟等地。

【铬铁矿】chromite

氧化物矿物。化学式 $FeCr_2O_4$，成分比较复杂，Cr_2O_3 含量 50%～65%，广泛存在 Cr、Al、Fe、Mg 类质同象置换。呈块状或粒状的集合体。暗褐色至铁黑色，条痕褐色。半金属光泽，不透明。硬度 5.5～6.5。密度 4.3～4.8g/cm^3。具弱磁性，含铁量高者磁性较强。常产于超基性岩中，与橄榄石共生；也见于砂矿中。是提炼铬的唯一矿物原料，还可作高级耐火材料。中国铬铁矿的产地有西藏、甘肃和陕西等地。世界著名大型铬铁矿矿床主要产于南非的德兰士瓦、津巴布韦的圭洛附近，俄罗斯的斯维德洛夫斯克地区以及古巴。

【刚玉】corundum

配位型氧化物矿物，化学式 Al_2O_3，Al 53.2%、O 46.8%，有时含微量 Fe、Ti 和 Cr。三方晶系，晶体常呈完好的桶状或短柱状，在柱面和双锥面上常有条纹(见附图)。集合体呈致密粒状、块状。蓝灰色或黄灰色，透明而颜色鲜艳的可作宝石。如含有微量铬，则呈红色(称红宝石)；含钛呈蓝色(称蓝宝石)；含铁呈褐黑色。玻璃光泽。硬度 9，密度 3.95～4.1g/cm^3。熔点 2030℃，膨胀系数 8.0×10^{-6}(20～1000℃)。刚玉有多种变体，但以 α-刚玉较稳定，其他变体都可转变为 α-刚玉，如 β-刚玉在 1200℃、γ-刚玉在 1000℃时均转变为 α-刚玉。岩浆结晶成因者，见于正长岩、斜长岩和伟晶岩中。接触交代成因的刚玉，产于伟晶岩接触带上。黏土质岩石经区域变质作用可形成刚玉结晶片岩，也可形成刚玉砂矿床。可作研磨材料和精密仪器的轴承，还可制造氧化铝金属陶瓷、刚玉耐火材料；透明彩色的晶体可作宝石。中国主要产地有河北平山、山东蓬莱、河南镇平、新疆天山、广东番禺等地。国外以美国、加拿大、南非、印度等较为著名。

刚玉

【方镁石】periclase

镁的氧化物矿物。化学式 MgO，等轴晶系，晶体呈立方体、八面体，集合体为不规则粒状。呈白色、浅灰色、浅黄色或黑色。玻璃光泽，透明至半透明。硬度 5.5，密度 3.56 g/cm³。是典型的高温变质矿物，产于变质白云岩或镁质石灰岩中；水化后转变为水镁石。熔点 2800℃，主要用于制备耐火材料。

【水滑石】hydrotalcite

层状结构矿物，六方晶系。化学式 $Mg_6Al_2(OH)_{16}CO_3 \cdot 4H_2O$，$Al_2O_3$ 16.88%、MgO 40.04%、H_2O 35.79%、CO_2 7.29%，有时含 Fe_2O_3。结构与水镁石类似。平行{0001}方向板状，通常呈薄板状-纤维状半自形晶。{0001}解理完善。油脂光泽。白色，有时呈褐色。硬度 2。密度 2.03～2.09g/cm³。蛇纹岩中的次生矿物，与水镁铝石、蛇纹石和白云石共生。性质和用途参见本节【类水滑石】。

【类水滑石】hydrotalcite-like

又称类水滑石化合物。由带正电荷的金属氢氧化物和层间填充可交换阴离子构成的层状双金属氢氧化物矿物（见附图）。化学通式：$[M^{2+}_{1-x}M^{3+}_x(OH)_2]A^{n-}_{x/n} \cdot mH_2O$，其中：$M^{2+}$ 为二价阳离子，如 Mg^{2+}、Mn^{2+}、Fe^{2+}、Co^{2+}、Zn^{2+}、Ca^{2+} 等；M^{3+} 为 3 价金属阳离子，如 Al^{3+}、Cr^{3+}、Mn^{3+}、Fe^{3+}、Co^{3+}、La^{3+} 等，位于主体层板上；A^{n-} 表示层间阴离子，如 Cl^-、OH^-、NO_3^-、CO_3^{2-}、SO_4^{2-} 以及有机阴离子；x 为 $M^{3+}/(M^{2+}+M^{3+})$的摩尔比值；m 为层间水分子的个数。这类化合物具有结构记忆效应、层间阴离子的可交换性、吸附性能，在碱性环境下比酸性环境下稳定。可用于阻燃、催化、医药、离子交换、吸附以及摩擦领域。

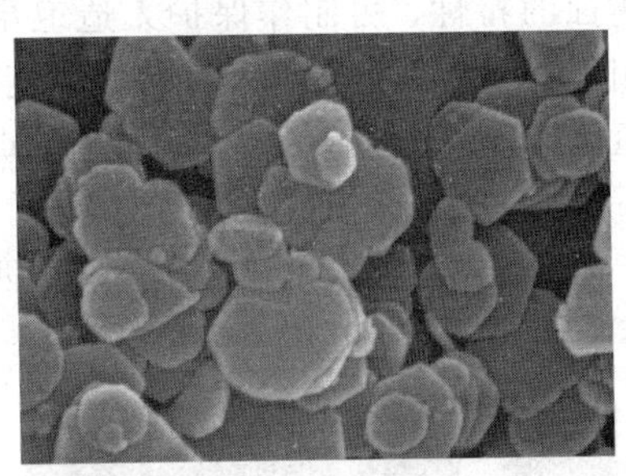

类水滑石

【水镁石】brucite

又称氢氧镁石。简单层状结构氢氧化物矿物，三方晶系。化学式 $Mg(OH)_2$，MgO 69%、H_2O 31%，有时含 Fe 和 Mn。常呈片状集合体，有时为纤维状集合体。白色，有时为浅绿或无色，断口为玻璃光泽，解理面为珍珠光泽，纤维状者为丝绢光泽。解理平行{0001}极完全。硬度 2.5，密度 2.3～2.4g/cm³。薄片具挠性，纤维状者具脆性。见于富镁的超基性岩（纯橄榄岩、橄榄岩等）经热液蚀变而成的蛇纹岩的裂隙中，或生成于白云岩化的石灰岩中，可作为耐火材料。可提取镁及生产轻烧氧化镁。中国纤维状水镁石（即水镁石石棉）主要产于陕西略阳，在蛇纹岩中与纤维蛇纹石石棉共生，纤维长达 1m 左右。湖北亦有产出。

【锆石】zircon

又称锆英石、风信子石、曲晶石。硅酸盐矿物，四方晶系。化学式 $Zr[SiO_4]$，ZrO_4 67.1%、SiO_3 32.9%，常含 Hf、TR、Nb、Ta、Th 和 U 等。晶体呈短柱状，通常由四方柱和四方双锥组成聚形(见附图)。无色，但常染成黄色、橙色、红色，金刚光泽。硬度7～8，密度4.68～4.80g/cm³。熔点2430℃，膨胀系数4.2×10^{-6}(20～1000℃)。含放射性元素并呈非晶质状态者称为曲晶石(晶面有时弯曲)；含1.0%～2%水者称水锆石，深褐色，具韧性。水锆石和曲晶石都具放射性。锆英石主要以副矿物形成于霞石正长岩和碱性伟晶岩中。工业矿床主要见于砂矿，是提炼金属锆的主要矿石。锆石具特殊的耐火性、抗热震性以及耐腐蚀的特性，可制作保护人造卫星的外罩；用于生产锆英石质耐火材料、锆英石砖、电熔氧化锆砖、高压绝缘体、耐酸耐火玻璃器皿等。中国主要产地有广东、台湾等地。国外主要产地：美国、澳大利亚、印度、巴西、斯里兰卡、南非。

锆石

【斜锆石】baddeleyite

又称巴西石。氧化物矿物，单斜晶系。化学式ZrO_2，Zr 73.9%、O 25.1%。常含铪、铌、钽、稀土等微量组分。晶体呈板状或片状。黄色、褐色、黑色。硬度6.5。密度5.7～6.0g/cm³。形成于霞石正长岩，富集于砂矿中，可作提取锆的矿物原料或制备耐火材料。

【石榴子石】garnet

石榴子石族矿物的总称，因晶体形状近似石榴的籽粒而得名。岛状结构硅酸盐矿物，等轴晶系。化学式$A_3B_2[SiO_4]_3$，化学成分复杂，广泛存在类质同象现象。A代表二价阳离子Mg、Fe、Mn、Ca，B代表三价阳离子Al、Fe、Mn、Cr。按阳离子间的关系，可分为铁铝榴石系列和钙铁榴石系列两个完全类质同象系列。前者包括镁铝榴石、铁铝榴石和锰铝榴石，后者包括钙铝榴石、钙铁榴石、钙铬榴石、钙钒榴石和钙锆榴石。两个系列间也可发生不完全类质同象代换。晶体常呈菱形十二面体、四角三八面体及其聚形，集合体常呈致密粒状和致密块状(见附图)。颜色多样，有黄色、深红色、褐黑色等。玻璃光泽，断口脂肪光泽。硬度6.5～7.5，密度3.5～4.2 g/cm³。成因类型有接触交代型和区域变质型，在火成岩、变质岩和砂矿中产出。可作研磨材料、精密仪器轴承和特殊水泥原料。美丽透明者可作宝石。中国四川、吉林有石榴子石矿床。

石榴子石

【镁铝榴石】pyrope

石榴子石族矿物的种属之一。岛状结构硅酸盐矿物，等轴晶系。化学式$Mg_3Al_2[SiO_4]_3$，常含少量Cr、Ca、Fe。自然界未见纯镁铝榴石，而是同铁铝榴石形成连续类质同象系列。常有铬尖晶石、铬透辉石、单斜辉石等包裹体。晶体呈菱形十二面体、正方八面体或两者的聚形。常见浑圆状、扁平状和粒状集合体，颗粒表面粗糙。一般呈红色、淡紫色、粉红色、橙黄色及黑色等，颜色变化与铬含量有关，Cr_2O_3含量越高，颜色越深。玻璃光泽。硬度7～7.5。密度3.61～3.94g/cm³。产于金伯利岩、橄榄岩、蛇纹岩和榴辉岩中，也见于砂矿中。主要用作研磨材料。优质者可作钟表和精密仪器的轴承。透明色鲜的可作宝石。

【铁铝榴石】almandine

石榴子石族矿物的种属之一，岛状结构硅酸盐矿物，等轴晶系。化学式$Fe_3Al_2[SiO_4]_3$。颜色呈红色、褐色、黑色等。密度

4.25 g/cm^3。折射率 1.830。矿物特征、产状及用途参见本节【石榴子石】。

【钙铝榴石】grossularite

石榴子石族矿物的种属之一。岛状硅酸盐矿物。化学式：$Ca_3Al_2[SiO_4]_3$，常含二价铁和三价铁。晶体多呈菱形十二面体。黄色或黄绿色。硬度 6.5～7，密度 3.53g/cm^3，是接触交代作用的产物，为组成矽卡岩的主要矿物。其他特征参见本节【石榴子石】。大颗粒者可加工成宝石。

【钙铁榴石】andradite

石榴子石族矿物的种属之一。岛状硅酸盐矿物。化学式 $Ca_3Fe_2[SiO_4]_3$。晶体多呈菱形十二面体与四角三八面体的聚形，集合体为粒状或块状。以褐色最常见，亦有黄色、绿色等。硬度 6.6～7.5，密度 3.7～4.1g/cm^3，是接触交代作用的产物，为组成矽卡岩的主要矿物之一。其他特征参见本节【石榴子石】。

【黑榴石】melanite

石榴子石族矿物的种属之一。化学式 $Ca_3\text{-}(Fe^{3+}, Ti)_2[SiO_4]_3$。晶体呈黑色。其他特征参见本节【石榴子石】。

【橄榄石】olivine

岛状结构硅酸盐矿物，斜方晶系。化学式 $(Mg, Fe)_2[SiO_4]$，Mg 与 Fe 形成完全类质同象。化学成分：MgO 45%～50%、FeO8%～20%、SiO_2 24% ～ 43%，可含少量 Cr^{3+}、Ni^{2+}、Zn^{2+}。端员矿物为镁橄榄石和铁橄榄石，中间成员统称为橄榄石。中国主要产地有青海、新疆、内蒙古、甘肃、四川、西藏和山东等地。

【镁橄榄石】forsterite

橄榄石族矿物端员组成之一。岛状结构硅酸盐矿物，斜方晶系。化学式 $Mg_2[SiO_4]$，MgO 57.1%、SiO_2 42.9%，常含有少量 Fe 和微量 Na、K、Al。单晶少见，常为粒状集合体（见附图）。无色、透明，玻璃光泽。硬度 7，密度 3.2g/cm^3。熔点 1890℃。膨胀系数 12.0×10^{-6}(100～1100℃)。不溶于 HCl，粉末在浓 H_2SO_4 中剧烈分解，生成 SiO_2 胶体。见于接触变质或区域变质的不纯的白云质大理岩中。金伯利岩、玄武岩等火成岩中的橄榄石，多为镁橄榄石。可作耐火材料，色泽艳丽的大颗粒可作宝石。

镁橄榄石

【铁橄榄石】fayalite

橄榄石族系列端员组成之一。岛状硅酸盐矿物，斜方晶系。化学式 $Fe_2[SiO_4]$，FeO70.6%、SiO_2 29.4%，含微量 Mn、Mg 和 Zn。单晶体少见，通常为粒状集合体。深黄色、玉绿色、黑色，玻璃光泽。硬度 6～6.5，密度 4.0～4.4 g/cm^3。熔点 1205℃。膨胀系数 10.2×10^{-6}(100～1100℃)。铁橄榄石较罕见，偶尔出现在黑曜岩和榴辉铁橄岩中。在铜、铅冶炼矿渣中有铁橄榄石，可作水泥原料。

【红柱石】andalusite

俗称菊花石，又称空晶石，放射状集合体形似菊花（见附图）。与蓝晶石、硅线石为同质异象变体。链状结构硅酸盐矿物，斜方晶系。化学式 $Al_2[SiO_4]O$，Al_2O_3 63.1%、SiO_2 36.9%，常含 Fe、Cr。晶体呈柱状。产于碳质页岩中的红柱石，晶体生长时俘获的碳质及黏土包裹物按一定方向排列，在横断面上呈黑十字形；在纵断面上则呈与晶体伸长方向一致的白色或灰色的平行条带，这种红柱石被称为“空晶石”。集合体呈粒状或放射状。呈灰色、褐色或浅红色。解理平行{110}中等。硬度 7～7.5，密度 3.1～3.2g/cm^3。形成于侵入岩与泥质岩石的接触带，也见于结晶片岩中。常与叶蜡石、云母、金红石和刚玉伴生。高温煅烧时，转变为莫来石及游离 SiO_2，无明显体积膨胀。耐火度和机械强度高，化学惰性好，用作高铝质耐火材料、技术陶瓷、耐火陶瓷；

色美透明的可作宝石。中国北京西山菊花沟产菊花石。

红柱石

【蓝晶石】kyanite

岛状结构硅酸盐矿物，三斜晶系。与红柱石、硅线石为同质异象变体。晶体呈扁平柱状，有时呈放射状集合体(见附图)。常为蓝色和青色。玻璃光泽，解理面上呈珍珠光泽。解理平行{100}完全，{010}中等。硬度随方向而异，平行晶体延长方向硬度为4.5，垂直晶体延长方向的硬度为6.5～7，故有二硬石之称。密度3.56～3.68g/cm³。是区域变质作用的产物，主要产于结晶片岩，也见于砂矿中。蓝晶石于1200℃开始分解生成莫来石和游离SiO_2，并有15%的体积膨胀。可作耐火材料或技术陶瓷原料，也可用于制备硅铝合金。

蓝晶石

【硅线石】sillimanite

又称矽线石、夕线石。与红柱石、蓝晶石为同类异象变体。斜方晶系。常呈针状和柱状晶体，集合体呈放射状和纤维状，有时在其他矿物中呈毛发状包裹体存在。颜色呈灰色、浅褐色、浅绿色，玻璃光泽。解理平行{010}完全。硬度7，密度3.23～3.25g/cm³。熔点1850℃。高温变质矿物，见于火成岩与富铝岩石接触带，也见于结晶片岩中。硅线石加热至1545℃时变为莫来石，1810℃时变为刚玉与熔体，体积膨胀不明显。耐火度和机械强度高、不溶于氢氟酸，可用作高级耐火材料、技术陶瓷、炼制硅铝合金等。色泽鲜艳者可作宝石。

【十字石】staurolite

岛状结构硅酸盐矿物，单斜晶系，化学式$FeAl_4[SiO_4]_2O_2(OH)_2$，FeO 15.8%、Al_2O_3 55.9%、SiO_2 26.3%、H_2O 2%。晶体呈短柱状，常呈十字形和斜十字形的穿插双晶，故称十字石。有时呈不规则粒状。红褐色、黄褐色至褐黑色。玻璃光泽。解理平行{010}中等。断口参差状。硬度7～7.5，密度3.65～3.77g/cm³。主要产于结晶片岩中，与蓝晶石、铁铝榴石、黑云母、斜长石共生，也见于砂矿中。

【硅铍石】phenacite

又称似晶石，岛状结构硅酸盐矿物，三方晶系，化学式$Be[SiO_4]$，常含少量Mg、Ca、Al、Na。粒状或短柱状。无色或酒黄色，有时呈淡玫瑰色。玻璃光泽。平行{1120}三组中等解理，贝壳状断口。硬度7.5～8，密度2.97～3.0 g/cm³。产于花岗岩与石灰岩的接触带中，与绿柱石、黄玉、长石等共生。中国东南沿海也见有硅铍石、萤石、石英呈细脉浸染于凝灰岩中。是提取铍的矿物原料。色泽美丽者可作宝石。

【似晶石】phenacite

参见本节【硅铍石】。

【硅锌矿】willemite

岛状结构硅酸盐矿物，三方晶系。化学式$Zn_2[SiO_4]$，SiO_2 26.96%、ZnO 73.04%，常含少量锰和铁。呈粒状或放射状集合体。无色或带绿的黄色，含锰时呈淡红色。玻璃光泽，断口油脂光泽。平行{0001}一组中等解理。贝壳状断口。硬度5～6，密度3.89～4.18g/cm³。产于铅锌矿床氧化带，是锌的次生矿物，与白铅矿、异级矿共生。亦产于接触交代矿床中，与红锌矿、锌铁尖晶石共生。可作锌矿石开采。色泽美丽者可作宝石。

【绿帘石】epidote

岛状结构硅酸盐矿物，单斜晶系，化学式

$Ca_2(Al、Fe)_2[Si_2O_7][SiO_4]O(OH)$，CaO 23.5%、$Al_2O_3$ 24.1%、Fe_2O_3 12.6%、SiO_2 37.9%、H_2O 1.9%。晶体呈柱状，集合体呈粒状、放射状或平行柱状。颜色呈黄绿色，玻璃光泽。一组解理平行{001}完全，另一组解理平行{100}不完全。硬度 6.5，密度 3.35～3.38g/cm³。热液蚀变产物。透明美丽的可作宝石。

【褐帘石】allanite

岛状结构硅酸盐矿物，单斜晶系，化学式 $(Ca, Ce)_2(Fe^{3+}, Fe^{2+})(Al, Fe^{3+})_2[Si_2O_7]$-$[SiO_4]O(OH)$。含 Ce_2O_3 6%～10%者称铈褐帘石；含 Y_2O_3 7%～20%者称钇褐帘石。晶体呈柱状或厚板状。浅褐色至沥青黑色，条痕褐色，透明至半透明，玻璃光泽，断口沥青光泽。硬度 5～6.5，密度 3.4～4.2g/cm³。分布于花岗伟晶岩、碱性伟晶岩中。可作为提取稀有和放射性元素的矿物原料。

【黝帘石】zoisite

绿帘石族矿物的一个种属，岛状结构硅酸盐矿物，斜方晶系，化学式 $Ca_2Al_3[Si_2O_7]$-$[SiO_4]O(OH)$，CaO 24.6%、Al_2O_3 33.9%、SiO_2 39.5%、H_2O 2%。晶体呈柱状，柱面可见清晰条纹，集合体呈柱状或粒状。灰色；含 Fe_2O_3 时呈绿色，含 Mn_2O_3 呈红色。玻璃光泽。一组解理平行{010}完全，另一组平行{100}不完全。硬度 6，密度 3.25～3.36 g/cm³。由碱性火成岩中的基性斜长石热液蚀变而成。

【绿泥石】chlorite

绿泥石族矿物的总称。层状结构硅酸盐矿物，单斜晶系。化学式 $(Mg, Al, Fe)_6[(Si,$-$Al)_4O_{10}](OH)_8$，常含 Ca、Mn、Cr、Ti 等，类质同象替代普遍。晶体呈板状，集合体呈片状、鳞状或致密块状。解理面呈珍珠光泽。薄片具挠性。

【铁绿泥石】prochlorite

又称蠕绿泥石，绿泥石族矿物主要种属之一。层状结构硅酸盐矿物，单斜晶系。化学式 $(Mg、Fe)_{4.5}[Al_{1.5}\ Si_{2.5}$-$O_{10}](OH)_8$，FeO34.3%～42.3%。晶体呈六方片状，集合体呈鳞片状，有时呈球状及蠕虫状。绿色或黑绿色。解理完全。硬度 1.5～2，密度 2.78～2.96g/cm³。产于沉积岩或变质岩中。可作绿色颜料，富集时可作铁矿石开采。

【叶绿泥石】pennine

绿泥石族矿物的一个种属。层状结构硅酸盐矿物，单斜晶系。化学式 $[Mg, Fe]_5$-$[AlSi_3O_{10}](OH)_8$，$SiO_2$29.8%～33.7%、MgO 17.4%～35.9%、FeO 0.7%～17.4%、$Fe_2O_3$0～5.07%、$Al_2O_3$18.8%～21.3%、H_2O11.5%～14.6%。晶体为假六方片状、板状，有时呈桶状，集合体呈片状、鳞片状。暗绿色至绿黑色。解理平行{001}极完全，解理面呈珍珠光泽。硬度 2～2.5，密度 2.60～2.85g/cm³。薄片能弯曲，但无弹性。常见于变质岩中，是绿泥石片岩的主要组成矿物。可用作纸张填料，提高纸的光泽度；含铁少的可作堇青石瓷原料。

【绿柱石】beryl

环状结构硅酸盐矿物，六方晶系，化学式 $Be_3Al_2[Si_6O_{18}]$，SiO_2 67.07%、Al_2O_3 18.97%、BeO13.96%，混入物有 Na、K、Li。晶体常呈六方柱状或粒状(见附图)。一般为带浅绿的白、黄等颜色。翠绿色的称纯绿宝石，蔚蓝色的称水蓝宝石。玻璃光泽。硬度 7.5，密度 2.9g/cm³。产于花岗岩伟晶岩中、云英岩、花岗岩中，有时砂矿中亦能见到。是提取铍的主要矿物原料。中国内蒙古、辽宁、新疆、湖南有绿柱石矿床。

绿柱石

【榍石】sphene; titanite

岛状结构硅酸盐矿物，单斜晶系，化学式 $CaTi[SiO_4]O$，SiO_2 30.6%、TiO_2 40.8%、CaO 28.6%，常含 Y、Ce、Fe、Mn。Y_2O_3

含量12%者称钇榍石。晶形呈扁平信封状柱体，横切面呈楔形。颜色常为黄色、褐色，颜色随着稀土元素含量增加变深，甚至呈黑色。玻璃光泽。解理平行{110}中等。硬度5～6，密度3.29～3.56g/cm^3。是花岗岩、正长岩、闪长岩中的副矿物，与长石、锆石、云母等矿物共生；在正长伟晶岩中有较大晶体产出；或由接触变质作用而成，也常见于砂矿中。可作为钛矿石开采，并综合利用钇、铈等。

【符山石】 vesuvianite; idocrase

岛状结构硅酸盐矿物，四方晶系，化学式$Ca_{10}(Mg, Fe)_2Al_4[SiO_4]_5[Si_2O_7]_2(OH, F)_4$，成分变化大。晶体呈短柱状。多呈放射状或粒状集合体。黄褐色，含铬时呈绿色，含钛和锰时呈红褐或粉红色，含铜时呈绿蓝色。玻璃光泽。硬度6.5～7，性脆，密度3.33～3.43g/cm^3。产于花岗岩与石灰岩接触交代的矽卡岩中，与石榴子石、透辉石、硅灰石等共生。色泽鲜艳透明者可作低档宝石。

【堇青石】 cordierite

岛状结构硅酸盐矿物，斜方晶系，化学式$Mg_2Al_3[AlSi_5O_{18}]$，常有Fe替代Mg。单体呈假六方形短柱状，通常呈致密块状和浸染粒状。无色至灰黑色，玻璃光泽。解理平行{010}中等。硬度7～7.5，密度2.6～2.66 g/cm^3。熔点1450℃。由变质作用形成，常见于角岩及结晶片岩中，与黑云母、角闪石、基性斜长石、矽线石共生，也见于砂矿中。受熔渣侵蚀的镁质和硅酸铝质耐火材料中也有出现。20～900℃的热膨胀系数为$1.25\times10^{-6}\sim1.92\times10^{-6}$，抗热震性好，介电损失小，可作电陶瓷原料。色泽美丽者可作工艺雕刻材料。

【电气石】 tourmaline

环状结构硅酸盐矿物，三方晶系，化学式$(Na、Ca)(Mg、Fe)_3\cdot Al_6[Si_6O_{18}](BO_3)_3(OH、F)_4$。晶体呈柱状，横断面呈弧线三角形，集合体呈放射状、束针状、纤维状(见附图)。富含铁时呈暗绿色、暗蓝色、暗褐色和黑色，富含镁时呈褐色和黄色，含锰、锂和铯者呈玫瑰色，含铬者呈深绿色。玻璃光泽。断口参差状。硬度7～7.5，密度2.9～3.25g/cm^3。具热释电性和压电性，晶体纵向切片具偏光性和多色性。产于伟晶岩脉、石英脉和石英岩中，也见于变质岩和砂矿中。用于无线电工业、偏光仪器或作炼硼原料。色泽美丽者可作宝石，俗称碧玺。

电气石

【锂电气石】 elbaite

电气石族主要种属之一，化学式$NaLi_3\cdot Al_6[Si_6O_{18}](BO_3)_3(OH、F)_4$。它与黑电气石形成完全类质同象系列，与镁电气石形成不完全类质同象系列，如附图所示。矿物特征参见本节【电气石】。

锂电气石

【斧石】 axinite

环状结构硅酸盐矿物，三斜晶系。化学式$(Ca, Fe, Mn, Mg)_3Al_2BSi_4O_{15}(OH)$。晶体呈斧刃状，横切面呈楔形。棕色，蓝绿色。玻璃光泽，透明至半透明。平行{010}解理中等。硬度6～7，密度3.25～3.36g/cm^3。是接触变质作用和交代作用的产物，常与方解石、石英、阳起石等伴生。色泽艳丽者可作宝石。

【辉石】 pyroxene

辉石族矿物的总称，链状结构硅酸盐矿

物。化学式 $R_2(Si_2O_6)$，R 主要为 Mg、Fe、Ca、Na、Al、Li 等，类质同象替代普遍。有斜方辉石和单斜辉石两个亚族：斜方辉石亚族种属有顽辉石、古铜辉石和紫苏辉石；单斜辉石亚族种属有透辉石、钙铁辉石、普通辉石、锂辉石、硬玉、霓石。晶体呈短柱状，其横切面呈近等边的八边形。颜色呈绿色、棕色、褐色。玻璃光泽。解理平行{110}中等，两组解理面交角为90°(斜方辉石)或87°(93°)(单斜辉石)。硬度5～6，密度3.1～3.6g/cm³。自然界分布很广，主要产于基性侵入岩和喷出岩中，也见于深变质岩及矽卡岩中。

【顽辉石】enstatite

旧称顽火辉石，Mg-Fe 辉石组主要种属之一。链状结构硅酸盐，斜方晶系。化学式 $Mg_2[Si_2O_6]$，SiO_2 60%、MgO 40%，还可含5%以下的 FeO，不含 Fe 的顽辉石在自然界极为少见。含 Fe 5%～14%的变种称古铜辉石(因古铜色而得名)。有4个同质多象变体：原顽辉石，稳定于1000～1400℃，1GPa；顽辉石，1000～630℃；高温斜顽辉石，980℃；低温斜顽辉石，630℃。晶体呈柱状，少数为板状，多为不规则晶粒。无色、灰白色、浅绿色，少数为褐绿色，玻璃光泽。硬度5.5，密度3.1～3.3g/cm³。主要产于超基性岩中，是滑石瓷的主晶相。可作宝石，产于缅甸、坦桑尼亚、斯里兰卡等地。

【紫苏辉石】hypersthene

辉石族矿物端员组成之一。单链状结构硅酸盐，斜方晶系，化学式：$(Mg, Fe)_2[Si_2O_6]$，其中：$Mg_2[Si_2O_6]$端员含量50%～80%，$Fe_2[Si_2O_6]$端员含量50%～20%。深绿色至绿褐色或黑色。硬度5.5，密度3.3～3.5 g/cm³。其他特征同本节【顽辉石】。主要产于基性岩中。

【普通辉石】augite

辉石族矿物端员组成之一。单链状结构硅酸盐，单斜晶系。化学式 $Ca(Mg、Fe、Al)[(Si、Al)_2O_6]$。晶体呈短柱状，其横切面呈近等边八边形或假正方形。绿黑色或褐黑色，玻璃光泽。解理平行{110}中等，解理交角93°和87°。具显著裂开的单斜辉石称易剥辉石。硬度5～6，密度3.2～3.6g/cm³。熔点930～1428℃。是玄武岩、辉绿岩以及铸石的主要矿物。

【透辉石】diopside

一种富钙镁的单斜辉石，与钙铁辉石形成完全类质同象系列。化学式 $CaMg[Si_2O_6]$，CaO 25.9%、MgO 18.5%、SiO_2 55.6%，有时含 Fe、Mn、Cr 等。晶体呈短柱状，其横断面呈假正方形或八边形，集合体呈粒状、柱状、放射状。浅绿色或淡灰色，玻璃光泽。硬度5.5～6，密度3.27～3.38g/cm³。熔点1391℃。接触交代成因者多见于矽卡岩。岩浆成因者多出现在基性、超基性岩中。当玻璃中 MgO 过高时，有透辉石析出；在铬渣铸石中也有出现，它是白色铸石的主要矿物。是制备普通陶瓷和电陶瓷的助熔原料之一。可作宝石，有时具猫眼效应。

【锂辉石】spodumene

链状硅酸盐矿物，单斜晶系。化学式 $LiAl[Si_2O_6]$，Li_2O 8.1%、Al_2O_3 27.4%、SiO_2 64.5%，有时含 Cs、Th。晶体呈柱状，柱面有纵纹，集合体呈板状，也有呈致密块状(见附图)。白色而微带绿色或紫色。玻璃光泽。解理平行{110}完全或中等。硬度6.5～7，密度3.13～3.2g/cm³。主要赋存于花岗伟晶岩脉中，是提取锂的主要矿物原料。可用作特种玻璃、陶瓷和搪瓷的助熔原料，也可与低膨胀矿物原料结合制作无膨胀特种陶瓷。色彩鲜艳者可作宝石。

锂辉石

【蔷薇辉石】rhodonite

链状结构硅酸盐矿物，三斜晶系。化学式 $(Mn, Ca)_5[Si_5O_{15}]$，常含 Mg、Fe、Zn。粒状或致密块状。蔷薇红色或棕红色，矿物表面常有黑色氢氧化锰覆盖。玻璃光泽，解理面上显珍珠光泽。硬度 5.5～6.5，密度 3.40～3.75g/cm³。产于低温热液矿脉中，亦可出现在区域变质岩中，是京粉翠的主要矿物。新鲜而色泽鲜艳者可作工艺雕刻材料。

【锥辉石】acmite

霓石的一个亚种。链状结构硅酸盐矿物，单斜晶系。化学式 $NaFeSi_2O_6$。霓石晶体呈长柱状或针状，晶面具纵纹。柱面顶端由{221}、{661}等晶面组成尖锐的锥状尖顶，故称为锥辉石。红棕色，玻璃光泽，硬度 6～6.5，密度 3.55g/cm³。是碱性火成岩的主要矿物。

【硅灰石】wollastonite

又称板石。链状结构硅酸盐矿物，三斜晶系。化学式 $CaSiO_3$，CaO 48.3%、SiO_2 51.7%，有时富含 FeO，最高达 9%。晶体呈板状，集合体呈片状、放射状或纤维状(见附图)。白色而微带浅灰或浅红，玻璃光泽。{100}解理完全，硬度 4.5～5，密度 2.8～2.9g/cm³，熔点 1540℃。主要产于酸性侵入岩与石灰岩或大理岩的接触变质带，与符山石、石榴子石共生。作为陶瓷原料具有助熔、增强作用；可作涂料、橡胶、塑料填料；可作冶金连铸保护材料。中国吉林、湖北、江西等地资源丰富。

硅灰石

【莫来石】mullite

链状结构硅酸盐矿物，斜方晶系。化学式 $Al[Al_xSi_{2-x}O_{5.5-0.5x}]$，$SiO_2$ 28.21%、Al_2O_3 71.79%。针状。无色，玻璃光泽。硬度 6～7，密度 3.155～3.158g/cm³。自然界少见，偶见于高温热变质岩、火成岩的富铝捕虏体中，多见于硅铝质陶瓷及高炉耐火材料中，是优质耐火材料。

【角闪石】amphibole

角闪石族矿物的总称，链状结构硅酸盐矿物。化学通式 $R_7[Si_4O_{11}]_2(OH)_2$，R 由 Mg、Fe、Ca、Na、Al 组成，类质同象普遍。有斜方角闪石和单斜角闪石两个亚族。斜方角闪石主要种属为直闪石、铝直闪石；单斜角闪石主要种属为透闪石(见附图)、阳起石、普通角闪石、钠闪石、蓝闪石。晶体呈长柱状，横切面呈假六方形，集合体呈纤维状、放射状。颜色从绿色、棕色、褐色到黑色。玻璃光泽。解理平行{110}中等，解理面交角为 124°和 56°。硬度 5～6，密度 3.0～3.5g/cm³。是分布很广的造岩矿物，主要见于火成岩和变质岩中。直闪石、钠闪石、透闪石、阳起石的纤维集合体，统称为角闪石石棉，是工业用绝缘、绝热材料。隐晶质致密块状的透闪石、阳起石称为软玉。质地坚韧、色泽美丽者可作工艺雕刻材料。

透闪石

【阳起石】actinolite

角闪石族矿物种属之一。双链状硅酸盐矿物，单斜晶系。化学式 $Ca_2(Mg、Fe)_5[Si_4O_{11}]_2(OH)_2$，Mg 和 Fe 可完全类质同象替代。$Ca_2Fe_5[Si_4O_{11}]_2(OH)_2$ 含量在 0～20%者为透闪石；20%～80%者为阳起石；80%以上者为铁阳起石。呈深浅不同的绿色。硬度 5～6，密度 3.02～3.44 g/cm³。隐晶质致密块体称软玉。纤维状集合体者称角闪石石棉。在浅变质岩和热液蚀变基性火成岩常见。

【石棉】asbestos

一类具有纤维结构、可剥分成微细而柔韧纤维矿物的总称(见附图)。按成分和结构可分为：(1)蛇纹石石棉(又称温石棉)；(2)角闪石石棉；(3)水镁石石棉；(4)叶蜡石石棉。其中，角闪石石棉包括：阳起石石棉、铁石棉、直闪石石棉、透闪石石棉、青石棉、纤维蓝闪石石棉等。自然界分布较广的是温石棉，即通常所称的石棉。石棉具有隔热、保温，耐酸碱、绝缘、防腐等特性。中国四川、青海、河北、辽宁等地的温石棉，河南、湖北、陕西、云南等地的角闪石石棉，陕西的水镁石石棉具有代表性。

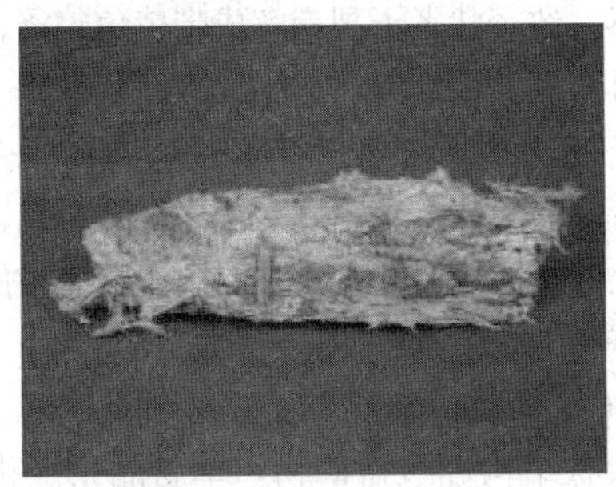

石棉

【角闪石石棉】amphibole asbestos

纤维状角闪石的总称。按化学成分，可分为直闪石石棉、铁石棉、透闪石石棉、阳起石石棉、青石棉、锂闪石石棉、纤铁蓝闪石石棉、镁钠铁闪石石棉、锰闪石石棉等。颜色较深，密度一般为 3.1～3.4g/cm^3，纤维的柔性、劈分性、耐热和绝缘性能较温石棉差，但具有良好的耐酸及耐腐蚀性能。纤铁蓝闪石石棉具有防化学毒物和净化原子微粒的特殊性能。可制造高温耐酸制品及特殊防护材料。

【直闪石石棉】anthophyllite asbestos

直闪石的纤维状变种，链状结构硅酸盐矿物，斜方晶系。化学式$(Mg、Fe)_7[Si_4O_{11}]_2$-$(OH)_2$。灰白色、褐色或绿色。玻璃至珍珠光泽。硬度 5.5～6.0，密度 2.85～3.10g/cm^3。耐热性好，熔点 1150～1340℃。未变形纤维的极限抗拉强度为 2520kN/mm^2。纤维硬脆，挠曲性、可纺性较差。耐酸性能良好，900℃热处理后仍能耐酸侵蚀。多产于基性变质火成岩中，与顽辉石、滑石、直闪石和菱镁矿共生。

【蛇纹石】serpentine

蛇纹石族矿物的总称。因具有斑点状花纹，磨光面似蛇皮而得名(见附图)。层状结构硅酸盐矿物，单斜晶系。化学式 $Mg_6[Si_4O_{10}]$-$(OH)_8$，MgO 43.0%、SiO_2 44.1%、H_2O 12.9%，常含 Fe、Ni。按结构特点划分为：结构层平坦呈板者为利蛇纹石，结构层呈波状起伏如叶片者为叶蛇纹石，结构层卷曲成管状者为纤维蛇纹石。有暗绿、黑绿、黄绿、浅绿等色。油脂或蜡状光泽，纤维蛇纹石为丝绢光泽。叶蛇纹石有一组平行{001}的完全解理。硬度 2.5～3.5，密度 2.5～2.62g/cm^3。是含镁的超基性岩热液交代产物。可制作耐火材料与建筑材料、钙镁磷肥，可作为提取镁、镁化合物的原料；质地细腻的苹果绿色者称岫岩玉。产于中国新疆、四川、陕西、河北、辽宁等地。

蛇纹石

【蛇纹石石棉】serpentine asbestos

又称温石棉、纤维石棉、纤维蛇纹石。蛇纹石的纤维状变种，化学组成与蛇纹石相同。通常所称的石棉，多指蛇纹石石棉。有正蛇纹石石棉、副蛇纹石石棉和斜蛇纹石石棉等变种。纤维呈白色、灰白色或浅绿色，丝绢光泽。硬度 2.5～4.0，密度 2.49～2.53g/cm^3。高倍电子显微镜下，可见纤维呈平行排列的空心管。363℃以下析出吸附水，纤维机械强度有所降低，但在空气中放置 5d 后，可完全恢复原有强度。400℃时，结构水开始析出，纤维机械强度降低；700℃时，结构水全部逸出，纤维变脆；1550℃时熔融。表面电阻率 8.2×10^7～

1.24×10^{10}Ω·cm；体积电阻率1.9×10^8～4.79×10^9Ω·cm。耐碱性能较好，但耐酸性较差，在弱有机酸中析出镁。矿床有超基性岩型和碳酸岩型两类。前者系由超基性岩(橄榄岩等)蚀变而成，后者系由白云岩、白云质灰岩与基性-酸性岩浆接触交代变质而成。由长纤维织成的石棉纱、线、绳、布，用作机械传动、制动、保温、隔热、绝缘等材料；短纤维可制成石棉板、石棉纸、防火板、保温管加密垫等，可作为军事装备的隔热、隔音材料等。中国著名产地为四川石棉、青海茫崖、辽宁大连金州区、河北涞源。国外著名产地有加拿大魁北克省捷特福德、俄罗斯巴热诺夫以及非洲南部。

【黏土矿物】clay mineral

一类具层状结构的含水铝硅酸盐矿物，是构成黏土岩、土壤的主要矿物。主要有高岭石、蒙脱石、水云母等。这类矿物颗粒极细，多呈粒径＜0.01mm的细小鳞片。具有可塑性、耐火性、烧结性。是陶瓷、水泥、纸张、耐火材料、油漆的重要原料和填料。

【高岭石】kaolinite

因最先在中国景德镇附近的高岭村被发现而得名。代表性黏土矿物之一，层状结构硅酸盐矿物，三斜晶系。化学式$Al_4[Si_4O_{10}](OH)_8$，Al_2O_3 39.50%、SiO_2 46.54%、H_2O 13.96%，含少量P、S_3、Mg、Ca、Na、K、Ba等。多呈致密微细粒状、鳞片状和土状集合体。电子显微镜下可见假六方鳞片状晶体。白色、灰白色，含杂质时呈浅褐色、黄色、浅红色、浅绿色。光泽暗淡。解理平行{001}极完全。硬度2～2.5，密度2.58～2.60g/cm³。具亲水性，遇水易崩散，可塑性强。干燥时粘舌。由长石、副长石化学风化作用形成，见于火成岩和变质岩的风化壳或沉积黏土及土壤中，有的为酸性低温热液蚀变产物。具有粘结性、可塑性和流变性，耐火度高，是重要的陶瓷和耐火材料原料；可作造纸、涂料、橡胶、塑料、农药、化妆品的填料。

【偏高岭石】metakaolin

又称变高岭石，是高岭石在600～900℃脱水形成的无水硅酸铝化合物。主要组成为$Al_2O_3·2SiO_2$，XRD图谱中几乎不出现衍射峰，接近于无定型态，具有高的火山灰活性；形貌与原高岭石有继承性。属介稳状态，在碱激发条件下具有胶凝性，主要用作混凝土外加剂，也可作地质聚合物材料。

【埃洛石】halloysite

层状结构硅酸盐矿物，单斜晶系。化学式$Al_2[Si_2O_5](OH)_4·1～2H_2O$，常含Fe、Cr、Ni等。晶体结构与高岭石相似，不同的是在单位层之间有1～2个层间水，故又称变水高岭石。晶体卷曲，呈管状或长棒状，结晶细小，只能在电子显微镜下观察。呈白色，含杂质时为粉红色、浅绿色或土黄色，土状或蜡状光泽。疏松土状者有滑感，致密状者干裂崩解成带棱角碎屑。遇水具强可塑性，失水后不再吸水。硬度1～2，密度2.0～2.2g/cm³。见于中酸性岩石风化壳的强氧化带中，或邻近富铝硅酸盐岩石的石灰岩溶蚀凹面上，与高岭石共生。主要用作石油裂化催化剂载体和陶瓷原料。

【地开石】dickite

层状结构硅酸盐矿物，单斜晶系。化学式$Al_4[Si_4O_{10}](OH)_8$。电子显微镜下可见假六方形片状晶体。常见土状。无色，有时带淡黄色，珍珠光泽。硬度1左右，密度2.59 g/cm³。差热分析时，吸热谷位于630℃左右，脱OH^-温度比高岭石高，是低温热液蚀变产物。遇水具可塑性，耐火度较高。用作陶瓷和耐火材料原料。

【滑石】talc

层状结构硅酸盐矿物，单斜晶系。化学式$Mg_3[Si_4O_{10}](OH)_2$，SiO_2 63.37%、Al_2O_3 31.88%、H_2O 4.75%，常有Fe、Mn、Ni代替Mg。解理沿结构单元层间产生。致密块状、鳞片状集合体。白色，含杂质而显浅黄色、粉红色、浅绿色。玻璃光泽。平行{001}一组完全解理，解理片具挠性。块体呈贝壳状断口。硬度1，密度2.58～2.83g/cm³。具滑腻感。是富镁质超基性岩、白云岩、白云质灰岩热液交代的产物。中国辽宁海城的滑石矿，质量好，规模大，闻名于世。在造纸和橡胶工业中用作充填剂，纺织工业中用作漂白剂，冶金工业中用作耐火材料，还用于制作绝缘材料、化妆品和减磨材料等。

【叶蜡石】pyrophyllite

层状结构硅酸盐矿物，单斜晶系（见附图）。化学式 $Al_2[Si_4O_{10}](OH)_2$，Al_2O_3 28.3%、SiO_2 66.7%、H_2O 5%，有时含 Mg 和 Fe。常呈片状或放射状集合体，有时呈隐晶质致密块体。白色微带浅黄或绿色，玻璃光泽，致密块状者具蜡状光泽。解理平行{001}完全。硬度 1～2，密度 2.66～2.90 g/cm³。熔点 1700℃。性柔，具滑感，薄片有挠性。由酸性火山岩和凝灰岩经热液蚀变而成，也见于某些富含铝质的变质岩中。中国浙江青田所产的叶蜡石称青田石，福建寿山所产的叶蜡石称寿山石（冻石），是传统的工艺雕刻石材。可作陶瓷、耐火材料原料和造纸、橡胶、油漆、化妆品、农药、玻璃纤维织物填料。

叶蜡石

【云母】mica

云母族矿物的总称。层状结构硅酸盐矿物，单斜晶系。化学成分复杂，化学式可表达为 $R^{1+}R_3^{2+}[AlSi_3O_{10}][OH]_2$ 或 $R^{1+}R_2^{3+}[AlSi_3O_{10}][OH]_2$，式中 $R^{1+}=K^{1+}$；$R^{2+}=Mg^{2+}$、Fe^{2+}、Mn^{2+}；$R^{3+}=Al^{3+}$、Fe^{3+}、Mn^{3+}，此外 Li^{1+} 也可加入晶格，还普遍有类质同象置换和机械混入 F、Rb、V、Sr、Ba、Cr、Ga 等。化学成分分为两个亚族：白云母亚族，包括白云母、铬云母、海绿石；黑云母亚族，包括金云母、黑云母和锂云母。晶体常呈六方形或菱形的片状或板状，有时呈假六方柱状。玻璃光泽，解理面呈珍珠光泽。平行{001}解理极完全，可沿此解理剥成具有弹性的薄片。硬度 2～3。云母是分布很广的造岩矿物，常见于火成岩和变质岩中，但具有工业价值的云母矿床较少。

【白云母】muscovite

又称钾云母，层状结构硅酸盐矿物（见附图）。化学式 $KAl_2[AlSi_3O_{10}](OH)_2$，常含少量 Ca、Mg、Fe、Na、F、Cr、V、Li。富含 V_2O_5 时称矾云母，富含 Cr_2O_3 者称铬云母。单斜晶系，晶体呈板状、片状，集合体呈致密片状块体。薄片透明无色，玻璃光泽，解理面呈珍珠光泽。{001}解理极完全。易剥分成具弹性的薄片。硬度 2～3，密度 2.8～3.1g/cm³。熔点 1260～1290℃，工作温度约为 500℃。绝缘电阻较大、强度较高，介电损耗较低、耐酸耐碱好。晶体中的斑点、气泡、皱纹、穿孔、嵌填物、风化、羽毛状梗子层等自然缺陷，对其物化性能有不利影响。是花岗岩、云英岩的主要造岩矿物，也见于片麻岩、云母片岩、千枚岩等变质岩中。面积大于 4cm² 的大片白云母工业价值高，主要用作云母电容器、电子管栅极片和载波器的绝缘材料，用于制造大功率发电机或电动机的云母带和云母板，还用作冶炼炉的炉窗材料、隔热材料，细粒云母可作防腐油漆、涂料的填料。大片白云母多产在花岗伟晶岩中，与长石、石英、电气石、石榴子石、绿柱石、锂辉石共生。中国新疆阿勒泰、四川丹巴、内蒙古土贵乌拉和乌拉山等出产大片白云母。

白云母

【绢云母】sericite

又称细白云母，因其表面呈丝绢光泽而得名。化学组成和晶体结构与白云母相同，都是层状结构硅酸盐矿物，但其颗粒细小，类似黏土。

塑性好、干燥强度高，熔融时生成的玻璃相黏度大，荷重软化点高，可作陶瓷原料。由绢云母与石英构成的岩石，俗称瓷石，是优良的陶瓷原料，也可用作橡胶、塑料、纸张、涂料的填料。

【海绿石】glauconite

层状硅酸盐矿物，单斜晶系。化学式 $K_{<1}(Fe^{3+}, Fe^{2+}, Al, Mg)_{2\sim5}[Si_8(Si, Al)O_{10}](OH)_2 \cdot nH_2O$，成分变化大，$SiO_2$ 47.6%～52.9%、Al_2O_3 5.5%～23.6%、Fe_2O_3 6.1%～27.9%、FeO 0.8%～8.6%、MgO 2.4%～4.5%、K_2O 4%～9.5%、H_2O 4.9%～13.5%。晶体呈细小假六方形，通常为细粒集合体。暗绿色至绿黑色，无光泽。硬度2～3，密度2.2～2.8 g/cm³。产于湖相沉积岩和近代浅海沉积物中。可作钾肥、硬水软化剂等，纯净者可作颜料。

【黑云母】biotite

层状结构硅酸盐矿物，单斜晶系。化学式 $K(Mg, Fe)_3[AlSi_3O_{10}](OH, F)_2$，成分介于金云母和铁云母之间，含少量Ti、Na、V、Sr、Ba。常呈假六方板状、短棱柱状和柱状晶体，并含较多副矿物包裹体。黑、深褐、红褐色，有时为绿色。透明至半透明，玻璃光泽，解理面上显珍珠晕彩。解理平行{001}极完全。薄片具弹性。硬度2～3，密度3.02～3.12g/cm³。遇盐酸微分解，在浓硫酸中加热全部分解并析出 SiO_2。蚀变产物为绿泥石，水化产物为水黑云母，可分解为氢氧化铁和黏土矿物。是常见的造岩矿物，分布在花岗岩、片麻岩、片岩、千枚岩中。巨大的晶体见于花岗伟晶岩脉内，与白云母伴生。绝缘性较白云母、金云母差。鳞片及细粉可作沥青纸板、油漆布和润滑剂的充填料。

【金云母】phlogopite

又称镁云母，层状结构硅酸盐矿物，单斜晶系。化学式 $KMg_3[AlSi_3O_{10}](OH)_2$，常含少量Fe及微量Mn、Na、Ba、Sr、F。晶体为六角板状、短柱状，但通常呈不规则的叶片和鳞片状集合体(见附图)。金黄、黄褐或红褐色，颜色与Fe、Ti、Mn含量有关。玻璃光泽，解理面显珍珠光泽。解理平行{001}极完全，沿解理可剥成有弹性和挠性的薄片。硬度2.5～2.7，密度2.5～2.86g/cm³。具有较高的绝缘强度和较大的电阻、较低的介电损耗、抗电弧能力强。不溶于盐酸，但在浓硫酸中加热煮沸可溶解成乳浊液。晶体中常有裂缝、气泡、穿孔等自然缺陷。主要由接触交代作用形成，常见于大理岩、片麻岩及其接触变质带的镁矽卡岩中，与透辉石、镁橄榄石、透闪石及碳酸盐矿物共生。主要用作耐热云母带、板以及绝缘材料。中国内蒙古、山东、河南等地均产出。

金云母

【锂云母】lepidolite

又称鳞云母，层状结构硅酸盐矿物，单斜晶系。化学式 $KLi_{1.5}Al_{1.5}[AlSi_3O_{10}](F, OH)_2$，$Li_2O$ 含量在3.3%～7.0%，常含Mg、Fe、Mn、Rb、Cs和Na。晶体呈板状或短柱状，多呈片状或细鳞片状集合体产出，偶尔呈晶族。浅紫色、玫瑰色，有时为白色、桃红色(含锰)，玻璃光泽，解理面呈珍珠光泽。解理平行{001}极完全。硬度2.5～4，密度2.8～2.9g/cm³。主要产于伟晶岩、正长岩和云英岩中，与锂辉石、含锂电气石、黄玉、萤石和绿柱石等共生。是提取金属锂的主要原料之一，可综合提取铷、铯等稀有元素，也可作玻璃原料。

【钒云母】roscoelite

层状结构硅酸盐矿物，单斜晶系。化学式 $K(V, Al, Mg)_2AlSi_3O_{10}(OH)_2$，Y组离子以钒和铝为主，类质同象混入物有 Mg^{2+}、Fe^{3+}、Fe^{2+}、Cr^{3+} 等。硬度2.5，密度2.88g/cm³。晶体大多呈亮绿色细纤维状，丝绢光泽，少数呈片状。质地柔软，似石棉。解理平行{001}极完全。钒云母的绿色与钒含量有关，颜色随 V_2O_3 含量增加从浅绿色变为深绿色。铬含量较高时，矿物显蓝色。湖北省某地的钒云母具代表性，其赋存于一套有机质较高的炭质板岩中，岩石中存在大量煤岩组分，与铬钒水云母、铬钒白云母等共生。

【伊利石】illite

又称水白云母，一种含水富钾的层状结构硅酸盐矿物，单斜晶系。化学式 $K_{<1}$-$[(SiAl)_4O_{10}](OH)_{2n}(H_2O)$，$K_2O$ 约 8%，最高达 10%。晶体结构及成分与云母类一致，不同之处在于阳离子(K^+)含量较低并存在层间水。富铝中酸性火山岩经风化作用可形成伊利石矿床。常用作耐火材料和陶瓷配料，在农业上可用作肥料。

【蒙脱石】montmorillonite

又称胶岭石、微晶高岭石。层状结构硅酸盐矿物，单斜晶系。化学式$(Al、Mg)_2[Si_4O_{10}]$-$(OH)_2^n H_2O$，常含 K、Fe、Ca。呈土状隐晶质块体，电子显微镜下呈微晶棉絮状、云雾状或微粒状。白色、玫瑰红色，有时呈浅绿色。无光泽。硬度 1，密度 2 g/cm³ 左右。加水体积膨胀并成胶状物。具有很强的吸附力和阳离子交换性能。单位层之间含有大量可逆的层间水，其体积膨胀与收缩与层间水的变化有关。单位层之间常含有可交换性阳离子(Ca、Na、Mg)和有机质。蒙脱石是膨润土、酸性白土、活性白土、沉积黏土以及土壤的重要矿物组分。

【蛭石】vermiculite

层状硅酸盐矿物，单斜晶系。化学式：$(Mg、Fe^{2+}、Fe^{3+})_3[(Si, Al)_4O_{10}]$-$(OH)_2 4H_2O$，$SiO_2$ 37%～42%、Al_2O_3 10%～13%、MgO 14%～23%、Fe_2O_3 5%～17%、FeO 1%～3%、H_2O 8%～18%，K_2O 含量通常<5%。呈黑云母和金云母假象，呈褐色、黄色、金黄色、青铜黄色，油脂光泽。解理平行{001}完全。硬度 1～1.5，密度 2.4～2.7g/cm³。熔点 1300～1370℃。薄片微具弹性或无弹性(见附图)。加热时体积可膨胀 15～25 倍，呈银白色似水蛭，故名蛭石。膨胀后体积密度显著减小，膨胀产物被称为膨胀蛭石。主要为含铁镁质云母经低温热液蚀变而成。中国四川、陕西、新疆、河北等地有蛭石矿床。中外以美国、南非、埃及等较著名。

蛭石

【膨胀蛭石】expanded vermiculite

天然蛭石经高温焙烧体积膨胀后的产物。呈弯曲水蛭状；显银白色、亮黄褐色等；金属光泽；灼烧后体积增大，密度减小至 0.6～0.9g/cm³。导热率一般为 0.046～0.07 W/(m·K)。用作轻质混凝土骨料、隔热、隔声、绝缘材料、涂料填料及环境材料等。

【坡缕石】palygorskite

又称凹凸棒石，层状结构硅酸盐矿物，单斜晶系(见附图)。化学式：$Mg_5[Si_4O_{10}]_2(OH)_2 \cdot 4H_2O$，常含铁、镍。纤维状或土块状集合体。在电子显微镜下呈细柱状、针状。白色、浅绿色、浅褐色，土状光泽。硬度 2～3，密度 2.05～2.32g/cm³。质松多孔，可浮于水面。裂片平坦，能弯曲，有韧性。干燥时具有吸水性。由含镁的火山岩风化形成，亦是近岸浅水沉积的产物，常与蒙脱石组成混合物，形成黏土层。孔道结构发育，阳离子交换能力强，吸水力强。可用作漂白剂、吸附剂、填充剂、助滤剂等。

坡缕石

【凹凸棒石】attapulgite

参见本节【坡缕石】。

【海泡石】sepiolite

层状硅酸盐矿物，斜方晶系(见附图)。化学式 $Mg_8H_6[Si_{12}O_{30}](OH)_{10}\cdot 6H_2O$，$SiO_2$ 60.8%、MgO 27.1%、H_2O 12.1%。晶体少见，通常为细粒状、结核状土状集合体。白、黄、灰等色。硬度 2～2.5，密度 1～2g/cm^3。由菱镁矿、蛇纹石、不纯的高镁蛋白石蚀变而成。纯净的海泡石重量很轻，能浮于水面上，具有很强的吸附性，湿时柔软具可塑性，干燥时变得很坚韧。有稳定的黏度和较强的控制渗漏能力，可作为地热井和油气井钻探的耐热耐盐泥浆原料。可用作吸附剂。中国湖南浏阳、河北涞源等地有产出。

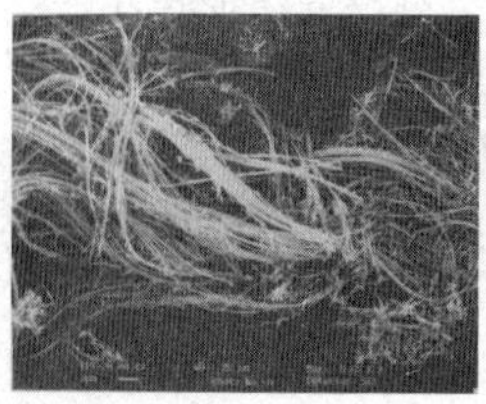

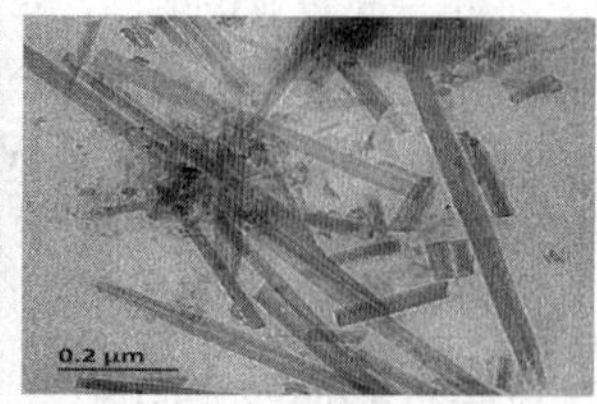

海泡石

【长石】feldspar

长石族矿物的总称。按化学组成，长石族矿物可以分为碱性长石亚族、斜长石亚族和钡长石亚族。碱性长石亚族是钾长石和钠长石的连续类质同象系列，包括透长石、钠透长石、正长石、钠正长石、钾微斜长石、钠微斜长石。斜长石亚族是钙长石和钠长石的连续固溶体系列，包括钠长石、更长石、中长石、拉长石、培长石、钙长石。钡长石亚族是钾长石和钡长石类质同象系列，包括钡冰长石和钡长石。本族矿物的共同特点是：颜色浅，折射率低，硬度 6～6.5，两个方向的完全解理交角近于 90°，密度 2.5 ～ 2.7g/cm^3。其是最常见的造岩矿物，广泛分布在火成岩、沉积岩、变质岩中，如附图所示。

长石

【斜长石】plagioclase

由钠长石 $NaAlSi_3O_8$ 和钙长石 $CaAl_2Si_2O_8$ 组成的连续类质同象固溶体矿物的统称。化学式：$(100-n)NaAlSi_3O_8 \sim nCaAl_2Si_2O_8$，其中 $n=0\sim100$。往往有微量 K 以类质同象存在。斜长石系列包括以下亚种：钠长石(An_{1-10})、奥(更)长石(An_{10-30})、中长石(An_{30-50})、拉长石(An_{50-70})、培长石(An_{70-90})和钙长石(An_{90-100})。通常将 An_{0-30}、An_{30-60}、An_{60-100} 分别称为酸性、中性、基性斜长石。三斜晶系，晶体常呈板状和柱状，聚片双晶常见，集合体呈粒状或块状。白色或灰白色，有时显浅绿色或红色。玻璃光泽。硬度 6 ～ 6.5，密度 2.61 ～ 2.76g/cm^3。折射率从钠长石至钙长石逐渐增高。斜长石主要出现在火成岩和变质岩中。钠长石可用作玻璃、陶瓷原料，富钙斜长石可作耐火材料原料。宝石中的日光石、晕彩拉长石和黑色月光石都是斜长石的特殊类变种。

【碱性长石】alkali feldspar

含钾和钠的长石的总称。包括正长石、微斜长石、条纹长石和钠长石等。在火成岩中，有时以碱性长石与斜长石的含量作为岩石分类命名的标准。例如，深成岩中，不含石英且碱性长石含量多于斜长石者称为正长岩，而碱性长石少于含钙长石者则称为闪长岩。

【钾长石】potassium feldspar

微斜长石、正长石、透长石的总称，三者均属架状硅酸盐矿物，化学式 $K[AlSi_3O_8]$，SiO_2 64.7%、Al_2O_3 18.4%、K_2O 16.9%，属同质异象变体。微斜长石为三斜晶系；正长石、透长石为单斜晶系；微斜长石为稳定的低温变体(低于 900℃)，呈有序结构；透长石为稳定的高温变体(高于 900℃)，呈有序结构；一般认为正长石是亚稳定的低温变体，呈短程有序结构，逐渐向有序的微斜长石转变。钾长石在 1170℃开始分解为白榴石和 SiO_2。以微斜长石和正长石最为常见。是花岗岩、流纹岩、粗面岩的主要造岩矿物。工业矿床大多产于伟晶岩中，主要用作传统陶瓷、绝缘电瓷的原料，也用作玻璃和搪瓷的配料，还可制作钾肥。

【微斜长石】microcline

碱性长石种属之一，架状结构硅酸盐矿物，三斜晶系。化学式 $KAlSi_3O_8$。常含有 Na_2O，含量超过 K_2O 时称钠微斜长石，或称歪长石。成分中含 Rb_2O 达 1.4%和 Cs_2O 达 0.2%，并呈绿色者称天河石。呈短柱状或板状，通常呈半自形至它形片状、粒状或致密块状。除卡斯巴接触双晶、巴维诺双晶和曼尼巴双晶外，通常都有按钠长石律和肖钠长石律组成的复合双晶，即典型的格子双晶。肉红色，玻璃光泽。解理平行{001}和{010}完全。硬度 6～6.5，密度 2.54～2.57g/cm^3。产于酸性和碱性侵入岩及伟晶岩中，也见于长石砂岩等沉积岩。主要用作传统陶瓷、绝缘电瓷的原料，也用作玻璃和搪瓷的配料，还可制作钾肥。天河石是提取铷和铯的原料之一，并可作为宝石。

【条纹长石】perthite

碱性长石主要种属之一。钾长石和钠长石呈条带相嵌的矿物集合体。钾-钠长石在高温时形成 $KAlSi_3O_8$-$NaAlSi_3O_8$ 的连续固溶体，当温度降低时固溶体发生析离，钠长石以细条片形式分离出来，在正长石中形成条纹状嵌晶，故称条纹长石。如果钾长石的条带嵌在钠长石中，则称为反条纹长石。见于花岗岩、正长岩及伟晶岩中。用途同本节【微斜长石】。

【钠长石】albite

长石族矿物端员组成之一。它与钾长石在高温下形成完全类质同象的碱性长石系列，与钙长石形成连续的斜长石系列。架状结构硅酸盐矿物，三斜晶系。化学式 Na-[$AlSi_3O_8$]，SiO_2 68.74%、Al_2O_3 19.44%、Na_2O 11.82%。晶体常呈板状，呈叶片状集合体者称叶钠长石。白色或灰色，玻璃光泽。解理完全，硬度 6～6.5，密度 2.61～2.62g/cm^3，熔点 1180℃。产于花岗岩、伟晶岩和正长岩中。用作玻璃、陶瓷和搪瓷的原料，如附图所示。

钠长石

【正长石】orthoclase

碱性长石种属之一，因解理面交角为直角得名（见附图）。化学组成 K[$AlSi_3O_8$]，SiO_2 64.7%、Al_2O_3 18.4%、K_2O 16.9%。单斜晶系，晶体呈短柱状，集合体呈块状，双晶以卡尔斯巴律常见。肉红色、褐黄色。无色透明者称为冰长石。玻璃光泽，解理平行{001}和{010}完全。硬度 6～6.5，密度 2.57g/cm^3。产于酸性岩、碱性岩及部分中性火成岩中，在伟晶岩中常见，在片麻岩和积岩中也有产出。用途同本节【微斜长石】。

正长石

【歪长石】anorthoclase

又称钠微斜长石或钾-高钠长石，是钠长石和高温钾长石类质同象系列富钠长石端员的矿物。化学式(Na、K)-$AlSi_3O_8$，通常 $Na_2O>K_2O$。三斜晶系，聚片双晶常见。性质同本节【微斜长石】。产于富 Na_2O 的火成岩中。

【透长石】sanidine

正长石的高温变体。高温时与高钠长石形成连续固溶体，低温时分别为稳定相。单斜晶系。化学式 $KAlSi_3O_8$，常含 Na。晶体呈短柱状或厚板状，常见卡斯巴双晶。无色透明。密度 2.56～2.62g/cm^3。性质与正长石相似。主要产于碱性和酸性火山岩中。

【天河石】amazonite

碱性长石的变种之一，是由 Rb 或 Cs 致色的绿色至蓝绿色微斜长石，透明至半透明，常含钠长石律聚片双晶或穿插双晶而呈绿色和白色格子状、条纹状或斑纹状，并可见解理面闪光，如附图所示。矿物特征见本节【微斜长石】。可作宝石。

天河石

【钙长石】anorthite

架状结构硅酸盐矿物，三斜晶系，斜长石系列端员组成之一。化学式 $Ca[Al_2Si_2O_8]$，SiO_2 43.19%、Al_2O_3 36.65%、CaO 20.16%。晶体呈板状或柱状。灰白至暗灰色，玻璃光泽。硬度 6～6.5，密度 2.75～2.76 g/cm^3。熔点 1550℃。产于基性火成岩中，完全由钙长石组成的岩石称斜长岩。水泥窑炉耐火砖受侵蚀部分亦常见。可作耐火材料。

【钡长石】celsian

一种含钡的硅酸盐矿物。化学式 $Ba[Al_2Si_2O_8]$，BaO 含量在 34%～42%之间。单斜晶系。晶体呈短柱状，集合体呈致密粒状块体。无色透明或半透明，有时呈红或黑的假色，是混合物氧化铁、氧化铝所染成。玻璃光泽，硬度 6，密度 3.31～3.37 g/cm^3。熔点 1710℃。产于接触交代矿床中。可由高纯度的高岭土和 $BaCO_3$ 用电熔法合成。用作特种陶瓷和耐火材料原料。

【黄长石】melilite

硅酸盐矿物，四方晶系。化学式 $Ca_2(Al,Mg)[(Si,Al)SiO_7]$。Al、Mg 间为完全类质同象，同时有 Si 和 Al 的相互替代以平衡电价。晶体呈短柱状或板状。蜜黄色至褐色。解理平行{001}不完全。硬度 5～6，密度 2.9～3.1g/cm^3。是从富含钙的碱性岩浆中结晶而来，也见于冶金高炉炉渣以及水泥炉渣中。

【似长石】feldspathoid

又称副长石，是一类组成和结构与长石类似，但 Si∶Al 低于 3∶1、且富含钾或钠的架状结构硅酸盐矿物的总称，包括霞石、白榴石、方柱石、钙霞石和方钠石等，但以霞石和白榴石最为重要且常见。因与长石族矿物化学组成相似而得名。与长石族矿物相比，这类矿物的铝、钾和钠含量更高，但 SiO_2 不饱和，故不与石英平衡共生。是碱性火成岩的主要造岩矿物。可用作陶瓷和玻璃原料，涂料、油漆填料；色泽美观者可作宝石；富钾种属可作为生产钾化合物的原料。

【霞石】nepheline

似长石的主要种属之一。架状结构硅酸盐矿物，六方晶系。化学式 $Na_3K[AlSiO_4]_4$，SiO_2 44%、Al_2O_3 33%、Na_2O 16%、K_2O 6%，含少量 CaO、MgO、MnO、TiO_2、BeO。晶体呈柱状或厚板状，通常呈粒状集合体。灰白或淡黄、浅褐、浅红等色，透明至半透明。晶面玻璃光泽，断口油脂光泽。硬度 5～6，密度 2.6g/cm^3。霞石主要生成于 SiO_2 不饱和的碱性火成岩中，如霞石正长岩及其伟晶岩、响岩等。用作玻璃、陶瓷、搪瓷、炼铝的原料。中国山西、四川、云南及辽宁等地有霞石正长岩产出。

【白榴石】leucite

架状硅酸盐矿物。化学式 $K[AlSi_2O_6]$，K_2O 21.5%、l_2O_3 23.5%、SiO_2 55%，微量混入物有 Na_2O、CaO、H_2O。等轴晶系，常见晶形四角三八面体。灰白色或灰黄色。玻璃光泽，贝壳状断口，断口油脂光泽。硬度 5～6，密度 2.45～2.5g/cm^3。由富碱质(主要是 K_2O)贫 SiO_2 的高温岩浆凝固结晶形成，多见于碱性火山喷发熔岩或浅成岩中，常与碱性辉石、霞石共生，而不与石英共生。可用作提取钾化合物和炼铝的原料。

【方柱石】scapolite

架状结构硅酸盐矿物，钠柱石(Ma)与钙柱石(Me)组成的连续类质同象系列矿物的总称。化学式$(NaCa)_4[Al(AlSi)Si_2O_8]_3(Cl, F, OH, SO_4, CO_3)$。四方晶系。单晶呈柱状，集合体呈粒状，有时呈致密块状。无色、白色、灰色，有时呈淡绿色，浅蓝色。玻璃光泽。硬度5～6，密度2.6～2.75g/cm³。方柱石(见附图)主要是由含Cl、SO_3及CO_2的高温气液作用于长石而成。常见于矽卡岩中，也见于片麻岩等变质岩中。

方柱石

【方钠石】sodalite

架状结构硅酸盐矿物。化学式$Na_8[AlSiO_4]_6Cl_2$，SiO_2 37.2%、Al_2O_3 31.6%、Na_2O 25.6%、Cl 7.3%。等轴晶系。通常呈粒状或块状。带各种色调的灰色，紫外光下发橘红色荧光。新鲜断口显示浅红色者称紫方钠石(以成分中含S^{2-}为特征)。曝露于可见光中失色，置于黑暗中或在X射线照射下，颜色可恢复。玻璃光泽，断口油脂光泽，透明。{110}解理中等。硬度5.5～6，密度2.13～2.29g/cm³。常见于霞石正长岩中，与钙霞石、黑榴石共生。亦产于碱性岩与石灰岩的接触变质岩中。色泽鲜艳者可作宝石。

【钾霞石】kaliophilite

架状结构硅酸盐矿物，似长石矿物种属之一。化学式$K_2O \cdot Al_2O_3 \cdot 2SiO_2$。有两种晶型，低温型者属六方晶系，密度2.58～2.61g/cm³，硬度5.5～6.0。1540°转为斜方晶型。主要产于碱性火成岩中，也可在受碱蒸气侵蚀的黏土质耐火材料中见到。可作为玻璃、陶瓷及提炼铝的原料。

【六方钾霞石】kalsilite

似长石矿物种属之一，与钾霞石、亚稳钾霞石为同质多象变体。架状结构硅酸盐矿物，六方晶系。化学式$K[AlSiO_4]$，SiO_2 38.0%、Al_2O_3 32.2%、K_2O 29.8%。短柱状晶体，常呈致密块状或镶嵌粒状。无色、白色及灰色。透明至半透明。玻璃光泽至油脂光泽。硬度6，密度2.59～2.625g/cm³。主要出现在富钾火山熔岩中。可作催化剂助剂，或作为连接金属的高热胀陶瓷。

【沸石】zeolite

一族具有架状结构的含水的铝硅酸盐矿物的总称。化学式$(Na, K)_x(Mg, Ca, Sr, Ba)_y[Al_{x+2y}Si_{n-(x+2y)}O_{2n}] \cdot mH_2O$。天然沸石有40余种，常见的有斜发沸石、丝光沸石、方沸石、片沸石、毛沸石、浊沸石、菱沸石、钙十字沸石、钠沸石、辉沸石等。所属晶系有等轴、三方、斜方、单斜等。沸石晶体大多非常细小，呈柱状、板状及菱面体状，或呈纤维状、束状集合体。硬度3.5～5，密度1.92～2.8g/cm³。沸石具有由$[SiO_4]$和$[AlO_4]$四面体通过共角顶彼此联结而形成三维骨架，发育一维、二维、三维孔道。孔道中有K^+、Na^+、Ca^{2+}等可交换阳离子和沸石水，具有突出的吸附性、离子交换性和催化性能，耐热、耐酸碱性好。成因主要与酸性火山喷发与热液交代蚀变有关。主要用于分子筛、离子交换、土壤改良、环保建材、填料、污水废气重金属与放射性废物处理、石油化工催化等。中国浙江、河北、河南、山东、辽宁、广东等地有沸石岩分布。世界上著名产地在美国、日本、俄罗斯、墨西哥等国家。

【方沸石】analcime

架状结构硅酸盐矿物，等轴晶系。沸石族矿物种属之一。化学式$Na_{10}[(AlO_3)_{10}(SiO_2)_{32}] \cdot 16H_2O$，Si/Al = 1.8 ～ 2.8，$H_2O/Al_3O_3$ = 2～2.6。呈粒状或放射状集合体。无色、白色，带淡灰、淡红或淡绿等色调，含氧化铁则呈肉红色。玻璃光泽。硬度5～5.5，密度2.24～2.29g/cm³。见于基性喷出岩的杏仁体及细脉中，也可在湖相或海相沉积岩、火山碎屑沉积岩中形成。

【钙十字沸石】phillipsite

架状结构硅酸盐矿物，斜方晶系。沸石族矿物种属之一。化学式$(1/2Ca, K, Na)_{10}$-$[(AlO_2)_{10}(SiO_2)_{22}]\cdot 20H_2O$。Si/Al＝1.3～2.2，深海沉积的Si/(Al＋Fe)＝2.4～2.8，湖海沉积的Si/(Al＋Fe)≥3.0。晶体呈放射状、球粒状、十字形穿插双晶常见。解理平行{010}和{100}中等。硬度4～4.5，密度2.15～2.19g/cm^3。成因与酸性火山岩低温热液蚀变有关。用途参见本节【沸石】。

【菱沸石】chabazite

沸石族矿物主要种属之一，含水的架状硅酸盐矿物，三方晶系。化学式$Ca_2[(AlO_2)_4$-$(SiO_2)_8]\cdot 13H_2O$。Ca＞Na、K，Si/Al＝1.6～3；沉积成因者，Si/Al＝3.2～3.8。晶体呈近于立方体的菱面体。白色、肉红色或浅黄色。玻璃光泽。解理平行{1011}中等。硬度4.5，密度2.05～2.10g/cm^3。700℃热处理结构不被破坏。成因与酸性火山岩低温热液蚀变有关。用途参见本节【沸石】。

【毛沸石】erionite

沸石族矿物主要种属之一，含水的架状硅酸盐矿物，六方晶系。化学式$(Ca、Mg、Na_2、K_2)_4\cdot[(AlO_2)_9$-$(SiO_2)_{27}]\cdot 27H_2O$。Si/Al＝2.9～3.7。$Fe^{3+}$置换$Al^{3+}$可达15%。晶体呈针状、纤维状。密度2.02～2.08g/cm^3。750℃时结构仍稳定，约950℃时结构破坏。成因与酸性火山岩低温热液蚀变有关。用途参见本节【沸石】。

【浊沸石】laumontite

沸石族矿物主要种属之一，架状结构硅酸盐矿物，单斜晶系。化学式$Ca_4[(AlO_2)_8$-$(SiO_2)_{10}]\cdot 16H_2O$。Si/Al＝1.75～2.23。晶

浊沸石

体呈柱状或纤维状(见附图)。瓷白色或乳白色，含杂质者呈红色。玻璃光泽。解理平行{010}、{110}完全。硬度3～3.5，密度2.30g/cm^3。500℃时结构破坏。成因与酸性火山岩低温热液蚀变有关。用途参见本节【沸石】。

【斜发沸石】clinoptilolite

沸石族矿物主要种属之一，含水的架状结构硅酸盐矿物，单斜晶系(见附图)。化学式Na-$[(AlO_2)_6(SiO_2)_{30}]\cdot 24H_2O$。Na、K≥Ca、Mg，Si/Al＝4.25～5.25。在沉积岩中产出的Si/(Al＋Fe)＝4.1～5.6。晶体常呈板状、片状、不规则粒状及细脉状等(见附图)。白色、淡黄色，玻璃光泽。解理平行{010}完全。硬度4～5，密度2.16g/cm^3。800℃时结构破坏。斜发沸石的离子交换性能突出，交换容量最大为218mmol/100g，阳离子交换顺序为$Cs^{1+}>Rb^{1+}>NH_4^{1+}>K^{1+}>Na^{1+}>Li^{1+}$，$Ba^{2+}>Sr^{2+}>Ca^{2+}>Mg^{2+}$。成因与酸性火山岩低温热液蚀变有关。用途参见本节【沸石】。

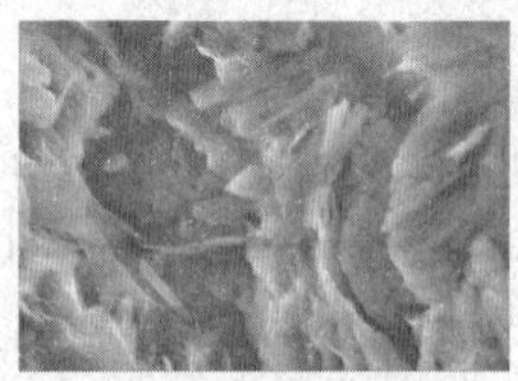

斜发沸石(河北围场)

【丝光沸石】mordenite

沸石族矿物主要种属之一，含水的架状硅酸盐矿物，斜方晶系(见附图)。化学式Na_8-$[(AlO_2)_8(SiO_2)_{40}]\cdot 24H_2O$，Na、Ca＞K，

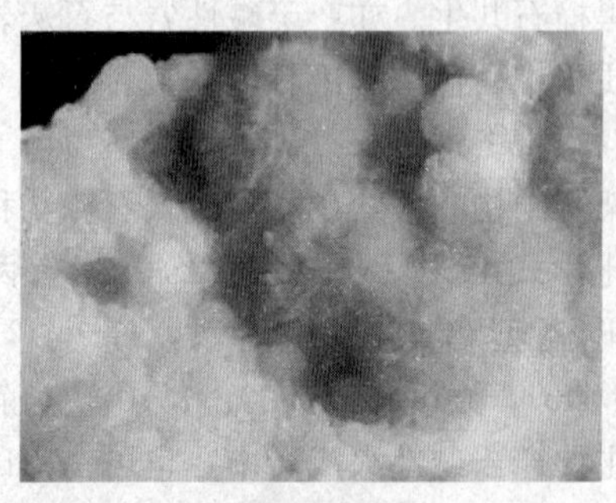

丝光沸石

$Si/Al=4.17\sim5.0$。晶体呈纤维状、毛发状，集合体呈束状、放射球粒状、扇状等。白色，丝绢光泽，解理平行{010}完全。硬度3～4，密度2.12g/cm^3。850℃时结构破坏。阳离子交换性能显著，交换容量最高223mmol/100g，交换顺序为$Cs^{1+}>Rb^{1+}>K^{1+}>Na^{1+}>Li^{1+}$，$Ba^{1+}>Sr^{2+}>Ca^{2+}>Mg^{2+}$。成因与酸性火山岩低温热液蚀变有关。用途参见本节【沸石】。

【片沸石】heulandite

沸石族矿物主要种属之一，含水的架状硅酸盐矿物，单斜晶系。沸石族矿物种属之一。化学式$Ca_4[Al_8Si_{28}O_{72}]\cdot24H_2O$，$Ca\geqslant Na$，$Si/Al=2.47\sim3.73$。晶体为三向等长状或板柱状，平行连生的片状集合常见体。无色、白色或黄色，因含Fe_2O_3而呈砖红色。玻璃光泽，解理面珍珠光泽。解理平行{010}完全，硬度3.5～4，密度2.18～2.22g/cm^3。360℃结构破坏。成因与酸性火山岩低温热液蚀变有关。用途参见本节【沸石】。

【蓝方石】hauyne

架状硅酸盐矿物，等轴晶系。化学式$Na_6Ca_2[AlSiO_4]_6(SO_4)_2$，常含K、Cl。通常呈粒状集合体，单晶体呈菱形十二面体。天蓝色、蓝色或绿蓝色，偶为黄色或红色。玻璃光泽，断口为油脂光泽。解理平行菱形十二面体{110}不完全。硬度5.5～6。密度2.4～2.5g/cm^3。产于碱性喷出岩或碱性岩与石灰岩接触变质带中。色泽鲜艳者可作玉石。

【葡萄石】prehnite

硅酸盐矿物，斜方晶系。化学式$Ca_2Al(AlSi_3O_{10})(OH)_2$，含Fe、Mg、Mn、Na、K等。常呈板状、片状、葡萄状、肾状、放射状或块状集合体。白色、浅黄色、肉红色、绿色，常呈浅绿色。透明至半透明，玻璃光泽。硬度6～6.5。密度2.80～2.95g/cm^3。是基性斜长石经热液蚀变的产物。色泽美观者可作宝石。

【赛黄晶】danburite

钙硼硅酸盐矿物，斜方晶系。化学式$CaB_2(SiO_4)_2$。常呈短柱状，顶端楔形，晶面具纵纹，可形成晶簇，集合体呈块状。无色、浅黄色、褐色，偶见粉红色。玻璃至油脂光泽。硬度7，密度3g/cm^3。在白云石岩中与微斜长石和正长石共生。产于缅甸、马达加斯加、墨西哥和日本。一般磨制成刻面宝石，很少直接作为珠宝首饰，多用于收藏。

【方解石】calcite

碳酸盐矿物。化学式$CaCO_3$，CaO 56%、CO_2 44%，常含Mg、Fe、Mn、Zn及极少量Sr。三方晶系。集合体呈粗粒至细粒状、纤维状、叶片状、致密块状、土状和钟乳状(见附图)。无色或白色，有时因混入物而被染成各种颜色。玻璃光泽，解理面上稍带珍珠光泽的晕色。透明至半透明。菱面体解理完全。硬度3，密度2.71g/cm^3。透明的方解石称冰洲石；页片状的称层解石或纸石；结晶呈尖锐偏三角面体的集合体，形似犬牙者，称犬牙石；结晶呈柱状而顶端带扁平菱面体形似钉头者，称钉头石；呈纤维状并有丝绢光泽的，称纤维石；石灰岩洞穴中沉积之方解石，称钟乳石、石笋。方解石为地壳中分布最广的矿物之一，是构成石灰岩、大理岩的主要矿物。可用作石灰、水泥、电石原料以及纸张、塑料、橡胶填料。

方解石

【冰洲石】iceland spar

用作光学材料的方解石晶体，碳酸盐矿物。化学式$CaCO_3$、CaO56.03%，CO_2 43.97%。三方晶系。晶形复杂，晶体呈柱状、板状(见附图)。无色，玻璃光泽。菱面体解理极完全。硬度3，密度2.71g/cm^3。是透明矿物中双折射率(0.172)最高的矿物之一。具发光性。常存在于喷出岩的气孔和裂隙中，由富含Ca和CO_3的热液冷凝结晶而成。重要的光学原料，质量要求是：无色透明、无包裹体、无裂缝、无双晶、紫外线照射时无荧光现象。中国河北、江西、广东、新疆等地产出。俄罗斯、冰岛、墨西哥、美国、南非等国较为著名。

冰洲石

【文石】aragonite

又称霰石。简单岛状结构碳酸盐矿物，斜方晶系。化学式 $CaCO_3$，CaO 56.03%、CO_2 43.97%，常有锶、铅、锌、稀土等代替钙，形成锶文石、铅文石、稀土文石等变种。晶体呈柱状、针状，集合体常呈棒状、放射状，结晶皮壳状、钟乳状、豆状、鲕状等。无色、白色或琥珀黄色(半透明至透明)。玻璃光泽，断口贝状，断面呈油脂光泽。硬度 3.5～4，密度 2.9～3.0g/cm^3。文石不稳定，常转变为方解石，形成假象。多见于碳酸盐岩中，热液作用最晚期也可生成文石，亦是构成动物贝壳及珍珠的主要矿物，如附图所示。

文石

【轻质碳酸钙】light calcium carbonate

又称沉淀碳酸钙或轻钙，是由石灰乳与二氧化碳反应或者由碳酸钠与氯化钙复分解反应生成的碳酸钙经脱水干燥制得的粉末状固体。它的沉降体积(2.4～2.8mL/g)比重质碳酸钙的沉降体积(1.1～1.9mL/g)大，固体密度小于重质碳酸钙。化学组成为 $CaCO_3$。颗粒形状复杂，有纺锤形、立方形、针形、链形、球形、片形和四角柱形。粒度分布较窄，粒径小，平均粒径一般为 1～3μm。用作橡胶、塑料、建材、纸张、涂料、油漆、医药、食品、饲料、牙膏、化妆品、油墨的填料。

【重质碳酸钙】heavy calcium carbonate

又称重钙，是由天然碳酸盐矿物(方解石、白云石)或岩石(大理岩、石灰岩)磨细而成的粉末状固体，因密度大于轻质碳酸钙而得名。是常用的粉状无机填料，具有纯度高、惰性大、不易化学反应、热稳定性好、在 400℃以下不会分解、白度高、吸油率低、折光率低、不含结晶水、硬度低磨耗值小、无毒、无味、无臭、分散性好等特性。用途与本节【轻质碳酸钙】相似。

【白云石】dolomite

碳酸盐矿物，岛状结构。化学式：$CaMg[CO_3]_2$，CaO 30.4%、MgO 21.7%、CO_4 47.3%，类质同象混入物有 Fe、Mn，偶尔有 Zn、Ni 和 Co。三方晶系。晶体呈弯曲马鞍状之菱面体，常见聚片双晶，集合体呈粒状、致密块状和肾状(见附图)。白色，有时带浅黄色、浅褐色、浅绿色。玻璃光泽。理解平行{1011}完全，解理面弯曲。硬度 3.5～4，密度 2.8～2.9g/cm^3。受阴极射线作用发鲜明的橘红色光。是一种广泛分布的矿物，以外生成因为主。它可以是泻湖盆地的沉积，也可以是早期形成的碳酸钙部分钙为镁所置换而成；可以从热液中直接沉淀出，也可由含硫酸镁的热水溶液对石灰岩交代作用而成。煅烧时白云石可变为方镁石，具有很高的耐火度。主要用作碱性耐火材料、白云石质水泥原料、建筑材料和冶金熔剂。中国主要分布于辽宁海城、湖北大冶、甘肃永登、青海乐都、江苏南京等地。

白云石

【菱镁矿】magnesite

简单岛状结构碳酸盐矿物，三方晶系。化学式 $MgCO_3$，MgO 47.81%、CO_2 52.19%，铁部分替代镁时形成铁菱镁矿或菱铁镁矿。方解石型结构。完好晶形少见，常呈粒状或致密块状集合体。白色或浅黄白色，含铁者呈褐红色。玻璃光泽。解理{1011}完全。硬度 3.5～4.5，密度 2.9～3.1g/cm^3，不溶于冷盐酸，溶于热酸中。主要由含镁热液交代白云岩或白云质灰岩及富镁岩石而成，与方解石、白云石、绿泥石、滑石等共生。主要用于制备碱性耐火砖、炼钢炉衬、水泥和保温、隔热等材料；亦是提取镁、制取硫酸镁及其他镁化合物的原料。中国辽宁大石桥菱镁矿是世界著名的大型矿床。

【菱铁矿】siderite

简单岛状结构碳酸盐矿物，三方晶系。化学式 $FeCO_3$，FeO 62.01%、CO_2 37.99%，类质同象混入物多 Mn 和 Mg，有时为 Ca、Zn 和 Co。晶体呈菱面体，晶面常弯曲成马鞍形，集合体呈粒状、结核状、钟乳状、致密块状。新鲜者呈浅黄褐色，风化后呈深褐色。条痕为白色或浅黄色。玻璃光泽。半透明至微透明。解理平行{1011}完全。硬度为 3.5～4.5。密度 3.9g/cm^3。受阴极射线照射发橘红色光。湖海较深处氧气不足，在有机物质作用下三价铁还原成二价铁，与碳酸结合形成菱铁矿。在低温热液矿床中，作为铅锌铜硫化物的伴生矿物产出；亦可由亚铁溶液交代石灰岩而成。在中国主要产于煤系地层中，四川威远、甘肃水登、宁夏中宁等地有矿床分布。

【菱锰矿】rhodochrosite

简单岛状结构碳酸盐矿物，三方晶系。化学式 $MnCO_3$，MnO 61.71%、CO_2 38.29%，铁、锌、钙部分代替锰，形成铁菱锰矿、锌菱锰矿、钙菱锰矿。方解石型结构。完好晶体呈菱面体状，集合体呈粒状、柱状、块状、结核状(见附图)。淡玫瑰红色，风化后呈浅灰白、浅黄或褐黄色。玻璃光泽。解理{1011}完全。硬度 3.4～4.5，密度 3.6～3.7g/cm^3。与冷盐酸作用缓慢，加热后加快。主要产于海相沉积的铁锰矿床中，与水锰矿、赤铁矿、绿泥石、石英伴生。是提取锰的主要矿物原料。

菱锰矿

【菱锌矿】smithsonite

简单岛状结构碳酸盐矿物，三方晶系。化学式：$ZnCO_3$，ZnO 64.90%、CO_2 35.10%，Fe、Mn、Mg、Ca 部分代替 Zn 后形成铁菱锌矿、锰菱锌矿、镁菱锌矿、钙菱锌矿。方解石型结构。完好晶形少见，集合体呈肾状、葡萄状、钟乳状。纯者白色，常染成浅灰色、浅绿色、浅褐红色。玻璃光泽。透明至半透明。解理{1011}完全。硬度 4.25～5.0，密度 4.0～4.5g/cm^3。与盐酸作用起泡。常见于铅锌矿床氧化带，系闪锌矿转化的产物，与针铁矿等共生，是提取锌的矿物原料。

【蓝铜矿】azurite

又称石青，含附加阴离子的简单岛状结构碳酸盐矿物，单斜晶系。化学式 $Cu_3[CO_3]_2(OH)_2$，CuO 69.24%、CO_2 25.53%、H_2O 5.23%，成分稳定。晶体呈柱状、厚板状，集合体呈粒状、晶簇状、土状、薄膜状。深蓝色，条痕浅蓝色(见附图)。玻璃光泽或土状光泽，透明至半透明。解理{011}、{100}完全或

蓝铜矿

中等。贝壳状断口，硬度 3.5～4，密度 3.7～3.9 g/cm^3，溶于盐酸，产于铜矿床氧化带，常与孔雀石共生，是提取铜和制作颜料的矿物原料。

【石青】azurite

参见本节【蓝铜矿】。

【毒重石】witherite

又称碳酸钡矿。化学式 $BaCO_3$，BaO 77.7%、CO_2 22.3%，有时含 Sr 和 Ca。斜方晶系。晶体呈假六方锥状，三连晶常见，晶面有横条纹。集合体呈致密块状、柱状、肾状、球状，有时呈纤维状。纯者无色或白色，但常染成浅灰色、浅黄色、浅绿色、浅褐色。透明至半透明，玻璃光泽。断口油脂光泽。解理平行{010}不完全。硬度 3～3.5，密度 4.2～4.3 g/cm^3。多见于低温热液矿床中，可由含碳酸钡的热液直接沉积而成，或者含碳酸的水溶液作用于重晶石变化而来。为提取钡的次要原料。

【孔雀石】malachite

又称石绿，含附加阴离子的简单岛状结构碳酸盐矿物，单斜晶系。化学式 $Cu_2[CO_3]$-$(OH)_2$，CuO71.9%、$CO_2$19.9%、H_2O8.2%，可含微量 Ca、Fe、Si。晶体呈柱状至针状，集合体成肾状、葡萄状，具同心层状或放射纤维状结构；纤维状和土状者称铜绿。绿色，条痕浅绿色。玻璃光泽至金刚光泽，纤维状者呈丝绢光泽。解理平行{010}中等，断口贝壳状至参差状。硬度 3.5～4，密度 3.9～4.1g/cm^3。遇盐酸有泡沸现象，并溶解为绿色溶液。由其他含铜矿物受含 CO_2 水溶液作用生成，常见于含铜硫化物矿床的氧化带，可作为原生铜矿床的找矿标志。质纯色美者可作装饰品，粉末是古建筑中彩画的重要颜料，如附图所示。

孔雀石

【重晶石】barite；baryte

简单岛状结构硫酸盐矿物，斜方晶系，化学式 $Ba[SO_4]$，BaO 65.7%、SO_4 34.3%。类质同象替代元素有 Sr 和 Ca，有时含 Fe 和有机质。晶体呈板状，有时呈柱状，集合体呈厚板状、致密块状、具同心带状构造的钟乳状和具放射状构造的椭圆形结核(见附图)。纯洁的重晶石为无色透明，常被染成灰白色、淡红色、淡褐色等。玻璃光泽。解理平行{001}完全。硬度 3～3.5，密度 4.3～4.7g/cm^3。有热液成因和沉积成因两种类型。可作钻探泥浆加重剂，陶瓷和玻璃助熔剂，是制取钡化合物的重要原料。中国重晶石矿床以热液矿床为主，分布在山东、河北、辽宁、湖北、江西、湖南、广西、广东、贵州等地。美国、阿尔及利亚、巴西、土耳其、德国储量丰富。

重晶石

【天青石】celestite

简单岛状结构硫酸盐矿物，斜方晶系。化学式 $SrSO_4$，SrO 56.41%、$SO_4$43.59%，有 Ba 和 Ca 的类质同象替代。晶形与重晶石相似，但完整晶体少见，多为钟乳状、结核状或细粒状集合体(见附图)。物理性质与重晶石相似，但天青石略带天蓝色。玻璃光泽。解理平行{001}完全。硬度 3～3.5，密度3.9～4.0g/cm^3。以沉积成因为主，见于白云岩、石灰岩、泥灰岩、石膏岩、黏土岩中。主要作为提取锶的原料。

天青石

【石膏】gypsum

又称二水石膏、生石膏，含水的层状结构硫酸盐矿物，单斜晶系。化学式 $CaSO_4 \cdot 2H_2O$，Ca 可少量被 Sr 代替，常有黏土、碳酸盐及有机质混入物。晶体呈板状，有时呈柱状，通常呈致密块状、粒状、纤维状或土状集合体(见附图)。白色、含杂质时呈灰色、褐色、灰黄色及淡红色，玻璃或丝绢光泽。解理面呈现珍珠变彩。解理平行{010}完全。硬度 2，密度 2.30～2.33g/cm^3。略溶于水，溶于盐酸但不起泡。质纯无色的透明晶体称透石膏；雪白色细粒块状、半透明者为雪花石膏(细晶石膏)；呈纤维状具丝绢光泽者为纤维石膏；含杂质较多光泽暗淡的致密块状集合体称普通石膏；含泥质较多的软土状石膏分别称土石膏、黏土质石膏、泥质石膏。系盐湖中化学沉积作用的产物，与硬石膏、石盐等共生，或由硬石膏水化而成。少数产于热液交代矿床及盐类矿床的风化带中。主要用作水泥缓凝剂、建筑石膏制品和胶结材料，制作硫酸、硫和硫酸铵、农业肥料等。还作为油漆、塑料、橡胶、纸张的填充料和塑造模型等。中国湖北、山西、甘肃、青海、宁夏、湖南、四川、安徽、山东、广东等地产出。

石膏

【硬石膏】anhydrite

又称无水石膏，简单岛状结构硫酸盐矿物，斜方晶系，化学式 $CaSO_4$，常含少量 Sr、Mg、Si、Al。晶体呈柱状或厚板状，常为致密块状或粒状集合体。白色，含杂质时呈灰白色、浅灰色、灰黑色，偶见无色透明晶体。玻璃光泽，解理面呈珍珠光泽。解理{010}完全。硬度 3.0～3.5，密度 2.8～3.1g/cm^3。在空气中易水化成石膏，且体积增大。主要为盐湖中化学沉积作用的产物，与石膏、石盐等共生。通常情况下，地表及浅部为石膏，深部变为硬石膏。也产于热液和接触交代矿床，以及火山熔岩孔隙内。水泥工业用作缓凝剂、建筑胶凝材料等。在硫铁矿匮乏地区可用来制硫酸或硫，兼产水泥；可作碱性土壤改良剂。

【黄钾铁矾】jarosite

钾铁的含水硫酸矿物，三方晶系。化学式 $KFe_3[SO_4]_2(OH)_6$，K_2O 9.4%、FeO_4 47.9%、$SO_3$31.9%、H_2O 10.8%，常含少量 Na_2O 和 SeO_4、SiO_2、Al_2O_3 等。晶体极少，通常为致密块状、粒状、土块状。赭黄色或褐色。条痕淡黄色，玻璃光泽。解理平行{0001}中等。硬度 1～3.5，密度2.91～3.26 g/cm^3。是金属硫化物矿床氧化带常见的次生矿物，主要由黄铁矿等硫化物矿物氧化分解而成。质纯者可作为研磨粉(Fe_2O_3)的原料，也可制明矾及肥料。中国祁连山地区有工业矿床。

【蓝铁矿】vivianite

含水的层状结构磷酸盐矿物，单斜晶系。化学式 $(Fe^{2+}_{3-x}Fe_{3+x})(H_2O)_{8-x}[PO_4]_2(OH)_x$。晶体呈柱状或针状；集合体呈放射状、肾状、球状或土状块。新鲜者无色透明或浅蓝色，条痕白色。氧化后呈浅蓝色、浅绿色或深蓝色，条痕浅蓝色。玻璃光泽，解理面呈珍珠光泽。解理{010}完全。硬度 1.5～2，密度 2.65～2.95g/cm^3。形成并分布于富磷的沉积型铁矿床或泥炭沼泽中，与菱铁矿共生；也出现在伟晶岩矿床和热液矿床氧化带中，与黄铁矿、磁黄铁矿等伴生。可作为磷肥或染料。

【胆矾】chalcanthite；blue vitriol

俗称蓝矾或铜矾。化学式 $CuSO_4 \cdot 5(H_2O)$，有时含镁和锌。三斜晶系。晶体呈厚板状，集合体呈钟乳状、肾状或粒状(见附图)。蓝色，玻璃光泽，透明。硬度2.5，密度2.284 g/cm³。熔点110℃。是含铜硫化物氧化分解后形成的次生矿物，见于铜矿床氧化带中。主要用作农业杀虫剂及化工原料。

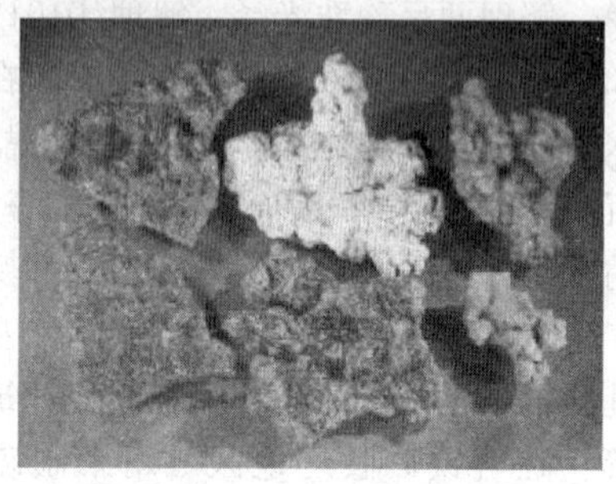

胆矾

【独居石】monazite

又称磷铈镧矿、岛状磷酸盐矿物，单斜晶系。化学式(Ce、La、……)PO_4。稀土元素以Ce和La为主，Ce_2O_3 和 La_2O_3 含量可达50%～68%，常含 ThO_2、ZrO_2。晶体呈板状，少数呈柱状、三向等长状或锥状(见附图)。黄褐色至棕红色，偶呈绿色，玻璃光泽或油脂光泽。解理平行{001}完全。硬度5～5.5，密度4.9～5.5g/cm³。因含 ThO_2 而有放射性。主要出现在伟晶岩脉中，也见于花岗岩中，在热液成因的白云岩内也有出现。由于化学性质稳定，相对密度大，可富集形成工业砂矿床。用作提取稀土元素的原料。中国广东、广西、湖南、江西、辽宁、山东等地产出，世界上主要产区在印度和巴西。

独居石

【磷灰石】apatite

具有附加阴离子的简单岛状结构磷酸盐矿物，六方晶系。化学式 $Ca_5[PO_4]_3$(F、Cl、OH)，OH、Cl、F呈完全类质同象置换关系。氟磷灰石 $Ca_5[PO_4]_3F$ 和氯磷灰石 $Ca_5[PO_4]_3Cl$ 最常见。晶体六方柱状，集合体为粒状、致密块状、土状和结核状(见附图)。灰白色、绿色、黄绿色、黄色和浅紫色等。玻璃光泽，断口油脂光泽。硬度5，密度2.9～3.1 g/cm³。在紫外光及X光作用下发荧光。可形成于岩浆矿床、沉积矿床和变质矿床中，但以沉积和变质矿床为主，工业利用价值高。是制取磷肥、磷酸和制备陶瓷、玻璃的原料。氟磷灰石晶体可作激光发射材料。中国磷灰石以云南、贵州、四川、湖南、湖北、江苏等地较著名。

磷灰石

【绿松石】turquoise

又称土耳其玉，具有附加阴离子的含水架状结构磷酸盐矿物，三斜晶系。化学式 $CuAl_6(H_2O)_4[PO_4]_4(OH)_8$，$P_2O_5$ 34.12%、Al_2O_3 36.84%、CuO 9.57%、H_2O 19.47%。晶体呈短柱状，常呈隐晶质块状或皮壳状集合

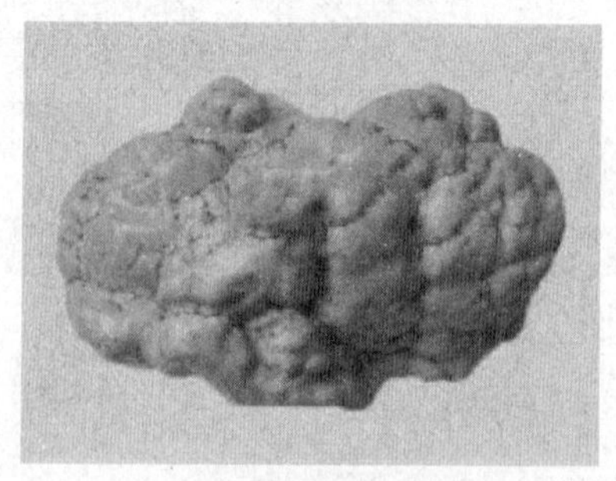

绿松石

体(见附图)。鲜绿色、浅绿色或蓝绿色。条痕淡绿色至白色。蜡状光泽。解理{010}完全。硬度5～6，密度2.60～2.80g/cm^3。由含铜溶液作用于黏土和含磷岩石而成，常与褐铁矿、高岭石、石髓等共生。色艳块体可用作宝石及工艺雕刻材料，松散碎屑可作颜料。

【硼镁铁矿】ludwigite

含附加阴离子的简单岛状结构硼酸盐矿物，斜方晶系。化学式$(Mg、Fe)_2Fe[BO_3]O_2$。晶体呈针状、纤维放射状或粒状块体。颜色和条痕均为绿黑色至黑色，光泽暗淡。硬度5，密度3.94～4.02 g/cm^3。接触交代成因，见于侵入体与白云岩或镁质石灰岩接触带形成的矽卡岩中。提取硼及制取硼化合物的原料。

【硼镁石】szaibelyite

又称纤维硼镁石，复杂岛状结构硼酸盐矿物，斜方体系。化学式$Mg_2[B_2O_4(OH)](OH)$，MgO 47.91%、$B_2O_3$41.38%、H_2O 10.71%，有时含Mn和微量P。晶体呈细小的针状、纤维状，大多呈细针状和平行纤维状致密块体产出。白色、淡黄色或绿色，玻璃光泽。硬度3～3.5，密度2.65g/cm^3。折射率N_g＝1.650、N_m＝1.646、N_p＝1.576。在炎热干燥气候条件下，由含水硼酸盐脱水变化而成；在矽卡岩矿床和热液矿床中亦有产出。提取硼和制取硼化合物的原料。在中国东北凤城、通化、海城等地有产出。

【硼砂】borax

含水复杂硼酸盐矿物，单斜晶系。化学式$Na_2[B_4O_5(OH)_4]_8H_2O$，Na_2O16.2%、$B_2O_3$36.6%、H_2O 47.2%。晶体短柱状，常呈土块状和皮壳状产出。无色或白色，微带浅灰、黄、蓝等色。玻璃光泽。硬度2～2.5，密度1.69～1.73 g/cm^3。易溶于水，折射率N_g＝1.472、N_m＝1.470、N_p＝1.447。主要产于火山沉积矿床中，或由含硼盐湖的干涸沉积而成。提取硼的原料。B_2O_3用于冶金、玻璃、陶瓷、医药、肥料、纺织等工业。中国青海、甘肃、宁夏、新疆、西藏、内蒙古等地盛产硼砂。

【白钨矿】scheelite

一种钨酸盐矿物，旧名钙钨矿或钨酸钙矿，化学式$CaWO_4$，CaO19.47%、$WO_3$80.53%。W与Mo可以完全类质同象替代。四方晶系，岛状结构。假八面体状或沿{001}板状。集合体通常呈不规则粒状，较少呈致密块状。带黄或紫色调的白色，油脂光泽或金刚光泽，透明至半透明。硬度4.5～5，密度5.8～6.2g/cm^3。参差状断口，性脆。紫外线照射下发浅蓝色荧光。产于矽卡岩、伟晶岩和高-中温热液脉。是炼钨的主要原料。中国湖南瑶岗仙是世界著名的白钨矿产地。

【萤石】fluorite

又称氟石，简单配位型氟化物矿物，等轴晶系。化学式CaF_2，Ca51.3%、F48.7%，混入物常有Cl，偶尔有U。晶体常呈立方体，其次为八面体，常见两个立方体穿插的双晶，在立方体的晶面上常有与棱面平行的条纹，集合体常呈粒状、致密块状(见附图)。无色，但大部分被染成黄、绿、蓝、紫、粉红、灰黑等色，透明或半透明，玻璃光泽。八面体解理完全。硬度4，密度3.18 g/cm^3。在紫外光和阴极射线作用下发强烈蓝色、紫色的荧光。萤石大部分在中-低温热液作用中形成。在冶金工业中作熔剂，在化学工业中是生产人造冰晶石、氢氟酸及其他氟化物的原料。无色、透明无杂质、无气泡、无裂隙的萤石可用于光学仪器。在水泥工业中作矿化剂和缓凝剂。此外还用于玻璃、陶瓷、搪瓷、辉绿岩铸石等。中国萤石资源较为丰富，主要产于浙江、湖北、辽宁、内蒙古、黑龙江、贵州、四川、甘肃、河南、河北、山西等地。

萤石

【冰晶石】cryolite

因折射率低，具冰雪外貌而得名。氟化物矿物，单斜晶系。化学式 Na_3AlF_6，Na 32.8%、Al 12.8%、F 54.4%，有时含微量 Ca、Fe、Mn 以及有机物等杂质。透明至半透明，玻璃-油脂光泽。硬度 2.5，密度 2.95～3.01 g/cm^3。熔点 1020℃，加热时发黄光。见于伟晶岩中，系在富含氟的岩浆热液中形成，亦可人工合成。冰晶石在炼铝工业中作助熔剂，在玻璃、搪瓷工业中作乳浊剂，以及作研磨具的黏合材料等。

【盐类矿物】saline mineral

钾、钠、钙、镁的卤化物、硫酸盐、碳酸盐、重碳酸盐及少量硼酸盐、硝酸盐等矿物的总称。主要种类及化学组成如下：(1)氯化物：岩盐 NaCl、钾盐 KCl、光卤石 $KCl \cdot MgCl_2 \cdot 6H_2O$；(2)氯化物-硫酸盐：钾盐镁矾 $KCl \cdot MgSO_4 \cdot 3H_2O$；(3)硫酸盐类：无水钾镁矾 $K_2SO_4 \cdot 2MgSO_4$、软钾镁矾 $K_2SO_4 \cdot MgSO_4 \cdot H_2O$、钾镁矾 $K_2SO_4 \cdot MgSO_4 \cdot 4H_2O$、钾芒硝 $K_2SO_4 \cdot Na_2SO_4$、杂卤石 $K_2SO_4 \cdot MgSO_4 \cdot 2CaSO_4 \cdot 2H_2O$、无水芒硝 Na_2SO_4、芒硝 $Na_2SO_4 \cdot 10H_2O$、硫酸镁石 $MgSO_4 \cdot H_2O$、泻利盐 $MgSO_4 \cdot 7H_2O$、白钠镁矾 $Na_2SO_4 \cdot MgSO_4 \cdot 4H_2O$、硬石膏 $CaSO_4$、石膏 $CaSO_4 \cdot 2H_2O$、钙芒硝 $CaSO_4 \cdot Na_2SO_4$；(4)碳酸盐：苏打 $Na_2CO_3 \cdot 10H_2O$；(5)硼酸盐：硼钾镁石 $KMg_2B_{11}O_{19} \cdot 9H_2O$。盐类矿物系在干燥气候条件下，由于盐湖水份强烈蒸发，卤水浓度增高，先后从溶液中析出而成(见附图)。主要用于化学、肥料、食品和建筑材料等工业。

岩盐

【石盐】rock salt；halite

又称钠石盐，配位型氯化物矿物，等轴晶系。化学式 NaCl，Na 39.4%、Cl 60.6%，常常含溴、铷、铯、锶等，以及卤水、气泡、泥质和有机质包裹物。晶体常呈立方体状，集合体呈疏松粉状、板状、簇状。有一种由直径3～4cm珠状盐粒所集结成的“珍珠盐”为中国西北盐湖所特有。无色透明或白色，但常因含杂质而染成灰、黄、红、褐、蓝、紫及黑色。玻璃光泽，受风化后呈脂肪光泽。解理平行{100}完全。硬度 2，密度 2.1～2.2g/cm^3。具弱导电性及极高导热性，有咸味，易溶于水。大部分是在干热气候条件下，由于内陆盐湖、泻湖和海湾干涸而形成，少量见于火山周围和沙漠地区。除加工成食用盐外，可制取盐酸、纯碱、烧碱和其他钠盐，还可以提取氯气和金属钠。在电气工业中制作发强光的钠蒸气灯泡等。良好的石盐晶体可用作三棱镜和透镜。中国云南、四川、湖北、江西、西北等地有丰富的石盐资源。

【钾石盐】sylvite

又称钾盐，配位型氯化物矿物，等轴晶系。化学式 KCl，常含微量铷、铯、溴类质同象混入物和 Fe_2O_3、NaCl 等机械混入物。晶体结构与石盐同型。晶体常呈立方体或立方体与八面体聚形，常依{111}形成穿插双晶。集合体多呈粒状或致密块状。纯者无色透明，含气泡、赤铁矿等杂质呈白色、红色等。玻璃光泽。解理平行{100}完全。性脆。硬度 1.5～2，密度 1.97～1.99g/cm^3，导电性强，易潮解和溶于水，味苦而涩。主要形成于干涸盐湖中，或由光卤石分解而成。是制取钾肥和钾化合物的矿物原料。

【光卤石】carnallite

钾、镁的卤化物矿物，斜方晶系。化学式 $KMg(H_2O)_6Cl_3$。晶体呈假六方双锥状，通常呈粒状、纤维状或致密块状体。纯者无色或白色，常被铁染成黄褐色。玻璃光泽。透明至半透明。无解理。性脆。硬度 2～3，密度 1.60g/cm^3。强荧光性。强吸水性，易潮解。味辛辣苦及咸。产于富含钾和镁的盐湖中，系化学沉积的产物，与钾盐、杂卤石、石盐、硫酸镁石等共生，是提取镁、制取钾肥和钾的化合物的矿物原料。中国主要产于青海柴达木盆地和云南思茅。

【杂卤石】polyhalite

含水的复杂岛状结构硫酸盐矿物，三斜晶系。化学式 $K_2MgCa_2[SO_4]_4 \cdot 2H_2O$，$K_2O$15.6%、CaO18.6%、MgO 6.7%、$SO_3$53.1%、$H_2O$ 6%。晶体少见，通常呈致密块状或纤维状、叶片状。无色至白色，常带浅灰色、浅黄色、肉红色，玻璃或油脂光泽，但常暗淡无光，解理平行{101}完全。硬度3.5，密度 2.72～2.78g/cm³。略具苦味和涩味。是富含 Mg、K 和 Ca 的天然盐水经蒸发作用而形成。可用于制造钾肥、钾的化合物，亦用于玻璃、陶瓷等工业领域。

【明矾石】alunite

含附加阴离子的复杂岛状结构硫酸盐矿物，三方晶系。化学式 $KAl_3[SO_4]_2(OH)_6$，其中 K_2O 11.4%、Al_2O_3 37%、SO_4 38.6%、H_2O 13%，常含 Na_2O(Na 替换 K，若 Na 多于 K 时则称为钠明矾石)，有时含微量稀土元素。晶体细小，呈假立方体形的菱面体或呈厚板状，通常多为细粒状、致密块状、土状或纤维状。纯者白色、浅色，常被染为紫色、红色等。玻璃光泽。解理平行{0001}中等，硬度3.5～4，密度 2.6～2.8g/cm³。由含硫酸根的低温热液与中酸性火山岩发生交代作用形成。用于制取明矾，也可作为炼铝、钾肥和硫酸的原料。明矾石在 430～600℃时脱水，830℃左右分解成 γ-Al_2O_4 与 K_2SO_4，1200℃时成为 α-Al_2O_3。与高岭土混合烧成时，脱水明矾石和脱水高岭石化合生成钾铝硅酸盐，1600℃时则生成莫来石，可作耐火材料和水泥原料。中国明矾石储量丰富，主要产地在浙江、安徽、福建、四川、山西、甘肃等地。国外明矾石储量较多的有俄罗斯、美国、意大利、西班牙、法国等。

【泻利盐】epsomite

含水的简单岛状结构硫酸盐矿物，斜方晶系。化学式 $Mg(H_2O)_7[SO_4]_2$，MgO 16.3%、SO_3 32.5%、H_2O 51.2%。常有 Mn、Fe、Ni 等替代 Mg。晶体呈针状或假四方柱状，依{110}形成双晶，集合体呈纤维状、块状、土状或钟乳状。白色，含镍者带绿色，含锰者带浅红色。条痕白色，透明至半透明，玻璃光泽。解理{010}完全。硬度 2～2.5，密度 1.68～1.75g/cm³。性脆。味苦稍咸。易溶于水。在干燥空气中易失去部分水转变成六水泻利盐。产于富含镁的盐湖沉积物或沙漠里，也出现于干燥地区的硫化矿床氧化带或土壤中。是提取镁的矿物原料。

【钙芒硝】glauberite

岛状结构硫酸盐矿物，单斜晶系。化学式 $CaSO_4 \cdot Na_2SO_4$。晶体呈板状，亦有致密小贝壳状块体(见附图)。无色、淡黄色或灰色。硬度 2.5～3，密度 2.7～2.8g/cm³。苦涩味，在潮湿空气中为石膏小晶体所覆盖。主要是湖泊化学沉积生成，在膏盐、硼砂及硝石矿床中，与石盐、石膏、硬石膏、硼酸盐等矿物共生。主要用于制取硫酸钠、硫酸铵、硫酸及硫化碱等重要化工原料。中国湖北云梦、四川新津、云南阿陋井等地产出。世界著名产地在美国和西班牙。

钙芒硝

【钾明矾】potassium alum

又称明矾，含水的复杂岛状结构硫酸盐矿物。化学式 $KAl[SO_4]_2 \cdot 12H_2O$，K_2O 9.9%、Al_2O_3 10.8%、SO_3 33.8%、H_2O 45.5%。K 与 Na、NH_4 可形成类质同象系列。等轴晶系。通常呈粒状、柱状，自然界所发现的钾明矾常成土状块体。无色或白色。玻璃光泽。硬度 2，密度 1.76g/cm³。易溶于水，味甜涩。钾明矾通常由岩石中浸染状黄铁矿分解所形成的硫酸，作用于含钾的铝硅酸矿物而成。在火山活动区，硫质喷气孔所产生的 H_2S 或溶液与长石类矿物作用，也可形成钾明矾。主要用于染料、造纸、医药、食品等方面。中国浙江平阳、福建福鼎等地有产出。

【无水钾镁矾】langbeinite

复杂岛状结构硫酸盐矿物，等轴晶系。化学式 $K_2Mg_2[SO_4]_3$。晶体呈粒状，集合体呈粒状、结核状、肾状等。无色，有时呈淡黄、淡红、淡绿等色。透明。玻璃光泽。硬度 3.5～4。密度2.83g/cm³。性脆。具压电性。缓慢溶于水，在空气中吸水很快，并分解为软钾镁矾和泻利盐。产于盐湖，系化学沉积产物，与石盐、无水钠镁矾、钾芒硝等共生。是提取钾的原料。

【钾芒硝】glaserite；aphthitalite

复杂岛状结构硫酸盐矿物，三方晶系。化学式 $K_3Na[SO_4]_2$。晶体呈板状，依{0001}或{1120}形成双晶；集合体呈叶片状、块状或皮壳状。无色、白色或染成灰色、褐红色等。透明至不透明。玻璃光泽。解理{1010}完全。硬度 3，密度 2.65～2.71 g/cm³。性脆。产于海相或盐湖沉积物中，与石盐、无水芒硝、无水钾镁矾等共生；或呈结核状产于火山喷气孔中，与钾盐、无水芒硝、赤铁矿等共生。是化工和钾肥的矿物原料。

【辰砂】cinnabar

又称朱砂、丹砂，硫化物矿物，三方晶系，链状结构。化学式 HgS，Hg86.21%、S13.74%，含少量 Se 和 Te。单晶呈厚板状或柱状，集合体多呈粒状(见附图)。暗红色、鲜红色或粉红色，表面有铅灰色的锖色，金刚光泽。条痕为鲜红色。晶体薄片半透明。硬度 2.0～2.5，性脆，密度 8～8.2 g/cm³。为低温热液矿床的标型矿物，常与辉锑矿、黄铁矿、白铁矿、石英、方解石等共生。是重要的汞矿石矿物，用于提炼汞以及制造汞的化合物。单晶可作激光调制晶体。常用于中药。

辰砂

【朱砂】cinnabar

参见本节【辰砂】。

【丹砂】cinnabar

参见本节【辰砂】。

【一水硬铝石】diaspore

又称水氧铝石、一水硬铝矿、硬水铝矿、单水铝矿、水铝石等。氢氧化物矿物，斜方晶系。化学式 AlOOH 或 α-AlO(OH)，Al_2O_3 85%、H_2O 15%，常含 Fe、Mn 杂质。晶体为长板状或柱状、针状，常呈片状或鳞片状集合体。颜色为白色、黄褐色、淡紫色或灰绿色。条痕白色，玻璃光泽。解理平行{010}完全。硬度6～7，密度 3.3～3.5g/cm³。在 600～700℃失去约 15%的水变为α-刚玉。主要形成于风化矿床和沉积矿床，偶尔也见于接触交代矿床、热液矿床和区域变质矿床中。是铝土矿最主要的矿物，也是制造高铝质耐火材料的重要原料。

【一水软铝石】boehmite

又称软水铝石、勃姆石等，氢氧化物矿物，斜方晶系。化学式 AlOOH 或 β-AlO(OH)，$Al_2O_3$85%、H_2O 15%，有 Fe 和 Ga 类质同象混入物。晶体呈细小片状或扁豆状，通常呈隐晶质块体或胶体。浅黄色，玻璃光泽。解理平行{010}完全。硬度 3.5，密度 3.01～3.06 g/cm³。主要形成于风化矿床和沉积矿床中，与三水铝石、一水硬铝石等组成铝土矿，是提炼金属铝和高铝质耐火材料的矿物原料。

【三水铝石】gibbsite

又称三水铝矿、水铝矿、水铝氧石，氢氧化物矿物，单斜晶系。化学式 $Al[OH]_3$，$Al_2O_3$65.4%、H_2O 34.6%，类质同象混入物常有 Fe 和 Ca。假六方板状晶形(但极少见)，常呈鳞片状集合体或结核状、豆状、隐晶质块体。白色或带浅灰、浅绿、浅红色，玻璃光泽。解理平行{001}极完全。硬度2～3，密度2.43g/cm³。是含铝硅酸盐矿物分解和水解的产物，主要形成于风化型铝土矿矿床中，是铝土矿的重要矿物之一，可以提炼金属铝；用于高铝质耐火材料、研磨材料、铝质金属陶瓷及玻璃生产中，可改善玻璃的黏度，减少对耐火材料的侵蚀，防止失透，增进玻璃的化学稳定性，增强机械强度等。

【褐铁矿】limonite

由针铁矿、纤铁矿、水针铁矿、水纤铁矿和富水的氢氧化铁胶凝体及铝的氢氧化物、泥质物组成的混合物。化学式 $Fe_2O_3 \cdot nH_2O$，Fe一般在30%～40%，成分变化大。常呈致密块状或鲕状、钟乳状、结核状、肾状、土状及疏松多孔状(见附图)。呈细小针状结晶者大多为针铁矿；呈细小鳞片状者，多为纤铁矿(又称红云母)。肾状、钟乳状褐铁矿表面常有一层光亮沥青黑色的薄壳者称为玻璃头。颜色呈黄色、褐色、褐黑至红褐色。条痕黄褐色或棕黄色。硬度1～4，土状者硬度小。密度3.3～4 g/cm³。由含铁硫化物、氧化物、碳酸盐及硅酸盐转变而成；沉积型由海相、湖相的氢氧化铁胶体溶液凝聚而成。富集时可作炼铁的矿物原料。

褐铁矿

【针铁矿】goethite

氢氧化物矿物，斜方晶系。化学式 α-FeO(OH)，Fe_2O_3 89.9%、H_2O 10.1%。晶体呈针状、柱状、薄板状或鳞片状，集合体呈肾状、钟乳状。硬度5～5.5，密度4.38 g/cm³。褐黄色至褐红色，条痕呈褐黄色，金属光泽。主要是由含铁矿物经过氧化和分解而形成的次生矿物，是构成褐铁矿的主要矿物。是炼铁的主要原料。中国主要分布在广东大宝山、大降坪，江西铁坑，福建建爱等地。

【钾硝石】niter

又称印度硝石、硝酸钾或硝石。简单的岛状结构硝酸盐矿物，斜方晶系。化学式 KNO_3，K_2O 46.5%、N_2O_5 53.5%。晶体呈针状、毛发状；集合体呈疏松的皮壳状、盐华状、束状等。通常呈疏松皮壳状或盐华状。无色、白色或灰色，玻璃光泽。解理平行{011}完全。硬度2，密度1.90g/cm³。味咸且凉。主要是由硝化细菌作用于含氮有机物产生硝酸根，再与土壤中的钾化合而成。用于制造氮肥、硝酸和炸药等。中国主要产于干燥地区的土壤、岩石表面和洞穴中，如山东、河南的火硝，江苏、甘肃的盐硝，湖南的口硝，西南地区和湖北的峒硝和皮硝等。

【芒硝】mirabilite

含水的简单岛状结构硫酸盐矿物，单斜晶系。化学式 $Na_2[SO_4] \cdot 10H_2O$，Na_3O 19.3%、SO_3 24.8%、H_2O 55.9%。晶体为柱状，通常呈致密块状、皮壳状或被膜状。无色透明，有时浑浊而呈浅色。在干燥气候下极易失水变成粉末(即无水芒硝)。玻璃光泽，解理平行{100}完全。硬度1.5～2，密度1.48 g/cm³。是在含钠和硫酸根过饱和的盐湖中，在低于33℃的温度下结晶而成的。通常与石膏、石盐、无水芒硝、泻利盐等矿物共生。芒硝是一种重要的化工原料，主要用于制备硫酸钠、硫酸铵、玻璃、水玻璃、制革、造纸、人造纤维、医药等。中国湖北、四川、湖南、西藏、青海、新疆、云南、内蒙古等地产出。

【钠硝石】nitratine

又称智利硝石，岛状结构硝酸盐矿物，三方晶系。化学式 $NaNO_3$，Na_2O36.5%，N_2O_5 63.5%。晶体呈菱面体，与方解石极相似，通常呈致密状、皮壳状和盐华状。无色或白色，因含杂质而被染成灰、柠檬黄和红褐等色。玻璃光泽。菱面体解理完全。硬度1.5～2，密度2.24～2.29g/cm³。味微咸而凉，易溶于水，具强吸湿性，曝露空气中久则自碎成粉末。钠硝石是由腐烂的有机物受硝化细菌的分解作用而生成硝酸根，再与土壤钠质化合而成，多分布于炎热干燥的沙漠地区。主要用于制造氮肥、硝酸以及其他氮素化合物、炸药等，玻璃工业上用作洁净剂。中国主要产于青海、新疆等地。世界上智利是著名的硝石产出国。

【无水芒硝】thenardite

简单岛状结构硫酸盐矿物，斜方晶系。化学式 Na_2SO_4，Na_2O 13.7%、SO_3 56.3%，有时含少量 K_2O、MgO 及机械混入物 $CaSO_4$。呈双锥晶状，通常为粒状或粉末状集合体。纯净晶体无色透明至白色，有的呈灰白色，带黄、褐、红等色。玻璃光泽。解理平行{001}中等。硬度 2.5～3，密度2.7g/cm³。室温下易潮解，易溶于水、味咸。它和【芒硝】成因相同，并可互相转变。用途与【芒硝】相同。

【硝石】niter

参见本节【钾硝石】。

6.1.2 岩石

【岩石】rock

天然产出的具有一定结构构造的矿物或类矿物物质(如有机质、玻璃质物质)的集合体。按成因可分为火成岩、沉积岩和变质岩三大类。

【工业岩石】industrial rock

除金属矿石、矿物燃料、玉石以外，其化学成分或物理性能可资工业利用且具有经济价值的岩石。如高岭土、膨润土、霞石正长岩、大理岩、白云岩等。

【岩石材料】rock material

可直接利用其物理、化学性能的天然岩石，或以天然岩石为主要原料加工、制备而成，而且组成、结构、性能和使用效能与天然岩石原料存在直接继承关系的材料。

【火成岩】igneous rock

又称岩浆岩，是熔融岩浆在地下或喷出地表后冷凝结晶而成的岩石。物质成分主要是硅酸盐矿物或火山玻璃。岩浆存在于地壳深部，处在高温高压条件下。当地壳发生构造运动时，岩浆便冲开岩层，向压力减低的方向流动，当其上升到一定高度，即内压力消耗至与上覆岩层的外压力达到平衡时则使岩浆停留地下冷凝结晶。岩浆在地下深处冷凝结晶成岩者称深成岩；在浅处凝结成岩者称浅成岩。深成岩和浅成岩统称侵入岩。若岩浆继续上升，以火山形式喷出地表，冷凝成岩后称喷出岩。侵入岩和喷出岩总称火成岩。火成岩按 SiO_2 的含量分为：超基性岩(SiO_2 含量<45%)、基性岩(SiO_2 含量 45%～53%)、中性岩(SiO_2 含量 53%～63%)、中酸性岩(SiO_2 含量 63%～69%)、酸性岩(SiO_2 含量 69%～75%)、超酸性岩(SiO_2 含量>75%)。

【岩浆岩】magmatic rock

参见本节【火成岩】。

【火山岩】volcanic rock

又称喷出岩，是岩浆喷出地表或近地表冷凝而成的岩石的总称。包括熔岩、火山碎屑岩和次火山岩(与火山活动有关的超浅成岩)。按喷发环境，可划分为海相火山岩和陆相火山岩两类。成分变化大，从基性至酸性都有，如玄武岩、安山岩、流纹岩等。分布十分广泛，有关的矿产相当丰富，如沸石、水晶、浮石、铜、铁等。有的火山岩是用途广泛的工业原料或材料，如玄武岩、珍珠岩等。

【变质岩】metamorphic rock

由变质作用形成的岩石的总称。地壳中原有的岩石(包括火成岩、沉积岩和早先生成的变质岩)，在温度、压力作用下发生再结晶和物质交换作用，使得原有的矿物组成和结构构造以至化学成分发生改变而形成新的岩石。由火成岩变成的变质岩称正变质岩，由沉积岩变质成的称副变质岩。按变质程度不同，又分为深变质岩和浅变质岩。常见的变质岩有片麻岩、片岩、千枚岩、板岩、大理岩、石英岩、角岩等。与变质岩有关的矿产有铁、锰、磷、石棉、滑石、石墨、蓝晶石类、石榴子石、硬玉等。

【沉积岩】sedimentary rock

旧称水成岩，由成层沉积的松散沉积物固结而成的岩石。由古老岩石经机械破碎作用形成的碎屑，经搬运并沉积下来形成的岩石为碎屑岩，包括砾岩、砂岩、粉砂岩。从溶液中沉积形成的岩石称化学岩，如岩盐和石膏。由动物及植物的遗体或分泌物经生物化学作用形成的岩石称生物化学岩。能源矿产、非金属、金属和稀有元素矿产，包括化石群等都赋存在沉积岩中。

【侵入岩】intrusive rock

岩浆侵入到地壳内冷凝结晶而成的火成岩的总称。呈岩基、岩株、岩瘤和岩枝状产出。岩石类型繁多，岩性复杂，有基性、中性、中酸性和酸性等岩类。

【喷出岩】extrusive rock

岩浆喷出地表冷凝形成的火成岩的总称，包括各种熔岩和火山碎屑岩。由于岩浆快速冷凝，多形成细粒或玻璃质岩石，通常为斑状结构。

【脉岩】vein rock

呈脉状产出的火成岩的总称。按矿物组合，可划分为浅色脉岩(细晶岩和伟晶岩等)和深色脉岩(煌斑岩)。依据其与对应侵入岩的关系，可分为花岗斑岩、正长斑岩、闪长玢岩等。

【正变质岩】orthometamorphic rock

习惯上，把由火成岩受变质作用形成的变质岩称为正变质岩，由沉积岩受变质作用形成的变质岩称为副变质岩。但由于变质岩的原岩既有火成岩，也有沉积岩，还有过渡类型的火山-沉积岩，因此，简单地将变质岩划分为正变质岩或副变质岩也不完全准确和恰当。

【超基性岩】ultrabasic rock

火成岩的一个大类，指化学成分中 SiO_2 含量<45%，同时富含 MgO 和 FeO 的火成岩。主要矿物为橄榄石和辉石以及它们的蚀变产物蛇纹石、滑石、绿泥石等，不含石英。金属矿物常有磁铁矿、铬铁矿。深灰黑色，密度较大。代表性岩石有橄榄岩、辉石岩和金伯利岩、苦橄岩等，常与基性岩组成分异杂岩体。常沿深大断裂带分布，呈透镜状、脉状或不规则状，产状为岩床、岩盆、岩筒等，规模大小不一。有关的矿产有铬、镍、钴、铂族金属、金刚石、石棉等。

【超镁铁质岩】ultramafic rock

铁镁矿物(以橄榄石、辉石为主)含量超过90%以上的一类火成岩。大多数超镁铁质岩是超基性岩，但两者不具有等同关系。超基性岩是按 SiO_2 含量为标准分类的岩石，而超镁铁岩质是按镁铁矿物含量来确定的。如辉石岩类，铁镁矿物含量在90%以上，而 SiO_2 含量高于45%(例如辉岩含 $SiO_2$55%～60%，透辉石岩含 $SiO_2$55.6%)，这些岩石应属超镁铁质岩，但不是超基性岩。蛇纹石石棉矿床与这类岩石有关系密切。

【基性岩】basic rock

SiO_2 含量在45%～53%的一类火成岩。主要矿物为辉石、基性斜长石，其次为橄榄石、角闪石、黑云母等，金属矿物有钛铁矿、磁铁矿。不含石英或石英含量极低。多呈深灰色，密度较大。基性侵入岩以辉长岩为代表，浅成岩为辉绿岩，喷出岩为玄武岩。有关的矿产有铁、钒、钛、铜、镍、石棉等。质地均匀的新鲜岩石可作建筑装饰材料。辉绿岩和玄武岩是制备铸石、岩棉、玄武岩长纤维的主要原料。

【酸性岩】acidic rock

SiO_2 含量在66%～75%的火成岩的总称。岩石类型有花岗岩、流纹岩、石英斑岩等。石英含量高(约30%)，长石类矿物达60%以上且以碱性长石为主，暗色矿物小于10%，以黑云母为主；岩石颜色较浅，密度在2.8 g/cm^3 左右。这类岩石分布甚广，且深成岩多于喷出岩。有关矿产非常丰富，如锡、钨、铝、铅、锌、铜、金、银、汞、铁、铀、稀有元素及云母、高岭土、膨润土、珍珠岩等。

【碱性岩】alkaline rock

一类 SiO_2 含量较低且 Na_2O 和 K_2O 含量较高的火成岩。显著特点是碱质含量高，SiO_2 含量不饱和，含似长石矿物，不含石英。矿物组成为碱性长石(微斜长石、正长石、钠长石)、副(似)长石(霞石、白榴石、方钠石、钙霞石)以及碱性暗色矿物(霓石、霓辉石、钠铁闪石、钠闪石)。呈深成岩(霞石正长岩)、浅成岩(霞石正长斑岩)和喷出岩(响岩)等产出，以杂岩体形式存在。与碱性岩有关的矿产有

Nb、Ti、Fe、Zr、稀土元素、Be和P等。

【中性岩】intermediate rock

介于酸性岩和基性岩之间，SiO_2 含量在53%～66%之间的一大类火成岩。主要矿物组成为角闪石和斜长石，含少量石英、碱性长石和黑云母。岩石类型包括闪长岩、石英闪长岩、二长岩、闪长玢岩、石英闪长玢岩、安山岩、英安岩和粗面岩等。与之有成因联系的矿产有铁、铜、铅、锌以及高岭石、萤石、叶蜡石等。

【中酸性岩】intermediate acidic rock

SiO_2 含量小于53%的火成岩的总称，包括中性火成岩和酸性火成岩两大类岩石。

【岩石结构】rock texture

反映岩石中矿物结晶程度、颗粒大小、形态以及物相组成相互关系的术语。岩石结构类型繁多，命名方式多样，如等粒、斑状、似斑状等名称。有些结构在某种岩石中较为典型，其名称就以岩石名称命名，如花岗结构、粗面结构等。

【斑状结构】porphyritic texture

由粒度大小相差悬殊的两群矿物构成的岩石结构。其中粗大的晶粒称斑晶，细粒、隐晶质或玻璃质物质称基质。基质为细粒显晶质的，称似斑状结构。斑晶仅能在显微镜下识别的，称显微斑状结构。常见于浅成岩和喷出岩中。

【变晶结构】balastic texture

又称变斑晶结构，是原有岩石在固体状态下经变质作用发生重结晶形成的晶质结构，是变质岩的主要结构之一。按组成矿物颗粒的相对大小分为等粒、不等粒、斑状等变晶结构；按矿物的外形分为花岗、纤维、鳞片等变晶结构；按矿物的交生关系分为包含和筛状等变晶结构。常见于深变质的片麻岩、粒变岩及大理岩中。区域变质型石墨矿床及热液型硫化矿床也常具此种结构。

【变余结构】palimpsest texture

又称残留结构或残余结构。岩石或矿石经变质作用后仍保留着一部分原岩特征的结构，是变质岩的主要结构之一。命名时只需在结构名称上加“变余”二字即可，如变余晖绿结构、变余砂状结构、变余泥质结构等。变余结构常见于浅变质岩的板岩、千枚岩、蛇纹岩、片岩中。

【半晶质结构】hemicrystalline texture

全晶质和玻璃质之间的一种过渡类型结构。多见于浅成至喷出的火成岩中，如玄武岩、金伯利岩、安山岩、流纹岩等。

【玻璃质结构】vitreous texture

又称玻质结构，全部由未结晶的火山玻璃组成的岩石结构。肉眼观察呈致密状，具玻璃光泽及贝壳状断口，正交偏光镜下无晶体光性特征。是喷出岩的典型结构之一，常见于酸性喷出岩如黑曜岩、珍珠岩等。玻璃质不稳定，随时间和温度、压力的变化，会发生脱玻化或晶化作用，转变成结晶质。地质时代较新的火山岩可出现这一结构。

【显晶质结构】phaneritic texture

肉眼能够分辨矿物晶体颗粒的一种结构，具此结构的岩石称为显晶岩。大部分深成侵入岩和部分浅成的火成岩具有这一结构，如花岗岩、闪长岩、辉长岩等。按矿物粒径大小可分为粗粒结构(5mm)、中粒结构(1～5mm)和细粒结构(1mm)等。

【岩石构造】rock structure

反映岩石中不同矿物集合体之间、岩石的各个组成部分之间，或矿物集合体与岩石其他组成部分之间的相互关系特征的术语。常见的构造有块状构造、片麻状构造、流纹构造、气孔状构造、杏仁状构造、晶洞构造等。

【块状构造】massive structure

又称均一构造，指岩石或矿石中成分和结构相对均匀，矿物或其集合体排布无明显方向性、不具有任何特种形象的均匀块体。是火成岩中常见的一种构造，如块状构造花岗岩。

【流纹构造】fluidal structure

一种由不同颜色的条纹、拉长的气孔或定向排列的矿物或浆屑构成的流动状构造。是由岩浆流动造成的，可用于指示熔岩的流动方向。是流纹岩所具有的典型构造，也见于其他中酸性喷出岩或岩颈、岩管等火山构造中。

【气孔状构造】vesicular structure

又称气孔构造，火山岩中由众多大小不等的圆形、椭圆形或管状空洞组成的构造。它是岩浆喷出地表后压力降低，所含的气体溢出留下的空洞。在玄武岩(见附图)、流纹岩、浮岩中常见，也出现在某些次火山岩、超浅成侵入岩中。

玄武岩的气孔构造

【杏仁状构造】amygdaloidal structure

次生矿物充填火山岩中气孔形成的一种构造。多见于中基性火山岩中，充填矿物以方解石、沸石类、玉髓等为主。

【浸染状构造】disseminated structure

有用组分(成矿组分)或矿物呈细小的粒状、细脉或不规则形状，均匀或不均匀地散布于岩石或矿石中形成的一种构造。按浸染状矿物数量的多少分为稀疏浸染状构造和稠密浸染状构造，在岩浆和热液成因的矿石中常见。

【片状构造】schistose structure

又称片理，变质岩中由云母、绿泥石、滑石、角闪石等片状或柱状矿物呈连续平行排列形成的一种构造。组成矿物一般粒度较粗，肉眼可分辨矿物颗粒，以此区别于千枚状构造(颗粒细小)。由矿物平行排列所组成的平面称为片理面。片理面可以是较平直的面，也可以呈波状的曲面。是变质岩中最常见的一种构造。

【片麻状构造】gneissose structure

又称片麻理，变质岩中由片状暗色矿物(黑云母)和柱状矿物(角闪石、辉石)平行排列、断续出现或被粒状浅色矿物(石英、长石)隔开所形成的黑白相间、片点结合的层带状构造。是片麻岩的典型构造。若片状、柱状矿物分布集中而连续，则构成深色矿物和浅色矿物相互成层的“条带状构造”。若片状矿物较多且平行排列，片理较为连续，则形成“片状构造”。

【千枚状构造】phyllitic structure

变质岩中由肉眼无法辨认的细小鳞片状矿物定向排列形成的构造也是千枚岩的典型构造。特征是鳞片状矿物呈定向排列，但粒度非常细小，肉眼无法分辨，仅在片理面上见有强烈的丝绢光泽，并在片理面上有密集的小皱纹。系区域变质作用中细小鳞片状绢云母平行排列所致。

【角砾状构造】brecciated structure

由棱角状或次棱角状岩石碎块组成的一种构造，是角砾岩中常见的构造形式。岩石碎块粒径小于 2mm，呈棱角状或次棱角状。胶结物通常为黏土质或化学沉积物。常见于角砾岩、热液型矿床以及风化矿床中。

【板状构造】slaty structure

又称板劈理，是指岩石可以沿某一特定方向(劈理面方向)劈开、劈开面平坦光滑、劈开体具有一定厚度且呈板片状体形态的构造。特点是片状矿物在岩石中呈现为一组互相平行的劈理面，形似板状，沿板面能劈开成较平坦光滑的面(又称板状劈理或流劈理)，面上可见少量呈隐晶质状的绢云母、绿泥石等片状矿物，并呈弱丝绢光泽。一般系低级区域变质时，在应力强、温度较低的条件下形成。

【鲕状构造】oolitic structure

又称鲕状结构，一种由鲕粒状矿物和胶结物组成的构造。鲕粒呈圆形、椭圆形，中心通常有一由矿物碎屑或生物贝壳构成的核，鲕粒内部呈同心圆状或放射状。鲕粒尺寸一般在 0.2～2mm 之间，大于 2mm 者称豆状构造。在石灰岩、赤铁矿、磷质岩、铝土矿、硬锰矿、硅质岩等中常见此种构造。

【条带状构造】banded structure

岩石或矿石中不同成分、不同结构或不同粒径的矿物集合体沿一定方向呈条带状相间排列形成的构造。条带彼此平行或近于平行，宽窄不一，颜色不同。多见于变质岩或热液成因、岩浆成因的岩石和矿石中。

【杏仁体】amygdala

次生矿物充填火山岩中的气孔形成的形似杏仁的集合体。大多呈圆形、椭圆形，灰白色至白色。玄武岩(见附图)、安山岩等中基性火山岩中常见，充填矿物以方解石、沸石类、玉髓等为主。

玄武岩中杏仁体

【纯橄榄岩】dunite

一种橄榄石含量90%～100%的超基性侵入岩。除橄榄石外，其他矿物有辉石(<10%)以及少量铬铁矿、钛铁矿、自然铂等。具鲜明的橄榄绿或深绿等色。全晶质自形或他形粒状结构，致密块状构造。多呈小侵入体出现并常与辉长岩伴生，一般认为是超基性岩浆在地下深处结晶或由基性岩浆分异而成。纯橄榄岩蚀变后变为具油脂光泽的致密蛇纹岩。可作为制备硅镁质耐火材料的原料；完全蚀变后可用于制备硅镁复合肥。透明和颜色美丽的变种——贵橄榄石可作宝石。

【橄榄岩】peridotite

一种 SiO_2 含量小于45%的超基性侵入岩。主要矿物是橄榄石和辉石，橄榄石含量一般大于50%；辉石有斜方辉石或单斜辉石，或两种兼而有之；其他矿物有角闪石、黑云母、磁铁矿等。常呈橄榄绿色，有时呈褐色或黑色。全晶质粒状结构，块状构造(见附图)。按辉石种属分为：方辉橄榄岩、单辉橄榄岩和二辉橄榄岩等。常呈小侵入体、岩墙、岩床、岩盆出现，且常与其他超基性岩、基性岩形成杂岩体。有关的矿产有铂、铬、镍、钴、石棉、滑石、菱镁矿等。可作耐火材料和铸造型砂。有的蛇纹石化的橄榄岩，颜色艳丽，结构均匀，可作装饰石材。

橄榄岩

【暗色岩】melanocratic rock

橄榄石、辉石、角闪石、黑云母等暗色矿物总含量在60%～100%之间的岩浆岩(火成岩)的总称。

【金伯利岩】kimberite

旧称角砾云母橄榄岩。因最初发现于南非金伯利地区而得名。一种具斑状或碎屑结构的碱性超基性岩，是原生金刚石的主要母岩。斑晶为橄榄石(20%～50%)、金云母(0.5%～30%)、钙钛矿(一般<5%，有时达10%)、金刚石(<5%)；基质为细粒钙镁橄榄石(<60%)、钙钛矿(1%～7%)，黄长石(<30%)或玻璃质。含超镁铁质岩、榴辉岩及围岩包体和角砾。化学成分：SiO_2 34.73%～36.33%、MgO29.63%～31.4%、CaO5.79%～6.80%、H_2O7.35%～9.20%、Fe_2O5.15%～7.43%、FeO3.13%～4.14%、$CO_2$1.64%～2.73%、$Al_2O_3$2.88%～5.09%、K_2O1.05%～2.43%、Na_2O 0.33%～0.37%、$P_2O_5$0.66%～1.06%。呈深绿色、绿黑色。按岩石结构构造可划分为：块状金伯利岩、金伯利角砾岩、金伯利角砾凝灰岩。按金云母含量划分为：云母型(煌斑岩型，含金云母>5%)、贫云母型(似玄武岩型，金云母<5%)。由超基性岩浆沿深断裂带爆发或侵入结晶而成。多呈岩脉、岩管状产出。除含金刚石外，有时还富含铬铁矿、钙钛矿、磷灰石及稀土元素，可综合利用。世界主要产地为南非高原、坦桑尼亚高原和俄罗斯西

伯利亚地区。

【辉岩】pyroxenolite

又称辉石岩，一种超镁铁质火成岩，SiO_2含量在55%～60%。主要矿物为辉石(90%～100%)，含少量橄榄石、角闪石、黑云母、磁铁矿、钛铁矿、铬铁矿及尖晶石等。呈灰绿、灰黑及古铜色。全晶质粗粒结构，块状构造(见附图)，密度3.1～3.6g/cm^3。可按辉石类型进一步划分为斜方辉石岩[斜方辉石含量(90%)]、单斜辉石岩[单斜辉石含量(90%)]和二辉岩[两种辉石含量均(10%)]。常与纯橄榄岩、橄榄岩和辉长岩形成杂岩体。有关的矿产有镍、铬、铂、钴、磁铁矿、菱镁矿等。

辉石岩

【辉长岩】gabbro

主要由辉石和基性斜长石组成的基性侵入岩。含少量橄榄石、角闪石、黑云母、磷灰石、磁铁矿、磁黄铁矿、钛铁矿。呈深灰、黑灰、灰绿等色。辉长结构，块状构造。可细分为辉长岩、苏长岩、辉长苏长岩、橄榄辉长岩等。常呈小侵入体、岩床、岩株、岩盆、岩盖、岩墙等产出。有关矿产有铂、铜、镍、钴、钛铁矿、磁铁矿、钒钛磁铁矿、刚玉等。可作建筑材料，颜色美丽并具花纹者是高档装饰石材。

【辉绿岩】diabase

一种浅成的基性侵入岩，成分与辉长岩相当，主要矿物为辉石和基性长石，含少量橄榄石、黑云母、石英、磷灰石、磁铁矿、钛铁矿等。新鲜的辉绿岩为深灰、黑绿等色，风化后颜色变浅。辉绿结构，致密块状构造，有时有气孔构造或杏仁构造。多呈岩墙、岩床、岩脉等产出。有关的矿产有镍、铜、钛等。辉绿岩是优良的建筑装饰材料，也是生产铸石、玄武岩纤维和岩棉的主要原料，还可用作高速公路路面沥青混凝土的骨料。

【闪长岩】diorite

一种中性侵入岩，SiO_2含量在一般在53%～66%。矿物以中性斜长石为主(含量可达70%)，其次是角闪石，有时含辉石或黑云母，含少量石英、碱性长石、磷灰石、榍石和磁铁矿。岩石常呈灰色、深灰色、灰绿色。全晶质中细粒半自形粒状结构，块状构造。可细化分为角闪石闪长岩、辉长闪长岩(含辉石10%以上)、石英闪长岩(石英5%～20%)、微晶闪长岩和闪长玢岩。常呈岩床、岩株、岩墙及岩脉等产出。结构均匀、未风化的闪长岩是优质的建筑石材。与内生矿床铁、铜关系密切，常形成矽卡岩型铁、铜矿床。

【煌斑岩】lamprophyre

等暗色矿物含量>30%的基性至超基性深色脉岩的总称。暗色矿物主要为黑云母、角闪石、辉石，含量>30%，自形程度较高；浅色矿物主要为斜长石、正长石，且仅出现在基质中；全晶质，具有明显的斑状结构和全自形粒状结构。可进一步划分为云煌岩(黑云母和正长石为主)、云斜煌岩(黑云母和斜长石为主)、闪斜煌岩(角闪石和斜长石为主)、拉辉煌岩(辉石和基性斜长石为主)等。常呈岩脉、岩墙产出。新鲜且色泽美观者可作建筑装饰材料。

【花岗岩】granite

一种酸性侵入岩，主要矿物为石英、碱性长石和酸性斜长石，暗色矿物以黑云母为主，有时出现角闪石和白云母。具花岗结构或似斑状结构；块状构造，有的呈片麻状构造(见附图)。按矿物组成可分为黑云母花岗岩、白云母花岗岩、角闪石花岗岩、二云母花岗岩等；按结构构造，可分为细粒花岗岩、中粒花岗岩、粗粒花岗岩、斑状花岗岩、似斑状花岗岩、晶洞花岗岩及片麻状花岗岩等。通常呈岩基、岩株、岩钟、岩脉产出。是优良的建筑材料，也与有色金属(铜、铅、锌、钨、锡、铋、钼)、贵金属(金、银)、稀有金属(铌、钽、铍)、放射性元素(铀、钍等)等成矿作用关系密切。

花岗岩

【紫苏花岗岩】charnockite

一种含有紫苏辉石的花岗岩，成分与花岗岩或云英闪长岩相当，矿物组成以石英、斜长石、碱性长石和紫苏辉石为主，有时含石榴子石、普通角闪石和黑云母。碱性长石一般为微斜长石，但其条纹成分不是钠长石，而是更长石或者中长石。颜色较深。外观特征与粗粒片麻岩相似。花岗结构和片麻状构造。常与片麻岩相变质岩伴生，也有的与斜长岩共生。有岩浆成因和深成变质两种成因。

【花岗闪长岩】granodiorite

一种中酸性侵入岩，它是花岗岩类向闪长岩类过渡的中间类型岩石。多为粗粒状、半自形粒状结构、似斑状结构、块状构造。石英含量(15%～20%)比花岗岩少，斜长石含量高于碱性长石。暗色矿物以角闪石为主，其次为黑云母。副矿物有榍石、磷灰石、磁铁矿、锆石、褐帘石、独居石等。有关的矿产主要为矽卡岩型铜、铁矿。未风化者可作建筑装饰材料。

【花岗斑岩】granite porphyry

一种具有斑状结构的酸性浅成侵入岩。化学成分及矿物组成与花岗岩相当。全晶质，斑状结构，斑晶多为石英和碱性长石；基质主要为细粒石英、长石和少量黑云母。块状构造。岩体规模一般较小，常呈岩脉、岩墙、岩枝产出，或以花岗岩侵入体的边缘相出现。可作建筑材料。

【花岗伟晶岩】granite pegmatite

又称伟晶花岗岩，一种结晶粗大的酸性侵入岩。化学成分与花岗岩相当，矿物以石英和钾长石为主，暗色矿物含量低于花岗岩，但富含白云母、黄玉、电气石、绿柱石等。矿物颗粒粗大，晶粒1cm至数米；文象结构，块状构造，有时呈带状构造。常呈脉体和透镜体。成因与岩浆热液作用有关。有关矿产有长石、云母、绿柱石或稀有元素(铌、钽等)。

【白岗岩】alaskite

一种浅色花岗岩，SiO_2 含量>75%，几乎全部由石英、碱性长石和酸性斜长石组成，暗色矿物含量很低，有时含少量云母。花岗结构。矿产有锡、钨、铌、钽等。可作建筑装饰材料或陶瓷原料。

【伟晶岩】pegmatite

一种具有粗粒、巨粒结构的岩石。大多呈块状，有时具有带状构造(见附图)。主要矿物为长石、石英、黑云母、白云母，也可有辉石、角闪石等。按矿物组成，可分为花岗伟晶岩、辉长伟晶岩、正长伟晶岩，花岗伟晶岩最常见。粗大的矿物晶体是伟晶岩的特征，有时伟晶岩的矿物晶体可达数吨，如中国新疆阿尔泰地区花岗伟晶岩中的绿柱石巨大晶体重达50t左右。常呈脉状产出，有时成群出现。与伟晶岩有关的矿产是Nb、Ta、Be、Li和稀土元素。非金属矿床有白云母、水晶、黄玉、刚玉和长石。可作为陶瓷原料和提取钾的原料，具有特殊文象结构者可作装饰石材。新疆阿尔泰地区一种富含锂云母的花岗伟晶岩，质地细腻，颜色艳丽，是名贵的紫丁香玉石料。

伟晶岩

【细晶岩】aplite

一种浅色具全晶质细粒结构的酸性火成岩。主要矿物为长石和石英，黑云母、角闪石、辉石含量很低。多呈脉状产出。常见类型有花岗细晶岩、正长细晶岩、斜长细晶岩、钠长细晶岩和歪长细晶岩等。全晶质细粒结构，矿物颗粒大小均匀，块状构造。有关的矿产是硫化矿脉和铌钽矿床。新鲜者可作建筑装饰材料。

【斜长岩】anorthosite

一种几乎全由基性斜长石组成的基性侵入岩。基性斜长石含量一般大于 90%，含少量橄榄石、辉石、角闪石、黑云母等。多呈白色、灰白、浅灰黄色等。中粗粒半自形或他形粒状结构。主要有拉长岩和倍长岩两类。斜长石常发生钠黝帘石化，暗色矿物发生绿泥石化、绿帘石化，形成鲜艳的浅绿色、黄绿色。斜长石常具有双晶，双晶单体对光线的反射和干涉作用导致闪烁变彩现象，是独特的建筑装饰石材。与钛铁矿床有密切的成因关系。河北大庙有斜长岩产出。

【正长岩】syenite

一种富含碱性长石的中性侵入岩。主要矿物为碱性长石系列的正长石、微斜长石和条纹长石，含量达 70%；次要矿物有斜长石、角闪石、黑云母和辉石。斜长石常为中长石和更长石，不含或含少量石英，有的含较多的磷灰石和霞石。可分为角闪正长岩、辉石正长岩、黑云母正长岩、霞石正长岩、石英正长岩。碱性长石和斜长石含量大致相等者，则称二长岩。多呈灰白色、灰色、浅玫瑰色、肉红色和灰绿色。中粗粒结构。可作为陶瓷原料，具有降低陶瓷烧成温度、促进莫来石形成的作用。颜色纯正、结构均匀或有特殊结构构造花纹的正长岩，可作装饰石材。可成为有工业价值的磷灰石矿床。

【霞石正长岩】nepheline syenite

一种以碱性长石和似长石为主要矿物的碱性侵入岩。主要矿物为碱性长石(65%～70%)和霞石(15%～25%)，含碱性暗色矿物霓辉石、霓石、钠铁闪石等，不含石英。副矿物种类繁多，有磁铁矿、钛铁矿、磷灰石、锆石、榍石等。灰色、浅绿色、浅黄褐色。中粗粒或似斑状结构。块状、条带状或片麻状构造。多呈岩床、岩株产出。常与碱性正长岩、碱性花岗岩、碱性辉长岩组成杂岩体。有关的矿产有铌、钽、稀土、锆和铀等；可用作制备陶瓷、玻璃、岩棉、涂料以及固化放射性元素的原料和橡胶的填料。色泽美观者可作建筑装饰材料，也可综合利用提取铝、钾，制备硅酸盐水泥。

【斑岩】porphyry

以钾长石、副(似)长石或石英为斑晶的中酸性喷出岩、浅成-超浅成岩的总称。具斑状结构。与其有成因关系的矿产有铜、钼、钨、铁、高岭土、膨润土、沸石等。致密坚硬者可用作建筑装饰材料。

【霏细岩】felsite

一种结构非常细腻(矿物颗粒非常细小)的酸性火成岩。具霏细结构(长石和石英结晶颗粒细小，结晶程度介于隐晶质与微晶之间)。肉眼几乎看不见斑晶，基质呈隐晶质，脱玻化现象明显，重结晶后出现微晶和雏晶。含长石斑晶者称霏细斑岩。可作为玻璃和陶瓷原料。

【石英斑岩】quartz-porphyry

一种含石英斑晶的酸性浅成岩或喷出岩。斑状结构，斑晶以石英为主，或出现透长石、正长石及黑云母。基质为隐晶质。常呈红褐、褐黄、紫灰、浅绿及灰等色。块状构造，有时显流动构造。多呈脉状产出，有时为浅成岩体的边缘相。岩石抗风化能力强，质地坚硬，是优良的建筑材料，也可用作陶瓷原料。

【玄武岩】basalt

一种基性喷出岩，成分与辉长岩相当，是喷出岩中分布最广的岩石之一(见附图)。主要由基性斜长石和辉石组成，次要矿物有橄榄石、角闪石、黑云母，二氧化硅过饱和时可有少量石英。一般呈灰黑色。斑状结构，斑晶为橄榄石、辉石和基性斜长石。基质一般呈细粒，有时为隐晶质或玻璃质，具间隐结构、拉斑玄武结构、粗玄结构、辉绿结构等。常见气孔状构造、杏仁状构造，六方柱状节理发育。

常呈大面积的岩流产出。可作铸石、岩棉、玄武岩纤维原料。海相喷发的玄武岩常与Cu、Fe矿床有关。新鲜致密的玄武岩，可作建筑装饰材料和高速公路沥青混凝土路面材料。

玄武岩

【玄武安山岩】basaltic andesite

一种成分介于玄武岩和安山岩之间的喷出岩。SiO_2 含量在 52%～57%之间，K_2O＋Na_2O含量的上限不超过 5.9%。矿物以中基性斜长石为主，有时出现橄榄石、辉石、角闪石。岩石结构、构造、性质和用途与玄武岩、安山岩类似。属钙碱性火山岩系，多与玄武岩、安山岩、英安岩等伴生出现。

【浮岩】pumice

又称浮石，一种多孔的酸性喷出岩。多孔，质轻，密度小(0.3～0.4g/cm³)，能浮于水面。化学成分与松脂岩相似，但含水量＜1%。呈白色、浅灰色、浅黄色，偶见浅红色。全玻璃质结构，气孔构造，有时具管状构造(见附图)。是酸性岩浆喷出地表时气体强烈析出、迅速冷凝的产物。可用作过滤剂、干燥剂、催化剂、农用杀虫剂、肥料的载体；可作水泥的活性混合材料。导热率低、隔声效果好，可用作隔热、隔声轻质建筑材料或磨料。

浮岩

【安山岩】andesite

成分相当于闪长岩的喷出岩。矿物主要为中性斜长石和辉石，次为角闪石、黑云母，偶有橄榄石、石英，有时含玻璃质物质。呈灰绿色、褐色，有时为黑色。斑状结构，斑晶以环带斜长石为主，有时为辉石、角闪石；基质多为隐晶质或玻璃质。块状构造，有时为气孔构造、杏仁构造(见附图)。可进一步划分为辉石安山岩、角闪石安山岩、黑云母安山岩。由中性岩浆喷出地表冷凝而成，通常呈岩流。金属矿产有金、银、铜等；致密的安山岩很坚硬，可用作建筑材料，也是良好的耐酸材料。

安山岩

【安粗岩】latite

成分相当于二长岩的中性喷出岩。矿物组成与化学成分介于粗面岩与粗安岩之间。斑状结构，斑晶为碱性长石或斜长石，或两者兼有；基质为微晶交织结构或隐晶质。块状构造。中国的安粗岩主要分布在燕山山脉以及长江中下游的桐庐地区，往往与铁矿具有密切关系。

【粗面岩】trachyte

成分相当于正长岩的中性喷出岩，以岩石断口粗糙而得名。浅灰色、浅黄色、浅红色或褐黄色。斑状结构，基质为隐晶质或粗面结构。流纹或气孔构造。可细分为钾质粗面岩和钠质粗面岩，前者主要含碱性长石(透长石、正长石)和少量斜长石、角闪石、黑云母等；后者主要含钠长石、歪长石及少量角闪石、黑云母等。若含石英，则称石英粗面岩。呈岩流、岩钟、岩墙、岩脉等产出。可作低档建筑材料。

【粗安岩】trachyandensite

又称粗面安山岩，成分介于粗面岩与安山岩之间的一种火山岩。碱性长石和斜长石含量接近。呈白色、灰色、浅黄色或红色。斑状结构或粗面结构。斑晶多为中长石、更长石和暗色矿物，基质有斜长石及碱性长石。气孔构造、块状构造。按 Na_2O/K_2O 比值，可以进一步划分为钠质粗安岩(>1.5)和钾质粗安岩(<1.5)。中国江苏和安徽地区的中生代火山岩中，常见粗安岩，并与铁、铜、黄铁矿矿床等有成因联系。

【响岩】phonolite

一种成分与霞石正长岩相当的喷出岩，因被敲击时发出一种独特响声而得名。主要矿物为碱性长石、似长石、碱性辉石、碱性角闪石。多为斑状结构，斑晶多为透长石、霞石、钠长石、正长石、白榴石等。基质多为隐晶质。灰白色或深灰色。可进一步划分为霞石响岩、白榴石响岩(见附图)和黝方石响岩等。常呈小的岩流或岩钟产出。有关的矿产为金和铜，可作建筑装饰材料。

白榴石响岩

【流纹岩】rhyolite

一种成分与花岗岩相当的酸性喷出岩。常为隐晶质结构和斑状结构，有时见玻璃质和球粒结构。具明显的流纹构造，有时呈条带状或气孔状构造(见附图)。长石和石英含量在90%以上。长石多为透长石和酸性斜长石，有时为歪长石；黑云母或角闪石<10%。长石和石英斑晶含量>30%者，称斑流岩。以歪长石、碱性辉石和碱性角闪石为斑晶者，称碱流岩。呈浅灰白、浅灰、白、灰红和浅紫等色。与沸石、明矾石、叶蜡石、高岭石、蒙脱石、萤石、黄铁矿矿产有成因联系。新鲜岩石抗压强度达 150～300MPa，是理想的建筑石材。具有流纹或特殊球粒结构的新鲜流纹岩，是独特的装饰石材。1982 年中国四川发现一种富钡流纹岩，与多金属矿产关系密切。

流纹岩

【黑曜岩】obsidian

一种酸性玻璃质火山岩，成分与花岗岩相当。几乎全由玻璃质组成，有时含微晶、球粒、球泡等，含水量<1%。一般呈黑色、褐色。显微镜下观察为无色或稍带褐色。微透明，玻璃光泽，贝壳状断口，有时可见气孔。致密块状，有时见石泡构造。常呈岩流、岩床及岩脉产出，有时与流纹岩及石英斑岩共生。系火山喷出的酸性岩浆迅速冷凝而成。1300℃时体积迅速膨胀，膨胀倍率在 20～30，是制备膨胀珍珠岩的原料，也可作装饰品和工艺品。

【松脂岩】pitchstone

具有松脂光泽的玻璃质酸性喷出岩，一种几乎全由玻璃质组成的岩石。化学成分与珍珠岩、黑曜岩相近，含水量>6%。呈黑色、灰色、浅绿色、褐色、黄色、白色。松脂光泽，贝壳状断口。是制造膨胀珍珠岩的原料之一，制品广泛用于建筑、化工、石油、冶金、电力及保温、隔声和土壤改良等领域。琢磨后可作装饰品。中国松脂岩资源较丰富，且多与珍珠岩、黑曜岩共生。

【珍珠岩】perlite

一种具有珍珠结构的酸性玻璃质喷出岩。几乎全由玻璃质组成。化学成分与流纹岩相当，但含水量(2%～6%)高于流纹岩。呈黄白色、浅肉红色、灰色、灰绿色、黄绿色、褐色和灰黑色。珍珠光泽或油脂光泽。具有特殊的弧形裂纹(珍珠结构)。硬度5.5～6，密度2.3g/cm^3左右。高温下可瞬间膨胀，膨胀倍率在7～30之间；膨胀倍率越高，质量越好。膨胀珍珠岩产品分三级：一级为优质品，可作为超轻质填料；二级为中等质量，可作为轻质骨料；三级属下等质量，可作为混凝土骨料。颜色浅、质地纯正、具玻璃光泽或油脂光泽和贝壳状断口者膨胀倍率高；灰色、灰黑色和黑色者膨胀性能较差；全玻璃质者膨胀性能好，隐晶质者、雏晶和斑晶含量多者，膨胀性能差。有明显的流纹构造和含角砾者，膨胀性能较差。含水多的膨胀性能好，含水少而富含铁质的膨胀性能差。中国珍珠岩资源丰富，广泛分布在内蒙古、黑龙江、辽宁、河北、河南、山东、浙江等地。

【碳酸岩】carbonate rock

一种碳酸盐矿物(方解石、白云石、铁白云石、菱铁矿、菱镁矿)含量大于50%的火成岩。按化学成分，可划分为钙质碳酸岩、镁质碳酸岩和铁质碳酸岩；按矿物组成，可划分为方解石碳酸岩、白云石碳酸岩和铁质碳酸岩。浅灰色至灰白色。细粒至粗粒结构，有时呈巨晶结构。常为块状构造，有时见原生条带、球粒和球体构造。与硅酸盐相比，富CaO及CO_2，而贫SiO_2及Al_2O_3；与沉积碳酸盐岩相比，富SiO_2及Fe、Mg、Al、Ti、P，而CaO及CO_2低。次要矿物和副矿物十分丰富，有180余种，包括辉石类、金云母、磷灰石、天青石、铈族稀土氟碳酸盐矿物、磁铁矿、铌钽矿物、铀钍矿物、萤石、碳硅石等。多呈中心型侵入杂岩体产出，产状有岩株，环状、锥状及放射状岩墙，岩床、岩流及岩被等。形成及分布与深大断裂有关，与碱性岩至超基性杂岩体或金伯利岩共生。与铌、钽、稀土元素、磷、铁等成矿关系密切，重要的矿床类型为稀土碳酸岩及烧绿石碳酸岩。世界著名的中国白云鄂博超大型稀土-铁-磷矿床与这类岩石关系密切。

【火山碎屑】volcanic fragment

火山爆发形成的颗粒碎屑物的总称。分布在火山口周围，成分与相应的熔岩一致。按碎屑颗粒大小，可划分为：火山灰(粒径<2mm)、火山砂(粒径为2～5mm)、火山豆(粒径为5～100mm)、火山弹及火山块(粒径>100mm)。细粒玻璃质火山碎屑具有火山灰活性，可作为水泥原料或混凝土掺合料。

【火山碎屑岩】pyroclastic rock

火山喷出的碎屑物质就近堆积或经短距离搬运形成的岩石，是喷出岩中一种常见的岩石类型。按火山碎屑的大小分为：火山集块岩(>100mm)、火山角砾岩(2～100mm)、凝灰岩(<2mm)。常与铁、铜、明矾石、叶蜡石、膨润土、沸石等矿床有关。中国东南沿海上侏罗纪和白垩纪地层中有广泛分布。

【火山集块岩】volcanic agglomerate

一种以粒径大于100mm火山岩块为主要组成的压实固结的火山碎屑岩。火山岩块含量一般在50%以上，棱角明显，形态不规则，有时也有其他岩石的碎块。填隙物以火山灰等细碎屑物为主。通常分布在火山口附近，与火山角砾岩空间关系密切。

【火山角砾岩】volcanic breccia

一种以粒径2～100mm的火山熔岩角砾为主要组成的压实固结的火山碎屑岩。除火山碎屑以外的其他碎屑有石英、长石等矿物或非火山碎屑物。碎屑棱角明显，形态不规则，粒径变化大，分选性差。填隙物为火山灰(尘)等细碎屑物。通常位于火山口附近。

【火山凝灰岩】volcanic tuff

一种以粒径小于2mm的火山碎屑为主要组成的压实固结的火山碎屑岩。碎屑由晶屑、岩屑及玻屑组成，含量小于50%，分选很差，填隙物是更细的火山微尘。分布在火山口周围，但距火山口距离较远。可进一步划分为：玻屑凝灰岩、晶屑凝灰岩、岩屑凝灰岩等。与膨润土、沸石等非金属矿成矿关系密切。可作建筑材料与水泥原料。

【火山灰】volcanic ash

火山爆发过程中形成的粒径小于2mm的火山碎屑物。以玻屑为主，也有岩屑和晶屑。第三纪和第四纪的火山灰大多呈松散状，密度小、孔隙率大、活性大，可用作水泥的活性混合料及混凝土的掺合料，也可制备保温、隔声轻型建筑材料，还可作磨料和填料。主要分布在中国黑龙江北部、吉林东部长白山地区。

【凝灰岩】tuff

一种压实固结的细火山碎屑岩。由火山喷发时形成粒径小于 2mm 的晶屑、玻屑、岩屑等火山碎屑物经压实固结形成的一种岩石。胶结物主要是更细的火山灰。颜色有灰白色、灰色、灰绿色、黄白色、白色、浅紫色、灰紫色、灰黑色。按碎屑成分分为晶屑凝灰岩、玻屑凝灰岩、岩屑凝灰岩和复屑凝灰岩；按化学成分分为玄武质凝灰岩、安山质凝灰岩、英安质凝灰岩、流纹质凝灰岩和粗面质凝灰岩。与凝灰岩有关的矿产有铜、铁、铀和钾、硼、沸石等。孔隙发育的凝灰岩可作轻质建筑材料。富玻屑的酸性凝灰岩可作水泥混合原料。少数坚硬度适中(硬度 3～4)，粒度细而均匀(＜0.01mm)，致密细腻裂隙少的蚀变凝灰岩可作玉石原料，如中国浙江的青田石、昌化的鸡血石。含叶蜡石、绢云母、硬铝石的凝灰岩是玉雕的上等原料。凝灰岩蚀变后还可以形成高岭土、膨润土等矿床。中国东部地区凝灰岩分布广泛。

【流纹质凝灰岩】rhyolitic tuff

一种压实固结的酸性火山碎屑岩。火山碎屑物含量＞50%，粒度＜2mm，被更细的火山碎屑物(火山尘)及火山灰水化学分解产物胶结，构成典型的凝灰结构(见附图)。火山碎屑以玻屑和晶屑为主，岩屑一般不超过 20%。晶屑多为石英和碱性长石。浅绿色、紫红色。岩石致密，分选较差，层状构造不明显。与沸石、蒙脱石等非金属矿成矿关系密切。致密坚硬者可作建筑装饰材料。

流纹质凝灰岩

【混合岩】migmatite

由混合岩化作用形成的岩石的总称。大多由基体和脉体两部分组成。基体是混合岩化过程中残留下来的角闪岩相或麻粒岩相变质岩，脉体是变质过程中新形成的长英质或花岗质岩石。岩石类型有眼球状混合岩、条带状混合岩(见附图)、混合片麻岩、混合花岗岩等。一般产出在太古界地质体中，与鞍山式铁矿、变质型磷矿及石墨等关系密切。

条带状混合岩

【片麻岩】gneiss

一类具有明显片麻状构造的变质岩。矿物主要有长石、石英和暗色矿物，长石含量往往高于石英。暗色矿物为黑云母、角闪石、辉石，总含量大于 15%。有时含硅线石、石榴子石、蓝晶石、堇青石等变质矿物。矿物粒径一般大于 1mm，片麻状构造典型，有时呈眼球状构造或条带状构造(见附图)。可划分为斜长片麻岩、角闪斜长片麻岩、角闪二辉斜长片麻岩、黑云二长片麻岩、绿帘钠长片麻岩、白云钾长片麻岩、刚玉硅线石片麻岩、石榴子石黑云母正长片麻岩、石墨片麻岩、硬玉片麻岩等。通常将由中酸性侵入岩或火山岩变来的称为正片麻岩，由长石砂岩、杂砂岩、钙质泥岩、黏土岩、半泥半砂质岩或相应成分的凝灰质岩石变来的称为副片麻岩。常赋存有云母、

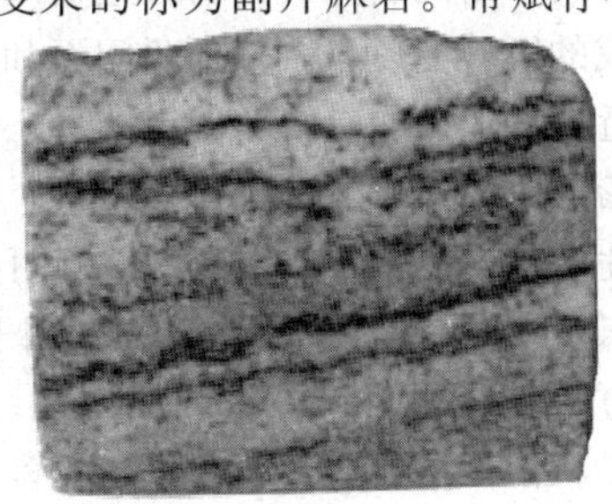

片麻岩

石墨、长石、石榴子石、刚玉、蓝晶石等矿产。色彩鲜艳、花纹美观者可作建筑或装饰石材。

【斜长片麻岩】plagioclase gneiss

一种具有片麻状构造且富含斜长石的变质岩，是片麻岩中最常见的岩石类型。主要由中酸性斜长石、石英、黑云母、普通角闪石、辉石等组成。由中酸性火成岩或硬砂岩经中高级变质作用形成。

【榴辉岩】eclogite

一种主要由镁铝榴石和绿辉石组成的变质岩。有时含透辉石、顽辉石、蓝晶石、金红石、钛铁矿、钠沸石等，偶含金刚石。镁铝榴石占25%～70%，次为铁铝榴石和钙铝榴石。次生矿物有绿泥石、蛇纹石、碳酸盐类及铁的氧化物。化学成分与基性岩相似。呈褐绿色、浅绿色。不等粗粒状或斑状花岗变晶结构，块状构造(见附图)。密度3.6～3.9g/cm^3。在金伯利岩和超基性岩中，呈包体产出，或呈透镜体、析离体产于变质岩中。金伯利岩中的榴辉岩包体被认为是由来自地幔的原始物质形成的。

榴辉岩

【角闪岩】amphibolite

又称斜长角闪岩，一种由普通角闪石和斜长石组成的区域变质岩。普通角闪石和斜长石含量接近，其他矿物有石英、黑云母、铁铝榴石、绿帘石、透辉石和紫苏辉石等。呈深暗色，具片麻状、条带状或块状构造。可进一步分为斜长角闪岩(角闪石>50%、斜长石<50%)和角闪岩(角闪石含量>85%)。该岩石易与“角闪石岩”相混淆，后者角闪石含量虽高(>90%)，但其是一种由岩浆作用形成的超镁铁岩。

【绿片岩】green schist

又称绿色片岩，一种低温、中低压变质环境下形成的区域变质岩石，通常为灰绿色。鳞片变晶结构或纤状变晶结构，片状构造。块状构造者称为绿岩。有时可见变余晖绿结构、变余火山岩结构、变余凝灰结构，变余气孔-杏仁构造、变余枕状构造等。组成矿物有绿泥石、绿帘石、阳起石、钠长石、石英、方解石、黑云母、黑硬绿泥石、微斜长石等。由辉绿岩、玄武岩、杂砂岩、铁质白云质泥灰岩等变质而成。按化学成分可分为钙质绿片岩、钠质绿片岩(细碧岩)；按矿物组合，还可细分钠长绿帘阳起片岩、方解石绿泥石片岩、石英绿帘石片岩等。常伴有Au、Cu、Zn、S、Fe等矿产。绿片岩本身也可作为盆景等观赏石或建筑材料。

【麻粒岩】granulite

一种高级变质的区域变质岩。主要由长石、石英、辉石和石榴子石组成，缺乏含羟基的矿物。典型者为细粒，有时为中粒。花岗变晶(粒状变晶)结构，块状或似片麻状构造。有的麻粒岩含有圆盘状石英或其集合体，被称为麻粒岩结构。按成分可分为基性、中性和酸性麻粒岩。形成条件一般为650～1100℃，0.3～1.8GPa。压力超过1GPa的高压麻粒岩由石榴子石、单斜辉石、斜长石和石英组成，不含同期的紫苏辉石；压力在0.7～1.0GPa之间的中压麻粒岩中，石英不与石榴子石、单斜辉石共生；压力低于0.7GPa的低压麻粒岩中不存在石榴子石和单斜辉石的平衡共生组合。富铝者可有石榴子石-堇青石-硅线石组合，又称孔兹岩。与石墨、硅线石、蓝宝石等矿产关系密切。

【千枚岩】phyllite

具有千枚状构造的低级变质岩，常由黏土岩、粉砂岩及中酸性凝灰岩经区域变质作用形成。典型矿物组合为绢云母、绿泥石和石英，可含少量长石及碳质、铁质。有时还有少量方解石、黑云母、黑硬绿泥石或锰铝榴石等变斑晶。细粒鳞片变晶结构，粒度<0.1mm，显

微变晶片理面上呈绢丝光泽。常见皱纹状片理构造、滑劈理构造等。岩石类型有绢云千枚岩、绿泥千枚岩、石英千枚岩、钙质千枚岩、碳质千枚岩等。

【青磐岩】propylite

又称绿磐岩、变安山岩，一种绿色致密块状的变质岩，由中基性火山岩在中低温热液及火山喷气影响下交代变质而形成。矿物组成以钠长石、阳起石、绿帘石、黝帘石、绿泥石、方解石、白云石为主，其次为绢云母、石英、黄铁矿及其他金属硫化物等。一般为细粒变晶结构，变余斑状结构。常与金、银、铜、铅、锌等金属矿床伴生。

【硅卡岩】skarn

与矽卡岩、夕卡岩同义，一种由接触交代作用形成的变质岩。由中酸性火成岩侵入体与钙质碳酸盐岩石(石灰岩、泥灰岩、白云质灰岩)或火山沉积岩经接触交代作用形成。组成矿物钙铝榴石-钙铁榴石、透辉石-钙铁辉石、符山石、方柱石、硅灰石、透闪石、绿帘石、阳起石、方解石等，有时含磁铁矿、黄铜矿、辉钼矿、白钨矿等。常呈深褐色、褐绿色。粗粒-中粒变晶结构，致密块状构造。是寻找矽卡岩矿床的重要标志，有关矿产为铁、铜、铝、锌、钼、钨、锡、水晶等。

【夕卡岩】skarn

参见本节【硅卡岩】。

【大理岩】marble

俗称大理石，因中国云南大理盛产而得名。由碳酸盐类岩石经区域变质作用或热变质作用形成。主要矿物为方解石和白云石，常含有少量石英、玉髓、石墨、赤铁矿、黄铁矿、绿泥石、蛇纹石、透辉石等。呈白、浅红、浅绿及深灰等各种颜色或花纹。粒状变晶结构，块状构造，有时具条带状构造。岩石类型有白云质大理岩、蛇纹石大理岩、透闪石大理岩、条带状大理岩、粉红色大理岩等。在建筑和工艺美术部门，多根据颜色和花纹命名，如汉白玉、艾叶青、东北红、紫螺纹、雪花等。硬度小，易切割雕刻，磨光效果好，电阻率高，抗压强度 50～190MPa，抗折曲强度 5～32MPa。用作室内饰面材料、建筑石料、电气绝缘材料、工艺美术品原料。中国是大理岩开采最古老的国家之一，大理岩分布广，以云南大理点苍山最著名。

【蛇纹大理岩】ophicalcite

一种富含蛇纹石的大理岩，由白云岩或白云质灰岩等岩石经富含 SiO_2 的热液变质改造形成。以方解石(含量 65%左右)和蛇纹石(含量 20%～30%)为主，另有少量白云母和磁铁矿，偶见滑石、绿泥石等。呈绿色、灰黑色。粒状或斑状变晶结构，致密块状构造。可作建筑装饰材料和雕刻工艺品的原料。

【白云石大理岩】dolomite-marble

一种由石灰岩和白云岩经变质重结晶作用形成的区域变质岩。碳酸盐矿物含量>50%，其他矿物有白云母、斜长石、磁铁矿和石墨等。粒状变晶结构，块状构造，有时可见由原岩层理继承下来的条带状构造。性质与用途参见本节【大理岩】。

【蛇纹岩】serpentinite

一种几乎全部由蛇纹石族矿物组成的变质岩，是纯橄榄岩、橄榄岩、超镁铁质岩石经中低温热液交代作用，使橄榄石和辉石发生蛇纹石化而成(见附图)。以叶蛇纹石、利蛇纹石或纤蛇纹石、胶蛇纹石为主，还常含有镁质碳酸盐、滑石、水镁石、磁铁矿、铬铁矿、尖晶石等。原岩含普通角闪石时则出现透闪石。可见橄榄石和辉石的残留。呈不均匀的黑绿色、暗绿色、黄绿色，颜色的深浅由磁铁矿的含量和粒度决定。风化后颜色变浅，为灰白色。隐晶质致密块状，硬度低，具滑感。显微纤状或鳞片变晶结构。有时可见交代的网状构造。有关

蛇纹岩

的矿产有铬、镍、钴、石棉、滑石、菱镁矿。可作化肥原料和装饰石材。岫岩玉即是一种纯净的蛇纹岩。

【蛇绿岩】ophiolite

又称蛇绿岩套、蛇绿岩建造，是具有特定成分的镁铁-超镁铁质变质岩的组合，而不是一个岩石名称。主要岩石组合包括：由橄榄岩类(蛇纹岩类)变质形成的蛇纹岩和蛇纹岩片岩；由辉岩类变质形成的具有变余枕状构造的绿泥石透闪片岩；由玄武岩变质形成的具有变余气孔或杏仁构造的阳起石片岩或斜长角闪岩等。大多分布在构造活动带、大洋中脊和板块碰撞带上。有关的矿产是铬、铂、金、镍等。蛇绿岩中普遍伴生的蛇纹石，是重要的非金属矿产。

【白粒岩】granulite

又称浅粒岩，由酸性火山岩或长石砂岩经区域变质作用形成的变质岩。暗色矿物<10%，颜色很浅，具粒状变晶结构。主要矿物为钠长石和石英，可含少量黑云母、角闪石、磁铁矿等。白粒岩和砂岩、白云岩、石灰岩、萤石一起可以作玻璃纤维的原料，也可作建筑装饰材料或陶瓷原料。有时可形成铌钽矿床。

【角岩】hornfels

一种由泥质岩石经热接触变质作用形成的变质岩。具典型角岩结构，即显微粒状变晶结构，特征是矿物颗粒之间呈粒状镶嵌，有时出现变斑晶。典型的角岩无明显定向性特征，即使云母、角闪石、红柱石等没有定向排列趋势，但可见变余的层理。主要矿物是石英和云母，其次有长石、角闪石及辉石，可见红柱石、堇青石、石榴子石、硅线石等变斑晶矿物。暗灰至灰白色。致密隐晶质结构和斑状变晶结构，块状构造。岩石类型有泥质角岩或角页岩(原岩为泥质岩石)，二云母角岩(原岩为富钾黏土岩)，红柱石角岩(原岩为富铝黏土岩)，含十字石、石榴子石、堇青石或黑云母的角岩(原岩为铁镁较高的黏土岩)。

【云英岩】greisen

一种由酸性侵入岩经高温汽化热液交代蚀变形成的变质岩。矿物以石英、白云母、锂云母为主，石英多在50%以上，其他矿物有萤石、黄玉、电气石、磷灰石、磷铝锂石、绿柱石、锰铝-铁铝榴石、锡石、黑钨矿、辉钼矿、辉铋矿、毒砂、黄铁矿等。萤石、黄玉、电气石等可分别成带状集中产出而显分带性。灰白色、灰绿色、浅粉红色。中-粗粒鳞片粒状变晶结构，可见变余半自形粒状结构、变余花岗结构、交代假象结构等。块状构造。多分布在花岗岩侵入体边部及接触带附近的围岩中。与W、Sn、Mo、Bi、As 、Be、Nb、Ta 等矿床关系密切。在中国南岭一带常见。

【片岩】schist

一类具有明显片状构造的变质岩石，常具有鳞片(纤维)状、粒状变晶结构。片状至柱状矿物云母类、绿泥石、滑石、角闪石等相互平行排列，形成薄而清晰的片理。粒状矿物为长石、石英。少量铁铝榴石、十字石、蓝晶石变斑晶。按矿物组成可划分为云母片岩、角闪片岩、绿泥片岩、滑石片岩或石英片岩；按化学成分可划分为泥质片岩、富镁片岩、基性片岩和长英质片岩。

【滑石片岩】talc-schist

主要由滑石组成的具片状构造的变质岩。由超基性岩或富含镁质的碳酸盐岩经区域变质作用形成。矿物组成除滑石外，还有少量云母、蛇纹石、石英、绿泥石、菱镁矿、方解石、白云石。淡绿色、灰白色或肉红色。硬度小，具有滑感。滑石含量多时可视为滑石矿石。

【板岩】slate

一种具板状构造的浅变质岩。原岩为泥质岩、粉砂岩或中酸性凝灰岩，经浅变质作用形成。变质程度低，矿物再结晶很差，肉眼不易鉴定其组成，只在劈理面上可见少量绢云母。颜色灰暗或近似黑色。变余结构，板状构造。可进一步划分为黑色碳质板岩、灰绿色板岩、钙质板岩。可沿板理面剥成平整的石板，可作屋瓦、墙体材料及铺路材料。

【页岩】shale

一种具有薄页状或薄片状层理的黏土岩。组成复杂，黏土矿物以水云母为主，常含有石英、长石碎屑、细小岩屑、有机质等混入物。易风化，外貌为土状，有规则的页理，用小锤敲击后可形成薄片状。颜色有绿、黄、红褐等。可分为钙质页岩、铁质页岩、硅质页岩、碳质页岩、黑色页岩、油页岩、粉砂质页岩。由黏土经固结、压密、脱水硬化或重结晶作用形成。某些黏土矿物含量高、固结强度低的页岩，可作粗陶、砖瓦原料、陶粒原料和水泥配料。

【石英岩】quartzite

一类由区域变质作用或热接触变质作用形成富含石英的变质岩（见附图）。石英含量>85%，其他矿物有长石、绢云母、白云母、黑云母、角闪石及绿泥石。细至粗粒粒状变晶结构，块状构造、片状构造、条带状构造。纯的石英岩，颜色浅白；含钛高时，常呈红色。具清楚片理构造者称石英片岩。长石含量<20%者称长石石英岩。分布较广，是优良的建筑材料和玻璃原料，石英含量极高、颗粒细而均匀、致密且硬度大者可作高级磨料。

石英岩

【磁铁石英岩】magnet quartzite

石英岩的一种，主要由石英和磁铁矿（有时为赤铁矿）组成的区域变质岩（见附图）。含

磁铁石英岩

少量铁闪石、镁铁闪石、透辉石、斜方辉石。粒状变晶结构、条带状构造或块状构造。铁含量大于20%时可作铁矿石开采。

【次生石英岩】secondary quartzite

由酸性或中酸性次火山岩、火山岩经火山作用后期热液交代形成的变质岩。石英含量70%～75%，其他矿物有明矾石、高岭石、红柱石、水铝石、刚玉及叶蜡石。浅灰色、暗灰色。细粒变晶或变余斑状结构，致密块状构造。硬度较大。与明矾石、高岭石、叶蜡石、水铝石、刚玉、红柱石及铜、金、银等成矿作用关系密切。质地细腻的叶蜡石次生石英岩称为印章石，可加工工艺玉雕。中国福州寿山石中的“田黄”“艾绿”，浙江昌化鸡血石、青田石、阳平石、宁波石，内蒙古的巴林鸡血石以及广东的广绿石等都是名贵品种。

【燧石岩】silexite

又称燧石，俗称火石，一种具贝壳状断口、致密坚硬的隐晶质或显微晶质的硅质岩。主要由玉髓和自生的微粒石英或蛋白石组成，还常见黏土矿物、碳酸盐类、有机质等混入物，也可有少量的硅质生物碎屑。贝壳状或瓷状断口。通常呈灰色、灰黑色、黑色，也有黄白色、黄色、褐红色等。可分为层状燧石岩和结核状燧石岩。可加工成油石和细工磨石，色彩美观者可作为玉石，也可作为工业用硅质原料。

【火石】flint

参见本节【燧石岩】。

【碳酸盐岩】carbonatite

沉积形成的碳酸盐矿物含量超过50%的岩石的总称。主要矿物为方解石、白云石和铁白云石，非碳酸盐矿物有石英、长石、云母和黏土矿物及重矿物。自生矿物有石英、海绿石、磷酸盐矿物、石膏。结晶粒状结构、鲕状结构、豆状结构、碎屑结构、生物结构等。按化学成分可划分为超高钙石灰岩（$CaCO_3$>97.5%）、高钙石灰岩（$CaCO_3$>95%）、高纯碳酸盐岩（$CaCO_3$+$MgCO_3$>95%）和高镁白云岩（$MgCO_3$>95%）。碳酸盐岩中储集有丰富的石油、天然气和地下水，全球碳酸盐岩型油气田储量占总储量的50%，占总产量的

60%。与碳酸盐岩有关的固体矿产有石膏、岩盐、钾盐以及汞、锑、铜、铅、锌、银、镍、钴、铀、钒。

【石灰岩】limestone

俗称石灰石或青石，一种以方解石为主要矿物的沉积岩。纯净者呈灰色、浅灰色，含泥质或白云质时呈灰白色、黄白色，含有机质较多时呈灰黑、深灰色。硬度3，遇稀盐酸强烈起泡。按成分可分为石灰岩、含泥质灰岩、白云质灰岩；按结构可分为粒屑亮晶灰岩(包含竹叶状灰岩、鲕粒灰岩、生物碎屑灰岩)、粒屑微晶灰岩、泥晶灰岩、生物礁灰岩、藻灰岩等。是生产硅酸盐水泥的主要原料，可用作冶炼用熔剂，还可作为生产苏打、电石、染料、漂白剂、造纸、肥料及其他化工产品的原料；可用作食品业中的澄清剂，可作为瓷釉的配料，在环保方面可用作吸附剂，在农牧业中用来改良土壤和作家畜饲料的配料，可用来烧制石灰或直接用作建筑石材、铁路枕木垫石。结晶均匀、纹理特别的石灰岩可作装饰石材。石灰岩的大裂隙或空洞中有时可形成纯净透明的冰洲石，是宝贵的光学材料；晶莹透亮的方解石晶簇可作为装饰品。一些微晶硅质石灰岩，石质致密细腻，孔隙小而少，微晶石英颗粒分布均匀，是名贵的砚石原料。

【鲕状灰岩】oolitic limestone

又称鲕粒灰岩，一种由特殊的鲕状(鱼卵状)方解石颗粒组成的石灰岩(见附图)。主要组成为方解石，还含有燧石、磷酸盐、白云石、赤铁矿等。鲕粒一般在0.5～2mm，外形有球状、椭球状。常呈褐红色、黑灰色。按鲕粒间填隙物成分可分为亮晶鲕灰岩和泥晶鲕灰岩；按鲕粒内部结构，可分为正常鲕灰岩、薄皮鲕灰岩、假鲕灰岩、变鲕灰岩、复鲕灰岩。是良好的储油岩。用途参见本节【石灰岩】。

鲕状灰岩

【泥灰岩】mud limestone

一种介于碳酸盐岩和黏土岩之间的过渡类型岩石。碳酸钙矿物含量50%～75%，黏土物质50%～25%。常混有各种铁的化合物，故染成红褐色、黄色、淡绿色及各种杂色。微粒或泥质结构，颗粒粒径<0.01mm。因含黏土质，加盐酸起泡后有泥质残余物。可作水泥原料或建筑石料。

【白云质灰岩】dolomitic limestone

又称云灰岩，一种以方解石(含量75%～50%)和白云石(含量25%～50%)为主要矿物的碳酸盐岩石。除碳酸盐矿物外，非碳酸盐混入物含量<10%。深灰色，粉晶结构，花斑状构造。

【白云岩】dolomitite

一种富含白云石的碳酸盐类沉积岩。除白云石外，还可见方解石、黏土、石膏等。灰、白、浅红等色，粒状结构，致密块状构造。白云岩外貌与石灰岩相似，但遇稀盐酸不起泡或极缓慢地微微起泡(石灰岩强烈起泡)。按成因可分为原生白云岩、成岩白云岩和后生白云岩；按结构可分为结晶白云岩、异化粒子白云岩、碎屑白云岩、微晶白云岩。冶金工业中主要用作耐火材料，可作冶炼用熔剂。可用于制备铸石、提炼金属镁、制造钙镁磷肥和含镁水泥等。

【白垩】chalk

主要由显微粒状石灰岩和海生生物(贝壳、有孔虫等)遗骸以及细粒(0.0005～0.01mm)方解石组成的疏松土状生物化学沉积岩。岩石洁白，硬度小，黏附性强，吸水性小，吸油性强。是生产水泥的优良钙质原料，还可用作玻璃、陶瓷引入氧化钙的原料。可用作橡胶、油布、造纸、白色涂料的填充料，铸型的辅助材料。

【绢云母岩】sericite-schist

又称绢云母片岩，以绢云母为主要矿物的变质岩。除绢云母外，还有绿泥石、石英、长石等。灰色，鳞片变晶结构。片状构造，片理面呈丝绢光泽。由泥岩、粉砂岩以及中酸性凝灰质岩石经区域变质作用形成，是提取绢云母的对象。用途参见 6.1.1【绢云母】。

【滑石岩】talc rock

以滑石为主要矿物的变质岩，滑石含量一般为30%～70%，其他矿物有菱镁矿、白云石、方解石。含铁较少，颜色较浅。可划分为：(1)滑石-绿泥石岩，除滑石、绿泥石外，还含少量蛇纹石、辉石，含铁较多高，颜色较深；(2)滑石-碳酸盐岩。是提取滑石的主要矿石。

【砾石】gravel

一类具有一定磨圆度、粒径小于 2mm 的岩石或矿物的碎块。由曝露在地表的基岩经机械风化破碎搬运而形。受搬运作用影响，它具有一定的磨圆度，常堆积在山麓山前地带或河床、三角洲中。成分相当复杂，包括各种岩浆岩、沉积岩和变质岩以及脉石英等。是制备水泥混凝土的重要粗骨料。在仿古建筑庭院中用作铺路、砌墙原料。建筑用砾石，其含泥量应小于 2%，不含块状黏土，针状、片状的颗粒含量小于 25%。

【砾岩】conglomerate

一种由粒径小于 2mm 的圆状、次圆状角砾经胶结而成的碎屑岩(见附图)。填隙胶结物为砂、粉砂、黏土物质和化学沉淀物等。按砾石成分，可分为单成分砾岩和复成分砾岩；按地层产状，可分为底砾岩和层间砾岩；按成因，可分为海滨砾岩、河流砾岩、洪积砾岩。是良好的建筑石料，可作混凝土骨料。有些砾岩中还含铂及金刚石等矿产。

砾岩

【卵石】gravel; pebble

参见 8.3.2【卵石】。

【砂】sand

一种粒径在 0.05～2mm 的碎屑，有天然砂和人工砂两类。天然砂是由曝露在地表的各种岩石经风化破碎而成，成分以石英、长石、云母、磁铁矿为主，在第四纪沉积物以及现代河流、湖泊、海滩以及沙漠地带广泛分布。按成因可划分为：坡积砂、冲积砂、湖相砂、海相砂及风成砂。中国东南沿海等地有质量好的海相砂和冲积砂；东北、华北、中南及西南各区分布有质量好的冲积砂和湖相砂；西北地区有较多的风成砂。人工砂是由岩石轧碎而成。砂不具有粘结性和可塑性，透水性良好。砂是建筑领域常用的原料，也可作为过滤材料。石英砂是玻璃、陶瓷、耐火材料以及合成碳化硅的原料。

【砂岩】sandstone

一种由砂级碎屑经胶结固化形成的碎屑沉积岩(见附图)。石英、长石等碎屑成分占50%以上，粒径在0.05～2mm。地壳表层岩石经风化、剥蚀、搬运、沉积、胶结固化成岩等作用形成。由碎屑和填隙物两部分构成。碎屑除石英和长石外，还有白云母、方解石、黏土矿物、白云石、磁铁矿等。填隙物有颗粒更细的黏土或粉砂质颗粒，以及硅质和碳酸盐质物质。可划分为石英砂岩、长石砂岩和岩屑砂岩等类型。砂层和砂岩构成石油、天然气和地下水的主要储集层。砂岩可用作磨料、玻璃原料。胶结坚硬的砂岩可作建筑材料。有的砂岩中富含砂金、锆石、金刚石、钛铁矿、金红石等矿产。

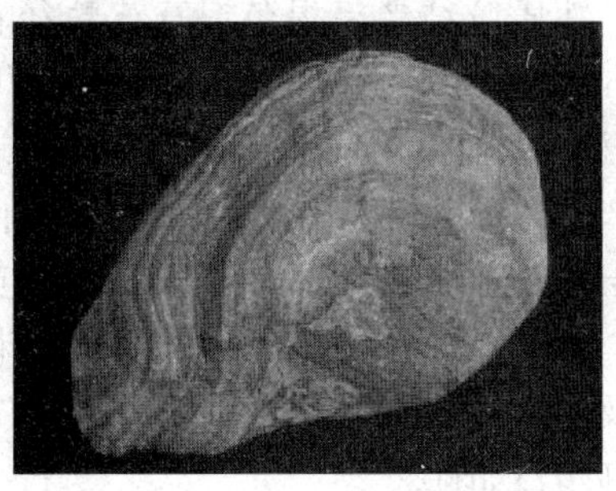

砂岩

【粉砂岩】siltstone

一种由粉砂级碎屑经胶结固化形成的碎屑沉积岩(见附图)。粒径为 0.0625～0.0039mm 的粉砂含量＞50%，呈棱角状，磨圆度不高。胶结物为黏土质、硅质、铁质及碳酸盐质物质。矿物主要为石英，其他有长石、云母、黏土矿物及重矿物等。淡黄色、淡红色、淡棕色，铁质胶结时呈褐红色、紫红色。层理构造及条带状构造。是重要的油-气储层。

粉砂岩

【角砾岩】breccia

一种由粒径小于 2mm 的棱角状、次棱角状砾石经胶结而成的碎屑岩。碎屑通常没有经过搬运或搬运距离很短，磨圆度极低，分选很差，形状各异，棱角分明。胶结物质多为硅质、碳酸盐、氧化铁及黏土物质。按成因可划分为岩溶角砾岩、成岩角砾岩、后生角砾岩、火山角砾岩、山麓堆积角砾岩、冰川角砾岩、断层角砾岩。

【石英砂岩】quartz sandstone

一种富含石英碎屑的沉积岩。石英碎屑含量＞90%。胶结物常为硅质、钙质、铁质和黏土质。浅灰白色、白色、淡黄色、淡红色、浅黄色；铁质胶结者呈褐色。石英粒径在 2～0.05mm，其中多数在 0.5～0.1mm。中国石英砂岩资源丰富，自前寒武纪至第三纪地层中均有产出，特别是华北地区元古代和华南古生代地层中，有质量优异、储量丰富的石英砂岩矿床。可用作玻璃、陶瓷、硅质耐火材料的原料以及水泥的配料。

【长石砂岩】arkose

一种长石碎屑含量大于 25% 的沉积岩。长石多为酸性斜长石和碱性长石。胶结物多为碳酸盐质、硅质、铁质组分。粗粒结构，分选性和磨圆度变化较大。淡红色、浅棕色及灰色。多由花岗岩、片麻岩等长英质母岩经机械风化和短距离搬运，在山前或山间盆地堆积而成。可作建筑石料。

【沉积石英岩】orthoquartzite

又称正石英岩，一种以硅质作胶结物的砂岩。硅质胶结物全部发生了重结晶，有的在原石英颗粒周边形成了次生加大边。不含或含有很少的黏土和其他杂质矿物。碎屑颗粒与胶结物界限模糊，胶结紧密，岩石坚硬，抗风化能力很强。化学成分较稳定，SiO_2 含量 96%～99%，Al_2O_3 一般小于 0.5%，Fe_2O_3＜0.13%。可人工破碎成不同粒级的石英砂，使用价值与天然石英砂相同。

【粉石英】silt quartz

天然形成的平均粒径在 20mm 左右的石英粉末。以石英为主，有少量玉髓、黏土矿物等。SiO_2 含量＞96%。白色、灰白色或黄白色，粉末状，白度高。原矿石饱和吸水量 20%～35%。耐火度 1750～1832℃。作为工业原料一般无须破碎和研磨。可用作陶瓷、玻璃、耐火材料原料，可作涂料、橡胶填料，可用作精细磨料、抛光料和精密铸造型砂。中国江西、湖南等地粉石英资源丰富。

【沸石岩】zeolite rock

一种以沸石为主要矿物的硅铝质岩石。可划分为单一型沸石岩和混合型沸石岩。单一型沸石岩以一种沸石为主，不含其他沸石或其含量＜5%，如丝光沸石岩、斜发沸石岩、片沸石岩等。除沸石外的其他有石英、长石、蒙脱石、绢云母、高岭石。呈浅红色、浅黄色、浅灰色、浅绿色、灰黑色。密度 2.05～2.22g/cm³。混合型沸石岩含有两种或两种以上的沸石。可用作水泥混合料、轻质建材原料、土壤改良剂、环境材料等。

【泥岩】mud rock

一种成分复杂、层理不明显的块状黏土岩。由弱固结黏土经过挤压、脱水、重结晶及胶结等地质作用形成。呈块状，可塑性较差，遇水不立即膨胀。颜色较浅者较坚硬。黑色泥岩常含有机质，是良好的生油岩系。产于煤系地层或第四纪沉积层中的浅色泥岩可作陶瓷和耐火材料原料。

【黏土】clay

由粒径小于0.002mm的黏土矿物组成的土状集合体的总称。富含高岭石、多水高岭石、水云母和蒙脱石等黏土矿物，含少量石英、云母、长石、方解石、褐铁矿、黄铁矿、沸石、明矾石、蛋白石、玉髓和有机质。化学成分主要为 SiO_2、Al_2O_3 和 H_2O。具有粘结性、可塑性、吸附性、膨胀性、耐火性和烧结性。按矿物组成可分为高岭石黏土、蒙脱石黏土、水云母黏土、坡缕石黏土、海泡石黏土、陶土等；按用途或某些特征可分为耐火黏土、陶瓷黏土、陶粒黏土、砖瓦黏土、膨润土等。按可塑性分为可塑性黏土(称软质黏土)、半软质黏土和硬质黏土；按耐火度可分为耐火黏土(耐火度>1580℃)、难熔黏土(耐火度为1350～1580℃)和易熔黏土(耐火度<1350℃)；按成因可分为热液蚀变型黏土、风化残积型黏土(残余黏土)和沉积型黏土。是陶瓷、耐火材料、建筑砖瓦和水泥的重要原料。活性白土、漂白土、膨润土可作漂白剂、钻探泥浆及机械铸模原料。

【黏土岩】clay rock

由粒径小于0.002mm的黏土矿物固结形成的沉积岩的总称。矿物组成、化学成分和用途与黏土相似。

【软质黏土】plastic clay

又称软质高岭土，高岭石黏土的一种类型。以质地、可塑性、Al_2O_3 和砂质含量区别于其他高岭石黏土，特征为：质软，可塑性较强，Al_2O_3 含量>24%，砂质含量<50%。

【硬质黏土】flint clay

又称燧石状黏土，一种坚硬的非塑性高岭石质黏土岩。具有贝壳状断口，遇水不松散，但在水中研磨后可产生一定的塑性。

【耐火黏土】fire clay

耐火度高于1580℃的黏土，富含高岭石、水云母等矿物。Al_2O_3 含量30%～50%，Fe_2O_3、CaO、MgO、K_2O、Na_2O 的含量低。灰色至淡黄色。具可塑性，干燥煅烧后呈致密块状。按可塑性分为软质、半软质和硬质耐火黏土三种。用于制备冶金、水泥窑炉中炉壁、窑衬的耐火砖，可作水泥及坩埚掺合料。

【高岭土】kaolin

又称高岭石黏土、瓷土。因发现于中国江西景德镇附近的高岭村而得名。一种以高岭石或多水高岭石为主要矿物的黏土。杂质矿物有水云母、明矾石、水铝英石、蒙脱石、石英、云母、碳酸盐、铁的硫化物和氧化物、有机质等。白色，含杂质时呈黄色、灰色或玫瑰色。致密状、角砾状或疏松土状。质软有滑腻感。干燥时粘舌、并有土味。浸水易崩解但不膨胀。硬度1~2.5，密度2.2～2.6g/cm^3。可塑性、粘结力、流变性好，耐火度高。主要用作陶瓷和耐火材料原料，可作造纸、橡胶、塑料、油漆、纺织、牙膏、软膏及药片的填料。在古代医药中，高岭土称为白石脂，性平，治黄疸、泻痢和邪气肿痛等。风化型高岭土矿床为主要矿床类型，沉积型次之，热液型矿床在中国规模较小。江西景德镇高岭土矿床属风化残积型。

【球土】ball clay

一种成分和性质与高岭土相近的黏土。在英国、美国、印度和南非等国，据其球状形态而命名。高岭石含量一般大于70%，其他矿物有石英、云母、伊利石、蒙脱石、绿泥石、有机质等。煅烧后白度比煅烧高岭土略低，但塑性较高岭土好。

【瓷土】china clay

用于制作日用瓷、艺术瓷及电瓷的黏土，主要是指高岭土。可与其他黏土，如镁质黏土(滑石黏土)、水云母黏土、膨润土等配合制作瓷器。

【瓷石】china stone

一种制瓷器用石质原料。主要由石英、长石、绢云母和高岭石组成，含少量蒙脱石或多水高岭石、玉髓、白云石、褐铁矿。主要化学成分为 SiO_2 > 70%、Al_2O_3 < 20%，K_2O、Na_2O、Fe_2O_3 一般<1%。灰白色、青灰色。

斑状或残余斑状结构，致密块状或疏松土块状构造。由细晶岩、石英斑岩、霏细岩等酸性浅成岩热液蚀变而成。可塑性差，熔烧后白度高，干燥强度大，收缩率高。可作陶瓷原料。

【陶土】pottery clay

烧制陶器用黏土。由水云母、高岭石、蒙脱石、石英和长石组成的粉砂-砂质黏土。与高岭土、膨润土相比，其 Al_2O_3 含量较低，SiO_2 及 Fe_2O_3 含量较高，粒度较粗。呈紫色、浅灰色、黄色。具吸水性、吸附性极高的粘结力和可塑性。加水后可塑性中等。干燥和烧结性能较好。中国宜兴丁蜀镇有“陶都”之称，所产紫砂陶器驰名中外。

【红土】red clay

又称红土岩，由玄武岩等富含铝硅酸盐经化学风化作用形成的黏土岩。主要矿物组成有褐铁矿、针钛矿、水赤铁矿、高岭石、三水铝矿等。呈不同的红色。硬度2～3，密度2.4～3.2g/cm^3。遇水不崩解，可制砖，风干后作建筑材料。Al_2O_3 含量超过50%者可作铝矿石使用。古代用作建筑粉饰红墙的材料。

【黄土】loess

一种第四纪陆相黄色黏土质粉砂沉积物。碎屑以石英、长石为主，其次为云母和重矿物。黏土矿物主要是伊利石、蒙脱石、高岭石。粒度0.1～0.05mm的粉砂占60%以上，黏土物质含量可达40%。黄灰色或棕黄色，含多量钙质或黄土结核，呈疏松或半固结状，孔隙度40%～50%。垂直节理发育，极易渗水。干燥时较坚硬；被水浸湿后，容易剥落和遭受侵蚀，甚至发生坍陷。主要分布于较为干燥的中纬度地区。中国西北的黄土高原是世界上规模最大的黄土高原，华北的黄土平原是世界上规模最大的黄土平原。可制备烧结黏土砖，可作水泥配料。

【硅藻土】diatomite

一种生物成因的硅质沉积岩，主要由硅藻遗骸组成，化学成分以 SiO_2 为主，矿物组成为蛋白石及其变种。纯净者呈白色，常因含铁的氧化物或有机质而呈灰白色、浅黄色、灰色至黑色。土状光泽，无解理，质轻，多孔，易碎成土状(见附图)。硅藻硬度4.5～5。纯净干燥者密度0.4～0.5g/cm^3；堆积密度0.2～0.6g/cm^3；熔点1400～1650℃。能吸附自身重量1.5～4.0倍的水。比表面积19～65m^2/g，孔体积0.4～1.4cm^3/g，孔半径500×10^{-10}～8000×10^{-10}m。可用于啤酒、饮料、油脂、化学试剂、药品和水的过滤材料；可作油漆、涂料、塑料、橡胶和改性沥青的填充剂；可用来生产保温板、保温砖、保温管和微孔硅酸钙板等保温隔热制品；可用来处理工业及生活污水；可作为催化剂的载体；可作为化肥和农药的载体和防结块剂；可制备精细磨料、抛光剂、清洗剂、气相色谱载体、洗涤剂、化妆品和炸药密度调节剂。中国硅藻土矿床多形成于第三纪或第四纪，与玄武岩有较密切的生成关系，主要分布在山东临朐、浙江嵊县、吉林长白、云南寻甸等地。

硅藻土

【海泡石黏土】sepiolite clay

一种以海泡石为主要矿物的黏土或岩石，成因有热液型和沉积型。热液型海泡石黏土海泡石含量为80%～90%，少量石英、白云石、方解石、蛋白石、云母、滑石。沉积型海泡石黏土海泡石含量为30%～95%，伴生矿物有蒙脱石、坡缕石、高岭石、方解石、滑石及硫酸盐类矿物。这类矿床规模较大，有工业价值的类型。海泡石黏土外观常为致密块状、土状，呈浅灰色、灰白色、浅灰绿色等。硬度2左右，易碎、质轻，密度约为2g/cm^3。海泡石黏土湿时柔软，收缩率低，比表面积大，吸附性、脱色性、分散性、可塑性好，抗盐性高于其他黏土。主要用于陶瓷、环保、冶金、铸造、塑料、橡胶、化工、轻工、石油、建筑和农牧业等领域。是配制钻井泥浆的最好原料，也是油脂和石油精炼中常用的吸附剂或过滤剂。

【凹凸棒石黏土】attapulgite clay

又称坡缕石黏土，以凹凸棒石为主要物相的一种黏土，其他矿物有海泡石、蒙脱石、高岭石、云母、石英、蛋白石、方解石等。成分单一、质地纯净者少见。呈白色、灰白色、灰色、灰绿色。土状，有滑腻感，易碎。硬度1.5～2，密度为2g/cm^{3}左右。凹凸棒石黏土湿润时有良好的可塑性和粘结性，干燥时有很好的吸附性，吸附后体积不膨胀，有较强的脱色能力和除臭性能，能吸附毒气与肠道中的毒素等。有良好的触变性和保温性，在高温下和盐水中稳定性好。用途与海泡石相同，有热液型和沉积型两种成因类型。中国已发现的凹凸棒石黏土矿集中在江苏六合和盱眙、安徽嘉山、甘肃张掖等地。

【坡缕石黏土】palygorskite clay

参见本节【凹凸棒石黏土】

【累托石黏土】rectorite clay

一种以累托石为主要矿物的黏土岩。主要矿物为累托石，其他矿物有高岭石、水云母、硬水铝石、蒙脱石，微量杂质有石英、长石、叶蜡石、绿泥石、方解石、黄铁矿、白铁矿、针铁矿、玉髓、石膏和炭质。纯净者呈白色，因含杂质而呈灰、深灰、灰绿和灰黑等色。干燥者为块状或土状，颗粒细小，泥质结构，具滑感；遇水膨胀，有可塑性，高温性质稳定。可作石油炼化催化剂；作为石油钻井泥浆原料，可制成失水量小、不需预水化、耐高温的优质泥浆。作为陶瓷、染料、冶金、铸造、橡胶、化工、轻工与建筑材料具有良好的工艺性能。

【伊利石黏土】illite clay

一种富含伊利石的黏土。主要矿物为伊利石，其他有绢云母、石英、叶蜡石、高岭石和黄铁矿，有时含有少量的绿泥石、绿帘石。钾、铝含量较高。灰绿色、黄绿色、灰黄色、灰白色或灰黑色。油脂光泽，有油腻感，硬度1左右，干燥后会自行碎裂成为小块和粉末。泥质结构或粉砂泥质结构。可用作陶瓷、硫酸铝、钾钙肥、磷钾钙肥、三氯化铝、氯化钾原料或造纸填料。含杂质较多的伊利石黏土，可作砖瓦原料。中国伊利石黏土主要分布在东部沿海地区。

【膨润土】bentonite

又称膨土岩或斑脱岩。一种以蒙脱石为主要矿物组成的黏土。蒙脱石含量可达85%～90%，含少量高岭石、伊利石、石英、长石、方解石、贝得石、石膏，偶尔含沸石和坡缕石。白色、灰白色、灰色、灰绿色、淡黄绿色、粉红色、肉红色、砖红色、褐红色、灰黑色。油脂、蜡状、土状光泽。贝壳状断口，致密块状或松散土状。泥质或粉砂质结构。按化学成分分为钠质膨润土和钙质膨润土，前者的综合性能优于后者，但钙质膨润土的使用性能可通过钠化改性得以改善和提高。具有强的膨胀性、吸湿性和可塑性，可吸附8～15倍于自身体积的水，体积膨胀可达数倍至数十倍；有较强吸附能力、离子交换能力和脱色能力；在水介质中能分散成胶凝状悬浮液，具有一定的黏滞性、触变性或润滑性。可作陶瓷、钻探泥浆及铸模原料；可作脱色剂和净化剂和黏合剂；可代替面粉作纺织纱浆和制浆糊；可制成黏土有机复合体，用作高温润滑剂。中国膨润土资源丰富，但钠质类型较少。

【斑脱岩】bentonite

参见本节【膨润土】。

【漂白土】bleaching clay

又称漂白黏土，一种活性很强的黏土。最初用作漂白剂，故名漂白土。主要矿物为蒙脱石，含少量蛋白石、长石、黑云母、方沸石等。化学成分与膨润土相似。浅灰色、浅棕色、浅绿灰色至近黑色。无黏性或略有黏性。浸于水中分散成细小粉末，具有吸附大量色素、有机质及某些矿物杂质的能力。与膨润土不同处在于不具膨胀性。工业用漂白土有两种：一是未经处理的天然漂白土，又称酸性白土；二是用酸处理(活化)后的漂白黏土，又称活性白土。漂白土系火山玻璃在碱性介质环境下经低温热液蚀变或脱玻化的产物。主要用作精炼石油化工产品以及脂肪、糖液、松香的脱色剂、净化剂，可作粉剂农药的填料。

【陶粒页岩】haydite shale

一类适宜烧制陶粒的沉积岩或浅变质岩的总称，包括页岩、泥岩、泥板岩和千枚岩等，但以碳质页岩和深色页岩为主。颜色较深。化学成分较复杂。它们的共同特点是，在高温下易产生熔体，且能释放较多的气体，膨胀性好。影响膨胀的因素是CO_2和结晶水的含量，两者愈高，膨胀性能愈好。

【陶粒黏土】haydite clay

一种适宜烧制陶粒的黏土。对陶粒黏土的技术要求主要是：(1)有良好的膨胀性能，烧制后能形成封闭式多孔结构；(2)烧制温度不宜太高，最高不超过1300℃，且在1050～1200℃范围内具有良好的膨胀性，膨胀率＞2；烧制过程应有较宽的软化温度范围，最好大于70℃；(3)矿物颗粒愈细愈好，化学成分要求不严格。

【富钴结壳】cobalt-rich crusts

又称钴结壳，一种赋存在大洋海底海山斜坡上的富含铁镍钴的皮壳状岩石(矿石)。厚度多在几厘米，最厚者可达15cm。上表面呈肾状、鲕状或瘤状。断面呈层纹状，有时呈枝杈状。黑色、黑褐色。矿物组成以铁锰氧化物和氢氧化物为主(δ-MnO_2和针铁矿)。金属元素含量(平均值)为：锰2.47%、钴0.90%、镍0.5%、铜0.06%、铂(0.14～0.88)$\times 10^{-6}$，富含稀土元素和磷，是极具开采前景的海底固体矿产资源。

【锰结核】manganese nodule

又称多金属结核，一种富含铁锰矿物的不规则状结核体。呈球状、椭圆状、马铃薯状、葡萄状、扁平状、炉渣状。大小从几微米到数十厘米。颜色呈黑色和褐黑色，具纹层结构。锰矿物以水羟锰矿为主，含有石英、沸石、斜长石、方解石等碎屑矿物。主要分布在水深4000～6000m的大洋海底平原之上。富含锰(27%～30%)、镍(1.25%～1.5%)、铜(1%～1.4%)及钴(0.2%～0.25%)等，是极具开发前景的海底固体矿产资源。

【磷质岩】phosphate rock

一类富含磷酸盐矿物的沉积岩。按含磷量可分为三种类型：含磷沉积岩(P_2O_5＜8%)、磷质岩(P_2O_5 8%～18%)、磷块岩(P_2O_5＞18%)，以磷块岩工业价值最大。主要矿物为微晶质磷灰石，有氟磷灰石、细晶磷灰石和胶磷矿等。杂质有方解石、海绿石、石英、黄铁矿及有机质。高品质的磷质岩，磷酸盐矿物＞90%，P_2O_5含量30%～40%。成因类型有机械沉积、化学或生物化学沉积、生物作用和次生及重结晶等。多为灰褐色、深灰色、灰黑色。是提取磷、制取磷酸盐和磷肥的主要原料。中国磷矿主要分布在云南、湖北、贵州、山东等地。俄罗斯、美国、突尼斯、摩洛哥、伊朗及阿尔及利亚等国磷矿资源也较丰富。

【铝土矿】bauxite

又称铝矾土，一种以一水硬铝石、一水软铝石和三水铝石为主要矿物的矿石(见附图)。杂质有高岭石、绿泥石、赤铁矿、水云母、石英。Al_2O_3含量在40%～75%、SiO_2 1%～2%、Fe_2O_3 0～37%、TiO_2 1%～8.5%、H_2O 8%～8.5%。浅灰白色、灰褐色至黑色，有时有红褐色斑点。隐晶质结构，豆状或块状构造。密度在2.5g/cm^{3}左右。吸水性小，有时有磁性，有粗糙感。中国铝土矿类型有一水硬铝石铝土矿、高岭石-水硬铝石铝土矿、绿泥石-水硬铝石铝土矿、一水软铝石-硬铝石铝土矿、三水铝石铝土矿。主要由富铝岩石经强烈化学风化作用形成，或由富铝胶体沉积形成。是提炼金属铝或制备氧化铝的重要原料，可作人工磨料、矾土水泥原料和耐火材料。

铝土矿

【麦饭石】maifan stone

又称长寿石、健康石、矿泉药石、神石，因貌似稻米饭或大麦、小麦饭而得名。它是一类中酸性或偏碱性的侵入岩原地风化的产物。岩石类型包括二长岩、石英二长岩、二长花岗岩、二长斑岩、闪长玢岩。主要矿物以斜长石、碱性长石、石英为主，少量黑云母、角闪石、高岭石、多水高岭石、蒙脱石、绿泥石、绢云母、水云母、水铝石。化学成分上，SiO_2、Al_2O_3、MgO、CaO、Fe_2O_3、FeO、K_2O、Na_2O为主要氧化物，微量元素有Cu、Mn、Co、Ni、V、Cs、Sn、Zn、Ti、P、Se等，被认为是具有医疗保健作用的矿石，原岩风化形成的黏土矿物具有吸附能力，具有净化水体的作用。具有改善所在地地下水水质的作用，可以增加水体中对人体健康以及植物生长有益的微量元素的含量。麦饭石的质量主要取决于原岩风化蚀变程度以及有益微量元素含量。

【石英砂】quartz sand

又称硅砂，有天然石英砂和人工石英砂两类。天然石英砂是由物理风化产生的石英颗粒经水或风力搬运堆积而成。石英含量＞95%，杂质有长石(＜5%)、重矿物及有机质。石英颗粒大小均匀(0.5～0.15mm)，表面光滑，圆度及分选性较好。质地纯净者为白色，含铁质时呈淡黄色、浅灰色或褐红色。在工业领域，也将由石英砂岩、石英岩、脉石经人工破碎加工而成的石英碎屑称为石英砂。它们是制造玻璃、硅质耐火材料和陶瓷的重要原料。石英砂中的Fe_2O_3、Cr_2O_3及TiO_2为有害组分，可降低玻璃透明度、引起玻璃结石并产生颜色。

【陶粒】haydite

一种人工制备的陶质颗粒，形态以圆形或椭圆形球体为主，有时呈不规则碎石状。表面是一层坚硬的陶质或釉质外壳，内部结构呈密集分布的封闭型蜂窝状微孔。暗红色、赭红色、灰黄色、灰黑色、灰白色、青灰色等。粒径一般为5～20mm，最大达25mm。传统的陶粒大多是由陶粒黏土和陶粒页岩经焙烧膨胀制备。现今多以煤矸石、粉煤灰、城市污泥等硅酸盐固体废物为原料焙烧膨胀制备。陶粒具有密度低、筒压强度高、孔隙率高、软化系数高、抗冻性良好、抗碱集料反应等优异性能，广泛应用于轻质建材、园艺栽培、过滤、耐火保温材料、石油天然气开采等领域。

【盐岩】salt rocks

一类以钾、钠、钙、镁的卤化物和硫酸盐为主要组成的化学成因沉积岩。常见组成矿物有钠石盐、钾石盐、光卤石、泻利盐、芒硝、石膏、硬石膏、重晶石、天青石。混入物有白云石、黏土矿物、氧化铁等。盐岩本身含碎屑混入物一般很少，但在整个盐岩地层中，黏土岩的夹层较多。伴生有价元素锂、铷、铯、溴、碘、硼等。按成分可分为岩盐、石膏、硬石膏、钾镁质盐。形成于气候干燥带的湖泊和泻湖中。是制取钾盐、钠盐的主要原料，并具有综合开发锂、铷、铯、溴、碘、硼、镁等的价值，也有石膏、硬石膏等非金属矿产。

【钾盐】potash salt

有狭义和广义之分。狭义的钾盐是特指钾石盐矿物(参见6.1.1【钾石盐】)。广义的钾盐是指以钾石盐、光卤石、钾盐镁矾、杂卤石、钾硝石、钾芒硝等水溶性钾盐矿物组成的集合体或矿床。

【铸石】caststone

一种由硅酸盐原料经熔化-成型-结晶过程人工制备的无机非金属材料。生产铸石的原料以玄武岩、辉绿岩等基性岩为主，也可使用页岩和冶金矿渣等固体废弃物。制备工艺包括配料、熔融、浇注、热处理等。物相组成以辉石类矿物为主，有时出现硅灰石、橄榄石、基性斜长石、磁铁矿等。结晶体通常为细粒微晶，显示过冷结晶的成分(非化学计量平衡)和形态(雏晶和骸晶)，还有一定量玻璃相。材料的主要性能为：硬度高(硬度7～8)；耐磨性好(耐磨系数为0.09～0.14g/cm^2)；抗腐蚀性能强，除氢氟酸和热磷酸外，能抗其他酸碱的腐蚀(耐酸性＞96%，耐碱性＞98%)。但其韧性、抗冲击性较差，切削加工困难。主要制品有铸石管、铸石复合管、铸石板和铸石料，用作电力、煤炭、矿山、冶金、化工、建筑等领域，用作酸或碱储罐、反应罐、酸洗池(槽)的防腐蚀衬里；矿石、灰渣、尾矿的溜槽和输送管道；球磨的耐磨衬板等。浅色或彩色铸石可作建筑装饰材料，用于仓库地坪，公共建筑的过道、楼梯踏步，厂房的耐酸地坪和墙裙，以及水工工程的贴面和排砂孔衬里等。

【可燃冰】combustible ice

又称天然气水合物，一种以水和甲烷为主要组成的白色固体。外形似冰，有极强的燃烧力，极易挥发。形成于高压低温条件下，主要分布在深海沉积物或陆域的永久冻土中。极具开采价值，被誉为"未来能源""21世纪能源"。

【玻璃陨石】tektite

一种玻璃质石陨石。以玻璃质为主，含少量焦石英、柯石英、斜锆石和铁镍金属。SiO_2含量在48%～85%之间。折射率为1.48～1.62。密度2.3～2.6g/cm^3。呈球状、细长状、哑铃状、液滴状、钮扣状和不规则块状等。表层具拉长状气泡，内部常有气泡空腔，大小几微米至几毫米，个别可达数厘米。颜色呈黑、墨绿、棕褐，半透明。

6.2 矿物材料加工

【雷廷智定律】Rittinger's law

又称表面积理论，1867年由Rittinger提出。主要反映破碎过程中功耗与物料新生表面积的正比关系，可用公式$E_R=C_R(1/x_2-1/x_1)$表示。式中：E_R为破碎过程中的功耗(kW·h)；C_R为经验常数；x_1和x_2分别为破碎前后物料的粒径。一般认为该理论适合于粉磨作业。

【基克定律】Kick's law

又称体积理论，1885年由Kick提出。主要反映将几何形状相似的物料由大块破碎成小块时，功耗与物料重量或体积的正比关系，可用公式$E_K=C_K[\lg(x_2/x_1)]$表示。式中：E_K为破碎过程中的功耗(kW·h)；C_K为经验常数；x_1和x_2分别为破碎前后物料的粒径。一般认为该理论适合于破碎作业。

【邦德定律】Bond's law

又称粉碎第三理论，1952年由Bond提出。主要反映将几何形状相似的物料由大块破碎成小块时，功耗与碎料直径的平方根成反比关系，可用公式$E_B=C_B(1/(x_2^{-2}-x_1^{-2}))$表示。式中：$E_B$为破碎过程中的功耗(kW·h)；$C_B$为经验常数；$x_1$和$x_2$分别为破碎前后物料的粒径。一般认为该理论适合于粉碎作业。

【破碎】crushing

在外力作用下，固体物料克服质点间的内聚力，使大块物料变成细小颗粒的过程。不同行业对破碎粒度的要求具有差异。水泥行业按产品粒度大小将破碎细分为粗碎(产品粒度>100mm)、中碎(产品粒度20～100mm)和细碎(产品粒度<20mm)。

【破碎比】reduction ratio

破碎作业中，入料的平均直径与排料(破碎后颗粒)平均直径的比值称为破碎比。该比值表示破碎过程中物料粒度缩小的程度，是破碎机选型、生产能力确定以及能耗评估的重要依据。

【破碎级数】crushing steps

破碎作业中，物料被破碎的次数。分一级破碎、二级破碎和三级破碎。破碎级数取决于物料物理性能、原始粒度、最终粒度以及所选用的破碎设备等。

【磨矿】ore grinding

采用磨矿设备将固体物料磨成不同粒度产品的过程。其中，将入磨粒度5～25mm的物料磨成排料粒度0.3～1mm的过程称为粗磨；将入磨粒度5～25mm的物料磨成排料粒度0.074～0.1mm的过程称为中磨；将入磨粒度<1mm的物料磨成排料粒度<0.074mm的过程称为细磨；将入磨粒度<0.074mm的物料磨成排料粒度<0.010mm的过程称为超细磨。

【筛分分级】screening classification

通过筛分设备将颗粒大小不同的混合物料分成不同粒度级别物料的过程。筛分设备有多种类型，如棒条筛、振动筛、回转筛、固定筛、圆盘筛等。

【网目】mesh

简称目，表示物理筛筛孔尺寸大小的单位。美国标准筛的网目数是指由同等大小的正方形筛孔组成的筛网上，每英寸(2.54cm)长度内所包括的筛孔数。德国标准筛的网目数是指每平方厘米或每厘米长度内所包括的筛孔数。由于筛丝直径的不同，同样的筛目数筛孔尺寸可能不同，但一般常用的 200 目筛（即 4900 孔）的孔尺寸为 0.074mm。

【标准套筛】standard sieves

测定物料粒度组成所使用的一套标准筛具。由一套筛孔尺寸按一定大小比例逐渐减小，直径为 200mm 的圆形筛组成。主要用于测定 6mm 以下物料的粒度组成。标准套筛规格繁多，中国常用的标准筛是泰勒标准筛和上海标准筛。

【颚式破碎机】jaw crusher

俗称颚破、老虎口。由动颚和静颚两块颚板组成破碎腔，模拟动物的两颚运动而完成物料破碎作业的装置。工作部件由两块颚板组成，一块是垂直或上端略外倾方式固定在机体前壁上的固定颚板（定颚），另一块是倾斜安放的活动颚板（动颚）。它们共同组成上大下小的破碎腔（工作腔）。在动力装置带动下，活动颚板对着固定颚板做时分时合的周期性往复运动。颚板上端分开时，物料进入破碎腔；颚板靠近时，颚板之间的物料受到挤压而破碎。通常分为大、中、小型三种：进料口宽度大于 600mm 者为大型，进料口宽度在 300～600mm 的为中型，进料口宽度小于 300mm 的为小型。按活动颚板的摆动方式，可分为简单摆动式颚式破碎机（简摆颚式破碎机）、复杂摆动式颚式破碎机（复摆颚式破碎机）和综合摆动式颚式破碎机三种。

【旋回式破碎机】gyratory crusher

利用破碎锥在壳体内锥腔中的旋回运动所产生挤压、劈裂和弯曲作用力，对块状物料进行初步破碎的装置。破碎锥的主轴上端支承在横梁中部的衬套内，下端则置于轴套的偏心孔中。轴套转动时，破碎锥绕机器中心线做偏心旋回运动。该装置的破碎动作是连续进行的，工作效率高于颚式破碎机。

【圆锥破碎机】cone crusher

一种依靠破碎腔内动锥与固定锥偏心旋转运动所产生挤压、劈裂和弯曲作用力对块状物料进行破碎的装置。工作过程中，驱动装置通过传动装置带动偏心套旋转，动锥在偏心轴套的迫动下做旋转摆动，动锥靠近静锥的区段即成为破碎腔，物料受到动锥和静锥的多次挤压和撞击而破碎。动锥离开该区段时，该处已破碎至要求粒度的物料在重力作用下，下落而从锥底排出。有弹簧圆锥破碎机、轧臼式圆锥破碎机、液压圆锥破碎机、复合圆锥破碎机等四大类，可以进一步细分为普通型圆锥破碎机、西蒙斯圆锥破碎机、复合圆锥破碎机、标准液压圆锥破碎机、单缸液压圆锥破碎机以及多缸液压圆锥破碎机等类型。适用于细破碎和超细破碎坚硬的固体物料。

【颚旋式破碎机】jaw-gyratory crusher

是旋回式破碎机的改进型破碎机。它是将旋回式破碎机的圆形进料口改成长方形，克服了旋回破碎机喂料粒度与生产能力不相适应的缺点，综合了颚式和旋回式破碎机的优点。工作原理与颚式破碎机及圆锥破碎机相似。上部破碎腔如同颚式破碎机的定颚和动颚。动锥主轴围绕破碎机中心线做偏旋运动，对破碎腔内的料块进行挤压和弯曲使之破碎。它的上部破碎腔为初碎腔，下部破碎腔为二次破碎腔，能同时完成二级破碎。

【锤式破碎机】hammer crusher

依靠冲击能对物料进行破碎的装置。由转子、锤头、反击衬板、筛板和箱体组成。工作时，驱动装置带动转子做高速旋转，物料均匀地进入破碎机腔中，高速回转的锤头冲击、剪切撕裂物料致物料被破碎。同时，物料自身的重力使其从高速旋转的锤头冲向架体内挡板、筛条，在转子下部，设有筛板，粉碎物料中小于筛孔尺寸的粒级通过筛板排出，大于筛孔尺寸的物料阻留在筛板上继续受到锤子的打击和研磨，直到破碎至所需出料粒度，最后通过筛板排到机外。机型有单段锤式破碎机、高效锤式破碎机、打砂机、立轴锤式破碎机、可逆锤式破碎机。适用于破碎抗压强度低于 180MPa 的硬脆性物料的粗、中、细碎作业。

【冲击式破碎机】impact crusher

又称冲击破，俗称制砂机。是通过物料间

的互相摩擦、磨蚀和冲击对物料进行破碎的装置。主要由驱动装置、液压缸、分料盘、机架、破碎腔、反击块、甩轮装置、减振器、油站、主轴、平台等组成。由进料斗送入的物料经分料器将物料分成两部分，一部分由分料器中间直接进入高速旋转的叶轮内，在离心力的作用下，与另一部分以伞状形式分流在叶轮四周的物料进行撞击，由此物料在叶轮和机壳中形成涡流式多次相互撞击、摩擦而粉碎，构成闭路破碎周期循环。被破碎的物料由下部排料口排出，粒度在3～8mm之间。整个破碎过程中，物料相互冲击破碎，而不与金属元件直接接触，可延长金属部件的使用寿命。涡动腔内部的气流自循环，可消除粉尘污染。适用于硬、脆物料的中碎、细碎(制砂粒)，特别适用于制备建筑用砂、筑路用砂石。

【反击锤式破碎机】counterattack hammer crusher

一种依靠冲击力对物料进行破碎的装置。在驱动装置的带动下，转子高速旋转。物料进入后，遭受到高速回转的锤头的冲击而破碎，破碎的物料，从锤头处获得动能，从而高速冲向架体内挡板、筛条。与此同时，物料相互撞击，遭受多次破碎，小于筛条间隙的物料，从间隙中排出。较大的物料，在筛条上再次经锤头的冲击、研磨、挤压而破碎，物料被锤头从间隙中挤出，从而获得所需粒度的产品。它适合于处理边长不超过500mm、抗压强度小于350MPa物料的粗、中、细破碎。

【辊式破碎机】roll crusher

利用耐磨齿辊高速旋转对物料进行劈裂破碎的装置。主要由辊轮、辊轮支撑轴承、压紧和调节装置以及驱动装置组成。有对辊式破碎机、四辊式破碎机、齿辊式破碎机等类型。出料粒度可通过调节两辊轮的间隙控制。适用于破碎中等硬度的物料。

【砂磨机】stirred ball mill

又称搅拌球磨机、搅拌磨，依靠研磨介质和物料之间高速旋转作用对物料进行研磨的装置。在圆筒内旋转的圆盘或搅拌棒，使球磨介质钢球发生高速运动和碰撞。当物料经过磨机运动区域时被磨细。钢球直径较小，一般在1～4mm以下，故称砂磨。被加工物料的粒径一般在1mm左右，可被磨至0.001mm粒级。按形态，分为立式砂磨机和卧式砂磨机两类。

【盘磨】pan grinder

又称轮碾机，利用碾轮在碾盘上运动所产生的压力和剪切力将物料压碎和碾碎的设备。用于细碎或粗磨黏土，或潮湿的中等硬度物料。

【行星式磨机】planetary mill

是混合、细磨、微细粉体分散等小批量加工处理粉体的装置。该装置是在同一转盘上装有四个球磨罐，当转盘转动时，球磨罐在绕转盘轴公转的同时又围绕自身轴心自转，做行星式运动。它是利用磨料与被加工物料在研磨罐内高速翻滚，对物料产生强力剪切、冲击、碾压达到粉碎、研磨、分散、乳化的目的。该装置可采取干法和湿法两种方法进行研磨和混合。

【雷蒙磨】Raymond mill

又称为悬辊式盘磨机，是一种磨环(盘)不动型盘磨机。辊子的轴安装在梅花架上，梅花架由传动装置带动而快速旋转。磨环是固定不动的，物料由机体侧面通过给料机和溜槽给入机内，在辊子和磨环之间被磨碎。气流从磨环下部沿切线方向吹入，经过辊子和圆盘之间的磨碎区，把磨细的物料带入磨机上部的风力分级机。达到细度要求的物料通过分级机，达不到要求的颗粒重回磨腔继续研磨。通过分级机的物料进旋风分离器分离收集。适于加工硬度不大于9.3、湿度在6%以下的非易燃易爆的固体物料。

【莱歇磨】Loesche mill

又称平盘中速磨，辊式磨的一种。磨盘是一平盘，旋转的平盘上有2～4个辊子受到弹簧(小型)或液压(大型)的作用，紧压在平盘上。辊子除了由于摩擦力作用而绕其中心旋转外，并不沿机械的几何中心做任何回转运动。

【辊式磨】roll mill

又称立磨，一种用辊子紧贴在磨盘上做中速旋转把物料磨细的设备。磨细的物料由气流带入磨机上部的选粉机进行分级，细颗粒随气流排除，粗颗粒回到辊子和磨盘之间重新粉磨。优点是结构紧凑、重量轻、动力消耗小、可作同时粉磨干燥之用，成品细度易调控。缺点是辊子磨损大，结构较复杂，维修费用高。按辊子加压方式和磨盘形式，可分为雷蒙磨、莱歇磨等。

【棒磨】rod mill

又称棒磨机，磨碎或研碎物料的一种设备。利用长度略小于磨本身的高碳钢棒来研磨物料。棒的直径通常在50～75mm，长度应该比工作仓的长度短50～100mm。工作原理与球磨相似。由于长棒与物料的接触是在一条线上，大粒物料可使小粒物料免受挤压，产品粒度较为均匀。适用于粉碎黏胶质的物料，不适用于粉碎韧性强的固体物料。进料大小不应超过25mm。原料必须通过电磁离析器等除去金属硬质物料，以免损伤机件。

【管磨机】tube mill

又称多仓磨，一种长筒形磨机。按磨机长度与直径之比，可分为短磨(长径比<2，俗称球磨)、中长磨(长径比在3左右)和长磨(长径比≥4)。在多仓管磨机中，隔仓板将磨机筒体分隔成若干仓室，在每一个仓内，根据物料细磨情况配合研磨体，这样就使物料的细磨逐仓分阶段进行，因而获得较高的研磨效率，它的单位动力产量也较大。

【球磨机】ball mill

一种细粉磨设备，由一个回转的筒体，筒体内装一定量的研磨球(瓷球、钢球、鹅卵石、玛瑙)组成。工作时，研磨球由于离心力的作用紧贴在球磨机内壁与筒体一起回转，研磨球被带到一定高度后自由落下，下落的研磨球将筒体内的物料磨碎，从而对物料粉碎研磨。有干式和湿式两种磨矿方式。根据排矿方式不同，可分格子型和溢流型两种。

【振动磨】vibrating ball mill

又称振动球磨，一种利用研磨介质在高频振动的筒体内对物料进行冲击、摩擦、剪切而使物料粉碎的细磨与超细磨设备。与球磨机相比，振动磨的筒体不旋转，而是做高频率、小振幅的振动，筒体内的被磨物料在随磨矿介质一起振动的过程中，受到冲击、摩擦和剪切，从而被粉碎。振动磨内磨矿介质的充填率可达80%，工作时研磨物料的面积比球磨机中的大，生产率比同容积球磨机的生产率大。振动磨的粉碎工艺设置方式灵活，可进行干式、湿式、连续和间歇粉碎。通过调节振动磨的振动频率和振幅、磨矿介质的类型、配比和粒度等可进行细磨和超细磨。按振动特点可分为惯性式和偏旋式，按筒体数目可分为单筒式和多筒式，按操作方法可分为间歇式和连续式。

【搅拌磨】stirred ball mill

又称砂磨机，参见本节【砂磨机】。

【胶体磨】colloidal mill

又称分散磨，是利用固定磨子(定子)和高速旋转磨子(转子)的相对运动产生强烈的剪切、摩擦和冲击，使通过两磨体之间微小间隙的浆料被有效地粉碎、分散、混合、乳化、微粒化的设备。按照机械结构可分为盘式、锤式、透平式和孔口式等类型。

【气流粉碎机】jet mill

一种利用高速气流或过热蒸汽能量使颗粒相互冲击、碰撞、摩擦进行粉碎的设备，是常用的超细粉碎设备之一。这种设备中，高速气流是通过安装在磨机周边的喷嘴将高压空气或高压热气流喷出后迅速膨胀产生的。喷嘴附近气流的速度梯度很高，大部分粉碎作用发生在喷嘴附近。在粉碎室中，颗粒与颗粒之间的碰撞频率远远高于颗粒与器壁间的碰撞，粉碎作用主要来自颗粒之间的相互冲击和碰撞。

【固定筛】fixed screen

一种由平行排列的钢条或钢棒组成的筛分装置。平行排列的称为格条，格条借横杆连接在一起。有格筛和条筛两种类型。格筛通常装在粗矿仓上部，水平安装，以保证粗碎机的入料块度合适。条筛主要用于粗碎和中碎前作预先筛分，一般为倾斜安装，倾角为40°～50°。对于大块矿石，倾角可稍减小，而对于黏性矿石，倾角应稍增加。条筛筛孔尺寸约为要求筛下粒度的1.1～1.2倍，一般筛孔尺寸不小于50mm。条筛的宽度取决于给矿机、运输机以及碎矿机给矿口的宽度，并应大于给矿中最大块粒度的 2.5 倍。

【圆筒筛】drum sieve

一种工作部呈圆筒状的筛分装置。整个筛体绕筒体轴线回转，一般情况下轴线略带倾角。物料从圆筒的一端给入，细级别物料从筒形工作表面的筛孔通过，粗粒物料从圆筒的另一端排出。圆筒筛的转速很低、工作平稳、动力平衡好，但其筛孔易堵塞、筛分效率较低，工作面积小，生产率较低。适合于干式粉状或颗粒状物料的筛分，特别适合于干法机制砂筛分。

【棒条筛】bar screen

筛面由平行排列的钢棒组成的筛分设备。分为固定棒条筛和可动棒条筛两种。固定棒条筛倾斜安装，依靠物料在筛面上的滑动进行筛分，筛分效率低，主要用于物料粗、中碎前的预筛分。振动棒条筛筛分效率较高，主要用于石棉矿石细粉碎前的预筛分，可使矿石中的自由棉充分富集到筛下产物中。

【平面旋回筛】revolving screen

筛体做水平回转运动(轨迹为水平的圆)的筛选机械。由驱动装置、偏心传动部分、滑动滑座和支座组成。筛箱的头部由曲柄做等速圆周运动，尾部由于弹簧的约束仅能沿筛箱中心线做直线运动。筛箱在传动装置带动下做水平圆周运动和往复直线运动的合运动。筛上物料按螺旋形运动，在从给料端向排料端运动过程中得到筛分。特点是筛分效率高，运动平稳，处理能力强，筛孔不易堵塞，但设备结构较复杂，维修与检查较困难。

【吊悬筛】suspension screen

又称高方筛，筛箱由吊悬筛架支撑的筛选装置。筛箱在偏心轴的带动下做水平圆周运动，物料在赶板的导流下呈环形曲线沿筛路运动而得到筛分。特点是筛分面积大，物料经过的筛分路线长，筛分效率高，封闭好，逸尘少，占据面积小。结构比较复杂，占据空间高度大。

【莫根森筛】Mogenson screen

一种多层筛分设备，它由 3～6 层筛板堆叠而成，从顶部到底部，筛板斜度逐渐增大。筛板层数取决于物料粒度范围和筛分产品的粒级数。两个相反旋转的不平衡电动机使安装有筛面的整个机体呈直线运动方式振动。筛面上的筛孔尺寸从顶部筛板到底部筛板逐渐减小。顶部筛板的筛孔尺寸基本等于给料的最大颗粒粒度。随筛分机类型和筛分任务不同，下部筛板筛孔尺寸为所要求的筛分粒度的 1.3～2.0 倍。细颗粒几乎可以不受阻碍地通过粗筛网竖直流下来，进入要筛分的筛面上。较粗的颗粒在上部筛面上已经被筛除，使得细颗粒的筛分更容易。

【摇动筛】shaking screen

又称摆动筛，它的筛面固定在筛框上，筛框以拉杆悬挂或滚轴支撑，并靠偏心轮的回转运动使机体做往复运动。筛面上的物料向排料端运动，并得到筛分。筛的安装可呈水平状，也可略微倾斜。筛面可为单层或多层。按摇动方式，有直线摇动筛、平面摇动筛和差动筛。

【差动筛】differential screen

摇动筛的一种。工作时，物料在筛面上的前进和后退速度不同，从而产生一定方向的位移，并从中得到筛分。它的往复运动频率比摇动筛高，筛分效率也高。

【振动筛】vibrating screen

用振动方法对物料进行分级的设备。按结构和振动原理，可分为直线振动筛、圆振动筛、高频振动筛，以及单轴振动筛和双轴振动筛，还可划分为惯性振动筛、偏心振动筛、自定中心振动筛和电磁振动筛等类型。

【自定中心振动筛】self-centering vibrating screen

惯性振动筛的一种，由四根带弹簧的拉杆悬吊。主轴两端的皮带轮中心位于轴承中心和偏心重量之间。因此，筛子工作时皮带轮中心保持不动，故称自定中心振动筛。

【共振筛】resonance screen

一种筛面的振动频率与筛面(包含装载的物料)的固有振动频率一致的振动筛。它是利用偏心轴的旋转带动传动橡胶弹簧，使筛分机产生振动而工作。特点是振动系统的自振频率接近于激振器的强迫振动频率，筛子在接近于共振状态下工作。共振筛的筛箱运动轨迹是直线或接近直线，其运动方向与筛面呈一定的抛射角，筛面一般为水平或微倾斜。有单层和双层两类。筛网结构有冲孔筛板和条链筛板。

【弧形筛】bow screen

湿法粉磨系统中的一种分级设备。工作时，出磨料浆用提升泵由喷嘴以一定速度切向喷到弧形筛面上，细料浆在离心力作用下沿半径方向通过筛缝流出，并在重力作用下沿筛子外缘流入弧形筛机壳外层面而排出，成为产品。未能通过筛缝的料浆沿着筛面内缘流入机壳内层排出，送至磨内再次粉磨。按其弧度，可分为180°、270°和270°+135°串联等三种类型，还有自流给料的弧形筛。

【重选法】gravity separation

简称重选，一种根据不同密度的物料在介质中运动规律的差异分选矿物的方法。通常以水、空气、重液和重悬浮液为介质。以空气为介质者称风力选矿，以重液或重悬浮液为介质者称为重介质选矿。根据矿粒在介质中受外力作用的形式分为跳汰选矿、摇床选矿、溜槽选矿以及螺旋选矿等。优点是工艺过程简单，成本低、处理物料粒度范围广。

【磁选法】magnetic separation

简称磁选，一种根据不同物料磁性的差异进行分选物料的方法，分湿式和干式两种。当被选矿石进入磁选机的磁场中后，不同磁性的颗粒，在磁力和机械力(包括重力、离心力、摩擦力、水流动力等)的作用下，沿着不同路径运动，从而达到分选的目的。可用于黑色金属、有色金属、稀有金属矿石以及非金属矿的分选。

【浮选法】flotation

简称浮选，一种根据不同物料表面物理化学性质差异进行物料分离的方法。物料中不同对象的表面性质往往具有差异，在一定的作业条件下添加浮选药剂，扩大矿物间表面性质的差异，使疏水矿物附着于浮选机中弥散的气泡上以分选矿物的方法。一般多将有用矿物浮入泡沫产品中，脉石留在矿浆中，称为正浮选；与此相反的过程称为反浮选。特点是分选效率高，应用范围广，特别是对细粒浸染、成分复杂的矿石的分选尤为有效，但与重选等方法比较，选矿成本稍高，有时存在药剂污染环境问题。

【电选法】electrostatic separation

简称电选，一种根据物料电性差异分选不同对象的方法。入选物料在电场作用下，由于不同对象所显示的电性不同，在电场中所受的作用力也就有差异，它们分别沿着不同的路径运动，从而达到分选的目的。为了提高电选效率，选前一般要对物料进行药剂处理、分级、脱泥和干燥。主要用于稀有金属矿石的精选，也用于分选非金属矿物原料(如石墨、金刚石以及玻璃、陶瓷原料)。

【化学选矿法】chemical separation

一种通过化学作用将物料中有用成分提取出来的选矿方法。与机械选矿法的区别是，化学选矿过程中改变了物料的化学组成。可单独使用，也可以与其他选矿方法联合使用。主要用于处理成分复杂、品位较低，其他选矿方法难以处理的物料。

【风选法】pneumatic concentration

以强流动气流为动力(介质)对不同密度或不同形态的干粉末状物料进行分离的选矿方法。例如，蛇纹石石棉选矿就是依据石棉密度较伴生杂质小，形态呈纤维状(伴生杂质多呈粒状)的特点进行风选的。

【光电选矿法】photoelectric separation; optical sorting

利用光电效应原理对具有不同光学特性(颜色、反射率、荧光性、透明度、透射性等)物料进行分选的方法。当被选别物料进入光检区时，有的物料能发光或反射光，并传给光电倍增管转为电信号，经放大驱动执行机构拣选矿物；其他物料则不能发光或反射光以驱动执行机构工作，从而达到分选的目的。按光源，可分为普通光源光电选矿、X光光电选矿等。主要用于金刚石、滑石、石膏、高岭土、石灰石、大理石等非金属矿以及某些稀有、有色金属矿石的分选。

【洗矿】washing

依据物料粒度或密度的差异，借助水和机械的作用，使块状(或粒状)物料与粘结在一起的泥质物料分离的过程。包括分散和分离两个作业流程。分散作业是靠压力水冲洗，机械搅拌或在水中浸泡等方式来实现。分离作业则是采用水力分级或湿式筛分来完成。一般用作选矿前的准备作业，例如跳汰选矿、重介质选矿、手选或破碎前的洗矿。当黏土物质与粒状或块状物料的矿物组成不同时，通过洗矿起到富集的作用，主要用于处理含有黏土物质的黑色金属矿石或金刚石、高岭土、滑石等非金属矿。

【跳汰选矿】jigging

依据不同密度物料在垂直运动的介质流中沉降速度的差异进行物料分选的方法。按工作介质可分为水力跳汰、风力跳汰和重介质跳汰。水力跳汰应用最多，工作过程是：给到跳汰机跳汰室筛网上的粒状物料，在鼓动室上升和下降水流的作用下，按密度分层，密度大的颗粒因沉降速度大而居下层，密度小的颗粒则因沉降速度小而在上层。上层轻产物随横向水流经溢流堰排出，重产物从筛上或筛下排出。适于处理粗粒嵌布的物料，适宜的入选粒度为0.1～30(50)mm，处理煤炭时可达100mm。

【摇床选矿】tabling

以摇床为工具，在重力、流体力及其他机械力的综合作用下，在运动介质中对具有不同密度或粒径的物料进行分离的方法。

【溜槽选矿】sluicing

利用沿斜面流动的水流进行物料分离的方法。在溜槽内，不同密度的物料在流动介质的动力、物料重力(或离心力)、物料与槽底间的摩擦力等因素作用下发生分层，使得密度大的矿粒集中在下层，以较低的速度沿槽底向前运动，在给矿的同时排出槽外或滞留于槽底，经过一段时间后，间断地排出槽外；密度小的物料分布在上层，以较大的速度被流动介质带走。依据溜槽结构和选别，大致可分为粗粒溜槽和细粒溜槽。细粒溜槽又分为砂溜槽和泥溜槽。常用的砂溜槽设备有扇形溜槽、螺旋选矿机、圆锥选矿机；泥溜槽主要有螺旋溜槽、皮带溜槽和离心选矿机等。

【重介质选矿】heavy-medium separation

在密度大于水的介质中，按密度大小分选物料的方法。重介质的密度一般介于大小密度物料之间。工作时，小于介质密度的物料浮在介质表面，大于介质密度的物料沉于容器底部，从而实现物料的分离。所用重介质有重液和重悬浮液两类，实际生产上多用重悬浮液。优点是分选精度高，适应粒度范围广，耗水量低。但需要介质制备、回收、净化和循环系统。

【脱水】dehydration; dewatering

通过物理方法降低物料水含量的过程。主要方法有以下类型：(1)浓缩脱水，是采用物理方法脱除含水细分散浓稠体系水分的过程，包括重力法、加压过滤法和离心法等，主要用于处理湿法选矿矿浆、尾矿浆、泥浆、城乡污泥、河湖污泥等；(2)过滤脱水，是采用过滤装置实现含水细分散浓稠体系固-液分离的过程，包括真空过滤、加压过滤、离心分离等方法；(3)干燥脱水，是采用加热方式脱除含水物料水分的过程。

【磨剥解离】grinding dissociation

以研磨或挤压方式产生的剪切力使得层片状或纤维状物料连生体沿其层理、片理、解理或纤维长轴方向解离成更小尺寸混合体或单体的过程，适用于绢云母、白云母、高岭石剥片，石棉纤维集合体解离等。

【造粒】granulation

通过物理方法将粉末状物料制成颗粒状物料的过程。常用的造粒方法有压缩造粒、挤出造粒、滚动造粒、喷雾造粒、流化造粒等。造粒方法的选择主要依据原料特性以及对产品粒度大小和分布、颗粒形态、强度、孔隙度、密度等要求而定。

【粗选】roughing

原始物料入选过程中最初的选别作业。通过此作业，有用物料仅获得初步富集，其产品尚不能达到直接利用的要求，需进一步处理。

【精选】concentrating

进一步选别精选物料的作业。目的在于提高产品有用成分的含量，使之达到工业质量要求。

【原矿】raw ore；run-of mine ore

从矿山开采出来后未经选矿与破碎处理的矿石，是选矿厂(或破碎筛分厂)加工的对象。

【中矿】middling

选矿过程中的中间产品。在质量上，它介于精矿与尾矿之间(品质低于精矿，高于尾矿)。有时也将磨矿过程中未单体解离的颗粒(连生体)称为中矿。

【精矿】concentrate

通常指选别作业获得的有用产品或选矿作业回收的有用产品。粗选作业获得的有用产品称粗精矿；扫选作业回收的产品称扫选精矿；最后一次精选作业所得产品称为最终精矿。精矿的有用组分含量和杂质含量均须满足工业要求，是选矿厂的最终产品。

【尾矿】tailing

原矿或选矿过程中的某种产品经选别作业选收精矿后剩余的物料。原矿经粗选作业产得粗精矿后，剩余的部分为粗选尾矿；粗精矿经精选作业选别后，产得精选精矿，剩余部分为精选尾矿；选矿厂大量排出的是最终尾矿。前两种尾矿通常均在选矿过程中加以处理，而最终尾矿一般是无用的脉石(视为废弃物)，常堆存于尾矿库或尾矿场，或用于井下充填，或综合利用。井下充填和综合开发利用是当前的热点，也是今后发展的方向。

【耙式分级机】rake classifier

又称矩形耙式分级机，是在倾斜槽中悬挂一耙动装置，借耙齿的耙动及浆料沿槽子纵向流动，使细颗粒悬浮于水流中并随之溢出，粗颗粒沉入槽底被耙出，从而达到粗细颗粒分级的目的。主要用于粗粒或中等粒度物料的分级或脱泥。有单耙式、双耙式、四耙式等类型。

【圆形耙式分级机】bowl rake classifier

又称浮槽式分级机，由耙式分级机和带有旋转齿耙的圆形浮槽组成的分级设备。料浆在浮槽上部正中加入，由于旋转齿耙的耙动，微细颗粒悬浮于水中并随之溢出。由于浮槽沉降面积大且齿耙的搅动不太激烈，就容易分出较细的颗粒；较粗的颗粒沉降于浮槽底部并被耙向中心孔排入底下耙式分级机，往复齿耙将粗颗粒耙出，从而达到分级之目的。适用于细粒产品(100 目或更细的物料)的分级。

【水力旋流器】hydrocyclone

利用离心力对物料颗粒进行分级的设备。它由上部一个中空的圆柱体，下部一个与圆柱体相通的倒锥体，两者组成水力旋流器的工作筒体。含有物料的溶液靠压力或重力作用，由构筑物(或金属管)上部沿切线进入，在离心力作用下，粗重颗粒被抛向器壁并旋转向下进而形成浓液，一起排出。较小的颗粒旋转到一定程度后随二次上旋涡流排出。这种设备需要压力给矿，动力消耗较大，高压给矿时工件磨损严重。但占地面积小，处理量大，分级效率高，可获得很细的溢流产品，多用于第二段闭路磨矿中的分级。

【闪蒸干燥机】flash dryer

利用快速旋转流动的热空气对含水物料进行快速干燥脱水的设备。由加热器、加料器、搅拌破碎系统、分级器、干燥主管、旋风分离器、布袋除尘器、风机等组成。工作时，热空气由入口管以切线方向进入干燥室底部的环隙，并螺旋状上升，同时，物料由加料器定量加入塔内，并与热空气进行充分热交换，较粗较湿的物料在搅拌器作用下被机械破碎，湿含量较低及颗粒度较小的物料随旋转气流一并上升，输送至分离器进行气固分离。它是集干燥、粉碎、筛分于一体的连续式干燥设备，特别适用于滤饼状、膏糊状、稀泥浆状物料的烘干。

【喷雾干燥机】spray dryer

一种利用喷雾技术干燥物料的设备。工作状态下，空气经过滤和加热后进入干燥器顶部空气分配器，热空气呈螺旋状均匀地进入干燥室。溶液状物料经塔体顶部的高速离心雾化器，旋转喷雾成微细的雾状液珠，与热空气并流接触，在极短的时间内被干燥。是一种连续式常压干燥设备，适于干燥带有热敏性液体、悬浮液和黏滞液体等的物料。

【微波干燥】microwave drying

参见 3.3.3【微波干燥】。

【表面改性】surface modification

对粉末状物料表面性质进行处理的过程和技术。有干法和湿法两种类型，方法有包覆处理改性、沉积反应包覆、机械化学改性、胶囊化改性、接枝改性等。干法改性是在非溶液体系中对干性物料表面进行处理的过程，具有工艺简单、作业灵活、投资较小以及改性剂适用面广（无论是水溶性和非水溶性表面改性剂均可使用）等特点。湿法改性是在溶液中对固体物料进行改性处理的过程，适用于可水溶或水解的有机表面改性剂以及前段为湿法制粉（包括湿法机械超细粉碎和化学制粉）工艺而后段又需要干燥的工艺流程。与干法工艺相比，湿法改性具有表面改性剂分散好、表面包覆均匀等优点，但需要后续脱水（过滤和干燥 ）处理。

【包覆处理改性】coating modification

又称涂敷改性，利用无机或有机高聚物或树脂对物料表面进行“包覆”以达到改善物料表面性能的方法。影响表面包覆的主要因素有物料形状、比表面积、孔隙度、包覆剂种类和用量、包覆工艺等。

【沉积反应包膜】sedimentary coating modification

在溶液环境中，通过化学反应方法将生成物以薄膜形式沉淀包覆在物料表面形成一层或多层改性层的工艺。物料经过包膜处理后，其光泽、着色力、遮盖力、保色性、耐热性等表面性质得以改善。

【胶囊化改性】capsulation modification

是在物料表面覆盖均质且有一定厚度薄膜的一种化学改性方法。该方法中，一般称芯物料为“核”，包膜物为“膜”。

【接枝改性】graft-modification

是在一定的外部激发条件下，将单体烯烃或聚烯烃嫁接到无机颗粒物料表面的改性方法。表面接枝改性可以改善无机物料与基体之间的结合能力。

【插层改性】intercalation modification

采用化学法、电化学法、离子插入法、机械力化学法、微波辐射法、超声插层法等技术手段，向层状矿物层间插入酸、碱或有机复合物，形成插层复合物的方法与技术。

【柱撑改性】pillared modification

采用金属离子络合物法、凝胶分散法、聚合羟基金属阳离子法以及杂多酸阴离子法，使特定离子或离子团（柱子）替代层状矿物层间可交换阳离子并固定在其层间域，形成具有二维通道材料的方法与技术。

【机械力化学改性】mechanical-chemical modification

采用超细粉碎及其他强烈机械力作用对固体物料表面进行激活，从而改变粒子表面的晶体结构、溶解性能、化学吸附和反应活性的方法与技术。

【高温膨胀处理】high temperature expansion processing

通过热物理方法使得固体物料体积产生明显膨胀的方法与技术。如膨胀蛭石、膨胀珍珠岩、膨胀陶粒等，都是经过高温膨胀处理的产物（材料）。

【插层-高温膨胀处理】intercalation-high temperature expansion processing

通过热物理方法对经过插层改性的层状矿物进行热处理，使得层状矿物在垂直层面的方向产生膨胀，从而达到增大层间距、实现层与层的充分剥离（分离）之目的的方法与技术。膨胀石墨就是采用这种技术进行加工处理的产物。

【焙烧】roasting

固体物料在高温不发生熔融的条件下进行热处理改性的过程。焙烧过程有加添加剂和不加添加剂两种类型，不加添加剂的焙烧又称煅烧。按焙烧目的可分为：分解焙烧（如通过焙烧使石灰石转变成氧化钙和二氧化碳）、活化焙烧（如焙烧高岭土使其脱水，并破坏其结构，增强反应活性）、脱除杂焙烧（焙烧沸石脱除有其吸附有机物和吸附水）和晶型转化焙烧（如焙烧二氧化钛使其改变晶型）。

【酸法提纯】acid-dissolution purification

用不同性质和不同浓度的酸溶液溶解去除物料（矿石、矿物原料或材料）中杂质的过程。例如，用盐酸溶液浸泡海泡石原料，溶解去除其中的方解石等碳酸盐杂质。

【碱法提纯】soda dissolving purification

将不同类型的碱与有用物料（矿石、矿物原料或材料）混合，通过固-固反应、固-液反应以及溶解-分离等方式去除有用物料中杂质的过程。例如，将氢氧化钠溶液与含有硅酸盐杂质的石墨混合，通过高温焙烧和溶解等工艺，可以有效去除石墨中的硅酸盐杂质。

【高温提纯】high temperature purification

通过热物理方法去除有用物料（矿石、矿物原料或材料）中杂质的过程。例如，高温煅烧高岭土、硅藻土等，可以有效去除其中的有机碳质杂质；高温提纯石墨也是常用的高温提纯技术。

6.3 石　　材

【石材】stone

以天然岩石为原材料经加工制作并用于建筑、装饰、碑石、工艺品或路面等用途的材料。广义的石材包括天然石材和以石粉为主要原料的合成石材，狭义的石材就是指天然石材。天然石材的开采是要保持岩石天然颜色和花纹特征的完整性，追求开采出体积大且规则的荒料。用于砌筑建筑物基础、挡土墙的散粒石材，作为砂浆和混凝土集料的砂卵石、碎石等都不属于石材的范畴。天然石材按照商业用途分为花岗石、大理石、石灰石、砂岩和板石五大类。石材具有较高的强度、硬度、耐磨性、耐久性和美丽的色泽及纹理，多用作饰面材料。

【石材品种】variety of stone

按颜色、花纹等特征及产地对石材所做的分类和命名，便于石材在商业领域的流通和查询。品种名称一般有中文名称和英文名称。中文名称依据产地名称、花纹色调、石材种类等可区分的特征确定。一般有：地名加颜色，如山西黑、鄯善红、南非红、西班牙米黄等；形象命名，即石材颜色、花纹特征的形象比喻，如海贝花、木纹、金碧辉煌等；人名或官职名加上颜色，如贵妃红、将军红；动植物名字和本身颜色，如樱花红、菊花黄、孔雀绿。有的石材名称直接使用了原有石材矿口编号，如福建的603、654、640等。石材的英文名称多以音译法和特征名词为主。

【石材编号】catalogue of stone

按照中国石材的种类、产地和先后顺序给石材品种进行的身份编码，便于快速查询。天然石材的统一编号由一个英文字母、两位数字和两位数字或英文字母三部分组成：第一部分为石材种类代码，由一位英文字母组成，代表石材的种类，G代表花岗石（granite），M代表大理石（marble），L代表石灰石（limestone），Q代表砂岩（sandstone），S代表板石（slate）；第二部分为石材产地代码，由两位数字组成，代表国产石材产地的省市名称，两位数字为各省、自治区、直辖市行政区划代码；第三部分为产地石材顺序代码，由两位数字或英文字母组成，各省、自治区、直辖市产区所属的石材品种序号，由数字0～9和大写英文字母A～F组成。

【料石】squared stone

用毛料加工成的具有一定规格、用来砌筑建筑物用的石料，亦称条石。由人工或机械开采出较规则的六面体石块，经人工略加凿琢而成。依其表面加工的平整程度分为毛料石、粗料石、半细料石、细料石四种。毛料石一般不加工或仅稍加修整，厚度不小于20cm，长度为厚度的1.5～3倍。粗料石表面凹凸深度要求不大于2cm，厚度和宽度均不小于20cm，长度不大于厚度的3倍。半细料石除表面凹凸深度要求不大于1cm外，其余同粗料石。细料石经细加工，表面凹凸深度要求不大于0.2cm，其余同粗料石。料石常由砂岩、花岗岩等质地比较均匀的岩石开采琢制。

【花岗石】granite

商品名称，是指以花岗岩为代表的岩浆岩和硅酸盐类变质岩加工而成的石材的总称。花岗岩是主要由长石、石英、云母组成的深成岩，是加工花岗石的主要原料。玄武岩、辉绿岩、辉长岩、片麻岩等岩石，因与花岗岩有类似的性能和商业用途，商业上也统称花岗石。花岗石颜色美丽、质地均匀致密，坚固性好，吸水率低，抗压强度高，易于开采，是良好的建筑装饰材料，广泛用于奠定地基，建筑桥梁、市政广场、道路、高铁车站、地铁车站、大型体育场馆和公共建筑，修建纪念碑、塔等。在化工生产中可作耐酸材料，制作贮酸容器。

【花岗石板材】granite slab

用花岗石荒料加工制成的板状产品，长宽一般在300～900mm，地面湿贴厚度通常为20mm，墙面干挂厚度大于25mm。粘贴法的通用规格为305mm×305mm×10mm、600mm×600mm×20mm。板材产品的主要形式为普型板、异型板和圆弧板，表面加工形式主要有镜面(光板)、细面(亚光)、火烧面(烧毛)、喷砂面、仿古面、荔枝面、剁斧面、机刨面等。镜面板材色泽鲜明，有镜面感，能完整反映出石材的颜色花纹特征，主要用于室内外墙面、柱面等；火烧、喷砂、仿古、荔枝等粗面板材具有石材的质朴感，能有效降低石材的色差，多用于室外幕墙；剁斧板具有石材的厚重感，多用于建筑的底层；机刨板具有很好的防滑性能，多用于地面有坡度的区域。

【大理石】marble

商品名称，是指以大理岩为代表的碳酸盐类岩石和质地较软的其他变质岩类岩石加工而成的石材的总称，又分为方解石大理石、白云石大理石和蛇纹石大理石。一些致密的石灰石、微晶石灰石，如能达到大理石规定的物理力学性能和光泽度要求，也划归大理石范畴。大理石通常带有精美的纹理图案，有白、黄、灰、绿、红、黑等色泽，适合于室内装饰。作为室外装饰材料，大理石易受到酸性气候的腐蚀，表面易变得晦暗，且逐步破损。大理石荒料经锯切、研磨、抛光、切割而成的板材，通常厚度为10～50mm，长宽为300～900mm，表面有镜面、亚光面、仿古面、酸蚀面、喷砂面等，常采用地面湿贴和墙面干挂的安装方式。

【合成石材】agglomerated stone

又称人造石，由集料(主要来源于天然石材)、添加剂和黏合剂混合制成的人造工业产品。黏合剂可以是树脂、水泥或两者不同的百分比的混合物。生产工艺主要有搅拌混合、真空加压、振动成型、凝结固化等工序，产品形式为块体或板，目前的产品主要有实体面材、石英石和岗石。实体面材是以甲基丙烯酸甲酯(MMA，俗称压克力)或不饱和聚酯树脂(UPR)为基体，主要由氢氧化铝为填料制成；石英石是以天然石英石、硅砂、尾矿渣等无机材料为主要原材料，以高分子聚合物、水泥或两者混合物为黏合材料制成；岗石是以大理石、石灰石的碎料、粉料为主要原材料，以高分子聚合物、水泥或两者混合物为黏合剂制成。

【石材加工技术】stone processing technology

是指将天然岩石加工成商业石材的工艺和技术。包括：金刚石锯加工，用带有金刚石刀头的锯机加工石材的过程；砂锯加工，用组合钢带和冷钢砂加工石材的过程，通常是在大块花岗石荒料锯解成毛板中使用；绳锯加工，用金刚石串珠绳锯加工石材的过程，在大理石矿山开采、石材荒料整形、荒料锯解、异型石材加工中使用；锯解，将荒料加工成毛板或毛坯的过程，通常使用的设备有砂锯、金刚石框架锯、金刚石串珠绳锯、金刚石圆盘锯等，圆弧板毛坯有时也使用金刚石圆桶锯进行锯解，加工费用相对较低；晶硬处理，是利用机械摩擦产生的热量使晶化剂与石材表层发生化学反应和结晶作用，使得石材表面形成高硬度和高光泽度混结晶层的工艺。

6.4 宝玉石与观赏石

6.4.1 宝玉石

【宝石】gem

有广义宝石与狭义宝石之分。广义宝石是天然珠宝玉石和人工珠宝玉石的总称。狭义宝石是指由具有欣赏和收藏价值的矿物(少数为非晶质体)加工而成的饰品。有天然宝石和人工宝石两类，前者由具有欣赏和收藏价值的矿物(少数为非晶质体)加工而成，后者由具有欣赏的人工合成矿物(少数为非晶质体)加工而成。一般情况下，天然宝石的收藏价值高于人工宝石。

【玉石】jade

产于自然界、色泽美丽、质地坚韧、抛光效果好的矿物集合体(少数为非晶质体)，适于制作玉器和饰品。

【钻石】diamond

由金刚石加工而成的宝石。主要成分是C，因含微量的氮和硼而呈色。钻石常呈无色至浅黄色，少数为黄色、褐色、红色、粉红色、蓝色、绿色、紫罗兰色、黑色等。硬度10，密度 $3.52g/cm^3$。具有特征的金刚光泽、极高折射率和色散值，抛光良好的钻石具有很强的光泽和亮度。钻石4C分级，是指从净度(Clarity)、颜色(Color)、克拉质量(Carat Weight)、切工(Cut)4个方面对钻石进行综合评价进而确定钻石价值的分级方法。矿物特征见6.1.1【金刚石】。

【欧泊】opal

由蛋白石加工而成的宝石(见附图)。欧泊的体色可有白色、黑色、深灰、蓝、绿、棕色、橙色、橙红色、红色等；具最典型的变彩效应，在光源下转动欧泊，可以看到五颜六色的色斑。玻璃光泽至树脂光泽。硬度5～6，密度 $2.15\ g/cm^3$。欧泊有许多品种，主要有黑欧泊、白欧泊、火欧泊和晶质欧泊。

蛋白石

【白欧泊】white opal

在白色或浅灰色体色上出现变彩的欧泊，参见本节【欧泊】。

【碧玺】tourmaline

由电气石加工而成的宝石。矿物特征参见6.1.1【电气石】。

【金绿宝石】chrysoberyl

铍铝氧化物矿物。化学式 $BeAl_2O_4$，可含有Fe、Cr、Ti等。原生矿物晶体常呈板状、短柱状晶形。颜色有浅至中等黄色、黄绿色、灰绿色、褐色至黄褐色、浅蓝色(稀少)。玻璃光泽至亚金刚光泽。三组不完全解理。硬度8～8.5，密度 $3.73g/cm^3$。金绿宝石以特殊的光学效应而闻名，有猫眼、变石和变石猫眼等品种。具猫眼效应者是高档的宝石原料。

【变石】alexandrite

具有变色效应的宝石级金绿宝石，商业上又称亚历山大石。在日光或日光灯下呈绿色调而在白炽灯光下或烛光下则呈红色调，被誉为“白昼里的祖母绿，黑夜里的红宝石”。最著名的产地是俄罗斯的乌拉尔山脉。参见本节【金绿宝石】。

【金绿猫眼】chrysoberyl cat′s-eye

简称猫眼，又称猫眼石、猫睛石、是具有猫眼效应的宝石级金绿宝石。颜色从浅黄色至深黄褐色，以蜜黄色的为最佳。参见本节【金绿宝石】。

【猫眼石】cat′s-eye

即金绿猫眼，参见本节【金绿猫眼】。

【猫睛石】cat′s-eye

即金绿猫眼，参见本节【金绿猫眼】。

【变石猫眼】alexandrite cat′s-eye

同时具有变色效应和猫眼效应的宝石级金绿宝石。既含有产生变色效应的铬元素，又含有产生猫眼效应的大量丝状包体。常呈现出蓝绿色和紫褐色，在日光或日光灯下呈绿色调而在白炽灯光或烛光下呈红色调。在紫外荧光灯的照射下呈现强度为弱至中的红色荧光。参见本节【金绿宝石】。

【翠绿锂辉石】hiddenite

一种含铬的透明的宝石级锂辉石。呈黄绿色、绿色、深绿色、带蓝色调的绿色或祖母绿色。

【紫锂辉石】kunzite

透明而呈淡紫色的宝石级锂辉石。参见6.1.1【锂辉石】。

【京粉翠】Beijing jade

又称桃花石、桃花玉、玫瑰石、粉翠。以蔷薇辉石为主要成分的致密块状集合体。主要产地为北京昌平。特征参见6.1.1【蔷薇辉石】。

【紫鸦】red garnet

由红色调石榴子石加工而成的宝石，又称紫牙乌、紫鸦乌。矿物属于石榴子石中铁铝-镁铝榴石系列。化学式 $Fe_3Al_2(SiO_4)_3Mg_3Al_2(SiO_4)_3$，其中 Mg^{2+} 和 Fe^{2+} 容易形成完全的类质同象替代。常见紫红色、褐红色、粉红色、橙红色等。硬度7～8，密度3.78～4.05g/cm³。折射率1.714～1.820。矿物特征参见6.1.1【石榴子石】。

【翠榴石】demantoid

由含 Cr^{3+} 的钙铁榴石加工而成的宝石。绿色，透明，玻璃光泽，折射率1.888～1.889，色散值0.057。硬度7～8，密度3.81～3.87g/cm³。具有变色效应，日光下呈绿黄色，白炽灯下呈橙红色。主要产地为俄罗斯乌拉尔山地区。

【日光榴石】helvite

一种含铍硅酸盐的矿物。以黄色和黄绿色居多，少数呈红褐色或黄褐色，玻璃光泽。硬度6～6.5，密度3.2g/cm³。主要产在花岗岩、伟晶岩或矽卡岩中。是提取铍的矿物。主要产于德国、加拿大、美国、中国、挪威、芬兰等国。

【查罗石】charoite

由紫硅碱钙石及霓石、霓辉石、长石、硅钛钙钾石、碳酸盐矿物、碱性角闪石和铁、铜的硫化物等组成的矿物集合体加工而成的宝石。紫硅碱钙石，化学式 $(K, Na)_5(Ca, Ba, Sr)_8(Si_6O_{15})2Si_4O_9(OH, F)\cdot 11H_2O$。单晶呈纤维状、束状，集合体呈块状。浅紫色至紫色、紫蓝色，可含有白色、金黄色、黑色、褐色、棕色斑点。玻璃光泽至蜡状光泽，局部显丝绢光泽，半透明至微透明。折射率1.550～1.559。硬度5～6，密度2.68g/cm³。主要产于俄罗斯西伯利亚北贝加尔查罗河附近。优质的可制成弧面型戒面、手镯、雕件等各种工艺品，花色美丽的可作建筑装饰材料。

【发晶】rutilated quartz

特指含有纤维状、草束状、针状、丝状、放射状包体的无色透明的水晶。这些包体常呈细小的针状、纤维状，定向排列，犹如发丝。包裹体矿物主要有金红石、电气石、角闪石、阳起石、绿帘石、自然金。

【水晶】crystal

即单晶石英。

【紫水晶】amethyst

紫色单晶石英。因含有微量元素Fe而呈紫色。紫晶的颜色从浅紫色到深紫色，可带有不同程度的褐色、红色、蓝色(见附图)。优质紫水晶多产于巴西。

紫水晶

【乳石英】milky quartz

半透明的乳白色石英。无色透明的石英晶体中含有大量细小气液包裹体时，气液包裹体对入射光产生折射、散射，使原本透明的晶体呈现半透明的乳白色。

【蔷薇石英】rose quartz

一种淡红色至蔷薇红色石英，也称芙蓉石。因含有微量的Mn和Ti而致色。颜色不太稳定，加热可褪色；长时间日晒颜色会变淡。透明度较低，多呈云雾状或半透明状。内部可含有针状金红石包体，因而磨制成弧面宝石可显示出星光。裂隙发育，裂隙内常被褐铁矿等杂质充填。

【黄晶】citrine

透明的黄色石英。石英中含有微量的铁和

水，颜色变化从淡金黄色到浅橙黄色，由Fe^{3+}致色(见附图)。透明度较高。在自然界产出较少，常与紫晶及水晶晶簇伴生。

黄晶

【玛瑙】agate

具条带状构造的隐晶质石英质玉石(见附图)。按颜色可分为白玛瑙、红玛瑙、绿玛瑙、黑玛瑙等品种；按条带及杂质可分为缟玛瑙、火玛瑙、苔纹玛瑙、水胆玛瑙等。

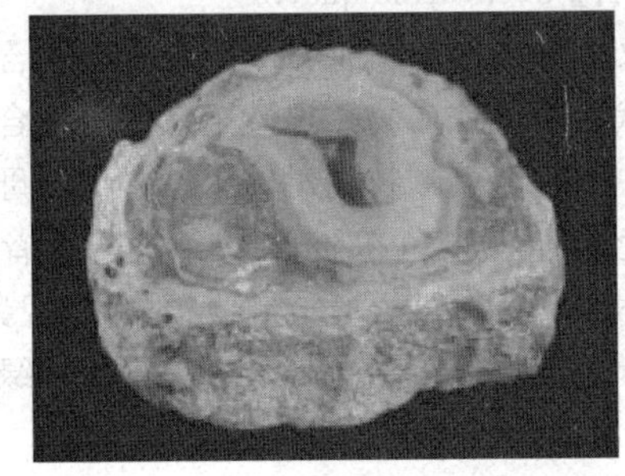

玛瑙

【海蓝柱石】glaucolite

呈海蓝色的宝石级方柱石。矿物特征见6.1.2【方柱石】。

【假蓝宝石】sapphirine

一种镁铝硅酸盐，化学式$(Mg, Al)_8(Al, Si)_6O_{20}$。呈浅蓝色或浅绿色，与刚玉中的蓝色变种(蓝宝石)相似，十分稀少。常呈蓝色、褐绿色、绿色、灰黑色；少见黄色、粉红色、紫色。透明至半透明，玻璃光泽。硬度7.5，折射率1.701～1.718，密度3.51～3.54g/cm³。主要产地有斯里兰卡、马达加斯加、澳大利亚等。

【假孔雀石】pseudo-malachite

一种具附加阴离子的简单岛状磷酸盐矿物。化学式$Cu_5[PO_4]_2(OH)_4$。单斜晶系，晶体呈短柱状、叶片状；集合体呈致密块状、肾状、葡萄状等，依{100}成双晶。深绿色或黑绿色。玻璃光泽。半透明。解理{010}中等。硬度5～5.5，密度4.35g/cm³。是原生铜矿物的次生产物，与石英、孔雀石、硅孔雀石、黑铜矿、褐铁矿等伴生。色艳的块体可作为宝石材料。

【黄色绿柱石】heliodor

又称为金色绿柱石。颜色有绿黄色、橙色、黄棕色、黄褐色、金黄色、淡柠檬黄色。其黄色是由Fe^{3+}致色而成。矿物特征参见6.1.1【绿柱石】。

【祖母绿】emerald

黄绿至蓝绿色、翠绿色的宝石级绿柱石。绿色主要与Cr^{3+}有关，其次是V^{3+}，铁离子也对色调有一定影响。由其他元素致色的浅绿色、浅黄绿色、暗绿色等绿色的绿柱石均不能称为祖母绿，只能称其为绿色绿柱石。除了常见的祖母绿外，还有祖母绿猫眼、星光祖母绿、达碧兹祖母绿这三个特殊品种。世界上主要的祖母绿产地有哥伦比亚、巴西、津巴布韦、坦桑尼亚等。矿物特征参见6.1.1【绿柱石】。

【海蓝宝石】aquamarine

由绿柱石矿物加工而成的宝石(见附图)。颜色为绿蓝色至蓝绿色、浅蓝色，一般色调较浅。其蓝绿色由Fe^{2+}致色而成。可具有猫眼效应。主要产于巴西、马达加斯加。参见6.1.1【绿柱石】。

海蓝宝石

【绿宝石】green gem

除祖母绿、海蓝宝石外，其他颜色的宝石级绿柱石的统称。

【蓝宝石】sapphire

除红宝石以外的其他颜色的刚玉宝石统称为蓝宝石。颜色丰富，纯净时无色。当晶格中含有微量元素时可致色：Cr、Ni联合作用致橙色或金黄色，Ti、Fe联合作用致紫色或蓝色，Ni致黄色，Co、V、Ni联合作用致绿色。蓝宝石的主要产地有缅甸、泰国、斯里兰卡、柬埔寨、印度、澳大利亚、美国，中国的蓝宝石主要产出地为山东潍坊的昌乐县和五图县。矿物特征参见6.1.1【刚玉】。

【白宝石】white sapphire

又称白色蓝宝石，蓝宝石的一种。

【红宝石】ruby

红色调的宝石级刚玉，包括红色、橙红色、紫红色、褐红色的刚玉宝石。红宝石的颜色与痕量(1%～3%)的Cr_2O_3置换部分Al_2O_3并进入晶体结构有关。可见星光效应、猫眼效应(稀少)。生长温度极高，可采用焰熔法或提拉法合成。红宝石主要产出地有：缅甸、泰国、斯里兰卡、越南、坦桑尼亚，中国的红宝石主要产于云南。参见6.1.1【刚玉】。

【碧玉】jasper

一种隐晶质石英质玉石。含较多氧化铁和黏土矿物杂质，杂质含量可达20%以上。常呈致密块状(见附图)。多为不透明，颜色常呈暗红色、绿色、黄褐色。商业中常按颜色命名，如绿碧玉、红碧玉(又称羊肝石)；有时也可按特殊花纹来命名，如风景碧玉、血滴石等。

碧玉

【石英质玉】quartzite

石英质玉石的组成矿物主要是隐晶质-显晶质石英，含少量云母类矿物、绿泥石、褐铁矿、赤铁矿、针铁矿、黏土矿物。化学组成主要是SiO_2，含少量Ca、Mg、Fe、Mn、Ni、Al、Ti、V等。粒状结构、纤维状结构、隐晶质结构；块状、团块状、条带状、皮壳状、钟乳状构造。纯净者为无色，当含有不同微量元素或混入其他有色矿物时，可呈现不同的颜色，常见白色、绿色、灰色、黄色、褐色、橙红色、蓝色等。可分为隐晶质石英质玉石(玉髓、玛瑙)和显晶质石英质玉石(石英岩、东陵石)以及二氧化硅交代的玉石(木变石)。

【虎睛石】tiger′s eye

棕黄色、棕色至红棕色、黄褐色、褐色的木变石，是二氧化硅交代的石英质玉石。具波状纤维结构，成品表面可具丝绢光泽。弧面型宝石可出现猫眼效应。

【东陵石】aventurine quartz

又称砂金石，一种石英质玉石，内含大量的片状云母或铁矿物，显砂金效应。集合体为致密块状，石英颗粒相对较粗。含铬云母者呈现绿色，称为绿色东陵石；含蓝线石者呈蓝色，称为蓝色东陵石；含锂云母者呈现紫色，称为紫色东陵石。国内市场最常见的是绿色东陵石。参见本节【石英质玉】。

【砂金石】aventurine

参见本节【东陵石】。

【绿玉髓】green chalcedony

呈不同色调绿色的玉髓，为隐晶质石英质玉石。由Fe、Cr、Ni等杂质元素致色，也可由细小的绿泥石、阳起石等绿色矿物的均匀分布引起颜色，可或多或少地显示带状构造。市场上产于澳大利亚的绿玉髓称澳玉。参见本节【石英质玉】。

【琥珀】amber

是中生代白垩纪至新生代第三纪松柏科植物的树脂，经地质作用而形成的有机混合物。化学式$C_{10}H_{16}O$，可含H_2S。非晶质体。外形复杂，内部常含植物碎屑、小动物等包裹体及流线构造等(见附图)。多为浅黄色到蜜黄色、黄棕色到棕色、浅红棕色、淡红色、淡绿褐色、深褐色、橙色、红色和白色。油脂光泽。硬度 2～2.5，密度 1.08g/cm³，是已知宝石中最轻的品种，在饱和食盐水中可以悬浮。主要分布在波罗的海沿岸国家。未达到宝石级的琥珀可制取琥珀酸和黑色假漆，也可作绝缘材料。

琥珀

【鸡血石】chicken-blood stone

铝硅酸盐类矿物的集合体。主要由地开石、辰砂组成，并含高岭石、珍珠陶土、硬水铝石、明矾石、黄铁矿和石英等。因其中的辰砂色泽艳丽，红色如鸡血，故得此名。鸡血石中红色部分称为“血”，红色以外的部分称为“地”，可呈多种颜色。鸡血石主要呈隐晶质结构、微晶质集合体。主要呈致密块状构造，个别为变余角砾状构造。土状光泽、蜡状光泽至玻璃光泽。硬度 2.5～7，密度 2.53～2.74 g/cm³。主要产地为浙江昌化及内蒙古巴林。

【蓝田玉】Lantian jade

一种蛇纹石化大理岩，主要矿物组成是方解石和蛇纹石。随蛇纹石化的程度由低到高以及方解石含量逐渐减少，局部可变为蛇纹石玉。为不等粒状变晶结构至纤维状变晶结构，块状构造。常见白色、黄色、米黄色、苹果绿色等。蓝田玉以产于蓝田而得名，是中国古代主要名玉之一。

【绿辉石】omphacite

化学式（Ca，Na）（Mg，Fe^{2+}，Fe^{3+}，Al）Si_2O_6，介于硬玉及透辉石之间，当 Na/(Ca＋Na)≥0.8 时为硬玉，Na/(Ca＋Na)≤0.2 为透辉石。常呈柱状和柱粒状集合体。绿色、浅绿色、灰绿色、灰白色，玻璃光泽。硬度 5～6，密度 3.29～3.37g/cm³。绿辉石是翡翠中一种重要的共生矿物，常以不同比例形成含绿辉石硬玉岩型翡翠或含硬玉绿辉石岩型翡翠。绿辉石矿物含量可高达 100％，如油青种翡翠，也是传统意义上翡翠中的一种，只是数量较少。

【青金石】lazurite

由主要矿物青金石，次要矿物方解石、黄铁矿等组成的矿物集合体，有时含有透辉石、云母、角闪石等矿物。化学式$(NaCa)_8(AlSiO_4)_6(SO_4, Cl, S)_2$。晶形为菱形十二面体，通常呈致密块状集合体(见附图)。常呈中至深绿蓝色至紫蓝色，常有铜黄色黄铁矿、白色方解石、墨绿色透辉石、普通辉石成分的色斑。玻璃光泽至蜡状光泽，微透明至不透明。折射率 1.50 左右。硬度 5～6，密度 2.75g/cm³。为天然蓝色颜料的主要原料，宝石级青金石可作首饰及装饰品。

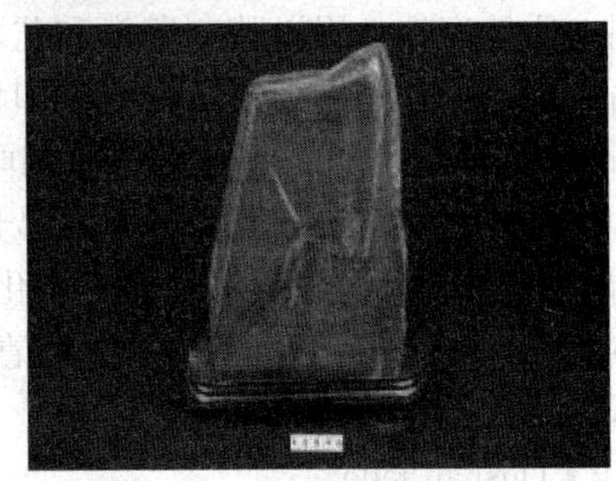

青金石

【日光石】sunstone

又称日长石、太阳石，有时也称为砂金效应长石。属斜长石类。金红色至红褐色，半透明。密度 2.62～2.67g/cm³。因含有大致定向排列的金属矿物薄片，如赤铁矿和针铁矿，随着宝石的转动，能反射出红色或金色的反光，呈现砂金效应。日光石主要产于挪威南部、俄罗斯贝加尔湖地区，此外在加拿大、印度南部、美国等地有产出。

【月光石】moonstone

又称月长石、月亮石。由钾长石($KAlSi_3O_8$)和钠长石($NaAlSi_3O_8$)呈层状交互生长的宝石矿物。通常呈无色至白色，还有红棕色、绿色、暗褐色。透明至半透明，折射率 1.518～1.526。常见蓝色、无色或黄色等晕彩，具有月光效应(随着样品的转动，在某一角度，可以见到白至蓝色的发光效应，似朦胧月光)。密度2.55～2.61g/cm^3，硬度6，少见猫眼效应或星光效应。

【天蓝石】lazulite

一种磷酸盐矿物，化学式 $MgAl_2(PO_4)_2(OH)_2$。单斜晶系。晶体少见，常呈锥状、板状；集合体呈粒状、致密块状等。常见蓝色、紫蓝色，含白色斑点。玻璃光泽，半透明至不透明。折射率为1.612～1.643，硬度5～6，密度3.09g/cm^3。产于花岗伟晶岩或石英脉中。主要产地有奥地利、北加罗林岛、美国佐治亚州、瑞士、瑞典、马达加斯加、巴西等，优质晶体来自美国阿拉斯加、印度、巴西等地。质地纯净、质量为1～2克拉者可作为高中档宝石。

【印章石】pyauxite

以叶蜡石、地开石、高岭石为主组成的一种石料，质地密软，用以雕刻印章和艺术品。印章石品种繁多，主要为以下四大系印章石：寿山石、青田石、昌化石和巴林石(中国四大名石，参见6.4.2【寿山石】【青田石】【昌化石】和【巴林石】)。含有辰砂的昌化石为昌化鸡血石，黄色的寿山田坑石又称田黄石，与青田灯光冻石被誉为“印石三宝”。

【独山玉】Dushan jade

又称独玉、南阳玉。一种黝帘石化斜长岩。组成矿物为钙长石(20%～90%)和黝帘石(5%～70%)，次要矿物为铬云母、透辉石、角闪石、黑云母。集合体为致密块状，纤维粒状结构。颜色丰富，主色有黄、绿、白、蓝绿、紫、褐、黑等，单一色调的原料及成品较少。呈玻璃光泽。硬度6～7。密度2.90g/cm^3。矿体呈脉状、透镜状及不规则状，产于蚀变辉长岩体中。因产于河南南阳的独山而得名，是中国特有的玉石品种，为利用较广的玉雕材料。

【黄玉】topaz

即托帕石，为含氟和羟基的铝的硅酸盐矿物。化学式 $Al_2SiO_4(F, OH)_2$，可含Li、Be、Ga，粉红色者含Cr。晶体呈柱状，柱面常见纵纹。常见颜色有无色、淡蓝色、蓝色、黄色、粉色、粉红色、褐红色、绿色。在长期的日光照射下彩色的托帕石会变色。透明，玻璃光泽，硬度8，密度3.53g/cm^3。平行{001}一组完全解理。产于花岗伟晶岩、云英岩、高温气成热液矿脉中，与黑钨矿、绿柱石、铌钽铁矿共生。透明者可作宝石，亦可作研磨材料。

【汉白玉】white marble

即白色大理岩，一种碳酸盐类玉石，由主要矿物方解石，次要矿物白云石、菱镁矿、蛇纹石、绿泥石等组成的矿物集合体。方解石化学式 $CaCO_3$，常含Mg、Fe和Mn等。方解石常为无色、白色、浅黄色等；大理岩常见有白色、黑色及各种花纹和颜色。常用来作玉雕原料或装饰材料。参见6.1.2【大理岩】。

【煤精】jet

又称煤玉、黑炭石。一种黑色不透明有机质岩石。煤精是褐煤的一个变种，由树木埋藏于地下转变而来。化学成分变化很大，主要由碳、氢、氧、氮、硫及少量的矿物(如石英、长石、黏土矿物、黄铁矿)等组成。煤精呈无定形态，常见集合体为致密块状。颜色为黑色或褐黑色。油脂光泽至玻璃光泽。硬度2～4，密度1.32g/cm^3。可燃烧，烧后有煤烟味，摩擦带电。优质煤精的主要产地是英国约克郡惠特比附近的沿岸地区。中国的煤精产出地以辽宁抚顺为主，其次为鄂尔多斯盆地。

【煤玉】jet

参见本节【煤精】。

【硬玉】jadeite

属单斜晶系的单链硅酸盐矿物，化学式 $NaAlSi_2O_6$，可含有Cr、Fe、Ca、Mg、Mn、V、Ti。是组成翡翠的主要矿物，用作雕制各种玉器的玉石材料。硬玉中若 Cr^{3+} 替代了 Al^{3+}，会产生绿色。

【翡翠】jadeite

由硬玉或由硬玉及其他钠质、钠钙质辉石(钠铬辉石、绿辉石)组成的矿物集合体，可含少量角闪石、长石、铬铁矿等矿物。商业上指具有工艺价值和商业价值、达到宝石级硬玉岩和绿辉石岩的总称。“翡”单用时是指各种深浅的红色、黄色翡翠，“翠”单用时是指各种深浅绿色的翡翠。翡翠的光泽为玻璃光泽至油脂光泽。半透明至不透明，极少为透明，在商业中，翡翠的透明度又称为“水头”。硬度为6.5～7，密度3.34g/cm³。目前市场上流通的翡翠均产于缅甸。参见本节【硬玉】。

【软玉】nephrite

又称和田玉、透闪石玉。由透闪石-阳起石类质同象系列矿物组成的集合体。矿物颗粒细小，常呈纤维状集合体。质地细腻、润泽且具有较高的韧性。具典型的致密块状构造、纤维交织结构。集合体呈白色，随含铁量的增多，呈浅绿色至墨绿色。玻璃至油脂光泽。硬度6～6.5，密度2.95g/cm³。按成因可分为原生矿、次生矿；按颜色分为白玉(包括羊脂玉)、青白玉、青玉、碧玉、墨玉、青花玉等；按产出状态分为山料、山流水、仔料和戈壁料。

【羊脂玉】suet jade

由透闪石(95%)、阳起石和绿帘石组成的晶莹洁白、细腻滋润而少瑕疵的集合体。上佳的羊脂白玉近于无瑕，恰似刚刚割开的肥羊脂肪肉，光泽如凝练的油脂，有时可带少量糖色。为软玉的一类，属软玉中的优质品种，韧性和耐磨性是软玉中最强的，产量稀少，价值很高。

【岫玉】serpentine

又称蛇纹石玉、岫岩玉。由微细蛇纹石组成的矿物集合体，因产于辽宁岫岩而得名(见附图)。主要矿物为蛇纹石，次要矿物有方解石、滑石、磁铁矿、白云石、菱镁矿、绿泥石、透闪石、透辉石、铬铁矿等。颜色有黄绿色、深绿色、绿色、灰黄色、白色、棕色、黑色及多种颜色的组合。

岫玉

【密陀僧】lithargyrum

又称铅黄、氧化铅，化学式PbO。呈红色，油脂光泽，密度9.53g/cm³；硬度2～3。用作颜料铅白、冶金助溶剂、油漆催干剂、陶瓷原料、铅盐类工业的中间原料等。

【珍珠】pearl

是产于珍珠贝类和珠母贝类软体动物内、由分泌作用形成的以文石和方解石为主，并含有机质的一种有机宝石。碳酸钙矿物含量82%～86%，有机质10%～14%，水2%～4%。珍珠具同心环状构造，分为有核珍珠和无核珍珠，有核养殖珍珠的珠核比天然珍珠的珠核大。珍珠表面细腻洁净，光泽强，能清晰照见人的瞳孔者为上品珠。按颜色可分为白色系列、红色系列、黄色系列、黑色系列和其他系列，玫瑰色和粉红色海螺珍珠产量极少。硬度2.5～4.5。密度：2.61～2.85g/cm³(海水珍珠)、2.66～2.74g/cm³(淡水珍珠)。遇盐酸起泡，受热变褐色，表面摩擦有砂感。珍珠质量优劣主要从大小、光泽、形状、颜色、珠面质量等方面来评价。

6.4.2 观赏石

【观赏石】natural art stone

天然产出的、具有独特外观形貌或色泽、往往被赋予一定文化和艺术内涵的岩石或矿物。

【巴林石】Balin stone

由高岭石、地开石、叶蜡石等多种矿物组成的黏土岩。硬度2～4。含有辰砂的为巴林鸡血石。产于内蒙古赤峰巴林右旗。

【昌化石】Changhua stone

主要由地开石、高岭石等矿物组成的致密岩石。含有石英斑晶的地开石，硬度远大于不含石英者，工艺上称为“砂丁”，工艺质量较差。含有辰砂者为昌化鸡血石，产于浙江昌化县。

【硅化木】pertrified wood

被二氧化硅交代的古代植物的木质部的化石。根据二氧化硅的组成特征，可进一步划分为蛋白石硅化木、玛瑙硅化木和普通硅化木。常呈纤维状集合体，木质纤维状、木纹状、年轮状构造。颜色有浅黄色至黄色、红色、黄褐色、红褐色、褐色、棕色、黑色、灰色、白色等。抛光面具玻璃光泽，半透明至不透明。折射率 1.544～1.553。硬度 7。密度 2.50～2.91g/cm³。主要产地有欧洲、美国、古巴、缅甸等。中国北京延庆、四川自贡、新疆奇台将军戈壁等地均有大型的硅化木化石林的发现。硅化木以木质结构清晰、光泽强为优，可作雕件。其中造型好的可作盆景观赏石，大的也可用于园林布景。

【九龙壁石】nine dragons wall stone

又称华安玉、梅花石，是以燧石条带灰岩和变质岩为主，由主要矿物石英、长石、透辉石、透闪石、阳起石组成的沉积岩经硅化重新结晶而成的岩石。结构致密，质地细腻。颜色多样，有暗红色、黑褐色、深绿色、褐黄色、黑灰色等，常有杂色条带。硬度 7～7.5。可加工成不同产品，如茶具、石桌椅、雕件、摆件、装饰建材等。产于福建省漳州市。

【菊花石】chrysanthemum stone

红柱石呈菊花状规则排布形成的一种岩石（见附图）。红柱石集合体常呈粒状、放射状，形似菊花。常见褐绿色、黄褐色，也有绿色、褐色、粉色、紫色等。玻璃光泽，半透明。折射率 1.634～1.643。通常为褐黄绿色、褐橙色和褐红色。硬度 7～7.5。密度 3.13～3.60g/cm³。主要产地为北京西山。

菊花石

【灵璧石】Lingbi stone

一种隐晶质石灰岩。矿物组成为方解石，颜色分为黑、白、红、灰四个系列。优质灵璧石色黑并带有花纹。常作雕件或摆件供观赏。灵璧石通常可分为以下 6 大类：（1）磬石类：有墨玉磬石、灰玉磬石、红玉磬石等，此类石种也统称八音石，除颜色、形体差异较大外，其石态、石质等基本相似，玲珑剔透，扣之有声。（2）龙鳞石类：有红碗螺、灰碗螺、黄碗螺等，此石种的原始石身均有鳞状纹，如切片加工，则平面显露出螺状环体图案，层次分明，轮廓清晰。（3）五彩灵璧石类：该石色彩缤纷，黄色、绛色、红色、青色花纹雕嵌。（4）花山青霜玉类：石质较硬，硬度 7 以上，手感滑润，以红、黑两色组成，以山丘象形居多。（5）透花石类：此石多为圆、椭圆状。黑、灰底色展现出人物、植物、山川、清溪等图形。（6）白灵璧石类：有红白灵璧石、黄白灵璧石、灰白灵璧石、褐白灵璧石数种，各底色呈现斑斑点点的白玉，质地坚硬，如积雪、白云。灵璧石产于安徽灵璧北的磬石山。

【青田石】Qingtian stone

以叶蜡石、地开石、高岭石、伊利石和绢云母为主要矿物的岩石。呈典型蜡状光泽。可分为叶蜡石型和非叶蜡石型两类，其中叶蜡石型青田石占大多数。产于浙江青田。

【寿山石】agalmatolite

以叶蜡石、迪开石、高岭石、伊利石为主要矿物的岩石。硬度为 2～3。呈弱的蜡状光泽。按产状和历史习惯可分为田坑石、水坑石、山坑石，黄色的田坑石又称田黄石。产于福建寿山。

【太湖石】Taihu stone

又称窟窿石、假山石，一种具有天然艺术造型的石灰岩。为中国古代著名的四大玩石、奇石之一（英石、太湖石、灵璧石、黄蜡石），因盛产于太湖地区而闻名，是一种玲珑剔透的观赏石。其色泽以白石为多，少有青黑石，尤其黄色的更为稀少。适宜布置公园、草坪、校园、庭院、旅游景区等，有很高的观赏价值。

【雨花石】riverstone

一种隐晶质石英质玉石，主要成分 SiO_2。呈红、黄、蓝、绿、褐、灰、紫、白、黑等多种颜色，且花纹多样（见附图）。雨花石分为广义雨花石和狭义雨花石两大类。广义雨花石是指各种卵状砾石，如玛瑙石、燧石、硅质岩、石英岩、脉石岩、硅化灰岩、火山岩及蛋白石、水晶、紫水晶等。狭义的雨花石是指产于南京雨花台砾石层中的玛瑙。

雨花石

【钟乳石】stalactite

在碳酸盐岩洞穴内，经过漫长地质作用形成的石钟乳、石笋、石柱等不同形态的岩石。化学组成为$CaCO_3$，矿物组成以方解石为主。广泛分布在石灰岩地区，中国主要产地为广西、云南、湖北、湖南、广东、四川、贵州、北京等地。

【失透石】sodium calcium silicate

化学式 $Na_2Ca_3Si_6O_{16}$，非自然生成，属硅酸盐工业工艺岩相结石。失透石中含有较多的非晶体态的矿物，即经过高温熔融后急冷。矿物组成不同于常规陨石及地球岩石，常规陨石的主要矿物为橄榄石、辉石、铁纹石、镍纹石、陨硫铁、层状硅酸盐(类蛇纹石和类绿泥石)和斜长石，地球岩石中最常见的矿物石英、钾长石、黑云母、白云石、角闪石等在陨石中仅作为痕量矿物，岩相观察可见有很多羽毛状矿物(见附图)。

(*a*)

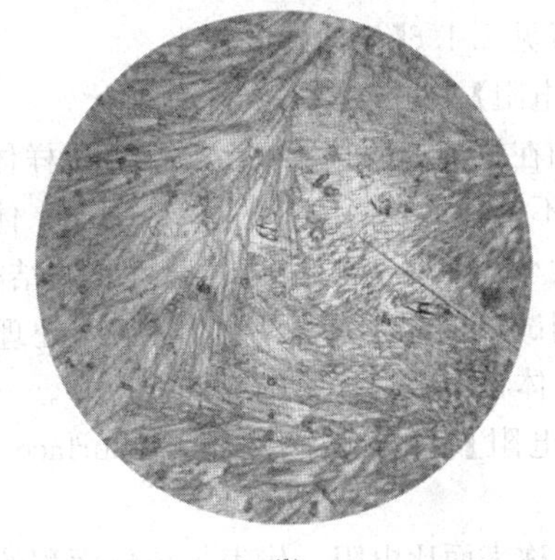

(*b*)

失透石显微照片

(*a*)正交偏光显微照片；(*b*)单偏光显微照片

6.5 矿物材料测试

【湿压强度】wet-compressive strength

表示物体在饱水状态下，抵抗外部压力能力的物理量，以试样受力作用时的应力值表示。湿压强度是评价膨润土矿产质量的重要指标，测试时将膨润土、标准砂按一定比例混碾，再加水制得因砂粒表面被膨润土膜粘连而具有强度的标准试样，测得试样抗压强度即为膨润土的湿压强度。

【干压强度】dry-compressive strength

表示物体在干燥状态下，抵抗外部压力能力的物理量，以试样受力作用时的应力值表示。是评价型砂性能好坏的重要指标之一。

【筒压强度】numerical tube pressure

将一定粒度的松散物料试样，置入承压筒内，将试样压入筒内 20mm 深度时，所承受的压力值。单位为 Pa 或 MPa。筒压强度是评定骨料质量的重要指标之一，用承压筒法(或称圆筒压碎法)测定。

【体积密度】bulk density

材料在自然状态下单位体积(包括材料实

体及其开口孔隙、闭口孔隙)的质量。用公式表达：$\rho_0 = m/V_0$。式中：ρ_0 为材料的体积密度，单位为 kg/m^3 或 g/cm^3；m 为材料的质量，单位为 kg 或 g；V_0 为材料在自然状态下的体积，包括材料实体及其开口孔隙、闭口孔隙。对于规则形状材料，其体积可用量具测得，如长方体形状的加气混凝土砌块等；对于不规则形状材料，其体积可通过排液法或封蜡排液法测得。

【白度】 whiteness

参见 9.5【白度】。

【莫氏硬度】 Mohs' hardness

参见 2.1.6【莫氏硬度】。

【显微硬度】 micro-hardness

参见 2.1.6【显微硬度】。

【体积电阻】 volume resistance

加在电极上的直流电压与流过试样体积的电流(不包括沿表面流过的电流)之比。体积电阻的大小，除取决于材料本身组成的结构外，还与测试时的温度 、湿度、电压和处理条件有关。体积电阻愈大，绝缘性能愈好。

【表面电阻】 surface resistance; surface resistivity

又称表面比电阻。代表每单位面积的电介质表面对正方形的相对两边间表面泄漏电流所产生的电阻，是表征电介质或绝缘材料电性能的一个重要数据。表面电阻的大小除决定于电介质的结构和组成外，还与电压、温度、材料的表面状况、处理条件和环境湿度有关。环境湿度对电介质表面电阻的影响极大。表面电阻愈大，绝缘性能愈好。

【膨胀倍率】 expansion ratio

物料膨胀后与膨胀前松散体积的比值，主要反映矿石的膨胀性能。膨胀倍率与矿石的玻璃质、透明度、珍珠构造发育程度、水化程度、原料的水分、杂质含量和工艺控制因素有关，是评定膨胀珍珠岩、蛭石等矿石膨胀性的主要技术指标，也是评定铸造用膨润土性能的辅助指标。

【体积膨胀率】 volume expansion ratio

物质膨胀之后的体积与膨胀之前体积的比值。体积膨胀率可用专门膨胀仪测定，或用固结仪测定。

【耐火度】 refractoriness

耐火材料在无荷重条件下抵抗高温作用而不熔化的能力，是判定能否作为耐火材料的依据，用耐火材料达到某一特定软化程度时的温度表示。耐火度不同于纯物质的熔点概念，熔点是纯物质结晶相与其液相处于平衡状态时的温度，是一个确定的温度值。耐火材料是由多种不同矿物组成，并含杂质，其耐火度决定于材料的化学成分、矿物组成及分布状态。高岭石黏土的耐火度可以根据化学组成由下式近似计算：$T = 5.5A + 1534 - (8.3F + 2\sum M) \cdot 30/A$；式中：$T$ 为耐火度(℃)，A 为 Al_2O_3 含量($w_B\%$)，F 为 Fe_2O_3 含量($w_B\%$)，$\sum M$ 为 TiO_2、MgO、CaO 和 R_2O 的总量($w_B\%$)。该公式适用于 Al_2O_3 含量在 15%～50%的黏土。计算时，各组分的百分含量需换算为灼烧量为零的百分含量。耐火度还可由标准测温锥进行标定，具体方法为：将待测黏土按照规定标准做成一定规格的截头三角锥，使其在规定的条件下与标准测温锥同时加热，对比其软化弯倒情况。当三角锥靠自重变形作用而逐渐弯倒，顶点与底盘接触时的温度就是它的耐火度。

【可劈分性】 divisibility

又称解理性。晶体在外力作用(如敲打、挤压)下沿特定结晶方向裂开成较光滑解理面的性质。对于石棉等纤维状原料，可劈分性通常用纤维细度和比表面积来衡量。

【吸蓝量】 methylene blue value; blue absorption power

累托石、膨润土等黏土矿物在水溶液中具有吸附亚甲基蓝的能力，其吸附量称为吸蓝量，以单位 mmol/100g 表示。用以鉴别和评定累托石、膨润土、蒙脱石、坡缕石等黏土矿物的含量和吸附能力。常作为圈定矿体的依据，吸蓝量愈大，矿体中具有吸附功能的矿物含量越高。

【胶质价】 gelling value

膨润土与水混合，并加入适量氧化镁后，膨润土所形成的凝胶体的体积，即为胶质价，以 15g 试样形成的凝胶体积的毫升数表示。与试样颗粒的分散性与水化程度有关，是分散性、亲水性和膨胀性的综合表现，是衡量膨润土水化性能优劣的重要指标之一，尤其适用于野外地质勘探部门对膨润土性能进行初步评价。它与膨润土的类型、蒙脱石含量及层电荷的多少密切相关，是鉴定膨润土矿石类型和估价膨润土质量的技术指标之一。

【悬浮性】suspension property；floatability

蒙脱石、累托石、高岭土等黏土矿物在水介质中分散成胶体状态溶液能力，以悬浮度表示。测定方法是：将 30g 试样按规定烘干，加水研磨后稀释至 1000mL，搅匀静置 20min，读取上层清液体积即为悬浮度，单位为 mL。在陶瓷生产过程中，悬浮性是注浆泥料与釉料中必要的性质。它决定了坯体和釉料是否可以均匀分散，在与水的掺和下可以得到最均匀的坯体与釉面。选择能使泥浆具有良好的悬浮性和稳定性的黏土，是注浆配料和釉浆配料中的主要问题。

【造浆率】mud-making rate

单位重量的黏土加水配制成表观黏度 15MPa · s 悬浮液的体积，单位为 m^3/t。膨润土的主要用途之一是用作钻井液材料，造浆率是衡量膨润土造浆性能的主要指标之一。水泥造浆率：用于水泥浆的配制，指的是单位水泥的质量(t)配制成的水泥浆的体积(m^3)。

【可塑性】plasticity

黏土类原料在外力作用下，形成任意形状而不破坏其整体性，在外力取消后仍能保持其变形后形态的性质，称为可塑性。可塑性与黏土类原料固体颗粒吸水性、颗粒的比表面积和吸水量有关。可塑性通常用塑性指数(I_P)或塑性指标(S)定量描述。$I_P = W_L - W_P$；$S = (a - b) \cdot P$。式中：W_L 表示液相界限，指使风干黏土变成能缓慢流动的黏稠液体所需水的质量与风干黏土质量的比值(百分数)；W_P 表示塑性界限，指逐渐减少可塑性泥团的水量，直至其不能产生塑性变形(变脆而破裂)时，减少的水量与风干黏土质量的比值；a 表示正常稠度泥团的直径(通常为 45cm)；b 表示受压后出现裂纹时泥球的高度(cm)；P 表示受压出现裂纹时的负荷(N)。

【粘结性】caking property；binding property

又称粘结力、结合力、结合能力，是指软质耐火黏土、黏土、高岭土等能胶结另外一种不具粘结力物质的能力；或煤在隔断空气条件下，加热生成的胶质体粘结惰性组分的能力。如高岭土的结合能力，是以能够形成可塑泥团时，加入的标准石英砂(粒度 0.09～0.25mm)的数量和泥团干燥后的抗折强度表示。它是评价黏土类矿物物理性能的指标之一。按可塑性，高岭石黏土可划分为以下 4 级：(1)粘结黏土——加入 50%标准砂后，泥团仍具有良好的可塑性；(2)可塑黏土——允许加入 20%～50%标准砂；(3)非可塑黏土——允许加入 20%标准砂；(4)石状黏土——即使不加入标准砂，也不能形成可塑泥团。

煤在外力作用下粘结成团的能力表现为对运煤机械的粘结程度，用 G 来表示。它反映了煤在一定温度下结合非粘结性物质的能力。粘结性是煤的一项重要的工艺性质，是炼焦用煤的主要参考指标。

【遮盖率】coverage rates

一般用遮盖力表示，是颜料的最重要性能之一，反映了颜料能遮蔽被涂物体表面底色的能力。遮盖力通过测试单位质量颜料和调墨油研磨成的色浆均匀涂刷于单位面积黑白格玻璃板上，恰好使黑白格遮盖的最小颜料用量(单位 g/m^2)而得出，遮盖力值越小，遮盖能力越强。

【吸油率】oil absorption

吸油率也可用吸油量表示，指一定质量(通常为 100g)的颜料完全被油(通常指精制亚麻子油)润湿时，所需的油量(质量)，习惯上以百分数表示。吸油量是颜料的一种重要特性，反映了颜料吸附亲油性介质的能力。吸油量小，则颜料在制备涂料和油墨等制品时所消耗的亲油性介质的量就少，反之就多。影响吸油量的因素很多，包括颗粒大小及团聚体间隙大小、比表面积、颗粒形状和颗粒表面润湿性等。

【火山灰活性】pozzolanic activity

是指富 SiO_2 和 Al_2O_3 的固体与氢氧化钙反应生成水化硅酸钙、水化铝酸钙或水化硫铝酸钙等产物且具有水硬性胶凝性质的能力。通常采用强度对比法或 SiO_2 和 Al_2O_3 溶出率法测定。

【阳离子交换量】cation exchange capacity

矿物中阳离子与溶液中(pH=7)阳离子可以相互置换的量，单位为mmol/100g。

【灼减量】ignition loss

又称烧失量，指物料在1000℃下灼烧40min的质量变化率，以质量分数表示。

【煮沸质量损失】weight loss on boiling of pumice

固体物料用煮沸法处理后，样品损失的质量与原质量的比值，以质量分数表示。多用来检验制备水泥混凝土时轻粗骨料的安定性。骨料中含有某些过烧的生石灰或易分解的硅酸盐等物质的量越大，则煮沸质量损失就越大，表明其安定性越差。

【铁分解质量损失】weigh loss on decomposition of ferrous compounds in pumice

用浸泡法检验轻粗骨料安定性的一种指标。样品浸泡30d后，得到该骨料各粒级小于相应筛孔的颗粒质量与总质量的百分比，即为铁分解质量损失。由于轻粗骨料中可能含有某些硫铁化合物，长期浸泡在蒸馏水中，氧化后产生体积膨胀而导致大颗粒崩裂成小颗粒。铁分解质量损失越大，其安定性就越差。

【软化系数】softening coefficient

是指材料饱和水状态下的抗压强度和其绝干状态下的抗压强度之比值。所有天然岩石和人造材料在饱水后，由于水分子的楔入劈裂作用，其强度都有所降低，故软化系数在0～1之间。软化系数可表征砖、石与混凝土等含孔材料的耐水性能。软化系数越小，表示在饱水状态下的强度损失越大，耐水性能越差。一般认为，大于0.85的属耐水材料。

【石材放射性】stone radioactive

石材中因含有放射性同位素而具有一定量放射性，主要来源于铀系、钍系和天然钾。是构成室内β、γ辐射场的主要因素，是室内空气中^{222}Rn的主要来源。

7 水泥及其他胶凝材料

7.1 专业理论基础

7.1.1 熟料物理化学

【$CaO-SiO_2$ 相图】$CaO-SiO_2$ system phase diagram

$CaO-SiO_2$ 二元系统有两个一致熔化合物 CS、C_2S 和两个不一致熔化合物 C_3S_2、C_3S。C_3S 和 C_2S 是硅酸盐水泥熟料最重要的矿物。C_2S 熔点为 2130℃，从常温到 1500℃的范围内有复杂的晶型转变。C_3S 在 1250～2150℃是稳定的，大于等于 2150℃分解为 CaO 和液相，在 1250℃分解成 C_2S 和 CaO，这一分解反应仅在接近 1250℃很窄的温度区间进行得较快，低于这一温度分解就几近停止，此时 C_3S 以介稳态存在。如附图所示。

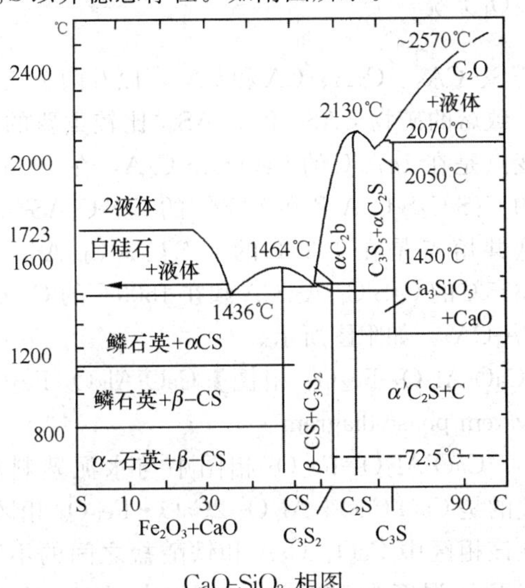

$CaO-SiO_2$ 相图

【$CaO-Al_2O_3$ 相图】$CaO-Al_2O_3$ system phase diagram

$CaO-Al_2O_3$ 二元系统有四个不一致熔化合物 C_3A、CA、CA_2、CA_6 和一个一致熔化合物 $C_{12}A_7$。C_3A 在 1539℃分解成 CaO 和液相。$C_{12}A_7$ 在含水汽的空气中，于 1392℃一致熔，在干燥气氛中于 1374℃分解成 CA 和液相，在 1360℃成为 C_3A 和 CA 的低共熔混合物。CA 在 1602℃分解成 CA_2 和液相。CA_2 在 1762℃分解成 CA_6 和液相。CA_6 在 1830℃分解成 Al_2O_3 和液相。这些矿物除 CA_6 外，都有良好的水硬性，C_3A 是硅酸水泥熟料中的矿物，其余为铝酸盐水泥熟料中的矿物。如附图所示。

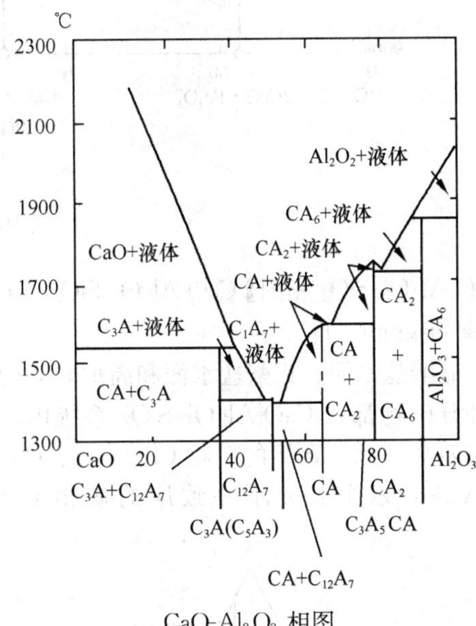

$CaO-Al_2O_3$ 相图

【$CaO-Fe_2O_3$ 相图】$CaO-Fe_2O_3$ system phase diagram

空气中的 $CaO-Fe_2O_3$ 系统有三个化合物 C_2F、CF 和 CF_2。C_2F 在 1435℃一致熔，它与 CaO 的低共熔点为 1425℃。CF 在 1216℃分解成 C_2F 和液相。CF_2 仅在 1155～1226℃区间稳定，在 1226℃分解成赤铁矿（α-Fe_2O_3）和液相，在 1155℃生成赤铁矿和 CF。由于 Fe_2O_3 在空气中加热时部分铁还原成 Fe^{2+}，系统中的富铁部分为假二元系统。如附图所示。

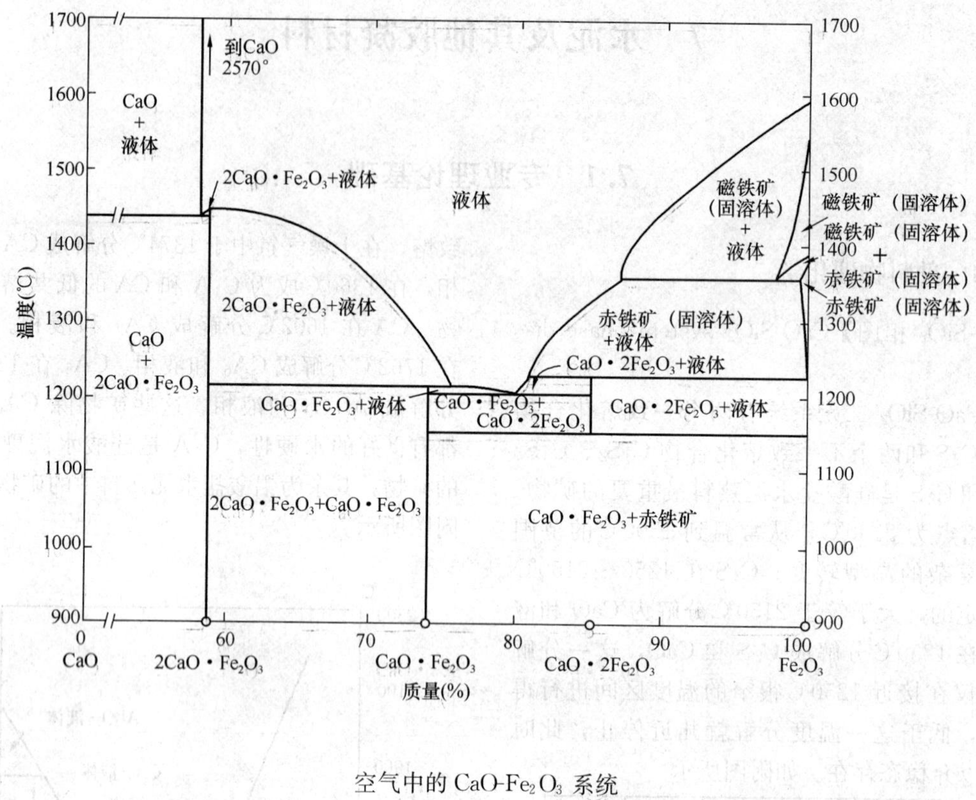

空气中的 $CaO\text{-}Fe_2O_3$ 系统

【$CaO\text{-}Al_2O_3\text{-}SiO_2$ 相图】$CaO\text{-}Al_2O_3\text{-}SiO_2$ system phase diagram

硅酸盐水泥、铝酸盐水泥和高炉矿渣的绝大部分矿物都在 $CaO\text{-}Al_2O_4\text{-}SiO_2$ 系统内。主要是四个二元一致熔的矿物 CS、C_2S、$C_{12}A_7$ 和 A_3S_2，六个二元不一致熔的矿物 C_3S_2、

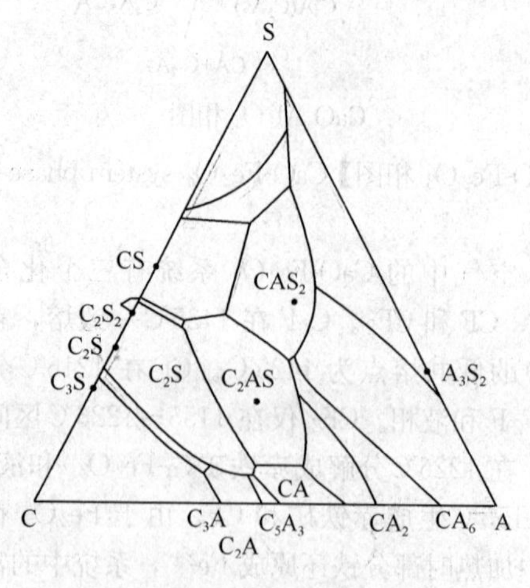

$CaO\text{-}Al_2O_3\text{-}SiO_2$ 相图

C_3S、CA_6、C_3A、CA 和 CA_2，以及两个三元一致熔的矿物 CAS_2 和 C_2AS。比较重要的不变点是在 1470℃ 的 $CaO\text{-}C_3S\text{-}C_3A$，在 1455℃ 的 $C_3S\text{-}C_2S\text{-}C_3A$ 和在 1380℃ 的 $C_2S\text{-}C_2AS\text{-}CA$。低共熔点是在 1335℃ 的 $C_2S\text{-}C_3A\text{-}C_{12}A_7$，在 1335℃ 的 $C_2S\text{-}C_{12}A_7\text{-}CA$ 和在 1500℃ 的 $C_2AS\text{-}CA\text{-}CA_2$。如附图所示。

【$CaO\text{-}Al_2O_3\text{-}Fe_2O_3$ 相图】$CaO\text{-}Al_2O_3\text{-}Fe_2O_3$ system phase diagram

$CaO\text{-}Al_2O_3\text{-}Fe_2O_3$ 相图中与水泥熟料相关的是 $CaO\text{-}CaO \cdot Al_2O_3\text{-}2CaO \cdot Fe_2O_3$ 相区。在该相区中 CaO、C_3A 和铁酸盐之间的不变点 E_1，温度为 1389℃，在 E_1 点 CaO、C_3A、铁酸盐和液相成平衡。在 E_1 点平衡的 C_3A 组成是以 A 点表示的固溶体，而铁酸盐的组成接近 C_4AF。当组成在 E_1 的混合物冷却时，CaO 溶入熔融物中，结晶路径沿着 C_3A 和铁酸盐的界线到达 E_2，此点为 C_3A、$C_{12}A_7$ 和铁酸盐的低共熔点，为 1336℃。CA、$C_{12}A_7$

和铁酸盐的不变点 E_3，为 1335℃。如附图所示。

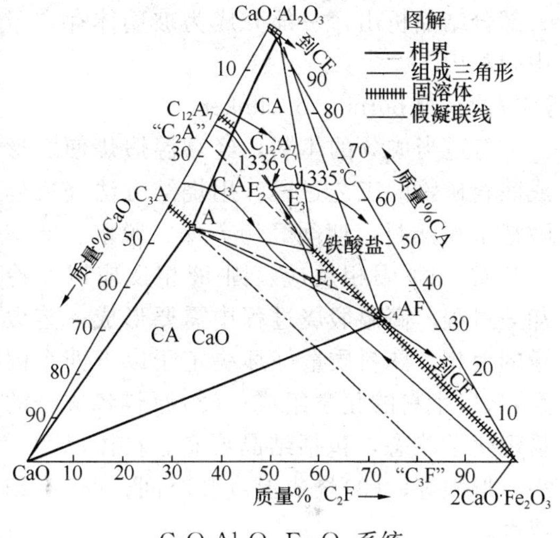

CaO-Al_2O_3-Fe_2O_3 系统

【CaO-Al_2O_3-SiO_2-Fe_2O_3 相图】CaO-Al_2O_3-SiO_2-Fe_2O_3 system phase diagram

CaO-Al_2O_3-SiO_2-Fe_2O_3 四元系统用四面体表示，四个顶点各代表一个纯组分，四个面都是等边三角形，分别代表 CaO-Al_2O_3-SiO_2、CaO-Al_2O_3-Fe_2O_3、CaO-SiO_2-Fe_2O_3、Al_2O_3-SiO_2-Fe_2O_3 四个三元系统，四面体的六条边分别代表 CaO-Al_2O_3、CaO-SiO_2、CaO-Fe_2O_3、Al_2O_3-SiO_2、Al_2O_3-Fe_2O_3、SiO_2-Fe_2O_3 六个二元系统。如附图所示。四元系统中的 CaO-C_2S-$C_{12}A_7$-C_4AF 小四元系统，包含了硅酸盐水泥的所有矿物，是最重要的部分。四元系统中较重要的不变点和低共融点：CaO-C_3S-C_3A-C_4AF 在 1341℃（55.0CaO，22.7Al_2O_3，5.8SiO_2，16.5Fe_2O_3）。C_3S-C_2S-C_3A-C_4AF 在 1338℃（54.8CaO，22.7Al_2O_3，6.0SiO_2，16.5Fe_2O_3）。C_2S-C_3A-$C_{12}A_7$-C_4AF 在 1280℃（50.0CaO，34.5Al_2O_3，5.6SiO_2，10.0Fe_2O_3）。

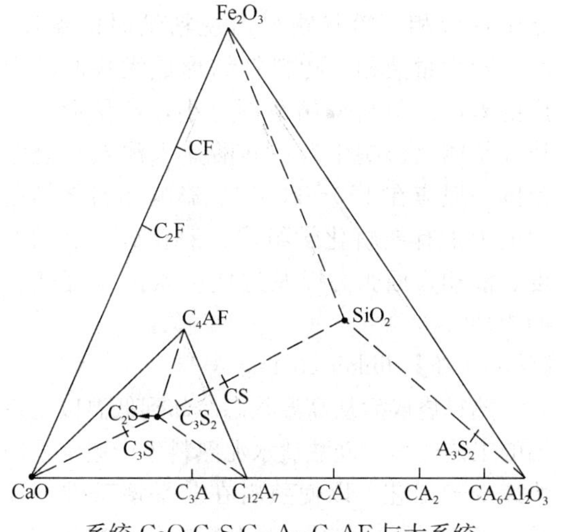

系统 CaO-C_2S-$C_{12}A_7$-C_4AF 与大系统 CaO-Al_2O_3-SiO_2-Fe_2O_3 的关系

【CaO-C_2S-$C_{12}A_7$-C_4AF 相图】CaO-C_2S-$C_{12}A_7$-C_4AF system phase diagram

CaO-Al_2O_3-SiO_2-Fe_2O_3 四元主系统中的小四元系统，即以 CaO、C_2S、$C_{12}A_7$ 和 C_4AF 四组分为顶点的区域相图。如附图所示。四面体的四个面代表四个三元系统；CaO-C_2S-C_4AF、CaO-$C_{12}A_7$-C_2S、CaO-$C_{12}A_7$-C_4AF 和 $C_{12}A_7$-C_4AF-C_2S。在四面体内有六个结晶区：CaO、C_3A、$C_{12}A_7$、C_4AF、C_2S 和 C_3S。其中 C_3S 结晶区为一用粗黑线表

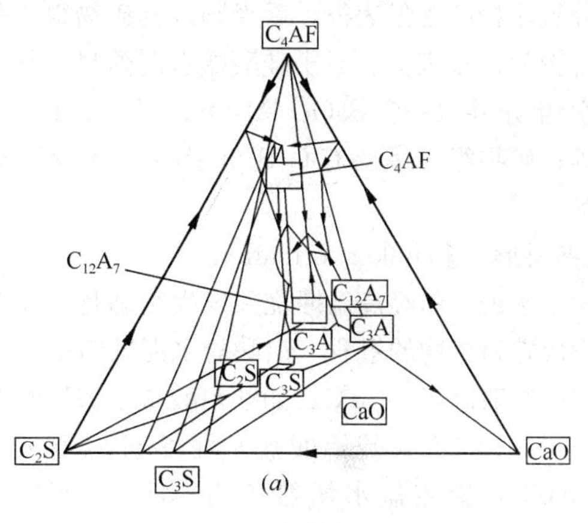

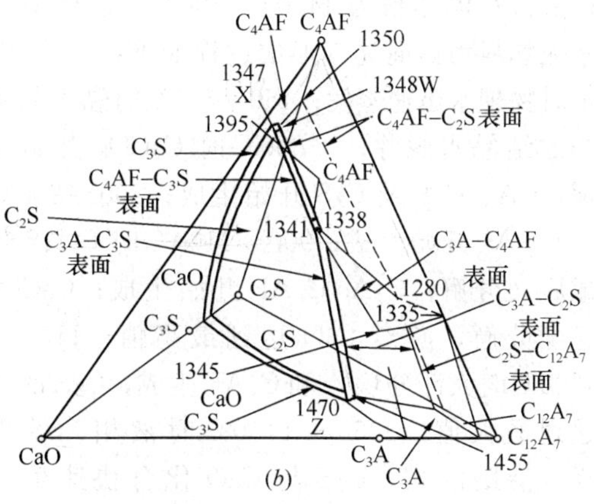

四元系统 CaO-C_2S-$C_{12}A_7$-C_4AF 示出实体模型的两个视图

出的片状空间。此空间的一面是远离 $CaO-C_2S$ 的边缘，这个面的上部是 C_4AF-C_3S 面、下部是 C_3A-C_3S 面，上下两面的交界有两个不变点。在 1341℃ 的一点落于 $C_3S-C_3A-C_4AF$ 面之外，此点是一次不一致熔点，点上反应为：液相＋$CaO \rightarrow C_3S+C_3A+C_4AF$，是 $CaO-C_3S+C_3A-C_4AF$ 分四面体中组成的结晶路程结束处。在 1338℃的一点是四面体 $C_3S-C_2S-C_3A-C_4AF$ 内的最低共熔点，所有组成最后都应在此处结束结晶；反之，当加热时，混合物在此温度下开始出现液相。

【熟料】clinker

适当组成的生料，经高温煅烧，形成的具有水硬性的块状或粒状物料，是制备水泥的主要材料。

【熟料组成】clinker composition

分化学组成和矿物组成。前者以其化学组分氧化物的含量表征，后者则以其矿物组分化合物的含量表征。对于硅酸盐水泥熟料，其化学组分主要有 CaO、Al_2O_3、SiO_2、Fe_2O_3 等；矿物组分主要有 C_3S、C_2S、C_3A、C_4AF 等。

【熟料形成】clinker formation

水泥生料经高温煅烧并发生物理化学反应形成熟料矿物的过程。铝酸盐水泥熟料的烧成温度一般高于1250℃，如铁铝酸盐水泥熟料为1250～1350℃，硫铝酸盐水泥熟料为 1300～1400℃，铝酸盐水泥熟料为 1350～1670℃，硅酸盐水泥熟料为 1450～1500℃。以硅酸盐水泥熟料为例简述其形成过程如下：100℃以上时物理水迅速蒸发；450～600℃时黏土晶格中的结晶水脱除；＞600℃时 $CaCO_3$ 开始分解，CA、C_2F 及 C_2S 开始生成；800～900℃时 $C_{12}A_7$ 开始生成；900～1100℃时 C_2AS 生成后又分解；C_3A-C_4AF 开始生成；$CaCO_3$ 完全分解，游离 CaO 达到最高值；1100～1200℃时大部分 C_3A 和 C_4AF 生成，C_2S 的量达到最大值；1250～1450℃时液相开始出现，借助液相，C_2S 与 CaO 化合快速生成 C_3S，游离 CaO 减少至最低值。硅酸盐水泥熟料的烧成温度一般在 1450～1500℃，之后需迅速冷却，以避免阿利特分解和贝利特粉化。熟料在冷却过程中，C_3A-C_4AF 固溶体一部分结晶析出，一部分成为玻璃体存在于中间相内。

【熟料煅烧】burning of clinker

将适当成分的生料，经高温煅烧使之形成熟料矿物的工艺过程。用烧结方法烧成硅酸盐水泥熟料，期间经历干燥、脱水、碳酸盐分解、固-固相反应、固-液相反应以及冷却等过程。高温煅烧过程中需要形成一定数量的液相。熟料质量好坏决定于以下四个因素：(1)生料的化学组成；(2)原料各成分的物理化学状态，包括结晶形态、粉体尺寸大小、形貌等；(3)烧成温度和时间；(4)冷却速度。

【熟料烧结】clinker sintering

熟料煅烧过程中需要出现一定数量的液相，当液相量增加到足以使粉状物料粘结成粗颗粒时即熟料烧结。烧结是硅酸盐水泥熟料烧成的必要阶段，由于有液相出现，加速离子之间的扩散和碰撞，促进熟料矿物形成。影响熟料烧结的因素有：熔剂矿物组分(包括 K_2O、Na_2O、SO_3、MgO 等)、液相形成的最低温度、液相量、液相黏度、表面张力以及烧结范围等。

【烧结范围】sintering limits

又称烧结温度范围。煅烧熟料时物料开始出现液相、粉状物料出现粘结时的温度，与出现大量液相、物料粘结形成大块时的温度的差值。熟料烧结范围过小，容易形成大块或结圈而影响生产；硅酸盐水泥熟料烧结范围一般应在 150～200℃。影响熟料烧结范围的因素有熟料化学组成、液相量、液相黏度、液相表面张力以及这些因素随温度变化的规律。

【熟料冷却】clinker cooling

熟料烧成后从高温状态冷却到低温以至室温的工艺过程。硅酸盐水泥熟料生产通常采用快速冷却工艺，以使熟料在非平衡条件下析晶，避免阿利特分解、贝利特粉化。快冷的熟料矿物含量与计算的熟料矿物含量之间有较大差异。C_3S含量一般有所增加，C_3A、C_4AF含量则有所降低，部分呈玻璃体析出；快冷熟料晶体产生较多裂纹和缺陷，熟料水化活性提高，易磨性改善。

【熟料物相】clinker phase

水泥熟料所含各种物相的总称。硅酸盐水泥熟料物相主要含熟料矿物、玻璃体和气孔等。

【熟料显微结构】microstructure of clinker

用显微镜观察到的熟料物相种类、形貌、大小及分布状况等。能帮助了解熟料的烧成状况、烧成工艺过程是否合理等。配合其他检验手段，对改进工艺技术，进而烧成优质熟料有指导作用。例如：慢冷熟料呈显晶质等粒状结构，阿利特分解有花环结构；快冷熟料有树枝状、蠕虫状、骨架状结构；固溶体分离有共析结构；欠烧熟料有疏松多孔状结构；过烧熟料有流纹状结构；窑内温度波动或物料成分变化，则有阿利特的带状结构等。

【熟料矿物】clinker mineral

水泥熟料所含各种化合物总称。就硅酸盐水泥熟料而言，主要矿物有C_3S、C_2S、C_3A、C_4AF和玻璃体等。实际生产的各熟料矿物化学组成都与化学计量组成有一定偏差，并固溶有少量其他元素。因此，熟料中C_3S通常称A矿或阿利特，C_2S称B矿或贝利特，C_4AF称C矿或才利特，C矿化学组成介于C_6AF_2-C_6A_2F之间。铝酸盐水泥熟料矿物主要有CA、CA_2和C_2AS等。硫铝酸盐水泥熟料矿物主要有$C_4A_3\overline{S}$和C_2S等，铁铝酸盐水泥熟料中还有C_6AF_6。

【阿利特】alite

又称A矿，是含有少量MgO、Al_2O_3、Fe_2O_3等的硅酸三钙固溶体。随固溶的杂质种类和数量不同，晶胞参数、性能也有变化。水泥熟料中的A矿有三种晶系：单斜晶系、三方晶系、三斜晶系。最常见的是单斜晶系，它固溶MgO较多，晶胞参数$a_0=12.258$Å，$b_0=7.084$Å，$c_0=25.008$Å，$\beta=90°06'$。在较高温度下形成的A矿属三方晶系，它比单斜晶系的A矿固溶Al_2O_3和SO_3较多，而MgO较少，其晶胞参数$a_0=7.073$Å，$c_0=25.058$Å。在慢冷熟料中发现有三斜晶系的Ⅱ型A矿，它固溶的Al_2O_3、Fe_2O_3量较多。正常煅烧熟料中A矿晶体尺寸约20～30μm。A矿是硅酸盐水泥中的主要矿物，是使水泥具有高强度的最主要矿物。

【硅酸三钙】tricalcium silicate

化学式$3CaO \cdot SiO_2$，简写为C_3S。常温下的纯C_3S为三斜晶系，没有明显的解理；折射率：$n_q=1.7172$，$n_p=1.7139$。负光性，光轴角较大。C_3S在1250℃以上无多晶转变，但在1100℃到室温的不同的温度区域存在3种晶系和7种变体，即三方晶系(R)、单斜晶系(M1、M2、M3)、三斜晶系(T1、T2、T3)，其演变规律是由R(高温)→M(中温)→T(室温)，转变过程如下：

$$T1 \xleftrightarrow{620℃} T2 \xleftrightarrow{920℃} T3 \xleftrightarrow{980℃}$$

$$M1 \xleftrightarrow{990℃} M2 \xleftrightarrow{1060℃} M3 \xleftrightarrow{1070℃} R$$

【贝利特】belite

又称B矿。含Al、Fe、K、Ti、V、Mg和Cr等离子中的一种或数种的硅酸二钙固溶体。固溶量比A矿大，在高温下形成时固溶量更大。有γ、β、α'和α型。β型的化学式为$Ca_2Fe_{0.05}Al_{0.05}Si_{0.9}O_{3.95}$，其通式为$Ca_2M_xSi_{1-x}O_{4-\frac{x}{2}}$，其中M为Al或Fe。$\alpha$型没有双晶，只有微弱的双折射率，约0.013；当$\alpha$型转变为$\alpha'$型时形成片状晶，双折射率约0.013。$\beta$型有密集的重复双晶，双折射率可达0.020。水泥熟料中的贝利特，α'型等含K_2O、SO_3较多，β和α型含Al、Fe离子较多，而α型的固溶量较β型大。α型常以基质形态出现于层片状的β型之间。β型有时表现为圆粒状、树叶状；有几个方向的复杂双晶纹。β型晶体属单斜晶系，光学常数：$n_g=1.735$，$n_m=1.726$，$n_p=1.717$，$n_g-n_p=0.018$；(+)$2V=64°\sim69°$。根据贝利特的形态和双晶纹可判断熟料煅烧时窑内的热工状况。例如：在正常煅烧熟料中贝利特为圆粒状，有交叉双晶；在欠烧熟料中贝利特有平行双晶，在还原气氛下煅烧的熟料中有树叶状B矿。在硅酸盐水泥熟料中，贝利特是仅次于阿利特的重要矿物成分，能使水泥石后期强度持续增长，并能抗硫酸盐侵蚀，水化热低。贝利特在慢冷条件下转化为 γ-C_2S，体积膨胀使熟料粉化，丧失水化活性。

【硅酸二钙】dicalcium silicate

化学式 $2CaO \cdot SiO_2$，简写为 C_2S，不同温度下有显著的多晶转变，已知有六种，见附图。a-C_2S 是高温型变体，在高温下易与 Al_2O_3、B_2O_3、P_2O_5、BaO 及 Fe_2O_3 等组成固溶液。纯 a-C_2S 为三方晶系，结构和钠钾芒硝相似，折射率小于 1.707。a'_H-C_2S 在 1160～1430℃范围内稳定，它和低温型的 K_2SO_4 结构相似，斜方晶系。a'_L-C_2S 在 650～1160℃范围内稳定，斜方晶系，结构与上述低温型 K_2SO_4 相似但略有变形。β-C_2S 常温下为介稳晶型，在 600℃至 650℃范围内稳定，结构与低温型 K_2SO_4 比较，变形较大，单斜晶系。γ-C_2S 是低温稳定型的硅酸二钙，500℃以下稳定，结构和橄榄石相似，斜方晶系，光学常数：$n_p = 1.654$，$n_m = 1.646$，$n_\beta = 1.642$，$n_o - n_p = 0.012$，(+)$2V = 52° \sim 60°$，存在于配料不当或煅烧温度过低、冷却过慢的硅酸盐水泥熟料中。当 β 型转变为 γ 型时体积可增大 11%，故少量转变时使熟料颗粒表面开裂，提高熟料的易磨性；大量转变时，常使熟料崩裂成粉状。除 γ-C_2S 无水硬性外，其余几种晶型均有水化活性，但水化较慢，水化热较低。存在于硅酸盐水泥熟料中的 C_2S 常是含 Al、Fe、K、Na、Ti、V 等氧化物的固溶体。

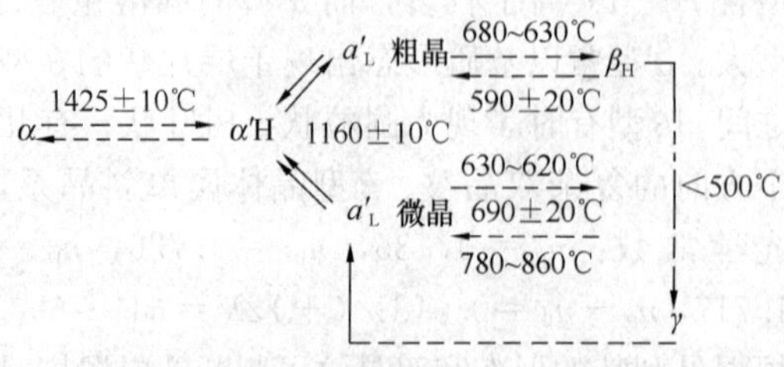

硅酸二钙不同温度下多晶转变

【斜硅钙石】larnite

一种介稳状态的硅酸二钙，即 β 型 C_2S 固溶体。参见本节【贝利特】。

【氟硅酸钙】calcium fluorosilicate

含氟化钙的硅酸钙固溶体。已知的化学式有 $(C_3S)_3CaF_2$、$(C_2S)_2CaF_2$、$11CaO \cdot 4SiO_2 \cdot CaF_2$、$C_3S_2 \cdot CaF_2$ 等。生成温度较通常的 C_3S、C_2S 固溶体低，存在于低温烧成的含氟的硅酸盐水泥熟料中，与氟铝酸盐共生。

【硫硅酸钙】calcium sulphosilicate

硅酸钙和硫酸钙的复盐，化学式 $2(2CaO \cdot SiO_2) \cdot CaSO_4$ 简写为 $2C_2S \cdot CaSO_4$。在 CaO-CS-$CaSO_4$ 系统中，在 1000～1200℃时能成为稳定相，高于 1280℃分解，不能和 C_3S 共存，因为它在达到熟料烧成温度前已分解。出现于烧成温度低的硫铝酸盐水泥熟料中，亦见于回转窑的圈料和结皮中，无水硬性。

【钾硅酸钙】calcium potashsilicate

化学式 $K_2O \cdot 23CaO \cdot 12SiO_2$，简写为 $KC_{23}S_{12}$，是由 K_2O 置换了 12 个 C_2S 中的一个 CaO 而形成。K_2O 也可由 Na_2O 替代。它常在小粒的树枝状或菊花状的 B 矿及游离石灰周围出现，在慢冷熟料中可独立结晶。其晶系随 K_2O 含量而变化，含铁质的固溶体折射率增高。在含钾碱高的硅酸盐水泥熟料中，它的出现会阻碍硅酸二钙转化为硅酸三钙，或使 A 矿分解，导致游离石灰增加，故熟料中 $KC_{23}S_{12}$ 增加会使水泥的强度下降，凝结加快。

【硅方解石】spurrite

化学式 $5CaO \cdot CO_2 \cdot 2SiO_2$，或写作 $2C_2S \cdot CaCO_3$。单斜晶系，无色透明颗粒。密度 3.014g/cm^3，不溶于水。无水硬性。高于 942℃时分解为 C_2S 和 CaO，有强粘结性。出现于回转窑高温带以前的物料及圈料中，942℃时由 C_2S 和方解石通过固相反应生成，常与游离石灰共生。它可能是导致结圈的矿物。C_2S 和 CaO 在 CO_2 分压大的情况下，亦能形成硅方解石。

【碳硅钙石】scawtite

含 CO_2 的硅酸钙。$CaCO_3$ 量是可变的，一般化学式 $6CaO \cdot 4SiO_2 \cdot 3CO_2$，也可写作 $2CaO \cdot 3SiO_2 \cdot 2CaCO_3$。单斜晶系，片状晶体。硬度 4.5～5，密度 2.77g/cm^3。微溶于盐酸，在回转窑后圈料中时有发现。

【硅酸三锶】tristrontium silicate

化学式 $3SrO \cdot SiO_2$，简写为 Sr_3S。通过固相反应，在一定条件下可由硅酸二锶和含锶物质反应生成，最佳生成温度 1475℃。熔点 1980℃，超过 1280℃时稳定，且熔化时也不分解。Al_2O_3、MgO、Fe_2O_3 能与它形成稳定的固溶体，是锶水泥的主要矿物。固溶体有水硬性，而纯矿物无水硬性。

【硅酸二锶】distrontium silicate

化学式 $2SrO \cdot SiO_2$，简写为 Sr_2S。单斜晶系。熔点 1870℃，最佳生成温度 1350℃。Al_3O_4、Fe_2O_3 和 R_2O 可帮助它稳定。它是锶水泥的主要矿物，有水硬性。由它制得的水泥耐火度高。

【硅酸三钡】tribarium silicate

化学式 $3BaO \cdot SiO_2$，简写为 B_3S。通过固相反应，在一定条件下可由硅酸二钡和含钡物质反应生产，最佳生成温度 1350℃。熔点或分解温度为 1880℃。B_3S 是钡水泥的主要矿物。有几种晶型，低温型不具水硬性，其他均有水硬性。一般认为，其固溶体有水硬性而纯矿物无水硬性。硅酸三钡溶于水，水化速度极快，水化时形成的 $Ba(OH)_2$，在 18℃时的溶解度为 3.3598%，比 $Ca(OH)_2$ 的溶解度大 26 倍。在空气中极易吸收 CO_2，转化为不溶性的 $BaCO_3$。故含 B_3S 的钡水泥制成的砂浆或混凝土要先在空气中养护后，才能放入水中养护。它有良好的耐火性、抗硫酸盐侵蚀性和防 γ 射线穿透性。

【硅酸二钡】dibarium silicate

化学式为 $2BaO \cdot SiO_2$，简写为 B_2S。斜方晶系，粒状晶体，无解理和双晶。无色，密度 5.21g/cm^3。最佳生成温度 1250℃，在 1820℃融熔。少量 Fe_2O_3、Al_2O_3、MgO 可帮助它稳定。它是钡水泥中的主要矿物，水化快，1～2min 即可凝结，水化热亦比 C_2S 高，有抗硫酸盐侵蚀的能力，还有耐火和防 γ 射线的性能。

【铝酸一钙】monocalcium aluminate

化学式 $CaO \cdot Al_2O_3$，简写为 CA。单斜晶系，片状、柱状或纤维状晶体，假六方双晶。硬度 6.5，密度 2.98g/cm^3，熔点 1600℃。光学常数：$n_p=1.663$，$n_m=1.655$，$n_p=1.643$，$n_g-n_p=0.020$，$(-)2V=56°$，光性方位 $n_p=c$，$n_m=b$，是铝酸盐水泥的主要矿物。烧结法制得的熟料中 CA 呈微晶粒状或骨架状晶核，无多色性，而有定向排列。融熔法制得的熟料中呈短方柱状。CA 可与 Si、Al、Ca、Ti、Fe 等形成固溶体。水化较快，水化热大，是使铝酸盐水泥具有快硬早强性能的主要矿物。低于 20℃水化生成 CAH_{10}，高于 20℃转变为 C_2AH_8，高于 30℃转变为 C_3AH_6。因体积增大而使强度下降。

【二铝酸一钙】calcium dialuminate

化学式为 $CaO \cdot 2Al_2O_3$（曾误作 $3CaO \cdot 5Al_2O_3$），简写为 CA_2。有两种形态：α 型为单斜晶系，针状或纤维状晶体，密度 2.9g/cm^3，硬度 6.5，熔点约 1765℃。β 型可能属斜方晶系，不稳定，硬度 5.5～6。CA_2 是铝酸盐水泥的主要矿物，在铝酸盐耐火水泥中含量可达 70%左右，在普通铝酸盐水泥中也有 20%左右。有水硬性，比 CA 水化慢，可提高水泥后期强度。

【六铝酸一钙】calcium hexa-aluminate

化学式 $CaO \cdot 6Al_2O_3$，简写为 CA_6，六方晶系，片状晶体。密度 3.54～3.9g/cm^3，熔点约 1850℃，不一致熔。常固溶有少量 SiO_2、TiO_2、Fe_2O_3。颜色由无色到蓝或绿色，存在于低钙铝酸盐耐火水泥熟料中，无水硬性。

【钠铝酸钙】calcium soda-aluminate

化学式 $Na_2O \cdot 8CaO \cdot 3Al_2O_3$，简写为 NC_8A_3。结构及光学性质与 C_3A 相似，是 C_3A 中 1/9CaO 被 Na_2O 所代替的结果。斜方晶系，有时可见双晶纹，在 1508℃时分解。在含碱的硅酸盐水泥熟料中，以长棱柱状的粗晶体出现于暗色中间体内，由形态可与 C_3A 相区别。低温下，C_3A 和 NC_8A_3 会形成固溶体。

【铝酸三钙】tricalcium aluminate

化学式 $3CaO \cdot Al_2O_3$，简写为 C_3A。等轴晶系，结构式可简化为 $Ca_8(Ca^{IV}Al_6^{IV,VI})O_{18}$，

其中Ⅳ、Ⅵ是配位数，每个晶胞中含 24 个 C_3A。密度 3.04g/cm³，折射率 1.710，无色，硬度 6。它是硅酸盐水泥熟料中暗色中间体的主要组成，当熟料铝氧率大于 1.6 且慢冷时，C_3A 呈显著的四方片状结晶。结构中有较多的空隙，水化快，故含 C_3A 高的水泥早期强度高。C_3A 会引起水泥急凝，因此硅酸盐水泥生产中须加石膏，以延缓 C_3A 的水化。Fe、Mg、Si、Na、K 都可进入 C_3A 形成固溶体，含量可达 10%，只有碱金属会引起它的晶型的改变。C_3A+Na_2O 的固溶体，稳定的有斜方型、四方型、单斜型。硅酸盐水泥熟料中的 C_3A 含 R_2O 一般＜5%，有立方、斜方和四方型。

【七铝酸十二钙】12/7 maynite

化学式 $12CaO \cdot 7Al_2O_3$，其在常态下为不稳定相，简写为 $C_{12}A_7$，存在于铝酸盐水泥熟料中。有两种变体：稳定型的 α-$C_{12}A_7$ 和不稳定型的 α'-$C_{12}A_7$。(1)稳定型 $C_{12}A_7$，等轴晶系，晶胞参数 a_o＝11.982Å。在较低温度下煅烧铝酸盐水泥熟料时，容易形成这种矿物，呈圆形颗粒，折射率 n＝1.608。在还原气氛下煅烧的熟料中 a-$C_{12}A_7$ 呈绿色；折射率可从 1.600 变化到 1.620。熔点 1455±5℃，硬度 5。熔融成玻璃体后折射率可达 1.662。吸湿性很强，930～1350℃与 $C_{11}A_7Ca(OH)_2$ 呈可逆平衡，水化时有快凝快硬的特性。(2)不稳定型 a′-$C_{12}A_7$，它既没有一定的熔点，也没有真正稳定的温度范围，属斜方晶系。常呈针状或片状结晶，很少集合成球状结晶，有明显的多色性，n_g 为青灰色，n_p 为蓝绿色，结晶在透明薄片中一般为绿色。硬度 5，密度 3.10～3.15g/cm³。其中常含有 SiO_3、TiO_2、FeO 和 MgO 等物质，故有人建议用 $6CaO \cdot 4Al_2O_3 \cdot FeO \cdot SiO_2$ 或 $6CaO \cdot 4Al_2O_3 \cdot MgO \cdot SiO_2$ 来表示 a′-$C_{12}A_7$，其中 MgO 可替代 FeO，同时 TiO_2 可替代部分 SiO_2。它存在于略有还原气氛中低温烧成的铝酸盐水泥熟料中，在转炉钢渣和电炉钢渣中亦有发现，水化时快凝，早期强度高，但后期强度倒缩。自然界矿物 $C_{12}A_7$ 称为钙铝石。

【氟铝酸钙】calcium fluoraluminate

含氟的铝酸盐矿物。有两种化合物：(1)化学式 $3CaO \cdot 3Al_2O_3 \cdot CaF_2$，简写为 $3CA \cdot CaF_2$，(2)化学式 $11CaO \cdot 7Al_2O_3 \cdot CaF_2$，简写为 $C_{11}A_7 \cdot CaF_2$。等轴晶系，晶胞参数 a_o＝11.97Å。晶体呈菊花状、树枝状、粒状或四方形等。折射率 1.601，1500℃以上转变为 C_3A。它出现在含氟量高、烧成温度低(1250～1300℃)的水泥熟料中，水化速度极快，几分钟内就产生较高的强度，所以它是快凝、快硬水泥的主要矿物。$C_{11}A_7 \cdot CaF_2$ 可见于电炉还原钢渣和磷矿渣中。

【氯铝酸钙】calcium chloroaluminate

化学式 $11CaO \cdot 7Al_2O_3 \cdot CaCl_2$。立方晶系，折射率 1.63515，大于 800℃开始形成，烧成温度 1200℃。熔融温度约 1520℃。水化凝结快，早期强度高。常温下，其水化物为水化铝酸钙和 $C_3A \cdot CaCl_2 \cdot 10H_2O$，对钢筋有锈蚀作用。

【氟硫硅酸钙】calcium fluorsulfosilicate

化学式 $3C_2S \cdot 3CaSO_4 \cdot CaF_2$。硅酸盐水泥生料中含有 $CaSO_4$ 和 CaF_2 时，在煅烧过程中出现的过渡性矿物。在 900℃左右已大量形成，在 1170℃前开始分解熔融，1267℃一致熔，可促进 C_3S 形成。

【阿里尼特】alinite

化学式 $21CaO \cdot 6SiO_2 \cdot Al_2O_3 \cdot CaCl_2$。存在 MgO 的条件下，其分子式为 $24CaO \cdot 8SiO_2 \cdot Al_2O_3 \cdot MgO \cdot CaCl_2$。两者都属斜方晶系，晶型呈片状。矿物形成温度为 1050～1300℃，超出此温度范围，分解为 C_3S、C_2S 和铝相。存在于掺氯化物、低温烧成的硅酸盐水泥熟料中。由于 Al^{3+} 离子置换 Ca^{2+} 离子形成晶格缺陷，阿里尼特的水化活性比阿里特高。阿里尼特的水化快但不快凝，凝结时间一般在 30min 以上，而 1d 抗压强度可达 40MPa。对钢筋有锈蚀作用。

【硫铝酸钙】yeelimite

常称为无水硫铝酸钙，化学式 $3CaO \cdot 3Al_2O_3 \cdot CaSO_4$。立方晶体，晶胞参数 a＝9.167Å，折射率 1.568，密度 2.61g/cm³。单

晶衍射数据发现有多种变体：晶胞参数分别为 $2a(a=9.167Å)$、$3a(a=9.167Å)$的立方晶型；斜方晶型 $a=27.50Å$，$b=38.15Å$，$c=12.966Å$；四方晶型 $a=9.17Å$，$c=9.15Å$。结构中存在大空洞。1350℃以上分解为 C_3A 和 α-$CaSO_4$。水化快，早期强度高，是硫铝酸盐水泥的主要组成之一，也可用来制作混凝土早强剂、速凝剂和膨胀剂。

【钙黄长石】gehlenite

化学式 $2CaO \cdot Al_2O_3 \cdot SiO_2$。$CaO=40.9\%$，$Al_2O_3=37.2\%$，$SiO_2=21.9\%$。熔点1593℃。长石族矿物的一种，属斜长石，为主要的造岩矿物，是岩石中重要的矿物成分。产于基性火成岩中。呈白色或灰色玻璃状晶体，性脆。可以当作陶瓷和玻璃制品的原料。在高炉中石灰作用于黏土质耐火砖时有形成。

【硫铝酸钡钙】Ba-bearing calcium sulphoaluminate

化学式 $3CaO \cdot 3Al_2O_3 \cdot BaSO_4$。立方晶系，晶胞参数 $a=9.303Å$，折射率1.5779。900℃开始形成，1390℃左右分解。与水反应生成水化铝酸钙、$BaSO_4$ 微晶和水合氧化铝凝胶。其胶凝性能与快硬铝酸盐水泥相似。以其为主要矿物组成的水泥具有防辐射性能和早强、高强特性。

【铝酸三锶】tristrontium aluminate

化学式 $3SrO \cdot Al_2O_3$，简写为 Sr_3A。等轴晶系。最佳生成温度1680℃，熔点或分解温度为1870℃。它是锶水泥的主要矿物，有水硬性，早期强度较高。

【铝酸三钡】tribarium aluminate

化学式 $3BaO \cdot Al_2O_3$，简写为 B_3A。放射状，圆片状晶体，密度 $4.54g/cm^3$。最佳生成温度1630℃，在1750℃熔融或分解。它是钡水泥的组成矿物，易溶于水。无水硬性，可在空气中水化、硬化。

【熔剂矿物】fluxing mineral

在硅酸盐水泥熟料煅烧过程中能转变成液相的物质。一般是指铝酸三钙和铁铝酸钙，但 K_2O、Na_2O、SO_3、MgO 等成分在熟料煅烧过程中也进入液相。熔剂矿物在快冷条件下以玻璃态析出，在水泥生产的冷却条件下一部分以玻璃态、一部分以结晶形态析出。

【铁铝酸盐矿物】aluminoferrite mineral

氧化铁、氧化铝与其他碱土金属氧化物形成的一系列矿物的总称。在硅酸盐水泥中铁铝酸盐矿物有 C_4AF、C_6AF_2、C_6A_2F、C_8A_3F 等。在高铝水泥熟料中有 C_6AF_2、CAF_2 等。

【才利特】celite

又称C矿。硅酸盐水泥熟料中的铁铝酸盐晶体。化学组成在 C_6AF_2 到 C_6A_2F 之间，平均为 C_4AF，也有人认为从 C_8A_3F 变化到 C_2F。在透射光下呈暗色(黄褐至黑色)。晶体通常呈棱柱形，有显著多色性，在反射光下呈灰白色，反射率比硅酸盐、铝酸盐矿物强。常见于冷却较慢的铝氧率小于1.38的硅酸盐水泥熟料中。

【中间体】interstitial material

硅酸盐水泥熟料中存在于A矿和B矿之间的物质，有结晶质和玻璃质，含量约占熟料的25%。在光学显微镜下观察时，按反射率的强弱可分为两大类：(1)黑色中间体又称暗色中间体，是一些铝酸盐类的晶体，当铝氧率大于1.60而熟料又慢冷时，这些晶体呈四方片状；快冷时则以点滴状形态析晶，或呈玻璃相。当熟料中含有较多碱金属氧化物时，可出现长棱柱状的钠铝酸盐(NC_8A_3)和粒状、骨架状的钾硅酸盐($KC_{23}S_{12}$)结晶。(2)白色中间体又称浅色中间体，是一些铁铝酸盐类的晶体；当铝氧率较低($P<1.38$)而熟料又慢冷时，这些晶体以棱柱状半自形显晶形态出现；而当熟料快冷或铝氧率高时，则充填于A矿和B矿之间，或呈玻璃相。在还原气氛下，铁铝酸盐可转变为低价铁化合物或金属铁，并产生 C_3A 和游离石灰，使浅色中间体显著减少。

【铁铝酸四钙】tetracalcium aluminoferrite；brownmillerite

又称钙铁石。铁铝酸盐系列固溶体之一。化学式 $4CaO \cdot Al_2O_3 \cdot Fe_2O_3$，简写为 C_4AF，结构式：$Ca_8Fe_4Al_4O_{20}$ 或 $Ca_2[Fe_{0.76}Al_{0.24}] \cdot$

[$Al_{0.76}Fe_{0.24}$]。斜方晶系，晶胞参数：a_0＝5.584Å，b_0＝14.60Å，c_0＝5.374Å，晶形呈棱柱状、薄片状、圆粒状；密度 3.77g/cm³；熔点 1415℃；光学常数：n_g＝2.04(Li)，n_m＝2.01，n_p＝1.96，n_g-n_p＝0.08，(－)2V＝75°；有明显多色性，n_p 为棕黄，n_g 为棕色，能和 MgO 形成固溶体使水泥呈灰色。能和铁酸盐、铝酸盐形成一系列固溶体，是硅酸盐水泥熟料矿物(C矿)的主要成分。含 C_4AF 高的水泥抗硫酸盐性能好，水化热低。

【铁二铝酸六钙】hexacalcium dialuminoferrite

铁铝酸盐固溶体系列中的一种。化学式 $6CaO \cdot 2Al_2O_3 \cdot Fe_2O_3$，简写为 C_6A_2F。其成分介于矿物 C_8A_3F 和 C_4AF 之间。斜方晶系，板状晶体。在 1365℃时分解。存在于硅酸盐水泥熟料中。

【二铁铝酸六钙】hexacalcium aluminodiferrite

铁铝酸盐固溶体系列中的一种。化学式 $6CaO \cdot Al_2O_3 \cdot 2Fe_2O_3$，简写为 C_6AF_2。是硅酸盐水泥熟料含铁较高时的铁铝酸盐矿物，水化活性低，水化慢。

【铁铝酸四锶】tetrastrontium aluminoferrite

化学式 $4SrO \cdot Al_2O_3 \cdot Fe_2O_3$。最佳生成温度 1325℃，而在 1430℃熔融或分解。是锶水泥的主要组成矿物，有良好水硬性。

【铁铝酸四钡】tetrabariurn aluminoferrite

化学式 $4BaO \cdot Al_2O_3 \cdot Fe_2O_3$。最佳生成温度 1350℃，1450℃熔融或分解。有水硬性，在水中溶解度较大，是钡水泥中的主要组成矿物。

【铁酸二钙】dicalcium ferrite

化学式 $2CaO \cdot Fe_2O_3$，简写为 C_2F。1435℃一致熔。易与 CaO 形成固溶体，其低共融点为 1425℃。为黑色晶体，在透射光中呈黄棕色。光学性质：$\alpha_{L1}=2.200$，$\beta_{L1}=2.200$，$\gamma_{L1}=2.290$；$\alpha_{Na}=2.261$，$\gamma_{Na}=2.274$；二轴晶，正光性，光轴角中等。存在于含铁高的高铝水泥和铝氧率 0.64 左右的硅酸盐水泥中，也是构成 C_4AF 的过渡产物，水化活性低。

【铁相】ferrite phase

铁酸盐和铁铝酸盐(C_2F-C_6A_2F)系列固溶体总称。

【中间相】interstitial phase

即中间体。参见本节【中间体】。

【钙钛石】perovskite

又称钙钛矿。化学式为 $CaO \cdot TiO_2$，简写为 CT。等轴晶系，立方体。硬度 5.5，密度 4g/cm³ 左右，折射率 n＝2.34～2.36，褐黄色。在含钛的高铝水泥熟料中，CT 往往固溶有 Al_2O_3；在硅酸盐水泥熟料中 TiO_2 也和 R_2O、CaO、MgO、Al_2O_3、Fe_2O_3 组成固溶体。其固溶有 CaO 的化学组成接近 C_3T_2 ($3CaO \cdot 2TiO$)，亦见于含钛质的高炉矿渣内。参见 6.1.1【钙钛矿】。

【褐硫钙石】oldhamite

化学式 CaS。等轴晶系，小球状、串珠状或立方体结晶。硬度 4，密度 2.58g/cm³，无色，折射率 2.137。见于还原气氛下烧成的熟料和高炉矿渣中。它在大气中易吸水生成 $Ca(OH)_2$ 和 H_2S 气体，因体积膨胀可使水泥石溃裂。若含量适当能激发矿渣活性，对水泥石强度提高有利。在碱度低的水泥石中析出的 H_2S 可引起钢筋锈蚀。

【RO 相】RO phase

熔有 FeO、MgO 为主以及 MnO 等其他二价的金属氧化物形成的广泛固溶体。R 代表二价金属离子。以 FeO 为主的称方铁矿；以 MgO 为主的称方镁石；两者兼有的称镁方铁石，呈黄色圆粒或点滴状。当 RO 相中 MnO 含量增多时呈深红色，透明度变差。常见于还原气氛下冶炼的钢渣和矿渣中。还原气氛严重的回转窑圈料中亦可见到。

【玻璃体】glass

熟料煅烧过程中出现的液相在快速冷却的条件下，来不及析晶，保持无序结构的固体。硅酸盐熟料中的熔剂矿物有一部分(约 6%～10%)以玻璃体析出，冷却速度越快，玻璃体含量越多。参见 1.2.1【非晶态固体】。

【非晶相】amorphous phase

即熟料中的玻璃体。

【游离氧化钙】free lime

熟料中未与其他成分化合的 CaO，其含量在熟料中一般不应超过 2%。分一次游离钙（未参与化合的 CaO）和二次游离钙（从 A 矿中分解出来的 CaO）。熟料中的游离氧化钙晶体属等轴晶系，折射率 $n=1.837$，密度 3.32g/cm³。单偏光镜下呈无色透明晶体。形状为圆形，其大小与 C_2S 相近。经高温（>1400℃）煅烧的游离钙结构致密，水化慢，往往在水泥石形成一定强度后才水化，水化时伴随放热和体积膨胀，可使水泥石开裂甚至崩溃。因此，生产中必须严格控制游离氧化钙含量。

【方镁石】periclase

释义参见 6.1.1【方镁石】。有胶凝性，但经 1400～1500℃煅烧的方镁石水化很慢，水化时伴随体积膨胀，其含量高时可导致水泥石胀裂，因此硅酸盐水泥熟料须严格控制 MgO 含量。

【球霰石】vaterite

又名球方解石、六方碳钙石。化学组成为 $CaCO_3$。与方解石、文石呈同质三象。六方晶系，细纤维状或板状晶体，往往集结成球状。如附图所示。无色，硬度 3。相对密度 2.54。成分稳定，结晶相不稳定，易转化为方解石。自然界罕见，多为人工合成，亦见于水泥浆体碳化物。

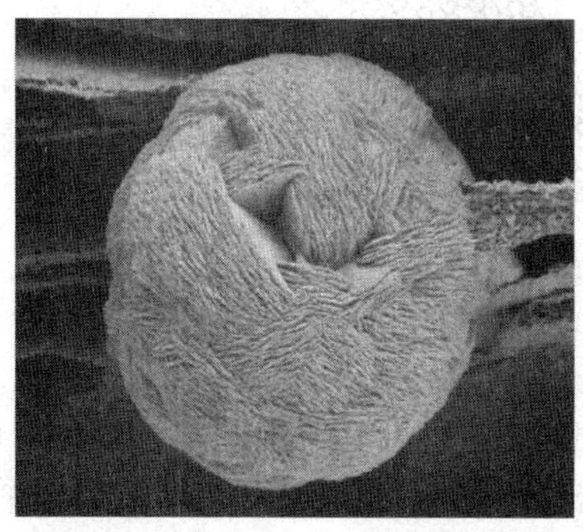

水泥浆体碳化形成的球霰石

【钾矾】arcanite

化学式 K_2SO_4。斜方晶系，$a=0.7476$nm，$b=1.0071$nm，$c=0.5763$nm。密度 2.668g/cm³，β-K_2SO_4 室温下稳定，583℃转变为 α-K_2SO_4，1069℃熔融。见于水泥窑系统的结皮中。亦为硅酸盐水泥熟料的微量组分之一（冷却时形成），其对水泥早期水化有重要影响。

7.1.2 水泥水化

【水化硅酸钙】calcium silicate hydrate

由硅酸和氧化钙或氢氧化钙化合而成，或由硅酸钙与水反应生成的含水盐类。其组成与结构随生成温度和含水率而异，在自然界存在多种结晶态的水化硅酸钙矿物，硅酸盐水泥水化可生成结晶度很低的水化硅酸钙凝胶。

【羟基硅钙石】jennite

一种较为稀有的天然矿物，最早发现于美国 Crestmore。化学式 $Ca_9(Si_6O_{18}H_2)(OH)_8 \cdot 6H_2O$，三斜晶系，晶胞参数 $a=10.576$Å，$b=7.265$Å，$c=10.931$Å。在空气中加热到 70～90℃开始失水，晶胞沿 c 轴方向收缩，002 晶面的间距由 10.45Å 减小到 8.69Å。该矿物也可以通过 CaO 和 SiO_2 或硅酸水热合成。结晶很差的羟基硅钙石是硅酸盐水泥的主要水化产物之一。

【托勃莫来石】tobermorite

又称为雪硅钙石，化学式 $C_2S_6 \cdot aq$，结构式 $Ca_5(Si_6O_{18}H_2)_4H_2O$，层状结构，随含水量不同，结构层间距亦随之变化，有 14Å 型的 $C_5S_6H_9$，11.3Å 型的 $C_5S_6H_5$，9.3Å 型的 C_5S_6H，还有 12.6Å 型和 10.0Å 型等。多属三斜晶系，晶胞参数 $a=11.8$Å，$b=7.3$Å，$c=22.6$Å，14Å 型托勃莫来石含少量 B_2O_3 和 CO_2。在干空气（无 CO_2）中加热至 55±5℃失水转变为 11.3Å 型，至 250～450℃转变为 9.3Å 型，450～650℃失去剩余的水和 CO_2，晶格间距减为 9.7Å。超过 730℃变成硅灰石（β-CS）。苏格兰 Tobermory 地区发现的托勃莫来石矿物为 11.3Å 型。美国 Crestmore 矿的共生矿中发现有 14Å 型托勃莫来石。在 110～143℃水热压蒸条件下，11.3Å 托勃莫来石是硅酸盐水泥的主要水化产物之一。

【碳硫硅钙石】thaumasite

化学式 $CaSiO_3 \cdot CaCO_3 \cdot CaSO_4 \cdot 15H_2O$，结构式：$\{Ca_3[Si(OH)_6] \cdot 12H_2O\}$

$(SO_4)(CO_3)$。六方晶系，针状晶体，晶胞参数 $a=10.90\text{Å}$，$c=10.29\text{Å}$，是一种晶体结构与钙矾石近似的水化硅酸钙复盐。自然界产于外高加索地区的石灰岩接触带中。在硬化水泥基材料中，碳硫硅钙石的形成有两种可能途径，一种是在低温条件(通常是15℃以下)下直接由水泥水化产物 C-S-H 凝胶与硫酸盐、碳酸盐溶液反应生成，即溶液反应机理。另一种是由硅钙矾石过渡相逐渐转变而成，即硅钙矾石转变机理。

【C-S-H 纳米结构凝胶模型】gel model of C-S-H nanostructure

C-S-H 纳米结构凝胶模型认为 C-S-H 凝胶最小结构单元(globue 胶束)近似为直径小于5nm 的球状体。这些球状体堆积在一起形成2种不同堆积密度的结构，称作高密度水化硅酸钙凝胶(HD C-S-H)和低密度水化硅酸钙凝胶(LD C-S-H)。这两种堆积形态大体上与 Richardson 等定义的“内部水化产物”和“外部水化产物”形貌相对应。LD C-S-H 在开放的毛细孔体系中形成，主要形成于水化反应早期和中期，而 HD C-S-H 则集中在水化后期微结构的狭小受限区域中形成。

【C-S-H(Ⅰ)】C-S-H(Ⅰ)

硅酸盐水泥熟料中硅酸盐矿物水化最初形成的水化硅酸钙凝胶。当孔溶液中的 $Ca(OH)_2$ 浓度在 0.05g/L 到接近饱和的范围内生成此产物，组成波动于 $CaO \cdot SiO_2 \cdot aq$ 到 $3CaO \cdot 2SiO_2 \cdot aq$ 之间，也称之为 C-S-H(A)，其晶体结构与托勃莫来石非常接近。电镜观察发现，C-S-H(Ⅰ)为层状箔片结构。具有很大的比表面积，亲水性强，能强烈吸附水，难于将结构水与吸附水区分开来。

【C-S-H(Ⅱ)】C-S-H(Ⅱ)

硅酸盐水泥熟料中硅酸盐矿物水化后期形成的水化硅酸钙凝胶，当孔溶液中的 $Ca(OH)_2$ 浓度达到饱和后生成此产物，组成波动于 $3CaO \cdot 2SiO_2 \cdot aq$ 到 $2CaO \cdot SiO_2 \cdot aq$ 之间，也称之为 C-S-H(B)，其晶体结构与性能与 C-S-H(Ⅰ)接近，难于区分。电镜观察发现 C-S-H(Ⅱ)为纤维状或纤维结构的薄片。

【外部水化产物】outer product；OP

在硅酸盐水泥熟料颗粒表面通过溶解-沉淀过程生成的纤维状或棒状水化硅酸钙凝胶。在充满水的空间中生成，大多从未水化颗粒表面放射性生长。

【内部水化产物】inner product；IP

在较大的硅酸盐水泥熟料颗粒表面通过局部化学反应生成的水化硅酸钙凝胶。水化已经进行到相当程度，在熟料颗粒周围形成了连续水化产物层后大量生成，没有形貌特征，但结构较密实。

【低密度 C-S-H】low-density C-S-H；LD C-S-H

密度大约为 $1450kg/m^3$ 的水化硅酸钙凝胶，可由氮气 BET 方法测量其比表面积。在水化开始后 4～15h 内形成，如附图所示。

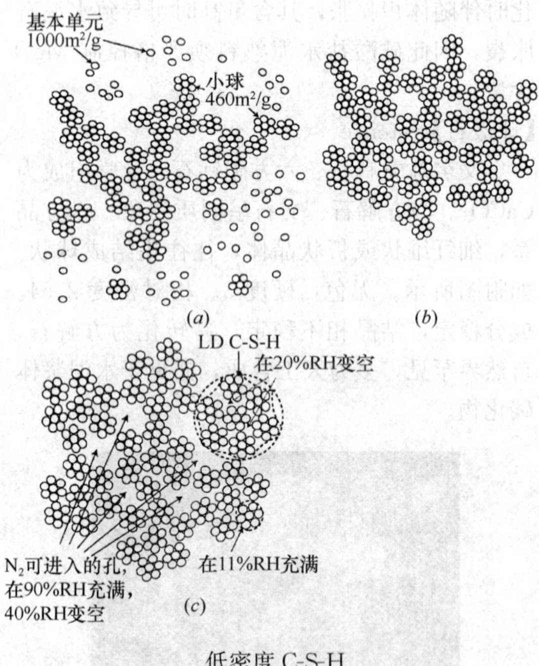

低密度 C-S-H

【高密度 C-S-H】high-density C-S-H；HD C-S-H

密度大约为 $1750kg/m^3$ 的水化硅酸钙凝胶，不可由氮气 BET 测量其比表面积。在水化后期形成，为直径 5nm 的胶束紧密堆积的结构，如附图所示。在 HD C-S-H 结构中最大凝胶孔的孔径小于 1nm，与小角中子散射试验中使用的中子束的束斑直径相似，因此，入射到 HD C-S-H 凝胶中的中子束无法探测 HD C-S-

H 结构信息，也测试不到其内表面区域。HD C-S-H 的基本组成稳定，不受加热、干燥、龄期的影响。在干燥过程中，只有当相对湿度低于 50%时，水分才会丢失。而且，丢失的水分在重新湿润的情况下，还可以再进入到结构中。

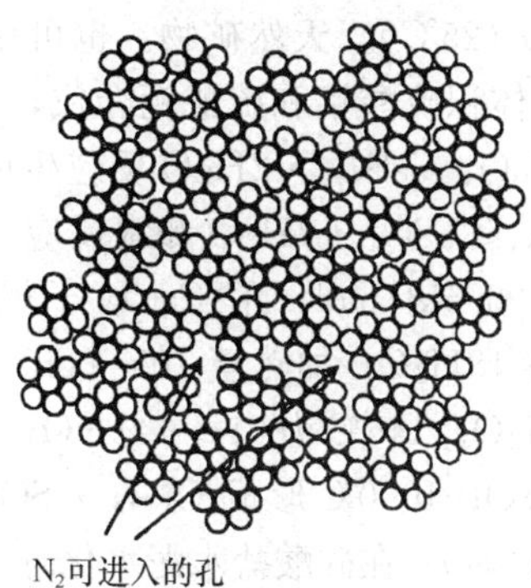

高密度 C-S-H

【哈德利粒子】Hadley grain

扫描电镜下的一种水化形成的水化产物形貌。如附图所示。熟料颗粒周围形成的水化产物薄壳，而后这个颗粒在薄层内部部分或全部溶解，形成中空粒子。

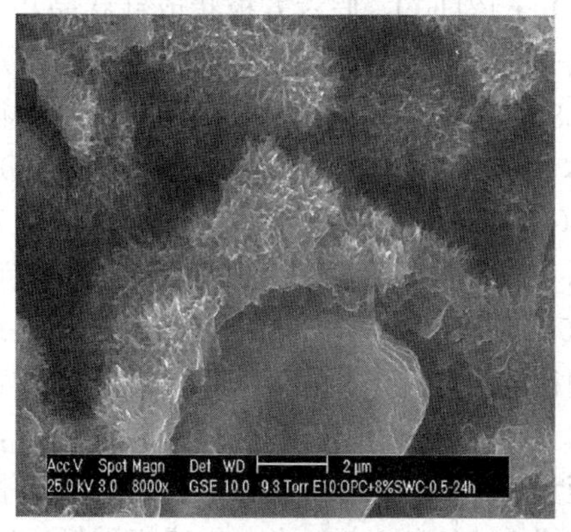

哈德利粒子

【氢氧化钙】calcium hydroxide; portlandite

化学式 $Ca(OH)_2$，六方晶系，呈板状或六方柱状晶体。俗称熟石灰、消石灰。其折射率 $n_o=1.574$，$n_e=1.545$，密度 2.30g/cm³。氢氧化钙在水中的溶解度随温度升高而降低，25℃时的溶解度为 1.13g/L。氢氧化钙饱和溶液的 pH 值大于 13。硅酸盐水泥熟料矿物 C_3S 和 C_2S 水化后会生成氢氧化钙。

【水化铝酸一钙】monocalcium aluminate hydrate

化学式 CAH_{10}，结构式 $CaAl_2(OH)_8 \cdot 6H_2O$。六方晶系，晶胞参数 $a=9.45$Å，$c=14.6$Å，可从 CA 水化获得。在 1℃左右时的水化产物为 CAH_{16}，其在 80%相对湿度下部分转变为 CAH_{10}；在 40%相对湿度下则转变为 CAH_7，用 P_2O_5 干燥时转变为 $CAH_{5.5}$；加热至 100～105℃则转变为 $CAH_{2.5}$；在 600℃全部脱水，故其混合物的平均化学组成表示为 CAH_{7-10}，是铝酸盐水泥于 20℃以下水化时的主要产物。铝酸盐水泥在夏季(20～25℃以上)施工时强度会倒缩，原因之一是 CAH_{10} 转变为六方板状的 C_2AH_8，再转变为立方晶系的 C_3AH_6 及 AH_3 而影响到结构稳定性所致。提高温度能加速这一变化，当温度高于 100℃时不再产生 C_2AH_8 相。当铝酸盐水泥与硅酸盐水泥或石灰混合使用时会出现瞬凝现象，影响施工，其主要原因可从水化动力学来解释，但也和 CAH_{10} 转变为 C_4AH_{19} 有关。

【水化铝酸二钙】dicalcium aluminate hydrate

化学式 C_2AH_8，含(7～9)H_2O。结构式 $Ca_2Al_2(OH)_{10} \cdot 3H_2O$，铝酸盐水泥水化产物之一。六方晶系，板状，与 CAH_{19} 的晶格间距和结构相似，可以互相固溶，有 α_1、α_2 和 β 型。C_2AH_8 脱水时逐步变为 $C_2AH_{7.5}$、C_2AH_5 及 C_2AH_4，密度、折射率随之逐步升高。C_2AH_5 的结构式为 $C_2A(OH)_6 \cdot [A(OH)_4^-]$。一般在 30℃以上，$C_2AH_8$ 会转变为 C_3AH_6 和 AH_3，导致水泥石强度降低。

【水化铝酸三钙】tricalcium aluminate hydrate

化学式 C_3AH_6，结构式 $3Ca(OH)_2 \cdot 2Al(OH)_3$，是水泥中 C_3A 矿物的水化产物。等轴晶系，偏方二十四面体，晶胞参数 $a=12.56$～12.58Å，立方体心形格子。C_3AH_6 在 20～225℃范围内稳定，可由其他水化铝酸钙转变生成。不论是用 P_2O_5 或在 105℃下干燥均不脱水。加热至 275℃失去部分水生成 $C_3AH_{1.5}$，折射率降到 1.543。其 X 射线衍射谱和 $C_{12}A_7$ 相似，继续加热出现游离 CaO，至 550～950℃转变为 $C_{12}A_7$ 和游离 CaO，

1050℃又与 CaO 化合成 C_3A。

【水化铝酸四钙】tetracalcium aluminate hydrate

化学式 C_4AH_x。有几种含水量不同的变种，呈六方板状结晶。25°时 CaO 或 $Ca(OH)_2$ 和 CA 过饱和溶液反应生成 C_4AH_{19}，在 1～50℃范围内稳定于饱和石灰水溶液中。α_1-C_4AH_{19} 是最初从溶液中生成的介稳态六方晶系，晶胞参数 a=5.77Å，c=64.08Å，很快就转变为稳定型的 α_2-C_4AH_{19}，a=5.77Å，c=21.37Å，用酒精洗涤或在室温下干燥，相对湿度<88%时转变为 β-C_4AH_{13}，它存在于相对湿度为 12%～81% 的环境中，层间距 7.9Å，假六方晶系 a=5.7Å，c=7.86Å，化学式为 $4Ca\cdot(OH)_2\cdot 2Al(OH)_3\cdot 6H_2O$。另一种称为 α-C_4AH_{13} 的产物实际上是 $C_4A\cdot 0.5CO_2\cdot 12H_2O$，层间距 8.2Å。$\beta$-$C_4AH_{13}$ 用 $CaCl_2$ 干燥可得 C_4AH_{11}。在室温下用 P_2O_5 干燥可得 C_4AH_7。根据红外光谱分析结果，C_4AH_7 仅含羟基，在 150～300℃时部分分解而生成 $C_4A_3H_3$ 和 $Ca(OH)_2$。水化铝酸四钙是硅酸盐水泥水化早期出现的产物之一，能与水化铁酸四钙形成固溶晶 $C_4(A,F)H_{13}$。

【水化三铝酸四钙】tetracalcium aluminate hydrate

化学式 $C_4A_3H_3$，结构式 $Ca_4Al_6O_{10}(OH)_6$，斜方晶系，片状。在 1℃时溶于水，在半饱和石灰水中转化为 C_2AH_8。由 C_4AH_7 于 150～300℃经过部分分解而生成。耐火混凝土水化后在高温下亦会形成。700～750℃脱水后转化为 $C_{12}A_7$ 及 CA_2。

【氢氧化铝】alumina hydroxide

化学式 $Al(OH)_3$。是铝酸盐水泥和硫铝酸盐水泥的水化产物。天然矿物有三水铝石 $Al(OH)_3$、一水硬铝石 $HAlO_2$，一水软铝石 AlOOH，是制造高铝水泥的主要原料之一。参见 6.1.1【三水铝石】【一水硬铝石】。

【水化硫铝酸钙】calcium sulphoaluminate hydrate

石膏与 CaO、Al_2O_3、H_2O 形成的复盐，也是硅酸盐水泥、硫铝酸盐水泥的水化物，有三硫型和单硫型两种。三硫型也称高硫酸盐型水化硫铝酸钙；单硫型也称低硫酸型水化硫铝酸钙。

【三硫型水化硫铝酸钙】ettringite

亦称钙矾石，AFt，化学式 $C_3A\cdot 3CaSO_4\cdot 30\sim 32H_2O$，结构式 $Ca_{12}Al(OH)_{24}(SO_4)_6\cdot 50H_2O$。三方晶系，假六方针状或柱状晶体，折射率 n_o=1.464，n_e=1.458，有双晶，密度 1.73g/cm³(25℃)、天然矿物。也可用饱和石灰水加等体积硫酸铝和硫酸钙合成，或以 CA 溶液和 CaO、$CaSO_4\cdot 2H_2O$ 反应生成。25℃时由 C_3A、$CaSO_4\cdot 2H_2O$ 和水反应生成，生成热为 196.5kJ/mol。用 $CaCl_2$ 干燥可降至 $26H_2O$ 和 $18H_2O$。加热至 105～110℃，剩下 $(7\sim 8)H_2O$；145℃为 $(4\sim 6)H_2O$；200℃为 $(2\sim 3)H_2O$；1000℃形成 $C_4A_3\cdot SO_3$，以及 $CaSO_4$ 和 CaO。在硅酸盐水泥水化时，它由作为缓凝剂的石膏与铝酸三钙反应生成，溶解度较小，用于调整水泥的凝结时间。在快凝快硬水泥水化时，它成为水泥石产生早期强度的主要成分。在硫铝酸盐型膨胀剂中，是导致水泥石体积膨胀的主要水化产物。

【单硫型水化硫铝酸钙】AFm

最主要的低硫型水化硫铝酸钙为 $C_3A\cdot CaSO_4\cdot 12H_2O$，假六方板状或针状晶，一轴晶负光性，正延性，折射率 n_o=1.504. n_e=1.188，密度 1.99g/cm³，X 射线衍射测得的晶体面间距为 9.0Å，由 C_3A 和 $CaSO_4\cdot 2H_2O$ 在溶液中反应生成，生成热 62.7kJ/mol，常与 C_4AH_{13} 形成一系列连续的固溶体。在 25℃时，由 CA 溶液和石灰、硫酸钙溶液反应制得。另外还有一些不同含水量的产物，如 $C_3A\cdot CaSO_4\cdot 15H_2O$ 在 25℃以下稳定，面间距为 10.3Å，在相对湿度近 90%时很快失水形成 9.6Å 和 9.0Å 的水化硫铝酸钙。9.6Å 是 9.0Å 的多型晶。在室温下且相对湿度约 33%时形成 8.2Å 的 $C_3A\cdot CaSO_4\cdot 10H_2O$。若进一步以 P_2O_5 为干燥剂则形成 $C_3A\cdot CaSO_4\cdot(7\sim 8)H_2O$，面间距为 8.0Å。除 9.6Å 和 10.3Å 型外，其余的变化均为可逆。加热至 105～110℃时形成 $C_3A\cdot CaSO_4\cdot(6\sim 8)H_2O$，1000℃时形成 $C_4A_3\cdot SO_3$，以及 $CaSO_4$ 和 CaO。

【水化氯铝酸钙】calcium chloroaluminate hydrate; Friedel's salt

氯化钙存在时，硅酸盐水泥的水化产物，有高氯型和低氯型。高氯型的化学式 $C_3A \cdot 3CaCl_2 \cdot 30H_2O$，可在－10℃时从 C_3A 和 21%～23%$CaCl_2$ 溶液制得；也可在 20℃时从 C_3A 在饱和石灰水或 1.5%～10%$CaCl_2$ 溶液中制得。后者不稳定，易转变为 $C_3A \cdot CaCl_2 \cdot 10H_2O$；其生成与温度和氯化钙浓度有关，在负温施工时，加入大量 $CaCl_2$ 会使混凝土产生破坏性的后果。最主要的低氯型水化氯铝酸钙，其化学式为 $C_3A \cdot CaCl_2 \cdot 10H_2O$，可从混合氯化铝和石灰水溶液制得，也可从 $CaCl_2$ 和石灰水及铝酸钙溶液反应制得，有两个变种，一种是单斜晶系的 α-$C_3A \cdot CaCl_2 \cdot 10H_2O$，在 28℃以下稳定；另一种是三方晶系的 β-$C_3A \cdot CaCl_2 \cdot 10H_2O$，在更高温度下形成。其最大面间距为 7.9Å 和 7.8Å。当用 P_2O_5 于 110℃干燥时，形成 $C_3A \cdot CaCl_2 \cdot 6H_2O$，其最大面间距为 6.9Å，它在含 $CaCl_2$ 为 30g/L 的碱性溶液中稳定，当 $CaCl_2$ 浓度下降时则生成 C_4AH_{13}。水化氯铝酸钙能与水化氯铁酸钙形成有限的固溶体 $C_3A \cdot CaCl_2 \cdot 10H_2O$-$C_3F \cdot CaCl_2 \cdot 10H_2O$。

【水化硅铝酸钙】calcium silicoaluminate hydrate

硅酸盐水泥水化产物中的一类矿物，除水石榴石-石榴石系列外，由水铝黄长石 C_2ASH_3、石灰水和烧黏土，C_3A 和硅溶胶及石灰水，玻璃态 C_2AS 与石灰水，火山灰、烧黏土与石灰水反应均可制得，平均折射率 1.512，晶体结构为假六方片状，a＝5.73Å，c＝12.6Å。在室温下的饱和石灰水中不稳定，转化为含硅的水石榴石。能被 $MgSO_4$、石灰和石膏溶液所分解，但能在饱和石膏溶液和 0.15g 分子浓度的 Na_2SO_4 溶液中稳定。差热曲线上于 210℃出现吸热谷，940℃放热生成 C_2AS。50℃开始失水，150℃迅速失水，350～400℃全部脱水。在水热处理过程中，于 250℃分解为一水软铝石和水石榴石，在 350℃形成新的等轴晶系物相 $C_2AS \cdot H_2O$，a＝8.33Å，折射率 1.628。另外两种水化硅铝酸钙：六方板状的 $C_3A \cdot CaSiO_3 \cdot 12H_2O$，折射率 n_o＝1.536，n_e＝1.523；针状的 $C_3A \cdot 3CaSiO_3 \cdot 32H_2O$，折射率 n_o＝1.487，n_e＝1.479。这些矿物可能同时含 CO_2，少许 Fe_2O_3 置换 C_2ASH_8 中的 Al_2O_3 形成 $C_2(A_{0.7}F_{0.3})S \cdot 8H_2O$，折射率升高到 1.525。

【钙铝石榴石】grossularite

化学式 C_3AS_3，结构式 $Ca_3Al_2[SiO_4]_3$，等轴晶系，偏方三八面体或菱形十二面体，晶胞尺寸 a＝11.51～11.83Å，其中 Ca 的配位数为 8，Al 为 6，Si 为 4，即 Ca^{2+} 位于硅氧四面体和铝氧八面体之间，由于构造紧密，因而密度较大（3.53g/cm^3），硬度 6.5～7.5，黄褐色，折射率 1.735。其中 Ca^{2+} 与 Mg^{2+}、Fe^{2+}、Mn^{2+}、A^{3+} 与 Fe^{3+}、Cr^{3+} 等常发生类质同象置换。天然矿物存在于硅卡岩中，为酸性岩石侵入体与碳酸盐岩石在高温条件下反应的产物，在水泥水化物中作为水石榴石系列的多硅端复盐出现。

【钙铝黄长石】gehlenite

化学式 C_2AS，黄长石系列中的一种，白色或灰色玻璃状晶体，比较脆。可出现在铝酸盐水泥熟料中。

【水铝黄长石】stratlingite

化学式 C_2ASH_8，结构式 $Ca_2Al[(OH)_6AlSiO_2(OH)_4] \cdot 2.5H_2O$，白色或灰绿色晶体，存在于自然界中，也是铝酸盐水泥的水化产物。

【水石榴石】C_3AH_6 hydroganet

化学式 $C_3(A, F)H_6$。含少量 SiO_2，50℃时成为 $C_3AS_{0.33} \cdot H_{5.3}$，是 C_3AH_6-C_3FH_6-C_3AS_3-C_3FS_3 有限固溶系列中一种。其结构可看作钙铝石榴石结构 $Ca_3 \cdot AH_6[SiO_4]_3$ 中 SiO_2 四面体被 $2H_2O$ 置换的结果，但仍保留一部分 SiO_2 并有一部分 $A1^{3+}$ 被 Fe^{3+} 置换。在室温下，可由铝酸钙和铁酸钙水化物固溶体形成，硅酸盐水泥熟料中间相水化时亦可生成，由于含有一定量 SiO_2 和 Fe_2O_3，抗硫酸盐溶液侵蚀的能力比 C_3AH_6 高。

【水化铁酸钙】calcium ferrite hydrate

铁酸钙的水化物，但纯化合物难以获得。可由等轴晶系的 C_3FH_6 和 C_3AH_6 组成完全固溶体，密度 $2.77g/cm^3$，折射率 1.71～1.72。X 射线衍射谱和 C_3AH_6 十分相似。底面间距略大，$a=12.76Å$，与 SiO_2 可形成水石榴石系列 C_3FH_6-$C_3F \cdot 3SiO_2$。存在六方板状的 C_4FH_{13}，以及 C_4FH_{19} 和 C_4FH_{11}，其最大面间距为 10.7Å、8.0Å 和 7.6Å，C_4FH_{19} 存在于 1～15℃，高于 25℃时不稳定。25～45℃时形成 C_4FH_{13}，60℃时分解为 $Ca(OH)_2$ 和 α-Fe_2O_3（赤铁矿）。

【水化铁铝酸钙】 calcium alumino-ferrit hydrate

铁铝酸钙的水化物。有一系列连续的固溶体，如在 5℃以下 C_6A_2F 到 $C_{12}AF_5$ 在 $Ca(OH)_2$ 溶液中生成六方板状的 C_4AH_x-C_4FH_x 固溶体，可写成 $C_4(A, F)H_x$。$C_4(A, F)H_{19}$ 中 Fe_2O_3 置换了部分 $A1_2O_3$，对晶胞尺寸影响甚微，在较高温度下转变为立方晶系的 C_3AH_6-C_3FH_6 系列，即 $C_3(A, F)H_6$。其晶胞参数 a 随 Fe_2O_3 增加而成比例地加大。C_4AF 或 $C_4(A,F)H_{19}$ 在 150℃时的水化产物是 C_3AH_6 和 $C_2(A, F)aq$。水量不足时，则从 C_4AF 和 C_6A_2F 形成 C_2AH_8。

【水化硫铁酸钙】 calcium sulphoferrite hydrate

石膏存在时的铁酸钙水化产物。有高硫型和低硫型，前者的化学式为 $C_3F \cdot 3CaSO_4 \cdot 32H_2O$，细针状，平均折射率 1.490。可以铁铵矾和石灰水溶液，或 C_2F-石灰-石膏溶液制得，能与 $C_3A \cdot 3CaSO_4 \cdot 31H_2O$ 形成固溶体，其中 Fe_2O_3 和 $A1_2O_3$ 的分子比为 3，即 $C_3(F_{0.75}A_{0.25}) \cdot 3CaSO_4 \cdot (31\sim32) \cdot H_2O$。低硫型的化学式为 $C_3F \cdot CaSO_4 \cdot aq$，结晶有针状、六方板状、球状，含水量（13～14）H_2O，在湿度 94%、温度 18～25℃时形成，面间距为 9Å。在室温下饱和石灰-石膏溶液中不会转变为高硫型，用 $CaCl_2$ 干燥，保留 $10H_2O$，用 P_2O_5 干燥剩余 $8H_2O$，110℃剩余 $6H_2O$，1000℃全部脱水形成 C_2F、CaO、$CaSO_4$ 混合物。$C_3F \cdot CaSO_4 \cdot ap$ 和 $C_3A \cdot CaCO_4 \cdot ap$ 有固溶体，和 $C_4F \cdot aq$ 亦有固溶体。

【水化氯铁酸钙】 calcium chloroferrite hydrate

$CaCl_2$ 存在时，铁酸钙的水化产物，有高氯型和低氯型。前者化学式为 $C_3F \cdot 3CaCl_3 \cdot 30H_2O$。以 $C_2F \cdot CaO$ 和 $CaCl_2$ 溶液在 -10℃时制得；后者化学式为 $C_3F \cdot CaCl_2 \cdot 10H_2O$。水化氯铁酸钙在溶液中的性质和水化氯铝酸钙相似，能互成有限固溶体，呈六方板状。

【水化碳铝酸钙】 calcium carboaluminate hydrate

CO_2 或碳酸盐杂质作用于水化水泥石而形成的矿物，有高碳型、低碳型和半碳型。高碳型化学式为 $C_3A \cdot 3CaCO_3 \cdot 30H_2O$，针状晶体，折射率和 X 射线衍射谱与钙矾石十分相似。在 10%和 5%相对湿度下干燥时，水含量可减至 $26H_2O$ 和 $12H_2O$，DTA 曲线于 145～165℃显示出失水效应，860～925℃放出 CO_2，可由 Na_2CO_3 或 $(NH_4)_2CO_3$ 溶液与 CA 反应而制得。低碳型 $C_3A \cdot CaCO_3 \cdot 11H_2O$，六方板状晶体，$n_o=1.554$，$n_e=1.532$，33%相对湿度时最大面间距 7.6Å，六方晶胞 $\alpha=8.72Å$，$c=7.57Å$，在 100℃加热逐渐失水，230℃和 900℃有吸热效应。可由 CA、$Ca(OH)_2$ 和 Na_2CO_3 溶液按 $CO_3 : Al_2O_3=1$，以及最后溶液中 CaO 浓度约 0.4g/L 的条件下制得，或以 CO_2 气和 CA 溶液或水化物反应生成，但继续暴露在空气中会转变为 $CaCO_3$ 和 $Al(OH)_3$。含有 C_3A 或 C_4AF 的水泥净浆，或含有 $CaCO_3$ 和 $MgCO_3$ 的水泥石均可形成。它与 C_4AH_{13} 可形成固溶体，成分变动于 $C_4A \cdot 0.5CO_2 \cdot 12H_2O$ 到 $C_3A \cdot CaCO_3 \cdot 11H_2O$ 之间，其面间距从 8.2Å 变到 7.6Å，溶解度大于水化硫铝酸钙。它可从硫酸盐溶液作用于低碳型水化碳铝酸钙而产生，从 CaO-Al_2O_3-$CaCO_3$-H_2O 相图可见 25℃时有 $C_4A \cdot 0.5CO_2 \cdot 12H_2O$（半碳型）存在。

【钾石膏】 syngenite

分子式 $K_2Ca(H_2O)[SO_4]_2$，单斜晶系，晶体呈柱状，集合体呈放射状。硬度 2.5，密度 $2.58g/cm^3$。微溶于水，是硅酸盐水泥水化过程中生成的一种过渡性产物。它在水化 2～4h 时生成，在 8～12h 后消失。在水泥浆体中以分散的片状、条状或柱状晶体形式存在。

【水化】hydration

物质与水所起的化合作用。包括水解和水合，例如硅酸三钙和足够水作用时发生近似于下列反应：$2(3CaO \cdot SiO_2)+6H_2O=3CaO \cdot 2SiO_2 \cdot 3H_2O+3Ca(OH)_2$。

【水解】hydrolysis

又称加水分解。盐类(除强酸与强碱形成的盐类外)与水发生的复分解反应，它是中和反应的逆反应，生成酸和碱。例如连续不断地用水浸取水化硅酸钙产生的水解反应式为：$3CaO \cdot 2SiO_2 \cdot 3H_2O+nH_2O \rightarrow 3Ca(OH)_2+2SiO_2 \cdot nH_2O$。

【水化活性】hydration activity

物质与水化合的能力。对水泥基材料而言，还包含水硬活性之意。如 C_3S 和 C_3A 等熟料矿物所具有的自发水化活性与这类物质晶格配位的不均衡性有关，因而有较高的化学势能。又如水淬高炉矿渣的潜在水化活性与矿渣玻璃态具有的化学潜能有关。火山灰材料的水化活性则与火山灰材料的无定形结构有关，在激发剂(如硫酸钙和石灰)的媒介作用下，这些辅助性胶凝材料才表现出明显的水化活性。

【选择性水化】selective hydration

水泥中的熟料矿物或其他组分因水化速度不同而出现的先后水化的现象。如硅酸盐水泥水化时 C_3A 优先而快速水化。

【水泥浆体】cement paste

常指新拌水泥浆体，即水泥加水调制成的塑性浆体。

【水泥石】cement stone

亦称硬化水泥浆体。水泥浆体经过水化反应，凝结硬化形成的具有一定强度的石状体。

【水泥凝结硬化理论】theory of cement setting and hardening

说明塑性水泥浆体如何转变为坚硬的水泥石的理论。一般认为：水泥与水拌和后，水泥熟料矿物发生水化反应，生成水化硅酸钙、氢氧化钙、水化铝酸钙、水化硫铝酸钙等水化产物。随水化时间的延长，越来越多的水化产物相互搭接，形成三维网状结构，使初始的浆体凝结硬化，并能粘结其他材料，逐渐转变为坚固的石状体。水化反应有局部反应理论和溶解-沉淀理论。历史上对水泥硬化曾有三种理论：1882 年 Le Chatelier 提出的“结晶理论”、1893 年 W. Michaelis 提出的“胶体理论”和 1926 年 A. A. Bańkou 提出的“三阶段硬化理论”。近代研究结果指出，在水泥硬化过程中同时存在着凝胶和结晶两种结构。

【水化速率】hydration speed

单位时间内水泥的水化程度或水化深度。水化速率是指在一定时间内水泥已水化量和完全水化量的比值，以百分率表示。水化深度是指水泥颗粒外表水化层的厚度，一般以微米(μm)表示。水化速率一般可通过测量不同水化时间的化学结合水量来求得。硅酸盐水泥熟料中的不同矿物的水化速率不同，如水化 28d 后，C_3A 的水化程度可达 80%以上，而 C_2S 仅 11%；C_3A 的水化深度可达 $11\mu m$ 以上，而 C_2S 仅 $1\mu m$。水泥熟料矿物若按水化深度排列，其顺序为：$C_3A>C_4AF>C_3S>C_2S$。辅助性胶凝材料的水化速度远低于硅酸盐水泥熟料。由硅酸盐水泥熟料与辅助性胶凝材料组成的复合胶凝材料中各组分的水化速度目前还难以定量表征。

【硬化速率】hardening speed

水泥石强度增长的速率。水泥中各熟料矿物在各龄期的强度增长速度是不同的。如 C_3S 和 $C_{12}A_7$ 早期强度增长较快，C_2S 早期强度低，后期强度逐渐提高，但绝对值不如 C_3S，C_4AF 早期强度增长也快，但后期强度绝对值不高。提高熟料矿物的水化活性可提高水泥石的硬化速率。由硅酸盐水泥熟料与辅助性胶凝材料组成的复合胶凝材料的早期硬化速率低于硅酸盐水泥。

【结构水】stractural water

化合物中呈 H^+、OH^- 或 H_3O^+ 等离子状态结合在晶格中的水。一般在 105℃以上才能排除。有的化合物甚至要到 1300℃才分解。随着水分的排除，化合物的晶格被破坏，理化性质亦随之变化。在胶体矿物和水泥水化物中

较重要的是呈 OH^- 离子状态的水，许多含水的硅酸盐和氧化物类都以此为特征。

【沸石水】zeolite water

在网架状离子晶格的孔道中独立存在的水分子。这种晶格很稳固，水分子可以自由出入而不影响构造。加热时物质逐渐失水，无晶相转变点。在很大温度范围内，不破坏结构，只发生折射率及密度等物理性质的逐渐变化。这种水为沸石类矿物所特有，故得名。

【凝胶水】gel water

水泥水化物中凝胶的结合水。它围绕胶体粒子形成一层外壳(定向偶极分子层)而将胶粒隔开，当水化继续进行时凝胶量增加，凝胶水数量亦随之增加。在加热时可蒸发失去，留下直接接触的胶粒和无水的胶孔。水泥净浆的凝胶孔平均直径约15～30Å。水化物起初是以溶解度较大的介稳状态出现，很易脱水，然后会很快转变成稳定的化合物。此时水作为水化物结构的一部分而较难排除。脱掉凝胶水后，水泥石弹性模量降低。

【层间水】interlayer water

有序地排列于某些层状结构矿物晶格之间的水，以分子状态存在。这种水的含量，随环境空气中水蒸气分压变化而变化，当吸水时晶格胀大，矿物体积膨胀；而失水时则晶格收缩。加热至105℃，层间水逐渐排除，不伴随晶格的破坏。如蒙脱石类矿物结构层之间的水属层间水，水泥石中水化硅酸钙片状微晶间也有层间水，托勃莫来石在0.5μm汞柱气压下层间水分子数从饱和状态的 $1.5H_2O$ 分子/分子 SiO_2 降到 $1.0H_2O$ 分子/分子 SiO_2。

【毛细孔水】capillary water

胶态物质中充填在毛细孔中的水。毛细孔的孔径范围在水泥凝胶中约为数百埃至0.1μm，形成一种亚微通道，造成水泥石的可渗透性。加热至105℃，毛细孔水极易失去而不伴随矿物晶格的变化。水泥净浆中的毛细孔水随水化程度增加，孔隙被水化物充填而减少。一般把可蒸发水总量与凝胶水量之差作为毛细孔水量。

【自由水】free water

参见3.3.2【自由水】。

【吸附水】adsorbed water

由于分子引力作用而吸附在物质颗粒外表面或孔隙表面、界面上的水分子。它的空间排列是无序的，硬化胶凝材料浆体的表面积可用吸附水蒸汽量来测定。凝胶粒外表面和毛细管壁上的部分水分子亦属吸附水。

【可蒸发水】evaporable water

将硬化水泥石放在以－79℃的干冰-乙醇混合物为干燥剂和0.5μm汞柱的蒸气压下真空干燥(D-干燥)至恒重时脱掉的水。主要包括凝胶水和毛细管水。在某些矿物如水化硫铝酸钙中还包括部分结晶水。

【不可逆水】reversible water

硬化胶凝材料浆体干燥到一定程度后，若再重复湿润和干燥，其失水量发生非可逆变化，其吸附水量降低，差值为不可逆水量。产生不可逆水量的主要原因是凝胶转向较稳定状态，成为非胶体物质(即凝胶结晶)，因此吸水能力降低。

【非蒸发水】non-evaporable water

在特定条件下干燥时，硬化水泥石中保留的相对含水量。如以－79℃的干冰-乙醇混合物为干燥剂和0.5μm汞柱的蒸汽压下真空干燥至恒重时仍能保留约0.9%的水。

【化学结合水】chemical combined water

参见3.3.2【化学结合水】。

【凝胶空间比】gel space ratio

又称胶孔比。指水化水泥石体积(固相)与此体积加毛细孔体积总和之比。前者与非蒸发水的含量有关，后者是调和物料所用的水的体积减去水化水泥所增加的空间。在一定的水泥石体积里，胶孔比大表示凝胶的数量多、孔隙少，则抗压强度高。

【干燥收缩】dry shrinkage

硬化水泥浆体在不饱和空气中散失水分所导致的体积减小。

【化学收缩】chemical shrinkage

胶凝材料水化硬化时总体积减小的现象。其原因是水化前后反应物和生成物的平均密度不同所致。如石灰水化为 $Ca(OH)_2$，固相体积虽然增加，但整个 $Ca(OH)_2$ 体系的总体积减缩 4.5%。对于大部分普通硅酸盐水泥，每 100 克水泥完全水化后的收缩总量为 7～9cm^3。化学收缩量反映着胶凝材料的水化程度，它和结合水量之间有线性关系，可以通过测定各龄期胶凝材料浆体的化学收缩量来研究其水化速度。

【自干燥】self-desiccation

胶凝材料水化过程中不断消耗拌和水。如果水化产物结构致密，使外部水分不能及时补充，则水化产物内部的毛细孔内的相对湿度下降，形成自干燥作用。

【自收缩】autogenous shrinkage

在胶凝材料浆体硬化后，胶凝材料继续水化所导致的化学收缩将部分转化为浆体内部的毛细孔。由于自干燥作用，毛细孔内部的相对湿度低于饱和湿度，从而产生毛细张力，导致胶凝材料浆体宏观收缩。这种收缩与外界温湿度条件无关。自收缩随胶凝材料浆体的水胶比降低而增加。

【渗析】dialysis

又称透析。利用半透膜把溶胶与电解质分离的过程。因为胶体粒子比离子和分子大，后者能穿过半透膜而将前者阻留在膜内。水化水泥中的凝胶也有半透膜性质，它能把 K^+、Na^+ 和 OH^- 离子渗透出去但阻止碱-骨料反应所产生的复杂的硅酸根离子渗透出去，因此水泥石中的碱-骨料反应机理也和渗析作用有关。

【脱水】dehydration；dewatering

使水从水化物脱离出去的过程。在水化水泥石中化学结合水(有序排列的层间水、结晶水、结构水)的脱水为不可逆过程。物理结合水(无序列排列的非晶态水、吸附水、凝胶水和毛细管水等)的脱水过程为可逆过程(即脱水后还可再水化的)。水泥凝胶脱水时会发生体积收缩。

【凝胶膜】gel film

水泥熟料颗粒表面由水化反应而产生的凝胶表层。依靠表面张力的作用保持。水和熟料颗粒反应生成胶状水化物包围在未水化的水泥颗粒周围。水只能透过这层膜与内部的未水化颗粒继续反应，这层膜阻滞了水的透过，从而延缓进一步水化。

【水泥水化动力学】hydration kinetics of cement

研究水泥与水发生的化学反应速度及其影响因素等规律的理论。根据反应类型可分为若干个反应级，用动力学方程式表示，如对硅酸盐水泥水化物形成的反应速率、加速或延缓反应速率的条件以及对反应活化能的测定、溶度积计算等都属于本范畴。

【絮凝结构】floc structure

在胶凝材料浆体中，胶凝材料颗粒并不是均匀地分散于水中，而是由于微细颗粒表面的静电吸附作用聚集成胶束；在胶束中裹挟着一定量的水。这部分水不能参与浆体的流动。

【水化热】heat of hydration

胶凝材料水化过程中由于水化反应而放出的热量。参见 1.5.2【水化热】。

【水灰比】water to cement ratio

水泥浆体中拌和水与水泥的比值。

【水胶比】water to binder ratio

胶凝材料浆体中拌和水与胶凝材料的比值。

【局部化学反应】topochemical reaction

亦称就地反应。经典的硅酸盐水泥水化机理之一。反应物不需要溶解入溶液，直接在固体颗粒表面发生水化反应，就地生成水化产物。在水化后期，熟料颗粒表面已经包裹了一层水化产物，水分的传输受到限制，在初期生成的水化产物层内部的熟料颗粒表面主要发生局部化学反应。

【溶解-沉淀反应】dissolution-precipitation reaction

经典的硅酸盐水泥水化机理之一。水化开始后，熟料矿物溶解出 Ca^{2+}、铝酸根离子、硅酸根离子和硫酸根离子等，这些离子进入溶液，形成过饱和溶液；溶解度很小的水化产物，如水化铝酸钙、水化硫铝酸钙、水化硅酸钙等从过饱和溶液中沉淀。

【孔结构】pore structure

硬化水泥基浆体内部孔隙的数量、尺寸分布、形状和关联的统称。按其部位和尺寸，孔分为凝胶孔、毛细孔、微孔、中孔和大孔。

【凝胶孔】gel pore

凝胶胶粒层间的孔隙，包括凝胶微晶间的孔和凝胶微晶内的孔，其内径小于26Å。凝胶孔内部的水只有在强烈干燥时才会失去，且不能可逆地回到结构中。

【毛细孔】capillary pore

水化水泥颗粒之间残存的空间，其尺寸和体积取决于初始水胶比和水化程度，可存在于外部的低密度C-S-H凝胶中。

【微孔】micropore

硬化水泥浆体内部孔隙的一部分，其孔径大约为0.5～2.5nm，主要包括凝胶微晶间的孔和凝胶微晶间的孔，即凝胶孔。

【中孔】mesopore

硬化材料浆体内部孔隙的一部分，其孔径大约为2.5～50nm，主要包括中等的孤立的毛细孔。

【大孔】macropore

硬化材料浆体内部孔隙的一部分，其孔径大约为50～1000nm，主要包括大毛细孔、水泥颗粒界面区的孔隙。

【水化产物】hydration product; hydrate

水泥与水反应的生成物。主要有水化硅酸钙凝胶、氢氧化钙、水化硫铝酸钙、水化铝酸钙等。

【孔溶液】pore solution

充满于硬化水泥浆体内部的毛细孔隙内的液体，是$Ca(OH)_2$饱和溶液，同时还含有K^+、Na^+以及多种阴离子。

【C-S-H纳米结构】nanostructure of C-S-H

C-S-H所具有的微观结构。由约为14nm的刚性颗粒集合而成的凝胶体具有很高的比表面积，约$180m^2/g$；凝胶内部的空隙率约为28%。孔隙口径小于0.4Å，因此凝胶孔只能容水分子进入。未被凝胶填充的空间称为毛细孔。

【诱导前期】initial reaction period

水泥加水拌和后的几分钟内，由于铝酸盐相、游离石灰和石膏的迅速溶解，以及颗粒的表面吸附，放出热量，具有很高的放热速率。在液相中很快生成钙矾石等水化产物，覆盖在未水化颗粒表面，使其水化速率迅速下降，直至趋近于零。这样一个持续时间很短的放热阶段称为诱导前期。

【诱导期】induction period

诱导前期之后水化反应近于零的阶段。在这个阶段，硅酸盐相和铝酸盐相的反应速率都很低。诱导期的长短与硫酸盐与铝酸盐的比值有关，也与$Ca(OH)_2$在液相中的饱和程度有关。在浆体中可以发现六方片状钙矾石晶核，并有过渡水化产物钾石膏存在。对于普通硅酸盐水泥，诱导期始于加水后1h，终于4h左右。

【加速期】acceleratory period

诱导期后水泥水化反应剧烈进行，放出大量热量的阶段。此阶段主要是C_3S进行水化反应，其由成核和相边界反应控制，生成大量水化产物。CSH凝胶呈现外部水化产物的纤维状外形特征，钾石膏已消失。大约在加水后12h，水化放热曲线达到峰值。水泥浆体初凝和终凝均发生在这一阶段。

【减速期】deceleratory period

加速期后水泥水化反应衰减的阶段。其间，水泥的水化放热曲线下降，反应产物层增厚，反应由成核和相边界反应为主转变为扩散控制。CSH凝胶相互搭接程度增加，浆体逐渐致密。这一阶段大约持续12h。

【稳定期】final period

减速期后水泥水化缓慢而平稳进行的阶段。在这一阶段，水泥的水化放热曲线逐渐趋于平缓，放热速率很低，水化产物相互连接，成为致密的、没有特征的块体。

【水硬性】hydraulic

胶凝材料加水拌和成为浆体，既能在空气中硬化，也能在水中硬化，并持续增长其强度的特性。

【火山灰反应】pozzolanic reaction

含有一定数量的无定形SiO_2、Al_2O_3等活性组分的天然或人工的火山灰材料与氢氧化钙反应，生成水化硅酸钙、水化铝酸钙或水化硫铝酸钙等反应产物的过程。其中，氢氧化钙可以来源于外掺的石灰，也可以来源于水泥水化时所形成的氢氧化钙。

【延迟钙矾石形成】delayed ettringite formation

指的是早期混凝土经历高温后，已经形成的钙矾石部分或全部分解，温度下降后在没有外来离子干扰下逐渐形成钙矾石的过程。延迟钙矾石形成是二次钙矾石形成的一种特殊形式，如附图所示。高温一般来自于两个方面，一是水泥制品蒸汽养护时；二是混凝土体积足够大，其内部温度因水化热不易散出而升到80℃以上时。这些二次生成的钙矾石在已经硬化的水泥浆体内部生长，产生应力，可能导致混凝土开裂。

混凝土孔隙中延迟生成的钙矾石

7.2 品 种

【水泥】cement

一种细磨材料，加入适量水后，成为塑性浆体，在物理、化学作用下，既能在空气中硬化，又能在水中硬化，并能把砂、石等散粒或纤维等材料牢固地胶结在一起的水硬性胶凝材料。按性质和用途，可分为通用水泥（硅酸盐水泥、普通硅酸盐水泥、矿渣硅酸盐水泥等）和专用水泥（油井水泥、海工水泥等）及特性水泥（快硬水泥、膨胀水泥等）；也可按熟料矿物组成，分为硅酸盐水泥、铝酸盐水泥、硫铝酸盐水泥等。用水泥制成的砂浆或混凝土，坚固耐久，是重要的建筑材料和工程材料。广泛用于各种土木工程和油气钻探工程。

7.2.1 通用水泥

【通用硅酸盐水泥】common Portland cement

以硅酸盐水泥熟料和适量的石膏或/和混合材制成的水硬性胶凝材料。

【硅酸盐水泥】Portland cement

（1）以硅酸钙为主要成分的水泥的总称。区别于铝酸盐水泥、硫铝酸盐水泥等。（2）特指硅酸盐水泥熟料和石膏总量大于或等于95%的水泥，其又分为两类：仅由硅酸盐水泥熟料和适量石膏制成的水泥，代号P·Ⅰ；由硅酸盐水泥熟料、适量石膏和≤5%的粒化高炉矿渣或石灰石制成的水泥，代号P·Ⅱ。

【早强型硅酸盐水泥】early strength Portland cement

硅酸盐水泥的强度等级符号中带R的即为早强型硅酸盐水泥。早强型硅酸盐水泥的早期强度较高，3d抗压强度要求比相应强度等级的普通型水泥高4～5MPa，3d抗折强度高0.5～1MPa，28d强度要求相同。

【普通硅酸盐水泥】ordinary Portland cement

由硅酸盐水泥熟料、大于5%且不大于20%的活性混合材和适量石膏制成的水泥，代号P·O。所用活性混合材为粒化高炉矿渣、粉煤灰、火山灰质材料等；其中允许用不超过水泥质量8%的非活性混合材料或不超过水泥质量5%的窑灰代替。

【矿渣硅酸盐水泥】Portland blast-furnace slag cement

以硅酸盐水泥熟料、适量的石膏和粒化高炉矿渣制成的水泥。矿渣硅酸盐水泥分A型和B型：A型矿渣硅酸盐水泥的粒化高炉矿渣掺量≥20%且≤50%，代号P·S·A；B型矿渣硅酸盐水泥的粒化高炉矿渣掺量>50%且≤70%，代号P·S·B。矿渣硅酸盐水泥中允许用不超过水泥质量8%的非活性混合材料或不超过水泥质量5%的窑灰代替。

【火山灰质硅酸盐水泥】Portland pozzolana cement

由硅酸盐水泥熟料、适量石膏和>20%且≤40%的火山灰质混合材料制成的水泥，代号P·P。与普通水泥相比，火山灰水泥相对密度较小，水化热较低，耐蚀性较好，但需水性和干缩性较大，抗冻性较差，早期强度较低(但后期强度增进率大)，需要较长的养护期。火山灰水泥适用于地下、水中及潮湿环境的混凝土工程，不宜用于干燥环境、受冻融循环和干湿交替以及需要早期强度高的工程。

【粉煤灰硅酸盐水泥】Portland fly ash cement

由硅酸盐水泥熟料、适量石膏和>20%且≤40%的粉煤灰制成的水泥，代号P·F。粉煤灰水泥的性能和火山灰水泥相似，但比火山灰水泥需水性及干缩性小，抗裂性好，水化热低。适用于大体积的水工建筑。

【复合硅酸盐水泥】composite Portland cement

由硅酸盐水泥熟料、适量石膏和>20%且≤50%的两种或两种以上规定的活性混合材或/和非活性混合材制成的水泥，代号P·C。水泥中的混合材允许用不超过水泥质量8%的窑灰代替；掺矿渣时混合材掺量不得与矿渣硅酸盐水泥重复。

【石灰石硅酸盐水泥】Portland limestone cement

由硅酸盐水泥熟料和石灰石、适量石膏制成的水泥，其中石灰石掺量按质量计为10%～25%，石灰石质量应满足$CaCO_3$≥75%，Al_2O_3≤2%。石灰石硅酸盐水泥代号为P·L。

【水泥混合材】addition of cement

亦称为混合材料。在水泥生产过程中，为改善水泥性能、调节水泥强度等级，降低成本，并促进环保和资源综合利用，而加入到水泥中的天然或人工矿物质材料。按性能分为活性混合材和非活性混合材。

【活性混合材】active addition

活性混合材指具有火山灰性或潜在水硬性的混合材。活性混合材本身加水拌和后，不会硬化或硬化极为缓慢，强度很低。与石灰和石膏拌和在一起并加水后，在常温下能生成具有胶凝性的水化产物，既能在水中硬化又能在空气中硬化，产生足够高的强度。硅酸盐水泥中常用的活性混合材料为粒化高炉矿渣、粉煤灰、火山灰质混合材。

【非活性混合材】inactive addition

非活性混合材本身与石灰水不能或很少生成具有胶凝性质的水化产物(即无化学活性)，掺入水泥中仅起到提高水泥产量和调节水泥强度等级、减少水化热等作用。硅酸盐水泥中常用的非活性混合材料为活性指标分别低于GB/T 203、GB/T 18046、GB/T 1596、GB/T 2847标准要求的粒化高炉矿渣、粒化高炉矿渣粉、粉煤灰、火山灰质混合材料、石灰石和砂岩。

7.2.2 铝酸盐水泥

【铝酸盐水泥熟料】calcium aluminate cement clinker

以钙质和铝质材料为主要原料，按适当比例配制成生料，煅烧至完全或部分熔融，并经冷却所得以铝酸盐为主要矿物组成的产物。

【铝酸盐水泥】aluminate cement

(1)以铝酸钙为主要成分的水泥的总称。区别于硅酸盐水泥和硫铝酸盐水泥等。(2)特指仅由铝酸盐水泥熟料磨细制成的水泥。根据需要，也可在磨制Al_2O_3含量大于68%的水泥时掺加适量的α-Al_2O_3粉。按照Al_2O_3含量百分数，分为CA-50、CA-60、CA-70和CA-80四类。与硅酸盐水泥相比，其特点主要是快硬、高强和耐火。主要用作不定形耐火材料。用铝酸盐水泥和刚玉拌制的混凝土，其耐火温度可达1600℃。还可用作砂浆和混凝土的胶凝材料及外加剂。作胶凝材料时用于要求早期强度高的特殊工程，如紧急军事工程、抢修工程等，也可用于有抗硫酸盐生成或耐生物酸腐蚀要求的工程、寒冷地区冬期施工的混凝土工程，但不宜用于大体积混凝土工程及长期承重的结构和高温潮湿环境中的工程。另外，曾用铝酸盐水泥熟料和硬石膏或二水石膏制成快硬高强铝酸盐水泥、膨胀铝酸盐水泥、自应力铝酸盐水泥等多种水硬性胶凝材料，在建筑工程上得到一时的应用。

7.2.3 硫铝酸盐水泥

【硫铝酸盐水泥熟料】sulphoaluminate cement clinker

以石灰石、矾土和石膏为原料，按照一定比例破碎、粉磨和均化后，经 1300～1400℃ 煅烧所得以无水硫铝酸钙（$3CaO \cdot 3Al_2O_3 \cdot CaSO_4$）和硅酸二钙（$2CaO \cdot SiO_2$）为主要矿物成分的水硬性胶凝材料。

【硫铝酸盐水泥】sulphoaluminate cement

以硫铝酸钙为主要成分的水泥的总称。区别于硅酸盐水泥、铝酸盐水泥等。包括普通硫铝酸盐水泥和高铁硫铝酸盐水泥两大类，每类又分为若干品种。

【快硬硫铝酸盐水泥】early strength sulphoaluminate cement

以无水硫铝酸钙和β型硅酸二钙为主要矿物成分的硫铝酸盐水泥熟料，加入适量的石膏，磨细制成的早期强度高的水硬性胶凝材料，代号 R·SAC。快硬硫铝酸盐水泥根据 3d 强度，可分为 42.5、52.5、62.5、72.5 四个强度等级。其早期强度高，抗渗性好，抗硫酸盐腐蚀能力强。主要用于抢修抢建、冬期施工、防腐蚀、防渗等工程。

【低碱度硫铝酸盐水泥】low alkalinity sulphoaluminate cement

以无水硫铝酸钙和β型硅酸二钙为主要矿物成分的硫铝酸盐水泥熟料，加入适量石灰石和石膏共同粉磨而成，具有碱度低、自由膨胀率较小的水硬性胶凝材料，代号 L·SAC。以 7d 抗压强度分为 32.5、42.5 和 52.5 三个强度等级；加水后 1h 的浆体 pH 值不大于 10.5；主要用于制作玻璃纤维增强水泥制品，不能应用于配有钢纤维、钢筋、钢丝网与钢埋件的混凝土制品和结构。

【铁铝酸盐水泥】ferri-aluminate cement

属于高铁硫铝酸盐水泥，以铁矾土（也可用铝矾土和铁粉代替）、石灰石和石膏为原料，烧制成以铁铝酸盐相、无水硫铝酸钙和硅酸二钙为主要矿物成分的熟料，加入适量石灰石和石膏，磨细制成的水硬性胶凝材料。具有自应力、快硬、早强、膨胀等特性，适用于要求快硬早强、抗渗、耐腐蚀、补偿收缩等工程。

【硫铝酸钡（锶）钙水泥】barium/strontium calcium sulphoaluminate cement

硫铝酸钡（锶）钙水泥是以硫铝酸钡（锶）钙及其衍生矿物为熟料主要矿物的水泥，硫铝酸钡（锶）钙水泥熟料主要矿物是硫铝酸钡钙（$3CaO \cdot 3Al_2O_3 \cdot BaSO_4$，即 $C_4Ba_3\overline{S}$），硫铝酸锶钙水泥熟料主要矿物是硫铝酸锶钙（$3CaO \cdot 3Al_2O_3 \cdot SrSO_4$，即 $3CA \cdot SrSO_4$）。将 Ba 离子、Sr 离子在硫铝酸钙（$C_4A_3\overline{S}$）中以不同比例对 Ca 离子进行取代，能形成一系列硫铝酸钡（锶）钙衍生矿物。当 Ca 离子被 Ba 离子取代 1.25mol 时，矿物 $1.75CaO \cdot 1.25BaO \cdot 3Al_2O_3 \cdot CaSO_4$（简称为 $C_{2.75}B_{1.25}A_3\overline{S}$）强度达到了最高点，优于 $3CaO \cdot 3Al_2O_3 \cdot BaSO_4$。当 Ca 离子被 Sr 离子取代 2.50mol 时，在较低温度（1300℃）条件下，所得矿物的早期强度和后期强度都很高，3d 强度达到 70MPa 以上，28d 强度达到 100MPa 以上，且矿物的易磨性好。硫铝酸钡（锶）钙水泥的原料为铝矾土、钡（锶）渣、石灰石、石膏，可用含钡（锶）废渣取代部分石膏，烧制硫铝酸钡（锶）钙水泥，可减少钡（锶）废渣排放污染。

【阿利特-硫铝酸钡（锶）钙水泥】alite-barium/strontium calcium sulphoaluminate cement

是将具有快硬早强微膨胀功能的硫铝酸钡（锶）钙矿物引入到普通硅酸盐水泥熟料矿相体系中的水泥，可改善和提高硅酸盐水泥的早期强度和易磨性等性能。阿利特-硫铝酸钡（锶）钙水泥熟料率值为：$SM=2.2 \sim 2.8$，$IM=1.2 \sim 1.7$，$KH=0.88 \sim 0.94$。其中，熟料中硫铝酸钡钙矿物的含量为 5%～15%。熟料合成过程中还可以加入少量的 CaF_2、MgO 等物质，以促进熟料烧成。

【贝利特-硫铝酸钡（锶）钙水泥】belite-barium (strontium) calcium sulphoaluminate cement

是贝利特和硫铝酸钡(锶)钙为主要熟料矿物的水泥。它是在贝利特水泥熟料矿相体系中引入早强型矿物硫铝酸钡(锶)钙，以改善贝利特水泥的早期强度等性能的水泥。与贝利特水泥相比，水化速率快，早期强度高。与硅酸盐水泥相比，长期强度高，需水量少，耐久性好，水化放热速率低。水化产物主要有含钡(锶)钙矾石、氢氧化钙和C-S-H凝胶等。与硅酸盐水泥相比，水化产物中氢氧化钙量较少，具有一定的体积膨胀性。可利用较低品位的矾土，烧成温度低，易磨性好，可以用一种熟料磨制多种不同用途的水泥品种。

7.2.4 特种水泥

【高镁硅酸盐水泥】high magnesia Portland cement

简称高镁水泥，又称氧化镁硅酸盐水泥。由含氧化镁较高的石灰石、黏土和含氧化铁的辅助原料，按适当比例配制成生料，烧至部分熔融，得到以硅酸钙为主要成分的熟料，加入适量石膏磨细而成。按照要求，水泥熟料中氧化镁含量不超过8%，粉磨时允许掺15%以下的粒化高炉矿渣，水泥体积安定性除沸煮法必须合格外，还须经压蒸试验合格。可用于地上混凝土结构和具有防水层的地下工程。但水工工程、需要较高抗拉强度的构筑物以及蒸汽处理的钢筋混凝土构件和制品不宜使用。在高镁硅酸盐熟料中掺加20%～50%粒化高炉矿渣称为矿渣高镁硅酸盐水泥，其性能及用途与高镁硅酸盐水泥类似。

【砌筑水泥】masonry cement

由一种或一种以上的水泥混合材料(如石灰石、火山灰等)，加入适量硅酸盐水泥熟料和石膏，经磨细制成的水硬性胶凝材料，工作性和保水性好，但强度较低，主要用于砌筑和抹面砂浆、垫层混凝土等，不能应用于结构混凝土。

【防潮硅酸盐水泥】hydrophobic Portland cement

简称防潮水泥。在粉磨硅酸盐水泥时掺加少量防潮剂而成。防潮剂多属脂肪酸和松脂酸类的有机表面活性物质，如脂肪酸钠皂、松香、油酸、环烷酸皂等。掺加量以干基计一般不超过水泥质量的0.5%。防潮水泥具有防潮性、可塑性好的优点，能延长水泥贮存期，也适于水路运输，制成的混凝土具有较好的抗渗性和抗冻性。

【塑化硅酸盐水泥】plasticized Portland cement

简称塑化水泥。在粉磨硅酸盐水泥时掺加少量塑化剂而成。常用的塑化剂是含有木质素磺酸钙的亚硫酸盐纸浆废液，以及带有减水引气缓凝官能团的外加剂等，掺加量以干基计一般为水泥质量的0.15%～0.25%。塑化水泥与普通水泥相比，具有较好的可塑性，因而在拌制混凝土时可降低水灰比或节约水泥用量，以及改善抗冻性等。用途和普通水泥相同。

【加气硅酸盐水泥】air-entraining Portland cement

简称加气水泥。在粉磨硅酸盐水泥时掺加少量的引气剂而成。常用的引气剂为松脂酸钠、松香热聚物、十二烷基硫酸钠、十二烷基苯黄酸钠等表面活性物质，掺量一般为万分之0.5～1，以控制混凝土含气量4%～5%为宜。引气剂能使水泥砂浆或混凝土产生大量微细气泡，因而能改善工作性和保水性，提高抗冻性和抗渗性，但混凝土强度随含气量的增加而降低，因此须防止掺量过多。多用于抗冻性和抗渗性要求高的工程。

【石膏矿渣水泥】supersulphated cement

又称矿渣硫酸盐水泥。它是将粒化高炉矿渣(一般为80%左右)、石膏(15%左右)及少量硅酸盐水泥熟料(一般不超过8%)或石灰(一般不超过5%)共同磨细或分别磨细后混匀而成。水化热低，耐蚀性和抗渗性好，在潮湿环境中后期强度增进率较大，但早期强度较低，混凝土表面容易起砂，需较长的养护期，抗冻性差。可配制用于地面或地下的一般砂浆或混凝土，特别适用于地下及水中大体积混凝土工程，但不宜用于需要较高早期强度及受冻融交替作用的工程，也不宜用于钢丝网及薄壳结构。不能与普通水泥、矿渣水泥、火山灰水泥或其他含有石灰类的胶凝材料混合使用。

【赤泥硅酸盐水泥】red mud sclicate cement

用制铝工业中的废渣赤泥（约 30%～50%）、粒化高炉矿渣（约 25%～30%）、硅酸盐水泥熟料（约 15%～25%）及石膏（约 10%）共同磨细或分别磨细后混匀而成。性能和石膏矿渣水泥相近。主要适用于配制一般砌筑砂浆或无筋及少筋的混凝土工程，宜用于水中及潮湿环境，不宜用于地上承重结构或蒸汽养护的预制构件。

【无熟料水泥】cement without clinker

亦称少熟料水泥，是石膏矿渣水泥、石灰矿渣水泥、石灰火山灰质水泥等的总称。一般指不需经过煅烧工艺而制成的水硬性水泥。将具有一定火山灰活性或潜在水硬性的材料（如粒化高炉矿渣、粉煤灰、煤矸石等火山灰质混合材料）和碱性激发剂（如石灰、硅酸盐水泥熟料）或硫酸盐激发剂（如石膏），按适当比例配合，共同磨细而成。强度较低，但生产工艺简单，原料可就地取材，充分利用工业废渣，具有一定经济价值。

【石灰火山灰质水泥】lime pozzolanic cement

由火山灰质材料及 10%～30%石灰（生石灰或消石灰）共同磨细或分别磨细后混匀而成。磨制时也可掺 25%以下硅酸盐水泥熟料或 5%以下石膏。所用火山灰质材料包括凝灰岩、烧页岩、烧黏土、粉煤灰、煤矸石等。此水泥强度较低，尤其早期凝结硬化较慢。适用于潮湿环境和地下或水中的无筋混凝土工程，也可用于一般砌筑砂浆及粉刷抹面，不宜用于要求早期强度高或要求抗冻的工程。

【氟铝酸盐水泥】fluoroaluminate cement

以矾土、石灰石、萤石经配料煅烧以氟铝酸钙（$Ca_{11}Al_7 \cdot CaF_2$）、硅酸二钙为主要矿物的熟料加入适量的石膏及混合材等经过细磨而制成的一种凝结快、早期强度高的水硬性胶凝材料。初凝仅几分钟，终凝不超过 30min，硬化快，2～3h 后抗压强度可达 20MPa，适用于抢修、抢建、堵漏以及地下矿井锚固、机械铸造和低温施工等。

【型砂水泥】sand casting cement

又称双快型砂水泥。它是以适当成分的生料烧至部分熔融，得到以硅酸三钙为主、氟铝酸钙为辅的熟料，再加入适量的硬石膏共同粉磨制成的一种凝结快、硬化快、早期强度高、用于铸造型砂的水硬性胶凝材料。水化时迅速生成三硫型水化硫铝酸钙，数小时内就具有较高强度；凝结时间可用缓凝剂调节在 15～45min 内。其特点是浇铸后溃散性好，旧砂回收简单，清砂容易和不污染环境。因而有提高劳动生产率、减低劳动强度、改善劳动条件、降低生产成本等优点。型砂水泥也可采用快凝快硬硅酸盐水泥和快凝快硬氟铝酸盐水泥等。

【中热硅酸盐水泥】moderate heat Portland cement

以适当成分的硅酸盐水泥熟料（硅酸三钙含量不超过 55%，铝酸三钙含量不超过 6%，游离氧化钙含量不超过 1%）和适量石膏，磨细制成的具有中等水化热的水硬性胶凝材料，简称中热水泥，代号 P·MH。

【低热硅酸盐水泥】low heat Portland cement

以适当成分的硅酸盐水泥熟料（硅酸二钙含量不少于 40%，铝酸三钙含量不超过 6%，游离氧化钙含量不超过 1%）和适量石膏，磨细制成的具有低水化热的水硬性胶凝材料，简称低热水泥，代号 P·LH。

【低热矿渣硅酸盐水泥】low heat Portland slag cement

以适当成分的硅酸盐水泥熟料（铝酸三钙含量不超过 8%，游离氧化钙含量不超过 1.2%，氧化镁含量不宜超过 5%）和适量石膏，加入按质量分数为 20%～60%的粒化高炉矿渣，磨细制成的具有低水化热的水硬性胶凝材料，称为低热矿渣硅酸盐水泥（简称低热矿渣水泥），代号 P·SLH。允许用不超过混合材料 50%的粒化高炉磷渣或粉煤灰代替部分矿渣。

【低热粉煤灰硅酸盐水泥】low heat Portland fly ash cement

由适当成分的硅酸盐水泥熟料和适量石膏，加入按质量分数为 20%～40%的粉煤灰，磨细制成的具有低水化热的水硬性胶凝材料（简称低热粉煤灰水泥）。允许用不超过混合材总量 50% 的矿渣或磷渣代替部分粉煤灰。中低热水泥不但适合大坝溢流面等大体积水工建筑，或淡水及含有较低硫酸盐类侵蚀介质的水工工程，也适合对水化热有限制要求的各种工程。

【抗硫酸盐硅酸盐水泥】sulfate resistance Portland cement

分为中抗硫酸盐硅酸盐水泥和高抗硫酸盐硅酸盐水泥两类。强度等级分为 32.5、42.5。中抗硫酸盐硅酸盐水泥是以硅酸三钙含量不超过 55%、铝酸三钙含量不超过 5% 的硅酸盐水泥熟料和适量石膏，磨细制成的具有抵抗中等浓度硫酸根离子侵蚀的水硬性胶凝材料，简称中抗硫酸盐水泥，代号 P·MSR。其抗硫酸盐性能为 14d 线膨胀率不大于 0.06%。高抗硫酸盐硅酸盐水泥是以硅酸三钙含量不超过 50%、铝酸三钙含量不超过 3% 的硅酸盐水泥熟料经磨细制成的具有抵抗高浓度硫酸根离子侵蚀的水硬性胶凝材料，简称高抗硫酸盐水泥，代号 P·HSR。其抗硫酸盐性能为 14d 线膨胀率不大于 0.04%。适用于同时受硫酸盐侵蚀、冻融和干湿作用的海港工程、水利工程及地下建筑工程。

【普通油井水泥】ordinary oil well cement

属于油井水泥的一种类型。由硅酸盐水泥熟料和适量石膏共同磨细而成。适合于一般油（气）井固井用的水泥。必要时可掺加不超过水泥质量 15% 的活性混合材料（如矿渣），或不超过水泥质量 10% 的填充性材料（如石英砂、石灰石）。具有合适的密度和凝结时间、良好的流动度和可泵性，终凝快、硬化快，适合油（气）井的固井工程。

【中抗硫型油井水泥】medium sulphate-resistance oil well cement

属于油井水泥的一种类型。用特定矿物组成的水泥熟料，加适量石膏，磨细制成具有中等抗硫酸盐侵蚀性能的水泥，代号 MSR。其组成要求 C_3A 含量小于 8%，SO_2 含量不大于 3%。

【高抗硫型油井水泥】high sulphate-resistance oil well cement

属于油井水泥的一种类型。用特定矿物组成的水泥熟料，加适量石膏，磨细制成具有高抗硫酸盐侵蚀性能的水泥，代号 HSR。其组成要求 C_3A 含量小于 3%，C_4AF+2 倍 C_3A 含量不大于 24%。

【A 级油井水泥】grade A oil well cement

由硅酸钙为主要成分的硅酸盐水泥熟料，通常加入适量的符合 GB/T 5483 的石膏经磨细制成的产品。生产时，允许掺入符合 JC/T 667 的助磨剂。适用于无特殊性能要求的浅层固井作业。具有可泵性好、凝结硬化快及早期强度高的特点，对于高压井效果特别好，有利于防止油气上窜，提高固井质量。

【B 级油井水泥】grade B oil well cement

由硅酸钙为主要成分的硅酸盐水泥熟料，通常加入适量的符合 GB/T 5483 的石膏经磨细制成的产品。生产时，允许掺入符合 JC/T 667 的助磨剂。适用于井下条件要求中抗或高抗硫酸盐的浅层固井作业，有中抗硫酸盐（MSR）和高抗硫酸盐（HSR）两种类型。

【C 级油井水泥】grade C oil well cement

由硅酸钙为主要成分的硅酸盐水泥熟料，通常加入适量的符合 GB/T 5483 的石膏经磨细制成的产品。生产时，允许掺入符合 JC/T 667 的助磨剂。适用于井下条件要求早期强度高的浅层固井作业，有普通（O）、中抗硫酸盐（MSR）和高抗硫酸盐（HSR）三种类型。

【D 级油井水泥】grade D oil well cement

由硅酸钙为主要成分的硅酸盐水泥熟料，通常加入适量的符合 GB/T 5483 的石膏经磨细制成的产品。生产时，允许掺入符合 JC/T 667 的助磨剂，此外可选择合适的调凝剂进行共同粉磨或混合。适用于中温中压的中深井和深井固井作业，有中抗硫酸盐（MSR）和高抗硫酸盐（HSR）两种类型。

【E 级油井水泥】grade E oil well cement

由硅酸钙为主要成分的硅酸盐水泥熟料，通常加入适量的符合 GB/T 5483 的石膏经磨细制成的产品。生产时，允许掺入符合 JC/T

667 的助磨剂。此外可选择合适的调凝剂进行共同粉磨或混合。适用于高温高压的中深井和深井固井作业，有中抗硫酸盐（MSR）和高抗硫酸盐（HSR）两种类型。

【F 级油井水泥】grade F oil well cement

由硅酸钙为主要成分的硅酸盐水泥熟料，通常加入适量的符合 GB/T 5483 的石膏经磨细制成的产品。生产时，允许掺入符合 JC/T 667 的助磨剂，此外可选择合适的调凝剂进行共同粉磨或混合。适合于高温高压的中深井和深井固井作业，有中抗硫酸盐（MSR）和高抗硫酸盐（HSR）两种类型。

【G 级油井水泥】grade G oil well cement

由硅酸钙为主要成分的硅酸盐水泥熟料，通常加入适量的符合 GB/T 5483 的石膏经磨细制成的产品。生产时，除了加石膏或水或两者一起与熟料相互粉磨或混合外，不得掺加其他外加剂。它是一种基本油井水泥，有中抗硫酸盐（MSR）和高抗硫酸盐（HSR）两种类型。

【H 级油井水泥】grade H oil well cement

由硅酸钙为主要成分的硅酸盐水泥熟料，通常加入适量的符合 GB/T 5483 的石膏经磨细制成的产品。生产时，除了加石膏或水或两者一起与熟料相互粉磨或混合外，不得掺加其他外加剂。它是一种基本油井水泥，有中抗硫酸盐（MSR）和高抗硫酸盐（HSR）两种类型。与 G 级油井水泥相比，H 级油井水泥除水灰比规定为 0.38 外，其他各项指标均完全相同。

【特种油井水泥】special oil well cement

一类既有普通油井水泥性能，又具有某种特性的油井水泥。通常由普通油井水泥掺加各种外加剂而制成。在固井作业中，它能适应井下的特殊技术条件，如高温、高压、漏失、矿化地层水的腐蚀等。按水泥的特性来分有高温油井水泥、低密度（或高密度）油井水泥、膨胀油井水泥等。

【低密度油井水泥】oil well cement of low density

水泥浆密度低于 1.60g/cm^3 的油井水泥。配制的方法有两种：（1）由普通油井水泥掺加一定的减轻剂而成。由于减轻剂需水量很大，从而可以降低水泥浆的密度。（2）在普通油井水泥中掺加一定的含碳（或碳氢）化合物的轻质材料，如聚合物、硬质沥青等来降低水泥的密度。硅渣低密度油井水泥、膨润土低密度油井水泥、煤渣低密度油井水泥、粉煤灰低密度油井水泥属于这类水泥。在固井作业中，采用这类水泥可避免由于水泥浆密度过大而使某些带有缝隙、孔洞的岩层被压裂，引起水泥浆的漏失，在套管和井壁的环形空间中，使水泥浆达不到预定的充填高度，严重影响固井质量。低密度油井水泥多用于 1500～4000m 的油（气）井的固井工程中。

【高密度油井水泥】oil well cement of high density

水泥浆密度大于 2.0g/cm^3 的油井水泥。配制方法是在普通油井水泥中掺加 40%～50%（按质量计）的加重剂。水泥浆的密度可达 2.0～2.6g/cm^3。采用这种水泥，可避免某些地层压力很高的浅层油（气）井，发生井喷事故。它一般适用于浅层高压油（气）井固井工程。

【减轻剂】lightening admixture

能与石灰化合并同时具有强烈吸水和保水性能的轻质矿物材料（包括某些工业废渣），如膨润土、硅藻土、珍珠岩、粉煤灰等；本身密度很小而又不影响水泥凝结硬化进行的填充性材料，如硬沥青、石油焦、无烟煤等，亦可用作油井水泥减轻剂。将上述材料分别与普通油井水泥按适宜的配比共同混合均匀，即可获得不同密度的低密度油井水泥。

【加重剂】weighting admixture

密度大、不吸水而又不影响水泥凝结硬化的重质矿物材料，如钛铁渣、铅锌矿、磁铁矿、赤铁矿、重晶石等，可用作油井水泥加重剂。在普通油井水泥中掺加一定比例的上述矿物材料，加以充分混合，即可获得高密度油井水泥。

【紊流剂】disturbing admixture

降低水泥浆的屈服点和塑性黏度系数，并

能同时使水泥浆以较低的泵压达到紊流状态的化学添加剂。常用的紊流剂有：水溶性的烷基、萘基磺酸盐、聚磷酸酯、木质磺化盐、内酯和葡萄糖酸酯，合成聚合物和有机酸等。在固井作业中采用紊流剂可提高顶替泥浆效率，有利于提高固井质量。

【膨胀水泥】expansive cement

硬化过程中发生体积膨胀的一类水泥。膨胀机理一般是由于水泥在硬化阶段发生了使水泥石体积膨胀的化学反应。按化学反应的生成物可分为水化硫铝酸钙，钙、镁氢氧化物，铁氢氧化物三类膨胀水泥。按水泥主要组成可分为硅酸盐型、铝酸盐型和硫铝酸盐型膨胀水泥。一般膨胀值较小的水泥，可配制补偿收缩砂浆和混凝土，适用于加固结构，浇灌机器底座或地脚螺栓，堵塞、修补漏水的裂缝和孔洞，接缝及管道接头，以及地下建筑物的防水层等。国外所称无收缩水泥和补偿收缩水泥都属此类；膨胀值较大的水泥又称自应力水泥，用于配制自应力钢筋混凝土，生产自应力水泥压力管等。

【硅酸盐膨胀水泥】silicate expansive cement

由硅酸盐水泥、膨胀剂按一定比例混合磨细而成的水泥。常用的膨胀剂包括烧制的无水硫铝酸钙、方镁石、石灰、煅烧白云石等，或由铝酸盐水泥熟料和天然二水石膏组成。水中硬化时体积增大，在湿气中硬化的最初3d内不收缩或有微小的膨胀。主要用作防水层、浇灌机器底座、接缝和修补工程，也可用于制造自应力混凝土构件。

【明矾石膨胀水泥】alunite expansive cement

硅酸盐膨胀水泥的一种。以硅酸盐水泥熟料为主，铝质熟料、石膏和粒化高炉矿渣(或粉煤灰)，按适当的比例磨细制成的，具有膨胀性能的水硬性胶凝材料。特点是用明矾石代替铝酸盐水泥熟料和部分石膏作为膨胀组分。膨胀是由于在水泥硬化阶段形成大量钙矾石所致。生产工艺比较简单，成本较低。

【无收缩快硬硅酸盐水泥】non-shrinking and rapid hardening Portland cement

硅酸盐膨胀水泥的一种。以硅酸盐水泥熟料，与适量的二水石膏和膨胀剂共同粉磨制成的具有快硬、无收缩性能的水硬性胶凝材料。其膨胀性能是由于膨胀剂水化后会产生微膨胀，抗渗性能和抗冻性能优于普通硅酸盐水泥。主要用于连结钢筋混凝土预制构件中的钢筋缝隙，缩短施工时间。

【自应力水泥】self-stressing cement

膨胀水泥在硬化过程中体积不会发生收缩，还略有膨胀，当这种膨胀受到水泥混凝土中钢筋的约束而膨胀率又较大时，钢筋和混凝土会发生变形，钢筋受到拉力，混凝土受到压力，这种压力是水泥水化产生的体积变化所引起的，因此称为自应力。具备自应力的水泥称为自应力水泥。根据规定龄期自应力值的大小分为不同能级。按水泥的组成不同，可分为硅酸盐型、铝酸盐型和硫铝酸盐型自应力水泥。铝酸盐型自应力水泥目前已退出市场。

【自应力硅酸盐水泥】self-stressing Portland cement

以适当比例的 42.5 以上强度等级的硅酸盐水泥或普通硅酸盐水泥、高铝水泥和天然二水石膏混合磨细而成的具有膨胀性的水硬性胶凝材料。按 28d 自应力值大小分 S1、S2、S3、S4 四个级别。该水泥要求 28d 自由膨胀率不大于 3%，膨胀稳定期不迟于 28d。适用于制造一般口径和压力的自应力水管和输气管。

【自应力铝酸盐水泥】self-stressing aluminate cement

自应力铝酸盐水泥是由高铝水泥熟料和二水石膏经粉磨而成的大膨胀率胶凝材料。其主要矿物为铝酸一钙(CA)、二铝酸一钙(CA_2)、钙铝黄长石(C_2AS)和二水石膏。前两种矿物有较好的水硬性，C_2AS 水硬性较差。水泥加水后，CA、CA_2 和石膏反应生成钙矾石和氢氧化铝凝胶，两者互相密切配合，使强度和膨胀协调发展。适用于制作较大口径或较高压力的自应力水管和输气管。

【自应力硫铝酸盐水泥】self-stressing sulphoaluminate cement

以适当成分的生料，经煅烧所得以无水硫铝酸钙和硅酸二钙为主要矿物成分的熟料，加入适量石膏磨细制成的强膨胀性水硬性胶凝材料，称为自应力硫铝酸盐水泥，代号S·SAC。按28d自应力值，分为30级、40级、50级三个级别。可应用于各种有自应力要求的水泥制品。

【钡水泥】barium silicate cement

属于防辐射水泥的一种。以重晶石和黏土为主要原料，另加少量焦炭(以利于重晶石的分解)，经烧结得到以硅酸二钡为主要矿物组成的熟料，再加适量石膏，共同磨细而成。密度较一般硅酸盐水泥高，可达4.7～5.2g/cm³。早期强度高，一般3d抗压强度可达28d的65%以上。由于钡水泥密度大，可与重质骨料(如重晶石)配制成均匀、密实的防γ射线或X射线的混凝土。但钡水泥的热稳定性较差，只适于制作不受热的辐射防护墙。

【含硼水泥】boron containing cement

属于防辐射水泥的一种。在铝酸盐水泥熟料中，加入适量硼镁石、硅硼钙石等含硼物质和石膏等共同磨细而成。这种水泥早期强度增进率较大。如使用硅酸盐水泥熟料，则需配以促凝剂。水泥中所含的硼元素能吸收热中子，大量减少俘获辐射和屏蔽层的发热；水化产物中的氢元素有慢化快中子的作用。可以和含硼骨料、重质骨料配制密度较高、含硼较多的混凝土，具有防混合辐射(γ射线和中子)的性能，适用于快中子和热中子防护的屏蔽工程，如核反应堆、粒子加速器和中子应用实验室的生物屏蔽，以及防原子辐射的国防工程等。

【锶水泥】strontium silicate cement

属于防辐射水泥的一种。以含锶矿物全部或部分代替硅酸盐水泥原料中的石灰石，经约1150℃左右烧结得到以硅酸三锶为主要矿物组成的熟料，加入适量石膏，共同磨细而成。其成分为：SrO 71%～76%、SiO_2 10%～15%、Al_2O_3 4%～7%、Fe_2O_3 3%～6%、MgO 0～2%。可与重质骨料配制成防射线混凝土。但锶水泥防射线性能较钡水泥稍差。

【白色硅酸盐水泥】white Portland cement

简称白水泥。以氧化铁含量低的石灰石、白泥、硅石等为主要原料的氧化铁含量少的硅酸盐水泥熟料、适量石膏及规定的混合材料，磨细制成的水泥。在制造过程中，须避免着色杂质混入。如掺入耐碱的颜料，可得各种色彩的水泥。一般物理性能和普通硅酸盐水泥相似，主要用于建筑饰面材料，如地面、楼板、阶梯、庭柱等的饰面，也可用作雕塑工艺制品。

【彩色硅酸盐水泥】coloured Portland cement

简称彩色水泥。由硅酸盐水泥熟料及适量石膏(或白色硅酸盐水泥)、混合材及颜料共同磨细成带有色彩的水泥。加入的颜料必须具有良好的大气稳定性及耐久性，不溶于水，分散性好，抗碱性强，不参与水泥水化反应，对水泥的组成和特性无破坏作用，对人体无害等特点。常用的无机颜料有氧化铁(黑色、红色、褐色、黄色)、二氧化锰(黑色、褐色)、氧化铬(绿色)、钴蓝(蓝色)等。另外也可通过在水泥生料中加入适量颜料，直接煅烧成彩色熟料后再磨细制成相应的彩色水泥。主要用于建筑装饰材料。

【贝利特水泥】belite cement

贝利特水泥区别于通用的传统水泥，其熟料是以贝利特矿物(C_2S)为主，C_2S的质量分数占50%以上。在生产过程中，可大量利用低品位石灰石；同时，由于所需CaO含量低，其煅烧温度也较低，有效节约能源；比传统硅酸盐水泥熟料排放出的CO_2和NO_x少。C_2S水化产物与C_3S相同，但水化产物CH少，碱度低。在使用过程中，贝利特水泥的需水量低，砂浆流动度大，与混凝土外加剂适应性好。早期强度低，但具有较高的最终力学强度，且水化热低、干缩小、耐温、抗侵蚀、抗冻、抗渗等。

【低热微膨胀水泥】low heat expansive cement

以粒化高炉矿渣为主要成分，加入适量的石膏、硅酸盐水泥熟料或石灰，及氧化铝组分，磨细制成的具有低水化热和微膨胀性能的水硬性胶凝材料，称为低热微膨胀水泥，代号LHEC。该水泥三氧化硫含量（质量分数）应为4.0%～7.0%，一般要求初凝不得早于

45min，终凝不得迟于12h。

【道路硅酸盐水泥】Portland cement for road

道路硅酸盐水泥是指由道路硅酸盐水泥熟料、适量石膏(可加入规定的一些特殊材料)，磨细制成的水硬性胶凝材料，简称道路水泥。

【粉煤灰喷射水泥】fly ash jet cement

粉煤灰喷射水泥是以低温合成粉煤灰水泥为主要成分，外掺入30%硅酸盐水泥熟料和适量石膏共同粉磨制成的水硬性胶凝材料，水泥中矿物主要有 C_3S、C_2S、$C_{12}A_7$、C_3A 和 C_4AF。按照28d强度，分为32.5和42.5两个型号。生产工艺简单，粉煤灰利用量大，产品性能好，是粉煤灰资源开发利用的有效途径之一。

【钢渣矿渣水泥】steel and iron slag cement

由硅酸盐水泥熟料和平炉、转炉钢渣(简称钢渣)、粒化高炉矿渣、石膏或其他外加剂磨细制成的水硬性胶凝材料，代号P·SS，强度等级分为27.5、32.5、42.5三个型号。水泥中三氧化硫含量应不大于4%，钢渣矿渣水泥对温度非常敏感，冬季低温下施工，须保温养护。

7.3 工艺和设备

7.3.1 生料制备工艺

【石灰质原料】calcareous material

为制备硅酸盐水泥熟料提供氧化钙组分的一类原料。属于天然的有石灰岩、泥灰岩、白垩、贝壳等，属于人工的有工业废弃物电石渣、糖滤泥、碱渣、白泥等。

【黏土质原料】argillaceous material

为制备硅酸盐水泥熟料提供氧化硅、氧化钙和(或)氧化铁组分的一类原料。属于天然的有黄土、黏土、页岩、泥岩、粉砂岩及河泥等，其中黄土和黏土用得最广。属于人工的有工业废弃物赤泥、煤矸石、粉煤灰等。

【校正原料】correction of raw materials

为满足水泥生料配料要求，增加生料中某种必要的氧化物含量而选择的以该种氧化物为主要成分的原料。包括硅质校正原料、铝质校正原料和铁质校正原料。当几种基本原料配合所得生料成分不能满足配料方案要求时，须根据所缺少的组分，掺加相应的校正原料。硅质校正原料一般为砂岩、河砂、粉砂岩等。铁质校正原料常用的有铁矿石、铁尾矿、硫酸渣等。

【生料】raw meal

将不同原料按比例配合，需后续工序加工才能制成产品的原料混合料。硅酸盐水泥生产中，指由石灰质原料、黏土质原料以及少量校正原料(有时还加入矿化剂、晶种等)按比例配合，粉磨到一定细度的混合物料称之为生料。其化学成分随水泥品种、燃料品质、生产方法、窑型及生产条件的要求不同而有所不同。

【入窑生料】raw meal

从生料均化库卸料经计量系统计量，输送、提升设备送入到预热器系统的生料。入窑生料的计量及化学成分的稳定，是保证熟料质量至关重要的环节。

【电石渣生料】carbide mud residue raw material

以电石渣替代石灰石进行配料的生料。电石渣主要成分为 $Ca(OH)_2$，乙炔清净过程中的废水循环使用会将氯、硫带入到电石渣，一般有害元素氯、硫含量偏高。电石渣由80%以上的10～50μm的颗粒组成，颗粒很细。湿式电石渣有很强的持水性，含水量高达88%以上，需经浓缩、压滤、烘干处理。烘干后的电石渣粉具有强黏附性和团聚性。电石渣特性对生料脱水、储存、输送、计量、收尘、预热等生产过程均有重要影响。其理论料耗低于常规石灰石配料，一般为1.2左右。

【石膏生料】gypsum raw material

石膏制硫酸联产水泥过程中，石膏与焦炭和黏土等辅助材料按一定配比配成的生料。在煅烧过程中，$CaSO_4$ 分解为 CaO 和 SO_2。CaO 与辅助材料提供的 SiO_2、Al_2O_3 和 Fe_2O_3 反应生成熟料。含 SO_2 的窑气经后续制酸工艺制成硫酸成品。石膏生料的硅酸率和铝氧率均较高，一般 $SM>3.0$，$IM>2.0$，熟料形成热高。

【率值】modulus

率值是指硅酸盐水泥熟料或生料中各主要氧化物含量之间比例关系的系数。可简明表示化学成分与矿物组成之间的关系。对水泥熟料煅烧以及熟料性能有重要影响，是水泥生产质量控制的基本要素。硅酸盐水泥的率值主要包括石灰饱和系数 *LSF*(或 *KH*)、水硬率 *HM*、硅酸率 *SM*(或 *n*)、铝氧率 *AM*(或 *IM*、*p*)。

【石灰饱和系数】lime saturation factor

水泥生产中，生料、熟料质量控制的基本要素之一，包括 *LSF* 和 *KH* 两种表示方法。*LSF* 表示熟料中 CaO 实际含量与相平衡理论计算得到的 CaO 最大限量的比值。计算式为 $LSF=\frac{CaO}{2.8SiO_2+1.18Al_2O_3+0.65Fe_2O_3}$。国际上广泛使用硅酸盐水泥熟料 *LSF*，一般在 85～98 之间。*KH* 指熟料中 SiO_2 生成硅酸二钙和硅酸三钙所需的 CaO 含量与全部生成硅酸三钙的最大允许 CaO 含量的比值，即表示 SiO_2 被 CaO 饱和形成 C_3S 的程度。当熟料铝氧率≥0.64 时，熟料中饱和矿物为硅酸三钙，铝酸三钙和铁铝酸四钙。计算式为 $KH=\frac{CaO-1.65Al_2O_3-0.35Fe_2O_3}{2.8SiO_2}$。当熟料铝氧率<0.64 时，计算式为 $KH=\frac{CaO-1.10Al_2O_3-0.70Fe_2O_3}{2.8SiO_2}$。我国多采用 *KH*，理论上熟料 *KH* 值应控制在 0.667～1.00 之间，实际硅酸盐水泥熟料 *KH* 一般在 0.84～0.96。石灰饱和系数是影响熟料煅烧和质量最重要的参数。*LSF* 或 *KH* 高时，熟料煅烧良好，其游离氧化钙含量低，硅酸三钙含量高，质量也较好；但 *LSF* 或 *KH* 过高时，熟料煅烧困难，游离氧化钙含量增加，反而降低熟料质量。

【硅酸率】silica modulus

简称硅率。硅酸盐水泥生、熟料的质量控制参数之一。表示水泥生料或熟料中二氧化硅与氧化铝、氧化铁含量之和的质量比值，以 *SM* 或 *n* 表示，其式为 $SM=\frac{SiO_2}{Al_2O_3+Fe_2O_3}$。硅酸盐水泥熟料的硅率一般为 1.8～3.0，白水泥可超过 4。硅率反映熟料中硅酸盐矿物与熔剂矿物的相对含量，从而反映熟料高温煅烧时液相量的多少。硅率高时，熟料高温液相量较低，熟料中硅酸盐矿物多，熔剂矿物少，煅烧困难；硅率过低，熟料中液相过多，煅烧时易出现结大块、结圈、结窑皮等现象，影响窑的正常生产。

【铝氧率】alumina modulus

简称铝率。硅酸盐水泥生、熟料的质量控制参数之一。表示生料或熟料中氧化铝和氧化铁含量的质量比值。以 *AM*、*IM* 或 *p* 表示，其式为 $AM=\frac{Al_2O_3}{Fe_2O_3}$。硅酸盐水泥熟料的铝率一般为 0.8～2.5，白水泥熟料可超过 10。铝氧率反映熟料中铝酸三钙和铁铝酸四钙的相对含量，从而反映熟料高温液相的黏度大小。在熔剂矿物含量一定时，铝氧率高，熟料中铝酸三钙含量增加，铁铝酸四钙含量降低，液相黏度增加，生成硅酸三钙速度慢；反之，液相黏度降低，熟料易于形成，但烧结范围较窄。

【石灰极限含量】maximum of lime content

又称石灰最大含量。它是假定熟料中各主要酸性氧化物与石灰反应，生成熟料矿物的理论上所需的石灰最高含量。当熟料中铝率>0.64 时，形成的熟料矿物为硅酸三钙、铝酸三钙和铁铝酸四钙，这时石灰的理论极限含量计算式为：$CaO=2.8SiO_2+1.65Al_2O_3+0.35Fe_2O_3$。当熟料中铝率<0.64 时，形成的熟料矿物不含铝酸三钙，而含有硅酸三钙、铁铝酸四钙与铁酸二钙，这时石灰的理论极限含量计算式为：$CaO=2.8SiO_2+1.10Al_2O_3+0.7Fe_2O_3$。但依据 $CaO-Al_2O_3-SiO_2-Fe_2O_3$ 四元相图，当形成的熟料矿物为硅酸三钙、铝酸三钙和铁铝酸四钙，在烧结温度下，液相单独结晶且不生成游离石灰时的石灰极限含量计算式为：$CaO=2.8SiO_2+1.18Al_2O_3+$

$0.7Fe_2O_3$。

【生料易烧性】raw meal burnability

生料煅烧时形成熟料的难易程度。通常，将生料试块放在试验炉内，以一定温度煅烧，根据熟料中 f-CaO 的含量来评定。或者以制备的生料在回转窑内煅烧，以熟料强度、游离氧化钙含量、窑产量、煅烧温度等参数来综合评定。熟料中，f-CaO 含量越低，表示易烧性越好。生料易烧性与原材料品种、生料配比、石灰石结晶程度、f-SiO_2、生料细度等都有关系。

【有害组分】harmful component

水泥熟料生产过程中对生产过程或产品质量起不良影响的组分。水泥原材料以及成品水泥均有相应的限量要求。水泥生料、熟料中有害成分主要包括 MgO、K_2O、Na_2O、SO_3 和 Cl^-。采用工业废渣配料时，可能会有 P_2O_5、MnO、铅、铬等。有害成分影响生料煅烧过程，如有害组分挥发引起的循环富集，造成结皮、结圈等问题。影响熟料、水泥以及混凝土工程质量，如熟料强度降低，凝结时间异常，发生碱-骨料反应、氯离子钢筋腐蚀等。

【碱含量】alkali content

指水泥原料、生料或熟料中碱物质 K_2O、Na_2O 的含量，用 Na_2O 合计当量表达，即碱含量$=Na_2O+0.658K_2O$。碱主要从水泥原材料带入，特别是黏土碱含量一般较高。碱含量过高，熟料煅烧过程中易出现结皮、结圈等异常情况，影响熟料强度以及凝结时间，还可能引起混凝土碱-骨料反应，致使混凝土结构破坏。

【硫含量】sulfur content

指水泥原料、生料或熟料中的 SO_3 含量。熟料硫含量主要来自水泥生产原材料以及燃料。含硫石灰石、黏土及工业废渣，燃料高硫煤、石油焦、重油等是硫的重要来源。硫在水泥工业中属于有害组分。硫含量过高会影响熟料烧成系统的正常运转，并且会影响熟料强度。硫一般以硫酸盐、FeS_2 和有机硫形式存在，当水泥原料中以 FeS_2 和有机硫形式存在的硫含量较高时，易引起 SO_2 大气排放量高、腐蚀设备等。

【氯含量】chlorine content

氯含量是指水泥原料、生料或熟料中 Cl^- 的含量。氯是水泥生料中的有害组分，主要来源于水泥原材料以及废弃物、生活垃圾等，常与水泥生料中的碱（K_2O、Na_2O）在煅烧过程中形成低熔点挥发物。氯离子挥发率很高，少量氯离子即可造成预分解窑系统的内循环富集，导致结皮堵塞、长厚窑皮，窑系统运转率降低。氯离子挥发会严重腐蚀设备。熟料中氯含量高，传导至混凝土工程，会对钢筋混凝土产生电化学腐蚀，降低强度甚至破坏结构。

【煤粉细度】pulverized coal fineness

指原煤经粉磨后，粉状颗粒群的粗细程度。常用固定筛孔尺寸的筛进行筛分，筛上煤粉量占总煤粉量的比例来表征。煤粉细度是衡量煤磨粉磨效率的重要指标，也对煤粉的燃烧特性有重大影响。提高煤粉细度，煤粉更易着火、燃烧完全，但煤磨系统电耗增加。

【替代原料】alternative raw material

水泥原材料的替代物，特别指工业废渣替代天然水泥原材料。常见的替代原料有电石渣替代石灰石、粉煤灰替代铝矾土、硫酸渣或铜渣替代铁矿石等。替代原料减少了天然原料的消耗，为废渣综合利用提供了条件。

【替代燃料】alternative fuel

参见 5.4.1【替代燃料】。

【劣质燃料】inferior fuel

指其工业指标无法达到常规燃料标准的燃料，特指热值低的燃料。一般单独使用无法满足生产要求。如石煤、泥煤、风化煤、煤矸石、油母页岩等。劣质燃料可部分替代优质燃料使用，减少天然优质燃料消耗。

【高硫煤】high sulfur coal

高硫煤是指含硫量大于 3%的煤。在水泥和钢铁行业中，硫属有害元素，含硫量高。其广泛使用依靠于高硫煤脱硫新工艺和烟气脱硫净化技术的提升。高硫煤替代部分优质煤，可减少优质煤的消耗。

【燃料特性】fuel characteristics; fuel properties

燃料燃烧时所特有的性质，通过燃料燃烧

试验的性能指标来表征。煤燃料特性包括煤粉的热解特性、着火特性和燃尽特性。表征包括煤工业分析、元素分析，发热量、热失重分析，差热分析以及燃尽试验等。燃料特性决定燃烧设备的工艺方法。

【预均化】preblending；prehomogenization

在原料的存取过程中，运用科学的堆取料技术，实现原料的初步均化，使原料堆场同时具备均化与储存的功能。在原料堆放时，由堆料机把进来的原料连续地按一定的方式堆成尽可能多的相互平行、上下重叠和相同厚度的料层。取料时，在垂直于料层的方向，尽可能同时切取所有料层，直到取完，即“平铺直取”。常见的原料预均化方式有矩形预均化堆场、圆形预均化堆场、预均化圆库和多库搭配等。

【破碎】rushing

参见 6.2【破碎】。

【粉碎】comminution

粉碎是用机械力的方法来克服固体物料内部凝聚力，使之破碎的单元操作。化工生产所用的固体原料和煤炭，常需粉碎到一定粒径才能使用。例如，在大多数有固体颗粒参与的化学反应过程中，减小颗粒粒径，可增大相际接触表面，提高反应速率。在浸取操作中，减小粒径既可增大相际接触表面，又可缩短物质在颗粒内的扩散距离，提高浸取速率。在陶瓷、水泥、颜料、催化剂等生产过程中，为得到均匀的固体混合物，先将各种原料磨成细粉。有些化工产品，必须粉碎到一定粒度，才能符合使用的需要。

【粉磨】grinding

块粒状物料在外力作用下，研磨成细粉（100μm 以下）的过程。水泥生产中，为了得到成分均匀和细度合格的生料，需要将各组分原料按比例配合，进行粉磨。而当熟料烧成后，还须进行另一次粉磨，以制成一定细度的水泥。当回转窑用煤粉作燃料时，对原煤也需要进行粉磨。因此，粉磨是水泥生产中很重要的一个工序。

【粉磨效率】grinding efficiency

固体物料粉磨后新增表面积所需之理论功耗与实际粉磨作业所消耗的功之比，在生产中这个数值非常小，一般仅 1%～3%左右。因此，在粉磨过程中，有用功率是很小的，极大部分的功都转化为热能和声能等而损失。

【粉磨速率】grinding rate

单位时间内被磨物料粒径缩小的变化速率。一般以粉磨产品的粒径分布，或比表面积的增加速度（$cm^2/g \cdot s$）来表示。在磨机中粗颗粒随粉磨时间的增加而逐渐减少的规律，是粉磨动力学研究的课题。通常用下列方程式来决定：

$$\frac{dR}{dt} = Rt^{-kt^m} \text{ 或 } R_t = Re^{-kt^m}$$

式中：R 为起始物料某一筛粒径的筛余量；R_t为粉磨 t 时后，该粒径筛的筛余量；t 为粉磨时间；k、m 为与磨矿条件有关的常数。

【粉磨能】grinding energy

粉磨物料过程所需的功耗。这种功耗主要用以克服被磨物料晶体内部各质点之间以及晶体之间的内聚力上。因此粉磨过程中，粉磨能 E 一部分用于物料产生新的表面积 ΔS，变成固体的自由表面能；一部分用于固体颗粒体积的变形 ΔV，生成热而散失于空间。因此，粉磨能可用下式来表示：$E=K_v\Delta V+K_s\Delta S$，式中：$K_v$为单位体积变形所需的能量（即体积能）；$K_s$为生成单位表面所需的能量（即表面能）。

【易磨性系数】grindabiltiy index

物料粉磨难易程度的特性。一般用相对易磨性系数或粉磨功指数表示。前者即待测物料与标准物料易磨性的比值，以标准砂为标准物料；后者依据邦德（F. C. Bond）粉碎理论用规定的球磨机和平衡状态获得的粉磨参数计算得出，多用于水泥原料。

【易碎性】friability

易碎性是表示物料破碎难易程度的特性。随试验方法的不同，其值也不一样。参照方法：用 6kg、5～18mm 的试样喂入 ϕ140mm×70mm 单转子反击式破碎机，转子设有 2 个重 200g 的反击板，碎后物料进行 1mm 筛筛析，其筛余值表示易碎性。筛余值大表示难碎，筛余值小表示易碎。易碎性和易磨性之间没有规律性的关系。有些物料易碎也易磨，但也有易碎难磨或难碎易磨的情况。总之，物料易磨性相同，难碎物料在粉磨时能耗亦高；相反，易碎物料能耗低。

【辊压性】pressability

辊压性表示物料辊压效果的特性。一般通过试验辊压机进行试验，将一定粒度的物料喂入试验设备，在规定的参数条件下进行辊压，测定辊压前后的粒度组成变化和易磨性值的变化，以此来评价辊压效果。

【易磨性】grindability

表示物料粉磨难易程度的性质。取决于物料的结构与矿物组成，可用试验室小型间歇磨机测定而得。测定方法有多种，我国应用邦德法。

【助磨剂】grinding aid

在粉磨过程中所添加的少量的外加剂，用于提高各种粉磨设备的粉磨效率或降低能耗。助磨剂通过消除研磨体被物料黏附而形成的包层，分散已经磨细的物料使之不能聚集成块，从而提高磨机的粉磨效率。助磨剂可以是液态的或固态的，在磨机的喂料处加入，或者直接加入磨机内。

7.3.2 熟料烧成

【收尘设备】dust collector

又称除尘器。用以收集生产过程中排出的废气中的粉尘，以满足工艺过程的需要和工厂的劳动卫生条件。重力除尘：靠重力的作用使气流中的尘粒分离，如降尘室；惯性除尘：靠气流运动方向改变时的惯性力使尘粒分离，如旋风收尘器；过滤除尘：利用过滤的方法使气流中的尘粒分离，如袋式收尘器；电收尘：靠电场作用使尘粒分离，如电收尘器。为了提高微细粉粒的收尘效果，采用超声聚结法或湍流聚结法，将尘粒在未进入收尘设备前，先行聚结成粒然后进行收尘。另一种用途是通过收尘设备筛选收集粉状产品，如水泥系统对成品水泥的收集提取。

【袋式收尘器】bag filter；bag house

含尘气体通过纤维织物过滤，而使气体净化的设备。纤维织物可以是棉毛织物、玻璃纤维布或涤纶绒布等。为使织物保持正常过滤，经一定间隔时间，通过自动振打或人工振打，使积尘抖落。袋式收尘器可在正、负压下操作，其收尘效率较高，可达98%以上。但湿度较大的气体不宜使用，因此设计时应考虑气体温度及结露条件。

【电收尘器】electrostatic precipitator；ESP

利用静电收尘原理，靠电场作用使尘粒分离的设备。主要由集尘极、电晕极、气体均布装置、清灰装置、壳体、集尘斗和高压整流设备等构成。电晕极可用各种截面形状的金属导线制成，集尘极由各种形状的金属管(或板)制成。工业上用的电收尘器有管极式电收尘器和板极式电收尘器。板极式电收尘器中又分立式和卧式两种。清灰装置有湿法和干法两种。黏附于集尘极的粉尘连续用水冲走的称湿式电收尘器；用振打装置定期抖动或敲打极板，使粉尘脱落的称干式电收尘器。还有高电压宽板非电收尘器和电屏蔽式电收尘器等。电收尘器具有收尘效率高(可达99%以上)，处理风量大、动力消耗少、维持费用低，可以处理温度较高的气体等优点，缺点是要配备比较复杂的高压直流供电系统，设备笨重，初次投资费用高，处理导电度较差的尘粒时，收尘效率不高，另外需要较高的管理技术水平。电收尘器在水泥厂主要用于回转窑、烘干机、干法生料磨和水泥磨收尘。

【旋风筒收尘器】dust collecting cyclone

旋风收尘器是利用高速旋转的含尘气流中的离心力，将粉尘从空气中分离出来的干法收尘设备。它是离心式收尘器中应用最广泛和具有代表性的收尘器。有时用来将高浓度固气混悬物中的粉粒从空气中分离出来以供应用，如风扫磨系统中的细分离器和气力输送过程中的分离器，所以它也称为旋风分离器。旋风收尘器结构简单，可以处理含尘浓度高的气体，其效率也较高，但应注意卸料处的漏风和高磨蚀性粉尘对旋风收尘器的磨损。

【增湿塔】conditioning tower；spray tower

增湿塔是产生高分散水雾的一种装置。在塔的顶部装有若干个喷嘴，高压水从喷嘴中喷出成雾状，细小的水珠通过与塔内的热气体进行热交换，使小水滴完全蒸发成为水蒸气，既降低了烟气的温度，也增加了烟气的湿含量，从而达到降低粉尘比电阻的目的。喷雾方式可分为压力式喷雾和气助式喷雾两种。

【预热器】preheater

由数个旋风筒及旋风筒之间的连接管道上下串联构成的一种气固换热系统。预热器具有气固分离及热交换两个功能，低温生料与高温气流在各级旋风筒之间的连接管道中以悬浮状态进行热交换，旋风筒则主要起到气固分离与固体颗粒收集的作用。

【旋风筒】cyclone

旋风筒是利用粉尘的惯性力和含尘气流旋转产生的离心力将粉尘从气流中分离出来的一种设备。其原理是气流携带生料颗粒沿切线方向高速进入旋风筒，从而被迫在圆筒与排气管之间的圆环柱内呈旋转运动状态，进而实现气、固相的分离和固相物料粉的收集，这一结构最早用于收尘器，现已成为预分解窑煅烧工艺的关键系统装备的一部分。

【同流热交换】heat exchange

利用高温流体间接加热低温度流体的过程称之为热交换。在硅酸盐工业中采用较多的是利用烟气来间接加热空气或物料，热交换设备按照流体流动方向的不同分为几种形式，其中两种流体平行流动并且方向相同称作顺流式，又称同流热交换，两种流体平行流动并且方向相反时称为逆流式，即逆流热交换。

【流化床】fluidized bed

一种有流体通过，并在一定条件下使其转变为类似流体状态的固体颗粒层。当流体通过床层的速度逐渐提高到一定值时，颗粒出现松动，颗粒间空隙增大，床层体积出现膨胀。如果再进一步提高流体速度，床层将不能维持固定状态。此时，颗粒全部悬浮于流体中，显示出相当不规则的运动。随着流速的提高，颗粒的运动愈加剧烈，床层的膨胀也随之增大，但是颗粒仍逗留在床层内而不被流体带出，整个床层具有类似流体的性质，故称为流化床。

【分解炉】calciner；precalciner

入回转窑前使生料中碳酸盐绝大部分在其中分解的煅烧设备。在分解炉中同时喂入预热后的生料和一定量的燃料与适量的高温空气。在900℃左右或更高温度下，进行燃料燃烧，由于气-固相之间接触面积很大，燃烧和传热速度大大加快，几秒钟内生料中的碳酸钙就能大量分解，然后入窑进一步煅烧成水泥熟料。分解炉内可使用液体、气体燃料，也可用煤粉、石油焦等固体作燃料。分解炉按其作用原理，主要有沸腾和悬浮等形式；按其与窑尾位置关系分为在线分解炉、离线分解炉和半离线分解炉。

【管道分解炉】pipe calciner

依靠悬浮效应完成气固分散换热的分解炉，实际上是窑尾上升烟道的扩大与延长，其结构简单，布置方便，可通过在炉顶部采用“鹅颈”管有效增加炉容，从而适应低质燃料，保证分解炉的效率。其代表性炉型为Pyroclon炉。

【涡旋式分解炉】revolving calciner

又称旋流式分解炉。炉内气流携带物料及燃料做旋转运动，形成涡旋效应的分解炉。旋流运动由于离心力的作用使物料向边壁移动，中心料粉浓度相对较低，有利于物料保护分解炉的边壁以及燃料在中心部位的燃烧。其典型代表为NSF和CSF分解炉。

【喷腾式分解炉】spouted calciner；ejecting calciner

设有一个或多个缩口，利用气流通过缩口时的速度差而产生喷腾效果的分解炉。生料和煤粉(或气体、液体、固体燃料)在炉内呈悬浮状态。经过预热的生料喂入分解炉底部，燃料由底部(下锥部)向上进入料流中，使其充分混合，燃烧空气或出窑废气从分解炉底部中心高速向上进入，在下锥体形成喷腾状，随即开始燃烧和分解过程。结构较简单。根据喷腾次数还有双喷腾分解炉和三喷腾分解炉等类型。

【悬浮式分解炉】suspension calciner

生料粉和煤粉在分解炉内呈悬浮状态进行

反应及热交换的分解炉。按照气流运动不同又有各种方式，如涡旋式、喷腾式、旋喷式等。

【流化床分解炉】fluidized calciner

利用流化床特性的分解炉。自下向上分为四个区：(1)流化层区，底部设有喷嘴，流化空气为燃料理论空气量的10%～15%，流化空气使粒径达1mm的煤约有1min的停留时间，形成燃料和生料的密相流化区；(2)供气区，即三次风进去区域；(3)稀薄流化区，为倒锥形结构，气流在此形成涡旋，煤中的粗粒继续上下循环运动，当粒径减小时，被气流带至直筒部分；(4)悬浮区，圆筒形结构，进一步完成燃烧与分解反应后被气流从炉顶带出进入预热器。流态化分解炉以MFC(Mitsubish Fluidized calciner)和N-MFC(New Mitsubish Fluidized calciner)为代表。

【旋喷式分解炉】revolving-ejecting calciner

兼具有旋风式和喷腾式分解炉功能的旋喷式分解炉。一股气流携带物料及燃料做旋风式运动，另一股气流作喷腾式运动，在分解炉内形成旋流及喷腾两种运动形态。旋流运动有利于增加分解炉内物料的停留时间，喷腾运动则有利于炉内纵向温度的均匀。

【固气比】solid gas ratio

窑尾预热器内的生料量与废气量的比值，以Z表示。当固气比$Z<2$时，气、固换热效率随Z值增加而升高，且非常敏感；当$2<Z<3.6$时，Z值对换热效率的影响变得非常缓慢；当$Z>3.6$时，Z值增加换热效率反而降低。

【分级燃烧】staged combustion

分级燃烧是将燃料、燃烧空气及生料分级引入，以尽量减少NO_x形成并尽可能将NO_x还原成N_2，实现总体抑制NO_x生成的燃烧技术，分为空气分级和燃料分级燃烧。新型干法水泥生产线分解炉空气分级燃烧技术，是指将燃烧所需的空气分两部分送入分解炉，一部分为主三次风，占总三次风量的70%～90%，另一部分为燃烬风，占总三次风量的10%～30%，在燃烬风进入前的分解炉内形成还原气氛。燃料分级燃烧技术是指在窑尾烟室和分解炉之间建立还原燃烧区，将原分解炉用燃料的一部分均布到该区域内，使其缺氧燃烧以便产生CO、CH_4、H_2、HCN和固定碳等还原剂，这些还原剂与窑尾烟气中的NO_x发生反应，将NO_x还原成N_2等无污染的惰性气体。此外，煤粉在缺氧条件下燃烧也抑制了自身燃料型NO_x产生，从而实现水泥生产过程中的NO_x减排。

【脱硝装置】denitration device

降低生产过程中污染环境的有害气体NO_x(氮氧化物)排放工艺(脱硝)涉及的所有设备。目前，用于水泥窑炉脱硝技术主要有选择性非催化还原(SNCR)、选择性催化还原(SCR)及分级燃烧等。

【燃尽率】burnout rate

也称为燃尽度、燃烧效率、燃净率，是指燃料燃烧后实际放出的热量占其完全燃烧后放出的热量的比值。主要取决于燃烧装置和燃料自身的特性，还与环境等因素有关。其相对于一定的燃烧装置和确定的燃料才有意义，即是用来评价特定燃烧装置燃烧特定燃料充分程度的指标。

【燃尽时间】burnout time

燃尽时间是指燃料完全燃烧或燃烧至某一燃尽度所需的时间。其直接影响燃烧设备的设计参数。

【空气过剩系数】excess air coefficient

参见3.4.2【空气过剩系数】。

【分解炉截面风速】section velocity of calciner

分解炉截面风速即热气流通过分解炉截面时的速度。与通过分解炉截面风量及分解炉截面积有关。

【分解炉喷口风速】spouting velocity of calciner

热气流通过分解炉缩口时的速度。设计分解炉时通常会按一定风速设计缩口(即缩口直径比分解炉柱段小)，以使分解炉具有喷腾效应，产生较强的湍流回流作用，固气停留时间比大。

【结皮】coating

黏附于悬浮预热器及分解炉系统内器壁上的层状物。由于原料或燃料中含有较多氯化物、硫化物及碱分，在窑内高温区挥发，随气流向冷端运动，这些物质与生料粉往往在系统中某些部位发生反应而慢慢凝聚形成结皮。严重时会堵塞管道及设备，破坏系统的正常运行。生产中一般限制原、燃料中碱、氯、硫化物的含量，以及定时清理的方法来减少结皮现象；或采用旁路放风等方法，以减少这些有害成分的影响。

【料幕】meal curtain

将低温未分解物料分出一部分从回转窑烟室上方直接喂入，并充分分散，在窑口形成的一道低温生料幕。当出窑废气通过"料幕"时，由于料幕物料温度较低，或者是物料吸收烟室废气热量，部分物料进行分解从而降低了烟室温度，废气中气态硫凝结到生料表面并随气流进入窑尾系统。通过分料比例的调节，可以控制烟室温度在适宜范围内，有害组分由气态快速凝结在冷生料上，从而可以防止上升烟道和烟室等部位的结皮。

【旁路放风系统】bypass system

将窑尾烟室至分解炉上升烟道的气体放掉一部分，以切断部分有害组分循环的装置，可以有效缓解因为硫、碱、氯等有害成分的循环富集所造成的结皮堵塞及熟料质量下降问题，称为旁路放风系统。

【窑】kiln

一定温度下(一般＞800℃)烧制产品的热工设备。广义的工业用窑类型很多，包括应用于冶金、化工、建材和轻工等部门的各类窑。由于以硅酸盐为主要原料的产品(如陶瓷、水泥、玻璃和耐火材料等无机非金属材料)都是用窑烧制的，这类窑的类型最多，数量也很大。故现代工业用窑一般以硅酸盐工业常用的热工设备为代表。

【回转窑】rotary kiln

一种低速旋转的内衬耐火与隔热保温材料的钢制圆形筒体状，用以煅烧水泥熟料的设备。它以一定斜度，依靠筒体上的滚圈安放在数对托轮上，由电机拖动或液压传动，使筒体在一定转速范围内转动。生料自高端(窑尾)喂入，向低端(窑头)运动。燃料自低端吹入，产生火焰，将生料烧制成熟料。烟气由窑尾排出。回转窑是水泥工业的主要热工设备。

【干法回转窑】dry process rotary kiln

煅烧生料粉的回转窑。根据其窑尾是否装有余热利用装置，分为中空干法窑和带余热利用装置的干法窑。余热利用装置有余热锅炉、原料烘干装置等。20 世纪 70 年代，在预热器和窑之间加装分解炉，形成了预分解窑煅烧系统，大幅提高入窑生料分解率，可充分发挥干法窑的烧成能力，大幅度提高熟料产量和质量。

【湿法回转窑】wet process rotary kiln

煅烧生料浆的回转窑。料浆水分通常为35%左右。可分为湿法长窑和短窑。为了提高预热能力，降低热耗，窑内通常装有链条、格子式热交换器、料浆过滤预热器等热交换装置。湿法短窑窑尾通常装有料浆蒸发机、料浆过滤机或料浆喷雾干燥装置等。

【立窑】shaft kiln; vertical kiln

一种填满料球的竖式煅烧水泥熟料的设备。内衬耐火材料，有普通立窑、机械化立窑。通常含煤的生料球从窑顶喂入，空气从窑下部用高压风机鼓入，窑内物料借自重自上而下移动，料球在窑内经预热、分解、烧成和冷却等一系列物理、化学变化，形成熟料并从窑底卸出，废气经窑罩、烟囱排出。立窑具有热耗较低、构造简单、占地面积小、单位投资少、省钢材、建厂较快等优点，但劳动生产率较低、成本较高，且其煅烧不易均匀，会影响熟料质量。

【预热器窑】dry process kiln with preheater

由回转窑和预热器组合而成，在预热器中，生料与出窑尾的废热气体进行热交换，强化了传热过程，降低了出预热器废气的温度，窑的单位产品热耗可降低。此外，出预热器的废气还可用来烘干生料，生料不必成球，预热器结构简单无运动部分。

【立筒预热器窑】dry process kiln with shaft preheater

又称逆流热交换悬浮预热器窑。预热器通常由三个收缩口、四个钵的立筒和两个并列的旋风筒组成。生料由立管喂入，被气流带入旋风筒，分离后喂入第Ⅰ钵，然后依次进入第Ⅱ、Ⅲ、Ⅳ钵，在立筒内收缩断面处气流速度增大，沉降的生料被气流卷起形成涡流，使生料与气流进行同流热交换，然后入窑，这类预热器结构简单，流体阻力小，运转可靠，但热效率比旋风预热器低。

【悬浮预热器窑】dry process kiln with suspension preheater

窑尾装设悬浮预热器的干法回转窑。生料粉在悬浮预热器中，以悬浮状态进行预热和部分碳酸盐分解后，进入回转窑继续煅烧，根据预热器中热气流与物料进行热交换的形式，可分为三种基本类型：同流热交换悬浮预热器窑，如旋风预热器窑；逆流热交换悬浮预热器窑，如立筒预热器窑；同流逆流热交换悬浮预热器窑，如立波尔窑。与单一回转窑煅烧相比，它们热效率高，热耗低，窑单位容积产量大，但系统结构较为复杂。

【旋风预热器窑】dry process kiln with cyclone preheater

又称同流热交换悬浮预热器窑。主要由2～5级旋风筒相连而成，一般为五级。五级预热器中，除Ⅰ级为双旋风筒外，其余各级都由单旋风筒组成。生料喂入Ⅰ、Ⅱ级筒间的气体导管，被从Ⅱ级旋风筒出来的热气流带入Ⅰ级旋风筒进行同流热交换，被预热后的生料在Ⅰ级旋风筒内从气流中分离出来，再经Ⅱ、Ⅲ级间的气体导管进入Ⅱ级。如此经过Ⅲ、Ⅳ、Ⅴ级旋风筒，然后入窑，时间约为20～30s，生料可预热至750～850℃，碳酸钙分解达30%～50%，窑尾烟气经Ⅴ、Ⅳ、Ⅲ、Ⅱ、Ⅰ级旋风筒，再经收尘系统处理后排入大气。这类窑热耗较低、产量大，但结构与操作比较复杂，当原燃料中碱、氯、硫含量较高时，易引起结皮堵塞，影响正常生产。

【预分解窑】precalcining kiln

是一种能显著提高水泥回转窑产量的煅烧工艺设备系统，其将消耗大量热量的碳酸盐分解过程，从传热效率较低的回转窑内转移到设置在悬浮预热器与回转窑之间的分解炉中进行。在分解炉中加入总消耗量一半以上的燃料，在大约900℃进行无焰燃烧，并与处于悬浮或沸腾状态的预热生料进行热交换，大大提高传热效率，使生料入窑时的碳酸钙分解率达到85%～98%，显著降低回转窑的热负荷。在保持回转窑原有发热能力的情况下，熟料产量大幅度提高。

【三支撑窑】three support rotary kiln

又称三档窑。回转窑的支撑为三支点，一般长径比L/D为13.5～15。三档窑目前应用较广泛，具有操作稳定、熟料质量好等特点。

【二支撑窑】two support rotary kiln

又称两档窑、短窑。是指将窑的长径比缩至10左右，且回转窑的支撑减少至两支点。两档窑可以减少窑筒体的长度和壁厚、降低回转窑的重量，并且窑的中心度更易保持，耐火砖的寿命更长，故从运动力学的角度来说，短窑具有很大优点，但从窑的抗波动性、烧成工艺和操作的稳定性来说，还有不同的观点。

【回转窑筒体】rotary kiln shell

是回转窑的躯干，用钢板事先制备成一段段的圆筒体，然后把各段铆接或焊接而成。筒体外面套有几道轮带，坐落在相对应的托轮上。为使物料能由窑尾逐渐向窑前运动，因此安装时筒体一般有3%～5%的斜度，向前倾斜。为了保护筒体，内砌有100～250mm厚的耐火材料及隔热材料。

【回转窑转速】speed of rotary kiln

回转窑转速表示回转窑的旋转速度，有两种表示方法：一是用分钟旋转转数(r/min)表示；另一种用圆周速度(cm/s)表示。目前常用的是用分钟旋转转数(r/min)来表示。回转窑的转速同窑的斜度之间必须有良好的匹配。在一定的斜度下，转速越高，物料填充率越低，物料的翻滚及运动速度越快。

【回转窑功率】power of rotary kiln

回转窑以一定速度提升输送物料所消耗的功率和用于克服托轮轴的轴颈与轴瓦间的摩擦、轮带与托轮表面间滚动摩擦所消耗的功率。一般包括负荷功率和摩擦功率两部分。窑的功率与窑斜度、窑速、填充率等因素有关，在喂料量、窑斜度相同的情况下，窑的功率随着窑转速的提高而上升，在喂料量、窑转速相同的情况下，窑功率随着窑斜度的下降而上升。

【窑皮】kiln coating

回转窑烧成带耐火材料衬料表面粘挂的一层煅烧物料。窑皮可避免衬料直接受高温气体及高温物料的化学侵蚀及机械磨损，同时还能起到隔热作用，减少窑筒体的热损失。因此挂好窑皮及保护好窑皮，对回转窑长期安全运转、达到优质高产低能耗具有很大的作用。窑皮又分为主窑皮和副窑皮，前者是在回转窑烧成带区域形成的窑皮，粘结能力强，牢固黏附在衬砖的表面上，失去滚动能力，不发生相对位移。后者是在物料进入烧成带之前，粘结在内衬砖上形成的一层较薄且机械稳定性较差的窑皮，其会随着回转窑的旋转经常发生脱落，之后又会继续黏附在衬料上，形成黏附-脱落循环过程。

【结圈】ringing；ring formation

在回转窑内某些部位形成的物料圈。根据结圈物料的性质及部位，分泥浆圈、硫碱圈和熟料圈(后结圈)。引起回转窑结圈的因素很多，如原料的性质，生料的成分，燃料的灰分和细度、窑型、窑内气氛、热工制度等。一般结圈使窑的横断面积显著减小，严重影响窑内通风，阻碍物料运动，破坏正常的热工制度，对熟料的产量、质量、热耗、料耗及长期安全运转都有很大不良影响。

【前结圈】preceding kiln ringing

前结圈也称窑口圈、下过渡带结圈。结在回转窑烧成带与冷却带交界处的熟料圈。在燃烧煤粉的回转窑中，黑火头与白火焰界面的前后，气体温差较大，使经过高温煅烧，带有液相的熟料迅速冷却，凝结在窑口处使窑皮增厚，如不及时处理就会发展成圈。一般来说这种圈对生产的影响不大，有时尚可增加烧成带物料的厚度和温度，加速燃料燃烧过程。但若结圈过高则影响窑内通风及看火操作，或使熟料结粒增大，容易损坏烧成带窑皮。

【后结圈】subsequent kiln ringing

后结圈也称熟料圈，结在窑内烧成带与放热反应带之间的圈，也是回转窑内危害最大的结圈。影响因素很多：物料中熔剂矿物过多；化学成分波动较大；燃料中灰分含量多及其沉落不均匀；风煤配合失调，形成还原气氛；窑内热工制度不稳定；料层过厚，来料不均，预烧不良；窑型不合理等。这种圈结由于处在烧成带与放热反应带之间的关键区域，使窑内通风阻力急剧增大，物料阻力也急剧增高造成物料预烧不够，来料不匀，火焰伸不进去，很容易烧坏烧成带窑皮。同时由于圈径很小，使窑内气流速度急剧增高，使窑内的飞尘大大增加，严重影响熟料的质量及窑的安全运转。对这种结圈的处理方法，常用移动煤管或调节风煤比，移动火点，用热烧法或热胀冷缩法使其垮落，也可采用机械方法或冲水处理。

【干燥带】drying zone

湿法回转窑内使料浆干燥，除去自由水的区段。干燥带内装有链幕，料浆被气流及链条加热，水分逐渐挥发，料浆变稠，在链条的搓动作用下形成料球与细粉，最后使自由水分完全排除。

【预热带】preheating zone

物料在回转窑内干燥后，预热升温的区段。在本带内发生黏土矿物如高岭土的脱水分解及有机物燃烧。高岭土在 500～600℃脱水分解，生成偏高岭土($2SiO_2 \cdot Al_2O_3$)及无定形的 SiO_2 和 Al_2O_3 的混合物，物料在本带内吸热较少，故升温较快。参见 9.4.3【预热带】。

【分解带】calcining zone

又称碳酸盐分解带。水泥生料在回转窑内进行碳酸盐(碳酸钙、碳酸镁)分解的区段。分解反应强烈吸热，约每克碳酸钙吸热为 396 卡。由于物料升温缓慢，因此本区段较长。本带主要生成物为氧化钙(CaO)，同时也形成 CA、C_2F 和 C_2S。由于 $CaCO_3$ 分解产生的 CO_2 气膜包裹物料颗粒表面，使物料流态化，导致物料运动速度加快，所以生产中应保持本带物料温度稳定，以免发生窜料，影响熟料煅烧。

【放热反应带】exothermic reaction zone

回转窑内由于水泥生料煅烧时发生固相反应放出大量的热，造成物料温度急剧上升的区段。本带内生成硅酸二钙(C_2S)、铁铝酸四钙(C_4AF)和铝酸三钙(C_3A)，这些生成反应都是放热反应，使物料的温度迅速升至1250～1280℃。

【烧成带】firing zone

参见9.4.3【烧成带】。

【烧成带长度】length of sintering zone

回转窑内物料温度在1250～1450～1250℃的区间，即从高温液相出现开始直到熟料矿物充分形成的区间的长度。设计时通常以回转窑内径的倍数来表示。烧成带长度受火焰长度和物料温度的影响，新型干法回转窑的烧成带长度一般在4～5倍回转窑钢板内径。

【烧成带热力强度】heat intensity of sintering zone

回转窑烧成带单位时间内单位截面积或单位容积所发出的热量。前者称截面积热力强度，后者称容积热力强度。提高热力强度可增加窑的产量，但热力强度过高易使烧成带耐火衬料寿命缩短，并增加燃料消耗，为此，不同类型、规格的回转窑应有一个与之相合适的热力强度。

【烧成带容积强度】heat intensity per unit effective volume of sintering zone

又称烧成带容积热力强度，指回转窑烧成带单位时间内单位容积所发出的热量。

【上过渡带】upper transition zone

回转窑分解带与烧成带之间的过渡区间。在此带内物料温度增加很快，C_2S大量生成，熔体仅有少量出现。C_2S的生成放出大量热量，促进窑料和窑气温度迅速上升，当温度上升到1250～1300℃，即达到窑内物料的熔融温度时，熔体突然大量增加，进入烧成带。

【下过渡带】lower transition zone

即冷却带，在此带内熟料开始降温，熟料固化。

【冷却带】cooling zone

参见9.4.3【冷却带】。

【安全带】safety zone

在分解带与上过渡带之间，由于这一区域窑皮稳定，不像上过渡带那样窑皮时挂时掉，因此安全带对耐火砖的要求低于上过渡带。

【窑衬】kiln lining

水泥工业中指镶嵌于窑炉内壁的耐火材料，其主要作用是保护窑筒体免受高温气流及高温物料的侵蚀和磨损，同时还起着保持窑温、减少筒体表面散热的作用。因此，它对延长窑的运转周期、增加水泥熟料产量等方面具有重要意义。水泥回转窑常用的窑衬有抗剥落高铝砖、硅莫砖、镁铬砖、镁铝尖晶石砖等。

【二次风】secondary air

指来自熟料冷却设备回收进窑的热空气，是窑内煤粉燃烧的主要助燃空气，温度一般为900～1000℃。温度高有利于窑内煤粉的燃烧。操作中应该设法多使用二次风，以降低系统热耗。

【废气】exhaust gas

水泥烧成系统的主要废气包括窑尾废气和窑头废气，窑尾废气指排出预热器的废气，窑头废气指排出冷却机的余风。废气风量是指自窑尾、窑头排出废气的流量。减少废气风量和降低废气风温均有利于节能降耗。

【窑筒体冷却】kiln shell cooling

在生产时，对窑筒体表面进行冷却降温处理的一种措施。通常生产时窑筒体烧成带表面温度高达350℃以上，采用风冷强制对窑筒体局部进行冷却降温，可降低窑筒体和窑衬料的局部受热膨胀，起到保护窑筒体和窑衬料的作用，也可通过降低局部窑筒体温度来控制窑皮的生长。必要时还可采用直接水冷或间接水冷等方式进行更有效的冷却。

【筒体散热】kiln shell heat dissipation

窑筒体对外部环境进行热交换导致的部分热损失。窑筒体平均温度高达200℃以上，对外部环境的辐射传热较高，热传导和对流换热一般可忽略不计，窑筒体辐射散热可占整个烧成系统辐射散热的50%～70%，窑筒体散热与窑的规格、产量、窑内操作等因素有关。

【窑内气流速度】kiln gas velocity

工况状态下窑内通入气体的流动速度。窑内存在燃料燃烧、物料反应等化学变化，温度分布梯度较大，因此窑内气体实际流动速度变化很大。一般认为，以进入窑头二次风温度条件下的所有通入回转窑气体的平均流速为窑内气流速度。

【窑内物料速度】kiln material velocity

物料通过回转窑的平均速度。物料在窑内存在熔融、固化等物理过程以及复杂的化学反应，同时窑内还因窑皮、物料圈等作用，部分改变窑内结构，从而影响物料运动的情况，因此将窑长度与物料从窑尾喂入开始至窑头卸料整个过程所需时间的比值，称为窑内物料速度。

【物料停留时间】material retention time in kiln

经分解炉分解后的物料由烟室进入回转窑移动至窑头罩进入冷却机所耗费的时间。其与窑规格、产量、窑转速、结粒大小等因素有关。

【物料填充率】material filling rate

正常生产时，窑内物料堆积状态横截面与回转窑有效截面积的比值。

【窑灰】kiln dust

窑灰是回转窑在生产水泥熟料时，从窑尾收尘器、增湿塔收集下来的干燥粉状材料。一般占入窑生料量的4%～10%。富含碱、硫、氯等有害成分。如果处理不当会影响预分解窑的操作，甚至导致窑系统出现结皮堵塞。

【三次风】tertiary air

通过与箅冷机中高温熟料进行热交换后，再由专门设立的风管引入分解炉而成为分解炉内燃料燃烧所需的高温助燃空气。

【熟料煅烧温度】clinker sintering temperature

物料在高温下大量形成C_3S成为熟料时的温度，一般物料温度达到1450℃以后，C_3S开始大量生成，实际煅烧温度与物料品质、成分以及热工制度有关。

【熟料熔体(液相)】liquid phase

物料在高温下熔融形成的液相，一般在1250～1280℃时开始出现液相。液相量以液态部分与固态部分的质量百数表示，一般在20%～30%之间，与煅烧温度、物料组分和性质有关。

【矿化剂】mineralizer

能加速结晶化合物的形成，改善水泥生料易烧性的少量外加物。其主要作用是：促进固相反应，降低液相黏度和液相生成温度，加速熟料形成，降低游离氧化钙，故一般亦有助熔剂的作用，如萤石、氟化铝、氟化钡、氟硅酸钠、氟硅酸钙、石膏、硫酸亚铁、硫酸锌、铜矿渣、铅矿渣等。合理掺入量视矿化剂种类不同而异，一般掺入量太少，矿化效果差，太多反而影响窑的煅烧和熟料质量。在烧制石灰饱和系数高的熟料或白水泥时，矿化剂效果比较显著。

【助熔剂】fluxing agent

能降低其他物质的软化、熔化或液化温度的少量外加物。其作用在于降低液相生成的最低共熔温度和液相黏度，从而达到降低烧成温度和加速反应的目的，如萤石(CaF_2)、石膏($CaSO_4 \cdot 2H_2O$)、硅氟酸钠(Na_2SiF_6)、五氧化二磷(P_2O_5)等，其降低烧成温度的效果见附表。

助熔剂降低烧成温度的效果

助熔剂	加入量(%)	烧成温度(℃)	降低温度(℃)
未加	—	1450～1470	—
Na_2SiF_6	0.3～0.6	1340～1360	110～130
P_2O_5	0.2～0.3	1350～1360	110～120
CaF_2	0.5～1.0	1340～1360	110～130
$CaSO_4 \cdot 2H_2O$	3～5	1340～1360	1340～1360

【窑运转周期】kiln running period

水泥回转窑的运转周期一般指从点火开窑至停窑检修更换烧成带衬料之间的实际运转天数。

【热工制度】thermal regulation

回转窑生产中，根据工艺技术需要而制定的一系列热工参数和操作指标。任何一个水泥回转窑系统，都有适应于它自身内在规律的一整套热工制度来提高生产能力。当生产中出现异常的参数或情况时应调整操作，力求达到原定的指标，使热工制度保持稳定。

【发热能力】firing capacity

是指回转窑单位时间内发出的热量，以 10^6 kcal/h表示。窑径越大，则发热能力越大。增加窑的发热能力可以提高窑的产量，但它应与窑的预烧能力相适应，以减少废气热损失。

【烧结能力】sintering capacity

回转窑烧成带和放热反应带内，形成熟料矿物的能力。它取决于窑径，物料易烧性，燃料质量，二次空气温度，燃料燃烧的完全程度，火焰形状和长度，耐火衬料质量，以及操作水平等。

【预烧能力】presintering capacity

回转窑内预热带和分解带热交换能力的总和。其他取决于窑的直径和长度。

【燃烧带长度】length of burning zone

衡量回转窑的燃烧空间。为窑内火焰覆盖的区间。正常条件下火焰的长度必须与相应温度合理匹配，设计时通常以燃烧带内径的倍数来表示。燃烧带长度与窑的规格、系统配置和热耗密切相关，通常约为 $LD=4.2\sim5D_i$ 来计算，D_i 为回转窑有效内径。

【正常煅烧】normal sintering

回转窑内具有适当高的煅烧温度和合适的火焰长度的一种煅烧操作。这种操作火焰柔顺有力，燃料燃烧较完全，熟料在烧成带有适合的停留时间和反应所需高温。所得熟料结粒细小均齐，色泽正常，矿物晶体发育良好，晶形规则，大小较均齐，分布也较均匀。

【强化煅烧】intensified sintering

加强水泥窑煅烧以加速熟料形成过程的一种措施。当采取措施，如增加窑内传热面积、改进看火操作等进行强化煅烧，可增加产量，其消耗指标也较低；如过分增加风煤，增加喂料来强化煅烧，虽增加了产量，但由于超过了窑的传热能力，使熟料质量和消耗指标受到一定不利影响。

【过烧】over burning

物料在高温带受热时间过长，物料温度过高的现象。过烧熟料液相较多，结构比较致密，立升重较高，游离氧化钙一般较少，但矿物晶体尺寸过大，对熟料强度有一定影响。过烧时还易烧坏窑皮和衬料，影响窑的运转周期。

【欠烧】under burning

参见 13.6【欠烧】。

【冷态点】cold state point

在常温状态下回转窑的窑头、窑尾中心定位点。

【热态点】hot state point

在高温运行状态下回转窑的窑头、窑尾中心定位点。

【熟料冷却机】clinker cooler

对出窑水泥熟料进行冷却的设备。通过冷却，不仅降低熟料温度，并能回收熟料余热，提高熟料质量。熟料离开回转窑时温度一般在1200～1400℃，经过冷却以后，温度可降低到50～200℃，以便输送和储存。与此同时，用于熟料冷却的空气则被加热到800℃以上，作为二次风和三次风分别用于回转窑和分解炉。此外，经过冷却机急冷的熟料，可以减少 MgO 结晶成方镁石的机会，从而防止由于含镁过高而引起的安定性不良等弊病。急冷熟料的 C_3S 较高，易磨性较好，也有利于降低水泥粉磨的电耗。熟料冷却机的种类包括回转式（单筒、多筒）、立式、箅式等，目前主要采用箅式冷却机。

【回转式冷却机】rotary cooler

又称筒式冷却机，包括单筒及多筒冷却机。依靠物料在回转的筒体内与冷却空气逆流换热实现物料的冷却。

单筒冷却机结构上类似于回转窑，其工作方式是通过逆流传热和内部装置使熟料布满整个筒体横截面，从而实现物料与冷却空气的对流换热。具有热回收效率高、设备简单、易于制造、操作维护方便、无废气排放的优点。缺点是熟料冷却效率低，导致出冷却机的熟料温度高。

多筒冷却机由环绕在回转窑出口端的多个冷却筒构成，与窑连成一体，随窑回转，见附图。其优点是结构简单，不需另设传动装置，无废气污染，能自行调节和稳定窑内热工制度等；缺点在于它与窑连成一体，使窑头筒体机械负荷增大，在高温状态下料弯头容易损坏，造成漏风，并且二次风温较低，热效率不高，不能方便地取出热空气以供应分解炉，故一般不适用于预分解窑。

多筒冷却机

【箅式冷却机】grate cooler

箅式熟料冷却机是用一定压力的空气对箅床上运动着的熟料以相互垂直的运动方向进行骤冷的冷却设备。其分为推动箅式、振动箅式和回转箅式，常用的为推动箅式冷却机。

【步进式冷却机】stepping cooler

步进式冷却机是指箅床各列按照同步前进、分步后退的方式实现物料输送的冷却机。其箅床输送方式见附图。各列箅床由液压驱动，行程一般在 300mm 左右且可调。此外，箅板为无漏料箅板，其迷宫式密封能防止产生任何漏料，由此，冷却机不需要任何漏料卸料系统。特殊的凹槽式箅床设计使得箅板上附有一层死料，可以避免箅板的磨损，箅板寿命长达 3～5 年。

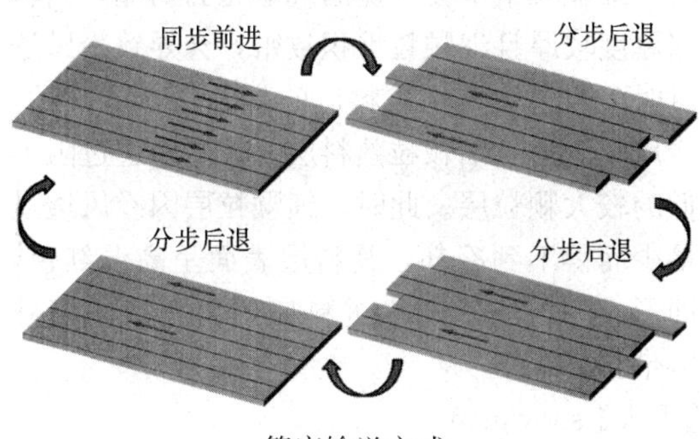

箅床输送方式

【熟料拉链机】clinker chain conveyor

又称熟料链斗式输送机。输送熟料的设备。由传动装置、头部罩壳、头部装置、运行部分、尾部装置和进料装置等部分组成。由传动装置驱动头部装置中的链轮，牵引装有物料的输送斗沿轨道运行，物料从头部罩壳卸出，从而达到输送物料的目的。熟料拉链机是一种既能水平输送，又能倾斜提升的输送设备。

【中间熟料破碎】intermediate clinker crushing

在冷却机中段进行熟料破碎的方式。即将熟料破碎机置于冷却机中部，一般采用辊式破碎机。由于冷却机中部的熟料温度较高，因此在熟料破碎机的材质和结构冷却方面要特殊考虑。中间熟料破碎有利于熟料的冷却和余热利用。

【冷却熟料破碎】cooled clinker crushing

在冷却机尾部进行熟料破碎的方式。是常规的熟料破碎方式，一般采用锤式破碎机或辊式破碎机。

【燃烧器】burner

又称喷煤管，喷送煤粉入窑或分解炉燃烧的装置。有的燃烧器头部设计为可拆卸式的，以便更换。一般燃烧器采用移动小车或吊车固定在窑头平台二层，能进行 3 维 6 个方向的调节，上下左右方向通过改变角度调节燃烧器进入窑内的位置，同时也能调节火焰的位置和角度。燃烧器的结构形式由一次空气量、一次空气风速、燃料类型及燃烧特性等因素决定。优秀的燃烧器能形成集中有力的火焰，适当的黑火头长度和高温点位置，能充分卷吸高温二次风，强化入窑煤粉的燃烧，并使其充分燃尽。

【单风道燃烧器】single channel burner

为早期的燃烧器结构，仅有一个风道组成的燃烧器，仅有的风道同时输送煤粉燃料以及提供一次风，由于输送煤粉的气流风速不能太高，一般单风道燃烧器出口风速较低，仅为 40～70m/s，而一次风量却要占到总燃烧风量的 20%～30%，风煤混合差，对二次风抽吸作用甚小，火焰难以调节，难以满足生产的要求。

【双风道燃烧器】double channel burner

由两个风道组成的燃烧器，一个风道为轴向风道，输送煤粉进入回转窑，另一个风道则为旋流净风风道，通入相对高速的一次风净风，以强化煤粉的打散和燃烧，并对二次风产生较强的卷吸作用，能形成较为有力的火焰。

【多风道燃烧器】multi-channel burner

由三个及以上数量风道组成的燃烧器。与单、双通道燃烧器相比，能提供更大的轴向推力和切向冲量。外围轴向风大量卷吸高温二次风，加快煤粉的燃烧，同时使火焰集中，提升火焰温度。内侧旋流风加快煤粉的扩散，使煤粉与高温空气接触面增大，提升燃烧速度和燃尽率，是回转窑燃烧器技术的主要发展方向。

【双旋流燃烧器】double swirl channel burner

拥有两个旋流风道的燃烧器结构形式。两个旋流风道分布在送煤风道的外侧和内侧，外侧旋流风道快速扩散煤粉，使煤粉尽早与二次风接触，使煤粉燃烧提前；内侧旋流风打散煤粉，提高燃尽率。

【总冲量】total impulse

燃烧器一次风量占二次风的体积百分数与一次风速的乘积，也称为推力。一般燃烧器出口风速在 200～250m/s 之间，总冲量在 1000～1200% m/s 之间，而新型燃烧器轴向风速最高可达 310m/s，总冲量达到 1500～1800%m/s。总冲量 1500%m/s 以上且一次风占二次风体积比小于 10%的燃烧器称为大推力燃烧器。

【多介质多通道燃烧器】multi-medium multi-channel burner

设有煤粉通道，可使用煤粉作为燃料送入回转窑，并设有重油、天然气或其他类型燃油燃气燃料输送通道，且有轴向、切向多个一次风通道的燃烧器。多种燃料可单独使用，也可同时使用，有的燃烧器还设有可燃废弃物通道作为补充燃料。

【分解炉燃烧器】calciner burner

设在分解炉位置，喷送煤粉进入分解炉燃烧的装置。由于分解炉采用低温无焰燃烧，分解炉燃烧器配置的一次风量较小，风速较低，相对窑头燃烧器配置较为简单，常采用单风道形式。近年来已开发应用三风道燃烧器，一般采用对冲或切向布置。

【一次风】primary air

通过燃烧器进入回转窑或分解炉的助燃空气。包括一次风净风和送煤风，其为燃烧时最初和燃料接触或最初和燃料混合的助燃空气。

【黑火头】dark part of flame

回转窑内燃料由喷嘴出口至开始着火燃烧的一段流股。为燃料的预热阶段，视燃料种类和燃烧条件不同而异。通常气体、液体燃料其黑火头极短，而煤粉则较长。当煤粉燃烧时，其黑火头长短取决于煤的挥发物含量、煤粉细度、喷煤嘴结构、一次风速、二次风温等。

【黑影】black shadow

从回转窑窑头用蓝色钴玻璃观察到在火头下方的灰暗色的生料阴影。温度低的物料发暗，即显黑影。回转窑操作时，控制黑影位置，对于保证熟料质量和稳定窑的热工制度有重要作用。

【红窑】hot spot of kiln shell

水泥窑筒体内部耐火材料或窑皮的烧蚀或脱落致使窑筒体失去保护层而导致局部高温，从而在回转窑筒体外出现一个光辉的亮点或暗红色斑点的现象。红窑对窑筒体损伤很大，且易引起筒体形变，应立即停窑处理。

【红河】red river

箅冷机箅床上由于未被及时充分冷却而形成的红色炽热熟料呈现的一条高温亮红熟料带。当熟料从窑头落至箅床上时，受离心力的作用产生离析，大颗粒集中在一侧，细颗粒集中在另一侧，箅床横截面中部为粗细颗粒的过渡部位。当窑速较快且窑内细颗粒熟料较多时，细颗粒集中在一侧的现象尤为明显。当料层厚度较厚且细颗粒堆积致密，会导致冷风透过时阻力过大，从进料口的高温熟料层开始，冷风较少透过细颗粒熟料层，较多地透过阻力低的较大颗粒层。此时，细颗粒层因冷风透过量少而得不到冷却，其料层表面呈高温红色，即形成一条从冷却机进料口至出料口的红熟料带。

【雪人】snowman

高温水泥熟料在回转窑窑口下方的箅床或

算冷机侧墙上粘结并堆积起来，形成的一固定的熟料堆。箅冷机堆雪人的原因较多，主要有以下几点：(1)入窑生料的化学成分波动较大，烧成系统工况不稳定；(2)回转窑内大量掉窑皮，箅冷机箅床速度没有及时调整；(3)箅冷机高温段的冷却风机能力不够或者没有及时调整，其高温段熟料没有及时得到充分冷却等。这会影响回转窑的热工制度和窑内通风，进而影响熟料的产量和质量，对水泥生产稳定性危害很大。

【粉化】dusting

熟料的粉化通常有两种可能：一是指当熟料冷却速度慢时，熟料中的 C_2S 在 500～600℃会由 β-C_2S 发生晶型转变为 γ-C_2S，体积膨胀，而使熟料胀裂崩溃。二是熟料受潮淋水后，由于熟料中的游离氧化钙吸水后体积膨胀造成的粉化。

【飞砂料】sandy clinker

回转窑烧成带生产大量细粒并飞扬的熟料。这种飞砂料的大小一般在 1mm 以下，在窑内外到处飞扬。飞砂产生与否主要取决于熟料液相量和液相性质(主要是表面张力)。飞砂有两类：一类是熟料液相量太少而产生；另一类是粘散料，由于液相表面张力太小所致。就化学成分而言，主要是由于 SiO_2 太多(硅酸盐太高)，Al_2O_3 和 Fe_2O_3 太少，因而液相出现太慢太少，熟料难以结粒，导致生成飞砂；碱、硫和 MgO 等微组分含量高能使液相表面张力降低，特别是碱的硫酸盐含量高将使液相表面张力降低更明显。就煅烧操作而言，主要是由于火焰太长、物料的预烧温度偏高，当物料进入烧成带时，黑影容易消失，且结粒也还好，造成烧成正常的假象，但在料层中还存在着大量不飞扬的砂料，未能结粒，待到物料进入冷却时，细砂才到处飞扬。

【发黏】stickiness

当烧成带物料中的液相量增多或液相黏度增大时，物料的黏性增大的现象。它表现在物料被旋转的窑壁带得较高，向下翻滚得较慢，且成片状下塌，料的结粒较大，反光性较强而发亮。物料发黏的原因主要是物料中氧化铝等熔剂矿物料较多或铝氧率较高。当保持通常温度或温度较高时，便出现较多液相，或液相黏度增大而发黏。当料层过厚、料层表面局部过热时，也会出现局部物料发黏的现象。

【结粒】nodulization

在回转窑煅烧时形成不同尺寸的熟料颗粒的过程。影响熟料结粒的因素主要有液相量、易烧性、生料细度及液相表面张力等。影响熟料结粒大小的最根本因素是液相的数量和性质。熟料液相量太少不易结粒，太多易结成致密的大块熟料；液相表面张力是液相的重要性质，液相表面张力大易结粒；不同成分熟料的液相黏度值是不同的，液相黏度还与温度有关，随温度上升而下降，一般说来液相黏度值减少，有利于熟料结粒。另外，不同成分的生料对其细度有一定的要求，若生料中含有不易煅烧的大颗粒石英和石灰石等物质，不易烧成也不易结粒。

【过烧熟料】overburned clinker

液相过多，呈现发黏、结大块甚至达熔流状态的熟料。水泥熟料是烧结块，若熔剂矿物过多或煅烧温度局部过高，火点过于集中，会使熟料成过烧状态。它外观结粒粗大，微观特征亦是晶体粗大，A 矿呈长柱状，中间体呈流纹状，数量多。出现这种熟料，窑皮易受损害，甚至会导致掉砖、红窑。用这种熟料生产的水泥凝结较慢，强度较低。

【欠烧熟料】underburned clinker

预烧不好、窑温过低或物料在烧成带停留时间过短的情况下生产的熟料，它往往由于喂料速度或窑速不适当地增加，或大量垮窑皮，发生窜料以致欠烧，它的特征是色浅、疏松，立升重低。岩相结构特征是：孔洞多，游离石灰多，B 矿多且有平行条纹的双晶，液相少，A 矿少，结晶细小。由它制成的水泥强度较低，有时安定性不良。

【急烧熟料】rapid burned clinker

回转窑内发生窜料时，操作工为了避免跑黄料而采用高温集中的短火焰，进行强化煅烧时所产生的熟料。它的外观颜色、致密度和正常熟料相似，立升重合格，但结粒较细，游离

CaO 偏高。原因是通过烧成带的大量物料不能全部达到反应完全的程度，同时急火煅烧时，燃烧不完全，易产生还原气氛而有部分黄心料。岩相特征表明 A 矿晶体大小悬殊，B 矿和中间体分布不均，有手指状、树叶状 B 矿。它制成的水泥强度比正常料低。

【黄心熟料】clinker with brown core

又称黄心料。通常指外表呈灰黑色，中心呈黄色的熟料。它是在还原气氛或燃料直接还原作用下，氧化铁还原致使熟料颜色发黄，当冷却时，表层熟料因再氧化而呈灰黑色。黄心熟料颗粒坚硬，易磨性差，粉末呈土黄色，影响水泥色泽。

【粉尘熟料】dust clinker

以粉尘形式存在的一种熟料。一种来源于熟料的冷却、破碎、输送及贮存过程，例如窑头收尘器收下的，或白水泥在喷水漂白时产生的。另一种就是在生产过程中，因液相表面张力和液相黏度造成的过细的粉尘熟料，如 MgO 含量在一定程度影响熟料煅烧时的液相表面张力和液相黏度，影响熟料结粒。在调节措施中，可考虑通过调整配料率值对 MgO 含量进行调节，但应考虑原料、燃料带入的碱化物、硫化物等微量元素的影响。

【雪人熟料】snowman clinker

堆积在箅冷机进料口、窑门罩和燃烧器等高温部位的熟料，在箅冷机进料口堆积至回转窑窑口以上高度时，将造成下料受阻，窑内物料填充率增加，造成二次风量不足，燃料燃烧不完全，熟料质量降低。雪人熟料堆积在箅床上，阻止冷风透过料层，易使过热熟料烧坏箅板。参见本节【雪人】。

【大块熟料】big-lump clinker

平均粒度大于 30mm 的熟料。如果烧成温度过高或者液相量过多，则熟料易结大块，其中有害成分含量很高，就是以这些有害成分富集的颗粒为中心，在滚动中粘结生料粉，像滚雪球一样越滚越大，最终成为大块。

【粉化熟料】dusting clinker

熟料在冷却过程中，有时从表面散落大量细粉或从大块熟料中冒出大量细粉，甚至全部成粉的现象。粉料颜色一般呈灰黄色、棕褐色、灰白色，成分主要是无水硬性的 $\gamma-C_2S$。粉化熟料强度很低。煅烧温度不够、液相不足，冷却较慢时或燃料灰分集中处，粉化现象比较严重，影响熟料质量。

【包裹物】inclusion

又称捕虏体，包裹在晶体内部的异成分体。由于晶体生长迅速，将一些异成分体包围在晶体内部，它并不参与晶格结构。如水泥熟料中的 A 矿常包裹有 B 矿和游离石灰，若 A 矿包裹体为 CaO，表明生料石灰饱和比高，熟料冷却快。用砂岩或含燧岩原料的熟料，若 SiO_2 分布不均，则常出现大量麻点状 B 矿包裹体。

【熟料熔体性能】property of clinker melt

熟料熔体性能就是熔融物质的物理化学性能。主要有：熔体最低共熔温度、熔体量、熔体黏度、熔体表面张力等。熟料熔体(液相)的性能决定了熟料各种矿物的形成及其微观结构和宏观结构，也决定了熟料结粒的大小及其物理化学性能。熔体的浸润毛细管桥特性决定其渗透到耐火材料孔隙的能力及挂窑皮的情况。因此，熟料熔体的性能在一定程度上决定了熟料结粒状况和耐火材料承受的热化学应力及其使用寿命，以及窑的操作稳定性。在生产中，配制合适物理化学性质的熔体，保持其稳定，将有利于降低能耗，提高熟料质量，减少耐火衬料的损耗。

【游离石灰】free lime

即游离氧化钙，以 f-CaO 表示。熟料含有的未化合的氧化钙。由于经高温煅烧，游离氧化钙结构致密，水化速率慢，且其水化生成氢氧化钙时，体积膨胀达一倍左右，使水泥硬化体产生膨胀应力，轻者导致水泥抗拉强度下降，重者使水泥安定性不良。通常回转窑煅烧硅酸盐水泥熟料中，游离石灰含量应控制在 1.5%以下。

【二次游离石灰】secondary free lime

结构不稳定的 A 矿分解所产生的游离石灰。A 矿慢冷或晶型转化时，结构不稳定，易分解为 B 矿和游离石灰。Fe^{2+} 参与 A 矿结构也能使A矿分解。这种石灰结晶细小，往往被其他晶体或玻璃体所包围。含量过高时，会对水泥的强度及安全性有危害。

【内循环】internal circulation

在水泥熟料的煅烧过程中，生料、燃料中的挥发性组分在窑内部的循环运动过程。这些挥发性组分从窑的高温带挥发出来，随窑气向窑尾运动，一部分冷凝在温度较低的生料上而后再入回转窑，然后再度从高温带挥发出来，形成在预热器和回转窑之间的循环富集。这种内循环容易导致预热器系统的结皮堵塞，影响烧成系统的均衡、稳定生产。

【外循环】external circulation

在水泥熟料的煅烧过程中，生料、燃料中的挥发性组分会在窑内外部循环运动的过程。这些挥发性组分从窑的高温带挥发出来，随窑气向窑尾运动。若冷凝在生料表面的挥发组分随窑气排出预热器系统，在收尘器、生料磨等设备中被收集并重新入窑，形成在烧成系统和其外部设备之间的循环富集。容易导致入窑生料有害成分增高，对烧成系统热工制度的稳定不利。

【硫循环】sulfur circulation

在水泥熟料预分解窑系统中，硫的挥发及凝聚在回转窑及预热器系统之间的往复循环。原料中的硫酸盐，一般情况下均作为熟料成分入回转窑，但在还原气氛比较严重的情况下，部分硫酸盐分解生成SO_2。燃料引入的硫分别在窑头和分解炉内燃烧生成SO_2，也可能被碱性氧化物和氧化钙吸收生成硫酸盐。其中，部分硫酸盐又在高温带分解，释放出的SO_2气体随窑气向窑尾运动，到达最低两级预热器等较低温度区域时，冷凝在温度较低的生料上，并随着生料一起进入回转窑内，然后又被吸收生成硫酸盐，从而形成预热器和回转窑之间的硫循环。未分解的硫酸盐随熟料从窑头落至箅冷机内冷却，成为熟料成分。

【氯循环】chlorine circulation

在水泥熟料预分解窑系统中，氯的挥发及凝聚在回转窑及预热器系统之间的往复循环。预热器系统内氯的化合物与烟气进行热交换后温度逐渐增加，当达到熔融温度时，生成熔融物。在系统内进一步加热后，随物料入回转窑。在回转窑内温度达到挥发温度以后，氯的化合物挥发并随热烟气向窑尾后逸，与窑料进行热交换后温度下降转为熔融状态，冷凝在温度较低的生料上，并随着生料一起进入回转窑内，形成预热器和窑之间的氯循环。

【碱循环】alkaline circulation

在水泥回转窑及预热器系统生产过程中，碱的挥发及凝聚的往复循环。在生产中原料和燃料中所含有的碱质在窑的热端高温下挥发，被气流带到预热器系统中，由于预热器中气体温度逐渐降低，碱质重新冷凝，形成氯化碱和硫酸碱，绝大部分附着在悬浮着的生料表面，或随收尘器收入的窑灰重新入窑。到了窑的热端时，大部分氯化碱和小部分硫酸碱再次挥发，重复上述的过程，形成了循环。大部分硫酸碱则进入熟料。当原、燃料带入的碱质增多时，不但影响水泥质量，而且使系统内形成结皮甚至堵塞。减轻碱循环的方法有旁路放风等。碱循环与硫碱比有着直接的关系。

【硫碱比】sulfur-alkali ratio

指预分解窑系统中物料(生料和燃料)所带入的硫SO_3和碱R_2O之间的摩尔比。硫碱比过大或过小均对煅烧均不利。只有当硫碱摩尔比适当时，不仅可减少其各自的挥发率，而且使碱硫酸盐化还能改善熟料的质量。

【易挥发物循环】circulation of volatiles

在水泥回转窑及预热器系统生产过程中，易挥发物的挥发及凝聚的往复循环富集。在生产中原料和燃料中所含有的易挥发物如氯质在窑的热端高温下挥发，被气流带到预热器系统中，由于预热器中气体温度逐渐降低，易挥发物重新冷凝，绝大部分附着在悬浮着的生料表面，或随收尘器收入的窑灰重新入窑。到了窑的热端时，大部分易挥发物再次挥发，重复上述过程，形成了易挥发物的循环。

【低挥发元素循环】circulation of low volatile elements

低挥发元素循环是指在熔融状态下具有比铁低的蒸气压的元素，如Zr、La、Ce、Eu、

Pr、Nd、Pm 和镅系元素 Np 等，在系统生产过程中的往复循环富集。

【半低挥发元素循环】circulation of semi low volatile elements

半低挥发元素循环是指在熔融状态下具有比铁低的蒸气压的元素，如 Ru、Nb、Ba、Sb、Tc 等，在系统生产过程中的往复循环富集。

【进料室氧含量】oxygen content in the inlet chamber

也称窑尾烟室氧含量。一般窑尾烟气中 O_2 含量控制在 1.0%～3.0%。

【料气比】material-gas ratio; ratio of material to gas

也称"固气比"。在输送过程中，管道单位时间输送的物料量与消耗的空气量比值。

【火焰长度】flame length

回转窑内从喷嘴到火焰终止断面的距离。包括黑火头和发光火焰的总长，因燃烧条件的不同而有很大的变化。影响火焰长度的主要因素有：煤的挥发分和细度（或油的雾化程度）、二次空气量和温度、燃料和空气混合程度、喷嘴喷出速度、窑尾负压等。一般说来，燃烧速度愈快，火焰愈短愈集中，温度也愈高。一次空气喷出速度愈高，燃料射程远，火焰较长，窑尾负压愈大，火焰也愈长，但如不增加燃料，火焰温度将降低。在回转窑操作中，应保持高温长火焰，以保证高产的需要。

【石灰配料】raw meal prepared from lime

以生石灰代替石灰石用作水泥原料的配料方式。由于把消耗热量很大的石灰石分解过程预先在石灰窑内分解制得生石灰，从而提高回转窑的产量，但工艺过程较复杂，总的热量消耗较大，一般不采用。

【矿渣配料】raw meal with blast furnace slag

以矿渣代替黏土原料和部分石灰质原料用作水泥原料的配料方式。由于矿渣已经过煅烧，有晶种的作用，故采用矿渣配料，窑的产量较高，热耗较低。

【γ 射线料位控制装置】γ-ray level controller

利用 γ 射线控制料封管中料位高低的一种装置。由放射源（如同位素钴 60）、探测器及电控线路等组成。放射源置于料封管控制点一侧，探测器置于同一水平的另一侧。当料封管内料柱达到控制点时，钴 60 放射的 γ 射线部分被熟料所吸收，使达到探测器的 γ 射线减弱，探测器发生的电脉冲信号减少，经电控线路作用，使继电器闭合，电振节流器开始卸料；反之，电振节流器停卸。γ 射线料位控制装置较灵敏可靠。

【熟料形成热】clinker formation heat

是指在一定生产条件下，用某一基准温度（一般是 0℃或者 20℃）的干燥生料，在没有任何物料损失和热量损失的条件下，制成 1kg 同温度的熟料所需要的热量。熟料形成热与生料化学组成和原料性质有关，与煅烧窑炉及煅烧操作无关。

【熟料带入热】clinker sensible heat at cooler inlet

又称为入冷却机熟料显热，也称为出窑熟料显热。熟料从回转窑进入冷却机时的温度一般为 1300～1400℃之间，比热与熟料成分和温度有关。在稳定生产时，进入冷却机的熟料温度恒定，熟料组成变化较小，其显热也就基本保持不变。出窑熟料显热计算公式：

$$Q_{ysh} = 1 \times c_{sh} \times t_{ysh}$$

式中：Q_{ysh} 为出窑熟料显热（kJ/kg）；c_{sh} 为熟料的比热[kJ/(kg·℃)]；t_{ysh} 为出窑熟料温度（℃）。

【筒体散热损失】heat loss of kiln shell; radiation loss of kiln shell

生产 1kg 熟料，回转窑筒体的散热量。回转窑外筒体表面温度一般都高于环境空气温度，筒体会通过热对流和热辐射的方式把热量传递给周围环境。筒体散热损失与环境温度和环境风速有关，也与窑内耐火材料的隔热性能有关，降低耐火材料的导热性可以降低筒体表面的温度，进而减小筒体散热损失。

【废气热损失】heat loss of exhaust gas

生产 1kg 熟料，系统排出的废气所带走的显热。它与废气量和废气温度成正比，也与废气比热成正比。在整个水泥生产线中，废气主要通过窑头、窑尾、水泥磨、煤磨等烟囱排出。窑头冷却机中冷却熟料的空气一部分以二次风和三次风的形式分别进入回转窑和分解炉，剩下的空气经过除尘后排放，也可能以烘干热源的形式进入煤磨和(或)生料磨，最终都以废气形式排入大气；窑尾预热器出口的废气在生料磨运行时作为烘干热源进入生料磨，出磨废气经除尘后通过烟囱排入大气，同时也带走了大量的热量；在生料磨停止运行时，经过降温除尘后通过烟囱排入大气。实际生产中可以通过技术措施降低排出废气温度和废气量来减小废气热损失。

【熟料带出热】clinker sensible heat at cooler outlet

又称为出冷却机熟料显热，即以出窑熟料为1kg为基准情况下出冷却机熟料的显热。

出冷却机熟料显热计算公式：

$$Q_{Lsh} = (1 - m_{Lfh}) \times c_{sh} \times t_{Lsh}$$

式中：Q_{Lsh}为出冷却机熟料显热(kJ/kg)；m_{Lfh}为每千克熟料冷却机出口飞灰量(kg/kg)；c_{sh}为熟料的比热[kJ/(kg·℃)]；t_{Lsh}为出冷却机熟料温度(℃)。熟料出冷却机时的温度与环境温度和冷却机性能相关，出冷却机熟料温度越低，熟料带出热越少，目前最先进的第四代箅冷机可以将熟料冷却至低于65℃的环境温度。

【燃料带入热】fuel sensible heat

又称为燃料显热，即生产1kg熟料消耗的燃料所带入的显热。燃料显热计算公式：

$$Q_r = m_r \times c_r \times t_r$$

式中：Q_r为每千克熟料燃料带入显热(kJ/kg)；m_r为每千克熟料燃料消耗量(kg/kg)；c_r为燃料比热[kJ/(kg·℃)]；t_r为燃料温度(℃)。

对于预分解窑系统，燃料的消耗主要在回转窑和分解炉内，通过一次风将燃料喷入系统，为保证系统安全，燃料在进入系统时的温度不能太高，如使用煤作为燃料时，一般要求煤粉温度低于150℃。

【空气带入热】air sensible heat

生产1kg熟料，进入系统的空气所带的显热。它等于进入系统的空气量、空气温度和空气比热的乘积。对于烧成系统，进入系统的空气主要包括窑头冷却空气、窑头窑尾的一次空气以及漏入系统的空气。

【生料带入热】sensible heat of raw meal

又称为生料显热，即生产1kg熟料消耗的生料所带入的显热。生料显热计算公式：

$$Q_s = m_s \times c_s \times t_s$$

式中：Q_s为每千克熟料生料带入显热(kJ/kg)；m_s为每千克熟料生料消耗量(kg/kg)；c_s为生料的比热[kJ/(kg·℃)]；$c_s = (0.88 + 2.93 \times 10^{-4} \times t_s) \times (1 - W^s) + 4.1816 \times W^s$，式中$W^s$为生料的水分，以百分数表示(%)；$t_s$为生料的温度(℃)。

【碳酸钙分解热】decomposition heat of calcium carbonate

生产1kg熟料消耗的碳酸钙分解所吸收的热量。计算过程中，碳酸钙分解热一般采用1660kJ/kg。碳酸钙在高温下会分解成氧化钙和二氧化碳，是一个吸热反应。在新型干法窑中，生料中碳酸钙的分解大部分在分解炉中进行，碳酸钙分解吸热是熟料烧成中的主要耗热过程。

【入窑物料分解率】decarbonation degree of kiln feed

生料中的碳酸盐在进入回转窑之前的分解百分比(%)。其高低表明生料中碳酸盐被分解的程度，通常根据生料及出分解炉物料的烧失量来计算。实际生产中一般将分解率控制在92%～96%，太高和太低都不经济。入窑物料分解率是评定分解炉系统工作效果的重要指标，也是生产控制的重要参数。

【入窑物料表观分解率】apparent decarbonation degree of kiln feed

入窑物料的碳酸钙分解百分率。它是衡量预热系统及分解炉的作业能力的指标之一。表观分解率并不代表入窑物料的实际分解率，因入窑物料中会掺入一部分已分解的窑灰，所以表观分解率较实际分解率高。入窑物料的表观分解率，在只有预热器的情况下，一般为30%～50%，在预热器和分解炉共同作用时，可达90%以上。在测得窑灰量和窑灰烧失量等数据后，可由表观分解率计算实际分解率。

【入窑物料实际分解率】actual decarbonation degree of kiln feed

衡量回转窑各种预热系统操作状态的指标之一。表现在预热系统内实际被分解的二氧化碳量与生料带入的二氧化碳量之比，以百分数表示。由于出窑废气中含有部分分解的窑灰，且在预热系统内进行循环，故实际在预热系统内分解的二氧化碳量较测得的分解量低。按测得的二氧化碳分解量计算的分解率称表观分解率，以区别于实际分解率。

【物料实际分解率】actual decarbonation degree of material

物料实际分解率指生料经过各级预热器及分解炉后，分解成氧化物的碳酸盐占总碳酸盐的百分比。可以反映预分解窑系统的预热情况。

【热耗】heat consumption；heat consumption of clinker

煅烧 1kg 熟料，实际消耗的热量。它包括理论热耗和各种热损失。对于预分解窑系统，主要热损失表现在物料的水分所消耗的显热，出口旋风筒、冷却机废气和粉尘带走的显热，窑系统表面散热，出冷却机熟料带走的显热等。

【理论热耗】theoretical heat consumption of clinker

水泥生料在加热过程中发生的一系列物理化学变化，有的是吸热反应，有的是放热反应，将全过程的总吸热量减去总放热量，并换算为每生成 1kg 熟料所需要的净热量就是熟料形成热，也就是熟料形成的理论热耗。

【设计热耗】designed heat consumption of clinker

在水泥生产线设计阶段，根据原燃料情况、工艺流程和装备情况、当地海拔和气候等条件，通过理论计算得出的生产 1kg 熟料所消耗的燃料发热量。设计人员根据已知条件，分别计算出系统收入热量和系统支出热量，最终达到系统的热平衡，此时的 1kg 熟料消耗的燃料燃烧热就是设计热耗。

【生产热耗】production heat consumption of clinker

在生产阶段，每千克熟料系统实际消耗的热量。它与生产线的工艺流程、操作情况等相关，一般通过统计一定时间内的熟料产量和燃料消耗量来计算出单位熟料的燃料消耗量，再根据燃料的低位发热量可得出生产热耗。生产热耗是成本计算中的重要依据之一。

【熟料烧成热耗】heat consumption of clinker burning

熟料烧成热耗指单位熟料产量下消耗的燃料燃烧热。一般用 q 来表示，单位为 kJ/kg，其计算公式为：$q=m_{r}Q_{net,ar}$，式中：m_{r} 为烧成 1kg 熟料所需消耗的燃料量($kg_{燃料}/kg_{熟料}$)；$Q_{net,ar}$ 为燃料收到基低位发热量($kJ/kg_{燃料}$)。

【理论料耗】theoretical raw meal consumption

假定没有生产损失时，生产 1t 熟料所消耗的生料量，以 $t/t_{熟料}$ 表示。由于原料的烧失量以及熟料形成时有煤灰掺入，故理论损耗＝$\frac{1-煤灰掺入百分数}{1-生料烧失量}$($t/t_{熟料}$)。

【实际料耗】actual raw meal consumption

生产 1kg 熟料实际消耗的生料量。在一定时间内，实际料耗＝(同期生料产量＋期初生料存量－期末生料存量)/ 同期熟料产量。由于存在生产损失，实际料耗会比理论料耗稍大。

【标准煤耗】equivalent coal consumption

把实物煤耗折算为标准煤的消耗量称为标准煤耗。一般用符号 m_{br} 来表示，单位为(kg/kg)，其计算公式：

$$m_{br}=\frac{m_{r}Q_{net,ar}}{29300}$$

式中：m_{r} 为烧成 1kg 熟料所需消耗的燃料量，$kg_{燃料}/kg_{熟料}$；$Q_{net,ar}$ 为燃料收到基低位发热量，$kJ/kg_{燃料}$；29300 为标准煤低位发热量，$kJ/kg_{燃料}$。

煅烧 1kg 熟料所消耗的标准煤(一般以热值为 7000kcal/km 的煤为标准煤)的数量。主要用以比较各厂煤耗，以及窑的热效率。由于标准煤和原煤发热量不同，计算时，可将实物煤耗转换为标准煤耗。

【熟料综合电耗】comprehensive electricity consumption of clinker

在统计期内生产每吨熟料的综合电力消耗，包括熟料生产各过程的电耗和生产熟料辅助过程的电耗，单位为 kWh/t。

【熟料综合煤耗】comprehensive standard coal consumption of clinker

在统计期内生产每吨熟料的燃料消耗，包括烘干原燃材料和烧成熟料消耗的燃料，单位为 kg/t。

【熟料综合能耗】comprehensive energy consumption of clinker

在统计期内用于生产目标的总综合能耗量除以熟料产量，单位为千克标准煤每吨(kg/t)。熟料生产实际消耗的能源种类，包括一次能源(原油、原煤、天然气等)，二次能源(电力、热力、焦炭等国家统计制度所规定的各种能源统计品种)及耗能工质(水、压缩空气等)所消耗的能源。其中，二次能源和耗能工质均应折算到一次能源。统计范围具体如下：生料和燃料制备、生料和燃料输送、生料预热(和分解)、熟料烧成与冷却、熟料输送、排风及收尘、控制监测等项。

【熟料烧成综合能耗】comprehensive energy consumption of clinker burning

烧成系统在标定期间内，实际消耗的各种能源实物量按规定的计算方法和单位分别折算成标准煤量的总和，单位为千克标准煤每吨(kg/t)。熟料烧成实际消耗的能源种类和统计范围与熟料综合能耗基本相同，而不包括生料和燃料制备。

【窑热效率】heat efficiency of kiln

熟料的理论热耗与实际热耗的比值。它表示窑的热利用程度。主要决定于生产方法，窑的类型及其结构、原燃料的种类及质量、水泥品种、操作管理等。

【窑热平衡】heat balance of kiln

凡引入窑以进行操作的物质所带入的热量(包括燃料化学热)，与操作后离开窑的物质所带走的热量(包括熟料形成热)和窑系统的散热损失的平衡状况。可通过热工标定数据，经整理、计算而得。编制窑的热平衡是判断生产窑的结构、操作、热工制度是否合理的重要方法，对新窑设计也有一定的指导价值。

【热工标定】parametric measurement of kiln

利用工业仪表测量和核定窑的工艺和热工参数的方法。如测量和核定风量、风温、烟气成分、生熟料化学成分、生料、熟料和燃料量、窑内物料温度及其物理、化学变化等。通过热工标定可编制物料平衡和热平衡，以考查窑的生产作业情况，判断窑的热工制度、操作、窑的结构是否合理等，为实现优质、高产、低消耗长期安全运转以及建立自动控制的数学模型提供依据。根据需要可进行单机或全系统的热工标定。

【热平衡基准】basis for heat balance

在进行热平衡计算时所依据的基准条件。在我国，热平衡计算时的温度基准 0℃，质量基准 1kg 熟料，1 个标准大气压。

【烧成系统热平衡】heat balance of firing system

在熟料烧成过程中，系统收入的热量和支出的热量相等时的平衡状态。根据已知条件如标定值或设计值，通过理论计算可以得出各项热量值。烧成系统热平衡的计算范围是从冷却机熟料出口到预热器废气出口(即包括冷却机、回转窑、分解炉和预热器系统)并考虑窑灰回窑操作的情况。

【回转窑系统热效率】heat efficiency of rotary kiln system

回转窑系统热效率指单位质量熟料的形成热与燃料(包括生料中可燃物质)燃烧放出热量的比值，以百分数表示(%)。

【物料平衡】material balance

系统收入的物料量与系统支出的物料量相等时的平衡状态。对于某个固定系统，物料平衡指进出系统的固体、液体和气体的总量的平衡。

【气体温度】gas temperature

预分解窑系统温度分布的合理与稳定，主要反映在烧成带温度、窑尾烟气温度、分解炉出口温度、一级旋风筒出口温度等几个关键位置的气体温度上。烧成带温度直接影响烧结反应的进行，也影响窑尾物料的升温与固相反应的进行。窑尾烟气温度与烧成温度、预热系统温度一起，表征窑内和窑外热力分布情况。分解炉出口气体温度表征炉内燃烧和分解状况。

【物料温度】material temperature

指水泥生产过程中不同生产阶段所处置的物料的温度，某些环节物料温度对生产控制和产品产质量有重要影响。出窑熟料温度一般在1000～1450℃之间。冷却后的熟料温度越低越好，一般波动在50～300℃。

【气体压力】gas pressure

气体压力是用来描述气体体系状态的一个重要参数。窑头及窑尾负压反映二次风入窑及窑内流体阻力的大小。而预热器各部位的负压，可以用来判断生料喂料是否正常，风机闸门是否开启以及各部位有无漏风或堵塞情况。各级旋风筒之间负压互相关联，自然平衡，通过监测预热器最上一级和最下一级旋风筒出口负压来了解预热器系统的情况。

【氧含量】oxygen content; O_2 content

气体中氧分子数与总气体分子数之间的摩尔比值，以百分数(%)表示。窑尾、分解炉出口或预热器出口气体成分反映窑内、炉内或整个系统的燃料燃烧及通风状况。燃料燃烧的要求是既不能使燃烧空气不足而产生 CO，又不能使过剩空气太多，增加热耗。一般窑尾烟气中，O_2 含量控制在 1%～3%，分解炉出口烟气中 O_2 含量控制在 3%以下。

【CO 含量】carbon oxide content; CO content

气体中一氧化碳分子数与总气体分子数之间的摩尔比值，以百分数(%)表示。燃料燃烧的要求是既不能使燃烧空气不足而产生 CO，又不能使过剩空气太多，增加热耗。在窑系统设有电收尘器时，对分解炉或最低旋风筒出口及预热器出口(或电收尘器入口)气体中可燃气体(CO、H_2)含量必须严加限制，避免在电收尘器内引起燃烧和爆炸。当预热器出口(或电收尘器入口)气体中 $CO+H_2$ 含量超过 0.2%，则发生报警。达到允许极限 0.6%时，则电收尘器高压电源自动跳闸，以防止爆炸事故，保证生产安全。

【窑余热利用】waste heat utilization of rotary kiln

又称窑的废热利用。干法窑或短的湿法窑，出窑烟气温度较高，为利用余热降低热耗，装设余热利用装置，如：用于发电的余热锅炉，用于原燃料的烘干粉磨，用于预热烘干料浆的料浆蒸发机，用于料浆喷雾烘干装置等。

7.3.3 水泥粉磨及储运

【水泥粉磨】cement grinding

将水泥熟料磨成一定颗粒组成的水泥成品的过程。硅酸盐水泥和硫铝酸盐水泥粉磨时应加入少量石膏作调凝剂。视所生产的水泥品种和等级不同，可以加入不同种类和数量的混合材。粉磨系统分开路(或开流)和闭路(或圈流)两种系统。粉磨设备多为球磨机、碾压机、辊压机及联合装置。加入混合材的，粉磨又分为同磨和分磨两种方式：前者将混合材与熟料(石膏)一起喂入磨内同时粉磨；后者则将混合材与熟料(石膏)分开粉磨然后再混合在一起，特别适合于混合材与熟料的易磨性差别大的水泥粉磨。

【水泥细度】cement fineness

即水泥的分散度。常用筛余、比表面积、颗粒平均直径、颗粒尺寸分布来表示。对水泥基材料的性质起着非常重要的作用。因此是水泥厂用来控制水泥品质的重要参数。所有铝酸盐水泥、硫铝酸盐水泥和通用水泥中硅酸盐水泥、普通硅酸盐水泥产品的细度以比表面积表示，要求不低于 300m^2/kg、但不大于 400m^2/kg。普通硅酸盐水泥、矿渣硅酸盐水泥、粉煤灰硅酸盐水泥、火山灰硅酸盐水泥、复合硅酸盐水泥的细度以 45μm 方孔筛筛余表示，不小于 5%。

【粒化高炉矿渣】granulated blast furnace slag

简称矿渣，俗称水渣。在高炉冶炼生铁时得到的以硅酸盐和硅铝酸盐为主要成分的熔融物，经淬冷成粒后所得的工业固体废渣。主要化学成分为氧化钙（CaO)、氧化硅（SiO_2）、氧化铝（Al_2O_3）等。其结构以玻璃体为主，也可能包含少量晶相。根据矿渣中碱性氧化物和酸性氧化物的质量比值，分为碱性矿渣、中性矿渣和酸性矿渣。用于制备水泥和混凝土的

矿渣的碱度系数 K 应大于 1.2，玻璃体质量分数应大于 70%。碱性矿渣具有潜在水硬胶凝性，广泛应用于建材、道路工程和化工领域。粒化高炉矿渣磨细后，用作水泥混合材和混凝土掺合料。

【粒化高炉矿渣粉】 ground granulated blast furnace slag

简称矿渣粉，以粒化高炉矿渣为主要原材料，掺加少量石膏和助磨剂磨制成一定细度的粉体材料。含有大量的活性氧化硅和活性氧化铝，具有潜在胶凝性，可通过物理激发和化学激发的方式提高其水化活性。矿渣粉掺入混凝土中可有效降低混凝土水化热峰值，延迟温峰出现时间；优化混凝土孔结构，提高其抗渗性和抗冻性；使混凝土早期强度偏低，后期强度增长迅速。主要用作混凝土矿物掺合料。

【钢渣粉】 steel slag powder

由转炉钢渣或电炉钢渣为主要原材料，经磁选除铁处理后粉磨达到一定细度的粉体材料。钢渣粉颗粒细，具有潜在水化活性，可与碱反应生成水化硅酸钙凝胶。主要用作水泥混合材和混凝土矿物掺合料。

【钢铁渣粉】 steel iron slag powder

以钢渣和粒化高炉矿渣为主要原材料，按一定比例(钢渣的比例为 20%～50%，粒化高炉矿渣的比例为 50%～80%)制成的粉体材料。主要矿物组成包括硅酸三钙、硅酸二钙、黄长石和尖晶石等。钢铁渣粉具有潜在水化活性。主要用作水泥混合材和混凝土矿物掺合料。

【水淬锰渣】 water quenched manganese slag

水淬锰渣是锰铁合金、硅锰合金在高炉冶炼过程中由高温炉渣经水淬急冷形成的疏松颗粒。表面呈深棕色，含硫较多时呈绿色。主要化学成分为 Al_2O_3、CaO、MnO、Fe_2O_3 等，矿物及其相对含量均与矿渣类似。由于是锰铁合金的副产物，含 MnO 较多。碱度系数为 1.09，属于偏碱性矿渣。质量系数为 1.71，具有一定水硬活性。可作为水泥混合材和混凝土掺合料。

【锰铁矿渣】 ferromanganese blast furnace slag

锰铁矿渣是高炉矿渣中的一种，是冶炼锰铁时所排放的炉渣经淬冷处理而成的粒化高炉矿渣。锰铁矿渣中碱性氧化物(CaO+MgO)及酸性氧化物(SiO_2 + Al_2O_3)的比值在 1.3 左右，可归于碱性矿渣，其 MnO 含量比铁矿渣高。具有潜在水硬性和火山灰性，可以用作水泥混合材和混凝土掺合料，但是掺量一般不宜超过 35%。还可用于生产灰渣砖和小型空心砌块或用作混凝土粗细骨料与路基材料等。

【锰渣微粉】 ferromanganese slag powder

锰铁矿渣经烘干、机械粉磨、干筛等工序制备成微粉。含有粒径在 10μm 以下的细小多孔颗粒，具有较高的吸水率。

【电解锰渣】 electrolytic manganese slag

电解锰渣是以碳酸锰矿为原料采用电解法生产金属锰过程中产生的滤渣。其外观为黑色稀糊状，风干后呈块状。主要矿物相为石英、二水石膏、莫来石及赤铁矿。在低温下无水化活性和胶凝性，经一定温度处理使其中的二水石膏转成无水石膏后，具有较好的活性。可作水泥的混合材及混凝土掺合料，还可用于生产灰渣砖和小型空心砌块。

【硅锰渣】 silicon manganese slag

硅锰渣是铁合金厂冶炼锰铁时排放的一种含锰量较高的副产品，经水淬成疏松的浅绿色颗粒。碱度系数为 0.4～0.6，含 20%～50% 氧化钙(CaO)与 30%～50%氧化硅(SiO_2)，以及 5%～23%氧化铝(Al_2O_3)。C_2S 含量在 75%以上，其余则为尖晶石类矿物和锰酸钙。活性较低，可用作复合水泥混合材，还可用于生产灰渣砖和小型空心砌砖等。

【铬铁渣】 ferrochrome slag

铬铁渣(水淬精炼铬铁渣)是铁合金厂冶炼铬铁时排出的一种废渣。一般呈灰黑色，部分呈暗绿色和铁锈红色，其质地坚硬，不易破碎。铬铁渣主要由 SiO_2、MgO 和 Al_2O_3 组成。主要矿物相有镁铝尖晶石、镁橄榄石、玻璃相、金属珠、钙镁橄榄石和铬尖晶石等，其中尖晶石相是主要矿相。铬铁渣中六价的铬具有较大的毒性，因此必须经过回收进行无害化处理才能够排放。铬铁渣可用于生产耐火材料、造渣剂或用于水泥混合材及铺路材料。

【硅灰】silica fume

又称微硅粉或凝聚硅灰。它是冶炼硅铁合金和工业硅时通过烟道排出，收集得到的以无定形二氧化硅为主要成分的粉体材料。呈灰色或灰白色，颗粒极细，小于1μm的占80%以上，平均粒径仅为0.1～0.3μm，比表面积为20～28m^2/g。二氧化硅含量在85%～96%，以玻璃态存在，具有很高的活性。掺入混凝土中，可提高混凝土拌合物的黏聚性和保水性。与水泥水化产物$Ca(OH)_2$反应生成的水化硅酸钙凝胶可填充水泥颗粒间的空隙，改善混凝土的孔结构、界面结构及粘结力，从而不仅提高混凝土强度，还显著改善混凝土的抗渗性、抗冻性，具有抑制碱-骨料反应的作用。

【磷渣】phosphorus slag

又称为粒化电炉磷渣。是指在用电炉法生产或制取黄磷时，所得到的以硅酸钙为主要成分的熔融物，经淬冷形成的颗粒状物质。主要成分是CaO和SiO_2，两者的总含量在80%以上，SiO_2/CaO在0.7～1.0之间。通常为黄白色或灰白色，含磷较高时，呈灰黑色。含有氟、磷等微量组分。用作水泥熟料煅烧时的矿化剂，能改善生料易烧性，提高熟料质量；作为水泥混合材制成的低熟料磷渣水泥，具有水化热低、后期强度稳定增长、抗侵蚀能力强的特点；粉磨而成的磷渣粉作为混凝土掺合料时，能降低混凝土的水化热和绝热温升，提高混凝土的强度和耐久性。

【煤矸石】coal gangue

是指采煤过程和洗煤过程中所排放的固体废弃物。原是在成煤过程中与煤层伴生的一种含碳量低、比煤坚硬的黑灰色岩石。其包括巷道掘进时的掘进矸石，采煤过程中从顶板、底板及夹层里采出的矸石以及洗煤过程中挑出的洗矸石。SiO_2、Al_2O_3、Fe_2O_3的总含量在80%以上，本质上是一种天然的黏土质材料。可用作水泥熟料的原材料；经过低温煅烧或自燃后得到的煅烧煤矸石含有大量无定形的硅铝质物质，具有火山灰特性，可用作水泥的混合材和混凝土的掺合料。还可用于制作砖、砌块等建筑材料。

【火山灰质材料】pozzolanic materials

天然的和人工的以氧化硅、氧化铝为主要成分的矿物质材料，本身磨细加水拌和并不硬化，但与气硬性石灰混合后，再加水拌和，则不但能在空气中硬化，而且能在水中继续硬化的材料。可作为水泥混合材使用，也可作为混凝土掺合料，改善水泥和混凝土性能。

【火山灰】volcanic ash

参见6.1.2【火山灰】。

【粉煤灰】fly ash

煤粉在锅炉中燃烧后，从排出的烟气中收集得到的细灰。是燃煤电厂排出的主要固体废物。化学成分主要为SiO_2和Al_2O_3以及少量FeO、Fe_2O_3、CaO、TiO_2等，结构主要为非晶态，外观为灰白色粉末。颗粒多为球形，粒径范围为0.5～300μm。以含钙量10%为界限，分为低钙粉煤灰和高钙粉煤灰。粉煤灰的活性取决于可溶性的SiO_2、Al_2O_3和玻璃体含量。粉煤灰可作为硅铝质原料生产水泥熟料、烧结砖、蒸压加气混凝土、泡沫混凝土、烧结或非烧结陶粒；可用作水泥活性混合材和混凝土掺合料；可用作铺筑道路，构筑坝体，建设港口，回填煤矿塌陷区及矿井；从中分选出的漂珠、微珠可用作保温材料、耐火材料、塑料和橡胶填料。

【低钙粉煤灰】low calcium fly ash

氧化钙含量低于10%的粉煤灰，一般由无烟煤、沥青质煤燃烧得到。低钙粉煤灰广泛用作水泥混合材或混凝土掺合料。

【石灰石粉】limestone powder

石灰岩经机械粉磨加工后的小于0.16mm的微细颗粒，主要矿物为方解石($CaCO_3$)。目前已广泛用作普通硅酸盐水泥、复合硅酸盐水泥的混合材和混凝土的掺合料。作为水泥混合材，可增加水泥产量，降低能耗，节约资源和能源，减少环境污染等；作为混凝土掺合料可以改善拌合物的工作性，降低需水量，降低水化热，提高早期强度，抑制混凝土收缩，改善混凝土的性能。

【散装水泥】bulk cement

从水泥库到使用地点，不用纸袋包装，而

以专用的运输工具和设施装运的水泥。这种方式可以提高劳动生产率，改善劳动条件。特别为大型混凝土工程以及水泥制品企业的机械化提供了良好的条件，同时可以节约大量的包装用纸和包装费用，降低水泥生产成本。

【袋装水泥】sack cement；cement in sack

从水泥库到使用地点，以袋包装形式进行储存、运输、交易的水泥。包装袋分为纸袋、覆膜塑编袋、复合袋。容量规格一般分为50kg和25kg。更大容量的规格为1000kg，相应的包装形式称为散装袋(bulk bag)，俗称吨袋。

7.3.4 设施及设备

【预均化堆场】preblend pile；prehomogenizing stockpile

原料在粉磨前的储存过程中，预先将原料成分进行均化的堆场。在预均化堆场中，通过水平分层堆放和垂直切割的方法，可以使原料成分得到均化。原料用架空胶带输送机，或用沿堆场侧面行走的可以升降的胶带输送机进行堆料。取料设备有桥式切割耙取料机、斗轮式取料机等。现代化水泥厂预均化堆场通常采用矩形和圆形两种布置形式。

【库】silo

物料在循环过程中被暂时地固定、贮存的场所称为库。在水泥生产过程中，为了保证生产工艺的顺利进行，对松散物料，如破碎的石灰石、水泥生料、水泥熟料，不同品种的水泥和混合材(粉煤灰，粒化高炉矿渣)等进行必要的贮存。对于粉状松散物料，如水泥生料、水泥成品、粉煤和粉磨矿渣等几乎全用圆筒库贮存。这种类型的筒库，还可配置充气底板，对有均化要求的粉料进行空气均化，并且可以进行自动操作。

【生料库】raw meal silo

又称生料均化库，是使出磨生料在入窑前得到进一步均化，减小各种成分的波动，以保证入窑生料质量的场所。生料的均化分为气力均化和机械均化。气力均化是通过空气搅拌使物料混合；机械均化是利用生料自身的重力作用切割料层，并通过机械混合。常见的气力均化有间歇式均化库、连续式均化库；机械均化有多库搭配和机械倒库等。

【板式输送机】pan conveyor

又称盘式输送机，一种适合高温物料输送的输送机，由头部驱动装置，尾部回转换向装置、根据实际需要装在头尾两装置间排成一直线的多点进出料装置，由中间支架支撑连接各相邻装置的上下两层双轨水平输送轨道，以及装在轨道上与头部驱动装置中的回转链条连接的料盘等组件构成。煅烧后的熟料进入窑头箅冷机系统进行熟料冷却，再经盘式输送机输送到熟料储库。盘式输送机是能够同时进行水平或倾斜输送的连续输送设备，适用于输送粒径为50mm左右的干燥粒状物料。

【斗式输送机】bucket conveyor

又称斗式提升机。是一种以摩擦驱动或者齿链传动方式带动位于牵引链或牵引带上的料斗来垂直或倾斜输送物料的设备。适用于冶金、矿山、建筑、化工、食品、粮食等行业一定粒度、块度的物料和粉料的输送。它包括有驱动装置(含逆止装置)、壳体(包括水平段、改向段、垂直段)及位于壳体内的牵引链或牵引带、料斗、头轮和尾轮，在壳体的两端设有加料段和卸料段，料斗的两侧通过连接环分别与两根平行的牵引链或料斗直接与牵引带相连接。

【带式输送机】belt conveyor

是一种摩擦驱动以连续方式运输物料的机械。可以将物料在一定的输送线上，从最初的供料点到最终的卸料点间形成一种物料的输送流程。主要由两个端点滚筒及紧套其上的闭合输送带组成。带动输送带转动的滚筒称为驱动滚筒(传动滚筒)；另一个仅用于改变输送带运动方向的滚筒称为改向滚筒。驱动滚筒由电动机通过减速器驱动，输送带依靠驱动滚筒与输送带之间的摩擦力拖动。驱动滚筒一般都装在卸料端，以增大牵引力，有利于拖动。物料由喂料端喂入，落在转动的输送带上，依靠输送带摩擦带动运送到卸料端卸出。它既可以进行碎散物料的输送，也可以进行成件物品的输送。

【螺旋气力输送系统】screw type conveying pneumatic system

螺旋气力输送系统，又称螺旋泵(或 Fuller 泵)。其工作原理为：置于料斗内的物料由于重力而进入料斗，而后被螺旋叶片推入圆筒内，随后被送至垂直于螺旋中心线的右侧或左侧，物料在向前输送的过程中逐步被压实，物料的密度在螺杆的末端与止回阀阀面之间的空间内进一步增大，压实的物料可阻止管道内的高压气体进入料斗，从而形成了料封作用。经过止回阀的物料进入流态化腔，物料被压缩空气流态化后进入输送管道，而后被送走。

【螺旋输送单元】screw conveyor unit

螺旋输送单元又称螺旋输送机，是一种封闭管内利用旋转连续螺旋叶片带推送物料的输送机械，主要用于输送水泥、粉煤灰、矿粉等粉状、微粒状等散状物料，不宜输送黏性大、易结块、纤维等原料。螺旋输送机在输送形式上分为有轴螺旋输送机和无轴螺旋输送机两种，在外形上分为U形螺旋输送机和管式螺旋输送机。有轴螺旋输送机适用于无黏性的干粉物料和小颗粒物料(水泥、粉煤灰、石灰等)，而无轴螺旋输送机适合输送黏性的和易缠绕的物料。

【料仓】bin；bunker；hopper

又称料斗，是各种松散物料的贮存设备，料仓在生产过程中具有如下功能：贮存、输送物料的作用，以保证生产的连续性；在许多化工过程中，料仓常兼作反应釜，料仓起到对贮存物料均化的作用，也起到对物料脱水的作用。

【破碎机】crusher

破碎物料的机械设备。硅酸盐工业中常用的破碎机有：颚式破碎机、锤式破碎机、反(冲)击式破碎机、锥式破碎机、辊式破碎机等。参见 6.2【破碎】。

【立式离心磨】vertical centrifugal mill

有一固定的立式圆筒，立轴带动圆盘和叶片作高速旋转，叶片带动钢球沿着筒体内衬滚动，钢球因高速回转产生很大离心力将加入的物料滚压磨细。磨细的物料通过圆盘与筒体之间隙(2～3mm)而从下部端盖排料孔卸出，如附图所示。与球磨机相比，这种磨机具有设备体积小、质量轻、生产能力高、构造简单、便于制造、动力消耗小、粉磨效率高等优点。缺点是内衬和叶片磨损较快，钢球磨损不均匀，工作时筒体易发热等。

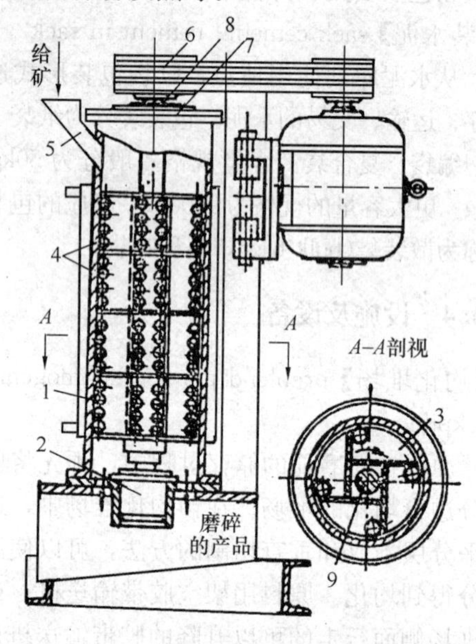

立式离心磨

1—筒体；2—下端盖；3—圆盘；4—衬套；5—给矿；6—皮带；7—端盖；8—轴承；9—轴

【喷射磨】jet mill

利用高速喷射的气流使细粒物料互相冲击和摩擦而达到细粉碎的一种超细磨设备。没有转动部件，一般用压缩空气(或蒸汽)作高速喷射的流体，其生产能力约为空压机能力的 2.2～2.3 次方。常用的有气流磨、水平喷射磨等几种形式。

【气流磨】air-stream mill

又名气流粉碎机。是一种利用高速气流(100～180m/s)粉碎物料的设备。粉碎室为圆筒形，有 4～5 个喷嘴将压缩空气(5～7kg/cm^2)沿圆周的切线方向喷入。由粉碎室上方加入的粗物料(粒度在 6mm 以下)随气流回旋，互相撞击而粉碎。细料从中心排料管排出用离心分离器收集，细度可达 5μm 以下。由于不用研磨体，可保持物料的纯度。适用于粉碎氧化铝、玛瑙之类坚硬的脆性物料。

【风扫磨】air-swept mill

粉磨过程中，磨细的物料随气流排出磨外的磨机。为了保证磨机内已磨细的产品及时排出并进行分级，配置了抽风机、选粉机、分离器等辅助设备，这些设备与磨机构成闭路循环粉磨系统。风扫磨适用于干法粉磨生料及煤等，若通入热气体，此磨则兼烘干作业。风扫煤磨的磨内风速达 1m/s 以上，风扫生料磨则风速更高。风扫磨有风扫钢球磨、气落磨和风扫中速磨等几种。风扫钢球磨的结构、粉磨原理和球磨基本相同。风扫中速磨主要有辊式磨、立式离心磨等，它们的主轴转速在 50～100 转/min。

【烘干磨】dryer mill

同时烘干和粉磨物料的磨机。水泥工业中常用的烘干磨有中卸烘干磨、风扫磨以及干式自磨等。其主要优点是不会由于物料水分的波动而大幅影响磨机的产量，尤其是南方多雨地区，改用烘干磨研磨生料，能稳定生产，提高产量。入磨气流温度约 350～500℃。

【开路粉磨系统】open-circuit grinding system

被磨物料一次通过磨机即成为合格产品的粉磨流程。在开路粉磨时，磨内物料容易造成过细粉磨现象从而降低磨的效率，但粉磨产品中含有较多的微细粉末，对某些工业产品是有利的。开路粉磨的优点是流程简单，附属设备少，投资省，维护容易。

【闭路粉磨系统】closed-circuit grinding system

又称圈流粉磨。被磨物料经过磨机粉磨后，进入选粉机(湿法用分级机)进行分选，选出合格的细粉和粗粉，粗粉再回流入磨进行重新粉磨的流程。在闭路粉磨系统中，物料在磨内流速快，粉磨物料及时地被排出磨外，减少了过细粉磨的现象，因而提高了磨机的粉磨效率。产品的细度可由选粉机进行调节，控制方便，产品的颗粒也比较均匀。但流程比较复杂，附属设备多，维修工作量较大，投资也较高。在水泥生产中，一般干法生产生料和粉磨水泥，多采用这种系统。

【辊压机】roller press

由两个相向同步转动的挤压辊组成的粉碎设备。物料从两辊上方给入，被挤压辊连续带入辊间，受到 50～100MPa 的高压作用，变成密实的料饼从机下排出。物料在挤压过程中，除产生一定比例的细粒成品外，还能在颗粒的内部，产生大量裂纹，改善易磨性。辊压机的主要特点：(1)在水泥粉磨系统中装备辊压机，可使原有粉磨设备的生产能力得以提高，一般可提高产量 30%～40%，总能耗可降低 10%～40%，也可自成系统，节能幅度更大。(2)结构紧凑、质量轻、体积小，对于相同生产能力要求的粉磨系统，装备辊压机可显著节省投资。(3)结构简单，占用空间小，操作维修较方便。(4)辊压机与其他粉磨设备相比，粉尘少，噪声低，工作环境有较大的改善。

【选粉机】air separator; classifier

选粉机是水泥工业生产中闭路循环干法粉磨系统的一个重要组成设备，它的作用在于及时将小于一定粒径的细粉作为成品选出，防止细粉在磨机内粘球和起缓冲作用，减少过粉磨现象，从而提高磨机的粉磨效率。同时，能减少或消除成品中大于一定粒径的粗粉，调节成品细度，保证产品质量。根据其作用原理和构造上的不同，可分为离心式、旋风式、蜗流旋风式、笼式和双传动选粉机等形式。还可按是否带回转部件，分为静态选粉机和动态选粉机。

【包装机】packing machine

用机械方法把定量的水泥装入纸袋内的设备。按照结构分为固定式和回转式包装机两类，回转式又分为 6 嘴、10 嘴、12 嘴和 14 嘴等多种规格。这种包装机的劳动生产率很高，但结构复杂，造价高。固定式包装机分为螺旋式和叶轮式两类，前者属于单嘴简易包装机。叶轮包装机分为单嘴、双嘴和四嘴三种规格，其工作原理：水泥由受料斗经分格喂料器连续送入小仓内，再经底部叶轮，迫使水泥经包装嘴而装入纸袋。

7.4 水泥物理化学性能检测

【细度】fineness

粉状物料的粗细程度。它是水泥的重要品质指标之一。常以标准筛的筛余百分数或比表面积表示，亦可以颗粒大小的百分组成或单位质量物料的平均直径表示。水泥颗粒细，早期强度发挥快，泌水性小，但干缩较大。

【粒度】particle size

参见 2.1.1【粒度】。

【比表面积】specific surface area

参见 1.3.2【比表面积】。

【抗压强度】compressive strength

材料或构件在压力作用下达到破坏时单位面积上所能承受的最大应力。常用 MPa 表示。测定结果与所用试体形状与尺寸有关。因此标准测试方法必须规定统一的试体形状与尺寸。水泥的抗压强度测试是依据国家标准 GB/T 17671 所规定的方法进行。

【轴向抗拉强度】axial tensile strength

材料或构件在轴向拉力作用下达到破裂时单位面积上所能承受的最大应力。常用 MPa 表示。水泥混凝土是一种脆性材料，其抗拉强度远小于抗压强度。

【抗折强度】modulus of rupture in bending; bending strength; flexural strength

材料或构件在承受弯曲时达到破裂时单位面积上的最大应力。常用 MPa 表示。水泥的抗折强度测试是依据国家标准 GB/T 17671 所规定的方法进行。

【含水率】percentage of moisture content

材料中所含水分与其质量或体积之比，以百分率表示。所含水分质量与材料湿重之比称为相对含水率(或湿基含水率)，与干重之比称为绝对含水率(或干基含水率)，与其体积之比称为体积含水率。材料含水率大小对其物理力学性能影响很大。

【泌水性】bleeding

又称析水性。从水泥浆中泌出部分拌和水的性能。与水泥品种、细度、化学成分等有关。泌水性的测定常以水泥浆泌水前后体积之差占泌水前原体积的百分数表示。

【耐热性】heat resistance

材料承受热作用的能力。水泥水化的主要产物氢氧化钙、水化硅酸钙、水化铝酸钙等在受热时将脱水分解，破坏水泥浆体的内部结构，导致强度下降。但在 250℃以下，由于水化凝胶体的脱水及氢氧化钙的加速结晶，强度反而有所提高。温度再升高时，强度随之降低。温度越高，强度降低越甚。直至完全破坏。周期受热时，使已脱水分解的产物遇到空气中的水分再次水化，产生膨胀应力，使强度降低更厉害。耐热性与水泥品种有关。

【水泥强度等级】strength grading of cement

根据标准强度检验方法所测得的 28d 龄期的水泥胶砂抗压强度划分的等级。目前，硅酸盐水泥的强度等级分为 42.5、42.5R、52.5、52.5R、62.5、62.5R；普通硅酸盐水泥的强度等级分为 42.5、42.5R、52.5、52.5R；矿渣硅酸盐水泥、火山灰硅酸盐水泥及粉煤灰硅酸盐水泥的强度等级分为 32.5、32.5R、42.5、42.5R、52.5、52.5R；复合硅酸盐水泥的强度等级分为 42.5、42.5R、52.5、52.5R。

【熟料表观密度】bulk density of clinker; volume weight of clinker; unit weight of clinker

指水泥熟料在自然状态下(包含空隙)，单位容积内熟料的质量，常用单位是 kg/m^3。

【熟料升重】liter weight of clinker

一定粒度熟料 1 升的质量。通常回转窑熟料筛取 5～7mm 的颗粒，在半升容器内测定，以 g/L(克/升)表示。它是衡量熟料煅烧质量常用指标之一。升重太低，说明熟料欠烧；太高，说明熟料过烧。硅酸盐水泥熟料控制指标因各厂条件而异，一般在 1100～1600g/L。

【熟料强度】clinker strength

以用受测熟料制成的水泥的强度来表达。对硅酸盐水泥来说，制成的水泥应为国家标准

GB 175 中的 P·I型。具体来说，将水泥熟料在 ϕ500mm×500mm 标准小磨中与二水石膏一起磨细至比表面积 350±10m^2/kg，80μm 筛余不大于 4%。

【碱性系数】alkaline coefficient

矿渣中碱性氧化物含量(%)与酸性氧化物含量(%)之比，即：

$$碱性系数\ K = \frac{CaO\ 含量 + MgO\ 含量}{SiO_2\ 含量 + Al_2O_3\ 含量}$$

根据碱性系数，将矿渣分为三类：$K>1$，称为碱性矿渣；$K=1$，称为中性矿渣；$K<1$，称为酸性矿渣。

【活性系数】activity coefficient

指矿渣中 Al_2O_3 含量(%)与 SiO_2 含量(%)之比，即：

$$活性系数 = \frac{Al_2O_3\ 含量}{SiO_2\ 含量}$$

【质量系数】quality coefficient

矿渣的活性组分与低(非)活性组分的比值，我国按下式计算：

$$K = \frac{W_{CaO} + W_{MgO} + W_{Al_2O_3}}{W_{SiO_2} + W_{TiO_2} + W_{MnO}}$$

式中：K 为矿渣的质量系数；W_{CaO} 为矿渣中氧化钙的质量分数(%)；W_{MgO} 为矿渣中氧化镁的质量分数(%)；$W_{Al_2O_3}$ 为矿渣中三氧化二铝的质量分数(%)；W_{SiO_2} 为矿渣中二氧化硅的质量分数(%)；W_{TiO_2} 为矿渣中二氧化钛的质量分数(%)；W_{MnO} 为矿渣中氧化亚锰的质量分数(%)。

【活性指数】activity index

用混合材取代 50%水泥前后胶砂抗压强度之比，以百分数表示。采用水泥强度试验用标准砂，胶砂比为 1∶3，水胶比为 0.50。分别测定对比胶砂和试验胶砂的 7d、28d 抗压强度，根据公式计算得到 7d、28d 活性指数：

$$H = \frac{R}{R_0} \times 100$$

式中：H 为活性指数，单位为百分数(%)；R 为试验胶砂规定龄期的抗压强度，单位为兆帕(MPa)；R_0 为对比胶砂规定龄期的抗压强度，单位为兆帕(MPa)。

【玻璃体含量】vitreous content

粉煤灰、矿渣等掺合料中玻璃体质量占总质量的百分比。

【标准筛】standard sieve

测定物料细度或粒度时所用的具有标准规格的筛子。细物料所用筛子为金属丝编织而成的方孔筛；粗物料所用筛子为金属板圆孔筛。进行粒度分级时，可根据要求的粒度范围，采用同一组筛孔尺寸不同的标准筛。标准筛筛号以筛孔尺寸来表示。

【筛析法】sieve analysis

测定粉状或颗粒状物料的细度或粒度的一种方法，也可用于物料粒度的分级。用一定质量的物料置于一定孔径的标准筛上筛分，然后称量残留筛上的物料，以百分数表示。物料的筛析法有干法和湿法。干筛法采用干燥物料，置于筛中，用人工或机械振动筛，称量各孔径的标准筛上筛余物质量。湿筛法用一定水压的洁净水，在指定孔径的标准筛的筛面上冲刷物料，再将筛余物烘干称重。

【颗粒组成】particle size composition; partile size distribution

又称颗粒级配。不同细度或粒度的颗粒在粉状或粒状物料总量的质量百分比。测试方法有筛析法、显微镜观察法、沉降法、空气离析法、浊度计法等。以筛析法和沉降法用得较多。

【级配曲线】grading curve

又称筛分曲线。粉状或粒状物料经过筛分析后，以各号筛上的累计筛余百分数为纵坐标，以筛孔尺寸为横坐标绘成的曲线。

【透气法】air permeability method

测定粉状物料比表面积的常用方法。我国国家标准中测定水泥的比表面积即用此方法。使一定容量的空气，流经具有一定孔隙率和一定面积、厚度的试料层，这时，因试料细度不同而产生不同阻力，从而引起流速的变化，以此来计算物料的比表面积。试料越细，空气流过的阻力越大，气流的速度越慢，所测得的比表面积也越大。透气法在同一原理下有多种仪器和方法，国际上用得较多的是勃氏(Blaine)透气法。

【勃氏透气法】Blaine air permeability method

测定粉状物料比表面积的透气法的一种，是测定水泥细度的 ISO 标准方法。由美国勃莱恩(R. L. Blaine)于 1943 年提出。

【空气离析法】air elutriation

借助气流分离粉状物料来测定其颗粒组成的方法。用一定速度的空气流吹扬粉状物料，当大颗粒的重力超过风力时，即与小颗粒分离。先后几次用不同速度的气流吹扬，可使其按颗粒大小分级，从而计算颗粒组成。

【沉降法】sedimentation analysis

测定粉状物料颗粒组成的一种常用方法。同一密度的物料在流体介质中呈悬浮状态时，因颗粒大小的不同，使其沉降速度不同而进行分级。按流体介质的不同，有空气离析法和液体沉降法；按测定方式的不同，分为直接称重的沉积天平法、光透过的浊度计法、吸出分级物烘干称重的移液沉降法，以及悬浮液比重不同的比重计法等。还有通过离心力加速流体中悬浮颗粒沉降的离心沉降法。

【光扫描比浊法】scanning turbidimetry

测定粉状物料颗粒组成的一种方法。原理与浊度计相同。用平行于液面的细光束，沿深度方向快速扫描整个悬浮液，检测出不同深度上的因颗粒浓度不同而产生不同的透射光强度，从而测得粉状物料的颗粒组成。

【水泥净浆标准稠度】normal consistency for cement paste

为使水泥凝结时间、体积安定性等的测定结果具有可比性、水泥净浆在一定测试方法下达到的统一规定的稠度。一般用维卡仪试杆或改装的试锥在水泥净浆中自由下沉的深度来表示。

【凝结时间】setting time

水泥从加水拌和开始到失去可塑性、有一定结构强度的固体状态所需的时间。分初凝时间和终凝时间。前者对应水泥浆体失去流动能力的状态；后者对应水泥浆体完全失去可塑性，有一定结构强度的状态。我国用维卡仪测定水泥的凝结时间。硅酸盐水泥初凝时间不小于 45min，终凝时间不大于 390min；普通硅酸盐水泥、矿渣硅酸盐水泥、火山灰质硅酸盐水泥、粉煤灰硅酸盐水泥和复合硅酸盐水泥初凝时间不小于 45min，终凝时间不大于 600min。

【初凝时间】initial setting time

水泥浆体失去流动能力开始凝结，即为达到初凝状态。由水泥加入规定水量至初凝状态的时间为水泥的初凝时间，用 min 来表示。

【终凝时间】final setting time

水泥浆体完全失去可塑性，有一定结构强度，即为达到终凝状态。由水泥加入规定水量至终凝状态的时间为水泥的终凝时间，用 min 来表示。

【维卡仪】Vicat needle

19 世纪初，法国人维卡(L. J. Vicat)所设计而为国际上普遍用于测定水泥净浆标准稠度用水量和凝结时间的仪器。用一定质量和直径的试杆加压加入一定水量的水泥浆表面，试杆沉入深度达到规定值时的加水量即为水泥浆标准稠度用水量。用一定质量和直径的试针加压调整到标准稠度的水泥浆表面，测定试针自由沉入水泥净浆的深度确定水泥的凝结时间。

【吉尔摩仪】Gillmore needle

测定水泥初凝和终凝时间的一种仪器。由两个大小和质量不同的金属球与指针组成。小球针测初凝，大球针测终凝。均以球针不能沉入试饼并在试饼表面不再显出明显痕迹时计算凝结时间。

【假凝】false set

水泥加水拌和几分钟后发生的一种不正常的快凝现象。假凝时不明显放热。出现假凝后如不再加水而继续搅拌，仍可恢复塑性，且以后强度并不明显降低。一般认为主要是水泥粉磨时温度过高，使石膏部分脱水变成易溶的晶型(如半水石膏)。当水泥加水拌和时，立即形成硫酸钙的过饱和溶液，析出粗大的板条状二水石膏晶体，使水泥浆失去可塑性，造成假凝。此外，熟料的物理化学性质对水泥假凝也有一定影响。

【瞬凝】flash set

水泥加水拌和后立即发生的一种不正常的快凝现象。瞬凝时放出大量的热，迅速结硬。

瞬凝的发生是由于水泥中未掺石膏缓凝剂；或因水泥熟料中铝酸三钙含量过多，铁铝酸四钙过低，加水后迅速形成铝酸盐水化物所致。

【水泥体积安定性】soundness

简称安定性。它反映水泥浆在硬化后因体积膨胀不均匀而变形的情况。是评定水泥质量的重要指标之一，是保证混凝土工程质量的必要条件。造成水泥不安定是由于水泥中存在过量的游离氧化钙、游离氧化镁或硫酸盐所致。各国水泥标准中均规定有安定性测定的标准方法和安定性合格与否的标准。最常用的有试饼法、雷氏夹法。

【试饼法】pat test

检验熟料中游离氧化钙含量影响水泥体积安定性的常用方法之一。主要是利用加温沸煮，促使熟料中游离氧化钙迅速水化，根据试饼是否平整和开裂，判断水泥体积安定性是否合格。

【雷氏夹法】Le Chateller soundness test

检验熟料中游离氧化钙含量影响水泥体积安定性的常用方法之一。采用法国人雷·霞特里(Le Chatelier)所设计的雷氏夹。将标准稠度的水泥净浆填满雷氏夹的圆柱环中，经常温养护及沸煮一定时间后，促使熟料中游离氧化钙迅速水化，测定雷氏夹两根指针针尖距离的变化，以判断水泥体积安定性是否合格。

【流动度】fluidity

表示水泥浆、砂浆或混凝土混合料流动性的一种技术指标。对水泥而言，在一定加水量下，水泥浆流动度的大小决定了水泥需水性。一般都用截头锥筒填满物料后，放置在跳桌上，除去锥筒，经一定落差和一定次数的振动后，测得的浆体的扩展直径表示。

【龄期】age

水泥胶砂或混凝土试块，从加水拌和成型时起，经过养护，到进行性能测试为止的一段时间，在水泥或混凝土规定的性能测试方法中，都指定有若干个龄期，如 3d、7d、28d 等，从而掌握性能的增进规律。

【软练胶砂强度试验法】plastic mortar strength test

简称软练法。用塑性水泥胶砂按规定操作程序测试水泥强度的方法。其特点是用水灰比较大(一般为 0.40～0.60)的胶砂经手捣或振动成型。由于此法接近塑性混凝土的实际情况，并且操作简单，所以国际上用得比较普遍。我国国家标准 GB/T 17671 也规定用此法测定水泥胶砂强度。

【水泥强度快速测试法】accelerated test for cement strength

在短期内预测水泥强度的方法。水泥强度一般须经 28d 龄期才能最后确定。为了及时控制水泥质量，保证水泥合理使用，可用快速方法预测水泥强度。常用方法有蒸养法、红外线法、化学法等，也可以从早期强度测试结果按强度增进规律推算。这些方法一般只需 1～3d 就能鉴定水泥强度，但各种方法的准确性都有一定局限。

【标准砂】standard sand

按标准方法测试水泥胶砂强度时所用的具有规定颗粒级配和化学成分的洁净石英砂。

【国际水泥强度测试法】ISO method for cement strength test

又称为 RILEM-CEMBUREAU 法。国际标准化组织(ISO)推荐的一个“水泥塑性胶砂抗压和抗折强度试验法”(R679)。此法采用标准砂，0.5 水灰比，1∶3 灰砂比，按一定程序成型、养护至规定龄期。先做抗折强度试验，再将折断的两个试体分别做抗压强度试验。

【水化热直接测定法】adiabatic determination of heat of hydration

在周围温度保持不变的情况下，直接用量热计测定水泥水化热的方法。

【水化热间接测定法】indirect method for determining heat of hydration

用未经水化的水泥与水化一定龄期的水泥，分别在一定浓度的硝酸和氢氟酸的混合酸中溶解，从所得的溶解热之差，来计算水泥在该龄期的水化热的方法。其原理是依据热化学的盖斯定律，即化学反应的热效应只决定于体系的初态与末态，而与反应进行的途径无关。

间接法适于测定水泥长龄期的水化热。

【绝热量热计】adiabatic calorimeter

一种与周围环境不出现热交换，即在绝热条件下测定水泥胶砂或混凝土凝结硬化时温度升高的装置。用自动加热的方法使量热计内外温升速率完全相同。测定结果可与大体积混凝土中的实际情况接近，但不适于测定较长龄期的温度上升。

【耐蚀性】chemical resistance

水泥抵抗气体、水、酸、碱或各种化学介质侵蚀的能力，可分为耐水性、耐酸性与耐碱性。

8 混凝土与制品

8.1 基本概念

【混凝土】concrete

由胶结料(有机的、无机的或有机-无机复合的)、骨料以及必要时加入的化学外加剂和矿物掺合料组分合理组成的混合料，或经硬化后形成具有堆聚结构的复合材料。普通混凝土是以胶凝材料、水、细骨料、粗骨料，需要时掺入外加剂和矿物掺合料，按适当比例配合，经过均匀拌制、密实成型及养护硬化而成的人工石材。混凝土按表观密度可分为重混凝土、普通混凝土、轻质混凝土；按强度分为超高强混凝土、高强混凝土和普通混凝土；按生产及施工工艺分为离心混凝土、真空混凝土、灌浆混凝土、喷射混凝土、碾压混凝土、挤压混凝土等；按配筋方式分为素混凝土、钢筋混凝土、纤维混凝土和预应力混凝土；按掺合料分为粉煤灰混凝土、硅灰混凝土和矿渣混凝土等。混凝土因原材料资源比较丰富、生产成本相对较低、材性好以及与其他材料(钢筋、纤维、树脂等)复合能力强等优点而成为当代用量最大、用途最广的土木工程结构材料。

【新拌混凝土】fresh concrete

混凝土的各组成材料按一定的比例搅拌均匀、尚未凝结的拌合物称为新拌混凝土。又称混凝土混合料、混凝土拌合物，简称混合料。具有塑性、黏性和弹性，其流变特性接近于宾汉姆(Bingham)体，主要与所用原材料和配合比相关。

【硬化混凝土】hardened concrete

新拌混凝土的硬化体称为硬化混凝土。主要性能有抗压强度、抗拉强度以及耐久性等。

【钢筋混凝土】reinforced concrete

工程上常简称为钢筋砼或钢混，是指通过在混凝土中加入钢筋、钢筋网、钢丝或钢绞线而构成的一种组合材料。两者共同工作从而改善混凝土抗拉强度不足的力学性质，为混凝土加固的一种最常见形式。

【混凝土结构】concrete structure

以混凝土材料为主，并根据需要配置和添加钢筋、钢骨、钢管、预应力钢筋和各种纤维形成的结构，包括素混凝土结构、钢筋混凝土结构和预应力混凝土结构等。

【硅酸盐混凝土料浆】silicate concrete slurry

通常指具有一定细度与级配的固体颗粒(胶凝材料、硅质材料等)与水及功能外加剂(引气剂、稳泡剂等)混合而成的浆状悬浊体系，具有适当的流动性和体积稳定性。常用于浇注成型轻质多孔混凝土建筑材料。

【矿物掺合料】mineral admixture

又称矿物外掺料，简称掺合料。为了改善混凝土性能，节约水泥用量，调节混凝土强度等级，在混凝土拌和时掺入天然的或人工的粉状矿物质。矿物掺合料已成为混凝土的第六组分。掺合料可分为活性掺合料和非活性掺合料。活性矿物掺合料本身不硬化或者硬化速度很慢，但能与水泥水化生成的氢氧化钙起反应，生成具有胶凝能力的水化产物，如粉煤灰、粒化高炉矿渣粉、沸石粉、硅灰等。非活性矿物掺合料基本或根本不与水泥组分起反应，如石灰石、磨细石英砂等材料。与矿物掺合料相关的内容参见 7.3.3 节。

【混凝土混合料】concrete mixture

参见本节【新拌混凝土】。

【工作性】workability

又称和易性。指材料易于各工序施工操作并能获得质量均匀、成型密实的性能。包括新拌水泥混凝土的流动性、黏聚性、保水性，及耐火材料的耐火度、荷重软化温度、热稳定性和体积稳定性等。

【混凝土流动性】concrete fluidity

混凝土混合料在自重或机械振捣力作用下，能产生流动并均匀、密实地填满模板中各个角落的性能。流动性好的混凝土操作方便，易于捣实、成型，不致出现蜂窝、麻面等现象。但流动性过大，对混凝土的密实性、均匀性和强度都有不良影响。

【黏聚性】cohesion

黏聚性是指新拌混凝土的组成材料之间有一定的黏聚力，在施工过程中不致发生分层和离析现象的性能。黏聚性反映混凝土拌合物的均匀性。若混凝土拌合物黏聚性不好，则混凝土中骨料与水泥浆容易分离，造成混凝土不均匀，振捣后会出现蜂窝和空洞等现象。

【保水性】water retentiveness

材料保持水分的能力。与泌水性是同一性能的相反提法。

【吸水性】water absorption

材料吸水的能力。以质量吸水率、体积吸水率或面积吸水率(毛细孔吸水率)表示，即绝干材料饱水后增加的质量与绝干材料的质量、体积或对应面积的百分率。与气孔结构有关。对材料的物理力学性能有很大影响。

【气密性】air tightness

材料阻止气体渗透的能力。与所用水泥品种、混合材料的性质、骨料级配、水灰比、水泥用量、混凝土的浇捣方法、养护龄期和养护条件等有关。

【离析】segregation

混凝土拌合物成分相互分离，造成内部组成和结构不均匀的现象。这是由于混合料组分中的固体粒子大小、密度不同而发生不同的运动和位移引起的。通常表现为两种形式：(1)粗骨料比细骨料更易沿着斜面下滑或在模内下沉。(2)流动性大的混合料中，稀水泥浆从混合料中淌出。离析会使混凝土的结构不均匀和失去连续性，导致混凝土产生蜂窝、麻面、浮浆、裂缝等缺陷，选择适宜的配合比和注意施工操作可减少这种现象的发生。

【混凝土分层】concrete layering

流动性混凝土混合料在运输、浇灌、成型过程中，不能保持其原有的均质稳定状态而产生层状离析的现象。主要由于混凝土各组成材料粒度及密度不同，它们受重力及外力作用时相继沉降而引起的，分为外分层与内分层。如混合料成型时过度振捣会使砂浆或水泥浆上浮及离心混凝土在离心力作用下发生水泥浆、砂浆向内壁离析而分层等。

【泌水】bleeding

经过浇灌捣实的混凝土，在凝结之前其表面分泌出水分的现象。主要是由混合料的沉降作用引起的。其中密度较大的粗骨料在沉降后形成骨架，砂和水泥等因沉降而填入骨架之中，而水分则部分地被分泌出来，就形成了泌水，也称为混凝土的水分离析。泌水会削弱水泥浆与骨料和钢筋的粘结力，降低混凝土的强度。混凝土的配料不恰当、流动性过大或振捣过量都容易产生泌水现象。

【混凝土成熟度】concrete maturity

说明混凝土强度随时间和温度而发展的程度。通常以混凝土养护时温度与所经历时间的乘积(度时积)表示，单位为℃h。该指标大小取决于水泥性质、混凝土质量和养护制度，只有在混凝土养护时的初始温度为16～27℃，养护过程中不失水时，强度才与成熟度的对数呈线性关系。可利用它来估计混凝土的强度。

【自愈合】self-healing

又称自修复，指混凝土出现裂缝后，外界水分进入裂缝与未水化颗粒发生水化反应，使混凝土能自我修复裂缝且性能得到一定程度恢复的能力。另一种是混凝土内部的氢氧化钙外迁后碳化沉淀形成的碳酸钙，沉积填补裂缝。

【密实度】compactness

又称紧密度。材料体积内固体物质充实的程度。按下式计算：$D=(V/V_0)\times100\%$，或$D=(\rho_0/\rho)\times100\%$，式中：$D$为密实度；$V$为绝对体积；$V_0$为表观体积；$\rho$、$\rho_0$分别为材料的密度、表观密度。含有孔隙的固体材料的密实度小于1。它与材料的技术性能如强度、耐久性、抗冻性、导热性等都有密切关系。

8.2 品种及制品

8.2.1 砂浆

【砂浆】mortar

属于细骨料混凝土，由一定比例的胶凝材料(水泥、石灰、石膏等)或胶结材料(聚合物)、细骨料和水组成的建筑材料。有时掺有其他组分。按所用胶凝材料或胶结材料，可分为水泥砂浆、石灰砂浆、水泥石灰混合砂浆、石膏砂浆、沥青砂浆、聚合物砂浆、聚合物水泥砂浆等。按用途分为普通砂浆和特种砂浆，前者包括普通砌筑砂浆、普通抹面砂浆等，后者包括专用砌筑砂浆、专用抹面砂浆、粘结砂浆、防水砂浆、勾缝砂浆、修补砂浆、保温砂浆、装饰砂浆等。按配制方式分为现场配制砂浆和厂制砂浆。广泛用于建筑物新建和修缮。

【湿拌砂浆】wet-mixed mortar

将水泥、细骨料、外加剂和水以及根据性能确定的各种组分，按一定比例，在搅拌站经计量、拌制后，采用搅拌运输车运至使用地点，放入专用容器储存，并在规定时间内使用完毕的砂浆拌合物。

【干混砂浆】dry-mixed mortar

是经干燥筛分处理的细骨料与胶凝材料，以及根据需要掺入的保水增稠材料、化学外加剂、矿物掺合料或其他组分按一定比例在专业生产厂混合而成的干态混合物，其在施工地点按规定比例加水或配套液体拌和后使用。按储运形式分为散装和袋装(包括吨袋)两种。按照用途，分为普通干混砂浆和特种干混砂浆，前者包括干混砌筑砂浆、抹灰砂浆等，后者主要是工程上对性能有特殊要求的砂浆，如粘结砂浆、填缝砂浆、保温砂浆、防水砂浆、饰面砂浆、修补砂浆，几乎囊括所有的砂浆品种。与现场配制砂浆相比，具有性能可控、品质稳定、使用便捷、大幅度降低施工现场环境污染等特点。

【石灰砂浆】lime mortar

由石灰膏或磨细生石灰粉作胶凝材料拌制的砂浆。适用于砌筑强度要求不高、处于干燥环境的砌体，或用于抹灰工程。

【石膏砂浆】gypsum mortar

以建筑石膏为主要原料，掺入适量外加剂制成的砂浆，可用于石膏砌体砌筑、砂浆打底或净浆罩面，对外墙内侧、分户墙及顶棚具有一定调湿和节能的作用。

【水玻璃砂浆】sodium silicate mortar

由普通砂浆引入适量水玻璃制备而成。水玻璃砂浆凝结硬化快，抗渗、抗侵蚀性较好，可应用于水工、防渗堵漏等工程。

【水泥砂浆】cement mortar

由水泥、砂加水按适当比例调制而成的砂浆。一般适用于砌筑潮湿环境或水中的砌体、强度要求较高的砌体，以及湿度较大的房间墙面及地面抹灰，也可用于制作薄壁制品。

【混合砂浆】composite mortar

一般由水泥、石膏或石灰膏、砂子加水拌和而成，用于地面以上的砌体。由于混合砂浆中加入了石灰膏或黏土膏，延缓了凝结时间，改善了和易性，操作起来比较方便，有利于砌体密实度和工效的提高。掺入石膏或石灰膏等混合材料后，节约了水泥，并改善了砂浆的塑性，但其抗冻性、耐水性有所降低。常以所用胶凝材料命名，如水泥石灰砂浆、水泥黏土砂浆、石灰黏土砂浆等，适用于不同要求的砌筑和抹灰工程。

【水泥粉煤灰混合砂浆】cement-fly ash composite mortar

以水泥与粉煤灰按一定配比组成的胶凝材料，配以砂子、功能性外加剂等加水拌和而成的砂浆。水泥粉煤灰混合砂浆具有良好的和易性，随龄期的增长砂浆强度也随之增长，具有良好的使用效益。

【水泥石灰混合砂浆】cement-lime composite mortar

以水泥与石灰粉按一定配比组成的胶凝材料，配以砂子、功能性外加剂等加水拌和而成的砂浆。

【聚合物砂浆】polymer mortar

由骨料和有机聚合物搅拌而成的砂浆。粘结强度高，可用作粘贴、修补、饰面材料等。

【聚合物水泥砂浆】polymer-cement mortar

由水泥、骨料和可以分散在水中的有机聚合物搅拌而成的砂浆。聚合物可以是由一种单体聚合而成的均聚物，也可以由两种或更多的单聚体聚合而成的共聚物。聚合物水泥砂浆具有防水抗渗效果好、柔韧性高、粘结强度高、抗腐蚀能力强等优点。常用来制备粘贴、嵌缝、灌浆、饰面、防水、防渗、防裂、修补等功能性特种砂浆。

【环氧砂浆】epoxy mortar

聚合物砂浆的一种。以环氧树脂为主剂，配以促进剂等一系列助剂，经混合固化后形成一种高强度、高粘结力的固结体。具有优异的抗渗、抗冻、耐盐、耐碱、耐弱酸腐蚀性能及修补加固性能。

【碱激发胶凝材料砂浆】alkali-actived cementitious material mortar

以碱激发胶凝材料作为胶凝材料的砂浆。碱激发胶凝材料主要由具一定急冷热历史的含铝硅酸盐煅烧天然矿物或工业废渣(偏高岭土、矿渣、粉煤灰、钢渣等)和碱激发剂组成。碱激发胶凝材料具有良好的抗化学侵蚀性能，对钢筋有良好保护作用。但碱激发胶凝材料耐久性和体积稳定性受到很多因素影响，还有待明确。

【水泥乳化沥青砂浆】cement emulsified asphalt mortar

又称CA砂浆。一种由水泥、乳化沥青、细骨料、水和多种外加剂等原材料组成，经水泥水化硬化与沥青破乳胶结共同作用而形成的一种复合材料。结合了乳化沥青与水泥两种材料的特点，其刚度和强度比普通沥青混凝土高，比水泥混凝土低。主要应用于高铁CRTS型板式无砟轨道。

【纤维增强砂浆】fiber reinforced mortar

以砂浆为基体，以纤维(多以纤维素纤维、抗碱玻璃纤维等)作为增强组分制得的复合材料。主要用于增强砂浆的韧性、抗裂性能。

【嵌缝砂浆】sealing mortar

由优质石英砂、水泥、高聚物、功能性添加剂(包括颜料)加水拌和而成的砂浆。具有柔韧性好、粘结强度高、耐冻融、抗老化等特点，适用于瓷砖、石材等饰面材料的填缝。

【支座砂浆】bearing mortar

以合理级配的高强度骨料、高强水泥为胶凝材料，通过引入多种功能性外加剂、掺合料等配比得到的砂浆。一般具有自流平、高早强、高强、无收缩、施工方便等特性，同时需满足完工后表面光滑平整、不开裂、不剥落等要求。常用于铁路桥梁支座安装。

【预应力压浆料】prestressed pressure slurry

专用于后张法预应力管(孔)压浆施工的由优质水泥基材料配制而成的材料。压浆料具有优异的流动性，浆体稳定，充盈度好，凝结时间可调，无收缩、微膨胀，强度高，不含对钢筋有害物质等特点。

【灌注砂浆】grouting mortar

利用自身流动性及灌注压力填充模板从而形成整体结构的砂浆。灌注砂浆一般具有较好的流动性、保水性、浸透性。

【界面处理砂浆】interface treating mortar

俗称界面剂，是既能牢固地粘结基层，又能很好地被新的砂浆粘结覆盖，具有双向亲和性的砂浆。能封闭基材的空隙，减少墙体的吸收性，可阻缓、降低轻质砌体抽吸覆面砂浆内水分，保证覆面砂浆材料在更佳条件下粘结胶凝。

【无砟轨道砂浆】ballastless track slurry

应用于无砟轨道铺设用砂浆，如CA砂浆。砂浆主要作用是支承轨道板，确保轨道能够承受荷载并有一定弹性；填充轨道板与混凝土底座之间的空隙，保证轨道的平稳，同时调整施工误差；当下部结构发生变形或破坏时，可以进行修补。

【自流平砂浆】self-leveling mortar

以无机或有机胶凝材料为基料，加入适宜的骨料、填料以及外加剂等组成的，在新拌状态下具有较高流动性可进行自动找平的地面用砂浆。具有非常好的流动性、自光滑能力，快速凝固和干燥的特性，高抗压强度和良好的耐磨损性。使地板材料在数小时后就可以施工，与各种基底粘合牢固，并且具有低收缩率。它可以在不平的基底上使用，提供一个合适、平整、光滑和坚固的铺垫底层。

【快硬砂浆】rapid-hardening mortar

由特种水泥、砂、水、外加剂等按一定配比混合而成。既要有优良的和易性，又要有较高的小时强度，以满足快速修补的需要。一般应用于快速修补工程。

【抗裂砂浆】anti-crack mortar

由聚合物和外加剂制成的抗裂剂、水泥和砂按一定比例制成的，能满足一定变形而保持不开裂的砂浆。抗拉程度高、易施工、抗冷冻。主要用于外墙外保温或内保温层面、聚苯板、挤塑板等外层面的封面。

【防水砂浆】waterproof mortar

参见 14.2.5【防水砂浆】。

【防火砂浆】fire resistance mortar

含有膨胀蛭石、空心玻璃微珠或膨胀珍珠岩等骨料有防火性能的特种砂浆。

【防辐射砂浆】anti-radiation mortar

通过引入对射线有阻隔作用的防辐射填料制得的一种特种砂浆。防辐射填料包括重晶石、铅粉、钨酸铅等。防辐射砂浆具有应用广泛、综合经济效益好等优势。

【保温砂浆】thermal insulation mortar

由轻质骨料和无机胶凝材料或高聚物混合而成的，用于构筑建筑表面保温层的一种建筑材料。

【膨胀玻化微珠砂浆】expansion glass bead mortar

以膨胀玻化微珠、胶凝材料、添加剂等均匀混合而成的轻质砂浆或保温砂浆。具有保温隔热、防火耐老化性能。

【硫磺耐酸砂浆】acid proof sulphur mortar

以硫磺为胶凝材料，以聚硫橡胶为增韧剂，掺入耐酸材料和细骨料，经加热熬制而成的砂浆。密实度好、强度高、硬化快。能耐大多数无机酸、中性盐和酸性盐，不耐浓度 5% 以上的硝酸、强碱及有机溶液。耐磨性、耐火性差，性质较脆，易出现裂纹和起鼓，不宜用于温度高于 90℃以上接触明火、冷热交替频繁、温度急剧变化和直接承受撞击的部位，或用作两层嵌缝材料。可用于粘结块材和灌注管道接口等。

8.2.2 混凝土

【普通混凝土】ordinary concrete

以水泥为主要胶凝材料，与水、砂、石，必要时掺入化学外加剂和矿物掺合料，按适当比例配合，经过均匀搅拌、密实成型及养护硬化而成的人造石材。干表观密度约为 2100～2400kg/m^3，常用强度等级是 C20～C60。原材料丰富，成本低，具有良好的可塑性，高强度，耐久性好，自重大，是一种脆性材料，可用钢筋增强。它是目前应用最广泛的混凝土。

【高性能混凝土】high performance concrete

是在普通混凝土的基础上采用现代技术制作，具有高工作性、高耐久性、高体积稳定性的混凝土。

【轻质混凝土】lightweight concrete

又称轻骨料混凝土，是由轻质骨料配制而成的干表观密度不大于 1950kg/m^3 的混凝土。若粗细骨料全是轻质材料，称为全轻骨料混凝土。若粗骨料为轻质，细骨料部分或全部采用普通砂，则称为砂轻混凝土。其自重轻，保温隔热性、抗火性、隔声性、抗震性、耐久性及综合经济效益好。一般用于钢与混凝土组合结构的桥面、中等跨径的 T 梁与箱梁、大跨径连续梁与连续钢构及斜拉桥的梁体，还可用于高层建筑和道路工程中。

【重混凝土】heavy concrete

含高密度骨料，表观密度大于 2800kg/m^3 的混凝土。通常用特别密实和特别重的骨料，如重晶石、铁矿石、钢屑等和锶水泥、钡水泥共同配制防辐射混凝土。具有不透 X 射线和 γ 射线的性能，主要作为核工程的屏蔽结构材料。

【碱矿渣混凝土】alkali activated slag concrete

以碱矿渣水泥和粗、细骨料加水拌和制成的混凝土。碱矿渣混凝土具有硬化快、强度高、水化热低、孔结构优良、抗渗性及抗冻性好、抗化学侵蚀能力强等优点。可应用于抢险、大体积混凝土、海洋等工程中。

【湿碾矿渣混凝土】slag slurry concrete

又称活化矿渣混凝土。水淬矿渣加适量石灰、石膏或水泥在轮碾机上加水湿碾、成型、养护而成。抗压强度 10～20MPa，抗渗性好。可用在混凝土和钢筋混凝土预制构件和现浇工程。可以充分利用工业废渣，但生产效率低。

【粉煤灰混凝土】fly ash concrete

以粉煤灰、水泥和粗、细骨料、外加剂等加水拌和制成的混凝土。

【石灰石粉混凝土】limestone powder concrete

用石灰石粉作为掺合料与水泥、粗细骨料、外加剂等加水拌和制成的混凝土。石灰石粉在混凝土中，可发挥微细填料的作用，改善混凝土体系的微细颗粒级配组成，减少新拌混凝土的泌水和离析，改善其和易性，可有效降低混凝土的用水量，同时节约粉煤灰等掺合料的用量。一般划分为 15 个强度等级，C10～C80。

【三合土混凝土】lime-sand-clay concrete

用石灰、黏土和细砂相混夯实而成的混凝土，一般应用于夯墙、地坪、地基土和渠道防渗等。

【菱苦土混凝土】magnesite concrete

以天然菱镁矿为原料，在 800～850℃温度下煅烧而成的细粉状氧化镁用卤水(氯化镁水溶液)和砂拌制而成的混凝土，称为菱苦土混凝土。其强度高、硬化快，主要用来铺设地面，制作通风管道及人造大理石等，但其制品可能出现吸潮、返卤、变形及强度降低等问题。

【沥青混凝土】asphalt concrete

用沥青材料与石子、砂子和矿渣微粉，经适当的配合、拌匀、压实而成的密实混合物。未压实前称沥青混凝土混合料，简称沥青混合料。按沥青材料种类分石油沥青混凝土、煤沥青混凝土、乳化沥青混凝土等；按所用粒料的粒径分粗粒式、中粒式、细粒式、砂粒式等沥青混凝土；按骨料级配分密级配、开级配、半开级配，或连续级配、间断级配等沥青混凝土；按拌制和施工工艺分热拌热铺、热拌冷铺、冷拌冷铺等沥青混凝土。一般要求具有足够的强度、稳定性和耐久性。主要用于沥青混凝土路面，也用作耐酸、耐碱和防爆车间的地面材料。

【纤维增强沥青混凝土】fiber reinforced asphalt concrete

由均匀分散的纤维与沥青混凝土的拌合料组成的一种功能复合材料。与一般混凝土相比，其抗拉、抗折强度都有所提高，尤其是抗冲击和抗爆性能显著提高。比较常用的是钢纤维增强沥青混凝土。主要应用于道路等工程中。

【聚合物混凝土】polymer concrete

(1)混凝土聚合物复合材料的统称。包括聚合物浸渍混凝土(PIC)、聚合物水泥混凝土(PCC)和聚合物混凝土(PC)。聚合物在混凝土中起胶结、改性和增强作用。聚合物混凝土与普通混凝土相比，具有抗拉强度高，韧性高，粘结力强，耐酸、耐磨性能好等优点。(2)专指单独用聚合物作胶结材料的混凝土。

【硫磺混凝土】sulfur concrete

以改性硫磺为胶结料，经熔融后与粗、细骨料拌合或浇注于粗骨料中，待冷却后便形成整体的热塑性复合材料。它具有快硬高强、抗疲劳与抗冻性能好、耐化学腐蚀性能好的特点。其成型方法有浇注成型法和机械搅拌成型法两种。可应用于存储侵蚀性化合物的储液池、海洋工程、公路、桥梁、机场跑道和停机坪等。

【硅酸盐混凝土】calcium silicate concrete

以石灰等钙质材料和硅质材料为胶结材，用水热处理方法制成的混凝土。因主要胶凝物质为水化硅酸盐得名。用河砂、山砂、尾矿粉等结晶态硅质材料时，常需蒸压养护；用粉煤灰、炉渣、矿渣等含无定型氧化硅的硅质材料时，常用普通蒸汽养护。可制成含重质(或轻质)粗、细骨料或无粗骨料的密实混凝土，也可以制成多孔混凝土。品种繁多，常以原材料命名，如灰砂硅酸盐混凝土、石灰粉煤灰硅酸盐混凝土等。

【露石混凝土】exposed aggregate concrete

通过一定的工艺，以粗骨料外露为装饰造型的混凝土。在混凝土硬化之前，将外层的砂浆洗去，露出粗骨料，从而达到装饰的目的。

【碎石混凝土】gravel concrete

以碎石作为粗骨料形成骨架的混凝土。碎石棱角多、表面粗糙度大、与水泥粘结性能好。碎石配制的混凝土流动性较差，但是硬化后强度较高。

【卵石混凝土】pebble concrete

以卵石为粗骨料形成骨架的混凝土。卵石形状较为规则，多为圆形或椭圆形、表面较圆滑、与水泥粘结性能较差。用卵石配制的混凝土流动性较好，但硬化强度偏低。

【浮石混凝土】pumice concrete

以轻质的浮石为骨料的混凝土。适用于制作保温或结构保温轻骨料混凝土砌块或其他构件。

【天然砂混凝土】natural sand concrete

由天然砂与胶凝材料、粗骨料、水、外加剂等混合拌制的混凝土。天然砂分为河砂、海砂和山砂，根据天然砂的组成，天然砂混凝土可以分为河砂混凝土、海砂混凝土和山砂混凝土等。其中海砂混凝土是指海砂取代或部分取代天然砂，与其他混凝土材料浇筑用料混合而成的混凝土。由于海砂中会含有氯离子，因此使用范围有所限制。当采用海砂配制钢筋混凝土时，海砂中氯离子含量应不大于 0.06%(以干砂的百分率计)；而对于预应力钢筋混凝土时，则不许采用海砂，使用后容易加速风化的速度，使建筑物的耐用时间大大缩短并伴随着一定的危险。

【机制砂混凝土】manufactured sand concrete

参见本节【人工砂混凝土】。

【人工砂混凝土】artificial sand concrete

又称机制砂混凝土，是指用机制砂取代天然砂拌制的混凝土。机制砂是指机械破碎、筛分制得的粒径小于 4.75mm 的岩石颗粒，但不包括软质岩、风化岩石的颗粒。目前机制砂基本为中粗砂，细度模数在 2.6～3.6 之间。其优点是可利用各种废弃资源，颗粒级配稳定、可调，含有一定量的石粉；缺点是粒型多样、比表面积大、需水量大。

【轻骨料混凝土】light aggregate concrete

又称轻集料混凝土。轻混凝土的一种。以轻骨料作为粗骨料制备得到的混凝土，细骨料视性能要求可用轻质陶砂，也可以用普通砂或者不用细骨料做成的大孔混凝土。轻骨料混凝土按骨料可分为天然轻骨料混凝土、人造轻骨料混凝土和工业废料轻骨料混凝土；按用途分为保温轻骨料混凝土、结构保温轻骨料混凝土和结构轻骨料混凝土；按细骨料品种分为全轻混凝土和砂轻混凝土。

【全轻混凝土】light concrete

用轻粗骨料、轻砂、水泥和水配制而成的轻骨料混凝土。如浮石全轻混凝土、陶粒陶砂全轻混凝土等。按其干表观密度可分七个等级，密度在 560～1350kg/m^3 之间。通常全轻混凝土的密度越低，其保温性能越好，但强度越低。主要应用于建筑地面的保温隔热，用于建筑地面保温工程中的全轻混凝土强度等级可划分为 LC5.0、LC7.5、LC10 和 LC15 四个等级。

【砂轻混凝土】sand lightweight concrete

用轻粗骨料、普通砂（或部分普通砂与部分轻砂）、水泥和水配制而成的轻骨料混凝土。如粉煤灰陶粒砂轻混凝土、黏土陶粒砂轻混凝土等。

【保温轻骨料混凝土】thermal insulation lightweight aggregate concrete

又称保温轻集料混凝土。是一种掺加轻骨料成型的干密度较小、内部结构存在一定量气孔的混凝土，属于保温隔热材料的范畴，能够阻止或减少与外界发生热交换，适用于保温围护结构或热工构筑。

【结构轻骨料混凝土】structural lightweight aggregate concrete

又称结构轻集料混凝土。由轻骨料混凝土制成的结构构件，适用于承重的混凝土结构、构件或构筑物的轻骨料混凝土。

【陶粒混凝土】ceramsite concrete

用陶粒作骨料配制成的混凝土。一般按陶

粒品种命名，如粉煤灰陶粒混凝土、黏土陶粒混凝土、页岩陶粒混凝土等；也有按其特殊性能命名的，如超轻陶粒混凝土、高强陶粒混凝土等。

【膨胀矿渣混凝土】expanded slag concrete

由膨胀矿渣配制成的轻骨料混凝土。由于膨胀矿渣外表多孔，水泥用量较高，与同等水泥用量的其他人造轻骨料混凝土相比，拌合物的工作性较差，抗压强度较低，收缩率较大，其性能与天然轻骨料混凝土相近。主要用于制作建筑砌块。

【膨胀珍珠岩混凝土】expanded perlite concrete

以膨胀珍珠岩砂作细骨料，膨胀珍珠岩碎石(或陶粒、浮石等)作粗骨料，水泥为胶凝材料的轻混凝土。体积密度 1100～1500kg/m^3，保温隔热、吸声性能和热稳定性较好。常用于外墙板、低温装置的基础等，也可以配制轻质耐火混凝土用于工业窑炉。

【炉渣混凝土】cinder concrete

以炉(煤)渣为骨料，用石灰(或掺少量水泥)加水拌制而成的轻混凝土。常用作地面及屋面的垫层。

【铁屑混凝土】iron-aggregate concrete

又称钢屑混凝土。用除油污后的钢屑作为一部分骨料，再和水泥、砂、石共同配制而成。不用粗骨料的称为钢屑水泥砂浆或铁屑水泥砂浆。钢屑混凝土有较高的抗压强度、耐磨性和导热性。主要用作耐磨地面、筒仓的衬里和楼梯踏步等。

【再生骨料混凝土】recycled aggregate concrete

以废弃混凝土、废弃砖块、废弃砂浆或废弃陶瓷等分拣、清洗、破碎、筛分等处理后完全取代或部分取代一般骨料，加入水泥砂浆拌制而成的混凝土。可降低建筑原材料的消耗，促进固体废弃物的循环利用，保护生态环境；与天然骨料相比，孔隙率大、吸水性强、强度较低。

【活性粉末混凝土】reactive powder concrete

以一定级配的细砂为骨料，掺入大量硅灰等超细矿物掺合料、高效减水剂及微细钢纤维等制备的混凝土。活性粉末混凝土具有超高强度、高韧性、高耐久性等优点。主要应用于桥梁等建筑工程。

【素混凝土】plain concrete

又称无筋混凝土。无增强材料的水泥混凝土。广泛应用于基础、地坪、垫层等，也包括配筋量不符合钢筋混凝土定义的混凝土。

【钢管混凝土】steel tube concrete

钢管与核心混凝土组合而成的结构材料。把混凝土灌入钢管中并捣实，可加大钢管的强度和刚度；在压力作用下，钢管和混凝土间产生相互作用的紧箍力，使核心混凝土处于有利的三向受压工作状态，提高其抗压强度。能充分利用两种材料的性能，构件的强度高，延性好，不需用模板，可节约大量水泥。一般地，把混凝土强度等级在 C50 以下的钢管混凝土称为普通钢管混凝土；混凝土强度等级在 C60 以上的钢管混凝土称为钢管高强混凝土；混凝土强度等级在 C100 以上的钢管混凝土称为钢管超高强混凝土。钢管混凝土广泛应用于桥梁、地下铁道车站柱子、工业厂房柱子等。

【钢骨混凝土】steel reinforced concrete

在普通钢筋混凝土中配制钢骨得到的组合结构体系。钢骨一般分为实腹式与空腹式两种，有圆钢管、矩形钢管、H 型钢和十字形钢骨等。与钢筋混凝土相比，钢骨混凝土承载力高，抗震性好，施工方便；与钢结构相比，钢骨混凝土节省钢材、稳定性好、耐火、耐腐蚀性好。

【预应力钢筋混凝土】prestressed reinforced concrete

简称预应力混凝土，全称受预压应力的钢筋混凝土。通过张拉钢筋并依靠粘结力或锚具将反力传给混凝土，使其获得预压应力。其混凝土的强度等级一般不低于 C30；采用高强光面钢丝、钢绞线、热处理钢筋等作预应力筋时，不应低于 C40。要求钢筋高强度、低松弛，具有一定的可塑性和良好的可焊性。

【纤维混凝土】fiber reinforced concrete

掺入短而细的纤维制成的混凝土。纤维具有改善混凝土的脆性，提高其抗拉、抗弯强度和韧性，抗冲击和抗爆性能等效能。所用纤维主要分为两类：一类为高弹性模量的纤维，包括玻璃纤维、石棉纤维、钢纤维和碳纤维；另一类为低弹性模量的纤维，包括尼龙、聚丙烯、人造丝和植物纤维等。

【钢纤维混凝土】steel fiber reinforced concrete

在普通混凝土中掺入一定比例的短钢纤维所形成的一种多相水泥基复合材料。混凝土中的钢纤维能够有效地阻碍混凝土内部微裂缝的扩展及宏观裂缝的形成，显著地改善混凝土的抗拉、抗弯、抗冲击及抗疲劳性能，具有较好的延性。可应用于大跨度建筑物、维修加固等工程中。

【合成纤维混凝土】synthetic fiber reinforced concrete

在混凝土中掺入一定量乱向分布的合成纤维，可以抑制微裂缝的生成和发展，显著降低混凝土基体中裂缝的数量和尺度，从而具备抗裂、防渗等功能。按纤维材料的种类，合成纤维混凝土可分为聚丙烯纤维和聚丙烯腈纤维混凝土等。

【碳纤维混凝土】carbon fiber reinforced concrete；CFRC

主要由普通混凝土添加少量一定形状碳纤维或碳纤维网格布和超细添加剂(分散剂、去泡剂、早强剂等)组成的混凝土。它是一种集多种功能与结构性能为一体的复合材料。相比普通混凝土，碳纤维增强混凝土不仅抗压、抗拉强度增加，而且表现出良好的韧性，具有耐磨性、耐干缩性、抗渗性和抗化学腐蚀性能好等优点。可应用于电磁屏蔽防护、大坝、桥梁等工程。

【玻璃纤维混凝土】glass fiber reinforced concrete

在混凝土中加入玻璃纤维制成的混凝土。混凝土的韧性得到改善，抗折、抗压强度得到提高。由于水泥是一种碱性材料，玻璃纤维常因被腐蚀而降低性能，所以工程上常采用抗碱玻璃纤维代替普通玻璃纤维，用低碱度水泥代替普通水泥，如低碱度硫铝酸盐水泥。

【聚合物浸渍纤维混凝土】polymer impregnated fiber reinforced concrete

将单体浸入纤维增强混凝土的孔隙中，并在其中聚合、固化而成的水泥基复合材料。它同时发挥了聚合物和纤维各自的增强作用。与未浸渍的纤维增强混凝土相比，各项强度指标、抗渗、抗冻融、耐腐蚀等性能均有明显提高。可用作抗爆、抗冲击等结构材料。

【浸渍混凝土】impregnated concrete

将浸渍剂浸入混凝土或砂浆的孔隙，并在其中聚合固化或冷却固化而制得的高性能混凝土。按浸渍剂种类可分为：聚合物浸渍混凝土、硫磺浸渍混凝土、石蜡浸渍混凝土等。按基材可分为：浸渍素混凝土、浸渍钢筋混凝土、浸渍钢丝网水泥、浸渍纤维混凝土等。与普通混凝土相比，强度、耐蚀、抗渗、抗冻、耐磨、抗冲击等性能都有显著提高。

【聚合物浸渍混凝土】polymer impregnated concrete

亦称树脂混凝土。将聚合物或单体渗入混凝土的孔隙制得的浸渍混凝土。所用聚合物或单体种类有：苯乙烯、甲基丙烯酸甲酯、苯乙烯-不饱和聚酯树脂、苯乙烯-环氧树脂、甲基丙烯酸甲酯-不饱和聚酯树脂等。由于聚合物填充了混凝土内部的孔隙和微裂缝，提高了混凝土的密实度，增加了组分界面间的粘结力，受力时应力集中程度减小，因而其抗压强度、抗拉强度、抗折强度均较高，其耐腐蚀、抗渗、抗冻、耐磨等性能均比普通混凝土有明显提高。可作为特种工程的结构材料、海工与海洋构筑物材料，以及用作腐蚀地区的管、柱、桩、路面、桥面材料等，也可用于紧急修补路面、桥梁。

【预拌混凝土】ready-mixed concrete

指由水泥、骨料、水以及根据需要按一定比例掺入的外加剂、矿物掺合料等组分，在搅拌站经计量、拌制后，采用运输车在规定时间内运至使用地点的混凝土拌合物。

【商品混凝土】commercial concrete

指用作商业用途，例如可出售、购买的混凝土。在固定的搅拌楼配制，用混凝土运输车运送至现场再用汽车泵或地泵输送至楼面指定位置。现建筑施工大部分均使用商品混凝土。

【泵送混凝土】pumped concrete

用混凝土泵或泵车沿输送管运输和浇筑的混凝土拌合物。泵送是一种有效的混凝土拌合物输送方式，速度快、劳动力少，尤其适用于大体积混凝土和高层建筑混凝土的运输和浇筑。

【现浇混凝土】cast-in-situ concrete

在建筑物的结构部位就地浇筑、成型、养护的混凝土。

【灌浆混凝土】grouted aggregate concrete

先将骨集料铺好、振实，再向其空隙中强制注入水泥砂浆的混凝土。要求砂浆流动性好，且不易离析，通常采用一定的外加剂。用砂浆泵自下而上灌注砂浆的称为压力灌浆混凝土。适用于外形简单的厚大结构，如基础、挡土墙以及地坪、垫层等。

【喷射混凝土】spray concrete

用喷射方法施工的混凝土。施工时将水泥、砂、石和速凝剂等混合料，借助于高压气流，通过喷嘴时与水混合、喷射至施工面上。喷射混凝土分两种施工方法：(1)干喷法，即将水泥、砂、石在干燥状态下拌和均匀，用压缩空气将其和速凝剂送至喷嘴并与压力水混合后进行喷灌的方法。(2)湿喷法，将拌好的混凝土通过压浆泵送至喷嘴，再用压缩空气进行喷灌的方法。特点是硬化快，能承受早期应力，抗渗性好，与岩石的粘结力强，施工不用模板，衬砌厚度小，工程造价低，施工进度快，广泛用于公路和铁路隧道，矿山竖井和巷道的临时或永久支护。

【离心成型混凝土】spun concrete

简称离心混凝土。其成型过程是将拌合物投放于装有跑轮的模型上，构件的外形多为圆形，亦有设计为正多边形。转动模型使其产生离心力，混凝土压向模型内壁，形成空心构件。多用于制造水管、管桩、电杆等。近年已出现用离心生产的钢管空心混凝土，用于送电杆塔及建筑管柱。

【真空混凝土】vacuum concrete

指混凝土的真空作业，即在混凝土浇筑振捣完毕而尚未凝固之前，采用真空方法产生负压，作用在混凝土拌合物上，将其中多余的水分抽出来使混凝土变密实。真空作业可提高混凝土的早期强度，缩短拆模期限，提高混凝土的抗压、抗渗、抗磨、抗冻等物理力学性能，减少收缩率。设计真空混凝土配合比时，必须考虑真空处理过程中有利于混凝土的密实脱水和性能的均匀性。适用于道路、楼面、薄壳、隧道顶板、水坝、水池等结构物施工，以及混凝土构件和制品的生产。

【高抛免振捣混凝土】high dropping non-vibration concrete

利用浇筑时从高处抛落产生的动能来实现流动和密实的混凝土。具有高流动性、稳定性、抗离析性等，它是在自密实混凝土的基础上发展起来的，具有优异的施工性能。适用于钢筋密集、形状特殊、振捣困难的结构以及工期紧、静音施工的工程。

【干硬性混凝土】harsh concrete; stiff concrete

一般指水和水泥用量少，石子较多，拌合物坍落度小于 10mm 的混凝土。其硬化较快，强度较高，但必须强力振实，常用于预制构件。

【塑性混凝土】plastic concrete

混合料中水泥砂浆含量较多、坍落度为 10～90mm、流动性较好的混凝土。相当于 GB 50164 中的 S1 和 S2 级。可塑性好，多用于浇筑钢筋密集或断面狭窄的混凝土结构。比较容易浇筑、振动成型，在建筑工程中应用较为普遍。

【流动性混凝土】flowing concrete; super- plastic concrete

混凝土拌合物坍落度不低于 100mm 的混凝土。常用于钢筋集密、无法振捣的施工位置，以及楼面板、道路等快速施工位置。

【自流平混凝土】self-leveling concrete

指施工时预拌物无需振捣，靠自身重力达到自动流平、密实成型的混凝土。其特征在于混凝土流动及停放过程中不发生离析现象，具有高保水性，混凝土硬化过程表面无泌水、硬化过程不收缩，具有微膨胀性能。

【自密实混凝土】self-consolidating concrete

在自身重力作用下，能够流动、密实、填充空间，同时获得很好的均质性，并且不需要附加振动的混凝土。自密实混凝土的自密实性能主要包括流动性、抗离析性和填充性。其优点在于保证混凝土良好的密实性，提高生产效率，改善工作环境和安全性，改善混凝土的表面质量，增加结构设计的自由度等。

【大流动性混凝土】high fluidity concrete

又称高流动性混凝土混合料。指施工时的坍落度大于160mm的混凝土。主要满足于泵送施工的要求。

【快硬混凝土】rapid-hardening concrete

又称早强混凝土。在标准养护条件下1d龄期强度可达到其28d强度的40%～50%的混凝土。硬化早期强度发展较快。以选用快硬硅酸盐水泥或高强度等级的水泥，掺用早强剂，或用减水剂减小水灰比等方法加速混凝土的早期强度发展。适用于紧急工程、冬期施工及预制构件等。若用铝酸盐水泥作为胶结材，须注意其长期强度有很大的退缩，且抗冻、抗渗和耐侵蚀性均有明显减退。

【早强混凝土】high early strength concrete

经组分调整、引入早强剂等，能够在短时间内硬化的混凝土。主要应用于快速施工工程等。

【高强混凝土】high strengh concrete

又称高强度等级混凝土。通常指强度等级不低于C60的混凝土。采用优质骨料和强度不低于42.5级的水泥，并用较低的水胶比。可掺用适量的高活性掺料、早强剂、高效减水剂，或采用高频加压振捣、真空作业、离心振动辊压成型、喷射工艺，或辅以湿热处理，以及综合工艺处理，以达到提高强度的目的。适用于重载大跨度结构和高层建筑。可减小结构断面，节约材料，减轻建筑物自重以及地基和基础负荷。

【超高强混凝土】ultra high strength concrete

一般认为，通过引入高质量矿物掺合料及高性能外加剂配制的强度等级达到或超过C100的混凝土为超高强混凝土。超高强混凝土可有效减轻结构自重，提高混凝土的耐久性，减少材料用量及建筑成本等。可应用于大跨度桥梁工程、海底隧道工程等。

【自应力混凝土】self-stressing concrete

又称化学预应力混凝土。利用水泥水化过程中产生的膨胀能来张拉预应力筋，达到使混凝土产生预压应力目的的混凝土。

【膨胀混凝土】expansive concrete

用膨胀水泥或膨胀剂配制的混凝土。根据膨胀的来源可以分为补偿收缩混凝土和自应力混凝土两大类。除具有补偿收缩和产生自应力功能外，还具有抗渗性强、早期快硬、后期强度高、耐硫酸盐性能好等特点。适用于地下、防水、贮罐、路面、屋面、楼板、墙板、管道、接缝、锚固、大跨度结构与高层建筑、水利工程、海水工程、冬期施工工程、抢修工程等。

【补偿收缩混凝土】shrinkage-compensating concrete

掺入适量膨胀剂或用膨胀水泥配制的用于补偿材料硬化过程中的收缩(以干缩、冷缩为主)的混凝土。大体积混凝土掺加膨胀剂后必须严格控制混凝土的降温速率和混凝土的内外温差，如养护不好，补偿收缩混凝土会产生裂缝。适用于防渗建筑、地下建筑、液气贮罐、屋面、楼板、路面等工程，以及接缝、接头等部位。

【防水混凝土】waterproof concrete

一种具有高的抗渗性能，并达到防水要求的混凝土。防水混凝土是以调整混凝土的配合比(改善骨料级配、增加水泥用量或减少用水量)、掺外加剂或使用新品种水泥等方法提高自身的密实性、憎水性和抗渗性，使其满足抗渗压力大于0.6MPa，即抗渗等级大于等于P6级的不透水性混凝土。浇注要求均匀密实，并需要适当的湿养护，以防止干缩裂纹。抗渗性用抗渗等级(P)或渗透系数来表示，我国标准采用抗渗等级。适用于有防渗要求的地下构筑物，如水池和水塔等。

【抗渗混凝土】impermeable concrete

抗渗等级等于或大于P6级(抗渗压力为0.6MPa)的混凝土。抗渗混凝土按抗渗压力不同分为 P6、P8、P10、P12。参见本节【防水混凝土】。

【透水混凝土】pervious concrete

又称大孔混凝土、无砂混凝土，是由粗骨料、水泥和水拌制而成的一种多孔混凝土，它不含细骨料，由粗骨料表面包覆一薄层水泥浆相互粘结而形成孔穴均匀分布的蜂窝状结构，故具有透气、透水和质量轻的特点。透水混凝土可以增强道路表面透水排水能力，缓解城市的地下水位急剧下降、城市热岛效应，同时能显著改善行车条件。

【耐油混凝土】oilproof concrete

主要是指不与植物油、动物油及矿物油类发生化学反应，并能够阻止其渗透的特种混凝土。在一般机械工业生产过程中，由于传动、金属切削及研磨而流溅出来的油类，如某些矿物油或植物油等，大部分相对密度小、黏度低、渗透能力强，很容易破坏水泥与骨料之间的粘结，有的油类还含有一些偏酸类与酯类的物质，对钢筋混凝土构件的强度影响很大，因此要求在这种环境中的混凝土密实度大，抗渗透能力强，其抗渗等级均在 P8 以上，一般应为 P8～P10。耐油混凝土是向所用混凝土中掺入一定防渗掺合料，并且采用合理的级配，通过在施工和养护方面采取一些措施，成为不渗油的混凝土设施，比如石油制品储油罐或耐油地坪等。

【耐碱混凝土】alkali-resistance concrete

一种能耐强碱性介质腐蚀的混凝土。由强度等级较高的硅酸盐水泥及耐碱性能较好的石灰石、白云石、辉绿岩、花岗岩等的粉料和粗细骨料拌制而成。主要用于冶金和化学工业中受碱液腐蚀的地面、池槽等以及有较高浓度碱蒸气的室内。

【耐腐蚀混凝土】corrosion-resistant concrete

由耐腐蚀胶结剂、耐酸粉料、粗细骨料及外加剂按一定的比例，经搅拌、成型和养护而成的混凝土。耐腐蚀胶结剂是耐腐蚀混凝土最重要的组成部分，它的作用不仅能把散状的耐酸粉料和粗、细骨料胶凝结合在一起，形成具有一定性能的整体，而且其性质决定着耐腐蚀混凝土的性能。耐腐蚀胶结剂的品种很多，性能差异也较大，选用时应根据建筑物或构筑物的耐腐蚀要求、使用温度和施工方法而定，常用的有沥青、硫磺、水玻璃和树脂等。

【耐碳硫硅钙石腐蚀混凝土】thaumasite corrosion resistant concrete

指用普通硅酸盐水泥、特种矿物掺合料、耐蚀性外加剂、骨料和水拌和而成的能有效抵抗碳硫硅钙石腐蚀的混凝土，可防止混凝土因硫酸盐、碳酸盐等侵蚀而导致水化硅酸钙凝胶不断分解从而造成结构破坏，常用于碳硫硅钙石腐蚀多发地区的土建工程中。

【耐热混凝土】heat-resistant concrete

暴露于恒定或循环变化的高温中，能形成陶瓷类粘结产物而不会碎裂的混凝土。主要应用于耐火耐热工程中。

【保温混凝土】thermal insulation concrete

指覆盖在热力设备和管道的表面，能阻止或减少与外界发生热交换，减少热量耗散的具有一定物理、力学性能的特种混凝土。包括加气混凝土、泡沫混凝土、发泡混凝土等。

【防爆混凝土】explosion-proof concrete

是一种能经受冲击而不产生火花、防止周围可爆炸物发生爆炸的特种混凝土。当所配制的混凝土与金属或坚硬石块等物体发生摩擦冲击时，均不产生红灼火花或火星，不会使易燃物质引起火灾或爆炸危险。主要用于化工液体设施、铁路装卸设施地坪。

【蓄热混凝土】thermal storage concrete

向混凝土中掺入相变材料，使混凝土具有蓄热功能，是一种相变混凝土。相变材料(phase change material，PCM)是随温度变化而改变物理性质并能提供潜热的物质，蓄热混凝土就是利用相变材料的吸热和放热特性来实现蓄热功效。蓄热混凝土是太阳能热电站蓄热单元常用材料。

【导电混凝土】conductive concrete

用导电材料部分或全部取代混凝土中的普通骨料，使其具有符合规定的电性能和一定的力学性能的特种混凝土。导电混凝土既有结构材料的特点，又具有导电性和机敏特性。可应用于电工、电磁干扰屏蔽、工业防静电、电加热器、电力设备接地工程，以及重大土木基础设施的内部应力和健康状况自诊断和监测等方面。

【透光混凝土】light transmitting concrete

把适量光纤或塑料树脂以一定排列方式掺入到混凝土中制成，光线可通过光纤或塑料树脂穿过混凝土，使离这种混凝土最近的亮侧物体以鲜明的轮廓出现在暗侧上，甚至颜色保持不变。主要应用于展览馆、博物馆、歌剧院等场所。

【发光混凝土】light-emitting concrete

在成型过程中以一定的方式掺入长余辉发光材料的混凝土。在日间吸收存储太阳光，然后在夜间将发光材料存储的能量缓慢地进行释放，并且能够持续数小时，甚至十几小时。广泛应用于各种建筑室内与室外的地面、景区的装饰，如人行道、地铁通道、停车场、社区广场、园林小路等各种公用场所。

【防辐射混凝土】radiation shielding concrete

又称屏蔽混凝土或防护混凝土。采用硅酸盐水泥或水化后含结合水多的水泥（如膨胀水泥、高铝水泥等）与特重骨料或含结合水多的重骨料配制而成的混凝土，能屏蔽各种放射性射线（如 X、γ、中子射线等）。主要用于原子能反应堆、粒子加速器及其他含放射源装置上。

【电磁屏蔽混凝土】electromagnetic shielding concrete

通过引入电磁屏蔽材料对混凝土进行改性而得到的一种防护或遮挡电磁波的混凝土。电磁屏蔽材料主要有铁磁类、良导体类、复合类等，电磁屏蔽主要用来防止高频电磁场的影响，从而有效地控制电磁波从某一区域向另一区域进行辐射传播。主要作用是防止建筑内部电磁信号的泄漏和外部的电磁干扰。

【加气混凝土】aerocrete

以硅质材料（砂、粉煤灰及含硅尾矿等）和钙质材料（石灰、水泥）为主要原料，掺加发气剂（铝粉），通过配料、搅拌、浇注、预养、切割、蒸压、养护等工艺过程制成的轻质多孔硅酸盐制品。因其经发气后含有大量均匀而细小的气孔，故名加气混凝土。加气混凝土的体积密度一般为 500～900kg/m^3，孔隙达 70%～85%。加气混凝土的性能优点为：质轻、防火、隔声、保温、抗渗、环保、耐久、快捷、经济等。主要制成砌块、配筋条板等用于工业及民用建筑的屋面和墙体、大型墙板。

【引气混凝土】air-entrained concrete

外加引气剂引入大量均匀分布的微小气泡后的混凝土。混凝土混合料中掺有适量的具有表面活性的引气剂，如松香酸钠等，通过搅拌形成均匀分布的微小而稳定的气泡，可以改善混凝土混合料的工作性，减少泌水和离析，切断其中的毛细管通道，缓冲因水结冰膨胀的破坏作用，故可提高混凝土抗渗性、抗冻性和抗侵蚀性，表观密度和强度则略有降低。

【泡沫混凝土】foam concrete

又名发泡混凝土，是将化学发泡剂或物理发泡剂发泡后加入到胶凝材料、掺合料、改性剂、卤水等制成的料浆中，经混合搅拌、浇注成型、自然养护所形成的一种含有大量封闭气孔的新型轻质保温材料。它属于气泡状绝热材料，突出特点是在混凝土内部形成封闭的泡沫孔，使混凝土轻质化。泡沫混凝土砌块的密度为 200～1200kg/m^3。广泛应用于节能建筑等。

【大体积混凝土】mass concrete

混凝土结构物实体最小几何尺寸不小于 1m 的大体量混凝土，或预计会因混凝土中胶凝材料水化引起的温度变化和收缩而导致有害裂缝产生的混凝土。

【水工混凝土】hydraulic engineering concrete

指满足水工建筑结构要求的高抗裂、抗渗等性能的特种混凝土。水工混凝土主要用于水利、水电及航道港口等工程，长年暴露于大气或深埋在水中，经受日光、温度、流水及环境水等外界因素的影响和侵蚀。因此，它除要具有一般普通混凝土的性能外，还要根据其所处部位的工作条件，分别满足抗压、抗渗、抗冻、抗裂（抗拉）、抗冲耐磨、抗风化和抗侵蚀等要求。

【碾压混凝土】roller-compacted concrete

用振动碾碾压代替振捣而制得的混凝土。一般由硅酸盐水泥、火山灰质掺和料、水、外加剂、砂和分级控制的粗骨料拌制成无坍落度的干硬性混凝土。碾压混凝土坝既具有混凝土体积小、强度高、防渗性能好、坝身可溢流等特点，又具有土石坝施工程序简单、快速、经济、可使用大型通用机械的优点。

【水下混凝土】underwater concrete

水工混凝土的一种。在干处进行拌制，直接浇筑于水下结构部位并就地硬化的混凝土。其配合比与陆上混凝土基本相同，但由于受水的影响，一般会比同条件下的陆上混凝土低一个强度等级，所以应提高一个强度等级或是添加絮凝剂，强度等级一般不低于C25。浇筑方法有：混凝土泵浇筑法、导管法、柔性管法、开底吊桶法、麻袋装混凝土法、倾注法和预填骨料压浆法等。其中以混凝土泵浇筑法和导管法较好，其设备和施工比较简单，质量容易保证。

【海洋混凝土】marine concrete

又称海工混凝土。指应用于海洋工程中的混凝土，其服役环境具有高温、高盐、高湿、高辐射等特点。具备较强抗氯离子侵蚀、抗硫酸根离子侵蚀、抗热震、抗干湿循环、抗涌浪冲击等优良性能，常用于海岸工程、近海工程、海洋平台、海底构筑物等工程结构。

【水下不分散混凝土】underwater non-dispersing concrete

在普通混凝土中加入具有特定性能的抗分散剂，使之与水泥颗粒发生反应，提高其黏聚力，在水中不分散、自流平、自密实、不泌水的混凝土，可用于水下混凝土施工和建筑物的水下修补。该混凝土具有很强的抗分散性和较好的流动性，实现水下混凝土的自流平、自密实，抑制水下施工时水泥和骨料分散，并且不污染施工水域。

【植被混凝土】vegetation concrete

指将土壤基材活性化物质与水泥等材料混合拌制，从而使混凝土具备适用于植被生长条件的特种混凝土。这种混凝土抗强暴雨冲刷能力强、透气性好。植被混凝土边坡绿化技术应用于高陡岩石边坡、矿山采石场废弃地边坡、公路边坡等。

【生态混凝土】ecological concrete

通过材料筛选、添加功能性添加剂、采用特殊工艺制造出来的具有特殊结构与功能，可提高与生态环境的协调性，并能为环保作出贡献的混凝土。生态混凝土属于浇筑型的混凝土，强调的是力学结构和强度。主要用于边坡治理、路面排水、植生、净化水质、降低噪声、防菌杀菌以及阻挡电磁波等。

【生物基质混凝土】bio-substrate concrete；BSC

具有一定生态效应或特定生态功能的混凝土。这类混凝土与传统混凝土相比较，具有生物相容性和生态效应，混凝土成品可以生长生物、影响生物。其特点为水泥用量低、骨料级配单一、透水性好，使用具超强活性的生物活性菌群、有机肥、种子、土壤、保水剂等植物生长基质和植物活体材料。解决了传统水泥混凝土不能直接进行表面绿色植被恢复和绿化的问题。

【路面混凝土】pavement concrete

指用于公路、城市道路及机场道路等路面的混凝土。路面混凝土包括普通路面混凝土、钢筋路面混凝土、连续配筋路面混凝土、钢纤维路面混凝土等。

【彩色混凝土】colored concrete

由水泥、颜料、骨料、功能性外加剂等配制的经浇筑、模板压制、养护等工艺得到的具有装饰作用的混凝土。是一种防水、防滑、防腐的装饰材料，能永久呈现各种色泽、图案、质感。其表面无需任何装饰层，可明显缩短装饰表面的制作工期，难点在于原材料的选择及生产过程中对于泛碱、色差、质感的控制。适用于装饰室外、室内水泥基等材质的地面、墙面等。

【清水混凝土】fair-faced concrete

一次浇注成型得到的自然表面效果作为饰面的混凝土，一般在其表面涂一层或两层透明的保护剂。清水混凝土是不做任何外装饰的混凝土，表面平整光滑、色泽均匀、棱角分明、无碰损和污染，有利于保护环境。可应用于机场、博物馆、歌剧院和桥梁等建筑结构的外观装饰。

【装饰混凝土】decorative concrete

在普通新旧混凝土表面经过表面处理技术，制得的具有装饰效果的混凝土。装饰混凝土由基层、彩色面层、保护层构成。具有图形美观自然、色彩真实持久、质地坚固耐用等特点，可广泛应用于人行道、公园、广场、游乐场、住宅小区道路、停车场、庭院、地铁站台、游泳池等处的景观。

8.2.3 制品与构件

【混凝土管】concrete pipe

用混凝土或钢筋混凝土制作的，用于输送水、油、气等流体的管状物品。混凝土管分为素混凝土管、普通钢筋混凝土管、自应力钢筋混凝土管和预应力混凝土管四类。按管内径的不同，可分为小直径管（内径 400mm 以下）、中直径管（内径 400～1400mm）和大直径管（内径 1400mm 以上）。按管子承受水压能力不同，分为低压管和压力管，压力管的工作压力一般有 0.4、0.6、0.8、1.0、1.2MPa 等。混凝土管的成型方法有离心法、振动法、辊压法、真空作业法以及辊压、离心和振动联合作用等方法。

【开槽施工管】pipe for the notching method

用于开槽施工的混凝土排水管。

【柔性接头管】flexible joint pipe

具有一定数量的相对角变位和轴向线位移接头的混凝土排水管。

【承接口管】pipe with bell and spigot joint

为了连接管道，把管道两端制成承口与插口，然后密封接缝，称作承接口管。

【钢承口管】pipe with steel socket

俗称 F 管，一端预先埋入承插钢圈，钢圈一半埋入混凝土（沿外径），一半延伸外挑形成承口，另一端做成与钢圈相匹配的收缩变形插口，安装时以钢圈为承插连接板。

【企口管】pipe with tongue grooved joint

采用管端榫头榫舌与另一管管端榫槽卯眼吻接方式连接的管路。

【预应力混凝土管】prestressed concrete pipe

用预应力混凝土制成的压力管。管壁内配置环向与纵向预应力钢筋，具有良好的抗裂性。大口径、高压力的水泥压力管均为预应力混凝土管。生产工艺有一阶段法和三阶段法两种。

【自应力混凝土管】self-stressing concrete pipe

用自应力水泥作胶凝材料制成的混凝土压力管。有自应力钢筋混凝土管和自应力钢丝网混凝土管。利用自应力水泥在水化硬化过程中产生的膨胀能张拉钢筋或钢丝网而建立预应力。不需要专门的张拉设备。结构致密、抗渗性好，可用于输水、输油、输气。

【钢筋混凝土井管】steel reinforced concrete well pipe

垂直安装在地下并深入到含水层用以汲取地下水的混凝土管。可用纤维增强水泥、混凝土或钢筋混凝土等材料制造。用于非含水层，起加固井壁作用的称井壁管；用于含水层，起采水及滤水作用的称滤水管。滤水管管身分布有滤水孔，其孔隙率根据进水面积要求而定。根据不同的井深，要求混凝土井管具有一定的轴向抗压强度。

【混凝土管异形件】shaped concrete pipe fitting

用预应力混凝土或自应力混凝土等制造的。混凝土管道上应用的各种混凝土连接管件，如三通、四通、弯头、变径管。

【混凝土管接头】joint for concrete pipe

连接混凝土管的接头。应具有良好的密封性能，按构造形式有承插式与平口式之分。承插式管的两端分别称为承口和插口，两管连接时，在插口端套上起弹性密封作用的橡胶圈。平口式管则需采用套管、法兰等接头零件来连接，套管、法兰可用金属、钢筋混凝土等材料制成。在接头零件与管壁的间隙中以橡胶圈或密封填料连接，接头按工作性能可分为刚性接头和柔性接头两类。从管道安装、使用性能（抗震性、安全性等）与生产成本、工程造价等方面来比较，采用柔性接头为宜。

【预应力钢筒混凝土管】prestressed concrete cylinder pipe；PCCP

是由钢板、预应力钢丝、混凝土和水泥砂浆四种基本原材料在经过钢筒成型、混凝土浇筑、预应力控制技术的施加和保护层喷射等制造工艺后，构成的一种新型复合管材。根据钢筒在管芯中位置的不同，分为内衬式预应力钢筒混凝土管（PCCPL）和埋置式预应力钢筒混凝土管(PCCPE)。PCCP具有高强度、高抗渗性、高密封性等特性，广泛应用于长间隔输水干线、压力倒虹吸、城市供水工程、电厂循环水工程下水管道、压力排污干管等。

【内衬式预应力钢筒混凝土管】lining prestressed concrete cylinder pipe

由钢筒和混凝土内衬组成管芯，并在钢筒外侧缠绕环向预应力钢丝、制作水泥砂浆保护层的PCCP管。

【埋置式预应力钢筒混凝土管】embedding prestressed concrete cylinder pipe

由钢筒和钢筒内、外两侧混凝土层组成管芯，并在管芯混凝土外侧缠绕环向预应力钢丝、制作水泥砂浆保护层的PCCP管。

【纤维水泥电缆管】fiber-cement pipe for evacuation of sewerage

以高标号水泥为主要原料，加入高强高模量维尼纶、植物纤维等原料，并以高强无污染的维纶纤维作为盘材，采用电扩孔等先进工艺，通过抄取卷制而成的水泥电缆管。具有强度高（管体抗折荷载、外压荷载 10000～30000N)、耐酸碱腐蚀、耐高温(1500℃以上不变质)、散热好(热阻系数<1.0)、易切割加工等优点。所用接头是用相同类别或更高类别的电缆管管材加工制成的管道连接件。

【桩】pile

设在建筑物下部的地基中，用以增加地基承载力的基础构件。按制作方法，桩分为灌注桩和打入桩两类；按承载性状，桩分为摩擦桩和端承桩。灌入桩有砂桩、混凝土桩，采用水下混凝土灌注，形成端承桩或摩擦桩，从而达到加固地基的目的；打入桩有木桩、钢桩、预制钢筋混凝土桩等，通过将土层挤密，从而达到加固地基的目的。后者应用最广。

【打入桩】driving pile

又称沉入桩，是靠桩锤的冲击能量将预制桩打(压)入土中，使土被压挤密实，以达到加固地基的作用。所用的基桩主要为预制的钢筋混凝土桩和预应力混凝土桩。其施工方法主要有锤击沉桩、振动沉桩、射水沉桩、静力压桩以及钻孔埋置桩等。

【摩擦桩】friction pile

指桩底位于较软的土层内，其轴向荷载由桩侧摩擦阻力和桩底土反力来支承，而桩侧摩擦阻力起主要支承作用的桩。主要用于岩层埋置很深的地基，是在极限承载力状态下，桩顶荷载由桩侧阻力承受的桩。

【端承桩】end bearing pile

是上部结构荷载主要由桩端阻力承受的桩。它穿过软弱土层，打入深层坚实土壤或基岩的持力层中。打桩时主要控制最后贯入度，入土标高作参考。测量最后贯入度应在桩顶无破坏、锤击无偏心、锤的落距符合规定、桩帽和桩垫正常等情况下进行。

【混凝土灌注桩】concrete pouring pile

一种直接在现场桩位上就地成孔，然后在孔内浇筑混凝土或安放钢筋笼再浇筑混凝土而成的桩。按其成孔方法不同，可分为钻孔灌注桩、沉管灌注桩、人工挖孔和挖孔扩底灌注桩等。由于具有施工时无振动、无挤土、噪声小、宜在城市建筑物密集地区使用等优点，混凝土灌注桩在施工中得到较为广泛的应用。

【钢管混凝土桩】steel and spun concrete pile

是在薄壁钢管内灌注混凝土生产的一种混凝土桩。钢管内的混凝土增强了钢管壁的稳定性，钢管壁对内填混凝土的约束效应使混凝土处于三向受压状态，提高了桩的承载力。采用钢管混凝土桩可以减少桩径。钢管混凝土桩具有承受较高水平荷载及复杂荷载的能力，多用于高层建筑基础、海中承台基础及桥梁墩基础。

【预制高强混凝土薄壁钢管桩】precast thin-wall steel and spun concrete composite pile

在用钢板(钢带)经卷曲成型焊接制成的钢管内浇注抗压强度不低于 80MPa 的混凝土，

经离心成型，具有承受较大竖向荷载和水平荷载的基桩制品。

【水泥粉煤灰碎石桩】cement fly-ash gravel pile

简称CFG桩。在碎石桩基础上发展的一种由碎石、石屑、砂、粉煤灰掺水泥加水拌和、用各种成桩机械制成的低强度桩。主要施工工艺有长螺旋钻孔灌注成桩、长螺旋钻孔及管内泵压混合料灌注成桩、振动沉管灌注成桩三种。CFG桩可用于砂土、粉土、黏土、淤泥质土、杂填土等地基。

【先张法预应力混凝土管桩】pretensioned prestressed concrete pile

指采用先张法预应力工艺和离心成型法而制成的细长空心筒体混凝土预制构件，通常由圆筒桩身、端板和钢套箍等组成。按强度等级分为预应力混凝土管桩和预应力高强混凝土管桩，可用于工业与民用建筑、港口、市政、桥梁、铁路、公路和水利等工程。

【桩帽】pile cap

指工程预制桩施工时，在桩头位置浇筑的现浇钢筋混凝土结构。其作用是带桩身进入土层，以免造成桩头破坏及桩身倾斜。

【复合配筋先张法预应力混凝土管桩】pretensioned spun composite reinforced concrete pile

又称复合配筋桩，是在先张法预应力混凝土管桩基础上，采用预应力钢棒与非预应力普通钢筋间隔对称布置而形成的一种新型预应力管桩。复合配筋桩能够改善离心成型预应力混凝土预制桩桩身延性差的缺点，通过增加非预应力钢筋大幅度提高桩身抗水平承载能力、抗拉及抗剪切性能，抵抗地震作用时地基液化产生的突发性剪力破坏作用，适用于抗震设防烈度7度以上的桩基础工程。与钢管桩相比钢材使用量可节约80%以上。

【预应力混凝土方桩】prestressed concrete square pile

在先张法预应力混凝土管桩的基础上衍生出来的一种断面呈方形的桩。在制作过程中，通过对其施加部分或全部预应力，可有效控制桩身在施工中水平吊运、吊立及沉桩阶段产生裂缝的发生与发展，适用于抗震设防烈度为8度及以下的工业与民用建筑的低桩承台竖向基桩。分为实心方桩和空心方桩两种。

【实心预应力混凝土方桩】solid prestressed concrete square pile

由混凝土和施加有预应力钢筋组成的断面呈正方形的一种预制构件。混凝土强度等级不宜低于C60，主筋根据桩大小及吊装验算确定。

【空心预应力混凝土方桩】hollow prestressed concrete square pile

采用振动、抽芯式工艺等制成的预应力混凝土方桩。质量轻，强度高，节约材料。在特殊地质及特殊基础形式上有特殊用途。

【先张法部分预应力方桩】partially pretensioned reinforced concrete square pile

包括有预应力筋和非预应力筋的先张法预应力方桩。其中的预应力筋和非预应力筋均应沿桩周均匀布置。适用抗震设防烈度8度及以下的一般工业与民用建筑的低承台竖向桩基；铁路、公路、港口、市政、水利等工程的低桩承台竖向桩基设计。

【预应力离心混凝土空心方桩】precast prestressed spun square pile

采用水泥、细骨料、掺合料、外加剂和水等原材料通过离心成型工艺而制成的预应力空心方桩。适用于工业与民用建筑、港口、市政、桥梁、铁路、公路、水利等工程。

【钢筋混凝土板桩】reinforced concrete sheet pile

一种用于基坑围护、经过沉桩后形成的钢筋混凝土结构的板桩，常采用矩形截面槽榫结合形式，具有强度高、刚度大、取材方便、施工简单、现场作业周期短等特点，在基坑中广泛应用。在工程结束后不再拔出，不致因拔桩对附近建筑物产生影响和危害。

【U形预应力混凝土板桩】U-shaped prestressed reinforced concrete sheet pile

具有U形结构截面的一种预制混凝土挡土护坡桩。抗弯、抗剪性能优良，具有挡土截面大、受力性能好、性价比高、成桩美观等优点，应用于水利、市政、港口、码头、工民建、道桥等领域。

【竹节桩】bamboo joint pile

桩身沿轴线方向有等间隔竹节状突起、具有环形截面的预应力混凝土桩。主要用于非抗震设计及抗震设计不大于7度地区的工业与民用建筑物、构筑物等工程的低承台桩基础工程。

【机械连接预应力混凝土竹节桩】mechanical-connected prestressed concrete bamboo joint pile

是一种新型预应力混凝土离心桩，上下节桩采用机械连接加环氧树脂，有效避免端板铁件外露及孔内外污水对铁件产生的腐蚀，以及电焊焊接对桩端部混凝土和钢棒墩头造成的破坏。

【静钻根植先张法预应力混凝土竹节桩】bored sink-in prestressed concrete bamboo joint pile

采用预钻孔沉桩加桩底注浆工艺施工的先张预应力混凝土竹节桩。该施工方法具有桩身损伤小、对岩土层适应性好、挤土效应影响小、泥浆排放少、噪声小和对环境污染影响小等优点。

【钢筋混凝土电杆】steel reinforced concrete pole

输电线路上，用于支承、架高的水泥制品。按配筋不同，有普通钢筋混凝土电杆和预应力混凝土电杆两种；按横截面形状不同，有环形、矩形、工字形、双肢形等。钢筋混凝土电杆可用离心或振动工艺成型。采用钢筋混凝土电杆代替木电杆可以节省大量木材。

【环形混凝土电杆】circular concrete pole

沿电杆环向均匀配置纵向受力钢筋、横断面为环形的混凝土电杆。它是电力、通信及接触网架空线路上广泛采用的水泥预制构件，具有经久耐用、维护简单、节约钢材等优点。按配筋方式分为钢筋混凝土电杆、预应力混凝土电杆和部分预应力混凝土电杆，产品按外形分为锥形杆和等径杆两种。

【预应力混凝土电杆】prestressed concrete pole

纵向受力钢筋为预应力钢筋的混凝土电杆，抗裂检验系数允许值$[\gamma_{cr}]=1.0$。

【部分预应力混凝土电杆】partial prestressed concrete pole

纵向受力钢筋由预应力钢筋与普通钢筋组合而成或全部为预应力钢筋的电杆，抗裂检验系数允许值$[\gamma_{cr}]=0.8$。

【管片】segment

隧道预制衬砌环的基本单元。盾构施工中，管片装配在一起，是隧道的最外层屏障，承担着抵抗土层压力、地下水压力以及一些特殊荷载的作用。管片分为钢筋混凝土管片、钢管片、铸铁管片、复合管片等。按其形状，管片可分为平行环(标准环)和楔形环(转弯环)两种，标准环和转弯环按照不同的组合方式可以拟合出不同曲率半径的隧道。

【预制混凝土衬砌管片】reinforced concrete segment

以钢筋、混凝土为主要原材料在工厂预制而成，主要用于轨道交通、公路、铁路、水工、电力、市政等隧道工程衬砌环的管片。其生产工艺主要有固定模具法、固定振动台法和流水传输线法三种。

【封顶块】key block

在地下隧道盾构施工中用于安装在盾构隧道顶部的管片，称之为封顶块。

【邻接块】adjacent block

分布在封顶块两侧的管片。每一环管片通常包含两块邻接块。

【标准块】standard block

在地下隧道盾构施工中，除去封顶块和邻接块，剩余的管片称作标准块。不同管片环因周长不同，其标准块数量不同。

【标准环】standard ring

在管片排板设计过程中，不具备拟合曲线和纠偏能力的楔形管片，称为标准环。

【预应力混凝土轨枕】prestressed concrete sleeper

以预应力钢筋、水泥、砂、石、减水剂等为原料制成的混凝土轨枕。采用长线台座法生产或流水机组生产工艺，其主要工序为预应力拉筋及张拉、混凝土灌注、振捣、养护、预应力释放和脱模等。稳定性能好，使用寿命长，广泛应用于铁路建设中。

【无砟轨道板】ballastless track plate

是专用于高速铁路无砟轨道系统的预制混凝土板。主要包括标准板、特殊板和补偿板。

标准板长 6450mm、宽 2550mm、厚度 200mm，混凝土的设计强度为 C55，每块板混凝土用量 3.45m^3，板重约 8.6t，特殊板和补偿板依据具体设计确定。在生产厂房内集中预制，关键工艺主要有预应力张拉、混凝土浇筑、混凝土养护和脱模等。

【混凝土路面砖】precast concrete paving units

以水泥、骨料和水为主要原料，经加工、振动加压或其他成型工艺制成的路面砖。未配置钢筋的混凝土路面砖，主要用于铺设城市道路人行道、城市广场等的混凝土路面等。混凝土路面砖分为普形混凝土路面砖、异形混凝土路面砖、带面层混凝土路面砖和通体混凝土路面砖，颜色为本色或彩色。

【普形混凝土路面砖】normal precast concrete paving units

长方形、正方形或正多边形的混凝土路面砖。

【异形混凝土路面砖】interlock precast concrete paving units

除长方形、正方形或正多边形以外的混凝土路面砖。

【带面层混凝土路面砖】precast concrete paving units with colored surface

由面层和主体两种不同配比混凝土材料制成的路面砖。

【通体混凝土路面砖】full color precast concrete paving units

同一种配比混凝土材料制成的路面砖。

【混凝土路缘石】concrete curb

以水泥和骨料为主要原材料，经加压、振动加压或其他成型工艺制成的，铺设在路面边缘或标定路面界线的预制混凝土界石。分为平缘石、立缘石和平面石三种。

【混凝土平缘石】concrete flush curb

顶面与路面平齐的混凝土路缘石。有标定路面范围、整齐路容、保护路面边缘的作用。

【混凝土立缘石】concrete vertical curb

顶面高出路面的混凝土路缘石。有标定车行道范围以及引导排除路面水的作用。

【混凝土平面石】concrete gutter curb

铺筑在路面与立缘石之间的混凝土路缘石。

【钢纤维混凝土检查井盖】steel fiber reinforced concrete manhole cover

配有钢筋骨架并用钢纤维混凝土浇筑成型的检查井盖，位于检查井井口顶部未固定部分，其功能是封闭检查井口，需要时能够开启。主要适用于机场停车坪、港口码头、城市道路、公路、机动车辆可能行驶或停放的地下设施，也适用于绿化带等非机动车行驶或停放的通道与场地。

【井座】frame for cover

固定于检查井井口的部分，用于安装井盖。可采用钢纤维混凝土制成，也可用铸铁或钢板制成。

【钢筋混凝土矿井巷道支架】steel reinforced concrete mine support

在矿井巷道中起支护作用的水泥制品。一般由一梁二柱组成。在两侧支架间密铺钢筋混凝土或预应力混凝土背板，起保护与传力作用。按配筋可分普通钢筋混凝土支架与预应力混凝土支架。普通钢筋混凝土支架的横截面一般为矩形，预应力混凝土支架的横截面有 T 形、工字形等。采用钢筋混凝土支架代替坑木，可以节省大量木材，主要用在压力稳定的矿井巷道中。

【钢丝网水泥板】ferrocement ribbed slab

以钢丝网或配以钢筋为增强材，水泥砂浆为基材组合而成的一种薄壁结构材料。钢丝网水泥板按用途，可分为钢丝网水泥屋面板和钢丝网水泥楼板两类。

【钢丝网水泥屋面板】ferrocement ribbed roof slab

直接承受屋面荷载的钢丝网水泥板。

【钢丝网水泥楼板】ferrocement ribbed floor slab

一种分隔承重构件，将房屋垂直方向分隔为若干层，并把家具等竖向荷载及楼板自重通过墙体、梁或柱传递给基础的钢丝网水泥板。

【钢丝网水泥渡槽】ferrocement ribbed flume

引水用的槽形钢丝网水泥制品。用于农村或山区，横跨河道、洼塘、道路或峡谷，以连接引水渠道。其优点是结构简单、质量轻、架设方便，已广泛应用于农田水利工程上。

【钢丝网水泥船】ferrocement ribbed ship

用水泥、砂、石、钢筋、钢丝网等作为船体结构基本材料制造的船舶。根据所用材料的不同，可分为钢丝网水泥船和混凝土船，根据用途不同，可分为水泥农船、水泥渔船、水泥运输船、水泥工程船等。其制造方法有整体法、装配整体法、预制装配法等。钢丝网水泥船具有节约钢材、木材、造价低廉、制造容易、维修简便、耐蚀性好和坚固耐用等优点；缺点是自重较大、局部抗冲击能力较差。

【钢筋混凝土船】reinforced concrete boat

以钢筋、混凝土和焊接材料为主要原材料制造，主要包括钢筋混凝土工程船和钢筋混凝土趸船。钢筋混凝土工程船用于各种水上作业的钢筋混凝土船，主要有钢筋混凝土泵船、起重船、浮船坞、打桩船、电站船、浮动炼油厂、浮动水厂、钻采平台等。

【钢筋混凝土浮船坞】reinforced concrete floating dock

用钢筋混凝土建成的能将整艘船舶抬举起来的修造船设施。其两舷建有坞墙，横剖面呈凹形，在抬船甲板上铺有墩木用以搁置船舶，抬船甲板下均为水仓和空气仓。修船时水仓灌水，船坞下沉，仅坞墙上部露出水面。待修船进坞后，将仓内水排出，船坞上浮使船平稳搁在墩上。浮船坞本身没有自航能力，内部主要是大型水泵、空压机与移坞设备。多用装配整体法建造。

【钢筋混凝土钻采平台】reinforced concrete offshore drilling platform

又称混凝土平台。开发海洋石油的重力式钢筋混凝土构筑物。依靠其本身的巨大重量坐落在海底。其结构由三部分构成：一是基座，由几十个空心混凝土圆筒并排连成的蜂窝状结构；二是腿柱，一般由 3～4 根直立的大型混凝土空心圆筒组成，固定在基座上并升出海平面承受上部结构和设备的全部重量；三是平台甲板，用作生产活动场所。混凝土平台能作钻井、采油、储油三用。与钢平台相比，具有用钢省、海上施工期短、防火防腐性能好、维修费用低、使用寿命长、稳固性能好等优点。

【纤维增强水泥板】fiber reinforced cement board

用纤维作增强材，水泥净浆或砂浆作基体制成的轻质、高强薄板的统称。可供使用的纤维有耐碱矿物棉、耐碱玻璃纤维、纤维素纤维与合成纤维等。成型工艺有抄取法、喷射法、辊压法、薄毡层压法等。按断面形状，可分为平板、异形断面板(如舟形板等)与表面带有凹凸形花纹的波纹板等；按颜色，可分为素色的、整体着色的与表面涂饰的。优点是质量轻，抗折与抗压冲击强度高，致密，耐火与耐候性好，使用方便，主要用作墙板。

【钢丝网水泥波瓦】ferrocement corrugated sheet

用钢丝网水泥制成的一种波形屋面材料。一般仅配置一层网，用振动模压工艺成型。具有抗裂性好、强度高、工艺简便、造价低廉与自重轻等优点。有三波瓦、四波瓦、五波瓦等几种，其中以三波瓦的承载能力为最高，自重最轻。一般用于保温、隔热要求不高的房屋建筑。

【混凝土构件】concrete structural member

用混凝土或钢筋混凝土制成的梁、板、柱、基础等结构构件。

【预制构件】precast structural member

预先用混凝土做好的建筑物或构筑物的组成单元。包括结构构件和建筑配件。采用工厂化生产预制构件，到工地进行装配施工，是装配式建筑的核心环节。

【现浇构件】cast-in-situ structural member

在施工现场直接浇筑而成的梁、板、柱、基础等构件。

【建筑配件】construction accessory

简称配件。房屋建筑中的装修预制件，如台板、隔板、挂镜线以及艺术装饰等。常用木材、石膏、塑料、混凝土等制成。

【柱】column

主要承受轴向压力的独立竖直构件，用以支承梁、桁梁、楼板、吊车梁等其他构件。有木柱、砖柱、钢筋混凝土柱、钢柱等。

【基础梁】foundation beam

又称地基梁。支撑在柱基上或桩上的梁，

主要作为维护墙的基础，多用钢筋混凝土预制。基础梁一般用于框架结构、框架剪力墙结构，框架柱落于基础梁上或基础梁交叉点上，其主要作用是作为上部建筑的基础，将上部荷载传递到地基上。

【过梁】lintel

支承门、窗洞口上面荷载的梁。有砖拱过梁、钢筋砖过梁、钢筋混凝土过梁等。按照制造方式，过梁包括现浇和预制两种。

【圈梁】ring beam

俗称通过梁、腰箍。是一种在楼板面附近，沿建筑物纵墙全长或部分横墙按规定隔层或逐层设置的钢筋混凝土梁，用在砖木结构、砖混凝土结构或砌块建筑中，以提高其整体稳定性，使墙体受力均匀，增强墙体对横向风力和地震的抵抗力。有时由于地基沉降不均匀，也在基础上设置圈梁，以防止地基的不均匀沉陷。

【混凝土屋面梁】roof girder

由钢筋混凝土制作的用于屋面结构的梁，是屋面结构中承受来自檩条、屋面板压力的重要结构构件。主要承受弯矩和剪力。

【薄腹梁】thin webbed girder

是常用“T”形或“I”形截面的钢筋混凝土或预应力钢筋混凝土梁。

【混凝土吊车梁】crane girder

又称混凝土行车梁。用钢筋混凝土制备的承受桥式吊车荷载的梁。顶面铺设钢轨，供桥式吊车来往行驶。一般采用“T”形截面的钢筋混凝土或预应力钢筋混凝土的预制构件。荷载较重、跨度较大的也常用鱼腹式梁。

【混凝土龙骨】joist

又称搁栅，是用钢筋混凝土制备的拼装复合板、墙板、天花板的骨架构件。广泛应用于宾馆、候机楼、客运站、车站、剧场、商场、工厂、办公楼、旧建筑改造、室内装修、设置顶棚等场所。

【混凝土桁架】truss

由混凝土杆件通过焊接、铆接或螺栓连接而成的支撑横梁结构。由三角形为单元的杆件组成，承受不与轴线平行荷载的平面结构。由上弦、下弦和腹杆组成，杆件的交接点称节点。与梁相比，杆件主要承受拉力或压力，可以充分发挥材料的作用，可以节约材料、减轻自重，适应更大的跨度。常用的有钢筋混凝土、预应力钢筋混凝土桁架以及混凝土与钢材组合而成的“组合桁架”。

【混凝土楼板】floor slab

楼层之间支承在墙、梁或柱上用来承受表面各种荷载的混凝土板。有砖拱钢筋混凝土小梁楼板和钢筋混凝土楼板等多种类型。分为现浇钢筋混凝土楼板和预制钢筋混凝土楼板两大类。广泛应用的有单向预应力配筋的混凝土空心楼板，双向预应力配筋的大型楼板。

【密肋楼板】ribed floor slab

由薄板和间距较密的小梁(肋)构成的钢筋混凝土楼板。梁可单向或双向布置，预制密肋楼板简称槽形板。整浇的密肋楼板肋间可用加气混凝土、楼板空心砖或焦渣混凝土块等轻质块体填充，施工时先将轻质块体铺在模板上，再在块体间浇筑钢筋混凝土肋和面层混凝土板，既可提高楼板保温、隔热和隔声性能，又可以使楼板底面平整，不必吊顶。

【空心楼板】hollow floor slab

顺跨度方向具有贯通孔洞的预制钢筋混凝土楼板，有普通空心楼板和预应力空心楼板两种。孔洞有圆形、椭圆形、矩形等，可搁置在承重墙或梁上。较实心板质量轻、材料省。

【装配式楼板】assembled floor slab

以钢筋、混凝土为主要原材料，在工厂预先制作好，然后在施工现场进行安装的楼板。根据其截面形式，可分为平板、槽形板和空心板三种类型。装配式楼板可节省模板，改善劳动条件，提高效率，缩短工期，促进工业化水平。

【装配式屋面板】assembled roof slab

用于工业厂房建筑物的大型槽形密肋预制板，直接铺在厂房屋架上，与屋架焊接构成屋面结构。其长度相当于柱距，一般长为6.0m、宽1.5～3.0m。多采用预应力混凝土制作。

【装配式板材】assembled panel

装配式建筑用墙板、楼板、屋面板的总

称。采用这类大板构件，提前预制构件，采用装配化施工，具有机械化程度高、劳动生产率高、工期短等特点，是建筑工业化的一种途径。

【轻骨料混凝土外墙板】lightweight aggregate concrete exterior wall panel

又称轻集料混凝土外墙板。由轻粗骨料、轻细骨料、水泥、钢筋和水为原料，经过高温、高压、蒸气养护而成，可用作外墙的混凝土板材。

【灰渣混凝土空心隔墙板】hollow concrete panel contained fly solid wastes for partition wall

以水泥为胶凝材料、工业灰渣为骨料(质量掺量占40%以上)、以纤维或钢筋为增强材料，经过一定的工艺而制成的隔墙板。其中所用工业灰渣一般为粉煤灰、经煅烧或自燃的煤矸石、矿渣、炉渣、加气混凝土碎屑等。构造断面多孔，长宽比不小于2.5，该隔墙板主要用于工业与民用建筑中的非承重内隔墙的条板。

【硅酸钙绝热制品】calcium silicate thermal-insulation products

以氧化硅(硅藻土、膨润土、石英砂粉等)、氧化钙(消石灰、电石渣等)为主要原料，加入增强纤维和外加剂，经加水搅拌、凝胶化、压制成型、高压蒸汽养护、干燥等工艺过程制成的保温、隔热的硅酸盐建筑制品。可以采用浇筑成型和压制成型两种方式成型。浇筑成型，模具较简单，生产成本较低；压制成型，须有专用的压力机和造价较昂贵的模具，但高压蒸养后制品外形完整，结构均匀。

【负环管片】partial segment

负环管片也称临时管片。盾构始发时，在始发工作竖井里，反力架和盾构千斤顶之间安装的环状管片，以给盾构机掘进向前推进的作用力，直到盾构机的盾尾进入井壁另一侧的洞口，然后拆除。

【盾构衬砌管片】shield lining segment

能够最终拼装成廊道的不同规格的混凝土弧形预制件，拼装完毕承担起抵抗土层压力、地下水压力以及一些特殊荷载的作用。通常采用高强抗渗混凝土制作。为保证密封性能，每块管片上都设有防水胶条、定位错台和螺栓定位孔机构等。除特殊场合外，大多采取错缝拼装。

8.3 原 材 料

8.3.1 胶凝材料

【胶凝材料】binding material; cementing material

参见14.3.1【胶凝材料】。

【水硬性胶凝材料】hydraulic binding material

和水成浆后，既能在空气中硬化，又能在水中硬化的胶凝材料。这类材料通称为水泥，如硅酸盐水泥、铝酸盐水泥、硫铝酸盐水泥等。

【非水硬性胶凝材料】non-hydraulic binding material

不能在水中硬化但能在空气中或其他条件下硬化的胶凝材料。种类很多，既有无机的也有有机的。一般用途的有石灰、石膏等。特殊用途的有耐酸胶结料、磷酸盐胶结料及环氧树脂胶结料等。

【气硬性胶凝材料】air-hardening binding material

非水硬性胶凝材料的一种。它是只能在空气中硬化的胶凝材料。

【水泥】cement

参见7.2【水泥】。

【碱激发胶凝材料】alkali-actived cementitious material

又称碱胶凝材料。是以具有火山灰效应或潜在水硬性的铝硅酸盐类材料(如粉煤灰、矿渣、钢渣、磷渣等工业废渣和高岭土、尾矿等天然材料等)为主要原料，在钾、钠化合物等碱性激发剂的作用下，与其发生化学作用而获得的一种水硬性胶凝材料。其水化产物结构完全不同于硅酸盐水泥，而是以通过化学键结合的硅氧四面体和铝氧四面体所形成的三维网络状结构的形式。按原料种类分为碱-铝硅酸盐玻璃体类、碱-烧黏土类、碱一矿石尾矿类和碱一碳酸盐类四种。与普通硅酸盐水泥相比，碱激发胶凝材料具有凝结时间短、强度高、耐久性好等优点，可用于有高强、耐腐蚀要求以及废料固封等工程领域。

【地聚合物水泥】geo-polymer cement

简称地聚水泥，又称土壤聚合物水泥（简称土聚水泥），碱激发胶凝材料的一种。将铝硅酸盐类材料（如高岭土）经过低温煅烧（500～900℃）成亚高岭土，掺加适量碱性激发剂及促硬剂、外加剂而得。

【氯氧镁水泥】magnesium oxychloride cement

又称索瑞尔水泥。用煅烧菱镁矿所得的轻烧菱苦土或低温煅烧白云石所得的产品（主要成分为 MgO）磨细为胶结剂，以六水氯化镁（$MgCl_2 \cdot 6H_2O$）等水溶性镁盐为调和剂，再加水配制而成的气硬性胶凝材料。其硬化体主要成分是 $5Mg(OH)_2 \cdot MgCl_2 \cdot 8H_2O$ 和 $3Mg(OH)_2 \cdot MgCl_2 \cdot 8H_2O$ 晶相所组成的氧化镁一氯化镁一水三元化合物结晶相复盐。氯氧镁水泥硬化快，强度高，固废掺量大，可加工性好，但耐水性差、易返卤起霜。多应用于生产建筑材料、装饰材料、包装材料和耐火制品等。

【磨细生石灰】ground quick lime

将块状生石灰磨到一定细度而得的一种气硬性胶凝材料。建筑工程用的磨细生石灰，要求 900 孔筛余不超过 5%，4900 孔筛余不超过 25%；生产建筑材料制品的磨细生石灰，要求 5900 孔筛余小于 15%。颗粒越细，水化硬化性能越好，制得制品的性能也越好。不宜含有过火成分，以免后期发生膨胀。广泛用作硅酸盐制品和碳化石灰制品的胶凝材料。与采用消石灰相比，坯体和制品的强度、抗冻性和耐久性都有显著提高。

【石灰】lime

通常是生石灰，熟石灰的统称。用石灰石、白云石、白垩、贝壳等高碳酸钙含量的原料，经 900～1100℃煅烧而成的为生石灰。反应式如下：

$$CaCO_3 \xrightarrow{900℃} CaO + CO_2\uparrow - 178kJ/mol$$

石灰呈块状，色白或淡黄，有强烈吸水性和吸湿性。易与水作用，生成氢氧化钙，在潮湿状态下进一步吸收空气中的二氧化碳，变成碳酸钙而硬化。按化学成分又分为钙质、镁质和硅质石灰三种。生石灰中活性氧化钙和氧化镁含量 60%～90%，未消化残渣（包括生核、过火灰、焦块、煤渣）含量 7%～15%。石灰是气硬性胶凝材料，主要在建筑砂浆中用作胶凝材料，也是硅酸盐制品、碳化石灰制品的主要原料。在冶金、化工、农业等方面也有广泛的用途。

【生石灰】quick lime

由石灰石、白云石、白垩、贝壳等碳酸钙含量高的原料，经 900～1300℃ 煅烧分解出二氧化碳而成的氧化钙。主要成分为氧化钙（CaO），含有少量氧化镁（MgO），分子量 56.08，密度 3.25～3.38g/cm^3，熔点 2580℃，沸点 2850℃。外形为白色（或灰色、棕白），呈块状、粒状或粉状，质轻色匀，空隙率大、晶粒细小，与水作用快，在空气中吸收水和二氧化碳。与水作用生成氢氧化钙，并放出热量。溶于酸水，不溶于醇。可调制石灰膏，或磨细成生石灰粉。

【熟石灰】hydrated lime

又称为消石灰，由生石灰加水消化而成，主要成分为氢氧化钙。消化过程中放出大量热，体积膨胀约两倍。加水量是生石灰体积一倍左右时，呈粉状；用大量水消化时则得到石灰膏或石灰浆。属于强碱，有腐蚀性。按化学成分分为钙质消石灰和镁质消石灰两类。用作建筑灰浆和配制砂浆，也是硅酸盐建筑制品的原料。

【消石灰粉】ground hydrated lime

化学式 $Ca(OH)_2$，白色粉末状固体。分子量约为 74，呈碱性，微溶于水，放出大量的热，溶解度随温度升高而降低。一般由石灰消化法制备：先将石灰石煅烧成氧化钙，经精选后与水按 1∶(3～3.5)消化，生成氢氧化钙料液并净化分离除渣，再经过离心脱水，于150～300℃下干燥，再筛选(120 目以上)即为氢氧化钙成品。可拌制石灰土和三合土，调制石灰膏或石灰乳，生产硅酸盐制品或添加剂等。

【钙质石灰】calcium lime

又称钙石灰。为氧化镁含量小于或等于5%的生石灰，不添加任何水硬性或火山灰质材料。性能用途见本节【生石灰】。

【镁质石灰】high-magnesium lime

氧化镁含量大于 5%的生石灰称为镁质石灰，不添加任何水硬性或火山灰质材料。氧化镁来源于煅烧石灰石的过程中，其组成中所含较多的共生碳酸镁受热分解，氧化镁是白色粉末状固体。镁质石灰具有 MgO 含量高，CaO、SiO_2烧损低，活性度高，消化速度慢，消化放热少的特性。镁质石灰因 MgO 含量高，常常引起硅酸盐建筑制品的开裂破坏，煅烧温度较高、煅烧时间较长时破坏作用较显著。

【白云石灰】dolomite lime

白云石灰由白云石经 900℃左右煅烧而制成，化学式为 CaO·MgO，CaO 含量在 40%以上，MgO 含量在 35%以上，此外还含有少量的氧化硅、氧化铝、三氧化二铁等杂质。在水中溶解不仅可以提高 pH 值，同时可释放出Ca^{2+}、Mg^{2+}。因其在水溶液中未能完全溶解而呈悬浮状态，悬浮颗粒又可作为晶种，加速结晶反应，因此其可用作胶凝材料之外，还可用于除磷、除铅。

【硅质石灰】siliceous lime

作为原料的石灰石中 SiO_2 含量在 10%左右，所生产出的石灰称为硅质石灰。因为这类石灰 CaO 含量通常小于 50%，所以分散性差，与水反应活性降低。高硅石灰石中含量较大的SiO_2、Al_2O_3、Fe_2O_3 等杂质会在煅烧中与 CaO 反应生成硅酸钙、铝酸钙和铁酸钙，还易出现熔融，和石灰粘结形成大块结瘤，影响石灰品质。用途参见本节【水硬性石灰】。

【水硬性石灰】hydraulic lime

生产石灰的原料中，黏土质含量大于 8%的称为水硬性石灰，化学式 CaO。分为天然人造两种，天然水硬性石灰生产过程中不添加任何外加成分，靠石灰石中含有的天然的黏土质元素自身反应而成。生产水硬性石灰的石灰石是黏土质石灰石或是硅质石灰石，在氢氧化钙中添加水硬性物质也可获得水硬性石灰。其硬化分为与水接触后的水硬过程和水硬之后逐渐完成的气硬阶段两个硬化过程。水硬性石灰主要用在建筑方面，具有机械强度较高、硬结速度快、柔性好、黏性好、抗冻性、抗盐性优良等特点。

【正烧石灰】normally burned lime

又称正火石灰。是指煅烧正常的石灰，即在低于烧结温度下煅烧、分解完全的石灰。对于不同材质的石灰石，其正常煅烧温度不同，一般为 1000～1200℃。正烧石灰多孔、内部结构疏松，晶粒细小，无明显烧结和体积收缩，表观密度为 800～1000kg/m^3，可迅速与水发生反应。

【过火石灰】overburnt lime

又称过烧石灰。通常是由于煅烧温度过高或煅烧时间过长而成颜色较深、表面有玻璃釉状物包覆的石灰。过火石灰结构密实、晶粒粗大、活性较低，故而消化较慢，使用中会因其继续消化而导致隆起和开裂，可通过"陈伏"避免危害。

【欠烧石灰】under burned lime

又称欠火石灰。是指因原料尺寸过大或煅烧温度偏低，煅烧时间不足或窑中温度分布不均等原因，使得石灰未烧透，其中还含有未完全分解的 $CaCO_3$ 内核的石灰。欠烧石灰会造成消石灰中含有较多未消化的残渣，产浆量低，虽无危害，但会降低石灰的利用率。

【低温煅烧石灰】low temperature burned lime

是指低于正常煅烧温度下获得的煅烧良好的石灰，一般煅烧温度低于 1000°C。低温煅烧石灰内部 $CaCO_3$ 分解完全，质轻色淡，外表光滑，消化速度较快，消化温度较高，未消化残渣含量低，常用于碳化石灰制品和制造磨细生石灰。

【石膏】gypsum

又称二水石膏，参见 6.1.1【石膏】。主要成分是硫酸钙($CaSO_4$)的化合物的统称。二水石膏($CaSO_4 \cdot 2H_2O$)在 107～170℃下加热脱水生成半水石膏($CaSO_4 \cdot 1/2H_2O$)，根据加热条件的不同，所得的半水石膏分为 α 型和 β 型两种；当加热温度升高至 400～750 ℃时，石膏完全失水，形成硬石膏；当温度继续升高超过 800℃时，无水石膏分解出 CaO，重新具有凝结硬化性能，即高温煅烧石膏。

【半水石膏】semi-hydrated gypsum

亦称烧石膏，俗称熟石膏，分子式为 $CaSO_4 \cdot 0.5H_2O$。晶体呈显微针状，似石膏假象，也呈块状。无色或白色，条痕白色。似玻璃光泽，不透明。硬度约为 2，密度 2.55～2.67g/cm^3。自然界中，在铅锌矿氧化带、盐湖石膏黏土岩与喷出岩气孔中都有产出。半水石膏由天然二水石膏($CaSO_4 \cdot 2H_2O$)经过破碎、加热、磨细制备而得。在加热阶段，根据加热条件的不同，所得的半水石膏分为 α 型和 β 型两种；若将二水石膏置于非密闭的回转窑或炒锅中，即在常压下加热脱水，可得到晶粒细小的 β 型半水石膏，磨细后即成为建筑石膏。若将二水石膏置于蒸压釜中，在 0.13MPa、125℃的过饱和蒸汽条件下蒸炼，可得到晶粒粗大而致密的 α 型半水石膏，水化后具有较高的强度，故称为高强石膏。α 型和 β 型半水石膏加水搅拌后，均能很快地凝结硬化。半水石膏多用作建筑领域中的气硬性胶凝材料，也可用于制作模型。

【无水石膏】anhydrite

又称硬石膏。以无水硫酸钙为主要成分的矿物。无水硫酸钙的质量分数与二水硫酸钙和无水硫酸钙的质量分数之和的比往往大于 80%，常含少量 Sr、Mg、Si、Al 等杂质。密度为 2800～3000kg/m^3。在空气中易水化成二水石膏，且体积增大。水泥工业用作缓凝剂、建筑胶凝材料等，可用于生产无水石膏水泥(明矾石膨胀水泥)和石膏砂浆；在缺硫地区为制硫酸(或硫)兼产水泥的原料；农业上用以改良碱性土壤。

【α-半水石膏】α-semi-hydrated gypsum

又称高强石膏，分子式为 $CaSO_4 \cdot 1/2H_2O$，结晶良好、坚实、粗大，常呈短柱状，聚集体的内比表面积较小。通过将二水石膏置于蒸压釜中，在 0.13MPa、125℃的过饱和蒸汽条件下蒸炼，或置于某些盐溶液中煮沸而制得。α-半水石膏水化速度慢、水化热低、需水量小、硬化体结构密实、强度高，与 β 型半水石膏恰好相反。适用于强度要求较高的抹灰工程、装饰制品和石膏板等。

【β-半水石膏】β-semi-hydrated gypsum

又称建筑石膏。分子式为 $CaSO_4 \cdot 1/2H_2O$，结晶度较差，常为细小的纤维状或片状聚集体，内比表面积较大，晶粒大小分布较宽。将二水石膏置于非密闭的回转窑或炒锅中，即在常压下加热脱水而得。其中杂质较少，色泽较白、磨得较细的产品称为模型石膏。β-半水石膏凝结硬化快，硬化时提及微膨胀，硬化后孔隙率大，表观密度和强度较低，耐火性差，但保温性、吸声性、防火性好，具有一定的调温、调湿性能。主要用于室内抹灰、粉刷，石膏板，石膏砌块以及部分装饰材料等。

【化学石膏】chemical gypsum

指在化学工业或其他工业生产过程中产生的以硫酸钙为主要成分的副产物。如脱硫石膏、氟石膏、磷石膏、硼石膏、钛石膏、柠檬酸石膏、粉刷石膏等。其 $CaSO_4 \cdot 2H_2O$ 含量一般都大于 75%，有的甚至高达 90%。含有少量杂质，但经过处理后，不影响其性能及应用。这些石膏有多种用途，例如其可作为水泥的缓凝剂，可取代天然石膏成为丰富的建材资源，缓解行业对天然石膏的需求矛盾，减少企业投资，降低成本，节约能源。目前，我国对化学石膏开发技术还不成熟，发展潜力很大。

【烟气脱硫石膏】flue gas desulfurization gypsum

简称脱硫石膏，FGD 石膏。是发电厂、炼油厂、钢铁厂等采用石灰石一石膏湿法脱硫清除烟气中的 SO_2 后产生的废渣。以细小的结晶颗粒存在，部分晶体内部有压力存在。颗粒大小较为平均，其尺寸分布带很窄，主要集中在 30～60μm 之间。基本矿物相为二水硫酸钙，杂质相为碳酸钙、氧化铝和氧化硅，还含有少量方解石或 α 石英、α 氧化铝、氧化铁和长石、方镁石等。经粉磨后，细颗粒主要为杂质成分。温度在 120～160℃左右，主要脱除其中的游离水。加水后的流变性不佳，颗粒离析、分层现象严重，所以应用时需考虑粉磨问题。水化动力学、凝结特征与天然石膏相似。可用于水泥缓凝剂、生产石膏板、造纸的填料和涂胶料、地面用自流平材料等。

【氟石膏】fluor gypsum

以高纯度萤石和硫酸为原料生产氢氟酸的过程中产生的一种经过处理的工业废渣。形成过程处于无水状态，故其为无水石膏，其中硫酸钙含量可达到 95%以上，为二型无水石膏的一种变体，适用作为浇筑地板的石膏材料。低放射性，含有少量不溶于水的杂质 CaF_2（2.5%～6.5%）。组成 SO_3 的含量高且稳定、易破碎，既可用作水泥缓凝剂、硫酸盐炉渣水泥和矿化剂等，又可作为建筑用砌块和地板、抹面的胶凝材料等。

【磷石膏】phosphorus gypsum

以硫酸处理磷矿生产磷肥、磷酸时排放出的固体废弃物。灰白色或灰黑色，为附着水 10%～30%的湿粉，pH＝1.9～5.3，$F^{-1}<$ 0.5%，颗粒直径一般为 5～50μm，主要呈灰白色，也有的呈黄色和灰黄色，化学成分复杂，含有残留有机磷和无机磷、氟化物及氟、钾、钠等成分及其他无机物。主要分二水磷石膏（$CaSO_4 \cdot 2H_2O$）和半水磷石膏（$CaSO_4 \cdot 1/2H_2O$）两种，以二水磷石膏居多。一些磷石膏中含有痕量的砷、银、钡、镉、铬、铅、汞、硒等元素和 Ag、Au、Cd、Se、Sr 等一些地球上的稀有元素，直接排放对环境有危害。含有 25%～30%的自由水，垂直渗透系数为 $2\times10^{-5}\sim1\times10^{-3}$。溶解度取决于其溶液的 pH 值，其在 4.1g/L 的盐水中有很高的溶解度。颗粒磷石膏的密度为 2.27～2.40g/cm³，块状磷石膏的密度为 0.9～1.7g/cm³。目前，磷石膏的有效利用率不足 10%，主要用于建材制品、土壤改良剂、水泥缓凝剂、化工原料等方面。

【硼石膏】boron gypsum

是硼钙石与硫酸反应生产硼酸的固体残渣。硼石膏与天然石膏的化学成分相似，主要由 $CaSO_4 \cdot 2H_2O$ 和 11%的 B_2O_3 组成。B_2O_3 对水泥强度有影响，宜提纯处理，可用作水泥缓凝剂。

【钛石膏】titanium gypsum

采用硫酸法生产钛白粉时，为治理酸性废水，加入石灰（或电石渣）以中和大量的酸性废水而产生的以二水石膏为主要成分的废渣。含水量高、黏度大、杂质含量高，具有弱酸性。初始为灰褐色，因置于空气中二价铁离子被氧化成三价铁离子而变成红色（偏黄），故又名红泥，红、黄石膏。有时会含有少量放射性物质，我国尚未见有放射性超标的报道。可以用来制作不烧砖和水泥缓凝剂，以减少其对环境的污染。

【柠檬酸石膏】citric gypsum

是生产柠檬酸的副产废渣。主要成分 $CaSO_4 \cdot 2H_2O$，含量 95%以上，含水量在 15%～25%左右。因工艺不同呈现不同颜色，一般为白色、灰色、黄色。pH 值在 2.5～4.3 之间，有较强的酸性，含有机物菌丝体。灼烧量比较大，主要是结晶水和有机物如柠檬酸盐以及菌丝体等造成的。粉碎颗粒为长条形不规则片状，粒径主要集中在 16～45μm。SO_3 含量高，用作水泥缓凝剂时，三氧化硫值控制在 2.2%左右即可。可代替天然石膏，也可用于生产半水石膏、粘结剂。经处理后可制作建筑砌块、粉笔、石膏模型等。

【粉刷石膏】plaster gypsum

是以熟石膏（$CaSO_4 \cdot 1/2H_2O$）为胶凝材料，辅以少量优质外加剂混合而成的干混料。按用途分为面层粉刷石膏（F）、底层粉刷石膏（B）和保温层粉刷石膏（T）。面层粉刷石膏（F）通常不含骨料，具有较高的强度，用于粉刷石膏或其他基底上的最外一层抹灰材料；底层粉刷石膏（B）通常含有骨料，用于基底找平；保温层粉刷石膏（T）具有较好的热绝缘性，通常含有轻骨料，并且硬化体体积密度不大于500kg/m^3，用于建筑物外墙内保温。

【高温煅烧石膏】high temperature-burned anhydrite

天然石膏经900～1000℃煅烧，粉磨而得。高温下二水石膏不但完全脱水，而且硫酸钙部分分解为氧化钙，在加水硬化过程中起催化作用。高温煅烧石膏有一定的抗水性，因而有水硬石膏之称。这种石膏制品抗磨性较好，导热系数低，吸声性能好，耐久性较高，适用于制作地面、砌筑和抹灰砂浆等。

【水玻璃】sodium silicate

又称泡花碱。由碱金属氧化物和二氧化硅结合而成的一类可溶性碱金属硅酸盐胶凝材料。水玻璃可根据碱金属的种类，分为钠水玻璃和钾水玻璃，其分子式分别为$Na_2O \cdot nSiO_2$和$K_2O \cdot nSiO_2$。水玻璃的生产有干法和湿法两种方法。水玻璃粘结力强、强度较高，耐酸性、耐热性好，但耐碱性和耐水性差。广泛应用于制备各种硅酸盐类产品、铸造、快干水泥、土壤固化剂、耐火材料和胶粘剂等。

【镁质胶结料】magnesium oxychloride binder

又称索勒尔胶结料(Sorel cement)。是一种高强镁质胶结料。由苛性菱苦粉(将菱镁矿经600～800℃煅烧，使碳酸镁分解为氧化镁再经磨细而成)加浓氯化镁溶液调和而得。调和液还可用硫酸镁、硫酸亚铁、盐酸、氯化亚铁和硝酸镁等溶液。硬化产物主要是氢氧化镁、氧氯化镁或氧硫酸等。可用于生产抹灰砂浆、混凝土、锯末板、刨花板、隔声板、绝热板以及人造大理石等，特别用以胶结有机材料。

【磷酸盐胶结料】phosphate binder

由磷酸或磷酸盐溶液胶结各种耐火骨料而成。其品种按胶结剂成分的不同可分为磷酸铝胶结材、磷酸镁胶结材等。主要在冶金、石油、化工、电力、建材及国防工业中用来制作耐火混凝土和耐火胶泥，也用于部分混凝土的快速修补。

【耐酸胶结料】acid resisting binder

由耐酸填料(一般采用石英岩、熔融辉绿岩或陶瓷碎片)和硬化剂硅酸钠，按适当比例配合，共同磨细或分别磨细混匀，所得粉状物料再加适量水玻璃溶液拌和而成。具有抗酸腐蚀的能力，适用于一般耐酸工程，也可制备耐酸砂浆或混凝土，但不耐氢氟酸和碱性溶液。

【低熔密封胶结料】low-melt point air-tight binder

一种以氧化铝、氧化硼、氧化硅为主要成分的硅酸盐材料。其熔点<450℃。生料配比根据部件的密封要求(如允许密封温度、被密封基体的热膨胀系数等)而定。生料经熔融、水淬、烘干、磨细，使用时将它填充在被密封部件的四周，加热使它熔融而将部件密封，这种密封件具有良好的电绝缘性能，在使用温度下可以承受一定压力而不透气。主要用作在450℃以下工作的热电偶等部件的密封材料。

【环氧树脂胶结料】epoxy binder

以环氧树脂和适当比例的硬化剂为主要原料配制而成。硬化剂可采用常温下固化的胺类(如乙二胺、二乙基三胺等)，也可用高温(160～180℃)固化的酸酐类(如邻苯二甲酸酐、五氧化二磷等)根据使用目的和要求不同，在配制过程中，还可加入适当比例的水泥、石英砂或矾土等填料和增塑剂。这种材料使用方便，具有粘结强度高和耐酸、防水等性能，可作为粘合剂，也可用来修补混凝土裂缝或作为混凝土表面的耐酸涂层材料。

8.3.2 骨料(集料)

【骨料】aggregate

又称集料。参见14.3.4【集料】。

【粗骨料】coarse aggregate

又称粗集料。粒径大于4.75mm(方孔筛)的骨料。按来源，可以分为天然粗骨料和人造粗骨料两大类。按其堆积密度，可以分为轻粗骨料、普通粗骨料和重粗骨料三种。混凝土的品种不同，所采用的粗骨料也不同。轻骨料混凝土采用的有火山渣、浮石、多孔凝灰岩、陶粒、膨胀珍珠岩等；普通混凝土采用的有碎石、卵石、硬矿渣等，重混凝土采用的有铁矿石、重晶石、钢段、钢块、钢球、铁块等。其规格、级配和质量均应符合有关标准的规定。

【细骨料】fine aggregate

又称细集料。粒径在 4.75mm(方孔筛)以下的集料。按来源，可以分为天然细骨料和人造细集料两大类。按其堆积密度，可以分为轻细集料、普通细骨料和重细骨料三种。混凝土的品种不同，所采用的细骨料也不同。常用的品种有天然砂、重晶石砂、矿渣、天然轻砂、人造轻砂等。在混凝土中可以填充粗骨料的空隙，减少水泥浆的收缩，改善混凝土的性能。配制普通砂浆和混凝土常采用天然砂。其规格、级配和质量均应符合有关标准的规定。

【天然骨料】natural aggregate

又称天然集料。自然界中的岩石经风化、剥蚀等多种地表作用，发生破碎分离而形成大小不一的砂石颗粒。按照岩石种类分为花岗岩和石灰岩等。

【人造骨料】artificial aggregate

又称人造集料。指岩石经过机械设备加工得到的混凝土骨料。

【天然砂】natural sand

天然岩石经长期分化等自然条件作用形成粒径在 4.75mm(方孔筛)或 5mm(圆孔筛)以下的岩石颗粒，如河砂、海砂、山砂等。

【人工砂】artificial sand

指经除土处理的机制砂、尾矿砂、混合砂的统称。

【混合砂】mixed sand

由机制砂和天然砂按照一定的比例混合制成的砂。

【河砂】river sand

天然岩石在自然状态下，经河水的作用力长时间反复冲撞、摩擦产生的质地坚硬、中等粗细、圆滑洁净的颗粒物。

【海砂】sea sand

天然岩石长期受海水的冲刷作用形成的颗粒物。颗粒表面圆滑、洁净，含有贝壳碎片及可溶性盐等杂质。

【山砂】mountain sand

母岩表面经风化、沿其层理破碎，未经风筛和流水冲刷的颗粒，颗粒多具棱角，表面粗糙，砂中含泥量及有机质等杂质较多。

【机制砂】machine-made sand

又称人工砂。指经除土处理的机制砂、尾矿砂、混合砂的统称。它是由机械破碎、筛分，粒径小于 4.75mm(方孔筛)的岩石颗粒，但不包括软质岩、风化岩石的颗粒。

【尾矿砂】tailings sand

由金属矿、非金属矿在开采和加工主矿产品过程中产生的固体废弃物，经破碎、分级得到的颗粒物。

【钛矿渣】titanium slag

以钒钛含量高的铁矿石为原料冶炼生铁，在冶炼过程中排出的熔渣经淬冷或自然冷而得到的一种粒状或块状废渣称为钛矿渣。呈棕褐色，较坚硬，易磨性较普通矿渣差。TiO_2 含量高时，其矿物成分多以水化活性较低的钙钛矿存在。虽然钛矿渣的活性比一般高炉矿渣低，但由于钛矿渣中没有影响水泥水化的有害成分，故可作为一种新组分来配制混凝土。用破碎后的重钛矿渣代替石灰石碎石和中砂作骨料，混凝土的耐酸蚀能力得到提高，且水泥石结构更加密实，孔隙率小。将其粉磨成超细粉作为混凝土掺和料。生产时可加入乙二醇或三乙醇胺作为助磨剂。钛矿渣粉中无有害成分，且其水化所生成的产物结构稳定。随着水化反应的深入，钛矿渣粉会起到表面微晶化、界面耦合、紧密堆积等理化作用，对提高混凝土的强度有益。

【普通骨料】common aggregate

又称普通集料。普通混凝土和砂浆所用的骨料。一般指砂、碎石、卵石。表观密度为 $2500 \sim 2700kg/m^3$，松堆密度为 $1500 \sim 2000kg/m^3$。

【卵石】gravel; pebble

岩石由于自然条件作用(如水流冲刷)而形成的天然无棱角的球形、扁圆形粒状材料。可用作混凝土骨料，但与水泥粘结力不如碎石，所配制的混凝土较碎石的强度略低。此外，卵石还可用作球磨介质及铺路石料。

【碎石】crushed stone

由天然岩石经破碎筛分而得的颗粒状材料，其粒径大于4.75mm(方孔筛)或5mm(圆孔筛)。通常用作普通混凝土的粗骨料。由于其表面粗糙，与水泥石的粘结性能比卵石好。在同样条件下用碎石配制的混凝土，比用卵石配制的混凝土强度略高，但水泥用量较多。

【轻骨料】lightweight aggregate

又称轻集料。参见14.3.4【轻集料】。

【天然轻骨料】natural lightweight aggregate

又称天然轻集料。参见14.3.4【天然轻集料】。

【工业废料轻骨料】industrial waste lightweight aggregate

又称工业废料轻集料。参见14.3.4【工业废料轻集料】。

【人造轻骨料】artificial lightweight aggregate

又称人造轻集料。参见14.3.4【人造轻集料】。

【重骨料】heavy aggregate

又称重集料。密度特别大(3.75～7.78g/cm^3)的骨料，如重晶石、铁矿石(磁铁矿石、褐铁矿石等)、钢段、铸铁块、钢铁废屑等。用于配置重(特重)砂浆或混凝土，以屏蔽γ射线。为了区别于轻骨料，普通骨料有时也称为重骨料，而将上述骨料称为特重骨料。

【耐酸骨料】acid resisting aggregate

又称耐酸集料。能抵抗酸性介质侵蚀的集料。要求耐酸率不小于94%，常用石英石、花岗石、氟石、重晶石、玄武岩等破碎而成。

【耐碱骨料】alkali resisting aggregate

又称耐碱集料能抵抗碱性介质侵蚀的骨料。耐碱率不低于90%。常用石灰岩、白云岩、花岗岩、辉绿岩等破碎而成。

【色石渣】colored marble chips

由天然大理石及其他石材经破碎而成，粒径为2～20mm。常用的品种有汉白玉、东北红、曲阳红、晚霞、湖北黄、墨玉、松香石、羊肝石、煤矸石等。用于建筑装饰抹灰，作水刷石、水磨石、斩假石、干粘石等的骨料。

【耐火骨料】refractory aggregate

又称耐火集料。在耐火材料的粒度组成中起骨架作用的耐火颗粒料。它们是用各种耐火原料经煅烧、破碎加工或人工合成，粒度大于0.088mm的粒状材料。耐火骨料按材质分有黏土质、高铝质、刚玉质、硅质、镁质、镁铝尖晶石质耐火骨料等。按气孔率分可为致密骨料(又称重质骨料)和轻质骨料(又称多孔骨料)。致密骨料系指气孔率不大于30%的骨料。致密骨料又可分为特致密骨料(气孔率≤3%)，高致密骨料(气孔率3%～10%)和普通致密骨料(气孔率10%～30%)。轻质骨料系指气孔率大于45%的骨料。轻质骨料又可分为普通轻质骨料(气孔率45%～80%)、超轻质骨料(气孔率>80%)和特种轻质骨料。

【再生骨料】recycled aggregate

又称再生集料。采用废弃建筑物以及工业废弃物等原料，通过无害化处理，经分拣、破碎、筛分并按一定的比例混合后，形成的满足不同使用要求的骨料。

8.3.3 矿物掺合料

【油页岩灰】oil shale ash

油页岩经提炼页岩油后的残留灰渣经机械粉磨所得的粉体材料。其主要用于生产水泥、砌块、砖、陶粒等建筑材料。

【增钙液态渣粉】calcium-enriched powders

从热电厂排出的增钙液态渣适当烘干、去除水分后经机械粉磨所得的粉体材料，可用作水泥混合材及混凝土矿物掺合料等。

【固硫渣粉】fluidized bed combustion powder

流化床燃煤固硫渣经粉磨所得的粉体材料。具有火山灰活性，可用作水泥混合材或者混凝土掺合料，也可以作为混凝土膨胀剂的原料。

【沸石粉】zeolite powder

沸石粉是天然沸石岩经磨细后形成的一种火山灰质材料，含有大量活性的SiO_2和Al_2O_3，其火山灰活性仅次于硅灰，而优于粉煤灰和矿渣。矿物晶格内部有大量彼此连通的空腔与管道，具有巨大的内表面积。这种独特的内部结构极易被结晶水填充，而这种水被称为“沸石水”。用作混凝土的矿物掺合料具有很好的改性作用，能够有效抑制混凝土的碱-骨料反应，并能提高混凝土的抗碳化和抗钢筋锈蚀等。

【重矿渣】heavy slag

也称缓凝渣，俗称干渣。是在高炉炼铁过程中排出的熔融块渣，在空气中自然冷却形成的一种坚硬的石状物。化学成分一般为 CaO、SiO_2、Al_2O_3、MgO 和少量的 ZnO 等。含有大量结构稳定的惰性矿物，如铝方柱石、钙长石和硅酸一钙，活性低。根据其化学成分和矿物组成，属于硅酸盐材料。经破碎、筛分成不同粒径的粒料，可代替碎石用作建筑骨料。

【垃圾焚烧灰】incinerator ash

垃圾焚烧灰是生活垃圾焚烧处置的副产物，包括焚烧飞灰和底灰。垃圾焚烧灰(特别是焚烧飞灰)中含有大量的 Pb、Zn、Cr 等重金属元素，同时也含有 PCBs、PCDD/Fs、PBDD/Fs 等降解有机物。有效无害化利用的途径是用作水泥或陶粒原材料。

【高钙粉煤灰】high calcium fly ash

采用褐煤或次烟煤为燃料的煤粉炉排出的一种氧化钙含量 10%以上的粉煤灰。它是一种既含有一定数量水硬性晶体矿物又含有较多火山灰活性物质的材料。自身具有一定的水化能力，但由于含有一定量的游离氧化钙，可能引发水泥体积安定性不良、混凝土结构膨胀开裂。

【亚高岭土】metakaolin

又称偏高岭土。是以高岭土为原料，在适当温度下(600～900℃)经脱水形成的无水硅酸铝($Al_2O_3 \cdot 2SiO_2$，AS_2)。因亚高岭土的分子呈不规则排列，处于热力学介稳状态，在碱性或硫酸盐等激发剂的作用下具有胶凝性。磨细亚高岭土主要用作混凝土矿物掺合料，也可制备地聚合物胶凝材料。

8.3.4 外加剂

【单体】monomer

参见 12.1【单体】。

【外加剂】admixture

在混凝土（包括砂浆、净浆）拌和时或拌和前掺入的、用以显著改善混凝土性能的化学物质，称为混凝土化学外加剂，简称混凝土外加剂，其掺量一般不大于胶凝材料质量的 5%(特殊情况除外)。外加剂被视为混凝土的第五种组成材料(第五组分)。其种类繁多，按其主要功能一般可分为下列几类：用于改善混凝土拌合物流变性能的外加剂（如减水剂、引气剂、泵送剂等)；用于调节混凝土凝结硬化速度的外加剂（如早强剂、缓凝剂、速凝剂等)；用于调节混凝土含气量的外加剂（如加气剂、泡沫剂、消泡剂等)；用于改善混凝土耐久性的外加剂（如阻锈剂、防冻剂等)；用于赋予混凝土特殊性能的外加剂（如膨胀剂、防水剂等)。

【减水剂】water reducer

能保持混凝土工作性不变而显著减少其拌和水量的外加剂。多为表面活性物质，分为阴离子型和非离子型两大类。属于阴离子型表面活性剂的有木质素磺酸盐，萘磺酸甲醛综合物的盐类，烷基丙烯磺酸盐高分子聚合物，高级多元醇与高分子磺化物的聚合物等；属于非离子型表面活性剂的有聚氧乙烯脂肪醇醚、聚氧乙烯烷代苯酚醚等。常用的是木质素磺酸钙、NNO、MF、羟基羧酸及其盐类等。减水剂掺量为水泥质量的 0.2%～1%，可减水 5%～25%，同时提高混凝土强度 5%～30%，或节约水泥 5%～20%，并能改善混凝土的抗冻性、抗渗性和抗裂性等，已广泛应用于各种混凝土工程。

【普通减水剂】water reducing admixture

在保持混凝土坍落度基本相同的条件下，能减少拌和用水的外加剂。一般指木质素磺酸盐类减水剂，属于阴离子表面活性剂。主要用于低强度等级混凝土。

【高效减水剂】high range water reducing admixture

在混凝土坍落度基本相同的条件下，能大幅度减少拌和用水的外加剂。主要有萘系高效减水剂、三聚氰胺系高效减水剂、氨基磺酸系高效减水剂、脂肪族磺酸盐高效减水剂等。主要用于高强度等级或流态混凝土。

【高性能减水剂】high performance water reducing admixture

比高效减水剂具有更高减水率、更好坍落度保持性能、较少干燥收缩，且具有一定引气性能的减水剂。一般指聚羧酸系高性能减水剂。主要用于高强混凝土、需要长时间保持泵送性能的混凝土。

【早强减水剂】hardening accelerating and water reducing admixture

一种早强剂与减水剂的复合产品，兼具早强与减水功能。可提高水泥砂浆或混凝土的早期强度，是低温季节常用的混凝土外加剂。

【缓凝减水剂】set retarding and water reducing admixture

一种缓凝剂和减水剂的复合产品，兼具缓凝与减水功能。可延缓水泥砂浆或混凝土凝结时间，是高温季节施工的常用混凝土外加剂。

【引气减水剂】air entraining and water reducing admixture

一种引气剂和减水剂的复合产品，兼具引气与减水功能，可降低混凝土单位用水量，并改善其抗冻融性能。

【早强剂】accelerator

亦称快硬剂。加速水泥混凝土早期强度发展的外加剂。氯盐、硫酸盐、亚硝酸盐、三乙醇胺等都可加速水泥的水化和硬化，而有早强作用。更为有效的是复合早强剂，如掺用三乙醇胺复合早强剂，混凝土两天强度可提高40%以上。常用于混凝土的快速和低温施工。

【缓凝剂】retarder

延缓水泥混凝土凝结的外加剂，因其在水泥及其水化物表面上的吸附作用，或与水泥反应生成不溶层而达到缓凝效果。例如酒石酸、柠檬酸、锌盐等都是有效的缓凝剂。用于油井工程、大体积混凝土工程、高气温下的混凝土施工，以及滑模施工等。用以延缓混凝土凝结，保持工作性，延长放热时间，消除或减少裂缝，保证其整体性。

【引气剂】air entrainer

指在混凝土拌和过程中，能形成大量微小而稳定的气泡均匀分布于混凝土中的特种外加剂。常用的有松香热聚物、烷基磺酸钠和烷基苯酸钠等阴离子型表面活性剂。掺入一定量引气剂可以提高混凝土的抗冻性、抗渗性以及抗侵蚀性(如硫酸盐侵蚀)，广泛用于水工混凝土中。

【泵送剂】pumping aid

防止混凝土混合料在泵送管路中离析和堵塞，使其在泵压下顺利通行的外加剂。减水剂、塑化剂、加气剂以及增稠剂等均可用作泵送剂。常按混凝土混合料的水泥用量和水灰比选用。例如：在低水灰比的混合料中，为改善其流动性，可采用减水剂；为保持混合料在大量浇灌和连续泵送中的工作性，降低泵送压力，则选择塑化剂；加气剂常用于防止一般混凝土混合料因骨料级配改变可能引起的管路堵塞。

【防水剂】waterproofing admixture

包括抗渗剂和防潮剂。抗渗剂能减少孔隙和填塞毛细通道，用以降低混凝土在静水压力下的透水性。氢氧化铝(或铁)、明矾、重铬酸钾(或钠)，以及一些超细材料如细磨砂、铅白粉、膨润土、粉煤灰、硅藻土、石灰石、溶渣、浮石、硅胶、氟硅酸盐等都可用作抗渗剂。一些减水剂、加气剂也有抗渗作用。防潮剂又称抗水剂或憎水剂，能堵塞浅层毛细孔，在混凝土表面形成憎水层，从而降低混凝土毛细吸收透水性。皂类的金属盐如钙、钠、铵的硬脂酸盐和油酸盐等，硬脂酸悬浮液、硬脂酸丁酯，以及某些石油产品(矿物油、石蜡、稀释沥青、乳化沥青等)都可用作防潮剂。

【防冻剂】anti-freezing agent

又称降低冰点外加剂或负温硬化外加剂。能降低砂浆和混凝土中水的冰点和提高水泥水化速度的外加剂。常兼有促凝和早强作用。常用的有碳酸钾、亚硝酸钠和醇类等，并常复合使用，特别是与阻锈剂复合使用可以防止钢筋的锈蚀。其作用在于能防止冰冻的破坏作用并提供水泥硬化必要的水分，使之在负温中能够缓慢硬化。

【膨胀剂】expensive agent

膨胀剂是一类矿物外加剂，将相应的膨胀

组分经原料配制、煅烧，再磨细而成。加入混凝土中，通过自身反应或与水泥水化产物反应，生成膨胀性产物，使混凝土产生适量体积膨胀，在内部产生预压应力，起补偿收缩和张拉钢筋产生预应力以及填充内部空隙的作用。通常按其主要水化产物，可分为硫铝酸钙类、氧化钙类、氧化铁类、硫铝酸钙一氧化钙类和氧化镁类等类型。能有效提高混凝土密实性，降低混凝土开裂风险。主要用于为减小干燥收缩而配制的补偿收缩混凝土和自应力混凝土结构，也用于制作填充用膨胀混凝土和灌浆用膨胀砂浆。

【硫铝酸钙类膨胀剂】calcium sulphoaluminate expanding admixture

由无水硫铝酸钙熟料与石膏按一定比例混合粉磨制成的膨胀剂。其与水泥、水拌和后经水化反应生成钙矾石，产生体积膨胀。也可由天然明矾石、无水石膏或二水石膏按比例配合，共同磨细而制成。这类膨胀剂碱含量低，膨胀发挥快速，膨胀率较低。

【生石灰类膨胀剂】quicklime expanding admixture

与水泥、水拌和后经水化反应主要生成氢氧化钙的膨胀剂。它是用石灰石、石膏、黏土作原料，在高温煅烧成含40%～50%游离氧化钙的熟料，再经粉磨而成。通常在粉磨过程中加入硬脂酸，其一方面起助磨作用，另一方面在氧化钙表面形成一层膜，以减缓氧化钙水化速度，从而控制膨胀速率，因此又称脂膜石灰膨胀剂。目前，主要用于制备设备基础和地脚螺栓灌浆料，以及用于无声爆破的静态破碎剂。含氧化钙(CaO)类膨胀剂配制的混凝土(砂浆)不得用于海水或有浸蚀性水环境的工程。

【硬石膏类膨胀剂】anhydrite expanding admixture

与水泥、水拌和后经水化反应生成钙矾石的膨胀剂。但其所形成的钙矾石的数量、速度及形态均与硫铝酸钙类膨胀剂不同。主要分为AG硬石膏膨胀剂和FG硬石膏膨胀剂AG硬石膏膨胀剂是以天然明矾石与硬石膏为基本组分，掺加少量氧化钙经煅烧磨细而成；FG硬石膏膨胀剂是以粉煤灰与硬石膏为基本组分，掺加少量氧化钙经煅烧磨细而成，碱含量很低，尤其适用于易发生碱-骨料反应的环境，成本相对较低。

【氧化镁类膨胀剂】magnesium oxide expanding admixture

与水泥、水拌和后经水化反应生成氢氧化镁结晶(水镁石)的膨胀剂。由900～1050℃烧成的氧化镁磨制而成。体积能增加94%～124%。可通过控制菱镁矿的煅烧温度和时间来控制所得氧化镁的活性，从而控制氧化镁膨胀剂的反应速率和膨胀程度。氧化镁膨胀剂的反应慢，持续时间长，其膨胀特性符合大体积混凝土补偿收缩的要求。

【氧化钙-无水硫铝酸钙膨胀剂】compound expanding agent

与水泥、水拌和后经水化反应生成钙矾石和氢氧化钙的膨胀剂。由高温煅烧得到的氧化钙-无水硫铝酸钙类熟料和石膏混合磨细制成，含有无水硫铝酸钙和氧化钙两种膨胀组分，膨胀速率快，膨胀量大。

【速凝剂】rapid setting admixture

使水泥混凝土迅速凝结硬化的外加剂，与水泥在加水拌和时立即反应，使水泥中的石膏丧失其缓凝作用，促成铝酸三钙迅速水化，并在溶液中析出其水化物，导致水泥浆迅速凝固。其掺量为水泥质量的2.5%～7%时，水泥初凝时间可在5min以内，终凝在10min以内，并能提高早期强度，28d强度通常低于不掺者，但之后并不下降，主要用于喷射混凝土。

【防锈剂】rust preventer; rust inhibitor

又称阻锈剂或缓蚀剂。减缓混凝土中钢筋锈蚀的外加剂。金属锈蚀的本质是失去电子的过程。防锈剂是能减小这种趋势的物质，即比铁还原性强的离子化合物，如亚硝酸钠、铬酸钾、氯化亚锡、草酸钠、硫代硫酸钠和苯甲酸等。在混凝土中为防止某种会引起钢筋锈蚀的介质(如氯盐)侵害时，往往使用防锈剂。

【保水剂】water retaining admixture

改善混凝土和砂浆混合料保水性的外加剂，能减少泌水、防止离析，增加可塑性，改善工作性，以保证混凝土的均匀性。有纤维素醚、硅藻土、煅烧泥灰岩以及用碱水处理的膨润土等。引气剂也有良好的保水作用。

【发气剂】gas former

因化学或物理作用产生气体，均匀分布于料浆中，使之体积膨胀呈多孔结构的物质，如某些金属粉末、双氧水、碳化钙和漂白粉等。混凝土中常用的为铝粉、双氧水等发气剂。制得的发气混凝土或制品具有轻质、保温和可加工等特性。

【泡沫剂】foamer

参见 14.3.7【泡沫混凝土用泡沫剂】。

【消泡剂】concrete defoamer

又名去沫剂。能调节界面自由能，防止气泡产生或使原有气泡减少的物质。常用的有醇类消泡剂(乙基己醇、中碳醇等)、酯类消泡剂(脂肪酸酯、磷酸二丁酯等)。在混凝土中可以抵制和消除混合料中过多和有害的气泡，常与有加气作用的减水剂复合使用，以防止混凝土含气量过大而降低强度。

【碱-骨料反应抑制剂】retarder for alkali-aggregate reaction

抑制碱-骨料反应的混凝土外加剂。水泥中的碱与某些骨料中的活性矿物(如蛋白石、玉髓)反应，称为碱-骨料反应，会引起膨胀而使混凝土破裂。常用粉煤灰等矿物粉料作抑制剂。某些加气剂、减水剂、悬凝剂以及锂盐和钡盐对这种破坏也有抑制作用。

【着色剂】coloring agent

使白色水泥制成的砂浆和混凝土上带有不同色彩的外加剂。要求对混凝土的凝结时间和强度影响不大，并且砂浆和混凝土带色后，在日晒下不褪色。一般为天然或合成颜料，如氧化铁黑、钛花青蓝、氧化铁红、氧化铁黄、氧化铬、二氧化钛等，可分别使砂浆和混凝土表面着上灰、黑、蓝、红、黄、绿、白等颜色，用于建筑物装饰。

【表面硬化剂】surface hardener

为了减少混凝土表面的磨耗而采用的物质。有金属掺料、化学外加剂两种。金属掺料是粗细级配的金刚砂、熔融刚玉或铁砂。使用时与水泥干拌后均匀地铺在新浇的混凝土表面，然后加以抹压使之渗入，硬化后即形成坚硬耐磨的面层。化学硬化剂常用水溶性氟硅化物或氟硅酸盐加湿润剂。后者能降低表面张力，而使溶液更深地渗入混凝土的孔隙中。其他化学硬化剂还有硅酸钠、硫化铝、硫化锌，以及亚麻子油、桐油等。

【发气混凝土调节剂】regulator for gas concrete

调节发气混凝土料浆性能以保证制品质量的外加剂。作用各不相同，例如，水玻璃可以调节铝粉在料浆中的开始发气时间和稠化时间；废料浆能改善发气稳定性。根据所加原材料及其工艺要求，还可选择纯碱、硼砂或石膏等调节其凝结硬化速度。

【灌浆剂】grouting agent

一种以无机功能材料为主，并复合有机高分子功能材料而成的外加剂。兼具高效减水、增强、保塑及降低泌水率等多重功效，并能产生适度膨胀，以补偿硬化水泥拌合物在不同阶段产生的收缩。主要用于水泥浆、砂浆和混凝土灌浆材料，特别适用于铁路、桥梁等后张有粘结预应力混凝土孔道灌浆材料的施工。

【脱模剂】mold-release agent

一种在混凝土浇筑前刷涂或喷涂在模具表面，防止混凝土硬化脱模时与模具产生粘黏而影响制品表面光洁度的物质。分为水性脱模剂和油性脱模剂。

【养护剂】curing agent

又称混凝土养护液，是一种适应性较强的高分子液体成膜材料，将其喷洒于混凝土表面后会固化形成一层致密的薄膜，防止混凝土中水分蒸发过快，确保混凝土有充足的养护水分，从而减少混凝土收缩和龟裂。

【减缩剂】shrinkage reducing agent

一种表面活性剂，可降低水泥浆体中毛细孔液相表面张力，进而减少毛细孔失水所产生的收缩应力，从而达到减少混凝土收缩值的目的。

【引发剂】initiator

能引起单体分子活化产生游离基而诱导单体聚合的物质。在聚合物浸渍混凝土中使用引发剂要求：(1)化学稳定性好，与基材的亲和力小，有利于在基材内部均匀分布。常用偶氮化合物如偶氮二异丁腈、α-特丁基偶氮二异丁腈等。(2)在减水剂合成中，常用的引发剂有过硫酸铵、过硫酸钾、过硫酸钠、双氧水/Vc、双氧水等。

【促进剂】accelerator

能降低引发剂的正常分解温度，加快其产生游离基的速度，以促使单体常温聚合的物质。(1)聚合物浸渍混凝土中常用的促进剂有：二甲基苯胺、N，N-二甲基对甲苯胺、环烷酸钴、萘酸钴等。(2)聚羧酸系减水剂合成过程中常用的有：亚硫酸盐、蔗糖、雕白块、焦亚硫酸钠、亚硫酸氢钠、次磷酸盐、L-抗坏血酸等。参见 12.2【促进剂】。

【絮凝剂】coagulator；congelating agent

又称凝聚剂，一种能溶解于水中，并使水中悬浮的固体粒子凝聚与聚沉的物质。用抄取法生产纤维水泥制品时，为了改善纤维水泥料浆的过滤性，可在料浆中掺加适量的高分子凝聚剂，如聚丙烯酰胺等，以提高抄取机的生产率。

【水下不分散剂】underwater anti-washout agent

一种混凝土外加剂，由水溶性高分子聚合物、减水剂等组成，能显著改善混凝土的黏聚性能，限制新拌混凝土的分散、离析，避免水泥流失，普遍应用于水下不分散混凝土工程中。

8.3.5 增强材料

【阻裂材】crack arrestor

以钢纤维、碳纤维、化学纤维、玻璃纤维为主要组分，在混凝土拌和过程中加入，以阻止水泥基体中微裂纹产生与扩展的作用，故称为阻裂材。

【钢筋】steel bar；rebar；steel reinforcement；reinforcement

用于增强混凝土的直径大于 5mm 的钢条。与混凝土组成钢筋混凝土共同承担外力，主要承受拉应力。按加工方法分为热轧钢筋、冷轧带肋钢丝与钢筋、冷轧扭钢筋和钢绞线等；按表面形状可分为光面钢筋和带肋钢筋。

【钢丝】steel wire

直径不大于 5mm 的钢筋。按强度分为冷拔低碳钢丝和高强钢丝。前者主要用于普通混凝土的配筋，也可用于预应力混凝土中；直径 1mm 左右的细钢丝可以织成网，用作钢丝网水泥制品的配筋。后者按表面形状又分为光面钢丝和刻痕钢丝，专用于预应力钢筋混凝土。

【钢纤维】steel fiber

由切断细钢丝法、冷轧带钢剪切、钢锭铣削与钢水快速冷凝法等制成长径比(纤维长度与其直径的比值)为 30～100 的纤维。主要用作混凝土的增强材料。

【纤维素纤维】cellulose fiber

参见 14.3.5【纤维素纤维】。

【合成纤维】synthetic fiber

一种化学纤维，以苯、二甲苯、苯酚、乙烯、丙烯乙炔等为基本原料，先合成高分子化合物，再用拉丝等不同方法制成纤维。根据高分子化合物的化学结构可分为聚氨酯、聚烯烃、聚酯等纤维。主要特点是密度小、抗拉强度高、弹性模量低、断裂伸长率大、吸水率小、耐磨性好、耐热性差。其中尼龙、聚丙烯、聚乙烯与芳族聚酯亚胺等纤维的耐碱性较好。直径大于 0.1mm 的合成纤维称为粗合成纤维，对提高混凝土韧性、抗冲击性、抗疲劳性、早期抗裂性作用明显，在喷射混凝土中有显著优势。直径小于 0.1mm 的合成纤维称为细合成纤维。

【聚丙烯纤维】polypropylene fiber

以聚丙烯为主要原料制成的合成纤维，又称丙纶。工程用聚丙烯纤维，是以聚丙烯为原材料，通过特殊工艺制造而成的。具有直径小，比表面积大，在水泥基材料中分散性好，耐酸、碱、盐等化学腐蚀，熔点较高、无毒，是被用于混凝土抗裂、抗渗的一种混凝土纤维制品。

【聚酯纤维】polyester fiber

由有机二元酸和二元醇缩聚而成的聚酯经纺丝所得的合成纤维，包括含芳香环的脂肪族聚酯纤维和全芳香族聚酯纤维，主要特点是纤维细度大、强度高、易分散、耐高温，可广泛应用于热拌合沥青混凝土工程，也可应用于高强混凝土的增强防裂。

【高模量维纶纤维】high modulus PVA fiber

以聚乙烯醇为原料、添加少量的硼酸进行化学反应后由湿法纺丝法制得的工业用纤维，该纤维弹性强度高，模量大，干、湿态热稳定性能良好，不经缩醛化处理在水中的软化点可超过110℃，与橡胶的粘合性优良，普遍用于代替石棉水泥制品等，是目前推崇的绿色环保产品。

【改性丙纶纤维】modified polypropylene fiber

又称丙纶。以聚丙烯为原料通过熔融纺丝制成的纤维。具有密度小、吸湿性小、强度高、耐化学性好等特点，熔点150～176℃。高强丙纶纤维经特殊处理后可用于混凝土工程，起防渗抗裂作用。经物理表面改性或偶联剂改性后的丙纶纤维对提高混凝土抗压、抗折强度作用明显。

【玻璃纤维】glass fiber

参见11.1.1【玻璃纤维】。

【碳纤维】carbon fiber

参见18.1.13【碳纤维】。

【纤维增强塑料筋】fiber reinforced plastic rebar

简称FRP筋。由高性能纤维和基体材料组成，纤维为增强材料，起加筋作用，基材起粘结、传递剪力的作用。纤维的种类主要有玻璃纤维、碳纤维、芳纶纤维和混杂纤维；基材主要有聚酯、环氧树脂、乙烯基酯、聚酯树脂、聚酰胺树脂等。FRP筋具有高强、轻质、耐腐蚀、抗疲劳、抗磁性、电绝缘性、徐变小、密度小、低弹性模量等性质。

【玄武岩纤维】basalt fiber

参见11.2.1【玄武岩纤维】。

【焊接钢筋网】welded steel mesh

钢筋焊接网是一种在工厂焊接成型的网状钢筋制品，由纵向和横向钢筋分别以一定的间距排列且互成直角，全部交叉点均用强电阻压力熔焊在一起的钢筋网片。多用于工业与民用建筑的楼板、墙体、地坪、混凝土路面、桥面铺装、机场跑道、隧道衬砌、混凝土管桩等方面。

8.4 设计及制备

8.4.1 混凝土制备与施工

【混凝土组分计量】the measurement of concrete component

在混凝土的生产过程中，称量装置把构成混凝土的各物料按照配合比要求分别进行质量和体积计量。混凝土各组成物料的精确计量是混凝土质量的可靠保证，混凝土搅拌站配料的称量控制系统是整个控制系统的关键，称重系统是决定混凝土计量精度高低的基础。

【混凝土预拌】concrete premixing

将称量好的混凝土各物料提前在搅拌工厂(站)拌和均匀，然后运输至用户使用地点即可直接浇筑。

【混凝土搅拌】mixing of concrete

使混凝土中各组成材料相互分散、均匀分布，从而获得内部各部位性能都相同的匀质混合物的过程。其作用主要是使各组成材料均匀混合，有时也能对混凝土加以强化和塑化。

【混凝土二次搅拌】secondary mixing of concrete

在考虑混凝土中各组分相互均匀混合作用的基础上，利用投料、搅拌顺序对混凝土内部结构形成的影响，综合提高其性能的工艺方法。先将水泥浆(或水泥砂浆)搅拌均匀，再将其与骨料搅拌，能明显提高混凝土搅拌质量和效率，改善混凝土界面过渡区的粘结强度。

【混凝土输送】transporting concrete

将混凝土拌合物通过混凝土泵或现场管道

等输送设备输送到浇筑点的过程。

【混凝土浇筑】concreting

混凝土拌合物浇灌入模，并使制成的混凝土构件外形正确、表面平整光滑、整体性与密实性符合要求的施工工作。其包括布料、摊平、捣实和抹面修整等工序。

【混凝土振捣】vibrating of concrete

用振捣机等机具使混凝土混合料进一步液化，从而实现成型、密实的一种工艺。

【混凝土二次振动】revibration of concrete

混凝土经过一次振动成型后，一定时间以内(一般是初凝之前)，再次受到振动的施工工艺。二次振动可改善混凝土内部结构，提高混凝土的密实度和强度。

【免振施工】vibration-free construction

混凝土不用通过振捣，利用自重，自行填充模板空间形成匀质密实混凝土的工艺。与传统工艺相比，施工更合理，节省人力和振捣机具，施工速度快，噪声小，可避免人为原因引起的质量问题。

【混凝土养护】concrete curing

在一定时间内使新浇筑混凝土保持适当的温度和湿度，以保证混凝土正常硬化或促使其加速硬化的工作。根据所建立的温度和湿度条件的不同，可分为标准养护、自然养护和加速养护。

【混凝土施工缝】construction joint of concrete

又称混凝土工作缝。混凝土分层灌筑时，因间歇时间超过规定不能继续灌筑而设置的连接措施。连接处应埋设接槎片石、钢筋或型钢。先将接缝面上水泥砂浆薄膜和松动石子凿除，冲洗干净使之湿润。在前一层混凝土的强度达到 1.2MPa 以上后，铺设厚约 15cm 并与混凝土灰砂比相同而水灰比略小的水泥砂浆层，然后继续灌筑新混凝土。

【冬期混凝土施工】winter concrete construction

当室外日平均气温连续 5 天低于 5℃时的混凝土施工工艺。气温处于冰冻温度以下时，水泥的水化反应几乎停止，其中的水将开始结冰，体积膨胀 9%，对水泥石结构造成损伤。一般应根据气温情况、结构特点和现场能源条件采取相应措施，加热方法包括蓄热法、电热法、蒸汽法以及远红外线或电磁感应加热方法等，还可加入早强剂、防冻剂、加气剂等功能性外加剂。

【炎热期混凝土施工】concreting in hot weather

夏季平均气温达 30℃以上的高温条件下的混凝土施工措施。此时水泥水化速度加快，水分蒸发加剧，凝结时间提早，使混凝土密实度降低而影响了混凝土的强度和耐久性。可采用调整配合比、降低原材料温度、加强混凝土浇筑后的养护管理及加强二次振捣或二次抹面等施工工艺，以消除这些不利影响。

【大体积混凝土施工】mass concrete construction

当混凝土的最小断面尺寸大于 1m，结构较厚，体形较大，易因内外温差产生体积变化(如裂缝)，且钢筋较密，混凝土数量较多，针对这种情况采取的施工工艺和主要施工措施。包括冰水拌和，降低水泥用量，采用缓凝型外加剂等。

【混凝土模板】concrete formwork

混凝土结构施工或混凝土制品生产时，使其具有一定的形状、尺寸，且在其浇筑、硬化过程中作临时支承的构件。由木材、钢材等制成。在混凝土浇筑前进行拼装、固定，涂脱模剂，放置钢筋等，混凝土浇筑成型后，待其养护到一定强度时拆除。

【分层灌筑混凝土】concreting in lifts

对大体积混凝土而言，为促进混凝土散热，减少裂缝，常采用分层浇筑。选择浇筑方案时，除应满足每一处混凝土在初凝之前就被上一层新混凝土覆盖并捣实完毕外，还应考虑结构大小、钢筋疏密、预埋管道和地脚螺栓的留设、混凝土供应情况以及水化热等。浇筑应连续进行；必须间歇时，间歇时间尽量缩短，并应在前层混凝土初凝之前，将次层混凝土浇筑完毕；否则应留置施工缝。

【水下浇筑混凝土】the tremie concrete

使用专用工具将一定稠度的混凝土灌入水中，让混凝土自下而上把水挤出，使混凝土上升至水面以上的浇筑工艺。与普通混凝土相比，水下浇筑混凝土具有抗水的冲洗作用、流动性大、填充性好、缓凝、无离析等特点。

【混凝土配合比设计】design of concrete mixture proportion

为满足配制混凝土的技术要求和经济原则，合理选配混凝土各种组成材料用量的过程。其技术要求和经济原则包括：(1)混凝土应能达到工程或结构设计所要求的强度；(2)混凝土应有足够的耐久性，包括在工程使用条件下所要求的抗渗性、抗冻性和密实性等；(3)保证混凝土混合料的和易性；(4)在满足上述要求的前提下尽量减少水泥用量，降低成本。

【质量法】mass method

即假定表观密度法。普通混凝土配合比设计中各组分用量的计算方法之一。根据设计要求的强度和工作性，确定水灰比、用水量和砂率。假定混凝土拌合物的表观密度为一固定值，混凝土拌合物各组成材料的单位用量之和即为其表观密度，并根据假定的混凝土表观密度，计算出混凝土配合比。然后经过试配，根据实测的混凝土表观密度再求出每立方米混凝土的材料用量。

【体积法】volume method

即绝对体积法，按照混凝土的密实体积等于所有各组分的绝对体积之和的假说进行混凝土配合比设计的方法。它是应用最广泛、最基本的计算混凝土各组分用量和相互比例关系的方法。通常根据设计要求的强度、工作性、耐久性和经济性，以及所选用材料的基本物理性质，确定用水量和水灰比，求出水泥用量，然后由混凝土总体积减去水与水泥的密实体积，得到剩余体积即骨料的密实体积，再按选定的砂率算出砂用量和粗骨料用量。有时在混凝土总体积中要考虑混合料中所含空气的体积(不用引气剂的混凝土按体积的1%计算)。

【等量取代法】equal replacement method

在进行混凝土中胶结料配合比设计过程中为改善混凝土工作性能、耐久性能等，所用矿物掺合料掺量等量于其取代水泥的质量。

【超量取代法】excessive replacement method

在进行混凝土中胶结材料配合比设计过程中，所用掺合料掺量超过其取代水泥的量。掺合料掺入量等于取代水泥的质量乘以掺合料超量取代系数。

【混凝土配合比】concrete mixture proportion

混凝土各组成材料间按质量或体积配合的比例。混凝土配合比常以每立方混凝土各组成材料的质量来表示；或以胶凝材料为1作为基数，按胶凝材料：砂：石的质量比的方式表示，如1：3.1：5.6，水和胶凝材料的相对用量则以水胶比表示。如掺有外加剂，则其用量以其占胶凝材料质量的百分率表示。配合比的设计原则根据对硬化后混凝土的性能要求(包括抗压强度、变形性等力学性能要求和耐久性要求)、混凝土混合料的工作性及经济性等工程技术和经济合理要求来确定。配合比设计方法可用绝对体积法或假定表观密度法，前一种设计方法更为准确。

【初步配合比】initial mix proportion

按照混凝土的设计要求和选用原材料的基本物理性质，根据经验资料、图表、公式直接计算所得的各组成材料用量比例。因未经试验校核修正，故只能作为试拌的基础，不能实际使用。试拌校正工作性和密度后求得理论配合比(基准配合比)，经过强度校核满足设计强度要求(配制强度)后成为实验室配合比，再根据现场条件加以修正，才成为实用的施工配合比。

【基准配合比】basic mix proportion

在计算初步配合比的基础上，通过实配、检测、校核并调整混凝土拌合物的工作性，对配合比进行修正所得到的配合比。

【实验室配合比】laboratory mix proportion

基准配合比的混合料经强度复核后加以调整，其工作性和混凝土强度等都满足设计要求的混凝土配合比。所用骨料一般是以干燥状态下的质量计算，而科研工作中多以饱和面干状态下的质量计算，使用时须按骨料含水量换算为施工配合比。对有抗渗等级和抗冻等级要求的，除复核强度外，尚需增添抗渗与抗冻试验进行检验并调整配合比，使所拌混凝土在实验室条件下满足全部设计要求。

【施工配合比】construction mix proportion

根据工地测出的现场粗、细骨料含水率等情况，对以干燥材料为基准的混凝土实验室配合比进行修正后所得的各组成材料用量的比例。

【配筋率】percentage of reinforcement

钢筋混凝土或钢丝网水泥构件内的受力钢筋、钢丝网截面积之和与构件截面积的比值，以百分率表示。它是衡量构件配筋量的一个指标。

【配箍率】stirrup ratio

钢筋混凝土结构中箍筋与混凝土的相对含量，分为体积配箍率和面积配箍率。面积配箍率是沿构件长度方向在箍筋一个间距范围内，箍筋发挥抗剪作用的各肢全部截面面积与混凝土截面面积的比值。体积配箍率是箍筋体积与相应箍筋的一个间距范围内混凝土体积的比率。

【配筋分散性系数】dispersion coefficient of reinforcement

钢丝网水泥的配筋分散性指标。表示水泥制品的钢材用量与配筋分散程度的相对关系，对钢丝网水泥力学性能起着重要作用。配筋分散性系数表示方法，有配筋率和钢丝直径的比值、含钢量和钢丝直径的比值、单位体积内钢丝表面积含量等数种。

【含钢量】steel content

单位体积钢丝网水泥或钢筋混凝土中的钢材质量，以 kg/m^3 表示。含钢量一词通常只在钢丝网水泥中使用。钢丝网水泥的含钢量一般为 200～400kg/m^3。

【保护层】concrete cover; cover

防止水泥制品中的钢筋或钢丝网锈蚀而在其外覆盖的混凝土或砂浆层。

【保护层厚度】thickness of concrete cover

结构构件中钢筋外边缘至构件表面范围用于保护钢筋的混凝土层厚度。构件中受力钢筋的混凝土保护层厚度不应小于钢筋的公称直径，钢筋混凝土制品的保护层厚度约为 10～25mm；钢丝网水泥制品一般为 3～5mm。在侵蚀介质中，保护层的厚度可根据需要适当加厚。当采取有效的表面防护措施时，保护层厚度可适当减小。

【剩余水灰比】retained water-cement ratio

混凝土混合料经离心、真空抽吸或挤压等工艺处理，排除了原有的部分水分后其剩余水量与水泥质量的比值。其值愈小，则混凝土的表观密度愈大。

【水料比】water to material ratio

加气混凝土生产过程中使用的一个基本概念，料浆中的总含水量与加气混凝土干物料总和之比。料浆的流动性、黏度、膨胀性能、浇筑稳定性、稠化性能等均与之密切相关，是生产工艺中的一个重要参数。

【水胶比】water to binder ratio

参见 7.1.2【水胶比】。

【集灰比】aggregate to cement ratio

又称骨灰比。混凝土中粗细骨料总质量与水泥用量的比值。

【浆体体积比】paste volume ratio

混凝土中浆体体积占总体积的百分数。提高浆体体积百分数，有利于提高新拌混凝土的和易性和硬化混凝土的强度，但使硬化混凝土的体积稳定性变差，开裂风险增加。

【砂率】sand ratio

混凝土中细骨料质量相对粗、细骨料总质量的百分率。它是混凝土配合比设计中的另一个重要参数。在保证混凝土的工作性和强度要求的条件下，使用水量或水泥用量为最小时的砂率称为合理砂率或最佳含砂率。选择合理砂率可达到用较少的水量制得流动性适宜的混合料，便于施工操作，离析泌水少，得到密实均匀的混凝土。在配合比设计中，一般根据水泥用量、粗骨料的种类(碎石、卵石等)及其最大粒径、细骨料的粗细程度、混凝土的工作性要求等确定合理砂率，可查表选用，或通过试验、计算加以确定。

【质量砂率】sand weight ratio

混凝土中，细骨料占粗骨料与细骨料总量的质量比。

【胶砂比】cement to sand ratio

砂浆或混凝土中胶结料与细骨料质量之比。

【纤维取向】fiber orientation

纤维在纤维复合材料中的排列方向。对纤维的利用效率与制品的力学性能有很大影响。主要有四种取向：(1)一维定向，即全部纤维沿着一个方向排列；(2)二维定向，即全部纤维均在平面内按规定的两个方向排列；(3)二维乱向，即全部纤维均在平面内任意地排列；(4)三维乱向，即全部纤维在空间内任意地排列。

【纤维方向有效系数】orientation factor of fiber

乱向短纤维增强的复合材料中，纤维的增强作用与纤维方向有关。纤维方向与最大拉应力方向偏离越大，纤维的增强效果就越小。纤维方向有效系数就是用来表示由此引起的乱向短纤维的增强效果。

【纤维体积率】volume ratio of fiber

纤维复合材料中纤维体积占总体积的百分数，是影响纤维复合材料力学性能的主要因素之一。

【纤维平均间距】average inter-fiber spacing

表示乱向短纤维增强材料中纤维几何中心之间的平均距离。可用 $S=5\sqrt{\frac{\pi}{\beta}}\cdot\frac{d}{\sqrt{P}}$ 公式计算，式中：S 为纤维平均间距；d 为纤维直径；P 为纤维体积率；β 为纤维方向有效系数。

【纤维间距理论】theory of fiber spacing

推算纤维增强混凝土初裂强度的一种理论。它是根据纤维的阻裂作用和线弹性断裂力学提出的。该理论认为：采用间距紧密的纤维作阻裂材加入混凝土中，可减少混凝土内部裂缝尖端的应力强度因子，抑制裂缝的扩展，从而提高混凝土的抗拉性能；并提出关于乱向短纤维增强混凝土的纤维平均间距、断裂韧性和初裂强度之间的依赖关系与计算公式。

【混合定律】rule of mixture; mixture law

参见 12.1【混合定律】。

8.4.2 成型工艺

【振动密实成型】vibro-casting

利用振动设备使混凝土混合物密实成型的一种工艺方法。混凝土混合物是一种高浓度多级分散相的分散系统，在静止状态下一般可作为近似宾汉体考虑；在适当的振动作用下发生液化，排出气孔，填充模具，形成较为致密的结构。振动方式有：内部施振，如用插入式振动器；通过模板施振，例如用附着式振动器、振动台；以及几种方式的结合。振动密实成型的效果，取决于合理选择适当的施振方式和振动制度。振动工艺应用极广，其他密实成型方法，如真空法、离心法等也常与其结合应用。

【复振】revibration; repeated vibration

也称二次振动，混凝土经过振实之后，隔一段时间再振实一次的操作。第二次振动在水泥浆接近初凝而混合料尚有触变性时进行，提高混凝土密实性和强度(约 10%～50%)等性能的效果最好。混凝土用水量较多，特别是有泌水现象时，以上效果尤为显著，实行真空作业的混凝土，也宜采用。

【复频振动】multifrequency vibration

也称多频振动。同时或先后采用一种或多种频率的振动以密实成型混凝土。不同频率的振动可以导致相应程度的颗粒共振而获得较大的振幅，因此施用多频振动可以使混凝土混合料中更多的颗粒作较大的振动，从而达到更好的密实成型效果。实践表明先施以低频振动，作用于混合料中的粗骨料骨架；再施以高频振动作用于砂浆，有良好的效果。

【振动加速度】vibration acceleration

振动器在振动运动中的加速度，可表征对混凝土的振动强度。在旋转式振动器中，振动加速度(a)的计算式是 $a=4\pi^2f^2A$ (cm/s^2)；如换算成重力加速度(g)单位，则：$a=\frac{1}{g}4\pi^2f^2A(g)$，式中：$f$ 为振动频率(1/s)；A 为振幅(由振动中心的最大偏移，cm)；g 为重力加速度(981cm/s^2)。振动频率和振幅这两项参数是决定振动强度的重要参数。在振幅足够的情况下振动台的效率主要取决于它传给混凝土混合料的振动加速度，通常在 3～10g 之间，主要根据混凝土混合料的稠度而定。

【振动制度】vibration regime

由振动设备的振幅、频率和施振时间三个因素构成。此外，结合制品的外形尺寸、混凝土的性质、骨料的密度和粒度等因素加以合理选择，以达到良好的密实成型效果。

【振动设备有效作用范围】effective range of vibrating equipment

指振动设备能使混凝土混合料密实成型的最大范围。对于振动台和插入式振动器通常分别以其有效作用高度和有效半径表示。振动作用在混凝土混合料介质中以波动形式传播过程中，由于需要克服阻力，能量不断消耗，用插入式振动器时，还由于波面的扩大，振幅(波幅)不断衰减，到离振源一定距离处即不能使混合料液化而密实成型。不超过这一距离的区域称有效作用范围，它取决于振动设备的频率和振幅以及混凝土的成分。

【离心振动法】centrifugal vibrating process

混凝土混合料在离心力与振动力同时作用下密实成型的方法。例如托轮式离心机管模在托轮上旋转时，产生有规律的振动，有利于排除混凝土中的多余水分，减轻离心混凝土的分层现象，比单纯离心法能进一步提高混凝土强度和抗渗性。

【离心辊压法】centrifugal rolling process

混凝土混合料在离心力与辊压力的联合作用下密实成型的方法。分上压辊和下压辊两种方式：上压辊法，即悬模制管工艺；下压辊法，即在管模内的下部附有一水平圆辊装置，混凝土离心过程中用压辊将混凝土表面压实，破坏定向微孔，增加混凝土密实性，使内壁光滑。这种工艺比单纯离心法能进一步提高混凝土的强度和抗渗性。

【振动真空法】vibrating vacuum process

预应力混凝土管管芯的一种成型工艺。采用塑性混凝土立式浇筑，振动成型，并用真空装置吸除其中一部分游离水分(约占全部用水量的15%～20%)和空气，降低了水灰比，提高混凝土的初期结构强度。吸水完毕，可立即脱模。这种工艺常用于制造大直径预应力混凝土管。

【振动芯模法】vibrating core process

成型混凝土管芯的一种工艺方法。采用干硬性混凝土，立式浇筑。内部芯模的芯轴上装置有电动机，带动若干组偏心块转动，产生振动。成型完毕后，即可自上部抽出芯模，进行养护。此法适于制作直径1.4～2.0m的大口径预应力混凝土管。振动芯模法如附图所示。

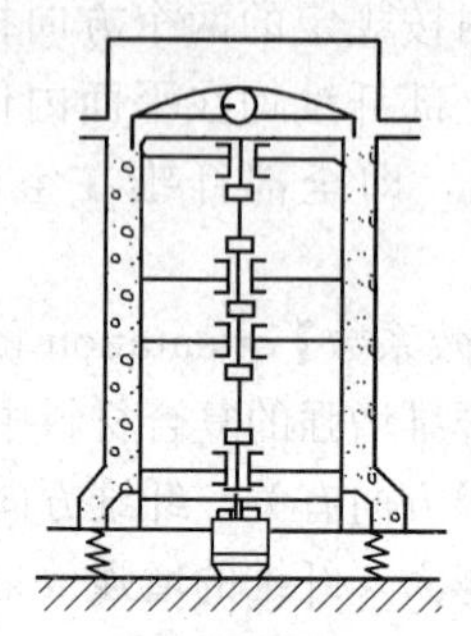

振动芯模法示意图

【立式振动法】vertical vibration moulding process

制作小口径混凝土压力管的一种工艺方法。管模安装后，在上端加料，升降平台使振动芯棒沿导杆，自下而上提升并施加振动。成型完毕，升降平台下降，振动芯棒从管内抽出。这种制管工艺的优点为速度快，管子内表面光滑。管模及成型设备结构简单，可同时成型两根以上的管子，生产率高，适用于生产小口径水泥压力管。立式振动法如附图所示。

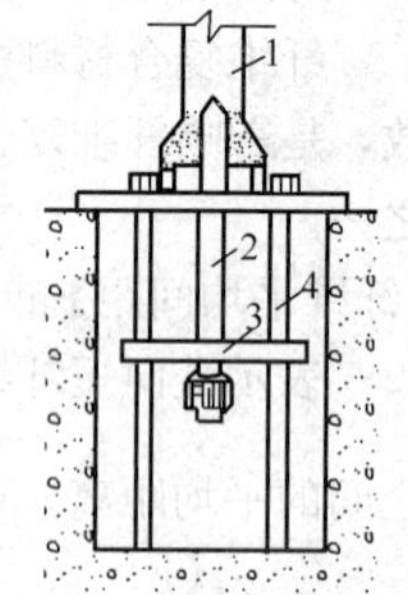

立式振动法示意图

1—管模；2—振动芯棒；3—升降平台；4—导杆

【真空密实法】vacuum process

初步成型后用负压抽去混凝土混合料中多余水分增加其密实度的工艺方法。主要设备是与真空泵相连的真空板，通过它与混合料表面接触面抽吸其中水分。剩余水灰比愈小，体积收缩越大，凝结越快，强度提高越多。若同时采用重复振动密实成型，效果尤为显著。采用真空密实法的混凝土称真空混凝土。在制品生产和现浇工程中均可使用。

【轧压成型法】rolling process

靠轧辊碾压使混凝土密实成型的工艺方法。主要设备是振动轧压机。干硬性混合料盛于钢模中或传送带上，通过一套轧辊的碾压逐渐由厚变薄、由松变实，并成为与轧碾相应的几何形状。优点是轧碾压力虽较小，但与混合料的接触面积小，可以使混合料受到较大的成型压力，因而制品密实度较高，相当于 300～500kg/cm^2 静压力的压实效果。

【模压成型法】mould pressing forming method

参见 14.4.3【模压成型法】。

【挤出成型法】extrusion process

混凝土构件的一种成型方法。主要设备为挤出机，适用于在长线台座上用干硬性混合料生产混凝土构件。常用来生产预应力空心板。混合料从挤出机上料斗连续喂入，由一排铰刀输送并挤压，在振动器振动下，通过一定形状的挤出口而密实成型于台座上。挤出机则靠反作用力而前进。制品根据要求长度进行切割。设备简单，制品密实性好，工效高。

【推挤成型法】pushing process

混凝土构件的一种成型方法。与挤出成型法类似，差别在于以往复运动的推板代替挤出机中的一系列螺旋铰刀，将混凝土混合料通过挤出口挤出而密实成型。

【拉模法】dragged form method

在长线台座上制作混凝土构件的一种方法。构件与台座之间的摩阻力远大于构件与模具之间的摩阻力，因此在一个模位上密实成型之后即可将模具从混凝土由内至外缓缓拉出移到下一个模位而留下平整密实的构件坯体。设备简单，工效高，适于制作多孔板、挂瓦板、模型板、桁条等构件。

【浇筑成型法】casting process

将按设计要求配制的混凝土混合料浇筑于一定形状的模具中，使其借助自重充满模具而密实成型的方法。

【压力灌浆】pressure grouting

用压力将砂浆灌入孔道或空隙，要求砂浆粘结力大、流动性好。主要设备为砂浆泵，可用于后张法预应力构件孔道的灌浆，压力灌浆混凝土以及混凝土工程和制品的修补等。

【离心成型工艺】centrifugal compacting process

一种利用离心力使材料密实成型的工艺。当注入模具内的材料连同模型一同旋转时，各组分在离心力的作用下沿模具内壁均匀分布，同时多余水分从制品内表面排出。成型后的制品密实性好。该工艺适用于管、柱等中空制品的成型。

【喷浆法】gunite process

用压力喷射砂浆成型制品或喷制保护层的一种方法。利用灰浆泵使砂浆或灰、砂混合物通过橡胶管输送到喷枪头，靠高压空气将砂浆喷注在筋网层内，密实成型，或用以喷制预应力混凝土管的保护层。主要优点是工效高、产品质量好，但砂浆损耗大，劳动条件差。

【外模振动法】outer mold vibration method

利用外模振动代替手工挤浆(俗称刮糙)制造小型钢丝网水泥船的成型方法。在内模上铺网孔筋后，装上钢质外模，多模特设的开口处灌浆。在附着在外模上的振动器作用下，使砂浆液化，填充模内各处并密实。外模振动成型工艺与手工成型相比，具有劳动强度低、生产效率高及砂浆密实性好等优点。适用于批量生产的产品，水泥农船常采用这种方法制造。

【振动真空脱水工艺】vibrating vacuum-dewatering process

利用振动-真空脱水原理生产水泥制品的一种工艺，通过振动使砂浆液化填充在筋网层内并使之密实；利用真空作用，将砂浆内部多余的游离水与空气泡吸走，使之进一步压实。主要特点是制品早期强度高，养护周期短。所用设备主要有振动设备、真空泵、真空管道与真空脱水成型模具等。

【成组立模】group standing mould

板状构件成组竖向生产的一种设备。由悬挂式或下行立模和装拆机构组成，每组立模一次可生产板材 6～8 块。悬挂式立模采用模外附着式振动器振动，亦称摆振法。下行式则采用插入式振动器，模内设有空腔，通入蒸汽进行养护。主要适于生产混凝土内墙板，生产效率高，制品表面光滑，占地面积小，用摆振法成型的制品强度上下不够均匀。采用成组立模组织生产的方法称为成组立模法。

【成对立模】coupled standing mould

制品成对竖向生产的一种设备。中央为固定模板，两侧采用液压启用的对称活动模板和固定反力架。活动模板下有钢轮，支承于钢轨上，启用时可沿轨道移动。立模每侧可生产制品 1～2 块。模板中为空腔，可通入蒸汽进行养护。适于生产表面要求光滑的混凝土制品，如内墙板、隔墙板、楼梯段等。占地面积小，生产效率高。采用成对立模组织生产的方法称为成对立模法。

【滑模工艺】slipform construction

用液压的提升装置滑升模板以浇筑竖向混凝土结构的施工方法。它是按照建筑物的平面形状，在地面(或一定的标高)将一整套液压滑模装置(模板、围圈、提升架、操作平台、支承杆及液压千斤顶等)组装好。利用液压千斤顶在支承杆上爬升，带动提升架、模板、操作平台一起上升。每浇筑一层混凝土后就进行模板滑升，直至结构浇筑结束。此法施工要对模板体系经常进行调平，以保证建筑物(构筑物)垂直。具有机械化程度高、施工文明、节约模板、施工速度快、造价低等优点。

【定点浇筑】fixed-casting

在指定位置或地点将浆体或新拌混凝土等注入模具中进行成型的工艺。

【移动浇筑】mobile-casting

借助移动运输设备将浆体或新拌混凝土等注入模具中进行成型的工艺。

【碾练】rolling

又称轮碾。原材料在轮碾机上破碎、压密和均化的过程。适用于湿碾矿渣、炉渣、粉煤灰等碳酸盐混凝土制品的生产。经过碾练，制品密度增加，强度可以提高。

【基材】base material; matrix

被浸渍前的硬化混凝土制品或其他胶凝材料制品。如水泥砂浆、水泥混凝土、钢筋混凝土、纤维混凝土、轻骨料混凝土、钢丝网水泥、石棉水泥、石膏等材料制成的管、板、梁、柱、砌块等。对基材的基本要求是：有适当的孔隙、能为浸渍液所渗填；有一定的强度，能承受干燥、浸渍、聚合等过程中的物理、力学作用，且本身成分对浸渍液无不良影响。

【浸渍液】impregnant

能浸入基材孔隙，并在其中固化，使基材改性的液态物质。可由一种或多种有机单体、预聚物及其他助剂(如引发剂、阻聚剂等)组成的混合液；也可以是某些熔融状态的物质等。如，掺有引发剂和阻聚剂的苯乙烯、甲基丙烯酸甲酯，熔化的石蜡、熔融的硫磺等，浸渍液的种类和组成对浸渍混凝土的性能有很大影响。

【真空浸渍】vacuum impregnation

浸前将基材进行真空处理，抽去孔隙中的气体，使浸渍液易于渗入的浸渍方法。真空度一般在 720 毫米汞柱以上。操作程序为：将干燥基材放入密封容器，在一定真空度下保持适当时间，然后导入浸渍液浸没基材，解除真空后在常压或加压条件下继续浸泡一定时间。前者称为真空-常压浸渍，后者称为真空-加压浸渍。加压的目的主要是缩短浸渍时间，增加浸渍深度。用作加压的压缩气体有氮气、二氧化碳、空气等，压力一般在 0.2～1MPa 范围内，浸渍时间随浸渍深度要求、压力大小而变化。真空浸渍比自然浸渍具有浸渍时间短、效果好的优点，但设备较复杂，操作要求较高。

【现场浸渍】field impregnation

对混凝土构筑物或建筑物就地进行的局部浸渍。如用于修补桥面板，提高路面耐磨、耐蚀、抗渗性等。现场浸渍需用专门设备。通常用热空气、红外线、火焰喷射器等进行干燥。常用低黏度浸渍液(如甲基丙烯酸酯类、苯乙烯-聚酯)。浸渍时将浸渍液蓄存在砂层内，借助毛细和重力作用渗入混凝土内部，上盖聚乙烯薄膜以防挥发。常用蒸汽或热水聚合。

【浸填率】rate of impregnation

衡量基材被浸渍液浸填程度的指标，以基材浸渍前后质量之差(浸填量)与浸前质量的百分比表示。

【聚填率】rate of polymerization

衡量聚合物在基材内填充程度的指标。可用质量聚填率或体积聚填率表示。质量聚填率是指填充在基材内的聚合物质量与浸前基材质量的百分比。体积聚填率是指填充在基材内的聚合物体积与基材容积的百分比。一般采用质量聚填率。采用体积聚填率有利于比较不同聚合物对基材孔隙的填满程度。

【涂渗】coating penetration

将浸渍液涂敷在基材表面，使之渗入内部，实现局部浸渍的一种方法。可用刷涂、喷涂或辊涂。浸渍深度主要取决于浸渍液的黏度和涂刷的遍数，常采用常温固化的浸渍液。有时在涂渗后又涂刷一道黏度大的快凝封闭涂层，使在常温下迅速凝固，有效地减少内部浸渍液的挥发，并填补表面的裂缝和缺陷。

【化学法聚合】chemical polymerization

又称常温聚合。是利用促进剂降低引发剂的正常分解温度，促使单体在常温下进行聚合的方法。可用于现场表面浸渍。

【盾构】shield

暗挖法施工中的一种全机械化施工方法，将盾构机械在地中推进，通过盾构外壳和管片支承四周围岩防止发生往隧道内的坍塌，同时在开挖面前方用切削装置进行土体开挖，通过出土机械运出洞外，靠千斤顶在后部加压顶进，并拼装预制混凝土管片，形成隧道结构的一种机械化施工技术。

8.4.3 预制工艺

【三阶段制管工艺】three-stage process

采用三个阶段制造预应力混凝土管的一种方法。生产过程分为三个阶段。第一阶段：制造配有纵向预应力钢筋的混凝土管芯；第二阶段：在硬化了的混凝土管芯上缠绕环向预应力钢丝；第三阶段：在环向预应力钢丝外制作水泥砂浆或混凝土保护层。

【一阶段制管工艺】single-stage process

指管芯制作，环向预应力钢丝张拉和保护层制作在一个阶段内完成的制造预应力混凝土管的一种工艺。成型所用的管模，由外模和表面套有橡胶套的内模组成。外模由两到四片拼成，用弹簧螺栓连接。混凝土成型后，即向内模与橡胶套之间的空腔中注水加压，水压力作用于混凝土混合料，使一部分水从外模合缝中挤出，骨料颗粒逐渐压紧形成骨架结构，将水压力传给钢丝，使之伸长，产生拉应力。管体混凝土经湿热处理达规定强度后，排水降压，借预应力钢丝的弹性回缩，在管体建立预压应力。按混凝土密实方法，一阶段制管工艺分为振动挤压法和离心挤压法。工艺如附图所示。

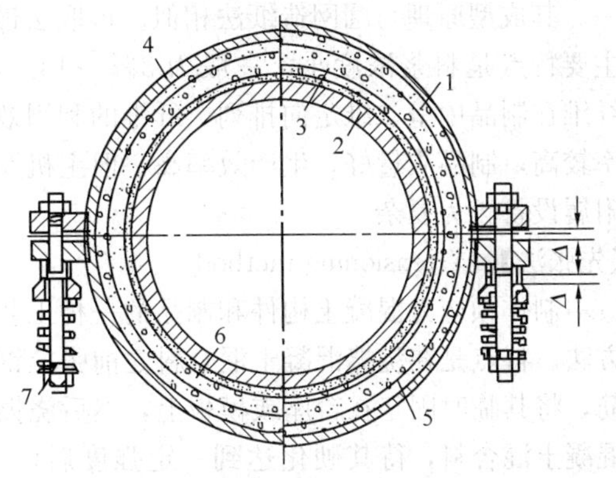

一阶段制管工艺示意图

1—外模；2—内模；3—内模与橡胶套之间的空腔；4—混凝土管芯；5—环向预应力钢丝；6—橡胶套；7—弹簧螺栓

【半干法工艺】semi-dry process

纤维水泥制品成型的一种工艺。采用浓度为50%～70%的纤维水泥料浆，通过挤压、真空挤压或辊压等方法，使料浆脱水密实制成板坯或管坯。工艺特点是：料浆浓度大，成型过程从料坯中排出的水量较少，能利用短纤维，成型设备简单。纤维在制品中呈三维乱向排列，纤维利用效率较低。塑法内真空制管法、三轴式挤压制管法等均属此工艺。

【干法工艺】dry process

纤维水泥制品成型工艺的一种。将纤维、代用纤维和水泥先干拌均匀后，加占干料质量10%～14%的少量水，拌成混合料，通过辊压、挤出等方法，使混合料直接压实成制品。工艺主要特点是混合料加压成型过程中不排出水分，制品致密性较高，能大量使用短纤维，设备简单，生产效率较高等。纤维在制品中呈三维乱向排列，纤维利用率低。

【承口磨光】socket grinding

预应力混凝土管承口工作面的加工磨圆。在一阶段制管工艺中，因内模充水加压，外模单向扩张，造成承口横截面呈椭圆形，影响接头的密封性，须经光圆处理，使黏度符合标准中直径公差的规定。常用磨光或车光的加工方法。

【抄取法】suction process

湿法工艺制造纤维水泥板等制品的方法之一。其成型原理与圆网造纸法相似。抄取法最主要特点是料浆浓度小，一般为3%～13%，纤维在制品中呈二维定向排列，纤维的利用效率较高，制品质量好，生产效率高，但主机及附属设备较为复杂。

【先张法】pre-tensioning method

制作预应力混凝土构件和制品的一种工艺方法。特点是在浇捣混凝土混合料之前张拉钢筋，将其临时固定在台座或模板上，然后浇捣混凝土混合料，待其硬化达到一定强度后(一般不低于设计强度的70%)，放松钢筋，借助钢筋与混凝土间的粘结力使混凝土获得预压应力。

【后张法】post-tensioning method

制作预应力混凝土构件和制品的一种工艺方法。特点是待混凝土达到所要求的强度后，在制品预留孔道穿入预应力钢筋或按设计规定位置缠绕预应力钢筋，进行张拉。通过锚具或其他方法将钢筋加的应力传递给混凝土，使其获得预压应力。

【机械张拉法】mechanical tensioning method

张拉预应力钢筋的一种方法。借助于张拉机械(如千斤顶、拉伸机、连续配筋机、水压装置等)所产生的机械力张拉钢筋。

【电热张拉法】electro-heating tensioning method

张拉预应力钢筋的一种方法。利用热胀冷缩的原理，用电源加热钢筋，待钢筋伸长到计算长度时，将其张紧锚固在台座、模板或制品上，切断电源后，随着钢筋的冷却弹性收缩而对混凝土施加压应力。

【化学张拉法】chemically tensioning method

利用水泥的膨胀性能，使混凝土内的钢筋得到张拉的方法。混凝土膨胀时，通过与钢筋表面的粘结作用张拉钢筋，使混凝土获得预压应力。

【流水机组法】consecutive machine method

混凝土制品的流水生产组织方法之一。各工序(如准备模型、成型、养护)的设备机组。按生产程序布置形成生产流水线。在一个机组上完成该工序操作后，利用起重运输设备，把模型转运到下一个机组，在每个机组上停留的时间根据工序的需要而定。这种流水生产的方法，便于实现机械化和专业化，机组设备也不复杂，产品种类改变时，可调整生产线，宜于生产不同规格的混凝土制品。

【流水传送带法】continuous conveyor-belt method

混凝土制品流水生产组织方法之一。采用联动传送，使模型按一定节拍在传送带上顺序向前移动，在各固定工位上完成相应的工序(如模型准备、放入钢筋、张拉钢筋、浇灌混合料、成型等)。采用连续式养护室养护。传送带法操作专业化和自动化程度高，但设备较复杂、投资大。当产品种类与工艺改变时，不易调整生产线，故宜于生产批量大的定型混凝土制品。

【平模流水法】flat-form process

传送带法生产混凝土制品的一种。平模在生产线上按节拍依次连续完成各道工序的生产工艺。大体可分为两类：一类是成型制作工段与养护窑在同一平面上，称平面平模流水；另一类是成型制作工段与养护窑不在同一平面上，养护窑在成型工段的上面或下面，称立体平模流水。平模在成型制作工段可用钢板带、轨道、滚道、托轮等传送。采用立窑、隧道窑、折线窑、连续式养护窑养护。机械化自动化程度高，占地面积小，生产效率高，但设备复杂，一次投资费用大。适于生产各种板件，如外墙板、内墙板、楼板、屋面板等，便于同时完成饰面。

【台座法】stand method

混凝土制品的一种生产工艺。清模、设筋、成型、养护、脱模等工序均在某一固定模位上进行，可以蒸汽养护或自然养护。适用于长线法用挤压机生产预应力多孔板，用成组或成对立模生产墙板等，以及一些大型非标准构件如吊车梁、屋架等的生产。工艺布置灵活，设备简单，投资少，但占地面积较大(立模除外)。

【振动抹浆】vibrating coating

制作水泥压力管保护层的一种工艺方法。主要设备由振动料斗、高频振动器、振动压板等组成。细石混凝土或水泥砂浆连续加入料斗，高频振动器振动使之液化并流到按一定速度旋转的管芯表面，并经振动板抹压，形成密实的保护层。此法与喷浆法比较，生产率高，节省水泥，劳动条件好。

【碳化处理】carbonating

使石灰窑废气中的 CO_2 与碳化石灰制品坯体中的 $Ca(OH)_2$ 反应生产 $CaCO_3$，从而提高其密实度和强度的过程。碳化速度取决于窑气的 CO_2 浓度、坯体的含水率和密实度、坯体内外的气压差以及反应温度等。

【碳化周期】carbonation cycle

碳化处理经历的时间，一般为 24～48h。

【碳化程度】degree of carbonation

在碳化处理过程中碳化石灰制品中的 $Ca(OH)_2$和 CO_2 化合的充分程度。用与 CO_2 反应的 $Ca(OH)_2$ 在其总量中所占的比率来表示。精确的方法是通过测定碳化前后试件中有效氧化钙的含量来计算，或者通过测定生石灰中有效氧化钙的含量和碳化后试件质量的增加来计算。在生产上常在试样断面上利用酚酞酒精水溶液显色反应来判断(未碳化部分呈红色)。硅酸盐混凝土的碳化程度也常用后一方法评定。

【碳化深度】carbonation depth

混凝土试件碳化后碳化部分与碳化表面间的最大距离。采用工具在测区表面形成直径约 15mm 的孔洞(深度应大于混凝土的碳化深度)，然后清除孔洞中的粉末和碎屑(不得用水擦洗)，用浓度为 1%～2%的酚酞酒精溶液滴在空洞内壁的边缘处。当已碳化与未碳化界限清晰时，用碳化深度测量仪测量已碳化与未碳化混凝土交界面到混凝土表面的垂直距离，测量 3 次，取其平均值，即为碳化深度。

【最优碳化含水率】optimal moisture for carbonation

以石灰为胶凝材料的坯体能够迅速碳化的最佳含水率。为了使 CO_2 气体得以进入坯体，其中的毛细孔道必须通畅无阻。而消石灰的碳化又必须在有水存在的条件下才能进行。因此，坯体含水率有一个最优值；即坯体毛细孔道有一层薄膜水时的含水率。为此碳化前还应先进行干燥，达到这一含水率时再开始碳化。

【负压碳化】vacuum carbonating

使坯体内部处于负压的情况下，送入窑气进行碳化处理的过程。为此需要密闭的碳化室。碳化处理的程序是先抽真空，再送入窑气，直到碳化反应减弱时，抽出 CO_2 浓度低的余气，达到最大的负压，然后再送入窑气。如此反复循环。用这种方法可以利用碳化反应产生的热能和吸真空排潮，坯体入窑的含水率可以适当提高，从而缩短碳化处理前的干燥过程。更为有效的办法是抽真空后送进有一定压力的窑气，以提高单位体积窑气中的 CO_2 含量，从而大大加速制品的碳化速度。试验表明负压碳化处理可以使碳化周期从通常的 24～48h，缩短到几个小时。

8.4.4 养护

【养护制度】curing schedule

关于养护过程中预养、升温、恒温、降温的温度、湿度、时间以及其他措施和条件(如抽除空气)的规定。

【预养】precuring

参见 14.4.4【预养】。

【养护】curing

参见 14.4.4【养护】。

【养护周期】curing period

经历一个完整的养护过程所消耗的时间。

【自然养护】natural curing

参见 14.4.4【自然养护】。

【标准养护】standard curing

标准中规定的人为养护条件。对混凝土来

说，一般指在温度为 20°C±2℃，相对湿度 RH≥95%的室内进行的养护。对砂浆来说，标准养护条件有多种。

【蒸汽养护】steam curing

简称蒸养。一般指常压蒸汽养护。

【蒸压养护】autoclaving

简称压蒸或蒸压，即高压蒸汽养护，一般在高压釜中进行，压力一般不低于 8 个大气压。

【湿热处理】hydrothermal treatment

参见 14.4.4【湿热处理】。

【红外线养护】ultrared curing

利用红外线热辐射对混凝土进行加热养护的方法。混凝土组成材料对红外线的吸收率高，在 60～100℃时约 90%，热效率高，可以直接对混凝土辐射。为防止混合料失水，可用红外线穿透率高的物质如金属薄板、水玻璃等覆盖混凝土表面，也可以向金属模板辐射使之成为热源加热混凝土。设备简单，养护周期短，而且混凝土物理力学性能较蒸汽养护好。天然气、液化气、重油、电均可作为辐射器的能源。

【微波养护】microwave curing

利用微波作用于物体使其中水分子发生振动而在其内部均匀生热的方法，用于加热混凝土以促进其快速硬化的养护过程。用这种方法加热，热效率高，加热均匀，不致产生热应力、不均匀变形和裂缝。可使混凝土经过 1h 预养后在 2～3h 内达到 28d 强度的 40%左右。使用微波时，应注意其过量辐射对人体有害，以及对雷达、电视、导航设备的干扰。

【浸水养护】water curing

将混凝土浸泡在水中的养护方法。混凝土必须待水泥终凝后方能采用浸水养护。

【喷淋养护】spray curing

在混凝土具有一定的结构强度后，采用水喷淋的方式保持其表面湿润的养护方法。

8.4.5 设备

【耙式浓缩机】harrow concentrator

湿排粉煤灰悬浮液的一种浓缩设备。由钢筋混凝土锥底圆池和池内绕中心轴缓慢旋转的金属架（耙子）构成。耙子转动方式分周边传动和中心传动两种。悬浮液由池上部的入口注入，固体颗粒借重力作用逐渐沉降，使池底部悬浮液变浓。由旋转耙子将浓缩液汇集于池底部中央的出料口排出。

【对辊成球机】double-roll pelletizer

又称辊式成球机或带孔对辊，是半干法生产黏土陶粒的成型设备。由带孔辊筒、加料斗和传动机构组成。两个带孔辊筒的直径可以相等或不等。其中一个为主动辊，另一个为被动辊。辊筒表面有许多圆孔或半圆形的槽，靠两辊筒的转速差将泥料挤压成粒径为 8～12mm 的球粒，用于烧制黏土陶粒。

【台座】stand

生产混凝土构件的一种设施。生产预应力构件时，台座一般由台面、台墩、横梁等部分组成。按其结构不同分为槽式台座和墩式台座两种。槽式台座能承受较大的张拉力，长度 50～100m，适用于生产重型构件，如吊车梁等。墩式台座长度大于 100m，适用于生产预应力多孔板、屋架等。

【循环作业式搅拌机】cyclic operation concrete mixer

按进料、搅拌、出料的顺序周期地循环拌制混凝土的一种搅拌机。装料、搅拌和卸料等工序是周而复始地分批进行。构造简单，容易控制配合比和拌和质量，是建筑施工中常用的类型。

【连续作业式搅拌机】continuous operation concrete mixer

一种能连续均匀地进行加料搅拌和出料的搅拌机。其作业过程无论是装料、搅拌还是卸料都是连续不断进行的，生产效率高，但混凝土的配合比和拌和质量难以控制，一般建筑施工中很少采用，多用于混凝土需要量大的路桥和水坝工程中。

【固定式搅拌机】fixed type concrete mixer

一种安装在预先准备好的大型混凝土基座上的搅拌机，不能移动，体积较大，生产效率高，主要用于混凝土搅拌楼或搅拌站。

【移动式搅拌机】moveable type concrete mixer

一种本身带有行驶车轮，可拖带或自动行驶的搅拌机。体积较小，质量较轻，机动性能好，多应用于中小型临时工程。

【非倾翻式搅拌机】non-tiltable type concrete mixer

一种卸料时搅拌筒的旋转轴线固定不变，靠搅拌筒反转卸料的混凝土搅拌机。

【搅拌站】concrete mixing plant

搅拌站又称混凝土搅拌站，由供料、贮料、配料、搅拌、出料、控制等系统及结构部件组成，是用于生产混凝土的成套设备，具有较高的智能自动化功能，兼有结构紧凑、布置灵活、投资少、拆装运输方便等特点。适用于城市商品预拌混凝土、道桥、水利、机场、港口等大型基础设施建设工程及混凝土需求量大的场所。

【自落式搅拌机】drum type concrete mixer

又称鼓筒式搅拌机。拌合物由固定在搅拌筒内部的叶片带至高处，靠自重下落进行搅拌。其工作机构为筒体，沿筒内壁圆周安装着若干个搅拌叶片。工作时，筒体可围绕其自身轴线(水平或倾斜)回转，利用叶片对物料进行分割、提升、撒落和冲击，从而使拌合物的相互位置不断进行重新分布而达到搅拌均匀的目的。

【圆盘立轴式搅拌机】disc vertical shaft mixer

又称强制式混凝土搅拌机。分为涡桨式和行星式混凝土搅拌机两类，其搅拌筒均为水平布置的圆盘，适用于搅拌干硬性混凝土、高强度混凝土和轻质混凝土。圆盘立轴搅拌机都是通过圆盘底部的卸料口卸料，所以卸料迅速；但搅拌时卸料口密封不好，水泥浆容易从该处漏掉，不适于搅拌流动性大的拌合料。

【回料搅拌机】waste dissolver

用于处理水泥制品生产过程中的未硬化边角料和废料坯，使之重新制成水泥料浆的设备。主要由筒体、装有搅拌叶片的主轴和传动装置等组成。其结构形式有立式和卧式两种。附设污水泵，作输送料浆之用。

【倾翻式混凝土搅拌机】tilting concrete mixer

又称梨形或锥形混凝土搅拌机，主要由搅拌筒、传动装置和倾翻架等组成。搅拌筒进出料共用一口，出料时将筒体倾翻。这种搅拌机容量较大，适于搅拌骨料较大的塑性混凝土，常用于大型水利工程。

【混凝土运输搅拌车】concrete truck mixer

又称混凝土罐车。实际上就是在载重汽车或专用运载底盘上，安装有混凝土搅拌装置的组合机械，它兼有运载和搅拌混凝土的双重功能，可以在运输混凝土的同时对其进行搅拌或搅动。基于其工作特点，通常可以根据混凝土运距长短、现场的施工条件以及混凝土配合比和质量要求等不同情况，采取不同的工作方式。

【加气混凝土料浆搅拌机】aerated concrete mixer

加气混凝土料浆的搅拌和浇筑设备，由搅拌筒、铝粉储存搅拌箱和碱液筒等组成。靠设在搅拌筒中心的高速旋转叶片形成涡流，使料浆各组分混合均匀。分固定式和移动式两种。采用固定式时，模具放在小车上，送至搅拌机下浇筑料浆。移动式搅拌机通常称为浇筑车，将料浆送至固定模位处浇筑成型。

【双卧轴式搅拌机】two shaft pugmill mixer

一种采用双筒双轴工作的强制式搅拌机，与单卧轴搅拌机相比，具有体积小、容量大、搅拌时间短、生产效率高等特点，物料在搅拌筒内进行复杂的剧烈运动，故在很短的时间内便能形成匀质的拌合料。

【插入式振动器】poker vibrator

又称插入式振捣棒。是插入混凝土内部进行振捣的设备。结构形式有两种：(1)棒头采用偏心块形式，由电动机、齿轮增速箱、软轴和振动棒等部分组成，振动频率6000次/分左右。(2)棒头采用行星增速原理，滚锥沿滚道滚动，产生转动质量不平衡的离心作用，以获得高频振动，频率可达12000～19000次/分。这种振动器由电动机、软轴和棒头三部分组成，具有结构简单、体积小、质量轻和振动效果好等优点。

【附着式振动器】form vibrator

在混凝土表面振捣的一种设备。在全封闭的二级电动机转子轴的两端各装一个偏心块，借助于转子轴的旋转产生振动。常固定在模板上，构成附着式振动器。如将振动器固定在底板上，装以手柄或绳索，以便在混凝土表面移动、振捣，即为平板振动器或表面振动器。也常固定在料仓壁上进行振动，以促进物料流动。

【振动台】vibrating table

混凝土预制构件厂振动成型设备之一。由机架、弹簧装置、工作台面、齿轮同步箱和激振器等组成。电动机通过齿轮箱使带有偏心块的传动轴旋转，产生无横向摆动的竖向振动。激振力可通过偏心重或偏心距进行调整。此设备生产率高，工作稳定，适合振实半干硬性或干硬性混凝土，但噪声和消耗功率都大。

【表面振动器】surface vibrator

参见本节【附着式振动器】。

【表面抹光机】surface trowel

一种用于混凝土表面粗、精抹光的机具。使混凝土浆体浮出从而将混凝土表面抹平抹光，大大提高表面的密实性和耐磨性，较人工施工的表面更光滑平整。

【空心楼板挤出成型机】hollow slab extruder

挤压振动法生产空心楼板的一种成型设备。利用螺旋铰刀对混合料的挤压和附着式振动器的振动作用，使混合料密实成型。主要由螺旋铰刀、传动机构、外部振动器、料斗及配重组成。用于在长线台座上连续生产空心楼板。把该机放在铺设预应力钢筋的台座上，由于混凝土料对铰刀的反作用力，在连续挤出空心楼板的同时机器沿台座向后移动。

【空心砌块成型机】hollow block machine

空心砌块的成型设备。有移动式和固定式两种：(1)移动式。由上料斗将料提入储料斗内，经定量给料机构送入装有振动芯子的模箱内，振动密实后再加压脱模，将砌块留在场地上，成型机前移，继续成型。适合流动性预制构件厂生产或现场露天生产；(2)固定式。空心砌块成型机由储料斗、定量给料斗、模箱、振动成型机构、制品推出机构液压系统和机架等组成。工作过程与移动式相似，不同点为固定式脱模后砌块由顶推机构推出。生产效率高，适用于传送带法生产。

【加气混凝土切割机】cutter for aerated concrete

将加气混凝土坯切割成块或板的设备。切割时将坯体用脱模机脱模，启动翻转台将坯体翻转 90°并推到切割位置，用进、出口支撑将坯体顶紧，启动水平切割车进行水平切割并同时完成切面包头、刮槽、刮角工作，再用竖切装置自上而下切割。废料用废料运输装置运走。机器设有液压和气压系统，切割钢丝直径 0.4～0.8mm。

【混凝土喂料机】concrete placer

亦称混凝土浇灌机。与混凝土成型机配套使用的设备。喂料机一般由料斗、喂料装置、行动机构等主要部分组成。它将混凝土混合料输送到浇灌地点并喂入模型内。根据混凝土制品种类及成型工艺，有不同类型。如制管喂料机、制板喂料机等。制管喂料机又有皮带式及螺旋式等数种。以喂料机浇筑混凝土，布料均匀，工效高。

【托轮式离心成型机】roller-driving centrifugal machine

利用离心力成型混凝土制品的设备。由传动轴及成对的托轮等主要部件组成，由电动机驱动。托轮对数随制品模型(如管模)的长度及数量而定。其中，有一对为主动托轮，其余均为从动托轮。离心作业时，模型置于托轮上，模型中心与托轮中心连线成 80°～110°夹角。借模型上的滚圈与托轮间的摩擦力旋转。转速由变速装置调整。离心成型机可同时成型数个制品，常用于成型管、电杆、管柱等具有圆孔的混凝土制品。

【滚射法喷浆机】mortar coating machine

制作三阶段管子保护层的一种设备。由供料系统和滚射系统两大部分组成。供料系统主要包括贮料斗和皮带喂料机；滚射系统主要是一对高速旋转并保持适当间隙的外包橡皮或钢丝刷滚轮。滚轮高速旋转时形成负压，将喂料机送来的砂浆吸附，并通过砂浆与滚轮的摩擦作用，将砂浆高速射向旋转着的混凝土管芯。这种设备具有操作条件好、设备磨损小的优点，所做的保护层密实度高、抗渗性好、水泥损耗少。

【拉伸机】tension machine

张拉预应力钢筋的一种设备(见附图)。由主缸、活塞、拉杆、连接器、副缸及传力架六部分组成，与高压油泵配合使用。当油液从主缸油孔，进入主缸 2 时，推动主缸活塞 3，带动拉杆 4，连接在拉杆末端的钢筋即被张拉。其拉力大小由油泵的压力表控制。当钢筋张拉完毕后，通过副缸 5 的作用，将主缸活塞及拉杆推回到张拉时的位置，以便进行下一次张拉。

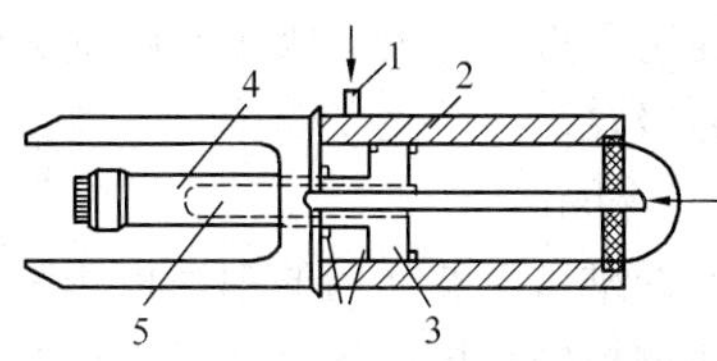

拉伸机

【希马尼特制管机】Hiamanit pipe machine

德国人 Hiamanit 所创的一种半干法制造纤维水泥管的设备。主要有喂料装置、管芯、毛布、加压机构、真空脱水装置、传动装置和机架等组成。成型时管芯内抽真空、外加压使料浆脱水密实卷成管坯。此管机特点是没有上毛布，又不用网筒，所以料浆无过滤损失，便于采用外加措施改善制品的性能。纤维利用效率不如抄取法。该管机除能生产纤维水泥管外，还可制作混凝土管。

【马雅尼制管机】Maynani pipe machine

意大利人 Maynani 所创的一种湿法制造纤维水泥管设备。由喂料装置、毛布、压平装置、真空脱水装置、管芯传动装置和机架等组成。使浓度为 7%～10%的纤维水泥料浆从料浆槽送入主机的无端毛布上，经压平、真空抽吸、加压脱水密实卷成管坯。该管机与抄取法制管机相比，自动化、机械化程度高，设备紧凑，节省昂贵的消耗材料(不用上毛布和圆筒)。纤维利用效率比抄取法低。

【马雅尼制瓦机】Maynani board machine

意大利人 Maynani 所创的一种制造纤维水泥波瓦的设备。由链带、往复运动的辊子、真空盒、毛布与加压辊等组成。将浓度为 25%～40%的石棉水泥浆料直接送入链式成型机的毛布上，通过在毛布上做往复运动的辊子，使料浆摊平，再通过链带下的真空抽吸装置使料浆脱水密实，最后压制成为整体的石棉水泥波瓦。此设备可使用多量的短石棉，纤维在制品中呈三维乱向。所制成瓦的弧顶与弧腰是增厚的，有利于增大瓦的承载能力，并提高搭接的密封性。

【抄取法制板机】hatschek sheet machine

抄取法生产纤维水泥板(瓦)的主机(见附图)。按其网箱数量分有二网箱、三网箱、四网箱等几种。由成型筒、网箱、毛布、真空箱、传动装置、操纵台等组成。其工作原理与抄取法制管机相同。所不同的是没有上毛布。薄料层在成型筒上缠卷成料坯到规定厚度时，扯坯装置将料坯自动扯下，成型筒连续缠卷下一片料坯。毛坯在一定范围内可任意调速。抄取法制板机如附图所示。

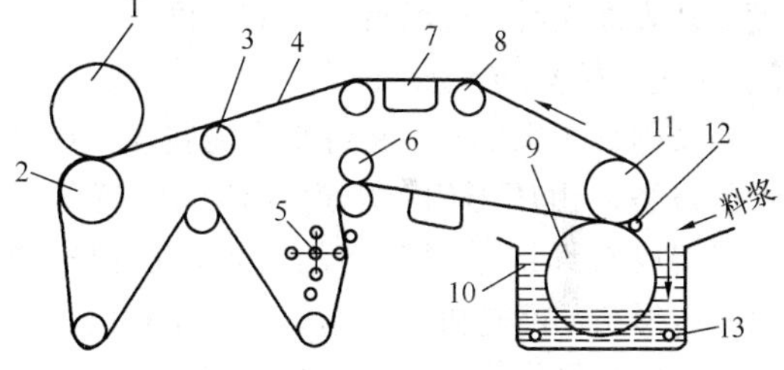

抄取法制板机示意图

1—成型筒；2—胸辊；3—毛布调整辊；4—毛布；5—打布器；6—挤水辊；7—真空箱；8—导辊；9—网筒；10—网箱；11—伏辊；12—喷水管；13—搅拌箱

【干法带式制板机】belt type sheet machine for dry process

干法连续生产纤维水泥板的主机。由铺料装置、传送带、加压装置、稳压系统、传动装置等组成。铺料装置将纤维水泥混合料，均匀地铺在传送带上，呈一定的厚度，经加压辊加压成板坯。该设备结构简单，生产效率较高。若将加压上辊表面雕刻成花纹，即可制得表面带有花纹的纤维水泥板坯。

【斗式储浆池】bucket rabbling vat

抄取法生产纤维水泥制品过程中，储备并

保证不断供浆的设备。满足成型机连续生产的要求。由混凝土池体、镶有若干料斗的搅拌桨叶和传动装置等构成。由于搅拌装置的转动，斗子把料浆倒在前壁的骨料箱，沿着溜浆槽流入成型机网箱中。不需供料的可调整出料口的翻板装置，使浆料自动溢回池内。

【成型筒】accumulate roll

湿法工艺制板机的一个主要部件。由筒体、扯坯装置、测厚装置等组成。其作用是缠卷纤维水泥料层，并对料层加压、脱水。当料坯达到要求厚度时进行扯坯。成型筒的直径由料坯要求的长度来决定。

【管芯】mandrel

生产纤维水泥管专用的成型筒。按制管方法分为：(1)用无缝钢管加工的管芯，用于抄取法制管和三轴式制管；(2)在加工后的无缝钢管的管壁上，钻有一定数量小孔的管芯，用于塑法内真空制管。要求管芯具有足够的刚度，外表面光滑，并具有一定的锥度。

【直压成波机】corrugator

又称直压成型机。将纤维水泥料坯压成波形的设备。由压形组、辊道和传动装置等组成。将放有纤维水泥瓦坯的瓦模，送到辊道时，压形组的凸轮机构开始动作，压辊由中间开始，向两侧依次压成与瓦模相符的波形。

【辊式压板机】rolling machine

俗称扣压机。是加压纤维水泥板(瓦)坯，使之进一步脱水，并起合坯作用的设备。由数对压辊、加压机构和传动装置等组成。加压方式通常采用液压或杠杆弹簧加压，其压力可根据工艺要求调整。该设备对增加制品致密性、改善物理力学性能有一定作用。

【波瓦切边机】cutting machine

将纤维水泥湿瓦坯按规格，沿瓦坯纵、横向切去多余料边的设备。有纵切机、横切机、纵横联合切割机、自动接坯切割机等数种。该设备主要由刀具、辊道、传动装置等组成。刀具的切割压力可以调整。

【波瓦堆垛机】stacking machine

将纤维水泥波瓦湿坯叠放堆垛的设备。常用的叠垛机有悬臂式、回转式和平移式等结构形式。设备转动有液压和机械两种。

【喂模机】tamplate feeding machine

生产纤维水泥波瓦时，把钢瓦模分片送到接坯机辊道上的设备。由吸盘、回转机构、升降机构等组成。按喂模动作的不同有回转式、悬臂式和水平推动式等。吸盘一般采用直流电磁吸盘，也有采用真空吸盘或其他机械形式。

【脱模机】stripping device

将经养护后的纤维水泥瓦从瓦模上脱离，并分别堆成垛的设备。由回转机构、吸盘、传动装置等组成。常用的有龙门式和悬臂回转式等形式。传动方式有液压传动和机械传动。吸纤维水泥瓦一般采用真空吸盘，吸钢瓦模一般采用电磁吸盘。

【瓦模】template

生产纤维水泥波瓦用的钢模板。用优质冷轧碳素薄钢板经瓦模压形机和瓦模整形机加工而成。瓦模尺寸应比纤维水泥瓦的规格稍大，其几何断面尺寸应符合波瓦规格。使用中应定期整形，使瓦模断面尺寸保持正确。

【预硬传送带】precuring conveyor

简称预硬带。预硬纤维水泥管坯，并起输送作用的设备。由特制链条、相当数量的托辊、托架、传动装置、支架等组成。预硬带有单层和三层两种。托辊在特制链条的带动下沿着支架移动。管坯放置在两个托辊上，随托辊的转动而自转，并随托辊的移动而向前移动，从而使管坯在很缓慢的转动和移动中预硬。管坯采用预硬带预硬，可减小椭圆度，提高质量。

【养护窑】steam curing chamber

又称养护室。混凝土制品蒸汽养护的设施，分间歇式和连续式两种。间歇式(如养护坑等)用于流水机组生产工艺，制品分批入窑养护，升温、恒温、降温由通入的蒸汽量控制。连续式(如隧道窑、折线窑、立窑等)用于流水传送带生产工艺；制品陆续由一端入窑，通过升温、恒温、降温三个区段，由另一端出窑。前者构造简单，对不同制品适应性大，但蒸汽消耗大，操作条件差，利用率低，占地面积大。连续式养护窑则可克服上述缺点，而且便于实现自动化。

【养护坑】curing pit

又称养护池。是间歇式常压蒸汽养护的一种设施，由坑体、坑盖、水封槽、蒸汽管道等部分组成。成型好的制品通过起重设备陆续装满后，盖上坑盖，通入饱和蒸汽。经升温、恒温、降温，制品达到所需的强度时，即可打开坑盖吊出。

【隧道式养护窑】tunnel curing chamber

又称水平式隧道窑。是一种连续作业的常压蒸汽养护设施。由窑体、推顶或牵引机构、小车轨道、蒸汽管道等组成。混凝土制品在小车上按规定速度陆续通过隧道窑内的升温段、恒温段和降温段，即蒸养完毕，由另一端出窑。各段利用气幕、挂帘等类措施分隔断。适合于连续式流水传送带生产工艺。

【折线式养护窑】multiangular tunnel curing chamber

简称折线窑。是水平式隧道窑的改进型。窑体纵轴呈折线形。上坡为升温段，水平部分为恒温段，下坡为降温段。窑的进出口位置低且与大气连通，温度也较低。随坡向上温度升高；至水平段达到最高。折线窑可保持满量蒸汽，克服了水平式隧道窑使温度分段的困难，掩护效果较好。

【立式养护窑】vertical curing chamber

竖向连续式常压制品蒸汽养护的一种设施。由窑体、升降机构、横移机构、蒸汽管道等部分组成。特点是利用蒸汽自动上升的原理，使窑内温度分布由下而上逐渐增高。成型好的制品通过上升、横移、下降完成升温、恒温、降温三个阶段的养护。适于品种单一而产量较大的薄壁制品的养护。工艺布置紧凑，自动化程度高，蒸汽耗量少，占地面积小。但结构复杂，设备耗钢量大。

【蒸压釜】autoclave

又称压蒸釜。对硅酸盐混凝土和高强度混凝土制品进行高压蒸汽养护的设备。主要由釜体、釜盖、启闭釜盖装置和安全装置等组成(见附图)，釜体内设有蒸养车轨道。尽头式的，一端设釜盖；贯通式的，两端设釜盖。釜的直径一般为2～3m，长度根据需要而定，一般在20m以上。蒸汽压力对密实制品一般为0.8～1.0MPa，对多孔制品一般为1.0～1.5MPa。

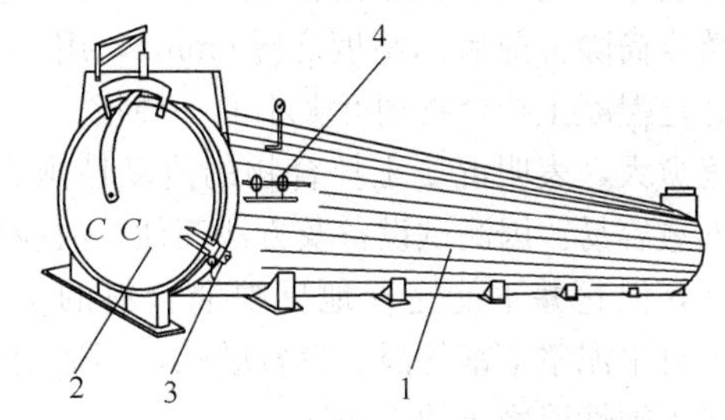

蒸压釜

1—釜体；2—釜盖；3—启闭釜盖装置；4—安全装置

【碳化窑】carbonating chamber

也称碳化室。碳化石灰制品进行碳化处理的设施。大体与蒸汽养护窑类似有室式、坑式和隧道式等，前两者为间歇式，后者为连续式。进行负压或正压碳化处理时，须采用能承受压力的密闭式碳化室。

【石膏板干燥机】plaster board drier

将成型好的石膏板坯中35%～45%左右的游离水烘干至2%的热工设备。利用蒸汽、热油或热风为传导热源，主要采用对流传热。一般为隧道式，分2～3个区段，进板区多为逆流加热，其余区段为顺流加热。机内一般利用多层辊道传送，层数根据产量要求在4～12之间。

8.5 性能及检测

8.5.1 基本性能

【泌水率】bleeding rate

搅拌后的水泥浆装入规定的标准容器内，静置一定时间(一般为3h)后，其泌水体积与原水泥浆体积之比。孔道灌浆用的水泥浆，搅拌后3h，泌水率宜控制在2%，最大不得超过3%，分离的水需在24h内被吸收。

【压力泌水率】the rate of pressure bleeding

泵送混凝土在一定压力状态下的泌出水量与混凝土拌合物含水量之比。压力泌水指标主要反映了混凝土拌合物的黏聚性，体现了混凝土拌合物抗分层离析的能力，两者结合起来，可以评价泵送混凝土泵送性能的好坏。

【坍落度】slump

又称塌落度。表示混凝土混合料工作性的一种普遍采用的指标。是按规定方法装入标准圆锥坍落度筒(无底)中的混凝土拌合物试体，坍落度筒除去前后的高度之差(mm)，用其作为评定混凝土拌合物稠度大小的一种指标。坍落度愈大，表明混凝土拌合物的流动性愈大，变形愈容易。因测试设备及方法简便，故应用甚广，但它并不能完善地反映混合料的工作性，对水泥浆丰富的混合料较敏感，不适用于测量干硬性混凝土的工作性。

【坍落扩展度】slump flow

当混凝土拌合物的坍落度大于 220mm 时，用钢尺测量混凝土扩展后最终的最大直径和最小直径，在这两个直径之差小于 50mm 的条件下，用其算术平均值作为坍落扩展度值。在一定程度上，坍落扩展度越大，稠度越小，泵送混凝土的压力损失越小，越有利于泵送。

【维勃稠度】Vebe consistency

按规定方法成型的标准截头圆锥形混凝土拌合物在维勃稠度仪内经振动至摊平状态时所需的时间(s)。用其作为评定混凝土拌合物稠度大小的一种指标。

【含气量】air content

混凝土拌合物经振捣密实后单位体积中余存的空气量，一般用体积百分率表示。

【稠度】consistency of concrete

即新拌混凝土的流动能力。用坍落度或维勃稠度表示。

【密度】density

参见 2.1.1【密度】。

【表观密度】apparent density

表示材料在自然状态下单位体积的质量，单位为 g/cm^3 或 kg/m^3。按照公式 $\rho_0=m/V_0$ 计算，其中 ρ_0 表示材料的表观密度；m 表示材料在自然状态下的质量；V_0 表示材料自然状态下的体积。实际使用的材料在自然状态下往往含有孔隙，因此工程上常用表观密度而不是密度。由于孔隙分为开口孔(与外界连通的孔)和闭口孔(不与外界连通的孔)，因此，表观密度又细分为体积密度(包含开口孔及闭口孔)和视密度(包含闭口孔但不包含开口孔)，一般默认表观密度为体积密度。测定表观密度时，先将样品烘干、称重，然后测定其体积。对于体积密度，若样品的外形比较规则，按外包尺寸计算出体积，如对于多孔砖、空心砌块，体积计算包含了大孔；若样品的外形不规则，用封蜡排水法测定体积；对于视密度，用排水法测定体积。

由于材料含水状态的不同，如绝干(烘干至恒重)、风干(气干)、含水(未饱和)、吸水饱和等，可分别称为干表观密度、气干表观密度、湿表观密度、饱和表观密度等。对于大多数无机非金属材料，干表观密度和气干表观密度的数值较接近，这些材料吸湿或吸水后体积变化较小，一般可忽略不计，对于木材等轻质材料，由于吸湿和吸水性强，体积变化大，不同含水状态的表观密度数值差别较大，必须精确测定。

【堆积密度】bulk density

表示颗粒状或粉末状材料在自然堆积状态下单位体积的质量，单位为 g/cm^3 或 kg/m^3。按照公式：$\rho'_0=m/V'_0$ 计算，其中 ρ_0 表示材料的堆积密度，m 表示材料在堆积状态下的质量，V'_0 表示材料堆积状态下的体积。堆积密度用容量筒法测定，根据材料堆积状态不同，堆积密度还分为松散堆积密度和紧密堆积密度。如对于普通混凝土用碎石，测定松散堆积密度时，用平头铁锹铲起石子，从容量筒上口上方 50mm 处使石子自由落入筒内；测定紧密堆积密度时，石子分三层装入容量筒，每装完一层，在筒底垫一根直径为 25mm 的钢筋，将筒按住并左右交替颠击地面各 25 下。

【松散堆积密度】bulk density

是指颗粒状或粉末状材料以一定方式自然堆积状态下的堆积密度。

【紧密堆积密度】tight density

是指颗粒状或粉末状材料以一定方式振实状态下的堆积密度。

【空隙率】void ratio

颗粒状或粉末状材料颗粒之间空隙的总体积与材料自然堆积体积之比的百分率。材料的空隙率 P' 与其堆积密度 ρ_0'、表观密度(体积密度)ρ_0 之间存在如下的数学关系：空隙率 $P'=(1-\rho_0'/\rho_0)\times100\%$。

【颗粒填充率】particle filling rate

是指在颗粒材料堆积体积中，颗粒的填充程度。可按照下式来计算：$D'=\rho_0'/\rho_0\times100\%=(1-P')$。式中 D' 是指材料填充率；ρ_0' 是堆积密度；ρ_0 是表观密度；P' 是空隙率。

【细度模数】fineness modulus

混凝土细骨料的筛分试验计算结果。细度模数按照下式计算，计算结果精确至 0.01：$\mu_f=\frac{\beta_2+\beta_3+\beta_4+\beta_5+\beta_6-5\times\beta_1}{100-\beta_1}$，式中 μ_f 为细度模数，β_1、β_2、β_3、β_4、β_5、β_6 分别为公称直径 5.00mm、2.50mm、1.25mm、630μm、315μm、160μm 方孔筛上的累计筛余。按细度模数，砂分为粗砂($\mu_f=3.1\sim3.7$)、中砂($\mu_f=2.3\sim3.0$)、细砂($\mu_f=1.6\sim2.2$)、特细砂($\mu_f=0.7\sim1.5$)。砂的粗细不是以粒径表示，而是以细度模数表示，细度模数越大，表示砂越粗。

【颗粒级配】grading

用于描述骨料颗粒的搭配比例。级配是指骨料中大小不同的颗粒相互搭配的比例。级配通过筛分试验测定，以一套标准筛的各级筛孔尺寸上的累计筛余百分率表示。混凝土粗、细集料分别用不同系列的标准筛进行试验。混凝土中粗骨料的颗粒级配有连续级配和间断级配两种。满足同一粒级中最大与最小粒径之比为 2、相邻粒级的粒径之比为 2 的级配为连续级配，从连续级配中除去一个或几个中间粒级的级配就是间断级配。混凝土中细骨料的颗粒级配，按公称直径 600μm 筛孔的累计筛余量，分成三个级配区Ⅰ、Ⅱ、Ⅲ，配制混凝土时宜优先选用Ⅱ区砂。

【孔隙特征】pore structure

也称为孔结构，表示材料所含孔隙的孔径大小、形状、分布、连通与否等特征。工程上，材料的孔隙特征主要指孔隙的大小(大孔、小孔)、连通性(开口孔、闭口孔)。一般地，开口孔为有害介质进入材料内部提供了通道，因此对材料性能有不利影响，但对于吸声材料，应该具有开口孔结构。对于加气混凝土等材料，会引入细小而封闭的孔以提高材料绝热性能，如果孔径过大(超过 60mm)会由于空气对流而降低保温性能，如果是开口孔会由于吸水而降低保温性能(因为水的导热系数大于空气)。

【孔隙率】porosity

材料所含孔隙的总体积与材料总体积之比的百分率。按照孔隙与外界是否连通，把孔隙分为与外界连通的孔隙和不连通的孔隙，分别称之为材料的开口孔隙率和闭口孔隙率，孔隙率是开口孔隙率和闭口孔隙率之和。水泥制品中开口孔隙率的测定方法有：饱和吸水法、压汞法等。材料的孔隙率 P 与其密度 ρ、表观密度 ρ_0 之间存在如下数学关系：$P=(1-\rho_0/\rho)\times100\%$。孔隙率反映材料的密实程度，并影响材料的力学性能、保温性、耐久性等。

【开口孔隙率】open porosity

材料所含与外界连通的孔隙的总体积与材料总体积之比的百分率。

【闭口孔隙率】closed porosity

材料所含与外界不连通的孔隙的总体积与材料总体积之比的百分率。

【饱和面干状态】saturated surface-dried condition

表示材料内部吸水达到饱和而表面无自由水存在的含水状态。测定砂、石的吸水率时，试样应达到饱和面干状态。石子饱和面干状态是指用拧干的湿毛巾将浸水 24h 后的石子颗粒表面水分拭干的状态。砂饱和面干状态需用饱和面干试模进行判定。陶粒等多孔型骨料易吸收水分导致混凝土拌合物流动性降低，因此常采用将陶粒预湿至饱和面干状态的措施。

【气干状态】air-dried condition

指材料在自然状态下其含水情况与外界环境相平衡的状态。

【湿润状态】moist state

指材料内部不但含水饱和，其表面还被一层水膜覆裹，颗粒间被水所充盈。

【干燥状态】dry state

又称全干状态是指材料烘干至恒重，达到其内、外部均不含水的状态。

【吸水率】water absorption

参见 2.1.1【吸水率】。

【含水率】percentage of moisture content

参见 7.4【含水率】。

【平衡含水率】equilibrium moisture content

材料中所含的水分与空气的温度和湿度相平衡时的材料含水率，称为平衡含水率。

【砂浆稠度】consistency of mortar

表征砂浆在自重力或外力作用下流动程度的性能，其大小用砂浆稠度测定仪的圆锥体沉入砂浆深度(mm)来表示。影响砂浆稠度的主要因素有胶凝材料的种类与数量、用水量、掺合料的种类与数量、砂的粒形与级配、外加剂的种类与掺量以及搅拌时间等。

【稠化】densening

参见 14.4.3【稠化】。

【气泡间距系数】air void spacing factor

描述硬化混凝土内部气泡分布紧密程度的参数，与含气量、气泡比表面积等参数一起用以评价混凝土抗冻性能。常用“直线导线法”测定混凝土气泡间距系数。具体方法是在经打磨抛光的混凝土断面取任意直线，气泡在此直线上所截取的线段长度为直线所切割气泡弦长总和，其与选取直线的比值为空气含量(体积比)，其与直线切割气泡总数的比值为气泡平均弦长。通过测定硬化混凝土中气泡的数量、体积含量，即可计算气泡的比表面积、含气量和气泡间距系数等参数。为了提高混凝土抗冻性能，往往需要在搅拌过程中通过引气剂向混凝土内部引入大小为 50～200μm 的气泡，这些气泡之间的距离(即气泡间距系数)宜小于 0.2 mm。

【捣实因素】compacting factor

捣实是通过机械振动或用棍棒等工具拍打方法将材料填紧、弄匀或捣碎的过程，影响捣实效果的原因或条件称为捣实因素。

【强度】strength

参见 2.1.6【强度】。

【轴心抗压强度】axial compressive strength

混凝土轴心抗压强度(f_c)是采用 150mm×150mm×300mm 棱柱体作为标准试件所测得的抗压强度。

【劈裂抗拉强度】splitting tensile strength

间接反映材料抗拉能力的指标。由于混凝土轴心抗拉强度试验的对中比较困难，因此采用劈裂抗拉强度试验代替，混凝土的劈裂抗拉强度一般略高于轴心抗拉强度(轴心抗拉强度≈0.9×劈裂抗拉强度)。

【轴心抗拉强度】axial flexural strength

用 100mm×100mm×500mm 的棱柱体直接拉伸测得的强度，为轴心抗拉强度。

【抗弯强度】bending strength

参见 2.1.6【抗弯强度】。

【抗剪强度】shearing strength

又称剪切强度，是材料承受切应力的能力，是指外力与材料轴线垂直，并对材料呈剪切作用时的强度极限。

【比强度】specific strength

参见 12.1【比强度】。

【立方体抗压强度】cubic compressive strength

采用立方体形状的试件测定的抗压强度。我国标准规定：混凝土抗压强度标准试块为边长 150mm 的立方体(非标准试件为边长 100mm、200mm 的立方体)；砂浆抗压强度试块为边长 70.7mm 的立方体；天然饰面石材、生产骨料的岩石抗压强度试块为边长 50mm 的立方体；水泥基灌浆材料，当骨料最大粒径大于 4.75mm 且不大于 25mm 时，抗压强度试块为边长 100mm 的立方体；碾压混凝土抗压强度试块为边长 150mm(骨料最大粒径 40mm)或边长 300mm(骨料最大粒径 80mm)的立方体。

【立方体抗压强度标准值】cubic compressive strength standard values

立方体抗压强度标准值是指按标准方法制

作和养护边长为150mm的立方体试件，用标准试验方法在28d龄期测得的混凝土抗压强度总体分布中的一个值，实测强度低于该值的概率不大于5%(注：混凝土的实测立方体抗压强度值服从正态分布，按95%保证率，由实测立方体抗压强度值 f_{cu} 计算立方体抗压强度标准值 $f_{cu,k}$ 的公式为：$f_{cu,k}=f_{cu}-1.645\sigma$，式中 σ 为标准差)。混凝土的强度等级按照立方体抗压强度标准值进行划分。

【弹性极限】elastic limit

又称弹性限度，是指材料受外力(拉力)到某一限度时，若除去外力，其变形(伸长)即消失而恢复原状，弹性极限即指材料抵抗这一限度的外力的能力。如果继续使用拉力扩大，就会使这个物体产生塑性变形，直至断裂。弹性极限与屈服点的区别在于，在达到弹性极限后应力要再增加一定数值后才达到屈服点，弹性极限时材料所受应力不增加，材料不会自动产生应变；而达到屈服点时，外力不增加，材料会自动产生应变。

【极限强度】ultimate strength

物体在外力作用下发生破坏时出现的最大应力，也可称为破坏强度或破坏应力。

【长期强度】long term strength

也称蠕变持久强度。材料抗蠕变断裂的能力，即在给定温度下和给定持续时间内材料能承受的极限应力。长期强度通过长期试验测定，也可由短期试验数据推算。

【钢筋握裹力】bond strength

指混凝土抵抗钢筋滑移的能力，用滑移力除以握裹面积来表示(MPa)。一般情况下，握裹强度是指沿钢筋与混凝土接触面上的剪应力，亦即是粘结应力。实际上，钢筋周围混凝土的应力及变形状态比较复杂，握裹力使钢筋应力随着钢筋握裹长度而变化，所以，握裹强度随着钢筋种类、形貌以及在混凝土中的埋设位置、方向的不同而变化，也与混凝土自身强度有关，即混凝土抗压强度越高，握裹强度越大。一般用 $R=P/3.14dL$ 确定，式中 P 为拔出力，d 为钢筋直径，L 为钢筋埋入长度。

【界面粘结强度】interfacial bond strength

界面粘结强度是指混凝土中界面过渡区的强度。界面过渡区是指硬化水泥浆体(基体相)和骨料(分散相)之间的薄层部分。界面过渡区是普通混凝土材料的薄弱环节，对混凝土强度、刚度与耐久性等有重要影响。其粘结强度的主要影响因素有大体积毛细孔隙、氢氧化钙晶体、微裂纹等。

【拉伸粘结强度】tensile adhesive strength

砂浆的拉伸粘结强度表征砂浆与基底材料的粘结牢固程度。按标准方法制作和养护拉伸粘结强度试件，用标准试验方法拉伸至试件破坏，按破坏荷载除以粘结面积计算拉伸粘结强度，单位为MPa。

【极限拉伸值】ultimate tensile strain

混凝土极限拉伸值是混凝土轴向受拉断裂时的应变值，通常简称为极限拉伸。它是混凝土抗裂能力的一个重要指标。

【初裂强度】first cracking strength

指混凝土受荷时，出现首次明显破坏裂缝时的拉应力。初裂强度一般通过加载梁进行试验，记录弯曲荷载-挠度全曲线，对应弹性变形段终点时的拉应力，即为初裂强度。

【砂浆强度等级】strength grading of mortar

对砂浆的承载能力按抗压强度数值大小进行的分级。目前，砌筑砂浆的强度等级分为：M5、M7.5、M10、M15、M20、M25、M30，抹灰砂浆的强度等级分为：M5、M10、M15、M20，地面砂浆的强度等级分为：M15、M20、M25，普通防水砂浆的强度等级分为：M10、M15、M20。

【混凝土强度等级】strength grading of concrete

对混凝土材料的承载能力按抗压强度数值大小进行的分级。对于普通混凝土，目前，混凝土强度等级应按立方体抗压强度标准值(MPa)划分为C10、C15、C20、C25、C30、C35、C40、C45、C50、C55、C60、C65、C70、C75、C80、C85、C90、C95和C100。

混凝土强度等级是混凝土结构设计、施工质量控制和工程验收的重要依据。各强度等级普通混凝土的轴心抗压强度、轴心抗拉强度、受压和受拉弹性模量、疲劳变形模量的设计取值参照 GB 50010《混凝土结构设计规范》。

【初始切线模量】initial tangent modulus

材料的应力-应变曲线上起始点处切线的斜率。用声学方法(超声脉冲法、共振法等)测定弹性模量,一般是在很小的应力和交变动负荷下进行的,相当于应力接近于零时的弹性模量。

【刚度】rigidity

指材料或结构在受力时抵抗弹性变形的能力,是材料或结构弹性变形难易程度的一个象征。材料的刚度通常用弹性模量来衡量。

【混凝土耐久性】durability of concrete

混凝土在使用环境中抵抗各种环境介质的物理和化学破坏作用,并长期保持其良好的使用性能和外观完整性,从而维持混凝土结构的安全、正常使用的能力。混凝土耐久性直接影响结构物的安全性和使用寿命。耐久性是综合性质,难以用某一种指标来表征,往往同时用数个指标进行描述,混凝土耐久性指标通常包括:抗渗性、抗冻性、抗蚀性、抗碳化、碱-骨料反应等。钢筋混凝土结构的耐久性问题主要表现为:钢筋锈蚀、化学侵蚀、冻融循环造成剥蚀、碱-骨料反应引起胀裂、干缩开裂等。提高钢筋混凝土结构耐久性的有效措施包括:保证钢筋保护层厚度、提高混凝土密实度、保证施工质量(密实、养护等)。

【凝结时间】setting time

凝结时间分为初凝时间和终凝时间,初凝时间是指从加水起至混凝土(砂浆)开始失去塑性所需的时间,终凝时间是指从加水起至混凝土(砂浆)完全失去塑性并开始产生强度所需的时间,凝结时间可用于确定混凝土(砂浆)是否易于浇筑施工及适合承受荷载,是评价混凝土(砂浆)拌合物性能的重要指标。混凝土和砂浆的凝结时间常用贯入阻力法来确定,测定混凝土时将混凝土中的粗骨料(石子)筛除。初凝时间对应于贯入阻力为 3.5MPa,终凝时间对应于贯入阻力为 28MPa。有些行业(如电力)标准规定聚合物水泥砂浆的凝结时间测定用维卡仪,相应地,所测对象为不含任何骨料的浆体,参见 7.4【维卡仪】和【凝结时间】。

【软化系数】softening coefficient

参见 6.5【软化系数】。

【抗渗性】impermeability

材料抵抗压力水(油)渗透的性质称为抗渗性,又称为不透水(油)性。对于砂浆和水泥混凝土材料,以抗渗等级表征其抗渗性,其他材料(防水卷材、瓦、沥青混凝土等)以渗透系数表征其抗渗性。抗渗等级越高或渗透系数越小,表示材料的抗渗性越好。材料的抗渗性与其孔隙率、孔隙特征、亲水性等有关。防水材料要求具有较高的抗渗性。

【抗渗等级】impermeability grades

表示混凝土抗渗性的等级。采用标准方法成型、养护 28d 的标准试件,按标准试验方法进行实验,以其所能承受的最大水压力(MPa)来计算其抗渗等级,如 P2、P4、P8 等,即表示能分别抵抗 0.2MPa、0.4MPa、0.8MPa 的水压力而不渗水。提高混凝土抗渗性的措施包括降低水灰比、采用减水剂、掺加引气剂,以防止离析、泌水,加强养护及防止出现施工缺陷等。

【抗氯离子渗透性】chloride ion penetration resistance

指水泥混凝土抵抗服役环境中氯离子向内部渗透或扩散的能力。氯离子侵入到钢筋混凝土中钢筋表面,并达到一定临界浓度时引起钢筋锈蚀,导致钢筋与混凝土的粘结力下降,同时其产生的膨胀使混凝土保护层开裂破坏,最终引起整个混凝土结构破坏。混凝土抗氯离子渗透性是混凝土耐久性重要的指标之一。

【氯离子扩散系数】chloride diffusion coefficient

表征混凝土抵抗氯离子侵入的能力。它是描述混凝土内部氯离子迁移状况的物理量,与介质两边的浓度梯度、穿透物质总量、穿透距离、穿透面积以及时间等因素有关。氯离子扩散系数可以采取多种方法进行测试。按照混凝土氯离子渗透试验的周期,可将其分为慢速法、快速法等。慢速法主要是指浸泡法与扩散槽法。快速试验方法包括:电通量法、电迁移法、电阻(导)率法、压力渗透法等。

【电通量】electric flux

表征电场分布情况的物理量。通常电场中某处面元 dS 的电通量 dΦE 定义为场强的大小 E 与 dS 在垂直于场强方向的投影(dScosθ)的乘积，即 dΦE=EdScosθ 。利用仪器测量通过混凝土的电压值、电通量累积值，可以快速评价混凝土的渗透性高低，即混凝土抵抗氯离子渗透能力评价方法，简称电通量法。

【抗冻性】freeze-thaw resistance

混凝土材料或制品抵抗冻融循环的能力称为抗冻性。混凝土的抗冻性与强度、孔隙率、孔隙特征、吸水饱和程度、外部环境等相关。掺加引气剂，可在混凝土中形成均匀分布的不相连微孔，可以缓冲因水冻结而产生的挤压力，对改善混凝土抗冻性有显著效果。

【抗冻等级】frost resistance grade

混凝土的抗冻性以抗冻等级表征，并用符号 Fn 表示，其中 n 即为最大冻融循环次数，如 F25、F50 等。混凝土抗冻性可以采用慢冻法和快冻法进行测定。混凝土的抗冻性是以 28d 龄期的试件，在吸水饱和后承受反复冻结(－20～－15℃的空气中)至融化(20℃的水中)，以同时满足抗压强度损失不超过 25%、质量损失不超过 5%时所能承受的最大冻融循环次数来确定(慢冻法)。混凝土的抗冻等级分 F10、F15、F25、F50、F100、F150、F200、F250、F300 等 9 个抗冻等级。大于等于 F50 的混凝土称为抗冻混凝土。目前，混凝土的抗冻性试验主要采用快冻法(属于非破损法，即用同时满足相对动弹性模量值不小于 60%和质量损失率不超过 5%时所能承受的最大循环次数来表示其抗冻性)。

【耐干湿循环性】endurance to alternate wetting and drying

混凝土抵抗干湿循环的能力称为耐干湿循环性。混凝土受海水的侵蚀除了硫酸盐侵蚀、盐分在混凝土内部结晶与聚集、氯离子对钢筋的锈蚀作用外，还有反复干湿作用，同样会使混凝土受到侵蚀而破坏。

【抗压强度耐蚀系数】coefficient of chemical resistance for compressive strength

抗压强度耐蚀系数表征混凝土在硫酸盐侵蚀过程中抗压强度损失情况。虽然在硫酸盐侵蚀试验中，抗折强度指标比抗压强度指标敏感，但抗压强度指标对结构受力计算和设计更有意义，且抗折强度试验结果离散性大，试验误差大，设备要求较高，操作不便，故选用抗压强度耐蚀系数。验证试验表明，混凝土在硫酸盐溶液中进行干湿循环试验时，多数情况下试件的质量是增加的，即使质量减少，也很难达到 5%的质量损失率要求，故我国的抗硫酸盐侵蚀试验不采用质量损失率和质量耐蚀系数指标。

【抗硫酸盐侵蚀性】resistance to sulfate attack

混凝土抵抗硫酸盐渗透的性质称为抗硫酸盐侵蚀性能。提高混凝土抗硫酸盐侵蚀性能一般是设法提高混凝土的密实度，改善混凝土的孔隙结构，以使环境侵蚀介质不易渗入混凝土内部；或者采用外部保护措施以隔离侵蚀介质不与混凝土相接触，如对酸的侵蚀。混凝土在硫酸盐环境中，同时耦合干湿循环条件的实际环境经常遇到，硫酸盐侵蚀再耦合干湿循环条件对混凝土的损伤速度较快，故抗硫酸盐侵蚀性能试验方法适用于处于干湿循环环境中遭受硫酸盐侵蚀的混凝土抗硫酸盐侵蚀试验，尤其适用于强度等级较高的混凝土抗硫酸盐侵蚀试验。评价指标为抗硫酸盐等级(最大干湿循环次数)，用符号 KS 表示。如果混凝土的抗压强度耐蚀系数达到 75%、干湿循环试验达到 150 次或者达到设计规定这三项指标要求，其中只要有一个达到即可结束试验。

【抗油性】oil resistance

混凝土的抗油性表示混凝土抗油渗能力。一般参考《混凝土防水剂》中抗渗试验方法进行混凝土抗油等级的判定；参照树脂型混凝土耐酸试验的标准进行混凝土强度增长率和机油渗透率、渗透深度等试验。

【抗裂性】crack resistance

表征混凝土抵抗开裂的能力。混凝土抗裂性能以试件表面或侧面的开裂程度进行判定，试件裂缝宽度越小，开裂出现的时间越晚，混凝土的抗裂性能越好。约束收缩抗裂试验方法实际上是评价混凝土抗裂性能的试验方法，引入约束收缩试验方法，可以模拟工程中钢筋限制混凝土的状态，更加贴近工程现场的实际情况。关于混凝土在约束状态下早期抗裂性能的试验方法，可分为三大类：平板法、圆环法及棱柱体法。我国标准采用刀口诱导开裂，故可称其为刀口法。一般采用单位面积上的总开裂面积来比较和评价混凝土的早期抗裂性能。

【抗震性】shock resistance

抗震性表征地震作用下，混凝土结构构件的承载能力、变形能力、耗能能力及破坏形态的变化和性能。

【碳化作用】carbonation

混凝土碳化是指环境中 CO_2 与水泥水化产生的 $Ca(OH)_2$ 发生反应，生成碳酸钙和水，从而使混凝土碱度降低。碳化对混凝土物理力学性能会产生两方面的影响：一方面，碳化引起混凝土收缩，同时降低混凝土对钢筋的碱性保护，导致钢筋锈蚀。另一方面，碳化使表层混凝土更趋密实，降低水泥石的孔隙，对防止有害介质的入侵具有一定的缓冲作用。

【抗碳化性能】resistance to carbonation

抗碳化性能表示混凝土抵抗碳化作用的能力。

【溶蚀】leaching

混凝土溶蚀也称溶出性侵蚀，是指当混凝土长期受到环境水(软水)的不断淋溶作用，混凝土中的氢氧化钙会逐渐被溶出，液相中氢氧化钙浓度降低，开始由固体氢氧化钙溶解以补偿，随后在一定浓度氢氧化钙溶液中才能稳定的其他水化产物(如水化硅酸盐和铝酸盐)开始分解，最后导致混凝土破坏。软水对混凝土的侵蚀破坏主要有两种形式，一种是在压力水作用下的渗透溶蚀，另一种是流动水对混凝土表面的接触溶蚀。水中的其他离子如硫酸根等对混凝土也有溶蚀作用。

【盐霜】efflorescence

混凝土盐霜是表征混凝土表面析出结晶物的现象。混凝土具有毛细管孔隙结构的特点，同时其内部含有大量的 $Ca(OH)_2$，在外界条件作用下，可溶物 $Ca(OH)_2$ 或 Na_2SO_4 随水分迁移至制品表面，随着水分的不断蒸发，溶液浓度不断增大，达到饱和后，制品表面就不断析出白色的结晶物即盐霜。混凝土盐霜既影响美观，又破坏混凝土力学性能和耐久性。

【膨胀率】percentage of expansion

补偿收缩混凝土体积膨胀的比率。补偿收缩混凝土的膨胀形式包括限制膨胀和自由膨胀。

【限制膨胀】restrained expansion

指补偿收缩混凝土的体积膨胀被钢筋等约束体限制情况下的膨胀。一般用限制膨胀率表示，限制膨胀率是混凝土膨胀被限制时导入钢筋的应变值，用钢筋的单位长度伸长值表征。

【自由膨胀】free expansion

指补偿收缩混凝土在没有钢筋约束情况下产生的膨胀。

【膨胀稳定期】stable stage of expansion

指补偿收缩混凝土的膨胀不随时间延长显著变化的龄期。具体来说，是指在连续三个龄期中，后一龄期的自由膨胀率与前一龄期的差值均在 0.05% 以内，则此龄期就称之为试件的膨胀稳定期。膨胀稳定期只是一定条件下确定的龄期，因试件成型条件、混凝土组成材料和养护条件等都会对膨胀稳定期的确定产生影响。

【自应力值】value of self-stress

采用膨胀水泥(或通用水泥外掺膨胀剂)使砂浆或混凝土产生膨胀，在受约束条件下形成的对砂浆或混凝土的压应力。按下式计算：$\sigma=\varepsilon \cdot E \cdot \mu$，式中 σ 为所测龄期的自应力值(MPa)，μ 为配筋率(1.24%)，E 为钢筋的弹性模量(1.96×10^5MPa)，ε 为所测龄期的限制膨胀率。收缩补偿混凝土的自应力值一般为 0.2～0.7MPa，膨胀混凝土(例如用于后浇带)的自应力值一般为 0.5～1.0MPa。自应力水泥的自应力值应大于 2MPa。

【自应力损失】loss of self-stress

当混凝土因干燥产生体积收缩时，会抵消混凝土自身产生的部分膨胀，从而导致自应力的降低的现象。

【自应力恢复】self-stress recovery

自应力混凝土由于干缩引起的自应力损

失，重新与水接触能够逐渐自行恢复的现象。如硅酸盐自应力混凝土的自应力损失，浸水3d后约可恢复60%，以后恢复速度逐渐减慢。

【自收缩】autogenous shrinkage

参见7.1.2【自收缩】。

【干缩】drying shrinkage

指混凝土早期停止养护之后，在不饱和空气中失去内部毛细孔和凝胶孔中的吸附水而发生的体积收缩。干燥收缩会导致混凝土内部产生拉应力，当拉应力超过此时混凝土的抗拉强度，混凝土将会产生开裂、翘曲。混凝土的干燥收缩往往与混凝土原材料、配合比、环境条件以及龄期有关，通常混凝土的干燥收缩一般在百万分之500～800之间，早期收缩(14d以前)发展很快，后期趋于平缓。混凝土用水量和胶凝材料用量越大，混凝土干燥收缩也越大。混凝土的干燥收缩通常用干燥收缩率来表示，测试是以特定长径比的混凝土试件开始干燥前的长度为初始长度，不同干燥龄期时测得的长度与初始长度之差除以初始长度就是混凝土的干燥收缩率。

【湿胀】swelling

当混凝土干燥失水再吸湿或吸水又出现体积膨胀或干缩的恢复现象。一般认为混凝土的湿胀与可逆干缩有关，但并不是所有的干燥收缩都是可逆的。

【塑性收缩】plastic shrinkage

混凝土自成型后至尚未硬化阶段，因表面水分损失、不同组分的重力沉降等因素而产生体积收缩的现象。混凝土塑性收缩产生的原因是混凝土表面水分损失速率大于内部自由水分向表面迁移的速率，使混凝土表层毛细孔出现毛细管应力，当应力不均匀作用于混凝土表面时，混凝土表面就会出现塑性开裂。可以通过加强早期养护降低表面水分损失的措施如覆盖、洒水等来避免。

【沉降收缩】sedimentation shrinkage

指当混凝土由于泌水产生的在重力作用下的混凝土整体下沉。当浇筑深度大时靠近顶部的拌合物运动距离长，沉降受到钢筋、预埋件等阻碍，则从表面向下至其上方产生塑性沉降收缩甚至开裂。

【热胀冷缩】thermal expansion and cold contraction

指混凝土的体积随温度升高而膨胀、随温度降低而收缩的现象。混凝土常常会由于其内部水泥水化或外界气候原因产生温度变化。混凝土的热胀冷缩通常用热膨胀系数来描述，混凝土平均热膨胀系数约为$(7\sim12)\times10^{-6}$/℃。混凝土热膨胀系数往往与骨料类型、胶凝材料含量、水灰比、龄期以及环境湿度有关，其中骨料类型对混凝土的热胀冷缩影响最大。对于截面尺寸较大的混凝土构件来说，当混凝土表面温度与内部温度差异过大时，混凝土内部会因为热胀冷缩的原因产生不均匀应力进而可能发生开裂，因此大体积混凝土往往需要进行外部保温或内部降温措施来避免出现开裂。

【化学收缩】chemical shrinkage

参见7.1.2【化学收缩】。

【温度变形】thermal deformation

混凝土的温度变形是指混凝土内部由于水泥水化引起温度升高，又逐渐冷却导致混凝土产生变形的现象。温度变形的大小与环境温度、混凝土浇筑温度、混凝土的热膨胀系数、混凝土最高温度以及降温速率有关。降低水化温升和降温速率、提高混凝土抗拉强度、使用热膨胀系数低的骨料都有助于减小温度变形。对于超长的钢筋混凝土构件，应采取设置伸缩缝，以及在混凝土中设置温度钢筋来避免温度变形的危害。同时可以采取的措施有采用低热水泥、减少水泥用量、掺加缓凝剂，采用人工降温，设置温度伸缩缝等。

【减缩】shrinkage reduction

减小混凝土体积收缩的措施。主要有优化混凝土原材料及配合比、加强养护，以及掺加膨胀剂、纤维、减缩剂等。

【徐变】creep

徐变也称蠕变、徐变变形。材料在应力持续作用下，应变随时间延长而增加的现象。材料的徐变变形与所受外力的大小及其作用时间相关。当作用力不大于某一值(对于岩石即长期强度)时，产生稳定徐变，变形最终趋于某一稳定值(混凝土的徐变一般需2～3年达到稳定),材料不会产生徐变破坏;当作用力大于此值时,产生非稳定徐变,变形随时间增长而持续增加,直至材料破坏。对于预应力混凝土,预应力钢筋的松弛、混凝土的徐变会造成预应力损失。徐变能部分缓解混凝土中的应力集中(如大体积混凝土的水泥水化热造成的膨胀应力)。

【应力松弛】stress relaxation

应力松弛是指材料在恒定荷载下,总应变(弹性应变和塑性应变之和)保持不变,而应力随时间延长逐渐降低的现象。高温下的紧固零件,其内部的弹性预紧应力随时间衰减,会造成密封泄漏或松脱事故。松弛过程也会引起超静定结构中内力随时间重新分布。用振动法消除残余应力就是设法加速松弛过程,以便消除材料微结构变形不协调引起的内应力。

【硫酸盐侵蚀】sulfate attack

指当水泥基材料暴露于富硫酸根离子环境(如地下水、海水)时,外部硫酸根离子等会渗入其内部,与水泥水化产物发生反应生成石膏、钙矾石等腐蚀产物。这些产物会导致水泥基材料体积膨胀和强度下降。硫酸盐侵蚀是威胁水泥基材料耐久性的一个重要因素。由于水泥基材料具有相对密实的结构,硫酸根离子依靠渗透、扩散和毛细作用进入其内部的速率较低,实际工程中硫酸盐侵蚀是一个长期缓慢的过程。

【块体密度】lump density

一般指岩石等材料的密度。测定岩石的块体密度常用量积法、水中称量法与蜡封法。量积法适用于能制备成规则试件的岩石,除遇水崩解、溶解和干缩湿胀性岩石外,均可采用水中称量法;不能用量积法或水中称量法进行测定的岩石可以采用蜡封法,如软弱岩石、风化岩石及遇水易崩解、溶解的岩石等。

【空气渗透】gas permeability

混凝土的空气渗透性是指空气在混凝土材料内部传输的性质,通常用空气渗透系数来描述混凝土的气体渗透性。

【空气渗透系数】air penetration coefficient

气体渗透系数的测试通常以O_2、N_2或CO_2等为渗透介质,在试样上施加恒定的气压,记录在此压力下通过试样的气体流量,再转换成气体渗透系数。

【蒸汽渗透】vapor permeability

蒸汽渗透是指水蒸气在材料内部孔隙中传输的性质,通常是描述建筑材料湿传递、防潮隔汽性能的重要参数。建筑材料的水蒸气渗透性能好坏直接影响建筑结构的功能和实用性。蒸汽渗透一般用蒸汽渗透系数来描述和衡量。

【蒸汽渗透系数】coefficient of vapor penetration

也称透湿系数,表征材料的透气能力,指在稳定渗透条件下,单位厚度的材料在两侧单位水蒸气分压差作用下,单位时间内通过单位面积渗透的水蒸气量。按下式计算:$\delta=Wd$,式中δ为透湿系数[kg/(s·m·Pa)],W为透湿率[kg/(s·m^2·Pa)],d为试件厚度(m)。

【接头抗弯刚度】joint bending stiffness

相邻管片接头产生单位转角所需要的弯矩。接头抗弯刚度体现了管片接头抵抗弯曲变形的能力,对隧道衬砌结构内力计算、接头螺栓等验算的影响非常显著。

【接头剪切刚度】joint shearing stiffness

是反映接头剪切变形性质的重要参数,其数值等于峰值前剪切刚度曲线上任一点的切线斜率。

【承载力】bearing capacity

材料能承受的最大荷载作用。以强度表征,包括抗压强度、抗拉强度、抗弯强度、抗剪强度等。

【碱-骨料反应】alkali-aggregate reaction

混凝土中的碱(包括外界渗入的碱)与骨料中的碱活性矿物成分发生化学反应,导致混凝土膨胀开裂等现象。碱-骨料反应分为碱-硅酸反应、碱-碳酸盐反应。

【耐久性设计】durability design

指在正常维护条件下,在规定的时间内,在特定的工作环境中,保证材料结构正常工作的性能的设计。其中耐久性是指材料潜在的抵抗其自身或环境因素长期破坏作用的能力。耐久的材料具有较强的抵抗各种内外在因素破坏作用的能力，受到材料的组成、结构、性质、加工施工条件的影响，尤其受到破坏性因素的性质及强度的作用，是不十分明确的和难于不经试验而直接定性定量判断的。即耐久性概念是一个广义的综合性的概念。

【钢筋锈蚀】reinforcement corrosion

钢筋混凝土结构在服役过程中，环境中有害介质侵入混凝土内部，破坏钢筋表面的钝化膜，与钢筋发生化学反应的现象。钢筋锈蚀导致钢筋截面积减小，力学性能下降；减弱钢筋与混凝土之间的粘结；锈蚀产物体积膨胀将产生钢筋锈胀力，导致混凝土保护层受拉而开裂。

【表面龟裂】surface cracking

砂浆或混凝土表面因收缩产生不规则网纹状细裂缝的现象。表面龟裂通常由塑性收缩、干燥收缩造成。

【保护层脱落】abscission of protective layer

由钢筋锈胀等引起混凝土结构保护层发生开裂并脱离结构，导致混凝土结构钢筋暴露的现象。

【电腐蚀】electric corrosion

在混凝土结构服役的潮湿环境中，含侵蚀性电解质溶液通过混凝土自身孔隙及裂缝渗入混凝土结构内部，与钢筋发生电化学反应，造成钢筋腐蚀的现象。

【耐火性】fire resistance

指材料在一定时间内满足标准耐火试验中规定的稳定性、完整性、隔热性和其他预期功能的能力。包括高温下的抗压强度、抗拉强度、抗折强度、粘结强度、弹性模量、应力-应变曲线、导热系数、比热、湿气孔率、体积密度、线膨胀率、耐火度、荷重软化温度、热震稳定性等指标。

【泊松比】Poisson ration

材料在单向受拉/压时，横向正应变与轴向正应变的绝对值的比值，是反映材料横向变形的弹性常数。泊松比由法国科学家泊松(Simon Denis Poisson，1781－1840）最先发现并提出，故名。

【弹性变形】elastic deformation

材料在外力作用下产生变形，当外力取消后，材料变形可消失并能完全恢复的变形，称为弹性变形。

【塑性变形】plastic deformation

参见 2.1.6【塑性变形】。

【黏弹性变形】viscoelastic deformation

材料在外力施加的同时，一部分为立即产生的变形，为弹性变形；一部分随时间而变化的变形称为黏性变形，此两部分变形统称为黏弹性变形。

【弹塑性变形】elastic plastic deformation

材料在外力施加的同时立即产生全部变形，而在外力解除的同时，只有部分变形立即消失，其余部分变形在外力解除后并不消失。消失的部分是弹性变形，不消失的部分为塑性变形，弹性变形与塑性变形之和称为弹塑性变形。

【断裂】fracture

材料发生断错或裂开。断裂为承载构件强度两种破坏类型的一种(另一种为屈服)。

【断裂能】fracture energy

产生单位面积表面裂缝所需要的能量，其实质为试件断开全过程中消耗于断裂区内的能量与表观韧带面积之比。在非线性断裂过程中，其值为混凝土软化曲线所包围的面积。在线性断裂过程中，近似于临界应变能释放率。

【断裂韧度】fracture toughness

在弹塑性条件下，当应力场强度因子增大到某一临界值，裂纹便失稳扩展而导致材料断裂，这个临界或失稳扩展的应力场强度因子即断裂韧度。断裂韧度反映了材料抵抗裂纹失稳扩展即抵抗脆断的能力，是材料的力学性能指标。

【裂缝张开位移】crack opening displacement；COD

裂纹体受载后，裂纹尖端附近存在塑性区将导致裂纹尖端表面张开，此张开量即为裂缝张开位移。裂纹张开位移是表征材料断裂韧性的判据。

【应力强度因子】stress intensity factor；SIF

描述弹性物体裂纹尖端附近应力强度的参

量。应力强度因子是断裂力学中三个基本参数之一。因为裂缝尖端的积分点应力值不收敛于网格尺寸，所以引入此概念来描述应力奇异的严重程度。

【尺寸效应】size effect

混凝土名义强度和韧性等测试结果依赖于受测试件几何尺寸，而非材料性质的现象。混凝土的力学性能不仅与原材料及组分相关，还与试件几何尺寸等相关。土木、水利构件实际尺寸通常较大，难以进行足尺试验，只能进行缩尺试验。尺寸效应反映缩尺试验结果与实际大型工程中的材料真实性能的关系。

【应变能释放率】strain energy release rate; SERR

裂纹扩展过程中增加单位长度(或单位面积)时系统所提供能量的下降率。应变释放能是断裂力学中三个基本参数之一。在线弹性条件下，应变能释放率与另一个基本参数“J积分”等价。

【剪切断裂】shear fracture

沿着最大剪应力的作用面发生的断裂。断裂力学中，第Ⅱ型断裂(滑移型断裂)和第Ⅲ型断裂(撕裂型断裂)都属于剪切断裂。

【线状裂纹】line type crack

沿一个方向发展的裂纹，类似一条线。属平面内裂纹的一种。线状裂纹通常用一个点，即裂纹尖端来描述。

【面状裂纹】surface type crack

在平面上沿多个方向发展的裂纹。属平面内裂纹的一种。面状裂纹通常由一条线，即裂纹前沿来描述。

【裂纹尖端】crack tip

在线状裂缝发展迹线的尖部，曲率半径趋近于零，通常用于描述线状裂纹。

【裂纹前沿】crack front

在裂面状纹发展迹线的前端，为裂纹最新发展部分，通常用于描述面状裂纹。

【弯折裂纹】kinking crack

裂纹发展呈多段，且迹线曲折变化的裂纹。

【埋藏圆片裂纹】embedded circular crack; ECC

位于构件内部，并简化为圆片形的裂纹。

【椭圆形埋藏裂纹】embedded elliptical crack; EEC

位于构件内部，并简化为椭圆形的裂纹。

【倾斜裂纹】slant crack; inclined crack; oblique crack

裂缝线不与应力方向垂直的裂纹。

【层间开裂】inter laminar fracture

在复合材料相邻材料层之间发生裂缝导致相邻层脱开的现象。

【边缘分层开裂】edge delamination

发生在复合材料最外侧分层的裂缝现象。

【内水压力】internal water pressure

混凝土管道工程中，管道内部水对管道结构造成的压力。内水压力为管道工程设计的重要参数。

【水锤压力】surge pressure

又称水锤效应，是指混凝土管道工程中，管道内部由于水流状态(流速)突然变化而对管道结构造成的瞬时压力。例如，当打开的阀门突然关闭，后续水流在惯性的作用下，会对阀门及管壁产生一个压力，压力值迅速达到最大，并产生破坏作用，称为“正水锤”；相反，关闭的阀门在突然打开后，也会产生水锤，称为“负水锤”，其破坏力小于前者。

【工作压力】working pressure

管道结构在使用过程中，管道自身承受的压力。工作压力对管道工程的安全性与经济性至关重要。管道工作压力直接决定了输送泵站的数量和机组功率。一般而言，较高的工作压力可为管道工程带来较好的经济效益。

【抗渗压力】impermeability pressure

混凝土抗渗试验时，未出现渗水时承受的最大压力。抗渗压力用于评价材料的渗透性能。

【抗裂压力】anti-cracking pressure

混凝土结构未出现开裂时承受的最大压力。抗裂压力用于评价材料的抗裂性能。

【裂缝荷载】cracking load under three-edge bearing

又称裂缝检验荷载。一般指管壁混凝土结构进行三点式测试检验过程中，裂缝开展至0.2mm时施加的集中线性荷载。

【电化学防腐蚀】electrochemical anticorrosion

根据电化学原理采取一定的措施来防止钢筋腐蚀的技术。电化学防腐蚀技术分为阴极保护、电化学再碱化（ERA）、电化学除氯（ECR）。主要应用于由氯离子侵蚀引起的钢筋锈蚀以及钢筋框架砌体等结构。

【外加电流阴极保护】impressed current catholic protection

通过外部电源来改变周围环境的电位，使得需要保护的设备或材料的电位一直处在低于周围环境的状态下，从而成为整个环境中的阴极，就不会因为失去电子而发生腐蚀的方式。是防止钢筋混凝土锈蚀最有效的保护措施，当以直流电源的正极接通难溶性阳极，发射保护电流，再以其负极接通被保护的钢筋，而阳极与被保护的钢筋均处于连续的电介质中，使被保护的钢筋接触电解质的全部表面都充分而且均匀地接受自由电子，从而受到阴极保护。

【牺牲阳极阴极保护】sacrificial anode catholic protection

一种防止金属腐蚀的方法。具体方法为：将还原性较强的金属作为保护极，与被保护金属相连构成原电池，还原性较强的金属将作为负极发生氧化反应而消耗，被保护的金属作为正极就可以避免腐蚀。因这种方法牺牲了阳极（原电池的负极）保护了阴极（原电池的正极），因而称为牺牲阳极（原电池的负极）阴极保护法。

【电化学脱盐】electrochemical desalination

防止金属腐蚀的一种方式。以混凝土中的钢筋作为阴极，在混凝土表面敷置电解液保持层，在电解液保持层中设置金属网作为阳极，在金属网和钢筋之间施加电场，在外加电场的作用下，混凝土中钢筋附近的氯离子等阴离子向阳极流动进入电解液中，电解液及混凝土中的阳离子向混凝土中钢筋的部位聚集，氯离子的排除和钢筋附近孔溶液 pH 值提高，有利于钢筋恢复及维持钝态，延长钢筋混凝土的使用寿命。

8.5.2 检测方法

【水泥与减水剂相容性试验】test of compatibility between cement and water-reducing admixture

测定掺入减水剂后水泥浆体流动性变化的试验。由于水泥的熟料矿物组成、细度、混合材的品种与掺量的不同，以及减水剂的匀质性、稳定性等原因，易产生混凝土拌合物坍落度经时损失快，达到规定流动性所需的减水剂用量大等现象，即水泥与减水剂相容性差。试验主要测定使用相同减水剂或水泥时，由于水泥或减水剂的质量变化而引起水泥浆体流动性及其经时损失变化的程度，以及为获得相同的流动性而导致减水剂掺量变化的程度。试验方法有马歇尔法和净浆流动度法两种。

【马歇尔法】Marsh test

一种检验水泥与减水剂相容性的试验方法。基于测定马歇尔筒中的水泥浆体在自由流下时注满 200mL 容量筒所需的时间来评价。

【净浆流动度法】test of fluidity of cement paste

一种检验水泥与减水剂相容性的试验方法。其原理是通过测定一定容积的水泥浆体在玻璃板上的流动度来评价水泥浆体的流动性。

【混凝土拌合物表观密度试验】test of apparent density of fresh concrete

用于测定混凝土拌合物捣实后单位体积的质量。混凝土拌合物表观密度的大小可以反映混凝土的密实程度，也可作为混凝土配合比设计的依据。

【混凝土干表观密度试验】test of oven-dry apparent density of fresh concrete

用于测定混凝土在 105±5℃条件下烘干后单位体积的质量。混凝土的干表观密度可作为混凝土分类的依据。普通混凝土的干表观密度为 2000～2800 kg/m^3。

【坍落度试验】slump test

检验混凝土拌合物和易性的试验。将混凝土拌合物分三层装入坍落度筒，每装一层均需插捣。装满抹平后提起坍落度筒，通过观察混凝土拌合物的泌水情况和坍落过程可对其和易性进行评价。主要适用于坍落度不小于 10mm，骨料最大粒径不大于 40mm 的塑性混凝土。试验设备主要包括坍落度筒、漏斗、标尺和捣棒。

【维勃稠度试验】test of Vebe consistency

用于测定干硬性混凝土的稠度，试验结果用秒(s)表示。适用于骨料最大粒径不大于40mm，维勃稠度时间为5～30s的混凝土拌合物的稠度测定。

【超声波脉冲法非破损检验】non-destructive test by ultrasonic pulse

采用超声波检测水泥混凝土强度和内部缺陷的无损检测方法。在一定条件下，混凝土强度与超声波传播速度之间具有一定的关系。因此，根据事先建立的混凝土强度与超声波传播速度的关系就可以计算出混凝土的强度。另外，通过观察超声波的传播速度、波幅、主频等参数的变化，也可以判断混凝土中的缺陷情况。

【声发射检测】acoustic emission testing

通过接收和分析材料的声发射信号来评定材料性能或结构完整性的无损检测方法。材料中局域源能量快速释放而产生瞬态弹性波的现象称为声发射。在加载或苛刻环境下，材料内部发生诸如裂纹生长、局部塑性变形、腐蚀和相变等变化通常可产生弹性波的发射，这些波包含了材料内部行为的信息。采用合适的传感器可探测到这些弹性波。传感器将材料表面的机械振动转变为电信号，电信号经适当的仪器处理，可以对声发射源进行探测、定性和定位。声发射检测是一种动态无损检测方法。

【X射线检测】X-ray testing

利用X射线技术观察、研究和检验材料微观结构、化学组成、表面或内部结构缺陷的无损检测方法。包括X射线粉末衍射术、X射线荧光谱法、X射线照相术、X射线形貌术等。

【γ射线非破损检验】non-destructive test by γ-ray

采用γ射线照相检查材料内部损伤的一种方法。由放射源、被测制品、照相底片等部分组成。其辐射强度则根据被测物的密度和厚度来选择。用于水泥混凝土探伤时，放射源强度一般选用0.5g镭当量。放射源与被测物之间的距离根据放射源的强度、被测物的厚度来决定。在硅酸盐制品工业及建筑工地上可采用此法，检查制品和结构的内部损伤、裂缝、钢筋锈蚀、钢筋位置、受冻融或侵蚀后的破坏程度，以及研究振动工艺等。

【拔出法】pullout test

通过拉拔安装在混凝土中的锚固件，测定极限拔出力，并根据预先建立的极限拔出力与混凝土抗压强度之间的关系推定混凝土抗压强度的检测方法。包括预埋拔出法和后装拔出法。预埋拔出法是对预先埋置在混凝土中的锚盘进行拉拔检测，后装拔出法是在已硬化的混凝土表面钻孔、磨槽、嵌入锚固件并安装拔出仪进行拔出法检测。

【非接触式电阻率测定仪】non-contact electrical resistivity apparatus

也称无电极电阻率测定仪。是指不采用电极，试样与施加电压的装置不产生接触的电阻率测定仪器。工作原理是将环形试样作为变压器的次级线圈，通过测定电压、电流和试样尺寸来计算电阻率。

【结构性能试验】structure performance test

一般是指结构或构件的荷载试验，即考察结构或构件在荷载作用下的性能变化规律。混凝土结构性能试验主要是考察混凝土结构的强度、刚度及主要部位的内力情况，对钢筋混凝土结构还需考察结构的抗裂度和裂缝开展情况。根据荷载及测试内容的不同，结构性能试验可分为静力试验和动力试验。一般的结构性能试验为静力试验。结构疲劳试验及测定结构动力特性(自振周期、自振频率、振型、衰减系数等)的试验为动力试验。静力试验的特点是荷载为固定值或分级加载或慢速加载，所用仪表均为静态测量仪表。动力试验的特点是荷载随时间迅速变化，需采用动态测量仪表。

【原位加载试验】field loading test

对既有工程结构现场进行加载和测试的试验。

【等效加载】equivalent loading

模拟结构或构件的实际受力状态，使试件控制截面上主要内力相等或相近的加载方式。

【结构动力性能测试】test of structural dynamic parameters

对结构的动力特性参数和动力荷载效应进行测试的试验。

【模型和原型】model and prototype

通常将实际尺寸的结构称为原型结构，按照相似理论将实际结构缩小的结构称为模型结构。结构试验可以采用模型结构或原型结构，其选用主要根据研究对象的实际情况、问题的性质及试验费用来确定。

【构件强度检验】inspection of strength of structural member

构件的一项主要检验项目。由于构件材料可能存在的变异性、荷载的可能超载、施工质量上的偏差以及设计假定与实际情况的出入，不同类型的构件要求有不同的强度储备。因此规范规定了各类不同构件所应达到的强度安全系数。构件强度检验是检验构件实际破坏荷载与设计标准荷载的比值是否能达到设计所要求的强度安全系数。

【构件刚度检验】inspection of stiffness of structural member

刚度检验是针对构件变形程度而言的一项重要指标。构件刚度是指其在受力状态下抵抗变形的能力。在构件结构性能检验过程中，一般都以量测构件在一定荷载下的变形作为评定构件刚度合格与否的标准，它是构件检验的一个项目。对于构件除强度必须满足要求外，构件变形亦不能过大，以免影响使用功能。因此对于一些梁、板、构件的挠度在规范上要求保持在一定限值以内。构件刚度就是检验构件在标准荷载作用下的实际挠度值是否达到设计要求允许的挠度值。

【构件抗裂度检验】inspection of crack resistance of structural member

钢筋混凝土构件检验的一个项目。规范对不同使用条件下的钢筋混凝土构件有不同的抗裂度要求。构件抗裂度检验是检验钢筋混凝土构件在荷载作用下，产生初始裂缝时的荷载与设计标准荷载的比值能否达到设计上所要求的抗裂安全系数值。

【构件裂缝宽度检验】inspection of crack width of structural member

钢筋混凝土构件检验的一个项目。因混凝土开裂后对钢筋的锈蚀及结构使用都有一定的影响，因此规范要求对裂缝宽度进行验算和检验。裂缝宽度检验就是检验构件在准荷载作用下的实测裂缝宽度是否小于规范规定的最大容许值。

【荷载检验】inspection of load

通过施加作用力来检验构件的承载力、刚度、抗裂性或裂缝宽度等参数。

【切制抗压试件法】compression test of specimen cut from wall

从墙体上切割、取出外形几何尺寸为标准抗压砌体试件，运至试验室进行抗压测试的方法。

【水压试验】hydrostatic pressure test

检验混凝土管及其接头的抗渗、抗裂性能的试验。在专门的水压试验机上进行。管内充水，排除空气并升压至规定的抗渗压力或抗裂压力值，然后保持恒定一段时间，以检验其抗渗或抗裂性。

【排水管外压试验】external load test for drain pipe

检验混凝土和钢筋混凝土排水管承受的外部压力荷载的试验。

【电杆抗弯试验】bending test for pole

检验电杆抗弯性能的试验。电杆的抗弯试验有简支和悬臂两种方法，试验结果通常包括承载力检验弯矩、抗裂检验和挠度检验三个部分。

【抗拔试验】test of pullout resistance

检验管片中心吊装孔的预埋构件在外力作用下承受的抗拔力是否符合设计要求的试验。

【静载抗裂试验】test of cracking under static load

检验混凝土在稳定的检验荷载作用下是否出现开裂的试验。试验结果用开裂荷载或静载抗裂强度表示。

【检漏试验】test of leakage

检验管片渗透性的试验。主要用于评价管片抗地下水渗透的能力。

【水平拼装检验】test of horizontal assembly

对管片水平组装两环或三环后的尺寸精度和形位偏差进行的检验。

【贯入阻力试验法】test of penetration resistance

测定混凝土拌合物和砂浆拌合物凝结时间的标准方法。其原理是在不同的时间间隔测定试针贯入混凝土拌合物或砂浆拌合物的阻力，根据不同时间测得的贯入阻力计算出混凝土拌合物或砂浆拌合物的凝结时间。砂浆凝结时间测定仪见附图。

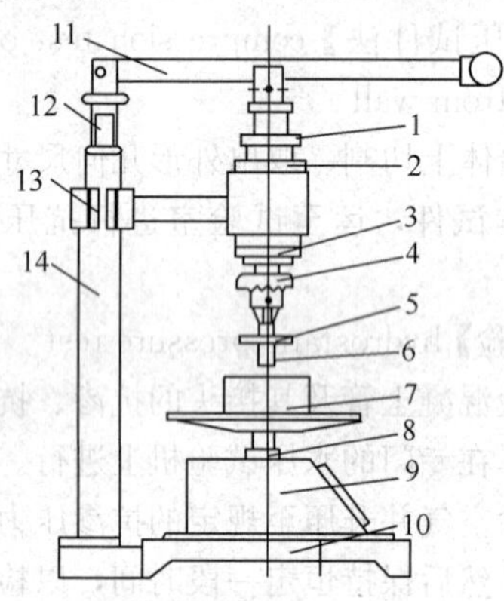

砂浆凝结时间测定仪

1—调节螺母；2—调节螺母；3—调节螺母；4—夹头；5—垫片；6—试针；7—盛浆容器；8—调节螺母；9—压力表座；10—底座；11—操作杆；12—调节杆；13—立架；14—立柱

【含气量试验】test of air content

测定材料含气量的试验，即测定材料单位体积中空气的体积百分数。适用于混凝土拌合物和砂浆拌合物等材料。

【泌水试验】test of bleeding

检验水泥和混凝土拌合物泌水现象的试验。混凝土拌合物泌水试验结果常用泌水量(混凝土拌合物单位面积的平均泌水量)或泌水率(泌水量与混凝土拌合物的含水量之比)表示，主要适用于骨料最大粒径不大于 40mm 的混凝土拌合物。

【压力泌水试验】test of bleeding under pressure

检验泵送混凝土拌合物泌水现象的试验，通过测定泵送混凝土拌合物在一定压力状态下的泌水量来计算泌水率。适用于集料最大粒径不大于 40mm 的混凝土拌合物。

【坍落扩展度试验】test of slump-flow

测定混凝土拌合物的坍落扩展度的试验。自坍落度筒提起至混凝土拌合物停止流动后，测量坍落扩展面的最大直径和与最大直径方向呈垂直方向的直径，两者的平均值即为坍落扩展度。可用于检验混凝土拌合物的流动性。

【J 环扩展度试验】test of J-ring flow

采用 J 环流动仪测定自密实混凝土拌合物扩展度的试验。可用于评价自密实混凝土拌合物的抗离析性能。J 环如附图所示。

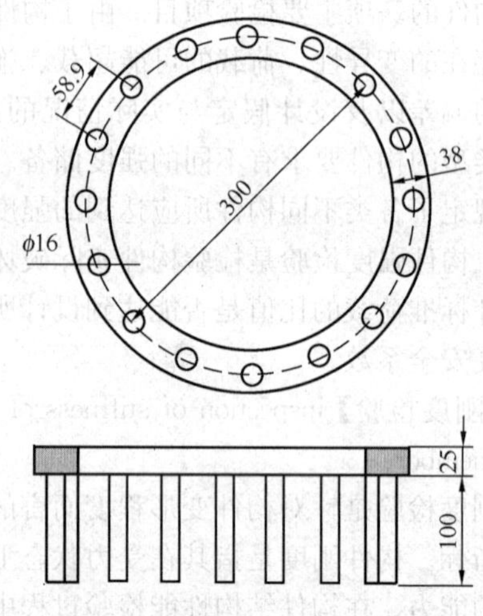

J 环示意图

【J 环流动仪】J-ring flow apparatus

进行 J 环扩展度试验的主要装置。材质为钢或不锈钢，由一个圆环和 16 根直径为 16mm 的圆钢组成。圆环中心直径为 300mm，厚度为 25mm。采用螺母和垫圈将 16 根圆钢按等间距锁定在圆环上，圆钢中心间距为 58.9mm。

【V 形漏斗试验】V-funnel test

检验自密实混凝土拌合物的黏聚性和抗离析性能的试验。将混凝土拌合物装满 V 形漏斗(见附图)，从开启出料口底盖开始计时，记录拌合物全部流出出料口所经历的时间，试验结果用秒(s)表示。

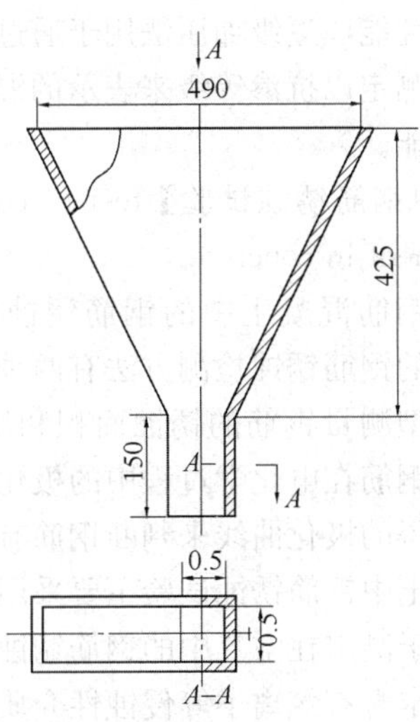

V形漏头内部尺寸

【V形漏斗】V-funnel

进行V形漏斗试验的主要装置。用金属或塑料制成，内表面平滑，上口直径490mm，下口直径65mm，容量约为10L。出料口设有快速开启且具有水密性的底盖。

【U形箱试验】U-channel test

用于检验自密实混凝土拌合物通过钢筋间隙并自行填充模板各个部位的能力。如附图所示，试验时先关闭U形箱的间隔门，将混凝土拌合物试样连续浇入A室至满，用刮刀刮平后，静置1min。然后连续、迅速地将间隔门向上拉起，混凝土边通过隔栅型障碍边向B室流动，直至流动停止为止。在填充容器的B室，由填充混凝土的下端开始，以钢制卷尺量测混凝土填充至其顶面的高度，即填充高度。试验结果用填充高度(mm)表示。

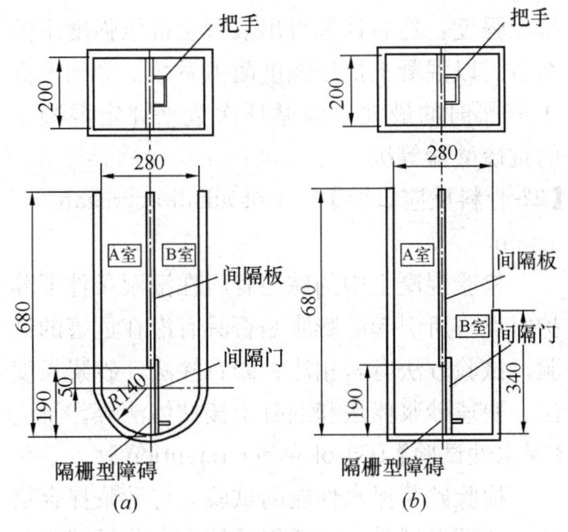

U形箱试验

(a)U形箱—A型；(b)U形箱—B型

【U形箱】U-channel

进行U形箱试验的主要装置。由钢或有机玻璃制成，内表面光滑，包括U形箱体、隔栅型障碍、间隔板和间隔门等部件。当混凝土拌合物在U形箱中流动时，U形箱底部的隔栅型障碍可模拟现场实际构件中钢筋对混凝土拌合物的阻碍作用。

【抗压强度试验】compressive strength test

测定材料抗压强度的试验。采用压力试验机或万能试验机测试试件的极限破坏荷载，再通过公式计算出试件的抗压强度。适用于混凝土、砂浆、砌体等多种材料。

【抗折强度试验】flexural strength test

测定材料抗折强度的试验。采用压力试验机或万能试验机测试试件在弯曲作用下的极限破坏荷载，再通过公式计算出试件的抗折强度。可采用两分点或三分点加荷方式。适用于水泥胶砂、混凝土等材料。

【抗剪强度试验】shear strength test

测定材料抗剪强度的试验。主要采用压力试验机测试试件在剪切作用条件下的极限破坏荷载，再通过计算得出试件的抗剪强度。适用于纤维混凝土、砌体等材料。纤维混凝土的抗剪强度试验通常采用双面剪切法。

【轴心抗压强度试验】test of axial compressive strength

测定材料轴心抗压强度的试验。混凝土轴心抗压强度试验采用150mm×150mm×300mm的棱柱体试件作为标准试件，钢丝网水泥用砂浆轴心抗压强度试验采用40mm×40mm×160mm的棱柱体试件。

【劈裂抗拉强度试验】test of splitting tensile strength

测定材料劈裂抗拉强度的试验。混凝土劈裂抗拉强度试验采用的试件有立方体试件和圆柱体试件。在试件的中心平面内作用均匀分布的压力，使外力作用的竖向平面内产生近似均匀分布的拉应力，根据弹性理论即可计算出拉应力。

【静力受压弹性模量试验】test of static elastic modulus

用于测定材料在静力受压状况下的弹性模量。适用于混凝土、砂浆等材料。混凝土的静力受压弹性模量试验可采用棱柱体试件和圆柱体试件。

【动弹性模量试验】test of dynamic elastic modulus

测定混凝土动弹性模量的试验。试验方法为共振法，即测定混凝土在动荷载作用下应力与应变的比值。主要根据弹性波在混凝土中的传播速度，测量混凝土试件的固有频率，再用公式计算出混凝土的动弹性模量。

【弯曲韧性试验】test of flexural toughness

检验纤维混凝土抗弯能力的试验。适用于掺加钢纤维或增韧合成纤维的混凝土的弯曲韧性和初裂强度的测定。试验结果用弯曲韧性指数和初裂强度表示，可通过荷载-挠度曲线计算得出。

【断裂韧性试验】test of fracture toughness

也称断裂韧度试验。检验材料断裂韧性的试验。混凝土的断裂韧性试验方法主要有楔入劈拉法和三点弯曲梁法两种。试验时，需对试件预制裂缝。在对水工混凝土建筑物裂缝扩展的稳定性进行评价和水工混凝土建筑物抗裂、防裂设计中，均需提供混凝土断裂韧性参数。

【抗冻试验】test of frost resistance

检验材料抵抗多次冻融循环而保持其原有性质或不显著降低原有性质的能力的试验。适用于混凝土、砂浆等材料。混凝土的抗冻试验是以混凝土试件在一定条件下经受的冻融循环次数来检验混凝土的抗冻性能，试验方法有慢冻法、快冻法和单面冻融法（或称盐冻法）等。

【抗水渗透试验】test of resistance of concrete to water penetration

检验材料抵抗压力水渗透能力的试验。混凝土的抗水渗透试验方法有渗水高度法和逐级加压法两种。渗水高度法用于以测定混凝土在恒定水压力下的平均渗水高度来表示的混凝土抗水渗透性能，逐级加压法用于通过逐级施加水压力来测定以抗渗等级来表示的混凝土的抗水渗透性能。

【混凝土中钢筋锈蚀试验】test of corrosion of reinforcement in concrete

检验钢筋混凝土中的钢筋锈蚀程度的试验。常用的钢筋锈蚀检测方法有两种：一是通过直接破型测量钢筋的锈蚀面积和质量损失；二是测量钢筋在电化学过程中的极化程度，根据测量所得的极化曲线来判断钢筋有无锈蚀情况。混凝土中钢筋锈蚀试验主要采用第一种方法。适用于测定在空气中的钢筋锈蚀程度，不适用于测定含有氯离子等侵蚀性介质环境条件下的钢筋锈蚀程度。

【疲劳试验】fatigue test

检验材料、零件或构件在循环荷载作用下疲劳变形的试验。混凝土的疲劳试验结果用混凝土在自然条件下受到一定次数的等幅重复荷载作用时的疲劳累积变形表示。混凝土枕的疲劳试验结果用残余裂缝宽度和疲劳破坏强度表示。

【抗硫酸盐侵蚀试验】test of resistance to sulfate attack

检验混凝土抗硫酸盐侵蚀能力的试验。将混凝土试件反复在 5% Na_2SO_4 溶液中浸泡和在 80±5℃条件下烘干，达到规定的干湿循环次数后，测定遭受硫酸盐侵蚀的混凝土试件的抗压强度，然后计算得出混凝土抗压强度耐蚀系数。以混凝土抗压强度耐蚀系数下降到不低于 75%时的最大干湿循环次数来评定混凝土的抗硫酸盐等级。

【碱-骨料反应试验】test of alkali-aggregate reaction

检验混凝土中的碱与骨料在潮湿条件下养护时反应所引起的膨胀是否具有潜在危害的试验。试验方法有岩相法、岩石柱法、砂浆长度法、快速砂浆棒法和混凝土棱柱体法等。

【保水性试验】test of water retention

检验砂浆保水性能的试验。将砂浆拌合物装入圆环形试模，经插捣后抹平，称量试模和底部不透水片的质量。在砂浆拌合物上面依次放置金属滤网、滤纸、不透水片和2kg重物，2min后取出滤纸并迅速测定其质量。根据滤纸吸收水分的质量和砂浆含水率即可计算出砂浆的保水率。

【拉伸粘结强度试验】test of tensile bond strength

俗称拉拔试验，用以测定砂浆拉伸粘结强度，是检验砂浆力学性能的重要试验之一。试验所需的仪器设备主要有拉伸试验机、拉伸专用夹具、成型框和钢制垫板。

【耐碱性试验】test of alkali resistance

检验聚合物水泥防水砂浆耐碱腐蚀能力的试验。将制备好的试样刮涂到水泥砂浆块上，养护至7d龄期后放入饱和$Ca(OH)_2$溶液中浸泡168 h。取出试件后，通过观察试件有无开裂、剥落现象而进行耐碱性评价。

【耐热性试验】test of heat resistance

检验聚合物水泥防水砂浆耐热能力的试验。将制备好的试样刮涂到水泥砂浆块上，养护至7d龄期后放入沸煮箱中煮5 h。取出试件后，通过观察试件有无开裂、剥落现象而进行耐热性评价。

【耐磨性试验】test of abrasive resistance

检验地面用水泥基自流平砂浆耐磨性的试验。通过测定产品表面与砂磨轮相对摩擦到规定转数后的磨耗量来评价其耐磨性。

【蓄热系数测定试验】test of determination of heat storage coefficient

测定膨胀玻化微珠保温隔热砂浆热工性能的试验。主要试验设备为蓄热系数测定仪。蓄热系数根据导热系数和导温系数进行计算。

【水泥沥青砂浆流动度试验】test of fluidity of cement asphalt mortar

采用J形漏斗测定水泥沥青砂浆(简称CA砂浆)流动性的试验。将配制好的水泥沥青砂浆试样装入J形漏斗内，并将表面整平(见附图)。打开出口阀门，同时开始计时，测定试样从开始流出到结束连续流下所经历的时间，即为水泥沥青砂浆的流动度，结果以秒(s)计算。

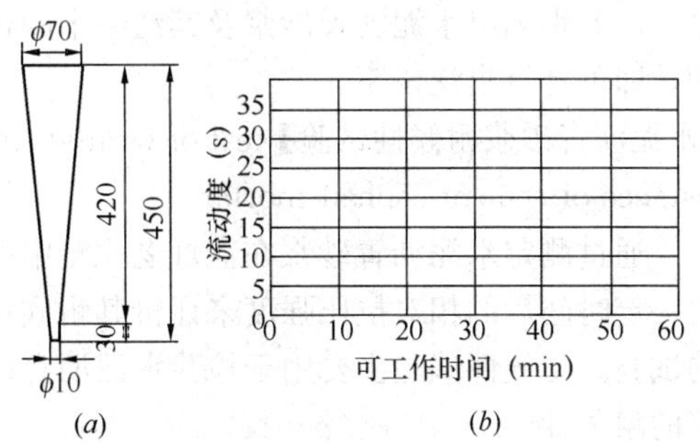

水泥沥青砂浆流动度试验

(a)流动度试验漏斗示意图；(b)流动度曲线

【水泥沥青砂浆可工作时间试验】test of working time of cement asphalt mortar

用于测定水泥沥青砂浆在流动度设计范围内所经历的时间。试验方法与流动度试验相同，但同一试样每隔5min做一次，并绘出流动度曲线，即流动度与累计时间的对应关系。水泥沥青砂浆在流动度设计范围内所经历的时间即为可工作时间，结果以分钟(min)计算。

【水泥沥青砂浆弹性模量试验】test of elastic modulus of cement asphalt mortar

测定水泥沥青砂浆弹性模量的试验。试验步骤为：将水泥沥青砂浆试样养护至28d，测量直径和高度后，将试样平放在试验机压板中央，以规定的加载速率加载至抗压强度，然后立即卸载，卸载速率与加载速率相同，重复4次，然后根据第5次的加载曲线的数据计算出弹性模量。

【水泥沥青砂浆膨胀率试验】test of expansion ratio of cement asphalt mortar

膨胀率是水泥沥青砂浆的重要物理性能之一。水泥沥青砂浆膨胀率试验的主要步骤为：测量量筒内径，将量筒竖立在一个无冲击和无振动的水平面上，在量筒上加一块玻璃板，用游标卡尺测量水泥沥青砂浆表面至玻璃板的深度，24h后再测量水泥沥青砂浆表面深度，根据公式即可计算出水泥沥青砂浆的膨胀率。

【水泥沥青砂浆泛浆率试验】test of watergain of cement asphalt mortar

表征水泥沥青砂浆匀质性的重要性能指标

之一。分别测出水泥沥青砂浆及其泛浆水的体积，即可计算出泛浆率。

【水泥沥青砂浆耐候性试验】test of weather resistance of cement asphalt mortar

通过测定水泥沥青砂浆在氙灯老化箱中照射一定时间后的相对抗压强度来评价其耐候性的试验。耐候性试验主要用于检验水泥沥青砂浆的耐久性。

【限制膨胀率试验】test of restrained expansion ratio

用于测定材料在约束状态下的体积变化情况。主要试验装置为比长仪、纵向限制器等。适用于测定自应力水泥和掺膨胀剂混凝土等材料的限制膨胀率。

【自由膨胀率试验】test of free expansion ratio

用于测定材料在无约束状态下的体积变化情况。主要试验装置为比长仪。适用于测定自应力水泥等材料的自由膨胀率。

【竖向膨胀率试验】test of vertical expansion ratio

一般用于测定水泥基灌浆材料的竖向膨胀率。试验方法有接触法和非接触法两种。接触法主要通过架设百分表进行测量，非接触法主要采用激光测距技术。

【受压徐变试验】test of compressive creep

检验混凝土在长期恒定轴向压力作用下的变形能力的试验。试验所需的主要仪器设备有徐变仪、加荷装置和变形测量装置。试验结果采用徐变应变、徐变度和徐变系数三个指标表示。

【无损检验】non-destructive test

参见 12.5.4【无损检测】。

【共振法非破损检验】non-destructive test by resonance

利用外加机械振动频率与物体固有振动频率发生共振的原理，用音频共振仪测定水泥混凝土试件纵向、弯曲、扭曲固有振动频率的方法。从试件的固有振动频率以及试件尺寸、密度可计算其弹性模量、刚性模量与泊松比，并可检定水泥混凝土的强度，研究其抗冻性、耐蚀性和热稳定性等。该方法通常只能在实验室内对一定形状的试件进行测定。

【回弹仪非破损检验】non-destructive test by rebound hammer

通过回弹仪测定混凝土表面硬度，来推算抗压强度的一种现场非破损检测技术。操作简便、使用快捷，且具有较高的测试精度，目前广泛应用于工程施工中对混凝土、砌体砂浆的强度检测。

【电通量法】test method for electric flux

采用通过混凝土试件的电通量来反映混凝土抗氯离子渗透性能的试验方法。不适用于掺有亚硝酸盐和钢纤维等良导电材料的混凝土抗氯离子渗透试验。

【早期抗裂试验】test of cracking at early age

检验材料在约束条件下的早期抗裂性能的试验。混凝土的早期抗裂试验有平板法、圆环法和棱柱体法等多种方法。试验结果一般采用单位面积上的总开裂面积表示。

【接触法收缩试验】shrinkage test by contact method

测量仪器与试件相互接触的收缩测试试验。适用于除外力和温度变化以外的因素所引起的试件长度变化的测定。

【非接触法收缩试验】shrinkage test by non-contact method

测量仪器不与试件接触的收缩测试试验，可避免测量仪器与试件直接接触造成的不利影响。适用于测定混凝土成型后任意时段的收缩变形，也可用于无约束状态下早龄期混凝土在与外界没有水分交换条件下的收缩变形的测定。

【混凝土水化热试验】concrete hydration heat test

采用绝热量热法或半绝热量热法，通过测量混凝土的水化温升而计算其水化热的试验。常用的测量仪器主要是绝热量热计和半绝热量热计。

【碳化试验】carbonization test

检验混凝土抗碳化能力的试验。适用于测定混凝土试件在一定浓度的二氧化碳气体介质中的碳化程度。一般用碳化深度来表征。在(20±3)%浓度的二氧化碳介质中进行快速碳化试验，碳化深度一般采用1%酚酞酒精溶液作为指示剂来测定。酚酞指示剂与未碳化的混凝土碱性孔溶液反应变成红色，测量靠近边缘不变色部分的深度即为碳化深度。参见 8.4.3【碳化深度】。

【实体检测】in situ testing

在工程实体上进行原位检测或抽取试样在试验室进行检测的活动。

【快速氯离子迁移系数法】rapid chloride ions migration coefficient test

简称 RCM 法。通过测定混凝土中氯离子渗透深度，计算得到氯离子迁移系数来反映混凝土抗氯离子渗透性能的试验方法。适用于氯离子在混凝土中非稳态迁移时的迁移系数的测定。

【砂浆稠度试验】consistency test of mortar

砂浆稠度试验主要是用于确定砂浆的配合比或施工过程中控制砂浆稠度，从而达到控制用水量目的。砂浆稠度由稠度测定仪测试，稠度测定仪由试锥、容器和支座三部分组成(见 8.5.3【砂浆稠度仪】)。试验步骤如下：(1)将试锥、容器表面用湿布擦净，用少量润滑油轻擦滑杆，保证滑杆自由滑动。测试时先将砂浆拌合物一次装入容器，使砂浆低于容器口约 10mm，用捣棒自容器中心向边缘插捣 25 次，轻击容器 5～6 下，使砂浆表面平整，立即将容器置于稠度测定仪的底座上。(2)把试锥调至尖端与砂浆表面接触，拧紧制动螺丝，使齿条侧杆下端刚好接触滑杆上端，并将指针对准零点上。(3)拧开制动螺丝，同时以秒表计时，待 10s 立即固定螺丝，将齿条侧杆下端接触滑杆上端。(4)从刻度盘读出下沉深度(精确至 1mm)，即为砂浆稠度值。

【分层度试验】test of segregation degree

砂浆分层度是表征水泥砂浆保水性的一个指标。具体试验方法是将水泥砂浆装入分层度桶前，测定砂浆的稠度，装入分层度桶并静止 30min，去掉分层度桶上面三分之二的砂浆，用余留的砂浆再测一次稠度，两次的稠度差即分层度。砌筑砂浆的分层度不得大于 30mm。保水性良好的砂浆，其分层度应为 10～20mm。分层度大于 20mm 的砂浆容易离析，不便于施工；但分层度小于 10mm 者，硬化后易产生干缩裂缝。

8.5.3 检测仪器与设备

【砂浆稠度仪】apparatus to measure consistency of mortar

主要由圆锥体和截锥形容器组成。如附图所示。圆锥体底部直径 75mm，高 145mm，重 300g。截锥形容器上口直径 150mm、高 180mm。测定砂浆稠度时砂浆装到容器上口以下 1cm，使锥体从砂浆表面自由垂直沉入，达稳定状态时的锥体下降距离即为锥体沉入度，作为砂浆稠度指标(以 cm 计)。试锥由钢材或铜材制成，锥高 145mm，锥底直径 75mm，试锥连同滑杆质量 300g；盛砂浆容器由钢板制成，筒高 180mm，锥底内径 150mm；支座分底座、支架及稠度显示三部分，由铸铁、钢及其他金属制成。

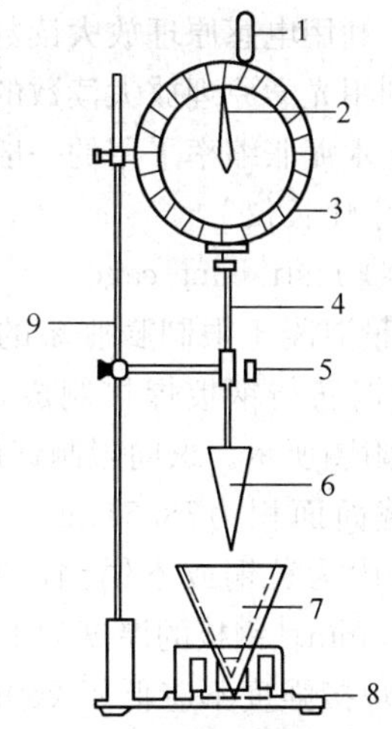

砂浆稠度仪

1—齿条测杆；2—指针；3—刻度盘；4—滑杆；5—制动螺丝；6—试锥；7—盛浆容器；8—底座；9—支架

【砂浆分层度测定仪】apparatus to measure stratification of mortar

由两节金属圆筒组成，上节有底，内径 150mm，上节高度 200mm，下节高度 100mm。如附图所示。将砂浆装入上述圆筒中，用砂浆稠度仪中的圆锥体，测其沉入度。过半小时测取下节圆筒中砂浆的锥体沉入度。两次沉入度的差值即为分层度，以 cm 表示，为砂浆保水性的一种指标。保水性愈好，分层度愈小。

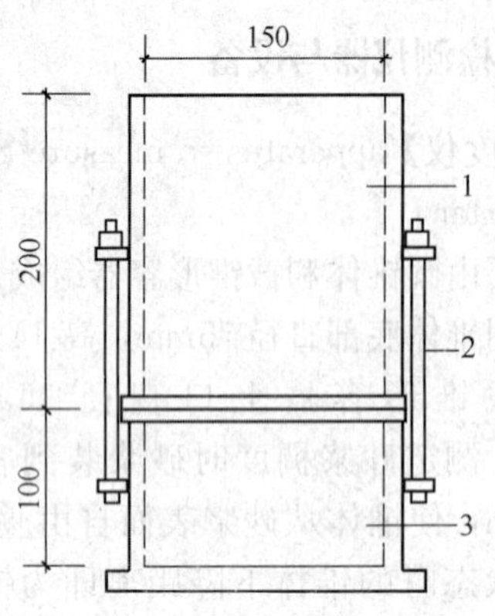

砂浆分层度测定仪

1—无底圆筒；2—连接螺栓；3—有底圆筒

【比长仪】extensometer

一种利用与标准长度相比来测量被测试件的精密仪器。利用杠杆原理放大读数的称“机械比长仪”；利用电感原理放大读数的称“电感比长仪”；利用光学原理放大读数的称“光学比长仪”。测定水泥胀缩率采用的一般是“机械比长仪”或“光学比长仪”。

【纵向限制器】restraining cage

用于测量混凝土限制膨胀率的试验装置，由纵向限制钢筋与钢板焊接制成，配筋率为0.79%。如附图所示。纵向限制钢筋的直径为10mm，横截面面积为78.54mm^2，两端点各7.5mm范围内为黄铜或不锈钢，测头呈球面状，半径为3mm。钢板的厚度为12mm，与钢筋焊接处的焊接强度不应低于260MPa。纵向限制器在使用过程中不应变形。

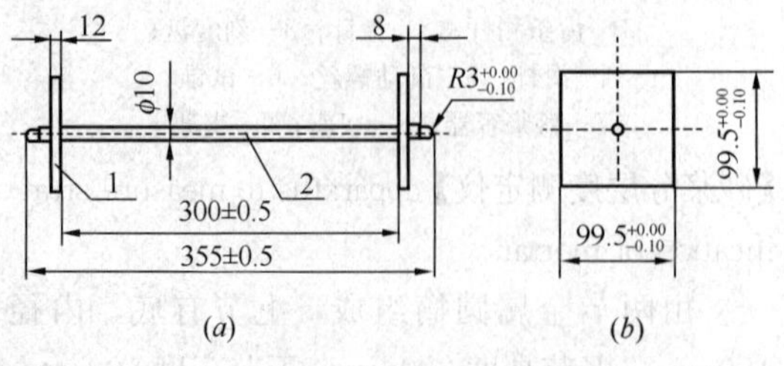

混凝土用纵向限制器

(a)正视图；(b)侧视图

【压力试验机】compressive testing machine

测定材料在受压状态下性能变化的试验设备。主要包括加力系统和测力系统两个部分。加力系统有机械式和液压式两种，测力系统有弹簧式、油表式、摆锤式和电子式等多种。一般用于测试水泥、混凝土、砖石等脆性材料的力学性能。可分为数显式压力试验机、全自动压力试验机和井盖压力试验机。

【万能试验机】universal testing machine

具有拉伸、压缩、弯曲和剪切等多种功能的试验设备。主要包括加力系统、测力系统、变形测量系统、位移测量系统和控制系统。可分为电子式万能试验机、电液伺服万能试验机和液压式万能试验机三类。主要用于金属材料和非金属材料进行拉伸、压缩、弯曲和剪切等力学性能试验。

【沸煮箱】boiling box

采用雷氏法或试饼法检验水泥安定性的主要试验设备。由箱体、加热管和控制器等组成，能在30±5 min内将试验用水从20±2℃加热至沸腾状态并保持180±5 min后自动停止，整个试验过程中不需补充水量。

【维勃稠度仪】Vebe apparatus

用于测定干硬性混凝土的稠度，试验结果用秒(s)表示。适用于骨料最大粒径不大于40mm、维勃稠度时间为5～30s的混凝土拌合物的稠度测定。

【脉冲疲劳机】pulse fatigue machine

结构构件疲劳试验的一种设备。可以产生正弦波形的液压脉冲，通入千斤顶内，将脉冲压力传给试验构件，进行疲劳试验。

【回弹仪】rebound hammer

对混凝土或混凝土制品的强度进行回弹法

混凝土回弹仪构造示意图

1—弹击杆；2—混凝土受试面；3—壳体；4—指针滑块；5—刻度尺；6—按钮；7—中心导杆；8—导向法兰；9—盖帽；10—卡环；11—尾盖；12—压力弹簧；13—挂钩；14—冲击锤；15—缓冲弹簧；16—弹击拉簧

检测所需的仪器。构造见附图。工作原理是用弹簧驱动重锤，重锤以恒定的动能撞击与混凝土表面垂直接触的弹击杆，使局部混凝土发生变形并吸收一部分能量，另一部分能量转化为重锤的反弹动能，当反弹动能全部转化成势能时，重锤反弹达到最大距离，仪器将重锤的最大反弹距离用回弹值(最大反弹距离与弹簧初始长度之比)这个指标显示出来。

【非金属薄板抗折试验机】nonmetallic sheet anti-fracture testing machine

用于测定非金属材料断裂弯曲强度的仪器。适用于建材行业及其他非金属行业的砖瓦、水泥制品、装饰石材、石棉水泥波瓦、平板、稻草板、铸石材料、石膏板、陶瓷等非金属材料。

【钢筋定位仪】reinforcement locator

用于探测混凝土中钢筋的位置、走向和埋置深度的仪器。确定钢筋在混凝土中的位置后，旋转仪器探测线圈，直至出现最大和最小信号。最大信号表示钢筋与探测线圈手柄方向平行，最小信号表示两者方向垂直。

【位移计】displacement meter

测量位移变化的仪器。有电容式位移计、电位器式位移计、滑线电阻式位移计和差动电阻式位移计等多种类型。

【压力泌水仪】apparatus to measure bleeding under pressure

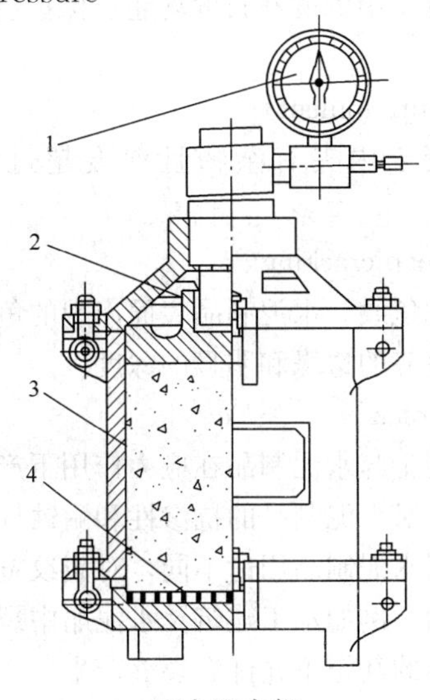

压力泌水仪

1—压力表；2—工作活塞；3—缸体；4—筛网

进行压力泌水试验的主要仪器。由液压千斤顶、压力表及上盖活塞、试料筒、底座等组成，如附图所示。

【混凝土氯离子电通量测定仪】apparatus to measure chloride electric flux of concrete

采用电通量法进行混凝土抗氯离子渗透试验的主要仪器。试验槽中的阴极溶液是质量浓度为3.0%的氯化钠溶液，阳极溶液是摩尔浓度为0.3mol/L的氢氧化钠溶液。

【混凝土氯离子扩散系数测定仪】apparatus to measure coefficient of chloride ion diffusivity

采用快速氯离子迁移系数法(RCM法)进行混凝土抗氯离子渗透试验时的主要仪器。其原理是通过给混凝土施加外电场，加速氯离子在混凝土中的迁移速度，然后结合化学分析，测量一定时间内氯离子在混凝土中的渗透深度，再根据公式计算出氯离子在混凝土中的扩散系数。

【卧式混凝土收缩仪】apparatus to measure shrinkage of concrete horizontally

进行接触法收缩试验的主要仪器之一，主要用于测定混凝土试件在规定的温度和湿度条件下的长度变化。卧式混凝土收缩仪见附图。

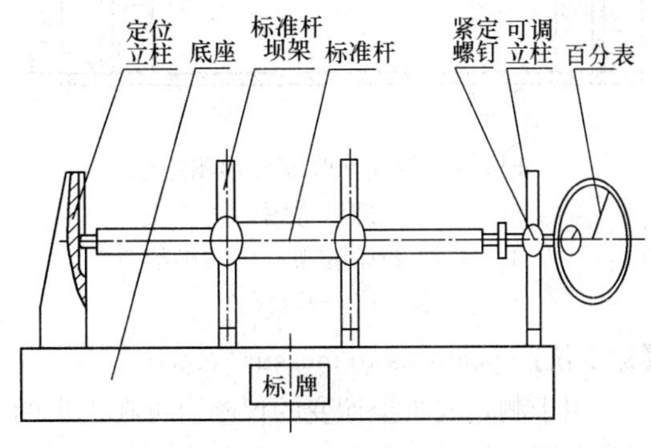

卧式混凝土收缩仪

【立式混凝土收缩仪】apparatus to measure shrinkage of concrete vertically

进行接触法收缩试验的主要仪器之一，主要用于测定混凝土硬化后的收缩。立式混凝土收缩仪见附图。

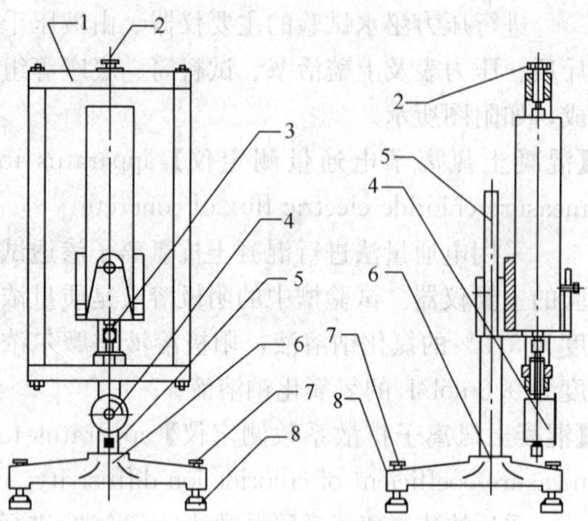

立式混凝土收缩仪

1—测量框架；2—上支点螺栓；3—下支点；4—百分表；5—立柱；6—底座；7—调平螺栓；8—调平座

【非接触式混凝土收缩变形测定仪】non-contact apparatus to measure shrinkage of concrete

进行非接触法收缩试验的主要仪器。其原理见附图。采用非接触式位移测量技术，可获取任意时间段内混凝土试件的收缩变形，能够准确评价早龄期混凝土的收缩变形特征。

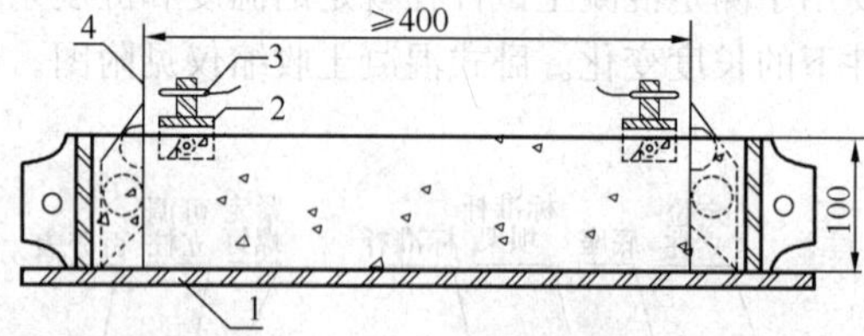

非接触法混凝土收缩变形测定仪原理示意图

1—试模；2—固定架；3—传感器探头；4—反射靶

【徐变仪】apparatus to measure creep

用于测定混凝土徐变的仪器。可在规定的时间范围内把所要求的压缩荷载加到试件上并能保持荷载不变。常用的徐变仪有弹簧式和液压式两种。

【碳化试验箱】chamber for measuring carbonation of concrete

进行混凝土碳化试验的主要设备。混凝土碳化试验箱内有架空试件的支架、二氧化碳引入口、分析取样用的气体导出口、箱内气体对流循环装置、温湿度监测装置和为保持箱内恒温恒湿所需的设施。

【氙灯老化箱】chamber for aging in Xenon light

进行水泥沥青砂浆耐候性试验的主要设备。采用 6000W 水冷式管状氙灯，试件与光源的距离为 35～40 cm，稳压设备一般采用磁饱和稳压器。

8.5.4 缺陷

【蜂窝麻面】honeycomb

表面因漏浆或缺少水泥砂浆而引起的蜂窝状空洞和密集微孔。

【麻面】pitted surface

材料表面出现的密集微孔，看上去表面有成片的麻点。

【中空】hollow

也称空鼓、空洞。混凝土制品内局部出现的空气夹层。敲击时有空鼓声，主要由于振捣不实、蒸养不当或违反成型操作规程所致。中空使混凝土制品的强度和耐久性明显下降。

【露筋】exposed steel

钢筋未被混凝土包裹而外露的现象。

【粘皮】peeling

面层水泥砂浆被模具粘去后形成的粗糙表面。

【孔洞】hole

混凝土中深度和长度均超过保护层厚度的孔穴。

【夹渣】entrainment

混凝土内夹有杂物且深度超过保护层厚度。

【龟裂】map cracking

也称龟纹。水泥制品表面出现的龟背状裂缝，无整齐的边缘和明显的深度。

【裂缝】crack

混凝土与水泥制品在应力作用下产生的微细缝隙。对水泥制品的抗渗性和耐蚀性影响较大。根据水泥制品用途不同，对裂纹宽度的限制也不同。例如水工建筑及水泥船中裂缝限制较严，有的甚至不允许有裂缝产生。

【瞎缝】blind seam

砌体中相邻块体间无砌筑砂浆，又彼此接

触的水平缝或竖向缝。

【假缝】suppositious seam

为掩盖砌体灰缝内在质量缺陷，砌筑砌体时仅在靠近砌体表面处抹有砂浆，而内部无砂浆的竖向灰缝。

【通缝】continuous seam

砌体中上下皮块体搭接长度小于规定数值的竖向灰缝。

【水纹】water graining

混凝土制品外表面润湿时呈现微细纹路，水分蒸发后纹路随之消失。

【塌落】slump

混凝土制品内壁混凝土成块状脱落的现象。

【表面剥落】peel off of surface

混凝土制品表面成片脱落的现象。

【表面色差】difference in surface color

清水混凝土成型后的表面颜色差异。

【漏浆】grout leakage

混凝土制品表面的水泥浆渗漏而导致石子外露或松动的现象。对于混凝土管桩而言，漏浆常出现在桩身合缝处以及接头和桩套箍与桩身的结合面。漏浆长度和漏浆深度是检验混凝土管桩外观质量的重要指标。

【潮片】wetted surface

也称洇水。水泥制品在规定的水压力作用下，混凝土因渗水而于另一表面出现湿痕的一种质量缺陷。主要由于砂浆或混凝土不密实导致。例如：水泥船与水接触部位的另一面，水泥压力管输送压力水时的表面，都可能出现这种现象。大面积的潮片表示砂浆或混凝土的抗渗性差，可引起钢筋腐蚀，降低制品质量。

【表面起层】delamination of surface

混凝土制品表面出现的分层现象。主要是由于水泥质量差，工艺过程不稳定，成型压力过小以及蒸养升温过快等因素所致。

【轨枕挡肩缺陷】defect of sleeper shoulder

指轨枕挡肩在制造与应用过程中存在的缺陷或破坏的形式，可分为油肩、粉肩、磕肩、掉肩。油肩是指混凝土轨枕挡肩被油脂类物质渗入而造成的缺陷；粉肩是指混凝土轨枕挡肩部位由于漏浆引起的松散现象；磕肩是指混凝土轨枕挡肩部位被磕损造成的缺陷；掉肩是指自轨枕承轨槽根部产生的挡肩部位与轨枕主体间开裂分离的现象。

【翘曲】warping

材料未能保持既定形状而发生的表面扭曲现象。常见于水泥体积安定性不良时，或者面积较大的含有空隙的纤维水泥薄瓦，或薄板在单面受潮吸水或单面干燥失水时发生的起拱现象。

【表面起砂】surface dusting

水泥砂浆或混凝土表面因强度低而使得水泥对砂石的粘结力降低，使水泥、砂石在摩擦作用下从表面剥落的现象。产生原因主要是：所用水泥性能差，用水量过多而泌水，养护不当，低温施工等。也可能由于已硬化的砂浆、混凝土受到风吹日晒、干湿循环、碳化作用等所引起。

【浮浆】laitance

由水泥泌水造成的在混凝土面层浮起的松软层物质。一般水灰比较大、工作性较差的混凝土浇灌后，面层容易出现浮浆，随着水分蒸发，留下了多孔的松软层，则面层就容易起砂。若在上面继续浇灌混凝土，则须先行清除浮浆，否则将产生薄弱接缝。

【碰伤掉角】spalled corner caused by bumped damage

轨枕养护完成后表面或端部的混凝土被碰掉所造成的伤损。

【预留孔孔瘤】granule in prefabricated hole

预留孔内壁固结的水泥砂浆。

9 陶 瓷

9.1 专业基础理论

9.1.1 结构

【陶瓷显微结构】ceramic microstructure

一般是指借助于各种显微分析仪器所观察到的材料的内部组织，其尺度范围覆盖1mm～0.1nm。主要包括物相种类、组成及数量，物相的形状、大小、分布、取向关系及内部微细结构和缺陷，晶界结构及缺陷。陶瓷材料通常为多晶多相显微结构，物相种类包括由晶态物质组成的结晶相、玻璃相和气相三大类。传统陶瓷如日用瓷的显微结构包含了这三种物相，许多精细陶瓷如透明氧化铝的显微结构往往仅存在 α-Al_2O_3结晶相。结晶相可能包括同质多构和异质多构两种。如氮化硅陶瓷往往存在着属六方晶系的 β-Si_3N_4和属菱形晶系的 α-Si_3N_4两种同质异构结晶、结晶相内部微细结构和缺陷包括解理、滑移、孪晶、位错、各种畴结构、裂纹、包裹杂质及析出相等。显微结构取决于制造工艺、所采用的原料、相平衡关系以及相变动力学、晶粒长大和烧结，并且直接影响材料的各种性能。通常采用的分析仪器包括各种光学显微镜，附有成分分析的扫描电子显微镜和透射电子显微镜，以及 X 射线衍射仪。

【晶相】crystal phase

是陶瓷显微结构中由结晶态固体构成的部分，可以是由一种晶体(单相)或不同类型的晶体(多相)组成，其中含量多者称为主晶相，含量少的称次晶相或第二晶相。可以用晶体结构的表征方法对晶相进行研究，如 X 射线粉晶衍射、电子衍射、中子衍射等方法。陶瓷材料的晶体主要是单一氧化物(如 Al_2O_3，MgO)和复合氧化物[如镁铝尖晶石 $MgAl_2O_4$，锆钛酸铅 Pb(Zr，Ti)O_3]。此外，非氧化物陶瓷材料中还有碳化物、氮化物、硼化物、硅化物等相应组分的晶相存在。陶瓷材料的性能与主晶相的种类、数量、分布及缺陷状况等密切有关。

【玻璃相】glass phase

又称过冷液相，陶瓷显微结构中由非晶态固体构成的部分。它存在于晶粒与晶粒之间，起着胶粘作用。陶瓷坯体中的一部分组成在高温下会形成熔体(液态)，冷却过程中熔体不能及时析晶而冷却下来形成非晶态固体，即玻璃相。玻璃相在陶瓷体中的分布可以是间断的，也可以是连续的。一般情况下玻璃相的强度比晶相低，热稳定性差，在较低温度下会软化。此外，玻璃相结构疏松，空隙中常用金属离子填充，降低陶瓷的电绝缘性，增加介电损耗。

【液相】liquid phase

在材料中以液体状态存在的物质。陶瓷或耐火材料在烧成过程中，一部分组成在高温下会形成熔体(液态)，液相的存在可以降低和控制陶瓷或耐火材料的烧成温度，在较低温度下实现烧成或实现共烧，但是液相在冷却过程中一般会形成玻璃相，导致陶瓷材料性能下降以及耐火材料的耐火度降低。因此，在陶瓷或耐火材料配方设计时需要合理地设计液相的组成以及液相量。

【气相】gaseous phase

是陶瓷显微结构中由气体构成的部分。一般是由于陶瓷烧结过程中未排除的孔隙形成的。气相常以孤立的状态分布在玻璃相、晶界、晶粒内。气相会引起应力集中，降低陶瓷强度和抗电击穿能力，因此应尽量减少陶瓷中气孔的数量和尺寸，并使气孔分布均匀。但对于轻质多孔陶瓷来说，可以是采用模板烧失法或发泡法形成的。

【气孔】pore

在陶瓷中气孔一般有两种存在形式：一是

封闭气孔，二是开口气孔。气孔的存在，影响机械强度、绝缘性能和透光效果，但是在一定程度上，适当比例的气孔的存在可以提高耐火材料的抗热震性能。

【伊利石结构】illite structure

伊利石结构的理想化学组成为 $K_{0.75}$-($A_{1.75}$R)[$Si_{3.5}Al_{0.5}O_{10}$]-$(OH)_2$，晶体主要属单斜晶系的含水层状结构硅酸盐矿物。式中 R^{2+} 代表二价金属阳离子，主要为 Mg^{2+}、Fe^{2+} 等。晶体结构与白云母的基本相同，也属于 2∶1 型结构单元层的二八面体型。晶体有 1M、2M、1Md 和 3T 等多形变体。

【云母类结构】mica structure

属层状硅酸盐一类结构。其结构与滑石、叶蜡石相似，属三层结构。硅氧双层[Si_4O_{10}]$^{4-}$中的 Si^{4+} 部分地被 Al^{3+} 所置换(大多数置换为 1/4，少数为 1/2)，层内出现的剩余电荷要求结构层之间须有较大的阳离子存在，以平衡电荷。根据云母结构层内八面体层阳离子的种类和充填数，可将云母划分为二八面体型和三八面体型。三价阳离子(如 Al^{3+})只填充了2/3的八面体空隙，称二八面体型(如白云母)；二价阳离子(如 Mg^{2+}、Fe^{2+} 等)充填了全部的八面体空隙，称三八面体型(如黑云母、金云母等)。

【二八面体层】dioctahedral layer

在层状硅酸盐结构中，非桥氧与 Al^{3+}、Mg^{2+} 等阳离子相连构成八面体，八面体以共棱方式相连，若 2/3 的八面体空隙被阳离子所填充，八面体中的 O^{2-} 离子只被两个阳离子所共用，这种八面体称为二八面体，如[AlO_6]八面体。

【三八面体层】trioctahedral layer

在层状硅酸盐结构中，非桥氧与 Al^{3+}、Mg^{2+} 等阳离子相连构成八面体，八面体以共棱方式相连，若全部的八面体空隙被阳离子所填充称为三八面体型结构，八面体中的 O^{2-} 离子只被三个阳离子所共用，这种八面体称为三八面体，如[MgO_6]八面体。

【层间离子】interlayer ions

在层状硅酸盐结构中，如[SiO_4]中 Si^{4+} 离子被 Al^{3+} 离子取代，[AlO_6]中 Al^{3+} 离子被 Mg^{2+} 离子取代，为平衡结构中富余的负电荷，在层间引入低电价、半径大的其他阳离子，如 Na^+、K^+ 形成层间离子。

【刚玉型结构】corundum structure

是指氧离子沿垂直三次轴方向成六方最紧密堆积，而铝离子则在两氧离子层之间，充填 2/3 的八面体空隙。[AlO_6]八面体在平行{0001}方向上共棱成层；在平行 c 轴方向上，共面连成两个实心的[AlO_6]八面体和一空心的由 O^{2-} 围成的八面体相间排列的柱体；Al—O 键具有离子键向共价键过渡的性质(共价键约占 40%)，从而使刚玉具有共价键化合物的特征。刚玉、赤铁矿都具有刚玉型结构。

【钙钛矿型结构】perovskite structure

钙钛矿型复合氧化物是结构与钙钛矿 $CaTiO_3$ 相同的一大类化合物，钙钛矿型结构可以用 ABO_3 表示(见附图)，A 位为碱土元素，阳离子呈 12 配位结构，位于由八面体构成的空穴内；B 位为过渡金属元素，阳离子与六个氧离子形成八面体配位。钙钛矿型催化剂在中高温活性高，热稳定性好，成本低。研究发现，表面吸附氧和晶格氧同时影响钙钛矿催化活性。较低温度时，表面吸附氧起主要的氧化作用，这类吸附氧能力由 B 位置金属决定；温度较高时，晶格氧起作用，不仅改变 A、B 位置的金属元素可以调节晶格氧数量和活性，用＋2 或＋4 价的原子部分替代晶格中＋3 价的 A、B 原子也能产生晶格缺陷或晶格氧，进而提高催化活性。电子陶瓷材料中一些重要的化合物，如 $BaTiO_3$、$PbTiO_3$、$PbZrO_3$、$SrTiO_3$、$KNbO_3$、$NaNbO_3$、$NaTaO_3$ 等，都属于钙钛矿型结构，激光基质材料 $YAlO_3$ 也属畸变的钙钛矿型结构。当 A 位为四阶阳离子，B 位为二阶阳离子所占据时，称这种结构为反钙钛矿型结构。当 A 位或 B 位是由具有成分固定不变的复合离子组成，即为(A′，A″)BO_3 或 A(B′，B″)O_3 时称为复合钙钛矿型结构。A′和 B′为低价离子，A″、B″为高价离子，具有复合钙钛矿型结构的化合物不是简单的固溶体。

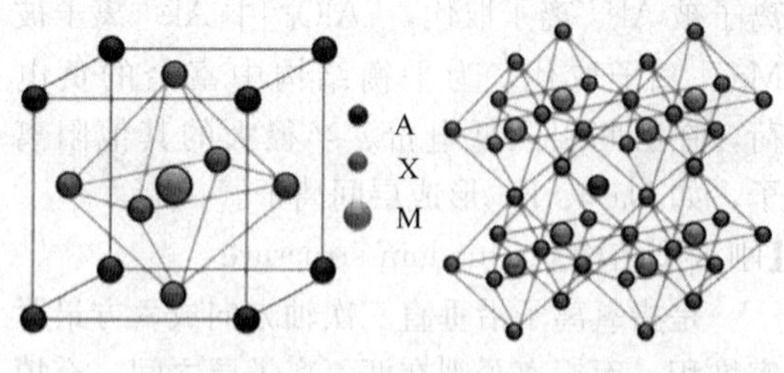

钙钛矿型结构

【复合钙钛矿型结构】double substituent perovskite structure

是指普通钙钛矿结构 ABO_3 的 A 位或 B 位被两种或两种以上的离子占据所形成的晶体结构。

【反尖晶石型结构】inverse spinel structure

参见 1.1.3【尖晶石结构】。

【含铋层状型结构】bi-layer structure-based

含铋层状型结构化合物，它的通式为 $(Bi_2O_2)^{2+}(A_{m-1}B_mO_{3m+1})^{2-}$，由类钙钛矿层 $(A_{m-1}B_mO_{3m+1})^{2-}$ 和 $(Bi_2O_2)^{2+}$ 层沿 c 轴方向有规律地交替排列而成，每两层 $(Bi_2O_2)^{2+}$ 层间有 m 层类钙钛矿层 $(A_{m-1}B_mO_{3m+1})^{2-}$，对这类化合物中研究较多的有 $Bi_4Ti_3O_{12}$、$SrBi_4Ti_4O_{15}$、$SrBi_2Nb_2O_9$ 等，这类压电陶瓷具有低烧结温度、低介电常数、高居里点、高电阻率、高机电耦合系数及各向异性等特点，适合于高温、高频场合使用。但含铋层状结构压电陶瓷粉体通常难以致密烧结，工业制品相对密度不足 90%。

【三氧化铼型结构】rhenium trioxide type structure

简单立方晶胞，晶格常数 3.742Å(374.2pm)。铼原子占据顶点，氧原子占据所有棱心。铼配位数为 6，氧为 2，接近钙钛矿的结构。

【钨青铜型结构】tungsten bronze structure

钨青铜化合物的化学式一般写为 M_xWO_3 $(0<x<1)$，M 为电正性的离子，常见为第一、二主族元素和稀土元素的钨青铜。钨青铜型材料中，金属与氧原子保持八面体配位，以 $[WO_6]$ 八面体为基本单元，通过共角氧与相邻 $[WO_6]$ 相连，往往形成三棱柱间隙、四棱柱间隙或五棱柱间隙，W 元素以 W^{6+}、W^{5+} 和 W^{4+} 等混合价态。按照晶体结构可划分为：立方体型或钙钛矿型钨青铜（CTB 或 PTB）、四方钨青铜（TTB）、六方钨青铜（HTB）及共生钨青铜（HTB）。钨青铜结构可表示为 $[(A1)_2(A2)_4C_4][(B1)_2(B2)_8]O_{30}$ 或 $A_6B_{10}O_{30}$，其结构是由 B—O 八面体共角相连堆积起来，并产生三种空隙位置：四边形位置(A1)，大五边形位置(A2)，以及小三角形位置(C)。为了保持电中性，所有位置并非完全占满。五个晶体学位置都占满的物质被称为“完全充满型钨青铜结构”；当 6 个 A1、A2 位全部为阳离子充填而 C 位全空时，被称为“充满型钨青铜结构”；当 6 个 A1、A2 位未全部为阳离子填充且 C 位全空时，称为“非充满型钨青铜结构”。非充满型钨青铜最典型的代表就是 $Sr_{1-x}Ba_xNb_2O_6$(SBN) 与 $Pb_{1-x}Ba_xNb_2O_6$(PBN)。充满型钨青铜种类繁多，其结构通式为 $A_6B_{10}O_{30}$，B 位离子一般为 Nb^{5+}、Ta^{5+}，有时为了维持电价的平衡被 W^{6+}、Ti^{4+}、Zr^{4+} 和 Fe^{3+} 等部分取代。典型的完全充满型钨青铜材料是 $K_3Li_2Nb_5O_{15}$(KLN) 和 $K_3Li_2Ta_5O_{15}$(KLT)。

【铌酸锂型结构】lithium niobate type structure

结晶学上将与铌酸锂结构相类似的物质的空间结构形式定义为铌酸锂型结构。铌酸锂分子式为 $LiNbO_3$，是一种非线性光学晶体，简称 LN，属于三方晶体，钛铁矿型（畸变钙钛矿）结构，点群为 3m，空间群为 R3c。晶格常数 $\alpha=5.117$Å，$c=13.856$Å，$\alpha=55°53'$，对称要素 $L^3 3P$，其 C 轴为三次对称轴。其晶形是由正菱面体(R)、负菱面体(r)及两组三方柱组成的六方柱(m)三组单体构成。属于铌酸锂型结构的晶体还有 $LiTaO_3$、$AgSbS_3$ 等。

【焦绿石型结构】pyrochlore structure

又称烧绿石型结构。一种属 $A_2B_2X_7$ 型的化合物，A 代表 Na、Ca、Y、Ce、Th、U、Fe^{2+}、Mn^{2+} 和 K 等，B 代表 Nb、Ta、Ti 和 Fe^{3+} 等，X 包括 O、OH 和 F。属等轴晶系，空间群为 Fd3m，对称型 $3L^4 4L^3 6L^2 9PC$。晶体结构可视为从萤石型变化而成。萤石结构中半数的配位数为 8 的 $Ca-F_8$ 立方体换成配位数为 6 的歪扁的 $B-X_6$ 八面体，而相当于萤石结构中其余半数的 $Ca-F_8$ 配位立方体换成 A

一X_8配位立方体，其晶胞较萤石大二倍。常见的矿物如$CaNaNb_2O_6F$（又称黄绿石），以及与烧绿石呈完全类质同象的细晶石$CaNaTa_2$-$O_6(OH)$。这些矿物常混入Nb、Ta、Y、U、Th等，因此成为提炼这些元素的矿物原料。烧绿石结构又是氧化物铁电体的结构类型之一。典型的铁电化合物有焦铌酸镉$Cd_2Nb_2O_7$、焦钽酸镉$Cd_2Ta_2O_7$和焦铌酸铅$Pb_2Nb_2O_7$等。附图为焦铌酸镉晶体结构沿[110]的平面投影。在该结构中，铌氧八面体$[NbO_6]^{7-}$通过公共氧顶角沿三维空间连接而形成骨架，铌氧八面体的外形略有畸变。镉离子处于$[NbO_6]^{7-}$八面体的间隙中。与ABO_3钙钛矿型结构不同，烧绿石结构中氧八面体的排列不成一直线，而是呈锯齿曲线排列，此曲线大致沿[110]方向。

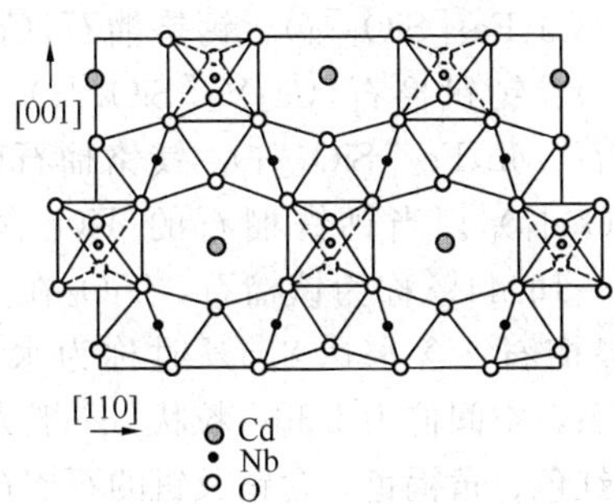

焦绿石型结构$Cd_2Nb_2O_7$

【碘硫化锑型结构】antimony iode-sulphide type structure

碘硫化锑型结构为AXY型，碘硫化锑分子式为SbSI，属于正交晶体，空间群为Pnam，晶格常数$a=8.566$ Å，$b=10.186$ Å，$c=4.111$ Å，$\alpha=\beta=\gamma=90°$。

【尖晶石型结构】spinel type structure

参见1.1.3【尖晶石结构】。

【金刚石结构】diamond structure

参见1.1.3【金刚石结构】。金刚石的点阵常数为3.5668Å，堆垛密度为0.36。除碳外，元素锗、硅、α锡的晶体和一些化合物，如BeS、MnS、BeTe、AlP、AlSb及β-SiC等也具有这种结构，但在化合物中，其晶胞内部的四个原子都由异种原子所取代，而另称之为闪锌矿(ZnS)型结构。

【氯化钠型结构】sodium chloride structure; rock salt structure

参见1.1.3【氯化钠型结构】。在氯化钠型结构的氧化物中，碱土金属氧化物中的正离子除Mg^{2+}以外均有较大的离子半径。如Sr^{2+}及Ba^{2+}与O^{2-}离子半径比已超过0.732，因此氧离子的密堆已发生畸变，在结构上比较开放，易被水分子渗入而水化。在陶瓷中存在游离碱土金属氧化物如CaO、SrO、BaO等，往往使瓷料引起水化而性能变坏。

【氯化铯型结构】caesium chloride structure

参见1.1.3【氯化铯型结构】。

【立方硫化锌结构】cubic ZnS structure

参见1.1.3【闪锌矿型结构】。

【六方硫化锌结构】hexagonal ZnS structure

参见1.1.3【纤锌矿型结构】。BeO陶瓷熔点高达2500℃以上，导热系数为α-Al_2O_3的15～20倍，在耐火氧化物中是首屈一指的。AlN的导热系数与BeO相近，是理想的高密度封装材料。ZnO是一种半导体材料，可作非线性变阻器用。

【金红石型结构】rutile structure

参见1.1.3【金红石型结构】。

【锐钛矿结构】anatase structure

一种简单架状氧化物矿物，和金红石、板钛矿成同质三象。成分为TiO_2，类质同象混入物有Fe、Sn、Nb、Ta及Y族稀土元素及Pt、Th。四方晶系，空间群为$I4_1$。晶体为锥状或板状、柱状。颜色呈褐、黄、浅蓝绿、浅紫、灰黑等。条痕无色至浅黄色。透明至近于不透明。金刚光泽。平行{001}及{011}完全解理。莫氏硬度为5.5～6.5。密度为3.82～3.97g/cm³。

【板钛矿结构】brookite structure

一种简单层状氧化物矿物。和金红石、锐钛矿成同质三象。成分为TiO_2。常有Fe、Nb、Ta的类质同象混入物。斜方晶系，空间群为PbCa。晶体呈板状或柱状。颜色呈不均匀的浅黄、浅红、浅红褐色、铁黑色，条痕无色至淡黄、淡黄灰、淡灰、灰褐等色，金刚光泽到金属光泽，近乎不透明。断口参差状。莫氏硬度为5.5～6，密度为3.9～4.14g/cm^3，性脆，为热液型矿物，较为稀少。主要在阿尔卑斯山脉中，和石英、钠长石、绿泥石、榍石、金红石、锐钛矿等共生，形成晚于金红石，早于锐钛矿，在自然条件下稳定，在砂矿中出现，是提炼钛的矿物原料。

【萤石型结构】fluorite structure

参见1.1.3【萤石型结构】。

【反萤石型结构】anti-fluorite structure

参见1.1.3【反萤石型结构】。

【钛铁矿结构】titanic iron ore structure

一种复杂配位型氧化物矿物，成分为$FeTiO_3$，常有Mn、Nb、Ta等类质同象混入物。三方晶系，空间群为R3，刚玉型结构。晶体少见，常呈粒状、板状、鳞片状或呈片状于磁铁矿中。颜色呈铁黑色或钢灰色。条痕钢灰或黑色，当含赤铁矿包体时，条痕呈褐色或带褐的红色。金属至半金属光泽，不透明，无解理。有时可出现平行{0001}和{1011}的裂开。莫氏硬度为5～6.5，性脆，密度为4～5g/cm^3，具弱磁性。主要产于超基性岩、基性岩、碱性岩及变质岩中。与钛磁铁矿、橄榄石、斜长石、钛普通辉石、磁黄铁矿等共生作，为提炼钛的矿物原料。钛具有密度小、强度高、耐腐蚀、抗高温等优良性能。还广泛用于军事和空间技术。

【方解石结构】calcite structure

方解石是自然界分布最广的矿物之一，形成于各种地质作用条件下，是海相沉积物石灰岩及其变质产物(大理石)的主要造岩矿物。广泛用于冶金、建筑、化工等领域。是制取水泥、石灰、碳酸等的矿物原料。参见1.1.3【方解石结构】。

【磁铅石型结构】magnetoplumbite structure

一种$AB_{12}X_{19}$型化合物形成的六方铁氧体晶体结构。属六方晶系。阴离子(氧)呈紧密堆积，由六方密堆和立方密堆交替重叠而成。晶轴比短(c/a)，大约为4∶1。适于做永磁铁，具有较高矫顽力。磁铁铅矿晶体结构具有体心立方和密排六方的特点，但总体呈密排六方结构，这是一种超点阵尖晶石结构，其物理性能呈各向异性。以具有磁铅石结构的镁基六铝酸镧($LaMgAl_{11}O_{19}$)为例，其结构特点是四个尖晶石层紧挨着一个$LaAlO_3$层，$LaAlO_3$层在结晶学中呈镜面对称，尖晶石层被对称的镜面层所分隔。其中，可以用碱土金属或过渡金属元素(Mg、Ca、Sr、Ba、Mn、Co等)取代Mg，稀土元素Re(La、Ce、Pr、Nd、Sm、Eu、Gd)取代La，并保持磁铁铅矿晶体结构不变。

【石榴石型结构】garnet structure

一种岛状硅酸盐矿物。成分通式为$A_3B_2[SiO_4]_3$，A＝Mg^{2+}，Fe^{2+}，Mn^{2+}，Ca^{2+}；B＝Al^{3+}，Cr^{3+}，V^{3+}。类质同象代替广泛，常见有两类：(1)铁铝系列：包括镁铝榴石($Mg_3Al_2[SiO_4]_3$)、铁铝榴石($Fe_3Al_2[SiO_4]_3$)、锰铝榴石($Mn_3Al_2[SiO_4]_3$)；(2)钙铁系列：包括钙铝榴石($Ca_3Al_2[SiO_4]_3$)、钙铁榴石($Ca_3Fe_2[SiO_4]_3$)、钙铬榴石($Ca_3Cr_2[SiO_4]_3$)、钙钒榴石($Ca_3V_2[SiO_4]_3$)。少见锰铁榴石($Mn_3Fe_2[SiO_4]_3$)、镁铬榴石($Mg_3Cr_2[SiO_4]_3$)。当钙铁榴石的TiO_2含量达4.60%～16.44%称为钛榴石，TiO_2在1%～5%为黑榴石，含水达8.5%时称为水榴石。等轴晶系，空间群为I_a3d，粒状。一般为红褐色至紫红色、黄褐色，含铬及钒的石榴石呈绿色，钙铁榴石呈黄绿色。玻璃光泽，断口油脂光泽。莫氏硬度为5.6～7.5，性脆，密度为3.5～4.2g/cm^3。

【岛状硅酸盐结构】island silicate structure

参见1.1.3【岛状结构】。

【橄榄石类硅酸盐结构】olivine silicate structure

一类岛状硅酸盐矿物，成分为$(Mg,Fe)_2[SiO_4]$。Mg与Fe形成完全类质同象。通常矿物为镁橄榄石、铁橄榄石，中间成员统称为橄榄石。可有少量Cr^{3+}、Ni^{2+}、Zn^{2+}混入。正交晶系，空间群为Pbnm。粒状集合体。镁橄榄石为无色透明，随含铁量增加颜色由黄绿到橄榄绿色。玻璃光泽，断口呈油脂光泽。贝壳状断口。莫氏硬度为6～7，密度随含铁量增加而加大，一般为3.222～4.392g/cm^3。主要产于基性、超基性岩中，在某些碱性岩中也有铁橄榄石产出。含镁橄榄石可做耐火材料，透明的绿色橄榄石可做宝石。

【链状硅酸盐结构】chained silicate structure

参见1.1.3【链状结构】。在陶瓷中比较重要的链状硅酸盐有辉石族。本类矿物一般呈柱状或针状晶形，多为深色，平行于链方向的解理发育，硬度较高，密度低于岛状硅酸盐而高于其他构造的硅酸盐。此外，硅线石（$Al_2O_3 \cdot SiO_2$）也可以看成是链状硅酸盐结构，但它的链是由铝氧八面体共边组成，各链之间由[SiO_4]及[AlO_4]四面体形成链的连接。

【辉石类硅酸盐结构】pyroxene silicate structure

属链状硅酸盐的一类结构。根据所属晶系不同，可分为两个亚族：斜方辉石亚族，属斜方晶系，主要有顽火辉石、古铜辉石和紫苏辉石；单斜辉石亚族，属单斜晶系，主要包括透辉石、钙铁辉石、普通辉石、纯钠辉石、锂辉石、硬玉。化学式为$R_2[Si_2O_6]$，R主要代表Mg^{2+}、Fe^{2+}、Ca^{2+}、Na^+、Al^{3+}、Li^+等。沿[100]方向，阳离子与硅氧四面体链呈类似层状排列。硅氧四面体以角顶相联结成单链，平行于C轴延伸。[SiO_4]角顶相对位置M1处的空隙较小，多为离子半径较小的Mg^{2+}、Fe^{2+}所占据，为六配位的八面体。而M2处的空隙较大，在斜方辉石中为畸变的八面体配位，在单斜辉石类中为大阳离子Ca^{2+}、Na^+等占据，为八配位。

【角闪石类硅酸盐结构】amphibole silicate structure

一类链状硅酸盐结构。根据晶系不同，可分为斜方角闪石和单斜角闪石两个亚族。化学通式为$R_7[Si_4O_{11}]_2(OH)_2$，R主要代表Mg^{2+}、Fe^{2+}、Ca^{2+}、Na^+、Al^{3+}等。在角闪石族的晶体结构之中，硅氧四面体以角顶相联结形成平行c轴的双链，双链间以阳离子联结。该类阳离子（主要是Mg^{2+}、Fe^{2+}、Mn^{2+}、Al^{3+}、Fe^{3+}、Ti^{4+}等）位于双链中活性氧及氢氧根离子组成的八面体的空隙中，配位数为6。它们彼此共棱连接形成八面体链，与硅氧四面体双链平行。另一类Na^+、Li^+、K^+、Ca^{2+}等将相背的双链连接起来，配位数为6～8。在相背的双链间，分布着与c轴平行的连续的宽大的空隙，它们可以被Na^+、Ca^{2+}、K^+、H_3O^+等所充填。

【层状硅酸盐结构】layered silicate structure

参见1.1.3【层状结构】。

【云母类硅酸盐结构】mica silicate structure

参见本节【云母类结构】。

【黏土类硅酸盐结构】clay silicate structure

属层状构造的含铝硅酸盐结构。主要有高岭石、蒙脱石、伊利石等。其中高岭石为三斜晶系，双层型结构，即由一个硅氧四面体层同一个$[AlO_2(OH)_4]^{5-}$八面体层连接的层状结构，层间没有其他阳离子和水分子，各层之间依靠氢键结合；蒙脱石属单斜晶系，三层型结构，即由硅氧四面体双层$[Si_4O_{10}]^{4-}$和夹在其间的八面体层组成，并有层间水和层间吸附离子如Na^+、Ca^{2+}等。八面体的中心离子为Al^{3+}、Fe^{3+}、Fe^{2+}、Mg^{2+}等。此外四面体中的Si^{4+}也可以部分被Al^{3+}所取代，因此层间吸附离子用以补偿由于置换而引起的电价缺额；伊利石属单斜晶系，三层型结构，晶体结构与白云母类似。其中阳离子配位属二八面体，与白云母相比较，四面体中Si/Al比值大于4.3，因此要吸附少量的K^+、Na^+、Ca^{2+}或Mg^{2+}等以平衡电荷。层与层之间有水分子存在。

【架状硅酸盐结构】network silicate structure

参见1.1.3【架状结构】。

【长石类硅酸盐结构】feldspar silicate structure

属架状硅酸盐一类结构。主要是由[(Si，Al)O_4]四面体连接成的四方环组成的沿a轴的折线状链，平行c轴有四面体和双四面体交互排列的链，链与链之间形成大空穴，由于Al^{3+}离子替代了Si^{4+}离子而使网络中出现过剩的负电荷，因此大的空穴中常常存在K^+、Na^+、Ca^{2+}、Ba^{2+}等半径大、电价低、配位数高的离子以平衡电荷。此外，链在(001)和(010)方位具有联结成层的特点，因此长石晶体外形上[001]和[010]晶带发育及{001}和{010}解理发育均与此有关。各类长石有类似的结构，但也存在不少的差异，影响长石晶体的主要因素有四面体位置上Al^{3+}置换Si^{4+}后的有序-无序转变，则影响晶体结构的对称性；

用以平衡负电荷的阳离子中，较大的阳离子（如 K^+、Ba^{2+} 等）半径大于空隙尺寸因而可支撑 [(Si，Al)O_4]，可以具有规则的配位多面体，在室温下，较小的 Na^+、Ca^{2+} 等阳离子半径小于空隙尺寸致使骨架折陷、配位多面体不规则。

【沸石类硅酸盐结构】zeolite silicate structure

属架状硅酸盐一类结构。[(Si，Al)O_4]四面体以角顶相互联结形成架状铝氧骨架，但与其他具有架状骨干的铝硅酸盐不同的是，它的构造开放性较大，有许多大小均一的空洞和孔道，这些空洞和孔道为离子和水分子所占据，在烘烧使其部分或全部脱水后并不破坏其结晶格架，此外，由于空洞和孔道中的阳离子 Na^+、K^+ 等与硅铝氧骨干联系很弱，因此可被其他阳离子（如 Ca^{2+}、Mg^{2+}、Sr^{2+}、Ba^{2+}、Cu^{2+}、Zn^{2+}、Ni^{2+}、Ag^+、La^{3+} 等）所置换而不破坏其构造，当沸石的水分子被驱除后，除可以重新吸水之外，还可以吸附其他物质分子（如 NH_3、CO_2、H_2S 等），在这种情况下，只有直径比孔道小的分子可以进入孔道，从而可以起到对分子进行筛选的作用，每种沸石的空洞和孔道的直径不同，因而可筛选的分子的大小亦有不同。

【石墨结构】graphite structure

参见 1.1.3【石墨结构】。

【肖特基缺陷】Schottky defect

参见 1.1.4【点缺陷】。

【弗伦克尔缺陷】Frenkel defect

参见 1.1.4【点缺陷】。

【格里菲斯微裂纹理论】Griffith crack theory

格里菲斯（Griffith）认为脆性材料裂纹扩展的动力是物体内储存的弹性应变能，并从能量平衡的角度出发提出，脆性材料裂纹扩展的充分必要条件是物体内储存的弹性应变能的减少量大于或等于开裂形成的两个新表面的表面能。格里菲斯把脆性材料的拉伸强度 σ_t 与裂纹大小 C（基平面裂纹的半径）关联起来，提出了经典的格里菲斯方程：$G=2\gamma$，$\pi\sigma_t^2 c=2E\gamma$。式中：E 为脆性材料的杨氏模量；γ 为脆性材料的表面自由能。

【鲍林规则】Pauling′s rules

参见 1.1.3【鲍林规则】。

【负离子配位多面体】coordination polyhedron of anion

参见 1.1.3【配位多面体】。

【硅酸盐结构单位】structure unit of silicate

在种类繁多、化学组成复杂的硅酸盐中的原子排列，就其基本结构来说是很简明而有条理的。硅离子 Si^{4+} 和氧离子 O^{2-} 的离子半径比为 0.29，相应于四面体的配位，以硅为中心在其周围排布四个氧离子，即硅氧四面体结构，这就是硅酸盐的结构单位，符号为 $[SiO_4]^{4-}$。$[SiO_4]^{4-}$ 的不同排列方式构成各种硅酸盐结构。单个硅氧四面体构成岛状结构，如镁橄榄石（$Mg_2[SiO_4]$）等；两个硅氧四面体共用顶角构成环状结构，如硅钙石（$Ca_3[Si_2O_7]$）；硅氧四面体以单链或双链共顶角称为链状结构，如顽火辉石（$Mg_2[Si_2O_6]$）等；硅氧四面体共用三个顶角构成层状结构，如叶蜡石 $Al_2[Si_4O_{10}](OH)_2$ 等；硅氧四面体共用四个顶角构成架状结构，如石英（SiO_2）、正长石 $KAl[Si_3O_8]$ 等。

【晶型转变热】heat of crystal polymorphic transformation

参见 1.1.3【晶型转变】。

【水化热】heat of hydration

参见 1.5.2【水化热】。

【结晶热】heat of crystallization

参见 1.5.2【结晶热】。

【润湿热】heat of wetting

参见 1.5.2【润湿热】。

【盖斯定律】Hess′s law

参见 1.5.2【盖斯定律】。

【陶瓷组织结构】ceramic constitutional structure

各类显微镜下观察到的陶瓷体内部的组织结构和形貌。主要由晶相、玻璃相、气孔、微裂纹、杂质相（包括添加物）及缺陷构成，它们的含量、大小、形状、取向和分布决定给定化学组成下陶瓷所具有的宏观物理和化学性质，尤其是晶粒间的晶界相的组成和结构对陶瓷的性能有显著的影响。通过改变陶瓷制备过程的工艺技术条件，可以实现设计和控制陶瓷的显微结构，从而达到控制陶瓷宏观性能的目的。

【黄绿石型结构】pyrochlore structure

通式为 $A_2B_2O_7$，其中(BO_6)八面体通过公共氧顶角沿三维空间连接形成骨架。(BO_6)八面体外形略有畸变，A离子位于BO_6骨架的间隙中。许多复合氧化物具有这类结构，如焦铌酸镉 $Cd_2Nb_2O_7$、焦钽酸镉 $Cd_2Ta_2O_7$、焦铌酸铅 $Pb_2Nb_2O_7$、焦锆酸铈 $Ce_2Zr_2O_7$等。其中许多氧化物是重要的铁电体，在电子陶瓷领域用途广泛。

【间隙相】interstitial phase

过渡元素(M)与原子半径较小的元素(X)，如C、N、B、H等所形成的一类金属化合物，其形成主要由原子尺寸因素来决定。分为两类，当原子半径比 $r_x/r_m<0.59$ 时，形成具有简单结构的间隙相，例如，过渡元素的MX型的所有氮化物、氢化物(ZrN、ScN、VN、CrN、ZrH、TiH等)以及部分碳化物(TiC、TaC、VC等)都属于这一类。其结构属于面心立方(NaCl)，而M_2X型的大多数化合物，如Fe_2N、Cr_2N、Mn_2N、V_2N、Mo_2C、W_2C、V_2C、Zr_2H、Ta_2H、Ti_2H等则属于密排六方结构。此外还有M_4X型和MX_2型的化合物，如Fe_4N、Mn_4N、Nb_4N、ZrH_2、TiH_2等也为面心立方结构。只有少数如TaH为体心立方结构。当 $r_x/r_m>0.59$ 时，大多形成具有复杂结构的间隙相，过渡元素的硼化物及部分碳化物属于这一类，习惯上称之为间隙化合物。例如，Fe_3C、Mn_3C、Ni_3C等属于正交晶系，而$Cr_{23}C_6$为复杂立方结构。间隙相大多具有明显的金属特性，且其硬度和熔点较高，是应用很广的合金强化相。其中如NbN、ZrN、ZrB、MoN、Mo_2N、W_2C等还具有超导性。

9.1.2 烧结

【陶瓷烧结】ceramic sintering

参见1.7【烧结】。

【烧结机理】sintering mechanism

参见1.7【传质机理】。

【烧结温度】sintering temperature

坯体在一定的温度下烧结后，可以形成气孔率最低、致密度最高、性能最优良的烧结体，这一温度即为烧结温度。

【原子迁移】atom transportation

原子在固体材料内从一个位置移动到另一个位置的过程。

【绝对迁移率】absolute mobility

指单位能量梯度下原子的迁移速度。

【迁移率】mobility

参见2.1.3【迁移率】。

【淌度】mobility

与迁移率的概念类似，表示单位场强下原子迁移的速率。

【扩散】diffusion

参见1.7【扩散】。

【互扩散】counter-diffusion

参见1.7【扩散】。

【化学扩散】chemical diffusion

参见1.7【扩散】。

【有效扩散】active diffusion

又称表观扩散，是固体中表面扩散、晶界扩散和体扩散等诸多扩散模式的加权平均。

【化学位梯度】chemical potential gradient

又称化学势梯度，可以表示化学势在某一方向上的梯度，即化学势与距离之间的关系。化学位梯度是扩散的驱动力。

【体积扩散】bulk diffusion

参见1.7【扩散】。

【晶格扩散】lattice diffusion

是体扩散或体积扩散的一种，指的是原子在晶格中进行扩散。晶格扩散是指由于间隙或取代机理引起的晶格内部的扩散。

【表面扩散】surface diffusion

指的是物体内部的分子、原子、离子或原子团沿表面方向的运动，是一种非常重要的物质扩散机制。表面扩散与材料表面的化学位梯度、扩散物质的浓度、固体表面形貌密切相关。在无外场影响的情况下，表面扩散仅仅由曲率诱发，凸面上的物质从曲率较大的区域向曲率较小的区域流动，凹面上的物质流向则相反。原子在二维表面的扩散系数为 $D_s=\frac{1}{4}$

$\Gamma_s\delta^2$，式中：δ是原子在表面上沿扩散方向的跳动距离；Γ_S为表面跳动频率，其表达式可写为$\Gamma_S=\nu_S\exp\left(\frac{\Delta S_S^*}{R}\right)\exp\left(-\frac{\Delta H_S^*}{RT}\right)$，式中：$\nu_S$是扩散原子在平行于表面的振动频率；$\Delta S_S^*$和$\Delta H_S^*$是原子在表面跳动时的激活熵和激活能(可认为是激活能)。表面扩散在催化、腐蚀与氧化、粉末烧结、气相沉积、晶体生长、核燃料中的气泡迁移等方面均起重要的作用。

【晶界扩散】grain boundary diffusion

指沿晶界进行的扩散，该扩散属于短路扩散。晶界上原子排列规律性较差，能量较高，因此，原子沿晶界扩散需要的激活能较小，扩散速度比晶粒内部快。通常采用示踪原子法观测晶界扩散现象。在试样表面涂以溶质或溶剂金属的放射性同位素的示踪原子，加热到一定温度并保温一定的时间。示踪原子由试样表面向晶粒与晶界内扩散，由于示踪原子沿晶界的扩散速度快于点阵扩散，因此示踪原子在晶界的浓度会高于晶粒内，与此同时，沿晶界扩散的示踪原子又由晶界向其两侧的晶粒扩散。晶界扩散具有结构敏感特性，在一定温度下，晶粒越小，晶界扩散越显著；晶界扩散与晶粒位向、晶界结构有关；晶界上的杂质偏析或淀析对晶界扩散均有影响。

【高效扩散路径】high diffusivity path

在晶体中存在如表面、晶界和位错等缺陷，在这些地方原子排列不像完整晶体那样规则，它们的结构比晶内复杂，同时由于这里的原子排列不完全规则，沿这些路径的扩散系数比完整晶体高，称这些路径为高效扩散路径。

【位错管线扩散】diffusion along dislocation-pipe

点缺陷(包括空位和溶质原子)能够在热涨落的作用下在晶体中迁移，当晶体中有不均匀场就如同位错的应力场出现时，它们就聚集在位错附近，使系统的自由能降低。在外加应力的作用下，位错要开始运动，分聚在位错上的溶质原子便由于位错所施加的交互作用力而开始漂移流动，进行重新分布，达到新的平衡态。其中溶质原子在位错芯内沿着位错线发生扩散，即为位错管线扩散。

【无规游动扩散】random walk diffusion

是考虑扩散发生时晶体中的原子迁移为一种随机行走的现象，用统计的方法求出这种无规则跳动与原子宏观位移的关系，从而计算出平均扩散距离。其扩散系数可以用爱因斯坦方程表示：$D=Y\Gamma r^2$。式中：Y为决定于物质结构的几何参数；Γ为原子跳动频率；r为每次跳动的距离。

【菲克定律】Fick′s law

参见1.7【菲克定律】。

【扩散通量】diffusion flux

参见1.7【扩散通量】。

【扩散系数】diffusivity; diffusion coefficient

参见1.7【扩散系数】。

【自扩散系数】self-diffusion coefficient

又称偏扩散系数或本征扩散系数，是指第i种成分的化学势梯度为零时的扩散系数。

【示踪扩散系数】tracer diffusion coefficient

常用同位素原子来观察自扩散现象，特定标志物质的扩散系数称为示踪扩散系数。

【互扩散系数】mutual diffusion coefficient

参见1.7【扩散系数】。

【达尔肯方程】Darken equation

1948年，Lawrence Stamper Darken发表了一篇论文，在文中，他使用两个方程来描述二元体系固溶体中的扩散。值得一提的是，达尔肯创立的方程联系了“二元化学扩散系数与本征扩散系数”。此方程提供了一个固溶体中两个互扩散组分的扩散系数不同的例子：$v=(D_B-D_A)\frac{\partial N_B}{\partial x}$，$v=(D_A-D_B)\frac{\partial N_A}{\partial x}$，两个方程合成达尔肯方程。式中：$D_A$和$D_B$分别为组元$A$及$B$在浓度梯度下的扩散系数，称为分扩散系数(亦称偏扩散系数或本征扩散系数)；D为综合扩散系数，综合扩散系数与两个互扩散组分的扩散系数关系为：$N_AD_B+N_BD_A=D$；v为晶面(亦即克根达尔标志面)的迁移速度，指的是单位时间内通过的距离。达尔肯的第二个方程用来计算自扩散系数。

【扩散活化能】diffusion activation energy

也称扩散激活能，是指单位量的物质克服

能垒、进行扩散运动所需的能量。当物质以间隙机制扩散时，其扩散活化能为间隙原子迁移能；而以空位机制扩散时，扩散活化能包括空位形成能和空位迁移能两部分。扩散活化能受原子键力、晶体结构、结构缺陷等的影响。另外，当物质处于高温和低温时，其扩散机制不同，扩散活化能也不同。扩散活化能和温度一起决定着扩散系数。

【扩散传质机理】diffusion-based mass transfer mechanism

参见 1.7【扩散传质机理】。

【蒸发-凝聚传质机理】evaporation-condensation material transfer mechanism

参见 1.7【蒸发-凝聚机理】。

【黏滞流动传质机理】viscous flow mass transfer mechanism

参见 1.7【黏性流动传质机理】。

【溶解-沉淀传质机理】dissolution-precipitation mass transfer mechanism

参见 1.7【溶解-沉淀传质机理】。

【溶质偏析】solute segregation

指溶质元素在二元或多元材料基体中分布不均匀的现象。

【溶质分凝】solute partition

指二元或多元材料结晶过程中，当固液两相平衡时，溶质元素在结晶界面两边(已结晶的固体和未结晶的液体)的浓度不同的现象。区熔提纯就是利用溶质分凝现象，将物质局部熔化，并令其沿锭长从一端缓慢地移动到另一端，重复多次使杂质尽量集中在两头，从而使中部材料被提纯。

【晶界偏析】grain boundary segregation

对二元或多元材料而言，由于晶界处结构较疏松，杂质或溶质原子周围形成弹性应变场较弱，相应的化学势较低，因此杂质或溶质原子会在晶界聚集，这种现象称为晶界偏析。

【晶界分凝】grain boundary dephlegmation

对二元或多元有限固溶体而言，在烧结过程中，由于晶格缺陷的校正，溶质元素在晶粒内的溶解度降低，使得已固溶的溶质在晶界析出，这种现象就称为晶界分凝。一般与基体键合较弱或与基体原子半径差距较大的溶质容易发生晶界分凝。

【再结晶】recrystallization

指从经过塑性变形、具有残余应变的基体中，生长出新的无应变的晶粒并取代全部变形基体的过程。再结晶包括成核和长大两个过程，其驱动力来自基体残存的形变贮能。再结晶的晶粒不是新相，其晶体结构并未改变。无机非金属材料经过破碎研磨和压制成形，颗粒内常有残余应变或发生塑性变形，烧结时就会出现再结晶现象。

【二次再结晶】secondary recrystallization

参见 1.7【二次再结晶】。

【弥复效应】healing effect

一些材料在产生细小的裂纹后，能自动地或在外界环境(如压力、温度、气氛)变化的条件下，发生化学反应、相变或者其他结构变化，使裂纹闭合或者阻止其进一步扩展，这种现象就称为弥复效应。弥复效应能延长材料的使用寿命。

【推填机理】interstitialcy mechanism

间隙原子可以把它近邻的、处在晶格结点上的原子“推”到附近的间隙中，而自己则“填”到被推出去的原子的原来位置上，这种扩散机制称为推填机理。特别地，如果一个间隙原子挤入体心立方晶体对角线(即原子密排方向)上，使若干原子偏离其平衡位置，形成一个集体，则该集体称为“挤列”，原子可沿此对角线方向移动而扩散，这种扩散机制称为挤列机制。推填机理可以解释较大的间隙原子(即弗兰克缺陷)在晶格中的扩散。

9.1.3 性能及测试

9.1.3.1 电性能

【电介质极化】dielectric polarization

即电介质内质点(分子、原子、离子)正负电荷的重心的分离，在外电场作用下，正负电荷沿电场方向在有限的范围内短程移动，转变为偶极子，对外宏观展示出电性的现象。一般来说，电荷容易在表面或者缺陷处累积。

【极化率】polarizability

参见 2.1.3【极化率】。

【电介质极化率】dielectric susceptibility

电介质极化系数又称电介质因响应外电场的施加而极化的程度，可以用电介质极化率来衡量。对一定材料来说，极化强度 P 与宏观平均电场 E 成正比，比值即为电介质极化率 (χ)。它是一个无量纲的纯数。

【电介质感受率】dielectric susceptibility

参见本节【电介质极化率】。

【电偶极子】electric dipole

称相距为(l)的一对等量异号点电荷(q)构成的系统为电偶极子，其电偶极矩为 $\mu=ql$，方向为从负电荷方向到正电荷方向。

【永久偶极】permanent dipole

分子、离子等中由于正负电荷的重心原本就不重合，一直存在的电偶极子系统，一般存在于极性分子中。

【瞬时偶极】instantaneous dipole

即使在非极性分子中，正负电荷的空间分布其实也是时时都不重合的，只是因为每一瞬间产生的偶极不同造成对外显示时间平均的重合而已。而这种每一瞬产生的偶极被称为瞬时偶极。

【诱导偶极】induced dipole

一个非极性分子在极性分子的电场或外部电场(以下统称外电场)的作用下，电子云将偏向外电场的高电势端，从而具有偶极矩，外电场一撤销，这种偶极矩立即消失，这种偶极作用称诱导偶极。极性分子同样会在外电场作用下进一步两极分化，偶极矩的增大量就是诱导偶极矩。

【电偶极矩】electric dipole moment

连接 $+q$ 和 $-q$ 两个点电荷的直线称为电偶极子的轴线，当所考虑的电场内的一点到这两个点电荷的距离比它们之间的距离大的多时，从 $-q$ 指向 $+q$ 的矢径 l 和电量 q 的乘积定义为电偶极子的电矩，也称电偶极矩，表达式为：$\mu=ql$。

【极化强度】intensity of polarization

参见 2.1.3【极化强度】。

【电子位移极化】electronic displacement polarization

在外电场作用下，构成电介质的分子、原子或离子中的外围电子云相对原子核发生弹性位移而产生感应偶极矩的现象，称为电子位移极化。

【离子位移极化】ionic displacement polarization

正负离子在电场作用下偏移平衡位置的移动相当于形成一个感生偶极矩的现象。

【分子取向极化】molecular orientation polarization

电介质中的极性分子或极性基团在电场作用下定向排列，使其内的偶极矩转向，趋于与外加电场一致，使偶极矩对外不为零的现象。

【空间电荷极化】space charge polarization

常发生在不均匀介质中。在电场作用下，不均匀介质内部的正负间隙离子分别向正负极移动，引起介质内各点离子密度变化，即出现电偶极矩。这种极化称为空间电荷极化。

【离子弛豫极化】ionic relaxation polarization

在玻璃态物质、结构松散的离子晶体中以及晶体的杂质和缺陷区域，离子本身能量较高，易被活化迁移，称为弱联系离子。弱联系离子的极化可以从一个平衡位置到另一个平衡位置，这种极化被称为离子弛豫极化，是不可逆的迁移。而离子位移极化，极化的质点仅能在原平衡位置附近做弹性位移，是可逆的。

【电子弛豫极化】electronic relaxation polarization

是由弱束缚电子所引起的极化，晶格的热振动、晶格缺陷、杂质的引入、化学组成的局部改变等因素都能使电子能态发生改变，出现位于禁带内的局部能级，形成弱束缚电子。类似于弱联系离子，电子松弛极化的电子可以跃迁到更高的能级，由一个阳离子结点转移到另一个阳离子结点，外加电场使之运动有一定的方向性，产生极化状态。这种极化与热运动有关，也是一个热松弛现象，所以称为电子弛豫极化。

【自发极化】spontaneous polarization

一般的电介质材料，在没有外加电场的时候对外的极化强度为 0，但是有些材料在不加外电场时，由于自身晶体结构的影响而存在宏观的极化强度，这种现象被称为自发极化。这类晶体中，每一个晶胞里都存在有固有电矩，这类晶体被称为极性晶体。

【相对介电常数】relative dielectric constant

表征介质材料的介电性质或极化性质的物理参数。其值等于以预测材料为介质与以真空为介质制成的同尺寸电容器电容量之比。对于嵌入介质的平行板电容器，其电容可由如下公式计算：$C=\varepsilon_r\varepsilon_0 A/d$。式中：$A$为面积；$d$为板间距；$\varepsilon_0$是真空介电常数，其值为$8.85\times10^{-12}$F/m(法/米)；$\varepsilon_r$即为相对介电常数。

【介电隔离率】dielectric impermeability

为电容率的倒数，即介电常数的倒数，表征材料抵抗极化的物理参数。

【倒介电常数】elastivity dielectric constant

介电常数的倒数。

【复介电常数】complex dielectric constant

是在外加电场为交变电场时，为了衡量极化的弛豫造成损耗的介电常数的表示方式。分为实部和虚部两部分，一般的表示式为：$\varepsilon^*=\varepsilon'-i\varepsilon''$。$\varepsilon''$为依赖频率的量，损耗角为：$\mathrm{tg}\delta=\frac{\varepsilon''}{\varepsilon'}$。常用来衡量介质损耗。

【德拜色散公式】Debye equation

即德拜方程，描述了电介质复介电常数实部和虚部与电场变化频率和极化弛豫时间的关系：$\varepsilon^*(\omega)=\varepsilon_\infty+\frac{\varepsilon_s-\varepsilon_\infty}{1+i\omega\tau}$；$\varepsilon'(\omega)=\varepsilon_\infty+(\varepsilon_s-\varepsilon_\infty)\cdot\frac{\varepsilon_s-\varepsilon_\infty}{1+\omega^2\tau^2}$；$\varepsilon''(\omega)=(\varepsilon_s-\varepsilon_\infty)\cdot\frac{\omega\tau}{1+\omega^2\tau^2}$。以上式子被统称为德拜方程，式中：$\varepsilon_s$为静态介电常数；$\varepsilon_\infty$为光频介电常数；$\omega$为电场变化的角频率；$\tau$为弛豫时间。

【自由介电常数】free dielectric constant

电介质处于机械自由状态下测得的介电常数。

【受夹介电常数】clamped dielectric constant

电介质处于机械夹持状态下测得的介电常数。对于一般电介质两者基本没有区别，对于压电体来说压电体的自由介电常数比夹持介电常数高。差值为压电应力系数与压电应变系数的乘积。

【介电常数温度系数】temperature coefficient of dielectric constant

指随着温度变化，介电常数的相对变化率，即：$\alpha_\varepsilon=\left(\frac{1}{\varepsilon}\right)\left(\frac{d\varepsilon}{dT}\right)$。不同的材料，由于不同的极化形式，其介电常数的温度系数也不同，可正可负。如果电介质只有电子式极化，因为温度升高，介质密度降低，极化强度降低，这类材料的介电常数的温度系数是负的。以离子极化为主的材料随温度升高，其离子极化率增加，当其超过密度减小的影响时，则温度系数为正。

【电容量变比率】capacitance change rate

指电容随温度变化的程度，即容温变化率，电容的温度系数。由于陶瓷的线性膨胀系数很小，一般陶瓷电容器的电容温度系数近似于其介电常数温度系数，电容温度系数表示为：$\alpha_c=\left(\frac{1}{c}\right)\left(\frac{dc}{dT}\right)$。

【电导】conductance

表示某一材料传输电流能力强弱程度。单位是西门子，简称西，符号S或Ω^{-1}。对于纯电阻电路，电导在数值上为电阻的倒数，而对于交流电路，电导为导纳的实部。电导性能是材料非常重要的基本性能之一。

【电子电导】electronic conductance

载流子为电子或者空穴(即电子空位)的电导。电子电导主要发生在导体和半导体中。电子电导的阻力主要来源于晶体内电场周期性的破坏：晶格热振动、杂质的引入、位错和裂缝等。在电子电导材料中电子与点阵的非弹性碰撞引起电子波的散射是电子运动受阻的主要原因之一。

【离子电导】ionic conductance

一些束缚不牢固的离子在电场作用下成为载流子产生电导。可分为两类：一类是由构成晶体点阵的基本离子的迁移造成的，称为固有离子电导，也称本征电导；另一类是掺杂物(杂质)离子运动造成的，称为掺杂物(杂质)离子电导。离子型晶体主要是离子电导，如氧化锆固溶体等。一般来说固有电导在高温下特别显著，而杂质离子本身即是弱联系离子，所以在低温下杂质电导比较明显。

【阳离子电导率】cation conductivity

离子电导中，描述阳离子移动难易程度的参数。另用阳离子的电镀电流来表示溶液的电导率，在水处理和电镀工业中经常被应用。

【氧离子缺位浓度】oxygen vacancy concentration

即氧空位浓度。氧化物在特定外界环境下（比如高温），会造成晶格中的氧脱离，导致氧缺失，形成氧空位。氧空位在金属氧化物中是缺陷的一种，一般带正电，形成氧空位的缺陷方程为：$O=\frac{1}{2}O_2+V_o^{\cdot\cdot}+2e^-$。

【氧离子迁移率】oxygen ion mobility

又称氧空位迁移率，指有缺陷的氧化物材料中氧离子或者氧离子空位，在单位电场下发生迁移的数量占氧空位总数量的比例。

【电介质击穿】dielectric breakdown

又称介电强度的破坏。电介质的特性，如绝缘、介电能力，都是指在一定的电场强度范围内的材料的特性，即介质只能在一定的电场强度内保持这些性质。当电场强度超过某一个临界值时，介质由介电状态变为导电状态，这种现象称为介电强度的破坏，或叫电介质击穿。相应临界电场强度称为介电强度，或称为击穿电场强度。

【介电击穿】dielectric breakdown

参见本节【电介质击穿】。

【电击穿】electric breakdown

电击穿机制一般为固体电介质的击穿机制。在强电场下，固体导带中的电子在外电场作用下被加速获得动能，另一方面电子与晶格振动相互作用，把电场能量传给晶格，这两个过程在一定的温度与场强下平衡，固体介质有稳定的电导。但当电子从外场得到的能量大于传递给晶格振动的能量时，电子与晶格振动的相互作用导致电离出新电子，使自由电子数迅速增加，电导进入不稳定阶段，击穿发生。

【热击穿】thermal breakdown

当固体电介质承受电压作用时，介质损耗使电介质发热，温度升高，而电介质的电阻具有负温度系数，所以电流进一步增大，损耗发热也随之增加。介质的热击穿是由电介质内部的热不平衡过程造成的，如果发热量大于散热量，电介质温度就会不断上升，形成恶性循环，引起电介质分解、炭化等，电气强度下降，最终导致击穿。热击穿的特点是：击穿电压随温度的升高而下降，击穿电压与散热条件有关，如电介质厚度大，则散热困难，因此击穿电压并不随电介质厚度成正比增加，当外施电压频率增高时，击穿电压将下降。

【电化学击穿】electrochemical breakdown

固体电介质受到电、热、化学和机械力的长期作用时，其物理和化学性能会发生不可逆的老化，击穿电压逐渐下降，长时间击穿电压常常只有短时击穿电压的几分之一，这种绝缘击穿称为电化学击穿。

【压电效应】piezoelectric effect

是正压电效应和逆压电效应的统称。某些电介质在沿一定方向上受到外力的作用而形变时，其内部会产生极化现象，同时在它的两个相对表面上出现正负相反的电荷，当外力去掉后，它又会恢复到不带电的状态，这种现象称为正压电效应。当作用力的方向改变时，电荷的极性也随之改变。相反，当在电介质的极化方向上施加电场，这些电介质也会发生形变，电场去掉后，电介质的形变随之消失，这种现象称为逆压电效应。利用材料的压电效应可以制作压电驱动器、压电传感器等。

【压电体】piezoelectrics

又称为压电晶体，能产生压电效应的晶体就叫压电晶体。一般的压电体经过极化处理后才具有压电性。利用压电体可以制作压电驱动器、压电传感器等。

【二级压电效应】secondary piezoelectric effect

压电体由于压电效应在外场作用下产生的响应称为一级压电效应。压电体在一级压电效应产生的响应场的作用下产生的响应称为二级压电效应。二级压电效应的响应比一级压电效应的效应弱得多。

【弹性常数】elastic constant

是联系材料应力与应变关系的量。弹性常

数是一个四阶张量，在各向异性的材料中弹性张量有 21 个独立的分量，在各向同性的材料中弹性张量有 2 个独立的分量。材料受到的应力矩阵等于材料的弹性常数矩阵乘以材料发生的应变矩阵。弹性常数与材料的组成和结构有关。

【弹性柔顺常数】elastic compliance constant

又称弹性顺度常数，是联系材料应力与应变关系的量。弹性柔顺常数是一个四阶张量，材料发生的应变矩阵等于材料的弹性柔顺常数矩阵乘以材料受到的应力矩阵。弹性柔顺常数与材料的组成和结构有关。

【弹性刚度常数】elastic stiffness constant

又称弹性劲度常数，是联系材料应力与应变关系的量。弹性刚度常数是一个四阶张量，材料发生的应力矩阵等于材料的弹性刚度常数矩阵乘以材料受到的应变矩阵。弹性刚度常数与材料的组成和结构有关。

【压电常数】piezoelectric constant

参见 2.1.3【压电常数】。

【压电方程组】piezoelectric equations

是综合描述压电体的极化、弹性以及机电之间压电耦合作用的方程组。压电方程中的物理量为电场、电位移、应力和应变。根据压电体所处的电学条件和力学条件的不同，有四种不同的压电方程组，分别为：机械自由、电学短路时的压电方程组，机械自由、电学开路时的压电方程组，机械夹持、电学短路时的压电方程组和机械夹持、电学开路时的压电方程组。每个压电方程组都是由一个正压电效应和一个逆压电效应叠加而成的。利用压电方程组可以从电场、电位移、应力和应变中由两个已知物理量求出另外两个未知的物理量。

【压电振子】piezoelectric vibrator

是指进入了机械谐振状态的压电体。把交变电场加到压电体上便可通过逆压电效应在压电体内激起各种模式的弹性波，当外加电场的频率与弹性波在压电体内传播的固有频率相等时，压电体进入谐振状态成为压电振子，处于谐振状态的压电振子又借助于正压电效应输出电信号。

【压电振子等效电路】piezoelectric vibrator equivalent circuit

是用来近似描述压电振子在其谐振频率附近的阻抗、导纳频率特性的电路。压电振子的等效电路由两条并联的支路构成：一条支路上只有一个电容，表示振子在高频下的夹持等效电容；另一条支路由一个电容、一个电阻和一个电感串联而成，用其电场能与磁场能的相互转换模拟压电振子中电能与弹性能的相互转换。

【平面机电耦合系数】planar electromechanical coupling coefficient

是表示薄圆片振子沿径向伸缩振动时的机电耦合效应的参数。要求薄圆片振子的极化方向与厚度方向平行、电极面与极化方向垂直，且其直径远大于厚度。平面机电耦合系数与薄圆片振子的径向振动的谐振频率和反谐振频率有关。

【横向机电耦合系数】transverse electromechanical coupling coefficient

是表示薄长片振子沿长度伸缩振动时的机电耦合效应的参数。要求薄长片振子极化方向与厚度方向平行、电极面与极化方向垂直，且其长度远大于厚度。横向机电耦合系数与薄长片振子的长度伸缩振动的谐振频率和反谐振频率有关。

【纵向机电耦合系数】longitudinal electromechanical coupling coefficient

是表示圆柱振子沿轴向伸缩振动时的机电耦合效应的参数。要求圆柱振子的极化方向与轴向平行、电极面与极化方向垂直。纵向机电耦合系数与圆柱振子的长度伸缩振动的谐振频率和反谐振频率有关。

【厚度振动机电耦合系数】thickness vibration electromechanical coupling coefficient

是表示薄片压电振子，沿厚度伸缩振动时的机电耦合效应的参数。要求薄片振子的极化方向与厚度方向平行、电极面与极化方向垂直。厚度振动机电耦合系数与薄片振子的厚度伸缩振动的谐振频率和反谐振频率有关。

【厚度切变振动机电耦合系数】thickness shear

vibration electromechanical coupling coefficient

是表示压电振子作厚度切变振动时的机电耦合效应的参数。要求薄片振子的极化方向与长度方向平行、电极面与极化方向垂直。厚度切变机电耦合系数与薄片振子的厚度切变振动的谐振频率和反谐振频率有关。

【机械品质因数】machanical quality factor

指压电振子谐振时在一周期内贮存的机械能与损耗的机械能之比。它是描述压电振子在机械振动时，内部能量消耗程度的一个参数，这种能量消耗的原因主要在于内耗。机械品质因数越大，能量损耗越小。可以通过掺杂改性、改变材料配比、改进工艺等方法调整压电材料的机械品质因数。

【电学品质因数】electrical quality factor

参见 21.2.1【电学品质因数】。

【频率常数】frequency constant

指压电元件谐振频率和决定谐振的线度尺寸的乘积。这个乘积是一个常数，称为频率常数，它只与材料的性质有关。若知道材料的频率常数，则可根据所要求的频率来设计元件的外形尺寸。

【压电振子振动模式】vibration mode of piezoelectric vibrator

压电材料的机电转换是通过某一尺寸和形状的压电振子在某种特定条件下产生振动来实现的，压电振子的振动方式称为振动模式。外加激励电场的方向与压电振子的极化方向可能垂直或平行，于是通常可能产生伸缩、切变和弯曲形式的振动。振动模式不同，其工作频率范围、耦合情况和阻抗特性不同，应用领域也大不相同。

【径向伸缩振动模式】radial extension vibration mode

外加电场方向与压电振子极化方向相同，压电振子的振动方向与激励声波传播的方向也相同，这类振动模式称为伸缩振动，它产生的声波是纵波。薄圆片压电振子(厚度远小于半径)在外加交变电场作用下，产生沿半径方向的伸缩振动。它的极化方向与厚度方向平行，电极面与极化方向垂直，以圆心为节点，形成纵驻波向四周辐射。

【长度伸缩振动模式】length extension vibration mode

长条形压电振子(可以是圆形、矩形、方形截面，或者是长条薄片)在外加交变电场作用下，产生沿长度方向的伸缩振动。振子内各点的振动方向以及振动的传播方向皆与长度方向平行。可分为横向和纵向长度伸缩两种振动模式。

【横向长度伸缩振动模式】tranverse length extension vibration mode

长条形压电振子在外加交变电场作用下，产生沿长度方向的伸缩振动，极化方向与厚度方向平行，与振动方向垂直。横向长度伸缩振动的条件要求振子长度远大于振子的截面尺寸。

【纵向长度伸缩振动模式】longitudinal length extension vibration mode

长条形压电振子在外加交变电场作用下，产生沿长度方向的伸缩振动，极化方与长度方向平行，与振动方向平行。纵向长度伸缩振动的条件要求长度大于截面尺寸三倍以上，这种振动的特性与纵向机电耦合系数相关。

【宽度弯曲振动模式】width flexure vibration mode

又称棱边弯曲振动模式。弯曲振动模式是由于振子同时存在伸长和缩短两种形变所造成的。宽度弯曲振动模式的振动方向与宽度方向平行，波传播方向与厚度方向垂直，与长度方向平行。

【厚度伸缩振动模式】thickness extension vibration mode

薄片形压电振子(矩形片、圆片、圆环等)在外加交变电场作用下，产生沿厚度方向的伸缩振动，极化方向与厚度方向平行，与振动方向平行。

【厚度弯曲振动模式】thickness flexure vibration mode

两个厚度相同、已经极化的横向伸缩方向相反的薄长片用导电材料沿厚度方向粘合，沿厚度方向施加外加交变电场，一片伸长而另一片缩短，整体发生弯曲振动。

【厚度切变振动模式】thickness shear vibration mode

外加电场方向与压电振子极化方向互相垂直，压电振子的振动方向与激励声波传播的方向也互相垂直，这类振动模式称为切变振动，它产生的声波是横波。薄片状压电振子在外加交变电场作用下，产生沿厚度方向传播的切变振动，这种振动模式称为厚度切变振动模式。

【能阱振动模式】energy trap vibration mode

又称点振子振动、点电极振子振动。压电振子的电极面远小于压电陶瓷片的总面积，且与厚度有适宜的匹配关系，在交变电场作用下，沿厚度方向产生振动。其振幅随着至电极中心距离的增加，呈指数式衰减。振动能量绝大部分集中在点电极范围内，形成能量封闭的振动模式。谐振频率与压电振子的厚度有关。

【导纳圆图】admittance circle diagram

在压电振子等效电路中，令压电振子导纳为Y，串联支路的导纳为Y_1、电阻为R_1、电容为C_1、电感为L_1，并联支路的导纳为Y_0、电容为C_0。不计压电振子的损耗。可求出如下方程：$Y_0=jb_0$；$Y_1=g_1+jb_1$；$Y=Y_0+Y_1=jb_0+g_1+jb_1$；$g_1=\dfrac{R_1}{R_1^2+\left(\omega L_1-\dfrac{1}{\omega C_1}\right)^2}$；$b_1=\dfrac{-\left(\omega L_1-\dfrac{1}{\omega C_1}\right)}{R_1^2+\left(\omega L_1-\dfrac{1}{\omega C_1}\right)^2}$。式中：$g_1$为动态电导；$b_1$为动态电纳。进行化简后可得到：$\left(g_1-\dfrac{1}{2R_1}\right)^2+b_1^2=\left(\dfrac{1}{2R_1}\right)^2$。可以看出其表示为圆的轨迹，圆心为$\left(\dfrac{1}{2R_1},0\right)$，半径为$\dfrac{1}{2R_1}$，得到的图形即为压电振子的导纳圆图。若考虑压电振子的介电损耗，其压电振子导纳圆图将向右平移几个单位。

【最大导纳频率】maximum admittance frequency

又称最小阻抗频率。压电振子导纳最大时的频率称为最大导纳频率，这时振子的阻抗最小，故又称最小阻抗频率。

【最小导纳频率】minimum admittance frequency

压电振子导纳最小时的频率称为最小导纳频率，这时振子的阻抗最大，故又称最大阻抗频率。

【基音频率】fundamental frequency

给定的一种振动模式中，压电振子最低的谐振频率称为基音频率。

【泛音频率】overtone frequency

给定的一种振动模式中，压电振子除基音频率以外的谐振频率称为泛音频率。泛音频率是基音频率的整数倍。

【谐振频率】resonant frequency

又称共振频率，对压电振子施加交变电场，当电场频率等于压电振子的固有振动频率时，压电振子由于逆压电效应产生机械谐振，这种机械谐振又借助于正压电效应而输出电信号。压电振子在最小阻抗频率附近存在一个使信号电压与电流同位相的频率，这个频率称为压电振子的谐振频率。

【反谐振频率】antiresonance frequency

压电振子在最大阻抗频率附近存在一个使信号电压与电流同位相的频率，这个频率称为压电振子的反谐振频率。

【反共振频率】anti-resonance frequency

当压电振子加上交变信号，在最大阻抗频率附近，存在一个电纳分量为零，信号电压与电流同相位的频率，对频率中较高的一个频率称为反谐振频率，这个频率称为压电振子的反谐振频率。在含有电容和电感的电路中，如果电容和电感并联，可能出现在某个很小的时间段内，电容的电压逐渐升高，而电流却逐渐减少；与此同时电感的电流却逐渐增加，电感的电压却逐渐降低。而在另一个很小的时间段内，电容的电压逐渐降低，而电流却逐渐增加；与此同时电感的电流却逐渐减少，电感的电压却逐渐升高。电压的增加可以达到一个正的最大值，电压的降低也可达到一个负的最大值，同样电流的方向在这个过程中也会发生正负方向的变化，此时我们称为电路发生电的振荡。在具有电阻R、电感L和电容C元件的交流电路中，电路两端的电压与其中电流相位一般是不同的。如果调节电路元件(L或C)的参数或电源频率，可以使它们相位相同，整个电路呈现为纯电阻性，电路达到这种状态称之为谐振，所对应的频率中较低的频率为共振频率f_r，较高的为反共振频率f_a。

【串联谐振频率】series resonance frequency

为压电振子等效电路中串联支路的谐振频率，用f_s表示。在电阻、电感及电容所组成的串联电路内，当容抗X_C与感抗X_L相等时，即$X_C=X_L$，电路中的电压U与电流I的相位相同，电路呈现纯电阻性，这种现象叫串联谐振。当电路发生串联谐振时电路的阻抗$Z=R^2+(X_C-X_L)^2=R$，电路中总阻抗最小，电流将达到最大值。通过调节变频电源的输出频率使回路发生串联谐振时的频率称为串联谐振频率。

【并联谐振频率】parallel resonant frequency

为压电振子等效电路中并联支路的谐振频率，用f_p表示。在电阻、电容、电感并联电路中，出现电路端电压和总电流同相位的现象，称为并联谐振，其特点是：并联谐振是一种完全的补偿，电源无需提供无功功率，只提供电阻所需要的有功功率，谐振时，电路的总电流最小，而支路电流往往大于电路中的总电流，因此，并联谐振也称为电流谐振，而使之发生并联谐振的频率称为并联谐振频率。

【谐振频率温度系数】temperature coefficient of resonant frequency

谐振频率温度系数τ_f，是描述谐振器热稳定性的参数，也就是指随着温度变化的谐振频率的漂移程度，定义为温度每变化1℃时，谐振频率的相对变化值，即：$\tau_f=\frac{\Delta f_r}{f_r\Delta T}(℃)^{-1}$。对于由线性介质构成的谐振器件，如微波介质陶瓷谐振器，其谐振频率温度系数τ_f主要由材料的线膨胀系数α_l和介电常数的温度系数τ_ε决定，可以表示为$\tau_f=-(\alpha_l+\tau_\varepsilon)/2$。介质材料的谐振频率温度系数$\tau_f$与晶体结构之间的关系比较复杂，对于钙钛矿结构材料，一般认为与其中氧八面体的旋转或倾斜有关。一些通信用的电子设备，例如手机，要求微波谐振器的τ_f值尽量等于零。通常微波线路有一些低的本征τ_f，所以电路中的谐振器元件需要去补偿这些固有的漂移。因此，谐振器的τ_f值是非零的，而是一些低的有限的值，如介质谐振器一般要求其谐振频率温度系数$\tau_f=(-5\sim+5)\times10^{-6}$/℃。

【电致伸缩效应】electrostrictive effect

为外电场作用下电介质所产生的与场强二次方呈正比的应变。这种效应是由电场中电介质的极化所引起，并可以发生在所有的电介质中。其特征是应变的正负与外电场方向无关。在压电体中(见压电性)，外电场还可以引起另一种类型的应变，其大小与场强成比例，当外场反向时应变正负亦反号。后者是压电效应的逆效应，不是电致伸缩。对于非压电体，外电场只引起电致伸缩应变。一般地，电致伸缩所引起的应变比压电体的逆压电效应小几个数量级。要在普通电介质中获得相当于压电体所能得到的大小的应变，外电场需高达10^8 V/m。但在某些介电常数很高的电介质中，即使外电场低于10^6 V/m，亦可获得与强压电体相近的机电耦合作用而提供技术应用。电致伸缩的另一个特点是在应用中其重现性较好。在外加强直流偏置电场作用下，对于叠加的交变电场，电致伸缩材料的机电耦合效应的滞后及老化现象比之常用的铁电性压电陶瓷要小得多。这个优点使得电致伸缩效应常用于压力测量、连续可调激光器、双稳态光电器件等方面。近年来，随着布里渊散射、次级光电效应的研究、激光自聚焦等非线性光学的发展，电致伸缩谐振子和传感器相继问世，电致伸缩现象逐渐引起了人们的关注。

【电致应变效应】electrostrain effect

在压电体中(见压电性)，外电场还可以引起另一种类型的应变；其大小与场强成比例，当外场反向时应变正负亦反号。后者是压电效应的逆效应，不是电致伸缩。外电场所引起的压电体的总应变为逆压电效应与电致伸缩效应之和，称之为电致应变效应。

【电致伸缩系数】electrostrictive coefficient

表征介电体材料电致伸缩效应的物理参量，在外电场 E_i 作用下，记电介质的极化强度为 P_j，则电致伸缩所引起的应变分量可写为 $S_{ij}=Q_{ijkl}P_kP_l$ 或 $S_{ij}=Q_{ijkl}E_kE_l$，式中：Q 称为电致伸缩系数。每种系数各有 81 个，组成一个四阶张量，称为电致伸缩张量。电介质的结构对称性可以使电致伸缩张量的非零独立分量大为减少。例如对于点群为 m3m 的电介质立方晶体，非零独立分量只有两个，即 Q_{1111} 和 Q_{1112}。这些系数可通过测量外电场(或极化强度)与应变的关系直接得到。目前关于电致伸缩材料的研究方向在于使其获得可与压电陶瓷相比拟的形变，已经在两个方面取得进展：制成了电致伸缩效应相当大而电滞后效应和老化现象都很小的材料，以及采用独石电容器结构工艺使产生足够的应变所需的电压相当程度地降低。其中最为可取的是以铌镁酸铅为基体的弛豫型铁电陶瓷，这类材料正在用于制成电致伸缩换能器。

【线性电介质】linear dielectric

在一定的电场强度范围内，极化强度随电场强度的变化呈线性关系，介电常数不随电场而变的电介质材料被称为线性电介质。线性电介质表现出的是电学线性的特性，高频电容器陶瓷和微波介质陶瓷及一般非铁电体都是线性介质材料。

【非线性电介质】nonlinear dielectric

在一定电场强度范围内，极化强度随电场强度的变化呈非线性关系，因而是介电常数随电场而改变的电介质材料。一般铁电体都是非线性介质材料，通常研究电极化问题时，外加电场甚弱、极化强度与外场成正比，这是线性极化。当外场增强，就可能出现非线性极化。但只在非中心对称的压电晶体、铁电晶体中才能观测到二阶的非线性极化，所以，过去也常把压电、铁电材料称为非线性电介质。激光的光电场很强，首先在石英晶体中观察到光倍频现象，其后用 KDP、ADP 可以很容易实现光倍频和光混频(包括差频与和频)以及参量振荡。利用 $LiNbO_3$ 可以使激光的频率连续可调。这些以及其他一些非线性光学效应的出现，引起了广泛的研究，从而发展为非线性光学学科。石英、KDP、ADP、CuCl、GaAs、$LiNbO_3$、BSN、BNN 以及 PLZT 等就成为非常重要的非线性光学介质。

【铁电性】ferroelectricity

在一些电介质晶体中，晶胞的结构使正负电荷重心不重合而出现电偶极矩，产生不等于零的电极化强度，使晶体具有自发极化，且电偶极矩方向可以因外电场而改变，晶体的这种电极化可以被外电场改变方向的性质叫铁电性。1920 年 J. Valasek 在酒石酸钾钠($NaKC_4H_4O_6\cdot 4H_2O$)的介电测量中首先发现了铁电性。酒石酸钾钠的自发极化强度滞后于外电场，呈现电滞回线。具体来讲，在一些电介质晶体中存在许多自发极化的小区域，每个自发极化的小区域称为铁电畴，其线度为微米数量级。同一铁电畴内各个电偶极矩取向相同，不同铁电畴的自发极化方向一般不同，因而宏观上总的电偶极矩为零。在外电场作用下各铁电畴的极化方向趋于一致，极化强度 P 与电场强度 E 有非线性关系。在峰值固定的交变电场反复作用下，P 与 E 的关系曲线类似于磁滞回线，称为电滞回线。以上性质称为铁电性，具有铁电性的电介质称铁电体。当温度升高到某一临界值 T_c 时，铁电畴瓦解，铁电性消失，铁电体转变为普通顺电性电介质，T_c 称为铁电居里温度。铁电体具有很高的电容率。铁电体必定同时具有压电性和热释电性。

【铁电体】ferroelectric

某些晶体在一定的温度范围内具有自发极化，而且其自发极化方向可以因外电场方向的反向而反向，晶体的这种性质称为铁电性，具有铁电性的晶体称为铁电体。具有铁电性的晶体很多，但概括起来可以分为两大类：一类以磷酸二氢钾为代表，具有氢键，他们从顺电相过渡到铁电相是无序到有序的相变；另一类则以钛酸钡为代表，从顺电相到铁电相的过渡是由于其中两个子晶格发生相对位移。由于其特殊性能，铁电材料可被用作传感器、换能器、电机等，不仅在电子工业部门有广泛的应用，而且在计算机、激光、红外、微波、自动控制和能源工程中都开辟了新的应用领域，是一类具有广阔发展前景的重要功能材料。

【电滞回线】ferroelectric hysteresis loop

在较强的交变电场作用下，铁电体的极化强度 P 随外电场呈非线性变化，而且在一定的温度范围内，P 表现为电场 E 的双值函数，呈现出滞后现象，这个 P-E(或 D-E)回线就称为电滞回线。电滞回线能够比较直观地反映最大极化强度、剩余极化强度、矫顽电场等值的大小，并且能够根据电滞回线积分计算得出该材料的储能密度。

【双电滞回线】double hysteresis loop

反铁电体一般宏观无剩余极化强度，但在很强的外电场作用下，可以诱导成铁电相，这种铁电体的电滞回线，就是双电滞回线，在 E 较小时，无电滞回线，当 E 很大时，出现了双电滞回线。

【电畴】ferroelectric domains

通常，铁电体自发极化的方向不相同，但在一个小区域内，各晶胞的自发极化方向相同，这个小区域就称为电畴，电畴的形成是系统自由能取极小值的结果，主要有片状畴、层状畴等结构，可利用显微电子术、双折射法等多种方法进行分析观测，是铁电体性质的重要微观表征。

【电畴壁】ferroelectric domains walls

两电畴之间的界壁称为畴壁。若两个电畴的自发极化方向互成 90°，则其畴壁叫 90°畴壁。此外，还有 180°畴壁等。铁电畴与铁磁畴有着本质的差别，铁电畴壁的厚度很薄，大约是几个晶格常数的量级，但铁磁畴壁则很厚，可达到几百个晶格常数的量级(例如对 Fe，磁畴壁厚约 1000)，而且在磁畴壁中自发磁化方向可逐步改变方向，而铁电体则不可能。

【极化反转】polarization reversal

铁电体在外场作用下，电畴沿外场方向分布，达到饱和极化强度后，如果减少外电场，极化强度并不是沿原路返回，而是缓慢下降。外电场降低为零时，铁电陶瓷仍保持着一定的极化强度，当电场改变方向沿负值增加时，晶体中越来越多的电畴转向新的电场方向，铁电陶瓷的宏观极化强度逐渐降低。当反向的电场达到一定值时，晶体的宏观极化强度为零。之后再继续增大反向电压，宏观极化方向与之前相反，这一过程称为铁电体的极化反转，极化反转时的电场强度被称为矫顽场强。

【电畴反转】domain switching

铁电畴在外电场作用下，总是要趋向于与外电场方向一致，这种现象被形象地称作电畴“转向”。实际上电畴运动是通过在外电场作用下新畴的出现、发展以及畴壁的移动来实现的。一般在外电场作用下(人工极化)180°电畴转向比较充分；同时由于“转向”时结构畸变小，内应力小，因而这种转向比较稳定。而 90°电畴的转向是不充分的，所以这种转向不稳定。当外加电场撤去后，则有小部分电畴偏离极化方向，恢复原位，大部分电畴则停留在新转向的极化方向上，这叫剩余极化。

【极化轴】polaris

铁电体自发极化时会沿一定的晶轴，此晶轴就是铁电体的极化轴，不同的铁电体，极化轴不同，铁电体的其中一种分类方法便是按极化轴多少分类，沿一个晶轴方向极化的铁电体如罗息盐(RS)、KDP 等，沿几个晶轴方向极化的铁电晶体如钛酸钡等。极化轴由晶体自身性质决定，与外界条件无关。

【饱和场强】saturation field

假设在没有外电场的存在下，晶体的总电矩为零，即晶体中极化强度方向互为相反平行。当外电场施加于晶体时，极化强度沿电场方向的电畴变大，而与其反平行方向的电畴则变小。这样，极化强度 P 随外电场 E 增大而增大，电场强度的继续增大，最后使晶体只具有单畴，晶体的极化强度达到饱和，将这线性部分推延至外场为零的情形，在纵轴上所得的截距称为饱和极化强度。实际上，这也是每个电畴原来已经存在的极化强度。因此饱和极化强度是对每个电畴而言的。铁电体达到饱和极化强度的场强即饱和场强，与晶体自身结构相关。

【矫顽场强】coercive field

铁电体在外场作用下，达到饱和极化强度后，如果减少外电场，极化强度并不是沿原路返回，而是缓慢下降。外电场降低为零时，铁电陶瓷仍保持着一定的极化强度，这时的极化强度称为剩余极化强度。剩余极化强度比饱和极化强度要小。当电场改变方向沿负值增加时，晶体中越来越多的电畴转向新的电场方向，铁电陶瓷的宏观极化强度逐渐降低。当反向的电场达到一定值时，晶体的宏观极化强度为零。此电场强度被称为矫顽场强。矫顽场强是软硬铁电体分类的重要依据。

【自发极化强度】spontaneous polarization

铁电体在不受外电场作用时，其晶胞内部仍然存在一定的极化状态，称为自发极化，其强度被称为自发极化强度，用 P_s 表示。一般而言，在铁电材料的电滞回线上使用外推法获得 $E=0$ 时的极化强度即为自发极化强度。

【剩余极化强度】remanent polarization

铁电体经极化后撤去外电场至 $E=0$ 时，极化强度并不同时下降到 0，而是保持为一定值，称为剩余极化强度，用 P_r 表示。铁电材料的电滞回线与 y 轴的交点对应的极化强度即为剩余极化强度。

【外推居里温度】extrapolated Curie temperature

铁电体在居里温度以上，自发极化开始消失时的温度，又称居里-外斯温度(Curie-Weiss temperature)。发生一级铁电相变的铁电体，其外推居里温度低于居里温度；而发生二级铁电相变的铁电体，其外推居里温度等于居里温度。

【居里-外斯定律】Curie-Weiss law

铁电体在居里温度以上时，其介电常数 ε 随温度 T 的变化关系满足：$\varepsilon=C/(T-T_0)$，称为居里-外斯定律。式中：T_0 为铁电体的外推居里温度(即特征温度或居里-外斯温度)；C 为居里-外斯常数。

【一维型铁电体】one dimensional ferroelectric

在铁电转变过程中，晶胞内离子位移与自发极化方向平行的铁电体称为一维型铁电体。通常来说，这一类铁电体多为离子晶体(如 $BaTiO_3$、$PbTiO_3$)，自发极化强度较大。

【二维型铁电体】two dimensional ferroelectric

在铁电转变过程中，晶胞内离子位移与自发极化方向在同一平面内的铁电体称为二维型铁电体。这一类铁电体的自发极化强度通常介于一维性铁电体和三维型铁电体之间。

【三维型铁电体】three dimensional ferroelectric

铁电活性离子或原子在极性反转时在所有三维方向具有大小相近的位移，位移轨迹可以沿三维空间某特定方向取向的物质。其结构较复杂，常包含不连续的四面体离子、氢键和硼-构架。自发极化强度一般小于 3×10^{-2} C/m²。常见的有 β-钼酸钆、六水硫酸铝胍、磷酸二氢钾和方硼石等。

【氢键铁电晶体】hydrogen-bonded ferroelectric crystals

含有 O—H—O 氢键或 N—H—O 形式的氢键类铁电体晶体。可分为下列四族：(1)酒石酸盐族，如酒石酸钾钠等；(2)碱金属磷酸盐或砷酸二氢盐族，如磷酸二氢钾等；(3)硫酸氢根有机盐族，如硫酸三甘钛等；(4)明矾族，如甲胺铁矾等。

【含铋层状氧化物铁电体】ferroelectric with bismuth-containing oxide layer

由两个$(Bi_2O_2)^{2+}$层和夹在其间的 n 个钙钛矿层所构成($n=1, 2, 3\cdots$)的氧化物铁电体。此类结构的通式为：$(Bi_2O_2)^{2+}(A_{n-1}B_nO_{3n+1})^{2-}$，式中：A 为铋(Bi)、铅(Pb)、钡(Ba)、锶(Sr)、钙(Ca)、钠(Na)、钾(K)等；B 为钛(Ti)、铌(Nb)、钨(W)、钼(Mo)、铁(Fe)、钴(Co)、铬(Cr)等；$n=1, 2, 3, \cdots$。如 Bi_3TiNbO_9、$Bi_4Ti_3O_{12}$、Bi_4PbTiO_9 等都具有层状结构晶体，其中许多晶体具有优良的电性能，在电子陶瓷中已得到应用。

【顺电相】paraelectric phase

铁电体在居里温度以上由无极性的相组成，无自发极化现象，对应于这种状态的相称为顺电相。如钛酸钡 $BaTiO_3$ 晶体升温至居里温度(约 130℃)以上时由四方铁电相转变为顺电相。一般介质材料采用顺电相，其介电常数虽不及铁电相，但材料的介电常数随温度的变化小，常呈线性变化，且介质损耗显著下降。顺电相陶瓷材料可用于制作高温度稳定性电容器及微波陶瓷介质谐振器等电子元器件。

【顺电体】paraelectrics

当铁电体的温度超过居里温度时，晶体发生结构相变，自发极化消失，显示出顺电性，此时对应的具备顺电性的晶体即为顺电体。以钛酸钡 $BaTiO_3$ 为例，升温至居里温度(约130℃)以上时则由铁电体转变为顺电体。

【铁电体相变】ferroelectric phase transformation

铁电体从一种结构状态转变成另一种结构状态的现象。温度、电场、应力等外界条件均能诱导产生相变。相变可分为位移型相变、断键型相变，有序-无序相变等，也可分为一级、二极相变等类型。

【位移型相变】displacive phase transformation

表现为相变前后原子近邻的拓扑关系保持不变，相变过程不涉及化学键的破坏，只是键的长度、键与键之间的角度发生变化。相变所对应的原子位移较小，结构变化的途径也明确可辨，新相与母相之间存在明确的晶体学位向关系。位移型相变所经历的势垒甚小，相变潜热很小或完全消失。

【位移型铁电体】displacement ferroelectric

呈现出位移型相变的铁电体称为位移型铁电体。由于原子的非谐振动，使其平衡位置相对顺电相发生了偏移，产生了自发极化。由于这种顺电-铁电相变是原子位移的结果，因而称为位移型相变，具备这类相变的铁电体称为位移型铁电体。$PbTiO_3$ 和 $BaTiO_3$ 等属于这种类型。这类铁电体的特征之一是居里常数 C 大，约为 10^5 K。

【铁电体感应相变】ferroelectric induced phase transformation

在一定温度下电场和压力等外界因素导致非铁电相向铁电相的转变。相变过程中伴有显著的体积变化和极化强度的变化，可用于制造机电换能和储能材料中，也可用于制作微位移仪等器件中。

【有序-无序相变】order-disorder phase transformation

参见 1.6.2【有序-无序相变】。

【有序-无序铁电体】order-disorder ferroelectric

在有些铁电体中，某种原子或原子团有两个或几个平衡位置。在顺电相，原子或原子团在这些位置的分布是无序的；在铁电相，它们的分布则有序化，即择优地占据其中某个平衡位置。因为相变是原子或原子团分布有序化的结果，呈现这种相变的铁电体成为有序-无序铁电体，KH_2PO_4是这种铁电体的实例。这种铁电体的特征之一是居里常数小，约为 10^3 K。

【一级相变】first order phase transformation

参见 1.6.2【一级相变】。

【二级相变】second order phase transformation

参见 1.6.2【二级相变】。

【长程力】long-range force

作用范围大，且作用强度随距离增加而减少的作用力称为长程力。静电力、万有引力均是长程力。

【远程作用力】long-distance force

作用范围大，且作用强度随距离增加而减少的外部作用力称为远程作用力。

【短程力】short-range force

作用范围很小，且作用力随距离的增加而急速减小，称之为短程力。强相互作用与弱相互作用均是短程力。

【近程作用力】short-distance force

作用范围很小，且作用强度随距离的增加而急速减小的外部作用力称为近程作用力。

【热滞】thermal hysteresis

在一级相变中，温度改变的可逆相变出现相变滞后的现象，称之为热滞。影响热滞的主要因素是相变时表面能和应变能的大小，其次还与温度、晶粒大小、加热速度以及所含杂质有关。在压强改变的可逆相变中也能出现相变滞后现象。

【反铁电性】antiferroelectricity

晶体的一种性质。当电介质晶体的晶胞自发极化出现时，相邻晶胞的电矩同向排列而出现铁电性，相邻晶胞的电矩反向排列，形成两组反向极化的晶胞，在宏观上对外不显示自发极化强度，没有电滞回线，在外电场的作用下，可以使其中反向排列的电矩取向反转，于是，所有电矩同向排列，可观察到双电滞回线，这种性质称为反铁电性。

【反铁电体】antiferroelectric

是一种反极性晶体。在一定温度范围内相邻离子联线上的偶极子呈反平行排列，宏观上自发极化强度为零，无电滞回线的材料，称为反铁电体。其自由能与该晶体的铁电态自由能很接近，因而在外加电场、热应力诱导下它可由反极性相转变到铁电相，呈现双电滞回线。它是类比于反铁磁体而命名的。

【亚铁电体】ferrielectrics

是一种晶体。同一晶体可能在某一方向上具有铁电体现象，而在另一方向上却具有反铁电体现象，这种晶体称为亚铁电体。

【压电性铁电体】piezoelectric ferroelectrics

在顺电相状态显示压电效应的晶体。可用于制造电声器件及热释电器件等，但它具有水溶性的缺点，因而应用范围受到限制。

【非压电性铁电体】ion-piewelectric ferroelectric

在顺电相状态不显示压电性的晶体，如钛酸钡和钛酸铅等晶体。这类材料各种性能较好而以它们为基础的多种压电材料、半导体陶瓷热敏陶瓷和热释电陶瓷等，应用范围广泛。

【热释电效应】pyroelectric effect

是指极化强度随温度改变而表现出的电荷释放现象，宏观上是温度的改变，在材料的两端出现电压或产生电流，也是晶体的一种自然物理效应。热释电效应最早在电气石晶体 $(Na, Ca)(Mg, Fe)_3B_3Al_6Si_6(O, H, F)_3$ 中发现，该晶体属三方晶系，具有唯一的三重旋转轴。与压电晶体一样，晶体存在热释电效应的前提是具有自发式极化，即在某个方向上存在着固有电矩。但压电晶体不一定具有热释电效应，而热释电晶体则一定存在压电效应。热释电晶体可以分为两大类，一类具有自发式极化，但自发式极化并不会受外电场作用而转向；另一类具有可为外电场转向的自发式极化晶体，即为铁电体。由于这类晶体在经过预电极化处理后具有宏观剩余极化，且其剩余极化随温度而变化，从而能释放表面电荷，呈现热释电效应。热释电效应在近10年被用于热释电红外探测器中，广泛地用于辐射和非接触式温度测量、红外光谱测量、激光参数测量、工业自动控制、空间技术、红外摄像中。

【焦电效应】crystal pyroelectric effect

是一种热能转换为电能的现象，是经由外界温度的变化所造成材料本身自发极化量的改变，进而诱导表面电荷累积的现象。焦电性的产生的条件为材料内部存有可随温度变化的电偶极矩 $\Delta P_s = P\Delta T$。

【移峰效应】peak shifting effect

又称铁电陶瓷移峰效应。为添加物与主晶相形成固溶体使铁电陶瓷的特性在居里温度处出现的峰值发生移动的现象。该添加物称为移峰剂。其目的是在工作情况下(室温附近)材料的介电常数和温度关系尽可能平缓，即要求居里点远离室温温度，如加入 $PbTiO_3$ 可使 $BaTiO_3$ 居里点升高。利用移峰效应可将铁电陶瓷在居里温度处出现的介电常数的峰值移到室温附近，这有利于制造大容量小体积的陶瓷电容器，也可利用移峰效应改善陶瓷材料的电容温度系数等。

【展宽效应】broadening effect

指在铁电陶瓷中，加入某些添加物后，能展宽居里点处的介电常数峰值，从而使介电常数随温度变化比较平缓的效应。这类添加物称为展宽剂，展宽剂的加入一方面能使介电常数展宽，改善材料的介电常数温度系数；另一方面，随展宽剂的加入往往会使材料的介电常数下降，因此添加量受到一定限制，不宜过多。要选择既能展宽介电常数温度系数，又不降低介电常数或降低介电常数不多的添加剂。此外，降低主晶相晶粒尺寸将有助于抑制介电常数峰值，改善介电常数温度系数。

【铁弹效应】ferroelastic effect

在外力作用下，材料的应力与应变之间的关系呈现类似于磁滞回线的滞后现象。

【铁弹体】ferroelastics

是以自发应变为序参量且其自发应变可在应力下转向的晶体。

【光弹效应】photoelastic effect

也叫应力双折射效应。在垂直于光波传播方向施加压力，材料将会产生双折射现象，其强弱正比于应力，这种现象称为光弹效应。将有机玻璃加力，发现有机玻璃变成各向异性。加力的方向即光轴的方向。可通过光弹效应，研究材料内部的应力情况。例如，设计大吊钩时，要知道实际使用时内部的应力分布情况。可用透明的环氧树脂制成模拟吊钩，通过光弹效应，了解内部应力的分布。

【光弹系数】photoelastic coefficient

可以理解为由于外界应力或应变，引起折射率改变的物理量。当外力或振动作用于弹性体产生应变时，弹性体的折射率发生变化，呈现双折射性质，这种有内应力的透明介质中o光和e光折射率不相等，它与应力分布有关。

【压光系数】piezo-optical coefficient

是指在温度不变的情况下，折射率随压力变化的系数。

【光敏效应】photosensitized effect

又称光电导效应，某些半导体材料受到光照射时，其电导率发生变化的现象。光照射到半导体上，价带上的电子接收能量，使电子脱离共价键。当光提供的能量达到禁带宽度的能量值时，价带的电子跃迁到导带，在晶体中就会产生一个自由电子和一个空穴，这两种载流子都参与导电。由光产生的附加电导称为光电导，也称本征光电导。光能量还能将杂质能级激发产生附加电导，称为杂质光电导。利用光敏效应可制成光敏电阻，不同波长的光子具有不同的能量，因此，一定的材料只对应于一定的光谱才具有这种效应。对紫外光较灵敏的光敏电阻称紫外光敏电阻，如硫化镉和硒化镉光敏电阻，用于探测紫外线。对可见光灵敏的光敏电阻称可见光光敏电阻，如硒化镉、硫化镉、硫化锌及锗、硅光敏电阻，用于各种自动控制系统，如光电自动开关窗、光电计算器、光电控制照明、自动安全保护等。对红外线敏感的光敏电阻称红外光敏电阻，如硫化铅、碲化铅、硒化铅等，用于夜间或淡雾中探测能够辐射红外线目标、红外通信、导弹制导等。

【热敏效应】thermal sensitive effect

某些材料的电阻率随温度变化而较明显改变的现象。利用热敏效应可制作热敏电阻，这类半导体陶瓷材料一般可分为负温度系数(NTC)、正温度系数(PTC)和临界温度系数(CTR)三类。负温度系数热敏电阻还可分常温(300℃以下)和高温两类，前者主要由二氧化锰、氧化钴、氧化镍、氧化亚铁等2～4种迁移性氧化物混合而成，后者按主相可分为尖晶石系、钙钛矿系、氧化锆系、碳化硅系几种。这类热敏电阻用途很广，可用于测温、控温、热补偿元件、功率计、稳压器、限幅器、气压计、流量计、热导计和延时器等。正温度系数热敏电阻按材料的居里温度分低温和高温两种，按使用电压分为低压、常压和高压三种，按电阻率-温度曲线陡度分为缓变型和开关型等。正温度系数热敏电阻主要以钛酸钡为基体，用途广泛，如用于多种自控温加热器、过电流保护器、过热保护器、传感器、冰箱电机起动器、彩电消磁器、时间延迟器等。临界温度系数热敏电阻的特点是温度达到某临界温度时电阻值突然下降几个数量级。它主要由三氧化二钒、三氧化二钛、二氧化铌等主晶相构成。可用于过热保护和火灾报警等方面的探温和控温元件。

【力敏效应】force-sensitive effect

对某些半导体材料施加一定垂直压力后，会引起电阻值显著变化的现象。利用力敏效应可制成把应力变为电信号的力敏传感器，锗、硅、锢、锑等半导体材料可制作力敏元件。利用平导体材料的压阻效应和压电效应制成的力敏元件和其他力敏元件相比具有很多优点：灵敏度和精度较高，动态特性和线性好，迟滞小，体积小，结构简单，使用寿命长，可靠性好，并可使计算显示与控制电路一体化，为仪器的微型化、数字化、高精度化开辟了一开阔前景。

【压敏效应】pressure-sensitive effect

是指某些半导体材料对电压的变化十分敏

感，当加在压敏电阻上的电压低于它的阈值时，流过它的电流极小，它相当于一个阻值无穷大的电阻。也就是说，当加在它上面的电压低于其阈值时，它相当于一个断开状态的开关。当加在压敏电阻上的电压超过它的阈值时，流过它的电流激增，它相当于阻值无穷小的电阻。也就是说，当加在它上面的电压高于其阈值时，它相当于一个闭合状态的开关，此即压敏效应。

【气敏】gas sensing

一般指材料某一性能(如电阻等)在通入某气体(如乙醇，甲烷，氢气等)发生变化的现象。气敏性就是用来表示这种变化的程度，变化程度越大，说明气敏性越好。气敏性的综合性能还包括：响应及恢复时间、最佳响应温度、灵敏度、稳定时间长短等。

【湿敏效应】humid sensitive effect

材料或元件的特定参数随环境湿度变化而明显变化的一种现象。利用该特性可采用湿敏材料制备湿敏元器件，如湿度传感器对环境湿度具有响应并能转换成可测信号。广泛应用于精密仪器和半导体集成电路与元器件制造场所、气象预报、医疗卫生、食品加工、湿敏防伪技术、洗衣机干燥器的自控、汽车窗玻璃的防止结露、尿布沾湿报警等行业。

【电光效应】electro-optical effect

是指某些各向同性的透明物质在电场作用下显示出光学各向异性，物质的折射率因外加电场而发生变化的现象。电光效应是在外加电场作用下，物体的光学性质所发生的各种变化的统称。与光的频率相比，通常这一外加电场随时间的变化非常缓慢。

【电控光散射效应】electro-optic scattering effect

一细束光通过粗晶透明铁电陶瓷薄片时，透射光以一定的角度分布向前散射，且此角度分布依赖陶瓷极化轴的取向(即依赖于剩余极化的方向)，因此，用施加电场的方法改变陶瓷极化轴的取向时，就可改变和控制散射光强度和角度分布，利用此效应可制成光开关器件。

【电控双折射效应】electro-optic birefringent effect

当一束光斜交于陶瓷极化轴方向传播时会产生双折肘，且有效双折射率与陶瓷的剩余极化强度有关，也与外电场强度有关。因此，细晶透明铁电陶瓷的有效双折射率可以通过改变剩余极化强度和外电场强度进行控制，这就称为电控双折射效应。钴钛酸铅镧(PLZT)透明陶瓷具有较显著的电控双折射效应，可以和单晶材料一样用于制作光调制器、光开关、光偏转器、光存储器、显示器等。

【频率转换】frequency switching

电光陶瓷的频率转换是指电光陶瓷受到某些波长的电磁波照射时，发射出其他波长电磁波的现象。

【老化】aging

指极化处理后的压电陶瓷性能随存放时间的延长而变化的现象。压电陶瓷放置的时间越长，总的变化量越大，但变化的速度会逐渐减缓。

【热电效应】thermo-electric effect

是当受热物体中的电子(空穴)，因随着温度梯度由高温区往低温区移动时，所产生电流或电荷堆积的一种现象。而这个效应的大小，则是用称为塞贝克系数(S)的参数来测量，其定义为 $S=E/-\mathrm{d}T$，式中：E 为因电荷堆积产生的电场；$\mathrm{d}T$ 则是温度梯度。

9.1.3.2 半导体性能

【半导体】semiconductor

参见 21.1.1【半导体】。

【能带】energy band

在晶体中，原子中的外层电子在相邻原子的势场作用下，可以在整个晶体中做共有化运动，原来自由原子的简并能级分裂为许多和原来能级接近的能级，形成能带。能带的宽窄由晶体的性质决定，与晶体中含的原子数目无关，自由原子中电子的能级越高，对应的能带越宽。

【满带】filled band

在晶体中电子的运动状态与孤立原子的电子状态有所不同。由于电子的共有化运动，原子中每一电子所在能级都分裂为能带。如在原子中一样，晶体中电子的能量状态也遵守能量最小原理和泡利不相容原理。内层能级所分裂的能带总是被电子所占满，然后再占据更高的外面一层能带。被电子占满的能带称为满带。满带电子是不导电的，因为泡利不相容原理认为，每个能级只能容纳自旋方向相反的两个电子，在外加磁场上，这两个自旋方向相反的电子受力方向也相反。它们最多只能互换位置，不能出现沿电场方向的净电流，所以说满带电子不导电。

【空带】empty band

无电子填充的能带，固体的导电性能由其能带结构决定。对一价金属，价带是未满带，故能导电。对二价金属，价带是满带，但禁带宽度为零，价带与较高的空带相交叠，满带中的电子能占据空带，因而也能导电。绝缘体和半导体的能带结构相似，价带为满带，价带与空带间存在禁带。半导体的禁带宽度为 0.1～4eV，绝缘体的禁带宽度为 4～7eV。在任何温度下，由于热运动，满带中的电子总会有一些具有足够的能量激发到空带中，使之成为导带。由于绝缘体的禁带宽度较大，常温下从满带激发到空带的电子数微不足道，宏观上表现为导电性能差。半导体的禁带宽度较小，满带中的电子只需较小能量就能激发到空带中，宏观上表现为有较大的电导率。

【价带】valence band

又称价电带，通常是指半导体或绝缘体中，在绝对零度下能被电子占满的最高能带，对半导体而言，此能带中的能级基本上是连续的。全充满的能带中的电子不能在固体中自由运动。但若该电子受到光照，它可吸收足够能量而跳入下一个容许的最高能区，从而使价带变成部分充填，此时价带中留下的电子可在固体中自由运动。

【导带】conduction band

由自由电子形成的能量空间，即固体结构内自由运动的电子所具有的能量范围。对于金属，所有价电子所处的能带就是导带。对于半导体，所有价电子所处的能带是所谓价带，比价带能量更高的能带是导带。在绝对零度温度下，半导体的价带是满带，受到光电注入或热激发后，价带中的部分电子会越过禁带进入能量较高的空带，空带中存在电子后即成为导电的能带——导带。导带是半导体最外面（能量最高）的一个能带，是由许多准连续的能级组成的，是半导体的一种载流子——自由电子（简称为电子）所处的能量范围。导带中往往只有少量的电子，大多数状态（能级）是空着的，则在外加作用下能够发生状态的改变，故导带中的电子能够导电，即为载流子。

【禁带】forbidden band

在两个能带之间的区域中，不存在电子的能量，因此这个能量区域中也不可能有电子，这两个能带之间的区域被称为禁带。对于绝缘体，分隔导带和满带的禁带宽度较大，激发电子需要很多能量，因此激发电子的数目就十分少，以致所引起的导电作用在实际中可以忽略。对于半导体，分隔导带与满带的禁带宽度较小，激发电子的数目较多，就可以导电。在能带结构中能态密度为零的能量区间，常用来表示价带和导带之间的能量范围。禁带宽度的大小决定了材料是半导体还是绝缘体。半导体的禁带宽度较小，温度升高，电子被激发传到导带，具有导电性。绝缘体的禁带宽度很大，即使在较高的温度下，仍是不良导体。

【能隙】bandgap

又称为能带隙，在固态物理学中泛指半导体或是绝缘体的价带顶端至传导带底端的能量差距。能隙越大，电子由价带被激发到导带越难，本征载流子浓度就越低，电导率也就越低。

【能级分裂】energy level splitting

多个原子之间的相互作用引起同样量子态的能级发生能量的差别，产生多个能级的现象，就是能级分裂。例如，两个氢原子结合成氢分子的时候，它们的 1s 电子云肯定要发生重叠，重叠的过程实际上就是两个电子云相互作用的过程，这个作用的结果有两种：波函数同号叠加的（也就是两个氢原子的电子是同向自旋的情况），能量就要升高；波函数异号叠加的，能量就要降低。这就使得原来的1s能级因为同号或者反号叠加，分裂为两个能级，一个比1s稍高，另一个稍低，这就是能级分裂，本质上是电子之间的相互作用。

【电子共有化】electron sharing

两个原子靠得很近时，每个价电子同时受到两个离子的作用，其势能曲线中间形成势垒，这是两个势阱叠加的结果，处于高能级的电子可以自由运动，电子势能大于势垒高度，原来属于某一原子的电子，此时为晶体的几个原子共有，这些电子被称为共有化电子，这种由于晶体原子周期性排列而使价电子不再为单个原子所有的现象为电子共有化。原子组成晶体后，由于电子壳层的交叠，电子不再完全局限在某一个原子上，可以由一个原子转移到相邻的原子上去，因而电子将可以在整个晶体中运动，这种运动称为电子的共有化运动。因为各原子中相似壳层上的电子才有相同的能量，电子只能在相似壳层间转移。因此，共有化运动的产生是由于不同原子的相似壳层间的交叠。

【电子施主】donor

是指半导体中以贡献出电子方式形成电子电导的一种杂质。完全纯的半导体(称本征半导体)在室温下是不导电的。要使半导体导电，需要有意识地在纯半导体中掺一些杂质，即掺入在半导体中的杂质原子，能够向半导体提供导电的电子，并成为带正电的离子，如硅中的磷和砷。

【浅能级施主】shallow level impurity

电子施主的一类，它们在禁带中产生的杂质能级位于导带底附近，与导带底相差几个毫电子伏。杂质能级上的多余电子在室温下就能跃迁到导带中去。与此相对的另一类杂质是深能级杂质，它们是由同族元素但不同原子(称为等电子杂质)以及碳、氧、氮和铁、铜、金、银等重金属原子产生。它们产生的能级往往在禁带中间，所以称为深能级。

【电子受主】electron acceptor

掺入半导体中的一类杂质或缺陷，它能接受半导体中的价带电子，产生同数量的空穴，从而改变半导体的导电性能。例如，掺入半导体锗和硅中的三价元素硼、镓等原子都是受主。如果某一半导体的杂质总量中，受主的数量占多数，则这半导体是P型半导体，这种杂质或缺陷又称受主。

【浅能级受主】shallow level acceptor

是指在半导体中、其价电子受到束缚较弱的那些杂质原子，能够提供载流子、受主杂质；它们在半导体中形成的施主能级接近导带，受主能级接近价带。因此又称其为浅能级杂质。

【有效质量】effective mass

并不代表真正的质量，而是代表能带中电子受外力时，外力与加速度的一个比例系数，一般情况下有效质量是张量(一维情况和等能面为球形时是标量)。晶体电子的加速度一般与外力方向不同。只有外力沿着等能面主轴方向时，才是同向的。有效质量一般是波矢 K 的函数。它可以大于惯性质量，也可以小于惯性质量，甚至可以是负的。

【空穴】hole

又称电洞，在固体物理学中指共价键上流失一个电子，最后在共价键上留下空位的现象。即共价键中的一些价电子由于热运动获得一些能量，从而摆脱共价键的约束成为自由电子，同时在共价键上留下空位，这些空位被称为空穴。由于空穴的存在，价带中的电子就松动了，也就可以在电场的作用下形成电流。空穴不是正电子，电子与正电子相遇湮灭时，所发出来的光子是非常高能的(即所谓的猝灭现象)。那是两粒子的质量所完全转化出来的电磁波能(通常会转出一对光子)。而电子掉入空穴所发出来的电磁波——光子，其能量通常只有几个电子伏特。

【多数载流子】majority carrier

载流子就是带有电荷并可运动而起到输运电流的主要粒子，包括电子、离子等，半导体材料中有电子和空穴两种载流子。在N型半导体中，电子是多数载流子，空穴是少数载流子。在P型半导体中，空穴是多数载流子，电子是少数载流子。

【注入】inject

当PN结加有正向偏压——P区为正电压，外电场与自建场方向相反，外电场减弱PN结区的电场，使原有的载流子平衡受到破坏。在这种情况下，势垒降低，电子从N区扩散到P区，空穴从P区扩散到N区，形成了比较显著的正向电流，这种现象称为PN结的正向注入。

【光生载流子】photo-generated carrier

用光照射半导体时，若光子的能量等于或大于半导体的禁带宽度，则价带中的电子吸收光子后进入导带，产生电子-空穴对，这种类型的载流子称为光生载流子。此过程称为光注入。光子能量与频率有关，每种频率的光，都是由同等能量的光子组成的，每个光子的能量等于普朗克常数($h=6.626\times10^{-34}$J·S)与光的频率v的乘积。当光照射到半导体时，由于不同材料电特性的不同以及光子能量的差异，会产生不同的光电效应。利用半导体材料的光电效应可制造光敏电阻器。

【光电导效应】photoconductive effect

是指在光线作用下，半导体材料吸收入射光子的能量，如果入射光子的能量大于或等于半导体材料的禁带宽度，将激发出电子-空穴对，使载流子浓度增加，导电性增加，阻值降低的现象，如光敏电阻。人们已利用这种效应制造出诸如激光打印机中光导鼓涂层、光控开关、光敏探测器。光电特性表现在很多半导体材料对光十分敏感，无光照时，不易导电；受到光照时，就变得容易导电了。例如，常用的硫化镉半导体光敏电阻，在无光照时电阻高达几十兆欧，受到光照时电阻会减小到几十千欧。半导体受光照后电阻明显变小的现象称为光导电。利用光导电特性制作的光电器件还有光电二极管和光电三极管等。

【杂质能级】impurity level

半导体材料中的杂质使严格的周期性势场受到破坏，从而有可能产生能量在带隙中的局域化电子态，称为杂质能级。对于杂质和主晶格原子价电子相差1的施(受)主杂质，它们的离化能很小，通常只有十几～几十毫电子伏，在常温下就能电离而向导带(价带)提供电子(空穴)，自身成为带正(负)电的电离施(受)主，通常称这些杂质能级为施(受)主能级。

【深能级】deep energy level

和主晶格原子的价电子相差大于1的杂质，在半导体中形成的杂质能级一般离导带底或价带顶较远，它们的施主或受主作用一般不明显，通常称这些杂质能级为深能级。靠近禁带中央的深能级往往是有效的复合中心，能促进非平衡载流子的复合，对半导体的光电和发光性能起重要作用。其又指靠近导带的空穴束缚态，或能量很接近价带顶的电子束缚态。它们往往可以连续接受几个电子，在禁带中形成多重能级，各对应于不同的电荷态。

【浅能级】shallow energy level

指能量很靠近导带底的电子束缚态，或能量很接近价带顶的空穴束缚态。浅能级中的电子或空穴，在稍高的温度(甚至室温)就几乎完全电离而成为在导带中的自由电子或价带中的自由空穴，起导电作用。

【补偿】compensation

当半导体中同时存在两种类型的杂质时，施主上的电子首先要去填充受主能级中的空能级，两种杂质的作用在一定程度上相互抵消，即发生补偿效应。如果两种杂质的浓度相等，则载流子浓度很小。

【陷阱】trap

半导体中能够俘获电子、空穴的晶体缺陷或化学中心。热平衡时由缺陷或杂质引入的能级上具有一定数量的热平衡电子，当半导体内引入非平衡载流子时，这些能级上的电子数目将发生变化，如果能级上电子数目增加则该能级具有俘获非平衡电子能力，该能级称为电子陷阱。反之若该能级上电子数目减少则该能级具有俘获空穴的能力称为空穴陷阱。当非平衡载流子落入陷阱后基本上不能直接发生复合，而必须首先激发到导带或价带，然后才能通过复合中心而复合。在整个过程中，载流子从陷阱激发到导带或价带所需的平均时间比它们从导带或价带发生复合所需的平均时间长得多，因此陷阱的存在大大增加了从非平衡恢复到平衡态的弛豫时间。

【费米分布函数】Fermi distribution function

它描述了在热平衡状态下，在一个费米子体系(如电子系统)中属于能量 E 的一个量子态被一个电子占据的概率。费米分布函数：$f(E)=\dfrac{1}{\exp\left[\dfrac{E-E_F}{kT}\right]+1}$。式中：$T$ 为绝对温度；k 为波兹曼常数；E_F 为费米能量。E_F 可以定义为在绝对温度为零度(0K)时，原子内电子所能占据的最高能级。

【费米能级】Fermi level

对一个由费米子组成的微观体系而言，每个费米子都处在各自的量子能态上。把所有的费米子从这些量子能态上移开，之后再把这些费米子按照一定的规则(例如泡利原理等)填充在各个可供占据的量子能态上，并且在这种填充过程中每个费米子都占据最低的可供占据的量子态。最后一个费米子占据着的量子态即可粗略理解为费米能级。费米能级等于费米子系统在趋于绝对零度时的化学势。

【势垒】potential energy barrier

就是势能比附近的势能都高的空间区域，基本上就是极值点附近的一小片区域。在半导体中由 N 型和 P 型材料分别形成的两个区费米能级不相等，在两区的接触面，即 PN 结处产生电荷的积累，稳定后形成一定的电势差。正负载流子在 PN 结处聚集，并且内部形成电场——自建场。这个电场对于 N 区的电子和 P 区的空穴是一个势垒。

【耗尽层】depletion layer

是指 PN 结中在漂移运动和扩散作用的双重影响下载流子数量非常少的一个高电阻区域。耗尽层的宽度与材料本身性质、温度以及偏置电压的大小有关。在 PN 结中，由于载流子浓度的梯度，空穴、电子会通过扩散作用的形式分别向掺杂浓度低的 N 区、P 区移动。PN 交界面处空穴与电子复合，剩余的正负离子产生一个内在电场。这个电场会使载流子发生漂移运动，这一运动与扩散的方向正好相反，两者会达成动态平衡。这两种作用的结果是在 PN 结处形成一个电子、空穴都很稀少的耗尽层。因为耗尽层中载流子少，其特征类似电容，这一区域也被称为结电容。

【势垒层】barrier layer

假定半导体的费米能高于金属的费米能，此条件下不用考虑价带的存在，当金属与半导体接触时，电子将由半导体的导带流向金属，热平衡时，两者的费米能重合，电离施主在接触面附近半导体一侧形成空间正电荷积累，电子则在金属表面形成负电荷积累，这样就会在半导体内形成向上弯曲的能带，半导体中载流子严重耗去的势垒层成为肖特基势垒层，也称为耗尽层。

【过渡层】transition layer

当掺有不同杂质的 P 型半导体和 N 型半导体接触时，由于接触两边载流子的类型和载流子的浓度不同，P 区的空穴向 N 区扩散，同样 N 区的电子也会扩散进入 P 区，使得 P 区靠近界面的一侧空穴浓度减小，N 区靠近界面的一侧的电子浓度减小，这个区域称为过渡层。

【PN 结】PN junction

在 P 型半导体和 N 型半导体的结合面两侧形成的空间电荷区。PN 结的内电场方向由 N 区指向 P 区。在空间电荷区，由于缺少多子，所以也称耗尽层。PN 结是由一个 N 型掺杂区和一个 P 型掺杂区紧密接触所构成的，在 P 型半导体和 N 型半导体结合后，由于 N 型区内自由电子为多子空穴几乎为零称为少子，而 P 型区内空穴为多子自由电子为少子，在它们的交界处就出现了电子和空穴的浓度差。由于自由电子和空穴浓度差的原因，有一些电子从 N 型区向 P 型区扩散，也有一些空穴要从 P 型区向 N 型区扩散。它们扩散的结果就使 P 区一边失去空穴，留下了带负电的杂质离子，N 区一边失去电子，留下了带正电的杂质离子。开路中半导体中的离子不能任意移动，因此不参与导电。这些不能移动的带电粒子在 P 和 N 区交界面附近，形成了一个空间电荷区。在空间电荷区形成后，由于正负电荷之间的相互作用，在空间电荷区形成了内电场，其方向是从带正电的N区指向带负电的P区。显然，这个电场的方向与载流子扩散运动的方向相反，阻止扩散。另一方面，这个电场将使N区的少数载流子空穴向P区漂移，使P区的少数载流子电子向N区漂移，漂移运动的方向正好与扩散运动的方向相反。从N区漂移到P区的空穴补充了原来交界面上P区所失去的空穴，从P区漂移到N区的电子补充了原来交界面上N区所失去的电子，这就使空间电荷减少、内电场减弱。因此，漂移运动的结果是使空间电荷区变窄，扩散运动加强。最后，多子的扩散和少子的漂移达到动态平衡。在P型半导体和N型半导体的结合面两侧，留下离子薄层，这个离子薄层形成的空间电荷区称为PN结。

【PN结势垒】barrier of PN junction

PN结界面附近处产生的阻挡载流子进一步扩散的势垒。在PN结界面附近处存在着内建电场，而该内建电场的方向正好是阻挡着空穴进一步从P型半导体扩散到N型半导体去，同时也阻挡着电子从N型半导体进一步扩散到P型半导体去。于是从能量上来看，由于空间电荷-内建电场的出现，就使得电子在P型半导体一边的能量提高了，同时空穴在N型半导体一边的能量也提高了；而在界面附近处产生出了一个阻挡载流子进一步扩散的势垒——PN结势垒。内建电势差所对应的能量差(能量差=电势差×电子电荷)，即为PN结的势垒高度。

【PN结击穿】breakdown of PN junction

当对PN结施加的反向偏压增大到某一数值V_{BR}时，反向电流密度突然开始迅速增大的现象称为PN结击穿。基本的击穿机构有三种，即隧道击穿(也叫齐纳击穿)、雪崩击穿和热电击穿。如果外电路不能限制电流，则电流会大到将PN结烧毁。反向电流突然增大时的电压称击穿电压。前者击穿电压小于6V，有负的温度系数，后者击穿电压大于6V，有正的温度系数。

齐纳击穿：齐纳击穿通常发生在掺杂浓度很高的PN结内。由于掺杂浓度很高，PN结很窄，这样即使施加较小的反向电压(5V以下)，结层中的电场却很强(可达2.5×10^5V/m左右)。在强电场作用下，会强行促使PN结内原子的价电子从共价键中拉出来，形成电子-空穴对，从而产生大量的载流子。它们在反向电压的作用下，形成很大的反向电流，出现了击穿。显然，齐纳击穿的物理本质是场致电离。

雪崩击穿：阻挡层中的载流子漂移速度随内部电场的增强而相应加快到一定程度时，其动能足以把束缚在共价键中的价电子碰撞出来，产生自由电子-空穴对，新产生的载流子在强电场作用下，再去碰撞其他中性原子，又产生新的自由电子-空穴对，如此连锁反应，使阻挡层中的载流子数量急剧增加，像雪崩一样。雪崩击穿发生在掺杂浓度较低的P-N结中，阻挡层宽，碰撞电离的机会较多，雪崩击穿的击穿电压高。

热电击穿：当PN结施加反向电压时，流过PN结的反向电流要引起热损耗。反向电压逐渐增大时，对于一定的反向电流所损耗的功率也增大，这将产生大量热量。如果没有良好的散热条件使这些热能及时传递出去，则将引起结温上升。这种由于热不稳定性引起的击穿，称为热电击穿。

9.1.3.3 磁性能

【磁偶极子】magnetic dipole

是类比电偶极子而建立的物理模型。具有等值异号的两个点磁荷构成的系统称为磁偶极子。但由于没有发现单独存在的磁单极子，因此磁偶极子的物理模型不是两个磁单极子，而是一段封闭回路电流。磁偶极子模型能够很好地描述小尺度闭合电路元产生的磁场分布。地磁场也可以看作是由磁偶极子产生的场。磁偶极子受到力矩的作用会发生转动，只有当力矩为零时，磁偶极子才会处于平衡状态。利用这个道理，可以进行磁场的测量。

【磁矩】magnetic moment

描述载流线圈或微观粒子磁性的物理量。平面载流线圈的磁矩定义为$m=iSn$。式中：i为电流强度；S为线圈面积；n为与电流方向成右手螺旋关系的单位矢量。在均匀外磁场中，平面载流线圈所受合力为零而所受力矩不为零，该力矩使线圈的磁矩 m 转向外磁场 B 的方向；在均匀径向分布外磁场中，平面载流线圈受力矩偏转。许多电机和电学仪表的工作原理即基于此。在原子中，电子因绕原子核运动而具有轨道磁矩；电子还因自旋具有自旋磁矩；原子核、质子、中子以及其他基本粒子也都具有各自的自旋磁矩。这些对研究原子能级的精细结构，磁场中的塞曼效应以及磁共振等有重要意义，也表明各种基本粒子具有复杂的结构。

【本征磁性】intrinsic magnetism

物质的磁性由其组成的本征原子磁矩决定，不受外界环境如温度、压力等的影响而表现出来的磁性称为本征磁性。

【饱和磁矩】saturation magnetic moment

当热力学温度趋于 0 时磁性体的饱和磁化强度，称为饱和磁矩。在某一温度下，物体内所有原子的磁矩受到外磁场作用，并都能按照某一方向整齐地排列，这时的总磁矩为该温度的饱和磁矩。在电器铁芯材料(电磁铁和永磁铁)中饱和磁矩是非常重要的物理量。

【交换作用】exchange interaction

全同微观多粒子系统里粒子间的一种等效相互作用。它反映了全同粒子的不可分辨性，纯属量子效应。假定两个具有不成对电子的原子相互靠近，如果这两个原子的自旋相互反平行，则它们将共享一个共同的轨道，这样就增加了静电库仑能，然而，若两者的自旋平行，则根据泡利不相容原理，两者将形成分开的轨道，即减少了库仑相互作用。交换作用虽然是一种等效的粒子间相互作用，却为全同粒子不可分辨性所导致的粒子间的关联效应描绘出一幅直观的物理图像，因而是一个很有用的概念。据此，多电子原子和分子的光谱，分子和化合物的化学键，固态物质中的电子特征及序磁性，都可以得到很清晰地描述和解释。

【自发磁化】spontaneous magnetization

参见 21.3.1【自发磁化】。

【抵消点】compensation point

亚铁磁性物质像铁磁性一样，在居里点以下保持暂态磁性，在该温度以上无磁性序列(顺磁性)。但是，有时候在一个低于居里点的温度，两种亚晶格有相同的磁矩，从而导致零磁矩，该现象被称为磁抵消点。该抵消点在石榴石和稀土金属——过渡金属混合物(RE-TM)中，容易被观测到。与此同时，亚铁磁可能还存在角动量抵消点，在该磁亚晶格的角动量被抵消。该抵消点对于磁记忆设备在达到高速反向磁化时是一个重要的点。

【磁畴】magnetic domain

参见 2.1.4【磁畴】。

【磁畴壁】magnetic domain wall

参见 21.3.1【磁畴壁】。

【磁化强度】magnetization intensity

参见 2.1.4【磁化强度】。

【磁导率】permeability

参见 2.1.4【磁导率】。

【起始磁导率】initial magnetic permeability

参见 21.3.1【起始磁导率】。

【矫顽力】coercive force

是指磁性材料在饱和磁化后，当外磁场退回到零时其磁感应强度 B 并不退到零，只有在原磁化场相反方向加上一定大小的磁场才能使磁感应强度退回到零，该磁场称为矫顽磁场，又称矫顽力。使磁化至饱和的永磁体的磁感应强度 B 降低至零所需要的反向磁场强度称为磁感矫顽力。

【退磁曲线】demagnetization curve

指的是磁性合金的磁滞回线中第二或第四象限所对应的曲线。一般描述的是一个单调变化的磁场从饱和状态退磁的情形。具体应用中常用磁通密度、磁极化强度或磁化强度随外磁场强度反向单调变化关系曲线表示。退磁曲线所描述的是反磁化过程的前一段过程，为从剩余磁化强度开始，退到等于零的过程。它是磁性材料重要的特性曲线，因为由退磁曲线上确定的一些技术磁性参量是永磁合金不同应用的重要表征。

【最大磁能积】maximum magnetic energy product

参见 21.3.1【最大磁能积】。

【磁晶各向异性能】magnetocry stalline anisotropy energy

铁磁晶体具有一项能量，它使磁化强度指向某些特定的晶体学轴，这些轴称为易磁化方向。这项能量称为磁晶各向异性能，它不是由完全各向同性的交换相互作用产生的。

【退磁因数】demagnetizing factor

磁性材料在外加磁场中被均匀磁化，内部由其自身产生的退磁场 H_d 和材料的磁化强度 M 成正比，即可以表示成如下形式：$H_d = -NM$。式中：比例系数 N 称为退磁因数，退磁因数的大小与材料的几何形状有关。物体的退磁因数越大，退磁场强度也越大，有效磁场强度越小，物体越难磁化。

【矩磁性】rectangular magnetic

指的是具有矩形磁滞回线、剩余磁感强度和工作时最大磁感应强度的比值接近于 1 且矫顽力较小的磁性特征。具有矩磁性材料主要有两大类：一类是常温矩磁铁氧体材料，如 Mn-Mg 系、Mn-Zn 系、Cu-Mn 系和 Cd-Mn 系等；另一类是宽温(－50～150℃)矩磁材料，如 Li 系和 Ni 系等。

【旋磁效应】gyromagnetic effect

参见 21.3.1【旋磁效应】。

【压磁效应】piezomagnetic effect

是指磁性材料在机械外应力的作用下磁物理特性发生的变化。磁材料被磁化时，如果受到限制而不能伸缩，内部会产生应力，同样在外部施加力也会产生应力。压磁效应在传感器生产领域有较大应用。

【一致共振】uniform resonance

在强磁性体中磁化强度矢量(样品每单位体积的或每一磁畴的总磁矩)作为一个整体旋进，即所有的原子磁矩步调完全一致的旋进，在空间均匀的交变场中被激发的共振现象，称为一致共振或 Kittel 共振。一致共振为静磁共振的一个特例。

【静磁共振】magnetostatic resonance

在不同强度的恒磁场下出现多峰的共振现象，称为静磁共振或 Walker 共振。这一现象是样品中某些有一定分布规律的各部分的原子磁矩的不一致旋进方式(非一致旋进模)被激发的结果。1957 年由 L. R. Walker 由求解静磁方程给出理论解释。

【法拉第旋转效应】Faraday rotation effect

又称法拉第旋转、法拉第效应、磁致旋光，是一种磁光效应，由光与磁场的相互作用导致。线偏振光通过介质内的电磁场时，偏振面会在电磁场的影响下产生相对于入射光的旋转。对于给定的介质，偏振面的转角与样品强度和磁感应强度成正比。

【倍频效应】magnetic frequency doubling effect

光束与非线性介质相互作用，部分光束的波长变为原来的 1/2，即频率变为原来的二倍，称为倍频效应。

【混频效应】magnetic frequency mixing effect

两束以上的激光束与非线性介质相互作用，产生新的光束，其频率为上述诸光束频率之和或差(或其他可能的线性组合)的现象，称为混频效应。

【趋肤效应】skin effect

又称集肤效应，当导体中有交流电或者交变电磁场时，导体内部的电流分布不均匀，电流集中在导体外表的薄层，越靠近导体表面，电流密度越大，导体内部电流较小，这一现象称为趋肤效应。趋肤效应会使导体的电阻增加，使它的损耗功率也增加，在无线电频率的设计、微波线路和电力传输系统方面都要考虑到趋肤效应的影响。在高频电路中可用空心铜导线代替实心铜导线以节约铜材。利用趋肤效应还可对金属表面淬火，使某些钢件表皮坚硬、耐磨，而内部却有一定柔性，防止钢件脆裂。

【集肤效应】skin effect

参见本节【趋肤效应】。

【磁泡】magnetic bubble

也称磁泡畴或简称泡畴。磁性薄膜在外磁场作用下，当外磁场增加到某一程度时，磁性晶体的磁畴会形成圆柱形稳定磁化区域，磁化强度与磁场方向相反，垂直于膜面观察时呈圆形，运动起来像水面上的水泡，因此称为磁泡，利用在磁性薄膜的某一位置上"有"和"无"磁泡的两种物理状态代表"1"和"0"，可实现信息的存储，称为磁泡存储器。控制磁泡的产生、消灭、移动和检出等可实现信息的写入、传输和读出。利用磁泡间的排斥作用还可以实现逻辑功能。磁泡存储器具有非易失性，存储密度高，可靠性高，无高速旋转的机械部分，适合在运动条件下工作。缺点是速度慢，取数时间是数毫秒，比磁盘稍快，但较半导体存储器慢得多。

【泡畴】bubble domain

参见本节【磁泡】。

9.1.3.4 热性能

【晶格振动】crystal lattice vibration

指晶体点阵中的质子(原子，离子)围绕平衡位置做微小振动。可用简正振动和振动模来描述。简正振动是最简单、最基本的振动，即分子中所有原子以相同频率在平衡位置附近所做的简谐振动。简正振动方式随分子中原子数增加而增加。一个由 n 个原子组成的分子有 $3n-6$(直线型分子为 $3n-5$)种简正振动。简正振动方式基本可分为两大类，一类是键长发生变化的伸缩振动，一类是键角发生变化的弯曲振动(或变形振动)。每个简正振动都有一个特征频率，对应于红外光谱上可能的一个吸收峰。由于选择定则、简并状态、仪器分辨率和检测范围等因素使得红外吸收峰的数目少于简正振动数。由于晶格具有周期性，则晶格的振动模具有波的形式，称为格波。一个格波就表示晶体所有原子都参与的一种振动模式。格波可区分为声学波和光学波两种模式。格波能量的量子称为声子，有声学波声子和光学波声子之分。晶体的比热、热导、电导等都与晶格振动(或者声子)有关。

【声子】phonon

是晶格振动的简正模能量量子。每一种简正振动模式实际上就是一种具有特定的频率 ν、波长 λ 和一定传播方向的弹性波，整个系统也就相当于由一系列相互独立的谐振子构成。在经典理论中，这些谐振子的能量将是连续的，但按照量子力学，它们的能量则必须是量子化的，只能取 h_ν 的整数倍，即 $E_n=(n+1/2)h_\nu$(其中 $1/2h_\nu$ 为零点能)。这样，相应的能态 E_n 就可以认为是由 n 个能量为 h_ν 的"激发量子"相加而成。而这种量子化了的弹性波的最小单位就叫声子。声子是一种元激发。

【比热】specific heat capacity

一定质量的物质，在温度升高时，所吸收的热量与该物质的质量和升高的温度乘积之比，称作这种物质的比热容(比热)，用符号 c 表示。其国际单位制中的单位是焦耳每千克开尔文[J /(kg · K)]或焦耳每千克每摄氏度[J/(kg · ℃)]。J 是指焦耳，K 是指热力学温标，即令 1kg 的物质的温度上升(或下降)1K 所需的能量。根据此定理，便可得出以下公式：$c=Q/(m\cdot\Delta T)$。式中：Q 为吸收(或放出)的热量；m 是物体的质量；ΔT 是吸热(或放热)后温度所上升(或下降)值。物质的比热容与所进行的过程有关。在工程应用上常用的有定压比热容 C_p、定容比热容 C_v 和饱和状态比热容三种。定压比热容 C_p 是单位质量的物质在压力不变的条件下，温度升高或下降 1K 或 1K 所吸收或放出的能量。定容比热容 C_v 是单位质量的物质在容积(体积)不变的条件下，温度升高或下降 1℃或 1K 吸收或放出的能量。饱和状态比热容是单位质量的物质在某饱和状态时，温度升高或下降 1℃或 1K 所吸收或放出的热量。

【热容量】heat capacity

系统在某一过程中，温度升高(或降低)1K 所吸收(或放出)的热量称为这个系统在该过程中的热容量。如果在一定的过程中，当温度升高 ΔT 时，系统从外界吸收的热量为 ΔQ，那么在该过程中该系统的热容量为 $C=\Delta Q/\Delta T$。热容量的单位是 J/K。系统的热容量与状态的转变过程有关。在提到系统或物质的热容量时，必须指明状态的转变过程。系统的热容量还与它所包含的物质的质量成正比，不同过程的热容量不同。

【固体热膨胀】solid thermal expansion

压力保持不变时，由于温度的改变，造成固体发生长度或体积变化的现象。膨胀的程度用膨胀系数表示。从微观看，固体的热膨胀是固体中相邻原子间的平均距离增大。晶体中两相邻原子间的势能是原子间距离的函数，势能曲线是一条非对称曲线。在一定的振动能量下，两原子的距离在平衡位置附近改变着，由于势能曲线的非对称性，其平均距离 r 大于平衡时的距离 r_0；在更高的振动能量时，它们的平均距离就更大。由于振动的能量随温度升高而增大，所以两原子间的平均距离也随温度升高而增大，结果使整块固体胀大。

【线膨胀系数】coefficient of linear expansion

亦称线胀系数。固体物质的温度每升高1℃时，其单位长度的伸长量，称为线膨胀系数。单位为1/℃或1/K，符号为 α_1。其定义式是 $l_t=l_0(l+\alpha_1\triangle t)$，表示材料膨胀或收缩的程度。分为某一温度点的线膨胀系数和某一温度区间的线膨胀系数，后者称为平均线膨胀系数。前者是单位长度的材料每升高1℃的伸长量；平均线膨胀系数是单位长度的材料在某一温度区间，每升高1℃温度的平均伸长量。

【体膨胀系数】volume expansion coefficient

又称体胀系数。无论物质是哪种(固体、液体或气体)形态的变化，都称之为体膨胀。单位温度下，物体的相对体积变化，称为体膨胀系数。符号用 α 表示，设在0℃时物质的体积为 V_0，在 t℃时的体积为 V_t，则体胀系数的定义式为 $V_t=V_0(1+\alpha t)$。

【导热性】thermal conductivity

指物质传导热量的性能，是对固体或液体传热的能力的衡量。导热性能好的物体，往往吸热快，散热也快。其大小用热导率衡量，热导率定义：物体上下表面温度相差1K时，单位时间内通过导体横截面的热量。符号为λ，单位为W/(m·K)。

【抗热冲击】thermal shock resistance

材料的抗热冲击性能是指材料所能承受的、未出现炸裂的最高温度结业变化或者在某一温度下所能承受的抗热冲击次数。这种抗热冲击性能不是依据某一种测试方法就能够得到所谓的客观的真值的，因为材料的形状及热冲击实验方法不同，在材料中产生的热应力类型及其随时间的变化也各异。所以欲探讨材料的耐热冲击性能应从实验与评价方法以及理论分析两方面进行。

【抗热应力系数】thermal stress resistance

抗热应力破坏性是材料抵抗由于瞬时温度剧烈变化、温度梯度很大或物理性能不匹配所生热应力引起的破坏的能力，是材料的一项重要性能。抗热应力系数是指材料对热应力造成的材料损伤的抵抗能力，可以用使材料产生断裂的临界温差来定量表示。材料的抗热震因子越大，则它的抗热破坏性越好，为了避免材料的热应力破坏，要求材料的强度高，导热系数也高，模量和线膨胀系数则要小。能量准则是从能量角度研究材料中的裂纹扩展，而不涉及裂纹起源，认为裂纹扩展的动力在于储存于内部的弹性能，材料的弹性能小于裂纹扩展所需要的断裂表面能，即使有裂纹也不会产生热应力破坏。材料的抗热应力破坏特效取决于它的断裂表面能。为了避免热冲击破坏，要求材料有很高的断裂功，而线膨胀系数和模量则要求相应的要小。

【耐热系数】heat-resistance coefficients

物体在不同温度时吸收热量与力学指标的比值，通常表述随着温度上升或下降，材料力学性能变化而能容纳热量的大小，和温度有关。

9.1.3.5 声学性能

【声源】sound sources

声音是由物体的振动产生的。一切发声的物体都在振动。物理学中，把正在发声的物体叫声源。如正在振动的声带、正在振动的音叉、敲响的鼓等都是声源。但是声源是不能脱离其周围的弹性介质的，空间中同样的物体，同样的振动状态，如果脱离了弹性介质，那么就不能产生声波了，这时的振动着的物体不是声源。

【超声效应】ultrasound effect

当超声波在介质中传播时，由于超声波与介质的相互作用，使介质发生物理的和化学的变化，从而产生一系列力学的、热的、电磁的和化学的超声效应，主要包括机械效应、电磁效应、空化效应、热效应以及化学效应五种效应。例如，超声波的机械作用可使悬浮在流体中的微小颗粒因受机械力的作用而凝聚在驻波波节处，在空间形成周期性的堆积。超声波在压电材料和磁致伸缩材料中传播时可以引起的感生电极化和感生磁化。超声波作用于液体时，由于局部拉应力的作用可产生大量小气泡，称为空化效应，可以促使发生或加速某些化学反应。例如，纯的蒸馏水经超声处理后产生过氧化氢；溶有氮气的水经超声处理后产生亚硝酸；氨基酸等有机物质的水溶液经超声处理后分子结构发生了改变等。

【声表面波】surface acoustic wave

在固体半空间表面存在的一种沿表面传播，能量集中于表面附近的弹性波，又称为表面声波。从严格意义上说，声表面波泛指沿表面或界面传播的各种模式的波，不同的边界条件和传播介质条件可以激发出不同模式的声表面波。在半无限基片上存在的声表面波有瑞利波、漏波、广义瑞利波、水平剪切波、电声波、兰姆波等。在层状结构的基片存在有乐甫波、西沙瓦波、斯东莱波等。

【体波】sound wave

是声波在物体中传播时的一种表达，固体中声音的本征传播实质上是三条波的耦合，即任何固体的声波传输是由一支纵波和两支横波组成，纵波是通过介质的体积变化即挤压和拉伸传播的，在固液气态介质中均可传播，速度最快。横波的振动方向与传播方向垂直，通过介质的形态变化而实现，又称作剪切波，只在固体中传播，速度较慢。

【声阻】acoustic impedance

在声音传播过程中介质对声波的吸收，其能力的大小用声阻抗来表征。

【声质量】sound quality

所谓声音的质量，是指经传输、处理后音频信号的保真度。对模拟音频来说，再现声音的频率成分越多、失真与干扰越小、声音保真度越高，音质也越好。如在通信科学中，声音质量的等级除了用音频信号的频率范围外，还用失真度、信噪比等指标来衡量。对数字音频来说，再现声音频率的成分越多、误码率越小、音质越好。通常用数码率(或存储容量)来衡量，取样频率越高、量化比特数越大、声道数越多、存储容量越大，当然保真度就高，音质就好。对声音质量要求过高，则设备复杂；反之，则不能满足应用。一般以“够用，又不浪费”为原则。

【声顺】acoustic compliance

声劲的倒数，也称声容。单位为立方米每帕(m^3/Pa)。$C_a=V/\rho_0 C_0$，式中：C_a 为声容；ρ_0为空气密度；C_0为空气中声速。

【声吸收】sound absorption

是指实际传声介质里声能在传播途中逐渐变热能，从而出现随距离而逐渐衰减的现象。实际的传声介质(包括各种气体、液体和固体以及其他物态)都是非理想的。声吸收过程是一个耗散过程，与声速常有密切的关联，因此研究声吸收问题时，往往要考虑频散现象。引起介质对声吸收的原因很多。静止和均匀流体介质中主要原因有介质的黏滞性、热传导以及介质的微观动力学过程中引起的弛豫效应等。非纯介质(如大气中含有灰尘粒子、液态雾滴等)中，在声波作用下这些悬浮体对介质做相对运动而产生的摩擦损耗，以及在水雾中弛豫效应等也是引起声吸收的原因。

【声衰减】sound attenuation

声波在介质中传播时，因波束发散、吸收、反射、散射等原因，使声能在传播中减少的现象。软组织的声衰减随组织厚度而增加，其衰减量等于衰减系数与通路长度的乘积。

【吸声材料】sound-absorbing materials

吸声材料要与周围的传声介质的声特性阻抗匹配，使声能无反射地进入吸声材料，并使入射声能绝大部分被吸收。借自身的多孔性、薄膜作用或共振作用而对入射声能具有吸收作用的材料，超声学检查设备的元件之一。吸声材料在应用方式上，通常采用共振吸声结构或渐变过渡层结构。为了提高材料的内损耗，一般在材料中混入含有大量气泡的填料或增加金属微珠等。在换能器阵的各阵元之间的隔声去耦、换能器背面的吸声块、充液换能器腔室内壁和构件的消声覆盖处理、消声水槽的内壁吸声贴面等结构上，经常利用吸声材料改善其声学性能。

【吸声系数】acoustic absorptivity; sound absorption coefficient

参见 2.1.7【吸声系数】。

【超高频超声波】uhf ultrasound

一般认为频率高于人类可听到声音范围的声波为超声波，频率大概为几十千赫，而目前人们已经发现了频率为几千兆赫兹的声波，称为超高频超声波。

【微波超声】microwave ultrasound

是指在同时具有微波和超声波的环境中进行测试。微波是指频率为 300MHz～300GHz 的电磁波，是无线电波中一个有限频带的简称。不同物质对微波的吸收程度不同，因此可以实现目标物质的选择性加热，在有机化学合成、无机化学合成和有机提取领域有广泛应用。超声波是指频率超过 20 千赫的声波，是一种机械波，当强度超过一定值时可以与传播媒介相互作用，影响、改变后者的状态、性质及结构，广泛应用于化学、医学和药学等领域。微波和超声波联合使用时能够在改善加热和能量转移时发挥各自的优势，降低能量损耗，改善产物质量，是一种高效环保的绿色工业技术。

【相速度】phase velocity

波的相位在空间中传递的速度。相速度可借由波的频率 f 与波长 λ，或者是角频率 ω 与波数 k 的关系式表示，即 $v_p = f\lambda = \dfrac{\omega}{k}$。在量子力学中，物质波的相速度大于光速。超光速的相速度并不违反狭义相对论，因其并不代表任何信息和能量的传递

【群速度】group velocity

波的振幅形状(称为波包)在空间中所传递的速度。波长不同的若干波叠加形成一波群，它在有些部分加强，另一些部分减弱。如果这些分波在介质中传播时的相速度不同，则波群的形状将随时间变化。群速度是波群传播信息和能量的速度。群速度可由角频率 ω 与波数 k 的关系定义，即 $v_g = \dfrac{\partial \omega}{\partial k}$。

9.1.3.6 力学性能

【弯曲强度】bending strength

是指材料在弯曲负荷作用下破裂或达到规定弯矩时能承受的最大应力，此应力为弯曲时的最大正应力，又称抗弯强度。一般采用三点抗弯测试或四点测试方法评测。

【抗压强度】compressive strength

参见 2.1.6【抗压强度】。

【三点弯曲试验】three-point bending test

是测量材料弯曲性能的一种试验方法。将条状试样平放于弯曲试验夹具中，形成简支梁形式，在简支梁中央加一集中力 F 的弯曲试验方法(见附图)。三点弯曲强度按下式进行计算：$\sigma = \dfrac{3Fl}{2bh^2}$。式中：$F$ 为试样破坏载荷；l 为跨距；b 为试样宽度；h 为试样厚度。

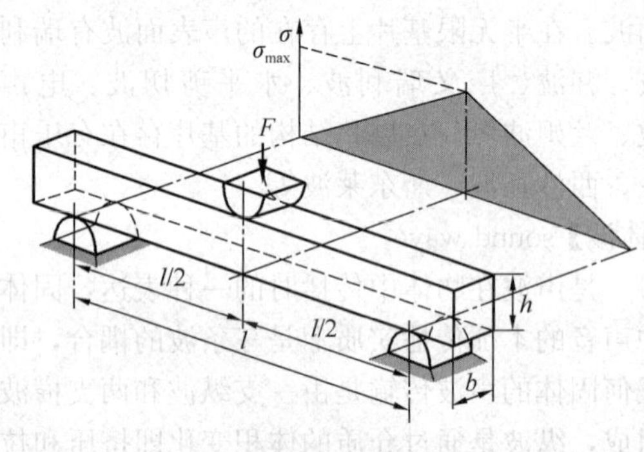

三点弯曲试验

【四点弯曲试验】four-point bending test

是测量材料弯曲性能的一种试验方法。将

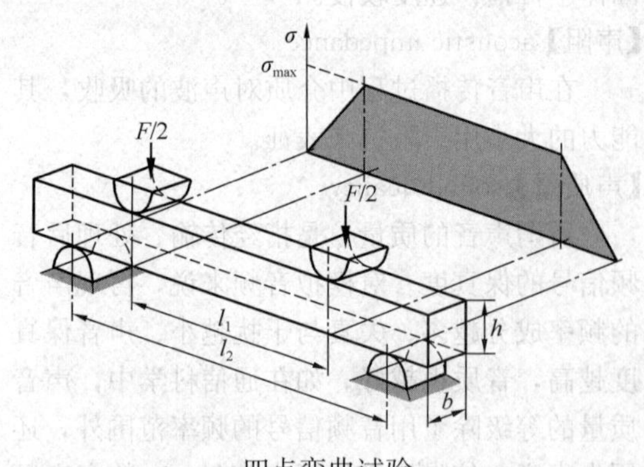

四点弯曲试验

条状试样平放于弯曲试验夹具中，形成简支梁形式，试样上方有两个对称的加载点（见附图）。四点弯曲强度按下式进行计算：$\sigma=\frac{3F(l_2-l_1)}{2bh^2}$。式中：$F$ 为试样破坏载荷；l_1 为上跨距；l_2 为下跨距；b 为试样宽度；h 为试样厚度。

【载荷-位移曲线】load-displacement curve

试样在受力过程中测得的试样受力点处的位移随外加载荷的变化关系曲线。

【断裂功】breaking work

原始裂纹在启动和扩展全过程中，每扩展单位面积外力所做的功。测量可采用断裂功法，对单边缺口梁进行弯曲加载，测定在稳态裂纹扩展下产生单位新表面积所需功。

【韦伯模数】Weibull modulus

韦伯分布（Weibull distribution）中的一个参数，广泛应用于可靠性分析。反映数据的离散性，用字母 m 表示。m 值越高，离散性越小。对陶瓷材料，韦伯模数多用于反映材料强度的离散性。

【维氏硬度】Vickers hardness

参见 2.1.6【维氏硬度】。

【洛氏硬度】Rockwell hardness

参见 2.1.6【洛氏硬度】。

【努氏硬度】Knoop hardness

参见 2.1.6【努氏硬度】。

9.2 品 种

9.2.1 特种结构陶瓷

【氧化铝陶瓷】alumina ceramic

主晶相为 Al_2O_3 的陶瓷。通常氧化铝陶瓷有两大类：高铝瓷和刚玉瓷。高铝瓷是以 Al_2O_3 和 SiO_2 为主要成分的陶瓷，其中 Al_2O_3 的含量在 45%以上，随 Al_2O_3 含量的增多，高铝瓷的各项性能指标也会相应提高。根据主晶相的不同又分为刚玉瓷、刚玉-莫来石瓷和莫来石瓷等。根据氧化铝含量的不同，习惯上又称为 75 瓷、80 瓷、85 瓷、90 瓷、95 瓷和 99 瓷等。氧化铝陶瓷具有机械强度高、绝缘电阻大、硬度高、耐磨耐腐蚀及耐高温等优良性能，广泛应用于陶瓷、纺织、石油、化工、建筑及电子等行业，是目前氧化物陶瓷中用途最广、产销量最大的陶瓷材料。

【高纯氧化铝陶瓷】high purity alumina ceramics

氧化铝含量在 99.9%（质量分数）以上的氧化铝陶瓷。熔点为 2050℃，烧结温度在 1500～1950℃，透射波长 1～6μm。高纯氧化铝陶瓷最突出的性能为透光性，烧结可达理论密度。高纯氧化铝陶瓷的稳定性比一般氧化铝陶瓷好，某些场合可代替铂坩埚，利用其透光性可用作红外检测窗材料、钠灯管和陶瓷金卤灯管等，在电子工业中可用作集成电路基片和高频绝缘材料。

【99 氧化铝陶瓷】99% alumina ceramics

氧化铝含量为 99%的氧化铝陶瓷，按主晶相分类属刚玉瓷，烧结温度约 1700℃。随氧化铝含量的增加烧结越来越困难，通常需加入烧结助剂。99 氧化铝陶瓷常用作坩埚、耐火炉管及特殊用途的耐磨材料如轴套、密封件、水阀片、防弹装甲等。

【95 氧化铝陶瓷】95% alumina ceramics

氧化铝含量为 95%的氧化铝陶瓷，主晶相为 α-Al_2O_3，烧结温度约 1650℃。主要用于制作耐腐蚀、耐磨部件。

【85 氧化铝陶瓷】85% alumina ceramics

氧化铝含量为 85%的氧化铝陶瓷。组分中通常加入部分滑石，形成以刚玉为主晶相的高铝瓷。通过对 Na^+、K^+、Fe^{3+} 等杂质离子浓度、原始颗粒尺寸和烧成温度（1400～1600℃）的控制，可形成致密细晶结构。85 氧化铝陶瓷可与钼、铌、钽等金属封接，抗热冲击性优于镁橄榄石瓷和滑石瓷，是电真空装置器件中采用最广泛的瓷料。

【重结晶氧化铝陶瓷】recrystallized alumina ceramics

指在液相烧结过程中小颗粒氧化铝溶解于液相，当液相内氧化铝达到过饱和后在大颗粒氧化铝晶体表面沉积、析出，细小的氧化铝颗粒消失，而大颗粒氧化铝长得更大的氧化铝陶瓷。重结晶氧化铝陶瓷具有良好的抗热冲击性以及优良的化学稳定性，可用于高温热电偶套管、耐火气体采样器、耐火内衬等领域。

【刚玉瓷】corundum ceramics

由刚玉（α-Al_2O_3含量大于80%）构成的陶瓷材料，主要原料为工业氧化铝、高岭土、熔剂矿物原料为碱土金属的碳酸盐、滑石等。具有耐磨损、耐腐蚀、耐高温、高强度、高硬度等一系列优良的物理和化学性能。石油化工行业应用刚玉瓷做耐腐蚀衬里，建筑行业、陶瓷行业及超细粉磨行业应用刚玉做研磨介质和研磨机械的内衬。但纯刚玉瓷和其他陶瓷材料一样，均属脆性材料，其抗折强度冲击韧性较低。在使用过程中，表现出较强的早期断裂敏感性，从而影响到陶瓷优良性能的发挥并降低了使用寿命。

【云母陶瓷】mica ceramics

以云母（如金云母、氟金云母等）为主要成分的陶瓷材料。可分为天然云母陶瓷和合成云母陶瓷。通常由云母粉、玻璃粉、少量矿化剂或助熔剂，按一定比例混合，经压坯、焙烧、成型、退火等工艺制成，是一种复合材料，兼有云母、陶瓷、塑料三者的优点。云母陶瓷是一种优良的绝缘材料，它的介质损耗角正切和介电常数与滑石瓷相近，但云母陶瓷不吸水，因此其性质比滑石瓷更优良。云母陶瓷绝缘电阻高，介电强度大，同时还具有很好的抗电弧性，它除了能很好地熄弧外，在强大的电弧作用下还不发生碳化或爆裂，因此能应用于大电流断路器的隔弧装置中。云母陶瓷的耐温性良好，用于生产真空管元件、微波元件、编码和存储元件、开关设备、线圈架、铜焊夹具、电刷柱、整流器的转换器、高温接线板、高频发射元件等。

【氧化锆陶瓷】zirconia ceramic

主要以含氧化锆的粉末为原料，加入适量的稳定剂，经高温烧结得到的陶瓷。具有耐高温、耐磨、化学稳定性好、高温下离子导电性良好和常温下不导电等特性。在常压下，纯ZrO_2有三种晶态，单斜氧化锆（m-ZrO_2）、四方氧化锆（t-ZrO_2）和立方氧化锆（c-ZrO_2），上述三种晶型存在于不同的温度范围，并可相互转化。在实际应用中为获得所需要的晶型和使用性能，通常加入不同类型的稳定剂制成不同类型的氧化锆陶瓷，如部分稳定氧化锆（PSZ），当稳定剂为CaO、MgO、Y_2O_3时，分别表示为Ca-PSZ、Mg-PSZ、Y-PSZ等。由亚稳的t-ZrO_2组成的四方氧化锆称之为四方氧化锆多晶体陶瓷（TZP）。当加入的稳定剂是Y_2O_3、CeO_2，则分别表示为Y-TZP、Ce-TZP等。氧化锆陶瓷具有高韧性、高抗弯强度和高耐磨性，因其优异的隔热性能，热膨胀系数接近于钢等优点，被广泛应用于结构陶瓷领域；在功能陶瓷方面，其优异的耐高温性能使其可作为感应加热管、耐火材料、发热元件等使用。

【立方晶氧化锆】cubic zirconia

是氧化锆在2370℃相变产生的立方萤石型结构相，属于氧化锆的高温稳定相，其密度为6.27 g/cm³。通常的立方晶氧化锆是通过在氧化锆中添加稳定剂制备，将其立方相稳定在室温。常见的稳定剂有氧化钇、氧化钙、氧化镁和氧化铈等，其中的Y^{3+}、Ca^{2+}、Mg^{2+}、Ce^{4+}等离子的半径与Zr^{4+}相差小于12%，这些离子可以置换Zr^{4+}形成置换型固溶体，从而阻止晶型的转变。

【四方晶氧化锆】tetragonal zirconia

是氧化锆在1170相变产生的四方萤石型结构相，其稳定存在的温度范围为1170～2370℃，其密度为6.10g/cm³。常温存在的四方晶氧化锆又称四方多晶氧化锆（TZP，Tetragonal Zirconia Polycrystals），是在氧化锆中添加适量稳定剂，将其四方相稳定在室温。常见的稳定剂有氧化钇、氧化钙、氧化镁和氧化铈等，其中的阳离子可以置换Zr^{4+}形成置换型固溶体，从而阻止晶型的转变。四方稳定氧化锆是所有多晶陶瓷中强度和韧性最高的，广泛应用在复合材料中作为相变增韧剂，有效提高脆性材料的韧性和强度。

【全稳定氧化锆】fully stabilized zirconia

在制备氧化锆陶瓷时，若加入足量的稳定剂，可在室温下获得立方氧化锆，即全稳定氧化锆(FSZ)。它是一种单相材料，适宜作为耐高温材料，也可用作于制备氧传感器、高温电热元件和高温燃料电池隔膜等。

【部分稳定氧化锆】partially stabilized zirconia; PSZ

在氧化锆的稳定过程中，适量减少稳定剂的添加量，则得到部分稳定氧化锆，包括立方相和四方相结构。在冷却过程中，部分稳定氧化锆会发生相变，转变为四方相甚至单斜相。这些转变产生体积效应，会对未转变的粒子形成压应力，从而阻止相变的继续进行。稳定的立方相本身也处于介稳状态，容易诱发产生相变。由于PSZ陶瓷强度高、韧性好，在飞机、汽车等的发动机上有着重要的应用。

【相变增韧氧化锆】phase transition toughened zirconia

当氧化锆分散在其他陶瓷基体中，一般在烧成温度下，氧化锆晶粒以四方相存在。当冷却至某一温度时，氧化锆会发生马氏体相变，即转变为单斜相，产生一定的体积膨胀和晶粒形状的变化。由于氧化锆会受到周围基体的束缚，其相变也会受到抑制，使相变温度降低。而当周围环境改变，氧化锆晶粒受到的束缚作用发生松弛，会触发相变。氧化锆的相变过程消耗了能量，可阻止基体被进一步破坏，从而达到相变增韧的效果。

【氧化锆增韧莫来石】zirconia toughened mullite; ZTM

莫来石的强度和韧性相对较差，限制了其在高温结构件等方面的应用。将氧化锆颗粒分散在莫来石基体中，通过应力诱导相变和微裂纹相变增韧机制，可有效提高莫来石陶瓷的抗弯强度和断裂韧性。氧化锆增韧莫来石陶瓷具有较好的力学性能、化学稳定性和抗热震性，可应用于陶瓷发动机部件、耐高温耐腐蚀机械部件和高级耐火材料等方面。

【氧化锆增韧氧化铝】zirconia toughened alumina; ZTA

氧化锆增韧氧化铝陶瓷的增韧机理是基体晶粒的细化、相变韧化、微裂纹增韧和裂纹的转向与分叉。应力诱导相变增韧：通过调整材料的组成，当氧化铝基体中加入氧化锆颗粒形成氧化铝和氧化锆复相陶瓷时，由于两者具有不同的热膨胀系数，在烧结完成后的冷却过程中，ZrO_2晶粒周围会有不同的受力情况。当基体对ZrO_2晶粒有足够大的压应力，而ZrO_2晶粒的尺寸又足够小时，其相变温度可以降低至室温以下。这样，在室温时ZrO_2仍保持四方相。当材料受到一定大的外应力并产生裂纹时，裂纹尖端前部区域的四方ZrO_2晶粒在外力作用下会发生从四方相向单斜相的转变，相变引起的体积膨胀将对裂纹尖端产生屏蔽作用，阻止了裂纹的扩展。应力诱导微裂纹增韧：在一定条件下，相变引发的体积膨胀在氧化铝基体中会引起均匀分散又互不连接的微裂纹，从而增加了材料的断裂表面能，并吸收了主裂纹扩展的能量，达到增加氧化铝陶瓷断裂韧性的效果。

【氧化锆增韧氮化硅】zirconia toughened silicon nitride

将氧化锆颗粒均匀分散在氮化硅基体中，在烧成温度下氧化锆晶粒以四方相存在。当冷却至某一温度或基体受到外应力时，四方氧化锆相变为单斜相，相变引起的体积膨胀将对裂纹尖端产生屏蔽作用，阻止了裂纹的扩展(应力诱导相变增韧)。同时产生的微裂纹可进一步阻止主裂纹的扩展(微裂纹增韧)。这两种主要的增韧机制使氮化硅陶瓷的强度和韧性得到提高，从而使其在高硬度、高耐磨性和高韧性材料方面获得应用。

【氮化硅】silicon nitride

一种重要的结构陶瓷材料，是共价化合物，化学式为Si_3N_4，相对分子质量140.29。存在三种结晶结构，分别是α相、β相和γ相。氮化硅不溶于水、酸、碱；但在浓强酸中可水解，生成铵盐和二氧化硅；溶于氢氟酸；可被浓强碱液慢慢腐蚀；在熔融强碱中可转变为硅酸盐和氨；在600℃以上能与过渡金属氧化物、氧化铅、氧化锌和二氧化锡反应，并放出一氧化氮和二氧化氮。常压下、1850～1900℃分解为氮和硅。氮化硅的最大特点是质量轻、强度高、韧性和导热性好、耐热和耐磨性好。氮化硅的烧结体可用作燃气轮机叶片、汽车零部件、金属切削工具；也可以制备坩埚、喷嘴、电绝缘材料器件、精密陶瓷部件、催化剂载体等。

【氮化铝】aluminum nitride

一种共价化合物。灰蓝色六方晶体。化学式为 AIN，分子量 40.99。熔点 2150～2200℃。在 2450℃下升华分解。理论密度为 3.26g/cm³，莫氏硬度为 9～10。溶于碱类，遇水则缓慢分解。具有体电阻率高、微波介电性能好、热膨胀系数低、硬度高、化学稳定性好、热传导性能好、高光学透射率等优良性能，是熔制纯铁、铝或铝合金的理想坩埚材料。高纯度氮化铝坩埚适合于熔制半导体物质，特别用于熔制砷化镓、磷化镓等。氮化铝膜在微电子和光电子器件、衬底材料、绝缘层材料、封装材料、声表面波器件等方面有着十分广阔的应用前景。可由铝粉在氨或氮气气氛中于 800～1000℃合成，或由氧化铝-碳-氮体系在 1600～1750℃反应合成。氮化铝膜则采用气相沉积方法制备。

【氮化硼】boron nitride

一种共价化合物，化学式为 BN。有两种晶型：六方晶型类似于石墨；立方晶型类似于金刚石。通常为六方晶型，在 6～9GPa 和 1500℃高温作用下，可转化为立方晶型。分子量为 24.82，理论密度为 2.27g/cm³，熔点为 3000℃(升华)。不溶于水、酸、碱，遇氢氟酸分解。莫氏硬度为 2，为软质材料，易于机械加工。强度和弹性模量都较小，具有良好的润滑性能和介电性能，导热率高，热膨胀系数小。在高温下有良好的抗酸碱侵蚀性和优良的热震稳定性和电绝缘性。在惰性气体中使用温度可达 2800℃，在氧化气氛中使用温度不超过 900℃，是一种新型的高温结构材料。氮化硼陶瓷可用作熔炼有色金属、贵金属和稀有金属的坩埚及水平连铸分离环等液态金属输送管、火箭喷口、半导体散热底板、超高压线的绝缘材料、透红外线和微波的窗口。还用作金属和陶瓷的填料，制造轴承。氮化硼纤维具有防核辐射、防化学腐蚀和防红外线作用，用作陶瓷基复合材料增强剂。增强后的陶瓷韧性和抗热冲击性能提高，且具有透波功能，可作导弹、飞行器的微波天线窗部件。立方晶型氮化硼的硬度接近金刚石，用于制造淬火钢、耐磨合金及各种铸铁的精密加工和高速切削用刀具和砂轮的磨料。氮化硼粉体由硼、卤化硼或硼酸、硼砂、氧化硼与含氮盐类在氮气或氩气气氛中反应合成。其陶瓷制品一般采用热压法烧结制成。

【反应烧结氮化硅】reaction-bonded silicon nitride

制备氮化硅陶瓷的工艺包括反应烧结、热压烧结、常压烧结、等静压烧结和反应重烧等 5 种。通过反应烧结法得到的氮化硅称为反应烧结氮化硅，其过程是将细磨硅粉(粒度一般小于 0.08mm)，用模压法或等静压法成型，干燥后，加热至 1350～1400℃，在烧成过程中通入氮气发生化学反应最后得到氮化硅。和其他 4 种工艺相比，反应烧结法所用温度较低，得到的氮化硅制品密度也较低(2.2～2.6g/cm³)。

【热压烧结氮化硅】hot-pressed sintering silicon nitride

以氮化硅粉为原料，通过热压烧结工艺制造(温度 1700～1800℃，压力 20～30MPa)的氮化硅陶瓷。制品接近理论密度，具有较高的机械性能，室温弯曲强度可达 1200～1300MPa。但其生产效率低、成本高，制品形状简单，硬度高，后期加工困难。

【无压烧结氮化硅】pressureless sintered silicon nitride

以氮化硅细粉为原料，加入一定数量的烧结助剂，在常压的氮气气氛下加热烧结所得到的氮化硅材料。其特点是无须外加压力使氮化硅实现致密化，因此对制品的形状没有限制，可以与各种成型方法相配合，生产效率比较高。制品致密，室温弯曲强度可达 900MPa

以上。

【热等静压烧结氮化硅】hot isostatic pressed sintered silicon nitride

以氮化硅粉为原料，对坯体施加高温(1650～2100℃)和均匀等向的气体压力(100～200MPa)，从而获得几乎完全致密的氮化硅陶瓷。热等静压烧结氮化硅有两种方法：一是使用高熔点玻璃将氮化硅和添加剂的混合料或素坯包封，在热等静压炉内进行一次烧结使坯体完全烧结致密；另一方法是将氮化硅坯体先进行无压烧结达到95%以上的密度，此时坯体仅有少量闭气孔，无开气孔，然后将预烧体进行热等静压烧结，得到致密的烧结体。其特点是可以制造形状复杂、高致密度的氮化硅制品，如高性能陶瓷轴承等。

【碳化物陶瓷】carbide ceramics

采用金属与碳反应或碳还原金属氧化物制得的以碳化物为主要成分的陶瓷材料。常见的有 SiC、B_4C、TiC、ZrC、Cr_3C_2、WC 等陶瓷，主要特性是具有高熔点，如碳化钛为3067℃；高硬度，如碳化硼是仅次于金刚石和立方氮化硼的最硬材料；具有良好的导电性、导热性以及化学稳定性，如碳化硼可抗酸碱腐蚀，并且不与大多数熔融金属润湿和发生作用。碳化物陶瓷作为耐热材料、高硬材料、耐磨材料、耐腐蚀材料在许多领域中获得应用。

【复式碳化物陶瓷】double carbide ceramics

高温下 WC 固溶于 TiC 或 TiC-TaC(NbC)中形成的固溶体陶瓷称为复式碳化物陶瓷。复式碳化物是硬质合金生产中的一种重要原料，通过添加不同含量和不同种类的复式碳化物，可提高硬质合金的高温硬度、抗氧化能力和抗磨损能力等。

【复合碳化物】multiple carbide ceramics

又称复式碳化物陶瓷，是两种以上碳化物所形成的固溶体，如 TiC-WC-TaC(NbC)固溶体。主要用于制造硬质合金。工业上指的复式碳化物一般用作硬质合金的添加物，金属碳化物的选择上也以 WC 为主，根据用途不同辅以不同比例的 TiC、TaC、NbC 等以期改变硬质合金的性能。

【碳化钼陶瓷】molybdenum carbide ceramics

钼和碳的化合物，有 Mo_2C 和 MoC 两种。通常以 Mo_2O_3 为原料，采用碳热还原法制备。粉末呈暗灰色。Mo_2C 为密排六方晶格，熔点2615℃，密度 10.2 g/cm^3，膨胀系数小，莫氏硬度 7，显微硬度 18GPa，弹性模量221GPa，高温下不稳定，2230℃以上就分解，在空气中加热，生成钼的氧化物。MoC 为密排六方体，理论密度 8.88g/cm^3，熔点2700℃。碳化钼可作为高温焊接中焊料。在硬质合金中作为复杂碳化钨的组分，可提高硬质合金的性能。

【碳化铪陶瓷】hafnium carbide ceramics

铪与碳的化合物，化学式为 HfC，面心立方晶格，理论密度 12.7g/cm^3，熔点 3890℃，是已知单一化合物中熔点最高的物质，热膨胀系数 6.73×10^{-6}/K。通常用二氧化铪(HfO_2)与碳(C)在惰性或还原性气氛中合成粉末，用热压法制备高密度的制品。它能与许多化合物形成固熔体。如组分为 HfC-TaC 的复合碳化物，其显微结构内呈两相：一相为 HfC-TaC 的共晶体，另一相为外形比是 50∶1 的针状的游离石墨相。这种“近共晶”HfC 具有良好的热稳定性和高的熔点，可作火箭喷管的喉衬材料。

【碳化钽陶瓷】tantalum carbide ceramics

钽与碳的化合物，有 TaC 和 Ta_2C 两种。TaC 具有面心立方晶格，理论密度 14.4g/cm^3，熔点 3730～3830℃，热膨胀系数 6.9×10^6/K，弹性模量 292GMPa，导热系数 22W/(m·K)，显微硬度 18GPa。化学稳定性好，难溶于酸。抗氧化能力强，在空气中直至 1100℃才开始活性氧化。碳化钽通常是由 Ta_2O_5 和碳黑(C)在惰性或还原性气氛中合成，为黄铜色粉末，采用热压烧结法制得高密度、具有金属光泽的制品。用作宇航材料和硬质合金的添加物。Ta_2C 为六方晶格，理论密度为 14.9g/cm^3，熔点为 3100℃。

【碳化锆陶瓷】zirconium carbide ceramics

锆与碳的化合物。色灰，面心立方晶格。熔点 3530℃，理论密度 6.66g/cm^3，热膨胀系数 6.7×10^{-6}/K，显微硬度 26GPa。不溶于盐酸，但溶于硝酸。通常由二氧化锆（ZrO_2）与碳(C)在惰性或还原性气氛中合成 ZrC。可作电极、耐火坩埚和阴极电子发射材料。

【碳化铌陶瓷】niobium carbide ceramics

铌与碳的化合物。色青紫，面心立方晶格。熔点 3438℃，理论密度 7.85g/cm^3，显微硬度 24GPa 以上，弹性模量 345GPa，导热系数 14W/(m·K)，热膨胀系数 6.65×10^{-6}/K。通常用五氧化二铌（Nb_2O_5）与炭黑（C）在惰性或还原气氛中合成 NbC 粉末，采用热压烧结法能制备高密度制品。由于碳化铌的熔点高、硬度大，以它为基体的多元碳化物，如 NbC-WC-C 三元系统，作为火箭喷管的喉部材料。较多的是作为添加剂在硬质合金中应用。

【碳化钛陶瓷】titanium carbide ceramics

钛与碳的化合物。亮灰色粉末，面心立方晶格。熔点 3160℃，理论密度 4.938g/cm^3，显微硬度 32GPa，弹性模量 322GPa，导热系数 21W/(m·K)，热膨胀系数 7.4×10^{-6}/K。不溶于硫酸及盐酸。常用二氧化钛（TiO_2）与碳黑(C)在惰性或还原性气氛中合成，主要用于制造金属陶瓷，也是制造硬质合金的重要原料之一，加入到 WC-CO 的硬质合金刀具中，大大提高了刀具的性能，可用于切削各种合金钢。

【碳化铬陶瓷】chromium carbide ceramics

铬与碳的化合物。灰色，斜方晶体。熔点 1890℃，理论密度 6.748g/cm^3，显微硬度 13GPa，热膨胀系数 11.7×10^{-6}/K。高温抗氧化性好，在空气中 1100℃下维持 4h 不氧化。通常由三氧化二铬（Cr_2O_3）和碳黑(C)在惰性或还原性气氛中合成 Cr_3C_2。它与镍铬合金制得的硬质合金颗粒，采用等离子喷涂法，可制造作为耐高温、耐磨、抗氧化涂层，广泛用在飞机发动机和石油化工机械器件上，大大提高机械的寿命。

【碳化钨陶瓷】tungsten carbide ceramics

钨与碳的化合物。化学式 WC，灰色粉末，六方晶格。熔点 2720℃，理论密度 15.55g/cm^3，显微硬度 24GPa，热膨胀系数 3.84×10^{-6}/K。抗氧化能力差，在 500℃以上开始活性氧化。通常采用钨酐（WO_3）还原碳化法制得，是硬质合金刀具的最重要原料之一。WC-TiC-Co 硬质合金刀具得到广泛应用。它能与许多碳化物形成固溶体，所以它能作为 NbC-C 及 TaC-C 二元系统碳化物的添加剂，既能降低烧结温度，又不改变其优良性能。

【碳化硼陶瓷】boron carbide ceramics

硼和碳的化合物，化学式 B_4C，坚硬黑色有光泽晶体。碳化硼陶瓷是一种仅次于金刚石和立方氮化硼的超硬材料，这是由其特殊的晶体结构所决定的。C 原子与 B 原子半径很小，而且是非金属元素，B 与 C 相互很接近，形成强共价键的结合。这种晶体结构形式决定了碳化硼具有超硬(莫氏硬度 9.3，显微硬度 35GPa)、高熔点（2450℃）、低密度(2.52g/cm^3）等一系列的优良物理化学性能。碳化硼粉末可由电炉中碳还原氧化硼制得。可用来加工宝石、陶瓷、铸模、车刀和轴承等。致密碳化硼陶瓷要用热压法制备，可用作喷砂嘴、防弹材料以及核反应堆的中子吸收剂。

【反应烧结碳化硅】reaction-sintered silicon carbide

由细颗粒 α-SiC 和碳粉压制成素坯，在高温下与液态硅接触，坯体中的碳与渗入的 Si 反应，生成 β-SiC，并与 α-SiC 相结合，游离硅填充了气孔，从而得到高致密性的陶瓷材料。用反应烧结工艺制备的反应结合碳化硅，秉承了碳化硅陶瓷的所有优点，包括强度高、硬度高、抗热震性好、耐磨性和耐腐蚀性好、导热系数高、膨胀系数低和优异的抗氧化性能，且气孔率低(约 0.5%)，是一种性能优良的高技术陶瓷材料。

【热压烧结碳化硅】hot-pressed sintering silicon carbide

以金属氧化物(如 Al_2O_3)、硼粉或碳粉为助烧剂，采用热压烧结方式得到致密度在 99%以上的碳化硅陶瓷。具有强度高、硬度高、抗热震性好、耐磨性和耐腐蚀性好、导热系数高、膨胀系数低和优异的抗氧化性能，是一种性能优良的高技术陶瓷材料。但是热压烧结无法制备形状复杂的陶瓷，同时制备成本也较高。

【无压烧结碳化硅】pressureless sintering silicon carbide

以高纯、超细碳化硅粉为原料，加入少量的烧结助剂，如硼、碳等，在常压惰性气体或真空气氛中，1950～2100℃高温下烧结，得到几乎完全致密、具有优良力学性能的碳化硅陶瓷材料。

【等静压烧结碳化硅】hot isostatic pressed sintered silicon carbide

以一类碳化硅粉为原料，一般采用钼、钨或石英玻璃等为包封材料，通过高温(1600～2000℃)等静压(HIP)烧结得到的致密陶瓷。具有强度高、韧性好和性能稳定等特点。与传统的无压烧结工艺和热压烧结工艺相比，采用高温热等静压烧结工艺可以减少烧结助剂的用量，甚至不需要烧结助剂也可制备出显微结构均匀且几乎无气孔的碳化硅陶瓷，但是设备要求过于复杂，成本较高。

【重结晶碳化硅】recrystallized silicon carbide

以高纯粗、细两种不同粒径的碳化硅粉为原料，在2300℃高温及一定压力的气氛保护下，发生蒸发-凝聚再结晶作用，在粗颗粒接触颈部凝聚形成细颗粒蒸发并碳化硅烧结体。燃烧过程基本不收缩，具有一定数量孔隙。

【钛硅碳陶瓷】titanium silicon carbide ceramics

以钛、硅和碳形成的一种三元层状化合物，化学式为Ti_3SiC_2，是Ti-Si-C系列中唯一稳定的三元化合物。属六方晶系，空间群为D46h-P63/mmc，晶格参数$a=0.306$nm，$c=1.769$nm。其具有金属的优异性能，良好的易加工性及高温塑性。同时，也具有陶瓷的优异性能，有高的屈服强度、高熔点、高弹性模量、高热稳定性和良好的抗氧化性能。同时它还具有良好的抗热震性、抗破坏能力和优异的耐化学腐蚀性。更有意义的是它们甚至有优于石墨和MoS_2的自润滑性能。

【钛铝碳陶瓷】titanium aluminum carbide ceramics

以钛、铝和碳形成的一种三元层状化合物，化学式为Ti_3AlC_2。每一个晶胞中含有两个Ti_3AlC_2分子，Ti原子和C原子之间的结合为强共价键，赋予材料高熔点、高弹性模量。而Ti原子和Al原子平面之间形成ABA-BA-CA-CA层状结构，属于弱结合，类似于石墨层间的范德华力弱键结合，使得材料具有层状结构和自润滑性。Ti_3AlC_2具有与Ti_3SiC_2相同的晶体结构和类似的性能，具有类似于金属的导热和导电性、易加工、抗热震和耐腐蚀，以及类似于陶瓷的低密度(4.12g/cm^3)、高弹性模量(297GPa)、低热膨胀系数、优良的高温强度和抗氧化性。

【可加工陶瓷】machinable ceramics

指在室温下，用传统机加工方法(如硬质合金或高速钢工具)能进行钻孔、车削、铣刨等加工并保持一定尺寸公差的陶瓷材料。可以用加工金属的工具和器械对其进行加工的陶瓷材料。采用传统的加工技术和工艺条件，材料的去除率和表面粗糙度都能满足一定工程使用要求。一般加工后表面粗糙度要求小于10μm。可加工陶瓷按材料成分的不同可分为三大类：云母玻璃陶瓷、非氧化物可加工陶瓷和氧化物可加工陶瓷。

【氧化物陶瓷】oxide ceramics

由一种或多种氧化物所制成的陶瓷，是使用比较广泛的一种高温材料。高熔点氧化物有数十种，其中铝、钡、铍、钙、铈、铬、钴、镓、镁、锰、镍、锌等的氧化物，以及尖晶石、橄榄石、锆英石等，应用最为广泛的是铝、镁、锆的氧化物。大多数氧化物在氧化气氛中十分稳定，因此氧化物陶瓷还有优良的化学稳定性，良好的电绝缘性能和高的机械强度。除了氧化铍以外，氧化物陶瓷的导热性都较低。生产工艺与一般陶瓷类似，采用挤制、注浆、热压铸、干压、等静压等方法成型和无压、热压、热等静压等方法烧结。氧化物熔点高，故烧结困难，为了降低烧结温度，一般加入少量添加剂。氧化物陶瓷应用十分广泛，电子技术、激光技术、红外技术、计算技术、空间技术、原子能工业、高温技术等都有它的地位、主要用作结构材料、功能材料和高级耐火材料。

【硅化物陶瓷】silicide ceramics

是难熔化合物的一种，最常见的是碳化硅与氮化硅。具有高温强度高、耐腐蚀、耐烧蚀等优异性能，广泛应用于航空、航天、核能等高新技术领域。同时，作为高温结构材料，除了具备良好的高温力学性能，同时具备较好的高温抗氧化性能。

【硼化物陶瓷】boride ceramics

过渡金属的硼化物为主要成分的陶瓷，具有2000～3000℃的高熔点，不易挥发、低电阻率、硬度高和良好的热稳定性。抗氧化能力较碳化物好，但在1350～1500℃以上，氧化速率加快。常见的有ZrB_2、LaB_6、TiB_2等。制备方法是通过金属和硼在高温下直接化合、用碳还原金属氧化物和氧化硼的混合物、铝(硅、镁)热法还原氧化物并与硼进一步反应、用硼还原难熔金属氧化物等。可用于制造火箭结构元件、核装置中耐热构件等。

【硫化物陶瓷】sulfide ceramics

硫与铈、钍等元素形成的硫化物为主要成分的陶瓷。抗液态金属腐蚀能力强。大部分硫化物固态时电阻均很高，但稀土与锕系元素的硫化物的导电率却比较大，有显著的金属性。制备方法是将硫化物粉末经细磨成型后，在真空炉1600～1950℃高温下烧结成陶瓷制品。可用作熔炼超纯和活性金属的坩埚等。

【硫化铈陶瓷】cerium sulfide ceramics

硫与铈的化合物为主要成分的陶瓷，化学式有CeS、Ce_2S_3、Ce_3S_4三种，其中CeS为黄铜色，熔点2450℃，电阻率$90\times10^{-6}\Omega\cdot cm$，密度$5.93g/cm^3$。用CeS或$Ce_2S_3$～$Ce_3S_4$粉末，经细磨、成形后在真空炉中1600～1950℃烧结而成，其制品抗液态金属腐蚀能力强，可用作熔炼活性金属坩埚。

【氧化铍陶瓷】beryllia ceramics

以BeO为主要成分的陶瓷。主晶相BeO，属六方晶系，密度$3.03g/cm^3$，熔点2570℃。特点是具有很高的导热性，几乎与纯金属铝相当。它有优良的抗热震性，相对介电常数6.5～7。可用作大功率气体激光管、晶体管的散热片外壳、集成电路的基片、透微波窗和中子减速剂等材料。其最大缺点是粉末的剧毒性，从而限制了它的使用。BeO在含有水汽的高温介质中，挥发性会提高，于1000℃开始挥发，并随温度升高而增大。

【氧化钙陶瓷】calcia ceramics

CaO为主要成分的陶瓷。NaCl型的晶体结构，密度3.08～$3.40g/cm^3$，熔点2570℃。氧化钙由于与水很容易发生水化，所以在制造过程中，不能与水接触，为了提高制品抗水性，可以加入5%～10% TiO_2；用干压法成型，也可用注浆法成型，悬浮介质用醋酸异丁酯、邻二甲苯、无水乙醇等有机溶剂。它抗金属侵蚀性优良，是冶炼有色金属，如高纯度铂、钼的重要容器。它能抵抗熔融磷酸钙的作用，用TiO_2稳定化的氧化钙砖，可作为熔融磷酸盐矿的回转窑内衬材料。

【氧化镁陶瓷】magnesia ceramics

氧化镁为主要成分的陶瓷。属立方晶系氯化钠型结构。密度$3.58g/cm^3$，熔点2800℃。抗折强度100MPa，热膨胀系数$10.5\times10^{-5}/K$。热稳定性差，原料氧化镁易水化，为了增加氧化镁的抗水性，可在1400℃或更高的温度下进行预烧。细磨时，以乙醇为悬浮剂，用石膏模浇注成形。当挤制成型时，可用溶于二甲苯的橡胶作为可塑性粘结剂。根据原料纯度和对密度的要求，在1500～2000℃或更高的温度烧结。氧化镁在高温有挥发性，在真空(0.35毫米汞柱)下，于1600℃开始大量挥发。在还原气氛下，于1700℃挥发严重。氧化镁高的熔点和化学性质属碱性，可作为高级碱性耐火材料，用以冶炼高纯度金属，如高纯度铁、铜、钼、镁、铀和钍等以及它们的合金的坩埚，还可以作为热电偶保护管。

【氧化铈陶瓷】ceria ceramics

氧化铈为主要成分的陶瓷。立方晶系萤石型结构，密度$7.215g/cm^3$，熔点2400℃。纯氧化铈为白色，高温灼烧后会变成黄色，它在还原气氛下会还原成Ce_2O_3，熔点由2600℃降到1690℃。700℃时电阻率为$2\times10^3\Omega\cdot cm$，1200℃时为$20\Omega\cdot cm$。可作为加热元件、熔炼金属及半导体的坩埚、热电偶套管等。氧化铈和 CaO、SrO 的固溶体的热膨胀系数为 12.1 $\times10^{-6}$/K～12.5$\times10^{-5}$/K。热稳定性差，对气氛的敏感性也强，从而限制了它的应用。

【氧化钍陶瓷】thorium oxide

ThO_2 为主要成分的陶瓷。立方晶系萤石型结构，密度 9.7～9.8g/cm^3，熔点 3050±20℃，有放射性。其生产工艺与氧化铝陶瓷的工艺基本相似，唯烧结温度更高。为了降低烧成温度，可以加入 ZrO_2、CaO 等。另外，在注浆成型时，由于 ThO_2 密度大，易沉积，可用 10%聚乙烯醇的水溶液作为悬浮剂，泥浆的 pH 值为 3。压制成形时，可用 20%$ThCl_4$ 溶液作为粘结剂。烧制 ThO_2 的热膨胀系数较大，25～1000℃时为 9.2$\times10^{-6}$/K，热稳定性差。它可作为坩埚，用来熔炼纯铑和精炼镭之用，利用其高温下的导电性能，可作为加热元件，用于探照灯的光源、白炽气灯纱罩及核燃料等。

【锆英石陶瓷】zircon ceramics

锆英石($ZrSiO_4$)为主要成分的陶瓷。四面体结构，密度 4.6g/cm^3，熔点 2450℃。具有良好的抗热震性、耐酸性、化学稳定性，但耐碱性不佳。锆英石陶瓷的热膨胀系数和导热系数较低，其抗弯强度在 1200～1400℃可保持不下降，但其力学性能较差，生产工艺与一般特种陶瓷相似。常含有放射性 ThO_2，要特别注意防护工作，它在 1600℃以上会产生分解。主要用作坩埚、瓷舟或其他实验室用容器、玻璃窑炉衬以及红外辐射陶瓷等。

【硼化锆陶瓷】zirconium boride ceramics

锆和硼的化合物，化学式 ZrB_2。粉料一般由 ZrO_2 和 B_4C 反应合成，制品由等静压成型后在氢气碳管炉中高温烧结而成，也可采用热压烧结、热等静压烧结等工艺制成。熔点 3010℃，密度 5.30g/cm^3。具有较高的硬度、良好的导热导电和化学稳定性。可用作高温热电偶套管、火箭喷管、高温发热元件、金属热电偶的电极及其他高温冶炼金属用的容器等。

【硼化镧陶瓷】lanthanum boride ceramics

硼和镧的化合物，化学式 LaB_6。立方晶系，色紫，熔点 2530℃，密度 4.76g/cm^3，线膨胀系数 6.4$\times10^{-6}$/K，弹性模量 460GPa，显微硬度 27.6MPa，耐酸碱，具有优良的热辐射性。通常用 La_2O_3 与 B_4C 在惰性或还原气氛中在高温下反应合成，制品可用冷压成型，经高温烧结制得。主要用作电子装置的阴极及电焊机电子枪的阴极材料。

【硅化钼陶瓷】molybdenum silicide ceramics

硅和钼的化合物。通常硅和钼按不同的配比在不同的工艺条件下可反应生成三种化合物，其化学式为：Mo_2Si、Mo_5Si_3、$MoSi_2$。其中二硅化钼，属四方晶系，密度 6.3g/cm^3，熔点 2030℃，常温下比电阻为 21.6$\mu\Omega\cdot$cm，高温时抗氧化性能良好，有使用价值。主要用作氧化气氛中高温发热元件。

9.2.2 陶瓷基复合材料

【陶瓷基复合材料】ceramic matrix composite

是以陶瓷为基体与颗粒、晶须和各种二维材料纤维复合的一类复合材料。陶瓷基体可为氮化硅、碳化硅等高温结构陶瓷。这些先进陶瓷具有耐高温、高强度和刚度、相对质量较轻、抗腐蚀等优异性能。采用高强度、高弹性的纤维与基体复合，是提高陶瓷韧性和可靠性的一个有效的方法，纤维能阻止裂纹的扩展，从而得到有优良韧性的纤维增强陶瓷基复合材料。陶瓷基复合材料已实用化或即将实用化的领域有航天领域、刀具、滑动构件、发动机制件、能源构件等。

【特种无机纤维】special inorganic fiber

具有特殊的物理化学结构、性能和用途，或具有特殊功能的无机纤维。主要品种有玻璃纤维、石英玻璃纤维、硼纤维等。无机特种纤维由于具有优异的力学性能和耐高温、抗氧化的热学性能而在高温结构材料、高温耐热材料、高性能功能材料等高科技领域应用越来越广。无机特种纤维增强金属基、陶瓷基复合材料更是具有广阔的应用前景。

【硼纤维】boron fiber

又称硼丝，硼纤维通常是以钨丝、碳纤维、石英纤维等材料作为芯材，在一定条件下通过物质的化学反应使硼元素均匀沉积在芯材表面而形成连续纤维。硼纤维实际上是一种复合材料。由于其高的比强度和比模量，在航空、航天和军工领域获得广泛应用。硼纤维活性大，在制作复合材料时易与基体相互作用，影响材料的使用，故通常在其上涂敷碳化硼、碳化硅等涂料，以提高其惰性。

【碳化硅纤维】silicon carbide fiber

是指纤维结构中主要含 Si、C 两种元素的纤维，是重要的陶瓷纤维之一。碳化硅纤维通常可分为 Si-C-O 系纤维、Si-C 系纤维以及含钛、含铝碳化硅纤维。碳化硅纤维具有如下优异性能：质量轻、强度高、模量高；耐热性与耐氧化性能优良，纤维化学稳定性好，耐酸碱和有机溶剂腐蚀，耐辐照；纤维柔软而富有弹性，与树脂、金属、陶瓷的适应性良好，是纤维增强树脂（FRP）、纤维增强金属（FRM）、纤维增强陶瓷（FRC）复合材料的优异增强材料。

【氮化硼纤维】boron nitride fiber

是一种主要含 N、B 两种元素的白色陶瓷纤维。氮化硼纤维中 B—N 键的键能很高，故纤维具有极高的热稳定性能。氮化硼晶体结构与碳相似，主要有两种：六方（与石墨相似）、立方（与金刚石相似）。氮化硼的各项性能参数为：高耐热性；低热膨胀系数，仅次于石英玻璃，加上其高导热性，所以抗热震性能很好；优良的高温绝缘性，是陶瓷中最好的高温绝缘材料；低介电损耗，可透微波和红外线；良好的耐腐蚀性，与一般金属、有机溶剂、无机酸、碱不反应；机械加工性能良好。氮化硼纤维材料的独特性质使其在军事、航空航天及其他一般工业领域具有十分广泛的应用前景。

【特种无机纤维增强陶瓷】special inorganic fiber reinforced ceramics

以特种无机纤维为增强相的陶瓷复合材料。陶瓷材料的脆性本质是由晶体结构中原子间化学键特性决定的，因而难以根本改变，但可采取各种途径加以改善。经过较长时期探索，人们找到了两种较为有效的改善陶瓷脆性的途径，即颗粒增强和纤维增强。纤维增强陶瓷的基本原理是通过剪切作用把基体载荷传递到纤维上，并阻碍裂纹扩展。无机纤维增强陶瓷基复合材料的增强纤维主要有氧化铝系列纤维、碳化硅系列纤维、碳纤维等。

【晶须】whisker

指自然形成或者在人工控制条件下（主要形式）以单晶形式生长成的一种二维单晶，其直径非常小（微米数量级），不含有通常材料中存在的缺陷（晶界、位错、空穴等），其原子排列高度有序，因而其强度接近于完整晶体的理论值。其机械强度等于邻接原子间力。晶须的高度取向结构不仅使其具有高强度、高模量和高伸长率，而且还具有电、光、磁、介电、导电、超导电性质。晶须的强度远高于其他短切纤维，主要用作复合材料的增强体，用于制造高强度复合材料。

【晶体纤维】crystal fiber

晶体纤维最初出现于 20 世纪 50 年代，是继玻璃态纤维之后发展起来的新型超轻质高温隔热材料。目前国内以硅酸铝系晶体纤维为主，如多晶莫来石纤维（Al^2O^3 占 72%），多晶氧化铝纤维（Al^2O^3 ＞85%），其中多晶莫来石纤维由莫来石（Mullite）微晶体构成，并集晶体材料和纤维材料特性于一体，有极好的耐热稳定性，长期使用温度可达 1400～1600℃。自晶体纤维研制开发成功以来，因其独有的重量轻、耐高温、热稳定性好、导热率低、热容量小等优点，被广泛应用于高温绝热领域。

【陶瓷晶须】ceramic whisker

是以特种陶瓷为原料制造的晶须，有氧化铝、碳化硅（SiC）、碳化硼（B_4C）、二氧化锆、氮化铝（AlN）和氮化硅（Si_3N_4）晶须等。具有高强度、高弹性模量、低密度、高耐热等性能。按制造工艺方法不同，分为晶体生长法、气相沉积法、前驱体法、化学转化法、熔融法等。用作增韧补强材料。

【氧化铝晶须】alumina whisker

作为一种陶瓷质晶须，具有高强度、高弹性模量等优越的力学性能，而且不存在高温氧化问题，与陶瓷基体材料相容性好，被认为是极有发展前途的无机晶须材料。

【碳化硅晶须】SiC whisker

是一种纤维状的直径从小于数微米到几十微米，长度可达数厘米的单晶体。它具有相当好的抗高温性能和很高强度。主要用于需要高温高强应用材质的增韧场合，如航天材料、高速切削刀具等。碳化硅晶须为立方晶须，和金刚石同属于一种晶型，是目前已经合成出的晶须中硬度最高、模量最大、抗拉伸强度最大、耐热温度最高的晶须产品，分为α型和β型两种形式，其中β型性能优于α型并具有更高的硬度(莫氏硬度达9.5以上)，更好的韧性和导电性能，抗磨、耐高温，特别耐热震、耐腐蚀、耐辐射，已经在导弹的外壳上、高温涡轮转子、特种部件上得到应用。

【白宝石晶须】sapphire whisker

是纤维状的白宝石单晶体。以白宝石(氧化铝单晶)为衬底、用卤化物作原料、以氢作还原剂由气相生长而成。生长出的白宝石晶须粗细为几微米，具有高的强度，比陶瓷材料高1～2个数量级，一般作补强材料。加入金属或高分子等母相材料中，可大大提高金属的抗拉强度与高分子材料的耐热性能。

【陶瓷晶须复合材料】ceramic-whisker composite materials

晶须具有近似规整截面，其截面积小于$5.2\times10^{-4}cm^2$，晶须一般直径为0.3～1μm，长0～100μm，是内外结构几乎完整的一类单晶纤维材料。用晶须与陶瓷基体构成的复合材料称为陶瓷晶须复合材料，也称为晶须增韧陶瓷复合材料，即通过复合晶须的方法显著提高陶瓷基体的韧性。其增韧机理一般有：裂纹偏转效应、微裂纹效应、桥联效应等。不同的晶须和陶瓷基体材料有不同的增韧机制，或者几种机制协同作用产生增韧效果。目前其主要制备方法有外加晶须法和原位生长晶须法。应用于陶瓷刀具、生物材料以及其他功能型复合材料领域。

【金属陶瓷】cermet

是由陶瓷硬质相与金属或合金粘结相组成的复合材料。它兼有金属和陶瓷的优点，既保持了陶瓷的高强度、高硬度、耐磨损、耐高温、抗氧化和化学稳定性等特性，又具有金属的较好的韧性和可塑性。根据各组成相所占百分比不同，金属陶瓷分为以陶瓷为基质和以金属为基质两类。金属基金属陶瓷通常具有高温强度高、密度小、易加工、耐腐蚀、导热性好等特点，因此常用于制造飞机和导弹的结构件、发动机活塞、化工机械零件等。陶瓷基金属陶瓷主要可以分为：氧化物基金属陶瓷、碳化物基金属陶瓷、氮化物基金属陶瓷、硼化物基金属陶瓷、硅化物基金属陶瓷等。金属陶瓷的制备方法主要有粉末冶金法、压铸法、搅拌球磨法和自蔓延燃烧合成法等。

【氧化物基金属陶瓷】oxide-matrix cermet

用金属粘结氧化物颗粒组成的烧结材料。通常以氧化铝、氧化锆、氧化镁、氧化铍等为基体，与金属钨、铬或钴复合而成，具有耐高温、抗化学腐蚀、导热性好、机械强度高等特点，可用作导弹喷管衬套、熔炼金属的坩埚和金属切削刀具。

【金属改性氧化物】metallic modified oxide

在氧化物中加入金属改善氧化物某些特性的材料。金属加入量通常为5%～15%(摩尔百分比)。所加金属添加物在高温时能溶解在氧化物中，冷却过程中则沿晶界沉淀出来，起到消除内在应力"释放体"的作用。如纯氧化锆在1000～1100℃温度范围内发生单斜和四方相可逆多晶转变，引起约5%～8%的体积变化，从而导致制品开裂。如加入15%mol金属钛后，就能制成抗热震性优良的坩埚，用作熔炼钛等。

【层状陶瓷材料】laminated ceramic materials

即为具有层状结构的陶瓷材料，因其具有各向异性、层间易解理、可加工以及成分空间分布可调性等特点，而受到广泛的关注和应用。根据层状陶瓷材料的形成机制可分为生长型层状材料、叠层材料、梯度材料等。生长型层状陶瓷是指晶粒长大过程中形成的天然层状材料，如贝壳、六方氮化硼、石墨以及云母等。叠层材料主要是指层状陶瓷复合材料，其叠层结构极大提高了材料的断裂韧性。梯度材料是对材料内部组分分布和结构进行梯度设计，实现界面性能优化和特定功能组合的一种具有多层结构的陶瓷复合材料。层状陶瓷材料的主要应用包括层状固体润滑材料、层状可加工陶瓷材料、层状高韧陶瓷材料和层状功能组合材料等。

【氧化镁-钼金属陶瓷】MgO-Mo cermet

方镁石和金属钼形成的金属陶瓷。以方镁石和金属钼为原料，经致密化处理，金属钼较牢固地镶嵌在方镁石中。气孔率小于1.0%，体积密度6.22g/cm^3。配料、磨细、等静压成型和高温氢气保护烧结。烧成温度1800～1900℃。可制成测温套管用于氧气顶吹转炉钢水的连续测温，使用寿命比用ZrO_2-Mo或ZrB_2-Mo体系金属陶瓷要高。也可用于平炉、电炉、高炉、钢水包、熔盐炉和石油化工用炉的测温套管等。

【氧化铝-铬金属陶瓷】Al_2O_3-Cr cermet

铬作为金属组分的氧化铝基金属陶瓷，具有优良的高温抗氧化性、高温耐腐蚀性和高的硬度，比氧化铝陶瓷机械强度高，并随着组成中铬的含量增加，抗折和抗张强度有所增加。其制备工艺采用粉末冶金技术，工艺过程复杂。可用作喷漆火焰控制器、导弹喷管的衬套、熔融金属流量控制针、T形浇口、炉管、火焰防护杆以及热电偶保护套管和机械密封环等。

【碳化物基金属陶瓷】carbide-matrix cermet

以碳化钛、碳化硅、碳化钨等为基体，与金属钴、镍、铬、钨、钼等金属复合而成的陶瓷。它具有高硬度、耐磨损、耐腐蚀、抗氧化等优点，应用范围广泛。例如碳化钛为基体，形成骨架，浸渍高温合金可作透平叶片。碳化钛和钴、镍、铬（或钼）混合，成形后经1350℃真空或在氢气气氛中烧结，可制作高硬度切削工具、高温轴承、密封环、块规、拉丝模衬套等。Cr_3C_2-Ni-W系统金属陶瓷具有高的抗氧化性和耐化学腐蚀性，常作为化工设备的气阀、衬套、轴承等零件使用。B_4C-Al系统金属陶瓷可作原子反应堆中的控制棒，SiC-Si-UO_2系统金属陶瓷可作燃料元件等用。

【WC-Co硬质合金】WC-Co cemented carbide

硬质合金是由一种或多种高硬度、高模量的间隙化合物，通常是WC和TiC等与过渡族的金属Fe、Co、Ni等或其合金组成的复合材料。WC-Co是世界上第一种人工制成的硬质合金，简称钨钴类硬质合金（YG），具有较高的抗弯强度和断裂韧性，导热性好，但耐热性和耐磨性较差，主要用于加工铸铁和有色金属。细晶粒的YG类硬质合金（如YG3X、YG6X），在钴含量相同时，其硬度耐磨性比YG3、YG6高，强度和韧性稍差，适用于加工硬铸铁、奥氏体不锈钢、耐热合金、硬青铜等。

【WC-TiC-Co硬质合金】WC-TiC-Co cemented carbide

在YG类硬质合金的基础上添加了TiC，简称钨钛钴类硬质合金（YT）。由于TiC的硬度和熔点均比WC高，所以和YG相比，其硬度、耐磨性、红硬性增大，粘结温度高，抗氧化能力强，而且在高温下会生成TiO_2，可减少粘结。但导热性能较差，抗弯强度低，所以它适用于加工钢材等韧性材料。

【WC-TiC-TaC(NbC)-Co硬质合金】WC-TiC-TaC(NbC)-Co cemented carbide

在YT类硬质合金的基础上添加TaC（NbC），简称钨钛钽（铌）钴类硬质合金（YW）。通过添加提高了材料的抗弯强度、冲击韧性、高温硬度、抗氧能力和耐磨性，既可以加工钢，又可加工铸铁及有色金属，因此常称为通用硬质合金，又称为万能硬质合金。目前主要用于加工耐热钢、高锰钢、不锈钢等难加工材料。

【碳化钽（碳化铌）硬质合金】WC-TaC(NbC)-Co cemented carbide

在YG类硬质合金的基础上添加TaC（NbC），简称钨钽（铌）钴类硬质合金（YA）。提高了常温、高温硬度与强度、抗热冲击性和耐磨性，可用于加工铸铁和不锈钢。

【硼化物基金属陶瓷】Boride-matrix cermet

以硼化钛、硼化钽、硼化钒、硼化铬、硼化锆、硼化钨、硼化钼、硼化铌、硼化铪等为基体，与部分金属材料复合而成的金属陶瓷材料。用于需要非常耐热和耐蚀的条件下，如在与活性热气体和熔融金属接触的场合。由于二元硼化物的共价键较强，在烧结过程中，硼化物晶粒容易团聚，并与金属反应生成金属间化合物，从而降低金属液相对硼化物晶粒的润湿性，导致二元硼化物基金属陶瓷的机械性能较差。可采用活化烧结法，使二元硼化物与金属反应生成三元硼化物，能获得硼化物晶粒细小并分布均匀的三元硼化物基金属陶瓷，其具有良好的耐磨性、耐腐蚀性、耐高温性，以及较高的硬度和导电率，在耐磨、耐腐蚀等领域有着广阔的应用前景。

【复合粉】composite powder

由两种或多种不同成分组成的粉体。可分为混合型复合粉和包覆型复合粉。

【包覆粉】coated powder

也称包覆型复合粉，是一种常见的复合粉。包覆型复合粉体具有核壳结构，由中心粒子和包覆层组成，中心粒子与包覆层的成分不同，可以达到一般复合粉体实现不了的粒子级别上的均匀混合程度。

【纤维补强陶瓷基复合材料】fiber reinforced ceramic matrix composite

是将耐高温纤维植入陶瓷基体中形成的一种高性能复合材料。具有高强度和高韧性，同时保留了陶瓷材料良好的高温性能，广泛应用在刀具、滑动构件、发动机制件、能源构件等领域。用于纤维补强陶瓷基复合材料的纤维种类较多，常见的有氧化铝纤维、碳化硅纤维、氮化硅纤维和碳纤维等。

【碳纤维增强碳复合材料】carbon fiber reinforced carbon matrix composite

用碳纤维增强的碳基复合材料。这种复合材料在高温下的强度好，高温形态稳定，升华温度高，平行于增强方向具有高强度和高刚性，能抗裂纹传播，可减震，抗辐射。

【晶须补强陶瓷基复合材料】whisker reinforced ceramic matrix composite

以陶瓷为基体，晶须为增强体，通过复合工艺制得的新型陶瓷材料。它既保留了陶瓷基体的主要特色，又通过晶须的增强增韧作用，改善陶瓷材料的性能。晶须一般包括碳、Al_2O_3、BeO、B_4C、SiC、SiO_2、TiN 等晶须，基体一般为 Si_3N_4、SiC、Al_2O_3、ZrO_2、B_4C 等陶瓷材料。按复合工艺分类，晶须补强陶瓷基复合材料还可分为外加晶须补强陶瓷基复合材料和原位生长晶须补强陶瓷基复合材料。外加晶须补强陶瓷基复合材料通过晶须分散、晶须与基体原料混合、成型、烧结而成。原位生长晶须补强陶瓷基复合材料的制备工艺过程是将晶须生长剂与基体原料直接混合、成型，在一定的温度下热处理，使坯体内部生长出晶须，然后烧结而成。晶须补强陶瓷基复合材料是一种高比强、高比模、耐高温、抗氧化和耐磨损以及热稳定性较好的材料，主要用于国防工业、航空航天以及精密机械零件等方面。

【纤维独石结构陶瓷材料】fiber monolithic structure ceramic material

纤维状的胞体以一定的方式排布，中间间隔有很薄的界面层，结合成一个块体的结构材料就是纤维独石结构，当把这种结构引入到先进陶瓷基复合材料的设计与制备中时，就形成了纤维独石结构陶瓷材料。其具有优异的力学性能，特别是高的断裂韧性与断裂功、极高的抗热冲击破坏能力、较高的断裂强度、良好的高温抗蠕变性能等优点。

【碳化硅晶片补强陶瓷基复合材料】silicon carbide wafer reinforced ceramic matrix composite

用片状碳化硅增强的陶瓷基复合材料。在碳化硅晶片增强陶瓷材料的研究中，开始主要以氧化铝、氧化锆、莫来石等为基体材料，随着复合技术的不断成熟，基体材料又出现氮化硅等非氧化物材料。碳化硅晶片的加入使复合材料的断裂韧性、抗弯强度等性能有明显的改善。

【莫来石晶片补强陶瓷基复合材料】mullite wafer reinforced ceramic matrix composite

添加片状莫来石增强的陶瓷基复合材料。莫来石具有优良的化学稳定性、抗蠕变性、抗热震性和低热膨胀系数，因此使得莫来石晶片补强陶瓷基复合材料在高温使用中具有优良的性能。

【颗粒弥散强化陶瓷】particle dispersion strengthened ceramics

细小颗粒增强体(弥散相)均匀地分布在陶瓷基体中，且与基体相没有化学的交互作用，使陶瓷材料的强度增大的陶瓷基复合材料。强化的机制是因为弥散相周围形成了很强的应力场，阻碍了位错的运动。

【原位生长陶瓷基复合材料】in-situ growth ceramic matrix composite

又称自增强复相陶瓷。制备方法是在原料中加入可生成第二相的元素(或化合物)，控制其生成条件，在陶瓷基体致密化过程中，直接通过高温化学反应或相变过程，在主晶相基体中原位生长出均匀分布的晶须或高长径比的晶粒或晶片，形成陶瓷基复合材料。由于第二相是原位生成的，所以不存在与主晶相相容性不良的缺点，因此这种特殊结构的陶瓷复合材料的室温和高温力学性能均优于同组分的其他类型复合材料。

【梯度金属复合材料】metal gradient composite

又称陶瓷基复合材料，属于梯度功能材料，是金属组分与陶瓷组分逐渐梯度变化形成的复合材料。其一侧是高硬度、高强度并具有很好耐高温性能的陶瓷层；另一侧是容易加工和焊接的金属；中间部分是组分逐渐过渡区域。这种过渡层的存在可以大大缓解金属和陶瓷之间的热应力，从而解决金属和陶瓷难接合等问题。

【梯度功能复合材料】functionally gradient composite

又称倾斜功能复合材料。从材料的结构角度来看，梯度功能复合材料与均一材料、复合材料不同。它是选用两种(或多种)性能不同的材料，通过连续地改变这两种(或多种)材料的组成和结构，使其界面消失导致材料的性能随着材料的组成和结构的变化而缓慢变化，形成梯度功能复合材料。制备方法主要分为自蔓延高温合成法、激光加热合成法、干式喷涂＋温度梯度烧结法、等离子喷涂法、颗粒共沉降法、气相沉积法等。

9.2.3 光学陶瓷

【透明陶瓷】transparent ceramics

高纯陶瓷粉末经过烧结致密化使之具有一定透明度的陶瓷材料。当把这类材料双面抛光至1mm厚放在带有文字的纸上，通过它可读出内容，即相当于透光率大于40%。按照材料体系可分为氧化物透明陶瓷和非氧化物透明陶瓷。按照功能应用领域又可分为照明用透明陶瓷、红外透明陶瓷、透明铁电陶瓷、激光透明陶瓷和闪烁透明陶瓷等。其较宽频段的透光性、高的热导率、低的电导率和高强高硬、耐磨耐腐蚀和耐高温等特点使其在照明、装甲、红外窗口、激光增益介质、相机镜头和闪烁探测等领域具有广泛用途。

【透明氧化物陶瓷】transparent oxide ceramics

具有一定透光性的氧化物多晶陶瓷材料。常见的透明氧化物陶瓷有氧化铝、氧化镁、氧化钇、氧化锆、氧化镥、氧化钆、氧化铪、钇铝石榴石、镁铝尖晶石和铪酸镧等。除透明外，具有高强度、耐高温、耐腐蚀、抗冲击和优异的光-光、电-光转换等性能。通常选高纯原料，在真空或气氛条件烧结，或采用热压、热等静压、放电等离子体和微波烧结等制备透明陶瓷。在新型电光源、红外探测、航天航空、计算技术和原子能工业等方面有着广泛的应用。

【透明氧化铝陶瓷】transparent alumina ceramics

以三氧化二铝为主晶相的透明多晶体。主晶相为α-Al_2O_3，密度3.98g/cm^{3}以上，相对介电常数大于9.8，介电损耗角正切值小于2.5×10^{-4}(1GC)，击穿强度6.0～6.4kV/mm，热膨胀系数$(6.5\sim8.5)\times10^{-6}$/℃。由于氧化铝属于六方晶系，会产生双折射现象，根据是否可以透过样品看清物品，可以分为半透明氧化铝陶瓷和透明氧化铝陶瓷。透明氧化铝陶瓷可以通过磁场定向成型、热等静压烧结、放电等离子体快速烧结等控制晶粒结构以减少双折射的方法制备。其对可见光和红外光均具有良好的透过性，具有高温强度大、耐热性好、耐腐蚀性强、电绝缘性好、热导率高等优点，可用作战斗机和导弹头部的高温红外用探测窗口等。

【半透明氧化铝陶瓷】translucent alumina ceramics

当光入射到氧化铝陶瓷内部，受其六方结构双折射影响，产生大量漫散射，可见光波段直线透过率较低的透明氧化铝陶瓷。半透明氧化铝陶瓷要使用高纯度(99.99%以上)的原料粉体，加入烧结助剂，在真空或氢气气氛下、高温长时间烧结实现致密化，排出残余气孔，实现透明性。其具有良好的透光性、耐热冲击性和高的绝缘性，高温下具有良好耐碱金属蒸汽腐蚀性，广泛应用于制造高压钠灯和陶瓷金卤灯的电弧管，也可用作微波集成电路基片、轴承材料、耐磨表面材料和红外光学元件材料等。

【透明氧化镁陶瓷】transparent magnesia ceramics

一种呈透明状的 MgO 陶瓷。属立方晶系，熔点 2800℃。它以高纯 MgO 为原料，添加少量 LiF、NaF 等晶粒生长抑制剂，采用热压或常压烧结工艺制成。密度 3.58g/cm^3，热膨胀系数 13×10^{-6}/℃，透明性和红外透过性好，抗弯强度 134MPa。可应用于火箭导弹及宇航器的红外窗口和整流罩、光学滤光片及光学检波器的基料和高温炉窗口等。

【透明氧化钇陶瓷】transparent yttria ceramics

以三氧化二钇为主晶相的透明多晶体。三氧化二钇为立方晶系。相对介电常数 12～20。介质损耗角正切值约为 1×10^{-4}。电绝缘性良好，其透光性能良好，理论透过率在 80%以上，透射波段为 0.25～8μm。常用高纯 Y_2O_3 (≥99.99%)为原料，添加少量烧结助剂，经成形烧结制得致密制品。主要用于制作红外导弹的窗口、整流罩、天线罩、微波设备基板、绝缘支架、红外发生器外壳、红外透镜和高温窗等。

【透明氧化铍陶瓷】transparent beryllia ceramics

一种呈半透明状的主成分为 BeO 的陶瓷。属六方晶系，熔点 2550℃，透光率可达 60%以上。导热系数 210W/(m·K)，与金属相近。热膨胀系数(5.1～9.2)$\times10^{-6}$/C。具有极高的耐热震性、优良的电绝缘性、耐碱性、防核辐射性。以高纯氧化铍为原料，常添加少量高纯氧化铝、氧化镁、氧化钙等来降低其烧成温度。热压烧结，烧成温度 1800℃左右。可用于高温原子能反应堆的中子减速剂和反射剂，微波装置窗口，飞机、火箭的高温部件，集成电路基板等，但价格昂贵。

【透明氧化钍陶瓷】transparent thoria ceramics

氧化钍为主晶相的透明多晶体。氧化钍为立方晶系，熔点 3300℃。制品热膨胀系数为 7.1×10^{-6}/℃，透光率可达 70%左右，有一定的放射性。配料中含少量氧化钙、氧化钇、二氧化锆等稳定剂，在高温氢气气氛中烧成透明体。可用于制造高温环境的红外窗整流罩。

【透明镁铝尖晶石陶瓷】transparent magnesium-aluminum spinel ceramics

以镁铝尖晶石为主晶相的透明多晶体。镁铝尖晶石为立方晶系，熔点 2135℃。透光范围 0.2～6.0μm，红外波段透过率在 80%以上，抗弯强度 190～350MPa，维氏硬度 15.2GPa。以高纯镁铝尖晶石粉体为原料，添加少量氟化锂等为烧结助剂，通过热压或热等静压烧结成透明陶瓷。可用于紫外光刻透镜、透明装(盔)甲、红外窗口等领域。

【半透明镁铝尖晶石】translucent magnesium-aluminum spinel ceramics

以镁铝尖晶石为主相的半透明多晶体。在 0.3～6.5μm 范围的线性光透射率大于 10%，可见光范围的总透射率约为 75%。用镁-铝的盐或氢氧化物的热分解产物为原料，添加少量烧结促进剂氧化钙等，在真空中经 1800～1900℃或湿氢气气氛中 1700℃左右烧结成半透明陶瓷。可用于制作高温电弧、密封外壳、天线窗、红外透射装置等。

【透明偏铌酸铅钡镧陶瓷】transparent lanthanum modified lead barium metaniobate ceramics

又称透明 PBLN 陶瓷，是一种透明铁电陶瓷。主要组分为 $(Pb_{1-y}Ba_{1-y})_{1-x}La_x$-

$Nb_{2-x/5}O_6$。具有高的电光效应，一次电光效应为 $7.45\times10^{-10}\,m^2/V$，二次电光效应为 $2.09\times10^{-16}m^2/V^2$。以高纯氧化镧($La_2O_3$)、氧化铌($Nb_2O_5$)、β-氧化铅(β-PbO)、碳酸钡($BaCO_3$)为原料，在1300℃、氧气气氛下热压烧结而成。主要用于电光源装置和原子能反应堆材料等。

【红外辐射陶瓷】infrared radiation ceramics

在红外波段具有较高辐射率的陶瓷材料。一般由黑度较高的 Cr_2O_3、Fe_2O_3、TiO_2、ZrO_2、$ZrSiO_4$、NiO、SiC、Cr_7C_3 为原料，添加少量黏土及稀土氧化物烧制而成。也可在陶瓷基体上喷涂一层红外辐射涂层。可用于制造红外加热、干燥、烘烤、传热、防热及医学理疗等器件。红外辐射通常以发射率表示，其值在0与1之间，发射率愈大其辐射性能愈好。高发射率涂层用作辐射防热，在航天器上有广阔的应用前景。

【透红外陶瓷】infrared transmitting ceramics

具有红外波段透射性能的陶瓷材料。透红外陶瓷根据透光波段可分为中波红外陶瓷(0.9～5μm)和长波红外陶瓷(8～12μm)。按照是否含氧元素又可分为非氧化物和氧化物陶瓷。其中，非氧化物陶瓷主要包括氟化物和硫化物陶瓷。氧化物红外陶瓷材料种类很多，包括氧化铝、氮氧化铝、镁铝尖晶石透明陶瓷等。透红外陶瓷材料具有优异的耐热冲击和耐机械冲击性能，主要用于制作各种类型的红外窗口、整流罩及光学元件。

【氟化镁透红外陶瓷】magnesium fluoride infrared transmitting ceramics

以 MgF_2 为原料制备的红外陶瓷材料。其透光范围为0.11～9μm，它是较理想的透中红外材料之一，主要用作高速飞行器窗口和头罩。

【热压多晶氟化镁】hot-pressed polycrystalline magnesium fluoride ceramics

以高纯 MgF_2 为原料，在600～700℃的温度和30MPa压力下，经真空热压烧结制成的透明多晶陶瓷。其密度为3.17g/cm³，莫氏硬度为6，抗弯强度为100MPa，热膨胀系数为11.9×10⁻⁶/℃(25～400℃)。相对介电常数为5.1，介电损耗角正切值为0.0001。其透光范围为0.7～9μm，且折射率低、透过率随温度变化小。可用于红外窗口、半球形整流罩、激光片底板等。

【硫化锌透红外陶瓷】zinc sulfide infrared transmitting ceramics

以硫化锌为主晶相的透红外陶瓷材料。密度4.09g/cm³，努氏硬度270～296 kg/mm²，抗折强度103 MPa，热膨胀系数 7.9×10^{-6}/℃(30～600℃)，相对介电常数8.3，损失正切值0.0024。其透过波段较宽，为0.35～13μm，主要用于制作红外透过窗、支撑透镜、红外激光雷达密封罩和整流罩等。

【热压多晶硫化锌】hot-pressed polycrystalline zinc selenide ceramics

以高纯硫化锌为原料，在高温真空条件下热压烧结制备而成的多晶材料。具有优良的透红外光学性能、耐冲击过载的机械性能和良好的热学性能。密度5.27g/cm³，热膨胀系数 7.7×10^{-6}/℃。在5μm波长处折射率为2.4，红外透过波段较宽，为1～13μm。由于可直接压制成各种曲率半径的球面窗口及大尺寸板材，广泛用于各种尺寸的红外探测器窗口。

【砷化镓透红外陶瓷】gallium arsenide infrared transmitting ceramics

是以砷化镓为原料，加适当添加剂配料，经混合、成型、烧结而成，是一种立方闪锌矿结构半导体陶瓷。熔点1240℃，密度5.31g/cm³，折射率为2.73～3.34，透光范围为0.9～15μm。可用作红外窗口和整流罩等。

【热压砷化镓陶瓷】hot-pressed gallium arsenide ceramics

以砷化镓为原料采用热压烧结法制备的多晶半导体陶瓷材料。立方晶系，熔点1240℃，密度5.31g/cm³，不溶于水。折射率 n 为2.73～3.34。可用作红外窗口等。

【硒化锌透红外陶瓷】zinc selenide infrared transmitting ceramics

以硒化锌为主晶相的透红外多晶陶瓷材料。密度5.27g/cm³，努氏硬度150kg/mm²，热膨胀系数 7.7×10^{-6}/℃。折射率较高，在 5μm 波长处约为 2.4。透过波段约为 1～21μm，可用作红外光学窗口材料。但其反射损失较大，可蒸镀氟化钡来减少表面反射损失，提高透过率。

【热压硒化锌陶瓷】hot-pressed zinc selenide ceramics

以硒化锌为主要原料采用热压烧结法制备的多晶陶瓷材料。密度 5.27g/cm^3，热膨胀系数 7.7×10^{-6}/℃。在 5μm 波长处折射率为 2.4，红外透过波段较宽，为 1～21μm。用于红外透过窗、红外激光雷达密封罩等。

【碲化镉透红外陶瓷】cadmium telluride infrared transmitting ceramics

以碲化镉为主晶相的多晶陶瓷材料。密度 5.85g/cm^3，努氏硬度 40kg/mm^2，热膨胀系数 5.9×10^{-6}/℃。折射率很高，在波长 5μm 处达 2.7。透射波段为 2～30μm，在整个透射波段没有吸收带，反射损失较大。制备方法以碲化镉为原料，加入适量添加物配料，经成型、热压烧结而成。在 8～30μm 波段内的产品可用于制造红外系统部件。

【热压碲化镉陶瓷】hot-pressed cadmium telluride ceramics

采用热压烧结制备的以碲化镉为主晶相的陶瓷材料。密度为 5.85g/cm^3，热膨胀系数 5.9×10^{-6}/℃。在 5μm 波长处折射率高达 2.7，透射波段为 2～30μm，在整个透射波段没有吸收带。用于 8～30μm 波段内工作的红外器件。

【氟化钡透红外陶瓷】barium fluoride infrared transmitting ceramics

以氟化钡为主晶相的透红外陶瓷材料。其透光范围为 0.15～15μm，在 2.6μm 处折射率为 1.4626。常用作中红外透光材料。

【热压氟化钡陶瓷】hot-pressed barium fluoride ceramics

采用热压烧结制备的以氟化钡为主晶相的陶瓷材料。热压氟化钡陶瓷具有较好的光学性能和机械性能，透光范围宽，在 0.13～14μm 范围内最高透过率可达到 90%以上，可用作红外窗口材料。

【氟化锶透红外陶瓷】strontium fluoride infrared transmitting ceramics

主晶相为氟化锶的多晶透红外陶瓷材料。其光学透过范围较宽，在 3～9 μm 波长范围内透过率可超过 80%，是一种优良的红外透光材料。

【热压氟化锶陶瓷】hot-pressed strontium fluoride ceramics

采用热压烧结工艺制备的主晶相为氟化锶的多晶陶瓷材料。在 3～9 μm 波长范围内透过率约为 80%。主要用作红外光学材料。

【氟化钙型陶瓷】calcium fluoride type ceramics

主晶相为氟化钙结构(CaF_2型)的一类陶瓷。氟化钙结构又称萤石型结构，属等轴晶系，面心立方结构。立方体晶胞中，Ca^{2+} 与 8 个 F^- 以立方体型配位，F^- 与 4 个 Ca^{2+} 以四面体型配位。

【氟化钙透红外陶瓷】calcium fluoride infrared transmitting ceramics

以氟化钙为原料制备出的具有良好红外透射性能的陶瓷材料。制备方法多用热压烧结工艺。氟化钙透红外陶瓷的密度为 3.18g/cm^3，相对介电常数为 6.5，损失正切值为 0.00015，透光波段为 0.13～12 μm，是优良的中波红外窗口材料。

【氟化镧透红外陶瓷】lanthanum fluoride infrared transmitting ceramics

以三氟化镧为主晶相的具有良好红外透射性能的陶瓷材料，又称热压氟化镧陶瓷。其红外波段的折射率约为 1.5，透波范围为 1～13μm，具有很好的耐热震性和耐高温性能，主要应用于火箭、导弹等的红外窗口。

【热压氟化镧陶瓷】hot-pressed lanthanum fluoride ceramics

以高纯三氟化镧为原料，经成型后于真空中，在 825～875℃温度和 25～31MPa 压力下热压烧结而成的陶瓷材料，具有良好的红外透射性能、耐热震性和耐高温性能，可用作红外窗口材料。

【红外陶瓷】infrared ceramics

对红外波段的电磁波具有透过、吸收或辐射功能的陶瓷材料，按其功能分为红外透射陶瓷、红外激光陶瓷和红外辐射陶瓷。红外透射陶瓷是指具有红外透射性能的红外材料；红外激光陶瓷即波长大于 0.85μm 的激光陶瓷材料；红外辐射陶瓷是指在一定条件下向其周围发射一定波段红外光谱的陶瓷材料。红外陶瓷在工业、环保、健康等方面应用广泛。

【蓄光材料】light-storing materials

当有可见光或紫外光等光源照射时，能将其光能先储存起来，当光源撤离后可于暗处及夜里将所储存的光能释放而发光的材料，故又称之为发光材料、夜光材料。主要应用于航海、消防、交通等领域。

【长余辉发光材料】long persistence luminescent materials

简称长余辉材料，又称夜光材料。它是一类在光源激发下，发出可见光，并将获得的部分光能储存起来，在激发停止后，以光的形式将能量缓慢释放的一种光致发光材料。这种材料的基本发光原理是：在材料制备的过程中，掺杂的元素在基质中形成发光中心和陷阱中心，当受到外界光激发时，发光中心的基态电子跃迁到激发态，当这些电子从激发态跃迁回基态时，形成发光。同时，一些电子在受激时落入陷阱中心被束缚。光照撤除后，受环境如温度的扰动，束缚于陷阱的电子跳出陷阱跃迁回到基态，释放光子形成发光。由于陷阱束缚了电子，这一发光过程较长，即形成了长的余辉。长余辉发光材料由于撤除光照后在黑暗中能较长时间发光，人们将这种材料通俗地称为“夜光粉”。由于其可以利用日光或灯光储光在夜晚或黑暗处发光，因而广泛应用在夜间应急指示、光电子器件或元件、仪表显示，低度照明，家庭装饰及国防军事(如夜行地图)等方面，更有望应用于信息处理、新能源、生命科学和宇宙尖端科技领域。

【荧光材料】fluorescent materials

由金属(锌、铬)硫化物或稀土氧化物与微量活性剂配合煅烧而成。无色或浅白色，是在紫外光(200～400nm)照射下，依颜料中金属和活化剂种类、含量的不同，而呈现出各种颜色可见光(400～800nm)的材料。荧光材料吸收一定波长的光，立刻向外发出不同波长的光，当入射光消失时，荧光材料就会立即停止发光。荧光材料可分为无机荧光材料和有机荧光材料，荧光材料应用范围很广，可用作染料、有机颜料、光学增白剂、光氧化剂、涂料、化学及生化分析、太阳能捕集器、防伪标记、药物示踪及激光等领域。

【光致发光材料】photoluminescence materials

物质在紫外光、可见光或红外激光照射后会吸收能量，电子吸收光子跃迁到较高能级的激发态后返回低能态，同时放出光子，具有这种发光过程的材料称为光致发光材料。根据发光延迟时间，可分为荧光材料和磷光材料。荧光材料发光寿命相对较短，主要应用于照明、显示等领域。磷光材料通常又称长余辉材料，在激发停止后仍可继续发出光，发光寿命较长，是一种绿色光源材料，主要用于生物传感和成像、夜间应急指示、光电子器件或元件、仪表显示，低度照明，家庭装饰及国防军事等方面。

【电致发光材料】electroluminescent materials

在直流或交流电场作用激发下，电子在能级间跃迁、变化、复合从而导致发光的材料。电致发光在消费品生产中有时被称为冷光。主要的电致发光材料有掺杂了铜和银的硫化锌、蓝色钻石(含硼)、砷化镓等。主要用于特殊环境中的照明、显示及图像储存领域。

【灯用发光材料】phosphor for lamp

用于各种类型灯的发光材料的统称。

【黑光灯用发光材料】phosphor for black light

用于黑光灯(出射光的峰值介于 320～370nm)的发光材料。黑光灯是一种特制的气体放电灯，灯管的内壁涂覆的是一种在各种类型激发下能够发射紫外线的荧光粉。适用于农业上消灭虫害。

【多光子发光材料】multiphoton phosphor

一个光子被吸收引出多个出射光子或者吸收多个入射光子引出一个出射光子的发光材料，是光子倍增发光材料和上转换发光材料的统称。通常一个光子被吸收，就有一个电子从低能级跃迁到高能级，再经过一系列过程，最终以一个光子的形式发射出来，这种过程称之为单光子过程。多光子过程则与之不同。上转换发光是指利用两个或多个长波长的光子激发，得到一个短波长的光子(可见光)。光子倍增发光则是把一个紫外光子转换成两个或多个可见光子。多光子发光材料可以应用于生物标记、激光、照明等领域。

【上转换发光材料】upconversion materials

利用两个或多个长波长的光子激发，得到一个短波长的光子(可见光)的材料，其特点是所吸收的光子能量低于发射的光子能量。上转换发光又称反 Stokes 发光。Stokes 定律认为材料只能受到高能量的光激发，发出低能量的光。但是上转换发光材料可以实现与上述定律正好相反的发光效果。上转换发光通常发生在稀土离子掺杂的化合物中，主要有氧化物、硫氧化物、氟氧化物、氟化物、卤化物等。上转换发光过程的机理包括激发态吸收(ESA)、能量传递与上转换(ETU)和光子雪崩(PA)三种。这些过程均是通过掺杂在基质中的激活离子连续吸收一个或者多个光子来实现的。上转换发光材料可以用于生物监测、药物诊疗、CT、MRI 标记等。

【光子倍增发光材料】photon multiplication phosphor

把一个高能光子(紫外光子)转换成两个或多个可见光子的发光材料，其发光效率大于 1。这种发光材料的发光过程与上转换发光材料相反，遵从 Stokes 定律。光子倍增发光通常发生在稀土离子掺杂的化合物中，主要有氧化物、硫氧化物、氟氧化物、氟化物、卤化物等。光子倍增发光材料适用于荧光灯照明、等离子体显示等。

【光激励发光材料】photostimulated phosphor

是指受光或者射线(X 射线、阴极射线或其他高能粒子)辐射时，可将一部分能量储存起来，再经可见光、红外光、低能紫外光等激励时，以光的形式释放出储存能量的发光材料。它属于一种信息储存发光材料。光激励发光材料中含有一定浓度的发光中心和陷阱，在光或射线粒子的激发下，材料内产生自由电子或空穴，其中一部分被陷阱俘获。材料再经过光的激发，电子与电离的发光中心复合时发出光。主要用作 X 射线辐射图像存储屏、光激励发光剂量计、红外上转换和光存储等方面。

【热释光发光材料】thermoluminescence phosphor

发光中心受到光、X 射线或高能粒子激发后储存能量，加热后受激发，以光的形式释放出储存能量的发光材料。热释光发光材料的特点在于材料中含有一定浓度的发光中心和陷阱。在光、射线或高能离子的激发下，材料内能产生自由电子或空穴，其中一部分被陷阱俘获。受热升温时，被俘获的电子热激发成为自由载流子，与电离的发光中心复合后即发出光。发光强度近似正比于陷阱的释空率(单位时间、单位体积晶体内从陷阱释放出的载流子数)和复合发光的效率。利用热释光曲线研究陷阱是研究固体的一种简单而重要的方法。此外，热释光材料可适用于剂量计。

【高能粒子发光材料】radioluminescence phosphor

在 α、β、γ 及 X 射线等高能粒子激发下能够产生荧光的材料。高能带电粒子入射发光材料(发光体)后，与发光体中的原子(或分子)发生碰撞，引起原子的激发或电离，从原子电离出来的电子具有很大的动能，可以继续引起其他原子的激发或者电离，因此产生大量次级电子。高能光子入射发光体时，可能发生光电效应、康普顿效应以及形成电子-正电子对(X 射线主要产生光电子)，这些效应都能产生大量次级电子。高能粒子辐射激发的两种情况具有共同的特征：即在粒子(光子)通过的路程上有大量的原子被激发或电离，并且产生大量的激发电子，因此辐射激发具有密度高和空间不均匀的特点。这些特点使得辐射发光量子效率远远超过 1。高能粒子发光材料应用于闪烁计数器、闪烁探测器，X 射线医疗及工业无损探测用的直接观察屏，永久发光材料等。

9.2.4 电子陶瓷

【电子陶瓷】electronic ceramics

是指在电子工业中能够利用电、磁性质的陶瓷。电子陶瓷是通过对表面、晶界和尺寸结构的精密控制而最终获得具有新功能的陶瓷。电子陶瓷按功能和用途可以分为五类：绝缘装置瓷、电容器瓷、铁电陶瓷、半导体陶瓷和离子陶瓷。它在能源、家用电器、汽车等方面有广泛应用。

【电真空陶瓷】electronic-vacuum ceramics

用于高频和微波领域中各种真空电子管系统的装置陶瓷，如氧化铝陶瓷、滑石陶瓷、镁橄榄石陶瓷、氧化铍陶瓷、氮化硼陶瓷等。具有高真空下气密性好，较高的机械强度，良好的介电性能，适宜的膨胀系数，高的热传导性能，良好的化学稳定性和热稳定性等特点。

【电介质陶瓷】dielectric ceramics

是指电阻率大于 $10^8\Omega\cdot m$ 的陶瓷，能承受较强的电场而不被击穿。按其在电场中的极化特性，可分为电绝缘陶瓷和电容器陶瓷。其中电容器陶瓷具有较高的介电常数、较低的介质损耗和适当的介电常数温度系数。随着材料科学的发展，在这类材料中又相继发现了压电、热释电和铁电等性能，因此电介质陶瓷作为功能陶瓷又在传感、电声和电光技术领域获得广泛应用。

【装置陶瓷】mounting ceramics

在电子设备中作为安装、固定、支撑、保护、绝缘、隔离及连接各种元器件的陶瓷材料。具有体积电阻率高，室温下大于 $10^{12}\Omega\cdot cm$；介电强度大于 $10^4 kV/m$；相对介电常数小于 9；高频下介电损耗小，介质损耗角正切值 $\tan\sigma$ 一般为 $2\times10^{-4}\sim9\times10^{-3}$；其特点是绝缘电阻高、介电常数小、介质损耗低、机械强度高、导热性好，热膨胀系数小、化学稳定性和热稳定性好等特点。滑石瓷是装置瓷的典型代表；氧化铝瓷是被广泛应用的电真空陶瓷；刚玉-莫来石瓷、镁橄榄石、氮化硅、氮化硼、硅灰石、锆英石等也是装置瓷的重要瓷种。机械强度及耐热性能无特殊要求用滑石瓷，对机、电、热性能要求较高的多用高氧化铝瓷，体积电阻率 $10^{12}\sim10^{13}\Omega\cdot cm$，介电强度 15～18MV/m(95 瓷)和 25～30MV/m(99 瓷)，相对介电常数 8.5～10。广泛用于无线电设备，如雷达、电视机上的绝缘零件、小容量大功率电容器和微调电容器等。

【高频陶瓷】high frequency ceramics

用于电子工业中高频范围的装置瓷及电容器陶瓷。具有介电常数小，介质损耗低，机械强度高，以及较高的介电强度、绝缘电阻和热导率等。莫来石瓷是应用最早的高频装置瓷，滑石瓷、镁橄榄石瓷、氧化铝瓷是高频装置瓷的主要瓷种。高频电容器陶瓷主要包括金红石瓷、钛酸钙瓷、钛酸镁瓷、锡酸钙瓷、锆酸钙瓷等。具有在高频(1MHz)下的介质损耗低，在温度、湿度、频率和电压等因素影响下电性能稳定的特性。随着电子工业的发展，尤其是厚膜、薄膜电路及微波集成电路的问世，对封装陶瓷和基片提出了更高的要求，已有很多新品种，例如氧化铍瓷、氮化硼瓷等以及氮化铝瓷和碳化硅瓷，它们的共同特点是热导率较高。

【滑石陶瓷】talc ceramics; steatite ceramics

滑石瓷是以矿物滑石($3MgO\cdot4SiO_2\cdot H_2O$)为主要原料，加入适当量的黏土和 $BaTiO_3$ 等配料经混料磨细、成型和高温烧结等工艺制成，具有高强度，较低介电损耗。用于高频装置零件、小容量大功率电容器和微调瓷介电热器。滑石瓷的主晶相为原顽辉石，即偏硅酸镁($MgSiO_3$)，是一种电性能优良，价廉的高频结构陶瓷，常用于高频设备中作为绝缘零部件。

【钡长石陶瓷】celsian ceramics

钡长石($BaO\cdot Al_2O_3\cdot SiO_2$)为主晶相的陶瓷材料。相对介电常数 6～8。介质损耗角正切值较小，小于 5×10^{-4}[1MHz，(300±5)℃]。比体积电阻 $10^{12}\sim10^{13}\Omega\cdot cm$[(100±5)℃]。线膨胀系数较低，在 3×10^{-6}/℃以下(20～100℃)。主要原料为碳酸钡和高岭土等。可用于一般装置瓷件、电阻瓷件，高热稳定的电感线圈骨架和小容量的中高压电容器。

【刚玉-莫来石陶瓷】corundum-mullite ceramics

刚玉(α-Al_2O_3)和莫来石($3Al_2O_3\cdot2SiO_2$)为主晶相的陶瓷。具有机械强度高、绝缘性能好的特点。相对介电常数 6～7。介质损耗角正切值(14～18)$\times10^{-4}$[1MHz，(20±5)℃]。体积电阻率 $10^{13}\sim10^{14}\Omega\cdot cm$，穿强度 30～358kV/mm，线膨胀系数约 4×10^{-6}/℃(20～100℃)。主要原料为氧化铝、高岭土和少量添加剂，用一般陶瓷工艺在 1350℃左右烧成。可用于制造各种类型的高压绝缘子、套管、高压开关和其他装置零件。

【硅灰石陶瓷】wollastonite ceramics

主晶相为硅灰石即偏硅酸钙($CaO\cdot SiO_2$)的陶瓷。相对介电常数约为 6～8。介质损耗角正切值＜3×10^{-4}。线膨胀系数约为4×10^{-6}/℃。抗弯强度140～160MPa，比体积电阻值＞10^{14}Ω·m(100℃)。以硅灰石为主要原料，掺入少量滑石、黏土、碳酸钡、二硅酸铅(或硼酸铅、磷酸硼等)，用一般陶瓷工艺制造。可用于制作微调电容器、小容量电容器和高频装置零件等。

【堇青石陶瓷】cordierite ceramics

堇青石($2MgO\cdot2Al_2O_3\cdot5SiO_2$)为主晶相的陶瓷。耐压强度280～500MPa。抗拉强度25～40MPa，抗弯强度50～60MPa，冲击强度1.8～2.2cm·kg/cm^2，线膨胀系数(1.1～1.8)$\times10^{-6}K^{-1}$(20～100℃)，平均热传导率3.35～5.02kJ/(m^2·h·℃)(0～100℃)，耐冷热温度300～500℃，绝缘电阻2.3～5.6MΩ·cm(400～600℃)，介质损耗角正切值200×10^{-4}(50Hz)、40×10^{-4}(500Hz)，耐火度约1400℃。主要原料为滑石、黏土、氧化铝、长石等，用一般陶瓷工艺制造。烧结范围较窄，烧结温度与堇青石分解温度只差几度，难获得致密体。常采用绿泥石、碳酸镁、碳酸钡、硅酸锆、二氧化锆、三氧化二硼、锂辉石等作为添加剂，能降低烧结温度，扩大烧结温度范围，并改善其介电性能。可用作线圈骨架，耐电弧作用的电绝缘材料、复合材料的基料，电热绝缘装置的燃烧器喷嘴的材料等。由于热膨胀系数小，耐热冲击性能好，还可用于耐热绝缘材料、高温催化剂多孔载体等。

【低碱陶瓷】low alkali ceramics

含碱金属氧化物氧化钾、氧化钠量较少($R_2O\leqslant1.2\%$)，主晶相为莫来石($3Al_2O_3\cdot2SiO_2$)，并含少量钙长石($CaO\cdot Al_2O_3\cdot2SiO_2$)、钡长石($BaO\cdot Al_2O_3\cdot2SiO_2$)晶相所组成的陶瓷材料。瓷体含氧化钾、氧化钠量较少，在直流负荷下老化后电阻值变化较小。相对介电常数≤8[1MC，(20±5)℃]。击穿强度大于8kV/mm，体积电阻率大于10Ω·cm，抗折强度大于78MPa。主要原料为高岭土、石英、方解石、碳酸钡等，可用一般陶瓷工艺制造。可用于制作高温和高稳定性碳素膜、金属膜、沉积膜电阻器基体。

【锂辉石陶瓷】spodumenite ceramics

锂辉石($Li_2O\cdot Al_2O_3\cdot4SiO_2$)为主晶相的陶瓷。相对介电常数8.5～9，介电常数温度系数具有较大的正值，介质损耗角正切值(150～200)$\times10^{-4}$。具有较低的线膨胀系数，热稳定性良好，经1000℃至冷水的淬冷试验不产生裂纹。主要原料为碳酸锂、氧化铝、二氧化硅和黏土，经高温烧结而成，但烧结温度范围狭窄。可用于制造燃气轮机的叶片、喷气发动机的喷嘴等。还可制作日用耐热高级砂锅等。

【镁橄榄石陶瓷】forsterite ceramics

主晶相为硅酸镁(Mg_2SiO_4)，即镁橄榄石为主要组成的陶瓷。相对介电常数5.6～6.8。介质损耗角正切值小于5×10^{-4}[1MHz，(300±5)℃]。体积电阻率10^{14}～10^{16}Ω·cm，特别是在高温下仍有相当高的数值，1000℃时高于10^{16}Ω·cm。线膨胀系数为(9～11)$\times10^{-6}$/℃，与某些玻璃、铁镍合金和金属铁的热膨胀系数很相近，便于封接。热稳定性稍差。广泛用作电真空陶瓷、高功率电容器陶瓷、电阻陶瓷基体和碱性耐高温陶瓷。

【镁铝尖晶石陶瓷】magnesium-aluminum spinel ceramics

指主晶相为镁铝尖晶石($MgAl_2O_4$)的陶瓷，其理论组成的熔点与最低共熔点组成非常接近，故烧结范围很窄。通常须先人工合成尖晶石粉体，再加入少量黏土及三氧化二硼、氟化钙、二氧化硅、氧化铬等添加物，降低烧结温度。密度2.7～3.6g/cm^3。比热容为836kJ/kg(25～100℃)、100.3kJ/kg(400℃)、58.5kJ/kg(1000℃)。相对介电常数约7.5，介质损耗角正切值为(5～8)$\times10^{-4}$，线膨胀系数为(5.93～8.00)$\times10^{-6}$/℃。化学稳定性良好，与热稀酸或冷浓酸长时间接触不遭受任何腐蚀，氢氟酸对它也无显著影响。熔点2135℃，比氧化铝高。用它制成的坩埚可以熔融许多金属及合金而不损伤坩埚内壁，也不污染熔融物本身。在电子工业中，它是低压高频电容器、感应线圈骨架及电子管插座等的良好材料。其透明镁铝尖晶石陶瓷，属面心立方结构，用

Mg-Al氢氧化物的共沉淀物或Mg-Al的盐类热分解产物为原料，添加少量促进剂，在真空中经1800～1900℃烧结成半透明状态，相对密度为理论密度的99.7%～100%，在可见光范围内透射率为67%～68%。可用于高温炉窗、天线窗、红外透射装置等。

【尖晶石型陶瓷】spinel type ceramics

主晶相具有尖晶石结构RO·M_2O_3的多晶材料。通常RO是二价金属的氧化物，如氧化镁、氧化亚铁、氧化锌、一氧化锰等。M_2O_3是三价金属的氧化物，如氧化铝、氧化铁、氧化铬等。这两类不同价数的氧化物以等摩尔比结合成立方晶系RM_2O_4尖晶石化合物。少数也有以R^{4+}、M^{2+}或R^{6+}、M^{+}相结合尖晶石型化合物。用于电子工业中的尖晶石瓷通常指主晶相为镁铝尖晶石（MgO·Al_2O_3）的陶瓷。

【铁电陶瓷】ferroelectric ceramics

主晶相为铁电体的陶瓷材料。在低于居里温度(Tc)时具有自发极化性能。陶瓷中具有许多电畴，铁电陶瓷的重要特征是其极化强度与施加电压不呈线性关系，具有明显的滞后效应。由于这类陶瓷的电性能在物理上与铁磁材料的磁性能相似，因而称为铁电陶瓷。常见的铁电材料多属钙钛矿型结构，如$BaTiO_3$、$PbTiO_3$、$SrTiO_3$等。此外，钨青铜结构材料有$PbNb_2O_6$、$Sr_{1-x}Ba_xNb_2O_6$、$Ba_2NaNb_5O_{15}$等。焦绿石结构材料有$Cd_2Ta_2O_7$、$Pb_2Nb_2O_7$、$Cd_2Nb_2O_7$等。层状氧化铋结构材料有$Bi_4Ti_3O_{12}$、$PbBi_2Nb_2O_9$等。通过固溶、离子代换和掺杂改性等获得实用的铁电氧化物陶瓷已达千种以上。非氧化物铁电陶瓷正在发展。铁电陶瓷具有介电、压电、热敏、电致伸缩、电声、电光等效应，作为传感、驱动、存储、调制等元器件的材料。

【反铁电陶瓷】anti-ferroelectric ceramics

主晶相为反铁电体的陶瓷。反铁电体的种类甚多，例如$NH_4H_2PO_4$（ADP）型，包括$NH_4H_2AsO_4$及氘代盐等；$(NH_4)_2SO_4$型，包括NH_4HSO_4及NH_4LiSO_4等；$(NH_4)_2H_3IO_6$型，包括$Ag_2H_3IO_6$及氘代盐等；钙钛矿型，包括$NaNbO_3$、$PbZrO_3$、$PbHfO_3$、$Pb(Mg_{1/2}W_{1/2})O_3$、$Pb(Yb_{1/2}Nb_{1/2})O_3$以及$RbNO_3$等。反铁电体的特点是每个子晶格内有因离子位产生的极化，但相邻子晶格极化方向相反，因此总的自发极化强度为零。多数是反铁电单晶体，少数是反铁电陶瓷，如$PbZrO_3$、$Pb(Mg_{1/2}W_{1/2})O_3$和$Pb(Yb_{1/2}Nb_{1/2})O_3$。对于$Pb(Zr_{1-x}Ti_x)O_3$陶瓷，当适当改性或处于特定组成时也属反铁电体，例如用作电压调节元件的一种反铁电陶瓷配方组成为$Pb_{0.92}La_{0.02}Sr_{0.06}(Zr_{0.7-x}Sn_{0.3}Ti_x)O_3$，$0.14<x<0.16$，这种材料可用作调节电场高达1kV/mm，在−55～70℃，可具有10%的电压调节度。反铁电材料主要用作储能器和电压调节元件。

【透明铁电陶瓷】transparent ferroelectric ceramics

是一类具有电光效应的透明陶瓷，可分为含铅和不含铅两类。含铅透明铁电陶瓷包含锆钛酸铅铋铁电陶瓷（PBZT）、锆钛酸铅镧铁电陶瓷（PLZT）、铪钛酸铅镧铁电陶瓷（PLHT）；不含铅透明铁电陶瓷包含有铌酸钾钠、铌酸钠钡等。其中以PLZT最为广泛。透明铁电陶瓷的透光率随组成不同而变化，可以制得具有不同电光效应值的陶瓷材料，如能把光信息或图像永久存储的记忆材料、双折射率随电场线性变化的线性电光调制材料以及双折射率随电场二次方变化的二次电光调制材料等。PLZT陶瓷的光学性质随外电场和组成的变化呈现出电光记忆效应，一次电光系数可达$(1.02\sim6.12)\times10^{10}$m/V，要比单晶的电光系数大一个数量级。其主要原料为高纯氧化铅、氧化镧、氧化锆和二氧化钛。一般采用通入氧气进行热压烧结方法制取。近年来采用常压通入氧气烧结的方法制造透明铁电陶瓷亦已获得成功。氧气的存在可加速致密化，有利于提高透光性能。这类陶瓷中，电畴状态的变化伴有光学性质的改变，可通过外加电场对这类透明陶瓷电畴状态进行控制，如电控双折射（细晶陶瓷）、电控光散射（粗晶陶瓷）、电诱相变和电控表面形变等。广泛用作光闸、光调制品、光存储器、光谱滤波器和热电探测器等的材料。

【透明锆钛酸铅铋陶瓷】transparent lead bismuth zirconate titanate ceramics; PBZT

是一种重要的透明铁电陶瓷，具有优异的电光效应。参见本节【透明铁电陶瓷】。

【透明铪钛酸铅镧陶瓷】transparent lead lanthanum hafnate titanate ceramics; PLZT

是一种重要的透明铁电陶瓷，具有优异的电光效应。参见本节【透明铁电陶瓷】。

【压电陶瓷】piezoelectric ceramics

具有压电效应的陶瓷材料。通常由几种氧化物和碳酸盐通过一定的烧结过程制成。烧结得到的陶瓷体是多晶体，主要成分为铁电体，故又称铁电陶瓷。对铁电陶瓷体施加强直流电场进行极化处理，去除电场后整块陶瓷体将保留一定的极化而具有压电性能。与压电单晶材料相比，压电陶瓷的特点是制造容易，可做成各种形状；可任意选择极化轴方向；易于改变瓷料的组成成分而得到具有各种性能的瓷料；成本低；适于大量生产。但因是多晶材料，受到使用频率的限制。目前常用的压电陶瓷有钛酸钡、钛酸铅、锆钛酸铅、三元系压电陶瓷、透明铁电陶瓷以及铌酸盐系陶瓷等。压电陶瓷主要用于制造超声、水声电声换能器、陶瓷滤波器、陶瓷变压器、点火引爆装置、表面波器件、电光器件以及热释电探测器等。

【三元系压电陶瓷】ternary piezoelectric ceramics

三种 ABO_3 型化合物形成的三元系固溶体为主晶相的压电陶瓷材料。它比二元系压电陶瓷如锆酸铅-钛酸铅（$PbZrO_3$-$PbTiO_3$）具有烧结温度范围宽、气孔率低等特性。在 $PbZrO_3$-$PbTiO_3$ 二元系基础上加入的第三种成分的各种组合，称“复合金属离子组合”。常用的三元系压电陶瓷有：铌镁酸铅系［$xPb(Mg_{1/3}Nb_{2/3})O_{3-y}PbTiO_{3-z}PbZrO_3$］、铌锌酸铅系［$xPb(Zn_{1/3}Nb_{2/3})O_{3-y}PbTiO_{3-z}PbZrO_3$］、铌锰酸铅系［$xPb(Mn_{1/3}Nb_{2/3})O_{3-y}PbTiO_{3-z}$-$PbZrO_3$］、铌锑酸铅系［$xPb(Sb_{1/2}Nb_{1/2})O_{3-y}$-$PbZrO_3$］、锑锰酸铅系［$xPb(Mn_{1/3}Sb_{2/3})O_{3-y}$-$PbTiO_{3-z}PbZrO_3$］等。除用含铅化合物作为第三组元外，还有非铅化合物，如 $A^{+1}B^{+5}O_3$ 或 $A^{+3}B^{+3}O_3$ 等。三元系压电陶瓷类型很多。在三组元基础上，再加入第四种或更多种 ABO_3 化合物，则组成四元系或多元系压电陶瓷。其用途十分广泛，可用于制作扩音器、滤波器、变压器、超声延迟线、大功率水声发射和接收、高压发生元件等。

【钛酸钡陶瓷】barium titanate ceramics

以钛酸钡或其固溶体为主晶相的陶瓷。具有 ABO_3 钙钛矿型结构，是典型的铁电材料，分子式为 $BaTiO_3$。以 $BaCO_3$、TiO_2 为主要原料预先合成后，经 1280～1400℃烧结而成，或以化学法制备的高纯超细钛酸钡粉料成型后直接烧成。经高压极化具有压电性，其机电耦合系数（K_p）0.36，品质因数（Q_m）300，压电常数 d_{31} 和 d_{33} 分别达 -80×10^{-12}C/N 和 190×10^{-12}C/N，居里温度 120℃，用于制作压电器件。可通过添加移峰剂或压峰剂进行改性。利用强制还原法或施主掺杂法可制备钛酸钡半导体陶瓷，用于制造铁电电容器、正温度系数（PTC）热敏元件、晶界层电容器和各种压电器件。

【钛酸铅陶瓷】lead titanate ceramics

以钛酸铅（$PbTiO_3$）为主晶相的陶瓷材料，具有 ABO_3 钙钛矿型结构。具有居里温度高（约 490℃），相对介电常数较低（约为 200），泊松比低（约为 0.20），机械强度较高等特性。纯钛酸铅可用四氧化三铅和二氧化钛为原料合成，但烧结困难，不易极化，故常加入少量改性添加物，如二氧化锰、三氧化二镧、二氧化铈、五氧化二铌、三氧化二硼等。经高温烧结成制品。可用于制作高频陶瓷滤波器振子，高温换能元件和热释电探测器等。

【钛酸镁陶瓷】magnesium titanate ceramics

主晶相为正钛酸镁（$2MgO\cdot TiO_2$）的陶瓷材料。尖晶石结构。相对介电常数约 20，介质损耗角正切值约为（1～3）$\times10^{-4}$。主要原料为二氧化钛和菱镁矿，添加少量黏土、萤石以改善烧结性能。采用一般电子陶瓷工艺于 1400～1470℃氧化气氛中烧成。调整配方中钛镁比可获介电常数温度系数在零附近的材料。广泛用于制造热稳定陶瓷电容器和微波介质谐振器等。偏钛酸镁（$MgO\cdot TiO_2$），钙钛矿型结构，相对介电常数为17，具有较高的品质因数，负的谐振频率温度系数。采用溶胶凝胶法使其煅烧温度可低至500℃，是一种性能优异的介质材料。

【钛酸钙陶瓷】calcium titanate ceramics

以钛酸钙($CaTiO_3$)为主晶相的陶瓷材料。钙钛矿型结构。相对介电常数140～150。介电常数温度系数为$(-1000\sim-1500)\times10^{-6}$/℃，介质损耗角正切值小于$6\times10^{-4}$(20℃，1MC)。主要原料为二氧化钛和方解石。纯钛酸钙很难烧结成陶瓷，可加入1%～2%二氧化锆，降低烧结温度至1360℃左右，可以防止高温下钛离子还原成低价钛离子，从而改善陶瓷性能。其他的改性添加物还有$Bi_2O_3\cdot2TiO_2$和$La_2O_3\cdot2TiO_2$等。可用于制作高频温度补偿电容器等。

【钛酸锌陶瓷】zinc titanate ceramics

以钛酸锌($2ZnO\cdot TiO_2$)为主晶相的陶瓷材料。尖晶石型结构。具有击穿强度高、介电常数温度系数小等特点。主要原料为二氧化钛和氧化锌，添加少量CaO、SrO_2等作改性氧化物。可采用一般电子陶瓷生产工艺制造。配方中钛与锌的配比不同时，材料性能不同。如氧化锌含量大于70%时，可获得半导体陶瓷。随着氧化锌含量的增加，材料的介质损耗值增大，介电常数温度系数值由负移至正值。适当的氧化锌含量可获得介电常数温度系数值为零的材料。可用于制作低介电常数温度系数陶瓷电容器和中高压电容器。

【钛酸镧陶瓷】lanthanum titanate ceramics

以钛酸镧为主晶相的陶瓷。因二氧化钛和三氧化二镧的配比不同可形成三种化合物：$La_2O_3\cdot TiO_2$、$La_2O_3\cdot2TiO_2$、$2La_2O_3\cdot9TiO_2$。相对介电常数50左右。介电常数温度系数可接近零。介质损耗角正切值低，可小于1×10^{-4}。主要原料为二氧化钛、三氧化二镧或氢氧化镧，常添加少量黏土、氧化镁等，经粉磨后成型，在氧化气氛中烧成。不同钛镧比所形成化合物的电性能不同。用于制作较大容量的高频热稳定电容器、微波介质谐振器振子和微波集成电路基片等。

【钛酸铋陶瓷】bismuth titanate ceramics

以钛酸铋为主晶相的陶瓷材料，主要组分$Bi_4Ti_3O_{12}$。居里温度高，约为675℃。耐老化性能良好。相对介电常数较低，约为180，压电常数d_{33}约为20×10^{-12}C/N。主要原料为二氧化钛和三氧化二铋，采用一般电子陶瓷工艺制造。可用作高频高温压电元器件，也常用作钙钛矿型铁电陶瓷的重要改性添加剂，以获得电容温度系数良好的介质材料。

【锆钛酸铅系陶瓷】lead zirconate titanate based ceramics

以$PbTiO_3$-$PbZrO_3$固溶体为基的二元系压电陶瓷。锆钛酸铅(PZT)属钙钛矿型结构，化学式为$PbTi_xZr_{1-x}O_3$，是压电陶瓷的主要成分。压电性能除随Zr/Ti比而改变外，还随添加剂的不同而改变，添加剂与Pb^{2+}、Zr^{4+}(Ti^{4+})同价，且离子半径相近，形成置换型固溶体；添加剂与Pb^{2+}、Zr^{4+}不同价形成$A^{1+}B^{5+}O_3$和$A^{2+}B^{3+}O_3$化合物。锆钛酸铅系陶瓷由Pb_3O_4、TiO_2、ZrO_2和少量添加剂预烧合成再经高温烧结而成，或用化学共沉淀法制备的超细粉料成型后经高温烧结而成，用于超声换能器、水声换能器、陶瓷变压器、电声器件及热释电探测器等。(Pb，La)(Zr，Ti)O_3作为一种透明铁电体，可用于光开关、图像存储、显示及感光显像等方面。

【钛酸锶铋陶瓷】strontium bismuth titanate ceramics

又称钛锶铋瓷，是一种钛酸铋($Bi_2O_3\cdot nTiO_2$，n可为2、3、4)溶于钛酸锶的固溶体陶瓷材料。相对介电常数250～6000，介电损耗角正切值为10^{-3}数量级，击穿强度较高，热膨胀系数大，机械强度低。主要原料为三氧化二铋、碳酸锶和二氧化钛，经高温烧成制品。按固溶度可分为三类：(1)钛酸锶($SrTiO_3$)含量较大时，钛酸铋溶于钛酸锶中形成钙钛矿型固溶体；(2)钛酸铋含量较大时，形成钛酸铋固溶体和$SrBi_2TiO_{12}$晶相；(3)钛酸锶含量<30mol%时，主要为钛酸铋固溶体。主要用作高频高介电材料和小体积大容量的电容器瓷。

【电容器陶瓷】capacitor ceramics

制造电容器的陶瓷介质材料。按性能特征分为Ⅰ型陶瓷，相对介电常数不太高(10^1～10^2量级)，介质损耗低，温度和频率稳定性好；Ⅱ型铁电陶瓷，相对介电常数很高(10^3～10^4量级)；Ⅲ型半导电陶瓷，在晶界和电极界面上形成阻挡层，等效介电常数非常高，达10^4～10^5量级。电容器陶瓷呈结晶态，主晶相含量很高。最早用于制造电容器的是TiO_2(金红石)，随后有钛酸盐、锆酸盐、锡酸盐等。钛酸钡($BaTiO_2$)具有高介电常数和铁电性质，用于制造电子电路中中等容量的电容器。铌镁酸铅$Pb(Mg_{1/3}Nb_{2/3})O_3$介电常数很高，用于大容量的多层陶瓷电容器。陶瓷电容器已成为产量最大，电容量覆盖范围最广的一类电容器。在电子工业中有广泛应用前景。

【金红石陶瓷】futile ceramics

又称二氧化钛瓷。主晶相为金红石的陶瓷。相对介电常数约80～90。介电常数温度系数$(-750\pm100)\times10^{-6}$/℃。介质损耗角正切值较小，约$(2\sim5)\times10^{-4}$(20～80℃，1MC)。体积电阻率大于$10^{12}\Omega\cdot cm$(20～100℃)。主要原料为二氧化钛，添加少量黏土、膨润土、碳酸钡、氧化锌、氧化锆等矿化剂。加入碳酸钡和氟化钙可促进烧结。加入二氧化锆可阻止粗晶的形成。经磨细，成型，于1300～1350℃氧化气氛中烧成。主要用于制作高频热补偿电容器。上釉制品可用作大功率电容器材料。精磨抛光制品可作瓷介微调电容器动片和纺织机用导丝件。

【铌酸盐系压电陶瓷】niobate piezoelectric ceramics

各种铌酸盐铁电陶瓷的总称。其晶体结构分别属于钙钛矿型、铌酸锂型、钨青铜型和焦绿石型等。常见的有铌酸锶钡、铌酸钾钠、铌酸钡钠、偏铌酸铅、铌酸锂钠和焦铌酸镉等主晶相形成的陶瓷。这类压电陶瓷的主要特点是声传播速度高。主要用于制作光电器件、超声延迟线、高频换能器、窄带滤波器及声表面波器件等。

【铌镁酸铅陶瓷】lead magnesio-niobate ceramics

以铌镁酸铅[$Pb(Mg_{1/3}Nb_{2/3})O_3$]为主晶相的陶瓷。属于复合钙钛矿型结构的铁电陶瓷。室温下相对介电常数12600。介质损耗角正切值小于100×10^{-4}。主要原料为四氧化三铅、碳酸镁、五氧化二铌(Nb_2O_5)。适当加入玻璃熔剂、三氧化二铋矿化剂和钛酸铅移峰剂，混合均匀后采用轧膜、挤膜或流延法制成薄片，涂电极后叠装，在950℃左右烧结而成。主要用于制作片式电容器之一的独石电容器。

【铌酸锶钡陶瓷】barium strontium niobate ceramics

是由铌酸钡($BaNb_2O_6$)和铌酸锶($SrNb_2O_6$)二元固溶体组成的铌酸锶钡[$(Ba_xSr_{1-x})Nb_2O_6$]铁电陶瓷。具有钨青铜结构。当$x=(0.33\sim0.75)$时可获得致密烧结的陶瓷，若$x<0.33$，则组成必须通过离子置换和引入少量添加离子才能获得致密制品。$(Ba_{0.25}Sr_{0.75})Nb_2O_6$材料的折射率高，$n_0=2.3117$，$n_e=2.2987$。这类铁电材料经人工极化处理后具有一定的热释电效应。可用于制作红外探测器。

【铌镍酸铅陶瓷】lead niobate-nicklate ceramics

铌镍酸铅[$Pb(Ni_{1/3}Nb_{2/3})O_3$，PNN]为主晶相的铁电陶瓷。钙钛矿型结构。居里温度约为-130℃。室温下相对介电常数600左右。介质损耗角正切值$\leqslant10\times10^{-4}$(1kC)。主要原料为四氧化三铅、一氧化镍和五氧化二铌，其制作工艺与铌镁酸铅陶瓷相同。可用作片式电容器之一的独石电容器材料。

【铌酸钾钠陶瓷】potassium-sodium niobate ceramics

化学式为$(Na_{1-x}K_x)NbO_3$，式中$x=0.2\sim0.8$。具有钙钛矿型结构的无铅压电陶瓷。$x=0.5$时，机电耦合系数呈现平坦的峰，其他压电性能也都比较好。具有致密的特点，陶瓷体密度可达理论值99%以上。显现出均匀的细晶结构。还具有居里温度高(420℃左右)、介电常数低、机械品质因数小、频率常数高等特性。但其他压电性能不及锆钛酸铅系陶瓷。并由于无铅，可减少对环境的污染。主要原料为碳酸钠、碳酸钾和五氧化二铌。采用电子陶瓷工艺，热压烧结，可避免或减少钾、钠在烧结过程的挥发，从而获得致密制品。主要用于制作高频延迟线、光电器件、换能器等。

【铌酸钡钠陶瓷】sodium-barium niobate ceramics

铌酸钡（$BaNb_2O_6$）和铌酸钠（$Na_2Nb_2O_6$）组成的二元固溶体铁电陶瓷。具有钨青铜型结构。频率常数约 3600，径向机电耦合系数约 0.1，厚度振动机电耦合系数约 0.2，相对介电常数约 460。机械品质因素约 1800。主要原料为碳酸钡、碳酸钠和五氧化二铌。纯铌酸钡钠陶瓷极难烧结。通常引入少量改性添加剂或形成固溶体来获得致密的压电陶瓷。例如，以锶离子部分置换钡离子，再加少量锂、锰(II)离子，经高温烧成，可获得致密陶瓷。此类陶瓷是性能良好的压电陶瓷，可用于制作窄带陶瓷滤波器等。

【铌镁锆钛酸铅陶瓷】lead niobium magnesium zirconate-titanate ceramics

主晶相为[$Pb(Mg_{1/3}Nb_{2/3})_xTi_yZr_zO_3$]复合钙钛矿型压电陶瓷。具有机电耦合系数、机械品质因数、介电常数高，时间稳定性和温度稳定性好等特性。主要原料为四氧化三铅、二氧化钛、二氧化锆、五氧化二铌、氧化镁（或碳酸镁）。加入少量改性添加物，经高温烧成。当配方中 x=37.5%(mol)，y=37.5%(mol)，z=25%(mol)时，适当加入改性添加剂，可制得径向机电耦合系数达 0.76，机械品质因数 4000 左右，介电常数达数千的优异品质材料。可用于制作宽带压电陶瓷滤波器、变压器、延迟线等。

【铌锌锆钛酸铅陶瓷】lead niobium-zinc zirconate-titanate ceramics

主晶相为[$Pb(Zn_{1/3}Nb_{2/3})_xTi_yZr_zO_3$]复合钙钛矿型压电陶瓷。具有致密度高、绝缘性能优良、压电性能好等特性。主要原料为四氧化三铅、二氧化钛、二氧化锆、五氧化二铌，加入少量改性氧化物，经高温烧成。当配方中 x=50.5%(mol)，y=26%(mol)，z=23.5%(mol)时，可制得径向机电耦合系数达 0.76 的制品。可用于制作宽带压电陶瓷滤波器，变压器及电声器件等。

【铌铋锌系陶瓷】Nb_2O_5-Bi_2O_3-ZnO ceramics

以 Nb_2O_5-Bi_2O_3-ZnO 三元体系统为主晶相的陶瓷材料。主要特点是介电常数高。主要原料五氧化二铌、三氧化二铋、氧化锌，加入少量改性添加物，采用一般电子陶瓷工艺，在 900℃以下温度烧成。通过改变主要原料的组成配比和添加物量，可形成一系列不同相对介电常数(79～209)和不同介电常数温度系数(+120～−750)$\times10^{-6}$/℃的陶瓷材料。其体积电阻率为(111～310)$\times10^{10}\Omega\cdot$cm，抗电强度 11.4～15.1kV/mm，介质损耗角正切值(0.6～3.6)$\times10^{-4}$(20℃)。可用于制造小体积、大容量的低温烧结高频独石电容器。

【铌铋镁系陶瓷】Nb_2O_5-Bi_2O_3-MgO ceramics

以 Nb_2O_5-Bi_2O_3-MgO 三元系为主晶相的一类铁电陶瓷。相对介电常数变化范围为几十到几百。介质损耗角正切值小于 10×10^{-4}。体积电阻率大于 $10^{12}\Omega\cdot$cm。主要原料为五氧化二铌、三氧化二铋、碳酸镁（或菱镁矿）。采用一般电子陶瓷工艺，通过改变铌、铋、镁配比和适宜的添加剂，经高温(900℃以下)烧成，可获得致密陶瓷制品。可用作体积小、容量大、温度稳定性较好的低温烧结高频独石电容器材料。

【偏铌酸铅压电陶瓷】lead metaniobate piezoelectric ceramics

以 $PbNb_2O_6$ 为主晶相的铁电陶瓷。斜方晶系钨青铜结构。居里温度高(570℃)，是重要的高温压电陶瓷材料。机械品质因素很低(约为 11)，相对介电常数低(约为 220)。主要原料为四氧化三铅和五氧化二铌，加入少量添加物，采用一般电子陶瓷工艺，但冷却速率不同可形成两种晶型，如从 1200℃以上快速冷却可制得铁电陶瓷，从 1250℃缓慢冷却则为反铁电相陶瓷。主要用于制作高温、高频换能器，超声探测器等。

【偏铌酸铅-钡压电陶瓷】barium lead metaniobate piezoelectric ceramics

以 $Pb_{1-x}Ba_xNb_2O_6$ 钨青铜结构为主晶相的铁电陶瓷材料，参见本节【偏铌酸铅压电陶瓷】。通过 Ba 取代 $PbNb_2O_6$ 中的 Pb，可以改善偏铌酸铅压电陶瓷的压电特性，但会降低居里温度。

【无铅压电陶瓷】leadless piezoelectric ceramics

不含铅压电陶瓷的总称。主要特性是居里温度和频率常数很高，介电常数低，机械品质因数高。主要类型有：(1)铌酸盐系统，如铌酸锂、铌酸钾、铌酸钾钠、铌酸钠锂、铌酸钡钠等；(2)含铋层状结构，如 $SrBi_4Ti_4O_{15}$、$Na_{0.5}Bi_{4.5}Ti_4O_{15}$ 等；(3)钨青铜型结构，如铌酸锶钡陶瓷等；(4)烧绿石型结构，如 $Cd_2Nb_2O_7$、$Ca_2Nb_2O_7$ 等。用一般电子陶瓷工艺条件制得的制品，压电性较弱。主要用于制造高频高温压电陶瓷器件。

【锡酸盐陶瓷】stannate ceramics

二氧化锡和多种金属氧化物形成的锡酸盐化合物为主晶相的陶瓷材料，如锡酸钡($BaSnO_3$)、锡酸锶($SrSnO_3$)、锡酸钙($CaSnO_3$)等，均为钙钛矿结构。具有介电常数低，绝缘电阻高，介质损耗角正切值小等特性，适于用作电容器介质材料。锡酸盐，尤其是锡酸钙常作为钛酸钡基铁电陶瓷的改性添加物，用来调整陶瓷的介电常数与温度系数。

【锡酸钙陶瓷】calcium stannate ceramics

以锡酸钙($CaSnO_3$)为主晶相的电容器陶瓷，具有钙钛矿结构。密度 $4.8g/cm^3$。相对介电常数 14～16，介质损耗角正切值小$(3\sim6)\times10^{-4}$(1MC)，介电常数温度系数$(30\pm20)\times10^{-6}/℃$，击穿强度 10～12kV/mm。比体积电阻 $10^{12}\sim10^{13}\Omega\cdot cm$(100±5℃)，抗折强度 80～90MPa。线膨胀系数$(8\sim8.5)\times10^{-6}/℃$(20～100℃)。主要原料为碳酸钙和二氧化锡，加入少量添加物，采用一般电子陶瓷工艺于 1380℃左右氧化气氛中烧成。主要用于制作高温、高频热稳定陶瓷电容器。

【微波陶瓷】microwave ceramics

又称微波介质陶瓷，用于微波领域的陶瓷材料的总称。按用途可分为两大类：(1)低损耗和超低损耗微波陶瓷，如高氧化铝陶瓷、金红石瓷、多钛酸钡瓷(如四钛酸钡、九钛酸钡瓷)、锡锆钛陶瓷、钽酸盐系陶瓷，含稀土氧化物钛酸盐多元系陶瓷等，具有足够的机械强度、适宜的膨胀系数和介电常数，很高的电学品质因素、低的频率温度系数，主要用于制作微波介质谐振器、微波集成电路基片、微波输出窗等；(2)微波衰减瓷，如金属陶瓷、渗碳多孔陶瓷、碳化硅衰减瓷、二氧化钛衰减瓷和铁氧体衰减瓷等。这类材料是绝缘的陶瓷材料与导电材料或者电阻材料所组成的复合材料，是一种半导性物质。主要用于切断、去耦、抑制带边振荡和高于或寄生模式的振荡以及消除非设计模式等作用，在电子对抗和微波测量系统中作为衰减器及微波吸收材料等。

【四钛酸钡陶瓷】barium tetratitanate ceramics

主晶相为四钛酸钡($BaTi_4O_9$)的微波介质陶瓷材料。相对介电常数约为 39，介质损耗角正切值约为 4×10^{-4}(10Gc)，电容温度系数约为 $-50\times10^{-6}/℃$，频率温度系数约为 $15\times10^{-6}/℃$，线膨胀系数约为 $9.4\times10^{-6}/℃$，抗折强度大于 95MPa。主要原料为碳酸钡、二氧化钛或四氯化钛、碳酸钡。采用一般电子陶瓷工艺固相合成，也可采用共同沉淀法合成四钛酸钡，一般烧成工艺或热压烧结。主要用于制造高频电容器、微波集成电路基片、微波介质谐振器和滤波器等。

【九钛酸钡陶瓷】barium nonatitanate ceramics

主晶相为九钛酸钡($Ba_2Ti_9O_{20}$)的微波陶瓷(微波介质陶瓷)材料。相对介电常数约为 40，机械品质因数大于 8000(4Gc)。主要原料为碳酸钡、二氧化钛或四氯化钛、碳酸钡以固相反应或共沉淀合成 $Ba_2Ti_9O_{20}$，再添加少量改性氧化物，采用一般电子陶瓷工艺烧结或热压烧结。主要用于制作高频电容器、微波集成电路基片、微波介质谐振器等。

【锆酸盐陶瓷】zirconate ceramics

以介电常数正温度系数的 $SrZrO_3$、$CaZrO_3$ 和负温度系数的 $BaZrO_3$、$SrTiO_3$、$CaTiO_4$ 等复合而成的固溶体为主晶相的陶瓷。介质损耗角正切值小于 10×10^{-4}(4～5Gc)。超高频性能好。相对介电常数约为 30～40。采用一般电子陶瓷工艺制作。主要用于制作微波介质谐振器和微波基片。

【锆酸钙陶瓷】calcium zirconate ceramics

主晶相为锆酸钙($CaZrO_3$)的陶瓷材料，具有钙钛矿型结构。相对介电常数为28，介电常数温度系数为65×10^{-6}/℃(20～80℃)。主要原料为碳酸钙和二氧化锆，添加少量改性用的氧化物，采用一般电子陶瓷工艺制造。当加入适量钛酸钙时，可提高其介电常数，并使介电常数温度系数向负值方向移动，而进一步改善其热稳定性和不易产生电性能老化。可用作热补偿电容器瓷料。

【锆酸锶陶瓷】strontium zirconate ceramics

主晶相为锆酸锶($SrZrO_3$)的陶瓷，具有钙钛矿型结构。相对介电常数28～30，介质损耗角正切值4×10^{-4}(0.5～5MC)，介电常数温度系数为(15～25)$\times10^{-6}$/℃，击穿强度为15～25kV/mm。体积电阻率大于$10^{12}\Omega\cdot cm$。主要原料为碳酸锶、二氧化锆，加入少量改性添加物，采用一般电子陶瓷工艺制造。用于制造高频热稳定陶瓷电容器和高温陶瓷电容器。

【锆钛酸铅陶瓷】lead zirconatetitanate ceramics

以钛酸铅-锆酸铅($PbTiO_3$-$PbZrO_3$)固溶体为主晶相的压电陶瓷。主要成分为$PbTi_x$-Zr_yO_3($x+y=1$)。具有钙钛矿结构，当锆钛原子比为53∶47左右时，具有大的压电性能。它是以Pb_3O_4(或PbO)、TiO_2、ZrO_2和少量添加物的混合物预先合成后再在高温下烧结而成。居里点因配方而变化，常在150～370℃范围内。相对介电常数为350～3500，介质损耗角正切值为(40～200)$\times10^{-4}$，频率常数为1400～2800Hz·m，机电耦合系数为0.2～0.7，压电常数为-14.5×10^{-3}V·m/N。主要应用于超声换能器、水声换能器、陶瓷滤波器、陶瓷变压器、受话器、扬声器、气体点火装置等，还可用于表面波器件和热释电探测器等方面。

【锆钛酸铅镧铁电陶瓷】lead-lanthanum zirconate-titanate ferroelectric ceramics

以锆钛酸镧铅($Pb_{1-x}La_xZrTiO_3$)固溶体为主晶相的透明铁电陶瓷。其中Zr/Ti摩尔比约为0.65/0.35，$x=0.02$～0.12。主要原料为四氧化三铅、三氧化二镧、二氧化锆和二氧化钛。可采用固相法合成，也可采用化学共沉法制取(制品为粉料，有助提高透明度)。该陶瓷通常采用热压烧结工艺(压力为15～40MPa，温度为1100～1250℃)，保持10～30h，可获得几乎全透明铁电陶瓷。具有较高的介电常数，因组成不同而在970～5000范围内变化。介质损耗为0.3%～6%，高的耐击穿强度(约3MV/mm)，优良的热释电性能[热释电系数$k=(3\sim17)\times10^{-8}$ C/(cm^2·K)]；并因组成不同而具有不同特性的电滞回线。外加电场可引起极化状态变化或相变，并引起光学性质变化(如双折射率、散射、表面变形及静电现象等)。主要可用作光开关(如核热闪光护目镜及立体观察镜)、图像存储器、显示器及感光显像管(器)等。

【钽酸铋锶陶瓷】bismuth-strontium tantanate ceramics

以钽酸铋锶($Bi_2SrTa_2O_9$)为主晶相的压电陶瓷，具有畸变单斜晶系。其结构特点是含铋层状结构。居里温度约310℃。相对介电常数约180，压电常数d_{33}约23×10^{12}C/N。可用作高温压电陶瓷。

【锑锰-锆-钛酸铅陶瓷】PSM-PT-PZ piezoelectric ceramics

$Pb(Mn_{1/3}Sb_{1/3})_xTi_yZr_zO_3$，$x+y+z=1$复合钛钙矿结构三元系压电陶瓷。具有机电耦合系数高($K_p=0.65$～0.7)、机械品质因数好($Q_m\geqslant2000$)、介质损耗小($tg\delta\leqslant40\times10^{-4}$)、介电常数大和稳定性好等优点。主要原料为四氧化三铅、二氧化钛、二氧化锆、二氧化锰(或碳酸锰)、三氧化二锑，掺入少量改性氧化物，经700～850℃预烧、1100～1300℃烧结制成。通过调整式中x、y和z的比例，可在较宽范围内调整机电耦合系数(0.2～0.7)。可用于制造压电陶瓷滤波器、变压器、换能器等。

【硅钛钙系陶瓷】CaO-TiO_2-SiO_2 ceramics

在CaO-TiO_2-SiO_2三元系统中以$CaSiO_3$与TiO_2或以$CaTiSiO_5$与$CaTiO_3$为基料的陶瓷材料。其特点是两种晶相共存，性能受晶相比例影响，配比可在一定范围内调节。主要原料为碳酸钙、二氧化钛、二氧化硅，加入少量改性添加剂，经配料、磨细、混合、成型、烧成等工序获得制品，也可先用碳酸钙和二氧化硅高温下合成硅酸钙，用碳酸钙、二氧化硅、二氧化钛高温下合成硅酸钙后再进行配料、烧成等，以确保两晶相共存，主要介电性能为：相对介电常数 80～110，介质损耗角正切值(0.8～2.5)×10^{-4}，介电常数温度系数(－450～＋550)×10^{-6}/℃。抗电温度(45～55)kV/mm，电阻率(10^{11}～10^{12})Ω·cm。主要用作温度补偿型陶瓷电容器瓷料。

【镁镧钛系陶瓷】MgO-La_2O_3-TiO_2 ceramics

在 MgO-La_2O_3-TiO_2三元体系中主晶相为钛酸镁 $MgTiO_3$和二钛镧 La_2O_3·$2TiO_2$的陶瓷材料。为调整瓷料介电常数温度系数常加入钛酸钙和金红石，形成二类瓷料体系：$MgTiO_3$-La_2O_3·$2TiO_2$-TiO_2系和 $MgTiO_3$-La_2O_3·$2TiO_2$-$CaTiO_3$系。具有较高介电常数、较低介质损耗角正切值、高温(150℃)下介电性能良好的特点。采用一般电子陶瓷工艺制造。用于制造高频温度补偿及热稳定电容器。

【钨镁酸铅陶瓷】lead magnesio-tungstate ceramics

以钨镁酸铅 $Pb(Mg_{1/2}W_{1/2})O_3$为主晶相的陶瓷，具有钙钛矿型结构。相对介电常数 3000、介质损耗角正切值小于 5×10^{-4}。主要原料为四氧化三铅、碳酸镁和三氧化钨，加入少量改性添加剂。采用一般电子陶瓷工艺，经轧膜、挤膜或流延成型，在 900～1000℃温度范围内烧结。主要用作高频独石电容器瓷料。

【电光陶瓷】electro-optical ceramics

具有电光效应的透明铁电陶瓷。材料主要是含镧的透明铁电陶瓷，如锆钛酸铅镧陶瓷(PLZT)及钛酸铅镧陶瓷(PLT)等。材料形态有体材和薄膜。电光陶瓷的工作原理是利用铁电陶瓷的极化状态受外电场控制的性质，通过外电场改变透明铁电陶瓷的极化状态进而改变介质的折射率和散射角，使入射光的透过率或出射光的相位、强度发生变化。通常用热压烧结或热等静压制备。具有电控双折射或电控散射形式以适应使用要求的特点。常用电光模式有记忆、二次双折射，非记忆、二次极化，记忆、线性双折射，记忆双折射，记忆散射。不同模式具有不同的电滞回线及光输出响应。可用于护目镜，光记录的线性光阀，光调制器、滤色器、显示器、存储器的元件材料。

【半导体陶瓷】semiconductive ceramics

具有半导体性能的无机非金属多晶材料的总称。其电导率约在 10^{-3}～10^{8}Ω·cm 范围。受外界条件如温度、光照、电场、气氛、湿度等影响可能发生显著的变化。分为热敏半导体陶瓷、光敏半导体陶瓷和气敏半导体陶瓷三种。热敏半导体陶瓷是一类电阻率随温度发生明显变化的陶瓷。热敏陶瓷分为电阻随温度升高而增大的正温度系数(PTC)热敏陶瓷，电阻随温度的升高而减小的负温度系数(NTC)热敏陶瓷，电阻在某特定温度范围内急剧变化的临界温度(CTR)热敏陶瓷和线性阻温特性热敏陶瓷四大类。光敏半导体陶瓷在光的照射下，能够产生光电效应、光生伏特效应和光电发射效应等，主要用于制造光敏电阻和太阳能电池。气敏半导体陶瓷表面吸附气体分子时，半导体的电导率将随半导体类型和气体分子种类的不同而变化，主要用于制造生产用探测报警器、自动排风扇、汽车氧传感器等。

【导电陶瓷】conductive ceramics

在一定条件下具有离子电导或电子(或空穴)电导的一类陶瓷材料。离子作为载流子的导电陶瓷又称为快离子导体材料。导电陶瓷的种类很多，属钠离子导体的有 β-Al_2O_3；属锂离子导体的有 β-$LiAlSiO_4$；属氧离子导体的有萤石型结构氧化物 ZrO_2、HfO_2、ThO_2等及钙钛矿型结构氧化物 $SrTiO_3$、$LaCrO_3$等；属氟离子导体的有 PbF_2、CaF_2等。β-Al_2O_3陶瓷主要用作钠-硫电池的隔膜材料，广泛用于电子手表、电子照相机、听诊器等。利用 ZrO_2在一定条件下具有传递氧离子的特性，可以用于氧浓差电池、固体燃料电池，还可以用作氧传感器，进行氧浓度的测定。利用 ZrO_2的导电性，可用作高温发热体材料及高温电极材料。

【氧化锌陶瓷】zinc oxide ceramics

氧化锌为主晶相的陶瓷，加入适当的添加剂可制成半导体陶瓷材料。具有优良的非线性系数、压敏压电范围宽(零点几伏到几千伏)、电压温度系数小、时间响应快、漏电流小等特点。可用于制造高压电路中稳压元件和过电压保护元件(如集成电路中的低压压敏电阻器)，还可以作避雷器之用。低维氧化锌还具有其他功能特性，如掺氧化铝的氧化锌可制备透明导电氧化物薄膜；氧化锌晶须阵列材料可制备压电阵列器件等。

【铬酸镧陶瓷】lanthanum chromate ceramics

主晶相为铬酸镧($LaCrO_3$)的陶瓷材料。具有立方晶系钙钛矿结构。密度 6.5g/cm^3，熔点 2490℃。向材料直接通电可发热，其表面温度可达 2000℃，呈黑色或深墨绿色。室温至 1000℃的平均线热膨胀系数为 9.7×10^{-6}/℃，室温时导热系数为 0.018J/(cm・s・℃)。采用一般电子陶瓷工艺可制成棒形发热体，经高温烧结而成。用它制作的发热体表面辐射率和热效率都很高，可在空气中工作到 1400℃，如温度继续升高则铬挥发严重，因而使用受到限制。添加氧化锶、氧化钡可在一定程度上限制铬的挥发，提高高温氧化气氛下的稳定性。

【β氧化铝陶瓷】β aluminum oxide ceramics

主晶相为β-Al_2O_3 的陶瓷材料。它通常是由钠、钾、铷、钙、锶、钡等碱金属、碱土金属以及稀土金属氧化物等的存在而形成的。β-Al_2O_3 陶瓷的化学式可写作：M_2O(碱金属氧化物)：Al_2O_3＝1：6 及 Ln_2O_3：Al_2O_3＝1：12。常见的有 Naβ-Al_2O_3，Kβ-Al_2O_3，Caβ-Al_2O_3 等一系列化合物陶瓷，其中 Naβ-Al_2O_3 陶瓷是很好的固体电解质，具有不透过钠、硫或硫化钠熔体，又有优良的离子电导性和电子绝缘性。可用作钠硫电池中分隔钠极和硫极的隔膜，并在电池反应过程中起传导钠离子的电解质作用。钠硫电池的理论比能量达 760W・h/kg，为铅酸蓄电池的 10 倍，并能和铅酸蓄电池一样，能不断使用。β-Al_2O_3 陶瓷已在电子手表、电子照相机、听诊器和心脏起搏器上应用，是一类很有发展前途的材料。

【燃料电池陶瓷】fuel cell ceramics

用作燃料电池中固体电解质的陶瓷材料。能传导氧离子而不传导电子，在工作温度下气密性高和化学稳定性好(对氧化剂和燃料)。这类陶瓷有氧化锆陶瓷和以铝酸镧、钛酸钙或钛酸锶为基的钙钛矿型固溶体。

【热释电陶瓷】pyroelectric ceramics

又称热电陶瓷。随温度的变化，极化状态发生改变，从而产生表面电荷的陶瓷材料。热释电陶瓷是由热释电晶体组成的多晶材料，经极化处理后，可像单晶一样具有热释电效应，与单晶相比，热释电陶瓷具有成本低、性能稳定、便于加工、易于制成大面积材料等优点，同时，可通过各种掺杂和取代在很大范围内调节其性能，因而更具实用性。目前常用的热释电陶瓷主要是以锆钛酸铅、钛酸铅、钛酸钡等为基的各种改性陶瓷材料。热释电陶瓷可制作成各类红外传感器、红外探测器及红外摄像仪，应用于防火报警、非接触温度测量、防盗报警、环境监测、医疗诊断、机械故障探测、地球资源遥感等方面。

【激光陶瓷】laser ceramics

作为激光工作物质的陶瓷材料，如掺钕的透明氧化钇陶瓷。激光陶瓷多数情况下是透明的，晶粒尺寸在几十微米量级，其光学性能、力学性能、导热性能等类似于晶体或优于晶体。激活离子随机分布在陶瓷晶粒的内部或表面，没有明显的偏聚现象。由于激光陶瓷是多晶的，性能受气孔、杂质、缺陷等影响，导致光线的散射和折射较强及材料的不透明性。然而激光陶瓷与激光晶体相比，陶瓷的制备时间短、成本低，可以制备成各种形状和尺寸，烧结的温度比晶体的熔点低，掺杂浓度高；与玻璃比较，激光陶瓷在热导率、硬度、机械强度等性能方面具有更大的优势。可用作激光制导中的激光工作物质。

【声光陶瓷】acousto-optic ceramic

能以超声输入来控制光束频率、强度和方向的陶瓷材料，如锆钛酸铅镧(PLZT)、铌酸锶钡等。具有高机械品质因素、高密度、声匹配时有高的机械阻抗、吸收小、透光范围宽等性能。主要用于光调制和光偏转器件等。

【陶瓷薄膜】ceramic film

以金属氧化物、金属氮化物、金属碳化物或金属间化合物等无机化合物为原料，采用特殊工艺，在一定材料(又称衬底或底材)的表面上涂覆成型厚度约为数十纳米至数微米的一层或多层涂层陶瓷，称为陶瓷薄膜。薄膜<100μm主要可分为光学薄膜、电子学薄膜、光电子学薄膜、集成光学薄膜、防护用薄膜。

【核燃料陶瓷】nuclear fuel ceramics

由难熔化合物组成的核燃料陶瓷。包括由铀(U)、钚(Pu)、钍(Th)与非金属元素O、C、N、Si等形成的化合物或互溶物，分为氧化物、碳化物、氮化物、硅化物等。氧化物有UO_2、(U、Pu)O_2、(U、Th)O_2，熔点高、热和辐射稳定性好、热导率低。碳化物有UC、UC_2、UC_3或(U、Pu)C，热导率比氧化物高，遇水发生分解，在水冷反应堆中一般不用。氮化物有UN、UN_2、UN_3或(U、Pu)N，与包壳材料相容性好，化学稳定性差，是快中子增殖堆的理想燃料。硅化物有U_3Si、U_3Si_2，抗水腐蚀性好、质软、延性好，可用作水冷堆燃料。制备工艺与普通陶瓷大体相同。具有熔点高、热和辐照稳定好，有化学惰性，利于提高比功率。UO_2已广泛用于核动力反应堆。

【铬酸锶镧陶瓷】strontium lanthanum chromate ceramics

以铬酸锶镧[(La、Sr)CrO_3]为主要成分的陶瓷，其中较重要的一种为$La_{0.84}Sr_{0.16}CrO_3$。制品导电性优良，具有电子导电特性。电阻系数常温时为1Ω·cm。与铬酸镧($LaCrO_3$)相比，用锶取代了部分镧可提高硬度、使用温度和热震性。对钾的抗蚀性也好，且能有效地降低电阻和高温挥发性。先将主要原料三氧化二镧、碳酸锶、氧化铬在高于1400℃下煅烧，合成固溶体后按常规陶瓷工艺制得。烧成温度1550℃。主要用于制作高温电热元件、磁流体发电装置的电极和代铂材料等。但长期用于1400℃以上的场合，挥发性随使用温度的增高而增大，限制了它的使用范围。

【氧化锡陶瓷】tin oxide ceramics

以二氧化锡(SnO_2)为主要成分的陶瓷。主晶相为锡石，晶粒尺寸5～20μm。氧化锡含量在93%以上，其余为锌、铋、锑、铜等氧化物烧结促进剂和导电改性剂，有时还添加氧化钇作为晶体控制剂(防止晶粒异常长大)。密度6.0～6.5g/cm³。耐压强度400MPa。抗折强度80MPa。线膨胀系数(4.5～5)×10^{-6}/℃。高温下耐玻璃熔盐和有色金属熔体侵蚀性能优良，耐温度骤变性能良好，导电性能好。氧化锡原料经配料和一般陶瓷工艺处理后，坯体在1500～1550℃氧化气氛下烧结而成。用作玻璃电熔电极、熔制玻璃的坩埚等。

【铁电-铁磁体】ferroelectric-ferro-magnetics

铁电和铁磁是固体物理中的两个分支学科，铁电-铁磁体是指具有铁电性又具有铁磁性的物质。由于这类物质一方面呈现铁电性(或反铁电性)，另一方面又呈现铁磁性(或反铁磁性)，因而可用电场控制磁参量，或者用磁场控制电参量(如光开关、光全息存储及显示体系、微波区域的相变换、磁电变换)。在外场E、H的作用下，单畴铁电、铁磁的极化强度P和磁化强度M，只取E、H的一次项表示为$P=P_0+\chi_e E+\alpha' H$；$M=M_0+\chi_e H+\alpha' E$；式中：P_0和M_0分别表示自发极化强度和自发磁化强度。由于电和磁的相互关联，当对这类物质施加电场引起电畴开关时，P_0的方向改变，相应的M_0的方向也随之变化。例如，Ni-I方硼石单晶，由于施加电场使极化反转(180°)，与此同时同这一方向垂直的面内，磁化M_0的方向做90°的转动。对具有钙钛矿结构的铁电体的氧八面体引入磁性离子，如将满电子壳层以外具有s电子对的离子Tl^{1+}、Pb^{2+}、Bi^{3+}等占据晶体中非中心对称的配位，可得出一系列的物质具有铁电-铁磁性共存，但真正铁电-铁磁体很少，如Sr_2CoReO_6是铁电-反铁磁体，Sr_2NiReO_6是铁电-亚铁磁体，$PbMn_{2/3}W_{1/3}O_3$是反铁电-反铁磁体，$BiFeO_3$是铁电-弱铁磁体等。除钙钛矿结构外，还有方硼石结构如$Ni_3B_7O_{13}X$

(X=Cl，Br，I等)，$BaMnF_4$ 结构和 Fe_3O_4 具有铁电-铁磁性。

【电致伸缩陶瓷】electrostrictive ceramics

在电场作用下，由伸缩形变效应而发生微小形变或尺寸变化的陶瓷。现在研究的电致伸缩陶瓷材料一般都是弛豫型铁电陶瓷材料，它是电致伸缩效应和铁电-铁弹耦合效应而引起的外形变化，主要由钙钛矿结构的 $Pb(Mg_{1/3}Nb_{2/3})O_3$、$PbTiO_3$(PMN-PT)以及 $BaTiO_3$ 等铁电陶瓷材料复合而成。由于电致伸缩陶瓷材料具有分辨率高、稳定性好、精度高和速度快等特点，特别适用于制作精密的微小位移调制器、定制器，制造微动、定位的精密驱动和转换元件。

【光敏半导体陶瓷】light sensitive semiconductive ceramics

也称光敏陶瓷、光敏电阻瓷。在光的照射下可吸收光能，产生光电导或光生伏特效应。按照光敏效应可分为：(1)光电池效应材料，如硅光二极管材料；(2)光电导效应材料，如CdS、CdSe等，按其制造方法可分为单晶型、烧结型和薄膜型；(3)光电子发射效应材料，如GaAs、Sb-Cs、Na-K-Sb-Cs等；(4)热释电效应材料，如 $LiNbO_3$、$LiTiO_3$、$PbTiO_3$、$BaTiO_3$、PZT、PLZT、$Sr_{1-x}Ba_xNb_2O_6$ 等。

【氮化硼-二硼化钛陶瓷】boron nitride-titanium diboride ceramics

主晶相为BN和 TiB_2 的复相陶瓷材料，具有高硬度、高熔点，耐腐蚀且难分解等特点。TiB_2-BN复相陶瓷可以根据不同的使用要求，在很宽的范围之间选择所需的电阻率，并且具有优良的耐热性、耐热冲击性、耐铝液腐蚀性以及高温下与铝液良好的润湿性，易机械加工性能和足够的机械强度等，使这种材料成为真空金属蒸镀行业中广泛使用的舟皿材料，用于真空镀铝、多层膜电容器蒸镀及显像管金属化等方面。

【快离子导体材料】fast ion conducting materials

一类具有离子导电性的材料。以具有高电导率和低活化能区别于经典离子导体。按其迁移离子的种类分为：阳离子导体、阴离子导体、锂离子导体、钠离子导体等；按其物质存在的形态分为：晶态离子导体、非晶态离子导体、聚合物离子导体等。快离子导体也被称为固体电解质，用于高比能、大容量蓄电池，还可用于制造各种离子选择电极，如氧传感器；各种化学器件，如电色显示器；双电层电容器、库仑计等。

【非晶态离子导体】amorphous ion conductor

具有离子导电性的非晶态材料。正如半导体材料有晶态和非晶态之分一样，离子导体也可做成非晶态。有些材料从熔体自然冷却就能形成非晶态，而更多的材料则要在快速冷却条件下(约 10^5 K/s)才能制备成功。非晶离子导体具有高缺陷结构，有利于离子的迁移；成分可以在一定范围内连续改变，从而可以使离子电导性最佳化；宏观性质是各向同性的、均匀的，这对应用很有利。然而非晶态离子导体也和其他非晶态材料一样，其稳定性较差。普通离子导体非晶态化已成为制备新的快离子导体的重要途径。

【高温超导陶瓷】high temperature superconductive ceramics

具有高临界转变温度(Tc)，能在液氮温度条件下工作的超导陶瓷材料。因主要是氧化物材料，故又称高温氧化物超导陶瓷材料。高温超导陶瓷材料不但超导转变温度高，而且成分多是以铜为主要元素的多元金属氧化物，氧含量不确定，具有陶瓷性质。氧化物中的金属元素(如铜)可能存在多种化合价，化合物中的大多数金属元素在一定范围内可以全部或部分被其他金属元素所取代，但仍不失其超导电性。除此之外，高温超导材料具有明显的层状二维结构，超导性能具有很强的各向异性。已发现的高温超导材料按成分分为含铜的和不含铜的。含铜超导材料有镧钡铜氧体系(Tc=35～40K)、钇钡铜氧体系(按钇含量不同，T 发生变化。最低为20K，高可超过90K)、铋锶钙铜氧体系(Tc=10～110K)、铊钡钙铜氧体系(Tc=125K)、铅锶钇铜氧体系(Tc约70K)。不含铜超导体主要是钡钾铋氧体系(Tc约30K)。已制备出的高温超导材料有单晶、多晶块材，金属复合材料和薄膜。高温超导材料的上临界磁场高，具有在液氦以上温区实现强电应用的潜力。

【固体电解质】solid electrolyte

固态的离子导体，在一定温度范围内具有离子电导特性。通过传导离子的种类可以分为阴离子固体电解质、阳离子固体电解质、混合型固体电解质。按其工作温度可分为低温固体电解质、中温固体电解质、高温固体电解质。广泛应用于新型固体电池、高温氧化物燃料电池、电致变色器件和离子传导型传感器件等。也用在记忆装置、显示装置、化学传感器中，以及在电池中用作电极、电解质等。例如，用固体电解质碘制成的锂-碘电池已用于人工心脏起搏器；以二氧化锆为基质的固体电解质已用于高温测氧计等。

【铌酸锶钡热释电陶瓷】strontium barium niobate pyroelectric ceramics

铌酸锶钡（$Sr_xBa_{1-x}Nb_2O_6$，SBN）是铌酸锶（$SrNb_2O_6$）和铌酸钡（$BaNb_2O_6$）经传统固相法或液相法合成的二元体系固溶体，固溶界限为 $0.25 \leqslant x \leqslant 0.75$，是一种不含铅，无铅挥发，对环境友好的热释电材料。铌酸锶钡具有典型的非填充型四方钨青铜（TTB）结构，铁电相点群为 4mm，顺电相点群为 4/mm。室温下 SBN 材料性能稳定，机械强度好，热释电探测优值与锆钛酸铅系陶瓷在一个数量级。SBN 材料的居里温度、光电性能、介电性能和热释电性能等大多数物理性能可随组分的变化而变化，具有连续性。通过 Ca、Ce 等不同元素的掺杂可以有效调节 SBN 陶瓷的电学性能，以获得更好的热释电特性。主要作为热释电性非制冷红外探测技术里的敏感元材料。

【钽钪酸铅热释电陶瓷】lead scandium tantanate pyroelectric ceramics

加入呈钙钛矿结构的钽钪酸铅系热释电陶瓷 $Pb(S_{cx}T_{a1-x})O_{3-x}$（$x$ 一般为 0.5）（PST）是一种具有混合 B 位阳离子的铅基复合钙钛矿结构材料。它的居里温度接近室温，具有高的介电常数、低的介电损耗和良好的热释电等优点。低温铁电相为有序三方结构，晶格常数 $a = 0.4075\text{nm}$，$\alpha = 89.82°$。室温下相对介电常数大于 7000，热释电系数峰值高达 230×10^{-8} $C/(cm^2 \cdot K)$。主要通过混合氧化物固相烧结法合成。通过复合可以提高居里温度以提高其应用范围。主要用作非制冷红外探测器元件、热释电测温仪等。

【高压电容器陶瓷】high-voltage capacitor ceramics

是应用于高压系统的瓷介质电容器。用于高压电容器陶瓷的材料为铁电陶瓷材料，主要有钙钛矿结构无铅的 $BaTiO_3$ 基和 $SrTiO_3$ 基陶瓷材料，还有含铅的复合钙钛矿结构 $Pb(Mg_{1/3}Nb_{2/3})O_3$（PMN）基陶瓷材料。主要通过混合氧化物法固相烧结合成。对基体材料的掺杂和复合等可以进一步改善提高高压电容器陶瓷的性能，有效地减小电容器体积，提高电容器的储能密度。

【晶界层电容器陶瓷】grain boundary layer capacitor ceramics

一种以具有半导体性质的晶粒和高绝缘性晶界为显微结构特征的电容器陶瓷材料。这种结构形式的电容器的基体是一种高介电常数施主掺杂的半导体。经常采用的主要材料有 $BaTiO_3$ 系统、$SrTiO_3$ 系统，通过引入高价半导化剂，如三价正离子 La^{3+}、Y^{3+}、Dy^{3+} 等取代 Ba^{2+} 或 Sr^{2+}，Nb^{5+} 取代 Ti^{4+}，在还原气氛下烧结获得 n 型半导体基体，然后使晶粒表面氧化或进行受主扩散形成一绝缘层。晶界绝缘的方法通常有两种，一种是在这种基体上涂覆某种金属氧化物作为绝缘剂（如 CuO、Bi_2O_3、PbO 等）并在空气中进行热处理，使这些杂质沿晶粒边界扩散而形成一绝缘层，称为二次烧成法；另一种是将半导化剂和绝缘剂同时引入 $BaTiO_3$ 或 $SrTiO_3$ 基料，在不同的温度和气氛下使晶粒半导化和晶粒边界绝缘化合并完成，称为一次烧成法。利用此绝缘层制成的电容器其频率特性非常优异，可以用于通信机上作为数千兆赫的宽频带耦合电容。此外，还具有电容温度系数小、绝缘电阻高等优点。利用这种晶界绝缘效应产生的电容器的表观介电常数 ε_{app} 可简化为 $\varepsilon_{app} = (d_2/d_1) \cdot \varepsilon_0$，式中：$\varepsilon_0$ 是纯基质材料的介电常数；d_1 为晶界绝缘层的厚度；d_2 为晶粒内部半导体区的厚度，近似为晶粒的尺寸。由于 d_2/d_1 一般都大于 10，所以边界层电容器的表观介电常数可以做得很高，可达 10×10^4 以上。

【敏感陶瓷】sensitive ceramics

材料的物理参量随环境的物理、化学参量变化而变化的陶瓷材料。可分为物理敏、化学敏、生物敏。物理敏感陶瓷主要有：光敏，如 CdS、CdSe 等；热敏，如 PTCR 陶瓷、NTC、CTR 热敏陶瓷；磁敏，如 InSb、1nAs、GaAs 等；声敏，如 $BaTiO_3$、PZT 等；压敏，如 ZnO、SiC 等；力敏，如 $PbTiO_3$、PZT 等。化学敏感陶瓷主要有：气敏，如 SnO_2、ZnO、ZrO_2 等；湿敏，如 TiO_2-$MgCr_2O_4$ 等。

【正温度系数热敏陶瓷】positive temperature coefficient thermosensitive ceramics；PTC

指一类电阻率随(环境或自身)温度上升而增加的敏感陶瓷材料。代表性的 PTC 多数是以钛酸钡为基半导体陶瓷材料。其主要特性是电阻率能在 20～30℃的狭窄温区内变化 3 个数量级以上。居里温度通常在－40～380℃之间。耐电压强度很高。以碳酸钡和二氧化钛为原料、采用施主掺杂技术，用镧、铈、钕、钇、锑等的三价离子部分取代四价钛离子，配料后经高温(约 1350℃)烧结可形成固溶体，实现半导化，其电阻率可达 100Ω·cm 以下。配方中常加入 Al_2O_3、SiO_2、TiO_2 形成玻璃相，吸收原料中影响半导化的有害杂质。为提高正温度系数效应，改善物理性能常添加少量氧化铈、氧化锰等。为提高钛酸钡半导体陶瓷的居里温度，可引入钛酸铅；若降低居里温度，可添加钛酸锶，制成(Ba、Pb、Sr)TiO_3 基高温或低温电阻正温度系数热敏陶瓷。对配料的组成、烧成制度等要求非常严格，若配料组成变动、烧成温度等不稳、控制不当，将影响制品性能甚至将形成绝缘体。可用于制作液面深度探测器、温度控制器、电流限制器、电机及晶体管过热保护器、自控温发热体(如暖风机、美容保健器等)等。

【负温度系数热敏陶瓷】negative temperature coefficient thermosensitive ceramics；NTC

指一类电阻率随(环境或自身)温度上升而减小的敏感陶瓷材料。它的测量范围一般为－10～300℃，也可做到－200～10℃，甚至可用于 300～1200℃环境中作测温用。广泛用于各种电子元件中，如温度传感器、可复式保险丝及自动调节的加热器。负温度系数热敏电阻器温度计的精度可以达到 0.1℃，感温时间可少至 10s 以下。它不仅适用于粮仓测温仪，同时也可应用于食品储存、医药卫生、科学种田、海洋、深井、高空、冰川等方面的温度测量。

【钛酸钡热敏陶瓷】barium titanate thermosensitive ceramics

一种以钛酸钡为主晶相的半导体陶瓷，属典型的钙钛矿型结构。通常采用化合价控制方法，引入施主杂质使钛酸钡半导体化，一般用三价镧、镨、钕、钇等离子置换钡，用五价铌、钽、锑等离子置换钛，采用固相烧结法在氧化气氛中烧结形成 N 型半导体热敏陶瓷材料。

【低温钛酸钡系热敏陶瓷】low temperature barium titanate based thermosensitive ceramics

居里温度在 120℃以下的热敏陶瓷。除主成分钛酸钡外，还含锶、铅、钇、硅等氧化物。材料常温电导率低，一般为 $10\sim10^2$Ω·cm，升阻比(电阻落差)大为 $10^3\sim10^8$，耐压特性高，电压特性低。电极采用化学镀镍或铜后，表面再镀银或烧银方法制成，也可直接烧渗银锌制成欧姆接触电极。主要用于制作彩电消磁、电机启动、过流保护等元件。

【热敏陶瓷】heat sensitive ceramics

对温度变化敏感的陶瓷材料。包括电阻-温度敏感的半导体陶瓷；介电常数温度敏感的铁电陶瓷；电流-热量敏感的热释电陶瓷；磁化强度-温度敏感的磁性陶瓷等。半导体热敏电阻陶瓷系指电阻率随温度变化的陶瓷材料。常用的有正温度系数热敏电阻(PTC)，如 $BaTiO_3$、V_2O_5 等；负温度系数热敏电阻(NTC)，如 MnO、CuO、NiO 等；临界负温热敏电阻(CTR)陶瓷，如 V_2O_3、P_2O_5 等。热敏陶瓷主要用来制作热敏电阻器、温度传感器、加热器、限电流元件等。广泛用于测温、控温、报警、汽车、家用电器等。其特点是灵敏度高、经时变化率小、稳定可靠、制备工艺简便、成本低，适于大量生产。

【氧化锰基负温度系数热敏陶瓷】MnO-based negative temperature coefficient thermosensitive ceramics

以 MnO 为主要成分的热敏陶瓷。这类热敏电阻通常是用锰、钴、镍、铁等过渡金属氧化物按一定比例混合，采用陶瓷工艺制备而成，形成 Mn-Co、Mn-Co-Ni 等复合金属氧化物陶瓷。当组成 Mn：Co：Ni＝3：2：1 时，室温至 1200℃的温度范围内为单一的尖晶石相。室温电阻率为 $10^3 \sim 10^5 \Omega \cdot cm$，B 常数为 2000～7000K，是一种通用型热敏电阻。广泛应用于电路补偿、温度检测与控制等。

【压敏陶瓷】voltage sensitive ceramics

具有电压电流非线性现象(压敏效应)的半导体陶瓷。在低于某一临界电压时，压敏陶瓷的电阻值非常高，几乎没有电流，但当超过这一临界电压时，电阻将急剧降低，并有电流通过，随电压的少许增加，电流会很快增大。压敏陶瓷种类较多，常用的有 SiC、ZnO、$BaTiO_3$、Fe_2O_3、SnO、$SrTiO_3$ 等。其中 $BaTiO_3$、Fe_2O_3 利用的是电极与烧结体界面的非欧姆特性，而 SiC、ZnO 和 $SrTiO_3$ 利用的是晶界非欧姆特性。目前应用最广、性能较好的是 ZnO 压敏陶瓷。在电力系统、电子线路和一般家用电器设备中作为过压保护(避雷器、高压电机)的高能电涌的吸收及高压稳压等的关键部件。ZnO 和 $SrTiO_3$ 的非线性指数分别为 10～100 和 5～8；压敏电压 22～26000V 和 5～500V；温度系数－0.1%/℃和－(0.06～0.2)%/℃。非线性指数越大，压敏特性越好。

【气敏陶瓷】gas sensitive ceramics

物理参量随外界气体种类和浓度变化而变化的敏感陶瓷材料。主要有：(1)半导体气敏材料，利用材料对气体的吸附化学反应而产生电导率变化的特性，如 SnO_2、ZnO、γ-Fe_2O_3 等；(2)接触燃烧式气敏材料，利用材料对气体的接触燃烧反应热而改变另一种材料电阻值的特性，如 Pt-Al_2O_3 ＋ Pt 丝、Pd-Al_2O_3；(3)固体电解质气敏材料，利用固体电解质对气体的选择通透性能，产生浓差电势等，如 CaO-ZrO_2(CSZ)、Y_2O_3-ZrO_2(YSZ)、LaF_3、$PbCl_2$、$PbBr_2$、K_2CO_3 等。通常主要是半导体式和固体电解质式两大类。主要性能参数包括灵敏度、响应时间、恢复时间、选择性、稳定性等。可应用于气敏检漏仪等装置进行自动报警。

【湿敏陶瓷】humidity sensitive ceramics

物理参量随外界环境湿度变化而变化的敏感陶瓷。是利用水分子表面吸附所引起以电导率变化来获得有用信号。就成分而言，主要是不同类型的金属氧化物，但结构上可能是微粒状粉末堆积体，也可能是多孔状的多晶烧结体。根据电阻率随湿度的变化，可分为负特性湿敏半导瓷和正特性湿敏半导瓷，前者电阻率随湿度的增加而下降，后者电阻率随湿度的增加而增加。典型的湿敏元件有：(1)瓷粉膜型湿敏电阻器，如以 Fe_2O_3 为粉料的感湿元件；(2)烧结体型湿敏电阻器，包括低温烧结型，如 Si-NaO-V_2O_5 系和 ZnO-Li_2O-V_2O_5 系等，以及高温烧结型，如 $MgCr_2O_4$ 等；(3)厚膜型湿敏电阻器，如 $MnWO_4$、$NiWO_4$ 等。湿敏陶瓷适用于作湿度的测量和控制。

【热电陶瓷】thermoelectric ceramics

是一种能将热能和电能相互转换的功能陶瓷材料，1823 年发现的塞贝克效应(Seebeck effect)和 1834 年发现的珀耳帖效应(Peltier effect)为热电能量转换器和热电制冷的应用提供了理论依据。热电效应的本质是受热物体中的电子(空穴)，因随着温度梯度由高温区往低温区移动时，所产生电流或电荷堆积的一种现象。常用的热电陶瓷体系有 $Ca_3Co_4O_9$、$CaMnO_3$、$NaCoO_3$、$SrTiO_3$、In_2O_3 等。热电陶瓷在温差发电、温差制冷、废热回收等领域有着重要的应用。

【钛酸铋钠无铅压电陶瓷】lead free bismuth sodium titanate piezoelectric ceramics

一种 ABO_3 钙钛矿结构的压电陶瓷，化学式为$(Bi_{1/2}Na_{1/2})TiO_3$。室温下属于菱方晶系，在 200～320℃的温度范围内存在菱方-四方相的弥散相变。由于烧结温度高(>1200℃)、铋易挥发，传统制备方法很难得到致密的钛酸铋钠压电陶瓷，且高的漏电流及矫顽场使其很难得到充分极化。通过铋元素过量或热压烧结方法可获得致密的钛酸铋钠陶瓷，并可得到饱和的电滞回线，其压电常数 d_{33}=94～98pC/N，退极化温度为 200℃。钛酸铋钠可与钛酸钡、钛酸铋钾、铌酸钾钠形成固溶体，产生较大的应变，在驱动器等领域有一定的应用前景。

【BNT 陶瓷】BNT ceramics

钛酸铋钠压电陶瓷的简称。

【微波介质陶瓷】microwave dielectric ceramics

用于微波技术领域的陶瓷材料，是指应用于微波频段，主要是特高频(UHF)、超高频(SHF)频段，300MHz～300GHz 电路中作为介质材料并完成一种或多种功能的陶瓷。如微波管中的管壳、谐振腔、功率输出窗、收集极、高频滤波器和电容器等都用微波介质陶瓷。这种材料的特点是较低而适宜的介电常数、高的品质因数、低介质损耗、合适的线胀系数和足够高的机械强度。主要有高氧化铝瓷、多钛酸钡瓷，如四钛酸钡、九钛酸钡瓷。但这些主要适用于 1GHz 以下频段。而(SnZn)-TiO_4、Ba(ZnTa)O_3 等则可用于 10GHz、100GHz 频段。此外，衰减陶瓷、微波铁氧体等也属微波介质陶瓷之列。以 $BaTi_4O_9$ 为例，其主要性能：相对介电常数(10^9 Hz)约为 38，介电损耗角正切(10^9 Hz)约为 4×10^{-1}，电容温度系数为 -50×10^{-6}/℃，频率温度系数约为 15×10^{-6}/℃，线胀系数为 9.1×10^{-6}/℃，弯曲强度>95MPa。而 $Ba_2Ti_9O_{20}$ 的主要性能：相对介电常数(4×10^9 Hz)约为 40，介电常数温度系数约为 -24×10^{-6}/℃，频率温度系数约为 2×10^{-6}/℃，电学品质因数(4×10^9 Hz)≥5000。

【弛豫铁电陶瓷】relaxor ferroelectric ceramics

具有频率色散和弥散相变特征的铁电体陶瓷。其材料组成的化学通式为 A(B′B″)O_3 和 A′A″(B′B″)O_3 复合钙钛矿结构。A 位离子为一价、二价金属离子，B′为较低价阳离子，如 Mn^{2+}、Mn^{2+}、Zn^{2+}、Ni^{2+}、Fe^{3+}、Sc^{3+} 等，B″为较高价阳离子，如 Nb^{5+}、Ta^{5+}、W^{6+} 等。也有钨青铜结构型弛豫铁电陶瓷，与 $BaTiO_3$ 等正常铁电体相比，其主要特征是：(1)弥散相变，即顺电-铁电相变是逐渐而非突变的，表现为介电常数与温度关系曲线中介电峰的宽化，高于居里温度附近仍存在自发极化和电滞回线；(2)频率色散，即在低温侧介电峰和损耗峰随测试频率的提高而略向高温方向移动，而介电峰值和损耗峰值分别略有降低和增加。此外，在等同的晶格位置上存在一种以上的离子，也是弛豫铁电体的特征。弛豫铁电陶瓷在多层陶瓷电容器、电致伸缩微位移器和电光器件等方面有广泛的应用。

【钛酸钡压电陶瓷】$BaTiO_3$ piezoelectric ceramics

以钛酸钡或其固溶体为主晶相的陶瓷。化学式为 $BaTiO_3$，属 ABO_3 钙钛矿型结构。在温度高于 120℃时，$BaTiO_3$ 为立方顺电相；温度在 5～120℃时，为四方铁电相；温度在 −80～5℃时，为正交铁电相；当温度低于 −80℃为三方铁电相。钛酸钡是用 $BaCO_3$ 和 TiO_2 为原料，预先合成后再经高温烧结而成。由于它具有高介电性，一直是陶瓷电容器的最主要材料。另外，它经极化后具有压电性，因此可用于制作压电器件。由于钛酸钡是具有氧八面体结构的有代表性的铁电体，多年来一直被作为典型的铁电陶瓷得到广泛研究与应用。

【锆钛酸铅压电陶瓷】lead zirconate titanate piezoelectric ceramics

锆钛酸铅二元系压电陶瓷。化学式为 Pb($Zr_{1-x}Ti_x$)O_3，属 ABO_3 钙钛矿结构。以 Pb_3O_4、ZrO_2、TiO_2 等为原料，按所需组成配料，混料磨细后，经 700～850℃预烧合成，然后磨细成型后再在 1100～1300℃高温下烧结而成。被银电极后，在 120℃硅油中经 1kV/mm 左右高压极化。锆钛酸铅压电陶瓷的压电性能与 Zr/Ti 比值有关。还可以通过等价置换(如用 Sr、Ba、Ca、Mg 等元素置换部分 Pb)和添加物改性来改善和调节材料的性能。一般使材料的机电耦合系数 K_p、介电常数 ε、压电常数 d_{33}、弹性柔顺系数等得到提高的称软性添加物，通常是用高价元素取代

ABO_3中的低价元素；而使材料的机械品质因数提高，介电常数和压电常数降低的称硬性添加物，通常是低价元素取代ABO_3中的高价元素。PZT陶瓷的居里温度随Zr/Ti的提高而降低，常用的锆钛酸铅压电陶瓷的居里温度大多在250～350℃。这类材料广泛应用于压电滤波器、点火器、变压器和换能器等方面。

【PMN-PT-PZ压电陶瓷】PMN-PT-PZ piezoelectric ceramics

铌镁-锆钛酸铅三元系压电陶瓷。化学式为$Pb(MgNb)_x Ti_y Zr_z O_3$，$x+y+z=1$，属复合钙钛矿结构。以Pb_3O_4、MgO、TiO_2、ZrO_2、Nb_2O_5等为原料，按所需组成混料磨细后，经700～850℃预烧合成，然后磨细、成型，再在1100～1300℃高温下烧结而成。这种三元系压电陶瓷同样可以像二元系压电陶瓷那样进行等价置换和添加物改性，以调节与改善压电性能。与PZT二元系压电陶瓷相比，它具有可在更宽广的范围内调节性能，兼具有高机电耦合系数K_p、高机械品质因数Q_m、高介电常数ε以及时间稳定性和温度稳定性好等特点。例如，当配方组成$x=37.5\%$（摩尔分数），$y=37.5\%$（摩尔分数），$z=25\%$（摩尔分数），添加某些杂质，K_p可达0.76，Q_m达1000左右，而介电常数也在数千以上。可用于压电陶滤波器、变压器、延迟线以及换能器等。

【钛酸铅热释电陶瓷】lead titanate pyroelectric ceramics

以高纯原料Pb_3O_4和TiO_2合成的以$PbTiO_3$(PT)为基体的钙钛矿型热释电陶瓷。纯钛酸铅是一种浅黄棕色固体，密度为7.97g/cm^3，溶于浓盐酸和氢氟酸，不溶于稀硝酸、水和碱，具有铁电性、压电性、介电性和热释电性等特性。常温属四方晶系，空间群4mm，晶格常数$a=0.3902$nm，$c=0.4156$nm，居里温度490℃，相对介电常数约为200，泊松比0.2，单晶钛酸铅室温自发极化强度75×10^{-2}C/m^2，矫顽场强6.75kV/cm。用提拉法和固相烧结法制备。主要用于高频滤波器和红外热释电探测器。

【改性钛酸铅热释电陶瓷】modified lead titanate pyroelectric ceramics

通过在钛酸铅陶瓷中添加少量Li_2CO_3、NiO、Fe_2O_3和MnO_2等改性剂，获得的高致密度的改性钛酸铅热释电陶瓷。纯钛酸铅的晶界能高很难烧结，居里温度以下结晶各向异性大，样品冷却通过居里温度点时由于内应力作用容易自行粉碎，无法获得高致密度样品。添加物部分溶入钛酸铅晶格以降低晶界能和相变体积效应减少开裂，同时抑制晶粒生长增加晶粒间结合力，起到了改善烧结和黏合的作用，从而获得致密的样品。添加改性剂后，改性钛酸铅热释电陶瓷介电常数变大，机械品质因数Q_m增高，机电耦合系数K_p变大。

【介电陶瓷】dielectric ceramics

是通过调节材料的介电性质，使之具有介电常数高、介电损耗低和介电常数温度系数适当等特性的一类功能陶瓷，通常由固相法、液相法和气相法等方法合成。介电性能是指电介质在电场作用下受到极化，表现出对电能的存储和损耗的性质。按照介电常数大小分类，介电陶瓷可分为低介电常数陶瓷($k<12$)：滑石瓷($3MgO\cdot4SiO_2\cdot H_2O$)、氧化铍瓷(BeO)等；中介电常数陶瓷($k>12$)：金红石瓷($TiO_2$)、钛酸钙瓷($CaTiO_3$)等；高介电常数陶瓷(也叫铁电陶瓷，$k>1000$)：钛酸钡陶瓷($BaTiO_3$)、铌酸盐系陶瓷等。介电陶瓷主要应用于陶瓷电容器和微波介质原件如谐振器、耦合器、滤波器等微波器件以及微波介质基片等。

【电致变色陶瓷】electrochromic ceramics

在电场的作用下，发生离子与电子的共注入和共抽出，从而导致材料的价态和化学组分或结构发生可逆变化而产生变色的陶瓷材料。电致变色陶瓷分为阴极着色陶瓷材料和阳极着色陶瓷材料，其中阴极着色陶瓷材料主要是WO_3、MoO_3、Nb_2O_5以及TiO_2等，阳极着色陶瓷材料主要是NiO_x、IrO_2、Rh_2O_3以及CoO_2等。电致变色陶瓷材料主要由磁控溅射、真空蒸镀、液相合成、阳极氧化和电化学沉积等方法合成。主要用作电致变色材料、机敏窗口材料、大屏幕显示以及二次电池等。

9.2.5 磁性陶瓷

【铁氧体】ferrite

铁元素与氧化合形成的各种类型的化合物。有氯化钠型、尖晶石型、磁铁铅矿型、石榴石型等不同的结构类型，从而表现出不同的磁有序，磁晶各向异性等磁性能以及高频特性。铁氧体的制备主要采取粉末冶金烧结的工艺。现广泛应用于永久磁体、高频铁芯、矩形磁回线铁芯材料等许多方面。其特点是价格低廉，加工工艺简单，应用面广泛。软磁铁氧体是以 Fe_2O_3 为主成分的亚铁磁氧化物。由于电阻率高可忽视涡流损耗，直到高频范围均具有高磁导率。永久铁氧体主要有钡铁氧体和锶铁氧体，理论磁能积可达 39.8kJ/m^3 以上，实验值与此相近。

【磁性陶瓷】magnetic ceramics

具有亚铁磁性的非金属磁性材料，以氧化铁和其他铁族或稀土族氧化物为主要成分，按一般的电子陶瓷工艺过程制备而成。它与金属磁性材料之间的主要区别在于导电性。铁氧体的电阻率是 1～10^{12}Ω·cm，属于半导体甚至绝缘体。按铁氧体的晶体结构类型分尖晶石型、磁铅石型、石榴石型等三类；按其物性和应用分为水磁、软磁、矩磁、旋磁和压磁等五类。由于铁氧体的电阻率较高，在高频应用上可以减小涡流损失。在雷达、通信、记录、航天、电子对抗、电视广播、自动控制、计算机、仪器仪表等方面得到广泛应用。

【尖晶石型铁氧体】spinel type ferrite

参见 21.3.1【尖晶石型铁氧体】。

【石榴石型铁氧体】garnet type ferrite

又称稀土铁石榴石、磁性石榴石。一种含稀土的铁氧体，与天然石榴石[$(Fe\cdot Mn)_3Al_2(SiO_4)$]结构类似，属立方晶系，分子式为 $Me_3Fe_5O_{12}$ 或写成 $3Me_2O_3\cdot 5Fe_2O_3$，其中 Me 表示+3 价稀土金属离子。常见的单一稀土石榴石有 $Y_3Fe_5O_{12}$(YIG)、$Sm_3Fe_5O_{12}$ 和 $Eu_3Fe_5O_{12}$ 等。具有优异的磁性和介电性能，体积电阻率高、损耗小，同时还具有一定的透光性。在微波、磁泡、磁光等领域是极其重要的一种磁性材料。

【磁铅石型铁氧体】magneto-plumbite type ferrite

参见 21.3.1【磁铅石型铁氧体】。

【正铁氧体】orthoferrite

又称钙钛矿型铁氧体，具有钙钛矿型结构的铁氧体。其化学式为 $AFeO_3$(式中 A 为 Y 或一部分其他稀土元素)。其晶体结构与天然钙钛石($CaTiO_3$)相同，属正交晶系。具有单轴各向异性。饱和磁化强度很低，约为(4.9～11.4)×10^{-4}T，其泡径(磁泡处于稳定状态时的直径)较大，迁移率较低。用它制作的磁泡存储器具有非挥发性、抗辐射能力强。利用薄膜技术可实现集成化，在密度与半导体存储器相同情况下功耗约可低 2～3 个数量级。主要用作磁泡材料。

【永磁铁氧体复合材】permanent magnetic ferrite compound materials

主要有钡铁氧体和锶铁氧体，其电阻率高、矫顽力大，能有效地应用在大气隙磁路中，特别适于作小型发电机和电动机的永磁体。永磁铁氧体不含贵金属镍、钴等，原材料来源丰富，工艺简单，成本低，可代替铝镍钴永磁体制造磁分离器、磁推轴承、扬声器、微波器件等。但其最大磁能积较低，温度稳定性差，质地较脆、易碎，不耐冲击振动，不宜作测量仪表及有精密要求的磁性器件。

【硬磁铁氧体】hard magnetic ferrite materials

又称永磁铁氧体，一种去掉磁场后仍能对外长久显示较强磁性的铁氧体。晶体结构为磁铅石型，化学式 $MFe_{12}O_{19}$，M 为 Pb、Sr、Ba 中的一种或几种。以 Pb_3O_4、$SrCO_3$、$BaCO_3$、Fe_2O_3 等为原料，按一般电子陶瓷工艺制成，它不需要用钴、镍等贵金属元素，具有料源充足、工艺简单、成本低廉、便于大规模工业化生产的特点。性能方面具有顽矫力大、电阻率高和重量轻等优点。缺点是温度系数较高。硬磁铁氧体性能的主要参数要求：最大磁积能$(BH)_{max}$值高，矫顽力 BH_c 大以及高剩余磁感应强度 Br。常见的钡铁氧体 Br＝4000～4300Gs，BH_c ＝ 1700 ～ 2200（Oe），

$(BH)_{max}$=3.0～4.0MGs·Oe；高 Br 锶铁氧体 Br=4100～4300Gs，BH_c=1900～2000(Oe)，$(BH)_{max}$=3.8～4.5MGs·Oe；高 BH_c 锶铁氧体 Br=3500～4000Gs，BH_c=3000～3500(Oe)，$(BH)_{max}$=3.0～3.5MGs·Oe。硬磁铁氧体用于扬声器、磁选机、直流电机、行波管、微波器件等。

【软磁铁氧体】soft magnetic ferrite

一种容易磁化和退磁的铁氧体。其特点是起始的磁导率高，矫顽力小，损耗小，使用频率可达高频、超高频范围。这类材料大多是两种或两种以上的铁氧体的固溶体。包括两大类：一类属于尖晶石型（如 MnZn 系、NiZn 系），主要用于音频、中频和高频范围；另一类属于磁铅石型，适用于超高频范围。软磁铁氧体广泛应用于录音、录像记录磁头，变压器磁芯等在通信、广播、电视和其他无线电电子学技术中。

【锰-锌铁氧体】manganese-zinc ferrite

软磁铁氧体的一种，属尖晶石型铁氧体。由铁、锰、锌的氧化物及其盐类，采用陶瓷工艺制成。它具有高的起始导磁率，一般在 1kHz～10MHz 的频率范围内使用。可制作电感器、变压器、滤波器的磁芯、磁头及天线棒。

9.2.6 日用陶瓷

【日用陶瓷】domestic porcelain；household porcelain

日常生活用的陶瓷器皿。包括饮食用具、贮物用具、厨房用具及日常生活中使用的其他陶瓷器具。按质地分，日用陶瓷有瓷器、陶器、精陶、炻器等。

【普通陶瓷】traditional ceramic

指以黏土为主要原料，与其他天然矿物原料经过适当的配比、粉碎、成形，并在高温焙烧情况下经过一系列的物理化学反应后，形成具有多晶、多相（晶相、玻璃相和气相）的聚集体的硅酸盐材料。普通陶瓷按其所用原料、烧成温度及制品性质的不同，分为土器、陶器、炻器、瓷器等；按用途不同，分为日用、建筑、卫生、化工、电工（电瓷）陶瓷等。根据工艺性能不同原料可大致分为三类，即可塑性原料（如黏土）、瘠性原料（如石英）、熔剂性原料（如长石），故有三组分陶瓷之称。制造工艺过程可分为原料处理加工、泥料制备、成形，干燥、施釉、烧成、装饰等工艺。成形方法大致有旋压成形、滚压成形、注浆成形、等静压成形、塑压成形等。产品大多施釉，但也有不施釉。对日用、建筑陶瓷还需要进行装饰。

【土器】earthenware；clayware；crockery

一种粗陶器。渗水，通常无釉。用铁含量较高的黏土作原料，成形后在较低的温度下烧成。常用于制砖、瓦、盆等。由于其吸水率和加工精致程度和陶器相比，无严格的界限，故两者常易混淆。

【炻器】stoneware；semiporcelain

吸水率介于陶器与瓷器之间的陶瓷制品。特点是坯体坚硬，机械强度较高。按原料所含的杂质，坯体可呈灰白到红棕色。炻器坯体的气孔率很低，坯体细密，达到了烧结程度，但无半透明性，其吸水率通常小于 6%。炻器按坯体的细密性、均匀性和粗糙度可以分为粗炻器和细炻器。粗炻器常用于工业用的耐酸化工陶瓷、建筑陶瓷和缸器；细炻器常用于日用炻器和陈设品。一般生产日用炻器的工艺与瓷器相近，由黏土、长石、石英等原料制成。与瓷器相比，坯料中的黏土用量较多，对杂质控制不如瓷器那样严格，而长石的用量比瓷器少得多。炻器的烧成范围根据熔剂的含量可以从1160℃到 1360℃不等；釉料可以用高温生料釉或采用低温易熔釉分两次烧成。炻器具有抗热震性好、耐无机酸腐蚀（氢氟酸除外）等特点，炻器餐具能适用于机械洗涤。

【紫砂】redware；red stoneware

用紫砂泥、红泥或绿泥等制成的质地较坚硬的细炻器制品。制品外部不施釉，经1100～1180℃氧化气氛烧成。精细的制品在烧成后再经抛光或擦蜡处理。外观颜色有栗色、米黄、朱砂紫、墨绿等。紫砂产品有紫砂壶、紫砂花盆、紫砂炊具等。

【陶器】pottery

指用黏土或陶土经成形后烧制而成的器具。陶瓷的胎体不透光，未玻化或玻化程度差，结构不致密，断面粗糙，敲击时声音混浊。吸水率一般大于3%。陶器可以分为粗陶器、普通陶器和细陶器。粗陶器一般吸水率大于15%，不施釉，制作粗糙。普通陶器的吸水率不大于12%，断面颗粒较粗，气孔较大，表面施釉，制作不够精细。细陶器的吸水率一般不大于15%，断面颗粒细，气孔率小，结构均匀，施釉或不施釉，制作精细。

【釉陶】glazed pottery；glazed earthenware

专指胎质为普通陶土，胎呈红色，表面是低温烧成的铅釉，一般呈绿色、黄色或黄褐色。汉朝较为普遍，多供陪葬的用器。

【精陶】fine pottery

施釉的白坯或浅色坯的陶器。用可塑法、注浆法或半干压法成形，素烧后施釉。一般是釉烧温度（1060～1150℃）低于素烧温度（1240～1280℃）。也有采用施釉前不经过素烧的"一次烧成"法制造的。按坯体性质可分为硬质精陶（长石质精陶）及软质精陶（石灰石质精陶），按用途可分为日用精陶及建筑卫生精陶等。

【瓷器】porcelain

指用长石、高岭土、石英等原料配合，经成形后烧结而成的制品。胎体的烧结程度较高，玻化程度高，有一定的透光性，结构致密、细腻，断面呈石状或贝壳状，敲击时声音清脆，胎体吸水率小于0.5%。瓷器有釉或无釉。按特征可分粗瓷和细瓷。按品质可以分为强化瓷、硬质瓷和软质瓷。按使用原料可以分为长石质瓷、高长石质瓷、绢云母质瓷、镁质瓷、滑石瓷、堇青石质瓷、磷酸盐质瓷、骨质瓷、高石英质瓷、锂质瓷等。按用途可分为日用瓷、工艺美术瓷、建筑卫生瓷、工业用瓷等。

【强化瓷】strengthen porcelain

是一种具有机械强度高、釉面硬度大和热稳定性能优良的日用陶瓷，它适应机械洗涤，高温蒸汽消毒、耐刮擦。主要有高铝质强化瓷、方石英质强化瓷、骨灰质强化瓷、磷灰石质强化瓷等。其中高铝质强化瓷是将传统"石英-长石-黏土"三元配方中的石英少用或者不用，而是用α-氧化铝代替，这样在坯体中形成刚玉与针状莫来石交织一起的特殊的显微结构，从而大幅提高其强度，一般其机械强度比普通日用瓷高1～2倍。方石英质强化瓷是在传统"石英-长石-黏土"三元配方中增加石含量至40%左右，通过调控坯体和石英的颗粒尺寸，引入矿化剂使石英转化为高温方石英，利用方石英晶体的热膨胀系数比玻璃相的热膨胀系数更大，从而在瓷胎中产生非常大的结构预应力，使瓷胎的机械强度得到显著提高，其强度比普通日用瓷强度高2～3倍。骨灰质强化瓷和磷灰石质强化瓷则是通过提高瓷胎中的晶相含量和调控显微结构，大幅提高其机械强度。

【硬质瓷】hard porcelain

是一种具有较高的机械强度、良好的化学稳定性、热稳定性和电绝缘性能，釉面硬度大，吸水率接近于零，一般在1300℃以上高温下烧成的瓷器，又称高温瓷。坯料配方中Al_2O_3含量高而碱性氧化物少，烧成后坯体中玻璃相相对较少。一般用于化学瓷、电瓷及高级日用细瓷。

【软质瓷】soft porcelain

是一种坯体中熔剂含量相对较多，烧成温度相对较低（一般在低于1300℃以下），硬度较低的一类瓷器。与硬质瓷相比，软质瓷坯体中含玻璃相较多，半透明性好。主要用作装饰陈设用的熔块瓷、骨灰瓷都属于软瓷。

【细瓷】fine porcelain

是相对于粗瓷而言的一种器型端正，胎质细腻，釉面光润，白度不低于70%（带色的要求颜色纯正），吸水率小于0.5%，半透明性好，热稳定性好的瓷器。

【长石质瓷】feldspatehic porcelain

以长石作助熔剂的"长石-石英-高岭土"三组分系统瓷。其特点是烧成温度范围宽，根据不同配方可以在1150～1450℃范围内烧成，烧成温度在1350℃以上的为高耐火度瓷，在1350℃以下的称为低耐火度瓷。长石瓷的瓷胎由玻璃相、莫来石晶相、残余石英晶相和少量气孔组成，其质洁白、半透明、断面呈贝壳状、不透气、吸水率低、硬度高，热稳定性好，化学稳定性好。适合于制作餐具、茶具、陈设瓷器、装饰美术瓷以及一般工业技术用瓷。

【高长石瓷】high feldspatehic porcelain

以长石为主要原料，在配方上突破了传统的细瓷组成范围，具有瓷质细腻、高透明度、强度较高、器形规整、釉面光滑平整、色调柔和等特点，典型代表如"鲁玉瓷"。适合于制作高档日用细瓷。

【绢云母质瓷】sericite porcelain

以绢云母作助熔剂的"绢云母-石英-高岭土"三组分系统瓷。是我国传统的瓷质之一，在我国南方一些省市，特别是景德镇地区广为生产。绢云母质瓷主要原料是瓷石，再配以一定含量的高岭土，利用瓷石中的绢云母的助熔剂特性，可在1250～1350℃范围内烧成。瓷胎主要由石英、方石英、莫来石和玻璃相组成。绢云母瓷具有瓷质洁白、半透明、断面致密、吸水率低，透明度高及热稳定好等特点。一般采用还原焰烧成，因此瓷胎呈"白中泛青"色调，适合于制造餐具、茶具及各类工艺美术瓷。

【镁质瓷】magnesia porcelain

以含MgO的铝硅酸盐为主晶相的MgO-Al_2O_3-SiO_2三元系统陶瓷。镁质瓷瓷质细腻乳白、薄胎半透明、有脂肪光泽。镁质瓷按主晶相不同，可分为原顽辉石瓷(即滑石瓷)、镁橄榄石瓷、尖晶石瓷及堇青石瓷。其中滑石瓷具有强度高、介电损耗小、热稳定性低的特点，可用于制作高级日用细瓷，调频无线设备如雷达、绝缘零件等。镁橄榄石具有介电损耗小，比体积电阻大，可用作高频绝缘材料。尖晶石瓷具有介电损耗小，膨胀系数低，硬度高，一般用于耐火材料。堇青石瓷具有很低的热膨胀系数，可用于制作低膨胀耐热陶瓷，以及用于要求体积不随温度变化的绝缘材料或电热材料等。

【滑石瓷】steatite porcelain

以矿物滑石($3MgO \cdot 4SiO_2 \cdot H_2O$)为主要原料，加入适量的黏土和长石等配料经混料磨细、成形和高温烧结等工艺制成的一种镁质瓷。滑石瓷的主晶相为原顽辉石，其次含少量斜顽辉石和α-方石英，作为日用滑石质瓷时具有瓷质白度高，透明性好，色泽光润的特点，可以用于制作精细日用瓷和工艺美术瓷。滑石瓷也是一种电性能优良，介电损耗小，价格低廉的高频结构陶瓷，可用于制造高频绝缘子、绝缘管和线圈骨架等。

【堇青石质瓷】cordierite porcelain

以滑石或其他含MgO的矿物为主要原料，添加适当的黏土、长石、氧化铝等，采用一般的陶瓷制造工艺，通过调控组成及烧成工艺形成以堇青石($2MgO \cdot 2Al_2O_3 \cdot 5SiO_2$)为主晶相的一种镁质瓷。堇青石质瓷具有抗折强度低，热膨胀系数低，介电性能优良等特点。可用作耐热陶瓷，线圈骨架，耐电弧作用的电绝缘材料、复合材料的基料，电热绝缘装置的燃烧器喷嘴的材料等。

【磷酸盐质瓷】phophate porcelain

以磷酸钙作为熔剂的"磷酸盐-高岭土-石英-长石"系统瓷。其中磷酸盐可以由骨粉或骨灰引入，习惯上称这类瓷为骨质瓷。一般采用两次烧成，高温(1240～1280℃)素烧，低温(1080～1140℃)釉烧。烧成后瓷胎主要由钙长石、β-$Ca_3(PO_4)_2$、方石英、莫来石和玻璃相构成。瓷质白度高，半透明性良好，光泽柔和，但脆性较大，热稳定性较差，烧成温度范围窄，不易控制。用于制造高级日用瓷及装饰用瓷。

【骨质瓷】bone porcelain

以动物骨灰为主要熔剂制成的瓷器。参见本节【磷酸盐质瓷】。

【高石英瓷】high quartz porcelain

采用高石英、少熔剂(长石)和少量矿化剂(滑石或白云石)配方组成的"石英-长石-高岭土"系统的高级日用细瓷。其配方组成范围大致为：石英36%～41%，长石7%～12%，高岭土35%～42%，黏土8%～12%，滑石或白云石2%。烧成温度1260～1320℃。高石英质瓷瓷质细腻，器形规整，釉面光润，半透明度好，机械强度高，耐热冲击性好。

【锂质陶瓷】lithium poreclain

以锂辉石、透锂长石为主晶相的一种具有低膨胀系数的 Li_2O-Al_2O_3-SiO_2 三元系统瓷，主要原料为锂辉石、透锂长石、石英、高岭土，少量的滑石，采用传统陶瓷工艺，烧成温度一般在 1250～1320℃。锂质陶瓷具有良好的热稳定性，一定的机械强度，可用于制作感应炉和其他窑炉的砖衬、喷气机和温控元件、热电偶保护管、涡轮机叶片、耐热炊具等。

【耐热陶瓷】heat-resisting ceramic

是指具有较低热膨胀系数（1.0～3.5×10^{-6}/℃），能经受 300～600℃至 20℃水中急冷一次而不破坏性能的一类陶瓷。有以锂辉石、透锂长石为主晶相的 Li_2O-Al_2O_3-SiO_2 三元系统的锂质陶瓷，以堇青石为主晶相的 MgO-Al_2O_3-SiO_2 三元系统瓷，主要用于制作耐热炊具等。

【熔块瓷】fritted porcelain

主要以熔块为助熔剂制成的瓷器。制造过程是先将石英、长石、硝石、硼砂等或其他化工原料熔制成熔块，然后用熔块与黏土、石英配制成泥料，经过成形、干燥、施釉、烧结等工艺过程而制作的瓷器，烧成温度一般在 1200～1250℃。熔块瓷的半透明度好，但机械强度较差。用于工艺美术瓷。

【薄胎瓷】eggshell porcelain

又名脱胎器、蛋壳瓷。特点是胎厚只有约 0.5mm。托在掌上，轻如无物。明代万历时期的"卵幕杯"，就是这类制品。器形有碗、盘、盅、花瓶、皮灯等。可以通过反复修坯将坯体修薄，或采用注浆成形法等制作。

【青瓷】celadon

我国青釉瓷器的泛称，包括缥瓷、秘色、千峰翠色、艾色、翠青、粉青等，是我国著名传统瓷器品种之一。其坯料和釉料中含铁成分较高、三氧化二铁约在 0.67%以上，生坯挂釉，入窑经高温和强还原焰烧成。呈色青绿，深浅取决于釉层的厚薄和烧后氧化亚铁的多少。釉中酸性多则近青色，碱性多则发黄呈橄榄色，如含锂、钡或锶则青绿色调更为鲜艳美丽。早在商代就出现原始青瓷，两晋、南朝的南方越窑称为缥瓷和秘色，盛行于隋朝、唐朝，至宋朝而发展，涌现出不少专烧青瓷的名窑。

9.2.7 陈设瓷、美术瓷

【陈设瓷】ornamental porcelain

专供陈列观赏用的艺术制品。如挂盘、花瓶、精雕细刻的人物、瓷板画、薄胎瓷之类。陈设瓷还包括稀有的古瓷，园林的盆景，精美的花盆以及属于日用瓷范围的某些高级精细品种。

【瓷板画】porcelain panel painting

一种直接在瓷板上绘画的瓷制艺术品。烘烧后，画面永不褪色。产于江西，清末源于景德镇。是在中国的传统画法、陶瓷彩绘和西方照相术的基础上发展起来的。采用特制的瓷用颜料，以乳香油和云香油调色。初期只能描绘黑白瓷板画，后期发展到能画彩色瓷象，也能移植国画、油画、粉画和水彩画等美术作品。

【陶瓷首饰】ceramic jewelry

陶瓷与饰品的创意融合，陶瓷首饰的表现形式有瓷花、瓷珠和瓷片等，品种有项链、胸针、手链、耳饰挂件、扣饰、香烛台和家装小摆设品等。陶瓷首饰的制作流程从构思画图、捏雕、做坯、成形、干燥、补水、晾坯、上釉或吹釉、烧制到最后的成品打磨，过程非常细节化。

9.2.8 古窑器

【古窑】ancient kiln

又称古器，有狭义及广义两种含义。狭义的指古代烧制陶瓷器皿的窑炉，广义的则指陶瓷器的产地及其制品。例如邢窑、定窑分别指唐、宋时邢州、定州的窑场及这些窑场所制的瓷器。明清时还以封建帝王的建年名窑，如"宣德窑""成化窑"分别指明宣德、成化年间景德镇窑所产的瓷器。从文献上看，以窑名瓷的习惯是唐以后才出现的。

【彩陶】faience

在陶坯上用红色、黑色、白色泥料绘成各

种图案，如三角形、方格、雷纹等，入窑低温烧成的素胎陶器。以距今 7000—5000 年的仰韶文化的彩陶，即“仰韶彩陶”最具代表性，在我国原始文化中占有重要地位。历史上还有在烧成后彩绘的陶器，称作“彩绘陶”。现代的低温颜色釉陶器也称彩陶。

【黑陶】black pottery

新石器时代的黑色素胎陶质器皿。有夹炭黑陶和渗碳黑陶两种。前者在浙江余姚河姆渡遗址(距今 7000—5000 年)有发现，后者首先在山东省济南市章丘龙山街道办事处(原山东省济南市历城县龙山镇)的龙山文化遗址(距今 4600—4000 年)发现，即“龙山黑陶”。龙山黑陶中有的胎壁厚度仅 0.5mm 左右，有“蛋壳陶”之称。

【白陶】white pottery

用瓷土或高岭土为主要原料制成的白色素胎陶器。早期白陶出现在新石器时代的大汶口文化，所用原料不够纯净，胎带黄色。到奴隶社会的商代(公元前 1800—1028 年)出现了胎色洁白的陶器，器表饰有精美的镂刻图案。瓷土、高岭土的应用为后来瓷器的问世开辟了道路。

【原始瓷器】proto-porcelain

指我国从商朝到东汉这一段时期内所出现的瓷器。我国从商朝开始就有了瓷器，但还不成熟，到了东汉，制瓷技术有了突破。这个时期对原料的选择与精制、窑炉结构的改进与烧成温度的提高以及釉的使用等都达到了完善的地步，因而烧造的瓷器在组成和物化性能上脱离了原始阶段，达到了现代瓷的标准。从商朝到东汉是从陶到瓷的过渡时期。这个时期的瓷器在性能上虽然不同于陶而更近于瓷，但还没有达到现代瓷的标准，故名“原始瓷器”。原始瓷器多为青瓷(青釉器)，也有人称为“原始青瓷”。

【瓯窑】Ou ware; Ou kiln

窑址在今浙江省温州，古称东瓯。经历年考古调查，发现窑址约 200 处，其中以永嘉箬岙窑址、夏甓山窑址，瓯海山窑底角窑址、苍南盛陶窑址、乐清岙碗窑山窑址以及鹿城乌岩庙窑址最具代表性。烧造年代从东汉、两晋延至唐、宋时期。瓷胎灰白坚硬，釉分青灰和青黄两色，透明度较高。文献上称为缥瓷，潘岳《笙赋》中有“披黄苞以授甘，倾缥瓷以酌醽”的记载(说文：缥帛青白色)。

【越窑】Yue ware; Yue kiln

越州窑的简称。创烧于东汉，盛于唐、五代，衰落于北宋末期。窑址在今浙江省余姚市上林湖一带，唐代属越州，故名越窑。唐诗人陆羽评论茶盏时，誉“越州第一”。五代进入鼎盛时期，北宋以后逐渐衰落。唐代越窑曾获得“类冰”“似玉”的称誉。晚唐诗人陆龟蒙以“九秋风露越窑开，夺得千峰翠色来”的诗句赞扬越窑“巧夺天工”。五代时，釉下有精美的刻花，吴越统治者监督设窑大量烧造，专供宫廷使用，称为“秘色瓷器”。越窑产品曾大量出口，在亚、非、欧各地都有发现。1981 年，上虞陶瓷厂恢复了越窑青瓷生产。

【德清窑】Deqing ware; Deqing kiln

窑址位于浙江省德清县，始烧于东汉晚期，盛于东晋、南北朝，衰微于隋唐时期。以生产黑瓷著称，兼烧青瓷。产品胎色深灰，无釉处表面呈紫红色，釉层厚处漆黑明亮。也烧造青釉瓷器。德清窑黑瓷在浙江、江苏地区东晋、南朝时期墓葬中出土较多。

【洪州窑】Hongzhou ware; Hongzhou kiln

窑址位于今江西省丰城寺前山一带，故又名丰城窑。洪州窑始烧于东汉，盛于唐代，衰于五代。是唐代六大青瓷名窑之一。从 1979 年至 2004 年，江西省文物考古研究所等单位对洪州窑进行了多次发掘，1996 年该窑址被列为全国重点文物保护单位。根据考古资料，洪州窑产品以青瓷为主，但釉色青中泛黄，此外还有黄褐釉、酱釉等，是最早使用匣钵的窑址之一。

【婺州窑】Wuzhou ware; Wuzhou kiln

窑址位于今浙江省金华地区，在兰溪、义乌、东阳、永康、武义、衢州、江山等地均发现遗址。唐代属婺州，故名婺州窑。婺州窑始烧于汉，经三国、两晋、南北朝、隋、唐、宋到元，盛于唐、宋，终于元代。是唐代六大青瓷名窑之一。产品以青瓷为主，此外还有黑、褐、花釉、乳浊釉等，其乳浊窑变釉瓷，比钧窑至少早 100 年。

【寿州窑】Shouzhou ware；Shouzhou kiln

窑址位于今安徽省淮南市上窑镇，唐代属寿州，故名寿州窑。寿州窑始烧于隋代，盛于唐，终于唐晚期。是唐代六大青瓷名窑之一。2001 年该窑址被列为全国重点文物保护单位。寿州窑从隋代开始烧青瓷，但釉色偏黄。

【南窑】Nan ware；Nan kiln

窑址位于景德镇乐平市接渡镇南窑村东北，是景德镇市境内目前已知最早的瓷业遗存。南窑遗址于 1964 年被发现，乐平市博物馆分别于 1983 年和 2008 年两次对其进行普查、复查。2013 年 3 月至 11 月，江西省文物考古研究所等单位对遗址进行了考古发掘，全面揭露出一条长达 78.8m 的龙窑遗迹，是迄今为止考古揭露最长的唐代龙窑遗迹。相关资料证实南窑始烧于中唐，兴盛于中晚唐，衰落于晚唐，距今有 1200 多年的烧造历史，其产品有青釉和黑釉执壶、罐、盏、腰鼓等，部分产品具有外销性质。

【淄博窑】Zibo ware；Zibo kiln

又名博山窑。窑址在山东省淄博市淄川区和博山区，故名淄博窑。北朝至隋代烧青瓷，唐代以生产黑瓷为主。宋、金、元时期烧制白瓷、黑瓷等产品。清代以琉璃器见著。所产琉璃工艺品有苏汉翠色、白玉子、冲玛瑙、琉璃牡丹、芍药、水仙及各种动物、静物雕塑等。

【耀州窑】Yaozhou ware；Yaozhou kiln

创烧于唐，盛于宋，延烧至明清时期。在今陕西省铜川市黄堡(黄堡窑)、陈炉(陈炉窑)等地。铜川宋属耀州，故名耀州窑。产品以日用器皿为主，唐多黑釉或素地黑花，宋、金以青瓷为主，装饰有刻花、印花，刻花线条流畅，刀法犀利为其特色，印花对邻近地区瓷窑有很大影响。胎灰青而不透明，致密度较高，釉面青里泛黄如橄榄。元代至清代，耀州窑走向衰退，以白瓷、黑瓷和白底黑花为主要品种。20 世纪 70 年代，铜川陈炉陶瓷厂成功复制了耀州青瓷。

【长沙窑】Changsha ware；Changsha kiln

又名铜官窑。唐、五代著名窑场。窑址在湖南长沙市望城区瓦渣坪，湖南省博物馆等单位于 1964 年、1983 年多次对其进行考古发掘。其产品以青瓷为主，上有贴花和釉下绿、褐彩纹饰，是以含铜、铁或锰的矿物颜料在釉下绘画焙烧而成。为最早使用釉下彩绘的窑场，对后世釉下彩有很大影响。

【邛窑】Qiong ware；Qiong kiln

唐朝著名瓷窑之一，又称为邛崃窑。窑址在今四川省邛崃什方堂，唐朝属四川、邛州之大邑，故名邛窑。1984—1987 年，四川省文物管理委员会和邛崃县文物管理所对该窑址进行了发掘。邛崃窑烧造始于隋朝，终于宋朝，尤以唐朝最为著名。以烧制青釉、褐釉、绿釉、彩绘等器物为主。器形除盘、碗以外，尚有各种瓷塑玩具等。

【邢窑】Xing ware；Xing kiln

唐代著名白瓷窑场，窑址位于今河北省内丘县和临城县，唐时属邢州，故又名邢州窑，产品称邢白。唐时陆羽《茶经》记载：其产品“类银、似雪”，与南方越窑齐名。唐《国史补》中也有“内丘白瓷瓯，天下无贵贱通用之”的记载，可见当时用量是比较大的。自 20 世纪 80 年代发现邢窑窑址以来，共进行了三次考古发掘，发现邢窑白瓷可分粗、细两类，其精细白瓷细腻洁白，可透光影。

【定窑】Ding ware；Ding kiln

北宋著名窑场，为五大名窑之一。始于晚唐，盛于北宋，金、元亦有产品。窑址在今河北省曲阳县的涧磁村和燕山村一带。因宋代属定州，故名定窑。2009 年，河北省文物研究所、北京大学考古文博学院等单位对该窑址进行了考古发掘。定窑产品多芒口(口上无釉)，以白釉器为主，称为“定白”或“粉定”。也有酱釉、黑釉，文献称之为紫定、黑定，白釉多有刻花印花装饰，造型规整，胎质坚实。定窑突出的特点是采用支圈组合式窑具与覆烧法，可以减少制品变形，增加装窑密度，节约燃料。20 世纪 80 年代，河北省成功恢复了定窑白瓷的生产。

【巩窑】Gong ware；Gong kiln

窑址位于今河南省巩义市(原名巩县)，分布在小黄冶村、大黄冶村、白河村、铁匠炉村等，又名巩县窑。该窑始烧于隋，盛于唐，衰于五代。隋代烧青瓷为主，有少量白瓷。唐代主要烧白瓷，此外还烧黑釉、黄釉瓷、青花瓷等。三彩陶器也是巩窑的一大特色产品。根据相关研究，扬州唐城等遗址出土的唐代青花瓷出自巩窑。

【安阳窑】Anyang ware；Anyang kiln

窑址位于今河南省安阳市北郊安阳桥洹河南岸，面积达 9 万平方米，1974 年被发现，随之进行了考古调查和试掘，为隋代窑址。安阳窑产品以青瓷为主，日用瓷器型主要有碗、四系罐、高足盘、高足杯等，器壁较厚。随葬明器有武士俑、文官俑、骆驼等。胎质较细腻，釉层均匀透明，装饰技法主要有刻花、划花、印花等。

【磁州窑】Cizhou ware；Cizhou kiln

宋、元时代北方民间窑场，窑址在今河北省邯郸市峰峰矿区的彭城镇和磁县的观台镇一带，古属磁州，故名磁州窑。产品胎色灰白，釉色微黄，有剔花、刻花、三彩和白地黑花纹饰，造型厚朴，纹饰生动有力，宋、金、元时北方地区大量使用。磁州瓷质虽粗朴，但其生动活泼的剔花和豪放不羁的白地黑花装饰，为陶瓷从单色釉向彩绘发展打下基础。这种装饰方法，当时在陕西省、山西省、河南省、山东省等地均流行。对其产品泛称“磁州窑型”或“磁州窑系”。因其对朝鲜、越南、泰国、日本等国也曾有较大的影响，在世界陶瓷史上占有重要的一页。20 世纪 50 年代，在彭城镇成立了磁州窑陶瓷研究所，致力于磁州窑研究与恢复工作，发展至今，邯郸陶瓷已拥有象牙瓷、青花瓷、白玫瓷等名瓷，出口到多个国家和地区。

【柴窑】Chai ware；Chai kiln

据明曹昭《格古要论》记载，为五代后周世宗所创。周世宗名柴荣，故名柴窑。明万历张应文《清秘藏》论柴窑瓷器有“青如天，明如镜，薄如纸，声如磬”的特征。窑址及遗物至今均未发现。

【民窑】folk ware；folk kiln

我国历代民间经营的瓷窑，系相对官窑而言。民窑在技术装备和工艺条件方面一般是不及官窑，但容量方面有时比官窑更大，官窑重在质量不计成本，而民窑则利用效率高绝无浪费。

【官窑】official ware；official kiln

是官府经营的瓷窑。也泛指明、清两代景德镇为宫廷生产的瓷器。宋时，有“北宋官窑”及“南宋官窑”之分，元代在景德镇设的官窑称“枢府窑”。明代官窑近人以王朝年号分别命名，如“宣德窑”“成化窑”“永乐窑”等。明、清的官窑又称“御窑”，官窑以外的窑场，大部产品供民间使用，称为“民窑”。

【御窑厂】royal ware office

也称御器厂。专以管理监造御器或官窑，是明、清两代为供应宫廷所需瓷器而设立的机构。明朝洪武三十五年(1420 年)开始在江西景德镇设立，一般由宦官充任督陶官，清朝初期由工部、内务府派员或由江西巡抚主管。至乾隆后，以榷九江关使管理、并以饶州同知、景德镇巡检司监造督运，遂成定制。

【汝窑】Ru ware；Ru kiln

北宋大观年间在汝州(今河南省汝州市)设置的官窑，也称为汝官窑。宋代五大名窑之一。胎薄色粉灰，釉色近似粉青或天青，开片细密，光泽柔和，美如玉琢。传世产品极少，与民间使用的临汝窑印花青瓷截然不同。1987—2000 年，河南省文物考古研究所在宝丰县清凉寺窑址进行了六次考古发掘工作，确认了该窑址即是汝官窑的中心烧造区。

【临汝窑】Linru ware；Linru kiln

宋代民间瓷窑之一，在河南省临汝县严和店一带。产品有刻花和印花装饰；还烧钧窑天蓝、豆绿釉器物。也有带紫红斑的。以盘、碗为主。

【钧窑】Jun ware；Jun kiln

又称均窑或钧州窑 。窑场在今河南禹州市钧台及神篨镇一带，故名钧窑。2001 年、2011 年，北京大学考古文博学院等单位曾多次对钧窑进行考古发掘。相关资料显示，钧窑始烧于唐而盛于宋。北宋、金、元时的主要产品是盘、碗、花盆、香炉等，供宫廷和民间使用，胎骨细腻致密，造型端庄浑厚、古朴优雅。釉有天蓝、月白、海棠红、玫瑰紫、窑变等。釉层厚而柔润，釉内含铜的氧化物和五氧化二磷等，为较早使用含铜的高温颜色釉。清末神篨镇曾恢复钧瓷的生产，但民国时期日趋衰落，至抗战时期中断。中华人民共和国成立后至今，钧瓷得到进一步恢复和发展。

【当阳峪窑】Dangyangyu ware；Dangyangyu kiln

宋代北方民间瓷窑之一。窑址在今河南省修武当阳峪。该窑址不见于文献记载，1951年由陈万里先生考察发现。当阳峪瓷胎深褐色、器外多施一层陶衣，里外都上釉，釉色清白莹亮，衬以黑地或黑花，黑白色彩对比强烈。花纹以缠枝牡丹为多，用绘花、刻花或剔花制成。此外，绞胎技法具有独特风格。20世纪80年代以来，修武县逐步恢复发展了当阳峪窑制瓷技术。

【鹤壁窑】Hebi ware；Hebi kiln

宋、元时代北方民间瓷窑之一。窑址在今河南省鹤壁市，1963年发掘。唐朝末期开始烧造，多白釉和黄釉。北宋中期以后是其兴盛时期。以白釉为主，有白地黑花，也有加绿彩；用绘花、刻花、剔花的技法，制出简洁的花卉禽鱼等图案。元朝还仿制钧窑瓷器。

【安口窑】Ankou ware；Ankou kiln

旧名陇上窑，明、清时北方日用陶窑。在今甘肃省平凉、华亭的安口，甘肃归属陇上，故名陇上窑。以日用陶器为主，品种有粗缸、粗碗的黑陶和白陶等。唐代开始生产，盛行于明、清时期。

【东窑】Dong ware；Dong kiln

又名董窑，宋代北方民间著名瓷窑。在汴京(今河南省开封市)以东的陈留县，故名东窑。但未发现窑址。以东青器见著，与官窑、哥窑并列，盛行于北宋。东青器或“东青”，又名“青东器”或“青冬器”。胎骨细致，较厚，釉色淡青，有深浅两种，近似“汝器”，但无蟹爪纹，多紫口铁足。

【彭城窑】Pengcheng ware；Pengcheng kiln

明代北方著名瓷窑。在今河北省磁县彭城镇，故名彭城窑。以日用瓷为主，牙色、米色釉上绘折枝花，花朵挂粉、逸笔草草，画风简练，别具生趣。为宋代磁州窑的继续，盛行于明代。

【南宋官窑】Southern Song official ware；Southern Song official kiln

宋南迁后，在杭州另建的窑场，先后有“修内司官窑”和“郊坛下官窑”，属宋代五大名窑之一。其中修内司官窑为杭州凤凰山老虎洞窑址。郊坛下官窑位于乌龟山西南麓。南宋官窑烧造的青瓷造型精工端巧，器形仿周、汉铜器，外观追求青玉制品的晶莹效果。胎色黑，薄胎器的胎厚度在1mm以下。釉层丰厚，呈弱乳浊性，有“紫口铁足”的特征。

【紫口铁足】purple mouth and iron foot

宋代官窑和哥窑特征之一，由于施有乳浊性的厚釉，口沿处釉层较薄，泛出比黑胎稍浅的紫色。底足无釉处则呈现铁胎的颜色。紫口铁足与青釉配合，既能衬托青釉的美，又使厚釉产品具有挺拔秀丽的质感。

【吉州窑】Jizhou ware；Jizhou kiln

南宋著名民间窑场，在今江西吉安永和镇，又称永和窑。始于五代，南宋是极盛时期。产品以黑釉为主，以“木叶天目”“洒彩”“鹧鸪斑”“玳瑁斑”和“剪纸贴花”等装饰。此外有白釉黑花、白釉印花、青白瓷、刻花青瓷等品种。

【龙泉窑】Longquan ware；Longquan kiln

又称处州窑，宋代著名青瓷窑场。中华人民共和国成立以后，故宫博物院、浙江省文物考古所等单位多次对龙泉窑进行考古调查和发掘。其窑址在今浙江省龙泉及邻近的庆元、云和、丽水一带，以龙泉的大窑、溪口两地烧制最精。龙泉窑制瓷始于五代后期。北宋时釉层薄透明度高，有刻花装饰。南宋时用石灰-碱釉，成功地烧出粉青、梅子青等青翠的釉色。元代烧造大件制品。明以后衰落。明郎英《七修续稿》有“南宋时有章生一，生二弟兄各主一窑”的记载，故有“哥窑”“弟窑”之分。

【丽水窑】Lishui ware；Lishui kiln

南方瓷窑之一，在浙江省丽水，旧属处州。盛于元代，产品以青釉为主。盌里印八思巴文字，属龙泉窑系统。

【哥窑】Ge ware；Ge kiln

是宋代五大名窑之一，以纹片著称。明代《格古要论》对哥窑产品作了描述。其特征可归纳为：黑胎厚釉，紫口铁足，釉面开大小纹片。在龙泉溪口瓦窑垟遗址发现有符合上述特征的窑址。产品的造型及釉色与南宋郊坛下官窑相近。《格古要论》认为是仿官窑的作品，并定名为乌泥窑。与官窑的区别在于：不用支钉式托具支烧，釉面略现浮光。另有一种流传在世界各地十分珍贵的古瓷，称为"传世哥窑"，也具有上述特征。这种瓷器的特征是厚胎；釉的乳浊性较好，色调淡雅，多为米色或粉青色；纹片用人工着色，有"金丝铁线"之称；用支钉式托具支烧。文献记载的哥窑窑址至今尚未确认。

【弟窑】Di ware；Di kiln

又名章窑。一般所谓南宋龙泉窑即指弟窑。特征是薄胎厚釉，胎色洁白，釉面不开片。运用出筋和朱砂底等装饰技巧使产品具有端巧秀丽的质感。釉色以粉青、梅子青见长。

【建窑】Jian ware；Jian kiln

又名乌泥窑、黑建或建安窑。宋代著名瓷窑之一。窑场在福建省建瓯水吉镇。建瓯曾称建安，故名建窑。产品以黑釉茶盏为主，黑釉里外呈现并排的条纹称"兔毫"，有细小斑点者称"油滴"，也有窑变褐黄或蓝绿色者。

【八义窑】Bayi ware；Bayi kiln

窑址位于今山西省长治市上党区(原义镇)始烧于宋代，延续至明清时期。八义窑生产的瓷器品种较多，有白瓷、红绿彩瓷、白釉黑花、黑瓷等，其中红绿彩瓷在我国陶瓷史上具有较为重要的地位。

【铁店窑】Tiedian ware；Tiedian kiln

窑址位于浙江省金华市婺城区琅琊镇铁店村，现为全国重点文物保护单位。铁店窑始烧于北宋，终于元代。瓷器品种有青釉瓷器和乳浊釉瓷器，以乳浊釉瓷器为主。乳浊釉采用二次施釉法，与钧窑乳浊釉有所不同。

【西村窑】Xicun ware；Xicun kiln

窑址位于今广州市区西北面的西村增埗河东岸岗地上，故名西村窑。西村窑始烧于五代，盛于北宋。西村窑瓷器胎体有粗细之分，粗瓷胎色灰白，瓷化程度偏低；细瓷多为影青瓷，胎体洁白细腻。釉色以青釉为主，也有青白釉、黑釉、酱釉等。西村窑青瓷具有明显的耀州窑风格，青白瓷为仿烧景德镇的产品，所产瓷器多数外销。

【永福窑】Yongfu ware；Yongfu kiln

窑址位于今广西壮族自治区永福镇窑田岭一带，1975 年由广西壮族自治区博物馆文物普查时发现。永福窑烧造时代为宋代，产品以青瓷为主，器型多为碗、盏、盘、杯、罐等日用器，有刻花和印花两种装饰。总体来看，永福窑在瓷业技术上应受到了耀州窑的影响。

【建水窑】Jianshui ware；Jianshui kiln

窑址位于云南省建水县东郊与北郊。宋代以生产青瓷为主，元代生产青花瓷器。清代以后以紫陶闻名，代表器型有烟斗、汽锅、文房用品、花瓶等。

【辽瓷】Liao porcelain

辽代生产的陶瓷，窑址在东北及内蒙古部分地区。产品有白瓷、黑瓷、低温釉陶等。白瓷以仿定为主，胎致密，色纯白。晚期白釉黑花较多。低温釉陶以单色居多，三彩陶器亦称"辽三彩"。突出的器型为鸡冠壶、鸡腿壶、海棠式长盘及方罐等，具有鲜明的契丹民族特征。

【龙泉务窑】Longquanwu ware；Longquanwu kiln

窑址在今北京门头沟龙泉务村，故名龙泉务窑，属辽、金瓷窑。龙泉务窑的产品以白瓷为主，兼烧黑釉、酱釉、茶叶末釉瓷、三彩陶器等。白瓷胎白坚致，白釉泛青或泛黄，装饰技法以刻花、印花和划花为主，纹饰内容有莲瓣、菊瓣、缠枝花卉等，具有比较明显的定窑白瓷风格。

【赤峰缸瓦窑】Chifeng gangwa ware；Chifeng gangwa kiln

又称缸瓦窑，窑址在今内蒙古赤峰市西南

的缸瓦窑村，创烧于辽代，金代继续烧造，衰落于元代。缸瓦窑以烧制白瓷为主，有粗、细之分。另有三彩陶器、茶叶末釉器和黑瓷等。白瓷胎质微黄，有黑色杂点，釉色偏黄。产品中鸡冠壶、鸡腿瓶、凤首瓶等极具契丹民族特色。

【西夏瓷】Western Xia porcelain

西夏国生产的瓷器。窑址主要集中在宁夏回族自治区银川西郊贺兰山下及灵武市一带，甘肃省武威也发现西夏古瓷窑址一处。西夏瓷器品种较多，釉色主要以黑(褐)、白釉为主，也有少量青、酱釉、茶叶末及姜黄釉色，其中白瓷质量普遍较高。灵武窑瓷器常见剔花装饰技法，纹样有缠枝花卉、开光牡丹、卷草、水波等，明显受到磁州窑影响。

【蒲州窑】Puzhou ware; Puzhou kiln

元代北方著名瓷窑，在山西省永济，旧属蒲州，故名蒲州窑。但是未发现窑址。以法花器见著，胎骨为土定，釉色鲜艳，蓝如深宝石，紫若深色紫晶(即葡萄紫)，黄似透亮的金箔，而孔雀绿一色，尤为艳丽。花纹多为生物花草，也用开光法作八仙或人物故事。盛行于元代。

【景德镇窑】Jingdezhen ware; Jingdezhen kiln

元代以后我国最大的窑场，在今景德镇市属各地区，如湖田窑等。始烧于唐代，五代主要产青瓷和白瓷，其中白瓷白度可达70%以上，透光度也接近现代标准，宋有影青(即青白瓷)，元有青花、釉里红，明有斗彩、五彩、祭红，清有粉彩、珐琅彩和多种高、低温颜色釉，对世界制瓷技术有巨大影响，为现代我国陶瓷重要产地之一。

【崔公窑】Cui-gong ware; Cui-gong kiln

明朝景德镇著名瓷窑之一。据记载，明朝隆庆、万历年间人崔国懋，他开始仿制烧造宣德、成化年间的青花彩器，颇为精美，有“民窑之冠”的称号。

【周窑】Zhou ware; Zhou kiln

明朝景德镇著名瓷窑之一。根据记载，隆庆、万历年间，苏州人周丹泉，字时道，号丹泉，又号湘南。其所仿定窑鼎、炉之类器物都很逼真，技艺之精，一时无双，故有周窑之称。

【壶公窑】Hu-gong ware; Hu-gong kiln

明朝景德镇著名瓷窑之一。根据记载，在万历年间浮梁人吴为(旧传姓昊)，别名十九，自称壶隐道人，能作诗、善书法、造瓷也很精妙，他善于仿造永乐、宣德、成化年间瓷器、仿的都很逼真。故称为壶公窑。

【臧窑】Zang ware; Zang kiln

清朝康熙景德镇官窑代表，康熙廿年到廿七年间(1681—1688年)，臧应选等驻厂督造，当时“诸色兼备”“器日完善”，为清朝瓷器的发展打下了基础。其器精美，以蛇皮绿、鳝鱼黄、吉翠、黄斑点四种尤佳。其浇黄、浇紫、浇绿、吹红、吹青者亦美。

【郎窑】Lang ware; Lang kiln

清朝康熙四十四年到五十一年间(1705—1712年)江西巡抚郎廷极兼管景德镇陶事，主要仿造宣德窑和成化窑。在颜色釉方面尤为突出，红瓷称为郎窑红，又称“宝石红”，法国人则称“牛血红”。

【年窑】Nian ware; Nian kiln

清朝雍正四年(1726年)景德镇烧造的官窑瓷器。由年希尧督管窑务，故名年窑。它是雍正一朝的瓷器代表。根据陶录记载，“雍正年年窑，厂器也，督理淮安板闸关年希尧管镇厂窑务、选料奉造、极其精雅……”当时釉色很多，以天青最为突出，胭脂水为其发明。

【唐窑】Tang ware; Tang kiln

清朝乾隆元年至廿一年，景德镇所烧制瓷器，因督理官唐英负责陶务，故名唐窑。是乾隆朝代的瓷器代表。仿古采今、造型设计、制瓷技术、装饰方法等，工细逼真。据文献记载，高温及低温颜色釉就有五十七种，集中了中国历朝名窑釉色之大成。

【德化窑】Dehua ware; Dehua kiln

明代著名瓷窑之一，窑址在福建省德化，故名德化窑。始烧于宋代，盛于明清时期。宋代以青白瓷为主，明清产品以白瓷为主，釉色柔和滋润，称为建白或白建，还称为猪油白、象牙白、中国白、鹅绒白。瓷胎中含钾、钠较多，烧成温度低，透光度甚好，为我国明代著名白瓷产地。

【石湾窑】Shiwan ware；Shiwan kiln

明清两代著名民间窑场。窑址在今广东省佛山市石湾镇。以雕塑和建筑陶瓷著称，明代已有“石湾瓦、甲天下”之誉。明清时盛产以人物、动物等为造型的“石湾公仔”。石湾窑仿制钧窑的产品，俗名“广钧”，以蓝色为主要色调，其中“雨淋墙”为著名品类之一。窑场创于北宋，盛于明、清，是近代美术陶瓷的重要产地。

【宜兴窑】Yixing ware；Yixing kiln

在江苏省宜兴，故名宜兴窑。明、清时期陶器烧造中心，包括丁山窑和蜀山窑。窑址在宜兴的丁山、蜀山和汤渡(今丁蜀镇)等处。主要分日用陶、紫砂和宜均三大类，蜀山窑以紫砂为主，并大量烧造黑瓷。丁山窑以日用陶为主，而以宜均见著。日用陶有粗、溪、黑、黄、白、绿货等细别。粗货指大中小缸坛产品，形美、质坚、价廉，为人民所喜见乐用；溪货指汤渡的瓮头，是腌菜的重要容器；黑、黄货均为小件盆罐类；白、绿货是与缸坛套烧的小件，以方斗和砂锅为著。宜兴历史悠久，约五千多年，秦、汉已陶窑密布；两晋时在均山烧青瓷，唐初在归迳等地大量烧制，至晚唐、五代已成为南方民间著名青瓷窑；宋、元时，丁蜀与西渚一带大规模烧造日用陶和早期紫砂，入明以来，逐渐形成日用陶、紫砂和宜均三大传统产品。近现代宜兴除紫砂外，还有宜钧、青瓷、精陶和美彩陶，被誉为“五朵金花”。

【均山窑】Junshan ware；Junshan kiln

窑址在今江苏省宜兴均山，以青瓷为主。产生于两晋，唐初在归迳等地大量烧造，盛行于晚唐、五代之际。

【荣昌窑】Rongchang ware；Rongchang kiln

清代著名陶窑。在今重庆市荣昌区，故名荣昌窑。约在清初康熙年间，就已由甑子窑发展为长窑，最盛时达二十多座窑场。由粗陶进到细陶，以细陶为著，胎骨泥色分红、白两种，土质优良；釉色有黄、绿、蓝、白、黑、黄丹、朱砂等，以黄丹釉应用最广，以红丹和锡配成的朱砂和以铜砂、黄丹、玻渣配的西绿釉为著。品种以泡菜坛、蒸钵、茶具、花盆等为主。

【唐山窑】Tangshan ware；Tangshan kiln

清代北方瓷窑。在今河北省唐山，故名唐山窑。窑址在今唐山东、西缸窑一带，以日用陶器和粗瓷为主。产生于明永乐年间(1403—1424年)，至清末有所发展。唐山盛产矾土、黏土和长石等原料，又有丰富的煤炭资源，中华人民共和国成立后飞跃发展为全国著名的产瓷区。

【醴陵窑】Liling ware；Liling kiln

清代南方著名瓷窑。在今湖南省醴陵，故名醴陵窑。以白瓷和釉下彩瓷见著，青花亦颇盛行。白瓷胎质细润，釉面光清，与景德镇窑、德化窑鼎足而立，著称于世。釉下彩瓷胎薄腻、釉清白，花纹晶莹润泽，清末曾先后参加过几次国际博览会，均获得一等金牌奖，博得国际好评。

【澄城窑】Chengcheng ware；Chengcheng kiln

窑址位于今陕西省澄城县尧头镇，始烧不晚于元代，兴盛于晚清民国时期。产品质粗，品种丰富，以黑釉瓷为主，还包括青釉、黄釉瓷、酱红釉瓷、铁锈花瓷、青花瓷等，造型装饰多样。澄城窑制瓷技艺应受到陕西耀州窑以及山西窑口的共同影响。

【陶鬶】pottery gui

古代陶质炊具。是新石器时代大汶口文化和龙山文化的代表器形之一。有流、錾和三空心足(见附图)。

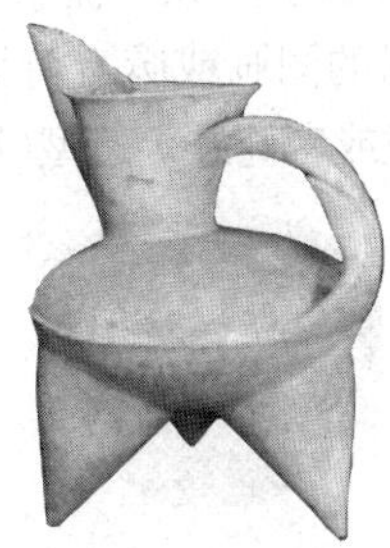

白陶鬶

【陶鬲】pottery li

古代陶质炊具。始见于新石器时代后期。圆口，三空心足(见附图)。

陶鬲

【甗】Yan; steamer

古代陶制蒸器。盛行于商、周时期。上部是透底的甑，下部是鬲，上下部之间隔有一层有孔的甗箅，也有上下部各自可分开(见附图)。

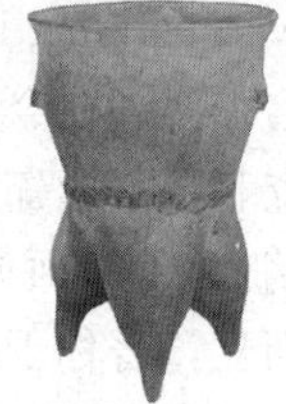

甗

【陶豆】pottery dou; food container

古代陶质食器。形似高足盘或有盖。用来盛食物。始见于新石器时代后期，盛行于商、周两朝(见附图)。

陶豆

【瓷枕】pocelain; pillow

瓷质枕头，始于隋朝，流行于宋代。枕上用彩釉绘成美丽的图画或咏有诗词，精工细作。也有的做成卧虎或者娃娃等造型(见附图)。

瓷枕

【注子】ancient flagon; pourer

古代瓷质酒器。始见于晚唐，盛行于宋、元两朝，另有注碗，注子可放入注碗之中。注入热水用以温酒(见附图)。

注子

【托子】ancient tray support

从唐朝开始，宋元时期流行使用瓷质茶托，碗下有盘状座，中央有凸起圆圈，以承托碗底，使用托子可不致烫手(见附图)。

宋代盏托

【陶埙】pottery xun; musical instrument

古代陶制乐器。有球形和椭圆形等数种，音孔有一至三、五个不等，现代的埙则有音孔五六个(见附图)。

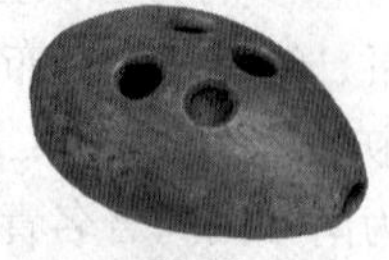

陶埙

【鸡腿坛】chicken leg jar

又称“经(京)瓶”。古代炻质或瓷质酒器。小口短颈、长腹的一种高瓶。据文献记载：宋、元朝时流行于北方和中原地区。瓷胎者一般称梅瓶。炻胎者在河北、内蒙古和东北一带称鸡腿坛(见附图)。

磁州窑白地黑花缠枝花卉纹梅瓶

【壶】pot

日用盛液体器具。始见于新石器时代，如陶质则称陶壶。到汉朝时圆形者称“钟”、方形则称“钫”。也有椭圆形的。用以盛酒、浆或粮食等(见附图)。

弦纹双耳彩陶壶

【鸡冠壶】cockcomb pot

又称马镫壶或皮囊壶，辽代特有的陶瓷器，形状模仿契丹族使用的各种皮袋容器，由于壶的上部有鸡冠状孔鼻，故称鸡冠壶(见附图)。

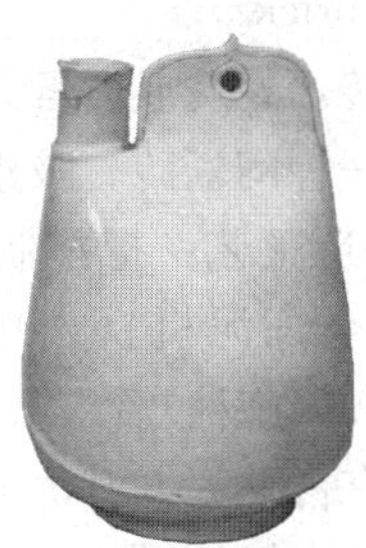

鸡冠壶

【天鸡壶】chiken pot

又名鸡首壶。始见于晋朝，延续至宋、辽时期，多系青瓷，隋以后出现白瓷，也有陶质品，是一种盘口有鋬的壶，壶嘴成鸡首壶，故名天鸡壶(见附图)。

鸡首壶

【辟雍砚】inkstone with water annulus

青瓷或白瓷制成的砚台。流行于南朝至唐、宋朝间。圆座、座下周围有足，砚面中心稍隆起，砚面不施釉，以便研墨。周边有棱。以其圆形而周边环水如辟雍，故名辟雍砚(见附图)。

辟雍砚

【谷仓】barn; granary

又称魂瓶或魂魄瓶。始见于六朝初期，是一种随葬器物。多系青瓷，器形作平口罐或五孔罐状。在大坛上堆塑楼阙、人物、佛像、鸟兽等(见附图)。

谷仓

【虎子】urinal; chamber pot

古代陶瓷器名。据文献记载最早见于汉朝。是汉、魏、晋、南朝墓中常见的随葬品之一。多作兽形。其用途说法有二，一说是盛溺的亵器，一说是水器(见附图)。

虎子

9.2.9 建筑卫生陶瓷

9.2.9.1 建筑陶瓷

【建筑陶瓷】architectural pottery; architectural ceramic; building ceramic

用于建筑物的饰面或作为建筑构件的陶瓷制品。包括陶瓷砖、饰面瓦(西式瓦)、建筑琉璃制品、陶管和陶瓷板等，具有耐磨、抗冷冻、耐腐蚀、易清洁等特点，广泛应用于建筑、道路、给排水、广场和庭园等。陶瓷砖是铺贴在内、外墙面和地面的装饰砖，可分为内墙砖，外墙砖和地砖等。饰面瓦是陶质制品，根据形状可分为日式、西式和中式等。建筑琉璃制品是陶质制品，包括琉璃砖、琉璃瓦及琉璃建筑装饰制品等。陶管是陶质制品，包括下水道管、输水管、落水管、烟囱管等。陶瓷板是用于建筑幕墙装饰、遮阳装饰及室内外墙面装饰的陶瓷质板材，包括空心陶瓷板。

【陶瓷砖】ceramic tile

以黏土和其他无机非金属矿物为主要原料，经粉磨、成形及烧成等工序制成的用于覆盖墙面和地面等的板状陶瓷制品。根据材质(吸水率)可分为瓷质砖(吸水率≤0.5%)、炻瓷质砖(0.5%<吸水率≤3%)、细炻质砖(3%<吸水率≤6%)、炻质砖(6%<吸水率≤10%)和陶质砖(吸水率>10%)。按用途可分为内墙砖、外墙砖和地砖等。按成形方法可分为挤压砖和干压砖。按表面特征可分为有釉砖和无釉砖。按使用场所或产品特征可分为广场砖、配件砖、腰线砖、透水砖、劈开砖、锦砖等。

【内墙砖】interior tile

又称釉面砖，用于建筑物内墙装饰的薄片状有釉陶质饰面砖。多采用半干压法成形，一次烧成或二次烧成。为了加强装饰效果、提高产品档次也可采用三次或多次烧成工艺。产品吸水率常大于10%，主要特征是釉面光泽度高、釉面装饰手法丰富多变、制品外观质量和尺寸精度比较高，是卫生间、厨房墙壁装饰的首选材料，常与腰线砖、配件砖等配套使用。

【外墙砖】veneer tile; facing tile

用于建筑物外墙装饰的板状陶瓷质饰面砖。采用半干压法成形和挤出成形，一次烧成或二次烧成。通常有彩釉外墙砖、劈开砖、锦砖和各种装饰的瓷质砖等。根据材质(吸水率)可分为瓷质砖(吸水率≤0.5%)、炻瓷质砖(0.5%<吸水率≤3%)、细炻质砖(3%<吸水率≤6%)和炻质砖(6%<吸水率≤10%)等。

【地砖】floor tile; paver

用于室内地面和室外地面装饰(铺贴)的陶瓷质板状材料。多采用半干压法成形，一次烧成或二次烧成。通常用于室内地面装饰(铺贴)的产品有抛光瓷质砖、彩釉地砖、仿古砖和锦砖等，用于室外地面装饰(铺贴)的产品有广场砖、透水砖和各种装饰的瓷质砖等。

【锦砖】mosaic tile

又名马赛克。主要是指长边不大于40mm、具有多种几何形状、可拼成织锦似图案的一种陶瓷质砖，多为瓷质。主要用于铺地或内墙装饰，也可用于外墙饰面。品种有釉与无釉、单色与拼花等种类。无釉锦砖多用于铺贴卫生间地面，有釉锦砖多用于铺贴墙面。

【劈开砖】split brick

又称劈离砖，经烧成后劈开为2片或4片的质地较厚的一种陶瓷砖。吸水率一般不大于6.0%。常用制造工艺：把配制好的粉料加水制泥、通过真空练泥机挤出成形(多为中空体)、切割、干燥(施釉)后入窑烧成。分有釉、无釉两种。具有古朴大方、仿天然石材的装饰效果，可作庭院广场的铺地材料，也可作外墙底部的贴面砖。

【仿古砖】ashlar brick; antique style brick; rustic brick

具有古典风格及古旧外形的一种陶瓷砖。吸水率一般不大于8.0%，多数产品小于0.5%。表面凹凸不平、质感粗糙、纹理斑驳、色调喑哑、色泽多样，装饰效果类似于未加工的石材，呈现自然的斑驳感、古旧感。产品规格有正方形、长方形、三角形、多边形等，铺设方式多样、表现力强。广泛适用于户外广场、庭院、门廊、居室客厅、餐厅、书房、浴室、厨房以及餐厅、商店、图书馆、酒店等公共空间。

【抛光砖】polished ceramic brick; polished tile

表面经打磨、抛光等工序制成的一种瓷质砖。多为通体瓷质砖、表面有装饰图案(也有单色产品）。具有吸水率低、耐污性能好、易清洗、强度高、硬度大、耐磨损、耐酸、耐碱等特点。广泛用于铺贴室内地面、内墙面、工作台面等。

【腰线砖】border decorative tile; wall decorative tile

铺贴在内墙壁中上部或中下部的、用于装饰陶瓷墙面的一种条状陶瓷砖。为了提高装饰效果，多采用三次或多次釉烧工艺制备。腰线砖的长度与主体砖的长度（水平方向）相同，宽度一般是主体砖的 1/4 左右。

【透水砖】water permeable brick

又称渗水砖，有渗水、保水功能的一种铺地陶瓷砖。砖体内具有的连贯气孔及开口气孔结构，可将砖体表面的积水通过连贯气孔渗透到砖体下面铺贴层或吸附在开口气孔中。孔隙率一般为 20%～30%，透水系数（15℃）$\geqslant 1.0\times10^{-2}$ cm/s。主要通过在坯料中加入烧失量大的物质或发泡剂，在烧成过程中形成空洞或产生大量气体而形成连贯气孔及开口气孔；也可通过颗粒状原料合理级配、添加结合剂、经烧结而形成连贯气孔及开口气孔。特点是强度高、透水及保水、抗冻融、防滑性能好等，可改善城市微气候、阻滞城市洪水形成。主要用于市政、广场、停车场、园林景观工程等场地的铺装。

【广场砖】plaza brick; square tile

胎体较厚的一种无釉陶瓷地砖。砖厚一般超过 12mm，有正方形、长方形、菱形、梯形及异形砖等。砖体色彩简单，砖面体积小。特点是吸水率小、防滑、耐磨、耐用、修补方便等，主要用于广场、人行道、庭院等大面积铺装的场所。

【配件砖】trimmers

又称异形配件砖，用在建筑物边、角、缘等处的异形陶瓷砖。多与釉面内墙砖配用。主要有压顶条、压顶阳角、压顶阴角、阳角条、阴角条、阳角座、阴角座、阳三角、阴三角、阳角砖、阴角砖等。配件砖的形状复杂，用量较少，多采用注浆法或塑压法成形。

【微晶玻璃砖】glass-ceramic tile

又称玻璃陶瓷砖，由微晶熔块粒料经高温晶化烧结而成的一种由玻璃原位析晶而获得的晶粒尺寸为纳米或亚微米的新型陶瓷质砖。组成基本属于 $CaO\text{-}Al_2O_3\text{-}SiO_2$ 系，主晶相一般是硅灰石、钙长石、透辉石、钙黄长石等。既有玻璃的基本性能，又有陶瓷的多晶性能。按原料组成分为矿渣微晶玻璃、岩石（玄武岩、辉绿岩）微晶玻璃。具有机械强度高、耐风化、耐磨、抗腐蚀、耐污染等性能。广泛用于铺装室内地面、墙面、工作台面等。

【红坯砖】red body tile

用页岩为主要原料制成的坯体呈深红或浅红色的一种陶瓷砖。红色是由页岩含氧化铁较高所致。一般吸水率为 3%～6%，为细炻质砖。上釉可制成釉面砖、彩釉地砖等，无釉可制成红地砖、红墙砖等。其力学性能与白坯砖相同。红坯砖所用的页岩原料储量丰富、价格较低，也可利用工业废渣作为原料。可用于卫生间、厨房的墙面、地面和庭院地面、道路等。

【建筑琉璃制品】architectural glazed products

用于建筑物屋面防雨和装饰以及墙体局部装饰的施有绚丽彩釉的陶器制品，是我国传统建筑材料之一。历史上多为宫廷、庙宇建筑用品。常见的釉色有金黄、翠绿、天蓝、银黑、银灰、孔雀蓝、玫瑰红等。其品种繁多，常配套使用。可分为瓦件、脊件和饰件三大类。瓦件有板瓦、筒瓦、沟头、滴水、花边瓦等，用于屋面排水和防漏。脊件是构成各种屋脊的材料，有正脊筒瓦、垂脊筒瓦、岔脊筒瓦、围脊筒瓦、博脊连砖、群色条、三连砖、扒头、撺头、当沟、押带条、平口条等数十种。饰件是纯装饰性的材料，有正吻、垂兽、岔兽、合角兽、套兽、仙人、走兽等。制造方法：把原料制成塑性坯泥进行机压或石膏模印，形状复杂的大件可采用注浆成形，施釉后经焙烧制成制品。通常采用二次烧成，也可采用一次烧成。

【饰面瓦】glazed tile

以黏土为主要原料、经制泥、混炼、成形、烧成等工序而制成的陶瓷质瓦。又称西式瓦。兼具屋面防水、隔热功能。按表面状况可分为有釉瓦(包括盐釉瓦)、熏瓦、无釉瓦等。按形状可分为和形和S式两种。主用来装饰建筑物的屋面或作为建筑物的构件。

【陶管】stoneware pipe

内外表面都上釉的陶质插承式管子。包括排水陶管和化工陶管两大类，两者的制造工艺、规格尺寸相同，仅吸水率、耐酸度和耐水压渗漏性能略有不同。排水陶管用于输送污水、废水、雨水或灌溉用水等。化工陶管用于化学工业输送酸性废水及其他腐蚀性介质。采用挤出法成形，施以土釉入窑烧成，也可在烧成过程中施以盐釉。根据形状可分为直管、弯管(30°、45°、60°、90°)、三通管(45°、90°)、四通管(45°、90°)、Y形管和异径管等。排水陶管的主要性能为吸水率不大于11%；内径300mm以上陶管的抗外压强度不小于15.7kN/m，内径400mm陶管的抗外压强度不小于17.2kN/m；耐酸度不低于94%；承受0.069MPa水压并保持5mim，不应有渗漏现象；内径100mm和150mm，长度不小于1m的陶管弯曲强度最低值分别为5.9MPa和6.9MPa。化学陶管的主要性能为吸水率不大于8%；耐酸度不低于98%；承受0.275MPa水压并保持5min不得有渗漏现象；内径为100mm和150mm、长度不小于1m的陶管的弯曲强度最低值分别为7.8MPa和9.8MPa。

【陶瓷板】porcelain board；terracotta panel

以黏土和其他无机非金属矿物为主要原料，经成形、烧成等工序制成的板状陶瓷制品(厚度不大于6mm、上表面积不小于1.62m^2)。分为瓷质和陶质、上釉和无釉、抛光和不抛等类型，采用湿法成形和干法成形工艺。特点是尺寸大、厚度薄、装饰效果独特、可减轻装饰重量及制造过程节材、节能等。用于建筑幕墙装饰、遮阳装饰及室内外墙面装饰。是近年来新开发的一种新型陶瓷质建筑装饰板材。

【空心陶瓷板】hollow terracotta panel；hollow ceramic slab

又称陶板、陶土板，由黏土和其他无机非金属原料经混炼、挤出成形、高温烧制而成的，用作建筑幕墙装饰吸水率平均值小于10%的空心陶瓷制品。特点是天然环保、颜色丰富、质感自然、安装和更换方便等，且具有一定的节能效果，广泛用于博物馆、展览馆、图书馆、商场、办公楼等幕墙装饰。

9.2.9.2 卫生陶瓷

【卫生陶瓷】sanitary ware

用黏土类及其他天然原料、经过粉碎、加工成形、煅烧而得到的用作卫生设施的有釉陶瓷制品。按材质分为瓷质(吸水率≤0.5%)和非瓷质(0.5%＜吸水率≤15.0%)两大类。按颜色可分为白色和彩色两大类。按用途可分为洗面器、大便器、小便器、洗涤器、洗涤槽、水箱、存水弯、卫生陶瓷配件和其他类产品。卫生陶瓷常用分类见附表。

卫生陶瓷产品常用分类

用途及名称	类型及结构形式
洗面器	立柱式、托架式、台式、壁挂式
大便器	坐便器：冲落式(平冲式、深冲式)、虹吸式(喷射虹吸式、旋涡虹吸式)；蹲便器
小便器	斗式、壁挂式、落地式
洗涤器	斜喷式、直喷式
洗涤槽	普通洗涤槽、化验室洗涤槽
水箱	低位水箱(带盖)、高位水箱(或壁挂式、坐箱式)
存水弯	S形、P形
卫生陶瓷配件	肥皂盒、手纸盒、化妆台板、毛巾架托、衣帽钩等
其他	洗手盆、洗头盆、洗拖把盆等

【卫生陶瓷配件】sanitary ware fittings

与卫生陶瓷制品配套使用的附属物件。卫生陶瓷制品与配件组装后才能发挥自身功能。卫生陶瓷配件种类繁多，按材质可分为五金配件和塑料配件。按使用场所可分为卫生间用配件、厨房用配件及其他配件。按陶瓷产品可分为浴缸配件、便器配件、淋浴间配件、洗涤器配件、洗涤槽配件及其他配件等。主要配件产品包括给水阀(管)、排水阀(管)、坐圈、水箱、扶手、浴巾架等。

【蹲便器】squat toilet; squatting pan

使用时以人体取蹲势为特点的便器。分有档与无档两类，无档的又称为平蹲器。蹲便器结构简单，可以一次成形，成品率高，蹲便器在使用中不与人体接触，较卫生，在公共卫生间中使用较广。节水蹲便器的用水量为6～9L。

【坐便器】sitting WC. pan; pedestal pan

使用时以人体取坐势为特点的便器。按类型可分为挂箱式、坐箱式和连体式。按结构形式可分为虹吸式、冲落式、喷射虹吸式和旋涡虹吸式。按排污方式可分为下排污式和后排污式。被广泛地用于住宅和公共卫生间中。冲洗功能是坐便器使用中一项重要的性能，包括排污功能和洗刷功能。节水坐便器的用水量不超过6L。

【小便器】urinal

专供男性小便用的上釉卫生陶瓷产品。按安装方式分壁挂式与落地式两大类。

【水箱】cistern

与大便器配套的盛装冲洗水的有釉陶瓷质容器。按安装高度分高位水箱和低位水箱。按安装方式分为墙挂式和坐箱式。水箱的造型需与坐便器协调一致。

【洗面器】lavatory

供洗脸、洗手用的上釉卫生陶瓷产品。按安装方式可分为托架式、立柱式、壁挂式与台式等。

【洗涤器】bidet

又称妇洗器，带有喷水及排水系统，洗涤人体排泄器官的上釉卫生陶瓷产品。

【水槽】sink

又名洗涤槽。承纳厨房、实验室等用水，并可用以洗涤物件的槽形上釉卫生陶瓷产品。

9.2.10 工业陶瓷

9.2.10.1 电瓷

【电瓷】electrical porcelain

又称电工陶瓷或电力瓷。涵盖各种电工用陶瓷制品，包括绝缘用陶瓷、半导体陶瓷等。应用于电力工业系统的瓷绝缘子，包括线路绝缘子和电站电器用绝缘子，以及其他带电体隔离或支持用的绝缘部件。常用瓷质有长石质、硅质、氧化铝质、镁质及氮化物电瓷等。此外，电力系统中也用到某些特种陶瓷，如陶瓷电容器，以钛酸盐类高介瓷制成；开关灭弧罩，以氧化铝陶瓷制成；陶瓷线性电阻，由SiC加黏土等烧成；还有ZnO非线性电阻，以ZnO为基体，添加少量B_2O_3、MnO_2、Sb_2O_3、Co_2O_3、Cr_2O_3等烧成的。

【长石质电瓷】feldspathic electrical porcelain

由黏土、长石、石英配制烧成的普通电瓷。广泛用于电力系统及电气设备中。长石质电瓷电绝缘性能、化学稳定性、力学性能、热学性能和耐气候性等性能优良。化学成分范围(质量分数)：SiO_2 68～72、Al_2O_3 20～24、$CaO+MgO<1.2$、$Fe_2O_3<1$、K_2O+Na_2O 3.5～5.0。矿物组成范围(质量分数)：黏土45～60、长石25～35、石英20～30。微观结构由晶相(莫来石、残余石英颗粒)、玻璃相(长石和熔融石英等)和闭口气孔组成。主要物理性能：孔隙性(600气压·小时)不吸虹，吸水率等于零，未上釉试条的抗折强度为68～88MPa。

【硅质电瓷】silica electrical porcelain

又名方石英瓷，由黏土、长石、石英配制烧成的普通电瓷。具有优良的电绝缘性能、力学性能等性能，在高压电瓷、高强度产品方面应用广泛。主要化学成分范围(质量分数)：SiO_2 60～75，Al_2O_3 18～25，$CaO+MgO<1.5$，$Fe_2O_3<1$，K_2O+Na_2O 2.5～3.0。矿物组成范围(质量分数)：黏土35～55、长石25～35、石英30～40。其中SiO_2含量达72%(质量分数)以上的高强度瓷称为高硅电瓷(high silica electrical porcelain)，用于高压电瓷产品。

【铝质电瓷】alumina electrical porcelain

指化学成分中 Al_2O_3 含量在 40%(质量分数)以上的高强度电瓷。系用煅烧工业氧化铝或煅烧高铝矾土代替长石质瓷中的石英和部分黏土。其微观结构存在较多的刚玉、莫来石结晶；当高硅质瓷的强度还不能满足某些超高压电瓷产品的更高要求时，可采用高铝质瓷。化学成分范围(质量分数)：SiO_2 40～45、Al_2O_3 40～55、$CaO+MgO$＜1.2、Fe_2O_3＜1、K_2O+Na_2O 3.5～4.5。矿物组成范围(质量分数)：黏土 45～55，长石 25～36，氧化铝或矾土 20～40。主要物理性能：孔隙性(600 气压·小时)不吸虹，吸水率等于零，未上釉试条的抗折强度为118～167MPa。

【镁质电瓷】magnesia electrical porcelain

以 MgO 含量在 10%(质量分数)以上的镁硅酸盐为主晶相的瓷质电绝缘材料。按主晶相不同，可分为滑石瓷、镁橄榄石瓷、尖晶石瓷及堇青石瓷。其中滑石瓷可用于制造高频装置瓷、绝缘管和线圈骨架等；镁橄榄石瓷可用作电真空零件、高功率电容器；堇青石瓷可用于要求体积不随温度变化的电绝缘材料；尖晶石瓷可用于作低压高频电容器、感应线圈和电子管管座等。

【氮化物电瓷】nitride electrical porcelain

以氮与金属或非金属元素通过共价键方式结合成的难熔化合物为主要成分的瓷质电绝缘材料。主要材质有氮化硼、氮化铝和氮化硅。其中氮化硼瓷可用于制造高频绝缘材料、晶体管和集成电路的散热板、微波输出窗等；氮化铝瓷适合作为大功率电子元器件的基片材料；氮化硅瓷可用于制造高温绝缘材料。

【电瓷釉】galze for electric porcelain

电瓷表面的白色或有色半透明玻璃态薄层，厚度约 0.1～0.3mm。多采用硬质瓷的长石质生料釉，其始熔温度一般不低于 1150℃。釉层具有化学稳定性、热稳定性、耐污性以及高介电性、耐机械冲击等特性。主要作用是提高绝缘子的电气性能、机械强度、化学稳定性和冷热急变性，并使瓷体表面光滑美观，便于除尘清洗，提高绝缘子的抗污能力。其表面电阻率为 10^{12}～10^{13} Ω·cm，釉面硬度约相当于莫氏 6.5～7.5，线膨胀系数一般比瓷体略低。电瓷釉可分白釉、棕油及天蓝釉等。

【白釉】white glaze

是绝缘子瓷器常施的釉色之一，以含铁量低的瓷坯施以纯净的透明釉烧制而成，具有良好的散热性能。早期主要用于低压和室内的瓷绝缘子，后来多用于高压户外用瓷件。白釉的白度＞60%，光泽度＞70%，化学组成(质量分数)一般在下列范围内：SiO_2 67～74；Al_2O_3 13～18；Fe_2O_3＜0.5；CaO 2.0～4.5；MgO 2.5～5.0；K_2O+Na_2O 5～8。

【棕釉】brown glaze

最为常见的电瓷色釉，一般是在白釉的基础上添加着色剂工业氧化铁、氧化铬和氧化锰制成，多用于高压户外绝缘子。由于棕釉吸热快，瓷件表面水分容易蒸发，可保持瓷表面干燥，减小泄漏电流。其化学组成(质量分数)大致在下列范围内：SiO_2 64～72；Al_2O_3 11～14；Fe_2O_3 1.5～3.0；CaO 3.0～3.5；MgO 0.5～2.0；K_2O+Na_2O 4.0～6.5；Cr_2O_3 1.5～3.0；MnO_2 2.5～3.5。

【天蓝釉】sky blue glaze

一般是在白釉的基础上，添加以工业 V_2O_3 和 ZrO_2 等原料配制成的色剂制成的，起美化作用。其化学组成(质量分数)一般在下列范围：SiO_2 67～72；Al_2O_3 13～16；Fe_2O_3＜0.5；CaO 2.5～4.5；MgO 2.5～5.0；K_2O+Na_2O 5.0～7.0；V_2O_3 0.4；ZrO_2 2.5～3.0。

【半导体釉】conducting glaze

电瓷表面具有半导电性的玻璃态薄层。一般是在白釉的基础上加入 30%(质量分数)的金属氧化物制得，其结构是在釉中布满了金属氧化物的网络。它的显著特点是表面电阻率低，一般在 10^5～10^8 Ω·cm 范围内，其他性质与绝缘釉种基本相同，一般分为氧化铁系、氧化钛系、氧化锡和硅化钼系等。目前我国电瓷产品所用的大多是属于氧化铁系氧化钛系的混合型，其化学组成(质量分数)一般在下列范围内：SiO_2 48～52；Al_2O_3 8～11；Fe_2O_3 13～

15；CaO 1.0～1.5；MgO 3.0～4.5；Na_2O+K_2O 4.0～6.0；Cr_2O_3 2.0～6.0；TiO_2 6～9；BeO 5。可以改善电压分布和增加表面泄漏电流的发热效应而起到烘干污层作用，以防止污闪，提高电晕电压，防止无线电干扰，以及延长绝缘子的清扫周期等。

【瓷绝缘子】porcelain insulator

用于架空输配电线路、变电所的母线、各种电气设备中带电体的绝缘和支持用的电瓷。由绝缘体和金属附件以胶结剂胶装或用机械方法装配而成，要求具有良好的电气性能、机械性能、化学稳定性和冷热急变性。其中电力用绝缘子按用途分为线路绝缘子和电器电站绝缘子两大类；按其承受电压高低分有高压(额定电压>1kV)和低压(额定电压≤1kV)绝缘子；按其主绝缘介质穿击可能性分为A型(绝缘介质最小穿击距离≥干闪络距离一半)和B型(绝缘介质最小穿击距离<干闪络距离一半)，A型的有针式、盘形悬式、蝶式绝缘子和套管等，B型的有线路柱式、长棒形绝缘子和横担等。典型高压瓷绝缘子按用途和结构分类见附表。

典型高压瓷绝缘子按用途和结构分类

类别名称	性能绝缘子			电站、电器绝缘子		
用途	架空电力线路、电气化铁道牵引线路			电站和电器		
结构	针式	盘形悬式	蝶式	隔板支柱	针式支柱	套管
可击穿型 (B型)	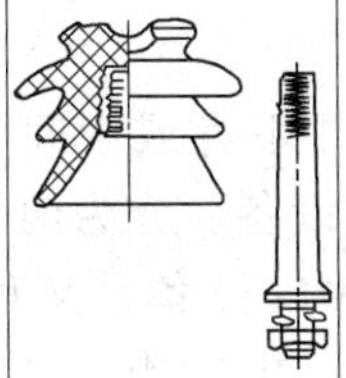	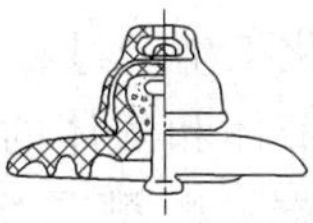	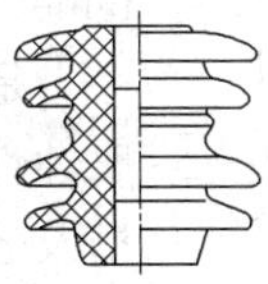	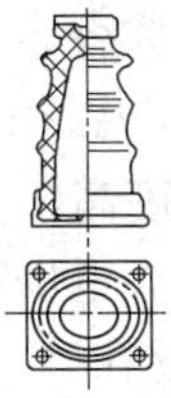	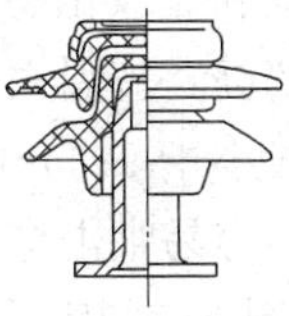	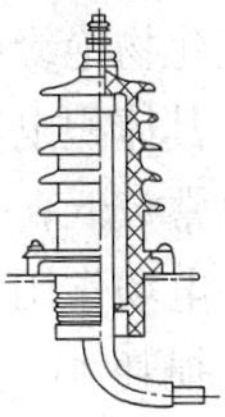
不可 击穿型 (A型)	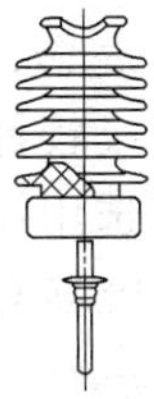	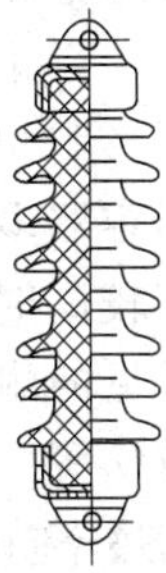		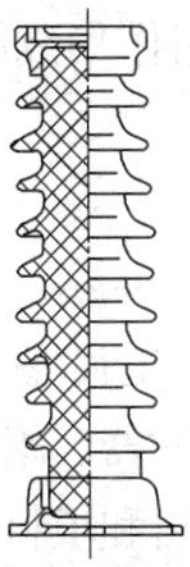		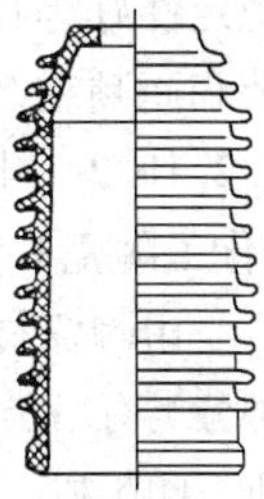

【套管】bushing

导体穿过电位不同的隔板(如墙壁和电器设备金属箱壳)时作绝缘和机械支持之用，按用途分为穿墙套管和电器套管两大类。6～35kV穿墙套管一般采用纯瓷绝缘结构，由瓷套、接地法兰和导体三部分组成。按其装置场所分为户外式和户内式两个系列。按预定电压可分为6kV、10kV、20kV和35kV四个等级。按导体材料分为铜导体套管和铝导体套管。60kV及以上套管常采用电容式内绝缘结构。瓷套内配置有大量同心圆筒形电板，利用电容分压作用控制内外电场均匀变化。因此，其尺寸、质量均较小，电气性良好。电容式套管按电芯子所使用的绝缘材料不同可以分为油纸电容式、胶纸电容式和树脂浸渍电容式套管。

【火花塞】spark plug

汽油发动机点火系统中的一个主要部件，由绝缘体、金属壳体、电极、密封材料及密封垫圈等组成。其中绝缘体是含氧化铝90%左右的高铝陶瓷材料(通常是95%的氧化铝瓷)，经1700℃左右高温烧结制成，具有良好的电气性能、机械性能、耐热急变性和耐化学腐蚀性，并能耐受较高的工频电压。火花塞结构如附图所示。

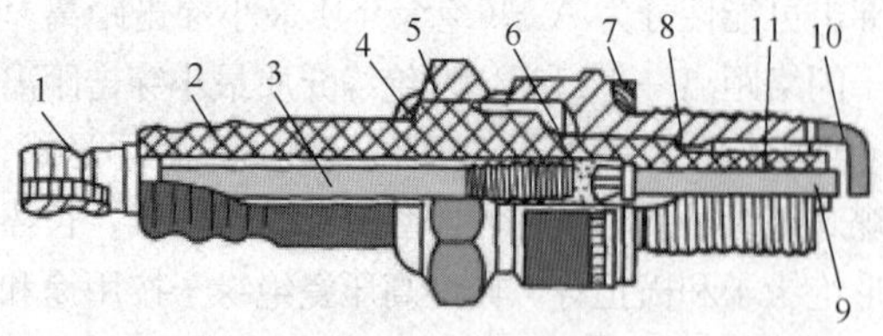

火花塞

1—接线螺母；2—绝缘体；3—金属杆；4—内垫圈；5—壳体；6—导体玻璃；7—密封垫圈；8—内垫圈；9—中心电极；10—侧电极；11—绝缘体裙部

【绝缘陶瓷】insulating ceramics

又称为装置陶瓷，在电子设备中常用作安装、支撑、保护、电绝缘、隔离以及连接电子元器件的材料。可分为传统硅酸盐绝缘陶瓷、氧化物绝缘陶瓷和非氧化物绝缘陶瓷系列。要求其体积电阻率高，室温大于$10^{10}\Omega\cdot cm$；介电常数低，一般小于9；介电强度高，在较高外电场作用下不容易被击穿；高频电场下的介电损耗小，材料损耗因子一般在$9\sim20\times10^{-3}$；以及机械强度高、热性能优异和化学稳定性好等特点。广泛用作集成电路基板、封装和高频绝缘瓷等。

9.2.10.2 化工陶瓷

【化工陶瓷】chemical stoneware

由陶瓷材料构成的化工设备部件。根据品种分类有塔类、容器、过滤器、阀门、泵、鼓风机、印版机、耐酸砖、管道和填料等。其坯料的化学成分(质量分数)范围为：SiO_2 60～70；Al_2O_3 25～35；Fe_2O_3 0.5～3；TiO_2 0.4～0.8；MgO 0.1～0.8；CaO 0.3～1；R_2O 2～5。化工陶瓷是将可塑性黏土、长石、焦宝石或矾土等原料配合，经球磨、成形制坯、高温烧成而制得。具有优异的耐腐蚀性(除氢氟酸和热浓碱外)，在所有的无机酸和有机酸等介质中，其耐腐蚀性、耐磨性、不污染介质等均远优于耐酸不锈钢。广泛使用于石油化工、化肥、制药、食品、造纸、冶炼、化纤等工业。

【耐酸陶瓷塔】acid-resistant stoneware tower

是化工陶瓷中的一大类。要求材料密度为2.1～2.3，耐压强度>98MPa，气孔率<3%。用于干燥、吸收、冷却、反应、回收等化工过程。塔的结构可分为承插式和法兰式两种。由塔盖、塔身、塔底、进酸罐、分配盘、多孔板、蓬蓬头、管道、填料等组成。由于陶瓷材料性脆，导热性差，在使用中不能受到冲击(冲击强度1470J/m^2)或局部骤冷骤热，温差不宜超过50℃。使用温度范围在−15～100℃，使用压强小于9.8×10^4Pa。

【塔用结构件】structures for chemical tower

是构成化工陶瓷塔的结构元件。主要包括塔盖、塔顶、塔身、塔底四部分，以及进酸管、分配盘、莲蓬头、多孔板、管道、填料等附件。各结构件间以承插型或法兰型两种方式结合。

【耐酸陶瓷容器】acid-resistant stoneware container

是化工生产过程中贮存或中间收集各种腐蚀性液体和气体的设备。分为两大类：贮槽及容器。贮槽是敞口设备，又可分储酸缸、计量槽、高位槽、电镀槽、电解槽、酸洗槽等。容器是密闭的设备，它可以加压及抽真空使用，一般用于反应、吸收、过滤等操作。根据形状可分为平底形、锅底形和球形。平底形容器多在常压或较低的真空下使用。真空度较高时，则应选用锅底形和球形的容器，常见的耐酸陶瓷容器有贮酸坛和四口计量反应坛等。

【真空过滤器】vacuum filter

是化工等工业中用于过滤酸液中的固体或浑浊液的设备。主要由多孔过滤板分隔成上部及下部两个容器：上部容器存放被过滤的酸液；中部为陶瓷筛板，在筛板上放置一层布或毛毡，作为过滤用；下部容器装置空气抽出口及排液口。

【耐酸陶瓷阀门】acid-resistant stoneware valve

是在输送腐蚀性气、液体的管道中用来开启、关闭或调节压力、流量的一类部件(见附图)。按结构形式分为截止阀、隔膜阀、各种旋塞和铠装平面阀等。一般旋塞使用压力低于

0.3MPa。隔膜阀和外有铁壳组装的截止阀使用压力低于 0.6MPa。

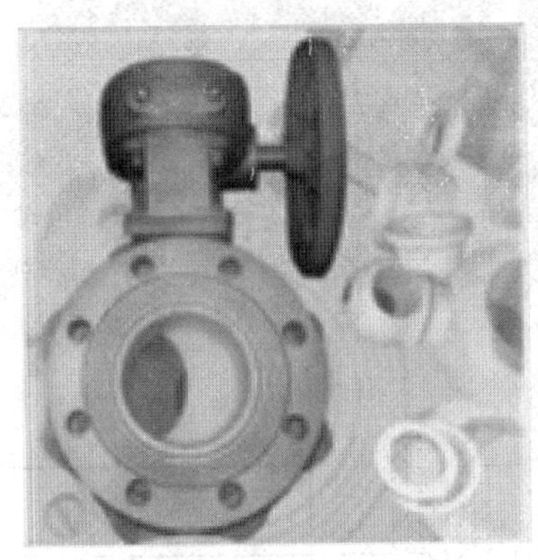

耐酸陶瓷阀门

【耐酸陶瓷泵】acid-resistant stoneware pump

化工生产中输送有腐蚀性液体(除氢氟酸以外)的设备，它与腐蚀性气体、液体接触部分由化工陶瓷或其他非金属材料所组成，叶轮是用强度较高的铬刚玉制成(耐压强度 >800MPa)。用金属材料作外壳、底板和转动部分，转动部分的密封是采用动力密封和端面机械密封。一般在常温下使用，输送介质不宜含浓度高的悬浮物及有快速凝固性的物质。耐酸陶瓷泵有单级单吸离心泵、耐酸陶瓷砂浆泵、耐酸陶瓷液环真空泵和陶瓷喷射泵等。

【耐酸陶瓷鼓风机】acid-resistant stoneware blower

化工生产中用于输送或抽吸各种腐蚀性气体的离心式鼓风机。由陶瓷的壳体、叶轮、轴套、金属外壳、铸铁底板、传动主轴和密封部件所组成。与腐蚀性气体接触部分均用陶瓷制成。

【耐酸陶瓷印板机】acid-resistant sprayer for plate etching

又称耐酸陶瓷烂板机。由陶瓷缸、叶片、转动主轴以及皮带轮等组成。主轴带动陶瓷叶片做回转运动，将酸液在叶片的切线方向均匀地飞溅成雾状，使铜、锌板表面受到酸液的腐蚀，形成凹凸版面。耐酸陶瓷印板机应用于印刷工业。

【耐酸砖】acid-resisting brick

由黏土或其他非金属原料配料经成形、烧结等工艺处理而制成，是一种吸水率小、结构致密、耐酸性能优异的物质，适用于做耐酸腐蚀内衬、地面砖等耐酸制品。按结构组成可分为有釉砖和无釉砖。按规格形状可分为：标型砖、墙面楔形砖、侧面楔形砖和平板形砖。主要性能为：密度 2.2～2.6g/cm^3，吸水率≤1.0%，耐酸度≥99.7%，抗压强度≥100MPa，温差 100～150℃下进行一次抗热震性试验后无裂纹、剥落等破损现象。

【耐酸耐温砖】acid-resistant refractory brick

一种半瓷化的黏土质耐火材料，其气孔率为 12%～16%，耐酸度≥99.7%，抗压强度≥1500MPa，抗渗透性为 13MPa 水压半小时不渗漏；密度 2.3～2.4g/cm^3；骤冷骤热性 20～450℃反复二次不裂，它还具有耐腐蚀性、耐磨性，使用于酸法造纸工业的高压釜、回收锅以及糠醛的水解锅、大型耐酸池、容器及贮槽等。

【耐酸陶瓷管道】acid-resistant stoneware pipeline

用于输送腐蚀性液体和含有固体颗粒的磨蚀流体的一类陶瓷材质管道。一般采用挤出成形工艺，按其结构的不同可分为法兰型和承插型两种。其耐酸度不低于 97%，吸水率不高 4%，抗压强度在 30MPa 以上，水压试验 0.3～0.4MPa，抗热震性不少于一次（温差为 100℃）。如高铝陶瓷等。

【塔填料】tower packings

填料塔的核心内件，其作用是为气、液两相提供充分的接触面，并为提高其湍动程度(主要是气相)创造条件，以利于传质(包括传热)。因此，要求填料层空隙率高、比表面积大、表面湿润性能好，并在结构上还要有利于两相密切接触，促进湍流。塔填料材质要求对所处理的物料有耐腐蚀性，并具有一定的机械强度，使填料层底部不致因受压而碎裂、变形。按堆放形式分为散堆填料和规整填料两种，一般规整填料的传质效率高于散堆填料。

【化学瓷】chemical porcelain

制药工业、化学工业化学实验室等用的陶

瓷器皿。是配料中含黏土成分比较高(50%左右)的硬质瓷类型。硬度、机械强度比较高，耐化学腐蚀性和耐热急变性也比较好。有坩埚、蒸发皿、瓷舟、炉管、漏斗、研钵、热电偶瓷管等。

【陶瓷电容器】ceramic capacitor; ceramic condenser

又称瓷介电容器，以陶瓷为介质的电容器的总称(见附图)。在陶瓷基体两面喷涂银层，经低温烧成银质薄膜作极板而制成。它的外形以片式居多，也有管形、圆形等形状。按使用电压可分为高压、中压和低压陶瓷电容器。按温度系数不同可分为负温度系数、正温度系数、零温度系数。按介电常数不同可分为高介电常数、低介电常数等。按使用频率可分为高频(Ⅰ型)，中频(Ⅱ型)、低频(Ⅲ型)。一般陶瓷电容器和其他电容器相比，具有使用温度较高，比容量大，耐潮湿性好，介质损耗较小，电容温度系数可在大范围内选择等优点，广泛应用于各种电子设备中。

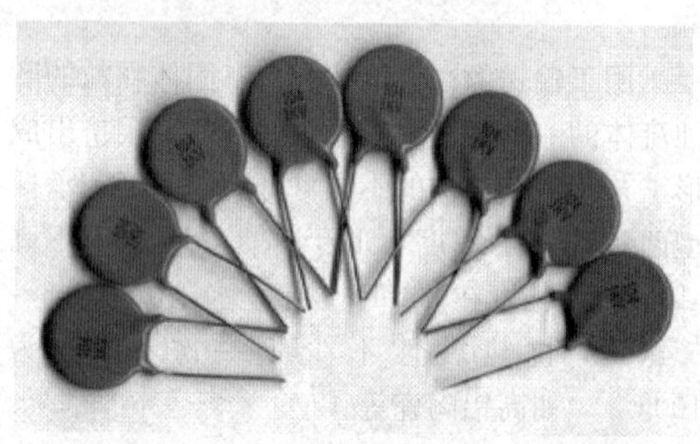

陶瓷电容器

【电声换能器】electroacoustic transducer

是将电能转换成声能(或机械能)，或者将声能(或机械能)转变成电能的装置，它是电声技术的基础之一(见附图)。广义的电声换能器是不受频率限制的，它可包括次声、超声和水声换能器。一般所指的电声换能器的频率范围主要限于可听声频，即只包括传声器、拾声器、送话器、扬声器、耳机、受话器等电声器件。具体分为可逆电声换能器(声转换成电、电转换成声)及不可逆电声换能器(速度型、位移型)。

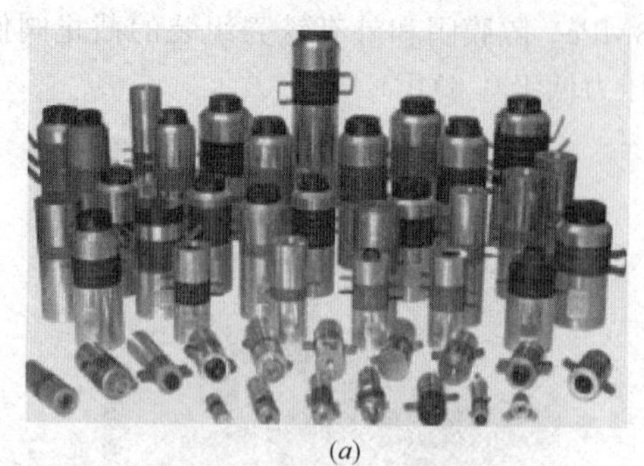

(a)

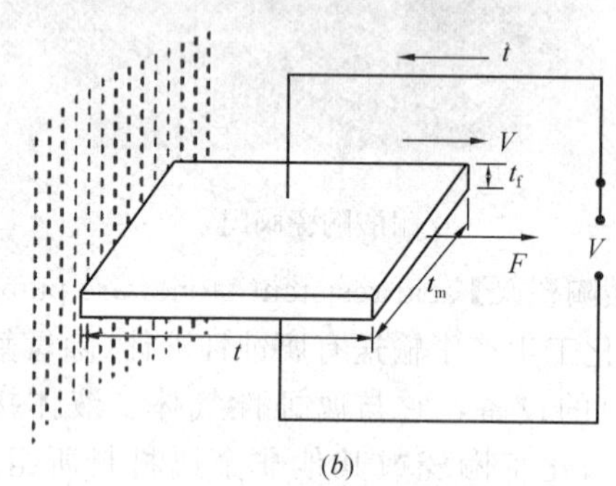

(b)

声电换能器

(a)声电换能器；(b)声电换能器工作原理

【压电陶瓷扬声器】piczoelectric ceramic loudspeaker

采用压电陶瓷材料在音频范围内向空气辐射声波的一类扬声器，主要可分为三部分，第一部分为弯曲压电振子(压电陶瓷薄片组成)，主要作用是将电能转换成机械振动能；第二部分为辐射声波的系统，主要将机械能转换成向空气辐射的声能；第三部分为耦合部分，即压电振子和纸盆之间的耦合元件或方式。其中压电振子和纸盆均为振动系统。这种压电陶瓷扬声器的特点是灵敏度高，结构简单，成本低，但低频响音较差。

【压电陶瓷送话器】piezoelectric ceramic microphone

是利用钛酸钡、锆钛酸铅、铌镁酸铅等压电陶瓷材料的压电效应制成的送话器。一般采用膜片驱动结构。压电弯曲元件通常由两片或一片压电片(长方形或圆形)和一片金属片粘接而成。对于双片结构，可根据所需的送话器阻抗，采用串联粘接或并联粘接。前者的阻抗为后者的四倍。其优点是耐潮性好、结构简单、成本较低，尤其陶瓷工艺容易做成各种所需的形状，容易小型化。适宜于语言通信和助听器中使用，也能用作测试传声器。但它受振动时容易产生噪声，输出阻抗较高。

【压电陶瓷受话器】piezoelectric ceramic receiver

是语言通信中用压电陶瓷材料作振动体，把电信号转换成相应的声信号而紧密耦合于人的耳朵的一种电声换能器。压电陶瓷材料最初用钛酸钡，但它的阻抗高，灵敏度低，现在已广泛采用介电常数高，平面耦合系数值大的锆钛酸铅和铌镁酸铅等材料，使压电陶瓷耳机的阻抗与灵敏度与电磁式耳机相近，且具有耐高温、抗潮湿性能好的优点。

【压电陶瓷滤波器】piezoelectric ceramic filter

压电陶瓷振子按一定电路结构组装成的对讯号频率有选择性的器件，具有机械谐振特性和能量转换特性。压电陶瓷滤波器使用的压电陶瓷振子的相对带宽为0.5%～20%，品质因数(QM)在600～3000范围内。和LC滤波器(无源滤波器)相比，具有插入损耗小、矩形系数好、温度稳定性好和体积小、重量轻等优点。用于电子通信、遥测、导航和仪表测量等领域。

【压电陶瓷变压器】piezoelectric ceramic transformer

压电陶瓷制成的具有电压变换特性的器件。其原理是利用材料的压电效应进行机电能量的二次转换，在谐振频率处获得升压输出。其结构形式多种多样，最常用的是用薄长片压电陶瓷做成的横-纵向型结构。瓷片左半部分的上下两面都有银电极，沿厚度方向极化，作为输入端，称为驱动部分，右半部分的右端也有银电极，沿长度方向极化，作为输出端，称为发电部分。当交变电压作用在输入端时，通过逆压电效应，使瓷片产生沿长度方向的伸缩运动，而发电部分则通过正压电效应产生电压输出。由于瓷片的长度远大于厚度，所以输出电压也大于输入电压。一般输入几伏和几十伏的交变电压，可以得到九千伏乃至万伏以上的高压输出。它具有体积小、重量轻、无磁场干扰，短路时会自动截止而不致烧毁，结构简单，便于维修等优点。但不足之处是它的升压比与频率负载关系很大，而频率又与温度等因素有关，所以在较宽的温度范围内使用时，必须要有同步的激励源才能保证始终在谐振频率处正常工作，适用于静电复印、静电高压除尘、雷达显示，以及电视及计算机高压源等小电流高压场合(见附图)。

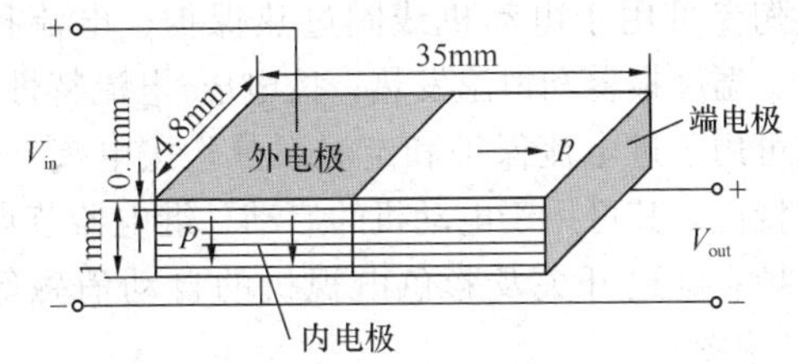

压电陶瓷变压器

【压电陶瓷延迟线】piezoelectric ceramic delay-line

是用压电陶瓷材料做成的延迟电信号的器件，其特性是具有平坦的幅频特性、一定的相移特性(或延时频率特性)、适当的匹配阻抗和较小的衰减。通常用压电陶瓷作换能器制成的体波延迟线和用压电陶瓷作基片制成的表面波延迟线。主要用于雷达、电视、计算机及程序控制系统等方面。

【陶瓷基片】ceramic substrate

又称陶瓷基板，是电子陶瓷产品的一种，以电子陶瓷为基底，对膜电路元件及外贴切元件形成一个支撑底座的片状材料。具有耐高温、电绝缘性能高、介电常数和介质损耗低、热导率大、化学稳定性好等主要优点，但其质脆，制造成本高。

【陶瓷接线柱】insulating ceramic for linking electric wire or cables

装于各电器上用来连接导线的接线端子。

陶瓷接线柱

可通过热压注等工艺制造尺寸精准的陶瓷接线柱产品，如附图所示。具有绝缘性好、耐高低温、耐热震性能好的特点。广泛应用于电源、变压器、仪器、仪表、电视机、汽车等设备。

【电热陶瓷】electrothermal ceramics

即陶瓷质电热材料。按材质可分为碳化硅、硅化钼、铬酸镧、钛酸钡（PTC 材料）、碳/陶瓷复合材料等。按其电阻-温度特性，电热陶瓷可用于电动机线圈过热保护、电流控制、温度报警和恒温发热；按电压-电流特性，其可用于过电流保护和定温发热；按电流-时间特性，其可用于电动机的启动、继电器节点保护、延迟开关及彩色电视机的自动消磁等（见附图）。

电热陶瓷

【陶瓷天线罩】ceramic radome

是保护导弹导引头天线在恶劣环境下能正常工作的一种装置，直接影响导弹的制导精度，如附图所示。材质主要有氧化铝、微晶玻璃、熔融石英、氮化硅、氮化硼等陶瓷。具有透波性能优良、抗热冲击性能好、机械性能好、温度敏感性低等特点。

陶瓷天线罩

【陶瓷点火针】ceramic ignition needle

用压电陶瓷制成的点火针，主要材质有石英和钛酸钡等，如附图所示。具有点火灵敏、造型美观、耐高温、抗氧化、高绝缘、长寿命等一系列优点。被广泛用作燃气灶具、打火机、烤炉等的点火装置。

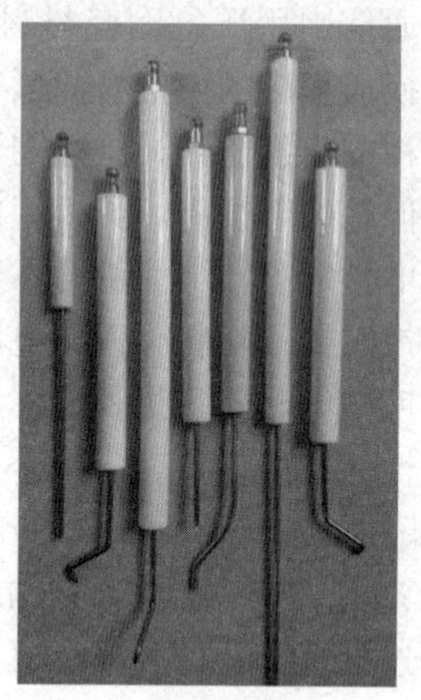

陶瓷点火针

【热敏电阻器】thermistor

一种半导体敏感元件，其电阻随温度变化而显著变化，伏安特性曲线呈非线性。根据电阻器材料的不同可分为：(1)陶瓷热敏电阻器；(2)玻璃热敏电阻器；(3)单晶热敏电阻器；(4)塑料热敏电阻器等四类。具有体积小、反应快、使用方便等优点。可利用其阻温特性能制成测温器、控温器、热补偿元件；若利用其非线性伏安特性可制成微波功率或激光照度测量的功率计、稳压器、限幅器、容量限制、过流保护等；当利用其阻体与外界环境热量交换随环境介质的种类和状态有关的特性可制成气压计、流量计、液位计、热导率计等；还可利用其热惰性能制成时间延迟器。

【生态陶瓷】ecological ceramics

又称环境友好陶瓷，是指从原料开采、产品制造、使用至废弃的整个寿命周期中环境友好，对资源和能源消耗少、生态环境影响小、循环利用率高或可分解使用的具有优异使用性能的新型陶瓷。也指用于环境改善，美化环境的陶瓷材料。制造方法类似于一般的陶瓷制品。主要产品如：以赤泥、煤矸石和粉煤灰为主要原料制备的用于水处理的环保陶瓷滤料，如附图(*a*)所示；以赤泥和页岩为主要原料制备的用于墙体装饰的陶瓷清水砖，如附图(*b*)所示；以废弃陶瓷为主要原料制备的用于道路铺设的透水砖；以赤泥、铝矾土、氧化铝和红柱石为主要原料制备的用于高温烟气除尘的陶瓷过滤管和陶瓷滤球。

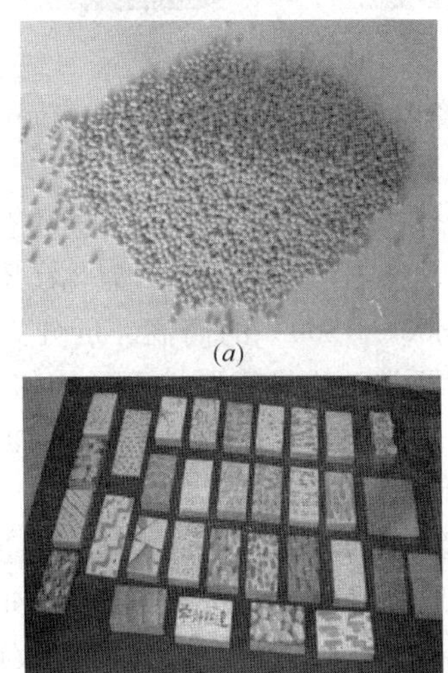

生态陶瓷

(*a*)滤球；(*b*)清水砖

【多孔陶瓷】porous ceramics

是指具有一定尺寸和数量孔隙的新型陶瓷材料。采用一般耐火原料(如刚玉质、石英质、硅藻土质等)为骨料，以发泡法、添加造孔剂法、溶胶-凝胶法、有机前驱体浸渍法等方法制备。具有微孔分布均匀、体积密度小、比表面积大、对液体和气体介质有选择透过性，以及优良的热、电、磁、光、化学等性能。具体可分为：蜂窝陶瓷、泡沫陶瓷、发泡陶瓷、孔梯度陶瓷。可用于精过滤及分离、催化剂载体、吸音材料等。

【陶瓷基催化材料】ceramic matrix catalytic material

陶瓷质的催化剂载体。根据使用要求不同，可选择相应陶瓷基体材质。常用流延法和挤制法等方法成形，经高温烧成。具有结构简单、强度大、体积小、耐高温、抗振动、比表面积大、转换效率高和使用方便等特点。陶瓷基催化材料能够在催化反应中赋予催化剂适当的形状和一定的机械强度，使得高价微量的催化剂能够均匀分散，提高其使用效率。广泛用于化学工业和陶瓷工业中。

【新能源陶瓷】new energy ceramics

是一种利用陶瓷结构(力学性能)、功能(声、热、光、磁、电等)特性为新型清洁能源(太阳能、风能、氢能等)有效利用服务的一类结构功能一体化的陶瓷，主要包括核能用陶瓷[碳化硼质(见附图*a*)、氧化铍质]、固体氧化物电池、蓄热陶瓷(见附图*b*)、吸热陶瓷(碳化硅、氮化硅质或者复合材质)、陶瓷输热管道以及吸光陶瓷等。可用于核能利用、能源动力、太阳能热发电、地热发电、工业余热回收、房屋的建筑节能和节能照明等方面。

新能源陶瓷

(*a*)核能用碳化硼质陶瓷；(*b*)塔式太阳能热发电用蓄热陶瓷

【蓄热陶瓷】heat storage ceramics

是利用陶瓷的多孔性和高体积密度等特性，采用类似于蓄水池蓄水原理把热量储存起来，需要时再通过流体对流换热将热能取出使用的陶瓷材料。显热储热的陶瓷蓄热材料的材质有碳化硅、刚玉、堇青石、莫来石、刚玉-莫来石、堇青石-莫来石、莫来石-碳化硅、尾矿等固体废弃物质等；将陶瓷材料与相变材料复合的显热-潜热复合蓄热陶瓷材料有熔盐-陶瓷、合金-陶瓷等材质。现有的显热蓄热陶瓷类型主要有陶瓷蓄热球(见附图a)、蜂窝陶瓷(见附图b)、多孔陶瓷等。可用于太阳能热发电蓄热、太阳能热利用蓄热、地热发电蓄热、谷电蓄热、工业余热回收以及房屋的建筑节能等方面。

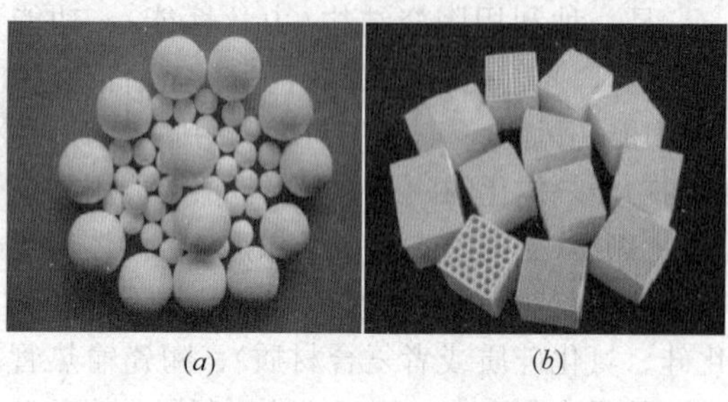

(a) (b)

蓄热陶瓷

(a)陶瓷蓄热球；(b)蜂窝陶瓷

【输热陶瓷泵】heat-transporting ceramic pump

是用作输送除氢氟酸和热浓碱液以外的不含硬质固体颗粒、不会快速凝固、对氟橡胶无腐蚀作用的各种腐蚀性介质的陶瓷质泵(见附图)。具有耐腐蚀、耐磨、耐高温、结构紧凑、轴封严密、不污染介质、安装维修方便、使用可靠等特点。目前较为常见的有氧化铝、氮化硅、氧化锆等材质的输热陶瓷泵，广泛用于石油、化工、化肥、制药、食品、造纸、冶炼、化纤以及军工等行业。

输热陶瓷泵

【高温陶瓷保护管】high temperature ceramic protection tube

是一种以高铝质、刚玉质、碳化硅质、莫来石质、氧化镁耐高温陶瓷等为主要材质的发热体的配套保护部件(见附图)。其具有抗氧化、导热好、耐高温、耐腐蚀、抗热震性优异、使用寿命长等特点。主要用于电炉发热体保护、热电偶保护、电绝缘管等。

高温陶瓷保护套管

【热电偶瓷管】thermocouple-protection ceramic tube

是指保护热电偶丝的瓷管。材质有莫来石质、刚玉莫来石质、刚玉质、氧化镁质等。要求能耐1350～1800℃的高温。可分为绝缘管及保护管两类。绝缘管要求管径均匀、平直。使用时，热电偶丝装在绝缘管内，保护管套在绝缘管外。

【火箭喷管】rocket nozzle

是一种用于火箭发动机的陶瓷质推力喷管。目前，火箭喷管的主要材质有碳化硅质、氮化硅质以及氮化物复合质等。从结构上来说，火箭喷管大多采用渐缩渐阔式结构，最简单的喷管外形即呈向内约12°的圆锥，而通常使用的喷管则是更复杂的回转体，如钟形喷管和抛物线形喷管。火箭喷管主要用于膨胀并加速由燃烧室燃烧推进产生的燃气，使之达到超高音速。火箭喷管工作原理如附图所示。

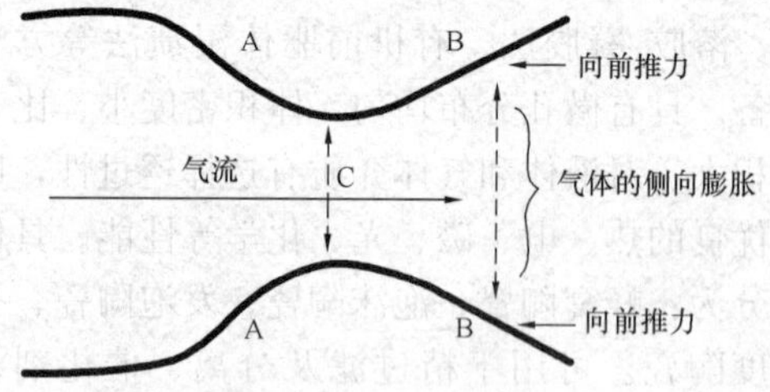

火箭喷管工作原理

A—喷管内斜面；B—喷管外斜面；C—喷管喉部直径

【陶瓷托辊】ceramic supporting roller

是采用瓷体、轴承、轴、塑料迷宫式密封圈等组成的组合构件，是经过高温煅烧后用于运输中的产品。根据产品性能和外形不同，目前较为常见的类型有耐磨陶瓷托辊、缓冲陶瓷托辊和锥形上调心陶瓷托辊等。陶瓷托辊具有耐高温、耐腐蚀、硬度高、密封性好、无毒性、易清洗、使用寿命长、经济效益好等特点。陶瓷托辊构造如附图(*b*)所示，不同种类的陶瓷托辊如附图(*c*)所示。

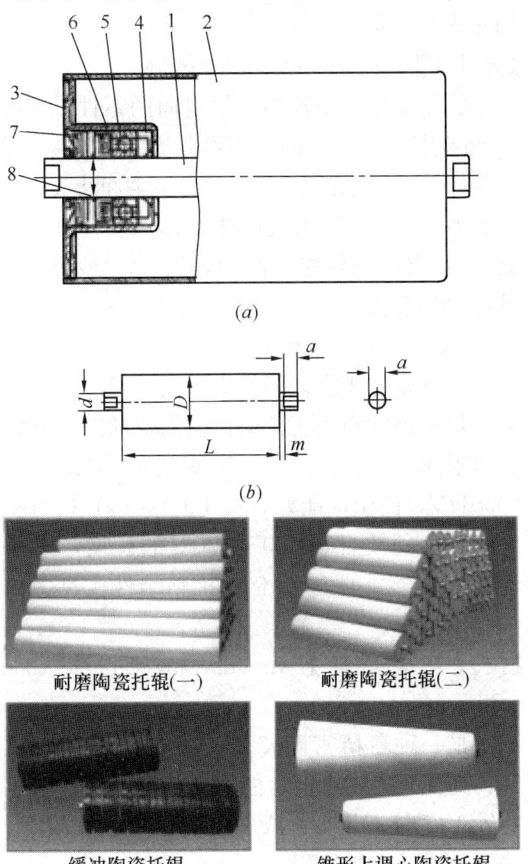

陶瓷托辊

(*a*)托辊结构图；(*b*)陶瓷托辊构造图；(*c*)不同种类的陶瓷托辊

1—轴；2—管子；3—轴承座；4—内密封环；5—轴承；6—迷宫式密封圈；7—组合密封；8—挡圈

【陶瓷辊棒】ceramic roller

是一种在辊道窑中起着传送、承烧产品作用的关键部件。其材质主要有重结晶碳化硅质、反应烧结碳化硅质、刚玉-莫来石质及熔融石英质等。产品适用于生产墙地砖、日用瓷的辊道窑和电炉中。陶瓷辊棒在高温下具有良好的抗弯强度，在1500℃以下使用，抗热震性优异。

【陶瓷承烧板】ceramic slab

采用如氧化锆、氧化铝、氮化硅等陶瓷原料，通过特种工艺制成的一种特种耐火材料。具有热膨胀系数低，优良的抗化学侵蚀、耐高温和抗热震性能。用于陶瓷窑炉内作为承载、输送被烧陶瓷坯体的载体。要求承烧板热传导速度快，使承烧产品受热均匀，有效降低能耗和加快烧成速度，提高产量。

【陶瓷轴承】ceramic bearing

在机械传动过程中起固定和减小载荷摩擦系数作用的部件(见附图)。陶瓷轴承具有耐高温、高耐磨性、耐腐蚀等优点，较大幅度地提高了轴承的使用寿命和极限转速。常用材质有氧化锆、氮化硅、碳化硅和氧化铝等。用于航空航天、石油工业、高速机床等高温、高速、耐腐蚀、真空、电绝缘、无磁、干摩擦的特殊环境下。

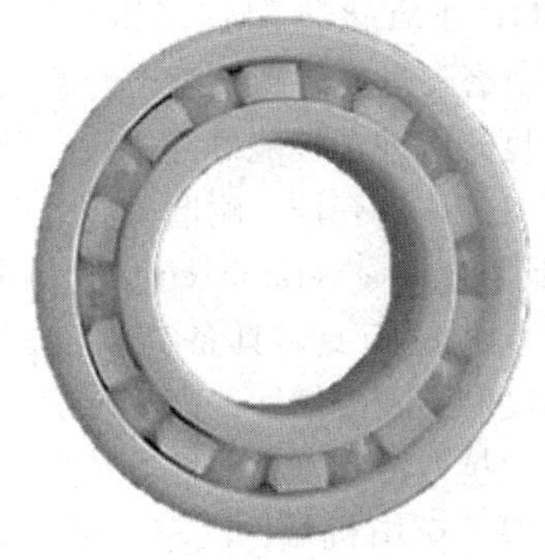

陶瓷轴承

【陶瓷柱塞】ceramic plunger

通过在缸体内往复运动使密封容积变化产生压力差，使流体介质进行工作的陶瓷质柱塞(见附图)。主要材质有氧化锆、氧化铝、氮化硅等。多采用高压注浆成形，高温烧结。具有耐磨损、耐腐蚀、自润滑和抗冲击性能。应用

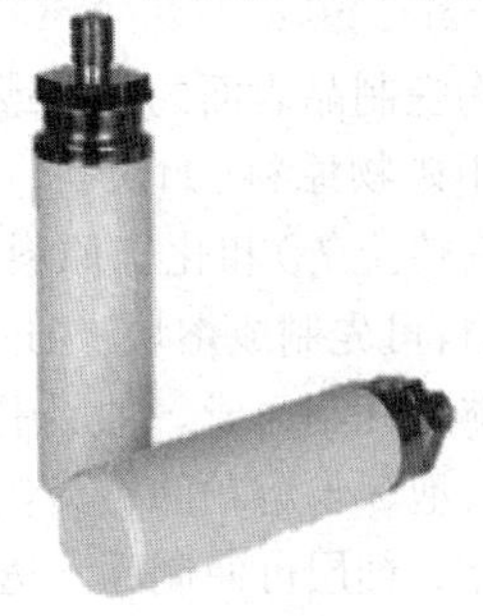

陶瓷柱塞

于医药器械、环境工程、石油、化工等行业。

【陶瓷螺柱】ceramic stud

两端均外带螺纹的一类紧固陶瓷部件，多为氧化铝陶瓷。具有改善润滑、防卡烧、降摩擦磨损、高强度、高硬度、耐高温、耐腐蚀、耐磨损和抗热冲击、抗氧化、抗蠕变等性能。适用于极限环境中。

【陶瓷螺母】ceramic nut

与螺栓或螺杆拧在一起起紧固作用的部件。材质多为氧化锆、氧化铝。具有硬度高、绝缘、耐磨、耐高温、耐冷热冲击等特性，适用于各行业极限环境中。

【耐磨陶瓷】wear-resistant ceramics

具有高耐磨性的陶瓷制品。按化学成分分类有：氧化物陶瓷，如 Al_2O_3、ZrO_2、MgO、CaO、BeO；非氧化物陶瓷，如 SiC、Si_3N_4、TiC 等。耐磨陶瓷具有高硬度、耐磨损、耐高温、高强度，抗冲击性能好等优点。已开发出了陶瓷刀具、耐磨瓷球、耐磨衬砖等产品。

【陶瓷刀具】sintex；ceramic cutting tool

用于切削的刀具，具备高硬度、高耐磨性、高强度和高断裂韧性、高热硬度、良好的抗热震性、抗侵蚀和抗黏着性等特点。适用于冶金、水泵、矿山机械、汽车、军工等行业，现其应用领域已扩大到民用。

【摩擦盘】frictional disk

化纤厂生产锦纶、涤纶长丝所使用的加弹机上的关键部件。作用是摩擦、捻制涤纶长丝，使之卷曲变形，增加弹性。主要材质为氧化锆，具有耐磨特性，能长久保持其表面结构，故可以稳定地确保长丝质量，容易引丝，但长丝强度损失较大。

【导纱件】thread guide；yarn guide

在纺织生产中控制纱线走向的零件，对纱线能起引导作用，同时控制纱条捻度的传递，保持纺纱气圈的稳定性，减少细纱毛羽和断头。陶瓷导纱件主要材质为氧化锆 PSZ，具有耐磨损、耐高温、不沾污性能，表面极其光滑，纱线与导纱件的摩擦系数小，导捻效果好。

【切线器具】wire cutter

一种常用于自动络筒机风门剪刀与张力剪刀，保证络纱断头正常退捻的陶瓷部件。材质有氧化铝、氧化锆等。其硬度可达 1300～3000HV，高温性能好，在 1200～1400℃的硬度相当于硬质合金 200～400℃的硬度，耐磨性为硬质合金的 3～5 倍，抗粘结性优良，化学稳定性好。

【拉丝陶瓷塔轮】wire drawing ceramic cone pulley

是一种高精密陶瓷旋转元件。具有高硬度、高强度、耐腐蚀性能优良等特点。常用于纺纱工序中，有助于减少连续生产中的故障，并简化或减少操作程序。

9.3 陶瓷色釉料及原辅材料

9.3.1 陶瓷色釉料

【陶瓷釉】ceramic glaze

覆盖在陶瓷制品表面的无色或有色的玻璃态薄层。是用矿物原料(如长石、方解石、石英、滑石、高岭土等)和化工原料按一定比例配合(部分原料可先制成熔块)经过细磨制成釉浆，施于坯体上烧制而成。釉层中除玻璃体外还常含少量气泡、未熔融的石英颗粒以及冷却时析出的晶体。釉层可使制品不透水，表面光润，不易沾污，并在一定程度上提高制品的机械强度，电性能以及热稳定性、化学稳定性等。釉还有美观、装饰的作用。釉的种类按组成，可分为石灰釉、长石釉、铅釉、铅硼釉、硼釉、盐釉、土釉等。按外观，可分为透明釉、乳浊釉、颜色釉、结晶釉、金砂釉、无光釉、裂纹釉等。釉料中部分原料为熔块时称为熔块釉，不用熔块者为生料釉。按照釉的熔制温度高低，还可分为高温釉和低温釉等。

【釉式】glaze formula

表示陶瓷釉料或者釉组成的氧化物按照规定的顺序排列的实验式。将釉中所含的各种氧化物的摩尔比值按照碱性、中性、酸性顺序排列，并将碱金属及碱土金属氧化物的摩尔总数换算成1.000。例如：

$$\left.\begin{matrix}0.012Na_2O\\0.251K_2O\\0.455CaO\\0.282MgO\end{matrix}\right\}\left.\begin{matrix}0.439 & Al_2O_3\\0.0049 & Fe_2O_3\end{matrix}\right\}3.46\quad SiO_2$$

【长石釉】feldspar glaze

以长石为主要熔剂(40%以上)的釉。与石灰釉比较，高温黏度较大，成熟温度范围较宽，而透明度较低并具有一定的乳浊性(泛白)；膨胀系数较大，易产生裂釉。多用在瓷器、半瓷器和硬质精陶等制品上。

【釉果】glaze stone

一种制釉用的瓷石。釉果的化学成分与坯用瓷石相近，主要矿物成分为绢云母、石英和长石等，具有较低的熔融温度和良好的透明度。景德镇瓷区以釉果和釉灰为配制传统石灰釉的主要原料。

【石灰釉】lime glaze

以石灰石为主要熔剂(CaO含量在8%以上)的釉。釉面硬度大，光泽很强，透明度高，有利于釉下彩装饰。古陶瓷中这种釉料很常见。熔融温度范围较窄。还原气氛烧成时易引起烟熏。其主要原料大致有两类：一类为釉灰和釉果；另一类为乌釉和易熔瓷土。

【乌釉】black glaze

一种将谷壳和蚶壳灰的混合物，在1300℃左右焖烧4～5昼夜，经冷却粉碎漂洗而制得的粉状物质。乌釉的化学成分以SiO_2、CaO为主，并夹杂有少量的钾、钠化合物。广东潮安枫溪瓷区采用的传统石灰釉(或称谷糠灰釉)是由乌釉和易熔瓷土的泥浆配成。

【釉灰】glaze ash

用狼芨草等蕨类植物与熟石灰粉相间层叠多次煨烧、陈腐而成的釉用原料。经首次研磨、淘洗所得的釉灰称为“头灰”；淘洗后的残渣经再次陈腐、研磨和淘洗得到的釉灰为“二灰”。釉灰中含有较高的钙质化合物和少量的镁、硅、铝、钾、钠、锰、磷等化合物。景德镇瓷区采用的传统石灰釉料中配有少量(4%～14%)的釉灰类原料。

【石灰-碱釉】lime alkali glaze

石灰釉中部分石灰石以长石代替，釉中CaO含量小于8%。这种釉的釉面光泽柔和，无刺眼感觉，降低了烟熏和裂釉的倾向。

【铅釉】lead glaze

用氧化铅作助熔剂，烧成温度在1000℃以下，属低温釉。釉中常加入铜、铁、钴等着色元素。釉面光泽度强，但硬度偏低，化学稳定性差，有毒性。汉代绿釉陶、唐三彩、明清素三彩等，都属于铅釉。

【铅硼釉】lead-borate glaze

以氧化铅和氧化硼为助熔剂的易熔釉，成熟温度低于1230℃。釉面光泽好，能使釉下彩呈色鲜艳，但抗酸碱腐蚀性差。

【盐釉】salt glaze

一种凝结釉。在高温时往燃烧室或窑内加入适量的食盐，食盐气化和窑内的陶瓷体表面发生化学反应，而生成一层棕黄色、有光泽的玻璃态薄膜，其形成过程的化学式为：

$$2NaCl + H_2O \longrightarrow Na_2O + 2HCl$$

Na_2O + 陶瓷体(表面)$\longrightarrow Na_2O \cdot 0.5\sim1.0Al_2O_3 \cdot 2.8\sim5.5SiO_2$。

盐釉釉层较薄，与坯体结合紧密，耐温急变性和化学稳定性较好，耐酸器件和下水管道等常采用这种施釉方法。

【土釉】clay glaze

又称泥釉。直接用一种易熔土的黏土作为釉料施于陶坯上烧成。按照烧成气氛，釉色可由黄褐色到黑褐色。制作工艺简单，成本很低。

【渗透釉】penetrating glaze

也称为渗花釉。具有着色作用的可溶性无机盐类，加入稀释剂、增稠剂和渗透剂等辅助材料，按一定的比例配制而成，可直接渗入陶瓷坯体而形成装饰的釉。该产品集天然花岗石、瓷质色点砖、天然大理石、印花彩釉砖的丰富装饰效果于一体，质地莹润，抛光后光洁如镜。但其呈色涉及有机、无机着色盐溶解渗透，高温下的分解化合、坯体成分变化、气氛变化等诸多因素的影响，因而色彩不如彩釉砖丰富。

【生料釉】raw glaze

一种不加熔块，直接由原料配制而成的釉。全部原料经称量配料后，不需经过预先熔制，直接入球磨机加水研磨制备成的釉浆。此类釉料多用不溶于水且无毒的原料，如石英、长石、黏土、石灰石等。多施于瓷质坯体和部分炻质坯体。

【熔块釉】fritted glaze

部分原料以熔块的形式引入的釉。配制釉料时，若需用一些如硝石、硼砂之类的水溶性原料，必须将这些原料和石英或其他硅酸盐材料按一定比例混合，先制成熔块，以防止这些原料在制备釉浆时溶化在水中。将着色剂放在熔块中预先熔融，还可使它在颜色釉中分布更为均匀，提高着色效能。熔块应与一定分量的可塑性黏土混合细磨，制成的釉浆才能具有较稳定的悬浮性和对坯体的黏着性。

【透明釉】transparent glaze

无色和着色清澈透明的釉。通过釉层可以看见釉下坯体的颜色以及各种雕刻和彩饰等。透明釉的种类很多，如日用瓷及卫生瓷上用的石灰釉、长石釉、釉面砖上使用的铅硼釉等。

【乳浊釉】opaque glaze; opal glaze

又称盖地釉，陶瓷坯体上不透明的玻璃状覆盖层。可以掩盖住坯体的颜色和缺陷。是在普通透明釉中，添加乳浊剂而形成的。乳浊剂或者完全不熔于透明釉中，或者在高温下熔化但冷却时又形成大量的微细晶粒。这些微粒称为乳浊粒子，它对光的折射率与透明釉的玻璃体折射率不同，使投射到釉上的光散射而形成乳浊。玻璃体与乳浊剂之间的折光指数差别越大，乳浊程度越高。通常采用的乳浊剂有：锆英石、二氧化锡、二氧化钛、二氧化铈、氧化锶等。其中，锆英石成本低，来源丰富，已大量推广使用。还有一种乳浊作用是在釉层中偏析(又称偏聚)一种与基础玻璃质不相混溶的玻璃相(分散的微粒)。两种玻璃的化学组成和折射率是不相同的，因而也产生光散射而形成乳浊，称为乳光。此外，釉层含有大量微细气泡时也可形成乳浊，古瓷上青瓷釉的乳浊性主要是这种气相乳浊作用。

【光泽釉】luster glaze

是一种釉面镜面反射能力较强，具有较高光泽度的釉。釉面的光泽度不仅取决于釉玻璃的折射率，还与釉表面的粗糙程度有关。若釉表面有大面积针孔、桔釉、析晶、釉泡等缺陷，可导致漫反射增强，镜面反射降低，进而降低釉面的光泽度。

【亚光釉】sub-shine glaze

釉在烧成过程中冷却时，釉中析出部分晶体，在入射光照射后，釉面散射、漫反射光增强，光泽度降低，形成半无光效果的釉。

【开片】crackle glaze

又称裂纹釉。指瓷器釉层中有裂纹，原因是胎和釉的膨胀系数不一致。据裂纹的稀密和图形不同，分别称为冰裂纹、鱼子纹、蟹爪纹等。宋朝哥窑和郊坛下官窑等都以开片著称。

【金属釉】metal glaze

具有类似金属外观光泽的釉，也叫作金属光泽釉。最早是采用金水涂敷陶瓷制品表面，再加热处理以产生金属光泽，目前可采用涂敷热解法、热喷涂法、蒸镀法及烧结法等多种方法制备。

【蓄光釉】luminescence glaze

具有存储可见光等辐射能量，且在黑暗中能以可见光的形式释放能量的釉。通常由磷光体基质、激活剂与釉料一起烧成所得。也被称为长余辉蓄光釉，可广泛用于各种公共场所的应急照明或逃生指示。

【金砂釉】aventurine glaze

具有金属光泽的小颗粒结晶釉。在釉料中配入大量金属氧化物，如10%～30%氧化铁，有时也用氧化铬、氧化铀等。釉烧后冷却时，在透明的釉层中析出大量微细结晶体，使釉面呈现与砂金石类似的外观。

【无光釉】mat glaze

呈丝光或玉石状光泽而无强烈反射光的釉。可用下列方法制成：(1)使用易于析晶的釉料，釉烧后冷却时釉中形成许多微细的晶体，均匀分布在釉面上，从而使釉面无光(失透)；(2)将制品用稀的氢氟酸腐蚀，以降低釉面的光泽度；(3)稍降低釉烧温度也可使釉面无光。

【颜色釉】colored glaze

简称色釉。通体一色者为单色釉，多色相间者为花釉。常以自然界中的景物、动植物命名，如：天青、豆青、梅子青、孔雀绿、鹧鸪斑等。也有按用途、产地等命名的，如祭红、祭蓝、广钧、宜钧等。

【高温颜色釉】high temperature colored glaze

成熟温度在1200℃以上的颜色釉。釉料中含黏土、石英及助熔剂(长石、石灰石、滑石、白云石、氧化锌等)。着色剂主要有含铁、铜、钴、锰等的化合物。具有较好的理化性能。

【变色釉】photochromic glaze

又称异光变彩釉。釉色随光源不同而不同。它以高级细瓷的白釉釉料作为基釉，而以金属氧化物、非金属氧化物以及钕、铈、铽、镨、钐、铕、镧、镱、钬等混合稀土氧化物为着色元素，按比例配成后，经过一定的工艺处理，精制成着色剂，然后掺入基釉内制成釉浆，施于坯体表面，经干燥入窑，在适当的烧成温度下，使它产生物理与化学变化，生成一种新的固溶体。该固溶体能在不同的光源照射下改变颜色。如在太阳光下呈淡紫色；在普通灯光下呈玫瑰色；在日光灯下呈天青色；在水银灯下呈深绿色；在高压钠灯下呈橙红色；在钪钠灯下呈深蓝色。

【铜红釉】copper red glaze

以含铜物质为着色剂，经还原气氛烧制成的红釉。外观上有色调均一的单色红釉，也有夹杂其他颜色的花釉。主要品种有钧红(均红)、郎窑红、桃花片、祭红、玫瑰紫等。关于铜红釉的着色机理有三种说法：(1)是由于存在胶体金属铜粒子。胶体颗粒极细小时为黄色，稍大为红色，再大为青色。(2)是由于氧化亚铜粒子的作用。(3)是由于在高温下形成的$\equiv S_i—O—Cu^+$化合物冷却时分解而生成Cu_2O。并认为Cu_2O胶体颗粒使釉呈宝石红色，而金属铜胶体粒子则使釉呈猪肝红色。

【郎窑红】Langyao red

清代康熙年间，景德镇御窑场督陶官郎廷极署理窑务时烧造的一种高温铜红釉。与明宣德宝石红齐名。

【祭红】altar red；sacrifical red

又名鲜红、积红、霁红。釉色深沉，釉面光润，不甚透明，不流釉，不脱口，不开片。用普通制釉原料，加入釉灰、氧化锡、氧化铜含量少于1%、生坯施釉，高温还原烧成。

【桃花片】peach bloom

又名美人醉、豇豆红。属于铜红釉类。坯上先施一层底釉(石灰釉或钡釉)，薄薄吹上一层含方解石、玻璃熔块、氧化铜、氧化锡等的颜色釉料，再盖上一层面釉，入窑高温还原烧成。色调变化比较多，例如：粉红色中略带灰色的称豇豆红；灰而色暗的称乳鼠皮；粉红中有绿点的称苔点绿；带红块的称孩儿脸等，颇难掌握。出于清康熙时期景德镇窑。

【乌金釉】black glister glaze；mirror black glaze

釉色纯黑如漆，光可鉴人，但无金属般的光泽，不开片，不流釉。在长石釉或石灰釉中加入含铁、钴、锰、铬、铜等物质作为着色剂制成。生坯施釉，釉层稍厚，入窑高温烧成。以清康熙年间制品著称。

【结晶釉】crystalline glaze

釉烧后，由于析晶，在釉层中出现大小不等，形状各异的晶体。这种以结晶体作为装饰的釉，称为结晶釉。釉的底色与晶花颜色不同者称为复色结晶釉。也可采用施底釉和面釉来制造复色。北宋建盏为早期结晶釉，现代则有硅酸锌型、辉石型、橄榄石型、赤铁矿型等巨晶釉。

【梨皮纹】pear peel glaze

或称梨皮。早期结晶釉，古代青瓷窑变产品。青釉釉料中含碱金属较低，并含少量磷酸或硅酸锌，入窑烧时由于窑变使釉面产生析晶。

【铁红釉】iron red glaze

亦称红结晶釉，是结晶釉的一种。在棕黑的底色上由橙红色的Fe_2O_3晶体组成圆形花朵。在长石釉或钡釉中加入氧化铁(约15%)及含磷原料(如牛骨约15%)，生坯施釉，高温烧成。其呈色过程是熔融的釉料经过多次偏析而形成的富铁相析晶而成。

【矾红】iron red

又名铁红，红彩或虹彩。陶瓷低温釉上红色彩料。以含铁分的青矾作原料，烧后呈鲜红色，故名。产生于宋代，为釉上多彩的前驱，沿用于明万历红彩，清康熙五彩及斗彩中。由生红14%和铅粉86%配制而成。着色成分为Fe_2O_3。制法将硫酸亚铁即青矾煅烧、漂洗，加入铅粉作熔剂，磨细备用。为作颜色釉的色料，则调成釉浆，喷在陶瓷器釉面上，然后入氧化焰窑炉中以约900℃的低温烤烧之。

【青瓷釉】celadon glaze

简称青釉。以含铁化合物为着色剂，经还原焰烧成的一种高温颜色釉。我国古代的青瓷(宋代许多名窑的产品)大部分施这种釉。由于在还原气氛中部分Fe^{3+}离子被还原成Fe^{2+}。Fe^{3+}使釉着成黄褐色，Fe^{2+}使釉着成青色。两者以不同比例使釉呈现由黄褐到青绿的各种色调，如月白、天青、粉青、梅子青、豆青、豆绿、翠青、玉青等。胎体的色调对釉层的呈色也起一定的衬托作用。

【粉青】light opal greenish blue glaze; lavender grey glaze

略带乳浊性的青瓷釉。釉料中的氧化钙部分被含钾的化合物取代，提高了釉熔化后的黏度。使烧成制品的釉层中含均匀分布的微小气泡和晶体，产生光的散射。釉面光泽柔和，晶莹润泽，达到类玉的效果。为青瓷釉中最佳色调之一。

【豆绿】pea green glaze

色调泛绿的青釉。近代用铬绿、钒锆绿着色制造这种釉，用氧化气氛烧成。

【豆青】yellowwish pea green glaze

微泛黄色的淡青色釉。还原气氛烧成，釉中主要含FeO。元代以后的龙泉窑多见这种釉。常在釉下刻花及釉上堆花。

【梅子青】plum green glaze

类似青梅色调的透明青釉。含氧化铁1.05%～1.40%，较粉青高，釉层较厚，含气泡及晶体较少。为南宋龙泉窑典型釉色之一。

【大观釉】Daguan glaze

陶瓷高温颜色釉，铁青釉瓷之一。南宋修内司官窑青瓷。由于修内司官窑建于大观年间(公元1107～1110年)，故名。以铁为着色剂，生坯挂釉，入窑经高温烧成。制品胎体含铁量颇高，烧后成一种黑胎骨或铁胎骨的青瓷，风行一时，附近各窑都有仿造。

【低温颜色釉】low temperature colored glaze

成熟温度在1000℃以下的颜色釉。釉料含有易熔原料如硝石、铅丹、硼砂等，与石英混合制成的熔块。种类很多，有胭脂红、辣椒红、孔雀绿、鹦哥绿、象牙黄、鱼子黄、宝石蓝、葡萄紫等。由于色彩丰富，在陶瓷美术中占有重要的地位。

【胭脂红】rouge red

低温颜色釉，以黄金为着色剂(0.5%～0.6%)。在薄胎制品上内施白釉，外施红釉，红白相映，瑰丽非凡。金的呈色属于胶体着色，胶体粒子大小与呈色关系密切，必须严格控制烧成温度。

【钧釉】Jun glaze

又称宋钧或称宋钧花釉。创烧于宋代钧窑，故名，明清时期景德镇、宜兴、石湾等地皆有仿制。其特点是在通体天蓝色釉中，映衬着红色或紫色斑块，色彩绚丽多姿。天蓝色是由于釉中分相小液滴对光线的散射造成的，而红紫色则是铜的作用。此外，釉中“蚯蚓走泥纹”也是钧釉的特征之一。

【炉钧】oven Jun glaze

景德镇仿钧釉所作的低温颜色釉。有素炉钧和浑炉钧两种。素炉钧釉面呈蓝绿相间的麻点纹，在素坯上底喷翡翠(以氧化铜着色的粉彩颜料)，面喷广翠(以氧化钴着色的粉彩颜料)。浑炉钧釉面呈红绿相间的麻点纹（红釉是以胶体金着色）。800℃左右烧成。以清雍正、乾隆时期的景德镇制品最精。

【广钧】Guang Jun glaze

广东石湾窑仿钧釉的简称。底釉为黑褐色，带蔚蓝色花纹者称蓝钧，带茄色花纹者称茄钧，带白色花纹者称白钧，带绿色花纹者称绿钧等。还有灰钧、三捻花、金丝黄、翠毛、虎皮斑等品种。釉质凝重浑厚，釉色古朴大方。

【宜钧】Yi Jun glaze

宜兴仿钧釉的简称。有天青、天蓝、芸豆及月白等品种。釉层较厚，开片细密。釉料中含钙、磷。根据颜色要求可分别加入含铁、铜、钴、锰等颜料作为着色剂。生坯施釉，1200℃左右氧化气氛烧成。以明、清时期为盛。

【天蓝】sky blue glaze

较天青深的颜色釉。在釉料中加入青花料、海碧或钒锆蓝制成。生坯施釉，高温烧成。

【天青】celeste glaze

有两种，一为钧窑天青，始于宋，釉层厚而不透明，以铁的化合物为着色剂。一为景德镇窑天青，始于清康熙。釉层薄，呈淡灰蓝色，以钴的化合物为着色剂。

【钧红】Jun red glaze

钧窑色釉之一。釉层厚，呈玫瑰般的紫红色而且青蓝与紫红相间，有如晚霞夕照，红云朵朵，瑰丽非凡。釉面微微流淌，开片细密。属铜红釉类，它对烧成温度和气氛颇为敏感，釉的色调变化较大。始于唐，盛产于宋，金、元时期继续烧造，遍及河南、河北、山西等许多窑场。

【钧紫】Jun purple

河南禹县钧窑烧制，以玫瑰紫最负盛名，以铜为着色剂，素胎挂釉，入氧化焰窑炉烧成。呈色红中泛紫，浓淡深浅不一。历代各地都有仿制。明、清时期景德镇窑仿钧紫，已发展为玻璃釉，即高温颜色釉，需经高温还原焰烧成。

【炉彩】oven colors glaze

将低温颜色釉施于素胎或瓷釉上，经800℃左右焙烧而成。大面积着色，遮盖力强，色彩丰富。有浇黄、浇绿、炉钧、胭脂水、金星绿、鱼子绿、鱼子黄等色调。

【火焰红】flamboyant red glaze

又名火里红。红色釉中夹杂青色和紫色，看起来像燃烧旺盛的火焰。制法是在钧红釉上不均匀地喷洒含铁、磷、钛、锡的面釉。釉的流动性较大，在烧成过程中有较大的流淌，形成火焰状花纹。

【唐三彩】Tang tricolor；Tang trichromatic decoration

唐代彩色釉陶的总称，也是用几种低温颜色釉装饰陶器的方法。盛行于唐代，以黄、绿、白三色较多，故名。此外还有紫、蓝、黑色。黄色釉中含铁，绿色釉中含铜，紫色釉中含锰，蓝色釉中含钴，艳黄色釉中含锑等。三彩器多先烧素胎，然后施釉，用氧化气氛烧成（800～900℃），釉层较薄，色彩鲜艳，贴花题材丰富。唐代三彩多为殉葬品，有各种陶俑，特别是人物、驼、马等形象都很生动。也有描金的。

【浇黄三彩】tricolor with yellow

又名娇黄三彩。在刻花的素坯上以紫、黄、绿三种颜色釉分别涂填，约在800℃烧成。其中的黄色与葵花初开时花萼的颜色相似，名为“浇黄”或“娇黄”。明弘治、正德时期已有制作，清康熙时期有所发展，淡雅宜人。传世品中有略加红彩 的，尤为名贵。还有在黑釉上加画上述三彩称为墨地三彩，创始于清康熙年间。若在未上釉的素胎上施以上述三色，则称为素三彩。

【辽三彩】Liao tricolor；Liao trichromatic decoration

辽代的一种三色釉陶器。产地在辽宁和内蒙古地区。釉有白、绿、黄三色，属于低温颜色釉。釉面莹润，有极细碎开片。制作方法受唐三彩影响。装饰以印花较多，贴花较少，雕花刻花则不多见。

【甜白】lovely white glaze

又名填白。明朝永乐窑开始制造，是一种纯白釉瓷器。胎薄为其特点。几乎只见釉不见胎骨，能映见人的手指纹，向太阳照映，可以看到上面画的云龙花草等暗花。由于其薄如蛋壳，故又称“卵幕”。

【白地黑花】black-and-white

土黄色胎上加乳白色化妆土再绘以黑色或赭石色花纹，施以牙白色釉的装饰方法。此法可与划花、刻花、剔花、填花以及釉上加彩等相配合。还有黑地白花，黄地黑花、翠青地黑花等变化。花纹有人物、山水、翎毛、花草、走兽、虫鱼等。构图自然，色调明快，充分表现民间瓷器质朴、粗犷的豪迈风格。以河北磁州窑为代表。

【苹果绿】 apple green glaze

又名苹果青。这种颜色釉在浅绿色底上杂有深绿色斑点，少数地方微泛红色，酷似新鲜苹果，故名。为祭红的一种窑变。烧成时，釉中的铜大部分被氧化而形成深浅不一的绿色。另有一种在开片的白瓷器上加绿色的釉上彩的制品也称"苹果绿"。但本质不同，易于辨别。

【窑变】 furnace transmutation glaze

又名花釉。由于釉中铜、铁等着色剂对火焰十分敏感，烧成时变化不定，呈色万千，故名。有两种系统，一为铜金属系统；一为铁金属系统，以钧窑为著，嗣后历代各地都有仿制，颇为流行。日本称窑变为曜变或耀变，则是一种纯黑或绀黑而带花纹的色釉瓷，其制品与油滴、星盏相似，不属此类。

【天目釉】 Tianmu glaze；Tenmoku

日本名称。指宋代建安、吉州等地瓷器上的一种黑褐色釉或黑褐底色上由于析晶呈现条状或斑点花纹的釉。据日文献记载，12～13世纪日本到我国学法的僧人，从浙江天目山带回黑釉瓷器，故称"天目"。参见 9.2.8【建窑】【吉州窑】。品种繁多，名贵的有油滴、星盏、玳瑁斑、兔毫、黑定盏、鹧鸪斑、黄(柿)天目七种。为宋代铁系结晶黑釉的通称。

【油滴】 oil spot

一种结晶的黑釉。黑色釉面上有银灰色金属光泽的小圆点，恰似浮在水面上的油滴。形成过程是：釉烧时 Fe_2O_3 分解放出氧气，在黏性较大的釉中形成气泡、并以气泡为中心集结微细晶粒，因而在烧成的制品釉面上生成银灰色斑点。

【星盏】 star flashing glaze

黑釉的一种结晶。黑色釉上分布无数星状的银色细晶。在光线照射下，恰似星光闪烁，有炫目的晕彩变幻。除发育的晶形与油滴有别外，制造方法大致相同。

【玳瑁斑】 tortoise shell spot

黑釉的一种，釉上有黄褐色斑块，与玳瑁的甲壳相似。以江西吉州窑烧制的最著名。先在生坯上施一层含铁较多的底釉，后在底釉上甩洒含铁量较少而含二氧化硅较多的面釉，高温烧成。对釉要求具有弱乳浊性和一定的流动性。

【兔毫】 hare′s fur

又名兔毛斑或丝毛釉。底色绀黑，带丝毛状黄褐色或银色筋纹。釉中含铁及少量磷酸钙。当釉料熔融向下流动时析晶而形成上述斑纹。为黑釉系统中的名贵品种，以福建建窑最出名，福建不少瓷窑都盛烧兔毫盏。

【黑定盏】 black ding bowl

早期结晶釉，宋代七种天目釉之一。铁着色剂中含有微量锰、钛化合物，烧成温度低于建窑黑釉器，为 1220～1250℃。过烧则带褐色，铁分过多则产生硫化铁结晶，温度过高而又缓慢冷却则易导致形成"鳝鱼皮"。

【鹧鸪斑】 partridge feature spot

又名灰被。早期结晶釉，宋代七种天目釉之一。釉中含铁分较多，生坯挂釉二次，先上黑定釉，再上灰被釉，烧成温度稍低，约同于黑定盏，过烧会产生星斑和赤色结晶。

【黄天目】 yellow tenmoku

又名柿天目。早期结晶釉，宋代七种天目釉之一。以铁为着色剂，生坯挂釉二次，底釉色白，面釉色黄，釉口边多镶以铜铃口。传至日本濑户天目为柿黄色，较我国黄天目色浅。出自建窑和吉州窑。

【蚯蚓走泥】 earthworm in creeping

或蚯蚓走泥纹，又名蚯蚓纹。釉面呈与色地不同的、不规则的流动状线条，屈曲蟠延，有如蚯蚓。由于施釉时干燥不当，釉层产生裂隙，入窑烧后裂纹处釉面流平，但和其他部位釉层相比气泡少得多，就会使裂隙处呈现此种现象。宋代钧窑宫廷用瓷器物上多有这种特征。

【茶叶末】 tea dust

暗褐色釉上密布黄绿色星点，呈半无光

状，颇似茶细末，故名。釉料中以钙、镁为主要助熔剂，含铁量在10%以下。氧化气氛烧成时釉色偏褐。还原气氛烧成时，釉色偏绿。烧成温度和冷却速度可以影响星点的大小和分布状况，因而有老僧衣、大茶叶、鳝鱼黄、鳝鱼青等变种。盛行于清雍正、乾隆时期。

【鳝鱼黄】eel yellow

又称鳝皮黄，茶叶末的变种。釉层稍薄，通体呈黄绿色，有如鳝鱼色。由此得名。

【铁锈花釉】rust-colored glaze

黑釉之一。在黑釉上以含铁较多的色料绘画纹饰，烧成后在釉面上呈现铁锈色纹饰，故名。始于北宋，金、元两代仍大量烧造。铁锈花流行于北方地区，山西地区较多。

【影青】bluish white

又名映青、青白瓷。在石灰釉中含有约1%的铁作为着色剂，用还原焰烧成。釉层薄而光泽甚强，透明度较高，多用于刻花印花的瓷器上，莹润似玉。始于五代，盛于宋代。窑址以景德镇为中心，产品曾大量销往东南亚一带，在我国陶瓷史上占有重要地位。

【点彩】stippling decoration

又名青釉褐斑，日本称飞青。用含铁较高的釉(如乌金釉、紫金釉)在施青釉后的器物上加以装点。釉烧后，青瓷釉上出现褐色的斑点或斑块。这种装饰方法始于西晋。

【祭蓝】alter blue；sacrificial blue

又名霁蓝或霁青。是一种深蓝色釉。在石灰釉或长石釉中加入氧化钴或天然的钴土矿之类的着色剂。生坯施釉，高温烧成。始于元代，明清两代大量烧造。

【三阳开泰】San Yang Kai Tai

由郎窑红和乌金釉制成。图案是在瓶的腹部按品字形排列三块火红色釉，瓶颈一周为由浅而深的浅桃红釉，其他部位为黑色。红色釉与黑色釉的交界处形成青绿的过渡色。釉有较大的流动性，脱口较重。红釉部分开片稍粗。两种釉在烧成时的流动过程中互相穿插，变化自然。出自清代景德镇窑。

【法华】Fa color；sacrifice ware colors；sacrifice ware decoration

原名粉花，又名法花。始于元而盛于明，以黄、绿、紫三种颜色较多，故又称法花三彩。此外还有蓝、白等色。其中，黄色釉称为法黄，含氧化铁约2%；绿色釉称为法翠或法绿，含氧化铜8%左右；紫色釉称为法紫，含氧化锰6%～8%，美如紫晶；蓝色釉称为法蓝，含氧化钴约2%，外观类似蓝宝石。法花色彩艳丽，线条生动，形象简练，具有独特的山西地区风格。用彩画技术中的立粉方法，在陶胎上用持制带管的泥浆圈出凸线的纹饰轮廓，再分别以颜色釉料填出底子和花纹色彩，入窑烧成。以烧造寺庙供器较多，传世品有凸雕菊花双耳瓶，目前还没有发现其窑场。明代景德镇曾仿烧法花品种，但均为瓷胎，与山西法花有很大区别。

【茄皮紫】eggplant purple

简称茄紫，以锰为着色剂，素坯挂釉，入氧化焰窑炉低温烧成，通常，锰分须混入碱分多的釉中，才能烧成美丽的紫色，在普通的釉中则呈褐色，但应防止碱分过多引起剥落。明、清时期盛行于景德镇窑。

【化妆土】engobe

又名装饰土、陶衣。施釉之前，在坯上挂以一层白色(或着色)泥浆。这种泥浆称为化妆土。它的作用是：(1)遮盖坯体灰色与表面的粗糙；(2)在化妆土层上剔划或描绘纹样作为装饰。参见9.2.8【磁州窑】。

【五彩】Wucai

又名硬彩、古彩。是清康熙年间在明五彩的基础上发展的一种釉上彩，表示多彩的意思。彩料主要有红、黄、绿、紫、蓝五种(也有五彩加金的)。描绘方法多用单线平涂，无明显的阴阳向背差别。线条挺拔，用笔奔放，简练生动，色彩浓艳，纹饰题材异常丰富，人物、山水、花鸟无所不有，东周列国志、三国演义、西厢记等故事画面大量在瓷器上出现，具有浓厚的民间色彩。

【广彩】Guang colors

或称广东彩。低温釉上彩，广东出口彩瓷，故名。使用新彩颜料，在瓷胎上进行彩绘，入红炉烘烧后，重金描画一道，再入红炉二次烧成。满地花纹图案，多取民间吉祥画面，绚采华丽，辉煌夺目。品种以盘、碗等日用瓷为主，陈设瓷次之，以出口为大宗。出自清代中叶珠江南岸的广州，瓷胎系从景德镇等外地运入，另雇工匠，设厂加工彩绘，开炉烘染，制成彩瓷出口。

【粉彩】famille rose

又名软彩。始于清康熙时期，以雍正时期制作最佳，故又有"雍正粉彩"之称。其特点是在陶瓷颜料中调入玻璃白，使颜色有"粉"质感。所绘阁楼表现力较强。浓淡相间，阴阳衬托；而且色调柔和，细腻雅致，比古彩更为丰富。

【珐琅彩】enamel colors

一种瓷器釉上彩装饰方法，始于清康熙时期，盛行于乾隆时期，彩料最初引自国外。后人称古月轩，外人称蔷薇彩。它是以粉红-胭脂水红为主色的色料，再加各种丰富多彩的装饰，华丽堂皇、工巧精细，很有生气。

【新彩】new colors

清末引进国外陶瓷颜料进行的装饰方法。是将陶瓷颜料调成油质或胶状画于陶瓷器上。特点是易于操作，丰富多彩，色调清新明快。

【墨彩】china-ink painting; grisaille painting

用艳黑和矾红(或西赤)绘制的釉上彩(800℃左右烤花)。有时，烤花后再描金(700℃烧成)。特点是幽雅、朴素，具有水墨画效果。清康熙、雍正时期制品最为著名。

【青花】blue-and-white

又名釉下蓝，或釉里青。是我国陶瓷釉下彩的优良传统和主要形式之一。将青花料描绘在坯胎上，盖上一层青白釉，高温还原烧成。

【釉里红】underglaze red

将含氧化铜的高温釉下彩描绘在胎上，盖一层薄釉，高温还原烧成。色泽鲜红，偶见绿斑。颜料制法同本节【桃花片】。相异之处在于，桃花片是将颜料吹于釉上，而釉里红则是将图案花纹画于胎上。釉里红始于元景德镇窑。

【斗彩】dou cai

又称逗彩。釉下青花与釉上彩相结合的装饰方式。先以釉下青花在坯上绘出轮廓线，挂釉烧成后再用釉上彩料填涂成完整的花纹，低温焙烧而成。始于景德镇明成化时期。清雍正以后，还使用了渲染烘托的画法，花纹布局精美可观。

【玲珑】rice pattern

在生坯上雕刻出细小空洞，组成图案，再以釉料填满。挂釉烧成后，由于镂空处的透光度高，有玲珑剔透之感，故称玲珑。以清乾隆时期最著名。在瓷器上绘以青花，则称青花玲珑。玲珑器皿釉上加彩的，则称玲珑加彩。

【陶瓷颜料】ceramic pigment

在陶瓷制品上装饰用的颜料的通称，包括釉上、釉下以及使釉料和坯体着色的颜料。在陶瓷制品的生产过程中，这些颜料要经受不同温度的煅烧，对用途不同的颜料的要求也不同。例如，釉下颜料要经高温(1300℃以上)煅烧，要求比较高的稳定性。最早使用的有褐彩、青花、釉里红。之后制成了许多品种，常用的有红、黄、青、绿、黑、灰、褐等。釉上颜料只需经受600～850℃的温度，因而颜料的品种更多，色彩也更丰富。20世纪70年代以来，又发展了釉中彩技术，所用颜料是属快烧颜料范围。彩烧温度1100～1250℃，彩烧时间为35～120min。烧成后，颜料颗粒渗入釉中或完全釉面覆盖。耐酸碱性能和耐机械磨损性能都很好。颜料的色调也很丰富。此外，作为釉上彩饰的还有液体颜料，如金水、电光水等。这种颜料是用金属与有机物化合成硫化香膏，再加有机溶剂制成。涂在陶瓷器上烤烧后形成明亮的金属光泽图案，或闪烁出各种电光色的花纹。

【珠明料】zhuming material

陶瓷高温釉下青花料之一。由天然的钴土矿(生料)煅烧而成。钴土矿产于云南会泽、宣良等地，性温和，煅烧温度和粉彩、古彩同。烧前色灰黑，上等的略带绿色，烧后即成黑色不透明的珠明料。用灰画纹饰线条或大块黑色表面，如人物的衣服、头发等，但必须盖以溶剂或水调颜色(大绿、苦绿等)。

【玻璃白】opaque glass

陶瓷粉彩用颜料之一。近似国画颜料中的白粉。由不同分量的红丹、石英、硝酸钾、氧化砷配制而成。白色，不透明，多用作花头和人物衣服洗染的底色。

【广翠】Guang kingfisher blue

陶瓷粉彩用颜料，近似国画颜料中的花青。以氧化钴为着色剂，由不同分量的红丹、石英、硝酸钾、氧化钴配制而成。色蓝，不透明，多用于底色或洗染。作底色时，还要盖上瓷用透明水调颜色(大绿、苦绿等)，也可用于配色。

【宋加彩】Song additive colors

早期低温釉上彩瓷。在瓷器釉面上加彩，入小窑经低温再烧而成，有白釉加彩、黑釉加彩、绿釉加彩和黄釉加彩等，如白地黑花、白地赭花、黑地白花、黄地黑花、绿地黑花、珍珠地黑花、珍珠地茶花等，取材丰富，用笔洒脱，有着浓厚的生活气息。出自北宋磁州窑，盛行于两宋，组成磁州窑系，蔚为磁州窑风。参见 9.2.8【磁州窑】。

9.3.2 陶瓷原辅材料

【黏土类原料】clay raw materials

是指颜色多样、细分散的多种含水铝硅酸盐矿物的混合体，由各种富含硅酸盐矿物的岩石经风化、水解、热液蚀变等作用而形成。主要化学成分为 SiO_2、Al_2O_3 和结晶水，也含有少量的碱金属或碱土金属氧化物和着色氧化物(Fe_2O_3、TiO_2)等。主要矿物为高岭石类(包括高岭石、多水高岭石等)、蒙脱石类(包括蒙脱石、叶蜡石等)和伊利石(也称水云母)类三种。无固定熔点，无固定化学组成，与水拌和后具有一定的可塑性，干燥后能保持其形状不变，通常还具有较高的耐火度，良好的吸水性、膨胀性和吸附性。具有一定的机械强度，煅烧后能具有岩石般坚硬的性质。工艺性质主要决定于其化学、矿物与颗粒组成，还与杂质的成分等有关。是日用陶瓷的主要原料之一，细瓷配料中的用量达 40%～60%，陶器和炻瓷中用量还可增多。

【熔剂类原料】fluxing materials

指含有 K_2O、Na_2O、Li_2O、CaO、MgO 等矿物的原料或稀土、氧化物原料。起熔剂或助熔作用，可降低陶瓷烧成温度。其中，CaO 可与 SiO_2 形成硅酸钙玻璃相；MgO 与 SiO_2、Al_2O_3 形成低熔点的堇青石晶体($2MgO \cdot 2Al_2O_3 \cdot 5SiO_2$)；$K_2O$ 和 Na_2O 在高温时可与 SiO_2、Al_2O_3 分别形成流动性好的钾、钠玻璃，填充于坯体空隙中，提高坯体透明度与密度，减少坯体气孔率，提高强度。常用的天然矿物熔剂原料主要有长石(钾长石、钠长石等)、方解石、白云石、滑石等，此外还有萤石、硅灰石、透辉石、含锂矿物、岩浆岩类熔剂、矿渣熔剂、磷酸盐类熔剂原料等，以及一些稀土氧化物、变价金属氧化物。

【固体废弃物】solid wastes

工业产生的或自然环境产生的可对环境造成威胁破坏的各种固态的废弃物，主要有各种工业尾矿、废渣、废料，如煤矸石、粉煤灰、赤泥、金矿尾砂、冶金矿渣、化工废渣、玻璃废料、陶瓷废料和耐火材料废料等，还有湖泊淤泥、江河淤泥等自然产生的固体废弃物。根据其主要成分，可用于生产用途不同的陶瓷材料，如陶瓷墙地砖、透水砖、环保陶瓷、陶瓷颜料制备等。

【矾土熟料】burned bauxite

经煅烧的高铝矾土熟料，其煅烧温度依矾土等级而定，熟料的矿物组成为莫来石、刚玉和玻璃相。其含量百分比由铝硅比(Al_2O_3/SiO_2)决定，结构致密，高温体积稳定性好，耐火度高。根据铝矾土煅烧的温度不同分为重烧矾土熟料和轻烧矾土熟料两种产物，是制造高铝耐火制品的主要原料。矾土熟料的技术指标具体参见相关国家标准。

【白不子】white petuntse; petuntse

又称不(墩)子，古陶瓷术语。一种经淘洗加工成长方块砖坯形状的黏土原料。江西景德镇瓷区根据当地原料特性，传统上习惯于将天然黏土原料粉碎加工、水簸、浓缩，然后压制成一定重量的方形泥坯，供瓷厂直接化浆使用。

【基料】base materials

又名基质。在配制一系列多晶电子陶瓷和陶瓷复合材料组分中，生成主晶相和主要成分的原料。例如，高氧化铝陶瓷中的刚玉和氧化物基金属陶瓷中的氧化物均为基料。在斑点玻化砖生产中不着色的坯料也称基料，着色的产生斑点的料称色料。

【母体原料】base raw materials

一种构筑色料母体的物质。如锆石型色料的母体是硅酸锆，构筑该母体的原料为二氧化锆和二氧化硅，后两者即为母体原料。一般母体原料多为无色的氧化物，如二氧化锆、二氧化硅、氧化铝、氧化锌、氧化锡等。

【着色剂原料】coloring raw material

是一种制造陶瓷色料的基础原料，可用作色料母体或为玻璃着色。色料是通过母体对着色剂的固熔、吸附、包裹等作用而呈现各种色调；着色剂原料在玻璃中的作用是使玻璃对光线产生选择性吸收而显出一定颜色。过渡元素化合物、稀土元素化合物等均可作为着色剂原料，常用的着色剂原料有：钴化合物、镍化合物、铜化合物、锰化合物、铬化合物、铁化合物、矾化合物、碲化合物等。

【碱性原料】alkaline raw material

坯、釉料中主要提供碱性氧化物的原料称为碱性原料。碱性原料一般为熔剂原料，它在不同程度上降低坯、釉的烧成温度，这类原料又可分为碱金属化合物和碱土金属氧化物两类。例如：MgO 常用滑石（$3MgO \cdot 4SiO_2 \cdot H_2O$），白云石（$MgCO_3 \cdot CaCO_3$）引入；CaO 主要由方解石、白云石、工业碳酸钙引入；K_2O、Na_2O 主要由钾长石（$K_2O \cdot Al_2O_3 \cdot 6SiO_2$）、钠长石（$Na_2O \cdot Al_2O_3 \cdot 6SiO_2$）引入。

【碱金属化合物】alkali metal compound

化学元素周期表中第ⅠA 族[除氢元素以外，包括锂（Li），钠（Na）、钾（K）、铷（Rb）、铯（Cs）、钫（Fr）]元素各自所形成的氧化物、硝酸盐、硫酸盐、硅酸盐等，统称为碱金属化合物。在釉料中适量引入碱金属化合物，使釉的烧成温度和高温黏度降低，增加釉的折射率，因而提高釉的光泽度、流动性和透明度，促使色料显色，但降低了釉的耐化学侵蚀能力，对釉的抗水性及抗风化性有直接影响。这些化工原料多用于釉中，也可添加于坯料中，以降低烧成温度。

【碱土金属化合物】alkaline-earth metal compound

化学元素周期表中第ⅡA 族[铍（Be）、镁（Mg）、钙（Ca）、锶（Sr）、钡（Ba）、镭（Ra）]元素各自所形成的氧化物、硅酸盐、硝酸盐等，统称为碱土金属氧化物。在陶瓷工业中，CaO 能改善坯釉结合能力，提高釉的弹性、硬度和光泽度；MgO 在低温时有提高耐火度的作用，在高温时则成为强助熔剂，能降低釉的热膨胀系数。这些化工原料多用于釉中，也可添加于坯料中，以降低烧成温度。

【酸性原料】acidic raw material

釉料中主要提供酸性氧化物（SiO_2）的原料统称为酸性原料。釉玻璃的主体 50%～60% 都是 SiO_2，提供 SiO_2 的酸性原料主要有：石英、熔剂原料及黏土（$Al_2O_3 \cdot 2SiO_2 \cdot 2H_2O$）原料等。在釉料中，$SiO_2$ 是生成玻璃质的主要成分，它可增加釉的耐磨性、硬度、白度、透明度及耐化学侵蚀能力，降低釉层的热膨胀系数，但引入过多，会提高釉的熔融温度和高温黏度。

【乳浊剂】opacifier；opacifying agent

使釉呈乳浊不透明的物质，通过在釉中产生细小结晶或分相液滴，对光线产生散射作用，形成不透明的乳浊釉，可对深色陶瓷坯体产生遮盖效果。常用乳浊剂主要有 $ZrSiO_4$、ZrO_2、TiO_2 和 CeO_2 等。

【熔块】frit

一些可溶性或有毒或易挥发的釉用原料在高温熔炉中熔成玻璃状后，水冷形成的无机玻化混合物。其制备的目的是使可溶性及有毒组分通过与 SiO_2 和其他氧化物结合，而成为不溶（微溶）和无毒（低毒）物质。使用熔块还有助于在低温下形成均匀的釉层并改善乳浊效果。熔块一般分为光泽透明熔块、光泽乳浊熔块、无光或丝光熔块、助熔剂熔块和颜色熔块。

【色料】pigment；coloring material；stainer

也称颜料或彩料。陶瓷色料是在陶瓷制品上所使用的着色材料的统称，是以色基和熔剂或添加剂配制而成的粉状物，用于陶瓷着色的装饰材料。可分为坯用色料和釉用色料，釉用色料又可分为釉上、釉中、釉下色料。陶瓷色料的基本着色物质为各种人工合成的无机化合物、天然矿物、简单金属氧化物和稀土氧化物等。按矿物组成，分为简单化合物型、固熔体单一氧化物型、钙钛矿型、尖晶石型、硅酸盐型等。按呈色，分为黑、灰、黄、棕、绿、蓝、红等。根据工艺和性质的不同，还有喷墨打印用色料、液体渗花色料、速溶色料、滚筒色料和相干色料等。

【釉上颜料】overglaze pigment；on-glaze pigment

也称釉上彩料。由色基、熔剂和调节剂三部分组成。通常分为新彩和粉彩两种。使用温度为650～800℃，呈色稳定、色彩鲜艳、光亮。釉上彩使用的色基是由着色金属氧化物与盐类及石英、氧化铅、硼砂等相互混合经高温煅烧而成。熔剂一般使用含钾、硅酸铅，不含硼的易熔玻璃体。调节剂为调整色调和温度所外加的化合物及其他物质。釉上装饰铅、镉的溶出率较高。

【釉中颜料】in-glaze decoration；in-glaze colors

应用于釉中彩的色料。通过1100～1260℃的高温快烧(一般在最高温阶段不超过半小时)，使陶瓷颜料渗透到釉层内，具有釉中彩的实际效果，提高了耐酸碱性能和耐磨性能，从而解决了陶瓷画面的铅溶出，因此多用于生产餐具。该色料同样适用于手工彩绘、喷彩及丝网印花纸。

【釉下颜料】underglaze pigment

应用于釉下彩的色料。釉下颜料的使用温度一般高于1300℃，其具有较高的稳定性，但品种较少，最早使用的是青花、釉里红，近年来又制成了红、黄、青、绿、黑、灰、褐等。釉下颜料装饰鲜艳、美观、牢固，耐酸碱性好，无重金属溶出。多用于日用陶瓷，在建筑卫生陶瓷中主要用于釉面砖、彩釉瓷质砖的丝网印及洁具的商标装饰等。

【液体渗花色料】liquid infiltrating pigment

液体渗花颜料为呈色较强的可溶性发色金属色料，用于全瓷抛光砖装饰。通过适当工艺处理，在表面吸附等作用下渗入砖坯内部，经1190～1210℃高温烧成时与坯体发生化学反应而着色。成品抛光后，瓷砖表面光亮如镜，彩纹清晰可见。常见的液体渗花颜料有$NaVO_4$、$NiCl_2$及$Cu(NO_3)_2$等。

【陶瓷墨水】ceramic ink

陶瓷墨水指用于喷墨打印的含有某种特殊陶瓷粉体的悬浊液或乳浊液。一般用于陶瓷喷墨打印用的墨水平均粒径小于0.5μm，密度约为1.5g/cm^3，表面张力为30～60mN/m。通常包括陶瓷粉体、溶剂、分散剂、结合剂、表面活性剂及其他辅料。陶瓷粉体是陶瓷墨水的核心物质。陶瓷墨水制备方法主要有溶胶法、反相微乳液法及分散法等。其打印装饰效果与丝网印花和滚筒印花相比色彩更鲜艳、清晰度更高、层次感更强。现有市售的墨水主要有青、品红、黄、黑、米、棕六色。

【贴花纸】decal

又称转移印花纸，通过印刷工艺把设计的纹样用陶瓷色料印制在特定纸张上，可以移贴在陶瓷上用来装饰陶瓷的印刷品。按承印衬纸不同可分为大膜贴花纸和小膜贴花纸，小膜花纸印刷质量较好，可以印刷较精细的图案，而大膜釉上贴花纸印刷价格低廉，可大面积印刷；按贴花工艺的不同，可分釉上(800～850℃)、釉中(1060～1250℃)和釉下贴花纸(1280～1350℃)；按原理的不同，主要分为热转印和冷转印(水转印)两种。

【金膏】paste gold

一种由贵金属及某些廉价金属的有机化合物、树脂填料、有机溶剂组成的陶瓷丝网印刷油墨。广泛用于陶瓷工业中的陶瓷器皿的表面饰金烤花装饰。金属种类有Au、Rh、Bi、Cr；填料有醇酸树脂、SP系列树脂等；溶剂有石脑油、樟脑油、二甲苯等。工业用金膏要求黏度适中，挥发度适中，干燥性能好，细度在15～45μm之间，具有适当的挥发度；其通过窑炉750～830℃烤制可得陶瓷金花装饰。

【金水】liquid gold

一种陶瓷装饰材料，以黄金为发色剂并加以各种填充料制成的液体装饰颜料，组成与作用和金膏相似，用于陶瓷器皿的表面饰金装饰。传统金水是硫化香膏与三氯化金结合而成的硫化香膏金的复合物，溶解于挥发油和有机溶剂中制成。与釉上彩绘色料的使用方法相同，可手工直接用毛笔蘸取涂绘，干燥后可通过窑炉 700～850℃烤制获得饰金装饰。金水含金量一般为 7%、8%、10%、11%、12%、14%、18%，最低含量为 5.5%。

【电光水】liquid luster

是一种绘饰在陶瓷制品釉面上，在 700～850℃的温度烤烧后，呈现金属或珍珠光彩的有机液体颜料。又称彩光料、光泽颜料。电光水是将各种金属的盐类混于一种树脂中制成树脂酸盐，然后再溶解在一些油类中(如松节油、樟脑油等)制得。其呈色丰富、制法简便、成本低廉、操作容易，广泛应用在陶瓷工业中，是陶瓷装饰材料的重要组成部分。

【解凝剂】deflocculant

能够改善浆料流动性和稳定性，使浆料在低含水率情况下黏度适当，便于浇注的物质，又称为稀释剂或减水剂。解凝剂可以打破泥浆中坯料颗粒边-面吸引而形成的“棚架”结构，从而达到改善泥浆流动性的作用，有利于注浆成形。解凝剂可分为有机和无机两类，按照用途则分为釉用和坯用两类。广泛用于陶瓷工业的磨浆和制釉等工艺过程，使坯用泥浆或釉浆分散、悬浮而不凝聚沉降，并有效提高料浆流动性。传统陶瓷料浆一般使用分子量较小的无机解凝剂，而瘠性料浆则多选择有机解凝剂。常用的无机类解凝剂有碳酸钠、腐殖酸钠、水玻璃、偏磷酸钠等；有机类解凝剂有二正丙胺、单戊胺、单乙胺、单异丁胺等。

【熔剂】fluxing agent

陶瓷生产中为降低陶瓷材料的烧结温度而加入的物质。它能使陶瓷材料在较低的温度下产生液相，促进烧结。一般通过钾、钠、钙、镁、锂含量较高的矿物引入，也可使用稀土氧化物，多用于低温快烧。熔剂以钾钠长石较为常见。在一定温度范围内含钙、镁的熔剂使用过多，会使陶瓷制品的烧成范围变窄。生产普通陶瓷时，常用长石作为熔剂，特种陶瓷常用稀土氧化物等为熔剂。

【分散剂】dispersing agent

参见 16.3【分散剂】。

【沉降剂】precipitant; sedimentation agent

能使悬浮在流体(气体或液体)中的固体颗粒下沉而与流体分离的物质。如促使微粒氧化铝加快沉降，而加入硫酸铝、阿拉伯胶等。陶瓷工业废水处理则采用聚合氯化铝、聚丙烯酰胺、聚合硫酸铁、壳聚糖等，来去除有害悬浮物质，减少环境污染。

【填充剂】filler; filling agent

又称填充料、填料。指在使用条件下呈化学惰性，并起填充作用的有机物、无机物、金属或非金属粉末等固体物料。加入某种物料中，可以改善该物料性能，如增容、增重，降低物料成本的固体物质。如在陶瓷热压注坯体排蜡以及烧结金属陶瓷和硬质合金压坯时，常根据需要，选用合适的填充剂(或称为埋粉，如 Al_2O_3、MgO、TiO_2、石墨等)充填于坯体周围，以提高脱蜡坯体成品率和烧结成品率。冶金炉、窑炉和其他烧结装备上用的填充料有：高铝熟料、电熔镁砂、氧化钙熟料、炭质材料、陶瓷纤维等散装材料。在化工生产中，如塑料加工、纸张、涂料常使用各式填充剂，以达到降低成本、改善性能的目的。在工业生产中，常用的填充剂有碳酸钙、高岭土、二氧化硅、滑石粉、硅灰石粉、二氧化钛。

【促凝剂】coagulation accelerator

通过物理、化学变化加快料浆凝结或硬化速度的物质。如用于陶瓷注浆成形用的石膏模型的料浆调制，添加促凝剂加速石膏的溶解和凝结过程，常用的促凝剂有无机酸及其盐类，特别是硫酸盐类，如硫酸钾、硫酸钠等。为促进耐火材料中的结合剂凝结硬化，添加少量促凝剂，如以水玻璃为结合剂生产不烧砖、预制块时加入的少量氟硅酸钠(Na_2SiF_6)；以磷酸为结合剂生产中性耐火材料时加入的少量碱性氧化物等。再如注凝成形等胶态成形技术中，在低黏度高固相含量的料浆中加入有机单体，在催化剂和引发剂的作用下，使料浆中的有机单体交联聚合成三维网状结构，加速了料浆的原位凝结或硬化成形速度。

【胶合剂】cement mortar

用作胶装电瓷瓷件和金属附件的胶凝材料和填充材料的混合物，或者是一种固态物质熔融体混合物。如低压电瓷产品如针式和户内外胶装支柱绝缘子等的胶装，也有采用硫磺，石墨和石英粉（或瓷粉）经混合加热至 160～170℃而成的胶合剂，硫磺：石墨：砂≈0.6：0.05：0.35（质量比）。此外，尚有密陀僧胶合剂系氧化铅加甘油制成；低熔点金属胶合剂系由铅或锡、锑合金熔融而成；环氧树脂胶合剂系由环氧树脂加填充料、固化剂等混合调制而成。

【瓷件粘结剂】binder for porcelain parts; binder for porcelain paste

瓷件分段成形后粘结用的材料。粘结后的瓷件接口处的机械强度、耐急冷急热性和化学稳定性应均不能逊于瓷质本身的性能。粘结剂分无机和有机两种。无机粘结剂可采用高温釉（1000℃以上）或低温釉（1000℃以下）以及熔块等，将其涂于瓷件的接口处，再经焙烧后瓷件即行粘结。有机粘结剂大多采用高分子化合物如环氧树脂，并配加固化剂和瓷粉填料，搅和均匀后涂在瓷件的接口面上，而后在一定温度下烘烤固化即可。有机粘结剂粘结的瓷件，在常温下的性能与无机粘结剂相似，粘结工艺简便。

【粘合剂】binder

有良好粘结性的一种物质，其作用是增加陶瓷坯料的成形性和生坯强度。如特种陶瓷一般用氧化物以及各种盐类、碳化物、氮化物等脊性料作原料，为改善其成形工艺性能，需在这些脊性配料中加入各种粘合剂，常用的粘合剂有：聚乙烯醇、聚醋酸乙烯酯、聚苯乙烯、羧甲基纤维素钠盐、糊精等。

【助磨剂】grinding aid

参见 7.3.1【助磨剂】。

【防腐剂】preservative

一种为防止料浆、釉浆被微生物侵入腐化变质，确保长期稳定、不失效而添加的物质。传统防腐剂有苯酚、甲醛、汞化物、硼酸，但传统防腐剂毒性较大；现有一些无毒或毒性小且防腐效果好的新型防腐剂，如酰胺混合物、复合电解质混合物、对羟基苯甲酸酯类、低脂脂肪酸、单甘油酯等。

【润滑剂】lubricant

一种陶瓷工业常用表面活性剂。其作用是通过润湿粉料颗粒表面，降低粉料颗粒之间以及粉料颗粒与模具内壁间的摩擦作用，还可提高粉料颗粒的流动性和粉料在模具中填充的均匀性。它由含极性官能团的有机物组成，如硬脂酸、硬脂酸金属盐、矿物油、石蜡、微晶石蜡和天然石蜡等，加入量通常为 0.5%～2.0%。

【润湿剂】wetting agent

能使固体物料易于湿润的物质。它通过降低固体物料表面张力或界面张力，使液相能铺展在固体物料表面，从而达到润湿效果。按性质可分为亲水和亲油两大类。在陶瓷工业生产中，根据不同需要，润湿剂可以将原来亲油的表面转化成亲水的表面，或将原来亲水的表面变成亲油的表面。陶瓷工业中常用的润湿剂有聚乙醇醚、脂肪醇磺酸盐、硫酸盐等。对于含黏土的陶瓷墙地砖坯粉，水是良好的润湿剂。

【助滤剂】filter aid

是能够明显提高浆料过滤速率的添加剂。常用的助滤剂有硅藻土、活性炭、金属屑和炉渣等。通过使用助滤剂会使细颗粒形成软团聚，毛细孔增大，过滤速率提高，并可在其他参数不变的情况下提高注浆速率，易脱模，同时保证生坯强度。通常加入量为 0.1%～0.2%。

【丝网印花添加剂】screen printing additives

也叫丝网印花助剂，是油墨的辅助成分，作用是调整油墨的工艺性能，以满足丝网印花要求。通常，要在油墨的制备中添加不同种类和含量的助剂（分散剂、溶剂等），以调整油墨的分散性、流动性、干燥性等。要求添加剂成膜性优，干燥性好，分解温度低，不产生爆花、冲金、拔丝等釉面缺陷。

9.4 工艺及设备

9.4.1 物料制备与加工

【水碓】pestle using water power

是利用江河流水作为动力的一种粉磨机械。水碓的动力机械是一个大的立式水轮，轮上装有若干板叶，转轴上装有一些彼此错开的拨板，拨板是用来拨动碓杆的。每个碓用柱子架起一根木杆，杆的一端装一块圆锥形石头。下面的石臼里放上准备加工的陶土。流水冲击水轮使它转动，轴上的拨板臼拨动碓杆的梢，使碓头一起一落地进行陶瓷原料的粉碎。

水碓的模型如附图所示。

水碓的模型

【淘洗】elutriation

陶瓷原料古老的处理和精制的一种方法。制瓷所需要的泥料，经淘洗除掉杂质使其精纯。将泥料放入水簸池中浸泡，搅拌使杂质下沉，上层的泥浆流入另一个水簸池。这样，通过几个水簸池，即可得到淘洗后的泥料或泥浆。

【除铁】de-ironing; iron removal

除去陶瓷物料中夹杂的铁质是陶瓷备料工段的重要环节。因为铁质不仅影响成品的白度，降低电性能和机械性能，还可能形成深色斑点之类的缺陷。除铁的方法大致有以下几种：(1)人工拣选；(2)淘洗；(3)磁选，即使物料(干料或湿料)流经强磁性的磁场，铁质即被吸着而除去；(4)酸洗，即用盐酸处理含铁物料，将铁质溶解再经水洗而除去。

【磁选机】magnetic de-ironing machinery

又名除铁器。对物料进行磁选的设备。按磁源的不同主要有电磁磁选机和永磁磁选机两大类。电磁磁选机由直流励磁电源给线圈供电，在线圈包围的工作腔内产生磁场，使工作腔内的磁介质增加磁感应强度，产生磁场梯度；永磁磁选机利用永磁体代替电磁体。永磁磁选机无需消耗激磁电流，设备运行费用低，目前得到广泛应用。国内外使用的磁选机种类很多，分类方法不一。按分选的工艺特征，分为干式磁选机和湿式磁选机两大类。能连续、自动进行清除介质箱中的磁性杂质的，称为连续式磁选机；靠人工清除介质箱中的磁性杂质的，称为间歇式磁选机。过滤式料浆磁选机结构如附图所示。

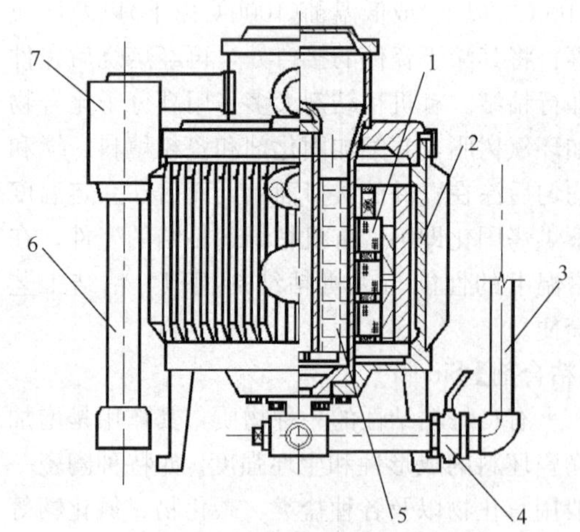

过滤式料浆磁选机示意图

1—线圈；2—外壳；3—进料管；4—阀门；5—格子板；6—出料管；7—电磁阀

【搅拌机】blender

使多种物料混合均匀或料浆搅拌均匀和防

止沉淀的机械。搅拌混合是一种常规的单元操作，搅拌可以使物料混合均匀，使固体粒子在液相中均匀地悬浮。由于搅拌物料的对象差别较大，因此搅拌机的结构各异。但搅拌机一般由带叶片的轴和搅拌容器所组成，按搅拌轴和叶片的安装方式和叶片的形状结构不同，分为各种搅拌机，如卧式搅拌机、螺旋桨搅拌机、平桨搅拌机、气流搅拌机等。按搅拌物料不同和是否在搅拌的同时使其除气，又分为泥浆真空搅拌机和石膏真空搅拌机。不同的物料搅拌混合的要求不一样，需选择合适的搅拌机，满足物料搅拌混合的要求。

【螺旋桨搅拌机】propeller agitator

用于搅拌料浆，使料浆中各组分混合均匀，防止料浆中的固体颗粒沉淀，也可用于在水中潮解泥料以制备均质料浆的机械。一般由装有三个叶片的螺旋桨和传动装置组成。螺旋桨在液体中转动时，迫使液体产生剧烈运动，从而使料浆得到有效的混合。螺旋桨搅拌机的转速分为低速和高速两种，低速用于防止料浆沉淀，高速用于潮解泥料。螺旋桨搅拌机如附图所示。

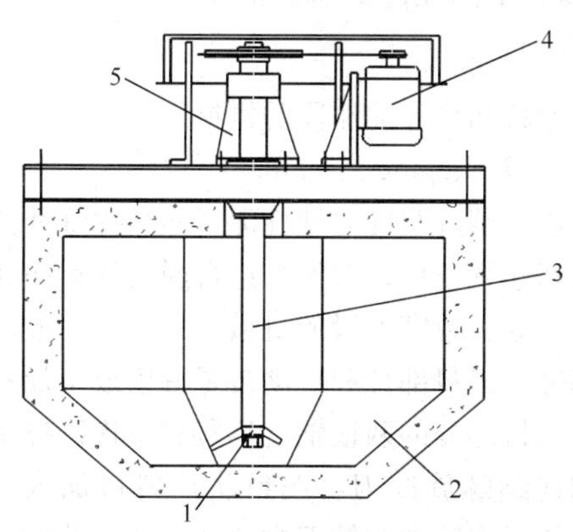

螺旋桨搅拌机示意图

1—螺旋桨；2—搅拌池；3—立轴；4—电动机；5—机体

【泥浆】slip

陶瓷泥料和水组成的悬浮液。泥浆在陶瓷生产过程中有很多用途，有时也给以一定的名称。如供注浆成形用的泥浆称为注浆料。涂在生坯表面以覆盖坯面缺陷的泥浆，称为装饰土或化妆土。作为施釉用的泥浆称为釉浆。用途不同，对泥浆的要求也不同。普通陶瓷坯料用的泥浆细度要求10000孔/cm^{2}筛的筛余不大于1%，釉料的10000孔/cm^{2}筛的筛余则应控制在0.2%以下。注浆料水分含量一般在30%～40%。

【泥浆泵】slip pump

用于加压输送泥浆的泵，依工作原理可分为容积式和离心式两大类。陶瓷行业主要使用容积式泥浆泵。容积式泥浆泵是利用机械或液压的作用，使密封容积变化的泥浆泵，通常有隔膜泵和陶瓷柱塞泵等。

【隔膜泵】diaphragm pump

利用隔膜将泥浆与工作介质隔开的容积式泥浆泵。隔膜泵的特点是用弹性隔膜将工作液体与输送液体隔离，以免输送液体(即泥浆)中的固体颗粒进入活塞部分表面造成磨损。工作液体可用清水或油。按隔膜缸分布形式不同，有立式或卧式。按隔膜缸数，分为单缸、双缸或多缸。依动力源不同，分为气动隔膜泵机械隔膜泵。按泵的流量是否可调，分定量泵和变量泵两大类。

【陶瓷柱塞泵】ceramic plunger pump

工作时，柱塞与泥浆直接接触的容积式泥浆泵。按柱塞缸分布形式不同，有立式或卧式。按柱塞缸数，分为单缸、双缸和多缸。按驱动方式不同，分为液压式和机械式。按泵的流量是否可以调节，分为定量泵和变量泵。陶瓷柱塞泵的柱塞是陶瓷材料。柱塞泵的特点是用陶瓷柱塞直接和输送液体(即泥浆)接触。陶瓷柱塞泵如附图所示。

陶瓷柱塞泵

【压滤机】press filter

又名榨泥机。泥浆加压过滤脱水的机械。多由40～60片滤板组成。滤板形状主要有圆形和方形两种，材质有金属或工程塑料等。滤板两面边缘凸起，中间凹入，中心处有一圆孔，作为进浆口。在凹进去的表面上有许多槽沟，这些槽沟称为排水槽。滤板两面盖以滤布，用螺旋或液压装置使滤板相互靠紧。泥浆压入滤机后，水分通过滤布由滤机的孔槽流出。在两块滤板之间形成脱水泥饼。含水量可由泥浆的33%～38%降低到泥饼中的18%～26%。使用压力，最初为0.3～0.5MPa，可逐渐增加到1.0～1.2MPa。榨泥周期为40～80min。依操作系统不同，有半自动和全自动压滤机。半自动压滤机构造如附图所示。

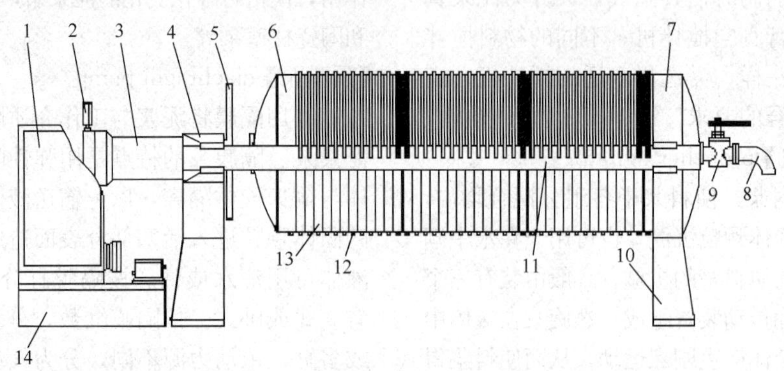

半自动压滤机构造示意图

1—电气箱；2—电接点压力表；3—油缸；4—前座；5—锁紧手轮；6—活动顶板；7—固定顶板；8—料浆进口；9—旋塞；10—机架；11—横梁；12—滤液出口；13—滤板；14—油箱

【陈腐】ageing

俗称闷料。将制备好的泥段或粉料放置在阴暗的室内(温度20～30℃)或料仓内贮存一段时间，以改善物料性能的措施。泥段或粉料经陈腐后，水分分布较均匀。由于有机物质的分解(腐烂)作用，还可提高可塑性，减少在成形过程中出现的缺陷，因而降低坯件在成形及干燥时的破损率。

【练泥】pugging

捏练泥料以改善其成形性能的方法。从压滤机上得到的泥饼外硬内软，泥料中的各组分混合也不均匀，必须经过练泥。练泥可分为两个步骤：第一步是用捏练机或简单的卧式双滚轴练泥机(不抽真空)先将泥料进行捏练；第二步才放到真空练泥机中去排除空气。也有用一种既将泥料捏练均匀又将空气排除的真空练泥机，能实现练泥并使泥料受到连续挤压而获得一定形状和尺寸的泥段的机械。

【练泥机】pugging machine

通过螺旋桨叶对塑性泥料实现捏练并使泥料受到连续挤压，对泥料进行脱气均化而获得可塑性好、致密泥段的机械。练泥机一般由加料部分、出料部分和传动装置等组成。加料部分、出料部分的两根轴上均装有不连续螺旋绞刀和连续螺旋绞刀，泥料从加料口加入。首先，被不连续螺旋绞刀搅拌和输送；然后，在连续螺旋绞刀的输送下通过筛板，接着泥料进入练泥机的出泥部分，泥料在出泥部分螺旋绞刀的输送和挤压下经机头和机嘴挤出，切断后即成为具有一定截面形状和大小的泥段。按轴数及轴的分布形式，分为：单轴式、双轴式、叁轴式及立式、卧式。按是否带有真空脱气装置，分为普通和真空练泥机。双轴式真空练泥机的构造如附图所示。

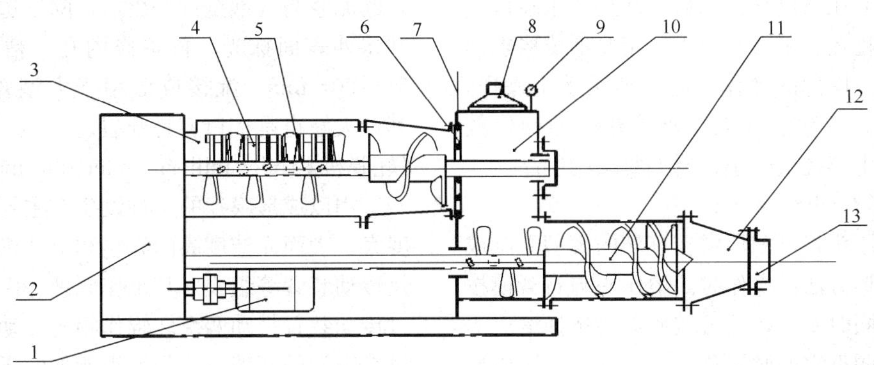

双轴式真空练泥机构造示意图

1—电动机；2—齿轮箱；3—加料口；4—梳状挡泥板；5—上绞刀轴；6—筛板；7—真空管道；8—真空室照明灯；9—真空表；10—真空室；11—下绞刀轴；12—机头；13—机嘴

【喷雾干燥器】spraying dryer

参见 3.3.3【喷雾干燥器】。

9.4.2 成形

【坯】green body

成形后陶瓷器物及材料的通称。未经加工修整的坯称为毛坯。经过加工修整而未施釉的坯称为精坯、青坯或光坯。施釉的精坯称为釉坯。未经煅烧的精坯和釉坯统称生坯。未经施釉但已素烧的坯称为素坯。陶瓷坯一般是指经过高温烧结的坯体(不包括釉)，又称为胎。

【坯式】empirical formula of body

表示陶瓷坯料或者胎体组成的氧化物按规定的顺序排列的实验式。式中，将坯中所含氧化物按碱性、中性、酸性的顺序排列，并在各氧化物之前标明所占成分的摩尔数。与釉式的差别在于其中性氧化物(R_2O_3)的摩尔数总和为 1.000。例如：

$$\left.\begin{array}{ll}0.186 & K_2O\\ 0.112 & Na_2O\\ 0.067 & CaO\\ 0.036 & MgO\end{array}\right\} 1.000\ Al_2O_3 \left\{\begin{array}{l}5.43\ SiO_2\\ 0.004\ TiO_2\end{array}\right.$$

【泥条筑成法】clay-strip forming technique

又称泥条盘筑法。制造陶器的一种原始方法。流行于新石器时代。先将泥捏成条，再把泥条圈叠起来，并抹平里外的接缝处，制成所需要的器形。

【轮制法】jiggering

采用陶轮制作陶器的方法。陶轮为木制圆形平盘，水平地固定在直立的短轴上。制陶时，把泥料放在转动的陶轮上，利用陶轮旋转之力以手指掏料制成所需要的器形。这种制成的器壁厚薄均匀美观。这样方法创始于原始社会末期，标志着专业陶工的产生。

【可塑成形】plastic molding; plastic forming

利用泥料的可塑性将泥料塑造成各种形状的坯体的工艺过程。泥料的可塑性是指在超过屈服点的外力作用下泥料发生变形，而外力撤消后仍保持变形后的形状。可塑成形有以下几种：拉坯、印坯、旋坯、滚压、挤压等。可塑成形后有时还须经过修坯、粘接挖底等才能得到完整的符合要求形状的坯体。陶瓷雕塑则是完全手工操作的可塑成形工艺，主要制造工艺美术品。

【旋坯成形】jolleying

又称压坯或样板刀成形。是将可塑泥料置于旋坯机上旋转的石膏模中，泥料受样板刀剪切和挤压，在模子表面形成坯体的可塑成形法。

【拉坯成形】throwing

或称手工拉坯。古老的陶瓷可塑成形方法之一。操作时将泥团放在转动的辘轳车平台上，将坯泥拉上压下反复揉练后按坯形要求拉成一定形状的粗坯。稍干后，再经精修形成要求形状、大小、厚薄的坯体。此法纯系手工操作，不用模型。劳动强度大。要求熟练的操作技术。适于生产批量较小、器型复杂的制品。

【滚压成形】roller forming

用滚压头将可塑泥料在旋转的模型上制成坯体的成形方法。操作时，滚压头与石膏模按不同速度同时旋转，并可按照需要选择滚压头的形状，调整它的倾斜角、转速等。滚压成形用的泥料含水量较旋坯成形用的泥料稍低。成形后坯体致密，组织均匀，收缩小，坯面光洁。此法便于生产联动。

【印坯成形】stamping

将可塑泥料放在石膏模内印成一定形状粗坯的可塑成形法。主要用于成形瓷板、异形瓷砖、方瓶、圆雕等。拉坯成形后的粗坯有时也要经过印坯，使内表面光洁和圆整。

【车坯成形】forming by turning

在车床上将真空练泥机挤出的泥段，进行加工成所需要的形状，如实心棒式、支柱绝缘子和瓷套等外形都是这样制成的。车坯分为干车[泥段含水率 6%～11%(质量分数)]和湿车[含水率 16%～18%(质量分数)]。中孔上下一致的多采用横式车床，实心坯子和车孔大小不等的采用立车。干车的特点是：尺寸精确，便于自动化，刀具磨损大，有灰尘等。

【湿接成形】wet sticking process

大瓷套分节挤制后的湿坯粘结成形工序。电压 110～330kV 的瓷套成形。按长度分成若干节(单片)，在真空练泥机上挤出泥环(水分为 16.5%～18.2%)，再用吊车将单片泥环吊往修坯机上粗修，修坯机转速 80～100r/min，粗修后堆置阴干，待水分阴干到 15.2%～17.0%时，在粘结机上进行精修，精修吃刀深度 1～5mm，修平接口断面后，用细锯条刮成 1～1.5mm 深度的齿形毛面，然后用粘结水同时润滑两单片接口，含水率差不超过 0.5%，粘结水配方为：碳酸钠 2%，自来水 98%，待接口表面溶液吸收达到表面软化时，坯件翻身对接，反复按圆周方向往复磨动，待接口处多余的泥浆与气泡全部挤出后，除去边缘的泥浆并将外表面抹光，再精修内孔。粘结机转速 50～80r/min，湿接成形用于大型瓷套制造；其最大缺点是接口容易开裂。

【轧膜机】roller miller；roller film machine

用以成形膜片的一种设备。主要由两个硬度大、表面光洁度高的轧辊和电动机、变速箱及传动装置等组成。其工作原理是由电动机通过传动装置带动两个轧辊作相向转动，坯料通过轧辊间的间隙时受到轧辊所加的压力而被扎薄。调节轧辊的间距，可以获得不同厚度的膜片。

【热压铸机】hot injection molding machine

一种成形机械。由加热器、料浆桶、空气压紧器等组成。把要成形的料浆加热溶化除去气泡后，倒入加热的浆桶中，通入压缩空气；把热溶的料浆压入模具内，待料浆在模具内冷凝后，取下模具脱模，即得所需要的坯件，对单一大批量零件来说，可用自动热压铸机成形，具有快速自动、生产率高等优点，但对批量小、品种变化多的产品来说还是人工操作合适，但生产效率就不如自动的高，非自动热压铸机构造如附图所示。有的压铸机本身就是除气装置，料浆在浆桶内熔化经除气后即可压铸成形。

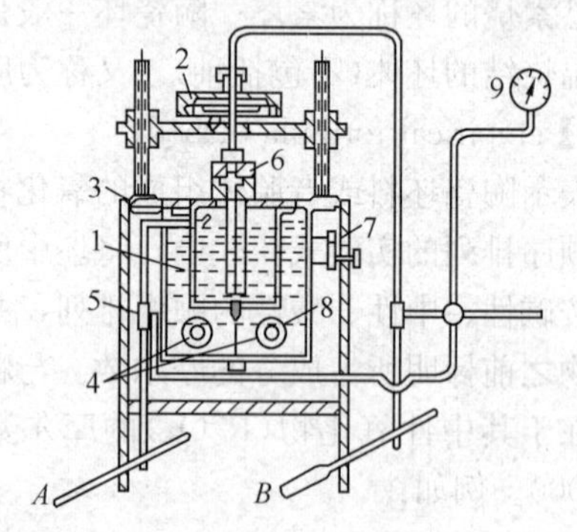

热压铸机构造示意图

1—盛浆桶；2—压紧装置；3—工作台；4—电热装置；5—阀；6—模具；7—温度调节器；8—恒温槽；9—气压表；*A*、*B*—用以启闭阀门的踏板

【自动注浆机】automatic casting machine

使泥浆自动注入模型，注满后自动停止进浆的成形设备。多采用光电定位和液位传感器进行控制。注浆有两种形式：其一为石膏模型放在

一个旋转的转盘上，边注浆边旋转，这种注浆机叫自动离心注浆机；其二是石膏模型停在一定的位置上进行注浆，通常称为自动注浆机。

【自动倒浆机】automatic pouring machine

将注浆模型反转180°，把模型内多余泥浆倾出来的机械手，是自动注浆机成形线的组成部分。它通常有两种形式：一种是把带浆的模型从生产线中取出，并把余浆倒出后，再把模型放回原位；另一种设在传动线上，待传动线前进时，把模型反转180°，将余浆倾出，然后再转回原位。

【离心注浆机】centrifugal casting machine

注浆模型在旋转状态下，注入泥浆的注浆成形机。离心注浆机主要由主轴、压盖、凸轮轴和传动装置组成。在主轴的上端固定着石膏模，主轴中间装有带传动用的工作轮和惰轮以及制动用的带式制动器，通过皮带拨叉的动作，可使主轴转动或制动。在压盖的中间穿入泥浆管，管上装有泥浆阀，利用截止阀的启闭来控制泥浆的通断。压盖可沿工作台上的导槽作升降运动。凸轮轴由电动机经涡轮蜗杆减速装置带动低速旋转，凸轮轴上几个凸轮分别控制主轴的旋转运动、压盖的升降运动以及截止阀的启闭，使其按一定的次序动作。

【压力注浆机】pressure casting machine

将具有一定压力的泥浆注入石膏模型内或树脂模型内的注浆成形机械。压力注浆根据压力大小，分为低压、中压和高压注浆。目前，国内外对压力注浆的低、中、高压没有严格的界定，一般认为0.03MPa为低压，0.35～1MPa为中压，1.50MPa以上为高压。压力注浆机依注浆压力的不同，分为低压、中压、高压注浆机。压力注浆机一般由注浆机部分和压力供浆系统组成。

【自动注浆成形线】automatic casting production plants

把泥浆真空处理机、自动注浆机（包括离心注浆机）、自动倒浆机以及烘干、脱模等机构，通过链条、自动控制等手段连接起来的自动生产线。在这条生产线上，能够完成陶瓷泥浆的自动脱气、自动浇注成形、自动倒浆、手工或机械脱模。对于缸、瓶等不带嘴、把的制品，能够完成青坯注浆成形的全部过程。对于带嘴、把制品，坯体脱模后，尚需另行粘结嘴和把。

【台式浇注】table casting；battery casting

又称立式浇注、组合浇注。在固定的浇注台上立式成形的一种工艺方法，用于卫生陶瓷成形。设备由固定的浇注台、注浆和倾浆系统组成。成组模型立着安放在浇注台的支承架上，用特制的夹具固定，并可移动。设备操作为模型的开启、清理、合模、模型与浇注装置连接。可采用流动注浆或压力注浆。模型采用单对模型排列成组或阴阳模合一的模型紧密组合。成形后用装在浇注台下的加热系统干燥模型。其优点是结构紧凑，占地面积小，设备简单，易于实现机械化，提高生产效率。

【挤管机】extruding machine

挤制管状或棒状制品的机械。由盛装瓷料的挤缸（料筒）及和它相配合的活塞和挤缸下的挤型口管组成。有立式和卧式两种（附图所示为立式）。操作时，由液压或机械推动活塞，将瓷料从挤型口挤出，形成瓷坯。改变挤型口的形状和尺寸，可获得大小不同的各种管状、棒状或其他形状的坯件。

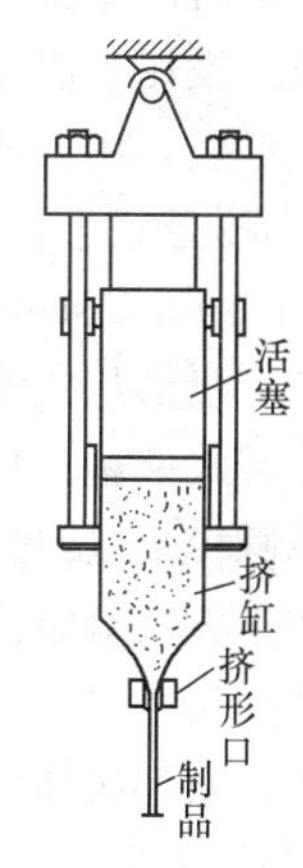

挤管机示意图

【辘轳车】jigger；potter's wheel

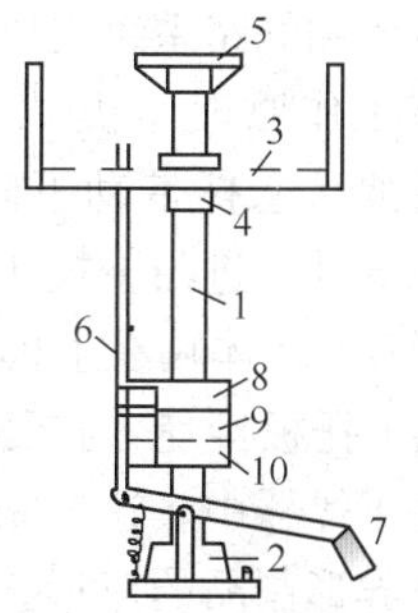

辘轳车示意图

1—立轴；2—轴承；3—工作台；4—工作台固定轴套；5—石膏或木板承座；6—皮带管制棒；7—脚踏板；8—活动轮；9—固定传动轮；10—刹车轮

又称陶车、机轮。有手动与电动两种。早在仰韶文化时就已萌芽，到龙山文化和殷、周时代更有显著改进。现常用的简易结构如附图所示。用于拉坯、施坯、剐坯、制模、上釉等操作。

【单刀旋坯机】single template jigger

一种简易的利用坯泥的可塑性成形的设备，可成形圆形制品。主要结构由主轴、十字头、卡盘、石膏模、从轮、定轮、踏板起动设备、形刀(刀口外形随制品的形状而异，一般制成 30°～45°角，刃厚 1～2mm)、斜臂、夹头、支架等部件组成。主轴转速依制品大小而异，一般在 230～400r/min 范围内变化。常用于成形盘、碗类制品。

【双刀旋坯机】double template jigger

在单刀旋坯机的基础上改进的成形设备。运动时两主轴与刀架循环交叉地自动进行，放模、投泥、取模仍由人工操作，是种半自动式成形机，用于成形盘、碗类制品。

【高压悬式半自动成形机】semi-automatic machine for discinsulator forming

盘形悬式绝缘子的成形设备，有步进式和旋转式两种。成形过程包括：压雏形(翻模或不翻模)、旋坯、粗修、精修等工序，该机可使工人从繁重的手工劳动中解放出来，生产的产品尺寸比较一致，生产效率高，如增加放坯，取坯机械手则可实现全自动化。

【塑压成形机】plastic pressing machine

用于可塑压制成形制品的机械。塑压成形机由机架(二柱或四柱)、油缸、带有排气管路的石膏模、液压和气路系统组成。采用半自动塑压成形，其工作原理，是人工将泥饼放入下模内，上模被活塞杆带动下降，初始快进，在距下模 20mm 处工进与下模压紧成形。成形后下模充气脱模，坯体贴在上模上升。回程时上模充气，人工托板接坯，上模脱坯落在托板上，再转放到干燥器中，这样完成一个工作循环。主要用于异形制品的成形。

【滚压成形机】roller press

利用坯泥的可塑性来成形制品的机械。按工作台面结构分三种：(1)转盘式滚压机，(2)固定式滚压机，(3)往复式滚压机。滚压机的传动结构有机械式和液压式两种。按滚头的数量分为单头滚压机和双头滚压机。按模型是成形坯体的显见面和非显见面分阳模滚压机和阴模滚压机。主要用于生产盘、碟和碗类等制品。如附图所示为半自动式滚压机。

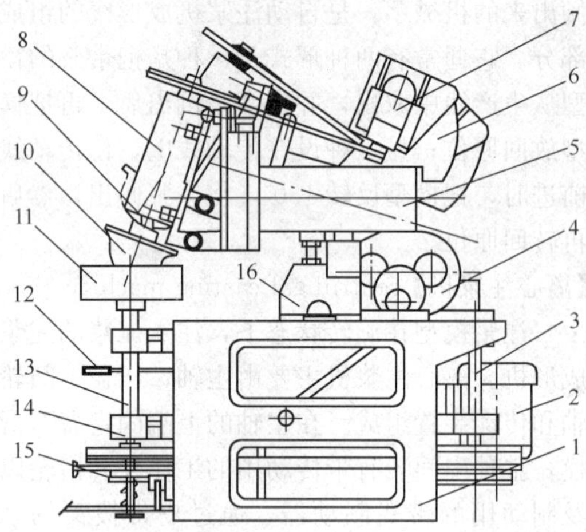

半自动式滚压机示意图

1—机架；2—电动机；3—蜗杆轴；4—凸轮；5—滚头架；6—配重；7—滚头电动机；8—滚头轴承座；9—滚头轴；10—滚头；11—模座；12—手柄；13—主轴；14—轴承座；15—摩擦离合器；16—支座

【热压成形机】hot press

陶瓷制品可塑成形法的一种设备。在热压机的主轴上装有加热的钢模，钢模不断地旋转和周期性地上下运动，在钢模压入泥坯以后，钢模的热使泥坯表面形成一层蒸汽膜，可以使钢模顺利地脱离泥坯。下模由石膏或铝合金制成。热压机按压力分为大、中、小三类，对于直径在 200mm 以上的制品需要在大型热压机上压制，热压机主轴的转速为 800～900r/min，大型热压机下压 16 次/min 左右，小型的则为 22～32 次/min，钢模脱离泥坯时的最低温度不应低于 100℃，以 120～140℃为宜。热源大小由钢模与泥坯的接触面积以及每分钟冲压的次数决定。此种成形机适合高压针式支柱和悬式产品。

【滚压成形生产线】rolling forming production line

由单机和输送设备组成，主要完成滚压成形、青坯干燥、脱模、白坯干燥等几道工序生产线。生产线主要由泥料给料机、滚压成形机、干燥机、自动修坯和运输设备等组成。对于二次烧成工艺，可直接去素烧；对于一次烧成工艺，还可以在联动线上继续完成施釉操作。滚压成形生产线一般根据成形工艺(阳模成形或阴模成形)和脱模工艺(取坯留模或取模留坯)等的不同，有多种形式，其中以采用的脱模工艺不同而差别较大。因此，一般按脱模工艺不同把生产线分为两类，分别为取坯留模工艺的生产线和取模留坯工艺的生产线，现大多采用取坯留模工艺的生产线。依照成形产品的品种不同，又为杯类、碟类、盘类、碗类滚压成形生产线。滚压成形生产线如附图所示。

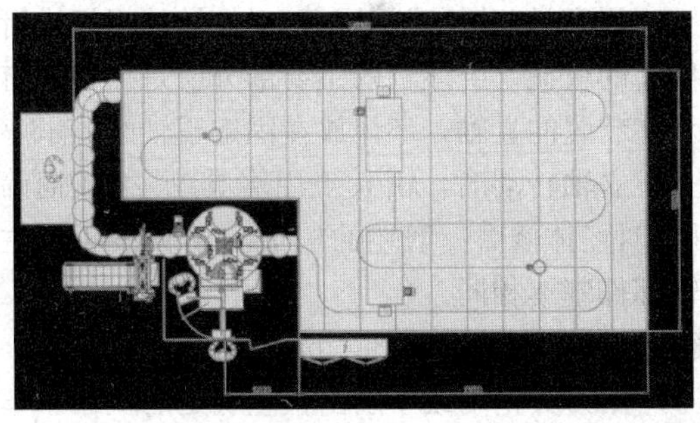

滚压成形生产线示意图

【自动修坯机】automatic finishing machine

自动修坯机是由旋转坯体支撑工位、定位机构、修坯海绵轮组成的修坯单机，它由机械手(或称吸坯器)与前后烘干器连在一起，是盘类自动生产线的重要组成部分。坯体经过修坯机干修、湿修和干湿修后，又由机械手取下送进烘干器，或送去装窑素烧(二次烧成工艺)，或送去施釉(一次烧成工艺)。

【仿形修坯机】model turning machine

大型瓷套和大棒型支柱绝缘子加工，常采用装有仿形板的立式修坯机。滑轮沿仿形板上曲线滑动，这种曲线运动通过杠杆传递到刀具，刀具即随着作相同的运动，将泥段车出需要的外形。

【多刀修坯机】multi-knife turning machine

穿墙套管和实心绝缘子采用的多种刀具的修坯机，有立式和卧式两种。电站 35kV 及以下的套管所用的卧式修坯机为坯子的一侧横轴上加装一个旋转进刀机构，使用整套的逐渐错开排列的样板刀(排列角度首把与末把刀最大应不超过 270°)，借刀杆的旋转对毛坯进行车削。修坯时，开动正转电钮，用木条刀将毛坯表皮修去，并修出坯料雏形，停车，开动反转电钮，合上刀轴离合点，将刀轴调整至符合毛坯雏形范围内进行修坯，还必须加装一个专为切削坯料沟槽部分的能横向前进和纵向前进的前刀架。小型多刀车床转速为 475～700r/min，大型的为 45～260r/min，空心泥段水分为 16.5%～18%。立式修坯机中应用较多的为立式多刀湿车，其适用于生产实心的产品和具有抛物线中孔的产品，修坯机转速 290～350r/min。修坯时，刀具底盘按工位定时转动，加工到最后一个工位时，根光卸坯。

【绝缘子数控修坯机】CNC turining machine for insulator

利用数字控制技术，实现棒形绝缘子自动修坯的机械。该机由数控装置、气动压紧装置、纵向(Z 向)进给机构、横向(X 向)进给机构、主轴调速机构、电动换刀装置等组成。利用计算机输入棒形绝缘子的器型曲线，就能自动地完成棒形绝缘子的修坯工作。自动化程度高，修坯速度快，产品质量好，生产效率高。

【等静压成形机】isostatic pressing machine

粉料在弹性软模中受到液体介质传递的均衡压力作用而被压实成形的机械。等静压一般分湿袋法和干袋法两种，不同成形方法的等静压成形机结构区别较大。

湿袋法等静压成形机是将填满粉料的软模置于高压容器中，容器通入高压液体，软模受到各方均匀的压力作用将粉料压实成形为坯体。加压完毕，要缓慢卸压，从容器中取出模型，再从软模内取出坯体。主要用于外形复杂或尺寸较大制品的成形。如陶瓷柱塞体、陶瓷辊棒等，均可采用这种成形方法。

干袋法等静压成形机主要由硬模、软模、模座组成。硬模是钢制的金属凸模，可垂直升降或水平移动。粉料定量喂入软模上面的模腔内，并使粉料分布均匀；硬模就位后，与软模形成同坯体的外形相近的模腔。软模支撑在模座上，软模背面与模座之间的密封空间是容积可变的高压油室。工作时，油室通入高压油，迫使软模对粉料施加均匀的压力，把粉料压成坯体。适用扁平制品的成形。

【陶瓷砖自动液压机】ceramic tile hydraulic presser

又称压砖机。通过液动压力将坯料制成砖坯的成形机械。是陶瓷墙地砖压制成形的关键设备，是集机、液、电为一体的现代高技术设备。陶瓷砖自动液压机分为主机、液压站和控制器三大部分。主机由压机本体、顶模装置、安全装置、加料以及排气装置等组成，广泛应用于陶瓷墙、地砖的压制成形中。结构如附图所示。

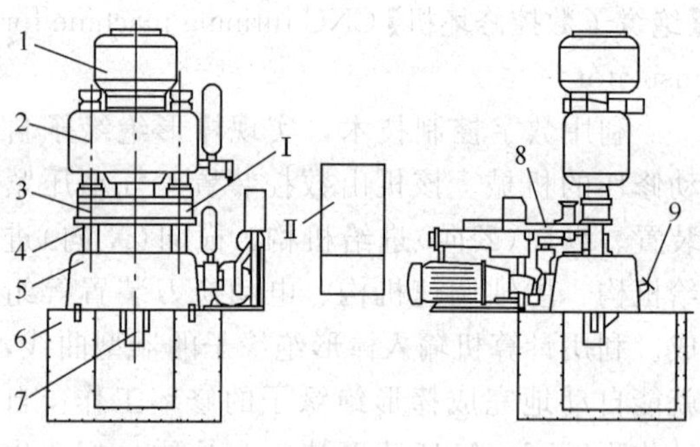

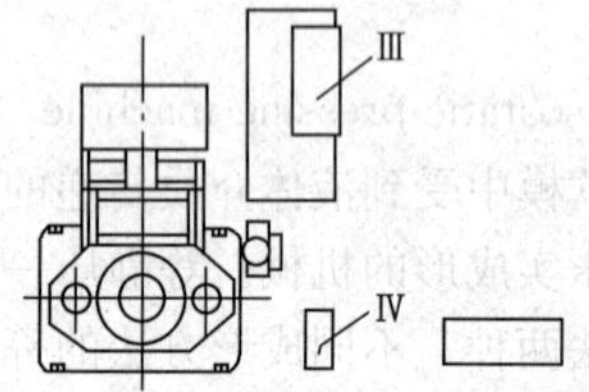

陶瓷砖自动液压机示意图

Ⅰ—压砖机主机；Ⅱ—电器柜；Ⅲ—液压站；Ⅳ—控制器
1—充液箱；2—上横梁；3—活动横梁；4—立柱；
5—下横梁(底座)；6—基础；7—顶模装置；
8—加料装置；9—调节手轮

【布料车】charring machine

通过往复运动，将粉料均匀送至压砖机模腔内的同时将压制成形好的坯体推出模框的机械。布料车安装在压机的后部，与底座固连在一起，主要由加料小车、均匀给料器以及各自的驱动设备组成。进行一层布料的布料车称为一次布料车；进行二层布料的布料车称为二次布料车；进行二层以上布料的布料车称为多次布料车。布料车的结构如附图所示。

【储坯器】storing adobe apparatus

在窑炉烧制前，用于储存砖坯的设备。储坯器主要减少由于施釉线、压机、干燥器设备出现短暂停顿造成窑炉空烧的现象。

【翻坯机】slab turning machine

具有承接坯和将砖坯翻转功能的机械。主要用在压砖机后和釉线前。功能是承接压砖机压制出来的砖坯，并自动完成翻转砖坯、扫尘和输送等动作。翻坯机的伸缩升降台与压砖机出砖处相连，能自动升降和伸缩，方便清洁和更换模具。

【磨坯机】trimming machine

用磨具(砂纸或筛网等)对旋转的粗坯进行修磨的机械。磨坯机的主要部分就是一根带有承坯装置的立轴，坯体放在固定于轴端的承座上。立轴转动时，由人工用磨具(砂纸或铜筛网)对坯体修磨。磨坯的构造与单头滚压机主轴部件基本相同。

【挖底机】foot trimming machine

用刀具挖削或车削出粗坯底足的机械。车削主要用于加工坯体的底足，故通常把完成这一工艺过程的操作，称为挖底。按操作系统，分为单头和双头。

【刮平定厚机】calibrating machine

又称铣平机。通过对陶瓷砖进行铣削，使陶瓷砖的表面平整度、厚度达到设定要求的机械。刮平定厚机主要由金刚砂圆柱铣刀和传动装置组成。刮平定厚机采用高速旋转的金刚砂圆柱铣刀，对瓷质砖进行铣削加工，使其得到一个平整的表面及一定的厚度。由于金刚砂圆柱铣刀上的金刚砂条呈螺旋线或人字形分布，刃口与砖表面是以点接触方式进行连续加工，降低了刀具对砖的压力，减少了砖的破损，而冷却液又能以很高的流速直接冲到铣削点，改善了刀具的冷却效果。

【磨边倒角机】squaring and chamfering machine

对陶瓷砖边缘进行磨削、倒角，使陶瓷砖尺寸达到设定要求的机械。一般由4～6对磨边头和1对倒角磨头组成，可对瓷砖进行磨边

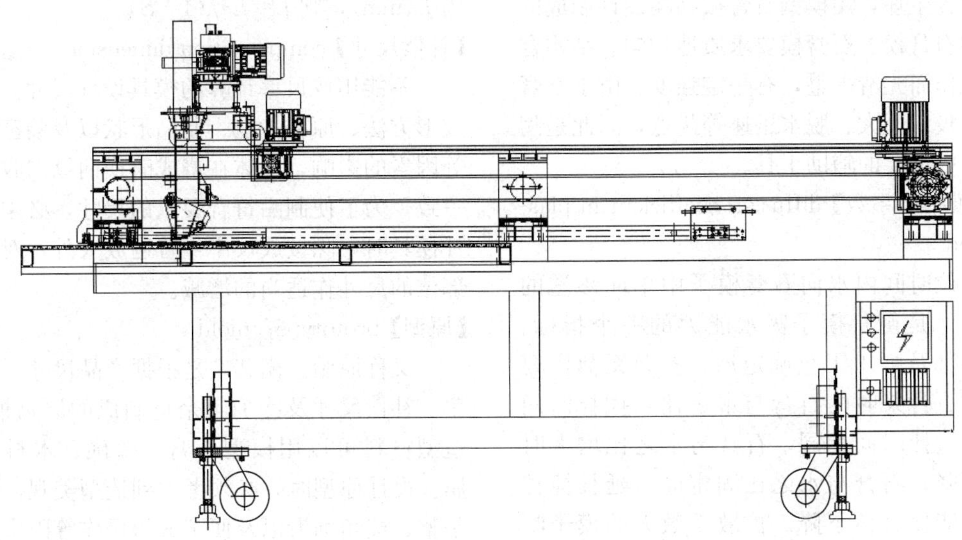

布料车示意图

倒角。在对陶瓷砖进行磨边、倒角过程中，使用水进行冷却的磨边倒角机，称为湿法磨边倒角机；未使用或少量使用水进行冷却，并配有除尘装置的磨边倒角机，称为干法磨边倒角机。

【抛光机】polishing machine

对陶瓷砖表面进行磨削、抛光的机械。抛光机主要由磨头部件、磨头上下运动部件、传动及支承部件组成。旋转的磨头，使磨块在砖的表面进行磨削。砖在输送带上以一定的速度（一般为1～5m/min）输送过程中，受到不同磨头的磨削，最后达到"镜面"效果。

磨光分粗、中、精磨，主要是根据磨料的粒度不同而起不同的作用，粗、中磨的主要作用是清除铣平机留下的刀痕；精磨是对砖的表面进行磨光，以达到"镜面"的效果。对玻化砖表面进行加工的抛光机又称玻化砖抛光机，对微晶玻璃砖表面进行加工的抛光机又称微晶玻璃砖抛光机，对釉面陶瓷砖的釉面进行加工抛光机的称为釉面砖抛光机。

【雕刻机】engraving machine

对陶瓷砖表面进行图案刻饰的机械。由于加工的方式不一，故有不同的雕刻机。通过压缩空气卷吸砂粒进行喷击的雕刻机称为喷砂雕刻机。是利用高压空气带动金刚砂等磨料高速撞击陶瓷的表面，从而达到雕刻的效果。雕刻的深度根据加工要求而定，喷枪停留时间长短决定雕刻的深浅。利用计算机程序控制刀具进行钻铣组合加工的雕刻机，称为机械雕刻机或数控雕刻机。

【水刀】water jet

通过带超硬颗粒的高压水进行雕刻或切割的机械；水刀由三大部分构成：超高压水射流发生器（高压泵）、数控加工平台、喷射切割头。超高压水射流发生器（高压泵）作为水刀的动力源，将普通自来水的压力提升到几十到几百兆帕，通过束流喷嘴射出，具有极高的动能。加工平台选用滚动直线导轨和滚珠丝杠作为传动，在数控程序和控制电机的精密控制下精确进行 X 轴和 Y 轴单独运动或两轴联动，带动切割头实现直线和任意曲线切割。主要用于建筑陶瓷砖图案的切割。

【真空搅拌机】de-airing agitator

用于搅拌浆料、泥浆或石膏，使其混合均匀并保持悬浮状态的同时去除空气的搅拌机。用于搅拌泥浆并使其除去空气的，称之为泥浆真空搅拌机；用于搅拌石膏并使其除去空气的，称之为石膏真空搅拌机。其主要由搅拌机和真空室（罐）组成。

【石膏模】plaster mold

又称工作模。为制得大量的形状、尺寸相

同的陶瓷生坯，用模型石膏按结构设计制成的模具称石膏模。石膏模要求质地均匀，结构合理，工作面光滑平整，有一定强度。由于石膏模具有吸水性大、脱水迅速等优点，因此是陶瓷工厂中重要的辅助工具。

【石膏模扩散系数】diffusion coefficient in plaster mold

单位时间内水向石膏模子中单向渗透的面积值，是衡量模子吸水能力的一个指标。石膏品种及加工工艺确定后，扩散系数主要与调制石膏浆时的石膏与水之比及搅拌时间有关。搅拌时间相同，石膏与水之比增大时其值下降；石膏与水之比固定时，延长搅拌时间也能使其值下降。扩散系数大的模子吃浆速度慢，否则反之。注浆石膏模型常要求较小的扩散系数。

【树脂模具】resin mold

一种以树脂为基本材质，内部含有大量(尺寸均匀)气泡孔隙的陶瓷注浆成形模具。树脂模具的气孔相互连通，其气体相与聚合物相各自呈连续分布。流体在多孔体中通过的难易程度与开孔率和聚合物本身的特性有关。树脂模具是由合成树脂按特殊工艺处理成多孔结构，再经加工组装而成的。它具有强度高、耐磨、表面光滑、使用寿命长等特点。目前，高压注浆成形中采用的树脂模具按其所用树脂材料可分为两种类型：一种以丙烯酸酯类树脂为主要成分；一种以环氧树脂为主要成分。丙烯酸酯类树脂较环氧树脂模具不仅价格高，使用次数少；而且模具表面易磨损，微孔易堵塞，制模原料易燃、有毒。目前，国内环氧树脂类模具使用较多。

【放尺率】augmentation coefficient

石膏模设计时，由于成形后陶瓷坯体在干燥和烧成过程中会产生一定的收缩，因此，依据产品的总收缩率大小计算模型的放尺率。由于不同成形方法制备的陶瓷器纵向收缩率和横向收缩率有一定的差异，因此制作模型时其纵向和横向放尺率也应有不同。假设设计成瓷制品的实际尺寸为 L_0(mm)，泥料的总收缩率为 S(可分为 $S_{横}$、$S_{纵}$)，模型放尺后的实际尺寸为 L(mm)，则 $L=L_0/(1-S)$。

【补偿尺寸】compensation dimension

不能用放尺率计算的模具设计尺寸。由于成形方法、原料性能、制品形状以及装窑方法等因素的影响，坯体在烧成时横向纵向收缩不一致。为了使制品符合要求的尺寸，必须在设计模具时，除按放尺率作普遍放大外，对不同部位的尺寸作适当的增减。

【原型】prototype；mold

又称原胎、模芯。是根据产品尺寸、放尺率、补偿尺寸及冷加工余量制成的原物模型。造型材料可以用模型石膏、硫磺、木材或金属。设计原型时，必须考虑到造型美观，外形平整、棱角圆滑以及便于成形操作等因素。

【模种】concave form

又称标准模、凹型。在原型基础上用模型石膏注制得到的空隙模子。根据原型的繁简，在注制模种时可采用单一模型、双合模型、复合模型。模种厚度根据产品规格而定，一般为4.5～6.0cm。为保证凹型尺寸和减少石膏的膨胀，以及提高模型的强度，可在石膏粉中掺入32.5级水泥20%。

【母模型】case mold

又称母模、老模。是用来翻制石膏模的模具。为制造大量相同的石膏模，采用环氧树脂、水泥、模型石膏以及硫磺等材料，在模种的基础上制得母模型。

【模型石膏】mold plaster

制造模型用的石膏。天然石膏($CaSO_4 \cdot 2H_2O$)经粉碎、炒制，脱去1.5分子的结晶水后得到的半水石膏($CaSO_4 \cdot \frac{1}{2}H_2O$)。炒制前的石膏要求细度通过80～120目筛。炒制温度为140～190℃。根据不同炒制工艺参数的控制，可以得到α型或β型半水石膏，都可用于制作石膏模型。炒过的石膏粉中除β型半水石膏外，还含有少量无水石膏及二水石膏，必须经过1～2天陈化，使无水石膏向半水石膏转化。

【石膏浆】plaster slip

模型石膏与水按一定比例调制成的浆料。通过改变浆料中加入的水量和搅拌时间，可以制成具有不同的扩散系数和强度的石膏模型。石膏浆中水与石膏的质量比一般控制在1∶1.3～1∶1.5范围内。适当延长搅拌时间使浆料混合均匀，排气充分，可以使制成的模型表面致密、结构均匀和强度高。

【可注时间】castable period

石膏浆保持良好流动性的时间，在此时间内可完成石膏模的浇注过程。石膏浆的可注时间和它的凝结速度有关，凝结速度快的可注时间短。根据操作需要，欲延长或缩短可注时间时，可加入缓凝剂或促凝剂。

【石膏初凝】initial setting

石膏浆开始丧失流动性时即为初凝。其水化反应如下：$CaSO_4 \cdot \frac{1}{2}H_2O + 1\frac{1}{2}H_2O \rightarrow CaSO_4 \cdot 2H_2O$。石膏浆开始硬化时即为终凝。初凝和终凝时间可用维卡仪或刀割法、指压法测定。初凝时间一般为4～6min，终凝时间一般为10～30min。

【浸渍法】impregnation method

是指用熔融金属、液态润滑剂或其他液态非金属物质来浸渍多孔性骨架状固体的方法。该法的依据是毛细管力渗透的原理。浸渍的具体方法有：全浸法；部分浸入法；表面接触法。常常还辅以液压、离心力、抽真空等措施作为渗透的附加压力。这种工艺已在许多领域中被应用。如烧结铝自润滑含油轴承(烧结好的轴承浸入油中)；金属陶瓷无油润滑活塞环(金属陶瓷浸渍液态塑料)；钨渗型的喷管材料；Ni、Co、Fe浸渍的W与TiC工具和模具材料等。

【胶装】cementing

瓷件和金属附件，按产品设计要求选用胶合剂浇注连接的工艺过程。胶合剂固化后，便构成牢固的绝缘子整体，供输配电设备和线路上安装使用。采用水泥胶合剂时，硬化大多在专门设置的蒸汽室或热水池内进行，也有在空气中进行硬化，目的是使胶合剂变成坚硬而强度高的石状体。采用硫磺胶合剂时，必须有排除有害废气的通风装置；采用密陀螺胶合剂时，必须注意避免铅接触中毒。

【吊装】suspension setting

细长形瓷件先坐后吊的装烧方法：待烧的生坯、头部装有专用托垫，由于电瓷生坯强度较小，开始装入窑内时，底部用坯垫支撑，头部不与托垫接触，烧成瓷件后因收缩关系，瓷件离开坯垫，而由头部托垫支撑，吊装可大大减少细长形瓷件烧成后的弯曲变形，在坯件的头部要预留吊烧头，烧成后用瓷件切割机或电阻丝加热急冷法，将吊烧头除去。

【卡装】choking setting

细长形套管在装烧时用卡块将待烧生坯卡住，这种装烧方法就叫卡装。在烧成过程中，生坯由于卡块的作用而不致倾斜，可大大减少烧成后弯曲变形，卡片多放置在套管中部不上釉的胶装部位，不承受重量，瓷件重量全由坯垫承受。

【行星研磨机】planetary mill

参见6.2【行星式磨机】。

【人工极化】artificial polarization

制备压电陶瓷振子的一个工序。对尚未显示压电性的压电体在一定的温度下施加强直流电场并维持一定时间，使其具有压电性。人工极化决定于电压、温度和时间等因素。压电体要获得最佳压电性能，重要取决于选取合适的人工极化条件。

【陶瓷金属化】ceramic metallizing

使陶瓷表面被覆一层金属膜的工艺。根据成膜厚度，可分为薄膜金属化和厚膜金属化。通常薄膜是指数百埃到数千埃的厚度(如气相沉积法)。厚膜是指数十微米的厚度(如难熔金属烧结法)。金属膜的材料，常用有钨、铝、钯、银、铜、镍、锡等。常用工艺有难熔金属烧结法和贵金属烧结法，还有化学镀膜、浸锡、真空蒸发、溅射和化学气相沉积等。陶瓷金属化工艺，用于陶瓷-金属封接、薄膜集成电路、电气元件引线接头等。

【溅射】sputtering

用带电粒子轰击靶材，加速的离子轰击靶材表面时，发生表面原子碰撞并发生能量和动量的转移，使靶材原子从表面逸出并淀积在衬底材料上的过程。利用溅射工艺，可以在其他基体材料表面获得金属、合金或电介质薄膜。适用于制造薄膜集成电路、片式引线器件和半导体器件等。溅射种类有阴极溅射(直流溅射)、反应溅射、偏压溅射及射频溅射等多种。溅射薄膜通常是在惰性气体(如氩)的等离子体中制取的。其工作程序是：将设备抽至高真空，充入一定压强的氩气，使氩气电离产生晖光放电(有的装置还用外加磁场，把等离子体聚焦成等离子柱)。当把欲溅射材料做成的靶加上负高压时，氩气的正离子在负高压的吸引下像炮弹似的轰击靶面，引起靶材的原子或分子向外飞溅，并在面对靶的基体材料表面上沉积一层以原子或分子状态排列的薄膜涂层。采用射频(通常为13.56MHz)溅射，可以制取金属、玻璃或陶瓷介质、半导体和磁性薄膜等；采用反应溅射，可以制取某些化合物薄膜。溅射具有基体温度低、薄膜质纯、组织均匀密实、牢固性和重复性好等优点。溅射装置有直流二极和四极溅射、射频溅射及磁控管式溅射等。

【难溶金属烧结法】sintered refractory metal process

又称多层封接法，是一种常见的陶瓷-金属封接法。其工艺过程是在陶瓷表面上(欲封接部位)涂上一层金属粉膏(如钼、钼铁、钼锰或钼锰加氧化物等)，经通氢炉烧结，使陶瓷体表面金属化，其上再电镀一层镍称为二次金属化。最后，用银或银铜焊料连同金属件和金属化后的陶瓷件组装在一起，在氢气炉中钎焊，便可获得陶瓷和金属封接件。该法封接强度高、气密性好，可连续大量生产。

【钼-锰法陶瓷-金属封接】ceramic-metal seals by Mo-Mn process

用金属钼、锰粉末对陶瓷和金属钎焊而成的陶瓷和金属的气密封接方法。其工作原理是以钼粉、锰粉为主要原料，再添加一定数量的其他金属粉，以及作为活性剂的金属氧化物，如氧化铝、氧化镁、二氧化硅、氧化钙等，在还原性气氛中高温烧结。在高温条件下，氧化锰和配方中的其他氧化物互相溶解和扩散，生成熔点和黏度都比较低的玻璃状熔融体。这些熔融体向陶瓷中扩散与渗透，同时对陶瓷中的陶瓷晶粒产生溶解作用，并与陶瓷中的玻璃相作用生成新的玻璃态熔融体，并又反过来向金属化层中扩散与渗透，并浸润略微氧化的钼海绵表面。冷却后，陶瓷与金属化层界面附近的互相渗透的熔融体变成玻璃相，从而在陶瓷与海绵钼之间形成一层过渡层。由于钼层不易被焊料所浸润，因此还需要在金属化钼层上镀上一层镍，镀镍后在于氢气氛中进行再烧结，使钼层与镍层结合牢固。

【活性金属法陶瓷-金属封接】ceramic metal sealing by actived metal process

把活性金属粉(如钛、锆、铪等)和能在较低温度下形成合金的金属焊料(如银、铜、镍、银-铜等)一起放置于陶瓷和金属件之间，在真空或惰性气氛中加热而得到的一种气密封接方法。由于活性金属对各种氧化物和硅酸盐均具有较强的亲和力，因而对陶瓷适应性很强。活性封接方法很多，最常用的有钛-银-铜法、钛-铜法、钛-镍法，其中以钛-银-铜法用得最为广泛。活性封接的特点是：工序少、周期短，瓷件不会变形，但不能连续生产。

【多层布线技术】polylaminate wiring technique

制作多层布线陶瓷基板和封装管壳的工艺。有两种基本方法：一种是在薄片状的陶瓷生坯上印刷耐热导体，然后在压力下多层叠加；另一种是在一块陶瓷生坯上交替印刷导体层和隔离介质层。两者都可经高温烧结而形成独石结构的复合陶瓷。陶瓷内导体构成立体配线、形成回路，导体有钼-锰系、钼-金系、钯系、铝系、坞系等。用此法制成的器件具有质轻、体积小、效能高等优点。

【陶瓷材料分子工程】molecular engineering of ceramic materials

又称陶瓷材料分子设计或材料设计，从原子、离子的尺度来研究和设计具有预定分子式及性能的新材料的合成方法。它和常用的筛选法经验设计有着本质的不同。它是从材料的晶体结构、化学键和相图出发，利用量子化学、固体热动力学和固体物理等学科的理论，用数字模型描述物理过程中的状态函数，表征微观结构和宏观性能的关系，用计算数学和相应的实验验证进行择优处理。它对晶态和非晶态材料的多相合成，以及陶瓷-金属和陶瓷-高分子等复合材料的合成，设计出新型材料具有重要意义。

【织构材料】textured material

指各晶粒具有共同的择优取向。是一种具有较为独特显微结构的多晶材料，其内部各晶粒的择优取向接近于单晶。如附图所示具有类似于单晶的物理性能，但可以采用多晶的生产方法，所以它兼有单晶和多晶所长。对于充分发挥材料的潜力，扩大应用范围，促进新材料和新器件的发展，具有很大的现实意义。使陶瓷材料成为织构材料的工艺手段，称为织构技术，主要分为定向反应、热加工、定向凝固和定向沉积等几种。

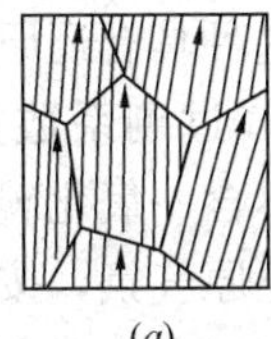
(*a*)

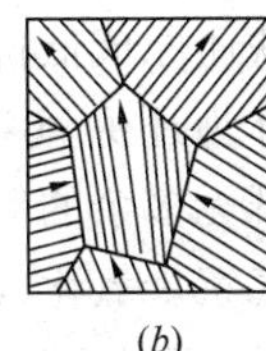
(*b*)

织构材料示意图

(*a*) 择优取向的多晶织构材料；(*b*) 多晶(取向混乱)

【织构化热加工】thermo mechanical working for texture

织构化技术的一种。是指利用材料(特别是脆性材料)在高温时塑性变形较好的特点进行热锻、热轧、热挤和热拔，通过施加外力使晶粒内部位错运动和晶粒晶界滑移，从而使各向异性的陶瓷晶粒实现定向排列而成为织构材料。简单原理如图所示。热锻是最常用的一种热加工方法，它是在高温下对烧结体进行锻压。和热压一样，热锻时烧结体是在轴向压力作用下，发生横向变形的，所不同的是它不用模具，它的纵向压缩量和横向变形值都要大得多，热锻的温度也比热压高。MgO、Y_2O_3 和 Al_2O_3 等氧化物陶瓷经热锻处理后透明度有显著提高，它的高温强度或低温强度已经接近或超过了同类单晶材料、一些钙钛矿型、钨青铜型和铋层化合物型铁电陶瓷在热锻后物理性能都有较大提高。

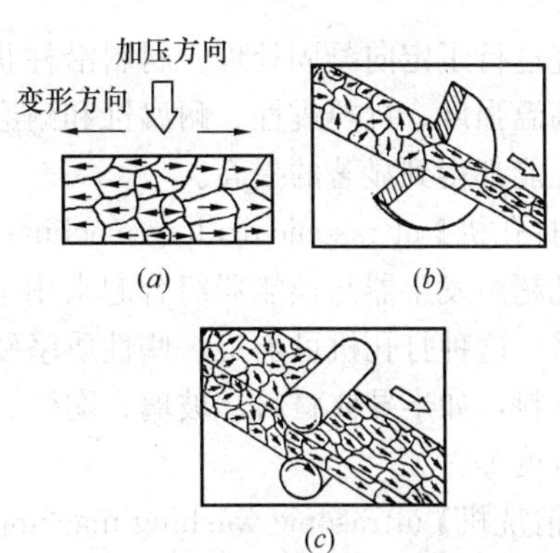

织构化热加工过程示意图

(*a*) 热锻；(*b*) 热挤和热拔；(*c*) 热轧

【定向沉积】orientated deposition

一种织构化技术。是指一些易于挥发的金属化合物，在基片上沿热流方向沉积成具有一定取向的陶瓷薄膜的工艺。气相生长、蒸镀和溅射都可以使沉积的陶瓷薄膜成为织构材料，如果在电场、磁场和一定的气氛下进行沉积还可以获得更好的效果。溅射于非压电基片(玻璃)上的 ZnO 陶瓷薄膜，它的 C 轴的主要取向垂直于衬底表面。工艺控制适当时，取向度可达 90%。其电、光和声的性能已经接近 ZnO 单晶层，是一种良好的声表面波器件的材料。此外，CdS、ZnS、$BaTiO_3$、$Bi_4Ti_3O_{12}$、PZT、PLZT 和 $Bi_{12}GeO_{20}$ 等材料的定向薄膜的很多物理性能已类似于单晶薄膜。

【定向凝固】orientated solidification

一种织构化技术，通过控制熔融的陶瓷材料的热流(温度梯度)和凝固方向，使其成为具有择优取向的织构材料。熔融材料冷却时，一般都沿温度梯度方向进行结晶。如果热量只从底部散失，使溶液从一端开始凝固，逐渐向另一端发展，就可以成长为柱状的织构材料，如附图所示。利用这种方法，已经对 Al_2O_3、MgO、Al_2O_3-ZrO_2、Al_2O_3-Y_2O_3、ZrO_2-Y_2O_3、$CaO_2 \cdot ZrO_2$-ZrO_2、MgO-CaO、Al_2O_3-TiO_2、NiO-CaO 等氧化物陶瓷，ZnO-SiO_2、Al_2O_3-ZnO-SiO_2、ZrO_2-Al_2O_3-SiO_2、Li_2O-2SiO_2 等玻

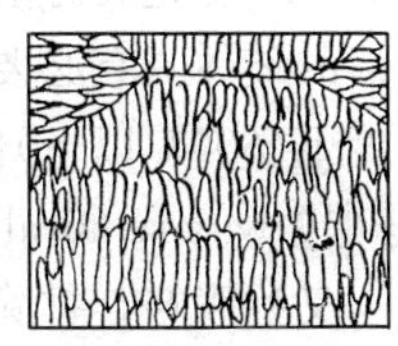

定向凝固织构化示意图

璃陶瓷进行了定向凝固处理。材料沿柱状品方向的高温强度、抗热震性、耐腐蚀和耐磨性等物理性能都得到显著的提高。

【超声打孔机】ultrasonic drilling machine

把超声发生器与换能器组合起来用于打孔的机器。这种打孔机可加工一些性质坚硬且质脆的材料，如半导体材料、玻璃、陶瓷、金刚石、石英等。

【超声清洗机】ultrasonic washing machine

由超声波发生器与清洗槽组合成清洗物件的机器。它可用来清洗各种精密零件、陶瓷零件、光学透镜以及其他零件等。把要清洗的零件放在清洗槽里用清洗剂即可进行清洗，它具有节约清洗剂、降低劳动强度、提高劳动生产率等优点。

9.4.3 烧成

【排胶】binder removal

又称排塑。是陶瓷制品成形后、烧成前的一道工序。其目的是将成形时加入的胶合剂充分排除，以保证在烧成过程中不致因胶合剂剧烈挥发而造成大型产品变形和开裂。对压电、铁电陶瓷，由于胶合剂通常都是还原性较强的物质，为避免烧成时出现还原气氛，排胶工序尤为必要。排胶时通常是将制品置于敞开的垫板或坩埚中，低温阶段微开炉门，缓慢升温。200～500℃是胶合剂集中挥发阶段。但为使排胶后的坯体具有必要的强度，一般都在更高的温度下(600℃以上)保温一定时间后再止火。

【排蜡】wax removal；dewaxing

又称脱蜡，排除生坯中蜡质的过程。将生坯装入匣钵并填入排蜡粉(一般为氧化铝粉)作吸附剂，然后将匣钵置于窑内，按要求曲线升温，吸附剂很快地从加热的生坯中吸收已被熔融了的石蜡，这样，被熔析出来的石蜡就可在坯体外部氧化；同时，排蜡粉尚可作为软化了的生坯的支撑物，以防止其变形和下塌。当石蜡由固态变为液态(50～70℃)和由液态变为气态(100～300℃)时，加热应缓慢进行，再保温一段时间。一般在600℃以后蜡质已基本排尽。为了使生坯达到一定的强度，常升温到1000～1100℃保温1～2h，才止火。

【密闭烧结】sealed sintering

指将陶瓷坯体置于耐火密闭容器进行烧结的方法。为抑制瓷料中易挥发组分(如氧化铅)在烧结过程中挥发逸失，以保持瓷料的化学计量配比，多采用此方法。一般是在瓷料中加入过量的同样的易挥发组分，或在容器中放入与瓷料挥发组分相同或相近的埋粉或填片，以利于提高制品的致密度，保证制品性能一致性。

【窑内气氛】kiln atmosphere

简称气氛。表示窑内气体的组成及其氧化还原能力。窑内气体中含有多余的氧，即燃料燃烧时空气过剩系数大于1，气体具有将坯体中所含物质氧化的能力。这种气氛称为氧化气氛。燃料燃烧时空气过剩系数小于1，窑内气体中含有一氧化碳，可使坯体中物质还原，如将高价铁还原成低价铁。这种具有还原能力的气氛，称为还原气氛。空气过剩系数等于1，气体中既无多余的氧，也不含一氧化碳时，称为中性气氛。氧化气氛或还原气氛，按照其中所含氧或一氧化碳的多少，还有强弱之分。

【烧结气氛】sintering atmosphere

指烧结过程中窑炉内气体的性质。烧结气氛能引起晶体空位造成缺陷，影响烧结瓷体的电物理性能。例如含 TiO_2 的瓷料在还原气氛中烧结时，会由于 TiO_2 的还原而使电性能变坏；氧化铝瓷在还原性气氛中烧结时由于氧缺位而形成的晶格缺陷降低烧结温度，并获得致密的瓷体；含有铅、铋、锂等易挥发组分的材料烧结时，这些组分容易挥发逸出而使瓷体偏离原来组成，影响性能。要获得性能优良的制品，必须控制烧结气氛。控制方法有控制燃烧情况、采用气氛烧结或气氛片等。

【气氛烧结】atmosphere sintering

炉膛内通入一定气体，形成所要求的气氛，在此气氛下进行烧结称为气氛烧结。气氛烧结有利于促进烧结过程。提高烧结产品的致密程度和其他电物理性能。有真空、通氧、通氢、通氮烧结等几种方法。不同的材料选用不同的气氛烧结法。例如氧化铝瓷可用通氢烧结，透明铁电陶瓷宜用通氧烧结等。有时为保护烧结设备也须通入一定的气氛如氩、氮等，此种气氛则称为保护气氛。

【氧气氛烧结】oxygen atmosphere sintering

瓷坯在烧结过程中通入氧气的方法。由粉料堆积的坯体颗粒间总包含一定量的空气，在烧结过程中，水蒸气、氢气、氧气等能借助溶解和扩散过程，从颗粒间逸出，而氮气等由于溶解度低，则不易逸出。如果通入氧气，由于氧的分压较低，有利氮气逸出，从而提高致密度。压电陶瓷、透明铁电陶瓷常用氧气氛烧结。

【气氛片】atmosphere pellet

密闭烧结时，为抑制低熔点物质的挥发，常在密闭容器内放入一定量的与瓷料组成相近的坯体，称气氛片。也可使用与瓷料组成相近的粉料。锆钛酸铅压电陶瓷的烧结常在容器内放入锆钛酸铅坯体或瓷粉。

【真空烧结】vacuum sintering

瓷坯置于真空条件下的烧结方法。瓷坯中含有一定量的气孔，其中如水蒸气、氢气和氧气能借溶解和扩散过程从封闭气孔中逸出，但CO、CO_2，特别是N_2由于溶解度较低，不易从封闭气孔中逸出。将样品置于真空条件下，给气体从封闭气孔中逸出以一驱动力，能提高瓷件的致密度。

【热压烧结】hot-pressed sintering

又称压力烧结，为较难烧结的料粉或生坯在模具内加压下烧结的工艺。可以制造高强度、高密度、高透明度的制品。也有为了避免在过高温度下造成晶粒增长过大和出现二次再结晶，使用此法。热压烧结设备包括压机及加热系统以及在高温下具有一定强度且不与原料发生反应的模具，如附图所示。加热方法有电阻加热、高频加热等，加压操作有：(1)恒压法：整个升温过程中都施加预定的压力；(2)高温加压法：高温阶段才加压力；(3)分段加压法：低温时加低压、高温时加到预定的压力。此外，又分为真空热压烧结气氛热压烧结、连续加压烧结、超高压烧结和超高温高压烧结等。热压烧结的缺点是模具损耗大，不能做形状复杂的制品。

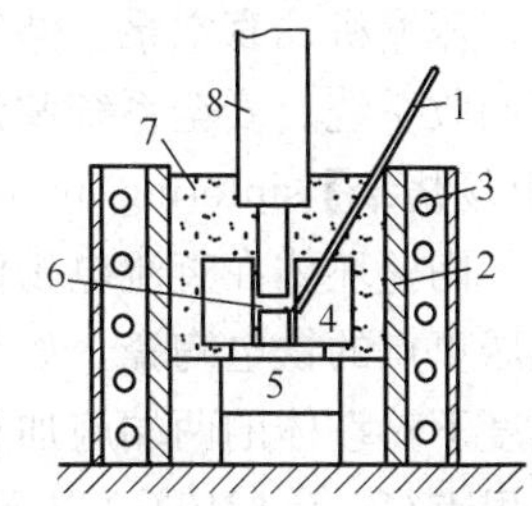

热压烧结设备示意图

1—测温管；2—石英绝缘管；3—热加线圈；4—模具；5—绝缘垫块；6—料粉；7—石墨粉；8—压杆

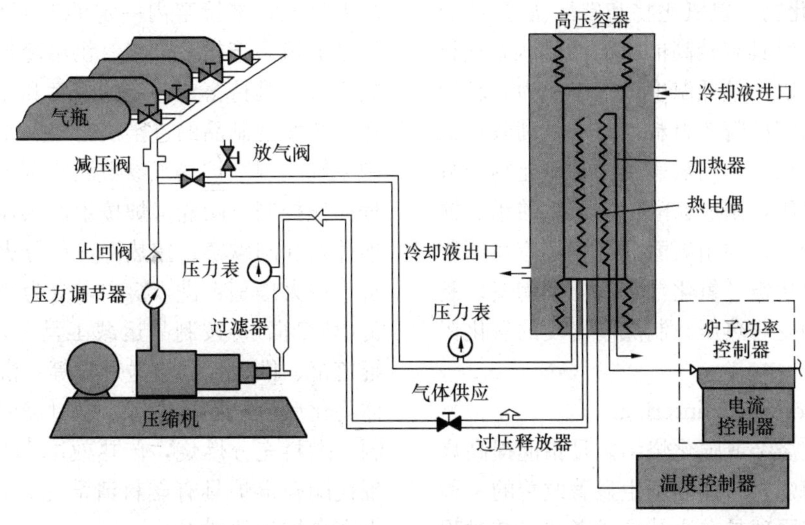

等静压烧结系统示意图

【等静压烧结】isostatic sintering

又称热等静压烧结，它综合了等静压和热压烧结的优点。它是将制品放置于密闭的容器中，向制品施加各向同等压力的同时施以高温，在高温高压的作用下，使制品得以烧结或致密化。采用此法能制得性能优良、接近理论密度的致密体。等静压烧结系统如附图所示，主要包括：高压容器、加热系统、高压供气系统、压缩机、真空泵、储气罐、冷却系统、气体回收系统、安全系统和计算机控制系统等。

【电场烧结】sintering in electric field

陶瓷坯体在直流电场作用下的烧结。某些高居里点的铁电陶瓷，如铌酸锂陶瓷在其烧结温度下对坯体的两端施加直流电场，待冷却至居里点（T_c＝1210℃）以下撤去电场，即可得到有压电性的陶瓷样品。

【超高压烧结】ultra-high pressure sintering

在几十万大气压以上的压力下进行烧结。其特点是不仅能够使材料迅速达到高密度，具有细晶粒（小于1μm），而且使晶体结构甚至原子、电子状态发生变化，从而赋予材料具有在通常烧结或热压工艺下所达不到的性能。而且，可以合成新型的人造矿物。此工艺比较复杂，对模具材料、真空密封技术以及原料细度和纯度均要求较高。

【活化热压烧结】activated hot pressure sintering

又称反应热压烧结或分解热压烧结。是以活化烧结为基础发展起来的一种新工艺。利用反应物（如氧化物、氢氧化物和碳酸盐等）在分解反应或相变时具有较高能量的活化状态进行热压处理，可以在较低温度、较小压力、较短时间内获得高密度陶瓷材料，是一种高效率的热压技术。例如，利用氢氧化物和氧化物的分解反应进行热压，制成钛酸钡、锆钛酸铅、铁氧体等电子陶瓷；利用碳酸盐分解反应热压制成高密度的氧化铍、氧化钍和氧化铀陶瓷；利用某些材料和变时热压，制成高密度的氧化铝陶瓷等。

【活化烧结】activated sintering

又称反应烧结或强化烧结。是指能提高烧结效率，使陶瓷材料性能发生显著改善的一种烧结工艺。其原理是在烧结前或者在烧结过程中，采用某些物理的或化学的方法，使反应物的原子或分子处于高能状态，利用这种高能状态的不稳定性，容易释放出能量而变成低能态，作为强化烧结的新的驱动力。活化烧结所采用的物理方法有：电场烧结、磁场烧结、超声波或者辐射等作用下的烧结等。所采用的化学方法有：氧化还原反应，以氧化物、卤化物和氢氧化物的离解为基础的化学反应以及气氛烧结等。它具有降低烧结温度、缩短烧结时间、改善烧结效果等优点。对某些陶瓷材料，它又是一种有效的织构技术。活化烧结也可以利用物质在相变、脱水和分解过程中产生原子或离子间结合的破坏，使其处于不稳定的活性状态，如使其比表面积提高、表面缺陷增多等来实现。还可通过以下方法实现，如加入可在烧结过程中生成新生态分子的物质，加入可促使烧结物料形成固溶体；或增加晶格缺陷的物质等。另外，加入微量可形成活性液相的物质、促进物料玻璃化、适当降低液相黏度、润湿固相、促进固相溶解和重结晶等，也均属活化烧结。

【窑炉】kiln；furnace

用耐火材料砌成的烧制陶瓷制品的高温加热设备。陶瓷窑炉一般由窑体、燃烧系统（电热系统）、排烟通风系统、输送系统、控制系统五部分组成。窑体由窑墙、窑顶等耐火砌体组成。燃烧系统使用烧嘴进行燃料燃烧并产生高温烟气，维持窑内一定的温度和气氛制度。排烟通风系统排除烟气、供给冷却空气、抽出热空气，维持窑内一定的温度和压力制度。输送系统实现制品的进窑出窑以及窑内输送。控制系统实现窑炉热工参数测定调节以及生产过程操作控制。陶瓷窑炉按生产操作方式，可分连续窑和间歇窑；按热源，可分火焰窑和电热窑；按火焰是否进入窑内，分为明焰窑和隔焰窑（马弗窑）；按制品运载工具分，有隧道窑、辊道窑、推板窑、输送带窑等。窑炉应保证坯体物化反应过程的进行，能对烧成制度有效控制，燃料充分燃烧，传热效率和热利用率高。现代陶瓷窑炉具有燃料清洁化、窑体轻质化、生产自控化的特点。

【连续窑】continuous kiln

连续生产烧制陶瓷制品的一类窑。窑内各点的温度基本稳定不变，按窑长分为预热、烧成、冷却三带，坯体由运载工具输送入窑，能利用烟气预热坯件，又可利用制品冷却时放出的热来进行余热利用，正常运行时窑体温度稳定，无蓄热损失，可与生产过程的前后工序连成流水作业线，热耗低、产量大、劳动强度低、产品质量较稳定是其优点。但烧成制度不宜经常变更，投资费用大，适用于大批量单一品种的陶瓷产品生产。陶瓷连续窑主要有隧道窑、辊道窑、推板窑、输送带窑等。

【间歇窑】periodic kiln; intermittent kiln

间歇生产烧制陶瓷制品的一类窑。窑内各点的温度随烧成时间而变。其优点是生产方式和时间安排灵活，窑的容积可大可小，易随烧成制品的工艺要求变更烧成制度；其缺点是有窑体蓄热损失，排烟热损失大，余热利用差，烧成周期相对长，产量低。一些较先进的间歇窑，如梭式窑、钟罩式窑等，在余热的利用、生产周期的缩短、劳动条件的改善方面都有很大的改进。

【明焰窑】open-flame kiln

燃烧产物(火焰及烟气)直接进入窑内，使坯体(或物料)烧成的一类窑。燃烧产物以对流及辐射传热的方式将热传给坯体。热效率较高，窑体结构简单，维修方便。但若将坯体装钵以避免烟气污染时，则燃耗增加、产量降低、劳动强度增大。

【隔焰窑】muffle kiln

又叫马弗窑。用隔焰板将热源(燃烧产物或电热元件)与坯体隔开，热源将隔焰板加热，借隔焰板的辐射将热传给坯体，使坯体烧成的一类窑。由于燃烧产物不接触坯体，坯体不必装钵，热效率高、生产周期短、质量高、劳动强度低是其优点。但受同一截面温度均匀性的限制，窑截面不能太大；隔焰板要求导热系数高，强度好；因为燃烧室温度高，对耐火材料要求高；且窑内不易形成还原气氛，只能用于要求氧化或中性气氛的小截面窑，不适合还原气氛烧成和截面积小是其缺点。其在隔焰板上适当开孔，使燃烧产物部分进入窑内，直接、间接加热坯体，则为半隔焰窑。与隔焰窑比，窑内温度均匀性好、燃耗低、燃烧室耐火材料不易烧损，可形成窑内还原性气氛。

【电热窑】electric furnace

以电热体为热源的一类窑炉，简称电窑。与火焰窑炉相比具有特殊的优点，可以获得高温，窑温能在很大的范围内进行精确控制，易实现自动控制，此外具有产品质量好、结构简单、对环境污染小等特点。受温度均匀性限制，窑截面较小。多用于要求中性气氛或氧化性气氛的小件制品的烧成。如通入一定的保护性或还原性气氛，则能在还原性气氛下烧成制品。

【隧道窑】tunnel kiln

参见 14.4.7【隧道窑】。

【多孔窑】multichannel kiln

多条通道分层排列的小截面隧道窑。多以推板或辊子作为坯体运输工具，将坯体带入窑内烧成。相邻通道的坯体可以反向运行以利用余热。用固体和液体燃料时，一般为隔焰或半隔焰式，燃烧产物在隔焰通道内通过；用气体燃料时，均采用明焰式。为使上下温度均匀，在一定间距设置挡墙挡板，使烟气由下向上，又由上向下波浪形曲折行走。这种窑热效率高，占地面积小；但推板易磨损，适于小件产品的烧成。

【辊道窑】roller kiln

以平行排列的转动辊子构成辊道输送制品的一种连续式窑炉。坯体(或用垫板)置于辊子上，由于辊子的转动使坯体向前运动。辊子的材质有耐热合金钢、陶瓷、碳化硅等，辊道传动有链传动和齿轮传动两种形式。辊道作为输送工具，窑体密封性好，减少了漏风，窑内温度均匀。尤其适合建筑瓷砖的烧成，可以几十分钟内快速烧成，烧成周期短，产量大。建陶辊道窑的大型化(长度、宽度)发展迅速。辊道窑机械化、自动化程度高，与前后工序连成完整的连续生产线，是当前陶瓷工业中优质、高产、低能耗的窑型，在陶瓷各行业得到广泛的应用。

【推板窑】pusher kiln

以推板作窑内运载工具的隧道窑。坯体放在彼此相连的推板上，由推进器推入窑内。

推板一般以耐火材料制成，为减少推进时的摩擦阻力，推板与窑底间放有瓷球或设置滑轨，也可将窑体倾斜1°～2°。这种窑多为隔焰，截面较小且无冷空气漏入，窑内温度较均匀，热耗低；但推板易磨损，多用于小件制品的烧成。

【输送带式窑】belt kiln

以输送带作为坯体运载工具的隧道窑。被煅烧坯体置于耐热合金钢制成的网状或带状输送带上，由传动机构带动输送带向前移动。窑截面小，温度较均匀，可快速烧成，能与前后工序连成自动线，占地面积小。

【步进梁式窑】walking beam kiln

由一组固定梁和一组步进移动梁作为坯体运载工具的隧道窑。梁的长度方向与窑长方向一致，梁为钢结构，其表面有耐火材料，移动梁下有一套机构，使其作步进式的移动。移动梁比固定梁略低，坯体或坯体的垫板放在固定梁上。移动时，坯体被移动梁由下向上抬起，向窑尾方向平移一步，移动梁由上向下降落，坯体又被放在固定梁上，但已前进一步。移动梁放下坯体后回到原来位置，如此反复进行。此种窑运行平稳，易与前后工序连成流水线。

【气垫窑】gaseous cushion kiln

坯体在气垫状态下烧成的隧道窑。此种窑以多孔隔板将窑体与燃烧设备分开，多孔隔板下部火箱内的燃烧产物通过多孔隔板以一定速度压入窑内时，使被焰烧坯体浮离多孔隔板达1～2mm，形成气垫状态。坯体借助于气垫和输送设备向前移动，并在悬浮状态下烧成。坯体受热十分均匀，传热快，适于小件制品的快速烧成。

【微波窑】microwave kiln

利用坯体吸收微波能并转化热能而加热烧结制品的一种窑炉。电源变压器给磁控管提供电压，磁控管产生的微波通过波导管传输到窑内，在微波作用下，陶瓷坯体中的极性分子高频旋转运动发热而使物料温度升高，最高温度可达2000℃。具有加热速度快、加热效率高、物料内外温度均匀的特点，窑室一般较小，主要用于研究及小批量烧成。

【旋转式窑炉】rotary type furnace

窑体为弧形、窑车轨道构成环形回路的隧道窑。窑车完成一个工作周期(装坯、进入弧形窑内烧成、出窑卸车)要在环形轨道上旋转一周。结构和工作系统与一般隧道窑相同，但输送系统紧凑，不需要托车和转运轨。

【龙窑】dragon kiln

依山倾斜建造的一种隧道形间歇式窑。我国战国时代(距今约2500年)以来，烧制陶瓷器的古窑。窑体一般倾斜7°～20°，被煅烧的坯体置于固定的窑底上，窑头设有火箱，自窑头至窑尾每隔1m左右在窑背开一排或两侧开一对投柴孔，将燃料投入窑内料垛间的火道中燃烧。当该处达到预定的温度时，投燃料位置向前移动一排，形成移动的火焰。燃烧产物经窑尾排出、一部分余热可用于坯体预热，经窑头入窑的冷空气将产品冷却后作为助燃空气。由于窑体倾斜升高造成的位压头，能克服料垛，对气体的阻力而使全窑接近“零”压下操作，容易控制还原气氛及升降温的速度。窑的结构简单，不需或只设不高的烟囱，建筑费用低，但劳动条件差，劳动强度大。

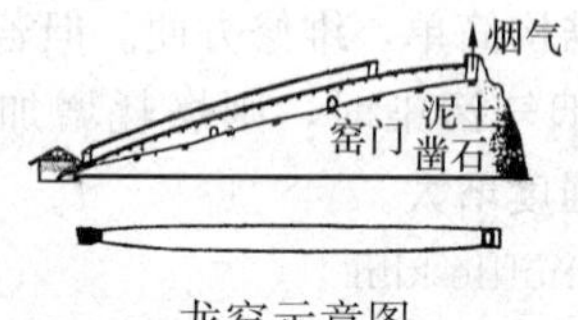

龙窑示意图

【镇窑】Zhen kiln

又名蛋形窑。为旧式瓷窑之一。窑身为鸡蛋形，前宽后窄，长15～18m。窑底前端略低，倾斜度3°左右，如附图所示。窑头有火箱，火焰经窑体至窑尾(称“观音堂”)，废气由蛋形截面的烟囱排出。窑体周围有护墙。护墙与窑衬之间(0.1～0.3m)以砂土填充作为隔热层。热利用率较好，是烧制瓷器的间歇式窑。

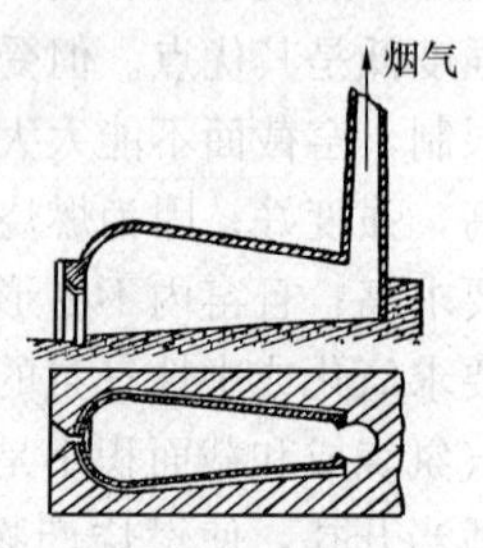

镇窑示意图

【馒头窑】doime kiln

馒头形半倒焰间歇式窑，已有2500多年的历史。战国时代便有这种窑，宋代以后烧煤，为最早以煤为燃料的陶瓷窑，窑的前端有砖砌的炉条，下有灰坑。空气由炉条下进入。火焰自炉栅喷向窑顶，自上向下经过坯体后墙底部的吸火孔入后墙内的烟囱排出。古代，我国北方广泛使用这种形式的窑。

【瓶子窑】bottle kiln

烟囱连在窑顶，形状像瓶子的半倒焰圆窑。窑周围分布燃烧室，火焰自燃烧室经挡火墙、喷火口喷向窑顶，然后倒向窑底，由窑墙下部吸火孔经夹墙垂直支烟道、窑顶烟囱排走，如附图所示。窑内温度均匀性不如倒焰窑；且烟囱不高，抽力小，不易快速升温；窑室较高，装卸不便。

【倒焰窑】down draff kiln

一种倒焰式间歇窑炉。按形状的不同，分为圆窑和方窑。在窑的四周(或两侧)窑墙上分布燃烧室，燃烧产物由燃烧室经挡火墙，吸火口喷至窑顶，然后倒向坯体；经窑底吸火孔，烟道、烟囱排走，如附图所示。室内温度较均匀；易于变更烧成制度是其优点。但废气离窑温度高；制品冷却放出的热不易利用，窑墙窑顶积热损失大，热耗高；劳动强度大；生产周期长是其缺点。近代倒焰窑(如梭式窑、钟罩式窑等)采用了窑车装卸制品，改善了劳动条件，提高了余热利用率。

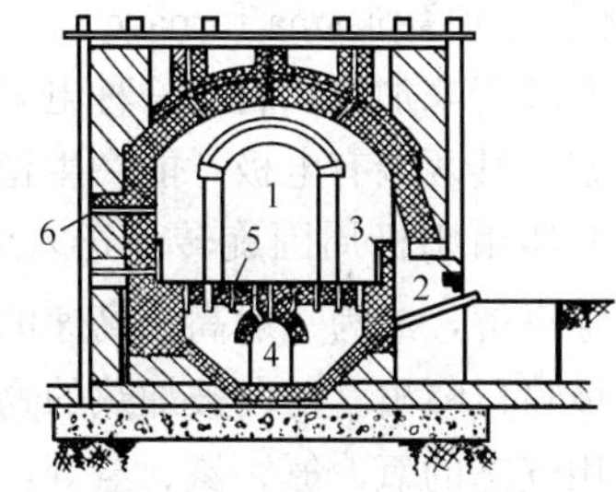

倒焰窑结构示意

1—窑门；2—燃烧室；3—挡火墙；4—主烟道；5—吸火孔；6—看火孔

【吊顶窑】kiln with movable roof

窑顶可以吊起移开的间歇式窑炉。多用于烧制长而细的吊烧坯件，如辊道窑的辊棒、热电偶套管等。

【钟罩式窑】top-hat kiln

又叫高帽窑，窑底固定、窑体可上下升降的一种间歇式窑炉。坯体码在窑底上，窑体下降盖在窑底上，窑底窑体结合紧密，密封性好，窑炉烧成温度高。窑体要求轻，材料多用陶瓷纤维。大容积多为火焰窑，在窑底设有吸火孔、支烟道。小容积多为电热方式，主要用于特陶烧成。还可以两窑底共用一窑体，一窑烧成，另一窑底装坯，待烧成后冷却至一定温度，将窑体移至另一窑底加热升温，可利用窑体部分余热。

【升降式窑】lifting kiln

窑体固定在一定高度、窑底可上下升降的一种间歇式窑炉。装载坯体(或物料)的窑底上升与窑体紧密结合，密封性好。窑室一般较小，多为电热方式，主要用于特陶烧成。窑底升降系统有机械和液压两种。

【蒸笼窑】doughnut kiln

可以变动高度的倒焰窑，窑顶可吊起。窑墙分圈砌筑，可根据制品的高度灵活装拆；每圈窑墙都分有燃烧室和烧嘴，使窑内温度均匀。适用于烧制不能重叠码装的高度不同的制品。

【梭式窑】shuttle kiln

一种用窑车装载制品并以窑车代替窑底的间歇窑。又称台车窑、抽屉窑。坯件码放在窑车上推进窑内进行烧成，待冷却后将窑车拉出在窑外卸车。燃烧系统分两种，一种是采用引射式烧嘴，垂直安装在两侧窑墙底部；另一种采用是动力烧嘴，一般水平安装在窑墙上。吸火孔设于窑车上或窑墙下部，火焰流向为倒焰或半倒焰。梭式窑在窑外装卸制品，可以多部窑车轮烧，加快了窑炉周转，且窑体余热较利用好，燃耗较低。

【电弧炉】arc furnace

利用两电极间产生的电弧来加热物料的一种电炉。有单相和三相两种，电极多采用石墨棒。两电极先作短时接触，产生强大电流，当电极端部被加热，移开一定间隙时，阴极向阳极发射自由电子，使空气电离而形成电弧。电弧温度高达4000℃。根据其加热材料的方式，可分为：间接加热电弧炉(电弧在电极间形成，以辐射方式传热给物料)，直接加热电弧炉(电弧在电极与物料间形成)，电弧电阻加热炉(电极插入物料中，由电弧发出之热及电流通过物料发出之热使物料加热)。电弧炉加热快、温度高、调节控制方便，但耗电多、电极损耗大、设备较复杂，多用于高温材料的融熔。电弧炉如附图所示。

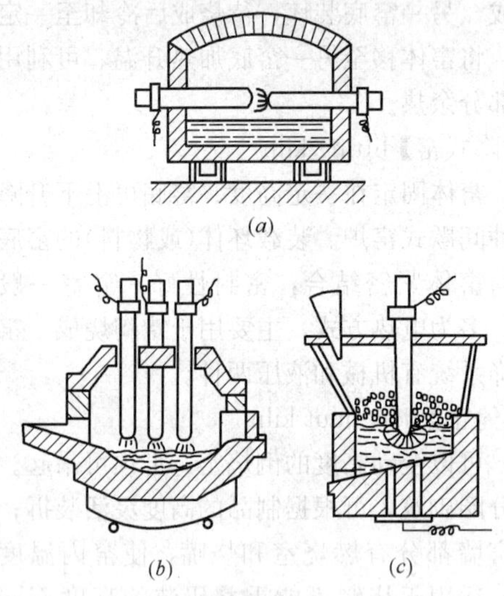

电弧炉示意图
(a)间接加热；(b)直接加热；
(c)电弧电阻加热

【感应炉】induction furnace

利用感应线圈产生感应电流以加热物料的一种电炉。将交流电(施感电流)通过感应圈，使物料周围产生交变的磁场。若加热金属物料，则放在耐火材料的坩埚中；若加热非金属材料，则装在石墨坩埚中。增加交流电频率时，感应电流频率相应提高，产生的热量增多。感应炉加热快、温度高、易操作控制、加热过程清洁，且能保证产品质量，多用于熔炼特种高温材料。

【弧像炉】are imaging furnace

将电弧聚集成像而加热物料的一种电炉。电弧的辐射通过适当的光学方法，聚集到被加热的材料上，在聚焦过程中形成一个辐射的光锥，使热源在光锥的尖端成像，成像处的温度最高。在任一时间，被加热物料上只有一个小部位处于熔融状态，被加热材料本身形成一个坩埚而不需别的坩埚。故材料的纯度极高，避免了高温熔制时的沾污，多用于制造单晶及高温材料的研究。弧象炉如附图所示。

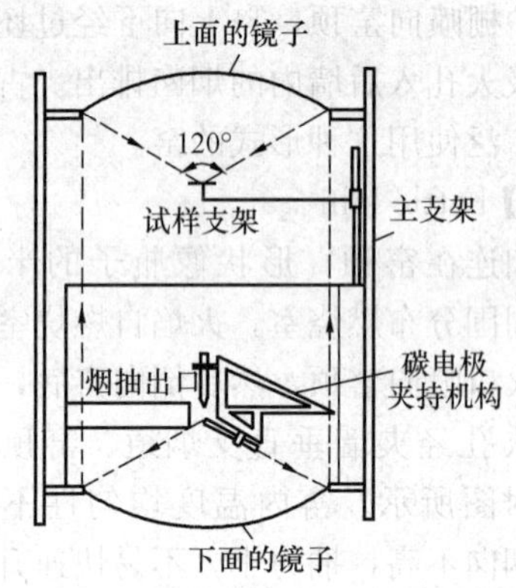

弧象炉示意图

【电子轰击炉】electronic impact furnace

利用加速的电子流轰击物料，使物料加热的一种电炉。通过热电发射获得的初速电子，在高压(2000V以上)下加速，用电磁或静电透镜使其聚焦，并控制其偏转，再射向物料。调节聚焦线圈的电流来控制电子束的加热面积；调节偏转线圈的电流，可以选择加热区域；改变电压可改变电子束的功率。其加热温度可达3500℃，调节控制方便，已广泛用于金属的提纯、单晶硅的生长及特种材料的熔炼。

【等离子体加热炉】plasma furnace

利用电离能来加热物料的一种电炉。它有一个电离室，其两端有电极，能产生稳定的电弧。电离介质由阳极周围旋转地送入电离室，被电弧击穿离解，成为一般高温高速的等离子流，从阳极喷口喷出，射向被加热的物料。电离介质可用气态的氧、氮、氦、氢等，也可用液态的氧、氢、氮。其加热温度高达10000℃，可用于金属氧化物的涂层，因可在惰性气氛中进行，故金属及基体材料都不受氧化。还可用于堆熔化合物，超硬合金的研究及等离子切割、焊割等。直流电源等离子体装置如附图所示。

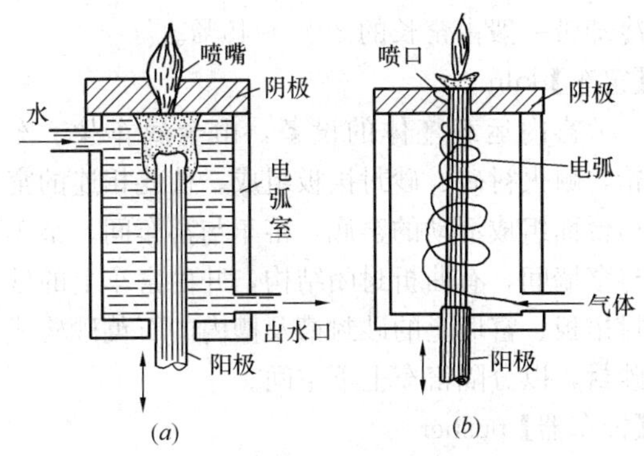

直流电源等离子体装置原理示意图

(a) 用水来稳定的直流电弧喷枪；

(b) 用气来稳定的直流电弧喷枪

【太阳炉】solar furnace

利用太阳能的一种加热炉。由抛物面镜反射器、受热器、支持器、转动机械及调整装置组成，如附图所示。物料放在反射镜的焦点处，太阳射到抛物镜反射器上，聚焦于被加热物料处，而使物料加热。反射镜可由转动的机械和调整装置跟踪太阳转动，以便充分接受太阳能。太阳炉温度可达3500℃，可在氧化气氛和高温下对试样进行观察，不受电场、磁场和燃料产物的干扰，可用于高温材料的研究。

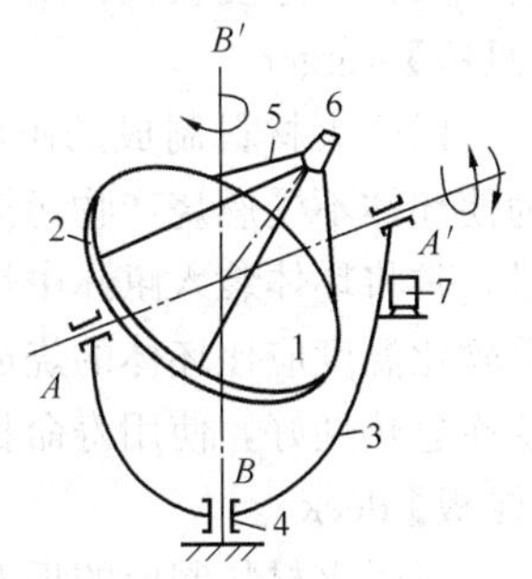

太阳炉示意图

1—铸造镜；2—镜子的固定环；3—支承叉；4—底部中央支承；5—支持器；6—受热器；7—控制和调整用的自动装置

【氢气炉】hydrogen furnace

又称烧氢炉。通以氢气或氢、氮混合气体或氢、氮、空气、混合气体作保护气氛的加热设备。氢气炉可分为卧式和立式两种。卧式炉有进料端、加热区和冷却套三部分，如附图所示。加热区由发热体钨、钼丝、碳粒围绕在刚玉炉管组成，周围用刚玉粉作填料，并砌筑耐火砖炉衬保温，可连续生产，效率高。立式氢气炉与卧式相类似，只是直立放置，其优点在于工艺条件稳定，适用大型工件的烧结。不足之处是生产效率低。氢炉可用于陶瓷或陶瓷金属化的烧结、钎焊，玻璃零件封接用的金属零件退火、净化等，也可作粉末冶金及半导体合金烧结之用。

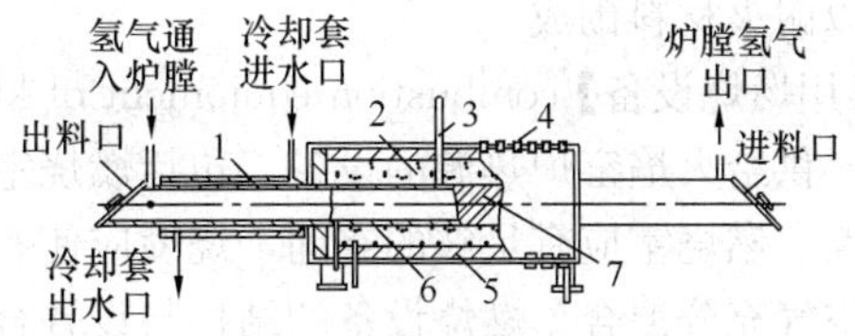

卧式氢气炉结构图

1—冷却套；2—绝热填充物；3—热电偶；4—炉壳；5—耐火材料；6—氧化铝炉管；7—钼丝

【窑室】kiln chamber

由窑墙、窑顶、窑底组成的空间。在窑室中燃料燃烧的产物（或电热体）与坯体（或物料）进行热交换，使坯体烧成。连续性窑炉的窑室一般分为预热、烧成和冷却三带，坯体进入窑室，顺序经过三带而烧成。间歇性窑炉的窑室则无三带之分，坯体在窑室的同一地点，先后经过预热、烧成、冷却各阶段。

【窑墙】kiln wall

窑室的一个组成部分，用以分隔内外空间并支撑窑顶。由于经受窑内高温，承受窑顶重量，因此砌筑材料应能耐高温、隔热良好，并具有一定的强度。所用材料的种类及厚度视使用温度而定。

【窑顶】kiln roof

又叫拱、璇。是窑室的一个组成部分，其作用与窑墙相似。但它支撑在窑墙上，操作条件较差，因此，除必须耐高温、隔热良好及具有一定的机械强度外，尚应结构合理、不漏气、质量小、横推力小等，根据拱高 f 及跨度 B 的关系将窑顶分为：半圆拱 $f/B=1/2$；标准拱 $f/B=1/7\sim1/3$；倾斜拱 $f/B=1/10\sim1/8$；平拱 $f/B=0$。宽度较大的窑炉多采用拱顶，由楔形砖、标准砖、拱脚砖组成。其结构简单，经济耐用，但气体分层较为严重，窑内上下温度较大。平拱上下温差较小，但结构较复杂，多用于截面小，要求上下温度较小的窑炉。

【窑底】kiln bottom

窑室的一个组成部分，直接承载坯体。连续性窑炉由运载设备组成活动的窑底，如窑车式隧道窑的窑底由彼此衔接的窑车台面组成。间歇式窑炉的炉底多为固定的(也有活动的)。都以耐火材料砌成。

【窑用燃烧设备】combustion equipment of kiln

供给火焰窑炉热源的设备。包括燃烧室及烧嘴。燃烧室应有足够的空间，烧嘴应使燃料与空气充分混合。燃烧设备的结构与设置合理与否，直接关系到温度制度的实现及窑内温度的均匀性。

【窑用通风设备】ventilation device of kiln

供给窑内空气和排除废气的设备。包括送风、抽风、排烟及气幕系统，如鼓风机、抽烟机、喷射泵、烟囱等。通风设备的结构、分布和控制合理与否，直接影响窑内压强分布、温度分布与气氛控制。

【窑用输送设备】conveying device for kiln

窑内运载坯体的工具，一般用窑车，截面较小的窑可用推板、辊子、输送带、步进梁等。输送设备必须运转正常，耐高温，坚固耐用。

【预热带】preheating zone

连续性窑炉中坯体被预热的一段。一般指坯体入窑至900℃(或1000℃)处的一段范围。来自烧成带的烟气预热坯体后，经由排烟口、支烟道、主烟道、烟囱排至大气。预热带常处于负压下操作，冷空气会由窑的不严密处漏入，常采用各种气体循环措施以减少窑内上下温差。预热带的长度根据坯料的化学-矿物组成，坯体大小、形状、入窑水分等因素来确定，一般占全窑长的30%～40%。

【烧成带】firing zone

连续性窑炉中坯体被烧成的一段。一般指900℃(或1000℃)至最高温度处的一段范围。坯体在此继续升温直至烧成。烧成带一般占全窑长的30%～40%。

【冷却带】cooling zone

连续性窑炉中制品被冷却的一段。一般指烧成最高温度直至出窑的一般范围。根据制品的形状、性能，采用直接或间接的冷却方法。冷却带一般占窑长的30%～45%。

【窑车】kiln car

窑内运载坯体的设备，由金属车架、车轮，耐火衬砖、砂封裙板组成。彼此相连的窑车台面组成活动的窑底。窑车与窑车间、窑车与窑墙间，有曲折封闭结构，并由窑车上的砂封裙板、窑墙上的砂封槽及槽内的石英砂构成砂封，以分隔窑车上下空间。

【推车器】pusher

又称推车机。将窑车推入窑内的一种设备，有油压推车器和机械推车器两大类。油压推车器推车平衡，能自动停止过载，多用于连续推车。机械推车器有螺旋推车器和钢绳推车器，其推车速度较快，功率消耗较大。

【匣钵】sagger

以耐火材料制成的匣状窑具。明焰窑内，为使坯体不受燃烧产物污染，以保证产品的质量，常将坯体装入匣钵中烧成。匣钵的高温荷重软化温度应比坯体的烧成温度高，且要求耐急冷急热性好，使用寿命长。

【棚板】deek

以耐火材料制成的板架状窑具。以棚板在窑车上砌成棚架，以提高装载量，节约窑料，快速烧成。

【检查坑道】inspection pit

隧道窑轨道下的坑道。用以检查窑车运行情况、处理事故、清理砂子等。一般设在烧成带前后，也可全窑设置。

【事故处理孔】accident handling hole

隧道窑用于处理窑内事故而在烧成带与冷却带交界处两侧墙上设置的孔。隧道窑烧成带可能发生棚架或匣钵柱倒塌情况，待窑车推到事故处理孔位置时，打开事故处理孔进行清理，以便窑车继续正常运行。辊道窑两侧窑墙上用于清除窑底砖坯碎片的孔也称事故处理孔。平时，事故处理孔处于封闭状态。

【测温孔】thermometer hole

窑体上插入热电偶测温的孔。测温孔一般设在窑顶和窑墙。测温孔可以在窑体砌筑时用耐火砖砌成，也可以设计专用的测温孔砖。

【观察孔】peep hole

窑体上为观察烧嘴燃烧状况或窑内烧成状而设置的孔。烧嘴的对面窑墙上都有烧嘴观察孔。平时，观察孔用孔塞或孔盖封住。

【车下通风】under car ventilation

在冷却带、烧成带车下分散鼓入冷空气，在预热带车下集中抽出热空气的一种方法。用以冷却窑车下部并造成与窑内相近的压力制度，减少漏气。也可在窑墙下部开孔自然通风。

【分散排烟】distributed exhaust for flue gas

隧道窑排除废气的一种方法。排烟口设于窑墙两侧近车台面处，其分布总长度占预热带长度的70%左右，每车位可设置1～2对。排烟口设有闸板控制烟气流量，使预热带达到预定的温度和减少窑内上下温差。

【直接冷却】direct cooling

将空气直接鼓入窑内冷却制品的方法。一般，连续式窑可在急冷带和窑尾顶部及侧墙鼓入，鼓入量可为燃烧所需空气量的2～7倍。为提高冷却效率，可将空气以高速(约150m/s)喷入窑内，使窑内气体强烈搅动。

【间接冷却】indiect cooling

空气在夹墙、夹顶、金属管道中通过，间接冷却制品的方法。冷却速度较缓和，与直接冷却相比，窑的操作制度较稳定，但窑的结构较复杂，冷却效率不高，最好和直接冷却结合使用。

【余热锅炉】waste heat boiler

参见10.4.2.2【余热锅炉】。

【封闭气幕】close air curtain

位于连续式窑窑头阻挡外面冷空气从窑头进入窑内的气幕。连续式窑的预热带因为排烟而形成负压。窑头封闭气幕是将气体以一定的速度自窑顶及两侧窑墙喷入窑内，在窑头成为气帘，气体的动压转换为静压，使窑头部位形成1～2Pa的正压，从而阻挡了窑外冷空气从窑头进入窑内。气幕风源最好是冷却带抽来的热风。

【氧化气幕】oxidation air curtain

将还原气氛转化氧化气氛的气幕。进行还原烧成的连续式窑炉，在950～1050℃处设置氧化气幕，使该处的空气系数大于1，从烧成带过来的呈还原气氛的烟气与氧化气幕相遇，烟气中的一氧化碳燃烧完全，烟气由还原气氛转化为氧化气氛。氧化气幕的风量要足够、温度要高。

【搅动气幕】stir air curtain

隧道窑预热带扰动烟气流动、减小窑内上下温差的气幕。搅动气幕将气体以较大的流速和一定角度自窑体孔隙喷出，迫使窑内顶部烟气向下运动，加强窑内气体上下循环，减小气体分层，使窑内温度均匀。搅动气幕的温度应与喷入位置窑内温度相适应。

【烧成】firing

烧成是将硅酸盐制品在一定条件下进行热处理过程，使其发生一系列物理化学变化，形成预期的矿物组成和显微结构，从而达到固定外形并获得所要求性能的工序。

【素烧】biscuit firing

未施釉的生坯的烧成过程称为素烧。施釉后再烧成则称为釉烧。素烧的作用主要是提高坯体的强度以利于装饰、施釉等加工过程，减少损耗。古代许多名瓷如唐三彩、耀州瓷、郎窑红、钧红、天青釉、部分青瓷的瓷胎，都是经过素烧后再施釉。采用熔点较低的釉时(精陶、骨灰瓷等)，为了使坯体达到较好的烧结程度，先将生坯在较高的温度(1200～1500℃)下素烧，施釉后再用较低的温度(950～1050℃)釉烧。

【一次烧成】one step firing; single firing

将生坯施釉入窑高温烧成一次而成制品的方法。

【二次烧成】twice firing; double firing

陶瓷坯体在施釉前后各进行一次高温处理的烧成方法。未上釉的生坯烧成称为素烧，素烧后的坯称为素坯。素坯施釉后的烧成称为釉烧。根据温度不同，二次烧成分高温素烧低温釉烧和低温素烧高温釉烧两种工艺。二次烧成多用于生坯强度较低的陶瓷制品及部分精陶。某些工业陶瓷塑性成形时，坯中加入大量有机增塑剂和粘合剂，也常采取素烧后再施釉的方法。

【烧成制度】firing schedule

烧成过程中温度制度、压力制度和气氛制度的总称。温度制度包括合理的升温曲线、烧成温度、保温时间和冷却曲线等。压力制度规定了窑中各部位的压力以保证烟气畅通，并保持各部位的温度符合规定。气氛制度则按要求调节窑中气氛的氧化程度或还原程度。

【烧成温度】firing temperature

即止火温度。是使制品得到合适烧结程度的最高温度。与坯体的化学成分、矿物组成、产品的性能要求及保温时间有关。通常是一个允许的波动范围，称为烧成温度范围，坯体技术性能开始达到要求时对应的温度为下限温度，坯体开始变形时对应的温度为上限温度。

【烧成时间】firing time

连续式窑炉坯体自入窑至最高温度，间歇式窑炉坯体由点火至止火所需的时间。与坯料组成、坯体外形尺寸、工艺条件及窑炉结构有关。坯体由入窑至出窑所需时间，称为烧成周期。

【烧成曲线】firing curve

表示陶瓷坯体在烧成过程中温度随着时间变化的曲线。包括升温、保温和冷却三个阶段。能在最短的烧成周期获得合格制品的烧成曲线称为最佳烧成曲线。合理的烧成曲线是窑炉设计和温度制度的主要依据。

【快速烧成】fast firing; quick firing

系指制品的烧成周期从传统的数十小时缩短为数小时，甚至数十分钟的迅速烧成。为了实现快速烧成，一般在工艺上要求如下：严格控制坯体入窑水分；坯体中保持较低的游离石英量；采用低温烧结，低收缩的坯料配方；选择与坯体相适应的釉料；窑炉方面明焰裸烧，单层装烧，使用高速等温烧嘴，强化窑内传热和通风等。其优点是产量大、热效率高、能耗低。

【明焰裸烧】open flame bare firing

坯体在明焰窑炉中裸露、与燃烧产物直接接触的烧成方式。多采用棚板和支柱搭建的棚架来码放坯体。与另一烧成方式明焰匣钵装烧相比，明焰裸烧的传热热阻小、烧成周期短、烧成热耗低。

【零压面】neutral margin

窑内相对压强为零的等压面。其位置所在是窑炉操作好坏的一个标志。倒焰窑则多控制在窑底。隧道窑的零压面参见3.1.2【零压位置】。

【装窑】setting

参见13.4【装窑】。

【装窑密度】setting density; placing censity

每单位尺寸窑炉有效空间内产品的装载量(千克或件数)。对于间歇式窑，一般用单位体积窑炉有效空间内产品的装载量来表示装窑密度；对于连续式窑，则用单位长度窑长方向上产品的装载量来表示装窑密度。在窑炉设计过程中，装窑密度是决定窑炉尺寸和产品产量的一个重要参数。在窑炉运行过程中，装窑密度也是影响产品质量的重要因素。

【氧化期】oxidation period

坯体加热到900～1000℃开始还原前的一段时期。在此阶段，坯体进行一系列的氧化分解反应，如有机物燃烧、碳酸盐分解、硫化物氧化等。氧化期应维持充分的氧化气氛，一定的温度和足够的时间，以避免制品产生坯泡、黑点、黑心等。

【还原期】reduction period

坯体在还原气氛中烧成时，自1000℃至烧成温度的一段时期。此时，窑内维持还原气氛，前期为强还原期，燃烧产物中一氧化碳含量为4%左右，使坯体内的氧化铁还原成氧化亚铁，再与二氧化硅反应生成青白色的硅酸亚铁，使瓷件白里泛青；且生成较多的液相，使瓷件致密，并使硫酸盐的分解温度降低，使二氧化硫、三氧化硫在釉面玻化前逸出，避免高火泡的产生。为不使坯体二次氧化，后期应保持弱还原气氛(一氧化碳含量2%以下)或中性气氛，直至保温阶段结束。若还原气氛不够充分或不均匀，则制品易发黄并产生釉泡。

【排烟口】exhaust port

排除烟气的孔口，分布在窑底或窑墙上。

倒焰窑中叫吸火孔。排烟口(或吸火孔)的布置和大小，会影响窑内温度分布和升温速度。

【自然通风】natural draft

借位压头的使用使窑内气体流动的方法。常用烟囱作为自然通风设备。

【机械通风】forced draft

利用风机的作用使窑内气体流动的方法。常用风机作通风机械。

【链排式炉栅】chain type grate

将炉栅安置在链带上的一种煤燃烧设备。自炉栅的一端加煤，煤自另一端落下；根据加煤量和链排运行速度，控制链排上煤层的厚薄与均匀性；空气从链排下分段控制其鼓入量。多用于锅炉，也可用于隧道窑。

【脉冲干燥】impulse drying

又称脉冲气流干燥，一种热风带动粉料流动并且流速发生大小交替变化的干燥方法。干燥热风带动粉料流动，粉料悬浮在热风中形成气固两相流，在管径大小交替变化的脉冲气流管内流速也发生大小交替变化。适用于憎水性、不怕粉碎和热敏性粉料的干燥，粉料粒径一般应在 1mm 以下。干燥后的粉料由旋风除尘器或布袋除尘器回收。

【流化床干燥器】fluid-bed dryer

又称沸腾床干燥器，干燥过程中物料处于流化状态的干燥设备。干燥热风从干燥器底部分风孔板进入，颗粒状物料由进料口连续加入，物料颗粒在热风气流作用下被托起，在床层内上下翻腾被流化干燥，干燥后的物料由溢流口溢出。特点是物料受热均匀，热交换充分，干燥强度高。对热敏性物料，可采用低温干燥，颗粒不会被破坏。

【链式干燥机】chain dryer

采用链条链轮及悬挂装置运载坯体的干燥设备。由运载机构(悬挂装置、链条、链轮)、动力传动装置、钢架、保温机壳、热风系统等组成，结构紧凑。链条牵引放置了模坯的悬挂装置(吊篮、挂篮、载板、链板等)在干燥室内以一定的走向和规律运行，使坯体或模子得到干燥并输送到预定的位置。链条的走向布置分水平式和垂直式两个基本形式。链式干燥机在日用陶瓷工业大量应用。

【辊道式干燥器】roller dryer

以辊棒传动输送坯体的连续式干燥设备。平行排列的辊棒构成辊道，辊棒的转动可通过链条传动或齿轮传动来实现。结构上有单层和多层之分。广泛用于墙地砖、西瓦等板状坯体的干燥。自动化程度高，可与生产过程的前后工序连成流水作业线。

【烧嘴】burner

工业窑炉上，将燃料和空气以一定方式喷出混合燃烧的装置。烧嘴主要为金属构件，包括燃料入口、空气入口和喷嘴，有些烧嘴的金属本体与烧嘴砖结合构成整体烧嘴。工业窑炉烧嘴多种多样，按燃料分为燃气烧嘴和燃油烧嘴，燃油烧嘴采用雾化燃烧法；根据燃料和空气混合情况分为长焰烧嘴、短焰烧嘴和无焰烧嘴；特殊烧嘴有平焰烧嘴、高速烧嘴、蓄热式烧嘴、脉冲式烧嘴等。烧嘴应使燃料合理燃烧、有足够的燃烧能力并能组织火焰。合适的烧嘴是保证窑炉内温度及均匀性的关键。

【高速烧嘴】high combustion rate burner; high velocity burner

一种燃烧产物可以 100m/s 以上速度喷出的烧嘴。高速烧嘴自身设有燃烧室，燃料与助燃空气在燃烧室内混合燃烧，燃烧产物高温膨胀产生足够的压力，从收缩状喷口以高速喷出，速度最高可达 300m/s。高速烧嘴喷出的燃烧产物射流产生强烈的卷吸及搅拌作用，促进窑炉内气体循环，强化对流传热，提高窑炉内温度均匀性，缩短加热时间。适用于宽截面连续式窑。

【脉冲燃烧】pulse-combustion

通过脉冲控制系统使烧嘴燃烧功率按一定周期变化，甚至间歇燃烧的方法。是与连续稳定燃烧相对应的一种燃烧技术。一个周期里实现窑炉温度控制所需的燃料集中在一段时间供给烧嘴燃烧，烧嘴处于满负荷状态，燃烧状况好，火焰喷出的速度大。对容积大、断面宽的窑炉，两边窑墙的烧嘴进行脉冲燃烧，当一边烧嘴的燃烧功率达到最大时，另一边达到最小，加剧气流流动，有利于炉内温度、气氛的均匀性。脉冲燃烧关键在控制系统，一般烧嘴通过控制系统可以实现脉冲燃烧。

9.4.4 装饰

【釉的呈色】colour produced in glazes

陶瓷釉产生颜色大致有四种方式：(1)离子呈色；参见 10.3.3【玻璃着色剂】。(2)胶体呈色；参见 10.3.3【玻璃着色剂】。(3)spinodal 分解呈色；参见本节【不稳定分解呈色】。(4)色剂呈色；参见本节【色剂的呈色】。

【色剂的呈色】pigment colouration

将一定含量的色剂融入无色的釉中使釉面呈现出一定的颜色。色剂可以是金属氧化物、天然矿物或人工合成的色料，一般多采用人工合成的色料。色剂的呈色主要受釉料组成、烧成温度和烧成气氛等因素的影响。其中，釉料组成主要会对色料着色离子的配位数、价态产生影响，如酸性强的釉料有利于金属离子向低价转变，碱性强的釉料有利于向高价转变，如锰在高碱性釉料中呈现 Mn^{3+}，显出紫罗兰色，而在硼酸盐釉料中 Mn^{3+} 离子减少，紫色程度降低；烧成温度和气氛也主要影响离子的价态，如氧化铁在氧化气氛 800℃以内呈赤褐色或鲜红色，800℃以上增加黑色色调，1200℃以上出现黑色；锰氧化物在低温时呈紫色，1200℃以上容易褪色。对人工合成的色料，由于其具有稳定的晶体结构而较少受到釉料组成、烧成制度的影响。

【不稳定分解呈色】colour produced by spinodal decomposition

又称釉的分相呈色，釉中玻璃相在一定的化学组成范围内和特殊的工艺条件下发生分相而使釉面呈现不同的颜色。这类瓷釉自高温冷却过程中，由于其组成在热力学上处于介稳(“不稳定”)态，会自发分解为两种或两种以上成分不同的玻璃相，即分相，其一为连续相，其余为分散相。由于分散相尺寸大小及分布不同，因而与入射光发生散射和衍射，出现不同的呈色。中国古代钧窑釉以及铁红釉等均为分相呈色。

【釉上彩】over-glaze decoration

用釉上颜料或由它所制成的贴花纸及其他装饰材料，在制品釉面上进行彩饰，经 900℃以下温度烤烧而成的装饰方法。

【釉中彩】in-glaze decoration

用能耐一定高温的颜料或由它所制成的贴花纸，在釉坯或制品釉面上进行彩饰，以釉烧时同一温度或接近温度下烧成，颜料沉入并熔合在釉中的装饰方法。

【釉下彩】under-glaze decoration

用釉下颜料或由它所制成的贴花纸，在精坯、素烧坯、釉坯的表面上进行彩饰，再覆盖一层釉，经高温烧制而成的装饰方法。

【综合装饰】comprehensive decoration

在一件整体构思和综合思考的陶瓷作品中，综合运用了两种以上不同属性的装饰工艺和技巧，如刻、填、喷、彩等多种工艺装饰手段，或使用釉料、泥料、彩料、色料等不同装饰材料，或使用釉上、釉下等不同的装饰技法等，使多种装饰工艺和技术相互映衬、各臻其妙、各显神采，以形成赏心悦目的综合艺术效果和意趣横生的艺术魅力，是现代陶瓷艺术中被广泛应用的装饰艺术形式。其优点是能更好地体现作品的主题思想，增加作品的艺术美。其特点是变化灵活、丰富多彩，各种装饰形式相互衬托、互为补充、争奇斗艳，丰富了陶瓷的艺术语言，主要有：青花斗彩、色釉刻花(素三彩)、青花釉里红、影青青花、色釉堆花及堆花加彩、珐花彩、色加彩、镂空加彩、珊瑚描金、高温色釉彩等。

【施釉】glazing

陶瓷坯体表面附挂釉料的操作。根据制品的形状和工艺上的要求，可采用不同的施釉方法，如浸油、荡釉、喷釉、浇釉、压釉、静电施釉等。

【淋釉】waterfall process glazing

将釉浆通过淋釉器形成连续的釉浆液流，均匀地施在陶瓷坯体上的一种施釉方法。主要有直线式淋釉器和钟罩式淋釉器。

【吹釉】glazing by sufflation

明、清时期一种陶瓷施釉技法，又称喷釉。用竹筒一节，一端蒙以细纱，蘸釉浆后，于另一端用口吹釉于坯面，反复喷吹，使坯表施一层厚度均匀的釉。釉层厚薄以吹的次数控制，薄则吹三四遍，厚则吹七八遍。精细制品采用此法施釉。正如《陶冶图说》所记："截径过寸竹筒，长七寸，口蒙细纱，蘸釉以吹。吹之遍数，视坯之大小与釉之等类而定，多至十七、八遍，少则三、四遍"。吹釉多用于琢器和大型圆器。

【浸釉】glazing by dipping

又名蘸釉。将坯体浸入釉中片刻后取出，利用坯的吸水性使釉浆附着于坯上。釉层厚度由坯的吸水性、釉浆浓度、浸渍时间来控制。适用于日用陶瓷类制品施外釉。

【荡釉】glazing by shaking

将釉浆浇入坯体内，缓慢摇荡，使釉浆分布在坯的内表面上的施釉方法。适用于器型较深，如花瓶之类的制品。

【喷釉】glazing by spraying

用喷雾器使釉浆雾化，喷到坯体表面的施釉方法。适用于大型器皿以及造型复杂或薄胎的制品。可多次喷釉，以进行多色施釉和达到较厚的釉层。

【浇釉】glazing by pouring

将釉浆浇于坯体表面的施釉方法。此法可进行机械操作，即将坯件置于旋转的辘轳盘上，浇釉浆后由于离心力的作用，使釉浆均匀附挂在坯上。还有一种喷浇结合的施釉机，效率高而且釉面光滑、平整。

【压釉】glazing by pressing

将粉状釉料与坯料分层填入模中，压制成带釉坯体的方法。操作时可先将釉料压实，或制成机械强度高的薄片釉再与坯体共同加压。这样，可使釉层比较均匀和少受坯料污染。多用于制造建筑用的面砖和地砖等。

【刷釉】glazing by brushing

陶瓷施釉技法之一。又称涂釉，即用毛笔蘸釉浆涂于器坯上。此法只宜用于上着色釉或同一器物上施数种不同色釉时用之。

【点釉】glazing by spoting

是德化瓷中一项独特的装饰，为彩瓷艺人许光月所创制。采用高温还原一次烧成。所制各式点釉花瓶等产品整体布满的釉点之间露出洁白素胎瓷质，加上开窗形中的无釉彩色花卉，分外清雅。

【施釉机】glazing machine

使陶瓷坯体附挂釉料的机械装置。一般有以下几种：淋釉机、浸釉机、喷釉机等。淋釉机是通过釉幕使坯体表面形成釉层。浸釉机是通过吸坯器或抓夹将坯体自动浸入釉桶中而上釉。喷釉机是利用压缩空气，将釉浆自动吹至坯体上的一种装置，可对盘、碟类制品内、外和底部同时完成施釉。

【浸釉机】automatic glazing machine

用于施釉的一种机械装置，主要由吸坯机械手、陶瓷坯体输送线、吸坯筒垂直升降机构、吸坯筒上下翻转机构以及吸坯筒等几部分组成。由于浸釉时间准确，比起人工浸釉的操作方式，具有釉层厚度稳定、产品质量稳定、生产效率高等特点。

【浇釉机】puring glaze machine

施釉的一种机器。浇釉机通常有一旋转的机头，将坯件置于旋转的机头上，边转边浇釉，由于离心力的作用，使釉浆均匀附挂在坯上。盘碟类制品也多用此法。

【喷釉机】spraying glaze machine

喷釉机有一雾化室，釉浆通过喷釉嘴，用2～4kg/cm^{2}的压缩空气雾化后，喷在素坯上。用于要求喷水特别均匀的产品生产。可实施多角度、多支喷枪组合喷釉。可以用于特别凹凸，甚至带弧面、阶梯的产品施釉。

【甩釉机】throwing glaze machine

由釉料储供装置、雾化室、料坯传送带构成，施釉装置结构为：经皮带与变速电机相连的甩盘轴座上有一端与釉料储供装置通接，内有釉料通腔，另一端部带出釉孔的轴，该轴与置于雾化室内上方的圆盘甩头固定连接，圆盘甩头的轴套上周身分布筛孔状出釉孔，并固定有多片之间有微间隙的圆盘片。甩釉机是利用离心力将釉浆雾化，施釉质量高，色彩变化多，成本低，环境污染轻。

【淋釉机】sprinkle galzing machine

通过釉幕使坯体表面形成薄釉层的机械。根据形成釉幕的方式不同，分为钟罩式淋釉机和直线式淋釉机。

【施釉机器人】glazing robot

施釉机器人主要是通过计算机将施釉操作程序记忆在机器里，主要有两种：一种是示教式机器人，使用前先由一名熟练的施釉工，手动控制机器人的机械手来完成施釉，计算机将人工动作记忆并录入程序，施釉机器人将自动按该程序运行；另一种是编程式机器人，使用前需先由编程人员，根据产品施釉的操作过程参数，编成机器能够识别的程序，输入计算机内，计算机即能按规定的程序操纵机器人进行施釉。施釉机器人能完成多轴运动，重现误差可小于0.1mm。通过控制安放坯件夹板的旋转位置，能使坯件处于正确的位置上。机器人的机械手也能围绕坯体运动。操作人员可以利用控制盘来控制坯件的状态，只需要通过键盘输入坯件的代码，机械手就能自动控制坯件的状态。

【瓷雕】sculpture porcelain

即陶瓷雕塑、陶瓷器的一种装饰。一般系指具有独立性的立体陶瓷雕塑制品，需经模印、镶嵌以及手工镂、捏、堆塑、雕刻等成形过程并经高温烧成。按操作方法，可分为圆雕、浮雕、镂雕、捏雕等数种。按制品，可分为素雕和彩雕两种。经高温烧成，必须考虑到干燥和烧成收缩，防止翘扁变形及裂纹玫疵等。瓷雕包括陈列美术品、日用生活器皿以及玩具等。素雕不施釉或只薄施一层白釉的瓷雕，制品不借助于彩饰而达到天然完美、白净素雅、风味别致的效果。彩雕在坯体上施以颜色釉或在瓷胎上加以彩绘装饰，增强了造型的表现力和美感。

【圆雕】round sculpture

陶瓷人物的立体雕塑。作为陈设的美术品称为案头雕塑。作为玩具及庭院中的装饰用的称为装饰雕塑。在坯体上施一层白釉或无光釉的称为素雕。加上颜色釉或彩绘的称为彩雕。制造方法有印坯及注浆等。

【浮雕】embossing sculpture

又名堆雕、凸雕或凸花，堆釉印花或刻花也属此类。是我国传统陶瓷装饰方法之一。它是在坯体表面上，用笔蘸取与坯体同性质的泥浆或用泥料填堆出各种纹样、花纹，突出坯面，达到浮雕装饰效果。浮雕分为富浮雕和薄浮雕。富浮雕是将形体纹样通过厚薄明暗关系压缩依附于器皿及一个平面上，使其产生压缩后的立体感。富浮雕必须用坯泥或色泥制作，多用于建筑物装饰。薄浮雕以线为主，以面为辅，线面结合来表达物象形体结构的雕刻技法，一般雕刻深度在10mm以内，面面虽薄，但通过严谨的线条刻画，同样呈现立体感，薄浮雕适用于构图简练、层次少的题材。而堆釉印花等则以薄浮雕为宜，多用于日用瓷和陈设瓷。

【镂雕】hollow carve

又称镂空、透雕，是景德镇瓷区和广东枫溪产瓷区的传统陶瓷艺术品种。它是以镂空为主，结合圆雕、捏雕、堆雕等技法，在陶瓷坯体上把装饰纹样雕通，再在上面粘贴花草或加彩的一种装饰方法。

【捏雕】sculpture

又名捏塑、手捏、捏花等。是以手工捏塑成形的陶瓷艺术品的一种方法。制作方法是将可塑泥料捏成各个部件，干后，粘结到加工好的主体上。用捏雕技术制成的花卉、草虫、龙船等属于特种手工艺品。

【素雕】plain carve

不施釉或只薄施一层白釉的瓷雕。制品白净、素雅，风格独特，不借助于彩饰而达到天然完美。福建德化素雕瓷素负盛名。

【彩雕】coloured carve

在坯体上施以颜色釉或在瓷胎上加以彩绘的瓷雕。通过施彩，以增强瓷雕造型的表现力和美感。

【通花】deep flower

陶瓷装饰的一种。亦称透雕、镂空。纹样穿透器壁的为全镂、通花。只刻去一浅层或刻到器壁一半的称半镂。两者结合使用，可使层次丰富。

【贴花】decal；decalcomania；lithography

将贴花纸上印制的花纹图案移印到器物上的方法，分釉上贴花和釉下贴花。釉上贴花有薄膜移花、清水贴花和胶水贴花等。釉下贴花有在贴花纸上只印出花纹的轮廓线条，移印后再进行人工填色(混水)；也有线条和混水一次贴上的，称为带水贴花。

【剪纸贴花】cutting decal

陶瓷装饰技法之一。以剪(刻)成的纸花在坯体上(或施底釉)贴伏平整，施釉后把纸花剥去，然后烧制而成。这种方法在吉州窑制品上曾大量使用，平定柏井窑中也有，四川荣昌陶器现仍沿用。

【印花】stamping；printing

将设计好的花纹图案通过硅胶头、印章、丝网等直接在坯体上印制出画面，有转移印花、滚筒印花和丝网印花等方式。

【辊筒印花】roller stamping

用刻有凹形花纹的铜制辊筒在陶瓷坯体或花纸上印花的工艺方法，又称铜辊印花。刻花的辊筒简称花筒。印花时，先使花筒表面沾上色浆，再用锋利而平整的刮刀将花筒未刻花部分的表面色浆刮除，使凹形花纹内留有色浆。当花筒压印于陶瓷坯体或花纸上时，色浆即转移到陶瓷坯体或花纸上而印得花纹。每只花筒印一种色浆，如在印花设备上同时装有多只花筒，就可连续印制彩色图案。

【刻花】engraved design

陶瓷刻花装饰是指在已干或半干的陶瓷坯体表面上，用竹制或铁制工具来刻划出各种深浅、面积不同的纹饰，再施以透明釉烧成。在陶瓷胎体表面的刻花装饰中，包含了剔花、刻花、划花、镂空、箅划纹、箅点纹等各种不同的工艺技法。

【划花】incised decordtion

瓷器的传统装饰技法之一。在尚未干透的陶瓷器表面用木刀、竹条、铜铁制器等尖状工具浅划出的线条状花纹。

【剔花】cuttde decordtion

瓷器的传统装饰技法之一。指刻好纹饰后，把纹饰以外的部分剔去。流行于宋代山西、河南、河北和山东的各大窑系，以修武(今属河南)当时峪窑的黑釉剔花瓷器最有代表性。以褐底衬托出洁白的纹饰最具特色。雁北地区(今属山西)金元时期盛行剔花装饰，以黑釉为主，在瓶、罐、缸等器物上剔刻简练的纹饰，独具一格。

【渗花】penetrating

采用丝网印花、喷墨打印等方式，借助可溶性着色剂渗入坯体中进行彩饰的方法。坯体渗花用液体都是具有着色作用的可溶性盐类，要求高温烧成中成色稳定。渗花彩料由色剂、稀释剂、增稠剂和渗透剂等辅助材料按一定比例配制而成。一般用于建筑陶瓷装饰，所用坯体有生坯和速烧坯体两种。

【耙花】rake flower

粉彩轧道瓷(扒花)就是把粉彩和轧道的工艺有机结合起来，形成珠联璧合。所谓轧道，又叫雕地，景德镇艺人谓耙花，它先在白胎上均匀施一层低温色料，如红、黄、紫、胭脂红等，再在色料上用一种状如绣花针的工具拔划出细的凤尾纹，最后配以花鸟、山水等图饰或开光图饰。

【丝网印花】screen print

将陶瓷装饰的花纹在丝网上制成图案，然后将彩料通过花样丝网套印在陶瓷制品上，具有层次丰富、立体感强的特点。一般，有釉上丝网印花和釉下丝网印花两种。

【喷彩】spray decoration

通过镂版将陶瓷彩料喷到器皿上的装饰方法。使用的工具是喷枪。喷彩时，将镂版盖在器皿表面，用压缩空气经过喷枪将彩料喷涂。可进行多版套色。

【自动贴花机】automatic decal machine

模仿手工贴花的装饰机械。根据产品形状及大小不同，贴花机的结构形式也各异。但无论哪一种形式，其基本动作相似，即(1)蘸水(或在产品表面上蘸水，或把花纸浸水)。(2)贴敷。将花纸贴在产品上。(3)赶胶，即把瓷器和花纸之间的胶粘剂(水、酒精或胶水)，赶走使贴实。(4)烘干。转盘自动贴花机如附图所示。

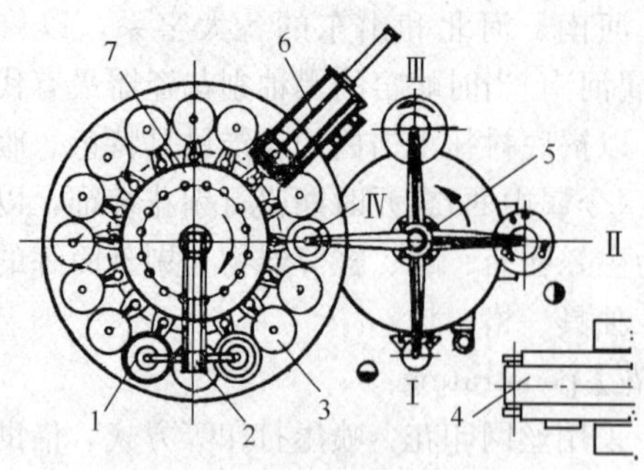

转盘自动贴花机

1—花纸浸泡圆转盘；2—压花纸机构；3—海绵橡胶圆托；4—传送带；5—盘子转移机；6—托纸吸取机构；7—花纸转移旋转盘；Ⅰ—取坯工位；Ⅱ—放坯工位；Ⅲ—清洗工作；Ⅳ—印花工位图

【丝网直接印花机】silk screen printing machine

又称丝网漏印机。是将装饰图案直接印到陶瓷产品上的装饰机械。机械本身设有网板、括板及传动机构。陶瓷颜料预先调制成印膏，置于丝网漏板上。印刷过程中，印膏通过网板直接漏到瓷器上。

【丝网转移印花机】silk screen transfer printing device

是丝网印花机的一种新形式，除了与丝网直接印花相同的部分外，还有转印板和转印头。其中，又有两种形式，第一种，转印板为硬质平板，转印头由有特殊涂层的明胶或硅橡胶制成。图样首先由网印机印到转印板上，然后由转印头蘸取图样再转印到瓷器上。上述动作全部由机械自动完成。第二种，转印板由橡胶薄膜制成，网印板上的图样先印在薄膜转印板上，然后将薄膜转印板反转 180°，使其对正产品，再由明胶头压下，使薄膜印板上的图样印到瓷器上。

【辊筒印花机】roller printing machine

通过辊筒将印板上的图案印制到砖坯表面的印花机。辊筒印花机由机架、传输系统、辊筒、布釉系统、自动供釉系统及控制系统等组成。布釉系统将釉料平整地分布于辊筒表面并回收辊筒上过多的釉料，由伺服电机驱动辊筒转动，将图案印制到砖坯表面。辊筒印刷是一种柔性印刷，可以实现凹凸面的印刷，从而使得陶瓷砖的表面层次更加丰富，对自然的仿真度更高。辊筒印花实现全自动化操作，自动上釉、自动擦网，不会造成釉面缺陷，可连续生产，中间损耗小。与丝网印花机相比，辊筒印花机产量大，网板使用寿命长。

【画线机】line drawing machine

用滚轮等在日用陶瓷上画一条或多条彩色、彩带的机械。这种机器可以满足陶瓷加工高速度、高精度的生产要求，大大减轻了工人手工劳动量，提高了生产效率，在一定程度上也提高了产品的质量。可以分为单色画线机和多色画线机。

【陶瓷喷墨打印】ceramic inkjet printing

将陶瓷装饰用的着色剂制成墨水，通过计算机控制的喷墨打印机将不同呈色的墨水按照所设计的图案直接打印到陶瓷坯或釉表面上，烧成后呈现出所需要的图案的装饰方法。该技术通过计算机软件信号可即时改变装饰设计，提高了新产品的开发和生产效率，同时可依靠计算机方便地制作复杂图案，提高装饰效果。使用该技术装饰的陶瓷具有时装化、个性化、艺术化、小批量、多花色、低碳环保的特点。

【陶瓷喷墨打印机】inkjet machine

又称喷墨印刷机。将陶瓷墨水喷到砖坯表面，形成图案的机械。采用压电式按需喷墨打印技术，是一种非接触、无压力、无印版的印刷技术，将电子计算机中存储的信息输入喷墨打印机，即可实现图案和花纹的印刷。喷墨打印机一般由喷头系统、喷头清洁系统、供墨系统、带输送系统、带清洁系统、操作及控制系统等组成。喷头系统由喷头、喷头矩阵及喷头板组成，供墨系统包括墨盒、过滤器、墨泵、管路等在内的循环供墨系统，操作及控制系统包括灰度控制器、显示器、路由器、芯片、接口在内的驱动电子设备、控制软件等。在陶瓷墙地砖的装饰上得到广泛的应用。

【打磨】polishing

为了提高陶瓷的光洁度，对素烧或烧成后陶瓷坯体进行精加工的一种工艺。采用砂轮或砂纸对素烧坯体的粗糙、凸出部分进行磨平，提高其平整度，有利于施釉的均匀性。或采用砂轮或砂纸对烧成后陶瓷未施釉部位如盘、碗的足底部位进行磨平加工，使其光滑、精致。

【镶嵌】inlay

将某种装饰物如宝石等嵌入陶瓷中，使两者固定的一种装饰工艺方法，有机械镶嵌法和树脂镶嵌法等。

【描金】decoration with liquid gold

描金是釉上彩装饰方法之一，是用本金(金粉)或亮金(金水)在瓷釉面上描饰装饰纹样或配合其他装饰作边线或金地使用。本金的使用技法较亮金操作要困难得多，而且由于含金量高，一般只局部使用于高级产品，一般产品都采用亮金。金水主要为含10%～20%黄金的液态金，也可以是含铂或钯为着色材料的白金水。

【镀膜】coating film

在陶瓷表面上喷镀一层具有特殊功能的薄膜材料，以提高材料的耐磨性、耐热性、耐腐蚀性、导电性以及装饰性能等。主要镀膜方法有真空镀膜，包括蒸发镀膜、溅射镀膜和离子镀，化学气相沉积，分子束外延以及磁控溅射等。

【绞胎】twisted coloured body

又称胶泥，将两种以上不同色调的坯泥不均匀地掺和在一起成形，造成坯体出现不同色调的花纹，达到装饰的效果，称为绞胎。多用于陶器制品。

9.5 性 能 测 试

【卡片架构】card architecture

用以说明泥浆触变结构的一种理论。该理论将片状黏土颗粒比作卡片，这些卡片面上带负电，面边上带正电，由于正、负电相吸而形成卡片之间边面结合的空间架状结构，在结构空隙中包藏了大量的水，因而泥浆就被“冻住”而失去流动性，如附图所示。搅动时此结构被破坏，于是流动性增大，再静置时，这些卡片又逐渐形成架状结构。利用卡片架构理论还能解释pH值及不同电解质对泥浆悬浮和絮凝的影响。

卡片架构示意图

【泥料可塑性】clay plasticity

在超过屈服点的外力作用下泥料发生塑性变形但不破裂，除去外力时，仍保持变形后的形状的性质。可塑性是陶瓷坯体成形的基础。泥料中颗粒的形状、大小以及颗粒表面的水膜是使泥料具有可塑性的主要因素。例如可塑性大的黏土颗粒是扁平的，含微粒的成分多，与水混合时颗粒表面形成一层水膜。扁平的颗粒在外力的作用下，可以较大程度地相对移动而不致失去接触。水膜在泥料变形时，可以减小颗粒间的摩擦力，还可以使变形后塑成的坯体具有一定的强度。泥料可塑性的表示方法有可塑性指数和塑性指标两种。可塑性指数是泥料开始可塑状态的含水量，与由可塑状态进入液化状态的含水量的差数。塑性指标用捷米耶钦斯基仪的圆球法测定时，以受力变形时的最大应力与应变的乘积表示。

【座滴法】sessile drop method

又称卧滴法，是测定界面张力的重要方法之一。原理是：若放一滴液体在固体的平面上，当达到平衡时(见附图)，在固-液-气三相接触点A处，必存在力平衡，即 $\sigma_S - \sigma_{SL} = \sigma_L \cos\theta$。根据液滴的形状，接触角的大小可确定液-固的润湿性；若已知液滴密度，便可求出固-液的界面张力。该法可用于研究金属与陶瓷的高温反应、结合机理，玻璃和熔渣对耐火材料的浸蚀等。

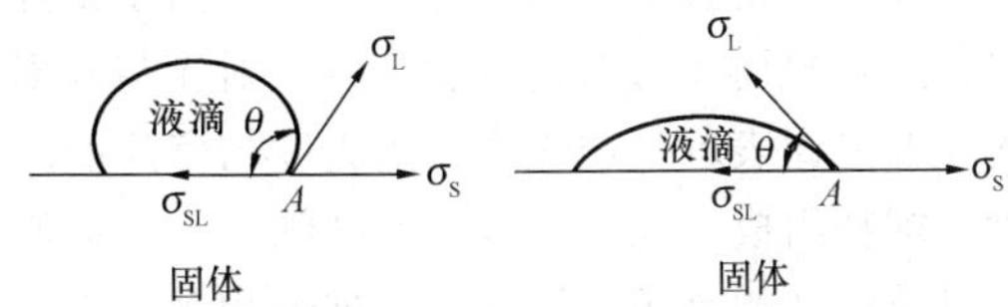

液滴在固体上的湿润情况

σ_L—液滴表面张力；σ_{SL}—固-液界面张力；σ_S—固体表面张力；θ—接触角

【铺展系数】spreading coefficient

参见1.3.2【铺展系数】。

【吸水率】water absorption

参见 2.1.1【吸水率】。

【气孔率】porosity

参见 8.5.1【孔隙率】。

【化学稳定性】chemical stability

陶瓷制品抵抗各种化学介质侵蚀的能力。试验方法是选择一定重量的试样浸没于指定浓度、指定温度的酸或碱液中，经过一段时间后，称量该试样的剩余质量。以试样在试验后质量除以试验前质量的百分比表示。即：$K=\frac{g_1}{g_0}\times 100\%$。式中：$K$ 为陶瓷的化学稳定性（%）；g_1 为试样经试验后的质量（g）；g_0 为试样试验前的质量（g）。测定时如所用的是酸性溶液，所得结果称为耐酸度；使用的是碱性溶液，所得结果称为耐碱度。陶瓷的化学稳定性主要取决于坯料的化学组成和结构的特征。餐具瓷釉中如铅或镉等溶出量超过一定量时，则在使用中会使人中毒，故各国对瓷釉中的铅、镉溶出量都加以严格限制。

【白度】whiteness

陶瓷材料对白色光的反射能力。它是以45°角度投射到陶瓷试件平面上的白光反射的强度（I）对于以同样角度投射于化学纯 $BaSO_4$ 标准片的白光所反射的强度（I_0）之间百分比来表示。即：白度$=\frac{I}{I_0}\times 100\%$。陶瓷的白度取决于坯釉料中的铁、钛等杂质含量以及烧成时的气氛性质。坯体的白度对于评定日用陶瓷的质量具有重要意义。

【透光度】translucency

以平行光线垂直照射在瓷片上后由于瓷片对光的吸收而使透射光减弱，以透射光与入射光强度之比表示其透光度。透光度与瓷片的厚度、配料组成、原料纯度、坯料细度、烧成制度以及瓷坯的晶相、气相以及玻璃相含量以及其显微结构等相关。瓷坯中玻璃相增多能提高透光度，透光度还与相之间的折射率之差有关，因此，瓷坯中的残存石英及气泡均会降低透光度。

【耐磨性】abrasive resistance

表示材料抵抗磨损的能力。陶瓷制品在使用过程中，凡表面经常受到磨损的制品（如铺地砖、锦砖等）都需进行耐磨试验。实验方法有道瑞式踞盘研磨法、流砂法、研磨纸法等。耐磨性与材料的组成、硬度、烧结程度等因素有关。其他释义参见 2.1.6【耐磨性】。

【热膨胀测定】determination of thermal expansion

即热膨胀系数（固体在温度每升高1K时长度或体积发生的相对变化量）测定，目前热膨胀系数的测定方法一般有差比热膨胀仪法和X射线衍射法（XRD）。

【冲洗功能】flushing function

卫生陶瓷用规定水量将便器内污物排出并将便器冲洗干净以及污水更换的能力。

冲洗功能可反映卫生陶瓷的自洁性能，主要包括洗净功能、球排放、颗粒排放、混合介质排放、排水管道输送、水封回复、污水置换、卫生纸冲洗 8 项性能。

【机械强度】mechanical strength

陶瓷材料或制品抵抗外界机械应力作用的能力。以单位面积所能承受的最大负荷来表示。根据负荷的性质可分为抗弯（或抗折）强度、抗压强度、抗张强度、抗冲击强度等。

【抗张强度】tensile strength

又称抗拉强度。是指陶瓷材料受到张应力（拉伸负荷）的作用而破坏时的极限应力，以试件单位横截面积（m^2）上所承受的破坏负荷（N）来表示。测试时，在圆柱体试样的直径方向施加两个方向相反的沿着试样长度均匀分布的集中载荷，在承受载荷的径向平面上产生于该平面垂直的均匀拉伸应力，随着这种应力的增加，最终拉伸断裂，见附图。

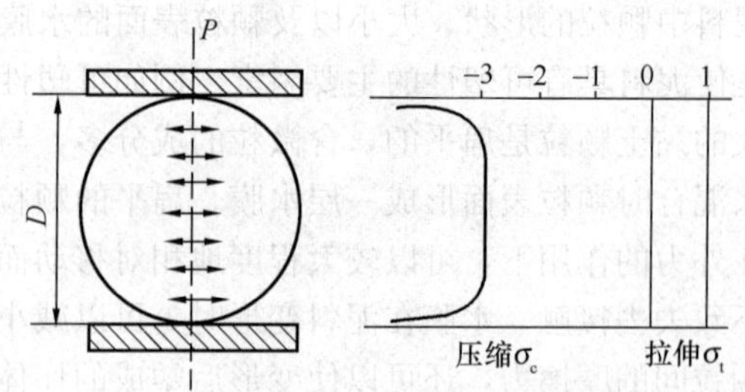

径向拉伸试验原理图

抗张强度极限值按下式计算：$\sigma_t = 2P/\pi DL$，式中：σ_t 为抗张强度极限（N/m^2）；P 为试样破坏时的压力值（N）；D 为圆柱体试样的直径（m）；L 为圆柱体试样的长度（m）。

【耐冲击强度】impact resistance

陶瓷材料忍受外界动态负荷作用的能力。一般以冲锤由恒定高度降落直至材料破坏时的冲击次数来表示，或以冲锤降落所产生的与冲击次数成比例的总功（N·m）来表示：$W = Phn$。式中：W 为破坏功（N·m）；P 为冲锤重量（N）；h 为冲锤降落的固定高度（m）；n 为冲击次数。此外，还可用摆锤式仪器进行测定。日用陶瓷器（如盘子）、筑路材料及复面材料等，常需测定其耐冲强度极限值。

【抗折强度】bending strength；flexural strength

又称抗弯强度。参见 2.1.6【抗弯强度】。

【抗压强度】compressive strength

陶瓷材料受到压缩负荷的作用而破坏时的极限压力。以试件单位横截面积（mm^2）上所承受的负荷来表示。试验可在通用万能材料试验机上进行。试样形状为 $\phi 20 \pm 2mm$，高 $20 \pm 2mm$（粗陶试样为 $\phi 50 \pm 2mm$，高 $50 \pm 2mm$）的圆柱体。两个受压平面必须严格平行并加以磨平，要求两底面不平行度小于 0.01mm/mm，试样母线与底面的不垂直度小于 1°。测试时施压速度为 200N/s（粗陶 150N/s）均匀加载，直至试样破碎，记录此时的最大载荷。耐压强度的计算式为：$\sigma_c = \dfrac{4P}{\pi D^2}$。式中：$\sigma_c$ 为陶瓷的抗压强度极限（MPa）；P 为试样受压破碎时的负荷（N）；D 为试样的直径（mm）。

【抗热震性测定法】test for thermal shock resistance

又称为热稳定性测定法。陶瓷接受外界温度的急剧变化时，观察陶瓷制品是否出现裂纹或破损，确定其抗热震性能的一种测试方法。将试样放置在能够在 15min 中内升温至测试温度，其可控工作区域温差不大于± 5℃的电炉内，当试样在测试温度下保温 30min 后，15s 内投入到 20±2℃流动的水中保持 10min 后取出，干燥后在试样表面涂上染色溶液（如墨水），稍干后抹净染色液体，用肉眼观测试样是否有裂纹、破损等，静止 24h 后复查一次。

【抗扭强度试验】test for torsional strength of electric porcelain

又称抗扭试验（torsion test）。是对针式支柱、棒式支柱等绝缘子进行的扭力强度试验。试验时，将试件的一端固定，另一端施加扭转应力，直至试件破坏为止。扭转强度的计算公式为 $M_n = \sigma_n W_n$。式中：M_n 为破坏扭转矩（kg·cm）；σ_n 为扭转破坏应力（kg/cm^2）；W_n 为扭转侧面模数（cm^3）。

【抗剪强度试验】test for shearing strength of electric porcelain

又称抗剪试验。是对通信和针式绝缘子等进行的强度试验。将绝缘子的颈部套在以相对方向叠合的两夹具之中孔内，装置于压力机或材料试验台上；然后，在两夹具上施加剪切力，直至试件破坏为止。剪切破坏强度的计算式为：$P_S = \tau S$。式中：P_S 为剪切破坏负荷（kg）；τ 为剪切破坏应力（kg/cm^2）；S 为危险断面面积（cm^2）。

【电气试验】electrical test

装配前的瓷件须经过的各项电气物理性能试验。电气试验包括工频干闪络、工频湿闪络、冲击电压、工频击穿电压、壁厚耐电压、工频火花耐压、机电破坏负荷、绝缘电阻、无线电干扰及电晕试验等。

【机电联合试验】test for combine of electromechanical

检查悬式绝缘子机电性能的主要试验之一。包括一小时机电负荷试验和机电破坏负荷试验，均在联合试验机上进行。一小时机电负荷试验是以均匀而无冲击的速度增加负荷至规定数值，然后施加 75%～80%的额定干闪络电压，在此机械负荷和电压下，维持 1h，试料不应损坏或击穿。机电破坏负荷试验则在额定破坏负荷的 75%以前，机械的负荷的升高速度不作规定，但必须保持平衡的无冲击，然后施加 75%～80%的额定干闪络电压。在此同时，以每分钟为额定机电破坏负荷的15%～30%的速度增加机械负荷，直至破坏或击穿为止。

【工频火花电压试验】test for power frequency spark voltage

检查绝缘子瓷件内部有无缺陷的试验。为了易于鉴别被击穿的试件，每只试件均应串联一个7～12mm的火花间隙，试验时把工频电压升到一定数值，并使在这一电压下有一半以上试件的表面在试验过程中先后产生连续火花并保持3min，如在试验时间有试件被击穿或其他不正常现象而使试验中断时，则应剔除被击穿的试件或消除不正常现象；然后，对余下试件继续进行试验，再试的时间为3min减去已试时间总和的一半。试验结束时，试件不应有开裂或异常发热。

【绝缘电阻试验】test for insulating resistance

反映通信绝缘子瓷质性能好坏的试验。将经过洗净烘干的试件，顶端向下放入盛有净水的容器中，净水的电阻率应在5000～10000Ω·cm范围内，使外裙外面的水平面低于外裙边缘20mm。内孔注水，使其水平面低于内裙边缘20mm。两裙之间注水，使其水平面低于外裙20mm，停留8h。然后，将浸入绝缘子内部和外部水中的两块金属片接通高阻计，在100～500V的直流电压下进行测量。

【冲击电压试验】test for impulse voltage

检查绝缘子和瓷管耐受电压作用的性能试验。单独试验的套管和绝缘子按标准应能在正负极性下承受1.5/40μs全波冲击和截波冲击电压，在冲击电压试验前后均应进行工频火花电压试验，或测量其电容和介电损失角正切值等，以检查其局部绝缘有无损伤。

【无线电干扰试验】test for radio interference

检查绝缘子在运行中局部放电而引起的无线电干扰的试验。绝缘子电极部位存在有间隙火花放电或电晕放电，或者由于绝缘子表面污染受潮时污层的局部放电，会产生频率很宽的各种高频波，干扰各种无线电接收器正常工作。无线电干扰试验就是利用无线电接收方法测定绝缘子所产生无线电的干扰水平。

【击穿电压试验】puncture test

又名油击穿试验。测定绝缘子能承受工频击穿电压的数值。击穿电压的大小表明它的绝缘能力。试验时，把试件整个浸在变压器油或电容油中，在额定击穿电压的75%以前，电压升高速度不作规定，其后每秒钟以额定击穿电压的3%的速度升高至击穿为止，读出击穿时的电压值。

【干闪络电压试验】test for dry flashover

又名干闪试验。是检查当绝缘子表面干燥时，沿绝缘子表面的放电电压。试验时，试件与地面及外物应保持一定的距离，在额定干闪络电压的40%以前，电压升高的速度不作规定，其后以每秒钟约为额定电压3%的速度升高至闪络为止。连续两次闪络的时间间隔应不少于1min，干闪络电压以连续6次测定的闪络电压的平均值计算。

【湿闪络电压试验】wet flashover test

又名湿闪试验。本试验只对户外绝缘子进行。在淋雨状态下，屋外绝缘子的放电电压、湿闪电压值与大气密度有关。试验时规定雨强3mm/min，雨水电阻率10000Ω·cm，雨流与垂线成45°角。试验时，试件先淋雨5min，并同时施加约40%的湿闪络电压，其后以每秒约为额定电压3%的速度升高至闪络为止。湿闪络电压应以连续6次测定的闪络电压的平均值计算。

【液压试验】inner pressure test

又名内压试验。利用液体加压检查绝缘瓷套抵抗内部压力的性能。分耐受与破坏试验两种。试验时在接近正常使用情况下将两端进行密封，内腔注满液体(通常注水)，液压耐受试验时均匀而有冲击地增加压力。压力数值和保持时间应符合产品标准规定，试验时不应有水透过瓷体现象。液压破坏试验时，均匀而无冲击地增加压力，直至试件破坏为止。

【超声波探伤】ultrasonic inspection

探测实心瓷体内部缺陷的一种无损测试方法。利用超声波探伤仪发生的超声波射入试件内部，根据反射到探伤仪荧光屏上的波形位置和大小，确定瓷体内部是否存在开裂、气泡、杂质、致密程度等缺陷的位置及大小，超声波探伤频率一般在 1～5MHz 范围内。

【孔隙性试验】porosity test

又名吸红试验。是利用毛细作用鉴定瓷件是否生烧的试验：将瓷件试块置于含 0.5%品红的酒精溶液中，在压力不低于 15MPa 的情况下维持一段时间，其时间(以 h 计)与压力的乘积应不小于 600；然后，将试块取出，烘干后击碎，检查其断面有无品红渗透现象。

【闪络距离】flash-over distance

绝缘子表面放电路程的长度。分干闪络距离与湿闪络距离。干闪络距离是指在绝缘子电极间通过周围空气的最短距离，湿闪络距离是湿闪络试验时绝缘子两极间通过其湿表面的最短距离。

【绝缘子泄漏距离】insulator leakage distance

绝缘子电极(包括水泥胶装面)间沿绝缘体表面(包括涂覆半导体釉的绝缘体表面)量得的最短距离。

【泥浆流动性】slurry fluidity

一种反映泥浆不断克服内摩擦所产生的阻碍作用而继续流动的一种性能。测试方法为采用恩氏黏度计分别测量黏度计外筒温度 30℃条件下流出 100mL 水所用的时间 t_1，以及黏度计外筒温度为 30℃，泥浆搅拌 5min 静止 30s 后，从黏度计中流出 100mL 泥浆所用时间 t_2，以 $F=t_1/t_2$ 的值表示泥浆的流动度。

【泥浆稠化度】slurry consistency

又称厚化度。表征泥浆触变性能的指标。测试方法为控制黏度计外筒温度为 30℃，测量泥浆搅拌 5min 静止 30min 后，从恩格拉黏度计中流出 100mL 泥浆和静止 30s 后流出同样体积泥浆所用时间之比。

【泥浆渗透性】slurry penetrability

注浆成形时，泥浆中的水分通过附着在模型上的泥层而被模型吸收的能力。泥浆渗透性大小与泥浆中固体颗粒的大小与分布，黏土的种类，泥浆的触变性、黏度等有关。

【釉的黏度】viscosity of glaze

指釉在熔融状态时的黏度。一般陶瓷釉的黏度在 $10^{1.5}$～$10^{3.3}$ Pa・s 范围。釉的黏度过大，不易流动，小气泡不易排出，釉面易于呈现波纹；黏度过小，就会造成流釉，形成上薄下厚的不均匀釉层，有时会出现缺釉的缺陷。

【釉的光泽度】glossiness of glaze

釉面对光线的反射能力。为全反射光线强度(I_1)与入射光线强度(I_0)的比，用百分率表示，即光泽度 $G=I_1/I_0\times100\%$。釉的光泽度主要由釉的折射率及其表面的光滑程度决定。按照釉的组成，含铅量高的釉，以及釉中的 Al_2O_3 与 SiO_2 的当量比在 1∶6～1∶10 之间的釉的光泽度比较好。釉面产生析晶时，光泽度会降低。

【釉的表面张力】surface tension of glaze

釉在高温熔融状态时的促使釉面收缩的力称为釉的表面张力，高温下约在$(200\sim300)\times10^{-3}$N/m 范围。釉的表面张力大小，与化学组成有密切关系，且随着烧成温度的提高而减小(负温度系数)。温度每升高 10℃，表面张力减小 1%～2%。在釉的化学组成中，碱金属氧化物对降低釉的表面张力作用较强，其作用顺序为 $Li^+>Na^+>K^+$；二价金属氧化物对降低釉的表面张力不如一价碱金属氧化物显著。B_2O_3 和 PbO 对降低表面张力都有较强的作用。而 SiO_2 对釉的表面张力，主要取决于硅酸盐熔体的成分。当有 Na_2O 存在时，SiO_2 能降低表面张力，Al_2O_3 则提高釉的表面张力。釉的表面张力过大，会使釉对坯体的湿润性过小而引起缩釉；表面张力过小，又会使釉面出现针孔。

【坯釉适应性】glaze-body adaptability

陶瓷坯体与釉层具有相互适应的物理性质，釉面不致龟裂和剥脱的特性。影响坯釉适应性主要有坯釉之间的热膨胀系数差、坯釉中间层、釉的弹性和抗张强度及釉层厚度等。一般要求釉的膨胀系数略小于坯体的热膨胀系数。坯釉中间层发育良好。釉的弹性模量与坯体相互接近，釉的抗张强度较高，釉层厚度适中，这样有利于坯釉的适应性。将坯泥制成长 55mm，宽 15mm，中部厚 3mm(约占总长度的 1/3)的试条。素烧后在中间薄的部分单面施一层釉。将试条的一端固定，在管状电炉中加热到烧成温度。冷却时，用显微镜观察试条的变形状况。试条从烧成温度冷却到室温保持平直，表示釉层中没有出现应力。试条向施釉一面弯曲，表示釉层中出现张应力，即釉的膨胀系数较坯体的大，有釉裂倾向。试条向未施釉一面弯曲，表面釉层中出现压应力，釉的膨胀系数较坯体的小，有产生剥釉的倾向。

【干坯强度】strength of dry-body

又称生坯强度。坯体成形并干燥后的机械强度。为了保证修坯、上釉及装窑等工序的顺利进行，减少破损，生坯必须具有足够的强度。干坯强度与坯体所用的软质黏土含量和种类有关，一般的原生软质黏土纯度高，有机物含量少，因此干坯强度低，而次生高岭土含有较多的有机物，其生坯强度较高。为了提高干坯强度，也可以在坯体中添加少量的有机物，如羧甲基纤维素等。

【干燥收缩】drying shrinkage

坯体在干燥时因包围在黏土颗粒间的水分蒸发，颗粒相互靠拢引起体积收缩，称为干燥收缩。一般以长度或体积大小的变化来表示，分别称为干燥线收缩率和干燥体积收缩率。如干燥线收缩率计算公式：$L_{干}=\dfrac{l_0-l_1}{l_0}\times 100\%$，式中：$L_{干}$表示坯体的干燥收缩；$l_0$ 为湿坯的某一长度；l_1 为同一部位干燥后的长度。干燥收缩与成形方法及其泥料的含水量有关。例如半干压法成形的坯体的干燥收缩较可塑成形和注浆成形制成的坯体要小。泥料含水量大时，制成的坯体的干燥收缩也相应大些。

【烧成收缩】firing shrinkage

坯体在烧成过程中发生一系列的物理化学变化(如脱水、分解、莫来石的生成、易熔杂质的熔化，以及这些熔化物充满质点间空隙等)，导致坯体发生收缩，称为烧成收缩。有两种表示方法：(1)按长度变化百分比表示，称为烧成线收缩率。计算式如下：$L_{烧}=\dfrac{l_1-l_2}{l_1}\times 100\%$，式中：$L_{烧}$为陶瓷烧成线收缩率；$l_1$为烧成前的长度(mm)；$l_2$ 为烧成后的长度(mm)。(2)按体积变化百分比表示，称为烧成体收缩率。计算式如下：$V_{烧}=\dfrac{V_1-V_2}{V_1}\times 100\%$，式中：$V_{烧}$为陶瓷烧成体收缩率；$V_1$为烧成前的体积($mm^3$)；$V_2$ 为烧成后的体积(mm^3)。

【总收缩】total shrinkage

陶瓷坯体从湿坯经过干燥及烧成所发生的尺寸总变化。总收缩率$L_{总}$的计算式为：$L_{总}=\dfrac{l_0-l_2}{l_0}\times 100\%$。式中：$l_0$ 为湿坯的尺寸；l_2 为同一部位烧成后的尺寸。必须注意，总收缩率不等于干燥收缩率与烧成收缩率的简单相加所得的和。

【坯釉结合性】billet glaze associativity

包含两方面的含义：一是指生坯施釉后釉层与坯体紧密结合、不开裂、不剥离的能力；二是指陶瓷坯釉经过烧成后形成完美的釉面，不开裂、不剥离的能力。生坯釉的结合性与釉料的细度、釉料干燥收缩率有关。若釉料磨得太细、施釉层太厚，其干燥过程中收缩太大，容易形成微裂纹，在烧成后釉面易开裂。烧成后，坯釉结合性主要受到坯釉的化学组成、坯釉热膨胀系数、釉的弹性和坯釉中间层以及烧成制度等因素的影响，良好的坯釉结合性要求坯体和釉料组成的酸度系数保持适当的差别，即坯体的酸度系数略高于釉的酸度系数。釉的热膨胀系数要略低于坯体的热膨胀系数，这样可使坯釉中间层发育良好，釉层具有较好的弹性。

【铅镉溶出量】release of lead and cadmium

用于装饰陶瓷产品的低温釉料及彩料中，常引入含铅、镉等的原料，当这类釉料及彩料的餐具在使用时与食物长期接触，铅、镉等重金属离子会不同程度地溶解在酸性食品中。如果这些溶出离子进入人体，则会影响人体健康。因此，对接触食物的日用器皿要求检测铅、镉的溶出量。世界各国的检测标准略有不同，我国的检测方法是：釉面或画面在 4%乙酸溶液中，温度为 22±2℃，浸泡 24h，空心制品的溶出量以从萃取液中测得铅、镉的浓度(mg/L)表示，扁平制品及颜料的溶出量以单位面积溶出浓度(mg/m^2)表示。

9.6 缺 陷

【烧成缺陷】firing defect

陶瓷在烧成过程中，因操作不当导致产品出现不完美，称为烧成缺陷，烧成缺陷主要有变形、开裂、起泡、阴黄、烟熏、火刺、落脏、釉面针孔、桔釉、釉面无光、生烧、过烧、黑心等，详见各词条。

【烟熏】smoked glaze

又称串烟、吸烟。指陶瓷产品表面呈灰色或不纯正的白色。主要由于坯体氧化不完全或还原过早，使坯内炭素、有机物或低温碳在釉层封闭之前未能烧尽，有时烟气倒流或装窑密度太大导致抽力不足，窑内烟气较多也会造成熏蚀。若釉料中钙含量偏高也易形成烟熏缺陷。防止烟熏主要是严格控制烧成制度和窑内气氛。

【变形】deformation；deform

制品烧成后与规定不符的扭斜、翘曲、鼓肚等现象。产生的原因：(1)泥料陈腐不够，或泥浆搅拌不匀，或石膏模各部分干湿不一，使成形后坯体各部分水分不均，干燥后就发生翘曲。(2)烧成温度与坯体配料不适应(升温速度过快、烧成温度过高、保温时间太长)。(3)装窑时产品没有垫平，使产品烧成时变形。因此，必须从原料配方、成形、干燥、烧成等各工段严格控制，才能从根本上消除变形这一缺陷。

【弯曲度】curvature

又称平整度，因陶瓷砖平面不能达到绝对的平整，其不平与绝对的水平之间的差距称为弯曲度。通常有平面弯曲度、中心弯曲度、边线弯曲度和扭曲度等几种表达。

【生烧】under sintering

制品未达到烧成温度称生烧。生烧制品有结构疏松、强度较低、尺寸不符、釉面无光等缺陷。原因是烧成温度过低，保温时间不足。窑内温度分布不均，也会造成局部生烧。

【过烧】over sintering

制品超过烧结温度称过烧。过烧制品有变形、尺寸不符、釉泡等缺陷。原因是烧结温度过高，保温时间太长。窑内温度分布不均，也会造成局部过烧。过烧后瓷件抗张强度将会降低。

【黑心】black core

瓷件的中心部位出现灰黑色现象的缺陷。其产生原因是在陶瓷焙烧过程中由于氧化期没有将坯料中有机物和游离碳素等除尽。

【落脏】ash contamination；burr

有外部杂质或灰尘落入釉层而形成的缺陷。避免这种缺陷的措施是：在匣钵顶盖内涂釉，使用耐热急变性好的棚板以及无破损的匣钵。

【疵火】kiln stain；fire thorn

又称火刺。指瓷器的釉面粗糙，表面有黄褐色的一种缺陷。这是由于匣钵有裂或缺口，匣钵重叠处有裂缝。高温时，火焰中飞灰进入匣钵，影响釉面所致。

【釉面缺陷】glaze defect

指陶瓷釉面上出现的针孔、气泡、缺釉、釉裂、釉屎、落脏、飞砂、色边、阴阳色等。

【粘釉】glaze sticking

瓷件烧成时，互相粘连或与匣钵粘连，而损坏釉面或瓷体的缺陷。其原因为瓷件端面或匣钵底面不平造成倾倒所致。

【釉裂】glaze crack

釉面呈现裂纹的现象。主要原因是釉与坯对比，釉的膨胀系数过大，冷却时，釉面中形成的张应力超过了弹性极限使釉面开裂。有时，由于釉层过厚或冷却不当，也会造成釉裂。精陶产品在使用中由于坯体吸湿而膨胀，也会使釉面逐渐出现裂纹，这种釉裂称为后期龟裂。

【釉泡】glaze bubble

陶瓷釉面呈现小气泡。缺陷出现的原因之一是烧成温度偏低，釉的黏度大或釉层过厚，气泡不易排除而滞留在釉层中。另一种原因是烧成温度过高，溶解在釉中的气体又被放出形成新的气泡。釉料中含有大量可溶性盐类时，由于水分蒸发，可溶性盐被带到制品表面，特别是边部或凸出部分。这些部分的釉层熔点很低，也可能形成釉泡。

【棕眼】pin hole

又称针孔、毛孔。釉面呈现的针刺状小孔。烧成时釉中的气泡上升到表面破裂后形成。坯釉中有机物含量高，分解出的气体在釉熔融之前未能充分排出，就易形成棕眼。上釉时，坯体过干过热；注浆时，石膏模过干过热；素坯欠烧，坯体不致密，熔融的釉渗入气孔中，也会形成棕眼。

【桔釉】orange peel

釉面缺乏光泽，呈现类似桔皮的现象。烧成时温度太高，或保温时间太长，釉面沸腾而形成桔皮状；施釉时，由于坯湿，吸水性差，使釉层分布不均，也会形成桔釉。

【滚釉】crawling glaze

釉层脱离坯面或不均匀覆盖坯体的现象。又称脱釉。产生原因是坯釉结合不好，釉熔融后表面张力和黏度太大，不易流动均匀。坯体上局部有灰尘也会形成脱釉。克服的措施是调整釉的组成、颗粒度、表面张力、黏度和釉层厚度，使坯釉紧密结合。

【剥釉】stripping glaze

釉层从坯上剥离。由于坯与釉对比，坯的膨胀系数过大。冷却时，釉层中承受的压应力超过强度极限而使釉层剥落。施釉后的坯体受到振动或冲击，也会产生剥釉。大件坯体瓷化不均，也可能出现剥釉。

【缺釉】lack glaze；glaze-peels

又称秃釉。产品表面局部无釉的现象。施釉前，未除尽坯体上的灰尘和油垢，蜡粘在应施釉的部位；施釉太厚以及装窑时操作不当等，均能形成缺釉。此外，烧成时窑内水蒸气太多，坯体潮湿，也会坯釉分离而造成缺釉。

【缩釉】crawling；glaze crawling

在烧成后有釉的陶瓷产品表面上出现局部无釉的缺陷，称为缩釉。缩釉缺陷可在烧成前或烧成过程中产生。通常，在达到瓷器的烧结温度时，釉料应完全液化并流动均匀地覆盖表面。但当釉熔化后，陶瓷的某些部位没被釉料覆盖，导致在烧成后的产品某些部位无釉。如果釉的高温黏度大，在烧成中它就不能平滑地在产品表面流动。在某些地方，釉料就会聚集成堆或有时会在釉面出现大量裂纹。实际上，这些并不是裂纹，只是釉料没有流动。当釉料由于表面张力大不能很好地流动，釉料不能流动到的部位便显露出坯体，就会产生缩釉。有时当釉表面趋向于聚集或卷缩时，整个釉面层会裂成釉珠状。

【釉面析晶】crystallization in glaze

在陶瓷釉面中析出种类、大小不同的晶体称为釉面析晶。一般的透明釉不希望析出晶体，但通过调控釉料组成和制备工艺使釉中析出不同的晶体，则可以制成具有不同装饰效果的陶瓷制品，如结晶釉、砂金釉、乳浊釉、无光釉、金属光泽釉、彩虹釉等。

【釉面擦伤】scrubmark on glaze

是指制品釉面出现条痕和局部失光的现象。产生原因是产品在磨光底足时，由于操作不当被砂轮或砂纸擦伤釉面，或在运输、拣选、装饰、彩烤等加工过程中产生相互摩擦而形成釉面擦伤。

【釉缕】excess glaze

釉熔化后流聚成的缕状物。造成的原因是施釉太厚，釉黏度低，上釉不均等。提高釉黏度的方法是：减少釉中溶剂，增加石英、氧化铝含量。

【斑点】spot；speck

制品表面带色的污点。产生的原因主要是坯料及釉料中混入含铁的杂质，如云母、硫化铁、钛铁矿以及由设备磨损产生的铁屑，混入含锰的混合物也会造成黑斑。此外，因烧成时气氛影响，也可出现制品内部各种颜色的斑点。

【坯体缺陷】body defect

坯体缺陷是指源自坯体配方、生产过程及坯体内在性能的缺陷。主要包括坯体变形、坯裂、色差、坯泡、斑点、熔洞、黑心、鼓泡、尺寸偏差等。这些缺陷与坯体的配方组成有关，也与陶瓷生产过程中的成形、干燥、烧成等工艺因素有关。

【坯裂】crack on body；body crack defects

烧成后制品开裂的现象。有两种：一是在升温阶段形成的，裂缝较大，裂口粗糙发黄并伴随着变形，称为烧裂。一是在冷却时形成的，裂缝较细，裂口锋利，称为炸裂。烧裂是在升温时，水分排出速度过快所造成。坯体粘结性差、水分不均、粘结件干湿不一，也会造成烧裂。炸裂主要是冷却时产品中残余石英的晶体转化所造成。

【坯泡】body bubble

陶瓷釉面呈现较大的凸泡。烧成初期坯体中产生的水蒸气、二氧化碳、二氧化硫等气体未能充分排出，当釉面熔融封闭后还继续向外排，因而呈现凸泡。注浆成形时，泥浆中含有气泡带入坯体中，也会形成坯泡。

【熔洞】melting hole

存在于陶瓷制品中的易熔物烧成后熔融而产生的孔洞。产生的原因是坯体中混入易熔物，如石膏渣(来自石膏模)、长石渣或颗粒较大的含铁杂质等。避免这种缺陷的措施是：严格控制石膏模的使用，注意保管注浆用的泥浆防止杂质混入。

【滚迹】running mark

在滚压或刀压成形中产生的弧线状痕迹(包括中心凹凸滚头迹、震迹)。

【色差】chromatic aberration；colour difference

陶瓷产品烧成后，在制品不同部位显示出不同的色彩或釉面色调不均匀、深浅不一的缺陷。但随着人们追求自然的审美情趣，色差也不一定会被认为是产品缺陷。

【底足粘脏】contamination on body foot

指底足粘有其他杂质而变色。主要是由于制品在运输、加工过程中在底足土粘有杂质，烧成后形成色足或烤花装烧的托板矽钢片上有铁屑或其他杂质，装烤后制品产生色足。

【落渣】slag；burr

也称落脏，指制品表面粘有匣砂、糠灰等渣粒。主要产生原因是匣钵、棚板质量较差，匣钵、棚板未涂涂层或涂层过薄，装窑前没有刷扫干净；或装坯时将糠灰吹入坯体上；陶瓷在烧成过程中因窑车振动或晃动掉落渣粒在坯体上，经过烧成后渣粒或糠灰与坯体粘结在一起。

【泥渣】clay slag

坯体装窑前一般需要进行清扫，但如果坯体表面尚有未除净的泥屑、釉屑，烧成后这些泥屑或釉屑与坯体烧结在一起而形成表面疙瘩，这种缺陷称为泥渣。

【缺泥】lack clay

又称缺口，缺坯。指产品口部有大小不一的缺口。主要与成形、磨坯等工序有关。因泥料的可塑性较差，干燥强度较低，在磨坯加工时手指用力不均匀易使坯体受伤，或取坯时用力不当擦伤了口沿，装坯时检查不严，将带有残缺的坯体转入窑内，烧成后出现了缺泥的缺陷。

【阴黄】shade yellow

陶瓷制品表面发黄或斑状发黄，断面也有发黄的现象。产生阴黄的主要原因有：原料中含铁、钛杂质过多；还原气氛不足，使坯釉中所含 Fe_2O_3 在烧成中没有被全部还原成 FeO；烧成过程转换为还原气氛太晚，釉面已封闭，还原介质无法进入坯体与 Fe_2O_3 发生反应；还原阶段操作不当，还原气氛不稳定而引起犯阴黄；还原时窑内温差过大，会因还原不足而发黄；在高火保温阶段或冷却时，由于控制不当，使已还原的铁重新氧化。

【装饰缺陷】decorative defect

日用陶瓷在装饰过程中造成的缺陷，如贴花纸经 800℃左右烤烧后，出现的爆花、脱落、裂纹、变色、起泡等缺陷。

【彩色不正】colour incorrect

制品同一花纹色彩浓淡不均匀或由于欠火而产生不光亮的现象。产生的原因主要有：使用的花纸已风化变质；烤花用的燃料含硫过高；烤花温度不恰当，过高或过低；烤花窑漏烟；烤花装窑方法不当或稀密不适；烤花窑内水汽太大。

【画面缺陷】picture defect

陶瓷制品的画面残缺和色泽不正的现象。当制品为釉下装饰时，产生的原因主要有分水时水色、浓淡、厚薄不统一；花纸上的色料没有全部粘贴在坯体上，花纸色料浓淡不一致；施釉时厚度不一致；烧成气氛或温度不当导致呈色不一致等。釉上装饰时产生的原因有花纸质量不好；贴花操作不当残留气泡，气泡胀破或爆花；彩烤时的燃料含硫过多，其中的硫与花纸发生反应，生成硫酸盐而使彩色失去光泽等。

【饰金缺陷】decoration-gold defect

主要有以下几种：(1)金色不亮：饰金的制品出现金属膜层不亮的现象。又称为朦金。(2)金色发蓝：指饰金的制品金的黄亮度弱减，呈现深紫蓝色。又称为蓝金。(3)金色发暗：指亮金水装饰的制品发暗，不光亮，呈古铜色。(4)冲金：指饰品的金线条或金边局部中断，出现断金缺陷功金线长毛成为不连贯的珠状。又叫断金、飞金、金线长毛。(5)扎金：指饰金陶瓷制品金线条扎断、不清和金线、金边浓淡不均匀。又称为缺金。(6)附着力不强：饰金制品其金线条容易擦掉。

【色脏】colour contamination

制品表面呈现不应有的染色现象。主要原因是装烧或搬运制品时叠放歪斜互相靠在一起，因颜料未干造成画面粘着的痕迹或彩烤时有碎屑或杂质落在画面上。

【绝缘子老化】insulator aging

绝缘子在使用过程中受到运行过程中的一些外因(如电压和机械负荷、导线振动、温度和湿度、化学腐蚀等)的作用，通过绝缘子在制造过程中产生的内因(如瓷质不均匀、生烧、釉层不良、设计或装配不良等)而导致了绝缘子的物理或化学变化，使绝缘子的性能或结构随着时间的延长逐渐起了不可逆的变坏，终至不堪使用，这种现象称为绝缘子老化。

【夹层】interlayer

又叫起层、层裂、分层和重皮。出现夹层的根本原因是模内粉料中的气体排除不畅。主要影响因素有粉体中的水分不均匀，粉料陈腐时间太短，粉料颗粒级配不合理；压机压制制度不合理等。

【大小头】wedge shape

指墙地砖坯体尺寸边长相比大小不一。主要形成原因是粉体压制后坯体致密度分布不匀，烧成中窑内水平温差较大等。

【缩腰】waisting

墙地砖中间尺寸小于边长的现象。主要原因是布料不均匀，导致坯体的前后两边致密度较差，从而烧成后产生的收缩不一致，粉料在压制过程中的压力不同，可能出现左右边鼓腰，也是产生缩腰的原因。

【崩角】corner-chipping

墙瓷砖烧成后出现的缺角缺陷。崩角缺陷大多数是由成形等机械原因所致，它也是瓷质砖生产中最常见的缺陷之一。

10 玻 璃

10.1 专业基础理论

10.1.1 玻璃结构

【玻璃】glass

由熔融物冷却硬化而得的非晶态固体。广义玻璃包括单质、有机和无机玻璃，狭义玻璃仅指无机玻璃。规模化生产的是以二氧化硅为主要成分的硅酸盐玻璃，此外还有以 B_2O_3、P_2O_3、PbO、Al_2O_3、GeO_2 等为主要成分的氧化物玻璃；以硫系化合物(例如 As_2S_3)或卤化物(例如 BeF_2)为主的非氧化物玻璃，以及某些合金形成的金属玻璃(例如 Zr-Al-Ni-Cu)。除惰性气体外，元素周期表中几乎所有的元素，均可引入或掺入玻璃。在固体材料中，玻璃的显著特点在于：可通过化学组成变化并结合各种工艺方法(例如表面处理和热处理等)，大幅度调整玻璃的物理和化学性能，以拓宽应用范围，满足实用要求；并且可以用吹、压、拉、铸、浮抛、溢流等不同成形方法或借助塑形器具，成形不同形状和结构的制品，还可通过焊接和粉末烧结等加工方法制成形状复杂、尺寸严格的器件。玻璃作为结构和功能材料或结构功能一体化材料，被广泛应用于建材、轻工、交通运输、医药、化工、电子信息、航空航天和原子能等领域。

【晶子学说】crystallite theory

由列别捷夫(А. А. Лебедев)首先(1921年)提出的玻璃结构学说。当初，列别捷夫认为他所研究的硅酸盐玻璃中存在石英“微晶”，后来又吸收了瓦连柯夫和波拉依-柯希茨(Н. Н. Валенков，Е. А. Порой－кощич)的 X 射线结构分析成果，改进了这一学说，其要点如下：玻璃是由无数“晶子”所组成；所谓晶子，不同于一般的微晶，是带有点阵变形的有序区域，它们分散在无定形介质中，从晶子区到无定形区是逐步过渡的，两者间没有明显的界限。晶子学说揭示了玻璃结构的微观不均匀性，并以“晶子”描绘了短程有序性。

【无规网络学说】random network theory

由查哈里阿森(W. H. Zachariasen)提出的玻璃结构学说。1932 年，查哈里阿森对熔融石英玻璃结构作如下描述：每个硅原子与周围四个氧原子形成硅氧四面体[SiO_4]，这些四面体相互间通过共有顶角连接，从而构成三维无规网络(又称不规则网络)。由于网络中的四面体作不规则排列，故与晶态石英的结构有所不同。查哈里阿森还提出形成氧化物玻璃(不仅限于 SiO_2 玻璃)的四条规则：(1)每个氧离子应与≤2 个阳离子相连；(2)在中心阳离子周围的氧离子数(配位数)一般≤4；(3)氧多面体相互间通过共有角或棱相连；(4)每个多面体至少有 2 个顶角是共有的。上述中心阳离子及其周围氧离子组成玻璃网络或骨架。当将 SiO_2 与碱金属氧化物 R_2O 或碱土金属氧化物 RO 共熔而形成玻璃时，[SiO_4]网络被断裂，而 R^+ 离子或 R^{2+} 离子无序地分布在[SiO_4]四面体之间的空隙中，见附图。以上观点被瓦伦等人(B. E. Warren. Z. Kri-

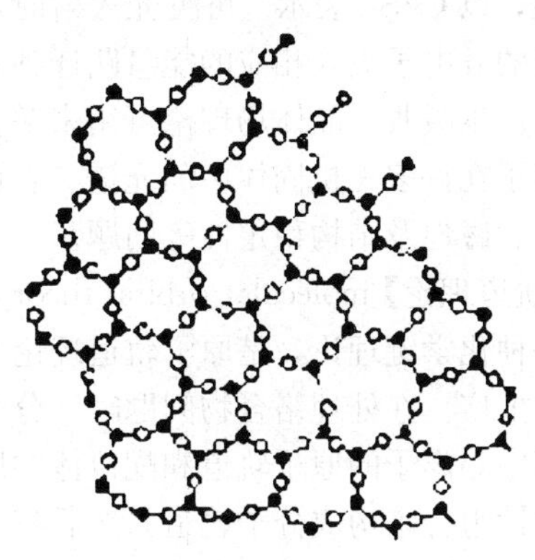

无规网络结构

st，R. L. Mozzi)的一系列X射线衍射分析所证实。不规则网络学说阐明了玻璃结构的宏观均匀性和长程无序性。随着研究的深入，该学派新的代表者认为，氧多面体的排列有某种程度的规则性，碱金属和碱土金属离子在玻璃结构中也有一定的配位关系。

【随机网络模型】modified random network; MRN

当玻璃修饰体加入到玻璃形成体中，玻璃中将形成由玻璃形成体组成的网络与由玻璃修饰体形成的网络间区域两个子结构，整个玻璃网络由这两个子结构交替形成。网络间区域是否形成渗流通道将由玻璃组成决定。玻璃的性能将由这两个子结构共同决定。

【配位体】ligand

按照一定的几何构型配置于中心离子或原子周围的离子或分子。最常见的配位体是单原子或多原子负离子以及中性、极性分子。一个中心离子的全部配位体构成具有一定对称性的多面体。例如在硅酸盐玻璃中，一个过渡金属离子可由四个氧离子配位体构成四面体，或由六个氧离子配位体构成八面体。

【晶体场理论】crystal field theory

络合物、晶体、玻璃着色和能级理论之一。把中心过渡离子与周围配位体的结合简化为静电作用，主要考虑静电吸引和排斥，不交换电子，不形成任何共价键。中心离子在周围配位体电场作用下，发生五个简并d轨道的能级分裂，使全部d电子的能量比球对称时降低，并趋于稳定。能量降低的数值称晶体场稳定化能，以CFSE表示。可见光入射时，处于低能级的d电子吸收相应的能量跃迁到高能级轨道，产生吸收。晶体场理论可用来解释过渡金属离子在许多无机固体中的光谱、着色、顺磁共振、磁性及结构稳定性等问题。

【分子轨道理论】molecular orbital theory

一种化学键理论，是原子轨道理论对分子的自然推广。在处理络合物问题时，分子轨道理论用中心离子的原子轨道和配位体的原子轨道的线性组合来构成分子轨道，然后将电子一次两个地按能级增大的次序填充到这些分子轨道中去，以得到分子或络合物的电子结构。与晶体场理论不同，分子轨道法可以很好地处理共价键问题。它在电子光谱、顺磁共振、络合物稳定性、化学反应能力或其他理论化学方面都是一个很有用的理论方法。

【配位场理论】ligand field theory

络合物、晶体和玻璃的近代着色和能级理论之一，是分子轨道理论和晶体场理论的结合，即考虑了中心金属离子与带负电配位体之间的静电作用，并产生附加的晶体场稳定化能，又考虑到中心离子与配位体之间形成某种程度的共价键，即部分的引入分子轨道理论，考虑了中心离子与配位体的轨道重叠。是一种比晶体场理论和分子轨道理论更完善的理论。

10.1.2 玻璃形成条件

【单键能】single-bond energy

在氧化物MOx中，每个M－O键的能量。设MOx的分解能为E_d，M的配位数为C，则单键能为E_d/C，用千卡/摩尔键表示。根据单键能的大小，从氧化物对玻璃网络结构的关系出发，可将各种氧化物分为三类：(1)单键能在80kcal以上的称为网络形成物；(2)单键能在60kcal以下的称为网络修改(外)物；(3)单键能在60～80kcal之间的称为中间氧化物。

【网络形成体】network former

能单独形成网络结构，亦即单独形成玻璃的氧化物。又称玻璃生成物或玻璃生成体。常见的有SiO_2、B_2O_3、P_2O_5、GeO_2、As_2O_3等。它们所含的配位多面体(硅氧四面体[SiO_4])和硼氧三角体[BO_3]等)是玻璃网络的结构单元。这些配位多面体内部的化学键(Si-O键和B-O键等)都是极性共价键，即兼具离子键和共价键的某些特性，而共价性占优势。多面体内部的键角(O-Si-O键角和O-B-O键角等)保持不变，但多面体相互间的连接则缺乏严格的取向，易于形成大型的、长程无序的多面体集团，由此形成不规则网络结构。

【成网阳离子】network-forming cation

玻璃网络结构单元(配位多面体)的中心阳

离子，简称成网离子，有 Si^{4+}、B^{3+}、P^{5+}、Ge^{4+}、As^{3+} 等。它们的共同特点是：离子半径小、电价高、电场强度高，并与氧形成离子-共价混合键，这些特点是形成玻璃网络的重要条件。

【网络修改物】network modifier

不能单独形成玻璃网络，但能使网络发生改变的氧化物，又称网络修饰物、网络外体，或玻璃调整剂。常见的有 Na_2O、K_2O、MgO、CaO、BaO、La_2O_3、ThO_2 等，用 R_mO_n 表示。这些氧化物的引入，在不同条件下，使玻璃网络发生下列改变：(1)使中间氧化物全部或部分由六配位变为四配位，例如 $[AlO_6]\rightarrow[AlO_4]$，后者与硅氧四面体 $[SiO_4]$ 组成统一网络。这种作用有时称为“补网”。(2)使部分或全部硼氧配位由 $[BO_3]$ 变为 $[BO_4]$，从而组成 $[SiO_4]$-$[BO_4]$ 统一网络，或 $[BO_3]$-$[BO_4]$ 混合网络(在 R_mO_n-B_2O_3 二元玻璃中)。(3)使硅氧网络按下列顺序发生型变：架→层→链，这一作用称为“断网”。以上变化是由 R_mO_n 所提供的游离氧引起的。(4) R_mO_n 中的 R 离子，尤其是电场强度较高的离子如 La^{3+}、Th^{4+} 等，使周围网络中的氧按 R 本身的配位数来排列，这一作用称为“积聚”。

【网络外离子】network-modifying ion

在玻璃结构中，处于网络之外，即处于网络空隙中的阳离子。常见的有 Na^+、K^+、Mg^+、Ca^{2+}、Ba^{2+} 等，由网络修改物引入。这些离子的共同特点是：离子半径大、电价低、电场强度低，R-O 键的离子性强，其中的 O^{2-} 离子即所谓游离氧。当游离氧被夺走后，R 离子安置在网络空隙中靠近非桥氧处。除上述的碱金属离子和碱土金属离子外，还有某些高电价的、起积聚作用的阳离子如 La^{3+}、Th^{4+} 和 Nb^{5+} 等也是网络外离子。

【中间氧化物】intermediate oxide

又称网络中间体，简称中间体。性能介于网络形成物和网络修改物之间的氧化物。常见的有 BeO、Al_2O_3、Ca_2O_3 等。其中的阳离子 Be^{2+}、Al^{3+}、Ca^{3+} 等称为中间离子。玻璃结构中，在不同条件下，中间离子可以作为成网离子起作用，也可以作为网络外离子存在。以 Al^{3+} 离子为例：当它夺获游离氧时，形成 $[AlO_4]$ 四面体，从而参加玻璃网络，起补网和固网作用；但在夺不到游离氧的情况下，则作为 $[AlO_6]$ 而处于网络之外，并起积聚作用。中间离子的主要特点在于：同一种离子有两种不同的配位，并且倾向于从高配位转入低配位。

【桥氧】bridging oxygen

在氧化物玻璃网络中，作为两个成网多面体的共有顶角的氧离子。也就是作为两个成网离子之间的“桥梁”的氧离子。例如：

$$-\overset{|}{\underset{|}{Si}}-O-\overset{|}{\underset{|}{Si}}-,\quad \overset{|}{\underset{|}{B}}-C-\overset{|}{\underset{|}{B}},\quad -\overset{|}{\underset{|}{Si}}-O-\overset{|}{\underset{|}{B}}-,$$

$$-\overset{|}{\underset{|}{Si}}-O-\overset{|}{\underset{|}{Al}}-$$ 等。反之，仅与 1 个成网离子相键联，而不被共有的氧离子则为非桥氧。例如 $-\overset{|}{\underset{|}{Si}}-O-Na$，$-\overset{|}{\underset{|}{Si}}-O-Al$ (网外)，$-\overset{|}{\underset{|}{Si}}-O-Ca$ 等。非桥氧的数量表示硅氧网络的断裂程度，也表征硅氧网络的类型(架→层→链)。非桥氧的未饱和电价通过网外阳离子而获得中和。

【氧硅比】oxygen-silicon ratio

硅酸盐玻璃(或晶体)中氧原子数与硅原子数之比，即 O/Si。不同的氧硅比值表征硅氧网络的不同构型(架、层、链)，也可作为网络断裂程度的衡量。详见附表，表中的 O 表示桥氧，半圆(或)表示非桥氧。

若氧硅比值在上列数字之间，则网络为两种硅氧集团的混合。例如：设玻璃的化学组成为(质量分数) SiO_3 74%，Na_2O 16%，CaO 10%，经计算得氧硅比为 2.2，因此这一钠钙硅酸盐玻璃的网络是架状集团和层状集团的混合结构。

氧硅比值表

O/Si	硅氧集团类型	$[SiO_4]$ 四面体状态	每一四面体上非桥氧数
2	$[SiO_2]_\infty$（架）	︶)—Si—(︵	0
$2\frac{1}{2}$	$[Si_2O_5]_\infty$（层）	︶)—Si—(O	1
3	$[SiO_3]_\infty$（链）	O)—Si—(O	2
$3\frac{1}{2}$	$[Si_2O_7]$（双四面体）	O　　　O O—Si—O—Si—O O　　　O	3
4	$[SiO_4]$（弧岛）	O O—Si—O O	4

【硅氧四面体】silicon-oxygen tetrahedron

一个硅原子与四个氧原子所形成的配位四面体$[SiO_4]$。其中的 Si-O 键是离子-共价混合键，约有 52%共价性成分。$[SiO_4]$四面体是构成晶态与玻璃态硅酸盐的基本结构单元。玻璃中的硅氧四面体通常用 $Q^{(n)}$ 或者 Q^n 表示不同的结构单元，见附图，n 表示每个四面体上桥氧的个数，n 的值取决于硅酸盐玻璃组成中氧与硅摩尔比[O]/[Si]。当[O]/[Si]从 2 增加到 4，玻璃将逐渐从 $Q^{(4)}$ 的三维网络结构离解成孤立状的 $Q^{(0)}$ 结构。在多组分硅酸盐玻璃中，通常是以一种结构为主的，多结构共存的形式存在，每种结构占的比率随玻璃的组成变化而变化。

$Q^{(4)}$　　$Q^{(3)}$　　$Q^{(2)}$

Si　　Si　　Si

$Q^{(1)}$　　$Q^{(0)}$

Si　　Si

硅氧四面体

【硅-氧-硅键角】silicon-oxygen-silicon angle

相邻两硅氧四面体之间的 Si-O-Si 角，其中的 O 为共有顶即桥氧，见附图。在方石英晶体中 Si-O-Si 键角 θ 在 125°～165°之间，而在熔融石英玻璃中 θ 在 120°～180°之间，其范围较晶体中为宽，其峰值约 145°也大于晶体中的峰值。可见玻璃结构比晶体开放，并且有序性差。此外，在晶态二氧化硅中，相邻两$[SiO_4]$四面体明显地优选“棱对面”连接方式（通过四面体的扭转）；而在硅氧玻璃中则没有这一优选性。

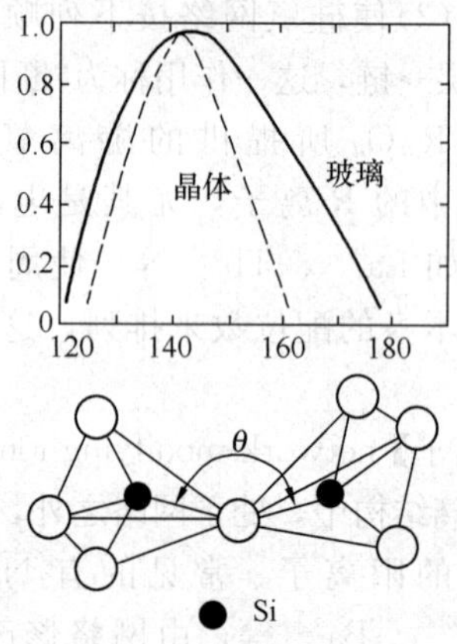

Si-O-Si 键角 θ(°)

【六配位硅 $Si^{(6)}$】six coordinated silicon $Si^{(6)}$

$Si^{(6)}$ 通常情况下只有在高温高压时才能形成，因此 $Si^{(6)}$ 通常存在于地壳中。但是在某些碱金属或碱土金属硅磷酸玻璃 $R_2O(RO)$-SiO_2-P_2O_5（R＝碱金属或碱土金属），以及以这些组成为主要组分的玻璃中，$Si^{(6)}$ 在常温常压下就可以生成。在这种玻璃中，$Si^{(6)}$ 只与 6 个氧连接。$Si^{(6)}$ 的含量与玻璃组成有关，在简单玻璃组成中，可以通过玻璃组成计算 $Si^{(6)}$ 的含量。

【硼氧三角体】boron-oxygen triangle

一个硼原子与三个氧原子所形成的配位三角体[BO_3]。其中的B-O键是离子-共价混合键，约有44%离子性成分。[BO_3]三角体是构成晶态与玻璃态的基本结构单元。这些单元通过公用顶角相连。在晶体中硼氧间距为1.36Å，而在玻璃中则为1.39Å。在玻璃生成过程中，当硼获得游离氧时即转入四配位，形成硼氧四面体；[$BO_{3/2}$]$+\frac{1}{2}$O=[$BO_{4/2}$]。方括弧中的1/2表示每个公用氧仅以电价的一半即−1价与中心B^{3+}键合。因此[BO_3]作为网络结构单元(不是作为络合离子)是电中性的。为完成上述配位转变，每分子B_2O_3需要一分子氧。

【硼氧四面体】boron-oxygen tetrahedron

一个硼原子与四个氧原子所形成的配位四面体[BO_4]。在硼酸盐或硼硅酸盐玻璃中，[BO_4]四面体可以由原料引入，或者由硼氧三角体在获得游离氧后转化而来，在晶体中硼氧间距为1.18Å，而在玻璃中则为1.53Å。在[BO_4]四面体中，每个氧，作为桥氧以(−2)$\times\frac{1}{2}=-1$价与中心B^{3+}键合。因此，整个四面体带有−1价。这些带电的[BO_4]四面体相互间不能直接相连，而必须由电中性的[BO_3]三角体或[SiO_4]四面体加以隔离。为此，硼氧四面体[BO_4]的生成和存在量受到下列限制：(1)游离氧的供应是否充足；(2)在硼酸盐玻璃中，[BO_4]的存在量受制于[BO_3]三角体的存在量，后者是为了隔离[BO_4]四面体所必需的；(3)在硼硅酸盐玻璃中，[BO_4]的存在量受制于电中性的[SiO_4]和[BO_3]的总量，而前者([SiO_4])是主要的，尤以含SiO_2较多的硼硅酸盐玻璃为然。所有这些与“硼反常”以及“铝-硼反常”有关。

【磷氧四面体】phosphor-oxygen tetrahedron

一个磷原子与四个氧原子所形成的配位四面体[PO_4]。是构成磷酸盐玻璃的基本结构单元。

玻璃中的磷氧四面体结构单元通常用Q^n(有时也用$P^{(n)}$)表示，见附图。n表示每个四面体上桥氧的个数，n的值取决于磷酸盐玻璃组成中氧与磷摩尔比[O]/[P]。随着[O]/[P]从小到大的变化，玻璃网络将相应地发生如下变化：三维的交联Q^3结构(例如P_2O_5玻璃)类似聚合物的链状偏磷酸Q^2结构→二聚体焦磷酸Q^1→孤立的正磷酸单体Q^0。Q^3可以看成具有一个P=O双建，其他结构中的非桥氧不能看成P=O双键，它们的负电荷均匀分布在每个非桥氧上。非桥氧与磷之间可以看成是大于1而小于2的化学键。在多组分磷酸盐玻璃中，通常是以一种结构为主的，多结构共存的形式存在。

$Q^{(3)}$ $Q^{(2)}$ $Q^{(1)}$ $Q^{(0)}$

磷氧四面体结构单元

【铝氧四面体】aluminium-oxygen tetrahedron

由一个铝原子和四个氧原子组成的配位四面体[AlO_4]。其中的化学键是离子-共价混合键。[AlO_4]四面体是晶体中和玻璃中结构单元之一。在晶体中，[AlO_4]常与[SiO_4]共存，形成骨架，即所谓铝硅酸盐。例如：钾长石中的[$AlSi_3O_8$]$^{-1}$=[AlO_4]$^-$+3[SiO_4]；钙长石中的[$AlSi_3O_8$]$^{2-}$=2{[AlO_4]$^{-1}$+[SiO_4]}。因此，如果以长石作为原料引入玻璃，则所引入的Al^{3+}原已处于四面体[AlO_4]中，因为长石所含K_2O或CaO已经提供了游离氧或者说是断桥氧。但是，如果玻璃中的Al^{3+}是由化工原料Al_2O_3或Al(OH)$_2$→1/2Al_2O_3引入的，则Al^{3+}处于八面体[AlO_6]中。

【锗氧四面体】germanium-oxygen tetrahedron

由一个锗原子和四个氧原子形成的配位四面体[GeO_4]，是锗氧玻璃的结构单元。在这类玻璃中锗-氧-锗键角约为138°，并且键角变化范围不大，玻璃结构的无序性主要是由于[GeO_4]四面体相互间的扭转角度无规变动，以及由此带来的键长与键角的分布所致。

【过冷液体】super-cooled liquid

是指在热力学熔点 T_m 以下，熔体不产生结晶，仍然保持远程无序的液体结构特征，但其内能比晶态高，处于亚稳态。冷却至转变点 T_g 后成为玻璃态固体。

【玻璃生成条件】conditions for glass formation

为了生成氧化物玻璃，必要的条件是引入足够的玻璃生成物。玻璃生成物本身又必须满足下列条件：(1)熔体在结晶温度时有足够高的黏度，致使晶核形成和长大受阻；(2)在结晶温度时，熔体中应出现大型的、无规的原子集团，类似于架、层(或链)，这些无规集团相互交错，以致冷却时不易重新排列成长成有序的晶体结构；(3)玻璃生成物中的化学键应是混合键(共价-离子，金属-共价)；(4)作为熔体结构单元的配位多面体宜以顶角相连，并且它们所构成的架、层(或链)应具有较低的空间利用率。

【玻璃分相】phase separation of glass

参见 1.2.1【玻璃分相】。

【二元玻璃生成区】region of binary glass formation

两种氧化物可生成玻璃的区域。这里所说二元玻璃通常是指两个氧化物，其一是网络形成物 NWF，另一是网络修改物 NWM 或中间氧化物 NI。两个氧化物也可以都是网络形成物 NWF。曾有多种说法指出二元玻璃生成区在相图中的位置，例如：(1)在低共熔点附近；(2)在表示纯 NMF 的纵轴附近；(3)在具有层状结构的化合物附近等。每一说法指出了问题的一个侧面。比较全面的说法是：在层状结构区，并在 NWF 较多一边的低共熔点处，同时还要考虑到所用 NWF、NWM 或 NI 中所含阳离子的电场强度和其他性质，以避免分相、避免积聚、避免析晶为原则。实践表明：(1)具有层状结构的熔体，其黏度足以阻迟析晶。在层状结构区，配料组成点选择适当时，还可避免出现两个不混溶液相。(2)不相混溶现象一般发生在 NWF 含量过高的区域，尤以所用 NWF 或 NI 含有高电场强度的阳离子为然。(3)当玻璃的组成点落在低共熔点上时，如果析晶，则将有两个晶相同时析出，它们相互干扰，反过来不利于析晶而有利于生成玻璃。(4)如果低共熔点含 NWM 过多，则网络断裂过多，失去层状(和链状)结构，却又有利于积聚而导致析晶，尤以 NWM 所含阳离子具有高电场强度时为然。(5)网络外阳离子(或中间离子)的电场强度与成网阳离子的电场强度之差大，则生成区向 NWF 方向扩展较多，亦即生成区范围较宽。

【三元玻璃生成区】region of ternary glass formation

三种氧化物可生成玻璃的区域。三元玻璃指含有三个氧化物，其中至少一个，至多三个是网络形成物。三元玻璃的生成条件较复杂，但生成范围受析晶和分相限制；其原因可归纳为断网、积聚、极化、配位数改变、阳离子电场强度以及有关的动力学因素。至于具体情况则视具体成分而异；(1)仅含一个网络形成物(用 F 表示，如 SiO_2、B_2O_3)的三元玻璃有 15 类，主要是由于所含网络修改物(用 M 表示)不同而区分，如附表所示。表中 M_1 表示碱金属氧化物如 Na_2O、K_2O 等；M_2 表示碱土金属氧化物如 CaO、BaO 等；M_3 表示含有易极化阳离子的氧化物如 PbO、CdO、Bi_2O_3 等；M_4 表示含有高电价、强积聚阳离子的氧化物如 La_2O_3、ZrO_2、Nb_2O_3 等；I 表示中间氧化物如 Al_2O_3，TiO_2 等。以 M_1M_2-F 三元系统为例，其玻璃生成区见附图(a)。其余 14 类(见附表)三元玻璃的生成区可按上述原理类推，但 M_3、M_4 和 I 各有特点：由于 M_3 阳离子易于极化，故 M_3-F 二元玻璃生成区较大；由于 M_4 阳离子积聚作用强，故 $M4-F$ 二元系统没有玻璃生成；I-F 二元系统也不能生成玻璃，但当有 M_1 或 M_2 或 M_3 存在时，由于 I 阳离子获得游离氧，起补网作用，故能生成三元玻璃，见附图(b)、附图(c)和附图(d)。(2)含有两个网络形成物(用 F 和 F' 表示)的三元玻璃有 5 类，分别以 M_1、M_2、M_3、M_4 和 I 为第三组分。在这类三元系统中，首先值得注意的是 F 和 F' 的关系，它们常常导致分液和分相，但三元低共熔点的存在仍是有利条件，见附图(e)。(3)由三个网络形成物组成的三元

系统如 B_2O_3-SiO_2-P_2O_5 可能存在不析晶区，但还研究不足。

单网络可形成玻璃的组合形式

	M_1	M_2	M_3	M_4	I
M_1	√	√	√	√	√
M_2		√	√	√	√
M_3			√	√	√
M_4				√	√
I					√

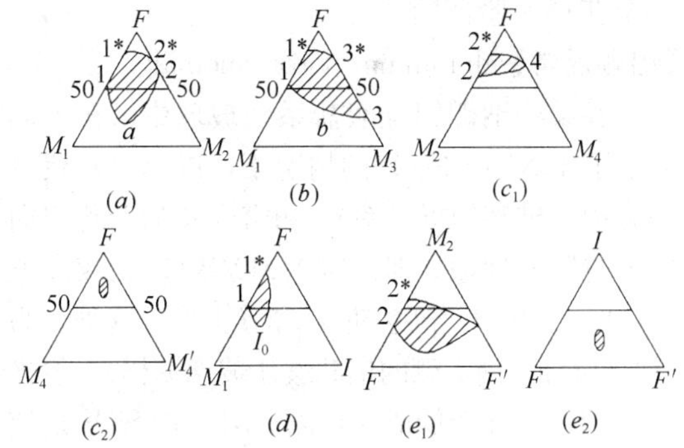

单网络可形成玻璃的组合形式三元相图

(a)M_1-M_2-F 玻璃生成区；(b)M_1-M_3-F 玻璃生成区；(c_1)M_2-M_4-F 玻璃生成区；(c_2)$M_4-M_4'-F$ 玻璃生成区；(d)M_1-I-F 玻璃生成区；(e_1)M_2-F-F' 玻璃生成区；(e_2)$I-F-F'$ 玻璃生成区

【逆玻璃】invert glass

又称逆性玻璃，网络形成物的分子含量低于调整物的一类玻璃。其中网络形成离子与氧离子所形成的配位多面体趋于孤岛状结构，因而玻璃性质在很大程度上受调整物支配。例如在一些硅酸盐玻璃中，硅氧四面体[SiO_4]的桥氧数由 4 降至 2 左右时黏度逐渐下降；但当桥氧数继续下降时黏度反而上升。

【加和法则】principle of additivity

玻璃的某些性质如折射率、色散、密度、热膨胀系数、弹性模量等，可以用各组分对该项性质的贡献按比例总和表示出来。对于另一些性质如硬度、机械强度等还不能作加和法计算。算式的一般形式是 $p_{玻}=\sum_i p_i x_i$。式中：$p_{玻}$ 为玻璃的某一性质；p_i 为某一组分(氧化物)i 在该项性质上的计算系数；x_i 为组分i 在玻璃中的含量(质量分数)。这种以质量分数为基础，并且不考虑各组分相互间的作用，把 p_i 一律当作不变数的计算方法完全是经验性的。另一类比较合理些的算式是 $p_{玻}=\sum_i \widetilde{p}_i f_i$。式中：$\widetilde{p}$ 为组分 i 的"部分性质"；f_i 为组分 i 的分子分数(即 $M_i/\sum_i M_i$)。所谓部分性质是从玻璃的化学组成、结构与性质三者的关系出发，考虑了组分 i 本身在不同条件下所起的不同作用，以及其他组分对 i 的影响，因而把某些组分当作变数处理。随着研究工作的深入，计算方法还在不断改进中。

【玻璃性能计算方法】method of glass performance calculation

按照玻璃成分采用特定模型和计算常数对玻璃性质进行计算预测的方法。每种方法均有其适用的性质及玻璃成分系统。玻璃性能计算方法主要有以下四种：(1)以阿本法、干福熹、捷姆金娜和霍金斯法为代表的加和法，适用于预测简单无机氧化物玻璃的密度、膨胀系数、光学常数、折射率温度系数、弹性模量等基本性质；(2)以姜中宏为代表的相图半定量预测法，利用组成玻璃氧化物的二元、三元相图，根据杠杆定律和最近邻低共熔点氧化物的性质及结构对玻璃的密度、折射率、结构基团等进行半定量预测；(3)拓扑约束法，从玻璃的微观原子结构和拓扑连接的角度出发，建立玻璃的宏观性质与网络自由度的计算模型，用于预测玻璃的热、机械和流变等性能；(4)数理统计模拟法，利用统计学方法，寻找玻璃的拉曼、红外、X射线光电子谱和核磁共振谱等结构信息与玻璃光谱、化学稳定性等性质的关联，建立玻璃组分-结构-性质统计模型，用于预测玻璃的性质。

【硼反常】boron anomaly

在硼酸盐或硼硅酸盐玻璃中，当氧化硼的引入量达到一定值时，在某些性质变化曲线上出现极值[最高点或最低点(极大值或极小值)]或折破点的现象。对这一现象的解释存在着不同的说法，早期的解释是：在 Na_2O-B_2O_3-SiO_2 系统玻璃中，从 Na_2O-SiO_2 二元系统出发，在 Na_2O 含量不变的基础上逐步加入 B_2O_3，用以代替等分子数的 SiO_2 时，[BO_3]

获得断桥氧而转变为[BO_4]，后者与[SiO_4]联合组成统一网络(同时带电的[BO_4]受到电中性的[SiO_4]隔离)，这就使原来二元玻璃中的硅氧断网重新连接起来；并且，由于[BO_4]体积比[SiO_4]小，网络获得加固。核磁共振(NMR)等现代结构测试的实验结果显示，尽管 Na^+ 会改变硼的配位，但与“硼反常”现象无直接关系，主要原因是在碱金属离子作用下，形成硼酸盐玻璃网络结构的硼氧环(五、四、三、二等各种硼酸盐基团)的连接方式发生改变、导致了某些性质产生了反常变化。因此，在分子数量比 $\frac{Na_2O}{B_2O_3}>1$ 的条件下，玻璃网络的密度和强度随着 B_2O_3 引入量的增加而上升；相应地在玻璃性质上表现为密度、折射率和化学稳定性等的上升，以及热膨胀系数的下降。但此后，在 $\frac{Na_2O}{B_2O_3}\leqslant 1$ 的情况下继续用 B_2O_3 代替 SiO_2 时，上述各性质向相反方向变化。这一方向转变点约相当于 $\frac{Na_2O}{B_2O_3}=1$ 的组成，这时性质-组成曲线上分别出现极大值和极小值。在 RO 含量足够的条件下，玻璃性质-组成曲线上的极值点将在 $\frac{[BO_4]}{[SiO_4]}$ 比值超过某一数值(约等于1)时出现，而与 $\frac{RO}{B_2O_3}$ 分子数量比无关。

【铝反常】aluminium anomaly

在含碱硅酸盐玻璃中加入三价或四价氧化物如 B_2O_3、TiO_2、ZrO_2 等一般使玻璃电导 γ 及介电损耗 $\tan\delta$ 下降；但当以 Al_2O_3 代替 SiO_2 时则效果相反，即：γ 和 $\tan\delta$ 均上升。而当分子比 $Al_2O_3/Na_2O>1$ 时，上述性质作反向变化。这些现象可作如下解释：含碱硅酸盐玻璃的某些性质如电导、介电常数以及化学稳定性等决定了干玻璃中碱金属离子 R^+ 的扩散运动。B_2O_3 的加入，在用量适当时，大部分 B_2O_3 成为四面体[BO_4]时，使玻璃网络趋于紧密，因而对 R^+ 离子扩散不利。La^{3+} 以及处于网络外的 Ti^{4+}、Zr^{4+} 等离子则起积聚作用，阻碍 R+离子的扩散。因此所有这些离子使玻璃化学稳定性提高而 γ 和 $\tan\delta$ 下降，但是对于 Al_2O_3 来说，情况就比较复杂：Al_2O_3 加入后，Al^{3+} 离子优先夺得游离氧而进入网络。当 Al_2O_3 引入量适当时，由于四面体体积[AlO_4]>[SiO_4]，它使网络空隙增大，因而 γ 和 $\tan\delta$ 上升，而当分子比 $Al_2O_3/Na_2O>1$ 时，过多的 Al^{3+} 离子将处于网络之外，起积聚作用，这时 γ 和 $\tan\delta$ 下降。与解释“硼反常”同样，上面的性能与铝配位的变化并没有完全获得实验证明。

【铝硼反常】aluminium-boron anomaly

在某些钠硼铝硅酸盐系统玻璃中，在不同的分子比 Na_2O/R_2O_3 的情况下，以 Al_2O_3 代替 SiO_2 时，玻璃的折射率 n_p 和密度 d 的变化方向发生逆反的现象。即：当 Na_2O/B_2O_3 在较高值时，以 Al_2O_3 代 SiO_2 使 n_p 和 d 上升，这被认为是“正常”的(同无硼的铝硅酸盐玻璃一样)。但当 Na_2O/B_2O_3 在较低值时，以 Al_2O_3 代 SiO_2 则使 n_p 和 d 下降，这一现象称为“铝-硼反常”。这些现象都是由 Al^{3+} 和 B^{3+} 的配位及硼氧环改变引起的。由于铝氧四面体[AlO_4]比硼氧四面体[BO_4]稳定，因此当 Na_2O 不足时，Al^{3+} 首先组成铝氧四面体进入网络，只有当 Na_2O 尚有剩余时才能使 B^{3+} 由三角体[BO_3]转变为四面体[BO_4]和硼氧环产生改变。因此，硼氧环的变化决定于分子比 $\varphi=(Na_2O\text{-}Al_2O_3)/R_2O_3$。当 $\varphi>1$ 时，Na^+ 离子主要保证铝氧四面体[AlO_4]的形成，以 Al_2O_3 代 SiO_2 使网络连接紧密而 n_p 和 d 上升，即所谓正常现象。但当 φ 值在 1～0 之间时，由于以 Al_2O_3 代 SiO_2，Al_2O_3 增加而 φ 值下降，这就迫使一部分硼氧环产生变化，玻璃结构变松，因而 n_p 和 d 下降，即所谓“铝硼反常”。而当 $\varphi<0$ 时，Na^+ 离子不足，基本不影响硼氧环结构，B^{3+} 处于三配位状态不变，由于以 Al_2O_3 代 SiO_2 而增加的 Al^{3+} 不再能形成[AlO_4]进入网络，而是以较高的配位数(6)充填于网络外空隙，使结构紧密度上升，因而 n_p 和 d 再次上升，即所谓“硼铝反常”。

【混合碱效应】mixed alkali effect

又称中和效应，或双碱效应。当一种玻璃含有两种碱离子 A 和 B 时，有下列现象发生：扩

散系数 D_A 随着 B 含量 γ_B 的增加而降低；同样，D_B 随着 γ_A 的增加而降低。将 D 对 γ 作图，得两条曲线 $D_A-\gamma_A$ 和 $D_B-\gamma_B$，它们相交成 X 形；而 $\sum D-\gamma$ 曲线有一极小值 m（$\sum D=D_A+D_B$）。因此，凡与扩散有关的玻璃性质都随碱离子 A 和 B 混合比的变动而出现极小值或极大值，极点在 m，m 的位置在 $D_A=D_B$ 处，而不是 $N_A=N_B$ 处。例如：混合碱玻璃的热膨胀系数（和热后效应）、电导率、介电损耗、内耗等在 m 点为最低值；而电导活化能、耐酸性能等在 m 点为最高值。双碱效应的大小（或两种 R^+ 离子 A 和 B 相互作用的大小）随着离子半径之差的增大而增大；随着总含碱量 NA＋NB 的减少而减少。混合碱效应如附图所示。

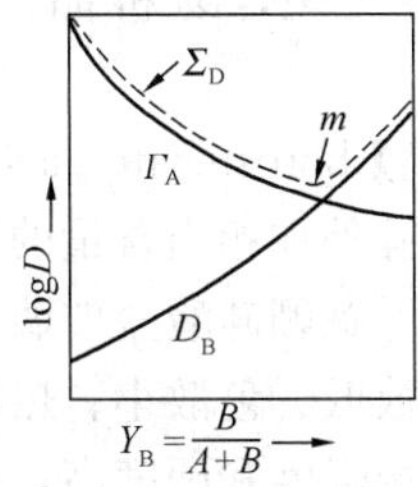

混合碱效应示意图

【压制效应】depressing effect

用二价金属氧化物 RO 置换 R_2O-SiO_2 二元玻璃中的一部分 SiO_2（成为 R_2O-RO-SiO_2 三元玻璃）时，碱金属离子 R＋的扩散系数变小，这一效应被描述为二价阳离子 R^{2+} 对离子 R^+ 的“压制”，用 RO 置换 R_2O-RO B_2O_3 玻璃中的 B_2O_3 时也有同样的效应。各种二价阳离子的压制作用，由大至小，可排成下列顺序：$Ba^{2+}\rightarrow Pb^{2+}\rightarrow Sr^{2+}\rightarrow Ca^{2+}\rightarrow Cd^{2+}\rightarrow Zn^{2+}\rightarrow Mg^{2+}$。这一顺序大体上是离子半径由大至小的顺序。对于压制效应的解释，曾有多种说法。一般认为二价阳离子 R^{2+} 填充在玻璃结构（网络）的空隙中，从而阻挡碱金属离子的扩散运动。利用压制效应，可以改善某些与扩散有关的性能，利用 PbO 来提高含碱玻璃的电阻率，利用 BaO 来提高含碱玻璃的化学稳定性（玻璃的导电性、介电损耗以及受化学试剂侵蚀等性质主要是由碱金属离子如 K^+、Na^+ 等的扩散引起的）。

10.1.3 玻璃系统

【玻璃形成系统】glass-forming systems

能形成玻璃态的单质或化合物系统。可以分类如下：（1）单质玻璃 S、Se、B、Si、Ge、P、Bi、Ga 等。（2）无机化合物玻璃：1）氧化物玻璃 SiO_2、B_2O_3、P_2O_5、GeO_2、As_2O_3、Sb_2O_3、In_2O_3、Tl_2O_3、SnO_2、PbO、SeO_2（Ga_2O_3、Al_2O_3、TiO_2、TeO_2、Bi_2O_3、V_2O_5、MoO_3、WO_3、Nb_2O_5、Ta_2O_5）单独或二元以上氧化物系统。2）硫族元素化合物：①硫化物——As、Sb、B、Ga、In、Te、Ge、Sn、N、P、Bi 等的硫化物；②硒化物——As、Sb、Ti、Sn、Pb、Bi、Si、P 等的硒化物；③碲化物——As、Sb、Tl、Sn、Pb、Bi、Ge、P 等的碲化物；④硫化物、硒化物、碲化物与氧化物的混合系统。3）卤化物：①氟化物：BeF_2、AlF_3、ZrF_4、HfF_4、ScF_3、TiF_4；②氯化物：$ZnCl_2$、$CdCl_2$、$BiCl_3$、$ThCl_4$；③碘化物和溴化物：Ag（Cl、Br、I），Pb（Cl_2、Br_2、I_2）；④它们的混合系统；⑤卤化物与氧化物混合系统。4）硝酸盐 KNO_3-$Ca(NO_3)_2$ 与其他含有碱金属和碱土金属硝酸盐的二元系统。5）硫酸盐 $KHSO_4$ 与其他二元和三元混合系统。6）碳酸盐 K_2CO_3-$MgCO_3$。7）乙酸盐：Pb-K 乙酸盐、Ca-K 乙酸盐。8）合金玻璃 Au_4Si、Pd_4Si、Tex-Cu_{25}-Au_5 等。9）水溶液玻璃（氢键玻璃）酸、碱、氯化物、硝酸盐等的水溶液。（3）有机化合物玻璃：1）简单有机化合物甲醇、乙醇、甲苯、甘油等。2）聚合有机化合物聚乙烯、聚苯乙烯等。

【氧化物玻璃】oxide glass

以氧化物为主要成分的玻璃。在通常情况下单独能形成玻璃的氧化物有二氧化硅、氧化硼、五氧化二磷、氧化砷、二氧化锗；除二氧化硅形成的石英玻璃外，其他应用较少。加入第二种氧化物后才能形成玻璃的氧化物有五氧化二钒、氧化锑、氧化碲、氧化钨、氧化铝、氧化钛、氧化硒、氧化铋、氧化镓、氧化钼、氧化铌、氧化钽等。实际应用的绝大多数玻璃是氧化物玻璃。

【非氧化物玻璃】non-oxide glass

非氧化物玻璃一般指硫系玻璃、硫卤玻璃、卤化物玻璃(包括氟化物玻璃)。它们的共同特点是声子能量低，红外透过性能好，一些硫系玻璃具有半导体性。这些材料是现代非晶态材料领域中一类具有优良光电性能的功能材料，广泛应用于红外技术，光纤传感、信息与能量传输及切换等方面。非氧化物玻璃还包括金属玻璃。

【硅酸盐玻璃】silicate glass

以二氧化硅为主要成分的玻璃，特点是化学稳定性高、机械强度高、耐热、耐热冲击，紫外透过率高。最常用的有钠钙硅酸盐、钠铝硅酸盐、钠硼硅酸盐玻璃。建筑玻璃、日用玻璃、玻璃纤维、大部分光学玻璃、技术玻璃的成分属硅酸盐玻璃，它们具有一定的化学稳定性、热稳定性、机械强度和硬度，但可溶解于氢氟酸。硅酸盐玻璃是最广泛应用的玻璃品种。

【硼酸盐玻璃】borate glass

以氧化硼为主要成分的玻璃。单组分氧化硼玻璃熔点低、软化点低、化学稳定性很差，无实用价值。氧化硼能与许多和二氧化硅不能形成玻璃的氧化物、氟化物等形成玻璃，因而可以在宽广范围内根据需要调整性能。相比于硅酸盐玻璃，硼酸盐玻璃具有强烈吸收热中子、容易透过X射线等优点，在无碱情况下，是高绝缘体材料。它广泛应用于高折射率、低色散、特殊色散的光学玻璃、特高热膨胀系数的电真空封接玻璃、辐射计、测量仪器玻璃、防辐射玻璃和核废料处理。

【磷酸盐玻璃】phosphate glass

以五氧化二磷为主要成分的玻璃。它以$(PO_4)^{3-}$四面体相互连接构成网络，具有透紫外线、低色散和高膨胀系数等特点，但化学稳定性差，而熔制时对常用耐火坩埚侵蚀较大。大量地添加Al_2O_3可有效改善玻璃的化学稳定性。铝磷酸盐玻璃有一些重要应用，如辐射计量玻璃、荧光计量玻璃、热辐射吸收玻璃、特殊波段的滤光片、生物玻璃、非球面压型玻璃和激光玻璃。另外，不含Al_2O_3的磷酸盐玻璃的软化点非常低，被用于封接玻璃。

【铝酸盐玻璃】aluminate glass

以氧化铝为主要成分的玻璃。纯氧化铝不能形成玻璃，但加入CaO、SrO、BaO、MgO、BeO等氧化物后可以形成铝酸盐玻璃。铝离子一般认为以[AlO_4]配位状态存在。目前以CaO-Al_2O_3系统[氧化铝含量为38%～65%(质量分数)]应用最广。同时具有较好的力学、热学、光学性质，是透红外(超过6μm)氧化物玻璃中较好的一种，加入少量二氧化硅可以显著降低玻璃析晶倾向，但使红外透射性能变差。铝酸盐玻璃的软化点很高，可耐高温钠蒸汽侵蚀，可用于高压钠灯灯管，也可用作LED基片和显示器基片。但铝酸盐玻璃的熔化温度高、料性短，易析晶、成形和加工困难。

【硼硅酸盐玻璃】borosilicate glass

以二氧化硅外加相当含量的氧化硼为主要成分的玻璃。低碱硼硅酸盐玻璃的化学稳定性高，热膨胀系数低、色散小、热稳定性高、电绝缘性好，机械强度和硬度高，用于制备仪器玻璃、光学玻璃、耐热玻璃、显示和手机面板玻璃、电真空玻璃、太阳能电池板和集热器等。碱土硼硅酸盐玻璃用于制备光学玻璃、低温釉料、封接玻璃等。镧硼硅酸盐玻璃具有高折射率，低色散、化学稳定好、失透能力较低，主要用作光学玻璃。

【铝硅酸盐玻璃】aluminosilicate glass

以二氧化硅与氧化铝为主要成分的玻璃，其中氧化铝的含量可高达20%(质量分数)以上。铝离子的配位数决定于R_2O(一价碱金属氧化物)含量。如$R_2O/Al_2O_3>1$，铝离子呈四配位状态；而$R_2O/Al_2O_3<1$时部分铝离子呈六配位状态。铝硅酸盐玻璃具有较好的化学稳定性、电绝缘性、机械强度、较低的热膨胀系数，但高温黏度较大，熔制温度相应也较高。用以制造无碱玻璃纤维、化工玻璃管道、水表玻璃等，钠铝硅酸盐玻璃适用于化学强化。碱和碱土铝硅酸盐玻璃可制备成低膨胀、低介电损耗、高热稳定性、高强度的微晶玻璃，用于炉灶面板、炊具盖、耐热餐具和军工

产品。

【钠钙硅酸盐玻璃】soda lime silicate glass

以二氧化硅、氧化钙与氧化钠为主要成分的玻璃，也称苏打-石灰玻璃。成分大致为$SiO_2$70%，CaO10%，Na_2O15%(质量分数)。以石英砂，石灰石、纯碱等为主要原料，广泛用于制造平板玻璃、瓶罐玻璃、灯泡玻璃等，冕牌玻璃也属此类。但目前光学冕玻璃中以氧化钡取代氧化钙。

【铅玻璃】lead glass

除二氧化硅、氧化硼等玻璃形成物外，以氧化铅做主要成分的玻璃。氧化铅含量到80wt%仍可形成稳定的玻璃态。铅玻璃具有高折射率和色散，光泽好，较高的密度和电绝缘性，较高的非线性系数、玻璃软化点低，料性长等特点，能吸收X、γ等射线。铅玻璃适合用于光学玻璃、封接玻璃、防辐射玻璃、器皿玻璃、艺术玻璃、电真空玻璃等产品，还可以用于处理固体放射性核废料。但由于铅对人体有害并造成环境污染，铅玻璃正在逐渐被其他环保型玻璃所代替。

【卤化物玻璃】halide glass

通常是指阴离子由元素周期表中第ⅦA族元素F、Cl、Br和I组成的一类非晶态材料。与传统的氧化物玻璃相比，卤化物玻璃在玻璃形成、结构和性质等方面有独特性。卤化物玻璃的阴离子是电负性最强的氟、氯、溴、碘等卤素离子，与金属离子，特别是低价金属离子相结合时，往往具有很强的独占价电子的倾向，形成纯离子键，如NaCl、BaF_2等。另一方面，由于卤素是负一价，容易与高价阳离子形成以单分子状态存在的、易挥发的卤化物如$SiCl_4$、UF_6等，这两类化合物都不能用通常的方法形成玻璃，这就使卤化物玻璃只能在一些特定的系统中，很小的组成范围内获得，并需要较高的淬冷速率。目前能形成玻璃的卤化物只在RX_2中发现，它们是BeF_2、$ZnCl_2$、$ZnBr_2$等，其他玻璃系统是以RX_3(如$A1F_3$、$BiCl_3$等)和RX_4(如ZrF_4，HfF_4、$ThCl_4$等)为主要组分的多元系统。

卤化物玻璃具有从紫外到中红外极宽的透光范围，还具有折射率低、阿贝数大等优点。可用作高功率激光器窗口、红外窗罩和多光谱光学元件的材料。

【氟化物玻璃】fluoride glass

最初是以氟化铍、氟化铅为主要成分的玻璃。其折射率在1.45以下，用作特低折射率低色散光学玻璃和易熔玻璃。但化学稳定性质差，易在空气中潮解，易失透。后来，氟化物玻璃发展出更多的组成：(1)ZrF_4(HfF_4)为基础的玻璃；(2)以过渡金属氟化物或$A1F_3$，等MF_3型氟化物为基础的玻璃；(3)CdF_2、PbF_2系玻璃；(4)重金属氟化物为基础的多组分玻璃，组成为ThF_4、lnF_3,、LnF_3(Ln：稀土元素)、BaF_2、ZnF_2等，其中以ZrF_4为基的玻璃失透倾向小，它是目前研究的重点材料。其中，以氟锆酸盐玻璃为代表的一类氟化物玻璃具有从近紫外到中红外极宽的透光范围，并且无毒性，优异的透红外性能使它有可能在2.5～3.5μm获得损耗约为10^{-3} dB/km的光纤，成为最有希望的超低损耗红外通信光纤材料。此外，氟化物玻璃具有较高的电导率，可用于高性能固体电介质电池材料，是离子器件、固体电介质电池的研制新方向。

【硫系化合物玻璃】chalcogenide glass

常被认为是含有一种或多种除氧之外的氧族元素如S、Se、Te等，加上As、Ga之类的电负性较弱的元素而形成的非晶态(玻璃)材料的总称。此外还可以加上Si、Sn、Pb、B、Zn、Ti、Ag等元素，如果加入一些卤族元素，则称之为硫卤玻璃。与氧化物玻璃相比，硫系玻璃具有较大的质量和较弱的键强，既能形成极性键又能形成共价键。硫系玻璃的折射率比氧化物玻璃高很多，一般在2～3之间，是半导体玻璃，透红外玻璃的重要品种，也用作光存贮材料和声光调制材料。其特点为电阻低，具有开关与记忆特性，透红外波长可达20μm以上，熔化及软化温度都低，可用作低熔点玻璃，能耐酸性介质甚至氢氟酸的侵蚀。硫属化合物玻璃的制备主要有熔体淬冷和气相沉积两种方法，前者用于制作块状玻璃，后者用于制备沉积于基体上的薄膜。

【氢键玻璃】hydrogen-bond glass

有氢键存在的玻璃的统称。特点是氢键将原子团结合成链状结构，如 $KHSO_4$ 其结构可示意地表示如下：

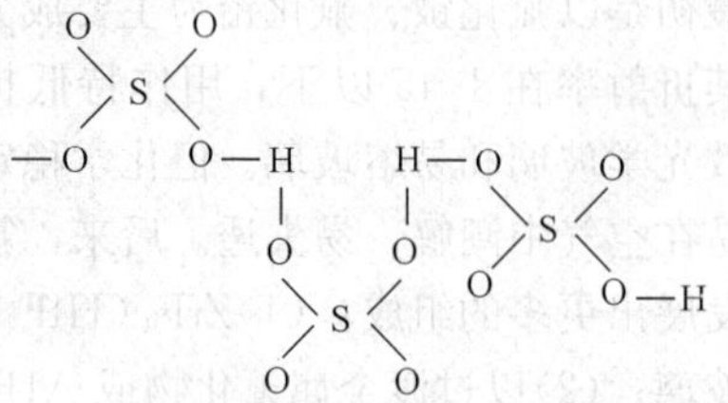

$KHSO_4$ 结构示意

主要有酸、碱、氯化物、硝酸盐等的水溶液玻璃和一些高聚物非晶体，单糖，如甘油、果糖、半乳糖、山梨糖和核糖等。

【重金属氧化物玻璃】heavy metal oxide glass

指的是以氧化铅、氧化铋、氧化锑、氧化碲以及其他在元素周期表第五、六周期中具有高原子量的金属氧化物和稀土氧化物为基础组分而形成的玻璃。在这类玻璃中，重金属阳离子是作为玻璃网络形成体阳离子而参与玻璃结构的构成的阳离子含量大于50%。重金属氧化物玻璃通常具有低声子能量，良好的红外透过性能、高密度、高的折射率和三阶非线性系数等特点。

【氟磷酸盐玻璃】fluorphosphate glass

氟化物玻璃中引入磷酸盐形成氟磷酸盐玻璃能明显改善玻璃的稳定性，在氟化物玻璃中引入磷的物质包括 $Al(PO_3)_3$、$NaPO_3$、$Ba(PO_3)_2$、P_2O_5等。氟磷玻璃兼具氟化物玻璃的低声子能量和氧化物玻璃良好的玻璃稳定性和高的机械强度、熔点低、阿贝数高、折射率和非线性系数低、光谱透过性能优异，在多项光学性能方面有独特的应用价值，已经被广泛应用于低色散光学玻璃、激光玻璃、低软化点玻璃、封接玻璃、滤光片玻璃等多个领域，其潜在应用领域还在随着研究开发的推进逐步扩大。

【氧氮玻璃】oxynitride glass

是氧化物玻璃(如硅酸盐玻璃、硼酸盐玻璃和磷酸盐玻璃等)网络中的部分氧离子被氮离子取代后获得的一类高性能玻璃。大多数氧氮玻璃为硅酸盐氧氮玻璃，大部分都含有 Al 元素，或者含少量 B 元素。氧氮玻璃与相应的氧化物玻璃相比，存在两种类型的阴离子，即氧阴离子(O^{2-})和氮阴离子(N^{3-})。与普通氧化物玻璃相比，氧氮玻璃的转变温度、显微硬度、抗弯强度、弹性模量、断裂韧性和折射率等都显著提高，而热膨胀系数明显降低。氧氮玻璃在许多领域有着潜在的应用，如：计算机硬盘的高弹性模量玻璃、陶瓷用封接玻璃、金属涂层、长期存储核废料的封装玻璃、高温应用的高电阻率涂层、玻璃纤维、透明装甲用防弹玻璃等。同时，将氧氮玻璃进行热处理可制备出含特定晶相的氧氮微晶玻璃，这是一种非常有前景的氧化物－氮化物复合材料。

【金属玻璃】metallic glass

又称非晶合金，是采用现代快速凝固冶金技术合成，兼有一般金属和玻璃优异的力学、物理和化学性能的合金材料。它的主要特点是：原子在三维空间呈拓扑无序状态排列，不存在通常晶态合金所存在的晶界、位错和偏析等缺陷，组成元素之间以金属键相连并在几个晶格常数范围内保持短程有序，形成一种类似原子簇的结构。金属玻璃的硬度是常规钢材的2倍，而且具有抗腐蚀、磁性以及强度高等特性。它已应用于各种变压器传感器铁芯；非晶合金纤维被应用于复合材料的纤维强化；某些非晶合金的良好催化性能已被研究用作催化剂等。

10.1.4 玻璃黏度

【退火点】annealing point

也称退火上限温度。玻璃熔制成形后的冷却过程中，从熔体的黏流态转变到玻璃态时，会产生残余应力，缓慢降温可以降低或消除残余的永久应力。从熔体黏流态转变到玻璃态的转变过程称为退火区间，其上限温度称为退火点。退火点对应的玻璃黏度大致为 10^{12} Pa·s，应力可在几分钟内消除；退火区间的下限温度为应变点，对应的玻璃黏度 $10^{13.5}$～$10^{13.6}$ Pa·s。退火温度是玻璃制造的重要工艺参数，一般可将转变温度作为退火温度的上限，退火温度范围与转变温度范围基本一致。也有将 10^{12} Pa·s 黏度对应温度点作为退火温度或退火点，而将 $10^{12.3}$ Pa·s 黏度对应温度点作为转变温度。

【熔制温度】melting temperature

玻璃液黏度为 10～$10^{1.5}$ Pa·s 时的相应温度，定为熔制温度。熔制过程的温度分布曲线为熔制温度制度，它由玻璃组成、熔制条件（熔炉结构、加料和成形方式等）多因素确定，是玻璃熔制的重要热工制度。

【转变点（温度）】transformation point; transformation temperature

相应于 10^{12} Pa·s 黏度的温度。全名为玻璃转变温度。也即玻璃折射率、比热、热膨胀系数等发生突变的温度，用 T_g 表示。这一突变表现为性质-温度曲线上出现的明显陡坡（斜率突然改变）。由于此时玻璃中质点的黏滞流动缓慢，陡坡的出现及其明显程度受到升温（或降温）速度的影响（也受到试样热历史的影响），因此在国际上定义转变点（温度）时曾提出：升温速度为每分钟 4℃，试样为棒状，所测性质项目为热膨胀系数 α。在此条件下，实际所得 $\alpha-t$ 曲线的陡坡有一个 10^{11}～10^{13} Pa·s 的跨度，而 10^{12} Pa·s 是取其中点。因此，有时称 10^{11}～10^{13} Pa·s 为转变范围。在 T_g 点玻璃的结构相应发生一定程度的变化，低于该温度，玻璃处于脆性状态；高于该温度，玻璃进入黏滞状态。转变点（温度）的存在是鉴别一个非晶态固体是不是"玻璃"的重要标志，玻璃的转变温度接近于退火上限。转变范围与退火温度范围基本一致。

【软化点】softening point

将对应于玻璃黏度 $10^{6.6}$ Pa·s 时的温度定义为软化点，玻璃试件在自重作用下每分钟产生 1mm 变形伸长时的温度定义为软化温度，常用 T_f 表示。由于玻璃的密度和表面张力不同，实测的软化温度对应的黏度在 3×10^6～1.5×10^7 Pa·s 间波动。概括来说，可以认为一般玻璃的成形范围为 10^2～10^6 Pa·s。软化温度可用 littleten 法测定。通常线膨胀曲线上提供的温度点 T_f，指由高弹态转变到黏流态的温度而非玻璃软化温度。

【作业点】working point

一般认为相应于黏度 10^3 Pa·s 的温度，大致相应于机械成形的滴料温度。实际上玻璃有一个作业范围，从 10^3 Pa·s 延伸至 10^7 Pa·s 左右，即热加工温度范围。可以根据相应于黏度为 10^3～4×10^7 Pa·s 的温度范围的宽窄来区分玻璃料性的长短。温度范围宽的称长玻璃；窄的称短玻璃。

【应变点】strain point

相应于黏度为 $10^{13.5}$～$10^{13.6}$ Pa·s 的温度。实际上是加热玻璃时内应力开始消除时的温度。一般在该温度下保温 4 小时玻璃内应力大体可消除。它是确定退火下限温度的依据。按国际规定，将测定退火温度所得数据外延到每分钟伸长 0.00043cm 处，该处的黏度值即为应变点。

10.1.5 热学性能

【永久应力】permanent stress

又称残余应力。玻璃从可塑状态向脆性状态冷却时，由于内外层或局部发生温差，热膨胀不一致而引起的应力。它在玻璃到达室温时温差消失后仍存在。在可塑状态时，玻璃内部的质点能沿受力方向移动，移动的速度因黏度的升高而降低，亦即通过塑性流动来适应消除内力。但在脆性状态时，塑性流动已不可能。因此，如果降温迅速，黏度急剧上升，以致塑性流动尚未完成而玻璃已转入脆性状态时，就遗留一定的残余应力，即永久应力。除热应力造成永久应力外，在玻璃中因化学不均匀也能产生永久应力，如在玻璃制造过程中由于熔制均化不够使玻璃中产生条纹和结石等缺陷，这些缺陷的膨胀系数与玻璃不同，因此它们之间也将产生永久应力。此外，不同膨胀系数玻璃间或玻璃与金属之间的封接，都会产生永久应力。

【暂时应力】temporary stress

玻璃在脆性状态时，由于加热（或冷却）而形成温差，或由于外加机械力的作用而产生的应力。随着温差或外加机械作用力的消失，它也随之消失，故称暂时应力。在脆性状态下，玻璃内部质点作弹性位移。当温差或外力消失时，质点恢复原位，故应力随之消失。

【宏观应力】macro-stress

又称一次应力，是在玻璃中宏观区域内作用的应力。例如：玻璃制品退火后的残余应力。可在双折射仪上测定。

【微观应力】micro-stress

又称二次应力，是在玻璃中微观区域内作用的应力。例如：硼硅酸盐玻璃分相后存在于二相之间的应力，微晶玻璃中晶相与玻璃相之间的应力等。

【热历史】thermal history

指玻璃从高温冷却，通过 T_f-T_g 区域时的经历，包括在该区停留时间和冷却速度等具体情况在内。热历史影响到固态玻璃结构以及与结构有关的许多性质。例如，淬火玻璃的结构有序程度比退火玻璃要差，因而玻璃的密度、折射率、热膨胀系数等就有差别。

【抗热震性】thermal shock resistance

参见 2.1.2【抗热震性能】。

10.1.6 光学性能

【折射率】refractive index

参见 2.1.5【折射率】。

【色散】dispersion

材料折射率(n)随入射光频率(ν)或真空中的波长(λ)变化的现象。它起因于具有一定振动频率的谐振子在入射光作用下的强迫振动。表达折射率与波长的曲线称色散曲线，用数学式表示时称色散方程式。如 $n^2=1+A_0\lambda^2/(\lambda-\lambda_0^2)$，$\lambda_0$ 为本征吸收带的波长；$n=A+B/\lambda^2+C/\lambda^4$；$n^2=A_0+A_1\lambda^2+A_2\lambda^{-2}+A_3\lambda^{-4}+A_4\lambda^{-6}+A_5\lambda^{-8}$ 等。$dn/d\lambda$ 表示在某一波长处的色散，但更常用两个不同波长的折射率差表示。

正常色散，对光波透明的介质，其折射率 n 随波长 λ 的增加而减小的色散现象称为正常色散，而且在波长小的地方减小得快。正常色散时 n 随 λ 的增加而趋于某一极限，色散率 $dn/d\lambda<0$。对大部分透明物质，都显示出这种现象(见附图)。

反常色散，在介质对光有强烈吸收的波段内(吸收带)，折射率随波长的增加而减小，色散率 $dn/d\lambda>0$，这与正常色散相反，故称反常色散。

部分色散，两种不同波长折射率的差值。是无色光学玻璃需提供数据的光学性质之一，通常是 n_d-n_D、n_g-n_G、n_F-n_c 等。其中 n_F-n_c 专称为中部色散或平均色散。

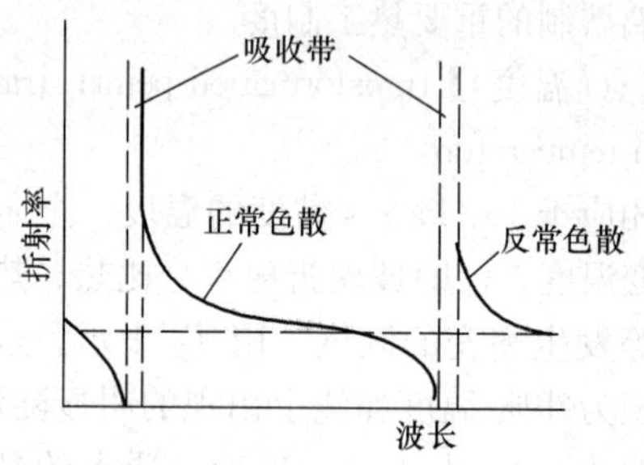

色散曲线图

【阿贝数】Abbe number

又称色散系数，符号 v。按照阿贝的定义，$v=(n-1)/\Delta n$。光学系统设计中为消除色差而经常使用的参数，也是光学玻璃的重要性质之一。无色光学玻璃通常提供的有 $v\left(=\dfrac{n_D-1}{n_F-n_c}\right)$，$v_{863}\left(=\dfrac{n_{863}-1}{n_A-n_{930}}\right)$ 及 $v_h\left(=\dfrac{n_h-1}{n_{363}-n_9}\right)$ 三个色散系数的值。也有提供 $v_d\left(=\dfrac{n_d-1}{n_F-n_c}\right)$，$v_e\left(=\dfrac{n_e-1}{n_F-n_c}\right)$ 的。

【相对色散】relative dispersion

又称相对部分色散，是不同波长的光折射率差的比值，对波长 x 及 y 的相对色散 P_{xy} 为：$P_{xy}=\dfrac{n_x-n_y}{n_F-n_c}$，其中 n_x、n_y 是波长为 x、y 时的折射率。光学系统设计中，为消除二级光谱，需要有相同 P_{xy} 而 ν 值不同的光学玻璃。大部分常用玻璃在 P_{xy}-ν 图中位于 $^\circ P_{xy}=a_{xy}+b_{xy}\cdot\nu$ 这一条“正常线”的直线上，玻璃实际的 P_{xy} 值与 $^\circ P_{xy}$ 之差 $\Delta P_{xy}=(P_{xy}-\Delta^\circ P_{xy})$，称为相对色散偏离值。某些特种光学玻璃，如特种火石玻璃、特种冕玻璃等偏差较大，可用于校正光学系统中的二级光谱。

【非线性折射率】nonlinear refractive index

表征材料折射率随光强度的变化，是激光材料的一个重要性质。在强光作用下，材料的折射率可近似表示为 $n=n_0+n_{2E}E^2$，式中：n_0 为与光强度无关的线性折射率；E 为光的电矢量振幅；n_2 为非线性折射率。非线性折射率是由于在强光下的热吸收、电致伸缩、非线性电子极化等物理过程产生。在强激光系统中，n_2 将产生波前畸变、自聚焦、丝状损伤等现象。

【光学均匀性】optical homogeneity

表示各向同性介质内部折射率均匀的程度。光通过折射率不均匀的介质时，将出现波面的畸变，畸变的大小取决于折射率差与厚度的乘积，它能降低分辨率及成像质量，可用平行光管、干涉仪、光学传递函数、激光全息照相等方法进行测量。

【折射度】refraction

描述物质极化率与折射率之间关系的函数，可表述为折射率的某种函数形式与密度的比值。$f(n)=r\rho$，式中：n 为折射率；ρ 为密度；r 为折射度，有时也称比折射度。物质的折射率经常随密度的增加而增大，折射度表示了它们之间的关系，如 $\frac{n^2-1}{\rho}$、$\frac{n-1}{\rho}$、$\frac{\sqrt{n}-1}{\rho}$、$\frac{n-1}{n+2}$、$\frac{n^2-1}{n+0.4}$ 等。1880 年劳伦茨(Lorentz)、劳伦兹(Lorenz)根据电磁理论，同时独立地提出折射度公式，$r=\frac{n^2-2}{n^2+1}\cdot\frac{1}{\rho}$。在许多情况下，透明物质所受的温度或压力发生变化，甚至物态发生变化时，折射度保持不变，折射度往往可以用加和性公式由各组成成分算出。

原子折射度为原子的折射度与原子量的乘积。无机非金属固体中各组成成分大多以离子状态存在，因此也用离子折射度的概念。

分子折射度为化合物的折射度与分子量的乘积。通常采用劳伦茨-劳伦兹表示式，$R_M=\frac{n^2-1}{n^2+2}\cdot\frac{M}{\rho}$。根据电磁理论，折射度取决于极化，$R_M=\frac{4\pi}{3}Na$，式中：$N$ 为阿伏伽德罗常数；a 为物质的极化率。

原子或离子折射度的大小取决于极化率，半径越大或负电荷越多，越容易变形，折射度增加，非惰性气体电子构型的离子，折射度比惰性气体构型的大。分子折射度可以从原子折射度、离子折射度或折射度按加和公式求得。氧化物玻璃中，氧离子对分子折射度的贡献最大，邻近阳离子引起氧离子折射度的变化，非氧的折射度比氧大，离子半径大的阳离子本身有较大的折射度，又使氧离子周围的电场不对称性增加，引起玻璃分子折射度的增大。通过折射度的研究，可以了解玻璃中的极化，也可提供某些玻璃结构的数据。

【折射率温度系数】temperature coefficient of refractive index

材料折射率是温度的函数。在不引起应力的条件下，温度每升高 1℃，折射率变化量称为折射率的温度系数，用 β 表示，$\beta=\frac{dn}{dT}$，式中：n 为折射率；T 为温度。温度升高时，材料密度和分子极化率均会发生变化：温度升高使密度减小，折射率下降；同时温度升高又使极化率增大，折射率增加。因此，折射率温度系数可以是负、零或正值。

【热光常数】thermo-optical constant

又称温差光学常数，其值为 $V_{t\lambda}=\frac{\beta_\lambda}{n_\lambda-1}-\alpha_t$，式中：$\beta_\lambda$、$n_\lambda$ 分别为波长为 λ 时的折射率温度系数和折射率；α_t 为温度 t 时的热膨胀系数。它描述整个光学元件均匀地处于不同温度时，温度对光学系统质量的影响。玻璃的 $V_{t\lambda}$ 值愈小时，则表示该玻璃制成的光学元件受温度的影响愈小。

【热光系数】thermo-optical coefficient

指单位长度材料因热膨胀及折射率的温度效应引起的光程变化，用 W 表示。$W=\beta+\alpha(n-1)$，式中：β 是折射率的温度系数；α 为热膨胀系数；n 为折射率。它描述光学元件本身温度不均匀时引起的光学系统的畸变。通过化学成分及结构的改变，可使 β 变为负值，因与α项相互抵消，得到W接近零的材料。为适应光学仪器的需要，已出现不少抗热光畸变或热光稳定的光学玻璃。

【应力热光系数】stress thermo-optical coefficient

激光棒中热应力引起的平均光程变化的衡量，与光的偏振方向无关。应力热光系数P与材料的其他参数有如下关系：$P=\frac{\alpha E}{2(1-\mu)}(C_1+3C_2)$，式中：$\alpha$为热膨胀系数；$\mu$为泊松系数；$E$为弹性模量；$C_1$、$C_2$为光弹性系数。

【反射比】reflectance

被物体反射的光强度与入射光强度之比。反射可以是镜面反射，也可以是漫反射，自然光镜面反射时，反射比：$R=\frac{1}{2}\left\{\frac{\tan^2(\varphi-x)}{\tan^2(\varphi+x)}+\frac{\sin^2(\varphi-x)}{\tan^2(\varphi+x)}\right\}$，式中：$\varphi$为入射角；$x$为折射角。入射角在0°～25°范围内，反射率基本不变，垂直入射时，$R=\left(\frac{n-1}{n+1}\right)^2$，$n$为折射率。光学仪器中，反射面很多，引起很大的反射损失，可通过涂增透膜的方法降低反射损失。

【吸收比】absorptance

被物体吸收的光强度与入射光强度之比。物体对光的吸收与吸收体的性质、光波长及几何尺寸有关。对不同波长的光有不同吸收时，称选择吸收。玻璃中的杂质离子或基质本身都能产生吸收，吸收的大小及波长范围变化很大。

【透射比】transmittance

又称透光度，透过物体的光强度与入射光强度之比。反射比、吸收比和透射比三者之和等于一。

【朗伯定律】Lambert's law

表述了物质对光吸收程度与吸收介质厚度关系的定律。先由布给提出，后由朗伯发表，有时也称布给定律(Bouguer's law)或朗伯-布给定律(Lambert- Bouguer's law)。数学表达式为$dI/I=-\alpha dl$或$I=I_0e^{-\alpha l}$。式中：I_0为入射光强；I为透射光强；l为吸收层厚度；α为吸收系数，即光通过单位长度后光强变化的比值。上式用常用对数表示时，$I=I_0 10^{-kl}$、$D=\lg I_0/I=kl$。D称光密度。

【比耳定律】Beer's law

表述了光吸收程度与介质中吸收物质浓度关系的定律。其数学表达式为$D=kcl$。式中：D为光密度；c为吸收物质的浓度；l为吸收层的厚度；k为比消光系数。k的数值与浓度及厚度的单位有关，当c为摩尔浓度、l为厘米时，称摩尔消光系数。

【朗伯-比耳定律】Lambert-Beer's law

朗伯定律与比耳定律的结合形式，$I=I_0 10^{-kcl}$。式中：I_0为入射光强；I为透射光强；k为比消光系数；c为吸收物质的浓度；l为介质厚度。

【光散射】light scattering

光传播时因与物质中分子(原子)作用而改变其光强的空间分布、偏振状态或频率的过程称为光散射。用散射系数表示介质对光的散射能力。散射起因于介质中的微小固体、液体或气体颗粒、介质中所存在的密度起伏现象以及光与物质的相互作用等。有各种各样的光散射现象，如雷莱(瑞利)散射、米氏散射、分子散射、拉曼散射、布里渊散射等。

散射系数，单位长度光程因散射而引起的光强变化，散射系数$K=-\frac{1}{\Phi}\frac{d\Phi}{dl}$，式中：$\Phi$为光强；$l$为光程。玻璃中的光散射起因于折射率的不一致。一般玻璃的散射很小，除乳白玻璃和光通信纤维以外，一般都可以不考虑。

瑞利散射 Rayleigt scattering，又译为雷莱散射，是由散射粒子线度远小于入射光波长时所引起的光散射。散射能力与光波波长的四次方成反比，波长愈短的电磁波，散射愈强烈，当电磁波波长大于1μm时，瑞利散射可以忽略不计。

米氏散射 Mie scattering，散射粒子的线度接近于或者大于入射光线的波长λ时，大部分的入射光线会沿着前进的方向进行散射，这种现象被称为米氏散射。米氏散射的程度跟波长无关，而且光子散射后的性质也不会改变。

分子散射，介质中密度起伏所引起的光散射。密度起伏取决于物质分子的动力学性质，温度升高时，密度起伏增强，分子散射的强度随温度的增加而增加。外来颗粒引起的散射与温度无关。空气中不断产生疏密部分，使太阳光散射，蓝色光线比黄色和红色光线散射厉害，是天空呈现蔚蓝色的原因。

【拉曼散射】Raman scattering

参见 2.2.10【拉曼散射】。

【布里渊散射】Brillouin scattering

光波与声波在光纤中传播时相互作用而产生的光散射过程，在不同的条件下，布里渊散射又分别以自发散射和受激散射两种形式表现出来。在注入光功率不高的情况下，光纤材料分子的布朗运动将产生声学噪声，当这种声学噪声在光纤中传播时，其压力差将引起光纤材料折射率的变化，从而对传输光产生自发散射作用，同时声波在材料中的传播将使压力差及折射率变化呈现周期性，导致散射光频率相对于传输光有一个多普勒频移，这种散射称为自发布里渊散射。强光在介质内产生强的电致伸缩作用，使介质内某些声频振动大大加强，所产生的强声波场对布里渊散射光的增强大于消耗，出现的受激发射称为受激布里渊散射。能产生布里渊散射的物质必须具有较大的电致伸缩系数，对参与散射过程的光波和声波的损耗小。已在水晶、石英玻璃、光学玻璃、二硫化碳、苯、高压氢和甲烷等物质中观察到受激布里渊散射，它提供一种研究物质结构的方法。

【康普顿效应】Compton effect

被自由电子散射而导致辐射波长增加的现象称为康普顿效应或康普顿散射。起因于光子与自由电子发生完全弹性碰撞，电子获得了一部分能量，散射的光子能量减小，引起光波长的增加。波长变化 $\Delta\lambda=\left(\frac{2h}{mc}\right)\sin^2\frac{\varphi}{2}$，式中：$h$ 为普朗克常数；m 为电子质量；c 为光速；φ 为入射光与散射光的夹角。X 射线与 γ 射线通过低原子序数物质时，容易出现这种效应。

【选择性光吸收】selective absorption of light

物质受光作用时，外层电子被激发，如果基态和激发态之间的能量差等于某一波长可见光的能量，则与该波长相应的光被选择性地吸收，从而使物体呈色。与此有关的电子跃迁，有下列几种形式：(1)离子内部的电子跃迁，常见于过渡金属、稀土金属等电子壳层未填满的离子，即所谓“离子着色”；(2)电子从一个离子转移到另外一个离子，即“电荷转移”或氧化-还原过程；(3)禁带跃迁，常见于半导体的“本征着色”；(4)由晶体结构缺陷引起的电子跃迁。

【辐射着色】coloration by radiation

高能辐射使玻璃产生色心而呈现出的着色现象称为辐射着色。色心的吸收带可处于紫外、可见光到红外波段，但玻璃着色后往往呈现为褐色或黑色。出现着色的色心可以是硅氧网络、锗氧网络中的氧缺位或杂质形成的俘获中心。为避免 X 射线、γ 射线引起的着色，一般在玻璃中加入少量二氧化铈（1.2%～2.0%）。Ce^{3+} 是空穴俘获中心，Ce^{4+} 是电子俘获中心，辐射所形成的电子或空穴被铈俘获，铈离子价态变化引起的吸收位于紫外区，不引起可见光区的着色。

【敏化发光】sensitization luminescence

固体发光中两个不同的发光中心通过相互作用，将一个中心吸收的能量传递到了另一个中心，以致后一中心的发光得到加强的现象。前一中心称为敏化剂，后一中心称为激活剂（又称为能量的施主及受主）。敏化剂为特定杂质离子或基质离子，能量转移可以通过辐射的方式，即敏化离子发出荧光并被激活离子所吸收，也可以通过无辐射的方式，即敏化离子与激活离子具有一对大致等距离的能级，实现共振能量转移。

【光致发光】photoluminescence

参见 2.2.4【光致发光】。

【电致发光】electroluminescence

又可称电场发光，是通过加在两电极的电压产生电场，被电场激发的电子碰击发光中心，而引致电子能级的跃迁、变化、复合导致发光的一种物理现象，发光材料将电能直接转化为光能。其产生有两种机理：(1)在两种导电性材料或两种不同组分的界面上，由于外电场的作用，发生少数载流子的注入以及随后与多数载流子复合，从而导致发光；(2)在单一材料内部，由于某种原因而形成高电场区，载流子在高电场区吸收能量而被加速，其中能量够大的载流子通过碰撞而引起发光中心(或晶格)的激发或离化，从而导致发光。在无机固体发光材料中，已达到实用水平的主要是化合物半导体，如Ⅱ-Ⅵ族和Ⅲ-Ⅴ族的二元和三元化合物。电致发光反应速度高，适用于实时显示。通过特殊设计或与其他材料(如光敏材料)匹配，可制成用于光电子学的多功能器件。

【阴极射线致发光】cathode-luminescence

在阴极射线高速电子轰击下，物体发光的现象。高速电子射入发光体后，首先电离出许多电子，原电子和电离电子都具有很大能量，它们又电离出更多电子，产生大量电子激发发光中心而导致发光。高速电子的能级达到几千以至几万电子伏特，比光子的能量大得多，一个电子足以产生成千上万个光子。上述发光材料的作用就在于把电子的动能转化为光能。阴极射线致发光最常见的应用是在电视和雷达技术中，其他还有显示管、夜视仪、电子显微镜中的荧光屏数码管等。阴极射线发光材料最常见的有硫化锌、氧化锌、硫酸锌、稀土氧化物、硫氧化物、硅酸盐等。

【辐射致发光】radioluminescence

又称放射性发光。高能辐射(α-、β-、γ-、X射线和中子辐射)的激发所产生的发光现象。高能辐射线(能量达几万甚至几百万电子伏特)使发光体中电离出高速电子，从而导致发光。利用辐射发光可探测辐射线的强弱，制成辐射剂量计。重要的辐射发光材料有硫化锌、碘化钠、碘化铯、钨酸钠、稀土硫氧化物、氟化锂等。最常见的辐射发光是X射线透视用荧光屏的发光。

【辐照损伤】irradiation damage

又称辐射损伤。玻璃的辐照损伤是指各种射线辐照所引起的玻璃结构变化以及相应的物理性质(如密度、折射率、电阻、导热系数等)的变化。例如：(1)石英玻璃经大剂量电子照射(2×10^{20} 中子/cm^2)，其密度上升，键角变小，所含痕量杂质如 Ge^{4+} 和 Al^{3+} 分别形成“锗心”(电子陷进)和“铝心”(空穴陷阱)，在更大剂量辐照下，还能产生色心。(2)含碱的多组分硅酸盐玻璃经辐照后产生空穴陷阱。(3)含银的磷酸盐玻璃在辐照后放出特征的橙色荧光，荧光与辐射剂量呈线性关系。利用这一效应可制成辐射剂量玻璃。

【热释发光】thermoluminescence

又称加热发光。发光体中以某种方式被激发后，贮存了能量，然后加热发光体，使发光材料中残存的激发能量(激发停止后尚未释放的激发能量)释放出来而发光的现象。发光体所储存的能量是由于电子陷阱俘获电子，使它们暂时不能与发光中心复合。当温度升高时，电子因热作用而被释放，导致发光。热释发光有很多应用，例如测定古物年代。通过热释发光的研究，可以了解发光材料内陷阱能级分布，还可以对不可见的辐射场的强度分布进行测量，如微波。

【荧光光谱】fluorescence spectrum

荧光物质发出的荧光强度沿波长(或频率)分布的谱图。气体的荧光光谱呈窄线光谱，液体和固体的荧光光谱呈复杂的带光谱。由于发光中心与周围介质的相互作用，使荧光谱线发生分裂，并使强度发生变化。因此荧光光谱是研究发光中心与周围介质相互作用，了解能级结构及跃迁的手段之一，也为选择荧光材料和激光材料提供依据。

【荧光寿命】fluorescence lifetime

荧光物体受到激励后，激活离子在亚稳态的平均停留时间。它不仅取决于激活离子，而且也与基质有关。当荧光强度的衰减近似符合 $I=I_0\exp\left(-\frac{t}{\tau}\right)$ 时，式中：I 为荧光强度；I_0 为时间 t 等于零时的荧光强度；τ 为荧光寿命，它等于荧光强度 I 减少到 I_0/e 所需的时间。

【电子光谱】electronic spectrum

主要由电子在不同能级之间的跃迁所产生

的光谱，它包括吸收光谱、发射光谱和反射光谱。电子能级间的能量差一般在 1～20eV，所以这部分光谱位于可见及紫外区域。电子跃迁的同时，能量较小的振动与转动能级也随之发生变化，产生由密集谱线形成的谱带(带状光谱)。过渡元素和稀土元素的化合物和络合物，以及在玻璃和晶体中掺入过渡元素和稀土元素的离子后，产生常见的电子光谱。从电子光谱的研究可以了解这些元素的价态，与之结合的阴离子的种类及配位、键性，是研究结构状态的有效方法。

【荷移光谱】charge transfer spectrum

当电子由基态到激发态之间的跃迁包含着电荷的迁移，则由此而产生的电子光谱成为荷移光谱。一般过渡元素阳离子与配位体阴离子之间，容易产生荷移光谱。由于电子的迁移，这实际上是一种氧化还原过程。荷移光谱的摩尔消光系数很大，通常在 10^4 左右，一般处于紫外区。

【振动光谱】vibration spectrum

主要由分子中振动能量的变化所产生的吸收和辐射。振动能级间的能量差大约为 1～0.05eV，相应的光波长在 1～25μm，也称为红外光谱。振动能级变化的同时将引起能量差更小的转动能级的变化，形成谱带。玻璃中形成玻璃的阳离子与氧离子之间振动能级的变化，会产生红外吸收。振动光谱是研究玻璃结构的有力手段。

【转动光谱】rotation spectrum

由分子转动能级变化所产生的吸收和辐射。转动能级间的能量差大约为 0.05～0.0035eV，相应的光波长为 25～350μm，也称远红外光谱。有些分子的转动能级更低，达到微波区域。

【X 射线荧光光谱】X-ray fluorescence spectrum

用电子或具有足够能量的初级 X 射线激发时，所产生的二次 X 射线谱。每一元素均有其特征的 X 射线谱，X 射线波长与原子序数有关。与可见及紫外光谱相比较，每一元素所含的谱线很少，且不大受元素化学组成和物理状态的影响。利用这种现象，制成了 X 射线荧光光谱仪，在 X 射线光谱分析和电子显微镜技术基础上，发展了电子探针显微分析技术。

【拉曼光谱】Raman spectrum

以一定频率的单色光入射至介质时，其散射光谱除了入射光频率外，在它的两侧出现一些新的散射谱线，同时产生散射介质的能级变化，所得的光谱称为拉曼光谱。在长波长一侧的称为斯托克斯线；在短波长一侧的称为反斯托克斯线。它们相对入射光的频差与介质的分子结构和它们的振动、转动能级有关。用激光作光源的拉曼光谱是研究固体结构相变，各种无激发能谱，分子振动、转动状态的有力工具。

【光泽度】glossiness

光泽度是在一组规定条件下对材料表面反射光的能力进行评价的物理量，用数字表示的物体表面接近镜面的程度。光泽度的评价可采用多种方法(或仪器)。它主要取决于光源照明和观察的角度，仪器测量通常采用 20°、45°、60°或 85°角度照明和检出信号，不同行业往往采用不同角度测量的仪器。

【透明度】transparency

透明度是描述材料能够使光通过而没有散射的物理特性，按照透光的程度，可依次分为透明、亚透明、半透明、微透明和不透明。在宏观上透明和半透明都能透光，光穿过透明体表面遵循折射定律，穿过半透明体时则不一定遵循折射定律。

10.1.7 化学性能

【化学侵蚀机理】mechanism of chemical corrosion

硅酸盐玻璃结构对于分子和离子来说并非密不可入。相反，即使通常气压下的气体和液体(如 H_2O)都能通过扩散而侵入玻璃，并且通过化学反应破坏硅氧骨架。另一方面，玻璃本身所含某些离子，主要是一价阳离子 R^+，也通过扩散而与外界离子进行交换，使界面玻璃变质。如果反应继续进行，则界面往玻璃内部推进，使更多的硅氧网络骨架遭受破坏。所有这些统称为化学腐蚀。例如：(1) H_2 分子扩散入玻璃，并与硅氧骨架反应，成生 Si-OH 键，使网络断裂；在一定条件下还会使 Si^{4+} 还原成三价的 $\equiv Si-OH$。(2)经常发生而危害较大的是 H_2O 分子扩散入玻璃，导致断网；$\equiv Si-O-Si\equiv + H_2O = 2(\equiv Si-OH)$，产物是成对出现的 $\equiv Si-OH$，称为硅烷醇(silanol)，其中的 OH 即使在 1000℃的高温仍能存在，因此断网很难恢复完整。(3)由于 H_2O 对 Si-O 键的破坏作用，即使熔融石英(较纯的 SiO_2)也被水"溶解"，其溶解度在 25℃为 0.012%(质量分数)。溶解产物 $Si(OH)_4$ 是 $[SiO_4]$ 四面体的四个 Si-O 键全部变成 Si-OH 键所致。(4)玻璃所含 R^+ 离子，以 Na^+ 为例，通过扩散而与水中的 H^+ 离子交换：Na^+(玻璃)$+H^+OH^-=H^+$(玻璃)$+NaOH$，反应产物 NaOH 使硅氧网络的破坏加速。所有上述各种反应，包括"溶解"在内，都是由扩散控制的；其中，R^+ 离子的扩散以及 H_2O 分子的扩散尤为重要。为了提高玻璃的化学稳定性，应设法降低 R^+ 离子的扩散速度。在与 H_2O 分子作用过程中，硅酸盐玻璃表面能生成保护膜层，即硅酸凝胶，但许多实验从不同角度表明，H_2O 分子(以及 R^+ 离子)在"保护膜层"内的扩散比在玻璃内部更快。

【玻璃生物发霉】micro-organism corrosion

玻璃在使用、贮存等过程中由于微生物在玻璃表面滋生而引起的表面侵蚀。是一个比较复杂的生物—化学过程，与周围气温和湿度有关。为了防止玻璃生物发霉，可采用的途径有：玻璃成分中引入少量具有杀菌能力的金属离子，玻璃表面在涂膜前进行杀菌预处理，在玻璃表面覆以杀菌涂层等。光学玻璃零件、高铅玻璃等的发霉大多属于玻璃生物发霉。

10.1.8 电学性能

【玻璃的导电性】electrical conductivity of glass

玻璃传导电流的能力。一般属于离子导电类型。大部分固态硅酸盐玻璃在常温下具有较高的电阻率，可作绝缘材料使用。但当温度升高时，电阻率降低，因而具有一定的导电能力。参见本节【离子导电机理】。有些玻璃(如钒酸盐、硫、硒化物等)具有电子导电性，已作为玻璃半导体应用于实际。

【表面电导】surface conductivity of glass

玻璃表面传导电流的能力。它取决于玻璃的成分以及周围空气的湿度与温度。玻璃中碱金属氧化物含量的提高与空气湿度和温度的增高都导致表面导电性的增高；周围温度高于100℃时，表面导电性与体积导电性已无区别。玻璃表面涂层是改变表面导电性的有效方法。

【离子导电机理】mechanism of ionic conduction

一般硅酸盐玻璃在常温时电阻率 $\rho>10^8$ $\Omega\cdot cm$；但当温度升高时 ρ 迅速下降，在 T_g 点附近 ρ 剧烈降低；此后随着温度的继续上升 ρ-T 关系曲线趋于平坦，如附图所示。实验和理论推导证明，上述电导是由离子扩散引起的。玻璃中离子扩散的机理，说法不一。一般认为：离子 A 从一个位置(或空位)跳入另一个位置(或空位)，再跳入另一个位置，如此连续跳进；附近的同类离子 A′，A″…相继在这些位置或空位上跳进，由此实现离子导电。实验又表明，当玻璃中存在不止一种离子时，电流是几乎全部由能动性最高的(扩散系数最大的)离子单独传输。例如在 Na_2O-CaO-SiO_2 玻璃中，几乎全部电流由 Na^+ 离子传输，而 Ca^{2+} 离子的作用可以忽略不计，Si 和 O 则作为不动的基体。因此，为了提高玻璃的电阻

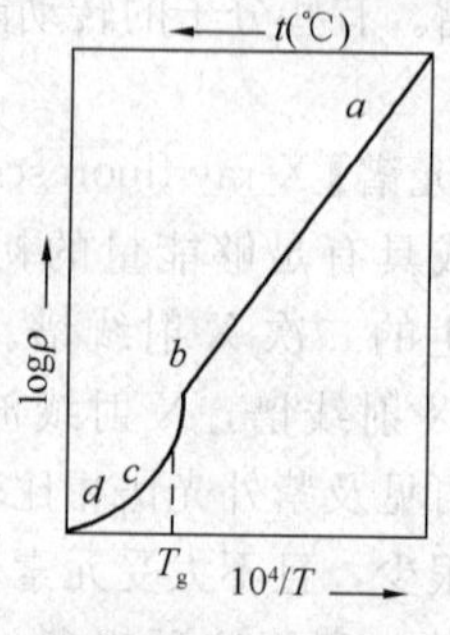

离子导电机理

率，可从化学组成上着手：(1)利用“压制效应”，即，引入二价阳离子来压低 Na^+ 离子的扩散系数；(2)引入适量的 B_2O_3，使玻璃网络紧密，但应注意硼反常；(3)利用混合碱效应，例如引入 K_2O 或 Li_2O，使 Na^+ 离子扩散变慢。此外，良好的退火使玻璃结构紧密，也有利于提高电阻率。

10.1.9 力学性能

【玻璃的机械强度】mechanical strength of glass

玻璃在受力过程中，从开始受载到断裂为止，所能达到的最大应力值。按照受力情况的不同，有耐压强度、抗张强度、抗折强度、抗冲击强度等。玻璃的耐压强度一般要比抗张或抗折强度大一个数量级。玻璃强度与本身成分、均匀性、表面状态，样品的几何尺寸、周围温度、退火程度等因素有关。玻璃的实际强度比理论强度低得多，主要原因在于：微裂纹、宏观不均匀性、微观缺陷等。通过强化、表面处理、微晶化等途径，可增加玻璃的机械强度。

【玻璃的理论强度】theoretical strength of glass

按不同理论计算方法(如根据化学键强度、弹性模量等)推导得出的、无缺陷的玻璃强度，一般认为可达 10～15GPa，比玻璃的实际强度高几个数量级。例如：块状玻璃的抗张或抗折强度仅为 40～60MPa，玻璃纤维一般也只有 1500～4000MPa。其原因在于：微裂纹、缺陷的存在及微观结构上的各种因素等。

【微裂纹】microcrack

由于周围介质作用、机械损伤等原因使玻璃表面产生细微裂纹。一般微裂纹的深度为 0.1 至几微米，但在较大机械力作用下，如在磨光过程中所形成的裂纹可达几十微米以上。微裂纹的存在使玻璃的机械强度显著下降。在外力作用下，裂纹末端应力集中，当应力超过原子间引力时，裂纹迅速发展而致断裂。葛里菲斯(Griffith)首先以微裂纹解释强度偏低的现象，因此称微裂纹为葛里菲斯裂纹(Griffith microcrack)。消除表面裂纹可用氢氟酸处理、火抛光、硅有机化合物处理等方法。

【玻璃弹性】elasticity of glass

玻璃在外力作用下发生变形，当外力除去后能恢复原形的性质。由于玻璃是各向同性材料，它的弹性参数只有两个是独立的，即弹性模量 E(又称杨氏模量)和泊松比 μ；其余的参数都可用 E 和 μ 表示。实用玻璃的弹性模量介于 50～80GPa，高弹性模量玻璃可达 120～140GPa，玻璃弹性变形的大小直接与其内部化学键强度有关。化学键强度高则变形小而弹性模量高，熔融石英玻璃的弹性模量 $E=72GPa$，在这基础上加入 R_2O 类氧化物时一般使 E 值下降，但 Li_2O 是例外，它使 E 值上升(由于 Li^+ 离子使玻璃结构更趋紧密)。在加入 RO 类氧化物时，E 值随 R^{2+} 离子半径的增大而下降，但 Ca^{2+} 是例外，在 R^{2+} 类离子中，Ca^{2+} 所导致的 E 值最大(因为 Ca^{2+} 离子充填硅氧网络空隙时空间利用率最高)。B_2O_3 和 Al_2O_3 的加入，适量时使 E 值上升，但过量时有硼反常和铝反常。TiO_2 也使 E 值上升。弹性模量还与温度、热处理程度等因素有关。玻璃的弹性变形保持到 T_g 点为止。超过 T_g 后就产生塑性变形。玻璃的弹性性质对于玻璃纤维、大型光学玻璃零件等有重要意义。测定弹性模量的常用方法可分为静态法与动态法。

【内耗】internal friction

一个自由振动的固体，即使与外界完全隔离，它的机械能也会转化为热能，从而使振动逐渐停止。这种由于内部的原因而使机械能消耗的现象称为内耗。测量玻璃的内耗是研究玻璃结构变化的一种方法。玻璃中离子或原子团的移动、某些阳离子在玻璃中配位的变化都会在内耗曲线上有所反映。根据内耗峰的温度和振动频率的关系还可以求出内耗活化能。

【高密度化】densification

玻璃经受高于数万大气压的压力后，由于内部结构改变导致密度增大的现象。例如：石英玻璃(2.21g/cm³)经加压至 20 万大气压后密度可上升至 2.61g/cm³。一般以密度变化率 $\frac{\Delta\rho}{\rho}$ 来表示。它与玻璃中离子的晶体化学性质、外加压力大小、加压时间、温度等因素有关。对于大多数玻璃外加压力，在1万大气压以下时，还是一个完全弹性体，只有当压力超过约十万大气压时，才使玻璃在室温下密度产生永久性增大，但只要加热至几百摄氏度，密度又逐渐下降至原始数值。

【应力腐蚀】erosion caused by stress

应力腐蚀是材料、器件在静应力和腐蚀的共同作用下产生的失效现象。常见玻璃应力腐蚀的机理是玻璃材料或器件在应力和腐蚀介质作用下，表面的结构或膜层被腐蚀而受到破坏，加上应力的作用，破坏处逐渐形成裂纹，裂纹随时间逐渐扩展直到断裂。

【玻璃应力弛豫】stress relaxation of glass

玻璃在持续的外力作用下，应力缓慢发生松弛的现象称为玻璃应力弛豫。松弛与徐变均为材料的应力/应变关系随时间发生改变的现象，与徐变不同的是后者在应力不变的情况下应变随时间变化，而弛豫是在应变不变的情况下应力随时间发生变化。通常弛豫与徐变是相伴发生的。玻璃的应力弛豫一般发生在高温条件下使用时或应力腐蚀环境中。

【应力-光现象】stress-optical phenomenon

玻璃存有内应力时，在光学上变为各向异性，单色光通过会分离为两束光(O光和E光)，发生的双折射光，称为应力-光现象。O光在玻璃内光速及传播方向、光波的偏振面不变，仍沿原入射方向前进，到达第二个表面时所需时间较少，所经过的路程较短；E光在玻璃内光速及传播方向、光波的偏振面都发生变化，偏离原入射方向，到达第二个表面时所需时间较长，经过的路程较长。O光和E光的这种路程之差称为光程差。玻璃中的应力越大光程差就越大。当单色光通过无应力残存的玻璃时，光速与其传播方向和光波的偏振面无关，不会发生应力-光现象。

10.2 品 种

10.2.1 建筑玻璃

【建筑玻璃】building glass

用于建筑物玻璃制品的统称。建筑玻璃已由简单的采光、围护功能，向安全、保温、隔热、隔声、防护、装饰等多功能一体化方向发展。随着玻璃加工技术的发展，建筑玻璃的品种增加，广泛应用在建筑物的墙体、门窗、幕墙、屋顶、隔断等，成为重要的建筑材料。

【平板玻璃】plate glass

指未经加工的平板状玻璃制品，也称原片玻璃。平板玻璃生产成形工艺包括浮法、垂直引上、压延和平拉法等，其中浮法成形工艺目前应用最广泛，是主流工艺。平板玻璃大多属钠钙硅酸盐玻璃，它是建筑玻璃中产量最大、用量最多的，可直接应用，更多是加工成其他技术玻璃，广泛用于建筑、交通运输与电子信息等领域。

【窗玻璃】window glass

用作建筑物窗口的玻璃制品通称。随着全世界对建筑节能认识的深化，平板玻璃加工技术的发展，由钢化、夹胶、镀膜、真空、装饰等加工玻璃组合的中空玻璃部件用于窗口，逐渐代替平板玻璃。

【浮法玻璃】float glass

指用浮法成形工艺生产的平板玻璃。20世纪50年代末，英国皮尔金顿玻璃公司研制成功，是成形工艺的一次革命。英国皮尔金顿、美国匹兹堡和中国洛阳浮法，是世界公认的三大浮法技术。浮法工艺成形过程为：熔融玻璃液在金属锡液表面浮抛，经铺展、摊平、拉薄或堆厚，成形为表面平整光洁，厚度均匀，无光学畸变，具有机械磨光质量的玻璃。目前浮法可成形0.1～30mm厚度的玻璃板。另外，在浮法生产线上可安装CVD或热解镀膜装置，制备反射，低辐射、阳光控制等各类在线镀膜玻璃。除钠钙硅酸盐玻璃外，浮法工艺已扩展至硼硅酸盐、铝硅酸盐等特种玻璃的成形。

【夹丝玻璃】wired glass

内部嵌有金属丝或网的平板玻璃，有压花、磨光夹丝玻璃等品种。夹丝玻璃采用压延工艺，玻璃液流经压延机两个压辊中间时，从上面或下面连续送入经预处理的金属丝或金属网，随玻璃带拉引平行地嵌入玻璃板中。丝网以钢丝为主，被编织成方格形、菱形、六角形等图案，点焊固定。夹丝玻璃具有安全性，不容易洞穿，受外力撞击时，玻璃裂而不碎，能够保持一定的完整性，具有安全、防火、防盗等功能。主要用于天窗、屋顶、室内隔断、防火通道等容易被撞击，有安全、防火要求的场所。

【安全玻璃】safety glass

具有安全特性的玻璃制品的统称，大致分为建筑和交通运输安全玻璃两类。平板玻璃经强化处理或与其他材料复合，使其具有较高的机械强度和耐热震性能，增加使用的安全性，即使玻璃破碎，也能最大程度避免产生人身伤害和财产损失。钢化玻璃、夹层玻璃及两者组合而成的玻璃制品，是应用最多的安全玻璃。安全玻璃用于建筑物门窗、幕墙、顶棚、吊顶、室内隔断、楼梯及阳台栏板等部位，及汽车、火车、飞机、舰船等交通运输领域。

【夹层玻璃】laminated glass

两片或多片玻璃间用有机材料粘接成一体的复合玻璃制品，夹层玻璃有干法和湿法两种制备工艺，以干法为主。夹层玻璃属于安全玻璃，受外力破碎时，玻璃碎片不会脱落，对人身和财产具有保护作用。另外，通过玻璃间有机材料性能的调整与控制，还可赋予夹层玻璃良好的隔声、阻挡紫外线等性能。夹层玻璃主要用于门窗、顶棚、地板、隔墙、商店的橱窗及幼儿园、学校、医院、银行、邮局等对安全性要求较高的场所。

【钢化玻璃】tempered glass；strengthened glass

通过在玻璃表面产生预压应力，机械性能和耐热震性能得到显著提高的玻璃制品的统称，又称强化玻璃。玻璃钢化技术分为物理和化学两类，前者依冷却介质又分为风钢化、液体钢化、粉末钢化等；后者有离子交换、酸处理、表面结晶等，以风钢化和离子交换技术应用最广。风钢化玻璃属安全玻璃，主要用于建筑、汽车、舰船等领域；离子交换玻璃不属安全玻璃，不建议单片使用，通常是做成夹层玻璃后用于飞机、高速列车、光学、电子、家具等领域。

【风钢化玻璃】air tempered glass

特指以风作为冷却介质的物理钢化玻璃。依钢化程度不同，分全钢化、半钢化和区域钢化；依工艺技术不同，分为水平、垂直和气浮钢化；依制品的形状不同，分为平钢化、单曲面与双曲面钢化。风钢化玻璃表面存在应力斑，易产生光畸变。风钢化玻璃存在自爆现象，经均质处理可消除和降低自爆隐患。风钢化玻璃不能进行切割、打孔等加工操作。3mm以下厚度薄玻璃难以实现全钢化。钢化玻璃主要用于建筑、汽车、舰船等领域。用作建筑物顶棚、吊顶时，应夹层后使用。

气浮工艺是风钢化技术的最新发展，其制品在偏振光镜下看不到应力斑的痕迹。该技术与设备的面世，为3mm以下薄玻璃增强找到好的解决方法，在光电与光热转换方面有广泛前景。

【化学钢化玻璃】chemical strengthened glass

通过化学方法使强度提高的玻璃统称，常指离子交换增强玻璃。离子交换增强分为高温型与低温型两种，以低温型 Na^{+}-K^{+} 交换应用更为广泛。离子交换增强技术不受玻璃的厚度和形状的限制，尤其适合增强异形薄玻璃。化学钢化具有应力均匀，无自爆，不产生光畸变，可进行二次加工处理等优点，主要用于飞机、高速列车、光学、电子等领域。钠钙硅玻璃化学钢化表面的压应力层薄，表面应力值为400～600MPa。国外已开发铝硅酸盐化学钢化玻璃，增加压应力层厚度，表面应力值高达1000MPa，已在智能手机触摸屏、大型飞机风挡广泛应用。

【防弹玻璃】bullet resistant glass

具有抵挡枪弹冲击，保护人身安全功能的特殊夹层玻璃，依据不同枪种其防弹能力有所不同。防弹玻璃一般由承力、过渡和安全防护三层构成。承力层一般用大厚度、高强度的玻璃；过渡层为粘接力强、耐光性好，能吸收部分冲击能的有机胶合材料；安全防护层采用韧性好的高强有机材料，以保证不被穿透。防弹玻璃依对人体防护程度，分为安全型和生命安全型；依使用范围分为航空、车辆和船舶、银行用三个系列。防弹玻璃主要用于交通工具的风挡玻璃，军用设施及武器装备的视窗及银行、珠宝店、博物馆等重要部门的门窗。

【防爆玻璃】explosion-proof glass

能够防止暴力入侵和抵抗爆炸冲击力，对人身与财产安全具有保护作用的玻璃制品。防爆玻璃一般为无机玻璃与有机材料复合的夹层玻璃，可依外力大小对其结构和性能进行设计。防爆玻璃具有高抗冲击波强度，受爆炸冲击不被贯穿，碎片不易脱落，同时兼有防弹、防盗、防紫外线等功能。防爆玻璃主要用于机场、旅馆、银行、博物馆、珠宝店、监狱等安全性要求较高的公共设施，以及高压容器、医用高压氧舱、高压实验室等观察视窗。

【防火玻璃】flame-proof glass

能够有效抑制火灾蔓延，控制热辐射或隔烟，经过特殊工艺加工和处理，在规定耐火试验中，能保持其完整性和隔热性的特种玻璃制品。防火效果以耐火性能进行评价，包括耐火完整性、耐火隔热性和热辐射强度。耐火性能分为A、B、C三类：A类同时满足耐火完整性和耐火隔热性要求；B类同时满足耐火完整性和热辐射强度要求；C类仅满足耐火完整性要求。根据耐火时间又分为Ⅰ级(90min)、Ⅱ级(60min)和Ⅲ级(30min)。防火玻璃有复合防火玻璃和单片防火玻璃两种。防火玻璃主要用于工业与民用建筑楼梯间、升降井、走廊、防火门、防火墙、防火通道等处。硼硅酸盐玻璃热膨胀系数低，热冲击性好，是一种有广泛应用前景的防火玻璃。

【防盗玻璃】anti-burglary glass

不易被贯穿，在打击物的冲击下能有效防止偷盗事件发生的特种玻璃制品，通常是多片玻璃和多层有机材料复合的夹层玻璃。防盗夹层玻璃的玻璃和有机材料粘接牢固，当受到外力打击时，玻璃破裂而不脱落，仍能保持整体性起到防盗效果。还可在夹层中放置温度、压力等传感器和报警装置，赋予防盗玻璃报警功能。防盗玻璃主要用于银行金库、武器仓库、文物仓库及展览橱窗、贵重商品柜台等。

【半钢化玻璃】semi-tempered glass

表面应力值介于24～69MPa之间的风钢化玻璃。玻璃的钢化程度取决于冷却风压力，降低冷却风压力，便可获得半钢化玻璃。因钢化程度低，不易产生影像畸变，也不存在自爆现象。半钢化玻璃受外力破坏时，裂纹以受力点为中心呈放射状裂开，碎片较大且含尖锐棱角，不属于安全玻璃，不能直接用于天窗及有可能发生人体撞击的场合，多用于建筑物幕墙和外窗。

【均质钢化玻璃】homogeneous tempered glass

经过均质处理的钢化玻璃。均质处理，又叫热浸处理，俗称引爆，目的是降低钢化玻璃的自爆率。均质过程包括升温、保温和降温三个阶段，将钢化玻璃加热至290±10℃，并保温2h，此时玻璃内的高温α相硫化镍，99%转变为低温的β相硫化镍。经均质处理的钢化玻璃，自爆率从业内公认的3%，显著降低至每400t玻璃发生一个自爆案例的水平。

【节能玻璃】energy saving glass

可有效阻止室内外热量交换，降低空调和采暖的能耗，具有保温性和隔热性的建筑玻璃制品的统称。目前世界上应用量最大的节能玻璃，是用吸热、热发射、低辐射、阳光控制、钢化、夹层等玻璃品种组合的中空玻璃。真空玻璃是新兴节能玻璃品种，隔热保温性能优于中空玻璃。可根据建筑所处的气候区划，选择性能符合要求的围护结构。寒冷地区以控制热传导为主，应选中空玻璃或低辐射中空玻璃；夏热冬冷或夏热冬暖地区，以控制太阳能进入室内为主，应选热反射或吸热玻璃组成的中空玻璃或遮阳型低辐射中空玻璃；被动房可以选择真空、中空、低辐射的组合。节能玻璃主要用于建筑门窗、墙体、屋面和地面四大围护结构中。

【低辐射玻璃】low emissivity glass

在玻璃表面镀制金属或金属氧化物薄膜，

使其具有较低的近红外光线反射率，较高的远红外光线反射率和可见光透过率的镀膜玻璃，称为低辐射玻璃，又称 Low-E 玻璃。通常采用在线化学气相沉积和离线磁控真空溅射两种制备工艺。对近红外反射率低，利于阳光进入室内，提高室内的温度；对远红外反射率高，使室内物体、墙体发射的远红外线，大部分被反射回室内，具有保温作用。低辐射玻璃一般不单片使用，通常制成中空玻璃并将低辐射膜面向室外一侧，即膜层朝向空腔。低辐射中空玻璃主要用于寒冷地区的建筑物门、窗和幕墙等部位。两种工艺制备的低辐射玻璃均可以进行水洗、热弯、钢化等再加工操作。

【真空玻璃】vacuum insulated glass

将两片平板玻璃周边熔封，内部抽真空并将抽气孔密封制成的节能玻璃。两片玻璃间隙为 0.1～0.2mm，内置金属或非金属材料制成的微小支撑物，以承受外界的大气压力。真空玻璃的保温原理与热水瓶相似，真空层隔绝了热传导，其保温、隔热、降噪、防结露等性能优于中空玻璃。真空玻璃的真空层可有效地阻隔声音的传递，特别是对于穿透性较强的中低频率，效果十分显著。真空玻璃因存在内外压差，制品板面不宜太大。目前，真空玻璃主要用于冰箱、冰柜、冷库等冷藏设备上。随着技术进步，真空玻璃将真正成为节能玻璃的主流产品，用于建筑节能领域。

【低铁玻璃】low-iron glass

铁含量在 150ppm 以下或更低的无色透明平板玻璃，业内俗称超白玻璃，包括超白浮法和超白压延玻璃。超白玻璃铁含量只有浮法玻璃的 1/10 或更低，表面和断面无色，外观类似无色水晶，可见光透过率高达 91.5%以上。超白浮法玻璃具有优异的物理、机械和光学性能，可以进行各种深加工处理，可广泛应用于高档建筑、家具、装饰、仿水晶制品、灯具等行业，还可用作太阳能光热、光电转换系统的基片，提高光电转换效率。

超白压延玻璃多用于太阳能电池组件盖板，高透过率可最大限度吸收太阳能辐射热量。通过调整玻璃组分，增强了紫外光线辐射、耐碱、抗发霉和抗老化性能，保护硅晶板不受外界的损坏。另外正面朦胧纹面可减少光反射，反面用花纹可增强太阳斜角度渗透率，提高光能转换率和太阳能电池的光电转换效率。

【吸热玻璃】heat absorbing glass

具备吸收大量红外线辐射的能力，并能保持较高可见光透过率的平板玻璃。吸热玻璃有本体着色和表面镀膜两种，以本体着色玻璃为主。前者是在钠钙硅酸盐玻璃原料中加入着色剂；后者是在玻璃表面喷镀一层或多层金属或金属氧化物薄膜。常用着色剂主要是镍、钴、铁、硒等金属，生产蓝色、绿色、灰色和茶色本体着色玻璃。玻璃或膜层颜色及厚度不同，对太阳辐射热的吸收程度不同。吸热玻璃多用作炎热地区建筑物的玻璃幕墙、门窗玻璃，既能吸热又能起到装饰作用。在设计、安装和使用时，应充分考虑吸热玻璃在吸收大量热量自身温度升高的特点。

【热反射玻璃】heat-reflective glass

对太阳辐射热量具有较高反射作用的玻璃制品，热反射玻璃也称镜面玻璃，反射率一般为 20%～40%。热反射玻璃具有较好的遮阳性能，又称阳光控制玻璃。热反射玻璃制备工艺分在线和离线两种，在玻璃表面镀制金属或金属氧化物薄膜，有金色、茶色、灰色、紫色、褐色、青铜色和浅蓝等各色制品。热反射玻璃具有单向透视特性，反射层的镜面效果和色调对建筑物具有装饰效果。热反射玻璃适用于南方热带地区，热反射膜层应在中空玻璃面向室外的一侧使用。应重视过高反射率会造成的“光污染”的问题，按照规定使用。

【中空玻璃】insulating glass

两片玻璃用间隔框架隔开，周边密封，中间充入干燥空气或惰性气体而制成的玻璃制品。中空玻璃分为双层和多层，可用胶接、胶条、熔接和焊接四种方法制备，以胶接法应用最为广泛。中空玻璃具有很好的隔热、保温和隔声性能，主要用于建筑物的门、窗、幕墙；冰箱、冰柜、冷库等冷藏设备以及火车、轮船、机场等场所。可根据建筑物所处气候带及各种使用技术要求，选用不同性能的玻璃品种，如：透明浮法、吸热、热反射、低辐射、阳光控制等原片和钢化、夹层、真空玻璃等加工制品，以及不同的间隔与密封材料等，对中空玻璃的结构与配置进行设计。中空玻璃是至今世界上应用地域最广、用量最大的建筑节能玻璃。

【彩绘玻璃】stained glass

表面绘有彩色图案的具有装饰效果的玻璃制品。主要体现在"绘"字，意指"绘画"的意思。以玻璃为画布，采用数码喷绘、喷涂、丝网印刷或纯手工等技术，以特殊材料为颜料，在玻璃上进行彩色图案的绘制，然后进行烘干而制得。彩绘玻璃色彩艳丽、立体感强，图案生动形象，具有良好的装饰效果，可用于建筑物的内外装饰及家具配件等。

【镶嵌玻璃】mosaic glass

各种不规则形状、精致加工的彩色玻璃块，镶嵌在金属条框内，制作成具有装饰效果的玻璃制品。黄铜或锡、铝条是常用的金属框材料，金属条折弯成各种形状，也可拼接成人像、花卉和图案形状，然后用彩色玻璃块填充。镶嵌玻璃制作随意性较大，可组成各种不同风格的图案，装饰效果强。随着加工技术的发展，镶嵌玻璃大多制成中空玻璃，既起到美化居室、环境；又有隔声、保温的作用，将古老艺术和现代化技术结合，主要用于厅堂、门窗、顶棚、屏风、隔断等场所的装饰。

【雕花玻璃】carve glass

用磨轮在玻璃表面雕刻图案获得装饰效果的玻璃制品。将设计好图案描绘在玻璃表面上，再用磨轮将图案部分打毛，这种早期制作方法现已过时。利用现代计算机技术，将雕刻图案软件输入，磨轮即可按指令自动雕刻。雕刻部分透光但不透明，层次分明，鸟兽、人物、植物等栩栩如生，具有独特的装饰效果，主要用于建筑门窗、顶棚、隔断墙、屏风、走廊、楼梯间、柱子等部位。

【蚀刻玻璃】etching glass

利用酸的腐蚀作用将设计图案或文字刻蚀在玻璃上，获得的具有装饰效果的玻璃制品。首先将石蜡和蜂蜡混合物涂抹在玻璃表面，在蜡层上勾勒出图案，去除需要腐蚀部位的蜡，再用氢氟酸腐蚀。蚀刻玻璃透光而不透明，图案新颖，装饰效果好，主要用于室内隔断墙、屏风、门窗等，也可用于装饰家具、走廊、楼梯间和柱子等。

【压延玻璃】rolled glass

用压延法生产的玻璃统称。连续压延技术是1920年美国福特公司发明的。压延法是用金属棍将玻璃液滚压的成形方法，可生产平板或异形玻璃，包括压花、夹丝、波形与槽形玻璃等。压延玻璃透光而不完全透明，使光线柔和，有一定的装饰效果，并可保护隐私，适用于建筑室内间隔、卫生间、浴室等及需要遮断影像的场所。

【压花玻璃】patterned glass

用压延法生产表面带有图案的无色和本体着色平板玻璃。玻璃液流经刻有花纹的压延辊而制得，有单面压花和双面压花之分。压花玻璃的透光度在60%～70%之间，光线透过凹凸不平的玻璃表面产生漫反射，具有遮断视线的作用。压花玻璃颜色丰富，图案多样，装饰效果好，主要用于宾馆、办公楼、会议室、浴室、卫生间等需要透光又需要遮断视线的场所。

【漫射玻璃】diffusing glass

表面凹凸不平，使入射光线发生漫反射的玻璃制品的统称，又称漫反射玻璃、散光玻璃。用机械或化学的方法，在玻璃表面加工出花纹或图案，都能使玻璃产生漫反射，压花玻璃、磨砂玻璃、冰花玻璃、毛玻璃、玻璃砖等属于此类玻璃。漫反射玻璃可使光线均匀柔和并遮蔽影像，主要用于建筑物隔断墙和门窗。

【槽形玻璃】channel glass

压延法生产横截面呈槽钢形状的型材玻璃，又称U形玻璃。玻璃带在成形过程处于可塑状态时，两边被卷起形成槽形。槽形玻璃机械强度比同等厚度的平板玻璃高很多，可单排使用，也可组合或链接成大面积构件，透光而不透视，具有良好保温隔热和隔声性能。槽形玻璃品种很多，压花、夹丝、着色等玻璃都可作为基片。槽形玻璃主要用作建筑物非承重部位的围护结构材料，施工简便，有独特的建筑与装饰效果。

【波形玻璃】corrugoted glass

压延法生产的横截面呈波浪形的板状玻璃制品。玻璃带处于可塑状态时将其压成波形。波形断面垂直方向上的刚度比一般平板玻璃大数倍。波形玻璃具有强度高、透光度好、安全、减轻结构自重等特点，主要用于需要采光的工业厂房的屋面、天窗以及墙面。

【磨光玻璃】polished glass

经研磨、抛光等手段获得表面平整光滑的平板玻璃。通常硅砂做研磨材料，氧化铈或氧化铁做抛光材料。研磨抛光使玻璃表面产生微裂纹，其强度和抗风压性能降低。物象从任何方向透过或者反射，都不产生光学畸变现象，磨光玻璃主要用作高级建筑门窗、橱窗或制镜玻璃的原片，无特殊需求，一般已被浮法玻璃所取代。

【毛玻璃】frosted glass

表面粗糙产生漫反射的透光而不透明的玻璃制品，可采用喷砂、研磨、酸腐蚀等方法获得，对应的毛玻璃还可称为喷砂玻璃、磨砂玻璃。如在玻璃上覆盖花纹图案，还可制成喷花玻璃或磨花玻璃。毛玻璃具有透光而不透视的特点，能使室内光线变得柔和，主要用于办公室、卫生间、浴室门窗等部位，也可用作照相屏板、玻璃黑板等。

【冰花玻璃】ice flower glass

表面呈现不规则冰花图案的玻璃制品。在毛玻璃表面涂抹的骨胶水，干燥收缩龟裂脱落时，将玻璃表层剥离形成的。冰花玻璃装饰效果强，主要用于建筑物门窗、屏风、墙壁的装饰，也可用于桌面、灯具等日用玻璃。此外，当引爆三层钢化夹层玻璃的中间层，形成的碎颗粒界面也具有冰花玻璃的装饰效果，并兼具安全、隔声等多种功能。

【玻璃面砖】glass tile

普通玻璃成分，压延制造或平板玻璃表面喷绘图案而成的装饰玻璃，一般 5～8mm 厚、100～300mm 长。具有玻璃的特性，耐酸、耐碱、无毒、无味、无放射性，洁净度高，膨胀系数小，表面硬度、机械强度都优于一般墙砖，色彩绚丽多样和吸水率极低是其主要优点。玻璃墙面砖主要用于厨房、卫生间的墙面装饰。

【锦玻璃】mosaic glass

一种小规格的彩色饰面玻璃，又叫玻璃马赛克。通常尺寸规格为 20mm×20mm、30mm×30mm、40mm×40mm，厚度为 4～6mm 的方块。也有长方形、三角形和菱形等形状。玻璃马赛克采用熔融法和烧结法制成，制品花色品种多样，正面光泽滑润细腻，背面带有槽纹，便于用砂浆粘贴。玻璃马赛克可单色拼排，也可复合拼成图案及大型壁画，立体视觉丰富，装饰效果好。玻璃马赛克耐水性好、不老化、不褪色，已广泛用于各类建筑的外墙、客厅、阳台、卫浴室的墙面和地面。

【釉面玻璃】enameled glass

玻璃表面涂敷彩色易熔性色釉经烧结而成的装饰玻璃。依工艺分为退火釉面和钢化釉面玻璃。依用途分为采光型釉面和遮蔽型釉面玻璃，前者主要用于采光天棚或幕墙；后者主要用于玻璃幕墙的窗间隔部位。釉面玻璃色彩多样、化学稳定性好，是一种性能优良的建筑装饰玻璃。

【玻璃幕墙】glass curtain wall

由金属构件和建筑玻璃组成的建筑外围护结构。玻璃幕墙集建筑学、美学和结构设计于一体，并完美体现出玻璃的多功能。玻璃幕墙的结构和功能种类多样，按外观有明框、半隐框、隐框和无框幕墙之分。玻璃幕墙具通透性，可扩大视野，将建筑物内外环境相通相融，同时可适应建筑体型丰富的变化，充分体现设计师的想象力和创造力，在现代建筑广泛应用。玻璃幕墙也存在着一些局限性，如受关注的破碎、坠落与能耗、光污染等问题，随着材料与技术的创新，正逐步得到解决。

【光伏玻璃幕墙】photoelectric glass curtain wall

太阳能电池与建筑玻璃复合而成的玻璃幕墙，它集光伏发电和幕墙技术于一体，具有发电、安全、隔热、装饰等多功能，体现了建筑智能化与人性化特点。将太阳能电池镶嵌于两片玻璃之间，将光能转化成电能，多用于标志性建筑的屋顶和外墙。进一步提高光电转换效率，是扩大光电玻璃幕墙应用的技术发展方向。

【明框玻璃幕墙】exposed framing glass curtain wall

金属框架构件完全显露在外表面的玻璃幕墙。玻璃板全镶嵌在金属框架内，其特点在于金属框架兼有骨架结构和固定玻璃的双重作用。明框玻璃幕墙是最传统、应用最广的幕墙结构，使用性能可靠、安全性高，被国内推荐使用。

【隐框玻璃幕墙】hidden framing glass curtain wall

金属框架构件隐蔽在玻璃背面，外观看不见幕墙构件的玻璃幕墙。在玻璃背面的周边涂抹结构胶，与金属框架粘接固定，其荷载主要由结构胶承受。隐框玻璃幕墙又可分为全隐框和半隐框玻璃幕墙两种。全隐框幕墙的荷载主要由结构胶承受，当胶的粘接能力下降，存在发生玻璃坠落事故的隐患，在有些地区已被禁用。半隐框幕墙的玻璃一组镶嵌于金属框架内，另一组与框架用结构胶粘接，分为横框外露和竖框外露两种，俗称横明竖隐和竖明横隐。半隐框玻璃幕墙安全性相对较高，即使结构胶完全失效，还有一组在金属框架内，不会发生整体坠落，也是被推荐应用的幕墙形式之一。

【全玻幕墙】full glass curtain wall

由玻璃肋和玻璃板构成的玻璃幕墙。玻璃肋板垂直于玻璃背面支撑玻璃板，玻璃与肋板靠结构胶固定，无其他金属构件。玻璃肋板可采取顶部吊挂式或底部支撑式固定。全玻幕墙一般高度达 10m 以上，其通透性极佳，常用于大型建筑物的首层或者顶层大厅。全玻幕墙用结构胶固定连接，存在安全隐患，应严格遵守设计与施工规程。

【点支式玻璃幕墙】point-supporting glass curtain wall

由建筑玻璃、点支承装置和支承结构构成的玻璃幕墙，全称是金属支撑结构点式玻璃幕墙。依支撑形式或材质不同，分为玻璃肋支撑、金属支撑、杆索支撑等结构的点支式玻璃幕墙。建筑玻璃可依建筑物设计要求，有多种不同玻璃品种或组合供选择，但无论哪种形式，建筑玻璃面板均需预留安装孔，钻孔后玻璃必须钢化增强，以保障使用安全性。点支式幕墙除具有一般玻璃幕墙通透性好，将建筑物内外空间、景观融合的特点外，它的支撑结构清晰可见，有可视性和观赏性，更能满足建筑造型的需要。

【双层玻璃幕墙】double frames glass curtain wall

由两层玻璃幕墙与之间的空气通道构成的建筑外墙围护结构，在室内外之间形成一个空气缓冲层。外层可由明框、隐框或点支式幕墙构成；内层可由明框、隐框幕墙，或具有开启扇和检修通道的门窗组成。也可在一个独立支承结构的两侧设置玻璃面层，形成空间距离较小的双层立面构造。外层主要表现为装饰与通透性，内层多考虑使用的舒适性，空气缓冲通道宽度在 200～1400mm 之间。依空气流通方式，有全封闭、自然通风、机械通风和自动控制等形式；依通道样式分为多层式、走廊式、箱式、竖井箱式。双层玻璃幕墙的特点是在建筑物与环境间建立缓冲区，依外界气温变化，通过排出或阻滞通道内空气流动调节微环境，有助于建筑节能与提高居住舒适度。

【玻璃肋】rib glass

与全玻璃幕墙大板面玻璃等高并垂直安装的长条状玻璃，以提高玻璃幕墙的刚度，又称抗风条。有双肋、单肋和通肋三种布置安装方式，玻璃肋与玻璃用结构胶粘接。玻璃肋是全玻璃幕墙的主受力结构，一旦破碎后果严重，因此必须使用钢化夹层玻璃并应根据幕墙的抗风压和大板面玻璃自重弯曲等要求，对玻璃肋宽度、长宽比、刚度、强度与稳定性进行设计计算与校核，以保证使用安全。

【曲面玻璃】curved glass

将平板玻璃加热至软化温度，借助自重或外力，靠模具获得有弧度的玻璃制品，又称热弯玻璃。可加工成单曲、双曲、U形、半圆、球面等各种形状。曲面成形一般在热弯炉内进行，为防止出现变形、光畸变等质量问题，应严格控制热弯时的温度和时间，另外还应关注模具的材质、表面质量和形状稳定性。曲面玻璃可单片或加工为夹层、中空玻璃，用于玻璃幕墙、观光电梯、天井采光、屋顶采光、过街通道等部位，有助于改善建筑立面平直呆板外形；另外，也广泛应用展示橱柜、鱼缸、家装等方面。

【透明导电膜玻璃】transparent conductive film glass

表面镀有透明导电薄膜的玻璃制品，一般采用真空磁控溅射工艺，镀制金属或金属氧化物膜，其电阻与膜组成和厚度有关。常用的三种透明导电膜是：氧化铟锡膜(ITO)、掺铝氧化锌膜（AZO)、掺氟氧化锡膜。透明导电膜玻璃兼有导电和透光性，广泛应用在液晶显示器、太阳能电池、电磁屏蔽等领域，也用作汽车、飞机等交通运输工具的驾驶舱风挡，防止玻璃表面结霜、结露、结冰。

【导电玻璃】conductive glass

具有导电能力的玻璃，分为体积导电和表面导电，其中体积导电又分为离子导电和电子导电。体积导电玻璃主要是含有 Ag^+、Cu^+、Li^+、Na^+ 等离子的非硅酸盐类玻璃；表面导电玻璃是表面镀有金属或者金属氧化物导电薄膜的玻璃，膜层可以是透明的、半透明的或不透明的。相比较而言，透明导电膜玻璃应用最为广泛，以氧化铟锡膜(ITO)为代表。透明导电玻璃主要用作面发热体、透明平板电极、电磁屏蔽玻璃、风挡玻璃等。

【空心玻璃砖】hollow glass block

将两块模压成凹形的玻璃封接成带有密封腔的块状玻璃制品。空心玻璃砖的封接工艺有熔封和胶接两种。空心玻璃砖有单腔和双腔两种，双腔的隔热、隔声效果更佳。依空腔形状还可分为扩散型或定向型两种。空心玻璃砖具有隔声、隔热、控光、防结露等诸多优良性能，有“透光墙壁”的美誉，主要用于建筑物门厅、屏风、隔断等非承重部位，此外，在铁路和高速路沿线、机场周围多被用作隔声材料。

【减反射玻璃】anti-reflection glass

通过镀膜降低表面反射率的玻璃制品，又称增透玻璃。在可见光范围内，平板玻璃单侧反射率约为4%，总反射率约为8%。减反射效果一般有两种方法：一种是镀制膜层产生光的相消性干涉来消除反射光，提高透过率；另一种是利用粗糙表面的散射作用，把入射光转换为漫反射光，但透过率变化不明显。前一种方法的原理是：光从光疏射入光密物质时，反射光会有半波损失，在玻璃上镀制薄膜前后两个表面的反射光相消的膜层，即相当于增加了透射光，也可通过玻璃两面同时镀膜，减轻反射效果。减反射玻璃消除了环境对视线的干扰，观看物体更清晰，主要用于临街店面的橱窗、博物馆的画框、展柜、商店柜面等，现已扩大应用至电子产品领域，包括各类显示器件保护屏，如LCD电视、PDP电视、手提电脑、台式电脑显示屏、高档仪表面板、触摸屏、教育类电子白板等。

【单向透视玻璃】one-way transparent glass

一种对可见光具有很高反射比的玻璃，又称原子镜、单反玻璃。反射面(镜面)必须放置在迎光面或朝向室外一侧。当室外亮度大于室内，单向透视玻璃类似普通镜子，室外看不到室内的景物，但室内可以看清室外的景物。而当室外比室内昏暗时，室外可看到室内的景物，且室内也能看到室外的景物，其清晰程度取决于室外照度的强弱。

单向透视玻璃主要适用于隐蔽性观察窗、孔等。该产品可用在公安局、看守所、法院、检察院、卡拉OK、办公室、幼儿园、医院等场所。

【泡沫玻璃】foamed glass; cellular glass

以磨细玻璃粉或玻璃岩粉为主要原料，经熔融、发泡、退火冷却加工处理而制成的一种具有均匀的封闭气孔结构的无机硬质绝热材料。孔面积占总体积的80%～90%，孔径大小为0.5～5mm，也有小到几微米。根据用途不同，分为隔热泡沫玻璃(闭孔气泡>75%)和吸声泡沫玻璃(开孔气泡>50%)；泡沫玻璃绝热制品的使用温度范围为77～673K(－196～400℃)。按其产品的外形可分为平板、管壳和弧形板。泡沫玻璃具有密度小、导热系数低、吸声、防火、防潮、防腐、化学稳定性好等特点，适用于建筑物的地下墙体、屋面的绝热保温以及吸声场合等。

【隔热泡沫玻璃】thermal insulating foam glass

内部分布大量均匀独立气孔的泡沫玻璃，一般闭孔气孔率为70％～90％，导热系数低于0.06W/(m·K)。独立气孔将空气分子封闭在微小空间内不能随意运动，处于一种相对静止状态，从而阻绝热量的传递。故可用作保温、绝热、防潮材料。独立气孔使泡沫玻璃具有很高的气密性，吸水率低（体积吸水率0.2％）、绝热效果好，热导率0.035～0.087W/(m·K)，并具有防水、防气，耐高、低温的性能。主要用于工业厂房、屋顶、冷藏仓库、船舶等交通工具、化工设备及特殊建筑等绝热材料方面。

【吸声泡沫玻璃】sound absorbing foam glass

具有50％以上开孔气泡、吸声系数大(0.3～0.48)的泡沫玻璃。当声波入射到泡沫玻璃表面时，主要是两种机理导致声能转变为热能而逐渐衰减，以至消失：一种是由于声波产生的振动引起小孔或间隙内的空气运动，造成与孔壁的摩擦，紧靠孔壁的空气受孔壁的影响不易动起来，由于摩擦和黏滞力的作用，使相当一部分声能转化为热能，从而使声波衰减；另一种是小孔中的空气与孔壁之间热交换引起的热损失，使声能衰减。因此，开孔泡沫玻璃具有良好的吸声性能。泡沫玻璃在不同频率声波下的吸声效果是不相同的，对于低频(100～125Hz)，声波吸声系数较低，对于高频，声波吸声系数则比较高。主要用作各种通风管道的消声器，地面工程中特殊建筑的墙面吸声材料或装饰性吸声材料等。

【彩色泡沫玻璃】coloured foam glass

制成的带有颜色的泡沫玻璃。发泡剂用碳素，泡沫玻璃均呈黑色；用碳酸盐一般均呈白色；如基础玻璃带颜色则呈基础玻璃原有的颜色。在制作泡沫玻璃的粉料中，加入无机颜料着色。可作建筑物墙壁装饰材料，兼有吸声效果。

【石英泡沫玻璃】quartz foam glass

以石英为基础的泡沫玻璃，一般石英含量为99.0％。以碳素作发泡剂，在还原性或中性气氛中，在1700℃左右下发泡制成。石英泡沫玻璃的化学稳定性好，使用温度范围宽(－270～1280℃)。可用于有特殊要求的化工、军工等方面。

【熔岩泡沫玻璃】lava foam glass

用珍珠岩、黑曜岩等天然熔岩或工业废渣作基础原料，也可加入一定量的玻璃粉，以降低发泡温度，用芒硝等作发泡剂制成的泡沫玻璃。一般可作建筑及工业设备的保温材料和墙体材料等。

【超薄玻璃】ultra-thin glass

通常将厚度1.5mm以下的平板玻璃，称为超薄玻璃；厚度小于0.1mm，称为极超薄玻璃。浮法、平拉法、溢流法和下拉法工艺均可生产超薄玻璃。超薄玻璃有含碱和无碱超薄玻璃两种。含碱超薄玻璃指钠钙硅或铝硅酸盐玻璃；无碱超薄玻璃通常指硬质硼硅酸盐玻璃。超薄玻璃在电子信息、仪器仪表、太阳能发电等行业广泛应用。通常0.55～1.1mm含碱浮法超薄玻璃用于TN-LCD、STN-LCD液晶显示器；彩色液晶显示器(TFT-LCD)则必须使用无碱硼硅酸盐超薄玻璃。

【自洁净玻璃】self clean glass

表面具有自动清洁功能的玻璃。n型半导体薄膜在紫外光催化作用下，产生强氧化性羟基团，可将玻璃表面有机污染物分解，达到自清洁目的。具有较高光催化活性的二氧化钛(TiO_2)是理想的膜材料，可迅速分解玻璃表面吸附的有机污染物，并有效杀灭分解细菌和病毒，具有防霉、消毒等功能。另外，TiO_2薄膜具亲水性，雨水冲刷即可保持表面清洁。自洁净玻璃一般采用溶胶凝胶或CVD镀膜工艺制备，可单片使用，也可加工成钢化、夹层、中空和真空玻璃制品。

【热熔玻璃】hot-melted glass

以平板玻璃、回收的碎玻璃和无机色料为

原料，经二次熔制成形获得的装饰玻璃制品，有水晶立体艺术玻璃之称。热熔玻璃将现代或古典艺术形态融入玻璃中，可加工出各种凹凸有致、色彩各异的艺术效果制品。热熔玻璃图案丰富、立体感强，主要用于门窗玻璃、隔断、背景墙、玄关灯等处，也可制成面盆、果盘、烟灰缸等生活用品。

【电磁屏蔽玻璃】electro-magnetic wave shielding glass

具有屏蔽电磁波，防止电磁干扰功能的玻璃。电磁屏蔽玻璃依制备工艺分镀膜屏蔽玻璃和夹丝网屏蔽玻璃两种。前者膜层牢固，透光性能好，可根据屏蔽性能要求，选择膜层材料和膜层厚度，屏蔽性能一般为 25～30dB；后者的屏蔽性能与丝网粗细和网眼大小相关，屏蔽性能高达 60dB，优于镀膜屏蔽玻璃，缺点是透光度低，有网格纹路感。电磁屏蔽玻璃主要用于计算机房、演播室、工业控制系统、军事单位、外交部门、情报部门等有保密或防干扰要求的场所。

【调光玻璃】light control glass

随外界因素变化而改变透光度和颜色的玻璃，又称智能玻璃，颜色和透光度的变化是可逆的。调光玻璃可借助电控、光控、温控等各种手段，实现玻璃在透明与不透明状态的切换，对应的玻璃称为电致调光玻璃、光致调光玻璃和温感变色调光玻璃。以电致调光玻璃最常见，具有分割空间，保护隐私，兼有开放性和隐蔽性双重功能，主要用于会议室、卫浴、汽车等有保密或隐私防护要求的场所。

温控调光技术的特点是夹在玻璃间的高分子材料，可随温度变化自动调节。依据地域和使用功能不同，可将 20～40℃范围的任一点设定为材料温度转变点，随外界温度变化，玻璃在透明、乳白、瓷白间转换，其变色可逆、循环和反复。将调光与建筑节能结合，利于提高居住舒适度和降低空调费用。

【电致调光玻璃】electrochromatic glass

又称电致变色玻璃。随外加电场强弱而改变透光度的玻璃。玻璃之间夹有液晶材料，通电前，玻璃处于不透明状态；通电后，液晶发生定向排列，由不透明变为透明，此过程是可逆的。通过控制电流的大小可以在较大范围内任意调节可见光透过率，实现透明与不透明的光调节作用。

在两片玻璃内表面制备导电膜，形成两个平行导电板，中间灌注液晶材料，或者夹层液晶胶片，采用层合工艺制作电致调光玻璃。电致调光玻璃制成的窗玻璃相当于装有电控装置的窗帘，需要遮蔽视线时，只要切断电源，使玻璃处于不透明状态就可以了，避免了拉窗帘的繁琐和尴尬。电致调光玻璃主要用于需要保密的场所，也可以用在广告、显示屏、门窗、风挡玻璃上。

【装饰玻璃】decoration glass

具有装饰效果的玻璃制品的统称。装饰玻璃品种多样，少部分品种是采用压延或浇铸法直接成形制备的，如压花玻璃、夹丝玻璃、玻璃锦砖、空心玻璃砖等；大部分是平板玻璃经二次加工制作的，如冰花玻璃、雕刻玻璃、镶嵌玻璃、釉面玻璃、热熔玻璃、彩绘玻璃等。装饰玻璃规格形状多样，色彩丰富，可直接或多种配合应用。装饰玻璃独特的艺术装饰效果，在建筑物的各个部位广泛使用。

10.2.2 日用玻璃

【瓶罐玻璃】container glass

是制造瓶罐用的无色和颜色玻璃的总称。化学组成通常为钠钙硅酸盐玻璃，随使用要求、成形方法、原料不同而有差异。也有用硼硅酸盐玻璃的，如药用瓶；或用晶质玻璃，如高级化妆品瓶等。主要用模制法或管制法成形。具有一定的化学稳定性、较好的抗热震性和一定的机械强度，能经受装罐、杀菌、运输等过程所产生的热冲击和机械碰撞。按瓶颈内径的大小分为大口瓶(主要用于盛装各种粉状、块状或半流动膏状物质)和小口瓶(主要用于盛装各种液体物质)；按用途分为酒瓶、饮料瓶、食品(罐头)瓶、医药用瓶、化妆品瓶、文教用品瓶等；按瓶的周转方式分为回收瓶和非回收瓶。

【轻量瓶】lightweight container

指轻量化度 $L<1.0$($L=0.44\times$瓶重/满口容量$^{(0.81)}$)的玻璃瓶罐，壁薄、质量轻。为了满足轻量瓶的强度要求，首先要保证玻璃组成均匀稳定，还要严格控制熔制过程。在产品造型设计上，轻量瓶的瓶身一般采用圆筒形，多采用压-吹法成形工艺，使制品壁厚分布均匀、缺陷少。根据用途不同，还可对制品进行涂层、加塑料护套、离子交换等处理，以增加其强度、减少脆性并提高耐久性。轻量瓶可以节约原料和燃料的消耗，提高生产率，降低生产成本和运输费用。

【回收瓶】returnable bottle

可以多次周转重复使用的玻璃瓶罐。主要用于包装容器用量较大的酒类和饮料工业中，如啤酒瓶、白酒瓶、汽水瓶等。将只使用一次即废弃不用的瓶罐，如薄壁啤酒瓶、饮料瓶、医药瓶等称为一次瓶或非回收瓶。

【无色玻璃】clear glass

俗称明料。着色杂质较少、透光率较高的无色钠钙硅酸盐玻璃或钾钙硅酸盐玻璃。为了提高玻璃的光泽和抗水性，组成中常引入适量的锌、钡、硼、钾等组分及脱色剂。通常用于制造茶具、餐具、酒具、高级瓶罐及作为各种装饰艺术品的套料。

【颜色玻璃】coloured glass

又称有色玻璃，在原料中加入着色剂熔制而成，根据着色机理，分为离子着色、金属胶体着色和本征着色(半导体着色)三大类，其特征是对可见光具有一定的选择性吸收，因吸收光谱不同，而呈不同颜色，为了使玻璃的颜色丰富多彩，可以采用两种或两种以上的着色剂进行混合着色。用于艺术装饰、有色信号和各种滤光器。

【啤酒瓶玻璃】beer bottle glass

用于灌装啤酒、能耐一定内压力的钠钙硅酸盐玻璃容器。具有良好的气体阻隔性、避光性、耐热性、透明性和机械强度。灌装啤酒时充入部分 CO_2，为避免啤酒瓶在灌装、运输、消费使用过程的爆瓶伤人，作为一项最重要的安全指标，各国对啤酒瓶的耐内压力有严格规定，国内现行标准的合格品为$\geqslant 1.2$MPa。为与其他玻璃瓶区分，还规定在距啤酒瓶底20mm区间内，须打上“B”专用标记和生产的年、月，建议超过两年的啤酒瓶不再回收使用，以保证安全。

【器皿玻璃】ware glass

用于制造日用器皿、装饰品和艺术品的玻璃的统称。包括钠钙硅酸盐玻璃、各种晶质玻璃、颜色玻璃、乳浊玻璃、金星玻璃和耐热玻璃等。由于不同制品对理化性能的要求各异，器皿玻璃的化学组成范围较广，成形和加工的方法也不尽相同。要求玻璃中无明显可见的熔制缺陷，并有一定的抗热震性、化学稳定性和机械强度。器皿玻璃的特点是：透明度高、白度纯，色彩鲜艳、富有光泽。主要制品有茶具、酒具、餐具、炊具、花瓶、盘碟、烟缸等。

【增强玻璃器皿】tempered glass ware

又称钢化玻璃器皿。经过风淬冷、油淬冷、离子交换或表面微晶化等强化处理的玻璃器皿，因其表面层产生了均匀的压应力层，从而提高了器皿的机械强度和耐热性能。如日常生活中常见的钢化耐冲击玻璃杯、钢化耐热玻璃器皿等。

【晶质玻璃】crystal glass

具有较高的折射率，用于制造高级器皿、艺术品和装饰品的玻璃。晶质玻璃包括铅晶质玻璃、钡晶质玻璃、锌晶质玻璃、钛晶质玻璃、锆晶质玻璃以及混合型晶质玻璃等。铅晶质玻璃又称水晶玻璃，是以引入氧化铅为主而制成的玻璃，应在氧化气氛中熔制，熔化温度较低，按其含铅量分为高(氧化铅>30%)、中(氧化铅 20%～30%)、低(氧化铅<20%)铅玻璃三种，具有很高的透明度、密度和较大的折射率，光洁晶莹，如天然水晶，其制品互相碰撞时能发出清脆的金属声音；硬度较低，易于研磨、雕刻和酸抛光，常用于制造高级磨刻器皿和艺术品；因铅对人体有害，正在被无铅晶质玻璃取代。钡晶质玻璃以引入氧化钡为主并引入氧化锌以提高折射率，钡晶质玻璃应在氧化气氛中熔制，熔制温度略高于铅晶质玻璃。

【玉色玻璃】jade glass

一种表面光泽较好的半透明的乳浊玻璃，外观犹如天然玉石。通常采用氧化铝含量较高的铝硅酸盐玻璃，以硫酸盐和氟化物(或氯化物)为乳浊剂。高温时，硫酸盐和氟化物以溶解或分散的状态存在于玻璃中；当温度降低时，硫酸盐在玻璃中的溶解度降低，呈过饱和状态以分相形式析出硫酸盐微液滴，碱金属离子和氧通过扩散进入硫酸盐微液滴中；当温度进一步降低时，微液滴物质即转变为硫酸盐和氟化物晶体，使玻璃产生乳浊。在硫酸盐乳浊玻璃中，硫酸盐乳浊颗粒一般为5～10μm，因此光散作用较小，使玻璃乳浊洁白程度降低，而具有玉石般光泽。当配合料中加入脱色剂时为白玉色，加入着色剂成为彩玉色。多用于制造日用器皿、灯具、化妆品瓶、艺术玻璃制品和料器等。

【金星玻璃】aventurine glass

一种含有结晶颗粒而显出金属色泽的闪光的玻璃。制造原理是利用某些金属如铜或某些金属氧化物如氧化铬等物质在玻璃中的溶解度很小这个特性，高温时呈溶解状态，降温时容易过饱和，而在一定温度下从玻璃中析出并迅速长大，获得金属色泽和分布均匀的结晶。按析出结晶的金属种类分为铜金星玻璃、铬金星玻璃、铁金星玻璃、铀金星玻璃、银金星玻璃、铬铜金星玻璃和铬铁金星玻璃，常用的为前三种。铜金星呈金黄色闪光体，又名沙金石。铬金星呈银白色闪光体。金星玻璃一般用于镶套制品、艺术装饰品和墙面嵌板等。

【乳浊玻璃】opaque glass

含有高分散晶体的半透明玻璃。由于晶粒的折射率不同于主体玻璃，在光漫射作用下使玻璃呈现乳浊。在配合料中引入一些低溶解度的乳浊剂如氟化物、氯化物、磷酸盐、硫酸盐等，这些物质在高温时溶解于玻璃液中，降温时析出一种或多种晶体的微小颗粒(10～100nm)。乳浊程度取决于析出物质的分散度和与主体玻璃之间的折射率之差。在乳浊玻璃中加入一定量的着色剂，可生产出不同颜色的乳浊玻璃。通常用于吹制套料玻璃制品，乳浊玻璃器皿、化妆品瓶、颜色玻璃器皿镶套、灯具，以及温度计、滴定管等制品的乳白釉带等。

【耐热器皿玻璃】flame ware glass

用硼硅酸盐硬质玻璃(如派来克斯玻璃，玻璃中 SiO_2 含量高达80%以上，膨胀系数为 33×10^{-7}/℃左右，熔化温度超过1600℃)、透明或不透明的微晶玻璃制成的各种炊具和耐热餐具、耐热盛具玻璃的总称，制品可分为明火用具、暗火用具和热物质用具。能直接在火焰或电炉上加热，具有与金属炊具相似的耐热冲击性，与金属炊具相比有更好的耐酸、碱腐蚀性和抗高温氧化性。

【玻璃餐具】glass tableware

用玻璃制成的茶具、酒具、碗碟、无脚和高脚酒杯、冷饮缸等各种制品。多用铅晶质玻璃制造并经雕刻。表面光莹、晶亮、碰击时有清脆声，多数为无色透明制品，也有用有色玻璃、套色玻璃的，或套色玻璃再经精制、雕刻。

【灯具玻璃】lamp glass

供各种建筑物用的挂灯、壁灯、广场用华灯以各种路灯罩及装饰用的玻璃制品。一般为无色玻璃、乳白玻璃或有色玻璃的吹制品，也有各种艺术加工品。

【料器玻璃】glass art products

又称料货，是用玻璃制成的手工艺品的统称。以软化温度较低的无色玻璃、各种颜色玻璃、晶质玻璃和乳浊玻璃为材料，先拉成棒或条(统称为料条)，然后经灯工加热熔融，凭操作者微妙的构思和精湛技艺，制成各种鸟兽、盆花和装饰品等，制品形象逼真，色彩鲜艳，富有光泽。料器玻璃以灯工为主要工艺，国外类似产品称为灯工玻璃，其特征为料性长、析晶倾向小、各种料的膨胀系数相近、能适于灯工成形，同时应具有一定的化学稳定性和热稳定性。我国的料器历史悠久，品种繁多，尤以淄博料器、北京料器驰名中外。

【稀土着色玻璃】rare earth coloured glass

一种离子着色的玻璃。某些稀土元素原子的4f电子跃迁引起对光辐射的选择性吸收，其光谱特征是多吸收带边缘陡度极高，以致在不同光源照射下显示出不同的颜色。如氧化钕着色的玻璃，在日光下是红紫色，在荧光灯下为蓝紫色。又因价电子处于内层为外层电壳所屏蔽，故着色稳定。稀土着色剂大多以氧化物为原料，主要有 Nd_2O_3、CeO_2、TiO_2 等。稀土离子着色能力比较弱，在玻璃中的用量要多些，100kg 石英砂中要加 3～3.5kg 着色剂才能显色。铈钛着色玻璃，根据铈、钛比例和基础玻璃成分不同，可以制成淡黄、黄、金黄、棕红等一系列颜色。稀土着色用于制造滤光玻璃和艺术装饰玻璃。

【硒硫化物玻璃】selenium selfide glass

又称硫硒化镉玻璃(包括硒红宝石玻璃和镉黄玻璃)，一种胶体着色的玻璃。用硫化镉和硒粉为着色剂，在玻璃中生成胶态的硒化镉和硫化镉固溶体，具有对可见光短截止吸收光谱特征。短截止吸收随 CdSe/CdS 比值的增大向长波移动，可以取得由黄到橙到深红的一系列颜色，且颜色鲜艳、纯正、透光率高、滤光性好，颜色的变化主要决定于硒化镉和硫化镉的比例。硒硫化物玻璃的组成中必须引入氧化锌，其作用是在玻璃中形成高温稳定的硒化锌和硫化锌，从而减弱硒和硫的氧化和挥发。另外，玻璃组成中要有较高含量的碱金属氧化物，以降低熔化温度，减少着色剂的挥发。玻璃需在中性或弱还原条件下熔制。成形的制品常随冷却速度不同而呈现不同的色泽，通过热处理，可得到一致的颜色。多用于制造信号玻璃、滤光玻璃、器皿玻璃、艺术玻璃等。

【硫碳着色玻璃】carbon-sulphur glass

玻璃中加入适量的硫、铁着色剂和碳粉熔制而成，颜色棕而透红，色似琥珀。碳仅起还原作用，并不参加着色，着色物质是硫-铁基团($NaFeS_2$)，着色程度与铁和还原剂含量、熔制气氛等因素有关，玻璃中 Fe^{3+} 离子和 S^{2-} 离子含量越高，琥珀色越深。广泛用于制造玻璃瓶罐和玻璃器皿。

【硒碲化镉着色玻璃】glass colored with cadmium selenide telluride

属有色光学玻璃。常以少量硒化镉、碲化镉熔于硼硅盐玻璃而制得。玻璃的光吸收限位于红-近红外区域。在热处理过程中，玻璃体内逐步析出具有半导性的硒碲化镉固溶体微小晶体，玻璃的光吸收性质决定于这些微小晶体的成分与大小，属于半导性着色机构。这种玻璃应用于光学仪器、红外夜视等技术。

【锑红玻璃】antimony ruby glass

在钠钙硅酸盐玻璃中，加入适量的硫和氧化锑(Sb_2O_3)，在还原条件下(加入适量煤粉)熔制，生成硫化钠，经过加热显色，硫化钠与三氧化二锑形成硫化锑的晶体微粒，使玻璃着成红色。或者直接用三硫化二锑为着色剂。颜色与硒红玻璃类似，但不及硒红着色纯正鲜明。锑红玻璃的颜色中心是晶态的三硫化二锑(Sb_2S_3)，颜色深浅与微晶的大小无关，而与微晶的数量有关，微晶数量越多，颜色越深。锑红玻璃适宜于吹制套色玻璃制品。

【信号玻璃】signal glass

在铁路、航空、航海和城市交通设施中作为人们通信与联络手段的玻璃制品。分有色与无色两类。无色信号玻璃是利用玻璃的透光特性制成的各类聚光和散光透镜。有色信号玻璃利用了玻璃对光源的选择性吸收特性制成。其质量指标常用色饱和度、主波长及透光率来衡量。

【离子着色玻璃】ionic coloured glass

钛、钒、铬、锰、铁、钴、镍、铜、铈、钕等过渡金属及稀土金属离子，以离子状态引起对可见光的选择性吸收而着色的玻璃。玻璃的光谱特性和颜色主要决定于离子的价态及其配位体的电场强度和对称性。广泛用于艺术装饰、滤光、照明、信号、激光和荧光等方面。

【胶体着色玻璃】colloidal coloured glass

又称金属胶体着色玻璃，通过析出细分散状态的金属胶体对光的选择性吸收而着色的玻璃。铜红、金红、银黄玻璃即属于这一类。玻璃的颜色很大程度上取决于金属粒子的大小。广泛用于艺术装饰、滤光、照明、信号、激光和荧光等方面。

【扩散着色玻璃】diffusion coloured glass

又称铜红扩散着色玻璃。利用离子交换原

理，使玻璃表面着色，分涂覆法和浸渍法两类。涂覆法是将含铜盐的糊状物涂在玻璃制品表面，干燥后，在不同气氛下进行三次热处理，使 C_{u}^{+} ♂还原为铜原子，并聚集成胶体而呈现红色。浸渍法常以氯化亚铜为离子交换介质，将玻璃制品浸入熔融氯化亚铜液体，经保温和热处理，使 C_{u}^{+} ♂离子还原为胶体状态铜，玻璃着色为红色。用于玻璃器皿、艺术品的表面装饰和医用温度计、注射器、化学仪器等的标度印线。

【套料玻璃】overlay glass

又称套色玻璃，是将两种以上的玻璃相互镶套在一起而制成的玻璃制品，其制作方法有两种，一是在玻璃胎上满套与胎色不同的另一颜色玻璃，之后在外层玻璃上雕琢花纹；二是用经加热半熔的色料棒直接在胎上作花纹。这两种方法制作出的器物均见凸雕效果，既有玻璃的质色美，又有纹饰凹凸的立体美。多用于生产磨刻和雕刻加工的高级玻璃器皿和灯罩及艺术装饰品等。套料用的各种玻璃具有相近的膨胀系数和黏度(在成形、退火范围内)，以免炸裂。

【堆花玻璃】pile up decoration glass

用彩色釉料堆塑在玻璃制品表面，使之构成立体花纹图案的一种彩饰玻璃制品。把堆釉粉与有机粘合剂调和成软泥状，然后用手工或模具将软泥状堆釉捏制成或压制成各种花纹图案(如人物、花草等)，贴在玻璃表面，在 580～600℃烧结，使堆釉图案牢固粘结在玻璃制品表面，然后再按图案的要求涂上各种颜色的釉料，再在炉内 580℃下焙烧，即可得到彩色浮雕。由于花饰图案凸出制品表面，所以也称浮雕玻璃。

【中性玻璃】neutral glass

是指玻璃在盛装 pH7 中性溶液时，经一定温度的热处理或存放较长时间后，溶液的 pH 值保持不变，该类玻璃称之为"中性玻璃"。它是表征玻璃在水、酸或其他试剂作用下碱的浸出程度，是衡量玻璃对药物适应性的基本标志。与玻璃化学组成中碱金属氧化物含量有密切的关系。碱含量越低，浸出度越小，玻璃中性越好。中性玻璃的基础组成为硼硅酸盐玻璃，具有良好的化学稳定性，在盛装化学试剂和药品时，玻璃中碱离子的浸出量很小。特别适用于制备医用安瓿、注射器和药用容器等。玻璃中性不良对药液特别有害，如引起氢离子浓度变化、变色浑浊、产生絮状物或沉淀等，会使药液变质，严重影响人身安全。

【医药用玻璃】pharmaceutical glass

具有较高化学稳定性和一定热稳定性的玻璃，以适应医药容器的特殊要求。化学组成一般有硼硅酸盐、铝硼硅酸盐、含锆低硼硅酸盐、钠钙硅酸盐等类型。膨胀系数一般在 $(40\sim75)\times10^{-7}$/℃(20～300℃)，化学稳定性达到相应制品的标准要求。对药用玻璃容器的技术要求和性能检查，通常载于各国药典或卫生部门药品标准中。主要用于制造药用包装容器，如安瓿瓶、储血瓶、输液瓶、注射器、抗生素瓶、药剂瓶和各种口服液瓶等，颜色有无色、琥珀色、蓝色等。

【安瓿瓶玻璃】ampoule glass

用于制造灌装针剂或药粉，以及封装疫苗和血清用的细颈薄壁瓶的玻璃。通常以铝硼硅酸盐或含锆低硼硅酸盐玻璃制造。一般为无色，根据避光需要，也有琥珀色等颜色。安瓿瓶颈形有直颈、曲颈(易折型)和双联颈等几种。容量一般有 1～25mL 数种，大型安瓿瓶还有 300～1000mL 的。安瓿瓶有甲级耐碱和乙级耐碱两种。甲级适合于 pH 值大于 9.5 的药剂，具有优良的耐碱和抗热震稳定性；乙级安瓿只适合于 pH9.5 以下的药剂使用。安瓿瓶具有优良的中性及耐碱脱片性，以及一定的热稳定性和机械强度，并保持清洁，不允许存在细小裂纹等缺陷，以适应罐封、灭菌、运输、贮存等要求。

易折安瓿是指在曲颈安瓿颈槽内旋转涂上一圈约 1mm 宽的低熔点色釉圈，由于色釉玻璃与安瓿玻璃膨胀系数不同，经退火与玻璃结合后产生张应力，使用时易用手折断颈部的一种安瓿，这种安瓿可以省去用锯刀或砂石划颈的手续。张应力的大小决定易折的程度，后者主要取决于色釉与玻璃膨胀系数之差。色环易折安瓿的规格有1～20mL数种，一般以小规格安瓿为主。

【注射器玻璃】syringe glass

用于制造注射器的玻璃，通常采用铝硼硅酸盐中性玻璃。注射器(包括采血管)是注射药液的工具，使用前须经高压蒸汽消毒灭菌。按容量分为六种，最小5mL，最大至31mL，采用玻璃管经热加工制成，也使用与安瓿玻璃相同成分的厚玻璃管进行热加工制成。具有较好的耐热性能和较好的化学稳定性，以及良好的热加工性能。虽然注射器也与药液接触，但时间很短，所以对耐碱性能和脱片性能的要求没有安瓿瓶玻璃那样严格。

【模制瓶】mold formed bottle

用玻璃液直接在模具中成形的瓶罐。一般用吹-吹法或压-吹法成形。先在初形模中制成雏形，再在成形模中制成制品。大部分玻璃瓶罐，如各种酒瓶、饮料瓶、药瓶等都是模制瓶。

【管制瓶】tube-formed bottle

先将玻璃液拉制成玻璃管，再经过机械热加工制成的瓶子。管制瓶容量一般较小，如青霉素瓶(西林瓶)、各种口服液瓶、抗生素瓶、生物制剂瓶和安瓿瓶等。管制瓶用料省、成本低，但技术要求高，其破碎率和玻璃屑都比模制瓶高。

【预灌封注射器】prefilled syringes

一种兼有注射与储存药物功能的新型玻璃容器。该种注射器采用Ⅰ类中性玻璃，保证包装药物的稳定性。另外，还具有减少药物储存及转移的吸附损失；避免反复抽吸减少二次污染；精确定量灌装药液并注明药品名称，不易发生差错；比使用安瓿瓶节省时间，操作简便等优点。主要用于直接注射用的高档药物包装，或用于眼科、耳科、骨科等手术冲洗。是一种有发展前景的医药包装玻璃材料。

【5.0药用玻璃】5.0 pharmaceutical glass

又称甲级料或国际中性玻璃，为硼硅酸盐玻璃。热膨胀系数为$(40\sim50)\times10^{-7}/℃$，具有优异的化学稳定性和热稳定性，其抗水、抗酸、抗碱能力均为一级，广泛应用于各类针剂、血液、疫苗等药品的包装，是国际上大量采用的药用玻璃材料。

【仪器玻璃】apparatus glass

用于制造化学、生物和物理实验室器具、管材和装置的玻璃，具有良好的机械性能和化学稳定性，使用温度比一般玻璃高。按其热膨胀系数的大小，可分为特硬质、硬质及一般玻璃三大类。第一类为硼硅酸盐玻璃，以派来克斯耐热玻璃为代表，如烧杯、烧瓶、蒸发皿等制品。第二类为铝硼硅酸盐玻璃，化学稳定性、抗热震性以及其他性能比较均衡适中，通常用来制作培养皿及一般仪器玻璃管等。第三类为钠钙硅酸盐玻璃，通常用来制作对抗热震性要求不太高的厚壁玻璃仪器及量筒、量杯等玻璃量器，为了改善其灯工性能，常引入适量铝、硼以及锌、钡的氧化物，并调整其钠、钾氧化物的含量比，用来制造滴定管、移液管等灯工焊接量器，又称量器玻璃。特殊要求的玻璃仪器要用石英玻璃或高硅氧玻璃制造。

【派来克斯型玻璃】Pyrex glass

一类含二氧化硅很高的硼硅酸盐特硬质玻璃。主要化学组成范围：SiO_2 78%～81%、B_2O_3 11.5%～13.5%，Al_2O_3 2.0%～3.0%，Na_2O3.6%～5.2%。主要性能范围：热膨胀系数$(32\sim45)\times10^{-7}/℃$，相对密度2.2～2.25，软化温度800～853℃，耐热震温差为260～300℃。具有热膨胀系数低，热稳定性高，机械强度大，抗酸(除氢氟酸)性强，软化点也较一般硬质玻璃高，能经受火焰加工的温度剧变等特点。适合于制造结构复杂的厚壁灯工大型器件或部件，广泛用于制造实验室仪器，真空系统器件，炊具，以及化学、医药、食品等工业的管道和设备。1915年美国康宁玻璃公司首先生产，其原商品名为“Pyrex”。此类玻璃，各国均有自己的商品名称，如德国的“杜兰50”(Duran-50)，英国的“海西尔”(Hysil)，日本的“泰来克斯”(Terex)以及我国的“GG-17”、“BJTY”和95玻璃等。所有上述玻璃均有类似的组成和性能，可归纳为派来克斯型玻璃。

【玻璃冷凝器】glass condenser

又称玻璃冷凝管，使蒸气冷凝成为液体的

玻璃仪器。一般用水作冷却剂。用直径不同的两层或三层硬质玻管焊接而成。有两个或三个分隔的通道。内层通蒸气，外层通冷却水。根据结构和冷却介质相对应的位置，分为直形、球形、蛇形水套冷凝管和蛇形回流冷却管、冷凝管及复辟蛇形双作用冷凝管等。用于化工、医药、实验室等方面。

【量器玻璃】volumetric glassware

指计量液体容积的玻璃仪器，如量筒、量杯、量瓶、滴定管、吸量管等。一般采用化学稳定性较好，热后效应较小，灯工性能良好的钠钙硅酸盐玻璃制成。量器的外表面标有分度线和数字，用以表明容量的多少，容量范围为0.1～2000mL。

【电极玻璃】electrode glass

用于制造电极的玻璃。将玻璃吹成薄膜将两种溶液隔离，能产生一定的电势差，其数值与溶液的pH值有关，因而可用以测定溶液的pH值。一般吹成薄膜玻璃小球以制造电极。玻璃溶液界面的电势差必须小而稳定，不受氧化剂、还原剂与金属离子的作用，不易受毒。具有纯度高，导电性好，能抵抗水、酸、碱的侵蚀，灯工性能好等特点。应用于酸度计与离子浓度计等方面。

【液位计玻璃】water gauge glass

用于观察锅炉等压力容器的液位的玻璃，又称水位计玻璃。一般用含锆的铝硼硅酸盐玻璃制成，需经强化处理。具有较高的耐热急变温度、抗张强度和化学稳定性，主要用于石油、化工、冶金等高压容器罐。

【化工用玻璃】glass for chemical engineering

制造化工器械、管道、零件等设备的玻璃。具有高度的化学耐蚀性，流动阻力小，较高的透明度，以观察设备内反应情况。根据使用要求，有多种类型，如钠钙硅酸盐玻璃大多用于制造酸坛等容器；高硅氧玻璃和石英玻璃大多用于要求透过紫外线或使用温度高、温差急变大的场合；低膨胀系数的硼硅酸盐玻璃（如派来克斯型玻璃），因其化学、耐热、机械性能比较全面，广泛用于制造管道、管件、泵以及热交换器、分馏塔等化工单元设备。微晶玻璃的使用正日益扩大。玻璃和其他材料的复合或联合使用，是玻璃用于化工的另一途径。前者如钢衬玻璃（在钢坯表面衬覆一层或多层玻璃），可以制造出容积和尺寸大得多的设备和器件，后者如采用聚四氟乙烯为芯材，与玻璃外壳配合，制成管道阀门，或在玻璃管外部加钢管，以增加玻璃管强度等。

【玻璃泵】glass pump

用具有高机械强度、耐热及耐腐蚀性能玻璃制成的泵。通常用硼硅酸盐或微晶玻璃制造，特别适用于输送酸性液体，由泵盖、泵体、叶轮及叶轮芯轴等主要构件组成，便于拆装清洗。玻璃叶轮芯轴与金属轴之间用特殊粘结剂粘合。进、出口均为扩口法兰，可以与玻璃管道直接相连。有离心式、涡轮式等形式。广泛应用于化学、医药、食品等工业。

【玻璃转子流量计】glass rotameter

利用转子位置变动而指示出流量的一种玻璃流量计，用真空成形法或其他方法制成。主要部分是一个截面逐渐向下缩小的锥形玻璃管，管中有一个用金属或塑料等制成的可浮动转子。管面上有标度，用来表明流量值。流体由管底进入，通过转子和锥形管之间的环隙由管顶排出。转子随着流量的大小而上下，并绕本身轴线旋转。与塑料管相比，玻璃管具有耐高温，不易变形，不易老化等优点。

【玻璃热交换器】glass heat exchanger

主要用耐热硼硅酸盐玻璃制造的热交换装置，用于冷却或加热流体，其总传热系数一般接近或相等于金属热交换器。进、出口一般配有扩口法兰，可以与管道或其他设备连接。有瀑布、套管和盘管等形式。具有耐腐蚀性强、表面不易结垢、易于清洗和透明可见等优点。

【玻璃液膜蒸发器】glass film evaporator

又称玻璃薄膜蒸发器。通常用耐热硼硅酸盐玻璃制造。由蒸发管、汽液分离器、气体冷凝器和液体冷却器等部件组成。利用蒸发器内并行的列管，使被蒸发物料在列管内壁受热，迅速沸腾，形成液膜，沿着列管内壁上升汽化，从而强化蒸发。具有耐腐蚀性强、表面不易结垢、易于清洗和透明可见等优点。用于化学、医药、食品等工业。

【玻璃真空系统】glass vacuum system

用以进行真空工作的综合装置。通常由真空泵、真空规、真空管路及其他附属元件(控制阀、冷凝阱等)组合而成。常用耐热硼硅酸盐玻璃或石英玻璃制成。具有组装灵活轻便、易于清洗和烘烤排气、能观察内部情况、化学性能稳定、易于检漏和容易达到严密封接的要求等特点。它们在加热抽真空时能承受较大的内外压力差和耐热急变温差，且在焊接后，只需进行一般的灯焰烘烤即可使用。用于实验研究和电子工业等。

【玻璃扩散真空泵】glass diffusion pump

一种获得真空的玻璃器件。不能独立进行抽气，必须和前级泵(通常是机械泵)联用，是一种次级泵。作用原理是：工作液体在槽内初级真空下被加热至蒸发。蒸气由喷口高速喷出，作定向流动，泵内较稀薄的气体分子扩散到蒸气流中被带至出口处，集结为较高的密度，达到前级泵所能作用的范围而被抽出。蒸气本身则沿泵壁被冷凝成液态，流回加热槽中循环使用。工作液体(蒸气源)应选用化学和热性质都很稳定、在常温下蒸气压尽可能低的物质，一般用硅油，在实验室等少数场合也采用汞。前者称为油扩散泵，后者称为汞扩散泵。为了获得更高的极限真空度和更大的抽气速率，有几个喷口串联(称为多级)、几个喷口并联(为多喷口)等结构。常见的有三级喷口或四级喷口，通称三级泵或四级泵。其中以多级油分馏式扩散真空泵应用较广。玻璃扩散泵的极限真空度可达 $10^{-3}\sim0^{-8}$ Pa，最大抽气速率可达 150l/s 以上。常用于电真空，保温瓶及科学实验的排气装置等方面。

【玻璃真空附件】glass vacuum attachments

用于真空系统的玻璃附属元件总称，主要有：麦克劳真空规、玻璃真空活塞及玻璃冷阱等。

麦克劳真空规又称麦克劳真空计，以蒸馏汞为工作液的玻璃真空测量量具。根据波义耳-马略特的理想气体恒温压缩定律设计而成。能从它本身以及测得的物理量直接计算出被测气体的压强值，是一种普遍使用的压缩式真空规，也是一种能测量低真空和高真空的绝对真空规。有标准提升式、座式和旋转式三种。测量范围 $10^{-5}\sim10^{2}$ Pa。

玻璃真空活塞是指用于真空系统的玻璃控制阀。通常由两个相互磨合的圆锥体构成。内锥上接有孔眼或管子，以便在转动时接通或隔断气流。玻璃真空活塞的孔径一般为 2～18mm。品种有直角通，直通及三通等。玻璃制的无脂真空活塞有多种，其中以球形磨口、用电磁控制、在真空中开启和关阀的最为适用。

玻璃冷阱是指用玻璃制成的捕集逆扩散蒸气的冷凝构件。可以阻挡泵内工作液体的蒸气逸入被抽空的容器，提高系统的极限真空度。玻璃制的冷阱有外浸式、筒形、多层筒形、多层球式等。常用的制冷剂为固体二氧化碳及液氮等。

【标准磨砂接头】standard interchangeable ground joint

又称标准口，标准锥度接头。锥度一致，可以互换通用的玻璃磨砂接头。包括标准磨砂玻璃口及玻璃塞和标准球磨玻璃口。前者采用国际上通用的 1∶10 锥度。用外圆磨床或无心磨床研磨，有相当的一致性和良好的密封性。标准磨砂接头上标有符号，如“24/30”，24 表示磨面大端直径，30 表示磨面轴向长度。其技术参数：圆锥度允差(1±0.006)∶10；圆锥角 5°43′30″，插入角一(圆锥角/2)＝2°51′45″，允差±40″。标准球磨玻璃口是一种球窝式接头，承插部位为弧面接触，必须采用高精度的磨合工艺，严格控制曲率半径，以保证其密封性和互换性。它能在一定的偏轴角范围内承插使用，对粗装复杂的实验装置适应性较强。规格从 7/1 至 102/75。第一个数字表示球的直径，第二个数字表示玻管内径，单位均为毫米。

【玻璃活塞】glass stopcock

是指控制气体或液体流通的玻璃阀。根据密合性要求不同，分为普通用和真空用两类。普通用活塞常以钠钙硅酸盐玻璃制造，外壳和芯子均为圆锥形，锥度采用 1∶10。可制成互换通用的标准磨砂玻璃活塞。有的玻璃活塞，芯子采用自润滑的聚四氟乙烯为材料，无需涂抹油脂。氟塑料和玻璃的化学稳定性都很高，可以避免对产品造成污染。普通用活塞，其芯子的孔径通常为 1～15mm。品种有直通、斜孔二通、三通等，可以单独使用，也可连在玻璃仪器上使用。

【工业玻璃管】industrial glass tube

用于工业的无机玻璃管材总称。按玻璃组成分为钠钙硅酸盐玻璃、硼硅酸盐玻璃、低碱无硼玻璃以及石英玻璃。有厚壁和薄壁之分。成形方法有垂直上拉法(无槽，有槽)、垂直下拉法、水平拉制法、离心浇铸法以及卷制法等。表面光滑、透明，有较高的刚度和耐压强度。根据用途可选用耐化学腐蚀、耐热震、热膨胀系数小、有特定的电性能以及吸收或透过紫外、红外、X 射线、γ 射线等性能的玻璃。广泛用于化工、医药、食品工业以及农业管道，还可进一步加工成真空管、灯管、仪器、太阳能集热器管以及温度计等制品。

【保温瓶玻璃】vacuum bottle glass

用于制造保温瓶(又称热水瓶)瓶胆的一种低硼钠钙硅酸盐或半硬质硼硅酸盐玻璃。保温瓶是由玻璃瓶胆和外壳组成的保温隔热容器。瓶胆的生产工艺主要分为保温瓶玻璃料坯的生产和瓶胆加工两部分。瓶胆是由两个薄壁玻璃圆筒体(玻璃料坯)相套，于口部和底部熔封的双层结构。夹层内表面镀有均匀的反光银膜(或其他反光膜)，抽去空气，保持 0.01～0.10Pa 真空度。由于热辐射、传导和对流作用都大大减小，故瓶胆具有优良的保温隔热效能。保温瓶胆应选用热稳定性良好，抗水性较好并适合薄壁成形和火焰加工不易失透的玻璃。瓶胆配以金属，塑料等材料制成外壳，便成为完整的保温瓶制品。保温瓶种类繁多，按瓶胆口直径大小可分为小口保温瓶(瓶胆口直径小于瓶身直径 2/3)和大口保温瓶(瓶胆口直径大于瓶身直径 2/3 或者瓶胆口直径大于 80mm)。

【杜瓦瓶玻璃】Dewar flask glass

用于制造杜瓦瓶(又称真空瓶)瓶胆的一种硬质硼硅酸盐玻璃。杜瓦瓶是一种保温效能好的玻璃容器。用于保藏冷凝剂和液态空气、干冰等。根据不同使用要求，产品有球形、圆筒形和管形，又可分为双层、三层、四层及四层以上的多层结构制品。镀以反光银膜，并抽去空气保持真空。1893 年英国学者詹姆士·杜瓦首先发明此瓶，因而得名。

【温度计玻璃】thermometer glass

用于制造测温范围在－200～600℃的液体温度计的毛细管和感温泡所用的玻璃。化学组成中只含一种碱金属氧化物，具有较好的热稳定性与化学稳定性，良好的灯工加工性能，合理的上限使用温度，热后效应小，以防止或减少冰点上升和下降。特殊温度计采用无碱玻璃制造，冰点上升最小。我国温度计的国家标准中，要求温度计玻璃的线热膨胀系数小于 9.0×10^{-6}/℃(20～300℃)。

【耶拿玻璃】Jena glass

耶拿玻璃主要指耶拿 59Ⅲ玻璃和耶拿 2954Ⅲ玻璃。

耶拿 59Ⅲ玻璃是德国耶拿肖特玻璃厂在一百多年前即已采用的一种玻璃。曾用以制造 400℃以上，500℃以下的温度计和锅炉的水面计等。其主要组成(质量分数)：SiO_2 72.0%，Al_2O_3 5.0%，Na_2O 11.0%。热膨胀系数(0～100℃) 56.6×10^{-7}/℃，零点常数 0.03℃以下。

耶拿 2954Ⅲ玻璃是德国耶拿肖特玻璃厂生产的一种硼铝硅酸盐玻璃，用来制造 500℃以下温度计。其组成(质量分数)：SiO_2 66.5%，Al_2O_3 10.0%，B_2O_3 9.0%，CaO 6.0%，Na_2O 8.5%。热膨胀系数(20～100℃) 59×10^{-7}/℃，(400～500℃) 69×10^{-7}/℃。

【索普雷马克斯玻璃】Supremax glass

德国耶拿肖特玻璃厂生产的一种耐高温的高铝玻璃。用来制造化学分析用的燃烧管和 650℃以下温度计等。这种玻璃中无砷，所以适于制造砷测定仪器。耐水和耐碱性能较好。如用以制成厚壁仪器，使用温度可达约

680℃。其组成（质量分数）：SiO_2 54.0%，Al_2O_3 21.0%，B_2O_3 10.0%，MgO10.0%，CaO5.0%。热膨胀系数（20～100℃）33×10^{-7}/℃。

【康宁玻璃】Corning glass

轻工行业的传统品种。康宁玻璃主要指康宁1720玻璃和康宁0041玻璃。康宁1720玻璃是美国康宁玻璃公司用来生产燃烧管和温度计用的一种耐热玻璃。其组成(质量分数)：SiO_2 62%，Al_2O_3 17.0%，B_2O_3 5.0%，Na_2O 1.0%，MgO7.0%，CaO8.0%。康宁0041玻璃是美国康宁玻璃公司生产的钾钠铅类温度计高折射率玻璃。热膨胀系数(10～300℃) 84×10^{-7}/℃。

【体温计玻璃】clinical thermometer glass

用于制造测量人、畜体温水银温度计的一种玻璃，具有折射率较高、热后效应较小的特点。这种水银温度计称体温计，通常在靠近感温泡的毛细管部分做一个狭窄的颈，称为缩喉，可使汞柱不易下降。测温时，水银跳过该处上升至一定刻度，将体温计从人体取出后，感温泡内的水银收缩，由于水银的内聚力作用，迫使汞柱在该处断开。喉部以上的汞柱仍保持原来的升高位置，从而读出体温。再用时将汞柱甩回35℃分度以下即可。感温泡有柱形和球形两种。毛细管为三角菱形，夹层衬乳白釉带。

10.2.3 交通工具用玻璃

【风挡玻璃】windshield glass

泛指汽车、列车、轮船、飞机等驾驶舱的窗玻璃，包括驾驶员面对的前风挡玻璃或主风挡玻璃，简称风挡；驾驶员侧面的风挡玻璃，简称侧风挡。风挡玻璃作为透明件，要求其视野清晰、颜色识别准确、透光度高、光畸变小；作为驾驶舱部件，其结构性能随交通工具差异要求不同，汽车风挡应耐雨刮器摩擦和小砂石撞击；高速列车风挡需抗石块、砾石撞击；飞机风挡应具抗飞鸟撞击、耐温差和压差性能。交通工具风挡一般采用夹层结构的无机玻璃。随飞行速度与机型不同，飞机风挡材质与结构不同。运输机风挡多采用电加热无机玻璃；战斗机风挡向全有机曲面圆弧整体座舱方向发展。

【舷窗玻璃】porthole glass

交通工具机身两侧自然采光透明窗口玻璃的统称。依交通工具类型(汽车、火车、舰船、飞机客/货舱等)的差异，舷窗玻璃材质与结构不同：汽车一般用单片钢化玻璃；高档空调汽车为钢化中空玻璃；高速列车用钢化夹层中空玻璃，并设置特殊标记供紧急情况使用的逃生窗。穿行在平原和高原的列车，为适应气压变化用设有气囊平衡气压变化的中空玻璃；飞机舷窗设缓冲气缸、气囊、呼吸孔等装置，以调节地面和高空的压差，其结构类似中空玻璃。

【后风挡玻璃】rear windshield glass

指位于汽车尾部的风挡玻璃。驾驶员通过车内中央后视镜，或直接透过后风挡玻璃观察车后情况。后风挡玻璃常用配有雨刷的电加热玻璃，以保持雨雪天气的视野清晰。另外，配置高位刹车灯和尾部摄像头-显示器，作为后风挡玻璃的重要补充，以保证行车安全。

【后视镜玻璃】rearview mirror glass

安装在车辆内外，供驾驶员观察车内、车后情况的反射镜，是行车安全必备装置。通常依安装位置分中央后视镜、外后视镜和下后视镜。中央后视镜常用平面镜，外后和下后视镜可用平面镜、单曲或多曲率凸面镜。凸面镜影像比平面镜小，但观察视野大。后视镜仍存在观察盲区，一些车辆配备尾部摄像头-显示器装置，弥补其不足。

【天线玻璃】antenna glass

表面或内部设有导体，能接受无线电信号的玻璃或夹层玻璃制品。两种方法制备天线玻璃：一是在玻璃表面镀制导电膜；二是在夹层玻璃中间埋设金属线或金属片。天线玻璃用于收看电视、收听调频和短波等广播节目，接收效果虽不如顶部天线，但可取代部分建筑物顶部天线，美化城市建筑环境。随着有线电视的普及，电视天线玻璃逐渐退出市场。但在汽车风挡、天窗玻璃中设置天线，可代替顶部的外接天线，清晰收听广播。

【区域钢化玻璃】zone tempered glass

分区域控制钢化程度的风钢化玻璃。为解决整体钢化玻璃瞬间破碎成细小颗粒的失透问题，通过在玻璃表面局部涂覆保护层、减少风栅风嘴的局部密度或局部风压，在风嘴和玻璃之间设置部分金属网屏障等方法，降低冷却强度和主视区的钢化程度，形成半钢化区域，破碎时保持一定的通透性。区域钢化玻璃破碎时，会对人体有伤害，因此主要用于不载人的交通车辆，如农用卡车和拖拉机。区域钢化玻璃已逐步被夹层玻璃取代。

【泄静电玻璃】electrostatic shield glass

可通过表面镀膜导泄表面静电的玻璃制品。飞行器观察窗口透明件由有机、无机玻璃或其复合体构成，属电绝缘体，飞行时玻璃表面与空气剧烈摩擦，产生电荷，随积累量增加表面电势随之升高，影响飞行安全。在玻璃表面涂覆透明导电膜，通过电极与机身连接，及时导泄表面静电，以消除隐患。

【抗撞击玻璃】impact resistant glass

能抵抗外界物体撞击的玻璃制品。依据应用范围，其抗撞击性能有不同评价方法。易与飞鸟发生碰撞的飞机与可能受到飞鸟、石块和砾石撞击的高速列车，国家标准规定用不同质量的模拟物(1.8kg 鸡、1.0kg 大铝弹、20g 小铝弹)，以压缩空气炮发射，按照设定速度、角度和位置撞击风挡，来表征风挡的抗撞击性能，要求风挡玻璃不得穿透，内层不得破碎或者无飞溅物。

【领航员玻璃】pilot glass

设在飞机机头前部下方的透明镶嵌结构，供早期运输机和轰炸机领航员领航、观察地面目标、瞄准或观察轰炸效果使用。领航员玻璃为多层玻璃夹层结构，具有电加温除冰防雾功能，以保证恶劣天气条件的清晰视野。随着卫星、雷达等先进导航技术的发展和应用，领航员玻璃已被淘汰。

【隐身玻璃】stealth glass

能反射雷达波的表面镀膜玻璃。飞机正前方±30°锥角范围是雷达探测危险区。通过外形设计，反射雷达波是实现隐身的主要方法。雷达波透过玻璃进入驾驶舱，经多次反射大部分沿原方向返回，这种散射易被雷达探测。在玻璃表面镀制透明导电膜，可反射雷达波阻止进入舱内，将回波反射到其他方向，实现隐身效果。

【座舱玻璃】cabin glass

特指驾驶舱有观察窗功能的玻璃。座舱玻璃因机型不同差异大，大型飞机座舱玻璃包括主风挡和侧风挡玻璃，歼击机座舱玻璃多为分体式，由前方固定式风挡和后上方可开启的舱盖玻璃构成；先进战机为整体式座舱，由一整块曲面玻璃构成；直升机座舱玻璃较复杂，包括前风挡、抛放门、顶棚、上视窗和下视窗等。

【电加热玻璃】electrically heated windshield glass

指内部有电热元件，通电后可加热升温的玻璃制品。依电热元件的种类，分为电热丝玻璃和电热膜玻璃，前者是在夹层玻璃的胶片中埋设线状或波浪状细电阻丝，其工艺简单，但金属丝影响视线，发热不均匀，光学性能低，逐渐被电热膜所取代。后者是在玻璃表面镀透明电阻膜，通电时整个膜层发热，温度均匀，光学性能好，电加热玻璃通过外接温度控制系统，可实现表面温度自动调节，多用于汽车、飞机、坦克、舰船的驾驶舱风挡，起到外表面除冰，内表面防雾，保持通透度的作用；也可用于严寒地区的建筑门窗、室内工艺品或装饰品，作为冬季的室内辅助热源；另外，在浴室镜、玻璃锅和玻璃杯也有应用。

【玻璃憎水膜】water-repellent coating

能增大玻璃表面对水的润湿角，使水凝成珠滚落的膜层。涂层多为硅有机化合物，经与玻璃的硅氧四面体联接，形成有机聚硅氧烷憎水膜。常用硅有机化合物种类很多，但带长链烷基的有机硅烷，较之短链的甲基、乙基有机硅烷，在玻璃表面形成的憎水膜层性能更优。采用喷涂或浸渍方法，在玻璃表面涂覆硅有机化合物，经热处理制成憎水膜。在汽车风挡、建筑幕墙等应用憎水膜，可清除玻璃表面黏附的污物，同时提高玻璃稳定性，防止风化，以降低日常清洁和维护费用。

【玻璃亲水膜】water-avid coating

能降低玻璃表面对水的润湿角，使凝聚小水滴铺展成膜的涂层。涂层依使用的材质不同，分为表面活性剂类、丙烯酸酯类和二氧化钛，三种亲水薄膜均可达到防雾效果，其中二氧化钛亲水薄膜，即自洁净玻璃。制备方法通常采用喷涂或溅射的工艺。

10.2.4 光学玻璃

【光学玻璃】optical glass

通过折射、反射、透过传递光线，或通过吸收改变光的强度或光谱分布的玻璃。具有特定的光学性质和高度光学均匀性。用于制造光学仪器或光学机械系统的透镜、棱镜、反射镜、窗口等。按光学特性和应用分为：无色光学玻璃(通常简称光学玻璃)、有色光学玻璃(颜色玻璃、玻璃滤光片)、耐辐射光学玻璃、防辐射光学玻璃、紫外红外光学玻璃和光学石英玻璃(熔石英)等。光学玻璃品种繁多，按化学组成有硅酸盐玻璃、硼硅酸盐玻璃、硼酸盐玻璃、锗酸盐玻璃、氟磷酸盐玻璃、氟化物玻璃等，绝大多数金属元素已引入光学玻璃组成中。

【无色光学玻璃】colorless optical glass

简称光学玻璃，是广义光学玻璃的一大类。分冕牌玻璃和火石玻璃两类和十几个品种，共二百多个牌号。光学玻璃根据玻璃的光学常数分类。依国际习惯按照阿贝数的大小，以阿贝数 50 为分界分成冕牌和火石两类，符号分别为 K 和 F。K 类又按折射率大小分成若干品种。我国按其折射率高低和/或化学组成特征分为氟冕(FK)、轻冕(QK)、冕(K)、钡冕(BaK)、磷冕(PK)、重磷冕(ZPK)、重冕(ZK)、镧冕(LaK)、钛冕(TiK)和特冕(TK)等。F 类分为冕火石(KF)、轻火石(QF)、钡火石(BaF)、火石(F)、重钡火石(ZBaF)、重火石(ZF)、镧火石(LaF)、重镧火石(ZLaF)、特种火石(TF)和钛火石(TiF)等。每一品种包含若干个牌号，其代号由品种字母符号与数字序号组成，如 K9、F2、LaF2 等。每个牌号必须具有规定的折射率、阿贝数(色散系数)、部分色散等光学常数。光学玻璃还必须具有高度的光学均匀性、透明度、一定的热机械性质及化学稳定性。要求玻璃牌号在折射率-阿贝数图中占有尽可能广的区域，合理的分布。某些玻璃还要求具有特殊的色散。制造工艺方面要求原料较纯，着色离子较少；对玻璃液要进行搅拌。根据不同玻璃的工艺特点和需求量，可采用坩埚熔炼、连续熔炼、高频熔炼等方法。成形可采用破埚槽沉、浇注、滚压、滴料、流料、热压等工艺。退火要求严格，除应力退火外，同时还须进行光学均匀性退火。在望远镜、显微镜、照相机、瞄准器、经纬仪及其他光学仪器、光学机械中用作透镜、棱镜、反射镜等光学元件。

【无色光学玻璃牌号】colorless optical glass type

可见区透明、具有特定折射率和阿贝数的一种光学玻璃。每个光学玻璃品种包括若干折射率、阿贝数不同的玻璃，每一种玻璃称为牌号并给予一个特定的代号。无色光学玻璃牌号由该一品种类别的拉丁字母缩写和数字序号组成。数字序号一般按折射率大小，试制的先后或其他顺序排，如 K9、F2、LaF2。亦可用代表光学常数的 6 位数表示，如 K517642 表示 $n_d=1.517$，$v=64.2$ 的冕牌玻璃；F620381 即表示 $n_d=1.620$，$v=38.1$ 的火石玻璃，其中 n_d 为折射率；v 为阿贝数。

【无色光学玻璃折射率-阿贝数图】n_d-v diagram of optical glass

简称折射率-阿贝数图，n_d-v 图。如图所示，无色光学玻璃的每一品种在 n_d-v 图均为一个区域，每个牌号均为一点。n_d-v 图可直观地了解光学玻璃在品种和牌号方面所达到的水平，便于使用者按光学设计的需要选择牌号。由于玻璃性质与其组成之间的依赖关系，同一区域玻璃的化学组成，基本上属于同一系统，其他物理化学性质也较接近，因此对玻璃制造者具有参考价值。但此图无法表示特殊相对色散玻璃的折射率变化特征，需另加注明。

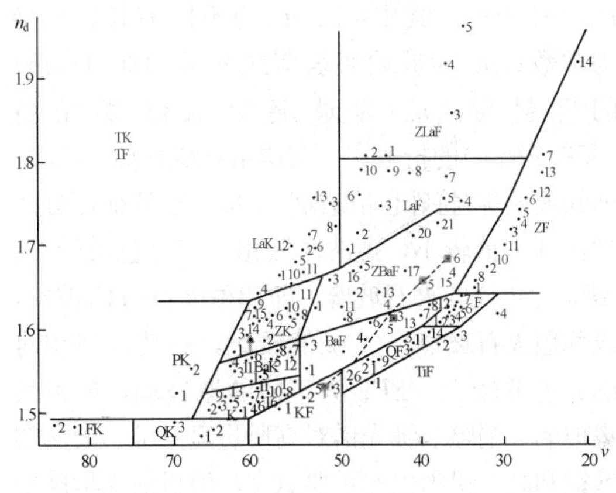

无色光学玻璃折射率-阿贝数图

【特种冕玻璃】long crown glass

又名长冕玻璃，简称 TK 玻璃，指在短波波段相对色散偏离值($\Delta P \times Y$)为正值的一种特殊色散光学玻璃，是特殊色散光学玻璃的一个品种。该类玻璃在短波方面色散较大，可用来消除光学系统误差中的二级光谱。按组成特征分两类：(1)含氟磷酸盐玻璃，即磷冕玻璃中色散较小的部分；(2)含磷氧氟化合物玻璃，同时具有较大的 ΔP_{gF} 值，国外又称超长冕玻璃。含大量氟的玻璃熔制时挥发大，易失透以及化学稳定性差，最近已发展了折射率、阿贝数和相对部分色散接近和与氟化钙相同的玻璃，这些玻璃归属氟冕玻璃，但具有优良的相对部分色散性能。

【镧系光学玻璃】lanthanum optical glass

阿贝数和重冕(ZK)、重钡火石(ZBaF)玻璃相似、折射率更高的一类玻璃。自 20 世纪 40 年代开始在光学玻璃中引入 La_2O_3 后迅速发展，成为光学玻璃的一大类。化学组成特征为含三氧化二镧或其他稀土、稀有氧化物。包括镧冕(LaK)、镧火石(LaF)和重镧火石(ZLaF)。因折射率高和阿贝数较大，亦称高折射率低色散光学玻璃。镧冕玻璃的基础系统为 $RO\text{-}La_2O_3\text{-}B_2O_3\text{-}SiO_2$ 系统，折射率更高的用高 B_2O_3 含量的 $RO\text{-}La_2O_3\text{-}Y_2O_3\text{-}ZrO_2\text{-}Nb_2O_5\text{-}B_2O_3\text{-}SiO_2$，重镧火石玻璃用 $RO\text{-}La_2O_3\text{-}Gd_2O_3\text{-}TiO_2\text{-}ZrO_2\text{-}Ta_2O_5\text{-}B_2O_3$ 系统。因含 Nb_2O_5 和 Ta_2O_5，这类玻璃又称为铌冕、钽火石和重钽火石玻璃。

【特种火石玻璃】special flint glass

简称 TF 玻璃，指在短波区域相对色散偏离值($\Delta P \times Y$)为负值的一类特殊色散无色光学玻璃。通常火石玻璃短波区域相对部分色散与阿贝线偏离值 ΔP_{xy} 接近零或为正值。而 TF 玻璃则为较大的负值，亦即在短波区域色散较小，因此特征可用来消除光学系统误差中的二级光谱。按组成特征分两类：(1)以 Sb_2O_3 或 As_2O_3 为主要组分的硼硅酸盐玻璃(但 As_2O_3 有剧毒不常用)，还有短火石、锑火石、望远镜火石玻璃等不同名称；(2)以 $PbO\text{-}B_2O_3$ 系统为主的玻璃，折射率和色散均比前者大，国外也有称为超短火石玻璃、硼火石玻璃。由于 PbO 污染环境，现用含 ZrO_2、Nb_2O_5、Ta_2O_5 的硼酸盐玻璃。

【低色散光学玻璃】low dispersion optical glass

包括磷冕玻璃和重磷冕玻璃。在 n_d-v 图中它们位于冕、钡冕及重冕玻璃的左侧。色散比较低，组成属磷酸盐系统，含氟磷酸盐玻璃和含少量偏磷酸盐的氟化物玻璃的色散更低。已有折射率和色散很低的光学玻璃，如 n_d＝1.45880、阿贝数＝90.0，n_d＝1.43425、阿贝数＝95.0。后者的折射率和阿贝数已与氟化钙相同(n_d＝1.43384、阿贝数＝95.23)。

【低折射率高色散光学玻璃】low refractive index and high dispersion optical glass

在 n_d-v 图中位于火石玻璃的右侧，色散较大，大多是含氟化物、二氧化钛的火石玻璃。过去火石玻璃中的 PbO 已为 TiO_2 所替代。为了增加氟化物在玻璃中的溶解度，可引入部分 Al_2O_3 和 B_2O_3。TiO_2 除增加玻璃色散外，还能提高化学稳定性。氟的存在使 TiO_2 在玻璃中的着色较轻。由于含 TiO_2 较多，这类玻璃还可称为钛冕和钛火石玻璃(TiF 玻璃)。含氟玻璃在熔制时容易失透并且挥发强烈，因此，这类玻璃的消除条纹比较困难。

【高折射率低色散光学玻璃】high refractive index and low dispersion optical glass

在 n_d-v 图中位于中部与左上部，包括镧冕(LaK)、镧火石(LaF)及重镧火石(ZLaF)玻璃等。由于这些玻璃含有较多稀土或稀有元素氧化物，如 La_2O_3、Y_2O_3、Ta_2O_3、Nb_2O_5 等，又称为稀土光学玻璃。高折射率低色散光学玻璃对改善光学仪器，特别是照相镜的成像质量和简化设计有重要意义。这类玻璃在熔制时较易析晶或失透，并对常用耐火材料侵蚀较剧烈。通常须采用铂坩埚熔炼、铂系统连续熔炼或高频等特殊熔炼的方法。

【无钍光学玻璃】thorium-free optical glass

一种不含 ThO_2 的高折射率低色散无色光学玻璃。ThO_2 是一种可提高玻璃折射率、色散较小、玻璃形成范围大、可引入量较大的玻璃组分，对获得高折射率低色散玻璃十分重要。早期高折射率镧系玻璃都引入 ThO_2。但 ThO_2 有放射性，限制了含钍玻璃的广泛使用。也造成制造过程中玻璃配料，熔制和加工过程中的放射性污染。在 20 世纪 70～80 年代，通过调整玻璃化学组成和加入稀有元素如钇、钆、锆、钽或铌等的氧化物，制得不含 ThO_2 的光学玻璃。光学性质和含钍玻璃相同，因而称无钍光学玻璃。

【超高折射率光学玻璃】ultra high refractive index optical glass

又名超重火石玻璃。在 n_d-v 图中位于右上角，折射率在 1.9 以上，相对密度超过 6。早期玻璃组成以大量 PbO 为主体，少量的 SiO_2、B_2O_3 作玻璃形成物，同时加入一定量的 TiO_2、Bi_2O_3 以及改善玻璃物化性质的 BaO、ZrO_2、CdO。目前很少使用 B_2O_3、SiO_2 作为玻璃形成物，更多的是使用具有更高折射率的氧化物 Bi_2O_3、La_2O_3、Y_2O_3、Gd_2O_3、ZrO_2、Nb_2O_5、Ta_2O_5、WO_3 等。折射率大于 2.0 的玻璃使用锗酸盐系统。目前已有折射率 2.154、阿贝数 17.2 的产品。此类玻璃近紫外区吸收大，色码在 49/40。玻璃密度大，铅当量高，亦可用作防辐射玻璃。

【特殊相对色散光学玻璃】anomalous relative dispersion optical glass

用于消除光学系统中二级光谱的无色光学玻璃。一般玻璃相对部分色散 P_{xy} $\left(=\dfrac{n_x-n_y}{n_F-n_c}\right)$与阿贝数 v 成近似直线关系，即 $P_{xy}=a+bv$，其中 n_x、n_y 为不同波长；a、b 为常数；n_F 为玻璃对氢蓝线光谱(486.13nm)的折射率；n_c 为玻璃对氢红线光谱(656.27nm)的折射率。与这条直线偏离 ΔP_{xy} 较远的玻璃称“特殊色散玻璃”。按光学特征可分两类：(1)v 值较小，短波区域相对部分色散较小、ΔP_{xy} 为负值的火石玻璃，即特种火石(TF)玻璃，或称短火石玻璃；(2)v 值较大，短波区域相对部分色散较大、ΔP_{xy} 为正值的冕玻璃，或称长冕玻璃。消除二级光谱对高质量显微镜、天文望远镜和高空摄影仪有重要意义，但目前光学玻璃仍未能完全满足要求，有时不得不求助于其他光学材料，如 CaF_2、LiF 晶体等。

【紫外高透过光学玻璃】ultra-violet high transmittance optical glass

具有和无色光学玻璃相同的光学常数和物理、化学性质，但紫外和可见光的透过率较高的光学玻璃。可用于紫外光学光谱仪器、光电器件或要求可见光透过率特别高的光学仪器、摄像镜头等。玻璃的紫外吸收与玻璃基质的化学组成有关，氟磷酸盐玻璃具有比硼硅酸盐玻璃短的紫外吸收极限，截止波长小于 300nm。硼硅酸盐本身的紫外吸收截止波长主要取决于玻璃中的着色离子，如过渡金属离子 Fe^{3+}，Ce^{4+}、Ti^{4+} 等杂质离子存在。因此，紫外高透过光学玻璃要采用高纯原料和防止对玻璃污染的熔制工艺。各光学玻璃制造商都有专门的玻璃牌号，如 Scott 的 UBK7、成都光明光电的 H-K9L。

【天文望远镜玻璃镜坯】glass blank for astronomic telescope

用作天文望远镜主镜的玻璃。玻璃具有密度小、硬度大、刚性大、残余内应力小、易抛光成精密面形等优点而用于大型反射天文望远镜主镜镜坯。为降低外部温度变化产生镜坯温差所引起的镜面变形，用低膨胀和超低膨胀玻璃或微晶玻璃制造。20 世纪 30 年代至 20 世纪 50 年代主要用锌硼硅酸盐冕牌玻璃(热膨胀系数约为 45×10^{-7}/℃)和低碱硼硅酸盐派来克斯(Pyrex)玻璃(α 约 32×10^{-7}/℃)。后用熔融石英(α 约 5×10^{-7}/℃)或超低膨胀掺钛石英玻璃（α 约 0.3×10^{-7}/℃）制造。熔融石英可通过焊接成框架状结构，制得轻量空间望远镜坯。20 世纪 70 年代玻璃发展的 Li_2O-Al_2O_3-SiO_2 系统、以 β 石英固溶体、锂辉石为主晶相的微晶玻璃因其膨胀系数接近零，称零膨胀微晶玻璃。因具有高弹性模量和光学加工性能而成为大镜坯的理想材料。1968 年已制成直径 4m 的望远镜玻璃镜坯，20 世纪 90 年代完成直径 8.2m 望远镜玻璃镜坯。大玻璃镜坯采用间歇式池炉熔炼、浇注成形、晶化。0～50℃的热膨胀系数达到$(0\pm0.2)\times10^{-7}$/℃。

【超声延迟线玻璃】ultrasonic delay line glass

超声延迟线主要由玻璃介质和换能器组成。电磁波通过换能器转换成超声波进入玻璃介质，在另一端再通过换能器转换成电磁波输出，从而实现延迟的目的。由于超声波在一般玻璃中的传播速度（$V=2.7$mm/μs）只是电磁波的 $1/10^5$，可以大大减小器件尺寸。延迟时间决定于器件的几何尺寸。用玻璃介质做延迟线，当温度变化时延迟量变化不宜过大。选择适当的玻璃组成（如 K_2O-PbO-SiO_2 系统）可获得延迟时间温度系数较小的玻璃。石英玻璃在高频下的超声衰减量最小，在 10MHz 下为 0.52×10^{-2}dB/μs（横波），因此可以获得较长的延迟时间。石英玻璃可作为在 10MHz 或高频下工作的超声延迟线的波动传播介质。主要应用在雷达、电子计算机、彩色电视等方面。

【螺纹透镜】Fresnel lens

又称费涅尔透镜。一种可消球差的短焦距、大孔径聚光透镜。镜面上分割为一环环的球带，并使各球带的焦点基本重合，可以减小像差，得到更加均匀的光束（见附图）。用玻璃（如高硼硅质耐热玻璃等）、塑料、有机玻璃压制而成。用于各种照明灯具（如电影照明灯、汽车前灯等）中作大孔径聚光镜用。

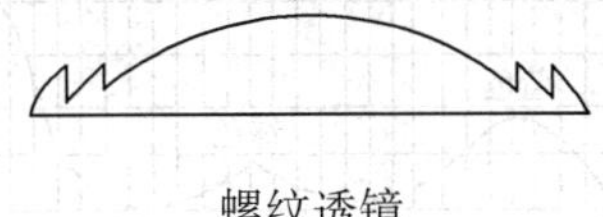

螺纹透镜

【环境友好光学玻璃】environment-friendly optical glass

不含有 As、Pb、Cd 等对环境有害元素的光学玻璃。光学玻璃作为电子电气产品中重要的基础材料，必须严格限制砷、铅、镉的使用。环境友好光学玻璃中用 TiO_2、Nb_2O_5 等取代了 PbO，用 Sb_2O_3 等取代了 As_2O_3 作为玻璃的澄清剂，用 ZnO、BaO 等取代了 CdO。与含砷、铅、镉的同一光学玻璃牌号比较，环境友好光学玻璃的物理、化学性质，如透过、热膨胀系数、密度、硬度、化学稳定性等有所改变，但折射率和阿贝值维持不变。环境友好光学玻璃通常在原光学玻璃代号前冠以前缀。中国用“H”，德国用“N”，日本用“E”。

【低 T_g 光学玻璃】low transformation temperature glass

一种低玻璃转变温度（T_g）的光学玻璃。光学玻璃精密模压是一种不需光学加工，在一定温度下采用精密模具加压、获得具有光学质量表面的光学元件的方法，特别适合于非球面透镜的规模化生产。精密模压工艺要求降低模压温度以延长模具的寿命，为此发展了低玻璃转变温度光学玻璃。低 T_g 光学玻璃要求有与原光学玻璃一样的折射率和阿贝数，并具有适于模压工艺的热机械性质、化学稳定性、析晶性能。通常在玻璃中引入降低黏度的氧化物如 Li_2O、ZnO、B_2O_3 和氟化物等。各光学玻璃制造商均已发展低 T_g 光学玻璃系列并基本覆盖所有光学玻璃牌号。通常在原光学玻璃代号前冠以前缀。中国用“D”、德国用“P”、日本用“L”。

【冕牌玻璃】crown glass

光学玻璃两大类别中的一类。光学玻璃的特征性质为折射率和阿贝数，阿贝数大于 50 为冕牌玻璃，常用“K”或“C”代表。化学组成特征为不含氧化铅。冕牌玻璃包括若干品种，每个品种占据折射率-阿贝数图中的一个区域，并具有相似的化学组成。中国的冕牌光学玻璃品种包括硼硅酸盐冕牌玻璃（K）和轻冕玻璃（QK）、含 BaO 的钡冕玻璃（BaK）、高 BaO 含量的重冕玻璃（ZBaK）、含 La_2O_3 的镧冕玻璃（LaK）、以 P_2O_5 为基础的磷冕玻璃（PK）、以 BaO-P_2O_5 为基础的重磷冕玻璃（ZPK）、以氟化物为基础的磷酸盐氟冕玻璃(FK)等品种。

【火石玻璃】flint glass

光学玻璃两大类别中的一类。光学玻璃的特征性质为折射率和阿贝数，阿贝数小于 50 为火石玻璃，常用“F”代表。早期玻璃的化学组成特征为含氧化铅。火石玻璃包括若干品种，每个品种占据折射率-阿贝数图中的一个区域，并具有相似的化学组成。中国的火石光学玻璃品种包括：折射率较低的轻火石玻璃(QF)、中等折射率的火石玻璃(F)、高折射率的重火石玻璃(ZF)、含 La_2O_3 的镧火石玻璃(LaF)、高 La_2O_3 含量具有高折射率的重镧火石玻璃(ZLaF)和含 TiO_2 和氟化物的钛火石玻璃(TiF)等。早期火石玻璃化学组成的特点是含氧化铅，20 世纪 80 年代后发展了用二氧化钛代替氧化铅，维持折射率和阿贝数不变的无铅环保玻璃。

【有色光学玻璃】colored optical glass

又称滤光玻璃。指对特定波长的光(可见、不可见)，具有选择性吸收或透过性能的光学玻璃。生产工艺和质量要求类似于无色光学玻璃，要求具有严格的光谱特性。按玻璃的透光曲线可分截止型、选择性吸收、中性灰有色光学玻璃三类。品种有紫、蓝绿、黄、橙、红等色及透紫外、透红外、无色透紫外、吸热、色温变换玻璃等，是照相机、电影、电视、光学仪器等工业的重要光学材料。

【滤光片】color filter

对光具有选择性吸收(或透过)性能的光学器件，又称滤色镜。按材料可分为三大类：(1)玻璃滤光器，用有色光学玻璃加工制成，具有耐光照、耐潮湿和颜色稳定等特点，应用较广，有照相机用的各种滤光镜及渐变、色温交换、三原色、视见函数修正玻璃等多种；(2)明胶滤光器，是把有机染料加入明胶溶液干燥成片；(3)液体滤光器，在玻璃液槽中加入有色溶液而成。滤光片按光谱波段分类可分为：紫外滤光片、可见滤光片、红外滤光片；按光谱特性分为：带通滤光片、截止滤光片、分光滤光片、中性密度滤光片、反射滤光片。

【无色吸收紫外线玻璃】ultra-violet absorbing visible transmitting glass

能完全吸收 360nm 以下的紫外光线而透过全部可见光线的玻璃。在铅硅玻璃中引入二氧化铈，在氧化气氛中熔制而成，主要用于照相、电影、电视摄影、文物保护等方面滤去紫外光线。

【中性灰色玻璃】neutral-tinted glass

具有不同深度(透过率)的灰色玻璃。能平均地吸收可见光，与入射光的波长无关。一般用作滤光器，定量地调节光的透过。在硼硅酸盐玻璃组成中加入着色元素铁、钴和镍等氧化物熔制而成。

【色温变换玻璃】color temperature conversion glass

用以变换光源色温的玻璃。分升高色温和降低色温两类。前者是在钠钙硅玻璃组成中加入着色元素铜、钴、镍和锰等氧化物的蓝色玻璃；后者是在钾钡硅玻璃组成中加入元素硒、二氧化锰的琥珀色玻璃。如彩色电影胶片一般分成日光型(适用于色温为 5500°K 光源)和灯光型(适用于色温在 3300°K 光源)，但实际摄影时，拍摄物的色温波动很大，因此在摄影镜头前加上适当的色温变换玻璃，使拍摄物的色温变换至 3300°K 或 5500°K。

【玻璃渐变滤光器】filter with gradual color change

色调由深到浅再过渡到无色，并具有一定光谱特性的滤光器。作拍摄彩色影片时补偿或饱和某种色调用，能够变换被摄体的局部色调和大自然景物的色调。此种滤光器是将有色光学玻璃与膨胀系数接近的无色光学玻璃经热加工和特殊冷加工制成。

【三原色滤光片】three primary color filter

由特定光谱曲线的红色、绿色、蓝色玻璃组成，能把白光分成具有一定光谱特性的红、绿、蓝三个原色的光，用于电影、电视、印刷等方面。光谱透过曲线见附图。

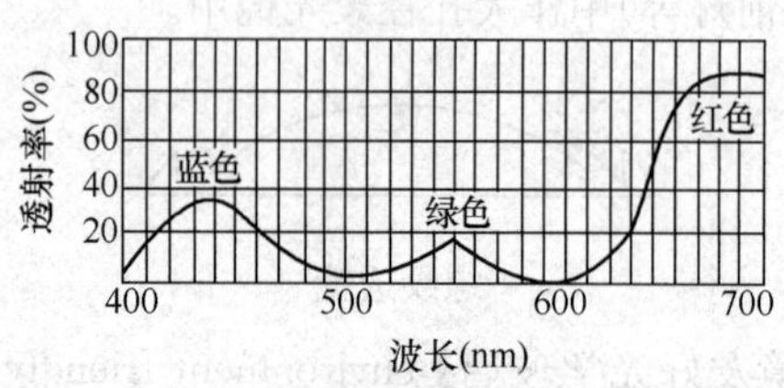

三原色滤光片的光谱透过曲线

【视见函数修正玻璃】visibility function modification glass

为使光电接收器(如硅光电池、光电管)与人眼的视觉函数一样所用的修正玻璃，通常用含铜、钒等的磷酸盐玻璃来修正。

【截止型滤光玻璃】cut-off filter glass

具有很大吸收曲线斜率的滤光玻璃。能在某一波长截止，小于这一波长的光不透过，大于这一波长透过率迅速上升，可分紫外截止、可见光截止和近红外截止三种。光谱透过曲线见附图。

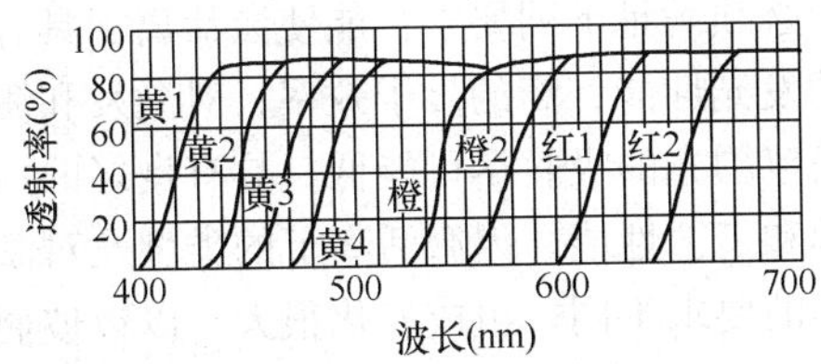

截止型滤光玻璃的光谱透过曲线

【天光滤光片】sky light filter

一种能吸收紫外线和部分蓝紫光和绿光的滤色镜，略带粉红色。在钠钙硅玻璃组成中加入氧化铈、氧化钴和硒粉熔制而成，用于彩色照相和摄影。

【钬玻璃】holmium glass

氧化钬着色的玻璃。在紫外和可见光区域中的一些波长位置上具有陡峭而稳定的吸收峰，可用作分光光度计的波长定标元件。

【镨钕玻璃】didymium glass

镨钕氧化物着色的玻璃。镨钕混合物是氧化钕和氧化镨的混合稀土氧化物。在一些波长位置上具有陡峭而稳定的吸收峰，可用作分光光度计的波长定标元件。

【印刷制版分色镜】color selective mirror for printing

由一定光谱特性的红、绿、蓝、黄四种有色光学玻璃组成。在彩色印刷中，一般先将彩色原稿分色制片，然后进行彩色套印。根据不同的印刷要求，选用不同的分色镜。

【透紫外线玻璃】ultra-violet transmitting glass

能透过紫外光线(200～400nm)的玻璃。可分为两类：一类是不透过可见光，称黑色透紫外玻璃。可分短波紫外和长波紫外，分别由磷酸盐玻璃和硅酸盐玻璃加入氧化钴和氧化镍熔制而成。另一类是透可见光，称无色透紫外玻璃，一般是硼硅酸盐玻璃。两类玻璃都要求组成中的铁、钛等杂质含量低，用于制造太阳灯、采矿灯和荧光分析等。

【光致变色玻璃】photochromic glass

随光照强弱而变色的玻璃，简称光色玻璃。形成系统包括硼酸盐、硼硅酸盐、碱铝硼硅酸盐、锂硅酸盐、磷酸盐及碱铝硅酸盐等系统。玻璃中光敏剂根据不同系统可引入卤化银、硝酸银、卤化铜、卤化镉、氯化铊等物质。光色玻璃可用于制作光色眼镜、高级建筑物防光材料、显示装置、全息存储等。

【卤化银光致变色玻璃】silver halide sensitized photochromic glass

光色玻璃的一类。根据照相化学原理，在钠铝硼酸盐玻璃中加入少量卤化银(AgX)作为感光剂，微量铜离子 Cu^{+} 作增感剂，经适当热处理，使卤化银集聚到一定大小而制成。在紫外光或可见光短波部分的辐照下，银离子(Ag^{+})还原成银原子(Ag°)，引起玻璃显色。光照停止后，在热、红光或红外光的辐照下，银原子变成银离子而褪色。

【激光玻璃】laser glass

以玻璃为基质，掺入一定的激活离子制成的激光工作物质。与其他固体工作物质比较，激光玻璃易于制备；能制得高度透明、光学均匀、大尺寸的制品；材料成本低，基质玻璃的成分和性质的变化范围大，能制得具有不同特点的玻璃品种；利用热成形及冷加工工艺，可制成不同形状的玻璃，以适应激光器的需要。在玻璃中已实现激光的有 Nd^{3+}、Yb^{3+}、Er^{3+}、Ho^{3+}、Tm^{3+}、Gd^{3+} 等。掺钕玻璃由于能在室温中产生激光，温度猝灭效应小，光泵吸收效率和发光的量子效率高，是目前最主要的激光玻璃。激光玻璃是应用范围广的固体激光材料之一，已用于各种类型的固体激光器，尤其是高功率和高能量输出激光系统。

【玻璃激光器】glass laser

采用激光玻璃作为激光工作物质的激光器

件。根据不同的器件结构要求，激光玻璃可制成棒、片或纤维等形状。与其他固体光泵激光器一样，玻璃激光器由工作物质、谐振腔及泵源等构成，是最简单通用的一种器件，结构如附图所示：激光玻璃制成圆棒，两端面研磨和抛光，采用介质膜反射镜和输出镜组成光学谐振腔。采用高亮度脉冲氙灯作为光泵的光源。为使激励光有效地进入工作物质，采用圆柱和椭圆柱聚光器。玻璃激光器以脉冲输出方式工作为主，也可制成低重复频率器件。如有适当的连续光源，也可实现连续输出。自 1961 年以来，玻璃激光器发展很快，制成各种高功率输出、高能输出器件，亦可制成各种中小器件，用于测距、打孔、切割等方面。目前，高功率、高能量固体激光系统多为玻璃器件。

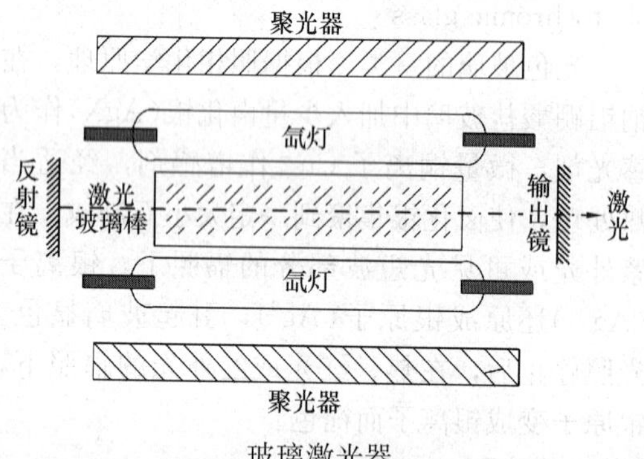

玻璃激光器

【钕激光玻璃】neodymium laser glass

用 Nd^{3+} 作激活离子的激光玻璃，是目前用途最广的激光工作物质之一，用于高能、高功率激光器件及中小型激光器件上，许多国家已作为定型产品生产。钕离子在许多玻璃基质中都可以实现激光。目前主要使用硅酸盐玻璃、磷酸盐玻璃和含少量磷酸盐的氟化物玻璃。钕玻璃的制造工艺与光学玻璃相似，可用铂坩埚、陶瓷坩埚和池炉熔炼，其质量要求高于一般光学玻璃。

【激光工作物质】laser active medium

又称激活介质，因具有或掺有特定过渡、稀土、惰性气体离子或有机发光基团等，具有一定的能级结构，是能够通过激发实现激光输出的物质。激光工作物质种类很多，有固体(玻璃、晶体、半导体)、气体(惰性气体、蒸气、混合气体)、液体等。作为工作物质的晶体及玻璃，是在一定的基质材料中引入激活离子(过渡金属、稀土或锕系离子)制成的。因用光泵激发，也称光泵激光固体工作物质。工作物质除了具有一定能级，还要求在激发光源的光谱区中有较宽的吸收带及高的吸收系数，有一定亚稳态寿命和高的量子效率。掺钕钇铝石榴石、钕玻璃、红宝石、钛宝石等材料是目前使用最广泛的固体工作物质。

【基质玻璃】host glass

激光玻璃中尚未掺入激活离子的玻璃材料。必须满足下列要求：能使激活离子具有良好的发光性能、高的量子效率；对激发和激光波长范围光的吸收尽可能低；具有良好的物理化学和工艺性能。因激活离子的类型及对激光玻璃的要求不同，组成变化很大。以钕玻璃为例，可采用钠钙硅酸盐、钾钡硅酸盐、锂铝硅酸盐，磷酸盐、硼酸盐及氟化物等作为基质玻璃。

【旋光玻璃】Faraday rotation glass

又称磁光玻璃或法拉第玻璃，是菲尔德常数 V 较大的玻璃。可分为正旋及反旋两种：正旋玻璃中，一般含大量 Pb^{2+}、Te^{+}、Sb^{3+}、Sn^{2+} 等抗磁性离子。常用的是重火石玻璃及硫化砷玻璃。0.7μm 处的 V 值约为 0.1′/Oe·cm，个别可达 0.2。负旋玻璃含顺磁离子，较好的是 Ce^{3+}、Pr^{3+}、Dy^{3+}、Tb^{3+}、Eu^{2+}。V 与单位体积中顺磁离子的数量成正比。应尽量增加稀土离子的含量。除采用硅酸盐玻璃外，还采用硼酸盐及磷酸盐玻璃。含稀土离子旋光玻璃的 V 值可达 3.2′/Oe·cm以上。旋光玻璃除应有较大的菲尔德常数外，还要求在使用波长处的光吸收小、良好的物化性能和工艺性能。

高功率激光系统中，为了防止光学系统中的光反馈对激光器和其他光学元件产生破坏，光隔离器是必需的元件。法拉第光隔离器是一种“无源、非互易”光学装置，它利用法拉第效应隔离光学系统中的反馈光，保持光源系统稳定，有效地消除激光器的噪声。它能使正向传输的光无阻挡地通过，同时能保护激光器免受光学系统中反馈光的破坏，这使得法拉第光隔离器成为激光系统中的关键元件。

【声光玻璃】acousto-optic glass

光按一定方向通过一输入超声波的介质，可以实现光的衍射、反射会聚或频移等声光效应的玻璃材料。对这种材料的要求是：声光性能指数 M 必须大；超声波吸收系数小、温度对声速的影响小。玻璃因制造及加工容易，能获得大尺寸，均匀性良好的制品。为提高 M 值，通常采用火石玻璃及重火石玻璃。以二氧化碲为主的碲酸盐玻璃，其 M 值可接近于二氧化碲单晶。

【荧光玻璃】fluorescent glass

在电磁辐射和离子射线的激发下，能发出荧光的玻璃。有透明和半透明两种。产生荧光可以是玻璃中的离子(如锰、铈、铊等)或晶体(如硫化镉、硒、银等)，用于示波器荧光屏、荧光剂量标准等。

【无铂玻璃】platinum-free glass

指在保护气氛下，采用铂金坩埚熔炼但经过除铂工艺而不再含有铂颗粒的激光玻璃。它具有光损耗系数低、光学质量优良等特点，特别是能够避免因铂颗粒存在而引起的激光损伤。

【被动调 Q 玻璃】passive Q-switched glass

被动调 Q 玻璃是一种添加特定离子、在激光输出波长具有可饱和吸收特性的掺杂玻璃。能够起到类似于外加控制的 Q 开关的作用，在激光器件中实现调 Q 或锁模等作用。被动调 Q 玻璃元件，具有原理简单，操作方便，系统可靠，成本低的特点。

【铒激光玻璃】erbium laser glass

掺杂一定浓度铒离子的激光玻璃。主要特点是铒离子的激光波长位于 1.5μm 附近，处于大气透过窗口，位于人眼安全波段。因此铒玻璃所输出的激光光束，对于人眼具有相对的安全性，对于激光测速、测距等要求人眼安全的激光器具有重要的作用。另外，1.5μm 波段处于通信第 3 窗口，掺铒光纤放大器被广泛用于光纤通信领域。

【防辐照玻璃】irradiation shield glass

对射线有较大吸收能力的玻璃，用于原子能工业、核医学和同位素试验室等窥视窗材料。根据射线的防护需要，其品种有防 γ 射线、防 X 射线玻璃和防中子玻璃等。由于防 γ 射线玻璃使用较早，用量较多，故习惯将防 γ 射线玻璃简称防辐照玻璃。

【防 γ 射线玻璃】γ-ray shield glass

对 γ 射线有较大吸收能力的玻璃。因玻璃对 γ 射线的吸收能力随其密度的提高而增大，故此类玻璃含有较高浓度的重金属氧化物，如 PbO、Bi_2O_3、WO_3 等。工业上常用重火石系列的铅硅酸盐玻璃，俗称铅玻璃。玻璃的品种和厚度随 γ 射线强度而定，其制造工艺同光学玻璃。

【防 X 射线玻璃】X-ray shield glass

对 X 射线有较大吸收能力的玻璃。因玻璃对 X 射线的吸收能力随其密度的提高而增大，故此类玻璃含有较高浓度的 PbO 和 BaO 等重金属氧化物。工业上一般采用铅硅酸盐玻璃。因 X 射线穿透能力比 γ 射线低，故玻璃中的 PbO 含量低于防 γ 射线玻璃，厚度也较薄。主要用于核医学和 X 射线试验室作屏蔽材料。

【防中子玻璃】neutron shield glass

对中子辐射有较大吸收能力的玻璃。由于各种元素对快中子的吸收截面都比较小，所以一般采用慢化的方法，使快中子慢化为慢中子和热中子，然后再被吸收。此类玻璃含有大量对慢中子和热中子吸收截面大的氧化物，如 Li_2O、B_2O_3、CdO、In_2O_3 等。

【耐辐照玻璃】irradiation resistant glass

一种在 γ 射线、X 射线照射后，可见光透过率下降较小的玻璃。大多数工业玻璃在电离辐照作用下，产生自由电子和空穴，并与玻璃中各种缺陷相结合，形成吸收光线的“色心”，从而导致玻璃变色。变色程度与玻璃组成及射线辐照剂量有关。如在玻璃中引入少量变价离子，如 CeO_2，则由于变价离子俘获或放出电子的作用(如 $Ce^{+4}+e \Leftrightarrow Ce^{+3}$)使电子和空穴重新复合，抑制了可见光范围内“色心”的形成，提高了玻璃的辐照稳定性。根据用途不同，分耐辐照光学玻璃和耐辐照板玻璃，用于辐射环境下的光学材料或窥视窗等。

【耐辐照光学玻璃】irradiation resistant optical glass

耐辐照玻璃的一种。它除了在γ射线、X射线等照射后，可见光透过率下降较小外，还具有光学玻璃的性能(主要指光学常数)。其制造工艺同光学玻璃，常用于有射线场合下的光学仪器方面。品种类别，除选用光学玻璃牌号外，还分为500号、600号、700号。分类命名根据耐辐照性能而定。如耐总照射量为10^5R的称500号，其余类推。又如K709玻璃，其光学常数同光学玻璃K9，并能耐总照射量达10^7R。

【剂量玻璃】dose glass

能够较灵敏地反映和记录辐射场强度的玻璃，用于X射线、γ射线、β射线、中子及中子和γ射线混合场等辐照剂量的测量。常用剂量玻璃的品种有辐射光致发光玻璃，辐射热致发光玻璃，辐射变色玻璃和中子剂量玻璃等，测量范围为10^{-3}～10^9R。剂量玻璃由基础玻璃加适当的激活剂制成。基础玻璃有磷酸盐玻璃、硅酸盐玻璃和硼酸盐玻璃等。激活剂有银、锰、钴等。剂量玻璃要求高纯原料，荧光猝灭剂(如铁)含量越少越好。

【辐射光致发光剂量玻璃】radio photoluminescent dose glass

剂量玻璃的一种。在射线的作用下，玻璃中产生亚稳态的"荧光中心"，此类中心在紫外光激发下放出可见荧光。由于荧光量和辐照量在一定范围内成正比，因此借助荧光测试仪测量荧光量的大小，就可以计算出玻璃所在辐射场的强度。常用光致发光剂量玻璃为银激活的磷酸盐系玻璃，测量范围为10^{-2}～10^3R。特点是可以反复测量，稳定性好。但能量响应较差，在多种能量辐射场中，必须进行能量补偿。

【参考玻璃】reference glass

俗称标准玻璃。用于校正光致发光荧光测试仪工作状态的一种"永久荧光体"玻璃。它在紫外光激发下所发出的可见荧光相当于受一定量核辐射照射后的剂量玻璃。荧光量的大小只和玻璃中荧光剂的含量成正比，与温度、湿度、辐照等其他条件无关。由于此种玻璃发光性能稳定，所以利用不同含量的荧光剂制成的参考系列，可用来估计未知剂量，它由基础玻璃加适当的荧光剂制成，基础玻璃有硅酸盐玻璃、磷酸盐玻璃等，荧光剂有锰、钐等。

【热致发光剂量玻璃】radio thermoluminescent dose glass

一种根据加热后的释光量来反映射线剂量的玻璃。此类玻璃在射线作用下产生亚稳态的"荧光中心"，在加热时释放出可见荧光。由于荧光量和辐照剂量在一定范围内成正比，因此采用合适的升温速度加热玻璃元件，同时记录玻璃发射的荧光曲线，根据发光量可计算出玻璃所在辐射场的强度。通常采用锰、铜、银、钴、铈、锡等激活的磷酸盐系玻璃，测量范围为10^2～10^4R。其特点是玻璃可以重复使用，但在多种能量辐射场中，必须进行能量补偿。

【变色剂量玻璃】radiochromatic dose glass

一种以变色程度反映辐射场强度的玻璃。此类玻璃在射线作用下随光吸收系数变化而变色，其变色程度和光吸收系数变化的差值与射线辐照剂量在一定范围内成正比。因此测量辐照前后玻璃光吸收系数的差值就可推算出玻璃所在辐射场的强度。变色剂量玻璃通常由基础玻璃加少量着色剂制成。基础玻璃有磷酸盐系、硅酸盐系等，着色剂有钴、锰、银、铬等。测量范围为10^2～10^9R。

【中子剂量玻璃】neutron dose glass

一种测量热中子、中能中子、快中子剂量和通量的玻璃。通常为银、钆、铽等激活的磷酸盐系玻璃。组成特点是含有大量中子核反应截面大的元素，如硼、锂、银等。测量范围为10^{-5}～10^5Sv。

【玻璃剂量计】glass dosimeter

由剂量玻璃和能量补偿器组成的记录辐射场射线剂量的探测器件。品种有γ射线玻璃剂量计、中子玻璃剂量计、β射线玻璃剂量计及各种混合场玻璃剂量计。能量补偿器的组成和原理各不相同。如γ射线剂量计的能量补偿器主要由铅、锡、铜等各种金属片制成，其基本作用是吸收部分能量响应高的低能射线，使其在一定能域内基本上无能量响应，可以在多能辐射场中使用。

【闪烁玻璃】scintillation glass

闪烁计数速器上用作闪烁体的玻璃，是一种将核辐射能量转变成光子的能量转换材料。闪烁玻璃由基础玻璃，如 $SiO_2-BaO-Li_2O-B_2O_3$ 玻璃，加适当的激活剂，如 CeO_2 制成。与光电倍增管等组成闪烁计数器使用，可以探测各种射线的能谱和强度。与其他闪烁体如 NaI 晶体相比，具有化学稳定性好、耐温度变化、耐潮湿等优点，体积和组成均可在相当大范围内变动以适应各种不同的探测需要。如探测 α 射线和 β 射线可制成薄片；探测 γ 射线可引入某些重元素并制成原片以增加 γ 射线在玻璃中的有效射程，提高能量转换效率；探测中子可引入如锂、硼等中子核反应截面大的元素。

【契伦柯夫计数器玻璃】Cerenkov counter glass

契伦柯夫全吸收 γ 谱仪计数器中用作辐射发射体材料的玻璃。因高能粒子入射玻璃而发出的契伦柯夫辐射，经收集后用光电倍增管进行放大，并进行记录和测量。玻璃的组成可为铅硅酸盐玻璃（$PbO-R_2O-SiO_2$）或铅磷酸盐玻璃（$PbO-MgO-P_2O_5$）。玻璃制品一般为圆柱体，外部涂银或包铝，直径和厚度均较大（20～30cm 以上），并要求透明度高、光学均匀性好、密度大、折射率高、玻璃本身所发出的荧光少和化学稳定性好等。

【示踪玻璃】tracer glass

利用示踪原子原理追踪物质迁移过程用的玻璃。可用于考察江河与海岸线流砂的迁移情况。示踪玻璃可在基础玻璃如 $SiO_2-Al_2O_3-CaO-R_2O$ 玻璃中掺加一定量的可活化示踪剂如 Sc_2O_3、ZnO、Cr_2O_3 等。根据需要的半衰期而制成。用于考察流砂时，先将玻璃进行破碎，使其颗粒与密度尽量与所追踪的流砂一致，将此玻璃砂送入原子反应堆进行辐照，使玻璃中示踪剂活化成放射性核素，然后投入欲测江河的上游，借示踪原子有极高的显示灵敏度，用装有射线探测器的船只，在流砂的流动区域追踪，从示踪原子的运动，测出流砂的迁移情况。

【红外透过玻璃】infrared transmitting glass

是指能够透过红外波段电磁辐射的光学玻璃，可作为视窗、透镜等在红外探测和红外成像技术中广泛应用。目前常见的玻璃组分包括重金属氧化物（锗酸盐、碲酸盐、铋酸盐）玻璃、卤化物（氟化物、氯化物）玻璃和硫系（硫基、硒基、碲基）玻璃等，红外透过光谱范围可覆盖 1～20μm 的短波红外、中波红外和长波红外区域。相较于单晶硅、锗、硒化锌和硫化锌等红外透过晶体，这类玻璃材料具有易于成纤成膜、制备简便、成本低等优势，在红外光纤和波导领域也具有良好的研究和应用价值，是一类重要的红外光学材料。

【锗酸盐玻璃】germanate glass

是以 GeO_2 为主要形成体的一种玻璃材料，具有较低的声子能量、较宽的红外透过范围（可达 6μm），良好的玻璃形成能力和化学稳定性，非常适合作为各种红外元件及窗口材料和头罩。最大尺寸可达 ϕ500～600mm。国内外均有相关产品商用牌号。

【硫系玻璃】chalcogenide glass

是指以周期表 VIA 族元素中除氧以外的硫、硒，或碲等硫系元素为主，引入一定量其他金属或非金属元素形成的非晶态材料。与氧化物玻璃相比，硫系玻璃具有较长的透红外截止波长（>12μm），其透过波段可覆盖 1～3μm、3～5μm 和 8～12μm 三个大气窗口，是一种优异的红外光学材料。硫系玻璃拥有可精密模压成形优势和优异的折射率热差 dn/dT 性能，作为消热差光学元件或价廉红外透镜已经应用于高低端的红外成像系统中。除此之外，硫系玻璃还在相变随机存储器（PCRAM）、红外光纤等方面实现了商业应用。它还拥有低声子能量（200～400cm^{-1}）、高三阶非线性折射率（约为石英玻璃的 1000 倍）、光敏性和各种光致效应等特性，在各类光电应用方面也有极佳的潜在应用价值，是一种极具研究价值的非晶材料。

【硫卤玻璃】chalcohalide glass

硫卤玻璃是同时含有硫系元素和卤素的玻璃态材料。它具有硫系玻璃较高的化学稳定性、力学性能和宽的红外透过范围，同时具有卤化物玻璃可见光波段透过的特点；由于卤素在玻璃网络中的断键作用，硫卤玻璃形成玻璃能力较强，通常拥有较大的玻璃形成区，有利于组成-性能优化。

【硫基玻璃】sulphide glass；sulfide glass

是指以硫为主的硫系玻璃。相较其他硫系玻璃，它拥有较高的机械强度、高的玻璃转变温度和较窄的红外透过范围(红外截止波长在12μm左右)，与此同时还保有良好的可见-近红外光区透明度。并且由于相对较低的声子能量(约 $400cm^{-1}$)，作为稀土掺杂红外激光基质材料有很好的研究价值。商用的硫基玻璃有硫化砷玻璃和镓镧硫玻璃。

【硒基玻璃】selenide glass

是指以硒为主的硫系玻璃。硒基玻璃具有很好的玻璃形成能力，硒自身即可形成玻璃。它的红外透过范围扩展至16μm，覆盖了常温物体的热辐射信号8～12μm区域，作为红外透镜材料已广泛应用。正因如此，它最早受到关注，也是研究最为深入的一类硫系玻璃。目前商用的硒基玻璃较多，组成主要集中在As-Se、Ge-As-Se和Ge-Sb-Se等体系。

【碲基玻璃】telluride glass

是指以碲为主的硫系玻璃。由于碲元素较强的金属性，碲基玻璃的形成玻璃能力较差，极易析晶。最早的碲基玻璃应用研究也正基于此，开发出在纳秒尺度下进行非晶态和晶态转变的非挥发性储存器材料，如AgInSbTe和GeSbTe等组成广泛应用于可擦写光盘和相变存储器中。碲基玻璃的另一优异性能是拥有可至20μm的极宽红外透过光谱范围，以光纤形式红外透过也可至12μm，在红外光纤传感和遥感应用领域有很好的应用潜力。

【硫化砷玻璃】arsenic sulfide glass

硫化砷玻璃组成为 As_2S_3，是最早报道的硫系玻璃之一，从20世纪50年代开始实现产业化。硫化砷玻璃的光谱透过范围为0.6～11μm，密度为 $3.2g/cm^3$，玻璃转变温度为180℃，在5μm处折射率温度系数(dn/dT)为 $9.3\times10^{-6}/K$ (25～65℃)。它形成玻璃的能力极佳，拥有现今红外光学材料中最低的折射率温度系数，是一种重要的中波红外窗口或透镜材料，也常用于传输5.4μm CO激光的红外光纤。

【镓镧硫玻璃】gallium lanthanum sulfide glass

镓镧硫玻璃组成为Ga-La-S，是可取代硫化砷玻璃的无砷无毒硫基玻璃。它拥有高的折射率(1.014μm处为2.398)，宽的透过光谱范围(0.5～10μm)和较低的声子能量(约 $450cm^{-1}$)。在热学性质上，镓镧硫玻璃的折射率温度系数高，热传导低，有很强的热致透镜效应；它的玻璃转变温度很高，达580℃，具有很好的抗热损伤能力；它的高镧含量使其具有极高的稀土溶解度，在主动器件上有很好的应用前景和研究价值。

【铝钙硅酸盐玻璃】calcium aluminum silicate glass

铝钙酸盐玻璃的一种。铝钙酸盐玻璃的主要组成为 $CaO-Al_2O_3$，其红外透过性能与白宝石类似，有与硅酸盐玻璃相近的机械性能，可以用于制备低损耗光纤，同时也是各种稀土离子掺杂理想的基质材料，但形成玻璃性能较差，难以获得大块玻璃。铝钙硅酸盐玻璃是在铝钙酸盐玻璃中加入 SiO_2 以提高其玻璃形成能力，从而制备出高质量的光学玻璃，但由于Si-O的声子能量高，玻璃的红外截至波长急剧向短波方向移动。研究发现，少量的 SiO_2 引入量(5%～10%)可使其仍保持良好的红外透过。

10.2.5 微晶玻璃

【微晶玻璃】glass-ceramics

又称玻璃陶瓷。由晶相和残余玻璃相组成的质地致密、无孔、均匀的混合体。由某些组成的玻璃，加入一定量的晶核剂(有时候也不加)，熔炼成形后进行晶化处理，在玻璃相内均匀地析出大量细小晶体。通常晶体的大小可自10nm至几微米，晶体数量达50%～90%。

具有优良的性能，如高机械强度、低电导率、高介电常数，良好的机械加工性和耐化学腐蚀等。这些性能取决于晶体种类和数量，以及剩余玻璃相的组成和性能。适当地选择组成和晶化条件，就可获得许多性能极不相同的微晶玻璃。如热膨胀系数可自负值至 $200\times10^{-7}/℃$ 范围内变化。分类可按其特性如低膨胀、高机械强度微晶玻璃；也可按其主要玻璃组成分为 $MgO-Al_2O_3-SiO_2$、$Li_2O-Al_2O_3-Si_2O$ 等系统微晶玻璃，亦可按其成核或晶化处理不同分为光敏和热敏微晶玻璃等。

【光敏微晶玻璃】photosensitive glass-ceramics; photoceram

利用玻璃中敏化剂的光敏效应，促进晶核形成，从而诱导析出微晶而制成的微晶玻璃。其主要组成为 $Li_2O-Al_2O_3-SiO_2$ 系统。以金、银、铜等金属氧化物为晶核剂，以 CeO_2 为敏化剂。这类微晶玻璃可进行光化学加工，制得图案复杂的制品，广泛用作印刷电路板、射流元件、电荷存储管以及光电倍增管的屏。

【透明微晶玻璃】transparent glass ceramics

系指析出的晶体尺寸小于可见光波长(约 0.1μm 以下)或晶体与周围玻璃的折射率之差很小的能透可见光的微晶玻璃。透明的微晶玻璃主要有两个系统：一为 $Li_2O\cdot MgO-Al_2O_3-SiO_2$ 系统，用 TiO_2 或 ZrO_2 为晶核剂，以类似β石英结构的固溶体为主要晶相，此系统的特点为热膨胀系数低；另一系统为 $Al_2O_3-SiO_2$ 系统和 $ZnO-Al_2O_3-SiO_2$ 系统，以 ZrO_2 为晶核剂。主要晶相为莫来石和尖晶石，这系统的特性是强度高，且在 1000℃ 高温下使用较长时间后仍保持透明。

【铸石微晶玻璃】rock glass-ceramics

铸石的一种。采用天然岩石(玄武岩、辉绿岩等基性岩以及页岩)或工业废渣(高炉矿渣、钢渣、铜渣、铬渣、铁合金渣等)为主要原料，加适当晶核剂，经配料、熔融、浇铸成形、晶化处理等工序制成的晶体排列规整、质地坚硬、细腻的非金属工业材料。它的特点是耐磨、耐腐蚀，具有优良的绝缘性、较高的硬度和抗压强度。可部分代替金属、合金和橡胶等材料，用于受到剧烈磨损和酸侵蚀的地方，但其韧性、抗冲击性较差，切削加工困难。

【工业废渣微晶玻璃】industrial residue glass-ceramics

工业废渣微晶玻璃是微晶玻璃的一种。以工业废渣为主要原料，掺加少量其他原料、晶核剂等以调整组成，促进玻璃熔制和晶化而制得。常用的工业废渣如高炉矿渣、粉煤灰等。因工业废渣来源广泛，价格低廉，且其微晶玻璃具有较高耐化学腐蚀性、耐热性、强度和耐磨性，也是良好的绝缘体。可部分代替铸铁、钢(包括不锈钢)、大理石、花岗岩，制成各种部件，应用于化工、机械和建筑等方面。

【低膨胀微晶玻璃】low expansion glass-ceramics

又称超低膨胀微晶玻璃。析出堇青石、β-锂霞石固溶体、β-锂辉石固溶体或β-石英固溶体等低膨胀晶体的微晶玻璃。主要组成为 $Li_2O-MgO-Al_2O_3-SiO_2$ 系统，热膨胀系数为 $20\sim30\times10^{-7}/℃$，耐热震性好，可制成透明或不透明的两种。可作透近红外灯、航空玻璃、加热板、热交换器、炉口观察窗、餐具、辐射热挡板，微波炉衬及波导透明元件。选择一定组成的玻璃，经适当晶化处理，调节晶体的种类和数量以制得热膨胀系数接近于零的零膨胀微晶玻璃，可用于高精密光反射镜、大型天文反射望远镜和精密仪器支架等。

【云母微晶玻璃】mica glass-ceramics

亦称可切削微晶玻璃。是在玻璃体内析出组成范围很广的云母固溶体的微晶玻璃。云母易解理，对表面损伤不敏感故可切削，可用一般金属的机械加工方法获得尺寸精确的制品。它的机械性能介于黄铜和合金钢之间。电击穿强度高，如金云母微晶玻璃的击穿强度为瓷器的 5 倍，氧化铝的 10 倍。膨胀系数可调整，能与许多金属匹配，最高使用温度约 800℃ 左右。

【强介电性微晶玻璃】strong dielectric glass-ceramics

含大量 $BaTiO_3$ 或 $PbTiO_3$ 晶体和少量 SiO_2 和 Al_2O_3 玻璃相的微晶玻璃。具有高介电常数。可制薄膜电容器。

【磁性微晶玻璃】magnetic glass-ceramics

B_2O_3-BaO-Fe_2O_3 系统玻璃，经晶化处理，能析出铁酸钡晶体，具有磁性，故称为磁性微晶玻璃。

【电光微晶玻璃】electro-optic transparent glass-ceramics

析出 $NaNbO_3$ 或 $BaTiO_3$ 等具有电光效应晶体的透明微晶玻璃。可用外加电场控制其光学性质的变化，并不受温度影响。可用于计算技术、单色或着色的显示装置。为了容易显示电光效应，要求有较高的透明度和较大的介电常数，这就需要析出颗粒尽量多而颗粒尽量小的 $NaNbO_4$ 微晶。

【定向微观结构微晶玻璃】orientated microstructure glass-ceramics

晶体按一定方向排列的微晶玻璃。如 Li_2O-Al_2O_3-SiO_2 微晶玻璃，在 800～880℃温度下挤压生成的针状二硅酸锂晶体排列成行，其长轴与挤压方向平行。一般微晶玻璃内晶体取向是无序的，因而物理性能各向同性。而定向微观结构微晶玻璃的物理性能各向异性，如硬度、弹性模量、强度、电导在垂直和平行挤压方向的数值各不相同。

【微晶玻璃复合材料】glass-ceramic composite

微晶玻璃内加入增强纤维的复合材料。既可保持微晶玻璃原有特性，又能改善它的破裂韧度。微晶玻璃可以是 MgO-Al_2O_3-SiO_2 系统或 Li_2O-Al_2O_3-SiO_2 等系统，纤维可以是碳、碳化硅纤维或镍纤维。纤维一般以热压法加入微晶玻璃内。

【高膨胀微晶玻璃】high expansion glass-ceramics

热膨胀系数接近于金属材料的特殊性能微晶玻璃。主要组成为 Li_2O-ZnO-SiO_2 系统、BaO-CaO-SiO_2 系统，选择一定组成的玻璃，经适当晶化处理，调节晶体的种类和数量以制得热膨胀系数接近于金属材料热膨胀系数的微晶玻璃。微晶玻璃的主晶相为方石英、硅酸锂锌、硅酸钡。高膨胀微晶玻璃不仅有与钢相近的膨胀系数，而且具有优良的力学和化学稳定性，因而可用作钢材的封接、抗腐蚀涂层和电真空器件的制造。

【零膨胀微晶玻璃】zero expansion glass-ceramics

热膨胀系数接近于零的微晶玻璃。主要组成为 Li_2O-MgO-Al_2O_3-SiO_2 系统，选择一定组成的玻璃，经适当晶化处理，调节晶体的种类和数量以制得热膨胀系数接近于零的零膨胀微晶玻璃。析出β-石英固溶体及β-锂辉石固溶体等低膨胀或负膨胀晶相的微晶玻璃。零膨胀微晶玻璃集中了微晶玻璃的多种优良性能，极大地扩展了其使用范围。零的膨胀系数对于构件的尺寸稳定性及抗热冲击性能极为有利。产品具有机械强度高，坚硬耐磨以及良好的化学稳定性和热稳定性，能适应恶劣的使用环境；软化温度高，即使在高温条件下也能保持较高的机械强度；电绝缘性能优良，介电损耗小、介电常数稳定；密度小，但质地致密，不透水、不透气等优异性能。零膨胀微晶玻璃除了可作为透近红外灯、航空玻璃、加热板、热交换器、炉口观察窗、餐具、辐射热挡板、微波炉衬及波导透明元件等一般用途外，主要被用于高精密光反射镜、大型天文反射望远镜、激光陀螺仪和精密仪器支架等。

【负膨胀微晶玻璃】negative expansion glass-ceramics

指热膨胀系数为负值的一种特殊性能微晶玻璃。主要组成为 Li_2O-Al_2O_3-SiO_2 系统，析出的晶体为β-锂霞石晶体和β-石英固溶体。β-锂霞石晶体组成为 $1Li_2O$：$1Al_2O_3$：$2SiO_2$，化学式是 $LiAlSiO_4$。其结构与β-石英相似，为六方晶系结构。β-锂霞石晶体是由两种负离子配位多面体所组成：一种是[AlO_4]四面体；另一种是[SiO_4]四面体，其中所有[AlO_4]四面体与[SiO_4]四面体的顶点都通过 O 原子连结在一起，两种四面体构成扁平的六边环状，六边环的长轴方向与 a 轴平行，两个 Li^+ 位于六边环的中央。在通常情况下，Li_2-Al 或 Li_2-Si 之间的距离大约是 0.263～0.265nm，且 Li、Al/ Si 和两个 O 原子在同一条棱上。当温度升高时，由于在 xy 平面内的热膨胀，Li^+

与 Al^{3+} 或 Si^{4+} 之间的距离增大会导致排斥力减小，但是为了维持 Li-O 键不断裂和 Al、Si 四面体结构，导致网络沿 c 方向收缩，在 c 轴方向上表现出强烈的负膨胀。从而得到 β-锂霞石的一个显著特点是具有各向异性的热膨胀系数。沿 c 轴负膨胀效应很强为 $\alpha_c=-1.76\times10^{-5}/℃$，沿 a 轴是轻微的正膨胀为 $\alpha_a=+9.2\times10^{-6}/℃$。但微小结晶体堆积而成的材料在宏观总的表现为负的膨胀系数。负的膨胀系数对于构件的尺寸稳定性及抗热冲击性能极为有利。

【建筑用微晶玻璃】building glass-ceramics

用于建筑并具装饰效果的一类微晶玻璃。是由 $CaO-Al_2O_3-SiO_2$ 系统玻璃或 $CaO-MgO-Al_2O_3-SiO_2$ 系统玻璃控制晶化而得到的多晶固体材料，析出 β-硅灰石或透辉石晶相。该微晶玻璃制品析出的晶体粒度较大，结构致密、纹理清晰、具有玉质般的感觉；外观平滑光亮、色泽柔和典雅、无色差、不褪色，耐磨、耐酸、耐碱性能优良；具有不吸水、抗冻和独特的耐污染性能。可根据需要设计制造出众多类型、不同色泽花样、规格、平板及异型板材。

【泡沫微晶玻璃】foam glass-ceramics

含有大量直径 1～3mm 均匀气泡的一种微晶玻璃。由废玻璃、粉煤灰等工业废渣和硅砂、长石、硅灰石、方解石等非金属矿产，另加少量发泡剂、晶核剂等按一定比例经过细粉碎和均匀混合后，装入模具中，再经过预热、核化、发泡、微晶化、退火等工艺制成的多孔微晶玻璃材料。它是由大量直径为 1～3mm 的均匀气泡结构组成。其制品密度为 300～900kg/m³，抗折强度是普通泡沫玻璃材料抗折强度的 2～20 倍。可以根据使用的要求，通过生产技术参数的变更进行调整。

10.2.6 石英玻璃

【石英玻璃】quartz(silica) glass

二氧化硅单一组分的玻璃。用石英砂或含硅化合物(如四氧化硅)等为原料，高温熔化或化学气相沉积而成。熔制方法有电熔法、气炼法和化学气相沉积法等。按透明度分为透明和不透明两大类。按纯度分为高纯、普通和掺杂三类。可制成管、棒、板、块和纤维；可通过灯工加工成各种形状的仪器、器皿；也可切割、研磨、抛光成棱镜、透镜等光学零件。掺入少量其他元素可制得特殊性能的石英玻璃如超低膨胀、耐辐照、滤紫外、荧光石英玻璃等。石英玻璃机械强度高，热膨胀系数低，耐高温性、耐热震性、化学稳定性和电绝缘性能好；并能透过紫外线、红外线。广泛用于半导体、电光源、光导通信、激光技术、光学仪器、实验室仪器、化工、电工、冶金、建材等工业以及国防科学高技术领域。

【透明石英玻璃】transparent quartz(silica) glass

不含或仅含少量气泡等散射质点，呈透明状的石英玻璃。通常采用石英砂或含硅化合物(如四氯化硅等)为原料。为消除气泡，可采用真空电熔和高温加压制成电熔制品(SiO_2 含量在 99.95%以上)；用燃烧火焰如氢气、氧气燃烧火焰等为热源，采用分散加料、分层熔化制成气炼制品(SiO_2 含量在 99.97%以上)；或化学气相沉积法制得高纯制品(SiO_2 含量在 99.995%以上)。透明石英玻璃具有优良的光谱透过性能，耐高温(使用温度 1000～1100℃)，热膨胀系数低($\alpha=5\times10^{-7}/℃$)，电击穿强度高(>32kV/mm)，介电损耗低($\tan\delta\approx3\times10^{-4}$)，化学稳定性好等特点。主要用于半导体、电光源、冶金和化学工业以及国防科学技术领域。

【不透明石英玻璃】opaque quartz glass

含有大量微小气泡等散射质点，呈不透明或半透明状的石英玻璃。通常用纯净硅砂为原料(SiO_2 含量在 99.5%以上)，半导体用的不透明坩埚也可用水晶作原料以获得高纯度。用气炼熔制炉、碳棒电阻炉或电弧炉熔制，吹制或加压成形，经切割研磨成制品。隔热性能比透明石英玻璃好，其他性能稍低于透明石英玻璃。由于生产工艺、设备简单，硅砂原料丰富，因此价格低廉。用于化学工业的合成反应器、耐酸管道、荧光粉、光学玻璃的熔炼坩埚、玻璃熔窑耐火材料以及其他电工、热工材料。

【光学石英玻璃】optical quartz(silica) glass

具有一定光学性能的石英玻璃。按其光谱透射比范围分为紫外光学石英玻璃(在185～380nm波长范围内无吸收带)、红外光学石英玻璃(在2600～2800nm波长范围内无明显吸收带)、可见光学石英玻璃(在可见光谱范围内无明显吸收带)。光谱透射比与玻璃原料纯度、制造工艺有关，金属杂质含量越低紫外透射比越高，羟基含量越低，红外透射比越高。此外，光学石英玻璃还具有耐高温、耐热震、热膨胀系数低等特性。用于各种精密光学仪器、瞄准系统、空间技术、工业窑炉窥视镜等光学零件。

【透紫外石英玻璃】UV-grade fused silica (quartz)

紫外波长范围具有良好透过率的光学石英玻璃。可分为远紫外和一般紫外两种。前者以高纯含硅前驱体(如四氯化硅)为原料，化学气相沉积法熔制。具有高纯度、无气泡、无颗粒结构、耐辐照等特性。应用光谱波长为185～2500nm。后者以高纯石英砂为原料，气炼法熔制。纯度稍低，紫外截止波长向长波移动。应用光谱波长范围为220～2500nm。主要用来制作精密光学仪器、分析仪器(如紫外分光光度计)、天文仪器以及空间技术等光学零件。

【透红外石英玻璃】infrared fused silica(quartz)

在近红外波长范围具有良好透过率的光学石英玻璃。应用于光谱波长范围为260～3500nm。用优质水晶或优质硅石为原料，真空加压法等制成毛坯，经退火加工成各种光学零件。由于羟基含量较低，因此红外透过率较好。可用作红外探测跟踪系统、精密光学仪器零件、工业窑炉的观察镜和延迟线玻璃等。

【低膨胀石英玻璃】ultra-low expansion silica glass

又称超低膨胀石英玻璃。是一种掺有二氧化钛的石英玻璃。用含硅前驱体(如四氯化硅)和含钛前驱体(如四氯化钛)为原料，以化学气相沉积法制成。20～100℃的膨胀系数为$\pm0.3\times10^{-7}$/℃，比一般石英玻璃低一个数量级。适用于作天文反射镜及激光器件等。

【抗析晶石英玻璃】anti-devitrification quartz glass

抗析晶性能较好的石英玻璃。普通石英玻璃在高温下(1200℃以上)长时间使用会析晶而失透，降低使用寿命。如果提高石英玻璃的纯度或者把硅粉加入二氧化硅粉中，在真空条件下加热(约1900℃)制成一种成分为SiO_{2-x}的缺氧石英玻璃，可在不同程度上提高其抗析晶能力。用作抗剧烈热震的光学窗和结构材料，特别是在含有水蒸气和氧气对石英玻璃析晶有催化作用的高温下使用。

【颜色石英玻璃】coloured quartz glass

在石英玻璃原料中加入少量着色剂，如元素钒、铬、铁、钴、镍、锰、铜等及其化合物，制得的各种颜色石英玻璃。颜色与炉内气氛有关。如引入着色剂钒在真空中熔化可获得蓝色石英玻璃。

【全光谱透过石英玻璃】silica glass with useful wavelength range (transmission)

也称无羟基石英玻璃或无"水"石英玻璃。在200nm～3.2μm光谱范围内完全透过的石英玻璃。可采用无氢含硅前驱体(如四氯化硅)，在无氢火焰(如高频等离子体火焰)中氧化沉积并熔融制成，或者在有氢火焰(如氢氧焰)中化学气相沉积为多孔预制体后在真空或脱羟气氛下玻璃化制成。羟基含量可以控制在1ppm以下，纯度很高，可以制作既透紫外又透红外的光学元件及光通信用光纤。

【荧光石英玻璃】luminescent quartz glass

在特定波长的光激发下能发射特定波长荧光的石英玻璃。是在二氧化硅原料中掺入微量能产生荧光的外加物，如铈、铒、钛、铕等，用电熔法、气炼法或化学气相沉积法熔融制成。适用于紫外荧光仪，高压液相色谱仪等仪器。

【石英玻璃砖】quartz glass block

一种不透明石英玻璃制品。耐酸性玻璃液的侵蚀性能较好，能提高玻璃熔窑的寿命，减少玻璃中由于耐火材料侵蚀而造成的结石等玻璃缺陷。生产工艺同不透明石英玻璃。主要用作砌筑熔化低碱玻璃熔窑的耐火材料。

【石英玻璃陶瓷】quartz glass-ceramic

以石英玻璃为原料，采用一般陶瓷的生产工艺制造的制品。通常用不透明石英玻璃或工厂的废石英玻璃为原料，经清洗→粉碎→细磨→制浆→浇注→干燥→烧成，制成石英玻璃陶瓷。其烧成温度一般在 1150～1350℃，最好是在还原气氛或惰性气体保护下烧成。它除具有一般石英玻璃的特点外，还具有隔热性能好、成本低、能制造复杂形状产品等优点，可用于精密铸造、铸钢用水口以及隔热材料等。

【石英纤维】quartz glass fiber

用透明石英玻璃细棒(ϕ1.5～2mm)拉制的连续纤维。直径为 3～25μm。由于它熔点高，一般常用氢氧焰或氧乙炔焰，二氧化锆或石墨电阻炉、激光等加热拉丝而制成石英纤维。也可用以织成石英纤维织物。它除具有一般玻璃纤维的特性外，还具有耐高温(使用温度 1000℃左右)；高温绝缘性能好(做电缆包皮，1000℃时大于 $1\times10^{8}\Omega\cdot cm$)；化学稳定性好的特点。用作特殊条件下的绝缘、防腐和隔热材料。

【石英玻璃棉】quartz glass wool

用透明石英玻璃细棒喷吹制成的短石英纤维。直径 1～15μm，弹性和耐挠曲性能好。能耐 1100℃左右高温，耐酸类侵蚀，保温性能好[常温导热系数 0.038kcal/(m・h・℃)]，体积密度 0.04g/cm^3，是良好的高温隔热和过滤材料。

【高硅氧玻璃】vycor glass

一种 SiO_2 含量为 96%左右的玻璃。将钠硼硅酸盐玻璃进行如下处理，即可制得。(1)分相：钠硼硅酸盐玻璃在退火温度以上，软化点以下进行热处理，即可分成互不相溶的两个相。一为钠硼相，另一为高硅相。分相温度低，得到的玻璃是透明的；分相温度高，由于分离出的玻璃相尺寸增大，得到的玻璃有乳光。(2)浸析处理：即酸处理。一般在 100℃左右 2N 盐酸溶液中进行，并加入氯化铵(40%)作为缓冲剂。酸处理时浸析出钠硼相，留下高硅相，成为多孔高硅氧玻璃。(3)干燥：多孔玻璃烧结前需要进行仔细干燥，可避免烧结时开裂。干燥时伴随着容积收缩。为了避免干燥过快发生开裂现象，常采取加湿干燥或硅胶干燥等办法。(4)烧结：加热干燥多孔玻璃使变成无色透明的高硅氧玻璃。烧结过程中在化学结合水排除的同时发生骨架的缝合，亦引起体积收缩，总的线收缩率达 14%左右。烧结温度一般在 1000℃左右。为了使高硅氧玻璃含有更少量的 OH^-，还采取真空烧结或通过 Cl_2、Cl_4 等进行烧结以 Cl^- 置换 OH^-。高硅氧玻璃具有类似石英玻璃的性质，耐高温、热膨胀系数低、化学稳定性好、透紫外线，在很多方面可代替石英玻璃。

【吸红外、紫外高硅氧玻璃】infrared and ultraviolet absorpting vycor glass

一种掺铁的高硅氧玻璃。将一定浓度的亚铁盐与硝酸铝溶液渗至多孔玻璃中，干燥后，在还原气氛下烧结而成。其具有良好的吸收红外、紫外性能。与一般吸热玻璃比较，耐温高、热稳定性和化学稳定性高，可作强光源隔热之用。

【掺碳高硅氧玻璃】carbon impregnated vycor glass

多孔玻璃浸以浓蔗糖溶液或苯乙酮加硫酸，在非氧化条件下烧结而成的一种黑色、含碳、具有导电性的玻璃。用这种材料制成的电阻器耐热性、耐湿性、机械强度等都较一般碳电阻器为高。用它制成的低温电阻温度计灵敏度高、重复性好，是用于低温技术的测试元件。

【耐辐照石英玻璃】radiation resistant quartz (silica) glass

在放射线(X 射线、γ 射线、中子、宇宙射线等)照射作用下仍保持其原有性能的石英玻璃。用石英砂或含硅前驱体为原料，通过掺入钛、铕、铈等其他元素高温熔制而成，玻璃在辐照作用下，不产生可见光区的色心缺陷、不变色。主要用于航天器中，耐辐照寿命是其重要的评价指标。

【滤紫外石英玻璃】UV-free quartz(silica) glass

掺杂铈等其他微量元素的石英玻璃，能有效地阻止 UV-B 和 UV-C 紫外线的全部辐射以及 UV-A 紫外线的大部分辐射。滤紫外石英玻璃管，表面无色或呈轻微蓝色，断面呈淡蓝色。主要用于石英卤素灯、气体放电灯和其他

UV 光源，能有效地防止紫外线辐射对人体以及物体造成的损害，同时保持可见光透过。

【掺杂石英玻璃】doped quartz(silica) glass

通过掺杂工艺将其他元素或化合物掺入原料中而制备的石英玻璃。掺杂工艺主要有多孔质 SiO_2 浸润法、溶胶-凝胶掺杂法、气相沉积掺杂法、粉体掺杂法和粉料液体掺杂法等。掺杂工艺使石英玻璃保持了原有的宝贵特性，同时满足了某一技术性能的特殊要求，如掺钛改善热学性能制备的低膨胀石英玻璃，掺铕改善光学性能制备的滤紫外石英玻璃，掺铈改善辐照性能制备的耐辐照石英玻璃等。

【无臭氧石英玻璃】ozone-free quartz(silica) glass

一种掺杂钛元素的石英玻璃。无臭氧石英玻璃管表面无色，断面呈轻微紫色。该材料可将光谱中 220nm 前的紫外线基本截止，而高透过 253.7nm 处的紫外线，该波长的紫外线具有较强的杀菌力可制造各种杀菌灯，主要用于医疗卫生、生物制药、细菌研究、食品等领域的灭菌。

10.2.7 电子玻璃

【电子玻璃】electronic glass

用于电子、微电子、光电子、太阳能、承载集成电路等领域，以及具有光电、热电、声光、磁光等功能元器件的玻璃材料。电子玻璃按照用途分为电真空玻璃、电子基板玻璃、电光源玻璃、太阳能玻璃等。电子玻璃种类繁多，电子玻璃组分有高铝硅酸盐玻璃、硼硅酸盐玻璃、铝硼硅酸盐玻璃，磷酸盐玻璃等。

10.2.7.1 电真空玻璃

【电真空玻璃】electric vacuum glass

用于电真空器件和灯泡的玻璃材料的总称。通常以热膨胀系数、软化温度、热稳定性、化学稳定性、电绝缘性能、介电损耗角、耐电压强度等特性指标作为材料标准。一般要求具有较高的电绝缘性能和良好的加工、封接气密性能。按热膨胀系数可分为石英玻璃[$\alpha=(5.3\sim5.8)\times10^{-7}/℃$]、钨组玻璃[$\alpha=(35\sim42)\times10^{-7}/℃$]、钼组玻璃[$\alpha=(46\sim50)\times10^{-7}/℃$]、铂组玻璃[$\alpha=(86\sim92)\times10^{-7}/℃$]，相应地满足玻璃-玻璃、玻璃-金属、玻璃-陶瓷等的气密性封接。对超高频率器件，还要求介质损耗角小、介电常数低；对显像管等电子束管，还要求防 X 射线能力强，能耐高能电子束轰击而不变色，电绝缘性(T_{k-100}值)高，玻屏的透光性好。广泛用于电子工业中，主要制作管壳、玻碟、面板、玻管、玻棒(杆)以及芯柱等部件。

【钨组玻璃】tungsten group glass

与金属钨匹配封接的玻璃。热膨胀系数在 20～300℃为$(35\sim42)\times10^{-7}/℃$。钨组玻璃按组成有硼硅酸盐、铅硅酸盐和铝硅酸盐等系统的低碱玻璃。其膨胀系数与派来克斯玻璃相近，热稳定性和机械强度好，介质损耗角正切值低于 30×10^{-4}，但化学稳定性较差，引入 Al_2O_3 1%～3%加以改善。用作电子器件中的中型功率管、中型发射管和一些超高频率器件等玻壳芯柱，或用于生产大功率白炽灯、气体放电灯的玻壳。器件工作温度可高达 300℃。

【钼组玻璃】molybdenum group glass

与金属钼、可伐合金(Fe-Ni-Co)或无氧铜封接的玻璃。热膨胀系数在 20～300℃为$(46\sim50)\times10^{-7}/℃$。组成为硼硅酸盐玻璃。这组玻璃具有较小的介质损耗角，较高的电绝缘性、耐热性和机械强度。其中可伐型玻璃和可伐合金的膨胀系数平均值和膨胀系数的温度曲线$\left[即\dfrac{\Delta L}{L}=f(t)\right]$都是重合的。在与大直径可伐零件封接时，更显示其优越性。用作电子器件中的大型发射管、整流管、电子束管等的玻壳、芯柱、半导体器件的绝缘子材料以及用于大功率白炽灯和气体放电灯的外壳。

【铂组玻璃】platinum group glass

与金属铂、杜美丝、铁镍合金、高铬钢等封接的玻璃，又称软化玻璃。主要为铅硅玻璃、铅钡玻璃或钡硅玻璃。热膨胀系数较高，在 20～300℃时为$(86\sim92)\times10^{-7}/℃$。铂组玻璃引入 PbO，具有良好的电绝缘性能，$T_{k-100}$可高达 325℃；此外，铅玻璃表面光泽透亮，料性长、软化点低，适用于大批量的机器成形。高铅玻璃(PbO 含量达 30%)具有吸收 X 射线的能力，是良好的电真空玻璃材料之一，但热稳定性较差，故一般只作低功率收讯放大管、摄像管、显像管和白炽灯的芯柱和玻壳玻璃。铅玻璃料也存在价格昂贵、工业污染严重等缺点。目前多为低铅的铅硅玻璃、铅钡硅玻璃、钡钙硅玻璃等品种。

【过渡玻璃】intermediate glass

一组膨胀系数递变的玻璃，又称中间玻璃。当直接封接的两种玻璃膨胀系数相差过大时，封接件会发生炸裂，因此在两个封接件之间采用过渡玻璃实现膨胀系数和化学组成的逐级变化。主要是改变碱金属氧化物，并使其他组分逐步接近被封接的两种玻璃。或采用两种被封接玻璃的玻璃粉按一定比例混合而逐级过渡。热膨胀系数差值小于 $6\times10^{-7}/℃$ 时，允许玻璃之间直接封接，但是还应考虑封接件的几何形状、厚度等因素，通常采用的过渡接头就是多道过渡玻璃制成的部件。

【铁封玻璃】iron-sealing glass

与铁封接的玻璃。铁的膨胀系数较大，在20～300℃为 $134\times10^{-7}/℃$。与铁封接的玻璃膨胀系数为 $(110\sim128)\times10^{-7}/℃$。组成中要加入较多的碱金属氧化物。为了改善电绝缘性能，一般采用 PbO 含量在30%左右的铅玻璃，但因其热稳定性较差，故亦可用铂组玻璃采用压缩封接工艺以改善其封接性能。用于制造晶体管的芯柱和绝缘子。

【云母玻璃】micarex

由细碎云母晶体和玻璃相构成的无机复合材料，又称陶瓷塑性体。具有类似云母的优良电性能，如介质损耗低、抗击穿强度高、热稳定性好；又像玻璃一样能和金属良好结合。云母玻璃中的晶体通常是天然的白云母 $KAl_2(OH)_2(AlSi_3O_{10})$ 和人工合成氟金云母 $KMg_3F_3Al\ Si_3OH$，玻璃相通常是铅硼玻璃或无铅的专用玻璃。用粉末热压制成。由于细碎的云母晶体同样具有云母解理(即片状叠层)在玻璃内呈不规则排列，故便于机械加工。除可制成异型件外，经退火后还可磨、切、车、钻、刨、铣等机械加工而得到各种尺寸精确的制品。可用于制造灭弧器件、高频发射机元件、印刷电路基板和某些气密性器件。

【析晶云母玻璃】supramica

云母玻璃的一种，又称超云母。先将氟金云母熔化到硼铅玻璃中经热处理析出细微晶体，再同磨细的合成云母粉混合，采用通常生产云母玻璃的方法成形。所得到的制品其最大晶体在200μm左右，大量的微晶体在5μm以下。除具有云母玻璃的一般性能外，还有微晶玻璃的特点，故具有更高的使用温度。可用作高温接线板、无线开关管等高温绝缘和密封器件。

【绝缘子玻璃】insulator glass

在电子器件上作绝缘用的玻璃。具有良好的电绝缘性能，T_{k-100} 可达500℃以上和较高的机械强度。常用无碱铝硼酸盐，或无碱铝硼硅酸盐玻璃系统。其特点是能制作介电损耗较小的玻璃。用作电子回旋加速器的绝缘子、电容器的绝缘子、绝缘套管等。

【透明磁性玻璃】transparent magnetic glass

在室温下透明并具有磁性的玻璃。以磷酸盐玻璃、硼酸盐玻璃或氟化物玻璃为基础，掺入稀土元素钇、镝、钬和铥制成。可用作磁性区示教仪、热磁器件、变压器磁芯、记忆元件等。

【烧结玻璃】sintered glass

用玻璃粉末成形、烧结而成的制品。根据用途，选择不同的组成，磨成细粉，加入少量结合剂，用于压法成形。脱模后，送入电炉内，加热到稍高于玻璃的软化温度，进行烧结。烧结后制品中存在1%左右的微细气孔。适用于制造尺寸和形状要求十分精确的微型绝缘子、无线电绝缘小部件、过滤用玻璃仪器等。

【黑色透紫外线玻璃】black glass for ultra-violet transmission

隔断可见光，透过紫外线(主要是3650Å)的玻璃。以钠钙硅玻璃为基础，用氧化钴和氧化镍作着色剂，使玻璃呈黑色。由于氧化铁会大大降低玻璃对紫外线透过率，故玻璃生产过程中原材料的选择极为重要。在配料、熔制、吹制等工艺过程中都要尽量避免混入氧化铁。用于制作滤光片、黑光高压汞灯玻壳、荧光探伤和荧光分析等。

【封接玻璃】sealing glass

将玻璃、陶瓷、金属或复合材料等相互封

接时所使用的粉状玻璃。封接玻璃按使用温度可分为低温封接玻璃和高温封接玻璃。低温封接玻璃封接温度<600℃，高温封接玻璃封接温度在600～1000℃之间。

封接玻璃按封接前后玻璃是否析晶，分为非结晶性封接玻璃和结晶性封接玻璃。非结晶性封接玻璃可以重复加热进行封接。结晶性封接玻璃在固化时产生微晶，它既有晶相也有玻璃相。结晶性封接玻璃组分为含氧化铅的硅酸盐，硼硅酸盐，硼酸盐玻璃等。非结晶性封接玻璃组分为铅硅酸盐玻璃、硼硅酸盐玻璃、硼酸盐玻璃、磷酸盐玻璃、铋酸盐玻璃、钒酸盐玻璃等体系。

封接玻璃作为一种封接材料，气密性和耐热性方面优于有机高分子封接材料，电绝缘性能方面优于金属封接材料，广泛应用于电真空、微电子、电子显示、高能物理、能源、航空航天、汽车等领域。

【结晶封接玻璃】crystalline sealing glass

封接过程中发生一定程度析晶的粉状玻璃。常见的玻璃体系有硼铅钛玻璃、硼铅锌玻璃、硼硅锌玻璃等。其物理性能取决于玻璃中析出的晶相种类、数量及残余玻璃相。通过玻璃析晶，玻璃性能明显变化。初始黏度随温度升高而降低，封接后期随晶体的析出而黏度急剧升高，玻璃硬化，封接强度和耐热性也大幅提高。此类玻璃有足够的玻璃态温度范围，以保证玻璃流动、铺展，良好浸润被封接的表面。玻璃粉的粒度分布严格限定，以利于控制析晶程度。多应用于显像管的屏和锥、等离子显示面板、荧光显示管等材料的封接。

【非结晶性封接玻璃】stable sealing glass

封接过程中不出现析晶的粉状玻璃，又称稳定性封接玻璃。主要有铅硅酸盐玻璃、硼硅酸盐玻璃、硼酸盐玻璃、磷酸盐玻璃、铋酸盐玻璃、钒酸盐玻璃等体系，有良好的流散性和润湿性，气密性好，封接应力相对稳定等特点；但封接界面层的力学性能较差，抗热震性不高。为与封接件的膨胀系数相匹配，非结晶封接玻璃粉通常与膨胀系数为负值的锂霞石粉以一定比例混合涂覆使用。封接过程中玻璃黏度随温度升高不断降低，封接后玻璃的物理和化学性能不发生变化。可用于集成电路、显示面板、光学纤维面板、框架栅上固定栅丝、半导体器件封装等。

10.2.7.2 电光源玻璃

【电光源玻璃】electric lighting glass

将电能转化为光能的器件上使用的玻璃。按照玻璃组成分为钠钙硅酸盐玻璃、铅玻璃、石英玻璃、硼硅酸盐玻璃、铝硅酸盐玻璃等体系。其中钠钙硅酸盐玻璃常用于制作白炽灯泡壳、直管型荧光灯管壳；铅玻璃常用于制作芯柱、环管型荧光灯管壳；石英玻璃常用于制作超高压汞灯管壳、氙灯放电管、卤钨灯放电管；硼硅酸盐玻璃常用于制作钠灯管壳、高压汞灯管壳。

【白炽灯泡玻璃】incandescent lamp glass

用于制作白炽灯泡壳的玻璃。普通白炽灯泡壳玻璃为钠钙硅酸盐玻璃，化学组成(质量分数)为7%～17% Na_2O，1%～9% CaO，62%～74% SiO_2。大功率白炽灯泡壳玻璃为耐热性能更好的硼硅酸盐玻璃，化学组成(质量分数)为16%～24% B_2O_3，63%～75% SiO_2，8%～11% R_2O。钠钙硅酸盐玻璃熔化温度低、易澄清，易于吹制法制备泡壳，热膨胀系数为$(86\sim94)\times10^{-7}$/℃(20～300℃)；硼硅酸玻璃熔化温度高，高温黏度大、不易澄清、硼挥发大、玻璃易分层，制备泡壳较困难，热膨胀系数为$(33\sim54)\times10^{-7}$/℃(20～300℃)，耐热性好，具有良好的热稳定性和化学稳定性，优良的光学性能。该灯泡玻璃泡壳具有隔热、隔绝空气的作用，防止钨丝被氧化。

白炽灯制造方便，成本低，启动快，线路简单，曾经被大量采用，但其耗电量大，寿命短，逐渐被新型光源取代。

【溴钨灯玻璃】bromine tungsten lamp glass

用于制作溴钨灯泡壳的玻璃。为铝硅酸盐玻璃的一种。其化学组成以 SiO_2 为主，含20%～25%的 Al_2O_3，以及少量碱土金属氧化物，加少量 B_2O_3 等，以改善工艺性能。为了防止灯泡在点燃时，溴与碱金属起化学反应，致使灯内形成白雾，故玻璃中碱金属氧化物的含量不能超过0.1%。该玻璃的软化点在

900℃以上，应变点在700℃左右，膨胀系数为33×10^{-7}/℃左右，并有较高的机械强度、良好的热稳定性与抗溴的腐蚀性。

【彩色灯泡玻璃】coloured electric lamp bulb glass

用于制作彩色灯泡泡壳的玻璃。在钠钙硅酸盐基础玻璃中加入0.7%～4%的着色剂可得颜色玻璃，着色剂多为金属氧化物，在玻璃中以离子态存在，对可见光选择性吸收，导致玻璃着色。加入不同的金属氧化物能使玻璃呈现不同颜色，例如加入MnO_2使玻璃呈紫色、加入CoO使玻璃呈蓝色、加入SnO_2使玻璃呈红色。玻璃的颜色与离子价态、玻璃成分、熔制温度、熔制时间、熔制气氛有关。彩色灯泡多用于灯光装饰。

【乳浊灯泡玻璃】opal lamp bulb glass

用于制作乳浊灯泡泡壳的玻璃。在钠钙硅酸盐基础玻璃中加入5%～10%的氟化物或磷酸盐乳浊剂，可制得乳白玻璃。在乳白玻璃中加入0.7%～4%的着色剂，可制得各种颜色的乳浊玻璃。玻璃的乳浊程度与乳浊剂的种类、浓度、玻璃组成、熔制温度有关。当熔融玻璃温度降低时，乳浊剂析出大小为10～100nm的结晶或无定形的微粒，与周围玻璃的折射率不同，使光线散射，不完全透过，具有减少眩光的作用。白色乳浊灯泡多用于照明器材和需要透明而不见物体的设备。彩色乳浊灯泡多用于装饰照明灯具。

【卤钨灯玻璃】halogen tungsten lamp glass

用于制作填充卤素或卤化物的灯泡泡壳的玻璃。多为耐高温的石英玻璃或硬质高硼硅酸盐玻璃体系，具有耐热性好，机械强度高，化学稳定性好，绝缘性能好等优点；缺点为玻璃熔化温度高，成形难度大，生产成本高。卤钨灯工作时温度可达250℃以上，能保证卤钨再生循环，提高使用寿命。卤钨灯属于热辐射光源，具有体积小、光效高、光色好、使用寿命长等特点，可用于照明、加热干燥、舞台摄影等领域，不适用于低温环境。

金属卤钨灯是在高压汞灯中添加金属卤化物的气体放电灯。泡壳多采用石英玻璃，由高纯二氧化硅熔制而成，机械强度高，化学稳定性和热稳定性好，熔制温度达2000℃以上，制造困难，成本高。使用吹制法成形。特点是高效、节能、显色性好、使用寿命长。广泛应用于半导体、电光源、光导通信和汽车、军事、探险等领域。

【低压汞灯玻璃】low-pressure mercury vapor lamp glass

用于制作低压汞灯管壳的玻璃。多为钠钙硅酸盐玻璃，玻璃软化点较低、易熔制、操作温度范围宽、料性长，但力学性能、耐热性能及化学性能均较差。使用拉制法成形玻璃管。低压汞灯是内壁涂荧光粉的日光灯，属于气体放电光源，依靠管内小于1个大气压的汞蒸气放电发光，具有光色好、光效高(为白炽灯的四倍)和寿命长等优点，广泛用于照明领域，也可用作杀菌灯、荧光分析及光谱仪波长基准的光源。

【高压汞灯玻璃】high-pressure mercury vapor lamp glass

用于制作高压汞灯管壳的玻璃。内管多采用石英玻璃，外壳多采用高硼硅酸盐玻璃，含B_2O_3约13%，俗称派来克斯玻璃，具有光泽好、透明度高，优良的耐热性、绝缘性、化学稳定性和力学性能。使用吹制或拉制法成形玻璃管壳。高压汞灯属于气体放电光源，依靠管内2～5个大气压的汞蒸气放电发光，具有光效长、寿命长、防震性好、经济省电等特点，缺点是发热大、辨色率较低、点燃时间长、电源电压跌落时会发生自熄等，可用于广场和街道照明、光化学反应、光刻机、紫外线探伤机、荧光分析等领域。

【超高压汞灯玻璃】ultra-high pressure mercury vapor lamp glass

用于制作超高压汞灯(UHP)管壳的玻璃。多采用石英玻璃，有球形管壳和管状管壳两种，由高纯二氧化硅熔制而成，SiO_2含量大于99.5%，热膨胀系数低，耐高温，化学稳定性好，熔制温度高，可达2000℃以上，黏度大，成形较难，成本高。超高压汞灯属于气体放电光源，依靠管内10个大气压的汞蒸气放电发光，具有体积小、亮度高、可见光和紫外线能量辐射强等特点，可用作荧光显微镜、光学仪器及光刻设备的强光源。

【氙灯玻璃】xenon lamp glass

用于制作氙灯泡壳的玻璃。氙灯用包裹在石英管内的高压氙气替代传统的钨丝。氙灯玻璃采用石英玻璃，由高纯二氧化硅熔制而成，机械强度高，化学稳定性和热稳定性好，熔制温度达2000℃以上，制造困难，成本高。氙灯辐射光谱的能量分布与日光相接近，光色较为理想，广泛应用于半导体、电光源、光导通信等领域。

【钠灯玻璃】sodium vapor lamp glass

用于制作钠灯管壳和放电管的玻璃。根据工作蒸汽压不同，分为低压钠灯用玻璃和高压钠灯用玻璃。低压钠灯工作蒸汽压不超过几个帕钠，内部气体具有一定腐蚀性，其放电管玻璃多采用钡铝硼硅酸盐玻璃，折射率高、色散低、热膨胀系数较高。低压钠灯管壳多采用钠钙硅酸盐玻璃，造价低廉，制造工艺简单。高压钠灯工作蒸汽压大于0.01MPa，内部气体腐蚀性极强，其放电管采用单晶氧化铝材料，管壳采用化学稳定性好、机械强度高、热膨胀系数低的硼硅酸盐玻璃或铝硅酸盐玻璃。

【芯柱玻璃】stem glass

又称为喇叭管和排气管(两管)玻璃，用于制作芯柱喇叭管及排气管的玻璃。不同种类的电光源产品，芯柱玻璃选用不同体系的玻璃材料。普通白炽灯、荧光灯的芯柱玻璃多采用铅硅酸盐玻璃，含PbO 5%～30%，具有电气绝缘性好、易加工等特点；大功率白炽灯、高压气体放电灯的芯柱玻璃多采用硼硅酸盐玻璃、铝硅酸盐玻璃、石英玻璃，具有电气绝缘性好、耐热性高等特点。芯柱形状多为碟形、梳形，由芯柱机制成。芯柱结构如附图所示。

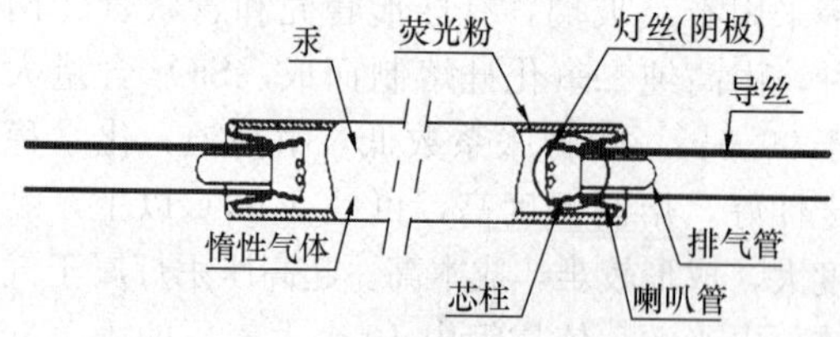

芯柱结构示意图

【荧光灯玻璃】fluorescent lamp glass

用于制作荧光灯管壳的玻璃，按照应用可分为直管型荧光灯玻璃、环管型荧光灯玻璃和紧凑型荧光灯玻璃。

用于直管型荧光灯管壳的玻璃，多为钠钙硅酸盐玻璃。玻璃软化点低、易熔化、生产成本低、制造工艺成熟、适宜大规模生产，通常采用拉引法成形。

用于制作环管型荧光灯管壳的玻璃，多采用低铅硅酸盐玻璃，含铅量在11%左右，具有料性长、易加工、化学稳定性高、耐紫外线辐射、灯管光衰小、光通维持性能强等性能。环管型荧光灯管壳由直管玻璃经弯管机加工而成。

用于制作紧凑型荧光灯(又称节能灯)管壳的玻璃多采用铅硅酸盐玻璃，根据管壳玻璃加工料性的不同含铅量在11%～30%不等，玻璃的膨胀系数为$(92\pm2)\times10^{-7}$/℃，抗水化学稳定性Ⅱ级，热稳定性大于110℃，具有易加工、耐紫外辐射、灯管光衰小、光通维持性能强等特性。紧凑型荧光灯管壳主要通过将玻璃管在火焰中加热到软化状态，然后按照一定的形状进行弯曲而制得。

【冷阴极荧光灯玻璃】cold cathode fluorescent lamp glass；CCFL glass

用于制作冷阴极荧光灯灯管的玻璃。属于硼硅酸盐玻璃体系，化学组成为16%～24% B_2O_3，63%～75% SiO_2，8%～11% R_2O。热膨胀系数在20～300℃为$(33\sim54)\times10^{-7}$/℃，耐热性好，具有良好的热稳定性和化学稳定性，优良的光学性能。玻管的成形方法主要有Danner法、Vello法等。根据电极安放位置的不同冷阴极荧光灯分为外置型荧光灯和内置型荧光灯两类。多应用于液晶显示器、扫描仪的背光源。

10.2.7.3 显像管玻璃

【支架玻璃】support-rod glass

用作电子枪支撑架的玻璃。一般用着色的低碱或无碱硼硅酸盐玻璃粉压制烧结而成，具有膨胀系数低[$\alpha=(24\sim29)\times10^{-7}$/℃]，优异的高压绝缘性、机械强度和热稳定性，耐电压强度约 120kV/mm，软化温度大于 820℃等特性。

【低熔玻璃】low melting glass

软化点低于 600℃的玻璃，又名易熔玻璃。玻璃组成中离子极化率越高，增加阴离子对阳离子的屏蔽强度，（如增大氧离子比例），结构越松弛，熔化温度就降低。通常玻璃中引入某些重金属离子、外层含有 18 个或更多电子的离子易变形的大离子和带小电荷阳离子而制成。按组成分为氧化物（氧化铅、氧化铋、氧化钒、氧化锌、硼酸盐、磷酸盐等）玻璃、无氧（氟化物、硫属化合物）玻璃和混合（氧化物与硫属化合物、氧化物与氟化物）玻璃三类。硫属化合物是最易熔的，有的组成（如 As-S-Br 系统）软化点可达零度以下。可根据用途来选择合适的组成。低熔玻璃大多是熔制后磨成粉末后再应用的。硫属化合物也可采用气相合成法。不同性能的低熔玻璃分别应用于真空技术和电子技术中的焊料、微型电路的防护层、半导体仪器、仪表的密封、轻金属热加工的润滑剂、半导体材料、电介质材料、红外材料、瓷釉与颜料和金属表面涂层等。

10.2.7.4 平板显示玻璃

【液晶显示玻璃】liquid crystal display glass

用于制作液晶显示器件（LCD）的两块平面基板玻璃，内表面制作电极，中间封入液晶，接通电压后液晶显示图像。两块基板间距仅为 5～10μm，对玻璃质量和平整度的要求高于等离子体显示器玻璃。LCD 分为两大类，其中采用本征矩阵驱动方式时，如 TN 或者 STN 显示屏，玻璃热处理温度在 400℃以内，可以使用普通的浮法玻璃基板或中性硼硅酸盐玻璃。采用有源矩阵驱动时，如薄膜晶体管驱动方式，玻璃加热温度超过 620℃，因此必须碱金属总含量在 1%以下，膨胀系数（30～40）×10^{-7}/℃、低密度（<2.6g/cm^3）的无碱玻璃，以无碱铝硼硅酸盐玻璃为主。无碱玻璃熔化温度高，玻璃液黏度大，成形温度范围窄，因此生产工艺比较特殊。溢流引下法是主流的成形方法，浮法也能生产无碱玻璃，但必须去除渗入玻璃表面的锡离子，增加了制造工艺的复杂程度。液晶显示器玻璃按照面积进行划分代数。

【彩色滤光片】colour filter

一种呈现颜色的光学滤光片。通常安装在光源的前方，使人眼可以接收到饱和的某种颜色光线。彩色滤光片为液晶平面显示器彩色化之关键组件，基本结构是由偏光片、玻璃基板、黑色矩阵、彩色层、保护层、ITO 导电膜等组成。制程一般可以分类为：颜料分散法、染色法、印刷法和电沉积法等。它可以精确选择需要通过的小范围波段光波而滤掉其他不需要通过的光波。

【触摸屏盖板玻璃】touch panel cover glass

用于触摸屏显示器上需要化学强化处理的板状防护玻璃。高端产品多采用含碱铝硅酸盐玻璃、含碱铝硼硅酸盐玻璃等体系，中低端产品多采用钠钙硅酸盐玻璃体系。玻璃具有密度小、化学稳定性好、热稳定性高、透光率高、抗弯能力强等特性，热膨胀系数（90～110）×10^{-7}/℃。玻璃板表面光洁度高，上下表面成分均匀，钢化处理后具有高硬度、高机械强度、耐划伤、耐冲击等特点。多采用浮法、溢流下拉法等生产工艺。广泛应用于电子电器、仪器仪表、平板电脑、智能手机等行业。

【等离子显示屏玻璃】plasma display panel glass；PDP glass

组成等离子显示器的前后两块板状玻璃。多采用具有良好的耐热性、良好的化学稳定性、较高的体电阻的铝硅酸盐玻璃体系。其应变点≥570℃；热膨胀系数（83±5）×10^{-7}/℃（300℃）；体积电阻率>10^{10}Ω·CM。此外，要求玻璃具有良好的平面度、无气泡和结石等缺陷。通常采用浮法玻璃工艺生产。

【OLED 显示玻璃】organic light-emitting display glass；OLED glass

有机发光显示器件封装结构上用来承载显示单元的玻璃。包括有机发光显示器面板前后两片基板玻璃及有机发光显示封接玻璃。前基板玻璃用于封装显示面板，后基板玻璃用于承载薄膜晶体管和发光体。前后基板玻璃组分相同，属于无碱铝硅酸盐玻璃体系，具有热稳定性高(应变点＞650℃)、化学稳定性好、密度低、杨氏模量高、透过率高、对水蒸气和氧气的阻隔性能良好等特点，膨胀系数(30～40)×10^{-7}/℃。玻璃熔化温度高、生产难度大，多采用浮法、溢流下拉法等工艺生产。玻璃板对翘曲、应力、粗糙度等有极高要求。

【OLED 盖板玻璃】organic light-emitting display cover glass

指用于 OLED 器件上盖板玻璃。在盖板内侧贴附干燥剂，再通过环氧树脂等密封胶将基板和盖板相结合。而把器件和空气隔开，因而可有效地防止 OLED 各功能层以及阴极与空气中的水、氧等成分发生反应。整个封装过程应在充有氮气、氩气等惰性气体及水汽含量应小于 3×10^{-6}的环境中完成。要求玻璃盖板具有优良的化学稳定性、电绝缘性和致密性。

【OLED 封接玻璃】organic light-emitting display sealing glass

指用于封接 OLED 器件与盖板的玻璃材料。空气中的水、氧等成分会严重影响 OLED 寿命。要求封接玻璃具有水汽阻隔性和良好电绝缘性，能有效保护有机发光材料和内部电极。一般采用硫系玻璃(Se、Te、Sn)薄膜封接材料，也有用 Al_2O_3 和 SiNx 复合材料进行封接的。

10.2.8 太阳能玻璃

【太阳能玻璃】solar glass

用于太阳能光伏发电或太阳能光热组件的玻璃。具有高透过率、选择性吸收等特点。太阳能玻璃种类繁多，按照用途分为太阳能光伏发电玻璃和太阳能光热玻璃等。其中太阳能光伏玻璃包括太阳能盖板玻璃、透明导电玻璃、聚光组件玻璃等；太阳能光热玻璃主要为集热玻璃。

【太阳能光伏玻璃】solar photovoltaic glass

光伏电池组件上的玻璃，包括太阳能盖板玻璃、薄膜太阳能光伏玻璃和太阳能聚光组件玻璃。

太阳能盖板玻璃是太阳能光伏电池组件上表面的保护玻璃，包括布纹太阳能玻璃、双绒面太阳能玻璃等多类型压花玻璃。属于低铁钠钙硅酸盐体系，透光率达 91.5%以上，膨胀系数约为 90×10^{-7}/℃，密度约为 2.5g/cm³。有较高的机械强度、抗热冲击性、化学稳定性，能适应宽气候使用条件。采用压延法生产，经物理钢化后使用。太阳光射入面一般为绒面，太阳光射出面有多种花型，能有效减少可见光反射。

薄膜太阳能光伏玻璃用于薄膜太阳能光伏电池组件上的玻璃，包括透明导电氧化物镀膜(TCO)玻璃和背板玻璃。透明导电氧化物镀膜(TCO)玻璃是在平板玻璃表面通过物理或者化学镀膜的方法均匀镀上一层透明的导电氧化物薄膜，主要包括氧化铟锡、掺铝氧化锌、掺氟氧化锡等。透光率达 80 以上，电阻率小于 $10^{-3}\Omega\cdot cm$。通常采用在线镀膜和离线镀膜生产。背板玻璃为 3～4mm 普通浮法钠钙玻璃，经物理钢化后使用，有较高的机械强度、抗热冲击性、化学稳定性，能适应宽气候使用条件。

太阳能聚光组件玻璃是通过反射或折射汇聚光线到光伏电池上的玻璃，主要包括聚光菲涅尔透镜玻璃和太阳能反射镜玻璃等。菲涅尔透镜也叫螺纹透镜，是用来制作太阳能光伏发电系统聚焦单元的组件，属于透镜型聚光玻璃镜。采用低铁硼硅酸盐玻璃，具有化学稳定性好、耐高温、耐热冲击、高硬度、高强度、高透光率(＞90%)、低密度、低膨胀系数(可低至 28×10^{-7}/℃)等优点，主要应用于聚光光伏发电领域。

【透明导电氧化物镀膜玻璃】transparent conducting oxide coating glass; TCO coating glass

用来承载透明导电氧化物薄膜(TCO)的板状玻璃。多采用钠钙玻璃、无碱铝硅酸盐玻璃、硼硅酸盐玻璃等体系，通常采用浮法、溢流下拉法生产工艺。透明导电氧化物镀膜玻璃主要分为氧化铟锡透明导电膜玻璃、掺铝氧化锌透明导电膜玻璃、掺氟氧化锡透明导电膜玻璃等。透明导电氧化物镀膜玻璃同时具有导电性和透光性，广泛应用于平板显示、触控显示、太阳能光伏、光电子、光催化等领域。

【太阳能光热玻璃】solar photo-thermal glass

太阳能集热系统所使用的玻璃，主要包括热管玻璃和太阳能反射镜玻璃等。

热管玻璃，用于制作太阳能真空集热器集热单元的玻璃。属于高硼硅酸盐玻璃体系[是以氧化钠(Na_2O)、氧化硼(B_2O_3)、二氧化硅(SiO_2)为基本成分的一种玻璃体系。玻璃成分中硼硅含量较高，分别为硼：12.5%～13.5%，硅：78%～80%]，具有化学稳定性好、耐高温、耐热冲击、高硬度、高强度、高透光率(>90%)、低密度、低膨胀系数(可低至 28×10^{-7}/℃)等优点。

太阳能反射镜玻璃，是用来制作太阳能聚光集热系统反射单元组件的玻璃(该玻璃可用于制作光伏发电系统的聚焦单元组件)。采用低铁钠钙硅酸盐玻璃或低铁硼硅酸盐玻璃，具有化学稳定性好、耐高温、耐热冲击、高硬度、高强度、低密度和良好的透光性(>90%)，玻璃板通常采用浮法工艺生产。玻璃板的背面通过真空镀膜方法镀上一层金属银(或铝)薄膜制成反射镜，镀膜后反射率可达90%以上，用于制作太阳能光热系统组件。

10.2.9 其他

【玻璃微珠】glass beads

又称玻璃细珠，是直径几微米到几毫米的实心或空心玻璃珠，有无色和有色的。其制造方法有：(1)粉末法，将一定颗粒的玻璃粉末送入高温炉，与上升的热气流相遇，使玻璃粉末迅速熔融，因表面张力而形成圆形的微珠；(2)溶液法，将玻璃配合料熔化成玻璃液，用高速气流喷吹，玻璃液滴由于表面张力而形成圆珠；(3)煅烧法，一定颗粒的玻璃粉与石墨粉等混合加热到玻璃粉熔融而成圆形微珠。玻璃微珠的特性：(1)光洁度好；(2)光的反射性好，具有定向反射性；(3)抗冲击强度高。其成分可根据用途来确定。它可用于金属工件的研磨介质、喷丸及清洁处理，交通安全标志、反射屏幕、化工填料及日用装饰等。

【空心玻璃微珠】hollow glass beads

直径几十微米到几毫米的微细空心玻璃珠。用玻璃颗粒与发泡剂相混合，先于高温炉中进行烧结和预发泡，制成微细颗粒，再送入立式高温炉中与上升热气流相遇，有气孔的颗粒表面熔融，内部气体膨胀，形成空心玻璃微珠。空心玻璃微珠的特点是：轻质高强，导热系数低。可作为轻质隔热保温材料用于宇航、潜水等技术领域，也可用于清除海面油类污染等环保技术领域。

【高折射玻璃微珠】high-refractive glass beads

折射率 1.90～2.10 之间的玻璃微珠。一般采用含铅玻璃制造，制造方法见本节【玻璃微珠】。高折射玻璃微珠可实现入射光的后向反射(回归反射)。掺入油漆作为道路标志，很远即可看到，在雾天也很明亮。用于交通标志、反射屏幕等。

【超高折射玻璃微珠】ultra high refractive index glass beads

折射率 2.2～2.3 或更高的玻璃微珠。一般用高铅或高钛钡硼硅酸盐玻璃制造。由于折射率很高，可实现广角入射光的后向反射(回归反射)。用于高速公路的交通标志，机场滑行跑道或导航标志，在 800～1000m 处可看到路标的外形轮廓，其反射光的亮度也很高，在 300m 外也能清晰地看到路标符号，还可用于摄影屏幕、广告、投影屏幕、救生用品等。

【憎水玻璃微珠】hydrophobic glass beads

表面具有憎水膜的玻璃微珠。玻璃微珠表面涂覆憎水膜后化学稳定性增加，耐水性提高。通常用硅烷、聚硅烷、硅油、硅酮等对玻璃微珠进行喷涂，经加热处理后，表面形成一层硅氧膜。用于环境湿度大或长期受风雨侵蚀的交通路标等。

【涂膜玻璃微珠】film-coated glass beads

涂上有机膜或金属膜的玻璃微珠。以表面涂有机膜者为多，如提高透过率的增透膜；提高喷丸强度和耐久性的环氧树脂膜；空心玻璃微珠有内表面镀铝、锡、铜等金属膜，以提高热反射率。用作火箭低温液体燃料容器的隔热保温材料。

【颜色玻璃微珠】coloured glass beads

用有色玻璃制成的玻璃微珠。成分配方见

有色玻璃，制造方法见玻璃微珠。但着色剂用量比普通有色玻璃要多几倍至几十倍。主要用于交通标志和用作宣传用油漆中的填料。

【玻璃润滑剂】glass lubricant

在钢、有色金属及其合金的热挤压、精密模锻与热处理过程中，在金属表面形成几个微米到 100μm 的连续薄膜而起润滑作用的玻璃。在金属热加工温度时，要求玻璃润滑剂的黏度应为 10～10^3Pa・s，对金属有润湿性，还要求与金属膨胀系数相差大，以便在金属表面清除。随金属加工温度不同而采用不同组成的玻璃。高温加工(1000℃以上，如硬质合金)用硅酸盐玻璃；中温加工(如钛合金)用硼酸盐低熔玻璃；低温加工(如铝合金)采用磷酸盐低熔玻璃。制造时把配合料熔化后水淬并磨成一定颗粒的粉末。应用时配成悬浮液，刷或喷在要加工的金属表面再进行加热。也可将加热的金属放进玻璃粉中滚涂，使表面形成玻璃涂膜。还可把玻璃拉成纤维织成布后应用。采用玻璃润滑剂可提高金属挤压速度、挤压比，还可将不易加工的高温合金、硬质合金加工成异形材、双金属管材等，质量也有所提高。

【多孔玻璃】porous glass

某些钠硼硅酸盐玻璃经过分相热处理和酸处理后的玻璃。它是制造高硅氧玻璃的中间产物。其组成和结构决定于原始玻璃的组成和酸处理条件。一般可把多孔玻璃看成由直径为 30nm 左右的高硅氧小球紧密堆积而成。其孔径约 4nm，孔隙度约为 30%，比表面积约 100m^2/g，具有干凝胶性。可应用于固定化酶载体、DNA 载体、海水淡化、病毒过滤、色层分析、镁的分离、催化剂载体、光学仪器干燥等。多孔玻璃也可以经浸析后得到的具有透气性能的透气玻璃，用于光学仪器干燥器等。参见 10.2.6【高硅氧玻璃】。

【多孔玻璃反渗透膜】porous glass reverse osmosis membrane

一种用作超过滤和反渗透的材料。多孔玻璃孔径小、亲水、有离子交换性，用空心多孔玻璃纤维做成的反渗透装置，可用于海水淡化及污水处理。

【感光玻璃】photosensitive glass

经短波照射和热处理后，能显色或呈乳浊状的玻璃。在硅酸盐玻璃中，一般加入少量金、银、铜化合物为感光剂和微量氧化铈、氧化锑、氧化锡等为助感剂。制品经紫外光或 X 射线照射后，显色金属离子接受能量形成晶核，再经热处理，晶核长大凝聚成胶体大小的金属离子而使玻璃显色。可制得金红、银黄、铜的感光玻璃。除铜红感光玻璃外，金、银等感光玻璃均应在氧化气氛中熔制。在用短波照射时，如用照相底片或其他图案遮蔽在玻璃上，热处理后即可得到具有鲜明颜色照相或图案的艺术玻璃制品。含有 10%～25%氧化锂的感光玻璃，经短波照射后，能生成二硅酸锂或偏硅酸锂，使玻璃乳浊，遮光而未经照射的部分仍保持透明状态。由于受照射部分在氢氟酸中的溶解度远比未照射部分大，因此可用于蚀刻集成线路底板、制造细雕花纹器皿或钻孔、刻度等精磨加工的光蚀刻制品。

【生物化学玻璃】biochemical glass

一种用于生物工程的玻璃。将多孔玻璃用碱或氢氟酸(先浸 NH_4F，再浸盐酸)处理，使孔径从 4nm 左右扩大到 50～150nm。再将已扩孔的多孔玻璃与 γ-氨丙基三乙氧基硅烷作用，可生成烷基胺的衍生物。这种衍生物可以多种方式与生物催化剂——酶偶联，生成固相酶，称为生物化学玻璃。固相酶具有高效催化的特点，还具有机械强度较高、不带进杂质、可反复使用、能贮藏较长时间等特点。

【生物玻璃】bioglass

能满足或达到特定的生物、生理目的，用于修复因疾病或损伤的生物组织的一种玻璃和微晶玻璃。生物玻璃应具备强度、硬度、耐磨损等机械力学性能；耐侵蚀、不溶出有毒离子、不分解、在生物体内长期稳定等化学性能；与人体组织相容、无免疫排异反应、无溶血凝血等生物学条件；具有生物活性，与骨、齿形成化学结合。生物玻璃已有多种产品，生物活性玻璃 45S5：以 Na_2O-CaO-SiO_2-P_2O_5 系统为基础，SiO_2(质量分数)45%、CaO/P_2O_5 =5，能与生物体内骨牢固结合。生物微晶玻璃：以 Na_2O-MgO-CaO-P_2O_5-SiO_2 为基础，主晶相为磷灰石。生物活性微晶玻璃以 MgO-CaO-SiO_2-P_2O_5-CaF_2 为基础，晶相为磷灰石和β硅灰石。可切削生物活化微晶玻璃：以 Na_2O-K_2O-MgO-CaO-F-SiO_2-P_2O_5 系统为基础，主晶相为氟金云母和氟磷灰石。氟金云母的层状结构便于切削加工。生物玻璃的制造可采用高温熔融、成形、晶化等传统方法，也使用溶胶-凝胶方法制造。除单一生物玻璃材料外，还发展了生物玻璃涂覆的氧化铝陶瓷或金属复合材料；石英纤维、碳纤维、碳化硅纤维增韧的生物玻璃材料。生物玻璃应用领域包括口腔材料、人工骨材料、药物治疗载体、组织工程支架，可切削生物微晶玻璃还可用于整形。

【古代玻璃】antique glass

人类早期玻璃制造技术的发生和发展，与制陶和青铜冶炼技术的进步有关。距今约 4000 年前，美索不达米亚地区和地中海沿岸的埃及和腓尼基人已能制成玻璃。其组成基本上属 Na_2O-CaO-SiO_2 系统。由于铁、锰、铜及杂质氧化物较多，大多成深绿色。以大约公元前 2000 年时的美索不达米亚玻璃的组成为例（质量分数）：SiO_2 65.0%、Al_2O_3 2.5%、CaO 3.5%、MgO 3.4%、K_2O 4.5%、Na_2O 17.0%、Fe_2O_3 2.4%、CuO 0.49%、MnO 0.04%、CoO 0.15%、TiO_2 0.09%。我国已知最早的玻璃是在距今约 3000 年前的西周早期墓葬中发现的。到战国（公元前 475～221 年）时，玻璃制品制作精巧，已成为商品，其组成大多属 BaO-PbO-SiO_2 系统，以洛阳出土的战国玻璃珠为例（质量分数）：SiO_2 44.5%、Fe_2O_3 + Al_2O_3 1.33%、CaO 4.94%、PbO 26.51%、BaO 13.29%、Na_2O 8.38%。公元前 300 年到公元 300 年这一时期，我国玻璃的制品和技术还向邻国日本流传（相当于日本的弥生时代）。由于东方和西方的文明发展在一定程度上是相似的，玻璃制品在制造及化学组成方面存在着的巨大差异，有可能存在着东方的中国和西方的美索不达米亚及地中海地区至少有两种不同的玻璃制造的起源。我国玻璃历史上尚有颇黎、琉璃、假水晶料器及硝子等名称。

【多孔玻璃微珠】porous glass beads

体积内均匀分布有大量孔径在埃或纳米级的玻璃微珠。制造方法：将具有特定组成的 Na_2O-B_2O_3-SiO_2 系统玻璃制成一定粒度的粉末，在特制的设备中制成玻璃微珠，再经过分相、酸溶、水洗、烘干制成。多孔玻璃微珠的特点是：孔径大小和分布可控，比表面积大，圆形度好，化学稳定性高。作为吸附缓释材料用于环境、生物、医学、化工等领域。

【激光内雕玻璃】laser engraving glass

将脉冲强激光在玻璃内部聚焦，产生微米级汽化微裂纹，通过计算机对微裂纹的空间位置进行控制，使其在玻璃内部构成三维立体图像制成激光内雕玻璃。采用超短脉冲激光诱导方法实现玻璃中着色离子变价、纳米粒子析出，还可以在玻璃内部雕刻出多色立体图案。激光内雕机是制作激光内雕玻璃的主要设备。激光内雕玻璃的特点是所雕刻的图案出现玻璃体内部，而玻璃表面仍然平整、光滑、透明。激光内雕玻璃主要用于制作艺术玻璃，如：水晶玻璃工艺品、内雕彩色玻璃、背景墙、茶几、吧台、门楼招牌、楼梯护栏、水晶柱等。

10.3 原　料

10.3.1 非矿物主要原料

【纯碱】soda ash

化学式 Na_2CO_3，碳酸钠的俗称。白色粉末或颗粒，无气味。密度 2.532g/cm^3，分子量 105.99，熔点 851℃。易溶于水，水溶液呈强碱性。吸湿性强，在潮湿环境中易结块。纯碱制取采用索尔维法，即用食盐、氨水、二氧化碳为原料，于室温下从溶液中析出碳酸氢钠，再将它加热，即分解为碳酸钠。纯碱是玻

璃中引入 Na_2O 的主要原料，是主要的助熔剂之一。

【重碱】dense soda

又称颗粒碱。其密度较一般纯碱大一倍或一倍多。重碱颗粒较大，化学组成、化学性质与一般纯碱相同。用粉末纯碱经喷水搅拌后得含一个结晶水的碳酸钠，再经煅烧而成。用在玻璃工业中，有减少飞散及降低配合料分层等优点。

【氢氧化钠】sodium hydroxide

化学式 NaOH。俗称烧碱、苛性钠。无色透明的晶体。密度 2.130g/cm^3，分子量 39.997，熔点 318.4℃，沸点 1390℃。易溶于水并形成碱性溶液，有潮解性，易吸取空气中的水蒸气，有强碱性，对皮肤、织物、纸张等有强腐蚀性。制取氢氧化钠的方法有苛化法和电解法。在玻璃制备时，用氢氧化钠部分取代纯碱能降低熔化反应的开始温度。用液体氢氧化钠（浓度 50%～70%）作配合料的湿润剂可以增加黏性，减少配合料分层和飞料现象。但对耐火材料侵蚀较大，在玻璃行业不普遍使用。

【硼酸】boric acid

化学式 H_3BO_3。白色粉末状结晶或三斜轴面鳞片状光泽结晶，有滑腻手感，无臭味。密度 1.4347g/cm^3，分子量 61.83，熔点 184℃（分解），沸点 300℃。溶于水，水溶液呈弱酸性。制取方法主要有硼砂硫酸中和法、碳氨法、电解电渗析法等，硼酸大量用于特种玻璃制造，如：光学玻璃、耐酸玻璃、耐热玻璃、绝缘材料用玻璃纤维等，可以缩短熔融时间并改善玻璃制品的耐热、透光和提高机械强度等性能。

【磷酸】phosphoric acid

化学式 H_3PO_4。白色固体，温度大于 42℃时是无色黏稠液体。密度 1.685g/ml（液体状态），分子量 97.9724，熔点 42.35℃，沸点 158℃，溶于水和乙醇。加热到 213℃时，失去部分水而转变为焦磷酸，进一步转变为偏磷酸。在工业上采用硫酸处理磷灰石制得。用于制造磷酸盐玻璃，亦用作瓷釉的乳浊剂。

【磷酸二氢铵】mono-ammonium phosphate

化学式 $NH_4H_2PO_4$。白色透明四角晶体，在空气中稳定。密度 1.803g/cm^3，分子量 115.03，熔点 180℃，常温下（20℃）在水中的溶解度为 37.4g，微溶于乙醇，不溶于丙酮。采用磷酸与碳酸氢铵反应制备磷酸二氢铵，用于制造磷酸盐玻璃。

【四氯化硅】silicon tetrachloride

化学式 $SiCl_4$。无色透明液体，有窒息气味。密度 1.50g/cm^3，分子量 169.2，熔点 −70℃，沸点 57.6℃。在潮湿空气中易水解而成硅酸和氯化氢，同时产生白烟，对皮肤有腐蚀性。四氯化硅的制取主要采用工业硅氯化。硅与氯气在 400～500℃下反应生成四氯化硅，经精馏得到高纯度的四氯化硅，是高纯石英玻璃的原料，也可用来制造硅酸酯类和硅单晶体。

【三氯氢硅】trichlorosilane

化学式 $SiHCl_3$。具有刺激性恶臭、易流动、易挥发的无色透明液体、密度 1.35g/cm^3，分子量 135.46，熔点（101.325kPa）−134℃，沸点（101.325kPa）31.8℃。在空气中极易燃烧，在−18℃以下有着火危险，遇明火则强烈燃烧，燃烧时发出红色火焰和白色烟，生成 SiO_2、HCl 和 Cl_2。采用在高温下 Si 和 HCl 反应制取，或采用氢还原四氯化硅（采用含铝化合物的催化剂）制取。精馏后，作为熔制高纯石英玻璃的原料。

【碎玻璃】cullet

又称熟料。玻璃生产过程中的废品和切裁后的边角料。通常作为玻璃原料而与配合料按比例混合或分别投入熔窑。其作用不仅是利用废品，并能加速玻璃熔融，降低单位热耗量。但用量过多时，玻璃液黏度增加，不利于澄清。根据玻璃制品的种类和熔化情况，碎玻璃的加入量可以为 0～100%，平板、瓶罐、器皿玻璃用量一般为 5%～30%，要求碎玻璃与制品组成一致。如用外部购入的碎玻璃，需经过清洗，除去杂质。除用于低级制品外，一般均需要调整成分。

【骨灰】bone ash

主要成分为磷酸钙 $Ca_3(PO_4)_2$，约占80%以上，此外还含有碳酸钙以及微量氟化物。用牛骨先用高压蒸汽去油，然后煅烧至850～900℃，加以粉碎而成。制作骨质瓷的原料，其含量可达20%～60%。在玻璃中主要为引入五氧化二磷和氧化钙的原料，亦为常用的乳浊剂。加入钛白釉中可较正色调。

10.3.2 氧化物组分

【氧化锂】lithium oxide

化学式 Li_2O，白色粉末或硬壳状固体。密度2.013，分子量29.8814，熔点1567℃，沸点2600℃。是网络外体氧化物，它在玻璃中的作用比 Na_2O 和 K_2O 特殊。锂离子是离子半径最小的碱金属离子，能提高玻璃密度和硬度。Li_2O 具有高的场强，锂硅酸盐玻璃析晶倾向加大。在一般硅酸盐玻璃中，引入少量的 Li_2O 即有强烈的助熔作用，能显著降低黏度，加快熔化与澄清。用 Li_2O 代替 K_2O，能降低热膨胀系数，提高折射率、表面张力，并使化学稳定性得到明显改进。除作助熔剂外，Li_2O 还用于微晶玻璃、计量玻璃、玻璃闪烁体、玻璃电极、吸收中子玻璃等。引入 Li_2O 的原料有碳酸锂(Li_2CO_3)，氢氧化锂($LiOH·H_2O$)、锂霞石($Li_2O·Al_2O_3·SiO_2$)、锂辉石($Li_2O·Al_2O_3·4SiO_2$)、锂云母[$K(Li,Al)_3[(Al,Si)_4O_{10}](F,OH)_2$]等。

【氧化钠】sodium oxide

化学式 Na_2O，白色无定形片状或粉末。密度2.27，分子量61.9789，熔点1132℃，沸点1275℃，对湿敏感。在暗红炽热时熔融，到400℃以上时分解成过氧化钠和金属钠。遇水起剧烈化合反应，形成氢氧化钠。钠离子(Na^+)居于玻璃结构网络的空穴中，是玻璃网络外体氧化物。Na_2O 主要用于降低玻璃的熔化温度、黏度和减少析晶倾向，但显著地降低玻璃的化学稳定性，提高玻璃的导电性、介电损耗和热膨胀系数。单独用 Na_2O 与 SiO_2 能制成可溶性硅酸盐，俗称水玻璃。在要求热膨胀系数低，化学稳定性好，高绝缘与低介电常数的玻璃中，Na_2O 含量受到限制，甚至不用氧化钠，如无碱玻璃纤维。引入 Na_2O 的原料有碳酸钠(纯碱)、含水碳酸钠(结晶纯碱)、硝酸钠、硫酸钠(芒硝)等。还可采用天然碱、含碱与含氢氧化钠废液、天然岩石与矿物(长石、珍珠岩、瓷石、火山灰等)与代碱原料尾矿等。

【氧化钾】potassium oxide

化学式 K_2O，白色结晶或结晶性粉末。密度2.32，分子量94.2，熔点770℃，沸点1500℃。易溶于水，溶于水生成氢氧化钾，并放出大量热量。在空气流中加热能被氧化成过氧化钾或超氧化钾，易吸收空气中的二氧化碳成为碳酸钾。与酸反应可以生成相应的钾盐。在玻璃中氧化钾的作用与氧化钠相似，也是网络外体氧化物。在钠钙硅酸盐玻璃中以 K_2O 部分取代 Na_2O 能增加玻璃的光泽、透明度、黏度、降低析晶倾向，并使玻璃成形工作范围增大。在玻璃纤维生产中，由于 K_2O 会提高玻璃黏度，使拉丝作业温度升高，不利于生产，因此 K_2O 的含量受到限制。当玻璃中碱金属氧化物含量不变，而同时含有 K_2O 与 Na_2O 时，产生混合碱效应，比含有单独一种碱金属氧化物时，具有低的导电性、介电损耗、热后效应与良好的化学稳定性。K_2O 用在高级器皿、晶质玻璃、有色玻璃、光学玻璃、电真空玻璃、仪器玻璃、温度计玻璃等。引入 K_2O 的原料有碳酸钾、硝酸钾、钾长石等。

【氧化铜】copper oxide

化学式 CuO，黑色或棕黑色无定形或结晶性粉末。密度6.3～6.9，分子量79.545，熔点1326℃，不溶于水。工业上主要采用铜粉还原法、硝酸铜热分解法或碳酸铜热解法制造。用于制造天蓝色、绿色玻璃和铜红玻璃等，用氧化铜引入。

【氧化亚铜】cuprous oxide

化学式 Cu_2O，鲜红色粉末。密度6.0，分子量143.09，熔点1226.85℃，不易溶于水，溶于氨液。由硫酸铜溶液中加入葡萄糖溶液，再加入氢氧化钠溶液即可制得。用于制作铜红玻璃、铜红感光玻璃和陶瓷红色釉颜料等。

【氧化铍】beryllium oxide

化学式 BeO，白色粉末，剧毒。密度 3.025，分子量 25.01，熔点 2350±30℃，沸点约 3900℃，不溶于水，溶于酸、碱。采用在氧和空气中燃烧粉状金属铍、在 400～500℃加热分解氢氧化铍或焙烧硫酸铍、碳酸铍或硝酸铍等方法制备，是玻璃结构中间体氧化物。当有足够非桥氧存在时，能以铍氧四面体[BeO_4]参加结构网络。[BeO_4]带有电荷，彼此不能直接连接。含 BeO 玻璃具有低膨胀系数、低折射率、低色散以及较小的密度，并具有较高的化学稳定性、弹性模量及硬度。用于照明玻璃、透紫外、透 X 射线玻璃、耐金属蒸汽(钠、铯)玻璃、高弹性模量纤维等。引入原料有氧化铍、氢氧化铍、绿柱石等。含铍原料都有毒性，使用时应当注意安全。

【氧化镁】magnesium oxide

化学式 MgO，白色轻质松散粉末。密度 3.58，分子量 40.30，熔点 2800℃，沸点 3600℃，露置空气中易吸收水分和二氧化碳而逐渐成为碱式碳酸镁。采用煅烧法即将菱镁矿在 950℃下于煅烧炉中进行煅烧，再经冷却、筛分、粉碎，制得氧化镁，或采用气相法、双减碳化法制备。MgO 在钠钙硅酸盐玻璃中是网络外体氧化物，作用与氧化钙近似。但含 MgO 的玻璃的热膨胀系数比单含氧化钙的玻璃小。用少量的 MgO 替代 CaO 可降低析晶倾向，并可加速硅酸盐的形成，改善成形性能，有利于机械化成形。MgO 是平板玻璃、瓶罐玻璃、器皿玻璃、微晶玻璃等的重要组分。引入 MgO 的原料有氧化镁、白云石、菱镁矿、煅烧碳酸镁等。

【氧化钙】calcium oxide

化学式 CaO，白色或带灰色块状或颗粒。对湿敏感。密度 3.350，分子量 56.077，熔点 2572℃，沸点 2850℃，与水反应生成氢氧化钙并产生大量热，溶于酸类、甘油和蔗糖溶液，几乎不溶于乙醇。采用石灰石煅烧法、用纯硝酸溶解大理石或碳酸钙煅烧法制备。CaO 是二价的网络外体氧化物，在钠钙硅酸盐玻璃中 CaO 能提高玻璃的化学稳定性(特别是耐水性)、机械强度、硬度；还可降低高温时的黏度，有利于玻璃的熔化和澄清；低温时则增加黏度，加快玻璃的硬化速度，料性变短；但 CaO 含量较高时，玻璃容易析晶，同时硬化速度过快，成形后要立即退火，否则玻璃易炸裂。CaO 是平板玻璃、瓶罐玻璃、器皿玻璃、玻璃纤维等的重要组分。引入的原料主要有石灰石、方解石、白垩、沉淀碳酸钙等。

【氧化锶】strontium oxide

化学式 SrO，白色粉末。密度 4.7，分子量 103.6194，熔点 2430℃，遇水变成氢氧化锶并发热。由分解碳酸锶或氢氧化锶而制得。SrO 玻璃网络调整体，主要作用是稳定剂，作用介于 CaO 和 BaO 之间。但含 SrO 的玻璃膨胀系数比含氧化钙的高，弹性模量则低。在无硼无碱纤维成分中加入 SrO 可减少析晶倾向，SrO 能吸收软 X 射线，可用于制造电视显像管面板、光学玻璃、玻璃纤维及磁性光学玻璃等。引入 SrO 的原料有碳酸锶、菱锶矿、天青石等。

【氧化钡】barium oxide

化学式 BaO，无色立方晶体，高毒。密度 5.72，分子量 153.33，熔点 1923℃，微溶于冷水，溶于热水、酸、乙醇。采用煅烧法将研细的高纯硝酸钡在 1000～1050℃下煅烧，可得到氧化钡。在玻璃中，BaO 是二价的网络外体氧化物。在钠钙硅酸盐玻璃中，以 BaO 代替 CaO，能增加玻璃的光泽、折射率、密度、体积电阻率、膨胀系数、X 射线与 γ 射线的吸收系数；降低介电损耗和硬度；使成形时的料性变长。含钡玻璃具有金属声音。少量(0.5%)BaO 能增加熔化速度。加入量大时则澄清困难，易产生二次气泡。熔制时不如氧化铅易还原。并对耐火材料有严重侵蚀性。BaO 用于光学玻璃、电真空玻璃、器皿玻璃、晶质玻璃、透红外玻璃、防辐射玻璃等。引入 BaO 的原料有碳酸钡、硫酸钡、硝酸钡等化工原料；矿物有毒重石、重晶石等。含钡原料都有毒性，使用时应当注意安全。

【氧化锌】zinc oxide

化学式 ZnO，白色粉末或六角晶系结晶

体，无嗅无味，无砂性。密度5.606，分子量81.39，熔点1975℃，不溶于水、乙醇和氨水，溶于酸、氢氧化钠、氯化铵。由碳酸锌煅烧而得或由氢氧化锌煅烧分解而得。ZnO是中间体氧化物，在一般情况下，以锌氧八面体[ZnO_6]作为网络外体氧化物，当玻璃中的非桥氧足够时，可以形成锌氧四面体[ZnO_4]而进入玻璃的结构网络，使玻璃的结构更趋稳定。在钠钙硅酸盐玻璃中，用ZnO代替CaO，能降低玻璃的膨胀系数、析晶温度和玻璃高温黏度，提高玻璃的化学稳定性和折射率。ZnO还可增加氟乳白玻璃的乳浊程度，并能增加白度与光泽。对硒红玻璃的着色剂起保护作用，以阻止硒的挥发。ZnO用于光学玻璃、仪器玻璃、器皿玻璃、有色玻璃、玻璃纤维、低熔玻璃、乳白玻璃、光致发光玻璃等。用氧化锌引入。工业氧化锌俗称锌白粉，多含有PbO、CuO、Fe_2O_3等杂质。

【氧化镉】cadmium oxide

化学式CdO，深褐色不熔化的粉末或立方晶体。密度8.15，分子量128.41，加热至700℃开始升华。溶于稀酸，缓慢溶于铵盐，几乎不溶于水。中等毒，半数致死量(大鼠，经口)72mg/kg，有致癌可能性。采用金属镉氧化法制备。CdO是玻璃结构的中间体氧化物。碱土金属氧化物中，CdO的折射率和色散系数是比较高的，膨胀系数比铍、镁、锌的氧化物高，但较钙、锶、钡、铅的氧化物为低，而对中子俘获截面是最高的。加速熔融作用比氧化锌大。加入量超过10%时，成为熔剂。氧化镉和硫或和硫、硒同时加入玻璃中，在严格控制的气氛下，能形成CdS、CdSe而成为美丽的红黄着色料。CdO用于光学玻璃、颜色玻璃、吸收中子玻璃、反应堆控制棒等。引入原料有氧化镉、硫化镉、碳酸镉等。镉和镉化合物均有较大毒性，使用时应当特别注意。

【氧化硼】boric oxide

化学式B_2O_3，无色玻璃状晶体或粉末。密度1.85，分子量69.62，熔点445℃，沸点1500℃，溶于酸和乙醇，微溶于冷水，溶于热水。通过硼酸脱水氧化制取。B_2O_3是玻璃成形物，它以硼氧三角体[BO_3]和硼氧四面体[BO_4]为结构组元，在硼硅酸盐玻璃中与硅氧四面体共同组成结构网络。B_2O_3能降低玻璃的膨胀系数，提高玻璃的热稳定性、化学稳定性，增加玻璃的折射率，改善玻璃的光泽，提高玻璃的机械性能。高温时氧化硼降低玻璃黏度，低温时则增加玻璃黏度，含B_2O_3较高的玻璃，成形温度范围较狭窄，可提高机械成形的机速。B_2O_3有助熔剂作用，加速玻璃的澄清和降低玻璃的结晶能力。B_2O_3常随蒸气挥发，硼硅酸盐玻璃液面上因B_2O_3挥发减少，会产生富含SiO_2的析晶料皮。当B_2O_3引入量过高时，由于硼氧三角体增多，玻璃的膨胀系数等反而增大，发生反常现象。硼硅玻璃是无碱玻璃纤维、耐热玻璃、化学仪器玻璃、电真空玻璃、光学玻璃和许多特种玻璃的基础组成。引入B_2O_3的原料有硼酸、硼砂等。由于硼元素有大的中子吸收系数，可用于处理高放射性核废料。

【氧化铝】aluminium oxide

化学式Al_2O_3，白色无定形粉状物。密度3.5～3.9，分子量102，熔点2054℃，沸点2980℃，不溶于水。将铝矾土原料经过化学处理，除去硅、铁、钛等的氧化物而制得。Al_2O_3属中间体氧化物，当Na_2O与Al_2O_3分子比大于1时，形成铝氧四面体并与硅氧四面体组成连续的结构网。当Na_2O与Al_2O_3分子比小于1时，则形成八面体，为网络外体而处于硅氧结构网的空穴中。Al_2O_3能降低玻璃的结晶倾向，提高玻璃的化学稳定性、热稳定性、机械强度、硬度和折射率，减轻玻璃对耐火材料的侵蚀，并有助于氟化物的乳浊。Al_2O_3能提高玻璃的黏度。绝大多数玻璃都引入1%～3.5%的Al_2O_3，一般不超过8%～10%。在水表玻璃和高压水银灯等特殊玻璃中，Al_2O_3的含量可达20%以上。铝硅酸盐玻璃用于平板玻璃、日用玻璃、耐热玻璃、化学仪器、温度计、电真空玻璃、微晶玻璃、玻璃纤维等。也是透红外、光致发光、璇光玻璃的基础组成。引入Al_2O_3的原料有工业氧化铝、氢氧化铝、叶蜡石、高岭土、长石等。也可以采用某些含 Al_2O_3 的矿渣和含长石的尾矿。在生产光学玻璃，仪器玻璃，高级器皿，温度计玻璃等，要求 Al_2O_3＞96％，Fe_2O_3＜0.05％时，常用于纯度较高化工原料。

【二氧化硅】silicon dioxide

化学式 SiO_2，二氧化硅广泛存在于自然界中，与其他矿物共同构成了岩石。天然二氧化硅称为硅石，约占地壳质量的12％，其存在形式有结晶态和无定形态两种。石英晶体是结晶的二氧化硅，具有不同的晶型和色彩。石英中无色透明的晶体是通常所说的水晶。具有彩色环带状或层状的称为玛瑙(含有杂质)。密度 2.2 ，分子量60.048，熔点 1650(±75)℃，沸点 2230℃，不溶于水，不溶于酸，但溶于氢氟酸及热浓磷酸，能和熔融碱类起作用。SiO_2 是硅酸盐玻璃的网络形成体，在玻璃中起骨架作用，也可单独形成玻璃，即石英玻璃。但因其熔化温度过高，黏度过大，一般玻璃中均加入其他氧化物形成多组分硅酸盐。SiO_2 可增加玻璃的化学稳定性、热稳定性、机械强度、黏度，降低玻璃的膨胀系数。引入 SiO_2 的原料主要有石英砂、砂岩、石英岩等。

【二氧化锗】germanium dioxide

化学式 GeO_2，白色粉末或无色结晶。分子量 104.64，密度 4.228(六方型)，6.239(四方型)；熔点 1115℃(六方型)，1086℃(四方型)；其中，六方型可溶于水，四方型不溶于水。二氧化锗是由中和含有锗盐(氯化物、硫酸盐、硝酸盐)的溶液而析出的水合沉淀物($GeO_2 \cdot nH_2O$)经脱水而得。高纯二氧化锗由元素锗与氧在 600～700℃反应生成。GeO_2 是玻璃形成物，GeO_2 可显著提高玻璃折射率和透红外性能，降低软化温度。用于光学玻璃、低熔玻璃等。玻璃原料配料时用二氧化锗引入。

【氧化亚锡】stannous oxide

化学式 SnO，蓝黑色粉末。密度 6.45 ，分子量 134.71，熔点 1080℃，难溶于水。SnO 用作还原剂，用于金红玻璃及铜红玻璃，起还原和保护胶作用。玻璃原料配料时用氧化亚锡引入。

【氧化铅】lead oxide；lead monoxide

化学式 PbO，黄色或略带红色的黄色粉末或细小片状结晶，遇光易变色。密度 9.53，分子量 223.2，熔点 888℃，沸点 1535℃，不溶于水，有毒，可采用金属铅氧化法制取，是铅玻璃的重要组分，少量的氧化铅为网络调整物。在含量高时(50％摩尔)，可进入网络结构之中，成为玻璃形成物，氧化铅最多可加入90％。在二价金属氧化物中，氧化铅具有最高的折射率、色散、密度、介电常数与 X 射线和 γ 射线吸收系数。体积电阻率、膨胀系数也较高，而化学稳定性较差。铅玻璃敲击时有金属声。氧化铅还具有顺磁性，熔融时能降低玻璃的黏度，有较强的助熔作用，含铅玻璃有较长的料性。铅玻璃较软，易于刻花、研磨、抛光、更易于酸抛光。许多着色剂在铅玻璃中较在钠钙硅玻璃中具有更美丽的色彩。一般铅玻璃为无色，高铅玻璃中存在高价 Pb^{4+}，即为深黄色。铅玻璃强烈侵蚀耐火材料，熔融时易还原为金属铅，因此必须用氧化气氛。氧化铅用于光学玻璃、器皿玻璃、晶质玻璃、电真空玻璃、防辐射玻璃、低熔玻璃、旋光玻璃、有色玻璃、料器等。引入原料有氧化铅(商品氧化铅又称铅黄)和 Pb_3O_4(又称红丹)等。

【二氧化锆】zirconium dioxide

化学式 ZrO_2，白色重质无定形粉末。无臭，无味，密度 5.89 ，分子量 123.22，熔点约 2700℃，沸点约 4300℃，难溶于水、盐酸和稀硫酸。采用氯氧化锆热解法、胶体法、挤压法制备。ZrO_2 可提高玻璃的黏度、硬度、弹性模量、折射率、化学稳定性，降低玻璃的热膨胀系数。是玻璃结构的中间体氧化物、强乳浊剂、晶核剂。含 ZrO_2 玻璃比较难熔，在一般玻璃中的用量受到限制。用于光学玻璃、仪器玻璃、安瓿瓶玻璃、晶质玻璃、微晶玻璃、乳浊玻璃、高模量玻璃纤维、耐碱纤维等。引入的原料有二氧化锆、锆英石等。

【五氧化二磷】phosphorus pentoxide

化学式 P_2O_5，白色无定形粉末或六方晶体。密度 2.39，分子量 141.94，熔点 340℃，沸点360℃，溶于水产生大量热并生成磷酸，对乙醇的反应与水相似。P_2O_5 是玻璃形成物，可单独形成玻璃，也是多组分玻璃中的组分。P_2O_5 是玻璃形成体氧化物，以磷氧四面体[PO_4]形成磷酸盐玻璃的结构网络，但是单纯的磷酸盐玻璃极易水解。在硅酸盐玻璃中以 P_2O_5 代替 SiO_2，可增加热膨胀系数，降低化学稳定性和黏度。有助熔作用，但易使玻璃乳浊，也有用作乳浊剂。磷酸盐玻璃是有色光学玻璃中重要的基础组成之一。吸热玻璃 XRB_1 是以 Fe 着色，所以组成中的 P_2O_5 可用含铁量较高的工业级五氧化二磷引入。黑色透紫外玻璃 ZWB_1 和 ZWB_3 组成中的 P_2O_5 应以铁含量低的分析级磷酸溶液引入。用于制造稀土光学玻璃、滤光玻璃、磁性玻璃、计量玻璃、吸收 γ 射线玻璃、吸热玻璃、低熔玻璃和耐氢氟酸玻璃等。引入 P_2O_5 的原料主要有磷酸、磷酸二氢铵及骨灰等。

【氧化锑】antimony oxide

化学式 Sb_2O_3，白色粉末。密度 5.6，分子量 291.5，熔点 656℃，沸点 1425℃，溶于盐酸、酒石酸，不溶于水与醋酸。三氧化二锑由金属锑在空气中熔化或燃烧制得。主要用作玻璃澄清剂，其澄清原理与白砒相似，必须与硝酸盐共同使用，才能达到良好的澄清效果。铅玻璃密度大，熔制温度低，常采用三氧化二锑作澄清剂；钠钙硅酸盐玻璃则常用 0.2%的 Sb_2O_3 和 0.4% As_2O_3 混合物作澄清剂，澄清效果较好；Sb_2O_3 的用量可以比 As_2O_3 多，但总量不能过大，否则容易形成砷酸盐或锑酸盐结晶使玻璃乳化；通常平板玻璃用量不超过 1%。Sb_2O_3 的毒性小，对玻璃澄清与灯工加工有明显优势。Sb_2O_3 还可作为化学脱色剂和胶态着色剂使用。制造锑红玻璃时可以直接使用硫化锑和碳，也可以使用三氧化二锑、硫和煤粉混合物，在熔制过程中首先生成硫化钠，再与三氧化二锑反应形成硫化锑胶体微粒，将玻璃着成红色。用氧化锑引入，商品氧化锑俗称锑白。

【氧化铁】fevric oxide; iron oxide

化学式 Fe_2O_3，红棕色粉末。密度 5.24，分子量 159.6882，熔点 1565℃，沸点 3414℃，难溶于水，不与水反应。溶于酸，与酸反应。不与 NaOH 反应。可采用硫酸亚铁与氢氧化钠反应湿法制备或采用硝酸与铁屑反应干法制备。铁离子在玻璃中以 Fe^{3+} 或 Fe^{2+} 的状态存在，前者吸收紫外线，后者吸收红外线，可作为滤光玻璃及电焊片玻璃的着色剂。在一般玻璃中，铁以 Fe^{3+} 与 Fe^{2+} 并存，使玻璃呈现黄绿色到蓝绿色。引入的原料有三氧化二铁，又称红粉。也可作为玻璃的抛光物。

【氧化钴】cobalt oxide

化学式 CoO，通常是灰色粉末，有时是绿棕色晶体。密度 6.45，分子量 74.93，熔点 1935℃，不溶于水、醇、氨水，溶于酸、氢氧化钠水溶液等。采用金属钴法、废料回收法或 Co_3O_4 在高温分解法制备。氧化钴是比较稳定的强着色剂，不受气氛影响。CoO 在玻璃中产生蓝色或紫蓝色，是玻璃的着色剂和搪瓷底釉原料。氧化钴也是一种物理脱色剂，将玻璃着成蓝色中和玻璃的浅黄色，CoO 的脱色作用比较稳定。氧化钴等物理脱色剂的用量必须准确到 0.01 克。玻璃原料配料时用氧化钴引入。商品氧化钴是一氧化钴和三氧化二钴的混合物。

【氧化镍】nickel oxide; nickel sesqui-oxide

化学式 Ni_2O_3，灰黑色无气味有光泽的块状物，易碎成细粉末。密度 4.83，分子量 165.40，600℃分解为一氧化镍和氧气，不溶于水，溶于硫酸、硝酸、盐酸、氨水。由缓慢地加热硝酸镍、碳酸镍或氢氧化镍制得。常用 Ni_2O_3 作玻璃着色剂，使玻璃呈灰紫色。在熔制中均转变为一氧化镍，能使钾-钙玻璃着色成浅红紫色，钠-钙玻璃着色成紫色(有生成棕色的倾向)。用于制造灰色玻璃和黑色透紫外玻璃。Ni_2O_3 也是一种物理脱色剂，能够使钾钙玻璃着成灰紫红色、钠钙玻璃着成灰紫色，与玻璃的绿色中和后产生灰色调，达到脱色的目的。铅玻璃含铁极少，用 NiO 能着成洁净的紫色，脱色效果较好。一氧化镍受温度的作用及熔窑气氛的影响小。玻璃原料配料时用氧化镍引入。

【氧化镧】lanthanum oxide

化学式 La_2O_3，白色无定形粉末。密度6.51，分子量325.8091，熔点2217℃，沸点4200℃，溶于酸、乙醇、氯化铵，不溶于水、酮。由磷铈镧矿砂萃取或由灼烧碳酸镧或硝酸镧而得。也可以由镧的草酸盐加热分解制得。玻璃中加入 La_2O_3 可增加折射率、降低色散；增加机械强度；使膨胀系数降低。含镧硅酸盐玻璃具有较高的抗水性，但镧玻璃易析晶。在高弹性模量玻璃中用它改善析晶性能和黏度。也可用来制造无氧化铍的高弹性模量纤维。用于制造镧系光学玻璃、高反射光学纤维、纤维面板芯材、高离子迁移率玻璃等。引入原料为氧化镧。

【二氧化铈】cerium oxide

化学式 CeO_2，白色重质粉末或立方体结晶。密度7.3，分子量172.11，熔点2397℃，不溶于水和碱，微溶于酸。采用草酸沉淀法生产。玻璃中加入 CeO_2 可增加折射率，降低膨胀系数，提高机械强度。含少量 CeO_2 的玻璃经中子照射后产生闪烁效应。紫外照射后产生光敏效应，并且在X射线、γ射线照射后不产生辐照着色。CeO_2 用于光学玻璃、耐辐照玻璃、闪烁玻璃、光色玻璃、感光玻璃、微晶玻璃、璇光玻璃、高强度、高弹性模量玻璃纤维、玻璃微珠等。CeO_2 也可作脱色剂、澄清剂、着色剂、还可作抛光剂。引入 CeO_2 的原料有二氧化铈、硝酸铈、碳酸铈等。

【氧化钕】neodymium oxide

化学式 Nd_2O_3，淡紫色固体粉末。密度7.24，分子量336.47，熔点约1900℃，不溶于水，能溶于酸。采用萃取法以氯化稀土溶液为原料，用P204-煤油-HCl-RCl_3 体系萃取，将稀土混合物分成轻、中、重稀土三组，再以草酸沉淀，经分离、烘干、灼烧，制得氧化钕。Nd_2O_3 是玻璃的着色剂，使玻璃着成紫红色。在黄光部分有强烈的吸收带，故具有双色性。在钾、铅玻璃中，着色作用最强。与硒共用，可制得美丽的紫红色玻璃。也可以用作玻璃的物理脱色剂，Nd_2O_3 着成的淡紫红色与铁着成的蓝绿色互补，达到无色的效果。钕离子的价电子处于内层，为外层电子壳所屏蔽，因而着色稳定。用于制造激光玻璃、滤光玻璃、艺术玻璃和眼镜玻璃等。引入原料为氧化钕。

【氧化钬】holmium oxide

化学式 Ho_2O_3，浅黄色结晶粉末。密度8.36，分子量377.86，熔点2367℃，不溶于水，溶于酸。采用灼烧氢氧化钬或草酸钬制得。在硼硅酸盐玻璃中加入 Ho_2O_3，能吸收紫外和可见光的某些波长，用于制造新型光源镝钬灯。引入原料为氧化钬。高纯氧化钬是2μm激光光纤的主要原料。

【氧化镱】ytterbium oxide

化学式 Yb_2O_3，白色略带微绿色粉末。密度9.17，分子量394.08，熔点2372℃，沸点4070℃。不溶于水和冷酸，溶于温稀酸。采用萃取色层法制备高纯氧化镱。是制造特种光学玻璃的原料，比如掺加氧化镱后呈现褐色或黄色。含有 Yb_2O_3 的掺铋硅酸盐玻璃是用作超宽带光纤放大、可调谐激光以及飞秒激光的理想基质材料。引入原料为氧化镱。高纯氧化镱是激光光纤的主要原料。

【二氧化钍】thorium dioxide; thoria

化学式 ThO_2，重质白色粉末。ThO_2 有放射性，密度9.86，分子量264.04，熔点3220±50℃，沸点4400℃，溶于硫酸，不溶于水。采用硝酸钍溶液与草酸反应后灼烧得。ThO_2 能显著提高玻璃折射率，而色散并不高。在硼酸盐玻璃中 ThO_2 可提高化学稳定性，降低析晶倾向。ThO_2 玻璃用于高折射率低色散光学玻璃。引入的原料有氧化钍、钍石等。使用中注意放射性防护。

【三氧化二铕】europium oxide

化学式 Eu_2O_3，带淡红色的粉末。密度7.42，熔点2002℃，不溶于水，溶于酸，能吸收空气中二氧化碳和水。以处理独居石或混合稀土矿所得的氯化稀土溶液为原料采用萃取法制得。Eu_2O_3 用于玻璃和陶瓷材料的着色剂，制造长余晖稀土蓄能发光陶瓷、有色镜片和光学滤光片等。引入原料为氧化铕。

【三氧化二镨】praseodymium(Ⅲ) oxide

化学式 Pr_2O_3，黄色或绿色粉末。分子量 329.84，难溶于水和碱液，可溶于强无机酸溶液中。三氧化二镨只有在高温下还原十一氧化六镨才能得到。三氧化二镨用于制作滤光玻璃、光导纤维和艺术玻璃，还可用于磨料抛光。引入原料为三氧化二镨。

【三氧化钼】molybdenum oxide

化学式 MoO_3，外观呈微黄色颗粒。密度 4.692，分子量 143.94，熔点 795℃，沸点 1155℃。在空气中很稳定，微溶于水，不溶于一般酸，可溶于氨水、氢氟酸和浓硫酸。由辉钼矿（MoS_2）灼烧或将盐酸加入钼酸铵中析出钼酸后再加热熔烧而制得，亦可直接煅烧钼酸铵得到。MoO_3 用于生产搪瓷釉、陶瓷釉料及微晶玻璃。在搪瓷釉中，使用少量的 MoO_3 会加强铸铁搪瓷、钢板搪瓷的附着力（粘结力）。ZnO 与 MoO_3 结合生成钼酸盐晶体而产生较高的乳浊度。引入原料为三氧化钼。

【三氧化钨】tungsten oxide

化学式 WO_3，黄色斜方晶体或粉末，受热时黄色加深至橙黄。密度 7.16，分子量 231.85，熔点 1473℃，沸点为 1750℃。不溶于水和酸（除氢氟酸），能缓慢地溶于浓碱溶液。由钨矿与纯碱共熔，再加酸分解焙烧而得。WO_3 可用于陶瓷和玻璃的着色剂、结晶釉和微晶玻璃的结晶促进剂、乳浊剂等。引入原料为三氧化钨。

10.3.3 作用剂

【氧化剂】oxidizing agent

在氧化还原反应中，其原子或离子易得到电子（化合价降低），对其他物质起氧化作用而自身被还原的物质。氧化剂在玻璃中的作用：（1）防止熔融时某些金属氧化物如氧化铅的还原；（2）使着色剂保持离子的高价状态以达到要求的颜色；（3）玻璃的化学脱色（使 Fe^{2+} 氧化为 Fe^{3+}）。常用的氧化剂有硝酸钠、硝酸钾、二氧化铈等。当硝酸钠、硝酸钾与三氧化二砷并用时，氧化作用较强。

【还原剂】reducing agent

在氧化还原反应中，其原子或离子易失去电子（化合价升高），对其他物质起还原作用而自身被氧化的物质。还原剂在玻璃中的作用：（1）使某些有色玻璃中的着色剂保持原子状态，以达到所要求的颜色（如铜红 Cu^+）；（2）使某种玻璃保持一定的离子状态，以达到某些性能要求（如中子闪烁玻璃中铈离子必须保持 Ce^{3+}）；（3）促进某些原料的分解（如芒硝）。常用的还原剂有焦炭、无烟煤、烟道灰、木炭、木屑、酒石酸、酒石酸氢钾、锡化合物（氧化亚锡、二氯化锡）和金属锡、铝粉、镁粉、锑粉、硅粉等。三氧化二砷对某些着色剂为良好的还原剂。

【助熔剂】flux

加速玻璃熔制过程的原料称为助熔剂，又称加速剂。其作用是促进配合料在尽可能低的温度下熔融。助熔剂不改变玻璃组成，首先熔融为液相，然后再与其他玻璃原料反应生成玻璃。钠钙硅玻璃的主要原料纯碱就是助熔剂。助熔剂能加速玻璃形成的反应，降低玻璃液的黏度和表面张力，促进玻璃液的澄清和均化；也可以将有害杂质的 Fe_2O_3 和 FeO 变为 FeF_3 挥发排出或生成无色的 Na_3FeF_6，增加玻璃液的透热性。常用的助熔剂有硝酸钠、芒硝、硫酸铵、硝酸钾、萤石、硼砂等。

【澄清剂】refining agent；fining agent

能在高温时分解或本身气化而放出大量气体，从而促进玻璃中气泡的排除，对玻璃液起到澄清作用的物质。澄清剂所放出的大量气体进入玻璃液气泡中，降低了各种气体的分压，使溶解于玻璃中的气体易于进入气泡，促进气泡长大，逐渐漂浮于玻璃表面最终从玻璃液排出，同时大气泡上升时也能局部带动小气泡上升，达到促进澄清的目的。常用的澄清剂有氧化砷、硝酸盐、硫酸钠、氯化钠、氧化铈等。

【玻璃着色剂】glass colouring agent；glass colourant

使玻璃呈现各种颜色的物质。有时也兼指在色素中起着色作用的物质。常用的着色剂有 Cr_2O_3、MnO_2、Fe_2O_3、CoO、NiO、CuO、CdO、CdS、CdSe、金、银和铜等。这些氧化物中的金属是过渡元素，它们在玻璃中以离子状态存在。这些离子的4d电子在可见光的激发下进入较高能态，因而吸收能量，亦即吸收一部分光波。所吸收的能量等于4d电子的激发态与基态之间的能量差，亦即对可见光的某一波长做选择性吸收，其结果是玻璃呈色，称为离子着色。金、银等作为着色剂，在玻璃中以胶体状态存在，按照胶体粒子的不同大小，对不同波长的入射产生不同的散射，因而使玻璃呈色，成为胶体着色。CdS和CdSe的着色是本征着色或半导体着色。

【脱色剂】decolourizing agent；decolourizer

用以减弱玻璃因铁化合物等杂质所引起的着色的物质。根据作用不同分为：(1)化学脱色剂。主要起氧化作用，使着色作用强烈的FeO(呈青绿色)氧化而成Fe_2O_3(呈黄绿色)降低颜色对人眼的敏感程度，增加玻璃的透明度。常用的化学脱色剂为硝酸盐、三氧化二砷、三氧化二锑、二氧化铈、氟化物等。(2)物理脱色剂。本身是着色剂，产生与绿色或黄绿色的互补色，起到消色效果，但玻璃总的透光度降低。常用的物理脱色剂有硒和氧化钴、二氧化锰、氧化镍等。

【玻璃乳浊剂】glass opacifier；glass opalizer

使玻璃呈不透明的乳白状物质称为乳浊剂。当熔融玻璃的温度降低时，乳浊剂析出大小为10～100nm的结晶或无定形的微粒，与周围玻璃的折射率不同，反射和折射作用使光线产生散射，使玻璃产生不透明的乳浊状态。玻璃乳浊程度与乳浊剂的种类、浓度(用量)、玻璃的组成、熔制温度等有关。常用的乳浊剂有氟化物(冰晶石、硅氟化钠、氟化钙等)、磷酸盐(磷酸钙、骨灰和磷酸二氢胺等)、氧化锡、氧化锑、氧化砷等。

【晶核剂】nucleator；nucleation agent

又称核化剂、晶核剂，即玻璃中能促进核化的物质。在玻璃微晶化过程中起成核剂作用的有：(1)能形成8～10nm胶态晶粒的贵金属(如Au、Ag、Cu等)；(2)在硅酸盐玻璃中有一定溶解度的氧化物(如TiO_2、ZrO_2、P_2O_5)和过渡金属氧化物(如Cr_2O_3、V_2O_5、NiO等)；(3)在硅酸盐玻璃中有限溶解度的氟化物、稀有金属氧化物等。成核剂能在玻璃内产生高度分散的金属胶体或有分相作用形成微小液滴，诱导新相附析在上面，使整块玻璃内有控制地析晶而形成微晶玻璃。

【敏化剂】sensibilizer

增加玻璃的光敏性来促进晶核形成的氧化物，又称增感剂。如在玻璃中引入敏化剂CeO_2，经紫外线辐照后，Ce^{3+}释放出电子，将玻璃中的金银或铜离子还原成金属原子。经加热，金属原子进一步聚集，排列成胶体微粒，成为晶核，诱导玻璃析晶。

【发泡剂】foaming agent

又称起泡剂。是与玻璃粉混合并加热到一定温度后能放出大量气体而形成泡沫玻璃的物料。发泡剂必须根据玻璃成分选择。常用发泡剂的用量、发泡温度与气泡情况如附表所示。

常用发泡剂的参数

发泡剂	用量(wt%)	发泡温度(℃)	发泡情况
方解石	1.5～2.2	780～800	开口气孔为主
炭黑	0.3～0.5	800～880	闭口气孔
芒硝	2～3	1050～1150	开口、闭口均有

【助泡剂】foaming aids

又名添加剂、外加剂。是加速发泡剂起泡反应的添加物。其作用是降低发泡剂的发泡温度，扩大作业温度范围，以改善泡沫玻璃制品的物理性能。常用的助泡剂有氧化锑、氧化砷及碳类等。一般用量为基础原料的0.1%～0.2%。

10.4 工艺及设备

10.4.1 配合料制备

【玻璃配料】glass batching

根据玻璃配料计算，对各种粉末原料进行称量、混合而制成供熔化用的配合料的过程。玻璃配料计算依据玻璃的成分，以及所用原料的化学组成，进行每一种原料用量的计算。配料计算有人工计算和计算机计算，都是依据熔制一定量(例如 100kg 或 1000kg)的玻璃液所需各种原料的干基数量，然后根据各种原料的实际水分进行修正。配料对玻璃的熔化、成形及制品的质量影响很大。称量的准确度、混合的均匀度、加水量的控制以及运输过程中防止结块及分层等，均应符合要求。应用自动称量、荧光 X 射线分析仪、红外线或中子水分测定仪等装置，可实现配料过程自动化。

【玻璃配合料】glass batch; glass mixed batch

又称混合料。根据料方，以及配料计算将各种所需的粉状原料经过配料过程而制成的均匀混合物。通常又将不带碎玻璃的配合料称为生料。保证配合料的质量是提高玻璃熔化质量的基本措施，要求配合料具有成分稳定性、具有一定的颗粒组成、具有一定的水分、具有一定的气体率和混合均匀。配合料在玻璃熔制的过程中各组分有一定的挥发量，挥发量与玻璃组分、熔制温度制度、窑内压力、窑内气氛、配合料状况及投料方法等有关。在配料中应考虑这部分损失量。

【实际玻璃组分】actual glass composition

由配合料熔制所得的玻璃的实际成分。由于原料组成波动、配合工艺、配合料运送和投料方式、熔化过程中的挥发、飞散以及耐火材料品种的不同等原因，实际玻璃组成往往与设计玻璃组成之间会产生一定的差异。因此，在设计玻璃组成时应充分考虑这些影响因素，使实际玻璃组成符合设计预期要求，达到所容许的偏差范围。

【配合料粒化】batch pelletizing

将玻璃配合料制成颗粒状，是减少分料和飞料现象的有效方法，可在一定程度上提高熔化效率、提高玻璃质量。在配合料中加入水玻璃或苛性钠溶液等粘结剂，经成球机制成颗粒状、干燥而制成。粒化配合料的熔化速度亦即其反应性与水分、密度、粒度、均匀度、碱的结晶状态及原料特别是硅砂的粒度有密切关系。可使配合料中各原料的颗粒紧密接触、提高导热性能、加快固相反应速度及减小配合料中氧化物的挥发等。在粒化研究中，考虑了余热的利用以节省能源。

【配合料压块】batch briquetting

为了克服粒状配合料在贮运、投料及熔制过程中的分料和飞料等缺点，利用配合料中原有的水分作粘结剂或在配合料中加入粘结剂压制成块状。块状配合料密实，导热性较粉料高，具有增加熔化产量、提高玻璃质量和节约燃料等优点。但块度太大时，浸没在玻璃液中的部分较多，熔化速度同粉料相比并无显著提高，且加工成本较高。配合料压块是一种玻璃熔窑节能减排的有力措施。

【分料】segregation

又称分层。堆集或经混合的粉状物料在存储或输送过程中，由于粒度和密度不同而产生的离析现象。在玻璃配料过程中，分料主要由于：(1)料仓加料和排放时造成粗细颗粒分离；(2)混合均匀的配合料，因过于干燥或缺乏均匀的湿润度，以致在排放及运输过程中，均匀性受到破坏；(3)往窑头输送配合料或向熔窑内投料时，因受振动或落差过大而造成配合料轻重颗粒的分离等。分料使均匀性降低，熔化困难，严重影响玻璃的质量并加剧对熔窑的侵蚀。

【料团】batch cake

俗称料蛋。配合料在混合过程中，由于加料顺序不当，粉料水分过多，温度太低，粒度过细，或是加水不均匀等原因，使局部粉料结成大小不等的料团。料团的组成往往与要求的相差很大，使配合料不均，引起熔化，澄清困难，影响玻璃的质量。

【电子秤】electronic scale

又称配料秤。配料过程中对各种原料进行称量的衡器。人工配料一般使用磅秤或台秤。大中型玻璃工厂通常采用自动秤。自动秤可分机电式和电子式两种，主要由振动下料斗、手动闸板、给料机、快速断流阀、称量料斗、荷重传感器等组成。配料秤要求有较高的精确度和敏感度(称量精度一般为 1/500，精确称量时为 1/1000)。给料机可采用快、慢双速均匀地将振动料斗下来的物料送到称量料斗，并有密闭的防尘措施。可应用电子计算机对给定值、零点及加料速度进行自动控制。

【混合机】batch mixer

又称搅拌机。将称量后的各种原料搅拌成均质配合料的设备。主要由机体、搅拌装置、传动装置、加水装置以及自动控制系统等组成。要求物料能得到均匀和高效的混合，避免产生死角；机体和搅拌器要求具有良好的耐磨性和密闭性；玻璃工厂中常用的有鼓型混合机，盘式混合机以及桨叶式混合机。鼓型混合机在筒体内壁安置若干叶片，物料随筒体转动被叶片带起或抛落而得到均匀混合；盘式混合机带有不同角度及布置的耙子，旋转时使物料受到强制搅拌，有的底盘与耙子以逆方向旋转；桨叶式主要部件为一根筒和带桨叶的主轴，在旋转桨叶的强烈搅拌下，物料得到均匀混合。近来还有采用空气搅拌的混合器。

【投料】batch charging; feeding

将配合料投入池窑的过程。对投料的一般技术要求为：保持玻璃液面稳定，入窑料层分布均匀，及时调节偏料和跑料现象，尽量减小投料落差和保持投料口密封性等。通过计算机与液面计连接控制加料量。碎玻璃可与生料预混合或分开投入池窑。合理的投料可以提高熔化的效率和质量，稳定熔窑作业制度和减少飞料等。常用的有螺旋式、毯式、滚筒式、电磁振动式或垅式等投料机。

【薄层投料】blanket feeding; laminated batch charging

料层厚度在100mm以下(大型平板玻璃料层约为150mm)连续均匀地投料为薄层投料。熔化区大面积被薄层料覆盖，可增加火焰对配合料的加热，加速配合料熔化。与堆式投料相比，薄层投料更利于提高熔化能力、降低燃料消耗。

【料山】float batch; pile

又称料堆。指熔窑内浮在玻璃液面上尚未熔融成玻璃液的配合料堆。它在受热过程中，逐渐分散成若干小堆，并受液流的作用，而向熔化区四周移动。在热点附近，因受热坝影响，不再继续前进，最后消失于泡界线。

【给料机】feeder

用于把玻璃原料从贮料仓或其他贮料设备中均匀、定量地供给到称量料斗内的设备。

通常安装在料仓或卸料漏斗的下方，对物料的机械化和自动化运输起辅助的作用。给料机按工作构件的运动方式可分为：直线式，如带式给料机、板式给料机、刮板给料机；回转式，如链式给料机、圆盘给料机、螺旋给料机和叶轮给料机；往复式，如振动给料机、往复给料机。选用给料机时必须考虑给料量及其调节范围、给料量精确度、物料的特性、安全可靠性和环境保护条件等因素。

【提升机】elevator

用于玻璃原料或配合料垂直运输的设备。由板链式结构组成，采用大容量的料斗和较小的斗距，通过重力诱导卸料的方式完成物料的垂直输运。具有运转故障率低，使用寿命长，输送量大等特点。按结构形式不同，可分为龙门架式提升机和井架式提升机。按架设高度的不同，可分为低架提升机(架设高度在30m及以下)和高架提升机(架设高度在30～150m)。

【料位探测器】level detector

一种用于探测玻璃原料在料仓内位置的装置。从探测方式上可分为：连续式，连续测量料仓内料位的变化；位置式，只测量料仓内料位的上下限位。根据探测器的传感方式不同，可分为：(1)电气式，又可分为电阻式和电容式；(2)电子-机械式；(3)机械式，又可分为阻旋式和重锤测探式；(4)γ射线式。

【配合料预热】batch preheating

利用玻璃熔窑排出的烟气作为热介质，通过换热设备将玻璃配合料预热。改变传统的玻璃熔窑实施“硅酸盐”的转化过程，将配合料中水分的排除、部分碳酸盐的分解在熔窑之外进行。是一种最直接的烟气余热再回收方法。该方法不仅可大幅提高玻璃熔窑的热效率，而且可以减少烟气中大气污染物的排放量，减少配合料对熔窑侵蚀，增加熔窑产量和延长熔窑寿命。还可以将配合料进行压块或粒化后进行配合料预热，将起到更好的节能减排效果。

【投料机】batch charger

将玻璃配合料投入熔窑内的装置。投料机类型取决于投料池的结构和所投配合料的状态。常用的投料机有：(1)螺旋投料机，适用于小型玻璃熔窑；(2)电磁振动投料机，体积小、质量轻、结构简单、安装方便，主要应用于小型玻璃熔窑；(3)辊筒式投料机，碎玻璃与配合料分别进入熔窑，碎玻璃在下配合料在上，有利于配合料的熔化；(4)斜毯式投料机，广泛应用于大型浮法玻璃生产线。

【在线水分测量仪】on-line moisture measuring instrument

在配料过程中，通过在线检测玻璃原料或配合料中水分的仪器。在线水分检测仪通常有：(1)电容水分测定仪，由显示器和测量探头组成，根据介电常数随粉料水分含量而变化，将电容量转换成水分的百分含量值；(2)中子水分测定仪，适用于测定玻璃原料中的结晶水；(3)红外水分测定仪，选定某一特定波长的光，投射到被测粉料上，其反射光能的大小将随物料水分量的多少而变化，由测得的反射光能大小而得到粉料含水量。

【化学氧需要量】chemical oxygen demand; COD value

英文缩写为COD。各种玻璃原料中会程度不同地含有一些有机物或含碳物质，在玻璃熔制过程中，它们影响着熔窑的熔制气氛。以前对玻璃熔制过程中氧化还原势态的控制，往往只注意到窑炉燃烧气氛的氧化还原性，而忽略了窑炉中配合料的氧化还原势，但后者往往起到更重要的作用。所以，有必要对配合料的氧化还原势同时进行控制。这种控制叫作Redox(氧化还原势)值控制。

【配合料氧化还原势值】batch reducing and oxydizing potential values

缩写为配合料Redox值，是配合料氧化还原气氛的量化指标。玻璃配合料的Redox值主要由加入的氧化剂和还原剂决定。先通过滴定法测定配合料组分的化学氧需要量(COD)，计算出碳当量或总的还原势。再将总还原势与配合料中各组分的累积氧化势相加，得到配合料的Redox值。负值表示还原气氛，正值表示氧化气氛。国际上有两种计算Redox值的方法。一种是英国Calumite公司的方法，另一种是美国FMC公司的方法。不同的方法所引用的各组分因素值不同。配合料Redox值的变化对玻璃的澄清过程有较大影响。料方设定应注意氧化还原状态的控制，保持Redox值在较小范围内变化，以保证窑炉的平衡状态，提高玻璃品质。

【金属探测器(设备)】metal detector (equipment)

一种检测物料中金属杂质的设备。主要由三部分组成：传感器、电子控制系统和自动剔除装置，其中传感器为核心部件。工作时发射线圈通入交变电流，线圈周围形成一个交变磁场，当金属杂质进入磁场内部时金属内产生涡电流导致能量损耗，通过接收装置将这种变化传输到控制系统，控制系统输出提示信号并激活剔除装置去除金属杂质。按照检测方式分为输送式金属探测器和下落式金属探测器，见附图；按照应用领域分为工业型金属探测器和安全型金属探测器(机场、车站等公共场所所使用的安全型金属探测器只输出提示信号而无自动剔除装置)。在生产及安全监测领域中广泛应用。

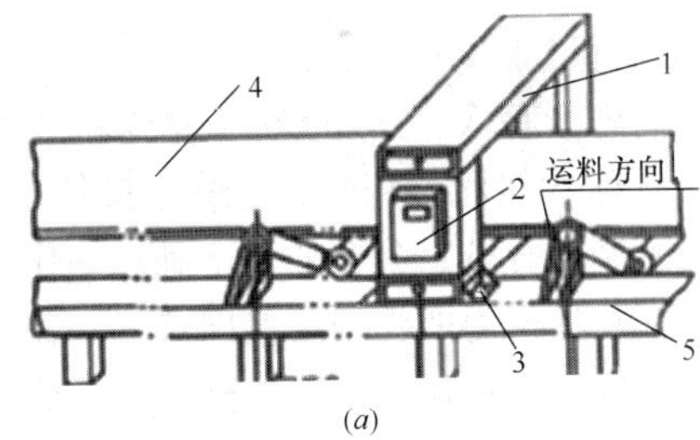

(a)

1—传感器主体(内含一个中央发射线圈和两个对等的接收线圈)；2—控制箱；3—固定垫板；4—输送皮带；5—输送带支架

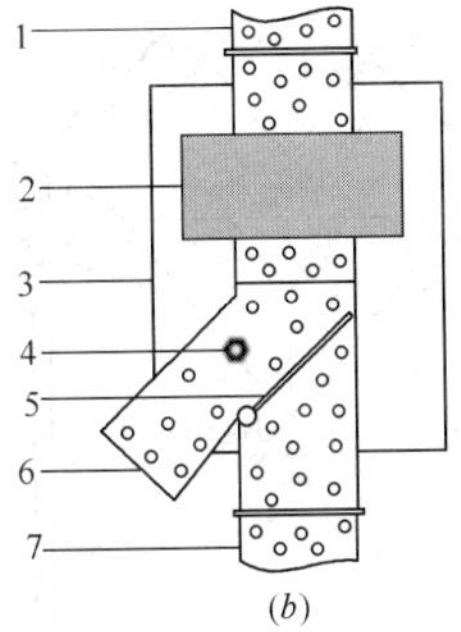

(b)

1—料管；2—检测线圈；3—控制器；4—金属杂质；5—剔除板；6—废料口；7—合格料下料管

金属探测器

(a)输送式金属探测器；
(b)下落式金属探测器(带全自动分离系统)

【在线测水仪(设备)】on-line measuring instrument (equipment)

利用测水探头连续对工业生产中的原料或产品进行非接触式水分含量测定，同时配备信号处理系统或配套仪表实时输出水分含量的一种检测设备，见附图。一般在线测水仪的水分含量测量范围达 0～90%，测量精度达 0.1%，工作环境温度－20～120℃，测量过程不影响物料特性，可输出数字和模拟信号，方便接入工业控制系统。工业生产常用在线测水仪有：近红外在线测水仪、微波在线测水仪和中子在线测水仪等，广泛应用于工农业生产的各个水分检测环节。

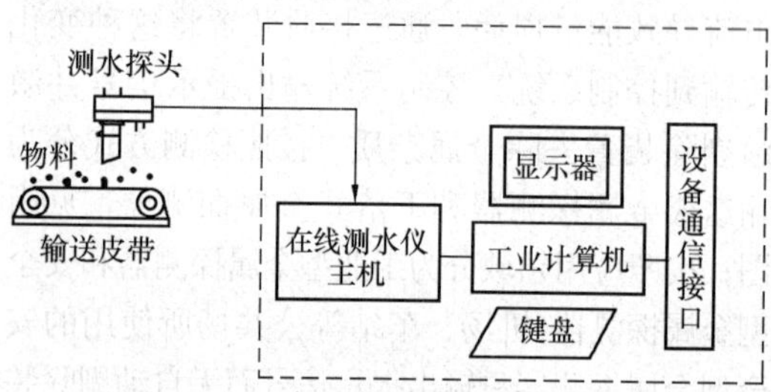

在线测水仪

【V 形混料机】V type mixer

料筒外形呈 V 字形的颗粒物或粉状混合设备，故称 V 形混料机。工作时料筒转动，使物料不断作合分、分合的上下翻动动作，翻动使物料在横向力的作用下横向流动，又因料筒高度不同，物料从一个筒流到另一个筒产生纵向流动，通过纵横向交互反复流动使物料混合均匀，见附图。该设备可用于玻璃、制药、陶瓷、食品等行业，特别适用于密度偏差较大物料的混合。

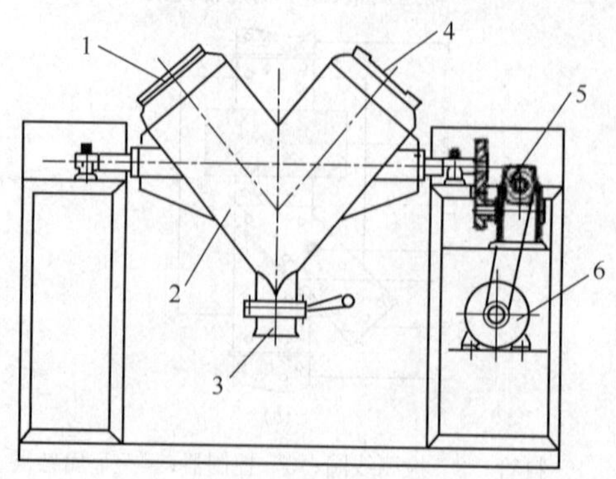

V 形混料机

1—进料口；2—料筒；3—出料口及阀门；
4—进料口盖板；5—传动装置；6—电机

【双锥混料机】double cone mixer

机身形状中间为圆柱形，两端为圆锥形的粉状或颗粒物混合设备，故称双锥混料机。双锥混料机由机架、旋转轴、双锥筒、密封盖、搅拌叶片、传动机构、驱动电机等构成，见附图。工作时双锥筒及搅拌叶片同时转动，旋转的双锥筒使筒体内物料产生翻滚混合，高速旋转的搅拌叶片可打碎结团物料，使物料在筒体内快速均匀混合。广泛应用于玻璃、陶瓷、染料、医药、食品、饲料等行业。

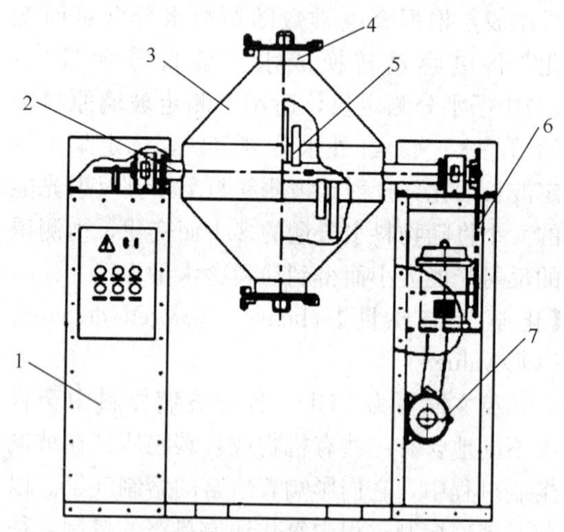

双锥混料机

1—机架；2—旋转轴；3—双锥筒；
4—密封盖；5—搅拌叶片；6—传动
机构；7—驱动电机

【双螺旋锥形混料机】double-spiral conical mixer

搅拌部件为两条长度不同的悬臂螺旋的颗粒物混合设备，故称双螺旋锥形混料机，见附图。两条悬臂螺旋在自转的同时，环绕锥形容器的中心轴沿锥体壁面作公转运动。通过悬臂螺旋的自转、公转使物料反复提升，在锥体内产生剪切、对流、扩散等复合运动，从而达到混合的目的。广泛适用于玻璃、陶瓷、染料、医药、食品、饲料等行业的各种粉体颗粒的混合。

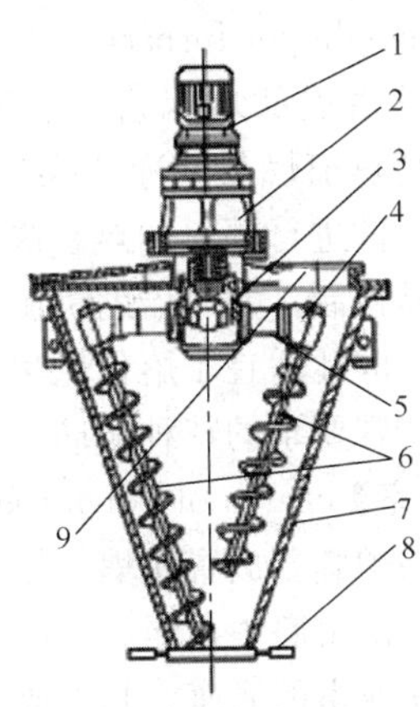

双螺旋锥形混料机

1—电机；2—减速器；3—行星分配器；
4—传动头；5—悬臂；6—螺旋轴；7—锥形料仓体；
8—排料阀；9—加料口；

【无重力混料机】zero gravity mixer

一种利用双轴桨叶的旋转运动使物料上抛失重而实现无重力混合的设备，又称双轴桨叶混料机。由筒体、传动机构、双轴搅拌桨叶等组成(如附图 *a* 所示，上方入料口数量由产线工艺要求决定)。双轴搅拌桨叶反向旋转，桨叶将物料沿轴向、径向循环翻动，物料被抛起时，中央部位形成失重区域和旋转涡流，物料交错融合从而迅速混合均匀(如附图 *b* 所示)。双轴桨叶混料机混合时间短、能耗低，适用于颗粒、粉料及添加少量液体的混合，在玻璃、矿产、食品、化工等生产领域广泛应用。

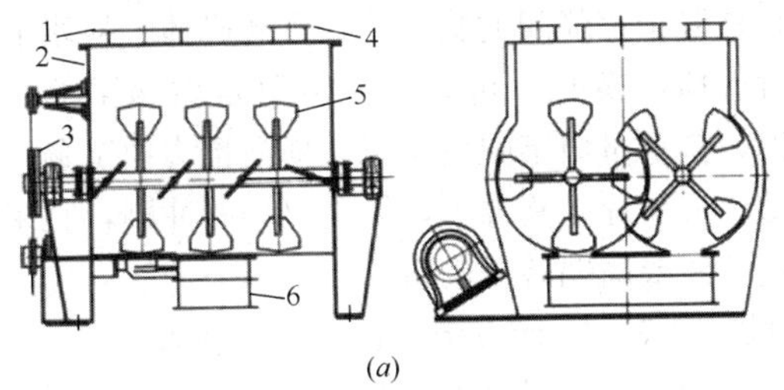

(*a*)

1、4—入料口；2—筒体；3—传动机构；
5—双轴搅拌桨叶；6—出料阀

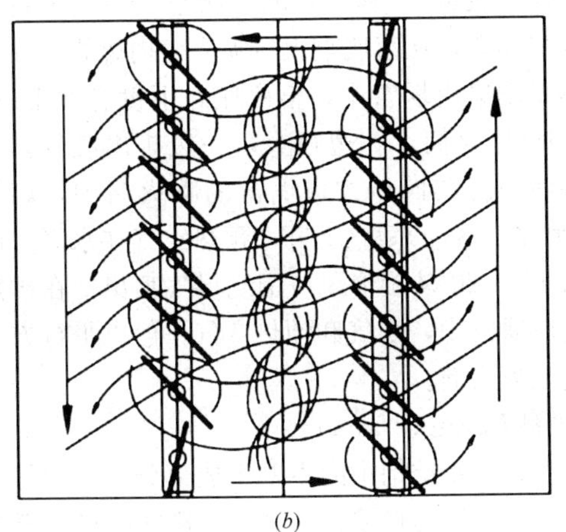

(*b*)

无重力混料机

(*a*)无重力混料机；(*b*)物料运动轨迹图

10.4.2 熔制

10.4.2.1 坩埚窑

【坩埚窑】pot furnace

在坩埚中熔化玻璃的一种间歇作业的玻璃熔窑。其结构主要包括作业室、喷火筒(小炉)、燃烧室、漏料坑、换热器(或蓄热室)等部分。作业室内安放若干坩埚，配合料分批加入到各个坩埚中，依次完成玻璃的熔制过程。当成形终结后，重新分批加入配合料，进行下一循环的熔制周期。坩埚窑占地小，同一窑内可控制多种不同成分或不同颜色的玻璃，生产的灵活性大。适宜于生产品种多、产量小、质量要求高或有特殊工艺要求的玻璃，如颜色玻璃、晶质玻璃、光学玻璃、特种玻璃等。但窑的生产率低、燃料消耗大、热效率低、不易实现机械化和自动化生产、坩埚的损耗较大。坩埚窑按废气余热回收设备分为蓄热式和换热式；按火焰在窑内的流动方向分为倒焰式、平焰式、联合火焰形式；按坩埚数量分为单坩埚窑、双坩埚窑和多坩埚窑；按燃料种类分为全煤气、半煤气和燃油坩埚窑等。

【倒焰式坩埚窑】down-draught pot furnace

窑内火焰呈倒转流动的坩埚窑。火焰由位于窑底的喷火口向上喷出，然后沿坩埚自上向下经窑底吸火孔排出，其特点是温度沿整个坩埚高度上的分布比较均匀，上下温差小，由于火焰自窑底排出，窑底部温度较高，窑底和坩埚容易损坏，限制了窑内温度的提高。倒焰式坩埚窑可以配置换热器或蓄热室。倒焰式坩埚窑如附图所示。

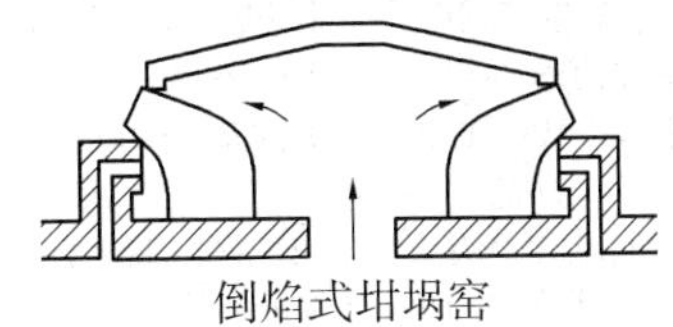

倒焰式坩埚窑

【平焰式坩埚窑】horizontal flame pot furnace

窑内火焰呈水平方向流动的坩埚窑。由于火焰在坩埚上部流动，可以提高火焰温度，加强传热过程，有利于提高窑的熔化效率。但沿坩埚高度上的温差大，容易造成近坩埚底部的玻璃液成形困难，甚至影响玻璃的质量。故适用于生产熔化温度高、成形时间短的玻璃（如浇注法成形的玻璃）。平焰式坩埚窑如附图所示。

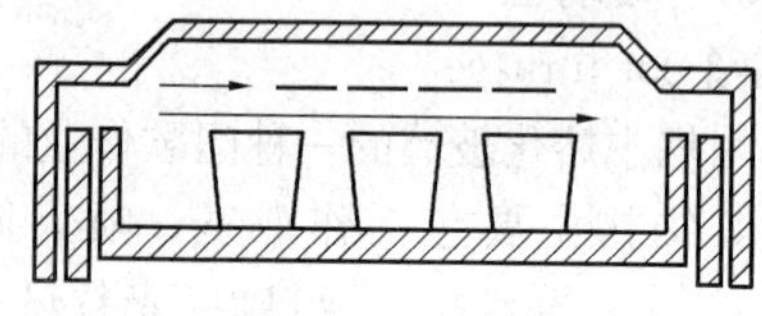

平焰式坩埚窑

【半煤气坩埚窑】semi-gas fired pot furnace

以固体煤为燃料的一种换热式坩埚窑。煤首先在燃烧室产生半煤气，与经过预热的二次空气在喷火筒内进行混合，然后喷入窑内完成完全燃烧。窑内燃烧温度较高、火焰辐射强、窑的热效率较高。按照换热器的不同结构形式，又分为半煤气坩埚方窑和半煤气坩埚圆窑。在使用上，方窑优于圆窑。此种窑型的设备简单、投资低，被中小玻璃、陶瓷等企业广泛应用。但因存在煤的转化效率低、能耗大、焦油和粉尘对环境污染严重等问题，现已逐步被淘汰。半煤气坩埚方炉如附图所示。

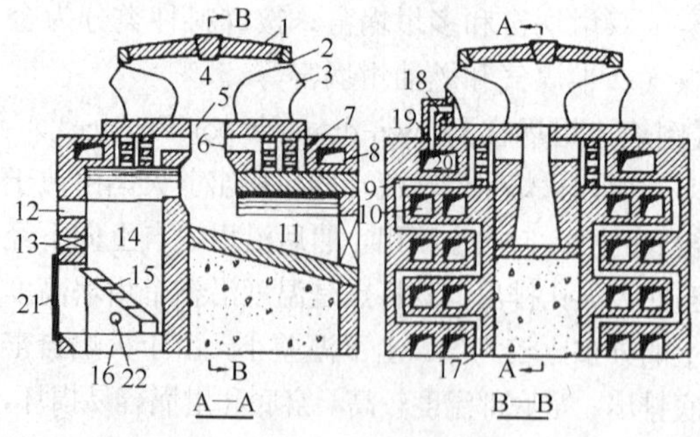

半煤气坩埚方炉

1—炉盖；2—炉边；3—坩埚；4—炉膛；5—喷火口；6—二次空气出口（出风口）；7—方风道；8，20—圈火道；9—风道；10—火道；11—漏料坑；12—加煤口；13—抽砖（观察或清渣用）；14—半煤气火箱；15—炉栅；16—水坑；17—二次空气进口；18—小火道；19—吸火口；21—炉门；22—鼓风机进风口（加水蒸气的一次风）

【单坩埚窑】single pot furnace

只有一只坩埚的坩埚窑。多数配置换热器。一般以高热值燃料或净化煤气作为热源，也有用电热元件进行辐射加热。这种窑的熔化温度制度容易控制，并可借助机械搅拌使玻璃液质量均一。因此适宜于熔化光学玻璃以及熔化制度上有特殊要求的特种玻璃。

【坩埚窑作业室】hearth of pot furnace

坩埚窑的炉膛。放置坩埚并作为火焰进行燃烧的空间。由窑底、窑腿、窑墙和窑顶等组成。窑底为作业室的底座、其上放置坩埚，以多层耐火砖砌成。在倒焰坩埚或坩埚窑中，窑底上设有喷火口及喷火孔。窑底的几何形状有圆形、椭圆形、矩形或扇形。窑腿竖立在窑底周围，支承窑拱顶，是作业室的骨架。窑腿的形状带有一定的倾斜度，在保证结构强度的前提下，既要适应坩埚的形状，又要尽量缩小窑膛空间。为便于更换坩埚，窑腿与坩埚应保持一定间距。窑墙起围蔽作用。在多坩埚窑中，它是置于窑腿间的临时性耐火砖砌体，换坩埚时拆掉，换好后再砌上。窑顶是坩埚窑的拱顶，其重量由窑腿所支承，横向推力由窑箍承受。窑顶处于高温下，易受火焰的冲刷，宜采用硅砖或高铝砖等砌筑。

【喷火筒】gallery burner；gallery port

倒焰式坩埚窑中的燃烧设备。位于窑底下的一个垂直通道式的气体混合室。燃料（煤气、半煤气或重油）和预热的二次空气在此进行混合与预燃，从窑底喷火口喷入窑内燃烧。在蓄热式倒焰坩埚窑中，窑底座之下设有 2 个（或 4 个）喷火筒，一边喷火，一边排出废气，交替使用。在换热式坩埚窑的喷火筒中，煤气（半煤气或油）垂直上升，预热空气在水平方向以 15°～20°从旋形风口围绕煤气喷出；在蓄热式坩埚窑中，煤气和预热空气一般以平行方向进入喷火筒。

【炉栅】grate；fire grate

燃烧室结构中的主要组成部分。作用是支承燃烧着的燃料层。空气经炉栅间隙进入燃烧室，灰渣通过这些间隙落下灰坑。有阶梯炉栅和条形炉栅两种。前者通常是由铸铁炉板砌成阶梯形，可用以气化煤屑，减少漏煤损失，使空气分布均匀，后者是由方钢或铸铁炉条并排安放构成倾斜炉栅，在这种炉栅上，煤层不易掌握，空气分布不均匀。半煤气坩埚窑上通常采用阶梯炉栅，而圆窑则常用条形炉栅。

【小火道】branch flue

指连接坩埚窑作业室与吸火孔之间的烟道。在倒焰式坩埚窑中，吸火孔是配置在相对于每个坩埚前面的窑底上，用小火道使之与作业室相连通，废气经小火道从吸火孔排出，用小火道中的抽砖控制废气通过量，可以调节每个坩埚所需的温度。

【圈火道】circular flue

指坩埚窑中汇集从各个吸火孔排出废气的一个烟道。在换热式倒焰坩埚窑中，坩埚是以喷火口为中心沿窑底周围呈放射状排布，这一烟道必须对应于各个吸火孔的位置而砌成圆周形，故名圈火道。废气在圈火道汇集后导入换热器，然后经总烟道通向烟囱。

【坩埚预热炉】pot preheating oven

俗称烘甏炉。预热坩埚用的小型窑炉，当新坩埚换入坩埚窑的高温作业室时，为防止因温度急变而造成开裂，必须事先进行烘烤加以预热，预热温度一般在1000℃以上，炉中火焰流动方向通常采用联合火焰形式。即火焰以水平方向喷向坩埚上部，然后顺坩埚向下，从炉底吸火孔排出，促使减少上下温差，有利于坩埚的均匀加热。

【含氧量测量仪】measurement of oxygen content

用于测量燃料燃烧废气中氧含量的仪器，有氧化锆氧量分析仪和烟气分析仪两大类。

氧化锆氧量分析仪应用固体电解质氧化锆构成氧浓差电池，其中一个是已知氧分压的铂参比电极，另一个是待测氧含量电极，两电极用固体电解质连接。当两个半电池的氧分压不同时，在一定温度下，两电极间产生的电动势由两个半电池的氧浓度差所决定，因此，由测得的电动势便可求得测量电极的氧分压。

烟气分析仪的测量范围较宽，用于测量窑内O_2、CO、CO_2等气体含量，随时掌握窑炉内燃烧气氛，调节燃烧系统；同时还可用于检测烟道内SO_2、NO_x等污染气体的排放，便于环境监督。

【氧化锡电极】tin oxide electrode

以SnO_2为基质，掺杂形成n型半导体以降低电阻、加入烧结剂增加致密性和抗玻璃侵蚀能力，经成形、高温烧结制成的，用于玻璃电熔的导电陶瓷材料。密度6.3～6.7g/cm^3，不同电极产品常温电阻率变化范围较大，为10^{-1}～10^3Ω·cm，1000℃电阻率为10^{-2}～10^{-3}Ω·cm。有三种二氧化锡电极产品：以SnO_2-Sb_2O_3-CuO为基础的通用电极；不含CuO和其他过渡金属、不对玻璃产生着色污染的低着色电极；掺入ZrO_2形成二氧化锆与二氧化锡固溶体，增加抗玻璃侵蚀、降低升华、使用温度超过1600℃的高温电极。二氧化锡电极具有优良的抗玻璃侵蚀能力，适用于包括含氟、高PbO的各种玻璃。广泛用于重火石、钡火石、钡冕，及重冕等光学玻璃。低着色电极用于高透过、低损耗光学玻璃和光电子玻璃；高温电极已用于微晶玻璃、TFT-LCD溢流下拉法熔窑的辅助加热。

【钼电极】molybdenum electrode

是钼基金属通过粉末冶金或真空熔炼方法制备的金属电极材料。钼是一种良好的导电材料，钼电极基本上能满足大多数玻璃(铅玻璃除外)熔化的要求，如难熔玻璃、黏度大的玻璃、挥发组分高的玻璃等。其特点是：能被玻璃液浸润，所以接触电阻小；电极表面可以承受较高的电流密度，为1～3A/cm^2；电极的热损失低；抗玻璃侵蚀，不易使玻璃着色。玻璃中铅、砷、锑和硫等易于还原并腐蚀钼电极，使用范围受到限制。钼在380℃的热空气中开始氧化，产生MoO_3，使电极失效，需要用水进行冷却。采用ZrO_2弥散增强钼电极，可维持高导电性、高温强度和切削性能，1600℃时的蠕变为纯钼电极的1/5，抗玻璃侵蚀能力显著增加。钼电极表面等离子喷涂硼硅酸盐玻璃，形成抗氧化、厚度几百微米的SiO_2保护层，1500℃可保持几百小时。棒状钼电极用于玻璃电熔，板状钼电极用于辅助加热。

10.4.2.2 池窑

【玻璃熔窑】glass melting furnace

熔制玻璃的热工设备统称，通常由耐火材料构成。利用燃烧的化学能、电能或其他能源产生的热量，通过可控的高温环境(温度分布和气氛)，使玻璃配合料在其中(有充分的时间和空间)经过能量、质量和动量传递过程，以完成物理和化学变化。经过熔化、澄清、均化和冷却等阶段，为生产提供一定数量和质量的玻璃液。玻璃熔窑分池窑和坩埚两大类。按作业方式分为连续作业熔窑和间歇作业熔窑；按加热方式可分为火焰窑与电热窑。火焰窑是以固体、液体或气体燃料为其热源；电热窑则有直接加热、辐射加热和感应加热等多种形式。

【池窑】tank furnace

玻璃熔窑的一种，由耐火材料砌筑而成。有火焰式池窑和电热式池窑。火焰式池窑主要由池窑、火焰空间、小炉、投料池以及余热回收设备(蓄热室或换热器)等组成。按玻璃的熔化、澄清、均化、冷却等作业过程，窑池在纵长方向上可分为熔化部、澄清部、冷却部。熔化部和澄清部是投料池末端至卡脖前的部位，将玻璃配合料熔化形成玻璃液并进行澄清和均化。在澄清部与冷却部之间通常由卡脖等装置分隔，经过澄清的玻璃液，在冷却部均匀冷却至成形所需的黏度。与坩埚窑相比，池窑生产能力大，热效率较高，便于实现操作机械化和自动化。池窑的类型很多，按余热回收设备可分为蓄热式池窑和换热式池窑；按窑内火焰流向可分为横火焰池窑、马蹄焰池窑、纵火焰池窑和联合火焰池窑；按有无工作池分为带工作池的池窑和无工作池的池窑等。

【蓄热式池窑】regenerative tank furnace

采用蓄热室作为燃烧烟气余热回收设备的池窑。通常包括燃烧系统、排烟系统、蓄热室和池窑。池窑内燃烧的烟气通过蓄热室，将大部分热量传递给蓄热室内的格子砖(蓄热体)，经过一定时间后进行换向，再将格子砖吸收的热量传递给燃料或助燃空气。使用发生炉煤气或其他低热值煤气的蓄热式池窑能分别在煤气蓄热室和空气蓄热室中同时预热煤气和空气；用重油、天然气等高热值燃料的池窑，只设空气蓄热室预热燃烧用空气。由于蓄热式池窑需要火焰换向，烟气和被预热气体交替地流经蓄热室，因而蓄热室和窑内温度呈现周期性的变化。蓄热式池窑最常用的有横火焰池窑和马蹄焰池窑。

【换热式池窑】recuperative tank furnace

采用换热器作为燃烧烟气余热回收设备的池窑。燃烧烟气和助燃空气同时不接触流经换热器，传热过程稳定，火焰不需换向，操作制度简单，窑内温度波动较小。根据换热器内气体流动的方向，可分为顺流、逆流和交叉流三种形式。根据池窑火焰的流动方向可分为纵火焰窑(单拱顶或双拱顶)、马蹄焰窑(单马蹄形或双马蹄形)和逆流式窑(包括单元窑)等多种形式。相比蓄热式池窑，换热式池窑的空气预热温度较低。常用于中小型池窑，通常只能用来预热空气。

【横火焰池窑】cross-fired tank furnace

火焰的流动方向与窑池纵轴互成垂直的池窑。燃烧喷枪分设在窑池两侧，与马蹄焰池窑、纵火焰池窑相比，窑内火焰分布合理，对玻璃液的覆盖面积大；易于调节窑的纵向温度、压力和气氛性质，热点位置容易控制；能有效地提高玻璃的熔化质量和窑的熔化率。为适应火焰的射程，多适用于熔化面积较大的蓄热式池窑，用以生产平板玻璃、瓶罐玻璃、器皿玻璃等。横火焰池窑如附图所示。

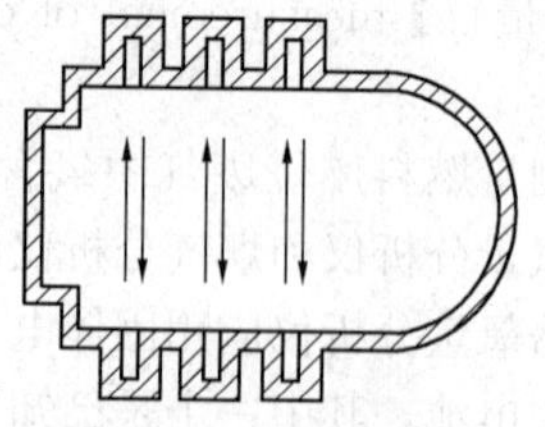

横火焰池窑

【蟹形窑】crab-shape tank furnace

指具有一对小炉的横火焰池窑，因其窑型类似蟹形故有此称。窑长接近或小于窑宽，可设多道供料通路。其特点是热点明显，有利于澄清，配合料一进入窑池就处于高温下进行强制熔化。玻璃液的熔制质量较好。玻璃液面其缺点是玻璃液的流程短，熔化能力较低，如果控制不当，玻璃会澄清不好。适用于熔化质量要求较高、生产率不大的玻璃品种，如仪器玻璃、器皿玻璃、电真空玻璃等。蟹形窑如附图所示。

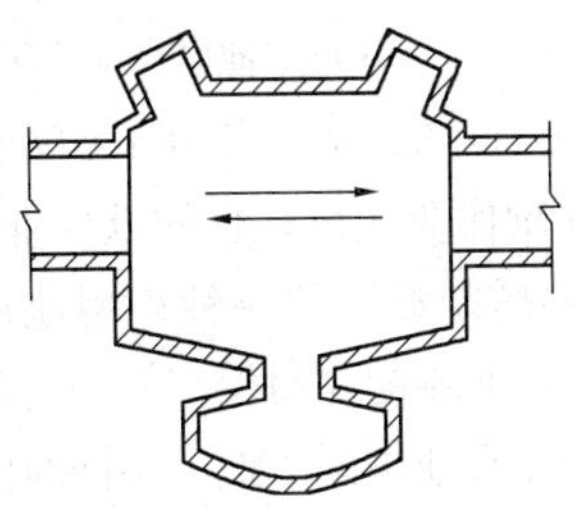

蟹形窑

【马蹄形火焰池窑】end-port tank furnace；U-flame tank furnace；horse-shoe flame tank furnace

简称马蹄焰池窑，指窑内火焰形状呈马蹄形即U形路线流动的池窑。只在熔化部的端头设置一对小炉。一般配置蓄热室也有的配置换热器。火焰在窑内的行程较长，有利于燃料的充分燃烧；窑两侧空间大，便于维护检修。但温度沿窑长方向较难控制，热点位置不易掌握，池窑方向上温差较大，不利于配合料的熔化澄清。广泛用于熔制瓶罐玻璃、器皿玻璃、仪器玻璃、医用玻璃以及玻璃球等。马蹄形火焰池窑如附图所示。

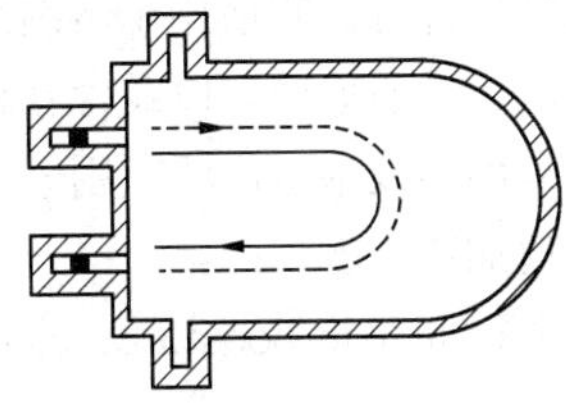

马蹄形火焰池窑

【双马蹄焰池窑】double horse-shoe flame tank furnace

火焰的形状呈现两个马蹄形即双U形路线流动的一种换热式池窑。喷火口设置在熔化部端头，吸火口位于两喷火口之间；或喷火口设置在窑池端部的中间，吸火口位于喷火口两侧。它具有换热式池窑温度波动小的特点，而且火焰覆盖面积增大。但火焰不易控制，容易偏向；吸火口处于高温下，侵蚀较严重。双马蹄焰池窑如附图所示。

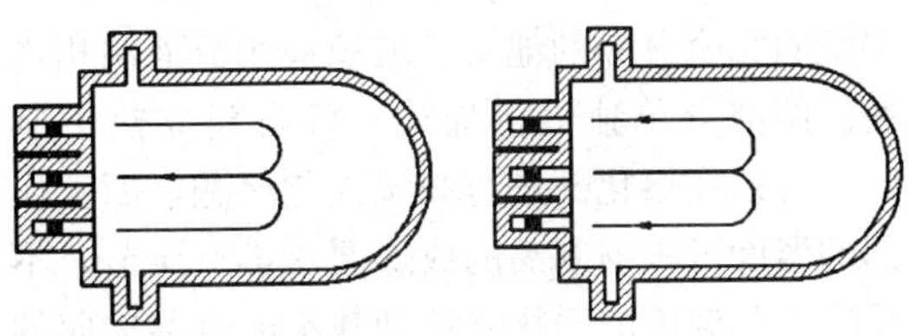

双马蹄焰池窑

【纵火焰池窑】longitudinal flame tank furnace

火焰的流动方向与窑池纵轴相一致的池窑。通常配置换热器。小炉设置在熔化部端头，废气由另一端排出。它具有结构简单、砌筑方便、火焰不需换向等特点。但是窑的热效率低，沿窑纵向的作业制度较难控制。适用于熔制玻璃质量要求一般的小型池窑。纵火焰池窑如附图所示。

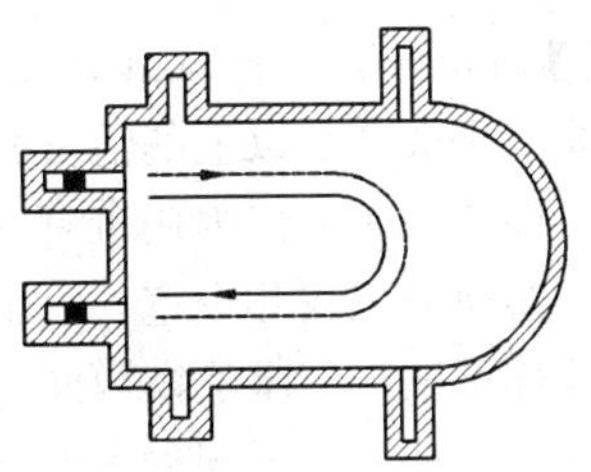

纵火焰池窑

【双拱顶池窑】double crown tank furnace

又名双炉盖池窑，是具有双层拱顶的一种换热式池窑。小炉设置在熔化部端头，废气从另一端向上翻转180°，流经两层拱顶之间的通道而导入换热器。与单拱顶窑相比，可以减少通过拱顶的散热，有利于提高窑内温度；窑的热效率比一般换热式池窑为高，且窑体结构紧凑。但其内拱顶处于高温下，易被粉料侵蚀，影响窑炉使用寿命，故对拱顶砌筑质量要求严格，窑池宽度不宜太大，熔化池面积一般小于$20m^2$。双拱顶池窑如附图所示。

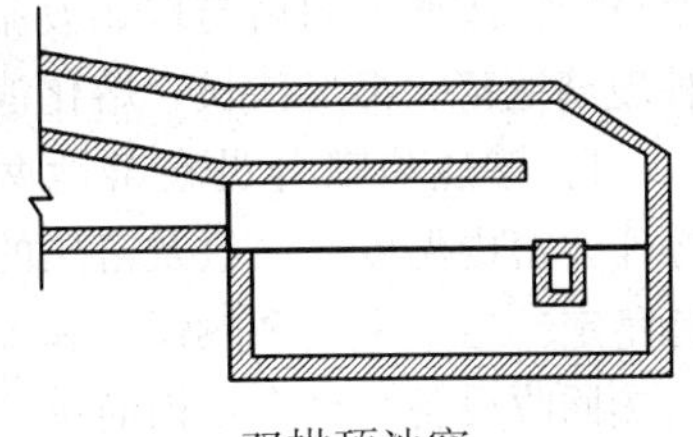

双拱顶池窑

【分隔式池窑】partitioned tank furnace

又名分部式池窑，是熔化部与工作部的火

焰空间完全分隔的池窑。玻璃液用流液洞相连通。两部分单独进行加热，各自建立热工制度。可以在熔化部进行高温强化熔融，而工作部的温度可根据制品的成形要求进行调节，不受熔化部温度的干扰。这种池窑能改善玻璃的熔制和成形质量。但其结构复杂，燃料消耗量大。适用于生产质量要求较高、成形温度要求严格的玻璃制品，如仪器玻璃、医用玻璃等。分隔式池窑如附图所示。

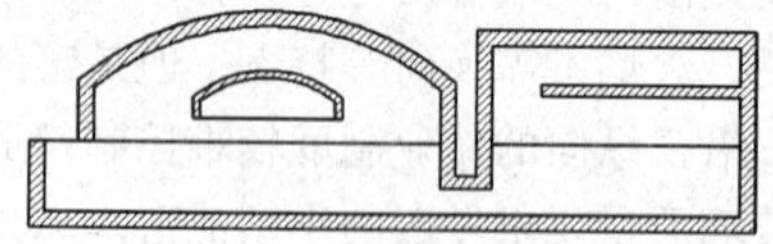

分隔式池窑

【多室池窑】multi-compartment tank furnace

指并排2个或2个以上的池窑共用一个窑顶的池窑，即在一座池窑内用带有冷却装置的中间隔墙把窑池分隔成几个室，火焰空间仍是连通的。这样可以在一座池窑内同时分别熔化多种颜色或组成相近、不同种类的玻璃液。例如一窑顶双室池窑或一窑顶三室池窑等。多室池窑如附图所示。

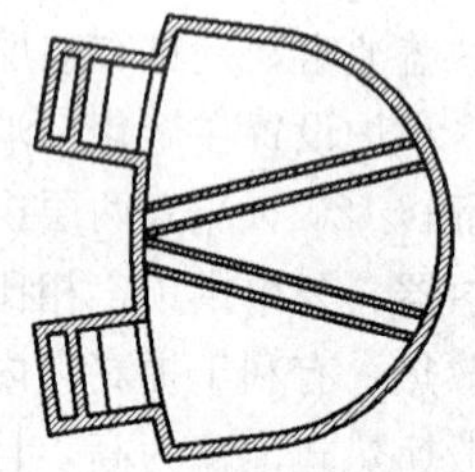

多室池窑

【单元式池窑】unit tank furnace; unit melter

又名单元窑，是燃烧火焰与玻璃液流呈正交，而燃烧产物改变方向后与玻璃液流逆向运动的一种玻璃池窑。窑形狭长，熔化池长宽比一般为3～4。燃烧喷嘴分设在窑池两侧，没有换火操作，窑内温度、气氛及窑压的分布始终能保持稳定。通常采用余热锅炉和金属换热器作为余热回收设备。具有结构简单、建窑材料用量少、占地面积小以及调换料种快等特点。适用于生产颜色玻璃、硼硅酸盐玻璃以及其他特种玻璃等。单元式池窑如附图所示。

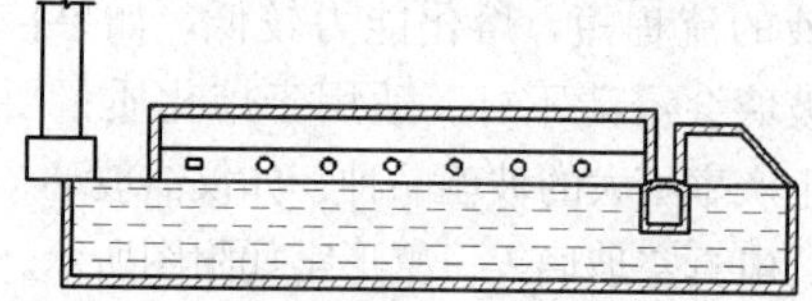

单元式池窑

【日池窑】daytank; periodic tank furnace

又名间歇作业池窑，是间歇作业(一般以一天为一周期)熔制玻璃的一种小型池窑。结构上是池窑，而作业制度与坩埚窑相同。玻璃熔制的各个阶段是在窑池中同一地区不同时间内周期性地进行。通常是夜间加料熔化，白天成形。但它同坩埚窑相比，具有容量大、检修方便、不需调换坩埚等特点。通常用于生产晶质器皿玻璃、乳浊玻璃及颜色玻璃等。

【电熔窑】electric melting furnace

以电能为热能来源，利用玻璃液本身作为电阻发热体，通过电极将电流引入玻璃液中，通电后使其内部发热而熔化玻璃的熔窑。插入玻璃液内的电极材料可以采用石墨、铁、特种钢、钼、铂以及熔融锡等，较常用的为钼和石墨。电熔窑与火焰窑相比具有下列特点：(1)热效率高；(2)熔化温度高，挥发少，玻璃质量稳定；(3)窑体温度低，耐火材料侵蚀小；(4)结构简单，控制方便，劳动条件好。它适用于熔制某些难熔玻璃、深色玻璃、晶质玻璃，以及含有高挥发成分的玻璃等。电熔窑技术也广泛应用于火焰窑的辅助加热和料道加热。

【电辅助加热】electric boosting; electric auxiliary heating

在火焰式池窑上，另外在某些部位采用电加热作为辅助热源称为电辅助加热。根据生产需要，电极可以设置在投料池、熔化池、工作池或通路等部位。它能够改善玻璃液的熔制条件，更有效地控制玻璃液流，提高熔化效率，提高玻璃液的均匀性，减轻耐火材料侵蚀以及改进对玻璃液的温度调节。电辅助加热能够在不提高火焰空间温度的情况下，提高熔窑的生产能力。

【窑池】furnace tank; bath of tank furnace; tank

池窑中容纳玻璃液的池子，是由池底和池壁构成。全部窑池是建筑在由支柱所支承的钢架结构上。沿窑池纵向，根据玻璃熔制的不同阶段分为投料池、熔化池、澄清池、冷却池和成形池。流液洞池窑通常把窑池分成熔化池和工作池，在熔化池中完成玻璃液的熔化、澄清和均化过程。已澄清的玻璃液通过流液洞或通路等流入工作池，玻璃液在工作池内降温冷却至所需的黏度供给成形。

【胸墙】breast wall

指池窑两侧池壁与窑拱之间的窑墙。有的胸墙直接支承于池壁砖上，但大多通过托铁支承于钢架立柱上，与池壁砖分开。在大型玻璃熔窑，主要由下巴掌铁、胸墙托板、挂钩砖、胸墙砖等组成。在熔化部，胸墙与窑拱共同组成火焰燃烧空间。由于易受火焰或高温烧损，熔化部胸墙通常用锆刚玉砖砌筑，澄清部胸墙和冷却部胸墙通常用硅砖砌筑，锆刚玉砖和硅砖的过渡区采用锆英石砖砌筑。

【窑拱】crown；main arch

又称大碹，俗称炉盖，是玻璃池窑的窑顶。与胸墙共同构成玻璃池窑的上部结构并构成火焰燃烧空间。有的窑拱直接支承于胸墙上，但通常与胸墙一样通过托铁支承于钢架立柱上，与胸墙分开，避免相互影响，便于进行检修。因长期经受高温作用，通常用荷重软化温度较高的硅砖或含锆的电熔砖砌筑，并由楔形砖组合而成。窑拱可以分节砌筑，每两节之间预留膨胀缝，以适应烤窑时窑拱的热膨胀，并在冷修时只拆除受侵蚀最严重的部位。为尽量增加热辐射和减小散热，在确保窑拱具有足够的结构强度情况下，应减小拱顶与拱脚间的垂直高度，通常用碹股和跨度来反映窑拱的结构特性。窑拱如附图所示。

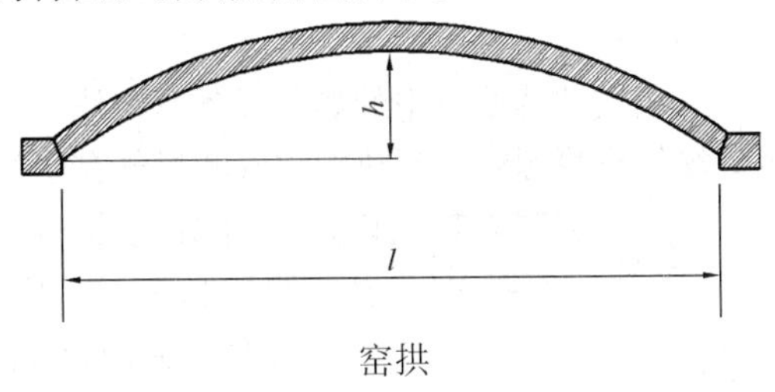

窑拱

h—拱高；l—跨度

【膨胀缝】expansion joint

指为防止耐火砖砌体因热膨胀而引起结构破坏，预先设置的缝隙，也称胀缝。当熔窑在烤窑升温时，耐火砖砌体受热膨胀，易使窑体结构产生应力，引起窑体变形甚至破坏。故在窑炉砌筑时，必须根据砖的膨胀性能和使用部位，留出一定宽度的缝隙。窑拱的胀缝一般每隔一段长度集中留出膨胀缝，直墙一般分散留交错膨胀缝。

【反拱】invert arch

俗称反碹，是连接窑拱与小炉喷火口拱端，起拱脚作用的一种结构形式。使窑拱的横推力通过反拱分别支承在喷火口两侧的窑拱拱脚上。这样，窑拱可以不须置于小炉喷火口之上，从而可以大大降低火焰空间高度，减少散热损失，并便于热修小炉拱。反拱与窑拱采用同样的耐火砖砌筑。反拱结构主要用于以煤气为燃料的熔窑。反拱如附图所示。

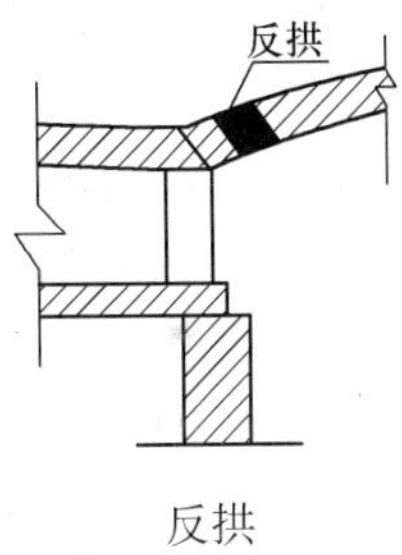

反拱

【流液洞】throat

俗称过桥，是玻璃熔窑内玻璃液的一种深层分隔装置，用以连接熔化池与工作池或料道的一道(或多道)孔洞。它能阻挡熔化池中未熔浮渣流入工作池。它处于窑池底层，对玻璃液能起降温和减少回流作用。一般流液洞的截面较小，因玻璃液通过时流速较大，故受蚀损剧烈，应选用优质耐火材料(如锆刚玉砖等)砌筑，并在其外侧吹风或用水箱冷却。流液洞尺寸按玻璃液成形量、玻璃液的透热性和黏度、制品成形温度等因素而定。流液洞如附图所示。

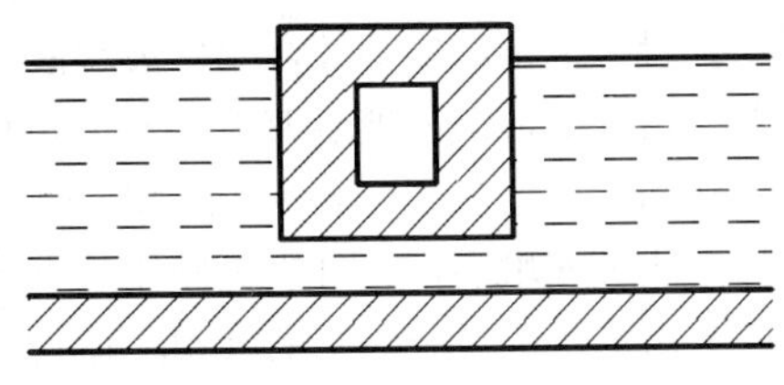

流液洞

【沉陷式流液洞】submarine throat；submerged throat；drop-throat；sunken throat

又称下沉式流液洞，是流液洞的一种结构形式。流液洞地板砖低于窑池底砖。在窑池较浅或熔化能力较高的池窑上，它能有效地阻挡浮渣进入工作池，并增大对玻璃液的降温冷却作用，减轻高温对流液洞的侵蚀。其沉降深度按玻璃液的透明度、料性、池深和炉温高低而定。沉陷式流液洞如附图所示。

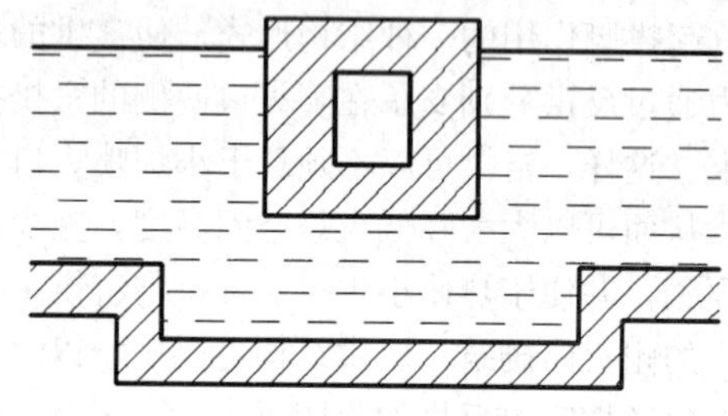
沉陷式流液洞

【桥墙】bridge wall

玻璃池窑中分隔熔化池与工作池的隔墙，两部分用流液洞沟通，玻璃液仅通过流液洞由熔化池流入工作池。

【花格墙】lattice wall；shadow wall；baffle wall

池窑内火焰空间的一种分隔装置，用以分隔熔化部与工作部火焰空间的具有格孔的隔墙。砌筑于桥墙之上，常与流液洞配合使用，根据所砌花格砖的疏密和高低来调节分隔程度，用以控制工作池的温度，减少熔化部空间火焰对工作部的热辐射及高温气流的影响。

【吊隔墙】suspended shadow wall

分隔玻璃池窑熔化部和冷却部，隔断热气流的一种吊挂式隔墙。它的顶部直达窑顶，底部可浸入或不浸入玻璃液中，还可以升降。如采用U形吊墙，内部通常采用通风冷却。

【无底坩埚】boot；potette

称浮筒，是一种无底的或底部有开孔的横口坩埚。置于池窑的冷却部，用作玻璃液的分隔装置。坩埚下口沉入玻璃液面之又下，其上口嵌入胸墙，以便供手工挑料成形玻璃制品。可阻挡浮渣进入坩埚，又可避免操作口火焰外逸。调节坩埚沉入的深度，改变坩埚的容量，可以调节玻璃液的成形温度，保证成形质量。无底坩埚如附图所示。

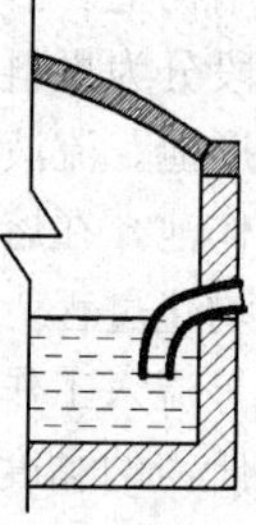
无底坩埚

【浮环】gathering ring；floating ring

俗称圆圈，是浮置于池窑或坩埚内玻璃液面上的耐火材料圆环。其作用是能阻挡浮渣的进入，以便在手工成形时从环内挑取净洁的玻璃液。

【供料槽】forehearth；feeder channel

又称供料通路、料道，是池窑中连接窑池与供料机间的玻璃液通道。供料槽由供料通路和料盆组成。其作用是将熔制好的玻璃液，通过供料槽进行最后的温度调节，使玻璃液具有合适的黏度后供给成形机。供料通路又可分成为冷却段和调温段，玻璃液在冷却段逐步降温(或加热)至接近于滴料的温度，在调温段通过加热(和搅拌)以获得需要的黏度、均匀的玻璃液。供料槽宽度取决于玻璃液的成形量，其长度根据温度要求和成形机的布置而定。供料槽应加强保温以提高玻璃液的均匀性。

【节流闸板】throttle damper

用以调节玻璃液流量大小的闸板。位于拖碗砖的下面，用耐热钢板制造，使用时可以左右调节，操作方便。因安装在喂液器的外面，不会污染玻璃液，可提高成品的质量。

【托碗砖】bowl brick

底部开孔的碗形耐火砖。安装于喂液器端部下面，玻璃液从中流出而形成流股。为了便于拆卸、更换，采用铸铁板托架固定。通常采用黏土质、高铝质或石英陶瓷质材料。

【小炉】port

火焰式玻璃熔窑中的燃烧设备。在使用发生炉煤气作热源时，预热的空气和煤气在小炉内进行部分混合和预燃，然后依一定的方向喷入窑内完成燃烧，如附图所示。使用重油或天然气时，小炉的主要作用是预热助

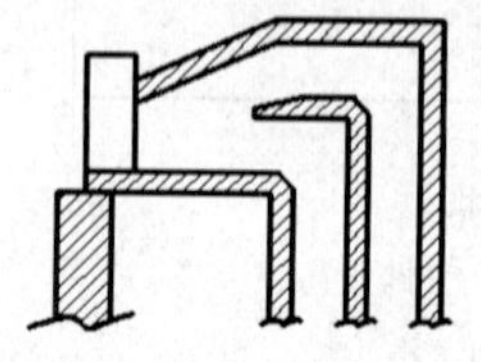
小炉

燃空气和排出燃烧废气。合理的小炉结构应是保证在窑内能达到玻璃熔制所要求的温度分布和气氛性质。对不同的燃料种类，其结构可包括喷火口(小炉口)、预燃室、小炉舌头、空气和煤气通道等不同的部分。喷火口是熔窑小炉中火焰(或空气)喷出的地方，也是从熔窑内吸走废气的地方，其截面的大小和形状决定了气流的喷出速度和火焰覆盖面积，影响到窑内的火焰长度、温度分布和给热强度。在燃烧发生炉煤气的小炉内，分隔空气和煤气通道隔墙的水平延伸部分为小炉舌头，其长短和厚度影响空气和煤气的混合、喷出火焰的长度、角度、窑内温度分布和受侵蚀情况等。

【预燃室】mixing chamber; pre-combustion chamber

指烧煤气池窑小炉的空气与煤气混合及预燃的空间，称为预燃室。它由小炉斜拱、侧墙和底板所构成。其长度是指小炉舌头端点到喷火口外沿这一段距离，使预热的空气和煤气在这里以一定的角度相遇，依靠气流的涡动、分子的扩散和相互撞击而进行部分混合和预燃。由于混合过程是火焰燃烧过程的决定因素，故预热室是小炉结构设计的一项主要因素。

【小炉水平通道】horizontal conduits of port

对于燃烧发生炉煤气熔窑，指小炉内空气和煤气的水平通道。空气和煤气通过水平通道分别导入预燃室后进行混合。空气水平通道一般置于煤气水平通道之上，通道截面的大小直接关系到它们的流速，从而影响到混合程度及火焰的喷射方向。对于燃油或天然气熔窑，小炉水平通道即作为引入助燃空气的通道，也作为排出废气的通道。

【垂直上升道】up-take

又称小炉上升道。指连接小炉和蓄热室的垂直通道。在垂直上升道上可以设置闸板，用以调节通向小炉的空气和煤气的流量或从小炉导回蓄热室的废气流量。

【余热回收设备】waste heat recovering equipment

又称余热利用设备，是指回收从窑炉排出高温废气中一部分热量的设备。在玻璃生产中常利用这部分废气余热来预热进入窑内燃烧的发生炉煤气、助燃空气或用来余热发电、预热配合料等，以提高热能的利用从而节省燃料消耗。余热回收设备有蓄热室，换热器和余热锅炉等。

【蓄热室】regenerator

蓄热式玻璃熔窑中的余热回收设备。利用耐火砖作为蓄热体蓄积从玻璃熔窑内排出的烟气中的热量，用以预热空气和发生炉煤气。主要包括：墙体、格子体、底烟道、支承格子砖的炉条拱等。蓄热室必须成对使用，以格子砖作为中间媒介体而交替地进行热交换(蓄热和放热)，利用废气的热量以完成预热气体的加热过程。由于不断地换向，蓄热室中的热流是不稳定的，气体的预热温度随时间变化。按气体在蓄热室中的流动方向，可分为立式和卧式蓄热室，按结构形式可分为连通式和分隔式蓄热室。

【换向器】reversal device

又称交换器。是蓄热式熔窑实现火焰换向操作的一项设备。依靠换向器的定时或定温换向操作，能使废气和预热气体改换流动方向，交替地流经蓄热室，达到预热空气或煤气的目的。换向器分空气换向器和煤气换向器两种，在结构上应具有良好的耐热性和气密性，要求气体流过时阻力小、构造简单、操作灵活方便。玻璃熔窑上常用的有跳罩式换向器(驼背式)、闸板式换向器和翻板式换向器等形式。

【换向阀】reversal valve

玻璃熔窑燃料油、天然气及其雾化介质(压缩空气或蒸汽)换向用的阀门。燃煤气玻璃熔窑的煤气和空气的交换器亦称换向阀。换向阀通常分为气动阀和电磁阀两种。

【立式蓄热室】vertical regenerator; upright regenerator

气体沿着格子体作垂直方向流动的蓄热室。热的废气自上而下，被预热气体自下而上，它符合气流垂直运动分流规则。其特点是气流在格子体断面上分布比较均匀，气流阻力小、便于热修，是玻璃熔窑上广泛采用的蓄热室形式。立式蓄热室如附图所示。

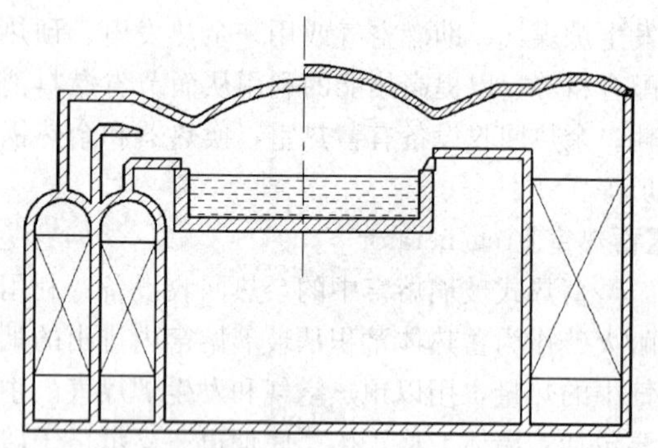

立式蓄热室

【卧式蓄热室】horizontal regenerator

气体沿着格子体作水平方向流动的蓄热室。它的建筑高度小，可砌筑在窑体底部，缩小占地面积。在地下水位高、厂房建筑低的情况下采用较多。缺点是气流在格子体中容易分层，气流阻力大，格孔易被积灰堵塞。

【连通式蓄热室】connected regenerator; united regenerator

蓄热室的一种结构形式。在具有多对小炉的横火焰池窑上，每侧小炉下面的空气蓄热室和煤气蓄热室没有隔墙连通为一室，即每侧小炉共同占有一组蓄热室(空气和煤气)。特点是结构简单，气流阻力较小，若蓄热室有一处堵塞，烟气可通过其他部位排出。但气流分布不易均匀，蓄热室的容积利用率低。由于各蓄热室互相连通，难于调节通过各个小炉的气体分配量，热修不方便。

【分隔式蓄热室】divided regenerator; partitioned regenerator

蓄热室的一种结构形式。在具有多对小炉的横火焰池窑上，把对应连通的蓄热室沿纵长方向用隔墙分隔成几室，使每个小炉各自占有一组蓄热室(空气和煤气)。与连通式蓄热室相比其特点是：可以减少气流死角，提高蓄热室的容积利用率；便于进行热修；能使气流按各个小炉合理分配，易于调节窑内纵向的温度制度和气氛性质。但结构较复杂；占地面积大；烟道长增加了气流阻力。

【箱式蓄热室】box-type regenerator

不设置垂直上升道的一种蓄热室结构形式，主要用于以重油或天然气为燃料的窑炉。废气沿小炉水平通道直接导入蓄热室，同普通蓄热室相比，其特点是：废气进入格子体前降温较少；气流在格子体断面上分布比较均匀，气流阻力减小；在同样蓄热室高度的情况下，可使格子体的高度增加，加大受热面积。

【格子体】checker; checker work

蓄热室中用耐火砖砌成的格子状用于蓄热和传热的砌体。蓄热室必须具有足够大的格子体体积和受热面积，以充分利用废气的余热，促使被预热气体能达到较高的预热温度。随着耐火材料的发展，格子体的砌筑形式，已从传统的条形砖编篮式、井子式发展为筒形砖和十字形砖直接码砌。格子体在工艺上具有下列要求：(1)能充分利用蓄热室的容积，具有较大的受热面积和蓄热能力，预热气体的温度高、波动小；(2)气流分布均匀，传热效率高，气流阻力小；(3)耐高温侵蚀，结构稳定，清扫和检修方便。

【格子砖】checker brick

又称花格砖，砌筑蓄热室格子体所用的耐火砖。是蓄热室中高温废气进行热交换(蓄热和放热)时的中间媒介体(原理见蓄热室)。格子砖要求有一定的抗侵蚀和抗温度急变等性能。常根据格子体高度分段采用不同的砖材，常用的格子砖材料有低气孔黏土砖、高铝砖、高纯镁砖、镁橄榄石砖、铬镁砖和锆刚玉砖等。

【格子体受热面积】effective heating surface of checker; available surface area of checker

指蓄热室中格子砖与气流所能进行热交换的表面积。它的大小应与窑的熔化面积、需要预热的气体量和预热温度相适应。格子体应具有足够的受热面积，才能充分利用废气的余热，使被预热气体能达到一定的预热温度。为了衡量格子体受热面积的大小，通常是以一侧蓄热室格子体的总受热面积与池窑熔化部面积(坩埚窑为窑底面积)之比作为玻璃熔窑蓄热室的一项技术指标。通常也以格子体热比表面即蓄热室每立方米格子体体积所具有的受热面积(通常以 m^2/m^3 表示)来衡量格子体的受热面积大小。

【玻璃窑炉换热器】recuperator for glass furnace; heat exchanger for glass furnace

换热式玻璃熔窑中的余热回收设备，用于预热助燃空气的一种热交换器。在换热器中，高温废气和助燃空气由间壁隔开，废气的热量通过间壁连续地传递给助燃空气，以达到提高燃烧温度、节约燃料的目的。传递过程中比较稳定，助燃空气的预热温度不随时间而改变。换热器按空气和废气的流动方向，可分为顺流式、逆流式和错流式；按所用的材料可分为陶质换热器和金属换热器。

【筒形砖】refractory recuperator tube

由耐火材料制成的带有凹凸接口的一种换热器构件。具有筒壁薄、传热系数较大、接合较严密及换热比表面大等特点。使用筒型砖作换热器，较砖砌通道式换热器体积小、空气的预热温度高(800～2000℃)。常用筒形砖的断面形状有圆形、方形和六角形等，如附图所示。圆形和方形一般用于立式换热器，六角形多用于卧式换热器。气流方向都呈错流式。

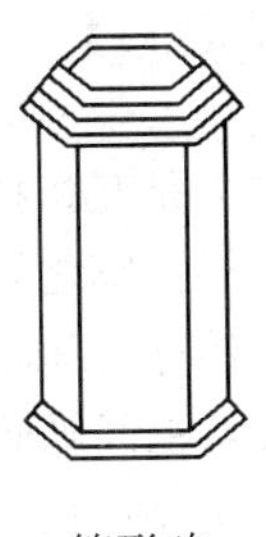

筒形砖

【辐射式换热器】rediation recuperator

又称狭缝式换热器。以辐射传热为主要方式的一种金属换热器。由两个同心的金属圆筒组成，两圆筒间留有狭缝。废气通过内筒，助燃空气以高速(6～15m/s)从狭缝中流过。当废气通过内筒时，热量主要以辐射方式传给金属壁，通过金属壁的传导再以对流传热使空气加热。传热效率取决于废气和空气的流速、废气的温度及筒径的大小。空气与废气的流向可以使顺流或逆流。为充分利用废气的热量，降低筒壁温度，可以采用两个辐射换热器重叠并联使用。

【余热锅炉】waste heat boiler

利用窑炉烟气的余热来制取蒸汽的设备。与普通锅炉的最大区别在于其传热全部依靠对流和气体辐射的作用。按烟气通过锅炉的总份额，可分为烟气部分通过和烟气全通过两种。玻璃熔窑上常用的余热锅炉有烟管式、水管式和余热汽包等。余热锅炉产生的蒸汽可用作加热重油、油管伴热或供生活用水等。

【烟道】flue

将窑炉内的烟气引向烟囱的通道，或将煤气和空气送入窑内时所经由的通道。在玻璃熔窑的烟道系统中，一般包括支烟道、中间烟道和总烟道等。为使烟道内气流保持适宜的流动速度，烟道应尽量避免拐弯及断面的突然改变。烟道要求砌筑严密，减少漏气。为调节烟道内气体的流量或熔窑内的压力，通常利用烟道闸板来改变烟道流通的断面大小，根据烟道部位的不同，分别设置有支烟道闸板、中间烟气闸板和总烟道闸板等。

【窑体钢箍结构】furnace bracing; steel girderage of furnace

支承和紧固窑体的钢架结构，通常都用型钢制成。其主要作用是支承部分窑炉砌体重量，平衡窑拱的水平推力和玻璃液对池壁的侧压力以及控制窑体的热膨胀；加强窑炉在高温下的结构强度。玻璃熔窑的钢结构主要包括底梁、立柱、拉条、托铁、顶丝等构件。

【底梁】bottom beam; bottom girder

支承池窑底砖的构件。分为主梁与次梁。其作用是支承窑体的全部重量，并通过支柱把重量传递到基础上。主梁直接支承在支柱上，主梁上固定架设次梁，在次梁上垫有方钢、再排布池底砖。次梁和方钢依顺长方向要避开砖缝，以利通风，避免漏料，并不使次梁过热而变形。主梁和次梁断面尺寸根据窑体荷重及池窑跨度选择，间距则按支柱的配置及池底砖的尺寸而定。

【立柱】buckstay; column

指玻璃熔窑上紧固窑体的直立钢架构件。其作用为通过托铁承受胸墙和窑拱的重量；通过顶铁或顶丝顶住池壁砖、平衡玻璃液的侧压力，借助拉条的拉力，平衡窑拱的水平推力。熔窑本体的立柱固定在它下面的次梁上。蓄热室或换热器的立柱一般直接固定在窑炉基础，其上端均用拉条拉紧。

【拉条】tie rod

指玻璃熔窑上横跨窑拱拉紧立柱的圆钢构

件。其两端用螺母固定于立柱上端，用以平衡窑拱的水平推力。烤窑时，应根据窑拱的热膨胀来调节其松紧。

【托铁】skewback bearer; iron bracket

玻璃熔窑上托住窑拱或胸墙的钢构件，用角铁、铸钢或铸铁制成。窑拱和胸墙的重量通过托铁支承于立柱上，使池壁、胸墙和窑拱互成独立体，减轻池壁承重，并便于检修各自的损坏部分。

【烘花窑】decoration firing lehr

又称彩烧炉。是用于玻璃制品在彩绘和印花工艺后进行烘烧的一种热工设备。基本结构同隔焰式退火窑。彩印后的色釉在550～600℃温度下进行烘烧，使之牢固地熔附在玻璃表面上成为彩饰玻璃制品。窑内工作过程分为加热(挥发)、烘烧、缓冷和快冷四个阶段，沿窑长方向上的温度分布应与这四个阶段的要求相适应。烘花的质量主要取决于前两个阶段。而缓冷阶段主要是保证退火质量，消除残余应力。

【卡脖】neck

玻璃池窑的一种分隔设施，是连接玻璃池窑熔化部和冷却部的通道，其宽度比熔化部和冷却部的宽度都窄，形似脖子，通称卡脖。通常与矮碹、U形吊碹、双L形吊碹、吊平碹、窑坎等结构配合使用。其作用是降低熔化部热气流向冷却部的辐射和流动，减少流向冷却部的玻璃液量，降低玻璃液温度。为提高玻璃液质量，在卡脖处通常安装有深层冷却水包和玻璃液搅拌器。

【矮碹】flying arch

玻璃池窑气体空间的一种分隔设施。通常设于熔化部和冷却部之间。其利用碹的降低，减少熔化部和冷却部相通的空间截面，控制来自熔化部的辐射和热气流，以减轻熔化部的气氛和压力对冷却部的影响。与卡脖配套的矮碹，为降低其下面的开度，一般采取两幅碹或多幅碹逐步压低的方式，以达到增大分隔的作用。为保证结构强度，矮碹通常采用优质硅砖砌筑。

【浮砖】floater

又称挡砖。玻璃池窑中的一种分隔玻璃液的设施，其作用是降温和阻挡玻璃液面上未熔砂粒和浮渣，是分选玻璃液最后一道屏障。对于稳定熔化区位置，强化玻璃液冷却，降低和调节玻璃液对流，提高玻璃液均匀性都起着重要作用。

【前墙】back wall

俗称前脸墙，指横火焰池窑投料池或投料口上方的端部窑墙。与大碹共同组成熔化部的前端空间。其主要作用是阻挡熔窑前端热气流的喷出，以达到熔窑内的减少热量损失和避免热气流对投料机等窑头设施的热辐射。通常使用L形吊墙作为前脸墙，具有结构合理、不需热修、耐热强度较高等优点。

【间隙砖】tuckstone

大中型玻璃池窑的池壁、胸墙和窑拱在结构上是互相独立的，池壁与胸墙之间、胸墙与窑拱拱脚之间留有间隙，用于封闭此间隙的耐火砖称为间隙砖。间隙砖分上间隙砖和下间隙砖，上间隙砖用于保护窑拱拱脚砖，下间隙砖用于保护胸墙挂钩砖。间隙砖一般采用硅砖或锆刚玉砖做成。

【挂钩砖】plate block

玻璃池窑胸墙砌在胸墙托铁上，为了避免间隙砖透火或修换间隙砖时窑内喷出的火焰烧坏胸墙托铁，将最下一层胸墙砖做成挂钩形，称为挂钩砖。主要起着阻挡窑内火焰不窜出烧损胸墙托板和下巴掌铁的重要作用。挂钩砖通常使用电熔锆刚玉砖，因为其材质、制造工艺、几何形状的影响，其制成品在弯钩内角处由于应力集中极易形成热裂纹。

【换热器式单元窑】recuperative unit furnace

两侧胸墙设置多对燃烧器，使燃烧火焰与玻璃生产流正交，燃烧产物改变方向后与玻璃流逆向运动。增加烟气在窑内停留时间，适合熔制难熔和质量要求高的玻璃。采用复合式燃烧器，雾化燃料与预热空气同时从燃烧器喷出，经烧嘴砖进入窑炉内燃烧，与采用蓄热室小炉的窑型相比，燃料在燃烧过程中更容易获得助燃空气。运行中没有换火操作，窑内温度、气氛及窑压的分布始终能保持稳定，对熔制高质量玻璃有利。

【L形吊墙】L-shaped suspended wall; strut-air backwall

熔化部火焰空间的前端部分，与大碹共同组成熔化部的前端空间。L形吊墙由上下两部分钢结构和砖结构组成，其上面的直墙部分，采用高质量的硅砖，下面的L形部分采用烧结莫来石砖。L形吊墙的宽度可根据生产工艺确定，其主要作用是阻挡熔窑前端热气流的喷出，以达到减少熔窑内热量损失和避免热气流对投料机等窑头设施的热辐射。

【煤气站】gas station

煤气站主要是通过煤气发生炉生产煤气，并附有焦油、酚水及少量硫化氢产出。主要由煤气发生炉、管路系统、煤气处理系统、循环水系统和监控系统等组成。根据采取的煤气发生炉不同，煤气站在设计上会有一些区别。由于其生产具有一定危险性，所以煤气站应配有煤防站安全协作体系等。

【煤气交换器】gas exchanger

烧煤气玻璃熔窑排烟供气系统用于煤气换向的装置。通常采用驼背式(跳罩式)煤气交换器，由传动装置带动连杆机构变换钟罩位置，使左侧气孔和右侧气孔与中央气孔轮流相连通的方式，以达到煤气换向的目的。此煤气交换器具有结构简单、操作方便、气密性好、用于较高温度及便于实现自动控制等特点，广泛应用于大型玻璃熔窑。

【煤气支烟道闸板】gas branch flue damper

以煤气发生炉煤气为燃料的玻璃熔窑的分隔式蓄热室中，设置在煤气支烟道上的闸板。通过卷扬机控制闸板的开度大小来调节各小炉的煤气量。根据控制方式可分为自动和手动。闸板及其闸板框、闸板盖板均采用耐热铸铁制造。

【煤气发生炉系统】gas producer system

煤气发生炉系统也叫煤气转化炉系统，是以煤为原料生产煤气，给玻璃熔窑提供燃料的装置。煤气发生炉系统由煤气炉、气化冷却、水循环、变电设备、不同转速的电动设备、照明设备、防护报警设备以及高温高压设备等组成。固体原料煤从炉顶部加入，随煤气炉的运行向下移动，在与从炉底进入的气化剂(空气、蒸汽)逆流相遇的同时，受炉底燃料层高温气体加热，发生物理、化学反应，产生粗煤气。此粗煤气(即热煤气)经粗除尘后可直接供燃烧设备使用。随着石油价格的不断攀升，煤气发生炉制气技术是一种节能、环保、应用广泛的洁净煤技术。

【空气交换器】air exchanger

置于空气烟道上，用于助燃空气换向的装置。通常有两种形式：(1)在两条空气烟道上分别放置一套圆盘阀闸板式空气交换器，由自动换火装置启动，具有气流阻力小、漏气少和操作可靠等特点；(2)两侧的空气烟道分别设置闸板式交换器，两块闸板由同一传动机构通过钢丝绳牵引，上部外壳与空气进风管道相通，下部为空气烟道，当一侧闸板落下时，关闭通向总烟道的孔，助燃空气由进风管道进入蓄热室，同时另一侧闸板提起，废气进入总烟道，换向后则相反，具有结构简单、气流阻力小和气密性好等特点，已在大型浮法玻璃熔窑得到广泛应用。

【空气支烟道闸板】air branch flue damper

炉煤气发生玻璃熔窑的分隔式蓄热室中，设置在空气支烟道上的闸板。通过卷扬机控制闸板的开度大小来调节各小炉的空气量。根据控制方式可分为自动和手动。闸板及其闸板框、闸板盖板均采用耐热铸铁制造。

【天然气喷枪】air branch flue damper

以天然气为燃料的喷枪。由天然气进口、助燃空气进口和喷出口组成。根据火焰的特点，可分为有焰式喷枪和无焰式喷枪。有焰燃烧时天然气与助燃空气不预先混合或部分混合，在燃烧过程中一边混合，一边燃烧，可以看到火焰的轮廓。无焰燃烧时天然气和助燃空气混合很充分，空气过剩系数高，燃烧速度比有焰燃烧快得多，火焰很短，火焰辐射能力较差。根据喷枪的安装位置不同可将燃烧系统分为底烧式、侧烧式和插入式。

【斜毯式投料机】inclined blanket feeder

投料机的一种，用于将玻璃配合料投入玻

璃熔窑。斜毯式投料机由料斗、可往复运动投料台、传动机构、机架等部分组成。当投料台向前运动时，配合料从料斗落至投料台，通过调节闸板控制下料量，同时将配合料向熔窑内推进，当投料台向后运动时，由挡料板阻止配合料随投料台向后移动，配合料落入投料池，如此往复运动，完成投料过程。该投料机下料顺畅、投料面宽、料层厚度可控，与L形吊墙配合使用，飞料较少。大型浮法玻璃熔窑多采用斜毯式投料机。

【总烟道调节闸板】main flue adjusting damper

又称旋转闸板或窑压调节闸板。装设在总烟道上，位于总烟道截断闸板之前，用于调节总烟道通过废气量，达到精确控制窑压的目的。通常由底座、定心座、两块可旋转0～90°的闸板、闸板盖、拉杆、插销及气动执行机构等构成。根据熔窑的压力测量信号，控制执行机构调节总烟道调节闸板的开度，从而使熔窑压力稳定在设定范围内。总烟道调节闸板的调节通常有手动、半自动和全自动三种模型。

【总烟道截断闸板】main flue cut-off damper

又称大闸板。装设在烟囱前的一段总烟道上。通过截断和开启总烟道与烟囱之间的通路，来粗略调节烟囱抽力的大小，以达到使窑压保持稳定的目的。总烟道截断闸板有垂直式和倾斜式两种，主要由闸板、立柱、闸板箱、横梁、拉杆、绳轮、配重、卷扬机等机构组成，其中倾斜式还包括置于烟道中的闸板框架，通过闸板在框架上滑动来实现截断和开启的功能。

【烟气交换器】flue gas exchanger

用于烟气换向的装置。通常不单独设置烟气交换器，而是只设置空气交换器同时完成烟气和空气的换向。其基本原理与空气交换器相似，具有结构简单、气流阻力小和气密性好等特点，已在大型浮法玻璃熔窑得到广泛应用。

【支烟道手动调节闸板】branch flue manual adjusting damper

装设在所对应的每个小炉的支烟道上，通过手动方式进行调节的闸板。通过调节支烟道闸板的开度，来调节进出该小炉的空气量和废气量，以达到控制窑炉气氛的作用。其传达方式可分为升降式和旋转式，均由闸板、闸板箱、开度标尺、传达齿轮、卷扬机、手轮等构件组成。

10.4.2.3 工艺

【热点】hot spot

沿玻璃池窑纵向的玻璃液的最高温度部位(见附图)。热点位置对玻璃熔化、澄清影响很大。控制热点最佳位置以保持泡界线的稳定为主。在玻璃池窑中，玻璃液以热点为中心，呈放射形状水平地流向池壁，沿池壁流向池底，再从池底流向中心然后上升形成上升流。上升流犹如泉涌，又称热泉或盖尔霍夫(Gehlboff)泉。热泉起着抑制表面流和阻止未熔化好的配合料越过池界线的屏障作用，故又有热坝之称。

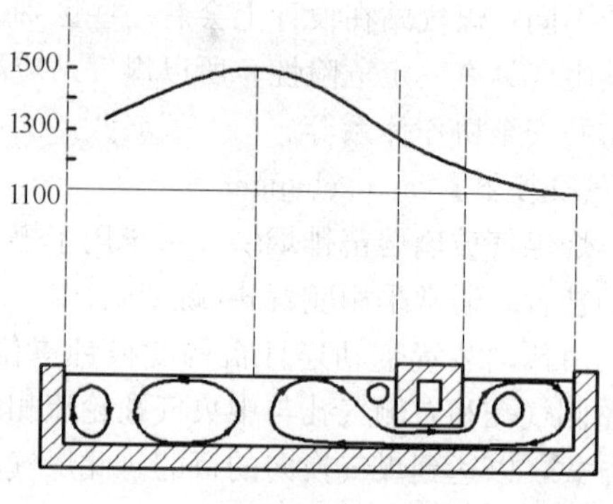

热点

【泡界线】foam line

在连续式玻璃池窑的熔化部，由于热点与投料池的温差，表层玻璃液向投料池方向回流，使无泡沫的玻璃液和有泡沫玻璃液之间有一明显分界线，称为泡界线，又称泡切线。池窑温度制度，生产量大小、配合料的组成、火焰的性质、料堆的分布情况等都影响泡界线的形成和位置。它的位置不一定与热点重合，而是上述许多因素的综合结果。保持泡界线位置的稳定是优质高产的重要条件之一。

【玻璃液流】glass current

指玻璃池窑内熔融玻璃液的流动。大体分为两大类：一类是由于窑池各部位玻璃液的温度差异或质量差异而引起的自然流；另一类是熔窑成形部不断地取出玻璃液和投料口不断地加入配合料所形成的生产流，也称成形流。玻璃液的对流是玻璃液流的主要行为，对窑内各部位已熔化的玻璃液、未熔化的配合料堆、玻璃液中的气泡和玻璃液表面的泡沫的移动有着重要影响，同时对池壁又产生冲刷作用。玻璃液流比较复杂，有效地控制液流，可以改善熔化质量，提高熔化效率。电辅助加热和池底鼓泡有助于对液流的控制，可通过直接观察测定、模型试验和数值模拟等方法对玻璃液流进行分析研究。

【热对流】thermal/heat convection current

指池窑内玻璃液存在温度差异而造成的质量差异所引起的自然对流。池窑内，温度高的玻璃液因密度小而上升，温度低的玻璃液因密度大而下降，因此热点处玻璃液因温度最高而形成上升式热对流。当密度小的玻璃液浮升至液面后，即以此处为中心向四周呈放射状热对流。同时，热点处玻璃液还存在两个与生产流方向相反的热对流，即玻璃液回流。表现为：表层玻璃液从热点向投料口方向流动，深层玻璃液从冷却部向热点流动。表层玻璃液的回流可增加未熔料堆前进阻力，延长熔化时间，改善熔化质量；深层玻璃液回流可保持冷却部玻璃液的均匀性和防止析晶等作用。另外，生产中应控制玻璃液的热对流，以免玻璃液回流量过多而增加熔化部能耗。

【对流系数】factor of convection current

指池窑中流入成形部的玻璃液量与用于成形的玻璃液量之比。从熔化部流向成形部的玻璃液除了生产流之外，还存在玻璃液的回流，故对流系数大于1。对流系数值与窑型结构及玻璃液的分隔装置等有较大关系。

【浸没燃烧】interior combusion

又称内部燃烧，是玻璃熔窑的一种新型熔化方式。浸没燃烧技术将燃烧器置于熔窑底部，燃料与助燃剂直接通过火焰喷枪注入所需熔化的配合料内部燃烧。配合料从熔窑上方加入，玻璃液从靠近底部的出料口排出。内部燃烧方式强化传质过程，加快了熔化速度，提高了熔化率，降低了能耗。浸没燃烧技术虽早在20世纪60年代提出，但因存在配合料熔化粘结和燃烧的气体如何排出等问题，尚未完全成熟，仍在继续研发。

【鼓泡】bubbling

又称窑底鼓泡，是玻璃池窑熔制工艺中的一项技术措施。通过窑底装入一组鼓泡器，将净化的压缩空气或氮气等在一定的压力下，由鼓泡器直接鼓入到玻璃液中，气泡从玻璃液底层逐渐上升，透出液面。其主要作用是：(1)控制和稳定玻璃液的表面流，避免未熔料堆进入澄清区；(2)形成玻璃液的强制对流，起搅拌作用，促进玻璃液的均化，并提高底层玻璃液的温度，减小温度梯度；(3)改善火焰对玻璃液的传热，有助于提高熔化能力。

【无砷消泡技术】arsenic-free defoaming technology

在玻璃熔制过程中采用无砷化合物作为澄清剂的熔制技术。无砷消泡技术使用氧化锡、氧化铈、硫酸钠、氯化钠等无砷化合物作为澄清剂，澄清剂在高温时分解或本身气化释放出大量气体，促进玻璃液中的气泡排出，其澄清原理与有砷消泡技术类似。与有砷消泡技术相比，该玻璃熔制工艺的显著特点是绿色、环保，无砷消泡技术在玻璃行业中得到了广泛应用。

【熔化池】melting chamber; melting end; melter

玻璃液进行熔化、澄清、均化和冷却的池窑。通常用卡脖或流液洞等将冷却部与前部隔开。熔化池由池底和池壁构成，建筑在支柱所支承的钢结构上。沿熔化池纵向方向，根据熔制的不同阶段分为熔化部、澄清部、均化部和冷却部，其面积大小主要取决于玻璃的生产量和熔化率。由于经受高温玻璃液的侵蚀和磨损，池壁多选用致密度高、抗侵蚀性强的耐火材料，如锆刚玉、铬刚玉等刚玉质电铸耐火材料。由于池底承受了玻璃液的全部重量，要求池底用耐火材料有一定的结构强度。常用黏土大砖或电铸耐火材料砌筑。池底通常也采用保温措施，以提高玻璃液的温度均匀性，改善熔制质量，并提高窑的热效率。

【熔化率】melting efficiency

指池窑每平方米熔化面积每天所能熔化的玻璃液量，又称比熔化效率，常用单位是

$t/(m^2 \cdot d)$；或指每天熔化 1t 玻璃液所需的熔化面积，常用单位是 $m^2/(t \cdot d)$。用以判断或比较池窑的熔化能力的一项技术指标。

【熔化面积】melting area

池窑中能够对配合料和玻璃液起着熔化和澄清作用的受热面积。在平板玻璃池窑中，计算方法各有不同。通常指从投料端的池壁内侧起至最后一对小炉中心线向后延伸 1m 的窑池面积，亦有指熔化池的面积；在流液洞池窑，熔化面积就是指熔化池的面积；对无工作池的池窑，熔化面积目前有两种计算方法：(1)以池窑的全面积计；(2)以池窑面积的 75%～85%计。

【工作池】working tank

又称冷却池。指池窑中将已经澄清的玻璃液降温、冷却和成形的部位。手工成形时，在工作池设置操作口，机器成形时，通常在工作池设有供料槽，从而引出玻璃液供机器成形生产。工作池形状通常有半圆形、扇形、矩形或多边形等。

【池深】depth of tank

指窑池池壁的高度。池深高低主要由玻璃组成、透热性、熔化温度、池底砖质量以及窑容量等因素来确定。玻璃液的透热性高、熔化温度高或出料量较大、熔化率较高的池窑，窑池应该深些，颜色深的玻璃液，池深宜浅。冷却池和工作池的温度较低，一般比熔化池浅。

【玻璃液面高度】glass level

指池窑中熔融玻璃液的水平面。玻璃液面高度一般略低于池壁上沿，稳定玻璃液面使其经常保持一定的位置，是控制熔制工艺的重要环节。把玻璃液面与池壁或坩埚壁接触形成的水平线称为液面线。玻璃液面的波动，不仅会加剧池壁耐火材料的侵蚀，还直接影响玻璃熔制质量和成形作业的稳定性。

【投料口】dog-house

又名加料口。是池窑中玻璃混合料的投入口，是凸出于熔窑外面和窑池相通的矩形小池，配合料由此投入窑内，并使混合料进入熔化池以前，进行一定的预熔，以减轻料粉飞扬，加速玻璃熔化。横火焰池窑和单元窑采用正面投料，投料口设在窑池前墙；马蹄焰池窑和纵火焰池窑采用侧面投料，投料口设在窑池侧墙。

【火焰空间】flame space

池窑中玻璃液面以上，由胸墙和窑拱所构成的火焰燃烧空间。燃料在此处进行燃烧产生高温，使混合料加热而熔化成玻璃液。火焰空间的高度应使其容积能保证火焰的正常扩展，燃料完全燃烧以及对料液面的良好传热。

【股跨比】rise to span ratio

指拱高(h)与拱跨度(e)之比。根据不同的窑型，窑炉的大小，对火焰空间要求以及拱的形式采用不同的比值。例如：半圆拱为 1/2，吊平拱为 0，池窑窑拱的股跨比一般为 1/9～1/7。其中以半圆拱的结构强度量大，横推力最小，但散热面积大。随着股跨比的减小，拱的横推力增大，结构强度减弱，需要采用悬挂式或其他结构形式。

【空煤气相交角】cross-angle of air and gas streams

指小炉内空气与煤气流导入预燃室时的相交角。小炉斜拱与水平面的角度称为空气下倾角；小炉底板与水平面的角度称为煤气上倾角。上下倾角之和称为空气与煤气流股的相交角。

【动量比】ration of momentum

指小炉水平通道出口的空气和煤气流动量之比。它是确定小炉中空气和煤气出口速度的一项技术指标，即空气和煤气在水平通道口处的速度应服从于它们的动量比。可以下式表示：动量比 $= \dfrac{W_{空} \cdot \gamma_{空} \cdot V_{空}}{W_{煤} \cdot \gamma_{煤} \cdot V_{煤}}$，式中：$W$、$\gamma$、$V$——分别表示气流的出口速度、密度和流量。动量比的大小系数根据小炉的类型、通风方式以及空气、煤气的相交角等而定。

【火焰喷射角】angle of inclination of flame jet

指小炉喷出火焰的方向对池窑玻璃液面的倾角(见附图)。通常以空气和煤气流股的动量作为矢量，按平行四边形法则，其合成矢量可用以估计火焰的喷射角。对燃烧重油或天然气的小炉，其火焰喷射角主要取决于喷嘴的安装位置与方向。

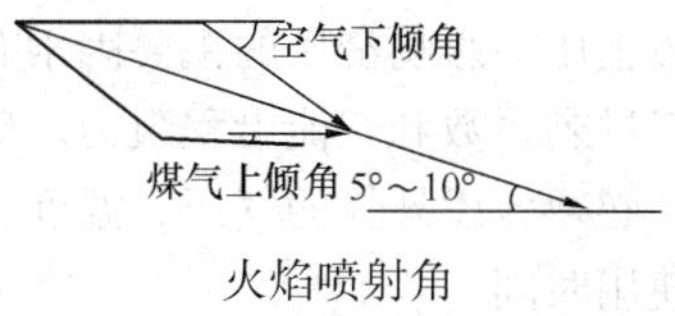

火焰喷射角

【火焰覆盖率】flame coverage rate

指窑内小炉喷火口总宽度尺寸占熔化区长度尺寸的百分比。表示火焰在玻璃液面上的铺展面积。火焰覆盖率越大，窑内火焰分布越均匀，有利于配合料的熔化，也提高了熔窑的熔化能力。

【格子体填充系数】packing coefficient of checkwork

指蓄热室每立方米格子中格子砖所占有的体积，通常以 m^3/m^3 表示，填充系数大，说明在相同格子体的体积中所排列的格子砖数量多，重量大，因而格子体能具有较大的热容量，蓄热能力高，在换向周期内可减小预热气体的温度波动。

【格子体流通断面】open cross-section of checker; cross-section of free passage in checkerwork

又称格子体有效断面，指蓄热室格子体横断面上格孔的面积。流通断面大，格子孔不易积灰堵塞，气流阻力小，但气流速度相应降低，受热比表面与填充系数均减小，使蓄热室体积增大，传热效率低。当格子体横断面一定时，其流通断面可由格子体有效比断面值求得。所谓有效比断面就是每单位面积格子体横断面上格孔的断面积，其值决定于砖厚与格孔间距的大小，通常以 m^2/m^2 表示。

【格子体构筑系数】cofficient of checkerwork structure

衡量格子体结构是否稳定、气流分布能否均匀的一项技术指标。用下式表示：$\frac{H}{\sqrt{B-L}}$，式中：H、B、L 分别表示格子体的高、宽、长等线性尺寸。构筑系数大，说明同等体积的格子体，高度大而横断面小，这样有利于气流的均匀分布，格子体的利用率提高。但如其值过大，则气流阻力增大，格子体结构稳定性变差，需要增高建筑高度。

【格子体热负荷值】heat duty of checker

指一侧蓄热室单位面积格子体受热面积的热负荷，通常以 kcal/(m^2 · h)表示，是衡量格子体受热面积的大小和估计格子体使用寿命的一项指标。

【换热面积】heat exchanger surface area

指换热器内废气和预热空气所接触的公共间壁的表面积。换热器应具有足够的换热面积，使空气能达到一定的预热温度。为了比较换热器换热面积的大小，通常是以换热器总换热面积与池窑熔化部面积(坩埚窑为窑底面积)之比作为玻璃熔窑换热器的一项技术指标，通常以 m^2/m^2 表示。而换热比表面是指每立方米换热器体积所具有的换热面积，通常以 m^2/m^3 表示。是换热器的一项结构指标，其意义与格子体受热比表面相同。

【烟囱抽力】stack draft; stack draught; chimney draught

指烟囱所建立的几何压头而形成烟囱底部呈现的负压。在不考虑气流通过烟囱的阻力损失和海拔高度的变化时，烟囱抽力可用下式表示：

$$h_{抽} = H\left(\frac{\gamma_{空}}{1+\beta t_{空}} - \frac{\gamma_{气}}{1+\beta t_{气}}\right)$$

式中：β 为 1/273；$\gamma_{空}$、$\gamma_{气}$ 分别为外界空气和烟囱内废气在标准状况下的密度。烟囱高度(H) 愈高，烟囱内废气平均温度($t_{气}$) 愈高及外界空气温度($t_{空}$) 愈低，则所产生的抽力愈大。实际上烟囱抽力比上述计算值要小一些，因为烟囱的一部分几何压头要消耗于废气在烟囱内的摩擦阻力和出口时的动压头损失。

【熔化温度制度】temperature curve of melting

又称熔化温度曲线(见附图)。是玻璃熔化过程中，根据窑型结构、玻璃组成、加料条件、成形条件、燃料种类等因素所确定的温度分布曲线，是熔窑热工制度的一个重要方面。在连续作业池窑中，玻璃熔制的各个阶段是在窑池纵长方向上的不同区域依次进行的，故在各个区域要有相应的温度条件，并力求保持稳定，玻璃熔化温度制度不随时间而改变。在间歇作业池窑或坩埚窑中、玻璃熔制的各个阶段是在同一区域(或坩埚)的不同时间完成的，窑内(或坩埚内)温度随着各个熔制阶段的不同需求而呈现周期的变化。

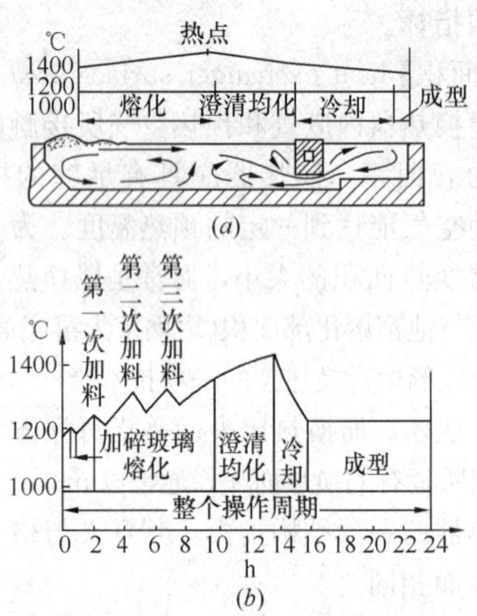

熔化温度制度

(a)池窑熔化温度制度；(b)坩埚内熔化温度制度

【火焰温度】flame temperature

指窑内燃料燃烧时火焰所能达到的温度。火焰温度只在某一固定点是一个定值，沿着火焰行程的放热过程而改变(见附图)。故测量火焰温度必须选择合理的测点，使该点温度能够正确地反映出窑内温度的变化。

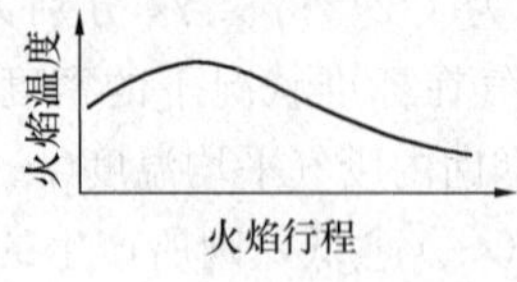

火焰温度

【窑墙温度】furnace wall temperature

指窑内火焰空间窑墙内表面的温度。在熔窑热工控制中，往往测量窑墙某处的温度作为窑内温度情况的标志。窑墙温度最高值约在熔化部中间部位。测量窑墙温度应避开火焰的干扰。在蓄热式池窑，是在换火的瞬间，窑内无火焰的情况下测得。

【窑压】furnace pressure

指窑内火焰空间气体系统所具有的静压力。为减少散热、减轻窑体侵蚀与防止冷空气吸入，玻璃池窑一般要求在接近玻璃液面处呈零压或微正压。影响窑压的主要因素有烟囱抽力、空气过剩系数和气流沿程阻力。确定窑压指标时，必须考虑外界的气压、温度、风向及熔窑的使用时间。

【窑炉气氛】furnace atmosphere

是指窑内火焰的性质。按照化学组成成分及具有的氧化或还原能力分为氧化焰、中性焰、还原焰三种。主要取决于空气过剩系数、燃烧情况及窑压的大小等。窑炉气氛对玻璃的熔化、澄清以及玻璃液的着色都有显著影响，在生产中应根据工艺要求加以合理控制。通常采用控制空气过剩系数来调节窑炉气氛。

【熔窑热负荷】heat load of furnace

指窑池每单位熔化池面积或坩埚窑每单位窑底面积每小时需要消耗的热量。它是确定玻璃熔窑耗热量的一项指标。

【熔窑热耗】heat consumption of furnace

指玻璃熔窑单位时间内所需要消耗的热量(kJ/h)，玻璃熔窑需要的总耗热量可以被看作是由空载负荷和生产负荷两部分组成。空载负荷是熔窑在正常的玻璃液面下，既不加料，又不出料，为维持一定的炉温，弥补各项热损失所需的热量。其值与熔窑大小、结构、炉温及炉龄等因素有关；生产负荷是熔化玻璃所需的有效热耗。当玻璃组成、碎玻璃含量等不变的情况下，它主要是与窑型、窑的生产能力有关。

【波朗达姆-尼尔森公式】Brondum-Nielsen equation

由波朗达姆(Brondum)和尼尔森(Nielsen)提出的计算玻璃池窑需要热量的经验公式。熔化面积为16～93m^2 的池窑的其平均消耗热量为 Q，$Q=24+2.2P$；操作情况良好时的最低消耗热量 Q，$Q=12+2P$。P 为每昼夜产量(t/24h)，Q 以105kJ/24h为单位。

【燃料消耗量】fuel consumption

指单位时间内熔窑所消耗的燃料量。常用单位：对固体和液体燃料为kg/h或t/24h；对气体燃料为Nm^3/h。为了比较不同生产能力的熔窑的燃料消耗量，可用单位玻璃液燃料消耗量作为指标，以 kg/kg 玻璃液或 Nm^3/kg 玻璃液表示，对固体燃料还应折合成标准煤计算。

【单位消耗量】specific heat consumption

指熔制每公斤玻璃液所消耗的热量(kW/kg 玻璃液)。由于不同燃料的发热值不同，为加强熔窑燃料消耗量的可比性，常用这一技术经济指标来衡量玻璃熔窑的热工性能及生产水平。此外，还有单位产品耗能量(包括用电量)的指标，常用单位为 kg 标准煤/重量箱(或吨)制品。

【玻璃熔化理论热耗】theoretical heat consumption for glass-melting

指配合料熔化成玻璃液理论上所耗用的热量，又称玻璃形成过程的有效耗热量(kJ/kg 玻璃液)。包括配合料中水分的蒸发、硅酸盐形成、玻璃形成、加热玻璃液以及加热挥发产物等所需耗用的热量(不包括窑体散热及排烟热损失等)。根据配合料组分、碎玻璃含量等而确定。

【熔窑热效率】heat efficiency of furnace

简称热效率。指玻璃熔窑有效利用的热量占总收入热量的百分比，也就是玻璃熔化理论耗热量占单位耗热量的百分比，用公式表示为：

$$\eta=\frac{\text{有效利用的热量}}{\text{总收入热量}}\times 100\%$$

$$=\frac{\text{玻璃熔化理论耗热量}}{\text{单位耗热量}}\times 100\%$$

熔窑热效率值越高说明该熔窑越节能。可以通过改进熔窑结构、提高玻璃液的均匀性、加强窑体密封保温等途径来提高熔窑热效率。

【炉(窑)龄】furnace life; working life of furnace

窑的使用周期，指熔窑两次冷修之间，从开始生产到放玻璃水的连续生产时间，以年或月表示。它是反映熔窑使用寿命的一项技术经济指标。

【周期熔化率】campaign melting efficiency

指玻璃熔窑在一个生产周期内，每单位熔化面积所能熔化的玻璃液总量，通常以周期(天数)×t/m^2 表示。周期熔化率是综合池窑的生产周期及其生产能力的一项技术经济指标。窑的生产周期愈长，熔化率愈高，则它的周期熔化率就愈高。

【出料量】daily output; pull

又称拉引量。指玻璃熔窑每天供成形所取出的玻璃液量，以 t/d 表示。

【出料率】daily output ratio; pull rate

又称取用比。指每天出料量与熔窑玻璃容量之比，以%或分数表示。与玻璃组成、质量要求及窑的熔化率等因素有关。对一般日用玻璃池窑，其值为 30%～70%或 1/3～2/3：即池窑的玻璃液容量平均以一天半到三天的时间周转一次。随着窑的熔化率的进一步提高，出料率也相应增大，即周转时间将缩短。

【烤窑】heating up

指新建或冷修后的玻璃熔窑由点火开始，按升温曲线升温，最后到达正常生产作业温度范围的过程。烤窑过程一般分为两个阶段：第一阶段是使用外部的烤窑专用设备和系统将温度升至适合熔窑燃烧系统的使用温度；第二阶段是使用熔窑燃烧系统将熔窑温度进一步升高至工作温度。烤窑的关键是确定合理升温曲线或严格按曲线控制升温。升温曲线是烤窑时以温度与时间为坐标的升温速度曲线。根据熔窑大小、窑结构以及所选用耐火材料的性能、砌筑情况等因素制订升温曲线，以指导烤窑作业。

【热修】hot repair

是指在玻璃熔窑正常运行中，高温条件下对窑体烧损部位进行修复或改造，以维持正常作业，延长生产周期的操作过程。常用的热修方法有热修补法和热氧喷补两种。

【冷修】cold repair

指玻璃熔窑由于某些原因停止生产，将窑池内的玻璃液全部放出后完全停火，待熔窑冷却后再进行修复的过程。熔窑冷修的原因主要有：熔窑烧损严重，设备发生严重故障或出现事故苗头，发生突然事故，技术及设备改造更换等。冷修操作的步骤是：制订冷修方案，冷修前准备工作，放玻璃水，停火凉窑，拆窑，砌筑与设备安装，点火烤窑，生产准备及试生产。

【池壁冷却】cooling of tank wall

指玻璃熔窑的池壁砖外部采取人工强制冷却。由于熔化池液面线附近的上层池壁砖是池窑中受高温玻璃液侵蚀最严重的部位。为延长其使用寿命，在生产运行中常采用风冷、水冷等冷却方法，以加强砖的散热，降低砖的内表面温度，增大内表面附近玻璃液的黏度，减弱其渗透冲刷能力，从而减轻对池壁砖的侵蚀。

【窑体保温】insulation of furnace wall

在窑体外侧使用隔热材料以减少窑体散热的一种隔热措施。窑体保温的原则是能保即保。根据所用耐火材料的情况对熔窑的窑顶、胸墙、池壁、池底、工作池、小炉、蓄热室、烟道等部位采取保温措施。选取的保温材质的性质应尽可能与内衬材料性质相近，避免产生化学反应而加剧蚀损。窑体保温可以减少熔窑的热量损失、提高热效率、提高熔化质量、节省资源及降低成本。

【放玻璃水】draining

指玻璃池窑停止生产进行冷修以前，将窑池内的玻璃液全部放出的过程。玻璃液是通过池壁下部的放料口沿着临时设置的流液槽连续放入预先设置的槽池中(放玻璃水池)，或直接用水激冷经疏松设备运往堆场。

【余热发电】cogeneration

参见 5.4.2【余热发电】。

10.4.3 玻璃成形

10.4.3.1 平板玻璃成形工艺

【玻璃成形】glass forming

从玻璃熔体制成制品的过程。成形方法一般分吹制、压制和拉制三种。大批量生产采用机械成形，小规模生产或特殊规格的制品和工艺美术品则用手工成形。吹制又分有模和无模两种方式；压制又分模压和辊压两种方式；拉制又有水平和垂直两种方式；有些制品用两种以上方式组合成形，如吹-吹法，吹-压法等。有的制品靠自身重量和表面张力成形；如光学玻璃的槽沉和浮法工艺中玻璃液在锡槽内的摊平。玻璃料器制品大多是先将玻璃拉制成玻璃棒然后借助灯工成形。在玻璃不接触模具或其他成形工具的情况下成形后一般具有火抛光表面。玻璃黏度是成形的重要工艺性质之一。成形开始黏度和成形终结黏度因成形方法、制品形状、大小、质量以及玻璃颜色等因素而有所不同。成形开始黏度大致为 $10^{2.3\sim4.0}$ Pa·s(如灯泡和纤维为 $10^{1.5\sim2.0}$ Pa·s，平板为 $10^{2.5\sim3.0}$ Pa·s，压、拉、吹制为 $10^{3\sim4.0}$ Pa·s)。成形终结黏度为 10^{6} Pa·s 左右。

【有槽垂直引上法】Fourcault process

垂直拉制平板玻璃的方法之一。在玻璃池窑成形池的玻璃液面上，压入耐火材料的槽子砖。玻璃在静压作用下从槽子砖中央狭长缝隙涌出，依靠垂直引上机石棉辊的拉力，被连续地向上拉引，经过冷却器急剧冷却硬化后的玻璃带，在垂直引上机膛内完成冷却和退火。由于用槽子砖成形，玻璃的厚度和宽度比从自由液面上拉制的较易控制，制品厚度比较均匀，但易随之带来波筋、气泡以及砂砾等缺陷。此法是比利时人弗克(E·Fourcault)于 1913 年所发明，故又称弗克法。

【无槽垂直引上法】Pittsburgh process

平板玻璃垂直引上成形的方法之一。引上作业与垂直引上法类似，但不用槽子砖，而在成形池玻璃液下沉入耐火材料制成的引砖。玻璃液直接从自由液面用垂直引上机向上拉引成玻璃带。玻璃带通过引上室内的冷却器急速冷却、硬化后进入引上机内退火。通常在引上室内设置辊式拉边器或碗式定边器等用以冷却和稳定玻璃带的两端边部，使玻璃带保持一定的宽度。此法可避免有槽垂直引上法因槽子砖带来的砂粒、波筋等缺陷。还可避免平拉法因转向辊可能引起的辊印或麻点，因而玻璃表面光学质量较高。单机产量比有槽垂直引上法稍高，这种方法系 1925 年由美国匹兹堡平板玻璃公司首先采用，故又称匹兹堡法，或匹兹堡-潘佛诺恩法。

【旭法】Asahi process

又称对辊法。从有槽垂直引上法发展起来

的平板玻璃垂直引上方法。用一对大小、形状相同的辊子(以)代替槽子砖，平行对称地放置在成形池中相当于槽子砖的位置。玻璃液通过形状与槽口相似的缝隙连续地向上拉引，经冷却器急速冷却硬化后形成玻璃带，进入引上机膛中退火、冷却，辊子向外转动时将板根下生成的结晶带到辊子外边的玻璃液中，因此玻璃成形过程可减少因槽口结晶造成的波筋等缺陷。20 世纪 70 年代初为日本旭玻璃公司所发明，故名。

【平拉法】horizontal drawing process; Colburn process; Libbey-Owens-Ford-Colburn process

平板玻璃水平成形方法之一。玻璃液从成形池的自由液面连续地向上拉引，板根边部被一对拉边器夹住，以保持一定的板宽，通过成形室冷却器急冷后形成玻璃带。当玻璃带上升到一定高度时，经转向辊转为水平方向，随即进入退火窑。可生产宽度为 4m 左右，厚度为 0.8～6.0mm 的玻璃，拉引速度比垂直引上法为高，玻璃表面避免了有槽垂直引上法所易出现的细波筋，但由于玻璃带在转向时与转向辊直接接触，可能在下表面出现麻点。平拉法较垂直引上法易于实现操作自动化。通常一座熔窑设置数条平拉法生产线。此法于 1910 年由科尔伯恩发明，美国利贝-欧文斯公司于 1916 年用于工业生产，故亦称科尔伯恩法，又称利贝-欧文斯-福特-科尔伯恩法。

【压延法】rolling process

平板玻璃成形方法之一。用一根或一对水冷的金属辊将玻璃液滚压，展延成玻璃带。有连续、半连续和间歇三种方式。成形设备和操作比较简单，压延的玻璃厚度范围较宽。用压延法制造的玻璃由于在成形过程玻璃与压辊、辊道或辊台接触，表面凹凸不平，对透过光线有散射现象，透明度较低。多用在需要遮断影像的门窗上和供作磨光玻璃的毛坯。近年来，具有高透过率的压延玻璃大量用于晶硅太阳能电池组件中的盖板玻璃。

【连续压延法】continuous rolling process; continuous casting process

平板玻璃水平成形方法之一。玻璃液从池窑溢流槽溢出，连续地流入压延机，通过具有一定间隙的一对水冷压辊滚压成一定厚度(由压辊间隙而定)和宽度的玻璃带，然后经辊道拉伸、展平进入连续式退火窑中退火，最后切断成所要求的尺寸。此法较半连续式和间歇式压延法效率高，能生产压花、夹丝玻璃、波形玻璃瓦、槽形玻璃以及磨光玻璃毛坯。连续压延退火生产线与双面连续机组连接，可将玻璃带直接加工成磨光玻璃。

【浮法】float process

制造平板玻璃的成形方法。因玻璃液漂浮在浮抛金属液(参见本节【浮抛金属液】)上成形而得名。其原理为熔化好的玻璃液从池窑连续流入锡槽并浮在有还原气氛保护的重金属液上，由于各物相界面张力和重力的综合作用，摊成厚度均匀、上下两表面平行、平整和火抛光的玻璃带，经冷却硬化后脱离金属液，再经退火、切割而得玻璃。在钠钙硅玻璃-锡-氮(少量氢)三相体系中，平衡状态时玻璃液厚度趋于定值(约 7mm)，称平衡厚度。实际上由于外加纵向拉力，此值略小(6～6.5mm)。欲使玻璃带薄于或厚于平衡厚度，应采取相应措施(参见本节【浮法玻璃厚度控制】)。与透明平板的其他方法相比，浮法具有优质高产、易操作和易实现自动化等优点。浮法玻璃的表面质量可与机械磨光玻璃相比，而成本则低得多。此法是英国皮尔金顿(Pilkington)公司于 1959 年研究成功的。我国在 1971 年开发了具有自主知识产权的洛阳浮法技术，成为世界三大浮法技术之一。

【电浮法】electro-float process

在浮法基础上发展的一种制造着色和热反射玻璃的方法。在锡槽内温度较高的玻璃带表面设置阳极装置并以锡液作为阴极。玻璃带与阳极之间有电解液(如铜-铅合金)，当通以直流电后，金属离子迁移到玻璃带上表面内，经还原、胶体化而使玻璃表面着色，并使玻璃对可见光和红外波段有特殊吸收和反射性能。主要用于热反射玻璃的生产。此外还可生产着色带图案的浮法玻璃，其颜色和图案可随观察角度和光照条件而变。

【浮法玻璃厚度控制】float glass thickness control

为了生产比平衡厚度薄或厚的浮法玻璃所采取的措施。主要由拉边机和控制系统组成。通常采用机械拉边法生产薄于 6mm 玻璃，即在锡槽两侧放置若干台拉边机，向玻璃带施加外向分力，在横向拉边和辊子纵向拉力作用下，玻璃带逐渐被拉薄。通常用石墨挡坝和拉边机堆厚法生产厚于平衡厚度玻璃，通过拉边机的排布角度变化向玻璃带施加内向分力，从而将摊平成自然厚度的玻璃带重新堆积至大于自然厚度的玻璃液。

【锡渣】stannic oxide dross

浮法生产中，保护气体中氧含量超过一定值时，金属锡被氧化成灰白色的固体渣滓，漂浮在锡液面上，容易在锡槽后端形成。锡渣使玻璃表面受沾染和擦伤，危害很大。同时亦增加锡的损耗。

【保护气氛】protective atmosphere

浮法生产中，为了保护锡槽中的锡液不被氧化和避免因氧化而引起的各种缺陷，必须将一定量的弱还原性气体通入锡槽空间，增大空间内气体压力使之保持正压，防止空气进入。常用的保护气体是经过提纯的氮气和少量氢气组成的混合气体。应严格控制氧和硫含量，仅允许极微量。

【平衡厚度】equilibrium thickness

又称自然厚度。指浮在锡液面上的面积足够大的玻璃带在没有任何外力作用下，其厚度主要取决于表面张力和重力的共同作用，当两种产生相反作用的力达到平衡时，玻璃带具有的厚度值则为平衡厚度。其取决于玻璃液、锡液的重力和表面张力以及玻璃液和锡液的界面张力等因素。理论推导得出下列公式：$d^2=(\rho_{玻}+\rho_{玻锡}-\rho_{锡})\dfrac{2\rho_{锡}}{g\rho_{玻}(\rho_{锡}-\rho_{玻})}$，式中：$d$ 为平衡厚度(cm)；$\rho_{玻}$ 为玻璃与气氛接触面的表面张力($\times10^{-5}$N/cm)；$\rho_{锡}$ 为锡与气氛接触面的表面张力($\times10^{-5}$N/cm)；$\rho_{玻锡}$ 为玻璃与锡液的界面张力($\times10^{-5}$ N/cm)；$\rho_{玻}$ 为玻璃液的密度(g/cm^3)；$\rho_{锡}$ 为锡液的密度(g/cm^3)；g 为重力加速度(cm/s^2)。在一定温度下，当玻璃、锡、气氛的组成不变时，表面张力、密度等为定值，因而有一定的平衡厚度值。对于普通钠钙硅酸盐玻璃的平衡厚度近似 7mm(1000℃)。生产中，玻璃带由于受纵向拉力，实际厚度小于平衡厚度，如无横向拉力时，产品厚度减少到 6～6.5mm。

【浮抛金属液】supporting metal

浮法生产中用来承载玻璃液的金属液体。玻璃液在其上面进行铺展、摊平、火抛成形和硬化，以获得表面平整光洁的玻璃带。对金属液的要求是：熔点应低于 600℃；具有较高的沸点和较低的蒸气压；密度大于玻璃；不易与玻璃起反应，目前主要采用纯锡，还可采用以锡为主的某些合金。锡的主要物理性质：熔点 231.9℃，沸点 2275℃，表面张力 500℃时为 510×10^{-3}N/m，密度约为 6.44(1000℃)，比热 0.049cal/g(10℃)。锡符合浮抛金属液的要求，目前主要采用纯锡。

【溢流下拉法】fusion overflow process

该方法是将经过搅拌、澄清的玻璃液经过铂金通道流入溢流槽，溢满后玻璃液从槽两边溢流，沿着溢流槽的锥形部分均匀地向下流动，在锥形下部融合在一起，利用拉引辊向下牵引拉动形成玻璃带。由于玻璃板的两面均是高温空气环境下火抛形成的原始面，玻璃表面纯净无瑕、平整光滑而无须研磨抛光。

【抛光区】polishing section

又称摊平区，用于充分摊平和抛光、达到平衡厚度(参见本节【平衡厚度】)。普通浮法玻璃生产线抛光区的温度区间为 1000～1065℃，对应玻璃液的黏度范围为 $10^{2.7}$～$10^{3.2}$Pa·s。

【预冷区】pre-cooling section

又称徐冷区，位于抛光区之后，在抛光区达到自然厚度的玻璃带在预冷区达到平衡厚度后在本区开始纵向伸展。该区域内设置拉边辊，保持玻璃带宽度不变，使玻璃带主要产生厚度方向的变化。该区温度区间为 900～1000℃，相应的黏度范围为 $10^{3.2}$～$10^{4.25}$Pa·s。

【成形区】forming section

又称拉薄区，用于将玻璃带展薄。该区内通常成对设置拉边机若干，给玻璃带施加横向和纵向拉力，使玻璃带横向拉薄，该区温度区间为780～900℃，对应黏度范围为$10^{4.25}$～$10^{5.75}$Pa・s。

【冷却区】cooling section

用于将完全展薄的玻璃带逐步冷却，使玻璃带逐渐成形。该区温度区间为590～780℃，对应黏度范围为$10^{5.75}$～10^{10}Pa・s。

【加热拉薄法】heating spreading process

又称为低温拉薄法。该方法的主要原理为：在玻璃带离开抛光区后急速冷却到700℃左右，然后进入重新加热区，将玻璃加热到850℃左右，此时，拉引速度增加，玻璃被拉薄。该方法的特点是经过抛光后的玻璃带急速冷却到软化温度以下后，形成硬化玻璃带区域，保证了抛光质量，且易于拉薄，但该方法对玻璃带产生急冷急热作用，难以保证温度的均匀性，从而造成了已抛光玻璃表面的破坏。

【徐冷拉薄法】annealing spreading process

是我国浮法生产线上普遍采用的薄玻璃生产方法。该法取消了急速冷却区和重新加热区，温度曲线平滑下降，避免了玻璃带受到热冲击，玻璃带温度比较均匀，拉薄过程对玻璃质量没有明显影响。徐冷拉薄法的拉薄动作主要在抛光区后设置的徐冷区内进行，该区的黏度较大，由于表面张力产生的横向增厚力明显下降，玻璃带易伸展拉薄，徐冷区也被称为主要拉薄区。

【自由拉薄】free spreading

玻璃带处于半硬状态(对应黏度值为10^6 Pa・s)时，表面张力产生的增厚力可以忽略，在不设置拉边机的情况下，玻璃带仅受到纵向拉应力的作用。玻璃带在这种情况下的拉薄过程称为自由拉薄。

【收缩率】shrinking percentage

收缩率指玻璃液的最大摊平宽度与玻璃原板宽度之间的关系，具体表示为：

$$i=\frac{B_{\max}-B}{B_{\max}}$$

式中：i为收缩率(%)；$B_{\max}$为玻璃液最大摊平宽度(mm或m)；B为玻璃原板宽度(mm或m)。

【拉薄比】spreading ratio

指定拉边机处玻璃带纵向方向厚度减少量与玻璃带最终厚度减少量之比，具体表示为：

$$\mu_{i-1}=\frac{H_1-H_i}{H_1-H_n}$$

式中：H_1为拉薄起点处玻璃带的厚度；H_i为i对拉边机处玻璃带的厚度；H_n为玻璃带最终厚度；μ_{i-1}为指定拉边机与第一对拉边机的拉薄比。

【挡坝堆厚法】fender stacking process

又称挡墙法，由英国皮尔金顿公司开发的厚玻璃生产方法。主要工艺原理为：在锡槽高温区内设置石墨水冷挡墙，玻璃液在其间摊平、抛光、堆厚到相应厚度。该方法生产稳定，产品平整度和光学质量好，适合厚度≥15mm玻璃的生产。但是，石墨挡墙对接处残留的玻璃液容易析晶，需要定时清除。

【拉边机堆厚法】edge roller stacking process

又称倒八字拉边机法。基本工艺原理为：锡槽两侧对称布置的拉边机呈倒八字排布，通过拉边机的排布角度变化向玻璃带施加内向分力，从而将摊平成自然厚度的玻璃带重新堆积至大于自然厚度的玻璃液。拉边机堆厚法无需新增辅助设备，厚度调整灵活，是一种最为常用的厚玻璃生产方法。

【槽底冷却风】bath bottom cooling air

采用风机对锡槽槽底钢板进行全面均匀的冷却吹风。由于锡槽在运行过程中，槽底钢板温度会不断升高造成锡槽钢结构的损坏，采用冷却风对其进行冷却降温以确保锡槽钢结构的安全使用。

【湿背流】wetback flow

玻璃液流过锡槽唇砖后，上部液流流入锡槽，下部液流会发生部分折叠，形成流向湿背砖的液流，即所谓湿背流。

10.4.3.2 平板玻璃成形设备

【锡槽】tin bath

在浮法生产中装有锡液用以浮载玻璃液，完成玻璃带成形过程的设备，又称成形槽。由槽身、胸墙、顶盖、电加热元件等部分组成。主体是用耐火材料砌成，外包金属壳，要求有良好的密闭性，纵向温度调节方便，横向温度均匀，长度与生产能力相适应，宽度略大于玻璃带，前端宽，后端窄。锡液深度为50～100mm，充以由氮气（N_2）和氢气（H_2）组成的保护气体以防止锡氧化。为了有效地控制锡液和空间气体的流动和温度，在槽底和空间分别设置分隔堰和挡墙，以便沿锡槽纵向分成若干分别控制的温度区。为使玻璃液不粘槽壁，槽内壁还可衬石墨材料。

【锡槽保护气体排放装置】tin bath venting device

对称设置在锡槽两侧的排气管道装置。一般由带弯管的活动边封、直管、冷却套、三通管、针型阀、压力表等组成。压缩空气作为引射气源把锡槽内受污染的气体引出，调节和稳定锡槽内部气体压力，改变锡槽内部气氛，控制锡槽内部气体流向，改善成形工况。

【二氧化硫系统】sulfur dioxide（SO_2）system

浮法工艺生产中为了保障玻璃品质而在锡槽出口使用的SO_2气体系统。该系统一般由SO_2储气罐、阀门、压力表、流量计、软管和管道等组成。SO_2气体会与玻璃表面析出的碱金属氧化物反应生成硫酸盐，防止玻璃发霉；生成的硫酸盐还可以形成一层保护膜防止玻璃表面被损伤。但SO_2使用不当会污染锡槽内的锡液，造成玻璃锡缺陷。

【流槽】spout

指浮法玻璃池窑溢流道，由部分槽形耐火砖构成，其伸入锡槽内距锡液面有一定的高度，作用是将熔融后的玻璃液经此送入锡槽内进行成形。流槽可分为平伸型流槽和唇砖型流槽，其中唇砖型流槽流动平稳、易于玻璃液摊平，得到广泛运用。流槽由于受到固-液-气三相界面的侵蚀，通常采用耐冲刷、耐侵蚀的耐火材料，现多使用α-β电熔刚玉砖。

【锡液分隔堰】tin bath weir

又名挡坎，设在锡液面下的分隔锡液设施。沿锡槽纵向在锡液面下设置若干个分隔堰，把锡液分隔成几个区域，以便分别控制锡液的温度和对流。一般采用石墨或其他耐火材料制成。

【锡液空间分隔墙】tin bath partition wall

又名挡墙。锡槽空间的分隔设施，分为固定式挡墙和活动式挡墙两类。主要作用是控制锡槽内不同温度区气体的流动和成分以及调节锡槽各区的空间温度。分隔墙的位置一般与锡液分隔堰相对应，由耐火材料或金属制成。

【过渡辊台】lift-up roller

根据玻璃生产工艺不同，有如下两种定义：(1)又称活动辊台。浮法生产中，靠辊子的转动牵引玻璃带从锡槽进入退火窑中的一种辊道装置。锡槽液面略低于退火窑辊边上平面。玻璃带进入退火窑前，经过两次弹性弯曲变形，同时经受温度和气氛的剧变，故过渡辊台的每根辊道应能上下调节高度，使之与玻璃带弯曲度相吻合（弯曲度同玻璃厚度有关）。过渡辊台部位的温度应能调节，要有良好的密封性，便于在发生事故时进行处理。(2)连续压延法生产中，压延机和退火窑之间的辊道设备。能整体拉出生产线外，便于检修压延机。

【拉边器】edge roller

平板玻璃生产中用以固定玻璃板边位置和玻璃带宽度的工具或设备。因玻璃成形方法不同而异：(1)浮法拉边器：用于机械拉边法生产浮法薄玻璃。每个拉边器主要由可调转速的辊轮组成，辊轮端头呈多齿状，内部水冷，材质为耐热钢或石墨，压在玻璃带边部上表面与玻璃带前进方向成一定角度；(2)垂直引上和平拉法用拉边器：主要部分是一对耐热钢制表面刻十字纹或条纹的水冷小辊轮，夹在玻璃板根边部，转速和两轮间距可调节；(3)无槽引上用拉边器，又称拉边碗：直接放在板根部以防止玻璃板宽度缩小的装置；(4)有槽引上用的拉边器有钳形的、刺形的以及耐火土制的三角砖等。

【掏渣池】skim pocket

又称耳池，指设置于玻璃池窑熔化部后端或冷却部前端的窑池两侧向外凸出的一对小池。其作用是调整窑池边部玻璃液的对流从而提高成形玻璃质量，同时也可以在此清除液面上的浮渣。

【分隔装置】partition; partition device

连续式的玻璃池窑中，为了控制熔化部与冷却部(或工作部)之间热辐射、热气流或玻璃液热对流而设置的分隔装置。主要目的是稳定冷却部和工作部的温度和窑压，并加快玻璃液冷却速度。根据熔窑的形式、大小、池深，在窑体上分别采用矮碹、吊矮碹、吊墙、卡脖、流液洞、窑坎、桥砖、挡砖、花格墙等结构。

【流道】canal

玻璃液从熔窑流入锡槽的通道，有直通型、喇叭形、收缩型三种结构。直通型结构简单，适合于较小规模的玻璃生产线；喇叭形结构复杂，没有死角出现，玻璃液能够流畅通过，适用于生产规模较大的生产线，多用于现行的浮法玻璃生产线；收缩型由于存在液流死角，目前使用较少。

【挡旗】carbon flag

控制浮法玻璃质量的关键设备，通常使用石墨制成，安装在锡槽宽段两侧，用于控制锡液回流，防止冷锡液影响玻璃成形区，减小横向温差，同时使锡槽内的玻璃带稳定。

【边部加热器】edge heater

用于对锡槽边部进行加热的装置。由于浮法玻璃在成形时，锡槽边部温度低，玻璃黏度大，造成玻璃板厚度不均匀。使用边部加热器能降低玻璃液的横向温差，有利于玻璃板厚薄差的控制。

【安全闸板】safety damper

锡槽安全保障装置之一，以耐热钢制成，设置于流道前端。主要用途为：紧急状态下对流道区域实行暂时切断，起截流作用。

【流量调节闸板】flow control twee

又称节流闸板或引头闸板。安装在流道后端靠近锡槽的位置，通过改变其沉入玻璃液的深度，来调节玻璃液的流量，又称调节闸板，由熔融石英制成。调节闸板对控制玻璃带宽度，拉引量、玻璃板宽和板厚，稳定生产起到重要作用。另外流量调节闸板在引头子时，根据玻璃液在锡槽中所处的不同阶段实时调节闸板高度，保证引头子的顺利进行。

【挡帘】baffle curtain

一种锡槽密封方式，通常在锡槽出口端设置一道或多道，其主要作用是形成一定阻力，提高锡槽内保护气体压力，阻止外界空气进入锡槽。

【出口氮包及冷却器】exit lip plate

一种锡槽冷却装置，主要设置于锡槽底部钢结构出口下方，用于对出口端板进行冷却，冷却器中常填充氮包或水包作为冷却介质。

【渣箱】dross box

指从锡槽槽体尾部端墙外壁到退火窑首部外壁之间的一段热工设备，又称浮法过渡辊台。生产过程中在锡槽和退火窑之间起承上启下作用，玻璃带主要通过该过渡辊台的辊子的转动作用牵引入退火窑。

【平拉法用拉边器】top roller of horizontal drawing process

主要采用水冷辊式拉边机。拉边机固定在四轮小车上，主要包括传动装置及上、下两根夹棍等装置，生产时用双辊夹紧玻璃带的边缘。夹棍由辊头、辊筒、芯管、进水管接头、出水管接头等组成。辊头主要采用梅花星形、锯齿形等花纹。拉边机状有两个手轮，分别用于调节夹棍的上下、前后位置。

【浮法拉边机】top roller of float process

是浮法玻璃生产的主要成形装备之一，它起着节流、拉薄、积厚和控制原板走向的重要作用。生产中拉边机将机头压在玻璃板边缘上，控制玻璃带厚度和板宽，配合退火窑牵引拉制玻璃。对拉边机的基本要求是辊头前后收缩调节灵活，上下控制方便，能做水平回转运动，速度调节精度高，在高温还原形气氛下能长期连续使用。拉边机主要包括落地式拉边机和吊挂式拉边机两种形式，其中又分为手动、半自动和全自动控制调节三类。

【锡槽冷却水包车】water cooler carriage of tin bath

冷却水包指横穿在锡槽内的冷却水管，主要作用是降低玻璃带的温度。为方便进行位置调节，可将其放置于水包小车上，制成锡槽冷却水包车，然后根据工艺要求推进锡槽。

【密封箱】seal box

设置于锡槽尾部，主要作用为保证锡槽尾部的密封，使锡槽尾部引出的玻璃带通过过渡辊台，温度降到退火上限温度时能够进入退火窑，该装置同时可以清除玻璃下表面从锡槽带出的锡渣。密封箱主要包括箱体、箱盖档帘、擦锡装置等主要部分。

【扒渣机】skimmer

用于清除漂浮于锡液面上的锡渣，通常成对设置于锡槽末端两侧。

【锡槽保护气体导流装置】protective gas guiding device of tin bath

主要用于将锡槽内含有挥发物的保护气体定期排出，降低锡槽内固体挥发物的浓度，避免挥发物沉降到玻璃带上表面造成缺陷。通常对称布置于锡槽两侧。

【平拉机组】horizontal drawing machine unit

平拉机由转向装置和平拉输送辊装置以及它们的支撑结构，风冷、水冷系统和传动机构组成。转向辊按数量可分为单转向辊和多转向辊，按冷却方式可分为风冷式和水冷式，按玻璃表面与辊表面接触状态分为接触式和气垫式。

【平拉过渡辊台】lift-out roller of horizontal drawing process

是平拉压延机的重要组成部分。在平拉成形室和退火窑间起连接作用。过渡辊台可从生产线上拉出，方便转向辊的更换。

【压延机】rolling machine

采用连续压延法生产平板玻璃中使用的主机，安装在溢流砖的后面，通过上下辊道挤压并冷却玻璃液制成玻璃板。压延机包含有上下压延辊、水冷系统、过渡辊台、传动装置、控制系统等主要组成。

【压延辊】forming rolls

压延机的重要组成部分，连续压延法中包含由花辊-光辊或者光辊-光辊对称布置组成的一对压延辊。由于压延辊直接接触玻璃液，通常采用抗高温氧化、抗热弯的镍铬钼耐热合金制成。

【压延过渡辊台】lift-out roller of rolling process

是压延机和退火窑之间的一种过渡连接设备，一般由三根钢辊组成。过渡辊台是开放性结构，从而使玻璃快速降温，达到退火上限温度后进入退火窑。

【出口唇砖】exit lip brick

又称流槽，指部分伸进锡槽内的耐火砖，有平伸型和弯钩型两种。其中弯钩型流槽对玻璃液落差小，流动平稳，不易产生线道、条纹等，便于玻璃液摊平，在现行生产线中大量使用。

【侧壁石墨衬】carbon side wall lining

用于防止满槽等事故时玻璃液与池壁耐火材料粘连的内衬，镶嵌于锡槽宽段池壁砖内侧，采用高纯石墨制作，侧壁石墨衬有镶嵌式和压杆式。

【石墨挡块】graphite block

又称石墨挡坝，主要在锡槽内侧按照预先设定的距离对称布置，用于限制玻璃液在锡槽内的自由铺展，形成厚度大于平衡厚度的玻璃带，生产厚玻璃的专用附属设备。

【密封挡坎】sealing weir

又称石墨挡坎，多为固定式，安装在锡槽收缩段前后，用以控制窄段的玻璃液回流，提高玻璃质量。

【湿背砖】wet-back brick

又称背衬砖。该砖紧贴锡槽前端池壁，安装在定边砖之间，其主要作用是控制流入锡槽的玻璃液回流。

【楔形砖】wedge brick

安装在锡槽最前端，位于流槽唇砖两边，呈八字形对称安装，所以又称八字砖。主要作用是稳定玻璃带的板根，控制玻璃板走向。通常选用硅线石、电熔 α-β 刚玉等。

【限流砖】current-limiting brick

存在于熔窑碹角处的一排凸出或凹陷的砖墙，用于阻挡碹顶处产生的玻璃液相流到胸墙上对胸墙产生低共熔侵蚀。

10.4.3.3 日用玻璃成形工艺

【吹-吹成形法】blow-and-blow process

制品的雏形和成形都是吹制的成形方法，适合制造厚壁小口瓶。玻璃液料滴落入初形模中，先制成口部，经吹气制成雏形，再重热、伸长，在成形模中吹成制品。常用的吹-吹成形机有行列式制瓶机、林取制瓶机等。

【压-吹成形法】press-and-blow process

制品的雏形为冲压，成形是吹制的成形方法。用于制造大口瓶或一部分空心玻璃制品。玻璃液料滴落入与口模紧密相连的初形模中，用冲头压挤玻璃液进入口模中，制成口部和雏形，然后移入成形模中，经重热、伸长、最后吹成制品。常用的压-吹成形机有正口机、行列式制瓶机，林取 WM-10 等。为使玻璃瓶罐轻量化，德国首先在行列式制瓶机上用此法生产小口轻量瓶，称为小口压-吹法(NNPB 成形法)，并在全世界成功推广。

【压饼-吹制成形法】tumbler blowing process

将玻璃料滴压成料饼，再经旋转吹制成薄壁制品的成形方法。先将玻璃液料滴的边沿压成料饼，移入口环上形成支托，料滴中心部分仍保持其自由表面，借本身重力作用伸长，同时适当吹气，形成料窝而制成雏形。经一定的重热过程后，再在衬碳模内吹制成形。此法特点是制品壁厚均匀，表面光洁，更接近人工吹制品，但生产效率不及薄壁制品压-吹法。用于生产灯泡、水杯和高脚杯等产品。

【小口瓶压-吹成形法】narrow neck press-blow process

制造轻量小口瓶罐的成形方法，也称 NNPB 成形法，是 20 世纪 60 年代中期由联邦德国海叶玻璃厂开始发展起来的。玻璃料滴供入初形模后，用细长的冲头压成口部和雏形，经重热、延伸、再在成形模中吹成壁厚分布均匀的制品。由于壁厚分布均匀，比吹-吹法成形的制品可减轻质量达 1/3，而仍能保持原来的强度，并可消除扑气箍，提高外观质量和生产速度，还节约原料和能源，降低破损率和运输费用。但冲头冷却和工艺控制要求高，适宜于生产轻量瓶和超轻量瓶，现已成功地应用于行列式制瓶机和海叶-莫尔制瓶机。

【自由成形】off-hand process

在窑炉旁，由技术工人不用模具，而仅使用简单工具(如钳子、镊子、夹子、剪刀、托板等)，直接取得玻璃料后，趁其处于灼热的塑性状态时，任意吹制或炉前手工操作，成形出各种形状的玻璃艺术品的方法，因此也称为工具成形。无模自由成形不受模型的限制，给了艺术家很大的创作空间。自由成形要求玻璃的料性长，透明度高，套色用的无色和有色玻璃的黏度、表面张力、热膨胀系数要相近。由此法成形的制品又称窑玻璃或窑玻璃制品。

【玻璃压制成形】glass press forming; glass pressing

玻璃液置于模具中(阴模)，用模芯(冲头)加压，玻璃液填满模型内表面和模芯外表面之间的空隙，脱膜后就具有模具内表面的外形和模芯外表面的内腔的空心制品成形方法。其特点是成品形状精确，可直接压制出外表面带花纹的制品，操作简便，生产效率高。压制玻璃制品有玻璃砖、眼镜片、耐热餐具、口杯、盘子、烟灰缸等。但其缺点有：(1)制品内腔的形状应该能容许冲头从中取出，即内腔不能向下扩大，同时内腔的侧壁上不能有凸凹花纹；(2)由于玻璃液与模型接触时冷却较快，黏度迅速增加，所以不能生产薄壁和内腔在垂直方向较长的制品；(3)压制品表面不光滑，常有斑点和模缝等，改进模具材质和加工精度，方能获得优质产品。压制成形如附图所示。

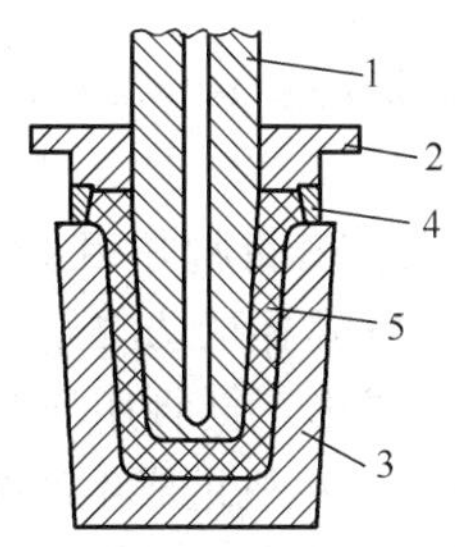

压制成形示意图

1—冲头；2—模环；3—阴模；4—口模；5—玻璃

【离心浇铸法】centrifugal casting

将玻璃液滴入模子内，再进行快速旋转，借离心力的作用，使玻璃液沿模子的内表面均匀散布并硬化，形成具有模子形状的制品。特点是制品内外表面光亮，外表面可带花纹也可制成套色制品和大型制品。离心浇铸法成形如附图所示。

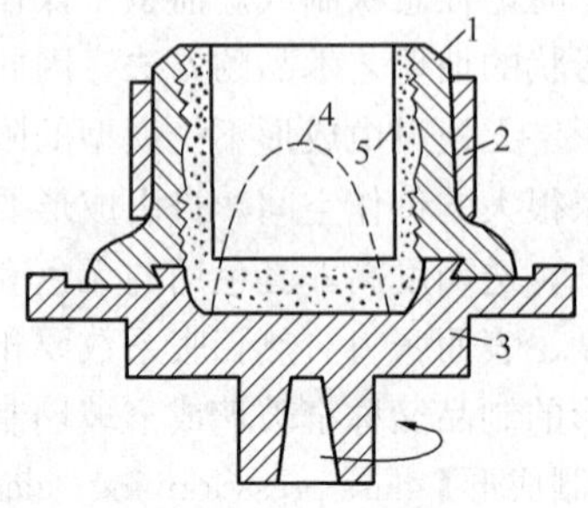

离心浇铸法成形示意图

1—模型；2—加固环；3—底座；

4—玻璃料锥体；5—制品

【人工成形法】hand forming

俗称吹大泡。用手工方法成形玻璃空心制品的工艺。先用铁制吹管的一端蘸取少量玻璃液，用口吹成雏形小泡，再用此小泡蘸取更多的玻璃液，在一个表面光滑的铁制半球形碗中进行滚、转、压等动作，使玻璃料成为几何形状对称、厚度均匀的空心料团，然后利用玻璃的黏性流动进行吹、塑、延伸等动作，使之成为尺寸符合入模要求的泡状物，最后将料泡置入衬碳模内(入模前用冷水冷却模型)，在不停转动的条件下吹气，使料泡胀大成为制品。常用于吹制各种特制的玻璃空心产品，如特殊规格的保温瓶毛坯、套料空心制品、高级器皿和灯具等工艺产品。

【高脚杯自动成形法】stemware automatic forming process

通过成形杯体和挺脚并相互熔接在一起的自动制造玻璃高脚杯的方法。有两种方法：(1)杯体用吹制成形，挺脚用压制成形，由两台成形机和两台供料机组成生产线。有两种生产流程：一种是先由吹杯机吹成杯体，用夹钳取出，经输送带送至压挺脚机，并放在压机模位下，经闭模、供入料滴、冲头压下而制成挺脚，同时已和杯体相熔接，然后由夹钳取出，经退火和爆口、磨口即成高脚杯；另一种是先由压机压成挺脚，由夹钳取出，经输送带送至吹杯机，并放于杯模下位置，然后经供料、闭模、吹制，杯体即和挺脚熔接，而成高脚杯。(2)杯体和挺脚均为压制成形。由一台压机和一台供料机组成生产线。在多工位的压机上，每两个工位都分别设有压制杯体和挺脚的模具。供料机交替供双份滴料，一滴料先经导料管直接落入杯模，成形杯体；另一滴料经导料槽供入伸出来的接受模内，成形挺脚。由一个专门取出装置将先成形的杯体放在挺脚模上，然后挺脚用注射法从下面向上压制，与先成形好的杯体熔接。

【烘爆】burn-off

又称烧割，爆口(热爆)，割去刚吹制的薄壁玻璃制品顶部的泡帽并使口部光滑的过程。用天然气(或液化石油气)-氧气或乙炔-氧气为热源的环状火焰加热，可立即割去泡帽，使制品口部成为光滑的圆边。此法生产效率较高，但口部往往增厚并带有小疙瘩。

【爆口】crack off

又称爆割，分为热爆和冷爆。冷爆是去除已退火的冷薄壁玻璃制品顶部泡帽的方法。制品边旋转边用金刚石划一圆环切痕，再用锋焰加热。因应力集中，玻璃沿切痕炸裂，泡帽脱落，但断口不平滑，尚须经研磨，或再经烘口。

【镀银】silvering

在玻璃表面镀上一层银膜的工艺。通常利用某些有机物质如葡萄糖、酒石酸盐等的还原作用，从银络合物的铵溶液中沉淀出金属银，并使之均匀地分布在玻璃表面成为反光薄膜。例如保温瓶胆镀银，先将氯化亚锡稀溶液通过尾管注入瓶胆夹层，进行洗涤，把洗涤液倒出，注入用硝酸银、氢氧化铵和氢氧化钠溶液配制的银溶液及用分解蔗糖得到的葡萄糖的还原溶液，使反应生成的复氨银盐液还原而析出金属银微粒。这些微粒沉积于玻璃壁面，形成厚约 0.15μm 的银膜，用以隔绝热辐射。平板玻璃镀银工艺与保温瓶胆基本相同。用四水酒石酸钾钠溶液作还原剂，可获得半透明银膜，用作制镜。

【镀镁】plating of magnesium

在保温瓶胆夹层镀上一层金属镁膜的工艺。利用镁在真空状态下气化温度较低这一特性，将金属镁粒通过尾管送入瓶胆夹层，与真空系统连接，经高频感应加热，使镁气化，气态镁碰到较冷的瓶壁而凝聚沉积，形成均匀的反光薄膜，用以隔绝热辐射。

【垂直上拉管法】up-drawing tube process

制造玻璃管的一种成形方法。玻璃液从圆形作业室内的自由液面流经成形装置及环形水冷器冷却，受拔管机中石棉辊的拉力而连续地向上拉引成玻璃管，然后移入退火窑。一般适合于生产大口径厚壁玻璃管，其直径范围为50～300mm，生产率较高。

【垂直下拉管法】down-drawing tube process

制造玻璃管的一种成形方法。拉管成形设备由供料机和拔管机两大部分组成。供料机可分为流料槽、料盆、闸料筒、料碗和吹气头等部分。玻璃液由流料槽流到料盆，通过料盆底部的料碗，顺着装在料盆中心的吹气头往下流，经拔管机成形为玻璃管，然后移入退火窑。具有产品规格范围较宽，设备简单，改换品种规格时操作比较简便等特点。

【水平拉管法】Danner process

又称丹纳法，是用拉管机在水平方向上拉制玻璃管的一种常用方法，可以拉制外径2～70mm的薄壁玻璃管，用于生产安瓿、日光灯、霓虹灯等。拉管机由旋转装置(机头)、托架(跑道)和牵引装置(机尾)三部分组成。旋转装置主要包括耐火材料制的锥状成形管、固定成形管用的空心金属轴、变速系统和进气系统等。托架为一系列装在箱体上的石棉滚轮。牵引装置主要包括履带或石棉带牵引机构和裁管机构等。玻璃液从池炉的流料槽流出，由闸板砖控制其流量，流出的玻璃液呈带状缠绕在成形管的后部，在不停的旋转下，料带逐渐前移，成为均匀的玻璃液层，于成形管的前端流出，由空心轴送入一定压力的空气，使流出的玻璃液层形成管根，在牵引机构的拉引下连续地形成玻璃管，经托架冷却定形，最后由裁管机构切割成一定长度的玻璃管。拉管工艺制度包括拉管温度、成形管的转速和倾斜角、送入空气的压力、牵引速度等，与玻璃组成、玻璃管的直径和厚度等有关。水平拉管法如附图所示。

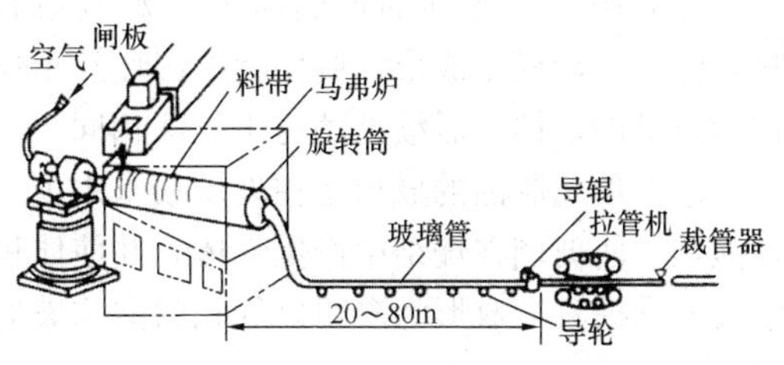

水平拉管法示意图

【安瓿成形法】ampoule forming process

用玻璃管经过拉丝、做颈和封底等工序成形安瓿的方法。在玻璃管的一定部位上用灯焰加热，使之软化，然后抽拉成空心细丝。做颈通常继拉丝后进行，是指加热、软化细丝的根部，然后用小轮滚压，成为颈部。封底指用灯焰烧断玻璃管的适当部位，熔封成底。成形方法有水平和垂直两种。前者如在转筒式(卧式)安瓿机上成形，作业在水平方向进行，后者如在立式安瓿机上成形，作业在垂直方向进行。转筒式安瓿机产量比立式安瓿机大。

【平行剪切】frame cutting

平行剪切是指供料机的剪料器通过特定传动方式，两剪刀臂沿共同的水平导向轴同时相向或相对移动，剪刀片的运动轨迹是平行直线运动，以达到对多滴料同时剪切的准确控制。

供料机剪料器的另一种传统剪切方式为角度剪切，两剪刀臂分别固定在与剪切平面垂直的轴上，通过特定传动方式，两剪刀臂绕着各自中心轴旋转，剪刀片的运动轨迹是弧形运动。

平行剪切的供料机与制瓶机间的平面相对关系无角度限制。

【烧结成形法】sinter molding

烧结成形法是将玻璃粉末烧结成形，用于制造特种制品(如微晶玻璃)以及不宜用熔融玻璃液成形的制品，又可分为干压法、注浆法、用泡沫剂制造泡沫玻璃等。

干法是用球磨机将玻璃磨成粉末，加入少量结合剂(如水玻璃)，充分混合，然后干压成所需形状和尺寸的坯体，再将坯体加热到稍高于玻璃软化点的温度，并保持一定的时间。

注浆法是将磨细的玻璃粉末与水调成浆料，注入石膏模中成形，脱模后的湿坯经干燥作为烧结的坯体，后续处理与干压法相同。

泡沫玻璃制品的成形是在玻璃粉末中加入发泡剂，使玻璃在烧结中产生气体，并使体积增大充满模具，成形为多闭口气孔的泡沫玻璃制品。

【维罗拉管法】Vollo process

维罗拉管法是在垂直引下法基础上发展起来的，其拉管装置与丹纳法基本相同，由机头、辊道和机尾三部分组成，不同的是机头部分的形状与滴料供料机类似。池炉中的玻璃液在耐火材料转筒的不断搅动下，通过供料通道和料盆，从料碗中心漏孔流出，然后被垂直引下。在漏孔的中心有一根空心的耐火材料管，管中装有耐热钢管，用以不断送入压缩空气使玻璃成为管状。当玻璃管延伸到具有一定角度的气垫悬链线后被引向水平的可调辊道上，再经拉管机、割管机等进入后加工工序。维罗法管壁厚度均匀，引管工艺是垂直引下，然后再水平拉制，可避免管壁产生螺旋形线条，玻璃管质量高；产量大，单机可达 6.5～8kg/min（安瓿料）；生产产品范围大，玻璃管规格可从 φ0.6～60mm。维罗法对玻璃液温度的稳定性要求较高，料液面至辊道的距离大，生产机速快，要求跑道长占地面积大。

【保温瓶接腰工艺】thermos bottle waist joint process

保温瓶接腰工艺是 20 世纪 90 年代由上海保温瓶胆总厂研制出的瓶胆加工工艺，不受瓶坯规格尺寸及形状的限制，适合于各种规格的普通型及异型瓶胆的加工。

接腰工艺流程如附图所示。

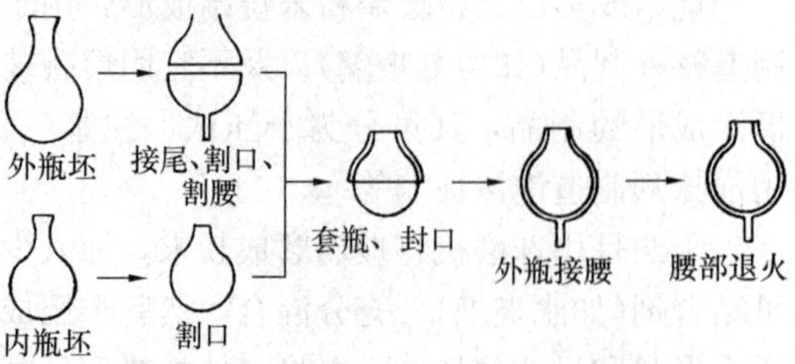

外瓶坯
接尾、割口、割腰
内瓶坯
割口
套瓶、封口
外瓶接腰
腰部退火

接腰工艺流程图

采用接腰工艺的产品，因外瓶底是在模型中吹制而成的，底部圆度及厚薄均匀度好，故耐压和耐冲击性强度高；相比传统的拉底工艺，节约了玻璃料；采用了氧气助燃，火焰温度高，加热面积小，对接后外瓶坯长度变化很小，比拉底工艺瓶身长度控制准确。

异型保温瓶通常瓶胆直径过大，瓶身较短，用一般的半机械式拉底加工工艺，瓶身自转不稳，易造成切割口底不平，给拉底、封口带来困难，瓶身、瓶肩容易造成破裂，并且接尾时瓶身烫手。因此，接腰工艺更适用于生产瓶身较短、瓶身直径较大的异型保温瓶胆。

【镀铜】copper plating per plating

采用专用设备和特定的水性化学原材料，应用化学反应的原理，通过直接喷涂的方式达到电镀的效果，使被喷物体表面呈现铬色、镍色、沙镍、金、银、铜及各种色彩（红、黄、紫、绿、蓝）渐变色等镜面高光效果，用于玻璃表面装饰。

10.4.3.4 日用玻璃成形设备

【吸料式供料机】suction feeder

也称真空吸料式供料机。该供料机借真空抽吸作用，将与口模紧密连接的初形模沉入玻璃液中，使玻璃液吸满口模及初形模内，然后供给成形机成形。其特点是能提供温度高（1150～1250℃），温度、质量和形状比较稳定的玻璃料滴，生产的制品厚薄比较均匀，尤其有利于薄壁制品的成形，应用的玻璃组成范围也较广。但由于真空吸料成形时吹制顶盖太大太重，产生的碎玻璃回头料多，生产效率低，目前已逐步为滴料式供料机所代替。

【滴料式供料机】gob feeder

将自供料道流来的玻璃液剪切成重量和形状符合要求并且温度和黏度均匀的料滴，以供成形机用的设备。常用的机械传动，包括上下往返运动的冲头、套在冲头外面的料筒、冲头下面的料盆与料碗以及料碗下的剪刀机构等。当冲头下降时，玻璃液从料碗滴料孔挤出，由剪刀剪断成料滴落下。冲头上升时，剪刀上方的玻璃液被吸回料碗加热，当冲头再次下降时，又开始下一个工作循环。影响料滴质量和形状的因素是料碗滴料口径大小、冲头下端形状、冲头的行程、料筒位置高低、剪刀与冲头的时间间隔以及剪刀与料碗的距离等。双滴料和多滴料供料机，可同时向成形机供双滴或多滴料。

【分料器】gob distributor

又名料滴分配器，将供料机剪下的料滴自动分送到行列机各个机组的导料槽中，是一种摆动式的料滴分配装置。每台制瓶机配制一套，安装在制瓶机横梁中部的上平面上，由料勺、导料槽和反向器构成。导料槽和反向器固定不动，料滴的分配主要靠料勺的动作来实现。一般料勺借气缸作往复运动，料勺到料碗下面接料，送入相应的导料槽，然后回复原位。其动作由各机组的电子阀箱(或调节转鼓)来控制。高速多机组的料勺，是通过同步器，方向轴，并绕轴作一定角度的平面往复转动，使转动的角度相应于各导料槽的位置，将料滴送入导料槽，并沿导料槽滑动至反向器后，料滴改变运动方向，落入成形机的初形模内，供成形机成形用。有机械凸轮式分料器和电子伺服分料器两种。

【角度剪切机构】angular shear mechanism

改变供料机支架、料碗座和剪刀机构的方向，使其具有一定灵活性的装置。可使行列式制瓶机相对于供料机以不同的角度安装布置，制瓶机中心线相对于供料机中心线的交角可在向右 0°～30°，90°或向左 0°～90°范围内选择。当制瓶机中心线与供料机中心线的相对角度为 0°时，称为中心剪切，按照其他角度安装布置时，均称为角度剪切。

【制瓶机】bottle machine

用于成形玻璃瓶罐的机械设备。种类较多，有行列式制瓶机、欧文斯制瓶机、回转式制瓶机(如林取制瓶机、罗兰特制瓶机)、海叶-莫尔制瓶机等。欧文斯制瓶机为吸料式，其余为滴料式制瓶机。目前用量最多的是行列式制瓶机。手工挑料的制瓶机有正口机、倒口机等，已很少使用。

【行列式制瓶机】individual section machine; I. S. machine

是一种用吹-吹法制造小口瓶，或更换部件用压-吹法生产瓶罐的自动制瓶机。由若干独立而相同的制瓶机机组排列组成，每个机组有各自的定时控制机构，可单独启动和停车。当某机组检修和更换模具时，其他机组可不停产；不同机组可同时生产大小、形状不同，重量不同的制品，组数有 5、6、8、10、12 等。每组各有一个固定的初形模和成形模。制瓶机主要由压缩空气驱动，各工序用电子阀箱和电子定时程序控制，由同步装置使制瓶机与供料机同步。机型有 E 型、F 型、EF 型和 AIS 型等。该机无转台，不易磨损，操作安全、灵活。1925 年问世，又称分组式制瓶机，国外称为 I. S. 制瓶机。

【海叶-莫尔制瓶机】Heye-Maul machine

用压-吹成形法制造大、小口瓶罐的设备。系联邦德国海叶玻璃厂和美国莫尔兄弟公司在 1976 年左右合作制造，有 H6-12 型、H1-2 型和 H4-9 型等几种机型。机器设有两个转台架，每个台架各有一个成形模装置，共用一套初形模和压制冲头机构。初形模、成形模均固定不动，雏形从初形模向成形模转移不需要翻转，瓶罐在整个成形过程中一直由口钳夹持。每个台架上各有 4 个程序直流电机分别单独传动 4 付口钳机构。口钳架按程序控制连续或间歇转动。各工位的工艺过程系通过微型电子计算机进行调节，调节精度可达 0.01s。各种制品的最佳成形工艺过程能用磁带记录储存，可重复运行，大大精简了调节工作，保证产品质量稳定。每 3 台或 4 台机配一台供料槽和 3 台或 4 台供料机头共同运行。双滴料生产时机速可达 80 只/min。玻璃料滴可直接落入初形模内，不需通过分配器，因而料滴温度均匀，适宜于制造轻量瓶和超轻量瓶，瓶壁最薄可达到 1mm。

【玻璃瓶罐自动检验线】automatic inspection line for glass container

连续自动检验玻璃瓶质量的综合设备。对玻璃瓶的外形尺寸(高度、直径、瓶嘴内径、瓶嘴外径、歪斜等)、气泡、裂纹、壁厚分布、玻璃异物(瓶内玻璃丝、玻璃屑等)、强度等在检验线上逐一进行检查。可根据生产规模和产品的要求确定检验项目，用过渡传输板和瓶罐分行机等设备，将退火窑出来的瓶子送入检验输送带。高速制瓶机可用双列或多列瓶罐分行机分送到两条或多条检验输送带。带的两侧安设各种自动检验设备，组成自动检验线。还设置有流-阻检验器，当瓶子在检验输送带上发生阻塞时，便发出信号，控制进瓶。外形尺寸、气泡、裂纹等项目常用光电法等进行非接触性检查。也有接触性检查的项目，如模拟冲击试验、检查瓶子圆度和强度等。还可设置质量控制取样器，按比例抽取样品，供其他项目的分析检查。经各项目检查合格的玻璃瓶，由输送带送往自动包装线，不合格的瓶子则被剔除到废品输送带上，同时装有显示被剔除瓶子缺陷类型和数量的数字显示装置。

【瓶罐分行机】bottle liner

将自退火炉网带成排输送出来的瓶子分成单列或多列，并传输至检验输送带的装置。一般由四条以上平行的输送带构成，各带以不同的速度移动，紧靠过渡传输板的第一条最慢，第二条稍快，第三条以上最快，其速度与检验输送带相配合，通过转盘将瓶子送入检验输送带。最后一条是反向运动，把出口处过多的瓶子带回以免堵塞，带回的瓶子在另一端返回到上一条或多条输送带上，重新入列输出。单列瓶罐分行机与低机速的制瓶机配套，双列或多列瓶罐分行机则与中、高速制瓶机配套使用。

【模拟冲击试验器】simulated impact tester

一种用挤压方式来检出不能经受给定外加压力的或不圆的瓶子的试验器。它的检验部分是分别装设在检验输送带两侧的一个压力轮和一个压力垫，两者均用厚的聚氨醇衬面。随输送带进入的瓶子被夹在压力轮和压力垫之间并随着压力轮旋转，即受到预先调定的压力作用。强度足够的瓶子可安然通过，有缺陷或不圆的瓶子经受不住压力时便破裂。

【哈特福特 28 型成形机】Hartford No. 28 press-blow machine

通常称 H28 机，是用压-吹法制造薄壁无缝器皿的成形设备。单转台顺时针连续回转，有 12 工位和 18 工位等，由供料机单滴供料。料滴入初形模后，将模升起，套入口模，冲压成雏形后，初形模下降，口模带雏形经重热入衬碳成形模，边吹边旋转，出模后制品带料帽，经烘爆入退火窑。转台由电动机驱动，通常与埃姆哈特 144 型供料机及同步自动联合烘爆机等配套使用，由凸轮协调各个动作。该机与吹-吹法薄壁无缝成形设备相比，具有效率高、料帽轻、炸口玻璃损失少、制品厚度分布较均匀、表面质量好等特点。

【压制成形机】glass forming press

俗称压机，将玻璃料滴一次压成制品的设备。有单冲头单模，单冲头多工位模，双冲头多工位模等。常用的多工位模安置在一个转台上，间歇旋转，模具即依次到达各操作位置，完成各操作工序。转台由机械或压缩空气驱动，由气压或液压推动冲头冲压。机器的动作与供料机联锁，用配气阀等控制协调动作，如气动十模压杯机等。

【压饼吹杯机】tumbler blowing machine

俗称吹机，是制作薄壁玻璃杯、碗的成形设备。有 12、16 或 20 等多工位，安置在一个转台上，转台定向均速连续转动。机臂上部是口环，下部是成形模，先将料滴压成料饼，移入口环，适当吹气，伸长，悬挂在口钳中，吹成料泡。料泡在不断旋转下转入成形模，吹成制品，吹杯机与供料机由差动系统而实现同步。口环用压缩空气冷却。成形模为水冷却的衬碳模。更换口环和成形模可吹成不同形式和规格的杯、碗等制品。

【薄壁吹泡机】paste mold machine

料泡在衬碳模中边转边吹而制成薄壁玻璃制品的成形设备。吹制的制品表面光滑，但一般不能直接制成光滑的口部，都带有泡帽，须再经爆口等加工处理。根据成形工艺的不同，有压饼-吹制的转台式吹泡机，通常用于制造杯、碗及灯泡等；吹-吹法的保温瓶吹泡机，主要用于生产保温瓶胆料坯及其他大型薄壁制品；压-吹法的哈特福特 28 型吹泡机，用于生产薄壁水杯；吸-吹法吹泡机，常用于生产灯泡；履带式吹泡机，用于生产灯泡及小型空心薄壁制品。

【玻璃焊接车床】glass splicing lathe

焊接玻璃工件的设备。主要由一对同心等速旋转的卡盘和传动机构、火焰加热装置组成。焊接时工件夹持在卡盘上，卡盘具有中心孔，以便加工细长的工件。在长轴上用两个同样的传动机构，带动两个卡盘，使之同步旋转，并调节速度。火焰加热装置依加工工件的几何形状和直径，可选用单个或成排的火焰喷灯。

【保温瓶吹泡机】thermos-bulb blowing machine

由滴料供料机供料，采用吹-吹法成形薄壁空心制品的机器。主要用于生产保温瓶瓶胆内、外坯。成形过程可分为五个阶段：形成雏形、吹塑、垂直延伸、成形模吹制成形和脱模冷却还原。传动系统已由传统的蜗轮蜗杆传动改为齿轮传动，使生产过程更加平稳可靠。主要由转动机构和工作机构两部分组成。转动机构包括公转、翻转、自动运动系统及凸轮系统。工作机构包括口钳、初形模、成形模系统和配气系统等。转台由机械驱动。初形模位于成形模上部，料滴经导管进入初形模，然后打开初形模，在口钳上吹成球形泡，经转动、翻转、扩大、垂直延伸，最后进入成形模吹制成形。

【垂直拉管机】up-drawing tube machine

为垂直拉管法生产玻璃管的主要机械设备。由机壳、多对石棉辊和鱼鳞板，以及传动系统构成。玻璃管被夹在石棉辊中而被向上或向下拉引。石棉辊可张开到能使直径 300mm 以下的管子通过机膛。每隔一对石棉辊的下面安装与其长度相等的鱼鳞板，起阻挡、排除碎玻璃和一定程度调节机膛内气流的作用。

【转筒式安瓿机】horizontal ampoule forming machine

一种沿水平方向将玻璃管成形为安瓿的设备。主要由拉丝和封底两大部分构成，其间由过桥相联。玻璃管由玻管架通过送管链条连续进入条形灯头区受灯焰加热，然后滚入卧式转筒的夹头内。夹头夹紧玻璃管，在转筒旋转下，沿曲线轨道运动，将玻璃管的软化段拉成空心细丝。割丝器将细丝割断，形成安瓿丝子(身部为玻璃管，两端为空心细丝的安瓿半成品)。安瓿丝子连续通过过桥，进入定长机构定长，并由转动履带送入条形灯头区受灯焰加热。然后经封底机构的伸缩运动，将安瓿丝子熔封成底，等分为二，制成安瓿。

【立式安瓿机】vertical ampoule forming machine

一种沿垂直方向将玻璃管成形为安瓿的设备。主要由传动机构，操纵机构，执行机构，机架支座等组成，并附有自动插管装置。传动机构的主要作用是通过齿轮和转盘的转动，带动夹头绕主轴作公转，并进行自转，操纵机构主要是使下夹头沿高低轨道作升降运动，执行机构主要是完成玻璃管的定长、夹紧、加热、拉丝、封底、割丝和落瓶等动作。立式安瓿机能制造多种形式和规格的安瓿。

【摆动式加料机】swing batch charger

能左右摆动地向玻璃熔窑添加玻璃配合料的加料机。分为裹入摆动式和密封摆动式两种。裹入摆动式的摆动角度为左 17℃ 到右 17℃，密封摆动式的摆动角度为左 22℃ 到右 22℃。

摆动式加料机具有预熔效果好、减少配合料滞留、防止配合料粉尘飞扬、减少耐火材料侵蚀、降低燃料消耗和加料量易控等特点。

【供料道】forhearth

又称供料槽、料道，是连接玻璃熔窑与成形设备的玻璃液通道。其作用是将熔制好的玻璃液引出熔窑，通过供料道进行最后的温度调节，向成形设备提供具有适合成形黏度，且温度、成分均匀的玻璃液。

【接料器】gob receiver

是一种把供料机剪料器剪下的玻璃料，按照特定的次序接送到制瓶机的初形模中的装置。是由每一组的受料动作经过气路控制接料器的气缸，气缸控制料勺伸出到落料位置，接住剪料器剪下的玻璃料，导入流料槽分配到制瓶机的初形模中。

【自动称重仪】weightometer

又称料重自动调节仪，是玻璃瓶罐成形过

程中自动调整料滴质量的装置。由制瓶机的冲头位置传感器、数据处理器和冲头、匀料筒位置调节机构组成。其原理为：行列机初模侧模具内容量由闷头、初模、口模、导环和冲头组成空间，这个容量随着冲头向上冲压后停止的不同位置而改变；冲头驱动气缸内有感应冲头位置的传感器，数据处理器根据冲头位置信号计算出初模内玻璃料滴的质量，进而控制供料机冲头和匀料筒位置调节机构，并调整，达到自动调整料重的目的。本系统主要用于控制轻量化玻璃瓶罐（小口压吹工艺）的质量。

【回转式制瓶机】rotary machine

一种底盘为圆形，并进行旋转运动的制瓶机。不同功能的制瓶机构安装在圆形的底盘上（有的机型，受料机构安装在底盘之外独立受料），底盘作间歇旋转运行，各机构在不同的工位上完成特定的制瓶动作，最后把成品移到输瓶带上，传输到退火炉中。这些不同的工位有：受料、扑气、压吹、正吹气成形、取瓶等过程。机构动作可以采用电子配时、伺服电机间歇运行定位等自动化控制。

【热端分析机】hot-end analysis machine

一种在玻璃瓶罐制品入退火炉之前进行质量检验分析的装置。可以通过摄像、光电、感应等技术手段，检验出不合格的制品，把缺陷品剔除并且进行统计分析，指导制瓶工艺的改进。

【照相检验机】image pickup inspection machine

一种对玻璃制品多角度照相的检验机。对比标准制品的要求，分析图像呈现的缺陷（如拉丝、结石、裂纹、气泡、歪斜、椭圆等），并剔除缺陷制品。通过对各种缺陷进行分析统计，指导生产工艺和方法的改进。常与综合检验机配合使用。

【综合检验机】comprehensive inspection machine

综合检验机是安装在玻璃生产线冷端的检验机，具有多项检验功能，分为回转式和直线式。可以实现裂纹和微裂纹检测、瓶口圆度检测、气密性的瓶口平整度检测、瓶身椭圆检测、壁厚检测、瓶底裂纹检测、模码读出、瓶身瓶底各种缺陷的摄像检测等功能，同时剔除检测到的缺陷制品，并且对各种缺陷进行分析统计，指导生产工艺和方法的改进。

【气动十模压杯机】pneumatic ten-mold cup pressing machine

是玻璃压制成形工艺的一种成形设备，其转台（又称大盘）和冲压机构均由气缸驱动。10 个压模工位均匀分布在大转台上，转台下的驱动气缸和推动销驱动转台作间隙式的旋转，驱动气缸每动作一个回合，转台沿中轴旋转 36°后停止，转台固定销将转台锁定在停止位；冲压机构的冲压气缸安装在固定的三脚架上，冲压气缸沿着两侧的滑杆带动冲头组上下移动完成冲压动作；冲头上装有进出水口的冲头水冷系统。10 个工位中，通常 1 号工位为落料位，2 号工位为冲压位，3 号为杯口火抛光位，4、5、6 号为模内毛坯冷却位，7 号为钳出杯，8、9、10 号位为模具温度调节工位。根据不同的压制生产工艺作相应的调整。

【瓶罐自动包装设备】automatic glassware packaging equipment

瓶罐自动包装设备，位于检验设备之后。包括瓶子自动排列、把排列整齐的瓶子自动抓取或者自动推移到托盘上、自动放置托盘、自动捆扎、自动包膜等过程，最终把数百个瓶子码成一个个便于运输的托盘方形包装。一般由码垛机、输送辊道、捆扎机、热缩机等组成。

【接腰机】joint machine

一种把按接腰工艺加工的保温瓶外胆的两部分连接起来的设备。其结构为立式圆盘回转式，由 16 个工位组成。第 1 个工位是上瓶；第 2 至第 8 个工位是预热；第 9 个工位是熔焊接腰；第 10 至第 16 个工位是退火。16 个工作头固定在圆盘上，每个工位齿轮都与双联的大齿轮配合，当工作盘定位固定时，工作头自转，此时进行接腰、上下瓶胆、瓶胆预热、退火等操作；当工作盘定位落下时，工作盘公转一个工位。

【焊接拉伸机】welding stretcher

是指将两件或多件理化性能相近的玻璃半成品通过高温加热至玻璃软化点温度后粘接，并对粘接过的制品进行再次加热拉伸的加工设备。其工作过程有装载、固定玻璃半成品、加热、粘接、火焰抛光、再次局部加热、双向拉伸、卸载成品。该机为旋转式机械结构，完成玻璃焊接拉伸各动作的工位在机器大盘上按360°均匀分布，在机器大盘360°旋转过程中同时匀速自转。主要结构有：机器大盘的伺服驱动机构、在机器大盘布置的各工位、控制各工位做焊接拉伸动作的机械导轨或伺服驱动机构等。该机具有生产的产品质量稳定，一致性好，产品规格范围较广，换产速度快，生产效率高等特点。主要应用在玻璃制品需进行焊接拉伸的生产工序，如二次焊接拉伸型玻璃高脚杯产品，或一次成形直接加热拉伸型酒杯或水杯类玻璃制品。

【爆口机】polishing machine

切割掉吹制玻璃器皿制品上部帽盖部分的设备。爆口实际上就是玻璃的切割，吹制器皿的爆口属于热切割法。先在制品需要切割处沿着一条线急剧加热制品，然后用冷的钢刀口(或蘸少量水)接触加热处，在局部应力的作用下使切割点断开。爆口机由转盘装置、升降移动机构、分气装置、喷嘴、划线架、电气装置等组成。转盘装置带动工作转盘旋转(转速可调)，工作转盘上套装杯座可以适应不同直径的玻璃制品；升降移动机构的功能是在一定范围内作上下和前后移动来调节喷嘴的位置；分气装置把由车间管道送来的气体燃料和压缩空气分配给本机的各喷嘴；划线架上装有切玻璃刀片和可以调节的V形块，用于玻璃制品的划线，从而使爆口整齐。

【火焰抛光机】flame polishing machine

俗称火抛机，该机器可以将玻璃制品的表面加热到一定的温度，以消除玻璃制品表面的成形缺陷，使其更加光洁。火焰抛光机主要有转台式和链带式两种。转台式火焰抛光机的转台动作与压机相似，在转台驱动气缸或电机驱动下，转台作间隙式旋转后停止，烧枪固定在转台停止时对应的工位位置，玻璃制品在杯托上作匀速旋转，火焰均匀覆盖在玻璃制品的表面，完成抛光过程；链带式火焰抛光机的烧枪固定在一个作往复移动的支架上，支架由直线电机或气缸驱动，保持与链带托架上玻璃制品同样的移动速度，完成抛光过程。链带式火焰抛光机由于在一个抛光周期内，玻璃制品与火焰连续接触，因此抛光效果更好也更节能。火焰抛光机主要应用于玻璃压制成形工艺。

【钢化机】tempering machine

指采用物理淬火方法提高玻璃制品机械强度和抗热震性能的一种机械加工设备，主要由传送带、加热段(均温段)和冷却段组成。将检验合格的玻璃制品经传送带送入加热段，加热到接近软化点(加热温度由玻璃组成决定，加热速度由制品厚度决定)，保温一段时间，使之达到均热状态后，立即从加热段进入冷却段骤冷，使玻璃表面层产生压应力，冷却介质一般采用空气。当钢化玻璃表面受到外伤达到表面层深度的瞬间，玻璃会碎成无尖锐棱角的颗粒，因此，钢化玻璃制品不能再切割、钻孔。钢化机的形式分为：圆盘回转型、输送带回转型和网带型，主要应用于玻璃器皿、玻璃绝缘子的生产。

【拉管设备】tube drawing equipement

拉管设备主要由机头、托架辊道(跑道)和牵引装置(机尾)三部分组成。丹纳拉管法的机头是一个旋转装置，主要包括耐火材料制成的锥状成形管、固定成形管用的空心金属轴、变速系统和进气系统等。维罗拉管法机头部分的形状与滴料供料机类似，玻璃液从料碗中心漏孔流出，然后被垂直引下，在漏孔的中心有一根空心的耐火材料管，管中装有耐热钢管，用于不断送入压缩空气使玻璃成为管状。辊道由升降支架及保温箱体、石墨滚轮等组成。石墨滚轮随玻璃管线性运动的摩擦作用而转动，辊道的长度随玻璃管规格、产量、玻璃料成分及拉管工艺方法不同而不同，丹纳法一般为40～70m，维罗法更长。牵引装置主要包括履带或石棉带牵引机构和裁管机构等，其作用是将玻璃管从作业室拉出，并由粗拉细，玻璃管直径不同，采用的牵引装置类型也不同。拉管设备主要用于生产药用安瓿瓶、口服液瓶、节能灯管、荧光灯管和工业用玻璃管等。

10.4.4 玻璃的退火

【平衡结构】equilibrium structure

也称玻璃平衡状态。一定温度下，玻璃内部质点会随时间的延长不断移动，并达到一平衡状态，此时相应的物理性质也达到平衡值，该结构称为平衡结构。每一个温度相应于一定的自由能最小值，也就是无定形物质在该温度下特有的平衡结构。但玻璃冷却速度较快，无足够时间达到平衡，玻璃结构常处于介稳状态。通过稳定化可完成介稳到平衡状态的结构弛豫过程。可通过弛豫过程改变和调整玻璃的物理性能，如光学性质。

【假想温度】fictive temperature

玻璃的结构往往随着温度的改变而发生变化。在 T_g～T_j 这段范围内，玻璃的某些结构性能随着热历史的变化而变化。如果玻璃的热历史不同，则冷却到室温后玻璃的性能也会不同。这时玻璃的性能是对应着 T_g 点以上某一温度的性能，这一温度即称之为假想温度。其与实际温度之差表示玻璃结构偏离平衡的程度。假想温度是玻璃结构弛豫的度量，其变化速率表征玻璃结构变化速率。

【玻璃退火窑】glass lehr; annealing kiln; lehr

是使玻璃带及玻璃制品以一定的速度降温，从而消除或降低其内应力的热工设备。其工作过程一般分均匀加热、保温、徐冷和快冷四个阶段。按操作的性质分间歇式与连续式退火窑；按热源和加热方式分为燃气窑、燃煤窑、燃油窑和电窑四类。退火窑的结构要保证满足所要求的退火工艺制度，生产效率高，燃料消耗省等要求。

【间歇式退火窑】intermittent lehr; periodic annealing lehr

是制品不移动、窑内温度按工艺要求随时间变化的退火窑。其主要结构包括退火室、火箱、吸火孔、烟囱等。玻璃制品进行退火时，先将退火室加热到接近于退火温度，然后将制品陆续装入，待装满一定容积后，封闭炉门，恒温一段时间，停止供热，徐徐冷却，即完成退火过程，当全部取出制品后，再重复下一个周期。此退火窑因热耗大、窑内温度分布不均匀，操作复杂，只适用于产量小、间断性生产、异形玻璃或对退火制度有特殊要求的玻璃制品。

【连续式退火窑】continuous annealing lehr; tunnel lehr

对单一品种、大批量生产的玻璃制品进行连续退火处理的设备。主要由耐火材料和钢板构成的窑体，以及运载制品的耐热辊道或金属网的传送带所组成。连续退火窑按退火温度制度一般分为均热带、徐冷带和快冷三个区，分别设置以电或以燃料油、燃料气为热源的加热装置，通过调节装置进行自动控制。根据制品的热膨胀特性、形状、尺寸以及设定的退火温度制度等因素而确定窑的宽度和长度。与间歇式退火窑相比，生产能力大，燃料消耗低，退火质量均匀，自动化程度高，适用于大规模连续生产。

【隔焰式退火窑】muffle lehr

又称马弗式退火窑，是指玻璃制品不与火焰直接接触的一种连续式退火窑。火焰在窑的加热带和保温带从隧道的底部和顶部和两侧的隔墙中通过，不与制品直接接触，通过隔墙的传热间接加热制品。隔墙可采用钢板、铸铁或薄壁耐火砖砌筑。由于制品在窑宽方向上受热比较均匀，且不受火焰污染，有利于提高退火质量。一般适用于薄壁或不适宜与火焰接触的玻璃制品的退火。

【退火温度曲线】annealing temperature curve

是根据退火工艺过程中的加热、保温、慢冷及快冷四个阶段的升温降温速度及保温温度、时间做出的温度与时间关系的曲线。其表征玻璃和玻璃制品退火时所遵循的温度变化的曲线，其主要有上弯式、下弯式、阶段式、直线式等。常用的是直线式退火温度曲线。在制定玻璃退火温度曲线时，应考虑玻璃的成分、应力允许值、玻璃厚度等影响因素。

【浮法退火窑】annealing lehr of float process

是浮法生产线上用来对玻璃退火的退火窑。其主要使玻璃从锡槽出来的温度能够遵循一定的退火曲线进行退火。控制玻璃产生的残余应力不超过允许范围，以满足切割和运输的要求。全钢结构退火窑是全部用钢制成外部框架的退火窑。窑体由内外两层钢制壳体构成，中间填充保温棉。分节制造，每节 3m 左右。一般分为 5 个区，从前到后分别是 A 区、B 区、C 区、RET 区和 F 区。区与区用挡帘分隔。窑体上部设观察孔，下部有碎玻璃清扫门。一般内宽比玻璃带宽 400～700mm。该退火窑密封绝热性能好，操作简单，控制容易。

【平拉退火窑】annealing lehr of horizontal drawing process

是平拉生产线上用来对玻璃退火的退火窑。其主要使玻璃从熔窑出来的温度能够遵循一定的退火曲线进行退火。控制玻璃产生的残余应力不超过允许范围，以满足切割和运输的要求。

【压延退火窑】annealing lehr of rolling process

压延生产线上用来对玻璃退火的退火窑。其主要使玻璃从压延机出来的温度能够遵循一定的退火曲线进行退火。控制玻璃产生的残余应力不超过允许范围，以满足切割和运输的要求。

【全电结构退火窑】full electrical heating annealing lehr

加热方式全为电阻丝加热的退火窑。分为抽屉式和加热手式。通常 A 区上下都有，B 和 C 区部分上部有，下部没有设置电加热。功率根据要求定。

【辊道式退火窑】roller-equipped annealing lehr

输送系统用耐热辊道的连续式退火设备，由平行排列的辊子、轴承座立柱、斜轴承座、传动轴等所组成。主要用于平板玻璃的退火，多与浮法、平拉法和压延工艺生产的平板玻璃配套。通过电机经变速和传动机构带动输送辊道转动，承载玻璃板向冷端切裁工段输送。一般设有两个传动站，一个正常运转，另一个以低于 5%的速度运转备用。

【退火窑辊道】annealing lehr roller

是由平行排列的辊子、轴承座立柱、斜轴承座、传动轴等组成。其主要是借助于玻璃带与输送辊道面之间的摩擦力使连续玻璃带依次通过退火窑的各区，由于不同的温降控制，使连续玻璃带内应力有控制地逐步降低从而达到退火的目的，同时把玻璃带连续输送到该生产线冷端。其一般设有两个传动站，正常工作时，由一个传动站带动，另一个传动站以低于 5%的速度运转；当工作传动站出故障时，另一个传动站速度提高到正常速度，由它带动辊道运转。

【冷端输送辊道】cold end roller conveyer

从退火窑出口至玻璃板装卸设备前的一段辊道，通称冷端输送辊道。通常包括：紧急切割、落板辊道、应力检测、板厚检测、板边位置跟踪、运行速度及距离的脉冲检测、洗涤干燥、点状缺陷检测，纵、横切、掰断与分片等设备。一般为直线布置，也可依工艺要求设置若干支线。辊道线速度与退火窑拉引速度一致，一般由退火窑传动装置带动。

【退火窑换辊车】roller changing spoon of annealing lehr

指安装或更换退火窑辊子的专用工具。通常由托架、上托架、下托架、车轮及液压升降机构等组成。把托有辊子的托架顺着导轨推入或退出退火窑以进行辊子的安装或更换。浮法、压延等平板玻璃生产线，都有结构类似换辊车。

10.4.5 玻璃生产的冷端

【切裁率】yield of glass sizing

指切裁成的平板玻璃成品面积与合格玻璃原板面积之比(以百分数表示)。切裁率(%)=[切裁成品面积/原板面积×100%]。切裁率反映原板质量和切裁技术水平的高低。在原板尺寸一定的情况下，合理设计切裁规格，可提高原板的利用率，即提高切裁率。

【重量箱】weight case

是平板玻璃的计量单位。10m^2、2mm 厚的玻璃，公称 50kg 为一重量箱。其他厚度的平板玻璃通过重量箱折算系数换算。计算方法如下：重量箱=产量(m^2)×重量箱换算系数/10(m^2)。重量箱是平板玻璃工业用来计算原材料、燃料消耗及成本的产品单位。

【平板玻璃折算系数】conversion factor of sheet glass

指各种不同厚度的平板玻璃换算为 2mm 厚度所用的系数。有标准箱折算系数和重量箱折算系数两种，标准箱折算系数用于计算生产任务，重量箱折算系数用于计算原材料燃料消耗及成本。各国有不同的折算方法。

【输送辊道】roller conveyer

是指用来输送玻璃的辊道，一般指冷端辊道。由于在此辊道上要对玻璃板进行各种精确的检测和切裁，因此要求辊道运行平稳，各辊上母线的水平度和各辊之间平行度要求较高。输送辊道主要由一般输送辊道、落板辊道、纵横切辊道、横向掰断辊道、掰边辊道等几部分组成。

【分片输送装置】sheet conveying device

将主线上接连运行的玻璃板横向(与主线程垂直方向)分送到各支线的装置，以便对玻璃板进行如：切裁、掰断、表面保护以及堆垛装箱等处理。主要结构形式有皮带分片输送机、负压吸盘连续分片机、气垫分片机。

【在线应力检测装置】on-line stress measuring device

是安装于玻璃生产线上对玻璃退火后的应力大小和分布进行连续自动测量的仪器。其结构是将应力测定仪装在沿玻璃带宽方向往复运动的小车上，小车横跨主线辊道的导轨上进行往复运动。其原理是利用 Senarmont 法测量应力，即测定穿过玻璃厚度的单色光束偏振面的旋转角，这一旋转角即应力角。该仪器具有计算机自动绘制应力曲线和数字显示等功能，可为退火工艺提供可靠参数。

【在线玻璃板厚度检测装置】on-line glass ribbon thickness measuring device

是测定拉制成形的玻璃带宽方向的厚薄差和成品的标称厚度范围的装置。其主要部件是平行激光扫描器和接收器。平行激光扫描器沿玻璃带板宽方向扫描，发出的平行激光斜射向玻璃带，被玻璃上下两个表面折射，被接收器接收，得到上下两个表面发射的两束光的光程差，即测得下表面反射光比上表面反射光的滞后时间 T，则板厚是：$d=\alpha T$，式中：d 为厚度；T 为滞后时间；α 为系数。该装置不仅可以测得玻璃带的板厚，还可通过全板厚度的测量，依据相关公式计算出玻璃原板的宽度。

【在线玻璃板位置检测装置】on-line glass ribbon position measuring device

是检测生产中玻璃带板边位置的装置。主要采用光电系统，包括两个单面发射和接收光电管，两个光电管相隔一定间距，对玻璃带的一个边进行跟踪监测。当玻璃带板边在两个光电管之间时，判定为正常，边部检测的光电管不动；当玻璃遮住两个光电管或两个光电管下部都没有被玻璃遮住，则判定玻璃带跑偏，两个光电管一起移动进行调整直到玻璃边位于两个光电管中间为止。该装置可以为生产线板宽的调整和变化提供依据，避免工艺操作、工艺制度等引起的玻璃带跑偏对冷端横切系统造成的不良影响。参考监测的数据，可对切边、纵切、横切下刀、落刀点位置、掰边辊道的掰边位置进行跟踪调整。对有特殊要求的玻璃生产工艺，还可选择视觉检测仪。

【自动点状缺陷检测装置】automatic point defect measuring device

一种在线检测拉制玻璃带中点状缺陷的装置。此装置通常由洗涤干燥机、点状缺陷检测仪和打标记装置三部分组成。洗涤干燥机主要是清除运行过程中玻璃表面的雾状附层和散落的杂物，以保证缺陷检测仪检测的真实性。点状缺陷检测仪主要有光电型和激光型两种。点状缺陷检测仪可检测出一定精度的沙粒和气泡。打标记装置是对每块玻璃板存在的缺陷数量、大小和缺陷位置进行辨认，当检查出缺陷后，用打标记装置将紫色墨水打印标记在缺陷位置的板边或缺陷的附近。检测仪将测定出的缺陷尺寸大小、数量和分布情况、纵横坐标位置等数据输入计算机，对每块玻璃进行质量分析和确定质量等级，根据最佳切裁要求，控制切掰和堆垛系统进行切裁的工序安排。

【应急切割】emergency cutting

对玻璃带含有质量缺陷的部分进行横向切裁划痕的装置。在玻璃生产过程中，缺陷检测仪会对玻璃板的缺陷进行检测，发现缺陷后立即启动应急切割装置对其进行切除，从而避免不合格品进入裁切工序。

【应急落板】emergency drop-down

将已有横向切裁划痕的不合格玻璃板进行应急掰断，并由落板装置将其引导至下部的碎玻璃仓中。该装置与应急切割配合使用。

【紧急横切机】emergency transverse cutting machine

是对不合格产品和生产线引流及玻璃改型产生的可回收的玻璃进行横向切裁划痕的冷端设备。经紧急横切机切裁后的玻璃可在落板装置处自动掰断，由落板装置送入玻璃破碎机进行处理再利用。设置此设备主要目的是防止大量的废品玻璃进入冷端的切裁掰断系统，保证掰断系统正常运行。

【玻璃板速度和长度检测装置】glass ribbon speed and length measuring device

是一种用来在线测量玻璃板长度的装置，又称为光电脉冲发生器，主要设置于主线辊道的横梁上。由橡胶轮或增速齿轮系统带动光电脉冲发生器中的光栅盘转动，光栅盘设置有刻盘分度，决定每一个脉冲玻璃带所行走的距离。此装置配合缺陷监测仪等，可对横切机提供切裁长度信号；给纵切机提供各纵刀头的落、抬刀位置信号。

【横切机】transverse cutting machine

是玻璃生产线冷端的关键装备之一。其作用是将连续的玻璃带按设定的长度横向切出划痕供掰断用的装置。其形式主要有两种，一种是装在横梁上的横切刀架以固定的速度进行横切裁，通过调整支撑横切刀架的横梁的斜置角度来适应玻璃带的运行速度；另一种是支撑横切刀架的横梁固定一个角度斜置，横切刀架的切裁速度根据玻璃带运行速度按一定比例关系进行切裁。常用横梁固定斜置的结构形式。

【纵切机】longitudinal cutting machine

是对运行的玻璃带沿纵向切裁划痕的设备。其一般位于横切机前，设置在横跨主线输送辊道的横梁上，装有若干纵向切裁的刀头。两端的刀头用来切裁玻璃带的两个自然边，中间的刀头用来在横切划痕内将玻璃纵向切裁成若干片。其根据玻璃带边跟踪装置的信息，跟踪对玻璃带进行纵切。要求刀头的跟踪速度不能超过每片玻璃允许的误差。

【掰边装置】edge snapping device

是将已纵向切裁划痕的玻璃板的两个自然边掰掉的装置。工作原理是玻璃板输送到掰边工位时，由电控系统发出信号，通过气缸进行操作。按结构形式分，一种是掰边辊道左右分开两组，两组辊道的辊子中间交叉插空方式排列；另一种是中间为一组窄辊道，辊道外侧有两排可以调整的掰边支承辊。一般采用交叉辊道比较多。

【分片装置】sheet separator; separating device

将纵向掰断的玻璃板横向分开的设备。紧接纵向掰断机布置，用左右两组不同转向的辊子(分隔轮)分别接触被掰断的两块玻璃，把玻璃板向左右分流。

【转向装置】steering conveyor; angle transfer conveyor

是冷端辊道上用来改变玻璃运行方向的装置。一般在冷端有多条支线的情况设置此装置。

【防霉药剂】mildew proof agentia

指防止玻璃表面受潮后发霉的药剂。此药剂通常采用硅酸盐分解的阻化剂，即用电场很强的高极化元素的氢氧化物或易水解的盐类制成，如采用 $ZnCl_2$ 的氨溶液或 2-甲基丙烯酸等。可在玻璃上表面或两面均匀涂布。

【铺纸机】paper application machine; paper spreading machine; paper machine

用于玻璃带切裁掰断后，对每块玻璃进行铺纸的设备。此设备横跨于主线或支线辊道上，安装在堆垛或装箱设备之前。纸由纸卷上拉出后，依次经过供纸胶轮系统和静电感应器。纸铺到板长后，由切断系统将纸切断，并在静电作用下铺贴在玻璃板上表面。铺纸后，防止玻璃之间的机械摩擦而起到衬垫的作用。如铺防霉纸，可预防玻璃表面在外界高温高湿环境下引起的彩虹、白斑、不透明及粘片等霉变现象。

【喷粉装置】powder applicator

在玻璃表面上均匀喷上一层防霉隔离粉的装置。安装在主线或支线辊道上。喷粉装置由下面开口装防霉粉槽、槽内的橡胶辊和挡板组成。当橡胶辊轻微与开口接触，辊上的粉末经开口均匀沾在玻璃板上。为增加粉末与玻璃表面的结合力，在喷粉前对粉末施加静电。挡板可通过位置滑移以适应不同的玻璃板宽。

【堆垛机】stacker

是将生产线上质量合格的玻璃板按一定要求码放到包装箱内的设备。按堆垛玻璃板能力的大小分为大、中、小三种；按堆垛方式分为水平、垂直和机械手三种。

【吹风清扫装置】chips blower

指掰断工序后对玻璃表面粉末和碎屑进行吹扫的装置。吹扫方式主要有两种：一种是一侧进风，主要采用变断面的方形风管，其侧方设置一排吹风孔，将玻璃粉屑吹向辊道一侧；另一种是中间进风，采用 V 形风管，向辊道两侧吹扫。一般通过管路与通风机或鼓风机进行连接。

10.4.6 玻璃的深加工

10.4.6.1 玻璃彩饰

【玻璃彩饰】glass decoration

利用玻璃色釉对玻璃制品进行艺术装饰的工艺。有描绘、喷花、印花、贴花等不同方法。其中，玻璃的描绘与瓷器的描绘相同，将磨细的玻璃色釉与粘结剂调和成糊状物，由人工在玻璃制品上描绘成各种图画再经彩烧而成。所有的玻璃彩饰，均在最后经彩烧、彩釉才能牢固地熔附于玻璃表面，经久耐用，并使色釉平滑，色彩鲜艳、光亮。彩饰的工艺过程较其他装饰方法简便，如印花、贴花等可机械化、自动化作业，生产效率高，成本低。

【玻璃色釉】glass decoration colours

玻璃制品彩绘、印花等所用的颜色釉料。由熔剂和色剂两部分组成。熔剂一般为含氧化铅较高的易熔玻璃，色剂为各种无机的矿物颜料。两者共熔后再粉碎，也可分别制成后再研磨混匀。色釉的热膨胀系数需与被装饰的玻璃相近。有透明玻璃色釉、半透明乳浊色釉、耐酸、耐碱色釉、低膨胀色釉、高温色釉及结晶釉等多种。

【玻璃浓缩色料】concentrated glass colours

含有高浓度着色剂的易熔玻璃的粉状或粒状物料。由配合料加入一定量的着色剂熔制成熔块，然后粉碎而成。用于供料机料道着色。在料道处加入，经搅拌，能够迅速地与流动的无色玻璃混合均匀。适用于一窑同时生产多种颜色的器皿或瓶罐玻璃。

【套色】chromatically/colour register

又称套料。是将两种以上的玻璃(如无色玻璃、颜色玻璃或乳白玻璃)相互镶套在一起的装饰成形方法。多用于生产磨刻和雕刻加工的高级器皿和灯罩等。要求套色用的各种玻璃有相近的膨胀系数和黏度(在成形、退火范围内)，以免炸裂。

【玻璃贴花】glass decalcomania; glass decal

玻璃彩饰方法之一。先将挥发油或胶质涂在纤维纸上，再在纸上以玻璃彩釉印刷成反向的花样或图案，制成贴花纸。使用时，先在玻璃制品表面涂上粘结剂，再将贴花纸带色釉的一面紧贴到玻璃表面。稍干后，用水浸湿，揭去纤维纸，花纹就贴附在制品表面，经彩烧即成。

【移花】paper transfer

玻璃彩饰方法之一。与贴花基本相同，只是印花纸的花纹是正向印的，故正贴于玻璃制品表面。抽去中间的纤维纸，花纹即贴附于玻璃制品表面，经彩烧而成。其特点是由于载花纹的油、胶质或透明塑料纸，位于玻璃制品和色釉之间，彩烧时，就不像贴花那样可能在色釉表面残存碳粒，因而色泽较鲜艳。

【玻璃喷花】glass spray decoration

玻璃制品彩饰方法之一。将玻璃色釉调合成悬浮状物，借气流喷射成雾状，喷于套有图案模板的玻璃制品表面，可分数次喷涂成不同色彩的花纹，再经彩烧即成。其效率高于描绘，但色釉损耗较大。

【印花】screen printing

又称网印法，玻璃彩饰的一种方法。将玻

璃色釉加入调合油制成糊状物，借带有漏孔花纹的网版印刷到制品表面，再经彩烧即成。印花调合油分液态和固态两种。前者用松节油、松油醇、乙基纤维素等制成，用于单色印花作业或多色印花间断性作业。后者用硬脂酸、棕榈酸、乙基纤维素等制成，具有热塑性，使用时需加热，适用多色印花连续性作业。

【彩烧】decoration firing; fire-on

又名烘花、烤花。将色釉装饰的玻璃制品，加热到低于玻璃本身的软化温度，色釉熔融后黏附于制品表面，变得光滑、光亮、鲜艳，并且增加耐用性。制品达到彩烧温度后，应经过徐冷（退火），以免产生大的残余应力。彩烧的温度一般控制在玻璃软化点以下 20℃左右。

【彩虹装饰】lustre decoration

玻璃制品热装饰方法之一。用某些金属化合物的蒸汽或溶液喷涂到刚成形的玻璃制品表面上，由于制品尚处于红热状态，表面活性大，吸附力强，使金属化合物立即分解并与玻璃表面作用，形成一层具有与玻璃折射率不同的金属氧化物薄膜。由于光的干涉作用使制品获得虹彩状的珠光色泽。因所用的彩虹剂、制品的温度和涂膜的厚度不同，所得的虹彩色泽也各异。彩虹装饰还能使制品的机械强度有所提高。常用的彩虹剂为氯化铁、氯化锡、氯化钴、氯化锑等。用于茶具、餐具、人造珍珠等的装饰。由于彩虹剂高温时分解能放出有害气体，应注意环境保护。

【印花机】screen printing machine

玻璃制品印花装饰用的设备。由三部分组成：(1)放置制品的托架，可自由升降；(2)带花纹的镂孔网版，位于托架之上，作弧形或直线往复运动；(3)位于网版上方的橡皮刮刀。制品进入托架后，立即被托架升起与网板接触，网板运动时，借摩擦力使制品滚动，同时刮刀紧贴网板刮动，将彩釉通过网板印于制品上。托架下降，送出印花制品。按上述步骤重复进行，即可套色。已印花的制品，送入彩烧窑进行彩烧。有单色印花机和采用热塑性调合油的连续多色印花机等。

【冰砂装饰】ice decorating

用玻璃色釉的细颗粒（玻璃砂），黏附于玻璃制品表面的一种装饰。将玻璃色釉筛选成一定的颗粒，撒在按图案印有粘结剂的玻璃制品表面上，经烘烤，即成为各种颜色砂粒状的晶莹闪光的玻璃制品。

10.4.6.2 平板玻璃深加工工艺

【玻璃增强】glass strengthen

泛指提高玻璃制品强度的热处理技术和表面处理技术。按原理可分为预应力增强技术和表面微裂纹弥合增强技术，按类型可分为物理钢化、化学钢化、表面重建和表面涂层技术。物理钢化又称热强化，一定厚度的玻璃板均匀加热到近软化点温度，迅速均匀冷却，冻结表面的高温状态，建立压缩预应力。化学钢化又称离子交换，表层小体积离子交换成大体积离子，挤塞效应建立压缩预应力。表面重建包括酸洗和脱碱两种工艺，酸洗的目的是去除表面裂纹层，通常利用氢氟酸 HF^- 硫酸 H_2SO_4 混合液；脱碱的目的是降低表层膨胀系数，通过内外膨胀差提高玻璃强度。表面涂层技术则是利用喷涂物的热解产物弥合表面微裂纹，提高玻璃强度。

【物理钢化】physical tempering method

又称淬火强化或热强化。通过控制加热和冷却过程在玻璃制品表面建立永久压应力层，提高其机械强度和抗温差应力破坏能力并具有特定碎片状态的技术。将一定厚度的玻璃板均匀加热到近软化温度，迅速均匀冷却，冻结表面高温状态，建立压缩预应力提高强度。根据冷却介质种类可分为空气钢化（俗称风钢化）、液体钢化、固体钢化、雾钢化和微粒钢化技术。空气是最易获得的冷却介质，风钢化技术应用最为普遍，由于一般冷却强度不足，只能钢化 3.2mm 以上厚度的玻璃。根据加热和冷却过程中玻璃的传输状态，可分为水平辊道和垂直吊挂钢化技术；通过调节冷却区域，可生产全面积钢化玻璃和区域钢化玻璃；调节冷却强度可生产过钢化、钢化和半钢化玻璃；增加成形环节，可以生产曲面钢化玻璃。温度过高玻璃变形，冷却太快玻璃破裂，钢化度过高容易自爆，工艺参数必须控制在一定范围内。

【区域钢化】local tempering；area tempering method

一种分区域控制钢化程度的风钢化技术。与正常风钢化过程稍有不同：(1)在玻璃表面涂覆保护层；(2)在玻璃和风栅喷嘴之间设置金属网屏障；(3)降低局部喷嘴风压；降低局部冷却强度，冷却后形成半钢化区域，其余面积为正常钢化区域。区域钢化玻璃破损时，半钢化区域碎片较大，对人体安全不利，但能为驾驶员提供残留视区，便于观察和控制车辆。

【弯钢化】bending tempering method

在加热、冷却步骤之间加入弯曲成形环节，生产曲面钢化玻璃的技术。玻璃加热到一定温度后，首先用模具成形，然后吹风骤冷。水平辊道弯钢化设备中的冷却风栅，首先按预设曲率变化，将高温平板玻璃弯成设计形状，然后吹风冷却，形成弯钢化玻璃；垂直吊挂钢化设备，在加热炉后设有一对阴阳成形模具，先将高温平板玻璃模压成形，再送入风栅冷却，形成弯钢化玻璃。依据曲面形状，弯钢化玻璃分为单曲与双曲面钢化玻璃。弯钢化玻璃可用于建筑、车辆和家具。

【化学钢化】chemical strengthened method

广义泛指利用化学方法改变玻璃表面组成，提高玻璃强度的方法，包括表面脱碱、表面涂层和离子交换技术。离子交换技术又包括高温型和低温型两种技术，高温型是在转变温度以上、软化点温度以下范围内通过表面离子交换，形成低膨胀表面层，提高玻璃强度；低温型则是在应变温度以下，通过表面离子交换，形成表面挤塞效应，预置压缩应力弥合表面微裂纹，提高玻璃强度。通常化学钢化技术特指低温型离子交换技术。要求玻璃成分中含有一定数量的碱金属离子，对厚度和形状没有限制，但表面缺陷越少越好，目前是提高3mm以下厚度玻璃强度的唯一实用化技术。工艺参数包括熔盐成分、交换温度和时间。化学钢化玻璃强度比风钢化玻璃高。但是没有碎片特征，不属于建筑安全玻璃。主要以夹层形式在飞机、高速列车、舰船上应用。

【挤塞效应】crowding

化学钢化时，浸泡在硝酸钾熔体中的玻璃受热膨胀、结构疏松，表层 Na^{+} 离子脱离，进入熔盐，留下“空洞”；熔盐中的 K^{+} 离子进入玻璃表层，占据 Na^{+} 离子“空洞”。由于 K^{+} 离子的体积比 Na^{+} 离子大，离子交换后在玻璃表层产生体积增量。在应变点温度以下的玻璃无法通过黏滞流动松弛结构，当玻璃冷却后结构收缩，空洞箍住钾离子，包裹多余的体积；当交换离子对数量足够多时，表面体积增量宏观表现为挤塞效应，预置了压应力，通过挤压弥合表面微裂纹，提高玻璃强度。挤塞效应与玻璃成分、结构、热膨胀系数、交换离子对的半径差、交换率以及应力层深度有关。

【应力层】stress layer

预应力增强玻璃，从表面到板芯顺序可分为压应力层、零应力层和中心张应力区，通常将表面压应力层简称为应力层。物理钢化过程，快速均匀冷却接近软化点的玻璃表面，即可冻结表层的高温状态，待玻璃整体冷却后在表层产生压缩应力。风钢化玻璃应力层深度约相当于板厚的1/6。离子交换技术，既可以在表层形成体积增量，产生压应力层，提高玻璃强度，也可以在表层形成体积减量，产生张应力层，降低玻璃强度。化学钢化玻璃应力层深度较小，一般在200μm以内；超薄钢化玻璃的应力值或应力层深度不能过大，否则会因中心张应力过大造成玻璃破裂。两种钢化玻璃的断面应力分布如附图所示。

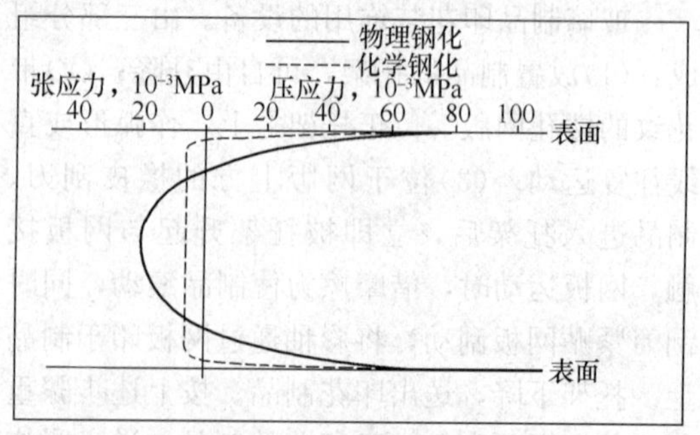

物理钢化和化学钢化玻璃的断面应力分布示意图

表层脱碱、表层结晶技术，可降低表层的热膨胀系数，通过内外层膨胀差建立压缩应力表层，提高玻璃强度。

【表面涂层】surface coating

泛指能将成膜物质涂于玻璃表面形成薄膜的技术。涂层与玻璃表面之间通过化学键或物理吸附结合，可改善玻璃的光学、电学、力学等性质。除狭义的刷涂、浸涂、喷涂、旋涂等液体涂层技术以外，化学气相沉积（CVD），化学液相反应，固体粉末热喷涂，真空镀膜，等离子体喷涂等技术，也属于广义的表面涂层技术。根据涂层的实施时机，分为在线涂层和离线涂层技术，其中前者又分为热端涂层和冷端涂层技术，后者几乎包括所有的涂层技术，例如化学溶液反应制造玻璃银镜，溶胶-凝胶镀制氧化物薄膜，真空镀膜镀制金属、半导体、化合物薄膜等；其中真空镀膜技术控制精确，适于制备对厚度和均匀性要求比较严格的光学器件涂层。

【在线镀膜】on-line coating

在玻璃生产线上设置镀膜设备，执行工艺程序，直接在热的玻璃板表面进行镀膜的方法。浮法玻璃生产线中的电浮法技术是在锡槽内设置电极和涂层材料，生产表面着色玻璃和热反射玻璃；热端涂层技术是在成形区后、退火窑前的位置，喷射气体、液体或固体粉末，在高温表面分解形成改善表面反射率或提高玻璃强度的涂层。瓶罐生产线除了使用热端涂层技术以外，还在退火窑尾端低温区使用冷端涂层技术，喷涂液体，经干燥固化形成薄膜，增加润滑、降低磨损、防止碎片伤人。在线镀膜技术易于操作，产能高，但控制粗糙，膜层单一，性能一般。

【热端涂层】hot end coating

高温段在线涂层技术，通常指轻量瓶罐生产线中的热端液体喷涂、粉末喷涂和静电粉末喷涂技术。向成形后、退火前的玻璃制品表面喷涂液体或粉末，在500～700℃的表面上分解，烧结成膜，可提高强度或虹彩着色。实际上，浮法玻璃生产线锡槽尾端（600～900℃区域）的电浮法着色技术，锡槽后、退火窑前的化学气相沉积技术和热端喷涂技术，都可归为热端涂层技术。热端涂层技术直接利用高温环境和洁净表面，膜层附着力好，成本低，产量大，但膜层结构简单，性能稍差。

【冷端涂层】cold end coating

低温段在线涂层技术。在退火窑尾端的玻璃制品表面喷涂液体，干燥后形成涂层的技术。由于温度较低，喷涂物质不分解，只是附着成膜，涂层与玻璃表面结合力较低，主要用于增加润滑性和抗磨性。常用的涂层材料有单硬脂酸、聚乙烯乳剂、油酸、硅烷、硅酮等有机化合物。特殊情况下，对冷端涂层进行再加热处理，可以增加原料种类，拓展涂层性能，例如制备增强涂层等。

【叠层涂膜】laminating coating

在玻璃表面多次涂覆，形成多层涂层的技术。在线涂层技术中，将热端涂层与冷端涂层结合，可生产增强的、润滑的、抗磨伤的叠层涂膜制品；将冷端涂层与再加热处理相结合，可以生产“底膜＋保护膜”的复合型防碎片伤人薄膜；离线涂层技术中，在含有脂肪酸钡、油酸铅等单分子膜的稀水溶液中反复浸泡-提拉玻璃，膜层叠加，厚度增加，直到设计厚度。玻璃表面状态，温度以及溶液pH值影响涂膜效果。连续真空溅射镀膜技术，玻璃板顺次通过多个阴极溅射靶，可生产含有数层甚至数十层薄膜的复合镀膜产品，如减反射镀膜玻璃、低辐射（Low-E）建筑节能玻璃等。

【溅射工艺】sputtering

又称阴极溅射法。1852年格洛夫（Grove）在气体辉光放电管中发现了溅射现象。在一定真空度（10^{-2}～10Pa）的两个电极之间施加高压电场，产生辉光放电，等离子体中的正离子轰击阴极表面，将其表面原子轰击出来，就是溅射现象，也可称为离子溅射、离子轰击或离子刻蚀现象。使用惰性气体离子轰击时，可以清洗和刻蚀阴极表面，轰击出来的原子在基体表面沉积成薄膜，就是真空溅射镀膜技术。阴极成分、电极间距、真空度、气体种类、电压、基体成分和结构、温度、表面质量等因素，影响膜层质量。

【光学涂层】optical coating

改善玻璃光谱透射、反射、吸收等特性的表面涂层技术。在线镀膜技术，溶胶-凝胶镀膜技术，化学液相反应镀膜技术，制造应用于常规领域、性能指标相对宽松的光学涂层产品，例如建筑热反射玻璃，玻璃镜等；精密的真空蒸发、溅射镀膜技术，制造用于检测、医学、成像等技术领域的精密光学器件涂层；近年来开发的连续式真空磁控溅射镀膜技术，十分精密和复杂，用来制造那些往往含有多层，甚至几十层光学薄膜的先进光学涂层产品，例如零反射镀膜玻璃，“三银”低辐射镀膜玻璃等。

【真空蒸镀】vacuum deposition

在高真空（约 10^{-4} Pa）条件下，加热金属材料，形成金属蒸汽，在玻璃表面沉积形成薄膜的方法。在真空条件下，金属饱和蒸气压温度降低，蒸发温度降低。在常规大气环境中加热铝到 2467℃才能大量蒸发，而在 10^{-4} Pa 真空条件下，加热到 768℃就可以蒸发。真空蒸镀技术，主要以难熔金属丝或舟通电发热作为蒸发源，蒸发其中附带的铝、铬、铜、镍、钯、金、钛、锌等金属材料，形成金属膜；近年来开发的激光、电子束、高频感应加热技术，避免了热源材料的污染，还能蒸发制备难熔金属膜。微量瞬间蒸发或多源蒸发技术，制备合金薄膜；反应蒸发技术，制备化合物薄膜。用于生产热反射膜、低辐射膜和玻璃镜。

【电阻加热蒸镀】resistance heated evaporation coating

一种以电阻作为热源的真空蒸发镀膜技术。直接型蒸发源是以高熔点金属（钨、钼、钽）丝悬挂成膜材料，或蒸发舟、高纯石墨坩埚，容纳成膜材料，如附图所示，直接通以低电压大电流发热蒸发。间接型蒸发源则是在石英坩埚、刚玉坩埚外面缠绕钨丝，钨丝加热坩埚，坩埚加热、蒸发其中的成膜物质。优点是蒸发速度快；缺点是无法蒸发高熔点材料，发热材料可能污染被蒸发材料，变形降低使用寿命。由于相同温度下不同金属的蒸汽压不同，普通蒸发技术适于制造纯金属膜，蒸发合金材料时成分偏离较大。制备合金薄膜时，可以采用微量瞬时蒸发技术，每次蒸发微量合金颗粒，多次蒸发；或者采用多源蒸发技术，单独控制每个蒸发源的温度，获得需要的蒸发速度。

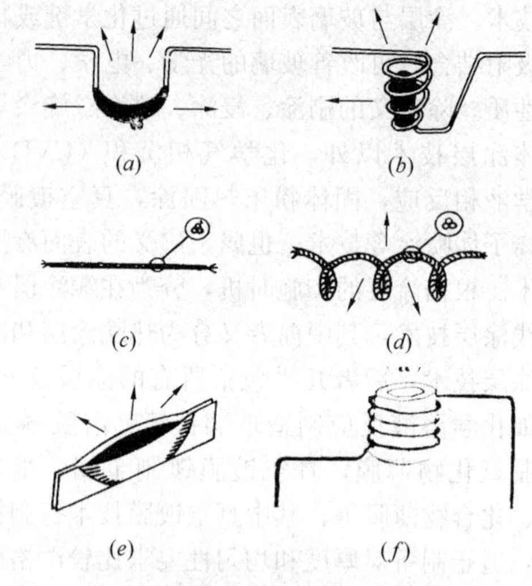

各种形式的电阻蒸发源

(a)U 形丝蒸发器；(b)螺锥蒸发器；
(c)直线丝蒸发器；(d)螺旋状蒸发器；
(e)金属舟状蒸发器；(f)坩埚形蒸发器

【电子束蒸镀】electron beam evaporation coating

一种以载能电子束轰击成膜物质并使之蒸发的真空蒸发镀膜技术。蒸发源由热阴极、加速电场、磁场线圈、铜坩埚和冷却水套构成。蒸发物质放在水冷铜坩埚中，电子束经过磁场聚焦和偏转，轰击坩埚中的蒸发物质并使之局部熔化、蒸发。受水冷作用，铜坩埚内壁周围的蒸发物质形成一个壳体，中间盛放熔体，铜坩埚不接触熔体，不会污染镀膜材料。高温局部蒸发弥补了电阻蒸发源的不足，特别适于制造高熔点金属膜。

【真空溅射镀膜】vacuum sputtering

利用真空辉光放电原理，惰性气体正离子轰击阴极靶材表面，溅射出的原子在基体表面沉积成膜的技术。1870 年开发出二极溅射制膜技术，1877 年制备反射镜。溅射产生的粒子能量比蒸发原子大，膜层更为牢固；适于制备大面积金属，特别是高熔点金属薄膜；缺点是速度慢。后来开发了利用磁场提高溅射效率的磁控溅射技术，充入气体与溅射出的原子反应制备化合物薄膜的反应溅射技术，轰击绝缘靶材的射频溅射镀膜技术，工件施加偏压接受高能离子轰击提高膜层质量的溅射离子镀膜技术，制备合金膜的多靶镀膜技术等。基片表面洁净度、温度、到靶材的距离、本底真空度、气体配比、流量、溅射气压、靶与基片的相对速度和溅射功率影响膜层质量。

【射频溅射镀膜】radio frequency sputtering coating

一种使用 13.6MHz 频率射频电源溅射绝缘靶材制备化合物薄膜的真空溅射镀膜技术。直流电源不能持续溅射绝缘性靶材，通电瞬间正离子轰击靶材表面，电荷在表面上积累，形成表面电势，排斥正离子，放电终止。使用射频电源，负半周正离子轰击绝缘靶材表面，形成溅射；正半周电子撞击靶材，中和表面正电荷；由于正离子体积大，速度慢，电子体积小，速度快，在靶面形成负的自偏压，维持溅射过程持续进行。可在低气压下溅射导体、半导体和介质材料，膜层致密，针孔少，纯度高，多用于在玻璃表面沉积二氧化硅等绝缘膜。

【离子氧反应蒸发】reactive evaporation in ionized oxygen

一种成膜物质蒸汽原子与氧离子反应制备氧化物薄膜的真空蒸发镀膜技术。普通反应蒸发技术可称为分子氧反应蒸发技术，是蒸汽原子与氧分子反应，效率较低。本方法则是在约 0.01Pa 真空条件下，利用气体辉光放电技术将真空室内的氧气分解成氧离子，再与成膜物质的蒸汽原子反应，在基体表面生成氧化物薄膜。由于氧离子的反应活性大于氧分子，薄膜组分更接近块体材料，还能在较低温度下制备一些普通条件下难以制备的薄膜，特别适于在不宜高温烘烤的光学器件表面镀膜。

【膜厚均匀性】film thickness uniformity

在表征光学薄膜器件性能时经常使用到光学厚度概念，即膜层折射率和膜层厚度的乘积。膜层厚度均匀，光学薄膜器件的光学性能不会随表面位置变化而变化。在进行光学薄膜器件设计时，首先按照光学照明强度的计算方法，根据“源”的情况进行等厚度计算，再根据制膜设备的具体情况进行试验调整，例如点状蒸发源可在球壳上获得均匀厚度，平面蒸发源具有方向性，需要修正球面或通过旋转方式提高厚度均匀性，连续磁控溅射镀膜设备多采用平面靶或旋转靶，可按线光源近似，控制扫描距离和速度，获得均匀膜层。必要时，可以通过遮挡技术，提高膜层均匀度。镀膜玻璃经常产生色差或彩虹现象，多为膜层厚度不均匀造成。

【垂直钢化】vertical tempering method

玻璃以竖直状态加热和冷却的钢化技术，包括以空气为冷却介质的垂直吊挂风钢化，以流化态固体颗粒为冷却介质的微粒钢化和以液体为冷却介质的液体钢化技术。利用轮轨系统输送玻璃，用耐热钢夹钳夹住薄玻璃(如 4～8mm)上端，或用框架-顶杆夹持厚玻璃的底边、上边或侧边，玻璃以自由垂直状态位于框架中间，玻璃边部与边框保持一定距离，辐射加热，吹风、插入流化态微粒或液体中冷却。优点是玻璃表面不接触任何固体材料，表面缺陷少，投资小，成本低，操作简单；缺点是玻璃表面夹痕、拉长或堆积变形，生产率低。增加压弯装置，能生产弯钢化玻璃。通常，垂直钢化特指垂直吊挂风钢化技术，1929 年就开始生产平板钢化玻璃，目前仍有少量应用。

【水平钢化】level tempering method

一种水平加热和冷却玻璃的空气钢化技术，又称水平辊道钢化技术。水平排列的多个可换向旋转陶瓷辊道，支撑和输送玻璃，辐射加热和吹风冷却。优点：能钢化 3.2mm 以上厚度的玻璃；输送、加热和冷却可全部实现自动化，效率高，成本低，质量好，操作方便，应用广泛；缺点：玻璃弓形、波形变形和辊子印。采用成形风栅可生产曲面钢化玻璃，采用对流传热技术能钢化 Low-E 等镀膜玻璃。

【液体钢化】liquid tempering method

一种使用液态冷却介质的物理钢化技术。液体的冷却强度比空气大，能降低钢化玻璃厚度极限，提高钢化玻璃强度且没有应力斑。通常选用无毒、热性能稳定，不易挥发、不易燃烧，不腐蚀玻璃的石蜡、硅油或液态熔盐作为冷却介质；为防止冷却初期玻璃表面收缩过大，张应力超过玻璃强度引起炸裂，液体的温度不能过低，通常在200～300℃范围内；冷却强度控制在11×10^5kcal/(m^2·h)左右；1968年苏联曾经生产过2mm厚度的液体钢化玻璃。液体钢化技术以竖直状态加热和冷却玻璃，受浸入速度的限制，大面积高温玻璃遇到低温液体容易破裂，液体挥发和分解污染环境，需要额外冷源维持液体温度才能连续生产，是液体钢化技术存在的几个主要问题。17世纪英国鲁伯特王子把玻璃熔体滴入水中，制成强度非常高的梨形带把小球——“鲁伯特之泪”，可能是世界上最早的液体钢化玻璃制品。

【微粒钢化】particulate tempering method

一种使用流化态固态微粒冷却介质的物理钢化技术。在上升气流带动下，固体粉末进入流化态，呈现流体性质，与沸腾态液体相似，冷却能比空气高很多，能快速均匀地冷却热玻璃，生产强度更高、厚度更薄、没有应力斑纹的钢化玻璃。为了防止玻璃炸裂，需要控制冷却介质的导热率，一般采用粒径小于200μm的a-Al_2O_3和γ-Al_2O_3粉末，冷却强度可达15×10^5 kcal/(m^2·h)，能生产2mm厚度的钢化玻璃。微粒钢化技术以竖直状态加热和冷却玻璃，仍然存在玻璃面积不能过大，粉尘污染环境，需要额外冷源维持流化态粉末温度的问题。

【半钢化】partial tempering

一种利用小风压生产低钢化程度钢化玻璃的空气钢化技术。普通钢化技术和设备，采用正常冷却风压生产的钢化玻璃表面应力≥90MPa时，即为满足《建筑用安全玻璃 第2部分：钢化玻璃》GB 15763.2—2005规定的钢化玻璃；采用低冷却风压生产的钢化玻璃表面压应力在24～60MPa之间，弯曲强度≥70MPa时，即为满足《半钢化玻璃》GB/T 17841—2008规定的半钢化玻璃，其强度介于普通平板玻璃和钢化玻璃之间。

【离线镀膜】off-line coating

泛指在玻璃生产线以外实施的镀膜技术，通常包括气相沉积、液相反应、固体热解和等离子体喷涂四大类镀膜技术。其中气相沉积技术又分为物理气相沉积（真空镀膜技术）和化学气相沉积技术，液相反应成膜技术又分为常温溶液反应制镜技术和溶胶-凝胶制膜技术。玻璃表面状态影响离线镀膜质量，最好使用刚从生产线下来的“新鲜”玻璃；使用陈旧玻璃时，必须预先仔细清洗表面。真空镀膜技术适应性强，调节范围大，控制精度高，可制备从单层膜到几十层薄膜的复杂膜系，应用广泛；常温溶液反应制镜技术，近年来为聚焦型太阳热能发电领域制备了大量高反射率玻璃银镜。

【溶胶-凝胶镀膜】sol-gel coating method

一种将金属无机盐或醇盐溶液制成溶胶，再转变成凝胶，干燥煅烧后形成氧化物薄膜的方法。金属无机盐原料用分散法或凝聚法制备溶胶，再通过脱水或改变电解质浓度形成凝胶；金属醇盐原料则先将醇盐溶解于有机溶剂，与适量水发生水解反应，再经过脱水或脱醇缩聚，形成凝胶。水解和脱水反应可同时发生，溶胶与凝胶之间没有明显界限。常规工艺是玻璃浸入溶胶，缓慢提升，表面形成膜层，吸收空气中的水分水解、凝固、烧结，形成金属氧化物薄膜。优点是不限制工件形状，膜层纯度高，均匀性好，烧结温度低；缺点是醇盐价格昂贵，有机溶剂可能存在毒性。除了浸涂镀膜以外，还能通过喷射、拉丝、烧结等工艺制备纤维和块体材料。

10.4.6.3 平板玻璃深加工设备

【玻璃切割设备】glass cutting machine

切割平板玻璃原板，获得设计平面形状的自动切割设备。在线切割机位于生产线冷端，将玻璃带切割成标准尺寸；离线切割机主要由平台、切割臂、电脑控制系统、供气供电系统组成。平台面上的小孔喷出气体形成气垫，便于玻璃片移动；调整到位后，关闭气垫，定位；根据玻璃板厚度调整刀轮压力，电脑控制切割臂沿平台运动，切割头沿切割臂运动，在玻璃板面上刻出切割痕；启动气垫，将切割痕移至顶板上方，关闭气垫，升起顶板，玻璃沿切割痕断开，完成切割过程。玻璃自动切割机适合于规模生产，应用广泛。

【玻璃磨边机】glass edge smoothing machine

磨除玻璃板边缘棱角和粗糙截面，获得设计尺寸，提高安全度和美观度的设备。包括：(1)立式直线磨边机：矩形玻璃板竖直前进，底端磨轮研磨抛光玻璃底边，效率较低；(2)水平双边直线磨边机：矩形玻璃板平放前进，顺次通过两边设置的多个磨轮和抛光头，研磨抛光两平行边；工厂经常用转向台连接2台双边磨机，第一台机器磨抛两条平行长边，经转向后进入第二台机器磨抛两条平行短边；(3)斜边磨抛机：按照一定角度研磨抛光玻璃周边形成一定宽度的斜面，常用于玻璃镜装饰边；(4)异形磨边机：将不规则形状玻璃板水平固定，用手推动与电机连接高速旋转的磨轮臂，研磨抛光玻璃周边；(5)切割磨边联合自动机组，可顺序完成玻璃板切割和磨边工作；(6)圆盘磨边机：直径1m左右、厚度数厘米的金属圆盘，围绕中心轴水平转动，向表面添加沙粒和水作为磨料，手持玻璃板接触圆盘表面，利用沙粒研磨底边。

【玻璃钻孔机】glass drilling machine

在玻璃上钻孔的设备。钻孔原理很多：(1)研磨成孔：线、棒、管＋磨料，孔径范围 ϕ5～100mm；(2)超声波钻孔：使用16～30 kHz，20～50μm振幅电磁振荡器，驱动凿子在冷却液中撞击玻璃，10s即可在5mm玻璃板上制出 ϕ2mm的孔，速度可达100mm/min；(3)射流成孔：高压气或水流携带砂子喷射玻璃研磨成孔；(4)自动钻孔机：主要由铸铁座、弓形工作臂、工作台、联接器、主轴、传动装置、硬质合金钻头、操纵杆、玻璃压紧装置、压缩空气系统、冷却水系统及控制箱等部分组成，孔径范围 ϕ4～130mm，玻璃厚度范围1.8～20mm；为防止透孔时产生爆边现象，可采用从玻璃板两个表面向中心对钻的方法钻孔。

【玻璃研磨盘】grinding pan

研磨玻璃表面的盘形磨具，如附图所示。

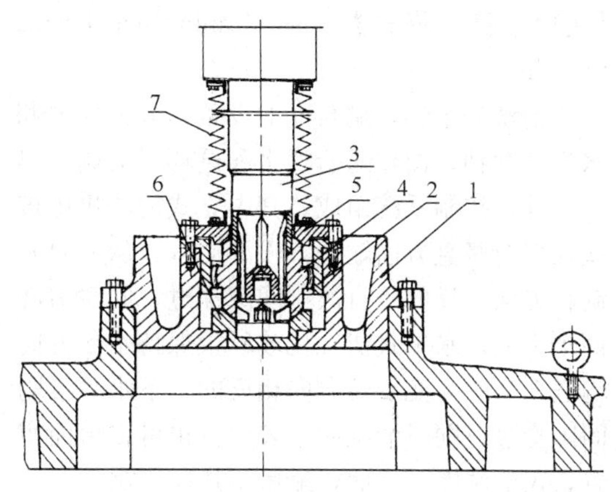

玻璃研磨盘

1—连接盘；2—内球形齿轮；3—主轴；4—升球形齿轮；5—盖；6—球面座；7—橡皮套

利用磨具通过磨料作用在玻璃表面进行微量加工的设备。浮法玻璃表面质量好，无需表面研磨抛光，但许多石英和光学玻璃制品还需要进行研磨或研磨加抛光，以获得所需的加工精度和质量。一般用表面硬度小于HB140的铸铁制成磨盘，与玻璃形成相对运动，投入磨料进行研磨。国内外常用散粒磨料在慢速研磨机上研磨，其特点是加工精度高，设备简单，但加工效率低。近年发展的固着磨料磨盘，在研磨机上高速研磨的技术，显著提高了研磨效率。

【玻璃抛光盘】glass polishing pan

抛光玻璃表面的盘形磨具，如附图所示。抛光盘材料的耐热和耐磨性能较好，弹性和黏滞性适当，结构密实均匀，不含能划伤玻璃的杂质。通常采用毛毡或工业呢绒做抛光粉的载体。

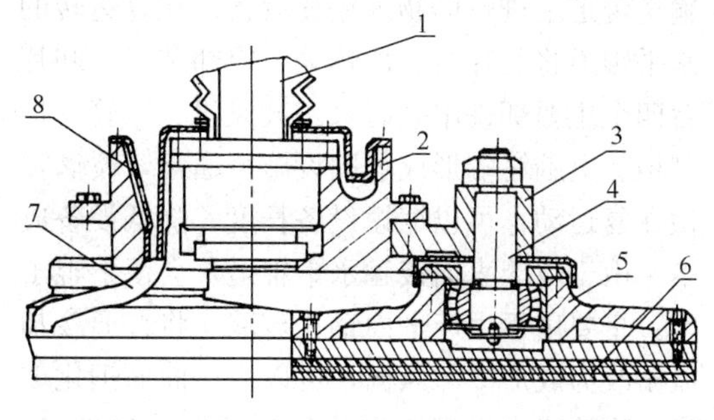

玻璃抛光盘

1—主轴；2—上圆盘；3—星形体；4—小轴；5—抛光盘；6—毛毡片；7—红粉液管；8—漏斗

【玻璃洗涤干燥机】glass cleaning and drying machine

清洗并干燥玻璃表面的设备，分为立式和水平式两种。由传送、喷水和循环、滚刷、热风干燥、控制系统组成。其中立式清洗机中玻璃板保持竖直方向输送，喷淋清水，从一对儿旋转方向相反的竖直滚刷间隙穿过，同时清洗两个表面；水平式清洗机玻璃板保持水平方向输送，从一对儿旋转方向相反的上下水平滚刷间隙穿过，同时清洗两个表面。也可以单面布置，仅清洗镀膜表面，最后用热风干燥。

【垂直吊挂式钢化设备】vertical hanging tempering apparatus

一种在垂直状态下加热、淬冷玻璃的物理钢化设备，主要由加热炉、冷却机、输送系统和控制系统构成，其中风钢化设备配置风栅和风机，微粒钢化设备配置流化床和空压机。垂直吊挂设备多采用耐热钢钳夹吊薄玻璃(如4～8mm)上端，或用框架-顶杆 4 点或 6 点夹持厚玻璃周底，使其以自由垂直状态位于框架中间，与边框保持一定间距，垂直吊挂钢化玻璃存在一定程度的拉长或堆积变形，薄玻璃上端的吊钳眼属于表面缺陷，其他部位只接触空气或流化态微粒，不受损伤。设备简单但生产效率低，早期应用较多，目前逐渐被水平辊道钢化设备取代。在加热炉和淬冷段之间增加模压成形段，还可以生产曲面钢化玻璃。

【水平辊道式钢化设备】horizontal roller conveyor tempering apparatus

输送、加热、淬冷和冷却过程都是在水平输送辊道上进行的物理钢化设备。往复运转的水平辊道将装片台、加热炉、冷却装置、卸片台四个主要部件串联起来，鼓风机、风管、控制柜、电脑终端形成辅助设施。通常，玻璃板做往复运动，可以缩短设备长度，降低设备成本。由于玻璃表面接触水平辊道，会留下辊子印。主要用于生产平面钢化玻璃。将普通冷却风栅改为成形冷却风栅，可以生产曲面钢化玻璃；连续式水平辊道钢化设备单向输送玻璃，分段加热，虽然设备长度增加，但生产能力提高，玻璃表面质量提高；增加对流加热功能可钢化热反射玻璃和低辐射镀膜玻璃。

【水平气垫式钢化设备】horizontal air cushion tempering apparatus

一种水平风钢化玻璃生产设备。主要由预热区、气垫加热区、冷却装置和辊道输送机组成。水平辊道将玻璃板送入预热区，利用上下辐射加热器加热到 500℃左右；然后送入气垫加热区，煤气或天然气与空气的混合气体从底部喷嘴中喷出，构成高温气垫，气垫层面略带倾斜，玻璃板边部接触滚轮在气垫层上输送，玻璃加热到 700℃左右，送入冷却区，快速冷却成钢化玻璃。设备精密度高，操作复杂，控制困难，产品形状、尺寸受限制，被水平辊道钢化生产线代替。

【钢化炉】tempering furnace

物理钢化设备由玻璃输送系统、加热系统和冷却系统组成，其中加热系统的主体是钢化炉，把玻璃加热到近软化温度。箱式电阻炉是常规配置，外形多为立方体，也可根据需要设计成不同规格和形状，一般由钢壳炉体、可开启的密封门、加热元器件、保温层、测温元件以及控制设备等组成。通常采用辐射加热，垂直吊挂钢化炉的内膛上下边存在温差，水平辊道钢化炉的辊道面和空气面热容量也不一致。新型钢化炉则增加了气体扰流或对流加热方式，可以加热反射红外线的热反射玻璃和低辐射镀膜玻璃，实现了建筑节能玻璃的安全应用。

【风栅】blast head

风钢化设备中，喷出空气冷却玻璃的装置，与风机一起使用，完成钢化过程。一般有箱式风栅和管式风栅。通过交错排列的多个喷嘴、喷气孔或狭缝，向热玻璃两面喷射高速空气，使玻璃骤冷。为使玻璃冷却均匀，风栅与玻璃之间相对运动，垂直吊挂钢化设备的风栅往复摆动或回转运动，水平辊道钢化设备中玻璃做往复运动。在风量相等的情况下，喷嘴与玻璃的距离同强化程度成反比，风压同强化程度成正比。玻璃的冷却速度与喷嘴的孔径大小成正比。调节局部风嘴密度、孔径和风压，可以制造区域钢化玻璃；调节风嘴形状和到玻璃之间的距离，可以改善应力斑程度；活动式风栅各段先按预定程序上下移动，弯曲其中的玻璃，然后吹风，可制备曲面钢化玻璃。

【化学钢化设备】chemical tempering apparatus

通过离子交换过程改变玻璃表层成分，预置压应力层，提高其机械强度和热稳定性的设备。设备大小和构成无统一标准。实验室设备结构简单，规模很小，交换介质数千克，适于工艺研究，能钢化少量眼镜片、仪表盘、手机屏等小面积产品；工业生产设备结构复杂，规模庞大，交换介质数十吨，能钢化高速列车、汽车风挡玻璃等大面积产品。按加热炉数量可分为 2 室、3 室、4 室和多室设备，按预热炉能否移动可分为固定式和移动式设备，按交换槽的数量分为单槽、双槽或 3 槽设备。其中固定式 4 室设备由预热炉、过渡炉、交换炉(盐槽)、降温炉、输送设备及控制系统构成，工艺连续性好。主要使用电加热，易于控制。钢化玻璃表面黏附的硝酸钾晶体在附属的水槽中浸泡、溶解、清除。

【热弯炉】hot bending-furnace

加热平面玻璃使之软化、弯曲成形的设备，由加热炉和成形模具构成。平板玻璃放在模具上，在炉中缓慢加热，逐渐软化，依靠自重或借助外力弯曲，贴合模具表面，经退火消除热应力，形成曲面玻璃。按照工艺连续性分为间歇式和连续式设备。间歇式设备包括单室炉和 3 室炉，单室炉结构最简单，由一台加热炉和成形模具构成，预热、热弯、退火、降温都在同一炉中完成，生产效率低；3 室炉则在成形室两侧各增加 1 个预热-冷却室，效率比单室炉高 1 倍。连续式设备由几个，甚至几十个加热室构成，分为预热、弯曲、退火、降温工艺区，既可以采用环形轨道平面布局，也可以采用两层布局，通过升降装置形成循环，生产效率高。

【热弯模具】hot bending model

指玻璃成形模具，含有曲面玻璃设计面的成形面，通常一种成形模具对应一种曲面玻璃。玻璃板平放成形模具上，在炉内加热到软化状态，在重力作用下逐渐下垂，贴合模具的成形面，退火、冷却后即获得设计形状的曲面玻璃。成形模具种类很多，按自由度分为固定模和活动模，按外形分为凹面模(阴模)和凸面模(阳模)，按成形面完整性分为实心模、空心模和网格模，按材质分为金属模和陶瓷模，按结构分为整体模和条框模等。其中实心模具结构稳定，成形面精度高，玻璃贴面成形，形状准确，但是接触面易出麻点，热容量大，生产效率低，多在飞机风挡玻璃、太阳能聚焦反射镜等领域中应用；空心模具周边设有成形面，中心悬空，热容量小，生产效率高，常用于成形精度要求不高的制品，如汽车风挡玻璃等。

【夹层玻璃设备】laminating glass apparatus

指夹层玻璃生产设备，湿法灌浆生产设备和干法胶片生产设备不同。前者是在多片玻璃中间灌注甲基丙烯酸甲酯等液体，加温聚合固化形成 B 类夹层玻璃，生产设备主要包括：液体量具、容器、灌注模具和聚合箱。后者是在多片玻璃之间铺设热熔性有机透明胶片，例如聚乙烯醇缩丁醛(简称 PVB)或聚氨酯(简称 PU)胶片，经预压排气，升温升压，胶片将玻璃粘合在一起形成 A 类夹层玻璃；生产设备主要包括预压机和热压釜，生产平板夹层玻璃时，使用辊压预压机，生产曲面夹层玻璃时，使用真空泵-真空袋预压排气装置；热压釜又分为气压釜和水压釜，气压釜可以直接处理预压玻璃，但使用水压釜时，必须将配好片的玻璃装入橡胶密封袋中，真空排气后热压层合。

【夹层玻璃蒸压釜】high pressure steam kettle for laminated glass

为热熔性有机透明胶片提供热压条件，将玻璃、有机透明板粘接起来的设备，又称热压釜。其中以空气为传压传热介质的称为气压釜，以水为传压传热介质的称为水压釜。蒸压釜主要由：釜体、釜门及启闭机构、电热管、冷却管、对流装置、轨道、传感器、报警保护装置构成；附属设备包括真空泵及排气管路、空压机及充压管路、自动控制仪等。平板预压件可直接放入气压釜，曲面玻璃则需要在周边安装抽气套管，或整体装入密封袋，排气后热压；无论是平面件还是曲面件，只要进水压釜，都需要装入橡胶密封袋排气后热压。设备参数包括温度、温度均匀性、压力、压力均匀性、时间、升降温速率和升降压速率。

【中空玻璃设备】insulating glass apparatus

生产中空玻璃所用的机械设备。槽铝型中空玻璃，其制造过程为：切裁玻璃，磨边抛光，清洗干燥；铝质间隔框切割，折弯成比玻璃板略小的矩形，灌注干燥剂，侧面涂密封胶(第一道，常用丁基胶)，放置在两片玻璃之间，送入压合机加压，与两片玻璃粘接，形成与外部环境完全隔绝的内部密封空间；再利用施胶机在间隔条与玻璃周边围成的凹槽内灌注密封胶(第二道，常用聚硫胶或硅酮胶)，经固化硬结，形成中空玻璃。主要生产设备包括：立式输送机、玻璃切割机、磨边机、清洗干燥机、间隔条切割机、间隔条自动折弯机、分子筛灌注机、丁基胶涂布机、铝框周转架、压片机、双组分密封胶打胶机。如果将中间空气更换成惰性气体提高保温性能，还需要充气机；如果使用镀膜玻璃，还需要粘接区域的去膜机。近年来开发了胶条型中空玻璃：弹性硅酮微孔间隔条，内含干燥剂，两侧涂有压敏结构胶，背面有一层树脂膜；置于两层玻璃之间，通过热压处理制成胶条式中空玻璃。生产设备主要是热压机。

【立式输送机】vertical conveyor

运送直立状态平板玻璃的设备。立式输送机的断面呈“L”形，底部短边是多个旋转短辊，与水平面有一个很小的夹角(6°～8°)，保证玻璃呈稍微倾斜的状态输送；立边是长边，主要由型钢架和防护板构成，立面上设置多个可自由旋转的滚轮；辅助部分包括调节螺栓、限位装置、电机和控制系统。将玻璃板背靠滚轮立放在短辊上，短辊旋转带动玻璃板向前缓慢移动，不会损伤玻璃表面。可输送250mm×200mm～6000mm×3000mm，厚度可达 52mm 的平板玻璃和中空玻璃。

【间隔框放置设备】spacer placing equipment

将粘有丁基胶的间隔框，放到第一片玻璃上的中空玻璃生产设备。由光敏发讯器、曲柄挡玻璃器和间隔框支撑块组成。可生产双层或三层中空玻璃，当生产三层中空玻璃时，需要调整相应的曲柄挡玻璃器和间隔框支承块。可装配最大厚度 52mm，最大高度 3000mm，倾角 6°～8°的中空玻璃。

【合片机】seaming machine

中空玻璃生产过程中，将第二片玻璃准确地放到已与第一片玻璃粘结的间隔框上的设备。一般由平行导轨、同步链条、水平横梁、伞形轮、光敏发讯器和限位器组成。第二片玻璃由输送辊带动，靠在伞形轮上进入合片机，至限位器被挡住。自控装置令倾斜型钢架向前移动，同时同步链条带动水平横梁上升至伞形轮离开玻璃后停住。由于失去伞形轮的支撑第二片玻璃倒在粘有丁基胶的间隔框上，从而完成两片玻璃与间隔框的组合。

【压片机】roller press machine

槽铝型中空玻璃生产过程中，对合片后的半成品施加适当压力，使玻璃和间隔框形成粘结密封的设备，半成品靠在压片机的固定部分，利用两个同步运动的导轨带动可移动部分向固定部分运行一段距离，向半成品施加一定压力，使间隔框、粘结胶和玻璃粘合形成中空玻璃。胶条型中空玻璃则使用热压机，在升高温度的同时施加一定的压力，形成粘结，制得中空玻璃。

【封边机】edge bonding machine

又称密封胶涂胶机。中空玻璃生产线的一部分，在压片机后边，将密封胶灌注于中空玻璃周边预留槽内实现密封的设备。封边机通常包括 2 个储胶罐、压力出胶系统、混胶器、灌注头及控制系统。灌注头可上下移动并翻转方向，出胶口始终对着中空玻璃边部空槽，以一定速度挤出胶膏注满空槽。灌注上下平边空槽时灌注头固定，中空玻璃配合胶体挤出速度以一定速度前后移动；灌注左右立边空槽时玻璃固定，灌注头一定速度上下移动。自动单头封边机适于矩形、楔形、圆弧形产品，自动双头封边机适于矩形产品，手动封边机则由人工操作灌注头封边，适于各种形状的产品。

【镀膜设备】coating apparatus

泛指能在玻璃上镀制薄膜的设备。在线镀

膜设备又可分为液体热喷涂、固体粉末热喷涂和化学气相沉积(CVD)设备，如果配置热环境，在线镀膜设备也能离线使用。离线镀膜设备包括液体喷涂、浸涂、旋涂设备、溶液反应镀膜设备，真空镀膜设备，等离子体喷射镀膜设备等。有时镀膜设备特指离线真空镀膜设备，可分为真空蒸发和真空磁控溅射两种镀膜设备，基板玻璃置于真空室内，加热蒸发或离子轰击成膜材料，使之蒸发或升华，在玻璃表面凝聚成膜。真空蒸镀设备的加热方式包括：电阻、电子束、电弧、激光、空心阴极；真空磁控溅射设备的溅射方式包括：直流、直流脉冲、射频、中频、离子束等。真空镀膜设备可以精准控制膜层厚度和均匀性，适于制备光学薄膜。

【真空蒸镀玻璃镀膜机】vacuum evaporation glass coating machine

采用真空蒸发法在玻璃表面镀膜的设备。将玻璃置于 10^{-4} Pa 真空室内，加热金属至蒸发温度形成蒸汽，在待镀表面沉积成薄膜。真空蒸发镀膜机由镀膜室、蒸发源、真空系统、水冷系统、压缩空气系统、电气控制系统和电源组成。电阻蒸发源包括难熔金属丝、舟等直热式热源，坩埚外缠绕电阻丝的间接式热源，适于蒸镀纯金属膜；电子束、高频感应、激光等非接触蒸发源，适于蒸镀难溶金属，可避免热源材料对膜层的污染；相同真空度和温度下各种金属的蒸发率不同，使用微量瞬间蒸发源或多源蒸镀设备蒸镀合金膜；使用反应蒸发设备制备化合物薄膜；使用离子氧反应蒸发设备制备一些特殊氧化物膜。

【磁控溅射玻璃镀膜机】magnetic controlled sputtering coating machine

采用磁控管阴极溅射靶的真空镀膜设备。靶材后面设置永久磁铁，产生与电场垂直的几百特斯拉强度磁场，形成磁控管阴极溅射靶，简称磁控靶。在洛伦兹力作用下，靶表面电子做螺旋运动，距离延长，碰撞次数增加，气体离化度提高，溅射速率增加。在电场和磁场正交空间附近，溅射效率最高。在平面靶上逐渐形成俗称跑道的凹槽，降低了靶材利用率，改变了工作状态，须随凹槽程度调节工艺参数，保证膜层质量的一致性。圆柱形磁控靶，靶面旋转，不形成凹槽，靶材利用率高。间歇式设备主要指单室镀膜机，可在平板或曲面玻璃上镀膜；连续式设备多为平板玻璃镀膜生产线，玻璃顺次通过多个真空室，溅射靶固定，可制备多层复杂膜。间歇式磁控溅射镀膜机是单室设备，主要由真空室、真空系统、供气系统和控制系统构成；通过控制磁控靶的运行轨迹，可以镀制平板或曲面玻璃；更换靶材方便，多用于科研或特殊生产。

10.4.7 光学玻璃专门工艺

【光学玻璃坩埚熔炼法】pot melting process for optical glass

采用坩埚熔炼制造光学玻璃。适合光学玻璃品种多，每个品种需要量少，工艺要求各不相同的特点。通常用开口坩埚，一炉一埚。重冕玻璃、稀土光学玻璃用铂坩埚；磷冕玻璃用熔石英坩埚在硅碳棒电炉或高频炉中熔炼；其他玻璃则用黏土坩埚在燃气或燃油炉中熔炼。为使玻璃均匀无条纹，对玻璃液要进行机械搅拌。搅拌器形状：黏土质坩埚通常用有指形和浆式两种；铂坩埚可复杂一些，以提高搅拌效率。成形工艺最早采用破埚法，目前常用浇注或浇注滚压成形。还有在坩埚特别是铂坩埚底部安置可控流液管，使玻璃液流出成条状或滴料、剪切、热压的成形方法，以缩短熔制周期和提高玻璃利用率。

【破埚法】chunk glass process

光学玻璃坩埚熔炼的成形工艺之一。因采用最早，故又称古典法。将已熔炼、降温的整埚玻璃移至隔热罩内自然降温、徐冷。由于徐冷时应力很大，坩埚与玻璃开裂成较大不规则的块体。徐冷速度影响玻璃块的大小，与成品率关系很大。冷却后进行破埚、粗选，除去玻璃中质量较差的部分并略加修整，然后放置于陶瓷匣钵中加热摊平、槽沉、退火制成比较规则的玻璃。经加工检验(精选)后即成光学玻璃毛坯。此法能得到较多的从三个方向检查无条纹的玻璃，但成品率低、生产周期较长。

【浇注成形法】casting process; pot casting process

将坩埚熔炼、降温的光学玻璃浇注于模具中成形，是坩埚熔炼的成形工艺之一。特点是：成品率较破埚法高；能获得大尺寸玻璃毛坯；坩埚可多次连用，因而采用较广泛。操作时应掌握浇注黏度，通常以 5×10^{2}Pa·s 左右为宜。浇注前有时要"括皮"，除去表面有条纹玻璃液层，浇注时一般将坩埚回转135°，使坩埚口部与浇注模呈约45°的夹角，并使玻璃成一大滴状倾出，否则易造成折叠，影响成品率。坩埚回转中心，一般在坩埚高的二分之一处，但也可放在坩埚的浇口部。此时，浇注黏度可略小，回转速度也可放慢，使坩埚内大部分玻璃平稳地流入模内。对于坩埚内原来条纹已消除得较好的玻璃，如铂坩埚熔化的玻璃，可在较低黏度下浇注，提高成品率，通常称为低黏度浇注法。

【浇注辊压成形法】casting-rolling process

光学玻璃坩埚熔炼的成形工艺之一。其操作过程前部分与浇注法相似，但玻璃液浇入模具后，用辊筒将其压成薄板状，然后进入退火炉退火。此法常用于有色光学玻璃毛坯的成形。

【光学玻璃连续熔炼法】continuous melting process for optical glass

连续投入玻璃配合料、连续产出玻璃的一种光学玻璃制造方法。光学玻璃连续熔炼池炉由连通的若干分离功能池组成，包括熔化、澄清、均化和成形等几部分。连续熔炼池炉有全铂池炉和耐火材料-铂池炉两种，均化和成形池都采用铂。均化池和成形池需有机械搅拌装置使玻璃液得到充分均化。耐火材料-铂池炉的配合料熔化池选用耐腐蚀性强的耐火材料如熔铸耐火材料、石英玻璃砖。用燃气或电加热(包括间接或直接通电)。成形方法有流出条状、块状和滴料热压等。由于要求光学常数精确(如 n_d 的标准差要求在 $\pm5\times10^{-4}$ 范围内)、光吸收低、条纹少和光学均匀性好，因此连续熔炼工艺难度较大。连续熔炼法的优点是玻璃性质稳定、成品率高、生产量大、周期较短，但更换牌号较麻烦，因此适合于产量较大的光学玻璃牌号。目前光学玻璃产量的80%以上均由连续熔炼方法制造。

【滴料热压成形法】extrusion and press process

玻璃液滴从坩埚或池炉成形部底部的流液管流出，用剪切或冲压方法使玻璃形成滴状，然后以压机压制成透镜或棱镜毛坯，适用于光学玻璃坩埚熔炼和连续熔炼的成形工艺。连续熔炼和坩埚熔炼的区别在于前者能保持玻璃液面稳定，流出速度均衡。后者的玻璃液面因玻璃流出而逐渐下降，所以速度是逐渐减慢，因此需调节剪切或冲压频率，以使料滴保持恒重。

【高频熔炼法】high frequency melting process

利用高频电流加热熔炼玻璃的方法。有磁场熔炼和电场熔炼两种方法。前者使用金属坩埚，一般用铂坩埚。放在感应圈内的坩埚因感应电流而发热。高频电流的频率为几十千周到几百千周。后者使用陶瓷坩埚，一般为熔石英坩埚。坩埚放置电极中，坩埚内的玻璃因介电损耗及电导损耗而发热，高频电流的频率一般在10兆周左右。高频熔炼的优点为升降温迅速，污染少，因而可制得优质玻璃。适用于熔制某些易析晶，对坩埚侵蚀大的特种玻璃，如稀土光学玻璃。

【光学玻璃压形法】pressing process of optical glass

将光学玻璃毛坯加热，压制成透镜，棱镜半成品毛坯的方法。其流程为切料—称量—滚光—检查—修磨—加热—压制—退火。其光学玻璃利用率比毛坯直接切割研磨高。

【指形搅拌器】rod stirrer

用坩埚熔炼法制造某些特种玻璃如光学玻璃时，用以搅拌玻璃液使之充分均匀的装置。形状如直棒，故又称棒状搅拌器。常用陶瓷、耐火材料或铂制成。使用时安装在搅拌机的水冷管上，从炉门伸入并插入玻璃液内，搅拌时棒垂直液面并作平行转动，同时变更回转半径和回转中心，使整埚玻璃均能充分搅拌均匀。转速不宜过大，否则会卷入空气而形成气泡。与浆式搅拌器相比，其特点是与玻璃接触面积小因而侵蚀少，这对生产某些侵蚀厉害的玻璃十分重要。缺点是搅拌效率低，影响玻璃成品率。此法是法国人纪南于19世纪初发明，专门用于光学玻璃均化，又称纪南法（Guinand process）。

【桨式搅拌器】propeller stirrer

由两个或几个叶片按一定角度安装在一根杆上构成的搅拌器。用于生产某些要求高度均匀的特种玻璃如光学玻璃时搅拌玻璃液的装置。叶片的形状、数量、相互位置和角度，按材料和使用条件的不同可以有多种式样。使用时由炉顶插入坩埚中心的玻璃液内，定点旋转。坩埚熔炼或连续熔炼工艺均可使用，可用铂、刚玉、石英玻璃或黏土耐火材料制成。桨式搅拌器效率高，但通常会产生一条较粗的中心条纹，不利于制造大尺寸玻璃。

【炉前测定】test during melting

无色光学玻璃生产时控制其主要质量指标——光学常数的手段之一。每个牌号玻璃最终的折射率与标准值的偏差通常应在$\pm5\times10^{-4}$范围内。对某些挥发大（如ZF玻璃）或侵蚀厉害（如黏土坩埚熔化ZK玻璃）的玻璃，熔炼工艺对折射率和色散影响较大，仅由原料分析和配料称量的精确度来保证仍然不够。因而在高温澄清搅拌时不时取样、测定玻璃样品的折射率和阿贝数，此过程称为炉前测定。通常每半小时测定一次，然后按不同情况进行处理，如改变温度、时间等工艺参数，或加入碎玻璃或原料进行校正。

【炉前校正】adjustment during melting

无色光学玻璃生产时，当由炉前取样测得的折射率或色散推算到退火后的折射率和色散，与标准相差过大时，可加入折射率不同的同一牌号或不同牌号的碎玻璃，或某些原料进行校正，以改变正在熔炼的玻璃的折射率或色散，此过程称炉前校正。校正时不允许加入原来玻璃组成中没有的氧化物，因此，对组成比较简单的火石类玻璃最为适用。

【光学透镜精密模压】precision molding of lens

具有光学抛光质量的光学玻璃型料置于模具内、加热到一定温度后压制成一定光学面形和表面粗糙度的光学元件的一种工艺。适用于光学加工困难的非球面透镜的批量生产。使用低T_g玻璃以降低模压温度、用贵金属模具防止腐蚀。模压后的元件按光学玻璃工艺进行精密退火，消除残余内应力、提高光学均匀性。目前已可制造直径40mm、表面度小于0.5μm、表面划痕和麻点40/20、粗糙度小于15nm的非球面透镜。

【激光玻璃连续熔炼工艺】continuous melting process of laser glass

连续制造激光玻璃的一种工艺。采用联通管连接的熔化池、功能池、澄清池、均化池和成形池构成的池炉。配合料连续投入熔化池，按空间排列依次完成熔化、澄清、均化等各种工艺过程，玻璃液连续从成形池流出浇注成棒状、条状或板条。熔化池由耐火材料砌筑，其余熔池均用铂建造。与光学玻璃池炉不同，功能池完成激光玻璃特有的消除羟基和铂颗粒夹杂物工艺。激光玻璃连续熔炼工艺具有比坩埚熔炼大10倍的生产能力，玻璃性质波动小的优点。大型高功率激光核聚变系统的玻璃均采用连续熔炼方式制造，成品尺寸可达到长85cm、宽45cm、厚5cm。

【框式搅拌器】frame stirrer

由多根杆构成框架、用于对高温下的熔融玻璃进行搅拌、达到均化玻璃液的一种搅拌器（见附图）。与桨式搅拌器不同，搅拌时玻璃上下流动较少，可避免玻璃液面、化学组成变化了的玻璃液流入内部。框式搅拌器一般用铂或铂合金制造，多用于光学玻璃连续熔炼池炉。

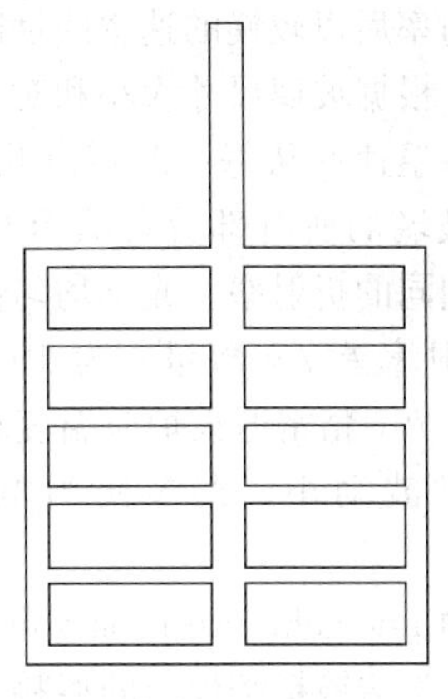

框式搅拌器示意图

【激光玻璃除铂工艺】platinum inclusion elimination process of laser glass

消除激光玻璃中金属铂颗粒夹杂物的工艺。激光玻璃熔炼过程中使用铂坩埚或铂熔池，铂在高温下气相挥发、低温下还原、沉积于玻璃中，形成金属铂颗粒。铂颗粒在强激光下产生损伤、形成破坏点。通过在高温下向铂熔化容器中引入反应性气体或氧化性气体，使金属铂颗粒离子化成为铂离子，消除铂夹杂物。对用于大型高功率激光系统、86cm×46cm×4.1cm 的玻璃片，铂颗粒夹杂物应小于 5 个。

【激光玻璃脱羟工艺】dehydroxylation process of laser glass

消除激光玻璃中残余羟基的工艺。现用激光玻璃多采用磷酸盐基质，玻璃中存在原料引入的水和熔化过程中从空气中吸收的水，均以羟基(OH^-)存在于玻璃中。激发态激活离子向羟基进行能量转移，降低激发态寿命、量子效率和激光器的输出能量。采用向高温玻璃熔体通入干燥气体的物理方法或通入反应气体的化学方法，使 OH^- 反应形成 H_2O 溢出。一般要求由羟基产生的 $3000cm^{-1}$ 的吸收系数小于 $2cm^{-1}$。

【精密退火】fine annealing; precision annealing

光学玻璃特有的一个达到光学均匀的工序。除了消除玻璃制品的残余内应力外，精密退火的目的是达到每块玻璃中折射率的均匀，即光学均匀性。玻璃在 T_g 附近长期保温，达到平衡折射率后以较慢的速率线性降温通过玻璃转变区。根据玻璃尺寸大小和对光学均匀性的要求，降温速率从每小时零点几度到几度。保证一块玻璃的所有部分都具有相同的热历史，达到相同的折射率。光学均匀性用一块玻璃中的折射率差 Δn 衡量，为 $10^{-6} \sim 10^{-5}$，可达 2×10^{-6}。精密退火炉应温度均匀，降温线性，温度波动小。大多使用电热鼓风退火炉。

【精密型料】fine gob; precision gob

用于光学透镜精密模压的型料。要求玻璃具有低的转变温度 T_g，以降低模压温度、防止对贵金属模具的腐蚀。精密型料表面应具有光学抛光的表面质量和粗糙度。目前大多使用熔融玻璃热态直接成形为具有各种曲率半径椭球的方法制造。体积从 0.1mL 到几毫升，最大尺寸达 15mm。对一些易析晶玻璃仍采用早期的切割、研磨、抛光，制成圆球状型料的方法。

10.4.8 电子玻璃工艺及装备

【玻珠】glass bead

在电子管中，有时引出线不直接和玻壳或芯柱封接，而将玻璃粉、玻璃棒或玻管加热烧在引出线上呈珠状。常用于 1mm 左右的钨杆、钼杆等金属引出线的封接。不烧玻珠就不易控制金属预氧化质量，影响封接密封性。烧上玻珠的引出线与玻璃封接时，氧化层的性质不易改变，能提高封接件的气密性和机械强度。

【玻碟】glass dish

制造大、中型电子管中的碟形玻璃芯柱的毛坯。将烧玻球的引出线同玻碟熔封熔成一体，形成碟形芯柱。

【芯柱】stem

电子器件的零件支架，也是连接外电路的枢纽。用玻璃与金属引出线封接而成。其结构应具有良好的机械强度、电绝缘性和抗热震性能，保证不漏气。按其形状可分为碟形、梳形芯柱，还有金属管芯柱和粉末烧结芯柱。

【芯柱机】stem machine

制造芯柱的机械。按制成芯柱的外形，可分为梳形和板形芯柱机两种。前者是将翻喇叭撑宽后的玻管套在插好导丝的夹钳上。夹上排气管，用火焰加热熔封，吹孔、退火即制成梳形芯柱。常用的有 24 轴半自动芯柱机。后者分单轴与 24 轴两类。单轴机常用于制造已烧玻珠的引线与玻碟的封接。其特点是有一对同步旋转的上下模，同心度好，不致造成冲压时将导丝冲弯。24 轴板形芯柱机用于产量大的小型管与显像管芯柱生产中。

【阳极帽】anode cap; anode button

封接在电子束管锥上的金属接头。彩色显像管中的阳极和会聚引线，称为双电位阳极帽，在阳极帽的封接部位上，以阳极帽为圆心的直径为 40mm 的圆内，称为阳极帽区。一般采用镍铬钢、合金铁。要求阳极帽与玻璃有良好的封接，否则易造成管子缓慢漏气。

【杜美丝】dumet wire

覆铜铁镍合金丝的商品名称。由两种金属镶嵌制成，内芯是铁 58%、镍 42%的铁镍合金杆，外层包裹或电镀一层铜，铜的质量约占总质量的 30%。因封接需要通过加热使丝表面产生一层致密的氧化亚铜膜层。为了防止膜层的脱落和在空气中或在封接时过氧化，又在最外层涂上一层硼砂作为保护层。这种结构使丝的各向膨胀系数不同，径向膨胀系数为 $90\times10^{-7}/℃$、轴向膨胀系数为 $65\times10^{-7}/℃$。因此，铂组玻璃只能与 0.8mm 以下的较细杜美丝封接。在电子器件中作为收讯放大管和电子束管芯柱引出线。

【可伐合金】Kovar

又称铁镍钴合金。分玻璃可伐合金、陶瓷可伐合金、低钴可伐合金。其中玻璃可伐合金含镍 28%～29%，含钴 17%～18%，其余为铁。在 20～300℃时热膨胀系数为 $(47\sim50)\times10^{-7}/℃$ 的可伐合金与钼相近，可与钼组玻璃作匹配封接，封接面氧化层呈鼠灰色。可伐合金常用来与 DM-308 玻璃进行封接，封接强度高。在电子器件中广泛用来制造引出线及大直径管状封接。

【钨】tungsten

钨是最难熔的金属之一。熔点为 3410℃，热膨胀系数为 $44\times10^{-7}/℃$。与玻璃封接前，必须先进行预氧化使呈蓝绿色。与玻璃封接后，封接面应呈橙黄色，说明钨氧化物与玻璃作用生成钨酸钠(Na_2WO_4)。

【钼】molybdenum

银白色的难熔金属。熔点 2620℃，热膨胀系数为 $51\times10^{-7}/℃$。封接前钼杆先预氧化，使表面呈棕色的 MoO_2，与玻璃封接后应呈棕色。

【高铬钢】high chrome steel

玻璃封接用的高铬钢含铬 18%～28%。热膨胀系数为 $110\times10^{-7}/℃$ 左右。封接前要在湿氢中加热到 950℃，使表面形成灰绿色的薄而致密的 Cr_2O_3 与 Fe_2O_3 的氧化层。封接后应呈草绿色或褐绿色。

【无氧铜】oxygen-free copper

无氧铜纯度要求在 99.99%以上，热膨胀系数为 $167\times10^{-7}/℃$。因其膨胀系数高，不易做匹配封接。但因它的屈服点低、延展性好，仍常作封接材料。封接前，首先在氢气炉中退火。封接时，铜表面应为砖红色的氧化亚铜，再与玻璃封接。

【玻璃粉】glass powder

在电真空器体生产中常用的一种粉状玻璃材料。由碎玻璃经粉碎、球磨、过筛而制得。细度应保证有 90%以上通过 200 目筛网，要求质地纯净。主要用于制造烧结玻璃制件。其特点是能制造各种形状复杂、尺寸要求严格的零件。制品中含有微量的微小气孔，能降低玻璃的高频损耗，提高热稳定性，不易炸裂。大量用于制造电子束管中电子枪支撑玻管，高频器件的芯柱、晶体管底盘真空玻璃等。

【铸压机】press-casting machine

制造粉末玻璃坯件的设备。由铸压锅、加热装置、压缩空气系统等机构组成。将玻璃粉和石蜡、油酸按一定比例，配制成玻璃粉蜡板。放入铸压锅，加热成浆状，通过压缩空气铸入模具，制成各种复杂形状的玻璃坯件。

【吸蜡炉】wax-absorbing furnace

去除玻璃粉坯件内石蜡的设备。由加热炉、履带式输送带、温度自控系统等组成。铸压成形的玻璃坯件中石蜡含量高达 18%，难以一次排蜡烧结完成，因此先将玻璃坯件排列在质地疏松的水泥石棉板上，通过吸蜡炉，使坯件内石蜡含量减少到 6%～8%。吸蜡炉内温度一般在 110～130℃。

【排蜡烧结炉】dewaxing-sintering furnace

用以去除玻璃粉坯件剩余含蜡量并进行烧结的热工设备。由网状输送带、温度自动控制系统等组成。加热段分排蜡区与恒温烧结区。经吸蜡炉处理后的坯件，整齐排列在镀钨铬合金的耐热不锈钢舟中，按特定的温度曲线继续除蜡，并烧结成规定尺寸的玻璃器件。

【玻璃粉烧结】glass powder sintering

用玻璃粉制造烧结玻璃器件的成形工艺。通常在玻璃粉中加入一定量的石蜡和油酸等粘结剂，在温度80～90℃下，搅拌成均匀糊状，放置模内，用铸压机热压成坯体，脱模后通过吸蜡炉，除去大部分的含蜡量，再放入排蜡烧结炉中进行排蜡、烧结而成玻璃制品。此种成形工艺特点能制作几何形状复杂、尺寸要求严格的制品，多用于电真空玻璃零件的制造。

【芯柱烧结炉】stem sintering furnace

制造半导体芯柱零件和绝缘子的热工设备。炉子结构与排蜡烧结炉相似。采用石墨模，将预氧化的金属零件和玻坯用手工或振动装架后，进行密封烧结。烧结时，炉内要充氮气，防止金属零件表面预氧化层起变化。

【晶体管底盘】header；transistor header

又称晶体管管底。功能相当于电子管用玻璃芯柱零件，要求有高气密性、高绝缘性。与一般玻璃芯柱制作工艺不同点主要是采用符合性能要求的玻璃作原料，经过特定工序球磨过筛制得合格的玻璃粉，然后制成特定尺寸形状的玻璃粉坯件，进而与金属丝组装，经高温熔封而得。

【晶体管底盘烧结】header sintering

金属丝料或零件与玻璃坯件的熔封工艺。用石墨模将预氧化的金属零件和玻璃坯件进行组装后，通过烧结炉进行烧结熔封而得。烧结过程的气氛、温度和时间直接影响封接件质量和成品率。通常烧结炉中应充有含2%～5% H_2 的氮气作保护性气体，防止过度氧化。应严格控制温区温度及时间。

【离心浇铸机】centrifugal casting machine

利用离心力成形玻璃制品的设备。由高速旋转的成形模、接颈部成形冲模、旋转台、驱动机构、余料切割装置、冷却系统等构成。将玻璃料滴入成形模内，颈部成形冲模即冲压成形模颈部，接着成形模高速旋转，借离心力使玻璃料沿模内壁铺开形成玻璃制品。

【玻璃车床】glass lathe

又称玻璃封接机、封口机。分卧式和立式两种。卧式玻璃车床的床头、床尾各有一夹持头按同一方向同步旋转，在类似车床刀架的位置上安放一排火头，可上下左右移动。能完成切断、扩口、对接、成形以及玻璃金属封接等多种操作，是大型电子管玻璃零部件封接中的主要设备，如附图所示。立式玻璃车床工作原理同卧式玻璃车床，但主轴是立式的。火头托架和加工件的夹头都可以上下移动和旋转，常用于中、大型电子管的封口工序以及各种较复杂的灯工操作。

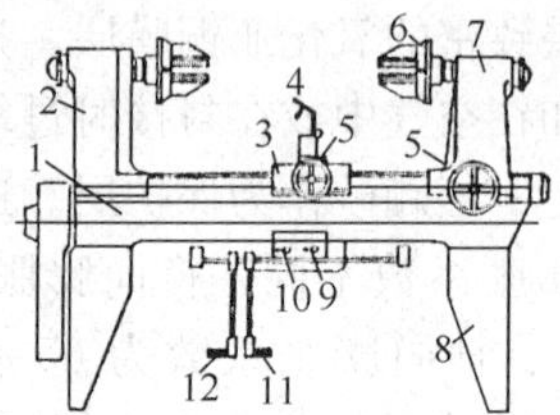

卧式玻璃车床

1—机身；2—固定架；3—支座架；4—火头；5—手轮；6—卡盘；7—活动架；8—柱脚；9—空气开关；10—氧气开关；11—空气踏板；12—煤气踏板

【履带式吹泡机】ribbon type bulb-blowing machine

用一对辊子将池炉供给的玻璃液压成圆饼连续带，使玻璃圆饼在承接板的孔口上，通过吹制口和模具的配合形成泡壳。吹制口、承接板、模具分别安置在三条连续运动的链子上，每一个部件形成链条的一节。当进入吹泡工作位置时，三个部件的中心重合为一条垂线。无级调节机速。产量视泡壳大小而异。此种设备对玻璃液利用率较低，泡壳直径不能太大，更换产品型号比较复杂。

【匹配封接】match sealing

玻璃与被封接材料的热膨胀系数相近情况下进行的封接。封接后结合强度和密封性良好，而且玻璃中的应力不会达到炸裂的程度。常用的匹配封接有玻璃与玻璃、玻璃与陶瓷、玻璃与金属封接等。

【非匹配封接】non-match sealing

玻璃与被封接材料的热膨胀系数相差较大情况下进行的封接。采用如下方法防止危险应力的发生：(1)选用直径小的金属丝或金属薄片，使其产生微弱的应力，不足以使玻璃炸裂，如细钨丝与石英玻璃封接；(2)选用性质柔软的金属，使封接处产生的应力可由金属的变形得到补偿，如薄壁无氧铜管与钨组玻璃封接；(3)选用过渡玻璃进行封接(参见 10.2.7.1【过渡玻璃】)；(4)选用压缩封接，将玻璃封接在比玻璃膨胀系数大的厚壁金属管内，如外层是铜管，内壁是玻璃，虽两者的收缩不同，但冷却到室温时，玻璃在径向、切向及轴向均受到压应力，使封接件甚至比匹配封接更牢固。

【玻璃与金属封接】glass-to-metal sealing

在电子器件中用来保证金属导线与玻璃外壳真空密封和绝缘的工艺。良好的封接必须是：(1)两者的热膨胀系数相匹配或虽不匹配但不致引起炸裂的应力；(2)金属经清洁处理，表面平滑，不应有不利浸润的条痕和斑点。常用的金属有钨、钼、可伐、杜美丝、高铬钢、无氧铜等；(3)金属表面预氧化，使生成一层厚度均匀致密与金属表面黏附性好的低价氧化物，封接时，使玻璃与金属有良好的浸润。高价氧化物是氧化过量所致(膜厚)，黏附性差，即使浸润很好，也不能达到气密封接；(4)加热熔封时，金属氧化物逐渐熔入玻璃，封接后金属与玻璃之间有一层氧化物中间层，封接质量常用中间层颜色来判断。

【高频封接】high frequency sealing

利用高频感应电流使铁磁性金属体发热并形成表面氧化薄膜，又借金属发热体将热量传给玻璃，从而实现金属与玻璃的封接。高频封接具有温度均匀，封接工作区局部受热而起到保护管芯作用，封接质量好、效率高等特点。

【玻璃与玻璃封接】glass-to-glass sealing

将两个玻璃零件的封接部位加热，达到适宜的黏度(10^3～10^5 Pa・s)，使之结合为一体的过程。良好的封接件其封接面应厚薄均匀、形状规则，应力分布均匀易于退火。

【玻璃与陶瓷封接】glass-to-ceramic sealing

玻璃与陶瓷的封接，要求两者的膨胀系数接近，通常采用玻璃粉涂敷上釉的方法来达到良好的封接，亦可采用 AgCl 焊料，将玻璃与陶瓷作非匹配封接。

【机械封接】mechanical sealing

又称机械连接。封接方法有：(1)将熔化的焊料浇入清洁的玻管与金属之间的环形隙内，待冷却后，焊料便牢固而紧密地贴在玻管与金属管上，形成了机械连接。例如，将熔化好的铅锡焊料浇铸在经清洁处理的石英玻璃管与铜帽之间的间隙内，使两者封牢。(2)两种膨胀系数相差很大的玻璃，可用 AgCl 粉末(熔点 457.5℃)或 0.2mm AgCl 片料作为焊料，将其夹持在封接界面处加热，使其流散密封。AgCl 塑性变形能力强，能使封接处应力松弛，在 400℃温度下能长期工作，比用过渡玻璃封接简单，尤其适用于形状复杂、大尺寸的封接件。(3)将需封接的两个玻璃面经过光学研磨抛光后，使其达到 1/4 牛顿环精度以上，清洗后，将两个面合在一起，在一定压力下，经过一定温度烘烤，使两者彼此紧密封合，俗称光胶。例如气体激光管上用的布儒斯特角光窗，即用此法封合。

【涂敷中间金属封接】intermediate metallic sealing

为了消除金属直接与玻璃封接的困难，先在玻璃表面涂覆一层金属，再焊接到封接件的金属部分上去的封接方法。常用的涂敷方法有：(1)采用氯化铂与氯化银，加入有机溶剂调成悬浮液喷涂后，加热生成坚牢的金属膜；(2)在真空中进行金属的蒸发及沉积；(3)金属的阴极溅射；(4)用压缩空气将金属粉末或液态金属喷至玻璃表面；(5)从气态金属化合物沉积得到金属层，采用铜、锡等的氯化物的蒸汽通到接近软化点的玻璃制品上，而沉淀出金属膜；(6)还原金属的氧化层。

【氢气炉】hydrogen furnace

参见 9.4.3【氢气炉】。

【铂金通道加热】platinum forehearth heating

铂金通道的加热方式有直接加热和间接加热两种类型。

铂金通道的直接加热方式是指采用低电压大电流直接加热铂金/铂合金通道的加热方式。在铂金/铂合金通道两侧电极上施加低电压大电流，将铂金/铂合金通道温度调整到 1100～1670℃之间，玻璃液流经通道时吸收热量，达到对玻璃液进行加热、调温、消除缺陷的目的。主要应用在光电显示玻璃、光学玻璃等高端玻璃产品的生产中。

铂金通道的间接加热方式是指在铂金/铂合金通道外部施加发热体，间接加热铂金/铂合金通道的加热方式。在铂金/铂合金通道外部施加发热体(硅碳棒、硅钼棒、铂金加热器等)，将铂金/铂合金通道工作温度调整到1100～1500℃之间，玻璃液流经通道时吸收热量，达到对玻璃液进行加热、调温、消除缺陷的目的。主要应用在光电显示玻璃、光学玻璃等高端玻璃产品的生产中。

【铂金搅拌棒】platinum stirrer

用于搅拌高温玻璃液的铂金或铂合金器件。其结构由联接头、主轴、叶片组成。联接头用于将搅拌棒安装在搅拌机的驱动装置上，主轴用于传动相应的力和扭矩，叶片用于搅拌玻璃液。通过叶片的旋转搅拌，使玻璃液的成分和温度等得到均化，从而达到减轻或消除条纹的效果。叶片种类较多，有螺旋、十字交叉、框架、花瓣、狼牙等形状。此装置多用于CRT玻璃、平板显示玻璃、光学玻璃等行业。

【铂金料碗】platinum orifice

一种安装在料盆底部用于料滴成形的铂金器件。由铂金料碗本体、料碗耐火物、安装托架等组成。铂金料碗本体由上沿、下沿、锥体组成一体结构(见附图)，上沿围成的通口(又名上口径)与炉头锅料盆的底部对接，上口径尺寸固定；下沿围成的通口(又名下口径)用于流出一定直径的玻璃液，便于下方的剪刀机剪切，生产中根据需要的料滴大小可选择不同尺寸的下口径；锥体联接上沿和下沿，用于降低玻璃的流速，以便料滴成形。铂金料碗可以减少或消除料滴划痕、玻璃麻点等缺陷，多应用于CRT玻璃和光学玻璃行业。

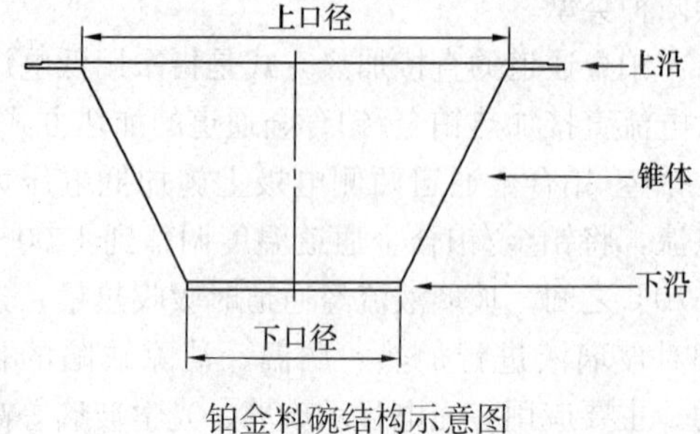

铂金料碗结构示意图

【溢流砖】overflow brick

溢流法生产玻璃板的关键成形部件。将一定粒径的锆英石粉或其他耐火材料粉体通过制坯模具抽真空以及等静压成形得到特定形状的预制坯体，预制坯体经固相烧结成毛坯件后再进行精密加工而制得的陶瓷制品。溢流砖材质内部结构致密，耐高温，热稳定性好，与玻璃液接触发泡率极低，加工后表面光洁度高。其构造及工作机理如附图所示：玻璃液通过溢流槽入口流入，溢出后沿两侧溢流面均匀流动，最后在溢流砖的尖部汇流成玻璃板。

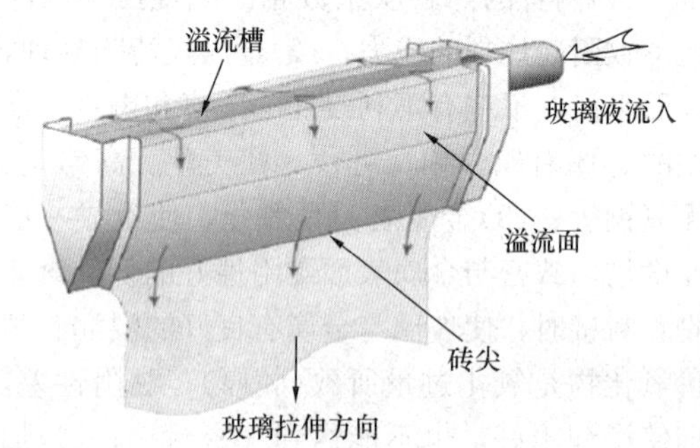

溢流砖结构示意图

【贴膜机】laminator

在基板玻璃表面自动贴附保护膜的设备。该设备从料带上取出膜料，利用真空吸附的原理将薄膜贴附在基板玻璃上。目的是在基板玻璃表面形成一层保护膜，防止基板玻璃表面的污损、划伤等缺陷。通常应用在对玻璃表面质量要求非常高的平板显示器基板玻璃等领域。

【揭膜机】stripping machine

自动揭除玻璃表面贴附的保护膜的设备。工作流程包括玻璃定位、保护膜边缘检测、保护膜边缘抓取、除静电、揭膜、保护膜回收放置等工序。玻璃水平加工生产中一般采用上、下两台揭膜机分别对玻璃上下表面的保护膜进行揭除。要求膜无残留，对玻璃无划伤，通常应用在对玻璃表面质量要求高的光电显示基板、面板等生产线中。

【缺陷检测系统】defect inspection system

该设备包含光源、摄像机和图像处理三个

主要部分。利用计算机自动图像处理技术对平板玻璃进行检查，根据不同种类的玻璃缺陷显现出的差异特征的原理，区分出玻璃缺陷的不同类型，经过图像处理系统数据库的分析对比，确定缺陷的大小、位置、数量，判定玻璃品质并输出结果。该设备作为平板玻璃的品质保证设备，可以快速获得平板玻璃的相关缺陷信息。通常在平板显示器基板玻璃检验工序中使用。根据检测缺陷的需要分为面检系统和边检系统。面检系统为自动检查平板玻璃表面及内部缺陷的设备，边检系统为自动检查平板玻璃边缘加工品质的设备。

【复检系统】review system

设置于面检系统之后，对面检系统判定的各种缺陷结果进行再次确认的检测设备。该设备包含光源、高分辨率摄像机和图像处理三个主要部分。面检系统检测后，复检系统通过高分辨率图像对面检系统提供的缺陷信息进行再次检测确认，精确确定缺陷的种类、大小及其在玻璃中的位置，并给出复检结果。该设备作为平板玻璃品质保证设备，通常在平板显示器基板玻璃检验工序中使用。

【TFT-LCD 玻璃基板的世代和尺寸】TFT-LCD glass substrate for generations and size

TFT-LCD 玻璃基板的世代是反映基板长和宽尺寸的参数。世代数越高，基板尺寸越大。某一世代的基板玻璃长和宽并没有严格的定义，液晶面板厂家经济切割尺寸是确定基板尺寸的基本原则。通常用“Gn”来表示第 n 代玻璃基板。具体尺寸见附表。

玻璃基板世代和尺寸

玻璃基板世代（Gn）	玻璃基板尺寸（mm×mm）
G1	320×400
G2	360×465
G2.5	370×470、400×500、405×515
G3	550×650、550×670、590×670
G3.5	600×720、610×720、620×720、620×750
G4	650×830、680×880
G4.5	730×920
G5	1100×1250、1100×1300、1200×1300
G5.5	1300×1500
G6	1500×1800、1500×1850
G7	1870×2200
G7.5	1950×2250
G8	2100×2460
G8.5	2200×2500
G9	2450×3050
G10	2850×3050、2880×3130
G11	3000×3320

10.4.9 石英玻璃工艺及装备

【气炼熔融法】flame fusion method

以石英砂为原料，以高温火焰（如氢气氧气燃烧火焰）为能源制作石英玻璃的方法。粉体原料粒度通常为 80～200 目，送入燃烧器中，并喷洒到沉积底片上，用氢氧焰（或氧天然气，氧乙炔，氧干馏煤气等可燃气体）加热使原料熔融。熔成的石英玻璃堆积在基体上不断长大或加长，制成石英玻璃管、棒或块等，此法在熔制过程中玻璃不与熔炉耐火材料接触，产品纯度高，气泡少，质量容易控制。设备简单，操作方便。

【石英玻璃化学气相沉积法】chemical vapour deposition of silica glass

利用高温下化学气相反应和纳米颗粒沉积制取石英玻璃的方法。可分为直接法和间接法两种，热源可采用高温火焰（如氢气氧气燃烧火焰）或者高频等离子体。采用四氯化硅等含硅前驱体为原料（前驱体通常为液态，通过蒸发转变为气态)，输送到燃烧器，在火焰中发生化学反应，生成 SiO_2 纳米颗粒沉积在基体上，反应式为：$SiCl_4+2H_2O \rightarrow SiO_2+4HCl\uparrow$（水解反应），$SiCl_4+O_2 \rightarrow SiO_2+2Cl_2\uparrow$（氧化反应），当采用无氢火焰作为热源时，仅发生氧化反应。直接法中，基体温度高于石英玻璃软化点，沉积颗粒瞬态熔融并逐渐长大成石英玻璃；间接法中基体温度低于石英玻璃软化点，沉积颗粒形成多孔预制体，并在真空或脱羟气氛下玻璃化为石英玻璃。

【高频等离子体熔融法】plasma fusion method

以高频等离子体作为热源制造石英玻璃的方法。通常采用 25kW 以上的射频发生器在铜线圈内产生高频电磁场，以石英管作为灯炬并通入气体，气体被电离而形成高频等离子体，其中心温度可高达 20000℃。将含硅前驱体(如四氯化硅)原料通入等离子体中，反应形成的二氧化硅纳米颗粒沉积在高温基体上熔融，制得石英玻璃。也可以采用石英砂作为原料。高频等离子体放电形式为无电极放电，火焰纯净，可避免电极污染。此法主要用于制作光学精密仪器的零件，光波导通信材料等。

【无氢火焰熔融法】non-hydrogen flame fusion method

一种制造无羟基石英玻璃的方法。采用一氧化碳—氧等不含氢组分的可燃气体进行燃烧，可获得无氢火焰；高频等离子体也是一种无氢火焰。用这种火焰熔融石英玻璃能避免引入羟基。采用四氯化硅等无氢前驱体或石英砂为原料，无氢火焰加热制造无羟基石英玻璃。

【低温合成法】low-temperature fusion method

也称溶胶-凝胶法。采用较纯的正硅酸脂等有机化合物液体为前驱体，加水发生水解、缩合反应，再经陈化形成凝胶，凝胶通过干燥、熔融成玻璃。

【电熔法】electric melting method

以电为能源制造石英玻璃的方法。通常用石墨或钨、钼为发热体(在真空或惰性气氛下使用)，石英砂为原料，加热温度 1800～2000℃。电熔法有真空常压法、真空加压法、碳棒炉法、电弧法和连续熔融法等，此法生产的透明石英玻璃统称为电熔制品。

【真空常压法】vacuum normal pressure method

真空下熔融制造石英玻璃的方法。将纯净的 5～25mm 的石英砂装入炉内石墨坩埚(即发热体)中。通电前先抽真空，然后在真空下通电快速熔化，熔成玻璃后恢复常压。在常压下拉制石英玻璃管、棒。此法具有设备简单、原料处理简单、熔制周期短、产量较高等特点，但制品的质量较低、熔化温度高、挥发量大，多用于生产普通透明石英玻璃。

【真空加压法】vacuum compression method

真空下熔化加压制造石英玻璃的方法。将石英砂(40～120 目之间)，放入炉内石墨坩埚(即发热体)中，把炉密闭。通电前先抽真空，真空下通电、熔融后，充入压力为 15～16atm 的惰性气体，几分钟后恢复常压，然后冷却制成石英玻璃。真空下熔化有利于大气泡的排除，加压可将残余的微气泡压缩和溶解，因此可获得质量较高的透明石英玻璃。还可以将石英砂装入涂有钨粉的料盘内，置炉内，制得高质量料砣，经处理后，二次加热拉制成各种规格的石英棒、管、大板等，简称电熔二步法。产品气泡很少，透明度好，但工艺较复杂，成本较高，可制造优质电熔管和透红外的光学石英玻璃。

【连续熔融法】continuous melting method

投料、熔融、拉制全部工艺连续化的方法。以钨棒为发热体，钨或钼作坩埚。将石英砂在预热炉中加热，而后连续喂入炉内。炉内充入氢气或氦气作保护气，由于这类气体分子小，渗透能力强，而获得透明石英玻璃。熔化好的玻璃液从炉底的出料口拉引成管或棒。特点是产量大，原料消耗低，机械化程度高，适用于生产电光源管。

【激光熔融法】laser melting method

用激光加热熔制石英玻璃的方法。激光温度极高，采用一定的工艺使激光弯曲成束状，改变它的空间聚集性，使它具有一定的区域范围，可用来熔融石英玻璃。此法不会引起任何沾污，产品纯度高。

【碳棒熔融法】graphite rod melting method

以石英砂为原料，石墨(单根或多根)作发热体，熔制不透明石英玻璃的一种方法。分单棒法和多棒法。单棒电阻炉的直径是由石墨棒的直径及石英砂的导热系数决定。熔化的玻璃厚度是由石墨棒直径和所加功率确定。石墨棒两端通电后，温度迅速上升，当达到1700～1800℃时石墨棒周围的石英砂开始熔化成石英玻璃。停电后，立即夹出石墨棒。管子或各种容器多采用模具和压缩空气吹制成形，石英玻璃砖采用液压机压制成形。

【气炼电熔二步法】flame electic two-step fusion method

气炼制砣、电熔加工二步法的简称，是一种用于制造石英玻璃管材和板材的方法。工艺简单、生产灵活，品种多样，质量易控，但能耗大、成本高。气炼电熔二步法可分为接触法和无接触法。接触法主要采用电阻炉或中频炉拉棒工艺通过成形器，在牵引力作用下将熔融石英玻璃挤压成形，适宜做大尺寸产品，但表面易划伤。无接触法是对高温下呈可塑状态的石英玻璃，通过牵引速度来控制产品尺寸，制造过程不接触任何固体，一般用于细棒(管)的生产，成品表面光滑，无划伤或沟棱。

【石英玻璃沉积炉】deposition furnace for quartz (silica) glass production

用于石英玻璃沉积熔制的设备。石英玻璃沉积炉包括反应炉和制砣机、气体、原料、过程监控等控制系统。沉积炉根据石英玻璃沉积方向不同主要分为立式沉积炉和卧式沉积炉。根据使用能源不同主要分为气体火焰沉积炉和高频等离子体沉积炉等。反应炉炉体采用多层耐火材料砌筑而成，炉体设置有观察窗以便于操作人员观测熔制状态，设置有排风口以排除熔制过程产生的粉尘和尾气。制砣机用以实现沉积过程基体的升降和旋转动作。气体和原料根据石英玻璃制备工艺不同而选取，采用高精度的传感控制器对气体和原料流量进行控制。过程监控系统主要对生产过程中温度、压力、报警等参数进行监控。

【石英玻璃槽沉炉】furnace for quartz (silica) glass homogenizing

也称石英玻璃均化炉，将石英玻璃二次熔融以提高其光学均匀性的热工设备。玻璃均化的基本过程是不均体的溶解(如未熔透的气泡和 SiO_2 颗粒)和扩散(如羟基和金属离子)。石英玻璃槽沉炉主要以高强度钢作为炉壳，内通冷却水；采用高纯石墨作为发热体，采用真空和加压系统对炉内压力进行调节控制，载料托盘可升降和旋转。加热温度1800～2000℃。为防止石墨氧化，加压时充入惰性气体。

【石英玻璃退火炉】furnace for quartz (silica) glass annealing

用于将石英玻璃进行退火处理以消除其应力的热工设备。玻璃退火的目的是最大限度地消除或减弱石英玻璃制品中的应力，以保证制品的机械强度、热稳定性、光学均匀性以及其他各种性质。退火炉主要由耐火材料砌筑而成，通常由加热系统和温度控制系统组成。退火过程分升温→保温→降温三个阶段。

【连熔炉】continuous melting furnace

是连续熔融法所采用的热工设备。连熔炉结构主要包括：钨坩埚；芯杆；加料管；发热体电极；炉壳及冷却系统；保温层；测径仪；拉管机等。钨坩埚是用来盛装石英料和高温熔融玻璃的容器，其尺寸决定了连熔炉的熔化能力。芯杆是连熔石英玻璃生产的内成形器，可生产不同壁厚的石英玻璃管，且利于石英玻璃烧结时气体的排出。采用双芯杆工艺可生产双孔石英玻璃管。

【中频加热炉】intermediate frequency compression furnace

是石英玻璃二次加热处理设备。主要以高强度钢作为炉壳，内通冷却水，石墨作为发热体；将工频50Hz交流电转变为中频(500～2000Hz)进行加热。可用于石英玻璃管、棒、板的拉制成形。具有节能、温度控制均匀等特点。

【脱羟炉】dehydroxylating furnace

用于石英玻璃脱羟处理的热工设备。石英玻璃中存在羟基会影响产品的使用性能，如石英玻璃用于电光源时，羟基导致玻璃释放出水蒸汽和氢气使灯熄灭；石英玻璃用于电子半导体材料时，高温释放的气体直接影响单晶硅扩散的质量，因此需通过脱羟炉排除石英玻璃中的羟基。脱羟炉气氛一般采用真空脱羟或通入干燥的氮气脱羟，脱羟炉内胆热区保温层可选择全金属或石墨材料，脱羟温度为 950～1100℃，不同生产工艺脱羟温度不同。

10.5 产品性能及表征

10.5.1 一般性能

【显微硬度测量】micro hardness test

显微硬度是一种压入硬度，反映被测物体对抗另一硬物体压入的能力，用一定形状的压具(球、正方锥体或圆锥体)并以一定负荷在试样表面打入压痕，根据载荷和压具陷入深度或陷入面积计算出试样硬度。按照压具所加负荷和压具形状、材质和棱边夹角的不同，设计出了洛氏（Rockwell）、布氏（Brinell）、维氏(Vickers)等硬度计。玻璃的硬度多用中小负荷的显微硬度计测定，其金刚石锥体硬度值（简称 D.P.H.）从下式求得：D.P.H. $=\frac{2p\sin\frac{1}{2}\theta}{d^2}$，单位为 MPa，式中：$p$ 为负荷(N)；d 为压痕对角线长度(mm)；θ 为金刚石向对两面夹角。

【划痕硬度测量】scratching hardness test

用金刚石锥体以一定压力在玻璃试样上按压，并沿试样表面移动，便得到许多平行的划痕，然后用显微镜测定划痕的平均宽度。划痕硬度以刻划一定宽度的划痕所需要的压力或以一定压力所刻划的划痕宽度来表示。

【研磨硬度测量】abrasion hardness test

在严格规定的研磨条件(如试样所受的压力、磨料的种类、研磨速度，磨料浆的浓度和pH值等)下，以磨损速度(g/m^2 或 $\mu m/min$)或以磨损层与标准玻璃在同样研磨条件的磨损速度之比表示的硬度为玻璃的研磨硬度。

【转球法黏度计】rotating ball viscometer

一种测量玻璃熔体高温黏度的仪器。测量范围为 10～5000Pa·s。由带恒温控制和能升降的高温炉，盛试样的容器，一个匀速转动的小电动机带动的吊着小球的钢丝和测定钢丝转角的光学系统组成。当小球浸入盛有熔融玻璃的坩埚内，球受到阻力，使钢丝发生扭转，当达到热力平衡后，球仍被电动机带动，以原有速度旋转，钢丝的扭转角的大小反映熔体黏度的大小。精确地测定不同直径的钢丝的扭转角，即可测得较宽范围内的玻璃熔体的黏度。仪器常数是用已知黏度值的液体标定。

【平衡落球法黏度计】counterbalanced falling ball viscometer; drown sphere viscometer

一种测量玻璃熔体高温黏度(约 10^5 Pa·s)的仪器。由高温炉，盛放试样的容器，铂球及天平组成。天平一端悬挂一个可以在玻璃熔体内移动的铂球，另一端放平衡砝码，使重力与黏性阻力平衡。然后通过增减砝码使玻璃熔体内的铂球做上下等速移动。测量铂球通过固定两点所需的时间和加减砝码质量并根据斯托克斯定律从 $\eta=\frac{K_A(W-W_0)}{\frac{\Delta z}{dt}}$ 式求得黏度。式中：η 为黏度(Pa·s)；W 为天平砝码质量(g)；$\frac{\Delta z}{dt}$ 为当砝码为 W 重时铂球的平均速度(mm/s)；W_0 为平衡时砝码质量(g)；K_A 为仪器常数，用已知黏度值的标准试样求出。

【转筒法黏度计】rotating cylinder viscometer

一种测定玻璃黏度在 10～10^5 Pa·s 范围内的黏度计。构造与转球法黏度计类似，圆筒坩埚内盛熔融玻璃，中间插入一圆形棒，使圆形棒转动或使圆筒坩埚转动，测量圆筒坩埚与棒面间的阻力。阻力可用不同方式来表示，例如，通过滑轮转动，记录加在绳子上的重物降落一定高度所需的时间；或在圆形棒上端加一线圈，放在磁场中，测定通过线圈产生的电流。仪器常数用已知黏度值的玻璃熔体来标定。按下列公式计算出黏度。(1) $\eta = \frac{Wgr}{2\pi^2(h+K)N}\left(\frac{1}{d_1^2}-\frac{1}{d_2^2}\right)$,式中:$\eta$ 为黏度(Pa·s);g 为重力加速度;W 为重物质量(g);r 为滑轮半径(mm);h 为棒插入玻璃中深度(mm);K 为仪器常数;N 为棒回转速度(转数/s),d_1、d_2 为棒和坩埚直径(mm)。(2) $\eta_2 = \eta_2 \frac{I_2\omega_1}{I_1\omega_2}$,式中:$\eta$ 为黏度;ω 为坩埚角速度;I 为抵消作用于棒扭矩所需的电流,下标 1,2 分别指标准试样和所测试样。

【压入法黏度计】penetration viscometer

一种测定玻璃黏度在 $10^7 \sim 10^{12}$ Pa·s 范围的黏度计。有带恒温控制的加热炉,盛放试样的容器,压杆、测量压杆位移的读数显微镜组成。将压杆压入板状玻璃试样,测定压入速度。在载荷情况下,压入速度与压杆的面积、载荷的大小固定不变时,压入速度则与试样黏度有关。仪器常数用已知黏度值的玻璃来标定。当用刚体球压入试体时,玻璃黏度可由下式求得:$\eta = \frac{9}{32}\frac{pt}{\sqrt{2}Rl^{2/3}}$,式中:$p$ 为压入载荷;η 为黏度;l 为压入深度;t 为从压入开始至 l 深所需时间;R 为球的半径。

【纤维伸长法黏度计】fiber elongation viscometer

一种测定玻璃低温黏度的黏度计。测量范围为 $10^7 \sim 10^{14}$ Pa·s,由带恒温控制的加热炉和试样长度变化观测装置组成。将玻璃加工成丝状并悬挂于加热炉内,玻璃试样受热时的伸长速度与其黏度成反比,与其截面积成反比,与外加力成正比。精确地测定伸长速度,按下列公式算出所测温度下的黏度值:$\eta = \frac{Plg}{2\pi r^2 \frac{\Delta l}{\Delta t}}$,式中:$\eta$ 为黏度(Pa·s);P 为所加荷重(g);r 为玻璃丝半径(mm);l 为玻璃丝长度(mm);$\frac{\Delta l}{\Delta t}$ 为玻璃丝伸长速度(mm/s);g 为重力加速度。

【淬火法】quenching method

测定玻璃析晶温度的一种方法。将重约 0.8g 的部分结晶的小块玻璃试样包在铂箔里,用细铂丝钩住,挂在专用的淬火炉内,在实验温度下保持一定时间后,从炉中取出,迅速投入冷却介质(水或油)中。淬冷的玻璃试样在显微镜下观察。若不存在析晶,再将炉温降低 20～30℃,重复试验;最后测出析晶温度。测量精度较高,但需要重复多次才能测出。还用于测定分相温度、晶体转变温度、熔融温度等。

【大量结晶法】multi-crystallizing method

又称变态淬火法。能同时测定 50～60 种不同类型玻璃的析晶温度的一种快速方法。先从每种组成中选取两块均质的玻璃块(0.4～0.8g),分别放在特制的多格陶瓷结晶器内,然后将结晶器放炉温均匀的马弗炉内快速加热至约 1400℃,保持一定时间后,迅速从炉中取出结晶器,放在空气中冷却,观察各试样析晶情况。以后每次降低炉温 100℃重复上述试验,直至 900℃为止。最后确定各个玻璃的析晶上限温度。只能粗略地比较各种玻璃的析晶温度。

【梯温法】temperature gradient method

测定玻璃析晶性能的常用方法。配合偏光显微镜观察,可以粗略地测得玻璃的析晶温度、液相线和分层区的温度、固相线和晶相转变的温度。将盛有玻璃试样的瓷舟置于沿长度方向温度成梯度分布的管式电炉中,在所要求的测定温度下保持一定时间后,迅速取出,在空气中冷却,然后用显微镜观察,确定发生析晶的试样在炉中的位置,并从梯温炉的温度曲线上查出所对应的温度,即玻璃的析晶温度。若玻璃试样制成许多横断面切片,用显微镜观察,同时测定在各种温度下和不同时间内结晶温度,但不能精确地测定析晶开始的温度。

【结晶时间】crystallization time

焊料玻璃在封接温度条件下,达到适当程度晶化所需的时间。焊料的结晶时间不能太短,否则,由于封接件各部位温度的温差,一部分玻璃可能先结晶,而另一部分仍处于玻璃态,不能均匀地达到晶化要求。

【结晶峰值温度】peak crystallizing temperature

结晶性焊料玻璃用差热分析法测得的放热峰所对应的温度，此温度下晶体生长速度最大。若超过该温度进行晶化处理，晶体生长速度反而降低，继续升温至晶相熔点时，晶相将熔化而重新变成均匀的玻璃液。

【凝固点】setting point；solidification point

指玻璃熔体温度下降，其黏度转变为明显刚体特征的相应温度值。一般在退火点和应变点之间，比退火点低约 20℃。结晶性焊料玻璃晶化后的凝固点高于晶化前的转变温度。参见 2.1.1【凝固点】。

【滴重法】drop weight method

测定玻璃表面张力的一种方法。在管式电炉内放一盛有玻璃试样的铂漏斗，漏斗下孔的大小用一铂锥体调节，炉子两壁装有云母小窗孔，弧光从一个窗口照射炉膛，可在另一个小窗拍摄铂漏斗上的熔融玻璃液大小的照片。炉温升高后，玻璃试样熔融，液滴悬挂在漏斗口上，当液滴重量超过它的表面张力时，就落入下面的金属容器中，冷却后称重。炉温可用热电偶测得，该温度下玻璃的表面张力可由下式求得：$\sigma=\dfrac{mg}{2\pi rf\left(\dfrac{r}{\sqrt[3]{V}}\right)}$，单位为 dyn/cm。式中：$m$ 为液滴质量(g)；V 为液滴体积(cm^3)；r 为液滴半径；g 为重力加速度(m/s^2)；$f\left(\dfrac{r}{\sqrt[3]{V}}\right)$ 为校正系数，由试验确定。

【圆筒内陷法】dipping cylinder method

测定玻璃在 45～200Pa · s 黏度范围内的表面张力的一种方法。测定装置有一能上下移动的高温炉，炉内放有盛玻璃熔体的铂制容器，炉子上面有分析天平，一端秤盘下悬一无底铂桶，深入炉内，另一端秤盘下悬一铅圆筒，其一部分浸在液体石蜡中。当玻璃加热到测量温度后，将炉慢慢升起，直到玻璃液刚好触及铂筒的底边。由于玻璃熔体的表面张力作用，铂筒逐渐被吸入玻璃体中，至一定深度后达到平衡，测陷入深度。表面张力按下列公式计算：$\sigma=\left(\dfrac{K}{2L}+\dfrac{db}{2}\right)hg$，单位为 N/m；式中：$K$ 为使铂筒下沉 0.01m 的质量(kg)；d 为玻璃的密度(kg/m^3)；b 为铂筒壁厚(m)；g 为重力加速度(m/s^2)；h 为铂筒沉入玻璃液的深度(m)；L 为铂筒的实际周长(m)。

【玻璃丝收缩法】contraction beading method; glass fiber shrinking method

测定黏度在 10^3～10^5Pa · s 范围内的玻璃表面张力的一种方法。将长 100～140mm、直径 0.17～0.27mm 的玻璃丝上端用金属夹住并垂直悬挂于立式管状电阻炉内，玻璃丝的自由端有 50～60mm 伸出炉外；当电炉升温时，用读数显微镜观察自由端长度的变化；最初，玻璃丝因热膨胀而伸长，以后处于炉内高温带的软化部分在表面张力的作用下开始收缩，直至玻璃丝的质量与表面张力达到平衡为止。由于收缩，这段玻璃丝上出现一个结节，继续升温时，结节上部又开始伸长。最后将玻璃丝迅速取出并在空气中冷却，用读数显微镜每隔 20mm 测定一直径值。玻璃丝上部未变形部分用金刚石刀切去，下部称得质量 P(kg)。由下式计算玻璃张力 σ，$\sigma=\dfrac{2P}{\pi d}g$，单位为 N/m，式中：$d$ 为玻璃丝的平均直径(m)；g 为重力加速度(m/s^2)。

【重液法】heavy liquid method

又称浮沉法，快速测定玻璃等固体物质密度的方法。将密度较玻璃大的液体和密度较玻璃小的液体配置成与玻璃密度非常接近的液体。将玻璃试样加到液体中。因液体膨胀系数远比玻璃大，当温度升高时，液体密度降低，玻璃试样下沉，当温度降低时，玻璃试样则上浮，利用此原理，同时测已知密度的标准试样和所测试样，互相比较，观测试样通过试管壁上刻痕时的温度，按下列公式算出玻璃的密度：$\rho=\rho_0+r(t_x-t_0)$，式中：ρ 为玻璃试样的密度；ρ_0 为标准玻璃试样的密度；t_x 为玻璃试样通过试管壁上刻痕时的温度；t_0 为标准玻璃试样通过试管壁上刻痕时的温度；r 为所用的液体密度的温度系数（根据液体种类和所测的玻璃种类确定，例如：用于钠钙硅酸盐玻璃的液体为 0.00178；用于硼硅酸盐玻璃的液体为

0.00174)。

【密度瓶法】psychometric method

主要测定液体密度的方法，也用此法测定带有气泡的玻璃的密度。先将粉碎的玻璃粉末放入盛有蒸馏水或其他有机液体的密度瓶中，然后将密度瓶放入真空室中排除玻璃表面附着的空气，最后称重。按下式计算玻璃密度：$\rho=\frac{m_1}{m_2+m_1-m_3}\delta$，单位为 kg/m^3。式中：m_1 为玻璃试样的质量(kg)；m_2 为密度瓶盛水后的质量(kg)；m_3 为密度瓶内装水和试样后的质量(kg)；δ 为测定温度下水或其他有机液体的密度(kg/m^3)。

【石英膨胀计】quartz differential dilatometer

差式膨胀计的一种，由于盛放试样的试管和顶杆均为石英制成而得名。将试样和石英顶杆放入试管内，试样一端顶在管底，另一端与石英顶杆接触，顶杆另一端顶在固定于支承座的千分表上。试样、顶杆和千分表互相压紧。因玻璃的膨胀系数比石英的大，故玻璃试样受热后的膨胀比石英试管上同样长度部分的膨胀要大，因而使石英顶杆移动，移动大小可在千分表上读出。已知石英膨胀系数并测出伸长率和温度，可由下式算出玻璃的热膨胀系数：$\alpha=\frac{\Delta L}{L/(t_2-t_1)}+\alpha'$，式中：$\alpha$ 为被测玻璃在 $t_2\sim t_1$ 温度范围内的平均热膨胀系数；ΔL 为由千分表读出在 $t_2\sim t_1$ 温度范围内的相对伸长(mm)；L 为试样长度；α' 为熔融石英在同一温度范围的平均热膨胀系数（一般可取 $5.54\times10^{-7}/℃$）。

【双线法】duplex-wire method

测定玻璃热膨胀系数的一种方法。将被测玻璃与已知热膨胀系数的标准玻璃(每个品种都用类型相同、组成相近的玻璃作为标准玻璃)重叠，加热融合拉制成双股丝(见附图)。在冷却时，丝将弯向热膨胀系数大的玻璃一侧(后者收缩较大)。当双线厚度在 0.1～0.14mm 时，被测玻璃与标准玻璃的热膨胀系数差值 $\Delta\alpha=1.4h\times\delta\times10^{-7}$，其中 h、δ 分别为 200mm 双线的弦高和双线厚度（当 h 大于 20mm 时，不宜用上述公式)。根据被测玻璃弯曲方向，决定 $\Delta\alpha$ 是“正”或“负”。被测玻璃的热膨胀系数为 $\alpha=\alpha_0+\Delta\alpha$。$\alpha_0$ 为标准玻璃的热膨胀系数。本方法迅速、简便，电真空玻璃日常生产中多用此方法确定同一品种不同批号玻璃的热膨胀系数，以便合理控制和调整配方。

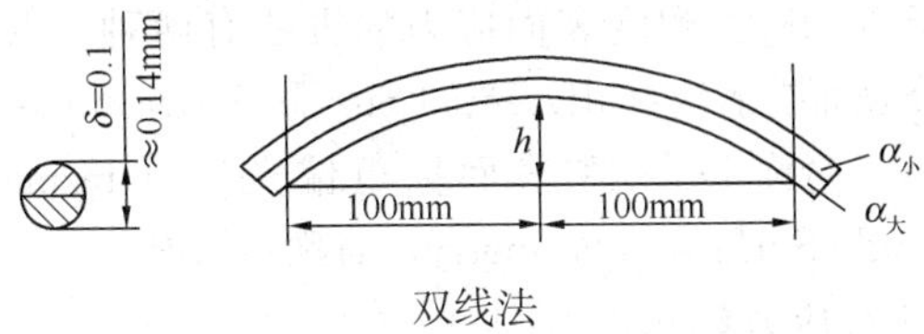

双线法

【软化点测定】softening-point measurement

玻璃在黏度为 $10^{6.6}$ Pa·s 时的温度称为玻璃的软化点。其测定方法是将被测玻璃拉制成直径 0.6～0.7mm，长 600～620mm 的均匀玻璃丝，水平放置于卧式电炉内，一端固定，一端勾在棉线上，通过带指针的滑轮施加 20g 负荷。以 5～6℃/min 升温速率加热，软化时玻璃丝伸长引起滑轮转动，将指针偏转角为 6°/min 时的温度，作为玻璃的软化点。本方法测试简单、方便，精确度达 5℃。

【抗水性测定】water resistance measurement

玻璃抵抗水或潮湿侵蚀能力的测试方法。称取若干克粒径为 0.56～0.8mm 的玻璃(通常为密度的 4 倍)。在蒸馏水中煮沸 5h 后过滤、烘干，测定残渣质量。根据残渣质量，确定抗水化学稳定性等级。如：一级为 0～10mg、二级为 10～15mg、三级为 15～25mg、四级为 25～50mg、五级为 50mg 以上。

【B. E. T. 吸附法】B. E. T. method

一种用吸附原理测定比表面的方法，该方法是由 S. Brunauer，P. H. Emmett 和 H. Teller 三人提出的，简称 B. E. T. 法。根据其理论可测定各种相对压力下多孔物质对气体的吸附量，利用被吸附气体的性质数据，即可计算出比表面值。计算公式：$\frac{P/P_0}{V(1-p/p_0)}=\frac{1}{V_mC}+\frac{(C-1)}{V_mC}\cdot P/P_0$。式中：$P$ 为气体的平衡压力；P_0 为气体在吸附温度的饱和蒸气压；P/P_0 为相对压力；V 为在 P/P_0 时吸附的气体体积；V_m 为在吸附剂表面上形成单分子层所需要的气体体积；C 为与吸附热及气体液化热有关的常数。

【表面应力】surface stress

为提高玻璃的承载能力，使用化学或物理的方法，在玻璃表面形成的压应力称为表面应力。对于物理钢化玻璃通常要求表面应力不小于 90MPa。测定表面应力的方法有两种：微分表面折射法（Differential Surface Refractometry，简称 DSR）和表面掠角偏光法（Grazing Angle Surface Polarimetry，简称 GASP）。

【边缘应力】edge stress

玻璃在成形、热弯、钢化或夹层等加工过程中，由于退火或钢化等原因造成的在玻璃边缘区域附近形成平行于玻璃周边的压应力或张应力称为边缘应力，边缘应力可以用边缘应力仪测量。

10.5.2 光学玻璃性能表征及测试设备

【太阳能总透射比（太阳因子）】total solar energy transmittance (solar factor)

太阳能总透射比为太阳光直接透射比和玻璃向室内侧的二次热传导之和，二次热传导是由于玻璃吸收太阳能辐射后会通过对流和长波红外辐射向室内侧传热，表示为 $T_{Ts}=T_{Ds}+q_i$，式中：T_{Ts}为太阳能总透射比；T_{Ds}为太阳光直接透射比；q_i 为玻璃向室内侧的二次热传递系数。

【太阳光直接透射比】solar direct transmittance

太阳光直接透射比（τ_e）为在太阳光谱范围内（300～2500nm），直接透过玻璃的太阳能强度与入射太阳能强度的比值。通过如下公式计算：$\tau_e=\frac{\sum_{\lambda=300\text{nm}}^{2500\text{nm}}\tau(\lambda)S_\lambda\Delta(\lambda)}{\sum_{\lambda=300\text{nm}}^{2500\text{nm}}S_\lambda\Delta(\lambda)}$，式中：$S_\lambda$ 为太阳光辐射相对光谱分布；$\tau(\lambda)$ 为玻璃在波长为 λ 时太阳光的透射比；$\Delta(\lambda)$ 为太阳光谱波长间距。

【太阳光直接反射比】solar direct reflectance

太阳光直接反射比（ρ_e）在太阳光谱范围内（300～2500nm），玻璃直接反射出去的太阳能强度与入射太阳能强度的比值。通过如下公式计算：$\rho_e=\frac{\sum_{\lambda=300\text{nm}}^{2500\text{nm}}\rho(\lambda)S_\lambda\Delta(\lambda)}{\sum_{\lambda=300\text{nm}}^{2500\text{nm}}S_\lambda\Delta(\lambda)}$，式中：$S_\lambda$ 为太阳光辐射相对光谱分布；$\rho(\lambda)$ 为玻璃的反射光谱；$\Delta(\lambda)$ 为太阳光谱波长间距。

【紫外线透射比】ultraviolet transmittance

紫外线透射比（τ_{UV}）为在紫外线波段范围内（280～380nm），直接透过玻璃的紫外线强度与入射紫外线强度的比值。通过如下公式计算：$\tau_{UV}=\frac{\sum_{\lambda=280\text{nm}}^{380\text{nm}}\tau(\lambda)U_\lambda\Delta(\lambda)}{\sum_{\lambda=280\text{nm}}^{280\text{nm}}U_\lambda\Delta(\lambda)}$，式中：$U_\lambda$ 为太阳光谱中紫外线部分的辐射相对光谱分布；$\tau(\lambda)$ 为玻璃在波长为 λ 时紫外线的透射比；$\Delta(\lambda)$ 为紫外线谱波长间距。

【雾度】haze

雾度是表征透明或半透明材料的内部或表面由于光漫射造成的云雾状或混浊外观的物理量。通常以偏离入射光方向 2.5°以上的散射光通量与透射光通量之比定义为雾度，用百分数表示。测量雾度的雾度仪通常有 A 光源和 C 光源两种不同光源。

【光学角偏差】optical angular deviation

光线通过透明材料后，光线传播方向变化的角度，造成原因主要是透明材料的两个表面不平行，如附图所示为光学角偏差。

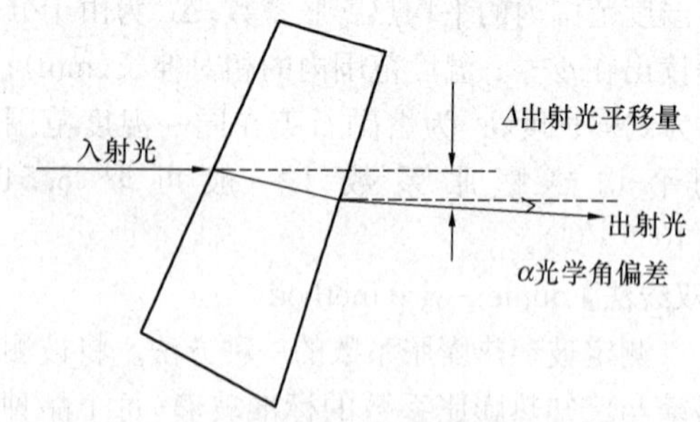

光学角偏差示意图

【副像偏离】sencondary image deviation

由于玻璃两表面不平行或玻璃表面弯曲，光线在玻璃传输过程中可能发生二次或多次反射而成像，透过玻璃观察光源时，除直接看到光源的明亮主像外，在主像旁边会有一个或多个略暗的反射影像，第一个二次反射形成的最清晰影像定义为副像，副像与主像之间的夹角定义为副像偏离，通常用“分”表示。常用的检测方法有靶式光源仪和准直望远镜两种方法。

【双目视差】binocular deviation

双眼通过玻璃等透明件观察目标时的两个光学角偏差之差。在测量中指两束平行光透过玻璃上代表人双眼的平均距离(63.5mm)的两个点所产生的光学角偏差之差。

【黄色指数】yellow index

无色透明、半透明或近白色的高分子材料偏离白色的程度，或发黄的程度。在标准光源下氧化镁标准白板作基准，从试样对红、绿、蓝三色光的反射率(或透射率)计算所得的表示黄色深浅的一种量度。其计算公式为 $YI=\frac{100(1.28X-1.06Z)}{Y}$。式中：$YI$ 为黄色指数；X、Y、Z 为在标准 C 光源下测量的颜色三刺激值。用黄色指数的变换量来材料的抗老化程度：$\Delta YI=YI-YI_0$。式中：ΔYI 为黄色指数的变化量；YI 为材料老化后的黄色指数；YI_0 为老化前的黄色指数。

【遮阳系数】shading coefficient

又称遮蔽系数，衡量窗玻璃构件对太阳辐射热的遮挡能力的指标，计算公式为 $S_e=\frac{\theta}{\tau_s}$。式中：$S_e$ 为玻璃构件(或试样)的遮阳系数；θ 为玻璃构件(或试样)的太阳能总透射比；τ_s 为 3mm 厚的普通透明平板玻璃的太阳能总透射比，理论值取 88.9%。

【屈光度】diopter

即聚焦强度。透镜焦距的倒数［1/焦距(m)］。屈光度(D)与镜片折射率(N_D)、镜片曲率半径(R)之间的关系为 $R=\frac{N_D-1}{D}$。由于眼镜玻璃折射率的标准为 1.53 或 1.523，故屈光度与曲率半径可以通过公式换算。镜片有两个面，当曲率形成的内外两个弧面方向一致时，镜片的屈光度是外弧面曲率形成的屈光度与内弧面曲率形成的屈光度的差。例如：(1) 镜片外弧面形成屈光度为 9D，内弧面曲率形成的屈光度为 6D，则镜片屈光度为 +3D(凸透镜，俗称老光 300°)。(2) 外弧面曲率形成的屈光度为 6D，内弧面曲率形成的屈光度为 9D，则镜片屈光度为 −3D(凹透镜，俗称近视 300°)。(3)镜片两个面的曲率半径相同时，镜片为平光，但由于镜片的厚度，屈光度并不为零，而是很小的值。

【曝晒作用】solarization

玻璃经太阳光或紫外线长时间照射后，所发生颜色改变和紫外线透光率下降的现象。由于玻璃在光能激发下，引起铁、锰、砷等离子变价所致。减少氧化砷的含量有利于防止或减弱玻璃曝晒变色。玻璃经适当的热处理，有使紫外线透过率重新回升的作用。

【退火增值】annealing increment of refractive index

玻璃的折射率与其“热历史”有关。经精密退火后的玻璃，它的折射率大于熔制时澄清末期玻璃急冷样品的折射率，其差值即称为退火增值或熔降值。此值与样品急冷方式和精密退火所采用的规程有关，但主要取决于玻璃组成，通常由试验获得。在生产光学玻璃过程中，对熔制时玻璃的折射率要进行测量(称炉前测定)和调节(包括改变温度、时间等工艺参数或进行炉前校正)，以使玻璃澄清末期急冷样品的折射率与退火增值之和等于或接近标准折射率。

【透过界限波长】cut-off wave length

又称截止波长。表示截止型滤光玻璃性能的一个主要指标。在规定玻璃厚度时，把光谱曲线中透过率为最大透过率的 50%处的波长作为透过界限波长，以 λ_{jx} 表示。还有两种表示方法：一种是以透过率为 37%处的波长；另一种是以透过率为 72%和 5%处的两个波长的中心点的波长。因玻璃熔炼及热处理条件的不同，同一牌号玻璃的透过界限波长会出现差异，滤光玻璃目录中规定了与标准值的允许偏差。

【分光吸收指数】spectro-absorption index

又名吸收系数。指厚度为 1mm 有色光学玻璃在规定波长 λ 时的光密度(除去反射损失)。计算方法如下：$E_\lambda=\frac{D_\lambda-D_r}{l}$，式中：$E_\lambda$ 为波长为 λ 的吸收指数；D_λ 为波长为 λ 的光密度；D_r 为玻璃两个表面的反射修正值；l 为玻璃厚度(mm)。

【吸收曲线斜率】slope of absorption curve

表示截止型滤光玻璃性能的一个指标。以波长为 λ_{tj-20} 纳米和波长为 λ_{tj} 纳米在规定的厚度时的光密度之差来表示，即 $K = D\lambda_{tj-20} - D\lambda_{tj}$。

【激活波长】activating wavelength; darkening wavelength

使光色玻璃在可见光区域产生光吸收而着色的光波波长，又称变暗波长。卤化银(AgX)光色玻璃的激活波长范围在 300～410nm 之间。

【激活能量灵敏度】activating energy sensitivity

使光色玻璃产生一个光密度变化所需要的激活(变暗)光的能量密度，单位是 $mJ/(cm^3 \cdot dB)$。

【褪色作用】fading; bleaching

又称漂白作用。激活(变暗)态光色玻璃在停止激活光辐照后能恢复到初始的透明状态。存在着热褪色(热漂白)和光褪色(光漂白)两个独立的过程。热褪色与温度有关，温度愈高，褪色愈快。光漂白与波长和强度有关。卤化银光色玻璃能起漂白作用的光线波长范围在 530～700nm 之间。

【褪色能量灵敏度】bleaching energy sensitivity

使已变暗的光色玻璃改变一个光密度所需的褪色光的能量密度，单位是 $mJ/(cm^3 \cdot dB)$。

【中性波长】neutral wavelength

对光色玻璃既不能起激活也不能起褪色作用(漂白作用)的光波波长，如卤化银光色玻璃的中性波长的范围在 430～530nm 之间。

【激活速率】activating rate

又称变暗速率。在激活光辐照下，光色玻璃在单位时间内着色中心浓度的增加。以公式表示为：$\frac{dc}{dt} = K_d I_d A - (K_f I_f + K_t)c$。式中：$c$ 为色心浓度；t 为时间；K_d 为变暗速率常数；I_d 为激活(变暗)光强度；A 为卤化银晶体浓度；K_f 褪色速率常数；I_f 为褪色光强度；K_t 为热褪色速率常数。

【平衡透过率】equilibrium transmissivity

又称饱和透过率。光色玻璃在激活光辐照下，着色中心的产生和消失达到动态平衡时的透过率。

【半褪色时间】half fading time

光色玻璃在激活光辐照停止后透过率回升到初始透过率的半值所需要的时间，是衡量褪色快慢的一个物理量。

【激光全息干涉仪】laser holographic interferometer

用以测量光学玻璃和光学晶体等光学材料光学均匀性的仪器。从经典干涉概念出发，导出试样的反射干涉条纹和透射干涉条纹的干涉方程，两方程联立求解，得到 Δn 的计算公式：$\Delta n = \frac{\lambda}{2h}[m_r - n(m_r - m_t)]$。式中：$\lambda$ 为光源波长；n、h 分别为试样的折射率和试样厚度；m_r 和 m_t 分别为反射和透射干涉条纹的干涉级次。运用二次曝光全息差分干涉原理，将两组条纹记录在同一张全息图上，从再现波面可求得试样的内部折射梯度和厚度变化。具有测量精度高($\pm 1 \times 10^{-7}$)，对干涉仪本身光学元件质量要求低和能够同时测量 Δn 和 Δh 等优点。LH-250 激光全息干涉仪光路图如附图所示。

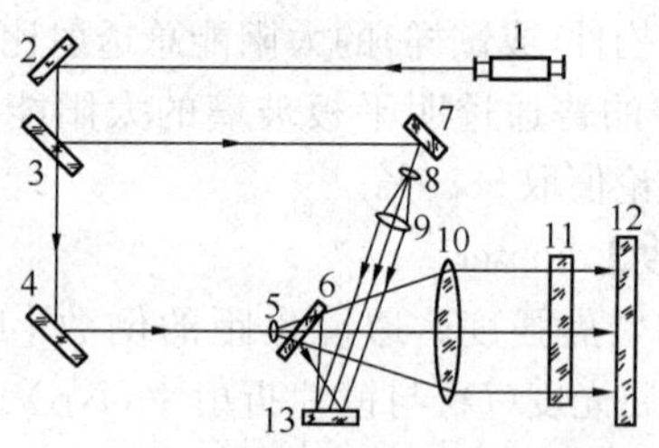

LH-250 激光全息干涉仪光路图

1—He-Ne 光源；2、4、7、12—平面全反射镜；3、6—分光镜；8、9—参考光扩束系统；5、10—主光路扩束系统；11—样品；13—全息干板

【台曼干涉仪】Twyman interferometer

用来检查光学材料的光学质量和某些光学元件加工质量的仪器(见附图)。对厚度为 h，折射率为 n 的试样，台曼干涉方程如下：$h\Delta n +$

$(n-1)\Delta h=\frac{1}{2}m\lambda$，由此得到 $\Delta n=\frac{m\lambda-2(n-1)\Delta h}{2h}$，式中：$m$ 为干涉条纹级次；λ 为光源波长；Δh 为厚度变化。一般条件下，折射率精度约为 1×10^{-5}。

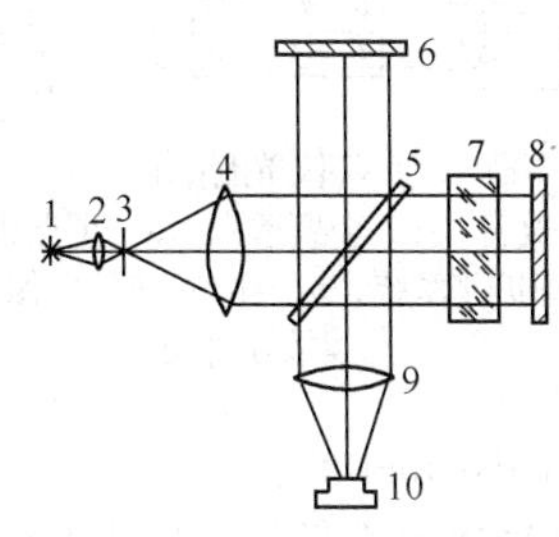

台曼干涉仪光路图

1—光源；2、3、4—准直扩束系统；5—分束器；6、8—平面反射镜；7—样品；9—透镜；10—相机

【马赫-陈德尔干涉仪】Mach-Zehnder interferometer

马赫-陈德尔干涉仪和台曼干涉仪在原理上基本是一致的(见附图)，前者适于用作大尺寸光学材料均匀性检验。对长为 l、折射率为 n 的样品，由下式可求出折射率分布：$\Delta n=\frac{m\lambda-\Delta l(n-1)}{l}$，式中：$\lambda$ 为光源波长；m 为干涉级数；Δl 为厚度变化。

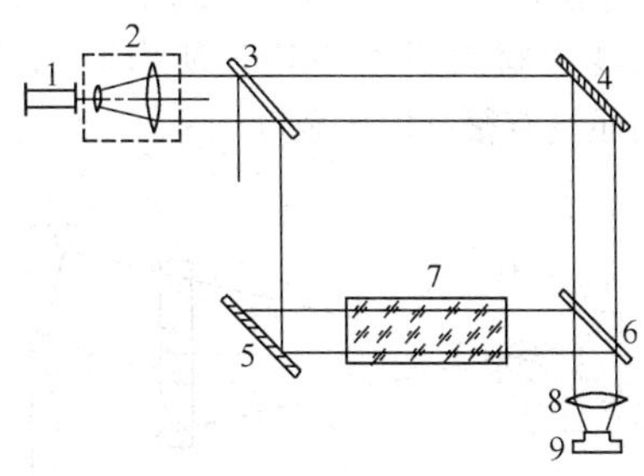

马赫-陈德尔干涉仪光路图

1—光源；2—扩束系统；3、6—半反镜；4、5—全反平面镜；7—样品；8—透镜；9—照相机

【红外折射仪】infrared refractometer

测定光学玻璃的红外折射率的仪器。主要由单色光源、自准直系统、测角仪和接收系统四部分组成(见附图)，对各部分均有较高的要求。测量波长范围为 0.2～10μm，测量精度为 $\pm1\times10^{-4}\sim\pm1\times10^{-5}$，它不仅与波长有关，更与仪器本身性能密切相关。红外折射率测量采用自准直法较方便。通过棱镜样品顶角 α 和自准直入射角 t 的测量，用下式可求得折射率 n，$n=\frac{\sin t}{\sin\alpha}$。

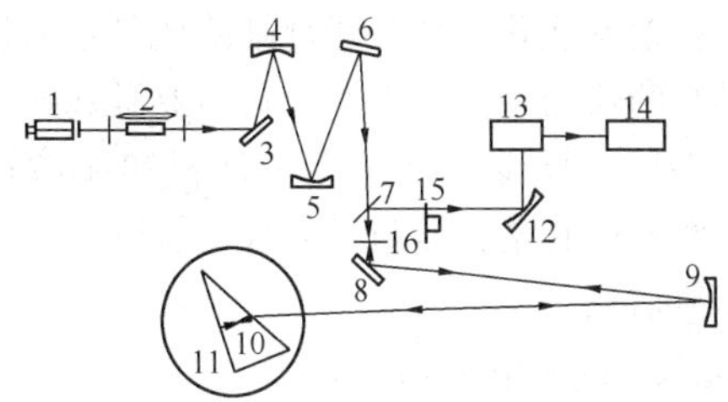

红外折射仪光路图

1、2—单色光学系统；3～9—自准直系统；10—样品；11—测角仪；12～15—接收系统

【精密测角仪】fine goniometer

测定光学玻璃折射率的一种精密仪器。运用最小偏向法，在测角仪上可获得 $\Delta n=\pm1\times10^{-5}$ 的测量精度。折射率的计算公式为：$n=\frac{\sin\frac{\theta+\delta}{2}}{\sin\frac{\theta}{2}}$，式中：$\theta$ 为棱镜顶角；δ 为最小偏向角。在可见波段，通常测定 n_D、n_F、n_C 并计算 ν 值。大型精密测量仪有目读式、光电投影式和数字式三种类型。

【V 棱镜折射仪】V-block prism refractometer

V 棱镜折射仪是根据光的折射定律而设计的一种立式测角仪，主要用于测定光学玻璃的光学常数的仪器。目前已被各国广泛应用于光学玻璃产品的光性级别检验，我国将其定为标准光性测试仪器。折射率的测量精度为 $\Delta n=\pm3\times10^{-5}$。已知折射率 n_0 和出射光线偏角 ψ，则样品的折射率 $n=[n_0^2\pm\sin\psi(n_0^2-\sin^2\psi)^{1/2}]^2$，通常先将 n_0 和 ψ 列成表格，测出 ψ 后，通过查表可直接求出折射率 n。

【光散射仪】optical scattering meter

用来测量透明光学材料散射损耗的仪器，也可用于气态和液态物质的分子结构研究。由光源(可分光)、密闭旋转机构和放大接收等部分组成。从出射光强与入射光强之比可确定物质的散射系数。利用散射系数角分布关系和光波偏振态的变化来研究物质的结构形态。因为散射光较弱，对接收系统有较严格的要求。

【显微干涉仪】micro interferometer

用来研究光学材料的微观折射率和表面状态，如光学玻璃中条纹本身折射率分布，分相区的折射率变化及各种局部缺陷所导致的折射率异常的仪器，是研究光学材料亚微观缺陷的重要手段。显微干涉仪由干涉仪和显微镜组成。此外还有全息显微干涉仪，可以获得更多的物体信息。

【吸光仪】absorption meter

用于测量透明光学材料的损耗系数的仪器（见附图）。可用于测定光吸收级别。通过入射和出射光强的直接测量，用下式算出光学玻璃光吸收系数：

$\alpha=\frac{1}{l}\{2\ln[1-(\frac{n-1}{n+1})^2]-\ln\frac{I}{I_0}\}$，式中：$l$、$n$ 分别为试样长度和折射率；I 和 I_0 分别为出射和入射光强。

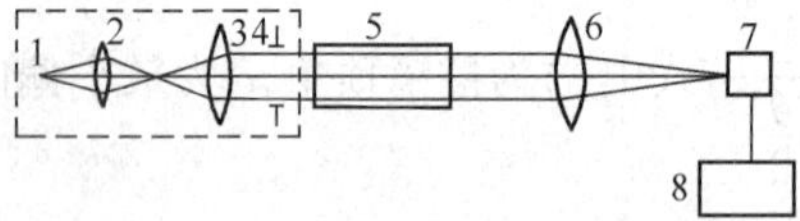

吸光仪光路图

1、2、3—光源（白光或单色光）；4—光栏；5—样品；6—会聚透镜；7—接收品；8—显示系统

【条纹仪】stria projector

用于检验光学玻璃条纹和定级的仪器。由点孔发出的球面波将试样中的条纹（折射率起伏）所引起的波前变化投影至屏幕上，由屏上光强起伏以确定试样中的条纹分布（见附图）。对厚度较大的试样，采用 6328Å 准直激光束进行条纹检验，可以获得较高条纹观测灵敏度。

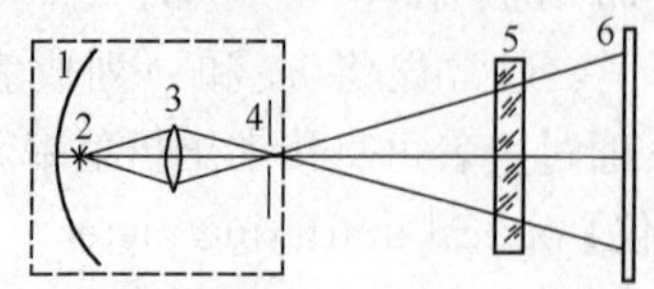

条纹仪光路图

1—反射镜；2—光源；3—聚光镜；4—光栏；5—样品；6—观察屏

【星点仪】star test meter

一种广泛用于光学系统检验成像质量和光学材料的光学质量灵敏度较高的定性检测仪器（见附图）。通过像平面上星点衍射图形的变化来评价观测系统的质量优劣。

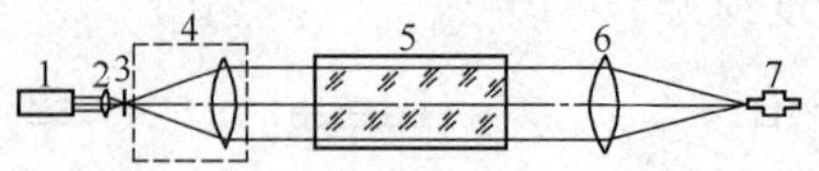

星点仪光路图

1—光源；2—会聚透镜；3—星点板；4—准直扩孔系统；5—样品；6—成像透镜；7—读数显微镜

【应力仪】stress meter

用以测量透明光学材料应力分布和大小的仪器（见附图）。应力的大小是用应力双折射光程差来衡量的，主要有正交偏光法和全波片法和 1/4 波片法。

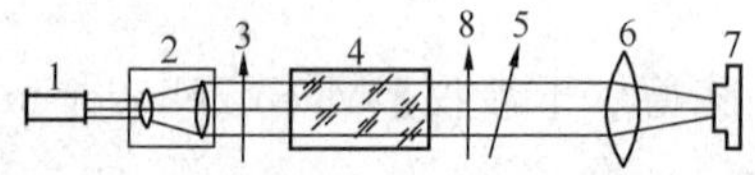

应力仪光路图

1—光源；2—准直扩束系统；3—起偏器；4—样品；5—检偏器；6—透镜；7—观测系统；8—1/4 波长片

【阴影仪】shadow meter

一种用于光学元件和光学玻璃的质量检验的仪器，主要由刀口机构和凹面反射镜两部分组成（见附图）。通过对球面波前畸变的观测，可以发现由材料折射不均匀所引起的波前畸变，因而具有很高的灵敏度。

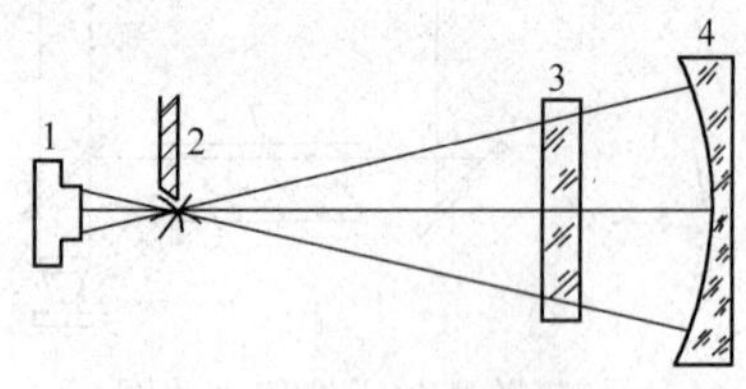

阴影仪光路图

1—观测系统；2—刀口机构；3—样品；4—凹面反射镜

【红外分光光度计】infrared spectrophotometer

利用物质对红外光的选择吸收特性，进行红外光谱分析的仪器。由光源、光度计、单色器、检测器以及电子、机械系统组成。当红外

光照射某物质时，如果红外光的频率与该物质中某些分子或原子(离子)功能团的本征振动频率相一致，则红外光被物质吸收。连续改变红外光的频率就可获得红外吸收光谱，利用玻璃对红外光的吸收和透过光谱，可以对玻璃成分作定性与定量分析，推断某些原子或离子在玻璃中的位置和存在状态，研究分子构造等。

【激光振荡阈值】threshold of laser oscillator

激光振荡器产生激光所需要的最低输入能量(或功率)值，通常指的是试验测定值，有时也指通过输出-输入关系外推的零激光输出所对应的能量或功率输入或吸收值。激光材料的损耗越小，荧光谱线越窄，荧光量子效率愈高，则激光振荡阈值就愈低。该值还与激光器件的结构有关。

【激光输出效率】laser output efficiency

激光振荡器输出能量(或功率)与输入能量(或功率)之比值。对光激发的脉冲固体激光器，如输出的激光能量为 E，加在灯上的电压为 V，储能用的电容量为 C，则输出效率 $\eta=\frac{E}{\frac{1}{2}CV^2}$，激光输出效率包括激发灯的发光效率，器件的聚光效率以及激光棒对激发光的利用率，不单纯是激光材料的性能参数。也有用输入-输出能量曲线中直线段的斜率来表示输出效率，称为斜率效率。

【光学损耗系数】optical loss coefficient

光通过透明材料时，因吸收和散射损耗而被减弱，并且随着材料长度 L 的增加，光强呈指数式下降，可表示为：$I=I_0\exp(-aL)$，式中：I_0 为入射光强；I 为出射光强；a 为材料的光学损耗系数(cm^{-1})。它的大小由材料对光的吸收和散射等因素决定，但不包括材料端面因反射造成的损失，所以又称内损耗系数。

【光学增益系数】optical gain coefficient

特定波长的光通过受激发的激光工作物质时，随着长度的增加，光强呈指数式上升，其关系为 $I=I_0\cdot\exp(\beta l)$。式中：I_0 是入射光强；l 是激光工作物质的长度；I 是通过长度 l 之后的出射光强；β 为增益系数(cm^{-1})。β 在数值上等于材料中激活离子受激发射截面 σ 和反转粒子数出度 ΔN 的乘积：$\beta=\sigma\Delta N$，所以增益系数不仅与材料性质有关，而且与激发能量的大小有关。

【光照稳定性】light irradiation stability

激光材料经多次运转后，由于色心形成附加的吸收带，引起激光输出效率的下降。下降的速度和大小与激光材料的性质有关。若激光材料在重复运转时性质变化较少，则具有较好的光照稳定性。

【激光损伤阈值】laser induced damage threshold

激光材料或其他透明介质所能承受的最大激光能量密度或功率密度。超过此数值后即按照一定的概率出现损伤。它是激光材料的一个重要质量参数。除决定于材料的性质及所含杂质外，还与激光束的性质(如时间分布和空间分布等)有关。激光损伤阈值主要包括激光体损伤和激光表面损伤。为了比较材料在某一激光损伤方面的优劣，应在相同的试验条件下测量。

【激光杂质损伤】laser induced inclusion damage

含杂质颗粒的激光材料或其他透明介质在高于损伤阈值的激光能量密度或功率密度作用下出现的一种体损伤，由杂质颗粒强烈吸收激光能量引起熔融和气化而造成。激光材料中最有害的杂质是铂、铑等金属颗粒。此类损伤多呈点状炸裂形，故也称点损伤。

【激光丝状损伤】laser induced filamentary damage

激光材料或其他透明介质在强激光作用下所产生的细丝状的损伤。长度可达数毫米至数厘米，直径在数微米至数十微米之间。一般认为是由于材料的非线性性质导致的强激光束自聚焦等效应所引起的基质本身的破坏，其损伤阈值高于杂质损伤阈值。

【激光表面损伤】laser induced surface damage

激光材料或其他透明介质在强激光作用下，表面上出现的损伤，其形态为熔坑或小块崩落。一般认为与表面区形成雪崩电离和等离子体有关。损伤阈值一般比内部损伤低。提高表面加工质量，严格清洁表面以及施行某些化学处理，均可提高表面损伤阈值。

【热光稳定性】thermo optical stability

运转中的激光材料由于温度分布不均匀而引起折射率的不一致，使激光通过材料时出现光程差而产生热透镜效应。反映这种因温度分布所引起的光程变化的性质，称为激光材料的热光稳定性。可用 W(热光系数)、P(应力热光系数)、Q(双折射热光系数)三个参量来描述，它们的绝对值愈小，热光稳定性愈好。

【受激发射截面】stimulated emission cross section

光子与激发态粒子作用，产生受激发射的概率的量度。处于高能态的原子或离子，在光辐射作用下产生受激跃迁，若单位体积内有 N 个处于 E_n 能级的原子，E_n 与 E_m 之间实现受激发射。通过 d_z 距离后光子流通量密度增加 $d\varphi$，则 $d\varphi=\sigma_{nm}\varphi Nd_z$。$\sigma_{nm}$ 就是 E_n 向 E_m 的受激发射截面，单位为 cm^2。受激发射截面 σ 与自发辐射跃迁概率 A，荧光峰值波长 λ、荧光带有效宽度 $\Delta\lambda$、折射率 n、光速 c 的关系为 $\sigma=\frac{1}{8\pi c}\cdot\frac{\lambda^4}{n^2}\cdot\frac{A}{\Delta\lambda}$。

【铂闪烁点】platinum sparkler

玻璃受污染所产生的铂颗粒因散射而形成的发光点。由于高温下铂氧化，通过气相转移进入玻璃并析出的颗粒或形成含铂晶体；易析晶的玻璃在降温过程中以铂颗粒为中心析出晶体而形成。对激光玻璃，它吸收激光能量，使玻璃的激光破坏阈值显著下降。

【红外玻璃杂质吸收带】absorbing bands in infrared glass

由于玻璃中存在化学结合状态的水、二氧化碳以及二氧化氮及铁等金属离子杂质的影响，导致红外玻璃在红外波段产生强烈吸收，这些吸收带可以在不同程度上减弱玻璃在红外波段的透射能力。

【铅当量】lead equivalent

单位厚度的防辐射玻璃对 γ 射线或 X 射线的吸收能力，相当于金属铅板的厚度，是防辐射玻璃防护性能的一项指标。铅当量越高，对射线吸收能力越强。

$$铅当量=\frac{玻璃的线性吸收系数}{铅的线性吸收系数}=\frac{铅板厚度}{玻璃厚度}$$

【辐照稳定性】irradiation stability

指玻璃在射线辐照后可见光透过率的变化程度，透过率下降越小，辐照稳定性越好。通常以单位厚度(厘米)玻璃辐照前后可见光透过率的差值来表示辐照稳定性的优劣。

【能量响应】energy response

用相同剂量不同能量的射线照射剂量玻璃时产生的辐射效应随能量相应变化的特性，通常剂量玻璃对低能射线的响应比高能射线大。如 P_2O_2-Al_2O_3-BaO-K_2O-Ag_2O 玻璃对 γ 射线能量为 70keV 的响应比 1250keV(钴-60)的大 14 倍。剂量玻璃的能量响应还与玻璃组成有关，可通过改变玻璃组成或用能量补偿器来进行调整。

【菲尔德常数】Verdet constant

表征偏振面在磁场中通过介质时的偏转能力。基于法拉第效应，线偏振光沿着磁力线方向通过置于磁场中的透明介质时偏振面将发生旋转。法拉第旋转角 θ 表示为：$\theta=VHl$，式中：H 为磁感应强度(T)；l 为材料厚度或光程(m)；V 为菲尔德常数[rad/(T·m)]。偏振面顺时针方向旋转时菲尔德常数为正、逆时针方向旋转时菲尔德常数为负。菲尔德常数随波长增加而减少；温度增加菲尔德常数下降。高 PbO 含量的重火石逆磁玻璃的菲尔德常数可达 28.5 Rad/T·m(632.8nm)、8.1 Rad/T·m(1060nm)；高 Tb_2O_3 含量的顺磁玻璃的菲尔德常数可达 −116 Rad/T·m(632.8nm)、−34.4 Rad/T·m(1064nm)；晶体 TGG(铽镓石榴石)为 −134 Rad/T·m(632.8nm)、−35 Rad/T·m(1064nm)。

【消光效应】fading effect

由辐射所引起的发光中心，其内部的电子受到存放环境及其他因素的影响(如光、热、振动等)，而先行逃离发光中心，导致原本的照射发光讯号或热发光讯号减弱的现象。消光的程度会影响辐射剂量计对于评估辐射剂量的精准性。

【荧光能增大时间】luminescence build-up time

对于玻璃剂量计而言，辐照后计读前，需经过一定时间、一定温度下的加热处理，使没有正确进入发光中心能级的电子，获得能量进入正确的能级。辐照后，若无加热过程，则玻璃剂量计内的辐射发光讯号，会随着时间的增加而增加，直到所有电子皆进入正确的能级。

【剂量线性响应度】dose linearity response

指辐照剂量与其响应值保持线性关系，或是测量灵敏度保持恒定的特性。如辐射光致发光剂量玻璃的剂量线性响应是指经电离辐射照射后剂量计受激而释放的光信号与所接受照射的辐射剂量呈正比的范围。剂量线性是衡量剂量计最重要的性能指标，在很大程度上决定了测量准确性。

【应力双折射】stress birefringence

由应力产生的折射率变化。玻璃是各向同性材料，内部存在应力时出现各向异性。平行或垂直应力的偏振光具有不同的折射率。$n_{\parallel} = n_0 + \Delta n_{\parallel}$，$n_{\perp} = n_0 + \Delta n_{\perp}$，$\Delta n = n_{\parallel} - n_{\perp}$。$n_{\parallel}$ 为平行于应力方向的折射率；$n_{\perp}$ 为垂直于应力方向的折射率；Δn 为应力双折射。应力双折射影响光学均匀性，产生波面畸变。单轴应力下，光通过厚度为 d 的玻璃时，产生的光程差为 $\Delta s = (n_{\parallel} - n_{\perp})d$。冕牌玻璃的 $\Delta n_{\parallel}$ 和 $\Delta n_{\perp}$ 较小，Δn 较大；火石玻璃的 $\Delta n_{\parallel}$ 和 $\Delta n_{\perp}$ 较大，但 Δn 较小。应力双折射用偏光仪测量光程差定级。精密退火后，直径 60cm、厚 8cm 玻璃的应力双折射可达到 4nm/cm 以下。

【色码】color code

表征光学玻璃短波透过的一个质量指标。高折射率玻璃近紫外波长的透过较低。色码用于衡量玻璃的紫外截止波长和斜率。测量厚度 10mm 玻璃、80％和 5％透过率的波长为 λ_{80} 和 λ_5、去掉个位数字后的数值即为色码。如附图所示的透过率曲线，色码为 40/36。对折射率大于 1.83 的玻璃用 70％和 5％透过率的波长为 λ_{70} 和 λ_5 表征。

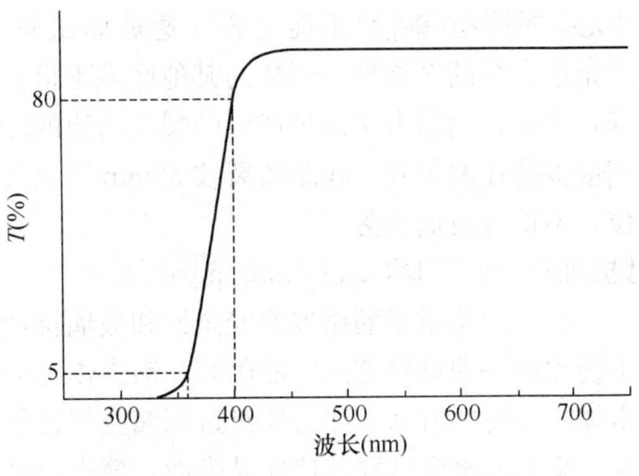

色码 40/36 的通过率曲线

10.5.3 平板及深加工玻璃性能

【耐冲击性】impact resistance

又称抗冲击性，指有安全性要求的钢化玻璃、夹层玻璃、防弹玻璃、防火玻璃、中空玻璃、低辐射玻璃、机车玻璃等可承受外力冲击的一项指标。它取决于玻璃本身的机械强度、中间粘结材料的厚度和性能、粘结质量、钢化玻璃增强的程度、制品的结构和尺寸以及安装方式等。耐冲击性试验通常有落球试验、霰弹袋试验、投掷试验、抗冲击试验、抗砾石冲击性试验、抗鸟撞性试验、防弹能力试验等方法。

【投掷试验】dart test

又称落箭试验，是评价夹层玻璃耐冲击性试验方法之一，用于检验汽车玻璃符合安全性要求的一项试验。模拟外来物体从车辆外部撞击汽车玻璃。美国 ANSI/SAE Z26.1 标准规定的试验方法：用 196～201g 钢制投掷物(钢箭)，如附图所示，从 9.14m 高度落到玻璃试样

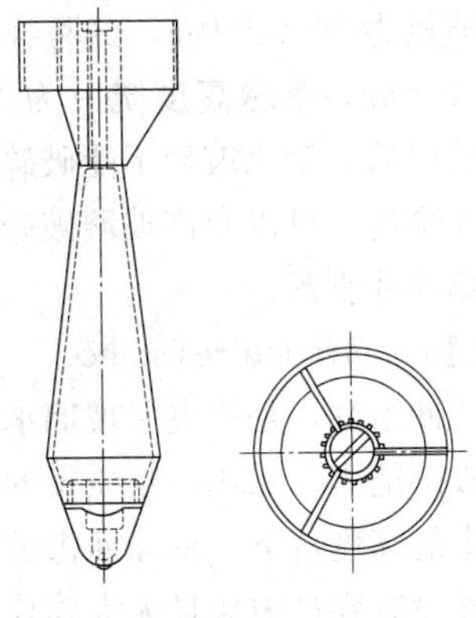
投掷物(钢箭)示意图

中心，投掷物(钢箭)不能完全穿透玻璃试样，除钢箭击穿的区域外，试样的其他区域不得有碎片剥落，钢箭击穿部位产生的裂纹两边的玻璃应保持在原位置，在距离裂纹 38mm 以上部位，不得有玻璃脱落。

【抗砾石冲击试验】gravelling impact test

是评价轨道车辆用玻璃安全性和玻璃抗冲击能力的一项试验方法。使用 20g 铝弹作为冲击体，如附图所示。冲击体经过压缩空气枪加速，垂直撞击到试验玻璃样品表面，撞击速度通常为列车设计最高运行速度加上 20km/h，撞击后玻璃不能破碎或产生裂纹。我国和欧洲的轨道车辆用玻璃标准都有此项试验要求。

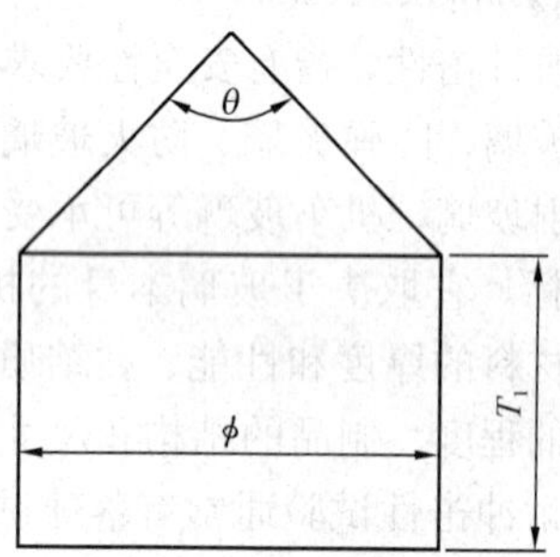

抗砾石冲击 20g 铝弹体

T_1＝21±0.1mm，θ＝90°，ϕ＝19.5±0.5mm

【落球试验】ball drop test

钢化玻璃和夹层玻璃的耐冲击性试验方法之一，多用于评价汽车和建筑用玻璃产品。汽车玻璃试验用的钢球质量为 227±2g，试验样品尺寸为 300mm×300mm，落球高度根据玻璃的厚度不同，从 2m 到 4m 不等。建筑玻璃用的钢球质量为 1040±10g，试验样品尺寸为 600mm×600mm，落球高度统一为 1m。球下落冲击玻璃以后，钢化玻璃不能破碎，夹层玻璃钢球不能穿透，可以允许玻璃破碎，但不能有大的玻璃碎片剥落。

【耐击穿性】penetration resistance

又称抗冲击性，是指夹层玻璃承受外力强烈冲击的极限能力。采用一定质量的钢球，按照标准规定的高度落下，钢球冲击玻璃后玻璃破碎，钢球没有穿过玻璃且无大碎片从夹层玻璃表面剥离，则视为合格。如果一次冲击玻璃没有碎裂，则升高高度继续下落钢球直至玻璃破碎。国内外建筑、汽车玻璃标准中都有此项性能试验要求。

【烈度指数】severity index

也称伤度指数、剧烈程度指数、残酷度指数或严重度指数。在汽车风挡玻璃发生撞车事故时，评价由冲击加速度引起对人员造成的伤害程度的指标，也是安全性的一种参数，简称 SI。其值决定于冲击减速度 G 和时间 t，前者是后者的函数。当 SI 超过 1000 时将造成死亡。

【破伤指数】laceration index

也称划伤指数或破裂度。汽车发生碰撞事故时，是评价风挡玻璃对人员造成划伤程度的一项指标，也是表征玻璃安全性的一个参数，简称 LI。用模拟的假人做试验，按驾驶人面部受伤程度分成若干级。例如：面部无破伤为 LI1；面部有划伤为 LI2；大面积划伤并有轻微伤裂为 LI3；面部整个破伤并严重开裂为 L10。

【抗鸟撞性】bird impact resistance

是评价玻璃强度性能的一项指标。飞机在飞行过程中或高速列车在行驶过程中与空中飞行的鸟相撞时其风挡玻璃能经受鸟体撞击的极限强度。它取决于风挡玻璃的结构强度、安装方式、飞机飞行速度或高速列车行驶的速度、环境温度、撞击角度和鸟体质量。通常在地面用活体鸟或同等质量的鸡(通常为 1.8kg)，按标准规定方法制作成鸟弹，经过压缩空气炮加速到预定速度，撞击到被试验玻璃试件上。或将鸟悬挂于火箭滑车轨道上，火箭加速安装于轨道上的试验件去撞击鸟。撞击以后玻璃不破碎或破碎后脱离风挡玻璃内表面的颗粒细小，不足以伤及飞行员，则为抗鸟撞性能合格。

【清晰度】clearness

指制品中透明塑料或夹层玻璃中的透明粘结材料不呈现浑浊状也不减少象反差(暗处变亮、亮处变暗)的性能指标。该指标实测值大小取决于所采用的透明塑料材料及夹层玻璃中的粘结材料内的清洁度，也取决于夹层玻璃操作环境的洁净程度。

【耐光性】light stability

也称耐辐照性。是评价夹层玻璃、中空玻璃等玻璃制品内的有机材料或其他材料在特定条件下承受紫外线照射而不明显降低透光度和产生新的缺陷的能力的一项指标。取决于制品中所用有机材料的组成、种类和性能。通常用石英水银灯或高压汞灯做紫外辐射源进行照射试验。制品种类和使用场合不同，标准规定的试验方法也不同，按照相应标准的方法，使用石英水银灯或高压汞灯从一定距离照射玻璃制品至标准规定的小时，然后检查比较试样照射部分的透光率、颜色变化、气泡等。通常夹层玻璃经试验后不允许变色、不允许产生浑浊或气泡，中空玻璃经试验后内表面应无结露、水汽凝结或污染的痕迹。

【耐湿热性】moisture resistance

是评价夹层玻璃、中空玻璃等制品耐环境适应性的一项重要指标。夹层玻璃、中空玻璃在规定的条件下，加热至一定温度，然后再经受冷水喷淋作用而不出现明显变质的性能。对某些种类制品采用喷湿法进行试验。通常规定温升为60±2℃，降温为35±2℃，喷水量为1min内在每平方厘米面积上喷淋0.3mL。

【风化试验】weathering test

又称发霉试验。用于确定玻璃表面化学变化程度的一项试验，是评价玻璃化学稳定性的试验方法之一，也属于耐气候性试验。常采用的试验方法有两种：(1)新断口表面试验法。即将玻璃片断裂或将玻璃破碎成由一定颗粒组成的粉末，然后将所得的新鲜表面进行浸析。(2)制品表面试验法，即将成形后的表面进行浸析，常用于平板玻璃和玻璃瓶罐的试验。平板玻璃的抗气候性试验，通常用潮湿空气或水作试剂而很少用酸、碱或其他特种试剂。试验时必须严格规定试验温度并保持恒定。通常在室温(18～20℃)或80℃和100℃下进行。采用蒸汽方法测定平板玻璃的化学稳定性时，可在较高温度下进行。试验结果可以定性地根据试样外貌的变化(粗糙或起毛等)或者定量地表示。定量表示有：(1)由玻璃中析出来的碱量(用滴定法或比色法测定)；(2)用各种试剂处理玻璃表面时总质量的损失量；(3)玻璃中各个组分的损失的总量。此外，还有一些基于测量玻璃浸析后所得溶液的导电性或利用光线干扰(偏极化法)测量玻璃表面层裂纹来确定玻璃化学稳定性的方法。

【盐雾试验】salt spray test

是评价玻璃耐气候性的试验方法之一。试验方法：玻璃放置在模拟海洋大气条件下的盐雾试验箱内，箱内具备特定的加速老化试验条件，包括盐雾粒度和浓度、喷雾流量、试验温度和喷雾周期等，测试玻璃在这些条件的作用下，表面变化的情况。

【霰弹袋冲击试验】shot-bag test

用于确定建筑安全玻璃安全性能的一项强度试验项目。检测结果可用于评价夹层玻璃和钢化玻璃的抗穿透性能。试验方法：冲击体放至一定高度，然后以摆式自由下落冲击玻璃。建筑夹层玻璃和钢化玻璃要进行该项试验。夹层玻璃按霰弹袋冲击试验分为四类：Ⅰ类、Ⅱ-1类、Ⅱ-2类、Ⅲ类，分别有不同的试验条件和结果判定依据。其中Ⅰ类不需要做霰弹袋冲击试验，Ⅱ-1类冲击高度1200mm，Ⅱ-2类冲击高度750mm，Ⅲ类指总厚度不超过16mm的夹层玻璃，冲击高度从300mm依次升高。试验装置如附图所示。

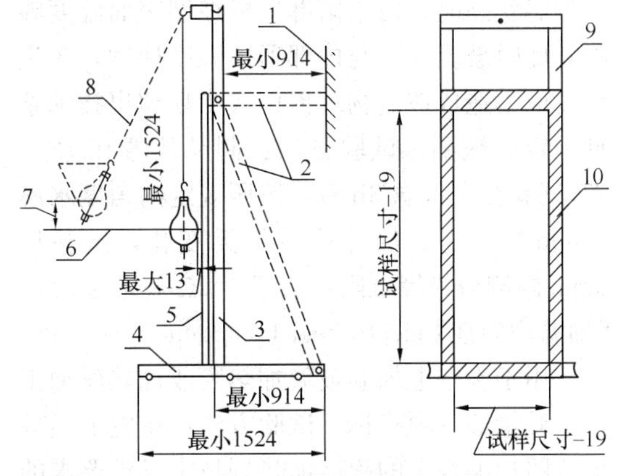

霰弹袋冲击试验

1—固定壁；2—强度支架，可用任何方式支撑；3、9—试验框；4—用螺栓固定的底座；5、10—木制/钢制紧固框；6—试验的中心线；7—下落高度；8—直径3mm的钢丝绳

【抗飞弹冲击试验】resistance test of missile impact

是表征高速交通工具抗外部飞石撞击的能力，也是评价玻璃制品安全性的试验方法之一。对于运行时速大于 200km/h 的高速列车，车头部位的风挡玻璃、车灯玻璃和车体结构必须要做此项试验。试验时采用空气炮作为发射装置，弹体的形状、材质和质量根据不同国家标准规定有所不同。我国高速动车玻璃相关标准采用的是质量为 1000±10g 的铝弹，前端为半圆形的圆柱体，试验弹速为 $V_p = V_{max} + 160$km/h，式中：V_{max}为高速动车设计最大运行速度。

【耐寒性】resistance to cold; resistance to low temperature

又称抗冻性。是汽车、建筑、防弹、防火、高速列车等用夹层安全玻璃在特定试验条件下，持续承受低温作用而不引起破坏和脱胶的一项性能指标。试验方法：通常在−60℃下持续放置 6h。试验后，观察玻璃的外观质量，测量破坏和脱胶的尺寸，超过规定量值的为不合格。夹层玻璃的耐寒性取决于制品内部有机粘结材料的种类、性能以及粘结质量。

【耐雨淋性】resistance to rain

是评价玻璃制品可承受环境温度急剧变化的一项性能指标。通常是电加温玻璃制品在通电加温状态时，由于雨淋造成玻璃表面温度骤降，此时玻璃表面与内部形成温度梯度，产生温度应力造成玻璃物理损伤或出现超出技术条件规定的缺陷。试验方法：制品放置在 72±2℃试验箱内保温 3h 后，按照规定的角度水淋 15min 后，制品的外观质量无变化，试验后 3min 内测得绝缘电阻不低于 1MΩ 规定值。

【加温均匀性】electroheat homogencity

用于确定电加温玻璃加热膜或加热丝加工工艺质量的一项指标。试验方法：将电加温玻璃按照标准规定的程序加热到技术条件要求的温度，用红外摄像仪、点式温度计或画蜡法测量加热温区域内温度的差异，以不超过技术条件规定的指标为合格。

【耐电热性】resistance to electroheat

又称耐电热冲击性，用于确定电加温玻璃在低温试验条件下，承受通电加温产生的热冲击后仍符合技术条件规定的能力的一项指标。试验方法：玻璃静置低温试验箱−65±5℃保温 2h 后，施加最大额定电压，通电加热 30min，试验后，其外观质量、加温器电阻、热敏电阻和绝缘电阻符合技术条件的规定为合格。

【耐过电压性】resistance to overvoltage

用于确定电加温玻璃可短时间承受规定极限负荷的能力的一项指标。试验方法：在特定的电压、电流、频率下对电加温玻璃实施 1.5 倍最大额定电压的电荷冲击，试验时制品应无飞弧，试验后外观质量应无变化，加温器电阻、热敏电阻、绝缘电阻符合技术条件的规定为合格。

【碎片状态】fragmention test

是评价钢化玻璃或区域钢化玻璃破碎时其碎片造成的伤害程度的一项指标。在一定区域内，碎片状态规定了碎片的数量、碎片的面积和形状等限制性要求，以降低钢化玻璃破碎时对人体的伤害。试验方法：将钢化玻璃自由放在实验台上，并用透明胶带纸或其他方式约束玻璃周边，以防止玻璃碎片溅开。用尖端曲率直径为 0.2±0.05mm 的小锤或冲头，在规定试样的冲击点进行冲击，使试样破碎。在冲击后 10s～3min 内，以照相或晒蓝图的方式采集碎片图案。在任何 50mm×50mm 区域内碎片数、碎片面积、形状符合规定值，试样结果方为合格。在同等厚度下，建筑用钢化玻璃和汽车用钢化玻璃规定的碎片状态要求是不同的。

【弯曲度】warpage

又称平整度。是评价平板玻璃、钢化玻璃平整与否的一个指标，常用弓形变形和波形变形两个指标来表示玻璃的平整度。其数值是以变形的高度与弦长之比来表示。弓形变形测量方法：将室温静置 4h 以上的玻璃垂直立放于垫块之上，两个垫块距边 1/4 处。用金属线水平紧贴玻璃两竖直边或对角线方向，用塞尺测量金属线边与玻璃之间的间隙，以弧的高度与弦的长度之比的百分数来表示弓形变形的弯曲程度。波形变形测量方法：使用长度为300mm的钢直尺或专用测量工具，沿玻璃表面测量拱高最大处的量值如附图所示，以最大拱高与300的比值百分数来表示波形变形。

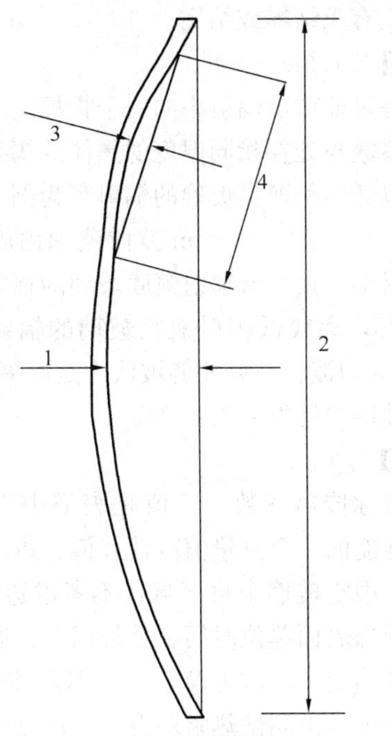

弯曲度示意图

1—弓形变形；2—玻璃边长或对角线长；3—波形变形；4—300mm

【吻合度】curvature to lerance; degree of match; curpage

又称贴合度。用于确定玻璃加工质量的一项指标。指弧形玻璃与检验模具的贴合程度，以玻璃与检验模具之间的间隙值来表示。一般在玻璃与模具结合处用塞尺测量其之间的间隙。

【颜色识别试验】identification of colors test

是确定风挡玻璃色带对驾驶员分辨颜色的影响的试验项目。试验方法：试验者通过前风挡玻璃看到的标示板的颜色是否为原色。标示板要求使用白、黄、红、绿、蓝、琥珀6种颜色。

【耐辐照试验】resistance to radiation

是确定制品耐太阳辐射性能力的一种试验方法，它包含了耐光(紫外线辐射)试验和红外线辐射试验。也是表征材料的耐环境适应性的方法之一。不同产品、不同的检验标准，试验时间和试验环境是不同的。

【抗穿透性试验】penetration resistance test

是确定飞机玻璃、汽车安全玻璃和建筑安全玻璃的安全性的试验方法，也是评价产品结构强度的试验方法之一。因产品不同、检验标准不同，所以，试验方法也有所不同。对于飞机玻璃用抗鸟撞试验方法；对于汽车安全玻璃用落球试验；对于建筑安全玻璃用霰弹袋试验。

【落箭试验】dart test

又称钢箭冲击。用于确定汽车安全玻璃在小而尖硬的物体冲击下的一定的最低强度和抗穿透的能力。

【中空玻璃耐紫外线辐照性能】resistance to UV radiation of insulating glass

是评价中空玻璃结构在承受紫外光照射下，密封胶等材料性能变化的一项指标。试验方法：将2块试样放入试验箱内，试样中心与光源相距300mm，在规定的试验温度、紫外线照射度下连续照射168h后，把试样移出在23±2℃温度下存放一周，然后擦净表面。观察试样的内表面，要求无雾状、油状或其他污物，玻璃无明显错位、胶条无蠕变为合格。

【中空玻璃气候循环耐久性能】resistance to climate durability of insulating glass

是评价中空玻璃结构在加速模拟户外试验条件下，性能可保持的一项指标。试验后用露点测试指标来确定该项性能的优劣程度。试验方法：将4块试样装在模拟加速气候循环装置的框架上，试样的一个表面暴露在加速气候循环条件下，另一表面暴露在温度环境下。加速气候循环试验进行320个连续循环，每个循环周期分为三个阶段，见附表。最初50个循环里最多允许2块试样破裂，可用备用试样更换，重新进行320次循环试验。完成循环试验后，移出试样，在23±2℃和相对湿度30%～75%的条件下放置一周，进行露点测试。4块试样露点≤－40℃为合格。

循环试验的三个阶段

	时间	温度
加热阶段	90±1min	在60±30min内将温度加热到52±2℃，其余时间保温
冷却阶段	90±1min	冷却25min后用24±3℃的水向试样表面喷5min，其余时间通风冷却
制冷阶段	90±1min	在60±30min内将温度降低到−15±2℃，其余时间保温

【中空玻璃高温高湿耐久性能】resistance to temperature and moisture durability of insulating glass

是评价中空玻璃结构在经受高温高湿环境下，其性能保持的一项指标。中空玻璃结构中的密封胶在高温高湿及温度变化下因吸水、热胀冷缩，造成与玻璃的粘结性能下降，出现与玻璃分离的情况，将导致中空玻璃密封失效，水汽进入。试验过程中将试样放入高温高湿环境试验箱中，试验后测定露点来确定结构性能的优劣。试验方法：将试样放入试验箱内进行224次循环，每个循环分为加热和冷却两个阶段，见附表。试验最初50个循环里最多允许有2块试样破裂，可以更换后重新进行224次循环试验。完成循环后移出试样，在温度23±2℃，相对湿度30%～75%的条件下放置一周，进行露点测试。8块试样露点≤−40℃为合格。

循环试验的两个阶段

	时间	温度
加热阶段	140±1min	90±1min内将温度加热到55±3℃，其余时间保温
冷却阶段	40±1min	30±1min内将温度降到25±3℃，其余时间保温

【中空玻璃露点】dew point of insulating glass

是确定中空玻璃结构密封性能的重要指标之一。指中空玻璃在保持湿空气(或其他气体)中湿含量不变，而使其冷却至水蒸气达到饱和状态而结成露水时的温度。试验方法：试验前将中空玻璃制品或20块与制品在同一条件下制作的试样，在试验温度23±2℃，相对湿度30%～75%的环境下放置一周。试验过程：(1)将乙醇或丙酮注入露点仪容器中，并加入干冰，使其温度冷却到等于或低于−40℃并在试验中保持该温度。(2)将试样水平放置于试验箱内，并在其上表面涂一层乙醇或丙酮，使露点仪与该表面紧密接触，停留时间按规定进行。(3)移开露点仪，立刻观察玻璃试样的内表面上有无结露或结霜。

【E值】E value

是表征玻璃辐射率的一个指标。即玻璃的辐射系数与处在相同温度的黑体的辐射系数之比。以低辐射镀膜玻璃的辐射率为例，是指在20.3K下、4.5～5.0μm波段范围内膜面的半球辐射率。在线低辐射镀膜玻璃的辐射率应低于0.25，离线低辐射镀膜玻璃的辐射率应低于0.15的镀膜玻璃才能被认为是低辐射玻璃。一般玻璃的辐射率为0.84。

【U值】U value

也称传热系数。U值是表征中空玻璃热传递性能的一个测量值或计算值。指在稳态条件下，中空玻璃中央区域，不考虑边缘效应，玻璃两外表面单位时间、单位温差，通过单位面积的热量，单位为W/(m^2·K)。即U值的确定也可以由测试热阻获得，也可以通过测试玻璃的辐射后计算得出。

【耐热性】thermal endurance

也称热稳定性。指夹层玻璃等制品在特定温度条件下，持续承受一定的高温作用而不引起缺陷加剧变化的能力，缺陷包括气泡、脱胶和变色等。产品不同，试验方法也有所不同。

【头部伤害指数】head injury criterion; HIC

在汽车发生碰撞时，评价风挡玻璃对乘员头部造成伤害程度的指标，以HIC值表示。一般地，安全界限值为：HIC=1000，计算时间间隔为15ms。

$$HIC = \max\left\{(t_2 - t_1)\left[\frac{1}{t_2 - t_1}\int_{t_1}^{t_2}\alpha(t)\,\mathrm{d}t\right]^{2.5}\right\}$$

式中：$\alpha(t)$为碰撞过程中头部质心合成加速度，以g为单位；t_1、t_2为碰撞过程的两个时刻，以s为单位。t_1、t_2应使HIC达到最大值，在实际应用中最大时间间隔取15ms。取15ms时，HIC高于1000代表20%的AIS3级以上损伤的损伤风险。

10.5.4 玻璃缺陷

【结石】stone

玻璃中的固体夹杂物。主要有三种：(1)原料结石。因原料颗粒过大、结团，配合料混合不匀、结块，组分配比不当等均能使原料熔融发生困难，在玻璃液中形成原料结石。如硅砂结石、芒硝结石等。(2)耐火材料结石。当熔窑拱顶或池壁、池底等耐火材料受到侵蚀，剥落，在玻璃液中形成耐火材料结石，如碹滴、莫来石结石等。(3)析晶结石。玻璃在熔窑成形部析出的晶体。如硅灰石、失透石、透辉石等。此外，金属、耐火砖泥落入玻璃液中亦形成结石。玻璃中较小的结石称为沙粒。通过电子显微镜、偏光显微镜、X射线衍射仪对结石进行观察分析鉴别，判断其成因。

【节瘤】knot

玻璃板上的透明团状物，多以颗粒状、块状或片状出现。形成原因主要有四种：(1)熔制不均产生的节瘤。配合料混合不均匀、分层、颗粒大小不一、加料方式引起玻璃表面组成和内部不一致，以至均化未完全形成节瘤。(2)窑碹玻璃滴产生的节瘤。窑碹受碱蒸汽作用形成硅酸盐熔体，以玻璃液滴形态进入玻璃熔体中。由于其黏度大，在玻璃熔体中扩散慢，形成节瘤。(3)耐火材料被侵蚀产生的节瘤。耐火材料的玻璃相或自身熔融进入玻璃液中，形成节瘤。(4)结石熔化形成节瘤。结石溶解后形成的玻璃体与主体玻璃具有不同的化学组成，形成节瘤。节瘤对玻璃材料及其制品性能有严重危害，造成光学性能低下和热学性能、力学性能下降。

【条纹】thread；string

玻璃制品中细长的玻璃条带。宽度小于1mm称为线道，宽度1～2mm称为细筋，宽度大于2mm称为波筋。与玻璃颜色不同的细条纹称为色条纹。形成原因与节瘤相似。此外，玻璃液均化不良，搅拌冷却水温过低，局部温差过大，玻璃原板薄厚不均亦形成条纹。条纹使玻璃板产生光学变形。

【玻璃中气泡】bubble in glass；blister in glass；seeds in glass

玻璃中的气体夹杂物，有圆形、椭圆形、线状和点状等。一般将3.0～5.0mm的气泡称大气泡，1.5～3.0mm的称中气泡，0.5～1.5mm的称小气泡，0.1～0.5mm的称微气泡。此外，澄清后的玻璃液再次出现气泡称为再生泡；含有夹杂物的月牙形长泡称为猫眼泡；玻璃体冷却时生成的不含气体的泡称为真空泡；接近玻璃制品表面的气泡称为开口泡。所含气体有O_2、N_2、CO_2、SO_2、空气、水蒸气及多种气体的混合物。可用气泡分析仪测定气泡中的气体组成、泡径、压力等数据。有的气泡内壁还附着固相物质如芒硝或As_2O_3等。前者称白泡或芒硝泡，后者由于对拉丝工艺中所用铂坩埚有危害，故称毒泡。气泡的成因主要为：(1)熔化温度低，澄清不彻底亦称低温泡；(2)在池窑中温度分布不合理，熔化不良，使有泡的玻璃带入生产流中；(3)配合材料芒硝颗粒过大，或煤粉加入量不足，火焰气氛不当，能生成白泡、小泡和细泡；(4)耐火材料(如槽子砖、引砖)烧成温度低，或含有金属铁、碳等杂质，与玻璃液接触后产生气泡；(5)澄清后的玻璃液因重新加热，原溶于玻璃液中的气泡重新出现；(6)金属铁或含碳物进入玻璃而生成气泡。

【擦伤】scratch

平板玻璃的表面缺陷。硬物体与玻璃表面发生摩擦所留下的擦痕。原因有：(1)引上作业中，玻璃带的引上速度与引上机辊子的线速度不一致；(2)浮法生产中，玻璃带下表面在锡槽出口处被锡液表面的浮渣擦伤；(3)平拉和浮法生产中，退火窑辊子的线速度与玻璃带的前进速度不一致；(4)切裁、码片、装箱过程中，掉落在切桌表面和夹在玻璃板之间的碎屑对板面造成擦伤。在磨光玻璃中，把由于玻璃屑或其他硬粒夹在抛光毡盘中而引起的表面伤痕，称为磨屑伤。在磨光过程中，由于红粉中含有微细砂粒，毡盘中混有细砂或毡盘附着干硬的红粉造成玻璃表面极细伤痕，称为轻划伤。

【平板玻璃翘曲】warping of plate glass

玻璃带有较大面积的弯曲。可分为永久翘曲和暂时翘曲，按翘曲方向不同可分为上凸、下凹和复合翘曲。产生的原因是玻璃在退火和冷却过程中，玻璃板上下温差较大造成永久应力或暂时应力分布不均匀。发生翘曲的玻璃带会有在退火窑辊道上缠绕的倾向。

【玻璃发霉】weathering of glass

玻璃表面出现擦不掉的虹彩、白斑，不透明以及粘片等现象。主要是由于玻璃表面的碱性组分与空气中的水蒸气、二氧化碳作用，形成碱性溶液膜或滴，依附在表面上进一步腐蚀玻璃表面。因此，成箱或叠放的平板玻璃应防雨、防潮、保持干燥。也有由于微生物的作用产生霉斑。可以采取玻璃表面用二氧化硫气体等方法加以处理以减少或防止发霉。玻璃发霉使玻璃透明度下降，严重时玻璃之间发生粘结，使玻璃失去使用价值。

【氧沾染】oxygen contamination

浮法生产时在锡槽内由氧引起的一种玻璃表面沾染的现象。氧使锡氧化生成氧化锡和氧化亚锡，这些锡的氧化物使玻璃产生钢化虹彩、锡滴、沾锡、雾点擦伤等缺陷，并增加锡的损耗。氧的来源有保护气体不纯，空气漏入锡槽等。此外，玻璃液本身带入的水蒸气和氧亦能沾染锡液。

【硫沾染】sulphur contamination

硫沾染同氧沾染相似。保护气体和玻璃液带入锡槽的硫与锡作用，生成硫化亚锡，冷凝后成锡滴落在玻璃表面上，损害玻璃质量，并增加锡的损耗。

【锡滴】tin speck

掉落到玻璃带上表面含锡的固态或液态物，通常是 SnS、SnO_2 或 Sn。是由于硫或氧与锡作用生成的硫化亚锡或氧化亚锡挥发到锡槽空间，凝结在温度低于它们熔点的锡槽上部表面。这些凝结物滴落到未硬化的玻璃带上表面易形成坑点，破坏玻璃的平整度，使玻璃产生明显的光学歪曲。可通过提高保护气体的纯度和锡槽气密性，控制锡槽内气流方向，保持槽压为正压等措施减少和消除锡滴。

【沾锡】tin pick-up

浮法玻璃表面缺陷之一。玻璃下表面沾有大小和形状不同的金属锡膜。当玻璃带在锡槽出口端被抬起而与锡液脱离时，玻璃与锡液间有空隙，这时如空气侵入使锡氧化，形成玻璃与金属黏附的过渡层，即可能产生此缺陷。沾锡使玻璃成品率下降，并增加锡耗。

【热处理虹彩】tempering bloom

浮法玻璃在进行钢化或热弯等热加工时，玻璃下表面呈现蓝色荧光，在显微镜下观察玻璃表面有微裂纹，亦称钢化虹彩。是由于锡槽中保护气体含氧过多时，锡被氧化，生成氧化亚锡，扩散到与锡液接触的玻璃表层内。制品在 600℃以上的氧化气氛中进行热处理时，玻璃表层内的氧化亚锡氧化成氧化锡，使体积膨胀，形成微皱纹，在光照下产生干涉色，呈现以蓝色为主的虹彩或霜状薄层，其程度和面积取决于锡的浓度。可通过提高保护气体纯度，改善锡槽的密闭性或采用其他防止玻璃表层中氧化锡进一步氧化的措施以消除这种缺陷。

【雾点】hot end dust

浮法玻璃表面存在的雾状斑点，是浮法玻璃表面缺陷之一。在显微镜下观察，玻璃下表面有许多直径仅几微米的开口气泡，肉眼观察隐约可见在玻璃表面上有一层尘雾，雾点程度轻者仅在强光黑背景中可看出；较重者能降低玻璃的透明度，使物像模糊不清；严重者可使玻璃表面粗糙。主要是由于浮法生产条件急剧变化，溶解于锡液中的气体达到过饱和，夹在锡液与玻璃带之间，在玻璃表面留下痕迹。

【花纹模糊】dim pattern; faint inpression

指压花玻璃在成形时由于花辊本身，或玻璃液黏度不当等原因所造成的表面花纹图案不清晰的缺陷。

【花纹伸长】pulled pattern

压延玻璃缺陷。压花玻璃成形过程中玻璃带被过度拉伸或中央与边部前进速度不一致而造成的花纹伸长变形。

【荡纹】rack mark

压延成形时，由于压延辊传动齿轮的跳动引起压延玻璃板表面出现轻微波纹的缺陷。压延玻璃边部呈波浪形的缺陷称为波浪边，经常和玻璃边部周期性的厚薄变化同时发生。

【钢化玻璃应力斑】checker pattern; iridescence

在一定光源下，当视线与钢化玻璃制品保持距离成一定倾角时，能观察到在玻璃表面分布不规则带有颜色的斑纹。由于钢化过程中加热和冷却不均匀，在玻璃板上产生不同的应力分布所形成的。另外，观察角度、玻璃厚度、玻璃品种的不同也会影响应力斑的颜色，钢化应力斑的存在影响玻璃外观效果。

【钢化玻璃自爆】self cracking; spontaneous cracking

钢化玻璃在存放或使用过程中，当无外力或有小于允许应力的外力作用下，发生突然破裂的现象。产生自爆的原因较多，主要有：钢化级数过高，表面压应力过大；玻璃内部存在结石或杂质，如硫化镍(NiS)结石，钢化后其周围形成较大预应力集中，如 NiS 处于张应力区，可能发生突然破碎；另外，玻璃表面有严重划伤或缺陷，造成表面压应力不均匀；边部加工质量不佳，存在严重横向嵌挤裂纹等。自爆是钢化玻璃的固有缺点，通过工艺措施可以降低自爆率，但难以完全消除。

【胶合层气泡】air lock of laminating film

夹层玻璃在胶合过程中，由于空气没有排尽，残留在玻璃与胶片或胶片与胶片层间形成气泡。这种气泡的扩大、发展，会影响夹层玻璃的清晰度。

【玻璃裂纹】glass crizzle

玻璃瓶罐常见的成形缺陷。裂纹可能存在于玻璃表面，也可能完全裂透。裂纹产生的原因主要为：热玻璃与冷的或湿的物体或油滴相接触；模型配口不准确，或其他部件不当，使制品受到冲击、压、拉、弯曲等机械力作用；玻璃本身(成分和温度)不均匀，或料性过短；吹制模过热，使瓶罐产生横裂纹。

【厚薄不均】uneven distribution

玻璃制品壁厚分布不均的缺陷。主要由于玻璃料滴温度不均匀，玻璃液太冷，模型温度不均匀，冷却风不均匀，初形模运转太快，初形模模腔形状不正确等原因引起。

【模具缺陷】mold defect

使用模具制备玻璃瓶罐的生产过程中产生的缺陷。如错口，是瓶口中心偏离瓶的轴线的缺陷，主要由于口模与初形模不够吻合，初形模合缝面上有炭渍，初形模张开等引起。合缝线印，玻璃瓶罐表面上相当于模型接合处的凸起线条，主要由于模型合缝面上有炭，或玻璃模底较大、模型不正、模型使用太久磨损大等原因引起。闷头印，玻璃瓶罐底部残存的线纹缺陷，主要由于闷头与初形模配合不良，闷头使用时间过久，与初形模有空隙，倒吹气时间长，初形太硬，初形重热时间短等原因引起。模底线印，玻璃瓶罐底部与瓶壁连接处的线条缺陷，主要由于玻璃进入模底板与模型的缝隙处，模型不正等原因引起。

【冷斑】cold spotty appearance

瓶罐呈现不平滑的鳞片状表面的缺陷。主要由于模型太冷，倒吹气时间太长，玻璃料滴温度低等原因引起。

【油斑】oil mark

瓶罐表面上发生的不平滑的圆形斑点缺陷。主要由于剪刀、落料漏斗或导料槽上有油污而引起。

【不饱满】not blown up; unfilled

瓶罐存在的缺口、瘪肩和花纹不清等缺陷。主要由于料滴温度过低，重量不足，模型太冷，真空系统真空度不够，倒吹气时间过长，重热时间过短，最后吹制太快，压缩空气压力不够等原因所引起。

【剪刀印】shear mark

吹制或压制玻璃制品表面上的线条状缺陷。有时带有波纹或裂纹，主要由于玻璃料滴温度低，剪刀不锋利，剪刀不对中心，剪刀凸轮太慢等原因所引起。

【皱纹】lap

玻璃制品表面上的褶痕、皱纹等不平滑的缺陷。主要由于料滴太长或太热、太冷，以及料滴不落在初形模中间，先粘在模型壁上或成形模冷却不够，模型喷油不足等原因引起。

【斜底】heel tap

玻璃瓶罐底部一边厚一边薄的缺陷。主要

由于料滴温度不均匀、初形太硬、初形腔太短等原因引起。

【脱片】glass flaking

玻璃在水、酸、碱或盐类等溶液作用下，表面层受蚀后，从玻璃主体剥落，形成极薄片状物的现象。借光的反射，可见到悬浮在溶液中的脱片，常呈闪光或乳光，大小由几微米至十几毫米。外观一般为针形、鳞形或羽毛形等。玻璃的耐脱片性主要取决于玻璃的化学组成以及所容液体的特性和作用条件。脱片对注射液特别有害。混有脱片的注射液作肌肉、皮下或静脉注射时，可能引起局部刺激或血管栓塞。

【瓶胆自爆】burst of thermos; self-bursting

保温瓶胆无外加因素作用下突然自行爆破的现象。一般与玻璃本身不均匀，瓶胆局部应力过大，表面存在的细小裂纹和伤痕扩大等因素有关。

【玻璃发黑】glass blackening

在热加工铅玻璃时，由于不适当地采用还原焰，使玻璃表面氧化铅还原成金属铅，加工部位的玻璃呈现黑色，严重时，使电真空器件形成短路。

【玻璃发白】glass whitening

玻璃加工过程中有时会出现大量微细气泡，这些气泡积聚成堆，在肉眼观察下呈白色。产生这种现象的原因，主要为：玻璃中含白砒过多，加工时分解产生大量气泡，或加工操作时，氧气过多和玻璃料脏所致。此缺陷造成电子管封接件漏气或因强度差而炸裂。

【漏气】leakage

电子管不能保持正常的真空度，甚至在短时间内真空度下降到电子管不能工作的程度的现象。漏气的原因主要是金属材料质量差，如引出线有空线、裂痕、黑线、气泡等；玻璃料均匀性差，料发脆易产生裂纹；金属与玻璃封接不良；贯穿气线或氧化层结构不正常；退火工艺不适当等。

【高温变色】high temperature discolouration

石英玻璃的一种缺陷，无色透明石英玻璃由于存在某些杂质，经 900～1200℃使用后产生变色(茶色、棕褐色、棕黑色等)，称为石英玻璃的高温变色。

【颗粒结构】granular structure

光学石英玻璃的一种缺陷，又称颗粒不均匀性。在条纹投影仪下观察光学石英玻璃，呈现斑点影像或鱼鳞状影像。

【光畸变】optical distortion

当透过玻璃或从玻璃表面的反射光观察物体时，它的几何形状产生变化。主要由于玻璃表面凹凸不平或局部光学不均匀，使通过的光线产生偏离，从而使物像变形。在汽车玻璃中，如果光畸变程度较大，易使驾驶员眼睛产生疲劳，导致交通事故的发生。

【中空玻璃结露】moisture condensation of insulating glass

表面温度低于附近空气露点温度时出现冷凝水的现象。中空玻璃的露点是指密封于空气层中的空气湿度达到饱和状态时的温度，是判定中空玻璃质量的重要指标。当面层温度低于该温度时，空气层中的水汽便会在玻璃内表面结露或结霜(内表面温度高于 0℃时为结露，低于 0℃时为结霜)。露点与空气中的含湿量和相对湿度有对应关系，含湿量越高露点的温度也越高。中空玻璃的露点取决于自身结构、环境条件和空气层中的干燥程度。我国规范规定中空玻璃的露点＜－40℃。

【针孔】pinhole

镀膜玻璃的一种点状缺陷。是由于镀膜过程中玻璃表面没有沉积上膜层的地方形成的，通常线度较小，从微米到毫米。可在基片一侧放置光源，在另一侧用眼睛直接观察以确定数量和尺寸。针孔缺陷严重时直接影响镀膜玻璃的外观质量。

【斑点】spot

镀膜玻璃的一种缺陷。从镀膜玻璃的投射方向看，玻璃表面存在黑色斑点状的表面缺陷。主要由于镀膜前原片有缺陷或镀膜后储存使用不当等原因造成。

【爆边】chip

玻璃的一种断面缺陷，即在玻璃的生产、加工过程中，造成玻璃边部缺失。严重时影响玻璃外观质量，同时，爆边也会引起应力集中，影响玻璃强度，钢化时易炸裂。

【缺角】broken corner

玻璃的一种断面缺陷，即在玻璃的生产、加工过程中，造成玻璃角部缺失。严重时影响玻璃外观质量，同时，缺角也会引起应力集中，影响玻璃强度，钢化时易炸裂。

【叠差】mismatch

中空玻璃或夹胶玻璃的一种缺陷，是两面玻璃重叠在一起时玻璃边部的尺寸差。叠差较大时影响玻璃合片，不易安装。

【裂口】crack

玻璃在横切时，刀口断面产生的延伸到板里的微小裂纹。主要是由于横切辊子过高，退火前后温差较大，玻璃带上、下温差过大等原因造成局部应力大，在掰断时易产生裂口。该缺陷会使玻璃自动炸裂。

【脱胶】degumming

夹层玻璃的一种缺陷，在玻璃边缘产生气泡并随着玻璃使用年限的增加而气泡数量增多。主要由于胶片含水率过高、玻璃表面清洁不彻底、温度控制未达标等因素造成。脱胶不仅影响玻璃的透视效果，也使玻璃的安全功能下降。

【线缺陷】line defect

玻璃表面的一种缺陷，又称为线道。指玻璃上呈现的明显细的条纹，主要由于硅质原料中熔化慢、黏度大的较大颗粒和耐火材料中的玻璃相以及杂质进入到玻璃液中形成的有限长度的细线条。线缺陷较大时影响玻璃外观及使用。

11 玻 璃 纤 维

11.1 专 业 理 论 基 础

11.1.1 玻璃纤维专业理论基础

【人造玻璃态纤维】man-made vitreous fiber

指人为地将熔融物借助外力，经拉伸冷却，并硬化成非晶体结构细丝状的物质单元。通常为玻璃纤维和矿物棉的总称。广义上也包括人造的单质玻璃态纤维、有机玻璃态纤维和其他无机玻璃态纤维。

【玻璃纤维】glass fiber

一种人造无机纤维，是采用天然矿石如石英砂、石灰石、白云石、高岭土、叶蜡石等，配以其他化工原料如纯碱、硼酸(也可用含碱、含硼的天然矿石代替)等，熔制成玻璃，在熔融状态下借外力拉制、吹制或甩成极细的纤维状材料。按其成分及性能可分为无碱玻璃纤维(含无硼无氟玻璃纤维)、中碱玻璃纤维、高碱玻璃纤维和特种玻璃纤维；按其形态可分为连续玻璃纤维、定长玻璃纤维及玻璃棉；按其生产方法基本分两类：一类是将熔融玻璃直接制成纤维，另一类是将熔融玻璃做成球、棒或料块，再以其为原料，用多种加热方式重熔后制成纤维。玻璃纤维的基本性能为：不燃、耐腐蚀、耐高温、吸湿性小、伸长小、抗拉强度高、化学稳定性好、电绝缘和绝热性能良好，柔软性和耐折性较差，根据采用的玻璃成分不同，可使其中某一方面的性能更为突出。可以制成各种形态的制品，如纱、毛纱、布、带、圆筒布、薄毡、毡、板、管壳等。可作电绝缘材料，过滤材料，隔热、吸声、减震材料，防腐、防潮材料等；以及用它作为增强材料，与各种有机或无机材料制成复合材料，如玻璃纤维增强热固性塑料(玻璃钢)、玻璃纤维增强热塑性塑料和增强橡胶制品、玻璃纤维增强无机胶凝材料制品如增强石膏和水泥等；还可以采用有机被覆处理的办法提高其柔性，制作各种软制品如包装布、窗纱、窗帘、壁布、篷盖布、建筑膜材及特种防护用品等。这些制品在工业、农业、建筑及民用各方面得到广泛的应用，而且由于玻璃纤维具有一些其他材料不具备的优异性能，其在军事工业中也成为一种不可缺少的材料。

【矿物棉】mineral wool

由矿物原料制成的蓬松状短细纤维，简称矿棉，包括玻璃棉、岩棉、矿渣棉和硅酸铝棉。将天然岩石或冶金矿渣等原料，在冲天炉或池窑等设备中熔化后，用喷吹法或离心法制取。纤维直径一般为 3～9μm，密度为 8～250kg/m^3，常温导热系数为 0.03～0.05W/(m·K)，不燃、不霉、不蛀，可制成毡、毯、垫、纸、条带、绳、板和管壳制品，用作建筑和设备的吸声、减震和隔热材料。

【黏性流体系统】viscous fluid system

一类垂直于流动方向的剪切速度梯度只取决于剪切应力的流体系统，是非牛顿流体的基本类型。这类流体，按其所表现的剪切应力与剪切速度梯度的关系，又可细分为宾哈姆塑性系统、假黏性系统和膨胀性系统三种。附图所示为这几

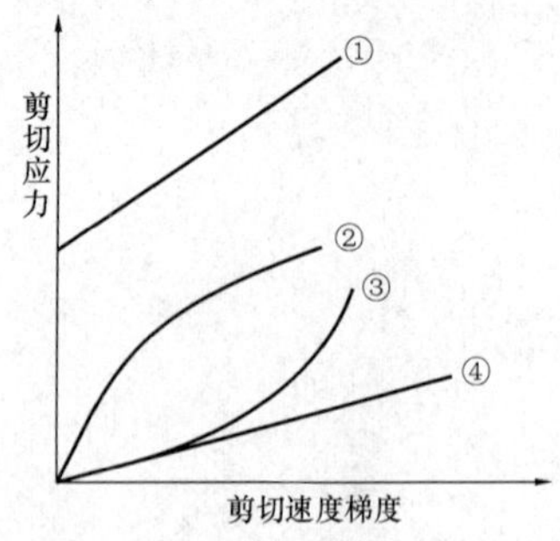

黏性流体系统

1—宾哈姆塑性；2—假黏性；
3—膨胀性；4—牛顿流体

种流体系统的剪切速度梯度与剪切应力关系曲线，图中也列出了牛顿流体的曲线。

【时间依存流体系统】time-dependent fluid system

一类剪切速度梯度，取决于剪切应力大小和应力持续时间的非牛顿流体。这类流体在恒定温度下，其黏度随剪切应力持续时间而可逆地变化。可细分为两种：(1)触变性流体，其黏度随剪切应力持续时间而降低；(2)震凝性流体，其黏度随剪切应力持续时间而增加。玻璃纤维拉丝时用的浸润剂，是一种多组分油水相悬浮液，其稳定性和剪切应力及持续时间都有关系。拉丝速度太高时，剪切应力加大，会使悬浮液凝聚，影响拉丝作业的顺利进行。

【黏弹性流体系统】viscoelastic fluid system

一种兼具黏性和弹性的流体系统。只有黏性的流体系统，受剪切应力时，所施加的能量，完全在剪切变形时变成热能而消耗；反之，理想的弹性材料在受应力时，外加的能量变成势能贮存起来。黏弹性流体则同时按照这两种机理来支配。玻璃纤维成形中，玻璃熔体刚从漏嘴流出时，基本属于黏性流体系统；但当接近最终纤维直径时，就同时兼具黏性和弹性；完全变成固定直径的固态纤维后，则成为虎克弹性物体。

【剪切变稠流体】shear-thickening fluid

随剪切应力增大而黏度增大的流体。在纤维成形过程中，剪切变稠流体有助于丝根稳定。

【剪切变稀流体】shear-thinning fluid

随剪切应力增大而黏度变小的流体。在纤维成形过程中，剪切变稀流体不利于丝根稳定。

【流动屈服应力】yield stress of flow

黏性流体流动所需的最小起始剪切应力。因为实际的流体往往具有塑性，所以在剪切应力很小时，流体并不流动，只有弹性变形。当剪切应力增大到某一值(即屈服应力值)后，流体才开始流动。不同的流体，屈服应力值大小很不相同，并且随温度而变化。形成纤维的流体，设计成形条件时，一般应使作业时剪切应力较屈服应力大一定数值，否则剪切应力一有波动，将使纤维成形困难。

【弛豫时间】relaxation time

又称松弛时间，表示黏弹性流体弹性程度的特征值。流体在恒定剪切应变下，其剪切应力随时间而逐渐减小甚至消失，这种现象叫弛豫。其关系式为：$\tau=\eta Y+\tau_0 e^{-(\mu/\eta)\cdot t}=\eta Y+\tau_0 e^{-t/T_\mu}$，式中：$\tau$ 为 t 时刻的剪切应力；τ_0 为恒定剪切应变下的起始剪切应力；η 为流体的黏度；Y 为流体的剪切速度梯度；μ 为流体的刚度系数(即剪切弹性模量)；t 为时间；T_μ 为弛豫时间 ($T_\mu=\eta/\mu$)。

该式说明对流体施以恒定的剪切速度梯度(Y)所需的剪切应力随时间呈指数降低。弛豫时间若为零，则表示是牛顿液体，弛豫时间愈长，流体的弹性效应就愈显著。由上式还可看出，弛豫时间与流体的黏度和剪切弹性模量有关。温度高，黏度小，弛豫时间就短。所以玻璃在高温下弛豫时间很短，为 $10^{-4}\sim10^{-2}$ s，主要是黏性性能。而玻璃的剪切弹性模量则随玻璃结构、玻璃的成分、热历程以及均匀性的不同，呈现成倍或成十倍的变化。玻璃纤维成形过程中，应力作用时间 t 很短，所以弛豫时间对成形过程的影响，就显得比成形时间长的其他玻璃制品更突出。

【结构湍流】structural turbulence

是在雷诺准数低的层流中的局部涡流。低分子流体在低雷诺准数的层流下，分子稳定地以一定速度梯度呈层状流动，各层之间不发生干扰。在低雷诺准数的层流下，高分子的结构化流体在一定的剪切应力下除发生流动外，各结构单元会产生转动，在层流中形成涡流，这种现象叫结构湍流，它会消耗剪切应力。熔体从毛细管挤出时，若剪切应力超过一定值，就会发生这种现象，而使挤出的熔体流股发生畸变，影响纤维成形过程。

【流体可纺性】fluid spinnability

指流体自由流股能够连续地稳定伸长，而不发生任何种类断裂的性能。从理论上说，任何流体都具有可纺性，只是拉伸速度不同而已，表面张力大而黏度小的流体的拉伸速度要高，表面张力小而黏度大的流体拉伸速度要低。但实际上，拉伸速度太高则无法实现，太低则没有实用价值。因此，并不是所有流体都有可纺性，例如水银，要以每秒数公里的拉伸速度，才能克服表面张力大的影响。玻璃熔体以及多数有机高分子聚合物，其黏度和表面张力适当，具有很好的可纺性。要使拉伸后的纤维有实用意义，还要求流体具有一定的固化能力。

【毛细波断裂】capillary break-up

由表面张力造成的流股断裂。在流股的自由表面上，因表面张力作用会形成一种“毛细波”。熔体拉丝时，在一定成形条件下，毛细波会自发生成，同时流股因受拉伸而不断变细，当毛细波的波幅等于流股半径时，就使流股解体而变成液滴。流体表面张力小，毛细波断裂现象就少，反之就多。一般合成纤维成形时，表面张力只有 $6.0\times10^{-4}\sim8.0\times10^{-4}$N，不易发生毛细波断裂。玻璃熔体表面张力有 $2.5\times10^{-3}\sim3.0\times10^{-3}$N，发生毛细波断裂的可能就比合成纤维大。而金属熔体表面张力高达 0.01N，加之黏度又小，若不采取特殊措施降低表面张力，就会因毛细波断裂问题而无法拉丝。

【内聚力断裂】cohesive fracture

亦称液态脆性断裂。在纤维成形过程中，流体受牵伸，当拉伸应力超过流股(或纤维)的抗拉强度时，就发生这种内聚力断裂。在内聚力断裂过程中，弹性是起决定作用的。因为一个理想的黏性流体能无限程度地变形，只有在黏弹性流体中，部分变形能以弹性变形方式贮存下来，在达到某一极限值(即回弹性值)时，就造成内聚力断裂。由于绝大部分拉丝熔体都是在快固化成最终纤维时才具有黏弹性，所以往往把内聚力断裂称为脆性断裂。玻璃纤维成形过程中，当断头带长尾巴时，就是这种断裂。断裂时，全部弹性伸长立刻复原，使长尾巴有时有明显的回弹现象。

【熔体的纺丝特征值】melt spinning characteristics

熔体表面张力(γ)和黏度(η)的比值，表征熔体的拉丝特性。γ/η 比值愈高，解体为液滴的可能性愈大。金属熔体的 γ/η 比值高达 $10^2\sim10^3$，所以在拉金属纤维时，主要问题是如何防止形成液滴。玻璃熔体及部分有机聚合物的 γ/η 比值一般在 0.4 以下，这类熔体拉丝时，如漏嘴出口挤出速度小，则漏板稍一过热，就可能发生毛细波断裂。γ/η 比值若在 10^{-2} 以下时，一般就不会发生毛细波断裂。

【泊肃叶定律】Poiseuille's law

表示牛顿液体在毛细管内层流流动的规律。牛顿液体在毛细管内层流流动时，其流速具有抛物线形状，其表达式如下：$v=\dfrac{\Delta P}{4L\eta}(R^2-r^2)$，式中：$v$ 为半径为 r 处的流速(m/s)；ΔP 为毛细管两端的压差(Pa)；L 为毛细管长度(m)；η 为牛顿液体的黏度(Pa・s)；R 为毛细管半径(m)。

单位时间流过毛细管的体积流量的表达式如下：$Q=\dfrac{\pi}{8}\cdot\dfrac{\Delta PR^4}{L\eta}$，式中：$Q$ 为体积流量(m^3/s)；ΔP 为毛细管两端的压差(Pa)；L 为毛细管长度(m)；η 为牛顿液体的黏度(Pa・s)；R 为毛细管半径(m)。

在泊肃叶定律中，作了下列几点假设：(1)流体是牛顿液体，即黏度只是温度的函数，不随剪切应力而变化；(2)毛细管长度与直径之比值相当大，一般都在 20 以上，可以忽略毛细管进口和出口的端部效应；(3)流体在毛细管中等温流动；(4)流体与毛细管内壁无滑脱现象或附壁效应。玻璃液从漏嘴中流出形成纤维，属稳定的层流流动，一般认为可用上述公式粗略计算在单位时间内，从一个漏嘴流出的玻璃液流量。但玻璃纤维的实际拉丝条件，都不完全符合上述假定，因此在用泊肃叶定律时，须结合具体条件加以考虑。

【稠度变量】consistency variables

度量流体稠度的变量，包括流体的剪切应力(τ)、剪切应变(ε)和曲线的斜率(流动度，$\tan\alpha$)。流体在毛细管中流动时，其剪切应力为：$\tau=\dfrac{\Delta PR}{2L}$，其剪切应变为：$\varepsilon=\dfrac{4Q}{\pi R^3}$，式中：$\Delta P$ 为毛细管两端的压差(Pa)；L 为毛细管长度(m)；R 为毛细管半径(m)；Q 为流经毛细管的体积流量(m^3/s)。

作 ε-τ 曲线，则曲线斜率：$\tan\alpha=\frac{\varepsilon}{\tau}=\frac{4Q/\pi R^3}{\Delta PR/2L}=\frac{1}{\eta}$，式中：$\eta$ 为流体的黏度。若是牛顿液体，则 ε-τ 呈一直斜线，即斜率不变。若是非牛顿液体，则 ε-τ 呈曲线，即斜率随剪切应力 τ 而变化。多数纺丝熔体都是在某一剪切应力范围内，ε-τ 呈直线关系，设计熔体拉丝工艺参数时，均应选择在直线关系区域内。因此，往往要通过试验求出这些稠度变量作为工艺设计的依据。

【流动度】fluidity

剪切应变(ε)和剪切应力(τ)关系曲线的斜率。剪切应变 $\varepsilon=4Q/\pi R^3$；剪切应变 $\tau=\Delta PR/2L$，所以流动度为：$\varphi=\tan\alpha=\frac{\varepsilon}{\tau}=\frac{8LQ}{\Delta PR^4\pi}=\frac{1}{\eta}$，式中：$\varphi$ 为流动度；ΔP 为毛细管两端的压差(Pa)；L 为毛细管长度(m)；R 为毛细管半径(m)；Q 为流经毛细管的体积流量(m^3/s)；η 为流体的表观黏度。

若用 φ 对 τ 作图，则牛顿液体的 φ 值，应是一根平行于横坐标 τ 轴的直线。如果不是牛顿液体，则 φ-τ 曲线会有峰值或谷值。显然，实际拉丝装置的剪切应力 τ 值，若选择在峰值(或谷值)附近，对纤维成形是不利的。流动度曲线是反映拉丝熔体成形流变性能的一种有效方法。

【入口效应】entrance effect

毛细管入口处渐缩流消耗部分流体压头的效应。在入口处形成的渐缩流中，流体速度渐渐增大，毛细管的压差中有一部分压头，消耗于克服这项流速增大的流体黏性力，称为入口压降。亦即造成毛细管流动所具有的驱动压差，实际上小于总压头，等于总压头减去入口压降的差值。入口压降的大小，取决于渐缩流的稳定性。渐缩流不稳定，入口压降也不稳定，造成毛细管的流量也不稳定，从而影响纤维成形过程和所形成的纤维的粗细。毛细管的长度与直径比愈小，入口压降的影响愈大。玻璃熔体拉丝用的漏嘴，其长径比一般仅 2～3，入口压降能占总压头的 30%，其影响不可忽视。库爱特认为入口效应实际相当于增长了一段毛细管长度，并假定这段长度和毛细管半径有关，推导得下式：$L_{off}=L+nR$，式中：L 为毛细管本身长度；R 为毛细管半径；L_{off} 为毛细管有效长度；n 为库爱特校正数。

库爱特校正数的值一般通过试验求得。

【渐缩流】converging flow

液体在毛细管入口处形成的截面渐渐收缩、流速渐渐增大的渐缩线状流股。有渐缩流存在，说明流入毛细管(漏嘴)的流体，并不是紧贴漏板的流体，而是离开漏板(或毛细管入口截面)一定距离的流体。同一流体，渐缩流的形状随流体的温度(或黏度)、流体受的剪切应力而变化。不同流体，渐缩流的形状也各异。玻璃成分不同，渐缩流的形状也不同。

【静止区】stagnant zone

渐缩流四周流体不能直接流入毛细管的区域。严格地说，静止区的流体并不是静止不动的，它受到渐缩流的剪切作用，会形成一种涡动。当剪切应力超过一定值时，静止区部分流体会被渐缩流裹入毛细管，造成毛细管中流动和流量不稳定，反映在出口处自由流股有波动，即脉动。所以，静止区是应尽量避免的。为此，一般都使毛细管入口带有推拔角，以消除部分或整个静止区。推拔角的角度视流体流变性能而异，可由 30°到 120°，都由试验确定。

【脉动】pulsation

毛细管(漏嘴)出口处自由流股(丝根)，呈现的一种周期性粗细变动现象。产生的原因有两方面：一是在入口区，静止区的滑动液体受渐缩流的剪切作用，当剪切应力超过某一临界值时，这部分流体黏度变小，会随渐缩流进入毛细管，从而阻止了渐缩流的正常流动，而使流速减慢，剪切应力随之变小，造成静止区又渐渐恢复；这种周期性的流速变化，亦即流量变化，使出口处的自由流股的粗细也周期性变化；另一原因是在毛细管内，流体在管内壁的附壁层，当壁散热增加，附壁层加厚；同时，附壁层内层由于靠近中心而黏度变小，流速增大，因而剪切力也增大，结果又使附壁层减薄；这两种增厚与减薄的作用交替发生，造成流量周期性变化。脉动现象在毛细管长度与直径比值小、同时又是不等温流动时，是一种经常出现的现象，只是程度不同而已。玻璃熔体拉丝，由于熔体的黏度是温度的强函数，不可能把漏嘴(毛细管)做成很长，所以更容易发生脉动。脉动是应尽量避免的。使漏嘴长径比合适，入口有合理的推拔角，并使漏嘴周围介质温度场稳定，都有助于减轻脉动。

【槽路现象】channeling

毛细管(漏嘴)上部黏度小的液体，径直流入而形成槽路的现象。如果进入渐缩流中的流体黏度不均匀(或是成分引起，或是温度引起)，黏度小的部分流体，愈来愈快地流入毛细管，而其余黏度大的部分流体，则流得愈来愈慢，结果渐缩流被破坏，而形成一股主要由黏度小的流体构成的槽路。这时，出口处自由流股黏度显著变小。表面张力作用占上风，造成明显的流股收缩，即“闪流”。严重时造成飞丝，即流股自动断掉，俗称“闪飞”。玻璃熔体拉丝时，若玻璃温度不均或成分不均，就会形成槽路。漏板温度并没有变化，但漏嘴出口处丝根上，会无规律地出现程度不同的“闪流”或飞丝，即为此缘故。所以，在拉丝时，不但要求漏板温度稳定，也要求漏板上部某一段距离内的玻璃液的黏度要稳定，这段距离在工艺上叫调制区。

【闪流】flashing；flash stream

在玻璃纤维拉丝作业时，丝根中断续出现白亮细流的现象。这是由于丝根处表面张力的作用大于黏性力的作用所造成。

【附壁效应】wall effect

流体在毛细管中流动时，流体与毛细管壁之间的附着效应。这种效应有时起润滑作用，有时则起阻滞作用，具体要视流体与毛细管固体壁两种材料的性质而定。不论何种作用，都影响到附壁层流体的流动速度，也就影响了毛细管流量。玻璃纤维成形过程，玻璃熔体与铂铑合金接触，由于两者表面均有很强的亲氧性，使一部分硅氧网络和铂氧间形成化学键，而铂金属键强很高，结果就拖住这层硅氧网络，使漏嘴内壁有一层增厚的起阻止作用的附壁膜，它实际上等于减小了漏嘴的有效截面，从而也减小了流量。若在铂合金中掺少量黄金，由于黄金的亲氧力远比铂小，而黄金的金属键又远比铂弱，使附壁层大大减薄，流量增大。

【临界剪切应力】critical shearing stress

毛细管(或漏嘴)出口处，自由流股(或丝根)出现明显脉动时的剪切应力。其值由流体的流变性能所决定。熔体成形为纤维时，若允许的临界剪切应力小，可以靠改变成形装置的条件，降低实际剪切应力，以稳定成形过程。由剪切应力 $\tau=\Delta PR/2L$ 可知，减小压力(ΔP)或增大漏嘴的长径比(L/R)均可达到降低实际剪切应力的目的。

【成滴温度】dripping temperature

毛细管出口处自由流股解体成液滴的温度。自由流股的黏度因温度升高而变小，当黏度小到不足以克服表面张力收缩作用时，流股就自动解体，形成液滴。由此可见，流体的表面张力愈大，相对而言，其成滴温度就愈低。高强度玻璃纤维成形时，由于它的析晶上限温度高，需要提高熔体温度，但它的表面张力也大，所以只能从工艺上采取强制冷却办法，否则漏嘴出口处熔体就呈滴状下落，无法成丝。

【膨化现象】swelling

毛细管出口处流体自由流股的直径膨大现象。流体从毛细管流出时，从约束流动转变为非约束流动，原来贮存的未完全松弛的弹性能释放，流体的表面张力力图使流股收缩，这些均能使自由流股膨胀，以致其直径大于它所流出的毛细管直径。熔融玻璃拉丝时，如果漏板温度太高，从漏嘴(毛细管)流出的玻璃液的表面张力超过黏性力的作用，丝根就呈现外凸-内凹形，其凸出部分直径大于漏嘴直径。膨化现象严重时，相当于对丝根加上一个毛细波扰动，会使纤维成形过程不稳定，甚至造成毛细波断裂。

【茶壶效应】teapot effect

黏性流体顺固体壁下流时，能绕过固体壁下边棱而向上爬的现象。由于这类似日常生活中，从茶壶嘴倒水或油等黏性液体时的现象，因而称为茶壶效应。用茶壶倒水或油时，若壶嘴较钝，而倒出速度又较低时，水或油并不从壶嘴处往前直接流下，而是顺嘴边向后流过壶嘴外一段距离才流下。油的黏性比水大，这种现象就更明显。若将壶嘴锉薄，这种现象就减轻或消除。因为黏性流体顺着固体壁缓慢地层状下流时，各层之间发生剪切应力，由于流体实际上由占据一定体积的小粒子组成，粒子在剪切应力作用下本身产生转动，或称涡动，使粒子本身具有动能。这种动能能使流体绕过固体壁边棱，乃至向上一段距离。玻璃熔体拉丝的漏嘴上发生的漫流现象，除了和玻璃-漏嘴材料间的接触角有关外，也和茶壶效应有关。例如：将漏嘴出口壁厚从 0.4mm 减薄到 0.2mm，能大大减少漫流，从而可以缩短漏嘴长度并相应缩小孔径，使同样面积的漏板上能布置的漏嘴更多，技术经济上收效显著，措施又简单易行。

【牵伸】attenuation；extension

黏性液体自由流股受单轴向拉力产生伸长和变细的过程。这是纤维成形的基本过程。要形成有实际使用价值的纤维，还要求流体在牵伸伸长的同时，能固化成为固态纤维。牵伸过程中，流体的黏性使流股产生永久性的黏性伸长，弹性则产生弹性伸长，作为弹性能而贮存于纤维中。一旦拉伸张力消除，弹性复原，这部分弹性伸长也消除。玻璃熔体拉丝时，缠绕在绕丝筒上的原丝，用刀割断时，可以明显看到这种弹性伸长的复原。

【黏性牵伸系数】coefficient of viscous traction

流体牵伸时，轴向拉应力与相对伸长速率的比例系数。实际就是自由流股受单轴向拉力牵伸，而能连续不断伸长时的黏度，故又称牵伸黏度(extensional viscosity)。若黏度太小，流股在牵伸变细过程中，会不足以克服表面张力的收缩作用，使牵伸变细过程中断。特鲁顿对黏性流体牵伸过程中，相对伸长速度和拉伸应力的关系，从理论和试验上得出以下公式：$\lambda \cdot \mathrm{d}l = \delta$，式中：$\lambda$ 为特鲁顿黏度(Trouton's viscosity，Pa·s)；$\mathrm{d}l$ 为相对伸长速度$=\dfrac{1}{l}\dfrac{\mathrm{d}l}{\mathrm{d}t}$ (s^{-1})；δ 为拉伸应力(Pa)。

特鲁顿又进一步推证并经试验证实：$\lambda = 3\eta$，η 是牛顿液体的黏度。即对于牛顿液体而言，特鲁顿黏度为牛顿黏度值的 3 倍。玻璃熔体拉丝时，玻璃熔体的牛顿黏度若增大 1 倍，则在同样拉丝速度下，拉伸应力(即张力)将为原来的 6 倍。而玻璃熔体的黏度又是温度的强函数，因此漏板温度稍有变动，拉丝时的张力就有很大变化。

【牵伸比】draw-down ratio

黏性液体自由流股最终被牵伸的程度。在纤维成形过程中，一般用漏嘴出口横截面的面积，与最终纤维的横截面面积之比值来表示。也可用漏嘴直径(或半径)与纤维直径(或半径)的平方值比值表示：$\alpha = \dfrac{A_0}{A_\mathrm{f}} = \dfrac{R_0^2}{R_\mathrm{f}^2} = \dfrac{D_0^2}{D_\mathrm{f}^2}$，式中：$\alpha$ 为牵伸比；A_0、R_0 和 D_0 分别为漏嘴出口处横截面面积、半径和直径；A_f、R_f 和 D_f 分别为最终纤维的横截面面积、半径和直径。

牵伸比愈大，纤维成形时张力愈大，使拉丝作业不稳定。

【临界牵伸比】critical draw-down ratio

一定纤维成形条件下，纤维成形过程稳定进行的极限牵伸比值。纤维成形条件主要是指漏嘴直径和长度、熔体的种类及其黏度、漏嘴入口的压力。若成形条件改变，临界牵伸比的值也有变化。例如熔体的黏度增大，临界牵伸比值就显著降低。

【临界流量】critical flow rate

一定成形条件下，纤维成形过程稳定进行的极限流量值。因为流量决定了漏嘴出口处自由流股(丝根)的长度，当该长度超过一定数值后，表面张力的收缩效应就占优势，使流股不稳定，影响成形过程。

【临界拉丝温度】critical fiberizing temperature

一定成形条件下，纤维成形过程稳定进行的极限拉丝温度。玻璃纤维成形时，玻璃熔体的黏度随温度提高而急剧下降，与此同时，玻璃熔体的表面张力却下降有限，所以当拉丝温度提高到某一值后，表面张力的收缩效应就占优势，使纤维成形过程不稳定。

【拉伸共振】draw resonance

熔体拉丝时，由于成形条件不适当，而使流股直径的脉动幅度不断增大乃至断裂的现象。拉伸共振和漏嘴流量及牵伸比有关。在一定流量下，牵伸比增大到某一临界值，或在一定牵伸比下，流量增大到某一临界值，均会出现拉伸共振。它使纤维成形过程不稳定乃至中断。拉伸共振现象和熔体的流变性能及其他物理性能有广泛联系，其中与弹性、表面张力以及黏度与剪切力的关系(即流变指数)最明显。

【玻璃液气泡含量】gas bubble content in molten glass

在玻璃纤维池窑拉丝工艺上，反映玻璃液澄清质量的参数。其测定方法是，从池窑通路流出并冷却的玻璃熔体中，随机抽取若干数量的试样。试样总质量以克为单位，在显微镜下以固定的放大倍数，观察试样中的气泡并计数，以可见的气泡总数，除以试样总质量作为测定结果。在电子级玻璃纤维产品的生产中，玻璃液气泡含量可作为过程控制的指标。有气泡的玻璃液，在拉丝中会变成中空纤维，影响电子级玻璃纤维产品的质量。高端产品甚至要求每 10 万根单纤维中不超过 3 根中空纤维。测定时可将玻璃纤维布浸入与玻璃纤维折射率相同液体中，利用玻璃纤维与空气折射率不同，通过适当地放大，能有效地观测到玻璃布中的中空纤维。

【玻璃液润湿角】wetting angle of molten glass

又称玻璃液接触角，是指玻璃液滴与固体表面接触点的切线，与固体材料表面间的夹角(在玻璃液滴方向的夹角)。角度越锐，表示润湿程度越大。润湿角与玻璃的成分、固体材料及周围气体介质的性质有关，而且随温度升高而减小。在玻璃纤维拉丝工艺中，玻璃和漏板材料的润湿角越大越好，过小时玻璃液容易漫流，造成糊漏板现象，一般应大于 36°。但玻璃与电极材料的润湿角越小越好，以减小玻璃液与电极间的接触电阻。测量玻璃液滴与各种固体材料间润湿角的一种方法，是将试体(放有玻璃样品的固体材料片)放入高温偏光显微镜的高温炉中，炉内温度可以控制，逐渐加热，玻璃在固体材料片上由软化至熔融，在所需测定的温度点恒温一段时间，待润湿角稳定后，从显微镜中观察并摄影，对相片上的图像进行测量，即可得到该温度点下的润湿角 θ。

【玻璃液硬化速度】solidification speed of molten glass

熔融玻璃成形为制品时，玻璃黏度变化的速度。一般以时间-黏度曲线来表示。在玻璃纤维生产过程中，需要玻璃组成具有较快的硬化速度，以利于纤维的成形和实现高速拉丝。特别是拉制粗直径纤维时要求更为突出。采用少量的着色剂(如加入 0.5% 以下的氧化铁等)，或以氧化钙代氧化镁均可提高玻璃的硬化速度。但若硬化速度过大，将使拉丝成形的温度范围变窄，而给拉制纤维造成困难。

【纤维成形】fiberizing; fiber forming

在拉丝过程中玻璃液从塑性状态过渡到固化状态，即从漏嘴出口处直到单丝截面不变的过程，称为纤维成形。这一区域称为玻璃纤维的成形区。在这里玻璃液从 1200℃左右的熔融态，冷却到 700℃以下的固体状态；从漏嘴处 2mm 左右的直径，被拉伸到只有几微米细的单丝；且从每分钟只有约 4cm 的速度被加速到每分钟 3000m 以上的速度。所以，在纤维成形区中是传热过程、传质过程和力的分配过程同时发生并互相约束的综合过程，处理不好就会造成断头。

【丝根】meniscus of glass

在成形区内，玻璃液受压流经一定直径的漏孔，并在拉力作用下形成直径很细的单丝时，漏嘴至纤维直径不变处的倒锥体称为丝根。一般情况下连续纤维拉丝时丝根形状是内凹形，但由于成形条件改变，丝根可能形成一种内凹-外凸状或外凸状，后两种形态是连续纤维成形中丝根的不稳定态，会引起纤维直径的变化，更甚时会使成形过程中断。丝根的形状和漏嘴中玻璃液的化学组成、温度、孔径、冷却散热条件等有关，丝根的长度应恰当，丝根过长作业不稳，丝根过短张力大。

【成形作用力】applied forces during fiberization

玻璃纤维拉丝时，施加于丝根上的各种力，包括纤维拉应力(F_z)、重力(F_g)、玻璃与空气界面上的切应力(F_c)、玻璃液压力(P)、表面张力(F_s)、质量加速力(F_a)和以黏度为条件的应变力(F_η)等，以上各种力按下式平衡：$F_z = F_\eta + F_s + F_a + F_c - F_g - P$，纤维拉应力($F_z$)又称成形张力

【纤维成形温度】fiberizing temperature

又称作业温度，在一般情况下，指适合玻璃纤维拉丝成形的熔体温度。通常该温度所对应的熔体黏度约为 1000dPa · s，不同玻璃类型有不同的纤维成形温度范围。

【析晶上限温度】upper limit of devitrification temperature

因为玻璃的内能较同组成的晶体为高，所以玻璃处于介稳状态，在一定条件下存在着自发析出晶体的倾向，这种出现晶体的现象叫作析晶，又称失透或反玻璃化。借助温度梯度炉等设备，可测定玻璃的析晶温度范围和在该温度范围内玻璃的析晶程度。析晶温度范围中最高的温度点，称为析晶上限温度。根据测定结果，可以制定合理的熔制和成形制度，避免析晶的产生。一般认为玻璃纤维的成形温度宜高于玻璃的析晶上限温度 40～50℃或更高。

【玻璃纤维表面性质】nature of glass fiber surface

玻璃纤维表面组成和内部不同而产生的特殊性质。在玻璃纤维和玻璃纤维增强塑料生产工艺中，该性质主要反映玻璃纤维表面对水的亲疏关系。由于玻璃纤维的比表面积极高，因而玻璃纤维在形成表面时会调整其表面组成，以尽可能地减少残余的原子间作用力。例如高硅氧玻璃纤维表面铝的浓度为其内部的 300 倍，而 E 玻璃纤维表面氟、硅、铝含量较高，镁、钙、硼含量较低。这种残余原子间作用力的存在使玻璃纤维表面附有一层水膜，其厚度根据相对湿度而异，可以从 1 层分子到 20 层分子以上。这层水膜会妨碍玻璃纤维和树脂的粘结，因此，在制造玻璃纤维增强塑料时，必须对玻璃纤维进行偶联剂处理，使玻璃纤维表面从亲水变为疏水。研究玻璃纤维的表面组成和性质，对了解玻璃-树脂界面、选择偶联剂等有重要意义。

【新生态玻璃纤维】virgin glass fiber

新拉出来未受损伤的玻璃纤维。在特定条件下(高于正常拉丝温度及较低的湿度)进行拉丝，用机械装置取漏板以下未经任何摩擦的单丝，在很短的时间内可视为新生态玻璃纤维。根据格里菲丝裂纹缺陷理论(theory of Griffith flaws)，玻璃纤维表面存在微裂纹，在拉应力的作用下，玻璃纤维的断裂就是微裂纹扩展的结果。以尽可能短的时间(如 4min 内)在规定的测试条件下，立即测定其强力，并根据纤维直径，计算出强度。由于将纤维受到的机械损伤和周围介质对纤维的作用降到最低，此时测定的强度称为新生态玻璃纤维强度，较能反映纤维品种自身的真实强度。以此数据来比较不同类别纤维的强度，可以得出相对正确的结论。

【原丝系列】strand system

以连续纤维原丝线密度的倍数和半倍数关系，归并、排列成一定的系列。原丝线密度、纤维根数(漏板孔数)和纤维直径之间的关系由下式表示：$d = 22.46 \times \sqrt{\frac{T}{n}}$，式中：$d$ 为纤维直径(μm)；T 为原丝线密度(tex)；n 为纤维根数。

原丝的系列化统一了产品的序列，使任何纱或织物的品种规格均可还原成确定的几种原丝，便于生产、选择使用、互换及性能对比等。

【浸润剂迁移】size migration

在玻璃纤维工业中，是指原丝筒上玻璃纤维浸润剂，从丝层内部向外表面层移动的现象。迁移过程是由于水分蒸发而带出的，结果造成原丝筒外层比内层浸润剂含量高，这对纤维加工性能及织物的外观质量会有影响。采用糊精化淀粉型浸润剂，经长时间干燥会造成严重迁移，改用直链淀粉和介电干燥，均能减少迁移现象。

【亲水亲油平衡值】hydrophilic-lipophilc balance value

又称 HLB 值，是衡量物质自身亲水性或亲油性的相对指数。亲水亲油平衡值的概念，主要应用于表面活性剂领域。表面活性剂分子中，亲水和亲油基团对油或水的综合亲和力，为亲水亲油平衡值。根据经验，一般将表面活性剂的亲水亲油平衡值范围限定为 0～40，其中非离子表面活性剂的亲水亲油平衡值范围为 0～20。亲水型表面活性剂有较高的亲水亲油平衡值(>9)，亲油型表面活性剂有较低的亲水亲油平衡值(<9)。表面活性剂的亲水亲油平衡值与其应用有着密切的关系。亲水亲油平衡值在 3～6 的表面活性剂适合用作 W/O 型(油包水型)乳剂，亲水亲油平衡值在 8～18 的表面活性剂适合用作 O/W 型(水包油型)乳剂。亲水亲油平衡值在 13～18 的表面活性剂适合用作增溶剂、润湿剂、分散剂，亲水亲油平衡值在 7～9 的表面活性剂适合用作润湿剂、乳化剂等。这些都是相对的，必须根据最终产品的用途，利用各种表面活性剂的亲水亲油平衡值，选择出合适的配方。

【偶联处理】coupling finish

为了改善与基体树脂的结合力对纤维表面所作的处理。分为前处理和后处理。

【前处理】pre-finish

在拉制玻璃纤维时，将增强型浸润剂直接被覆到纤维表面上的处理过程。由于增强型浸润剂中，含有和制品相适应的偶联剂及成膜剂等组分，所以经前处理的玻璃纱及织物用作增强材料时，就不需再进行后处理的工序了。

【后处理】post-finish

使用纺织型浸润剂拉丝制成的玻璃纱及其织物，用作增强材料前，需将浸润剂除去，再经化学偶联处理的过程。由于一般纺织型浸润剂所含的石蜡(或淀粉)油脂类等会妨碍纤维与树脂、橡胶、塑料等的粘合，使复合材料的性能较差，经过后处理就改善了与树脂等的粘合性，能提高复合材料制品的性能，特别是湿态性能和长期耐久性能。

【酸度系数】acid-base ratio

原料配方成分中酸性氧化物和碱性氧化物的质量比，用 M_k 表示，即：$M_k=(W_{SiO_2}+W_{Al_2O_3})/(W_{CaO}+W_{MgO})$。设计岩(矿)棉化学组成时，用以参照的经验指标之一。岩棉 M_k 一般在 2.0～2.6 之间，矿渣棉为 1.2～1.4，当 M_k 值较高时制成的纤维长、化学稳定性好、使用温度高。

11.1.2 光学纤维专业理论基础

【光波导】optical waveguide

一种可约束或引导光沿其轴向方向传输，并使光能保持在其内或表面相邻区域的结构，称为光波导，如薄膜光波导、条形光波导、空芯光波导和光纤等。

【光纤】optical fiber; optical waveguide fiber

一种由导光介质材料制成的纤维状光波导称为光纤，也称为光学纤维，还曾称为光导纤维或光波导纤维。其截面多为圆形，也可是其他特殊形状，如椭圆形和长方形等。常规光纤是由高折射率的圆柱形纤芯和低折射率圆环形皮层组成的。按用途分类，光纤可分为通信光纤和非通信光纤；按光纤制作材料分类，可分为石英光纤、多组分玻璃光纤、聚合物光纤和液芯光纤等。光纤可用于传光、传感、传像、数据传输和传能。

【子午面】meridional plane

一种包含光纤中心轴的平面，称为子午面，如附图所示。光纤中心轴为 EF，ABCD 为含有光纤轴 EF 的一个平面，在光纤中，子午面有无数个。

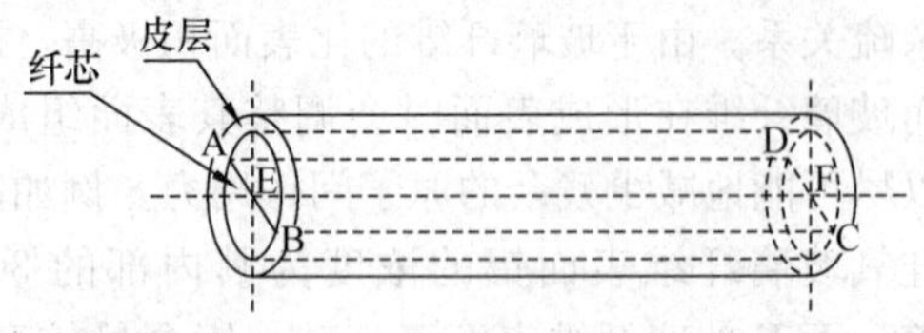

含有子午面的阶跃型光纤示意图

【子午线】meridional ray

光线的传播路径始终在同一子午平面内，并同光纤中心轴相交的传输光，称为子午线，如附图所示。图中光纤轴为 EF，ABCD 为子午平面，传输光在阶跃型光纤子午平面内按全反射方式向前传输，并与光纤轴 EF 相交。

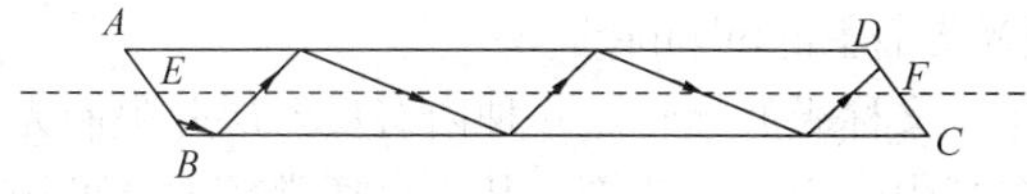

子午面及其传光示意图

【斜光线】oblique ray

又称斜面光线。当一种光线在光纤中传输时，并不是像子午光线一样在同一子午面内传输，其轨迹是一条空间左旋或右旋的螺旋曲线，同光纤中心轴不平行，也不相交，是等距的，其最大入射角比子午线大，这种光线称为斜光线；斜光线在光纤中的传输如附图所示。通常，以子午线传输表征光纤的传输特性。

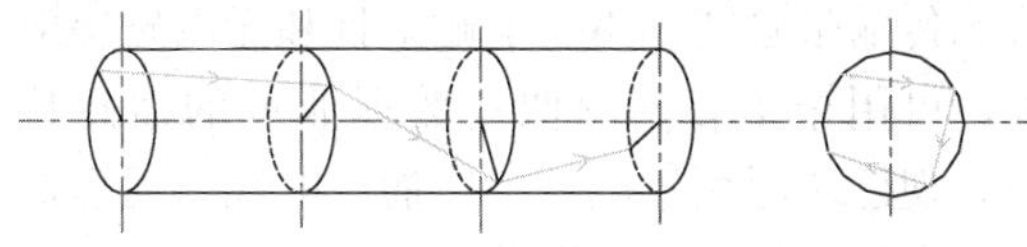
斜光线传光示意图

【光子带隙】photonic bandgap；photonic band gap；PBG

两种或多种介电常数的介质材料经排列组合，若形成尺度为波长数量级的周期结构，则可形成导带和禁带。其中禁带使某一频率范围的光波不能在此周期性结构中传播，这种禁带称为光子带隙。具有光子带隙的周期性电介质，称为光子晶体，也称为光子带隙材料。

【边界波穿透深度】penetrative depth of interfacial wave

当光在光纤芯皮界面上发生全反射时，会有一部分进入光纤皮层，进入皮层的光强，随穿透距离的增加而迅速下降，当光强降到原来的万分之一或十万分之一时的穿透距离，称为边界波穿透深度。其值约为 0.5～1.0 个传输光波长值，该值也是光纤皮层所需的最小厚度。

【光纤增强】optical fiber strengthening

是光纤拉制过程中通过涂覆一种材料，增加光纤力学性能的方法。光纤拉制过程中，在光纤表面涂覆一层材料形成涂覆层，涂覆层的作用可以提高光纤力学性能。涂覆后光纤强度增加值在 10MPa 以上，可防止光纤表面损伤导致强度降低。光纤涂覆后，还可再包覆一层聚合物材料，提高光纤的耐温、耐酸碱、抗电压等性能。

【耦合】coupling

在纤维光学中，光信号或光功率从一个单元传输到另一单元的过程，称为耦合，当光信号或光功率从光源注入光纤、从一光纤传输到另一光纤以及从光纤注入检测器，都是光的耦合传递过程，光在耦合时会产生损耗，其单位为 dB 或 dBm。

【光纤连接】optical fiber connecting

光纤连接是指两根光纤或光束间的对接，以实现传输光或信号光或光功率的接续传送。光纤连接是实现光耦合的一种方式，分为固定连接和活动连接两种形式，其中固定连接又称永久式光纤连接，包括胶粘固定、机械夹持固定和光纤熔接固定三种方式。其中，熔接后的光纤机械性能稳定，熔接损耗较低，对于单模光纤，其熔接损耗为 0.05dB 左右，对于芯径为 50μm 的多模光纤，其熔接损耗为 0.02dB 左右。而活动连接采用光纤连接器实现多次插拔，产生的插入损耗低于 0.1dB。

【相对折射率差值】refractive-index contrast

相对折射率差值是表征光纤芯皮材折射率差值的一种量度，可用 Δ 表示，其定义参见下式，$\Delta=(n_1^2-n_2^2)/2n_1^2\approx(n_1-n_2)/n_1$，式中：$n_1$ 为光纤轴心处或芯材折射率；n_2 为光纤皮层折射率。

【折射率分布】refractive-index profile

对于圆柱形光纤，光纤折射率以光纤轴为中心沿径向分布的函数。典型的光纤折射率分布，包括阶跃型折射率分布和渐变型折射率分布，其他的类型还包括 W 型折射率分布等。阶跃型光纤折射率分布和渐变型光纤折射率分布如附图所示。

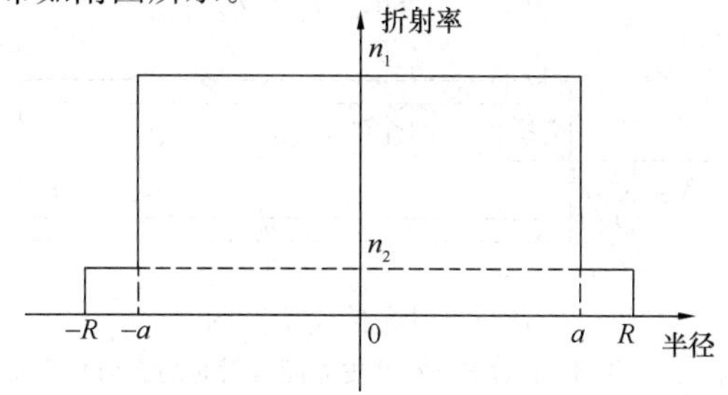

阶跃型光纤折射率分布示意图

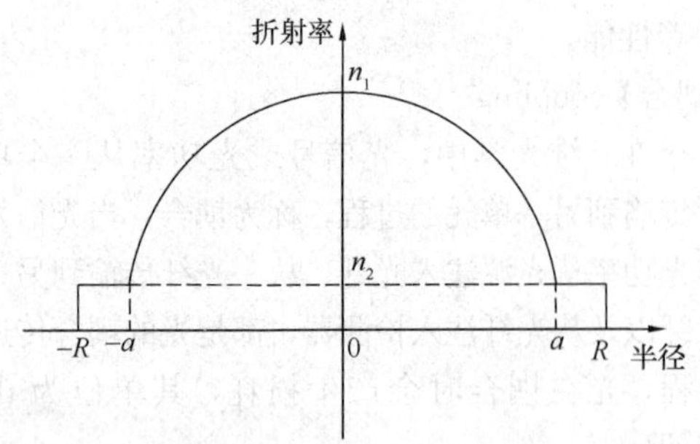

渐变型光纤折射率分布示意图

【数值孔径】numerical aperture；*NA*

是指入射介质折射率 n_0 与最大入射角 θ_0 的正弦值之积，用于表征光纤收集一定角度范围的入射光线并沿光纤轴向传输的能力，参见如下公式。通常，传输光是从空气中入射进光纤的，空气折射率 n_0 几乎等同于真空折射率值，即 $n_0=1.0$。

$$NA = n_0\sin\theta_0 = \sqrt{n_1^2 - n_2^2}$$

光纤数值孔径 *NA* 是光纤一个重要指标，*NA* 值越大，光纤临界入射角 θ_0 越大，光纤端面接受光或发射光角度越大，光纤的集光能力越强，越便于光纤同光纤连接或同光源耦合。

如附图所示，外界光 b 是以光纤最大入射角 θ_0 入射进光纤的，θ_0 的计算参见如下公式，θ_m 是传输光 b 在芯皮界面折射时的入射角，其折射角为 90°，折射光沿芯皮界面传输；当外界光 a 入射角 θ 小于 θ_0 时，入射光线 a 才能以全内反射形式，在光纤芯层中沿光纤轴向方向向前传播，其入射角和反射角值相等，光线 a 从光纤一端传至另一端；当外界光 c 入射角 θ 大于 θ_0 入射进光纤时，这一入射光 c 沿光纤轴向前传输的距离很短，并从光纤皮层透射出来。

$$\theta_0 = \arcsin\sqrt{n_1^2 - n_2^2}$$

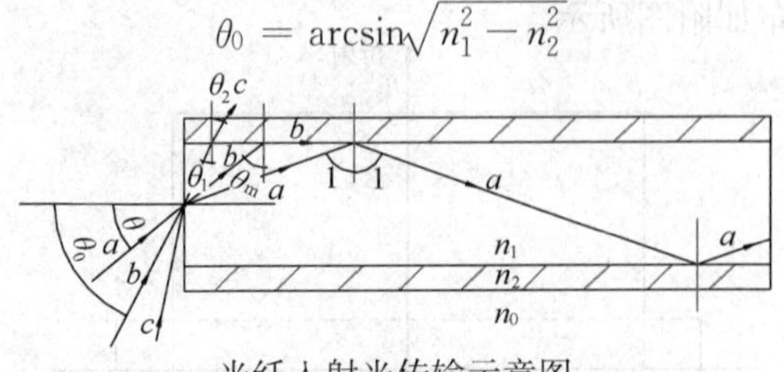

光纤入射光传输示意图

θ_1、θ_2—分别是传输光 c 在芯皮界面折射时的入射角和折射角。

【光导管】light pipe

又称光波导管。一种内有反射层并限制光在其中传输的空芯管。其直径通常较大，可用于需安全照明的场所，光导管的典型应用是将太阳光导入矿井、弹药仓库和危险品仓库，实现安全照明。

【光纤通信】optical fiber communication；fiber-optic communication

一种以光纤作为传输媒质或介质，以光波作为信息载体的有线通信方式，简称光通信。光纤通信常用的传输波长为 850nm、1310nm 和 1550nm 等，光纤通信的优点包括传输速率快、传输带宽宽、不受电磁干扰和无电磁辐射等，可用于语音、图像和数据业务的信息传输，现已广泛用于电话、广播、电视、远程监控、光纤制导和局域网等。

【光纤网络】optical network；optical fiber net

又称光纤网。一种以光纤为传输媒质进行信息传输的有线通信网，简称为光网络。光纤网络是由光发生器、光纤、光放大器和光接收器等组成的链路。典型的光纤网络包括广域网、城域网和局域网等。其网络结构包括树形拓扑结构、星形拓扑结构、环形拓扑结构和线形或总线拓扑结构等。

【无源光网络】passive optical net；PON

在光发射端和光接收端之间，通过光纤和无源光分路器，直接将光信号分送到光接收端的光纤接入网络，称为无源光网络。无源光网络是一种由局端光线路终端 OLT(optical line terminal)、光分配网 ODN(optical distribution network)、用户端光网络单元 ONU(optical network unit)组成的单纤或双纤进行双向传输的光纤接入网络，其网络结构通常为点到多点 P2MP 的树形结构。光纤到户 FTTH 和光纤到大楼 FTTB，主要采用无源光网络技术。无源光网络具有传输带宽高、维护简单和成本低的特点。

【有源光网络】active optical net；AON

在光发射端和光接收端之间，通过光纤和有源光分路器，将信号分送到光接收端的光纤接入网络，称为有源光网络。在光纤接入网络中，光分配网 ODN 若是由有源器件组成的，则为有源光网络，它是通过光电转换实现分路的。ODN 若是由无源器件组成的，则为无源光网络。有源光网络结构为通常为点到点。

【纤芯】fiber core

是光波导中，传输光的折射率高于相邻区域的中心区。对于阶跃型折射率分布的光纤而言，纤芯是折射率较高的、含有光纤中心轴的圆柱体，参见本节【皮层】中光纤纤芯和皮层示意图。

【皮层】clad；cladding

又称包层，是一种作为光纤传输光的光学反射层。对于阶跃型折射率分布的光纤而言，皮层是折射率较低的、在纤芯外的圆环体，光纤纤芯和皮层如附图所示。

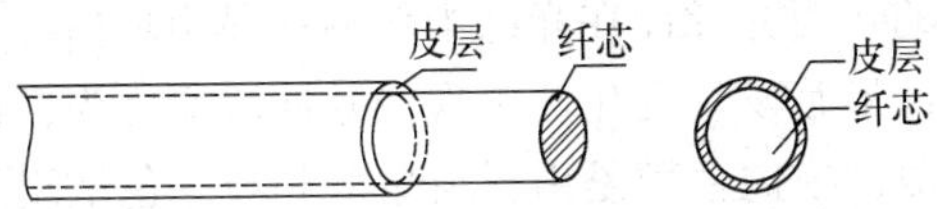

光纤纤芯和皮层示意图

【光纤涂覆层】optical fiber coating

又称为缓冲层，还称为光纤被覆层，简称光纤涂层，曾称为涂敷层。在纤芯表面包覆一层圆环形透明聚合物，作为光学皮层；在光纤外包覆一层圆环形聚合物材料作为防护层，这一聚合物层称为光纤涂覆层，用作防护的光纤涂覆层结构如附图所示。光纤涂覆层不仅具有保持光纤强度、防止光纤微弯损耗和防止光纤受潮的作用，还可减少光纤的机械损伤；有的光纤涂覆层还具有对特定物理变量敏感的特性，可用于传感测量。典型的光纤涂覆层用聚合物包括丙烯酸树脂、硅树脂、乙烯-四氟乙烯共聚物（ETFE）、聚氨酯（PU）及聚酰亚胺（PI）等。

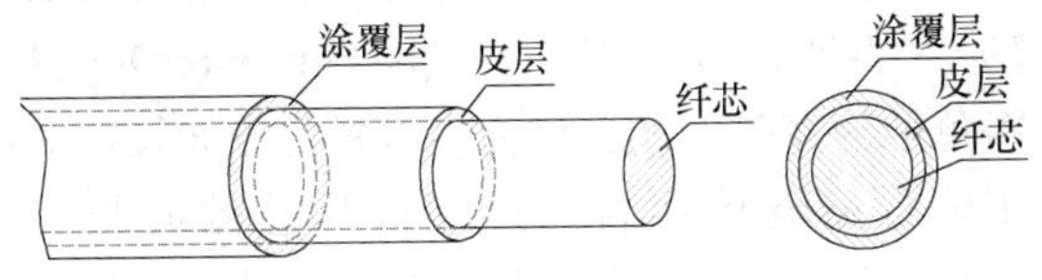

光纤涂覆层示意图

【包层传导模】cladding guided mode；cladding mode

又称包层模，是一种在光纤皮层中传输并保持的模。通常选用可吸收或衰减包层传导模的皮层材料，以防止因模式耦合而使包层模能量再次转换为纤芯的导模，从而减少色散。

【传输窗口】transmission window

又称频谱窗口，还称为光谱窗口，也称低损耗窗口。光纤可获得较低损耗和较高透光率的某一波长或波长区域，称为传输窗口。对于聚甲基丙烯酸甲酯 PMMA 芯 POF，其传输窗口为 529nm、570nm 和 650nm；对于色散位移单模光纤，其传输窗口为 1550nm；对于非色散位移单模光纤，其传输窗口为 1310nm 和 1550nm。

【空间频率】spatial frequency

是傅里叶光学中的一个概念，是指在一个空间上呈正弦或者余弦分布的物理量，在某一方向上单位长度内重复的次数，没有单位。光是电磁波，其电场强度 E 和磁感应强度 B 是两个矢量，它们在各自方向上的单位长度就是正弦分布的，光在光纤中传输满足空间频率的定义。

【归一化频率】normalized frequency

又称归一化截止频率，也称特征波导参数。一根光纤中传输模式的数量是由归一化频率 V 决定的，归一化频率 V 由如下公式定义。

$$V=\frac{2\pi a}{\lambda}\sqrt{n_1^2-n_2^2}=\frac{2\pi a}{\lambda}NA=\frac{2\pi}{\lambda}n_0 a\sqrt{\Delta}$$

式中：a 为光纤芯半径(mm)；λ 为传输光波长(nm)；NA 为光纤数值孔径；Δ 为相对折射率差，$\Delta=(n_1-n_2)/n_1$；n_1、n_2 分别为芯、皮折射率。

对于某一光纤，当 $V\leqslant 2.4048$ 时，这种光纤称为单模光纤；当 $V>2.4048$ 时，这种光纤为多模光纤。

【界外吸收】extramural absorption；EMA

又称外部吸收，是在光纤皮层外包覆或涂覆一层黑色或不透明吸收层，也可在多根规整排列的光纤外插入吸光纤维，对穿透光纤皮层的光进行吸收，从而提高光纤面板或光纤传像束的对比度。

【脉冲展宽】pulse broadening

是脉冲信号在光纤中传输一段距离后，因色散而使脉冲宽度(空间)或脉冲持续时间增加的数值，其单位为 ps/km。这是由于光源输出光有一定谱宽，经过一段距离传输后，脉冲宽度 τ 在单位长度光纤中传输产生的时间差值 $\Delta\tau$，脉冲展宽如附图所示；当接收端的脉冲持续时间增加到脉冲信号在某个点重叠时，就会发生码间干扰；对于光纤而言，脉冲展宽的大小同光的光谱宽度、光纤折射率分布、光纤传输长度和发射脉冲的持续时间有关，脉冲展宽值决定光纤传输带宽。

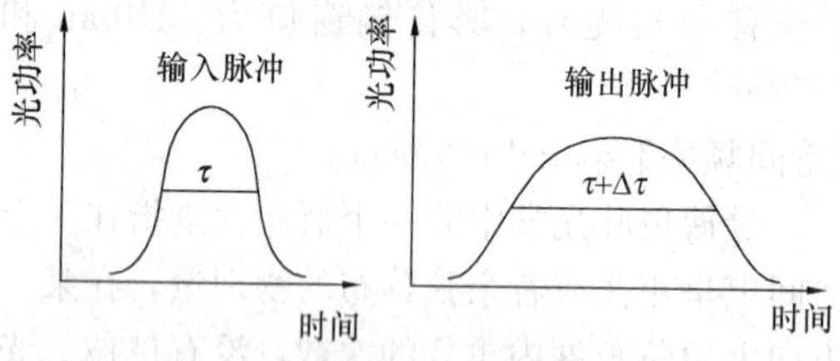

脉冲信号展宽示意图

【光纤色散】optical fiber dispersion

在光纤通信系统中，光纤承载的信息大多采用脉冲编码调制 PCM(pulse-code modulation)的方式传输，当脉冲信号在光纤中传输一段距离后因群速度的不同，会产生脉冲宽度展宽而波形信号失真的现象称为光纤色散，又称群速度色散(group velocity dispersion; GVD)。

影响光脉冲信号展宽因素有多种，这包括光纤长度、光纤结构、光纤数值孔径 NA、光纤材料、脉冲信号波长及其频谱线宽和传输模式等，当脉冲信号展宽重叠时，会导致信号光失真，光纤色散是影响光纤的传输容量和传输距离的重要指标。光纤色散包括多模色散、模内色散和偏振模色散，而模内色散是由材料色散和波导色散组成的。对于单模光纤，其色散是由模内色散和偏振模色散组成的，不存在多模色散；在某一波长处，当单模光纤的材料色散和波导色散为相反的正负数时，单模光纤模内色散为零，这一波长称为零色散波长。对于多模光纤，不存在偏振模色散，其色散是由多模色散和模内色散组成的，多模色散值远大于材料色散，材料色散值大于波导色散值。

【多模色散】multimode dispersion

又称模式色散，也称模间色散。在导波光学中，多模光纤允许存在众多的传输模式，其发射端的入射光脉冲可激励众多传输模式，由于每种模式的传输常数 β 不同，各模式的群速度也不同，这将导致不同模式的光脉冲到达接收端的时间有差异，形成群时延差，所产生的光脉冲展宽称为多模色散。多模色散是多模光纤传输带宽的主要影响因素，多模光纤通常有较大的多模色散，故不能获得较高的传输带宽，多用于短距离数据传输，而单模光纤无多模色散，多用于长距离数据传输。

【模内色散】intramodal dispersion

又称为色度色散，也称为波长色散。从光源输出进入光纤的光脉冲包含不同频率或波长，而且对同一模式不同频率的群速度也是不同的，当光脉冲在光纤中传输一段距离后，其脉冲形状发生变化，出现的脉冲展宽称为模内色散。模内色散是由材料色散和波导色散组成的，它是限制单模光纤传输带宽的主要因素，因模内色散产生的时延差 $\Delta\tau_{模内}$ 同光源的谱宽 $\Delta\lambda$ 及单模光纤长度 L 成正比，参见下式，$\Delta\tau_{模内}=D(\lambda)\times\Delta\lambda\times L$，其中 $D(\lambda)$ 单位为 ps/(km·nm)，其含义为单位波长间隔 1nm 的两频率成分在光纤传输 1km 时所产生的群时延差；在某一波长处，单模光纤的材料色散和波导色散可相互抵消，模内色散为零，此时偏振模色散 PMD 是单模光纤的色散极限。

【材料色散】material dispersion

光源输出不同频率的光，以不同的速度在光纤中传输，而引起光脉冲的展宽，称为材料色散。通常，光源输出光有一定的频谱宽度，光纤材料折射率随传输光波长的不同而发生变化，材料色散是波长的函数，材料色散同光源的谱宽成正比。材料色散常用材料色散系数 D_m 来表征，D_m 的单位为 ps/(km·nm)。材料色散为零时的波长称为零材料色散波长，对于纯石英玻璃而言，其零材料色散波长为 1272.75nm。对于常规单模石英光纤，在材料色散小于零的波长区域，随着波长的减小，材料色散为负值且其绝对值增大；在材料色散大于零的波长区域，随着波长的增大，材料色散增大。

【波导色散】waveguide dispersion

光纤中某一传导模的群速度因光源的输出谱线有一定的宽度而使传播常数 β 不是均一值，这导致群速度的不同而引起群延迟，这种时延差 $\Delta\tau$ 产生的光脉冲展宽称为波导色散。波导色散是波长的函数，同光源的谱宽 $\Delta\lambda$ 成正比；波导色散是单模光纤 SMF 的一种重要色散，不可忽略，而对于多模光纤 MMF 而言，波导色散值很小，可忽略不计。

【光纤带宽】fiber bandwidth；BW

带宽 BW 用于描述模拟信号在通信信道中的传输能力，表征传输线的基带传递函数的大小降低到某一规定值时的调制频率。其定义为调制信号的幅度相对于零频或低频处的值下降 3dB(即传输功率下降 50%)时的频率值，其单位可用 Hz(赫兹)、MHz 和 GHz，传输信号在这一频率范围内不会产生大的畸变。

数字通信的光纤网络也沿用带宽这一概念，光纤带宽是用比特率 BR(bit rate)表征光纤通信链路传输数字信号的能力。所谓比特率就是在每一光纤通信信道上，满足误码率的每秒所能传输的比特数。其值越大，信号传输速率越高，其单位可用 bit/s、Mbit/s、Gbit/s 和 Tbit/s 表示；当采用以二进制脉冲编码 PCM 调制信号时，测试脉冲信号为正弦波，以 Hz 为单位的带宽 BW 值，等于以 bit/s 为单位的比特率 BR 值的一半。

【传输损耗】transmission loss

光或光信号通过单位长度的光纤传输后，其光功率衰减的程度，称为传输损耗，是表征光纤传输特性的一个重要参数。光纤传输损耗包括固有损耗和非固有损耗，固有损耗又称本征损耗，非固有损耗又称非本征损耗。

固有损耗包括固有吸收损耗和瑞利散射损耗，其中固有吸收损耗包括 Si-O 键、C-X 键(如 C-H、C-D 和 C-F 等)、氮氢 N-H 键和碳氧 C=O 键等的谐波振动产生的损耗。

非固有损耗包括因吸收水、含有重金属和有机杂质而产生的吸收损耗，以及因存在灰尘及不完善的波导结构产生的非固有散射损耗，这种损耗同传输波长无关。

【吸收损耗】absorption loss

光纤传输光因吸收而造成的损耗，称为吸收损耗，包括固有吸收损耗、杂质吸收损耗和原子缺陷吸收损耗，其中杂质吸收损耗是一种非固有损耗。

【散射损耗】scattering loss

光纤传输光因光散射造成的损耗。多是由传输介质的不均匀性、反射界面的粗糙或不平整产生的，散射损耗包括瑞利散射损耗、米氏散射损耗、受激拉曼散射损耗、受激布里渊散射损耗和波导散射损耗。

【瑞利散射损耗】Rayleigh scattering loss

因光纤材料密度、成分和分子结构或内应力不均匀而使其折射率不均匀，从而导致部分传输光散射而产生的损耗，称为瑞利散射损耗。瑞利散射损耗同波长 λ 的四次方成反比，随传输波长的增加，瑞利散射损耗显著下降。瑞利散射损耗与入射光功率无关，而与不均匀粒子尺寸相关；若不均匀粒子尺寸小于传输波长值，则越接近传输波长时，瑞利散射损耗越大。瑞利散射损耗是光纤的固有散射损耗，光纤因掺杂不均产生的损耗，也属于瑞利散射损耗。对于石英光纤，瑞利散射损耗 α_R 可用如下公式表示，单位为 dB/km，$\alpha_R = 1.7 \times \left(\frac{0.85}{\lambda}\right)^4$，其中 λ 为传输波长(μm)。

【弯曲损耗】bending loss

光纤因其中心轴线的弯曲或微小畸变而产生的损耗，称为弯曲损耗。光纤弯曲或轴线微小畸变会导致部分传导模转变为辐射模，光从光纤侧面泄漏出来，影响光纤弯曲损耗因素包括光纤材料、光纤几何尺寸、弯曲半径、传输波长及其数值孔径 *NA* 等。当光纤弯曲时，数值孔径 *NA* 越大的光纤，其允许的弯曲半径越小。相同直径的聚合物光纤比石英光纤有更小的弯曲半径，弯曲损耗包括宏弯损耗和微弯损耗。

【宏弯损耗】macrobend loss

整根或部分光纤因光纤中心轴线的弯曲而

产生的损耗，称为宏弯损耗。通常，光纤的宏弯会导致在光纤中传输的高次模从光纤芯层中泄漏出来；在光纤实际使用过程中，要求光纤的弯曲半径须大于光纤的最小弯曲半径，光纤的宏弯损耗同弯曲半径成反比；当光纤以小于最小弯曲半径弯曲时，会导致光纤受损或光纤宏弯损耗明显增大。对于石英光纤，其长期弯曲的最小弯曲半径为光纤皮层直径的150倍，短期弯曲的最小弯曲半径为光纤皮层直径的100倍；对于单模光纤，其宏弯损耗随波长增大和弯曲半径的变小而增大。

【微弯损耗】microbend loss

在光纤中，光纤中心轴线微小畸变或光纤芯皮界面的微小畸变而产生的损耗，称为微弯损耗。通常，光纤的微弯会导致相邻模式间的耦合，部分传导模转化为辐射模，从而导致部分在光纤芯中传输的光泄漏出来产生损耗；光纤光缆在生产、贮存、运输和使用过程中易产生微弯损耗，如直接作用在光纤上的机械压力会使其产生微弯损耗。单模光纤比多模光纤对微弯损耗更敏感；对于多模光纤，其微弯损耗与波长无关，而单模光纤微弯损耗同传输波长相关。

【光谱损耗曲线】spectral loss curve; attenuation spectral curve

又称衰减光谱曲线。在纤维光学中，光纤传输损耗与光纤传输波长的关系曲线，称为光谱损耗曲线。它是表征光纤传输特性的重要曲线，光纤光谱损耗曲线通常是采用光纤光谱仪测试得到的。

11.2 品种及制品

11.2.1 玻璃纤维品种及制品

【连续玻璃纤维】continuous glass fiber

按玻璃纤维形态分类的一大类别。指熔融的高温黏性玻璃液从漏孔流出时，被外力拉成无限长的玻璃纤维。连续玻璃纤维有粗细之分，其用途不同。一般用直径3～9μm的纤维织成各种纺织制品，如布、带、套管等，由于这类连续玻璃纤维经常都要经过纺织加工，所以又称纺织型玻璃纤维；用直径10～24μm的纤维制成无捻粗纱、短切原丝、短切原丝毡等，也可以再用无捻粗纱织造成无捻粗纱布，用作各种增强材料，称之为增强型玻璃纤维。

【定长玻璃纤维】staple glass fiber

按玻璃纤维形态分类的一大类别。是长度有限的玻璃纤维，也叫长棉。生产方法较多，有吹拉法和滚筒法等。定长玻璃纤维的长短不均匀，可以做成毛纱并加工成织物，也可以做成薄毡，或加工成制品，用作防水材料、过滤材料及绝热材料等。

【E玻璃纤维】E glass fiber; non-alkali glass fiber

又称无碱玻璃纤维。采用含碱金属氧化物0～2%的无碱玻璃拉制的连续玻璃纤维。通常的组成范围为：SiO_2 53%～55%，Al_2O_3 13%～16%，CaO 16%～22%，MgO 0%～5%，B_2O_3 4%～9%，Na_2O<2%，Fe_2O_3<0.4%，TiO_2<2.5%，F_2<1%。熔制温度1560～1580℃，拉丝温度1200～1240℃，拉丝成形工艺性能良好。这种纤维具有电绝缘性能好、机械强度高、耐水性好等特点，但耐酸性较差。可用作电器绝缘材料、塑料及橡胶制品的增强材料等。

【E-CR玻璃纤维】E-CR glass fiber

是一类不含B_2O_3和F_2的玻璃纤维。1970年以来，由于对环境效应越来越重视，同时为了提高玻璃的化学性能和力学性能，对E玻璃纤维成分进行了许多改变：减少B_2O_3和F_2的含量甚至不使用，添加引入TiO_2、ZnO、SrO和Li_2O等氧化物，出现了E-CR玻璃纤维、无硼玻璃纤维、无硼无氟玻璃纤维和Advantex®玻璃纤维等。这类纤维具有良好的电绝缘性和化学稳定性，同时具有更好的力学性能，对环境更友好。

【C玻璃纤维】C glass fiber; chemically resistant glass fiber

又称耐化学侵蚀玻璃纤维。化学稳定性高，比无碱玻璃纤维有更好的耐酸性、耐候性。C 玻璃纤维组成范围是：SiO_2 64%～66%，Al_2O_3 4%～5%，CaO13%～14%，MgO3%～4%，B_2O_3 4%～6%，Na_2O+K_2O 3%～10%，Fe_2O_3＜0.5%。适用于制作蓄电池套管、耐酸过滤材料，以及制成表面毡，用于耐化学侵蚀的玻璃纤维增强塑料制品。

【中碱玻璃纤维】medium-alkali glass fiber

采用含碱金属氧化物为12%左右的中碱玻璃制成的纤维。我国中碱玻璃纤维的组成范围为：SiO_2 64%～68%，Al_2O_3 4%～8%，CaO9%～12%，MgO 3%～5%，Na_2O+K_2O 10%～12%，B_2O_3＜3%，Fe_2O_3＜0.4%。熔制温度1530～1540℃，拉丝温度1160～1200℃。此种纤维耐酸性好，但机械强度比无碱玻璃纤维低，可用作酸性过滤布、胶乳布基材、窗纱基材等。也可用作对电性能和强度要求不很严格的玻璃纤维增强塑料及橡胶制品的增强材料。因为其耐酸性不亚于 C 玻璃纤维，在我国的产品代号标准中，将其纳入 C 玻璃纤维类别。

【A 玻璃纤维】A glass fiber

采用含碱金属氧化物 14%以上的高碱玻璃制成的纤维。其组成范围为：SiO_2 71%～73%，Al_2O_3 0.5%～3%，CaO6%～10%，MgO3%～5%，Na_2O+K_2O 14%～17%，Fe_2O_3＜0.4%。由于含碱量高，又称高碱玻璃纤维。这种纤维耐水性和机械强度不如无碱和中碱玻璃纤维，但耐酸性较好。制成薄毡可用作电瓶隔离片、沥青油毡的基材和绝热材料等。其连续纤维可编织管道包扎布。其拉丝作业温度低，可利用平板玻璃碎料，成本较低。在我国这种玻璃纤维常使用陶土坩埚拉丝，但这种拉丝工艺早已于 1995 年被政府明令淘汰。

【S 玻璃纤维】S glass fiber；high strength glass fiber

又称高强度玻璃纤维，属 SiO_2-Al_2O_3-MgO 三元氧化物系统。单丝强度一般比无碱玻璃纤维高 30%以上。所制成的增强塑料比用无碱纤维制成的塑料，抗张强度可提高30%～40%，弹性模量提高10%～20%。美国的 S-2 是 S 玻璃纤维的一种典型成分，由 SiO_2 65%、Al_2O_3 25%、MgO 10%组成。这类玻璃纤维熔制温度与析晶上限温度较无碱、中碱玻璃纤维高，析晶速度快，纤维成形温度高。主要用于对强度要求较高的玻璃纤维增强塑料制品及国防科学等方面。

【R 玻璃纤维】R glass fiber

R 玻璃纤维属于高强度玻璃纤维，单丝强度一般比无碱玻璃纤维高 30%以上。所制成的增强塑料比用无碱纤维制成的抗张强度可提高30%～40%，弹性模量提高 10%～20%。R 玻璃纤维为 SiO_2-Al_2O_3-CaO-MgO 四元氧化物系统，不含氧化硼，典型成分是 SiO_2 58%～60%，Al_2O_3 23.5%～25.5%，CaO+MgO 14%～17%，除力学性能外，与无碱玻璃纤维相比，具有良好的耐热性和化学稳定性。

【M 玻璃纤维】M glass fiber；high modulus glass fiber

又称高弹性模量玻璃纤维，简称高模量玻璃纤维。用它制成的增强塑料，其弹性模量比用无碱纤维制成的提高 30%以上，抗张强度提高 5%～30%。此类玻璃纤维大多数是在镁铝硅系统玻璃中，加入某些提高弹性模量和改善物化性能的氧化物如 BeO、ZrO_2、TiO_2、稀土氧化物等组分。比无碱、中碱玻璃纤维熔制温度和析晶上限温度高，析晶速度快，因此纤维成形温度较高。主要用于对弹性模量要求较高的玻璃纤维增强塑料制品及国防科学方面。

【AR 玻璃纤维】AR glass fiber；alkali-resistant glass fiber

又称耐碱玻璃纤维。它是耐碱溶液侵蚀，特别是耐游离 $Ca(OH)_2$ 饱和溶液侵蚀的玻璃纤维，主要用作水泥制品的增强材料。较典型的耐碱组成属于氧化锆、氧化钛含量高的钠硅酸盐玻璃系统，熔制和拉丝温度较高。例如英国的商品名称为“Cem-Fil”的玻璃纤维成分是 SiO_2 71%、Al_2O_3 1%、ZrO_2 16%、Na_2O 11%、Li_2O 1%，拉丝温度在 1400℃以上。这类纤维用于代替石棉、钢筋制作薄板、波形瓦等增强水泥制品。具有质轻、高强和抗冲击性能良好等特性。

【D玻璃纤维】D glass fiber；low dielectric constant glass fiber

又称低介电玻璃纤维。由低介电玻璃拉制的玻璃纤维，其介电常数和低介质损耗都低于E玻璃纤维，属高硼高硅玻璃组成，适用于制造电子元件及雷达罩等。

【高硅氧玻璃纤维】high silica glass fiber；vitreous silica fiber

含$SiO_2$95%以上。由硼硅酸盐玻璃纤维经酸萃取后烧结制得。此种纤维强度较低，但能长期耐900℃，短期耐1200℃高温，是一种优良的耐高温的烧蚀材料和隔热材料。

【石英玻璃纤维】quartz glass fiber；silica glass fiber

由石英玻璃拉制的玻璃纤维，含$SiO_2$99%以上。此种纤维强度和耐高温性能都优于高硅氧玻璃纤维。

【玄武岩纤维】basalt fiber

以天然玄武岩为原料拉制的玻璃纤维。具有良好的耐热、耐酸、耐碱性能，与普通E玻璃纤维相比，有较高的强度和更高的弹性模量。通常用作有特别要求的增强材料、绝热材料，也可用于代替部分石棉的水泥制品等。

【耐辐照电绝缘玻璃纤维】radiation-resistant electrical glass fiber

一种兼具耐辐照与高绝缘特性的玻璃纤维。属于钙铝镁硅酸盐玻璃系统。其特点是，在高剂量的热中子和γ射线的混合辐照下，仍具有较高的绝缘电阻，而且电性能优于相同情况下的其他材料。主要用于原子能工业和国防尖端工业。

【防辐射玻璃纤维】radiation-proof glass fiber

能有效地防护各种射线辐射的特种玻璃纤维。其组成因用途不同而异，一般含有大量铅、镉、硼等的氧化物。含氧化铅的玻璃能吸收X射线和γ射线，含氧化镉和氧化硼的玻璃能吸收中子。最早出现的品种是含铅玻璃，简称L玻璃纤维(lead glass)。此类玻璃纤维主要用于X光操作人员的防护服及特殊军事用途。

【导电玻璃纤维】electrically conductive glass fiber

在玻璃纤维表面涂敷胶体石墨等导电材料，而赋予导电性能的产品。导电粗纱用作汽车点火栓导火线的芯体等。

【镀金属玻璃纤维】metallized glass fiber；metal coated glass fiber

又称涂金属玻璃纤维，即带有金属表面层的玻璃纤维。按金属镀层种类来分，有镀锌玻璃纤维、镀铝玻璃纤维和镀银玻璃纤维等。按其生产工艺来分，有真空镀膜法、蒸汽沉积法和热浸法等。镀金属玻璃纤维具有良好的电磁波反射性能，因此在军事上用作对抗雷达的干扰丝。此外镀银的玻璃纤维能焊接，可作导线。镀铝的玻璃纤维能反射大量的热能，可作高温防护衣等。

【空心玻璃纤维】hollow glass fiber

用具有特殊结构的铂坩埚拉制的管状纤维。其空心率为90%～100%，空心度为10%～65%，纤维直径为10～70μm，强度接近于无碱玻璃纤维。空心玻璃纤维具有质量轻、刚度高、介电性能好等特点，主要用来增强塑料，用于航空工业及深水容器。

【异形截面玻璃纤维】non-circular glass fiber

用带有特殊结构铂漏嘴的坩埚和特殊的成形工艺，拉制的单纤维横截面呈非圆形的玻璃纤维。用于造纸，具有强度高、厚度薄等特点；用作增强材料，具有刚度高、接触面大和省料等特点。

【扁平玻璃纤维】flat glass fiber

是一种异形玻璃纤维，单纤维横截面呈扁平形，或者截面两端带有哑铃形的扁平形玻璃纤维。

【玻璃纤维纱】glass fiber yarn；fiberglass yarn

由玻璃纤维原丝经退解、加捻或合股后制成的产品，供织玻璃纤维布之用。有单纱和合股纱两种。

【单纱】single yarn

或称初捻纱。由一根或多根玻璃纤维原丝，经过一次退解加捻形成的玻璃纤维纱。

【合股纱】plied yarn

或称并捻纱。由两根或多根玻璃纤维单纱经第二次加捻合股制成的玻璃纤维纱。

【缆线】cabled yarn

由两根或更多根玻璃纤维合股纱(或合股纱和单纱交叉)，通过一次或多次合股加捻制成的玻璃纤维纱线。玻璃纤维本身具有强度高、伸长率小、耐高温、耐化学腐蚀等特性，经表面处理又可增加其耐磨性、耐折性。经耐高温树脂(如聚四氟乙烯)处理制成的玻璃纤维缝纫线，可用于高温或侵蚀介质中。经某些偶联剂及中间粘结剂处理，可提高玻璃纤维与橡胶的黏附力，制成玻璃纤维帘子线，用于制作轮胎、三角带、缠绕或编织胶管等。

【玻璃纤维绳】glass fiber rope; glass fiber cord

由连续玻璃纤维纱或定长玻璃纤维纱通过加捻、合股成缆或编织制成的纱线结构制品。其特点是强度高、伸长小、不导电、无磁性、耐热性好。用作电机内绑扎材料。经包覆塑料或橡胶，可制成玻璃纤维承力索，用于悬挂电机车导线和电讯等。

【多股络纱】multiple wound yarn

两根或多根玻璃纤维纱不经加捻而直接并股络成的纱。单纱、合股纱或缆线都可以制成多股络纱。

【变形纱】textured yarn

玻璃纤维纱经过变形加工而得，包括膨体纱、圈纱、花式纱等。

【贝它纱】Beta fiber yarn

以单丝直径在 3.8μm 左右的超细玻璃纤维，多股并合而成的连续玻璃纤维纱。用它织成的织物或混纺织物，具有强度高、质量轻、手感柔软、耐折、不燃烧等优点。主要用作防火工作服、带电作业均压服、篷盖布、建筑膜材、装饰用布等。

【电子纱】electronic yarn

用于生产印制电路板用覆铜板玻纤基布的原料纱。是将拉丝车间生产的、采用淀粉型浸润剂涂敷的纺织型原丝，经过一段时间存放调理后，采用大卷装捻线机进行退解和加捻制成的管纱。品种包括 G75、E225、D450、D900 等。

【混纺纱】mixed yarn; hybrid yarn

或称混纤纱。采用一种或多种和玻璃纤维本质不同的纤维，与玻璃纤维混杂捻合而成的纱。经机织、编织等加工用作增强材料、绝热材料等。

【涂覆纱】coated yarn

经有机高分子材料或其他材料涂覆处理的玻璃纤维纱。

【缝纫线】sewing thread

由连续玻璃纤维纱制成的高捻、结实和光滑的纱线，通常经过浸渍处理或润滑处理。作缝纫之用，用以缝制滤材、绝热材料、防护帘等。玻璃纤维缝纫线具有优异的拉伸强度、结节强度、耐高温性和柔曲性，尤其适用于小直径缝纫用途。

【橡胶帘线/帘绳】rubber reinforcing cord

连续玻璃纤维纱经浸渍处理和多次并捻而成的多股纱线/绳，一般用于增强橡胶制品。

【标志纱】tracer yarn

是复合材料用增强材料的织物中，颜色或组成与增强纱不同的纱线。用以识别增强材料的品种、厚度和分布。

【玻璃纤维无捻粗纱】glass fiber roving

即无捻度的玻璃纤维粗纱。生产中将多股连续玻璃纤维原丝，不经加捻直接平行并合而成的，称为合股无捻粗纱。在用多孔漏板生产时，可以不分股集束或分股集束，直接卷绕制成的，称为直接无捻粗纱。根据粗纱加工制品的工艺不同，对粗纱性能的要求也不相同。用于缠绕法的俗称为缠绕纱、用于拉挤法的俗称为拉挤纱、用于短切喷射法的俗称为喷射纱、用于生产片状模塑料(SMC)的俗称为 SMC 纱、用于生产板材的俗称为板材纱、用于生产长纤维增强热塑性塑料(LFT)的俗称为 LFT 粗纱。

【短切原丝】chopped strands

又称短切纤维。将连续玻璃纤维原丝，切成长度为 3～12mm 的丝段，切短后分散成单股原丝。可以与树脂均匀混合制成模塑料半成品，如团状模塑料或块状模塑料，也能用于增强热塑性塑料以及作为石膏等的增强材料。

【磨碎纤维】milled fibers

将连续玻璃纤维粉碎成长度为0.4～6mm的短纤维。这种纤维极易分散，可以与树脂溶液制成悬浮液进行浇注法成形，适用于形状复杂的制品；或作玻璃纤维增强塑料和热塑性塑料等的填充材料，又能作玻璃纤维增强塑料制品表面涂层的增强材料。

【定长纤维毛纱】staple fiber sliver

俗称毛纱。由直径为7～12μm、长度一般为50～100mm的蓬松的定长玻璃纤维，涂覆一定量的浸润剂，经集条、加捻后纺成线密度为200～2000tex的表面有绒毛的纱。具有较好的柔性、弹性和耐挠曲性能。可以代替黄麻作电缆的防腐外护层和填芯。毛纱经纺织工序加工，可织成毛纱布，是一种较好的过滤材料和装饰材料。这种毛纱可用一次毛纱法、棒法、气流吹拉法等工艺来制取。

【玻璃纤维布】glass fiber cloth

由连续玻璃纤维纱作经、纬纱交织成的布。可以加工成各种制品，广泛应用于工业及民用方面。常用的工业用布有平纹、斜纹、缎纹、纱罗等织物组织。民用装饰用布还可采用变形纱等花色纱，织成多种变化组织或提花织物。

【无捻粗纱布】roving cloth；woven rovings

用玻璃纤维无捻粗纱织成的布，俗称方格布。无捻粗纱布为平纹组织，较厚重，采用剑杆织机织造效率高、成本低；同时由于无捻度且组织较粗，便于树脂的渗透，层间结合牢，因此适用于作玻璃纤维增强塑料制品的增强基材。无捻粗纱布中经纬密一般大致相同，但也有经密大于纬密的所谓单向无捻粗纱布，一般用于单向弹性模量要求较高的制品。

【覆铜板基布】base cloth for copper clad laminate；CCL cloth

印制电路板用覆铜板的基布，俗称电子布。主要指用作印制电路板用覆铜板增强基材的E玻璃纤维布。它是以高质量的E玻璃连续纤维纱(电子纱)为原料，经整经、上浆、织造、脱浆和表面处理而制成的织物。由于印制电路板对电绝缘性能、介电性能、平整度和翘曲性等性能都要求很高，因此对所用的E玻璃纤维布也提出了很高的质量要求。随着电子和信息产业的发展，各种规格的覆铜板基布已广泛地应用于航天、航空、计算机、通信和家用电器等领域。

【导风筒基布】base cloth for air ducting

用于制作矿井导风筒的基布。以连续玻璃纤维纱为原料，经织造、浸渍等工艺而制成的织物。再经涂覆橡胶、塑料或橡塑混合物后可加工成导风筒。

【建筑网布】architectural mesh fabric

由玻璃纤维纱罗织物经有机材料涂覆处理而制成的制品。主要用作墙体保温饰面系统增强材料、屋面防水系统增强材料、天然石材增强材料等。

【耐碱网布】alkali-resistant mesh fabric

采用耐碱玻璃纤维纱织造，并经有机材料涂覆处理的网布。主要用作水泥基制品的增强材料，如隔墙板、网架板、外墙保温工程用材料等，也可用作聚合物及石膏、沥青等基体的增强材料。

【自粘嵌缝带】self-adhesive joint tape

建筑网布的深加工制品。将涂塑玻纤网布的一面涂以有自粘功能的压敏胶并分割成窄幅的带状产品。可用于修补墙体、顶棚、石膏板的接缝或裂缝，广泛应用于建筑装修等领域。

【防虫网布】insect screening

以连续玻璃纤维纱经绞织后涂塑，或以连续玻璃纤维单纱涂塑，再经平织和热定型而成的网状织物，俗称玻璃纤维窗纱。原料以中碱或无碱玻璃纤维为主，涂层多用聚氯乙烯。具有比铁窗纱质量轻、耐腐蚀、不生锈、颜色鲜艳等特点，主要用于需要防虫、隔离、装饰等的场所。

【砂轮网布】abrasive wheel reinforcing mesh

用作树脂砂轮的增强材料的网状织物。一般以无碱或中碱玻璃纤维纱为原料，经机织而成平纹或纱罗组织的平面结构，再经酚醛树脂浸渍，用以增强砂轮、切割片、百页轮等，以提高它们的旋转破坏强度和冲击强度。

【过滤布】filter cloth；filtration cloth

用于过滤气体和工业除尘的玻璃纤维织物，是坯布经脱浆、浸渍、烘焙等工序加工而成的。具有不燃、不腐、耐酸、耐温及强度较高、过滤阻力小等优点。采用不同成分的表面涂层处理，或与有机纤维复合可提高其化学性能和耐折性能。制成的过滤袋可用于炭黑生产及冶金、化工、水泥等行业的收尘，过滤效率可达90%。根据坯布材质不同，分为平幅过滤布、膨体纱过滤布、针刺毡过滤布。

【平幅过滤布】plain filter cloth

经纬纱均由连续玻璃纤维纱构成的玻璃纤维过滤布称为平幅过滤布。

【膨体纱过滤布】filter cloth woven with bulked yarn

经纱由连续玻璃纤维纱，纬纱由膨体纱构成的玻璃纤维过滤布称为膨体纱过滤布。

【针刺毡过滤布】needled mat filter media

由玻璃纤维针刺毡构成的过滤布称为针刺毡过滤布。

【覆膜滤料】membrane-laminated filter media

将聚四氟乙烯片材，经双向拉伸工艺制成的、具有微孔结构的薄膜，与各种过滤布复合，而构成的覆面复合过滤材料。与一般过滤布相比，具有更高的过滤效率和更优的耐化学腐蚀性。使用无黏性的发泡PTFE膜，可解决粉尘聚积而妨碍气体通过的问题，从而达到更高的过滤效率(99.99%)，可过滤亚微米级的颗粒物，亦可减小压降。同时，由于聚积的粉尘减少而使清灰量减少，从而降低滤袋的维护频率，延长其使用寿命。

【过滤袋】filter bag

又称收尘袋。将各种过滤布经涂层处理后加工成袋状，用于过滤气体烟尘和工业除尘等。广泛用于水泥、冶金、炭黑、燃煤锅炉及垃圾焚烧等用途。处理剂有硅油-石墨-聚四氟乙烯传统三组分配方，以及其他耐酸、抗结露等专用配方。目前玻纤过滤袋多用针刺毡、膨体纱布或覆膜滤料制作。

【熔融金属过滤布】molten metal filtration cloth

由耐高温的玻璃纤维(例如高硅氧玻璃纤维)制成的、用于过滤熔融金属的“筛网”状制品。广泛应用于冶金和铸造行业。

【胶乳布】latex-coated fabric

织物经浸涂天然胶乳或合成胶乳加工而成的制品。过去常将其误称为“乳胶布”。

【硅橡胶涂覆布】silicone rubber coated fabric

经硅橡胶涂覆处理的玻璃纤维布。

【聚四氟乙烯涂覆布】PTFE-coated fabric

经聚四氟乙烯涂覆处理的玻璃纤维布。

【建筑膜材】architectural membrane

一种以超细玻璃纤维纱织成的薄布为基材，用塑料、橡胶等聚合物涂覆制成的膜结构材料。用作多种建筑设施的顶篷或外壳，也可与支承构件一起，组成构造时尚的建筑物或构筑物。建筑膜材要求具有足够的强度、透光性、耐老化性、阻燃性和自清洁功能。玻璃布保证了机械强度，塑料涂层起到保护作用。最常用的涂层材料是PTFE和聚氯乙烯。

【云母布】glass-mica cloth

以玻璃纤维布为基材，用胶粘薄片云母(或云母纸)与其复合，再经烘焙干燥而制成的绝缘材料。具有良好的力学性能、耐热性、抗电晕性和防潮、防霉性能。与漆布相比，电绝缘性能更好，是高压电机最理想的绝缘材料。玻璃纤维企业往往也把可用于补强云母制品的玻璃纤维基布，称为云母布。

【漆布】varnished cloth

以玻璃纤维布为基材，经浸渍或涂覆绝缘漆后，再经烘焙干燥而制成的柔软绝缘材料。具有良好的力学性能、耐热性、抗电晕性和防潮、防霉性能，主要用于电机、电器的包扎绝缘、相间绝缘、槽绝缘、衬垫绝缘和配线绝缘等。

【绝热布】heat insulating cloth

绝热用玻璃纤维机织物。一般用E玻璃纱(膨体纱或非膨体纱)织成，经各种处理、涂层或贴箔/贴膜加工获得所需性能，成为耐热的无石棉产品，可用作设备绝热垫/套、高温管道管件绝热防护、锅炉垫、船体内衬等。使用不同织物组织的玻璃纤维纱，有不同的绝热效果，例如采用变形纱，可降低绝热布的导热系数；使用不同种类的玻璃纤维纱，有不同的使用温度，如石英玻璃纤维纱比 E 玻璃纤维纱具有更高的使用温度。某些制品还进行了覆面或涂层处理，以便提高绝热效果、使用温度、耐化学腐蚀性能或满足某些特殊要求。

【土工布】geotextile

又称土工织物。是由玻璃纤维或玻璃纤维与合成纤维混杂，通过针刺或编织而成的成品为布状的材料。将土工布置于土体内部，具有优良的过滤、排水、隔离、加固、防护等作用。其抗拉强度高、渗透性好、耐高温、抗冷冻、耐老化和耐腐蚀，主要应用于岩土工程。

【土工格栅】geogrid

一种以玻璃纤维网布为基材，经表面涂覆处理而成的半刚性制品。玻纤土工格栅用于沥青面层内部或面层之间，与沥青混合料形成嵌锁，起加筋增强的作用。其具体作用包括抗疲劳开裂、耐高温车辙、抗低温缩裂和延缓反射裂缝等。其基布的制作方式分为机织和经编两种，涂层主要为改性沥青。

【壁布】wall covering fabric

又称贴墙布、壁纸，是用于装饰墙面的平面织物。玻璃布(包括膨体纱布或连续纤维布)经聚丙烯酸树脂等涂层处理和印花制成墙布，玻璃纤维薄毡经聚氯乙烯涂层处理后制成壁纸，用作室内装饰和防护材料，具有美观和耐用效果。

【遮阳织物】shading fabric

具有阻拦阳光辐射功能的玻璃纤维涂层织物。它可用于制作窗帘、遮阳幕、日光帘等防晒、防紫外线用布。

【窄幅织物】narrow fabric

通常指幅宽小于 300mm 的织物。

【带】tape

用玻璃纤维纱织成的带状织物，幅宽通常小于 100mm。根据玻璃纤维组分的不同有无碱和中碱两种。无碱玻璃纤维带用作电机和电器的绝缘材料，中碱玻璃纤维带可用作玻璃纤维增强塑料管材、接头等的增强材料。

【纤维套管】sleeving

用玻璃纤维纱编织而成的管状织物。无碱玻璃纤维套管浸渍绝缘清漆制成的玻璃纤维漆管，用于电机、电器的引线部位绝缘或内部连接线的接头绝缘，性能比亚麻及棉纱制成的漆管优越。有碱纤维套管浸渍酚醛、脲醛等树脂经固化制成玻璃纤维固化管，用作蓄电池管形极板的隔离套管，能耐腐蚀、抗老化、耐振动，延长蓄电池的使用寿命，广泛用于固定通信电池、车/船用电池及矿灯电池等。

【单向织物】unidirectional fabric

俗称单向布。一种经纬方向上纱线数量，或粗细有明显差别的平面结构织物，有机织和缝编两种织法。单向织物在一个方向上具有更高的强度。根据强度设计要求，有单经向织物和单纬向织物，一般以单经向织物为多。玻璃纤维单向织物主要用于复合材料增强。

【多轴向织物】multiaxial fabric

两层或两层以上的平行无捻粗纱纱片，以不同方向叠铺(也可铺放短切玻璃纤维原丝层)，利用聚酯细线缝合而成的平面结构织物。无捻粗纱铺放方向有：0°、90°、±45°或±30°等。具有取向性好、方向强度可以设定的特点。用于工程结构件的玻璃钢制品之中，是新型的玻璃纤维织物品种。多轴向织物含有多层增强材料，可大大减少制造复合材料时的铺层工作量，提高成本效益，尤其适用于大尺寸制件。主要适用于拉挤成形、注射成形、缠绕成形、手糊成形等玻璃钢成形工艺。主要用于制作风力发电机叶片、拉挤型材、管道等，广泛应用于造船、航空、军工等领域。

【针织物】knitted fabric

由纱线构成的线圈相互串套而制成的平面或管状织物。一般分为经编针织物和纬编针织物，经编针织物是采用一组或几组平行排列的纱线，从经向喂入针织机的所有工作针上同时成圈而制成的针织物；纬编针织物是将纱线由纬向引入针织机的工作针上，使纱线顺序弯曲成圈，并相互串套而制成的针织物。玻璃纤维针织物的常见形式有缝编织物、经编网布、经编土工格栅等。由于玻纤针织物的原始挠曲性和多孔性，还被用作医疗和工业绷带、矫形支具、假体等。

【编织物】braided fabric

由若干纱线系统相互倾斜交织而成，其中纱线路径与织物长度方向一般不成 0°或 90°。编织物可织成平面、管状或立体形态。编织物的独特结构提供了比机织物更高的比强度，其抗冲击性、损伤容限和疲劳性能俱佳。编织物还具有天然的贴伏性，极易适配所增强制品的形状，因而尤其适于编织套管和预成形体。除用作增强材料外，还可用于绝缘、绝热、密封、防护的编织管、编织绳、编织盘根等。

【缝编织物】stitched fabric

将增强纤维以不同方向分层铺放，用细软的缝编线穿过纤维层，形成线圈，将主体纤维联结固定而形成的织物。玻璃纤维缝编织物一般以无捻粗纱为主体纤维，缝编线通常采用有机纤维纱(典型为聚酯纤维纱)。构成缝编织物的纤维层数可为单层或多层(多层缝编织物亦称为多轴向织物)。

【多层织物】multilayer fabric

两层或两层以上，相同或不同的材料，以机织、缝编或化学粘结的方式所构成的纺织结构。其中有一层或多层是由纱线平行无皱褶地排列而成，各层的纱线可能有不同的取向和不同的线密度，有些产品层结构中还包括材质不同的毡、薄膜、发泡体等。在复合材料的成形中，缩短了铺料时间，提高了效率，而且织物中的纤维取向，可按制品的力学要求进行设计，是一种新型的增强材料。

【立体织物】three-dimensional fabric；3D fabric

又称三向织物，是一种具有立体结构的特殊织物，除了经纱和纬纱交织之外，还有垂直于经纬纱的第三方向纱。用这种织物制作玻璃纤维增强塑料制品突出的优点是整体性较好，改善了玻璃纤维增强塑料层间强度低的缺点，主要用于航空航天、军工、船舶、汽车等行业，也可用于制作体育器材、医疗器械等。典型的产品有 2.5D 立体织物、三维立体织物、正交三向织物、细编穿刺织物等。

【2.5D立体织物】2.5D fabric

由经纱和纬纱组成，经纱和纬纱相互垂直呈不同程度弯曲，在厚度方向进行层间连接形成的编织预制体。有 2.5D 机织物和 2.5D 编织物。

【三维立体织物】three-dimensional fabric；3D fabric

通过一组编织纱束在运动平面内按设定的运动程序不断改变相互间的位置，使处于运动平面之外的编织纱束相互交织形成的编织预制体。

【正交三向织物】orthogonal 3D fabric

由 X、Y、Z 三个方向纤维组成，X、Y 向纤维沿 Z 向纤维依次垂直交错形成的编织预制体。

【细编穿刺织物】fine-weave pierced fabric

由三个方向纤维组成，平面方向纤维垂直相互交织，Z 向纤维垂直穿过平面纤维形成的编织预制体。

【异形织物】shaped fabric

又称仿形织物。指仿照所增强制品的形状，织造成与玻璃纤维增强塑料制品形状相似的织物，必须在专用织机上织造。用这种织物制作玻璃纤维增强塑料可以保证制品厚度均匀，简化玻璃纤维增强塑料成形及加工工艺。异形织物有圆盖、锥体、帽、哑铃等对称形状，亦可制成箱、船壳等不对称形状。

【短切原丝毡】chopped strand mat

俗称短切毡。连续玻璃纤维原丝经短切后，随机无定向沉降分布，用粘结剂粘合在一起而制成的平面结构材料，属玻璃纤维无纺制品。是仅次于无捻粗纱用量的一类增强型制品，主要用于热固性玻璃钢的增强。根据所施加粘结剂种类的不同分为粉剂毡和乳剂毡两种：粉剂毡所用粘结剂多为粉末聚酯，乳剂毡所用粘结剂多为聚醋酸乙烯酯、聚酯树脂等。

【连续原丝毡】continuous strand mat；continuous filament mat

俗称连续毡。用粘结剂将未切断的、经抛甩而随机分布的连续玻璃纤维原丝，粘合在一起而制成的平面结构材料，属玻璃纤维无纺制品。

【针刺毡】needled mat

在针刺毡机组上利用针排的上下运动，将平铺的玻璃纤维通过其本身纵向相连，形成的一定厚度的毡材，属玻璃纤维无纺制品。可带有或不带衬底材料。

【缝编毡】stitched mat

用线圈结构，将短切或不短切的连续玻璃纤维原丝，缝合而成的平面结构制品。

【复合毡】combination mat

由若干种类或形式不同的玻璃纤维增强材料或与其他材料以机械、化学或热方法粘结而成的平面结构材料。增强材料通常包括短切原丝毡、连续原丝毡、针刺毡及无捻粗纱布等。

【表面毡】surfacing mat；surfacing veil

由玻璃纤维单丝(定长或连续的)粘结而制成的紧密薄片，被用作复合材料的表面层。

【拉伸毡】attenuated mat

用粘结剂将斜交叉分布的长纤维单丝粘结而成的一种纤维薄毡。蓬松状的拉伸毡俗称蓬松毡。采用移动拉丝炉法制造。拉丝炉沿大滚筒中心轴线做往复运动，从漏板拉出的玻璃纤维卷绕在大滚筒上，由于滚筒的旋转和拉丝炉的往复运行，使玻璃纤维均匀交叉地排列在滚筒表面，一定时间后沿轴向切割展开并拉伸，同时喷上粘结剂(也有在滚筒卷绕纤维的同时施加粘结剂的)，后经滚压烘焙而制成。拉伸毡用作增强材料和空气过滤材料。

【单丝毡】filament mat

以粘结剂将连续玻璃纤维单丝结合在一起的平面结构材料。

【薄毡】veil；tissue

由直径较细的玻璃纤维(短切的或定长的)，主要以单纤维的形式随机均匀分布，施加一定量粘结剂后，制成的厚度较薄的平面结构。包括干法薄毡、湿法薄毡和加筋薄毡三大类。薄毡主要用作沥青屋面防水制品、聚氯乙烯地板的增强材料或防腐管道包扎材料等。还有一种非常薄的薄毡(厚度小于 0.3mm，单重 30～60g/m^2)，质地均匀而柔软，能吸收大量树脂，常用作玻璃钢制品的表面材料，能使制品表面光洁，故这种薄毡又称表面毡。E 玻璃纤维薄毡还可用作印制电路板用覆铜板的增强基材。

【干法薄毡】dry-laid veil

干法薄毡是由立吹法或滚筒法产生的定长纤维，经铺网、施胶、滚压和烘焙而制成的。

【湿法薄毡】wet-laid mat；tissue

湿法薄毡是以短切的玻璃纤维原丝为原料，添加某些化学助剂，使之在水中分散成浆体，经抄取、脱水、施胶、干燥等过程而制成的。

【加筋薄毡】reinforced mat

为了增加薄毡的纵向强度，纵向每间隔一定距离，粘结有连续玻璃纤维纱补强的称加筋薄毡。

【预浸料】prepreg

用热固性树脂或热塑性树脂系统浸渍过的玻璃纤维制品，是制造复合材料的中间体。使用的玻璃纤维制品有无捻粗纱、毡、织物等。因树脂含量均匀，较现浸胶成形的制品工艺简单，质量容易控制，常用于层压及模压成形，及纱、带缠绕成形。

【玻璃纤维预混料】glass fiber premix

由树脂、增强材料、填料等组成的混合料，主要用于复合材料成形。参见 12.2【预混料】。

【无纬带】weftless tape

无纬向玻璃纤维纱，依靠树脂(环氧或聚酯树脂等)粘结经向玻璃纤维纱，制成的玻璃纤维带。无纬带所用树脂为半固化的，可使其具有一定的黏性，但同时具有一定的贮存期限。产品具有单向拉伸强度极高的特点。无纬带可代替钢丝用作电机、管道、变压器部件，以及高压容器等防磁的缠绕和绑扎材料，也可用于缠绕法制造玻璃纤维增强制品。

【绷带】bandage；casting tape

用以固定和保护手术或受伤部位的材料，为外科手术所必备材料。后来，又推广到防护、堵漏的工业领域。因此，分为医用绷带和工业绷带两类。医用绷带包括传统的石膏绷带、医用高分子绷带(玻璃纤维高分子绷带、聚酯纤维高分子绷带)。工业绷带主要为玻璃纤维高分子绷带，可用于各种工业管道的包扎。

【玻璃纤维增强塑料】glass fiber reinforced plastics

按照基体树脂的不同，可分为玻璃纤维增

强热固性树脂和玻璃纤维增强热塑性树脂两大类。以玻璃纤维及其制品为增强材料，热固性树脂或热塑性树脂为基体，制备而成的复合材料，俗称玻璃钢。所用的玻璃纤维按制品形态，有无捻粗纱、毡、各种织物等。玻璃纤维增强塑料具有轻质高强，比强度高，电气性能、耐腐蚀性能、绝缘性能良好，具有抗裂纹扩展性、透微波性且易成形等特点。常用的成形方法有手糊、缠绕、模压、喷射、拉挤、注射、挤出等。已广泛应用于化工、交通运输、建筑、机电、公用工程、航空航天等各个领域。

【玻璃纤维增强热固性树脂】glass fiber reinforced thermosets

玻璃纤维增强塑料的一种。以玻璃纤维及其制品为增强体，以热固性树脂为基体的复合材料。所用的热固性树脂有不饱和聚酯树脂、环氧树脂、酚醛树脂、乙烯基酯树脂、聚氨酯树脂等。

【玻璃纤维增强热塑性树脂】glass fiber reinforced thermoplastics

玻璃纤维增强塑料的一种。以玻璃纤维及其制品为增强体，以热塑性树脂为基体的复合材料。所用的热塑性树脂有聚丙烯、聚乙烯、聚酰胺等。

【玻璃纤维增强水泥】glass fiber reinforced cement

以玻璃纤维及其制品为增强材料，水泥净浆或砂浆作为基体制备而成，简称玻璃纤维水泥。玻璃纤维主要以短切纤维、薄毡、网格布等形式加入。主要采用“预混法”和“喷射法”生产工艺。采用玻璃纤维增强的水泥制品，抗拉强度和抗裂强度得以提高，同时显著增加了制品的韧性，使水泥制品固有的脆性得到大幅度改善。该材料可制得厚度仅为几厘米的薄壳，可按设计要求制成各种曲面，还可与其他材料复合作为保温、吸声墙体，造型塑像，建筑装饰品等。近年来，高集束性短纤维增强混凝土，在道路和工业厂房地坪工程中的应用日渐增多。

【玻璃纤维增强氯氧镁复合材料】glass fiber reinforced Sorel cement

一种无机复合材料。以氯氧镁无机材料（如菱苦土）为基体，玻璃纤维及其制品为增强材料，采用复合材料的成形方法（手糊、湿法卷制、缠绕、喷射、压制、拉挤等）制造而成的复合材料。该类制品的最大特点是轻质、高强、防水、防火、耐久且生产工艺简便、成本低。该材料在建筑工程、建筑装饰工程领域，可在较大范围取代传统材料和玻璃钢制品，如通风管道、高位水箱、落水管（落水斗）、耐磨地板、防火门、装饰门、轻质墙板、电缆槽盒等。

【玻璃纤维增强橡胶】glass fiber reinforced rubber

用玻璃纤维纱或织物增强的橡胶制品。由于玻璃纤维具有耐高温、耐化学侵蚀、强度高、伸长小等特点，可用以提高橡胶制品的强度、尺寸稳定性和使用寿命。玻璃纤维需经硅烷等偶联剂化学处理，再经间苯二酚、甲醛、胶乳混合液或其他有机物的处理，提高与橡胶的黏附能力。根据其特点，可制成轮胎、三角带、耐热输送带、耐酸胶管、矿井导风筒等多种制品。

【玻璃纤维增强石膏】glass fiber reinforced gypsum

用玻璃纤维增强的石膏材料。比木屑、棉、麻增强石膏的强度高，伸缩性小，吸水率低，耐热性、防火性能优良。广泛用于各种石膏制品，如建筑用石膏板、石膏模型等。在涂刷用的石膏浆中添加玻璃纤维，可防止石膏在涂刷后脱落。为了使纤维在石膏中分散良好，增强材料宜采用短切玻璃原丝。一般长度为十几毫米。

11.2.2 光纤品种及制品

【阶跃型折射率分布光纤】step-index fiber; SI fiber

由高折射率圆柱状芯材和低折射率环形皮层组成的光纤，简称阶跃型光纤或突变型光纤。典型的阶跃型光纤是一种芯粗皮薄的光纤，如端发光聚合物光纤和侧面发光聚合物光纤可用于照明装饰，液芯光纤可用于紫外固化，多组分玻璃光纤可制作成光纤传像束用于图像传输。

【渐变型折射率分布光纤】graded-index fiber;

GI fiber；graded fiber

一种光纤折射率随径向距离的增加逐渐降低的光纤，又称渐变型光纤或梯度型光纤，简称 GI 型光纤，还曾称为抛物线型光纤。它包括渐变型聚合物光纤 GI-POF 和渐变型石英光纤 GI-SOF 等，当不同入射角的光入射进 GI 型光纤后，几乎可同时从光纤的另一端出射，从而减少模式色散，其典型应用是数据传输；作为 GI 型光纤，光纤轴心折射率 n_1 最高，距离为 r 时的折射率 $n(r)$ 是离轴距离的函数，参见下式。

$$n(r)\begin{cases}=n_1\left[1-2\Delta\left(\dfrac{r}{a}\right)^g\right]^{1/2} & r<a\\ =n_2 & R\geqslant r\geqslant a\end{cases}$$

式中：g 为折射率分布指数；n_1 为光纤轴心折射率；n_2 为皮层的折射率；r 为离开纤芯中心的距离；a 为纤芯半径；Δ 为相对折射率差值；R 为光纤半径。

【渐变型石英光纤】graded-index silica optical fiber

采用石英材料制备的折射率为渐变型分布的一种光纤。

【渐变型聚合物光纤】graded-index polymer optical fiber

采用聚合物材料制备的折射率为渐变型分布的一种光纤。

【自聚焦光纤】self-focusing optical fiber；SELFOC fiber

又称为自聚焦纤维，也称聚焦纤维透镜，一种对传输光起会聚作用的、折射率呈径向梯度分布的光纤，简称聚焦光纤。自聚焦光纤在一定的传输波长下，通过精确控制光纤的几何尺寸、折射率分布等参数实现聚焦和成像的功能。最早的自聚焦光纤是采用离子交换法制备的，为玻璃基质，后出现聚合物基质的自聚焦光纤；自聚焦光纤可替代普通球面透镜用于传像，小直径的自聚焦光纤具有较好弯曲性能，可用于显微物镜、准直透镜，并可制作成纤维透镜阵列用于扫描、复印和传真等相关设备中，还可用作光通信的耦合器和光开关等。

【石英光纤】silica fiber

以二氧化硅 SiO_2 为主要原料，通过掺杂量的不同，控制纤芯和包层的折射率分布的光纤。在包层石英材料中掺杂(例如：氟)降低折射率，这种光纤就是包层掺杂石英光纤或硬包层石英光纤。以高纯度的石英作为纤芯，将折射率比石英稍低的聚合物(树脂)作为包层的石英光纤，是聚合物包层石英光纤或树脂包层石英光纤。石英光纤具有传输波长范围广、传输效率高的特点，广泛应用于光纤通信以及信号和能量传输。

【单模光纤】single-mode fiber；SMF

在给定波长和数值孔径条件下，只能传输一个束缚模或单一基模 LP_{01} 的光纤。常规的单模光纤是石英光纤，其损耗低，数值孔径小，其纤芯直径 8.3μm，模场直径 9.3μm，皮层厚，其光纤外径为 125μm，因没有模式色散或模间色散，多用于长距离的数据传输。典型的单模光纤包括标准单模光纤 G.652、色散位移光纤 G.653、截止波长位移光纤 G.654 和非零色散位移光纤 G.655 等，其中标准单模光纤 G.652 的零色散点在 1310nm 波长处，在波长 1550nm 处损耗最低，色散系数典型值为 17ps/(nm·km)。

【多模光纤】multi-mode fiber

可同时传输多种模式的光纤。其典型特征是芯粗皮层薄，同单模光纤芯细皮层厚相反，多模光纤包括大芯径石英光纤、聚合物光纤(POF)、多组分玻璃光纤(GOF)和液芯光纤等，其应用包括传光、传感、传像和传能。

【色散位移光纤】dispersion-shifted fiber；dispersion-shifted single-mode fiber；DSF

一种标称零色散波长从 1310nm 附近移至 1550nm 附近，并在 1550nm 波长处具有最低损耗的单模光纤。色散位移光纤又称 G.653 光纤，在波长 1550nm 处，为正值的波导色散和为负值的材料色散相互抵消，光纤色散为零，这是通过调节光纤折射率分布实现的。典型的色散位移光纤折射率分布为纤芯三角形折射率分布，其光学窗口为 1550nm，损耗指标为 0.19～0.25dB/km，色散系数低于 3.5 ps/(nm·km)，可采用时分复用模式 TDM 进行数据传输，其速率为 10Gbit/s，不能用于密集波分复用 DWDM 系统中，故色散位移光纤逐渐被非零色散位移光纤所取代。

【全波光纤】full wave fiber

一种消除水分子在波长 1400nm 处吸收峰的单模光纤。在中心波长为 1310nm 的第二窗口和中心波长为 1550nm 的第三窗口之间的频谱区域，全波光纤也可实现数据通信，同其他通信光纤相比，全波光纤的数据通信频谱区扩大 100nm 以上，其传输带宽或容量明显提高。1998 年，美国 lucent 公司申请了制备这种光纤的专利，其商标名为 All Wave。

【非色散位移光纤】dispersion-unshifted fiber；unshifted fiber；dispersion-unshifted single-mode fiber

一种色散曲线单调增加且标称零色散波长在 1310nm 附近的单模光纤，即 G.652 光纤。其传输窗口为 1310nm 和 1550nm，在波长 1310nm 处损耗指标为 0.3～0.4dB/km，色散系数低于 3.5ps/(nm·km)，在波长 1550nm 处损耗指标为 0.15～0.25dB/km，色散系数较大，其值为 20ps/(nm·km)，可用于数据传输速率为 2.5Gbit/s 的 SDH 信号或 WDM 信号传输。非色散位移光纤是在通信链路中使用广泛的一种单模光纤。

【截止波长位移光纤】cut-off shifted single-mode optical fiber；CSF

一种截止波长向长波长位移的在 1550nm 附近损耗最低，且零色散点在 1310nm 附近基于 G.652 的单模光纤，即 G.654 光纤。在波长 1550nm 处，其色散系数高达 18ps/(nm·km)，但损耗最低，其值多在 0.15～0.19dB/km 之间，截止波长位移光纤多用于配用光放大器和单纵模激光器的长距离海底光纤通信系统中。

【非零色散位移光纤】non-zero dispersion shifted fiber；NZ-DSF

一种在 1550nm 处具有最低损耗，而光纤色散的绝对值不为零的单模光纤。其零色散波长在 1.525μm 或 1.585μm 处，非零色散位移光纤又称 G.655 光纤，是一种改进的色散位移光纤。在 C 波段 1530～1565nm 波长范围内，其色散系数为 0.1～6.0 ps/(nm·km)，是专为密集波分复用 DWDM 系统中设计的光纤。非零色散位移光纤可降低色散效应，并限制交叉相位调制和四波混频等非线性效应，防止信道间发生串扰，支持速率高于 10Gbit/s、长距离而无色散补偿的数据通信系统。

【色散平坦光纤】dispersion-flattened fiber；DFF

利用内包层折射率凹陷的方法，获得在 1290～1570nm 波长范围内，色散系数低且平坦的一种单模光纤。在 1290～1570nm 波长区域，色散平坦光纤的波导色散和材料色散几乎相互抵消，而不是仅在单一波长处具有零色散特性；1988 年，荷兰 Phillips 公司推出商品化色散平坦光纤，其典型折射率分布结构有凹陷双包层型和凹陷三包层型等，参见附图。其中凹陷双包层色散平坦光纤的内包层薄且折射率低，而外包层折射率高，这种光纤又称为 W 型折射率分布光纤。

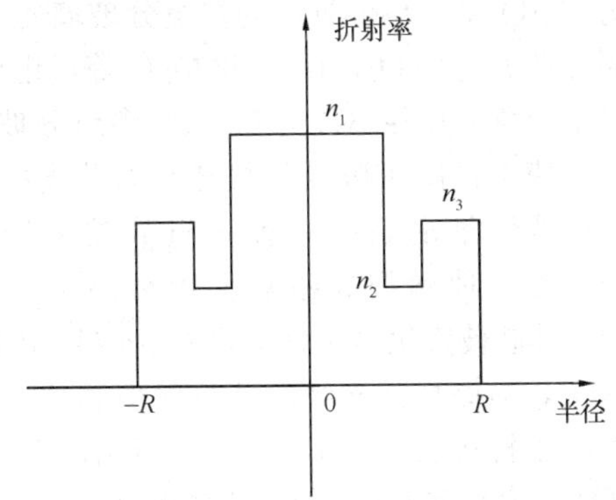

凹陷双包层色散平坦光纤折射率分布图

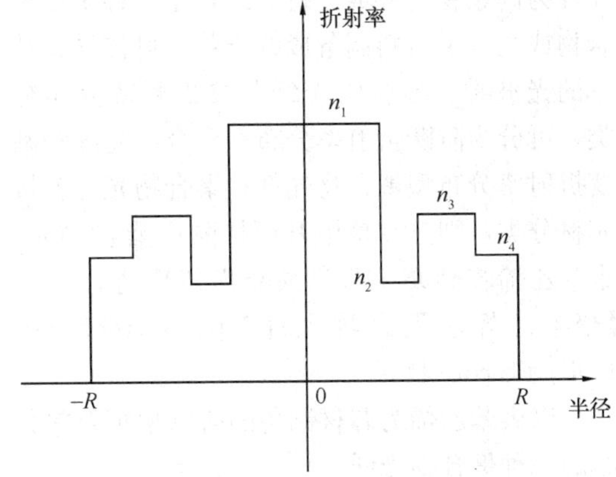

凹陷三包层色散平坦光纤折射率分布图

【色散补偿光纤】dispersion-compensated fiber; DCF

一种在波长1550nm处，具有很大负色散值的单模光纤。1550nm处色散系数多在−50～200ps/(nm・km)之间，典型值为−120ps/(nm・km)，典型的色散补偿光纤折射率分布是W型折射率分布，用于已铺设标准单模光纤SMF(G.652光纤)采用WDM/EDFA技术的光通信线路，解决标准单模光纤SMF在波长1550nm处色散补偿，使光纤线路的总色散接近为零。

【多组分玻璃光纤】multi-component glass optical fiber; GOF

采用含有多种氧化物组分的光学玻璃材料制备的光纤，简称玻璃光纤。其制备工艺包括坩埚法和棒管法或棒拉法。

钠钙硅酸盐光纤是一种芯玻璃化学成分主要为Na_2O、CaO和SiO_2的多组分玻璃光纤，若还含有少量GeO_2、Li_2O和MgO等氧化物，则可制得数值孔径NA为0.23的多组分玻璃光纤，其在波长850nm处损耗与石英光纤相近，这是最早出现的一种多组分玻璃光纤GOF；另一种钠硼硅酸盐多组分玻璃光纤GOF，其芯玻璃化学成分主要为Na_2O、B_2O_3和SiO_2，为提高其光纤的芯折射率和化学稳定性，芯材还含有MgO、CaO、BaO、ZnO、Al_2O_3、ZrO_2和GeO_2等氧化物组分。

【聚合物光纤】polymer optical fiber; POF

又称为塑料光纤，也称为塑料光导纤维，还称为高聚物光纤或有机光纤，是一种采用聚合物或高分子材料制备成纤维状、可传导光功率的光波导。聚合物光纤若按折射率分布分类，可分为阶跃折射率分布型聚合物光纤和渐变折射率分布型聚合物光纤；聚合物光纤若按芯材分类，则分为聚甲基丙烯酸甲酯芯POF、聚苯乙烯芯POF和聚碳酸酯芯POF等。

【聚苯乙烯芯聚合物光纤】polystyrene core POF; PS core POF

以聚苯乙烯为芯材制备的阶跃型折射率分布的一种聚合物光纤。

【聚甲基丙烯酸甲酯芯聚合物光纤】polymethyl methacrylate core POF; PMMA core POF

以聚甲基丙烯酸甲酯或其改性聚甲基丙烯酸甲酯为芯材制备的阶跃型折射率分布的一种聚合物光纤。

【聚碳酸酯芯聚合物光纤】polycarbonate core POF; PC core POF

以聚碳酸酯为芯材制备的阶跃折射率分布的一种聚合物光纤。

【荧光光纤】fluorescence optical fiber

是一种光纤芯材掺入荧光剂的光纤，其端面或侧面经荧光剂受激波长光照射后，荧光剂受激发光，部分激发光因满足芯皮界面全反射条件而从光纤端面输出，还有一部分光从光纤侧面漏出。常规荧光光纤是采用聚合物制备的，故称荧光聚合物光纤(简称荧光POF)。荧光光纤的发光原理比较复杂，可简单认为基态分子中成键电子吸收光后激发，然后亚稳态分子返回到基态，发出荧光。荧光聚合物光纤按折射率分布结构分类，可分为阶跃型折射率分布荧光聚合物光纤和渐变型折射率分布荧光聚合物光纤，常规的荧光聚合物光纤是一种阶跃型折射率分布的光纤，外观颜色多为红色、琥珀色和绿色，其直径范围为0.25～3.0mm，荧光聚合物光纤可用于装饰、照明和指示等场合，还可用作光纤传感元件等。

【塑料闪烁光纤】plastic scintillating fiber; PSF

又称闪烁塑料光纤(SPOF)，是一种纤芯为闪烁体或纤芯材料中掺有闪烁剂的塑料光纤。当高能光子(如X射线和γ射线等)和高能粒子(如α粒子、β粒子、质子、中子和中微子等)通过塑料闪烁光纤时，与芯材原子发生碰撞并使之电离，产生动能大的电子进一步激发闪烁剂原子并电离出二次电子，二次电子在退激时产生瞬时闪光脉冲，光纤呈现闪烁发光的现象，其持续发光时间小于10^{-8}s。塑料闪烁光纤对电磁场不敏感，具有耐物理辐射性，是一种兼有射线探测和光信号传输的光波导，可用于高能物理领域，如探测放射性核反应堆的高能β粒子轨迹，还可用于高分辨率空间探测和粒子能量检测。

【液芯光纤】liquid core fiber

又称液芯光波导管，也称液芯光导管，是采用无机盐溶液或有机液体作为芯料，以聚合物或石英玻璃为皮层制作的一种光纤。液芯光纤由石英光窗、无机盐溶液或有机液体、皮层管、护套管和端套组成，同常规光纤相比，具有大芯径、大数值孔径和光传输效率高等特点，尤其是在紫外光波段比普通的石英光纤具有更优异的传光效率，多适用于紫外光固化、荧光检测和刑侦取证等，其使用温度范围较窄，多在−5～40℃之间。

【侧面发光光纤】side-glowing optical fiber; side-emitting optical fiber

又称为通体发光光纤，也称为泄漏型光纤，或称为霓虹光纤。光在光纤传输过程中，传输光不仅从光纤的入射端面传输至出射端面，而且还有一部分光从光纤皮层透射出来，从而形成光纤侧面发光的特征，这种光纤称为侧面发光光纤，简称侧发光光纤。按光纤材料分类，侧发光光纤可分为侧发光聚合物光纤、侧发光多组分玻璃光纤和侧发光石英光纤，目前使用较广的是侧发光聚合物光纤，多用于建筑轮廓照明、台阶照明、游泳池照明、通道照明、室内照明、汽车内部氛围灯照明以及家电家具装饰照明等，侧面发光光纤发光示意见附图。

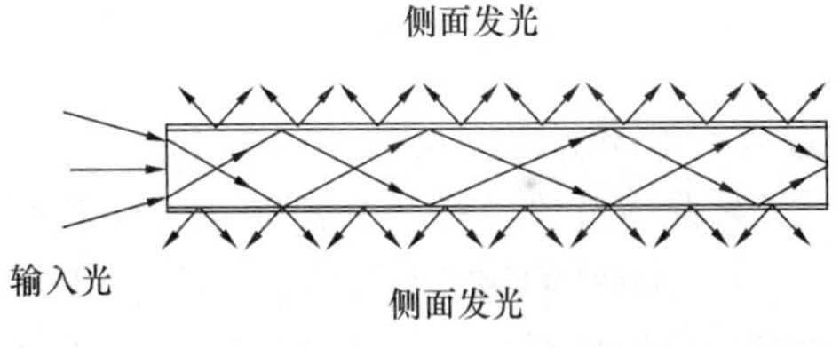

侧面发光光纤发光示意图

【红外光纤】infrared optical fiber

采用非硅酸盐材料制作的、可传输中红外光的一种光纤。中红外光的波长光范围在1.5～25μm之间，它包括红外玻璃光纤、红外晶体光纤和红外空芯光纤等，如氟化物光纤、氯化钾多晶光纤和宝石单晶光纤等，红外光纤多用于大功率激光传输、红外传感和红外传像。

【紫外光纤】ultraviolet optical fiber

能传输波长范围为1～380nm紫外光的一种光纤。可用于紫外光传输的光纤包括石英光纤、液芯光纤和蓝宝石晶体光纤等，其中，硬包层石英光纤（HCS）比聚合物包层石英光纤（PCS）具有更好的紫外传输特性，紫外光纤可用于紫外光固化和紫外光检测。

【保偏光纤】polarization preserving fiber; polarization maintaining fiber; PMF

一种保持基模场的偏振态在传输过程中不发生变化的光纤，称为偏振保持光纤，简称保偏光纤。常规单模光纤的归一化双折射 B 在 10^{-5}～10^{-6}之间，按归一化双折射 B 大小分类，保偏光纤可分为高双折射光纤和低双折射光纤，其中低双折射光纤的归一化双折射值小于 10^{-6}，高双折射光纤的归一化双折射值大于 10^{-5}，高双折射光纤是在光纤中引入大的双折射，使两个偏振态的传播常数相差很大，不易发生耦合而实现保偏的光纤，高双折射光纤还包括单偏振光纤和双偏振光纤，其中单偏振光纤是只有一种偏振态传播，而另一种偏振态被截止的单模光纤。典型的保偏光纤结构包括熊猫型、蝴蝶结型和扁平型等，其中熊猫型保偏光纤是一种高双折射单模光纤，其纤芯两侧对称分布两个圆形高掺杂施加应力件，其作用是在光纤内形成不对称应力，并由应力感生双折射，其横截面形状像熊猫脸谱。三种典型的保偏光纤结构如附图所示。

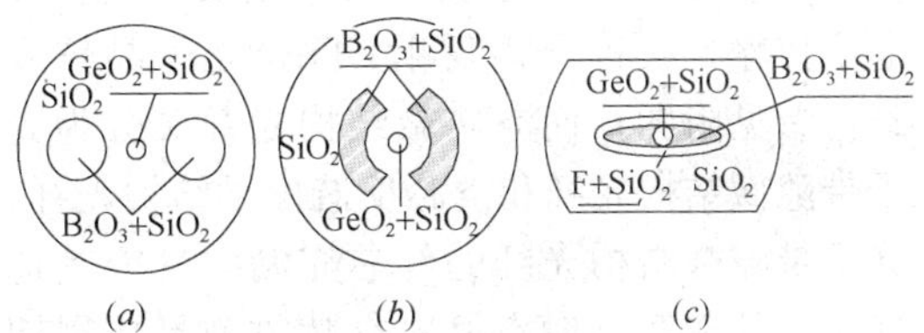

三种典型的保偏光纤结构示意图
(a)熊猫型保偏光纤；(b)蝴蝶结型保偏光纤；(c)扁平型保偏光纤

【锥形光纤】conical fiber

又称为锥度光纤，也称变芯径光纤，是一种光纤直径随长度呈线性变化的光纤。光从光纤的大端入射，当光纤锥度不太大时能在光纤芯、皮界面发生全反射而从小端面射出，小端的出射光出现发散；光从小端面入射时能在锥形光纤的芯、皮界面发生全反射并从大端面射出，相应的出射光锥角比入射的小，因而出射光有准直作用。将若干圆锥形光纤规则排列后，熔合而成锥形光学器件，可用来放大或缩小图像。

【掺杂光纤】doped optical fiber

在光纤芯或皮层中掺入微量物质，如稀土或荧光材料等，从而赋予光纤特殊性能的一种光纤。这种特殊性能包括增益放大和折射率变化等，其中稀土金属元素包括铒(Er)、镱(Yb)、钬(Ho)、铥(Tm)和镨(Pr)等，掺杂光纤包括荧光聚合物光纤、掺铒光纤、掺铒碲酸盐石英光纤、铒镱共掺磷酸盐玻璃光纤和铒铋共掺杂石英光纤等。

【微结构光纤】microstructure optical fiber；MOF

又称为光子晶体光纤，也称为多孔光纤，是一种具有微阵列结构的光纤，其光纤截面是周期性排列的微结构，通常由单一介质构成。它的横截面上有较复杂的折射率分布，通常含有不同排列形式的气孔，这些气孔的尺寸与光波波长大致在同一数量级，且沿光纤轴向贯穿整个光纤。

按其结构可分为实芯微结构光纤和空芯微结构光纤：其中，实芯微结构光纤通常是由折射率高的纤芯及其周围呈周期性排列的空气孔组成的，其导光机理为全内反射(total internal reflection，简称 TIR)，全反射光在纤芯中传输，又称全内反射(TIR)光子晶体光纤，参见附图；而空芯微结构光纤又分为光子带隙微结构光纤和空芯反谐振微结构光纤，光子带隙微结构光纤的纤芯充满空气或其他气体，其高低折射率材料交替排列形成周期性结构，其导光机理为光子带隙效应，光子带隙效应可控制和引导光束在比皮层折射率低的纤芯中传播，又称为光子带隙(photonic band gap，简称 PBG)光子晶体光纤，参见附图；空芯反谐振微结构光纤由石英脉区纤芯和一层空气孔皮层组成的，形成法布里-珀罗(F-T)谐振腔，在反共振状态时，F-T腔的反射系数非常高，将光限制在纤芯中传输，参见附图。

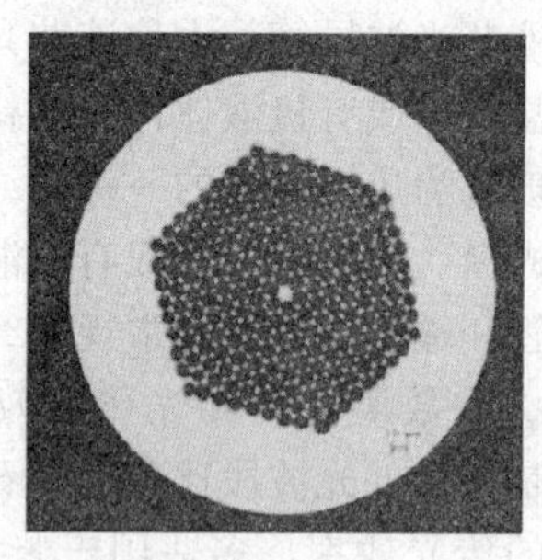

全内反射光子晶体光纤截面示意图

光子带隙光子晶体光纤截面示意图

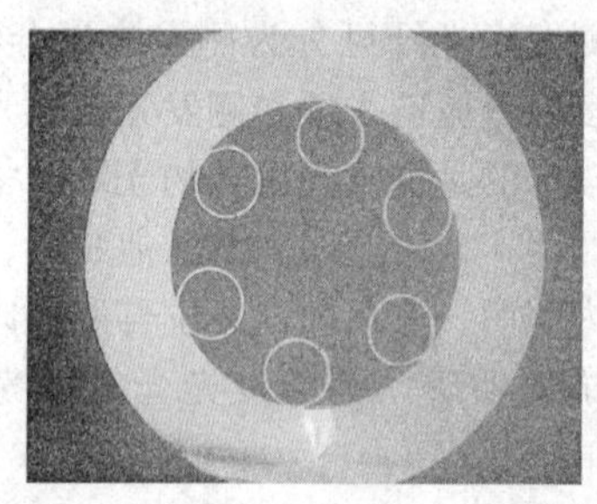

空芯反谐振微结构光纤截面示意图

【单晶光纤】single crystal optical fiber

又称晶体纤维，是由一种单晶材料制成的光纤。具有单晶的物理和化学特性及光纤的传光性能。这种光纤是一种新型的高性能光学材料，具有抗电磁干扰、耐腐蚀、传光性能好等优点。常用于激光器、倍频器、全息数据储存、红外激光传导及高温探测等领域。

【多晶光纤】multicrystal optical fiber

是指纤芯和包层都是由多晶材料构成的光纤。主要用来制造传输红外激光能量的光纤，重金属卤化物多晶材料可用于制作多晶光纤。

【有源光纤】active optical fiber；source optical fiber

作为增益介质用于光纤激光器或光纤放大器中的光纤；有源光纤曾称为激活光纤。有源光纤是在光纤芯中掺入激活材料，在泵浦光的作用下，受激发光而使传输光或信号光获得增益，有源光纤包括掺铒光纤、掺镱光纤和荧光光纤等，激活材料包括含有原子序数为 57～71 的稀土金属离子的化合物及荧光剂等。

【光纤传光束】light guide bundle; optical fiber bundle

由单根或多根光纤集束、外包覆有聚合物护套层或铠装金属管、光纤两端配用端套并经冷加工制作而成，可传递光能的一种纤维光学元件。光纤传光束是一种非相干光束，具有较好的柔软性特征，制作传光束的光纤常为多模光纤，这包括聚合物光纤、多组分玻璃光纤、液芯光纤和石英光纤等，光纤传光束可用于光纤照明、光纤传感和光纤传能等。

【光缆】fiber-optic cable; optical fiber cable; optical cable

由单根或多根光纤、缓冲层、加强件及其他单元组成的、可用作光传输介质的组件。光缆通常是采用套塑工艺制备的，其种类较多，包括铠装光缆、架空光缆、水底光缆、全介质光缆和军用野战光缆等，按其使用场所，可分为室外光缆和室内光缆；按其套塑松紧程度，可分为紧包护套光缆和松套光缆；光缆的结构单元多是由其用途决定的，而海底光缆结构复杂，其主要特征是含有防水层和填充油膏，以保证光纤的防水防潮，海底光缆和埋入地下的光缆还有铠装层，可防止光纤受到径向力作用及在铺设时的机械损伤；聚合物光纤光缆结构也有多种形式，其中仅用于室内传光照明的聚合物光纤光缆结构简单，多是由聚合物光纤和单一护套层组成的。

【紧包护套光缆】tight-jacketed cable

紧包于护套内的光纤在外力作用下不能移动的光缆称为紧包护套光缆。

【松套光缆】loose-tube cable

护套内的光纤在外力作用下能移动的光缆称为松套光缆。

【光电复合缆】photoelectric composite cable

主要由光纤和绝缘金属导线组成的实现光信号与电力同时传输的一种缆称为光电复合缆。

【光纤传像束】optical fiber image guide

由若干根很细的光纤规则排列，用来传输图像的一种光纤器件。每根光纤在两端端面的位置互相对应，而且在光学上绝缘，每根光纤单丝为一个像元。图像通过光纤传像束时，若干个像元将图像分解后传送到传像束的另一端汇聚成像，在出射面上形成与入射端面上图像相同的图像。用棒管法拉制出单丝，然后单丝规则排列集束后，拉制复丝形成的是硬质传像束，又称传像光纤；酸溶法中将硬质传像束中间的酸溶层酸溶掉后，就是柔软可弯曲的柔性传像束；用双坩埚法拉制出单丝，通过溜丝层叠法也可以制作柔性传像束。

【光纤内窥镜】fiber borescope; fiber endoscope

简称纤维镜，是采用光纤传像束传递图像的内窥镜。其重要特点是具有较好的柔软性，内窥镜通常配有照明光源，通过光纤传光束将光导入探测部位，传像束将人眼无法直接观察到的物体或部位直接成像到监视器上或目镜上，以便于观测和监视，光纤内窥镜包括工业光纤内窥镜和医用光纤内窥镜。

【光纤面板】fiber faceplate; optical fiber fused plate

又称纤维面板，由多根规则排列的光纤经加热熔压，相邻光纤皮层相互熔合，形成真空气密性好的一个整体，光纤端面经研磨抛光后，形成具有高分辨率图像传输的一种光学元件。光纤面板可将图像从一个端面传输到另一个端面，可用于像增强器和平像场器等，光纤面板所用光纤除具有芯皮结构外，皮层外还有一吸光玻璃层。

【光纤像转换器】optical fiber image converter

是一种转换图像的光纤器件。利用光纤柔软可弯曲的特性，制成两端面形状不同，但排列有序的各种像转换器，如矩形-直线形光纤像转换器，直线形-圆环形光纤像转换器等。用于高速摄影和扫描装置等变换图像的系统中。

【像增强器】image intensifier

一种可增强像的亮度或光源亮度的器件。

是微光探测器的一种，又名像管。由安装在高真空管壳内的光电阴极、电子透镜(有静电聚焦和磁聚焦两种)和荧光屏三部分组成。是将投射在光阴极上的光学图像转变成电子像，电子透镜将电子像聚焦，并加速投射到荧光屏上产生增强的像，然后用照相方法记录下来。

【光纤平场像增强器】optical fiber flattener

一种用于校正光学系统的畸变和场曲的刚性光纤传像器件。是将光纤面板的一端面磨成曲面，曲面形状与需校正像差的光学系统匹配面相吻合，光纤面板的另一端平面上即可得到校准了像差的输出像。

【微通道板】microchannel plate；MCP

一种由多根具有较高二次电子发射系数的空心玻璃纤维，通过规整排列制作而成的二维电子倍增器件。每根空心纤维内壁镀有二次电子发射材料，相当于一个微型通道式电子倍增器，其直径多在6～50μm之间；微通道板实际上是一种玻璃基大面阵和高空间分辨的电子倍增探测器，可用于电子及其他粒子，如α粒子和β粒子的二维高分辨率倍增成像，其直径多在18～25mm之间，开口面积比在58%～70%之间，并具有较高的时间分辨率，其制造工艺有光刻法、电子轰击法、空心纤维法和实心纤维法，可用于制作高性能夜视像增强器和位置灵敏探测器。

【光纤激光器】fiber laser

作为增益介质的光纤在泵浦光的激发下，从谐振腔输出激光的一类激光器。光纤激光器通常是由泵浦源、工作介质和谐振腔组成的，按光纤材料分类，光纤激光器可分为晶体光纤激光器、非线性光学型光纤激光器和稀土类掺杂光纤激光器等。光纤激光器需激光泵浦，常用泵浦源有氩(Ar)离子激光器、掺钕钇铝石榴石(Nd∶YAG)激光器和掺钕氟化钇锂(Nd∶YLF)激光器等。光纤激光器工作原理如下：随着泵浦光进入光纤，泵浦光的光子被光纤中的激活离子所吸收，形成粒子反转，在满足激光振荡的谐振腔中，实现激发光沿光纤轴向振荡传输并增益，从光纤的另一端输出另一波长的光。常见的光纤激光器包括调Q光纤激光器、锁模掺铒光纤激光器和高功率掺镱双包层光纤激光器等。光纤激光器可用于激光打标、激光切割、激光焊接和激光医疗等。

【无源光器件】passive optical device

又称光无源器件，是一种不发生能量转换的器件，其输出是输入信号或输入信号的函数，且不发生光电能量转换的器件。可实现对传输光信号或能量进行连接、分配、合并或衰减等，这包括光纤连接器、光纤耦合器、光分路器、光纤滤波器、光衰减器和光隔离器等。

【有源光器件】active optical device

又称光有源器件，是一种需光电能量转换，才能将一个或多个光输入信号变换成一个或多个光输出信号的器件。包括光收发器、光调制器、光开关、光探测器、光纤激光器和光放大器等。

【光纤光栅】fiber grating

是一种折射率型衍射光栅，利用光纤材料的光敏性，在沿光纤的轴向方向上，纤芯折射率形成周期性分布变化，当传输光通过光纤光栅时，产生谐振效应，从而选择性地反射特定波长的光，而其他波长的光透射。光纤光栅分为均匀光纤光栅和非均匀光纤光栅。均匀光纤光栅包括短周期光纤布拉格光栅和均匀长周期光纤光栅等，非均匀光纤光栅包括啁啾光纤光栅和相移光纤光栅等。光纤光栅具有带宽范围大、附加损耗小、易耦合和器件微型化等特性，可用于制作色散补偿器、固定滤波器或可调谐滤波器、光分插复用器及密集波分复用器等无源器件，还可用于制作温度、应力应变光纤传感器等。

【光纤传感器】optical fiber sensor

一种用于测量光纤传输光的特征参数因被测物理量的作用而产生变化的光纤器件。光纤传感器由光源、光纤、调制器(传感头)、光探测器和信号调制电路等部件组成。其工作原理如下：光源输出光经过光纤送入调制器，使被测量与输入调制器的光相互作用后，导致光的振幅、相位、偏振态或波长等特征参数发生变化，调制光经光纤送入光探测器，经解调器解调后获得被测量值。光纤传感器可分为传感型光纤传感器和传光型光纤传感器；若按测量用途分类，光纤传感器可分为光纤温度传感器、光纤气体传感器、光纤液位传感器、光纤布拉格光栅加速度传感器和光纤辐射传感器等。

【光纤探针】optical fiber probe

单模石英光纤通过熔拉法、腐蚀法、管腐蚀法、熔拉-腐蚀法或激光消融法等多种方法制作的一种亚微米尺度的锥形镀膜光纤。其孔径远小于光的波长，当探针距样品表面在一个波长以内的近场区域时，可探测到丰富的亚微米近场光学信息。光纤探针是扫描探针显微镜(SPM)的关键器件，它决定着近场光学显微镜的分辨率、灵敏度及传输效率。

【光纤放大器】fiber amplifier

含有增益介质如稀土离子或染料的掺杂光纤，在泵浦光的激发下，实现光信号放大的有源光器件。光纤放大器通常是由掺杂光纤、泵浦激光器、合波器和光隔离器等组成的，包括有源或掺杂光纤放大器和拉曼光纤放大器(Raman fiber amplifier)。

当信号光与强泵浦光同时传输，且两者的频率差位于泵浦光波的拉曼增益谱带宽之内时，则信号光被放大，这种基于受激拉曼散射原理的光放大器称拉曼光纤放大器。光纤放大器包括掺铒光纤放大器(EDFA)、掺镱光纤放大器、铒镱共掺光纤放大器(EYDFA)和双包层光纤放大器等，其中掺铒光纤放大器(EDFA)是一种在光纤纤芯中掺有 Er^{3+} 离子的光纤放大器，当采用波长为 990nm 或 1480nm 的发光二极管激光 LD 光源泵浦时，在 1550nm 波长处，信号光可获得 15～40dB 的增益。掺铒光纤放大器(EDFA)具有增益高、带宽大、噪声低和对偏振不敏感的特性。光纤放大器可补偿信号光因分配、传输或插入部件而产生的衰减，在光纤通信系统中，光纤放大器可用于功率放大、中继放大和前置放大。

【光纤连接器】fiber-optic connector；optical fiber connector；optical connector

用于光纤与光纤、光纤与光开关等无源器件以及光纤与光电探测器等有源器件的精密活动式连接，以实现光耦合传输或检测的无源光器件。典型的光纤连接器包括螺口(FC)型光纤连接器、插入旋转(ST)型光纤连接器、插口(SC)型光纤连接器和双锥(BC)型光纤连接器等。

【光纤耦合器】fiber-optic coupler；optical fiber coupler

又称光纤分路器或光纤合束器，是将光信号从一根光纤中分至多根光纤中；也可以将多根光纤中的光信号集中到一根光纤中的光学器件。属于光被动器件领域，在电信网路、有线电视网路、用户回路系统、区域网路中都会应用到，与光纤连接器同属于使用量最大的光被动元器件。光纤耦合器可分为标准耦合器(双分支，单位 1×2，即将光信号分成两个功率)、星状/树状耦合器以及波长多工器(WDM-波分复用器，若波长属高密度分出，即波长间距窄，则属于 DWDM-密集波分复用器)。只允许某一个方向的端口作为输入端的是单向耦合器；允许任何端口都可以作为输入端口的是双向耦合器。

11.2.3 矿物棉品种及制品

【玻璃棉】glass wool

由熔融玻璃经纤维化工艺制成的疏松絮状短纤维。纤维直径一般≤6μm。根据玻璃成分不同，又可分为有碱棉、无碱棉等。常温导热系数 0.042W/(m·K)。玻璃棉可用离心喷吹法和火焰喷吹法制取。玻璃棉耐热、抗冻、不蛀、化学稳定性好，以它为基材可以制成轻质的建筑及工业绝热、吸声、减振等材料，在 400℃以下使用。

【玻璃微纤维】glass microfiber

纤维直径≤3μm 的玻璃棉称玻璃微纤维。玻璃微纤维和玻璃棉一样可以用火焰喷吹法或离心喷吹法制取，但生产装置及技术参数与玻璃棉略有不同。以玻璃微纤维为基材可以制成高效过滤纸、蓄电池隔板、绝热纸、生物医学制品等。

【岩棉】rock wool；stone wool

以天然岩石为原料熔融后，制成的具有一定长度的絮状纤维。常用的主要原料有玄武岩、辉绿岩、辉长岩等。为满足熔制和制成纤维性质的要求，岩棉的化学组成中，酸性氧化物与碱性氧化物的引入量要按一定比例。含碱性氧化物的石灰石、白云石等均可作为辅助原料，所用物料要控制粒度。多采用冲天炉熔化，也可以用池窑熔化。用多辊离心法成纤，纤维直径 3～9μm，常温导热系数 0.03～0.05W/(m·K)，宜在 600℃以下使用。以岩(矿渣)棉为基材，可以加工成多种轻质产品及复合材料，在建筑、工业领域用作绝热、吸声、装饰材料。

【矿渣棉】slag wool

以冶金或化工等废料、采矿废料为原料制成的矿物棉称矿渣棉，有时也简称矿棉。目前主要采用高炉矿渣。生产矿渣棉的原料要求化学组成均匀一致，且所含酸性氧化物与碱性氧化物比例适当。为满足熔化及成形纤维的要求，要按照设计的化学组成，在主要的原料中添加辅助原料。选用矿渣有粒度要求，否则会造成加料、熔化困难。原料多在冲天炉中熔制，多辊离心法成纤(参见本节【岩棉】)。用含钛、锆成分的矿渣，可以制出耐热性、耐碱性更加优良的棉制品。

【耐火纤维】refractory fiber

一种耐高温的短纤维。按其微观结构分类可分为非晶质(玻璃态)耐火纤维和晶质耐火纤维两种。非晶质耐火纤维即硅酸铝棉，由硅酸铝矿物经熔融、成纤、冷却后制成，可在1350℃以下使用，如：标准硅酸铝纤维，高纯型硅酸铝纤维，高铝型硅酸铝纤维，含铬型、含锆型硅酸铝纤维等；其 Al_2O_3 含量一般在60%以下。晶质耐火纤维包括多晶莫来石纤维、多晶氧化铝纤维、多晶氧化锆纤维，这类纤维可在 1600℃以下使用(参见本节【陶瓷纤维】)。

【耐高温棉】high temperature wool

一种耐高温的矿物棉。玻璃纤维行业习称硅酸铝棉，耐火材料行业也称耐火纤维。常用的生产原料有硬质黏土熟料(又称焦宝石)、工业氧化铝粉、硅石粉、锆英砂等。原料多采用电阻炉熔化，也可用电弧炉熔化。用二次喷吹法或三辊离心甩丝法成纤。纤维直径 3～5μm，平均长度 100mm。标准型硅酸铝纤维可在1000℃以下使用，以硅酸铝棉为基材，可以用干法、湿法制造多种耐高温产品。

【陶瓷纤维】ceramic fiber

传统的耐高温纤维中包括多晶莫来石纤维、多晶氧化铝纤维、多晶氧化锆纤维，因其微观结构特征(多晶、多相)也称陶瓷纤维。其中 Al_2O_3 含量高于 72%的多晶莫来石纤维，使用温度在 1350℃以下；Al_2O_3 含量高于80%的多晶氧化铝纤维，使用温度在 1400℃以下；Al_2O_3 含量高于 94%的多晶氧化锆纤维，可在 1600℃使用。原料经胶体法制胶，甩丝或喷吹法成纤，再经高温热处理后制成。纤维直径 2～8μm，纤维长度平均 10～100mm。可用作高温炉、航空、原子能等工业绝热材料。

【原棉】unbonded wool；bulk wool

玻璃态的硅酸盐熔体细流，经离心力和高速喷吹气流作用，分散、牵伸、冷却后制成玻璃态纤维，其表面没有喷涂过改性试剂，也没有受到外来机械力损伤，称原棉。原棉纤维表面光滑，因成纤过程承受的热力学条件差异而弯曲，落在集棉机上呈絮状。以矿物棉原棉为基材，在生产过程中喷涂或浸渍改性试剂后可以通过不同的工艺方法加工成毡、板、套管、纸及各种类型的制品。

【矿物棉毡】mineral wool blanket；mineral wool felt

由矿物棉制成的低密度卷材，或可以折叠的柔性毡状制品。不含任何粘结剂的矿物棉毡称原棉毡，玻璃棉原棉毡使用温度可达400℃，岩(矿)棉毡可达 600℃，硅酸铝棉毡可达 1000℃，但毡强度较差。为提高毡的强度在矿物棉成纤后喷涂一层粘结剂，并通过固化炉将毡施压并使粘结剂固化，即制成厚度20mm 以上强度较好的柔性棉毡。典型产品有沥青棉毡、树脂棉毡、缝毡等。

【沥青棉毡】asphalt-bonded blanket

用沥青为粘结剂制成的棉毡，称沥青棉毡。

【树脂棉毡】resin-bonded blanket

采用酚醛树脂为粘结剂制成的棉毡。粘结剂含量1%～3%。在表面用牛皮纸、铝箔、金属丝网等贴面做成贴面毡，是优质保温材料。用憎水剂处理后制成的称防潮棉毡。含未固化粘结剂的棉毡，可通过不同工艺加工成保温管、车船用的异形制品。

【缝毡】sewn blanket

经缝毡机加工而成的岩棉或矿棉毡。将体积密度为 80～100kg/m^3 的含少量粘结剂的已固化的棉毡单面或双面覆以玻纤毡、金属丝网或铝箔等贴面材料，在缝毡机上加工。制成的毡强度、折弯、韧性更好，缝线采用玻纤纱、金属丝等。

【矿物棉板】mineral wool board; mineral wool slab

板状的矿物棉制品。矿物棉板可以用干法、湿法、半干法、模压法制造。干法生产是将喷涂过粘结剂的矿物棉毡经过加压、加热使粘结剂固化后制成的具有一定强度的板状材料。玻璃棉板的厚度 30～100mm，体积密度 50～100kg/m^3；岩(矿)棉板厚度 50～100mm，体积密度 100～200kg/m^3。粘结剂含量因产品而定，一般<5%。典型产品有半硬板、硬质板、贴面板。

【矿物棉半硬板】semi-rigid mineral wool board

粘结剂含量较低，体积密度较小，可承受一定弯曲变形不断裂的棉板。

【矿物棉硬质板】rigid mineral wool board

树脂含量偏高，体积密度较大，强度较高的棉板。

【矿物棉贴面板】faced mineral wool board

矿物棉板用塑料片、铝箔、玻纤毡等贴面后制成的板。主要用作建筑、车船、冷库绝热材料。

【矿物棉吸声板】mineral wool acoustic panel

吸声系数可达 0.95 以上的矿物棉板制品。将玻璃棉、岩(矿)棉半硬板、硬板，用不燃或自熄性的带孔 PVC 或铝箔贴面，湿法成形的矿物棉板经打孔、压花等饰面后制成。广泛用于影剧院、播音室、厂房作吊顶、侧墙吸声、隔热装饰材料。

【矿物棉保温管】mineral wool pipe section

含树脂的矿物棉毡，经卷管机卷曲压制成形后，制成的工业管道用保温套管。管外可以用金属箔、牛皮纸、玻纤毡等材料贴面，做成的贴面保温管，便于运输施工，也提高了隔热效果。保温管一般内径 20～273mm，壁厚30～100mm，岩(矿)棉保温管体积密度 100～150kg/m^3，玻璃棉保温管体积密度 40～60kg/m^3，硅酸铝棉保温管体积密度 48～100kg/m^3。

【岩棉/矿棉切条毡】rock/slag wool lamella mat

将岩(矿)棉毡或板切成宽 40～100mm 的窄条，转向 90°后粘贴在基底材料(牛皮纸，玻璃布)上，使棉纤维按垂直于受压面定向排列，俗称保温带。这样制成的棉毡(或棉板)抗压强度为网带输送法制成同样体积密度棉毡(或板)的 2～3 倍。

【保温绳】heat-insulating rope

以矿物棉为芯材，经棉绳机制出，外面用玻璃纤维纱或铝纱网包裹的绳状保温制品。主要用于直径较小的工业管道、阀门、管件及较硬质绝热制品不易包覆的装备保温，施工灵活方便，且可充分利用矿物棉生产过程中的边角料。

【粒状棉】granulated wool

以含防尘油的岩(矿)棉为原料，经造粒机将纤维拉断、除渣后制成的 5～20cm 的球状棉团。可用风力输送，体积密度 100～150kg/m^3，导热系数也略低，可用作隔热吸声材料，也可以用半干法制造矿物棉吸声板。

【蓄电池隔板】battery separator

用不含有机粘结剂的平均直径 1μm 左右的中碱或高碱玻璃微纤维为原料，用湿法制成的蓄电池隔板。具有玻璃特性的棉纤维在产品中无序交错排列，使纤维间形成大量相对小而曲径高的自由通道，使隔板在许多方面具备了优于普通隔板的性能，如：孔隙率高、表面积大、吸湿量高、吸液速度快、电阻率低、耐腐蚀等特点。20 世纪 90 年代后，被蓄电池行业大量采用。典型产品有玻璃微纤维隔板、复合隔板、多层隔板等。

【玻璃微纤维隔板】absorptive glass-mat separator; AGM separator

是阀控式铅酸蓄电池的构成材料之一，通常称为 AGM 隔板。这种蓄电池具有容量大、性能可靠、性价比高等优点，在通信、电力、交通等系统用量很大，因此电池用 AGM 隔板需用量很大，近年来品种不断增多。

【复合隔板】composite separator

玻璃微纤维毡与玻璃纤维薄毡复合的隔板。在湿法制造隔板时，经施胶处理后加工制造而成。

【多层隔板】multilayer separator

多层复合 AGM 的改进型隔板。隔板一面用较细的玻璃微纤维为原料，另一面用较粗的玻璃微纤维为原料，分别抄造后湿态复合而成，称多层隔板。有的在两层之间加入增强层，用以改进隔板性能。

【锂电池隔膜】lithium cell separator

用于锂电池内分隔正负极的极薄的玻璃微纤维纸。锂电池体积小，能量密度高，锂电池内部结构紧密，内部电解液为有机溶剂，因此，隔膜需要耐有机溶剂的腐蚀。玻璃微纤维纸具有的特性，使它成为制作锂电池隔膜的理想材料。

【玻璃纤维纸】glass fiber paper

以玻璃微纤维、细矿物棉、短切纤维为原料，依据纤维特性，借鉴造纸技术制出的纸质制品，也称湿法毡。制作过程包括：打浆、除渣、抄纸、干燥、切裁等工艺。玻璃纤维纸化学稳定性好、电绝缘性好、过滤效率高，产品在诸多领域都有广泛应用，如：做成空气过滤材料、防毒面具；与有机材料复合后做成复合滤纸；做成 AGM 隔板、锂电池隔膜、绝热纸；E 玻璃纤维纸可做成集成电路板、绝缘带；以岩(矿)棉、硅酸铝棉为原料可加工成优质吸声、隔热材料。

【玻璃纤维过滤纸】glass fiber filter paper

用直径 0.1～2 μm 的玻璃微纤维与少量短切纤维为原料制成的玻璃纤维纸。所用纤维直径粗细配比不同，可以造出不同品种的滤纸。一般棉直径愈细的产品，过滤效率愈高。为提高纸页强度、耐水性，在无隔板空气过滤器所用滤纸中可添加 3%～6%的有机粘结剂，有隔板空气过滤器所用滤纸中不含有机粘结剂。生产的滤纸厚度一般0.2～0.4mm，面密度40～90g/m^2，过滤效率 95%～99.99%（0.3μm, 5.3cm/s）。玻璃纤维过滤纸是空气过滤的关键材料，根据生产工艺不同，有净化滤纸、复合滤纸等产品。

【净化滤纸】purification filter paper

用作防毒面具口罩等空气过滤器材所用玻璃纤维纸。

【复合滤纸】composite filter paper

用玻璃纤维纸作过滤层并在两面以合成纤维作保护层制成的滤纸。

【绝热纸】heat insulating paper

在低温(0℃以下)环境应用的玻璃纤维纸。一般制成超薄型(12～15g/m^2)，是低温绝热工程中的优质芯材。

【真空绝热板】vacuum insulation panel

由玻璃微纤维超薄纸或棉毡、气体吸附材料与反射阻隔材料复合而成。多层绝热板叠加后装入需要绝热的夹层中，抽真空后实现真空绝热。导热系数小于 0.002W/(m·K)。真空绝热板可用于冰箱、冷藏集装箱、建筑等多种场合。

【硅酸铝纤维干法制品】dry-formed aluminum silicate fiber products

在硅酸铝纤维集棉过程中，喷加少量粘结剂的棉毡或不含粘结剂的原棉毡，直接加工成的制品称干法制品。其粘结剂大多为酚醛树脂，可加工成体积密度 40～100kg/m^3 的干法毡、干法板、管、针刺毡、模块等制品。在较高温环境下，作隔热吸声材料。不含粘结剂的散状棉，可直接用作高温填充料。

【硅酸铝纤维湿法制品】wet-formed aluminum silicate fiber products

将硅酸铝纤维原棉或毡再经制浆、浸渍工艺加入粘结剂或添加组分后制成的制品称湿法制品，如湿法毡、湿法板、纸、不定形材料等。

【玻璃微纤维生物过滤基材】glass microfiber biofilter media

生物医学中采用的以玻璃微纤维纸为基材的过滤材料。用于生物医学领域的滤纸，作白细胞过滤器的滤膜，可以将血液中的白细胞截留，白细胞滤除率≥99%，而红细胞回收率近99%以上，因此保证了血液安全。滤纸还可用于生物物质分离鉴定，过滤免疫溶液、病毒悬浮物等，在环境、生物医学方面有广泛应用。

【农用岩棉制品】agricultural rock wool product

应用于农业方面的岩棉毡。不含有机粘结剂的岩棉毡，化学组成中不含对人体有害的物质，化学稳定性好，可以在农业、科研、环境等方面作无土栽培的基材。

11.3 原 料

11.3.1 无机原料

【微粉原料】pulverized material

一般是指粉料细度在200～325目的干粉状矿物原料。由于无碱玻璃纤维碱金属氧化物含量很低，含二氧化硅原料粒度太大不易熔化。为保证熔化质量，要求比较难熔的原料粒度尽可能细，一方面，有利于保证配合料的均匀度，另一方面，有利于配合料的整体熔化效果，保证玻璃液的熔化质量。因此，无碱玻纤生产上基本都采用微粉原料。

【硼钙石】colemanite

化学式 $CaBSiO_4(OH)$。常见颜色：无色、白、浅绿、浅黄、粉、紫、褐、灰色。晶质体或晶质集合体。集合体呈柱状、粒状、放射状、球状或块状，玻璃光泽。燃烧时爆裂，脱落为鳞片状，火焰为绿色。是生产E玻璃纤维的主要原料。

【偏硼酸钙】calcium metaborate

化学式 CaB_2O_4，白色结晶。有三种水合物，即 $CaO \cdot B_2O_3 \cdot 6H_2O$、$CaO \cdot B_2O_3 \cdot 4H_2O$ 和 $CaO \cdot B_2O_3 \cdot 2H_2O$。可用作生产E玻璃纤维的原料，但由于其熔制上的反常表现，一般不易掌握，所以较少采用。

【钛白粉】titanium white

主要成分为二氧化钛(TiO_2)的白色粉末。是一种多晶化合物，其质点呈规则排列，具有格子构造。其质地柔软，无嗅无味，遮盖力和着色力强。熔点1560～1580℃。不溶于水、稀无机酸、有机溶剂、油，微溶于碱，溶于浓硫酸。遇热变黄色，冷却后又变白色。有金红石型和锐钛型等晶型。

【金红石型钛白粉】titanium white from rutile

简称R型，密度4.26 g/cm^3，折射率2.72，莫氏硬度为6～6.5。熔点为1850℃，富氧中的熔点为1879℃，熔点与二氧化钛的纯度有关。R型钛白粉具有较好的耐气候性、耐水性和不易变黄的特点，但白度稍差。

【锐钛型钛白粉】titanium white from anatase

又称钛白，简称A型，密度3.84 g/cm^3，折射率2.55，莫氏硬度为5.5～6.0。熔点1560℃。吸水性0.02%。A型钛白粉耐光性差，不耐风化，但白度较好。高温(>700℃)加热转化为金红石型晶体。

【复合澄清剂】compound refining agent

复合澄清剂是利用两种以上能通过高温分解，或氧化物变价释放出气体的原料，按比例配合而成。在玻璃熔制过程中，起到促进玻璃液中气体排出作用。复合澄清剂按其主要成分划分为：砷基复合澄清剂、砷锑基复合澄清剂、铈基复合澄清剂。砷基澄清剂由于不利于人体健康，已被禁止使用，目前广泛使用的为铈基复合澄清剂。

【玻璃球】glass marble

玻璃球是坩埚法(再熔法)生产玻璃纤维用的主要原料。从玻璃熔窑料碗处流出的玻璃液流股，经制球机的剪切机构剪断而成长度与直径基本相等的玻璃球坯，落入制球机的滚筒螺旋沟槽内，经过滚搓制成一定直径的玻璃球状物，称为玻璃球。将玻璃制成球，是为了便于加料实现自动化，同时也便于运输、清洗和进行质量检验等。根据玻璃组成的不同，分为无碱玻璃球、中碱玻璃球、耐碱玻璃球、高硅氧玻璃球等品种。

【玻璃块料】glass pellet；glass frit

玻璃块料也是作为坩埚法生产玻璃纤维的原料。从玻璃熔窑料碗处流出的玻璃液流股，流入制块机模块，随即辊压制成一定尺寸的玻璃块料。采用玻璃块料为原料，一般适用于生产特殊性能或批量小的玻璃纤维产品。

【高炉矿渣】blast furnace slag

生产矿渣棉采用的主要原料之一。高炉矿渣是目前诸多工业废渣中首先选用的原材料，典型的化学组成(质量分数)：SiO_2 33%～41%，Al_2O_3 6%～7%，CaO 34%～47%，MgO 1.5%～11%，Fe_mO_n＜2.5%。我国高炉矿渣酸度系数多在1左右，甚至小于1。为提高制成矿渣棉的耐温性能和化学稳定性，在生产配料中须加入玄武岩、辉绿岩等辅助原料。

【岩棉用玄武岩】basalt for making rock wool

玄武岩是当前生产岩棉的主要原料之一，属于火成岩，在我国分布很广。由于成因特性，使岩石中含有较多的玻璃质而容易熔化，其熔化温度为1350～1400℃。玄武岩平均化学组成(质量分数)：SiO_2 48.23%，Al_2O_3 14.99%，CaO8.07%，MgO7.0%，$TiO_2$2.21%，Fe_mO_n11.3%，R_2O 5.9%，接近于岩棉的组成。有的玄武岩可以不加辅助原料，直接熔制成棉，即玄武岩棉。

【光纤预制棒】optical fiber preform

又称为光纤预形体。是将光纤芯料和皮料通过加工，形成一个整体，使其具有较高折射率的芯和较低折射率的皮层，是制造光纤的主要材料，可以直接将它进行加热软化拉伸制成光纤。预制棒的制备是光纤生产过程中最为关键的工艺。

【纤芯材料】core material of optical fiber

又称为光纤芯材。是制造光纤时用来作为光纤芯的材料，其具有良好的通光性能，比光纤包层材料的折射率高。

【皮层材料】cladding material

又称为光纤皮材或包层材料。是包在光纤纤芯外面的材料，其材料的膨胀系数、软化点和折射率等性能要与光纤芯材相匹配，才能得到性能良好的光纤。

【熔融石英】fused quartz；fused silica

又称为合成石英，为石英的非晶态，是典型的玻璃，其原子结构长程无序。通过三维结构交叉链接提供其高使用温度和低热膨胀系数。一般是将精选的优质硅石原料(SiO_2＞99%)在高温炉内熔炼而成。具有热膨胀系数低、抗热震稳定性好、耐火度高、导热率低的特点。

【包皮管】cladding tube

又称为包层管。是将用于光纤包层的材料通过加工制成管，在棒管法拉丝或套管法拉丝时，套在光纤芯料棒外，然后加热拉制成光纤，成为光纤包层所使用的管子。在石英光纤预制棒制作中，也有在包皮管内进行内部沉积石英材料，制作出可以拉制石英光纤的石英光纤预制棒。

【支撑棒】supporting rod

指在制作光纤预制棒时，用来起支撑材料的作用，可以在加热的同时旋转，完成所需的材料在相应的位置进行沉积的棒材。只是起支撑作用，因没有芯皮结构不能够拉制光纤。

【底层胶】lining polymer

涂覆在光纤丝与光纤涂覆层之间的材料，起防潮、防尘作用的材料，这种材料在剥离光纤涂覆层时还起润滑作用，使涂覆层容易剥离且不会损伤到光纤。

【包层胶】cladding polymer

是光纤拉制过程中涂覆在光纤芯外的材料，并用一定方式固化，在光纤结构中作为光纤包层的材料。固化的方式可以是紫外光照射固化或加热固化，其折射率要与纤芯材料匹配，具有良好的光学性能。

【多组分玻璃】compound glass；multicomponent glass

是用来制作玻璃光纤的材料。根据不同的性能要求，玻璃成分中所掺的材料及其比例也不同，例如有氟化物玻璃、磷酸盐玻璃、碲酸盐玻璃、锗酸盐玻璃以及混合系统玻璃等。通常按主要成分分为氧化物玻璃和非氧化物玻璃。非氧化物玻璃品种和数量很少，主要有硫系玻璃和卤化物玻璃。硫系玻璃的阴离子多为硫、硒、碲等，可截止短波长光线而通过黄、红光，以及近、远红外光。卤化物玻璃的折射率低、色散低，多用作光学玻璃。

11.3.2 有机/高分子原料

【浸润剂】sizing agent；size

在纤维生产过程中，施加于单丝上的某些化学制剂的混合物，可以是溶液、乳液、油剂等。它是赋予玻璃纤维粘结、成膜、润滑、柔软、抗静电等性能的重要制剂，同时根据玻纤制品的品种不同，可对各组分进行设计以满足玻纤制品的要求。浸润剂各组分的作用不同，主要有成膜剂（又称粘结剂）、润滑剂、抗静电剂、偶联剂以及其他辅助成分。浸润剂主要分为三种类型：纺织型、增强型和纺织增强型。

【纺织型浸润剂】textile size

一类有利于后续工序纺织加工（加捻、合股、整经、上浆、织造等）而配制的浸润剂。这种浸润剂具有良好的集束性、润滑性、成膜性、柔软性和抗静电性能，以减少玻璃纤维在纺织过程中的摩擦和强度损失，但它往往阻碍玻璃纤维与被增强材料（如树脂等）的粘结，因此在制作增强制品时需将其清除。玻纤工业上常用的纺织型浸润剂有石蜡型和淀粉型两类。

【石蜡型浸润剂】paraffin size

纺织型浸润剂的一种。这种浸润剂以石蜡、固色剂为成膜组分，凡士林、机械油为润滑组分，平平加、硬脂酸为乳化剂。采用这种浸润剂拉制的玻璃纤维原丝饼，可不经调理干燥，进行外退绕。

【淀粉型浸润剂】starch size

纺织型浸润剂的一种。这种浸润剂以改性淀粉为成膜组分，氢化植物油为润滑组分，明胶、聚乙烯醇为辅助成膜组分，并加入适量的乳化剂等。这种浸润剂的黏度随温度变化很大，一般使用时需加热保持一定的温度，以稳定其黏度。采用这种浸润剂拉制的玻璃纤维原丝饼，需经调理干燥后才能进行退绕。

【增强型浸润剂】plastic size

一类能使纤维表面与基体树脂之间得到良好的粘结，并有利于后续工序加工或应用（缠绕、切割等）的组分。该类浸润剂含有和高分子材料相适应的成膜剂（粘结剂）、偶联剂、润滑剂、抗静电剂等组分。在拉丝过程中直接被覆于玻璃纤维表面以保护纤维。应用这种玻璃纤维，可不用除去表面的浸润剂，直接制造各种复合材料，有利于成形，又能提高复合材料的性能，特别是湿态性能和耐老化性能。主要用于增强塑料、增强橡胶、增强热塑性塑料等复合材料的玻璃纤维基材。

【纺织增强型浸润剂】textile plastic size

一类针对织造玻璃纤维布为主的纺织纱而开发的浸润剂品种。它既无须进行热处理去除，保留了玻璃纤维纱的强力，又可与复合材料基体树脂良好地结合而满足后续工序加工要求。主要成分与增强型浸润剂基本相同，包括成膜剂、润滑剂、偶联剂等。

【成膜剂】film former；film-forming agent

亦称集束剂或粘结剂。是玻璃纤维浸润剂的重要组分，用量最大，能在玻璃纤维拉丝成形过程中，实现单丝集束，并保持原丝的完整性。根据使用原料种类不同、配方不同，可决定原丝硬挺性、柔软性、对增强树脂的浸透性等各项性能，以满足不同品种玻璃纤维制品的工艺要求。常用的有聚酯树脂乳液、环氧树脂乳液、聚氨酯树脂乳液、聚醋酸乙烯酯乳液、PP乳液、丙烯酸乳液、石蜡、淀粉等。为了达到良好效果，往往使用两种及两种以上成膜剂搭配使用。

【润滑剂】lubricant；lubricating agent

亦称平滑剂。是玻璃纤维浸润剂的主要组成，在纤维成形及纤维加工中起到润滑作用。根据玻璃纤维成形及加工的需要，可分为湿态润滑剂和干态润滑剂。湿态润滑剂主要是在拉丝过程中保护纤维、减少磨损；干态润滑剂主要在原丝退并或纺织加工过程中减少玻璃纤维之间以及玻璃纤维与纺织设备之间的摩擦，减少纱线损伤。常用润滑剂有矿物油类、氢化植物油类、高级脂肪醇类、聚乙二醇型非离子表面活性剂、多元醇型表面活性剂、阳离子型表面活性剂。不同用途的浸润剂，其润滑剂的选用类型和用量有较大的差别。

【抗静电剂】antistat；antistatic agent

又称静电防止剂。在浸润剂配方中，使玻璃纤维表面电荷不易产生或即使产生也能够很快导出的助剂。常用的抗静电剂中，一类是具有吸湿性的有机化合物(聚氧乙烯蓖麻油、聚氧乙烯月桂酸酯、聚乙二醇等)与离子型的季铵盐、叔胺盐或羧酸盐共同使用；另一类是含锂离子的无机盐(氯化锂、氯化镁、氯化铵等)。

【偶联剂】coupling agent

是一种能显著改善无机材料(如玻璃纤维等)和有机材料(如树脂等)界面结合的化合物。也是玻璃纤维增强型浸润剂的重要组分。可分为三大类：硅烷偶联剂、有机铬偶联剂、钛酸酯偶联剂。偶联剂分子中含有两种不同性质的活性基因，能分别与有机树脂和玻璃表面结合，通过其架桥作用，形成牢固的复合材料，提高复合材料强度、耐水性、耐候性、耐热性、电气性能等。不同树脂应选择与其相适应的偶联剂。

【硅烷偶联剂】silane coupling agent

化学通式 Y-R-SiX_3。其中 Y 表示有机功能基团，此部分可与聚合物通过范德华力或氢键结合；R 表示亚甲基，该基团能将有机功能基团和硅酯基连接起来；SiX_3 表示硅酯基，此基团水解产物可与玻璃纤维表面形成化学键，从而与玻璃纤维表面连接。最终，通过硅烷偶联剂的作用，将有机聚合物与玻璃纤维进行牢固连接。在玻璃纤维浸润剂中常用的硅烷偶联剂主要有 A-151、A-1100/KH-550、A-187/KH-560、A-174/KH-570 等。

【有机铬偶联剂】organochrome complex coupling agent

具有有机铬络合物结构的一类偶联剂。出现较早，可用于玻璃纤维浸润剂，其中典型产品是商品牌号为“沃兰”的偶联剂，化学名称：甲基丙烯酸氯化铬络合物(mothacrylate chromic chloride complex)。蓝绿色透明溶液，其含 Cr 端与玻璃表面反应形成 Cr-O-Si 键，另一端甲基丙烯酸基可与树脂反应，从而使玻璃表面与树脂等之间形成偶联。主要适用于酚醛、环氧、聚酯、密胺等热固性树脂的玻纤增强塑料。“沃兰”溶于水，自身具有抗静电性，使用方便，价格低廉，因此得到广泛采用。

【钛酸酯偶联剂】titanate coupling agent

以钛、锆、锡、铝为基础的酸酯类非硅烷偶联剂。典型产品为钛酸正丁酯、铝酸三乙酯及其衍生物，主要在塑料及树脂的填料中使用。在增强水泥用玻璃纤维浸润剂中，也将该偶联剂与硅烷偶联剂配合使用。

【柔软剂】softener；softening agent

又称软化剂。用于增加制品的柔软性、滑爽性等的有机物质。柔软剂也常用于玻璃纤维织物，可增加纤维间的润滑性，改善织物的手感。在装饰用布处理中采用较多。玻璃纤维浸润剂中，常用的柔软剂有：高碳链的脂肪酸或其衍生物、硅油等。

【消泡剂】defoamer；defoaming agent

玻璃纤维浸润剂中消除泡沫的助剂。浸润剂中的成膜剂、润滑剂均含有一定的表面活性剂，在搅拌及使用过程中易产生泡沫，对拉丝作业造成不利影响，因此需要适当添加消泡剂消除不利因素。在浸润剂配方中使用的消泡剂一般为有机硅类化合物，用量极少。

【防腐剂】antiseptic

抑制霉菌生长、繁殖或破坏、杀灭霉菌的化学品。玻璃纤维浸润剂中，聚醋酸乙烯酯类成膜剂(乳液)中往往使用保护胶体，会引起发霉。淀粉型浸润剂往往加入少量甲醛作为防腐剂。

【乳化剂】emulsifier；emulsifying agent

乳浊液的稳定剂，是一类表面活性剂。玻璃纤维浸润剂中的各种树脂成膜剂多为乳浊液，均需要通过乳化剂的作用制备而成。从化学结构看，乳化剂分子都是由极性的亲水基团和非极性的亲油基团两部分组成。乳化剂的选择主要考虑：一方面乳化剂分子的亲油端与被乳化物质相似；另一方面两者的 HLB 值(亲水亲油平衡值)一致。常用的有聚乙二醇、平平加、斯潘、吐温等。

【pH 调节剂】pH modifier

玻璃纤维浸润剂中调节 pH 值的助剂。增强型浸润剂体系中为保证硅烷偶联剂能有效水解，多采用乙酸作为 pH 调节剂，调整至 pH 值为 3～4。聚醋酸乙烯酯的乳液制备过程中，为了保证乳液体系的稳定，也需要使用 pH 调节剂，往往使用碳酸氢钠、醋酸钠等。

【水溶性环氧树脂】water-soluble epoxy resin

通过对环氧树脂进行改性而得到的能够溶于水的改性环氧树脂。在玻璃纤维浸润剂中，由于环氧树脂中的环氧基团为高极性基团，分子链中又含有极性强的醚基和羟基，因此具有极好的粘结力，可作为成膜剂，赋予玻璃纤维良好的集束性。水溶性环氧树脂的制备主要是环氧树脂中的环氧基与酸、醇、胺等反应，使其具有亲水性，在此过程中不添加乳化剂，制得水溶性环氧树脂。

【环氧树脂乳液】epoxy resin emulsion

聚合物链段中含有醇基、醚基，两端具有反应活性环氧基的聚合物乳液。在浸润剂中，环氧树脂乳液作为成膜剂可对玻璃纤维提供良好的集束性，根据选用不同的环氧树脂品种可以调节膜的软硬，以适应不同玻璃纤维制品的需要。环氧树脂乳液的制备主要采用在环氧树脂中接入反应性乳化剂，再通过乳化工艺将其制备成环氧树脂乳液。

【水溶性聚酯树脂】water-soluble polyester resin

采用二元醇、含亲水的小分子聚乙二醇和二元酸发生缩聚反应制得的可溶于水的聚酯树脂高聚物。它可以和水以任意比例混合，形成透明溶液。在玻璃纤维浸润剂中可作为成膜剂使用，具有一定的柔软性，适合用于方格布、前处理纱等纺织型浸润剂中，也可在增强型浸润剂中使用，可提供良好的浸透性。

【聚酯树脂乳液】polyester resin emulsion

采用二元醇和二元酸发生缩聚反应制得聚酯树脂，再外加非离子乳化剂、溶剂进行高速乳化，制得聚酯树脂乳液。在玻璃纤维浸润剂中，该乳液可作为主成膜剂使用，由于与玻璃钢用聚酯树脂结构一致，浸透性好。同时该类成膜剂可设计性强。根据不同玻璃纤维制品对成膜剂的软硬、柔韧、集束、短切等各种要求进行设计，广泛应用于缠绕纱、拉挤纱、毡用纱、喷射纱、SMC/BMC 用纱、方格布等各种制品中。

【聚醋酸乙烯酯乳液】polyvinyl acetate emulsion；PVAc emulsion

采用乙酸乙酯单体，通过乳液聚合的方法直接制得乳液；也可与丙烯酸酯、甲基丙烯酸酯、丙烯酸等单体共聚制得共聚乳液。聚醋酸乙烯酯乳液可作为玻璃纤维浸润剂中的成膜剂，其成膜后膜韧性好，可对玻璃纤维原丝具有良好的保护作用，同时能赋予原丝良好的硬挺度和切割性。聚醋酸乙烯酯乳液成膜温度低，使用时要注意其容易在单丝涂油器和集束槽上结皮。

【聚丙烯酸酯乳液】polyacrylate emulsion

采用丙烯酸酯类单体，通过乳液聚合的方法直接制得乳液，也可与其他单体共聚，制得共聚乳液。在玻璃纤维浸润剂中，该类乳液作为成膜剂，主要用于硬质纱，能提供良好的硬挺度，如毡用纱、喷射纱、SMC/BMC 纱中均可使用。

【改性聚丙烯乳液】modified polypropylene emulsion

通过聚丙烯改性制得的乳液，主要包括马来酸酐接枝改性聚丙烯乳液和聚丙烯蜡乳液两类。在玻璃纤维浸润剂中可作为成膜剂。成膜后滑爽性好，短切纱流动性好，可用于增强热塑性塑料用玻璃纤维纱，特别是聚乙烯、聚丙烯用纱。

【水溶性酚醛树脂】water-soluble phenolic resin

在苯酚、甲醛中引入亲水性物质，通过缩聚反应制得的线性水溶性酚醛树脂高聚物。在玻璃纤维浸润剂中，可作为成膜剂，主要用于制造酚醛摩擦材料、酚醛层压板、酚醛模塑料用纱。在矿物棉行业中，也作为岩棉、矿渣棉、玻璃棉等保温材料的粘结剂。

【酚醛树脂乳液】phenolic resin emulsion

苯酚与甲醛通过缩聚反应制得酚醛树脂，

再外加非离子乳化剂、溶剂进行高速乳化，制得酚醛树脂乳液。在玻璃纤维浸润剂中，作为成膜剂，主要用于与制备酚醛树脂产品相关的玻璃纤维纱制品。

【聚氨酯乳液】polyurethane emulsion

分子链中含有氨基甲酸酯链段的高分子乳液。浸润剂中所用的聚氨酯乳液由于含有极性很强的氨酯键，作为成膜剂能带来好的集束性及纤维保护性，同时聚氨酯乳液形成的膜具有良好的强度和弹性。通过分子链段中软段和硬段的设计，可赋予玻璃纤维纱良好的集束性、短切性。该乳液在增强热塑性塑料用玻璃纤维短切纱浸润剂配方中可作为主要成膜剂。

【改性淀粉】modified starch

制备淀粉型浸润剂的主要原料。浸润剂中的淀粉采用高直链淀粉和低直链淀粉的混合物，其中高直链淀粉含量占55%以上，且高直链淀粉要经过酯化、醚化、阳离子化或胺化等改性处理，以提高其粘结性和成膜强度，以及提高其水溶性，降低黏度。

【硅油】silicone oil

线性结构的有机硅聚合物，为无色、无毒、无味的油状液体。具有耐热性、耐火性、电绝缘性和较小的表面张力，常用硅油的乳液处理玻璃纤维织物，以优化其防水、柔软、耐磨等性能。

【氢化植物油】hydrogenated vegetable oil

由精炼过的液体植物油(如棉籽油、蓖麻油、椰子油、橄榄油等)经不同程度的氢化(加氢)而制成的固体或半固体脂肪。主要用于食品工业及制造肥皂、脂肪酸。在玻璃纤维行业中，主要在淀粉型浸润剂中大量使用，起润滑和增塑作用，减少玻璃纤维的磨损和增加其柔软性能。

【平平加】Peregal

是商品Peregal的译名，化学名称为C_{12-18}脂肪醇聚氧乙醚，结构式为R-O-$(CH_2CH_2O)_n$-CH_2CH_2OH，式中：R是C_{12}～C_{18}的烷基；n为15～16。该产品外观为白色蜡状固体，浊点>95℃，HLB值为15左右。常用于印染工业，作为匀染剂。玻璃纤维行业中，主要用于石蜡型浸润剂中，起乳化和润湿作用，使之成为稳定的水乳液。

【固色剂】color fixing agent

是一种水溶性树脂，主要是由甲醛与双氰胺在$CaCl_2$催化下反应制得的双氰胺甲醛树脂。在玻璃纤维行业，主要用于石蜡型浸润剂，采用固色剂的初聚体的稀醋酸溶液，该分子在水中呈离子状态。固色剂水溶性好，可以以任何比例溶于中性或酸性水中，水溶液中的阳离子对负电性的玻璃表面有较好的亲和性，所以可以提高玻璃纤维单丝的集束性。

【硬脂酸】stearic acid

化学名称为十八(烷)酸。分子式：$CH_3(CH_2)_{16}COOH$。由硬化油、牛脂或羊脂水解后，经冷冻、结晶、压滤而制得。有一压、二压、三压之分。是带有光泽的白色柔软块状体，密度0.9408(20/40)，熔点70～71℃。不溶于水，溶于丙酮、苯、乙醚、氯仿、四氯化碳等。主要用于制造化妆品、防水剂、软化剂。在玻璃纤维行业，主要作为石蜡型浸润剂的润滑剂以及起辅助乳化作用，有利于石蜡的乳化，并使玻璃纤维柔软。

【明胶】gelatin

由动物的皮或骨经熬煮而得的蛋白质，为无色到淡黄色的透明或半透明的薄片或颗粒，无味无臭。在冷水中吸水膨胀，溶于热水，冷却后易冻成凝胶状物，受潮后很容易发霉变质。一般根据它的冻力和黏度的高低来决定它的品质。分为：(1)照相明胶，含杂质最少，用于制造感光材料；(2)食用明胶，不含对身体有害的杂质，供药用及食品工业用；(3)工业明胶，含杂质较多，供胶合用。在玻璃纤维行业，主要用于石蜡型浸润剂，起辅助粘结作用，可调节浸润剂的黏度，有利于浸润剂乳液的稳定。

【去离子水】deionized water

指除去离子杂质后的净化水，又称脱离子水。通过离子交换树脂、反渗透设备或电去离子设备制备。在连续玻璃纤维生产中，去离子水用于配制浸润剂、处理液等乳液，以及拉丝成形区喷雾等。

【接头胶水】splicing adhesive

一般采用聚乙烯醇缩丁醛或聚甲基丙烯酸甲酯(俗称模塑粉)等，以丙酮、酒精等溶解制成的快干型胶水，广泛应用于玻璃纤维纺织制品的加工。玻璃纤维性脆，不能打结，故断头须用胶水胶结。胶水要求能快干，并在织物热处理后接头处不变黑。需密闭存放，避免挥发及接触火种。

【防尘油】dust binding oil

为减少矿物棉在机械加工、切割、包装过程中产生碎渣飞散而加入的防尘制剂。防尘油可以软化纤维，并隔离纤维，减少摩擦。防尘油可以是矿物油为主要组分加入表面活性剂(如平平加)、稳定剂等乳化配制而成。生产中，大多配制到粘结剂中，在集棉过程中喷涂；也可以单独喷涂于纤维表面，为二次加工作准备。用氢化植物油也可以配制防尘油。

【粘结剂】binder

为使原丝或单丝在要求的分布状态下固定而施加到它们上面的材料。在玻璃纤维行业中，粘结剂主要包括：玻璃纤维无纺织物专用粘结剂(可分为粉末粘结剂和乳液粘结剂)、玻璃棉生产加工专用粘结剂、连续玻璃纤维浸润剂专用粘结剂(又称成膜剂、集束剂)。

【矿物棉制品粘结剂】mineral wool binder

在矿物棉生产中，为将分散的纤维加工成制品所使用的粘结制剂。常用的有机粘结剂有：水溶性酚醛树脂、脲醛树脂、淀粉类粘结剂。无机粘结剂有：水玻璃、硅溶胶等。根据产品不同，选用不同类型粘结剂。

【涂层材料】coating material

在玻璃纤维行业中，针对原有玻璃纤维纺织制品进行性能改善或优化的涂覆层，主要优化其耐磨损性、耐腐蚀性、耐高温性或赋予其新的性能。目前在玻璃纤维纺织制品上使用的涂层材料包括聚氯乙烯(PVC)、聚四氟乙烯(PTFE)、硅橡胶、蛭石悬浮液等，分别用于优化耐磨损性、耐腐蚀性、耐高温性等。

【过滤布处理剂】filter cloth finish

指过滤布的后处理阶段使用的处理剂材料。主要是采用聚四氟乙烯乳液复配而成的处理剂，赋予过滤布良好的耐腐蚀性和耐高温性能。

【RFL处理剂】resorcinol-formaldehyde latex finish

一种针对橡胶复合纤维的中间处理剂。通常采用间苯二酚(R)、甲醛树脂(F)、丁苯吡胶乳(L)复配而成。该处理剂可使橡胶增强，抗弯曲性和耐疲劳性提高。在玻璃纤维行业中，主要用于玻璃纤维轮胎帘子线的处理和加工。

【憎水剂】hydrophobic agent

在矿物棉纤维(或制品)表面施加的一种防水试剂。它能在纤维(或制品)表面形成一层保护膜，以提高其抵抗大气中水分侵蚀的能力。新生态棉纤维表面多呈阴离子性，且有微裂纹，用阳离子型憎水剂效果更好。用于棉纤维表面的憎水剂以硅烷为主，大多配制到粘结剂中，在成纤后立即喷涂。硬脂酸盐、矿物油、沥青等有防潮作用的产品，乳化或稀释后也可以喷涂于制品表面，阻挡水汽进入，提高产品耐用性。

11.4 工艺及装备

11.4.1 玻璃纤维生产工艺及装备

【球法拉丝】marble melt process

又称坩埚法拉丝或再熔法拉丝，是用二步法生产玻璃纤维的工艺技术。即将玻璃球/块，加入用铂、铑等高温合金制作的坩埚内，或耐火材料做成的拉丝炉内，通过加热使玻璃球/块重新熔化，并使玻璃液保持适合拉丝作业所需的温度和黏度，从底部漏板漏嘴中流出，经拉丝机牵伸，并卷绕成连续玻璃纤维原丝的方法。球法拉丝是生产连续玻璃纤维的主要方法之一。多用于拉制高质量的细纱，以及特种性能的玻璃纤维。

【池窑法拉丝】direct melt process

又称直接熔化法拉丝，是用一步法生产玻璃纤维的工艺技术。即将生产玻璃纤维所需各种粉状原料，按一定比例制成配合料，在池窑中熔制成适合拉丝作业所需的温度和黏度的玻璃液，直接流入池窑通路底部的漏板，从漏板漏嘴中流出，经拉丝机牵伸，并卷绕成连续玻璃纤维原丝的方法。池窑拉丝法减少了制球等工序，同时池窑的容量大，玻璃液的热均匀性及化学均匀性较好，适合安装多孔大漏板，提高了单台炉位产量。由于是一步法生产玻璃纤维，显著降低了单位产品能耗，极大提高了劳动生产率，是玻璃纤维的主要生产方法。

【组合炉法拉丝】remelt plus forehearth process

是一种从球法拉丝，过渡到池窑法拉丝生产玻璃纤维的工艺技术。即以玻璃球为原料，在池窑内熔融后，玻璃液流入安装数块漏板的通路，进行拉丝作业，生产连续玻璃纤维原丝的方法。相当于数台漏板组合而成拉丝炉，故名组合炉法拉丝。特点是较单台坩埚法拉丝炉的容量大，适宜于大漏板生产大号数原丝。但仍然是采用再熔法拉丝工艺，生产能耗较高，现在很少采用。

【"C"工艺法拉丝】C process

是一种漏板漏孔密集排列、无明显漏嘴、采用管式风冷却拉丝的工艺技术。主要技术要点是：漏嘴长度很短，漏嘴间距小，与相同孔数的漏板相比尺寸小，占用的铂铑合金量少。但这种生产工艺适应性和稳定性较差。主要用于生产纤维直径为 22～24μm 的直接纱。

【铂铑合金】platinum-rhodium alloy

铂与铑的合金。具有耐高温、抗氧化、抗玻璃腐蚀、抗高温蠕变性较好、易于加工与重复再加工等优点。又是良好的电导体，便于电加热。是玻璃纤维和玻璃工业中不可缺少的重要材料。常见的铂金制品有：漏板、坩埚、铂电极、TFT 用超薄玻璃的铂金料道、热电偶套管、鼓泡管、搅拌棒与桨叶，以及池窑的流液洞、挡砖和流液槽砖的包皮等。

【弥散增强铂合金】dispersion strengthened platinum alloy

在铂基体中，人工加入弥散分布的、在高温下稳定的、非常细小的第二相微细颗粒，形成的铂合金材料。这些非常细小的纳米级颗粒，通常呈扁平状，可以阻止铂晶体间的滑移和晶体长大，从而使铂合金耐高温强度及抗蠕变性能显著提高。常用的弥散物质有氧化锆、氧化钇等。弥散增强铂合金制作的漏板，使用寿命较长。

【铂"中毒"】contamination of platinum

铂铑合金在使用或加工过程中，由于混入、接触了有害物质而引起变脆或显著降低熔点的现象，俗称铂"中毒"。砷、碳、硅、硫、磷、锑、钙、钾、钠、铜、铁及其合金等均会引起铂"中毒"。任何铂合金漏板、发热体、电极片"中毒"后，会产生断裂、穿孔等现象，不仅影响其使用寿命，还会增加铂合金损耗。

【钼电极保护】protection of molybdenum electrode

为防止金属钼电极对玻璃液直接电加热时，因高温被氧化而采取的措施。金属钼在空气中 400℃即开始氧化，600℃以上则剧烈氧化。保护方法有四种：(1)将钼电极与空气隔绝，用耐高温金属与钼电极连接并引出窑(炉)体外；(2)在钼电极表面涂抗氧化层；(3)用氮气隔绝空气；(4)将钼电极在空气中的部分，用水冷电极保护套降温到 400℃以下。电极保护是钼电极在玻璃电熔中安全使用的关键技术，未被保护好的电极，在电极穿过窑墙的部分很容易因氧化而损坏。

【电极保护套】water jacket for electrode; electrode holder

通水冷却保护电极引出窑体外部分免受氧化的装置。保护套采用高温镍铬合金，结构上可分为两种：钼电极与保护套固定成一体、钼电极可在保护套内移动。保护套包含有本体与电极支撑、与钢结构固定、绝缘、测温电偶等部件。

【电极表面电流密度】current density on electrode surface

电极与玻璃液接触面上的电流密度，单位为 A/cm^2。电极表面电流密度是玻璃电熔设计与运行中的一个主要控制参数。电流密度过大则电极表面温度过高，电极易损坏，玻璃液易产生气泡或可能部分元素被还原，电流密度过小则不经济。对于不同电极材料与不同成分的玻璃液，电极表面电流密度不同，一般电流密度的控制范围在 0.5～3.0 A/cm^2。

【拉丝炉置换率】displacement rate of glass in fiber-drawing furnace

表示拉丝熔炉每天玻璃液的平均置换次数，是玻璃熔炉的设计指标之一。适当的置换率，可以保证玻璃液在拉丝炉中有一定的停留时间，使拉丝作业稳定。计算公式：$n=Q/G$，式中：n 为置换率(次/日)；Q 为拉丝理论产量(千克/台·日)；G 为拉丝炉中玻璃液的有效容量(千克/台)。

【原料均化】blending of raw materials

采用一定的工艺措施，降低原料化学成分的波动幅度，使原料化学成分均匀的过程。原料均化是保证玻璃熔化质量、提高产量及降低消耗的基本措施和重要途径。矿山的矿石原料，开采的部位不同，组分含量不可能是一致的。在粉料加工时，可先采用矿石搭配使用进行预均化。粉料加工好后，再使用气力均化和机械均化两种方式进一步均化，获得合格原料。

【气流输送】pneumatic conveying

又称气力输送。是利用气流的能量，在密闭管道内，沿气流方向输送颗粒状物料的一种方式。气流输送装置的结构简单，操作方便，依照管道形状，物料可沿水平、垂直或倾斜方向输送。含水量多、有黏附性或在高速运动时易产生静电的物料，不宜于进行气流输送。

气流输送的主要特点是输送量大，输送距离长，输送速度快。可一处装料，多处卸料。根据气流发送的形式分为：稀相输送、密相输送和负压输送等。

【玻璃纤维配合料】fiber glass batch

根据玻璃纤维成分，将各种原料按比例称量，经过混合器混合后的物料，称为配合料。采用配合料投入玻璃窑炉，有利于改善玻璃液的均匀性，提高玻璃液的质量，增加纤维产量。通常采用均匀度、含水率、重金属含量等指标，测定配合料的制备质量。

【配合料均匀度】batch homogeneity

配合料均匀度是指配合料中，各种原料混合的均匀程度，即配合料内各处某种化学成分的差异程度。玻璃纤维配合料大多用氧化钙测得数据的均方差，表示配合料均匀度。

【配合料含水率】moisture content in batch

是指配合料中的水分含量与干基配合料量的比值。玻璃纤维原料及配合料由于采用气力混合/输送，含水率要求不大于 0.5%，以保证原料的输送流畅。

【重金属含量】heavy metal content

是指配合料中重金属含量与干基配合料量的比值。重金属一般为难熔物质，易在玻璃中产生结石，影响玻璃液的质量，在成形时产生断头、飞丝等，也会引起铂合金漏板中毒。像铅(Pb)等重金属还会对环境、健康产生影响。所以配合料中重金属含量，应加以严格控制。

【配合料熔成率】batch-to-melt conversion rate

又称玻璃熔成率，即熔成单位玻璃液量与所需配合料量的比值，以百分数表示。

【成球率】glass marble yield

球窑中每吨玻璃液制成成品玻璃球的百分数，是反映玻璃球窑生产效率的一个重要指标。

【玻璃电熔】electric melting of glass

一种通过电极将电能直接输入玻璃熔液内产生焦耳热，达到内部加热、熔化、澄清的玻璃熔制技术，简称电熔。采用电熔技术，以电能为唯一加热能源的玻璃窑炉，称为全电熔窑或电熔窑；在火焰窑上采用电辅助加热的窑炉，称为电助熔窑。电熔用的电极材料，可以是石墨、钼、铂金和氧化锡等。电熔的电源必须是纯交流电，不得有直流电存在。电熔技术可以用于从熔制到成形的各阶段。电熔特别适用于特种、难熔、深色、易挥发、批量少的玻璃熔制。

【电助熔】electric boosting

又称辅助电加热，是一项在熔制玻璃的火焰窑中，引入电熔技术，以辅助熔化与澄清玻璃的技术措施。根据熔制工艺的需要，可在窑炉的各个部位，如投料池、熔化部、澄清部、流液洞等，插入电极加热玻璃液。电助熔有增加玻璃液温度、增加玻璃液的热对流，从而在不增加熔化面积的基础上增产、改善质量、提高产品成品率、节能与减少环境污染的效果。电助熔可以控制增产在25%～40%。正是由于电助熔有如此多的优点，所以为当今玻纤池窑普遍采用。

【电熔控制系统】electric melting control system

对玻璃电熔输入电能及保证运行安全的电气与自动控制装置的组合。系统一般由受电开关、变压器(普通变压器或具有调节功能的特种变压器)、功率控制器、电量测量与控制系统(仪表、PLC或DCS)、冷却水检测设备等构成。用电等级根据用电功率大小确定，可以是380V，也可以是10kV。对电极输入功率的控制，是为了电极插入区域玻璃液温度的调节和稳定，控制方案通常采用恒流控制、恒功率控制、恒温控制三种方式。本系统同样适用于电助熔。

【恒流控制】constant current control

一种保持玻璃电熔中电极电流稳定的控制方案。本方案将电极电流信号与控制系统的给定值对比，其偏差值调节电熔的输入功率，保持电极电流恒定，从而间接达到玻璃液温度稳定的要求。是玻璃电熔中普遍采用的控制方案，通常也在坩埚拉丝生产中使用。

【恒功率控制】constant power control

一种保持玻璃电熔中电极间功率稳定的控制方案。本方案将检测到的电极间电流与电压信号相乘得到的电功率，与给定值对比，其偏差值调节电熔的输入功率，保持电极间功率恒定。是玻璃电熔或电助熔中常采用的控制方案。

【熔窑恒温控制】furnace constant temperature control

一种保持玻璃液温度稳定的电熔控制方案。本方案将玻璃液中某点或多点温度信号(加权平均)自动输入控制系统，与给定值对比，其偏差值调节电极输入电功率，以保持目标点温度稳定。常用在玻璃电加热通路的成形段。

【纯氧燃烧】oxy-fuel combustion

以纯度≥93%的氧气作为助燃燃料进行燃烧的工艺。与传统空气助燃相比。具有热效率高、减少NO_x排放、提高玻璃液熔化率等优点。被誉为玻璃熔化技术的第二次革命。

【预混燃烧】premix combustion

将燃料和空气按预定比例混合成均匀的混合气，进行燃烧的工艺。其优点是能够使燃料充分进行燃烧，形成的火焰短、温度高且均匀、延展性好。按空气与燃料的混合方式，可分为机械预混和引射预混。

【机械预混】mechanical premixing

通过预混风机将燃气与空气按一定的比例强制混合的方式。混合气由热值分析仪连续测定热值，通过比例调节器修正燃气与空气配比。

【引射预混】ejection premixing

通过引射混合器将燃气与高压空气按一定比例混合的方式。其燃气与空气的配比调整，是根据测定烟气中一氧化碳含量，人工进行调节。

【致密氧化铬砖】dense chromic oxide brick

一种氧化铬含量大于93%的致密耐火材料。选用优质氧化铬粉末和特殊添加物，采用等静压超高压压制，经高温还原性气氛中缓慢烧结而成。致密氧化铬砖具有体积密度高、气孔率低、强度高、抗侵蚀性优等优点，是无碱玻纤池窑中与玻璃熔液接触部位的理想材料，多用于无碱玻纤池窑熔化部及通路的池底、池壁。也可用于其他优质玻璃或抗侵蚀要求严格的对着色要求不高的玻璃窑。

【致密锆英石砖】dense zircon brick

一种氧化锆含量≥65%的耐火材料。以优质锆英石为主要原料，用等静压工艺成形，也可浇注成形，经高温缓慢烧结而成。致密锆英石砖具有强度高，抗侵蚀性能好，电导率低，气泡、条纹、结石倾向小，不污染玻璃，是无碱玻璃池窑与玻璃液接触部位的理想材料，多用于无碱玻纤池窑的池底、池壁背衬砖、电极砖；通路的池底、池壁。也可用于液晶玻璃、微晶玻璃、低碱硼铝硅、激光玻璃窑的池壁、池底、背衬或成形部位。

一种含氧化锆 69%的致密锆英石，还具有很好的抗热震性能，适用于 E 玻璃纤维熔窑的挂钩砖、流槽砖，特别适合用作漏板砖。

【标准锆英石砖】standard zircon block

又称骨料型锆英石砖，是一种氧化锆含量≥65%的优质耐火材料，用预制备的优质锆英石骨料，经第二次配料、机压和高温烧结而成。具有良好的抗高温蠕变能力及抗玻璃粉料侵蚀能力，可用于各种玻璃窑炉的火焰空间，尤其耐粉料的侵蚀，常用于投料口附近的火焰空间，广泛用作硅砖和电熔锆刚玉砖之间的隔离砖，也可用作致密锆英石砖的背衬砖。

【再烧结电熔莫来石砖】rebonded fused mullite brick

是一种主要用电熔莫来石熟料做颗粒料的烧结莫来石产品，一般氧化铝含量≥75%，耐火度高，荷重软化大于 1700℃，有良好的热震性和耐腐蚀性，具有优异的抗高温蠕变性能，用于玻纤窑炉的熔化部的火焰空间，主要用作大碹砖、碹脚砖及胸墙砖。

【铬锆刚玉砖】chrome-zirconia-corundum block

指含氧化铬 12%～62%，氧化锆 11%～27%，氧化铝 15%～51%范围内系列耐火材料产品，有电熔和烧结两类产品。烧结产品耐高温、耐侵蚀性能良好。氧化铬含量大于30%的制品，广泛用于 E 玻璃纤维熔窑烟道及火焰空间部位，玻璃棉和玄武岩纤维熔窑的池壁、池底、通道等接触玻璃液部位，还可用于某些深色玻璃(如绿色)熔窑高温侵蚀部位。以铬刚玉砖为骨料加工的产品有烧结骨料铬刚玉砖和电熔骨料铬刚玉砖。

【烧结骨料铬刚玉砖】sintered grain-type chrome-corundum block

是指用预制备的铬刚玉骨料，经第二次配料、机压成形后，高温烧结而成的铬刚玉砖。

【电熔骨料铬刚玉砖】fused grain-type chrome-corundum block

使用特制的电弧炉，经过电弧熔融和氧化处理的熔铸工艺制成的铬刚玉砖。

【电熔氧化锆砖】fused cast zirconia block

又称熔铸高锆质砖。是用优质高纯氧化锆原料，在专用的电弧炉内熔融制成的氧化锆熔铸耐火材料，氧化锆含量为 88%～95%，其晶相主要由斜锆石晶相和少量的基质玻璃相构成。

电熔氧化锆砖具有优质的抗侵蚀性能，很高的高温电阻率，可用作电熔玻璃窑的电极砖；还具有极高的抗侵蚀能力及极低的气泡、条纹及结石倾向，是熔化高质量玻璃熔窑的关键材料，用于显示器玻璃、硼硅酸盐玻璃、铝硅酸盐玻璃、含氟乳白玻璃的玻璃熔窑池壁、池底、流液洞、窑坎、通道等部位。

【铂合金包皮挡砖】platinum-covered skimmer block

挡砖是分隔熔化部和主通路的装置，此装置可使窑内优质的玻璃液流入主通路，由于挡砖被玻璃液侵蚀比较严重，为使其寿命与窑龄相同，用 0.5～1.0mm 的铂合金皮包裹挡砖，因此称铂合金包皮挡砖，这样抗侵蚀性好、寿命长。

【漏板砖】bushing block

与拉丝铂金漏板相连的耐火砖，是流液槽砖与铂金漏板之间的用砖，材质为致密锆英石砖或致密、多孔氧化铬砖。漏板砖的开孔尺寸视漏板的大小而定。

【流液槽砖】flow block

拉丝成形通路中供给漏板玻璃液的供料装置，是与漏板砖相连的料道砖，材质为致密锆英石砖或致密、多孔氧化铬砖。流液槽砖的开孔尺寸视漏板及漏板砖的大小而定。

【白泡石砖】white afrodite block

白泡石又称耐火石，是一种灰白色天然硅质石材，属弱酸性耐火材料，二氧化硅含量≥92%，杂质(R_2O+RO)含量低(一般在 2%以下)；结晶度细且密度高；高温强度较好；耐火度高(1650～1730℃)。预烧过的白泡石砖，热稳定性较好，使用过程中不易开裂剥落而损坏，可作为一种较理想的工业高温窑炉耐火材料，广泛应用于拉丝坩埚炉上。但此砖的耐侵蚀性差。

【漏板】bushing

是玻璃纤维成形的主要装置。形状为带有

多孔/漏嘴的金属舟形容器或孔板，主要采用铂铑合金制作。漏嘴孔型通常为圆管形或者圆锥管形，孔径和孔数由所生产的原丝规格而确定，孔数范围通常为200～6000孔。漏板安装在拉丝炉或池窑通路下方，通过电加热，调节玻璃液的温度在拉丝作业范围内，使玻璃液稳定地从漏嘴流出拉制成玻璃纤维。

另外在池窑拉丝生产中，还有两种非纤维成形用的漏板。即池窑启动时，排放窑内垫底玻璃用的、不锈钢制作的启动漏板和池窑拉丝正常运行时，用于通路放料的、铂铑合金制作的放料漏板。

【漏板布置】bushing positioning

是指池窑拉丝漏板长度方向与通路长度方向，或拉丝机头轴线方向的布置关系。通常以通路为参照物，漏板长度方向与通路平行的，称为漏板横排；漏板长度方向与通路垂直的，称为漏板纵排。由于机头轴线与通路长向垂直，如果以拉丝机头为参照物，漏板的同一种布置，其叫法刚好相反。

【漏板安装及附件】bushing installation and accessories

将漏板固定在池窑通路或拉丝炉下方的作业，称为漏板安装。漏板安装前，先将漏板和漏板托架固定在模具上，空隙部位用漏板浇注料填充固化，然后再吊装在池窑通路或拉丝炉下面底板的预定位置上。漏板吊装好后，在漏板的引电片(俗称耳朵)上安装水冷夹头，用铜排将引电片与漏板变压器连接后，即可投入使用。

【铜排】copper bars

是漏板和变压器的连接导线，分为硬铜排和软铜排两种形式。

【水冷夹头】water-cooled terminal clamp

用铜制作的通水冷却引电片固定件。

【漏板浇注料】bushing castable

由耐高温胶凝物、耐高温骨料、耐高温膨胀缓冲剂、耐高温防开裂物、高温保温物等组成的胶凝材料。

【拉丝炉玻璃液面高度】molten glass level of fiber-drawing crucible

池窑拉丝通路或拉丝炉内，玻璃液表面到漏板底板的垂直高度。

【丝根冷却器】menisci cooler

在拉丝过程中，为稳定纤维成形，对漏板漏嘴丝根进行强制冷却的装置。冷却器采用导热性好、耐高温、抗腐蚀金属材料加工制造。根据不同的玻璃成分和成形工艺，冷却器有插片冷却器、管式冷却器、吹风冷却器等多种形式。

【插片冷却器】fin cooler

在冷却水管上焊接或镶接一排导热金属片，沿着漏板横向插入丝根之间。冷却片材料可用包镍铜片、镀镍铜片、银片等。

【管式冷却器】tube cooler

又叫纵向通水冷却器，用一根或几根扁平形的通水金属冷管，沿漏板纵向嵌入两排漏嘴丝根之间。

【吹风冷却器】blown air cooler

在通气管上镶接一排针状细管，安装在漏板一侧，对两排丝根之间喷出低压空气流，实现对丝根的强制冷却。

【气流控制系统】airflow control system

玻璃纤维生产中，对于纤维成形区及其周围环境，利用空气气流进行温湿度控制的装置。在漏板四周设置的喷吹气流，称为工艺风。其作用是保证丝根具有稳定充足的冷却条件，并阻止悬浮在空气中杂物进入纤维扇形面而造成断头、飞丝。在纤维成形区和下层拉丝区顶部设置的、向下喷吹的可控气流，称为环境风。其作用是保持上面两个区域的温湿度环境，保证拉丝作业的稳定性。工艺风和环境风的可控温湿度气流，由拉丝车间附属的空调间提供。

【纤维成形喷雾】water spray for fiberizing

采用水压压力或者同时又导入压缩空气的喷嘴，在漏板和涂油器之间的纤维扇形面上，喷以细微、无滴的水雾的工艺。其作用是润湿纤维，有助于浸润剂被覆于纤维表面。同时也降低了玻璃纤维的温度，便于操作人员上丝操作。还可阻隔纤维粉尘进入成形区，有利玻璃纤维的无间断成形作业。

【单丝】filament

从一个漏嘴中流出的合适温度玻璃液，在外界拉力作用下逐渐变细、冷却成为一定直径的纤维。单丝的规格以其直径大小表示。例如一般生产的纺织玻璃纤维的单丝直径为3～10μm，增强型玻璃纤维的单纤维直径为10～24μm。

【单丝涂油器】size applicator for filaments

指在漏板下方散开的单丝扇面上，均匀涂敷浸润剂的装置。常用的单丝浸润器有辊式及带式两种。辊式涂油器利用石墨制成的转动辊涂敷浸润剂，多用于拉制粗直径的增强型玻璃纤维。带式涂油器利用橡胶制成的回转胶带涂敷浸润剂，多用于拉制细直径的纺织型玻璃纤维。

【集束器】gathering device；gathering shoe

是将多根单丝集成一束原丝的装置，多用于集束已涂有浸润剂的单丝束。在不同的拉丝工艺线中，集束器呈不同形式，一般是开槽的轮状物。

球法拉丝短作业线上，多采用单槽集束器，用木材或铝制成。槽中垫以绒布及缎布，以吸收浸润剂，在把浸润剂涂在原丝上的同时，将原丝集为一束。这种集束器结构简单，但涂油效果不够均匀，浸润剂消耗较高。

池窑法拉丝长作业线上，安装在单丝涂油器下方的集束器，常称为第一分束器，多用优质石墨材料制成。在大漏板需要分拉时，需要多个连接在一起的单槽集束器，将原丝分为多束，这种集束器又称为分束器，或分束集束器。根据分束器形式，分为多槽转动式集束器和分束板两种，后者常用酚醛层压板制作。还有一种可按照拉丝程序的指令，上下移动并与排线器同步运动，即作TSS(仅按照拉丝机程序的相关指令，能同步分排线器运动)或TTSS(既按照拉丝机程序的相关指令能上下运动，又能同步与排线器运动)活动的集束轮(分束板)，称为移动集束器，或第二集束轮(第二集束板)。这种集束器结构复杂，但原丝分束和排线的效果好。

【原丝】strand

在连续玻璃纤维拉丝作业中，设计为某固定根数单丝经过涂覆浸润剂、集束后的丝束。原丝的号数粗细，取决于单丝直径大小和单丝根数，可用公制号数(tex)或公制支数表示。

【排线器】traverse；traversing device

是引导原丝有规律地、按一定排幅排列而卷绕在拉丝机绕丝筒上的装置。常用的有缝隙排线器、钢丝排线器及翼片式排线器三种。

缝隙排线器是在金属圆筒体上，开有“两根螺旋线各点互相中心对称而贯通”的左右螺旋槽。当排线器旋转时，原丝就在螺旋槽内做快速往复运动，从而实现往复导丝的作用。具有强制性强、排线导丝转折时滞后小、卷装成形较好的优点，但有制作较复杂、排幅过小等缺点。

钢丝排线器是在排线轴上，装有一对或多对具有“两根螺旋线各点左右中心对称”的锥形螺旋状的钢丝(或铜丝)。当排线器旋转时，借助原丝的张力，使原丝在钢丝上滑动，从而实现快速往复导丝。其结构简单，较易于制作，排幅宽，但有排幅易受原丝张力变化影响、导丝转折时滞后较大等缺点。

【排幅】traverse throw

排线器快速旋转原丝往复排列的距离。

【排线动程】traverse stroke

排线器慢速前后往复的距离。

【分拉】tandem collet winding

将一块多孔漏板上的所有单丝，分成两股或两股以上的原丝束，分别在两个或两个以上的绕丝筒上卷绕成形的工艺，又称为分股卷绕。采用分拉技术，可获得比单股拉丝较小号数的原丝，这样既满足后道工序产品对原丝规格的要求，又提高单块漏板的拉丝产量。

【原丝筒】cake；strand package

又称原丝饼。即绕有玻璃纤维原丝的绕丝筒。

【原丝调理】cake conditioning

是指将找好头的纺织型玻璃纤维原丝筒，放置在原丝小车上，在原丝调理间存放一段时间，使原丝中多余的水分去除，并让浸润剂充分浸透。原丝调理的关键是调理环境的温湿度和调理时间，这些参数的确定应与原丝含水率、丝筒卷装量以及所使用的浸润剂组分相适应。

增强型玻璃纤维原丝筒或者直接纱原丝筒经烘制后，也需要经过近 4～6h 冷却的原丝调理，使之达到预定的温度进入络纱等下道工序或包装入库。

【拉丝线速度】linear speed of fiber attenuation

是指原丝卷绕在绕丝筒上的绕丝线速度。由拉丝机头转速和绕丝筒直径计算而得，是拉丝作业的主要工艺参数之一。在一定拉丝线速度范围内，玻璃液流量与拉丝速度无关，与拉丝张力相关。即拉丝速度高，单丝直径细，拉丝张力增加；拉丝速度低，单丝直径粗，拉丝张力减小。

【拉丝排线速比】collet-traverse speed ratio

又称拉丝速比。指拉丝作业中机头转速与排线器转速之比。计算公式如下：$i=p/q$，式中：i 为拉丝排线速比；p 为机头转速(r/min)；q 为排线器转速(r/min)。

拉丝排线速比的精确控制，是为了减少原丝卷绕的重叠，并利于退绕等后道工序作业。通常丝饼纱拉丝机的速比需要精确到小数点后四位数，直接纱拉丝机的速比需要精确到小数点后的六位数以上。

【拉丝包角】wrap-round angle

玻璃纤维拉丝作业时，纤维经过涂油槽/集束器相接触的部位所形成的圆心角。由于工艺位置的关系，每根单丝对浸润槽的包角是不同的。漏板最右端的单丝包角最大，漏板最左端的单丝包角最小，漏板中心部位的单丝包角居中，称为平均包角。若涂油槽为圆形，则平均包角等于集束丝偏角。在保证单丝充分浸润前提下，包角小有利于减小单丝张力，同时还应使扇形半角小些，以降低单丝间的张力差，稳定拉丝作业。

【原丝饼成形】cake forming

指产品根据用户需要和后道工序要求，将原丝按照某种设定的规律，卷绕在绕丝筒上，形成设定要求和形状的工艺过程。其中主要分为：

原丝饼成形：由排线钢丝快速转动所产生的往复排列(排幅)和整个排线器沿原丝筒轴向慢速移动，形成原丝规律性排列卷绕，而构成丝饼。

直接纱纱筒成形：仅由槽筒排线作用产生的快速往复排列(排幅)，形成原丝精确规律排列、截面呈长方形的纱筒。

【卷装量】package weight

指每个满筒原丝饼的质量。是选用和评估拉丝机卷装能力的重要指标之一。

【断头率】filament breakage rate

玻璃纤维拉丝作业中一块漏板每小时(或每公斤原丝)的自然断丝次数，是表示连续玻璃纤维拉丝生产中作业正常程度的工艺技术指标之一。

【飞丝率】filament fan break-out rate

玻璃纤维拉丝作业中，一块漏板每小时或每公斤原丝的自然飞丝次数，是表示连续玻璃纤维拉丝生产中作业正常程度的工艺技术指标之一。

【满筒率】full package rate

指测定时间内原丝满筒个数占原丝筒总个数的百分率。它是反映连续玻璃纤维拉丝生产中作业正常程度的工艺技术指标之一。

【拉丝成品率】glass-to-strand conversion efficiency

表示连续玻璃纤维拉丝生产中的生产效率。用下式计算：拉丝成品率(%)＝$\frac{\text{合格的原丝产量}}{\text{实际耗用的玻璃量}}\times 100\%$，式中：合格的原丝产量指经检验合格的原丝产量(包括外观不合格，但下道工序可以使用的部分数量)经扣除浸润剂、原丝水分含量后计算而得。

【铂耗量】platinum alloy loss

在玻璃纤维生产过程中，每吨原丝或每吨成品纱的铂铑合金消耗量(克/吨原丝或克/吨成品纱)。铂耗量的大小决定于：铂铑合金材质、坩埚(漏板)结构类型和加工质量、玻璃的成分和质量、使用温度、单台漏板的产量、涂层的质量和工艺、操作和电工参数的控制、外界有害物质的影响等。

【号数补偿】tex compensation

连续玻璃纤维卷绕原丝饼时，由于卷装直径不断加大，拉丝线速度就会随着丝饼直径的增加而逐渐增加，造成原丝号数逐渐变小。为保持号数始终不变，一般采用两种办法进行偿。

速度补偿：按照拉丝机头上丝饼直径变化规律曲线，即时相应同步降低机头转速，达到恒线速拉丝，保持原丝号数恒定的补偿方式。

温度补偿：按照拉丝机头上丝饼直径变化规律曲线，即时相应同步提高漏板温度，用提高漏板温度，增加流量实现保持原丝号数恒定的补偿方式。

【单层作业线】single level geometry

又称短作业线。是指漏板和拉丝机在同一构筑物层内，其垂直距离为 2～3m 的工艺布置。这种工艺布置，构筑物投资较少，拉丝操作方便。但拉丝张力较大，对多排多孔的作业及原丝质量有一定的影响。

【双层作业线】double level geometry

又称长作业线。其纤维成形和原丝卷绕作业分别是在上下两层构筑物内，可减小纤维成形各点的接触包角和拉丝张力。这种工艺布置，适合于多排多孔大漏板的拉丝作业。生产与产品质量都相对短作业线稳定。

【左拉】left-hand winding

是指拉丝机布置在拉丝漏板左面的拉丝作业线。此工艺的特点是：正常拉丝张力比右拉工艺要小；拉丝机的气流对漏板的影响小；漏板流下的玻璃丝对于拉丝机的干扰也小。拉丝机头在换筒位置的包角比正常拉丝位置时的包角大，利于提高换筒成功率。

【右拉】right-hand winding

是指拉丝机布置在拉丝漏板右面的拉丝作业线。此工艺的特点是：正常拉丝张力比左拉工艺要大；拉丝机的气流对漏板的影响大；漏板流下的玻璃丝对于拉丝机的干扰也大。拉丝机头在换筒位置的包角比正常拉丝位置时的包角小，不利于提高换筒成功率。此工艺在早期多被采用，近期较多被左拉所替代。

【短切】chopping

将连续玻璃纤维原丝或纱线，切割成相同的、一定长度物料的工艺过程。短切后原丝称为短切原丝，可以作为产品出售。在玻纤制品加工设备中，短切工艺也可以成为一个工艺环节。短切可分为在线短切与离线短切两种形式，其中离线短切还可分为干法短切和湿法短切。

在线短切：是在原丝卷绕在绕丝筒前，牵引到短切机上直接短切成制品。离线短切：是将已卷装好的原丝或纱线，置于另设置的短切机上短切成制品。

干法短切：是指先将原丝送入烘炉烘干后，在短切机上进行短切。湿法短切：是指不经烘干的原丝，或用水润湿后湿原丝，在短切机上进行短切。湿法短切可消除短切原丝时产生的静电，短切原丝的质量好，但需要进行烘干处理。

【玻璃纤维生产废气处理】treatment of waste gas from glass fiber production

玻璃纤维熔窑产生的废气，含有烟尘、硫化物、氮化物、氟化物等物质，直接排放会造成大气环境污染。因此，需要对废气进行处理，达到环境标准允许的指标后，才能排放。常用的处理方式有：干法废气处理、湿法废气处理、半干法废气处理等几种工艺。

【干法废气处理】waste gas treatment by dry process

是指利用碱性氧化物在干性状态下，通过碱性颗粒物与烟气里的有害组分，如硫化物（SO_2、SO_3）、氟化物（HF、F^-）等摩擦、吸附、碰撞剪切时的充分接触，进而发生化学反应，形成固体废弃物，从而去除有害组分的处理方法。

【湿法废气处理】waste gas treatment by wet process

是指利用碱性氧化物水溶液或浆液，通过雾化喷淋等方法，与烟气里的有害组分，如硫化物（SO_2、SO_3）和氟化物（HF、F^-）等充分接触进而发生化学反应，产生不溶于水的沉淀物，从而去除有害组分的处理方法。

【半干法废气处理】waste gas treatment by semi-dry process

是指利用碱性氧化物在一定湿度状态下，通过碱性颗粒物或乳液滴，与烟气里的有害组分，如硫化物（SO_2、SO_3）和氟化物（HF、F^-）等摩擦、吸附时的充分接触，进而发生化学反应，产生固体废弃物，从而去除有害组分的处理方法。

【玻璃纤维生产废水处理】treatment of waste water from glass fiber production

玻璃纤维生产中产生的废水（又称污水），含有浸润剂、粘结剂等有机物质，直接排放会造成水环境污染。因此，需要对废水进行处理，达到环境标准允许的指标后，才能排放。废水常采用加药絮凝沉淀、曝气、生物接触氧化等方法进行处理。

【玻璃纤维生产废丝处理】recycling of waste fibers in glass fiber production

是指把玻璃纤维生产操作过程中产生的多种废丝，进行清捡、破碎、清洗、烘干处理后，进行再利用。加工处理后的废丝，有的可以回炉熔化生产连续纤维；有的用来生产玻璃棉：还有用于生产玻璃纤维以外的其他产品，如压花玻璃、玻璃马赛克、陶瓷釉料等。

【玻璃纤维生产余热利用】utilization of waste heat in glass fiber production

玻璃纤维熔窑产生的废气（又称烟气），温度可达1000℃以上，直接排放，不仅造成大气环境的热污染，也浪费热能。因此，需要回收这部分余热，加以再利用。通常采用金属换热器换热，换热后的热空气，作为熔窑燃烧器的助燃风，或作为原丝烘干炉的热源。同时还可采用余热锅炉产生蒸汽，供生产使用。

【分散型控制系统】distributed control system；DCS

一种控制功能分散、操作显示集中，采用分级结构的智能站网络，也称分布式控制系统，英文缩写为DCS。其目的在于控制、管理一个工业生产过程，或一个工厂。系统由操作站、工程师站、过程输入/输出装置、通信总线、DCS的计算机接口与相关控制软件组成。在玻纤池窑上，主要用于从投料装置到拉丝机的生产过程控制与管理。系统具有人机对话、图形显示、表格统计、报警列表等功能。经网络扩展可以与厂级管理系统通信，形成全厂、全公司的计算机管理网络。

【可编程逻辑控制系统】programmable logic control system

一种以PLC为主体的，完成其顺序与逻辑功能的可编程工业控制系统。系统由操作站（或触摸屏）、PLC、通信总线、控制柜与相关控制软件组成。主要完成制造过程各工段、工序、各装置之间的顺序控制；还可以完成制造过程中的称重、速度、温度等控制；同时还具有智能管理、报表、故障处理帮助等功能。系统还具有与厂级管理系统网络通信功能。与分散型控制系统一起，成为当今工业制造与生产过程的两大控制系统。

【可编程逻辑控制器】programmable logic control；PLC

用于顺序控制的专用计算机，英文缩写为PLC。其顺序控制逻辑基本上可根据布尔逻辑或继电器梯形图程序编程板或主计算机来改变。PLC由输入输出模块、电源模块、通信模块、CPU（中央处理器）及软件等组成。

【现场总线控制系统】fieldbus control system；FCS

以现场总线为技术核心的工业控制系统，英文缩写为FCS。现场总线是指应用在制造过程区域现场装置和控制室内自动控制装置之间的，包括数字式、多点、串行通信的数据总线。现场总线的国际标准（IEC61158）有8种。在玻纤工业上常用的总线为Profibus-DP/PA，应用现场如：池窑拉丝中的窑炉温度、通路温度、拉丝机、风机变频器、压力与差压变送器等信号，通过Profibus-DP总线传输，送DCS进行控制、管理与统计。

【配合料自动控制系统】automatic control system for batch plant

完成玻璃原料称量、混合、发送、收尘等一系列顺控过程的成套自动控制装置。系统由PLC为主体的逻辑控制柜、电机变频控制动力柜、操作站等与相关控制软件组成。完成包括原料仓、窑头料仓、输送管、大/中/小料称、混合罐、收尘驱动等装置测量与控制。系统还具有：配方的设置与存储，秤零点的自动判别，过零误差、成分超欠差、设备过载、配料周期过长报警等功能。具有自动、手动、调试等操作功能。在玻纤池窑与岩棉线上普遍使用。

【窑炉自动控制系统】automatic control system for furnace

管控玻璃熔窑全部热工与电工参数的成套自动控制装置。系统由DCS硬件及相关控制软件、现场仪表、远程单元、现场控制柜、总线、执行机构及工业电视等组成。控制回路包括窑温、窑压、玻璃液面、通路温度、漏板温度、燃烧、电助熔等系统。系统还具有燃烧系统的安全压力检测、泄漏检测、紧急关断、安全连锁等功能。系统配置不间断电源(简称UPS)，对各重要回路设后备手操，确保窑炉在任何可能出现的状态下安全运行。

【窑温控制】furnace temperature control

通过控制输入窑内的能量，保持窑碹顶温度在目标值上稳定。目标温度可以是单点或多点温度加权平均。通过窑碹顶电偶测温，经DCS控制按能量分配的各燃烧器的燃料流量和按燃氧比的氧气(或助燃风)流量，进而稳定窑温。

【窑压控制】furnace pressure control

通过改变烟气出口的阻力，达到保持窑炉燃烧空间的内外压差稳定。窑炉燃烧空间内外压差称为窑压。微差压变送器检测窑内外压力差，通过DCS控制驱动气流闸板(阻尼风)或机械闸板，调节烟气出口的阻力，保持窑压稳定。

【玻璃液面控制】glass level control

通过改变配合料的投料量，保持窑内玻璃液面稳定。窑炉主通路液面的测量信号，经DCS的大纯滞后控制投料机输出，达到玻璃液面稳定。玻璃液面控制有两个要点：一是高温玻璃液面测量仪表的选定；二是大纯滞后控制方案的选定。

【通路温度控制系统】forehearth temperature control system

管控成形通路全部热工与电工参数的成套自动控制装置。通过调节加入通路的能量，达到保持通路空间和玻璃液温度稳定。热电偶测量燃烧空间与玻璃液温度，通过DCS采用串级控制(或Smith预估)，玻璃液温度控制为主环，保证玻璃液温度稳定，空间温度控制为副环，克服燃气的扰动。每个燃烧区的燃气量与氧气量比例控制。电通路则通过温度或电极电流信号，控制通路每个区的输入电能，保持玻璃液温度稳定。通路温度控制是池窑拉丝纤维成形的主要控制环节。

【漏板温度控制系统】bushing temperature control system

保持漏板温度稳定的成套自动控制装置。系统通过接收到漏板的温度/电压测量信号，经高精度温度变送器将电信号送DCS或智能型仪表，调节晶闸管功率控制器(SCR)改变漏板变压器的输入功率，实现漏板恒温控制。系统的控制方式有两种：由焊接在漏板侧壁的热电偶获取温度信号，实现漏板恒温控制，称为恒温控制；由漏板变压器二次侧获取电压信号，间接实现漏板恒温控制，称为恒压控制。

【漏极恒温控制】bushing constant temperature control

直接达到稳定漏板温度的控制方案。能够实现漏板温度的高精度控制，控制精度为±0.3℃，池窑法生产中绝大多数采用恒温控制。对拉制纺织纤维纱的多分拉大漏板，还可把一块漏板分成三个或更多的加热区，实行多分区控制。

【恒压控制】constant voltage control

保持漏板耳朵两端电压恒定，从而间接达到稳定漏板温度的控制方案。大多用于对漏板温度控制要求不高的工艺，如：球法拉丝。

【拉丝炉温度自动控制】automatic temperature control for fiber-drawing crucible

改变球法生产玻纤时拉丝炉的输入电能，以达到控制熔制温度。球法生产玻璃纤维用的拉丝炉可视为小型全电熔窑。拉丝炉温度控制与电熔控制系统相同，控制方案可以是恒流控制或恒温控制，但大多采用恒流控制达到间接恒温的目的。

【浸润剂自动控制系统】automatic control system for sizing agent

对浸润剂预处理、预溶、配制、储存、输送、循环的操作过程，进行顺序自动控制的成套装置。系统以PLC加操作站为主体构成，包括PLC、操作站、称重仪表、各种现场传感器、电机，以及过程控制柜、动力控制柜和软件组等组成。控制内容包括对浸润剂预溶罐、配制罐的称量、加料、稀释、搅拌、液位、温度等的配制工艺顺序控制，以及对贮罐、循环罐等的存储、输送顺序控制。系统可以实现全过程自动控制，也可以部分由人工干预进行控制。

【气力输送罐】pneumatic transporter

也称仓式泵，是以压缩空气为动力，利用管道输送固体粉料的发送装置。设备由罐体、料位计、进料阀、排气阀、加压系统等组成。其特点是料气比高、物料流速低、耗气量少、寿命长。

【增压器】booster

又称助推器，是密相气力输送过程中，管路沿途持续向管内加入压缩空气的装置，用以保证物料输送过程的持续性。增压器的使用在一定程度上避免管路的堵塞，可实现粉料长距离气力输送。

【双向分配器】two-way diverter

又称气动两路换向阀，是气力输送管路上，对不同目标仓的选择性分配设备。根据目标仓的多少，分为两路、三路和多路换向的分配器，由自控系统自动控制选择输送走向。设备由机架、换向软管、换向驱动气缸、定位开关、密封气缸和压缩空气控制系统等组成。

【微粉原料投料机】pulverized material feeder

是将玻璃微粉原料投入熔窑的投料装置。为防粉尘飞散，微粉投料机的密封性要好。常用的类型有螺旋投料机和振动投料机。

【螺旋投料机】screw feeder

利用旋转的螺旋，使料仓内的物料在机壳内呈螺旋状前移，输送入窑内。根据使用要求，可设计不同直径、不同长度、不同倾斜度的螺旋投料管道，配调速电机，达到定量投料的目的。螺旋头部没有冷却水包，头部插入窑内。

【振动投料机】vibratory feeder

采用电机振动或电磁振动，使料仓内的物料呈流动态，通过底板为篦条结构的溜槽，不断将物流输送入窑内。为防止粉尘污染，采用封闭式结构。

【气力混合输送罐】pneumatic blender/transporter

是一种以压缩空气为动力，对罐体内物料既能进行混合，又能将混合好的物料用气力输送出罐外的装置。即在一个罐体内完成物料的混合和输送。其工作原理是混合罐下设混合锥，物料混合时，压缩空气以脉冲状态从混合锥喷嘴喷出，高速气流将物料抬起，又在重力作用下落下，经过多次往复的运动，实现物料的均匀混合。混合好的物料，由罐体自身的输送系统，密相气力输送出去。该设备由罐体、料位计、进料阀、排气阀、出料阀、混合锥、加压系统、输送系统等组成。

【原料均化仓】raw material blending silo

是指采用重力、气力或机械等方式，在仓内使原料进行均匀混合的设备。无碱玻璃纤维的原料多为微粉原料，一般采用气力均化仓进行原料均化。气力均化仓底部分布有多块气化板，工作时气化板在空气分配器作用下轮流喷出气体，对局部粉料轮流抬起放下，实现相同层和不同层间粉料交差换位。经过多次反复，实现原料的均化。主要装置有仓体、气化板、空气分配器、罗茨风机等。

【制球机组】marble making machine

生产玻璃球的设备。由制球机、冷却溜盘或螺旋冷却溜槽和玻璃球网带冷却机组成。

制球机是制造玻璃球的成形设备。由剪刀、分坯器及辊筒三部分组成，剪刀将玻璃液流股剪成球坯，通过分坯器将球坯分配给两个或多个辊筒，辊筒表面有半圆形螺旋沟槽，中间通水冷却，高温可塑的球坯沿螺旋沟槽前进，同时被搓成球，

冷却溜盘由几个层叠在一起的金属漏斗状圆盘组成，是输送从制球机出来的红热玻璃

球，并进行冷却的装置。在第一层可设球筛，用以控制玻璃球径。适用于硬化速度较快的球(如无碱球)。

螺旋冷却溜槽是输送从制球机出来的红热玻璃球，并进行冷却的螺旋斜槽状装置。其特点是前后球不易碰撞，生产时噪声较小，适用于硬化速度较慢的玻璃球(如中碱球)。

玻璃球网带冷却机是将从冷却溜盘或螺旋冷却溜槽中出来的玻璃球，进一步均匀冷却和输送的慢速移动的网状输送带装置。由金属丝网带、托辊、传动装置、张紧装置及机架等组成，也有用链条传动代替辊子传动的。

【洗球机】marble washer; marble washing machine

坩埚法拉丝工艺生产中，用以清洗玻璃球表面的油污和杂物的设备。洗球机多采用辊筒式。其旋转的辊筒，由竹条或铝条制成鼠笼形，装在洗球池上，并使辊筒一部分浸于热水中。玻璃球从一端进入辊筒，随辊筒回转，在水中运动。清洗干净的玻璃球沿辊筒内的螺旋导板，由辊筒另一端流出。

【自动加球机】automatic marble feeder

能自动将玻璃球加入拉丝炉或拉丝坩埚的加球机构。加球机与铂针液面控制仪联锁，将玻璃球适时、适量地自动加入拉丝炉中，使炉内的玻璃液面保持恒定。自动加球机分储球箱与加球管道两部分，其结构有多种形式，如挡针式、提升式、转鼓式等。

常用的挡针式加球机，是在储球箱内，用上托板把箱体分成两部分，上部为盛球的球箱，下部有下托板，其上置有分格板，形成加球道，托板下部装有电磁铁控制的前后挡针。调节前后挡针距离，可以控制每次加球数量。由于电磁铁的通电或断电，使前后挡针相应上下运动，把适量的球自动加进拉丝炉中。

提升式加球机是在箱体中埋入小斗式提升机，用液面控制仪控制其开停，以间歇加球。

转鼓式加球机是在箱体中安装一个带孔的转鼓，用变速电动机控制转鼓的转速，从而变化加入拉丝炉中的加球量。

【玻璃球窑】glass marble furnace

直接熔化玻璃配合料并生产供拉丝用的玻璃球的熔窑。由熔化池、工作池、喂料道组成，根据生产球的产量，可与多台制球机组合运行。窑炉类型可以是马蹄焰窑、横火焰窑或全电熔窑。

【拉丝池窑】direct-melt fiberglass furnace

直接熔化玻璃配合料并进行拉丝的熔窑。其熔化部与一般的玻璃熔窑相类似，可以采用多种形式，如单元窑、马蹄焰窑、全电熔窑等。由于拉丝工艺对玻璃液质量要求高，常采用单元窑。

【单元窑】unit melter

单元窑是一种狭长型窑池、采用金属换热器换热的熔窑。其长宽比较大，一般为 2.2～3.5，可使窑内的配合料有充分的熔化澄清时间。投料口设在窑池两侧或端部，在胸墙两侧布置多对燃烧器(对烧或叉烧)。由于金属换热器的换热效率较低，单元窑的长宽比较大，窑炉散热面积大，因此单元窑热效率相对较低。但单元窑运行中没有换火操作，使窑内温度分布、气氛及窑压始终能保持稳定。单元窑一般还配有池底鼓泡、电助熔，适合熔制质量要求高的玻璃，是池窑拉丝生产玻璃纤维的首选窑型。

【马蹄焰窑】horse-shoe flame furnace

是一种燃烧火焰形状呈马蹄形的蓄热式熔窑。马蹄焰窑由蓄热室、小炉、池炉组成。一般长宽比选择范围为 1.4～2.0。马蹄焰窑的小炉设在窑的端部，投料池设在窑的两侧，用蓄热室预热助燃空气，广泛应用于制造各种玻璃制品。马蹄焰窑助燃空气经蓄热室换热至 1200～1250℃，热效率高；窑体散热面积小，热散失少。但火焰周期性的换向，带来窑温和窑压的波动和热点移动，使其热工参数难于稳定控制。

【全电熔窑】all-electric furnace

是一种采用电熔技术、以电能为唯一能源的熔窑。电熔窑的外形有正方形、长方形和多边形。与传统的火焰窑相比，玻璃电熔窑由于内部加热、采用冷炉顶，其熔化率高，热效率高，配合料的挥发量小，自动化程度高。其缺点是窑炉规模不宜过大，窑炉寿命较短，适于生产特种玻璃纤维使用。

【纤维池窑通路】forehearths of fiberglass furnace

是一组玻璃液供料道的统称，与窑炉熔化部相连接。窑炉中的玻璃液流经通路逐渐调节到所需要的拉丝温度，流入铂金漏板拉制成纤维。根据玻璃液在通路中流经路径和作用，依次分为主通路、分配通路、成形通路。各个通路的长度和宽度及形式，由玻璃液的流量和工艺要求确定。

【主通路】main conditioning channel

连接窑炉与分配通路间的通路，也称澄清通路。

【分配通路】distributor channel

将主通路玻璃液分配至成形通路的通路。

【成形通路】bushing forehearth

是安装铂金漏板的通道，也称前炉。形式主要有“一”形、“T”形、“H”形 、“王”形 、双“H”形等。

【金属换热器】recuperator

玻璃纤维池窑高温烟气余热回用的间接热交换装置。通常使用的狭缝式高温金属换热器，主要由圆形内筒、外筒和内外筒之间的数条螺旋导流板及可以调节开度的风帽构成。圆形内筒为高温烟气通道，内筒和外筒之间的狭缝为空气通道。空气从狭缝内沿着导流板流过，通过换热均匀吸收内外筒壁的热量，以达到降低烟气温度，预热空气的目的。换热器根据烟气量和温度不同，可以采用单节或多节组合使用，竖立在垂直烟道上，同时起烟囱作用。常用的两节换热器下节，由于烟气温度高，采用空气和烟气流动方向一致的顺流方式，上节采用逆流方式，最大化地吸收烟气热量。风帽起调节窑压的作用。

【窑头料仓】furnace bin；furnace silo

是窑头储存配合料的筒状锥体设备。其大小视配料的供给频次和窑炉配合料使用量而定，一般储存池窑两班配合料的用量。窑头料仓上部设有进料接口、除尘装置、过压保护阀和料位控制器。

【喷枪】burner

是一种安装在玻璃窑炉火焰空间上的燃烧器，包含枪身及喷嘴。将燃料和助燃气体分别接至枪身的接口，再经喷嘴出口喷入窑内进行燃烧。根据燃料和助燃气体不同，有燃油喷枪、燃气喷枪、油气两用喷枪（也称双燃料喷枪）及纯氧喷枪。前三者以空气助燃，后者以氧气助燃。油气两用喷枪在更换使用燃油或燃气时，必须更换枪芯。

【燃油喷枪】oil burner

是指可烧轻油、重油、焦油、渣油、沥青油等液体燃料的喷枪。要求喷枪不易结焦和堵塞，点火容易，密封不漏油，拆装方便，易于清洗和维修。

【燃气喷枪】gas burner

是指可燃烧天然气、煤气、液化气等气体燃料的喷枪。要求燃烧充分，不冒黑烟，不回火，也不脱火，安全进行燃烧。

【纯氧喷枪】oxy-fuel burner

是指用纯氧气助燃燃料进行燃烧的喷枪。按燃料种类不同，分为燃气纯氧喷枪、燃油纯氧喷枪、油气二用纯氧喷枪。纯氧喷枪有喷出的燃烧火焰明亮、火焰温度高、氮化物排放少、节约燃料等诸多优点。

【机械式预混风机】mechanical premixing blower

是燃气与空气的强制预混设备。其进风口有一个空气、燃气比例调节阀，阀门有两个进气口，一个接燃气，一个通大气。风机运行时，按燃烧比例吸入空气与燃气进行强制混合。混合燃气经热值分析仪可连续测定混合气的热值，通过空燃气比例调节阀，手动修正空燃气配比，使空气过剩系数相对稳定，提高燃烧效率。

【拉丝炉】fiber drawing crucible

又称拉丝坩埚。是球法拉丝的主要设备，包括加热玻璃球的炉体和纤维成形的漏板两部分。分为全铂拉丝炉和代铂拉丝炉两种类型。

全铂拉丝炉：又称全铂坩埚，炉体和漏板全由铂铑合金制成，炉外加保温材料等保温。全铂拉丝炉本身，是一个通以低电压大电流的电阻发热式加热容器，当玻璃球加入炉内，玻璃液从底部漏板漏嘴流出，形成纤维。

代铂拉丝炉：俗称代铂炉，炉体是用刚玉砖、白泡石、锆英石砖等耐火材料砌筑，炉内装有电极，通电加热玻璃球，玻璃液从炉体下方安装的铂铑合金漏板漏嘴流出，形成纤维。代铂拉丝炉又分为：用铂铑电极通电直接发热的电阻式拉丝炉，以及用钼电极通电、玻璃发热的电熔式代铂拉丝炉。

【拉丝炉电极】electrode for crucible

安装在拉丝炉内，作为电流导入的引电体。常用的电极材料有铂铑合金、钼或钼合金和二氧化锡等。电极形状有板状、棒状和板棒结合的T字状。

【玻璃液面自动控制系统】automatic control system for glass level

通过检测窑炉玻璃液面相对高度变化，调节投料量达到稳定液面高度的成套自动控制装置。系统由玻璃液面检测仪、DCS控制回路(或控制仪)、变频器(或继电器)和投料机(或加球机)组成。对于玻璃池窑，玻璃液面属大纯滞后控制系统，控制方案应采用Smith预估或采样PID等。对玻璃液面的检测，可选用核子液面仪、激光液面仪、移动铂探针液面仪、固定铂探针液面控制仪等多种仪器。

【核子液面仪】nuclear level detector

通过检测穿过玻璃液面后的γ射线信号强度变化，测定相对液面高度变化的装置。核源有铯137、钴60。核子液位仪产生γ射线具有放射性，所以在运输、贮存、安装、调试、防护、核废料处理上都必须由有资质的专业机构与人员进行。

【激光液面仪】laser level detector

通过检测激光投射玻璃液面后反射端光斑的位移，检测相对液面高度变化的装置。He-Ne激光源放在主通路一侧，以一定的角度投射到玻璃液面，另一侧接收器接收到位移光斑，经光电转换并输出4～20mADC信号，对应液面的相对波动。

【移动铂探针液面仪】level detector with movable platinum probe

通过移动铂探针接触液面的一瞬间，位置编码器(或位置传感器)检测出玻璃液面相对高度变化的装置。仪器由移动探针、PLC、电子继电器、位置编码器(或差动变压器)、D/A转换构成。仪器对液面的测量是按周期进行的。

【固定铂探针液面控制仪】level detector with fixed platinum probe

通过检测固定在玻璃液面上的铂探针与玻璃液之间的电阻值，判断液面波动并输出控制信号的装置。探针接触液面时阻值小，反之则大。由固定安装的铂探针、液面控制仪组成。常用于拉丝炉与液面控制要求不高的玻璃窑炉。

【浸润剂配制装置】size preparation system

将各种化工原料配制成浸润剂的装置。主要由搅拌罐、配制罐、储罐、计量器具、泵和管道组成。根据浸润剂的组分要求，将油脂类组分或固体物质原料经称量后，分别在具备加热蒸汽夹套及高转速旋桨式分散器的搅拌罐中分散、乳化。制好的浓乳浊液，由输送管送至配制罐(稀释筒)中，加入其他稀释后的浸润剂组分，再用水稀释到所需的浓度，用泵把稀释的乳浊液送到储罐中供生产使用。

【浸润剂循环装置】size circulating system

为保证涂覆在纤维表面的浸润剂的质量稳定均匀，浸润剂在输送到涂油器前，需要设置由循环罐/储罐、循环泵、循环管路及控制阀组成的大、小两套循环系统。

大循环系统：将配制好的浸润剂，置于大循环罐内。由低剪切力的循环泵，将大循环罐中的浸润剂输入到多个小循环罐，并实现大小循环罐间浸润剂的环流。输送量由各个小循环系统循环罐的液面计控制液面高度。

小循环系统：由低剪切力的循环泵，将小循环罐中的浸润剂输入到多个涂油器，并实现小循环罐与涂油器间浸润剂的环流。一般一套小循环供2～6块漏板拉丝作业。

【拉丝机】strand winder; winder

是将漏板流出的玻璃液滴拉制成原丝，并按一定规律卷绕在绕丝筒的专用设备。主要由拉丝机和排线器组成。拉丝机的机头有一个和两个的机型；排线器则有多种类型。拉丝机利用高速旋转的机头拉制原丝，排线器则是按设定规律，牵引原丝在机头的纸筒或塑料筒上卷绕成形。先进的机型还配有分丝杆、推丝杆、换筒装置、卸筒装置、慢拉辊等提高工作效率的装置。

按生产产品不同分为：直接纱拉丝机与丝饼纱拉丝机两种机型。直接纱拉丝机的排线器是一个螺旋槽筒，在槽筒内导纱器的牵动下，原丝在绕丝筒上成形为无捻纱筒。丝饼纱拉丝机有缝隙式、钢丝及翼片式三种排线器。在排线器牵动下，原丝在绕丝筒上成形为原丝饼。

按拉丝机的结构和功能不同分为：单头拉丝机、自动换筒拉丝机、分拉拉丝机和机头往复移动式拉丝机等机型。

【单头拉丝机】single collet winder

是只有一个机头的拉丝机，故称为单头拉丝机，需要人工换筒，不能连续作业。

【自动换筒拉丝机】automatic winder

配有两个机头和自动换筒装置的拉丝机。一个机头丝筒满装后，该机头旋转和预备机头更换位置，通过推丝杆和自动换筒装置等机构的联合动作，使正常拉制着的玻璃纤维，不间断地接绕在预备机头上，开始新的卷绕，实现连续作业。一般用于长作业线大卷装拉丝作业。

【分拉拉丝机】tandem collet winder

机头较长，可套装 2～6 个丝筒，并装有 2～6 个排线器的拉丝机。可将漏板拉制的纤维分成 2～6 丝束，分别绕在同一个机头的2～6 个丝筒上，同时进行多个丝筒的拉丝作业。一般粗纱机头套装 2～3 个绕丝筒，细纱机头套装 3～6 个绕丝筒。

【机头往复移动式拉丝机】winder with reciprocating collect

是大卷装拉丝机的一种类型。特点是拉丝机的排线器不做往复运动，而由机头做往复运动，以实现长程往复卷绕，适用于短作业线的大卷装拉丝作业。机头较长，卷装量较大。多半设计成单机头，不采用自动换筒。

【直接无捻粗纱拉丝机】direct-roving winder

拉制玻璃纤维无捻粗纱的拉丝机。主要由机头、排线装置、排线抬起机构、传动装置、推丝机构等组成。机头丝筒满装后一般能气动松筒，与卸筒装置配合，方便地取下丝筒。排线装置由槽筒驱动 2～4 组由导纱轮、导纱滑梭及滑块组成的导纱器带动纤维，做一定动程的往复运动。纱层增厚后，排线抬起机构连锁摆动，抬起排线机构以保证良好的成形，也有采用排线机构向外平移或机头向外平移形成良好成形的方式。

【直接短切机】direct chopper; direct chopping machine

是在原丝卷绕在绕丝筒前，牵引到短切机上，在线直接短切成制品的设备。

主要由一个圆周上均匀装有数把刀片的刀辊和一个橡胶垫辊组成的对辊构成。原丝喂入刀辊和垫辊的接缝处，在对辊的旋转下，纤维被拉入并被连续横向切割成均匀长度的短纤维。通过调整刀辊的直径和圆周上分布刀片的数量，来获得不同长度的短纤维。

【绕丝筒】winding tube

卷绕玻璃纤维原丝用的空筒管。材料有硬质和软质两类：硬筒只适用于外退解，软筒可用于内退解和积极式外退。

【硬筒】rigid tube

一般采用酚醛纸管制成。

【软筒】soft tube

采用韧性纸张、聚四氟乙烯涂覆玻璃纤维布、尼龙布、聚乙烯塑料等制作。

【原丝筒输送装置】cake conveyer

将玻璃纤维拉丝工序所生产的原丝筒，输送到下道工序的设备。典型的轻型悬挂式输送机，设有环形轨道和牵引装置，轨道上每隔一定距离设置有挂钩，用于放置原丝筒或原丝筒架。

【物流输送线】logistics line

是玻璃纤维生产线上，从原丝筒到制品的自动物流输送装备。通过原丝输送车，自动导航车(AGV)，多种输送板、链、带，将原丝筒到制品加工的各道工序物流连接起来，并将制品自动送入立体库。

【原丝输送车】cake trolley; cake truck

带有原丝筒架输送原丝的车。

【立体库】storage and retrieval system

设置系统智能识别、智能存储、智能出货的大型仓库。

【原丝烘干炉】cake drying oven

玻璃纤维原丝、无捻粗纱、直接无捻粗纱以及其他各种玻纤产品的专用烘干设备。分为：隧道式原丝烘干炉、间歇式原丝烘干炉。

隧道式原丝烘干炉由多个形式相同的单元组合而成，一个单元是一个烘干区，丝筒挂在小车上，每隔一定时间前进一段距离，直到烘干推出，就像火车进隧道，故称隧道式。主要由推进、拉出机构，炉门升降装置，烘干系统，排湿装置等组成。每个单元单独控温以便炉内形成温度梯度，采用大风量循环加热方式，可以间接或直接加热，热风通过孔板均匀地进出炉体，烘干纤维。为提高烘干效率，烘干系统可以配备频率为2450MHz左右的微波烘干装置 辅助热风烘干。烘干产量较大，一般在3000～12000t/年。

间歇式原丝烘干炉主要由炉体、风机传动装置和排湿装置组成，丝筒进入炉体后不再移动，热风通过孔板均匀地进出炉体，烘干纤维。炉内温度梯度和排湿量利用设定好温控曲线及程序自动完成。丝筒烘干后需间歇地取出和放入。也可配备微波烘干装置辅助热风烘干。烘干产量较小，一般在200～1000t/年。

【热定形炉】heat-setting oven

对玻璃纤维无捻粗纱热定形的专用设备。作用是对经过络纱工艺的纱筒进行一定温度的加热，消除内应力，使纤维尺寸稳定，具有平挺的外观和良好的形态稳定性，以利于后道使用。主要由输送辊道、加热系统、冷却系统、排气装置组成。

【废丝破碎机】waste fiber crusher

把玻璃纤维废丝处理成粉或颗粒的设备。主要由接料斗、耐磨壳体和装有刀锤高速旋转的辊筒及下料口组成。废丝喂入后，装在辊筒上的数个活动刀锤在离心力的作用下平直展开并高速旋转，废丝在刀锤和壳体的较小狭缝内被反复碾压成粉并被挤入下料口。

【短切原丝机组】chopped strands machine

以无捻粗纱或多孔漏板拉制的分股集束原丝为原料，制造短切原丝的设备，包括纱架、短切、烘干、振筛除杂、收尘、包装等部分。玻璃纤维原丝，按所需的数量放置在专用纱架上，引出丝束，送入短切机切成要求长度，再经烘干，去除杂质，最后冷却包装。

【短切原丝毡机组】chopped strand mat machine

以无捻粗纱或多孔漏板拉制的分股集束原丝为原料制造毡的设备，包括纱架、短切原丝机、沉降室、施胶段、烘箱、加压冷却、纵横切及卷取部分。短切原丝机将由纱架引出的无捻粗纱切断，经分散机构松散后沉降于输送网带上，形成均匀的短切原丝层，出沉降室后加粘结剂（粉剂或乳剂），进入烘箱加热粘合，再加压冷却成短切原丝毡，经切边和定长分割后收集成卷。

【多刀圆盘短切机】multiknife disc cutter

对玻璃纤维进行短切的一种设备。由圆周上装有数把刀片的圆盘和底板组成。在圆盘的转动下，纤维通过刀口和底板的缝隙，在数把刀间断的切割下，长纤维被纵向切割成短纤维。切割长度可根据刀片数量和圆盘速度调整。

【连续原丝毡机组】continuous strand mat machine；continuous filament mat machine

生产连续原丝毡的设备。主要由抛丝机、成形网带、施胶段、烘箱、加压冷却、纵横切及卷取等部分组成。原丝由数台抛丝机落入成形网带形成均匀的原丝层，在撒粉施胶段施加粘结剂，进入烘箱加热粘合，再加压冷却成连续原丝毡，经切边和定长分割后收集成卷。生产工艺除原丝供给方式和粉、胶配方不一样外，基本和短切原丝毡机组类似。

【针刺毡机组】needled mat machine

以短切玻璃纤维为原料制造针刺毡的设备。包括开松、梳理、平铺、针刺、收卷等部分。短切玻璃纤维经开松、梳理后平铺于输送网带上，形成均匀的短切原丝薄层，利用针排的上下运动，将平铺的玻璃纤维通过纵向相连形成一定厚度的毡材，最后收集成卷。

【定长纤维毛纱机】staple sliver machine

由连续纤维经毛纱机制成定长纤维毛纱的工艺装备。玻璃纤维由漏孔中平行拉出，经单丝涂油器涂上浸润剂，卷绕在旋转的锥形绕丝头上。机头包括两个转速不同的旋转件，内层为带有斜螺纹的圆柱体，外层为带有五根肋条并在端头为锥形的旋转件。由于螺纹向右推进，且内层转速较快，因此推动肋条上的纤维向右行进并交错排列，纤维受后面卷纱筒的牵引，使其定长化并加捻，通过漏斗集束及二次浸润，形成具有一定捻度的毛纱。制成的纱为200～667tex，纤维直径8～12μm。

【滚筒法】Schuller process

生产定长纤维的一种方法。利用高速旋转的大滚筒，与周围挡板所形成的空间气流，将施加过浸润剂的纤维贴附于滚筒表面，经铺毡机可制成定长纤维薄毡，或经螺旋筒空气加捻机制成定长纤维毛纱。这种方法又称舒勒法或安哥拉法，若以一定规格的玻璃棒为原料，也称棒法。

【移动炉法】reciprocal furnace process; Modigliani process

生产定长纤维毡的一种方法。利用拉丝炉沿拉丝大滚筒轴向往复移动，使纤维成一定交叉角卷绕在滚筒上同时喷雾施胶，毡达到一定厚度时切割下来，将毡横向牵伸即铺成交叉网状半成品。如果毡是无粘结剂的，可浸胶再经烘干，即称蓬松毡。这种方法设备简单，操作方便，不能连续生产，纤维直径较粗（15～25μm），毡厚度15～100mm，体积密度3～8 kg/m^3。产品可以用作空气过滤材料。

【湿法薄毡机组】wet-laid mat machine

制造湿法薄毡的机组，包括：制浆、成形、后处理设备。制浆设备包括：打浆机、配浆池、除渣器、供浆设备；成形设备包括：毡成形机、脱水箱、粘结剂施加设备、干燥设备；后处理设备包括：卷取、切割设备。短切玻璃纤维或玻璃微纤维经打浆机，分散到水中，加入分散剂、增稠剂、粘结剂，制成浆液，除渣后送入供浆设备。经成形网抄取脱水成形，通过热风式烘房或烘缸烘干成毡。连续的毡经卷取、复卷、纵向分切和横向切裁为成品。

【干法薄毡机组】dry-laid veil machine

用气流吹拉法连续生产定长纤维薄毡的设备。由拉瓦尔喷嘴、沉降室、沉降输送机、浸胶机、固化炉、横切机、纵切机、换卷机组成。由漏板流出的玻璃液，经喷嘴喷出的高速气流吹散牵伸成一定长度的定长纤维，经沉降室落于沉降输送机网板上，通过调节输送机栅板及沉降室上口的诱导气流，可制成厚薄均匀的薄毡。另外还可用滚筒法或离心喷吹法，生产定长纤维干法薄毡。

11.4.2 光学纤维工艺和设备

【棒管法】rod-in-tube method

拉制光纤的一种方法，把折射率较高的玻璃棒经过表面研磨、抛光，外面套上折射率较低的玻璃管，由送料机以一定速度送入加热炉中，加热到接近软化温度拉制成纤维。拉制过程中，可抽真空以排除棒管间的气体，使棒管紧密贴合。光纤直径由棒管的直径、下料速度和拉丝速度决定。如芯、皮玻璃的黏度接近，膨胀系数相近，则化学相容性好。此法特点是工艺简单可靠，对芯、皮玻璃的匹配要求比双坩埚法稍宽。

【套管法】multi-tubing method

早期制造聚焦光纤的一种方法，后来也指石英光纤预制棒的一种制造工艺。将几种不同折射率的光学玻璃，制成一定内径和壁厚的玻璃管，按照折射率由高到低的次序，由里向外一层层套在芯棒上，加热拉制成多层的光纤，然后在一定温度下进行热处理，使各层间发生离子扩散，形成折射率呈近似抛物线分布的聚焦光纤。利用改进的化学气相沉积法（MCVD）工艺制备对折射率分布精度要求较高的芯棒（含特定芯皮结构），然后采用成本低且沉积速度快、效率高的外部气相沉积法（OVD）等工艺沉积其外围较厚皮层，制造单模光纤的预制棒。

【棒拉法】preform-drawing process

拉制光纤的一种方法，把已经制作好的光纤预制棒以一定速度送入加热炉中，加热到接近软化温度拉制成光纤。此法的特点是工艺简单，对芯、皮材料的匹配要求在制作预制棒时就已经达到，多用于石英光纤的制造。

【涂覆法】coating process

是溶液涂覆生产聚合物光纤工艺的简称。聚合物光纤用芯颗粒料加进挤出机料斗中，经挤出机送料段、熔化段以及计量段，芯粒料熔融塑化为熔融流体，经挤出机分流板进入模头，熔融芯料从模头口模中挤出，经牵伸冷却定型，芯纤维进入皮材溶液涂覆器，使芯纤维外表面均匀涂覆上一定浓度的皮材溶液，涂覆有皮材溶液的芯纤维经一热烘干炉，皮材溶液溶剂挥发，固态皮材包覆在芯纤维外表面上，形成具有芯皮结构的聚合物光纤，经直径检测，这种聚合物光纤可收卷在绕丝筒上，这一制备工艺称为溶液涂覆法工艺；采用溶液涂覆工艺所制备的聚苯乙烯芯聚合物光纤直径在0.25～2.0mm之间，皮层厚度多在2～5μm之间，这是聚合物光纤研发和生产的一种重要方法，溶液涂覆法工艺流程如附图所示，在20世纪80年代至90年代，溶液涂覆法是我国批量生产聚苯乙烯芯聚合物光纤的重要方法。

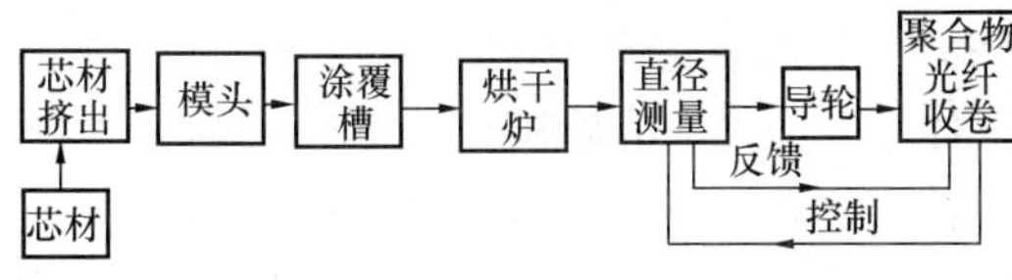

溶液涂覆法拉制聚合物光纤工艺示意图

【共挤出法】coextrusion process

在制备聚合物光纤过程中，同时使用两台塑料挤出机，一台挤出熔融芯材，另一台挤出熔融皮材，熔融芯皮流体通过同一模头共挤出具有芯皮层结构的复合体，熔融复合体经牵伸、冷却和收卷，即拉制成所需规格直径的聚合物光纤，其工艺流程如附图所示。共挤出法是我国规模化生产聚苯乙烯芯聚合物光纤和聚甲基丙烯酸甲酯芯聚合物光纤重要工艺方法，采用共挤出法制备聚苯乙烯芯聚合物光纤的生产效率远高于涂覆法的生产效率，所拉制的聚苯乙烯芯聚合物光纤在波长在680nm处传输损耗低于500dB/km。

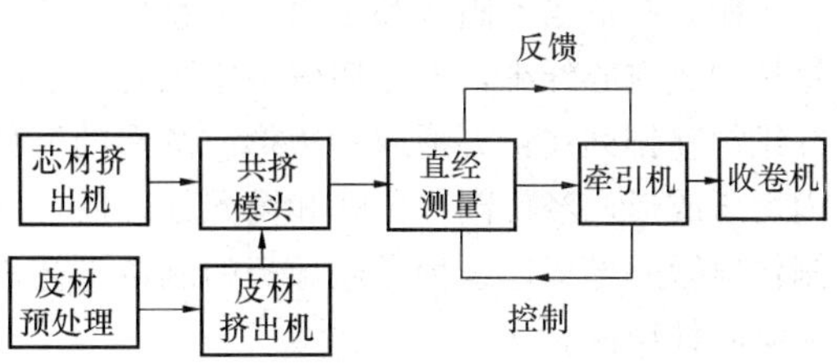

共挤出法拉制聚合物光纤工艺流程图

【反应式共挤法】reactive coextrusion process

芯材单体及其引发剂、链转移剂等添加剂经提纯后，按一定的配比加入反应釜中，在一定的温度和压力下预聚后，将具有一定黏度的预聚体送入反应式挤出机中，芯材的聚合反应在反应式挤出机中完成，芯熔融体与另一皮材挤出机塑化的皮材熔融体同时进入共挤机头，具有芯皮结构的熔融复合体从口模中挤出，经牵伸、冷却和收卷，即拉制成所需规格直径的聚合物光纤，这种聚合物光纤制备工艺称为反应式共挤法。反应式共挤法制备聚合物光纤工艺是共挤出法的进一步发展，其工艺流程如附图所示，反应式共挤法减少了中间环节对芯材的污染，进一步降低聚合物光纤损耗，提高了传输性能，采用这一工艺制备的聚甲基丙烯酸甲酯芯聚合物光纤在波长650nm处的损耗低于200dB/km。反应式共挤法是其重要制备工艺。

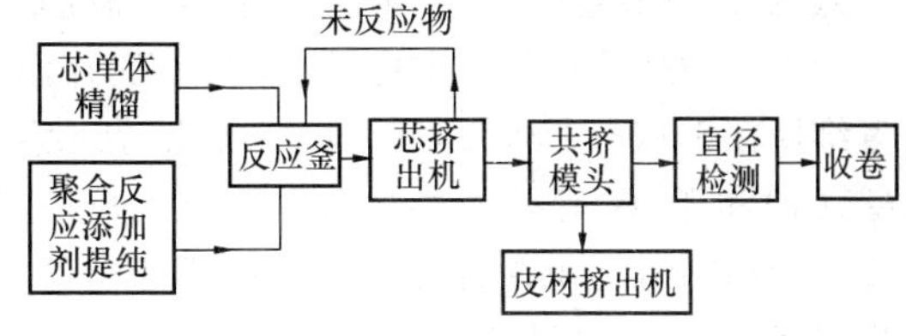

反应式共挤工艺流程图

【双坩埚法】double-crucible process

拉制玻璃光纤的一种方法。把芯玻璃和皮玻璃分别装入内外同心的坩埚内，加热熔化拉制成光纤。芯皮玻璃的膨胀系数和软化温度相近，则化学相容性好。光纤的直径和皮层厚度，取决于双坩埚两个漏嘴的大小和它们的相对位置、玻璃液面的高度、拉丝温度下芯皮玻璃的黏度以及拉丝速度等因素。也可用来拉制梯度型光纤。利用芯皮玻璃中某种元素(例如铊)的浓度差别在纤维成形前产生扩散，形成折射率梯度分布。适用于连续拉制光纤。

【空心纤维法】hollow core method

用具有适当电阻值和二次发射系数的玻璃管拉制成空心纤维，再将切成一定长度的空心纤维规整排列在正方形或六边形或圆形的模具内熔压成形，经切割、研磨和抛光处理后，即制作出微通导板，这种微通导板的制备工艺称为空心纤维法。

【实心纤维法】solid core method

在玻璃管中填入玻璃芯棒或金属芯棒，拉制成实芯纤维，多根实芯纤维经规整排列后，在特定模具内熔压、拉伸成形，经切割、研磨和抛光，用酸性溶液将纤维芯料溶蚀成空管，空管通过沉积电解工艺，在管内壁形成具有二次电子发射薄膜，即制作出微通导板，微通导板的这种制备工艺称为实心纤维法，采用实心纤维法比空心纤维法制备的微通导板，可获得更细直径的空心纤维，且空心纤维变形小，成像质量更高。

【改进化学气相沉积法】modified chemical vapor deposition；MCVD

又称管内气相氧化法（IVPO）。将氧气（O_2）、四氯化硅（$SiCl_4$）、四氯化锗（$GeCl_4$）、三氯化硼（BCl_3）等反应气体送入旋转的高纯石英管中，喷灯沿石英管往复行进，喷灯工作温度维持在 1400～1600℃，使硅（Si）、掺杂元素锗（Ge）和硼（B）等按受控方式发生化学反应，反应产物均匀沉积在石英管内壁并逐渐增厚，先制得光纤包层沉积层，再制得芯沉积层，形成中心留有一小孔的石英粉棒；当石英粉棒外温度升到 2000℃左右，石英粉棒软化收缩成一根实心光纤预制棒，这一光纤预制棒的制备工艺称为改进化学气相沉积法，如附图所示。这一工艺是美国贝尔实验室 AT&T 于 1974 年研发成功的管内沉积工艺，广泛用于渐变折射率分布光纤的生产，其优点是工艺简单，但沉积速率低，预制棒尺寸受到限制，美国 AT&T 和法国 Alcatel 公司后来又将这一工艺进行了改进提高。

光纤包层氧化反应方程式如下：

$$SiCl_4 + O_2 = SiO_2 + 2Cl_2 \uparrow$$

$$4BCl_3 + 5O_2 = 2B_2O_5 + 6Cl_2 \uparrow$$

沉积的纤芯氧化反应方程式如下：

$$SiCl_4 + O_2 = SiO_2 + 2Cl_2 \uparrow$$

$$GeCl_4 + O_2 = GeO_2 + 2Cl_2 \uparrow$$

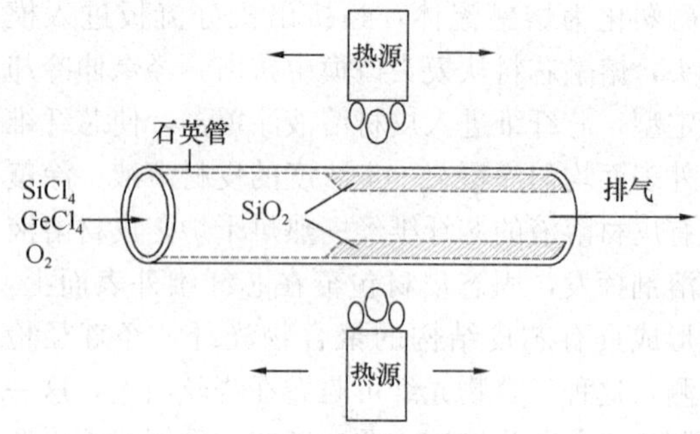

MCVD 光纤预制棒工艺图

【等离子体化学气相沉积法】plasma chemical vapor-phase deposition；PCVD

又称等离子体激活化学气相沉积法（PACVD），也称等离子增强的化学气相沉积工艺（PECVD），还称为等离子增强的改进化学气相沉积工艺（PMCVD）。当四氯化硅（$SiCl_4$）、四氯化锗（$GeCl_4$）和氧气（O_2）等反应气体进入抽真空的旋转石英玻璃坯管内，通过石英管外移动的金属微波谐振腔产生等离子体，石英管内的 $SiCl_4$、$GeCl_4$ 和 O_2 等反应物发生化学反应，生成的石英直接沉积在管内层壁并逐渐增厚，最终生成中空的石英坯棒，经烧结装置熔合成透明的光纤预制棒，这一光纤预制棒制备工艺称为等离子体化学气相沉积法（PCVD），如附图所示。PCVD 是荷兰飞利浦（Philips）公司于 1975 年研发成功的管内沉积工艺，与 MCVD 不同之处在于加热反应区的方法不同，MCVD 是采用喷灯将热量从管外传至管内，而 PCVD 是在管内形成等离子区域，

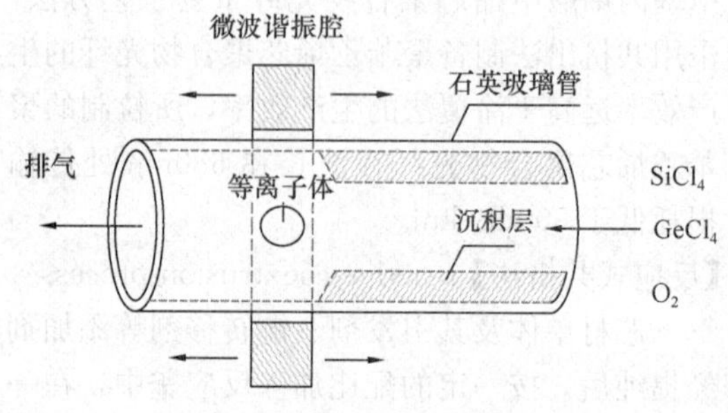

PCVD 光纤预制棒工艺图

沉积温度相对较低，且因其沉积层很薄，故PCVD制备工艺可实现预制棒折射率分布的精确控制，特别适合于渐变折射率分布光纤的制备。

【外部气相沉积法】outside vapor deposition process；OVD

又称管外气相沉积法。是将四氯化硅($SiCl_4$)和四氯化锗($GeCl_4$)气态卤化物，与氢氧焰或甲烷(CH_4)焰进行火焰水解化学反应，生成石英(SiO_2)和氯化氢(HCl)，其中石英微细粉末逐渐沉积在氧化铝陶瓷或高纯石墨靶棒外表面，随着靶棒边旋转边来回左右移动，母棒外形成均匀无缺陷的沉积层，抽除靶棒的石英粉棒经通入氯气(Cl_2)和氦气(He)密封烧结炉中脱水，并烧结成光纤预制棒，这一光纤预制棒制备工艺称为外部气相沉积法(OVD)。OVD光纤预制棒工艺如附图所示，其反应机理为火焰水解，即所需的玻璃组分，是通过氢氧焰或甲烷焰水解卤化物气体产生粉末，逐渐沉积而获得的。OVD是美国康宁(Corning)公司于1970年研发的可用于芯棒外沉积外包层的光纤预制棒制备工艺，世界上第一根损耗低于20dB/km的光纤就是采用这一工艺制备的，目前应用的是其第七代或更高的光纤预制棒制备工艺，其优点是沉积速率高，可制备大直径的光纤预制棒，外部气相沉积法制造光纤预制棒化学反应式如下。

$$SiCl_4+2H_2O=SiO_2+4HCl$$

$$GeCl_4+2H_2O=GeO_2+4HCl$$

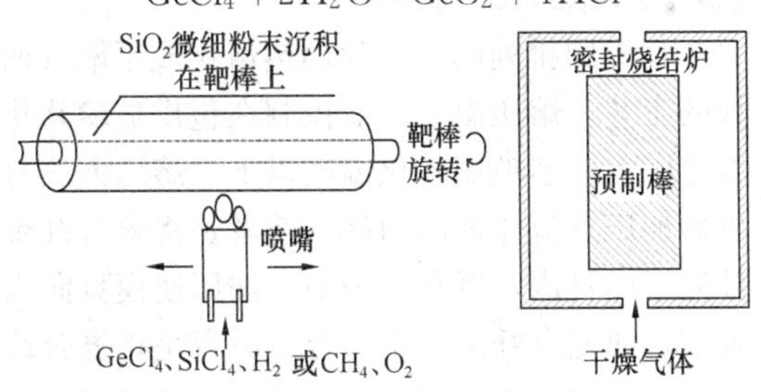

OVD光纤预制棒工艺图

【气相轴向沉积法】vapor phase axial deposition process；vapor axial deposition；VAD

又称轴向气相沉积法。将四氯化硅($SiCl_4$)、四氯化锗($GeCl_4$)、氢气(H_2)和氧气(O_2)送入预制棒制备装置并向一旋转的石英种子棒或母棒端部喷射，在燃烧的氢氧焰高温条件下，反应生成的粉末逐渐沉积在种子棒的端部，其中$GeCl_4$、$SiCl_4$同O_2发生反应，生成的锗Ge掺杂石英SiO_2粉末沉积为纤芯玻璃，$SiCl_4$同O_2发生反应，生成的石英SiO_2粉末沉积为光纤包层，随着种子棒的缓慢向上移动，形成多孔石英粉棒，通过送入氯气(Cl_2)和氦气(He)脱除石英粉棒的水分，多孔石英粉棒经高温烧结炉烧结制作成透明光纤预制棒，这一光纤预制棒制备工艺称为气相轴向沉积法(VAD)。VAD光纤预制棒工艺如附图所示。VAD是日本电报电话公司(NTT)于1977年研发的一种光纤预制棒外沉积连续制备工艺，其优点是无坯管，但需种子棒，沉积速率高，可在一台装置内制作大尺寸的光纤预制棒。

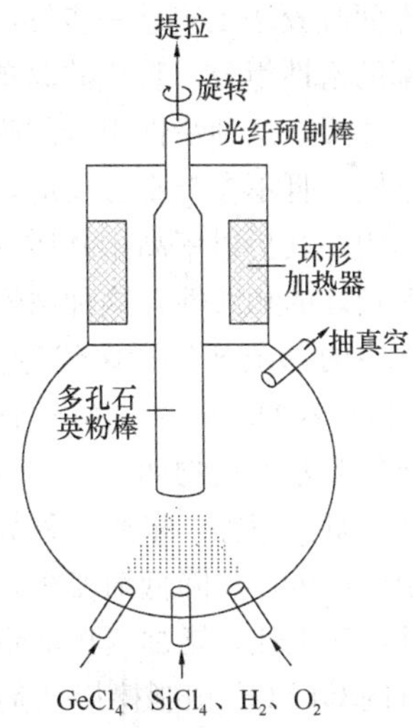

VAD光纤预制棒工艺图

【界面凝胶法】interfacial gel process

是一种渐变型折射率分布聚合物光纤预制棒(简称GI-POF预制棒)的制备方法。所谓界面凝胶法，就是两种共聚反应单体M_1、M_2有相近的竞聚率，甚至$r_1=r_2\approx1$，而不是利用单体活性差异即$r_1>r_2$或$r_1<r_2$进行共聚反应的；折射率低的单体M_1分子尺寸要小些，而折射率高的单体M_2分子尺寸要大些，当两种反应单体M_1、M_2及其引发剂、链转

移剂加入 M_1 均聚物管中后，在管内壁附近形成凝胶状态，单体 M_1 在凝胶状态中的反应速度，高于单体 M_2 在液相中的本体反应速度，在管内壁附近首先发生反应，分子尺寸小的单体 M_1 比分子尺寸大的单体 M_2，更容易扩散至管内壁附近凝胶状态中，故这种在凝胶相中心选择性分散，主要由单体和共聚单体分子尺寸大小所控制，而不是由溶度参数所控制；但随着反应的进行，M_1 单体浓度明显下降，M_2 单体浓度相对下降慢一些，因此，M_1 反应速度逐渐下降，M_2 单体的反应速度将逐渐增大，直至反应结束；聚合反应从凝胶相开始，从管内壁到管中心所形成的聚合物浓度分布，在径向上是渐变的，折射率分布同聚合物浓度分布紧密相关，这样就制得 GI-POF 预制棒；采用棒拉工艺，即可拉制成所需直径的 GI-POF 预制棒。

随着界面凝胶法工艺进一步发展，采用具有高折射率的惰性组分，替代共聚单体进行预制棒聚合，并要求这种惰性组分的吸收峰同基质聚合物不同，且不参与聚合反应，只起调节折射率的作用，其折射率高于基质单体，并同反应体系有较好的相溶性，这种惰性组分称为掺杂剂。常用的掺杂剂包括卤代芳基化合物，如溴苯 BB 和联苯 DP 或 BP，硫化物如二苯硫醚 DPS，卤代芳基氟化物如 1，3-二溴四氟苯、五氟氯苯和七氟溴萘等，采用这种界面凝胶法制备的预制棒，可显著降低渐变折射率分布型聚合物光纤传输损耗，增加其传输带宽，界面凝胶法制备的 GI-POF 预制棒掺杂剂端面分布示意如附图所示。

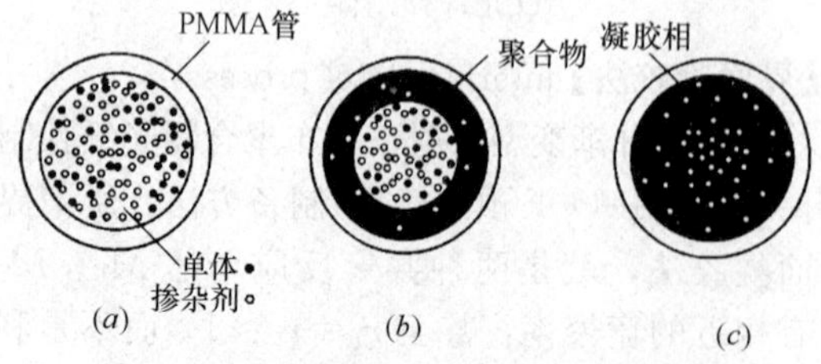

界面凝胶法制备的 GI-POF 预制棒掺杂剂端面分布示意图

【酸溶法】leaching process

制造柔性光纤传像束的一种方法，这种方法制造的光纤传像束中的单根光纤均为双包层光纤。它除了具有高折射率、高透过率的光纤芯玻璃和低折射率的耐酸性能良好的包层玻璃外，外面还包覆一层能够被酸溶解的玻璃层。将数万根这样的单丝规则紧密排列在一起，加热拉制成复合丝，成为硬质传像束。把这种硬质传像束截成所需长度，两端用耐酸材料保护好，浸泡在一定浓度的酸溶液中，经过一定时间，中间未保护的酸溶玻璃层被酸溶解掉，成为离散的一根根单丝，就制成了柔软可弯曲的酸溶法光纤传像束。

【溜丝层叠法】fiber orientation and stacking process

又称为溜丝叠片法，是制作光纤传像束的一种方法。将用来制作传像束的光纤单丝通过排丝机在排丝架或排丝板上紧密排列成光纤丝单片，并用胶粘剂固化，把若干这样的单片在合片装置上层叠成束，用胶粘剂固化后，从上胶位置切割开，经过磨抛铠装后就成了具有一一对应效果的光纤传像束。

【熔融拉锥技术】fused biconical taper technology；FBT

一种制作光纤耦合器的方法。将两根或多根光纤，固定在光学平台上，在去掉涂覆层的位置以一定的方式靠拢旋转，在光纤熔融拉锥机上加热熔融，同时以一定的速度向两边拉伸，拉伸过程中监控各路光纤耦合分光比，分光比达到要求后结束熔融拉伸，最终在加热区形成双锥体的特殊波导结构。

【熔压】pressure fusion

将规则排列的光纤丝加热熔化成不漏气面板的工艺。熔压温度一般控制在包皮玻璃软化温度以上，芯玻璃软化温度以下。熔压方法有机械加压及流体加压两种。前者是将复合纤维排列于模具内，置真空炉中，加压使模具向内收缩，使复合纤维压紧熔合。后者是将复合纤维排列于玻璃壳或薄金属壳内的热熔装置，内部抽真空，置于炉内加热，待壳软化使纤维受压。前者适用制大型、异型面板，后者适用制横断面小的面板。

【光纤拉丝机】optical fiber drawing machine；optical fiber pulling machine

用来拉制光纤丝的设备，包括用于安装固定拉丝过程所需相关装置的光纤拉丝塔，以及用来对拉丝工艺参数以及辅助设备进行控制的光纤拉丝控制系统。

【光纤拉丝炉】optical fiber drawing furnace

是拉制光纤时用来加热光纤材料的炉子，加热到合适的温度后使光纤材料熔化或软化，通过牵引机构进行光纤拉丝。根据不同的工艺要求，可以使用不同的光纤拉丝炉，例如有电阻加热的石墨炉，或将玻璃料熔融拉丝的坩埚炉。

【光纤成缆】optical fiber cabling

又称光纤套塑，是将光纤及其部件按一定的结构形式外包覆聚合物材料的过程。所制备的光缆满足使用要求，并在安装及其使用过程中光纤不易损伤，光缆中除光纤外，其他部件可包括钢丝、高强纤维、芳纶纤维(Kevlar)、聚酯带、铝(钢)复合带、阻水带、阻水油膏、铜管、铠装层、撕裂绳和填充绳等，光缆用聚合物材料包括聚氯乙烯(PVC)、聚乙烯(PE)、低烟无卤聚烯烃(LSZH)、尼龙(PA)、聚对苯二甲酸丁二醇酯(PBT)、聚偏氟乙烯(PVDF)和乙烯-四氟乙烯共聚物(ETFE)等。光纤成缆是在光缆护套挤出生产线上完成的，光缆护套挤出生产线通常是由放线架、挤出机、模头、冷却水槽、测径仪、打标机或印字机和收卷机等组成的。

【光纤熔接机】optical fiber fusion splicer

又称熔接机，是一种用于光纤熔融接续的设备。其工作原理如下：将需对接的光纤沿轴向方向固定，利用高压电弧产生的高温将两光纤断面熔化，同时运用准直原理通过高精度运动机构平缓推进，让两根光纤融合成一根，以实现光纤模场耦合。多用于光通信中光缆的施工和维护。

【光纤着色复绕机】optical fiber coloring and rewinding machine

一种用来对光纤表面进行着色，便于多根光纤可通过颜色识别，还可以对光纤进行复绕的设备。其组成包括光纤着色机和光纤张力筛选装置。通过光纤张力筛选装置，将强度不好的光纤进行筛选后，再通过光纤复绕机实现光纤复绕。

【光纤研磨抛光机】optical fiber polisher; optical fiber polishing machine

是对光纤端面进行研磨抛光的设备。将光纤需要磨抛的端面固定在夹具上，并对磨抛位置施加一定的压力，研磨盘与夹具发生相对运动，将光纤端面研磨抛光至良好的表面效果，通过选择不同粒径及材质的磨抛材料，可以作光纤研磨机或光纤抛光机使用。

11.4.3 玻璃纤维纺织制品工艺和设备

【退绕】unwinding

也称退解，是把玻璃纤维原丝从原丝筒上退出，同时加捻并卷绕到纱管上的工序。退绕方式可分为强制退绕(积极送纱)及自由退绕(消极送纱)两种。强制退绕系原丝筒回转，主动送出纱线，经过导纱部件及钢丝圈，加捻并卷绕在纱管上，这种方法只适合外退。自由退绕系原丝筒斜放在纱架上，由罗拉等部件牵引将原丝从筒子上边自由退出，并完成加捻、卷绕作用而制成符合要求的管纱。这种方式，根据拉丝时卷绕成形的不同，可以外退，也可以内退。

【外退】external unwinding

玻璃纤维原丝从原丝筒外层开始退绕。

【内退】internal unwinding

玻璃纤维原丝从原丝筒内层开始退绕。

【加捻】twisting

一根或一组平行的玻璃纤维原丝或纱线，围绕其中心轴扭转成螺旋形而获得捻度，以提高其耐磨性和集束性的工艺过程。加捻工序在捻线机上进行。

【并捻】doubling

将两股或两股以上的单纱并合加捻的工艺过程，也称合股。

【捻度平衡】twist balance

纱线加捻后，由于扭转而使它在某个方向存在一定的扭转力矩，致使纱线张力松弛时发生打圈现象，或断裂时退捻。为了保持合股纱结构的稳定，在并捻时复捻与初捻的捻向应相反，使纱线在两个方向上的扭力达到平衡，称为捻度平衡。

【络纱】winding；spooling

按照产品要求的粗细号数，将一定数量烘干后的原丝饼放置在无捻粗纱络纱机的纱架上，引出原丝并集束，经张力装置，由络纱机头卷绕成一定直径的无捻粗纱筒的生产工艺。经过加捻的纺织纱，也可按照要求进行络纱。

【经纱】warp

在织物中沿着织物长度方向排列的一个系统的纱线。

【整经】warping

为满足织造的要求，将预定数量的玻璃纤维纱等张力地从纱架引出，定长平行地卷绕到经轴上的工序。玻璃纤维工业的整经方式有：分条整经、分批整经和一次整经。分条整经调整品种比较方便，但条与条之间张力不均匀，布面平整度差。为改善布面平整，采用一次整经、分批整经较好，但对纱线的质量要求较高。

【分条整经】sectional warping

将全幅宽所需要的经纱总根数分成若干条，先将每条所需根数的玻璃纤维纱由纱架引出，一条条地依次卷绕在圆柱形的整经滚筒上，然后再将各条经纱从滚筒上一起退卷，重绕成一个经轴的过程。

【分批整经】warping and rebeaming

将全幅宽所需要的经纱总根数分成若干批单独整经。整好的经轴经并轴工序并合成织轴或直接上机并轴。分批整经经纱张力比分条整经的均匀。

【一次整经】direct warping

将全幅宽所需要的经纱总根数一次性由纱架引出，直接卷绕到经轴上。

【浆纱】sizing；slashing

为了提高纱线的集束性和润滑性，减少摩擦和起毛、增加强度、减少断头、提高织造效率而采取的一道浸渍处理工艺过程。浆料的主要组分是天然或合成水溶性胶体，例如淀粉、聚乙烯醇等。

【整浆联合】warping-sizing process

采用整浆联合机在一组设备中先后完成整经和浆纱两个工序。

【并轴】rebeaming

将数个经分批整经制成的经轴上的纱线引出，在并轴机上并合为最终经轴，以便供给织物结构所需经纱数量的作业。

【穿经】drawing-in；reaching-in

或称穿综穿筘，是织造前准备工序，指上织机前将卷绕在经/浆轴上的玻璃纤维纱按织物组织的要求穿入停经片、综丝和钢筘的过程。穿综是为在织造过程中经纱的开口运动，能符合织物组织的要求；穿筘是为控制织物的宽度和经密，同时借钢筘随筘座的摆动将纬纱打入织口中，使之形成坚实的织物。

【盘头】warp beam

用一根两端带有一定直径圆盘堵头的轴芯，按织物技术规格的要求，把一定根数的经纱相互平行地卷绕于轴芯上，成为盘头。整经后称为经轴，浆纱后称为浆轴，穿经后称为织轴。

【纬纱】weft；pick

在织物中与织物长度方向垂直的一个系统的纱线。

【卷纬】quilling；weft winding

采用有梭织机织造时，必须先将纬纱用玻璃纤维纱制成符合工艺要求的纬纱管，这一工序称为卷纬。纬纱管俗称纡子。

【织造】weaving

又称机织。将准备好的经纬纱线在织机上交织成一定组织一定幅宽的织物的加工过程。供送经纱的方式有两种：由织轴引入或直接从纱架引入。供送纬纱的方式也有不同：由梭子引入或由剑杆、喷气、喷水等无梭方式将纬纱引入。

【纬纱飞行性】weft yarn flying ability

是指玻璃纤维纬纱在喷气织机上一定空气压力及气流量的条件下，在一定时间内吹出的纬纱的质量，反映纱的柔软度。

【针织】knitting

用织针把纱线编织成线圈并相互串套，织成圆筒形针织物或平幅针织物。针织物分为经编针织物和纬编针织物两类。经编针织物是由经向纱线成圈编织而成，纬编针织物是由纬向纱线成圈编织而成。玻璃纤维行业早就采用拉舍尔经编机、特里科特经编机等来织造装饰织物等。后来在经编基础上发展了单向、双向和多轴向缝编织物，用于增强塑料。

【经编】warp knitting

采用一组或几组平行排列的纱线，从经向喂入针织机的所有工作针上同时成圈，并相互串套制成针织物的过程。缝编、衬经衬纬属经编范畴。

【缝编】stitching

采用缝编线将玻璃纤维短切原丝(或直接无捻粗纱纱片)缝合成平面结构的过程。

【衬经衬纬】warp insertion/weft insertion

采用缝编线将经纬向衬入的玻璃纤维直接无捻粗纱缝合成平面结构的过程。

【纬编】weft knitting

将纱线由纬向引入针织机的工作针上，使纱线顺序弯曲成圈，制成针织物的过程。

【编织】braiding

用若干纱线按照一定花样相互倾斜交织成管状、平面或立体形态(尤以编织管为典型)，亦可在芯件(如电磁线、绳等)上面直接编织。

【三维编织】three-dimensional braiding

通过一组编织纱束，在运动平面内按设定的运动程序，不断改变相互间的位置，使处于运动平面之外的编织纱束相互交织形成编织预制体的过程。

【变形纱机】texturing machine

又称膨体纱机。用于将玻璃纤维纱或原丝通过压缩空气吹散成圈而变得蓬松制成膨体纱。设备包括纱架、喷嘴、卷取等部分。

【捻线机】twister

将玻璃纤维原丝或单纱经退绕、加捻或并股并卷绕成具有一定成形的管纱的设备。主要由送纱装置、加捻和卷取装置、成形装置及传动系统等组成。由于玻璃纤维耐磨、耐折性差，因此要求导纱件选用与玻璃纤维摩擦系数小的材料，尽量减少纱线与机件的摩擦；加捻捻度比其他纤维低得多，一般在 300 捻/m 以下。送纱方式有自由退解(消极送纱)和强制退解(积极送纱)；锭子传动方式有电锭式和龙带式。管纱成形呈奶瓶形、双锥形和单锥形等形式。管纱卷装量有大小之分，卷装量大的对下道工序有提高劳动生产率和减少接头的优点。按其功能细分为退解捻线机、并捻机。

【退解捻线机】primary twister

又称初捻机。用于将玻璃纤维原丝退解、加捻并卷绕成具有一定成形的管纱的设备。送纱装置(纱架)要适合原丝筒的成形方式。

【并捻机】doubler；secondary twister

将两根或两根以上的玻璃纤维纱并合、加捻、卷绕成一定成形的管纱的设备。可增设张力器以均衡张力，增设断头自停装置以提高产品质量和劳动生产率。

【无捻粗纱络纱机】roving winder

用于生产玻璃纤维合股无捻粗纱。将多股玻璃纤维原丝集束成带状，按一定规律卷绕成齐边圆柱形无捻粗纱筒的设备。由主机和纱架两部分组成。主机包括卷取和排线机构，原丝筒放在纱架上退出，经张力器、导纱器、集束后再经过排线器和卷取机构形成齐边圆柱形纱筒。无捻粗纱机应满足原丝间张力均匀、卷绕线速度恒定、卷装量大及成形良好的要求。

【织带机】tape loom

能同时织造数条相同幅宽的带状织物的设备。由开口、引纬、打纬、卷取、送经五部分机构组成，基本原理与织布机相同。送经机构可以采用织轴送纱；也可用纱架直接供给经纱，由卷取机构的牵引将经纱引出送往织口。引纬机构是由一个齿条带动一排具有齿条的马蹬形梭子做往复运动；或者采用剑杆引纬，从而把纬纱送入每条带状织物的织口。织带机一般能织造宽 1.5～5cm 的带子。

【剑杆织机】rapier loom

无梭织机的一种，用剑杆将纬纱喂入织口中与经纱交织成一定组织一定幅宽织物的设备。由开口、引纬、打纬、卷取、送经机构组成。上述机构与普通织布机相同，引纬机构是由剑杆代替梭子往复地将纬纱纳入梭口。剑杆又分刚性与柔性两种。剑杆织机采用由纱筒直接供纬，省去卷纬工序，并可减轻工人劳动强度，提高劳动生产率，降低工作场地噪声。

【喷气织机】air-jet loom

一种无梭织机。和有梭织机一样由开口、引纬、打纬、卷取、送经机构组成。这些机构与普通织机相同，唯引纬不同。它是利用压缩空气经过喷嘴送出的高速气流带动纬纱喷入织口。引纬机构包括纬纱定长装置、喷纱装置、布边装置以及剪刀和喷射侧对侧的吸风等辅助装置。定长装置的作用是控制补纬长度，保证主轴一回转时送出满足布幅要求的一定长度的纬纱，并使纬纱保持一定的张力，使纬纱织入织口中呈拉直状态。喷纱装置由压缩空气系统、储气筒、气阀和喷嘴等组成，作用是产生高速气流喷射纬纱。布边装置是因纬纱引入织口后，有一边或两边被剪断，在织物的两边留有纬纱头，使布边经纱易松散，为防止布边经纱跑出和获得整齐的布边而设。其形式有绞边、折边、空气吹边和胶粘边纱等。

【编织机】braider；braiding machine

俗称铁锭织机，是编织圆管形或扁带形织物的设备。锭数为偶数者，用来编织各种圆形或管形织物。锭数为奇数者，用来编织带状织物。它由传动、编织、卷取、芯线四部分组成。传动装置带动一系列齿轮(蓬花牙)，使锭子移动。编织机构包括锭子、面板和桃板。锭子沿面板和桃板所组成的特殊轨道运行，带动纱线相互交叉编织成所要求的织物。卷取机构将织物卷取或导入专门的容器内。在编织夹芯织物时，机身下芯线柜上安装芯线筒子，芯线由筒内引出包入纱线内，形成夹芯织物。按编织产品的形态分为织管机、编绳机。

【多轴向经编机】multiaxial warp-knitting machine

用细软的缝编线将多个方向平行喂入的玻璃纤维直接无捻粗纱纱片缝合固定形成多轴向织物的设备。设备包括纱架、送经(0°)、送纬(90°、±45°或±30°等)、成圈、卷取等部分。

【缝编机】stitching machine

用细软的缝编线将不同方向分层铺放的增强纤维缝合固定形成缝编织物的设备。设备包括纱架、短切、送经、送纬、成圈、卷取等部分。缝编机可用于加工缝编毡或缝编织物。

【三维织机】three-dimensional fabric loom

用于生产三维织物的织机。

【玻璃布接头机】glass cloth jointing machine

为了使玻璃布表面处理机组等能够连续工作，将两卷玻璃布端头连接在一起的设备。可用缝纫和粘结两种方式接头：(1)移动式缝纫机接头。用缝纫机头在轨道上往复移动，将两卷玻璃布端头搭接后缝牢。缝纫线可用聚四氟乙烯被覆的玻璃线。用这种方法接头，玻璃布可直接送入较高温度的热处理炉处理。(2)热接头机可采用聚四氟乙烯被覆胶带，经加热、加压，将对接的两匹玻璃布的端头粘结在一起，高温处理时胶带将被烧毁，因此这种方法不适用于较高温度的热处理炉处理。

【重卷机】rewinder；rewinding machine

对布卷进行重新卷取的设备。一般包括放卷、收卷、验布等部分。

【验布机】cloth inspecting machine

用于检验玻璃纤维布外观质量的设备。由放取机构、验布台和卷取机构三部分组成。成品布经过验布由电动卷取机构连续卷取，并有计数装置记录米数。操作人员可凭借均匀灯光在验布台上发现织物结构的疵点。

11.4.4 玻璃纤维涂覆工艺和设备

【玻璃布表面处理机组】glass cloth finishing machine

玻璃布表面轻涂层处理所用的机组。用于对玻璃布进行偶联剂处理，以改善与树脂、橡胶等的粘结性能，也用于装饰用布的定纹、耐磨处理。该机组为多单元同步传动的联合机组。由送布机、贮布机、热处理炉、浸渍槽、预烘机、烘焙机、水洗机、烘干机、卷取机组成。热处理炉是烧除玻璃布表面的纺织型浸润剂的设备，在高温处理时起热定纹作用。有立式、卧式两种。热源有电热、天然气等，温度范围一般在350～600℃。预烘机的作用是蒸发玻璃布浸渍后的水分，常用温度80～110℃。一般是立式，热源用蒸汽。烘焙机的作用是使用偶联剂等与玻璃布表面进行化学、物理结合，一般为立式，热源有电热、天然气等，常用温度为140～160℃。若处理剂中有游离金属离子时需经水洗机洗去，以保证复合材料的电绝缘性能。烘干机用来除去水洗后的水分使玻璃布干燥，一般采用立式，热源有蒸汽或蒸汽电热混用等。

【热定纹】heat-set of weave

在玻璃纤维工业中，是指用高温固定织物织纹的处理过程。它使张紧的经纬纱线产生弯曲变形，引起张力松弛，减少相对位移，改善织物的回弹性及手感。玻璃织物定纹温度随玻璃成分不同而异，一般在低于玻璃软化点的高温下经快速热处理定纹。

【热处理】heat desizing；heat cleaning

又称热清洗、热脱浆或热脱蜡。在玻璃纤维工业生产中，由于采用纺织型浸润剂拉制的玻璃纤维纱及织物，含有石蜡或淀粉等一类物质，妨碍玻璃纤维与有机材料(如树脂等)的粘合，影响复合材料的性能，因此往往需用热烧的方法除去石蜡、淀粉等物质，这个工艺过程称为热处理。

【预脱浆炉】pre-desizing oven

即一次退浆设备，因采用连续式脱浆，又称连续脱浆炉、KH炉。将织布工序送来的坯布通过送布装置引入脱浆机高温区，高温区温度高达350～500℃，坯布通过时受热燃烧，使附着在玻璃纤维布上的浸润剂和浆料大部分因此烧失。热脱浆机将玻璃纤维布上的浆料等有机物从2%烧至0.2%～0.4%。

【热脱浆炉】heat desizing oven；heat cleaing oven

即二次退浆，为非连续式脱浆设备，又称焖烧炉、BH炉。将经过热脱浆的玻璃纤维布卷绕在耐温空心卷布钢辊上，玻璃纤维布卷放置在钢制托架上，再放入焖炉进行二次退浆。焖炉一次可以处理数十卷布。布卷在焖炉中焖烧50～60h，温度400℃左右，将布卷上残留的浆料等有机物处理燃烧干净，残碳<0.05%。热脱浆机组俗称焖烧炉。

【表面化学处理】chemical finishing

俗称后处理。是将玻璃纤维表面上的纺织型浸润剂除去后，再经化学偶联剂处理的过程，如沃兰、硅烷处理等。

【玻纤布开纤】strand spreading of fiberglass fabric

将水流经高压喷嘴加压后喷射至处理后的玻璃纤维布上，称水刺开纤。目的是对玻纤布进行扁平化处理，提高其表面积，以便于复合加工时树脂的浸透。

【浸胶机组】impregnating machine

采用浸胶工艺生产玻璃纤维涂覆制品的成套设备。浸胶工艺主要指玻璃纤维织物浸没入盛有处理剂的浸胶槽，充分吸收处理剂后，经牵引装置牵引进入烘干炉中，在烘干炉中进行烘干、反应的处理工艺过程。浸胶机组主要包括放卷设备、储布设备、浸胶槽、烘箱、牵引装置、收卷设备等部件。该机组往往用来处理双面涂覆制品且相对涂胶量较少的产品，例如玻璃纤维网布、玻璃纤维土工格栅、玻璃纤维建筑膜材等。

【刮胶机组】knife coating machine

采用刮胶工艺生产玻璃纤维涂覆制品的成套设备。刮胶工艺主要指玻璃纤维织物经过涂刮台，通过刮刀将处理剂涂覆在织物上，经牵引装置牵引进入烘干炉中，在烘干炉中进行烘干、反应的处理工艺过程。刮胶机组主要包括放卷设备、储布设备、涂刮台(刮刀)、烘箱、牵引装置、收卷设备等部件。该机组可以用来灵活地处理单双面涂覆制品且相对涂胶量较少的产品，例如玻璃纤维防火布、玻璃纤维涂覆PVC胶布的处理多用此类机组。

【压延机组】calender coating machine

采用压延工艺生产玻璃纤维涂覆制品的成套设备。压延工艺主要指玻璃纤维织物同处理剂一起经设备压延复合成一体，反应固化(可加热亦可不加热)的工艺过程。压延机组主要包括放卷设备、压延机(可加热亦可不加热)、收卷设备等部件。该机组可以用来生产室温固化的涂覆制品或涂覆量较大的制品，例如非金属补偿器(硅橡胶涂覆玻璃纤维布)的处理多用此类机组。

【覆膜机组】film coating machine；membrane

coating machine

采用覆膜工艺生产玻璃纤维涂覆制品的成套设备。覆膜工艺主要指通过覆膜机组将玻璃纤维织物同薄膜材料复合成一体的工艺过程。覆膜机组主要包括放卷设备、覆膜设备、收卷装置等部件。该机组可以用来生产在织物上复合薄膜材料的制品，例如覆膜滤料的处理多用此类机组。

【层压机组】laminating machine

采用层压工艺生产玻璃纤维涂覆制品的成套设备。层压工艺主要指通过层压机组将玻璃纤维织物同涂覆材料(可以是固体，如薄膜；也可以是液体，如胶料)复合成一体的工艺过程。层压机组主要包括放卷设备、层压设备(可自带加热)、烘干炉(室温固化可不用)、收卷装置等部件。该机组可以用来生产涂覆固体薄膜或液体胶料且涂覆量可较大的产品。

【纱线处理设备】yarn treating equipment

将玻璃纤维纱被覆上不同性能的有机物质的设备。用以生产橡胶帘子线、高温过滤袋用缝纫线等。由纱架、浸胶槽、烘干炉、排线、收线等部分组成，原理与玻璃纤维布的表面处理相同。玻璃纤维纱从纱架上均匀退出，经浸胶槽浸渍、烘干炉烘焙干燥后，通过排线、收线装置，有规律地卷绕成一定重量的线筒。

【塑料挤出机】plastic extruder

使热塑性塑料挤出并均匀地包覆在芯材上(如玻璃纤维等)的设备。由料斗、挤塑筒、模头及传动系统组成。热塑性塑料由料斗加入挤塑筒内，筒的外表用电加热，使塑料塑化，通过挤塑筒内的旋转螺杆将塑料推动、搅拌、压缩，最后将组织均匀、紧密的塑料压向模头。芯材通过模头，被均匀包覆一层热塑性塑料。通过变换适当的模头和辅助设备，便可生产出增强热塑性塑料的线状、管状、带状等制品，此外，还可经过切粒机制成粒状半成品，供进一步模压之用。

11.4.5 矿物棉制品工艺及设备

【焦料比】coke and raw material feeding ratio

冲天炉熔制岩(矿)棉原料时，所用焦炭与原料的重量比值，作为衡量熔制设备工作效能的一项工艺指标。制造矿棉时，焦料比在0.17～0.30之间，一般为0.20～0.25。焦料比的大小与焦炭自身的热值、机械强度、块粒大小、固定碳及灰分含量有关，还与原料的物理状态、块粒大小、化学成分及熔炉结构、料位高度、鼓风温度、风量等多种因素有关。

【盘式离心法】disc spinning process

将矿物或矿渣熔体制成岩(矿)棉纤维的方法之一。熔体流股落入高速旋转的离心盘，从盘面上辐射分布的小沟槽中甩出，形成纤维。这种工艺设备简单，制成的棉纤维粗、产量低。

【多辊离心法】multiwheel spinning process

将矿物或矿渣熔体制成岩(矿)棉纤维的方法之一，是目前生产岩(矿)棉的主要方法。多采用四辊离心机，四辊轮错位排列，每辊有各自的速度，由熔炉落下的流股以一定的角度落于第一辊上，然后依次落到下一辊，熔体在辊轮离心力作用下逐级分离、加速，甩成纤维。借助风力，分离渣球，将棉纤维送入沉降输送机。

【离心喷吹法】rotary process; rotational spinning process; TEL process

生产玻璃棉的一种方法，是目前生产玻璃棉的主要方法。熔融的玻璃液落入高速运转的离心器内，在离心力的作用下，被离心器侧壁小孔分裂为近万股细流，细流在燃烧室喷出的高温、高速气流作用下被进一步分散牵伸成细纤维。与火焰喷吹法相比，能耗低，单台日产量高，可以全面实施自动控制。主要生产2～6μm的制品。粉状的配合料经池窑熔制，采用单孔铂铑合金漏板供料，离心器用镍基合金制造。

【火焰喷吹法】flame attenuation process

生产玻璃棉的一种方法。玻璃液由熔炉底部漏板小孔中流出后，被胶辊拉制成平行分布的一次纤维，再经燃烧室喷出的高温、高速气流加热、牵伸，制成纤维直径小于6μm、长度50mm左右的棉纤维，俗称超细棉。这种生产方法所用设备简单，可用平板碎玻璃为原料，生产的棉纤维细且柔软，但单台产量低，成本高，目前玻璃微纤维多用此法生产。

【一次纤维】primary fiber

火焰法生产工艺中制成的初级纤维。由漏板孔流出的玻璃液，被胶辊牵引冷却后形成的粗丝，一般直径 200～500μm，生产微纤维时直径为 120～250μm。一次纤维直径的均匀性、下丝速度与稳定性，直接影响制成棉纤维的质量。

【脱火】off-burner flame

燃烧室喷出的火焰脱离喷火口，即脱火。火焰拉长有脱火倾向，在燃烧设备正常情况下，回火、脱火主要是由于供气压力变化造成的，因此应严密监控。

【阻火器】fire check

阻止回火事故扩大的器件(装置)。阻火器设在引射器扩散段末端与燃烧室的接口处，也称稳焰器。大多采用多孔的耐火板(简称孔板砖)，也可以是带狭缝的钢板。混合气通过孔板后，速度压力分布更均匀，孔板砖进气面温度很低，因此起到稳焰、阻火作用。

【摆锤法】pendulum process

把从集棉系统喂入的矿物棉薄毡铺成多层折叠的均匀棉毡，并经打褶和加压输入至固化炉固化的铺棉工艺。

【成棉率】fiberizability of mineral melt

表示由熔融物制得合格纤维的成品率。常以获得的矿物棉与熔融物的重量比值(%)表示。成棉率与原料特性、熔体化学组成、黏度有关，与工艺过程所用装备工作状态有关，还与成棉方法有关。在矿物棉生产中，成棉率最高的是离心喷吹法。

【渣球】shot

矿物棉中未完成纤维化的玻璃态杂质，有的外形光滑，俗称渣球。渣球的存在影响产品最终品质。渣球的产生主要由于：成形区气流脉动，使未硬化的熔体细流彼此碰撞粘连、熔体黏度不均(熔化质量差，耐火材料结石)；供料流量过大、与火焰动量(或离心力)配合不当造成。调整装备和工艺参数可以将渣球含量降至最低。在生产中可以用风力将纤维与渣球分离，也可以用湿法除渣，得到优质棉制品。

【湿法制棉板】wet process for making mineral wool boards

将矿物棉原棉分散在用水和粘结剂、防水剂、填充剂制备成的悬浮液中经模压或在连续制板机上制板，制成的湿板坯进行烘干，聚合定形制成矿物棉板的工艺。这种方法适用于制造吸声板及高强度矿物棉板。此法也能用来生产玻璃棉板。

【干法制棉板】dry process for making mineral wool boards

将含有粘结剂的玻璃棉、矿物棉铺成均匀的棉毡，经热压成形，使粘结剂固化而制成棉板的工艺。这种方法可连续生产，效率高，工业废水量少，燃料消耗少。

【半干法制棉板】semidry process for making mineral wool boards

将矿物原棉制成粒状后，与由粘结剂和添加剂制备成的稠厚料浆混合，并加入一定量经破碎的废板，充分搅拌，制成糯状物，经辊压成形、养护渗透、干燥制成矿物棉板的工艺。这种方法适用于制造建筑饰面板及吸声板，可连续生产，制得的矿物棉板具有自然的花纹，吸声性能好，但强度较低，成本较高。

【矿物棉生产废气处理】treatment of waste gas from mineral wool production

对矿物棉生产过程中产生的废气进行净化处理的过程。矿物棉生产中的冲天炉，以焦炭为燃料，烟气中含有 CO、H_2S、NO_2、SO_2 等有害气体，需经过处理后才能排放。基于冲天炉的废气特性，利用烟气中 CO 的可燃性，一般采用烟气焚烧处理。工艺流程为：先将由冲天炉排出烟气的温度调节到 160～260℃的范围，依次进入旋风除尘器和袋式除尘器进行除尘后，送入焚烧炉焚烧。产生的高温烟气，经多节换热器换热，再经脱硫等处理，达标后排放。换热器换热的热风，可作为冲天炉的助燃风，也可用于固化炉的热源使用。

【矿物棉生产废水处理】treatment of waste water from mineral wool production

对矿物棉生产过程中产生的废水进行净化

回用的过程。矿物棉生产过程中产生的废水经过普通滤网后进入污水池，污水池采用两道不锈钢滤网对污水过滤，然后用泵打入布置在回用水池上部的振动筛进行进一步过滤后进入回用水池。回用水池也有两道不锈钢滤网，经过几道过滤后的精滤水用泵抽出，经过最后一道篮式过滤器回用。

【矿物棉生产余热利用】utilization of waste heat in mineral wool production

对矿物棉生产中产生烟气的能量进行回用的过程。一般融合在废气处理系统中。烟气中的CO经过焚烧后产生热量加以利用，烟气热量一部分经过一个或几个换热器预热助燃空气，一部分直接进入固化炉加以直接利用。

【电阻炉】resistance furnace

一种利用电极间高温熔融体离子导电，产生焦耳热来自身熔化物料的电加热炉。加热原理同玻璃电熔，结构与工作原理同波歇炉。炉体为水冷扁圆盘，120°分布的三相钼电极顶插，三个单相变压器主供电，大功率晶闸管(SCR)控制功率，出料口为氮气保护的钼管，在炉中心有钼塞锥控制出料量，或用出料钼管与电极通电控制出料量。表面加料，炉体中心熔制为1900～2200℃高温，所以特别适用于硅铝锆质耐火棉状纤维的生产。对冷却水的保障要求严格。

【集棉设备】fiber collection equipment

在岩棉生产中，把离心机生产出来的纤维，经吹离风和抽风系统的作用，均匀地铺在网状板上，形成棉毡，并呈一定角度输送至下道工序的设备。分为：网笼集棉机、网带集棉机、三角网集棉机和鼓式集棉机。原理是：在网状板后部或内部有抽风系统，纤维在抽吸的作用下吸附在网状板上，通过网状板的移动或转动，棉毡被输送至下道铺棉设备。玻璃棉生产线中也包含集棉设备。

【摆锤法机组】pendulum system

把从集棉系统喂入的矿物棉薄毡在成形输送机上铺成多层折叠的均匀棉毡，经过打褶和加压进入固化炉固化的设备。主要由摆锤铺毡机、成形输送机、打褶机、加压机等组成。

摆锤铺毡机由摆动带、连杆、传动装置及机架等几部分组成。如附图所示。

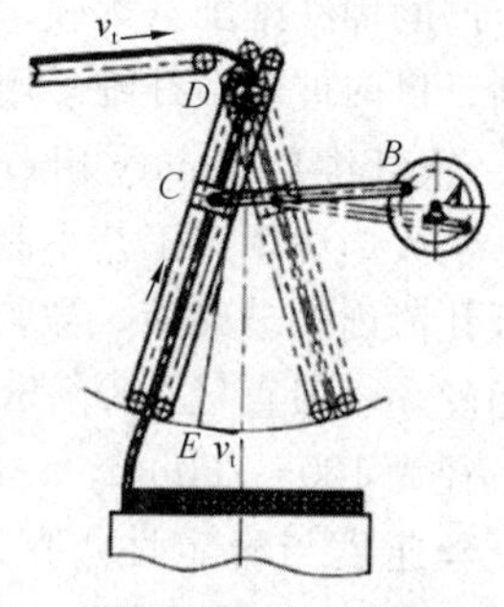

摆锤铺毡机示意图

减速电机带动偏心轮A旋转，通过拉杆B使由两条平行带组成的摆动带周期性往复摆动，矿物棉薄毡从两条平行带之间通过，被多层折叠均匀铺设在下部成形输送机上，往后连续输送。

打褶机由固定的几段单独传动的下输送辊道和几段可升降的单独传动的上加压辊道组成，根据产品的规格不同，调节上下辊道间的距离和入口段的开度，辊道之间有速度差，对多层毡进行纵向压缩、打褶，增加板毡的强度。

加压机用于将打褶机输送来的棉毡层进一步加压，由一组固定的下辊道和一组可升降的上辊道组成，根据不同规格产品调整上辊道高度，上下辊道独立传动。

【纤维制品固化炉】fiber product curing oven

又名干燥聚合机或室，大致可分为两种：一种用于生产玻璃棉、矿棉毡及板，包括输送上链板、下链板、升降装置、链条张紧装置及热风循环系统等，组装在一个钢结构的箱体中。上链板可以整体升降，箱体有保温层，棉层送入时经加压机预压进入固化炉，调节输送链板的速度及上输送链板与下输送链板的距离，以控制制品的厚度和密度。热风均匀地透过夹在上下链板间的棉层，使粘结剂干燥、固化成棉毡或棉板。另一种用于生产连续纤维的毡类产品，结构与前一种类似，但没有上链板，其热风系统通过风嘴由上而下单面吹过毡材，进行干燥和固化。

【矿物棉纵切机】mineral wool slitter

纵向切割矿物棉毡或板成一定宽度的设备。由一组转动的圆盘刀组成。根据制品规格来选定圆刀的间距和数量。

【矿物棉横切机】meneral wool cross cutter

横向切割矿物棉毡或板成一定长度的设

备。分横向移动的圆锯式和上下移动的铡刀式两种。横向移动的圆锯式又叫飞锯，横向圆锯式是将圆锯安装在活动刀架上，刀架的轨道与机组成 90°，切割时，刀架移动速度与棉毡输送速度同步，使切割断面与边垂直，适用于密度大及输送速度慢的产品。上下移动的铡刀式又叫铡刀，适用于密度小而输送速度较快的产品。

【制品包装机】packing machine

对产品进行包装的设备。分为：压缩包装机、真空包装机、收缩薄膜包装机。

压缩包装机是能将被包装物的体积缩小的包装机，使用外力压出包装物内的大部分空气，压成一定体积后封口。真空包装机是指能自动抽出包装袋内的空气，达到预定真空度后完成封口的包装机。收缩薄膜包装机是将产品用热收缩薄膜裹包后进行加热，使薄膜收缩后紧裹产品的包装机。

【离心喷棉机】rotary spinning machine; rotary process line

采用离心喷吹法生产玻璃棉的主机设备。主要由离心器、分配器、环形燃烧室、中频加热器组成。分配器、离心器固定在空心轴上，空心轴高速运转，玻璃液流股通过空心轴落到分配器底部，分配器、离心器侧壁有小孔，借助离心力将玻璃液二次重新分流，由离心器小孔射出的细流在环形喷火口喷出的高温高速气流作用下，分散牵伸成玻璃棉。一条生产线上可以装两台以上喷棉机。

【离心器】centrifugal spinner

离心法二次分离玻璃液成纤的部件。耐高温镍基合金铸造，直径 200～600mm，侧壁均匀分布着 6000～12000 个小孔。直径 200mm 的离心器台产量约为 5t/d。若底部封闭的离心器则不安装分配器。

【分配器】distributor

离心法一次分离玻璃液成纤的部件。直径小于配套的离心器，与离心器用同样材质制造，侧壁孔径截面积与离心器匹配，其作用是将流股进行第一次分配，使进入离心器侧壁的液流更稳定。

【中频加热器】medium-frequency heater

以中频感应方式(非接触式)辅助加热，控制离心器温度的装置。

【环形燃烧室】circular combustion chamber

圆环形的天然气燃烧室安装在离心器外围，喷火口位于离心器侧壁上方。预混燃气通过稳焰器进入燃烧室，燃烧产生的高温气体经喷火口喷出，火焰加热离心器的同时将玻璃细流分裂、牵伸为玻璃棉。

【多辊离心机】multiwheel spinner

是离心法生产矿物棉的成纤设备。多辊离心机的作用是利用离心力使流到高速旋转辊轮上的高温液态熔体变成纤维。离心机由三或四个不同直径的辊轮组成，每个辊轮分别由各自的电机带动，辊体内部通水冷却，辊体旋转轴承采用油气润滑。辊轮周围配有风环和喷嘴。生产时，吹离风从风环吹出，粘结剂通过压缩空气的带动从喷嘴喷出，从而使含有粘结剂的纤维均匀地铺设到下道设备的网带或网板上。辊轮采用耐热钢制成。辊轮需定期更换、维修，设备结构采用台车形式。

【火焰喷棉机组】flame attenuation process line

火焰喷吹法生产玻璃棉的主要设备。主要由漏板、拉丝胶辊、直火口燃烧室、集棉机组成。

【镍基合金漏板】nickel-base alloy bushing

用镍基合金材料制作的漏板。在带状板材上打孔后浇注在托架上，安装于熔炉供料口，生产高碱棉时采用。

【铂合金漏板】platinum alloy bushing

用铂铑合金材料制作的漏板。生产中碱或无碱棉时，因成形温度较高，要采用耐高温的铂铑合金制作一次纤维成形漏板。玻璃熔化一般采用代铂炉。

【拉丝胶辊】fiber-drawing rubber roll

一对用电机带动的胶辊。胶辊以稳定的速度将漏板流出的玻璃液拉成一次纤维，并送至燃烧室喷火口。

【喷棉燃烧室】combustion chamber

火焰喷吹法制棉的设备。燃烧室喷火口平直，由耐火材料内衬和水冷金属外壳组成。喷火口产生1500～1700℃，200～500m/s的高温高速气流，将由胶辊垂直送下的一次纤维再熔化、分裂、牵伸为棉纤维。

【引射预混器】ejector premixer

高速空气流经扩压段产生低压引射燃气的燃气预混器。采用带扩压段的低压引射器，将燃气与空气预混，混合气体通过阻火器后进入燃烧室。引射器包括：喷嘴、吸气收缩管、混合管、扩压管。

【缝毡机组】sewn blanket machine

按一定的针距和行距缝制玻璃棉毡的设备。缝毡机包括下列几个动作，即喂毡部分使棉毡持续地向前移动，针沿着导板做上下往复运动，喂线板做往复喂线运动，这些动作协调配合在玻璃棉毡缝上了线。亦可以根据需要在玻璃棉毡的一面或两面贴纸或贴布后再缝。

【干法制板机组】mineral wool board production line by dry process

采用干法制棉板工艺制作矿物棉板的设备。由冲天炉、多辊离心机、集棉设备、铺毡设备、固化炉、纵切机、碎边机、横切机及收缩薄膜包装机等组成。原料和焦炭在冲天炉内熔化，在离心机高速旋转辊轮离心力作用下变成纤维，经吹离风和抽风系统的作用均匀地铺在网状板上形成棉毡，通过铺毡设备形成棉毡层进入固化炉加压、固化成棉板，再经过切边、碎边、横切，用收缩薄膜包装。

【吸声板机组】acoustic panel production line

生产矿物棉吸声板的设备。主要由制浆系统、涂制设备、成形系统、烘干系统、后加工机组等组成。将各种经过制备的原料（纸浆、淀粉、废料、粒状棉、水等）在制浆系统中配料，送入成形系统的网前箱进入长网成形机，在真空抽吸下，纤维沉积在网带上形成毡坯，毡坯经过两次真空脱水后进入烘干系统，进行分切、堆垛、多层烘干，烘干一般采用热风循环方式。然后进入后加工机组，进行正反面涂料、压花、烘干、刨面后通过热收缩包装机包装成品。

【棉绳机】mineral wool rope machine

生产矿物棉保温绳的设备。其工艺过程是将条状矿物棉毡或原棉连续喂入一锥形成条漏斗中，拉出的棉条经过两组以上转向不同、带有许多连续纤维纱筒（也可以是铝纱）的转盘，棉条被纱筒放出的纱缠绕，表面形成一层稀疏的交叉网状套，制成保温绳，再经卷取机构绕成棉绳卷。

【矿物棉卷管机组】mineral wool pipe section winder

卷制矿物棉保温管壳的设备。由输送带、横切装置、卷曲机构等组成。含有粘结剂的矿物棉毡由输送带送入卷管的芯轴，由下网带包围着同时转动进行自动卷绕及加压，当卷至所需的厚度时，切断棉毡，继续转动一会以保持管壳外形圆度。把管壳与芯轴同时取下送干燥机进行干燥固化。也可在卷管机上用热风通入芯轴，同时完成干燥固化。管壳轴抽出来后芯轴继续使用。更换不同尺寸的芯轴能卷制一定范围管径及不同厚度的管壳。

【冲天炉】cupola

生产矿物棉的立式圆形熔化原料的设备。主要由进料箱、料位仪、炉上段、水冷夹套炉体、风环、风嘴、虹吸口及炉底门等组成。出烟口布置在炉上段，原料和焦炭从上部进料箱送入炉内，空气通过围绕炉体一圈的风环和4～22个风嘴鼓入炉内助燃，熔化的流体从在炉体中下部的虹吸口溢出。炉体及虹吸口通过夹套内的循环水冷却。冲天炉的熔化率每小时可达3～6t。

【粒状棉机组】granulated wool machine

制取粒状棉的设备。由粗梳机、细梳机和成球装置所组成。已喷憎水剂的矿棉毡通过粗梳棍梳成50～150 mm大小的棉块，再风送至细梳机进一步松解为小棉团后，送往带有许多小孔的倾斜式滚筒，筛去渣球和细屑，并使棉团滚成粒度为12～25 mm的球状物，即得粒状棉。粒状棉是制造吸声板的主要原料，并在建筑上作为填充或喷涂材料，具有隔热、吸声和防火等性能。

【长网成形机】Fourdrinier machine

湿法生产矿棉吸声板的一种主要设备。与长网造纸机相似。主要由60～80目的铜网（或尼龙网)和真空抽吸箱所组成。成形时，料浆经分配槽均匀连续地供给长网机，自然脱水后，大部分纤维和粘结剂沉积在长网上，再进入真空脱水段。为保证板面平整，此段增设有60～80目的上下网带，上下网带均有真空抽吸箱，同时进行真空脱水，真空度为500mmHg左右，抽力大小可由阀门调节。第三段为切割段，可将湿板坯切成所需的尺寸，然后经加速输送段进入烘干机。

【圆网成形机】cylinder forming machine

湿法制取矿棉吸声板的一种装置。与圆网造纸机相似，由安装在槽里的圆网所组成。一般采用60～80目的铜网或尼龙网制作网笼，其直径为800～1000mm，有效宽度1000～1500mm，内部设有真空滤器。圆网以一定速度旋转，转速视制品厚度要求而定。圆网内真空度为500mm Hg左右。成形时料浆连续送入网槽，浆料被吸附在网笼上而形成连续均匀的湿板坯。脱离抽吸段后，板坯从网笼上自然剥离，经过渡辊和输送机运至切割段，切割后送入烘干机。

11.5 性能及表征

11.5.1 玻璃纤维用玻璃球性能及表征

【玻璃球均匀性】glass marble homogeneity

玻璃球内各点的物理性能和化学组分的均一性。是检验玻璃球内在质量的重要指标之一。球内的均匀性是影响拉丝作业稳定的重要因素之一，因此，对拉制玻璃纤维的玻璃均匀性有很高的要求。可采用油浸法和腐蚀干涉法等方法测定。

【油浸法】oil immersion method

观察玻璃中条纹的深浅以测定玻璃均匀性的方法。原理是：将玻璃试样浸没在同折射率的油中，在光的照射下，玻璃中化学不均匀部分造成的条纹在屏幕上显示出来，条纹的深浅，代表不均匀的程度。测定方法是：在放大机的一定的光源和光阑孔径下，固定光源、光阑和屏幕的距离，将被测样品由屏幕向光阑方向移动，目测条纹消失，用此时样品与屏幕距离的数值(称条纹消失距离)来表示玻璃球的均匀性，距离越大，均匀度越差。

【腐蚀干涉法】etching-interfering method

测定光学玻璃均匀性的一种较为精细的方法，也可用来测定玻璃球的均匀性，即把玻璃球精抛光的表面用氢氟酸腐蚀，因化学组成等的不均匀引起表面腐蚀程度不一，造成腐蚀面高低不平，将使平行入射的单色光，反射时发生光的干涉，通过干涉仪测量干涉条纹的弯曲程度，定量测出表面的光洁度(即高低不平)，即反映出玻璃的均匀性。若玻璃均匀性太差，腐蚀面高低不平波动剧烈，可采用双管显微镜或表面轮廓仪进行定量测定。

【二次冒泡温度】reseeding temperature; secondary seeding temperature

玻璃球熔融时产生再生气泡的温度。是衡量玻璃球内在质量的重要指标之一。再生气泡的产生，主要是因为在玻璃熔制时，温度过低、窑压过大或澄清时间不够，以致玻璃内溶解有较多的气体，甚至部分化学反应尚未全部完成，当这种球在拉丝炉中重熔时，就会有气泡逸出。玻璃球起泡温度试验是测定玻璃球试样开始起泡的温度，起泡温度低的，说明玻璃球的熔制均化较差，拉丝时容易产生断头现象。

【高温电导率】electric conductivity at high temperature

表征高温下玻璃熔体的导电能力。电导率是电阻率的倒数单位为S/m，它与电阻的关系用以下公式表示：$K=\frac{L}{R\cdot S}$，式中：K为电导率(S/m)；R为电阻(Ω)；S为导体截面积(m^2)；L为导体长度(m)。

电阻可通过电桥法或电压补偿法来测定。由于熔融玻璃在直流电场作用下，会产生极化和电解作用，测定时需使用交流的音频信号，熔融玻璃的长度和截面积的比值可视为容器常数，可在常温下用氯化钾标准溶液来标定。玻璃的高温电导率是电熔玻璃所必要的基本工艺参数。1200℃时中碱5号的电导率约为9.3S/m，E玻璃1号约为0.3S/m。

【爆皮】chipped marble

一种玻璃球的外观缺陷。是由于玻璃球的应力过大引起玻璃球表面爆裂剥落的现象。有爆皮缺陷的球滚动不灵活，自动加球时易引起卡球。

【剪刀疤】cutting scar

一种玻璃球的外观缺陷。是玻璃液流股经剪刀剪成球坯，进入制球机成球时，由于玻璃料性短或流股温度过低，球坯两端不易搓成圆而残留下的疤痕。球的表面有时还会出现凹沟。深的沟痕易嵌入脏物，影响拉丝作业。

【麻点】pock mark

一种玻璃球的外观缺陷。是玻璃球生产、输送、储存过程中，由于球之间撞击，表面产生的凹陷斑点。它易积灰尘，影响拉丝作业。

11.5.2 玻璃纤维性能及表征

【纤维公称直径】nominal fiber diameter

又称纤维的名义直径。根据计算直径，以0.5μm为一级，即采用0.5间隔修约来确定公称直径。如计算直径为7.78μm的纤维，公称直径取8μm。在纱线代号的国家标准和国际标准中，直接用玻璃纤维公称直径的微米数，表示所用纤维的粗细，但在美国材料实验协会ASTM标准中，则用英文字母表示，例如用A、B、C、D、DE、E、F、G、H、J、K、L、M、N、P、Q、R、S、T、U等，分别代表玻璃纤维公称直径的微米数，对应为2.5、3.5、4.5、5、6、7、8、9、11、12、13、14、16、17、18、20、21、22、23、24μm等。

【纤维平均直径及变异系数】average fiber diameter and variation coefficient

玻璃纤维直径的测定通常使用显微镜，其放大倍数至少500倍，随机选择纤维直到获得25个纤维直径读数。具体方法有纵向法和横截面法，前者是将纤维浸入一种与其折射率不同的液体(如甘油水溶液)中，在显微镜下观察纤维的纵侧面并测量之，后者是在显微镜下观察被树脂包裹的纱线的横截面并测量之，所用的样品需经树脂浸渍、模塑、切割、抛光等步骤事先预制。按下列公式计算纤维平均直径及变异系数：

$$\overline{D}=\frac{1}{n}\sum_{i=1}^{n}D_i$$

$$Cv=\frac{\sqrt{\dfrac{\sum_{i=1}^{n}(D_i-\overline{D})^2}{n-1}}}{\overline{D}}\times 100$$

式中：$\overline{D}$为纤维平均直径(μm)；D_i为纤维直径测量单值(μm)；n为测量次数，这里n等于25；Cv为变异系数(%)。

【线密度】linear density

带或不带浸润剂的纱线单位长度的质量，以tex为单位。其为衡量原丝和纱线粗细的法定单位，1tex＝1g/1000m，也就是说当1km的纱线质量为1g时其线密度为1tex。由于历史的原因，表示线密度曾采用公制支数、公制号数、英制支数和旦尼尔等，但其所用的计量单位都不是法定计量单位。

注：在纱线命名中，线密度通常指干燥、去除浸润剂后裸纱的线密度。

【公制支数】metric count

衡量原丝和纱线粗细的一种单位。属定质量法，以每克纱线的米数来表示。如1g的纱线长40m，称为40支。支数越高，纱线越细。

【公制号数】tex

是一种衡量原丝和纱线粗细的单位。属定长法，以每1000m纱线的克数来表示，如1000m长的纱线，质量50g，称为50号。号数越小，纱线越细。

【英制支数】English count

衡量原丝和纱粗细的一种单位。属定质量法，以每磅纱线的百码数来表示，如一磅原丝长45000码，称为450英支。

【旦尼尔】denier

衡量原丝和纱线粗细的一种单位。属定长法，以每9000m长纱线的克数来表示，如9000m长的纱线重50g，称为50den。

【断裂强力】breaking force

一般指抗拉断裂强力，即物体在拉力作用下发生断裂时所受的力，单位为N。玻璃纤维单丝的断裂强力与纤维直径有关，纱线断裂强力与纱线的线密度、捻度有关，织物断裂强力与样品宽度、厚度、密度有关。因此，在对比强力值时，要取相同的测试条件。

【断裂强度】breaking strength

在拉伸试验中，试样单位面积或线密度所承受的拉伸断裂强力。单丝以 Pa 为单位，纱线以 N/tex 为单位。

【断裂伸长率】breaking elongation

在拉伸试验中，试样的长度增量和初始长度的比值。它通常以百分数表示。

【纱线均匀度】yarn evenness

纱线沿长度方向线密度的分布状态。通过连续截取一定长度的纱线进行称量，即线密度测定，可获得纱线沿长度方向的线密度分布图，进而计算其平均值、标准差和变异系数，并以变异系数表示纱线均匀度，变异系数越小纱线均匀度越好。电容式条干均匀度仪，可连续快速测定纱线均匀度，在两金属平行极板的电容器间，连续通过介电常数大于空气的玻璃纤维纱，使电容增大。电容的改变值和线密度有关，以此来测定纱线线密度的连续变化。

【捻度】twist level

纱线加捻的每一扭转，即沿轴向纱线截面之间相对回转的角位移。以角位移360°为一个捻回。纱线沿轴向一定长度内的捻回数称为捻度。一般以捻/m 表示。捻回的方向称捻向。

【捻向】direction of twist

捻回的方向。即纤维在纱线中倾斜的方向。捻向可分为 S 捻和 Z 捻。S 捻又称右捻或顺手捻，纤维或纱线的倾斜方向，从右下角倾向左上角。Z 捻又称左捻或反手捻，纤维或纱线的倾斜方向从左下角倾向右上角。合股纱的捻向是指最后合股的捻向。

【捻度平衡指数】twist balance index

纱线经过加捻以后，捻度达到平衡的程度。

【纤维制品含水率】water content; moisture content of fiber product

在规定条件下测得的原丝或制品的水含量。即试样的湿态质量和干态质量的差数与湿态质量的比值，用百分率表示。

【可燃物含量】combustible matter content

又称有机物含量，干态玻璃纤维制品的烧失量和干态质量的比值，用百分率表示。与可燃物含量测定采用大致相同的原理和试验方法，但对不同的制品，有时会有不同的称谓，例如对于原丝称浸润剂含量，对于玻璃纤维毡和矿物棉制品称粘结剂含量等。但是涂塑玻璃布的含塑量和玻璃纤维胶乳布的含胶量通常不以质量百分比来表示其可燃物含量，而以每平方米涂塑布上的塑料克数和每平方米胶乳布上胶乳的克数来表示。

【浸润剂含量】size content

原丝所含浸润剂的质量与该原丝的质量的比值。

【粘结剂含量】binder content

制品所含粘结剂的质量与该制品质量的比值。

【含塑量】plastic content

涂塑玻璃布上被覆的塑料质量，以每平方米涂塑布上的塑料克数来表示。单位为 g/m^2。含塑量 G 按下式计算：$G=\frac{g_2-g_3}{LB}\times10^6$，式中：$g_2$ 为灼烧皿连同灼烧前（干基）试样的重量(g)；g_3 为灼烧皿连同灼烧后（干基）试样的重量(g)；L 为试样的长度(mm)；B 为试样的宽度(mm)；G 为含塑量(g/m^2)。

【含胶量】latex content

玻璃纤维胶乳布中胶乳的含量。以每平方米胶乳布上胶乳的克数来表示。单位为 g/m^2。计算方法参见本节【含塑量】。

注：矿物棉制品通常不使用“可燃物含量”这个称谓，而使用“有机物含量”或“粘结剂含量”。

【原丝集束性】strand integrity

无捻粗纱中每股玻璃纤维原丝在加工中保持其整体性的能力。在玻璃纤维增强塑料制品中保持短切原丝的集束性能提高制品的力学性能，并有助于成形时排除气泡。原丝的集束性和所用的增强型浸润剂的性能和含量有关。硬性浸润剂产生较好的集束性，中硬性和软性浸润剂的集束性依次降低。喷射成形法、预成形模压法、片状模塑料、缠绕法、连续波形板法等玻璃纤维增强塑料成形工艺均要求原丝有较好的集束性。

【短切性】choppability

玻璃纤维无捻粗纱在短切机中的切割性能。以短切负荷(用刀片切割无捻粗纱时所需的重量)表示。在其他条件相同时，短切负荷是纤维直径的函数，纤维越细，短切负荷越小。它还和所用的增强型浸润剂的性质有关。硬性浸润剂产生较好的短切性，中硬性浸润剂次之，软性浸润剂又次之。在玻璃纤维增强塑料成形工艺中某些需要进行短切的方法，如喷射成形法、预成形模压法、连续波形板法、片状模塑料等均要求无捻粗纱具有较好的短切性能。玻璃纤维无捻粗纱的短切性以短切率表示。

【短切率】choppability

无捻粗纱经短切机短切成 50mm 的丝段并在切刀下方将其收集、分类、称量。短切率等于正常短切的原丝质量与试样总量的比值，以百分数表示。

【成带性】tapability；ribbonization

织造方格布和缠绕法用的玻璃纤维无捻粗纱中各平行原丝之间的轻微抱合性。在分槽集束，直接卷绕拉丝工艺中，无捻粗纱成扁平带状绕在绕丝筒上。在织造时，它使无捻粗纱成带状进入织机，但织成方格布后该性能即行消失。为了使无捻粗纱产生成带性，需要提高纤维的浸润剂含量，并使成膜剂高度增塑，这样可以使原丝柔软并降低成带温度。根据无捻粗纱中浸润剂含量的大小，把无捻粗纱在 100～110℃加热 4～6h 就能产生成带性。成带性对作纬纱用的无捻粗纱特别重要，因为它可以避免大量断丝飞入空间；某些短切用的无捻粗纱也需要一定的成带性，使粗纱截面呈扁平形，以便于切割。但成带性也不能太强，否则会妨碍分散。

【分散性】dispersity；dispersivity

无捻粗纱短切后分散成分股原丝段的能力。它和所用的增强型浸润剂有关。使用硬性和中硬性浸润剂的无捻粗纱有较好的分散性。需要把无捻粗纱切短的玻璃纤维增强塑料成形工艺，如预成形模压法、喷射成形法、连续波形板法等，均要求较好的分散性。分散性用分散率来表示。分散率用于无捻粗纱的质量检验，它不同于用于工艺过程控制的分束效率。

【分散率】dispersity

无捻粗纱经短切机短切成 50mm 的丝段，并在切刀下方将其收集、分类、称量，分散率等于正常分散的原丝质量与试样总量的比值，以百分数表示。

【分束效率】splitting efficiency

无捻粗纱短切后分散成单股原丝段的效率，指试样中已分股原丝占应分股原丝的百分数，通过计数一定量试样中的分股原丝段数来测定。$\varepsilon=\frac{NlT}{10^6WS}\times100$，式中：$\varepsilon$ 为分束效率(%)；N 为试样中短切后的分股原丝段总数；l 为短切长度(mm)；T 为无捻粗纱或整股原丝的线密度(tex)；W 为试样的质量(g)；S 为无捻粗纱或原丝预定分股数。

【抗静电性能】antistatic property

短切用玻璃纤维无捻粗纱的加工性能。将一定数量的玻璃纤维置于感应静电仪中，设定放电的初始电压通常为 8kV，放电稳定后断开高压电源，使静电通过接地自然衰减，测定静电压下降到峰值的一半所需要的时间俗称静电压半衰期，单位为 s。以此作为抗静电性能的表征。静电压半衰期越小，抗静电性能越好，用于短切的无捻粗纱一般宜小于 10s。

【悬垂度】catenary

玻璃纤维无捻粗纱的品质指标之一，表征无捻粗纱因张力不匀等原因，所形成原丝之间的长度差。它影响缠绕纱的品质。从粗纱筒上退出一定长度的粗纱，两端距离 10m 水平悬挂并施加一定张力(1cN/tex)，把玻璃纤维原丝的最大下垂高度和最小下垂高度之差，定义为悬垂度，单位为 mm。

【硬挺度】stiffness

玻璃纤维无捻粗纱或原丝受力而不易改变形状的程度。以规定长度在中心处悬挂时，在悬挂点下一定距离处纱线垂下的间距来表示，单位为 mm。

【丙酮溶解度】solubility in acetone

玻璃纤维制品中的可燃物能被丙酮溶解的

程度。干燥的玻璃纤维试样，以丙酮为萃取剂用索氏萃取法萃取，并进行可燃物测定，用萃取减量和烧失量的比值作为玻璃纤维的丙酮溶解度，以百分数表示。喷射和模塑料用玻璃纤维无捻粗纱，应对它适度控制，一般控制在标称值的±20%。

【空心纤维当量直径】equivalent diameter of hollow fiber

在空心玻璃纤维中，是指和空心纤维的环形截面积相等的圆截面直径，是设计拉制空心纤维坩埚流量的依据。同理对于其他具有异形截面的纤维，其当量直径等于与异形截面积相等的圆截面直径。

【空心度】hollowness

衡量空心玻璃纤维质量的一个指标。指单纤维截面上空心部分面积和总面积之比，亦即单根空心纤维内径和外径的平方比，通常以百分数表示。拉制一定直径的空心纤维，其空心度越大，性能越好(比刚度大、介电损失小等)。

【空心率】percentage of hollow filaments

衡量空心玻璃纤维质量的一个指标。指一般空心纤维原丝中，空心单纤维根数所占的百分比。要求空心率越大越好。

【膨化度】bulkiness

衡量变形纱蓬松程度的指标。可通过外观形貌来识别，或通过变形前后线密度的变化来度量。

【棒样弯曲强度】rod bending strength

将圆柱形的玻璃纤维无捻粗纱增强的复合材料试样，进行三点弯曲试验，以测定其力学性能。棒样弯曲强度按下式计算：$\sigma=\frac{8PL}{\pi D^3}\times 10^6$，式中：$\sigma$ 为弯曲强度(MPa)；P 为破坏载荷(N)；L 为跨距(mm)；D 为试样直径(mm)。

棒样弯曲强度是纺织、缠绕用玻璃纤维无捻粗纱品质要求的重要指标。

【浸穿速率】wet-through rate

衡量玻璃纤维所增强的树脂对玻璃纤维浸润能力的一项指标。按一定方法测定树脂填充到原丝之间所需的时间，单位为 s。玻璃纤维增强塑料成形时无捻粗纱被树脂浸透分为两个阶段：(1)原丝的全部表面为树脂所润湿，一般原丝集束性好时其浸润也较快；(2)树脂完全浸透到原丝内部(单丝之间)。浸穿速率是指第一阶段的速率。

【浸透速率】wet-out rate

衡量玻璃纤维作为增强材料用的一项质量指标。按一定方法测定树脂完全填充到原丝以及单丝间所需的时间，单位为 s。浸透速率影响浸透速度的因素很多，如环境的温湿度，树脂的浓度、黏度，增强材料的分布状况或织物结构，浸润剂配方与所用树脂的亲和性能以及接触压力等。浸透速率对复合材料的成形工艺、制品性能等都有很大影响。

【织物名义厚度】nominal fabric thickness

等于织物的单位面积质量除以所用玻璃纤维的密度所得的商。建筑物结构加固工程上常用其计算玻璃纤维单向布的强度和弹性模量。

【织物厚度】fabric thickness

纺织品的厚薄程度。是指织物上下两个平行表面在规定压力下的垂直距离，单位为 mm。它需用织物测厚仪来测定。

【织物密度】fabric count

经纬纱交织的织物，经密和纬密的总称。单位长度上经纱的根数叫经密。单位长度上纬纱的根数纬密。我国玻璃纤维织物密度采用公制，以每厘米的经纱数和纬纱数表示织物的经密和纬密。

【织物组织】weave

又称织纹，指经、纬纱交织的结构。织物的组织形式可分为基本组织、变化组织、联合组织、提花组织和由多于两个系统纱线组成的复杂组织。基本组织又包括平纹组织、斜纹组织、缎纹组织和纱罗组织等。这些是我国玻璃纤维织物常用的织物组织。根据需要可将基本组织加以改变或由若干种基本组织联合组成其他组织。织物组织不仅影响织物的外表，且影响织物的性能。

【平纹组织】plain weave

织物基本组织的一种，经纱和纬纱间隔地相向交织而成，如附图所示。这种织物经纬纱

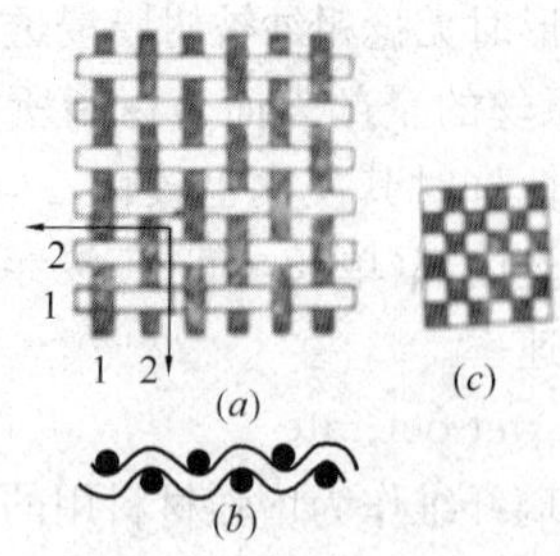

平纹组织

(a)透视图；(b)剖视图；(c)组织图

交织点多，纱线间的摩擦阻力大，织物强力较高布质较硬且坚牢，织造方便，是普遍采用的一种织纹。

【斜纹组织】twill weave

织物基本组织的一种，经纬纱线交织，在织物表面形成连续而斜向的纹路的织物，如附图所示。这种织物经纬交织点比平纹少，织物比较柔软，光泽、弹性较好。由于经纬浮长比平纹为长，所以在同样纱线密度和织物密度情况下，斜纹织物比平纹织物渗透性好，但强力略差，比缎纹织物强力较高而渗透性略差，但斜纹织物织造方便，用普遍织机即可织造，因此一般过滤材料及增强材料多采用斜纹。

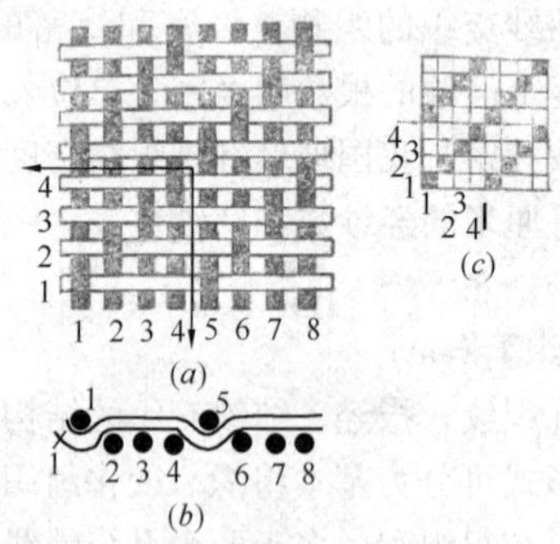

斜纹组织

(a)透视图；(b)剖视图；(c)组织图

【缎纹组织】satin weave

织物的基本组织中较复杂的一种，其规格以“枚”与“飞”表示，同一纱线上组织点每几根纱出现一次循环，称为几“枚”；其一根纱线上组织点与前一根纱线上相应组织点间相隔的组织点数称为“飞”；如八枚三飞(见附图)、五枚二飞等。其特点是经纬纱交织点少，经纬浮长

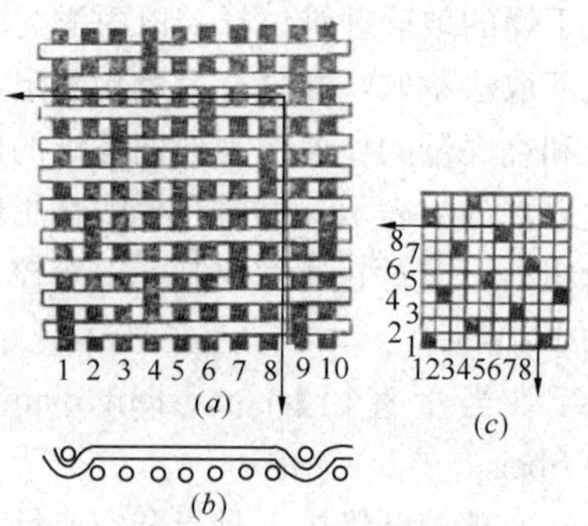

缎纹组织

(a)透视图；(b)剖视图；(c)组织图

是基本组织中最长的，因此织物表面精致、美观、富有光泽。同时由于交织点少，织物结构比较蓬松、柔软，渗透性好，在过滤材料及增强材料中，常采用这种组织，但须用带有多臂提综机构的织机才能织造。

【纱罗组织】leno weave

由地、绞两组经纱与一组纬纱构成经纱相互扭绞的织物组织。织造时地经不动绞经左右扭绞并与平行排布的纬纱交织形成纱罗，如附图所示。常见的应用有防虫网布、建筑用网布等。

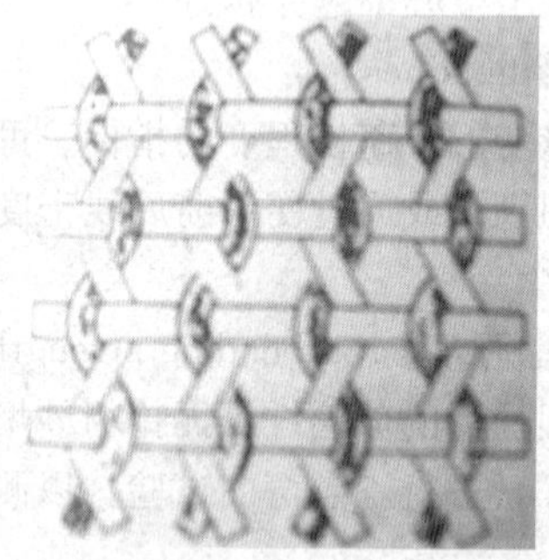

纱罗组织

【顶破强力】bursting strength

用合适的环形夹具将圆形布或毡的试样固定在强力试验机上，并用球形或圆柱形压头对准圆心，按规定的速度垂直施压直到破坏，其最大的压力为顶破强力，以 N 为单位。常应用于检测玻璃纤维土工制品和绝热外护层贴面材料。

【胀破强度】gas-bursting strength

借助专用的胀破试验机将圆形织物试样固

定在弹性膜片上，施加液体或空气压力使弹性膜片鼓胀直到突破织物试片，以突破时的液体或空气压强扣除膜片所承负的压力后，为胀破强度，通常单位是 MPa。以此表征织物胀破性能，常应用于玻璃纤维过滤布等制品。

【MIT 耐折度】MIT folding endurance

衡量玻璃纤维承受折叠的能力。借用国际标准《纸-耐折性的测定》ISO 5626 中的 MIL 方法所做的测定，应用于玻璃纤维涂覆布、湿法毡等产品的检验。规定的试样在一定的张力下往复 135°折叠，计破坏时的双折次数。其以 10 为底的对数值作为耐折度的表征。

【撕裂强力】tearing strength

将带有切口的标准试样夹入拉伸试验机，使试样的切口线在上下夹钳之间构成规定的几何关系并按设定的速率施加拉力，以撕裂时的最大负荷作为试样的撕裂强力，单位为 N。

【弯曲硬挺度】flexural stiffness

玻璃纤维织物受力而不易改变形状的程度。将矩形的机织物试样（宽 25mm，长 250mm）放在一个水平平台上，其长度方向垂直于平台的边缘，使试样沿本身的长度方向移动，在其自重的作用下，伸出和下弯的部分越来越多。当试样到达一个由平台边缘开始坡度为 41.5°的预设平面时，测量所伸出的长度。分别按经向和纬向计算正反两个表面试样伸出长度的平均值 L。用上述平均值，分别计算经向和纬向正反两个表面的弯曲硬挺度，公式如下：$G=9.81\rho_A\left(\frac{L}{2}\right)^3$，式中：$G$ 为弯曲硬挺度（mN·m）；ρ_A 为单位面积质量（g/m^2）；L 为伸出长度平均值（m）。

注：有时也直接用伸出的长度表示织物的弯曲硬挺度。

【毡或织物覆模性】mold conformity of mat or fabric

浸润过树脂的玻璃纤维毡或织物，被稳定地贴覆于一定形状模具上的难易程度。以所能贴覆的模具轮廓线的最小半径为覆模性的表征。

【苯乙烯溶解度】solubility in styrene

一种检验短切原丝毡粘结剂在聚酯树脂中溶解速度的方法。将玻璃纤维短切原丝毡片（一般是长 125mm，宽 100mm）浸于一定温度（23±2℃）的苯乙烯中，在一定拉伸负荷下，测量毡片破裂所需的时间，以 s 为单位，作为短切原丝毡粘结剂在聚酯树脂中的溶解速度的表征。

【层合板弯曲强度】laminate bending strength

将长方体的玻璃纤维增强塑料试样，进行三点弯曲试验，以测定其力学性能。层合板弯曲强度按下式计算：$\sigma=\frac{3PL}{2bh^2}\times10^6$，式中：$\sigma$ 为弯曲强度（MPa）；P 为破坏载荷（N）；L 为跨距（mm）；h 为试样厚度（mm）；b 为试样宽度（mm）。

层合板弯曲强度是各类玻璃纤维增强材料品质要求的重要指标。

【湿态弯曲强度】wet bending strength

指在一定温度、压力下经水浸泡一定时间后取出立即测得的弯曲强度。对玻璃纤维无捻粗纱和玻璃纤维无捻粗纱布相关产品标准，规定的潮湿状态是 100℃沸水煮 2h。湿态弯曲强度与干态弯曲强度的百分比率，又称湿强度保留率，通常用来衡量玻璃纤维增强塑料性能、偶联剂效果和界面耐湿性等。

【透气率】air permeability

空气透过织物的性能。以在规定的试验面积和压差的条件下气体垂直透过试样的速率来表示，单位为 cm/s。

【织物稳定性】fabric stability

表示织物中经纱和纬纱交结点牢固程度的一项指标，取试样条中的纱线从织物结构中抽出时所用的拉力，以 N 为单位。特制的试样在拉伸试验机进行抽出试验，试样需交错切断纵向纱线以便抽线。

【疵点】defects

织物上呈现的削弱其质量性能及其影响外观的缺陷。并按其严重程度分为主要疵点和次要疵点。

【隐性疵点】concealed defects

在验布机上无法显现的缺陷，往往在后续

的工序中才显现的疵点。例如电子布中引起纤维和树脂凸起的纤维断丝，浸润剂条纹或因热清洗不完全引起的色变以及鱼眼等。

【折痕】crease

一种玻璃纤维织物的外观缺陷。玻璃纤维布因翻转叠合或起皱处受压而形成的印迹。

【鱼眼】fish eye

一种玻璃纤维织物的外观缺陷。织物上阻碍树脂浸渍的小区域，因树脂体系、织物或处理所造成的瑕疵。

【厚薄段】wavy cloth

一种玻璃纤维织物的外观缺陷。由于纬纱过密或过稀造成织物片段偏厚或偏薄的瑕疵。

【云织】uneven weaving

一种玻璃纤维织物的外观缺陷。在不等张力下织成的布，妨碍了纬纱的均匀分布，从而产生交替厚薄段的瑕疵。

【假开剪】false cut through

检验中发现织物外观缺陷的一种处理方法。织物的匹长通常会有标准要求，生产厂为了满足最小匹长，对一些疵点不开剪，仅在布边挂一色线作为疵点标记，即所谓的“假开剪”。“假开剪”只是一个标记，并不等于有了这个标记疵点就可以接受。为了防止滥用假开剪，相关标准对“假开剪”的频次通常有严格的规定。

【纬斜】bias filling

织物上的纬纱倾斜，不与经纱相垂直的外观缺陷。

【弓纬】weft bow

纬纱呈弧形处于织物宽度方向的一种外观缺陷。

【含油不良】inhomogeneous sizing

一种玻璃纤维织物的外观缺陷，俗称吃油不匀或亮丝。原丝层有全部或部分不含或少含浸润剂的光亮现象(有机硅浸润剂等除外)。往往是由于浸润剂质量差，流量过小或中断，以及浸润槽位置不当等造成的。

11.5.3　光学纤维性能及表征

【透光率】transmissivity；transmittance

又称光纤透过率。在一定波长下，长度为 L 的光纤透射光功率 P_0 同入射光功率 P_1 的比值称为光纤透光率，简称透光率 T，其单位为 %/m(每米的百分数)，透光率 T 计算参见下式(1)，光纤透光率也可通过光纤损耗值 α 换算出，参见下式(2)。

$$T=\left(\frac{P_0}{P_1}\right)^{1/L}\times 100\% \quad (1)$$

$$\alpha=-10\log_{10}\left(\frac{P_0}{P_1}\right)^{1/L}=-10\log_{10}T \quad (2)$$

【传像束分辨率】resolution of image guide

光纤传像元件所能分清的最近两物点间距离的倒数。通常以每毫米多少线对表示(LP/mm)。单位距离内的线对数越多，分辨率越高。是评价光纤元件成像质量的一个指标。它是由光纤直径、光纤间距和排列方式决定的。静止的测视目标成像于光纤元件输入端面上，所测得的分辨率称为静态分辨率。光纤传像元件与测视目标的像面有相对往复运动时测得的分辨率称为动态分辨率。

【插入损耗】insertion loss

在光链路中，因连接器或某光器件的接入，而引起有效光功率的减小值。插入损耗同连接器或光器件间的匹配、光纤与光纤的匹配和光源等多种因素相关，当插入损耗 α_i 采用分贝(dB)为单位时，可采用如下公式计算，$\alpha_i=-10\log_{10}\frac{P_i}{P_0}$，其中 P_0 为原光链路输出光功率；P_i 为连接器或某光器件接入光链路后输出的光功率，通常 P_i 为 10 次测量的平均值，且标准误差应不超过 0.01dB；P_0 和 P_i 单位为 mW。

【耦合效率】coupling efficiency

当光从一光路或光波导传输至另一光路或光波导时，接收光功率 P_1 同入射光功率 P_0 的比值称为耦合效率 η，耦合损耗 α_c 与耦合效率 η 可相互换算，参见下式：$\eta=\frac{P_1}{P_0}\times 100\%$，$\alpha_c=-10\log_{10}\eta$。

【耦合损耗】coupling loss

当光从一光路或光波导传输至另一光路或光波导时产生的光能损耗。耦合损耗的绝对单位为 mW 或 dBm，耦合损耗包括非本征耦合损耗和本征耦合损耗，耦合损耗 α_c 的单位也可用 dB 表示，它可通过耦合效率 η 转换而来，参见下式：$\alpha_c = -10\log_{10}\eta$。

【非本征耦合损耗】extrinsic coupling loss; extrinsic junction loss

两种光纤间因轴向偏离、角度偏离和表面错位等不完善的连接而产生的耦合损耗。

【本征耦合损耗】intrinsic coupling loss; intrinsic junction loss

两种光纤连接时因光纤参数的不匹配而产生的耦合损耗。

【回波损耗】return loss

又称反射波损耗，是在光纤系统中，接入的连接器、耦合器和衰减器等光器件在连接处，从光输入方向反射回光源的光功率。回波损耗是因菲涅尔反射产生的，回波损耗不是吸收损耗，也不是散射损耗和辐射损耗；回波损耗 α_r 多采用 dB 为单位表示，回波损耗 α_r 值越大，则反射光对光源及光纤影响越小，故其值越大越好，其值通常要求大于 45dB，回波损耗 α_r 计算公式如下：$\alpha_r = -10\log_{10}\frac{P_r}{P_0}$，式中：$P_r$ 为反射回光源的光功率，也就是采用单位为 mW 的回波损耗；P_0 为入射光功率（mW）。

【敛集率】packing fraction

对于光纤传光束，为光纤总横截面积 $S_{纤}$ 与光纤束总横截面积之比。通常，光纤束总横截面积可用光束用端套内横截面积 S_0 代替，敛集率常简写为 P，参见如下公式：$P = \frac{S_{纤}}{S_0}$。

【填充率】packing efficiency

又称填充系数。对于光纤传光束，为光纤纤芯总横截面积 $S_{芯}$ 与光纤束总横截面积之比。通常光纤束总横截面积可用光束用端套内横截面积 S_0 代替，填充率常简写为 K，参见如下公式：$K = \frac{S_{芯}}{S_0}$。

【芯皮比】core-cladding diameter ratio; CCDR

又称芯包比，是光纤芯直径同其皮层或包层直径的比值。

【包层不圆度】cladding noncircularity; cladding ovality

对于圆形光纤，为包层或皮层边界离其中心的最大距离 $R_{max,cl}$（最小外切圆半径）和包层或皮层边界离其中心的最小距离 $R_{min,cl}$（最大内切圆半径）的差值同包层或皮层半径 R_{cl} 的比值。参见下式：$e_{cl} = \frac{R_{max,cl} - R_{min,cl}}{R_{cl}} \times 100\%$，其中半径 R_{cl} 为包层或皮层外极限最拟合圆的半径。

【纤芯不圆度】core noncircularity; core ovality

对于圆形光纤，为纤芯边界离纤芯中心的最大距离 $R_{max,co}$（最小外切圆半径）和纤芯边界离纤芯中心的最小距离 $R_{min,co}$（最大内切圆半径）的差值同纤芯半径 R_{co} 的比值。参见下式：$e_{co} = \frac{R_{max,co} - R_{min,co}}{R_{co}} \times 100\%$，其中 R_{co} 为最切合纤芯区外限圆的半径。

【纤芯-包层同心度误差】core-cladding concentricity error

对于多模光纤，为纤芯中心同包层中心间的距离；对于单模光纤，为近场剖面中心同包层中心间的距离，简称芯同心度误差。

【化学相容性】chemical compatibility

在玻璃基光纤制备过程中，芯皮两种玻璃组分不会在芯皮界面间出现扩散和渗透而产生析晶及乳化的过程，光纤纤芯玻璃与皮层玻璃之间这种化学适应性称为化学相容性。光纤纤芯玻璃与皮层玻璃若相容性不好，则会导致所制备的光纤传光性能及其他性能下降。

【开口面积系数】hollow area coefficient

又称有效面积系数，是微通道板各通道内孔面积的总和同其端面面积的比值。其值多在 58%～70%之间，其值越大，则微通道板的传像质量越好。

【光纤串扰】fiber crosstalk

是在光纤纤芯与皮层之间、皮层与包覆层之间及不同折射率各层间存在的光波能量交换，又称光纤串音。在光信号传输过程中，光纤串扰会导致色散和失真，在给定的误码率中会进一步限制信号传输速率。

【暗丝】dark line

光纤因多种缺陷破坏了光纤正常传光条件，增大了光纤的传输损耗，造成光纤透过率明显降低的光纤丝。在同一入射条件下，暗丝比正常丝看起来要暗，暗丝的缺陷包括气泡、结石和光纤丝包层不完整等。

【断丝】fiber break

光纤已经断裂，无法继续传光的光纤丝。断丝数量的多少是评价一根传光束传输性能的一个参数，光纤束中断丝所占的比例越高，传输效率越低。光纤束的断丝率=(断丝根数/端面光纤丝总数)×100%。

【分光比】splitting ratio

光纤分光器中各个单路的传输效率分别与总传输效率的比例。

【垂直拉力机】vertical tensile testing machine

用来测试光纤和光缆拉伸性能的装置。其夹具在不损坏试样的情况下，不打滑，测试值将随拉伸速率变化而不同。

【光纤光谱仪】fiber-optic spectrum analyzer

一种含有光纤接插件、可测出光纤输出光功率随波长变化曲线的光谱分析仪。光纤光谱仪可用于光纤损耗测量、光源特性分析、光放大器的增益与噪声系数测量。

【损耗测试仪】loss test set；optical loss test set

一种由稳定光源、校准光电探测器及相应的光学系统组成的，用于测试光纤或光器件输入和输出端光功率衰减的装置。所用光源包括激光器 LD、发光二极管 LED、卤钨灯和金属卤化物灯等，光电探测器包括光功率计、积分球、CCD 阵列探测器或光纤光谱仪等，通常采用截断法可测试出光纤传输损耗。损耗测试仪也可测量光器件如连接器的插入损耗。

【光功率计】optical power meter

一种配有光电探测器可测量光信号功率的仪器。其测量输出值单位为 dBm 或 dBμ，也可用 mW 或 μW 表示，两种单位可进行换算，定义 1mW = 0dBm，参见如下公式：$p_d = 10\log_{10}\frac{P_W}{1}$，式中：1 表示光功率为 1mW；$P_W$ 是以 mW 为单位的光功率；P_d 是以 dBm 为单位的光功率，故 100mW = 20dBm。通常，测量不同波段的光功率选用不同的光检测器，如测量 840～1650nm 波段的光功率选用铟镓砷(InGaAs)光检测器，光功率测量范围为－73～3dBm，测量 780～1600nm 波段的光功率选用锗(Ge)光检测器，光功率测量范围为－60～18dBm；当光功率计带有光源时，则可实现光纤传输损耗和回波损耗的测量等。

【积分球】integrating sphere

用白色漫反射材料均匀涂布在空心球体内壁，形成余弦漫反射面，并在其输出窗口处，配有光电探测器以检测光信号功率的仪器。硅光电二极管是典型的光电探测器，其测量波长范围为 350～1100nm，积分球可测量光纤输出光功率等，积分球光度计可用于测量光源的总光通量。

【数值孔径测试装置】numerical aperture tester

采用折射近场法、远场法和远场光斑法测试光纤理论数值孔径 *NA* 的仪器。国际电报电话咨询委员会(CCITT)建议折射近场法为基准测试法，折射近场法是一种根据光纤折射光功率与折射率成正比而建立的可测试光纤芯和皮层的方法，其测试装置通常是由激光光源、聚焦透镜、折射率匹配液盒、待测光纤、遮光盘和检测器组成的，可测量多模光纤和单模光纤的数值孔径，空间分辨率小于 500nm，测量误差为$\pm 5\times 10^{-4}$。远场法为替代法，其中多模渐变型光纤通过测量光纤辐射远场图确定数值孔径 *NA*。远场光斑法是一种简易的测量方法，要求确定的光斑边缘强度为最大值的 5%，测量精度不高，可作为估算 *NA* 的方法。

【光时域反射仪】optical time-domain reflectometer；OTDR

是利用光散射及反射原理测量光纤特性的一种仪器，其测量方法如下：将光脉冲耦合到光纤中，测量后向散射或反射回输入端的光与时间的函数关系，从而测量光纤沿长度的损耗分布、光纤的长度、光纤损耗和熔接点损耗等参数，光时域反射仪还可定位光缆故障点，是光缆施工、维护及监测必备的工具。

【光纤几何参数测试仪】optical fiber geometry tester

一种测试光纤几何尺寸的仪器。光纤几何

参数是光纤端面结构和形状的基本特征值，它包括纤芯直径、皮层直径、纤芯不圆度、皮层不圆度和芯皮同心度等参数，采用折射近场法可测试出单模光纤和多模光纤的几何参数。折射近场法测试原理如下：光纤折射模功率与折射率成正比，通过测量折射模的功率分布，从而确定光纤横截面上的折射率曲线，从曲线上提取光纤特征数据，计算出光纤几何参数。采用折射近场法测试的光纤几何参数测试仪包括光源、会聚光系统、匹配液盒、检测系统、扫描机械和数据采集处理单元等，空间分辨率小于500nm，测试误差为$\pm 5\times 10^{-4}$。另外，近场扫描法可作为折射近场法的替代法，测量单模光纤和多模光纤的几何参数，反射法仅能用于多模光纤的几何参数测试。

【折射率分布测试仪】refractive index profile tester

采用折射近场法、近场扫描法、反射法、干涉法、散射图法、聚焦法和空间滤波法，测试光纤及光纤预制棒折射率分布的仪器。国际电报电话咨询委员会(CCITT)建议折射近场法为基准测试法，折射近场法通过测量光功率分布，给出光纤或光纤预制棒的剖面绝对折射率分布，单模光纤和多模光纤的折射率分布均可测量，空间分辨率小于500nm，测量误差为$\pm 5\times 10^{-4}$，测量精度高，重复性好；而近场扫描法因测量精度低于折射近场法，可作为替代的测试方法。近场法折射率分布测试仪是由光源、会聚光学系统、匹配液盒、检测系统、扫描机械和数据采集处理单元等组成的。

11.5.4 矿物棉性能及表征

【纤维制品导热系数】thermal conductivity of fiber product

又称热导率。在矿物棉中它是衡量玻璃棉等各类矿物棉制品的绝热性能的重要指标。矿物棉的导热系数随温度的升高而增加，在常温下的导热系数为0.028～0.042W/(m·K)，在一定范围内，随制品密度的增加而有所降低，但继续增加时，变化就不显著。导热系数的测定方法有：防护热板法 、热流计法、热线法、圆管法和防护热箱法等。

注：《绝热材料及相关术语》GB/T 4132所定义的热导率(thermal conductance)与导热系数不同，指稳定状态下，通过物体的热流密度除以物体两表面的温度差，是热阻的倒数，单位为W/(m^2·K)。

【防护热板法】guarded hot plate method

使用防护热板装置测定板状试件稳态热性质的方法。其装置如附图所示，按下式计算平均温度为t时的导热系数：$\lambda_t=\dfrac{\Phi d}{A(T_1-T_2)}$，式中：$\lambda_t$为平均温度为$t$时的导热系数[W/(m·K)]；$\Phi$为加热单元计量部分的平均加热功率(W)；$T_1$为试件热面温度平均值(K)；$T_2$为试件冷面温度平均值(K)；$A$为计量面积(m^2)，双试件装置需乘以2；$d$为试件平均厚度(m)。

注：一般认为平均温度t等于$(T_1+T_2)/2$。

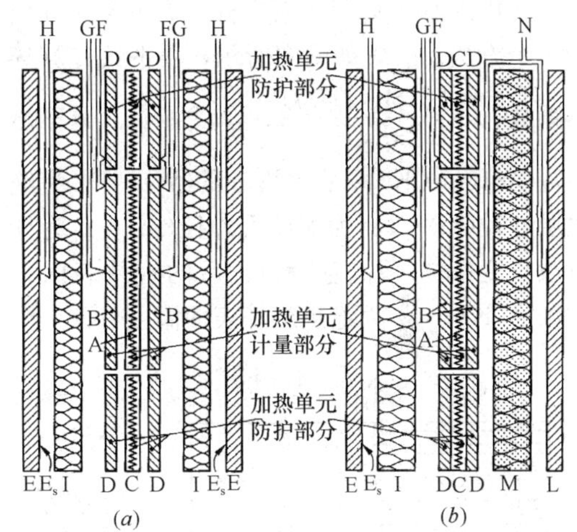

双试件和单试件防护热板装置的一般特点

(a)双试件装置；(b)单试件装置

A—计量加热器；B—计量面板；C—防护加热器；D—防护面板；E—冷却单元；Es—冷却单元面板；F—温差热电偶；G—加热单元表面热电偶；H—冷却单元表面热电偶；I—试件；L—背防护加热器；M—背防护绝热层；N—背防护单元温差热电偶

【热流计法】heat flow meter method

使用热流计装置测定板状试件稳态传热性质的方法。装置如附图所示，以单试件不对称布置为例，导热系数计算公式：$\lambda=fe\dfrac{d}{\Delta T}$，式中：$\lambda$为导热系数[W/(m·K)]；$f$为热流计的标定系数[用标准物质来标定，W/(m^2·mV)]；e为热流计的输出(mV)；d为试件的平均厚度(m)；ΔT为冷热面的温度差(K)。

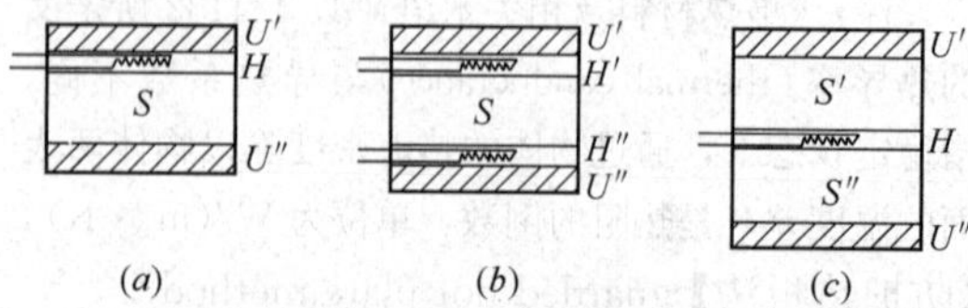

热流计装置的典型布置图

(*a*)单试件不对称布置；(*b*)单试件双热流传感器布置；(*c*)双试件对称布置

【热线法】hot wire method

一种非稳态测定方法，在匀温的各向同性均质试样中放置一根电阻丝，当它以恒定的电功率放热时，其附近的温度会随时间升高，根据温度的变化来确定试样的导热系数。由于矿物棉制品是各向异性的，通常不采用该方法。

【圆管法】pipe insulation method

使用的测定圆管状绝热材料稳态传热性质的一个方法。装置如附图所示，由下式计算导热系数：$\lambda=\dfrac{\phi\ln(D_2/D_0)}{2\pi L(T_0-T_2)}$，式中：$\lambda$ 为导热系数[W/(m·K)]；ϕ 为热流量(W)；D_2 为绝热层外径(m)；D_0 为测试管外径(m)；L 为计量段长度(m)；T_0 为经修正后的管外表面平均温度(K)；T_2 为绝热层外表面温度(K)。

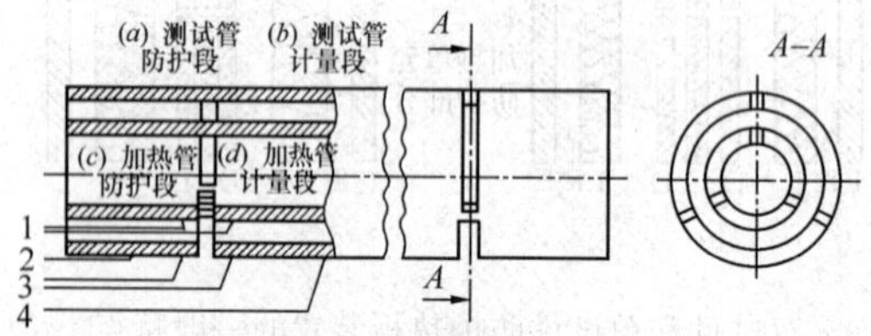

圆管法装置示意图

1—加热管隔缝监视热电偶；2—计量段测量热电偶；3—测试管隔缝监视热电偶；4—计量段测量热电偶

【防护热箱法】guarded hot box method

用于测定建筑构件和工业用的类似构件的试验室稳态传热性质的一种方法。将试件放置在已知环境温度的热室与冷室之间，在稳定状态下测量空气温度和表面温度以及输入热室的功率。由这些测量数值计算出试件的传热性质。装置如附图所示，本方法不直接测量导热系数，但对于不透明、均质的、板状试件能用 $\lambda=d/R$关系式(式中 d 为试件厚度，R 为热阻)得到导热系数。

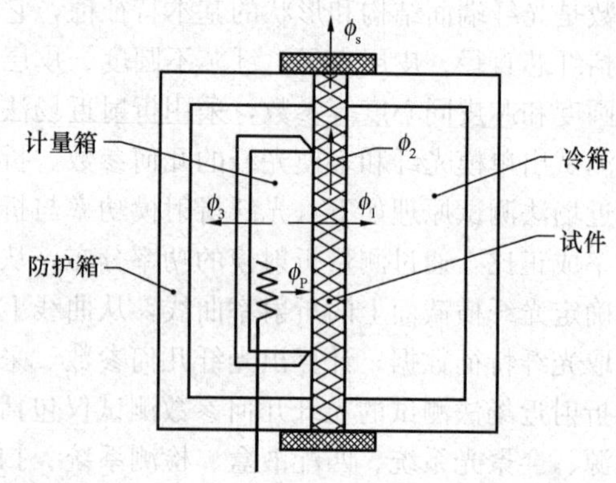

防护热箱法装置示意图

【面热阻】thermal boundary resistance

稳态条件下测量管子表面温度和绝热材料外表面温度之差除以面热流密度。面热阻计算公式如下：$R=\dfrac{T_0-T_2}{\phi/A}$，式中：$R$ 为面热阻[(m^2·K)/W]；ϕ 为热流量(W)；A 为绝热层面积(m^2)；T_0 为经修正后的管外表面平均温度(K)；T_2 为绝热层外表面温度(K)。

式中面积 A 必须指定，通常是管子表面，有时指绝热材料的外表面，或者是其他选定面。

【线热阻】lineal thermal resistance

在稳态条件下，管表面和绝热层外表面之间的温差除以线热流密度。线热阻计算公式如下：$R_l=\dfrac{T_0-T_2}{\phi/L}$，式中：$R_l$ 为线热阻[(m·K)/W]；ϕ 为热流量(W)；L 为所指定绝热层的长度(m)；T_0 为经修正后的管外表面平均温度(K)；T_2 为绝热层外表面温度(K)。

【湿阻因子】moisture resistance factor

空气中水蒸气扩散系数除以多孔材料的透湿系数(参见本节【空气中水蒸气扩散系数】)，所得的商。计算公式如下：$\mu=\dfrac{D}{\delta_v}$，式中：μ 为湿阻因子；D 为空气中水蒸气扩散系数(m^2/s)；δ_v 为与体积湿度有关的透湿系数(m^2/s)。

【空气中水蒸气扩散系数】water vapour diffusion coefficient in the air

空气中水蒸气的湿流密度矢量与体积湿度梯度的比值。计算公式如下：$D=\dfrac{g}{grad\ v}$，式中：D 为空气中水蒸气扩散系数(m^2/s)；$\vec{g}$ 为空气中湿流密度矢量[$kg/(m^2 \cdot s)$]；$grad\ \upsilon$ 为体积湿度梯度(kg/m^4)。

【透湿系数】moisture permeance

一定的温度和湿度条件下，通过单位厚度单位面积板状材料的水蒸气的流量。公式如下：$\delta_\upsilon = -\frac{\vec{g}}{grad\ \upsilon}$ 或 $\delta_\rho = -\frac{\vec{g}}{grad\ \rho}$，式中：$\delta_\upsilon$ 为与体积湿度有关的透湿系数(m^2/s)；δ_ρ 为与水蒸气分压有关的透湿系数[$kg/(m \cdot s \cdot Pa)$]；$\vec{g}$ 为材料中湿流密度矢量[$kg/(m^2 \cdot s)$]；$grad\ \upsilon$ 为体积湿度梯度(kg/m^4)；$grad\ \rho$ 为水蒸气分压梯度(Pa/m)。

建筑绝热用矿物棉制品及其外护层的水蒸气透过性能，是影响其实际应用效果的重要因素。透湿系数的测定有两种基本方法：干燥剂法和水法。干燥剂法就是试样被封装在带有干燥剂的试验盘的开口上，装配后放入温度和湿度受控制的环境中，定时称重以测定水蒸气透过试样进入干燥剂的速度。水法就是试样被封装在带有蒸馏水的试验盘的开口上，装配后放入温度和湿度受控制的环境中，定时称重以测定水蒸气透过试样蒸发到环境中的速度。不同的试验方法和不同的试验条件结果会有不同，为此应尽可能选择接近使用时的条件。可按下式计算实际试验所得的透湿系数：$\delta_\rho = \frac{\Delta mL}{\Delta tA\Delta P}$，式中：$\delta_\rho$ 为与水蒸气分压有关的透湿系数[$g/(m \cdot s \cdot Pa)$]；Δm 为质量变化(g)；L 为试样厚度(m)；A 为试验面积，即盘口面积，(m^2)；ΔP 为盘内外水蒸气分压的压差(Pa)。

【应力腐蚀开裂】stress corrosion cracking

金属在某些腐蚀环境和受应力或残余应力的综合影响下，可能发生的以裂纹形式出现的破坏。例如矿物棉绝热层所覆盖的奥氏体不锈钢管材可能发生的腐蚀开裂现象。其影响的因素有：温度、水分、可溶解的离子、pH 值和不锈钢管材的应力等。为防止应力腐蚀开裂的发生，应测定矿物棉制品可溶出的相关离子的含量和浸出液的 pH 值，必要时还要进行应力腐蚀开裂试验。可溶出的氯离子和氟离子应符合附表的要求：

可溶出的氯离子和氟离子的要求(%)

$\omega(SiO_3^{2-})+\omega(Na^+)$	$\omega(Cl^-)+\omega(F^-)$
0.0050	≤0.0010
>0.0050～<0.90	$\leqslant 10^{(-1.192+0.655\lg x)}$
≥0.90	≤0.060

表中 x 表示按《绝热材料中可溶出氯化物、氟化物、硅酸盐及钠离子的化学分析方法》JC/T 618 所测定的 SiO_3^{2-} 含量与 Na^+ 含量的总和；25℃时浸出液的 pH 值应为 7.0～11.7；经 72h 应力腐蚀试验，覆盖矿物棉的不锈钢试件应不出现裂纹。

【憎水率】hydrophobicity

反映材料耐水渗透的一项性能。将试样与水平呈 45°角放置，按规定喷淋试样，并测量喷淋前后的质量变化，按下式计算憎水率：$Z = (1-\frac{m_2-m_1}{V\rho}) \times 100$，式中：$Z$ 为憎水率(%)；m_2 为喷淋后试样的质量(g)；m_1 为喷淋前试样的质量(g)；V 为试样的体积(cm^3)；ρ 为水的密度(g/cm^3)。

【垂直于表面的拉伸强度】tensile strength perpendicular to surface

制品与面垂直拉伸试验中记录的最大载荷除以试样初始横截面积。测定时将试样粘结在两刚性板或刚性块上，然后安装在试验机上，以规定的加载速度进行拉伸试验直至试样破坏。试样预制和安装如附图所示。垂直于表面

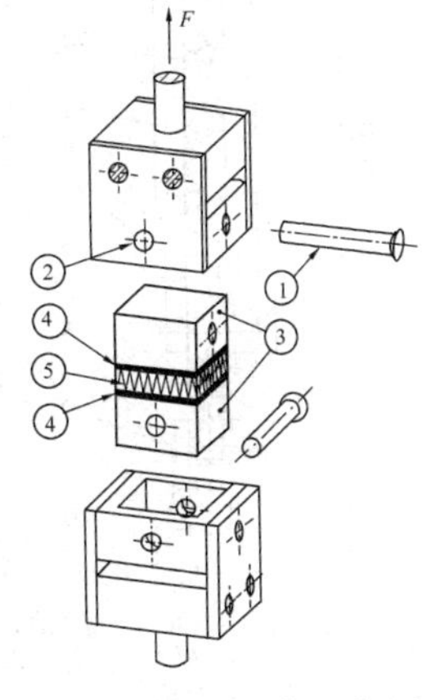

预制试样的安装示意图

1—插销；2—插孔；3—金属块；4—粘结剂；5—试样

的拉伸强度按下式计算：$\sigma_{mt}=\frac{F_m}{A}=\frac{F_m}{lb}$，式中：$\sigma_{mt}$为垂直于表面的拉伸强度(kPa)；$F_m$为最大拉伸载荷(kN)；$A$为试样横截面面积($m^2$)；$l$，$b$为试样的长度和宽度(m)。

矿物棉制品垂直于表面的拉伸强度与制品中纤维层的取向和分布有关，例如切条产品其纤维层垂直于墙面，具有较高的垂直于表面的拉伸强度，可超过100kPa。

【剪切强度】shear strength

在平行于试样受力方向的平面上施加载荷直至试样破坏，其为最大载荷与受力面积的比值，单位为kPa。在试验机上，通过和试样粘结的刚性支撑板将剪切应力传递给试样，使试样受到剪切作用，记录相应的载荷-位移曲线。试样安装形式分为单试样安装(附图a)和双试样安装(附图b)两种形式。

计算公式如下：$\tau=\frac{F_m}{A}$，式中：τ为剪切强度(kPa)；A为受力面积，单试样时等于$l\times b$，双试样时等于$2\times l\times b$(m^2)；l为试样初始长度(m)；b为试样初始宽度(m)；F_m为最大载荷(kN)。

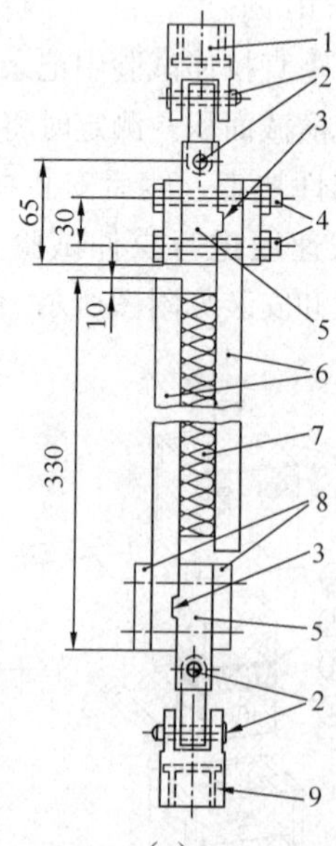

(a)

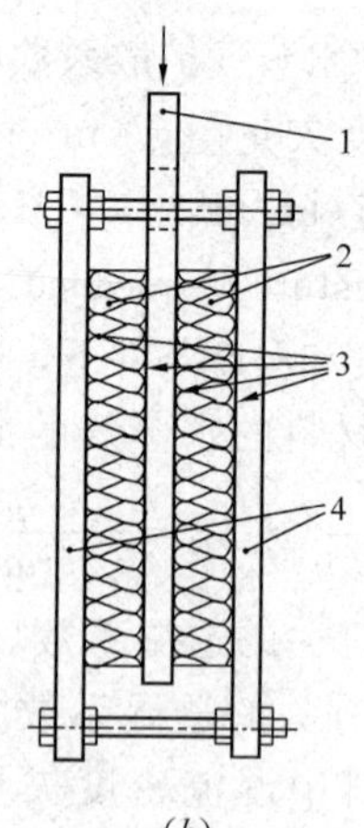

(b)

1—加载板(长度300mm，宽度100mm，厚度16mm)；2—试样(长度200mm，宽度100mm)；3—胶粘剂；4—金属支撑板(长度300mm，宽度100mm，厚度16mm)

1—固定的试验夹具；2—万向节连接销；3—键和键槽；4—螺母和螺栓；5—转换接头；6—试样支撑板(长度330mm，宽度50mm，厚度16mm)；7—试样(长度250mm，宽度50mm)；8—载荷平衡板；9—可移动的试验夹具

试样安装形式

(a)单试样安装；(b)双试样安装

【矿物棉压缩强度】compressive strength of mineral wool

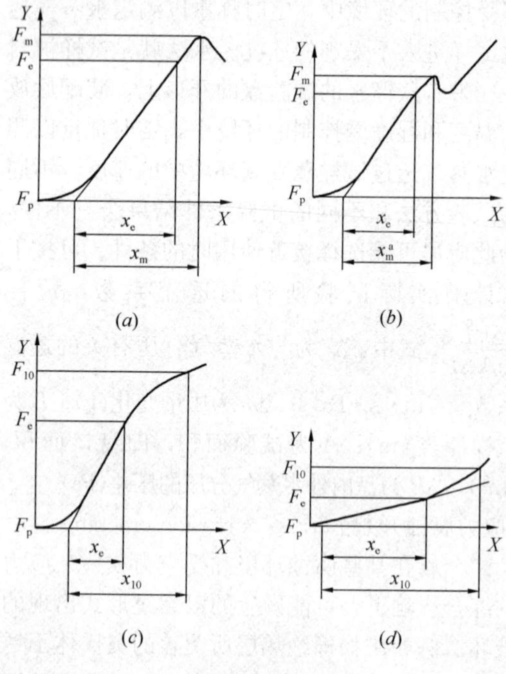

载荷-变形曲线

X—位移；Y—载荷；F_p—预加载荷；F_m—最大载荷；X_m—最大载荷处的位移；F_{10}—10%变形时的载荷；X_{10}—10%变形时的位移；F_e—与X_e对应的(常规的比例极限)载荷；X_e—常规弹性区域位移

规定的压缩载荷与试样的原始面积的比

值，单位为 P_a。试验机以规定的速度对矿物棉试样施加压力，记录载荷和相应的变形量，获得载荷-变形曲线。按下式计算压缩强度：$S=\frac{W}{A}$，式中：S 为压缩强度(Pa)；W 为规定的压缩载荷(N)；A 为试样的原始面积(m^2)。

根据载荷-变形曲线的不同，W 的确定是不同的。如附图(a)、附图(b)所示，在规定的变形量(通常为测得厚度或公称厚度的10%或按产品标准规定的其他变形距离)之前有屈服点的，W 为该屈服点的压缩载荷，也就是 W 等于 F_m；如附图(c)所示，在规定的变形量之前没有屈服点的，W 为在规定的变形量所对应的压缩载荷，也就是 W 等于 F_{10} 或其他变形距离所对应的载荷；如附图(d)所示，载荷-变形曲线显示随压力的增加样品变得越来越硬，W 为在规定的变形量(从预加载荷的初始点起)所对应的压缩载荷，也就是 W 等于 F_{10} 或其他变形距离所对应的载荷。矿物棉制品强度的压缩强度与制品中纤维层的取向和分布有关，例如切条产品其纤维层垂直于墙面，在这个方向具有较高的压缩强度，可超过40kPa。

【加热线收缩率】linear shrinkage under heat

在规定的温度下恒温一定的时间，试样指定线段尺寸的变化量占原长度的百分率。加热线收缩率按下式计算：$S=\frac{L_0-L}{L_0}\times 100$，式中：$S$ 为加热线收缩率(%)；L_0 为线段的原长度(mm)；L 为加热后线段的长度(mm)。

对于陶瓷纤维制品，在指定高温下恒温24h后，试样尺寸被认为发生了不可逆变化，其加热后的线变化率被称为加热永久线变化。它等于上式中的－S，与加热线收缩率绝对值相等但符号相反，即负号为收缩正号为膨胀。在高温下测定加热永久线变化通常用4根铂丝插在100mm×100mm试样中部对角线上，使用工具显微镜测量经高温前后指定线段的长度。

【热荷重收缩温度】heat shrinkage temperature under load

在固定的载荷下，以一定的升温速度加热试样，其厚度收缩率为10%时所对应的温度。该温度通过计算由内插法来确定。试验装置如附图所示。热荷重收缩温度可表征矿物棉制品的耐高温性能，但这个温度并不代表该产品可以在这个温度下安全使用。

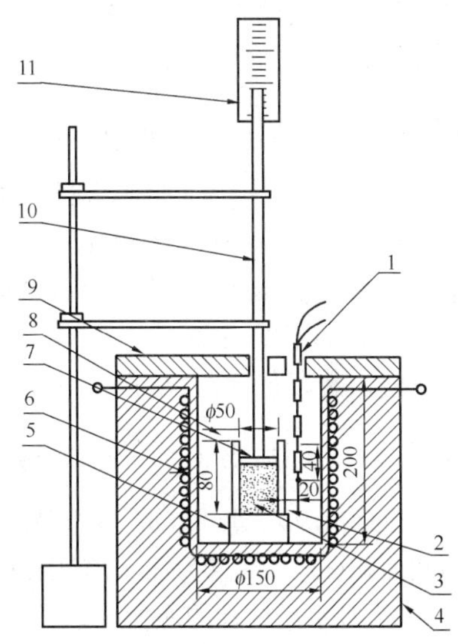

热荷重试验装置
1—热电偶；2—加热容器(金属制)；3—试样；4—保温壁；5—试样台；6—发热体；7—荷重板；8—加热炉；9—加热炉盖；10—荷重棒；11—测厚装置

【受潮挠度】moisture deflection

矿物棉装饰吸声板抗潮湿能力的表征。将500mm×250mm的试样，按规定预调节后，装饰面朝下放置在试验架的支座上，支座的中心距为480mm，并用测高计测定试样中心位置的初始高度。根据产品标记中所适用环境湿度类别，选择试验的相对湿度为申称值±3%，试验温度为40±2℃，经24h受潮试验，再以规定的环境调节24h后，重新用测高计测定试样中心位置的试验后的高度，按下式计算受潮挠度：$\delta=H_1-H_2$，式中：δ 为受潮挠度(mm)；H_1 为初始高度(mm)；H_2 为试验后高度(mm)。

【公称厚度】nominal thickness

又称标称厚度，用于确认产品性能供参考的厚度值。毡类和毯类制品当测量厚度大于公称厚度时通常采用公称厚度参与密度计算。

【吸水率】water absorptivity

材料在水中所吸收水分的百分数。将规定尺寸的试样固定在刚性的筛网上置于水中规定的位置，浸泡一定时间后，测量其吸水前后试样质量的变化，计算出试样中水分所占的体积百分率(W)，以此来表示制品的体积吸水率。吸水性试验分全浸试验和部分浸入试验。全浸试验装置如附图(a)所示，体积吸水率按下式计算：$W=\frac{V_1}{V}\times 100=\frac{m_2-m_1}{V\rho}\times 100$，式中：$W$为体积吸水率(%)；$V_1$为吸入试样中的水的体积($cm^3$)；$V$为试样的体积($cm^3$)；$m_1$为吸水前试样的质量(g)；$m_2$为吸水后试样的质量(g)；$\rho$为水的密度($g/cm^3$)。

部分浸入装置如附图(b)所示，单位面积吸水量按下式计算：$W_S=\frac{m_2-m_1}{S}$，式中：W_S为单位面积吸水量(kg/m^2)；S为试样浸水面的底面积(m^2)；m_1为浸水前试样的质量(kg)；m_2为吸水后试样的质量(kg)；

建筑用外墙外保湿岩棉制品，采用部分浸入试验，吃水深度 10mm。吸水 24h 的单位面积吸水量称为短期吸水量，吸水 28d 的单位面积吸水量称为长期吸水量，用于表征建筑用外墙外保温岩棉制品的吸水性能。通常要求短期吸水量不大于 1.0 kg/m^2，长期吸水量不大于 3.0 kg/m^2。

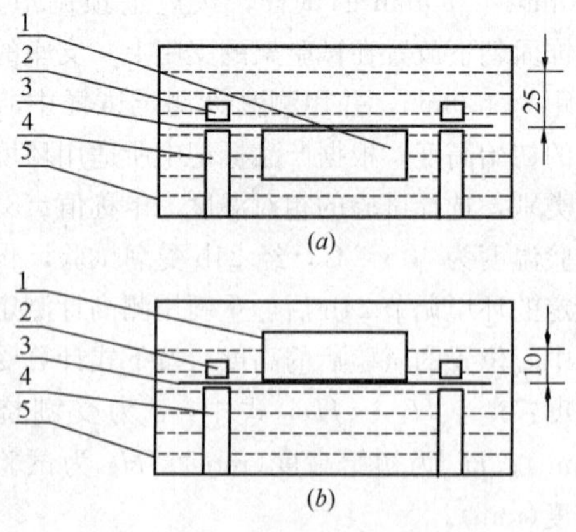

吸水性试验示意图

(a)全浸试验示意图；(b)部分浸入试验示意图

1—试样；2—压块；3—刚性筛网；

4—支撑物；5—水箱

【吸湿率】moisture absorptivity

材料在规定的环境条件下，从大气中所吸收的水蒸气质量和材料干质量的比值，以百分数表示。将一定质量的经干燥的试样按规定放置在调温调湿箱内。设置温度为 50±2℃、相对湿度为 95%±3%，并使空气循环流动，保持 96±4h，冷至室温后再称量。

按下式计算吸湿率：$W_1=\frac{m_1-m_2}{m_2}\times 100$，式中：$W_1$为吸湿率(%)；$m_1$为吸湿后试样的质量(kg)；$m_2$为干燥试样的质量(kg)。

有时也可换算成体积吸湿率：$W_2=\frac{W_1\rho}{1000}$，式中：W_2为体积吸湿率(%)；ρ为试样的密度(kg/m^3)；1000 为水的密度(kg/m^3)。

【最高使用温度】maximum service temperature

在保证正常使用的条件下，材料所能承受的最高温度。矿物棉中使用温度最高的是硅酸铝棉，其次是岩棉、矿渣棉，最后是普通成分的玻璃棉。最高使用温度除了与绝热材料的组成有关外，还与使用环境、绝热层厚度、升温速度以及所用的外护层等因素有关。最高使用温度的评估最好要进行热面特性试验，模拟材料实际使用情况，热面为使用温度，冷面为室温，且使热面处于水平状态，经历一定时间(到达所要求的温度后保持 96h)按规定记录热面温度、绝热层内部温度和冷面温度，同时观察是否有燃烧、闪火和冒烟等现象。一般认为不允许发生燃烧、闪火和冒烟等现象，内部温度不得超过热面温度。试验后还要观察是否有翘曲、裂缝和焖烧痕迹等影响使用的现象并测定材料性能的变化。需要测定的项目及其临界值由产品标准或技术规范给出或由供需双方商定。

【打浆度】degree Schopper Riegler; beating degree

又称叩解度，衡量纸浆悬浮液滤水性的指标。用于微纤维玻璃棉纸浆，综合反映纤维被切断、分丝的程度，与微纤维玻璃棉直径大小有一定的关联，通常用肖伯尔-瑞格勒法来测定。测定值称 *SR* 值(*SR* value)，用 *SR* 表示。测定打浆度使用肖伯尔-瑞格勒仪，其构造如附图所示。在常温下将 1000ml 经离解的

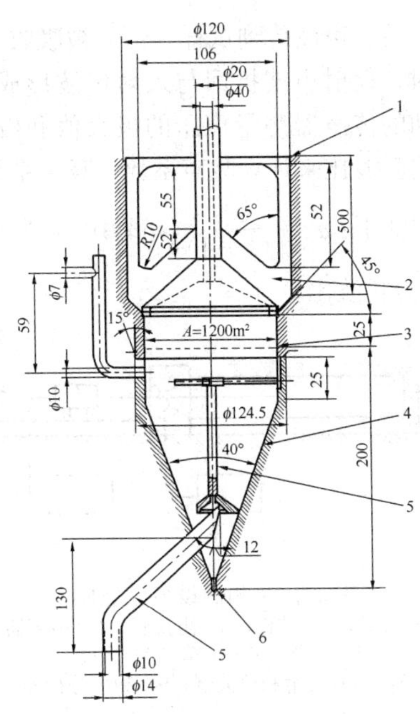

肖伯尔-瑞格勒仪的构造示意图

1—滤水室；2—密封锥形体；3—钢网；4—漏斗；5—锥形分布器；6—底孔；7—侧管

纸浆悬浮液试样倒入滤水室中，并立即提起密封锥形体，滤液通过滤网上的纤维层流入一个附有底孔和侧管的漏斗内，从侧管流出的滤液被收集在专用的量筒里，当侧管不再滴水时，读取 *SR* 值。

【马克隆值】Micronaire value

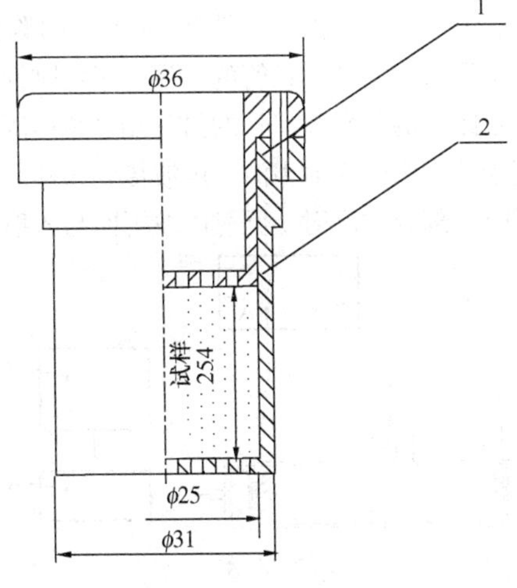

试样套筒图

1—压样筒；2—装样筒

纤维气流仪读数。这种气流仪又称马克隆气流仪(Micronaire)，常用于棉花品质的检验。它反映了纤维的透气性，是纤维比表面积的函数。气流通过定容定量的纤维时，所受到的阻力与纤维平均直径有关。利用纤维直径与空气流量之间存在的对应关系，在特定条件下，可给出纤维的平均直径。当用于测定矿物棉的平均直径时，应采用专门的试样套筒，如附图所示。测量空气流量应精确到 0.05L/min，通过查找流量-平均直径对照表，可测算矿物棉的平均直径，不同种类的矿物棉各自有不同的对照表。对照表的制定，是研究者使用显微镜法来标定的。

【*WT* 值】*WT* value

吸声板用粒状棉湿法成形的能力。将一定质量的纤维在水中按规定方式搅拌后倒入容器内，荷重一定时间后所测出的试样高度，单位为 mm。*WT* 值测量装置如附图所示，附图(*a*)为搅拌机，转速范围 200～3000r/min，直叶片展开长度为 50±1mm。附图(*b*)为测量外筒，带有支架的水槽及粗细筛网，粗筛网起支撑作用，细筛网筛孔规格为 0.25mm 的不锈钢网。附图(*c*)为内筒，质量为 3380g，配重后压强为 4.9kPa。测定时称取试样 50g，用手将大块棉团分散，放入容器内。加入 2500mL 的自来水(水温 15～30℃)，启动搅拌机，调节转速，使之在 20s 内达到 3000r/min，再搅拌 2min 后关机。将试样在 20s 内迅速地倒入测量外筒内，当液面下降至纤维露出水面时，轻轻地放入内筒。1min 后，用游标卡尺沿外筒边等距离的 3 点，测量内外筒上沿的高度差，读数精确到 0.1mm，3 点的平均值为试样的 *WT* 值。吸声板用粒状棉要求 *WT* 值应不小于 50mm。

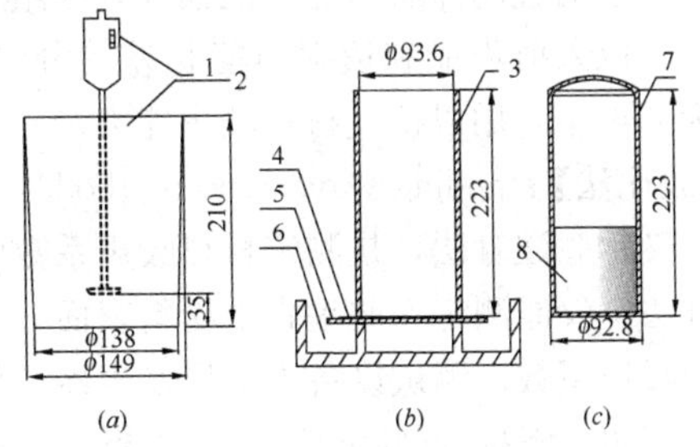

WT 值测量装置示意图

(*a*)搅拌机；(*b*)测量外筒；(*c*)测量内筒

1—搅拌器；2—搅拌筒；3—外筒；4—细网；5—粗网；6—水槽；7—内筒；8—配重

【渣球含量】shot content

又称非纤维化杂质含量，指矿物棉试样中非纤维化的岩石、矿渣或玻璃等固体杂质的质量与试样质量的比值，以百分数表示。取一定的矿物棉，在高温下去除粘结剂后称取试样，压制后利用渣球和纤维在水介质中运动时受到的重力和阻力的差异，使渣球和纤维得到分离，并通过烘干、筛分、称量，得到矿物棉中渣球的质量。计算公式如下：$S_h=\frac{m}{m_0}\times 100$，式中：$S_h$ 为渣球含量(%)；m 为渣球质量(g)；m_0 为试样质量(g)。

渣球含量过高，会增加矿物棉的密度并影响绝热、吸声等性能。

【油含量】dust binding oil content

在规定条件下测得的矿物棉及其制品中油(主要是防尘油)的质量与其干质量的比值，以百分数表示。试验时称取的试样用特定的溶剂(通常为环己烷)萃取出矿物棉及其制品中的油，萃取液再经过分馏，分离出的油移入蒸发皿上进行干燥和称量。油含量按下式计算：$C=\frac{m_2-m_1}{m_0}\times 100$，式中：$C$ 为油含量(%)；m_0 为试样的质量(g)；m_1 为蒸发皿初始的质量(g)；m_2 为蒸发皿加上油的质量(g)。

【降噪系数】noise reduction coefficient

在频率为 250Hz、500Hz、1000Hz、2000Hz 时测定吸声系数，取以上 4 个吸声系数的算术平均值，并按 0.05 间隔修约所得到的值。

【隔声量】sound transmission loss

声波通过物体所引起声能损失。在给定频率下，以入射声能和透射声能相差的分贝数，作为隔声量，用以衡量材料隔声能力。

【驻波比法】standing wave ratio method

又称驻波管法，是测定材料吸声系数的一种方法。仅能测定声波垂直于材料表面方向传播的吸声系数。测试设备由信号发生器、放大器、声源、阻抗管(驻波管)、传声器、频率分析器等组成，如附图所示。被测材料安装在长管的一端，紧贴刚性壁或留一定距离的后空腔，管的另一端安装声源发生垂直于管平面的入射声波，声波传到试样，部分被吸收，部分被反射，反射声波折回与入射声波形成驻波，由移动的传声器测量声压的极大值和极小值。可利用驻波比来计算吸声系数。吸声系数的计算公式如下：$\alpha=\frac{4\times s}{(s+1)^2}$，式中：$\alpha$ 为吸声系数；s 为驻波比。

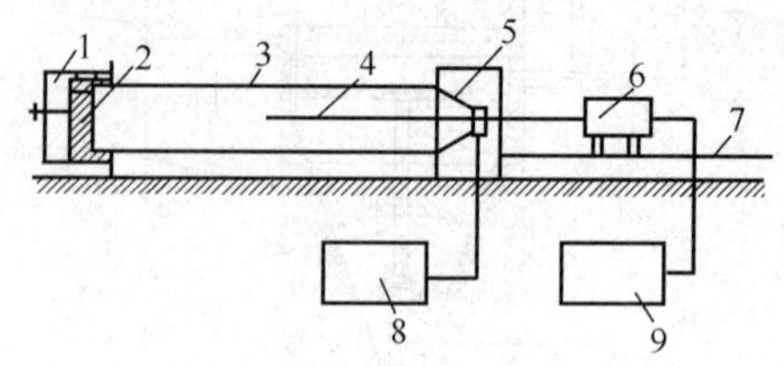

驻波比法测试设备示意图

1—夹具；2—试样；3—阻抗管；4—传声器；5—声源；6—小车；7—标尺；8—信号发生和放大器；9—频率分析器

【驻波比】standing wave ratio

无衰减的驻波图上，声压极大值的振幅，与声压极小值的振幅之比。如声压用分贝计量，它可用下式计算：$s=10^{\Delta L/20}$，式中：s 为驻波比；ΔL 为声压极大值和极小值之间的极差(dB)。

【传递函数法】transfer function method

测定材料吸声系数的一种方法。它能测定声波垂直于材料表面方向传播的吸声系数。测试设备由信号发生器、放大器、声源、阻抗管、传声器、频率分析器等组成，如附图所示。被测材料安装在长管的一端，紧贴刚性壁或留一定距离的后空腔，管的另一端安装声源发生垂直于管平面的入射声波，声波传到试样，部分被吸收，部分被反射，反射声波折回与入射声波

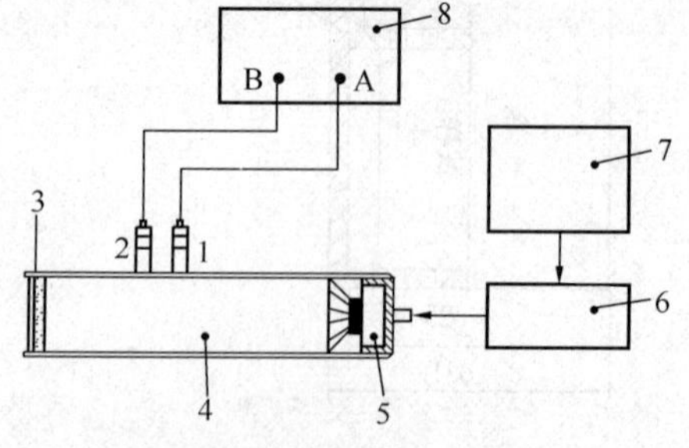

传递函数法测试设备示意图

1—传声器 A；2—传声器 B；3—测试样品；4—阻抗管；5—声源；6—放大器；7—信号发生器；8—频率分析器

叠加。在靠近样品的两个位置装有传声器，测量声压求得声传递函数，并利用传递函数来计算吸声系数。对于这样有双传声器测试设备布局的，其吸声系数的计算公式如下：$\alpha=1-r_r^2-r_i^2$，式中：α 为吸声系数；r_r 为反射因数 r 的实部；r_i 为反射因数 r 的虚部。

其中反射因数的计算公式如下：$r=\frac{H_{12}-H_1}{H_R-H_{12}}e^{2jk_0x_1}$，式中：$r$ 为反射因数；H_{12} 为传声器位置 1 到位置 2 的传递函数，两处复声压(瞬时声压的傅里叶变换)的比；H_1 为入射波的传递函数；H_R 为反射波的传递函数；k_0 为波数；x_1 为样品到远的传声器的距离；j 为复数。

【传递函数】transfer function

描述线性系统动态特性的基本数学工具之一。

【混响室法】reverberation room method

测定材料吸声系数的一种方法。利用一种混响时间很长的房间，称混响室，首先测定空房间的混响时间，然后在房间的某一个部位安装吸声材料。试样面积约等于混响室总面积的 10%，再测出混响时间，根据下式可计算出试样的吸声系数：$\alpha_p=\frac{55.3V}{s_p}\left(\frac{1}{c_2T_2}-\frac{1}{c_1T_1}\right)-\frac{4V(m_2-m_1)}{s_p}$，式中：$\alpha_p$ 为试样的吸声系数；V 为混响室的体积(m^3)；s_p 为试样面积(m^2)；c_1 为空场混响室条件下声音在空气中的传播速度(m/s)；c_2 为放试样后混响室条件下声音在空气中的传播速度(m/s)；T_2 为放试样后混响室的混响时间(s)；T_1 为空场混响室的混响时间(s)；m_2 为放试样后混响室条件下的声强衰减系数(m^{-1})；m_1 为空场混响室条件下的声强衰减系数(m^{-1})。

混响室法测定的吸声系数，与混响室的形状和试样安装的位置等有关。故与实际应用比较接近。

【尺寸稳定性】dimensional stability

试样在特定的温度和相对湿度的条件下放置一定时间后，互相垂直的三维方向上产生的不可逆尺寸变化，分别以试验前后长度、宽度和厚度变化的百分数来表示。以长度变化率为例，计算公式如下：$\varepsilon=\frac{L-L_0}{L_0}\times100$，式中：$\varepsilon$ 为长度变化率(%)；L_0 为试验前试样长度(mm)；L 为试验后试样长度(mm)。

【放射性比活度】specific radioactivity

衡量物质中某核素放射性水平的物理量，指该核素放射性活度与物质质量的比值，单位为 Bq/kg。建筑材料中天然放射性核素镭-226、钍-232、钾-40，针对外照射指数，各自单独存在时的放射性比活度限量，分别为 370Bq/kg、260Bq/kg、4200Bq/kg，针对内照射指数镭-226 的放射性比活度限量为 200Bq/kg。矿物棉产品的放射性比活度的测定，可采用低本底多道 γ 能谱仪，经破碎的样品被放入样品盒，当天然放射性衰变链基本平衡后，在与标准参比样相同的条件下进行测定。

【内照射指数】internal exposure index

建筑材料中天然放射性核素镭-226 的放射性比活度与规定限量的比值。计算公式如下：$I_{Ra}=\frac{C_{Ra}}{200}$，式中：$I_{Ra}$ 为内照射指数；C_{Ra} 为放射性核素镭-226 的放射性比活度(Bq/kg)；200 为仅针对内照射的，镭-226 的放射性比活度限量(Bq/kg)。

建筑用矿物棉制品，通常要求内照射指数应不大于 1.0。

【外照射指数】external exposure index

建筑材料中天然放射性核素镭-226、钍-232 和钾-40 的放射性比活度分别除以各自单独存在时规定的放射性比活度限量，所得的商之和。计算公式如下：$I_\gamma=\frac{C_{Ra}}{370}+\frac{C_{Th}}{260}+\frac{C_K}{4200}$，式中：$I_\gamma$ 为外照射指数；C_{Ra} 为放射性核素镭-226 的放射性比活度(Bq/kg)；C_{Tk} 为放射性核素钍-232 的放射性比活度(Bq/kg)；C_K 为放射性核素钾-40 的放射性比活度(Bq/kg)；370、260、4200 分别为仅针对外照射的，镭-226、钍-232 和钾-40 各自单独存在时的放射性比活度限量(Bq/kg)。

建筑用矿物棉制品，通常要求外照射指数应不大于 1.3。

【甲醛释放量】formaldehyde release

在规定的条件下，可能从材料中游离出的甲醛含量。用于矿物棉制品甲醛释放量测定的通常有三种方法：干燥器法、气体分析法和气候箱法。干燥器法，就是在 9～11L 干燥器底部放置盛有 300ml 蒸馏水的结晶皿，规定的试样放在结晶皿上部，密闭放置在 20℃环境中，24h 后测定水中甲醛浓度，以此表示甲醛释放量，单位为 mg/L。气体分析法就是将已知表面积或质量的试件放入规定温度、湿度、压力和空气流量的测试室中，试件在测试室中释放的甲醛气体与空气充分混合，并被与测试室相连的吸收瓶中的吸收液充分吸收。根据吸收液中甲醛浓度、吸收时间和试件的暴露表面积或试件质量计算甲醛释放量，单位为 $mg/(m^2 \cdot h)$ 或 $mg/(kg \cdot h)$。对于矿物棉顶棚使用表面积计算甲醛释放量，对岩棉、玻璃棉、矿渣棉、硅酸铝棉等矿物棉及其制品使用质量计算甲醛释放量。气候箱法就是将表面积为 $1m^2$ 的试样，放入温度、相对湿度、空气流速和空气置换率控制在一定值的 $1m^3$ 气候箱内。甲醛从试样中释放出来，与箱内空气混合，定期抽取箱内空气，将抽出的空气通过盛有水的吸收瓶，使空气中的甲醛溶入水中，测定水中的甲醛量及抽取的空气体积，计算出每立方米空气中的甲醛量，得到样品的甲醛释放量，单位为 mg/m^3。

【不燃性试验】non-combustibility test

一种在实验室加热条件下评定均质材料的可燃性或不燃性的试验方法。试验装置如附图所示，按程序将炉温稳定在 750±5℃，再按规定的条件快速放入经称量的试样，启动计时器计时并全过程记录炉内温度、试样表面温度、试样中心温度，并观察和记录持续火焰的出现及其持续时间，试验结束后还要收集所有残留物冷却后再行称量，以上所有数据都是以 5 个试样的平均数作为试验结果。试验结果为制品燃烧性能分级提供判据，例如不燃材料 A1 级要求：炉内平均温升不大于 30℃，平均质量损失不超过初始质量的 50%，持续火焰的平均时间不超过 0s(无持续燃烧)。

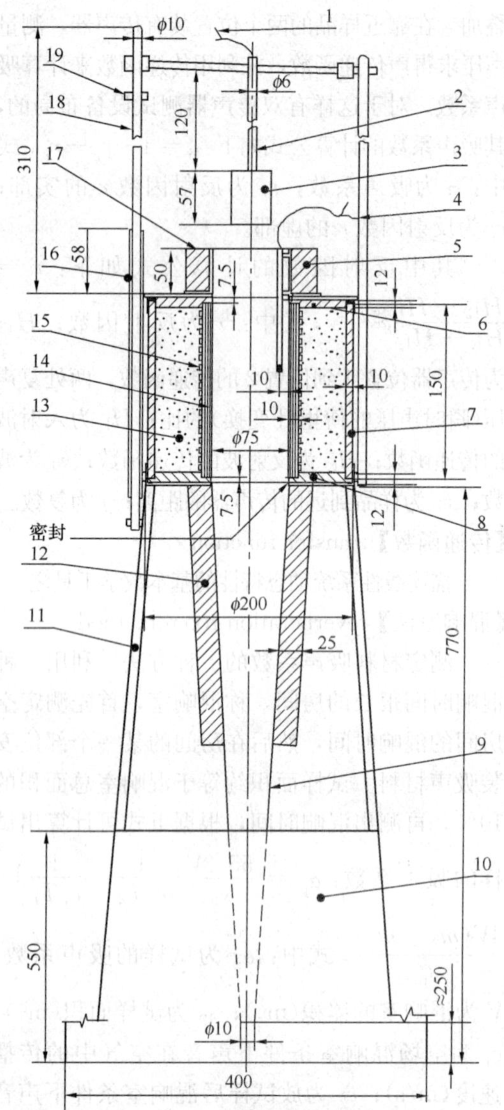

不燃性试验装置示意图

1—试样热电偶；2—支承件钢管；3—试样架；4—炉内热电偶；5—矿棉隔热层；6—顶板；7—石棉水泥(或类似材料)管；8—底板；9—空气稳流器；10—气流屏；11—支架；12—矿棉隔热层；13—氧化镁粉；14—耐火管；15—加热线圈；16—导槽；17—气流罩；18—插入装置；19—定位块

【总热值】gross calorific potential

当燃烧结束且所产生的全部水分都已凝结时材料的热值，单位为 MJ/kg 或 MJ/m^2。它作为制品燃烧性能分级的判据之一，例如对均质材料，总热值不大于 2.0MJ/kg，被作为不燃材料 A_1 级的一个判据。

【燃烧增长率指数】fire growth rate index

在单体燃烧试验中所测得的用于燃烧性能分级的量值。燃烧增长速率指数，其符号记做 $FIGRA$，对于 A_2 级和 B 级，$FIGRA = FIGRA_{0.2MJ}$，对于 C 级和 D 级，$FIGRA = FIGRA_{0.4MJ}$。$FIGRA_{0.2MJ}$ 指试样燃烧时的热释放速率与其对应受火时间的商的最大值，采用总放热量(定义参见本节【放热量】)门槛值为 0.2MJ；$FIGRA_{0.4MJ}$ 指试样燃烧时的热释放速率与其对应受火时间的商的最大值，采用总发热量门槛值为 0.4MJ。$FIGRA$ 可作为制品燃烧性能分级的判据之一。

【持续燃烧】sustained flaming

试样表面存在一个最小时段的火焰。不燃性试验中试样持续火焰的平均时间被作为制品燃烧性能分级的判据之一。

【放热量】heat release

在规定试验条件下试样燃烧释放的热能量，单位为 MJ。

【燃烧滴落物】flaming droplets

制品燃烧性能附加分级的判据之一，在燃烧试验中从试样上分离且燃烧持续的材料。由相关标准规定其持续的时间界限。燃烧滴落物/微粒的附加等级有 d_1、d_2、d_3 三个级别。

【烟气毒性】smoke toxicity

制品燃烧性能附加分级的判据之一，材料燃烧所排放的物质(气体或烟尘)对生物引起伤害的可能性。通过动物试验对材料产烟毒性危险性进行分级，产烟毒性附加等级有 t_0、t_1、t_2 三个级别。

【产烟浓度】concentration of specimen mass for smoke

一种反映材料的火灾场景烟气与质量关系的参数，即单位空间体积所含产烟材料的质量数，单位为 mg/l。

【烟气生成速率指数】smoke generation rate index

制品燃烧性能附加分级的判据之一，试样燃烧烟气生长速率与其对应时间比值的最大值，单位为 m^2/s^2。

【单体燃烧试验】single burning item test

一种模拟在房间角落处，附近有单体燃烧火源的火灾场景下，制品本身对火灾影响的试验方法。被用于评价除铺地材料外的燃烧性能等级，包括 A_2、B、C 和 D 等级别，在规定条件下也可用于 A_1 级。其燃烧室布置如附图所示。由两个成直角的试样暴露于直角底部的主燃烧器产生的火焰中，火焰由丙烷气体燃烧产生，丙烷气体通过砂盘燃烧器，产生约 30.7kW 的热输出。试样的燃烧性能通过 20min 的试验过程来进行评估。性能参数包括：热释放、产烟量、火焰横向传播和燃烧滴落物及颗粒物等。一些参数可自动测量，另一些参数可通过目测等得到。

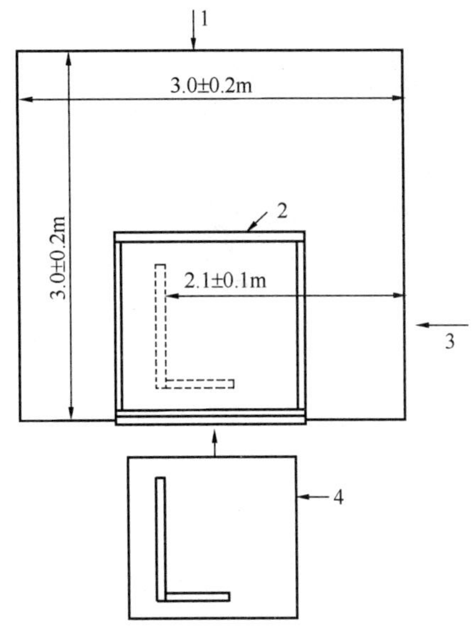

燃烧室布置图

1—试验观察位置；2—固定框架；3—试验观察位置(左向安装的试样)；4—小推车(带左向安装的试样)

【可燃性试验】ignitability test

在没有辐射条件下，用小火焰直接冲击垂直放置的试样以测量建筑材料的可燃性能的一种方法。可作为制品燃烧性能分级的判据。例如点火时间 30s 的试验，60s 内火焰长度不超过 150mm 时可作为难燃材料 B_2 级的一个判据。

【临界热辐射通量】critical heat flux

铺地制品燃烧性能分级的判据之一，它指

火焰熄灭时的热辐射通量或试验进行 30min 后的热辐射通量，取两者中较低值，单位为 kW/m²。

【烟密度】smoke density

在燃烧和分解的条件下，材料可能释放烟的程度。可通过测量材料燃烧产生的烟气中的固体尘埃对光的反射而造成光通量损失的方法，获得烟密度等级。

12 纤维增强聚合物基复合材料

12.1 专业基础理论

【各向异性】anisotropy

是指材料在各方向的力学和物理性能呈现差异的特性。如单向复合材料，在用来描述材料主轴坐标系的笛卡儿坐标系上的1、2、3方向，与纤维平行的方向(1方向)，其力学性能很高，与纤维垂直的方向(2、3方向)，其力学性能较低，1方向与2、3方向性能有明显差异。

【正交各向异性材料】orthotropic material

均匀的并在每一点都具有三个互相垂直的弹性对称面的材料。如单向纤维增强的单向层压板，经纬向纤维支数、密度不同的织物按同一方向铺放的层压板等。

【弹性对称面】elastic symmetry plane

如果物体内每一点都存在这样一个平面，在这个平面的对称方向上具有相同的弹性特性，则称该平面为物体的弹性对称面。

【正交各向异性弹性理论】theory of orthotropic elasticity

建立在物体是连续的、均质的、完全弹性的和变形很小的基本假设的基础上，利用弹性理论的基本方程，对正交各向异性材料的三类应力和应变问题(即在表面上指定外力、体积力的第一类基本问题；在表面上指定位移、体积力的第二类基本问题；在表面上的一部分指定外力，另一部分指定位移的混合问题)进行研究的理论。是纤维增强聚合物基复合材料力学计算的基本理论。

【材料性能可设计性】designability of material properties

通过选择不同的增强材料、基体材料及其含量比和各种铺层形式等，可使复合材料具有不同性能的特性。复合材料性能的可设计性是材料科学进展的一大成果，复合材料的力学、机械、热、电、声、光、防腐等物理和化学性能都可按制品的使用要求和环境条件要求，通过组分材料的选择和匹配以及界面控制等设计手段，最大限度地满足预期目的。如选ECR玻璃纤维作为增强材料、乙烯基酯树脂作为基体材料，制品具有优良的耐酸腐蚀性能。

【网格分析】netting analysis

俗称网格理论，是纤维增强聚合物基复合材料结构设计中普遍采用的近似分析方法。它假设只有纤维有承载能力，并且所有纤维都是均匀承受拉力，树脂基体只是保持纤维的位置，把纤维增强聚合物基复合材料简化成一种网状结构，从而利用简单的静力平衡条件计算壳体中的薄膜应力，进而确定纤维的用量。在压力容器、管道、发动机壳体等主要承受拉应力的产品设计中经常采用，并有足够的可靠性，但不能用来计算结构承受弯曲、剪切、不连续应力或抵抗失稳的能力。

【比模量】specific modulus

在比例极限内，材料弹性模量(通常用拉伸弹性模量)与其密度之比。比模量是评价单位质量的材料抵抗变形能力的指标，比模量越大，材料的刚度就愈大。对于要求密度小、刚度大的航空和宇航工程部件，比模量指标是选材时的重要参数。

【比刚度】specific stiffness

物体或构件的刚度与密度之比。比刚度是评价单位质量的物体或构件抵抗变形能力的指标。物体或构件抵抗拉、压应力的比刚度，主要决定于所选用的材料。抵抗弯曲应力的比刚度，除与所选用的材料有关外，也与结构形式及截面的几何尺寸有关，提高抗弯比刚度可以选用空心结构、蜂窝夹层结构等不同的结构形式。

【比强度】specific strength

材料在断裂点的强度(通常用拉伸强度)与其密度之比。比强度是表示单位质量材料的承载能力的指标。比强度大即单位质量的材料做成的结构的强度也高。对于要求密度小、强度高的航空和宇航工程部件，在设计和选材时，考虑“比强度”指标要比“强度”指标更合理。

【结晶界面】crystallization boundany face

参见 1.6.1【结晶界面】。

【甲阶树脂】A-stage resin

分子量较小的初合成阶段的热固性树脂，又称 A-阶树脂。该阶段树脂特点是分子量较小、线型结构，受热熔融，易溶于丙酮、酒精等溶剂。

【乙阶树脂】B-stage resin

甲阶树脂经烘干但未固化的酚醛或其他热固性树脂，又称 B-阶树脂，有时单指乙阶酚醛树脂。该阶段树脂特点是分子量较大，有少量交联，但未固化，与溶剂接触时部分溶解，部分溶胀，受热软化，但不完全熔融。以酚醛为例：(1)用于浸渍玻璃布的为甲阶树脂，分子量较小，线型结构，受热熔融，易溶于丙酮、酒精等溶剂；(2)烘干后的胶布上的树脂为乙阶树脂，与甲阶相比，分子量较大，有少量交联，但未固化，与溶剂接触时部分溶解，部分溶胀，受热软化，但不完全熔融；(3)热压成型后，转变为丙阶树脂，体型结构，已固化，不溶不熔。

【丙阶树脂】C-stage resin

最终固化成型的热固性树脂，又称 C-阶树脂。丙阶树脂是乙阶树脂继续交联固化后形成不溶不熔的体型结构，它是热固性树脂固化后的最终形态。

【单体】monomer

能自身聚合或与类似的化合物共聚而生成聚合物的简单化合物。一般是不饱和的、环状的、含两个或两个以上官能团的低分子化合物。如乙烯、丙烯、氯乙烯、苯乙烯等。

【高分子】macromolecule

又称大分子，由一种或几种链节重复构成而且分子量很大(几千到几百万)的分子。由这类分子所构成的化合物叫高分子化合物。根据来源分为天然高分子和合成高分子。根据主链上的元素，分为有机高分子、元素高分子和无机高分子。根据分子结构，可分为线型高分子和体型高分子。

【高分子化合物】macromolecular compound

是指那些由众多原子或原子团主要以共价键结合而成的相对分子量在一万以上的化合物。

【聚合物】polymer

通过聚合反应生成具有重复链节的化合物。分子量较低的称为低聚物。例如，三聚甲醛是甲醛的聚合物。分子量高达几千至几百万的，称为高聚物或高分子化合物。例如，聚氯乙烯是氯乙烯的聚合物。聚合物常与高分子化合物、高聚物、树脂等词同义应用。

【预聚物】prepolymer

聚合度介于单体和最终聚合物之间、分子量较低的聚合物。通常指制备最终聚合物前一阶段的聚合物。预聚物可与添加剂(如交联剂，固化剂等)混合，并能在成型中或成型后进一步聚合固化。如 DAP 树脂是典型的预聚物，它和单体、引发剂混合后，能进一步聚合固化。预聚物用于：单体难于一次完全聚合成聚合物；调整浇注用树脂的黏度，调节反应速度；降低成型时的收缩，避免产生空洞和裂纹。

【聚合反应】polymerization

单体合成聚合物的反应过程。聚合反应有多种类型，通常根据单体和聚合物的组成和结构上发生的变化，分为缩聚反应和加聚反应；根据聚合反应机理和动力学，分为连锁聚合和逐步聚合。

【缩聚反应】condensation polymerization；polycondensation

生成聚合物时有水或其他简单分子放出的聚合过程。例如，苯酚和甲醛经缩聚生成酚醛树脂，同时放出水。缩聚反应的特点是：大多数为可逆反应和逐步反应，分子量随反应时间而逐步增大，但单体的转化率却几乎和时间无关。根据反应条件可分为熔融缩聚反应、溶液缩聚反应、界面缩聚反应和固相缩聚反应四种。根据所用原料可分为均缩聚反应、混缩聚反应、共缩聚反应。根据产物结构又可分为线型缩聚反应和体型缩聚反应。

【加聚反应】addition polymerization

生成聚合物且无低分子副产物生成的聚合反应。按照单体品种，可分为均聚反应和共聚反应；按照聚合机理，可分为逐步聚合反应和连锁聚合反应。加聚反应的特点是：绝大多数是不可逆反应和连锁反应，反应过程中迅速生成高分子化合物，分子量迅速增加，达到定值后一般变化不大，反应时间延长，转化率增大，产物的分子量不变。

【聚合度】degree of polymerization

组成聚合物分子的链节数目。如聚乙烯分子式为$(CH_2)_n$，n 即聚合度。高聚物具有多分散性，随着聚合条件不同，有特定的聚合度分布，因此，聚合度一般用平均值表示。平均分子量除以链节的式量，即为平均聚合度。故按照平均分子量为数均、重均、z 均、黏均分子量，计算而得的聚合度有数均、重均、z 均和黏均聚合度之别。聚合度是决定聚合物性能的重要参数，一般说聚合度越大，抗拉强度、抗冲击强度、耐磨性和耐腐蚀性越好，熔点及黏度越高。常根据聚合度来选择合适的聚合物，以满足工艺要求和制品性能要求。

【平均分子量】average molecular weight

合成高分子物质是不同分子量的同系化合物的混合物，即具有多分散性。其分子量常用平均分子量表示，按测定方法不同，可表示为数均分子量、重均分子量、z 均分子量和黏均分子量等，若以 M 表示分子量，n 表示分子数，即：数均分子量 $\overline{M}_n=\sum n_iM_i/\sum n_i$；重均分子量 $\overline{M}_w=\sum n_iM_i^2/\sum n_iM_i$；z 均分子量 $\overline{M}_z=\sum n_iM_i^3/\sum n_iM_i^2$；黏均分子量 $\overline{M}_\eta=(\sum n_iM_i^{\alpha+1}/\sum n_iM_i)^{\frac{1}{\alpha}}$。

【线型聚合物】linear polymer

主链是长链结构的聚合物。分直链型和支链型两种。长链由共价键结合而成，且链与链之间只有次价键(如范德华力和氢键)，故线型聚合物具有很多特性，如能在适当的溶剂中溶胀并能溶解，受热软化并能流动，绝大多数并不分解，可反复熔融；具有弹性和塑性，易产生蠕变，可经冷延或辊压增加分子的定向程度等。热塑性树脂均为线型聚合物。

【体型聚合物】three-dimensional polymer; network polymer

立体网状结构的聚合物。分子量很大，没有明显的分子滑移现象，通常是不溶不熔。体型聚合物可以在聚合反应时形成，也可以先制成线型聚合物，然后通过交联作用使其转变为体型聚合物。例如，乙烯和丙烯的共聚物在用热或者过氧化物处理产生活性点之后，能用离子辐射交联而得到体型聚合物。固化后的热固性树脂均为体型聚合物。

【交联】cross-linking

由线型结构分子变成体型结构分子的过程。例如，不饱和聚酯树脂可用苯乙烯交联成体型结构，聚乙烯可用高能辐射使其交联。

【交联密度】cross-linking density

表示交联程度的物理量，是大分子上已参与交联的反应活性中心(官能团或活性点)占总反应活性中心的百分比。交联密度的大小对产物的性能影响很大，增加交联密度可以提高聚合物的刚度、不溶不熔性、耐热性和抗拉强度等。但交联度过大，也会导致树脂变脆、延伸率和抗冲击强度降低等缺点。

【接触角】contact angle

是指在气、液、固三相交点处所作的气-液界面的切线，此切线在流体一方的与固-液交界线之间的夹角，如附图所示。其大小表示液体对固体的润湿程度，夹角越小润湿性能越好。

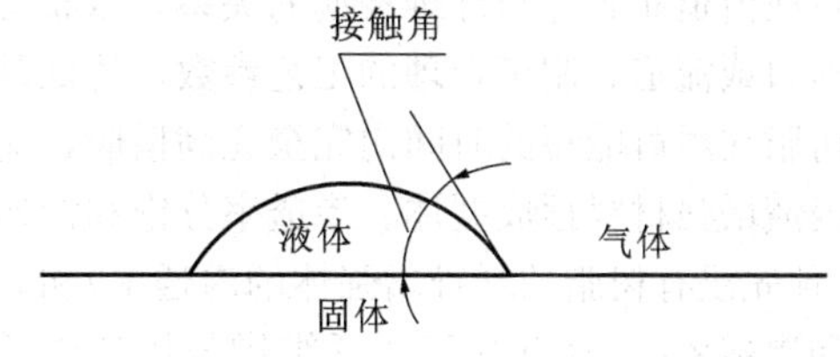

接触角

【积木式方法】cordwood method

利用试验和分析进行结构证实的过程。证

实复合材料构件性能与耐久性是一个复杂过程，单独采用试验手段可能因费用无法承受，单独采用分析手段又不能足够精确预测每种情况下的结果。通过试验和分析相结合，用试验来验证分析的结果，用分析来指导试验的计划，在降低试验费用同时又增加可靠性。

【热应力】thermal stress

参见 2.1.2【热应力】。

【纤维】fibre；fiber

一种长径比很大细丝状的物质单元。纤维按组分有无机纤维(玻璃纤维、碳纤维、玄武岩纤维、碳化硅纤维、氧化铝纤维、氮化硼纤维、硼纤维等)、有机纤维(芳纶纤维、聚芳酯纤维、有机杂环类纤维、超高分子量聚乙烯纤维等)和植物纤维等。

【基体】matrix

复合材料中起粘结作用的连续相。在聚合物基复合材料中，基体主要为热固性树脂(不饱和聚酯树脂、环氧树脂、酚醛树脂、乙烯基酯树脂、聚氨酯树脂等)和热塑性树脂(聚丙烯、聚乙烯、聚酰胺等)两大类。

【增强材料】reinforced material

复合材料制备时，加入基体中能使其力学性能显著提高的材料，也称增强体。增强材料按形态分为纤维增强材料(如玻璃纤维、碳纤维等)、晶须增强材料(如碳化硅晶须等)和颗粒增强材料(如石墨粉末等)。

【渗透率】permeability

表征纤维增强体在一定体积分数下，某一特定方向上对树脂流动的阻挡能力。纤维增强聚合物基复合材料液体模塑成型时，通过渗透率研究或测试，揭示树脂流动、充模时间、注射口或流道布置等与纤维浸润的关系，以布置注射口或流道、制定合理的工艺参数，使低黏度树脂在尽可能短的时间内完全充满模腔，完全浸渍增强材料预成型体。渗透率分饱和渗透率(预先浸有树脂的纤维增强体的渗透率)和非饱和渗透率(未浸有树脂的纤维增强体的渗透率)。

【使用温度】service temperature

复合材料制品满足使用要求所能承受的温度范围。在使用温度下长期使用，制品尺寸应保护稳定，材料的机械、物理和化学性能不降低。

【多层结构】polylaminate structure

由两层或两层以上不同材料或材料相同而铺层方向不同的材料所组成的层状结构。例如，耐腐蚀玻璃纤维增强塑料管的管壁通常由富树脂层、强度层、保护层等组成。为使构件各层受力一致，各层之间的界面应充分粘结。多层结构充分发挥了不同组分或不同材料的特性，有效地提高了制品的性能。

【湿热效应】hygrothermal effect

由吸湿和温度变化引起的制品尺寸或性能等改变的现象。湿热效应除与温度、含水量相关外，还与复合材料的基体、增强体及铺层相关。湿热效应最普遍的现象：复合材料力学性能改变、内部产生残余应力和翘曲变形。

【复合效应】complex effect；composition effect

复合材料中组分材料协同作用产生的新效应，包括线性效应和非线性效应。线性效应包括平均效应、平行效应、相补效应和相抵效应；非线性效应包括相乘效应、诱导效应、共振效应和系统效应。复合效应实质上是原材料及其所形成的界面相互作用、相互依存、相互补充的结果。从某种意义上讲，复合材料作为一门学科所研究的正是复合效应。

【混合定律】rule of mixture；mixture law

表达复合材料性能与对应的组分材料性能之间同体积含量呈线性关系的法则。混合定律是从组分性能和组分含量估算复合材料性能的一种简单方法，估算结果和试验结果接近。如单向板，当一拉伸载荷沿平行于纤维方向作用在单向板时，有 $E_1=E_fV_f+E_mV_m$，式中：E_1 为单向板拉伸弹性模量(平行纤维方向)；E_f 和 E_m 分别为纤维和基体的拉伸弹性模量；V_f、V_m 分别为纤维和基体的体积含量。

【混杂体积比】hybrid volume ratio

混杂纤维复合材料中不同种类纤维体积含量之比。

【混杂效应】hybrid effect

指混杂纤维复合材料的某一性能值偏离

混合定律计算值的现象。其表现为某些性能在一定条件下符合混合定律，而另一些性能则与混合定律出现正的(偏高)或负的(偏低)偏差。混杂效应是混杂纤维复合材料所特有的，除纤维种类外，混杂体积比、混杂方式和界面状况是影响混杂效应的主要因素。在设计和使用混杂纤维复合材料时应考虑混杂效应。

12.2 原材料与品种

【复合材料】composite

由两种或两种以上不同性质的单一材料，通过不同复合方法所得到的宏观多相材料。它既保持了原组分材料的主要特点，又显示原组分材料没有的新性能。从复合材料的组成与结构分析，其中有一相是连续的称为基体相，另一相是分散的、被基体包容的称为增强相，增强相和基体相之间有一个交界面称为复合材料界面。复合材料通常按所用的基体分为聚合物(树脂)基复合材料、金属基复合材料、陶瓷基复合材料。

【纤维增强塑料】fiber reinforced plastic；FRP

以合成树脂为基体，以纤维为增强体制成的复合材料，也称聚合物基复合材料、纤维增强复合材料。可添加或不添加填料。所用树脂有热固性和热塑性两大类。纤维主要有无机纤维，如玻璃纤维、碳纤维、玄武岩纤维、碳化硅纤维、氧化铝纤维、氮化硼纤维等；有机纤维，如芳香族聚酰胺纤维、有机杂环类纤维、超高分子量聚乙烯纤维等；植物纤维，如棉、麻纤维等。其制品性能，因树脂、纤维、纤维含量、铺层方式及成型方法不同而变化。

【聚合物基复合材料】ploymer composite

以聚合物为基体的复合材料。分为热固性复合材料和热塑性复合材料。热固性复合材料的基体为热固性树脂，如不饱聚酯树脂、环氧树脂、酚醛树脂等；热塑性复合材料基体为热塑性树脂，如聚丙烯、聚酰亚胺、聚苯硫醚、聚醚醚酮等。

【纤维增强复合材料】fiber reinforced composite

以纤维为增强体的复合材料。按纤维的形态分为单向复合材料、连续纤维复合材料、短切纤维复合材料和编织复合材料。单向复合材料中所有纤维沿同一方向排列；连续纤维复合材料中纤维没有被切断，以连续形态存在；短切纤维复合材料中纤维被切断至一定长度(通常为几毫米至几十毫米)，典型的短切纤维复合材料有 SMC、BMC 和 GMT 制品等；编织复合材料中的增强体为纤维编织物。

【混杂复合材料】hybrid composite

由两种或两种以上纤维增强同一种基体的复合材料。按混杂方式分为层内混杂纤维复合材料、层间混杂纤维复合材料和混杂多维织物复合材料。层内混杂纤维复合材料中同一铺层内具有两种或两种以上纤维，这种混杂结构形式又称为 A 型混杂；层间混杂纤维复合材料由两种或两种以上单种纤维层相互间隔复合而成，这种混杂结构形式又称 B 型混杂；混杂多维织物复合材料的增强体是两种或两种以上纤维在空间不同方向上编织而成的立体型织物。

【功能复合材料】functional composite

除具有一定的机械性能外，以满足特定物理、化学或生物等性能为主的复合材料。特定性能包含磁、电、光、热、烧蚀、摩擦、阻尼、防弹、抗辐射等，常见的功能复合材料有耐烧蚀复合材料、防热复合材料、耐化学腐蚀复合材料、透波复合材料等。

【先进复合材料】advanced composite

强度、模量等力学性能相当于或超过铝合金的复合材料。强度、模量为拉伸强度和拉伸弹性模量，一些高性能纤维(如碳纤维、芳纶纤维、高强玻璃纤维)增强的聚合物基复合材料，其拉伸强度和拉伸弹性模量超过铝合金，称为先进复合材料。

【夹层结构】sandwich structure

由薄板作面板(蒙皮)，中间夹以轻质芯子，用胶接方法连接成一体的层状复合结构。

面板主要有纤维增强塑料、金属等，芯子有蜂窝(纤维增强塑料蜂窝、Nomex 蜂窝、塑料蜂窝、铝蜂窝等)、波纹、泡沫塑料和轻木等。夹层结构具有大的弯曲刚度/质量比、大的弯曲强度/质量比、大的屈曲临界载荷，有的具有良好的吸声、隔声和隔热性能。

【模塑料】moulding compound

能用于模压方式成型的预混料或预浸料。模塑料是生产复合材料制品的中间材料，采用模塑料模压成型，具有生产效率高、制品尺寸准确、表面光洁度良好、无须有损制品性能的二次加工、容易实现机械化和自动化生产等优点。

【预混料】premix

复合材料成型前预先制备的由树脂、增强材料、填料等组成的混合料。分为片状模塑料和团状模塑料。所用的树脂通常为不饱和聚酯树脂、酚醛树脂和环氧树脂，树脂处于 B 阶或增稠状态。

【片状模塑料】sheet moulding compound；SMC

是用一种已加入增稠剂、填料、引发剂等组分的树脂混合物(又称树脂糊)浸渍纤维或毡片，两面覆盖聚乙烯薄膜，经辊压而成的薄片状混合料。其生产效率高、制品性能稳定。使用时只需将两面的薄膜撕去，按加料面积裁切、叠层，然后模压即可得所需制品。片状模塑料按产品性能要求，分为低收缩、不收缩、电绝缘等多种类型。制造片状模塑料的机组主要由树脂糊供给、无捻粗纱的切割和沉降、毡片的浸压、卷装等部分组成。

【团状模塑料】bulk moulding compound；BMC

一种由树脂、短切纤维、填料(或不加)及各种添加剂经充分混合而成的团状复合物。通常在捏和机内捏和制成，可用于模压成型或注射成型。优点是生产工艺简单，成本较低。与片状模塑料相比，产品强度稍低，适用于形状复杂的小型制品。

【预浸料】prepreg

参见 11.2.1【预浸料】

【启用期】time suitable for moulding

热固性模塑料按工艺要求放置一定时间后才使用的最适宜时间。

【辅助材料】auxiliary material

在复合材料成型过程中，除原材料组分外，为保证质量与工艺正常进行所必需的、不构成制品本身的其他材料。如真空袋、吸胶材料、透气材料、脱模剂等。

【真空袋】vacuum bag

用于抽真空时对袋内装配件施加压力的一种软质袋。常用真空袋薄膜为尼龙-6、尼龙-66经吹塑或铸塑而成，厚度约为 0.051～0.076mm，要求其延伸不小于 400%。用于400℃左右的真空袋薄膜，通常由氟橡胶或硅橡胶经辊压而成。

【隔离材料】release material；solation material

复合材料成型过程中起分离作用的一类薄片状材料。分为透气隔离材料和不透气隔离材料。常用的隔离材料为隔离薄膜，如含氟元素的树脂薄膜，分带孔和不带孔两种规格，能在280℃以下使用，有较大的伸长率(约 350%)，厚度约 0.025mm。

【透气材料】breather

用于复合材料固化成型时排除气体，保持真空袋内气体畅通的多孔松软材料。常用的有聚酯纤维毡、玻璃纤维织物等。使用时，透气材料放在真空袋内作为连续的真空通道，以利排出空气、水汽及挥发物，但不允许与预浸料接触。

【吸胶材料】bleeder

在复合材料制品固化过程中，为了吸贮多余树脂和排除气体，靠近预成型体铺放的疏松的纤维或织物等多孔材料。常用的吸胶材料有合成纤维毡、纱布、滤纸等。固化后被去除掉。

【真空袋膜】vacuum film

用于复合材料真空成型工艺的塑料薄膜，常用材料为聚乙烯/聚丙烯、尼龙结构多层共挤膜，具有较高的抗拉强度，适宜的延伸率，在真空灌注成型工艺中将增强材料包覆在模腔中，抽真空后能够在树脂完全固化前维持模腔内真空度。常用厚度为 50～100μm，耐温等级根据固化工艺不同，一般要求大于 150℃，耐高温的真空袋膜可达到 400℃。

【高渗透介质】high permeating medium

真空辅助树脂灌注成型工艺用树脂导流材料的统称，其作用是在真空袋膜和增强材料之间形成树脂流道，使得树脂能够迅速在长度和宽度方向的平面内流动，然后沿厚度方向渗透。常用的高渗透介质材料俗称导流网，材质一般为尼龙或聚丙烯，分为编制型导流网、挤出型导流网，耐温要求一般大于100℃。

【玻璃纤维】glass fiber

参见11.1.1【玻璃纤维】。

【E玻璃纤维】E glass fiber; non-alkali glass fiber

参见11.2.1【E玻璃纤维】。

【S玻璃纤维】S glass fiber; high strength glass fiber

参见11.2.1【S玻璃纤维】。

【高硅氧玻璃纤维】high silica glass fiber; vitreous silica fiber

参见11.2.1【高硅氧玻璃纤维】。

【石英玻璃纤维】quartz glass fiber; silica glass fiber

参见11.2.1【石英玻璃纤维】。

【碳纤维】carbon fiber

参见18.1.13【碳纤维】。

【有机纤维】organic fiber

由有机聚合物制成的纤维或利用天然聚合物经化学处理而制成的纤维。包括涤纶、腈纶、锦纶、丙纶以及高性能纤维。高性能纤维包括芳纶、超高分子量聚乙烯纤维（UHMWPE纤维）、聚对苯撑苯并双恶唑纤维（PBO纤维）、聚对苯并咪唑纤维（PBI纤维）、聚苯撑吡啶并二咪唑纤维（M5纤维）、聚酰亚胺纤维（PI纤维）等。

【芳纶纤维】aramid fiber

分子结构主链上的重复链节只含芳香环和酰胺键的合成纤维，由芳香族聚酰胺树脂作原料生产。主要有对位芳酰胺纤维（PPTA）和间位芳酰胺纤维（PMIA）。

【超高分子量聚乙烯纤维】ultra-high molecular weight polyethylene fiber; UHMWPE

又称高强高模聚乙烯纤维，是分子量在100万～500万的聚乙烯所纺出的纤维，具有很高的比强度和比模量（密度0.97～0.98g/cm^3，强度2.8～4N/tex，模量91～140N/tex）和优异的冲击吸能性能（冲击吸收能比对位芳酰胺纤维高近一倍）。主要应用于防弹衣、防护装置、绳缆和渔网等。此外，其抗热性能不佳，在环境温度超过100℃的情况下，性能发生明显下降，以致不能使用，限制了其在某些特殊领域的应用。

【石墨纤维】graphite fiber

参见18.1.13【石墨纤维】。

【硼纤维】boron fiber

参见9.2.2【硼纤维】。

【碳化硅纤维】silicon carbide fiber

参见9.2.2【碳化硅纤维】。

【玄武岩纤维】basalt fiber

参见11.2.1【玄武岩纤维】。

【天然纤维】natural fiber

自然界原有的或经人工培植的植物上、人工饲养的动物上直接取得的纤维。

【无捻粗纱】roving

参见11.2.1【玻璃纤维无捻粗纱】。

【连续纤维】continuous fiber

从理论上讲，连续纤维是无限延续的纤维，主要用漏板法拉制而成，经纺织加工后，可以制成绳、布、带、无捻粗纱等制品。

【短切原丝】chopped strands

参见11.2.1【短切原丝】。

【晶须】whisker

参见9.2.2【晶须】。

【玻璃纤维织物】glass fabric

将两组相互垂直的或互成某种特定角度的玻璃纤维纱（单纱、合股纱或无捻粗纱）交叉织成的一种织物。

【无捻粗纱布】roving cloth; woven rovings

参见11.2.1【无捻粗纱布】。

【单向织物】unidirectional fabric

参见11.2.1【单向织物】。

【三维织物】three-dimensional fabric; 3D fabric

参见11.2.1【三维立体织物】。

【三维夹芯层连织物】3D facesheet-linked spacer-fabric

参见11.2.1【三维立体织物】。

【多轴向织物】multiaxial fabric

参见 11.2.1【多轴向织物】。

【毡】mat

由定长纤维、连续纤维的单丝或原丝，短切或不短切、定向或不定向地结合在一起而制成的薄片状制品。

【单丝毡】filament mat

参见 11.2.1【单丝毡】。

【短切原丝毡】chopped strand mat

参见 11.2.1【短切原丝毡】。

【连续原丝毡】continuous strand mat；continuous filament mat

参见 11.2.1【连续原丝毡】。

【表面毡】surfacing mat；surfacing veil

参见 11.2.1【表面毡】。

【湿法毡】wet-laid mat；tissue

参见 11.2.1【湿法薄毡】。

【针刺毡】needled mat

参见 11.2.1【针刺毡】。

【缝编毡】stitched mat

参见 11.2.1【缝编毡】。

【复合毡】combination mat

参见 11.2.1【复合毡】。

【纤维浸润性】fibre wettability；fiber wetness

纤维增强材料被树脂胶液润湿的能力。纤维浸润性由纤维表面的化学成分和纤维表面的几何形状特别是粗糙度决定。测试纤维浸润性能的方法有 Wilhelmy 浸润力测量法、静滴法测接触角、插入法测接触角、靶环法。

【纤维表面处理】fiber surface treatment

为提高纤维与树脂的粘结能力所进行的改善纤维表面物理或化学性能的过程。最常用的是偶联剂处理。

【浸润剂】sizing agent；size

参见 11.3.2【浸润剂】。

【偶联剂】coupling agent

参见 11.3.2【偶联剂】。

【树脂】resin

常温下是固态、半固体、假固体的聚合物，有时也可以是液态聚合物。无固定的熔点，但有软化或熔融范围，软化时，在外力作用下有流动倾向。有的可溶于有机溶剂，如醇、醚、酮等，不溶于水。根据受热后性能的变化可分为热塑性树脂和热固性树脂。按来源则有天然和合成之分。天然树脂大多取自植物或动物，如松香、虫胶等。合成树脂由各种单体聚合或由天然高聚物经化学加工而成，种类繁多，如环氧树脂、酚醛树脂、聚乙烯、聚氯乙烯等。合成树脂性能优良，其重要性和发展都远超过天然树脂。广泛用以制造塑料、纤维增强塑料、涂料、黏合剂等。

【热固性树脂】thermosetting resin

在热、光、辐射或固化剂等作用下能固化成不溶不熔性物质的树脂。一般成型后具有网状体型结构，受热不再软化，高温则分解破坏，不能反复塑制。如聚酯树脂、环氧树脂、酚醛树脂等。

【热塑性树脂】thermoplastic resin

在特定的温度范围内受热软化(或熔化)、冷却硬化，可反复塑制的树脂。一般是线型高分子化合物。如聚氯乙烯、聚丙烯、聚碳酸酯等。在软化状态下，能进行模塑加工，工艺简便、机械性能好，但耐热性和刚性较差。近年来发展起来的氟塑料、聚酰亚胺、聚苯并咪唑等，具有耐腐蚀、耐高温、电绝缘性能好、磨耗低等特点，是许多天然材料所不能比拟的高级工程材料。

【不饱和聚酯树脂】unsaturated polyester resin

主链上含有不饱和双键(—C ═C—)的聚酯树脂。一般用二元醇(丙二醇、一缩二乙二醇等)、不饱和二元酸或酐(反丁烯二酸、顺丁烯二酸酐等)和饱和二元酸或酐(间苯二甲酸、邻苯二甲酸酐等)在反应釜内加热熔融，脱水酯化，最后与反应性单体(简称单体)混溶而成。常用的单体是苯乙烯，其他如甲基丙烯酸甲酯、邻苯二甲酸二烯丙酯等也可使用。习惯上，将不混有单体的树脂称为不饱和聚酯(简称聚酯)；混有单体的树脂溶液称为不饱和聚酯树脂(简称聚酯树脂)。不饱和聚酯与单体间的共聚反应常用有机过氧化物和促进剂引发。共聚过程中不放出低分子副产物。可以常温接触成型，也可热成型。改变原材料、配比和制造方法可制得耐水、耐蚀、耐热、阻燃、透明、柔软等不同特性的树脂。广泛用于制造纤维增强塑料、工艺品、涂料等。

【环氧树脂】epoxy resin

泛指分子链含有两个或两个以上环氧基团的聚合物，属热固性树脂。主要有双酚 A 环氧树脂、脂肪族环氧树脂、卤代双酚 A 环氧树脂、丙烯酸酯环氧树脂等。一般为液体或各种熔点的固体，平均分子量一般为 300～7000。未固化前是线型高分子，可溶于丙酮、环己酮、甲乙酮等有机溶剂。由于分子结构中含有活泼的环氧基团，使它们可与多种类型的固化剂发生交联反应而形成不溶、难熔的具有三向网状结构的高聚物。由于其具有良好的加工工艺性、高的黏合力、固化收缩小、机械强度高、优良的耐化学腐蚀性和电绝缘性能等，因而在纤维增强塑料、胶粘剂、涂料、电绝缘材料等方面应用很广。

【酚醛树脂】phenolic resin

由酚、酚的同系物及(或)衍生物与醛类或酮类缩聚而成的聚合物。常用的酚醛树脂有苯酚甲醛树脂、甲酚甲醛树脂、二甲酚甲醛树脂和苯酚糠醛树脂等。有热塑性和热固性两种。热塑性的又叫诺伏腊克树脂(novolac resin)，它是以略过量的三官能团酚与甲醛在酸催化下生成。可用固化剂(如六次甲基四胺)固化。热固性的是略过量的醛与三官能团酚在碱催化下生成，受热固化成不熔不溶状态。在固化过程中经过甲、乙、丙三个阶段。工业上常把填料、固化剂、润滑剂等助剂加入热塑性树脂中，经分散混合成为压缩粉，经热压加工成酚醛塑料，俗称“电木”，用以制造绝缘材料、机械零件和日用品。热固性树脂主要用于制造涂料、胶粘剂和酚醛塑料等。其制品耐酸、耐热，有一定的机械强度。在纤维增强塑料工业中常用的是热固性酚醛树脂。

【酚醛环氧树脂】phenolic epoxy resin

由环氧氯丙烷和线性酚醛树脂在氢氧化钠催化下缩聚而成的黏性液体树脂。固化后形成交联度大而密的体型结构。耐热性好。用它制成的纤维增强塑料有良好的机械强度、电绝缘性能和热稳定性。

【聚酰亚胺树脂】polyimide resin

主链上含有酰亚胺环的一类树脂。分为热固性和热塑性两大类，前者具有突出的耐高温性，其使用温度范围为－269～＋300℃，后者耐热性稍低，一般使用温度低于 230℃，还具有良好的耐辐射性、耐溶剂性，电绝缘性优异，尺寸稳定性好，机械性能高，不开裂不冷流，有良好的自润滑性。作为一种特种工程材料，已广泛应用在航空、航天、微电子、纳米、液晶、分离膜、激光等领域。

【氰酸酯树脂】cyanate easter resin

是一类含有两个或两个以上的氰酸酯官能团(—O—C≡N)的新型热固性树脂，具有优良的力学性能、加工工艺性能、耐热/耐湿热性能、极低的介电损耗和低而稳定的介电常数，并且介电性能对温度和电磁波频率的变化都显示出特有的稳定性，即宽频带性。目前以双酚 A 型氰酸酯树脂的生产和应用最为广泛。

【双酚 A 型环氧树脂】bisphenol A-based epoxy resin

由双酚 A、环氧氯丙烷在碱性条件下缩合，经水洗、脱溶剂精制而成的高分子化合物。因环氧树脂的制成品具有良好的物理机械性能，耐化学药品性，电气绝缘性能，故广泛应用于涂料、胶粘剂、纤维工艺品塑料、电子浇铸、灌封、包封等领域。

【双马来酰亚胺树脂】bismaleimide resin

由马来酸酐与芳香二胺等反应得到的一类树脂。因其两端含有不饱和双键，打开后可以进行诸多反应，形成均聚物、共聚物、三元共聚物的双马来酰亚胺树脂体系。该树脂有较高的反应活性，其固化产物具有高的机械强度和刚度。热稳定性和耐湿热性优于环氧树脂体系，但韧性不如环氧树脂体系。

【聚氨酯树脂】polyurethane

主链链节含有氨基甲酸酯基(— NHCOO —)的聚合物，由多元异氰酸酯与多元羟基化合物或高聚物作用而成。根据原料所含官能团及其数目的不同，可制得线型或体型结构的聚合物，耐磨、耐低温、耐油和耐化学腐蚀性良好。广泛用于制造各种泡沫塑料、塑料弹性体、合成纤维、合成皮革、合成橡胶、涂料和黏合剂。

【乙烯基酯树脂】vinyl ester resin；VE

又称环氧丙烯酸树脂，是由双酚型或酚醛型环氧树脂与甲基丙烯酸反应得到的一类变性环氧树脂，通常被称为乙烯基酯树脂，为热固性树脂。乙烯基酯树脂具有环氧树脂的优良特性，固化性和成型性方面更为出色，能溶解于苯乙烯以及丙烯酸系单体，由于兼具环氧和不饱和的优点，其应用领域正在不断扩大。乙烯基树脂的应用包括制作耐腐蚀 FRP 制品，如 FRP 槽罐、管道、塔器以及耐腐蚀格栅等；防腐蚀工程，如水泥基或铁基 FRP 衬里、高耐腐蚀地坪；高强度 FRP 制品，如玻璃钢型材、体育用品、FRP 船艇等；重防腐玻璃鳞片涂料、鳞片胶泥；其他如 UV 油墨、重防腐工业地坪等；电厂脱硫防腐，耐高温，耐强酸强碱；化工车间工作台耐酸碱防腐等。

【树脂糊】resin paste

在树脂中加入增稠剂、填料等组分的黏稠状混合物。

【浇铸体】resin casting body

指未加增强材料的纯树脂基体固化物，通常用作测试树脂基体性能的试件。

【胶衣】gel coat

用于改善复合材料制品表面性能的表面树脂层(有时含有着色剂)。此树脂层也用作液体和紫外线的屏蔽层。可用刷涂或喷涂的方法敷加于模具上，待其胶凝后再成型复合材料。胶衣层厚度为 0.25～0.4mm。也可用表面毡等增强。

【固化剂】curing agent

促进或调节树脂固化反应并使之得到硬产品的物质。例如，环氧树脂中添加的乙二胺，间苯二胺；酚醛树脂中添加的对甲苯磺酰氯、石油磺酸；呋喃树脂中添加的硫酸乙酯等。固化剂与催化剂有类似的作用，其区别为：(1)固化剂一般参加固化反应，最终留在分子结构中；(2)固化剂用量一般较多。此外，习惯上还把不饱和聚酯树脂中添加的引发剂，如过氧化环己酮、过氧化二苯甲酰等称为固化剂，但不确切。

【潜伏性固化剂】latent curing agent

与树脂混合后适用期较长，一旦加热又能使树脂迅速固化的固化剂。环氧树脂常用的潜伏性固化剂有三氟化硼乙胺络合物、MS-1 型微胶囊、偏硼酸己丁酯与少量仲胺的加成产物等。酚醛树脂常用的潜伏性固化剂有六次甲基四胺等。

【稀释剂】diluent

为了降低树脂黏度，改善其工艺性能而加入的与树脂混溶性好的液体。分为活性稀释剂和非活性稀释剂。

【增稠剂】thickener；thickening agent

能使树脂胶液的稠度在要求的时间内增加到满足成型工艺要求并保持相对稳定，从而改善其工艺性能的物质。以 SMC、BMC 为例，其技术基础是不饱和聚酯树脂的增稠效应，增稠剂使不饱和聚酯树脂的黏度增大至不黏手，但也未固化，在较高的温度下可以流动，使模压变得可行。SMC、BMC 常用的增稠剂有氧化镁、氢氧化镁、氧化钙、氢氧化钙。

【增韧剂】toughening agent

为了降低树脂固化后的脆性，提高其冲击强度和延伸率而加入树脂中的物质。某些热固性树脂，如环氧树脂、酚醛树脂、氰酸酯树脂等固化后伸长率低，脆性较大，承受外力时很容易产生裂纹并迅速扩展，承载能力和疲劳性能大大降低。凡能减低脆性，增加韧性，而又不影响树脂其他主要性能的物质均可作为增韧剂。主要有橡胶类增韧剂和热塑性弹性体类增韧剂两类。

【增塑剂】plasticizer

改善高聚物(塑料、橡胶等)加工成型时的可塑性和流动性，并能使成品具有柔韧性的低挥发性物质。它在树脂中的作用是减小正常分子间的作用力，以使大分子更为自由的相互滑动。增塑剂通常是些黏稠液体或容易熔化的固体。一般要求无色、无臭、无毒、挥发性小、不燃和化学稳定性好。根据其作用可分为主要增塑剂和辅助增塑剂；根据化学结构可分为苯二甲酸酯类、磷酸酯类、脂肪酸酯类、聚酯类、环氧酯类和含氯化合物等。常用的有邻苯二甲酸二丁酯、磷酸三甲酚酯、氯化石蜡等。

【促进剂】accelerator

一种用量很少就能加快反应速度、缩短反应时间、降低反应温度的物质。促进剂品种繁杂，按照适用的树脂分为环氧树脂用促进剂(脂肪胺促进剂、酸酐促进剂、聚醚胺催化剂、潜伏型催化剂)、聚氨酯树脂用促进剂(胺类促进剂、锡类促进剂)、酚醛树脂用促进剂(氯化亚锡、三氯化铁、对氯代苯甲酸、促进剂M)、不饱和聚酯树脂用促进剂(环烷酸钴、异辛酸钴、异辛酸锌、N，N-二甲基苯胺、N，N-二乙基苯胺、磷酸钒等)。

【触变剂】thixotropic agent

能使物料具有触变性的物质。触变是一种物理现象，指物料受到外力作用(如剪切力、振荡等)时，黏度显著下降，而当除去外力时，物料又逐渐恢复到原来的黏度。加有触变剂的树脂，搅拌时黏度小，容易搅拌和涂刷，静置变稠，黏度很大，涂刷在垂直的立面上也不会下坠。复合材料工业中使用最普遍的触变剂有气相法二氧化硅、乳液法聚氯乙烯等。

【交联剂】crosslinking agent

一种能在线型分子主链间生成化学键，起架桥作用，从而使多个线型分子相互键合交联成网状结构的物质。不饱和聚酯树脂常用的交联剂有苯乙烯、甲基丙烯酸甲酯等，环氧树脂可以通过基于酸类、胺类、异氰酸酯、酚醛树脂等进行固化交联，酚醛树脂可以通过基于酸类、环氧树脂和异氰酸酯等进行固化交联。

【树脂贮存期】storage period of resin

一些树脂本身存在双键或活性基团，在存放过程或在室温下，也会交联聚合，黏度渐增，进而胶凝固化，失去工艺性能。从树脂生产出来到黏度渐增至失效之前的这段时间叫树脂贮存期。

【树脂适用期】pot life of resin

合成树脂自加入固化剂及其他助剂调配后到黏度增至成型工艺所不允许的黏度之前的一段时期。在湿法成型工艺如手糊法和缠绕法中，合理掌握树脂的适用期是非常重要的。

【填料】filler

加入树脂等基体中，以降低其成本和/或改善其物理性能，特别是硬度、刚度及冲击强度的相对惰性物质。填料和增强材料有所区别。一般来说，填料颗粒较小，对制品的拉伸强度提高不大；而增强材料多为纤维状的，可使制品的拉伸强度显著提高。最常用的填料有黏土、硅酸盐、滑石粉、碳酸盐、石棉灰等。有些填料还起颜料作用，如炭黑、白垩、二氧化钛。对于玻璃纤维增强塑料来说，加入不同的填料可相应地降低制品的收缩和热膨胀，改善表面状态，提高机械性能、耐热性、耐化学腐蚀性、耐磨性、自熄性、电性能等。

【胶粘剂】adhesive

通过粘附作用，能使同质或异质物体表面连接在一起，固化后具有足够强度的一类物质。胶粘剂种类较多，按主要成分分为有机类、无机类；按应用方法分为热固型、热熔型、室温固化型、压敏型等；按应用对象分为结构型、非构型或特种胶。属于结构胶粘剂的有：环氧树脂类、聚氨酯类、有机硅类、聚酰亚胺类等热固性胶粘剂。

【脱模剂】mold-release agent

参见 8.3.4【脱模剂】。

12.3 结构分析与设计

【许用应力】allowable stress

机械设计或工程结构设计中允许零件或构件承受的最大应力值。许用应力等于考虑各种影响因素后经适当修正的材料的失效应力(静强度设计中用屈服极限或强度极限，疲劳强度设计中用疲劳极限)除以安全系数。塑性材料(大多数结构钢和铝合金)以屈服极限为基准，除以安全系数后得许用应力；脆性材料(铸铁和高强钢)以强度极限为基准，除以安全系数后得许用应力。

【许用应变】allowable strain

材料和构件在最大许用应力作用下引起的形状和尺寸的相对改变。与许用应力类似，只是将其应力表征量替换成应变表征量。

【材料主方向】material principal direction

沿着材料三个正交对称平面的交线方向。

【层合板】laminate

由两层或两层以上单层板粘合在一起形成整体的结构元件。构成层合板的单层板可以是相同材质，也可以是不同材质，且单层主方向与层合板自然轴或选取轴成任意角度。通常认为层合板各单层间粘结得很好，且粘结层是非常薄的，没有剪切变形，即单层边界两边的位移是连续的，层间不能滑移。

【层合板面内刚度】in-plane stiffness of laminate

层合板抵抗中面面内变形(应变)的能力，又称拉伸刚度。若施加的中面合力产生中面单位应变，则中面合力在数值上对应为面内刚度值。

【层合板面内柔度】in-plane compliance of laminate

层合板单位中面合力引起的中面应变，又称拉伸柔度。与层合板面内刚度类似，若施加的中面应变产生中面单位合力，则中面应变在数值上对应为面内柔度值。

【层合板理论】laminated plate theory

根据常规材料板壳经典理论的简化假设建立用于分析和设计复合材料层合板的理论。此理论假设各单层均为宏观均匀正交各向异性材料，由极薄而坚实的粘结层相连，粘结层剪应变和线应变均可忽略(即相邻单向层间的位移是连续的，层间无滑移)。对薄层板可采用柯西荷夫-勒夫假设(即变形符合直法线假设，$\gamma_{xz}=\gamma_{yz}=0$ 和法线长度保持不变)以及 z 向应力可以忽略(即 $\sigma_z=0$)的假设，考虑各层偏轴应力-应变关系和静力平衡从而建立薄层合板刚度特性分析的理论。

【交叉效应】crossing effect

正应力会引起剪应变、剪应力会引起线应变的现象，是各向异性材料特有的耦合效应之一。

【耦合效应】coupling effect

材料在受到某种应力时，除了产生对应的基本变形外，还会产生其他方向的附加变形的现象。复合材料由于各向异性或非匀质等原因可能产生拉-剪、拉-弯等多种类型的耦合效应。

【层合板耦合刚度】coupling stiffness of laminate

层合板抵抗中面面内与面外耦合变形的能力。

【层合板耦合柔度】coupling compliance of laminate

层合板单位中面合力引起的中面面外变形(弯曲变形和扭转变形)或单位中面合力矩(弯曲力矩和扭转力矩)引起的中面面内应变。

【层合板弯-扭耦合】bending-twisting coupling of laminate

层合板弯矩所引起的扭转曲率，扭矩所引起的弯曲曲率的现象，是纤维增强复合材料层合结构所特有的一种性能特征。

【层合板弯曲刚度】bending stiffness of laminates

层合板抵抗中面弯曲变形(弯曲变形和扭曲变形)的能力。

【层合板弯曲柔度】bending compliance of laminates

层合板中面合力矩(弯矩和扭矩)引起的中面曲率(弯曲曲率和扭转曲率)。

【层合板拉-弯耦合】tension-bending coupling of laminate

层合板中面面内载荷引起弯曲、扭转面外变形，或面外载荷弯曲、扭转引起中面面内变形、剪变形的现象。用层合板耦合刚度[B]表示。这种现象是可逆的，它是层合板厚度方向的非均质引起的，是层合板结构所特有的耦合效应，对结构性质和结构分析都有重要的影响，并提供了实现超出传统材料功能的机会。复合材料机翼气动弹性剪裁设计的前掠翼就是一个范例。

【层合板拉-剪耦合】tension-shear coupling of laminate

层合板中面载荷引起中面剪应变，或中面剪切载荷引起中面线应变的现象，是纤维增强复合材料层合结构所特有的一种性能特征。

【层间应力】interlaminar stress

层合板中与厚度方向（z 向）有关的三个应力分量，即 σ_z、τ_{zx}、τ_{zy}。经典层合板理论认为这些应力分量都是次要量。而弹性力学的精确解表明，在层合板的自由边缘或孔边附近存在很大的层间应力，并与铺层方向和铺层顺序以及边缘形状等因素有关。对厚度大于长度或宽度10%的层合板，集中载荷区域及材料和几何尺寸突变区域，层间应力才有意义。由于层间拉伸强度和层间剪切强度与基体强度同量级，故层间应力的存在很容易导致层间分层破坏，是层合板特有的破坏机理之一。在设计时，应尽可能使层间应力减小，或使层间拉应力变为压应力以防止分层；还应设法提高纤维与基体的粘结强度和韧性，或采用包边、缝合等加固措施。

【等代设计】replacement design

采用准各向同性层合板，按刚度或强度相等的原则替换原有的金属板构件的设计方法。是复合材料在结构应用上的一种初期设计方法。

【对称层合板】symmetrical laminate

利用铺层设计，使得层合板沿厚度方向上存在一个中面，中面两侧对应的铺层材料、铺层数、铺层角都相同，形成无论是几何形状上还是性能上都呈镜像对称于中面的层合板。对称层合板在铺层编码中用下角标 s 表示，如 $[0/\pm45/90]_s$，这种层合板的中面应在两个90°铺层中间，此中面两侧的铺层结构是对称的。复合材料各向异性材料，为了保证沿厚度方向性能的对称性，避免因固化残余应力、湿热效应等引起的层合板的挠曲，大多数层合板设计成对称层合板。

【宏观力学】macromechanics

在复合材料中，按层合板理论把每一铺层内纤维和基体作为一个整体进行力学分析的方法。将复合材料的各层处理成宏观均匀材料，取其平均表观性能，考虑铺层的几何（各铺层的厚度、铺层角和铺层顺序等）因素，用结构力学的一般理论和方法，如经典层合板理论，研究复合材料在载荷和环境作用下的拉伸、弯曲、扭转、振动、屈曲及层间受力特性等问题，并通过单向层合板的失效判据（如蔡-希尔或蔡-吴准则）分析其强度，用以指导产品的结构设计。

【细观力学】micromechanics

在复合材料中，分别考虑纤维和基体的性能以及界面的情况，研究它们相互关系并进行力学分析的方法。以能代表复合材料基本性能的细观结构体积单元为研究对象，研究复合材料组分材料的性能、几何形状、分布、含量和界面性能与复合材料基本力学性能之间的关系。

【均衡层合板】balanced laminate

除0°和90°铺层外，其余铺层角 $+\theta$ 与 $-\theta$ 的铺层数相等的层合板。与只有一对铺层角的斜交层合板不同，均衡层合板可以有多对铺层角，如 $[0/\pm30/\pm45/\pm60/90]_t$，其在平面应力状态下呈正交各向异性。

【子层合板】sub-laminate

层合板中具有相同铺层结构的重复铺层组。在某种意义上说，对称层合板包含有两个铺层结构相同的铺层组。

【角铺设层合板】angle ply laminate

各单层板的材料主方向与参考坐标轴成某对称角（$+\theta$ 与 $-\theta$）铺设的层合板，也叫斜交层合板。正交层合板是这种层合板的一种特殊形式，另一种特殊形式是±45°的层合板。

【正交各向异性层合板】orthogonal ply laminate

具有正交各向异性力学性能特征的各种层合板的统称。单向层合板、正交层合板、均衡的角铺设层合板都是正交各向异性层合板。正交各向异性层合板在平面应力状态下存在着两个相互垂直的对称面。层合板对称方向上各坐标点的力学性能相同。正交各向异性是纤维复合材料的一种独有的性能特征。

【排序法】ranking

层合板按强度、刚度或其他特性分类排列

铺层的一种优化设计方法。通常用计算机算出满足某一设计指标的一系列层合板并按性能的优劣和层数顺序排列，据此选出最优的铺层方案。常用于子层合板的设计。优点是对同一个或几个外载荷可列出一系列可供选择的层合板。缺点是受所选定的供排序用的层合顺序的限制。

【π/4 层合板】π/4 laminates

在铺层结构上由 4 个铺层角间隔为 π/4 的铺层组构成的层合板。其中各铺层组的厚度可任意变化（包括 0 厚度）的称为一般 π/4 层合板；各铺层组的材料和厚度均相同的称为标准 π/4 层合板。这是一种准各向同性层合板。采用 π/4 的特殊铺层角，可以提高面内剪切刚度和强度，也便于实际操作中铺层角的精确控制和掌握。一般 π/4 层合板不限制各铺层厚度相等的条件，对复合材料性能设计提供了更大范围的灵活性。可通过改变各铺层组的体积含量来改变一般 π/4 层合板的性能。

【偏轴】off-axis

与单层板中弹性主方向有一个偏角（以逆时针方向为正）的参考坐标轴。常用 X-Y 坐标系表示，偏角为铺层角。

【正轴】on-axis

与单向层合板中弹性主方向一致的参考坐标轴，常用 1-2 坐标系表示，也是正交各向异性材料三个相互对称面的交线。

【强度层】strength layer

复合材料制品层合结构上，起着保证产品的强度和刚度、承担外载荷作用的铺层，也称增强层、结构层。该层设在内外层之间，有较高的纤维含量（通常在 60%以上），其铺层角度和厚度由设计计算确定。

【逐层失效】successive ply failure of laminate

在载荷作用下，层合板的破坏由某一单层最先失效开始，随后其他单层相继发生失效，直至总体破坏。通过对层合板逐层的强度分析，可以求出每一层达到失效时的组合应力水平。

【最先一层失效】first ply failure of laminate

多向层合板中的一个铺层或铺层组在载荷作用下最先达到失效的组合应力水平而产生的失效，又称最薄弱层失效。失效模式大多为沿纤维方向的基体开裂。最先一层失效与所加载荷有关，0°方向的载荷最容易使 90°的铺层首先破坏。最先一层失效的载荷可以是复合材料设计时的载荷。最先一层失效可以通过对层合板首次失效对应的强度分析求出。

【最终失效】last ply failure of laminate

在逐渐增大的载荷作用下，层合板中的最后一层达到失效应力水平时所产生的失效。通过对层压板逐层的强度分析，可以采用强度比方程求出最后一层失效时的应力水平。

【铺层】ply

又称单层、单层板，复合材料层合板中的某一层（按设计和工艺要求铺贴的一层增强材料或预浸料片材），是复合材料制品结构设计和制造成形的最基本单元。

【铺层角】ply angle

层合板中某一铺层的纤维方向与参考坐标轴之间的夹角，也称纤维取向。以逆时针方向为正。铺层角是影响层合板性能的一个重要参数，可以通过改变铺层角和相应的铺层数来设计层合板的性能。如要提高层合板的面内剪切性能，可通过增加±45°铺层数来实现。

【铺层组】ply group

层合板中连续铺设的具有相同铺层角的一组铺层。层合板的铺层结构，可以设计成每一铺层角仅有一层铺层的形式，也可以设计成铺层组的形式。

【铺层比】ply ratio

层合板中各铺层角层数占总层数的比值。

【铺层设计】ply design

对复合材料的铺层材料、层数、顺序和角度进行合理布置以满足特定结构性能要求的设计。设计时，可在主承力方向布置足够的材料，并使纤维方向排布符合受力要求，满足构件所需的强度和刚度水平；在次承力方向可布置较少材料。其结果是既能保证使用性能要求，又能减轻构件重量，提高工效与材料利用率，降低成本。

【铺层顺序】ply stacking sequence

复合材料层合板中各种不同铺层的排列顺序。铺层顺序是层合板铺层结构的具体体现，不同铺层顺序对层合板的力学性能包括弯曲性能和层间应力都有重要影响。

【铺层编码】ply stacking code

用数字和符号(字母)表示层合板铺层角、铺层数和排列顺序的编写规则，是层合板设计、分析和制造等需要的标记。通常采用从上到下进行编码，例如：$[0/90_2/45/-45_3/-45_3/45/90_2/0]_t$，下角标数字表示层数，$t$ 表示整个层合板；该层合板也可表示为$[0/90_2/45/-45_3]_s$，s 表示对称层合板。

【铺层递减】ply drop

层合板中因外界载荷作用降低而在某些部位减少铺层数的方法。

【铺层应变】ply strain

铺层内的应变分量。根据层合板理论该分量与层合板中的应变分量相同。

【铺层应力】ply stress

铺层内的应力分量。该应力分量随层合板中各铺层材料和角度的不同逐层变化。

【设计制造一体化】design for manufacture of composites；DFM

面向产品全生命周期，将复合材料结构设计与成型工艺设计同时完成的设计方法。结构合理、工艺可行以及低成本制造是设计制造一体化追求的目标。

【失效包络线】failure envelope

在应力或应变空间的某一平面上，由失效准则描述的有界和封闭曲线。多向层合板由失效准则定义的最先一层失效(FPF)包线、由失效准则和刚度降准则确定的最后一层失效(LPF)包线的简单轮廓。

【强度比方程】strength ratio equation of composite

用材料强度极限与其承受的应力之比表示的复合材料失效判据，也称强度比。与安全裕度有关。当强度比等于 1 时，破坏发生；若强度比为 2，表示安全系数为 2，安全裕度为 1，再增加一倍载荷即发生破坏。使用蔡-吴准则很容易求得强度比。

【失效准则】failure criterion

又称破坏判据、强度理论，在复杂应力或复杂应变状态下，复合材料破坏的经验描述。即在单向复合材料单轴破坏的试验基础上，给出复合材料受载破坏时的应力分量或应变分量应满足的条件。它是单向复合材料强度估算的依据，层合板强度计算的基础。失效判据有多种，但都部分地与某些试验结果相符合。常用的有最大应力失效判据、最大应变失效判据、蔡-希尔准则和蔡-吴准则。

【纤维临界长度】critical length of fiber

复合材料承载时，应力由基体向纤维传递，纤维可达到最大允许应力时的最小长度。

【损伤阻抗】damage resistance in composites

复合材料在与损伤事件相关的力、能量等作用下所产生损伤尺寸、类型、严重程度的表征。通常用落锤冲击、准静态压痕进行试验。

【损伤】damage in composites

复合材料在承载过程中，由于微结构的破坏而引起的刚度、强度和使用寿命的降低。纤维增强复合材料的损伤可分为四种基本类型，即纤维-基体界面的脱粘、基体开裂、纤维断裂和纤维分层。复合材料损伤的研究方法有两种：一是采用各向异性连续损伤力学研究复合材料的分布损伤，把损伤处理为材料本构关系中的内变量；二是应用细观力学的方法，研究复合材料各类损伤的机制和判据，研究各类损伤的扩展和耦合，以确定复合材料的损伤状态及损伤后应力的重分布。

【损伤容限】damage tolerance

材料或结构受到损伤后的安全运行能力。复合材料损伤容限设计主要针对飞机结构，设计时主要考虑安全性和使用寿命要求，另外减轻维护的费用也是重要的考虑因素。由于复合材料结构不可避免地受到损伤，因此损伤容限的研究具有重要的意义，可以通过在设计阶段预估可能遭受到的损伤类型和大小，以及根据损伤后的剩余强度、剩余刚度和剩余寿命，采取有效措施保证结构的安全。

【修理容限】repair tolerance

复合材料制品的缺陷或损伤是否需要与能

否进行修理的定量界限。修理对延长产品的使用期限、降低全生命周期的费用都有重要意义。

【疲劳】fatigue

参见 2.1.6【疲劳】。

12.4 工艺与设备

12.4.1 成型工艺

【缠绕成型】filament winding; winding process

将浸过树脂胶液的连续纤维(或布带、预浸纱)按照一定规律缠绕到芯模上，然后经固化、脱模，成型复合材料制品的一种工艺方法。根据纤维缠绕成型时树脂基体的物理化学状态不同，分为干法缠绕、湿法缠绕和半干法缠绕三种。具有生产效率高和成本低的特点。可用于制作复合材料管道、储罐、压力容器、火箭发动机壳体、发射管等产品。

【干法缠绕】dry winding

预浸纱(带)经加热软化至黏流态后缠绕到芯模上成型复合材料制品的方法。干法缠绕优点：(1)预浸纱(带)是专业生产，能严格控制树脂含量(精确到2%以内)，制品质量比较稳定；(2)缠绕速度快，可达到100～200m/min；(3)缠绕机清洁，劳动卫生条件好。其缺点是需要增加预浸纱(带)制造设备和生产工序，制品的层间剪切强度较低。

【湿法缠绕】wet winding

纤维集束(纱式带)浸渍树脂胶液后，在张力控制下直接缠绕到芯模上成型复合材料制品的方法。湿法缠绕优点：(1)与干法缠绕相比，省去预浸纱(带)生产工序，成本较低；(2)浸渍树脂胶液和缠绕同步进行，生产效率高；(3)纤维上的树脂胶液可减少纤维磨损。其缺点是：(1)树脂浪费大，操作环境较差；(2)含胶量不易控制；(3)如树脂胶液含有溶剂，则制品的孔隙含量较高。

【半干法缠绕】semi-dry winding

连续纤维纱(或纱带、布带)浸渍树脂胶液，预烘后随即缠绕到芯模上成型复合材料制品的方法。与干法相比，无须整套的预浸设备，缩短了烘干时间，使缠绕过程可在室温下进行。与湿法相比，可降低制品的孔隙含量。

【热塑性复合材料共缠绕工艺】co-winding processof thermoplastic composites

将增强材料纤维束与热塑性树脂纤维束进行同步缠绕，制成预浸料或制品坯料的方法。该工艺可解决因热塑性树脂熔体黏度大，纤维浸渍树脂难的问题，使后续复合材料成型方便易行。

【缠绕模压法】winding-compression moulding

指浸渍树脂的纤维束按设计线型在芯模上缠好后直接模压成型，或把缠好后的铺层切下，再切成预定形状，放入模内压制成型的工艺方法。该方法适用于对铺层、密实性等有特殊要求的制品。

【缠绕规律】principle of winding

描述纤维束或带均匀排布在芯模表面以及芯模和导丝头之间的运动关系的规律。研究缠绕规律的目的，是找出制品的结构尺寸与线型、导丝头与芯模相对运动之间的定量关系，以实现既定的排布线型以及连续稳定的缠绕。

【缠绕线型】winding pattern

缠绕时纤维束或带按一定规律均匀排布在芯模表面而重复出现的图形。分为环向缠绕、纵向缠绕和螺旋缠绕三类。缠绕线型必经满足以下两点要求：(1)纤维既不重叠又不离缝，均匀连续布满芯模表面；(2)纤维在芯模表面位置稳定，不打滑。

【环向缠绕】hoop winding pattern

浸渍过树脂胶液的纤维或带沿与芯模轴线接近90°角的方向连续缠绕到芯模上的方法。芯模绕自转轴匀速转动，导丝头在筒身区间做平行于轴线方向运动。芯模转动一周，导丝头移动一个纱片宽度(近似)，如此循环，直至纱片均匀布满芯模筒身段表面为止。

【纵向缠绕】longitudinal winding pattern

又称平面缠绕、极缠绕，俗称“0”(零)形缠绕。浸渍过树脂胶液的纤维或带沿与芯模轴线成 0°～25°角的方向连续绕到芯模上的方法。缠绕时，导丝头在固定平面内做圆周运动，芯模绕自转轴缓慢旋转，导丝头转一周，芯模转一个微小角度，反映在芯模表面为近似一个纱片宽度。纤维轨迹是一条单圆平面封闭曲线。

【螺旋缠绕】geodesic line winding pattern

又称测地线缠绕。浸渍过树脂胶液的纤维或带以大约与芯模轴线成 12°～70°角的方向，连续绕到芯模上形成螺旋线形的方法。缠绕时，芯模做匀速转动，导丝头沿芯模的轴线方向做往复运动，导丝头往复运动一次，芯模至少转动一周或整分数周。

【线性缠绕】linear winding

导丝头沿芯模轴线方向的运动速度与芯模的旋转速度呈线性关系的螺旋缠绕。

【非线性缠绕】non-linear winding

导丝头沿芯模轴线方向的运动速度与芯模的旋转速度呈非线性关系的螺旋缠绕。

【缠绕速比】winding rate ratio

单位时间内，芯模转数与导丝头往返次数之比，或者是完成一个完整循环，芯模转数与导丝头往返次数之比。属缠绕规律问题，是芯模和导丝头相对运动关系。

【缠绕张力】winding tension

缠绕过程中，施加给纤维束或带的张紧力。是缠绕工艺中的重要参数。施加张力的目的是使纤维的初始内力相同，纤维排列得均匀、密实，以获得高性能的缠绕制品。缠绕张力的大小、均匀性及各缠绕层之间的张力变化对缠绕制品强度及其他物理性能都有较大影响。缠绕张力不宜过大或过小，一般以纤维强力的 5%～10%为宜。过大易使纤维磨损，降低树脂含量，甚至引起内衬失稳；过小将使缠绕结构松散，强度偏低。各纤维束的张力应均匀一致，使其在外力作用下能均匀受力。缠绕张力应随着壁厚的增加而逐层递减，使内外层纤维张力趋于相同，并在外力作用下能同时受力，以充分发挥纤维的强度。

【缠绕中心角】winding central angle

缠制容器时，芯模上缠绕纤维从某一点绕到另一点时，芯模所转过的角度。筒体段上的缠绕中心角叫进角，封头段上的缠绕中心角叫包角。

【极孔】polar hole

在封头顶端沿平行圆留出的孔。绕在封头上的纤维均与极孔相切。在极孔处，纤维的缠绕角为 90°。极孔可做纤维增强塑料容器进出管路的出入口，以减少容器筒体的开孔。制造期间极孔成为芯模轴的伸出孔和芯模的脱出孔。

【测地线】geodesic line

又称短程线，是曲面上两点间的最短线，如同在光滑无摩擦曲面上两点间张紧的细绳，所形成稳定位置的曲线(见附图)。为使纱片在缠绕张力作用下能稳定地排列在曲面上，应使纱片沿测地线排列。在圆筒曲面上的测地线是螺旋线。在封头曲面上，与极孔相切的测地线方程为：$r\sin\alpha=h$，式中：h 为极孔半径；r 为测地线与子午线交点处平行圆半径，在赤道处 r 等于圆筒段半径 R；α 为测地线与子午线夹角，即缠绕角，在极孔处 $\alpha=90°$，赤道处 α 与圆筒段缠绕角相等。

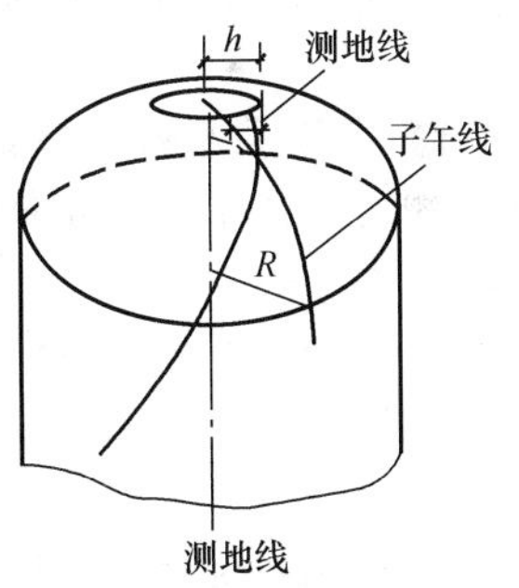

测地线示意图

【短程线缠绕】geodesic line winding

在芯模曲面上，纱带缠绕轨迹与短程线重合的缠绕。

【缠绕角】winding angle

缠绕在芯模上的纤维束或带的长度方向与芯模子午线或母线间的夹角。缠绕角对制品的环向、轴向或封头强度有重要影响，应正确选择。

【等张力封头曲面】isotensile head contour

又称平衡型封头或平衡设计等张力封头曲面。对于这种封头，只考虑纤维受载便能和内压平衡。在内压作用下，每根纤维不管在封头中位置如何，均承受相同的内力。纤维均按测地线配置，是一种材料强度得到最充分利用的封头曲面。等张力封头曲面的子午线方程为：$y=\int\frac{x^3\mathrm{d}x}{[(1-x^2)(x^2-a_1)(x^2-a_2)]^{1/2}}+c$。式中：$a_1=\frac{1}{2}\left[\sqrt{1+\frac{4x_0^2}{1-x_0^2}}-1\right]$；$a_2=\frac{1}{2}\left[\sqrt{1+\frac{4x_0^2}{1-x_0^2}}+1\right]$；$x=\frac{r_a}{R}$为用筒体半径整化后的径向距离；$x_0=\frac{h}{R}$为用筒体半径整化后的极孔半径。

【扁椭球封头曲面】oblate ellipsoid head contour

扁椭球面形状的容器封头曲面。封头形式的一种，其曲线方程为：$y=\frac{1}{2}\sqrt{1-x^2}$。式中：$x=\frac{r_a}{R}$为用筒体半径整化后的径向距离。

【零周向应力封头曲面】zero hoopwise stress head contour

等张力封头在极孔半径为零时的封头曲面。此曲面在内压作用下，其周向应力为零。

【缠绕速度】winding rate

缠绕过程中，单位时间内通过导丝头的纤维束或带的长度。

【滑移】slip

又称涓纱纤维缠绕过程中，缠绕到芯模上的纤维从落纱点位置滑向稳定位置或滑脱的一种现象。

【模压成型】compression moulding

将一定量的模压料装入金属对模中，借助压力和温度固化成型复合材料制品的方法。包括团状模塑料模压、片状模塑料模压织物模压、层压模压、定向铺设模压等。液压机是模压成型的主要设备，为模压成型提供所需的压力及开模脱出制品的脱模力。模压成型优点：(1)生产效率高；(2)制品尺寸精确，表面光洁；(3)重复性好；(4)一些复杂结构的制品可一次成型，无须二次加工；(5)易实现机械化和自动化。缺点：(1)模具的设计制造复杂；(2)设备及模具投资较高；(3)制品尺寸受设备限制，一般只能生产中、小型制品。

【模塑料流动性】moulding compound flowability

表征模塑料在压力及温度作用下充满模腔的能力。模塑料的流动性对模压工艺条件的确定和模具设计具有较大的影响。影响流动性能的内因主要有树脂基体的结构、模塑料的组成及其质量指标；影响流动性能的外因主要有模压成型工艺的温度和加热时间、成型压力及模具的结构、形状和模腔表面光洁度等。流动性和时间的关系如附图(*a*)所示，加热初期流动性随时间增大，达到 *t* 后，流动性迅速降低；流动性和温度的关系如附图(*b*)所示，当温度<T_0 时，流动性随温度的升高而增加，当温度>T_0 时，流动性随温度的升高而降低。

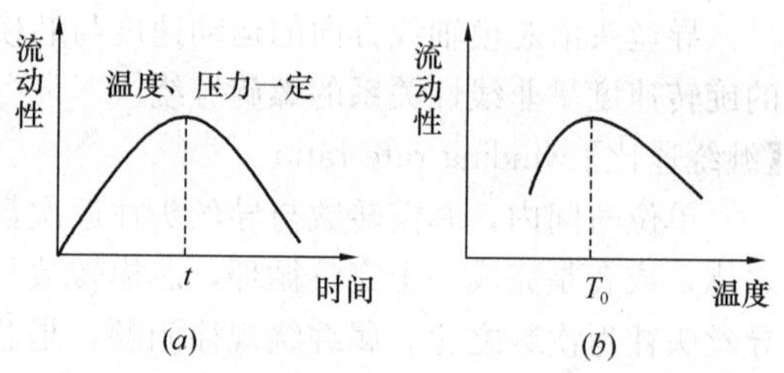

流动性和时间、温度的关系

【模压收缩率】moulding shrinkage

模塑制品与所用模具相应尺寸的差同模具相应尺寸之比，用百分数表示。收缩率是设计模具的重要依据，直接影响制品的尺寸精度。影响收缩率的因素：(1)模压料中树脂和添加物的种类与含量，常用树脂中环氧树脂收缩率最小，酚醛与聚酯收缩率较大；(2)模具结构和制品形状，如不溢式模具成型制品的收缩率较溢式模具小；(3)成型工艺条件，如模压温度升高、制品收缩率增加等。

【装料腔】loading cavity

是盛放模塑料并使之加热塑化，在模塑料进入型腔前的一个腔体，属于型腔开口端的延续部分。由于模压料密度比制品小，成型前单靠型腔往往无法容纳全部原料，因此，需在型腔之上设一段装料腔。溢式模具无装料腔，模压料堆积在型腔中部，不溢式和半溢式压模具设有加料腔。通常装料腔横截面积等于模压件水平投影面积或再加上挤压边面积，设计时只需计算装料腔高度即可。

【装料温度】mould loading temperature

将物料放入模腔时模具的温度。装料温度取决于模压料的品种和质量指标，此外，还应考虑制品结构和生产效率。选择装料温度应注意溶剂的挥发温度，在此温度下，有利于排出低分子物和使物料易于流动，且树脂不致发生明显的化学变化。为使物料温度不发生突变，物料应在装料温度下停留一段时间。物料挥发物含量高，不溶性树脂含量低时，装料温度较低；反之，要适当提高装模温度。

【模压时间】moulding time

模具完全闭合或最后一次放气闭模至解除压力的瞬间所需的时间，也称模压保温保压时间。模塑料的充分固化需有足够的模压时间，确定时需考虑模塑料的固化速率、制品的形状和壁厚、模具的结构、模压温度和模压压力以及预压、预热和成型时是否排气等，尤其是模压温度、制品壁厚和预热条件。模压时间过短，模塑料不能完全固化，致使制品欠熟因而力学性能差、外观缺乏光泽、脱模后易出现翘曲和变形等；但过分的延长模压时间又会使制品过熟，不仅生产效率降低、能耗增大，而且会因过度交联使收缩率增加，制品表面发暗起泡，严重时会出现开裂。

【模压温度】moulding temperature

成型时使热塑性树脂塑化或使热固性树脂固化所需要的温度。模压温度贯穿模压的整个过程，一个模压过程可由同一温度组成也可由不同温度段组成。

【模压压力】moulding pressure

使模塑料完全充满模腔或为使制品密实所必需的压力，大多指制品水平投影面积上所承受的压力。其作用是克服模压料的内摩擦力及物料与模腔间的内摩擦力，使物料充满模腔；克服物料挥发物（溶剂、水分及固化副产物）的抵抗力及压实制品以保证精确的形状、尺寸和密度。模压料种类及质量指标、制品的结构等因素影响模压压力的确定。模压压力过大或过小均不利于制品质量，提高模压压力，有利于制品质量的提高，但过大的压力会引起纤维损伤，降低制品强度，同时对压机寿命和能耗不利。合理的成型压力要通过试验确定。

【加压时机】pressure opportunity；pressure applying moment

是指合模后最适宜的加压时间。加压时机是保证制品质量的关键之一。加压过早，树脂反应程度低，分子量小，黏度低，极易发生流失或形成树脂聚集或局部纤维外露。加压过迟，树脂反应程度过高，分子量过大，黏度过高，不利于充模，易形成废品。

【模压周期】moulding cycle

从装料开始到脱模结束，完成一次模塑过程全部操作所需要的时间。慢速成型的制品模压周期较长，一般需低温装模，成型温度下断电后，温度降到 60℃以下脱模；快速成型制品模压周期较短，可在模压温度下装模、脱模。

【稠化】densening

参见 14.4.3【稠化】。

【溢料间隙】flash clearance

在成型压力下，为确保模塑料融体不从模具组件间溢出，模具组件间允许的最大间隙值。模塑料流动性越大，溢料间隙越小，例如，尼龙、聚乙烯和聚丙烯的溢料间隙不大于 0.03mm；模塑料流动性差，溢料间隙较大，例如，聚碳酸酯、聚砜和聚苯醚，溢料间隙为 0.05～0.08mm。

【层压成型】laminating

将浸有或涂有树脂的增强材料层叠（二层或多层），组合成叠合体，送入带加热系统的压机，在加热和加压下，固化成型复合材料板或其他形状简单的复合材料制品的方法。特点是在成型过程中树脂无明显的流动，具有机械化、自动化程度高、产品质量稳定等特点。

【袋压成型】bag moulding

利用柔性袋传递流体压力，将铺放在刚性单面模具上的复合材料坯件固化成型的工艺方法。

【低压成型】low pressure moulding

所施加的压力不大于 1.4MPa 的模压或层压成型工艺。

【干法成型】dry process

用预浸料或预混料成型复合材料制品的方法。

【湿法成型】wet process

纤维或其制品浸渍树脂胶液后直接成型复合材料制品的方法。

【手糊成型】hand lay-up

在涂好脱模剂的模具上，手工铺放增强材料并涂刷树脂胶液，充分浸渍树脂并赶除空气后，固化成型复合材料制品的方法，也称接触成型。每次糊制厚度宜小于 5mm，产品厚度超于 5mm 时，可多次糊制。

【表面层】surface layer

复合材料制品内外表面上有很高树脂含量的薄层。表面层通常采用表面毡（表面毡加短切毡）或胶衣树脂制作，起防渗、防腐、防老化、耐磨等作用。

【拉挤成型】pultrusion

在牵引装置的拉引下，将浸渍树脂胶液的连续纤维或其制品，通过成型模加热使树脂固化，连续生产复合材料型材的成型工艺。其特点是生产效率高，制品的纵向强度和刚度较好，适于生产棒材、型材等。在纵向纤维中还可夹入布、毡等以提高制品的横向强度。

【干法拉挤成型】dry pultrusion

使用预浸料（如预浸纱、预浸布）拉挤成型复合材料制品的方法。干法成型是二步法生产，适合于性能要求高，尤其是横向强度要求高的产品。其制品的横向强度可通过编织物、预制毛坯或在入模前增设环向、螺旋缠绕等方式来实现。

【湿法拉挤成型】wet pultrusion

指成型时纤维排布、浸胶、成型、固化、牵引和切割工作都在一道工序内完成的拉挤成型工艺。其生产周期短，使用灵活方便，是目前主要的拉挤成型方法。

【曲面型材拉挤成型】curve pultrusion

也称为弯曲制品拉挤成型，是一种特殊的拉挤成型工艺，其设备由导纱装置、浸胶槽、射频电能预热器、导向装置、盘旋阴模、固定阳模模座、模具加热器、高速切割器等组成。生产时在旋转台上固定几个与型材凹面曲率相同的阴模（称作旋转模），形成一个完整的环形模具，根据产品长度确定阴模的数量。同时，固定阳模模座的凹面，使之与旋转环形阴模的凸面相对应，两者的间隙即为成型模腔。转台转动时，牵引着浸渍了树脂的增强材料经过高频预热器和导纱装置后，再经固定模端部进入成型模腔，按照模具的形状定型、固化为曲面制品。主要产品是汽车板簧。

【拉挤缠绕成型】pultrusion-winding moulding

是在拉挤工艺成型过程的适当环节引入缠绕工艺来构成一个以拉挤工艺为主、以缠绕工艺为辅的复合材料成型方法。采用这种工艺可以制造许多对横向性能和其他性能有特殊要求的制品。例如，小直径杆类构件、管或梁体结构件。根据加入位置的不同可分为先缠绕后拉挤、先拉挤后缠绕两种。拉挤缠绕管的横向抗压能力、抗扭转矩、弯曲强度、韧性等性能指标与单向纤维拉挤管相比有很大的提高，且性能可设计性强，可以满足许多对横向力学性能和其他性能有特殊要求的工程需要。

【反应注射拉挤成型】reaction injection pultrusion

将拉挤成型工艺和反应注射成型（RIM）工艺结合起来成型复合材料制品的方法。使用该成型方法增强材料不用进入树脂槽内进行浸渍，而是直接向增强材料注射树脂，从而解决了浸渍不匀的难题。树脂在生产线上混合以保持树脂的新鲜程度，通过预热使树脂始终处于最小黏度状态，而不用担心过早固化的问题。利用直接注射技术浸渍增强材料确保了浸渍效果，消除树脂被污染的可能性。由于生产过程为密封式，控制了挥发物的挥发，改善了生产环境和卫生条件。

【拉挤速度】pultrusion rate

拉挤成型过程中，单位时间内生产的产品长度。选择拉挤速度时，需充分考虑树脂体系的凝胶时间，使产品在模具中部凝胶固化，即脱离点在中部并尽量靠前。如果拉挤速度过快，制品固化不良或者不能固化，会直接影响到产品质量；如果拉挤速度过慢，型材在模中停留时间过长，影响生产效率。典型的实验拉挤速度为 300mm/min 左右。生产时拉挤速度一般为 300～500mm/min，现代拉挤技术的发展方向之一就是高速化，目前最快的拉挤速度可达 15m/min。

【拉挤成型温度】pultrusion molding temperature

拉挤成型过程中，材料在穿越成型模具时发生凝胶、固化所需要的温度。通常根据树脂体系的固化放热曲线控制模具温度获得。如附图所示，模具一般分为预热区、凝胶区和固化区，模具温度应大于树脂的放热峰值，温度上限为树脂的降解温度；同时还需要考虑其他相关因素，使成型温度、凝胶时间、拉挤速度相匹配。预热区温度可以较低、凝胶区与固化区温度相似。温度控制应使产品固化放热峰出现在模具中部靠后，凝胶固化脱离点应控制在模具中部，三段温差控制在 20～30℃，温度梯度不宜过大。

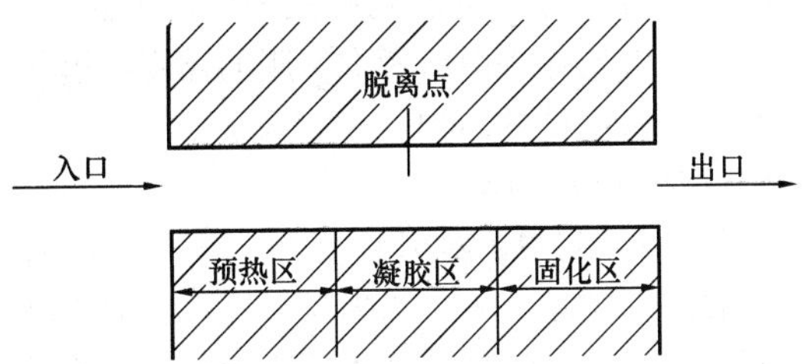

拉挤成型预热区、凝胶区、固化区分布示意图

【脱离点】departure point

拉挤过程中，树脂通过预热区时温度逐渐升高，黏度降低，进入凝胶区区后，树脂体系开始凝胶、固化，这时产品和模具界面处的黏滞阻力增加，壁面上树脂零速度的边界条件被打破，树脂出现速度突变。树脂速度突变，或者树脂脱离模具的点称为脱离点。脱离点后树脂和增强材料一起以相同的速度均匀移动，在固化区内产品受热继续固化，以保证出模时有足够的固化度。

【牵引力】tractive force

在拉挤成型过程中，利用拉挤机的牵引保证产品顺利出模的力。牵引力一般分为起动牵引力和正常牵引力两种，通常前者大于后者。牵引力大小由产品与模具之间的剪切应力来确定。牵引力在工艺控制中很重要。成型中若想使制品表面光洁，要求产品在脱离点的剪切应力较小，并且尽早脱离模具。牵引力的变化反映了产品在模具中的反应状态，它与许多因素，如纤维含量、制品的几何形状与尺寸、脱模剂、温度、拉挤速度等有关。

【离心成型】centrifugal casting

用喂料机把纤维、树脂、石英砂等浇注到旋转的模具内，或把短切毡铺在空心模内再加入树脂，同时旋转空心模并加热、快速固化的成型工艺，主要用于复合材料管道生产。

【连续成型】continuous technique；continuous forming

在同一机组上，将浸胶、固化、成型等工序连续起来制造复合材料制品的方法。

【喷射成型】spray up

用喷枪成型的工艺方法总称。在复合材料制造中，将树脂混合物及短切纤维同时喷射到模具上成型制品的方法；在泡沫材料制造中，将能够快速反应的树脂，如环氧、聚氨酯类树脂连同催化体系喷射到模具表面上发泡和固化，制成泡沫制品的方法。

【热膨胀模成型】thermal expansion moulding-process

采用热膨胀系数较大的材料制作阳模或芯模，加热固化时，在刚性外模的配合下，热膨胀产生压力，对制品进行加压的成型方法。

【热熔预浸渍工艺】hot-melt preimpregnating-process

树脂基体加热熔融后浸渍增强材料的过程。与溶液浸渍法相比，其优点：(1) 工艺过程无溶剂，减少了环境污染，节省了材料；(2)树脂含量控制精度高，提高了产品质量和生产效率。

【自动铺带技术】automated tape-laying；ATL

将一定宽度的单向预浸料按照预定程序逐层自动铺贴到模具上的铺层技术。

【自动纤维铺放技术】automated fibre placement；AFP

将预浸纤维束按照预定程序自动铺放到模具上的铺贴技术。纤维铺放成型兼备了纤维缠绕和自动铺带的优点，但比纤维缠绕和自动铺带更先进，对制品的适应性更强。

【复合材料液体模塑成型工艺】liquid composite molding

是一类复合材料成型工艺的统称，主要包括树脂传递模塑(RTM)、真空辅助树脂灌注成型工艺(VARIM)、树脂膜渗透成型工艺(RFI)等。其工艺共性是使用压力或者真空将液态树脂注入铺有增强材料的封闭模腔中，或加热熔化预先放入模腔内的树脂膜，液态树脂在流动充模的同时完成对增强材料的浸渍，然后固化成型。

【真空辅助树脂灌注成型工艺】vacuum assisted resin infusion molding

简称VARIM工艺，又称真空辅助树脂扩散成型工艺、真空灌注成型工艺、真空导入成型工艺。利用真空袋膜在模具模腔和增强材料间产生较高的真空负压，将液态树脂导入到模腔中，树脂在模腔中流动并浸渍增强材料，充满模腔后，在一定温度或者其他引发条件下固化生产复合材料制品的工艺方法。该工艺由树脂传递模塑工艺演变而来，属于液体模塑成型工艺(LCM)的一个分支。

【纤维褶皱】fiber wrinkle

复合材料成型过程中，纤维或织物偏离正常状态，出现弯曲、折叠或扭曲的现象，是一种缺陷。纤维褶皱会导致复合材料拉伸、压缩和疲劳性能下降，严重的纤维褶皱会导致复合材料实际性能远低于设计值。

【干斑】dry spots

复合材料制品中肉眼可见的白色斑痕，是一种缺陷。产生的原因是增强材料未被浸渍或浸渍不良。

【树脂传递模塑成型】resin transfer molding; RTM

在模具型腔内铺放好按性能和结构要求设计好的纤维增强预制体，然后利用真空或注射装置提供的压力将专用树脂注入闭合的模腔内，直至整个型腔内的纤维增强预制件完全被浸润，最后固化成型复合材料制品的工艺方法。

【注胶孔】injection hole

RTM工艺中，树脂进入模腔的位置。对于圆形或对称的中小型制品，只需一个注胶孔，设置在模具下方的几何型心附近；对于大型制品或一个注胶孔不能满足要求的非对称制品，可采用两个或多个注胶孔，其位置根据具体情况确定。

【排气孔】air-bleed hole

RTM工艺中，模腔内空气与进入模腔的树脂流出的位置，通常分布于模具上方的最远端或树脂流动的死角。

【注射速率】injection rate

是指每分钟注入模腔内树脂的量，一般与预制件的渗透率、树脂的黏度、模具的刚度、制件的结构尺寸及纤维体积含量等因素相关。

【注射压力】injection pressure

注射设备对树脂所施加的压力，其作用是使树脂产生具有一定的充满模腔所需的速率，注射压力的选择一般应考虑树脂的黏度、模具的刚度以及制件的结构形式等因素。

【预成型坯】preform

RTM工艺中，对形状复杂、体积大或有特定要求的制品，先将增强材料制成类似于制品形状的坯件，该坯件称为预成型坯，也称预成型体。通常用喷胶、缝合、编织等方法制备，并可根据性能要求进行择向增强、局部增强、预埋和夹芯。

【热压罐成型】autoclave molding

用真空袋封装复合材料坯件组合件放入热压罐中，利用电、蒸汽或其他介质加热、加压固化成型复合材料制品的方法，也称真空袋-热压罐成型。通常用预浸料铺贴坯件。由于在压力下固化，制品具有密实性好、孔隙含量低等优点，是航空、航天部门生产聚合物基复合材料制品常用的制造技术。

【压实】debulk

通过施加压力减薄叠层的厚度，去除铺层间残余空气、挥发物等达到密实的过程。热压罐成型工艺中，根据铺层尺寸，一般铺覆 5～10 层压实一次。

【架桥】bridging

一层或多层铺层在跨越圆角或台阶等处时，与其他铺层之间未完全接触的现象，是一种工艺缺陷。

【预吸胶】pre-bleeding

固化成型前，在一定温度下利用真空压力使复合材料坯件中多余的树脂排出的一种工艺过程。

【树脂反应注塑成型】reaction injection molding；RIM

将纤维或其制品预先放入模具中，将两种高反应活性的液态物料在较高压力下混合均匀，立即注射，经快速固化成型复合材料制品的方法。

【树脂膜渗透成型】resin film infusion；RFI

将树脂膜放入模具内，在其上放置纤维预成型体，然后加温，在真空作用下使树脂膜熔化浸润纤维，经固化成型复合材料制品的工艺方法。

【贫树脂区】resin-starved area

也称贫胶区。在复合材料制品中，局部树脂含量比制品设计的含量低得多的区域，是一种缺陷。

【富树脂区】resin rich area

复合材料制品中树脂含量较高的内外表面层。通常含胶量大于 70%，以玻璃纤维表面毡等作增强材料，或胶衣树脂层。富树脂层的作用主要是增加制品的防腐蚀、防渗漏、防老化等功能。例如，化工设备应用的纤维增强塑料管、贮罐等内外表面均有富树脂层。

【富树脂层】resin rich layer

复合材料制品中，能起耐蚀、防渗等作用的树脂含量较高的层。

【脱粘】dehond

由于夹杂物、不正确的胶接工艺或层间应力产生的损伤，导致胶接面的分离。

【内衬】liner

为满足使用要求的性能(如耐腐蚀、耐烧蚀、防渗漏等)，在制品内壁衬附具有相应性能的内表面层，也叫内衬层。

【挥发物含量】volatile content

又称挥发分含量，预浸料或预混料中可挥发物的含量。测定方法是，根据工艺要求将样品在规定温度经规定时间，测定其质量变化。挥发分过高容易使制品疏松、产生气泡、分层、鼓泡等缺陷，在工艺过程中容易产生滑移、流胶等弊病。

【不溶性树脂含量】indissoluble resin content

预浸料或预混料中不能溶解于有机溶剂(如丙酮、酒精)的树脂含量，是预浸料或预混料等半成品在烘干及存放过程中固化反应程度的指标。通常用丙酮浸泡法进行测定。不溶性树脂含量过高，成型时树脂流动性差，容易造成缺胶和层间粘结不良等缺陷；过低时容易造成树脂集聚。

【表面发黏】stringy surface

一般指不饱和聚酯树脂为基体的复合材料制品暴露于空气中固化，固化后制品表面发黏的现象。产生的原因是选用的不饱和聚酯树脂配方不合适、空气的阻聚作用、苯乙烯的挥发以及操作环境不当等。这种缺陷即使经过烘烤，也无法消除。为了克服这种现象，可以使用含蜡不饱和聚酯树脂或在制品表面成型后覆以塑料薄膜，另外严格控制操作环境温度、湿度、遵守工艺规程也是必要的措施。

【树脂淤积】resin pocket

又称树脂聚集。在复合材料制品中，局部区域存在树脂聚积(树脂含量比制品设计的含量高出较多)的现象，是一种缺陷。

【脱模】ejection；demoulding

从模具上取下复合材料制品的过程。

【脱模温度】ejection temperature

脱模时复合材料制品不产生明显变形的最高温度。

【浸胶】impregnation

纤维或其织物浸渍树脂胶液的操作过程。

【浸渍时间】impregnating time

浸胶时，纤维或其织物从进入树脂胶液到引出树脂胶液所经过的时间。

【预成型】performing；perform

把模塑料预先加工成便于加入模腔的一定形状的坯料或将短切纤维用中间胶粘剂制成型状近似于最终产品的毡状物的工艺过程。

【工艺设计】process design

指制造复合材料制品的工艺过程设计，包括选择工艺方法与设备、确定工艺参数、下料与铺层、辅助材料选用、制订固化工艺程序、产品加工与质量控制等。

【铺贴】lay-up

又称铺放。制造复合材料制件过程中，按一定方向和顺序，用手工或机器逐层铺放增强材料的操作过程。手工铺放劳动强度大，生产效率较低，产品质量保证困难；机器铺放是根据复合材料制品铺层设计，使用自动铺带机(ATL)或自动铺丝机(AFP)将预浸料带或预浸纤维束逐层铺叠在模具表面，机器铺放设备投入大，生产效率高，质量控制较好。

【分层】delamination

层合材料的层间分离现象。分层是复合材料层合板较常见的缺陷，主要由层间残余应力、孔边等几何不连续处存在的应力集中引起，多发生在具有不同纤维方向和纤维含量有较大变化的铺层之间。

【发白】blanching

复合材料在受力过程中，主要由于纤维与基体界面局部损伤引起材料表面变白的现象。

【凝胶点】gel point

树脂在固化过程中形成胶状固体相的阶段，可由黏度-时间(温度)曲线得到。

【凝胶时间】gel time

也称胶凝时间，在特定温度条件下，树脂胶液达到凝胶状态所需要的时间。在湿法成型中，经常要测定树脂的胶凝时间，以确定选用的配方能否适合工艺要求。成型大型制品时应选用胶凝时间较长的树脂配方，以免在成型过程中树脂过早胶凝。在成型小型制品时可选用胶凝时间较短的树脂配方，以缩短脱模时间，加快生产速度。

【铺敷变形】lay-up deformation

纤维制品或预浸料在模具上铺贴固化后所产生的变形。复合材料层合板采用非均衡对称铺层设计或铺贴过程铺层角度偏离设计值时，层合板固化后常会发生变形。

【胶接接头】bonded joint

指两个被胶接物用胶粘剂胶接到一起的部位，有搭接接头、斜接接头和梯形接头之分。胶接接头处于部件结构上不连续的位置，通过它把应力从一部分传递到另一部分。胶接接头由不同部分组成，但各部分又不是一个均匀的整体，彼此间的力学性能相差很大。例如，金属胶接件的材料是刚性弹性体，而胶粘剂是黏性弹性体，则胶接接头在承受外力作用时应力的分布非常复杂。

12.4.2 固化

【固化】curing

通过热、光、辐照或化学添加剂等的作用使热固性树脂经过不可逆的化学反应，完成交联的过程。酚醛树脂、环氧树脂、不饱和聚酯树脂等热固性树脂，都需要通过固化形成三维交联网络后才能获得需要的性能。

【固化模型】curing model

基于固化过程中的热化学参数、流动参数、空隙参数、残余应力参数之间的关系建立的数学模型。

【凝胶】gel

参见 1.3.1【凝胶】。

【固化收缩】curing shrinkage

固化成型中或固化成型后制品尺寸缩小的现象。固化收缩的大小随树脂品种而异，并受工艺条件、铺层等影响。了解固化收缩情况，对模具设计较为重要，也可用以推断树脂质量和固化制度的优劣。

【后固化】postcure

指基本定型的复合材料及其制品，为了提高某种性能和固化度而进行的热处理工序。复合材料固化后，交联聚合反应基本停止，此时将其加热并保持恒温一段时间，反应还会继续。后固化除提高性能和固化度外，还可有效地消除内应力，对于性能要求高的制品或具有条件时，最好进行后固化。

【共固化】co-curing

指不同的复合材料制品在一次固化过程中同时完成自身固化和相互胶接的固化工艺方法。共固化可减少多次胶接带来的质量风险，并显著降低工程化制造成本。

【固化周期】curing cycle; cure cycle

完成一次复合材料制品固化成型的全部过程所需的时间。固化周期与制品尺寸与加热设备能力等相关，在满足制品性能前提下，应尽可能缩短固化周期，提高生产效率。

【固化工艺监控】cure process monitoring

通过监测固化过程中树脂体系某些特征参量的变化，控制成型工艺过程的方法。要得到质量好的复合材料制品，必须选择最佳的固化工艺参数，工艺参数主要指温度、压力及加压点、升降温速率和保温时间等。可以利用示差扫描量热法(DSC)对树脂在固化过程中的反应历程及其树脂的流变性能进行分析来加以确定。

【分层固化】cure by the layer

为提高厚壁复合材料制品内外层质量的均匀性和在外力作用下均匀受力和变形，经常将设计要求的壁厚分数次(一般为二、三次)成型，每次成型之后均进行一次固化，在最末一次成型后进行完全固化。

【电子束固化】electron beam curing

通过电子束能量引发复合材料树脂体系产生交联反应的过程。电子束固化的主要设备是电子加速器，电子在加速器中被加速，携带高能量的电子与介质分子碰撞，引发介质的交联反应，实现树脂基复合材料的固化。电子束固化可使聚合物体系性能如模量、强度、冲击强度、硬度、耐热性及抗冲击、抗蠕变等有一定程度的提高。

【辐射固化】radiation curing

利用电磁波辐射引发复合材料树脂基体产生交联反应的过程。主要的辐射固化有电子束固化(EB)和紫外线固化(UV)。

【室温固化】room-temperature cure

室温下自行固化并达到预期性能的固化方法。通过加入合适的引发剂或固化剂、促进剂，以及利用树脂本身在聚合反应时所产生的热量而使复合材料充分固化。固化速度与树脂配方、制品大小和厚薄、环境温度、模具材料等有关。室温固化工艺简单、投资少，但固化时间长，模具使用效率低。一般适用于手糊成型和喷射成型。

【微波固化】microwave curing

通过微波作用产生热能而引发复合材料树脂体系产生交联反应的过程。一方面，微波是一种内加热，具有加热速度快、温度均匀、无滞后效应等特点，因此能加快固化速度；另一方面，微波对极性分子的作用迫使其按照电磁场作用方式运动，导致了熵的减少，微波作用下的化学反应，改变了反应动力学，降低了反应活化能。

【紫外光固化】ultraviolet curing

通过紫外光引发复合材料树脂体系产生交联反应的过程，是辐射固化的一种。特殊配方的树脂中加入光引发剂(或光敏剂)，光引发剂吸收紫外线(UV)光固化设备中的高强度紫外光后，产生活性自由基，从而引发聚合、交联反应，使树脂在较短时间内由液态转化为固态。

【介电监控】dielectric monitoring

通过监测树脂体系在固化过程中介电性能的变化，监控复合材料成型工艺过程的方法。通常采用自动介电测量仪，测定样品在交变电场作用下的介电性能(如电容、损耗角正切值或损耗指数)随温度、频率或时间的变化，来判断固化过程中物理和化学变化情况，可以获得树脂体系黏度变化、固化速率和固化度等信息。

【二次胶接】secondary bonding; secondary bonding composites

已固化的不同复合材料制件，通过胶粘剂再次进行胶接固化使它们连接成一个整体制件的工艺方法。

【共胶接】co-bonding; co-bonding composites

把已经固化成型和尚未固化的复合材料制品通过胶粘剂在同一固化周期中将它们固化并胶接成一个整体制品的工艺方法。

【预固化】pre-curing

在共固化或二次胶接的工艺过程中，将其

中一个或多个零件预先进行部分固化的工艺过程。

12.4.3 成型设备

【缠绕机】winding machine; winder machine

用缠绕成型工艺生产纤维增强塑料制品的设备。缠绕机形式很多，通常按控制方式、运动坐标数等进行分类。

【布带缠绕机】tape winding machine

用预浸胶布带缠绕生产纤维增强塑料制品的设备。主要由机座、管模支承、传动部分及胶布带小车组成。管模旋转，小车沿管模轴线做往复运动，胶布带经过张力装置及预热装置后按照一定规律缠到管模上，经固化脱模后即得制品。

【连续管道缠绕机】continuous winding machine for pipe

用连续缠绕方法生产纤维增强塑料管道制品的设备。主要由缠绕主机、自动供料系统、聚合系统、平衡支撑(模带)自动移动系统、固化装置、自动切割系统、套筒接头制造设备、接头组装设备组成。按设定程序，自动供料系统将混合树脂、切割纱、缠绕纱、石英砂等原料连续分布到移动的钢带模具上，经固化、在线切割、修整，与套筒接头连接即得制品。设备自动化程度高、生产效率高、产品质量稳定、模具成本低、生产环境好。

【卧式缠绕机】horizontal winding machine; lathe-type winding machine

一般指类似车床，模具水平放置的纤维缠绕机。主要由缠绕系统、浸渍系统、传动系统、微机控制系统组成。模具水平装在床头和尾座之间，模具旋转，导丝头沿模具轴向往复运动。改变旋转和往复运动速比，可得到环向缠绕和螺旋缠绕线形。有些还装有伸臂送纱装置、导丝头翻转机构等。此类缠绕机通用性较强，适用于缠绕各种管、容器等纤维增强塑料制品。

【立式缠绕机】vertical winding machine; planetary type winding machine

通常指模具垂直于地面放置，模具绕轴线转动，导丝头沿模具轴线方向往复运动，缠绕成型纤维增强塑料制品的设备。主要由缠绕系统、模具回转装置、微机控制和电控四大系统组成。缠绕系统主要是由立式机架、缠绕小车、减速传动装置、伺服电机、浸胶装置、纱架等组成。模具回转系统主要是由机座、回转盘、减速传动装置、电机等组成。微机控制系统主要是由变频器、编码器、计算机等组成。

【导丝头】guide eye; guide head

又称丝嘴、绕丝头。纤维缠绕成型时，将纤维束引到芯模表面上的导纱装置。

【张力控制器】tension controller

在缠绕工艺中对纤维张紧力进行控制的装置。主要由开卷部分、控制部分、检测部分和辅助装置组成。早期的张力控制方式有机械式、液压式、气动式等类型，为适应计算机控制的需要，一些新型(如以磁粉离合器作为执行元件等)张力控制系统得到广泛的应用。

【固化炉】curing oven

用于纤维增强塑料制品固化的加热设备。固化炉的热源有电、蒸汽、红外线、高频和微波等。通常有间断式和连续式两类。为得到良好的固化效果，加热器的配置应使炉内温度分布均匀或设有使制品旋转的机构。

【脱管机】extraction device for pipe

用于将已固化的纤维增强塑料管从管模上脱下来的设备。主要由管卡盘、升降托辊、脱模床架和驱动机构组成。

【拉挤机】pultruder machine; pultrusion machine

用拉挤成型工艺连续生产纤维增强塑料型材的设备。主要由纱架、胶槽、预成型模、固化成型模、加热冷却系统、控制系统、牵引机构与切割锯等装置组成。

【液压式拉挤机】hydraulic pultrusion machine

是使用两个交替往复的液压夹持机构作为牵引装置的拉挤机组。其工作原理是原材料在模具内加热成型后，由两个夹紧牵引龙门交替运作将产品连续拉出。根据牵引力的不同，分为12T、20T和30T等。液压式拉挤机的优点包括：简单和连续运行，生产成本较低，可靠性高和生产效率较高。

【履带式拉挤机】crawler-type pultrusion machine

是以橡胶履带或链条作为牵引装置的拉挤机组。根据产品形状，将履带制成不同截面形状。牵引不同截面形状产品时，需要更换相应的橡胶履带，以增加橡胶履带与产品的接触面积，减少产品单位面积上的压力。履带式拉挤机在生产不同尺寸的产品时，需要调整上下两履带之间的距离，为调整方便，一般将下履带的高度固定，通过调节上履带高度实现。

【拉挤成型浸胶装置】pultrusion glue dipping device

拉挤设备上增强材料浸渍树脂的装置，由胶槽、导向辊、压辊、分纱栅板、挤胶辊等组成。胶槽长度根据浸胶时间长短确定，胶槽中部件尽量少用螺栓连接，以便于清洗；挤胶辊的作用是使树脂进一步浸渍增强材料，同时起到控制含胶量和排除气泡的作用；分栅板的作用是将浸渍树脂后的增强材料分开，确保增强材料在拉挤制品中按设计的要求合理分布。

【拉挤成型模具】pultrusion forming mold

拉挤成型时用于固化制品并使制品具有特定截面形状的装置。拉挤成型模具材质一般为钢，内表面镀铬，以降低牵引力、减少摩擦、延长使用寿命等。模具长度一般由固化温度和拉挤速度等条件决定。模具上下各自装有电热板，电热板内电热元件及其排列由固化温度确定。

【预成型模具】preforming mold

拉挤设备上，引导浸胶后的束状增强材料逐渐演变成接近最终产品形状的装置。一般由导纱板、预成型板、预成型模三部分组成，俗称一级预成型、二级预成型和三级预成型。一级预成型是指简单的导纱板，浸胶后的纤维和毡片首先通过导纱板梳理成近似制品形状。二级预成型包括导纱板和一些约束架，导纱板与一级预成型类似，但纤维纱组成的轮廓线一般为制品外形的 1.2～1.5 倍，约束架作用是把毡片进一步整形接近到制品外形尺寸。三级预成型是指一段外形与成型模类似，模腔稍大于制品外形，并且带有一定锥度的短模具，长度一般为 100mm，短模具入口约为制品外形尺寸的 1.2 倍，出口约为 1.1 倍。

【浸胶机】impregnating equipment

将纤维或其织物浸渍树脂胶液制备预浸料的设备。主要由浸胶槽、烘干炉、牵引和切割装置等组成。

【树脂压力注射成型机】resin injection machine

用注射成型工艺生产纤维增强塑料制品的设备。主要由树脂贮罐、固化剂贮罐、比例泵、注射头等几部分组成。用比例泵将树脂和固化剂按一定的比例从贮罐中抽出，通过注射头混合后注入已铺放增强材料的模腔内。树脂胶液中也可加入填料、颜料等其他组分。

【挤出混料机】mixer extruder

由捏合叶片、剪切锥、混合螺杆等装置组成的连续混合料的设备。

【模压压机】compression molding machine

用模压成型工艺生产纤维增强塑料制品的设备。一般为框式液压机、四柱式液压机，分上压式和下压式。主要用于片状模塑料(SMC)、BMC 以及其他预浸料的模压成型，压机参数应符合所压制的制品要求。

【多层压机】multi daylight press

用于压制纤维增强塑料层合板的设备。具有多块台面较大的加热模板，能同时压制若干层合板。热源有蒸汽和电加热两种，生产中多采用蒸汽加热的方式。

【均压板】caul plate

层压板压制过程中置于铺层上方，表面光滑且具有一定厚度的金属板。采用均压板可使固化过程温度、压力传递均匀，固化后的层压板表面光滑。

【顶出机构】knockout mechanism

模压制品在压机上压制成型后，将模压制品从模具中顶出来的机构。通常有液压和机械顶出两种形式。

【喷射成型机】spray up machine

用喷射成型工艺生产纤维增强塑料制品的设备。主要由树脂增压泵、固化剂计量泵、纤维切割器和喷枪组成。

【片状模塑料机】sheet molding compound machine

用于生产片状模塑料(SMC)的设备。主要由配料和制片系统组成，配料系统包括投料、混合和输送装置，制片系统包括上料、粗砂短切、浸渍、压紧和收卷装置。

【连续板材成型机】continuous panel molding machine

用于连续生产纤维增强塑料采光板、平板、波形板的设备。主要由配料系统、混合器、纤维切割器、浸纱、厚度控制器、分体式加温箱、牵引和裁切装置组成。

【离心浇铸成型机】centrifugal casting machine

用离心方法成型纤维增强塑料管道的设备。主要由混料系统、喂料机、模具、离心机和计算机控制系统组成。以短切玻璃纤维、不饱和聚酯树脂、石英砂和填料碳酸钙为主要原材料，根据管道的规格、型号及其他要求(如公称直径、公称压力、刚度、输送介质、使用环境条件等)，设计管材配方、编制喂料程序，启动离心机、模具转动，喂料机的喂料臂沿模具的轴向往复移动，按配方要求，依次按量加入。从外及里逐步形成管道的表面层、增强层和内表面层，加温固化、出模即得制品。

【模具】mould；mold

成型中赋予纤维增强塑料制品形状所用部件的组合体。纤维增强塑料制品模具按所用材料有金属材料和非金属材料之分，按成型工艺主要有压制模具、缠绕模具、拉挤模具和手工积层模具等，按模具形式可分为闭模模具和开放式模具。

【阳模】male mould；male die；male tool

模腔为凸形的模具。

【阴模】cavity block；female tool

模腔为凹形的模具。

【对模模具】matched-die mold

由相对应的阳模和阴模组成的模具。通常由碳钢或合金钢加工制成。表面必须光洁，因为它决定模压制品的表面状态及脱模的难易，通常进行淬火及镀铬、抛光，以提高表面硬度与光洁度，延长使用寿命。

【敞开式模具】flash mold

又称溢式模具，对模模具的一种。构造简单，适用预浸渍胶布或毡模压形状简单的制品。模压时，先将预浸胶材料裁剪成规定的尺寸，放入模具，合模热压，排除气泡并溢出多余的树脂，经固化后取出制品。缺点是不易控制制品厚度，溢料较多。

【半密闭式模具】semipositive mold

又称半溢式模具。特点是加料室的尺寸比成型腔的尺寸大，上模行程受支承表面的限制。当合模热压时，多余的模塑料可挤出。制品的尺寸精确，模塑料的称量也不需十分准确，操作较方便。其缺点是模塑料损耗较多。在纤维增强塑料成型中使用较广。

【密闭式模具】positive mold

又称不溢式模具。特点为加料室是下模成型腔的继续，即加料室的尺寸与模腔尺寸相同。可使模塑料完全封闭在阴阳模之间，压力通过上模完全传到模压件上，溢料少。缺点是加料量需很准确，脱模较困难，操作不慎时制品表面易发生伤残，甚至损伤模具表面光洁度。

【传递式模具】transfer mold

在模腔上部有一个外加料室，模塑料先加到外加料室内预热，当流动性增至规定的要求时，借助柱塞压力将模塑料通过流道注入型腔，使制品成型的模具。一个外加料室可供几个模腔使用，可同时成型几个制品。优点是效率较高。缺点是结构复杂，只适用于小型产品。

【嵌件】insert

镶嵌在纤维增强塑料制品上的部件。便于连接或加强某个部位，一般先将嵌件预先安装在模具上，成型时使嵌件与制品连接成一个整体。

【热压罐】autoclave

为固化聚合物基复合材料制品，可以按要求进行加热、加压的容器类固化设备。

【捏合机】kneader

借助剧烈的剪切作用充分混合物料的设备。主要用于制作纤维增强塑料制品的模塑料。

【撕松机】loosening machine

把预混合的纤维状模塑料分散成蓬松状态的设备。主要由进料斗、送料辊、撕松辊、传动系统和出料斗组成。

【卷管机】wrapped pipe machine

将浸渍一定量树脂胶液的织物以一定压力(或张力)按规定厚度卷到芯模上成型管材的设备。通常采用三辊式卷管机。在卷制时，预浸胶布通过热辊加热，将树脂熔融，然后，具有一定张力的胶布在压辊压力的作用下，卷到芯模上去，胶布层间紧密叠合，达到规定的厚度，卷制过程结束，送固化炉固化。在卷制过程中芯模的转动一般靠摩擦力实现。

12.5 性能与检测

12.5.1 热、电性能

【线膨胀系数】coefficient of linear expansion

参见 9.1.3.4【线膨胀系数】。

【比热容】specific heat capacity

参见 2.1.2【比热容】。

【热变形温度】heat deflection temperature

标准试样在一固定的简支梁式的静弯曲载荷下连续等速升温，当达到规定形变量时所对应的温度。因为热变形温度是在特定条件下测得的，虽可用于评价高分子材料或聚合物基复合材料的耐热性，但不能将其作为材料的使用温度。

【玻璃化转变温度】glass transition temperature

也称玻璃化温度。对于非晶态聚合物，对它施加恒定的力，观察它发生的形变与温度的关系，在温度较低时，材料为刚性固体状，与玻璃相似，在外力作用下只会发生非常小的形变，此状态即为玻璃态；当温度继续升高到一定范围后，材料的形变明显地增加，并在随后的一定温度区间形变相对稳定，此状态即为高弹态；温度继续升高形变量又逐渐增大，材料逐渐变成黏性的流体，此时形变不可能恢复，此状态即为黏流态。通常把玻璃态与高弹态之间的转变，称为玻璃化转变，它所对应的转变温度即是玻璃化转变温度(Tg)。Tg 通常用膨胀计法、差示扫描量热法(DSC)、差热分析法(DTA)或核磁共振法(NMR)等测定。由于玻璃化转变不是在确定的温度下产生的，而是有一定的温度范围，所以在材料耐热设计时，须考虑这一现象。

【烧蚀】ablation

又称销蚀，是通过空气动力加热等产生的热能使固体表面熔融、蒸发、升华或分解等形成喷出的现象。烧蚀是包括热量传递、动量传递、质量传递和化学反应的复杂过程。它的冷却作用是通过保护层材料本身的熔化、蒸发、热解、升华等相变吸热、辐射换热和生成气阻塞热量传入等物理的和化学的效应，使向器件传递过来的大部分热量随着消熔材料一起被高速气流吹走，借以保持器件固体壁和器件内部处于允许的温度范围之内。利用聚合物基复合材料具有的耐烧蚀性能可制造飞行器的耐瞬时高温部件。

【烧蚀率】ablativity velocity；ablation velocity

单位时间内材料烧蚀的厚度或失去的重量，分别以 mm/min 或 g/s 表示，是表示烧蚀材料耐烧蚀性能好坏的指标。

【耐电弧性】arc resistance

聚合物基复合材料耐高压电弧作用的能力。用高电压、小电流电弧放电，使聚合物基复合材料表面碳化而形成导电通道所需的时间表示，单位为 s。

【电气强度】electric strength

在规定试验条件下，固体绝缘材料发生击穿时，击穿电压与施加电压的两极之间距离的比值，单位为 kV/mm。试验通常在工频(50Hz 或 60Hz)下进行，试验电压有效值为峰值电压的$\sqrt{2}/2$倍。

12.5.2 力学性能

【剥离强度】peel strength

夹层结构用滚筒剥离试验测得的面板与芯材分离时单位宽度上的抗扯离力矩，也称扯离强度，单位为(N·mm)/mm。剥离强度是评价夹层结构面板和芯子粘结性能的重要指标，剥离试验在胶粘剂筛选、制定夹层结构成型工艺中经常使用。

【侧压强度】edgewise compressive strength

沿平行于夹层结构材料面板平面的方向单位面积上所能承受的最大压缩载荷，单位为MPa。其试验原理是通过夹层结构试样两端的支承夹具对试样面板方向施加压缩载荷，调整试验机的球形支座使载荷均匀地分布在面板上，使面板发生折断、皱曲破坏或与芯材分离破坏。

【平拉强度】flatwise tensile strength

沿垂直于夹层结构材料面板平面的方向单位面积上所能承受的最大拉伸载荷，单位为MPa。通常将试样上下面板分别粘结在两加载板之间，对加载板施加拉伸载荷，直至芯材破坏，或面板与芯材的胶接破坏。测试平拉强度的试样，需有一定的面积，对于蜂窝、波纹等格子型芯材，试样边长或直径为60mm，或至少包含4个完整格子。

【平压强度】flatwise compressive strength; flat compression strength

沿垂直于夹层结构材料面板平面的方向单位面积上所能承受的最大压缩载荷，单位为MPa。测试平拉强度的试样，需有一定的面积，对于泡沫塑料、轻木等连续芯材，试样边长或直径为60mm；对于蜂窝、波纹等格子型芯材，试样边长或直径为60mm，或至少包含4个完整格子。

【层间剪切强度】interlaminar shear strength

在聚合物基复合材料中，沿层间单位面积上所能承受的最大剪切载荷，单位为MPa。聚合物基复合材料大多为层状结构，层间剪切强度较低，在设计和应用时须予以关注。目前，在剪切面上能产生均匀分布的纯剪切应力的试验方法尚未确立，现有测试层间剪切强度的方法都有局限性。

【冲击后压缩强度】compression strength after impact

聚合物基复合材料标准试验板经规定能量冲击后进行压缩试验所测得的破坏强度值。冲击后进行压缩试验(CAI)是对面外冲击所引起层合板压缩强度退化的一种经验评定，是损伤容限(材料或结构在损伤后的安全运行能力)试验的重要方法。

【层间拉伸强度】interlaminar tensile strength

垂直于复合材料层合板板面单位面积上所能承受的最大拉伸载荷，单位为MPa。聚合物基复合材料大多为层状结构，层与层间的层间性能较低，是设计中必须注意的问题。因此，层间拉伸强度的测试与评价，对于合理设计层合板、提高其层间性能和确保其使用安全性是非常重要的。

【充填孔拉伸强度】filled-hole tension strength of laminate

用中心孔带有紧配合紧固件或销钉的对称均衡层合板试样测得的拉伸强度。试验时，以恒定的速率(通常为1～2mm/min)，通过夹具夹持试样端部以摩擦力加载进行单轴拉伸，直至试样破坏或达到最大载荷，破坏发生在孔边的试样作为有效试样。充填孔拉伸强度可用于材料的研制、材料规范的制定和结构设计许用值的确定。

【充填孔压缩强度】filled-hole compression strength of laminate

用中心孔带有紧配合紧固件或销钉的对称均衡层合板试样测得的压缩强度。试验时，以恒定的速率(通常为1～2mm/min)，通过夹具夹持试样端部以摩擦力施加压缩载荷，或者将试样放置在试验机平台上直接在端头施加压缩载荷，直至试样破坏或达到最大载荷，破坏发生在孔边的试样作为有效试样。充填孔压缩强度可用于材料的研制、材料规范的制定和结构设计许用值的确定。

【横向强度】transverse strength

垂直于单向纤维复合材料纤维方向的强度，包括横向拉伸强度、横向压缩强度和横向弯曲强度等。测试横向强度的试样，试样的轴线须与纤维方向垂直。

【横向弹性模量】transverse modulus of elasticity

垂直于单向纤维复合材料纤维方向的弹性模量，包括横向拉伸弹性模量、横向压缩弹性模量和横向弯曲弹性模量等。测试横向弹性模量的试样，试样的轴线须与纤维方向垂直。

【开孔拉伸强度】tension strength of laminate containing open hole

对含有一个中心孔的对称均衡层合板试样，以恒定的速率(通常为 1～2mm/min)通过夹持试样端部以摩擦力加载，进行单轴拉伸测得的拉伸强度。用机械紧固件装配、连接聚合物基复合材料结构时，开孔的应力集中将显著降低层合板的拉伸和压缩强度，降低的幅度受多个因素影响，测定层合板的开孔和充填孔的拉伸强度、压缩强度，对确保其使用安全性是非常重要的。

【开孔压缩强度】compression strength of laminate containing open hole

用含有一个中心孔的对称均衡层合板试样测得的压缩强度。试验时，以恒定的速率(通常为 1～2mm/min)，通过夹具夹持试样端部以摩擦力施加压缩载荷，或者将试样放置在试验机平台上直接在端头施加压缩载荷，直至试样破坏或达到最大载荷。破坏发生在孔边的试样作为有效试样。

【面内剪切】in-plane shear

用来描述材料主轴坐标系的笛儿尔坐标系，用 1、2 和 3 轴来表示材料的主轴，如附图所示，其中 1～2 为面内，剪应力方向与 1 轴或 2 轴平行，在 1～2 平面内的剪应力状态。

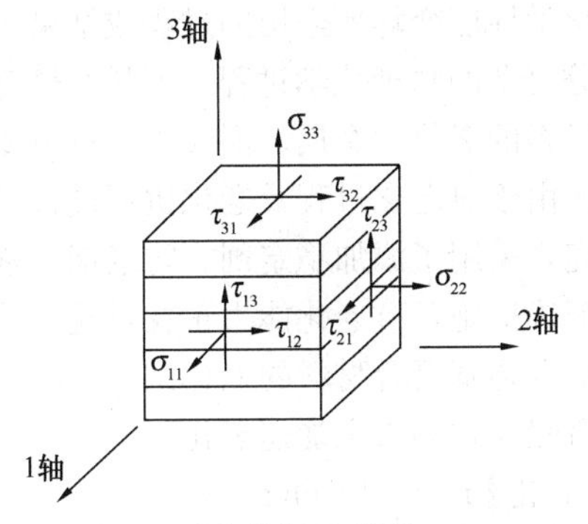

面内剪切示意图

【纵向强度】longitudinal strength

沿单向复合材料纤维方向的强度，包括纵向拉伸强度、纵向压缩强度和纵向弯曲强度等。测试纵向强度的试样，试样的轴线须与纤维方向平行。

【纵向弹性模量】longitudinal modulus of elasticity

沿单向复合材料纤维方向的弹性模量，包括纵向拉伸弹性模量、纵向压缩弹性模量和纵向弯曲弹性模量等。测试纵向弹性模量的试样，试样的轴线须与纤维方向平行。

【纵横剪切】longitudinal-transverse shear

单向或正交纤维增强塑料平板，剪应力方向与平板纵轴(L 轴)和横轴(T 轴)平行的剪应力状态，即剪应力沿纤维方向和垂直于纤维方向作用。

【纵横剪切强度】longitudinal-transverse shear strength

当剪应力沿单向纤维增强塑料或正交纤维增强塑料的纤维方向和垂直于纤维方向作用时，测得的面内剪切强度。通常用±45°拉伸方法测得。

【纵横剪切弹性模量】longitudinal-transverse shear modulus of elasticity

当剪应力沿单向纤维增强塑料或正交纤维增强塑料的纤维方向和垂直于纤维方向作用时，测得的面内剪切弹性模量。通常用±45°拉伸方法测得。

【干态强度】dry strength

试件在试验室标准环境条件下(温度 23±2℃，相对湿度 50±10%)或干燥器内放置 24h 后，在试验室标准环境条件下测出的强度。在复合材料中没有特殊注明者均指干态强度。

【湿态强度】wet strength

试件在规定温度的水中浸泡一段时间后测得的强度。聚合物基复合材料的湿态强度低于干态强度，但若将浸泡后的试件经过烘干处理，强度可以部分或大部分回复。湿态强度部分反映试件的耐水性能。有些研究工作，常将干态强度、湿态强度对比列出，以评价试件的耐水性能。

【横向裂纹】transverse crack

在层合板单向层中，由于垂直于纤维方向的拉伸应力超过允许值而引起基体或界面的破坏所产生的裂纹。

【弦线模量】chord modulus

应力应变曲线上，任意两点所连直线的斜率。

【割线模量】secant modulus

又称正割模量。原点与应力应变曲线上任何指定点所连直线的斜率。

【挤压强度】bearing strength

把聚合物基复合材料板材用螺栓、梢钉等连接，并且在与连接轴成垂直方向上的荷载作用下，单位挤压面积承受的最大载荷，单位为MPa。层合板机械紧固连接设计时，需要获得挤压强度数据。

【NOL环】NOL ring

又名单向环、成力环、强力环，首先由美国海军军械实验室(Naval Ordnance Laboratory)提出，故称为NOL环。通常用连续纤维或预浸料环向缠绕制成，环的内径为150mm，宽为6mm，厚为1.5mm和3mm两种。用于测定单向复合材料的拉伸性能(分离盘法)和层间剪切强度(短梁法)。

【断裂韧性】fracture toughness

参见2.1.6【断裂韧性】。

12.5.3 老化和长期性能

【大气曝晒试验】outdoor exposure-test

为评价聚合基复合材料的室外使用性能，即材料耐候性而进行的室外曝露试验。在典型气候地区，把老化样品固定在离地面一定高度的曝晒架上，曝晒面朝正南方向，与地平面成45°角或该地区的地理纬度角。必要时，曝晒场地也可以设置在特殊地区。在不同期龄(半年、一年、两年等)取样品，进行外观检查、力学性能测试等，以评价材料的耐候性。

【盐雾试验】salt spray test

是一种主要利用盐雾试验设备创造人工模拟盐雾环境条件来考核产品或材料耐腐蚀性能的环境试验。包括中性盐雾试验、醋酸盐雾试验、铜盐加速醋酸盐雾试验、交变盐雾试验。用于评价聚合基复合材料在海洋大气条件下的耐候性。

【蠕变】creep

参见2.1.6【蠕变】。

【长期静水压试验】longtime hydrostatic test

是获得管子长期静水压设计压力基准或预测管子50年后承受内压能力的一种试验方法。具体方法是将一组规格相同的纤维增强塑料管试样分别施加不同的恒定静水内压，测出每个试样的失效时间，再经回归分析，由回归曲线外推至50年后管能承受的静水内压值。

【长期应变试验】longtime strain test

是预测管子50年后弯曲应变的一种试验方法。具体方法是将一组规格相同的纤维增强塑料管试样，通过平行板施加不同的恒定外载荷，或通过平行板使试样保持不同的恒定直径变化值。测出每个试样的失效时间，再经回归分析，由回归曲线外推至50年后管的弯曲应变值。

【耐候性】weatherability

材料在自然环境条件下抵抗由于阳光、热、风、雨、雪、臭氧、氧、大气污染等的综合作用而引起性能变坏的能力。户外使用的材料必须有良好的耐候性。聚合物基复合材料耐候性较好，在大气曝露条件下，虽然外观变化较明显，但机械性能变化不大。如采用表面胶衣层等措施，耐候性将获得显著的改善。

【老化】aging

材料在环境因素如热、光、水、机械力、辐射能、氧、化学介质等的作用下，外观、物理和化学性能变坏所经历的过程或结果，是一个十分复杂的物理化学过程。塑料及聚合物基复合材料的老化比金属、混凝土等材料要明显一些。由于对老化过程及老化机理进行了大量的研究，采用了添加稳定剂、防老剂、紫外线吸收剂等措施，抗老化能力正在日益加强。塑料及聚合物基复合材料的老化试验方法，一般包括自然老化和人工加速老化。

【自然老化】natural aging

材料在自然环境条件下的老化，如大气曝

露条件下或库存条件下的老化，是老化研究的基础工作，具有真实性强、可靠性大等优点，但需时较长，重复性较差。

【人工加速老化】artificial aging

在试验室中模拟自然条件(通常是在强化的条件下)进行老化试验的方法。用以测定材料在给定条件下的性能变化，以期在较短时间内测知材料的老化性能。优点是能较快地初步了解材料的老化性能，但所得结果很难准确反映材料的实际老化特性。试验方法有光源(氙弧灯、紫外灯、碳弧灯等)曝露试验、盐雾试验、霉菌试验、煮沸试验、湿热试验等。

12.5.4 其他

【耐化学腐蚀性】chemical resistance

又称耐化学药品性。聚合物基复合材料接触酸、碱、盐、油、有机溶剂及其他化学药品时抵抗性能变坏的能力。主要决定因素有：增强材料和基体材料(树脂)的耐化学腐蚀性能、配比、增强材料和树脂的粘结性能、成型工艺和后处理条件等。通常需在制品表面形成一层树脂含量高的“富树脂层”，以提高制品的耐腐性。评价的方法：将标准试件放在具有一定温度的介质中浸泡，每隔一定时间将试件取出进行外观、尺寸、质量、硬度、力学性能等项目检测。按耐、尚耐、不耐三种标准进行评价，作为评定和选择材料的依据。

【耐水性】water resistance

参见 2.1.1【耐水性】。

【平衡吸湿率】equilibrium moisture content

在给定环境条件下，聚合物基复合材料不再从周围环境中吸收水分，也不向周围环境释放水分时，聚合物基复合材料吸收水分的百分数为平衡吸湿率。测试方法是将试样曝露在给定的潮湿环境中，定期(通常以 7d 作为一个周期)测量试样的吸湿(水)率，当后一周期测得的吸湿(水)率与前一周期测得吸湿(水)相差小于 1%时，认为达到吸湿平衡，此时的试样吸湿率即为平衡吸湿率。

【吸水率】water absorption

参见 2.1.1【吸水率】。

【放热曲线】exotherm

在恒温浴中，一定量的树脂(纯树脂或加有一定量固化剂的树脂)，在固化过程中的温度-时间曲线。通过放热曲线的分析，可以测定树脂的胶凝时间和最高放热反应温度峰值，并能定出固化反应的时间范围。放热曲线已被广泛地用于树脂配方、添加剂品种和用量的选择、固化工艺参数的确定。放热曲线除与树脂的品种、活性以及固化剂的品种与用量有密切关系外，也与所选用的浴温有关。

【熔融指数】melt index

热塑性树脂在一定温度和负荷下，其熔体在 10min 内通过标准毛细管的质量值，以 g/10min表示。其是量度热塑性塑料的成型加工性，即流动性的指标，其值越大，表示该塑胶材料的加工流动性越佳，反之则越差。广泛用来区分聚乙烯树脂，有时亦用于评估丙烯酸类、聚苯乙烯与锦纶等树脂。商品聚乙烯的熔融指数，一般为 0.1～20。低熔融指数的树脂分子量高，主要用于管道等要求高强度的制品。高熔融指数的树脂分子量低，比较柔软，主要用以制作薄膜或强度要求不高的小型制品。

【黏度】viscosity

参见 2.1.1【黏度】。

【环氧指数】epoxy index

1kg 树脂中含有的环氧基摩尔数，单位为 mol/1000g。它与环氧当量的关系为环氧指数 = 1000/环氧当量。通常用盐酸丙酮法、溴化氢-冰乙酸法或高氯酸法测定。

【环氧当量】epoxy equivalent

含有 1mol 环氧基的环氧树脂质量(克数)，单位为 g/mol。通常用盐酸丙酮法、溴化氢-冰乙酸法或高氯酸法测定。与环氧指数一样，都是用以表示环氧树脂所含环氧基数量的重要物性指标。由此可计算出环氧树脂所需固化剂的用量。如环氧当量 100 的树脂 200g，以间苯二胺为固化剂，计算结果以 54g 用量为佳。

【酸值】acid value

在化学中，酸值(或称中和值、酸价、酸度)表示中和 1 克化学物质所需的氢氧化钾

(KOH)的毫克数，表征化合物或混合物中游离羧酸基团的含量。典型的测量程序是：将一份分量已知的样品溶于有机溶剂，用浓度已知的氢氧化钾溶液滴定，并以酚酞溶液作为颜色指示剂。不饱和聚酯树脂酸值，是指中和 1g 不饱和聚酯树脂试样所需的氢氧化钾(KOH)的毫克数，以表征树脂中游离羧基含量或树脂合成时聚合反应进行的程度，是不饱和聚酯树脂的一个重要指标。

【固体含量】solid content

在特定的条件下，树脂中所含有的不挥发成分的质量分数，以百分含量表示。典型的测量程序是：将一份分量已知的树脂试样，放入已加热至试验温度的恒温鼓风干燥箱内，在试验温度下蒸发掉可挥发的物质，测定残留物的重量。

【游离酚含量】free phenol content

又称游离苯酚含量。酚醛树脂中未参与聚合反应的单体苯酚的含量，以百分含量表示。酚醛树脂中游离酚含量的高低反映苯酚和甲醛缩聚反应是否完全，也是产品需要控制的主要指标之一，通常用溴化法测定。

【羟值】hydroxyl value

1g 样品中的羟基所相当的氢氧化钾(KOH)的毫克数，以 mgKOH/g 表示。在合成树脂(如不饱和聚酯树脂、环氧树脂、聚氨酯树脂等)时，可利用羟值来监控合成反应程度，检验树脂分子量是否符合要求。不饱和聚酯羟值测试常用乙酸酐-对甲苯磺酸酰化法。其原理是用甲苯磺酸作为催化剂，在乙酸乙酯中，利用乙酸酐与羟基进行乙酰化反应，过量的乙酸酐用吡啶-水混合液水解，生成的乙酸再用氢氧化钾标准溶液滴定，计算出羟值。环氧树脂由于环氧基的干扰，使羟基的测试较复杂化。

【无损检测】non-destructive testing

在不损坏制品的条件下，探测制品内部的损伤、缺陷的测试方法。该测试方法利用材料内部存在的结构异常或缺陷引起的热、声、光、电、磁等反应的变化，以物理或化学方法为手段，借助现代化的技术和设备器材，确定试件内部和表面的结构、性质、状态及缺陷的类型、性质、数量、形状、位置、尺寸、分布及其变化等，是检查产品质量的重要手段。常用的有 X 光探伤、超声波探伤、声发射检测、CT 扫描等。

【巴柯尔硬度】Barcol impressor hardness

又称巴氏硬度，最早由美国 Barber-Colman 公司提出，是近代国际上广泛采用的一种硬度门类。以一定形状的硬钢压针(顶端平面直径为 0.157mm)，在标准弹簧试验力作用下，压入试样表面，用压针的压入深度确定材料硬度，规定每压入 0.0076mm 为一个硬度单位。

【氧指数】oxygen index

在规定的条件下，材料在氧氮混合气流中，刚好维持材料燃烧所需的最小氧气浓度，以氧气所占的体积百分数来表示。氧指数高表示材料不易燃烧，氧指数低表示材料容易燃烧。与烟密度、垂直燃烧等一起用于评价聚合物基复合材料的燃烧性能。

【烟密度】smoke density

参见 11.5.4【烟密度】。

【孔隙率】porosity

聚合物基复合材料气孔体积与总体积的百分比。对于玻璃纤维增强塑料，可以通过测定树脂浇铸体、玻璃纤维、玻璃纤维增强塑料的密度以及树脂含量后计算求得；对于碳纤维增强塑料可以通过显微镜测得。空隙率增高使材料的抗疲劳能力下降、对浸水和气候作用也较敏感，并使材料强度的离散性增加。

【固化度】curing degree; degree of cure

也称树脂不可溶分含量。热固性树脂发生固化交联反应的程度，即树脂基体中已发生交联反应的官能团数目占可固化的官能团总数的百分比。一般用丙酮萃取法测定，由于体型结构的树脂不溶于丙酮，用丙酮提取树脂中的可溶成分后，留下树脂中的不可溶成分，从而计算出固化度。在试验过程中还可通过 DSC 测定反应放热量计算不同反应程度下的固化度。

【纤维含量】fibre content

纤维增强塑料中纤维的含量，用百分数表

示。纤维质量与纤维增强塑料总质量的百分比称为纤维质量含量；纤维体积与纤维增强塑料总体积的百分比称为纤维体积含量。在没有注明时一般指质量含量。

【树脂含量】resin content

复合材料或预浸(混)料树脂的含量，预浸(混)料中树脂含量另称为含胶量。树脂质量与复合材料或预浸(混)料总质量的百分比称为树脂质量含量；树脂体积与复合材料或预浸(混)料总体积的百分比称为树脂体积含量。在没有注明时一般指质量含量。玻璃纤维增强复合材料通常采用灼烧法测定；碳纤维增强复合材料通常采用硫酸消化法测定。

【水压循环试验】hydrostatic cyclical fatigue test

测定纤维增强塑料管、压力容器等耐水压疲劳性能的试验方法。常用的水压循环试验装置由高压水泵、控制系统、计数器等部分组成。

【单丝拔出试验】filament pullout test

通过测量垂直置入树脂基体中的单丝拔出的载荷，表征纤维与基体之间粘结性能的一种方法。主要用于测量界面剪切强度等力学参数。

【随炉件】with the furnace sample

又称随炉试样，采用与复合材料制品相同原材料、相同铺层、相同组分含量和相同工艺制备的试验板或试验件。用以评定制品质量，对工艺过程进行监控。

13 耐 火 材 料

13.1 专 业 基 础 理 论

【显微结构】microstructure

光学显微镜及电子显微镜下分辨出的耐火材料构成相的类型、数量、形状、大小、分布取向以及相互间结合关系。

【主晶相】principal crystalline phase

构成耐火制品结构的主体且熔点较高的一种晶体。常由原料直接经高温烧结，或通过固相反应而形成。主晶相依其在平衡体系中的组分和相对含量有所不同。如 Al_2O_3-SiO_2 体系中，含 70% Al_2O_3 的材料，莫来石即为主晶相，含 90% Al_2O_3，主晶相为刚玉。又如 MgO-Al_2O_3 体系中，若含 MgO 在 80%以上，则制品中的主晶相为方镁石；若含 MgO 在 30%左右，则主晶相为尖晶石。耐火制品中主晶相的性质、数量及其结合状态，直接决定着制品的性质。

【次晶相】secondary crystalline phase

又称第二固相。在高温下与主晶相共存的其他晶相。如镁铝砖中与方镁石和液相并存的尖晶石。镁钙砖中的硅酸二钙，镁硅砖中的镁橄榄石等皆是第二晶相。因为一般不同晶粒间的二面角较相同晶粒间的二面角为大，因而第二固相的存在将增加砖体中的固-固接触(直接结合)，而降低液相在晶粒间的渗透能力。

【玻璃相】glass phase

参见 9.1.1【玻璃相】。

【基质】matrix

耐火材料中骨料间隙中存在的物质。如硅砖是由玻璃质的基质中嵌入结晶的二氧化硅所组成，黏土质耐火材料是由大量非晶质的基质中嵌入莫来石和方石英等所组成。也有人将耐火制品中主晶体以外的，填充于主晶体间隙中的物质，统称为基质。

【陶瓷结合】ceramic bonding

主晶相间低软化点的非晶质和晶质联结在一起的结合。陶瓷结合实际上是一种由液相烧结而产生的结合。如普通镁砖中方镁石之间的结合就是由钙镁橄榄石或镁蔷薇辉石等低熔物形成的陶瓷结合。这类制品的烧结是在液相参与下完成的。陶瓷结合组分的性质及其在主晶相间的分布状态，对耐火制品的性质影响极大。

【硅酸盐结合】silicate bonding

又称陶瓷结合。耐火制品的主晶相之间由低软化点的硅酸盐非晶质和晶质联结在一起而形成的结合。

【化学结合】chemical bonding

耐火制品中由化学结合剂形成的结合。即加入少量结合物质，在低于烧结温度的条件下，发生一系列化学反应使制品硬化而形成的结合。此种结合在不烧耐火制品中普遍存在。它的形成和性质主要取决于所用化学结合剂的性质。有的在常温下即可使制品硬化；有的需要加热到适当温度后才能使制品具有强度。这种结合形式的耐火制品在高温下使用时，有的可形成陶瓷结合，有的可形成耐高温的产物。

【直接结合】direct bonding

直接结合是指固相晶粒间直接接触产生的一种结合，因此直接结合的耐火制品，其烧结属固态烧结，一般并无液相参与。直接结合的耐火制品一般具有较高的高温强度。获得直接结合的制品须采用高纯原料和高温烧成。如直接结合镁铬砖是用高纯烧结或电熔镁砂和铬精矿为原料，通过高温烧结而成。

【烧结】sintering

参见 1.7【烧结】。

【烧结温度】sintering temperature

参见 9.1.2【烧结温度】。

【反应烧结】reaction sintering

参见 4.2.3【反应烧结法】。

【活化烧结】activated sintering

参见 9.4.3【活化烧结】。

【玻璃化】vitrification

耐火制品特别是黏土质制品的坯体在高温烧成过程中，或制品在高温使用过程中，逐渐出现部分熔融的现象。玻璃化及发展，使制品中玻璃质结合所占比例逐渐增加，而其中的显气孔率也随之降低，制品耐热震性也有所降低。物料烧结时，开始玻璃化可认为开始液相烧结。物料由开始玻璃化到软化变形之间的温度间隔称玻璃化范围。在物料液相烧结过程中，此范围也可认为是烧结范围。

【热应力】thermal stress

参见 2.1.2【热应力】。

【抗热震因子】thermal shock resistance factor

表征耐火材料热震稳定性好坏的因子。例如，通常将材料能够承受的最大温差称为第一抗热震因子，材料能够承受的最大热流量称为第二抗热震因子。

13.2 品 种

【耐火材料】refractory

过去耐火材料定义为耐火度不低于1580℃的无机非金属材料。按国际标准，耐火材料定义为化学与物理性质允许其在高温环境下使用的非金属(并不排除含有一定比例的金属)材料。经常使用的耐火材料有硅质、黏土质、高铝质、铝镁质、镁质、白云石质、含碳质、含锆质和由这些材料组成的复合耐火制品，以及由各种氧化物、氮化物、硼化物、碳化物、硅化物等制成的特殊耐火材料。耐火材料应具有一定的高温力学性能、高温体积稳定性、耐热震性和抗渣性等性能，是冶金、玻璃、水泥、陶瓷、机械热加工、石油化工、动力和国防等工业部门构筑高温设备必需的基础材料。

【耐火制品】refractory product

具有一定形状的耐火材料产品，如各种耐火砖、耐火器皿等。有时也泛指利用耐火原料制成的各种产品，包括定形的制品和不定形的耐火材料。

【耐火砖】refractory brick

具有一定外形和尺寸的定型耐火制品。根据制造方法的不同，有烧成砖、不烧砖和熔铸砖，除致密的重质耐火砖外，还有多孔构造的轻质耐火砖。

【普型耐火砖】normal shape brick

简称普型砖。质量轻而外形比较简单的耐火砖。凡具有不多于 4 个量尺，外形最小与最大尺寸之比在 1∶4 范围以内，不带凹角、孔眼或沟槽的，质量为 2～6kg(硅砖)或 2～8kg(黏土砖)或 2～10kg(高铝砖)或 4～10kg(镁砖和镁铝砖)的制品，均称为普型砖。

【标准型耐火砖】standard size brick

制品各面均为标准尺寸的矩形砖。其尺寸各国规定不同。我国规定硅质、黏土质、高铝质耐火制品为 230mm×113mm×65mm，镁质和镁铝质制品为 230mm×115mm×66mm。

【异型耐火砖】complicated shape brick

外形复杂的耐火砖。对镁砖和镁铝砖，凡不能列入普型制品的都称为异型砖。对黏土砖和高铝砖；凡外形最小与最大尺寸之比在 1∶6 范围之内，具有不多于两个凹角(包括圆弧状凹角在内)，或有一个 50°～75°的锐角，或按总数计带有不多于四个沟槽的，质量为 2～15kg(黏土砖)或 2～18kg(高铝砖)的制品称为异型砖。对硅砖，凡最小与最大尺寸之比在 1∶5 范围以内，具有不多于一个凹角或具有一个 50°～75°的锐角，或按总数计带有不多于两个沟槽、质量为 2～12kg 的制品，称为异型砖。

【特异型耐火砖】special shape brick

外形特别复杂的耐火砖。对黏土砖和高铝

砖：凡外形最小与最大尺寸之比在1∶8范围以内，具有不多于四个凹角（包括圆弧形凹角在内），或具有一个50°～80°的锐角，或按总数计带有不多于三个沟槽，或带有不多于一个孔眼的，质量为1.5～30kg（黏土砖）或1.5～35kg（高铝砖）的制品都称为特异型砖。对硅砖，凡外形最小与最大尺寸之比在1∶6范围以内，具有不多于四个凹角（包括圆弧凹角在内），或具有一个50°～80°的锐角，或按总数计带有四个沟槽，或带有不多于一个孔眼的，质量为1.5～25kg的制品，称为特异型砖。

【酸性耐火材料】acid refractory

通常指以氧化硅为主要成分的耐火材料。包括硅砖、不定形硅质耐火材料以及石英玻璃制品、熔融石英再结合制品，半硅质耐火材料及叶蜡石质耐火材料以及高硅黏土质耐火材料。对其 SiO_2 含量各国规定不一，多将含 SiO_2 在65%～80%者划为下限。酸性耐火材料在高温下能耐酸性熔渣的侵蚀，但易与碱性熔渣起化学反应。有的将黏土质耐火材料也划归此类，并称为半酸性或弱酸性耐火材料。有的将锆英石质耐火材料和碳化硅质耐火材料也并入此类，并称为特殊酸性耐火材料。

【硅质耐火材料】silica refractory

含二氧化硅94%以上的耐火材料。它是酸性耐火材料的主要品种，其大宗产品为烧成硅砖，有时也以散状材料使用。

【硅砖】silica brick

含二氧化硅大于94%。主要由鳞石英、方石英、残存石英和玻璃相组成的耐火制品。采用硅石作原料，制造时在配料中外加少量石灰和铁鳞作矿化剂，以促进坯体中石英转化为鳞石英。一般在还原气氛下经1350～1430℃缓慢烧成。在烧成的升温阶段，坯体内的石英首先由低温型向高温型转化，随后又向方石英和鳞石英转化。冷却时方石英和鳞石英也由其高温型向低温型转化。硅砖生产中的晶型转化使其真密度由2.65g/cm³左右按石英转化的程度不同而降到2.33～2.42g/cm³，同时伴有体积膨胀。硅砖属酸性耐火材料，抗酸性渣的能力较强。它的高温强度较高，荷重软化温度已接近其耐火度，一般为1620～1660℃。具有在高温下长期使用不变形的优点，烧成良好的硅砖在600℃以上一般无晶形转化，热膨胀系数也较小，耐热震性较高。硅砖在600℃以下晶型转变较多，体积变化较大，耐热震性很低。主要用于砌筑炼焦炉、玻璃熔窑以及耐火材料和陶瓷的烧成窑等窑炉的拱顶和其他承重部位。不宜在600℃以下且温度波动很大的热工设备中使用。

【低钙低气孔硅砖】silica brick with low CaO

一种用于玻璃窑的氧化钙含量和显气孔率较低的硅砖新品种，全氧燃烧玻璃窑的候选材料。按照建材行业标准《玻璃窑用优质硅砖》JCT 616，硅砖的 SiO_2 含量≥96%，Fe_2O_3≤0.8%，显气孔率≤21%。但全氧燃烧技术出现后，该硅砖的使用寿命锐减。通过使用超细的矿化剂和无碱的高效减水剂，可以改善制砖基质料的分散程度，提高矿化剂的效率，将CaO的含量从约2.5%降低到≤0.8%，制得 SiO_2 含量≥97%甚至≥98%、Fe_2O_3≤0.5%、显气孔率≤18%的新型硅砖。此种硅砖，不仅避免了"钙洞""铁斑"，而且具有更好的抗侵蚀性，可以提高在全氧玻璃窑中的使用寿命。

【熔融石英制品】fused silica product

又称再结合熔融石英制品，熔融石英陶瓷制品，石英玻璃烧结制品。它是以熔融石英为原料，先制成细粉经再结合而成。常以泥浆浇注法成型，经1050～1100℃烧成，也可采用半干压或捣打成型。这种制品耐酸性强，热膨胀系数很小，导热系数很低，且基本上不随温度的升降而变化。高温下的抗折强度和抗拉强度高，耐冲刷性较好，是一种在高温下耐侵蚀、耐冲刷和耐热震性很高的材料。

【硅酸铝质耐火材料】alumina-silicate refractory

以氧化铝和二氧化硅为主要成分的耐火材料的总称。按其 Al_2O_3 含量分为半硅质（Al_2O_3 15%～30%）、黏土质（Al_2O_3 30%～48%）、高铝质（Al_2O_3＞48%）三类。通常以叶蜡石、硅质黏土、耐火黏土和高铝矾土、硅线石族矿物等天然原料或刚玉、莫来石等人工合成原料为主要原料，可制成烧结制品、不烧制品、熔铸制品和散状料等多种产品。在耐火材料生产中占较大比重，使用范围广。

【半硅砖】semi-silica brick

一般指 Al_2O_3 含量在 15%～30%的硅酸铝质耐火材料。所谓低铝质耐火材料，也主要是指此种材料。可用天然硅质黏土和叶蜡石作原料，也可用黏土和石英配成原料。这种材料的使用性质介于黏土质和硅质制品之间。在烧成和使用中，由于其中的石英产生膨胀可抵消黏土的收缩，体积变化较小，有的还略有膨胀。耐热震性较硅质制品好。在使用中由于可形成高黏度的玻璃相，使工作面密实，具有较好的抗渗透性。适用于作玻璃窑、加热炉、均热炉、化铁炉和炭化炉等的衬里。

【蜡石砖】pyrophyllite brick

又称叶蜡石砖。属半硅质耐火材料，以叶蜡石为原料制成。由于叶蜡石的烧失量和烧成收缩小，可不经预烧直接用于生产耐火制品。其耐火度随 Al_2O_3 含量的增加而提高，波动在 1630～1710℃。主要用于铁水包内衬及铸造钢包工作层等。

【耐碱砖】alkali-resistant refractory brick

一种用于水泥窑预热系统的黏土质或半硅质耐火材料，一般其 Al_2O_3 含量≤35%。水泥窑预热系统的主要问题之一是 K_2O 等物质“挥发－凝聚－捕集”循环富集而引起的侵蚀。根据 K_2O-Al_2O_3-SiO_2 相图，当 Al_2O_3 含量较低时，耐火材料的侵蚀产物是钾长石 $K_2O \cdot Al_2O_3 \cdot 6SiO_2$，$K_2O \cdot Al_2O_3 \cdot 6SiO_2$-$Al_2O_3$-$2SiO_2$ 系统和液相的共存点为 985℃，且含 SiO_2 约 80%。因而，在耐火材料表面能形成高黏度的釉层封闭气孔，进而减缓侵蚀而延长了耐火材料的寿命。反之，当 Al_2O_3 含量较高时，形成白榴石 $K_2O \cdot Al_2O_3 \cdot 4SiO_2$ 甚至钾霞石 $K_2O \cdot Al_2O_3 \cdot 2SiO_2$，出现液相的温度增高，不能形成保护性的釉层，耐火材料因持续发生膨胀性的侵蚀反应而损坏。

【黏土质耐火材料】fireclay refractory

Al_2O_3 含量在 30%～48%的硅酸铝质耐火材料。通常是以硬质耐火黏土为原料，预先煅烧成熟料，然后配以软质耐火黏土，经半干法或可塑法成型，经 1300～1400℃烧成的制品。也可加少量水玻璃、水泥等胶结剂制成不烧制品或以散状料使用。其高温性能主要取决于制品中的 Al_2O_3 含量，杂质(Fe_2O_3、K_2O、Na_2O)含量。如普通黏土制品，按 Al_2O_3 含量可分为：一等(不小于 40%)，二等(不小于 35%)和三等(不小于 30%)三类，其相应的耐火度分别为不低于 1730℃、1670℃和 1610℃。此种材料的耐热震性较好，荷重软化温度约在 1250～1450℃，是高炉、热风炉、加热炉、动力锅炉、石灰窑、回转窑、玻璃窑、陶瓷和耐火材料烧成窑中常用的一种耐火材料。

【黏土砖】fireclay brick; chamotte brick

具有规整形状的黏土质耐火材料。参见本节【黏土质耐火材料】。

【热风炉用黏土砖】fireclay brick for hot stove

热风炉用黏土砖是以耐火黏土熟料为原料制得的用来砌筑高炉热风炉用的黏土砖。热风炉用黏土砖用于热风炉、蓄热室和隔墙。热风炉用黏土砖要求抗热震性好，荷重软化温度高，蠕变小。

中国冶标 YB/T 5107 将热风炉用黏土质耐火砖按理化指标分为 RN-42、RN-40 和 RN-36 三种牌号。其理化指标、尺寸允许偏差有如下规定：(1)层裂宽度不大于 0.25mm 时，长度不限制；(2)层裂宽度为 0.26～0.50mm 时，长度不大于 30mm；(3)层裂宽度大于 0.50mm 时，不合格。

【低气孔黏土砖】fireclay brick with low porosity

一种用于玻璃窑蓄热室底层的黏土质耐火材料，要求有较低的显气孔率，进而具有较高的常温强度和抗蠕变性，以抵抗受到来自顶部的压力作用。根据建材行业标准《玻璃窑用低气孔率黏土砖》JC/T 638，该砖有 DN-14 和 DN-17 两个牌号，达到的主要性能为 DN14：Al_2O_3≥45、显气孔率≤14%、常温耐压强度≥55MPa、荷重软化温度 $T_{0.6}$≥1470℃；DN17：Al_2O_3≥42、显气孔率≤17%、常温耐压强度≥40MPa、荷重软化温度 $T_{0.6}$≥1430℃。

【石墨黏土砖】graphite-clay brick

在黏土质配料中加入 10%～30%石墨制成的耐火砖。这种制品的耐火度和耐热震性等较普通黏土砖都有所提高，抗化学侵蚀性(如抗 MnO 和 FeO 的侵蚀)有显著提高。可制成塞头砖、铸口砖或盛钢桶衬砖等。

【高铝耐火材料】high-alumina refractory

Al_2O_3 含量大于 48%的硅酸铝质耐火材料。但由于资源不同，各国标准也不完全一致。例如欧洲各国对高铝质耐火材料规定 Al_2O_3 含量下限为 42%。高铝耐火材料的物相组成为刚玉、莫来石和玻璃相，各物相含量取决于 Al_2O_3/SiO_2 比和杂质的种类及数量。可按 Al_2O_3 含量(或 Al_2O_3/SiO_2 比)划分等级。原料为铝矾土和硅线石类天然矿石；也用电熔刚玉、烧结氧化铝、合成莫来石以及氧化铝与黏土按不同比例配合预烧成熟料。有烧成砖、不烧砖、熔铸砖和不定形耐火材料。高铝耐火材料的高温性能与其 Al_2O_3/SiO_2 比及杂质含量，即与其物相组成中所含刚玉、莫来石和玻璃相的比例以及玻璃相的组成和性质有关。晶相(特别是刚玉)多，玻璃相少以及玻璃相中的 TiO_2、Fe_2O_3、R_2O 含量低和 Al_2O_3/SiO_2 比高，对砖的高温性能有利。这种耐火材料广泛用于冶金工业和其他工业。

【高铝砖】high-alumina brick

含 Al_2O_3 48%以上的具有规整形状的硅酸铝质耐火制品。我国根据制品中氧化铝含量划分为一等($Al_2O_3 \geqslant 75\%$)，二等(Al_2O_3 60%～75%)和三等(Al_2O_3 48%～60%)。用相应级别的高铝矾土熟料加适量黏土(以浓浆加入或黏土与熟料共同粉磨)，经成型后用烧结法制备。为避免二次莫来石化的膨胀效应，一、二等砖应少加黏土或用生矾土作结合剂，三等砖可多加黏土。一、二等砖在 1500～1600℃，三等砖在 1450～1500℃烧成。通常 Al_2O_3/SiO_2 比高的砖，高温性能和抗渣性均较好。杂质的影响较大，如 R_2O (K_2O+Na_2O)含量高时，高温性能会显著下降。高铝砖广泛用于钢铁工业、有色金属工业和其他工业。另外，也可制作化学结合剂结合的不烧高铝砖，使用效果也相当好。

【不烧高铝砖】unburned high alumina brick

不经高温烧成的高铝砖。常用烧结良好的各等矾土熟料加少量化学结合剂(如水玻璃、磷酸、磷酸铝、硫酸铝以及铝酸盐水泥等)制成泥料，经高压成型而制成。不烧高铝砖生产工艺简单，产品合格率高。使用性能接近于相同材质的烧结制品，一般具有较好的耐热震性。广泛用作塞头砖、水口砖，或用于水泥窑分解带和过渡带，盛钢桶内衬、电炉炉盖等。

磷酸盐结合高铝砖是以高铝矾土熟料为骨料和粉料加适量软质黏土，以磷酸或磷酸二氢铝为结合剂，经配合、混练、困料、再混练、干燥和 500℃左右的热处理制成。由于形成磷酸铝化学结合，具有较高的常温机械强度和优异的抗热震性。

【硅线石砖】sillimanite brick

由硅线石族矿物为主要原料制成的高铝质耐火材料。此种制品中 Al_2O_3/SiO_2 比近于 1。烧后主要矿物为莫来石以及一定量的玻璃相和方石英。此种高铝质制品中的 Al_2O_3 和 SiO_2 等化学组成分布均匀，各种矿物晶体互相交错，结构均一。一般具有高的荷重软化温度和好的耐热震性。

【莫来石砖】mullite brick

以莫来石为主晶相的高铝质耐火材料。一般 Al_2O_3 含量在 65%～75%。矿物组成除莫来石外，其中含 Al_2O_3 较低者还含有少量玻璃相和方石英；含 Al_2O_3 较高者还含有少量刚玉。多以高铝矾土熟料为主要原料，再加少量黏土或生矾土作结合剂，经成型和烧成而制得。二等高铝砖中含 Al_2O_3 较高的即属此种制品。按莫来石的成分配料用熔铸法制成的，称为熔铸莫来石制品。制品的高温性能主要取决于 Al_2O_3 的含量(即莫来石和少量刚玉的含量)和莫来石晶体与玻璃相分布的均匀性。

【高铝碳化硅砖】high alumina silicon carbide brick

俗称硅莫砖，是以优质高铝矾土为骨料和粉料，掺加部分碳化硅粉料而制成为高铝-碳化硅质耐火制品，用于水泥预分解窑分解带和过渡带。为了提高性能，常常用刚玉、硅线石族矿物进一步取代部分矾土。硅莫砖的命名受商业的影响而成，但因性能优越、使用效果好而逐渐为用户认可，成为约定俗成的产品名称。由于碳化硅的高导热性，赋予了该砖良好的抗热震性，又提高了材料的抗侵蚀性。因而在水泥窑的应用获得了较大的成功。

【抗剥落高铝砖】anti-peeling high alumina brick

是以高铝矾土和锆英石、硅线石族矿物为原料制成的高铝质耐火材料，用于水泥预分解窑分解带。制造工艺是以锆英石细粒取代矾土细骨料，或用锆英石超细粉取代部分矾土细粉。产品具有良好的抗热震性能。

【刚玉砖】corundum brick

Al_2O_3 含量≥90%，以刚玉为主要物相的耐火砖。用烧结氧化铝，或电熔刚玉作原料，或 Al_2O_3/SiO_2 比高的矾土熟料与烧结氧化铝配合，采用烧结法制成。也可用磷酸或其他化学结合剂制成不烧刚玉砖。刚玉砖的高温力学性能、抗渣性和耐磨性均很好，且纯刚玉砖还具有很好的抗蠕变性能。刚玉砖用于作真空处理钢水的设备和石油化工工业中某些热工设备的衬里。

【锆刚玉砖】zirconia-corundum brick

在氧化铝配料中加入适量的氧化锆，用烧结法制得的刚玉砖。矿物组成中除刚玉外，还含有斜锆石、玻璃相和少量莫来石。晶相呈均匀的细粒，在玻璃相中形成骨架。这种砖通常在1700～1750℃烧成。其性能与熔铸锆刚玉砖基本相同，但有一定气孔率，耐热震性较好。主要用作玻璃窑和感应炉的内衬。

【铬刚玉砖】chrome-corundum brick

在氧化铝配料中加入适量 Cr_2O_3，采用烧结法制得的刚玉砖。其性质基本与熔铸铬刚玉砖相同，但气孔率高，耐热震性较好，可代替熔铸铬刚玉砖使用。

【铝铬砖】alumina-chrome brick

以氧化铝为主要成分并含有少量氧化铬的耐火制品。可用这两种氧化物按适当比例配料以烧结法(或熔铸法)制成。主晶相为刚玉。铝铬砖的高温性能较好，耐火度大于1770℃，适用于砌筑玻璃窑和有色金属冶炼炉。

【熔铸砖】fused cast brick

利用熔铸法制成的耐火材料。熔化的方法有普通熔融法和长电弧熔融法。浇注时还另有缩孔定向法。主要品种有莫来石、α-Al_2O_3、β-Al_2O_3、α-β-Al_2O_3、锆刚玉、铬刚玉及镁铝、镁铬等熔铸制品。与烧结耐火材料相比，其晶粒较大，结构致密，气孔率低、耐侵蚀性强。主要用于砌筑玻璃池窑和金属冶炼炉等。

【熔铸莫来石砖】fused cast mullite brick; fusion-cast mullite brick

又称电熔莫来石砖，俗称黑铁砖。主要由莫来石组成的熔铸耐火材料。以高铝矾土、耐火黏土等配成混合料，经电弧炉熔化、浇铸，退火而制成。其化学成分为 SiO_2 25%左右，Al_2O_3 65%～75%，其他氧化物总量5%～8%。制品很致密(气孔率<1%)，常温耐压强度高(>196MPa)，高温强度和耐磨性也较高。耐侵蚀性较强，热膨胀系数较小(约为 $5.5\times10^{-6}K^{-1}$)，导热系数也较高[约为3.36W/(m·K)]。因此，其耐热震性较其他熔铸制品好。用于砌筑玻璃池窑和其他高温工业窑炉。

【熔铸 α-氧化铝砖】fused cast α-alumina brick

又称电熔 α-氧化铝砖，或熔铸"α-刚玉砖"。用工业氧化铝为原料，以刚玉为主晶相的熔铸耐火材料。Al_2O_3 含量约99%，其他氧化物约1%。矿物组成中刚玉约占95%，β-Al_2O_3 5%～10%，玻璃相较少。这种砖很致密，耐火度和高温结构强度较其他氧化铝制品高，高温化学稳定性好。但在碱金属氧化物的作用下，可能转化为 β-Al_2O_3，而发生体积膨胀。适用于砌筑玻璃窑的冷却池部位和上部结构，以及有色金属冶炼炉及高温隧道窑等。

【熔铸 β-氧化铝砖】fused cast β-alumina brick

又称电熔 β-氧化铝砖，或称熔铸"β-刚玉"砖。用工业氧化铝作为原料制成的，以 β-Al_2O_3 为主晶相的熔铸耐火材料。Al_2O_3 含量约95%，其他氧化物约5%。矿物组成中 β-Al_2O_3 含量约99.5%，以较大的板状结晶互相啮合；玻璃相较少，约在0.5%以下。对碱蒸气呈惰性。在不含碱的气氛中，易分离出碱而转化为Al_2O_3，并因伴有体积收缩，而可能引起砖的碎裂。耐热震性较好，700℃到常温空气循环可达40次左右，一般适用于砌筑玻璃熔池的上部结构。

【熔铸α-β-氧化铝砖】fused cast α-β-alumina brick

以工业氧化铝制成的含α-β-Al_2O_3的熔铸制品。Al_2O_3含量约为96%，其他氧化物约4%。矿物组成α-Al_2O_3约占40%～55%，β-Al_2O_3约占45%～60%，玻璃相极少。同β-Al_2O_3型制品相比，抗玻璃液的侵蚀能力较强，在高温下抗碱蒸气的作用也较好，可用于玻璃窑的上部结构。也可用在直接与玻璃液接触的低温部位，如冷却部的窑底和喂料通道等。

【熔铸锆刚玉砖】fused cast zirconia-alumina brick

又称电熔锆刚玉砖，俗称白铁砖。主要由斜锆石和刚玉组成的熔铸耐火材料。以锆英石(或工业氧化锆)和氧化铝为主要原料配成的混合料，经电弧炉熔化、浇铸、退火而制成。属ZrO_2-Al_2O_3-SiO_2三元系统熔铸耐火材料。其化学成分为ZrO_2 30%～50%，Al_2O_3 40%～50%，SiO_2 10%～17%。矿物组成主要为刚玉-斜锆石共晶，少量斜锆石、刚玉及玻璃相。这种砖的密度为3.5～4.15g/cm^3，结构很致密，耐玻璃液侵蚀性较强，且对玻璃不着色，是玻璃熔窑关键部位的筑炉材料。

【熔铸铬刚玉耐火制品】fused cast chrome-corundum refracrory

又称电熔铬刚玉耐火制品。主要由Al_2O_3和Cr_2O_3固溶体和少量尖晶石组成的熔铸耐火制品。以高铝矾土(或工业氧化铝)为主要原料。加入适量铬铁矿，于电炉中经2200℃以上的高温熔化，然后注入模型，经缓慢冷却退火制成。主要化学成分为Al_2O_3 60%～87%和Cr_2O_3 30%～12%。矿物组成为Al_2O_3和Cr_2O_3的固溶体及少量尖晶石。制品的密度为3.2～3.9g/cm^3，高温强度较高。同其他熔铸刚玉制品相比，抗玻璃液的侵蚀能力最强。Cr_2O_3含量若在13%以下，对玻璃液的着色作用不明显。可用作同玻璃液直接接触的池窑内衬。

【电熔再结合刚玉砖】fused rebonded grain corundum brick

又称熔粒刚玉砖。以电熔刚玉为原料，采用烧结法制成的耐火制品。也可加入适当结合剂制成不烧制品。主要化学成分为Al_2O_3(90%以上)，主要矿物组成为刚玉。耐火度约2000℃，荷重软化温度较高，一般在1550℃以上(以纯氧化铝作结合剂者，经1700℃以上烧成的可达1800℃)。对酸性或碱性炉渣或含碱的玻璃液都有一定的抵抗能力。耐热震性比熔铸刚玉砖好，可用于玻璃窑和其他高温窑炉中条件苛刻的部位。用于冶金工业上的真空冶炼和压力浇铸等处，效果较好。

【碱性耐火材料】basic refractory

一般指以氧化镁或氧化镁和氧化钙为主要成分的耐火材料。有镁质、镁铬质、铬镁质、镁橄榄石质、镁铝质、白云石质和石灰质等耐火材料。其中镁质、白云石质和石灰质属强碱性，铬镁质和镁铬质、镁橄榄石质和尖晶石质属弱碱性。这类耐火材料的耐火度都较高，抵抗碱性渣的能力强。主要用于炼钢炉及有色金属冶炼炉，水泥工业也经常使用这类耐火材料。

【镁质耐火材料】magnesia refractory

氧化镁含量大于80%的碱性耐火材料。原料有天然菱镁矿和由海水氧化镁制成的烧结镁砂，有时也加少量其他材料。制品多用烧结法生产。烧成温度随原料纯度而定，一般在1500～1900℃之间。也可加化学结合剂，制成不烧砖和不定形材料使用。此类碱性耐火材料的矿物组成中，主晶相为方镁石。镁质耐火材料的性能，也随CaO/SiO_2比的变化差别很大。含钙镁橄榄石或钙镁硅石者，高温性能差，含高熔点的镁橄榄石或硅酸二钙者，高温性能好。高纯镁砖的荷重软化点和耐热震性都远较一般镁砖为好。纯度和烧成温度较高的镁砖，由于方镁石晶粒直接接触，无硅酸盐包裹，称为直接结合镁砖。镁质耐火材料主要用于电炉、转炉、混铁炉、有色金属冶炼炉、水泥回转窑和碱性耐火材料的煅烧窑等。

【冶金镁砂】fettling magnesite grain

具有一定粒度组成，用于打结冶金炉炉衬和补炉的烧结镁砂。分为普通冶金镁砂和合成冶金镁砂。前者是由菱镁矿等原料直接煅烧制成烧结镁砂后，再经破碎和调整粒度组成而制得，其 MgO 含量在 78%以上。后者是将菱镁矿等原料粉碎后，加入适当的外加剂制成泥浆(或料球)，在 1600℃左右煅烧制成，MgO 含量为 80%左右，含 Fe_2O_3 和 CaO 分别为 8%和 7%左右。

【镁砖】magnesia brick

氧化镁含量>80%的碱性耐火制品。一般可分烧结镁砖(又称烧镁砖)和化学结合镁砖(又称不烧镁砖)两大类。烧结镁砖是以致密的烧结镁砂作原料，经破碎、配料、混练和成形后在高温下烧结而得。也可用普通镁砂为原料，一般在 1500～1600℃下烧成。化学结合镁砖则是在级配良好的镁砂中加入适当化学结合剂，经混练、成型、干燥后就可使用的一种镁砖，由于未经烧成工序，故亦称不烧镁砖。

【化学结合镁砖】chemical bonded magnesia brick

又称不烧镁砖。在级配良好的烧结镁砂中加入适当的化学结合剂，经混练成型，干燥后不经烧成而制得的镁质耐火制品。

【镁铝砖】magnesite-alumina brick

以氧化镁为主要成分并含有部分氧化铝的碱性耐火材料。常用的制品含 MgO 85%左右，Al_2O_3 5%～10%，以方镁石为主晶相，镁铝尖晶石为次晶相。一般以优质烧结镁砂为骨料，加入按一定比例配合的镁砂同生矾土或轻烧矾土熟料或工业氧化铝组成的细粉，经混练、成型和烧成而制得烧结制品，称镁铝砖。同普通镁砖相比，由于此种制品的杂质较少，基质中分布有熔点较高的镁铝尖晶石，其高温结构强度较高。荷重软化温度在 1580℃以上，其抗渣性也较好。含 CaO 低者耐热震性较好，因而也称抗热震性镁砖。主要用于电炉顶、有色金属冶炼炉、水泥回转窑和高温隧道窑等。另外，也可经电熔制成熔铸镁铝质制品和熔粒镁铝质制品。

【镁硅砖】high-silica magnesia brick

又称高硅镁砖。是一种以方镁石为主晶相，镁橄榄石为第二晶相的镁质耐火材料。用镁硅砂按镁砖生产工艺制造。我国规定：MgO≥82%，SiO_2 为 5%～11%，CaO/SiO_2 比远小于 1。由于 MgO-2MgO・SiO_2 二元低共熔点为 1860℃，此种砖有比一般镁砖更高的荷重软化温度，但抗碱性渣的性能较差。多用于玻璃熔窑的蓄热室，或冶金电炉炉底、炉墙和有色金属冶炼炉的炉衬。

【镁钙砖】magnesia-dolomite brick

也称镁白云石砖，是以 MgO 和 CaO 为主要成分的碱性耐火制品。用镁钙砂、白云石砂和镁砂作原料，制砖工艺与镁砖相近。矿物组成中晶相有方镁石和方钙石，往往还有少量硅酸盐矿物等。制品大量用于冶金炉外精炼炉，如 AOD、VOD 等，也作为大型水泥窑炉衬。

【镁铬质耐火材料】magnesia-chrome refractory

用烧结镁砂和铬矿为原料制成的耐火材料。含 MgO 55%～80%、Cr_2O_3≥8%(一般为 8%～20%)。主要矿物为方镁石和铬尖晶石，硅酸盐相为镁橄榄石和钙镁橄榄石。铬矿中 SiO_2 含量和 Fe/Cr 比以低为宜。可预烧也可以生矿直接配料。多在氧化气氛中于1600～1800℃下烧成烧结制品，称烧结镁铬砖，通称镁铬砖。也可用镁盐溶液或水玻璃作结合剂制成不烧制品和以散状料使用，属碱性耐火材料，对碱性炉渣的抵抗能力很强。抗酸性渣的能力比镁质耐火材料好。耐热震性较好，高温结构强度高。此种材料用于真空处理装置、水泥回转窑、玻璃窑蓄热室中。由于铬在使用中与使用后变成六价铬，对人体有害，故应尽量少用。

【镁铬砖】magnesia-chrome brick

具有规整形状的镁铬质耐火制品。通常指烧结镁铬砖，也包括不烧镁铬砖。参见本节【镁铬质耐火材料】。

【预反应镁铬砖】prereacted magnesia-chrome brick

用预反应料制成的镁铬砖。其矿物组成按

预反应料的组成和配料比例而定。用预反应法制砖，可使一些反应在烧制熟料时完成，避免砖坯烧成时的松散效应，以获得低气孔率的砖。烧成和冷却时砖中形成许多晶粒间和晶粒内的二次尖晶石。前者能提高砖的高温强度和抗渣性，后者能增强方镁石对酸性渣的抵抗能力。预反应镁铬砖多用作炼钢和有色金属冶炼炉炉衬。用预反应铬镁料作细粉与镁砂粗颗粒配合所制的砖，其基质部分有更多的固-固结合，这种砖密度高，高温强度高。

【熔铸镁铬砖】fused-cast magnesia-chrome brick

又称电熔镁铬质耐火制品。由熔融浇铸法制成。主要化学成分为 MgO 50%～60%，Cr_2O_3 15%～20%，Al_2O_3 10%～15%，Fe_2O_3 10%～15%。矿物组成主要有方镁石和尖晶石。一般以镁砂、铬矿和高铝矾土(或工业氧化铝)为原料，经粉碎配料制成荒坯，置于电弧炉中，在2400℃以上的高温下熔化、熔融液注入模中，经慢冷退火处理制成。有的铸成大块，然后再切割成制品，产品体积密度3.3～3.4g/cm^3，显气孔率5%～15%。常温和高温强度远较普通镁铬砖为高，且具有耐磨性高、抗渣性强的优点，但耐热震性较差。用于炼铜闪速炉等处，使用效果好。

【电熔再结合镁铬砖】fused rebonded magnesia-chrome brick

又称熔粒镁铬砖。用电熔的镁铬质耐火物作原料，经破碎、粉磨、配料、成型、烧成而制得。这种砖的高温性能介于熔铸的和烧结的镁铬砖之间。

【铬镁砖】chrome-magnesia brick

以铬矿和烧结镁砂为原料制成的含 Cr_2O_3 18%～30%、MgO 25%～55%的耐火材料。通常将上述原料制成的坯体在弱氧化焰下烧成为烧结制品。有的还将铬矿预烧后再配料。也可制成不烧制品、熔铸制品、熔粒制品和以散状料使用。其性质介于铬质和镁铬质耐火材料之间，其中含 MgO 低的近于铬质耐火材料，含 MgO 高的近于镁铬质耐火材料。

【方镁石尖晶石砖】periclase-spinel brick

以镁砂为主要原料，以预合成镁铝尖晶石为次要原料制成的耐火制品，简称为尖晶石砖。主要用于水泥窑过渡带和某些炉外精炼设备。在水泥工业，$MgO-Al_2O_3$ 系材料已发展到第四代。第一代为镁铝砖，即用 Al_2O_3 细粉部分代替镁砂细粉，在烧成中通过原位反应形成镁铝尖晶石基质结合镁砂颗粒的组织。第二代产品用预合成的镁铝尖晶石颗粒部分代替等粒度镁砂制成，广泛用于水泥窑的过渡带。第三代产品是一部分镁铝尖晶石以颗粒形式存在，另一部分在基质原位合成。第四代产品使用电熔尖晶石代替烧结尖晶石，抗侵蚀性更好。

【再结合镁铝尖晶石砖】fused rebonded magnesia-alumina spinel brick

以电熔合成镁铝尖晶石为主要原料制备的耐火材料，具有良好的耐高温性能，对于弱碱性、中性和弱酸性窑料的侵蚀都有较好的抵抗能力，但抗热震性较差。目前，主要用于小型全氧燃烧玻璃窑的碹顶，代替硅砖。随着环保要求的提高，改善抗热震性后，熔铸再结合镁铝砖可能代替含铬的耐火材料，用于玻璃窑蓄热室的格子砖，或纤维玻璃、有色、煤化工业。

【镁铝尖晶石砖】magnesia-alumina spinel brick

一种以烧结合成镁铝尖晶石为主要原料制备的耐火材料，类似于熔铸再结合镁铝尖晶石砖。烧结镁铝尖晶石砖的价格低于熔铸再结合镁铝尖晶石砖，但耐高温、抗侵蚀性能逊于熔铸再结合镁铝尖晶石砖。

【镁铁砖】iron-rich magnesia brick

即方镁石-镁铁尖晶石耐火制品，用于水泥窑的烧成带。该砖以镁铁砂(高铁镁砂)和镁砂为主要原料。冷却时，高铁镁砂从过饱和的方镁石固溶体中析出复合镁铁尖晶石(FeO, MgO)·Fe_2O_3，形成方镁石包裹细粒镁铁尖晶石的组织。制砖时，一部分 FeO 转化为 Fe_2O_3，形成镁铁尖晶石；另一部分 FeO 没有转化。使用时，水泥熟料和镁铁尖晶石中的 Fe_2O_3 反应形成 C_4AF，使耐火材料能够较快地挂上窑皮。同时，镁铁砖中残余的 FeO 转化为 Fe_2O_3，形成镁铁尖晶石 MgO·Fe_2O_3，反应伴随的体积效应能够在短期内抵消高温引起的收缩，并提高材料的荷重软化温度。随后，如得到窑皮良好的保护，该砖可以获得较长的使用寿命。

【镁橄榄石砖】forsterite brick

以镁橄榄石为主要矿物组成的耐火材料，含 MgO 35%～62%。MgO/SiO_2 质量比波动于 0.95～2.00。多采用橄榄岩、纯橄榄岩、蛇纹石、滑石等作原料，在氧化焰中烧成。为改进制品性能，往往在配料中加入适量菱镁矿，使原料中的 SiO_2 与其结合成镁橄榄石，使 R_2O_3 与其结合成尖晶石矿物，甚至使制品中还有方镁石存在。此种含方镁石的制品也称为镁橄榄石方镁石砖。镁橄榄石质耐火材料是一种具有弱碱性的耐火材料，有一定抗碱性渣的能力。其中 MgO、SiO_2 较高者，其耐火度和荷重软化温度亦较高，可用于有色金属熔炼炉、煅烧水泥、白云石回转窑的内衬等。

【镁碳砖】magnesia carbon brick

以镁砂和碳素材料（主要以鳞片状石墨作为其碳源）作为原料，加入抗氧化性添加剂，如 Si、Al、Mg、Al-Si、Al-Mg、Al-Mg-Ca、Si-Mg-Ca、SiC、B4C、BN 等，用碳质结合剂结合（常为酚醛树脂）制成的不烧含碳复合耐火材料。MgO 含量为 60%～90%，C 含量4%～20%，耐热震性、导热性和抗渣性均好。用于砌筑炼钢转炉、钢包渣线部位等，使用效果良好。

【含碳耐火材料】carbon-bearing refractory

含有碳素（或含碳耐火原料）与高熔点氧化物（或复合原料）制成的耐火材料。其主要成分有耐火氧化物、碳化物和石墨等。这类材料可以是成型制品，也可以是不定形材料。按显微结构可以分为：(1)陶瓷结合型。制品经高温烧成，形成陶瓷结合，碳素材料填充在耐火材料颗粒之间或气孔之内，如烧成焦油（沥青）浸渍砖、高铝石墨砖等；(2)碳结合型。结合碳在颗粒周围构成碳网络，制品无需煅烧。属于这类制品的如镁碳、镁钙碳、铝碳、铝镁碳质耐火材料等；(3)陶瓷和碳复合结合。如烧成铝碳（铝锆碳、锆碳）滑板及浸入式水口等。含碳耐火材料具有优良的抗渣性和热震稳定性，但其最大弱点是碳素易被氧化。

【碳砖】carbon brick

以煅烧无烟煤、焦炭或石墨为原料，以焦油沥青或酚醛树脂为结合剂制成的耐火制品。这类制品品种有以焦炭或无烟煤为主要成分的碳砖和经石墨化的人造石墨质和半石墨质碳砖。碳砖的生产工艺与其他耐火砖大体相近，但为了防止碳的氧化，原料的焙烧和制品烧成，都须在还原气氛下进行。碳砖具有耐火度高，高温体积稳定，热膨胀率很小，热导率很高，热震稳定性好，耐酸、碱、盐、有机物及熔融金属等侵蚀的性能优良，但抗氧化性很差。碳砖主要用于砌筑高炉炉底和炉缸，铝电解槽、电镀工业的酸洗槽、电镀槽，化学工业的反应槽、贮槽等。

【铝碳砖】alumina-carbon brick

以 Al_2O_3 和 C 为主要成分的耐火制品。按生产工艺可将铝碳砖分为烧成砖和不烧砖两大类。烧成铝碳砖的生产以刚玉（或高铝矾土熟料等）、石墨和炭黑等为原料，有时加入硅粉、SiC 等其他原料，以酚醛树脂或沥青为结合剂，经配料、混合、采用机压或等静压成型，砖坯干燥后可直接进行热处理制成不烧砖，或在埋炭保护条件下烧成制得烧成砖。铝碳砖耐火度高，化学稳定性好，耐侵蚀，热震稳定性好。铝碳砖主要用作滑动水口滑板、连铸中间包整体塞棒、浸入式水口、长水口，也可用作铁水预处理用包衬和盛钢衬等。

【锆碳砖】zirconic-carbon brick

以稳定的 ZrO_2 和鳞片石墨为主要原料制成的耐火制品。主要用于连铸中间包整体塞棒的端部和复合于铝碳质浸入式水口与保护渣接触的部位等。

【铝镁碳砖】alumina-magnesia carban brick

以高铝矾土熟料或刚玉砂、镁砂和鳞片状石墨为主要原料，加入适当的结合剂及添加剂（如 Al、Si 粉等）经成型，再低温处理而制成的耐火制品。制品在高温下因含碳而具有较高的耐侵蚀性且不易剥落，还具有因使用时受热产生尖晶石而显示高的残余膨胀率的优点。主要用于盛钢桶内衬、超高功率电炉钢包衬和炉外精炼炉衬等。

【镁钙碳砖】magnesia-dolomite carbon brick

以合成镁白云石砂、镁砂和鳞片状石墨为主要原料制成的碱性耐火制品。其生产工艺与镁碳砖相似。为防止游离 CaO 水化，须用无水树脂做结合剂，且要求生产、包装、运输时采取防水措施。镁钙碳砖具有优良的抗渣侵蚀性、熔渣渗透性、热震稳定性。由于 CaO 可以吸收钢水中的 S、P、O 等非金属杂质，有净化钢水的作用，为冶炼生产洁净钢创造有利条件。在炉外精炼炉、钢包等方面有很好的应用。

【Al_2O_3-SiC-C 砖】Al_2O_3-SiC-C brick

以刚玉或矾土熟料、SiC、碳素原料(鳞片状石墨)为主要原料制成的耐火制品。制砖时一般以树脂为结合剂，并加入适量的 Si、Al、B4C 或硼硅酸盐玻璃等抗氧化剂。压制成型后，经 200～300℃热处理。该制品具有优良的抗渣侵蚀性，优良的热震稳定性和良好的抗机械冲刷和耐磨性。制品主要用于铁水预处理用的鱼雷车和铁水包的内衬等。

【氮化硅结合碳化硅砖】silicon nitride bonded silicon carbide brick

以 Si_3N_4 为主要结合相的碳化硅制品。通常是用 SiC 和 Si 粉为原料，经氮化烧成。氮化硅结合碳化硅砖有良好的抗碱侵蚀能力和很高的强度。主要用作高炉炉身下部、炉腰、炉腹衬和风口套砖，也可用于铝电解槽内衬、熔融铝导管、陶瓷窑用的窑具等。

【白云石质耐火材料】dolomite refractory

以天然白云石为主要原料制造的耐火材料。主要化学成分为 40%～60% CaO 和 30%～42%MgO。生产工艺：先将白云石在竖窑、回转窑或其他窑炉中在 1600～1900℃下煅烧成熟料。然后，再以不同制砖工艺制成制品。其品种包括：烧成油浸白云石砖($SiO_2+Al_2O_3+Fe_2O_3<3\%$)、烧成油浸半稳定性白云石砖($SiO_2$ 2%～4%、Fe_2O_3 4%～8%)、烧成稳定性白云石砖($SiO_2$13%～15%)，轻烧油浸白云石大砖(轻烧温度 800～1000℃)、焦油白云石砖和冶金白云石砂(Fe_2O_3 4%～8%)等。这些材料属碱性耐火材料，具有抗碱性渣的性能。

【冶金白云石砂】dead-burned metallurgical dolomite granule

指具有一定颗粒组成的死烧白云石料。多用回转窑(或竖窑)煅烧。入窑白云石粒度一般为 10～1mm(入竖窑者为 40～100mm)。回转窑煅烧时，还常配加少许铁鳞。煅烧温度 1750～1850℃。其矿物组成主要是方镁石、石灰、铁酸二钙及微量铁铝酸四钙。

【稳定性白云石砖】stabilized dolomite brick

不含游离氧化钙的白云石质耐火材料。这种砖是用稳定性白云石熟料磨碎、筛分，粗、中、细料按比例配合。加水混合，经成型、干燥后，在 1350～1450℃下烧成。此种制品耐水化，真密度 3.4g/cm^3 左右，气孔率 18%～24%，耐压强度 50～70MPa，但耐热震性比镁砖差。主要用于砌筑电炉副炉底和转炉内衬的安全层以及水泥回转窑、化铁炉内衬等。由于此种制品制造工艺比较复杂，而使用效果较其他白云石制品无显著优点，近年来生产较少。

【半稳定性白云石砖】semistable dolomite brick

用半稳定性白云石熟料生产的砖。多为烧成浸渍制品。主要成分除 CaO 和 MgO 外，还有少量 $2CaO \cdot Fe_2O_3$。这种砖的生产工艺的其他环节与烧成油浸白云石砖相同。

【石灰耐火材料】lime refractory

以 CaO 为主要成分的耐火材料(CaO 含量为 96%～99%)。除 CaO 外，其他成分为 SiO_2、Al_2O_3、Fe_2O_3、TiO_2、MgO 等。原料为石灰石(或氢氧化钙)。经轻烧(1100～1200℃)和压球，再经高温(1650～2000℃)煅烧成密度为 3.1～3.2g/cm^3 的熟料。将熟料颗粒、细粉配入少量脱水有机物(如石蜡、沥青等)，经混合、成型、烧成(1600～1700℃)制成制品。料中有时掺合少许铁(包括钛)氧化物，或在烧成中采用 CO_2 气氛，使其生成保护性碳酸钙薄膜。或将砖浸以有机物，以提高抗水化性。这种材料具有很高的耐火度(熔化温度为2000℃以上)和抗碱性渣的能力，但极易受铁氧化物的侵蚀。但CaO的挥发性较MgO为低，可在真空冶炼或热处理设备上使用。

【中性耐火材料】neutral refractory

高温下，与酸性或碱性的熔渣都不易起明显反应的耐火材料。如碳质耐火材料和铬质耐火材料。有的将高铝质耐火材料也归入此类，列为具有一些酸性倾向的中性耐火材料，而将铬质耐火材料列为具有一些碱性倾向的中性耐火材料。

【铬质耐火材料】chrome refractory

由铬矿制成的耐火材料。其中具有规整形状的铬质耐火制品称为铬砖。一般含$Cr_2O_3 \geqslant 30\%$。有时为改进材料的高温性能，还加入一定量(10%～25%)的镁砂，使其中的脉石转化为镁橄榄石，属中性耐火材料。高温下与酸性或碱性耐火材料的作用都很弱。主要用于碱性或酸性耐火材料的隔离层，或作有色金属冶炼炉的炉衬。但不宜直接与铁液接触而气氛性质又变化频繁的地方。

【碳质耐火材料】carbon refractory

以碳质材料为主要原料和组成的耐火材料。通常采用天然石墨、人造石墨、焦炭和无烟煤等为原料。多用焦油、焦油沥青和含碳较高的有机物以及黏土质材料作结合剂。如用石油焦为原料，加入焦油，沥青作结合剂，经混练、成型，在1000℃下隔绝空气而烧成的制品称碳砖或碳块；用碳质材料在电阻炉中经高温处理，使之石墨化的制品，称为石墨制品；存在的细孔，以合成树脂浸渍处理而制得的不渗透性耐火制品，称浸渍碳质制品或不透性碳质制品；还可将碳质材料与高铝质、镁铝尖晶石、碱性材料配合，制成含碳的复合制品，称含碳耐火材料。除具有规整形状的制品外，也可用碳质原料制成捣打料和耐火泥。碳质耐火材料具有低的热膨胀系数和高的导热性；耐热震性能好，高温强度高，在高温下长期使用不会软化，几乎不受所有酸、碱、盐类及有机物的侵蚀，也不被熔融金属和熔渣润湿；质较轻，是一种优质耐高温材料。主要用途：碳砖或碳块可用作高炉炉底、炉缸、炉身下部的炉衬以及制成出铁槽。石墨制品可作化学工业的反应槽和石油化学工业的高压釜内衬。碳质不定形耐火材料，可与碳质内衬材料配合使用。捣打料也可捣制成整体炉衬等。这种材料的缺点是在高温下易氧化，故不宜在氧化气氛下使用。

【石墨耐火材料】graphite refractory

以石墨为主要原料制成的耐火制品。有的也将以石墨和黏土为主要原料而制成的耐火制品列入此类，并按两种组分的含量分别称为黏土石墨制品(石墨居多)和石墨黏土制品(黏土居多)。参见本节【碳质耐火材料】。

【石墨坩埚】graphite crucible

冶炼金属材料用的石墨质耐高温容器。根据其材质可分为：(1)普通石墨坩埚。用耐火黏土、陶渣、石英砂和30%以上的天然石墨制成，在还原性介质或稍带氧化性介质中使用；(2)抗氧化石墨坩埚含有碳化硅，抗氧化性能好；(3)人造石墨坩埚纯度高，主要用来熔炼高纯金属。除坩埚外，尚有石墨舟、石墨皿等容器，都是用人造石墨块切削加工而成。

【石墨铸模】graphite mould

精密铸造或热压铸用的石墨模具。用细结构高密度人造石墨加工而成。用于离心铸造、连续铸造、玻璃器皿成型等的模具。因石墨不被金属所“润湿”(粘连)，铸件表面光洁，尺寸准确，且石墨模具能导电、耐高温，故宜作超硬合金热压成型模具。

【锆英石质耐火材料】zircon refractory

以锆英石为主要成分的耐火材料。纯锆英石耐火制品和加有其他组分的锆英石质制品，以及锆英石质不定形耐火材料都属此类。以烧结法制得的锆英石耐火制品称锆英石砖(zircon brick)；以熔融法制得的称熔铸锆英石砖。锆英石砖是以锆英石精矿砂为主要原料和少许可塑黏土配备，混匀、压坯，在低于其分解温度下预烧成团块，再经破碎、粉磨制成粒状和粉状料，然后加入少量可塑黏土和其他有机结合剂，按生产普通烧结耐火制品的工艺，在1400℃以上长期保温而烧成。制品中含ZrO_2

65%左右；结晶体几乎全是锆英石。耐火度>1825℃。体积密度 3.5g/cm^3 左右。热膨胀系数较低，导热率随温度的升高而降低。耐热震性好，冷态和热态的机械强度较高，荷重软化开始温度近于 1500℃，耐磨性较好，特别是具有优良的耐蚀性，受碱性钢渣的侵蚀程度仅为叶蜡石砖的 1/10，也不超过莫来石砖的 1/3。经高温煅烧而制得的致密制品，性能更为优良。纯锆英石质制品可用于受熔渣侵蚀严重的部位，使用效果都很好。其中的致密制品还可用于玻璃池窑的窑底和上部结构。另外，在锆英石砖的配料中加入适量其他成分而制成的锆英石质耐火制品，主要有锆英石-氧化铝砖、锆英石-氧化铝-氧化铬砖、锆英石-叶蜡石砖、锆英石-碳化硅砖和高硅质锆英石砖等。

【锆英石-氧化铝砖】zircon-alumina brick

简称锆铝砖。在锆英石砖的配料中添加氧化铝，经高温烧成而制得的锆英石质耐火制品。与锆英石砖相比，含 ZrO_2 低，如当含 Al_2O_3 为 26%～13%时，ZrO_2 为 37%～53%；体积密度相近，气孔率较低(为 15%～18%)；耐火度也有所降低(如其中含 Al_2O_3 较高者其低限为 1790℃)；抗热震性有明显提高；抗熔渣渗透能力也有显著提高，但抗渣性稍差。这些差别基本随氧化铝含量增多而变得显著，主要用作盛钢桶衬砖或塞头砖。

【锆英石-叶蜡石砖】zircon-pyrophyllite brick

以锆英石和叶蜡石制成的耐火制品。过去曾用作盛钢桶内衬时，挂渣和挂钢液都比锆英石砖轻微，使用末期也不剥落，其使用寿命约为叶蜡石砖的 2 倍，锆英石砖的 1/2。在真空脱气处理设备内和连铸盛钢桶中作衬砖较好。

【锆英石-碳化硅砖】zircon-SiC brick

在锆英石砖配料中，加入碳化硅而制成的锆英石质耐火制品。碳化硅的加入可提高制品的抗渣性。

【轻质耐火材料】light weight refractory

气孔率高(40%～85%)而体积密度低(一般小于 1.3g/cm^3)的耐火材料。因导热性低、隔热性能好故又称隔热耐火材料。采用可形成多孔结构的生产工艺方法，如胶结多孔物料法、加入易燃物法、泡沫法、气体发生法和熔融喷吹法等制成。轻质耐火材料的高温性能主要取决于其材质，并据以规定其最高使用温度。工业上多用于窑炉的隔热层，以节约燃料，提高热效率，使炉温保持均匀和减轻热工设备重量。由于这种材料的气孔率很高，而强度和耐磨性较低，以及抗渣性较差，除少数体积密度较高者外，一般不用于同炉料或高速气流直接接触的部位。这些部位必须采用轻质耐火材料时，表面应涂覆保护层。轻质耐火材料也可制成散状料使用。

【隔热砖】insulating brick

具有规整外形的隔热制品。通常分为普通隔热砖和耐火隔热砖。前者的最高使用温度 900～1100℃，主要品种为硅藻土砖、膨胀蛭石砖、膨胀珍珠岩砖等。多用作热工设备的隔热层。后者使用温度可达 1200℃以上，以轻质黏土砖为主，也有轻质硅砖、轻质高铝砖、轻质刚玉砖、轻质铬镁砖等。这些耐火隔热制品，既可用作隔热层，也可用作某些工业窑炉的内衬。

【轻质硅砖】lightweight silica brick

又称硅质隔热砖。指含 SiO_2 在 91%以上，体积密度 1.2g/cm^3 以下的轻质耐火制品。可在配料内加入易燃物质或采用气体发生法形成多孔结构，经烧成而制得，也可制成不烧制品。制品的某些高温性能与致密硅砖接近，如具有较高的耐火度和较高的荷重软化温度(1620℃以上)，但热震稳定性却有所提高。主要用于要求隔热或减轻自重而不与熔融物直接接触、不受侵蚀性气体作用和不遭受温度急变的各个部位。在高温下使用，不能与碱性耐火材料接触。其最高使用温度在 1200～1550℃。

【轻质黏土砖】lightweight fireclay brick

又称黏土质隔热砖。指主要由耐火黏土制成的 Al_2O_3 含量为 30%～46%的轻质耐火制品。多以可塑泥料或泥浆浇注成型，并通过加入易燃物法或气体发生法或泡沫法使其形成多孔结构。常用的制品体积密度为 0.75～1.20g/cm^3。耐压强度为 2～10MPa，350℃时的导热系数为 0.22～0.44W/m·K。通常按制品的体积密度分级，有的产品牌号也按此命名。主要用于工业窑炉中的隔热层和不受熔融物料与侵蚀性气体作用的内衬。最高使用温度在1200～1500℃。

【轻质高铝砖】lightweight high-alumina brick

又称高铝隔热砖。指 Al_2O_3 在48%以上主要由莫来石和玻璃相或刚玉共同组成的轻质耐火制品。通常采用高铝矾土熟料加少量黏土，经磨细后用气体发生法或泡沫法以泥浆形式浇注、成型。也可用工业氧化铝代替部分矾土熟料制得，一般经1300～1500℃烧成。常用的制品体积密度为0.4～1.35g/cm³，由原料和制造方法而定。气孔率为73%～66%，体积密度为0.87～1.03g/cm³的制品，相应的耐压强度为1.3～8.2MPa。500℃时的导热系数为0.29～0.58W/(m·K)。热震稳定性较好，密度和强度高者主要用于不受熔融物料和侵蚀性气体侵蚀和冲刷的设备内衬；低者一般仅用于隔热层。最高使用温度一般在1350～1650℃。

【轻质刚玉砖】light weight corundum brick

含 Al_2O_3 在90%以上，主要由刚玉组成的轻质耐火制品。通常以工业氧化铝为原料加少量结合剂和(或)助熔剂，采用气体发生法或泡沫法，经成型、干燥，在1300～1550℃烧成制得，因此常称为泡沫刚玉砖、泡沫氧化铝砖。它的耐火度较高，常用的制品体积密度为0.8～1.35g/cm³，耐压强度相应为4～25MPa，导热性低，如体积密度在1.25～1.35g/cm³者，350℃时的导热系数为0.58～0.64W/m·K。热震稳定性好，可用于热工设备的隔热层，或与火焰直接作用的热工设备内衬，但不宜用于受熔渣直接侵蚀处。在还原气氛下使用也有较高的稳定性。最高使用温度一般可达1650℃，纯度高的制品使用温度可达1800℃。

【耐火空心球】refractory bubble

空心球状的散状耐火材料。常见的有氧化铝空心球和氧化锆空心球。氧化铝空心球以工业氧化铝为原料，经电熔成熔液，用高压空气或蒸汽吹做成直径不等的球体。也可用树脂等有机物做成球体，然后喷洒粘结剂，再在球壳上粘附一层氧化铝细扮，经干燥和烧成后，有机物烧失，壳体烧结成空心球。其氧化铝含量达99%以上，自然堆积密度0.8～1.0g/cm³，导热性低。氧化锆空心球以氧化锆为原料，少量(4%～6%)作稳定剂，经混匀、电熔成熔液喷吹而成。这两种空心球均为耐高温的隔热材料，可作为制造隔热制品的原料或直接以散状料用作高温窑炉的隔热层。

【耐火空心球制品】refractory bubble product

用耐火空心球制成的轻质耐火制品。多是用具有一定颗粒级配的空心球与适当结合剂配合，经混合后以振动法或浇注法成型制成不烧制品，也可根据结合剂的性能经适当的温度煅烧制得烧成制品。这类制品气孔率高，热传导系数低，抗热震性好，且具有相当高的强度，是一种优质的耐高温隔热材料。在不与液态物质接触的情况下，可作为直接与火焰接触的高温炉内衬和背衬，在1800℃以下长期使用。由氧化锆空心球制成的制品，使用温度可达2200℃。在冶金工业、石油化工和电子工业热工设备中使用效果很好。

【耐火纤维】refractory fiber

参见11.2.3【耐火纤维】。

【陶瓷纤维】ceramic fiber

参见11.2.3【陶瓷纤维】。

【耐火纤维制品】refractory fibre product

通常指由耐火纤维棉制成的绳、带、毡、纸等制品，故有时亦称耐火纤维二次产品。

【硅藻土砖】diatomite brick

以多孔状的硅藻土制成的隔热制品。可由天然硅藻土直接切割而制成，但通常多以硅藻土为原料，加以少量结合黏土，经润湿混合、成型和烧成而制得。这种制品的体积密度为0.45～1.2g/cm³，耐压强度为0.4～7MPa。400℃时的导热系数约为0.085～0.456W/(m·K)。它是一种在工业窑炉和热工管道常用的隔热制品。通常使用温度在900～1000℃以下。

【蛭石砖】vermiculite brick

以膨胀蛭石制成的具有规整形状的隔热制品。通常将粒状膨胀蛭石加入适量水泥或水玻璃或其他胶结料作结合剂，轻压成型后，经干燥或烘烤而制成。这类制品的体积密度为0.1～0.5g/cm³，相应的常温导数系数为0.08～0.14W/(m·K)。由于蛭石砖耐火性较差，负荷时易变形，除体积密度较高者外，一般不宜用于承重部位。最高使用温度在1150℃以下。

【珍珠岩制品】perlite product

由膨胀珍珠岩作原料而削成的具有一定形状的轻质隔热制品。常用适当结合剂与具有一定颗粒级配的原料，配制成不烧制品。其体积密度约为0.2～0.55 g/cm³，导热系数在常温下约为0.05～0.14W/(m·K)，也可掺入耐火黏土经低温快速烧成，其体积密度可提高到1g/cm³左右。相应导热系数约0.29～0.43W/(m·K)，耐压强度10MPa左右。根据制品体积密度的高低，可相应用于承重部位或仅用于隔热层。

【不烧砖】unfired brick; unburned brick

不经烧成而能直接使用的耐火材料。不烧耐火材料中各种粒状和粉状料的结合，主要靠所加入的水玻璃、硫酸盐、氯化物、磷酸或磷酸盐、各种水泥等结合剂的化学作用而形成的。所以它也称为化学结合耐火制品或化学结合砖。其性能除取决于粒状和粉状耐火材料的材质外，还与结合剂的性质和数量有密切关系。与同样材质的烧成制品相比，高温下的体积稳定性可能稍差；在烧结以前，制品的结构和某些性质可能因产生化学反应而有所波动；有的高温强度也可能稍有降低，但一般耐热震性较高。可在冶金、化工、硅酸盐工业和其他工业中广泛代替烧成的耐火制品。

【不定形耐火材料】unshaped refractory

不定形耐火材料是由一定级配的耐火骨料和粉料与结合剂、外加剂混合而成，不经成型和烧成工序而直接使用的耐火材料。不定形耐火材料具有工艺简单、生产周期短、节约能源、成本低廉、使用时整体性好、便于机械化施工等特点。不定形耐火材料分致密材料和隔热材料两大类。其命名方法很多，以整个混合料的主要化学成分(矿物组成)，和(或)决定混合料特性的骨料性质分类，如高铝质、黏土质、硅质、镁质、尖晶石质、含碳质、碳化硅质等。按其施工方法分类有耐火浇注料、耐火捣打料、耐火可塑料、耐火喷涂料、耐火涂抹料、耐火投射料、耐火压入料、耐火泥浆等。

【浇注料】refractory castables

由耐火骨料、粉料、结合剂、外加剂和水(也可为其他液体结合剂)按一定比例配成的混合料，在外力或重力作用下有良好的流动性，经浇注、密实和养护使其凝结硬化，然后按一定制度烘烤后形成有足够强度和结构稳定性的不定形耐火材料。施工方法有振动浇注、自流浇注和湿式喷射。

【可塑料】plastic refractory

由耐火骨料、粉料、结合剂、增塑剂(多为黏土)和液体(水)组成的、呈泥膏状的，在较长时间内具有较高可塑性的不定形耐火材料。其分类：按耐火骨料品种分为黏土质、高铝质、莫来石质、刚玉质、铬质、碳化硅质和含锆质等。按结合剂种类分为硫酸铝、磷酸、磷酸盐、水玻璃和树脂等结合的耐火可塑料等。可塑料的耐热震性较好，易施工，适用于各种加热炉、均热炉、退火炉、渗碳炉、热风炉、烧结炉等，也可用于小型电弧炉的炉盖、高温炉的烧嘴等部位。

【捣打料】ramming refractory

由耐火骨料、粉料、结合剂和必要液体组成的使用前无黏附性、可塑性低或不具可塑性，用强力捣打方能密实的不定形耐火材料。分为黏土质、高铝质、莫来石刚玉质、硅质、镁质和碳化硅质以及碳质、含碳质等。在硅质捣打料中常用水玻璃、硅溶胶等作结合剂。高铝黏土质捣打料常用磷酸、磷酸盐、磷酸铝等作为结合剂。镁质等碱性捣打料通常采用氯化镁、硫酸盐、硫酸铝及其聚合物等作为结合剂。含碳捣打料主要使用沥青焦油或酚醛树脂作结合剂。一般捣打料的耐火骨料临界粒度为8mm。耐火捣打料一般用于要求施工节奏快、施工体积较小、狭窄复杂的部位。主要应用在诸如单出铁口的高炉出铁沟、炼钢炉炉底、出钢槽、感应炉内衬、电炉顶以及回转窑落料部位、石化炉内衬等。既可构成整体炉衬，也可制成预制构件。

【喷射料】gunning mix

是由耐火骨料、粉料、结合剂、外加剂和水组成，用压缩空气运送并获得动能，经特定的喷枪被投射到冷表面或热表面进行施工的不定形耐火材料。对于冷物料的耐火喷射料，可分为干法、半干法(潮式)和湿法喷射三种。耐火喷射料既可用于修补炉衬，也可用于构筑新衬和形成保护性涂层。喷射料的施工方法实际上是把运输、浇注和捣固合为一个工序，不需支架，不需或只需单面模板，工序简单，效率高，有广泛的实用性。当用于修补局部发生过早损坏而大部分还较好的炉衬时，可有效延长炉衬整体使用寿命、降低耐火材料消耗。如在钢铁行业，耐火喷射料可用于高炉内衬、高炉出铁沟、铁水包、转炉、电炉、钢包、真空脱气装置、中间包、加热炉等；在水泥行业，耐火喷射料可用于窑外分解系统；在工业氧化铝行业，耐火喷射料可用于悬浮焙烧炉。

【投射料】slinger mix

用投射方式施工的散状耐火材料。投射是靠高速旋转的运载机进行。投射物料基本上用喷射料，亦用于砌筑整体炉衬。

【喷补料】gunning mix

用喷射施工方法对热工设备进行修补时使用的一种不定形耐火材料。其组成一般包括具有一定颗粒级配的耐火骨料、化学结合剂、增塑剂。喷射施工时喷补料在喷枪处加水调合(干式)或预先制备成泥浆(湿式)，靠压缩空气射向炉壁。喷射施工多数是向炽热的炉壁上喷射(热喷补)，但也可在室温下喷射(冷喷补)。各种喷补料均属热硬性材料。

【耐火涂料】refractory coating

具有与耐火泥浆同样的性能，而其粒度组成适宜于涂覆的耐火材料。常以喷涂或涂抹方式使其呈薄层或膜状覆盖于其他材料的表面，对材料起保护作用。

【耐火混凝土】refractory concrete

用耐火物料作骨料和掺合料制成的混凝土。多用各种无机材料作结合剂(如水玻璃、硅酸盐水泥、铝酸盐水泥、磷酸盐、镁盐等)，并以胶结材的名称对混凝土进行命名，如水玻璃耐火混凝土、硅酸盐水泥耐火混凝土、铝酸盐水泥耐火混凝土、磷酸盐耐火混凝土、镁质耐火混凝土等。有的也用某些有机材料作结合剂制成耐火混凝土。这种材料在未硬化前，具有较高流动性的混合物，也称浇注料。耐火混凝土中的粒状料和粉状料分别称为骨料和掺合料。混凝土的混合物可采用浇注和振动或捣打的方法成型，并根据胶结材的硬化特性(如气硬性、水硬性、热硬性等)，采取相应措施促使其硬化。混凝土的性质取决于所用骨料，掺合料和结合材的材质及其配比。可以根据使用要求选配，用以构筑工业窑炉中的整体炉衬和制成预制块。

【普通水泥浇注料】medium cement castable；MCC

由水泥带入的氧化钙含量(质量分数)大于2.5%的浇注料。

【低水泥浇注料】low cement castable；LCC

由水泥带入的氧化钙含量(质量分数)在2.5%～1%之间的浇注料。

【超低水泥浇注料】ultralow cement castable；ULCC

由水泥带入的氧化钙含量(质量分数)在1%～0.2%之间的浇注料。

【无水泥浇注料】no cement castable；NCC

未添加水泥或由水泥带入的氧化钙含量(质量分数)小于0.2%的浇注料。

【轻质浇注料】low weight castable

轻质浇注料由轻质骨料、粉料、结合剂等组成，是轻质耐火材料的重要组成部分之一。一般认为，总气孔率大于45%，在指定温度下的永久线收缩率小于1.5%的浇注料被称为轻质浇注料。

【耐酸浇注料】acid resistance refractory castables

是指能抵抗酸和酸性气体侵蚀的耐火浇注料。

【钢纤维增强浇注料】steel fiber reinforced castables

是指以高铝矾土熟料或刚玉等为骨料和粉料，加入结合剂、外加剂和适量的耐热不锈钢纤维配制而成的耐火浇注料。

【自流浇注料】self-flowing castables

是一种无需振动即可流动和脱气的耐火浇注料。其特点是在不降低或不显著降低浇注料性能的条件下，无需振动就可浇注成各种形状的施工体，特别是复杂形状或结构的施工体。它由一定粒度级配的耐火骨料、粉料和高效分散剂组成。通过设计与合理使用微粉种类、粒度分布以及分散剂，可使浇注料具有良好的流动性能，浇注时能自行流动和铺展。自流浇注料适合于薄壁或形状复杂无法振动成型的部位浇注使用。

【干式料】dry vibration mix

是不加水或液体结合剂而用振动法或捣打成型的不定形耐火材料，又称干式振动料或干式捣打料。在振动作用下，材料可形成致密而均匀的整体，加热时靠热固性结合剂或陶瓷烧结剂使其产生强度。干式振动料是由耐火骨料、粉料、烧结剂和外加剂组成的。其特点为：此种材料在振动力作用下易于流动，其中粉料即使在很小的振动力作用下也能填充颗粒堆积间的极小孔隙，获得具有较高充填密度的致密体。

【耐火泥浆】refractory mortar

简称火泥。主要由粉状耐火物料和结合剂组成的供调制泥浆用的不定形耐火材料。以耐火熟料粉加适量可塑黏土作结合剂和可塑剂而制成的称普通耐火泥浆；其中添加少量水硬性、气硬性或热硬性结合材料的称化学结合耐火泥浆。普通火泥浆常温强度较低，高温下形成陶瓷结合才具有较高强度，化学结合耐火泥浆在低于形成陶瓷结合温度之前即产生一定的化学反应而硬化。耐火泥浆中的粉料可由各种耐火物料制备，并依此命名，有的还按其主要组分的含量划分等级。耐火泥浆粒度根据使用要求而异，其极限粒度一般小于 1mm，有的小于 0.5mm 或更细。在建筑窑炉时，耐火泥浆主要用作接缝的粘结材料砌筑耐火制品。其材质应与砌体所用砖种的材质一致或相当。另外，耐火泥浆也可以涂抹或喷补方式用作炉衬保护层。

【焦炉砖】coke oven brick

焦炉硅砖的通称，指专供砌筑炼焦炉用的形状较复杂的硅砖，包括硅砖、黏土砖、高铝砖等。

【转炉炉衬砖】lining brick for converter

以镁砂和石墨为主要原料制成的用作转炉炉衬的镁碳质耐火制品。主要原料为电熔镁砂或高纯烧结镁砂和高纯石墨，一般要求镁砂中 MgO 大于或等于 95%，石墨中 C 含量大于或等于 94%。用酚醛树脂或沥青作结合剂，根据使用条件选择合适的添加物，经配料、混练、成型、热处理后即制成成品。

【电炉炉顶砖】roof brick for electric arc furnace

电弧炉炉盖用的耐火砖。具有耐火度高、高温力学性能好、抗渣能力强、抗热震性好等性能。多使用高铝质和直接结合镁质或不烧砖，也有用不定形耐火材料构筑的。

【钢包耐火材料】ladle refractory

钢包(盛钢桶)耐火材料是用于砌筑钢包的包壁、包底的耐火材料。安全衬一般用黏土、高铝砖或耐火浇注料砌筑。在包壁部位的工作衬，以前采用黏土砖和三等高铝砖，后来发展为铝镁不烧砖、铝镁碳不烧砖、镁铝浇注料。渣线部位使用镁碳砖。现在常用喷补方法来修补炉衬。

【中间包用耐火材料】tundish refractory

中间包是连铸工艺的重要设备之一。中间包用耐火材料部位有包体、包盖、上下水口、塞棒、挡渣堰及挡坝、稳流板、冲击板等。中间包内衬耐火材料主要包括：(1)保温层通常采用保温砖、硅酸铝纤维毡或轻质浇注料砌筑；(2)永久层一般为黏土砖。现整体永久衬为高铝质浇注料；(3)工作层以前采用绝热板或涂料，现多使用干式振动料，一般为镁质、镁铝质、镁硅质、镁钙质等。

【中间包挡渣墙(堰)】tundish slag dam

该墙砌于中间包内，可以是单墙，也可以是双墙。其作用是有效地使钢水中的夹杂物上浮分离，有利于钢渣分离、阻挡熔渣进入结晶器。挡渣墙的高度、设置位置和数量对夹杂物的去除有很大影响。为了提高钢水的清洁度，在挡渣墙上还可以设置钢水过滤器。挡渣墙(堰)为高铝质、镁质或镁铝质浇注制成的预制块。

【整体塞棒】stopper

整体塞棒是用于控制中间包的开闭，调节进入结晶器的钢水流的耐火组件。整体塞棒采用等静压成型，其形状和尺寸取决于中间包的容量、钢水面的高度和中间包水口的喇叭形状和孔径的大小。其塞棒头有带空心的、带吹氩孔或带透气塞的整体塞棒。固定方式采用金属销固定或螺纹固定。塞棒的功能主要是用于中间包开闭，除能自动控制中间包至结晶器的钢水流量外，还可通过塞棒的吹氩孔，向中间包吹入氩气和其他惰性气体，塞棒还具有控制钢流和净化的功能。

整体塞棒棒头有铝碳质、镁碳质、尖晶石碳质以及锆碳质等不同棒头材质，棒身材质多为铝碳质材料。在塞棒的头部带有吹氩孔或镶有透气塞，在浇注时，氩气由塞棒孔通过吹气孔或透气塞吹向浸入式水口，氩气以细散的形式进入钢水，减少在浸入式水口内的沉积，延长整体塞棒的使用寿命。

【座砖】seating brick; nozzle searing brick

镶嵌在中间包底，安装中间包水口用的耐火材料。其材质通常为高铝质、刚玉质。

【长水口】long nozzle

指用于钢包与中间包之间，保护钢水不受二次氧化的耐火材料保护管。当钢水由钢包向中间包浇注时，为了避免氧化和飞溅，在钢包底部的滑动水口的下端安装长水口，一端与下水口相连，另一端插入中间包的钢水内进行密封保护浇注。长水口应具备优异的抗热震性；良好的机械性能和抗震动的能力；抗钢液和熔渣侵蚀的性能好，边界处必须带有气封装置。长水口的材质一般有熔融石英质和铝碳质两大类。

熔融石英长水口特点是抗热冲击性好，但耐侵蚀性差。铝碳质水口具有良好的抗热震性，对钢种的适应性强。为防止水口表面的碳在烘烤和使用中被氧化，在水口表面涂有防氧化涂层。对铝碳质长水口，可通过加入适量低膨胀材料、增韧材料进一步改善其性能。

还开发了不烘烤长水口，不烘烤可直接使用，简化了工序，降低了能源消耗，并在长水口与钢包下水口接合部位采用氩气密封，发挥了长水口耐高温、抗侵蚀、耐冲刷等特点。此外还有铬刚玉-莫来石长水口和 Al_2O_3-SiC-C 质浇注料制作的不定形长水口，均取得了较好的使用效果。

【浸入式水口】immersion nozzle; submerged nozzle

浸入式水口是连铸设备中在中间包与结晶器之间设置的耐火套管。其主要作用是防止钢水二次氧化和钢水的飞溅。使用时，浸入式水口安装在中间包底部并插入结晶器中，其一部分浸泡在结晶器的钢液与保护渣中，可保护钢液在铸钢过程中少受氧化。它长时间处于高温受热状态和钢流的冲击。要求其热震稳定性好，高温强度高，耐浸蚀、冲刷等。其材质主要有熔融石英陶瓷质、氧化锆质和高铝-石墨质等。其主要形式有整体型浸入式水口、外挂式浸入式水口、快换式浸入式水口、薄板坯浸入式水口。其材质主要有熔融石英陶瓷质和铝碳质等。

铝碳质浸入式水口是以刚玉和石墨为主要原料，添加硅、碳化硅等，在静压机中成型并经保护烧结而成。这种水口结构均匀、与钢水的浸润性低、耐冲蚀性强，因此它适用于大多数钢种的浇注。铝碳质浸入式水口必须预热后使用。该水口抗渣性差，导热性好，因而渣线部位侵蚀严重和水口内壁容易凝钢，故需采取有效措施予以保护，如水口外加耐火纤维保护套，表面涂抹防氧化层，渣线部位用复合 ZrO_2 - C 质材料提高抗渣侵蚀性以及向水口内壁多孔耐火材料层通入氩气等。

【滑动水口砖】sliding-gate valve; slide-gate nozzle

滑动水口为钢包和中间包的钢水流量控制系统用功能耐火材料。由上下两块带孔的耐火滑板并分别附有上下水口砖共同组成的钢水节流装置。滑动水口作为钢包和中间包的钢水流量控制系统。按滑动方式的不同，滑板分为往复式和旋转式；按滑板的块数分两层式和三层式。滑板有不烧滑板、烧成滑板，材质为铝碳质和铝锆碳质滑板。

【透气砖】gas-permeable brick

具有多孔结构或狭缝结构，透气性较高的耐火制品。透气砖是一种功能性耐火材料，主要用于金属冶炼过程中的气体搅拌，作用是通过气体搅拌加速在冶炼过程中的化学、物理反应，提高金属熔体质量。透气砖要求安装简便，安全可靠，同时必须具备良好的透气性能、高温耐侵蚀性能、高温耐磨性能及抗热震性能等。透气性能是衡量透气砖质量的重要参数之一。透气砖分为转炉透气砖、钢包透气砖、中间包透气砖、感应炉透气砖等。钢包透气砖常见的结构类型主要有三种，即弥散型、狭缝型和直通孔型。一般用刚玉质、铬刚玉质、刚玉-尖晶石质材质。

【浇钢砖】teeming brick；bottom-pouring brick

下铸耐火制品的简称。包括漏斗砖、中铸管砖(即中心铸管砖)、中心砖(又称分流砖)。流钢砖(又称汤道砖)、尾砖(即流钢尾砖)和钢锭模模底砖。该砖现在已很少使用。

【回转窑用耐火砖】rotary kiln brick

水泥回转窑内衬用的耐火砖。根据使用部位的不同，常分别使用黏土砖、高铝砖和碱性砖。

【池窑砖】tank furnace brick

玻璃熔窑下部结构用大型耐火砖的通称。

13.3 原　　料

【铬矿】chromite

一种含氧化铬的天然矿石。由铬矿颗粒和脉石矿物组成。铬矿颗粒是含二价离子 Mg^{2+}、Fe^{2+} 和三价离子 Al^{3+}、Cr^{3+}、Fe^{3+} 的尖晶石固溶体。可用化学式(Mg^{2+}、Fe^{2+})(Al^{3+}、Cr^{3+}、Fe^{3+})$_2O_4$ 表示。填充于铬矿颗粒周围和裂缝之中的脉石，多为蛇纹石、绿泥石、富镁辉石、镁橄榄石和钙长石、方解石、石英等。所含镁硅酸盐的 MgO/SiO_2 比通常小于2。铬矿的二氧化硅和氧化铁含量以低为好。选除脉石后的铬矿(铬矿颗粒)有如下的化学组成：Cr_2O_3 35%～62%，Al_2O_3 10%～32%，$FeO+Fe_2O_3$ 12%～27%，MgO 8%～17%。铬矿的耐火度一般在1800℃以上，富选铬矿则高于2000℃。用以制备铬铁、不锈钢，以及镁铬、铬镁和铬质耐火材料，也用于化学工业。

【焦宝石】jiao bao shi

我国山东淄博及其附近地区出产的一种硬质黏土。煅烧后 Al_2O_3 含量在44%左右，Fe_2O_3 在2%以下，成分稳定、质地均匀、结构致密、断面呈贝壳状，煅烧后呈白色。可用于生产优质黏土质耐火制品。现在优质硬质黏土熟料大多称焦宝石。

【预反应料】prereacted clinker

两种耐火原料的细粉按一定比例配合，混匀，经高温煅烧，使充分反应烧结而制成的熟料。由镁砂和铬矿制成的预反应料，有时也称烧结料。采用预反应料制砖，易获得所需的矿物组成，使制品密度高，并且高温性能和抗渣性好。

【瘠料】lean material

耐火材料中的非塑性料，多为熟料。有时也指低塑性黏土。在坯体中可降低泥料的可塑性，起骨架作用，减小坯体在干燥和烧制时的收缩，以保持坯体形状的规整及尺寸的精确。

【骨料】aggregate

又称集料。在耐火材料中常指粒状料熟料。在泥料和成型后的制品中起骨架作用。对于粒度小于0.088mm的粉状料，在不定形耐火材料中常称掺合料。

【耐火粉料】refractory powder

又称耐火细粉。耐火物料粉碎后的粉状物料。可供制造耐火砖用，也可作为不定形耐火材料的组分使用。

【结合剂】binder；bonding agent

能使坯体或制品中的散状瘠料(或晶粒)结合在一起形成整体并获得强度的物质。有无机质的(如化学结合剂和陶瓷结合剂)和有机质的。这类物质含有结合剂的配合料，在常温下养护或再经高温煅烧，即发生一些化学和物理变化而使制品硬化。由于结合剂材质和硬化条件不同，在生产中应采取相应的工艺措施。

【结合黏土】bonding clay

在耐火材料工业中作为结合剂的黏土。多为可塑性较高的软质黏土，有时也用磨细的半软质黏土。

【化学结合剂】chemical binder

不烧耐火制品中，在常温或高于常温而低于烧结温度的范围内，发生某些化学反应，而使物料粘结为整体并具有相当强度的物质。如硅酸钠、氯化物、硫酸盐、磷酸和磷酸盐以及硅酸盐水泥或铝酸盐水泥等。化学结合剂中在常温下仅经干燥即可硬化者称气硬性结合剂，例如有适当促硬剂的硅酸钠和硅酸乙酯。需在潮湿介质中养护才可硬化者称水硬性结合剂，如各种水泥，因此也称水泥结合剂。需经加热处理才可硬化者称热硬性结合剂，如某些无机盐类(不加促硬剂)。化学结合剂可用以制成不烧耐火制品。

【有机结合剂】organic binder

可将瘠料互相粘结为整体的有机化合物。有非水溶性的和水溶性的。非水溶性的主要由碳和氢构成，具有较高的分子量，水溶性的主要由碳、氢、氧构成，分子量较低。其硬化方式有热固性的、热塑冷固性的和冷固性的。硬化后具有一定的常温强度。在加热过程中会发生分解和挥发。非水溶性的多数有机结合剂分解后有残存碳，形成碳素结合，一般分子量越高，残碳率也越高。而含有硅或铝等的有机结合剂，分解后残留有氧化物，形成陶瓷结合。水溶性有机结合剂在加热过程中会全部分解和挥发，因此也称为“暂时结合剂”。在耐火材料中使用的水溶性有机结合剂有糊精、羧甲基纤维素、聚乙烯醇、亚硫酸纸浆废液、聚醋酸乙烯乳剂、丙烯酸的聚合物、硅酸乙酯等，非水溶性的有机结合剂有焦油沥青、石蜡、聚丙烯、酚醛树脂、环氧树脂、聚丙烯腈、聚丁二烯橡胶等。

【矿化剂】mineralizer

参见 7.3.2【矿化剂】。

【熔剂】flux

耐火材料中为促进某些低熔物的形成而加入的少量外加物。加入熔剂的目的是促进某些物相的形成或转化，减少某些物理化学变化带来的内应力所造成的危害，促进物料的烧结等，如在合成冶金镁砂时加入的少量含铁杂质，在硅砖生产中加入的某些矿化剂等。耐火材料中含有的或在使用中掺杂的会降低耐火材料熔点(或耐火度)的杂质。

【石灰乳】lime milk

生石灰消化后得到的氢氧化钙乳状悬浮液。在硅砖生产中主要用作常温下的结合剂和高温下的矿化剂。

【铁鳞】iron oxide scrap

即氧化铁皮。是钢材在加热、锻造或轧制过程中，表面氧化形成的鳞片状剥落物。其中 $FeO+Fe_2O_3$ 含量一般在 90%以上。在耐火材料生产中将其磨细后用作矿化剂和助熔剂。

【增塑剂】plasticizer

参见 12.2【增塑剂】。

【促凝剂】coagulation accelerator

参见 9.3.2【促凝剂】。

【稳定剂】stabilizer

能使耐火材料中的某些组分在生产和使用过程中，由于生成新化合物或晶型变化而引起的膨胀等破坏作用受到阻止或减轻的少量加入物。如生产氧化锆制品时加入少量氧化钙作稳定剂。

【抑制剂】retarder

为抑制某些物理化学反应而加入的少量物质。如加入少量草酸以抑制某些磷酸盐的过快形成和过早硬化。又如加入少量 MgO 以防止刚玉晶体在高温下的异常生长。

【发泡剂】foaming agent; foamer

又名起泡剂。能形成较稳定的泡沫，使材料具有闭口(或连通)气孔结构的物质。发泡和使其稳定的条件是降低液-气界面的表面张力，在气泡周围形成坚固的膜，使气泡内的气体不易逃逸和使气泡间不易连结。在用泡沫法生产轻质耐火材料时，通常采用松香皂作发泡剂。

【缓凝剂】retarder

参见 8.3.4【缓凝剂】。

【高铝矾土熟料】bauxite chinker

经过煅烧的高铝矾土。其煅烧温度依矾土等级而定。熟料的矿物组成为莫来石、刚玉和玻璃相，其含量百分比由铝硅比（Al_2O_3/SiO_2）决定。结构致密、高温体积稳定性好、耐火度高，是制造高铝耐火制品的主要原料。

【合成莫来石】synthetic mullite

以合成法制成的以莫来石为主晶相的 $SiO_2-Al_2O_3$ 系统耐火材料原料。有烧结合成莫来石和电熔莫来石之分。前者以硅石、高岭土、高铝矾土和工业氧化铝为原料，按莫来石理论组成配料，经充分混合和磨细，制成料球或坯体，在 1700～1840℃下煅烧而成。产物中 Al_2O_3 含量一般为 68%～76%，莫来石含量大于 85%。原料中含碱金属氧化物较多时，会使莫来石的含量减少。此种合成莫来石是由细小的莫来石针状晶体均匀分布和交错结合而成，少量玻璃相介于结晶间隙中。结构致密，体积密度为 2.72～2.84g/cm³，荷重软化温度高，在接近其分解温度时软化仍不显著。热膨胀较低且变化均匀，耐热震性、耐磨性较好，具有较高的抗玻璃液和抗金属熔液侵蚀能力。可作为砌筑玻璃熔窑和熔炼铁、铜、铝等金属时用，或受熔液侵蚀严重部位的高铝砖的原料，也可用作不定形耐火材料的骨料。另外，采用熔融法将原料经电弧炉熔化而制成的电熔莫来石，具有类似的组成与性质，但电熔者具有较大的莫来石晶体，晶体多具方向性；当产品在制造过程中，内外冷却速度差别较大时，晶体和玻璃体的分布也有明显不同，产品中也往往含有气泡。

【烧结氧化铝】sintered alumina

又称烧结刚玉。以工业氧化铝为原料，经磨细制成料球或坯体，在 1750～1900℃的高温下煅烧而成。其中烧结板状刚玉具有结晶粗大、发育良好的板片状晶体结构，气孔小且闭气孔较多。有时为抑制刚玉晶体在煅烧时的异常生长，可添加少量 MgO。含 Al_2O_3 99%以上时多由均一的细晶化刚玉直接结合而成。其显气孔率为 3.0%以下，体积密度为 3.60g/cm³。烧结氧化铝高温下有较好的体积稳定性和化学稳定性，不受还原性气氛、熔融玻璃液和金属液的侵蚀。常温、高温机械强度和耐磨性也都较高。主要用作制造刚玉砖的原料。

【电熔刚玉】fused corundum

参见 16.2.1【电熔刚玉】。

【铝铬渣】alumo-chrome slag

用铝热法冶炼金属铬所得铬渣。化学成分主要为氧化铝（75%～86%）、氧化铬（8%～12%）和少量碱性氧化物（0.2%～4.0%）。其矿物组成为铬刚玉和 β-Al_2O_3，其间有少量玻璃相和金属。外观呈紫褐色，有玻璃光泽，质地致密，体积密度 3.08～3.41g/cm³，密度 3.40～3.58g/cm³，耐火度大于 1800℃，可作为高铝质耐火材料的原料。

【镁砂】sintered magnesia

又称烧结镁砂。它是菱镁矿、水镁石、海水氧化镁等原料在 1600～1900℃下充分烧结的产物。其中由天然矿石烧成的称为烧结镁石，由海水氧化镁烧成的称为海水镁砂。可在竖窑、回转窑中经过一次烧成或采用二步煅烧法烧成。主要成分为氧化镁，另外还含有少量 SiO_2、CaO、Fe_2O_3 和 B_2O_3 等。主晶相为方镁石。密度 3.50～3.65g/cm³。晶粒尺寸为 0.02～0.05mm。烧结镁砂呈黄到褐色，含 Fe_2O_3 较高者呈黑褐色，含 CaO 高者呈暗黑色。煅烧良好的镁砂结构致密，强度高，除具有很高的耐火度（>2000℃），优良的抗碱性渣侵蚀性能和高温体积稳定性等性能以外，在大气中有一定的抗水化性。因此，也称为死烧镁砂，是制造镁质耐火制品的重要原料。

【镁钙砂】magnesia-dolomite clinker

以杂质含量低的白云石和菱镁石为原料，经轻烧、细磨、压球、高温煅烧而成的镁钙质熟料。根据不同需求，可调整 MgO 和 CaO 的含量，制成不同的镁钙砂。其显微结构为方镁石和方钙石均匀分布，以方镁石包围方钙石为佳。

【镁硅砂】burned high-silica magnesia

又称高硅镁砂。经高温煅烧制成的镁硅质

熟料。多为高硅菱镁矿直接煅烧而得，呈块状或粒状。MgO≥82%，SiO_2 5%～11%。矿物组成主要为方镁石和镁橄榄石，也有少量铁酸镁，用于制造镁硅砖。

【合成镁砂】synthetic magnesia clinker

以人工合成法将从海水、卤水和天然矿物中提取的，或再经适当调配的，以 MgO 为主要成分的物料，经高温煅烧而得的镁砂。海水镁砂是生产与使用最广泛的一种合成镁砂。

【海水氧化镁】sea-water magnesia

由海水中提取的氢氧化镁经轻烧而得到的产品。每升海水中含 1.30～1.35 克镁离子，通常采用海水-白云石法或海水-石灰法，即在海水中加入经 1000℃左右煅烧的白云石或石灰石产品的乳浆，将沉淀物洗濯、压滤后，在 800～1000℃下煅烧即得海水氧化镁。它是制造海水镁砂的原料。

【轻烧氧化镁】light-burned magnesia

又称苛性氧化镁，俗称苦土粉。它是将菱镁矿、水镁石和由海水中提取的氢氧化镁经 800～1000℃煅烧而得的产品。其中由菱镁矿等天然岩石制成的产品又专称轻烧镁石(或苛性镁石)。化学成分为氧化镁，由方镁石组成，但其晶格缺陷较多，晶粒很小，孔隙率较大，化学活性很强，易与水作用生成氢氧化镁。因其具有一定的粘结能力，可作为胶结材料，用作镁质耐火制品的结合剂。此种轻烧氧化镁经高压成球再经高温煅烧所得镁砂的密度，较由天然原料直接煅烧获得者为高。

【海水镁砂】sea-water magnesia clinker

由海水氧化镁经高压成球或团块，再经 1600～1850℃煅烧而成的死烧镁砂。同普通镁砂相比，海水镁砂的纯度较高(MgO 含量大于 95%)，除方镁石主晶相外，可以通过调整钙硅比(CaO/SiO_2)对硅酸盐相进行适当控制，或加入其他物质以获得不同成分的镁砂。海水镁砂密度较高，高温力学性能好，是生产优级镁质耐火制品的重要原料。

【电熔镁砂】fused magnesia

又称电熔氧化镁。将菱镁矿或烧结镁砂在电弧炉中，经 2500℃左右的高温熔融，冷却后再经破碎而得的产品。其纯度依原料纯度而异。同普通镁砂相比，其晶体大、结构致密、高温体积和化学稳定性好，抗渣性和在大气中抗水化性都较好，在氧化气氛中，能在 2300℃以下保持稳定；质纯者高温力学性能也较好。

【烧结白云石】sintered dolomite；dolomite clinker

又称死烧白云石、白云石熟料，是将白云石在 1700～1800℃下煅烧所得的产品。可将天然矿石直接煅烧；也可采用二步煅烧法制得。其氧化钙含量约为 25%～60%，氧化镁 30%～65%(或大于 65%)，两者合计一般为 90%～97%。低熔物为铁铝酸四钙或铁酸二钙和铝酸三钙，总量约在 5%～15%，优质者在 5%以下，通常按上述组分的含量分级。体积密度一般为 3.0～3.4g/cm^3。可制成冶金白云石砂，用于修补电炉炉衬。与焦油沥青或其他有机物结合，可制成不烧白云石制品和烧成白云石砖，用作转炉和电炉炉衬。

【轻烧白云石】light-burned dolomite；light-calcined dolomite

又称苛性白云石。由白云石原料在1000～1150℃下煅烧而得，是采用二步煅烧法煅烧白云石时的第一阶段产品。同烧结白云石相比，气孔率和化学活性较高，极易吸收水分而潮解崩散。可作为制取海水氢氧化镁的碱性反应剂。经粉碎和高压成球后再经高温煅烧可制成更为致密的烧结白云石。

【合成白云石】synthetic dolomite

用人工合成法，将含氧化镁和氧化钙的原料，接近于白云石理论组成的比例配料。混合、压球、煅烧制得的产品。一般也将人工合成的含 MgO 80%以下的镁钙质熟料称为合成白云石。氧化镁原料，通常取自海水制成的氢氧化镁，也可选用菱镁矿。氧化钙则几乎都用石灰石或白云石。同普通烧结白云石相比，这种产品的 MgO/CaO 比可根据需要调节。采用高纯度的石灰石或白云石时，它的纯度高而杂质低，$SiO_2+Al_2O_3+Fe_2O_3$ 可以控制在 2%以下。由于在制造过程中经过二步煅烧，因而产品的密度高，抗水化性、抗渣性及抗热震性较好，高温强度较高。

【镁白云石】magnesia dolomite

CaO/MgO质量比小于1.39的一种白云石。在天然矿物中它是菱镁矿和白云石的混合物，混合比变化很大。在耐火材料工业中常用的为人工合成产品，即合成镁白云石熟料。

【稳定性白云石砂】stabilized dolomite clinker

不含游离石灰的白云石熟料。是将白云石破粉后，根据配料计算，适当加入蛇纹石、镁橄榄石、磷灰石等共同磨成泥浆（或制成料球），经高温（1650～1700℃）煅烧而获得的烧结产品。这种产品的主要化学成分中除 CaO 和 MgO 各为 40%左右外，SiO_2 约为 13%～15%，R_2O_3 约为 5%。主要矿物组成为硅酸三钙和方镁石以及少量硅酸二钙和铁铝酸四钙。这种白云石熟料由于其中无游离氧化钙存在，具有良好的抗水化性能，因此也称为抗水性白云石。它是制造稳定性白云石耐火制品和不定形耐火材料的主要原料。

【半稳定性白云石砂】semistable dolomite clinker

部分氧化钙呈游离状态存在，但具有一定抗水化性能的白云石熟料。这种熟料是采用高纯天然白云石，经洗选、筛分和除去泥尘后，配入少量铁鳞、磁铁矿、精矿粉或黄铁矿渣等，经1750℃左右煅烧而成。与稳定性白云石熟料相比，含氧化硅较少，矿物组成中含有一定量的 $2CaO \cdot Fe_2O_3$，且常呈薄膜状包覆于石灰颗粒表面，抗水化性较差。它是制造半稳定性白云石砖和不定形耐火材料的主要原料。

13.4 工艺及设备

【耐火原料分级】classification of refractory raw material

耐火原料按其化学矿物组成、杂质含量、组织结构等特征，并考虑产品的要求划分等级，是合理利用资源、稳定工艺、提高产品质量的重要措施。

【拣选】hand sorting

对耐火原料、耐火产品（或中间产品），按其外观特征规定的技术条件进行判别、分级，是提高产品质量的工序之一。

【风选】air separating

利用风力对物料进行分类和粒度分级的方法。当气流夹带粒状或粉状物料以一定速度运动时，由于颗粒之间密度、粒度、形状不同，产生速度和方向差异而彼此分离。

【热选】heat separating

利用热处理后有用矿物和有害矿物物性上的差异而予以分离的工艺措施。如有滑石夹层的菱镁矿经 900～1200℃轻烧后，$MgCO_3$ 分解，生成的 MgO 强度甚低，而滑石脱水后生成的辉石类矿物强度甚高。借破碎风选或过筛将两者分离，以降低菱镁矿轻烧料中的 SiO_2 含量。

【预烧】prefiring; presintering

原料在制成制品前预先进行热处理的工艺。预烧的目的和加热温度依材质和使用要求而异，有轻烧和死烧等。

【轻烧】light burning; soft burning

耐火材料在远低于其烧结温度下进行焙烧的工艺方法。轻烧的温度依材料在热处理过程中可能发生分解和挥发的温度和工艺要求而定。轻烧产品与烧结产品相比，晶格缺陷较多，晶粒较小，微观及宏观孔隙都较多，强度低，化学活性高。二步煅烧法的第一步往往就是轻烧。

【死烧】hard-burning; dead burning

耐火原料经足够高的温度煅烧达到充分烧结的过程。当使用高温体积稳定性低的某些天然矿物或合成材料作为耐火制品的原料时，须经死烧过程。常用于烧制耐火材料熟料（特别是碱性熟料）。碱性材料经死烧后，因其化学活性降低，同大气中的水分不易发生水化反应，也不再继续发生残余变形。熟料死烧的温度依材质而异。如镁砂和白云石熟料的死烧温度一般为1600～1800℃。

【二步煅烧】two-stage firing process

耐火原料经过两个步骤烧成熟料的方法。如用于生产镁砂或白云石熟料时，先将天然菱镁矿、白云石或海水氢氧化镁在900～1100℃下活化焙烧后，高压成球或成块，再在1650～1800℃下用回转窑或其他设备烧成熟料。熟料密度较一步煅烧法烧成的熟料为高。同时，采用二步煅烧有利于调整原料的成分和矿物组成，有利于制备合成原料。

【分层布料】charging in alternate layers

竖窑煅烧耐火原料时，采用一层燃料一层物料交替的加料方法。

【焦比】coke ratio

一般指在高炉炼铁时候，生产一吨生铁所需焦炭的公斤数。在耐火材料工业中，竖窑以焦炭作燃料煅烧熟料时，表示生产单位质量熟料所消耗的焦炭质量，即焦比＝焦炭量/熟料量×100%。也有以单位质量的生料为基数的，即焦比＝焦炭量/生料量×100%。焦比是生产中的重要技术经济指标。

【棚料】bridging

又称悬料。散状物料在料仓或竖窑中自上而下移动时，由于物料之间和物料与器壁之间摩擦阻力的影响而使其不能自由下落的现象。凡能增加散状物料内外摩擦的因素，都易造成棚料。如在料仓中，当物料表面粗糙，密实度很高，或物料比较潮湿，以及仓壁表面粗糙，或仓壁倾角过小时，都易发生此种现象。在竖窑内，当窑内温度局部过高，造成部分熔融，结成大块时，也易发生棚料。

【结瘤】skull

竖窑和回转窑煅烧耐火原料时，炉料结块或黏附于炉壁之上，形成局部凸起的现象。是由于杂质较多以及焦比不当、布料不匀和热工制度波动引起局部温度过高等原因所造成的。结瘤会破坏正常操作，严重时会引起停窑。另外，对采用某些液体燃料时，由于雾化和燃烧不当，在窑墙或窑车上形成的碳化堆积物，即结焦块，也俗称结瘤。

【临界粒度】critical grain size

又称临界颗粒、极限颗粒度。指配料的颗粒组成中允许的最大尺寸。临界粒度对配料和泥料的组成和制备、对坯体的成型和烧成、对制品的结构和外观及其他性能都有一定影响。一般根据原料的特性、制品的尺寸和对制品性能的要求以及工艺条件合理确定。目前生产一般耐火制品时所选用的临界粒度多在2～5mm范围内。

【堆积密度】packing density

参见8.5.1【堆积密度】。

【颗粒级配】grain composition

又称粒度级配，简称级配。不同粒度组成的散状物料中各级粒度所占的含量。常以占总量的百分比表示。由不间断的各级粒度所组成的称连续级配；只由某几级粒度所组成的称间断级配。合理的颗粒级配是使配料获得低气孔率的重要途径。在耐火材料生产中根据原料特性、工艺条件和产品性能来确定合理的颗粒级配。通常以3～0.5mm为粗颗粒，0.5～0.088mm为中颗粒。小于0.088mm为细颗粒。粗/中和中/细的平均粒径比以6～8为宜。采用“两头大中间小”的泥料粒度组成，既有利于成型操作，也有利于坯体的烧结，从而获得密度较高的制品。对于密度和透气度等要求不同的耐火砖，可通过适当调整颗粒级配的方法而获得。当物料破碎后，只控制临界粒度，不再对其进行粒度分级，也不再调整其粒度组成时，称自然粒度。

【颗粒偏析】particle segregation

又称粒度偏析。松散状物料中的粗细颗粒发生分离而各自聚集的现象。常在运输、卸料和堆放等过程中，由于干或半干的松散物料中不同颗粒之间的密度、比表面积和表面光滑度等的差别，具有不同的惯量和内摩擦力而形成的。颗粒偏析破坏泥料的混合均匀度，影响成型操作和坯体、制品的结构，降低制品的质量。为减少这种现象，可采用按粒度分级贮存，多料仓配料和提高泥料颗粒间的结合力等措施。

【混练】pugging

不同组分和粒度的物料与适当的结合剂，经混合和挤压作用达到分布均匀和充分湿润的泥料制备过程。泥料经充分混练有利于成型，能提高砖坯和制品的质量。混练设备和工艺操作影响泥料的质量，一般以用湿碾机和具有搅拌与挤压作用的其他混练机为宜，如用湿碾机时，一般需将碾砣适当垫高，以减少颗粒的再粉碎。加料顺序，常先加粗颗粒，再加全部或部分结合剂，后加细粉和剩余的结合剂。

【泥料】batch；mix

又称坯料、砖料。经配料、混练而制成的供成型用的物料。一般分干泥料、半干泥料、可塑泥料、浇灌料以及泥浆等。要求配比精确、混练充分。泥料粒度(各级颗粒的比例)、泥料水分、泥料均质性和泥料工作性等，对成型和制品性能有很大影响。

【可塑性】plasticity

参见 6.5【可塑性】。

【工作性】workability

参见 8.1【工作性】。

【耐火浇注料流动性】flowablity；mobility

耐火浇注料在自重或外力作用下发生位移的性能。常用以度量材料加工或成型的工作性能。

【笼式打泥机】squirrel-cage disintegrator

又称笼式粉碎机。利用两个转子，以同一速度或不同速度的相反方向转动，使安装在转子上的钢销钉将物料打碎的设备。使用时，料块粒度不应过大，一般小于 25～30mm。另外，料块水分不应过高，以免结团，影响粉碎效率。如对黏土一般要求其含水量在 9%以下。这种设备构造简单，维修方便，但是销钉磨损较快，不宜用于破碎硬的物料。在耐火材料工厂中用于破碎软质黏土和泥料中的泥饼或废砖坯。

【叶片式混合机】paddle mixer

在转轴上安有搅拌叶片的混合机。根据转轴的数量分单轴式和双轴式；根据轴的安装方式分为水平式和垂直式；垂直式的是间歇操作的搅拌机。主要用来制备各种悬浮液，如搅拌泥浆和石灰乳等。水平式的多为双轴式，又称双轴搅拌机。主要用来混练半干泥料。常将两组或三组连起来使用，并可改变叶片的方向来调整泥料在机内的混练时间，提高泥料的质量。叶片式混合机为连续操作，生产率较高，且结构简单、操作与维修容易。

【轮碾机】pan mill；edge mill

以碾砣和碾盘为主要工作部件而构成的物料破粉碎或混练设备。有碾砣回转式和碾盘回转式两类。(1)作为破粉碎设备，称为干碾机。如碾盘回转式轮碾机，它有一对碾砣和一个碾盘。碾盘由电动机通过皮带及锥形齿轮带动物料在碾盘上被碾砣碾碎。碾盘外圈有筛孔，碾碎的物料从筛孔中卸出。它是一种连续工作的机械。在耐火材料工业中，主要用于破粉碎中等硬度的黏土熟料、硅石等。一般是用以进行中碎(产品粒径为 3～8mm)和细碎(产品粒径为 0.2～0.5mm)。这种干碾机与圆锥破碎机相比，破碎后的产品颗粒近浑圆状，菱角不尖锐。干碾机构造较简单，制造和维修比较容易；进料尺寸要求不太严格。但能量消耗大，生产率较低；不易密封，机体较笨。(2)作为混合设备称为湿碾机。构造与干碾机相似，只是碾盘上无筛孔，碾砣较轻一些，有卸料机构，如卸料螺旋、卸料刮板等。它是周期性工作机械，将配合料和水加入碾内，经一定时间混练均匀后，用卸料机构将料卸出，再进行另一循环生产。与螺旋式或跌落式搅拌机相比，在混合过程中既有搅拌也有挤压作用，能较好地排除物料颗粒间的空气，使所混合的泥料水分均匀，颗粒表面润湿充分，混练效果好。但对物料粒度有一定的破坏作用。湿碾机机体较笨重，产量较低，能耗较大。

【螺旋式搅拌机】screw agitator spiral agitator

由一个卧式半圆形料槽和一个(或两个)装有螺旋叶片的轴组成的连续式搅拌机。物料由加料端入槽，经旋转叶片的拌合、推挤作用，逐渐向卸料端移动并卸出。同轮碾机相比，物料混合得不甚均匀，不能很好地排出物料中的空气。水分与颗粒间润湿不甚充分。但它可以连续工作，生产率较高，构造简单，操作与维修容易。

【成型】shaping；moulding

将泥料加工成一定形状的坯体或制品的过

程。通过成型可使坯体或制品获得均匀致密的结构并具有一定的强度。主要有浇注、可塑、干法和半干法成型。由熔融物直接浇铸成型的称熔铸成型。对塑性较高的泥料称为塑性成型。按成型作用力方式的不同，可分为挤泥、机压、等静压、捣打、浇注和喷射成型等。

【可塑成型法】plastic moulding

塑性状态的泥料成型坯体的方法。所用设备多为挤泥机，或用再压设备。有的也可借简单工具以手工进行，称手工成型法。与半干成型法相比，坯体水分大(含水 16%～25%)，强度低，外形尺寸不精确。干燥过程复杂，收缩大。在耐火材料生产中，除部分黏土制品外，一般很少采用。手工成型只适用于生产形状复杂和批量小的制品。

【挤压成型法】extrusion molding method

参见 4.2.2【挤压成型法】。

【机压成型法】mechanical pressing

用压砖机压制砖坯方法。常用的设备有液压机、杠杆曲轴压砖机、回转压砖机和摩擦压砖机等。泥料多为含水量 2%～7%的半干状态，因而也称半干压成型法。加压方式又可分单面加压和双面加压，后者可减少坯体分层现象。

【脱气】de-airing

在成型过程中泥料经受部分真空处理以排除气体的工艺环节。脱气处理可改善泥料的加工性质，提高坯体的密实性和均匀性，减少坯体分层和裂纹。

【重压】represing

第二次向模型中的泥料加压。常是为了使坯体获得最终的形状。

【分层】delamination

坯体和制品中呈现的不均匀层状结构。它是成型时特别是挤压成型时容易产生的缺陷。其他释义参见 12.4.1【分层】。

【成型压缩量】cornpressed amount

泥料在模型中装填高度与压制后砖坯高度的差值。它是设计模型的参数。

【压力递变】gradient of pressure

又称压力递减。压砖时，在加压方向压力由加压面起沿坯体高度而依次降低的现象。因压力在传递过程中，部分压力消耗在克服颗粒间的内摩擦力和物料与模壁间的外摩擦力而造成。压力递变会引起砖坯的密度梯度。

【密度梯度】gradient of density

又称层密度现象，即砖坯密度沿加压方向递变的现象。由上方单向加压时，一般是上密下疏，同一水平面上中密外疏。高度较大和周边较长的砖坯更为突出，影响砖坯结构均匀度。采取等静压、两面加压、先轻后重多次加压等加工方式和提高模型光洁度、润滑性以及改善砖壁内摩擦力等措施，可减小密度梯度。

【压裂】lamination

坯体在成型过程中所产生的裂纹。最常见的是在干压或半干压时所形成的垂直于加压方向的层状裂缝，统称层裂。这种裂缝主要是由于泥料中未能及时排出的空气受压缩，而在外力解除后膨胀所致。泥料中的细粉过多，水分过大，加压操作不当，模型设计不合理或磨损变形等都易产生裂纹和层裂。层裂会破坏坯体结构，降低其抗热震性和抗渣性等技术性能。

【弹性后效】elastic after-effect

在耐火材料生产中，通常指在模型内的坯体受力时所产生的变形，在外力解除后仍有部分需保持一定时间后才有所恢复的现象。这种过程也称为弹性滞后或弹性延迟。弹性后效能使砖坯密度减低甚至产生裂纹。为减少这种现象，一般可控制泥料，使颗粒组成和水分适当，成型操作遵守先轻后重和稳压操作等原则。

【模型锥度】conicity of model；taper of model

成型模套内周边斜表面的上下尺寸差。采用适当锥度便于加料、加压、脱模或抽芯。

【曲柄杠杆压砖机】toggle press

靠曲柄连杆机构带动冲头上下移动的压砖机，采用容积加料的方式，由模槽的容积控制加料量。加料箱在工作台上作直线往复运动。在加料的同时，将顶出于工作台面上的砖坯推出一段距离，然后由取砖装置或用人工拿走。它的优点是产量高，在耐火材料工厂中多用于压制外形简单的制品。

【摩擦压砖机】friction press

用摩擦轮带动滑块上下运动的压砖机。在机架上装有左右两个垂直摩擦轮，水平摩擦轮位于两个垂直摩擦轮之间，水平摩擦轮装在丝杆上，丝杆下端装一滑块，上模板装在滑块上。垂直摩擦轮由电动机通过皮带传动。它的优点为构造简单，成本低，容易操作，维修也较方便，其主要缺点是生产能力较低，滑块行程不固定，操作压力不稳定且不安全，但实现自动化操作后，上述缺点有所改进。这种压砖机可成型各种类型的砖坯。

【高冲程摩擦压砖机】long-stroke friction press

采用摩擦传动以冲击加压制砖的成型设备。有两种结构形式：一种是垂直丝杆插入滑块内的部分，也有螺旋，其旋向与丝杆上部的螺旋旋向相反，运转时滑块与丝杆相对移动，因而有较大的冲程；另一种是将大螺母装在水平摩擦轮中，使大螺母能和水平摩擦轮一起回转。但不能上下移动，只是丝杆上下移动。由于主横轴做成两个半轴，水平摩擦轮的上空间是空的，丝杆上升的位置不受主横轴限制，故可得到较大的冲程。在耐火材料工厂中，它主要用于成型各种比较高的制品，如各种釉砖等。

【气动螺旋压砖机】pneumatic screw press

在摩擦压砖机基础上进行改造的一种压砖机。以压缩空气(0.5～0.6MPa)为动力推动气缸活塞往复运动。活塞杆推动滑块升降，滑块升降推动丝杆和飞轮运动。利用飞轮的活动产生巨大惯性冲击力来压制耐火制品。同摩擦压砖机相比，此种压砖机的滑块由被动变为主动，丝杆由主动变为被动。其主要优点是便于实现压机自动控制，节约大量摩擦介质，减少维修工作量。

【转盘式压砖机】rotary disk press

又称回转式压砖机。具有一水平转盘，转盘上一般均匀放置四个砖模，如一个加料，一个压制成型，一个出砖，一个清模。随着转盘转动，一个转盘的位置，就可同时完成压制成型的各个工序。因而生产能力较高，但构造较复杂，适用于压制各种类型的耐火砖。

【液压式压砖机】hydraulic press

通称液压机。冲头由液压缸内的液体压力驱动而使其上下移动的压砖机。根据所用液体的不同，又可分为水压机和油压机两大类。它的成型压力比摩擦压砖机大。在加压过程中，静压有利于砖坯中气体的排出和密度的均匀，且生产能力较大。但它构造较复杂，制造维修的要求较高。液压式压砖机在耐火材料工业中应用较广。

【捣打成型法】ramming process

用捣锤捣实泥料的成型方法。适用于半干泥料，并以采用风动或电动捣锤，逐层加料捣实的方式进行。采用木锤人工捣实时，所用的泥料应具有一定可塑性。捣打法即可在模型内成型大型和特异型制品，也可在炉体内筑成整体结构。

【振动成型法】vibration moulding

利用振动器产生的振动作用，使坯体和构筑物成型的方法。当泥料入模后，在振动作用下，颗粒之间内摩擦力降低，并在自重和外力作用下逐渐堆集密实形成较密的坯体或构筑物。常用设备有振动台、内部振动器和表面振动器。振实可塑性较高的物料时，效率较高。振实半干物料时，以采用加压振动效果更好。振动成型后的坯体密度与机压成型者相近。主要用于生产大型和形状复杂的制品。

【熔铸法】fusion-cast process

物料经高温熔化后，直接浇铸成制品的方法。一般在电弧炉内熔化，熔融后浇注到耐高温的模型中。然后经冷却结晶、退火或再经切割制成制品。生产上主要控制熔化的气氛、熔融温度和冷却条件，以保证生产效率高，析晶符合要求等。但在冷却析晶过程中，往往由于析晶温度不一致，产生晶粒偏析并出现缩孔。

【氧化熔融】oxidation melting process

熔铸耐火材料采用氧化熔融以减少碳含量。其特点是采用高电压长电弧作业，电极不与熔液接触，作业空间处于氧化气氛中。增加弧长可以创造条件使得某些化合物与氧再结合，同时还可以将生成的挥发性氧化物 CO、CO_2 从电弧中引出。

【退火控制】annealing control

退火方法有两种，自然退火法和外部供热退火方法。自然退火是指铸件外部有良好的隔热层，使得铸件平稳缓慢冷却。缓慢冷却温度范围主要是在 1700～1100℃间，控制冷却速度 60～70℃/h。外部供热退火通常在隧道退火炉中进行，控制冷却速度 150℃/h。

【浇铸】casting

将耐火材料熔融液体由电炉直接浇入铸型的操作过程。浇铸工艺包括浇铸温度、速度以及补浇。生产中主要通过控制熔化的气氛、熔融温度和冷却条件，以保证高的生产效率、析晶符合要求和形成网络结构。但在冷却析晶过程中，往往由于析晶温度不一致，产生晶粒偏析而使制品内部形成集中的空洞——缩孔。

【砂型】sand mould

熔铸耐火材料时，浇注温度在 1800℃左右，所用铸型为砂质铸型，用型砂制成的称为砂型。普遍采用硅砂制造砂型。为了区别不同粘结剂制成的砂型，常以粘结剂命名。用石英砂精矿 93%～95%，水玻璃 5%～7%配料制成的砂型称水玻璃砂型；如采用树脂做粘结剂则称树脂砂型。树脂砂型有很多优点，如强度高，铸件尺寸精确，溃散性好。

【缩孔】shrinkage cavity

熔铸耐火制品的凝固过程中，制品表面凝固后，其内部的熔融体凝固同时发生体积收缩，而使制品内部形成的集中空洞。这种缩孔一般集中于制品上表面的下方。它降低制品的密度。同时，缩孔附近的化学矿物组成和晶粒，也往往因偏析而有异于制品的其他部分，从而降低制品的均质性。为减小或消除缩孔，在浇注工艺上可采取下浇铸法、倾斜浇铸法和大铸头浇铸法等。

【铸头】header

熔铸时，为减少制品内缩孔的形成，在铸口上部的冒口中多加的熔融液形成的铸块。其容积一般为制品体积的 10%～15%，最大达 70%～110%。待凝固后再将其去掉。

【多孔材料法】adding porous material method

以天然或人造的多孔材料为原料，按一定粒度配合，用少量结合剂将其结合为整体或再经加热处理而获得轻质制品的方法。用此法制造轻质制品时，其多孔构造主要取决于原料。以硅藻土、膨胀蛭石、膨胀珍珠岩、膨胀页岩等为原料制造隔热砖，以及以氧化铝空心球为原料制造轻质刚玉砖，都采用此种方法。

【加入可燃物法】adding combustible material method

在配料中加入适当可燃物质碎屑，当制品烧成时，可燃物质烧失而残留空洞的一种生产多孔制品的方法。通常采用木屑、煤粉、焦粉等可燃物，也有用聚苯乙烯球的。可燃物的灰分应该低，其粒径也应适当控制，以保证制品气孔均匀和细小。其加入量根据制品的要求而定。生产轻质隔热耐火砖可采用此种方法。

【泡沫法】foaming method

先将发泡剂和稳定剂适当配合制成泡沫液，然后与泥浆混合浇注成型，使制品形成多孔构造的方法。成型后，经养护(或干燥、烘烤和烧成)，即得轻质制品。泡沫剂以松香皂居多，稳定剂多用动植物胶。可用以生产各种材质的轻质制品。当生产气孔率较高的制品时，配料中粉料的粒度不宜过大，一般小于 30μm 为宜，并应尽量减少有棱角、尖锐状的颗粒，泥浆的黏度和硬化速度也应适当控制。

【气体发生法】gas bubble method

在配料中加入少量物质，使其在制品形成过程中发生气体，将泥料鼓胀而形成多孔构造的方法。适用于可塑性泥料或黏稠状泥浆。对半干泥料和黏度较低的泥浆易使气体外逸不宜采用。能发生气体的物质应根据泥料的材质选定，如生产黏土质、高铝质和刚玉质轻质制品时，常采用金属铝粉、碳酸铵、双氧水、白云石和硫酸溶液或锌粉、碳化物等。为调整气孔的大小，可加入少量表面活性物质，以降低泥料的表面张力，也可添加少量胶结材料促硬。应严格控制操作温度，使搅拌与硬化互相调节适当。同其他形成多孔的方法相比，可制得气孔细小、封闭和分布均匀的轻质制品。

【熔融喷吹法】melting and blowing process

将物料放在电弧炉中熔融成熔体，在熔体流出的瞬间，以高压气体进行喷吹，使熔融物料分散成纤维或形成空心球的方法。此工艺是目前生产耐火纤维和氧化物空心球的主要方法。

【砖坯】green body

又称坯体、生坯。指成型后，准备烧成的中间产品。未经干燥的称湿坯，干燥后的称干坯。成型后不经烧成直接使用的制品称不烧砖。在耐火制品的生产中，要经常控制砖坯质量的技术指标。有砖坯的尺寸和外形、单重、体积密度、气孔率以及强度等。

【砖坯强度】green strength

指成型后而未煅烧前的砖坯强度，未经干燥者常称湿坯强度，已干燥者称干坯强度。它是控制坯体质量的技术指标。其值与坯体的组成和成型方法有关，干坯强度还与干燥程度有关。

【砖坯气孔率】apparent porosity of green brick

砖坯气孔（一般指开口气孔）与砖坯总体积之比，用百分数表示，是评定砖坯组织结构致密性的标志。通常以煤油或其他有机液体测定。

【模型放（缩）尺率】green brick size enlargement (reduction)

亦称砖坯放（缩）尺率，砖坯比制品各向尺寸放大的百分率，即：（砖坯尺寸－制品尺寸）/制品尺寸×100%。当砖坯干燥和烧成发生收缩时，为保证制品的准确尺寸，必须相应加大砖坯的尺寸。放尺率依配料特性而异，同时考虑砖坯在窑内放置的方向和装窑的情况。一般通过试验测定，是设计模型时的参数。缩尺率即砖坯比制品各向尺寸缩小百分率，即（制品尺寸－砖坯尺寸）/制品尺寸×100%，某些耐火材料（如硅砖）烧成过程发生体积膨胀，应考虑此因素。

【干燥】drying

参见 14.4.5【干燥】。

【干燥收缩率】drying shrinkage

砖坯在干燥过程中，由于排出水分，颗粒相互靠拢而引起的尺寸减小，常以线尺寸的变化率（S）表示，即 $S=(L_{湿}-L_{干})/L_{湿}\times 100\%$，式中：$L_{湿}$、$L_{干}$ 分别代表湿坯、干坯的长度。砖坯干燥收缩过大，将影响制品形状的规整和尺寸的精确。对要求尺寸精确度高的制品应增加瘠性料的相对含量或降低泥料水分，采用半干机械成型等，以减少干燥收缩。

【砖坯残余水分】residual moisture of green brick

干燥后砖坯中残留的水分。以残存水量与干燥后试样质量之比表示（%）。它是衡量砖坯干燥程度的标志，也是影响制品烧成质量的因素之一。

【装窑】setting

又称码窑、码砖、码坯。指按窑炉结构特点和制品烧成热工制度的要求，在窑内将砖坯合理排列码放的工艺过程。对隧道窑称为装（窑）车。这是材料烧成过程的准备阶段和实现合理烧成制度的重要条件。装窑时一般要求砖坯品种搭配和装坯密度适当，火道分布合理，窑底或车台面保持平整。有的要垫适当材质的垫砂；有的要搭架；有的要进行包挡或放入匣钵内。坯垛要保持平、稳、直。

【垫砂】kiln sand

又称窑砂。砖坯装窑时，垫平窑底或窑车台面以及砖坯之间所用的耐火细砂。垫砂在烧成温度下应不与砖坯、窑底或车台面发生化学反应和粘结，其熔化温度一般高于砖坯的烧成温度。

【架砖】kiln furniture; setter

也称棚砖。装窑时搭棚架用的耐火制品，对于某些在烧成过程中收缩较大、易变形和形状复杂的砖坯，在装窑时多用架砖，在大型倒焰窑中尤为普遍。烧成温度在1650℃以下时，一般用荷重软化温度较高的硅砖。烧成温度更高时，可用高纯度电熔镁砂砖、高纯度刚玉砖等。

【砖坯受压方向】direction of pressure on green body

砖坯在压制成型中承受压力作用的方向。反之非受压力作用的方向称非受压方向。在烧成过程中，砖坯受压方向与非受压方向的线变化不同。为了保证烧成制品尺寸正确，在成型时要适当放尺或缩尺。同时，受压方向的放尺或缩尺应不同于非受压方向的放尺或缩尺。

【高温隧道窑】high temperature tunnel kiln

烧成温度在1650～1800℃范围或更高温度的隧道窑。内衬可用电熔镁砖和铬镁砖。预热至500～700℃的二次风和雾化良好的喷嘴是组织高温燃烧的关键。采用窑底压力平衡是加强窑体密封性、改善操作条件、稳定热工制度和减少窑车烧损的重要措施。

【顶燃式隧道窑】top burning tunnel kiln

烧嘴安置在平型炉顶的隧道窑。与侧燃式隧道窑相比，有六大优点：(1)不需要那么厚的烧成带窑墙；(2)窑宽不受限制，产量可成倍增加；(3)烧成带温度容易控制；(4)直接在制品之间燃烧，热交换效率高；(5)整个窑内上下温差小；(6)窑墙损失很小。但烧成温度不高，正在逐渐向高于1400℃范围扩展。

【隧道窑通道面积比】area ratio of channel to cross seetion in tunnel kiln

又称K值。指隧道窑外通道截面积与内通道截面积之比。它反映气体在内外通道的分布情况。选择适当的K值有利于砖垛温度的均匀。在耐火材料生产中。K值一般均大于1。烧制黏土砖、硅砖时，一般为1.3～1.6；高铝砖、镁质制品，一般取1.3～1.4。

【窑的有效容积】effective capacity of kiln

窑内装原料或砖坯的容积。隧道窑为各个窑车装砖坯容积的总和，倒焰窑则为窑内砖垛所占的容积。一般为总容积的85%～90%。

【窑的利用系数】coefficient of efficiency of kiln

指窑炉烧成耐火材料时，每立方米容积(或每平方米)每昼夜的产量。单位为$t/m^3 \cdot d$。它是衡量窑利用效率的重要技术经济指标。其值与所煅烧和烧成的材料种类、窑炉构造、装坯密度、煅烧和烧成热工制度和操作方法等因素有关。

【烘窑】kiln-drying

窑炉在使用前进行烘烤，使窑体结构达到高温稳定的过程。烘窑过程中砌筑体将排出水分，产生热膨胀，有些砌筑材料将产生某些化学反应或在一定范围内产生晶型转化，并将引起砌体体积变化。烘窑必须按这些变化制定适当的升温制度和保温时间。此种温度随时间变化的曲线称烘窑曲线。另外，在烘窑时还应采取排潮和消除不均匀应力的措施。若烘窑控制不好，窑体将会产生大的热应力，引起结构损坏，降低窑炉使用寿命。

【烧成热工制度】firing schedule

为了保证制品的质量，在烧成过程中，制定的一系列热工参数和指标。其中包括温度、压力、气氛等制度，以及推车制度等。烧成热工制度的合理与稳定，是保证产品质量、节约燃料以及延长烧成窑炉寿命等的主要因素。

【隧道窑推车间隔时间】tunnel car time schedule

简称推车时间。指隧道窑相邻两次推车的时间间隔。推车时间由烧成曲线决定。

【保温时间】soaking time

制品在烧成过程中最高烧成温度下所保持的时间。在该段时间内，窑内及制品各部位的温度趋于均匀，制品内的物理化学反应得以充分进行。从而可获得质量较为均一的制品。在制品的烧结温度范围内，保温时间的长短与最高烧成温度有关。若最高烧成温度较高，保温时间可稍短。反之，则保温时间应适当延长。

【隧道窑高温区】high-temperature spot in tunnel kiln

又称隧道窑高温车位数。在隧道窑的烧成带内保持最高烧成温度的车位数。

【倒垛】collapse of setting

俗称倒窑。制品在烧成过程中的倒塌现象。砖垛不稳固，局部温度过高，使砖垛各部位砖坯变形不均(或软化)是造成倒垛的主要原因。隧道窑推车时，如窑内发生障碍，影响窑车正常运行，也容易发生倒垛。

【烧成收缩】firing shrinkage

参见9.5【烧成收缩】。

【烧成膨胀】firing expansion

原料或制品在烧成过程中所产生的体积或线尺寸的增大。其数值常以烧成线膨胀率($P_{烧}$)表示，即 $P_{烧} = (L_{烧} - L_{干})/L_{烧} \times$

100%，式中：$L_{干}$、$L_{烧}$分别表示干坯和烧后制品的尺寸。

【线收缩率】linear shrinkage

制品在干燥及烧成过程中线收缩的总和。一般以总收缩率 $S_{总}$ 表示。即 $S_{总}=(L_{湿}-L_{烧})/L_{烧}\times100\%$，式中：$L_{湿}$、$L_{烧}$ 分别表示湿坯和烧后制品尺寸。为获得具有规整外形和精确尺寸的制品，应参照总收缩率制定砖坯的放尺率。

【真空油浸】vacuum impregnating

耐火制品在真空状态下以液态沥青进行浸渍处理，使沥青进入开口孔隙中的工艺方法。常以此法对轻烧或烧成碱性耐火材料进行防水化和增碳处理。其他耐火制品的增碳也常用此法。

【增碳】carbonization

增加耐火制品内碳含量的方法。常用的有：在配料中外加石墨、焦炭和其他碳质固体粉状物料，以含碳高的焦油沥青和其他有机物作为结合剂，预先浸渍多孔耐火颗粒料，对焦油沥青结合的耐火制品进行轻烧并进行油浸和对烧结的耐火制品进行油浸或多次油浸等。通常耐火制品经增碳后可提高高温强度、耐热震性和抗渣性，有利于提高使用寿命。增碳一词有时仅指对轻烧或烧成的耐火制品，进行油浸和碳化处理而使碳含量增加的方法。

【换热器】heat exchanger

预热空气和气体燃料的热工设备。其载热体多为热烟气或工业窑炉废烟气，预热温度不高时可采用蒸气，一般预热过程为热烟气与气体同时在预热器壁的两侧流动。由器壁传热给气体。根据两者流动方向不同，可分为顺流式、逆流式和错流式。按换热元件使用材质不同，可分为金属预热器和陶瓷预热器。在工业窑炉上采用预热器来预热空气或气体燃料，可提高燃烧温度，利用废热、降低燃料消耗。

【链索式推车机】rope pusher

隧道窑和隧道干燥器的一种推车设备。由卷扬机钢丝绳操纵推杆向前移动或后退。大型者可用于隧道窑，小型者在隧道干燥室中广泛使用。

【螺旋式推车机】screw pusher

隧道窑和隧道干燥器推车的一种设备。由两对螺旋机构带动推杆前进或后退。它的推力较大，比较平稳，占地面积小，但传动效率较低。

【油压推车机】hydraulic pusher

隧道窑和隧道干燥室推车的一种设备。是利用高压油(2～4MPa)注入油缸，推动活塞和推杆以推动窑车。此设备结构简单，占地少，操作平稳、轻便，维修方便。

13.5 性能及测试

【常规检验】routine test

对耐火材料产品，按照技术标准的规定必须进行的化学和物理检验项目。对普通耐火制品进行常规检验的项目有：化学成分分析、耐火度、荷重软化温度、重烧线变化、显气孔率、体积密度、常温耐压强度等。

【真密度】true specific gravity

材料的单位体积质量与水的单位体积质量之比。水以其4℃时的体积计，材料以测试温度时的体积计。真密度指材料的体积仅以其实体计，未包括孔隙。有时密度一词未特别注明时，即指真密度。真密度是一项重要物理指标，常用来判定耐火材料矿物组成。结构特征和一些其他性质。

【体积密度】bulk density

参见 6.5【体积密度】。

【气孔率】porosity

参见 8.5.1【孔隙率】。

【显气孔率】apparent porosity

又称开口气孔率。指材料中开口气孔的体积与材料的总体积之比，以百分率表示。它不仅反映耐火材料的致密程度，而且还反映其制造工艺是否合理，是评定耐火材料质量的一项重要技术指标。

【透气度】permeability

透气度表征气体在材料中通过的难易程度，取决于材料内贯通气孔的数量、大小和结构。定义式为：在单位压差作用下，给定气体(黏度固定)在单位时间内垂直通过试样单位面积、给定高度的气体的流量，国际单位为 m^2，对于致密耐火材料常用单位为 μm^2。常用压差法根据达西公式进行测试，测试方法为：在规定的压差条件下，给定气体在一定时间内垂直通过试样给定面积的气体流量。

【热膨胀】thermal expansion

材料随温度提高而发生可逆的体积增加的性能。常以其线膨胀系数表示。一般只计其可逆变形而不包括其残余变形。耐火材料中，因成分复杂，测定时常包含某些不可逆的体积变化。因此常用平均线膨胀系数或线膨胀率表示。前者，指由室温升至试验温度时，平均每升高 1℃试样长度的相对变化率。后者，则指由室温升至试验温度时试样长度的相对变化百分比。两者均可通过实验测得。材料的热膨胀系数主要取决于其化学-矿物组成的性质。它对材料的热震稳定性以及与不同材质的结合性能等有重要意义。

【高温力学性能】mechanical behavior under high temperature

高温下材料抵抗因外力作用而产生各种变形和应力的能力，如强度、弹性、塑性等。材料的高温力学性能同常温力学性能一样，与材料的物相及其结构有关。但在高温下由于液相的出现，液相的性质、数量及其分布状态，对材料的力学性能带来极为重要的影响。因此，高温下耐火材料受外力作用时，其最终破坏总与此种多相复杂系统，或其各组分的强度、弹性、塑性和黏性等力学性能的总和有关。高温力学性能测定方法一般可分三类：(1)恒温变荷法，即在一定高温下测其高温强度和弹性指标。(2)恒荷变温法，即在一定负荷下测其达到一定形变时的温度，如测其荷重软化温度。(3)恒温恒荷变时法，即在一定温度和负荷下，测其达到某一形变值的时间，或测其达到某一定时间的形变值。如在一定高温下测其各种外力作用下的蠕变。

【高温塑性】high temperature plasticity

高温下材料具有的塑性。主要取决于组成中杂质形成的低共熔物的性质、数量、分布及晶体的结合状态等。耐火材料的高温塑性有利于缓冲热应力，但对高温体积稳定性和高温强度却有不利的影响。

【高温耐压强度】crushing strength under high temperature

耐火材料高温力学性能之一，可用试验方法测定。即按一定速度施压至其破坏时，每单位面积上所能承受的极限压力，单位一般为 MPa。

【高温抗折强度】bending strength under high temperature

又称高温弯曲强度，材料在高温下抵抗弯矩的能力。即材料在一定温度下按规定速度施加负荷，至其断裂为止，所能承受的极限折断应力。单位一般用 MPa。对于矩形截面的试样，高温抗折强度以公式 $M=3WL/(2bd^2)$计算。式中：M 为抗折强度；W 为极限负荷；L 为折断试验时两支承间的距离；b、d 分别为试样的宽度和厚度。高温抗折强度表明耐火材料的高温抗冲刷性能。

【高温扭转强度】high temperature torsional strength

材料的高温力学性能之一。出于一般耐火材料在高温下的扭转试验都因受剪切而破坏，故高温扭转强度表征材料在高温下抵抗剪切应力的能力。单位为 MPa。它主要取决于材料的性质及结构特征。砌筑窑炉的耐火砖在加热或冷却时承受着复杂的剪切应力，因而耐火砖的高温扭转强度是判别其质量的一项重要性质。

【荷重软化温度】refractoriness under load

简称荷重软化点。耐火材料在恒定荷重下，对高温和荷重共同作用的抵抗性能。可通过试验方法测得。试验方法有升温法和保温法。我国现在一般采用升温法，即在 0.2MPa 的静荷重下，按标准规定的升温速度来测定试样(尺寸为 36mm×50mm)发生各种程度变形时的相应温度。例如，自膨胀最大点压缩试样高度的0.6%变形时的相应温度，称为软化开始温度；自试样膨胀最大点被压缩2mm时的相应温度，称为试样4%变形温度。有些耐火材料(如硅质和镁质耐火制品)，当加热至某一温度时，可能突然溃裂或破碎，致使无法测出各种变形温度，则分别称为溃裂温度和破碎温度。荷重软化温度与制品的化学成分、矿物组成及组织结构等有关，是耐火材料的重要质量指标之一。

【高温体积稳定性】volume stability under high temperature

高温下耐火制品的外形体积保持稳定的性能。变形程度较小，即体积稳定性较好。反之，则体积稳定性较差，通常仅指不可逆变形。对烧成制品，一般用制品在无负荷作用状态下的重烧体积变化百分率来衡量其优劣，并常以线变化表示。有时亦用高温蠕变率表示。此种高温体积稳定性主要与制品中是否有液相和晶型转化出现以及烧结是否充分有关。高温体积稳定性的优劣，直接关系到窑炉砌体的开裂损坏问题，是耐火制品重要的高温使用性能之一。

【重烧线变化】linear change on reheating

又称残余线变化。烧成耐火制品加热至高温后，其长度发生的不可逆变化，可由试验测得。将一定尺寸的试样按规定的升温制度加热，并在规定的温度下保持一定时间，然后在室温下度量其加热前后长度变化的百分率。正值表示膨胀，称重烧线膨胀，负值表示收缩，称重烧线收缩。重烧线变化可表达高温体积稳定性的一个方面，是评定耐火制品的一项重要质量指标。对化学组成相同的制品，重烧线变化是其烧结程度的标志。

【高温蠕变】high-temperature creep

材料在恒定高温、恒定外力作用下所产生的热活化缓慢变形。由于施加应力的方式不同，可分为高温压缩蠕变、高温拉伸蠕变、高温扭转蠕变和高温弯曲蠕变等。一般用变形率与时间的关系曲线或蠕变速率来表示，也可用达到某一变形率所需的时间表示。高温蠕变比一般的高温强度更为有效地预示材料在高温下长期使用过程中的应变趋势和断裂寿命。它是材料的重要高温力学性能之一，与材料的材质及结构特征有关。

【耐火度】refractoriness

参见6.5【耐火度】。

【测温锥】standard pyrometric cone

简称标准锥，高温锥，火锥。为测量耐火度用的标准物。通常用准确配比的陶瓷材料、经过研磨、混匀，按一定尺寸和几何形状制作成的截头小三角锥。我国用CN代表标准测温锥的符号，在CN后加上数字为锥号，该锥号乘以10℃，即标志着标准测温锥锥尖弯倒到底盘时的相当温度。如CN170即相当于1700℃。通常将标准锥制成具有一定温度间隔的一系列锥号，相邻锥号之间的温度间隔一般为20℃。此种具有一系列锥号的各号标准锥皆用作耐火材料试锥进行对比的标准物。另外，最常用的标准锥还有赛格锥、奥顿锥等。

【耐热震性】thermal shock resistance

又称耐急冷急热性。耐火制品抵抗急冷急热的温度变动而不破坏的性能。当制品骤然受热(或受冷)发生膨胀(或收缩)时，由于其各部分的变形互相受到制约而产生热应力，当这种热应力超过制品内部的结合力时，制品就产生崩裂或剥落。因此，对制品抵抗此种破坏的性质也称为耐热崩裂性。制品的耐热震性以试验办法测定。我国对耐火制品和耐火浇注料的抗热震性规定了相应的测试方法，包括水急冷法、空气急冷法。除受热传递条件影响以外，耐火材料耐热震性主要取决于其热膨胀性、导热性、断裂韧性等性质，同时也与其组织结构、形状和尺寸等有关。

【抗渣性】slagging resistance; slag resistance

高温下抵抗炉渣侵蚀的性能。炉渣侵蚀破坏耐火材料的机理十分复杂。一般包括有浸透、溶解和熔体冲刷等物理化学作用。测定抗渣性的方法可分为四类：(1)平衡状态法，如熔锥法(又称三角锥法)；(2)静态法，如典型的坩埚法；(3)动态法，如撒渣法(包括流渣法、喷渣法及喷射法)和转动浸渍法(又称旋棒法);(4)电化学法，即测定耐火材料在高温熔渣中所产生的电动势。耐火材料抗渣性的优劣，主要与材料的化学成分矿物组成及组织结构有关，另外也与炉渣的性质及其相互作用的条件有关。抗渣性是评价耐火材料的重要指标之一。

【耐磨损性】abrasion resistance

又称耐磨耗性，简称耐磨性。材料抵抗机械摩擦的能力。耐火材料的耐磨性除取决于其中颗粒的硬度以外，与其颗粒间的结合强度和孔隙存在的状况有密切关系。主要随显气孔率的下降而提高。与材料的其他力学强度和弹性模量之间也有相应的关系。在高温有液相存在的条件下，有些耐火材料的此种性能也随温度的增高而下降。对于直接与固体物料接触的工业窑炉内衬用耐火材料，耐磨损性优劣是判断产品质量的一项重要指标。

【喷砂法】sand-blast test

耐火材料耐磨性的测试方法之一。常用喷砂仪按规定的高速气流夹带石英砂或其他高硬度砂粒喷吹于耐火制品的试样表面，以试样减量的百分率度量。

【残存碳】residual carbon

含碳耐火材料的残存碳。测定残存碳的方法有粉末试样或块样灼减法、气体容量法以及萃取法等。

【二硅化钼电炉】molybdenum silicide furnace

又称硅钼棒电炉。是用硅钼棒加热元件来制作的高温电阻炉。硅钼棒主要以硅粉和钼粉为原料，用粉末冶金的方法压制烧结而成。这种元件具有独特的抗氧化能力，这是由于在高温下元件表面生成能自封的石英玻璃层使元件与外界空气隔绝。在空气中元件最高使用温度为1700℃，相应硅钼棒电炉最高使用温度为1600～1650℃，是目前工业上空气中使用的最高加热元件。

【发热元件】heating element

又称电热元件、发热体。在电阻炉中用来作为电阻发热的部件。一般由具有适当电阻的耐热材料制成。可分为金属及非金属两大类：金属发热元件有钨、钽、钼、铂、铑、镍、铬及其合金的丝、带、管、棒等。非金属发热元件有石墨、焦炭、氧化钍、氧化锆、二硅化钼、碳化硅、碳化铌、碳化锆、铬酸锶镧、熔融玻璃的棒、管、颗粒等。有些发热元件使用时要求特殊气氛来保护，或在真空下使用。

【碳粒电炉】kryptol furnace

简称碳粒炉。它是利用低灰分的各种焦炭和石墨等颗粒组成电阻元件。使电流通过颗粒时产生热量而制成的加热炉。在还原气氛下的使用温度可达到2000℃，而在空气下的极限工作温度约为1800℃。由于碳粒在高温下易氧化，引起电阻变化较大，使炉温不易控制，因此碳粒电炉每次使用后都需整修，但造价比较便宜，通常炉型是立式圆管形。主要用于耐火材料检验。

13.6 缺 陷

【耐火制品外观缺陷】apparent defect of refractory product

借助于肉眼或简单工具即可直接检查出来的耐火制品的缺陷。主要包括有裂纹、断裂、熔洞、铁斑、黑心、扭曲、欠烧、过烧、鼓胀、尺寸偏差、渣蚀和粉化等。这些缺陷的形成各有原因，对产品质量的影响也不相同。但都不同程度地影响耐火制品的质量，应杜绝其产生。

【裂纹】crack

参见2.1.6【裂纹】。

【熔洞】fluxing hole

由于砖料中含铁物质和混入其他非金属杂质，在高温下形成低熔物而出现的孔洞。由含铁物造成的称铁质熔洞，由非金属杂质造成的称非金属熔洞。

【铁斑】iron spot

又称铁点。耐火制品由于含铁杂质局部集

中而使表面(或内部)呈现暗黑色的，有时呈熔渣状的直径较小(一般规定＜2mm)的斑点。当制品在400～600℃下受一氧化碳侵蚀或在800～900℃下接触碳氢化合物时，铁斑具有催化作用，可使它们分解而引起碳沉积，甚至使制品崩溃。

【黑心】black core

参见9.6或14.5.1【黑心】。

【红心】red-heart

耐火制品烧成时中心部分形成的局部变色。这是由于烧成气氛的影响造成的。

【扭曲】warpage

又称翘曲。是制品在成型、装窑、烧成过程中，因操作不当而造成的外形改变。通常指制品置于水平后，其底面各棱不能与该平面紧密接触，端头平面倾斜的一种外形缺陷。

【欠烧】under firing

烧结温度较低和(或)烧结时间不足致使产品未达到所需性能的烧结。如使用同一种原料烧成的耐火制品，其颜色不同，尺寸胀缩不足，断面颗粒显著不断开现象都属于欠烧。欠烧的水泥熟料结构孔洞多，液相少，矿物晶体细小，C_3S很少，游离氧化钙较多，其强度低，安定性不良。

【过烧】over firing

由于烧成温度过高造成制品颜色深于正常颜色、尺寸变小和变形的现象。参见7.3.2或9.6【过烧】。

【尺寸偏差】dimensional deflection

制品的长、宽、高等尺寸的实际测量值与标准值的差。

【渣蚀】slag attack

(1)耐火制品烧成过程中形成的一种缺陷。是燃料的灰分以及其他杂质附着于制品表面而形成的玻璃状堆积物。对由燃料灰分造成的此种缺陷也称火疵。(2)耐火材料在使用过程中损毁的一种形式，指材料与炉渣接触发生一系列物理化学作用而引起的侵蚀，是许多冶金炉和其他同熔融物料直接接触处所用耐火材料损毁的主要形式。与耐火材料的化学组成结构特征以及炉渣的组成和互相作用的条件有关。

【粉化】dusting

耐火材料由于发生化学或晶型转化而造成粉散的现象。如镁钙系统耐火材料长期暴露于潮湿空气中，由于其中游离钙镁氧化物缓慢水化，使反应前后的物相比容产生变化，就经常发生此种粉化现象。特别是当其中含游离氧化钙较高和原料烧结不充分时，更为严重。又如含有相当数量硅酸二钙的碱性熟料，由高温缓慢冷却时，由于发生晶型转化，使得比容变化，也会发生粉化。

【碱度】basicity

(1)是炉渣化学性质的重要参数之一。以炉渣中碱性氧化物与酸性氧化物的比值表示。通常以炉渣中CaO与SiO_2的质量比表示，即碱度(R)＝CaO%/SiO_2%。对于钢渣，当铁水含磷量较高，渣中的P_2O_5成分也较高，并形成了稳定的CaO、P_2O_5化合物时，碱度(R)可用下式表示：R＝(CaO%－1.18(P_2O_5%))/SiO_2%。或R＝CaO%/(SiO_2%＋P_2O_5%)。对含TiO_2和V_2O_5较高的渣，其计算式为R＝CaO%/(SiO_2%＋V_2O_5%＋1.13 TiO_2%)。(2)指硅砖泥料中的CaO含量。常用酸碱法快速测定。由于滴定前试样不进行研磨处理，所以测得的结果基本上是泥料内的CaO加入量。

【渣线】slag line

指冶金炉炉膛或盛钢桶中熔渣同熔融金属之间界面的一般水平线。处于渣线处的耐火材料内衬，容易遭受熔渣和金属液的双重侵蚀。

【冲蚀】abrasion

流体的机械作用远大于化学作用而引起的损毁。如钢水通过盛桶内的水口砖或含尘的废气流通过平炉下降道等处，都可使耐火材料造成此种损毁。

【熔损】smelting

也称熔毁。主要由于高温作用，使耐火材料出现大量液相和液相的黏度降低而造成的损毁。

【崩裂】spalling

耐火制品在使用时。产生开裂或使其面层、边角剥落和崩溃的现象。崩裂的主要原因是热震（包括其他严重的温度梯度）、晶型转化、渣侵蚀、结构变化以及不适当的外力作用等。有的按其主要原因区分为热崩裂、结构崩裂和机械崩裂等。

【热崩裂】thermal spalling

制品内部由于温度分布不均匀引起的热应力所造成的崩裂。制品在受热或冷却过程中，如温度梯度过大或构成制品的物相的膨胀系数较大，造成各物相间的膨胀系数差别较大以及制品的形状复杂等，均易产生热崩裂。

【结构崩裂】structural spalling

耐火材料内部不同的物相和结构变化引起的应力所造成的崩裂。常发生于制品受热或受渣蚀，产生新的化学反应后，形成新的物相造成的层带结构的非匀质处。

【剥落】shelling；peeling；flaking

由于在材料加热面的背后产生裂纹，而使材料沿平行于热面呈片状或层状剥离脱落。

【爆胀】bursting

又称炸裂。镁铬系统的耐火材料吸收氧化铁后发生胀裂破碎的现象。它是由于四氧化三铁同铬质和铬镁质耐火材料接触，铁离子向其中的铬尖晶石扩散较快，生成富含 Fe_3O_4 的固溶体而导致的剧烈膨胀，膨胀值高达 20%左右。测定爆胀性的一种方法是：将 40g 氧化铁或磨细的铁鳞均匀地撒在边长为 50mm 的立方体试样的工作面上，在 1600℃下作用 1h，冷却后测量该表面的线膨胀百分率，以表示爆胀性的大小。另外，当碱与黏土质和高铝质耐火材料接触时，由于产生反应形成含碱铝硅酸盐引起体积膨胀而出现的剥落现象，有人也称之为碱爆胀。

【碳素沉积】carbon deposition

由含碳气体化合物分解出来的游离碳素，在固体内部或表面沉降与集积的现象。如当一氧化碳在 450～600℃的还原气氛中，在游离铁或其他氧化物的触媒作用下，可明显地发生分解。而生成二氧化碳和游离碳。此种游离碳即可沉积于耐火材料的气孔中，使制品内部产生较大的应力，导致其结构疏松甚至剥落和崩裂。它是引起高炉炉身内衬损毁的因素之一。严格控制耐火制品中铁组分的含量，并对制品进行高温处理，使其中铁的氧化物呈结合状态。同时提高制品的密度，降低其贯通气孔率，可减少碳素的沉积作用。K_2O 和 ZnO 的存在，会使 FeO 游离，可促进碳素沉积。

【炉衬耐火内衬】lining

又称炉衬。用以承受高温下固、液、气各种物质的作用，保护炉体或其他构筑物而设的内壁。通常根据高温窑炉或容器各部位的不同条件，选用相应的耐火材料。或由不定形耐火材料进行构筑。按性质不同，可分为酸性衬、碱性衬和中性衬。按内衬的使用场合不同，又可分为工作衬和安全衬等。

【工作衬】working lining

高温下同固体物料、熔融金属和熔渣、气流等直接接触的内衬。此内衬经常遭受严重的侵蚀和损耗。工作衬的使用寿命一般即是高温炉炉衬或内衬的使用寿命。

【永久衬】permanent lining

又称安全衬。是工作衬背后的内衬，因而也称为背衬。其作用在于防止熔融物和高温气流的浸透，保护炉壳，有的也起隔热作用。在正常情况下它不直接同熔融金属、炉渣或火焰接触。有的当工作衬损坏而尚未修补时，也暂时起工作衬的作用。因而也称为后备衬。

【均衡炉衬】zoned lining

又称综合炉衬。指在冶金炉或盛金属液的容器中，根据受损毁作用的性质和损蚀严重程度不同的各个部位，分别采用不同材质或不同厚度的制品，以达到使用寿命均衡的一种内衬构筑方式。

【工作面】working face

耐火材料衬砖在使用时，直接承受固、液、气各种物质作用的表面。由于表面最接近于高温下的热源，故常称热面。近于热面的一端称为热端。

【反应带】metamorphic zone

耐火材料近工作面的部分。使用过程中，

由于高温作用和与物料接触，发生新的化学反应而形成的新物相层。由于近热面，也称为热面层，对其中更接近工作面处，由大量非晶质低熔物所组成的，有时还含有孔泡结构的部分，称为渣化带或渣化层，其表面也称渣化面。反应带的形成、发展以及高温性质，取决于耐火材料的材质和结构，也一定程度影响耐火材料的使用寿命。

【烧结带】sintering zone

又称烧结层。指不烧耐火材料在使用过程中，由于高温作用使其中发生烧结但尚未与外来物接触而变质和渣化的层带。应该指出这里是指砖中的烧结带，同高温烧成窑炉中烧结是完全不同的两种概念。

【脱碳层】decarburized zone；decarbonized zone

由沥青、焦油或其他有机物结合或浸渍的含碳耐火材料，在使用过程中发生碳素氧化而尚无其他外来物浸入也未渣化的层带。随着脱碳层的形成，耐火材料某些封闭气孔受到破坏，结构密实度降低，受熔渣湿润、渗入和侵蚀的可能性增高。

【炉役】campaign

冶金炉炉衬第一次点火开炉进行正常生产到炉衬损毁进行大修之间的时间段，或相连的两次大修之间的服役历程。转炉、电炉以拆换炉身计，高炉以拆换炉底计。炉役的长短是炉衬寿命高低的标志。对间歇式操作的冶金炉，一代炉役的炉衬寿命以生产炉的次数表示；对连续式冶金炉，常以生产的日或小时数表示，也可以一代炉役的总产量计。

【炉龄】furnace life

炉衬寿命的通称，指一代炉役的寿命。它是一项综合性的技术经济指标。提高炉龄对于提高冶金炉利用系数，增加产量有十分重大的意义。提高耐火材料和炉衬砌筑的质量，采取合理的冶炼操作制度，加强对炉衬的维护，可提高炉龄。

【耐钢比】ratio of refractory to crude steel

属耐火材料消耗的技术经济指标。为耐火材料消耗量与钢产量之比。耐火材料的总年产量与钢总年量之比，称吨钢耐火材料综合消耗；炼钢中每炉役所消耗的耐火材料总量与钢产量之比，称吨钢耐火材料的实际消耗，简称耐火材料单耗，以 kg/t 计。

13.7 环　　保

【矽肺】silicosis

矽是硅的旧称，矽肺是最早描述的尘肺，是由于生产过程中长期吸入大量含游离二氧化硅的粉尘所引起的以肺纤维化改变为主的肺部疾病。控制或减少矽肺发病，关键在于耐火材料生产中注意防尘。

【铬公害】chromium pollution

在高温、氧化性气氛和碱性介质环境等条件下，含铬耐火材料中三价铬转为有毒、可溶六价铬化合物而对环境产生的污染。然而，含铬耐火材料由于具有优良的抗侵蚀性，在玻璃、水泥、石化以及钢铁等行业广泛应用。目前含铬耐火材料仍具有不可替代的作用，加强含铬耐火材料的生产管理、严格控制含铬废物排放、采用合理方法控制 Cr^{6+} 的生成是行之有效的方法。

【耐火纤维粉化】dusting refractory fibre

耐火纤维分为玻璃态(非晶态)纤维和多晶(晶态)纤维两大类。耐火纤维的稳定性较差，抗侵蚀、抗气流冲刷、抗剥落等性能不足，长期于高温下暴露时，再加上腐蚀性炉气的侵蚀，气流的冲刷等外因的影响，易粉化脱落。耐火纤维粉化的原因是长时间在高温下加热，纤维发生析晶，晶相转变和晶粒长大造成的，纤维自身断裂粉化，同时使纤维制品产生收缩。耐火纤维粉化受使用温度和时间影响，碱金属离子对纤维的影响在于与纤维反应后破坏了纤维的原有结构。在还原气氛中使用耐火纤维，会加剧纤维的粉化。

【废旧耐火材料的回收和利用】recycling and utilization of waste refractory

钢铁、水泥、玻璃和各类工业窑炉等用耐

火材料的量很大，产生的大量废旧耐火材料占用大量土地，污染生态环境，危害人类健康。对废旧耐火材料进行资源化回收利用再处理，以达到废旧耐火材料的零排放。先对其进行分类、筛选，然后分别经过不同的物理及化学处理工艺处理，以保证各种不同的耐火材料能够得到最大化的再生利用。如将用后的镁碳砖在900℃下保温3h氧化气氛下预烧，预烧后的废料性能稳定，对二次制备的镁碳砖性能基本没有影响。

14 砖 瓦

14.1 基 本 概 念

【砖】brick

建筑用的人造小型块材。用黏土、页岩、煤矸石、粉煤灰及其他固体废弃物和石灰、砂等原料制成的小型块材。其长度不超过365mm，宽度不超过240mm，高度不超过115mm，外形多为直角六面体，也有各种异形制品。砖可分烧结与非烧结(蒸养、碳化等)两大类；有实心与空心两种。砖的用途主要为砌筑各种承重和非承重墙体，或用于楼板、屋盖、地面、墙面等。常以所用主要原料、生产工艺和用途命名，如烧结黏土普通砖、烧结粉煤灰普通砖、蒸压粉煤灰砖、混凝土空心砖、烧结装饰砖、耐火砖等。

【标准砖】normal brick；common brick

又称普通砖、实心砖或九五砖。尺寸为240mm×115mm×53mm。通常作为衡量产量、产能的计量单位，将其他制品按体积折算成标准砖来反映企业的生产规模。

【承重砖】load bearing brick

承受建筑物结构荷载的砖，用于建筑物承重部位。砖的强度高，通常在10MPa以上。主要包括实心砖和多孔砖。

【烧结砖】fired brick

经焙烧而制成的砖，常结合主要原料命名，如烧结黏土砖、烧结粉煤灰砖、烧结页岩砖、烧结煤矸石砖等。生产工艺除焙烧之外，还包括选料、粉碎、挤出成型、干燥等过程。烧结砖是传统的建筑材料，具有较高的强度，优良的耐久性与砌筑施工性，被大量应用于砌筑建筑物的基础、内墙、外墙、柱、拱、烟囱、沟道及其他建(构)筑物。

【非烧结砖】non-fired brick

采用非烧结工艺方法制成的砖，包括两类砖：一类是以钙质材料(水泥、石灰等)和硅质材料(砂、粉煤灰、煤矸石、尾矿砂等)为主要原料，经配料、加水搅拌、成型、养护等工艺制成的砖。按钙质材料不同，分为水泥混凝土砖和硅酸盐混凝土砖；按养护方法不同，分为高压蒸汽养护砖、常压蒸汽养护砖和自然养护砖。硅酸盐混凝土砖常采用蒸压养护方法。另一类是以黏土为主要原料，掺入少量胶凝材料，经粉碎、搅拌、压制成型、自然养护而成的普通砖。

【实心砖】solid brick

无孔洞或孔洞率小于15%的砖。

【微孔砖】porous brick

通过掺入聚苯乙烯微珠、锯末等成孔材料，经焙烧在砖内形成微孔的砖。

【多孔砖】perforated brick

孔洞率等于或大于25%，孔的尺寸小而数量多的砖。常用于墙体承重部位。

【空心砖】hollow brick

孔洞率等于或大于40%，孔的尺寸大而数量少的砖。常用于墙体非承重部位。

【自养砖(自然养护砖)】natural cured brick

采用自然养护制成的非烧结砖，与蒸压砖、蒸养砖相对应。

【蒸养砖】steam-cured brick

经常压蒸汽养护制成的砖。常结合主要原料命名，如蒸养粉煤灰砖、蒸养矿渣砖、混凝土实心砖等。

【蒸压砖】autoclaved brick

经高压蒸汽养护硬化而制成的砖。常结合主要原料命名，如蒸压粉煤灰砖、蒸压灰砂砖等。

【装饰砖】facing brick

又称饰面砌筑砖，带有装饰面的砌筑用砖。饰面可采用拉纹、磨光、水刷、仿旧、劈裂、凿毛、抛丸等工艺进行二次加工。

【保温砖】heat preservation brick

在原材料中加入成孔材料制成的实心、多孔薄壁保温砖或在多孔(空心)砖中复合高效保温材料制成保温砖。主要用于建筑物围护结构的保温隔热。

【吸声砖】sound absorption brick

指经表面开槽、喷砂、穿孔等工艺处理后提高吸声功能的砖。

【砌块】block

建筑用的人造块材，外形多为直角六面体，也有各种异形体。砌块系列中主规格的长度、宽度或高度有一项或一项以上分别大于365mm、240mm或115mm，但高度不大于长度或宽度的6倍，长度不超过高度的3倍。有实心与空心之分，承重与非承重之别。

【实心砌块】solid block

又称密实砌块，是指无孔洞或空心率小于25%的砌块。

【空心砌块】hollow block

空心率等于或大于25%的砌块。

【异形砌块】special shaped block

形状不是六面直角体的砌块。常以形状命名，如扇形砌块、楔形砌块等。

【构造砌块】constructional block

构成建筑物不同部位的专用砌块。常以使用部位命名，如窗台砌块、楼板砌块、转角砌块等。

【装饰砌块】decorative block

指有外装饰面的砌块，包括装饰混凝土砌块和烧结砌块。

【保温砌块】heat preservation block

在原材料中加入成孔材料制成的实心、多孔薄壁保温砌块或在砌块中复合绝热材料制成的保温砌块。保温砌块可由单一材料、掺加轻质材料的混合料及复合材料构成，主要用于建筑物围护结构的保温隔热。

【吸声砌块】sound absorption block

经过开槽、填充材料等处理后具备吸声功能的砌块。在砌块条面(迎声面)开有竖槽用于降低环境噪声的混凝土砌块。竖槽与砌块内部孔洞连通，声波通过竖槽进入空腔，声能被转化和吸收，达到降噪功能。若在空腔中填充轻质松散材料，如膨胀珍珠岩、岩棉等，可提高砌块吸声效果。吸声砌块适用于剧院、机房等吸声墙体，用于公路、铁路声屏墙，还具有抗撞击、耐久性好等特点。

【承重砌块】load bearing block

能够承担恒载、活载、雪载、风载等荷载作用的砌块。

【非承重砌块】non load bearing block

只承受砌块自重，不承受建筑结构荷载的砌块。

【板材】panel

薄壁且具有较大幅面的轻质、高强或高韧性材料。板材可分为单板与复合板两大类；按形状可分为平板与异形板；各类板材可用于外墙、屋面、内墙、吊顶等。

【平板】flat board

表面平整、厚度均匀的板材，幅面宽多为900～1200mm、长2400～3000mm、厚6～15mm，如硅酸钙板、纸面石膏板、维纶纤维增强水泥平板等。

【条板】strip panel

长条形板材。作为墙体可竖向或横向装配在龙骨或框架上，竖向装配的墙板长度与层高相应，横向装配的墙板长度与柱距相应，楼板屋面板长度与其跨度相应。

【墙板】wallboard

用于墙体的建筑板材。包括大型墙板、条板和薄板等。

【挂板】hanging wall panel

带有连接件或被覆钢架的板材，以悬挂方式固定在钢架、框架或墙体上的非承重墙板。

【大型墙板】large wallboard

尺寸以房屋开间(或进深)的宽度和整个楼层的高度为准，配有构造钢筋的墙板。

【空心条板】strip panel with hollow cores

又称空心墙板，沿板材长度方向有若干贯通孔洞的条板。

【轻质条板】strip panel with lightweight

采用轻质材料或以降低板材质量的构造形式制成的条板。

【轻质墙板】lightweight wallboard

采用轻质材料或以降低板材质量的构造形式制造成的非承重墙板。

【夹芯板】insulation sandwich panel

由承重或围护面层与绝热材料芯层复合而成的墙板，为复合墙板的一种，具有良好的保温和隔声性能。

【外墙内保温板】thermal insulation panel at the inside surface of exterior wall

用于外墙内侧的保温板，以改善和提高外墙墙体的保温性能。

【外墙外保温板】thermal insulation panel at the outside surface of exterior wall

用于外墙外侧的保温板，以改善和提高外墙墙体的保温性能。

【屋面板】roof slab

承受屋面荷载的板材。有掺加轻质材料的钢筋混凝土大型屋面板、兼具保温作用的加气混凝土屋面板等适用型屋面板。

【瓦】tile

用于建筑物屋面覆盖及装饰用的板状或块状制品。有石棉水泥瓦、混凝土瓦、沥青瓦、塑料瓦、黏土瓦等。根据外形和用途的不同，分为平瓦、脊瓦、小平瓦等。

【墙体材料】wall materials

构成建筑物墙体的制品单元。墙体材料主要有砖、砌块、板材等。

【屋面材料】roof materials

构成建筑物屋面的制品单元。屋面材料主要有瓦、屋面板、防水材料、绝热材料等。

14.2 品　种

14.2.1 砖

【烧结普通砖】fired common brick

又称烧结实心砖、标准砖或九五砖。以黏土、页岩、煤矸石、粉煤灰或其他固体废弃物(淤泥、矿渣、建筑渣土)等为主要原料，经原料制备、挤出或压制成型、干燥、焙烧制成的实心或孔洞率不大于15%的砖，砖的外形一般为直角六面体，规格尺寸为240mm×115mm×53mm。烧结普通砖是传统的建筑材料，具有较高的强度、优良的耐久性与砌筑施工性，被大量应用于砌筑建筑物的基础、内墙、外墙、柱、拱、烟囱、沟道及其他建(构)筑物。按主要原料，分为烧结黏土普通砖、烧结页岩普通砖、烧结煤矸石普通砖、烧结粉煤灰普通砖等。

【烧结黏土普通砖】fired clay common brick

以黏土为主要原料，经破碎、搅拌、挤出成型、干燥和焙烧制成的普通砖。

【烧结页岩普通砖】fired shale common brick

以页岩为主要原料，经破碎、粉碎、配料、搅拌、挤出成型、干燥和焙烧制成的普通砖。

【烧结煤矸石普通砖】fired coal gangue common brick

以煤矸石为主要原料，经选料、破碎、粉碎、配料、搅拌、挤出成型、干燥和焙烧制成的普通砖。

【烧结粉煤灰普通砖】fired fly ash common brick

在黏土、页岩或煤矸石等原料中，掺入粉煤灰(体积比大于30%)，经配料、搅拌、挤出成型、干燥和焙烧制成的普通砖。

【烧结多孔砖】fired perforated brick

以黏土、页岩、煤矸石、粉煤灰、淤泥或其他固体废弃物(淤泥、矿渣、建筑渣土)等为主要原料，经原料制备、挤出或压制成型、干燥和焙烧制成，孔洞率大于15%，孔的尺寸小而数量多的砖。砖的外形一般为直角六面体，主要用于砌筑承重墙体。与烧结普通砖相比，节约原材料，具有自重轻、施工效率高，保温、隔声性能优良等特点。按主要原料，分为烧结黏土多孔砖、烧结页岩多孔砖、烧结煤矸石多孔砖、烧结粉煤灰多孔砖等。

【烧结黏土多孔砖】fired clay perforated brick

以黏土为主要原料，经破碎、搅拌、挤出

成型、干燥和焙烧制成的多孔砖。

【烧结页岩多孔砖】fired shale perforated brick

以页岩为主要原料，经破碎、粉碎、配料、搅拌、挤出成型、干燥和焙烧制成的多孔砖。

【烧结煤矸石多孔砖】fired coal gangue perforated brick

以煤矸石为主要原料，经选料、破碎、粉碎、配料、搅拌、挤出成型、干燥和焙烧制成的多孔砖。

【烧结粉煤灰多孔砖】fired fly ash perforated brick

在黏土、页岩或煤矸石等胶结原料中，掺入粉煤灰(体积比大于30%)，经配料、搅拌、挤出成型、干燥和焙烧制成的多孔砖。

【烧结空心砖】fired hollow brick

以黏土、页岩、煤矸石、粉煤灰、淤泥或其他固体废弃物(淤泥、矿渣、建筑渣土)等为主要原料，经挤出成型、干燥和焙烧而制成，孔洞率大于或等于40%，孔的尺寸大而数量少的砖。孔与砖的大面平行。砖的外形一般为直角六面体。具有质量轻、消耗原材料少、保温隔声性能好等优点，主要用于建筑物非承重部位。按主要原料，分为烧结黏土空心砖、烧结页岩空心砖、烧结煤矸石空心砖、烧结粉煤灰空心砖等。

【烧结黏土空心砖】fired clay hollow brick

以黏土为主要原料，经破碎、搅拌、挤出成型、干燥和焙烧制成的空心砖。

【烧结页岩空心砖】fired shale hollow brick

以页岩为主要原料，经破碎、粉碎、配料、搅拌、挤出成型、干燥和焙烧制成的空心砖。

【烧结煤矸石空心砖】fired coal gangue hollow brick

以煤矸石为主要原料，经选料、破碎、粉碎、配料、搅拌、挤出成型、干燥和焙烧制成的空心砖。

【烧结粉煤灰空心砖】fired fly ash hollow brick

在黏土、页岩或煤矸石等胶结原料中，掺入粉煤灰(体积比大于30%)，经配料、搅拌、挤出成型、干燥和焙烧制成的空心砖。

【烧结装饰砖】fired facing brick

以黏土、页岩、煤矸石等为原料，经原料处理、成型、干燥、焙烧和表面处理制成的，用于清水墙或具有装饰作用的砖。表面处理的方法主要有着色、滚花、喷砂、拉毛、施釉、雕刻等。在还原气氛中烧制的青砖也可作为装饰砖使用。产品分为承重的实心砖及多孔砖、非承重的空心砖、薄型饰面砖等，从成型方法上分为挤出成型和半干压成型。装饰砖可砌筑单层外墙，也可用于复合层外墙，或室内装修。产品具有外观质量好，尺寸准确度高，耐久性好，表面纹理及色泽丰富多变、装饰功能好等特点。

【烧结路面砖】fired paving brick

以页岩、黏土或类似天然黏土质材料为主要原料，经配料制备、挤出或压制成型、烧结制成，用于铺设人行道、车行道、广场、仓库和地面等的烧结砖。规格、颜色和形状多样，强度高、耐磨性和耐久性好。

【烧结保温砖】fired insulation brick

以黏土、页岩或煤矸石、粉煤灰、淤泥等固体废弃物为主要原料，或加入成孔材料经焙烧制成的实心或多孔薄壁的砖。外形多为直角六面体，强度在3.5～15MPa之间，密度在700～1000kg/m^{3}之间，传热系数在0.31～2.00W/(m^2·K)之间。由于制品内部存在不同孔径的微孔，产品具有保温隔热性能好的特点，主要用于建筑物围护结构。可用于砌筑承重墙体，也可用于建筑物非承重部位。

【烧结复合保温砖】composited insulation brick

由烧结的多孔(空心)砖为受力块体，与绝热材料复合而成的具有保温隔热功能，用于砌筑建筑物自保温墙体的块材。复合的形式分为填充复合型、夹芯复合型和贴面复合型三类。用于填充的材料主要包括有机绝热材料(聚苯乙烯泡沫、硬质酚醛泡沫制品、硬质聚氨酯泡沫塑料等)、无机绝热材料(泡沫混凝土、膨胀珍珠岩、膨胀蛭石、泡沫玻璃、岩棉矿棉制品及膨胀玻化微珠等)、胶粉聚苯颗粒浆料和其他类型的绝热保温材料。

【烧结黏土砖】fired clay brick

以黏土为主要原料，经挤出或压制成型、干燥和焙烧而制成的砖。主要包括烧结黏土普通砖、烧结黏土多孔砖、烧结黏土空心砖、烧结黏土保温砖。

【烧结页岩砖】fired shale brick

以页岩为主要原料，经破碎、粉碎、配料、搅拌、挤出成型、干燥和焙烧制成的砖。强度可达40MPa以上，宜做空心砖、楼板及墙体用的异形空心制品等。主要包括烧结页岩普通砖、烧结页岩多孔砖、烧结页岩空心砖、烧结页岩保温砖。

【烧结煤矸石砖】fired coal gangue brick

以煤矸石为主要原料，经选料、破碎、粉碎、配料、搅拌、挤出成型、干燥和焙烧制成的砖。制砖用的煤矸石应剔除砂岩和粒径大于2mm的石灰岩。制成的每块砖坯发热量一般应小于2090kJ/kg(500 kcal/kg)。煤矸石砖坯干燥性能好，干燥周期短；强度一般在15MPa以上；用煤矸石制砖，很大程度减少原料中对黏土和煤的使用量，又能利用工业废渣，节约黏土质原料和燃料。

【烧结粉煤灰砖】fired fly-ash brick

在黏土、页岩或煤矸石等原料中，掺入粉煤灰(体积比大于30%)，经配料、搅拌、挤出成型、干燥和焙烧制成的砖。产品的密度比黏土砖低，强度一般在10MPa以上。

【青砖】blue brick; black or grey brick

在还原气氛中烧成的青灰色砖。制品在还原气氛中焙烧时，原料中红色的高价铁还原成青灰色的低价铁，使制品呈青灰色。我国在春秋战国时期已开始生产。一般采用间歇窑烧成，当窑内温度达到900℃左右时，将排烟口关小继续焙烧，使窑内形成强烈的还原气氛，然后在窑顶加水(俗称“饮窑”)，以防止外界空气侵入窑内，并加速制品冷却，使制品获得稳定的青灰颜色。

【红砖】red brick

砖体呈红色的砖。在焙烧过程中，原料中的铁充分被氧化，以三氧化二铁为主要形式存在，使制品呈红色。

【非承重砖】non-load bearing brick

只承受自重，不承受建筑物结构荷载的砖，用于建筑物非承重部位。砖的质量轻，体积密度在1500kg/m^{3}以下，强度较低。主要包括烧结空心砖、烧结保温砖、复合保温砖等。

【内燃砖】brick fired with combustible additives

主要靠砖坯本身所含的可燃物质焙烧而成的砖。可燃物质包括原料中的或外掺入的含能物质，如煤、煤矸石、粉煤灰、炉渣等。内燃砖可充分利用有热值的工业废料，节约优质煤，节省用土，是我国砖瓦工业主要的节能措施之一。

【劈离砖】split tile

又称劈裂砖、劈开砖。由挤出法成型为两块背面相连的砖坯，烧成后用外力使其分离而成的砖。砖较薄，通常铺贴在墙体或地面上使用。

【配砖】auxiliary brick

砌筑时与主规格砖配合使用的砖。如半砖、七分头等。常用配砖规格：165mm×115mm×53mm、165mm×115mm×90mm。配砖的规格可根据建筑要求确定，配砖的其他性能指标要求宜与主规格砖的一致。

【异形砖】special shaped brick

形状不是直角六面体的砖。常以形状命名，如刀口砖、斧形砖、扇形砖等。

【城砖】city wall brick

古代专供垒砌城墙的一种青砖。尺寸大于常用的条砖，一般长约50cm，宽约24cm，厚约13cm。早在秦汉时期，城砖作为长城的砌筑主体材料已被大规模使用；明清时期以山东临清烧制的质量最佳。

【大开条砖】brick with groove

清代晚期出现的一种条砖，尺寸与普通条砖相近，长28cm，宽14cm，厚6cm。正面有一道贯通全长的凹槽，宽深各约0.6cm。施工时可用瓦刀在凹槽处击开，分成两块长条的砖块，以节约砌墙的面砖。

【斧刃砖】ordinary brick

是一种可供砍磨的普通质量的砖，比普通

条砖质地坚硬，明代斧刃砖长38cm，宽19cm，厚10cm。另有一种称为“沙斧刃砖”，厚度薄，尺寸与大开条相近，一般仅做“望砖”使用，故前者又称“细斧刃砖”。

【沟纹砖】grooved-back brick

条砖的一种，砖的底面刻划大致平行的沟纹或绳纹，盛行于公元10～13世纪的宋、辽、金时期，明代以后不多见。

【八五砖】$8\frac{1}{2}$ brick

长度为八英寸半的实心砖。规格是216mm×105mm×43mm。江苏、浙江地区使用较多。

【楼板空心砖】floor hollow tile

制作楼板用的空心砖，其孔洞率较砌墙用的空心砖大。有的支承在钢筋混凝土或钢筋砖小梁上构成楼板；有的配筋成为钢筋砖楼板；也有在整体钢筋混凝土密肋楼板中作肋间填充体以提高隔声效果，保持下层天花板的平整，并可节约模板。

【花格空心砖】lattice brick

简称花格砖。建筑中用于花墙和装饰。

【拱壳砖】brick for arched roof

砌筑薄壳和拱壳结构的异形空心砖。要求平行孔洞方向抗压强度在7.5×10^5kg/m^{2}以上，垂直孔洞方向的抗压强度在3.5×10^5kg/m^{2}以上。主要规格有120mm×105mm×95mm、120mm×105mm×120mm。施工时，利用砖的钩、槽互相钩挂悬砌，由简单的样架控制曲线，不需模板支撑。用拱壳砖建造的屋盖或楼板，可以节约木材、钢材和水泥，适用于小型建筑，20世纪六七十年代使用较多。

【企口砖】tongued and grooved brick

又称子母砖。是古代一种特型的拱券用砖，尺寸与条砖相近，一边凸出榫口，另一边留凹进的卯口，使用时榫卯相扣，砖块不易脱落，企口砖盛行于汉、晋时期，以后不多见。

【楔形砖】wedge brick

古代拱券用砖的一种，一端厚，一端薄，断面呈楔形，此种楔形砖盛行于汉代至唐代。宋、元、明时期盛行等腰梯形的券砖，断面呈长方形，也称楔形砖。

【望砖】sheathing tile

又称笆砖。古代建筑中，铺在木椽上的薄砖，以代替木望板。宽度与椽档(两根相邻椽子的中距)相同，一般为20～30cm，长度与宽相等或稍长，厚度比条砖薄，一般为4～5cm。盛行于明清时期，至今许多地方建筑中仍继续使用。

【画像砖】brick with moulded design

镶嵌在条砖砌筑的墓室壁上，方形或长方形，面上模压各种凸起的鸟兽、人物故事等图像。此种砖墓，考古学中称为“画像砖墓”。盛行于魏、晋、南北朝时期。

【方砖】square paving brick

铺地用的砖，方形，质地坚硬，可以砍磨。唐代多于面上模印花纹。明清时期多为素面，使用时加以砍磨。尺寸大小按建筑等级而定，一般建筑用一尺二寸～一尺四寸见方(营造尺)，最大可达二尺四寸见方(一营造尺＝32cm)。

【澄泥砖】fine clay brick

用极细的河泥为原料烧制成的砖，外表细腻，质地坚硬。

【金砖】clink paving tile

大型方砖的一种，属于澄泥砖，质地特别坚硬，敲打时有金石之声，故称“金砖”，旧时为宫廷或贵族府第中所专用。

【烧结空心隔墙板】storey-high ceramic plank

用黏土烧制的空心条板，一般用挤出法成型。长度相当于建筑物的层高，厚度等于墙体的厚度，其优点是：块大，便于机械化施工，能提高劳动生产率。但黏土制备要求严，干燥工艺复杂，制品成本较高。

【砖雕】tile carving

在青砖上有人物、山水、花卉等图案的一种雕刻工艺品，是古建筑雕刻中很重要的一种艺术形式。主要用于装饰寺塔、墓室、房屋等建筑物的构件和墙面。砖雕的手法有平面浮雕、半圆凸浮雕、高凸浮雕、镂空雕刻，主要流派有北京砖雕、天津砖雕、山西砖雕、徽州砖雕、苏派砖雕(苏州砖雕)、广东砖雕、临夏砖雕(河州砖雕)。用来烧造雕砖的泥土比普通砖的细，一般还要经过水洗、沉淀之后再使用；砖雕的雕造工艺复杂，主要包括制胚、烧炼、雕刻几道工序。

【五棱砖】five-edge brick

用于花墙、影壁、照壁等处起装饰作用的砖，主要用于我国南方民用建筑上。

【曲尺砖】bend roof brick

又称拐子砖。覆盖在屋顶大脊边角、拐角上的砖，通常无固定尺寸。

【栏杆砖】gizmo brick

一种青砖制品，多为小型装饰件。

【蒸压粉煤灰砖】autoclaved fly ash brick

以粉煤灰、石灰为主要材料，加入适量石膏、集料，经坯料制备、压制成型、高压蒸汽养护而成的实心砖。坯料制备包括配料、搅拌混合、消化和行星式轮碾机的碾压搅拌，原材料被充分分散、混合均匀和粘结，石灰已全部消化成熟石灰，性能稳定。压制成型要有效地排气，砖坯无分层且密实。通过蒸压养护，活性组分发生水热反应生成水化硅酸钙、水化铝酸钙类矿物。经过以上工艺制成的砖，表观密度 1400～1500kg/m^3，抗压强度 10～30MPa。蒸压粉煤灰砖适用于工业和民用建筑墙体和基础，不得用于长期受热高于 200℃、受急冷急热作用或有酸性介质侵蚀的建筑部位。

【蒸压粉煤灰多孔砖】autoclaved fly ash perforated brick

原材料和生产工艺与蒸压粉煤灰砖相同，制成的蒸压粉煤灰多孔砖。孔洞率 25%～35%，孔洞方向与砖砌筑承受压力方向一致，砖的铺浆面应为盲孔或半盲孔，抗压强度 10～25MPa，应用范围同蒸压粉煤灰砖。

【粉煤灰混凝土砖】fly ash concrete brick

以水泥为胶凝材料，粉煤灰和集料为混凝土组成材料，也可掺入外加剂，原材料按干硬性混凝土配料，经强制式搅拌、压制或振动加压成型、常压蒸汽养护或自然养护而成的实心砖。密度 1500kg/m^3 左右，强度 10～30MPa，适用于工业和民用建筑墙体和基础。

【蒸压灰砂砖】autoclaved sand-lime brick

以砂(河砂、海砂、山砂以及二氧化硅含量较高的尾矿砂等)和石灰为主要原料，也可加入外加剂，经坯料制备、压制成型、高压蒸汽养护而成的实心砖。原材料配料中加入着色剂可制成不同颜色的装饰砖。表观密度 1800～1900kg/m^3，抗压强度 10～20MPa。原材料中加入适量磨细砂或其他磨细硅质材料可提高砖的强度。蒸压灰砂砖适用于工业和民用建筑墙体(含清水墙)和基础，不得用于长期受热高于 200℃、受急冷急热作用或有酸性介质侵蚀的建筑部位。

【蒸压灰砂多孔砖】autoclaved sand-lime perforated brick

原材料和生产工艺与蒸压灰砂砖相同，制成的蒸压灰砂多孔砖。孔洞率 25%～35%，抗压强度 10～25MPa。应用范围同蒸压灰砂砖。

【蒸压灰砂空心砖】autoclaved sand-lime hollow brick

原材料和生产工艺与蒸压灰砂砖相同，制成的蒸压灰砂空心砖。孔洞率等于或大于 40%，适用于工业和民用建筑非承重墙体。

【硅酸盐砖】silicate brick

以硅质材料和石灰为主要原料，也可加入集料和适量石膏，经坯料制备、压制成型、常压或高压蒸汽养护制成的建筑用砖。根据所用材料不同，有自燃煤矸石砖、煤渣砖、矿渣砖、粒化矿渣砖、高炉重矿渣砖、油页岩渣砖、尾矿砖等，蒸压粉煤灰砖和蒸压灰砂砖也常称硅酸盐砖。硅酸盐砖的优点是可以利用工业废料和石灰。若采用常压蒸汽养护，砖的干燥收缩值较大，宜用蒸压养护。

【混凝土实心砖】solid concrete brick

以水泥、砂石、轻集料为主要原料，也可加入掺合料与外加剂等，经配料计量、强制式混合搅拌、振动加压或压制成型、养护所制成的混凝土实心砖。表观密度介于普通混凝土与轻集料混凝土之间，为 1680 ～2100kg/m^3，抗压强度为 15～40MPa。适用于工业和民用建筑墙体。

【混凝土多孔砖】concrete perforated brick

以水泥为胶凝材料，砂、石等为主要集料，也可加入掺合料和外加剂，经计量配料、强制式混合搅拌、振动加压或压制成型、养护制成的一种多排小孔的混凝土砖。孔为有序交错排列的矩形或矩形条孔，孔的4个角应为弧形角，铺浆面为盲孔或半盲孔，孔洞率25%～35%。抗压强度10～30MPa，采用蒸养或蒸压养护性能更好。适用于工业与民用建筑墙体，用于外墙清水墙要满足抗渗性要求。

【混凝土空心砖】concrete hollow brick

以水泥为胶凝材料，轻集料、砂石等为主要集料，也可加入掺合料和外加剂，经计量配料、强制式混合搅拌、振动加压成型、养护制成的孔洞率不小于40%，孔的尺寸大而数量少的砖。孔的外壁厚不小于15mm，肋厚不小于10mm，铺浆面为盲孔或半盲孔。表观密度600～1400kg/m^3，强度5～10MPa，适用于工业与民用建筑非承重墙体。低密度混凝土空心砖具有自保温功能，所用高效保温材料常为有机保温材料。

【蒸压泡沫混凝土砖和砌块】autoclaved foamed concrete brick and block

用物理方法将泡沫剂制成泡沫，再将泡沫加入由水泥、轻粗集料、轻砂或砂、掺合料、外加剂和水制成的料浆中，经混合搅拌、浇注到砖或砌块模箱成型后，再经蒸压养护而成轻质的泡沫混凝土砖和砌块，也可采用非蒸压养护的方式制备。表观密度为1150～1350kg/m^3，抗压强度为3.5～7.5MPa，导热系数为0.32～0.40W/(m·K)。该砖和砌块适用于工业与民用建筑非承重墙体。

【混凝土复合保温砖】concrete composited insulation brick

由混凝土砖(多孔砖、空心砖)与高效保温材料在工厂复合预制而成的具有明显保温功能的砖，即在砖内复合保温材料，用于砌筑建筑墙体，能提高墙体保温性能。高效保温材料可分为：有机保温材料(如聚苯、聚氨酯、酚醛等泡沫制品)、无机保温材料(如低密度蒸压加气混凝土制品、低密度泡沫混凝土和制品)、膨胀珍珠岩、膨胀蛭石、膨胀玻化微珠、保温砂浆和制品、岩棉、矿棉、泡沫玻璃等及有机与无机材料复合的保温材料(如胶粉聚苯颗粒浆料)等。复合保温砖的复合方式可分为：孔洞填充，即在砖的孔洞中填充保温材料(如浇注泡沫混凝土、保温砂浆等)，此种复合孔洞中的肋仍是热桥；夹心保温，即在砖的外壁内设置保温层(如各种保温材料制品)，保温效果好；填充与夹心结合，保温效果更佳。保温砖性能须符合砖的物理力学性能和保温性能[常用传热系数K值表示，单位为W/(m^2·K)]要求。

14.2.2 砌块

【烧结空心砌块】fired hollow block

以黏土、页岩、煤矸石、粉煤灰、淤泥或其他固体废弃物(淤泥、矿渣、建筑渣土)等为主要原料，经挤出成型、干燥和焙烧而制成、孔洞率大于或等于40%的砌块(砌块的长度、宽度或高度需有一项或一项以上分别大于365mm、240mm或115mm，但高度不大于长度或宽度的六倍，长度不超过高度的三倍)。外形一般为直角六面体，也有各种异形的。具有质量轻、消耗原材料少、保温隔声性能好等优点，主要用于建筑物非承重部位。按主要原料，分为烧结黏土空心砌块、烧结页岩空心砌块、烧结煤矸石空心砌块、烧结粉煤灰空心砌块等。

【烧结黏土空心砌块】fired clay hollow block

以黏土为主要原料，经破碎、搅拌、挤出成型、干燥和焙烧制成的空心砌块。

【烧结页岩空心砌块】fired shale hollow block

以页岩为主要原料，经破碎、粉碎、配料、搅拌、挤出成型、干燥和焙烧制成的空心砌块。

【烧结煤矸石空心砌块】fired coal gangue hollow block

以煤矸石为主要原料，经选料、破碎、粉碎、配料、搅拌、挤出成型、干燥和焙烧制成的空心砌块。

【烧结粉煤灰空心砌块】fired fly-ash hollow block

在黏土、页岩或煤矸石等胶结原料中，掺入粉煤灰(体积比大于30%)，经配料、搅拌、挤出成型、干燥和焙烧制成的空心砌块。

【烧结保温砌块】fired insulation block

以黏土、页岩或煤矸石、粉煤灰、淤泥等固体废弃物为主要原料，或加入成孔材料经焙烧制成的多孔薄壁的砌块(砌块的长度、宽度或高度需有一项或一项以上分别大于365mm、240mm或115mm，但高度不大于长度或宽度的六倍，长度不超过高度的三倍)。外形多为直角六面体，也有各种异形的。强度在3.5～15MPa之间，密度在700～1000 kg/m^3 之间，传热系数在0.31～2.00$W/(m^2 \cdot K)$之间。由于制品内部存在不同孔径的微孔，产品具有保温隔热性能好的特点，主要用于建筑物围护结构。可用于砌筑承重墙体，也可用于建筑物非承重部位。

【烧结复合保温砌块】fired composited insulation block

由烧结砌块类墙体材料为受力块体，与绝热材料复合而成的具有保温隔热功能，用于砌筑建筑物自保温墙体的砌块。砌块的长度、宽度或高度需有一项或一项以上分别大于365mm、240mm或115mm，但高度不大于长度或宽度的6倍，长度不超过高度的3倍。复合的形式分为填充复合型、夹芯复合型和贴面复合型三类，用于填充的材料主要包括有机绝热材料(聚苯乙烯泡沫、硬质酚醛泡沫制品、硬质聚氨酯泡沫塑料等)、无机绝热材料(泡沫混凝土、膨胀珍珠岩、膨胀蛭石、泡沫玻璃、岩棉矿棉制品、膨胀玻化微珠等)、胶粉聚苯颗粒浆料和其他类型的绝热保温材料。

【普通混凝土小型空心砌块】normal concrete small hollow block

以水泥为胶凝材料，砂、石及高炉重矿渣、再生集料等作集料，也可加入掺合料和外加剂，经配料计量、强制式混合搅拌、振动加压成型、养护等专用机械设备和工艺制成的小型空心砌块，空心率25%～50%，主规格尺寸390mm×190mm×190mm。搅拌后的混合料为干硬性混凝土拌合料。砌块抗压强度在5.0～25.0MPa之间，主要与混凝土强度和砌块空心率有关，其他性能有吸水率、干燥收缩值、抗冻性等，用于有抗渗要求的砌块(如清水墙用砌块)应满足抗渗性要求。适用于工业与民用建筑墙体，包括高层建筑墙体，以及护墙、路墙、花坛等市政设施。

【轻集料混凝土小型空心砌块】small lightweight aggregate concrete hollow block

以水泥为胶凝材料，轻粗集料、轻砂或普通砂为主要集料，也可加入掺合料和外加剂，经计量配料、强制式混合搅拌、振动加压成型、养护制成的小型空心砌块。常结合轻集料名称命名，如浮石混凝土小型空心砌块、页岩陶粒混凝土小型空心砌块等。孔的排数有单排、双排、三排、四排孔，主规格尺寸390mm×190mm×190mm。混凝土表观密度不大于1950kg/m^3，小砌块表观密度700～1400kg/m^3，抗压强度2.5～10.0MPa，多用于工业与民用建筑非承重墙，低密度多排孔砌块具有自保温功能。

【粉煤灰混凝土小型空心砌块】small hollow block of fly ash concrete

以粉煤灰、水泥、各种轻重集料、水为主要组分，也可加入外加剂等，经配料计量、强制式混合搅拌、振动加压成型、养护制成的砌块。粉煤灰是砌块的组成材料，而不是水泥的取代物。砌块主规格尺寸390mm×190mm×190mm，按孔的排数分为单排孔、双排孔和多排孔，主要性能：表观密度600～1400kg/m^3，抗压强度3.5～20.0MPa。砌块适用于工业与民用建筑墙体，低密度多排孔砌块具有自保温功能。

【装饰混凝土砌块】concrete decorative block

指具有外装饰面的混凝土砌块。混凝土拌合物容易着色，加入不同颜料、色质掺合料或色质集料可制得不同色泽混凝土。新拌混凝土的可塑性好，注入不同形状模具可塑造出不同形状的外观。硬化混凝土表面可加工性好，经剁、劈、凿、磨等二次加工可制得不同质感的表面。装饰砌块种类，按装饰效果可分为彩色砌块、劈裂砌块、凿毛砌块、鼓形砌块、模塑砌块、露集料砌块、条纹砌块、磨光砌块、仿古砌块及釉面砌块等。按用途可分为砌体装饰砌块(包括实心和空心装饰砌块)和贴面装饰砌块，也可制成装饰混凝土砖。砌块抗压强度10～40MPa，贴面装饰砌块抗折强度不小于4.0MPa，抗渗、抗冻性好。适用于工业与民用建筑墙体，市政、园林、交通、水利的护墙、路墙、建筑小品等景观工程。应用中要解决饰面泛霜问题。

【彩色砌块】colored block

用彩色混凝土拌合物经砌块成型机成型、养护制成的装饰混凝土砌块，根据采用的水泥(如白水泥)、颜料、色质集料、掺合料等的颜色不同，可制得不同色泽的装饰混凝土砌块。

【劈裂砌块】split block

把两个砌块合并为一个大砌块成型，或一个砌块的一边增厚成型，具有一定强度后用劈裂机沿特定的断面劈开分为原来的两个砌块，或一个砌块和一个贴面块，此即劈裂砌块。因组成材料内聚力和黏附力不同，劈开面呈凹凸形貌，装饰效果粗犷、古朴。砌块强度越高，集料也被劈断，装饰效果更好。

【凿毛砌块】gouge block

用机械凿头或高速喷丸冲击砌块表面，使水泥砂浆和石子表面碎落，露出新的并被冲击成坑凹状的表面，此即凿毛砌块。坑凹状的表面因凿头形状不同，砌块颜色不同，有不同的装饰效果。

【条纹砌块】streak block

通过特制条纹模箱制成，或在具有一定强度的砌块表面用机械方式加工出横的、竖的或交叉装饰条纹的砌块，有类似斧剁石的装饰效果。

【磨光砌块】burnish block

用研磨机将砌块的表层砂浆和集料棱尖角磨掉，呈平整光滑表面，并露出集料面的砌块。磨光砌块露出集料的大小、形状和着色的变化使饰面色彩多样，装饰效果类似磨光的花岗石、水磨石。

【鼓形砌块】slumped block

刚成型好的砌块，在自重和适当垂直压力作用下产生横向变形，使外形呈鼓胀状的装饰砌块。

【模塑砌块】moulding face block

混凝土拌合物在带沟、槽、肋、块、弧形和角形等特制模箱成型、脱模、养护后成为饰面形状各异的模塑砌块。同一种模塑砌块砌筑的墙体呈示一种有规律的造型，不同形状的模塑砌组合又可派生出新的造型。

【露集料砌块】aggregate-exposed block

表面裸露集料的装饰砌块。方法是对刚成型好的砌块饰面喷水雾，将面层水泥砂浆冲刷掉，露出集料，然后养护而成，类似水刷石装饰效果。

【仿旧砌块】antique block

将具有一定强度的砌块，采用特定工艺加工制作，使砌块呈现缺棱掉角，类似天然石材、旧建筑制品的装饰砌块。

【釉面砌块】glazed block

是低温釉料与混凝土表面复合而成的装饰砌块。砌块经上釉(喷或涂)、焙烧复合、养护等工序制成。釉料熔融温度不超过850℃，焙烧复合后再在水中养护，砌块强度恢复。釉料颜色不同，釉面砌块的装饰效果多种多样。也可采用仿釉涂料复合。

【蒸压加气混凝土砌块】autoclaved aerated concrete block

以硅质材料(如砂、粉煤灰及二氧化硅含量较高的其他材料)和钙质材料(如石灰、水泥)为主要原料，铝粉膏或铝粉为发气剂，还加有调节剂(如石膏等)、稳泡剂，原材料经处置、配料计量、搅拌浇注、静停(发气膨胀)、坯体切割、蒸压养护等工序制成的多孔结构轻质砌块。多孔结构包括发气剂化学反应产生的气孔、孔壁中的毛细孔和凝胶孔。以密度500kg/m^{3}为例，气孔(大部分孔径0.2～0.8mm)约占50%，加上毛细孔和凝胶孔，总孔率约占80%。多孔结构决定砌块密度大小和保温性能，蒸压养护发生的水热反应使坯体具有了强度等物理力学性能。砌块密度、强度和导热系数间关系：表观密度300～800kg/m^3，抗压强度1.0～10.0MPa，导热系数0.10～

0.20W/(m·K)。砌块通常尺寸：长 600mm、厚 100～300mm、高 200～300mm。适用于工业与民用建筑墙体，包括非承重墙、低层和多层建筑承重墙，以及自保温墙体和屋面保温层。按主要材料种类分为不同名称的蒸压加气混凝土砌块。

【蒸压水泥-石灰-粉煤灰加气混凝土砌块】autoclaved cement-lime-fly ash aerated concrete block

水泥、石灰为混合钙质材料(也可不用水泥以石灰为单一钙质材料)，粉煤灰为硅(铝)质材料的蒸压加气混凝土砌块。配料中水泥量 6%～15%，石灰量 18%～25%，粉煤灰量 65%～70%。粉煤灰中二氧化硅大于 40%，烧失量不超过 10%，细度 0.045mm 筛余小于 30%，0.080mm 筛余小于 15%。

【蒸压水泥-石灰-砂加气混凝土砌块】autoclaved cement-lime-sand aerated concrete block

水泥、石灰为混合钙质材料，砂为硅质材料的蒸压加气混凝土砌块。配料中水泥量 10%～20%，石灰量 20%～30%，砂量约占 60%。砂中三氧化硅大于 65%，泥土杂质越少越好。经过湿磨，细度 0.080mm 筛余小于 15%。

【蒸压水泥-石灰-尾矿砂加气混凝土砌块】autoclaved cement-lime-tailings aerated concrete block

尾矿砂系矿石选矿后排出的以二氧化硅为主要成分的废渣，如铁矿、铜矿、锌矿、金矿、萤石矿等尾矿砂，二氧化硅多在 70%以上，经过处置用于生产加气混凝土，使废渣资源化利用。

【蒸压水泥-矿渣-砂加气混凝土砌块】autoclaved cement-slag-sand aerated concrete block

矿渣是有着潜在活性的胶凝材料，经过处置用于加气混凝土可降低水泥用量。配料中要掺入纯碱等调节材料提高料浆碱度，调节料浆稠化速度，料浆浇注温度也要适当提高。

【蒸压水泥-石灰-沸腾炉渣加气混凝土砌块】autoclaved cement-lime-fluidized furnace slag aerated concrete block

沸腾炉渣系煤矸石和煤经沸腾锅炉燃烧排出的以二氧化硅为主要成分的废渣，经过处置用于生产加气混凝土，使废渣资源化利用。沸腾炉渣的烧失量不超过 10%。

【蒸压水泥-石灰-煤矸石混凝土砌块】autoclaved cement-lime-coal spoil concrete block

采煤和洗煤过程中产生的煤矸石，经燃烧或经风化自行燃烧后的废渣，碳和可燃性物质已烧除，烧失量不超过 10%，主要成分为二氧化硅，经过处置用于生产加气混凝土，使废渣资源化利用。

【植物纤维增强工业灰渣混凝土砌块】plant fiber reinforced industrial dross concrete block

以水泥为主要胶凝材料，或以水泥和石膏渣为混合胶凝材料，工业灰渣(包括煤渣、炉渣、煤矸石)、砂及膨胀珍珠岩、聚苯乙烯颗粒为集料，植物纤维为轻质增强材料，粉煤灰为掺合料，经配料计量、搅拌、振动加压成型、养护制成的空心砌块。砌块大量使用了固体废弃物，其中的植物纤维主要是成熟农作物秸秆中的茎、壳部分，经防腐、耐碱和胶凝处理，无霉变，是可再生资源；石膏渣为石膏矿废石经焙烧、磨细的半水石膏粉。空心砌块主规尺寸为 390mm×190mm×190mm，表观密度 800～1400kg/m^3，强度 3.5～10.0MPa。适用于民用与工业建筑的非承重墙体，以及低层、多层建筑的承重墙体。

【混凝土复合保温砌块】concrete composited insulation block

由混凝土小型空心砌块与高效保温材料在工厂预制复合而成的具有明显保温功能的砌块，即在砌块内复合有保温材料，亦称自保温混凝土砌块。用于砌筑建筑墙体，能提高墙体保温功能。高效保温材料种类与混凝土砌块复合方式同混凝土复合保温砖。保温砌块性能须符合混凝土砌块物理力学性能及砌块保温性能(常用传热系数 K 表示要求)。

【联锁混凝土砌块】interlocking concrete block

又称咬接砌块或榫卯结构砌块，即制成的砌块有槽、榫类结构。墙体砌筑时主要依靠砌块的槽或榫与相邻砌块的榫或槽咬接而使位置固定成为墙体，而不是传统的砌筑墙体主要依靠砌筑砂浆将砌筑材料粘结固定成为墙体。联锁砌块包括联锁混凝土多孔砖和空心砖，联锁混凝土小型空心砌块以及更大尺寸的联锁混凝土空心砌块，成型方式为压制或振动加压成型，砌块强度等性能除符合相应制品性能外，还有槽、榫性能。适用于低层和多层建筑承重墙体，也可用于市政、水利、交通等砌筑墙体。

【辅助砌块】auxiliary block

与主块型砌块配套使用的、外形为直角六面体，尺寸特殊的砌块，如圈梁砌块、清扫孔砌块、七分头块、半块等。

【石膏砌块】gypsum block

以建筑石膏为主要原料，经加水搅拌、浇注成型和干燥等制成的轻质建筑石膏制品，生产中允许加入纤维增强材料、轻集料，也可加入发泡剂、憎水剂等。外形为长方体，纵横边缘分别设有榫头和榫槽，表面平整光洁。按结构可分为实心和空心石膏砌块，按防潮性能可分为普通型和防潮型石膏砌块。表观密度：实心石膏砌块不大于 1100kg/m^3，空心石膏砌块不大于 800kg/m^3。断裂荷载不小于 2000N，软化系数不小于 0.6。主要用于建筑的非承重内隔墙。

14.2.3 板材

【纤维水泥平板】fiber cement flat sheet

以有机合成纤维、无机矿物纤维或纤维素纤维为增强材料，水泥为胶凝材料，可掺入一定量的硅质、钙质材料，经成型、蒸汽或高压蒸汽养护制成的板材。根据添加纤维的不同分为无石棉纤维水泥平板和温石棉纤维水泥平板；根据成型加压方式分为纤维水泥无压板和纤维水泥压力板。常用抄取法、流浆法成型。板材密度 0.8～2.0g/cm^3，抗折强度 4～26MPa，具有轻质、高强、不燃、可锯、可钉等特点，可用作各种建筑墙面板、吸声板、通风板、电绝缘板等。

【无石棉纤维水泥平板】non-asbetos fiber cement flat sheet

用非石棉类纤维作为增强材料制成的纤维水泥平板，制品中石棉成分含量为零。

【温石棉纤维水泥平板】asbestos cement flat sheet

主要以温石棉单独(或混合掺入有机合成纤维或纤维素纤维)作为增强材料制成的纤维水泥平板。

【维纶纤维增强水泥平板】vinylon fiber reinforced cement flat sheet

以改性维纶纤维和(或)高弹模维纶纤维为主要增强材料，以水泥或水泥和轻集料为基材，并允许掺入少量辅助材料，经制浆、抄取或流浆法成坯，蒸汽养护制成的不含石棉的纤维水泥平板。

【纤维增强硅酸钙板】fiber reinforced calcium silicate board

简称硅钙板。以硅质-钙质材料为主要胶结材料，无机矿物纤维或纤维素纤维等松散短纤维为增强材料，经制浆、成型、蒸压养护制成的板材。常用的成型方法有抄取法和流浆法。纤维增强硅酸钙板具有强度高、干缩湿胀及翘曲变形小等优良性能。板材抗折强度 4～20MPa，分为五个等级：R_1 级、R_2 级、R_3 级、R_4 级和 R_5 级；板材密度 0.8～1.5g/cm^3，具有轻质、高强、绝热、耐火、耐水、可锯、可钉等特点，适用作建筑物、仪器设备和船舶的防火绝热材料；板面经粘贴塑料饰面板、胶合板或采取涂装处理后可以制成各种复合板，兼具装饰、防火、绝热等功能。

【无石棉硅酸钙板】non-asbetos calcium silicate board

以非石棉类纤维为增强材料制成的纤维增强硅酸钙板，制品中石棉成分含量为零。

【温石棉硅酸钙板】asbestos calcium silicate board

以单一温石棉纤维或其他增强纤维混合作为增强材料制成的纤维增强硅酸钙板，制品中含有温石棉成分。

【纸面石膏板】gypsum plasterboard

以建筑石膏为主要原料，掺入适量轻集料、纤维增强材料和外加剂，构成芯材，并与护面纸牢固地粘结在一起的建筑板材。板材的耐水性较差，不适宜用于潮湿环境。如掺入耐水外加剂和采用耐水护面纸，或以无机耐火纤维为增强材料制成的建筑板材则分别称为耐水纸面石膏板或耐火纸面石膏板。板厚 9～25mm，板材的断裂荷载纵向为 360～1100N，横向为 140～370N。板的韧性好、不燃、尺寸变形小，表面平整，可以锯割，便于施工，主要用于复合墙板的内侧，墙体贴面、天花板、吸声板等。

【耐水纸面石膏板】water-resistant gypsum plaster board

以建筑石膏为主要原料，掺入适量耐水外加剂构成耐水芯材，并与耐水的护面纸牢固地粘结在一起的建筑板材。

【耐火纸面石膏板】fire-resistant gypsum plaster board

以建筑石膏为主要原料，掺入适量无机耐火纤维增强材料构成耐火芯材，并与护面纸牢固地粘结在一起的耐火建筑板材。

【纤维石膏板】gypsum-bonded fiber board

以建筑石膏为主要原料，掺入适量有机或无机纤维（或铺纤维网格布）和外加剂与水混合，用缠绕、辊压压制等方法成型，经凝固、干燥制成的建筑板材。厚度一般为 8～10mm，与纸面石膏板相比，抗弯强度较高，防火性能好，表观密度较大（1000～1200kg/m^3）。

【石膏刨花板】gypsum-bonded particleboard

以建筑石膏为胶结料，木质刨花为增强材料，外加适量的缓凝剂和水，采用半干法生产工艺，在受压状态下完成石膏与木质材料的固结而制成的板材。

【装饰石膏板】adornment plaster board

以建筑石膏为主要原料，掺加少量纤维材料等制成的有多种图案、花饰的板材，如石膏印花板、穿孔吊顶板、石膏浮雕吊顶、纸面石膏饰面装饰板等。

【水泥木屑板】cement-bonded particleboard

以水泥为胶结料，木质刨花等为增强材料，外加适量的促凝剂和水，采用半干法生产工艺，在受压状态下完成水泥与木质材料的固结而制成的板材。表观密度（含水率为 9%时）大于 1000kg/m^3，抗折强度大于 9.3MPa。具有轻质、高强、防水、隔热、隔声等特点，可锯、可钉、可钻。常用作建筑隔断和交通隔声墙。

【水泥木丝板】wood wool cement board

以普通硅酸盐水泥和矿渣硅酸盐水泥为胶结料，木丝为增强材料，加入水和外加剂，平压成型、保压养护、调湿处理后制成的建筑板材。表观密度 400～700kg/m^3，具有多孔材料的一般吸声特性，常用于顶棚和墙面作吸声材料。

【水泥刨花板】cement-bonded particleboard

以水泥为胶凝材料、木质材料（木材加工剩余物、小茎材、树桠材或植物纤维中的蔗渣、棉秆、秸秆、棕榈、亚麻秆等）的刨花碎料为增强材料，外加适量的化学促凝助剂和水，采用半干法生产工艺，在受压状态下完成水泥与木质材料的固结而形成的板材。表观密度 1200kg/m^3 时抗压强度约为 10MPa，可锯、可钉、不燃、不蛀，用作墙板、天花板、门窗等。

【玻璃纤维增强低碱度水泥轻质板】glassfiber reinforced low pH value cement lightweight board; GRC board

简称 GRC 平板，是以耐碱玻璃纤维、低碱度水泥、轻集料和水为主要原料，经布浆、脱水、辊压、养护制成的板材。

【纤维增强低碱度水泥建筑平板】fiber reinforced low pH value cement building flat board

以温石棉、短切中碱玻璃纤维或抗碱玻璃纤维等为增强材料，低碱度硫铝酸盐水泥为胶结料，经制浆、抄取或流浆法成坯，蒸汽养护制成的建筑平板。其中，掺石棉纤维的称为 TK 板，不掺石棉纤维的称为 NTK 板。

【玻镁平板】glass fiber and magnesium cement board

以氧化镁、氯化镁或硫酸镁和水、外加剂为基材，经合理配制和改性处理，玻纤网布或其他材料增强，轻质材料为填料，经机械辊压而制成的建筑板材。具有耐高温、阻燃、吸声、防震、防虫、防水防潮、轻质防腐，表面有较好的着色性，强度高、耐弯曲、有韧性、可钉、可锯、可粘，装修方便。可作为墙板、吊顶板、防火板、防水板、包装箱等使用，可替代木质胶合板做墙裙、窗板、门板、家具等室内装饰用具，还可以与多种保温材料复合，制成复合保温板材。

【真空挤出成型纤维水泥板】fiber reinforced cement board prepared with vacuum extrusion process

以纤维素纤维与聚丙烯纤维为增强材料，以水泥、磨细石英砂、膨胀珍珠岩、增塑剂与水组成的砂浆为基体，形成低水灰比塑性拌合料，在真空挤出成型机内，经真空排气并在螺杆高挤压力与高剪切力的作用下，由模口挤出制成的具有多种断面形状的系列化板材。

【木纤维增强水泥空心墙板】wood fiber reinforced cement wallboard with hollow cores

以木纤维为增强材料，水泥砂浆为基材，用挤压法制成的具有若干个圆孔的条形板。

【石膏空心条板】gypsum panel with cavities

以建筑石膏为基材，掺以轻集料、无机纤维增强材料而制成的空心条板。主要用于建筑的非承重内隔墙。

【VRC 轻质多孔条板】VRC lightweight porous plate

以快硬型硫铝酸盐水泥掺入 35%～40% 粉煤灰为胶凝材料，以高强高模维纶纤维作为增强材料，适量导入空气和掺加少量膨胀珍珠岩，采用成组立模生产的一种空心条板。

【GRC 轻质多孔条板】GRC lightweight hollow panel for partition

以耐碱玻璃纤维与低碱度水泥为主要原料的预制非承重轻质多孔内隔墙条板。

【轻集料混凝土配筋墙板】reinforced lightweight aggregate concrete wall panel

以水泥为胶结料，陶粒或天然浮石等为粗集料，陶砂、膨胀珍珠岩砂、浮石砂等为细集料，配置钢丝网或钢筋骨架，经搅拌、成型、养护而制成的配筋轻质墙板。

【轻集料混凝土空心墙板】lightweight aggregate concrete wallboard with hollow cores

以水泥、粉煤灰、轻集料等为主要原料，经螺杆挤压成型而制成的具有若干个圆孔的条形板。

【工业灰渣混凝土空心隔墙条板】industrial waste slags concrete hollow panel used for partition wall in buildings

一种机制条板，用作民用建筑非承重内隔墙，其构造断面为多孔空心式，生产原材料中，工业废渣总掺量为 40%(重量比)以上。

【蒸压加气混凝土板】autoclaved aerated concrete slab

以硅质材料和钙质材料为主要原料，以铝粉为发气剂，配以经防腐处理的钢筋网片，经加水搅拌、浇注成型、预养切割、蒸压养护制成的多孔板材。按使用功能分为外墙板、隔墙板、屋面板、楼板及其他功能板材。具有良好的耐火、防火、隔声、隔热、保温等性能，适用于各类钢结构、钢筋混凝土结构工业与民用建筑的外墙、内隔墙、屋面。部分蒸压加气混凝土板还可用作低层或加层建筑楼板、钢梁钢柱的防火保护、外墙保温等。

【硅镁加气混凝土空心轻质隔墙板】silica-magnesium aerated concrete lightweight partition with hollow cores

以轻烧氧化镁为胶结料，掺入适量硅质材料和发气剂，与氯化镁溶液拌和，经浇注成型、自然养护制成的具有多孔结构和若干个圆孔的条形板。

【配筋混凝土大空心率轻质条板】reinforced concrete hollow rate light bar

以普通混凝土为基材，配置钢丝网或钢筋骨架，经成组立模浇注、抽芯成型工艺，使断面形成薄壁矩形孔(空心率 50%～68%)的轻质板材。孔洞中可填充多种绝热或吸声材料以提高轻板的绝热性和隔声性。

【钢筋混凝土绝热材料复合外墙板】reinforced concrete thermal insulation composite exterior wall panel

以钢筋混凝土为承重层和面层，以岩棉或其他绝热材料为芯材，在台座上一次复合而成的复合外墙板。有承重墙板和非承重墙板两类。

【GRC 复合外墙板】GRC composite exterior wall panel

以低碱度水泥砂浆作基材，耐碱玻璃纤维作增强材料，制成板材面层，内置钢筋混凝土肋，并填充绝热材料内芯，以台座法一次制成的轻质复合墙板。

【预应力混凝土空心条板】prestressed concrete hollow plate

以细石混凝土为基材，钢绞线为预应力筋，在长线台座上用板材成型机生产的一种大跨度、高承载力的预应力混凝土空心条板。

【SP 板】SP panel

参见本节【预应力混凝土空心条板】。

【植物纤维水泥板】plant fiber cement board

以水泥为胶凝材料，植物纤维(麦秆、棉秆、麻秆、玉米秆等)为增强材，外加适量的复合添加剂，采用干法和湿法生产工艺生产的一种轻质板材。

【复合石膏板】composite gypsum panel

以纸面石膏板为面层，以绝热材料为芯材的预制复合板。

【纤维水泥复合墙板】fiber cement composite wall panel

以薄型纤维水泥板作面板，中间填充泡沫聚苯乙烯轻混凝土或泡沫膨胀珍珠岩轻混凝土等轻质芯材，以成组立模法一次复合成型的轻质复合板材。

【硅酸钙复合墙板】calcium silicate composite wall panel

以薄型纤维增强硅酸钙板作面板，中间填充泡沫聚苯乙烯轻混凝土或泡沫膨胀珍珠岩轻混凝土等轻质芯材，以成组立模法一次复合成型的轻质复合板材。

【钢丝网架水泥夹芯板】steel mesh cement sandwich panel

由工厂专用设备生产的三维空间焊接钢丝网架和内填泡沫塑料板或半硬质岩板构成网架芯板，经施工现场喷抹水泥砂浆后形成的轻质板材。

【GRC 外墙内保温板】GRC thermal-insulation panel at the inside surface of exterior wall

以玻璃纤维增强水泥(GRC)为面层，聚苯乙烯泡沫塑料板为芯层，以台座法或成组立模法生产的夹芯式复合保温板。

【纤维增强石膏聚苯复合板】glassfiber reinforced gypsum with EPS composite panel

以玻璃纤维增强石膏为面层，聚苯乙烯泡沫塑料板为芯层，以台座法生产的夹芯式复合保温板。用于外墙内侧，以改善和提高墙体的保温性能。生产时应在石膏基材中加入适量普通硅酸盐水泥、膨胀珍珠岩及外加剂，并用中碱玻璃纤维网格布增强。

【玻璃纤维增强聚合物水泥聚苯乙烯复合外墙内保温板】glassfiber reinforced polymer-cement thermal insulation panel with EPS at the inside surface of exterior wall; P-GRC panel

简称 P-GRC 外墙内保温板，是以聚合物乳液、水泥、砂配制成的砂浆作面层，用耐碱玻璃纤维网格布作增强材料，用自熄性聚苯乙烯泡沫塑料板作芯材，制成的夹芯式内保温板。

【泡沫石膏板】aerated gypsum panel

以建筑石膏、无机填料、气泡分散稳定剂等为原料，经搅拌、充气发泡、浇注制成板芯，然后再浇注石膏面层，成为复合的外墙内保温板。

【水泥聚苯板】cement EPS panel

以普通硅酸盐水泥、聚苯乙烯泡沫颗粒或废旧聚苯乙烯破碎后的颗粒、发泡剂等为原料，经加水搅拌、浇注成型制成的板材，可作外墙内保温板，也可用作外墙外保温板。具有优良的保温隔热性能，质量轻。

【GRC 外保温板】GRC thermal insulation panel at the outside surface of exterior wall

由玻璃纤维增强水泥(GRC)面层与高效保温材料预复合而成的外墙外保温用的板材。可做成单面板或双面板。

【GRC 岩棉外墙挂板】GRC thermal insulation hanging exterior wall panel composited with rock wool panel

将工厂预制的玻璃纤维增强水泥(GRC)

外墙挂板、岩棉板在现场复合到主墙体上的一种外保温用的板材。

【石膏板聚苯复合板】plasterboard polystyrene composite panels

以纸面石膏板为面层，聚苯板为绝热层，采用直接粘结或其他固定方式复合而成的板材。其中聚苯板应是自熄性的，氧指数应大于30，表观密度小于20kg/m³。

【石膏板玻璃棉（岩板）复合板】plasterboard glass wool(rock wool) composite panels

以纸面石膏板为面层，玻璃棉或岩棉为绝热层，采用工厂预制复合工艺制成的板材。其中玻璃棉的表观密度大于32kg/m³，岩棉的表观密度不小于80kg/m³。

【石膏聚苯复合轻质条板】plaster polystyrene composite light board

以聚苯乙烯泡沫塑料板作为内芯，外包玻璃纤维增强石膏制成的复合型轻质板材。为使条板具有一定的刚度，在两层聚苯板之间可粘贴一块玻璃纤维增强氯氧镁水泥薄板。石膏聚苯复合轻质条板的主要特点是自重轻、隔声与绝热性较好，并且便于切割、开槽与埋设管线。此种条板主要用于工业与民用建筑的非承重型内隔墙。

【泡沫混凝土保温板】foamed concrete insulation board

以水泥、粉煤灰、硅灰等为主要原料，掺入一定量的外加剂、发泡剂，经机械或化学发泡、养护、切割等工艺制成的闭孔轻质泡沫混凝土板。又称之为发泡水泥保温板。它属于气泡状绝热材料，主要特点是在混凝土内部形成封闭的泡沫孔，使混凝土轻质化和保温隔热化。泡沫孔的主要特征是孔壁光滑不连通，直径为1～5mm，占体积的80%～95%，每立方米泡沫数量高达十亿个以上，吸水率<8%。该板材的防火、隔声性能好。

【膨胀珍珠岩保温板】expanded perlite insulation board

以膨胀珍珠岩散料为集料，加入水泥、沥青、水玻璃、石膏等粘结材料，经加压成型、烘干等工序制成的轻质板材。配料中加入防水剂可制成憎水型的膨胀珍珠岩保温板。该板材密度低、导热系数小、隔热保温性能好。密度一般为200～600kg/m³，导热系数为0.05～0.10W/(m·K)，使用温度为－200～800℃。用于各种设备及工业与民用建筑作为声热绝缘材料。

【膨胀玻化微珠保温板】expansion of vitrified beads insulation board

以膨胀玻化微珠、无机胶凝材料、粉煤灰陶粒、建筑用砂、纤维、添加剂、填料及水等按一定比例混合、成型、养护制成的保温板。该板材质轻、不燃，保温隔热性能好，可用于工业与民用建筑的热绝缘材料。

【预制密实混凝土面层外墙保温板】precast reinforced concrete pavement outside wall insulation board

以普通水泥、砂、石为基材，并以镀锌钢丝网和钢筋加强的小板块预制盒形成刚性骨架结构，将保温材料（如聚苯板等）复合其中的板材。它既能满足保温节能指标，又有优良的力学性能（抗折、抗压、不变形）。板与外墙体间的连接可采用粘、挂相结合的做法，牢固、安全可靠且耐久性优越。

【钢丝钢架聚苯乙烯外保温板】outside the wire rack polystyrene insulation board

以聚苯乙烯泡沫板作为绝热材料，在泡沫板的单侧设置方格钢丝网，用斜插短钢丝穿过聚苯乙烯泡沫板并焊接于钢丝网制成的保温网架板。可应用于建筑的外墙外保温系统。

【饰面混凝土幕墙板】facing concrete curtain wall plate

一种带有装饰面层的预制钢筋混凝土幕墙板。饰面混凝土幕墙板采用反打一次成型工艺制作，可保证外饰面具有优良的装饰效果和制作质量。按饰面材料可分为面砖饰面幕墙板、石材饰面幕墙板、涂料饰面幕墙板、装饰混凝土饰面幕墙板等。可用于建筑的非承重外墙板。

【复合保温幕墙板】composite insulation concrete curtain wall plate

一种带有装饰面层的预制钢筋混凝土幕墙

板。其中嵌有绝热材料的幕墙板可用于建筑的非承重保温外墙板。

【石膏板天花板】plasterboard ceiling

以熟石膏为主要原料，掺入添加剂与纤维混合，经滚涂、压孔或粘结 PVC 覆材而制成的吊顶板材。具有质轻、绝热、吸声、阻燃和可锯等性能。一般采用 600mm×600mm 规格，应用于宾馆、酒店、医院、学校、娱乐、办公楼和商店。

【矿棉吸声板】mineral wool acoustic board

以矿棉为主要材料，加入适量的粘结剂、防潮剂、防腐剂，经加工、烘干、饰面处理而形成的一种吊顶装饰材料。矿棉吸声板质量较轻，一般控制在 350～450kg/m^3 之间，能减轻建筑物自重，是一种安全饰材。同时，矿棉吸声板具有良好的保温阻燃性能，矿棉板平均导热系数小，保温性好，矿棉吸声板的主要原料是矿棉，溶点高达 1300℃，具有较高的防火性能。

【膨胀珍珠岩装饰吸声板】expanded perlite decorative acoustic board

以膨胀珍珠岩(体积密度≤80kg/m^3)为集料，加入无机胶凝材料及外加剂而制成的带装饰功能的吸声板材。规格尺寸一般为 400mm×400mm、500mm × 500mm、600mm × 600mm；厚度一般为 15、17、20mm。

【膨胀珍珠岩吸声板】expanded perlite acoustic board

以膨胀珍珠岩为集料，掺入多种混合料及粘结剂，经压制成型、脱水硬化而制成的吸声板材。具有吸声、绝热、不燃、耐腐蚀、温度使用范围广(−200～500℃)、无毒、环保等特点。其吸声性能与膨胀珍珠岩的粒度组成，粘结剂用量及板材厚度等有关，对中、高频的吸声性较好，用于建筑工程和交通工程。

【彩色石英砂装饰板】color quartz sand decorative board

以白水泥或彩色水泥为胶结材料，以天然彩色石子、着色石英砂或人工合成彩色颗粒为集料，经配料、搅拌、浇注成型、水刷后养护脱模、修整制成的板材。

【纤维增强水泥外墙装饰挂板】fiber reinforced cement exterior wall decorative board

又称金邦板。以水泥、粉煤灰、硅灰、珍珠岩为主要原料，加入复合纤维增强，混合、搅拌，经高压真空挤出成型工艺、蒸汽养护制成的一种集功能性、装饰性为一体的墙体板材。分为两大系列：S 系列(实心板)、K 系列(空心板)。该板具有优良的力学性能、防火性能及耐候性能。

14.2.4 瓦

【烧结瓦】fired roofing tile

由黏土、页岩等原料，经成型、干燥、焙烧等工艺制成的，用于建筑物屋面覆盖及装饰用的板状或块状烧结制品。按吸水率分为Ⅰ类瓦(吸水率≤6%)、Ⅱ类瓦(吸水率 6%～10%)、Ⅲ类瓦(吸水率 10%～18%)、青瓦(吸水率≤21%)。按表面施釉与否分为有釉瓦(釉面瓦)和无釉瓦(素瓦)。按形状和用途分为平瓦、三曲瓦、双筒瓦、鱼鳞瓦、牛舌瓦、板瓦、筒瓦、滴水瓦、沟头瓦、J 形瓦、S 形瓦和其他异形瓦。成型方法有模压、半干压和挤出等。

【平瓦】plain tile

形状为长方形、平面片状的瓦。规格为：长 360～400mm，宽 220～240mm，厚 14～20mm。

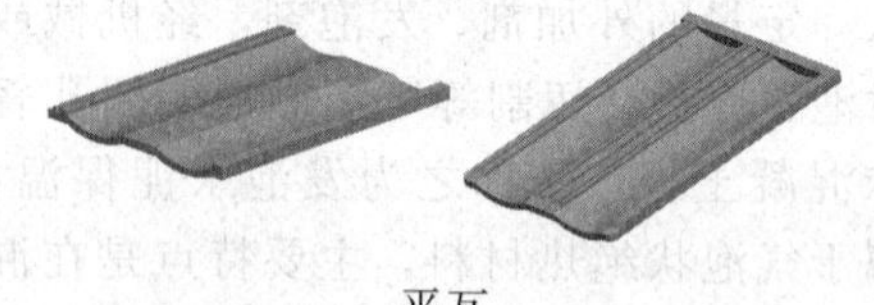

平瓦

【波形瓦】wave-shaped tile

正面呈起伏的波浪状的片状瓦。波形瓦包括 S 形瓦和 J 形瓦。

【S 形瓦】S-shaped tile

垂直于瓦长度方向的剖面形状似英文字母"S"的长方形片状瓦。规格为：长 250～320mm，宽 250～320mm，厚 14～20mm。

【J 形瓦】J-shaped tile

垂直于瓦长度方向的剖面形状似英文字母

"J"的长方形片状瓦。规格为：长 250～320mm，宽 250～320mm，厚 14～20mm。

【双筒瓦】double semi-cylindrical tile

垂直于瓦长度方向的剖面形状似两个连接在一起的半圆筒形的瓦件。规格为：长 150～300mm，宽 150～200mm，厚 8～12mm。

【鱼鳞瓦】scale shaped tile

外形似鱼鳞的片状瓦，如附图所示。规格为：长 150～300mm，宽 150～200mm，厚 8～12mm。

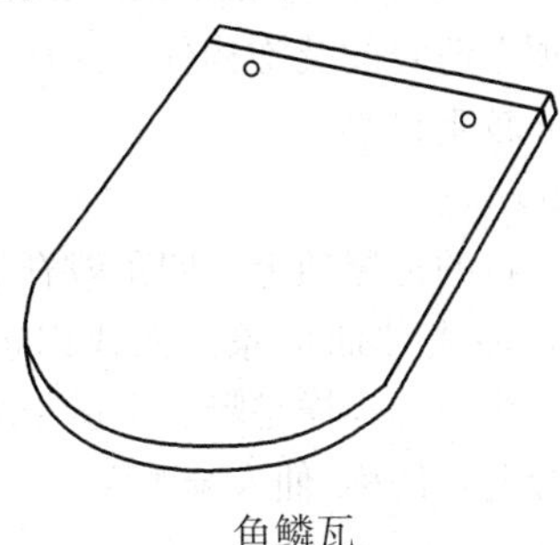

鱼鳞瓦

【牛舌瓦】ox-tongue shaped tile

外形似牛舌的片状瓦，与鱼鳞瓦类似，瓦背面有两条窄棱，如附图所示。规格为：长 150～300mm，宽 150～200mm，厚 8～12mm。

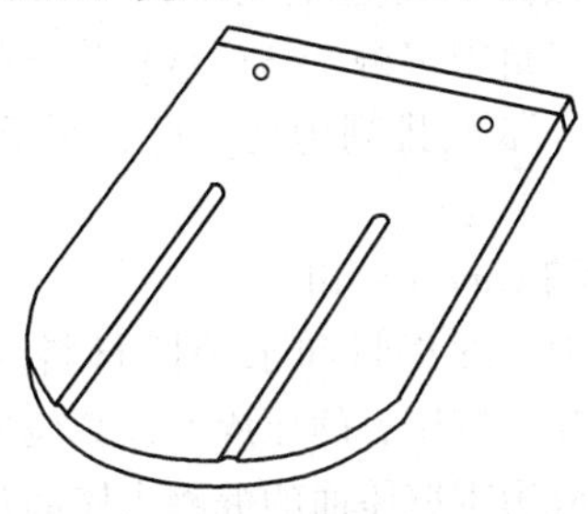

牛舌瓦

【琉璃瓦】glazed tile

表面施釉的烧结瓦，具有强度高、平整度好、耐久性和耐候性好、不褪色、不风化等优点。琉璃瓦是中国传统的建筑材料，通常施以金黄、翠绿、碧蓝等彩色铅釉，材料坚固、色彩鲜艳、釉色光润、品种丰富、型制讲究，已形成装配性强的系列产品。我国早在南北朝时期就在建筑上使用琉璃瓦件作为装饰物，到元代时皇宫建筑大规模使用琉璃瓦，明代十三陵与九龙壁都是琉璃瓦建筑史上的杰作。琉璃瓦的成型方法，一般采用挤制成型、手工印坯、注浆成型等方法，有全自动生产线生产及机械和手工相结合的方式生产。

【西式釉面瓦】western glazed tile

又称西式瓦，是从传统琉璃瓦演变发展而来的釉面瓦。西式瓦将筒瓦、板瓦型制合二为一，结构合理，挂装简便，有效覆盖面积大，屋顶承重小；釉色丰富达百种以上，色泽鲜明，分有光、亚光、无光三种。西式瓦采用塑压成型，有全自动生产线生产及机械和手工相结合的方式生产。

【脊瓦】ridge tile

覆盖屋脊的瓦。通常有人字形、马鞍形和圆弧形三种，如附图所示。长度不小于 300mm，宽度不小于 180mm。古代建筑中瓦屋顶的脊，在元代以前多用瓦条（板瓦）垒砌，此后多改用中空、两侧有线道的筒状构件，也称脊筒子。

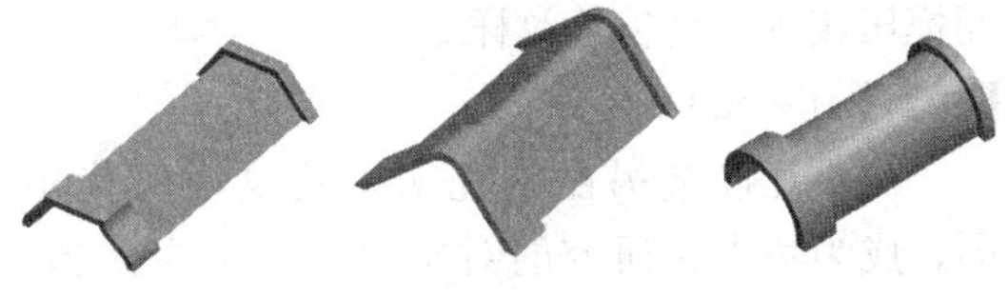

脊瓦

【小青瓦】blue roofing tile; grey roofing tile

又名蝴蝶瓦、阴阳瓦。一种弧形瓦，通常为无釉瓦，如附图所示。用手工成型，在还原气氛焙烧，成品呈青灰色。规格一般为：长 200～250mm，宽 150～200mm。

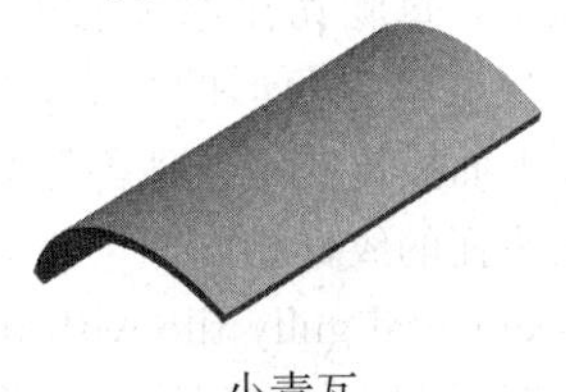

小青瓦

【布瓦】clay tile

普通的青色黏土瓦，由于在制坯过程中，瓦面上留有布纹痕迹，故称布瓦。我国在公元前 11～8 世纪的西周时期就已发明了青色黏土瓦。战国时期在重要建筑中已经普遍地使用布瓦。

【削割瓦】fine clay tile

又称削边瓦。青色的澄泥黏土瓦，较布瓦的质地坚硬细密，在城楼、箭楼等重要建筑上多与琉璃瓦混合使用，故其规格尺寸与琉璃瓦相同。

【筒瓦】semicylindrical tile

古代常用屋面建筑材料之一。古代多数建筑的瓦屋顶做法是分成若干陇，每陇由若干形似半个圆筒形的瓦件铺瓷而成，此种瓦件称为筒瓦。现代仿古建筑中，在屋面先用板瓦铺瓷，凹面向上，在每两陇板瓦的接缝上，再铺上筒瓦。

【板瓦】segmental tile

古代常用屋面建筑材料之一，每两陇筒瓦之间的凹处，用略带弧形的瓦件铺瓷，此种瓦件称为板瓦。一般建筑中，每陇上也可用板瓦铺瓷，凹面向下，称为阴阳瓦顶或蝴蝶瓦顶。

【沟头瓦】gulley-head tile

瓦屋顶中，每陇瓦在檐头的第一块筒瓦，于瓦的前端另贴一块圆形或半圆形的瓦头。上面模压花卉、鸟兽等纹样。

【瓦当】tile end

沟头瓦前端另贴的瓦头，其纹饰历代不同，成为考古学研究的对象之一，称为瓦当。战国时期的瓦当多为半圆形，秦以后圆形瓦当逐渐增多，汉代以后全为圆形瓦当。其模压纹样，战国、秦、汉时期多为文字、树木、鸟、兽或几何纹等，明、清时期多为花卉、龙、凤等。

【滴水瓦】drip tile

瓦屋顶中，每陇瓦在檐头的第一块板瓦，前端另贴一块略呈三角形的瓦头，重尖向下，以利流水。上面模压花卉、鸟兽等纹样。通常情况下与沟头瓦的纹样相同。

【花边瓦】segmental gully tile with fancy rim

是滴水瓦中最早出现的一种式样，于板瓦的前端贴长条形的瓦头，上面饰以绳纹，卷草等纹样。

【鸱尾】bird′s tail；ridge-end ornament

瓦屋顶正脊两端的装饰性构件，据传说古代海中有鱼，尾似鸱鸟，能激浪降雨，古人就模仿其形象置于屋顶，象征能避火灾，称为鸱尾。唐代以后，鸱尾的式样大多改为前端张口吞脊，故又称鸱吻。

【大吻】dragon head ridge-end ornament

瓦屋顶正脊两端的装饰构件，古代的鸱尾发展到明、清时期，其式样多改为龙形，前端张口吞脊，后尾卷曲向上，称为大吻或正吻。

【垂兽】animal-shaped ornament (large)

瓦屋顶垂脊前端的装饰构件。南北朝时期开始出现，仅雕一兽面，明清时期大多数雕出一个完整的兽头，须向后卷，束起如火焰状，身上刻鳞纹。

【戗兽】animal-shaped ornament (small)

瓦屋顶上戗脊的装饰构件，式样与垂兽相似，而尺寸较垂兽小。

【仙人】figurine

古代建筑的瓦屋顶上，四角戗脊最前端的装饰构件，多成神仙形象，元代以前多为武将，此后最普通的式样是雕一个道士骑在一支肥壮的鸡身上，俗称“仙人骑鸡”。

【小兽】animal figurine

古代建筑瓦屋顶的四角戗脊上，于仙人的后面，安装一排动物形状的瓦件，称为小兽或走兽，宋代称蹲兽，一般建筑中，每排三至五枚不等，最重要的建筑上可以排列到九枚之多。地方建筑中多狮、马；宫廷建筑中按制度自前向后，依次排列为龙、凤、狮子、天马、海马等。

【混凝土瓦】concrete tile

由水泥、细集料和水等原材料为主要组分，经拌和、挤压、静压成型或其他成型方法制成的，应用于坡屋面的混凝土屋面瓦和与其配套使用的混凝土配件瓦的统称。混凝土瓦根据其铺设部位的不同，可分为混凝土屋面瓦和混凝土配件瓦；根据其是否添加着色剂，可分为混凝土本色瓦和混凝土彩色瓦；根据其形状的不同，可分为混凝土波形屋面瓦和混凝土平板屋面瓦。

【混凝土屋面瓦】concrete roof tile

简称屋面瓦。是由混凝土制成的，铺设于坡屋面，与混凝土配件瓦等共同完成瓦屋面使用功能的一类混凝土瓦。

【混凝土配件瓦】concrete fitting tile

简称配件瓦。是由混凝土制成的，铺设于

坡屋面的特定部位，满足瓦屋面特殊功能，配合混凝土屋面瓦完成瓦屋面使用功能的一类混凝土瓦。混凝土配件瓦包括：四向脊顶瓦、三向脊顶瓦、脊瓦、花脊瓦、单向脊瓦、斜脊封头瓦、平脊封头瓦、檐口瓦、檐口封瓦、檐口顶瓦、排水沟瓦、通风瓦、通风管瓦等。各种混凝土配件瓦的结构形状及铺设于屋面的具体部位详见附图。

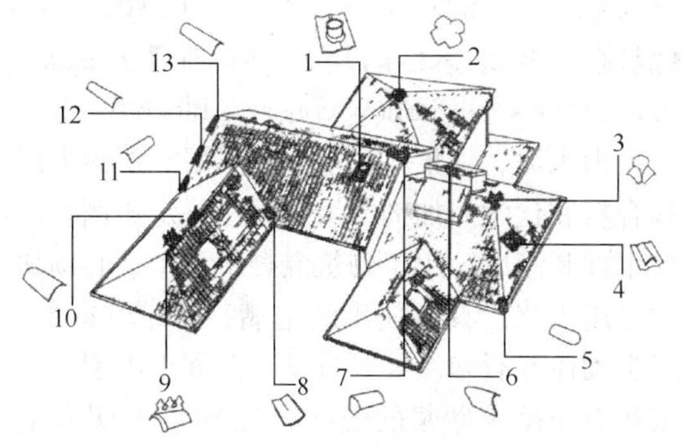

配件瓦结构形状及名称

1—通风管瓦；2—四向脊顶瓦；3—三向脊顶瓦；4—通风瓦；5—斜脊封头瓦；6—单向脊瓦；7—平脊封头瓦；8—排水沟瓦；9—花脊瓦；10—脊瓦；11—檐口封瓦；12—檐口瓦；13—檐口顶瓦

【混凝土本色瓦】concrete native tile

简称素瓦。是未添加任何着色剂制成的一类混凝土瓦。

【混凝土彩色瓦】concrete colored tile

简称彩瓦。是由混凝土材料并添加着色剂等生产的整体着色的，或采用水泥及着色剂等材料制成的彩色料浆喷涂在瓦坯体表面，以及将涂料喷涂在瓦体表面等工艺生产的一类混凝土瓦。

【混凝土波形屋面瓦】concrete roof wavy tile

简称波形瓦。是铺设于坡屋面的、其断面边缘成波形状的一类混凝土屋面瓦。

【混凝土平板屋面瓦】concrete roof flat tile

简称平板瓦。是铺设于坡屋面的、其断面边缘成直线形状的一类混凝土屋面瓦。

【玻纤胎沥青瓦】asphalt shingle made from glass felt

以石油沥青为主要原料，加入矿物填料，采用玻纤毡为胎基，上表面覆以保护材料，用于铺设采用搭接法工艺施工的坡屋面的一类沥青瓦。玻纤胎沥青瓦按其产品形式可分为平面沥青瓦和叠合沥青瓦。

【平面沥青瓦】plane asphalt shingle

是以玻纤毡为胎基，用沥青材料浸渍涂盖后，表面覆以保护隔离材料，并且外表面平整可单层使用的一类沥青瓦。

【叠合沥青瓦】laminated asphalt shingle

是以玻纤毡为胎基生产的，在其实际使用的外露面的部分区域，采用沥青粘合一层或多层沥青瓦材料而形成叠合状的一类沥青瓦。

【沥青瓦用彩砂】granule for asphalt shingle

是指用于玻纤胎沥青瓦上表面外露部位使用的一类矿物保护材料。生产彩砂的原材料宜为玄武岩，不得采用石英砂等透光的石料与含石灰石的石料。彩砂分为天然彩砂和人造彩砂，彩砂若着色宜采用无机颜料。彩砂着色可采用烧结工艺。

【纤维水泥波瓦及其脊瓦】fiber cement corrugated sheet and ridge tile

以矿物纤维、有机纤维或纤维素纤维为增强纤维，以通用硅酸盐水泥为胶凝材料，采用机械化生产工艺制成的一类建筑用波瓦及与之配套使用的脊瓦。按其增强纤维是否含有石棉纤维，可分为无石棉型和温石棉型两类。

【玻璃纤维增强水泥波瓦及其脊瓦】glass fiber reinforced cement corrugated sheet and ridge tile

以耐碱玻璃纤维为增强材料，快硬硫铝酸盐水泥或低碱度硫铝酸盐水泥为胶凝材料组成的无机复合材料，采用喷射法工艺或其他工艺方法制成的，主要用于房屋建筑屋面的水泥波瓦及覆盖屋脊的"人"字形脊瓦。玻璃纤维增强水泥波瓦按其横断面形状可分为中波瓦和半波瓦两类。

【玻纤镁质胶凝材料波瓦及其脊瓦】glass fiber reinforced magnesium cement corrugated sheet and ridge tile

是以氧化镁(MgO)、氯化镁($MgCl_2$)和水(H_2O)三元体系经配制和改性而制成镁质的胶凝材料，并以中碱或无碱玻璃纤维无捻粗纱

(开刀丝)或网布为增强材料复合而制成的，适用于覆盖屋面和墙面的一类波瓦及脊瓦。

【钢丝网石棉水泥小波瓦】wire-mesh reinforced asbestos cement short corrugated sheet

以温石棉、水泥和钢丝为主要原材料，先采用抄取法工艺制得石棉水泥料坯，然后在两层料坯中间夹入一层钢丝网片，经合坯、加压而制成的一类波形轻型建筑板材。此种波瓦可以用短石棉与部分石棉代用纤维生产，其抗裂、抗冲击性均比全部石棉水泥波瓦有较大的提高，不会产生脆断，施工、使用、维修时较为安全，适用于高温、有振动的工业建筑的屋面，也可用作墙板。

【非对称截面石棉水泥半波板】asbestos-cement half-corrugated sheet of asymmetrical section

以温石棉和水泥为基本原材料制成的，主要用作装敷外墙和覆盖屋面的一类非对称截面的波形轻型建筑板材。

【蒸压加气混凝土屋面板】aroclaved aerated concrete roof slab

把受压和受拉钢筋连成一体，组成U形钢筋网片用以增强蒸压加气混凝土的板材。U形结构加强了网片的刚度，屋面板的整体强度和刚度也得到提高。网片受压钢筋端焊有预埋铁件，通过连系钢筋使板与板之间以及板与支座之间有牢固的构造连接，提高了屋面抗震性能。该板将屋面结构与屋面保温隔热结合为一体。

【大型屋面板】large roof slab

用于工业厂房建筑的大型槽型密肋板，直接铺在厂房屋架上，与屋架焊接构成屋面结构。其长度相当于柱距，一般长为6.0m、宽为1.5～3.0m。多采用预应力混凝土制作。

14.2.5 配套材料

【混凝土小型空心砌块灌孔混凝土】grout for small hollow concrete block

由水泥、集料、水以及根据需要掺入的掺合料和化学外加剂等组分，按一定的比例，经加水拌和制成，用于浇注混凝土小型空心砌块砌体芯柱或其他需要填实部位孔洞，具有微膨胀性的专用混凝土。是保证混凝土砌块砌体整体工作性能、抗震性能、承受局部荷载、施工所必需的重要配套材料。根据是否使用粗集料，可分为细集料灌孔混凝土和粗集料灌孔混凝土。其工作性能和力学性能，对砌体的力学性能特别是建筑抗震性能尤其重要。常用灌孔混凝土的坍落度≥180mm，泌水率＜3.0%，3d膨胀率在0.025%～0.05%之间，强度等级分为Cb20、Cb25、Cb30、Cb35、Cb40。

【混凝土小型空心砌块砌筑砂浆】masonry mortar for small hollow concrete block

由水泥、细集料、水以及根据需要掺入的掺合料和化学外加剂等组分，按一定比例，经加水拌和制成，用于砌筑混凝土小型空心砌块的专用砂浆。具有使砌缝饱满、粘结性能好，减少砌体开裂和渗漏等特点。混凝土小型空心砌块专用砌筑砂浆的强度分为Mb5、Mb7.5、Mb10、Mb15、Mb20和Mb25，稠度50～80mm，保水性大于88%。按抗渗性，分为普通型和防水型，防水型的抗渗压力大于0.60MPa。

【防水砂浆】waterproof mortar

由水泥、细集料、水以及根据需要掺入的掺合料和添加剂等组分，按一定比例配制而成的刚性防水材料。按照配制方法及使用材料，分为掺防水剂的防水砂浆、膨胀水泥防水砂浆、聚合物水泥防水砂浆、水泥基渗透结晶型防水材料等。防水砂浆具有优异的防水抗渗性能、良好的粘结性能、柔韧性能和耐久性能等特点，广泛应用于各种建筑物及建筑物不同部位的防水抗裂工程，起抗裂、抗渗、防水、防潮和抗冻等作用。

【抹面砂浆】plastering mortar

又称抹灰砂浆，是指涂抹在建筑物或建筑构件表面以及基底材料的表面，兼有保护基层和其他使用功能作用的砂浆。根据功能不同，分为普通抹面砂浆、装饰砂浆和具有某些特殊功能的抹面砂浆(如防水砂浆、保温砂浆、建筑保温体系专用抹面砂浆等)。基底材料以及使用部位不同，对抹面砂浆的技术性能要求不同；但抹面砂浆均具有良好的和易性，便于施工，易于抹成均匀平整层；具有较高的粘结强度，能与基底材料牢固粘结，施工时不下垂、不脱落；服役期间不出现起鼓、开裂等损伤现象。

【装饰砂浆】decorative mortar

又称饰面砂浆。是指由无机胶凝材料、细集料、化学添加剂和(或)颜料等组成，用于建筑物表层且有装饰效果的砂浆。装饰砂浆饰面分为灰浆类饰面和石碴类饰面。灰浆类饰面是通过水泥砂浆的着色和(或)水泥砂浆表面形态的艺术加工，获得一定色彩和纹理质感的表面装饰。石碴类饰面是在水泥砂浆中掺入各种彩色石碴作集料，配制成水泥石碴浆抹于墙体基层表面，然后用水洗、斧剁、水磨等手段除去表面的水泥浆层，呈现出石碴颜色及其质感的饰面。装饰砂浆兼有保护基层材料和增加美观的作用。

【干混砂浆】dry-mixed mortar

参见 8.2.1【干混砂浆】。

【粘结砂浆】adhesive mortar

由胶凝材料、集料以及根据需要掺入的掺合料和添加剂等组成，经加水拌和制成，主要起粘结作用的砂浆。按所用胶凝材料不同，分为水泥基粘结砂浆、石膏基粘结砂浆(粘结石膏)和树脂基粘结砂浆。按用途不同，分为瓷砖粘结砂浆、石材粘结砂浆、保温板材(膨胀聚苯板、挤塑聚苯板、矿棉板、聚氨酯板等)粘结砂浆等。粘结砂浆具有优异的粘结强度、良好的可操作时间和开放时间、较高的抗折抗压强度、良好的柔韧性等特点。

【砌筑砂浆】masonry mortar

是指由胶凝材料、集料以及根据需要掺入的掺合料和添加剂等组成，经机械拌和制成，将砖、石、砌块等块材砌筑成为砌体，起到粘结、衬垫和传力作用的砂浆。按灰缝砌筑厚度不同，砌筑砂浆分为普通砌筑砂浆和薄层砌筑砂浆。按所砌筑对象不同，有混凝土小型空心砌块砌筑砂浆、加气混凝土砌筑砂浆等。砌筑砂浆具有较高的抗压强度和粘结强度、良好的工作性能等特点。

【普通砌筑砂浆】ordinary masonry mortar

是指砌筑灰缝厚度大于 5mm 的砌筑砂浆。普通砌筑砂浆的强度等级分为 M5、M7.5、M10、M15、M20、M25 和 M30。

【薄层砌筑砂浆】thin-layer masonry mortar

是指砌筑灰缝厚度不大于 5mm 的砌筑砂浆。薄层砌筑砂浆的强度等级分为 M5 和 M10 两个等级。

【加气混凝土砌筑砂浆】masonry mortar for autoclaved aerated concrete

是指专用于加气混凝土的砌筑砂浆。加气混凝土砌筑砂浆的强度等级分为 M2.5 和 M5 两个等级，导热系数小于 1.1W/(m·K)，收缩率小于 1.1mm/m，表观密度小于 1800kg/m^3。加气混凝土砌筑砂浆具有良好的粘结性能和工作性能、较好的抗冻性能和热绝缘性能等特点。

【龙骨】joist

是指用来支撑造型或拼装复合板、墙板等的一种建筑构件(元件)。龙骨的种类很多，根据制作材料不同，分为木龙骨、轻钢龙骨、铝合金龙骨、钢龙骨等。根据使用部位，分为吊顶龙骨、竖墙龙骨(隔墙龙骨)、铺地龙骨以及悬挂龙骨等。根据装饰施工工艺不同，分为承重及不承重龙骨(即上人龙骨和不上人龙骨)等。根据其型号、规格及用途不同，分为 T 形、C 形、U 形、H 形、L 形、V 形龙骨等。龙骨是装饰装修的骨架和基材，使用非常普遍，广泛应用于各类建筑室内外装修设置、顶棚等场所。

【接缝带】joint tape

是指起到增强两块板材之间接缝强度、防止开裂作用的薄型增强条状材料。通常是与胶结料一起增强相邻板材之间的接缝。按材质不同，分为接缝纸带、接缝布带、玻璃纤维接缝带、高分子材质接缝带、薄型保温材料接缝带等。接缝带具有拉伸伸长率大、耐候性好、使用寿命长等特点。在建筑墙体保温工程中，接缝带常由薄型保温材料和弹性密封材料组成，主要用于保温板的伸缩缝和装饰分割缝的填充处理。作为接缝内衬材料，薄型保温材料常为与保温板材同材质的圆棒或条，其直径通常为接缝宽度的1.3倍；弹性密封材料，通常是聚氨酯、硅酮或丙烯酸酯建筑密封材料，涂抹于薄型保温材料外面。

【嵌缝腻子】joint putty

是指用于填充板材之间缝隙，起到填嵌缝隙和增强作用的嵌缝材料。嵌缝腻子具有较好的抗裂性能、粘结性能、和易性能、适当的可操作时间、易于嵌填刮平等特点。

【腻子】putty

是指建筑涂饰工程前，施涂于建筑物外墙或内墙墙面，以找平、抗裂为主要目的的基层表面处理材料。按照用途不同，腻子分为外墙用腻子和室内用腻子；按照涂抹厚度，分为薄涂腻子和厚涂腻子。外墙用腻子常分为普通型、柔性和弹性三种，室内用腻子常分为一般型、柔韧型和耐水型三种。腻子具有适当的干燥时间和柔韧性，良好的可打磨性、抗干燥开裂性和粘结性能等特点。

【增强金属网】reinforcement metal mesh

是指建筑装修装饰工程中，在基层表面处理中辅助起到增强、抗裂作用的金属材质的网格布。

【石膏基粘结砂浆】gypsum binder

又称粘结石膏或粘接石膏，是指以建筑石膏为主要胶凝材料，和(或)集料、填料及添加剂所组成的粘结材料。按凝结时间不同，石膏基粘结砂浆分为快硬型和普通型两种。石膏基粘结砂浆常用于粘结纸面石膏板、衬垫龙骨或保温材料，粘结石膏线条，填补墙面开凿的管线槽，特殊接缝部位(如石膏板与水泥墙阴角)填缝等方面。

【建筑涂料】coating for architecture

是指用于建筑表面能形成牢固附着的连续固态薄膜，起到装饰保护作用和其他特殊作用的一种饰面材料。通常是由基料、颜料、溶剂及助剂等组成。其中基料(又称胶粘剂)，是主要成膜物质，其种类和性质对涂料性能起着决定性作用。建筑涂料分类很多，按所用部位，分为内墙涂料、外墙涂料、屋面涂料、地面涂料等。内墙涂料注重健康性，外墙涂料注重防护性和耐久性。按主要成膜物质性质，分为有机系涂料、无机系涂料和有机无机复合系涂料。按涂料状态，分为水溶性涂料、乳液型涂料、溶剂型涂料和粉末涂料。按作用和功能，分为装饰性涂料、防水涂料、防火涂料、吸声涂料、防霉涂料、防结露涂料、发光涂料、抗菌涂料等。

【石膏基抹灰材料】plaster gypsum

通常称为粉刷石膏，参见8.3.1【粉刷石膏】。

14.3 原 材 料

14.3.1 胶凝材料

【胶凝材料】binding material; cementing material

又称胶结料。在物理、化学作用下，能从浆体变成坚固的石状体，并能胶结其他物料，制成有一定机械强度的复合固体的物质。根据化学组成的不同，胶凝材料分为无机与有机两大类。无机胶凝材料按其硬化条件的不同又分为气硬性和水硬性两类。气硬性无机胶凝材料有石灰、石膏、镁质胶凝材料等；水硬性无机胶凝材料主要指水泥。

【水泥】cement

参见7.2【水泥】。

【石灰】lime

参见8.3.1【石灰】。

【生石灰】quick lime

参见8.3.1【生石灰】。

【磨细生石灰】ground quick lime

参见8.3.1【磨细生石灰】。

【消石灰】hydrated lime

参见8.3.1【熟石灰】。

【石膏】gypsum

参见6.1.1，8.3.1【石膏】。

【天然石膏】natural gypsum

自然界存在的以二水硫酸钙(化学式为 $CaSO_4 \cdot 2H_2O$)或无水硫酸钙为主要成分的矿物。按矿物组分分为软石膏、硬石膏、混合石膏三类。

【半水石膏】semi-hydrated gypsum

参见 8.3.1【半水石膏】。

【无水石膏】anhydrite

参见 8.3.1【无水石膏】

【混合石膏】mixed gypsum

以二水硫酸钙和无水硫酸钙为主要成分，且无水硫酸钙的质量分数与二水硫酸钙和无水硫酸钙的质量分数之和的比小于 80%。

【工业副产石膏】industrial by-product gypsum; chemical gypsum

又称化学石膏、合成石膏。工业生产中排出的以二水硫酸钙为主要成分的废渣的总称。包括磷石膏、氟石膏、烟气脱硫石膏、柠檬酸石膏、盐石膏、味精石膏、铜石膏、钛石膏等和其他副产石膏。粒度不大于 300mm。硫酸钙含量(质量分数)不低于 75%。可用作水泥缓凝剂，生产石膏胶凝材料及其制品，如石膏砖、石膏板、石膏砌块、石膏空心条板、石膏砂浆等。

【烟气脱硫石膏】flue gas desulfurization gypsum

工业生产中的烟气经石灰或石灰石脱硫而分离出的废渣，主要成分为二水硫酸钙。二水石膏含量(干基)不小于 85%，半水石膏含量(干基)不大于 0.50%，附着水含量(湿基)不大于 12%，pH 值(干基)为 5～9，水溶性氧化镁、水溶性氧化钠含量(干基)分别不超过 0.20%和 0.08%，氯离子含量(干基)不超过 400mg/kg。主要用于生产石膏板，亦可用作水泥缓凝剂或生产石膏砌块、装饰建筑石膏制品、粉刷石膏等。

【建筑石膏】calcined gypsum; plaster of Paris

又称巴黎石膏。天然石膏或工业副产石膏经脱水处理制得的，以β半水硫酸钙为主要成分，不预加任何外加剂或添加物的一种白色粉状气硬性胶凝材料。按原材料种类分为天然建筑石膏、脱硫建筑石膏和磷建筑石膏。密度为 2600～2750kg/m^3。β半水硫酸钙的含量(质量分数)大于 60%。0.2mm 方孔筛筛余小于 10%。主要用于制造建筑装饰制件及板块和内墙抹面，还可用以生产人造大理石。

【水玻璃】sodium silicate

参见 8.3.1【水玻璃】。

【轻烧镁胶结料】magnesia binder

又称苛性氧化镁、轻烧氧化镁、苛性苦土、菱苦土，俗称苦土粉。由菱镁矿经煅烧分解为氧化镁后磨细而成的细粉状的气硬性胶凝材料。质地疏松、孔隙率较大、化学活性很强，易进行固相反应或烧结，与水作用生成氢氧化镁而硬化。广泛用于建材、化工、冶金、医药等多个领域，可用于制造镁水泥、菱镁建材制品、隔热保温材料等，是生产防火板、轻质隔墙板等的理想材料。

【镁质胶凝材料】magnesia cement

包括两种：苛性苦土和苛性白云石。将天然菱镁矿经高温煅烧、磨细所得以氧化镁为主要成分的粉末称为苛性苦土。将天然白云石在适当温度下煅烧可得苛性白云石，其主要成分为氧化镁和碳酸钙。此外，也可用以含水硅酸镁为主要成分的蛇纹石等矿物质、冶炼轻质镁合金的熔渣或海水等为原料制备镁质胶凝材料。是一种气硬性胶凝材料。

【氯氧镁水泥】magnesium oxychloride cement

参见 8.3.1【氯氧镁水泥】。

14.3.2 掺合料

【粉煤灰】fly ash

参见 7.3.3【粉煤灰】。

【钢渣】steel slag

参见 5.4.2【钢渣】。

【电石渣】calcium carbide sludge; tourmaline sludge

参见 5.4.2【电石渣】。

【煤渣】cinder

又称炉渣。块煤经燃烧所得的以二氧化硅为主要成分的废渣。主要矿物组成是钙长石、石英、莫来石、磁铁矿和黄铁矿，含大量的硅铝玻璃体和活性氧化硅、活性氧化铝以及少量的未燃煤等。可用作水泥混合材、轻质混凝土和沥青混凝土集料、筑路材料、喷砂用砂等；可用来制造砌筑砂浆、墙体材料、屋面保温或室内地基材料和耐火材料等；有些可用于制取氧化铝或提炼镓、锗等稀有金属。

【粒化高炉矿渣】granulated blast furnace slag

参见 7.3.3【粒化高炉矿渣】。

【矿渣微粉】ground granulated blast furnace slag

又称为粒化高炉矿渣粉、矿渣粉。是指由粒化高炉矿渣经干燥、粉磨(或添加少量石膏一起粉磨)达到相当细度且符合相应活性指数的粉体。矿渣粉磨时允许加入助磨剂，加入量小于矿渣粉质量的1%。其密度大于 $2800kg/m^3$，比表面积大于 $350m^2/kg$，三氧化硫含量小于4.0%。常用作水泥混合材和水泥混凝土掺合料。

【高炉重矿渣】heavy blast furnace slag

简称重矿渣。高炉冶炼生铁所得以硅酸钙与铝酸钙为主要成分的熔融物，经自然冷却或经热泼淋水处理后得到的成块的废渣。经破碎、筛分得到重矿渣碎石，可代替天然粗集料，配制一般工业与民用建(构)筑物的设计强度等级 C50 及其以下的混凝土、钢筋混凝土和预应力混凝土，抗渗等级 P_{12} 和 P_{12} 以下的防水混凝土，极限使用温度 700℃、温度变化不剧烈、无酸碱侵蚀的耐热混凝土。亦可用作要求耐磨、防滑的高速公路、赛车场、飞机跑道等的辅助材料；铁路道砟、坑道和地基垫层填料；污水处理介质等。

【煤矸石】coal gangue

参见 7.3.3【煤矸石】。

【自燃煤矸石】self-combusted coal gangue

又称红矸。经风化自行燃烧而成的一种煤矸石。呈浅红色，结构较疏松，含无定形氧化硅和氧化铝，经磨细后具有与石灰化合生成新的水化物的能力，具有一定的火山灰活性。可用作水泥混合材和混凝土掺合料，代替黏土配制水泥生料、生产无熟料水泥或砌筑水泥、加气混凝土、轻集料等，还可用来制备公路垫层、路基及防滑路面。

【尾矿】tailing

铁矿、铜矿、锌矿等矿山选矿后排出的废渣。参见 6.2【尾矿】，可用于生产硅酸盐水泥，制备蒸养砖、烧结砖及免烧砖等。

【沸腾炉渣】fluidized furnace slag

煤矸石和煤经沸腾锅炉燃烧排出的以二氧化硅为主要成分的废渣。大部分呈灰白、黄色、白色不透明颗粒，并有少量未燃烧的碳粒，是一种火山灰质材料。密度一般为 2300～$2500kg/m^3$，松散堆积密度一般为 900～$1000kg/m^3$。

【液态渣】liquid slag

煤粉(掺有石灰石粉)经液态排渣炉高温悬浮燃烧排出的熔融物，经淬冷成粒的废渣。液态渣主要成分为 SiO_2-Al_2O_3-Fe_2O_3 体系或 CaO-Al_2O_3-Fe_2O_3-SiO_2 体系，是玻璃体和晶体的复合体。

【火山渣】cinder scoria

火山喷出的熔岩经冷却而成的粗细碎屑的总称。质轻易碎、孔隙率高、导热系数低，是一种天然轻集料。cinder 指多孔且为玻璃质的同质火山砾，粒径 4～32mm，气孔常为不规则状、圆形或长圆形，分布于火山口的周围。scoria 是指安山岩和玄武岩表面的多气孔的渣状壳。有时 cinder 和 scoria 又被用作同义词。

【硅灰】silica fume

参见 7.3.3【硅灰】。

【油页岩渣】oil shale waste

油页岩经炼油或中高温加工排出的以二氧化硅为主要成分的废渣。含有镉、铬、铅等重金属元素，多孔、活性高。可用于生产建筑材料(水泥和轻质砖等)，用作化工原料(如制备高岭土、白炭黑等)和环境矿物功能材料(如制备重金属离子吸附剂、无机絮凝剂等)。

【硅藻土】diatomite

参见 6.1.2【硅藻土】。

14.3.3 黏土质材料

【黄土】loess

参见 6.1.2【黄土】。

【红土】red clay

参见 6.1.2【红土】。

【山土】mountain loam

又称红壤土。我国南方地区，将未风化或风化不完全的丘陵土，称为山土。液限高，塑性差，干燥敏感性大，通常呈红色，主要分布在湖南南部、广东北部、福建等地区。

【淤泥】silt

沉积在河湖池塘底部，未固结的软弱细粒或极细粒土，属二次黏土。淤泥按孔隙比可分为淤泥(孔隙比大于 1.5)和淤泥质土(孔隙比为 1～1.5)，按颗粒组成分为粉土质或黏土质。淤泥含有较多的有机质，天然含水率高于液限，颗粒微细，干密度小，压缩性高，强度低，结合力强，具有触变性、吸附性和膨胀性。并具有可塑性高、干燥敏感性和收缩率较大的工艺特性。大多数淤泥化学成分及矿物组成与一般黏土相似。

【污泥】sludge

污泥是污水处理后的产物，是一种由有机残片、细菌菌体、无机颗粒、胶体等组成的极其复杂的非均质体。污泥的主要特性是含水率高，有机物含量高，容易腐化发臭，并且颗粒较细，密度较小，呈胶状液态。它是介于液体和固体之间的浓稠物，很难通过沉降进行固液分离。污泥的分类方法很多，按来源分主要有生活污水污泥和工业废水污泥。生活污水污泥主要来源于污水处理厂，不仅含水率高、易腐烂、有强烈臭味，并且含有大量病原菌、寄生虫卵以及铬、汞等重金属和多氯联苯、二噁英等难以降解的有毒致癌物。生活污水污泥成分相对比较均匀，经过一定减量化、稳定化的处理，可以进行资源化利用。工业废水污泥是纺织印染、造纸、石化炼油、皮革、电镀等行业在生产过程中产生的副产物，由于行业不同，污泥的成分也各不相同，经过处理后也可进行资源化利用。

14.3.4 集料

【集料】aggregate

又称骨料，是指在混合料中起骨架和填充作用的粒料。是水泥混凝土的主要组成材料之一，主要起骨架作用和填充作用，并能减小由于胶凝材料在凝结硬化过程中所引起的体积变化。按其来源，分为天然集料和人造集料，前者如碎石、卵石、浮石、天然砂等；后者如煤渣、矿渣、陶粒、膨胀珍珠岩等；按颗粒粒径大小分为粗集料和细集料，粗集料通称为石子；细集料通称为砂子。一般规定粒径 4.75～90mm 的集料为粗集料；粒径小于 4.75mm 的集料为细集料。按其来源及表面状态，石子可分为碎石和卵石；砂子则分为天然砂(河砂、山砂、海砂)和人工砂。

【普通集料】common aggregate

是指堆积密度不小于 1200kg/m^3 的集料。普通集料可分为普通粗集料和普通细集料。主要用于配制普通水泥混凝土，普通细集料也常用于配制各种水泥砂浆。普通集料在水泥混凝土和水泥砂浆中，起到骨架作用和填充作用，并减小由于胶凝材料在凝结硬化过程中所引起的体积变化。普通集料一般应具有良好的颗粒级配，但也有单一粒径范围的普通集料。

【普通粗集料】common coarse aggregate

是指表观密度不小于 2600kg/m^3，堆积密度不小于 1350kg/m^3，且连续级配松散堆积空隙率不大于 47%的粗集料。

【普通细集料】common fine aggregate

是指表观密度不小于 2500kg/m^3，堆积密度不小于 1400kg/m^3，且松散堆积空隙率不大于 44%的细集料。

【机制砂(人工砂)】manufactured sand

参见 8.3.2【机制砂】。

【轻集料】lightweight aggregate

是指堆积密度不大于 1200kg/m^3 的粗、细集料的总称。轻集料常用于制备轻质混凝土、保温砂浆和耐火混凝土等，还可用作保温松散填充料。轻集料按照其形成条件，可分为天然轻集料、人造轻集料和工业废渣轻集料；按其堆积密度不同，可分为普通轻集料、超轻集料和高强超轻集料；按其化学成分可分为无机轻集料和有机轻集料；按其粒径形状可分为普通型、圆球型和碎石型。

【人造轻集料】artificial lightweight aggregate

是指采用无机材料经加工制粒、高温焙烧而制成的轻质粗集料及轻质细集料。人造轻集料有黏土陶粒、页岩陶粒、粉煤灰陶粒陶砂、膨胀珍珠岩、膨胀蛭石、沸石等。

【黏土陶粒】clay ceramsite

是指以黏土、亚黏土等为主要原料，经加工制粒、烧胀而制成的，粒径在 5mm 以上的轻粗集料。黏土陶粒具有轻质、强度高、吸水率低、隔热保温、抗冻耐腐蚀等特点。大量应用于配制结构混凝土、楼面混凝土，以及屋面找坡层及保温隔热层，污水处理、园林绿化和无土栽培等领域。

【页岩陶粒】shale ceramsite

又称膨胀页岩。是指由黏土质页岩、板岩等经破碎、筛分，或粉磨后成球，烧胀而成的轻质粗集料。页岩陶粒主要用于制备保温轻集料混凝土、保温承重轻集料混凝土、承重轻集料混凝土、文化石、轻质混凝土小型空心砌块、轻质隔墙板等，也可用于污水处理、园林绿化和无土栽培等领域。页岩陶粒具有质轻、筒压强度高、孔隙率高，软化系数高、抗冻性好、抗碱集料反应性优异、抗震、耐腐蚀、保温绝热性能好等特点。

【粉煤灰陶粒】fly ash ceramsite

是指以粉煤灰为主要原料，掺入粘结剂(如膨润土、黏土等)，有时也掺助熔剂等，经加工制粒、焙烧而成的陶粒。按焙烧工艺分为烧胀粉煤灰陶粒和烧结粉煤灰陶粒。

【粉煤灰集料】fly ash aggregate

是指以粉煤灰为主要原料(85%左右)，掺入适量石灰(或电石渣)、石膏、外加剂和水等，经计量、配料、成型和养护，使其水热合成反应或常温常压水化反应而制成的一种人造轻集料。

【天然轻集料】natural lightweight aggregate

是指由火山爆发形成的多孔岩石经破碎、筛分而制成的轻集料。天然轻集料有浮石、火山渣和多孔凝灰岩等。天然轻集料主要用于配制轻集料混凝土、保温砂浆和耐火混凝土等，还可用作保温松散填充料。天然轻集料多为玻璃质酸性物质，性能取决于其材料品种、形成条件、孔隙结构、颗粒形状和级配等因素。我国天然轻集料资源丰富，特别是东北、华北地区及海南岛等地蕴藏量很大。

【浮石】pumice; pumice stone; float stone

又称浮岩或轻石。是指一种由火山喷发而形成，多孔、轻质的可浮于水面上的块状岩石，经破碎、筛分而制成的一种天然轻集料。因孔隙多、质量轻、体积密度小于 1g/cm^3，能浮于水面而得名。是一种多孔、轻质的玻璃质酸性火山喷出岩。浮石具有质量轻、强度高、耐酸碱、耐腐蚀，且无污染、无放射性等特点。

【工业废渣轻集料】industrial waste slag lightweight aggregate

是指由工业副产品或固体废弃物经破碎、筛分而制成的轻集料。工业废料轻集料有粉煤灰陶粒、煤矸石陶粒、膨胀矿渣珠、自燃煤矸石、多孔烧结料和煤渣等。工业废渣轻集料主要用于配制轻集料混凝土、保温砂浆和耐火混凝土等，还可用作保温松散填充料。由于原材料来源多样，工业废料轻集料的化学成分和矿物组成变化范围大，但放射性均需满足要求。由于大量采用工业废渣为原材料，工业废料轻集料具有节材、节能、环保利废等特点。

【色质集料】color aggregate

是指本身具有一定的色彩，用于混凝土、砌块、砖等建筑制品，能起到丰富装饰效果的集料。色质集料按其来源可分为天然色质集料和人工色质集料。色质集料应不会对建筑制品的物理力学性能和耐久性产生不良影响。

【超轻集料】super lightweight aggregate

是指堆积密度不大于 500kg/m^3 的保温用或结构保温用的轻质粗集料。超轻集料常用于制备轻质保温混凝土和承重保温用混凝土等。具有质轻、堆积密度小、导热系数低、保温效果好等特点。

【高强轻集料】high strength lightweight aggregate

是指密度等级 600～900，筒压强度 4.0～6.5MPa，强度标号 25～40 的结构用轻粗集料。高强轻集料常用于制备结构用轻质混凝土等。具有质轻、堆积密度低、强度较高、导热系数低、保温效果好等特点。

14.3.5 增强材料

【增强材料】reinforced material

参见 12.1【增强材料】。

【石棉】asbestos

参见 6.1.1【石棉】。

【蛇纹石石棉】serpentine asbestos

参见 6.1.1【蛇纹石石棉】。

【玻璃纤维】glass fiber

参见 11.1.1【玻璃纤维】。

【中碱玻璃纤维】medium-alkali glass fiber

参见 11.2.1【中碱玻璃纤维】。

【耐碱玻璃纤维】alkali-resistant glass fiber

参见 11.2.1【AR 玻璃纤维】。

【合成纤维】synthetic fiber

参见 8.3.5【合成纤维】。

【聚乙烯醇纤维】polyvinyl alcohol fiber; PVA fiber

又称维尼纶，简称维纶。以聚乙烯醇为主要原料制成的合成纤维。

【聚丙烯纤维】polypropylene fiber

参见 8.3.5【聚丙烯纤维】。

【纤维素纤维】cellulose fiber

用某些植物的杆和韧皮等经机械或化学加工制成的纤维。如纸浆、竹浆、麻丝等。此类纤维的密度为 1.2～1.5g/cm^3，抗拉强度为 500～1000MPa，弹性模量为 8～10GPa，能悬浮于水中，对粉末材料有一定的吸附性。吸水性较大，耐水性较差。使用温度不宜高于 120℃。可有效阻止水泥基材料的塑性收缩、干缩和温度变化引起裂缝的发生，明显提高水泥基材料的力学性能。

【纸纤维浆】fibrous pulp

俗称纸浆。是纸纤维与水的混合液。是以植物纤维为原料，经不同加工方法制得的纤维状物质。可根据加工方法分为机械纸浆、化学纸浆和化学机械纸浆；也可根据所用纤维原料分为木浆、草浆、麻浆、苇浆、蔗浆、竹浆、破布浆等。又可根据不同纯度分为精制纸浆、漂白纸浆、未漂白纸浆、高得率纸浆、半化学浆等。一般多用于制造纸张和纸板。精制纸浆除用于制造特种纸外，也常常作为制造纤维素酯、纤维素醚等纤维素衍生物的原料。还用于人造板材的增强材料。

【钢丝网】wire mesh

用直径 0.5～1mm 的细钢丝编织成网，用作钢丝网水泥制品的材料。钢丝网的网格尺寸为 5～25mm，网格形状为正方形或长方形。

【纸面石膏板护面纸】carton board

石膏板护面专用纸。厚度 0.4～0.6mm，每平方米质量 250～300g。分内(上)面纸和外(下)面纸，外面为装饰面。要求具有一定的强度、韧性和透气性。与石膏板接触的一面要求吸水性好，以保证与石膏的粘结，另一面则要求有一定的施胶度，以防止在成型过程中湿透断裂。其作用主要是提高石膏板的强度、韧性，以及改善其保温、隔热和隔声性能。生产耐水石膏板时，则用专用的耐水护面纸。

【建筑用草板护面纸】carton board for compressed straw slabs

生产建筑用草板时，用胶粘裹在整个草芯外面的护面纸。

14.3.6 防水、绝热与吸声材料

【建筑防水材料】building waterproof material

是指应用于建(构)筑物中起着防潮、防渗、防漏，保护其不受水侵蚀破坏作用的一类功能材料。建筑防水材料一般可分为柔性防水材料和刚性防水材料。柔性防水材料主要有防水卷材、防水涂料、建筑密封材料等产品；刚性防水材料主要有防水混凝土、防水砂浆等制品。

【建筑绝热材料】building thermal insulation material

不易传热，是用于减少建筑物围护结构与环境热交换的一种功能材料，是保温材料、隔热材料的总称。其轻质、多孔，可广泛应用于建筑及其他工程设施、设备的保温隔热。按其化学成分可分为无机绝热材料、有机绝热材料

以及金属绝热材料。无机绝热材料具有不腐、不燃、耐高温等特点。常见的无机绝热材料有膨胀珍珠岩、膨胀玻化微珠、膨胀蛭石及制品、膨胀矿渣、矿物棉(如岩棉矿渣棉、玻璃棉)及制品、泡沫玻璃、硅酸钙制品等。常见的绝热材料制品有毡、带、板、片、卷材或管壳等形式。

【建筑吸声材料】building sound absorption material

是指由于其多孔性、薄膜作用或共振作用而对空气传递的声波能量具有吸收作用的一种功能材料。吸声材料有多孔吸声材料、柔性吸声材料等类型,若对材料进行构造上的处理(如各种振吸声结构)也可获得较好的吸声性能。多孔吸声材料有纤维状、颗粒状、泡沫状等多种类型,其主要特点是轻质多孔,应用普遍。吸声材料按其材质可分为无机和有机两类。常用的无机吸声材料有矿物棉、泡沫玻璃、膨胀珍珠岩等材料以及以此类材料为主要原料制成的各种吸声制品。吸声材料广泛用于音乐厅、影剧院、大中型会议室、礼堂、教室、语音室等场所内部的墙面和天棚等部位,以改善声波在室内传播的质量,获得良好的音响效果和降低噪声的效果。

【建筑防水卷材】building waterproof sheet

是指以沥青、改性沥青、合成高分子材料为基料,经过多种工艺加工而成的长条片状、可卷曲成卷状的一类柔性防水材料。按其基料的不同,可分为沥青防水卷材、改性沥青防水卷材和合成高分子防水卷材。沥青和改性沥青防水卷材一般由胎基层(也有无胎基产品)、浸渍涂盖层和保护隔离层构成。

【胎基材料】base material

用于沥青防水卷材中作增强的材料。胎基层材料一般为原纸、玻纤毡、玻纤布、金属箔、塑料膜、纺织物的一种或数种复合。常见的玻纤毡和玻纤布类胎基材料有玻纤毡、玻纤毡与玻纤网格布复合毡、聚酯毡与玻纤网格布复合毡等品种。玻纤毡是以中碱或无碱玻璃纤维为原料,采用粘合剂湿法工艺成型的一类薄毡或加筋薄毡。玻纤毡与玻纤网格布复合毡是玻纤毡与中碱或无碱玻纤网格布复合而成的一类胎基。聚酯毡与玻纤网格布复合毡是聚酯毡与中碱或无碱玻纤网格布复合而成的一类胎基。

【玻璃纤维毡防水卷材】glass fiber reinforced waterproof sheet

采用玻璃纤维毡为胎基制成的防水卷材。常见的产品有石油沥青玻璃纤维胎防水卷材、胶粉改性沥青玻纤毡与玻纤网格布增强防水卷材、胶粉改性沥青玻纤毡与聚乙烯膜增强防水卷材等。石油沥青玻璃纤维胎防水卷材是以玻璃纤维毡为胎基,浸涂石油沥青,两面覆以保护隔离层材料而制成的。玻璃纤维胎防水卷材具有良好的耐水性、耐腐蚀性和耐久性,适用于一般工业和民用建筑的防水。其中彩砂面层的制品适用于复合防水层的面层和不再作表面处理的斜屋层。

【保护隔离层材料】protective isolation layer material

覆盖在沥青和改性沥青防水卷材上、下表面,防止卷材在生产、成卷、贮运过程中发生粘结的一类覆面材料。常见的有矿物覆面材料、聚乙烯膜覆面材料、铝箔覆面材料等多种。应用于防水卷材上表面的矿物覆面材料有粒状、片状、粉状等多种形式。粒状、片状矿物覆面材料,不仅起着防粘隔离作用,而且还具有保护浸渍涂盖层材料完整性和不受紫外线及大气直接照射,提高防水卷材抗老化性能和耐久性能的作用。

【砂面防水卷材】sand surfaced waterproof sheet

采用砂(如彩色砂粒等)为卷材上表面隔离材料制成的防水卷材。其砂粒可分为天然彩色砂粒和人造彩色砂粒。天然彩色砂粒是采用彩色大理石、花岗石经粉碎而成。人造彩色砂粒则以石英砂、长石和瓷土为主要原料,添加粘合剂烧制而成的。砂面防水卷材不仅具有良好的气候稳定性,而且色泽鲜艳、品种多样,改善了防水卷材的外观,起着美化屋面的作用。宜用作多层防水的表面层,不宜用作多层防水的中间层。

【片毡】flake surfaced felt

以片状矿物材料(如云母屑等)为卷材上表面隔离材料制成的防水卷材，片毡具有能将照射的部分紫外线反射回去，从而减少光对防水卷材作用的功能，宜用作多层防水的表面层，不宜用作多层防水的中间层。

【粉毡】powder surfaced felt

以粉状矿质材料(如滑石粉、板岩粉等)为隔离材料制成的防水卷材。由于粉毡在多层防水各层之间粘合时，易将多余的保护隔离层材料清除干净，且不影响各层防水卷材的粘合，故粉毡宜用作多层防水的中间各层次。

【钠基膨润土防水毯】sodium bentonite geosynthetic clay liner

以钠基膨润土为主要原料，采用针刺法、针刺覆膜法或胶粘法生产的一种新型的土工合成材料。适用于地铁、隧道、人工湖、垃圾填埋场、机场、水利路桥、建筑等领域的防水、防渗工程；不适用于存在高浓度电解质溶液的防水、防渗工程。按产品生产工艺可分为针刺法钠基膨润土防水毯、针刺覆膜法钠基膨润土防水毯和胶粘法钠基膨润土防水毯。针刺法钠基膨润土防水毯是由两层土工布包裹钠基膨润土颗粒针刺而成的毯状材料；针刺覆膜法钠基膨润土防水毯是在针刺法钠基膨润土防水毯的非织造土工布外表面上复合一层高密度聚乙烯薄膜；胶粘法钠基膨润土防水毯是用胶粘剂把膨润土颗粒粘结到高密度聚乙烯板上、经压缩生产的一种制品。

【建筑防水涂料】building waterproof paint

是由沥青、合成高分子聚合物、合成高分子聚合物与沥青、合成高分子聚合物与水泥或以无机复合材料等为主要成膜物质，掺入适量的颜料、助剂、溶剂等加工制成的溶剂型、水乳型或反应型的，在常温下呈无固定形状的黏稠状液体或可液化的固体粉末状的高分子合成材料，可单独或与胎体增强材料复合、分层涂刷或喷涂在需要进行防水处理的基层表面上，通过溶剂的挥发或水分的蒸发或反应固化后可形成一个连续、无缝、整体的，且具有一定厚度的、坚韧的、能满足工业与民用建筑的屋面、地下室、厕浴、厨房及外墙等部位的防水渗漏要求的一类材料的总称。

【聚合物水泥防水涂料】polymer-modified cement compounds for waterproof membrane

简称JS防水涂料。以丙烯酸酯、乙烯-乙酸乙烯酯等聚合物和水泥为主要原料，加入填料以及其他助剂配制而成的，经水分挥发和水泥水化反应固化成膜的，适用于房屋建筑及土木工程涂膜防水用的一种双组分水性防水涂料。

【建筑密封材料】building sealing material

能承受接缝位移以达到气密、水密目的而嵌入建筑接缝中的一类材料。建筑密封材料按其形态可分为预制密封材料和密封胶。预制密封材料是指预先成型的、有一定形状和尺寸的一类密封材料；密封胶是指以非成型状态嵌入接缝中，通过与接缝表面粘结而密封接缝的一类密封材料。

【膨润土橡胶遇水膨胀止水条】water-swellable water stop band made from bentonite and rubber

以膨润土为主要原料，添加橡胶及其他助剂加工而成的，根据其特性可分为普通型和缓膨型的，应用于各种建筑物、构筑物、隧道、地下工程及水利工程的缝隙止水防渗的一种防水密封材料。

【刚性防水材料】rigid waterproof material

是指以水泥、砂石、水等为原材料，在其内掺入少量外加剂、高分子聚合物、纤维类增强材料等，通过调整配合比、抑制或减少孔隙率、改变孔隙特征、增加各组成材料的密实性等方法，配制而成具有一定抗渗透能力的防水混凝土、防水砂浆、水泥基渗透结晶型防水材料等。

【水泥基渗透结晶型防水材料】cementitious capillary crystalline waterproof material

一种以硅酸盐水泥为主要成分，掺入一定量的由碱金属盐或碱土金属盐、络合化合物等复配而成，具有较强的渗透性，能与水泥的水化产物发生反应生成针状晶体的活性化学物质，从而制成的一类粉状的、用于水泥混凝土结构防水工程的刚性防水材料。其特点是与水作用后，材料中所含有的活性化学物质以水为载体在混凝土中渗透，与水泥水化产物生成不溶于水的针状结晶体，填塞毛细孔道和微细缝隙，从而提高混凝土的致密性与防水性。制品按使用方法的不同，分为水泥基渗透结晶型防水涂料和水泥基渗透结晶型防水剂。

【聚合物水泥防水砂浆】polymer modified cement mortar for waterproof

以水泥、细集料为主要组分，以聚合物乳液或可再分散乳胶粉为改性剂，添加适量助剂混合制成的一种防水砂浆。产品按性态的不同可分为单组分和双组分两类。单组分由水泥、细集料和可再分散乳胶粉、添加剂等组成；双组分由粉料(水泥、细集料)和液料(聚合物乳液、添加剂等)组成。产品具有粘结强度高、和易性能好、施工方便、耐腐、耐高低温、耐老化、无毒无味、不污染环境等特点，适用于工业与民用建筑的防水防渗处理和渗漏修补。

【混凝土结构修复用聚合物水泥砂浆】polymer modified cement mortar for concrete structure repair

以聚合物、水泥、细集料、添加剂等为主要原材料，按适当配合比制备而成的，应用于混凝土结构修复的一种水泥砂浆。产品按所用聚合物的状态不同分为两类。第一类由水泥、细集料、可再分散乳胶粉和添加剂等组成；第二类由水泥、细集料、聚合物乳液和添加剂组成。产品按其物理力学性能的不同分为A、B、C三种类型：A型适用于承重混凝土结构的加固和修复；B型适用于承重混凝土结构的修复；C型适用于非承重混凝土结构的修复。

【无机防水堵漏材料】inorganic waterproof and leakage-preventing material

以水泥为主要组分，掺入添加剂，采用一定工艺加工制成的用于防水、抗渗、堵漏的一种无机材料。产品根据凝结时间的不同，可分为缓凝型和速凝型。

【水泥基灌浆材料】cementitious grout

以水泥为基本材料，加入适量的细集料、少量的混凝土外加剂及其他材料组成的一种干混材料。加水拌和后具有大流动度、早强、高强、微膨胀的性能。适用于设备基础二次灌浆、地胶螺栓锚固、混凝土加固、修补等。

【膨胀珍珠岩】expanded perlite

由天然酸性火山玻璃质熔岩，即珍珠岩、松脂岩、黑曜岩经破碎、筛分、高温焙烧、膨胀冷却而制成的白色颗粒状多孔绝热材料。通常称作膨胀珍珠岩粉料或膨胀珍珠岩散料。其颗粒内部呈蜂窝结构，具有质轻、绝热、吸声、无毒、无味、不燃烧、耐腐蚀等特点。除直接适用于温度在73～1073K(－200～800℃)范围内作为绝热材料及用于制作绝热、吸声、防火等制品外，还可以配制建筑轻质砂浆，广泛应用于国防、化工、石油、冶金、电力、运输、制冷、建筑等领域作为声、热绝缘材料。

【膨胀玻化微珠】expanded and vitrified small ball

由玻璃质火山熔岩矿砂经膨胀、玻化等工艺制成的，表面玻化封闭，呈不规则球状，内部为多孔空腔结构的无机松散颗粒材料。适用于制成使用温度不高于800℃的膨胀玻化微珠产品，由于其表面玻化而形成一定的颗粒强度，理化性能稳定，宜用作轻质填充集料和绝热、防火、吸声、保温材料。以膨胀玻化微珠、无机胶凝材料、添加剂、填料等混合而成的膨胀玻化微珠保温隔热砂浆适用于建筑物墙体、屋面及楼地面的保温隔热。

【膨胀蛭石】expanded vermiculite

参见6.1.1【膨胀蛭石】。

【膨胀蛭石制品】expanded vermiculite products

以膨胀蛭石为主要组分，掺加适量的粘结剂，经搅拌、成型、干燥或养护而制成的，使用温度在－40～800℃范围内的一类各种形状的绝热制品。按掺加的粘结剂的不同，可分为水泥膨胀蛭石制品、水玻璃膨胀蛭石制品、沥青膨胀蛭石制品；按形态可分为板、砖、管壳等制品。

【膨胀矿渣】expanded slag

又称矿渣浮石或泡沫矿渣。熔融高炉矿渣与少量水接触产生蒸汽而膨胀，经冷却凝固制成。外观如碎石，松堆密度为600～900kg/m^3。

用于配制轻集料混凝土。如采用滚筒抛出工艺，可制得膨胀矿渣珠，即矿渣膨珠，表面具有玻璃质坚硬外壳，内部多孔，松堆密度在1200kg/m^{3}以下，也可用作混凝土的集料。

【矿物棉】mineral wool

参见11.1.1【矿物棉】。

【矿物棉装饰吸声板】mineral wool decorating and acoustic ceiling

以矿渣棉、岩棉和玻璃棉等为主要原料，采用湿法或干法工艺加工而成的，常用于改善建筑物声学性能的一类装饰吸声板材。根据产品生产工艺的不同，可分为湿法板和干法板两类；根据产品的安装方式的不同，分为复合粘贴板、明暗架板、暗架板、明架板(平板、跌级板)等。

【岩棉】rock wool; stone wool

参见11.2.3【岩棉】。

【矿渣棉】slag wool

参见11.2.3【矿渣棉】。

【岩棉及矿渣棉制品】products of rock wool and slag wool

在岩棉或矿渣棉中加入适量热固性粘结剂，经压型、加热、聚合或干燥而制成的，适用于建筑物围护结构上或具有保温功能的建筑构件和地板上使用的板、带、毡等绝热制品。

【玻璃棉】glass wool

参见11.2.3【玻璃棉】。

【玻璃棉制品】glass wool products

以玻璃棉纤维为基材，加入一定量的胶粘剂和助剂，经烘干、固化、成型、切割、贴面等工序而制成的一类绝热制品。玻璃棉制品按其形态可分为玻璃棉、玻璃棉板、玻璃棉带、玻璃棉毯、玻璃棉毡以及玻璃棉管壳等。玻璃棉制品密度小、导热系数低、不燃、吸声效果好，可广泛应用于保温、隔热、吸声等场合。

【泡沫玻璃】cellular glass

参见10.2.1【泡沫玻璃】。

【硅酸钙绝热制品】calcium silicate thermal-insulation products

参见8.2.3【硅酸钙绝热制品】。

14.3.7 外加剂

【外加剂】admixture

参见8.3.4【外加剂】。

【发气剂】gas former

参见8.3.4【发气剂】。

【泡沫混凝土用泡沫剂】foaming agent for foam concrete

一种添加剂，溶于水后能降低液体表面张力，通过物理方法产生大量均匀而稳定的泡沫，用于制备泡沫混凝土及其制品。按形态分粉状泡沫剂和液体泡沫剂，品种有：松香皂泡沫剂、石油磺酸铝泡沫剂、动物毛泡沫剂、塑脂皂类泡沫剂、水解血胶泡沫剂等。泡沫剂性能包括泡沫剂的匀质性、发泡倍数、1h沉降距和1h泌水率，以及按标准方法配制的干密度400+30kg/m^{3}的泡沫混凝土性能，包括泡沫混凝土料浆沉降比、导热系数和抗压强度。

【脱脂剂】degreasing agent

铝粉在磨细过程中为了安全须加入一定量的硬脂酸，在颗粒表面形成硬脂酸保护层，使用铝粉做发气剂配制铝粉悬浮液时需要加入脱脂剂除去硬脂酸，即脱脂。常用的脱脂剂有拉开粉(二丁奈酸钠)、皂素或皂素植物再制剂、净洗剂及洗衣粉等。

【稳泡剂】foam stabilizing agent

掺有发气剂或泡沫剂的料浆为固-液-气三相体系，形成的气泡是由液体膜包围着气体。由于表面张力的作用，液体表面要自动缩小，气泡容易破裂。稳泡剂系指能降低液体表面张力，增加气泡膜的机械强度，防止气泡破裂的外加剂，属表面活性剂。常用可溶油、氧化石蜡皂、茶皂素等作为稳泡剂。

【调节剂】regulator

调节加气混凝土、发气混凝土料浆性能，以保证制品质量的外加剂。如调节发气剂发气反应速度，调节料浆稠化速度，调节加气混凝土热膨胀系数等。常用的调节剂有石膏、烧碱、水玻璃、菱苦土等。根据所用原材料及其工艺要求，选择不同的调节剂。

【蒸压加气混凝土钢筋防腐剂】autoclaved aerated concrete steel reinforcement corrosion inhibitor

蒸压加气混凝土板中配置的钢筋应用防锈剂作防锈处理，防锈剂又称防腐剂。经防锈剂处理后，要求钢筋锈蚀面积不超过5%，钢筋粘着力不低于1.0MPa。此外，防锈剂还应当适应加气混凝土生产工艺的特点，如涂层能经受料浆高碱度(pH12)、高温(180～200℃)、高湿(饱和蒸汽)的作用等。防锈剂分为三类，即水性涂料、油性涂料、无溶剂涂料等。应用的品种有：过石灰乳化沥青防腐涂料、水泥-酪素-乳胶防腐剂、水泥-酚醛-沥青防腐剂、沥青硅酸盐防腐剂、沥青-乳胶防腐剂、聚合物-水泥防腐剂、苯-丙乳液防腐剂、水性高分子涂料等。

14.4 工艺及设备

14.4.1 原料制备

【风化】weathering

原料土、岩石等在自然条件下经风霜雨雪、日光、寒暑的作用，反复吸水、脱水、冻融所引起的物理和化学变化。物理作用有胀缩崩解、水分均化、塑性改善等。化学变化有碳、硫化物的氧化；可溶盐的水解和水化；可溶物质的溶解和置换等。

【除铁】de-ironing; iron removal

参见9.4.1【除铁】。

【浆状物料配料】paste like material batching

以浆状物料为主的配料方式。如加气混凝土配料中，经处理的原材料物理形态有三种：浆状物料，即砂、矿渣、粉煤灰类硅质材料以湿磨工艺磨细后，都以浆状形态进行配料，废料浆也视同浆状物料。配料前要测定并调整其密度、浓度等，使硅质材料量和用水量符合配合比要求，确定其称量值，称量采用体积计量或质量计量。液体物料水，补充浆状物料中水量的不足，使浆状物料调整后其含水量已基本达到水料比要求的水量。粉状物料水泥、石灰等，按配比要求称量，先、后投入浆状物料中继续搅拌。最后投入铝粉悬浮液或铝粉膏悬浮液后，完成配料，继续搅拌并浇注。

【料浆】slurry

具有一定细度的固体粒子(胶凝材料、硅质材料等)，与水混合而成浆状悬浮体系。用于浇注成型多孔混凝土坯体。主要要求有适当的流动性和足够的稳定性。常控制其组成、细度、空气和水的含量以及温度等要素，来保证工艺实施和制品的质量。料浆中水分子与固体组分之比称水料比，一般以重量计。

【消化】hydration

生石灰加水后成为熟石灰，又叫消石灰，其过程称为消化或消解。在标准容器中消化石灰试样时，测得的消化温度与消化时间的关系，反映了此过程。将石灰消化达到最高温度的时间，称为消化速度。石灰的消化温度与消化时间影响加气混凝土的浇注稳定性和坯体的硬化。生产蒸压粉煤灰砖、蒸压灰砂砖时，工艺中有混合料的消化，即将生石灰与硅质材料加适量水搅拌混合后进行的消化。作用是生石灰充分消解，防止在蒸压过程中石灰消化产生体积膨胀，使砖胀裂。充分消解增加混合料的可塑性，提高坯体成型性能。

14.4.2 搅拌

【陈化】ageing

把混合料放置在一定温、湿度环境条件下，使其发生湿化、均化等物理、化学反应，从而改善泥料工艺性能的一种处理工艺。陈化过程中混合料充分水化并进行离子交换，使一些硅酸盐矿物水解成为胶结物质；有机物分解，微生物繁殖，使混合料松软均匀。因此陈化能提高混合料的塑性、流动性和粘接性，改善成型性能和湿坯的干燥性能。陈化时间根据原料性能和产品要求确定，一般不少于72h，陈化温度>5℃。

【搅拌挤出】mixing extrusion

混合料在搅拌挤出机中经搅拌刀搅拌、螺旋绞刀挤压、密实并切碎的过程。搅拌挤出在搅拌的同时强力挤压使混合料和水分进一步均化，提高混合料的成型性能和干燥性能。

【泥料真空处理】de-airing of clay

在真空室中抽出泥料中空气的过程，可改善成型性能，提高坯体密实度和成品强度。是改善制品质量的必要工艺措施。

【泥料加热处理】steam heating of clay

砖坯成型前喷射蒸汽，提高泥料温度的过程。其作用主要是改善泥料成型性能和提高砖坯温度(一般要求稍高于干燥室的入口温度)，以利于提高坯体的初期脱水速度，缩短干燥周期，减少干燥缺陷，是人工干燥的一个重要措施。

14.4.3 成型

【成型】forming

通过机械作用将混合料按照所需要的尺寸和形状制成具有一定强度的砖(瓦)坯体的工艺过程。

【热压成型】heating-pressed moulding

经搅拌处理的混合料在模具内被加热，在热压的条件下固结成型的方法，如植物类纤维板的成型。

【挤出成型】extrusion

参见 8.4.2【挤出成型法】。

【硬塑挤出成型】stiff extrusion

挤出机挤出泥条时，原料成型含水率<13%，通常挤出压力>2.2MPa。

【半硬塑挤出成型】semi-stiff extrusion

挤出机挤出泥条时，原料成型含水率13%～17%，通常挤出压力1.4～2.2MPa。

【塑性挤出成型】plastic extrusion

挤出机挤出泥条时，原料成型含水率>17%，通常挤出压力<1.4MPa。

【模压成型法】mould pressing forming method

将混合料放入成型模具中，然后闭模加压而使其成型的方法。其包括两种方法：一种是靠模具的底模形状，将混合料压制成与底模相应的几何形状的方法，适于制造表面形状复杂的混凝土构件和制品。另一种是压印法，利用压头(压板)形状，将混合料压制成与压头相应的几何形状的方法，适于制造压印混凝土和制品。

【浇注成型】casting molding

将高流动性的混凝土混合料浇注于模具中，借助于自重或轻微振动使其充满模具而密实成型的方法。主要用于多孔混凝土制品的成型。

【挤压振动成型】vibration extrusion molding

利用螺旋绞刀对混合料的挤压和附着式振动器的振动作用，使混合料密实成型的方法。主要用于生产多孔混凝土制品(墙板)。有固定式挤压振动成型和移动式挤压振动成型之分。

【固定式挤压振动成型】stationary vibration extrusion molding

在多孔混凝土制品生产中用挤压振动成型机组连续挤出一定截面尺寸的产品的成型方法。利用机组的螺旋绞刀对混合料的挤压作用和附着式振动器的振动作用，使混合料密实成型。成型机组固定，挤出成型的产品在传送带上移动、挤出一定长度后由切割机切断成规格要求的产品。

【移动式挤压振动成型】portable vibration extrusion molding

在长线台座上用移动式挤压振动机组连续生产多孔混凝土制品(墙板)的一种成型方法。利用机组的螺旋绞刀对混合料的挤压作用和附着式振动器的振动作用，使混合料密实成型。生产中由于混合料对绞刀的反作用力，在连续挤出产品的同时，机组沿台座向后移动。

【成组立模成型工艺】group the modle molding process

采用成组立模组织生产的工艺方法。特点是模板垂直成组组合使用，可同时生产多块构件。每组模板均装有行走轮，能以上悬或下行方式作水平移动，以满足拆模、清模、布筋、支模等工序的操作需要。模板为箱体结构，腔内可通入蒸汽，侧模装有振动设备。从模板上方分层灌筑混凝土后，即可分层振动成型。与平模工艺比较，可节约生产用地、提高生产效率，而且构件的两个表面同样平整，通常用于生产外形比较简单而又要求两面平整的构件，如内墙板、楼梯段等。成组立模工艺成型精度高，使用材料广，结构紧凑。

【平模流水成型工艺】flat-form process

混凝土制品流水生产组织方法之一。生产过程分为若干工序，采用联动传送，使模型（平模）按一定节拍在传送带上顺序向前移动，在各固定工位上完成相应的工序。成型制作工序与养护设施在同一平面上，称平面平模流水；成型制作工序与养护设施不在同一平面上，称立体平模流水。平模在成型制作工段可用钢板带、轨道、滚道、托轮等传送。采用立窑、隧道窑、折线窑连续式养护窑养护。机械化自动化程度高，占地面积小，生产效率高；但设备复杂，一次性投资大。适用于生产各种板材，如外墙板、内墙板、楼板、屋面板等。

【浇注稳定性】pouring stability

又称发气稳定性。指加气混凝土（或发气混凝土）料浆浇注入模后，能否充分发气膨胀，形成稳定气孔结构的能力。浇注稳定性主要受发气膨胀特性和浆体稠化特性的影响，要做到浇注稳定性好，实质是使发气过程与稠化过程相适应，也就是要求在大量发气的初期，料浆的流动性好，黏度随时间缓慢增长，以便发气剂充分发气。而在发气后期，浆体黏度迅速增长，流动性降低，使已形成的气孔结构得以维持并能抵抗由于局部破坏（如冒泡）造成的不平衡，否则将出现沸腾塌模，憋气沉陷等不稳定现象。保证浇注稳定性是提高产品质量、产量、降低成本的关键之一。

【稠化】densening

指料浆随时间流动性丧失的情况，失去流动性意味着料浆已稠化。失去流动性是料浆中胶凝材料在化学和吸附作用下不断分散，固相表面积不断增多，水分愈来愈多地被吸附，极限剪应力和塑性黏度不断增大的过程。稠化过程与胶凝材料性质、水料比、外加剂的性质和掺量、料浆温度等有关。料浆稠化后，进入坯体形成阶段。

【静停】delaying curing

指加气混凝土（或发气混凝土）坯体静停。静停使料浆稠化后形成坯体，并将多孔结构被固定下来，随时间发展塑性强度逐渐增长，直至坯体可以切割。静停关系会影响坯体强度的形成和时间的长短。在原材料和工艺中，钙质材料的品质、料浆的水料比和浇注温度对坯体强度增长速度的影响尤为显著。为提高坯体强度均匀性，宜采用温度在 40～45℃的热室保温静停，热室静停还能提高坯体强度增长速度，缩短静停和切割时间。

【切割】cutting

切割是蒸压加气混凝土（发气混凝土）生产过程中的一个重要工艺过程。加气混凝土（发气混凝土）由料浆浇注、发气膨胀、稠化而形成体积较大的坯体，要符合使用要求的外形尺寸，必须对坯体进行分割加工，称为切割。具有了一定强度的坯体才能进行切割，以确保切割尺寸准确，切面粗糙度小，切割后的坯体不相互粘连，也不因自重和相互挤压发生变形。因此，坯体强度偏低或偏高都影响切割的效果。

【轧压成型】rolled moulding

靠轧辊碾压使混凝土密实成型的工艺方法。主要设备是振动轧压机。干硬性混合料盛于钢模中或传送带上，通过一套轧辊的碾压逐渐由厚变薄，由松变实并成为与轧碾相应的几何形状。优点是轧碾压力虽较小，但与混合料的接触面积小，可以使混合料受到较大的成型压力，因而制品密实度较高，相当于 300～500kg/cm^2 静压力的压实效果。

【抄取成型】hatschek process moulding

又称抄取法。湿法工艺制造纤维水泥制品的方法之一，其成型原理与造纸法相似。主要工艺过程包括原材料加工、料浆制备和贮存、抄取成坯、直压成型、养护等。抄取成型的主要特点是料浆浓度小，一般为 3%～13%，纤维在制品中呈二维定向排列，纤维的利用效率较高，制品质量好，生产效率高。但主机及附属设备较为复杂。

【流浆成型】flow-on process moulding

湿法工艺制造纤维水泥制品的方法之一。流浆成型是由制浆系统送料进流浆箱，流浆箱内设置的搅拌器使料浆均匀分布，防止料浆沉淀。当箱内液面超过一定高度后料浆从流浆板上流出，均匀地铺在运行中的无端毛布上，经毛布过滤、形成连续均匀的料浆层。而后，毛布在运行中带着料浆层，经过自然脱水、再通过多道真空达到逐渐脱水形成薄料层，最后由毛布传递到成型筒上，经连续挤压缠卷成一定厚度的结构较为密实的料坯，进入下道工序直至成品。

【长网吸滤成型】vacuum filtration on conveyor felt process moulding

利用流浆机与真空脱水装置制造纤维水泥制品和纤维石膏制品的一种成型方法。将料浆均匀地铺展在连续移动的长网上，长网经过真空吸滤箱负压吸滤后制得湿板坯。这种工艺吸取了真空吸滤法的优点，又变间歇式为连续式生产，适宜于大幅面平板的生产。

【喷射成型】spraying process moulding

通过纤维切短喷射器和水泥浆喷射器，分别喷出纤维和水泥浆，汇合一起喷射在模型上成型。是制造纤维水泥制品的一种成型方法。

【喷吸成型】spray-suction process moulding

通过纤维切短喷射器和水泥浆喷射器，分别喷出纤维和水泥浆，汇合一起喷射在模型上，再利用真空抽吸脱水装置吸除部分多余水分以提高制品的强度及其他性能的成型方法。是制造纤维水泥制品的一种成型方法。

【抹浆成型】lay-up process moulding

将连续的纤维纱、纤维毡片、纤维网片或钢丝网片和水泥砂浆，分别铺放在模型内，并使之密实、抹平、抹光的整个工序。主要有手工抹浆和机械抹浆两种，是制造纤维水泥制品的一种成型方法。

【切条】column cutting

将挤出机挤出的泥条切割成定长度尺寸的坯条，并将坯条输送到后续工序的成型工序。

【切坯】brick cutting

将泥条切割成湿坯的成型工序。主要用于生产烧结砖、烧结砌块等产品，保证按设定尺寸成型坯体。

【压制成型】pressing

使用压制设备将泥料或泥片在模腔内加压制成所需尺寸坯体的一种成型方法。含水率大于 12%为塑性压制成型，一般用于压制黏土瓦坯；8%～12%为半干压成型，可用于压制成型道路砖、装饰砖等砖坯。

【坯体】green body

砖、瓦制作过程中未经烧制的半成品，包括干坯和湿坯。

【砖坯】adobe

指经过成型工段、未经过焙烧的烧结砖半成品。

【湿坯】wet body

未经过干燥工序处理的坯体。

【干坯】dry body

经过干燥工序处理的坯体。

14.4.4 养护

【预养】precuring

成型后的坯体或制品，养护前在适当的温度和湿度环境中停放一段时间的工艺措施，称为预养。目的在于提高其强度，以便在正式养护时能承受较大的温、湿度梯度产生的应力，并缩短养护周期。分自然预养(在露天或室内自然条件下)，湿热预养(在 60℃以下的蒸汽中)，干热预养(不超过 60℃干热气体)等。

【养护】curing

为成型后的坯体或制品创造适当的温度和湿度条件，以利其继续水化硬化，达到所需的强度及耐久性等指标的工艺措施，称为养护。制品养护的三个要素是介质的温度、湿度及养护延续时间。养护方法有自然养护(包括空气中养护，水中养护)、常压蒸汽养护、高压蒸汽养护、红外线养护、微波养护、太阳能养护等。

【自然养护】natural curing

自然条件下，在空气或水中，对坯体或制品进行养护的方法，简称自养。利用自然气温进行的养护时，要加以覆盖(并浇水)以防水分急剧蒸发。此种养护不需养护窑等设备，但养护时间长。水中养护，将坯体或制品置于水中进行养护的方法。

【湿热处理】hydrothermal treatment

也称湿热养护或水热处理。使混凝土在较高温度的水或蒸汽中硬化，是加速制品硬化的常用养护方法。温度是主要因素，决定胶凝材料水化速度和产物。保证环境湿度主要是为了防止混凝土失水，以保持水化硬化必需的水分，避免发生早期干缩裂纹。养护过程分升温、恒温、降温三个阶段。恒温是使制品硬化的主要阶段。升温、降温控制一定的速率，以避免制品产生较大的温度应力而发生裂纹。湿热养护分常压蒸汽养护和高压蒸汽养护。

【常压蒸汽养护】steam-curing

采用常压蒸汽(绝对压力为 0.10MPa，温度不超过水的沸点)，对成型的坯体或制品进行水热处理的养护方法，简称蒸养。蒸养一般在各种养护窑(室)内进行，是混凝土制品厂常用的养护方法。

【高压蒸汽养护】autoclaving

采用高压蒸汽(绝对压力不低于 0.88MPa，温度 174 ℃以上)，对成型后的坯体或制品进行水热处理的养护方法，简称压蒸或蒸压。在高压釜中进行，是混凝土尤其是硅酸盐混凝土常用的养护方法。比蒸养制品硬化快、强度高、收缩小、抗冻和大气稳定性好。

【红外线养护】ultrared curing

参见 8.4.4【红外线养护】。

【微波养护】microwave curing

参见 8.4.4【微波养护】。

【太阳能养护】solar power curing

利用太阳热能进行养护的方法。太阳辐射主要以电磁波辐射方式向外传播，其中红外线含有大量辐射能，混凝土中的游离水成为红外线辐射冲击、吸收的介质，介质分子作强烈振动，将辐射能转换为热能，使混凝土内部升温较快。另外，太阳辐射热也使养护(棚)环境内的温、湿度升高。这都加速了水泥水化，促进强度增长。

【养护制度】curing schedule

参见 8.4.4【养护制度】。

14.4.5 干燥

【干燥】drying

利用干燥介质排除湿坯水分的工艺过程。是生产烧结制品必要的工艺过程，成型湿坯经过干燥工艺脱去成型水分，具有一定的强度后才能入窑焙烧。坯体的干燥过程是湿、热传递的过程，在干燥介质中，坯体表面水分蒸发并扩散到介质中，坯体内部水分由于与表面水分形成湿度差而迁移至表面，表面蒸发水蒸气，被流动的干燥介质带走，使干燥过程持续进行。干燥过程持续进行的条件是坯体表面的水蒸气压强大于干燥介质的水蒸气分压强，当坯体表面的水蒸气压强等于干燥介质的水蒸气分压强时，坯体水分和介质的水蒸气处于平衡状态，干燥过程停止。因此介质湿含量低而热含量高，且具有一定的流动性时，坯体干燥效果较好。

【自然干燥】natural drying

在自然环境中利用太阳能和空气介质来排除坯体内水分的干燥方法。坯体干燥速度除与泥料干燥性能和码坯形式有关外，还取决于大气温度、湿度、风速等因素。自然干燥占地面积大，受自然条件限制，干燥效果不稳定、不易保持常年连续生产。

【人工干燥】artificial drying

在干燥设备中利用各种热源和强制通风来排除坯体中水分的干燥方法。分连续式和间歇式两大类。常用干燥室有：隧道式、吊篮式和室式等。人工干燥工艺能保证连续生产，提高劳动生产率。

【干燥周期】drying cycle

坯体从干燥开始到干燥结束所需的时间。干燥周期取决于砖坯的成型方法、泥料的干燥敏感性和干燥制度。

【干燥曲线】drying curve

表示坯体干燥过程中各参数与干燥时间之间关系的曲线，包括坯体干燥曲线、干燥速度曲线和坯体温度曲线。坯体干燥曲线以时间为横坐标，坯体水分的平均百分含量为纵坐标绘制而成；以干燥时间为横坐标、平均干燥速度为纵坐标绘制的曲线称干燥速度曲线；以干燥时间为横坐标、坯体温度为纵坐标绘制的曲线称坯体温度曲线。典型的干燥曲线如附图所示。

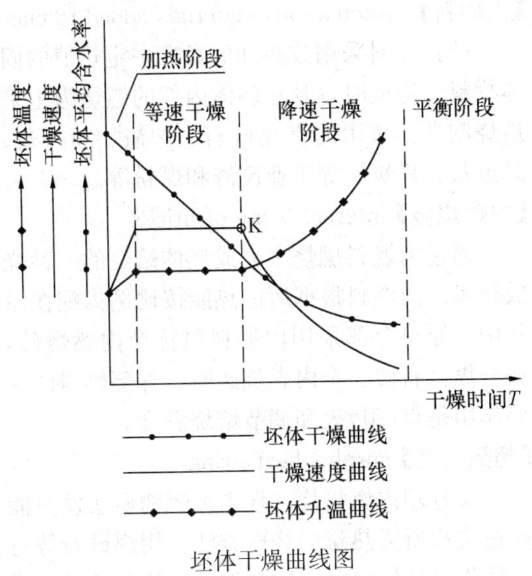

坯体干燥曲线图

在恒定干燥条件下，按照干燥曲线的变化特性将干燥过程划分为加热阶段、等速干燥阶段、降速干燥阶段和平衡阶段。加热阶段坯体温度自表面向内部逐渐升高直至坯体表面、坯体内部及周围环境温度一致，水分自坯体内部迁移至表面蒸发被介质带走，干燥速度逐渐增加至最大值；等速干燥阶段是干燥过程的主要阶段，坯体水分迁移和蒸发达到平衡，坯体温度和干燥速度保持恒定，坯体含水率线性下降，坯体随水分的排出而收缩；达到降速干燥阶段后坯体的干燥收缩基本结束，继续干燥只增加坯体内的孔隙，可以采取加速干燥的措施而不致引起坯体开裂。

干燥曲线是制定和调整干燥制度的依据，但坯体的干燥曲线在生产中不易绘制，通常以干燥介质的温度曲线和相对湿度曲线来表征，这两种曲线的横坐标均可以是干燥时间或干燥室长度。

【临界含水率】critical moisture content

把坯体在干燥过程中由等速干燥阶段过渡到降速干燥阶段的转折点称为临界点(坯体干燥曲线图中的K点)，把在临界点处坯体的含水率(干基)称为临界含水率。临界含水率与泥料性质、介质温度、湿度、流速、坯体的成型温度和成型水分等因素有关。临界含水率是制定干燥制度的重要工艺参数，达到临界点后可以采取加速干燥的措施，在临界水分前的干燥过程需特别小心。

【干燥介质】drying medium

在干燥过程中传送热能和带走水分的媒介物质，如热空气、热烟气等。

【单层干燥】single-layer-setting drying

基于坯体在干燥装置内码放形式分类的一种人工干燥方式。坯体码放在托板(托架)上，托板(托架)分层搁置在干燥车或干燥架上，层间留有空隙。单层干燥时坯体只承受自身的重力，干燥收缩不受制约，干燥成品率高。生产对外观要求高、薄壁多孔的产品时常采用单层干燥；当湿坯的强度低、干燥收缩率大、干燥敏感性高时，宜采用单层干燥方式。

【多层干燥】multi-layer-setting drying

是相对于单层干燥的一种干燥方式。坯体在干燥车(或窑车)上码成坯垛，上一层坯体码放在下一层坯体上，坯体逐层相压。与单层干燥相比，多层干燥码窑密度大，干燥室产量高。缺点是下层砖坯承受上层砖坯的重力，且干燥过程中下层的砖坯不能自由收缩，当砖坯强度低或干燥收缩率较大时，易产生裂纹，因此适用于干燥强度高、干燥收缩率小的湿坯。常与硬塑挤出成型配套，用于煤矸石等硬质原料的一次码烧工艺。

14.4.6 焙烧

【烧成】firing

干坯在窑炉中完成预热、焙烧、冷却的工艺过程。坯体在这一过程中发生一系列物理、化学变化，形成预期的致密结构，从而达到一定强度并获得所要求的性能。

【焙烧】firing

砖瓦坯体在高温条件下(一般850～1150℃)进行系列物理化学反应的过程。坯体经过焙烧生成致密的具有强度的砖瓦产品。其他释义参见6.2【焙烧】。

【烧成制度】firing schedule

参见9.4.3【烧成制度】。

【烧成温度】firing temperature

参见9.4.3【烧成温度】。

【烧成周期】firing cycle

坯体在窑炉内完成预热、焙烧、冷却全过程所需的时间。烧成周期与原料组成、坯体外形尺寸、工艺条件及窑炉结构有关。

【烧成曲线】firing curve

参见 9.4.3【烧成曲线】。

【编组系统】marshalling system

又称编运系统，是将坯体整理成一定的分组、排列形式，供码坯机或机械手码坯的工艺系统，通常包含坯体输送、集坯、分坯、翻坯、编组、横向分缝、纵向分缝等工序。

【码坯】setting

采用人工或机械的方式将砖(瓦)坯体按特定形式码放在窑车或干燥车上的工艺过程。码坯形式影响窑(干燥室)内气流阻力和通风量，以及窑室断面的上下温差，直接影响产品质量，对生产能耗也有影响。

【装窑】setting

参见 13.4【装窑】。

【码窑密度】density of setting

单位容积窑室中码放的砖坯数量称为码窑密度。码窑密度与窑内风量、风速密切相关，是影响热工制度的重要因素。

【一次码烧工艺】once setting

将成型后的湿坯在窑车上码成坯垛，依次进行干燥、预热、焙烧、冷却的一种生产工艺。一次码烧工艺中干燥室与焙烧窑内断面尺寸基本一致，窑车装载坯体依次经过干燥室和焙烧窑(或隧道窑干燥段和焙烧段)，在干燥和焙烧之间没有干坯卸、装工序，工艺流程简单。为避免坯垛下部的砖坯变形，要求湿坯强度高。一次码烧工艺适用于干燥敏感性低、干燥收缩率小的原料。

【二次码烧工艺】twice setting

将成型后的湿坯先码放在干燥场地或干燥装置中完成干燥工序后，再次码放到窑炉内或窑车上进行预热、焙烧、冷却的生产工艺。二次码烧工艺适用范围广，产品质量好，但工艺相对复杂。对产品外观质量要求严格的薄壁空心制品(砌块)通常采用单层干燥、二次码烧工艺。

【内燃料】carbonaceous materials added to clay

砖瓦原料采用或掺加的具有一定热值的固体物料。烧成时以其在坯体内部的燃烧为主来焙烧制品。常用的有煤矸石、炉渣、粉煤灰、烟道灰、焦炭屑等工业废渣和煤粉等。

【内燃烧砖】internal firing of bricks

通过内燃料燃烧来完成坯体焙烧的一种烧成技术。内燃料根据所需热能按比例掺配在原料中。原料全部采用内燃料时称全内燃烧砖，如全煤矸石砖。全内燃烧砖时，外部燃料的主要作用是点(引)火和调节焙烧温度。

【超热焙烧】surplus-heat firing

又称超内燃焙烧。坯内可燃物质所发热能超过烧成所需热量的烧砖方法。用煤矸石等可燃物作制砖原料时，原料发热量往往超过烧成所需热量，所以多属超热焙烧。此时必须将窑内多余热量排走或抽出利用，以防止制品过烧。此外，为了抽取一部分窑内的热量用于砖坯干燥，亦多采用超热焙烧方法。

14.4.7 设备

【箱式给料机】box feeder

俗称箱式供土机。一种用来均匀、定量给料的设备，有胶带式和链板式两种。又分间歇运动式和连续运动式。由电动机通过传动机构，使胶带(或链板)作间歇(或连续)运动而达到均匀给料。物料贮存在料箱内，通过调节料箱闸板的高度或胶带(或链板)运行速度改变给料量。

【净土机】clay cleaner

又称黏土净化机，清除泥料内砾石、礓石、草根等杂质的专用设备。在带筛孔的泥缸内由绞刀(或搅拌刀)推进泥料，使泥料受压由筛孔挤出，大于筛孔的杂质被推往泥缸端头存渣处，定时排除。生产能力取决于泥缸直径和筛孔大小。

【齿槽辊破碎机】kibbler roll crusher

破碎页岩的粗碎设备，由两台电动机分别带动两个等直径的齿槽辊旋转。两辊的旋转速度不同。物料进入相对旋转的两辊之间时，经齿板打击并被辊体槽部挤压、剪切、研磨而碎裂，见附图。该机特点是：破碎比可达 8 左右，原料含水率范围宽。

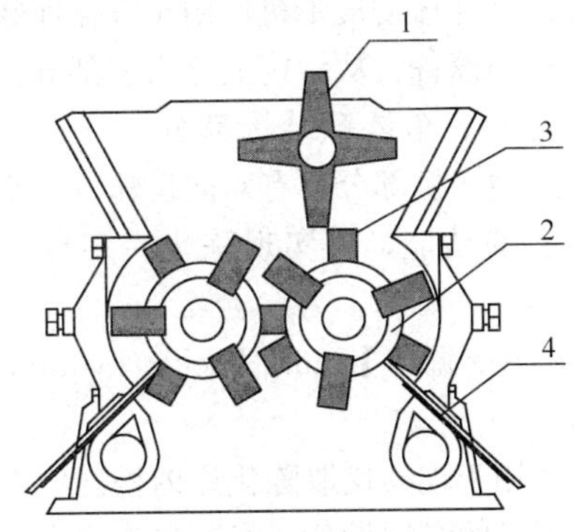

齿槽辊破碎机

1—压泥辊；2—齿槽辊；3—齿板；4—刮板

【双辊除石机】stone-eliminating roller

清除黏土泥料内卵石等杂质的专用设备，由一个光面辊和一个带螺旋纹的槽辊组成，分别由两台电动机带动相对旋转，使较大粒径的卵石等杂质沿螺旋槽侧向移动而被清除。

【高速细碎对辊机】high speed roller mill

对辊破碎机的一种，主要用于原料的精细加工。由辊圈、辊圈支撑轴承、间隙调节机构、安全保护装置和电机驱动等部分组成。通过两辊相向差速高速旋转，对物料进行剪切、碾练，达到细碎和增加物料塑性的目的。两辊间隙可进行调整，一般在 2～3mm 之间，最小可达 0.8mm。高速细碎对辊机的配套设备有布料器、刮料板、磨削器、缓冲装置等。

【筛式捏合机】screen kneader

碾练泥料的设备，主要由相对旋转的转子和镶有耐磨筛板的双槽形机腔组成，见附图。转

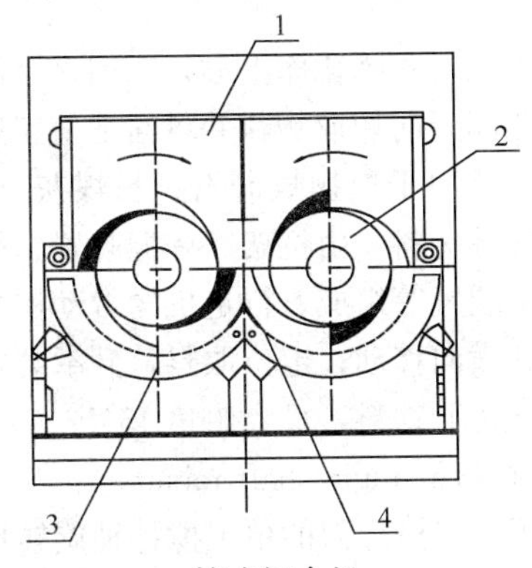

筛式捏合机

1—料斗；2—转子；3—耐磨筛板；4—耐磨底板

子根据原料和制备要求加以选择。物料在机腔内由转子破碎或强烈混练，并通过机腔筛孔压出。

【石膏料浆站】plaster slurry mixing stating

由储料仓、计量、混合、输送等设备组成料浆站，为生产纸面石膏板制备料浆和供成型之用。

【石膏板成型站】plaster board forming stating

由护面纸的加工和储存、石膏板成型台座和辊道式成型机等设备组成的，接受护面纸和料浆制成纸面石膏板的装备。

【水力松解机】hydraulic defibring machine

用来分散和分离纤维束，并制备纤维浆的设备。

【泵式碎浆机】pump-pulper

用来进一步松解纤维，并制备纤维水泥料浆的设备。

【圆盘筛式喂料机】circular screen feeder

泥料的碾练、混合和均匀定量供料的设备，兼有中间贮存作用，适用于已净化的泥料。由圆盘、三股搅拌臂、周围带筛孔的圆筒、刮刀等部分组成，筒体上的筛孔直径为 3～25mm。当圆盘回转时带动三股搅拌臂，使泥料从筛孔挤出成为小泥段，落在圆盘上，由刮刀均匀供给下一道工序。必要时可通入蒸汽加热泥料。

【陈化库】ageing house

混合料进行陈化工艺的专用储库，配套有布料装置和取料装置。陈化库兼有储料功能，保证给后续工段连续供料。目前普遍应用的陈化库的形式如附图(a)所示，沿陈化库的长度方向在上部移动布料，可移动的多斗挖掘机在侧面取料。为增加储料量，陈化库底部多做成斜面，角度与挖掘机斗臂的最大俯角相同。这种形式的陈化库投资较小，布料和取料分区域进行，能够保证一定的陈化时间。近年出现的一种新的陈化库形式如附图(b)所示，储料库为矩形平底，可设置在地下或半地下，封闭性较好，陈化效果更佳；布料和取料装置架设在料库上方，均可横向、纵向移动，达到分层布料、横截面竖向切取物料(附图 b)，使物料分布均匀，提高混合效果。这种形式的陈化库容

量大、占地少，但投资大，目前应用较少。小规模生产也可采用陈化仓陈化。

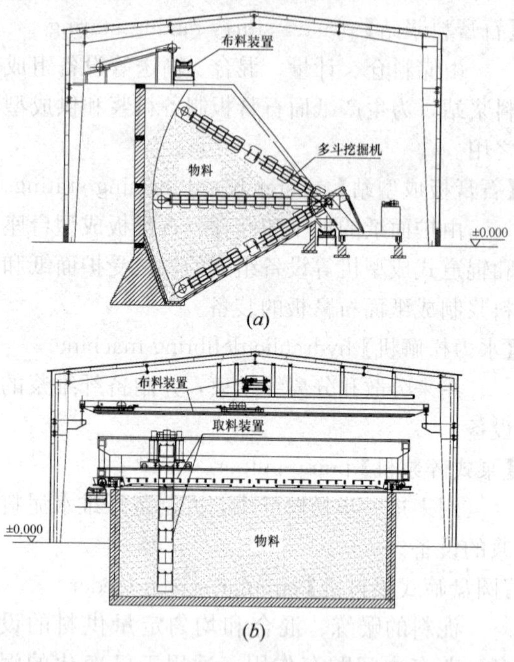

陈化库

(a) 常用陈化库断面形式；(b) 新型陈化库断面形式

【陈化仓】ageing tower; ageing silo

俗称湿化塔，存放泥料使水分均化的贮仓，兼有调节供料的作用，由桶形仓体、圆盘、出料绞刀、锥体立轴和传动机构等部分组成，见附图。分圆盘旋转和固定两种形式。泥料在密闭筒仓内由于自重压力和蒸汽加热(也可不加热)，塑性改善较快。陈化时间一般为20～30h，容量为30～1450m³。

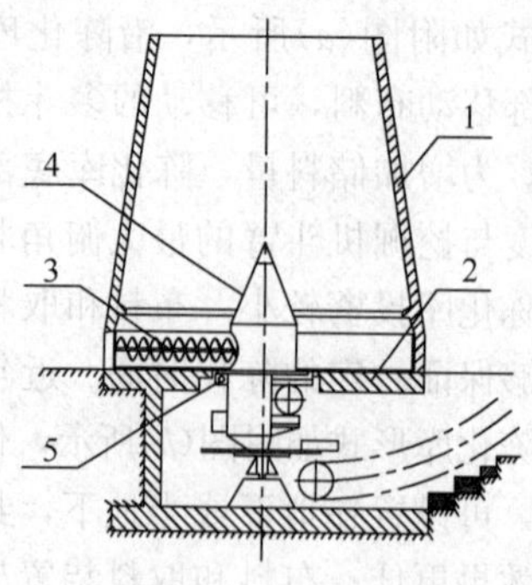

陈化仓

1—仓体；2—圆盘；3—出料绞刀；4—锥形立轴；5—传动机构

【可逆移动带式布料机】reversible belt conveyor

又称可逆移动皮带机，用于陈化库物料输送、布料的设备。从结构上分为三部分：带式输送机部分、车体钢结构部分、行走传动部分。带式输送机部分具有双向运输、机头机尾双向卸料的功能，可实现陈化库多点布料的要求。

【液压多斗挖掘机】multi-bucket hydraulic excavator

一种用于连续挖取陈化库内松散物料并供给下道工序的专用设备。安装在陈化库一侧的地坪上。由行走、挖掘、升降、输送等机构组成，如附图所示。行走机构由车盘、行走轮系、配重箱等组成，带动挖掘机沿陈化库长度方向移动，定位取料；输送机构由链条、导向轮组成，挖掘机构由挖臂和固定在链条上的多个小容量铲斗组成，链条带动铲斗连续回转实现均匀取料，并输送到下级皮带上；升降机构由支撑臂和主轴组成，依靠液压系统带动挖臂绕主轴旋转实现挖臂仰角(或俯角)的角度调整，保证铲斗有一定的挖掘高度和深度。

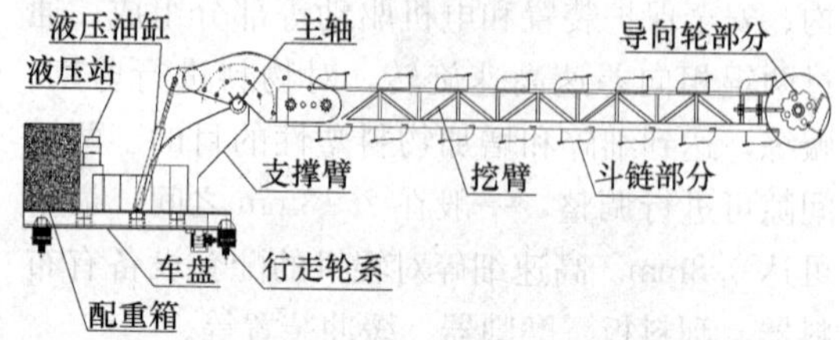

液压多斗挖掘机

【桥式多斗挖掘机】bridge multi-bucket excavator

架设在桥式陈化库上方，利用多个铲斗连续从陈化库竖向切取物料并供给下道工序的专用设备。适用于挖掘煤矸石、粉煤灰、页岩、黏土等松散物料。由机架、挖掘装置、行走装置、升举装置等组成。行走机构带动挖掘机纵向移动和横向移动，定位取料，升举装置带动斗臂向下切取物料，最大俯角45°。

【单轴搅拌机】single-shaft mixer

利用装有搅拌刀的单根搅拌轴旋转搅拌泥料使之均匀混合的设备。主要由搅拌槽、加水装置、传动机构、支架和支撑装置等组成。

【双轴搅拌机】double-shaft mixer

利用装有搅拌刀的两根搅拌轴相向旋转，搅拌泥料使之均匀混合的设备。主要由搅拌槽、加水装置、传动机构、支架和支撑装置等组成。两根搅拌轴在机槽中做相对转动，使泥料及其他掺加料均匀搅拌，并逐渐送到出料口。有的搅拌槽底部设有蒸汽喷头，以便在搅拌过程中对泥料进行加热。

【强制式混凝土搅拌机】forced concrete mixer

一种作用强烈、间歇式周期操作、将混凝土原材料搅拌均匀的设备。适用于搅拌半干硬性和干硬性混凝土、轻集料混凝土和硅酸盐混凝土。

【强制式砂浆搅拌机】forced mortar mixer

一种作用强烈、间歇式周期操作、将砂浆原材料搅拌均匀的设备。

【加气混凝土搅拌浇注机】mixing placer for aerated concrete

用于各种物料及水进行混合并完成浇注的设备。主要包括筒体、搅拌器、温度调整及控制系统和阀门等。一般可按以下方式划分：是否移动：定点式搅拌浇注机和移动式搅拌浇注机(也称浇注车)；筒体外形：圆筒式(筒体底部及顶部均为抛物线形)、半圆筒式(筒体底部为抛物线形)、平底式；搅拌器形式：导流筒式、高速螺旋桨式、涡流式；下料方式：底部升降下料、底部下料、侧下料等。

【制泡机】foaming machine

将泡沫剂水溶液制备成泡沫的设备。泡沫是由于在泡沫溶液中引进了空气并充分混匀，液膜包裹空气而成。泡沫混凝土要求制成的泡沫发泡倍数大、泡径小而均匀、泌水率低、稳定性好，这些与泡沫剂有关外还与引进的空气有关。按空气引入方式将制泡机分为两类：一类是立式圆筒搅拌、叶片转动将空气引入制泡，分慢速和快速搅拌制泡机；另一类是引入压缩空气的制泡机，制泡速度快，泡沫性能比前类要好。

【泡沫混凝土搅拌机】foamed concrete mixer

将泡沫与水泥浆、砂浆、混凝土拌合物搅拌混合制成的泡沫水泥浆、泡沫砂浆、泡沫混凝土混合物并浇注(入模)的设备。要求混合物能快速混合均匀，泡沫破损率小，混合物稳定性好，卸料后无底料。

【搅拌挤出机】mixer extruder

对成型前的泥料进行混合、均化并切碎的设备。分为双轴搅拌挤出机和单轴搅拌挤出机两种，主要部件有搅拌输送部件、螺旋挤压部件、切碎部件。落入搅拌槽的混合料先在搅拌输送段进行搅拌、混合、均化、推进，输送到螺旋挤压段，泥料被螺旋绞刀挤压密实；最后经内外锥口挤出，挤出口有切片装置切碎物料。

【挤出机】extruder

又称螺旋挤泥机，是一种连续挤出泥条的塑性成型设备。由传动减速机构和工作机构两大部分组成，工作机构包括受料箱、泥缸、螺旋绞刀和螺旋绞刀轴、机头和机口模具等。经过加工处理的泥料进入受料箱，在压泥板和螺旋绞刀的作用下泥料进入泥缸，被螺旋绞刀旋转挤压推向机口，成为符合规定断面的泥条。

【单级真空挤出机】single-stage vacuum extruder

设置了泥料真空处理装置的挤出机。真空处理装置有碎泥装置、真空室和真空排气泵等。单级真空挤出机的泥缸较长，同一根轴上的螺旋绞刀分为两段，前段起捏合作用，后段为挤压绞刀，削泥装置和真空室布置在两者之间。

【双级真空挤出机】two-stage vacuum extruder

又称组合式真空挤出机，是带搅拌机和真空室的挤出机。一般分为上下两级，上级为搅拌挤出机，搅拌部分设有自动加水系统，下级为挤出机，上下级通过真空室连接，真空箱内设有料位控制器。上下级分别有独立的动力驱动装置。泥料进入加料口后，经上级螺旋绞刀挤压密实形成密封，挤出后被切割成泥条或泥片落入真空室，抽真空后进入下级挤出机挤出成型。有平行(一字形)组装和垂直(丁字形)组装两种。

【紧凑型真空挤出机】compact vacuum extruder

上、下级机组共用一套驱动装置的双级真

空挤出机。特点是结构紧凑、节能。

【回转式压瓦机】rotary tile press

塑性压制瓦坯的成型设备。由上瓦模、配有多个下瓦模的辊筒、马氏机构、传动机构等组成。上瓦模作升降运动、下瓦模固定在多边辊筒上，由马氏机构带动做间歇回转，从而形成多工位，分别完成供泥片、压制、取瓦坯等工作。下瓦模的辊筒有5棱、6棱、8棱三种，每次可同时压制瓦坯一块、三块、四块。上瓦模可为凸轮传动、曲轴传动或摩擦传动。取坯方式有人工取坯、真空吸坯和翻板等。

【复合保温砖成型机】machine for composite insulating brick

一种将空心砖和保温材料复合的专用设备。由输送装置、保温材料加料装置和加热固化装置组成。空心砖由输送装置运至固定位置，保温材料通过加料装置注入空心砖孔洞内，经加热与孔壁粘连在一起，形成复合保温砖。

【压砖机】brick press

半干法压制砖坯的设备。按施压方式分为压制成型机和振压成型机。压制成型机以机、电、液一体化的全自动液压压砖机为代表；振压成型机以台振式砌块成型机为代表。特点是：自动化程度高，生产效率高，单机小时产量达10000块和20000块标砖；原材料适应性强；可实现产品多元化，除标砖外还可成型多孔砖、空心砖、空心砌块等制品。

【小型砌块成型机】small block manufacturing machine

生产混凝土小型砌块的各种振压型式成型设备，包括布料、振压和脱模三个环节，是砌块生产中最主要的设备。按振动方式分为台振式成型机和模箱振动式成型机，前者成型面积大，生产效率高；后者成型面积较小，但成型周期短，振动加压作用力强，成型更加密实，适合生产强度高、装饰和抗渗砌块。

【抄取法制板机】hatschek sheet machine

参见8.4.5【抄取法制板机】。

【流浆法制板机】flow-on sheet machine

流浆法生产纤维水泥板(瓦)的主机。由流浆、脱水、成坯、毛布的清洗调整和传运装置，控制系统等组成。

【空心墙板挤压成型机】hollow panel extruder

挤压振动法生产空心墙板的一种成型设备。利用螺旋绞刀对混合料的挤压和附着式振动器的振动作用，使混合料密实成型，如附图所示。有固定式挤压振动成型机和移动式挤压振动成型机之分。

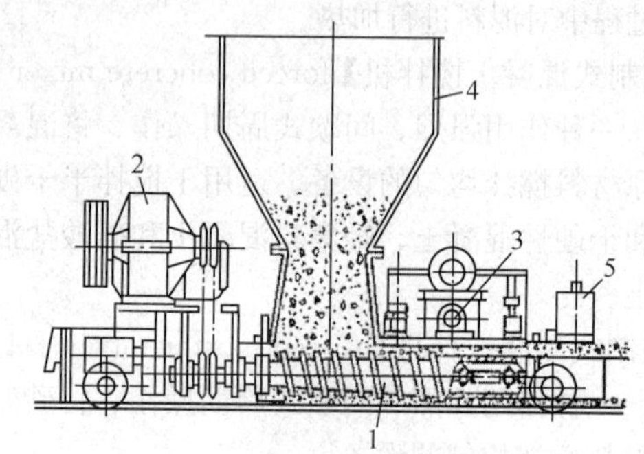

空心墙板挤压成型机示意图

1—螺旋绞刀；2—传动机构；3—外部振动器；4—料斗；5—配重

【真空挤出成型机】vacuum-extrusion machine

利用低水灰比的塑性纤维水泥混合料生产纤维水泥板的一种成型设备。混合料在成型设备内，经真空排气、并在螺杆的高挤压力和高剪切力作用下由模口挤出，制成多种断面形状的板材。

【成组立模】group standing mould

参见8.4.2【成组立模】。

【压机】press

以半干法生产板材的设备总称。按型式分为普通压机(生产水泥或石膏刨花板)、热压机(生产木质板)、连续压机(生产纤维石膏板)三种。

【GRC喷射机】spraying machine for GRC

生产玻璃纤维增强水泥制品的一种设备。水泥料浆和玻璃纤维分别由挤压泵和空气压缩机输送至喷射机内，并由喷嘴喷出成型。

【切条机】column cutter

将挤出机挤出的连续致密泥条切割成一定长度坯条的设备。

【同步自动切条机】synchronous auto cutter

在程控机的控制下，切割机构与泥条以同一速度运动，自动完成切条的设备。切割面与泥条底面垂直。

【切坯机】cutter

将泥条用钢丝切割成砖坯的设备。按照结构形式有链式切坯机、推板式切坯机、回转式切坯机等。

【推板式切坯机】multi-wire cutter

通过推板往复运动每次切割多块砖坯的间歇切割设备。由传动机构(机械或液压)、推头、台面、钢丝架等部分组成。一定长度的泥条送到切坯机台面后，推头将泥条侧向推过钢丝架，切割成所需厚度的砖坯。

【回转式切坯机】rotary cutter

又称旋转式切坯机。利用旋转运动的钢丝每次切割多块砖坯的自动切割设备。切坯架为圆筒状，沿弧面安装切割钢丝，如附图所示。泥条送到切坯机台面后，切坯架定角度旋转，带动钢丝垂直切割泥条。筒状切坯架旋转一周可完成数次切坯动作。切割钢丝数量根据砖坯厚度确定。

回转式切坯机

【加气混凝土切割机组】cutter for aerated concrete

用于对蒸压加气混凝土坯体进行几何分割和外形加工的系统设备，分为分步式空中翻转切割机组(简称空翻)和地面翻转切割机组(简称地翻)。空翻机组是由翻转吊具将坯体连同模具在空中翻转 90°并完成脱模，使坯体侧立于切割小车，经过切割机的不同工位，分别进行纵切、铣槽、横切、掏孔等加工的系统设备。行走式(坯体固定)切割机组是空翻的一种简化型，切割时坯体不运动，纵切和横切机构分别于运动中完成对坯体的切割。地翻切割机组，是由脱模吊具将脱模后的坯体连同底板吊运至翻转台上作水平移动，并使坯体的一个侧面靠紧小滑车，坯体翻转 90°，小滑车水平移动，使坯体脱离底板并运送到切割机位置，在不同工位分别完成水平切割(纵切)、面包头切割和垂直切割(横切)的系统设备。

【板材切割机】cutter for wall paned

将板材在台座上切割成定长的设备。

【板材同步切割机】synchronized wall pannel cutting machine

固定式挤压成型混凝土多孔条板工艺中，经螺杆旋转挤压成型的板坯，由钢板承托在工艺流水线上移动的过程中，同步完成在线切割成定长的设备。

【干燥车(架)】dryer car(frame)

在干燥室中装载坯体或搁置坯体的设备。

【上架系统】loading system

采用二次码烧工艺单层干燥时，将湿坯逐层码放到干燥车(架)上的自动化装置。包括湿坯编运系统和坯体上架装置。

【下架系统】unloading system

将单层干燥的干坯逐层自干燥车(架)上卸载至码坯编运系统的自动化装置。

【干燥室】dryer

对湿坯进行人工干燥的装置，包括干燥室主体和送风装置、排潮装置。坯体存放或运行在干燥室中，送风装置和排潮装置向室内送入介质(热空气)并引导介质流动、排出，借以排除坯体水分。常用的有隧道式干燥室、链式干燥室和室式干燥室。

【隧道干燥室】tunnel dryer

用砌体砌筑的隧道式连续干燥装置。干燥车承载湿坯每隔固定时间由顶车机推入干燥室，沿轨道依次向前移动，干燥介质与坯体逆向流动，在运行中进行湿热交换，完成干燥后干燥车由出车端拉出。特点是干燥制度较稳定，热效率高，易于自动控制和调节，管理方便，劳动生产率较高。

【链式干燥室】chain dryer

又称吊篮式干燥室。坯体在链传动的吊篮内进行连续快速干燥的设备。由干燥室和吊篮运输机组成。后者是在两根闭路链带上，每隔一定距离悬挂一个吊篮，吊篮上搁置垫板以便码放坯体，由传动链轮拉动链带使各个吊篮作水平方向和垂直方向的移动。热空气由风机送入干燥室，以逆流方式进行干燥作业。用于陶瓷、空心砖和瓦坯等薄壁制品的干燥。机械化程度较高，干燥速度快、热效率高。

【室式干燥室】chamber dryer

周期性进行间歇干燥的设备，一般有若干个干燥室轮流作业。每个干燥室内设有多层格架(钢架、木架或砖砌格架)。坯体码在托板(或板条)上由小车运入放置在格架上，装满一个干燥室后，即关闭室门，开始送热排潮，按预定干燥制度分阶段进行干燥作业。坯体干燥后，打开室门运走。干燥室完成一个干燥周期后，接着进行下一批制品的干燥。这种干燥室便于控制和改变干燥制度，比较适合多品种生产和薄壁、异型制品的干燥，对于单班制成型的工厂尤其适宜。干燥周期一般为24～48h。

【热风炉】heat generator

利用燃料燃烧所产生的烟气加热换热管，以获得热空气供干燥坯体用的设备。主要由燃烧室和换热器两部分组成，并由隔壁隔开，以防止高温火焰直接烧毁换热管。换热器一般由铸铁管、钢管或陶瓷构成，具有流线型的外针和内针(有的只有内针)的铸铁管，换热效果较好。经过热交换的空气作为干燥热介质。制品干净，操作条件好，设备不会腐蚀。

【旋风送风器】rotary fan

又称旋风筒。向干燥室输送干燥介质并使介质均匀分布的设备。用于大型隧道干燥室和双通道隧道干燥室。旋转送风器形状为上大下小的锥形筒，热风自上部进风口送入，送风器叶片旋转导流热风下行，沿下部锥形筒壁上的长条形出风口溢出。锥形筒由独立的驱动装置驱动旋转，出风口随之转动，出风口沿高度方向设置多个调节板，将介质均匀分布到干燥车高度范围内的各个部位和角落。

【窑车】kiln car

参见 9.4.3【窑车】。

【码坯机】setting machine

在程控机的控制下将砖坯按预定形式在窑车(或干燥车)上码成坯垛的专用设备。主要由机架、行走车、提升架、码坯夹头、气动系统和PLC自动控制系统等组成。

【码坯机械手】stacking robot

采用伺服控制系统控制机械臂伸展、旋转等动作，带动夹头自动码坯的机械。由机架、行走车、提升架、夹头、气动系统和控制系统组成。

【牵引机】puller

又称回车卷扬机，是使用机械拉力牵引单辆窑车(干燥车)在轨道上移动的设备。安装在回车线上，用于窑车(干燥车)长距离运输。由头架、尾架、推头小车以及连接钢丝绳组成。头架绞丝盘由电机驱动，带动钢丝绳及推头小车一起沿轨道前进或后退，推头小车的推头带动窑车(干燥车)底盘挡块，从而带动窑车(干燥车)前进或后退。

【步进机】stepper

使用机械拉力牵引窑车在轨道上定距离移动的设备。安装在回车线窑车码坯处，用以驱动窑车按照码坯要求定距离移动。以液压为动力，通过油缸推动推头前后往复运动，推头带动窑车底盘挡块，实现车辆移动。

【摆渡车】transfer car

又称托车。将窑车(干燥车)在不同轨道之间转移的专用设备。安装在窑头和窑尾，由车架、定位机构和动力装置等组成，通过电机驱动后轴轴轮在轨道上行走。

【顶车机】pusher

顶推一列窑车(干燥车)移动的专用设备。通常安装在窑头窑室内，用于将窑车推进窑室。通过驱动推头运动带动窑车底盘挡块，实现推进窑车。常见的有液压顶车机、单螺杆顶车机和双螺杆顶车机三种。

【液压顶车机】hydraulic pusher

用液压推杆推进窑车的顶车机。由推头、油缸、液压站等部分组成。特点是：结构紧凑、工作平稳、惯性小、能自动防止过载。

【单螺杆顶车机】single worm pusher

又名单螺杆推车机。用单螺杆推进窑车的顶车设备。工作机构由螺杆、螺母和与螺母相连接并设有推头的小车组成。借助螺杆的正反旋转，使推头随小车前进或后退，以推进窑车或复位，由行程开关或主令控制器控制推头的终始位置。

【双螺杆顶车机】double worm pusher

用双螺杆推进窑车的顶车设备，工作机构主要由推头、机架、推车杆、两根螺杆和螺母组成。借助两根螺杆（正反螺纹）同步相对旋转，使螺母带动推车杆和推头前进，以推进窑车；螺杆反转时后退复位，机架上有行程开关，控制推车杆的行程。

【摆渡顶车机】transfer car with pusher

在摆渡车上设置顶推机构的传送顶车设备，可以完成传送、顶车、拉车和开闭门等动作。多用于小断面的隧道窑和隧道干燥室，一台摆渡顶车机可供两条或两条以上并列的隧道窑或干燥室进车。

【液压摆渡顶车机】transfer car with hydraulic pusher

在摆渡车上设置液压推杆的传送顶车设备。

【齿条摆渡顶车机】transfer car with rack pusher

在摆渡车上设置齿条推杆的传送顶车设备。

【链式传送顶车机】transfer car with chain pusher

在摆渡车上设置链式顶车机构的传送顶车设备。

【出车牵引机】puller

又称出口拉引机。将窑车自隧道窑或隧道干燥室出车端拉出窑室的专用设备。安装在窑尾窑室底部，由前后链轮、链条及牵引小车组成。通过电机驱动前轮，带动小车前后往复运动，利用小车上的挂钩拉动窑车出窑。

【围窑】stack furnace; clamp

用坯（砖）围叠的筒形简易窑炉，窑底固定。窑墙临时围成，边码边围，烧成后边拆边出。码坯时砖坯与固体燃料混装，下部留一定数量的通风口。从下部点火，控制通风量使燃料从下到上逐步燃烧，直至燃料烧尽而熄火。

【罐窑】jar kiln

一种底小、身大、半球形拱顶的罐状间歇窑。砖坯按一定形式码入窑内，燃料在燃烧室中燃烧后火焰通过坯垛焙烧砖坯；废气从窑周围的小烟囱排出，如附图所示。这种窑结构简单，建造容易，可采用柴、草、煤等多种燃料。主要烧青砖、青瓦。缺点是烧成周期较长、燃料消耗多，劳动强度大。现在很少使用。

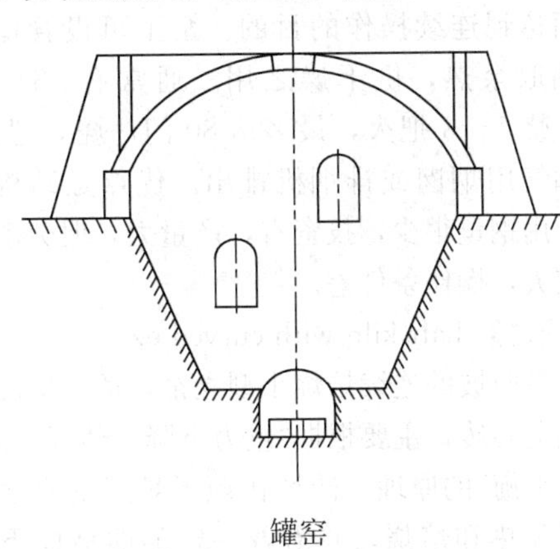

罐窑

【阶梯窑】stepped kiln

又称串窑。由几个窑室按阶梯串联而成的一种半连续窑。一般利用山坡地形建造。第一个窑室前设有燃烧室，其余各窑均有投煤（柴）口和出灰坑，最后一个窑室设烟囱，如附图所示。从燃烧室点火，前一个窑的烟气加热后一个窑，达到燃点温度即投煤燃烧，逐个烧到最后一个窑才熄灭，形成半连续性焙烧作业。这种窑热效率较间歇窑高，产品质量较好，但窑内不同部位温差较大，操作条件较差，装窑和出窑需要爬坡，劳动强度也较大。

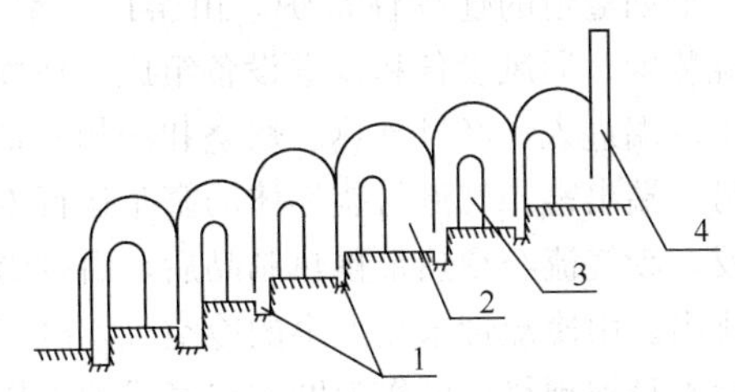

阶梯窑

1—燃烧室；2—窑室；3—出装窑门；4—烟囱

【轮窑】annular kiln; ring kiln; Hoffmann kiln; circular kiln

焙烧砖瓦的环形连续式窑炉。窑侧设窑门。相邻两个窑门之间的窑道为一个窑室，码窑时，窑室之间以纸挡分隔。在两条平行窑道之间或边部设总烟道，每个窑室有排烟口(哈风口)，窑顶设火眼投煤孔。环形窑道内坯垛固定，火焰不断向前移动，当烧成带前火达到一定温度后，整个烧成带即可向前移动一排火眼，烧好的制品被冷却而卸出，从而达到连续操作的目的。窑上可设管道系统抽取余热，供干燥之用。通常有 18～54 门，烧 1～3 把火，最多达 80 门，烧 5 把火，废烟气用烟囱或排烟机排出。优点是结构简单，用钢量很少，投资省，产量大，但劳动强度较大，操作条件差。

【曲线窑】 shaft kiln with curved exit

带曲坡的连续焙烧小型立窑，适于焙烧全内燃空心砖，主要根据“重力下降、热气上升，阻力平衡”的原理。砖坯在矩形炉膛的立窑中进行预热和焙烧，并沿着一定的曲坡向下滑动，从而达到窑顶加坯预热、窑中高温焙烧、曲坡下滑保温、窑尾冷却出砖的连续生产。主要由炉膛、保温层、挡土护膛墙、看火测温孔、曲坡、发火孔、控风板、排潮放热烟囱、出砖口、外围防护墙等部分组成。一般使用总长度为 18～27m，烧成周期 24～36h，每隔 40～60min装出砖一次，每次装出 4～5 层。根据炉筒断面不同，产量在 50～700 万块/年。这种窑炉结构简单、投资省、用材料少，原适合农村小型砖厂。

【隧道窑】 tunnel kiln

形如隧道的连续性窑炉。由窑门、窑道、燃烧装置、通风设备和输送设备组成。坯垛顺序由一端进入，经过预热、焙烧和冷却三带后由另一端出窑，气流与装坯体的窑车运行方向相反，废气流经预热带预热制品后，由排烟系统排出。由冷却带末端入窑的冷空气，冷却制品后本身被预热，可作为助燃空气或抽出作干燥介质。隧道窑有着热耗低，产量高，质量较为稳定，劳动条件好和便于机械化和自动化的优点，但是高度过高时，上下温差大，会影响产品质量，延长烧成时间。按通道数目分，有单通道、双通道、多通道隧道窑。

【大断面吊平顶隧道窑】 flat ceiling tunnel kiln with large section

窑顶采用吊挂式结构、内断面宽度大于 4.6m 的平顶隧道窑。窑顶耐火板(或耐火砖)由吊钩(或吊柱)、主梁、次梁等构件组成的吊挂结构固定，板与板(或砖与砖)紧密排列拼装构成窑顶，板间缝隙用硅酸铝纤维毡密封。

【装配式隧道窑】 modular tunnel kiln

将组成隧道窑的窑墙、窑顶及其他辅助构件在工厂预制成标准构件，现场进行组装的隧道窑。

【辊道窑】 roller kiln

参见 9.4.3【辊道窑】。

【推板窑】 pusher kiln

参见 9.4.3【推板窑】。

【梭式窑】 shuttle kiln

参见 9.4.3【梭式窑】。

【倒焰窑】 down draft kiln

参见 9.4.3【倒焰窑】。

【养护室】 steam-curing chamber

又称养护窑。对坯体或制品进行常压蒸汽养护的一种室式养护设施，分间歇式和连续式两种。

【蒸压釜】 autoclave

参见 8.4.5【蒸压釜】。

【卸砖机】 brick unloading machine

在程控机的控制下将成品砖由窑车上卸下的设备。由机架、行走车、提升架、夹头、气动系统和控制系统组成。

【打包机】 packaging machine

用捆扎带或薄膜将砖垛捆扎包装的设备。

【劈裂机】 splitting machine

又称劈离机。将混凝土砌块在指定的断面将其劈开，成为两个劈离砌块的设备。四把劈刀的劈离机，工作时在砌块指定断面由上下、左右共四把劈刀施力，上下施力为主，左右还起定位作用，劈开面的凹凸形貌较小；只有上下两把劈刀的劈离机，劈开面的凹凸形貌较大。

【凿毛机】 roughening machine

由机械凿头或者用高速喷丸冲击混凝土砌块表面，使其成坑凹状的设备，用于凿毛砌块加工。

【磨光机】polishing machine

对混凝土砌块表面实施研磨，使其露出一定出石率的设备。有圆盘型研磨机，多头线型研磨机。

14.5 性 能 检 测

14.5.1 外观及其质量

【大面】bedding face

砖、砌块长度和宽度形成的面。砖的各个构成面如附图所示。

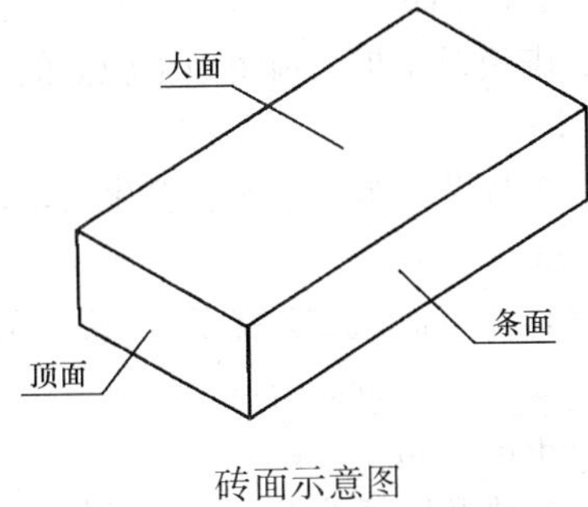

砖面示意图

【条面】side face

砖、砌块长度和高度形成的面。

【顶面】end face

又称端面。砖、砌块宽度和高度形成的面。

【铺浆面】top face

砖、砌块在砌筑过程中，用于铺设粘结浆料的面。

【坐浆面】bottom face

砖、砌块在砌筑过程中，与铺浆面粘结的面。

【切割面】cutting face

砖、砌块切割后形成的面。

【完整面】intact face

砖、砌块完整无缺陷的面，或有轻微缺损、裂纹、压陷等缺陷，但不影响外观观感，满足砌筑要求的面。

【外壁】shell

有孔洞的砖或砌块，构成完整围绕结构的外层部分。

【肋】rib

又称内壁。多孔砖、空心砖、空心砌块或空心墙板这类具有孔洞结构的墙体材料，孔与孔之间的间隔部分。砖的肋如附图所示。

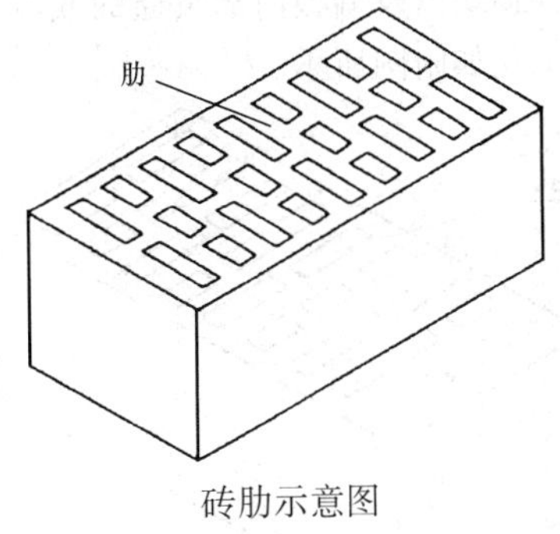

砖肋示意图

【槽】groove

砌块外壁及墙板侧面条状凹进部分。

【榫】tongue

砌块外壁及墙板侧面条状凸出部分。榫槽如附图所示。

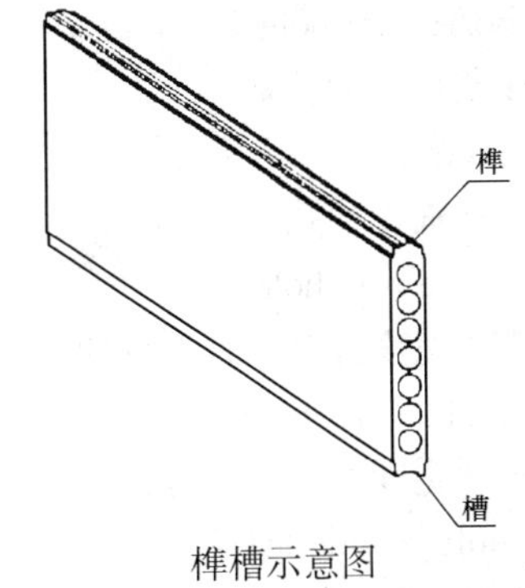

榫槽示意图

【砂浆槽】mortar groove

多孔砖、空心砖和砌块外壁四周设置的用于增强砂浆粘结效果的浅槽。砂浆槽如附图所示。

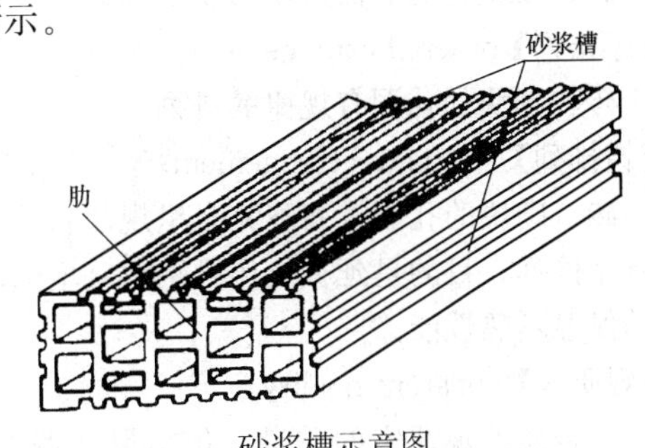

砂浆槽示意图

【凸缘】end flange

砌块以及墙板的槽或者榫的边缘。

【棱】edge

砖、砌块以及墙板两个外表面交汇形成的线。

【孔】hole

砖、砌块以及墙板内部贯通的或者不贯通的空间。孔如附图所示。

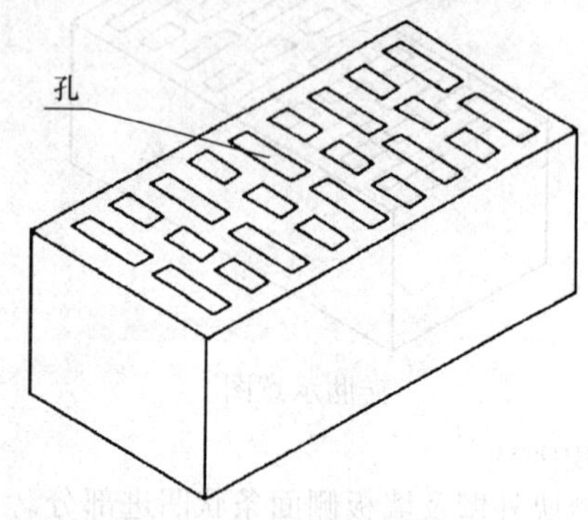

孔示意图

【竖孔】vertical hole

垂直于受压面的孔。

【水平孔】horizontal hole

平行于受压面的孔。

【抓孔】scratch hole

为手取砖而设的孔。

【单排孔】single-row hole

砖、砌块宽度方向只有一排的孔。

【双排孔】double-row hole

砖、砌块宽度方向有两排的孔。

【多排孔】multi-row hole

砖、砌块宽度方向有三排及三排以上的孔。

【矩形孔】rectangular hole

砖、砌块孔的截面呈矩形状的孔。

【有序排列】ordered arrangement

砖、砌块的孔洞有规律的排列。

【交错排列】alternate arrangement

砖、砌块的孔洞排列不完全呈规律状分布的有序排列，目的是延长热传导距离，增强墙体的保温隔热性能。

【外观质量】apparent quality

以砖瓦外观评定的质量。包括尺寸偏差、弯曲、缺棱掉角、裂纹、杂质、欠火以及完整面要求等。

【尺寸偏差】size deviation

制品的长、宽、高等尺寸的实际测量值与标准值的差。

【裂纹】craze

砖、砌块或墙板表面浅层的细微缝隙。宽度较大的裂纹称为裂缝。

【缺棱】chipping

砖、砌块及墙板棱边缺损的现象。

【掉角】arris defect

砖、砌块及墙板的顶角破损脱落的现象。

【疏松】slack

砖、砌块及墙板不密实、粉化的现象。

【毛刺】burr

在烧结制品表面留有的不规则的片状凸起。

【凹陷】indentation

砖、砌块及墙板外表内陷的现象。

【龟裂】map crack；chap

砖、砌块表面呈现的网状裂纹。

【脱皮】scaling

又称剥落，砖或砌块以及墙板表面片状表层脱落的现象。

【起鼓】bulking

砖、砌块及墙板表面局部凸起的现象。

【弯曲】bending

砖、砌块及墙板在两个相对面上同时发生偏离平面的现象。

【翘曲】warping

参见 8.5.4【翘曲】。

【螺旋纹】spiral lamination

在砖瓦的螺旋挤出成型过程中，由于挤出工艺不当造成的坯体内部形成的螺旋状分层。会导致坯体密实度差，使产品强度低、耐久性差。

【起层】delamination

又称分层，指砖或砌块的断面出现分层的现象。

【层裂】lamination

砖、砌块及墙板中平行于某一面的层状

裂缝。

【灰团】lumping

砖、砌块中有未均匀散开的颗粒状石灰质的现象。

【烧成缺陷】firing defect

制品在焙烧过程中产生的外观或性能上的缺陷。如欠火、哑音、压花、黑心、黑头、裂纹、变形等。主要由于焙烧制度不合理或烧窑操作不当而造成。

【哑音】dumb sound

砖的烧成缺陷之一。敲击砖时发出的声音喑哑。湿坯预热过急，干坯回潮或焙烧过程中降温太快致使制品产生网状裂纹和内裂纹的一种表现，严重影响制品的强度。

【起包】bulge

又称起鼓，指砖或砌块的表面有鼓起的现象。通常是由于焙烧升温过快，表层迅速熔融烧结，堵住了孔隙，导致内部还在进行理化反应的气体无法逸出而膨胀，在制品表面鼓成包。

【釉粘】glaze stick

使用釉料的烧结制品，由于釉料熔融流动，冷却后粘连其他制品的现象称为釉粘。通常是由于烧成工艺不当导致。

【压花】kiss mark

又称黑疤、黑斑、压印，指砖或砌块表面的深色印痕。通常是由于内燃砖在焙烧时砖与砖重叠处因局部缺氧形成还原气氛，使高价铁还原成低价铁，呈现深黑色。

【黑心】black core

砖、砌块内部出现黑色部分的现象，通常是由于焙烧温度不足或保温时间太短而造成砖内部未能充分燃烧。内部呈灰黄色的俗称“欠火黑心”，是欠火砖的一种缺陷。另一种由于缺氧而心部呈青灰色者，不影响质量，不属于黑心缺陷。

【黑头砖】chuffs

因炉灰埋盖造成供氧不足或其他原因形成的局部外表呈深色的砖。

【过火】over fire

又称过烧，烧结砖或砌块因烧结温度过高或保温时间过长而造成变形、收缩过大、局部熔融等缺陷，是烧成缺陷之一。

【欠火】under fire

又称欠烧，烧结砖或砌块因未达到烧成温度或者保温时间不够而造成敲击时音哑、孔隙率大、强度低、吸水率大、耐久性差等缺陷，是烧成缺陷之一。

【酥砖】crisp brick

雨淋或吸水后的砖坯，经干燥焙烧后制成的砖。砖强度低，在受到外力作用时易发生破损甚至解体破裂，耐久性差。

【石灰爆裂】lime bloating

烧结制品由于原料或内燃物质夹杂着石灰质，焙烧时被烧成生石灰，受潮后，体积膨胀而发生破裂的现象。

【泛霜】efflorescence

又称盐析、盐霜、起霜。在砖的表面形成白色沉积物的现象。砖内的可溶盐受潮吸水而溶解，随水分的蒸发迁移至砖的表面，形成白色粉状附着物。可溶盐经过重复数次的结晶、溶解和再结晶过程，使砖的表面发生破坏，严重的会产生鱼鳞状的剥落，从而影响建筑物的耐久性。

【面包砖】bloated brick

内燃砖烧成过程中一种严重膨胀的砖。一般因内燃料过量、升温急、温度高，使制品表面出现液相而内部气体无法逸出所致。

14.5.2 性能检测

【强度等级】strength grading

砖或砌块抗压强度的表示方法。如承重混凝土小型空心砌块强度等级划分为：MU7.5、MU10.0、MU15.0、MU20.0 和 MU25.0 五个强度等级，单位为 MPa。凡介于两个强度等级之间的抗压强度值，均按较低的一个强度确定。如强度为 7.5～9.9MPa 时，其强度等级定为 MU7.5。可见强度等级实际上是抗压强度的级别。

【砌块和砖抗压强度】element or specimen compressive strength

试件在压力作用下达到破坏前单位面积上

所能承受的最大应力，即最大破坏荷载与承压面积之比称为抗压强度，单位为 MPa。

抗压强度(MPa)＝试件破坏载荷(N)/试件承载面积(mm^2)

试件制备先要计算试样在实际使用状态下的承压高度(H)与最小水平尺寸(B)之比，即试样的高宽比(H/B)。若 H/B 小于 0.6 时，则需采取叠块方法来进行试样制备。如 390mm×190mm×190mm 砌块的 H/B＝1.0，可用砌块制备试样进行抗压强度试验，承压面积为砌块长度与宽度的乘积，确定强度；而 240mm×115mm×53mm 的砖，H/B＝0.46，需切断成长不得小于 100mm 的两个半截砖，用叠块方法制备试件进行强度试验，承压面积按 115mm×100mm，确定强度。

【制品或试件抗折强度】element or specimen bending strength

制品或试件在承受弯曲时达到破坏前的最大应力，又称抗弯强度或弯曲强度，单位为 MPa。抗折试验的加荷方式一般采用三点加荷。

【制品抗弯破坏荷载】element flexural failure load

制品在承受弯曲时，达到破裂前所承受的最大荷载，又称断裂荷载，单位为 N。有均布荷载和集中荷载试验方法测定制品的抗弯破坏荷载。墙板抗弯破坏荷载多用均布荷载抗弯试验方法测定。

【吊挂力】handing load

衡量制品承受悬挂荷载能力的指标。单位为 N。墙板采用单点吊挂力测试其性能。

【抗冲击性】impact resistance

制品抵抗冲击、振动和碰撞作用的能力。混凝土墙板采用砂袋抗冲击试验方法测试抗冲击性。砂袋重 30kg，落差 500mm，按规定的冲击次数未出现裂纹，则为抗冲击性合格。

【抗风压性】wind load resistance

外墙板在风压作用下不发生损坏的能力，即为不少于工程项目风荷载的设计值。

【挠度】deflection

制品因自重或承受挠曲荷载而产生的弹性变形曲线上最大挠曲位移值。

【受潮挠度】moisture deflection

制品在潮湿状态下因自重或承受翘曲荷载而产生的弹性变形曲线上最大翘曲位移值。

【密度等级】density grading

材料或制品密度级别的表示方法。如轻集料混凝土干表观密度划分为：700、800、900、1000、1100、1200、1300、1400 八个密度等级，单位为 kg/m^3。制品密度与强度有关，密度大的强度偏高。为保障制品强度，检测密度介于 1110～1200kg/m^3 时，将密度定为 1200kg/m^3 级，相应的强度要达到 1200 级的7.5MPa 为合格，而不是 1100 级的 5.0MPa。

【密度】density

参见 2.1.1【密度】。

【表观密度】apparent density

参见 8.5.1【表观密度】。

【干密度】dry density

制品或试件烘干至恒重时的密度，又称绝干密度。砖、混凝土砌块、蒸压加气混凝土制品等的密度或密度等级系指干密度，单位为 kg/m^3。

【墙板面密度】wall panel density

墙板单位面积的质量，单位为 kg/m^2。墙板尺寸多以面积和厚度表示，墙板面密度试验是将墙板在常温常湿环境下放置 3 天之后才进行的。

【气干面密度】planar density of air-dried

制品在大气中干燥达到含水率相对稳定时的单位面积质量，单位为 kg/m^2。

【空心率】core ratio

又称孔洞率。制品开口孔洞和槽体积的总和与表观体积之比的质量分数。空心砌块或硅酸盐建筑制品称空心率，砖或板材称孔洞率。试件空心率按下式计算：$K_r = [1-(m_2-m_1)]/(\rho \times V) \times 100$，式中：$K_r$ 为试件的空心率(%)；m_1 为试件的悬浸质量(kg)；m_2 为试件饱和面干状态的质量(kg)；v 为试件的体积(m^3)；ρ 为水的密度，取 ρ＝1000kg/m^3。

【孔洞结构】porous structure

孔洞结构以孔洞排数、排列方式(对排或

错孔排列)及壁、肋厚最小尺寸表示 。

【含水率】percentage of moisture

材料或制品中所含水分质量与其干质量之比称含水率，又称重量含水率。与材料干燥时的体积之比，则称体积含水率，均以质量分数表示。

吸水率：材料或制品饱水状态下吸收的水分与其干质量之比，以质量分数表示。

相对含水率：含水率与吸水率的比值。

【吸湿率】percentage of moisture absorption

材料或制品处于空气环境中，当其含水率低于空气的相对湿度时，吸收空气中水分的性能称为吸湿性，所吸收水分质量与材料或制品干质量之比称为吸湿率，以质量分数表示。制品的密度、孔隙率、孔隙的封闭程度、空气相对湿度变化等都与吸湿率有关，吸湿性影响制品使用性能。加气混凝土制品在湿度较高地区使用时，为了不过多的受外界湿度的影响，墙面应作防湿处理。

【表面吸水量】water absorption on the surface

衡量耐水纸面石膏板吸水性能的指标，以一定条件下板材表面的吸水量表示，单位为 g/m^2。

【软化系数】softening coefficient

参见 6.5【软化系数】。

【碳化系数】carbonation coefficient

材料或制品的水化生成物氢氧化钙，与大气中的二氧化碳作用生成碳酸钙，其碱性逐渐失去的现象称为碳化，主要以碳化系数来衡量。碳化系数是制品受到碳化作用后的抗压强度与未受到碳化作用时的抗压强度之比值。

【抗渗性】impermeability

参见 8.5.1【抗渗性】。

【抗冻性】frost resistance

参见 8.5.1【抗冻性】。

【干燥收缩】dry shrinkage

材料因毛细孔和凝胶孔中的水分蒸发和散失而引起的体积缩小现象，简称干缩，常以干缩值“毫米每米(mm/m)”表示。

【隔声性能】sound insulation property

材料或制品阻止声波传递和透射的能力。衡量制品空气中隔声性能的指标称隔声量，单位为 dB。建筑的外围护墙、分户墙和分室墙，要求其墙体材料应具有不同的隔声性能。制品单位面积质量愈重，声波的透射能力愈弱；制品中复合有吸声材料，其隔声性能亦提高。

【保温性能】heat preservation property

建筑墙体的材料或制品阻止热量损失，保持温度稳定的能力。材料的导热系数小、墙体的传热系数(K)愈小或热阻值(R_0)愈大，则保温性能愈好。

【墙体传热系数】wall panel thermal conductivity coefficient

表示围护结构内外表面温差为 1℃时，在 1h 内，通过 $1m^2$ 面积所传递的热量。简称 K 值，单位 $W/(m^2 \cdot k)$。

【热阻】thermal resistance

K 值的倒数称为围护结构的热阻，以 R 表示，$R = 1/K$，单位 $(m^2 \cdot k)/W$。R 值越大，通过围护结构的热损失越小。单一材料围护结构的热阻与材料的厚度 δ(m) 成正比，与导热系数 λ 成反比，即 $R = \delta/\lambda$；多层材料组成的围护结构的热阻等于各层材料热阻的和，即 $R = R_1 + R_2 + \cdots + R_n$。围护结构热阻加上内外表面换热阻称为围护结构总热阻 R_0。即 $R_0 = R_n + R_+ R_\omega$。围护结构总热阻 R_0 的倒数称为总传热系数 K_0 即 $K_0 = 1/R_0$。

【可燃性】incombustibility

材料或制品遇火燃烧的可能性和难易程度。

【耐火极限】duration of fire resistance

按规定的火灾升温曲线进行耐火试验时，建筑物构件从受到火的作用开始，到失去支持能力或发生穿透裂缝或背火一面温度升高到 220℃时所延续的时间，定义为耐火极限，用 h 表示。

【耐火等级】fire resistant grade

建筑物抵抗火灾能力的等级，分为：非燃烧材料、易燃烧材料及燃烧材料。

【耐火纸面石膏板的遇火稳定性】stability with fire of fire-resistant plasterboard

衡量耐火纸面石膏板在高温下芯材结合力的指标，以 min 表示。

【塑性指数】plasticity index

衡量原料可塑性的指标，以原料呈塑性状态时含水率的范围来表示，其值等于流限和塑限之差。流限又称液限，是原料开始进入流动状态时的含水率，通常使用华氏平衡锥测定。塑限是指原料刚能被滚搓成直径为 3mm 的细泥条时的含水率，通常采用搓滚法测定。根据这一塑性指数，可将原料分为：高可塑性原料(可塑性指数>15)；中等可塑性原料(可塑性指数 7～15)；低可塑性原料(可塑性指数<7)。

【华氏平衡锥】liquid limit mensurate instrument

黏土可塑性测定方法中液限测定的一种专用设备，其结构如附图所示。

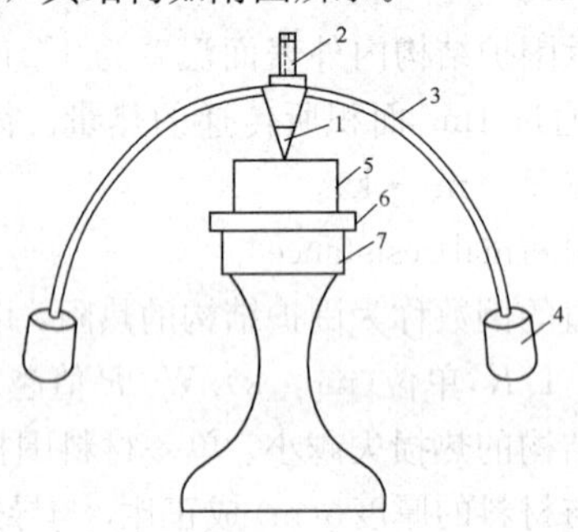

华氏平衡锥

1—圆锥仪；2—螺丝；3—半圆形钢丝；4—金属圆柱；5—土样杯；6—玻璃板；7—承台

【干燥敏感性】drying sensitivity

原料经塑性成型工艺制成的坯体在干燥过程中产生收缩裂纹的难易程度。干燥敏感性大的原料，其坯体容易产生裂纹。原料的干燥敏感性主要取决于其矿物组成和制备方法，通常以干燥敏感系数表示。它是成型含水率与临界含水率(均为干基)之差与后者的比值。此系数小于 1，为干燥敏感性小的原料；在 1～2 之间，为中等干燥敏感性的原料；大于 2，为干燥敏感性大的原料。

【普氏冲压仪】Pfefferkorn plastic instrument

用于测定黏土稠度与含水率关系(即塑性曲线)的专用设备。分析塑性曲线，可得出该原料的最佳成型含水率。

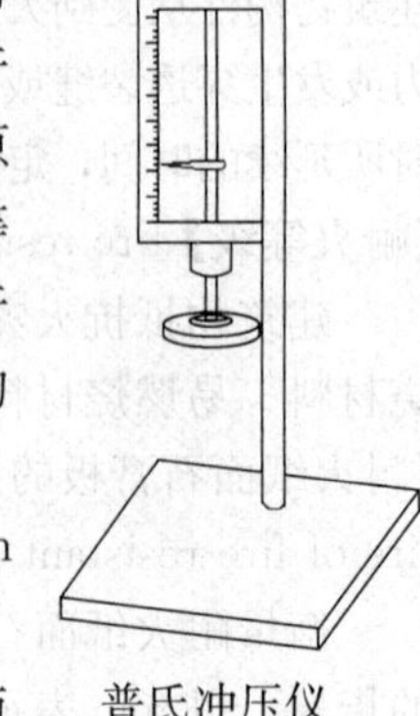

普氏冲压仪

【颗粒组成】granulometric composition

原料中不同粒径等级的颗粒质量占总质量的百分数，参见 7.4【颗粒组成】。颗粒组成直接影响原料的可塑性、干燥收缩、气孔率和烧成收缩率。常见砖的颗粒组成见附表。

常见砖的颗粒组成

产品名称	颗粒组成(%)		
	<2μm	2～20μm	>20μm
实心砖	10～49	>10	<70
多孔砖	20～50	>10	<60
瓦及空心砖	23～51	10～47	8～18
薄壁大型空心制品	24～49	30～47	6～34

【威克莱三角图】Winkler triangle

表示各种黏土质砖瓦原料粒度组成的适宜范围的三角坐标图。1954 年德国学者威克莱系统地研究了实心砖、多孔砖、瓦及空心砖、薄壁大型空心制品的原料粒度组成后，归纳绘成了<2μm、2～20μm 及>20μm 的三角坐标图，用以判断原料的适用范围，如附图所示。

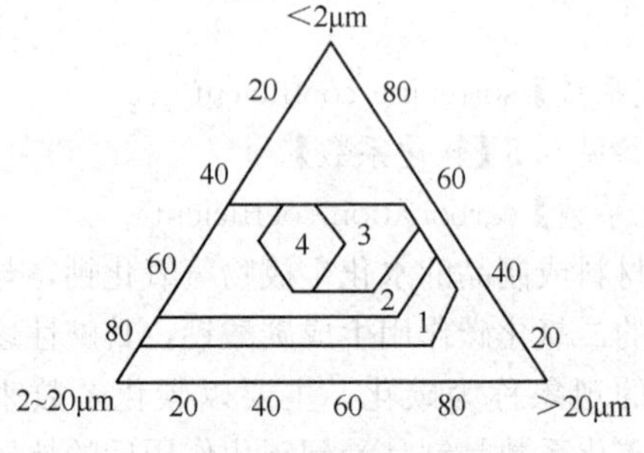

威克莱三角图

【砖坯干燥收缩】dry shrinkage of the adobe

砖坯在干燥过程中由于脱水颗粒相互靠拢而产生外观尺寸收缩的现象，以砖坯干燥收缩率表示。收缩值大小是指收缩的长度与原始长度之比。公式为：$\delta=\frac{L_0-L}{L_0}\times100\%$，式中：$\delta$ 为干燥收缩率；L_0 为砖坯干燥前长度值；L 为砖坯干燥后长度值。

【烧成收缩】firing shrinkage

参见 9.5【烧成收缩】。

【总收缩】total shrinkage

参见 9.5【总收缩】。

【建筑材料放射性核素限量】quantity limitation on radioactive substance for building materials

为避免原料中天然放射性物质含量过高的建材产品，对公众造成较高的长期、反复照射，须对材料放射性核素限量，使其对公众和环境无影响，同时又能合理有效地利用建材资源。限量是对建筑材料中天然放射性核素镭-226、钍-232、钾-40 放射性比活度的限量。按《建筑材料放射性核素限量》GB 6566—2010 的规定，对于实心的墙体、屋面材料，镭-226、钍-232、钾-40 的放射性比活度应同时满足 $I_{Ra}\leqslant 1.0$ 和 $I_r\leqslant 1.0$ 时，其产销与使用范围才不受限制；对于空心率大于 25% 的墙体、屋面材料，应同时满足 $I_{Ra}\leqslant 1.0$ 和 $I_r\leqslant 1.3$ 时，其产销与使用范围才不受限制。I_{Ra} 和 I_r 按式(1)和式(2)确定：

$$I_{Ra}=C_{Ra}/200 \qquad (1)$$

式中：I_{Ra} 为内照射指数，为镭-226 的放射性比活度除以标准规定的限量而得的商；C_{Ra} 为建筑材料中天然放射性核素镭-226 的放射性比活度（Bq/kg）；200 为仅考虑内照射情况下，标准规定的建筑材料中放射性核素镭-226 的放射性比活度限量(Bq/kg)。

$$I_r=C_{Ra}370+C_{Th}/260+C_K/4200 \qquad (2)$$

式中：I_r 为外照射指数，为镭-226、钍-232 和钾-40 的放射性比活度分别除以各自单独存在时标准规定限量而得的商之和；C_{Ra}、C_{Th}、C_K 分别为建筑材料中天然放射性核素镭-226、钍-232 和钾-40 的放射性比活度（Bq/kg）；370、260、4200 分别为仅考虑外照射情况下，标准规定的建筑材料中天然放射性核素镭-226、钍-232 和钾-40 在其各自单独存在时标准规定的限量(Bq/kg)。

15 搪 瓷

15.1 基 本 概 念

【搪瓷】vitreous enamel; porcelain enamel

由金属和玻璃质无机材料，经高温烧制而成的一种复合材料。搪瓷制品既有金属的机械强度又有玻璃优良的物理化学性能，具有很好的耐化学稳定性和耐热性，有很好的电绝缘性，耐磨，耐大气侵蚀，卫生无毒，表面致密易清洁，色彩丰富且不易褪色，还可以进行各种装饰，优雅美观。一些特殊的搪瓷还具有一定的功能性，因此搪瓷是一种应用广泛的材料。制品分类：(1)按坯胎材料分，有钢板、铸铁等黑色金属搪瓷，铜、铝、金、银等有色金属搪瓷以及不锈钢、铝等合金搪瓷；其中以钢板搪瓷和铸铁搪瓷较为常用；(2)按用途分，有日用搪瓷、化工搪瓷、建筑搪瓷、艺术搪瓷等；(3)按瓷釉特点分，有耐酸搪瓷、低熔搪瓷、自洁搪瓷、微晶搪瓷等。

【搪瓷釉】enamel; enamel frit; enamel glaze

用于搪烧在金属坯胎上的玻璃态硅酸盐涂层材料。泛指烧成以前的熔块、粉末(用于干法)和釉浆，有时还兼指烧成后的瓷层。在搪瓷工业中常简称为瓷釉。其化学组成通常以下列四类氧化物为基础：(1)RO_2 类，主要是 SiO_2；(2)R_2O_3 类，主要是 B_2O_3 和 Al_2O_3；(3)RO 类，主要是 CaO、BaO 和 MgO；(4)R_2O 类，主要是 Na_2O 和 K_2O(某些瓷釉的基础玻璃还分别含有 ZrO、TiO_2、Sb_2O_3、Li_2O 等)。在此基础上分别加入密着剂、乳浊剂、着色剂等特种成分。常用的瓷釉大体上属于硼硅酸盐系统，具有玻璃的一般物理、化学性质(参见 10.1.1【玻璃】和 1.2.1【玻璃态】)，同时又具有搪瓷所必需的工艺性质。按工艺性能，瓷釉可分为底釉和面釉两大类。前者直接搪烧在金属底材上，与金属起密着作用；后者搪烧在底釉上，起覆盖和提高表面质量等作用。此外还有边釉、彩色釉(用于装饰)和配色基釉等类。按使用性能命名，有耐酸釉、耐高温釉、发光釉等。按特征成分命名有钴镍底釉、锑钼底釉、锑白釉、钛白釉、含铅釉、无硼釉等。

【涂搪】application of enamel; enamelling

在坯体上涂敷瓷釉的工艺。采用釉浆涂搪的称为湿法涂搪。采用瓷釉干粉涂布的称为干粉涂搪，干粉涂搪有静电干粉喷涂和干粉热撒涂搪，前者主要应用于钢板涂搪，后者多用于铸铁搪瓷。其操作方法则有手工涂搪、流动涂搪、机械喷搪、静电干粉喷涂和电泳沉积等。

【烧成】firing

将经过涂搪、干燥的制品入窑焙烧，达到预期的密着和瓷层表面质量的工艺过程。在特备的烧成炉内进行。过程中瓷釉(包括磨细的熔块、黏土以及其他磨加物等)粉粒熔融成一个完整的釉面。在底釉烧成时，金属与底釉界面间发生各种物理化学反应而获得牢固结合。面釉烧成时，是面釉与下面一层瓷釉结合的过程；当二层瓷釉加热软化适当时才完全粘合。烧成温度和烧成时间取决于一系列因素，如金属的性质、瓷釉的组成、坯胎的厚度和形状、涂层的厚度和粉粒的细度、制品装炉的质量、烧成工具的质量、制品置放烧架的方式以及烧成炉的结构形式等。

【密着】adherence

是指搪瓷烧成后，瓷釉与金属牢固结合的性能。金属表面能被熔融瓷釉很好浸润是密着的必要条件。金属与瓷釉密着的强度除取决于瓷釉与金属性能外，尚与搪烧工艺有关。

15.2 品　　种

15.2.1 各种基材和特性搪瓷

【钢板搪瓷】sheet steel enamel

以钢板为坯胎材料的搪瓷。钢板材质以含碳量在0.08%以下为宜。含碳量过高的钢材深冲时易于破损，在搪瓷制造过程中易产生气泡、黑点等缺陷。适用瓷釉一般为硼硅酸盐玻璃质，具有一定的化学稳定性和较好的物理、机械性能。薄钢板搪瓷用于厨房炊具、日用器皿等；厚钢板搪瓷用于大型器材、家用电器、环保设备、化工设备和卫生设备等。

【铸铁搪瓷】cast iron enamel

以铸铁为坯胎的搪瓷。由于铸铁坯胎较厚，含碳量较高，要求底釉烧成温度低并有较宽的烧成幅度，故采用熔块拌入生料(硅砂、长石、黏土或硼砂等)的混合釉料或用耐烧的半熔融釉料。面釉比一般钢板搪瓷面釉熔融温度范围低；有含铅釉、锑钛等乳白釉以及耐酸釉等。涂搪方法：底釉一般用湿法；面釉大件通常采用干法，小件多采用湿法。小型制品有煎盘、汤锅、阀门之类；大型制品有澡盆、工业器材等。

【不锈钢搪瓷】stainless steel enamel

主要是以Ni-Cr-Fe系不锈钢为坯胎的搪瓷。能防止高温氧化和有害气体腐蚀；能提高耐热性、耐磨性。用作工业机械高温部件和耐腐蚀部件，如燃烧筒、喷嘴、叶片、内衬材料等。也有涂搪透明釉或不透明色釉的不锈钢搪瓷餐具以及工艺美术品等。

【铝搪瓷】aluminium enamel

以铝或铝合金为坯胎材料的搪瓷。坯胎经过脱脂中和，还可进行表面活化处理或喷砂处理，然后涂搪、烧成。由于胎材熔点低，烧成温度相应较低。制品质量轻、易洗涤、耐腐蚀。可制成轻质建筑材料和餐具等。

【覆铝钢板搪瓷】aluminized-steel enamel

在钢板表面涂覆一层金属铝或铝合金，再在铝或铝合金层上喷涂低温搪瓷釉，经540～580℃烧结而成的搪瓷。覆铝钢板搪瓷同时具备了铝搪瓷及钢板搪瓷的优点：前者烧成温度低、密着好、瓷层薄、瓷面平整度高，后者机械强度高、抗变形性好。

【耐高温搪瓷】heat-resistant enamel

将耐高温瓷釉，如将瓷釉熔块磨加耐火物，如 Cr_2O_3、CeO_3、黏土以及石英等，研磨成浆，搪烧在耐热金属，如铬钢、镍钴合金、钨及钼等金属上，所制成的搪瓷。

【搪瓷换热元件】heat exchangers enamel

主要是指热交换器中作为蓄热介质使用的搪瓷片。它主要由低碳钢、脱碳钢板等作为基材，涂搪烧成一层耐腐蚀的搪瓷釉制作而成，釉层厚度为150～350μm，也有少量采用二次涂搪烧成的。搪瓷换热元件具有耐腐蚀、防沾灰、寿命长等特点，一般用于具有腐蚀性的燃煤锅炉尾气处理中的烟气加热器、空气预热器等设备，作为这些换热器的蓄热介质使用。

【低熔搪瓷】low melting enamel

又称低温搪瓷，即烧成温度相对较低的搪瓷。一般钢板搪瓷烧成温度为800～900℃，但以 Li_2O 置换 Na_2O，利用 NaF-ALF_3-CaF_2 系统的共熔点或用氧化钼作乳白剂的瓷釉，烧成温度可降低到800℃以下。

【微晶搪瓷】micro-crystalline enamel; vitro-ceramic enamel

在金属坯胎上涂搪具有特种性能的微晶瓷釉。釉中含有核化剂，经过热处理使瓷釉微晶化，从而提高搪瓷层的机械性能和热性能。用于耐磨、耐冲击、耐热以及一般化学稳定性要求较高的器械、装置等。有管道、泵、阀、鼓风机、搅拌器、聚合釜等微晶搪瓷制品。

【陶釉搪瓷】majolica enamel

又名乌釉搪瓷，译名"玛交利卡搪瓷"。是一种外观类似陶器(如砂锅、缸甏之类)釉料彩饰的搪瓷。其釉面光泽度高，呈棕红、棕黄、棕褐色，也有蓝、绿、青等色彩，多用铁、钴、锰、铬、铜等有色金属氧化物作为着色剂。此种瓷釉含硼酐多，易熔、弹性好。陶釉搪瓷多用于铸铁搪瓷锅和炉灶等制品。

【亚光搪瓷】matt enamel

瓷面光泽度介于高光与消光之间的搪瓷称为亚光搪瓷。通常亚光搪瓷的光泽度控制在60～85范围内，亚光瓷面对入射光形成漫反射而非折射光。

【金属光泽搪瓷】metallic gloss enamel

能在制品表面呈现具有类似金属光泽的搪瓷称为金属光泽搪瓷。在基釉中引入一种或多种有金属光泽效果的无机化合物。搪瓷烧成后就会呈现出相应的金属光泽。合成氟金云母有仿金仿银等多种效果。

【乳白搪瓷】opaque enamel

应用白色面釉作为表面瓷层的搪瓷。按所用乳浊剂不同而名称各异，如锑白搪瓷、锆白搪瓷、钛白搪瓷、铈白搪瓷等。其中有些乳浊剂在烧成中由于析晶而引起乳浊，其乳浊性特别强。例如，应用钛白釉仅需1/4左右锑白釉的用量即能达到同样乳白效果，故有时称这类乳浊釉的搪瓷品为超乳白搪瓷。

【直接一次搪】direct-on enamel

直接一次搪是指底面釉合二为一的一种搪瓷生产工艺。直接一次搪只需一搪一烧，可以节省大量的能源。直接一次搪的釉料既要有底釉的密着，又要有面釉良好的物理化学性能，通常用两种以上熔块拼合起来，可以湿法涂搪，也可以静电干法涂搪。该生产方法目前在烤炉烤箱、热水器以及热交换器搪瓷上广泛应用。历史上曾经尝试过的无底釉一次搪由于处理过程的环保问题，已鲜有所见了。

【两涂一烧】two-coat-one-fire

一种搪瓷涂搪工艺，特指在涂搪时先涂一层底釉，不经烧成，再直接在底釉上涂搪一层面釉，然后两个涂层一起去烧成的工艺。也叫两搪一烧。

两涂一烧工艺细分有静电干粉两涂一烧，湿法两涂一烧，干湿法混合两涂一烧等。静电干法两涂一烧工艺，涂时先静电干喷喷涂一层底釉，然后再静电干喷喷涂一层面釉，然后再放入烧成炉中烧成。底釉与面釉的熔融温度必须相互匹配，必须做到在烧成时不会泛底釉，底釉反应产物在面釉封闭前可以顺利地排出，同时又能够保证底釉与基材良好的密着和面釉的防腐装饰功能。此外湿法两涂一烧工艺，底釉和面釉都采用湿法涂搪。干湿法混合两涂一烧工艺，先湿法涂搪底釉，然后再静电干法喷涂面釉，然后烧成。

【单搪】one-covercoat enamel

涂搪底釉后，仅搪一层面釉的搪瓷。为一层底釉一层面釉的二次搪制品。单搪的面釉常采用强乳浊性锑白釉或钛白釉。

【双搪】double covercoat enamel

在底釉上搪烧二层面釉的三层搪瓷制品。一般采用乳浊性弱的锑白釉，为了某种质量要求，也用乳浊性强的钛白釉。双搪表面质量优良，色泽明亮滋润、光滑、耐磨，但导热、耐温急变和抗弯曲性较差。

15.2.2 日用及家电搪瓷

【日用搪瓷】domestic enamel-ware

日常生活用的搪瓷制品统称。一般以薄钢板冲压成坯，也可用铸铁铸成薄胎。经表面清洁处理，涂搪瓷釉烧制而成。制品轻便耐用，清洁而美观。种类有洗涤用具、饮食器皿、厨房炊具和卫生用品等。

【搪瓷烧器】enamelled cooking utensil

厨房炊烧用的搪瓷制品统称。要求金属坯胎坚实，底部涂有特种耐烧釉，能耐各种燃料加热，并有导热快、不易腐蚀等特性。器内涂有耐水、食物、酸、碱腐蚀的瓷釉，有时敷有能不黏附食物蛋白质的特种涂层。外壁涂有光亮彩釉。边缘常镶上不锈钢，并以塑料、陶瓷等隔热材料作柄、环、帽滴等配件。是一种典型的耐烧而坚牢的厨房炊烧用具，有烧锅、煎盘、水壶等品种。

【烧烤炉搪瓷】barbecue enamel

针对烧烤炉产品中需要搪瓷的部件表面，涂覆具有耐高温、符合卫生标准、易清洗等功能的搪瓷釉，并烧成而成的搪瓷产品。

【搪瓷书写板】enamelled chalkboard

作为书写用的搪瓷制品统称。其制作一般

以钢板或铝合金为金属底材。正面搪以单色、亚光面釉，背面在搪上底釉后，再黏附一层隔声材料(矿渣棉、石棉水泥或泡沫塑料等)和涂锌钢板。

【电子基板搪瓷】enamels for electronic applications

是一种用于印刷厚膜电路的搪瓷板，可承载较大的电流，因而，对搪瓷层的电阻有很高的要求，瓷釉含很少的碱性氧化物或不含碱性氧化物。最好采用电泳方法涂搪，瓷层细腻致密，包裹完全。电子基板搪瓷可用于接插件，散热快，抗震性好。

15.2.3 建筑和卫生搪瓷

【建筑搪瓷】enamelled architectural panel

作为建筑材料的搪瓷制件的统称，用于建筑物装饰和防护，也可装配成各种建筑物。如地铁隧道内墙装饰板、建筑幕墙板、搪瓷汽油站、售货亭以及耐腐蚀的厂房等，具有美观、耐腐蚀、抗燃烧、易清洗等优点。

【搪瓷建筑物吸声板】enamelled architectural sound-absorbing panel

冲孔搪瓷板与具有吸声效果的背衬材料复合而成，降低建筑物噪声的搪瓷钢板。

【卫生搪瓷】enamel sanitary ware

以搪瓷制作的卫生器具。一般用钢板或铸铁作为金属底材，上涂搪乳白釉或彩色釉，釉的组成通常采用耐水性较优的含锆釉。品种有搪瓷澡盆、脸盆、口杯、盥器等；医疗卫生用具也可归类为卫生搪瓷。

【热水器搪瓷】water heater enamel

在热水器内胆表面涂上一层搪瓷，使其耐热水性能远超镀锌板、不锈钢和铜材，辅之以牺牲阳极保护，使用寿命可大为延长。涂搪方法可以是湿法喷搪淋搪，也可以静电干粉涂搪，瓷层要均匀。有多种不同的结构和容积，通常容积从5L到4000L不等。

【搪瓷粮仓】enamelled silo

用于储粮的大型桶体搪瓷建筑物。由搪瓷顶盖、桶身(弧形板)、底板等预制件，铰接装配而成。可拆可装，搬运方便，耐烟熏，可冲洗、消毒，易于密闭或通风，防止粮食霉烂和鼠雀患害。瓷面光滑，有利于粮食饲料装卸。

【搪瓷水箱】enamelled water tank

作为储水水箱的搪瓷产品的统称。其制作一般以钢板为金属基材。可以单面涂搪瓷，也可以双面涂搪瓷，但内表面接触水的一面必须涂搪瓷。一般要求搪瓷的耐水性能优良，搪瓷水箱可用于家用水箱、大楼水箱和工业用水箱等。搪瓷水箱具有使用寿命长、维护成本低、清洁卫生等特点。

【搪瓷污水处理池】enamelled polluted water disposing tank

作为污水处理池的搪瓷产品统称，其制作一般以钢板为金属基材。搪瓷污水处理池一般尺寸比较大，都采用多块搪瓷板拼装而成。可以单面涂搪瓷，也可以双面涂搪瓷，但内表面接触污水的一面必须涂搪瓷。一般要求搪瓷的具有优良的耐酸、耐水化学稳定性。该搪瓷制品还可用于沼气池等。搪瓷污水处理池具有使用寿命长、维护成本低等特点。

15.2.4 艺术和装饰搪瓷

【艺术搪瓷】enamel in art；artistic enamel

用搪瓷制成的各种艺术品的统称，包括景泰蓝、绘图珐琅、浮雕珐琅、凹凸珐琅等。一般以金、银、铜等贵重金属作为底材，也可以低碳钢为底材，以雕刻、酸蚀、冲压、敲打或焊接等方法制成坯胎，然后在这些精巧加工的金属坯胎上施敷各色彩釉而制成具有艺术价值的搪瓷陈设品或实用的搪瓷工艺美术品，如奖杯、花瓶、首饰、烟盒、灯具以及大型的搪瓷装饰壁画等。

【珐琅】enamel

搪瓷的旧称。起源于日语。“珐琅”系日本“七宝”梵语名称，由拂菻嵌→拂菻→发蓝→佛郎嵌→法郎→珐瑯(珐琅的异体字)，逐步演变而成。日本的“七宝”又称“七宝烧”，是类似我国景泰蓝的一种贵金属艺术搪瓷制品。“珐瑯”系“珐琅”二字异体字。珐琅现作艺术搪瓷通称，例如嵌线珐琅、凹凸珐琅、透底珐琅、浮雕珐琅、绘画珐琅等。珐琅又作搪瓷釉解，如：琅粉(搪瓷瓷釉粉)，琅浆(搪瓷瓷釉浆)，涂琅(涂覆搪瓷瓷釉)等。

【景泰蓝】cloisonne

用铜或金、银制成坯胎，施以彩釉烧制而成的著名的艺术搪瓷。创于明朝宣德年间，到了景泰间(公元 1450～1458 年)才广泛流行，当时以蓝釉最为出色，故称景泰蓝。原指嵌丝艺术搪瓷(嵌线珐琅)，近也有应用其他凹凸、浮雕、绘画等艺术搪瓷技艺的。其制作工序为：打胎—将铜或金、银敲打成形；掐丝—将铜或金银线带盘成各种花纹，焊在胎面上；点蓝—将多种颜色的瓷釉料(一般为含铅、硼硅酸盐)填入花纹空隙处；烧蓝—点蓝后在电炉或煤气马弗炉中焙烧(过去在木炭上焙烧)，由于瓷釉体积收缩，需再填再烧，直至完全填满；磨光—烧蓝后进行研磨，使盘丝花纹露出，并抛光表面。用铜胎的也可镀金。景泰蓝是我国的优秀工艺美术品，也是北京特种工艺之一，在国际上享有盛誉。产品有瓶、罐、碗、盘、灯具、首饰和奖杯等。

【绘画珐琅】painted enamel；limoge

又称绘图珐琅。在金属坯胎上用各色彩釉按绘画艺术加工而成的搪瓷工艺品。属于此类制品有建筑装饰用的大型搪瓷壁画，日常用的绘画珐琅表壳、盒盖首饰以及陈设纪念用的绘画珐琅花瓶、奖杯等。由于历史上在法国利摩日(limoge)所制的这类珐琅较为著名，故外文以利摩日地名命名绘画珐琅。

【浮雕珐琅】basse-taille enamel；relief enamel

在金属坯胎上作浮雕镂刻并施涂瓷釉的艺术搪瓷。为了显示金属底上的浮雕艺术，一般使用无色或有色透光釉，亦有随浮雕轮廓薄涂各色乳浊釉而形成的作品。

【凹凸珐琅】champleve；raised style enamel

一般以金、银、铜等贵重金属为坯胎，其上用手工刻出各式凹凸花纹图案的艺术搪瓷。可用化学蚀刻法，也可用冲压法制出凹凸纹样；在凹坑处填满彩釉烧成后，将凸棱处加以磨平形成轮廓。有勋章、纪念章、徽章以及饰物等。

【珍宝珐琅】jeweler′s enamel

在金属坯胎上涂覆一种有珠宝色彩瓷釉的艺术搪瓷。珍宝珐琅是一种低熔型的，在珠宝行业用以装饰奖牌、徽章、纽扣、别针、首饰以及钟表面指针等。

【透光珐琅】plique-a-jour enamel

又称玲珑珐琅。利用无色或彩色透光瓷釉进行彩饰，透过此釉可隐约看见光亮的纹样，能形成特有的艺术装饰效果。其制作方法是在金属坯胎上雕成各种空洞花纹，垫上云母片或铜片，填入瓷釉灼烧直至完全填满，将垫片除去，然后磨平抛光使空洞处显出光亮的瓷釉。其制品有灯具罩、茶炉罩等。

【铜搪瓷】cooper enamel

在铜坯上涂搪加工的搪瓷。用作艺术搪瓷(景泰蓝)、仪表刻度盘及电器元件等。通常无需底釉，可直接涂搪面釉。瓷釉成分一般以钾铅玻璃为基础。熔块不用水激而是在金属板上浇成薄片，以防水解。调浆不用黏土而用有机胶。搪烧温度在 800℃左右。艺术铜搪瓷的彩饰大多用描绘、堆花、刷花等方法；仪表刻度则用贴花、印花、照相等方法。

【贵金属搪瓷】precious metal enamel

习惯将用金、银、铜或其他贵金属制成坯体，涂覆珐琅釉、玻璃釉经烧制而成的复合材料称为贵金属搪瓷。贵金属有良好的延展性和蠕变性，可以和玻璃釉很好地结合，同时贵金属有很好的抗氧化性，透过玻璃尤可见金属的花纹和光泽，通常制作成贵重的艺术品。

【斑点搪瓷】mottled enamel

瓷面彩饰成斑点花纹的搪瓷。它是在涂搪本色瓷釉后，立即向湿的釉面喷或洒上彩色斑点瓷釉，然后烧制而成。通常用灰色、杂色废粉或其他各色粉粒，也可用较粗彩色干粉粒混入釉浆中搪烧而成。

15.2.5 工业搪瓷

【化工搪瓷】enamelled chemical engineering apparatus

适用于化学工业的各种搪瓷器械。对一般酸、碱、盐等化学介质具有高度的耐蚀性，瓷面容易洗净。制品有搪瓷泵、阀、管道、反应罐、高压釜、分馏塔等。

【耐酸搪瓷】acid resistant enamel

对酸具有较高稳定性的搪瓷器械。能在化学工业中处理(除氢氟酸外)强无机酸。但没有能完全抗腐蚀的耐酸搪瓷。随酸的种类、浓度、反应时间、压力及温度不同而有不同的腐蚀率。一般耐酸瓷釉的组成近似化学用硬质玻璃。金属胎材可使用钢板或铸铁。制品应用于化工、医药、食品等工业。

【搪玻璃】glass lining

耐酸搪瓷的一种，其瓷釉组成一般也属于硼硅酸盐玻璃，但 SiO_2 含量高达 65%以上，近似化学仪器用玻璃组成。耐蚀性较高，硬度高，耐磨性优良，有玻璃表面的光滑度和容易洗涤等优点。用途与耐酸搪瓷同。

15.2.6 功能性搪瓷

【远红外辐射搪瓷】far infrared radiation enamel

在金属基材上覆盖一层远红外线辐射物质，加热时能辐射出远红外线的搪瓷。瓷釉以 $ZrO_2 \cdot SiO_2$ 为主体，并有 Fe、Co、Ni、Mn 等氧化物，加以硼硅酸盐玻璃质混合烧结而成。瓷层具有较宽的辐射波段，能与分子振动波长相匹配，从而引起分子共振，使受辐射物体发热达到干燥。用于高效烘干，可节约能源。

【发光搪瓷】luminesecent enamel

在搪瓷釉中掺入发光物质，以各种激发能源致使发光的一种搪瓷。目前比较常用的发光搪瓷有光致发光搪瓷和场致发光搪瓷。

光致发光搪瓷是在搪瓷釉中通过磨加的方式引入发光粉，该发光粉在有光照的情况下吸收能量，当没有光照时，以发光的形式放出能量，使搪瓷材料具有发光效果。

【场发光搪瓷】electroluminescent enamel

由电场作为发光激发能源的发光搪瓷。制造工艺是以金属坯胎为一极，涂搪掺有发光体的瓷釉，再在表面上热喷透明氧化锡导电薄膜为另一极。接上交变电源后，发光体内的固有电子因受到二电极间强交变电场的激发和跃迁而引起发光。

【自洁搪瓷】self-cleaning enamel coating

能在一定温度下将溅落在瓷面上的油垢氧化成灰粒而自行清洁瓷面的搪瓷。用于搪瓷电灶、煤气灶等灶面及烘箱内壁等易于溅油积垢处。自洁搪瓷有热致催化自洁搪瓷、高温裂解自洁搪瓷和光致催化自洁搪瓷等。

【热致催化自洁搪瓷】continues self-cleaning enamel

一种在较低温度下(200～250℃)，能使搪瓷表面的油污连续催化分解成 H_2O、CO_2 气体挥发，达到自行清洁的搪瓷。热致催化自洁搪瓷一般含有一定量对油污连续催化分解功能的化合物，如 CoO、Fe_2O_3、MnO_2 等，其表面与传统搪瓷表面不同，一般制作得比较粗糙，以增加其比表面积，同时也增加其表面的催化活性。

【高温裂解自洁搪瓷】pyrolytic enamel

通过 500℃高温将溅落在瓷面上的油垢裂解或氧化成灰粒或气体而自行清洁瓷面的搪瓷制品的统称。该搪瓷要求有较高的耐高温性能和耐温急变性能。用于搪瓷烤箱、煤气灶等易于溅油积垢处。

【光致催化自洁搪瓷】photocatalytic self-cleaning enamel

通过紫外光照射，可以使搪瓷表面的污物自然分解，达到自行清洁的搪瓷材料的统称。该搪瓷一般都涂有一层或多层 TiO_2 纳米涂层。可用于大楼受紫外光照射的外墙装饰。

【耐磨搪瓷】abrasion resistant enamel

特别耐磨的搪瓷材料的统称，其常用制作方法有三种，一是通过微晶化处理，使搪瓷表面形成一层非常硬和耐磨的涂层；二是通过磨加引入非常耐磨的氧化物，如氧化铝，达到耐磨；三是先将玻璃釉微晶化处理，然后通过磨加引入搪瓷中，达到耐磨。耐磨搪瓷可用于矿场的输送板、发电厂粉煤灰的气流输送管道等。

【生物活性搪瓷】biological activity enamel

具有与人体生物活性相容的搪瓷，该搪瓷釉中含有一定量的与人体生物相容的羟基磷灰石。生物活性搪瓷可用于人造牙齿、人造骨头、人工关节等。

【抗菌搪瓷】antibacterial enamel

一种对于葡萄球菌、大肠杆菌等具有抑制其生长或杀菌功能的搪瓷。抗菌搪瓷一般通过熔加、磨加或搪瓷表面离子交换等方法，在搪瓷中引入一定量的抗菌剂，如：银、铜、锌、钛等离子或其化合物，达到抑制细菌生长或杀菌的功能。

15.3 原材料及搪瓷釉

15.3.1 原材料

【钢板】enamelling sheet steel; enamelling steel sheet

搪瓷用钢板，通常是低碳钢板、酸洗软钢板和含钛钢板。此外，还有一次搪专用的钢板，如表面脱碳钢板(零碳钢)以及镀锌、镍钢板等。搪瓷用钢板，一般要求含碳量低和金相组织均匀，气体含量小，厚度一致，具有深冲性等，烧成时不产生气泡、针孔等缺陷，同时还要求与瓷釉有良好密着性能。

【热轧钢板】hot rolled steel

用热轧工艺生产的钢板。通常热轧钢板在搪瓷工业应用的领域有热水器水箱、筒仓、化学反应罐等。搪瓷用热轧钢板必须有一定的抗鳞爆性能(单面搪瓷)。

【冷轧钢板】cold rolled steel

用冷轧工艺生产的钢板。冷轧钢板用于大多数搪瓷产品中，如卫生洁具、家用器具、建筑装饰板等。搪瓷用冷轧钢板必须有抗鳞爆性能(双面搪瓷)。

适用于搪瓷的冷轧钢板主要有下列三种：

超低碳钢，行业称 ELC 钢，通常碳含量在 0.02%到 0.05%之间，是最普通的搪瓷用钢板，在搪瓷行话中它被称为“标准钢”，被用于传统搪瓷二搪二烧，也可用于普通要求的直接涂搪产品。

脱碳钢，行业称 OC 钢，是一种含碳量降至 40ppm 以下的钢。这种钢被用于直接涂搪工艺以及二搪一烧工艺，具有良好的成形性和搪瓷后抗松弛性。

无间隙钢，行业称 IF 钢，它为了防止沸腾，在钢中加了钛或铌，所有的碳和氮/硫都被钛或铌完全结合。这种钢被用于二搪二烧工艺，具有良好的成形性和搪瓷后抗松弛性。

【铸铁】cast iron for enamelling

搪瓷用的铸铁，按制品的用途、铸件的外形和厚度的不同而有不同的化学组成。一般含 Fe92%～93%，C、Si、Mn、P、S 等元素 3.2%～3.6%。可适用于搪瓷的铸铁为灰口铸铁。金相结构以纯铁体、纯铁体-珠光体或珠光体为基体，带有细小或中等粒度的石墨；不允许大量堆积的莱氏体和大块的渗碳体以及粗粒石墨存在，否则将产生瓷层质量下降、密着不良以及气泡、孔隙等缺陷。此外，铸铁中不应有大量硫化物存在，以免烧成时硫化物分解，析出气体(SO_2)，降低瓷层致密度。

【配合料】batch mixture

俗称生料，是根据搪瓷釉成分，将所用各种原料按比例均匀混合后的粉状物料。经高温熔融，然后冷碎，就能制得瓷釉熔块。

【耐火原料】refractory raw material

搪瓷釉配合料中，较难熔融的原料。主要有石英、硅砂和黏土等。石英与硅砂都是引入 SiO_2 的原料。硅砂不如石英纯，含铁量较高。SiO_2 能增强瓷釉的化学稳定性、热稳定性和坚韧性。但当其含量过多时，使瓷釉的烧成温度升高，性质变脆，易生裂纹，因此，生产中常需加入适量的长石。长石除引入 SiO_2 外，尚引入 Al_2O_3 和 K_2O、Na_2O 等，一方面降低烧成温度、一方面能增强瓷釉的遮盖力和化学稳定性。黏土对瓷釉悬浮性和白度等品质影响甚大，故选用黏土有严格的规格要求。

【密着剂】adhesive agent; adherence promoter

能促使搪瓷釉与金属产生密着的物质。搪瓷釉与金属的密着特别是与钢板的密着，在很大程度上取决于底釉中是否含有密着剂及其用量。钢板搪瓷所用典型的也是效果最好的密着剂是氧化钴和氧化镍；在白底釉中则采用氧化锑、氧化钼，有些铜、锰、铁等氧化物也有助于密着。现已绝少用白底釉，氧化镍也有限用的趋势。

【乳浊剂】opacifying agent；opacifier

使熔块或瓷层呈不透明白色的原料。主要有氧化物乳浊剂，如二氧化钛、氧化锑、氧化锆、氧化锡、氧化铈、五氧化二砷等；氟化物乳浊剂，如冰晶、萤石、氟硅酸钠等。氧化物乳浊剂以分散状态的固态粒子存在于瓷釉中，固相乳浊粒子的形成主要有两种情况：(1)有些乳浊剂例如氧化锑，随配料引入，在熔制过程中，固相乳浊粒子少量溶解，大量依旧以颗粒状态存在，分散在瓷釉中，生成不透明熔块，熔制过头会使乳浊度降低，这类乳浊剂又称固相悬浮乳浊剂；(2)另一种乳浊剂如二氧化钛，在熔制过程中完全溶解，生成透明熔块；但在烧成过程中重新析出(虽非全部)，二次析晶形成微细晶粒而产生乳浊。

15.3.2 搪瓷釉

【底釉】ground coat enamel

直接涂搪在金属表面上，并能与金属产生密着(又能与面釉熔合)的瓷釉。经典的底釉含有 CoO、NiO、B_2O_3 和锰的氧化物等组分。前两者是密着剂；B_2O_3 能在烧成的过程中提高熔釉对铁坯表面(已适度氧化)的湿润能力，有利于密着的形成。调整这些成分的含量，并调整基础玻璃的组成，可制得烧成性能有所差异的多种底釉，以适应不同的钢材和不同的工艺要求。有时，为了扩大烧成温度范围、改善密着、防止缺陷等原因，可采用几种不同底釉混合使用。含 CoO、NiO 等的底釉烧成后呈青、蓝、灰色。此外还有不用 CoO 和 NiO 的白底釉。

【白底釉】white ground coat enamel

常用的是以氧化锑和氧化钼为密着剂并且不含或极少含着色氧化物的底釉。其熔块呈乳白色，但烧成后实际上呈浅灰至深灰色。磨加 Sb_2O_3、MoO_3 等可增强密着。

【面釉】cover coat enamel；cover coat

形成搪瓷成品表层的瓷釉。除"一次搪"之外，面釉常涂搪在底釉之上，它们可以是白色的，也可以是彩色的。此外还有以增强表面光泽和装饰效果为目的的无色或有色透明釉。作为制品最外层的面釉应该具有足够的化学稳定性、硬度和光洁度，它体现了搪瓷与表面有关的使用性能。日用搪瓷常采用装饰性良好的乳白面釉和彩色面釉。化工搪瓷用耐酸面釉。标牌、建筑搪瓷用耐大气侵蚀的面釉等。

【乳白釉】opaque enamel

不透明呈乳白色瓷釉的总称。用以遮蔽深色底釉，使制品呈现乳白色。一般按所用乳浊剂的名称来命名，例如钛白釉、锑白釉、锆白釉、铈白釉以及含氟白釉等。乳浊剂的引入有两种方法，即熔入法和磨加法。

【锑白釉】antimony-opacified enamel

以氧化锑作主要乳浊剂的乳白釉。由于三氧化二锑(Sb_2O_3)有毒，不宜用作食用搪瓷器皿，故加入足量的硝石之类的氧化剂，使锑在熔制过程中充分氧化，成为无毒的五氧化二锑(Sb_2O_5)。瓷釉组分中氧化锑的引入可采用熔入法，也可采用磨加法。一般锑白釉含有6%～9%氧化锑，高乳浊锑白釉中的含量在10%以上。

【钛白釉】titania enamel

用氧化钛作乳浊剂的白色釉。含有 10%～20% TiO_2，熔块透明；烧成时由于 TiO_2 析晶而呈强乳浊，因此又称为超乳白釉，若析出的 TiO_2 晶型为锐钛矿则是青白色。若工艺控制不当，则易析出金红石型结晶，使釉色带黄荫(黄相白色)。钛白釉不仅乳浊优良，而且光泽、耐酸、耐磨等性能也胜过一些瓷釉。常用于单搪及一次搪制品。

【锆白釉】zirconia enamel

以氧化锆为主要乳浊剂的乳白釉。其乳浊度介于锑白釉与钛白釉之间。为了提高乳浊性，其组成应少含 Na_2O 和 K_2O 等碱性氧化物，而多含 ZnO、CaO、BaO 或 Al_2O_3 之类氧化物。锆白釉具有优良的耐水、耐碱等特性，常用于搪瓷洗涤器皿和搪瓷卫生设备。

【边釉】beading enamel

涂于日用搪瓷制品边缘的瓷釉。由于边缘半径小，在边釉中造成特别大的切向应力，易导致边釉裂纹和脱瓷等缺陷。在瓷层的烧成过程中，边缘较制品的其他部分受热更快。因此，边缘必须采用特殊的组成，要比一般面釉有较大的热膨胀系数，较好的弹性和较宽的烧成幅度。边釉常引入密着剂以增加其牢度。

【彩色釉】colored enamel glaze

含有着色剂的搪瓷釉，但不包括有色底釉。其制造方法有熔入法和磨加法。前者将着色氧化物加入瓷釉配料中，通过熔融制成彩色的熔块；后者将着色氧化物或色素与调色基釉熔块混合研磨，制成彩色釉浆。

【配色基釉】base glaze for coloration

又称无色釉。是用于配制彩色釉的基础釉，无色，有透明或半透明两种。常引入大量助熔剂，如硼酐、碱性氧化物以及氟化物等，用以增强光泽度。其熔块与搪瓷色素共同研磨，便成为彩色釉。

【透明釉】transparent glaze

参见 9.3.1【透明釉】。

【半透明釉】semi-transparent glaze

瓷釉中有少量乳浊剂析晶微粒，烧成后瓷层为半乳浊状态，部分可见涂层下的基底外观的瓷釉。可以通过磨加无机氧化物色素调制成各种浅色搪瓷面釉。

【耐酸釉】acid resistant enamel

对酸(氢氟酸除外)具有较高稳定性的瓷釉。在化学工业中用来处理沸腾的强无机酸，为使瓷釉有高的耐酸性，SiO_2 的含量通常不少于65%。在含硅量高的条件下，碱性氧化物不会使瓷釉的耐酸性剧烈降低，可用至18%～21%。氧化碱主要是用来调整热膨胀系数的。耐酸釉通常不是乳浊的，但为了改善瓷层的外观，可在粉料中引入1%左右的CoO，也可在磨机中加入少量耐酸的乳浊剂(SnO_2 1%，CeO_2 1.0%～1.5%)或着色氧化物($Cr_2O_2$0.3%～0.4%)。

【无硼釉】boron-free enamel

组成中不含硼酐 B_2O_3 的瓷釉。无硼釉和含硼釉之间的主要区别，表现在烧成时釉熔体表面张力的大小。硼酐能使瓷釉熔融物的表面张力剧烈降低，有利于湿润坯胎表面。为了配制无硼釉，可使用其他组分，来补偿硼酐在表面张力方面所起的降低作用。一般采用氟化物、碱和碱土金属氧化物；使用硅钛酸钠($Na_2O \cdot TiO_2 \cdot SiO_2$)也能获得较好的效果。这样可避免由于无硼釉的高表面张力、低湿润性以及高黏度所引起的烧损、黑点等缺陷。

【含铅釉】lead-bearing enamel

铅质原料能降低釉熔度，提高光泽，有优良电性能以及其他特性。但因有毒，一般搪瓷制品不常采用，通常用于有特殊电性能要求的电子元件以及要求光泽度高的艺术搪瓷等制品中。

【回收釉】waste enamel glaze; recovered enamel glaze

亦称杂色釉。系指回收的各种废弃瓷釉。主要来自喷涂集尘室、彩饰花版洗刷池以及涂搪槽等处。若回收釉料较单纯，经过过筛洁净，磨加些新釉料可作再生釉使用。若回收废釉品种混杂，则需加生料、硝石等重新熔制后予以利用。

15.3.3 磨加物

【磨加物】mill addition

瓷釉熔块研磨时，为调整釉浆性能，而加入的各种物料。有悬浮剂、乳浊剂、着色剂以及停留剂(电解质)等。

【悬浮剂】suspending agent

瓷釉熔块水磨时的成浆物质。由于这种物质有较高分散度和大的表面积，其颗粒表面存在着显著的吸附力。这种吸附力不仅影响到周围的水，并且还影响到周围其他颗粒，使其不致迅速下沉而保持悬浮状态。涂搪时，悬浮剂能够使釉浆以适宜的厚度附着在金属坯胎上。常用的悬浮剂有黏土、膨润土、硅胶、树胶等。

【添加物】applier-addition

涂搪前加入釉浆，提高其涂搪性能和干燥性能的物质。添加物多数是电解质。其作用可分为：(1)使釉浆具有良好的停留作用，在涂搪时能厚薄适宜、均匀停留在制件上，为此可添加碱类、中性或碱性盐类；(2)使釉浆具有适宜的流动度，便于涂搪，避免停留过多，为此可添加强无机酸盐(磷酸盐或酸性盐)或强有机酸(草酸或酸性草酸盐)；(3)增加干燥后瓷釉强度，为此可添加尿素、硼砂、铝酸钠和硝酸盐等。

【停留剂】setting agent

用以调整釉浆涂搪性能的加入物。它与釉浆中黏土作用而改变其流变性能，调整稠度便于涂搪操作并使釉层均匀，对增加瓷釉粉层干燥强度也有一定效果。某些电解质如硼砂、纯碱、碳酸钾、食盐、氯化铵、铝酸钠、亚硝酸钠和硫酸镁等的溶液均可作为停留剂。底釉多用硫酸镁、纯碱之类中性或碱性盐类。面釉则用碳酸钾或氯化钡等盐类。当离子电荷增加时，其停留效果即显著增大。停留效果随时间延长而减弱，故须及时调整。停留剂过多则会带来种种瓷面缺陷(无光、发沸、针孔等)，故对其用量须进行控制。

【电解质】electrolyte

在搪瓷工业中，电解质用作磨加物和添加物，用以促进悬浮，并调整釉浆的涂搪性能。电解质的选择及用量取决于瓷釉的种类、坯胎形状和涂搪方法，须通过试验决定。过量的电解质会引起瓷面无光、发沸、针孔等缺陷。

【色素】pigment

本身有色，与配色基釉共磨，通过烧成使瓷层着色的物质。有天然的与合成的两类。天然色素是用颜色鲜艳的矿砂或有色黏土和其他天然矿石等通过机械粉碎、清洗、分选等加工制得。合成色素的主要原料是过渡金属化合物如 Fe_2O_3(赤)、Cr_2O_3(绿)等以及 CdS(黄)、CdSSe(红)，可合成尖晶石型($MeOR_2O_3$)等各种着色物。例如：CoO、Al_2O_3 为天蓝，CoO · Cr_2O_3 为蓝绿，ZnO · Fe_2O_3 为砖红。合成色素可用下列各种方法制得：(1)将原料与水在磨机中研磨极细而得；(2)熔合两种或几种含结晶水的金属盐，随后加以煅烧和清洗；(3)从金属盐类的混合物的水溶液中同时沉淀出金属化合物，经清洗、干燥和煅烧而成；(4)用有色盐的水溶液浸润氧化铝、二氧化硅、高岭土、氧化锌、磷酸钙等。用于搪瓷工业中的色素，应研磨极细，不溶于水和有机溶剂，并具有很高的着色能力、化学稳定性、高的折射率，易于粉碎成细末，能很好与瓷釉浆混合，并且在瓷釉烧成时溶解度要极小。

15.4 工 艺 和 设 备

15.4.1 制坯

【坯胎】metallic substrate; metal shape; metal body

在搪瓷工业中专指金属坯胎。其制造方法有冲压、焊接、铸造以及手工成形等。如钢板、不锈钢板以及有色金属板材常用冲压法和焊接法成形，铸铁、铸铝等则用铸造法。艺术搪瓷的坯胎则常用手工敲打制作。金属坯胎造型必须适合涂搪烧要求，一般以圆形为宜，因圆形较易涂搪均匀。坯胎厚度应尽量通体一致，以便烧成时能获得均匀受热。坯胎设计应避免边缘锐角和半径小的弯曲，因这些部分搪瓷极为脆弱。

【截料】blanking

又称切片、冲片、下料。把金属板材按设计要求进行裁切成一定几何形状坯料的工序。一般是在截片机上用一套凸模和凹模(俗称上刀口与下刀口)进行冲切。切割所需的力 P 可以按照金属的抗剪强度、金属板的厚度及坯料的周长来计算：$P=hL\tau$，单位 kg，式中：h 为金属板厚度(mm)；L 为坯料周长(mm)；τ 为抗剪强度，碳素钢可采用 28～32kg/mm^2 计算。日用搪瓷一般采用单动式曲轴冲床截料。工业搪瓷厚金属板的截料，则用剪床剪切、铣床铣切或氧气切割等方法。

【深冲】deep drawing

又称冲压。利用冲模把截料后的金属片在压坯机上冲压成金属坯胎的工序。形状坦浅的如盆、碟等制品通常是一次冲压成形。形状比较复杂而又较深的制品，如锅、桶之类，需多次冲压，每次冲压深度增大。冲压次数根据金属板的可塑性、厚薄、大小、坯胎形状、模具结构以及冲压速度而定。压坯机一般为凸轮复动式(双动深冲压力机)，也可采用摩擦压床或水压机等。

【平皱】roller-smoothing; roller-flattening; spinning

又称赶光、摇光，俗称砑光。是在冲压成形后，去除坯体上皱褶纹的工序。平皱机是一种旋转机床，其作用是利用平皱模与平皱轮作轴向移动，在坯体上作螺旋形的旋转，由点到线成面，迫使制件受压而平皱。平皱工艺除平整坯体褶皱外，尚能获得不能用冲压成形的特种形态的坯体。如咖啡壶上口比底径小，即用平皱法将上口缩小，俗称收颈。痰盂中身胖于底，也用平皱法将中身扩大，俗称摇胖。

【剪卷】trimming and curling

冲压成形后的坯件，边缘参差不齐和多余的部分，需要剪齐，并把边口卷入成光滑边缘的工序。在剪卷机上来完成，此机结构与平皱机相似，设有剪卷架，用剪边滚刀和卷边凹槽模，沿坯轴移动，对边缘平面作垂直推压，在快速旋转中将坯件边缘剪齐并卷成圆边。

【焊接】welding

搪瓷金属坯体的焊接可通过加热、加压或同时加热加压的方法来完成。应用较广的是接触焊，即利用电流通过焊件时产生的电阻热，加热焊件进行焊接。按焊接接头的形状不同，可分为点焊、滚焊及对焊三类。上述焊接方法多用于薄钢板搪瓷如口杯把、水壶嘴、盖滴、锅柄、盘环、碗脚、桶底等。

15.4.2 表面处理

【表面处理】surface pretreatment

涂搪以前对坯胎表面进行准备的工作。包括脱脂、除锈、酸洗、中和、被膜、喷砂处理、光亮退火等。

【烧油】degreasing by burning

用焙烧方法除去金属坯胎上附着的油污和脂斑的过程。通过烧油，也可消除成形时产生的应力。一般采用传送带式或链式炉烧油。应妥善掌握温度和时间。温度过高时，铁坯将发生变形，并使酸洗时难于除去厚氧化皮。烧油时间也应加以控制。含碳量高的钢板采用稍长时间焙烧有利于表面脱碳，改善金属搪烧性能。

【脱脂】degreasing

除去金属坯胎表面的油脂和其他脏物的工序。有火焰脱脂、化学脱脂和电解脱脂等方法。化学脱脂使用有机溶剂如煤油、汽油、三氯乙烯、四氯化碳等或碱性洁净剂。由于有机溶剂有毒、不安全，其利用受到了限制。碱性洁净剂较为常用，其基本组成为：(1)皂化剂如钠、钾氢氧化合物或碳酸盐；(2)乳化剂如磷酸三钠、硅酸钠以及洗涤剂等；(3)湿润剂如肥皂、磺萘酸盐、磺化蓖麻油等，它们兼具有乳化剂作用；(4)软化剂如焦磷酸四钠和多磷酸盐等，将硬水软化。电解脱脂(电化学脱脂)是将坯胎先经洗涤剂洗涤，然后放入碱液($NaOH$)或混合碱液($NaOH$ 和 KOH、Na_3PO_4、Na_2SiO_3)的电解槽，通过电流($3 \sim 10A/dm^2$，$2.3 \sim 12V$)进行电解，能迅速脱脂。

【酸洗】pickling

一般指钢铁坯胎脱脂后除去铁锈和氧化皮的工序。在这过程中，酸、铁的氧化物和铁相互进行化学作用而形成可溶性盐类；反应中析出的氢使氧化铁从坯体表面除去。所用酸液是5%～14%硫酸，或3%～7%盐酸，或它们的混合液，有时也采用12%～15%硫酸氢钠溶液。硫酸温度保持在60～70℃；而盐酸溶液则不应高于40℃。温度过高时反应剧烈但不均匀，使坯胎金属及酸液大量耗损，特别是盐酸因蒸发损失更大。为了减少酸洗时铁的溶解和氢的析出以及降低酸的消耗量，常加入苦丁、糊精、麦酒曲、锡以及特制的化合物，起酸洗缓蚀作用。酸洗后用碱液进行中和，以免重新生成铁锈。

【喷淋法预处理】sprinkling pretreatment

指工件进行喷粉、涂搪等表面涂装之前进行表面预处理的一种工艺，用于去除工件表面的油污、锈等。预处理药液从药液池进入喷淋喷头往工件喷射，喷射到工件表面的药液流淋到下部的回收槽再回到药液池，如此循环往复，达到工件涂装前预处理的目的。

【喷砂处理】sand-blasting

以压缩空气或其他机械力将磨料(硅砂、钢珠以及其他磨料)喷向铸铁或厚钢板坯胎表面，以清除铁锈、铸皮、石墨以及黏附在金属表面的有害物质等。常用的喷砂设备有室式、自动旋转台式和密封的桶鼓式。喷砂动力一般用压缩空气或利用涡轮叶板的离心力，将砂喷出或甩出。小件钢铁坯胎采用密封的桶鼓式喷砂设备除锈清洁，用定向或摆动的喷嘴将磨料喷向在旋转桶鼓内翻动的制件上。稍大的钢铁坯胎在自动旋转台上缓慢摆动，使各个表面受到砂粒射击。大型坯胎器件，用输送带自动传送。经喷砂处理的坯胎表面较为粗糙，从而促使搪瓷获得良好的密着。喷砂时间和空气压力或机械力与磨料颗粒组成、硬度以及坯胎厚薄、形状、大小，表面沾污程度等因素有关。

【被膜处理】flash treatment；flashing

又称浸洗处理。铁坯酸洗清洁后，在其表面附加一层促进密着的催化剂或金属膜的工艺。被膜多用于省去底釉的一次搪制品的铁坯处理，也用于改善底釉密着性能和防止瓷层烧损、铜头、鱼鳞等缺陷。常用的被膜方法有：(1)化学被膜，是把铁坯浸在钴盐或镍盐(也可用锑盐或其他盐类)溶液中，由于电化顺序中铁的电离势较高，取代了钴或镍，产生离子置换作用。按一定的时间、温度、pH值，使所析出的金属，以灰色薄膜沉积在铁坯表面上；(2)电沉积被膜，用电解方法沉积一层很薄的金属膜如镍、铜等，也有在铁坯表面上先形成一层氧化物或硫化物并再在其上沉积一层镍钴合金膜。电解一层纯铁薄膜亦能改善瓷釉层的质量。

15.4.3　瓷釉及釉浆制备

【熔块】frit

瓷釉熔融物经激碎而形成的颗粒或碎片。熔块的实际化学组成和某些性能(如热膨胀系数、化学稳定性等)代表搪烧以前瓷釉的化学组成和性能。

【激碎】quenching；shattering by quenching

使搪瓷釉的熔融物骤冷而碎裂的工序。方法有：(1)投入冷水槽中，或用冷水流骤冷激碎，称为水激；通过水激，瓷釉中的 R_2O 类和 B_2O_3 等组成的一部分溶入水中，因此瓷釉的化学组成有所改变；(2)将熔体流经两个用水流从内部冷却的钢辊之间的凹槽，并向槽吹喷冷空气，将瓷釉激碎成薄片，称为干法激碎。此法不影响瓷釉组成，并可避免流失，激冷剧烈而迅速，随后无须干燥；较常用于钛釉的激碎。

【釉浆】enamel slip

用熔块、磨加物和水混合磨成的浆料。磨加物有黏土和电介质等，引入磨加物使浆料形成胶体系统，磨细的熔块微粒呈悬浮状态存在。从球磨机中倾出的釉浆具有一定的密度、稠度和研磨细度。釉浆在用于涂搪前有时须经过陈化(存放一定时间)，使用时需添加停留剂(电解质)等，用以调整釉浆流变性能，以利涂搪操作。

【陈化】ageing

经过存放一段时间在釉浆中发生某些性能变化的过程。它延续了在研磨过程中已经开始的易溶组分的水解和析碱作用。首先是碱性氧化物和硼酐被溶出，逐步引起釉浆的稠化，促进釉浆颗粒悬浮，改善并稳定釉浆的涂搪性能。陈化所需时间按釉浆的性能而定。

【瓷釉熔炉】enamel melting furnace

熔制搪瓷瓷釉的窑炉。其任务是将瓷釉配合料在高温的作用下，经过复杂的物理的和化学的变化熔制成成分均匀的瓷釉熔融物。有间歇作业和连续作业两类，常用的有坩埚炉、池炉和回转炉等几种。热源可采用固体、液体或气体燃料。

【坩埚炉】pot furnace

又称圆炉。在坩埚中熔制搪瓷瓷釉的一种间歇作业的熔炉。基本结构与玻璃坩埚窑相似，主要包括作业室、燃烧室、喷火口、换热器等部分。在作业室中放置若干坩埚，瓷釉配合料在坩埚中经受高温而完成熔制，用人工出料，激碎成粒。当进行下一熔制周期时，重新往坩埚内加入配合料。这种窑炉的生产能力较小、热效率低、坩埚损耗大。

但在同一窑内可熔制不同成分或多种色彩的瓷釉。适用于品种多、产量小或有特殊工艺要求的瓷釉的熔制。

【转炉】rotary furnace; rotary kiln

又称回转炉。在回转的筒体中熔制搪瓷瓷釉的熔炉。其结构为一个内砌耐火砖衬的钢壳圆筒体，卧放在基座的四个托轮上，由传动机构带动以一定的速度绕水平轴线回转，如附图所示。筒体中央留有一个可以启闭的加料孔，配合料加入后，随着筒体的回转，直接受火焰喷射加热面熔融。熔制完毕时，停止筒体转动，打开加料孔使瓷釉熔融物从筒体中流出，激碎成粒，出料结束后，再重复下一熔制周期。回转炉用液体或气体燃料作为热源，燃烧喷嘴设在筒体的一端，废气由另一端排出。在排烟系统中可设置空气预热器，以回收废气余热，节约燃料消耗。另一种形式的回转炉带有倾翻装置，筒体中央不留加料孔。加料和出料时，把筒体对着地平面转过一定角度往喷火端的孔口加料，由排气端的孔口出料。回转窑的生产效率较高，燃料消耗低，熔制成的瓷釉质量较均匀。

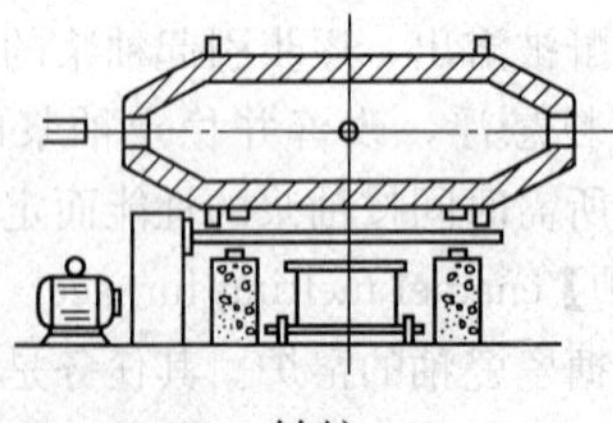

转炉

【池炉】enamel tank furnace

熔制搪瓷瓷釉的一种连续作业的熔炉，其主要构造包括窑池、火焰空间、燃烧设备和换热器等部分，如附图所示。配合料直接加入到用耐火材料砌成的窑池中，在高温下进行熔制。质量均匀的熔融瓷釉从窑池的另一端窑墙下方的出料孔连续流出，激冷成粒。为便于出料，将池底砌成斗型，并向出料端略微倾斜，池炉通常为换热式。以半煤气、煤气、重油或柴油作为燃料。与坩埚炉相比，优点是生产能力大、热效率较高并可连续生产、便于机械化操作。但是在同一时间内，这种窑炉只能熔制单一品种的瓷釉。

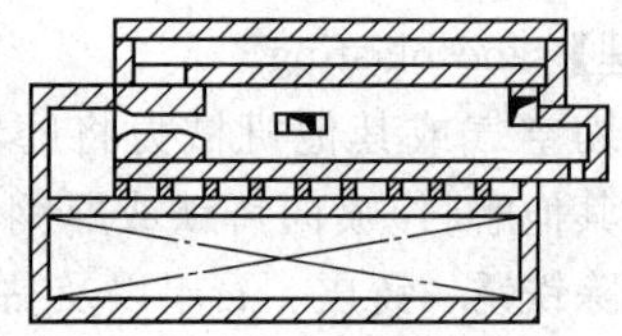

池炉

【电热坩埚炉】electric pot furnace

类似于坩埚炉的结构和生产方式，无需烟道。一般放置一只或两只坩埚较为合适。适用于生产试样或批量小而质量高的瓷釉。生产方便、灵活。加热器用钼棒或其他耐高温电阻材料。

【搪瓷釉电熔炉】electric melting furnace

具有与池炉相似的结构和生产方式。它没有燃烧设备和换热器等部分。生料直接加入用耐火材料砌成的窑池中，将通电电极插入池炉中熔融的玻璃液中进行加热，玻璃液本身作为电阻发热。电极材料有钼电极、锡电极等。电极外用水套冷却来保护电极，减少损耗。电熔炉热效率高，没有燃烧废气，清洁环保，也可以减少配合料的挥发，可以精确控制温度，有利于对瓷釉质量的控制。

15.4.4 涂搪方法

【湿法涂搪】wet process enamelling

用釉浆涂敷坯体的工艺过程。有下列各种方式：浸渍法、浇注法、喷雾法、湿法静电喷涂和电泳等。

【浸渍涂搪】dipping

用特备的夹具夹住坯胎，将其浸入釉浆中，用“甩”“蘸”“转”等动作，使釉浆涂布均匀。用“甩”的方法使坯胎底部釉层避免过厚；用“蘸”的方法使没有搪上釉浆的部位搪上；随即运用“转”的方法使多余的釉浆脱落，并使留下的釉浆均匀分布于坯胎表面上。釉层的均匀程度与釉浆的稠度、容量及其覆盖能力有关。对于平坦的制品如板状和盆状，需要比较低的稠度和密度；外形复杂的制品则应当采用密度和稠度较大的釉浆。实际生产上根据制品形状不同而确定所要求的釉浆稠度和密度，以保证浸渍涂搪的均匀性并具有一定的厚度。

【浇注涂搪】pouring

又称注浆涂搪。特别适用于形状复杂的小型产品和内外不同色釉制品。将釉浆用勺子浇注在坯胎上，使坯胎各部均涂满釉浆，然后摆动坯胎使多余的釉浆流散脱落。对中空坯胎内部涂搪时，则将釉浆注入坯胎内并摆动之，待全部涂满后，再将多余釉浆倾出即可。此法要求釉浆的稠度稍大于普通涂搪法所需的稠度。

【电泳涂搪】electrophoretic deposition

又称电沉积涂搪。利用电泳原理，将悬浮于釉浆中的瓷釉粒子，在加上外电场时，发生一个带电层相对于另一个带电层的移动，结果带负电的瓷釉粒子泳向带正电的金属坯胎而进行均匀沉积覆盖。

【干法涂搪】dry process enamelling

采用瓷釉干粉的涂布工艺。瓷釉粉末可在炽热的铸铁制品上用筛子洒布；也可把炽热的小件制品浸入瓷粉中，然后煅烧到瓷釉可平滑流布为止。现代的流态化床、喷粉枪、离心洒粉等粉末涂搪法也属干法涂搪。干法涂搪主要用于铸铁搪瓷如浴缸、洗脸盆之类，有时用于钢板搪瓷如招牌、聚合釜之类。优点在于：有可能只在坯胎的个别部位涂搪；而且可以洒上不同厚度的粉层，使坯胎的不平和粗糙处得到补救，获得平滑的瓷面并有较强的光泽；又可免除干燥工序。

【粉末涂搪】powder application

将瓷釉粉末雾化涂布于制件上的工艺。有多种方法，但多数采用下列三种：(1)流态化床，即沸腾床；(2)喷粉枪；(3)转盘洒粉。它们一般都配备静电装置。粉末的制备：可将熔块用球磨或振动磨适当磨细，细度约为 200 目 (74μm 左右)，其中大部分小于 350 目(44μm 左右)；要求有足够的黏附性，最小量的电荷衰变和最小量的大颗粒沉降，粉末必须易于流动。粉末涂搪的优点是：提高搪瓷釉利用率，减少污染，简化整个搪瓷工艺过程。

【手工涂搪】manual enamelling

用手工技艺动作完成涂搪操作的过程。有浸渍法、浇注法、喷涂(雾)法以及筛粉法等。对于造型复杂的胎体，机械涂搪不能令人满意时，手工涂搪可以有良好效果。也有以手工涂搪作为辅助手段，补机械涂搪的不足。

【机械浸渍涂搪】mechanized dipping

利用机械装置完成浸渍涂搪的工艺过程。这种机械装置，即涂搪机，一般是根据产品形状和手工涂搪动作进行设计的，通过机械配有夹具(机械手)仿效人工，完成抓坯、浸釉、甩底、旋转、抖动、卸坯等动作；然而一种机械装置只能适用于某一种形状的制品。若配备一套电子程序控制系统，则可扩大其通用性。

【喷雾涂搪】spray enamelling；spraying

简称喷搪。用喷雾器将釉浆喷成微细的雾滴，涂布在坯体表面的工艺。特别适用于大平面上得出均匀的釉层，或者当物体不能用于浸渍或难以浸渍的时候。喷雾涂搪有下列优点：(1)对釉层厚度能进行较大范围的调节；(2)保证釉层的均匀性；(3)改善瓷釉的覆盖能力及稠度等因素对瓷层质量的影响；(4)有利于搪瓷过程的机械化和自动化。

【流动涂搪】flow coating

一种搪瓷的涂复方法，它是利用浸渍、喷淋、灌注等方式，将搪瓷釉浆涂复在工件的内部或者外部表面需要搪瓷的地方，多余的釉浆主要依靠重力作用流淌离开工件，最终附着在工件上的搪瓷釉浆层的厚度及均匀度取决于釉浆性能，比如釉浆的密度、组成、粗细度以及流变性。采取此种涂搪工艺比较节约釉浆，生产效率高。主要应用于结构相对简单的工件。

【静电干粉喷涂】electrostatic powder application

静电干粉喷涂工艺利用了静电吸附的原理，代替了传统的涂搪工艺，实现了自动化喷涂，瓷面质量好，它可采用两涂一烧的涂搪新工艺，节约了劳动力和原材料。静电干粉喷涂工艺需专门的静电喷涂设备(静电喷枪、喷房等)，其工作原理为：在喷涂时喷枪口部电极施加 60～100kV 的直流负电压，电极不断将其周围的空气电离。带正电的氮离子被吸附到电极上并立即失去电荷。带负电的氧离子则自动吸附到从喷枪口部喷出的搪瓷干粉颗粒上使其带上负电，并在压缩空气动力和电力场的共同作用下，被加速沉积在接地的工件上，形成均匀涂层。用于静电搪瓷的搪瓷粉末要经过有机硅的包裹处理，以增加其绝缘性，其电阻率约 $10^{14}\Omega\cdot cm$，粉末颗粒直径 2～100μm，其中 70% 小于 40μm。

【静电湿法喷涂】wet electrostatic application

静电湿法喷涂工艺利用了静电吸附的原理，对传统的湿法喷涂工艺进行了改进，实现了自动化喷涂，瓷面质量好，生产效率高。

静电湿法喷涂工艺需专门静电喷涂设备(静电喷枪、喷房等)，其工作原理为：将 40～100kV 的直流负电压加在搪瓷颗粒(釉浆滴)上，使其电离并带上负电，从喷枪喷出的这些带负电的釉浆颗粒沿着电场线向前朝着接地的金属工件表面移动，并在那里沉积，形成涂层。

静电湿法喷涂生产过程的典型特点是釉浆从喷枪到金属基材表面的传送和沉积既有机械力又有额外的静电作用，可用相对低的空气压力来喷涂，釉浆在工件尖锐部包裹较好。

【揩边】edge-wiping

又称刮边、擦边。是在涂搪后把边部釉浆揩去，或干后加以擦去的操作。由于涂搪后边部常有粉滴，须揩去另涂边釉。有湿揩、干括(擦刷)等方法，可用手工操作或机械设备和自动装置。

【饰边】beading

又称滚边、涂边。揩边后对制品边缘进行涂饰的操作。涂边应注意边釉的稠度和边的厚度、宽度。边缘的瓷层应当较薄，一般是涂布覆盖能力较大的深色边釉。为了减少应力，边缘上瓷釉的膨胀系数应当选择得与金属的膨胀系数相接近。涂边方式可分：平板滚边与滚轮涂边。平板滚边质量与釉浆稠度、边缘旋转速度和接触角度都有关系。滚轮涂边是用一只装有滚轮的匣，盛放边釉浆，滚轮部分地浸入釉浆，并沿着制品边缘滚转。涂边操作可用手工或机械设备。

15.4.5 搪瓷烧成

【干燥】drying

工件在涂覆釉浆后烧成前，装载在烘架上加热，除去水分的工序。干燥过程的快慢，决定于温度和湿度，对制品的质量有着一定影响。温度过高，会引起水分起沸，使瓷面形成斑点状；过低会泛起锈点，特别是深冲的制品在扣烘的过程中，往往还会由于水蒸气逸散过慢，使内部釉面豁裂和引起泪痕、条纹等缺陷。

【感应加热烧成】firing by induction

通过铁坯外层涡流电所产生的电能，来进行烧成的工艺。热量贯穿深入制品的程度，与交流电频率有关。高频加热只在材料外层；中频加热则可使外层集中的热量通过热的传递，逐渐深入材料内部。感应加热烧成的优点有：(1)间歇生产不受窑炉影响；(2)制品可局部烧成；(3)可直接观察研究搪烧过程；(4)有利于搪瓷生产机械化、自动化；(5)避免由于燃料燃烧气氛的污染而产生搪瓷缺陷；(6)提高烧成效率和改善烧成操作条件。

【搪烧】enamelling-firing

即涂搪和烧成。在搪瓷工业中，这两个主要工序常常连成说“搪烧”。此外，搪烧又专指搪瓷的烧成，以区别于其他行业的烧成。例如搪烧炉，则专指搪瓷烧成炉。

【整形】dressing

矫正制品烧成后挠曲变形的操作。将刚从烧成炉上取下的制品迅速放在热板上或石棉板上，用相应形状的整形模矫正制品形状。整形模由钢或铸铁制成，例如面盆整形模为刚板圆圈，口环整形模为铸铁锥。整形操作可用手工，也可以机械化。整形时机必须在瓷釉尚未硬化变脆之前。正确选择金属坯胎厚度(不宜过薄)、烧成温度、制品造型以及烧成工具等，都能有效地避免制品变形。

【除瓷】de-enamelling

去除搪瓷制品的瓷层的方法。当制品有不能修补的缺陷时，可去除瓷层，回收金属坯体，以便重新搪瓷。除瓷前应先将制品加热到 500～560℃，迅速投入冷水，使瓷层碎裂，然后采取下列方法除瓷：(1)机械除瓷，即用手工或气动锤和凿子将瓷层凿去；此法适用于厚壁制品，如铸铁搪瓷和厚钢板(厚度大于1mm)搪瓷；(2)化学除瓷，①酸法，用 20% HF 和 10% H_2SO_4 组成的混合酸液，此法较慢且侵蚀速度不匀，故不常使用；②碱法，用 50%NaOH 溶液在高压高温下溶蚀瓷层，或用 NaOH 溶液在 500℃以上与瓷层起剧烈反应，此法能在几分钟内将瓷层完全除去。在实际中看，常将机械法和化学法联合使用。

【烧架】firing support; firing holder

烧成时用于悬挂或支撑搪瓷制品的工具。由耐热合金材料所制成。根据制品的种类，制成不同形状，使制品在烧成时不变形，或留下最小的痕迹，并能均匀烧成。有悬挂的挂钩烧架和平放的支点烧架等，均按制品品种各异。烧架与制品接触处做成刀口或针状。

【链式干燥炉】chain conveyer dryer

制品上釉后进行干燥的加热设备。适应连续化生产，有平面传动和立式传动两种。制品在烘架上依靠链带传动循环进出，热源一般是利用烧成窑的余热。

【烧成炉】enamel firing furnace

又称搪烧炉，用以烧成搪瓷制品。为避免制品受直接火焰的污染，通常均采用隔焰烧成室(箱式炉)，烧成温度一般为 850～950℃。窑内温度分布与烧成时间要符合搪瓷制品烧成时化学和物理变化的要求，结构要适合制品的种类和形状。有间歇作业和连续作业两类，常用的有箱式炉、转盘式自动炉以及隧道式烧成炉等。

【箱式搪烧炉】box-type enamelling furnace

又称马弗炉。主要构造包括烧成室、燃烧室、火道、换热器及烘床等。烧成室是用薄壁异型耐火砖或碳化硅砖砌成的隔焰室，热量通过隔焰墙借辐射和对流使制品受热。燃烧室设在炉底下面，火焰加热炉底砖后，围绕炉墙和炉顶火道，然后流经干燥烘床导入烟囱。通常设置换热器，利用废气余热预热助燃空气，以节省燃料消耗。炉前设有可以启闭的炉门，由人工或机械间歇地将制品叉入(推入)和取出。这种窑炉结构简单、可节省砌筑材料、点炉升温较快。缺点是热效率低，烧成室内温度很难达到均匀；制品进出窑室，因温度急变容易产生应力；更由于炉门辐射散热，炉前操作条件差。适用于产量小、品种多、形状复杂的搪瓷制品的烧成。大型箱式炉可用以烧成各种工业搪瓷。

【隧道式搪烧炉】tunnel type enamelling furnace

又称传送带式搪烧炉，炉身呈隧道式。制品依靠链式传送带通过狭长隧道而烧成。链式传送带可设置在炉顶上方或炉底下方，故有上传动和下传动两种结构形式。上传动的链式传送带借滚轮在炉顶钢轨上运转。传送带下方，沿整个窑顶有一条裂缝，缝中伸出的吊钩以及悬挂在吊钩上的烧架和制品沿着缝隙以一定速度在炉内运行。吊钩上附有耐热金属制成的鳞片遮住缝隙，防止散热。下传动的链式传动带利用托盘支持传送带和伸入炉内的烧架。常用的隧道式搪烧炉有直形和马蹄形两种，见附图。(1)直形搪烧炉；用吊架或托盘载着制品直线通过隧道，经预热带、烧成带和冷却带后完成烧成。对需要整形的制品从位于烧成带后的侧门中取出，其余制品通过冷却带后出炉，在进出炉口设有热风帘，以减少冷空气进入炉内。(2)马蹄形搪烧炉：制品的装卸都在炉的一端进行。烧成带呈马蹄形，预热带和冷却带并列在炉两侧。已经烧成的热制品和进来的冷制品沿着相反方向平行移动。与直形搪烧炉相比，占地面积小，散热损失减少。

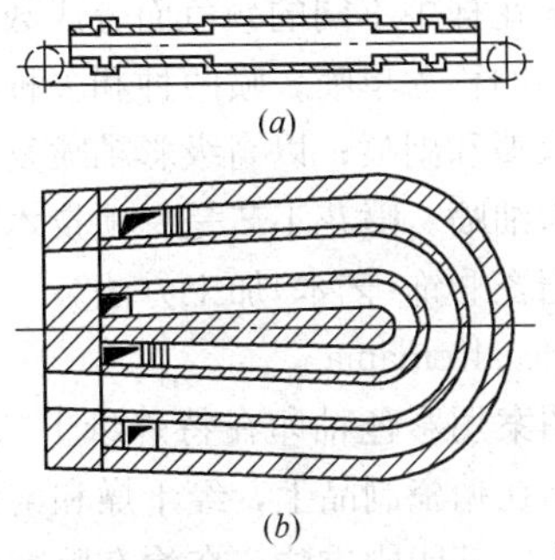

隧道式搪烧炉

(a) 直形搪烧炉；(b) 马蹄形搪烧炉

用煤气或柴油作为热源的隧道式搪烧炉，其烧成带是一个由碳化硅薄砖砌成的隔焰室。采用电热时，则用电热丝或电热带绕在耐火板上组成电阻发热体，配置在窑室内壁；对不同部位的发热体采用分别供电，以便控制炉温和进行更换。

【陶瓷纤维搪烧炉】firing furnace with ceramic fiber insulating

以硅酸铝陶瓷纤维为炉衬和保温材料的搪瓷烧成炉，由于陶瓷纤维材料热容小、导热系数小，热效率高，可快速升温，节能降耗。纤维密度达到 250～350kg/m^3，烧缩量要小。硅酸铝陶瓷纤维的 Al_2O_3 含量是一项重要指标，一般要大于 42%，在 45%～50%之间为最佳。

【辐射管加热】radiation tube heating

在封闭的耐热金属套管内通过电加热或可燃气体燃烧，由套管间接把热量辐射给需加热处理工件使其升温的一种加热方式。

15.4.6 搪瓷装饰

【彩饰】decoration

用彩色瓷釉对搪瓷制品进行装饰的过程。方法有：手工描绘法即笔绘法、喷花法、贴花法、丝网法、照相法，此外还有印戳、堆花、印花、刷花等。

【喷花】spray decoration

通过喷釉，对搪瓷进行彩饰的艺术加工，根据美术设计的图案花样制成镂空模版（花版），模版紧贴制品表面，用喷枪向花版镂空处吹喷彩色釉，经窑烧形成彩釉画面。镂空模版按图案花样中不同的颜色而分成数套。只喷一种彩釉的称为单喷；喷两种和多种彩釉的依次称为双喷和副喷；以高级彩釉喷复杂细致花样的称为细喷。喷花工艺是一项技术与艺术相结合的搪瓷彩饰（艺术）加工方法。

【贴花】decalcomania

将图案用彩色釉印在特殊纸上或薄膜上，然后转贴在搪瓷制品上，经干燥和窑烧而成彩饰的工艺。其印刷方法：在涂有胶料的厚纸上裱糊薄纸或有机薄膜，印上图案（用调墨油）再撒上色釉粉而被印墨粘着，掸去多余的釉粉；也可将色釉调入油墨内直接印上，然后揭去厚纸即成印有细致图案的贴花纸或贴花薄膜。也可在厚纸上刷上胶料，待干后印上图案，然后涂上有机薄膜，印刷图案便转粘于薄膜上，用水溶去掉胶料，贴花薄膜脱离厚纸即成。用薄膜贴花，不像贴花纸需将纸除去，可直接烧去而简化贴花工艺。

【筛印】screen decoration

又称丝网印。在金属或木制的框架上，张紧金属丝、蚕丝或化学纤维丝编织的筛网，筛网上粘着一个用照相感光胶涂布制成的、用涂漆刷成的或用薄膜镂刻黏附制成的镂空模版。通过镂空处，用橡皮刮板将彩釉油浆印刷在框架下面的搪瓷制品上。刷印多色的图案，需用几个筛网，刷印的彩釉图案须经窑烧成。

【印花】printing decoration

以雕着图案的橡皮印辊或橡皮平版，涂刷色釉油墨后，即可在搪瓷平板或圆柱形搪瓷制品上进行辊印或平板印。也可以用胶水或调墨油直接印刷，然后撒上色釉粉而得清晰图案，并将剩余的粉揩掉，送入窑内烧花，即得搪瓷印花产品。用此法印出诗文字词句以及细致的木纹、大理石纹等图案都很方便。多用于装配搪瓷、建筑搪瓷、标牌搪瓷等。

【刷花】brushing decoration

先在制品待饰部分搪上一层厚釉浆，烘干后，覆盖上镂空模版，用毛刷刷去模版镂空处和四周轮廓的瓷釉粉而形成微有立体感的文字或花纹，经窑烧即成。

【堆花】paste-on-paste

用彩色瓷釉堆塑在制品表面，使之构成立体花纹的彩饰工艺。先将橡皮刻成所需要的花纹轮廓，用一般印墨印在瓷面上，然后采用表面张力大的彩色瓷釉，在所印花纹轮廓内堆填，要求立体感强的部分可多次堆填，每次堆后都应经过烧成，最后一次堆填完毕时应在轮廓线条处描绘一下，经烘干送入窑内烧花，即得搪瓷堆花产品。

【烧花】decoration firing

使彩饰的色釉熔着于瓷面，并呈现光亮彩色图案的工序。烧花必须注意烧成温度，炉温过高，花易烧过，引起变色，甚至失色，起"白点"；太低则色釉表面没有光泽，且易生成"小泡"。故烧花时须考虑色釉的成分、耐火度等因素。

【照相法彩饰】photographic decoration

搪瓷制品利用摄影成像原理进行彩饰的工艺。有直接照相法和转印照相法。(1)直接照相法系将照相感光液直接涂布于搪瓷制品表面，再在感光层上覆盖带有正像的底片，进行曝光，未感光部分有吸湿性。洒上彩色瓷釉干粉而被吸附。刷去未被吸收的多余彩釉粉料，细致地干燥和烧成。也可在感光层上用负片曝光，然后用石印油墨状彩釉料印上，此时在干燥的感光部分，吸附上油状石印彩釉料，而未感光潮湿部分，易于被水清洗掉，经过窑烧即显现彩釉照相像。(2)转印照相法系将感光液涂布于玻璃板上如上法成像，然后用火棉胶涂上，将彩釉粉像转粘于火棉胶薄膜，把此薄膜从玻片上揭下，贴到搪瓷制品表面待干，入窑烧成即得照相搪瓷。

【冰花】floe decoration

在涂搪釉浆后，通过手工或自动机械将彩色釉浆溅洒其上，使之呈现出各种自然不规则的冰花纹饰。

【大理石纹】marbleizing

制品在釉浆中浸渍涂搪后，溅洒其他颜色的釉浆，然后进行抖动、旋转，将釉浆搪成带有粗略纹理的大理石或冰花纹饰。若欲得到特殊细致的纹理，则需采用印花法。

【木纹】wood graining

用雕有木纹纹理的橡皮印辊，涂以调入色釉细粉的特制油墨，然后滚印在搪瓷制品上，经窑烧便获得木纹搪瓷。所用瓷釉的光泽与色彩需同其真实木材相配合，以便获得木纹搪瓷最好的效果。

【自动蚀版机】automatic stencil etching machine

把带有图案的金属坯腐蚀成镂空模版的专用设备。主要由一个盛腐蚀液的箱体、钢架、三根并列垂直轴、一套夹具和传动机构所组成。所有接触腐蚀液的部分均由耐腐蚀材料如聚氯乙烯所制成。把金属坯涂上一层化学漆作保护层，须腐蚀的部分则使之露出金属表面。把金属坯放入中间转轴的夹具中，以每分钟约40转的速度作缓慢旋转，两侧的轴端装有螺旋形导片，以每分钟约2000转的速度作快速旋转，将腐蚀液(一般用三氯化铁)吸入管内，再从管壁孔中以离心力作用喷射到金属坯体上。约半小时左右即可形成镂空模版，然后取出浸入碱液，溶去保护层，再以清水洗净，即可使用。

【花版】stencil

喷花彩饰所用的镂空模版。其制作工序：(1)复版，用半透明纸覆盖在原设计画稿上，用笔按照花纹和预定的各个花纹间的分版形式勾出分版的花纹轮廓。(2)分版，根据预定的彩色套数从花样总轮廓图线上，分别把每一套彩色花纹的图样用复写纸复印勾描到各彩色分套纸板上。(3)刻板，把平行纸片或特殊形式的纸模，制成分套纸版上的复印或刷印花纹部分，用刻刀把它刻去，使它成为具有镂空花纹的纸模版。(4)刷版，把刻样的镂空纸模版在实际用的金属模版上刷印花样，为使各套花样能套准，在刷印时，须定一正确的三角标记。(5)凿版或蚀版，把刷有花样的金属模版用钢凿凿成镂空的花纹或用化学蚀刻方法制成镂空模版，如此即成喷花用的花版。

15.5 性能与检测

15.5.1 搪瓷常见缺陷

【搪瓷缺陷】enamel defect

主要指搪瓷的外观质量，包括制品表面呈现的缺点、弊病和局部损坏等现象。缺陷为各种原因所引起，大多产生于原料、瓷釉、金属材料，或因制造时处理不当而产生。搪瓷的缺陷根据其形状，可分为下列几类：(1)脱瓷；(2)瓷层中的裂纹；(3)瓷层中的气泡和细孔；(4)瓷釉外观粗陋。每一类中包括各种具体缺陷形式。各种制品对缺陷的容许范围根据使用要求不同而有所不同。为了防止产生缺陷，必须采用合格的原材料，严格控制工艺过程，并进行仔细的作业检查。

【爆点】pop-off；popper

搪瓷烧成时底釉小片弹去，呈现露金属伤痕的缺陷。由于金属底坯沾有污垢杂质或金属材料质量不佳而引起；此外，烧成炉温过低或烧成不足，也会产生爆点。

【裂纹】chink；cracking

搪瓷烧成后，瓷层呈现碎(炸)裂的缺陷，包括裂痕、龟裂、鳄鱼皮。出现于器壁纵向的裂纹称直裂；出现于底面、呈线状的称横裂；环形的称圆裂。有时呈现聚集状不规则的裂纹，其形如同龟背纹或鳄鱼皮纹者，称龟裂或鳄鱼皮。裂纹的深度可直达底材，也可能只在表面。裂纹产生的原因很多，较常见的有：(1)铁坯造型设计不符合烧成工艺要求，引起局部应力；(2)瓷釉弹性不足，膨胀系数过大，以及颗粒度太粗，在搪瓷烧成、冷却过程中引起应力；(3)瓷釉涂搪过厚，烧成次数多，冷却过速以及操作不慎，皆足以引起裂纹。

【泛沸痕】boiling-through marks

这类缺陷包括发沸、再沸、蛋壳皮等。面釉烧成时从底釉泛出的成丛黑点，称为泛底粉；而瓷面呈现明显失光起毛的沸状外表，称为发沸；瓷面呈蛋壳隐纹者称蛋壳皮。原因是多方面的，如金属材料含有气孔、分层、熔渣等夹杂物；坯胎表面处理不清洁；底釉选择不适宜；涂搪底釉的半成品或底釉粉浆贮藏过久污染；涂搪不均；干燥不当；烧成温度高而时间短等原因，皆能引起泛沸痕。

【泡孔】blister；blow hole

瓷层内由于气体外窜引起的凸起粒状的缺陷，包括焊点、砂眼、针孔、玻璃眼等。未穿的称泡，已穿的称孔。搪瓷在烧成时，由于杂粒崩掉形成的孔眼，称为砂眼；由焊接引起的黑色焦点孔称焊点；泡孔所组成的称线网泡；瓷层内气体逸出后未熔合的细孔称针孔；瓷面烧成后表面出现未破裂的大气泡称为玻璃眼。泡孔通常是由于金属底材含有熔渣、迭片等夹杂物；坯胎表面处理不当，残留盐类等沉积物过多；釉浆混有垃圾；涂搪不匀，局部过厚；烘烤温度太高，或在过热底坯上进行喷涂等引起。此外也与造型有关，如卷边太宽、太紧，使涂搪、烘干不完善而引起边泡。

【凹凸点粒】lump and pit

瓷层表面呈现凹凸不平的杂粒或凹痕。凹凸点粒缺陷有多种：瓷面附有凸出的杂粒、铁屑，称为凸出杂粒；烧成时弹去面釉呈现露底釉的点状凹痕，称为弹点；瓷面呈现凸出无光起毛的沸状点粒，称为沸点。这类缺陷是由于瓷釉内混有固体杂质而造成；底釉烧成不足，也易引起制品表面细微的弹点；在生产过程中，由于清洁条件差，也会在瓷面上形成凹凸点粒。

【焦边】burnt edge；burn-off

搪瓷烧成时边沿或边下沿呈现的线、点状的焦斑现象，线状的称焦边，点状的称焦点。这类缺陷产生的主要原因是：瓷釉局部涂层过薄，易于烧损；卷边或环脚边口等部位过分毛口，或太粗阔，以及焊接时焊焦等部位，都会使涂搪不良而烧成焦边焦点。釉浆流动性太强也会使有些部位流失釉层而烧成焦斑。烧成范围不宽的瓷釉，也容易过烧而造成焦边。

【黑线纹】hairlines；black line

又称发丝，一般有两种形态：丝网状和线纹状。(1)潜伏在瓷层中的小泡组成的线网称为丝网状黑线纹。一般烧成后冷却过快，局部冷热骤变，或挤压受伤而形成细裂纹，在再次烧成时就出现丝网状黑线纹。(2)烧成时泛出的黑色线纹或微细线泡称为线纹状黑线纹。一般坯胎造型不当，瓷釉膨胀选择不妥，底釉涂搪过厚，或局部烧成不足会导致出现线纹状黑线纹。

【变形】warping

搪瓷制品在烧成后形状改变，不符合原有造型的缺陷。变形易产生在边部、底部和口径处。其原因有：(1)造型设计不符合搪烧工艺要求，例如坯胎造型厚薄不一，曲率半径过小等在烧成时产生局部应力过大而变形。(2)金属坯胎焙烧后未消除应力。(3)瓷釉与金属的膨胀系数相差过大。(4)烧成时使用工具不妥，温度过高，或放置不平，过度烧成以及受热不匀皆易造成变形。

【边釉不齐】irregular beading

这类缺陷表现为边釉宽窄不齐、花边、边釉与面釉脱节、锯齿形等现象。边釉宽窄不齐是由于滚边操作不当；或由于边釉加入过多停留剂，边釉不耐烧，以致烧成时边釉下淌等引起。花边是由于边釉与面釉相混、相迭而引起。边釉与面釉脱节，留有空隙而呈露黑现象是由于括边时面釉括去太阔，或滚边釉涂得太窄而引起。湿边釉水分渗入面釉，也会产生近似脱节现象。

【印皱痕】water mark；sagging

瓷面出现的残留水迹印或桔皮纹。水迹印往往发生于含水量或含碱量过高的釉浆，涂搪后由于水分或碱质渗聚在涂层边缘，引起面釉变色或凹下的现象；也可能是由于喷涂时或干燥时有水滴落在涂层上产生水迹印。桔皮纹一般由下列情况引起：釉层过烧，瓷釉表面张力太大，黏度太大，使涂层烧成时不易熔平；喷枪空气压力过大，将湿的涂层喷成皱纹；涂层太厚，烧成时容易皱缩。

【涂搪不匀】non-homogeneous enamelling

搪瓷制品表面呈现的粉梗、粉块、水泡、溅点以及菊花印等形态。主要原因是：釉浆涂搪性能不良，釉浆中残存气泡和操作不慎。

【露黑】deficient opacity

瓷面因局部涂搪过薄，面釉乳浊性弱，或粉层擦损所产生的黑影缺陷。面釉局部涂搪过薄与坯胎形状和釉浆密度、停留性能有关，如坯胎边沿由于釉浆稠度太稀而引起边口露黑。乳浊性不强的面釉常在制品边角凸出部位被烧成黑影。因此，对形状平坦和复杂的坯胎须用不同稠度的釉浆使之涂搪均匀。

【白线纹】white lines

是指搪瓷制品表面的白色线状纹路缺陷，出现于面釉的称为粉纹路；在饰花部位的称为花纹路；在映光部位的称映光纹路。发生原因主要是：(1)饰花和映光部位在烧成时已有细小裂纹而未能熔合。(2)坯胎造型不当、厚薄不均，在加热时产生应力。(3)瓷釉膨胀系数与坯胎配合不良。(4)釉层过厚、振动太强、制品受到急冷和急热。

【杂点异色】specking

指搪瓷制品表面上的一种缺陷。这类缺陷包括：附于瓷面上刺手的垃圾、杂色点屑，称为杂屑、黑点、白麻点；瓷面被色泽不同的色釉污染，称为异色粉；饰花及映光经烧成后所呈现的小白点，称为花白点、映光白点；喷化烧成后呈现的油状斑点，称为油点；烧成后瓷面出现的点状变色，称为化学异点等。要查出这些杂质的来源，必须检查工艺操作的全过程。例如任何有机物落在瓷面上，烧成时被分解形成碳素异色；钢铁坯胎表面处理不完善，留有砂粒、石墨等；釉浆研磨时落入的异物、杂屑、垃圾等都会引起瓷面污斑；操作不当也会造成异色斑点。

【凹瘪】concavity

搪瓷制品上的凹炕，但瓷面未破损的缺陷。其产生原因主要是：模型上有砂砾；坯胎受到碰撞；烧成时操作不慎；热制品受到碰撞等。

【饰花模糊】unclear decoration pattern；dim pattern

搪瓷饰花部分轮廓线条不够清晰，或不准确的缺陷，包括花模糊和花版不正。花模糊大多由于操作不慎，花版不平，配色不当，粉尘飞扬等原因造成。花版不正多发生于喷花模版较多的饰花上，在套版时，花版套歪。

【坯胎皱痕】waviness of metal body

铁坯表面的波浪条痕和褶皱深痕，包括直皱痕和横皱痕。金属材料压延性能差，冲压模尺寸太小，或装配不当造成直皱痕。研光模太松，滚轮装置不当，研光车速没有根据坯胎直径调整，手工操作时研光动作时重时轻、快慢不一致则造成横皱痕。

【工具痕】tool mark

搪瓷制品因工具所造成的痕印缺陷。操作不当和设备缺乏检查等原因造成的印痕有：叉印、钳印、铁台印、整形印、冷架印等。制品为工具和设备所沾污而生的锈印称为铁锈印或锈点。瓷釉软化时烧架造成的深痕称为架眼。烧成前烧架移动所造成的伤痕称为冷架印。制品为工具所损伤，烧成冷却后碎裂成星状者称为星印。

【锯齿形裂纹】sawtooth chipping

一种在制件的边缘，有时亦在制件的边角或焊接处出现的缺陷现象。原因是：坯胎造型设计不当、焊接不良等所产生的局部应力；瓷釉与坯胎之间或不同瓷釉之间的膨胀系数相差太大；瓷层局部（如边部、焊接处等）涂搪过厚；烧成不足等。在搬运、贮藏或装配不慎时更能促使边缘、接合等部位产生锯齿形裂纹。

【脱瓷】shivering

一种瓷釉脱落的缺陷现象。这种缺陷的主要原因是：（1）坯胎方面，造型不佳、焊接不良存在局部应力；金属表面存在氧化皮或油污，致使密着太差，均会导致脱瓷；此外铸件渣眼也会导致脱瓷。（2）瓷釉方面，底釉组成中密着剂不足，瓷釉膨胀系数过小，或弹性不够，烧成冷却时产生压应力而崩弹脱瓷。（3）搪瓷工艺方面，釉层涂搪过厚，烘干过快，表面干燥而下面水分尚未充分烘干，烧成时残留水分突然蒸发，迫使瓷层冲起而脱落；烧成不足，边角、曲折处易于碎裂脱瓷；烧成过久，金属坯胎生成过厚氧化皮，使底釉失去密着而脱落。

【鳞爆】fishscaling

搪瓷烧成后，表层呈现鳞状掉瓷的缺陷。有鱼鳞、指甲印、星点、爪印、结晶鱼鳞等名称。鱼鳞、爪印或指甲印等半月状碎片是由底釉层产生的。烧成后立即剥落者称为急性鳞爆，放置一段时间后才发生掉瓷者称为慢性鳞爆。瓷面形成无数闪耀的小星，脱落的瓷片往往微小，称为星点鳞爆或结晶鱼鳞。鳞爆的主要原因是瓷层在分子氢的压力下从金属上爆脱。搪瓷制造过程中，烧油、酸洗、涂搪、烘干、烧成等工艺阶段，均能使坯胎材料钢铁吸收氢气。高温下，原子氢溶解于金属。温度降低时氢析出，以分子状态积聚在金属结构缺陷处。分子氢的强大压力造成鳞爆。防止鳞爆的措施是：选择不易吸收气体的金属，必要时采用被膜方法改善金属表面质量；选择烧成范围大的瓷釉以便气体逸出，必要时可加入石英粉、长石粉等物质扩大烧成范围；避免工艺过程中水汽和氢气被金属坯胎吸附，尤须注意控制酸洗浓度、温度和时间，半成品充分干燥以及炉中气氛干燥等。

【铜头】copper head

烧成后出现在底釉上的赤褐色斑点。大小可达 2～3mm，一般在 0.5～1mm。是由于底釉熔融物中 Fe_2O_3 过饱和，析出与铜相似的赤褐色晶体而产生的。底釉被铁的氧化物局部富集，有各种原因，例如使用易氧化的钢板；酸洗不完善，中和不充分；烘干和烧成缓慢；底釉黏度大，都能形成过量氧化皮。如果底釉中铁的氧化物溶解不良，则产生铜头。

【烧缩】crawling

又称拉裂、卷缩。烧成过程中出现的熔釉开裂并席卷而起的现象。卷起边缘有时呈现聚集球状的釉粒，收缩处露出底釉，形成不规则岛状釉块。其位置多在底部，严重时延及其他部位。缺陷产生原因主要有：（1）釉浆黏土用量不足，或其黏着性差，以致釉层烘干时稍一振动即行开裂，而烧成时拉裂；（2）釉浆稠度过厚，颗粒度过细，也易引起拉裂；（3）烘干温度过高，釉层干缩太剧，或釉层厚，未烘干即烧成，都促成拉裂；（4）坯胎沾有油污，烧成时釉层无黏着性而卷起。

15.5.2 性能与检测

【密着检验】adherence test

搪瓷瓷层在金属坯胎上密着强度的测定。一般采用间接方法，常用的有：（1）弯曲法，将试样弯曲 90°～180°，按瓷层脱落情况来判断：若底釉是以细针状脱落并显出暗色金属表面，则属密着良好；若瓷层脱落处金属面呈银灰色光亮表面，则属密着不良。（2）冲击法，将一定质量的钢球在可调节的高度落下，冲击搪瓷表面直至破坏。按球重及落下高度来估计密着强度。参见 9.5【耐冲击强度】。（3）枪击法，用标有拉力刻度的弹簧枪击打瓷层，然后判断瓷层的密着状态。（4）顶压法，用一定直径的钢球，不同厚度的钢板搪瓷用不同深度的压模，薄钢板的压模深一些，厚钢板的压模浅一些，被测样品放置于两者之间，施加一定的压力，并维持数秒时间，然后目测判断密着状况。顶压法是现行国家标准规定的密着测试方法，适用于0.5～1.9mm的钢板搪瓷。

【乳浊】opacity

在搪瓷工业中专指面釉或白底釉呈白色不透明的性质。乳浊作用是由于瓷釉含有折射率不同的两个或更多个相，形成了分散系统；其中的连续相是瓷釉的基质玻璃，分散相可以是细小晶粒，也可以是微气泡，还可以是不同于基质的另一个玻璃相。当可见光(金色)射入这样的分散系统时，在相界上发生折射、衍射和反射，并且这些衍射和反射是在无数分散粒子之间反复进行的，以致发生散射而很少透射。结果使瓷釉呈现乳浊；在人眼看来瓷釉呈白色(即全色)而不透明。分散粒子与玻璃基质之间折射率相差愈大，则乳浊效果越高。此外，粒子的粗细对不透明度和色泽也有影响。据此可将乳浊机理分为三种：(1)固相乳浊，分散相为晶体，其折射率通常显著高于玻璃基质，因而乳浊能力高。(2)气相乳浊，分散相为气体，其折射率通常低于玻璃基质，并且差值不很大，乳浊能力也不很高。(3)玻璃相乳浊，即在瓷釉中发生分相，形成两个玻璃，由于这两个玻璃的折射率相差甚微，乳浊效果不显，仅能产生“乳光”，因此很少应用于乳浊釉。

【白度测定】opacity test

搪瓷瓷层白度的测定，即乳浊度的测定，以漫反射系数表示，并用百分数示出。一般是用同一光源在相同条件下分别测定标准板表面和试样表面的漫反射，并进行比较，得出试样的白度。标准板可采用硫酸钡、氧化镁或标准搪瓷板，它们的漫反射系数为已知。测试时，将光源发出的光通过聚光镜和滤色片，以45°角投射到试样(或标准板)上，然后垂直射入光的接收器，利用光敏半导体如硒光电池板或硫化镉光电管等，测定电路中的光电流。仪器有多种，如光电白度计、纵向白度仪、球形反射计等。

【光泽度测定】gloss test

搪瓷表面上光的总反射的测定，用总反射系数来表示光泽度。所用特种仪器光泽仪的测定根据是：在试样与标准板(已知反射系数)入射面上照有同一数量的光，以它们的反射光的数量进行比较，可以黑色玻璃平板为100%，或以钡白平板为0，也可用光泽很高的瓷釉面作为标准板，所测搪瓷光泽以百分数表示之。搪瓷表面的形状对其光泽有很大影响，故一般在平整的样品表面上进行测定。

【耐磨性能测定】abrasion test

搪瓷瓷层的耐磨性能一般采用定性的方法测试，将一定数量的萤石粉(莫氏硬度4级)置于搪瓷表面进行研磨，然后观察搪瓷表面有否失光，如果没有失光耐磨通过，否则不通过。一般搪瓷材料的莫氏硬度在5～6，耐磨试验都能通过。

【瓷层厚度测定】enamel thickness test

一般采用磁性厚度仪。它适用于测量铁磁性底坯上的各种无磁性涂层厚度，分为带有电磁铁(与电路连接)的和带有永久磁铁的两种。(1)电磁厚度计：原理在于变更闭合磁路的磁阻。由电磁探头、电阻桥、栅极部件和电压稳定器的读数表组成，随着涂层厚度增大，磁路的磁阻变大，因此改变了电磁铁绕组内的电流。(2)永久磁厚度计：通过弹簧引起的力来测量瓷层厚度，可用或不用电源来工作。

【耐冲击性测定】impact test

搪瓷经受冲击，达到瓷层脱落时所必需的功的测定。搪瓷耐冲击强度与瓷层的机械性能有关。瓷层的弹性、硬度、抗压和抗弯等强度愈大，则耐冲击强度也愈大。金属的厚度对瓷釉层的冲击强度也有很大的影响。金属愈厚变形可能性愈小，因之冲击时瓷层受到破坏的可能性也愈小。冲击强度测定，常用的方法有：(1)落球法，使有一定直径和质量的钢球，从可调节的固定高度自由落下冲击制品，观察瓷层剥落情况。耐冲击强度的计算式为：$P=WH$，式中：P为冲击强度(g·cm)；W为钢球质量(g)；H为落下距离(cm)。(2)摆锤法，用固定在摆动杆上的小锤，从一定的角度下冲击制品。角度愈大，冲击也愈强烈，冲击力按下列公式计算，$P=(W+\omega)H$，式中：P为冲击强度g·°；ω为小锤质量(g)；W为摆杆质量(g)；H为落下角度(°)。冲击强度与瓷层脱落情况相结合，可用以估计密着强度。(3)枪击法，用标有拉力刻度的弹簧枪击打瓷层，然后根据破坏情况判断瓷层的抗冲击强度。

【抗扭强度测定】torsion test

搪瓷的耐弯曲性能常以片状搪瓷样品扭转到引起瓷釉脱落的角度表示。抗扭强度与瓷层厚度及扭转角度有关。瓷釉层厚度增加，其抗扭强度减弱。测定仪由两只夹具组成，将试样的一端固定，另一端沿着装在传动机构上的夹具旋转，不旋转的夹具放置在钢珠轴衬上，使样品被扭转而缩短时允许轴线自由运动。

【搪瓷层应力检验】enamel layer stress test

应力测试有多种方法，常用的是长片法（弯曲法）和圆环法（金属环法）。(1)长片法，在有底釉的薄钢片上单面涂以要测试的搪瓷釉，夹住长片一端，将另一端放入垂直式电炉中烧成。冷却后，测定其弯曲程度而判别其应力大小。(2)圆环法，将钢片圈成圆环，两面搪烧底釉，然后在外圈再涂以要测试的搪瓷粉。一种方法在烧成时，圆环两端固定开口，冷却后测其开口宽度改变大小来判别瓷层应力大小；另一种方法，烧成时，紧闭圆环两端，冷却后剪开圆环，测其回复原紧闭状态所需的力来决定瓷层应力大小。

【抗热震性检验】thermal shock resistance test

又称热稳定性测试。是测量搪瓷瓷层在破裂之前能经受的最大温度差。搪瓷抗热震性测定方法常用的有：(1)将容器类制品放在预先加热的砂浴上，容器底部中心放一片锡箔，加热到锡的熔点232℃，然后往容器中迅速注入室温的水，观察试样瓷面情况，其结果分为：不损坏；轻微裂纹；严重裂纹；碎裂。(2)将搪瓷试样放在200℃炉中，保持20min取出，迅速投入室温水中冷却，约1min取出试样，观察有无裂缝。此后，每次将炉温提高20～25℃，重复进行试验，直到瓷层出现裂缝的温度为止。试样破裂前的最高温度就作为抗热震性的指标。(3)检验搪瓷制品时，可灌入水或其他液体加热至一定温度，迅速倒出热液，再灌入冷水或其他冷却液如食盐、硝酸钠、钾等低温共溶液。每次热变换后检查瓷层有无裂纹，以出现裂纹所需热交换次数为抗热震性的指标。

【耐酸测定】acid resistance test

搪瓷在酸类试剂作用下失重的测定。常用的方法有：(1)煮沸法。将待测搪瓷器皿洗净，按每平方厘米的浸渍面积将若干毫升（例如1.5mL）规定浓度的酸液注入，煮沸一定时间，测其失重，用以表示其耐酸度。日用搪瓷器皿常采用此法检验。(2)圆片法。在开口的玻璃圆筒两端，用待测搪瓷圆片上下覆盖并严密拧紧，内盛规定浓度的酸液，玻璃圆筒两侧装有冷凝管和温度计。沸腾一定时间后，测定圆片失重而定其耐酸性。上盖圆片为气相浸蚀，下底圆片为液相浸蚀。此法常用于工业搪瓷耐酸检验。(3)污点法。以酸滴浸蚀搪瓷，以其光泽消失所需时间表示耐酸度。(4)颗粒法。将规定细度的瓷釉颗粒直接在酸液中进行沸腾浸蚀，以失重表示其耐酸度。

【耐碱检验】alkali resistance test

一般用沸腾的20%碳酸钠溶液注入试样容器内，在室温中放置若干时间，倒去碱液，检验瓷釉表面光泽消失与否而判别其耐碱性。此法常用作日用搪瓷器皿耐碱性检验。工业搪瓷则用较浓的碱液及在较高的温度中进行，然后计算单位面积的失重，用以表示瓷层的耐碱性。

【耐洗涤剂检验】detergent resistance test

搪瓷表面对洗涤剂的耐蚀能力的检验。常用的方法是：将试样浸入一定温度的热洗涤剂溶液（一般采用5%的$Na_4P_2O_7 10H_2O$溶液，也可用实际使用的洗涤剂溶液）若干时间后取出，进行冲洗、拭净、烘干。按下列标准鉴定：不失光泽为一级；失光但不失去乳浊度为二级；失光且明显也失去乳浊度为三级；严重受到侵蚀为四级。

【耐热水测定】hot water resistance test

搪瓷对热水浸析作用的抵抗能力的测定。通常将试样在一定温度与时间内，用一定量的水浸析。浸析度按其失重(%)计算。浸析度与时间的关系服从抛物线定律。可按下列方程式估算：$x^2=ct$，式中：x为析出物的数量；t

为时间；c 为常数。常数 c 表示瓷釉的耐水性和化学稳定性特性，比值愈大，化学稳定性愈低。

【耐气候检验】weathering test

搪瓷在气候（日晒、雨淋）变化中的稳定性的检验。耐气候测试，通常采用“模拟气候”条件，并予以强化来加速测试。也可将试样直接暴露在实际大气中进行测定，但需长时期才能得出结果。

【毒性检验】poisonous matter test

对搪瓷瓷层所含有害人体健康的物质进行测定，这类有害物质有铅、锑、镉等。通常确定被检物，选择一定的腐蚀溶液，在一定的温度下经过一定的时间，用分光光度计等精密仪器测定析出到溶液中的被检物，是否符合特定的标准，或与特定的样品作比较。

【鳞爆倾向测定】test for fish scaling tendency

钢板的鳞爆倾向性是判断钢板抗鳞爆性能的重要依据，主要有如下三种方法：(1)氢渗透试验；(2)加速鳞爆试验；(3)目测检验。氢渗透试验是根据 Devanathan-Stachurski 渗氢双面电极的原理设计的测定金属中原子氢扩散速率的电化学方法。加速鳞爆试验是将钢板搪瓷后，在 250℃恒温 9h 或 200℃恒温 24h，然后骤冷（水淬），根据鳞爆出现的情况来评定钢板鳞爆的敏感性。目测检验是采用肉眼观察搪烧后经历了不同时间后的鳞爆情况，并分别记录，对不同类型钢板作比较。

【针孔和裂纹检验】pore and crack detection

是检查搪瓷瓷层有无直通坯体的针孔或裂缝。检验方法有多种：(1)化学法，以 2%～5%NaCl 溶液浸渍搪瓷制品，经一定时间，在缺陷处将显出黄色铁锈。(2)电解法，一般以 1%NaCl 溶液作电解液，注满试验搪瓷容器，用以检验金属坯胎与瓷釉层间有否导电，在瓷层破坏处出现电流通过。(3)变压检验，将搪瓷金属坯胎接在变压器升压的二次线圈的一个极上，与第二极相连的金属丝刷沿瓷面移动，在缺陷处则出现火花。(4)高频高压法，用高频高压火花检验器，不仅能查出明显的针孔、裂缝缺陷，并能查出隐蔽的缺陷如闭口的孔、细微的裂缝等，这是一般常用于检验耐酸搪瓷的方法。

【抗张强度测定】tensile strength test

以瓷釉圆棒形试样（未搪，不带底材）在拉伸机上测定。已知试样的截面积 S 及拉伸断裂荷重 P，就可依下式计算抗张强度：$R=P/S$，单位 kg/mm^2。试样表面状态、热加工条件以及荷重增加的速度等因素，都对测定的结果有很大影响。测定精确度一般不超过 26%。瓷釉的抗张强度为 4～9kg/mm^2。

【耐压强度测定】compressive strength test

用标准形状尺寸的瓷釉试样（未搪，不带底材）在液压机上测定，其抗压强度可按下式计算：$R=P/S$，式中：P 为压碎时所施加的压力(kg)；S 为试样的截面积(mm^2)；R 为瓷釉的抗压强度(kg/mm^2)。测量的结果与试样的表面形状、大小以及荷重增加的速度等都有很大关系。瓷釉抗压强度在 80～150kg/mm^2，此值远大于瓷釉的抗张强度。

【弹性模量测定】elastic modulus test

以瓷釉制成杆状试样（未搪，不带底材），杆的两端架在两个支点上，并在两支点的中央加上荷重，通过杆的挠度或伸出端与水平线的夹角计算弹性模数，可引用经验公式。瓷釉的弹性模数为 6000～10000kg/mm^2。搪瓷瓷层的弹性大大超过瓷釉的弹性，因薄的瓷层和均匀分布的小气泡的存在改善了弹性。

【硬度测定】hardness test

搪瓷瓷层硬度的测试一般采用：(1)莫氏硬度法，参见 2.1.6【莫氏硬度】。(2)显微硬度法，在磨光的瓷层表面上用 5～200g 负荷下的方形金刚石角锥压入的方法进行刻划，通过刻划痕迹的对角线计算显微硬度值：$H=1.854\dfrac{P}{L^2}$，式中：P 为负荷(kg)；L 为对角线的长度(mm)；H 为显微硬度(kg/mm^2)。一般搪瓷的莫氏硬度为 5～6，显微硬度为 400～800kg/mm^2。

【比热测定】specific heat test

瓷釉的比热可利用各种不同构造的量热计来测量，有水热式、冰式、蒸发式、电气式、真空式等。瓷釉的比热主要决定于化学组成，也可以根据加和性法则近似地计算。在室温下瓷釉的比热 C_p 一般变动于 0.10～0.25cal/(g・℃) 的范围内。它随温度升高而增加，并且在“反常间距”范围内增加得特别快。

【热导测定】thermal conductivity test

取瓷釉样片，将其固定在两块金属垫片之间，垫片之一用电能加热，测定试样受热面与冷却面的温度差，即可按下式计算瓷釉导热系数：$\lambda=\dfrac{Ql}{S\Delta t}$，式中：$\lambda$ 为导热系数[cal/(cm・s・℃)]；Q 为通过试样的热量(cal/s 或 kcal/h)；S 为试样面积(cm^2 或 m^2)；d 为试样厚度(cm 或 m)；Δt 为试片加热面与冷却面的温差(℃)。瓷釉的导热性与组成有关，亦可按加和法则近似地算出。瓷釉的导热系数变动在 0.002～0.0003[cal/(cm・s・℃)]之间，其值随温度升高而增加。

【热膨胀测定】determination of thermal expansion

参见 9.5【热膨胀测定】。

【黏度测定】viscosity test

瓷釉黏度的测试方法有多种：(1)旋转法或扭转法，即用各种旋转式黏度计测定熔融瓷釉的黏度，根据扭转角或扭转力的大小来定出试体的黏度。(2)落球法，用一个铂球在熔融的瓷釉中通过一定距离的时间来测定其黏度。用上述两法测定的瓷釉黏度的范围是 1～10000Pa・s。(3)拉丝法，测定瓷釉在软化温度范围内(10^7～10^{15}Pa・s)的黏度。以瓷釉丝加热至一定温度，测定其与黏滞性流动恒定速度相适应的丝的伸长量而计算瓷釉的黏度。(4)熔流法，将瓷釉细粉压成圆柱形，放入炉中加热，以 45°角倾斜使其熔体流成条状，与已知黏度瓷釉的熔流程度相比，这样就得到被测瓷釉的黏度大小。除上述方法之外，为了比较性地测定瓷釉的黏度，有时还采用倒锥法、弯丝法等。

【熔融搪瓷表面张力测定】molten enamel surface tension test

熔融搪瓷表面张力一般是在熔融物与空气的界面上测出，用 erg/cm^2 或 dyn/cm 表示。测定的方法有多种，实际上常用的是：(1)滴重法，参见 1.3.2【铺展系数】。(2)缩丝法，将瓷釉丝放入炉中使其尾端熔化而形成小滴。当小滴的重力超过表面张力时小滴脱落。可按下式计算表面张力：$\sigma=2mg/\pi d$，式中：m 为小滴质量；d 为小滴平均直径；g 为重力加速度。除上述方法外，尚可采用静粒法、圆筒内陷法以及气泡中最大压力法等。

【釉浆粗细度检验】fineness test

釉浆粗细度直接影响釉浆工艺性能，如悬浮性能、涂搪性能以及烧成性能等。检验方法有多种，其中有：(1)圆锥筛法，俗称三角锥筛法，用规定粗细的筛网做成圆锥形筛子，取一定量的待测釉浆，倾入筛中用水冲洗到流水清析。从网筛所附刻度尺读出筛余颗粒含量，作为釉浆粗细度。(2)淘洗法，取一定数量的釉浆倒入淘析器皿淘洗。将残留物收集并称量，以称出质量占试样总质量的百分数作为瓷釉粗细度；也有以标准筛过筛一定数量的釉浆，将筛余物称重而定其粗细度。

【釉浆密度测定】test for specific gravity of slip

釉浆密度决定于水分和固体颗粒间的比例，在生产实践中常用密度来控制釉浆的含水量。常用的测定方法是在 100mL 的量杯中，注入釉浆，准确测定其容积，并进行称量，由此得出釉浆的密度。也可应用密度计来测定釉浆的密度。

【停留性检验】setting test

可分为直接法和间接法两大类。间接法是利用不同式样的黏度计来测试，如阻力黏度计、旋转黏度计以及落球黏度计等。又可用一定量的釉浆流经一定直径的玻管时所需的时间来计算，也可在一个盛釉浆的圆筒内，放入一根上端能负载重量，下端装有漏孔板的杆。以杆在釉浆中下沉速度来测定停留性能。直接法有：(1)无底筒流布法：用一个直径为 25mm、容量为 150～200mL 的无底筒，放在一块玻璃平板上并注满釉浆。然后突然提起无底筒，釉浆就在玻璃板上流布，以流布的直径来判断其停留性能。(2)圆筒涂搪法，用直径为 63mm，高 100mm 的圆筒浸入釉浆中，再以同样速度取出，然后测定留存在圆筒上的釉浆质量来检验停留性能。(3)平板涂搪法：以平板代替上述圆筒也能得到同样效果。用这种方法测试时，同时可判别涂搪均匀性、釉浆流淌性以及涂搪滑脱情况。(4)测量规法，用一条不锈钢长板，上钻十孔，孔径自上而下逐渐放大，把这测量规浸入釉浆，经搅动后取出，按被釉浆布满的孔数来检验釉浆停留性能大小。

【耐盐雾性能检测】salt-fog resistance test

用规定的方法及设备和人工模拟盐雾环境条件下，测试搪瓷产品在盐雾腐蚀下的抗腐蚀性能。

【耐电压性能检测(电火花试验)】spark test

利用高电压对应用于高度腐蚀环境的搪瓷品缺陷及定位所进行的检测。该检测方法是将高电压施加于搪瓷表面及基体之间，搪瓷层中那些直达基体的缺陷及薄弱区域会在高电压作用下产生电火花及声响，由此断定缺陷所在。测试电压取决于搪瓷层厚度，测试电压是与搪瓷层同等厚度的空气击穿电压的 3 倍，但不低于 2000V，待测试搪瓷层厚度必须在 660μm 以上。

【自洁性能检测】self-cleaning test

对样品自洁性能所进行的检测。检测采用的是比较法，通常应用于烤箱、烘焙箱、烧烤架等设备的搪瓷表面自洁性能检测，检测试验时将一定量的大豆油放置于搪瓷表面的指定点，将此加热到规定温度，然后冷却到环境温度，如此循环直到搪瓷表面出现可见的光泽度，将试样的循环次数与参考样品的循环次数进行对比，经此获得检测试样的自洁性能指标。

【边缘包裹率测定】determination of the edge covering on enamelled steel plate to be used in heat exchangers

搪瓷热交换器板通常在边缘部分会有一些尖锐部分，即快口，很难用搪瓷完全包裹，如果没有包裹好，或者掉瓷了，就会影响产品的使用寿命。因此，边缘包裹率就成为搪瓷热交换器板的一个重要的指标。测试的过程为：在有一定温度而且恒温的并含有铁离子的稀硫酸中腐蚀一段时间，再放到含电解质的溶液中，用不锈钢电极施加低电压，测其泄漏电流，用以评判搪瓷热交换器板边缘包裹的百分率。

16 磨料和磨具

16.1 基 本 概 念

【磨料】abrasive

在切割、磨削和抛光工具中起切削作用的材料，包括天然磨料和人造磨料。具备下列基本性能：(1)硬度比被加工材料高；(2)有适当的抗破碎性和自锐性；(3)粒度和形状规则合理；(4)高温下保持一定的硬度和强度；(5)与被加工材料不产生化学反应。

【磨具】abrasive products

切割、磨削和抛光等工具的总称。包括砂轮、油石、磨头、砂瓦、滚抛磨块等固结磨具；砂纸、砂布、砂带等涂附磨具以及研磨膏、研磨液等松散磨具等。

【天然磨料】natural abrasive

直接用天然矿岩经过拣选、破碎、分级或其他加工处理后制成的磨料。常用的有石英砂、石榴子石、刚玉、金刚砂、金刚石等。

【人造磨料】artificial abrasive

以人工方法炼制或合成的磨料，分普通磨料和超硬磨料。主要品种见附图。

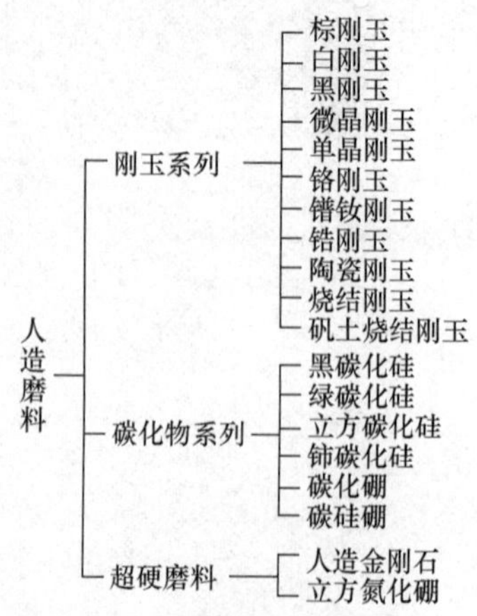

人造磨料品种

其中棕刚玉、白刚玉、陶瓷刚玉、黑碳化硅、绿碳化硅、人造金刚石和立方氮化硼是基本品种。主要由电弧炉高温熔炼、电阻炉高温冶炼、溶胶凝胶和高温高压技术合成。随着各种难加工材料的出现，人造磨料也在不断发展。

【磨粒】abrasive grain

用人工方法制成特定粒度、用以制造切除材料余量的切割、磨削和抛光工具的颗粒材料。包括粗磨粒和微粉。参见本节【微粉】【粗磨粒】等。

【粗磨粒】macrogrit；macrograin

专指F4(P12)～ F220(P220)粒度号的普通磨料磨粒或16/18～500/600的超硬磨料磨粒。通常用筛分的方法分级，并以筛网号表示粒度。

【磨粒率】percentage of grain

磨具组织表示方法之一，指磨粒在磨具中占有的体积百分数。

磨粒所占体积百分比越大，气孔越小，则砂轮的组织紧密；反之，气孔越大，组织越疏松。

【微粉】microgrit；micro powder

F230 ～ F2000（P240 ～ P5000、J240 ～ J8000）粒度号的普通磨料或M50/70～M0/0.25粒度号的超硬磨料。通过微粉颗粒在液体中沉降，按不同沉降速度区分粒度级，有自然沉降和离心沉降、溢流和旋流等几种方法。

【粒度号】grit designation

按照执行标准对磨粒尺寸所做的分级标志。

【粒度组成】grit size composition

指某一名义的粒度号磨粒中各不同尺寸颗粒的质量百分数。粗磨粒各号磨料产品粒度组成不是单一尺寸的粒群，而是跨越几个筛号的若干粒群的集合，在规定各粒度号磨料的尺寸范围以及每个粒度号中各粒群的质量比例关系时，把各粒度号磨料的颗粒分为五个粒群：最粗粒，粗粒，基本粒，混合粒和细粒。粒度组成就是指各个粒度的粗粒、基本粒、混合粒、细粒所构成的质量百分数。

微粉粒度组成特性表示的几个关键指标：(1)D50：一个样品的累计粒度分布百分数达到50%时所对应的粒径。它的物理意义是粒径大于它的颗粒占50%，小于它的颗粒也占50%，D50也叫中位径或中值粒径。D50常用来表示粉体的平均粒度。(2)D3：一个样品的累计粒度分布数达到3%时所对应的粒径。它的物理意义是粒径小于它的颗粒占97%。D3常用来表示粉体粗端的粒度指标。(3)D94：一个样品的累计粒度分布数达到94%时所对应的粒径。它的物理意义是粒径大于它的颗粒占94%。D94常用来表示粉体细端的粒度指标。

【混合粒度】combination grain size

混合粒度指有两种或两种以上粒度号的磨粒按设定比例混合而成的磨料粒度。用混合粒度制成的磨具用于工件要求较高的几何精度和较低的表面粗糙度时的磨削。

16.2 磨　料

16.2.1 普通磨料

【普通磨料】conventional abrasive

以刚玉、碳化硅为主的传统磨料，与超硬磨料相对应。

【刚玉】corundum

分为天然刚玉、人造刚玉。天然刚玉是天然磨料的一种，矿物性状参见6.1.1【刚玉】。曾主要用于制造油石、砂纸、砂布和研磨粉，现在已很少作为制造磨具的磨料使用。人造刚玉是人造磨料的一类，已经形成了系列产品，参见16.1【人造磨料】。

【棕刚玉】brown fused corundum；alundum

一种人造刚玉磨料，又名电刚玉、普通刚玉，代号A，是人造磨料中用量最大的一种。用矾土经电弧炉中熔炼制成，Al_2O_3含量95%左右，并含有少量氧化钛、氧化硅、氧化铁、氧化钙和氧化镁等杂质。呈棕褐色，有树脂光泽，密度不小于3.90g/cm^3，显微硬度18000～22000 MPa。它的矿物组成主要是α-Al_2O_3(物理刚玉)，有的含有少量玻璃相和其他矿物杂质。硬度虽低于碳化硅，但韧性较高，能承受较大剪力，在工作中抗破碎能力较强，适合于加工抗张强度高的金属如合金钢、碳素钢等。

【白刚玉】white fused corundum

一种人造刚玉磨料，代号WA。用铝氧粉经电弧炉熔炼制成，呈白色，Al_2O_3含量98%左右，密度不小于3.90g/cm^3，Na_2O含量0.6%以下，显微硬度22000～23000MPa。矿物组成主要是α-Al_2O_3(物理刚玉)，此外还可能有少量的高铝酸钠$Na_2O\cdot11Al_2O_3$(即所谓β-Al_2O_3)，或三斜霞石$Na_2O\cdot Al_2O_3\cdot2SiO_2$，单铝酸钠$Na_2O\cdot Al_2O_3$，霞石$Na_2O\cdot Al_2O_3\cdot2SiO_2$以及玻璃相等。主要用于磨削由淬火钢、高速钢等材料制成的较精密的工件，如齿轮、螺纹以及刀具和薄壁工件等。也可用作研磨抛光材料，还可用作精密铸造型砂、喷涂材料、化工触媒、特种陶瓷、高级耐火材料等。

【黑刚玉】black fused corundum

一种人造刚玉磨料，又名人造金刚砂，人造刚砂，代号BA。由刚玉、铁尖晶石等组成，含杂质较多，Al_2O_3含量不少于77%，其余是SiO_2和Fe_2O_3等。呈黑色，密度不小于3.61g/cm^3。制造方法主要有：一种是将熔炼制成的棕刚玉进行分级，其中一类为还原不充分、氧化铝含量最低的物料，将其破碎筛分而制得；另一种方法基本上和棕刚玉的冶炼生产方法一样，以矾土为主要原料在电弧炉冶中熔炼制成。主要用于不锈钢、金属制品、光学玻璃、竹木制品的喷砂，以及抛光用砂纸、砂布的制造，金属荒磨、切割用砂轮的制造。

【微晶刚玉】microcrystalline fused corundum

一种人造刚玉磨料，代号MA。由炼制的刚玉熔液经急速冷却而制成，晶体一般小于300μm，Al_2O_3 含量95%左右，TiO_2 含量3%～5%，此外还有少量的氧化硅、氧化铁、氧化钙和氧化镁，密度不小于3.90g/cm^3，显微硬度20000～22000MPa。矿物组成和棕刚玉相似，90～280μm的晶体占78%～85%，最大晶粒不超过400～600μm。磨粒韧性较大，主要用于不锈钢、碳素钢、轴承钢和球墨铸铁等金属材料的重负荷荒磨。

【单晶刚玉】single crystaline fused corundum; monocrystalline fused corundum

一种人造刚玉磨料，代号SA。以矾土、硫化物为主要原料，经电弧炉熔炼、冷却、分选、水解等工艺制成，Al_2O_3 含量不少于98%，多为等积状的单晶体，呈浅灰色，密度不小于3.95g/cm^3。其显微硬度20000～24000MPa。矿物组成主要是 α-Al_2O_3（物理刚玉），并有少量的硫化钙CaS，硫化亚钛 Ti_2S、铁合金和 $nAl_2S_3\cdot m\,Al_2O_3$。磨粒具有良好的多角多棱切削刃，并有较高的硬度和韧性。切削力强，可加工较硬金属材料，主要用于磨削高速钢、超硬高速钢、合金钢、工具钢、不锈钢和耐热钢等工件。

【铬刚玉】pink fused corundum

一种人造刚玉磨料，代号PA。用铝氧粉加入少量氧化铬在电弧炉内熔炼制成。Al_2O_3 含量不少于98.5%，Cr_2O_3 含量1%～3%，多呈粉红色，密度不小于3.90g/cm^3，显微硬度22000～22800MPa。韧性比白刚玉高，有较好的切削性能，适合于淬火钢，合金钢刀具的刃磨，此外还广泛用于磨削螺纹工件、量具及仪表零件等。

【镨钕刚玉】Pr-Nd fused corundum

一种人造刚玉磨料。含有微量镨、钕元素的刚玉，是我国利用丰富的稀土资源独创的一种人造磨料。白色中带很淡的灰青色，密度约3.98g/cm^3，显微硬度23000～24500MPa。用铝氧粉、氧化镨和氧化钕混合物在电弧炉中熔融冷却结晶而制得。其化学组成除含 Al_2O_3、Na_2O 外，尚有少量稀土元素。镨、钕离子进入部分刚玉晶格的间隙之中，形成钙钛矿型结构。用于磨削稀土球墨铸铁、高速钢、碳素结构钢以及某些牌号的耐磨铸铁、不锈钢、高温合金、超硬高速钢和轴承钢。特点是磨削能力强，不易黏附金属屑。

【钒刚玉】vanadium corundum

人造刚玉磨料的一种，产品含钒0.5%～1.0%，呈猫眼绿色，显微硬度23500MPa左右，是既硬又韧的磨料品种。用铝氧粉和五氧化二矾在电弧炉中熔融冷却结晶而制得。用钒刚玉制造的砂轮具有形状保持性好、耐用度高等特点，用于磨削60～70HRC的各种难磨材料如轴承钢和工具钢等。

【锆刚玉】zirconia corundum

一种人造刚玉磨料，代号ZA。是氧化铝和氧化锆的共熔混合物，由矾土或氧化铝和氧化锆或锆英石在电弧炉中熔融制得，为微晶结构。锆刚玉中 ZrO_2 的含量在10%～15%的称为低锆刚玉，约25%的称中锆刚玉，40%左右的称为高锆刚玉。它呈灰褐色，密度约4.05g/cm^3，显微硬度视含锆量不同在19650～24500MPa之间。适用于粗磨、重负荷荒磨铸铁耐热合金钢和钛合金等材料。

【电熔刚玉】fused corundum

用氧化铝含量高的原料（高铝矾土或工业氧化铝）在电弧炉熔炼，经除去杂质、冷却成熔块后制成的一类人造刚玉磨料，其品种主要有棕刚玉和白刚玉。参见本节【棕刚玉】【白刚玉】。

【陶瓷刚玉】ceramic corundum

陶瓷刚玉是利用化学法合成氧化铝超细粉体，然后通过烧结的方法而制成的具有微晶结构的一种刚玉磨料。

这种磨料颗粒由大量微米或亚微米级的 Al_2O_3 晶体构成，其韧性是普通刚玉的2倍以上。具有磨耗比高、保型性强，工件表面加工质量好，砂轮修整量少，磨削效率高等特点。通常可以根据不同场合的磨削要求，以一定比例同白刚玉（或其他刚玉磨料）混合使用。陶瓷刚玉磨料磨具特别适应于航空航天等领域用合金钢、淬火钢、工具钢、硬铸铁等材质工件的磨削。

【烧结刚玉】sintered corundum; sintered bauxite

一种人造刚玉磨料。以高品位矾土或氧化铝细粉为主，经挤压、辊压成型后高温烧结而成。按原料的不同，可以分为矾土烧结刚玉、铝氧粉烧结刚玉和混合烧结刚玉。其颗粒多为圆柱形，也可以制成无规则的砂粒、球状或者其他各种特殊形状。具有韧性好、气孔率低、磨削效率高以及不易烧伤工件等特点，主要用于重负荷荒磨强韧钢材，如不锈钢钢锭等。

【矾土烧结刚玉】sintered corundum from bauxite

人造刚玉磨料的一种，密度约 3.75g/cm^3，显微硬度约 17000MPa，具有较高的韧性。用矾土脱水后磨细至 10μm 以下再制成颗粒，经高温烧结而制得。磨粒含 Al_2O_3 85%～90%，Fe_2O_3 4%～6%，SiO_2 2%～6%，TiO_2 2%～4%。氧化铝晶体的尺寸在 6～50μm 范围，主要用于钢锭、钢材特别是不锈钢的重负荷荒磨。

【刚玉熔块】fused corundum ingot

刚玉熔液冷却凝固后的整个大块。由于熔炼过程中炉缸内各部分的熔液还原程度不一致和结晶过程的影响，熔块各部位的成分和结构不均匀。以"熔块法"生产的棕刚玉熔块为例，按其外观、结构和矿物成分的不同，可分为上盖、炉芯、中部、边部和下部等部位(见附图)，熔块各部位的结构特征见附表。

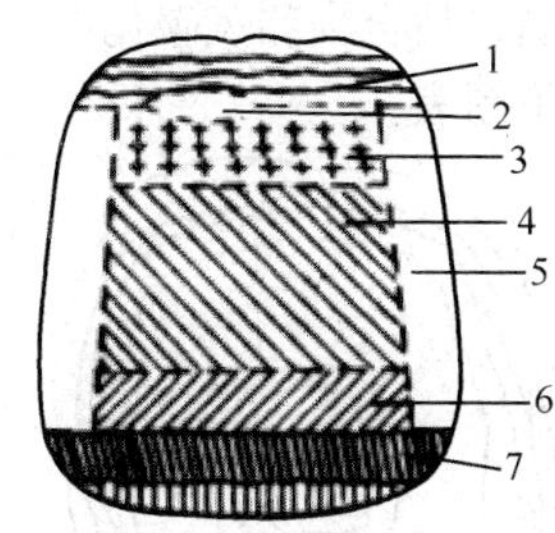

刚玉熔块

1—上盖；2—缩孔；3—炉芯；4—中部；5—边部；6—下部；7—铁合金

熔块各部位结构特征

部位	熔块结构特征和颜色
上盖	板状结构，组织致密，浅灰到深灰色，部分表面呈红褐色
炉芯	多孔状等积粒状结构，位于上盖下部，大多呈针状结晶，玫瑰色、灰蓝色，少量呈现紫褐色
中部	致密等积粒状和少量板状结构，紫褐色至玫瑰色
边部	致密粗大结晶，板状结构，深棕玉呈蓝黑色
下部	致密结晶，有时呈现片状、粒状结构，夹有不规则的铁合金粒，深棕玉呈浅玫瑰色

【金刚砂】emery

一种天然磨料，又称天然金刚砂、刚石粉，是天然刚玉和赤铁矿或磁铁矿、石英等的混合体，它常与铁尖晶石及尖晶石等伴生。密度 3.7～4.3g/cm^3，旧莫氏硬度 8，呈黑色或淡灰黑色非透明细粒状，密度、颜色因所含矿物不同而异，磨料形状整齐，无过于锋利的棱角，颗粒表面粗糙不平，亲水性和粘结性均好，适用于制造砂纸、砂布和抛光材料。

这种矿物原料在世界上许多地方的蕴藏量都很丰富，矿石的质地与晶体各异，这种矿物材料的切削性能较差，一般只作为抛光使用。现在用这种天然矿物制造磨具已经不多，属于被淘汰的趋势。

【石榴子石】garnet

又称石榴石，天然磨料的一种。是一种常见的矿物，参见 6.1.1【石榴子石】。主要制成砂纸、砂布用于木制用具的磨光或制成研磨砂用于玻璃的研磨等。红色或绿色透明的可作装饰品。产于河北邢台、四川乐山等地。

【硅铁】ferrosilicon

棕刚玉冶炼时，由矾土中的及还原生成的硅铁合金副产品。它的密度较刚玉溶液大，通常沉降在炉底，通过碎选剔除，少量夹于刚玉熔块中。

【碳化硅】silicon carbide; carborundum

绿碳化硅、黑碳化硅与立方碳化硅等的总称，分子式 SiC。以高纯石英砂为硅源，以石油焦或无烟煤为碳源，经高温还原反应而制成。目前尚未在自然界中发现其存在。国外在发明初期，误认为是碳和刚玉的化合物，取名 carborundum，并作为商品牌号沿用到目前。显微硬度 31000～34000MPa，含 SiC95%～99.5%和少量游离 C、Fe_2O_3、Si 和 SiO_2。按色泽分有绿碳化硅与黑碳化硅两类；按结晶类型分有六方晶系(α-SiC)和立方晶系(β-SiC)，六方碳化硅又因其结晶排列的周期性不同有六方晶胞的晶型(2H、4H、6H 等)和菱形晶胞的晶型(15R 等)的区别，已经发现 SiC 具有 250 多种多型体。碳化硅是一种常用的人造磨料，用来制造磨具或供自由研磨；也是一种高级耐火材料、高温半导体和炼钢脱氧剂，在电气工程和其他方面也有很多用途。

【黑碳化硅】black silicon carbide

一种碳化硅磨料，代号 C。呈黑色光泽的结晶，SiC 含量 98%左右，密度不小于 3.12g/cm^3，显微硬度 31000～32800MPa。以石英砂、石油焦碳或无烟煤为原料添加少量木屑，在电阻炉内 1800℃以上的高温下冶炼而成，化学反应式为 $SiO_2 + 3C \longrightarrow SiC + 2CO$。游离 C≤0.2%，$Fe_2O_3$≤0.6%。用于磨削非金属材料和延展性较好的有色金属，如陶瓷、玻璃、黄铜、锡、铝等制品，也适合于磨削各种铸铁，并可做高级耐火材料。

【绿碳化硅】green silicon carbide

一种碳化硅磨料，代号 GC。呈绿色光泽的结晶，SiC 含量 98.5%左右，密度不小于 3.18g/cm^3，显微硬度 32000～34000MPa。以石英砂、焦炭为原料，添加木屑，与冶炼黑碳化硅不同，还需添加少量食盐，在电阻炉内 1800℃以上高温下冶炼而成。游离 C≤0.2%，Fe_2O_3≤0.2%。绿碳化硅杂质少，硬度比黑碳化硅高，切削力强，自锐性好，用于磨削硬质合金刀具、量具以及作宝石和光学玻璃等材料的精密磨削。

【立方碳化硅】cubic silicon carbide

一种碳化硅磨料，代号 SC。碳化硅的低温相，生成于 1450℃，1600℃以上开始转变为六方碳化硅。主要物相为 β-SiC，属立方晶系，色泽为黄绿色。通常以碳和硅或碳和石英砂为原料在小型的管状炉内制取，也可以在冶炼绿碳化硅的电阻炉内作为副产品分选获得，呈微粒状。密度约 3.216g/cm^3，显微硬度约 33800MPa，稍高于黑或绿碳化硅。立方碳化硅切削力强，专用于轴承沟道的磨削和超精磨，可获得很高的加工表面光洁度。

【铈碳化硅】cerium silicate carbide

一种人造磨料，呈绿色光泽的结晶，以高纯石英砂为硅源，以石油焦或优质无烟煤为碳源，添加微量的氧化铈(CeO_2)或富含氧化铈的稀土原料，经高温还原反应而制成，碳原子和硅原子以共价键结合，晶格中含铈的化合物，显微硬度约为 36290MPa。

【避雷器碳化硅】arrester silicon carbide

工业碳化硅的一种，制造碳化硅避雷器的原料，呈黑色细小结晶，含少量游离 C。冶炼方法与黑碳化硅相同，但加入适量的矾土、刚玉或铝氧粉。用烧结方法制成的避雷器阀片，低压时由于晶体间存在接触电阻，阻值较高，当高压时，它的某些接触点由于熔融成为低电阻结而自动导通，把它接在电源和地之间。能对雷电引起的电压波动起保护作用。

【结晶筒】concentric crystalline zones; crystalline cylinder

碳化硅生产时围绕着炉心体生成的分层结晶圆筒，由内向外为炉心、分解石墨，碳化硅结晶、细结晶、粘合物和氧碳化硅。其形状和特征参见所附图表。

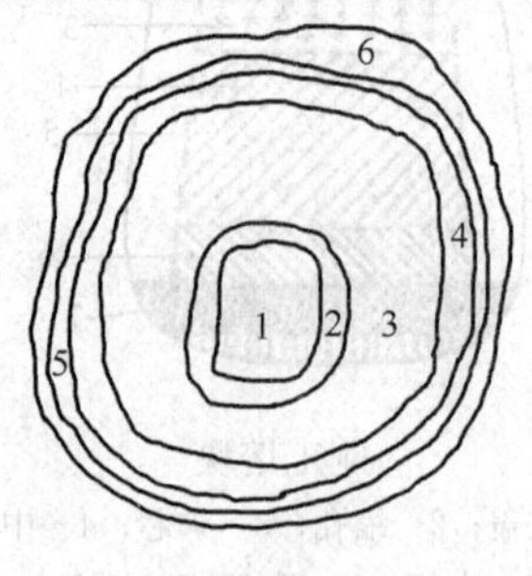

结晶筒形状

结晶筒特征

结晶筒部位	特征	SiC 含量（%）
1. 炉心	石墨	—
2. 分解石墨		
3. 碳化硅结晶	绿色或黑色结晶	98～99
4. 细结晶（俗称二级品碳化硅）	黄绿或黑色松散颗粒，<0.5mm	65～94
5. 粘合物	黄绿或灰、黑色结晶	<60
6. 氧碳化硅	黄绿色、外层松散内层结块	30～50

一般所指结晶筒不包括氧碳化硅和粘合物。

【氧碳化硅】fire send

冶炼碳化硅的副产品，是一层反应不完全的生成物，呈黄绿色，外层松散，里层熔结成块。物相组成主要是熔融状或形成玻璃质的硅砂与碳，含 SiC 30%～50%。氧碳化硅可以有选择地作为回收料，投入碳化硅冶炼炉重复使用；也可以作为耐火材料和炼钢炼铁的脱氧精炼剂。

【粘合物层】adhering zone

冶炼碳化硅的副产品之一，介于结晶筒的氧碳化硅和碳化硅结晶层之间，呈黄绿色或灰黑色，碳化硅含量不超过 60%。其余是反应不完全的碳、二氧化硅及其他杂质。可作为耐火材料使用。

【细结晶碳化硅】fine crystal silicon carbide

是冶炼碳化硅的主要副产品，位于碳化硅结晶层外。呈黄绿色或黑色，小于 0.5mm 的粒状物，较松散，含 SiC65%～94%，C＋SiO_2 5%～30%，杂质 0.5%～3.5%。国内通常作为回收料重复使用，定量混入炉料投入反应区。细结晶碳化硅也可以代替硅铁在炼钢和炼铁工业中作脱氧精炼剂使用，或用作生产四氯化硅（$SiCl_4$）的原料。

【碳化硼】boron carbide

一种人造磨料，分子式为 B_4C，属六方晶系，呈黑色金属光泽，在电炉中用碳素材料还原硼酸制得。其显微硬度 40000～50000MPa，熔点 2450℃，沸点 3500℃，密度约 2.519g/cm³，抗化学作用强。不受热氟化氢和硝酸的侵蚀。溶于熔化的碱中，不溶于水和酸。硬度低于工业金刚石，高于碳化硅；具有大的热能中子俘获截面。用作高级磨料、喷砂机喷头及原子反应堆的中子吸收剂。

【碳硅硼】boron-silicon carbide

人造磨料的一种，是碳化硼与碳化硅的固溶体。以石墨、硅石和工业硼酸为原料，在电弧炉内于 2000℃左右的温度下制成。呈灰黑色，密度 2.7～2.8g/cm³，显微硬度 57000MPa 左右，仅次于金刚石和立方氮化硼，性脆，与碳化硼类似，适合于加工硬质合金。

16.2.2 超硬磨料

【超硬磨料】superabrasive

主要包括人造金刚石和立方氮化硼，具有高的硬度，其莫氏硬度通常接近于 10。超硬磨料经破碎分级后可用作切割砂轮、砂带、抛光轮和研磨膏等原料，用其制成的磨具应用于难加工材料的切割、高效精密磨削和抛光加工。

【金刚石】diamond

参见 6.1.1【金刚石】。金刚石可分为天然金刚石和人造金刚石，其中，人造金刚石是指人们利用特殊的试验方法合成制造出的金刚石，通常包括三种方法：直接法、熔媒法和外延法。直接法是利用瞬时静态超高压高温技术，或动态超高压高温技术，或两者的混合技术，使石墨等碳质原料从固态或熔融态直接转变成金刚石，这种方法得到的金刚石是微米尺寸的多晶粉末；熔媒法是用静态超高压（5～10GPa）和高温（1100～3000°C）技术通过石墨等碳质原料和某些金属（合金）反应生成金刚石，这种方法得到的磨料级人造金刚石的产量大大超过了天然金刚石，也可以得到大单晶金刚石；外延法是利用热解和电解某些含碳物质时析出的碳源在金刚石晶种或某些起基底作用的物质上外延生长金刚石。根据晶粒形态不同还可以被分为单晶金刚石、多晶（聚晶）金刚石、微晶金刚石和纳米金刚石。

【单晶金刚石】monocrystalline diamond

是指以单晶体形态呈现的颗粒或块状金刚

石。单晶体可进一步分为立方体、八面体、菱形十二面体，主要用于陶瓷、玻璃、石材等脆性非金属材料以及硬质合金、有色金属的切磨工具。

【多晶(聚晶)金刚石】polycrystalline diamond

泛指由许多细晶粒(0.1～100μm)金刚石与一定比例的结合剂经烧结而聚结而成的一类超硬材料产品，主要用于石油地质钻头、机械加工刀具、拉丝模等。

【微晶金刚石】microcrystalline diamond

是指单个金刚石的晶粒大小为微米级别或者亚微米级别的金刚石，多用作磨料。

【纳米金刚石】nano diamond

是指单个金刚石的晶粒大小为纳米级别的金刚石，主要用于超精密研磨抛光、润滑、生物医药等方面。

【立方氮化硼】cubic boron nitride; CBN

是继人造金刚石之后，人们采用类似于合成金刚石的静压触媒法制造出的一种新型人造超硬材料。它具有很高的硬度、热稳定性和化学惰性，以及良好的透红外性和较宽的禁带宽度等优异性能，硬度略低于金刚石，而热稳定性远高于金刚石，对铁系金属元素有较大的化学惰性，常被用作磨切工具，应用于合金钢、不锈钢、耐热钢、淬火钢的加工。CBN 晶体中原子结合方式与金刚石一样，见附图。立方氮化硼可分为单晶立方氮化硼、多晶(聚晶)立方氮化硼、微晶立方氮化硼和纳米立方氮化硼。

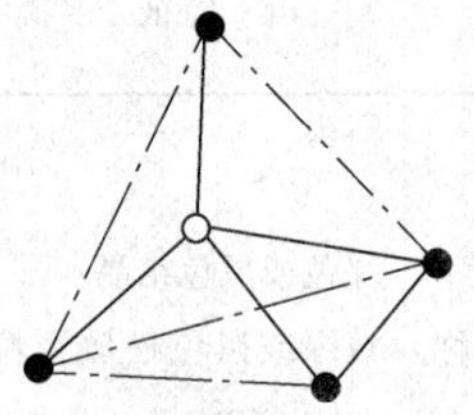

立方氮化硼晶体结构

【单晶立方氮化硼】single crystalline CBN

是把六方氮化硼和触媒在压力为 3000～8000MPa、温度为 800～1900℃ 范围内制得的以单晶体形态呈现的立方氮化硼，有黑色和琥珀色。主要用于各类结合剂的磨具。

【聚晶立方氮化硼】polycrystalline CBN

是由许多细粒单晶立方氮化硼粉体在结合剂存在下，经高温高压烧结而成的坚韧 CBN 聚集体，主要用于切削刀具。

【微晶立方氮化硼】microcrystalline CBN

是由许多个亚微米级单晶 CBN 构成的、尺寸在 0.1～0.8mm 的多晶颗粒，其性能各向同性，结构相当致密，具有高硬度和高耐磨性。主要用于陶瓷结合剂和金属结合剂的磨具。

【纳米立方氮化硼】nano CBN

是指单个立方氮化硼的晶粒大小为纳米级别的立方氮化硼粉体。

16.3 原 材 料

【乏料】returned charge; reused material

有时称回收料。指冶炼刚玉或碳化硅磨料时熔融和还原反应不充分而又能重新利用的原料。刚玉生产中有矾土乏料及刚玉乏料，前者指未熔或熔结炉料，后者指刚玉次品及刚玉与未反应熔渣的结合体。碳化硅生产中的乏料包括未反应料、氧碳化硅、粘合物、细结晶及旧炉心料等。

【水玻璃结合剂】water glass adhesive

制造陶瓷结合剂磨具的辅助材料。碳酸钠与石英砂按比例配合，在 1300℃左右的温度下熔融，经冷凝后即成固体硅酸钠。将固体硅酸钠加压、加热溶于水中即成半透明的水玻璃，是磨具成型中的临时粘结剂，同时对结合剂有催熔作用，有利于降低磨具的烧成温度。制造磨具所采用的水玻璃技术条件为：密度≥1.42，模数 $\left(M=\frac{SiO_2\%}{Na_2O\%}\times 1.032\right)$ 为 2.45～2.95，水不溶物<1.5%。

【糊精】dextrin

制造磨具的辅助材料，是一种复杂的碳水化合物($C_6H_{10}O_5 \cdot xH_2O$)，由淀粉(通常为玉米粉或马铃薯粉）加酸制成。能溶于热水，制成糊精液。通常，糊精粉作为陶瓷磨具成型中的临时粘结剂，糊精液作为陶瓷磨具成型时的临时湿润粘结剂。

【硼玻璃】borax glass

含硼玻璃，由硼砂与长石粉按一定比例混合，在1000℃左右的温度下熔炼而成的玻璃体，用作制造磨具结合剂的原料。具有良好的催熔性，在磨具烧成过程中使结合剂大部分形成玻璃体，均匀分布在磨粒之间，并与磨粒起反应，从而提高磨具的机械强度，改善磨具本身的性能。广泛用于制造刚玉磨具，特别是高速砂轮。

【树脂固化剂】resin hardening agent

制造磨具用树脂结合剂的一种配合剂，又叫硬化剂或交联剂，是环氧树脂结合剂中的一个重要组成部分，通过它的化学作用使固体酚醛树脂由线型结构的低分子交联成网状体型结构的高分子。树脂固化后即具有所要求的物理机械性能和化学特性。

【填充剂】filler

又名填料，制造有机结合剂磨具的填充材料。填充剂除降低磨具制造成本外，还分别起提高磨具成品或半成品的机械强度、缩短树脂固化时间、减少磨具固化中的变形及发泡现象以及改进磨具的磨削性能等作用。树脂结合剂磨具中最常用的填充剂有半水石膏（$2CaSO_4 \cdot H_2O$）、冰晶石粉（Na_3AlF_6）等。

【湿润剂】wetting agent

在磨具制造过程的混料工序中，为了湿润磨粒和结合剂，以便结合剂均匀附着在磨粒表面，且使磨料、结合剂具有一定的粘结性，以便成型操作而加入的粘结湿润材料。陶瓷结合剂磨具通常采用水玻璃和糊精溶液，用粉状树脂作树脂结合剂磨具时，采用液体酚醛树脂和甲酚等作为湿润剂。

【配合剂】compounding agent

添加在橡胶、树脂中的副料，目的在于使制品获得所要求的物理机械性能，如硬度、强度、脆性等。橡胶中常用的配合剂有硫化剂、硫化促进剂、软化剂和填充剂等。树脂中常用的配合剂有固化剂、增塑性和填充剂等。

【硫化剂】vulcanizing agent

橡胶配合剂中最重要的一种，作用是使橡胶硫化，即把链状的橡胶分子交联起来成网状体型结构的高分子，使它具有一定的物理机械性能和化学特性。目前制造橡胶磨具常用的硫化剂是硫磺。

【分散剂】dispersing agent

促使固体或液体物料在介质中均匀分散的助剂，具有亲水和亲油两种相反性能，能防止磨料颗粒在介质中的沉降和凝聚，促使磨粒在研磨剂等介质中的均匀分散，有利于形成均匀稳定的悬浮体，并起到稀释、冷却和润滑等作用。常用的分散剂有煤油、机油、动物油、甘油、酒精和水等。

【载体】support

在研磨膏膏体中承载磨粒的物质，使均匀分散后的磨粒呈相对稳定状态，又称为研磨膏的结合剂，分油溶性与水溶性两类。通常研磨膏是由研磨粉和载体组成，研磨粉种类不同，使用的载体不同。研磨膏中的载体主要由混合脂肪（硬脂酸、柏子油和蜂蜡等）、油酸和凡士林等组成。载体的种类决定了研磨膏的成分和软硬、水溶或油溶等特性。

【结合剂】binder for abrasive

把磨料粘结成为各种形状的磨具并保持一定强度的材料。结合剂分无机结合剂和有机结合剂。根据原材料种类不同，有陶瓷结合剂、树脂结合剂、橡胶结合剂、动物胶结合剂、菱苦土结合剂、金属结合剂等，不同种类的结合剂适用于不同的加工对象和要求。

【无机结合剂】inorganic bond

磨具用结合剂的一种。以无机材料（如黏土、菱苦土等）为主要原料制备的结合剂，主要有陶瓷结合剂、菱苦土结合剂。用这类结合剂制成的磨具，具有高气孔率的特点，容屑性能好，不易堵塞、切削锋利、磨削效率高，加工工件精度高，易于修整。一般用于粗磨、半精磨，以及保型性要求高的成型磨削等。

【陶瓷结合剂】vitrified bond

无机结合剂的一种，代号V，由黏土、长石、石英等陶瓷原料配制而成。有普通磨具使用的陶瓷结合剂和超硬材料陶瓷磨具用陶瓷结合剂两大类。普通磨具用陶瓷结合剂通常在1250～1300℃温度下烧成，超硬磨料用陶瓷结合剂通常在较低的温度(650～900℃)烧成。耐热，不怕水、油及酸碱侵蚀，是使用比较广泛的一种结合剂，但性脆，不宜用于制造过薄的磨具，生产周期也较长。

【烧熔结合剂】fused bond

陶瓷结合剂的一类。耐火度低于磨具烧成温度的陶瓷结合剂。主要用于制造刚玉磨具。在磨具烧成过程中，结合剂大部分或全部烧熔形成玻璃。与磨粒发生作用，使磨粒与结合剂牢固结合，有利于提高磨具的强度。其特点是结合剂用量小，流动性大，抗拉抗折强度高。

【烧结结合剂】sintered bond

陶瓷结合剂的一类。耐火度大于磨具烧成温度的陶瓷结合剂。磨具在烧成过程中结合剂部分烧熔并与磨粒烧结。特点是结合剂流动性较小，抗拉和抗折强度较低，制造磨具时需要较大用量。广泛用于制造碳化硅磨具，在烧成时不会导致碳化硅分解并由此产生黑心。

【菱苦土结合剂】magnesia bond

无机结合剂的一种。菱苦土结合剂是以活性氧化镁(MgO)与氯化镁($MgCl_2 \cdot 6H_2O$)水溶液为原料，利用活性氧化镁(MgO)和氯化镁($MgCl_2 \cdot 6H_2O$)水溶液发生水化反应，形成具有一定强度且具有固结其他物料能力的结合剂，其主要硬化物为$xMg(OH)_2 \cdot yMgCl_2 \cdot zH_2O$晶体。制备磨具时，无需焙烧工序，常温下即可硬化。制备的磨具自锐性能好，磨削效率高，不易产生磨削烧伤，加工表面光洁度高，在石材等行业得到了广泛应用。

【有机结合剂】organic bond

磨具用结合剂的一种，以树脂类(酚醛树脂、环氧树脂、聚酰亚胺、不饱和聚酯等)、橡胶类(如天然橡胶和人工合成的丁苯橡胶)等有机材料为主要原料的结合剂。制造磨具使用的有机结合剂主要有树脂结合剂和橡胶结合剂。有机结合剂磨具具有固化温度低、生产周期短，弹性和抛光性能良好等优点。树脂结合剂磨具作为重负荷荒磨和切割砂轮有突出的优势。

【树脂结合剂】resinous bond

有机结合剂的一种，代号B。以合成树脂(常用酚醛树脂)为主体，加入一定量的固化剂、湿润剂、促进剂、增塑剂、填料等配合而成。用树脂结合剂制成的磨具简称树脂磨具。树脂磨具通常在170～190℃的温度下硬化而成，具有较高的机械强度。广泛用于荒磨、粗磨、切割金属及部分非金属材料，由于具有一定弹性，也用在精磨和超精磨以及镜面磨削方面。缺点是抗热耐碱性较差。

【橡胶结合剂】rubber bond

有机结合剂的一种，代号R。以橡胶为主体，加入一定量的配合剂(硫化剂、硫化促进剂、软化剂、填充剂等)。用橡胶结合剂制造的砂轮通常在150～180℃温度下硫化而成，特点是具有较好的弹性。广泛用于轴承套圈内外沟道的精磨，轴承滚柱的无心磨。可以制成很薄的砂轮，专作开槽和切割之用。由橡胶结合剂制成的柔软抛光砂轮适用于加工不同曲率半径的表面。

【金属结合剂】metal bond

磨具结合剂的一种，代号M。按使用要求不同，有青铜基、铁基、镍基和硬质合金基等几种。主要用于制造金刚石或立方氮化硼磨具。金属结合剂磨具的制造工艺通常有粉末冶金法和电镀法等。这种磨具结合力强，耐磨性好，使用寿命长，可以承受较大负荷的磨削，但自锐性较差，磨削效率不如树脂结合剂磨具。金属结合剂金刚石磨具主要用于硬质合金的粗磨、半精磨，磨削和切割光学玻璃、石材和混凝土等非金属材料。金属结合剂立方氮化硼磨具主要应用于钢质材料的内孔珩磨等。

【烧结金属结合剂】sintered metal bond

金属结合剂的一种，代号M。以铁粉、铜粉、锡粉等金属粉末为主要材料，利用粉末冶金的原理，通过适当的温度烧结，将磨料牢固结合起来。结合剂的粘结能力强，可压制性好，对磨粒的结合强度高，主要用于加工精度和使用寿命要求高的金刚石和立方氮化硼磨具。

【电镀金属结合剂】electroplated metal bond

金属结合剂的一种，代号 Me。通常以镍或镍合金作为镀层金属，以电镀的工艺方法将超硬磨粒牢固固结在基体上。结合剂对磨粒结合强度很高，磨具工作表面上单位面积的磨粒数比其他几种结合剂高得多，磨具磨削效率高。主要应用于异形、复杂型面的高精度的超硬材料磨具。

【钎焊金属结合剂】brazed metal bond

金属结合剂的一种。以钎料作为金属结合剂，使用高温钎焊的方法，实现超硬磨料、结合剂与金属基体三者之间的化学冶金结合，从根本上改善其结合强度，是结合强度最好的一种结合剂。主要种类有添加 Cr 的 Ag-Cu 合金钎料和 Ni-Cr 合金钎料。主要应用于修整工具、石材加工磨具等。

【微晶玻璃结合剂】glass-ceramic bond

是陶瓷结合剂中的一种，结合剂在磨具的烧成过程中，形核并生长。冷却后，磨具中结合剂成为玻璃陶瓷。晶粒的尺寸在 5μm 以下，大部分为 2～3μm。晶化结合剂的硬度高，耐磨性好，韧性好，且热膨胀系数与超硬磨粒的相匹配，制备磨具的强度高。主要应用于立方氮化硼磨具。

16.4 磨 具

16.4.1 普通磨料固结磨具

【固结磨具】bonded abrasives

采用结合剂将磨粒固结成一定形状，且具有一定硬度和强度的磨削工具。磨具微观结构由磨料、结合剂和气孔三要素组成，磨料在磨具中起切削刃作用，结合剂起把持磨料的作用，气孔的作用是散热、容屑和排屑。固结磨具的表征参数包括磨具的形状、尺寸、硬度、组织、结合剂、使用速度和磨料种类、粒度等。按结合剂不同分为陶瓷结合剂磨具、有机结合剂磨具两大类，用于各种材料的切割、磨削和抛光。

【陶瓷结合剂磨具】vitrified bond abrasives

结合剂是以陶瓷为主要原材料的固结磨具。具有多孔、锋利、硬度和强度高、耐热、耐水、耐油、耐酸、耐碱、脆性大等特点。广泛应用于金属、陶瓷、晶体、复合材料、高分子材料、粮食等各种材料的加工。

【橡胶结合剂磨具】rubber bond abrasives

结合剂是以橡胶为主要原料的固结磨具。具有弹性高、抛光性能好、强度高、组织紧密、气孔率低等特点，但耐热、耐油性差。分为软质、半硬质和硬质胶砂轮。主要用于精磨、刻槽开沟、抛光以及无心磨削的导轮等。

【树脂结合剂磨具】resin bond abrasives

结合剂是以树脂为主要原材料的固结磨具。具有弹性好、强度高、不易烧伤工件、生产周期短等特点，但耐水耐碱性能差、易老化。常见树脂结合剂包括酚醛树脂、环氧树脂、聚酰亚胺树脂、聚氨酯、不饱和聚酯等。主要用于切断、打磨、重负荷荒磨、轧辊抛光、石墨镜面磨、导电磨、珩磨、柔软抛光等。

【砂轮】grinding wheel

由磨料和结合剂等材料制成的中央有通孔的圆形固结磨具，使用时以砂轮的回转为主运动，是固结磨具的一种。按磨料种类分为普通磨料砂轮和超硬磨料砂轮，按砂轮使用线速度分为低速砂轮(线速度小于 50m/s)、高速砂轮(线速度为 50～150m/s)和超高速砂轮(线速度大于 150m/s)，按形状分为平型、杯型、碟型、碗型、筒型、凸型、凹型、斜边型等，如附图所示。砂轮的工作面为外圆面或端面，用以磨削工件的外圆面、内圆面、端面、台阶、轮廓面等。磨削加工时根据工件表面粗糙度、工件材质、砂轮转速、加工精度、加工方式等技术要求选择合适的砂轮。

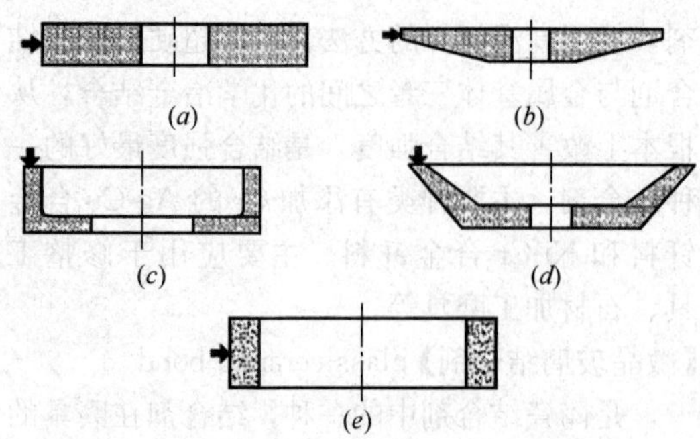

常见砂轮形状（箭头所指为工作面）

（a）平型砂轮；（b）单斜边砂轮；（c）杯型砂轮；（d）碗型砂轮；（e）筒型砂轮

【跛形砂轮】depressed center grinding wheel

固结磨具的一种，一般采用树脂为结合剂，棕刚玉或碳化硅为磨料，为了提高回转强度砂轮中间设置有玻璃纤维网格布增强材料，其工作面为上端面和外圆面，除此还有锥面钹形砂轮、柔性钹形砂轮等，结构如附图所示。主要用于金属材料表面除锈、焊缝和铸件等材料的打磨、除锈等加工。

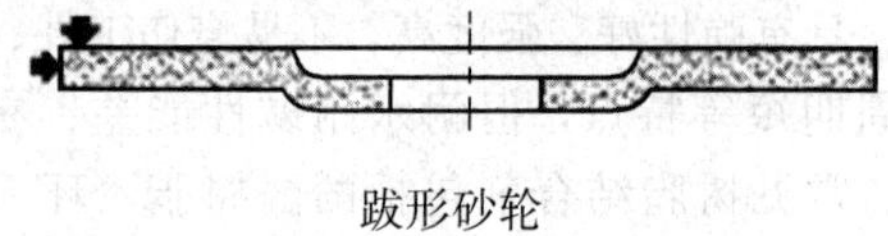

跛形砂轮

【磨头】mounted wheel

一种带有盲孔、通过连接柄工作的小直径固结磨具。按结合剂分类有陶瓷磨头、树脂磨头、橡胶磨头、电镀磨头，按磨料分类有普通磨料磨头和超硬磨料磨头，常见形状如附图所示。用于金属、玉石等材料制成产品的研磨、打磨，以及模具的修整等场合。

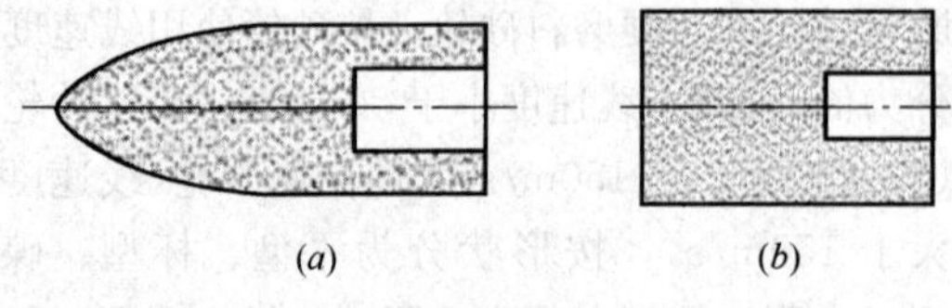

常见磨头形状

（a）圆锥工作面；（b）圆柱工作面

【磨石】grinding stone

工作时不绕自身轴心旋转的条状固结磨具，又称油石。按结合剂分为陶瓷磨石、树脂磨石和橡胶磨石三种，按磨料分为普通磨料磨石、超硬磨料磨石两种，常见形状如附图所示。主要用于手工刃磨、内圆珩磨、外圆面超精加工、特殊轮廓面精整等场合。

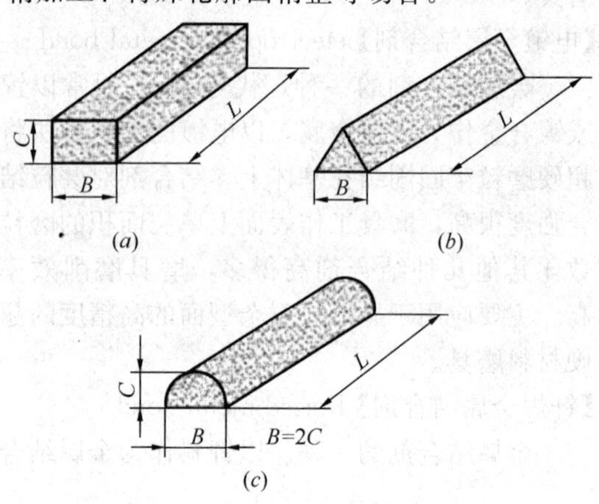

常见磨石形状

（a）长方形磨石；（b）三角形磨石；（c）半圆形磨石

【超精磨石】grinding stone for superfinishing

用于超精加工的磨石。采用超细磨料制成，用于去掉磨削加工的痕迹、修正零件的精度和实现工件表面镜面光洁度。

【珩磨条】honing sticks

珩磨加工用的磨石，按磨料不同分为普通磨料和超硬磨料两种，按结合剂不同有陶瓷、金属烧结两种。使用时固定在珩磨头上对圆柱孔内表面进行精整加工或实现平顶网纹加工，也可加工平面、外圆面、球面、齿面等。

【烧结刚玉磨具】sintered corundum abrasive tool

用超细的铝氧粉与少量添加剂混合成型，在1800℃左右高温下烧结而成的微晶刚玉磨具，呈玫瑰色，结构致密，具有很高的强度和硬度，磨削时能持久地保持锐利的刃口和精确的几何形状。按形状分为砂轮、磨头和油石三类，按气孔率的多少分为致密型和多孔型。适合于仪表、手表的精密零件、微型刀具和工具的精磨和成型磨，加工表面粗糙度可达到Ra0.05左右。

【砂瓦】abrasive segment

瓦块状固结磨具，有平型、扇型、凸平型、平凸型、梯型等种类。使用时以多块方式同心地组装在磨床主轴的圆盘上进行端面磨削。这种磨具结构有利于磨削时工件的冷却，用于大接触面的平面磨削。

【滚抛磨块】tumbling chip abrasives

用于滚抛加工的固结磨具，又称滚抛磨粒。具有尺寸小、形状多的特点。用于光整、抛光、去应力等机械加工。常见形状如附图所示。

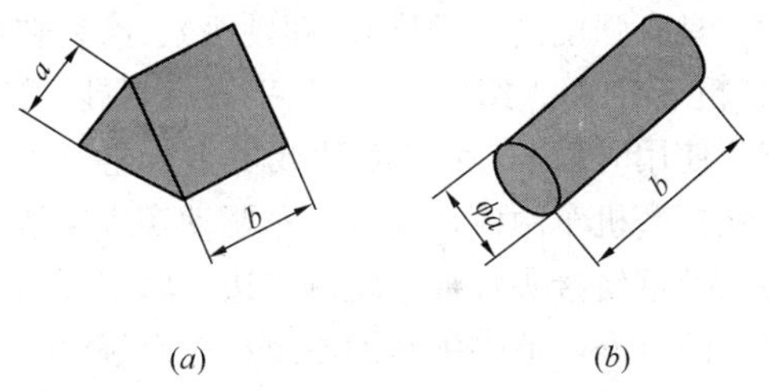

常见滚抛磨块形状
(a)三角形；(b)圆柱形

【大气孔砂轮】high porosity grinding wheel

气孔率远高于普通砂轮的固结磨具，又称多孔砂轮，气孔率一般在50%以上。这种磨具具有体积密度小、组织松的特点，具有较好的容屑、排屑能力和自锐性，广泛用于磨削加工软金属、塑料、橡胶、皮革等非金属材料，适于磨削大平面、薄壁及其他受热易变形的工件。

【磨钢球砂轮】grinding wheel for steel bearing balls

用于磨削钢球的砂轮，是平型砂轮的一种。具有硬度高、密度大、磨料粒度细的特点。按结合剂分为陶瓷和树脂两种。这种砂轮具有均匀的组织、较高的韧性和强度，其硬度一般达到超硬级。

【纸浆磨石】pulp stone

一种采用纸浆磨块组装而成的专用磨具。纸浆磨块一般使用刚玉或碳化硅为磨料，用陶瓷材料作为结合剂。使用时将磨块(一般48～120块)固定贴合在支撑辊上形成纸浆磨石，磨石表面经加工后安装于磨木机主轴。已去皮的原木段被紧压在旋转的磨石表面上，在挤压和磨削力的作用下将木材纤维刮削下来形成纸浆。

【碾米砂轮】millstone for husking rice

用于稻谷脱壳后碾臼糙米的砂轮，俗称砂辊。相比铁辊碾米具有碎米率低、耗电少、出米率高的特点，一般用黑碳化硅为磨料，以陶瓷为结合剂，通常由头中尾三节不同硬度和粒度的砂轮套接而成。

【牙科砂轮】dental wheel

口腔医科用的一种小型磨头。使用时转速很高，可以达到几十万转。按磨料分为碳化硅、氧化铝、金刚石三种，按结合剂分为陶瓷和电镀两种。使用时将砂轮装于高速转动的软轴上对牙齿或镶牙部分进行修磨。也可用于磨削刀具断屑槽、玻璃杯刻花及加工陶瓷工件。

【高速切割砂轮】high speed cutting-off wheel

结合剂为树脂，使用速度在60～100m/s的普通磨料切割砂轮。厚度一般在1～5mm，采用玻璃纤维网布增强，具有强度高、耐挠曲、切割效率好的特点，应用于切割截面积大的金属和非金属材料，包括钢轨、管材和棒料等。

【镜面磨削砂轮】mirror-finish grinding wheel

用以镜面磨削的砂轮。一般采用碳化硅或刚玉微粉为磨料，以树脂为结合剂，并加入一定量的抛光剂(石墨等)制成，使用时将工件表面粗糙度加工到镜面尺度。

【珩磨轮】honing wheel

以珩磨方式加工淬火齿轮齿面的一种专用砂轮。通过与被加工齿轮齿间的啮合运动实现珩齿加工。磨料采用白刚玉、铬刚玉、绿碳化硅等，以环氧树脂为结合剂，以金属或塑料为基体，通过原模浇注成型。加工时通过提高被加工齿面的光洁度、消除热处理的表面缺陷和毛刺，从而改善齿轮表面质量，提高齿面疲劳强度以及降低齿轮的啮合噪声。

【重负荷荒磨砂轮】heavy duty snagging wheel

磨削负荷为1000N左右，实现荒磨加工的砂轮。一般以烧结刚玉、锆刚玉、单晶刚玉为磨料，以树脂为结合剂，以玻璃纤维和钢圈为补强材料制成的高密度、高硬度磨具。使用速度在80m/s左右，具有硬度高、磨料粒度粗、组织紧、磨削效率好和使用寿命长等特点，主要用于荒磨机上对钢锭、钢板等材料表面打磨。

【蜗杆磨砂轮】worm grinding wheel

具有螺旋工作表面，以滚切法磨齿的砂轮，是陶瓷结合剂刚玉磨具的一种。砂轮上开有螺旋槽，有单头及多头两种。使用时通过蜗杆和蜗轮啮合原理对蜗杆进行加工。

【深切缓进给磨砂轮】deep cut and creep feed grinding wheel

用于大切深、缓慢横向进给磨削的砂轮。具有磨削力大、加工效率高和精度好的特点，是陶瓷结合剂刚玉磨具的一种。按结构形式不同有平型、单面凹、碟型、碗型等。

【成型磨砂轮】form grinding wheel; profile grinding wheel

周边外形相反于被加工工件形状的砂轮，以切入磨削的方式直接磨削出预期的轮廓面，砂轮具有工作面形状精度较高的特点。

【无心磨砂轮】centerless grinding wheel

用于无心磨削加工的砂轮。与导轮配对使用，在对工件磨削的同时和导轮共同作用使工件连续运动，实现不间断加工。根据加工方式不同有无心外圆磨削砂轮和无心内圆磨削砂轮两种，用以对工件的外圆面、内圆面、内外圆锥面，螺纹以及其他型面进行高效率、高精度加工，如附图所示。

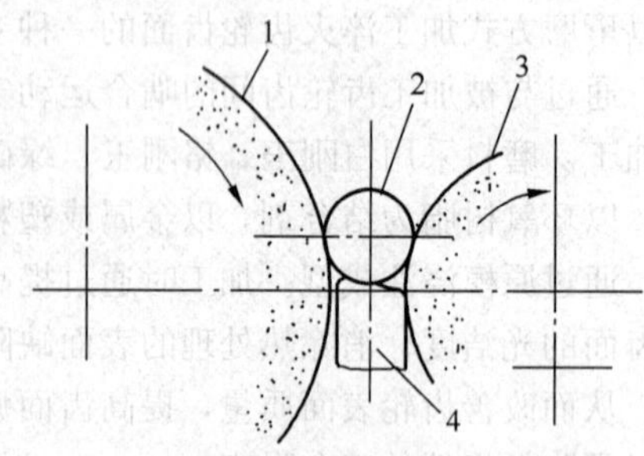

无心磨砂轮使用示意图

1—砂轮；2—工件；3—导轮；4—托板

【聚乙烯醇砂轮】polyvinylalcohol grinding wheel; PVA grinding wheel

结合剂以聚乙烯醇(PVA)为主要原料，添加磨粒后与醛类缩合反应而制成的砂轮，具有很高的弹性，磨料采用刚玉或碳化硅。用于金属和非金属的抛光，适宜抛光不锈钢、铜合金等高韧性的难磨材料和复杂型面的零件，以及木材、宝石、大理石、玻璃、电木、皮革、磁头等。

【磨钢轨砂轮】rail grinding wheel

一类用于铁路钢轨在线打磨修整加工的专用砂轮，筒形砂轮的一种。其以锆刚玉为主要磨料，树脂为结合剂，工作面为端面或外圆面，分别采用浸渍后的玻璃纤维缠绕外圆、对砂轮内孔嵌套等高的金属环等方式提高其强度。具有强度高、硬度高(超硬级)、磨料粒度粗(粗于 F16)、组织致密(几乎没有气孔)等特点。使用时以 36 片、48 片或更多成组分别安装在打磨机车两侧，通过机车驱动实现钢轨表面以及钢轨接头焊缝、轨侧飞边、轨面焊修等部位的打磨，消除钢轨的波纹、表面裂纹、剥离掉块等滚动接触疲劳损伤，从而改善轮轨接触状况，达到安全高速、平顺运行、钢轨寿命延长、牵引功耗减少等目的。

16.4.2 超硬磨料磨具

【超硬磨料磨具】super hard abrasive tools

指由金刚石和立方氮化硼的超硬磨料制作的磨具，其共同特点是硬度高、导热性好、刃口锋利。常用的超硬磨料磨具有超硬砂轮、磨头、油石、切断用的锯片等。超硬磨料磨具的结构常包括超硬磨料层和支撑体(基体)，其中超硬磨料层是指超硬磨料磨具中起磨削(包括锯切)作用的部分，由超硬磨料(金刚石或立方氮化硼)和结合剂组成，结合剂分为陶瓷、树脂、金属三类。

【金属结合剂磨具】metal bond abrasives

结合剂是以金属为主要原材料的固结磨具，按制备工艺分为金属烧结磨具、电镀磨具和钎焊磨具(见附图)，按磨料分为金刚石磨具和立方氮化硼磨具。主要用于硬脆材料的切割、打磨、精密磨削、砂轮修整等加工。金属烧结磨具的特点是强度高、成型性好、导热性和耐磨性好、使用寿命长、形状保持性好。电镀磨具的特点是精度高、使用速度高、锋利、制备工艺简单、寿命较短。钎焊磨具的特点是磨粒出刃高、结合剂把持力强、加工效率高等。

金属烧结磨具

电镀磨具

钎焊磨具

【金刚石砂轮】diamond grinding wheel

以金刚石为磨粒制成的砂轮。根据结合剂的不同可分为陶瓷结合剂金刚石砂轮、树脂结合剂金刚石砂轮和金属结合剂金刚石砂轮。根据成型工艺不同，可分为烧结金属结合剂金刚石砂轮、电镀金刚石砂轮和钎焊金刚石砂轮。

【金刚石锯切工具】diamond saw cutting tool

采用不同的工艺方法，将金刚石与树脂结合剂或者金属结合剂的复合体烧结或焊接、沉积在钢质圆盘、圆片或钢丝绳、线等基体材料的外圆或内圆上，制成的具有切削功能的锯切工具，其中金刚石磨粒为切削刃，具有效率高、寿命长的特点。主要包括金刚石圆锯片、金刚石绳锯和金刚石线锯等。广泛应用于大理石、花岗岩、混凝土、蓝宝石、单晶硅、多晶硅等材料的锯切加工。

【金刚石切割锯片】diamond saw blades

是以高强度人造金刚石为磨料，多种金属粉为结合剂，经混合、压制、烧结、高频或激光焊接，或采用电镀工艺、钎焊工艺制成的一种锯工具。按照结构的不同，主要有三类：(1)节块式锯片(附图 a)。采用冷压、烧结、焊接制造而成的切割锯片，主要应用于大理石、花岗石的切割。(2)连续周边式锯片(附图 b)，一般由冷压、烧结法制造而成，主要应用于玉石等材料的切割、雕刻。(3)内圆切割片(附图 c)。一般用电镀法制造，主要应用于单晶硅等贵重材料的切割。

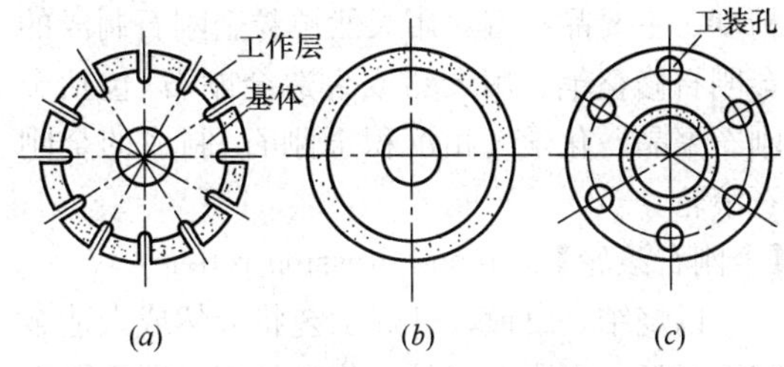

金刚石切割锯片示意图

(a)节块式锯片；(b)连续周边式锯片；(c)内圆切割片

【金刚石绳锯】diamond wire saw

由很多个金刚石串珠装在一根钢丝绳上而成的锯切工具(见附图)，串珠的主要类型有烧结型、电镀型和钎焊型。主要用于石材矿山的开采，也有用于大石块的破块。

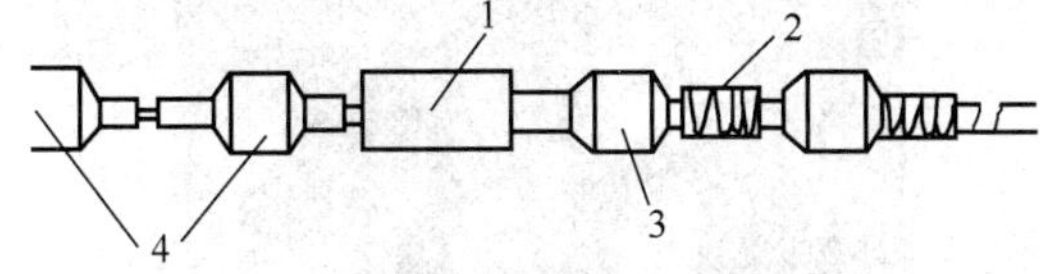

金刚石绳锯示意图

1—可分接头；2—弹簧保持器；3—串珠；4—备用串珠

【金刚石线锯】fixed diamond wire saw

利用电镀工艺或树脂结合的方法，将金刚石磨料固定在金属丝上而成的线状锯切工具。金刚石线锯使用高硬度的金刚石作为磨料，其典型磨粒尺寸为数十个微米。应用于贵重硬脆材料的精密、窄锯缝切割。根据制造的工艺不同，可分为树脂金刚石线锯和电镀金刚石线锯。树脂金刚石线锯是以树脂作结合剂将金刚石磨粒固结在金属芯线表面制成的；电镀金刚石线锯是用电镀的方法将金刚石微粉磨料沉积在金属丝(线)上制成的。树脂金刚石线锯的主要优点是生产周期短，对被加工材料的损伤层小，出品率高。而电镀金刚石线锯的主要特点是使用寿命长，更适合应用于对损伤层要求稍低的大批量材料的加工。

【金刚石修整工具】diamond dressing and truing tool

指以金刚石为主要材料制成的对砂轮进行整形和修锐的工具，其目的是提高磨料的出刃率，提高砂轮的磨削效率，并保证工件的加工精度。主要品种有：用天然单粒金刚石制成的金刚石修整笔、用天然或人造金刚石(包括金刚石聚晶、化学气相沉积金刚石)制成的金刚石滚轮。

【金刚石滚轮】diamond dressing roller

以烧结、电镀、钎焊工艺将天然或人造金刚石磨料、金刚石聚晶、化学气相沉积金刚石固结到基体上制成的修整工具，主要用于成型磨削砂轮的修整。它的轮廓形状、尺寸和精度是根据被加工零件的相应技术要求而设计制造的，安装尺寸则按用户机床上的修整装置的连接尺寸要求而定(见附图)。

金刚石滚轮

【金刚石修整笔】diamond truing pen

一种用天然金刚石制成的固定式修整工具。金刚石修整笔按其中金刚石的数量及分布方式的不同分为 4 种类型，见附表。

金刚石修整笔的分类及结构

代号	金刚石在胎体中的分布	结构形式示例
L	呈链状分布	
C	呈层状分布	A–A A A
P	呈排状分布	
F	均匀分布于胎体中	

【立方氮化硼磨具】cubic boron nitride abrasive products

指以立方氮化硼为磨料所制备出的磨具总称。按所使用的结合剂不同可分为烧结金属结合剂立方氮化硼磨具(简称金属结合剂立方氮化硼磨具)、电镀金属结合剂立方氮化硼磨具、树脂结合剂立方氮化硼磨具、陶瓷结合剂立方氮化硼磨具，还有研磨膏和研磨液。立方氮化硼磨具主要用作各种高速钢、轴承钢、铸铁、不锈钢、特殊合金钢等难磨材料的磨加工(包括珩磨)和抛光。

【立方氮化硼砂轮】cubic boron nitride grinding wheel

以立方氮化硼为主要磨料与结合剂结合制备出的砂轮，通常由基体、过渡层和磨削层组成。基体一般用铝、钢、碳纤维，起承载磨削层的作用，并通过它将砂轮紧固在磨床主轴上。过渡层由结合剂组成，其作用是使磨削层和基体牢固地结合在一起。磨削层由立方氮化硼磨粒和结合剂组成，起磨削作用。用于磨削高硬度、高韧性的钢材，如高钒高速钢、耐热合金钢等。根据结合剂的不同可分为陶瓷结合剂立方氮化硼砂轮、树脂结合剂立方氮化硼砂轮和金属结合剂立方氮化硼砂轮。陶瓷结合剂立方氮化硼砂轮是以立方氮化硼磨料与陶瓷结合剂复合而成的砂轮。树脂结合剂立方氮化硼砂轮是以立方氮化硼磨料与树脂结合剂复合而成的砂轮。金属结合剂立方氮化硼砂轮是以立方氮化硼为磨料与金属粉末结合剂复合或采用电镀、钎焊工艺制成的砂轮。

【超硬磨料珩磨油石】oilstone；abrasive stick

采用金刚石或立方氮化硼制成的应用于珩磨加工的油石，又称珩磨条。主要应用于汽车、摩托车的发动机零部件内孔的珩磨加工。

【超高速砂轮】super high speed grinding wheel

使用线速度不小于150m/s的砂轮，一般采用钢、铝、碳纤维复合材料等作为砂轮的基体，外缘部分为工作层，基体和工作层之间有过渡层。按磨料种类有金刚石和立方氮化硼两种，用于精密和超精密磨削加工。

16.4.3 涂附磨具

【涂附磨具】coated abrasive

用粘结剂把磨粒黏附在可挠曲的基材上制成的磨具，由磨料、粘结剂和基材三部分组成(见附图)。

涂附磨具的基本结构

1—磨料；2—基材；3—粘结剂；3-1—基材处理剂；3-2—底胶；3-3—复胶

具有可挠性、可折性和卷曲性，以柔性磨削为特征。涂附磨具主要包括：砂页、砂卷、砂带、砂盘和异型品(如砂页轮、砂页盘、砂套等)等类别(见附图)。

涂附磨具加工范围广、磨削效率高、不易烧伤、磨削质量好，广泛用于金属材料、木材、陶瓷、塑料、皮革、橡胶以及油漆腻子等非金属材料的磨削、抛光，常以机械加工或手工作业方式使用。

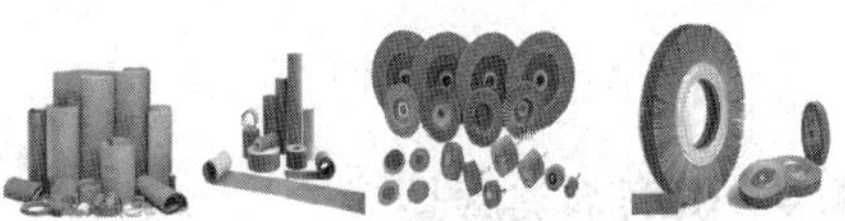

涂附磨具示例

【砂布】abrasive cloth

以布为基材的涂附磨具。分干磨砂布和耐水砂布(粘结剂耐水)两大类。根据使用条件不同可制成页状、卷状、带状和异型品等不同形式。

耐水砂布：能在水中使用的砂布。

【砂纸】abrasive paper

以纸为基材的涂附磨具。分干磨砂纸和耐水砂纸(粘结剂耐水)两大类。根据使用条件不同可制成页状、卷状、带状和异型品等不同形式(见附图)。

干磨砂纸主要包括木砂纸与金相砂纸。

耐水砂纸：粘结剂耐水，能在水中使用的砂纸。加工精度较高，主要用于汽车、船体、机床等机械的底腻打磨和精密仪器的抛光。

砂纸示例

【砂页】abrasive sheets

页状的涂附磨具。根据使用方式的需要，制成或裁切成的页状成品(见附图)。

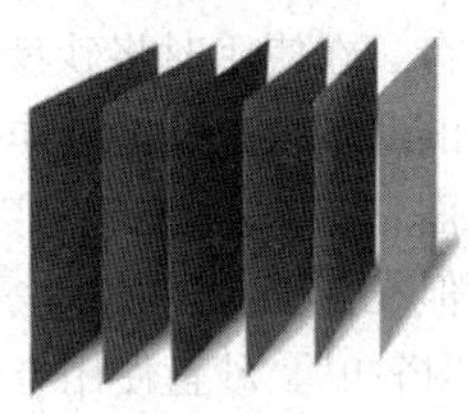

砂页示例

【砂带】abrasive belts

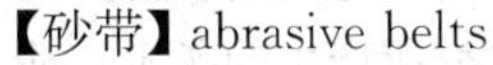

环带状的涂附磨具，安装在砂带磨床上，以高速运转的方式起到磨削作用，分为无接头砂带和接头砂带两种(见附图)。无接头砂带是采用环形带布基而制成的涂附磨具；接头砂带按接头形式分搭接接头和对接接头(又称衬垫接头)。对接接头常用的衬垫材料是带聚酯丝束的聚酯薄膜——对接胶带，以厚度划分为多种规格。接头砂带按接头数量分单接头砂带、多接头砂带、螺旋形接头砂带等，其中螺旋形接头砂带有两层，一般以纸作衬底层，两层都是对接的，各层接缝相互错开。

砂带按所用基材不同分为布砂带、纸砂带和复合基砂带等。具有效率高、适于大面积和复杂型面磨削、操作和制作方便等优点，应用广泛。

砂带示例

【砂卷】abrasive rolls

卷筒状的涂附磨具。根据使用方式的需要，制成或裁切成的卷筒状成品(见附图)。

砂卷示例

【砂盘】abrasive discs

圆盘状的涂附磨具。用于打磨加工的纸基、布基和复合基砂卷冲制而成的圆盘状产品(见附图)。分为背胶砂盘和背绒砂盘。背胶砂盘是指在磨具背面涂有一层不干胶所制成的砂盘，在使用时将砂盘贴附在手提式抛光机磨头的底盘上进行磨削作业；背绒砂盘是在磨具背面粘上一层绒布，广泛使用于手动打磨机中，但在其磨头上应有一层能与绒布咬合紧密的“搭扣”。砂盘使用方便，同时还利用砂盘上的轴向通孔及时吸收加工过程所产生的灰尘、粉末，提高加工精度，减少灰尘、粉末飞扬，环保性好，改善工作环境。

砂盘示例

【砂页盘】flap discs

将若干被裁切成一定形状的涂附磨具砂页片，用粘结剂粘结在金属或非金属盘状基材上制成的圆盘形涂附磨具(见附图)。俗称平面砂布轮、百页片、花叶轮或弹性磨盘等，是涂附磨具转换的异形制品。主要是安装在手持式电动工具上用作打磨抛光各类金属和非金属零件的焊缝、毛刺、倒角、表面除锈、表面抛光等，与固结磨具树脂砂轮相比具有打磨抛光一次完成、缩短操作时间、节省打磨成本、提高磨削效率；磨料自锐性强、利用率高；风冷降温不伤表面，表面质量容易控制以及性价比高；减少操作者疲劳、增加机器寿命等特点。

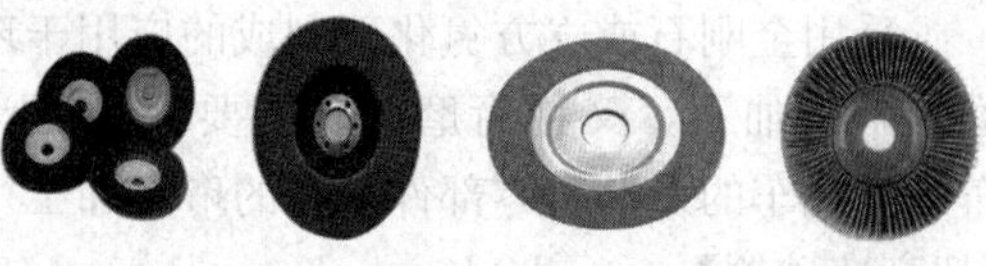

砂页盘示例

【砂页轮】flap wheel

用一定数量的长方形砂布(纸)页片，按放射状排列，制成的一种轮状涂附磨具(见附图)。

砂页轮是表面修整、抛光专用工具(又称抛光轮)，集布轮、砂轮的特点为一身，适用于各种材料的打磨和抛光，对不锈钢、碳钢、有色金属及橡胶、塑料、木材等制品的表面抛光、修饰、去毛刺、除锈等效果颇佳。广泛应用于工业生产产品的加工中。

砂页轮示例

【砂套】abrasive sleeves

带有螺旋衬底的套在轮(轴)上使用的环状涂附磨具(见附图)。适用于各种材料的打磨和抛光。具有效率高、适于复杂型面磨削、操作和制作都方便等优点。

砂套示例

16.4.4 研磨剂类磨具

【研磨剂】lapping compound

由磨料、分散剂或结合剂、辅助材料等制成的用于研磨加工的混合剂。根据形态不同分为液态、膏状两种。其以磨料的粒度为主要技术指标，常用的磨料为刚玉、碳化硅、碳化硼、金刚石和立方氮化硼，以及氧化铁、氧化铬和氧化铈等微粉。液态研磨剂常用煤油、机油、动物油、甘油、酒精、水等为分散剂，其作用是稀释、润滑、冷却和防腐。膏状研磨剂常用硬脂酸、脂肪酸、环氧乙烷、三乙醇胺、石蜡、油酸和十六醇等材料为结合剂，其作用是粘结、乳化、润滑和吸附。辅助材料主要包括着色剂、防腐剂和芳香剂等。使用时磨粒呈自由松散状态，被涂敷或压嵌在研具表面上对工件进行精整加工，实现研磨、抛光、除锈、除油、清洗等目的，可用于加工各种金属和非金属材料，加工精度可达 IT1～IT5，表面粗糙度可达 Ra0.01～Ra0.63。

【研磨液】liquid lapping compound

形态呈液状的一类研磨剂，分为油性研磨液和水性研磨液两种。新型的研磨液通常采用纳米金刚石、多晶微米金刚石、立方氮化硼微粉等为磨料，制备时常配以着色剂、防腐剂和芳香剂等添加剂。油性研磨液常用航空汽油、煤油、变压器油及各种植物油、动物油及烃类液体等为溶剂，用于要求防腐、高磨削效率场合；水性研磨液以水为主要溶剂，用于要求易清洗的场合。研磨液常用于光学晶体、陶瓷、硬质合金等各种硬质材料的研磨。

【研磨膏】lapping paste

形态呈膏状的一类研磨剂，分油溶性研磨膏和水溶性研磨膏两大类。由磨料、膏状结合剂及其他辅助材料混合配制而成。磨料一般是微粉级的刚玉、碳化硅、碳化硼、金刚石、立方氮化硼、氧化铬、氧化铁、氧化铈等。油性研磨膏的结合剂由硬脂酸、柏子油、蜂蜡、油酸、凡士林等组成；水性研磨膏以水为主要溶剂，添加其他辅助材料。使用时涂附在工具表面，用于研磨各种金属、玻璃、陶瓷、宝石等材料，使工件具有较高的精度和光洁度。

【油溶性研磨膏】oil soluble lapping paste

用油作稀释剂的研磨膏。

【水溶性研磨膏】water soluble lapping paste

用水作稀释剂的研磨膏。

【抛光剂】polishing compound

由磨料、分散剂或结合剂和辅助材料等制成的用于抛光加工的混合剂，分为水性抛光剂和油性抛光剂两大类，根据形态的不同还分为抛光液、抛光膏两类，根据抛光机理分为机械抛光剂和化学机械抛光剂两类。磨料包括微纳米级粒度的氧化硅、刚玉、碳化硅、碳化硼、金刚石、立方氮化硼、氧化铬、氧化铁、氧化铈等。抛光液使用水、酸、分散剂、表面活性剂、氧化剂、防腐剂、缓蚀剂、光亮剂等和磨料配制而成。抛光膏采用研磨助剂、硬脂酸、石蜡、油酸、分散剂、润湿剂、表面活性剂、消泡剂和乳化剂等和磨料配制而成。可用一定压力把抛光液存放在压力罐中制成喷雾抛光液，使用时以雾状喷射到工件表面。抛光剂用于各种金属、无机非金属、高分子和复合材料的抛光，可以使工件表面获得镜面，以及 Ra0.2nm 左右的超光滑表面。

16.5 工艺和设备

【配料】batching

根据磨具配方，对各种磨料、结合剂、粘结剂和辅料进行称重、按配比投料、聚集混合而形成的供成型使用的混合料的过程。配料的准确性对成型、固化或烧成及磨具的质量影响很大。

【混料】mixing

按磨具配方称量后的各种原料，进行搅拌达到均质混合的过程。混料要混合均匀，减少或消除粒度偏析。混料的均质性对成型、固化或烧成及磨具的质量有显著影响。

【困料】ageing

筛分后的混合料，按照工艺要求在规定的温度和湿度下的空间内存放一定时间，以改善物料性能的过程。物料经困料后，水分和有机物分布均匀，以提高成型性能。

树脂磨具困料温度通常在 18～22℃；湿度<70%。

【成型】shaping

将混合料加工成一定形状和结构要求的坯体或制品的过程。通过成型可使坯体或制品获得均质致密结构并具有一定的强度。磨具成型方法主要有压(冷、热)制成型和浇注成型，部分精密磨具采用热压注及冷、热等静压成型(CIP、HIP)。

【干燥】drying

除去磨具坯体中水分的过程。干燥后的坯体，具有一定的强度，便于运输、装窑和利于烧成。干燥分自然干燥和人工干燥两种。工业生产多采用人工干燥。陶瓷磨具干燥设备多采用间歇式室式炉或连续式隧道炉。

【固化】curing

按照工艺要求的温度、气氛和压力制度，对成型或制作好的含有机结合剂的具有一定形状的磨具坯体进行热处理的过程。固化使磨具坯体发生化学反应，固结为符合所要求强度和硬度等性能的磨具。

固化(或硬化)过程中，树脂分子进一步缩聚(热固性酚醛树脂液)和进行交联(热塑性酚醛树脂粉新酚树脂，环氧树脂等)，由低聚物或线型聚合物交联成网状或体型结构的高聚物，同时一部分挥发物从坯体中排出。

树脂磨具一般固化(或硬化)温度在180～230℃，涂附磨具固化温度一般在120℃。

【烧成】firing

陶瓷磨具坯体干燥后的高温处理过程。坯体在这一工艺过程中，经过低温、中温、高温烧结和冷却处理，坯体发生一系列物理-化学变化，达到磨具所要求的强度、硬度和组织结构。烧成过程必须按规定的烧成制度进行，烧成制度包括压力制度、气氛制度和温度制度。

陶瓷磨具烧成一般烧成温度在1300℃左右，低温烧成通常指烧成温度低于1000℃左右。陶瓷磨具烧成设备主要采用间歇式梭式窑(车式窑、抽屉窑)、钟罩窑或连续式隧道窑(见附图)。

梭式窑(车式窑)

隧道窑

【加工】finishing

对烧成后的磨具制品进行车、磨等加工，使其几何形状、尺寸精度、工作层表面符合磨具成品质量要求的工艺过程。磨具加工通常包括平面、形状、内外圆加工及工作层修整等。

【烧结】sintering

陶瓷磨具坯体在高温下的致密化过程和现象的总称。一般学术定义参见1.7【烧结】。

陶瓷磨具坯体中结合剂在升温过程中，具有较大的表面积和较高表面能的迁移，向降低表面能的方向变化，不断进行物质迁移；晶界移动，排除气孔；产生收缩，使原来比较疏松的结构变成具有一定强度的致密的瓷体。烧结有固相烧结和液相烧结两类。陶瓷磨具烧结多为液相烧结。

【熔块法】ingot process

采用活动炉体间歇生产熔炼刚玉的一种工艺方法。其特点是：采用可移动炉体(炉车)，炉体在冶炼位置按工艺要求完成铺炉底、降(升)电极、送电起弧、加料、冶炼刚玉全过程，冶炼结束后，将炉车移送到冷却区，冶炼好的刚玉熔液保留在炉体内冷却凝固，冷却刚玉倒出后，炉体(炉车)运送到冶炼位置循环冶炼使用。参见本节【活动式刚玉冶炼炉】。

熔块法冶炼刚玉间歇生产，灵活性好。但冶炼热利用率较低，回收料的循环消耗操作和能量。

【流放法】tapping process

在固定炉体特定位置打孔将冶炼后的熔液流入容器内的一种熔炼刚玉工艺方法。其特点是：冶炼炉为固定炉体固定位置冶炼刚玉，冶炼好的刚玉熔液由炉缸下部的流放口流放到一个专用容器中进行冷却凝固。专用接刚玉容器在倒入符合要求容量的刚玉后，被移送到冷却区冷却凝固，冷却刚玉倒出后，被运送到接液位置循环冶炼使用。流放法冶炼刚玉，消除了回收料的循环，冶炼热利用率高于熔块法。参见本节【刚玉接包车】。

【倾倒法】pouring process

用倾倒炉(见附图)熔炼刚玉的工艺方法。其特点是：通过炉体转动，将熔炼好的溶液倒入容器中冷却凝固。炉子的倾倒角以使炉底的铁合金能够全部倒出为宜。倾倒炉的传动装置有液压、齿轮和丝杠传动方式，齿轮传动运行可靠，转动灵活，炉体可以倾倒360°，但结构复杂；丝杠传动结构简单，但炉体倾倒小于90°，不易将炉内熔液倾倒干净。液压传动结构简单，操作方便。

倾倒法冶炼刚玉，能连续冶炼，生产可靠性高。免除了不断修炉的繁重劳动和回收料的循环，提高了热利用率。简化碎选过程，改善工人劳动条件，提高工作效率。参见本节【刚玉接包车】。

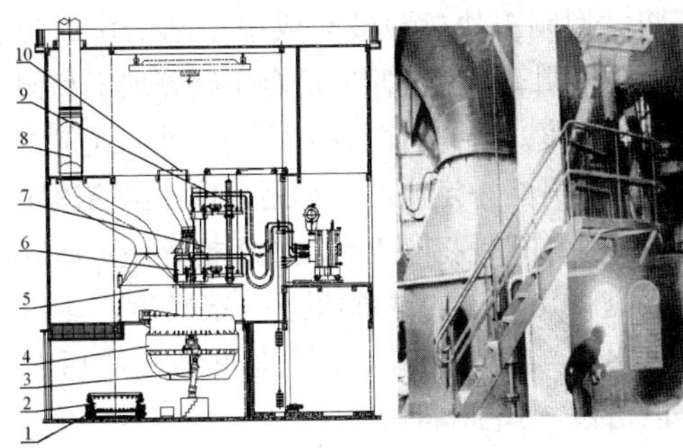

倾倒炉

1—接包车；2—接包；3—液压倾倒系统；4—炉体系统；5—炉罩；6—短网系统；7—卷扬系统；8—排烟系统；9—电极把持器；10—加料系统

【起弧】arc staring

熔炼刚玉时通电使电极端部产生弧光的工艺操作过程。在电弧炉碳素炉底上以一定方式(有实心三角、空心三角和星型三种)摆起弧焦(通常用冶金焦或用废电极破碎成一定的粒度)，将已接上电源的电极端部下降与起弧焦接触，形成通路产生弧光，此时整个电路接通，即可开始熔炼。起弧的操作要点是尽量减少起弧碳素的用量，注意避免把料加到电极端和起弧焦之间造成弧光隔断。

【焖炉】closed fusing

采用厚料层熔炼刚玉的工艺操作方法。其特点是由于料层厚，熔炼的大部分时间内弧光完全被炉料层所覆盖。优点是热利用效率高，单位产品的电耗低，人和设备少受弧光辐射热的损害。缺点是炉料熔化不彻底，造成回收料多并易引起喷炉事故。

【敞炉】open fusing

采用薄料层熔炼刚玉的操作方法。其特点是料层薄，熔炼中弧光暴露在外的时间长。优点是炉料利用率高，熔化面积较大，铁合金易聚成大块沉积于炉底，熔块各部位的质量较均匀。缺点是热利用率低、单位产量电耗较高，熔炼时间较长，设备和操作人员易受辐射的损害。

【精炼】refining

冶炼后期提升冶炼刚玉质量的冶炼工艺过程。刚玉熔炼后期，停止向炉内加料后至停炉的一段时期，熔液熔化和还原反应基本完成，为便于杂质充分还原，进一步提高熔液温度和扩大熔化面积而进行的精炼工艺操作。精炼好坏直接影响刚玉的质量和产量。由熔炼转入精炼应停止加料，通常采用较低电压，经常活动电极拍打炉料，防止烧结，并把周围炉料推向中心，使炉料逐渐熔化完。

【蘸棍】rod-test

熔炼刚玉过程中利用铁棍蘸取溶液以判断炉内碳量多少、溶液温度高低和还原程度的一种工艺检测方法。蘸棍在熔炼的中、后期进行。用直径12～16mm的铁棍从电极根部深深地插入熔液中然后拔出，根据凝固在铁棍上的刚玉壳的颜色、厚薄、断面与表面情况进行判断，从而采取措施进行调整。正常的蘸棍，棍上黏附的刚玉壳层很薄，上下粗细几乎一致，呈白色或浅黄色，碳线约占棍周长的1/3，表面有星星点点的结晶光泽，质脆，冷却后有裂纹并容易脱落。

【碳线】grey line

用蘸棍法鉴别刚玉冶炼质量时，蘸棍熔液中拔出后靠炉壁一侧的结层较厚，一般叫碳线。常以其色泽及宽度作为鉴别炉况的根据之一，在正常情况下，碳线明显，呈灰白色，宽度约占棍周长的1/3。

【炉前调整】instant adjustment

刚玉冶炼过程中，通过快速分析或根据蘸棍判断出炉内还原程度和炉料中还原碳量或铁屑是否适当而相应采取的工艺措施。大多在缺碳时增加无烟煤量，碳过量时增加矾土量，少数情况下也增减铁屑。

【喷炉】blowing

刚玉和碳化硅生产中的一种非正常冶炼现象。熔炼刚玉时，因为还原反应产生的或炉料中蒸发气体未能及时由炉料层排出，大量积聚在炉内，当压力过大时，气体从炉料层较薄的地方冲出炉外，同时带出熔液。喷炉的原因是炉料配比不适当，熔液中二氧化硅量过高、炉料过湿、粒度过细、料层太厚以及操作不当等。冶炼碳化硅时，也会由于炉料透气性差，产生喷炉现象。喷炉会造成安全影响，应严格控制其产生，发生后应及时采取措施消除。

【嗤炉】breathing out

小规模的喷炉，参见本节【喷炉】。

【串炉】whirling of fusing charge

熔炼白刚玉时高温熔液在固体粉状料内来回急速流动的一种反常现象。造成串炉的主要原因是炉内各部位受热不匀，炉底或炉料潮湿，引起高温熔液和冷却料急剧相对运动。串炉通常发生在熔炼前期，开炉时应适当控制，使用较低电压，尽量使炉料熔化到边缘，然后再提高电压转入正常熔炼。

【结底】aggregation on furnace bottom

熔炼刚玉时炉底熔液先期凝固的非正常现象。这是由于下料过快或下硬块过多、配料比不准以及输入功率不足引起的，防止的办法是降低电压，调整配料比，控制下料速度以提高炉缸下部的温度。

【塌炉】collapsing

刚玉冶炼过程中炉料大量下塌的非正常现象。冶炼中的炉料一般可分为靠近熔液的软化层，其上的烧结层和固态层。正常情况下，烧结层支撑着上部固体炉料，随着熔化不断进行，炉料逐步下降，但有时矾土质量差，刚玉乏料过于集中、料层忽厚忽薄以及炉子输入功率不均衡等会破坏炉料的正常下沉，使熔液和炉料之间产生空隙，出现所谓“悬料”现象。当炉料质量大于烧结层支撑能力时，料就猛然塌下造成塌炉。

【抠炉】furnace lining corrosion

棕刚玉冶炼时，因炉内还原剂不足，致使碳素材料的炉底和炉衬与熔液起反应，造成炉底与炉衬被侵蚀，即所谓被“抠”。抠炉是造成漏炉事故的原因之一。

【漏炉】leak

冶炼刚玉时炉底或炉壳被烧穿造成熔液外流的一种现象，是较严重的一种事故。造成的原因是炉底修砌或打结质量不好，当熔液过热时为密度大的硅铁所钻透，或因炉内还原剂不足，炉底或碳质炉衬与熔液起反应；炉壳冷却不好也容易为过热熔液所烧穿。漏炉会造成安全事故，应严格控制其产生，发生后应及时采取措施消除。

【擂碎】breaking

将大型刚玉块(坨)破碎成中小刚玉块的工艺过程。将刚玉熔块分割成适合于破碎加工和便于碎选的块度。擂碎有两种方式：一种方式是将刚玉熔块提升至一定高度，利用自重摔至擂碎座上；另一种方式是将刚玉熔块置于擂碎座上，用电磁吸盘将几吨重的铁球吸至一定高度，然后断磁落球；或用吊车带起带钩重锤，然后脱钩，以落锤方式擂碎刚玉。

【碎选】sorting

棕刚玉熔块经冷却擂碎后，将其中硅铁合金及乏料挑出的过程。碎选将各级成品块、乏料、黄皮、硅铁分类选出，成品块送破碎加工或出售。乏料、黄皮处理后循环使用或出售作为其他行业原料，硅铁分选后出售。

白刚玉熔块也需经过碎选挑出乏料。成品块送破碎加工或出售。乏料处理后循环使用。

【煅烧】calcination

对磨料进行高温处理的工艺方法。通常用于刚玉系磨料。煅烧处理有助于改善磨料的某些物理性能，如消除磨料的反常膨胀、增加磨粒强度、增加毛细作用等。煅烧温度因磨料品种不同而异，棕刚玉 1100℃、白刚玉 700℃、单晶刚玉 1000℃左右。煅烧的最高温度保持时间约半小时。用隧道窑、立式多层燃烧炉等作为煅烧设备。

【表面涂附】surface coating

一种改善磨料颗粒表面性能的工艺方法。即在磨粒表面包涂一层金属氧化物、陶瓷或有机硅胶等物质，以提高磨粒的机械强度，改善热传导性能，提高磨粒与结合剂的结合能力或提高树脂结合剂砂轮的抗潮能力等。

【整形】shaping; shape correcting

为提高磨粒强度，用机械方法改善磨粒形状和均质分布的加工工艺。将磨料喷射到砧座上，或通过轮碾，或在气流磨内通过互相碰撞等方法消除磨粒的尖锐边棱，减少磨料中针片状含量或暴露磨粒中的微隐裂痕。

【电成型筛】electroformed sieve

利用照相蚀刻和电镀的综合技术制成的一种精密筛。出现于 20 世纪 60 年代中期，与普通的编织筛比较，筛孔尺寸规则均匀，公差为 1%左右，网孔基本上只有二维尺寸(长与宽)，筛分质量较高。既用于一般磨粒和磨粉的筛选，也可筛分 1～40μm 的微粉。适用于人造金刚石磨料的生产。

【双面摇摆筛】swinging double sieve

专用于磨料粒度分级的筛机(见附图)，具有结构简单，筛分效率高等特点。通常由双面筛组成，每面筛分上下两层筛网。由电动机带动偏心轴，使筛网往复振动。筛机主要参数：倾角 7°～10°；振幅 12mm；频率 440 次/min。

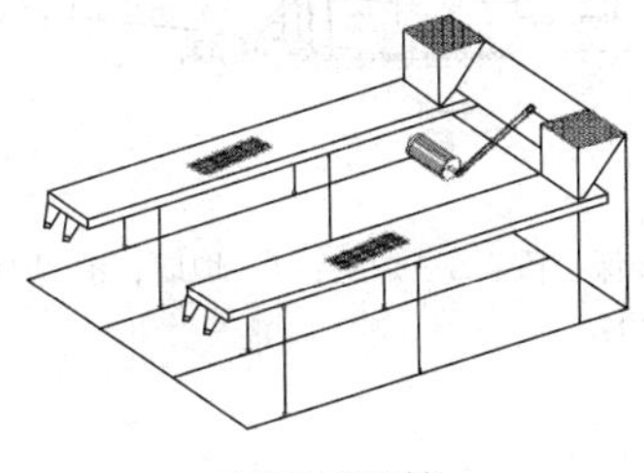

双面摇摆筛

【活动式刚玉冶炼炉】movable corundum-fusing furnace

炉体可以移动的刚玉熔炼电炉。采用熔块法冶炼刚玉。由炉壳、炉底和炉车底盘等部分构成(见附图)。炉壳是用钢板围成的圆锥筒，内部砌或不砌碳砖炉衬，一般外壁用水冷却。炉底砌筑在有车轮的炉车底盘上，多数用碳素材料打结而成，也有用碳素电极砌成的。炉底厚度一般在 500mm 左右，以防止熔炼时熔液穿透炉底。炉底与炉车底盘间铺有一层耐火砖，用来隔热和绝缘。活动炉车在钢轨上移动。

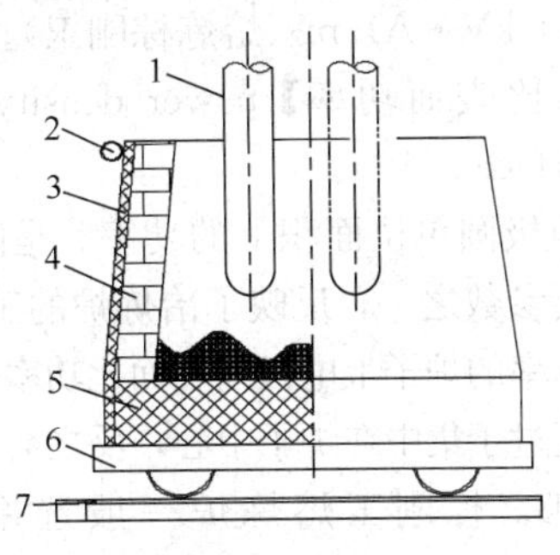

活动性刚玉冶炼炉

1—电极；2—冷却水管；3—炉壳；4—炉衬；5—炉底；6—炉车底盘；7—轨道

【刚玉接包车】ladle

承接流放或倾倒的刚玉熔液以便冷却凝固的容器。一般采用 14～16mm 厚的钢板制成，有砌衬和不砌衬两种，外壁采用水冷却。包壳的外形有两种：(1)上口小下口大，当刚玉冷凝后便于用吊车将包壳脱去(见附图)；(2)上口大下口小，便于用翻包器将刚玉熔块倾出。接包车要能够承受高温熔液的冲击，防止因潮湿产生水蒸气而造成爆炸事故。

根据工艺不同，刚玉接包车按容积分为可容纳容量 10t 以上刚玉的大包，1～3t 的小包，和介于其间的中包。

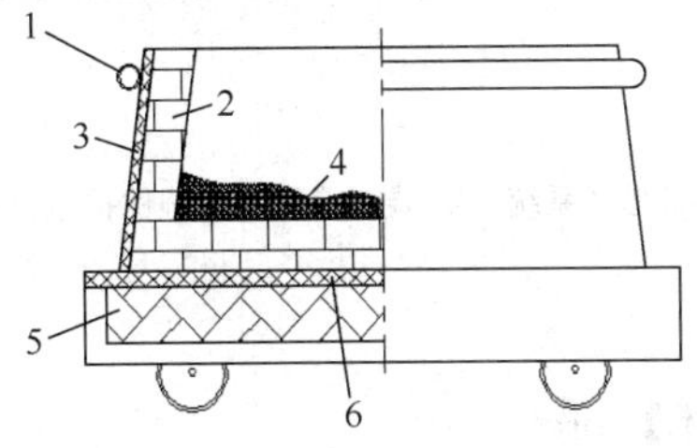

刚玉接包车

1—冷却水管；2—碳砖层；3—石棉层；4—二级刚玉砖；5—耐火砖；6—石棉层

【炉缸表面比功率】special capacity of furnace chamber

熔炼刚玉磨料用电弧炉炉缸横截面单位面积上的输入功率。炉缸表面比功率是主要的电炉参数之一，必须适应炉料熔化和还原的能量需要，过大往往引起炉况不稳、炉衬过快损坏等弊病，过小则使熔炼时间拖长，产品质量降低，单位产品的电能消耗增加。国内一般采用200～350(kV·A)/m^2(熔炼棕刚玉)。

【电极圆比表面功率】power density of electrode surface

指电极圆单位面积上的功率。是刚玉熔炼炉的重要参数之一，反映了冶炼炉的工作能力：在给定功率的炉子上电极圆表面比功率过大，则表示热能过于集中在炉子中心，反之会造成中心温度不够。棕刚玉熔炼炉一般选用1100～1600kV·A/m^2，随着炉功率增大可适当提高。

【碳化硅冶炼电阻炉】resistance furnace for silicon carbide smelting

制备碳化硅的专用窑炉设备。一般呈卧式，由炉床、炉体(镶有电极的炉头端墙和可卸式侧墙)、电极(炉头电极和炉芯体装炉电极)、母线等组成(见附图)。按工艺方式不同，有固定炉和活动炉两种。固定炉的炉底筑在地基上，因炉底结构不同又有平底炉与槽形炉之分。平底炉有利于用抓斗吊车进行炉底作业，在机械化程度较高的大型电阻炉采用；槽形炉一般都为中小型。活动炉时把炉装在炉车上，有利于实现各工序的机械化，适用于大规模生产。按炉体形状不同，有直线型和U形炉。按冶炼供电种类和送电工艺不同，分为直流冶炼炉和交流冶炼炉。

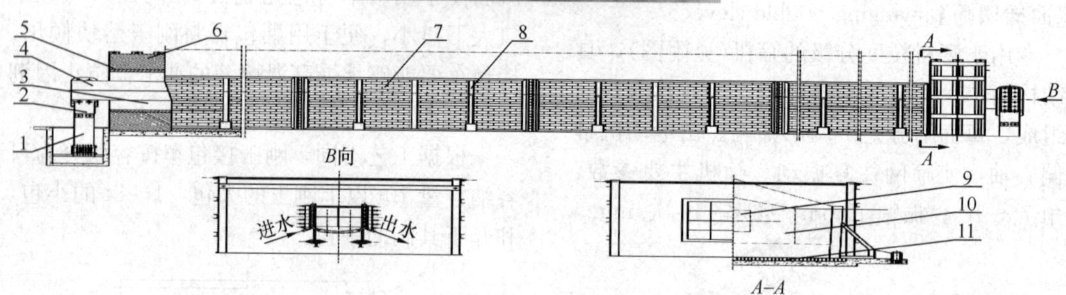

碳化硅冶炼电阻炉

1—母线系统；2—导电铜板；3—枕护电极；4—石墨电极；5—电极保护圈；6—炉头；7—炉墙；8—炉柱；9—炉芯；10—反应料；11—炉床

【炉芯体】core

碳化硅电阻炉中心的通电发热体。一般用石墨粉或石油焦碳按一定形状(圆形或矩形)与尺寸装在炉料中心，两端与电极相连。

【刮浆】starching

生产干磨砂布的一道工序。目的是堵塞坯布布孔，并经轧光使坯布平整。浆料一般由淀粉、膨润土、磷酸三钠、乙萘酚及少量染料配成。

【涂胶】adhesive coating

又名上胶。涂附磨具制造工序之一。一般涂两层胶，第一层为底胶，作用是把磨料粘结在基体上；第二层为复胶，在磨料表面覆盖一层以增强磨料对基体的附着力。涂胶方法有刮涂法、辊涂法和喷涂法。

【植砂】abrasive grain dispensing

又名上砂、扬砂。涂附磨具制造工序之一。目的在于把磨料黏附在涂胶的基体上。有两种植砂方法：磨料依靠自身的重力作用自由落下植入胶层的叫重力植砂；通过直流高压电静电场的作用，使磨料极化而被异性电极吸引，从上而下或者从侧面吸入胶层，叫静电植砂。后者的优点是磨粒呈定向排列于基体上，尖角向上，磨削效益较大。

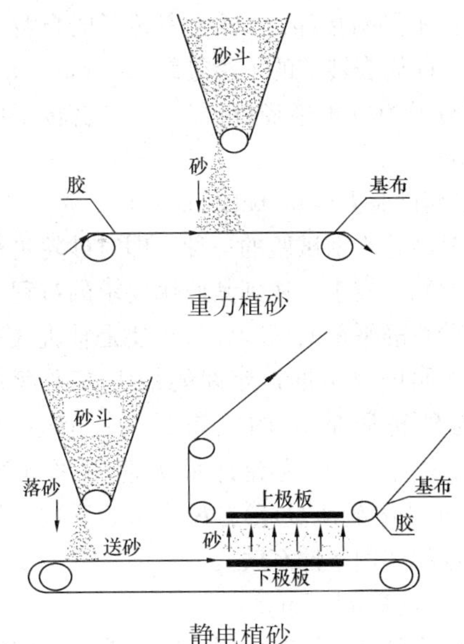

16.6 性 能 和 用 途

【物理刚玉】physical corundum

或称 α 刚玉，刚玉的主要矿物组成，是磨料中能起实际磨削作用的刚玉成分。除物理刚玉外，刚玉中还含有微量的 β 相氧化铝或其他含铝矿物成分。CaO 杂质会严重降低物理刚玉的含量，从而降低刚玉磨料的研磨能力，在熔炼时应加以控制。

【β 氧化铝】β-alumina

习惯名称，实际不是氧化铝的变型，而是一种含钠、钾、镁、锂等碱金属的高铝酸盐，典型分子式 $Na_2O \cdot 11Al_2O_3$，相对密度 3.24，显微硬度 12740～15680MPa，属于六方晶系的双锥双方面晶类。晶胞参数：a＝5.95Å，c=22.49Å。在 1300～1700℃高温下，高铝酸钠由于 Na_2O 逐渐挥发而转变为刚玉。β 氧化铝是熔炼白刚玉的副产品，是刚玉磨料的有害物质。但它是一种离子传导材料，可作为钠硫电池的固体电解质使用。除 β 氧化铝外，还发现有以 $Na_2O \cdot 5\ Al_2O_3$ 为代表 β′的变型。

【γ 氧化铝】γ-alumina

一种比较常见的氧化铝晶体类型，氧化铝的晶型为 γ 型，由无定形氧化铝经过 550～650℃温度焙烧后得到。其比表面积大、活性高、吸附能力强，是石油炼制和石油化工行业中常用的吸附剂、催化剂和催化剂载体。γ 氧化铝经过 1200～1600℃以上温度煅烧即转化为 α 氧化铝，且温度越高形成 α 氧化铝的晶型越稳定。

【平衡试验】balance test

是对砂轮的平衡性检测、校正，达到其使用要求的一个过程。砂轮在围绕其轴线旋转时，由于相对于轴线的质量分布不均匀而产生离心力，当其作用在轴承上会引起磨削系统振动，降低工件的加工质量和砂轮的使用寿命。平衡试验包括不平衡量的测量和校正两个步骤。砂轮平衡试验有动平衡试验和静平衡试验。

【动平衡试验】dynamic balance test

是砂轮平衡试验的一种，即对砂轮进行动平衡检测、校正，达到使用要求的过程。砂轮旋转的状态下，根据砂轮不平衡引起的系统振动来测量不平衡。

砂轮动平衡的试验设备主要是动平衡仪。试验时，根据 ISO 1940 平衡等级，将转子平衡等级分为 11 个级别，从精度最高的 G0.4 到要求最低的 G4000。根据加工精度要求，超硬材料砂轮的精度要求通常取 G2.5。

计算公式：$m_p = 9549MG/nr$，式中：m_p

为允许不平衡量(g)；M代表转子的自身质量(kg)；G代表转子的平衡等级(g·mm/kg)；r代表转子的校正半径(mm)；n代表转子的转速(rpm)。

【静平衡试验】static balance test

是砂轮平衡试验的一种，即对砂轮进行静平衡检测、校正，达到其使用要求的过程。

砂轮静平衡的试验设备主要是轴辊式平衡器。按照国家标准，允许的最大不平衡数值M_a与砂轮质量m的关系式为：$M_a = K \times m^{1/2}$，式中：M_a为允许最大静不平衡数值(g)；m为砂轮质量(g)；K为检验系数，与砂轮特性和使用条件有关。

【不平衡量】unbalance

由于密度不均或几何形状误差造成的砂轮重心偏离程度。砂轮不平衡，旋转时就产生偏心力，使机床砂轮轴振动，工件表面产生振纹，严重时甚至会导致砂轮破裂，发生人身或设备事故。因此砂轮在出厂前通常用轴辊式平衡器测定其不平衡度。砂轮的偏心用 mm 表示，质量用 g 表示，不平衡量用 g·mm 表示。

【不平衡值】unbalance value

不平衡的测量值，安放在砂轮上并使之平衡的质块(平衡物)的质量，用 g 表示。

【砂轮回转强度】rotation strength

砂轮旋转时在离心力作用下抵抗破裂的能力。

【砂轮圆周速度】peripheral speed of grinding wheel

是砂轮外圆的速度。砂轮不运动就起不到磨削的作用。磨削加工主要是靠砂轮的圆周速度(旋转运动)磨削工件，不像车刀那样，把其安装在车刀架上，就能加工工件。砂轮的圆周速度在磨床上是非常重要的，公式为：$v = \frac{\pi D n}{60 \times 100}$，式中：$v$为砂轮圆周速度(m/min)；$D$为砂轮直径(mm)；$n$为砂轮每分钟的转速(r/min)。

【自锐性】self-sharpening

磨具在磨削加工中由于磨粒新的切削刃不断形成，或钝化的磨粒从结合剂中脱落，从而保持切削能力的性能。磨具在磨削时随着磨具工作面上的磨粒切削刃磨耗逐步变钝，导致其磨削力逐步增加，进而促使变钝的磨粒崩裂或脱落而露出新的磨粒或锋利的切削刃。磨具自锐作用的难易，较大地影响着磨具的磨削锋利程度、磨削力、磨削效率、磨削表面粗糙度、磨具的耐用度及使用寿命等一系列性能。

【钝化】dulling

磨具在磨削加工中由于堵塞、磨粒磨损、磨具表面黏附等，造成切削能力的下降，使磨具不能进行正常磨削加工的现象。

【荒磨】snagging

一种粗加工的方法。用 F8～F24 粗粒度砂轮在工件毛坯上进行大余量磨削加工以除去工件表层的毛刺和表面缺陷，不要求被加工件的尺寸精度和表面光洁度。多用作钢锭剥皮和铸件打毛刺等，有时也用来加工精度要求不高的铸件毛坯。

【粗磨】rough grinding；roughing

泛指磨削加工的第一道磨削工序，用较粗粒度(F36～F46)砂轮，以较高的生产效率除去大部分的磨削余量，因其进给量较大，磨削加工效率高，所能达到的表面粗糙度比较高，表面粗糙度值一般为 Ra1.6 左右。

【精磨】fine grinding；finishing

工件经粗磨，特别是淬火后，表面层物理机械性能及尺寸和形状精度均发生变化，为最后达到精度及表面粗糙度要求，必须再用较细粒度的磨具进一步磨削，叫精磨。精磨一般采用粒度为 F46～F80 的砂轮，经一定的修正，在较小的切削深度下，对工件进行加工。经精磨后的工件，粗糙度值一般为 Ra0.2～Ra0.8，精度可达 2 级甚至 1 级。

【研磨】lapping

一种表面精密加工工艺。在研具表面散布一些研磨剂和润滑液，或采用固结磨具研磨盘，以低压力、低速度，利用工件与研具的相对运动所产生的摩擦方式，对工件作微量加工。因而可以获得很高的尺寸精度和较低的表面粗糙度，工件的表面粗糙度值达到 Ra0.008～Ra0.1。

【成型磨削】form grinding

一种对工件型面进行精密磨削的加工方法。成型磨削时先将砂轮用修整笔(或滚轮等)修整为(或直接制造成)所需的特定形状，再进行磨削加工，使工件获得与砂轮相反的型面。也叫仿型研磨。常见的齿轮、螺纹的磨削加工即为成型磨削。

【超精加工】superfinish

一种精加工方法。用粒度较细的油石，再加一定黏度的润滑液在轻微的弹性压力作用下，以振摆原理，在工件回转的同时，对工件进行光整加工，消除磨削后的痕迹和工件表面的退火金属层，也能改善工件的尺寸精度和几何形状精度。

【抛光】polishing; buffing

是光整加工方法之一，分机械抛光、化学抛光和电加工抛光。机械抛光时，通常用抛光轮或抛光带涂上抛光剂加工工件表面。抛光轮用毛毡、帆布或皮革等缝制，根据抛光工件材料不同，抛光剂为由氧化铈、氧化铬、氧化铝、氧化铁、二氧化硅或其他磨料按一定组分配成的膏剂。

【振动抛光】vibration polishing

又称振动研磨、振动光饰，属机械抛光加工方法之一，是对工件表面光饰加工的工艺。将抛光材料、加工零件、抛光助剂等混合物放在振动研磨机中，通过振动电机产生强大的激振力，带动研磨(抛光)混合物产生多方向运动，即由里向外的翻转、螺旋式的顺时针旋转、上下振动等，从而达到对加工零件抛光的作用。抛光介质由一定比例的固相和液相组成，固相介质指滚抛磨块等材料，液相介质指抛光添加剂和水。适用于各种五金零件倒角、去毛边(毛刺)，量大且形状不规则不锈钢的抛光等，在树脂、粉末冶金、陶瓷方面也有广泛应用。

【珩磨】honing

是磨削加工的一种形式(见附图)。粒度较细的油石，与工件保持面接触的状态下同时作往复和回转运动，借以对工件(通常为缸体内孔)进行精密加工。珩磨所达到的工件表面粗糙度值一般为 Ra0.05～Ra0.4，精度可达 0.005～0.025mm。

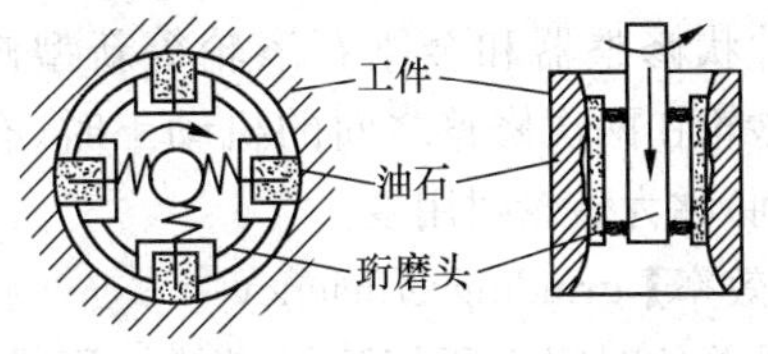

珩磨

【砂带磨削】belt grinding

用柔软的砂带代替砂轮进行的磨削，可以适应工件形状的变化，有利于磨削特殊形状的工件。由于砂带可以做得很宽，加上砂带上的每颗磨粒都参与切削，因此砂带磨削的加工效率很高。随着砂带机和导轮的发展，砂带能够代替砂轮的许多工作。但砂带磨钝后，不能进行修正，必须更换。砂带磨削的精度也比砂轮磨削低，一般可达到 0.025mm，表面粗糙度值一般为 Ra0.4～Ra0.8。

【磨削比】grinding ratio

切除的金属体积(或质量)与砂轮磨损体积(或质量)之比，表示消耗单位体积(或质量)的砂轮所能切除的金属量。在其他条件相同的情况下，磨削比越高，砂轮的磨削性能越好。

【磨耗比】wear ratio

是磨削比的倒数，指砂轮磨损体积(或质量)与切除的金属体积(或质量)之比，表示切除单位体积(或质量)金属所消耗的砂轮量。在金刚石磨削加工中，所谓金刚石磨耗比，是磨除单位质量金属所消耗的金刚石质量，常用单位是 mg/g。磨耗比是表示砂轮切削性能的一个指标。

【表面粗糙度】surface roughness

指工件经过机械加工后在表面上留下的加工痕迹的光滑平整程度，或表面粗糙程度。参见 19.4【表面粗糙度】。

【砂轮修整】truing; dressing

在磨削过程中，由于砂轮工作表面上的磨粒逐渐磨钝和磨屑的嵌塞以及砂轮外形失真等原因而不能继续磨削，此时就需要采用某种方法使砂轮恢复切削性能和正确的几何形状。修整砂轮的方法很多，通常用车削法、磨削法和滚轧法等，采用的修整工具有金刚石、碳化硅修整轮和金属圆盘等，近年来还采用了碎粒金刚石片状修整器和金刚石滚轮等新型修整工具，砂轮在两次修整之间的机动工时(有效磨削时间)称为砂轮耐用度。

【磨削效率】grinding efficiency

是单位时间内所切除材料的体积或质量，用 mm^3/s 或 kg/h 表示。增加单位时间内参与磨削的磨粒数，如采用高速磨削或宽砂轮磨削；增加每颗磨粒的切削用量，如采用强力磨削，都可以提高磨削效率。

【耐用度】durability

两次修整砂轮之间的机动工作时间(有效工作时间)。在砂轮两次修整之间切除金属的体积与砂轮磨损的体积之比大，在一定程度上说明砂轮寿命较长。相反，将增加修整砂轮和更换砂轮的次数，从而增加砂轮消耗和磨削成本。

【内圆磨床】internal grinding

用于磨削圆柱形、圆锥形或其他形状内孔表面的磨床。分为普通内圆磨床、行星内圆磨床、无心内圆磨床、坐标内圆磨床和专用内圆磨床等。按砂轮轴方向不同分为卧式和立式两种。

【外圆磨床】cylindrical grinding

磨床的一种。加工工件圆柱形、圆锥形或其他形状素线展成的外表面和轴肩端面的磨床。外圆磨床的磨削精度一般为：圆度不超过 3μm，表面粗糙度 Ra0.32～Ra0.63；高精度外圆磨床则分别可达圆度 0.1μm 和 Ra0.01。外圆磨床分为切入式外圆磨床、端面外圆磨床和万能外圆磨床。

【平面磨床】surface grinding

磨床的一种。工件平面或成型表面的一类磨床。主要用砂轮旋转研磨工件以使其可达到要求的平整度。主要类型有卧轴矩台、卧轴圆台、立轴矩台、立轴圆台和各种专用平面磨床。

17 人工晶体材料

17.1 基本概念

【晶体】crystal

参见 1.1.1【晶体】。

【孪晶】twin crystal

参见 1.1.1【孪晶】。

【多晶】polycrystal

由许多取向不同而随机排布的小单晶组成，晶粒间的分界面称为晶界。陶瓷往往由多晶构成。多晶物理性质不但取决于其组分，与晶粒大小及取向也密切相关。

【点群】point group

参见 1.1.1【点群】。

【晶系】crystal system

参见 1.1.1【晶系】。

【布拉菲格子】Bravis lattice

用以在空间点阵中确定基本晶体平行六面体单位，根据布拉菲提出的选取单位的三原则，再考虑点阵中不同点阵的排列方式，可划分出 14 种基本点阵形式，称为布拉菲格子，或称布拉菲点阵形式。

【空间群】space group

参见 1.1.1【空间群】。

【劳厄方程】Laue equations

1912 年，劳厄首次采用晶体作为光栅，获得世界上第一张 X 射线衍射图，开创了晶体 X 射线学和 X 射线光谱学。劳厄总结了产生衍射时 X 射线波长与点阵单位的关系，即平行单色 X 射线入射原子列 A、B 两相邻原子时，散射 X 射线相位相同或其光程差为波数整数倍时，散射线因相干而加强。当 s_0 和 s 为入射束和衍射束单位矢量，$\vec{a}$ 为点阵矢量时，两散射线加强条件为 $\vec{a}\cdot(s-s_0)=\Delta=h\lambda$，此为劳厄方程，式中：$\lambda$ 为 X 射线波长；h 为整数。劳厄方程推广到三维晶体时，衍射线加强条件为：

$$\vec{a}\cdot(s-s_0)=h\lambda$$
$$\vec{b}\cdot(s-s_0)=k\lambda$$
$$\vec{c}\cdot(s-s_0)=l\lambda$$

式中：$\vec{a}$、$\vec{b}$、$\vec{c}$ 为晶胞单位矢量；h、k、l 为整数，称为晶体的衍射指数。

【布拉格方程】Bragg equation

参见 2.3.1【布拉格方程】。

【化学键】chemical bond

参见 1.1.3【化学键】。

【相和相平衡】phase and phase equilibrium

物质聚集态内部均匀的部分，热力学上称为相，相内部平衡时，其宏观物理与化学性质均匀一致。两相接触时，两相之间存在界面，会产生物质中一个相向另一相迁移，当宏观上物质迁移停止时，就称为相平衡。

【相图】phase diagram

参见 1.6.1【相图】。

【相变驱动力】driving force for phase transition

根据热力学法则，当两相间吉布斯自由能不等时，存在着相变驱动力，相变向自由能降低的方向进行。在晶体生长中，气固相生长驱动力来自过饱和蒸汽压，液固相生长驱动力来自过饱和度(溶液、熔盐法)和过冷度(熔体生长)等。

【均匀成核】homogeneous nucleation

参见 1.2.2【均匀成核】。

【非均匀成核】inhomogeneous nucleation

指晶体生长过程中，晶核在相界面上诸如外来质点、基底、容器壁或原有晶体表面形成的成核现象。非均匀成核体系中，空间各点成核概率不同，非均匀成核是实际经常采用的，如通常采用籽晶法生长单晶就是非均匀成核。

【理想完整界面模型】ideal complete model of the interface

也称考塞耳(Kosel)模型。附图所示为正在生长的晶面。在尚未长完的生长层边缘处有一台阶 S-T，在台阶线上有一个相当于单分子的扭折(kink)。生长基元分子 A 由环境相被吸附到生长界面上，以一定的概率扩散到扭折 K 处。分子 A 在该处长入晶体时，所释放出的能量最大，因此扭折 K 为晶体生长的最佳位置。这种堆砌又使扭折 K 不断延伸，促使台阶 S-T 不断扩散，未铺满的生长层不断扩展，最后堆砌完毕。然后在刚生长完毕的晶面上再形成二维晶核，出现台阶与扭折，又使新的台阶不断地扩散，晶体不连续地一层一层生长。

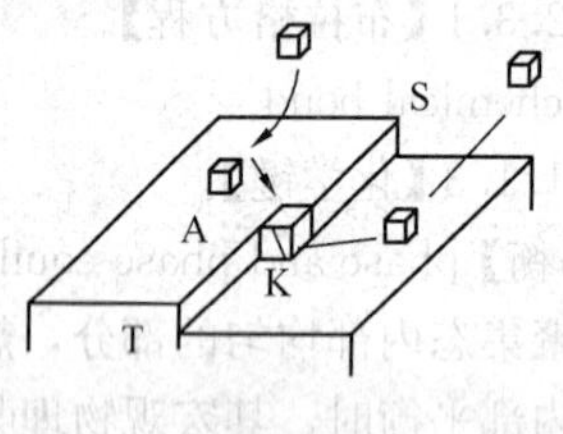

考塞耳模型

【螺形位错生长模型】screw dislocation growth model

又称弗朗克(Frank)模型。考虑到晶体结构的不完整性对晶体生长的作用，认为在晶体生长界面上螺形位错的露头点可以作为晶体生长源的一种晶体生长理论。它是由 F. C. Frank 在 1949 年提出的。最简单的螺形位错生长模型如附图(*a*)、(*b*)、(*c*)所示。

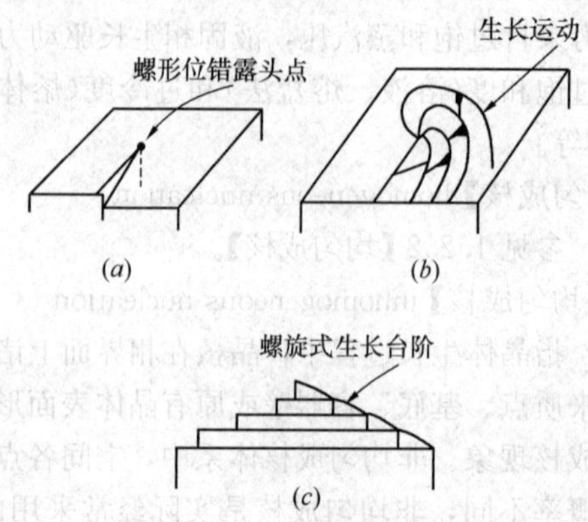

螺形位错生长过程的示意图

按照这一理论，在晶体生长过程中，不再需要首先形成二维临界晶核，螺形位错很自然地提供了一个连续的生长界面螺旋形台阶。螺旋形台阶不因生长基元在界面上一层又一层的铺设而消失。此理论成功地解释了晶体在低过饱和度生长的现象。

【双层界面模型】double layer interface theory of crystal growth

又称贾克逊(Jackson)理论。由附图可见，相当于晶相的 $n=0$，-1，-2…的点阵位置都被原子占据，只有 $n=1$ 的界面层的点阵位置有被原子占据的和没有被原子占据的两种类型，所以称为双层界面模型。在简化的假设条件下，根据统计热力学的近似计算，可判断出固-液界面的平衡结构性质是光滑面或是粗糙面。

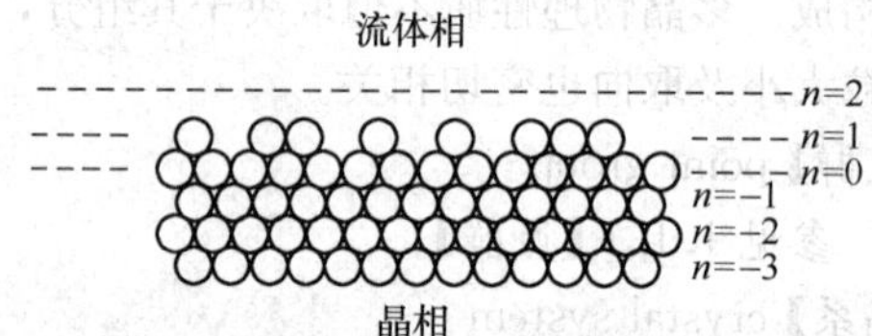

晶-流界面层

【多层界面生长理论】multilayer interface theory of crystal growth

又称泰慕金(Temkin)理论。由附图可见，晶体从简单立方晶体的(001)面生长，每个生长基元可看作是一个等径小球(表示晶相成分)，假设液相为均匀的连续介质，因而固-液界面就是等径小球与液相接触的区域，它可以是很多层平面构成的，层间距是(001)面的面间距。利用多层界面模型，用零级近似处理，并借助于数值计算，可确定固-液界面的性质是扩散的还是蜕变的。

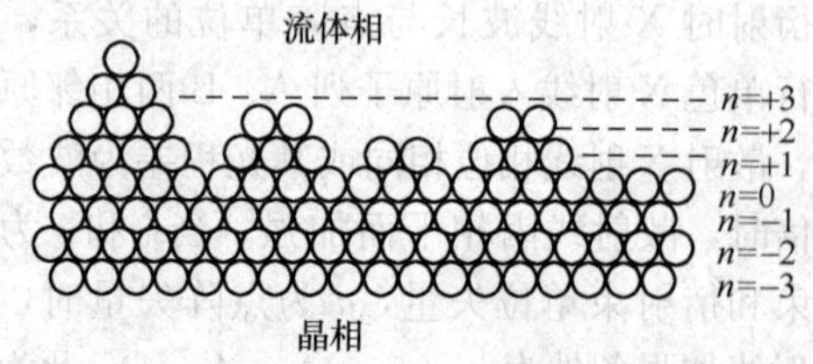

多层界面模型

【普兰托边界层理论】Prandtl boundary layer theory

认为固-液界面附近存在着一组狭窄区域，这些区域按性质分别称为速度边界层 δ_r 、温度边界层 δ_T 、溶质浓度边界层 δ_c ，一般是 $\delta_r \neq \delta_T \neq \delta_c$。边界层外液体的质量和热量的输运主要靠对流作用；在边界层内，由于存在着较大的速度、温度或溶质浓度等的梯度，因而其热量的输运主要靠传导，质量的输运主要靠扩散。这一理论认为液体的对流(包括强迫对流与自然对流)对晶体生长的影响，可归因于对流对边界层厚度的影响，从而影响到晶体中的杂质分布和界面稳定性等。

【刃位错机制】edge dislocation growth mechanism

螺型位错为晶体生长提供不消失的台阶源，闵乃本等提出刃型位错及混合位错，只要晶面与位错相交，不处于以该位错的柏格斯矢量为轴的晶带中，位错线对晶体生长的贡献均相同，无论何型位错均为这类晶面提供了永不消失的台阶。

【层错机制】fault mismatch growth mechanism

在体心立方晶体中普遍存在层错。在(111)生长面上层错与之相交，在生长面上形成不同高度的亚台阶均可称为永不消失的台阶源，而为晶体生长作出贡献。

【孪晶机制】twin growth mechanism

在体心立方晶体中相邻的(111)面存在的孪晶，在生长面的凹角处形成亚台阶，会吸附原子生长，交替形成全台阶而不断生长的机制。在硅、锗和金刚石等面心立方结构晶体中，孪晶机制生长起很大作用。

【周期性键链理论】periodic bond chain theory

是由晶体化学键推导出计算晶体形态的半定量理论，认为晶体中键能大小决定晶体生长界面位移速率，生长快面隐没，慢面显露。该理论将晶体结构按一定规则区分出不同周期性键链，在结晶过程中放出能量大的键为强键。全部由强键组成的 PBC 矢量可将晶面分为三类：有两个或以上共面矢量的晶面为平坦(F)面，只包含一个矢量的晶面为台阶(S)面，不包含这类矢量的面为扭折(K)面。在长成晶体的形态中，K 面隐没，F 面显露，一部分 S 面保留。

【负离子配位多面体生长基元】anion coordination polyhedron growth mechanism

仲维卓等提出了配位型复杂晶体生长过程中，生长基元往往是负离子配位多面体，其结晶方位与生长晶体形貌相关。一般而言，多面体顶角相对晶族显露概率小，往往消失；多面体面对面面族显露面积大，往往顽强显露；而棱相向的面族，显露概率居中。由此可解释一些配位型晶体的形貌与结晶习性。

【远离平衡态的晶体形态】crystal morphology far from equilibrium state

王牧及闵乃本等在离平衡态的枝晶生长中发现：远离晶体生长平衡态的情况下，如果长成枝晶有不止一种形态时，具有较大质量沉积速率的形态是稳定的。如果最大质量沉积速率形态不止一种时，可以在生长时共存，此时微观生长动力学对形态选择有决定作用。

【张量】tensor

张量是一种联系两个或两个以上与方向相关量，并按一定变换定律进行变换的物理量。如任何两个相互作用矢量间的线性比例系数都形成二阶张量；而一个矢量与一个二阶张量间存在线性关系，其比例系数便形成三阶张量。晶体的各种物理性质，根据相互作用能量的内涵，可以用各种张量来描述，如二阶张量有晶体的热膨胀、介电极化率、电导率张量等；三阶张量有非线性极化率，压电效应张量等；四阶张量有弹性柔顺常数，弹光效应张量等。而在物理学中与方向无关的量称为标量，如温度、比热和密度等；和方向相关的量称作矢量，如位移、电场强度、速度等。

【诺埃曼原则】Neumann principle

阐述晶体结构对称性和晶体物理性质之间的制约关系的原则，是指晶体物理性质的对称元素应当包含晶体的宏观对称元素(即点群的对称元素)，也就是说晶体物理性质对称性可以高于晶体对称性，但不能低于它，至少两者是一致的。

【溶解度】solubility

溶液是溶质质点均匀分布于溶剂中所获得

的液态稳定分散体系。在一定温度下，饱和溶液中所含溶质的量，即该溶质在溶剂中的溶解度。溶解度一般以 100g 溶液中溶解溶质的克数来表示。

【溶解度的温度系数】temperature coefficient of solubility

在一定压力下，物质在溶剂中溶解的变化量（ΔW）与温度变化量（ΔT）之比（K）。$K=\frac{\Delta W}{\Delta T}$ 亦即由试验测得的溶解度温度曲线的斜率。K 为正值或负值，分别表示溶解度随温度的升高而增大或减小。据此可以计算出任一温度的溶解度。几种常见的水溶性晶体的溶解度温度系数曲线见附图。

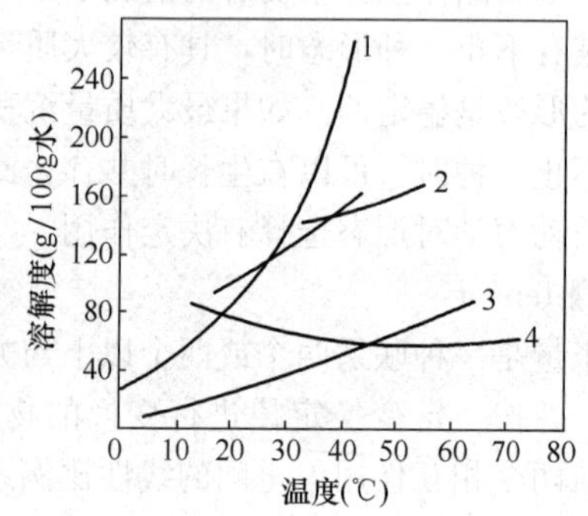

溶解度温度系数

1—酒石酸钾钠（KNT）；2—酒石酸乙二胺（EDdT）；3—磷酸二氢铵（ADP）；4—碘酸锂（LI）

【晶体倒溶解度】retrograde solubility

在一定水热条件下，某些化合物的溶解度随温度升高而减小的这种反逆性溶解度。例如当用水热法生长 $CaWO_4$、$CdWO_4$、ZrO_2、HfO_2 等晶体时，将原料放在上部温度较低的区域，晶种置于下部温度较高的区域，造成水热法生长晶体的条件，即是利用这种性质。

【掺杂】doping

在某种基质材料中有意地加入少量或微量的其他物质，以改进材料性能的工艺。在人工晶体生长中，为了获得不同物理性能的单晶体，常采用这种工艺。例如在白宝石（α-Al_2O_3）中掺入少量的 Cr_2O_3 作为激活物质，就可以获得具有激光振荡性能的激光晶体红宝石。

【分布系数】distribution coefficient

又称分凝系数或分配系数，从熔体中生长晶体时，杂质在固液两相中的浓度之比。如果杂质在固态和液态中的分配达到平衡，则称为平衡分布系数，通常以 k_0 表示。如令 C_s、C_o 分别表示平衡时杂质在固、液相中的浓度，则有：$k_0=\frac{C_s}{C_o}$。在稳定的情况下，令 C_s 为固液边界处固态的杂质浓度，C_l 为液体内部的杂质浓度（见附图），则有效分布系数（k）可表示为 $k=\frac{C_s}{C_l}$，在用提拉法生长晶体时，有效分布系数 k 与平衡分布系数的关系为 $k=\frac{C_s}{C_l}=\frac{k_0}{k_0+(1-k_0)\exp\left(\frac{1-f\delta}{D}\right)}$，式中：$f$ 为界面移动速度；D 为杂质在熔体中的扩散系数；δ 为扩散边界层厚度。平衡分布系数 k_0 值随物质而异。一般情况下有 $k_0=1$，$k_0>1$ 和 $k_0<1$ 三种情形，$k_0=1$ 时最有利于晶体生长。在实际生长晶体过程中，k 还与生长速度、熔体的搅拌、对流及其扩散系数有关。

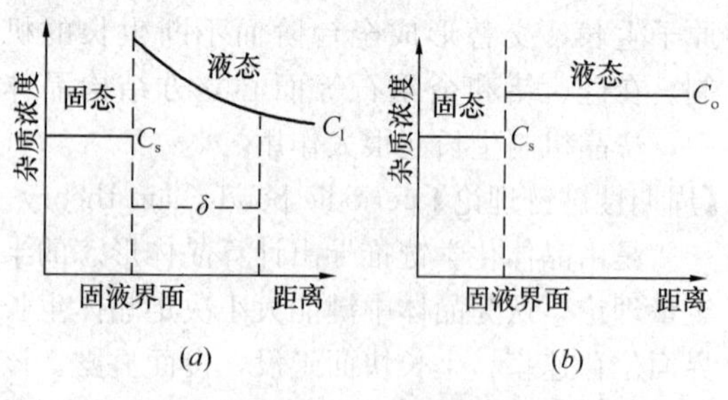

固液界面杂质分布图

17.2 晶 体 种 类

17.2.1 超硬材料

【超硬材料】superhard material

一般把显微强度超过 1000kg/mm² 的物质称为超硬材料。目前超硬材料主要指金刚石和立方氮化硼，其努氏硬度分别为 7000 和

$4700kg/mm^2$，莫氏硬度分别为 10 和 9.5，这两种材料硬度远高于其他材料，因此超硬材料适于用来制造加工其他材料的工具，尤其在加工硬质材料方面，具有无可比拟的优越性，在工业上获得广泛应用。

【金刚石】diamond

参见 6.1.1【金刚石】。

【金刚石特征】diamond appearance character

纯净金刚石应当是无色透明的，实际上常因各种杂质和结晶缺陷而呈现不同颜色，天然金刚石多是淡黄色，人造金刚石常呈黄绿色，含杂质多的显示灰绿或灰黑色。金刚石理论密度 $3.515g/cm^3$，不同类别金刚石的实际密度在 $3.48 \sim 3.54g/cm^3$ 之间。金刚石常见形态有八面体、六～八面体、立方体等。

【金刚石性质】diamond property

化学性质：金刚石对水不润湿而容易沾油，在常温下金刚石对酸碱盐等一切化学试剂都表现为惰性。在纯氧中，600℃以上金刚石开始失去光泽，700℃以上开始燃烧；在空气中开始氧化温度约为 740℃，850℃以上开始燃烧；在真空或气体加热到一定温度，金刚石会发生石墨化现象。物理性质：高折射率 $n=2.4 \sim 2.42$，可透过光波长范围宽，硬度及热导率最高，热膨胀系数小，高电阻率和大的带宽度。

【金刚石分类】diamond classification

按来源可分为天然金刚石和人造金刚石。按晶体类型可分为单晶体和多晶体(包括生长型和烧结体)。按晶格结构可分立方金刚石和六方金刚石。按成分和特性可分为Ⅰ型和Ⅱ型金刚石，还可以细分为Ⅰa、Ⅰb 和Ⅱa、Ⅱb 四个亚类，其中Ⅰ型为普通金刚石，约占总量的 98%，成分中往往含有氮杂质；Ⅱ型金刚石几乎不含氮，特别是Ⅱb 型金刚石具有良好的半导体性质。按用途分，可分为宝石级和工业金刚石。

【工业金刚石】industrial diamond

由于具有超高硬度，以及具有高热导率、高的半导体特性，因而金刚石在工业、国防和现代科学技术中被广泛应用。除用于装饰品和工艺品的金刚石外，其余的天然金刚石和人造金刚石均属于此类。工业金刚石可用于制作磨具、切割刀、车刀、钻头、砂轮、修整工具、拉丝模等各类工具。采用金刚石工具可以改善产品质量，提高劳动生产率，降低成本。特别是可以完成其他工具极难进行的加工工艺，在国际上通常把工业金刚石的消耗量作为一个国家工业发展水平的标志之一。

【宝石级金刚石】gem diamond

可用作工艺品和装饰品的金刚石，这种金刚石需要有较大的粒度和较高的质量，单晶每克质量一般在 1 克拉(最少 0.6 克拉)以上，用作装饰品时，不仅要求颗粒大，并且要求颜色好而均匀，最好是无色、蓝色或红色。晶体呈透明或半透明，杂质、气泡等缺陷要少。

【磨料级金刚石】abrasive diamond

仅适合于制造磨具的金刚石，它分为 JR1、JR2，JR3、JR4 等几种，工业上用来制作砂轮、锯片、研磨膏、薄壁钻及镶地质钻头等各种工具，一般也用来加工金刚石微粉。

【高强度金刚石】high strength diamond

目前表征金刚石强度的方法主要有静压强度和冲击韧性。一般把静压强度(平均值)或冲击韧性达到一定条件的金刚石定义为高强度金刚石，高强度金刚石晶体比较完整，透明度好。高强度金刚石除强度要求外，其他条件有：等积形不应低于 80%(颗粒百分数)，连晶和多晶体不超过 3%，粒度组成及杂质含量应符合标准规定。这种金刚石是在严格的工艺条件下合成的，适合于制造地质钻头、石材加工工具和金属结合剂砂轮等。

【大单晶金刚石】large diamond monocrystal

指尺寸较大的金刚石单晶。除天然大单晶外，人工的方法也可获得高质量大单晶，用高温高压法和 CVD 的方法都可获得大单晶。工业上常用来制作玻璃刀、车刀、硅片刀、雕刻刀、拉丝模、砂轮修正器和硬度计压头等。

【金刚石微粉】diamond micro powder

粒度细于 40 μm 的金刚石，一般用沉降、离心、溢流等方法精密分级制成。工业上用于硬质合金陶瓷、光学玻璃、宝石等高硬度材料的研磨和抛光，可以作研磨粉直接使用，或制成精磨片、树脂粘结剂磨具和研磨膏等，并可以作为金刚石多晶烧结体的原料。

【多晶金刚石】polycrystalline compact diamond

俗称聚晶金刚石，由许多细粒金刚石聚集而成的金刚石多晶致密体。多晶金刚石在自然界主要有两种，一种称巴拉斯(Ballas)，又称圆粒金刚石，另一种称卡邦纳多(Carbonado)，也称黑金刚石。用静压法制造多晶体金刚石有两种方式：(1)在超高压高温条件下，借助触媒的作用，使石墨直接转变为多晶金刚石，俗称一次聚晶；(2)以金刚石微粉为原料，加入少量或不加粘结剂，在超高压高温条件下，烧结而成，俗称二次聚晶。多晶金刚石烧结体各向同性，无解理面，因此抗冲击强度较高，可按预定的尺寸及形状制造。还可以做成复合多晶体金刚石，即复合片。生产效率高，成本低，在机械、地质、煤炭、石油、电子、建材等工业中广泛用于制造修整器、钻头、车刀、拉丝模等。

【CVD 金刚石】CVD diamond

CVD 金刚石是采用化学气相沉积的方法得到的人造金刚石。一般以碳氢化合物和氢气的混合气作为气源，在热激发或电磁激发的条件下进行合成而来。目前多为片状的多晶，一般习惯上称之为 CVD 金刚石膜片。从 1980 年代开始，CVD 金刚石沉积技术、加工技术和应用技术得到了飞速发展。进入 21 世纪以来，CVD 金刚石应用取得了很大突破，随着 CVD 金刚石生产成本的降低，与传统的天然单晶相比其性价比日益显著，另外其多晶的特性以及可制成外观尺寸更为一致的修整工具坯料的特点，使其得到了工具制造商的青睐，市场需求不断增长。另外 CVD 金刚石还可以直接沉积在工件表面，制成涂层工具，工具使用寿命会成倍提高。

【等积形颗粒】isometric grain

长轴与短轴之比不大于 1.3 的人造金刚石颗粒，等积形金刚石一般呈立方体、八面体、十二面体等及其聚形体，强度较高，适合于做金属粘结剂磨具、地质钻头、切割锯片等。

【立方氮化硼】cubic boron nitride；CBN

参见 16.2.2【立方氮化硼】。

17.2.2 激光晶体

【激光晶体】laser crystal

固体激光器所用激光工作物质，是固体激光器产生激光的核心部分。主要由基质晶体和激活离子两部分构成。基质晶体主要有氧化物(α-Al_2O_3 等)，氟化物(CaF_2 等)，复合氧化物($Y_3Al_5O_{12}$ 等)和复合氟化物($LiYF_4$ 等)。激活离子主要有过渡金属离子(Cr^{3+} 等)，三价稀土元素离子(Nd^{3+}、Yb^{3+} 等)，二价稀土元素离子(Dy^{2+} 等)以及锕系元素离子(U^{3+} 等)。1960 年在掺铬红宝石晶体中首次实现激光振荡，目前已研制出二百多种激光晶体，应用较广和性能较好的有掺钕钇铝石榴石、掺钛蓝宝石和掺钕钒酸钇等。

【掺杂型激光晶体】doped laser crystal

激光晶体由基质晶体和激活离子两部分组成。激活离子作为杂质离子，掺入晶体基质，即为掺杂型激光晶体。掺入的激活离子一般为稀土离子和过渡金属离子，最常用的稀土离子为 Nd^{3+}，在上百种掺钕晶体中，只有少数几种有实用价值；常用的过渡金属离子有 Cr^{3+}、Ti^{4+} 和 V^{2+} 等。

【色心激光晶体】color center laser crystal

由束缚在基质晶体格点缺位周围的电子或其他元素离子与晶格相互作用形成的色心作为发光中心的激光晶体。由于束缚在缺位中的电子与晶格有强耦合，电子能级显著加宽，其吸收和荧光光谱呈连续特征，一般色心激光晶体可实现可调谐激光输出。主要的色心晶体为碱金属卤化物晶体，如 LiF、KF、KCl、NaCl、KI、LiI 等 。

【自激活激光晶体】self-stimulated laser crystal

当激活离子是基质的一种组分时，就形成自激活激光晶体。在掺杂型晶体中，激活离子浓度增加到一定程度时，会产生猝灭效应，荧光寿命和激光效率下降。但在自激活激光晶体中，由于阴离子基团的隔离，激活离子浓度高但荧光寿命下降并不显著，因此单位体积激活离子浓度高，可在薄片中取得高增益，适于制作薄片或小型激光器。典型的自激活激光晶体有五磷酸钕 NdP_5O_{14} 和四硼酸铝钕 $NdAl_3(BO_3)_4$ 等。

【可调谐激光晶体】tunable laser crystal

一般掺杂型晶体有其固定输出波长，如 Nd：YAG 输出波长一般为 1.06 μm。可调谐激光晶体借助过渡金属元素 d～d 跃迁易受晶格场影响而使激光输出波长在一定波段范围内可调谐，可能产生可调谐激光的晶体为可调谐激光晶体，目前使用最广泛的为掺钛蓝宝石 Ti：Al_2O_3 晶体。

【钇铝石榴石晶体】yttrium aluminium garnet crystal；YAG

化学式 $Y_3Al_5O_{12}$，属立方晶系，石榴石型结构。点群 O_h，空间群 Ia3d；晶格常数 12.03Å；密度 4.55g/cm^3。熔点 1970℃；莫氏硬度 8～8.5；折射率（λ＝1.06μm）n_0＝1.81；热导率 0.03cal/cm·s·℃；热膨胀系数 6.9×10^{-6}/℃；透光波段 0.3～5.5μm。掺钕的钇铝石榴石是应用最广的固体激光工作物质，激光振荡波长为 1.06μm。振荡阈值低，转换效率较高，物理性能和化学稳定性良好，既可激发脉冲输出，亦可激发连续输出，是中小型固体激发器用的重要工作物质。晶体采用提拉法生长。

【钒酸钇晶体】yttrium vanadate crystal

分子式 YVO_4，属四方晶系，空间群 D_{4h}^{19}－I_14/amd，晶格常数 a＝7.123Å，c＝6.291Å。密度 4.22g/cm^3，莫氏硬度 5.5，热导率平行于 c 轴为 0.0523W/cm·K，垂直于 c 轴为 0.0510W/cm·K，热膨胀系数（7.3±0.5）$\times10^{-6}$/℃，折射率 n_0＝1.958，n_e＝2.168（λ＝1.065μm），透光波段 0.4～5μm，Nd^{3+}：YVO_4 于 1967 年产生脉冲激光。由于 a 轴 Nd^{3+}：YVO_4 在 1.064μm 是 Nd^{3+}：YAG 的受激发射截面的 4.6 倍，因而可获得低阈值高效率的连续激光输出。不掺杂的 YVO_4 晶体具有良好的双折射性能，光损伤阈值达 1～2 千兆瓦/cm^2，可做方解石偏振器的代用品。YVO_4 在 1810±25℃同成分熔化。在惰性和还原气氛下很易分解，故在氧化性气氛下采用提拉法在铱坩埚中生长。在这种气氛下铱坩埚有一定程度的氧化，晶体中容易出现铱散射颗粒，使单程损耗增大。

【钆镓石榴石晶体】yttrium gallium garnet crystal

化学式 $Gd_3Ga_5O_{12}$，简称 GGG。属立方晶系，空间群 O_h^{10}－Ia3d，晶格常数 12.376Å，熔点 1825℃，无色透明。通常用提拉法生长。用作磁泡存储元件的衬底材料。掺钕 GGG 是一种激光晶体，在室温下能够获得脉冲激光输出，波长为 1.0633μm。

【氟化钇锂晶体】yttrium lithium fluoride crystal

分子式 $LiYF_4$，简称 YLF。属四方晶系，白钨矿结构，空间群 C_{4h}^6－I_41/a，晶格常数 a＝5.167Å，c＝10.735Å。密度 3.99g/cm^3（不掺杂），熔点 830℃。莫氏硬度 4～5，热导率 0.06W/cm·K，热膨胀系数 a 轴 13×10^{-6}/℃，c 轴 8×10^{-6}/℃，折射率 n_0＝1.443，n_e＝1.463（λ＝0.6μm）。这种晶体在强紫外光辐照下不会产生光损伤。YLF 掺入多种稀土激活离子和敏化离子，已实现室温下的多种激光跃迁（见附表）。

氟化钇锂的几种室温激光跃迁

基质	激活离子	敏化离子	激光跃迁	激光波长（μm）
$LiYF_4$	Pr^{3+}		$3P_0\rightarrow3H_4$	0.479
$LiYF_4$	Tb^{3+}		$5D_4\rightarrow7F_5$	0.5445
$LiYF_4$	Ho^{3+}	Gd^{3+}	$5S_2\rightarrow5I_7$	0.7505
$LiYF_4$	Er^{3+}		$4S_{3/2}\rightarrow4I_{11/2}$	0.8500
$LiYF_4$	Nd^{3+}	Er^{3+}，Tm^{3+}	$4F_{3/2}\rightarrow4I_{11/2}$	1.0471
$LiYF_4$	Ho^{3+}		$5I_7\rightarrow5I_8$	1.0530
				2.0654

YLF 是一种包晶固溶体，用顶部籽晶提拉生长法（TSSG 法）和坩埚下降法在惰性或 HF 与惰性混合气氛下可生长出透明单晶。对氟化物原料的纯度要求较高，特别是原料和配料不能含有 O^{2-}、OH^- 和水分。在不含 O^{2-} 和水分条件下，YLF 是同成分熔化的稳定化合物，可以用提拉法生长透明单晶。

【红宝石晶体】ruby

是高温下在 $\alpha-Al_2O_3$ 中掺入 0.05%左右的 Cr_2O_3 生长出的淡红色刚玉单晶体，是最早实现激射发出激光的一种激光晶体。属六方晶系，空间群 $D_{3}^{6}d-R\bar{3}C$，晶格常数 $a=4.759Å$，$c=12.989Å$。密度 $3.99g/cm^3$，熔点 2050℃，莫氏硬度 9，热导率(20℃)0.1cal/cm·s·℃，热膨胀系数(20°～50°)：平行于 c 轴 6.7×10^{-6}/℃，垂直于 c 轴 5.0×10^{-6}/℃，$\lambda=7000Å$ 时折射率 $n_0=1.763$，$n_e=1.755$，5500Å 时 $n_0=1.7759$，$n_e=1.7677$，折射率温度系数 12.6×10^{-6}/℃。用焰熔法及提拉法生长。红宝石激光器发出的激光波长为 6943Å，主要用于高速摄影、远程激光测距、等离子体诊断和脉冲全息照相等。

【铝酸钇晶体】yttrium aluminate crystal；YAP

化学式 $YAlO_3$，属斜方晶系，畸变的钙钛矿型结构。点群 D_{2h}－mmm，空间群 Pbnm，晶格常数 $a=5.179Å$，$b=5.329Å$，$c=7.370Å$，密度 $5.35g/cm^3$，熔点 1875℃，莫氏硬度 8.5～9.0，热导率 0.03cal/cm·s·℃，热膨胀系数 a 轴 9.5×10^{-6}/℃，b 轴 4.3×10^{-6}℃，c 轴 10.8×10^{-6}/℃；折射率 $n_a=1.97$，$n_b=1.96$，$n_c=1.94$；透光波段 0.3～5.8μm，为固体激光工作物质基质晶体。由于铝酸钇晶体结构的各向异性，不同轴向的晶体性能差别很大。c 轴晶体贮能高，适于脉冲激光工作，输出波长为 1.064μm。b 轴晶体增益高，适于连续激光工作，输出波长为 1.079μm。铝酸钇晶体输出激光为线性偏振，晶体采用提拉法生长。

【氟磷酸钙晶体】fluorapatite crystal；FAP

化学式 $Ca_5(PO_4)_3F$，属六方晶系，磷灰石结构。空间群 C_{6h}^{2}－P63/m；晶格常数 $a=9.3697Å$，$c=6.8834Å$；密度 $3.2g/cm^3$，熔点约 1700℃，莫氏硬度 5～5.5；折射率 $n_0=1.634$，$n_e=1.631$；热导率 0.008cal/cm·s·℃；热膨胀系数 9×10^{-6}/℃。掺钕的氟磷酸钙是激光工作物质。激光振荡波长为 1.06μm 和 1.334μm。阈值低，输出效率可高达6.5%。单晶体采用提拉法生长。缺点是质脆、热导率低，不易生长成大尺寸晶体，加工较困难。

【钨酸钙晶体】calcium tungstate crystal

化学式 $CaWO_4$，属四方晶系，白钨矿型结构。点群 $C4h^{-3}$/m，空间群 141/a，晶格常数 $a=5.26Å$，$c=11.35Å$，密度 $6.1g/cm^3$；熔点 1570℃；莫氏硬度 4.5；折射率 $n_0=1.918$，$n_e=1.934$；热膨胀系数 a 轴 11.2×10^{-6}/℃，c 轴 18.7×10^{-6}/℃。透光波段 0.3～3.0μm。掺钕的钨酸钙晶体，用作固体激光工作物质，可在室温下激发连续输出，激光波长为 1.06μm。缺点是导热性能和机械强度较差，不适于用作大能量和大功率的激光工作物质。单晶体可用提拉法或区熔法生长。

【铍酸镧晶体】lanthanum beryllate crystal；BEL

化学式 $La_2Be_2O_6$。属单斜晶系，空间群 C_{2h}^{6}－C2/c，晶格常数 $a=7.5356Å$，$b=7.3476Å$，$c=7.4387Å$。密度 $6.061g/cm^3$，熔点 1361±3℃，克氏硬度 890(a 轴、b 轴)、810(c 轴)kg/mm^2，热导率(a 轴)0.046W/cm·K，(b 轴、c 轴)0.047W/cm·K，热膨胀系数 a 轴 7.0×10^{-6}/℃，b 轴 7.9×10^{-6}/℃，c 轴 9.5×10^{-6}/℃。为双光轴晶体，折射率 $n_x=1.9641$，$n_y=1.9974$，$n_z=2.0348$，$\rho=-81.7°$。掺钕 BEL 单晶用提拉法生长，比较容易获得没有核心的高光学质量的大尺寸晶体。掺钕浓度＜1 原子%时，荧光寿命达 150μs。激光波长 1.070μm（E//x 轴）和 1.079μm(E//y 轴)。激光输出为线性偏振，很接近 TEM_{00} 模。可用于连续和 Q 开关工作，储能比 Nd^{3+}：YAG 高。

【五磷酸钕晶体】neodymium pentaphosphate crystal；NdPP

化学式 NdP_5O_{14}，属单斜晶系，空间群 C_{2h}^{5}－Pz_1/c。晶格常数 $a=8.7672Å$，$b=8.9948Å$，$c=13.0326Å$，$\beta=90°50'$。密度 3.5±$0.1g/cm^3$。莫氏硬度 6～7，折射率 1.62。用聚磷酸作溶剂采用蒸发法生长，是自激活激光晶体的代表。这种晶体的特点是：作为激活剂的钕离子是化合物的组成部分，而不是掺杂，所以钕浓度很高，而钕离子之间的相互作用甚小，基本上不出现荧光猝灭现象。它具有阈值低(几个毫瓦)和效率高的特点，用高温溶液法生长，可做成微型激光器，输出激光波长为1.051μm。

【绿柱石晶体】beryl crystal

参见6.1.1【绿柱石】。

【掺钛蓝宝石晶体】Ti^{4+} doped sapphire crystal

掺钛蓝宝石晶体是实现飞秒超短脉冲激光和拍瓦级高功率激光的关键激光晶体，是最常用的三种激光晶体之一。其化学式为Ti：Al_2O_3，属六方晶系，莫氏硬度9，具有可调谐(660～1200nm)，宽发射带(约600nm)、发射界面高、热导率高、物化性能优越等特点。该晶体可用提拉法、温梯法或热交换法等生长大尺寸优质晶体。

【激光自倍频晶体】self-frequency doubling laser crystal

当一种晶体同时具有激光和倍频两种功能时，成为激光自倍频晶体，是研究最多的复合功能晶体。自1969年首次提出自倍频晶体以来，已在几十种晶体中实现了自倍频激光输出。

【四硼酸铝钇钕晶体】neodymium doped ytterbium aluminum tetraborate

是一种优良的自倍频晶体。分子式为$Nd_xY_{1-x}Al_3(BO_3)_4$，简称NYAB，是四硼酸铝钇(YAB)和四硼酸铝钕(NAB)两种晶体的混晶。在1980年代首次实现了自倍频绿光输出，并有实用化前景。但由于YAB晶体结构为三方晶系，NAB晶体为单斜晶系，高光学质量的晶体难以生长。

【四硼酸铝钇镱晶体】ytterbium doped yttrium aluminum tetraborate

是在NYAB晶体基础上发展的优良激光自倍频晶体，分子式为$Yb_xY_{1-x}Al_3(BO_3)_4$，简称Yb：YAB。三方晶系，32点群，莫氏硬度7.5，紫外截止波长252 nm，二级非线性系数d_{11}=1.42 pm/V。由于Yb^{3+}与Y^{3+}离子半径相近，可以生长光学质量晶体，这种晶体没有浓度猝灭、激发态吸收和倍频波长吸收，可提供高量子效率、低量子缺陷、弱势效应和宽增益带宽，其吸收带和半导体激光管可很好匹配，2001年在3mm×3mm×3mm的80%Yb：YAB晶体中实现了1.1 W的自倍频绿光输出，光光转化效率为10%，是当时镱离子自倍频激光的最高值。

【硼酸氧钙钆钕晶体】neodymium gadolinium calcium oxyborate

这是一种最好的钕激光自倍频晶体，分子式为$Nd_xGd_{1-x}Ca_4O(BO_3)_3$，简称Nd：GdCOB。单斜晶系，m点群，莫氏硬度6.5，在非主平面的有效非线性系数为1.69 pm/V，是主平面最大有效非线性系数的2.8倍。加之其有良好的物化性能，可采用提拉法生长光学质量单晶，至2018年连续自倍频激光输出最高达10W(545nm)，且波长可调，高低温和抗冲击性能好，已在一些重要领域实现了商品化应用。

17.2.3 非线性光学晶体

【非线性光学晶体】nonlinear optical crystal

由于光波通过介质时，介质极化率的非线性响应产生对光波的反作用，产生了在和频、差频等处的谐波。这种与强光有关的涉及入射光频率(波长)改变的效应称为非线性光学效应，具有非线性光学效应的晶体称为非线性光学晶体。非线性效应与晶体对称性相关，只有在没有对称中心的20种压电晶类中才可能有非线性光学效应。

【位相匹配】phase-match

非线性光学晶体的倍频效应与光线入射晶体的角度相关。只有在非线性晶体的特定方向即位相匹配方向上，入射的基频光和产生的倍频光传播速度相等(即两者折射率相等)时，才能形成有效倍频光输出。在实际应用中，可以利用折射率及其色散关系来计算晶体的位相匹配方向。

【阴离子基团理论】anion group theory

是由我国科学家陈创天提出的关于探索无机化合物非线性光学晶体的理论模型。其基本思想是：优良的非线性光学晶体，必须具有某种共价键成分，晶体的宏观倍频效应主要由阴离子基团微观二阶极化率几何叠加产生。晶体的倍频系数，吸收边及双折射率等均可通过相应模型予以估算。依此提出了探索优良非线性光学晶体的结构条件，有利于发现新的非线性光学晶体。

【偏硼酸钡晶体】β-barrium borate

化学式 BaB_2O_4，简称 BBO，属三方晶系，3m 点群，晶胞参数：$a=12.532$Å，$c=12.717$Å，密度 3.849g/cm^3；莫氏硬度大于 4，透光波段为 0.184～3.5 μm。它是一种无色透明的紫外非线性光学晶体，一般采用熔盐法生长。自 1985 年由陈创天等人发现后，很快就成为一种可见和紫外区应用最为普遍的晶体。该晶体同时也是一种良好的电光晶体，其常用电光系数（γ_{22T}，6328nm）为 2.5pm/V，用作电光开关需要生长足够的 Z 轴方向的大单晶。

【三硼酸锂】lithium triborate

化学式 LiB_3O_5，简称 LBO，属正交晶系，mm2 点群，晶胞参数：$a=8.46$Å，$b=7.38$Å，$c=5.13$Å，密度 2.474g/cm^3，莫氏硬度大于 6，透光波段为 0.155～3.2 μm。它是一种无色透明的紫外非线性光学晶体，一般采用熔盐法生长，非线性系数高，机械性能好，相匹配范围宽，是目前用得最多的非线性光学晶体之一。

【磷酸钛氧钾】potassium titanium phosphate

化学式 $KTiOPO_4$，简称 KTP，属正交晶系 mm2 点群，晶胞参数：$a=12.814$Å，$b=6.404$Å，$c=10.616$Å，密度 2.945g/cm^3，莫氏硬度 5，透光波段为 0.35～4.5 μm。通常是微黄色透明晶体，可以采用水热法或熔盐法生长，熔盐法生长最为普遍。该晶体非线性光学性质和机械性质好，是应用最广泛的中小功率钕激光器的倍频（包括光学参量振荡）晶体之一。在强激光照射下会产生“灰迹”是其一个缺点，可采用纯化或其他措施生长抗灰迹磷酸钛氧钾晶体。水热法生长的 KTP 也可用作电光晶体，制作 Q 开关。

【铌酸锂】lithium niobate

化学式 $LiNbO_3$，简称 LN，属三方晶系，3m 点群，晶胞参数：$a=5.149$Å，$c=13.863$Å，密度 4.628g/cm^3，莫氏硬度大于 5，透光波段为 0.4～5.5 μm。它是一种非化学计量比同成分熔融化合物，熔点为 1530 K，一般采用提拉法生长，理化性质良好，不潮解。它可作非线性晶体、电光和压电晶体应用，是最早应用的非线性晶体，但因为抗光伤阈值低，逐步被 KTP、BBO 和 LBO 晶体替代。周期性极化铌酸锂晶体引入了准位相匹配概念，沿光轴方向有非常高的有效非线性系数，已获得应用。近化学计量比铌酸锂可以提高铌酸锂晶体的光学特性。掺 1.8mol% 镁的化学计量比铌酸锂比未掺杂晶体抗光折变阈提高 4 个数量级。

铌酸锂晶体具有良好的电光性质，其常用电光系数（γ_{63T}，1.047μm）为 24.6pm/V，通常采用横向电光效应制作电光 Q 开关。当纵横比 $\frac{d}{l}$ 为 1 时，其半波电压约为 4kV。LN 晶体不潮解，抗光损伤阈值约为 DKDP 的十分之一。

铌酸锂晶体具有良好的压电性质，ZYw（45°）切割的晶片，其 k_{31} 达到 0.50（最大值），机电耦合系数 k_t 可达 0.08，机械品质因数 Q_m 为 10^5 数量级，声阻抗最高为 $Z_o=34.8\times 106$kg/sm^2，是优良的传声介质和高频换能器材料。它广泛应用于微声期间、高频高温换能器、高频宽通带滤波器以及光波导等。

【磷酸二氢钾】potassium dihydrogen phosphate

化学式为 KH_2PO_4，简称 KDP，属四方晶系，$\bar{4}2m$ 点群，和其同构体磷酸二氘钾（KD_2PO_4，简称 DKDP）是最老的非线性光学晶体，1960 年代被广泛用于首批激光和非线性试验中，长期为人们广泛应用，特别是大尺寸晶体用于激光惯性约束聚变中。其紫外截止边为 176 nm，其二阶非线性系数 $d_{36}=0.38$pm/V，常作为其他新的非线性晶体的比较值，其抗光损伤阈值为 14.4 GW/cm^2（1.064μm，脉冲为 12ns）。可采用水溶液法生长大尺寸晶体，虽然硬度不高，莫氏硬度约为 1.5，在空气中会潮解，但仍是综合性能最好的一种非线性光学晶体。

【三硼酸锂铯】lithium cesium triborate

化学式为 $CsLiB_6O_{10}$，简称 CLBO，属四方晶系，$\bar{4}2m$点群，晶胞参数：a=10.494Å，c=8.939Å；密度 2.472g/cm^3，莫氏硬度 5.5，透过波段为 0.18～2.75 μm，其二阶非线性系数 d_{36}=0.92 pm/V(0.532 μm)，抗光损伤阈值高，可达 16～19 GW/cm^2(1.064 μm，脉宽 1.1ns)。可采用顶端籽晶法或溶液搅拌顶端籽晶法生长大尺寸单晶，利用该晶体已实现多种波长紫外输出，是一种优良的紫外非线性晶体。该晶体在室温下易吸收水分而潮解，为防止这点，可利用升温或密封的措施予以克服。

【三硼酸铋】bismuth triborate

化学式为 BiB_3O_6，简称 BiBO，属单斜晶系，点群 2，晶胞参数：a = 7.116Å，b = 4.993Å，c = 6.508Å，β = 105.62°；密度 4.8969g/cm^3，莫氏硬度 5.5，透过波段为 0.27～2.7 μm。由于其为低对称性晶体，有 8 个非线性系数，在一些特殊方向，如(10°，90°)有效非线性系数为 2.3pm/V，(170°，90°)为 3.2 pm/V(SHG Ⅰ类，1.0795μm→0.53975μm)。其抗光损伤阈值较高。

【氟硼铍酸钾】potassium fluoro borate beryllate

化学式为 $K_2Be_2BO_3F$，简称 KBBF，属三方晶系，点群 32，晶胞参数为 a=4.472Å，c=18.744Å，具有严重的解理特性，解理面为(001)面。其透过波段为 0.155～3.7 um，二阶非线性系数绝对值为 0.49pm/V(1.0642μm)。这是到 2018 年为止唯一可实用的深紫外非线性光学晶体，利用耦合棱镜技术实现了多种有效深紫外输出并用于多种先进仪器。该晶体结构的层状特性使晶体生长十分困难，采用封闭体系助溶剂方法可生长最大厚度为 3mm 以上单晶。

【硼酸铝钾】potassium aluminum borate

化学式为 $K_2Al_2B_2O_7$，简称 KABO，属三方晶系，点群 32；晶胞参数：a = 8.558Å，c=8.456Å，密度 2.47g/cm^3，莫氏硬度 5.5～6.5，透过波段 0.18～3.6 μm。二阶非线性系数 d_{11}=0.49pm/V(1.064 μm)，抗光伤阈值约为 1.0 GW/cm^2(1.064 μm，脉宽 10ns，10Hz)，基本不潮解，可采用熔盐法生长。

【硼酸钙镧】lanthanum calcium borate

化学式为 $La_2CaB_{10}O_{19}$，简称 LCB，属单斜晶系，点群 2；晶胞参数：a=11.043Å，b=6.563Å，c=9.129Å，密度 3.665g/cm^3，莫氏硬度 6.5，透过波段为 0.185～3.0μm。其Ⅰ类相位匹配方向(1.0642μm→0.5321μm)，θ=34.3°，Φ=7.7°上的有效非线性系数为 1.05pm/V。已在该晶体实现最短为 288nm 的谐波光输出。该晶体掺入 Nd^{3+} 离子后成为激光自倍频晶体，实现了激光自倍频运转。

【硫镓银】silver thiogallate

简称 AGS，是最重要的红外非线性光学晶体之一，属四方晶系，$\bar{4}2m$ 点群；晶胞参数：a=5.742Å，c=10.26Å，密度 4.702g/cm^3，莫氏硬度 3～3.5。同成分熔融，其熔点报道不一，普遍认为在 1000℃(1270K)附近。其透过波段为 0.47～13μm，二阶非线性光学系数 d_{36}=23.6pm/V(1.054μm)，线性电光系数 γ_{41}=4.0，γ_{63}为 3.0pm/V(0.6328μm)。Ⅰ类相位匹配角 θ_{exp} 为 54.7°(2.184μm→1.0642μm)或 67°(10.6μm→5.3μm)。相对而言，其抗光损伤阈值略低，在 1.064μm 脉冲激光(脉宽 100ns，10Hz，3000 个脉冲)照射下，测得其损伤阈值为 2MW/cm^2。这种晶体被广泛用于红外波段 DFG 和 OPO。该晶体一般采用坩埚下降法生长。

【硒镓银】silver gallium selenide

硒镓银是硫镓银的同族晶体，简称 AGSe，属四方晶系，$\bar{4}2m$ 点群，晶胞参数：a=5.922Å，c=10.88Å，密度 5.70g/cm^3，莫氏硬度 3～3.5，熔点在 850℃左右。其透过波段为 0.71～19μm，二阶非线性光学系数 d_{36} 为 39.5pm/V(10.591 μm)。Ⅰ类位相匹配角 θ_{exp} 为 55.9°(10.63→5.315 μm)。在 1.064 μm 脉冲激光(脉宽 35ns，1000 个脉冲)，表面损伤阈值为 11MW/cm^2。与硫镓银晶体相比硒镓银晶体的红外透明范围更宽，因此不仅可广泛用于 DFG 和 OPO，还可用于 CO_2 激光器的 SHG；OPO 的调谐范围也比硫镓银晶体更宽。该晶体一般采用坩埚下降法生长。

【磷锗锌】zinc germanium phosphide

是目前应用最广泛的红外非线性光学晶体，简称ZGP，属四方晶系，$\bar{4}2m$点群，晶胞参数：a=5.465Å，c=10.708Å，密度4.175g/cm³，莫氏硬度5.5。同成分熔融，熔点在1020℃左右，透过波段为0.74～12μm，二阶非线性光学系数d_{36}为75pm/V(9.6μm)，相位匹配角θ_{exp}(SHG，e+e→o)为47.5°(4.64μm→2.32μm)或80.1°(10.5910μm→5.2955μm)。在1.064μm脉冲激光(脉宽30ns，12.5Hz)照射下，表面损伤阈值大于3MW/cm²。该晶体可采用坩埚下降法生长吸收系数很低的优质晶体，从而获得红外OPO和DFG应用。

【硒化镓】gallium selenide

该晶体以其层状结构而出名，属六方晶系，$\bar{6}2m$点群，晶胞参数：a=3.755Å，c=15.94Å，密度5.03g/cm³，透过波段为0.62～20μm；二阶非线性光学系数d_{22}为54pm/V(10.6μm)，相位匹配角(o+o→e，SHG)为18.7°(2.36μm→1.18μm)或12.7°(10.6μm→5.3μm)。在1.064μm脉冲激光(脉宽10ns)照射下，表面损伤阈值为30MW/cm²，可用坩埚下降法或高压提拉法生长。它是用于中红外OPG或DFG最佳的中红外非线性光学晶体之一。

【硫铟锂】lithium thioindate

简称LIS，是一种红外非线性光学晶体，属正交晶系，mm2点群，晶胞参数：a=6.890Å，b=8.053Å，c=6.478Å，密度3.54g/cm³，莫氏硬度3～4，透过波段0.34～13.2μm，热导率大于6W/m·K；二阶非线性光学系数d_{31}=7.2，d_{32}=5.7，d_{33}=−16pm/V(2.3μm)，在1.064μm脉冲激光(10ns，10Hz)照射下，当功率为100MW/cm²时，晶体发生体损伤。LIS可直接用钛宝石激光器激光实现在5～11μm范围下转换。该晶体可采用坩埚下降法生长，其熔点约为1000℃。

【硒铟锂】lithium indium selenide

简称LISe，是LIS的同族晶体，属正交晶系，mm2点群，晶胞参数：a=7.1971Å，b=8.4116Å，c=6.7926Å。透明范围为0.46～14μm，其二阶非线性光学系数d_{31}=10.4pm/V(2.8μm)，d_{32}为7.8pm/V(2.1～2.45μm)。

【电光晶体】electro-optical crystal

在外电场作用下，引起材料折射率变化的效应称为电光效应，具有电光效应的晶体称为电光晶体。尽管在电场作用下，晶体折射率改变都不大，但已足以引起光在晶体中传播特性的改变，因此，可利用外场变化来控制或调制晶体中的光场，从而获得应用。

【线性电光效应】linear electro-optical effect

与外电场强度成正比的电感应双折射效应，又称Pockels效应，它只能在非中心对称的压电晶类中存在，是常用的电光效应，分为横向效应和纵向效应，可以利用这一效应制作电光Q开光等实用器件。

【二次电光效应】quadric electro-optical effect

与外电场二次方成正比的电感应双折射效应，又称Kerr效应，可以存在于所有晶类中。由于各向异性介质中线性电光效应比其大得多，在实用中，常用的是立方晶系晶体或均质体的二次电光效应。

【磷酸二氘钾】potassium dideuterium phosphate

是优良的电光晶体，也是优良的非线性光学晶体，属四方晶系，点群$\bar{4}2m$，简称DKDP。DKDP常用的电光系数(γ_{63T})为24pm/V(6328nm，90%氘化度)。通常是利用晶体的纵向电光效应，用调Q开关的半波电压Vπ来表征其电光效应，DKDP的半波电压为3.385kV。同时，由于氘化，DKDP在红外区有很高的透过性，加之DKDP晶体有GW/cm²以上量级的抗光损伤阈值，故DKDP晶体是最广泛应用的电光晶体。由于在生长温度下，DKDP有四方和正交两种多型体，一般采用亚稳相生长方法从重水溶液中降温生长DKDP四方相晶体。

【磷酸钛氧铷】rubidium titanyl phosphate

化学式为$RbTiOPO_4$，简称RTP，属正交晶系，点群mm2，晶胞参数：a=12.964Å，b=6.4985Å，c=10.563Å，密度3.64g/cm³，

莫氏硬度 5，是 KTP 晶体同构晶体，有良好的非线性光学性质，$d_{31}=3.3$，$d_{32}=4.1$，$d_{33}=17.1$pm/V(1.064μm)。其线性电光系数 $\gamma_{13T}=10.9$，$\gamma_{23T}=15.5$，$\gamma_{33T}=33.0$pm/V (6328nm)。与 KTP 晶体相比，其在 Z 方向电导率低，抗光损伤阈值高，故成为实用的电光晶体，具有理化性能好、使用温度范围宽等优点。由于该晶体是正交晶系晶体，在制作电光开关时存在着温度补偿项，需要采用两块相同的晶体偏转角度耦合。

【硅酸镓镧】lanthanum gallium silicate or langasite

化学式为 $La_3Ga_5SiO_{14}$，简称 LGS，属三方晶系，点群 32，晶胞参数：$a=8.162$Å，$c=5.087$Å，Z＝1，密度 5.57g/cm^3，莫氏硬度 5.5。最早硅酸镓镧作为激光晶体提出，1980 年代发现其有良好的压电性质，特别是有零温度切型，可用以制作高温压电器件。因其具有旋光性，长期以来未考虑其电光应用。在晶体交互作用研究中，可采用特殊设计消除旋光性对电光效应的干扰，利用这类晶体的电光效应，该晶体有两个独立的电光系数，$\gamma_{11}=2.3$pm/V，$\gamma_{41}=1.8$pm/V，抗光伤阈值为 950MW/cm^2，是同样条件下测试的 DKDP 晶体阈值的三分之一，约为铌酸锂(LN)晶体阈值的 10 倍。利用其横向效应制作电光 Q 开关，其半波电压与纵横比 d/l 相关，当 d/l＝1 时，半波电压约为 17000V。该晶体具有良好的温度稳定性，在低温至高温(－50℃至 120℃)电光特性基本不变，除可作为 DKDP 和 LN 晶体的替代晶体外，特别适用于红外波段(如 2.1 和 2.79μm)的电光 Q 开关器件。

【光折变晶体】photorefractive crystal

具有光折变效应的晶体称为光折变晶体。光折变效应是材料在光辐照下，载流子通过光导效应形成空间电荷场，由电光效应引起折射率随光强空间分布而发生变化的效应，与强光非线性光学不同，光折变效应一般与光强无关，弱光下光致折射率变化开辟了低功率非线性光学，光折变是非局域响应，有可能实现高增益光耦合，实现新型相干光放大，用于光存储、图像畸变复原等。常用的光变晶体有钛酸钡、铌酸钡钠、钾钠铌酸锶钡、铌酸锂、铌酸钾和钽铌酸钾等。

17.2.4 压电和声光晶体

【压电晶体】piezoelectric crystal

具有压电效应的晶体。32 种点群的晶形中，无对称中心的有 21 种，除 432 点群外皆有压电性，其中 10 类在液压下有压电性，另 10 类仅在适当的方向单向压力下才有压电性能。具有压电效应的晶体按一定切型置于外电场中，晶体就会随电场产生形变。当外加电场频率与晶体固有频率一致时，就会发生谐振。主要用于谐振器、滤波器、声表面波环能器和驱动器等。常用压电晶体有水晶、铌酸锂、钛酸钡、铌镁酸铅-钛酸铅等，其中以铌镁酸铅-钛酸铅为代表的钙钛矿型弛豫铁电体固溶体单晶具有超高的压电性能，可应用于高性能超声成像、高灵敏度水声探测等领域。

【弛豫铁电晶体】relaxor-based ferroelectrics

属于铁电性压电晶体。结构特点为同一结构类型的铁电晶体中同种晶格位置由两种或两种以上的离子占据，具有一定的原子位置无序和电荷无序的晶体；晶体宏观上表现出各向同性，微观对称性低于宏观对称性，并且微观上一般具有纳米极性微区结构；宏观性质上表现出特有的介电弛豫特性，即介电常数峰值随频率的升高而降低，峰值所对应的温度随频率升高而升高，介电常数峰的低温一侧介电性能与频率相关。弛豫铁电体按照晶体结构可以分为具有钙钛矿结构的 $A(B_1B_2)O_3$ 型和具有钨青铜结构的 $M_{1-x}Pb_xNb_2O_6$ 型。随组分 x 的变化弛豫铁电晶体会经历结构相变，称为准同型相界，相界附近一般表现出优异的压电、热释电、电光等性能，可用于制作高性能压电、热释电及电光器件。常用的弛豫铁电晶体有锆钛酸铅镧(PLZT)、铌镁钛酸铅(PMNT)、铌锌钛酸铅(PZNT)、铌铟钛酸铅(PINT)、钛酸铋钠-钛酸钡(NBT-BT)等。

【水晶】quartz

水晶通常指 α-石英晶体，属三方晶系，点群为32，密度为2.65g/cm³，莫氏硬度为7，透光波段为0.147～4.5 μm。压电水晶有左右旋之分，左旋水晶的空间群为$P3_12$，右旋水晶的空间群为$P3_22$，它们通常用作稳频或选频材料。水晶可采用水热法生长。晶体中常见的缺陷有包裹体、裂纹及双晶，这些缺陷会严重影响晶体的性能，如双晶态水晶无压电性能。

【酒石酸钾钠】sodium potassium tartrate totrahydrate

化学式$KNaC_4H_4O_6\cdot 4H_2O$，简称KNT，又称罗谢耳盐(Rochelle salt)，属正交晶系，晶胞参数：$a=11.93$Å，$b=14.30$Å，$c=6.17$Å，密度为1.773 g/cm³，熔点为70～80℃。介电常数9.2。它是一种较早发现的压电晶体，常用于电声换能器，也是一种电光晶体。晶体无色透明，易溶于水，用水溶液降温法生长。

【铌镁酸铅】lead magnesio-niobate

化学式为$Pb(Mg_{1/3}Nb_{2/3})O_3$，简称PMN，属于复合钙钛矿型弛豫体单晶，居里点为－10℃，铁电相为三方相，属C_{3v}^5-R3m点群，顺电相为立方相，属O_h^1-Pm3m点群。室温下相对介电常数为$\varepsilon_r=13500$，介电损耗为$\tan\delta=1\%$，具有典型的介电弛豫特征，低温下具有压电性能。它可利用坩埚下降法生长。

【铌镁酸铅-钛酸铅】lead magnesio-niobate lead titanate

化学式为$Pb(Mg_{1/3}Nb_{2/3})O_3$-$xPbTiO_3$，简称PMNT，属于复合钙钛矿型铁电单晶，x为钛酸铅在晶体中的摩尔百分比。晶体室温下$x<0.32$时为三方相，属C_{3v}^5-R3m点群，$0.32<x<0.35$时晶体为单斜相，属C_s^3-Cm或C_s^1-Pm点群，$x>0.35$时晶体为四方相，属C_{4v}^1-P4mm点群。晶体密度约为8.1g/cm³。PMNT是一种多功能、高性能弛豫铁电晶体，$0.31<x<0.33$的晶体<001>方向相对介电常数$\varepsilon_r>5000$，压电常数d_{33}约为2500 pC/N，机电耦合系数为k_t约为60%，剩余极化强度P_r约为30C/cm²，矫顽场E_c约为2.5kV/cm，热释电系数p约为15.3×10^{-4} C/m²K，电光性能γ_c约为182pm/V。晶体利用坩埚下降法或助熔剂提拉法生长，可用于制作高性能压电换能器、传感器、热释电探测器及光衰减器等。

【铌锌酸铅-钛酸铅】lead zinc niobate lead titanate

化学式为$Pb(Zn_{1/3}Nb_{2/3})O_3$-$xPbTiO_3$，简称PZNT，属于复合钙钛矿型铁电单晶，x为钛酸铅在晶体中的摩尔百分比。准同型相界约为$x=10$，$x<10$时晶体为三方相，属C_{3v}^5=R3m点群，$x>10$时晶体为四方相，属C_{4v}^1-P4mm点群。$x=0.09$的晶体<001>方向相对介电常数$\varepsilon_r=5000$，介电损耗$\tan\delta=1.5\%$，压电常数$d_{33}=2200$pC/N，机电耦合系数$k_t=65\%$，剩余极化强度为$P_r=35$C/cm²，矫顽场为$E_c=6.0$kV/cm，三方-四方相变温度$T_{rt}=85$ ℃。它是一种压电性能优异的压电晶体，通常采用助熔剂法生长，可用于制作高性能压电换能器、传感器、热释电探测器及光衰减器等。

【铌铟酸铅-铌镁酸铅-钛酸铅】lead indium-niobate lead magnesio-niobate lead titanate

化学式为$xPb(In_{1/2}Nb_{1/2})O_3$-$yPb(Mg_{1/3}Nb_{2/3})O_3$-$zPbTiO_3$，简称PIMNT，属于复合钙钛矿型弛豫铁电固溶体单晶，x、y、z分别为铌铟酸铅、铌镁酸铅、钛酸铅在晶体中的摩尔百分比。室温下随组分x和z的增大，晶体会经历三方相-四方相的结构相变，相变组分附近为准同型相界。组分在准同型相界附近三方相一侧的晶体在<001>方向表现出超高的压电性能，压电常数$d_{33}>2000$ pC/N，同时具有较高的退极化温度($T_{rt}=110$ ℃)、居里点($T_c=180$ ℃)和较高的矫顽场($E_c=500$ V/mm)，晶体主要利用坩埚下降法生长。它是适用于高灵敏度、大功率的换能器的压电晶体。

【钛酸钡】barium titanate

化学式为$BaTiO_3$，简称BT，熔点1625℃，是一种典型的钙钛矿结构铁电压电晶体。130.5℃以上属立方O_h^1-Pm3m点群，5～

130.5℃属四方C_{4v}^1-P4mm点群，－90～5℃属正交D_{2h}^{16}～Pnma点群，－90℃以下属三方C_{3v}^5-R3m点群。室温下<001>方向压电常数d_{33}＝90 pC/N，相对介电常数ε_r＝1400，介电损耗约tanδ＝1%，机电耦合系数约k_t＝40%，机械品质因数Q_m＝300。<111>方向压电常数d_{33}＝180 pC/N。晶体一般采用助溶剂提拉法生长，主要用于制作电容器和各种压电器件。

【钛酸铋钠】sodium-bismuth titanate

化学式为$(Na_{1/2}Bi_{1/2})TiO_3$，简称NBT，属于复合钙钛矿型弛豫铁电单晶。晶体室温下为三方相，属C_{3v}^5-R3m点群，230 ℃时转变为四方反铁电相，350℃时转变为四方顺电相，520 ℃以上为立方顺电相。室温下密度为5.826g/cm³，晶体<001>方向极化后相对介电常数ε_r＝600，介电损耗tanδ＝2.8%，压电常数d_{33}＝80 pC/N，机电耦合系数k_t＝46%，剩余极化强度为P_r＝6.02C/cm²，矫顽场为E_c＝35.4 kV/cm。晶体利用助熔剂提拉法生长，可用于制作电容器和各种压电器件。

【钛酸铋钠-钛酸钡】sodium-bismuth titanate barium titanate

化学式为$(Na_{1/2}Bi_{1/2})TiO_3$-xBaTiO$_3$，简称NBBT，是钛酸铋钠和钛酸钡形成的复合钙钛矿型弛豫铁电固溶体单晶，x为钛酸钡在晶体中的摩尔百分比，准同型相界约为x＝0.06。晶体随x的增加经历三方到四方相的转变，x＜0.06时晶体属三方C_{3v}^5-R3m点群，x＞0.06时晶体属四方C_{4v}^1-P4mm点群。x＝0.05的晶体在<001>方向的相对介电常数为ε_r＝1050，压电常数d_{33}＝280pC/N，机电耦合系数k_t＝50%，剩余极化强度P_r＝16.44C/cm²，矫顽场为E_c＝32.7 kV/cm。三方-四方相变温度T_{rt}＝160℃，居里点T_c＝290 ℃，是一种性能优良的环保无铅压电单晶。晶体利用助熔剂提拉法生长，可用于压电换能器及传感器等。

【声光晶体】acoustooptical crystal

具有声光效应的晶体。好的声光晶体除满足光学晶体的一般要求外，还须具备下列特点：一、优值大；二、声吸收系数低；三、声速及其对温度的变化小。主要的声光晶体有钼酸铅，钼酸二铅(Pb_2MoO_5)、二氧化碲、锗钒酸铅、硫化汞等。主要用于声光偏转、声光调Q和声光调制等。

【钼酸铅】lead molybdate crystal

化学式为$PbMoO_4$，属四方晶系，点群C_{4h}-4/m，空间群C_{4h}^b I4$_1$/a，晶格常数a＝5.43Å，c＝12.10Å；密度6.95g/cm³；熔点1065℃，莫氏硬度3，折射率n_0＝2.483，n_e＝2.324(λ＝5016Å)。它是一种声光晶体，声光优值M_e＝36.3×10^{-18}s³/g，声速V_L[001]＝3.67×10^{5}cm/s，V_s[100]＝1.96×10^{5}cm/s，透光波段0.42～5.5μm。用提拉法生长，用作声光偏转、声光调制和声光Q开关等。

【二氧化碲】tellurium dioxide crystal

亦称对位黄碲矿(paratellurite)，化学式为α-TeO$_2$，属四方晶系，金红石型结构。点群D4h－4/mmm，空间群D_{4h}^1－P$\frac{4}{m}$mm，晶格常数a＝4.79Å，b＝7.63Å。密度6.0g/cm³，熔点733℃，折射率n_0＝2.274，n_e＝2.430(λ＝5893Å)。它是一种性能优良的声光晶体，声光优值M_e＝793×10^{-18}s³/g，声速V_s[110]＝0.617×10^{5}cm/s。一般在高压下用提拉法生长，用于声光偏转元件。

【硅酸铋】bismuth silicate crystal

化学式为$Bi_{12}SiO_{20}$，简称BS，属立方晶系，空间群T3-I23，晶格常数10.10Å，密度9.21g/cm³，熔点900℃。莫氏硬度4.5，折射率n＝2.55，透光波段0.45～7.5μm，禁带宽度3.25电子伏特，电光系数r_{41}＝5×10^{-10}cm/V，半波电压3900V，体电阻串ρ_r＝5×10^{-3}Ω·cm，介电损耗角正切tgδ＝0.0015，介电常数ε_{11}^T＝47，ε_{11}^S＝49。弹性模量C_{11}^E＝1.28×10^{11} N/m，C_{12}^E＝1.28×10^{11} N/m，C_{44}^E＝0.25×10^{11} N/m，C_{44}^D＝0.28×10^{11} N/m，压电系数d_{14}＝0.4×10^{-10}C/N，g_{14}＝9.6×10^{-2}m²/C，e_{14}＝1.0C/m²。机电耦合系数K_s＝0.31，K_t＝0.20，K_e＝0.28。声速V_L[001]＝3.7×10^{3}m/s，声光优值9.06×10^{-18}s³/g。用提拉

法生长。BS除具有压电、声光效应外，兼具电光和光电导效应，可用于普克尔调制器，全息实时显示，相干光-非相干光转换，实时相关傅里叶平面滤波器，激光全息存储组页器和平行光学数字计算机的有源储存陈列等。

【锗酸铋】bismuth germanate

作为压电和声光晶体所用的为 Bi_{12} Ge-GeO_{20}，点群 T-23，晶胞参数 $a=10.14$Å，密度为 9.2g/cm^3。其熔点为930℃，莫氏硬度为 4.5，折射率 $n=2.55$($\lambda=5100$Å)，声速 $V_L[110]=3.42\times10^5$cm/s，$V_s[110]=1.77\times10^3$cm/s，声光优值为 9.97s^3/g；电光系数 $\gamma_{41}=9.7\times10^{-12}$m/V。主要用以制作超声延迟器和声表面波器件，这种晶体一般采用提拉法生长。

17.2.5 光学晶体

【光学晶体】optical crystal

是指用于光学回路中的晶体材料，主要用作光学仪器中的透过窗口、棱镜、透镜、滤光和偏光元件以及相位补偿镜等，以及武器系统中的整流罩等。在光学回路中主要用在光的发射、处理和接收部分。

【氟化钙】calcium fluoride crystal

俗称萤石，化学式 CaF_2，属立方晶系，空间群 O_h^5-F_{m3m}，晶格常数 5.462Å，熔点 1360℃，折射率 $n_D=1.4338$，透光波段 0.13～9.5μm(厚 10mm)，克氏硬度 158.3，密度 3.18g/cm^3(20℃)。有天然产和用人工生长的两种单晶体。用坩埚下降法和提拉法生长。这种晶体有较高的透过率。热压氟化钙多晶体有硬度、机械强度高的特点，可代替单晶体。单晶用作窗口、透镜、棱镜材料，掺有杂质的(如掺 Nd^{3+}、Ho^{3+}、Er^{3+})也可用作激光材料。

【氟化钠】sodium fluoride crystal

化学式 NaF，属立方晶系，空间群 O_h^5-F_{m3m}，晶格常数 4.628Å，熔点 997℃、密度 2.97g/cm^3，折射率 $n_D=1.3255$，透光波段 0.13～11μm(厚 10mm)。克氏硬度 60，是一种无色透明的光学晶体，有天然和人工单晶两种。用坩埚下降法和提拉法生长。这种晶体的透光波段宽、透过率高，可作窗口和透镜用。机械强度和抗潮性差。

【氟化锂】lithium fluoride crystal

化学式 LiF，属立方晶系，空间群 O_h^5-F_{m3m}，晶格常数 4.0279Å，熔点 870℃，密度 2.601g/cm^3，折射率 $n_D=1.3943$，透光波段 0.105～8μm(厚 10cm)，克氏硬度 99。是一种无色透明的光学晶体。用坩埚下降法和提拉法生长。这种晶体色散低，在透光波段内透过率高，可作窗口和透镜。

【氟化镁】magnesium fluoricle crystal

化学式 MgF_2，属四方晶系，空间群 O_{4h}^{14}-$P_{4\,mnm}$，晶格常数 $a_0=4.64$Å，$c_0=3.06$Å、熔点 1255±3℃，密度 3.176g/cm^3，折射率 $n_D=1.3777$，$n_e=1.3895$，透光波段 0.45～9.5μm(厚 10cm)，克氏硬度 576，有天然角银矿晶体，也有人工培育的单晶和热压多晶。单晶用坩埚下降法生长。热压方法可以直接压制成大尺寸的各种形状的红外光学元件。氟化镁晶体的优点是在 1～7μm 波段内透过率高，硬度大，机械强度高，化学稳定性和抗潮性好，可作为外部窗口和透镜、整流罩等。

【氯化钠】sodium chloride crystal

化学式 NaCl。属立方晶系，空间群 O_h^5-F_{m3m}，晶格常数 5.628Å，熔点 801℃，密度 2.165g/cm^3，克氏硬度 15，折射率 $n_D=1.54416$，透光波段 0.17～17μm(厚 10mm)。有天然的和人工的两种单晶体。用坩埚下降法和提拉法生长。氯化钠晶体的优点是透光波段宽，透过率高，色散高，可用作窗口、棱镜等；缺点是硬度小，机械强度低、易潮解。

【溴化钾】potassiun bromide crystal

化学式 KBr，属立方晶系，空间群 O_h^5-F_{m3m}，晶格常数 6.599Å，熔点 730℃，密度 2.75g/cm^3、克氏硬度 6，折射率 $n_D=1.5599$，透光波段 0.21～27μm(厚 10mm)，是一种无色透明的光学晶体。用坩埚下降法和提拉法生长。溴化钾晶体的优点是透光波段宽、透过率高、色散高。可用作透光窗口、透镜和分光棱镜等。缺点是硬度小，机械强度低，易潮解。

【溴化铯】caesium bromide crystal

化学式 CsBr，属立方晶系，空间群 $O_h^5-F_{m3m}$，晶格常数 4.296Å，熔点 636℃，密度 4.44g/cm³，克氏硬度 20，折射率 $n_D=1.70189$，透光波段 0.32～35μm(厚 10mm)，是一种无色透明的光学晶体。用坩埚下降法和提拉法生长。溴化铯晶体透光波段宽，透过率高。可作为透光窗口、透镜，但硬度小，机械强度低，易潮解。

【碘化铯】caesium iodide crystal

化学式 CsI，属立方晶系，空间群 $O_h^5-F_{m3m}$，晶格常数 4.5667Å，熔点 621℃，密度 4.51g/cm³，克氏硬度 40，折射率 $n_D=1.7886$，透光波段 0.24～60μm(厚 10mm)。它是一种无色透明的光学晶体，用坩埚下降法和提拉法生长。碘化铯晶体透光波段宽、透过率高，可作为透光窗口、透镜等，但晶体硬度小，机械强度低，易潮解。

【蓝宝石】sapphire

参见 6.4.1【蓝宝石】。

【氧化镁】magnesium oxide

参见 10.3.2【氧化镁】。

【金红石】rutile

参见 6.1.1【金红石】。

【双折射晶体】double-refractive crystal

一束自然光入射到介质中分成两束线偏振的折射光的现象称为双折射，能够产生双折射的晶体称为双折射晶体。双折射晶体都是各向异性晶体。目前常用的有：钒酸钇晶体、碳酸钙晶体、钼酸铅晶体和α-硼酸钡晶体。

【碳酸钙】calcium carbonate crystal

化学式 $CaCO_3$，空间群 $R\bar{3}c$，晶格常数：$a=4.989$Å，$c=17.062$Å，熔点 1335 ℃，密度 2.711g/cm³，莫氏硬度 6，弱潮解，单轴晶，532 nm 处的折射率 $n_o=1.663$，$n_e=1.488$，双折射 0.175，广泛应用于光隔离器中，常用的是天然的碳酸钙单晶体，称为冰洲石。

【α-硼酸钡】α-barrium borate

化学式 α-BaB_2O_4，简称 α-BBO，物理、化学、热学和光学性能与 β-BBO 相似，是一种优异的双折射晶体，532nm 处的折射率 $n_o=1.6776$，$n_e=1.5534$，被广泛应用于高消光比、深紫外灯系统中。

【X 射线分光晶体】X-ray analyzing crystal

在 X 射线光谱分析仪中作衍射光栅的晶体。此类晶体具有下列特性：在一定波长范围内，某一特定衍射线的衍射效率高，衍射峰强，分辨率高，峰值/本底比值大。用于 X 射线光谱分析仪、X 射线荧光分析仪和扫描电镜电子探针联用仪。几种主要的 X 射线分光晶体及其特性如下表。

主要的 X 射线分光晶体及其特性

晶体名称	分子式	衍射晶面(hkl)	晶面间距(Å)
黄玉	$Al_2(F,OH)_2SiO_4$	303	0.71
氟化锂	LiF	200	4.02
石英	SiO_2	110	4.90
酒石酸乙二胺(右旋)(EDdT)	$C_6H_4N_2O_6$	020	8.80
季戊四醇(PET)	$C_5H_{12}O_4$	002	8.75
磷酸二氢铵(ADP)	$NH_1H_2PO_4$	101	10.64
邻苯二甲酸氢钾(KAP)	$KHC_8H_4O_4$	100	26.6
多层皂膜硬脂酸铅(LS)	$Pb(C_{18}H_{35}O_2)_2$	18	—

【邻苯二甲酸氢钾】potassium acid phthalate crystal

化学式 $KHC_8H_4O_4$，简称 KAP，属正交晶系，空间群 $C_{2v}^5-P_{ca}$，晶格常数 $a=9.609$Å，$b=13.857$Å，$c=6.466$Å。无色透明，密度 2.88g/cm³。它是较常用的 X 射线分光晶体，所用的衍射线是(100)面的第一级衍射，$2d/n=26.1$Å。分析元素的波长范围为 5.7～24Å，元素分析范围为 C^6-Au^{79}。采用水溶液降温法可制得透明完整大单晶。该晶体还具有与方解石相近的双折射率，可制造偏振棱镜。

【邻苯二甲酸氢铷】rubidium acid phthalate crystal

化学式 $R_6HC_8H_4O_4$，简称RAP，属正交晶系，空间群 $D_2^3-P_{2,2,2}$，晶格常数 $a=12.02Å$，$b=12.99Å$，$c=6.55Å$。密度 $1.94g/cm^3$，无色透明，溶于水。它是一种较新的X射线分光晶体，所用的衍射线为(100)面的第一级衍射，$2d/n=26.6Å$。由于重金属原子铷的影响，故其(100)面衍射强度比KAP晶体更大，易于解理加工。分析元素的X射线波长范围为5.7～74Å，元素分析范围为 O^8-Au^{79}，用水溶液降温法生长。

【邻苯二甲酸氢铊】thallium acid phthalate crystal

化学式 $T1HC_8H_4O_4$，简称TlAP，属正交晶系，空间群 $D_2^3-P_{2,2,2}$，晶格常数 $a=6.63Å$，$b=9.97Å$，$c=12.8Å$，密度 $2.88g/cm^3$，无色透明，溶于水，(100)面间距＝25.9Å。它是一种高衍射率的X射线分光晶体，元素分析范围为 O^8～Au^{79}。其衍射强度等于RAP的两倍，用水溶液降温法生长。

【酒石酸乙二胺(右旋)】ethylene diamine dtartrate crystal

化学式 $C_6H_{14}N_2O_6$，简称EDdT，属单斜晶系，空间群 $C_2^2-P2_1$，晶格常数 $a=8.974Å$，$b=8.803Å$，$c=5.959Å$，$a=\gamma=90°$，$\beta=105°30'$。密度 $1.54g/cm^3$ 无色透明。它是一种较早使用的X射线分光晶体。所用的衍射线是(020)面第一级衍射，$2d/n=8.8Å$。分析元素的X射线波段为1.9～7.9Å，元素分析范围为 Si^{14}～U^{92}。它也是一种压电晶体，曾代替石英制造谐振器和滤波器。晶体在40.6℃有一相变点，由单斜变为无压电性能的正交相。晶体容易潮解。用水溶液降温法沿 b 轴方向生长，可得到透明完整的大单晶。

【季戊四醇】pentaerythritol crystal

化学式 $C(CH_2O_H)_4$，简称PET。属四方晶系，空间群 $S_4^2-I\bar{4}$，晶格常数 $a=b=6.088Å$，$c=8.726Å$，密度 $1.39g/cm^3$，熔点262℃，无色透明，是一种X射线分光晶体。所用的衍射线是(002)面的第一级衍射，$2d/n=8.75Å$，衍射强度约为云母的9倍，晶体易于解理加工。分析元素的X射线波段为1.9～7.9Å，元素分析范围为 Si^{14}～U^{92}。该晶体还具有电光效应，易溶于水。用水溶液降温法静止培养，可得到透明完整的大单晶。

【多层皂膜分光晶体】multilayer soap film spectroscopic crystal

具有X射线分光性质的一种准晶体。用于分析超轻 Be^4—O^8 元素。采用Langmuir-Blodgett方法，可制成多种大晶而间距多层皂膜晶体($2d/n=79$～156Å)。常用的多层皂膜晶体如附表。

常用的多层皂膜晶体

名称	分子式	$2d/n$ (Å)	分析波长范围	分析元素范围	
				K	L
肉豆蔻酸盐	$M(C_{14}H_{27}O_2)_2$	79	18～71	B^5—F^9	C^{17}—Mn^{25}
硬脂酸铅	$M(C_{18}H_{36}O_2)_2$	98	22～89	B^5—O^2	S^{16}—V^{23}
水焦油酸盐	$M(C_{21}H_{47}O_2)_2$	125	26～113	Be^4—N^7	P^{15}—Sc^{21}
蜡酸盐	$M(C_{26}H_{51}O_2)_2$	137	31～124	Be^4—N^7	Si^{14}—Ca^{20}
蜂花酸盐	$M(C_{30}H_{59}O_2)_2$	156	35～141	Be^4—C^6	Si^{14}—K^{19}

注：M为Pb或Ba等二价重金属。

【多皂膜硬脂酸铅】multilayer soap film lead stearate crystal

化学式 $Pb(C_{18}H_{15}O_2)_2$，简称LS，是一种准晶体，六方密堆积，熔点约250℃，是一种多层皂膜分光晶体，所用的衍射线为第一级衍射，$2d/n=98$～100Å。常用于电子探针分析仪。它是采用合成多层皂膜晶体的技术，把液相表面形成的LS单分子层皂膜，有规则地多次转移到光洁度离的玻璃或云母基片上而制成。LS的分子排列如附图所示。

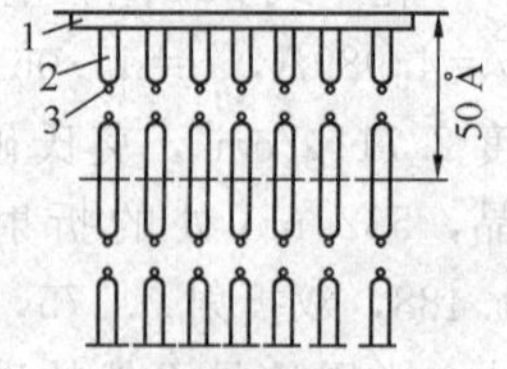

多层皂膜硬脂酸铅晶体
发光晶体材料
1—基片；2—$(C_{18}H_{35}O_2)_2$；3—Pb

【三羟甲基甲胺】trihydroxymethyl aminomethane crystal

化学式为$(CH_2OH)_3CNH_2$，简称 TAM。属正交晶系，空间群 $P2_12_12_1$，晶格常数：a=7.786Å，b=8.785Å，c=8.835Å，晶胞分子数 4，密度 1.353g/cm³，熔点 170～172℃，无色透明，物化性能稳定，是一种 X 射线分光晶体，所用的衍射线是(020)面的第一级衍射，$2d/n$=8.79Å。可采用水溶液法获得大单晶。

【马来酸氢十八酯】octadecyl hydrogen maleate

化学式 $C_{22}H_{40}O_4$，简称 OHM，属三斜晶系，空间群为 $P\bar{1}$，晶格常数：a=6.833Å，b=31.662Å，c=5.392Å，α=90.63，β=102.61，γ=89.03，熔点 78 ℃，晶体有很好的解理性能，并有足够的机械强度适于进行晶体的各种加工和处理，所用的衍射线是(001)面的第一级衍射，$2d/n$=63.54Å。它是一种优良的长碳链大晶面间距 X 射线分光有机晶体，不但衍射强度大，而且有很高的分辨率，在电子探针应用中实用的波长范围内，其衍射线分光综合指标优于硬脂酸铅皂膜准晶体。该晶体采用溶液缓慢降温法可获得单晶。

17.2.6 闪烁晶体

【无机闪烁晶体】inorganic scintillation crystal

当射线(X 射线、γ 射线等)或放射性粒子照射某些材料时，闪烁体材料会发出在紫外或可见波段的荧光，荧光脉冲由光电倍增管接受，是闪烁计数器的探测元件。闪烁体的种类包括有机闪烁体、无机闪烁体、玻璃闪烁体、液体闪烁体和惰性气体。当材料为无机晶体时称作荧光晶体或闪烁晶体，广泛应用于核医学诊断、高能物理、空间物理、工业及地质勘探中。此类晶体一般密度较大，并含有高原子序数的元素，具有对带电粒子阻止本领大、对 γ 射线吸收大、发光率高、发光强度与 γ 射线能量成正比的特点。无机闪烁晶体有很高的探测率。常见的无机闪烁晶体有钨酸铅、锗酸铋、硅酸镥、碘化铯等。晶体一般采用提拉法和坩埚下降法生长。

【钨酸铅】lead tungstate

化学式为 $PbWO_4$，简称 PWO，属于白钨矿型结构，空间群 $I4_1/a$，点群 4/m。由$[WO_4]^{2-}$四面体和$[PbO_8]^{2-}$十二面体结构基元组成，Pb 与$[WO_4]^{2-}$四面体均沿 c 轴呈四次螺旋排列，在 c 轴方向，Pb^{2+}和$[WO_4]^{2-}$相间分布，晶胞参数：$a=b$=7.72Å，c=12.05Å，晶体密度为 8.3g/cm³，折射率为 2.3。晶体的衰减时间可以用三个指数式衰减时间拟合，其衰减时间分别为 2.5 ns(25%)，11 ns(25%)和 98 ns(46%)。晶体经辐照损伤后产生 350nm、620nm 的诱导色心带，其光吸收边起源于 WO_4^{2-} 基团中 O 的 $2p$ 电子向 $5d$ 空轨道的转移跃迁，晶体蓝发光带峰值约为 430nm，基本吸收边 330nm。受到 10^5 Gy 照射后，其光学透射系数变化不大。常用掺杂离子为 Nb^{5+}、Mg^{2+}，晶体通常采用坩埚下降法和提拉法生长。

【锗酸铋】bismuth germanate

作为闪烁晶体所用的是 $Bi_3Ge_4O_{12}$，经常简写为 BGO，立方结构，空间群 $I\bar{4}3d$，晶格常数 a=10.52Å，密度为 7.12g/cm³。在高能粒子或高能射线(γ，X)激发下能发出峰值为 480nm 波长的绿色荧光，发光衰减曲线中有两个时间衰减常数，分别为 300ns 和 60ns；相对光输出为 10%～14% NaI(Tl)，临界能量为 10.5MeV。BGO 晶体有效原子序数较大，密度高、荧光余辉短，线性尺寸小，在其发光波段能够与普通的光电倍增管匹配，在核电子学、核医学、空间物理和高能物理方面是一种具有优势的闪烁晶体。这种晶体一般采用坩埚下降法生长。

【掺铈钇铝石榴石】caesium doped yttrium aluminum garnet

化学式 Ce：$Y_3Al_5O_{12}$，简称 Ce：YAG，具有较高的光输出，约为 20000 ph/MeV，较快的时间衰减，为 88ns/300ns。此晶体具有较好的光脉冲区分 γ 射线和 α 粒子的能力，能发射与硅光二极管有效耦合的 550nm 荧光，并且具有 YAG 基质优良的物理化学特征，可广泛应用于轻带电粒子探测等核物理试验以及扫描电子显微镜显示领域。晶体一般采用提拉法或温度梯度法生长。

【硅酸镥】lutetium orthosilicate

化学式 $LuSiO_5$，简称 LSO，为稀土正硅酸盐类晶体，单斜晶系，空间群 C2/c，晶格常数：$a=14.25$Å，$b=6.64$Å，$c=10.24$Å。此晶体具有高的光输出，可达 25000ph/MeV。衰减时间短，约为 40ns。具有较高的密度和高的原子序数，辐射长度与 BGO 相当，对 X 射线和 γ 射线吸收好，探测率高，使用尺寸小，有利于器件小型化。发光波长在420nm，在位于光电倍增管的敏感区域。抗辐照硬度高，在辐射剂量为 10^6 时不会出现损伤，在剂量达 10^8 时表现出微小的损伤。晶体生长一般采用提拉法、温度梯度法或溶胶凝胶法。主要用于 γ 射线探测仪的制造。

【掺铈稀土硅酸盐】cerium doped silicate rare earth silicate

化学式 Ln_2SiO_5(Ln—Gd、Lu、Y)，与锗酸铋(BGO)相比，此类闪烁晶体的衰减时间等主要闪烁性能表现出明显的优势。如 GSO：Ce 具有较短的衰减时间，较高的光输出和很大的抗辐照能力，具有较高的密度且不易潮解。GSO 的光产额对质子束流反应灵敏，在 30～160 MeV 范围内，LSO：Ce 具有更高的原子序数和更短的衰减时间，其光产额是 BGO 的 5～6 倍，可达 27300 ph/MeV。YSO：Ce 具有较高的光产额，衰减时间约为 70 ns。此类晶体具体的性能如附表所示。

Ln_2SiO_5 晶体和其他典型闪烁晶体性能比较

性能	GSO:Ce	LSO:Ce	YSO:Ce	BGO	Na:Tl
密度(g/cm^3)	6.71	7.41	4.45	7.13	3.67
辐射长度(cm)	1.38	1.14	—	1.12	2.59
衰减常数(ns)	30～60	40	70	230	300
相对光收益	20	75	120	7～10	100
峰发射 λ_{em}/nm	440	420	420	480	415
折射率	1.85	1.82	1.80	2.10	1.85
溶解性	不溶解	不溶解	不溶解	不溶解	溶解
有效原子数(Z)	59	66	39	74	51

17.2.7 磁性晶体

【磁性晶体】magnetic crystal

在外加磁场中能显示磁性的晶体。分为弱磁晶体和铁磁晶体。前者包括抗磁晶体和顺磁晶体；后者包括铁磁性金属晶体和亚铁磁性铁氧体晶体。研究较多、应用较广的铁氧体晶体有三种结构：(1)尖晶石型，如锰-锌铁氧体晶体、镍-锌铁氧体晶体等；(2)石榴石型，如钇铁石榴石晶体、铋钙钒石榴石晶体等；(3)磁铅石型，如钡系铁氧体晶体等。这些晶体可用不同的人工方法生长，主要用于电工和电信等领域。

【磁性半导体晶体】magnetic semiconductor crystal

兼有磁性和半导体性质的晶体。大体可分三类：(1)氧化物，如 NiO；(2)硫系化合物，如 ZnS；(3)硫系铬尖晶石，通式 ACr_2X_4。磁性半导体晶体的磁性、电性和光性是交互影响的，特别是磁性有序状态的改变，会引起电、光特性的巨大变化。用助熔剂法生长。利用晶体的磁、电、光交互效应，可设计各种功能器件。

【锰-锌铁氧体晶体】manganese-zinc ferrite crystal

通式为 $Mn_{1-x}Zn_xFe_2O_4$ 的软磁铁氧体晶体。当 $x<0.4$ 时，具有良好的磁性。属立方晶系，尖晶石型结构，空间群 O_h^7-Fd3m。晶格常数：单一型锌铁氧体 8.42Å，锰铁氧体 8.50Å；复合型锰锌铁氧体的晶格常数随锌、锰所占比例的不同而略有变化。熔点 1580～1590 ℃，初始磁导率可达几万，饱和磁通密度 3500～4700 高斯，密度约 5.1g/cm^3，维氏硬度 600～700，主要用坩埚下降法生长。可

用作各种磁记录头材料，主要优点是高频响应好，耐磨。

【镍-锌铁氧体晶体】nickel-zinc ferrite crystal

化学式 $Mi_{1-x}Zn_xFe_2O_4$，当 $x \leqslant 0.3$ 时，具有良好的磁性，属立方晶系，尖晶石型结构，空间群 O_h^7-Fd3m，晶格常数：$ZnFe_2O_4$ 为 8.44Å，$NiFe_2O$ 为 8.34Å，复合型镍-锌铁氧体的晶格常数随镍、锌比例的不同而略有变化。密度 4.5～5.3g/cm³，维氏硬度 400～750，熔点 1660 ℃左右。在高氧压下(100 大气压)用坩埚下降法生长。适于制作高频磁记录头和频带变压器芯等。

【锂铁氧体晶体】lithium ferrite crystal

化学式 $Li_{0.5}Fe_{2.5}O_4$，属立方晶系，尖晶石型结构，空间群 O_h^7-Fd3m，晶格常数 8.33Å，密度 4.75g/cm³，是一种高功率微波铁磁晶体，饱和磁化强度高(3550±40 高斯)，磁损耗小，在 5×109Hz 时，铁磁共振峰宽 ΔH～3 奥斯特，居里温度较高(700℃)。用助熔剂法生长，用于制作微波铁氧体器件。

【钇铁石榴石晶体】yttrium iron garnet crystal

简称 YIG(yttrium iron garnet)，化学式 $Y_3Fe_5O_{12}$，属立方晶系，空间群 $O_h^{10}-Ia3d$，晶格常数 12.37Å，密度 5.17g/cm³，饱和磁化强度 1750 高斯，铁磁共振峰宽 0.22 奥斯特(4×10^9 赫兹)，居里温度 292℃，是一种微波铁氧体晶体。在磁化状态下，晶体在微波场内的磁损耗比其他铁氧体低一个至几个数量级。由于晶体下限工作频率(1.64×10^9 Hz)是由磁饱和强度值决定的，因此，为满足较低微波波段使用，常用掺杂(如铝、镓等)的方法，以降低磁饱和强度。用熔剂法生长，主要用于 YIG 谐振器(包括带通、带阻滤波器、限幅器、微波固态源等)和 YIG 延迟线等。

【磁铅石型铁氧体晶体】magnetoplumbite ferrite crystal

又称六方晶系铁氧体，化学式 $BaFe_{12}O_{19}$，$BaMe_2Fe_{16}O_{17}$，$Ba_2Zn_2Fe_{12}O_{22}$，空间群 D_{6h}^1-P6/mmm，晶格常数 $a=5.88$Å，$c=43.56$Å。$4\pi M_8=2850$ 高斯，居里温度 130℃，密度 5.46g/cm³。有特殊的易磁化平面和难磁化轴。与其他非六方晶体相比，具有更高的频响特性。用助熔剂法和熔剂提拉法生长，用于制作微波铁氧体器件(频率可达 50MHz 或更高)，磁带录像磁头及高频宽带变压器。

【钕铁硼】neodymium iron boron

化学式 $Nd_2Fe_{14}B$，别名钕铁硼磁铁，银色，不透明，作为稀土永磁材料发展的最新结果，由于其优异的磁性能而被称为“磁王”。钕铁硼的优点是性价比高，具有良好的机械特性；不足之处在于居里温度点低，温度特性差，且易于粉化腐蚀，材料在各向同性状态下剩磁较低，必须通过调整其化学成分和采取表面处理方法加以改进，才能达到实际应用的要求。钕铁硼分为烧结钕铁硼和粘结钕铁硼两种，粘结钕铁硼各个方向都有磁性，耐腐蚀；而烧结钕铁硼因易腐蚀，表面需镀层，一般有镀锌、镍、环保锌、环保镍、镍铜镍、环保镍铜镍等。而烧结钕铁硼一般分轴向充磁与径向充磁，根据所需要的工作面来定。烧结钕铁硼永磁材料具有优异的磁性能，广泛应用于电子、电力机械、医疗器械、玩具、包装、五金机械、航天航空等领域，较常见的有永磁电机、扬声器、磁选机、计算机磁盘驱动器、磁共振成像设备仪表等。

【钐钴】samarium cobalt

依据成分的不同分为 $SmCo_5$ 和 Sm_2Co_{17}，分别为第一代和第二代稀土永磁材料。由于其原材料十分稀缺，价格昂贵而使其发展受到限制。Sm_2Co_{17} 作为第二代稀土永磁体，不但有着较高的磁能积(14～28MGOe)和可靠的矫顽力，而且在稀土永磁系列中表现出良好的温度特性。与钕铁硼相比，钐钴更适合工作在高温环境中。Sm_2Co_{17} 的磁特性：剩磁 Br＞1.05 T(＞10.5kGs)，磁感应矫顽力 HcB＞676kA/m(＞8.5kOe)，内禀矫顽力 Hcj＞1194kA/m(＞15kOe)，最大磁能积(BH)max＞209.96kJ/m³(26～30MGs.Oe)，最大磁能积(BH)max＞209.96kJ/m³(26～30MGs.Oe)，可逆磁导率 $\mu=1.03$H/m；物理特性：密度 $d=8.4$g/cm³，电阻率 $\rho=8500\Omega\cdot$m，抗弯强度＝127.4MPa，抗压强度＝509.6MPa，热膨胀系数＝9×

10^{-6}/℃。

【铁-铂】iron-platinum

俗称铁白金，化学式为FePt，为磁性材料中的硬磁材料。其广泛应用于国防、民生、医疗等，为磁记录储存元件。

【钴-铂】cobalt-platinum

是以铂为基的二元合金。在高温下，铂与钴可无限互溶，其固溶体为面心立方晶格，缓冷至833 ℃，合金内开始出现有序转变。典型合金为$PtCo_{23.3}$，磁性极强，而且磁稳定比较高，磁各向同性。耐化学腐蚀性很好，氢氧化钾和热浓硫酸都不能腐蚀。剩磁 0.64～0.83 T，矫顽力 381.9～389.8 kA/m，最大磁能积 73.6kJ/m³，最高可达 120 kJ/m³，密度 15.5g/cm³，硬度 1961～2059 MPa，线膨胀系数 9.3 $\times 10^{-6}$/℃，弹性模量 196000 MPa。用真空高频炉熔炼，加工性良好可加工成片、线、管材。$PtCo_{23.3}$是性能优良的永磁体，主要用于航天、航海、航空仪表、计测仪、电子钟表、磁控管等。

【硅钢】silicon steel

碳含量很低、硅含量在 0.5%～4.5%的铁硅软磁合金。用硅钢轧制的片材是电工领域中应用最广的软磁材料，因而硅钢片又称电工钢片。硅钢片广泛用于电动机、发电机、变压器、扼流圈、电磁机构、继电器及测量仪表中。其中，冷轧无取向硅钢片最主要的用途是用于发电机制造，故又称冷轧电机硅钢。其含硅量 0.5%～3.0%，冷轧无取向硅钢的 Bs 高于取向硅钢；冷轧取向硅钢带最主要的用途是用于变压器制造，所以又称冷轧变压器硅钢。与冷轧无取向硅钢相比，取向硅钢的磁性具有强烈的方向性；在易磁化的轧制方向上具有优越的高磁导率与低损耗特性。取向钢带在轧制方向的铁损仅为横向的 1/3，磁导率之比为 6：1，其铁损约为热轧带的 1/2，磁导率为后者的 2.5 倍；高磁感冷轧硅钢带皆为单取向钢带，主要用于电信与仪表工业中的各种变压器、扼流圈等电磁元件的制造。

【坡莫合金】permeability alloy

坡莫合金是一种在较弱磁场下有较高的磁导率的铁镍合金，坡莫合金的软磁性能优异，起始磁导率 μ_i 为 37.5～125mH/m，最大磁导率 μm 可达 125～375mH/m，矫顽力 H_c 为 0.8A/m，电阻率 ρ 为 60～85 $\mu\Omega \cdot$ cm，用于制作音频变压器、互感器、磁放大器、磁调制器、扼流器、音频磁头等。镍含量在 30%以上的镍铁合金，在室温时都为单相的面心立方(γ)结构，但在 30%Ni 附近的单相结构很不稳定，因此实用的铁镍软磁合金，含镍量都在 36%以上。铁镍合金在含镍 75%(原子分数)附近，在此单相合金中会发生 Ni_3Fe 长程有序转变，这时合金的点阵常数和物理性质，如电阻率和磁性等都会发生变化。因此，要考虑有序转变对性能的影响。通常在 Ni_3Fe 合金中加入少量 Mo 或 Cu 等附加元素，以抑制长程有序的生成。

【磁光晶体】magneto-optical crystal

在磁场作用下光学性质发生变化(磁光效应)的晶体。磁光效应有：入射光的偏振面在平行于光的磁场作用下偏转(法拉第效应)，垂直入射光在磁性体表面反射时，偏光面偏转(克尔效应)，和磁畴在激光照射时反转(热磁效应)。主要用作激光调制和信息存储介质。

【镁铝榴石】pyrope

参见 6.1.1【镁铝榴石】。

【铁铝榴石】almandine

参见 6.1.1【铁铝榴石】。

【钙铝榴石】grossularite

参见 6.1.1【钙铝榴石】。

【钙铁榴石】andradite

化学式 $Ca_3Fe_2(SiO_4)_3$，属等轴晶系。密度 3.7～4.1g/cm³，折光率：1.85～1.89，色散：0.057，硬度 6.6～7.5，玻璃光泽、油脂光泽到金刚光泽；黄绿色、翠绿色、黑色；吸收光谱：亚种翠榴石紫区强吸收带切断短波区，富铬红区可见双线；包裹体特征：马尾丝状石棉包裹体。由于硬度高，可以作为研磨材料，钙铁榴石中以颜色近似祖母绿的翠榴石最具宝石价值。

【钙铬榴石】calcium-chromium garnet

化学式 $Ca_3Cr_2(SiO_4)_3$，属等轴晶系。密度 3.77g/cm^3，折光率 1.87，硬度 7～7.5，玻璃光泽至树脂光泽，褐红色、红色、绿色等；吸收光谱：在深红区及橙色区有吸收带。主要采用提拉法生长。宝石晶体小，珍贵罕见。

【稀土铁石榴石】rare-earth iron garnet

在 YIG 中掺入一些杂质(如 Bi、Gd、Ce、Ho、Yb、Nd、Er、Pr、Al)后，磁光晶体的各项性能指标大大提高，法拉第旋转角大、饱和磁场小，有利于器件小型化；温度系数低，环境温度变化对器件影响小，能保证器件正常工作，而且液相外延生长技术使掺杂浓度及晶体厚度都很容易控制。

【铽镓石榴石】terbium gallium garnet

化学式 $Tb_3Ga_5O_{12}$，简称 TGG，属立方晶系，密度 7.13g/cm^3，熔点 1725 ℃，莫氏硬度 8.0，TGG 单晶具有大的费尔德常数、低的光学损耗、高的热导率和高的光损伤阈值，是一种优异的磁光材料，适用波长 400～1100nm(不包括 470～500nm)。可用于法拉第器件，尤其适合于 YAG 激光、掺钛蓝宝石可调谐激光、环形激光和种子注入的激光器。通常采用提拉法生长大尺寸的 TGG 单晶。

【钨酸铽钠】terbium sodium tungstate

化学式 $NaTb(WO_4)_2$，晶体在可见光和近红外波段有较大的费尔德常数和磁光优值。通常采用提拉法生长大尺寸的单晶。

【钼酸铽钠】terbium sodium molgbdate

化学式为 $NaTb(MoO_4)_2$，释义参见本节【钨酸铽钠】。

【正铁氧体】orthoferrite

化学式 $RFeO_3$ 系列铁氧体，R＝Y、Ho、Er、Nd 等，属于钙钛矿结构。

$YFeO_3$ 晶体是钙钛矿结构的铁氧体，属正交晶系，晶格常数：a ＝ 5.2819Å，b ＝ 5.5957Å，c＝7.6046Å。$YFeO_3$ 是一种在可见和近红外波段透明的铁磁材料，特别在近红外波段有很高的磁光优值；低的饱和磁化强度；矫顽力可控，可以从0.01变到几百 O_e；畴宽度比 YIG 要宽很多，畴壁运动范围大，畴壁运动速度是磁性介质中最快的。这些研究表明了 $YFeO_3$ 晶体的巨大应用潜力。研究发现，在器件应用上 $YFeO_3$ 晶体有一系列优势：(1) 在磁光开关应用中，开关速度非常快，开关时间为 100ns。而目前商用 YIG 开关时间是 300 μs；(2) 在磁光传感器应用中，将法拉第效应和畴壁运动相结合，适用频率范围和温度范围大，测量的灵敏度高(S=15 %/μT，而 YIG 的灵敏度只为 S=0.12 %/μT)，受光纤、传感器的透明性、光的波长和强度的影响很小；(3) 在光点位置测量应用中，测量的分辨率和取样速度要超过 CCD (charge coupled devices)和 PSD (position sensitive detector)。可用水热法、提拉法、坩埚下降法、助熔剂法和光学浮区法等生长。

$HoFeO_3$、$ErFeO_3$、$NdFeO_3$ 等其他稀土铁氧化物，其 Fe^{3+} 离子的自旋重取向一般是由{GxAyFz} 到{FxCyGz}，这是 F 型铁磁有序排列的重取向，属二级磁相变。铁氧体材料是一类重要的非金属磁性材料。

17.2.8 衬底晶体和宝石

【衬底晶体】substrate crystal

又称基底、基片材料。用以制作各种集成电路上生长外延层或其他沉积层用的片状固体基底。例如在薄膜和混合集成电路中，基底材料是用来淀积印刷薄膜电阻和薄膜电容，安装分立元件的玻璃片或高纯度陶瓷片。为了提高集成电路的隔离性能，提高绝缘电阻，减少寄生电容，大规模集成电路采用硅膜外延在绝缘性良好的白宝石、尖晶石基底材料上。

【硅单晶】silicon single crystal

又称单晶硅，化学成分为单质硅(Si)。属立方晶系，金刚石型结构，空间群 O_h^7－Fd3m，晶格常数 5.4301Å。密度 2.33g/cm^3，熔点 1412℃，莫氏硬度 7，质脆而硬。它是一种外观呈银灰色光泽、不透明的半导体材料。用提拉法或区熔法可生长大尺寸、无位错或低位错、结构完整的不同电阻率的硅单晶。在晶体生长过程中，掺入微量 Ⅴ 族元素如磷、砷、锑，可制成 n 型(电子导电型)硅单晶。掺入Ⅲ族元素硼，可制成 p 型(空穴导电型)硅单晶。

【铝镁尖晶石晶体】magnesium-aluminium spinel crystal

结构式 $MgAl_2O_4$ 型的化合物晶体，属立方晶系，具有典型的正尖晶石型结构，空间群 O_h^7—Fd3m，晶格常数 8.0808Å。无色透明，密度3.58g/cm³，熔点 2150℃，莫氏硬度 8，具有优良的电绝缘性和化学稳定性。用焰熔法或提拉法生长。与硅单晶点阵匹配相近，是硅外延用的一种优良基底材料，亦可用作微波延迟线的基底。

【白宝石】white sapphire

参见 6.4.1【白宝石】。

【氮化镓】gallium nitride

化学式 GaN，属六方晶系，纤锌矿结构，晶格常数：a = 3.186Å，c = 5.186Å，密度 6.15g/cm³。其禁带宽度大(3.4eV)，热导率高(1.3 W/cm·K)，则工作温度高，击穿电压高，抗辐射能力强；GaN 材料的研究与应用自 2010 年以来一直是全球半导体研究的前沿和热点，是研制微电子器件、光电子器件的新型半导体材料，并与 SIC、金刚石等半导体材料一起，被誉为是继第一代 Ge、Si 半导体材料、第二代 GaAs、InP 化合物半导体材料之后的第三代半导体材料。它具有宽的直接带隙、强的原子键、高的热导率、化学稳定性好(几乎不被任何酸腐蚀)等性质和强的抗辐照能力，在光电子、高温大功率器件和高频微波器件应用方面有着广阔的前景。

【碳化硅】silicon carbide

参见 16.2.1【碳化硅】。

【砷化镓】gallium arsenide

化学式 GaAs，属立方晶系，闪锌矿型晶格结构，晶格常数：5.65Å，是一种重要的半导体材料，属Ⅲ－Ⅴ族化合物半导体。密度 5.31g/cm³，熔点 1237 ℃，禁带宽度 1.4eV。砷化镓可以制成电阻率比硅、锗高 3 个数量级以上的半绝缘高阻材料，用来制作集成电路衬底、红外探测器、γ光子探测器等。由于其电子迁移率比硅大 5～6 倍，故在制作微波器件和高速数字电路方面得到重要应用。用砷化镓制成的半导体器件具有高频、高温、低温性能好、噪声小、抗辐射能力强等优点。此外，还可以用于制作转移器件——体效应器件。砷化镓是半导体材料中，兼具多方面优点的材料，但用它制作的晶体三极管的放大倍数小，导热性差，不适宜制作大功率器件。虽然砷化镓具有优越的性能，但由于它在高温下分解，故要生长理想化学配比的高纯单晶材料，技术上要求比较高。

【碲锌镉】cadmium zinc telluride

化学式 $Cd_xZn_{1-x}Te$，简称 CZT。随着 Zn 加入量的不同，熔点在 1092 到 1295 ℃之间变化。CZT 晶体被广泛用作红外探测器 HgCdTe 的外延衬底和室温核辐射探测器等，它具有优异的光电性能，可以在室温状态下直接将 X 射线和 γ 射线转光子变为电子，是迄今为止制造室温 X 射线及 γ 射线探测器最为理想的半导体材料。同时，CZT 晶体也是制备高能 X 射线、γ 射线探测器和高性能太阳能电池的重要材料。

【氮化铟】indium nitride

化学式 InN，室温下禁带宽度为 0.90 eV，属直接跃迁型能带结构。有两种结晶形式，一种是立方晶系，晶格常数：4.98Å；另一种是六方晶系，晶格常数：a = 3.533Å，c = 5.692Å，密度 6.88g/cm³，熔点 1200℃。因为异质外延氮化物薄膜通常带来大量的缺陷，缺陷损害器件的性能。与 GaN 一样，如果能在 InN 上进行同质外延生长，可以大大减少缺陷，那么器件的性能就有巨大的飞跃。自支撑同质外延 GaN、AlN 和 AlGaN 衬底是目前最有可能首先获得实际应用的衬底材料。另外，InN 优良的电子输运性能和窄的能带，有望应用于制造新型高频太拉赫兹通信的光电子器件。

【氮化铝】aluminum nitride

参见 9.2.1【氮化铝】。

【硼化锆】zirconium boride

化学式 ZrB_2，密度 6.085g/cm³，灰色坚硬晶体，带金属光泽，有金属性。电阻略低于金属锆，加热后在较大的温度范围内稳定。二硼化锆为六方体晶型，灰色结晶或粉末，相对密度5.8g/cm^3，熔点为3040℃。耐高温，常温和高温下强度均很高。耐热震性好，电阻小，高温下抗氧化。ZrB_2是2001年日本科学家首次提出用于氮化物外延新型衬底。ZrB_2与氮化物晶格匹配，而且其具有匹配的热膨胀系数和高的电导率。主要用助熔剂法和浮区法生长。自支撑同质外延衬底的研制对发展自主知识产权的氮化物半导体激光器、大功率高亮度半导体照明用LED，以及高功率微波器件等有重要意义。

【氧化锌】zinc oxide

参见10.3.2【氧化锌】。

【宝石】gem

参见6.4.1【宝石】。

【钻石】diamond

参见6.4.1【钻石】。

【刚玉类宝石】corundum

指以矿物刚玉为原料的宝石，其成分为氧化铝，三方晶系，莫氏硬度9，密度3.9～4.1g/cm^3，折射率1.76～1.78，双折射率0.008，负光性单轴晶。当不含杂质时，为无色透明，含杂质时呈现不同色泽，如含Cr_2O_3为红宝石，含TiO_2和Fe_2O_3为蓝宝石，含其他杂质也可使其呈紫、黄或绿等色。红宝石以鲜红色且均匀者为最佳，蓝宝石以蓝色微带紫且均匀者为最佳。目前人工合成红、蓝宝石也已批量合成生产，其价值远低于天然宝石。

【金绿宝石】chrysoberyl

参见6.4.1【金绿宝石】。

【水晶】crystal

参见6.4.1【水晶】。

【托帕石】topas

旧称黄玉，也称黄宝石，化学成分为$Al_2SiO_4(F, OH)_2$，正交晶系，莫氏硬度8，密度3.53～3.56g/cm^3，折射率1.61～1.64，双折射率0.005～0.010，随品种不同而异。无杂质时为无色透明。宝石级托帕石包括黄色、粉色～红色、蓝色托帕石。紫红色最贵，其次为粉红色、棕黄色、蓝色和黄色，无色价值最低。

【电气石】tourmaline

参见6.1.1【电气石】。

【石榴石】garnet

是$L_3M_2(SiO_4)_3$一类矿物的总称，有两个类质同象系列，即铝榴石系列和铬钙铁榴石系列。前者在镁铝、铁铝和锰铝榴石，后者在钙铬、钙铝和钙铁榴石，共有六个品种。其硬度为7左右，密度随组分不同而异，在3.6～4.2g/cm^{3}之间，立方晶系，呈不同色泽。翠绿色钙铁榴石(翠榴石)或铬钒钙榴石价值最高。

【翡翠】jadeite

参见6.4.1【翡翠】。

【软玉】nephrite

参见6.4.1【软玉】。

【欧泊】opal

参见6.4.1【欧泊】。

【绿柱石】beryl

参见6.1.1【绿柱石】。

17.2.9 其他功能晶体

【热释电晶体】pyroelectric crystal

在温度变化时，某些晶体由于结构上的非对称性，能在某一结晶学方向上引起正负电荷重心的相对位移，改变其自发极化状态，从而在该方向两边产生数量相等、符号相反的束缚电荷。具有这种性质的晶体，称为热释电晶体。这种晶体都具有压电性。主要有：硫酸三甘肽(TGS)、硫酸锂、硒砷化铊、硫砷铊、铌酸锶钡、硫碘化锑、亚硝酸钠、钽酸锂、铌酸锂等。利用晶体的热释电效应，可以制造红外热释电探测器、红外热释电摄像管等。

【铁电晶体】ferroelectric crystal

在一定温度范围内，具有自发极化的晶体，并且在外电场作用下，自发极化的方向可以在几个能量相同的状态下转变或重新取向，表现出电滞回线以及电畴结构。当温度升高到T_c(居里温度)以上时，自发极化消失，晶体经历铁电-顺电相变，居里点以上介电常数随温度变化满足居里外斯定律。铁电单晶具有压电效应、热释电效应、电光效应和非线性光学效应。由弛豫体（如铌镁酸铅）和正常铁电体（钛酸铅）固溶而形成的弛豫铁电体，能够表现出超高的压电效应、热释电效应等。主要的正常铁电体有：钛酸钡、铌酸锂、钽酸锂、磷酸二氢钾等，主要的弛豫铁电体有铌镁酸铅-钛酸铅、钛酸铋钠-钛酸钡等。铁电晶体主要用来制作谐振器、滤波器、热释电红外探测器、光参量振荡器、驱动器、传感器等，是现代激光技术、电子通信、红外探测、微波声学和超声技术中应用的重要材料。

【云母】mica

参见 6.1.1【云母】。

【合成云母】synthetic mica

模拟天然云母的成分与结构，利用化工原料以人工方法合成的云母。通式为 $XY_{2\text{-}3}(Z_4O_{10})(OH, F)_2$，式中：X、Y、Z、分别代表一种或两种元素的阳离子，如 X 为 K^+、Na^+；Y 为 Mg^{2+}、Al^{3+}；Z 为 Si^{4+}、Al^{3+} 等，因而可合成出多种云母族矿物。常用的合成方法有内热法、坩埚下降法以及固相反应法、高温熔融法等。目前，工艺比较成熟并有工业价值的合成云母有氟金云母及水胀云母。

【氟云母】fluor-mica；fluormica

以氟离子取代天然云母结构中的羟基离子而成的一族合成云母的统称。氟云母可在通常压强下以坩埚法或电阻熔融法合成。

【氟金云母】fluorophlogopite

以氟离子取代羟基离子而成的合成金云母。分子式为 $KMg_3(AlSi_3O_{10})F_2$，属单斜晶系，空间群 $C-\frac{2}{m}$，晶格常数：$a_0=5.308$Å，$b_0=9.183$Å，$c_0=10.139$Å，$\beta=100.07°$，密度 $2.889g/cm^3$，析晶温度 1375℃。大规模生产方法为内热法，常用的原料有：氟硅酸钾、氟化镁、石英粉、滑石扮、钾长石、氧化铝、氧化镁和碳酸钾等，也可用内热法所得的云母碎料以晶种法生长出大面积的书状透明单晶体。氟金云母的电气性能与优质白云母近似，但能在 1100℃长期使用，耐热性远优于白云母，且耐酸、耐碱、抗腐蚀、透红外线，可用于长寿命电子管、高压锅炉水位计、多类射线窗口、高温绝缘支架、电容器芯片，以及其他高温电气绝缘场合。用晶种法以工业规模生产大尺寸氟金云母为我国所首创。

【水胀氟云母】water-swelling fluoromica

一种遇水膨胀的人工合成云母，由于云母结构中配位离子不同，有带云母和四硅云母两种类型，前者化学式为 $Li(Na)Mg_2LiSi_4O_{10}F_2$（层间离子是 Li^+ 或 Na^+），后者化学式为 $Li(Na)Mg_{2.5}Si_4O_{10}F_2$。可以用内热法、坩埚法、固相反应法合成。析晶温度 1000～1100℃。合成所用的主要原料有氟化锂、碳酸锂、氟化镁、氟硅酸钠、碳酸钠、氧化镁、二氧化硅等。除具有耐高温、电绝缘性能之外，还具有很强的吸着特性，不仅在空气中能吸附水分自行胀开，而且分散在水溶液中能吸着很多阳离子，对原子能放射性废水中的放射性核素 Cs^{137}、Sr^{89} 等具有很强的选择吸着效能，吸着牢靠不易洗脱，适用于净化放射性废水或其他污水。

【氟蒙脱石】fluoromontmorillonite

一种人工合成云母料。在结构与性能方面与水胀氟云母有相同之处，所不同的是结构中 $Z\text{-}O_4$ 配位的硅一部分被硼或铝取代，其化学式为 $Li(Na)Mg_3B(Al)Si_3O_{10}F_2$。合成方法有固相反应法、内热法、坩埚法。所用原料除 B_2O_3、Al_2O_3 外，与水胀氟云母所用原料相同。

【玻璃结合云母】glass bonded mica

以天然或人造云母的细粉为主要原料，用电性能良好的玻璃粉为粘结剂，添加少量矿化剂，经混料、压坯、焙烧、成型、退火而制成的一种类似陶瓷的无机耐高温绝缘材料。天然云母粉制成者称云母玻璃，合成云母粉制成者称云母陶瓷。由于合成云母可在 1100℃不放气，故可使用高软化点玻璃制成耐温达 800℃以上的云母陶瓷，成为一类高温绝缘材料。云母改善了玻璃的脆性、可加工性和抗热震性，使之成为兼具陶瓷和塑料两者优点的材料，故又名陶瓷塑料或云母塑料，这类材料可热压或注射成型为板、棒或其他异型产品，广泛应用于电气、电子工业中。

【熔铸合成云母】fusion-cast synthetic mica

又称云母铸石或微晶云母。以合成氟金云母粉或成分近似的混合粉料为主要原料，掺加1%～3%成核剂(如氧化锌)和助熔剂，经熔化澄清后，在钢模中铸造成型。它具有绝缘、耐高温(1100℃)、耐急冷急热、耐腐蚀(特别是耐铝熔液的腐蚀)等特性，并可进行机械加工，是一类优良的高温可加工绝缘材料。可使用于铝合金自动浇铸的泵沟及管道、开关；中频热处理绝缘板及管；离子氮化炉绝缘件以及其他高温耐腐场合。

【云母粉】mica powder

以天然或人造碎云母为原料经粉碎、分级制成的粉料。一般采用气流粉碎、空气分级，其堆积密度很小，使用时易于分散。粗云母粉常用于油毡、焊条、干式灭火器、云母玻璃、云母陶瓷、建筑接缝胶泥作填料；超细云母粉用于耐气候漆、船舰底漆、电工塑料及特种橡胶作填料。合成云母粉可用作止焊剂和脱膜剂。

17.3 晶体生长方法和设备

17.3.1 晶体生长方法

【溶液生长法】solution growth method

从溶液中生长晶体的方法，基本原理是将原料(溶质)溶解在溶剂中，采取适当措施造成溶液的过饱和状态，在过饱和溶液中生长单晶的方法。根据采取措施的不同又分为降温法、溶剂蒸发法、环流法等。溶液生长法是历史最久、应用很广的晶体生长方法。用溶液法培养的晶体有磷酸二氢铵、磷酸二氘钾、碘酸锂等。主要优点是设备简单，容易生长出优质大晶体，可直接观察生长过程和便于研究生长规律。主要缺点是生产周期长，生长出的晶体易潮解，机械性能较差。狭义上讲，主要指水溶液生长法，磷酸二氢钾(KDP)以及一些蛋白质晶体的生长主要使用这种方法。广义上讲，溶液生长法也包括助熔剂法和水热法。

【环流法】circulating flow method

又称恒温流动循环法，利用不断循环流动的溶液，使晶种处在一定的过饱和度的溶液中培养晶体的方法。把溶液配制、过热处理、单晶生长等操作过程联结起来，包括育晶槽，饱和槽和过热槽三个部分。其优点是温度恒定，可选择较低的培养温度，便于培养大尺寸的单晶，有利于进行晶体生长动力学的研究。缺点是设备较复杂。装置如附图所示。

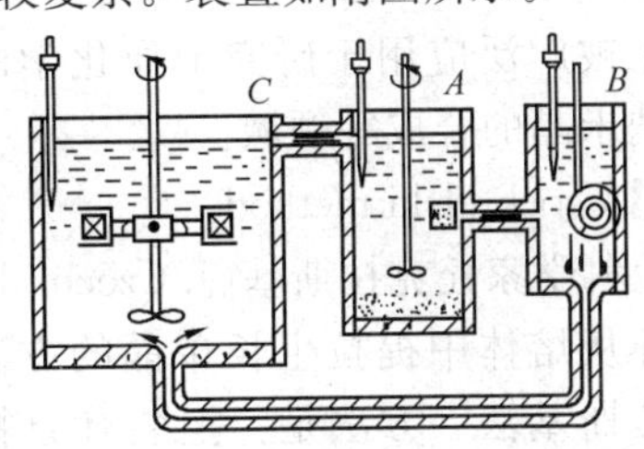

环流法

A—饱和槽；B—过热槽；C—育晶槽

【助熔剂法】flux growth method

又称熔盐法或高温溶液法。它是将某些无机盐类的熔体作助熔剂，将原料(溶质)溶解其中，通过共熔的方式降低溶质的熔化温度，并使其在特定的条件下达到过饱和状态，然后通过缓慢降温或其他办法使晶体析出的方法。这个过程类似于自然界中天然矿物在岩浆中的结晶。此方法通常用于高熔点氧化物以及某些在熔点下发生分解或相变的物质的晶体生长。优点是长出来的晶体热应力小、完整性好，但不易得到较大的晶体，且晶体易受助熔剂的污染。选择助熔剂的主要条件是(1)对溶质有较大的溶解度；(2)不应与溶质形成化合物或固溶体；(3)挥发性小、熔点低。采用此方法生长的晶体主要有钛酸钡、钇铁石榴石、铌酸钾和三硼酸锂晶体等。

【水热法】hydrothermal method

又称高压溶液法、热液法。利用高温高压溶液使那些在通常条件下不溶或难溶的物质溶解或反应生成该物质的溶解产物，并使其呈过饱和态从而结晶生长的方法。水热法晶体生长一般在特制的高压釜内进行，通常采用温差法。在生长条件下，利用原料在溶液中溶解度随温度变化的性质，使溶解区的饱和溶液对流至生长区，变为过饱和溶液，而在晶种上析出。采用水热法生长晶体时，一般还在水溶液中加入一定量的矿化剂，以增加原料的溶解度和溶解度温度系数，在生长区和溶解区之间放入一块开口面积合适的金属挡板，以获得均匀的生长区。所需的压力是在密封的高压釜中，由一定填充度的水溶液，加热至某一温度获得。人工水晶是采用水热法培育的典型人工晶体之一。此外，水热法也被广泛应用于研究地质化学的相平衡以及纳米晶的合成等领域。

【提拉法】Czochralski method

波兰科学家丘克拉斯基(J. Czochralski)发明的一种从熔体中提拉生长单晶的方法，又称丘克拉斯基法。方法是：把装有原料的坩埚置于单晶炉内，加热使原料完全熔化，加热器与热屏配置使得熔体内部及上部有一个合适的温度场。把装在籽晶杆上的籽晶浸渍到熔体中与液面接触，精密地控制和调整温度，缓慢地向上提拉籽晶杆，并以一定的速度旋转，使结晶过程在固液界面上连续地进行，直到晶体生长达到预定长度时为止。这是从熔体中生长单晶体的一种重要方法，一些主要的半导体材料和激光材料、压电晶体如大尺寸硅单晶、钇铝石榴石、铌酸锂晶体等都采用此法生长。

【坩埚下降法】bridgman-stockbarger method

亦称温梯法、垂直布里奇曼法。具体做法是将装有原料的坩埚置于分成低温区和高温区的梯度炉内来实现晶体的生长。通常将坩埚置于高温区，将原料熔化，然后使坩埚缓慢向低温区移动，在达到凝固温度时，由尖底处长出晶核。随着坩埚向低温区移动，可使填充在整个坩埚内的原料生长出一整块单晶体。坩埚下降法是一种用途较广的由熔体生长单晶的方法。早期主要用于金属、卤化物等晶体的生长，现在也用于锗酸铋、四硼酸锂等氧化物晶体生长。

【焰熔法】flame melt method

也称维尔纳叶法(Verneuil method)。将原料粉装在料斗内，由敲击下落通过倒装的氢氧焰喷嘴，待其熔化后形成的熔体液滴缓慢下落，并在下落的过程中冷却直至在籽晶上凝固结晶，生长出梨状或杆状晶体的方法。这种方法的优点是不用坩埚，晶体生长速度快，设备较简单，生产成本低，可生长熔点高达2500℃的晶体，且在生长过程中能直接观察到晶体的生长状况；适用于各种高熔点氧化物晶体的生长。缺点是生长速度太快，晶体内应力很大。早期工业上用的红宝石、白宝石、尖晶石、金红石及钛酸锶晶体主要采用此法生长。

【导模法】edge-defined film-fed crystal growth

全称为边缘限定薄膜供料提拉生长技术，简称EFG法。其基本原理与熔体提拉法相似，但在拟生长的单晶物质熔体中，放入顶面与所拟生长的晶体截面形状相同的空心模子(导模)，模子用材料应能为熔体充分润湿而又不发生反应。由于毛细管现象，使熔体上升到模子的顶端面形成一层薄的熔体层，将晶种浸渍到其中，便可提拉出截面与模子顶端截面形状相同的晶体。导模法主要用于制备片状、杆状或管状等特殊形状的晶体，如硅片、锗片及白宝石片等，能有效节省加工成本。

【冷坩埚法】cold crucible method

这种方法是提拉法生长单晶的一种改进形式。为了解决坩埚材料的污染和选择的困难，用原料本身熔化成一层熔壳，作为熔体坩埚的方法。即将原料压成块状坯体，外周通水冷却，先以电阻或电子束等方法将原料坯体的一部分熔化，待熔化成一定量的熔体而使电阻下降时，再以高频电流加热，使熔体的熔化量不断增加，然后下种，按一般提拉法进行晶体生长。这时由于原料坯体的外围用水冷却，因而不致全部被熔化，保留着一层由原料组成的外壳，起到坩埚作用，故称冷坩埚法，又称壳熔法。此法最初由法国科学家 Roulin 发明，苏联(俄罗斯)科学家逐渐完善，并在立方氧化锆生长上获得成功。

【区熔法】zone melting method

用环形加热器对一个长的多晶料棒加热，从而在料棒的一端形成一个窄的熔区，移动料棒或加热器使熔区不断向低温区移动结晶出单晶。该法不仅可以用作单晶生长，利用杂质在固液相中分凝系数的不同，通常还被用于原料的提纯。区熔法分为两种：水平区熔法和立式悬浮区熔法。前者主要用于锗、GaAs 等材料的提纯和单晶生长，后者主要用于硅单晶的提纯和生长。

【升华法】sublimation method

在高温区将原料加热使其蒸发或升华，利用气体的扩散性或惰性气体的输运，使其到达低温区并形成过饱和状态成核生长成晶体的方法。适合生长熔点较高、蒸气压较大、熔体生长比较困难的晶体材料如 CdS、ZnS、SiC 等化合物半导体晶体。

【气相化学沉积】chemical vapor deposition

简称 CVD。将金属的氢化物、卤化物或有机金属化合物蒸发成气相，或用适当的气体做载体，输运到使其凝聚的较低温度区内，通过化学反应，在一定的衬底上沉积，形成所需要的固体薄膜材料的方法统称。沉积在衬底上的薄膜可以是晶态，也可以是非晶态。化学气相沉积广泛应用于微电子工业中的各种薄膜材料制备。

【气相外延法】vapor phase epitaxy method

简称 VPE 法。气相外延法是将气相状态的原料通过化学反应或冷凝沉积到基片上并生长出具有特定晶向的薄膜晶体的方法。根据基底材料与生长薄膜的异同，分为同质外延和异质外延。气相外延广泛用于制备电子工业中使用的各种薄膜状单晶，由于在气相内掺杂物质容易混合均匀，所以对于生长具有规定掺杂浓度的单晶薄膜尤为合适，如可方便地制备半导体器件上的 p-n 结、异质结等。

【液相外延法】liquid phase epitaxial method

简称 LPE 法。将拟生长的单晶组成物质直接熔化或熔化在溶剂中保持液体状态，将用作衬底的晶体薄片浸渍其中，缓慢降温使熔化状态的溶质达到过饱和状态，在衬底上析出单晶薄膜。衬底一般是用同一种的晶体做成，也可以用组成不同、晶格参数与拟生长的薄膜晶体相同或相近的晶体做成。前者称为同质液相外延，后者称为异质液相外延。半导体材料砷化镓的外延层以及磁泡材料石榴石薄膜的生长，多采用此方法。

【氨热法】ammonothermal method

该法类似于水热法，区别在于利用液氨替代水作为溶解溶质的溶剂，主要用来生长高质量的氮化镓晶体。高压釜被隔板分为两个区，上层为低温区，下层为高温区。在高压釜内充入液氨，同时在低温区载入矿化剂和氮化镓颗粒。随着温度的升高，液氨进入超临界状态，下层低温区的氮化镓颗粒开始溶解，并形成离子型中间化合物，由于上下两部分之间存在的温差导致溶剂对流，使得中间化合物通过隔板输运至上层的籽晶上结晶。

【底部籽晶法】the bottom seeded method

全称是底部籽晶高温溶液生长技术(the bottom seeded solution growth technique, BSSG)，就是在坩埚底部放入籽晶，然后通过缓慢降温或者下降坩埚来实现接种生长。它把坩埚下降法和助熔剂法巧妙地结合起来，是解决非一致熔融晶体生长问题的一种有效途径。利用该法成功地长出了 PZNT、SLN 和 KLN 晶体。

17.3.2 晶体生长设备

【高压釜】autoclave

用于高温高压下进行各种间歇操作的密闭压力容器。高压釜的结构形式由于用途不同而异，水热法生长晶体广泛采用改进后的布里奇曼结构(见附图 a)。它是自紧式的，其优点是装卸方便，内径几十毫米至 300mm 的高压釜均可采用。卡箍式结构(见附图 b)适用于内径较大的高压釜(大于 300mm)，可以避免因采用前一种内螺纹结构(由于容器的加大)而造成装卸方面的困难。这种结构有利于采用液压传动系统进行装卸。

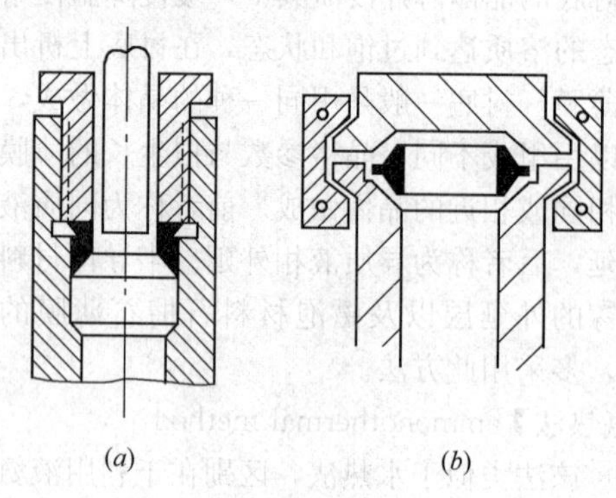

(a) (b)

高压釜

【单晶炉】crystal growth furnace

由熔体生长单晶的加热和控制设备。主要由四部分构成：(1)炉体。内置加热元件和保温材料，上面装有籽晶杆，下面装有坩埚托，炉壁通水冷却。如为了控制炉内气氛，整个炉体须真空密封，并可充以各种所需的气氛。(2)加热部分。加热方式一般采用高频感应加热或电阻加热。(3)传动部分。用以升降、旋转籽晶及坩埚。驱动力可由多种方式提供，如直流伺服电机、力矩电机、液压传动机构、浮力提拉机构等。传动的要求是速度稳定、均匀，尽量减少振动。(4)自动控制部分。可用计算机进行多台单晶炉的全自动控制。一般只对炉内温度进行精密控制，亦有对生长的晶体直径进行等径控制。

【坩埚】crucible

从熔体中生长晶体使用的坩埚，需符合下述条件：坩埚的最高工作温度必须高于物料的熔点，并满足晶体生长的工艺条件，坩埚在工作温度下不与熔料及气氛起化学反应，对熔料及气氛无污染，不挥发；有一定的耐热冲击能力和机械强度。此外，在坩埚下降法等使用场合，须考虑坩埚的热膨胀系数；在高频感应加热条件下，用坩埚兼作发热体时，尚需考虑坩埚的电导率。常用的坩埚材料如附表所示。

常用坩埚材料

材料	最高工作温度	使用条件	备注
熔石英	1250℃	可用于氧化及还原性气氛	
氧化铝	1900℃	可用于氧化及还原性气氛	1600℃以上可能与金属起反应
铂	1550℃	可用于氧化及中性气氛	
铱	2100℃	高温下可用于弱氧化气氛	
钼	2400℃	在中性及还原性气氛保护下	1000～1500℃氧化较严重
钨	3000℃	在中性及还原性气氛保护下	
石墨	2500℃	在中性及还原性气氛保护下	高于1600℃在空气中氧化
玻璃态碳	1800℃	在中性及还原性气氛保护下	

【电阻加热】resistance heating

直接通工频电流或直流至电阻发热元件进行加热的一种加热方式。从熔体中生长单晶，用此法加热。优点是方法简易，缺点是在很高温度下，发热元件的挥发物会造成一定程度的气氛污染。常用的发热材料如附表所示。

常用发热材料

发热材料	最高工作温度	使用条件
镍铬丝	1050℃	空气中
铁铬铝	1350℃	空气中
硅碳棒	1350℃	空气中
铂丝	1450℃	空气中
硅钼棒	1650℃	空气中
钼丝	1900℃	中性或还原气氛
石墨	2000℃以上	中性或还原气氛
钨丝(棒)	2000℃以上	中性或还原气氛

【感应加热】induction heating

采用高频振荡器作加热电源的加热方式。常用振荡频率在300～500kHz之间。也可采用中频逆变器，频率为1.0～10kHz，称为中频加热。对于导电性能差的材料，可采用高达3～5MHz的频率。感应加热要求坩埚或物料是导电的，以便能产生足够的电流。如果坩埚和物料都不导电，则需设置导电的感应器作为发热体。有些物料在高温下才导电，则可设置辅助加热器，使物料预先加热到能导电的温度。由于在感应加热中发热体就是坩埚和物料本身，所以气氛污染很小。

【等离子加热】plasma heating

用高温等离子体发生的热能作热源进行加热的方法。由于等离子体加热可以得到2000℃以上的高温，故可代替氢氧焰作焰熔法生长高熔点晶体的热源。用于发生高温等离子体的气体有Ar、He、N等。这种加热方法的缺点是温度难以控制，不易生长出质量均匀的晶体。

【红外加热】infrared heating

用红外波段的电磁波进行加热的方法，用此法生长单晶时，使用的炉腔一般由椭球体的反射镜构成。在椭球体的两个焦点上，分别放置光源和原料棒，由炉腔将光反射聚焦在原料棒上，使其局部熔化，边旋转边沿垂直方向移动，随着熔化区的移动结晶成单晶体。因不使用坩埚，不易污染，生长出的晶体径向组成变化小，并可在控制的气氛中进行生长，但难于生长出直径较大的晶体。使用的红外加热源有卤素灯、二氧化碳激光等。

【成像加热】thermal image heating method

用光学系统将光能聚焦，利用其所发生的高温进行加热的方法。光源有太阳光、二氧化碳激光、碳弧放电以及Kr、Xe灯。这种加热方法的特点是：(1)可获得很高的温度，最高可达3500℃；(2)在加热时试样周围的气氛较易控制；(3)不需要坩埚，可避免污染。主要用于某些高熔点单晶的生长和高温物质的相关系研究。

17.4 晶 体 缺 陷

【晶体缺陷】defects

晶体的主要特征是其结构单元作点阵式排列的周期性，理想晶体的所有结构单元都位于其格点。但是实际晶体都存在或多或少偏离严格的周期性，这种偏离就形成了晶体中的缺陷。晶体的缺陷种类繁多，通常人们根据晶体缺陷在空间延伸的线度将其分为点缺陷、线缺陷、面缺陷和体缺陷。

【晶体的点缺陷】point defects in crystal

晶体中的点缺陷主要有点阵空位、间隙原子和原子周期性序列错位等。在离子晶体中，点缺陷可俘获电子或空穴形成色心。此外，点缺陷间也可发生交互作用形成更复杂的点缺陷，如点缺陷对、点缺陷群等。

【色心】colour center

晶体中的点缺陷与它们所俘获的电子或空穴相结合，能对可见光作选择性吸收，使晶体呈色，故称色心。色心有多种形式，最基本的有两种，即：由阴离子缺位俘获自由电子而形成的，称为F心，由阳离子缺位俘获空穴而形成的，称为V心。在晶体生长过程中可能产生色心，晶体受紫外光、X射线辐照，电子束等高能粒子流轰击时也能产生色心。在光学材料中，色心将产生附加光吸收，带来不利的影响。但也可以利用晶体的色心进行信息存储，做成连续可调激光器等。色心可以经过退火处理加以消除。

【位错】dislocation

参见1.1.4【位错】。

【蚀坑】etch pit

当晶体表面受到化学腐蚀剂、热或侵蚀剂作用时，位错或其他缺陷在晶体表面露头处受腐蚀形成的小坑。蚀坑的几何形状与受腐蚀晶体平面的结晶学方向密切相关，一般沿三次轴方向表现为正三角锥坑，四次轴方向为正四角锥坑。从蚀坑的对称性形态和取向，可以测定位错的取向，从坑底的形态观察位错运动等。此外，蚀坑的几何形状、完善程度还与腐蚀剂和腐蚀条件有密切关系。研究蚀坑所用设备简单，方法简便，易于普及。

【晶体的面缺陷】face defects in crystal

晶体的面缺陷是指在晶体中存在的二维缺陷，按面缺陷两侧晶体的几何关系，可分为平移界面、孪晶界面和位错界面三种。其中原子的堆垛层错是平移界面；孪晶界面是反映两孪晶间的对称关系，不是单一的位移矢量，而是一个位移场；亚晶界和相界也属于面缺陷。

【堆垛层错】stacking fault

理想的完整晶体，可以认为是由许多相同或不同的原子面，沿某一方向以平行交替的顺序堆砌构成的。如果某一原子面的堆砌顺序出现异常，就会在晶体内部形成一个面缺陷，这个面缺陷称为堆垛层错。例如六方晶体的(0001)面上，完整的堆垛顺序是“…ABABAB…”或记为“…△▽△▽…”。层错时两个相同的原子面不可能相互更换，这意味着六方晶体堆垛中出现面心立方堆垛层次，即“…ABCABC…”，为此六方晶体中堆垛层错就有下列几种方式。记有·号的位置就是堆垛层错的位置。

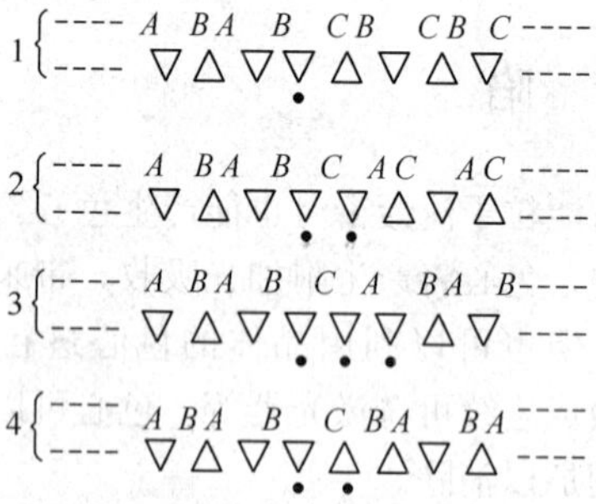

```
  {---- A  BA  B  CB   CB C ----
1 {---- ▽ △ ▽ ▽ △ ▽ △ ▽ ----
              •

  {---- A  BA  B  C  AC   AC ----
2 {---- ▽ △ ▽ ▽ ▽ △ ▽ △ ----
              •  •

  {---- A  BA  B  C  A   BA  B----
3 {---- ▽ △ ▽ ▽ ▽ ▽ △ ▽ ----
              •  •  •

  {---- A BA  B   C BA    BA ----
4 {---- ▽ △ ▽ ▽ △ △ ▽ △ ----
              •  •
```

堆垛层错

【畴壁】domain wall

除了一般的孪晶界面以外，畴界，包括磁畴界和电磁界在许多方面也与孪晶界相类似。铁电晶体内部各部分自发极化方向是不同的，其中自发极化方向相同的部分称为铁电畴，铁电畴间的界面称为电畴界。铁磁晶体在居里点以下铁磁相中也存在不同铁磁畴区，铁磁畴间的界面称为磁畴界。这些畴界也称畴壁。铁磁畴界较厚约为几百埃，而180°铁电畴界约为几埃，机械铁电畴界约为几十埃。

【包裹体】inclusion

参见6.1.1【包裹体】。

【镶嵌结构】mosaic structure

理想晶体具有完整的周期性点阵排列，而实际晶体的点阵往往存在偏离周期排列的现象，它由许多线性尺寸为10^{-4}～10^{-5}cm的较完整的微晶体构成，这些微晶的取向大致相同，但相互间的取向仍具有弧秒或弧分数量级的错乱，这种结构称为镶嵌结构。具有这种结构的晶体称作镶嵌晶体。晶体中除了具有大约1μm尺寸的区域外，还可看到0.1～1mm的更大区域，通常把区域尺寸小于10^{-4}cm的称为微镶嵌，大于10^{-4}cm的称为大镶嵌。晶体中的镶嵌结构可用X射线衍射法进行测定，它表现为X射线衍射峰变宽。

【胞状组织】cellular structure

采用熔体法生长晶体时，由于组分变化而产生的过冷现象称为组分过冷。此时生长中的晶体与液相间平坦界面的稳定性被破坏而形成胞状界面，胞状界面显露是产生胞状组织的开始。晶体生长中周期性或间歇性生长条件变化会形成间歇式组分过冷。在晶体中会相应产生间歇式胞状组织。这是在晶体中由浓集杂质所划分出显微结构形态类似蜂窝的亚组织，明显降低晶体质量，应严格控制工艺条件，避免其产生。

【生长条纹】stria；striation

又称生长层或分层。晶体在垂直于生长方向所产生的层状不均匀性所呈现的条带状缺陷。它的形状反映生长过程中固-液界面的形态，条纹随生长条件的不同而有很大差别。某些条纹的排列，粗细很有规律，其粗细一般在几百微米到几个微米之间。条纹产生的原因一般是由于生长过程中固-液界面处温度波动，引起生长速度的变化，或组分的分凝引起杂质的富集，导致折射率、应力和透光率的层状分布。生长条纹的存生，严重地影响晶体的光学均匀性。

【开裂】crack

开裂是在人工晶体生长中常见的一种宏观缺陷，是晶体内部局部应力集中而造成的。按其形成，可分为原生和次生两类。原生开裂一般在晶体生长过程中形成，且有一定的方位，开裂往往沿一组发育的晶面产生；次生开裂是由于杂质富集或降温过快形成局部应力集中而造成，开裂往往不规则。开裂会破坏晶体的完整性，应尽量避免。

【扇形生长界缺陷】growth section edge

在晶体生长中，首先形成晶核(或由籽晶开始)，以其为中心，生长基元按一定规律从顶、棱和面向外推移，晶棱向外推移的规则形成一平面或曲面，晶面向外推移则形成一个锥度，称为生长锥。晶体是各族晶面构成的生长锥构成的。当各生长锥生长速率失配时，形成扇形界缺陷，易富集杂质。从理论而言，这类缺陷难以消除，但可以采用定向生长减少生长锥数目，或保持生长条件稳定，使生长扇形界平直而减少其影响。

【内核】inner core

也称核心，中心髓。用提拉法生长的晶体中，沿生长轴方向分布的一个缺陷密集的核心区域。它一般是由于小晶面生长，导致组分、杂质的分布不均匀而引起的，也可能是由位错、气泡等缺陷产生的，是晶体的一种缺陷。内核的形成，会降低晶体光学均匀性及晶体的利用率。在某些生长条件下，内核也会在晶体的外侧生成，称作侧心。

【光学不均匀性】optical nonuniformity

光学材料中折射率的不均匀性，是光学材料的重要性能指标之一。引起光学材料不均匀性的原因，有组分不均匀、包裹物杂质偏析、内应力等。检验光学不均匀性的常用方法，有干涉法、阴影法和消光比测定法等。

【光损伤】optical damage

简称光伤。用强光照射晶体和某些光学材料时，引起材料烧蚀、击穿、气化、开裂、局部熔融和折射率局部变化的现象。光损伤可分为两类：一类为不可逆光损伤，是功率密度很高的光照射到物体时产生的，这种光伤因伴随有晶体或材料的结构、状态发生变化以至解体，使其本身遭受破坏，故也称为破坏性光伤。另一类为可逆光损伤，是光引起晶体或材料的折射率发生局部变化而造成的光学不均匀性。造成这类损伤所需要的光功率密度较低，并且通过适当处理可以将不均匀性消除，具有可逆性。光损伤会降低晶体的电光性能和非线性光学性能，严重时甚至完全失去作用。但又可利用可逆光伤的特性来存贮信息，例如掺铁铌酸锂、硫系玻璃等，就是基于光损伤原理进行存贮的，其存贮密度高，是制作全息光体存贮器的有用材料。

【星芒图】star figure

从点光源来的光线，透过某些经过腐蚀的晶体，经腐蚀面折射后，呈现出规律性的光芒图像。由于晶体的各向异性，在不同晶面及方位上呈现不同的星芒图，因此它可以用来判别晶体的左右形、晶轴或双晶等。附图为水晶不同晶面上的星芒图。

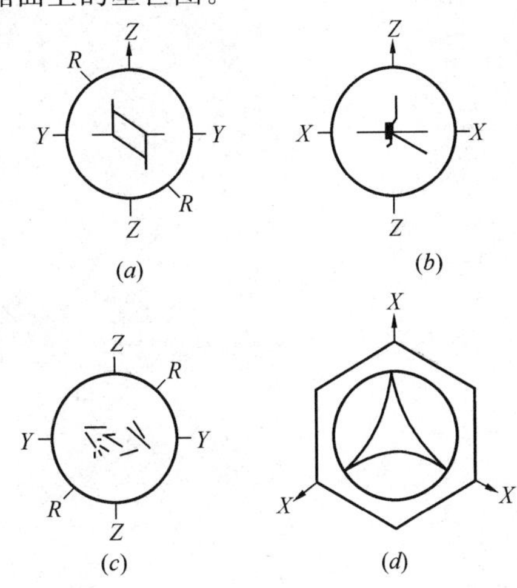

星芒图

(*a*) +X[左旋]上的星芒图；(*b*) 柱面上的星芒图；(*c*) −X上的星芒图；(*d*) 在基面上的星芒图

【织构】texture

晶粒的择优取向排列。它是晶体的一种缺陷。在多晶聚合体中，某些晶粒的排列取向倾向于集中在某一共同方向上，例如有的晶粒从某一中心出发呈辐射状分布，构成球状织构。织构不仅在金属材料冷加工、晶体塑性形变时出现，而且在岩石、纤维等天然产物中也经常出现。形变和退火产生的织构，分别称为加工织构和再结晶织构。多晶体有了织构，就呈现出宏观性能的各向异性。研究织构对了解晶体材料的性能有重要的实际意义。单晶体中也存在着织构，它表现为衍射斑点往某一方向拉长。

【水晶中的双晶】twinning of quartz crystal

在同一块水晶中，存在两个方位不同的晶块，称为水晶的双晶。常见的存在形式有：

(1)电双晶，也称道芬双晶，即在一块晶体中，同时存在两个方位不同的左旋部分，或右旋部分。不同晶区的相对取向，相当于环绕 2 轴(光轴)旋转 180°，使不同区域的 z 轴(电轴)的矢向相反，见附图(*a*)；(2)光双晶，也称“巴西双晶”，即在一块晶体中，同时存在左旋和右旋两个部分的连生。它们的光轴彼此平行，但旋性相反，左旋和右旋的电轴极性也相反，见附图(*b*)。

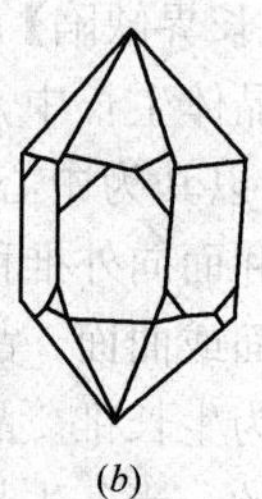

水晶的双晶

(*a*)电双晶；(*b*)光双晶

18 碳 材 料

18.1 材 料 与 制 品

18.1.1 碳材料

【碳材料】carbon materials

碳在化学元素周期表内属第2周期第ⅣA族，化学符号为C，原子序数6，碳原子有六个电子，其中有四个外层电子。基态碳原子的电子层构型为$1s^22s^22p^2$，原子量为12.011。碳有多种同素异构体，如金刚石、石墨、卡宾无定形碳，以及近30年来新出现的富勒烯、碳纳米管、石墨烯和石墨炔等，依其晶体结构的不同，其物理、化学性质也很不相同。天然碳材料有金刚石、石墨和煤等，人造碳材料则按原料和加工方式而分类，主要有：(1)焦炭：是用煤、煤沥青、石油或其他含碳有机物加热碳化而成；按其原料名称，分别称之为冶金焦、煤沥青焦、石油焦、木炭、糖炭、骨炭、纤维素碳、聚合物碳等；(2)气成碳：是用天然气、煤气或各种油类汽化热解而成，如炭黑、热解碳、高取向热解石墨等；(3)碳制品：是用各种含碳原料，经粉碎、配料、混合、成型、焙烧、石墨化及机械加工等工序制成的具有规定形状和理化性能的成品，又名人造碳/石墨制品；(4)人造金刚石：其他碳材料在催化剂作用下经高温高压处理而成。

【碳的同素异构体】allotropes of carbon

是指成分均为碳元素，但由于碳原子的排列方式不同使得微观结构不同，并导致性能不同的碳材料。碳有多种同素异构体，传统的有：金刚石、石墨、卡宾碳(又称炔碳)和无定形碳(如炭黑和活性炭等)；过去30多年来新发现的有：富勒烯、碳纳米管、石墨烯以及最近发现的石墨炔、碳量子点等。这些材料具有sp、sp^2和sp^3三种杂化形式。

其中：金刚石由sp^3杂化的碳原子组成，有立方和六方两种结构；sp杂化的卡宾碳具有共轭三键-α线型碳$(—C\equiv C—C\equiv C—)_n$和累积双键-β线型碳$(=C=C=C=C=)_n$两种分子构型；$sp^2$杂化的碳原子构成的石墨具有六方晶系结构，由许多互相叠置的碳原子六角网状层组成，每一层的碳原子均以共价键结合，相邻层的叠置是依次交错。以sp^2杂化碳原子为主构成的富勒烯、碳纳米管和石墨烯则分别是最小的零维、最细的一维和最薄的二维物质。

碳的各种同素异构体结构见附图。

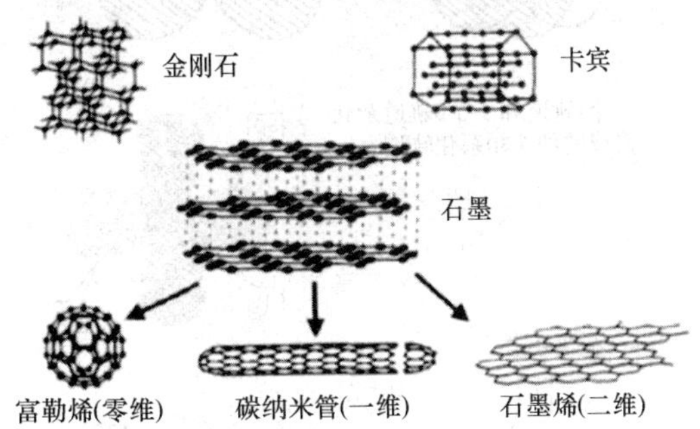

碳的同素异构体结构示意图

各种碳的同素异构体具有不同的晶体结构和不同的物理、化学性质。尤其是富勒烯、碳纳米管和石墨烯等新型碳纳米结构向人类展示了一个更加神奇的碳世界，不仅丰富了人类对物质世界的认知，也直接推动了纳米科技的发展。

【碳原子的杂化轨道】hybrid orbits of carbon atom

碳原子的杂化轨道有三种：sp^3、sp^2和sp杂化轨道(见附图)。

sp^3杂化轨道：成键过程中，碳的2s轨道有1个电子激发到$2p_z$轨道，3个p轨道与1个s轨道重新组合，形成4个完全相同的sp^3

杂化轨道。形状类似葫芦形，碳原子核位于正四面体的中心，4 个 sp^3 杂化轨道环绕在碳核的周围，指向 4 个顶点，相邻两个杂化轨道夹角均为 109°28′，称为正四面体角。饱和碳原子均为 sp^3 杂化。

sp^2 杂化轨道：碳的基态 2s 轨道中的 1 个电子激发到 $2p_z$ 空轨道，1 个 2s 轨道和 2 个 2p 轨道重新组合，形成 3 个相同的 sp^2 杂化轨道，还剩余 1 个 p 轨道未参与杂化。3 个 sp^2 杂化轨道处于同一平面，夹角均为 120°，余下的 1 个未参与杂化的 2pz 轨道，垂直于三个 sp^2 杂化轨道所在的平面。当 1 个碳原子与其他 3 个原子直接键合时，该碳原子为 sp^2 杂化，sp^2 杂化碳呈平面三角形。一般双键碳均为 sp^2 杂化。

sp 杂化轨道：碳的基态 2s 轨道中的 1 个电子激发到 2pz 空轨道，1 个 2s 轨道与 1 个 2p 轨道重新组合杂化形成两个相同的 sp 杂化轨道，

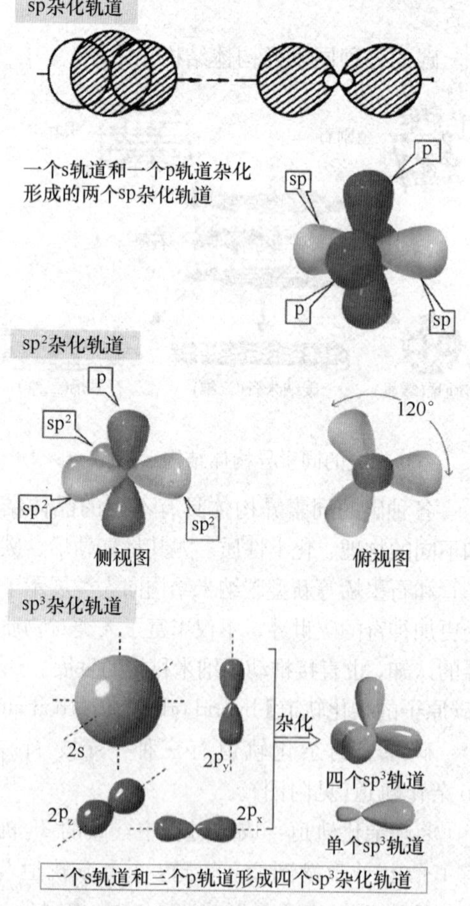

碳原子的杂化轨道

形状类似葫芦形，轨道排列呈直线形，夹角为 180°。剩余两个互相垂直的 p 轨道都垂直于两个 sp 杂化轨道所呈的直线。sp 杂化碳呈直线形，三键碳均为 sp 杂化。

【碳相图】phase diagram of carbon

是指不同温度和压力条件下，碳的各种存在形态之间的互相转化及边界条件的简单图解，亦称为碳的 P-T 图(见附图)。

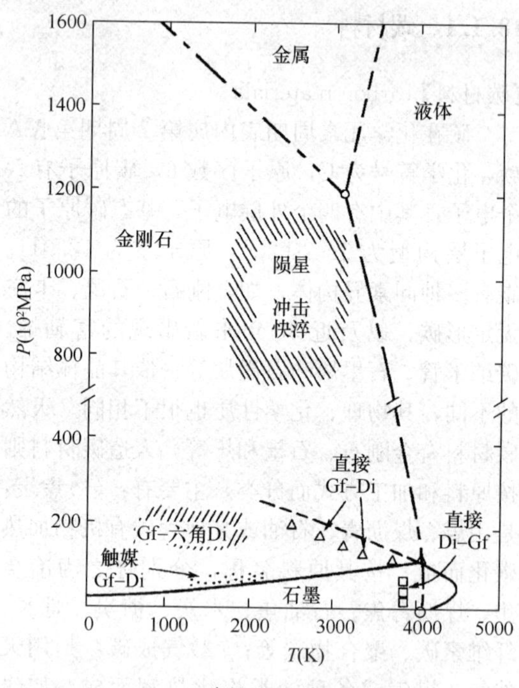

碳的 P-T 图

从碳的 P-T 图可知，石墨、金刚石和碳熔融相三相点 T_2 约为 120 kbar/4000K，石墨、碳熔融相和碳蒸气三相点 T_1 为(125±15)bar/(4020±50)K。一般认为金刚石是高压稳定相，石墨是低压稳定相，炔碳(卡宾碳)的稳定相是熔融相。

18.1.2 人造金刚石

【人造金刚石】artificial diamond

是指采用人工方法使非金刚石结构的碳转变为金刚石结构的碳。通过成核和生长形成单晶和多晶金刚石，或把细粒金刚石在高压高温下烧结成多晶金刚石。人造金刚石具有非常好的导热性能，但是不导电。

人造金刚石的制备方法主要有：

(1)直接法。利用瞬时静态或动态超高压高温技术，使石墨等碳质原料从固态或熔融态直接转变成金刚石的方法，称为直接法，这种方法得到的金刚石是微米尺寸的多晶粉末。

(2)熔媒法。用静态超高压(5～10GPa)和高温(1100～3000℃)技术通过石墨等碳质原料和某些金属(合金)反应生成金刚石，其典型晶态为立方体(六面体)、八面体和六-八面体以及它们的过渡形态。在工业上显现出重要应用价值的主要是静压熔媒法。采用这种方法得到的磨料级人造金刚石的产量已超过天然金刚石，有待进一步解决的问题是增大粗粒比，提高转化率和改善晶体质量。采用这种方法还生长和烧结出大颗粒多晶金刚石，后者在工业上已获得一定的应用，其关键问题在于进一步提高这种多晶金刚石的抗压强度、抗冲击强度、耐磨性和耐热性等综合性能。

(3)外延法。利用热解和电解某些含碳物质时析出的碳源在金刚石晶种或某些起基底作用的物质上进行外延生长而成。

【类金刚石】diamond-like carbon

也称作类金刚石膜，性能与金刚石相似，具有很高的硬度、高导热性、高的电绝缘性、良好的化学稳定性、从红外到紫外的高光学透过率等。

类金刚石为非晶结构，碳原子兼有 sp^3 和 sp^2 杂化键。含氢类金刚石膜又称为 α-C∶H，其中氢含量在 20%～50%之间。无氢类金刚石膜包括无氢非晶碳(α-C)和四面体非晶碳(ta-C)膜。α-C 膜中的 sp^3 键较少；ta-C 膜中以 sp^3 键为主(sp^3＞70%)。

类金刚石的制备方法主要有：等离子体源沉积法、离子束源沉积法、孪生中频磁控溅射法、真空阴极电弧沉积法和脉冲高压放点等。不同制备方法，所得类金刚石膜的成分、结构和性能不同。

18.1.3 富勒烯

【富勒烯】fullerene

是一种碳的同素异构体，是一类具有笼状(球状、椭圆状或筒状)结构的、以 sp^2 杂化为主的碳原子簇。与石墨结构仅由碳六元环组成不同，富勒烯分子构型为五边形和六边形面组成的凸多面体(最小的富勒烯分子 C20 仅由 12 个五元环构成)。

1985 年哈罗德·沃特尔·克罗托(英)、理查德·斯莫利(美)和罗伯特·科尔(美)及合作者在莱斯大学首先制备出富勒烯，即 C60，1996 年他们三人因此发现获诺贝尔化学奖。因为 C60 分子与建筑学家巴克明斯特·富勒的建筑作品很相似，为了表达对他的敬意，将其命名为巴克明斯特·富勒烯。

富勒烯家族中最为常见的是 C60，其次为 C70、C76、C78、C82、C84 等。碳数在 70 以下的分子称为富勒烯；碳数介于 70～100 的分子称为大富勒烯；而由 100 以上碳原子构成的笼型分子，称为巨富勒烯。富勒烯独特的分子结构决定了其具有独特的物理化学性质，在生命科学、材料科学、天体物理等领域展示出重要的研究价值和应用前景。

富勒烯制备方法主要有两大类：石墨蒸发法和火焰(加热)法。其中石墨蒸发法因加热方式不同又有：激光法、电阻加热法、电弧法、高频诱导加热法、太阳能聚焦加热法等。火焰法有：CVD 催化热裂解法、苯火焰燃烧法、萘热裂解法和低压烃类气体燃烧法等。

【C60】C60

是一种由 60 个碳原子构成的分子，形似足球，因此又名足球烯。C60 分子量约为 720，分子直径约 0.71nm。C60 分子的构型包括 60 个顶点和 32 个面，其中 12 个面为正五边形，20 个面为正六边形。其分子结构如附图所示。处于顶点的碳原子与相邻顶点的碳原子各用近似于 sp^2 杂化轨道重叠形成 σ 键，每个碳原子的三个 σ 键分别为一个五边形的边和两个六边形的边。由于每个碳原子的三个 σ 键不是共平面的，键角约为 108° 或 120°，故而整个分子呈球状。每个碳原子用剩下的一个 p 轨道

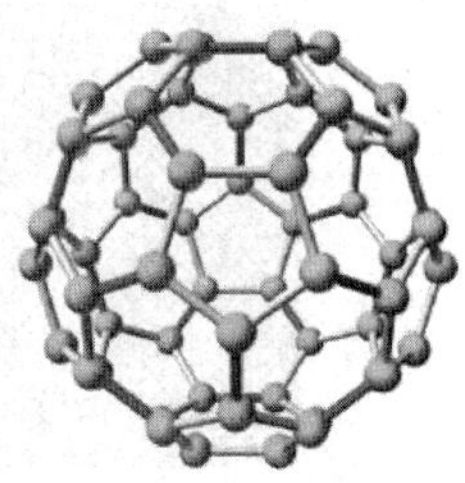

C60 分子结构图

互相重叠形成一个含 60 个 π 电子的闭壳层电子结构，也就是在近似球形的笼内和笼外都围绕着的 π 电子云。分子轨道计算表明，C60 具有较大的离域能。C60 具有金属光泽，有许多优异性能，如超导、强磁性、耐高压、抗化学腐蚀等，在光、电、磁等领域有潜在的应用前景。

【C70】C70

是一种由 70 个碳原子构成的分子，形似橄榄球。C70 分子构型包括 12 个五边形和 25 个六边形构成，由于 C70 分子为拉长的椭球形分子结构，因此其分子内的五种碳原子是不等价的，而这种结构致使 C70 分子内的振动模式更复杂。其分子结构如附图所示。C70 的晶体结构因制备条件而异，既可能是理想的密排六方结构，也可能是扭曲的密排六方结构，或者是一个面心立方结构。C70 晶体为深色固体，微溶于二硫化碳、甲苯、苯等有机溶剂。其络合物在不含金属的情况下具有铁磁性。C70 晶体本身就是半导体，其禁带宽度为 1.80eV。另外，C70 还是一种良好的非线性光学材料。

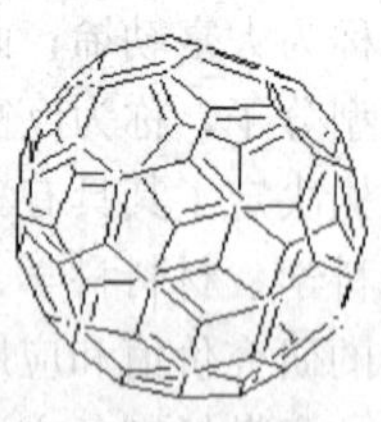

C70 分子结构图

18.1.4 石墨烯

【石墨烯】graphene

又称单层石墨，是一种从石墨材料中剥离出的单层碳原子材料，把 20 万片石墨烯薄膜叠加到一起，也只有一根头发丝那么厚。石墨烯是 2004 年由曼彻斯特大学的安德烈·海姆和康斯坦丁·诺沃肖洛夫师徒二人采用"撕胶带法"以高定向石墨为原料首先获得，两人因此获得了 2010 年的诺贝尔物理学奖。

石墨烯结构示意图

从结构上说，石墨烯是一种由碳原子以 sp^2 杂化轨道组成六角型呈蜂巢晶格的平面薄膜，只有一个碳原子厚度(0.335nm)的二维材料，见附图。理想的石墨烯结构是平面六边形点阵，可以看作是一层被剥离的石墨分子，每个碳原子均为 sp^2 杂化，并贡献剩余一个 p 轨道上的电子形成大 π 键，π 电子可以自由移动，赋予石墨烯良好的导电性。石墨烯结构如附图所示。

石墨烯是目前已知最薄、强度最高的材料，同时它又有很好的弹性，拉伸幅度能达到自身尺寸的 20%。石墨烯具有优异的导热、导电、高强度、超轻薄等特性，因此在航天军工领域的应用优势极为突出。

【少层石墨烯】few-layered graphene

物理意义上的石墨烯为单层石墨，为了便于应用和研究，目前学术界和工业界将双层和少层石墨也称为石墨烯材料。少层石墨烯是指层数为 3～10 层的石墨烯材料。

【氧化石墨烯】graphene oxide

是石墨烯的氧化物，在溶液中为棕黄色。市面上常见的产品有粉末状、片状以及溶液状。氧化石墨烯薄片是石墨经化学氧化得到的氧化石墨剥离后的产物，在氧化石墨烯单片上随机分布着羟基和环氧基，在单片的边缘链接有羧基和羰基(见附图)。

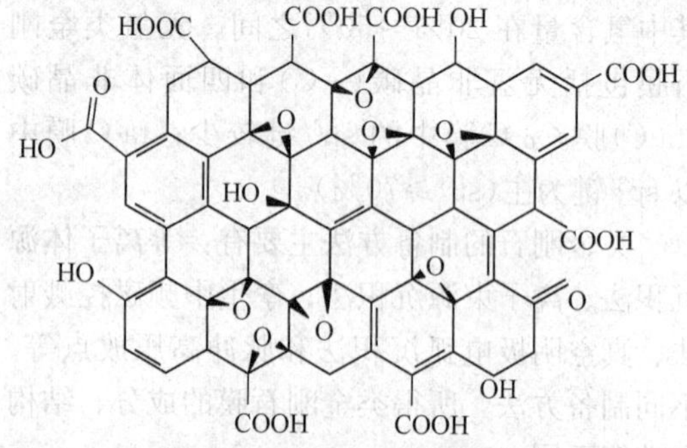

氧化石墨烯结构示意图

氧化石墨烯具有两亲性，从石墨烯薄片边缘到中央呈现从亲水至疏水的性质分布。因此，氧化石墨烯可视为一种非传统形态的软材料，具有聚合物、胶体、薄膜，以及两性分子的特性。氧化石墨烯可以通过过滤和气液界面成膜获得薄膜材料，预期在气体分离、环保、能源方面都将有广泛应用。氧化石墨烯导电性和导热性均很差，经过还原处理后，导电性和导热性大为改善。

【碗烯】corannulene

又名心环烯，是一种多环芳香烃，化学式 $C_{20}H_{10}$，由一个环戊烷周围并五个苯环组成，具有碗状空间结构，可看作是富勒烯 C60 的最小分子片段(见附图)。在-64℃时，碗状结构翻转的能垒为 42.7kJ/mol。

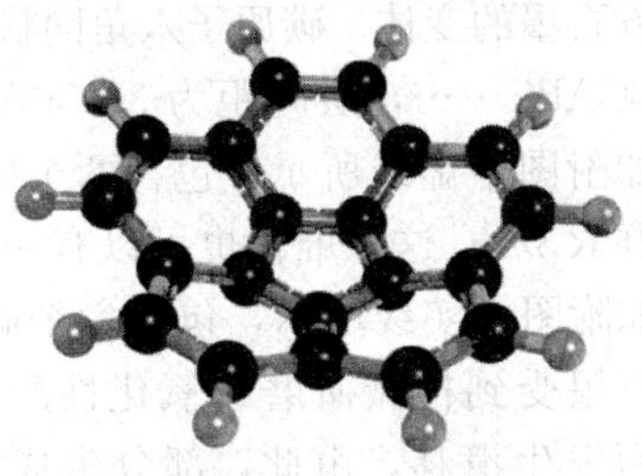

碗烯结构示意图

【石墨炔】graphdiyne

由中国科学家李玉良首先制备获得，是 1，3-二炔键将苯环共轭连接形成二维平面网络结构的全碳分子，具有丰富的碳化学键，大的共轭体系、宽的面间距、优良的化学稳定性和半导体性能，是一种新的碳同素异构体。石墨炔特殊的电子结构将在超导、电子、能源以及光电等领域具有潜在、重要的应用前景。

18.1.5 碳纳米管

【碳纳米管】carbon nanotube

是全碳的同轴圆管状材料，可以看作是石墨烯片层沿一定角度卷曲而成的单层到数十层的管状碳材料，是直径在纳米量级、长度为微米量级，两端封口的一维材料。层间距约 0.34nm，直径一般为 1～20nm，但也有报道最细为 0.4nm，最粗达到 50nm。

【单壁碳纳米管】single-walled carbon nanotube

是由单层碳层卷曲形成的碳纳米管。单壁碳纳米管的直径一般在 1～6nm，目前观察到的单壁碳纳米管的最小直径约为 0.33nm，并已能合成直径 0.4nm 的单壁碳纳米管阵列，直径达 6nm 的单壁碳纳米管也已有报道。一般认为，单壁碳纳米管的直径大于 6nm 以后特别不稳定，容易发生单壁碳纳米管的塌陷。而单壁碳纳米管的长度则可达几百纳米到几十微米。单壁碳纳米管的单层结构显示出螺旋特征，根据构成碳纳米管的石墨层片的螺旋性，可以将单壁碳纳米管分为扶手椅形、锯齿形和手性(见附图)。单壁碳纳米管具有优异的力学性能、导电性能、热学性能等。单壁碳纳米管的合成方法主要采用催化气相沉积法、电弧法、激光蒸发法。

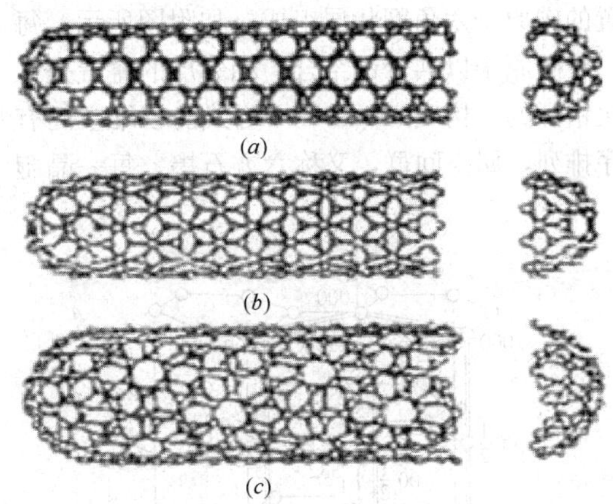

单壁碳纳米管的三种结构

(a) 扶手椅形；(b) 锯齿形；(c) 手性碳纳米管

【双壁碳纳米管】double-walled carbon nanotube

由两根管状的同轴圆柱型石墨层(碳纳米管)组成的碳材料。

【多壁碳纳米管】multi-walled carbon nanotube

由多层同轴圆柱型石墨层(碳纳米管)组成的碳材料。

18.1.6 生物质碳

【生物质碳】biomass carbon

以生物质为前驱体经过碳化制备的碳材料。生物质碳往往可以部分保留前驱体织构。基于不同的织构，直接碳化或者继续活化处理，可以获得活性炭。常见的生物质碳有竹炭、骨炭、木炭等。

【竹炭】bamboo charcoal

以竹子为前躯体碳化获得的生物质碳称为竹炭。由于竹子的生长形态，使得竹炭具有丰富的孔隙结构和吸附特性。如果对其进行活化处理，还可以制成活性竹炭。

【骨炭】bone carbon

以动物的骨头为前躯体制备获得的生物质碳。

18.1.7 石墨

【理想石墨】perfect graphite

具有六方晶系结构的石墨。由许多互相叠置的碳原子六角网状层组成，如附图所示。每一层碳原子以共价键结合。相邻层的叠置是依次错开的，构成ABAB……方式的三维空间有序排列，属空间群，又称六方石墨。每一晶胞

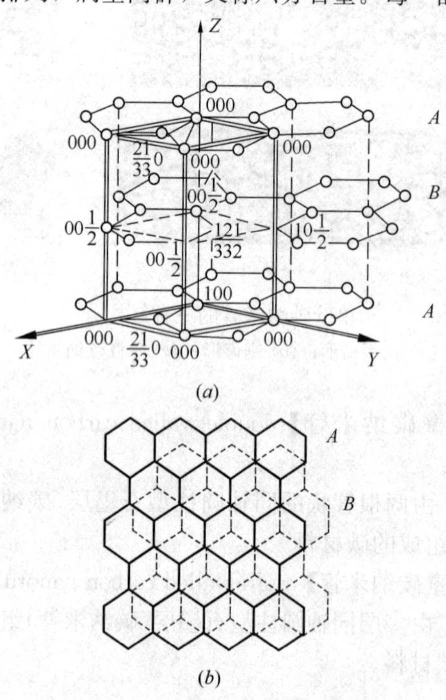

六方晶系石墨结构

(a)理想石墨；(b)A-B层的重叠方式

空间群：C/mmc-D^{1}_{6h}

单位晶胞：

a=2.4612Å　c=6.7079Å

层间距离：3.3533Å

单位晶胞体积：35.10Å

原子数：4

密度：2.268g/cm^3

中含有四个碳原子，晶胞体积为35.19Å^3，理论密度为2.267g/cm^3。层间由基于电子云的分子间力联系，电子云可在层间自由移动，故石墨能导电；理想石墨层内原子间距为1.417，结合能为100～110kcal/mol，层面间距为3.354，结合能为20kcal/mol，层间分子引力较弱，受切向应力时，容易沿层面滑移，故石墨具有润滑性；电子易受光波作用而谐振，产生次生电磁波，故石墨具有反光性质，呈金属光泽。

【菱面体石墨】rhombohedral graphite

六方石墨的变体。碳原子六角网状层的排列为ABCABC……，层间距为3.356Å，其晶体结构如附图中虚线所示，包含两个碳原子，属空间群$R\bar{3}m$；这种堆积也可以有一种六方晶胞，如附图中实线所示，包含六个碳原子。当六方石墨受到机械研磨或氧化性酸类作用时，层面发生滑移，由此，部分生成菱方石墨。在天然或人造石墨中都含有程度不同的菱面体成分(天然石墨中占10%～30%)，这实际上是一种晶体结构不完善的石墨，其物理、化学性能随结构不完善程度而与理想石墨有所改变。但在2500～3000℃热处理后、晶体缺陷即可消失，重新成为ABAB……交叠的六方石墨。

【石墨单晶】single crystal graphite

由理想六方石墨晶格贯穿整体的石墨晶体，在自然界甚少，仅在大块气成致密天然石墨中偶尔找到，碳化铝(Al_3C_3)晶体在2500℃以上高温分解亦可得到较大的石墨单晶。石墨单晶的密度达2.267g/cm^3，a轴方向的电阻系数$\rho_a \leqslant 1\times10^{-4}\ \Omega\cdot cm$，c轴方向的电阻系数$\rho_c \approx 1\ \Omega\cdot cm$，电阻各向异性因子$\rho_c/\rho_a \geqslant 10000$；垂直于层面方向的弹性模量$C_{11}$为$1.03\times10^{12}N/m^2$，平行于层面方向的弹性模量$C_{44}$为$2.3\times10^{9}\ N/m^2$，弹性模量的各向异性因数$C_{11}/C_{44}=448$。其他物理性质亦具有明显的各向异性，研究石墨材料电子学热学和机械性质的本征值具有重要价值。

【多晶石墨】polycrystalline graphite

结晶程度和排列方向不同的石墨晶粒的集

合体。几乎所有从煤、石油和其他有机物制取的碳素材料在2000℃以上高温处理(即石墨化)，可使其具有六角平面网结构的雏晶在不同程度上成长为较大的石墨晶粒。但由于雏晶原来的杂乱堆积，故构成材料整体的多晶粒结构、取向和密度均不尽相同，晶体完善程度各异，一般的天然或人造石墨制品都属于多晶石墨类型。

【无定形碳】amorphous carbon

碳原子总体排列不严格有序，或构成的晶粒过于微小，难以测定其结晶形状的碳素物质。严格地说，无定形碳是指石墨化度低、晶粒尺度较小的碳材料，不是非晶态，也可以称作微晶碳，与晶态碳并没有严格界限。一般而言，由煤、石油或其他有机物在1000℃左右碳化所得的碳都属于无定形碳。其特征是碳原子六角网状平面呈不规则堆积，或扭转某一角度而叠置，成为乱层结构。层间距离平均0.34～0.37nm。平均密度小于1.88g/cm^3、缺乏润滑性。依其母体性质不同，石墨化难易程度亦不同。石墨化程度从易到难顺序是：石油焦、无烟煤、沥青焦、冶金焦等(以上属易石墨化碳，即所谓的软碳)；炭黑、糖炭、木炭、玻璃碳、纤维素碳、泡沫碳等(以上属难石墨化碳，即所谓的硬碳)。

【人造石墨】artificial graphite

以无定形碳为原料经高温石墨化后的产品。其特点为：杂质含量低，机械强度高，热膨胀系数低，化学稳定性良好，导热系数和电阻系数可以根据需要而通过工艺处理调整，致密化后的制品抗渗透性能好。人造石墨制品广泛用于冶金、电力、化工、机械、电子技术及原子能等方面。最早生产人造石墨的为美国爱切逊石墨公司，故人造石墨亦称爱切逊石墨(Acheson graphite)。

【显晶石墨】crystalline graphite

也称作晶质石墨。晶粒粒度大于1μm的石墨。其矿藏有两种形态：(1)脉状石墨(或称块状晶质石墨)：地壳内部气成作用的产物。地球深处高温高压含碳气体沿裂隙上升，在接近地表面压力较低处分解为很纯的大晶体石墨矿脉，其外形为针状、叶状、束状、纤维状大块致密晶体。主要产地为斯里兰卡。(2)片状石墨(亦称鳞片石墨)：由地壳变动时含碳物质在高温下转化而成。质稍硬，散布于母岩中，须将母岩粉碎经浮选而获得纯品。显晶石墨有明亮的金属光泽，导电、导热、润滑、抗氧化性能均好。

【微晶石墨】microcrystalline graphite

又称土状石墨。晶粒微细，在显微镜下不易辨认其晶体形状的天然石墨。晶粒大小为0.01～0.1μm。地层中含碳物质经热分解发生深度变质的产物。也有来源于气成作用的隐晶石墨。含碳量一般为60%～80%。我国产地较多，以湖南郴州、新化及吉林磐石等地产量较大。隐晶石墨晶粒小、品位较低，其导电、导热、润滑、抗氧化性能均不如显晶石墨，但其制成品机械强度较高，一般用于制造坩埚、干电池、电极、铅笔、电碳制品，也可作为铸工翻砂的辅助材料。

【高炉石墨】blast-furnace graphite; kish graphite

产于炼铁高炉，故名。由无定形碳在低于石墨化温度下(1600～1800℃)直接转变而成，又称一次石墨，含灰量少(0.1%以下)。

18.1.8 电工用碳

【电工用碳制品】electrical engineering carbons

简称电碳，指用于电气工程方面的碳、石墨或金属-石墨制品。品种规格繁多，技术要求亦随使用场合和品种而作相应的规定。其中以电刷类产品为主，尚有碳触点、受电弓滑板、各种碳电阻、碳棒、通信设备用碳素零件、电真空炉用碳素元件、真空管及汞弧整流器阳极等。大部分是细粒结构制品，技术要求严格。

【电刷】electro brush

亦称碳刷，用于电机换向器或集电环上传导电流的滑动接触件。最初的电刷是用铜丝刷子，或用铜网卷成筒状，故称电刷。现今使用的电刷是用各种碳素材料、天然石墨、铜粉等制成长方形刷体，一端安装导线。电刷品种规格繁多，依电机类型和运行条件而选择使用。按其材质不同，主要有石墨、浸脂石墨、金属(含铜，银)石墨等。

【航空电刷】brush for aeroelectro machine

指各种飞行器用的电机电刷。在高空空气和水蒸气稀薄的条件下，石墨将失去其固有的润滑性，普通电刷将剧烈磨损，不能长期正常工作。航空电刷可用各种润滑剂浸渍，或改变电刷制造工艺以改善其在高空条件下的抗磨性。

【碳触点】carbon electrical contact

电气设备中的一种断开接触零件。如电力开关、断路器、继电器、电接触器和其他电气断触装置的触点；还有各种滑动触点，如天车、无轨电车、电力机车等用的受电弓触点；电机用电刷也属于滑动触点。碳-石墨触点具有一系列的优点：在电弧的高温下不熔化、不焊接、不产生高电阻的氧化膜；具有良好的润滑性，本身的磨损小，工作寿命长，对于摩擦的另一方(铜触头、导线等)的磨损也很小。因而能保证良好接触和安全操作，特别是对保护继电器、信号继电器的安全可靠有重要作用。碳触点材料与电刷相似，视工作条件而选用。

【受电弓滑板】pantograph slider

用于电力机车、无轨电车、天车等设备，作为滑动接触导电零件。碳质滑板(或滑块)具有自润滑功能(浸以石蜡或耐磨金属，或以粉末压制成含石墨的合金板)，故其本身和导线的磨损均甚小，可节约设备的维护费用。

【碳电阻片柱】carbon pile

简称碳柱，由许多碳片叠成柱状而成。其电阻在沿碳柱轴线方向施加压力时大幅度改变，是自动(或非自动)电压调整器的主要零件。可自动调整直流发电机或电动机的励磁电流，使之保持恒定，因而能保持发电机输出电压或电动机转速的恒定。如火车、飞机等随发电机电压和电灯电压的自动调整；亦用于调速器、调压器、压力计及连续可变电阻器等电气设备；手动的碳柱当作回路中的可变电阻使用，以代替大功率的滑线变阻器。

【复合电阻器】composite resistor

又称固定电阻。是用炭黑、硅砂、滑石、黏土为骨料，以酚醛树脂为粘合剂，按不同配合比混合、成型而制成不同电阻的制品。其电阻固定不变，用于各种电气设备及仪器。

【碳发热元件】carbon heating component

利用其导电及耐高温性能，通过传导电流或电磁感应而发热的碳素制品。有棒状、管状、板状或颗粒状，以适应各种炉型的需要。要求纯度高，抗氧化，机械强度高。碳素发热元件在真空或保护气氛中可达到3000℃以上高温，特别适合于熔炼高纯、高熔点物质的电炉。如硅单晶炉用坩埚及发热体、区域精炼容器、支架、夹具等。

【电真空石墨元件】carbon component for electro-vacuum technique

使用于汞弧整流器、火型电子管等电真空系统的高纯度高强度人造石墨制品。它有如下特点：(1)热电子发射率高，电阻系数低，可提高系统的输出功率，降低功率损耗；(2)升华点高，杂质少。可经受高速电子流轰击，减少逆弧和不稳定现象。在石墨元件表面渗上热解石墨层更可延长其使用寿命。

【碳棒】carbon rod

指各种尺寸较小的棒形碳素制品。用途广泛，包括电炉用发热碳棒、强光照明用弧光碳棒、焊接或切割金属用碳弧碳棒、电解金属用碳棒、光谱分析用高纯碳棒等。配方和性能、尺寸及外形均因用途而异。总的要求是机械强度高、电阻小、燃烧损失率低、弯曲度小等。此外尚有干电池用碳棒等。

【碳纸】carbon paper

又称碳纤维纸。将碳纤维短切并在二维方向随机排布、以树脂作为粘结剂制成的纸。具有很好的耐腐蚀性和导电性优良，可用作燃料电池极板和隔膜、电接点、发热体等。

【光谱碳棒】spectral carbon

发射光谱分析仪用的高纯石墨电极。要求其纯度和机械强度高，导电性和抗氧化性能好，纯度须达到99.995%以上，只允许有极微弱的硼、硅、镁、铁、钛、钒等杂质谱线出现，特纯级应无杂质，特别是无硼，通常是在通气石墨化炉中提纯。此外尚有光谱碳粉，为制备光谱定量分析标准样品的材料，其纯度同光谱碳棒。

【照明碳棒】illuminating carbon

又称弧光碳棒。在直流或交流电作用下能发出强弧光的碳棒。用于电影、探照灯、摄影、制版以及橡胶、塑料、油漆、颜料等人工老化装置。直流碳棒同纯碳材料制成碳管，正极直径较大，管内填入发光剂(一般为氟化稀土元素与碳粉的混合物)，负极直径较小，管内只填碳芯。其发光原理是两电极间通电点燃电弧，极间空气电离，形成高温等离子区，负极在高温下发射电子轰击正极棒芯的发光剂，使它电离而发出强光；交流碳棒工作时两根碳棒互为正负极，故直径相同，都带发光棒芯。但交流电弧的光通量仅相当于直流电弧的1/2～2/3；用于人工老化装置的紫外线型和阳光型碳棒的正极棒芯含有钾盐，能分别发出富含紫外线的蓝紫色光和太阳光光谱。

【切割碳棒】carving carbon

又名碳弧气刨碳棒，用于电弧扣槽和切割金属的碳棒，外表面镀铜，以增大工作电流密度。工作时，在碳棒与金属工件间通以直流电，即产生高温电弧(6000～7000℃)，将电弧区金属熔化，同时，通过安装于碳棒夹具上的喷嘴吹出压缩空气，将金属熔渣吹净。碳弧气刨作业对于金属工件的扣焊槽、开坡口、清除铸件浇冒口、切割金属、修补铸件缺陷等工作效率极高，加工质量及劳动条件好。

【焊接碳棒】welding carbon rod

产生电弧，用以焊接金属的碳棒。适于焊接铸钢、镍、青铜、铅及其他金属。焊接时，碳棒为负极，被焊接的金属为正极，金属焊条则伸入电弧内，将金属熔接并扩散至焊缝两旁。此碳棒亦可用于切割金属或打孔。

【干电池碳棒】dry battery carbon

用于各种干电池作为正极导体的碳棒。多用土状石墨或焦炭为原料，机械加工后，须浸一层石蜡，以防电解质沿微孔渗至铜帽。要求机械强度高，尺寸误差及弯曲度小。

【送话器碳零件】microphone carbons

包括碳砂、振动膜、碳素杯等，是电话送话器中的导电元件。在碳素杯内装有碳砂，上面装置振动膜，声波使振动膜振动，施予碳砂以声波压力，改变其电阻，流过其间的电流便随声频而变化，传到对方耳机，又转变为声音，碳砂由精选少含灰分和硫分少的无烟煤制成，具有严格规定的粒度；碳素杯及振动膜用微粒沥青焦作原料制成，具有较高的机械强度和挠曲性。

18.1.9 冶金用碳制品

【冶金用碳制品】carbons for metallurgical uses

用于冶金工业作为导电和耐火材料的碳素制品。在冶金工业中主要有两大用途：(1)由于碳-石墨材料有良好的导电性和耐热性而作为导电高温材料。如电弧炉炼钢电极、电解镁、铝、钠等金属的电极等；(2)由于碳-石墨材料的耐高温、耐腐蚀、很高的高温机械强度和导热性而作为高温耐火材料。如炼铁高炉内衬，铁合金炉、铝、镁电解槽和炼钢电炉的内衬，还作为金属冶炼用坩埚、铸模、热压模具、胎具。粉末冶金用石墨舟，石墨皿等。另外，由于碳-石墨材料可以达到很高的纯度，其氧化物为气体。在使用时不致污染加工对象，故作为高纯物质熔炼设备的结构材料，如各种真空电炉构件等。

【石墨电极】graphite electrode

发生高温电弧以熔炼金属的碳素电极。以石油焦、沥青焦和煤沥青为主要原料经焙烧、石墨化而制成。适用于炼钢电弧炉作导电电极，冶炼各种合金钢，在碳素工业中产量最大、用途最广。除炼钢外，还可用它加工成各种异形石墨制品，供稀有金属冶炼、粉末冶金等方面使用。

【碳电极】carbon electrode

以无烟煤、冶金焦及少量天然石墨为干料，只经过焙烧阶段的多灰电极产品(灰分6%～10%)。适用于中、小型电弧炉冶炼普通钢；在生产铁合金、黄磷、刚玉等电炉也使用碳电极。其容许电流负荷仅相当于石墨电极的1/3～1/2。

【超高功率石墨电极】ultra-high power graphite

electrode

高功率或超高功率炼钢所用的高质量石墨电极。以针状石油焦为主要原料经焙烧、浸渍和石墨化制成。它的特点是：(1)比电阻约比普通电极低1/3，仅6Ω·mm²/m(6×10^{-6}Ω·m²/m)，允许电流负荷比普通电极高1.3～2倍；(2)热膨胀系数低，在使用中不易崩裂；(3)机械强度比普通电极高2倍，不易断折；(4)氧化损耗小，其单耗比普通电极约低50%。

【自焙电极】continuous self-baking electrode

亦称苏德堡电极(Soderborg electrode)。用于高温电炉的糊状炭电极，借炉内余热焙烧同时引导电流。在生产铁合金、电石、黄磷以及电解铝作业中作为导电电极。利用电极糊(或少灰阳极糊)的热塑性，自铁筒上方缓慢下放，经过电炉料上层的高温区，电极糊即受热焦化，成为固结的自焙电极，其特点是不必停电拆换电极，使生产连续化；电极糊是用无烟煤、冶金焦为干料，加沥青混合，成型后即为成品，但灰分较大(达6%～9%)，作为生产铁合金等用；阳极糊是用石油焦、沥青焦和沥青为原料，灰分不大于1%，供电解铝用。

【碳阳极】carbon anode

亦称预焙阳极。指铝电解槽使用的经过焙烧的少灰碳阳极，以石油焦、沥青焦、沥青为原料制成。用预焙阳极代替自焙阳极(阳极糊)，可以大大简化铝电解槽阳极结构和操作工艺。

【石墨阳极】graphite anode

主要作为湿法电解槽的阳极导体。如电解食盐溶液制取氯和氢氧化钠等。亦可作为化工设备的内衬，钾、钠、镁的熔盐电解阳极。其制造用原料和工艺与石墨电极基本相同，但焙烧后须浸渍沥青，然后石墨化，要求其致密度和机械强度高，导电性和抗氧化性好。

【碳糊】carbon paste；carbon cement

碳材料干料与沥青混合而成的热塑性胶糊。用于砌筑高炉碳块时填充碳块与炉壳之间的缝隙，或砌筑铝电解槽底部碳块及捣固槽缝用。用无烟煤、冶金焦及沥青为主要原料，其中填粗缝用的为粗缝糊、填细缝用的为细缝糊，填电解槽底的为底部糊、所用的原料和工艺均类似，仅配方不同。

18.1.10 电池/超级电容器用碳电极

【锂离子电池用石墨负极】graphite anode for lithium ion batteries

用于锂离子电池负极的石墨材料分为天然石墨负极和人造石墨负极。由索尼公司在1991年开发，是应用最为广泛的锂离子电池负极材料。石墨负极具有平坦的充放电电位，在完全充电时形成LiC_6，理论容量为372mA·h/g，库仑效率高。石墨负极通常由石墨、粘结剂和导电炭黑混合于有机溶剂中，调成糊状，涂敷于集流体，干燥后作为负极。

【超级电容器用多孔碳电极】porous carbon electrode for supercapacitors

用于超级电容器的多孔碳由于具有大的比表面积而成为最常用的超级电容器电极材料。

【碳质导电添加剂】carbon conductive additive

添加于锂离子电池、超级电容器等电化学储能器件中的碳质导电剂。以锂离子电池正极体系为例，大多数的正极材料具有很低的导电性(电子输运能力)，而具有良好导电性的碳材料是提高正极体系电子输运能力的重要添加组分。主要的碳质导电剂包括炭黑、乙炔黑、碳纳米管、纳米碳纤维和石墨烯等。

【导电炭黑】electrical conductive black

能用作导电添加剂的炭黑，其特点为粒径小，比表面积大且粗糙、纯度高等。导电炭黑具有较低的电阻率，能够使橡胶或塑料具有一定的导电性能，用于不同的导电或抗静电制品，如抗静电或导电橡胶、塑料制品、电缆料；还可以做干电池、锂离子电池、超级电容器中的导电增强组分。

【石墨烯导电剂】graphene-based electrical conductive additive

将石墨烯材料替代传统的炭黑等材料用作导电添加剂，可以在活性物质中形成"点-面"密切接触的导电网络。石墨烯"至柔至薄"的二维结构使其在基体中形成连续导电网络的阈值较低，即在得到充分分散的情况下，在添加量较低时便可形成连续导电网络，导电效率高。

【纳米碳管导电剂】carbon nanotube-based electrical conductive additive

用于锂离子电池等电化学储能器件，用作导电剂的碳纳米管。一维的碳纳米管可以在电极体系中形成三维网状的高效导电网络，提高储能器件的倍率性能。

【中间相碳微球】meso-phase carbon microbead; MCMB

沥青类化合物热处理时，发生热缩聚反应生成具有各向异性的中间相小球体，把中间相小球从沥青母体中分离出来形成的微米级球形碳材料就称为中间相碳微球。到目前为止，制备 MCMB 的方法主要有热缩聚法和乳化法。中间相碳微球可以用作高强度碳材料、液相色谱柱填料、二次电池电极材料、催化剂载体等。

【碳气凝胶】carbon aerogel

是一种轻质、多孔、非晶态、块体纳米碳材料，其连续的三维网络结构可在纳米尺度控制和剪裁。它是一种新型的气凝胶，孔隙率高达 80%～98%，典型的孔隙尺寸小于 50nm。碳气凝胶与传统的无机气凝胶(如硅气凝胶)相比，它具有许多优异的性能，如导电性好、比表面积大、密度变化范围广等，是制备双电层电容器理想的电极材料，也具有更加广阔的应用前景。

【模板碳】templated carbon

选取具有一定孔隙结构的材料作为模板，将碳源前驱体通过气相沉积或浸渍等方法引入，使其在该模板材料的孔隙中发生碳化，最终得到的碳材料复制了模板的结构，将模板去除后得到的碳材料称为模板碳。

【碳模板】carbon template

以具有一定结构的碳材料作为合成其他材料的模板材料，则该碳材料称为碳模板。将目标材料或前驱体浸渍于模板的孔隙中并使其在碳模板中发生反应，利用其限域作用，来控制最终产物的结构。

【球形化技术】spherizing technology

一般是以优质天然鳞片石墨为原料，经过粉碎、整形和分级技术，制备得到不同细度、形似椭圆球形的石墨。球形化的目的主要是克服天然石墨缺陷的同时提高天然石墨的振实密度。

【包覆技术】coating process

是一种常见的表面改性修饰方法，即将原有颗粒表面根据需要在表面包覆一层含碳材料，碳化后形成了核壳结构碳材料。这种结构可以提高材料的稳定性及耐久性。一般可分为固相包覆、气相包覆和液相包覆，根据与原有颗粒表面是否发生化学反应也可以分为物理包覆和化学包覆。

18.1.11 机械用碳

【碳素机械零件】carbon component for mechanical engineering

简称机械用碳。用碳-石墨材料制成的各种机械零件的总称。代表产品有石墨密封环、轴承、活塞环、容器内衬等。用细粒结构的人造石墨经机械切削加工而成。根据使用条件，有些制品须经浸渍。浸渍剂有青铜、铜基巴氏合金或其他合金、各种人造树脂、润滑剂等。碳素机械零件多用于具有高温、高压、高速及腐蚀性介质等工作条件的机械设备。

【石墨密封环】carbon seal; graphite seal

用于机械设备的轴部密封，防止高压液体或气体从转轴的缝隙中渗漏出来的石墨零件。与轴一起旋转的金属接触面(动环)与固定的石墨环(静环)构成滑动接触，因而起到防漏作用。用于各种高压油泵、水泵、汽轮机、搅拌蒸压器、鼓风机等。按材料品种有天然石墨-树脂粘合、电化石墨-树脂浸渍、金属-石墨、电化石墨-金属浸渍等。石墨密封环有如下特点：(1)热导率高，使摩擦面上产生的热不断散出，保证高速、长期运转；(2)摩擦系数低，能在少油或无油情况下长期运转，无噪声，功率损耗少；(3)热膨胀系数小，抗热冲击性能高，保证设备运转的安全、稳定；(4)化学稳定性高，可在非氧化性腐蚀介质中长期工作。

【含油轴承】self-lubricating bearing

微细孔隙中含润滑油的金属-石墨轴承。如青铜-石墨、铜-铅-石墨、铁-石墨含油轴承等。利用浸入其孔隙内的润滑油自动润滑，运转时噪声极小，不需经常注油。广泛地用于高转速机械，如电扇、纺纱机、离心机、喷气式飞机、汽车发电机及启动电机等。

【石墨活塞环】graphite piston ring

活塞压缩机用的自润滑碳素活塞环。用于不能使用汽缸油润滑的场合。如压缩氧、氢、氯、二氧化硫等，在医药或食品工业用的压缩机亦可使用石墨活塞环。用细粒结构人造石墨制成二瓣、三瓣、四瓣结合成一圆环。

【聚四氟乙烯石墨】graphite filled Teflon

亦称特氟隆石墨，在聚四氟乙烯中掺入石墨粉作填充料，再经成型、烧结而成。由于聚四氟乙烯本身耐腐蚀、耐热、润滑，加入石墨后，更使它的导热性、机械强度和压型时的流动性得到增强。特氟隆石墨用作机械密封、活塞环及化工设备零件。

【石墨计量泵】graphite metering pump

用细粒结构人造石墨制造的转子式泵的主要部件，如轮叶、泵室、轴封等。石墨计量泵可以在输送各种腐蚀性气体和液体，或油类和其他流体时计量用。如飞机、汽车的自动加油站，生产中的计量给液(气)装置等。

【电火花加工电极】spark-machining electrode

在电极和金属工件间产生电火花使金属受到仿型刻孔加工的石墨电极，可在工件上打下电极断面形状的孔(方孔或其他复杂形状的孔)。用细粒结构高强度人造石墨制成。由于石墨耐高温，又能进行精密加工，故刻孔精度高，使用寿命亦比原来使用的高熔点金属长。

【胶体石墨】colloidal graphite

用天然石墨或人造石墨加胶化剂及保护剂在胶体磨中经机械胶溶而成。石墨颗粒度在0.5μm以下。以油作分散介质的称石墨滑油，以水为分散介质的称石墨滑水，作为耐热、耐压的润滑剂，或涂在瓷器、玻璃、纤维等加工物上形成导电薄膜，以便电镀金属。还可作为电子管零件涂层、锅炉清净剂等。

【不透性石墨】impermeable graphite

气孔率很低因而不透过气体或液体的石墨制品。按其制造方法，有两种类型：(1)浸渍法不透性石墨，用人造石墨预先加工成需要的形状和尺寸，然后根据使用条件用各种人造树脂、水玻璃或熔融硫等浸渍而成；(2)压型法不透性石墨，用天然或人造石墨粉为干料，人造树脂为粘合剂，混合后热压成所需要的形状和尺寸，或在常温、常压下浇灌固化而成。使用于化工设备，如热交换器，盐酸合成炉、塔式吸收器、耐酸泵、管道、阀门等。具有良好的耐腐蚀性和导热性；热膨胀系数低，耐热冲击性好，视比重低，可减轻设备质量等优点。

【高密度石墨】high-density graphite

经过特殊加工使其致密度增高因而提高了一系列物理-机械性能的石墨制品。用于原子能、空间技术、电子工业等作为耐高温和高强度构件。有如下几种加工方法：(1)采用密度高的原料，并选择合理的粒度组成，使其充填密度提高，半成品块再用沥青或树脂反复浸渍-焙烧；(2)利用活化添加剂(如油酸等)或加压焙烧使粘合剂析焦量增加；(3)用细磨生石油焦或沥青中的中间相小球体为原料，使制品在焙烧时收缩率增大，视比重增高；(4)在人造石墨坯体上沉积热解碳；(5)浸渍能与碳化合成碳化物(如碳化硅)的无机物(如四氯化硅等)，使浸渍物在进一步热处理中转化为碳化物，使制品密实；(6)利用石墨在高温条件下能在负荷下发生蠕变的性质，在3000℃高温下施加压力形成再结晶石墨。

【多孔石墨】porous graphite

亦称泡沫碳，是一种由孔和相互连接的孔壁组成的具有三维网状结构的轻质多孔材料，含有50%(体积)以上微孔并具有一定机械强度。依据其孔壁的微观结构，可以分为石墨化和非石墨化泡沫碳。它具有密度小、强度高、抗热震、易加工等特性和良好的导电、导热、吸波等物理和化学性能，通过与金属或非金属复合，可以获得高性能的结构材料。利用它的多孔和耐腐蚀性质，用于化工、冶金和原子能工业作为腐蚀性气体、液体及熔盐的过滤器、扩散器和吸收剂；利用其极低的热导率和热膨胀系数，用于真空和非氧化性气氛中的高温隔热材料，燃料电池活性隔膜等。多孔石墨有两种类型：(1)以焦炭粉加发孔剂为主要原料按常规工艺制造；(2)以人造树脂加发泡剂或再加碳纤维增强后固化、碳化而成。

【碳素填料环】carbon filler ring

又称雷氏圈、拉希环(Raschig-ring)。化工填充塔内的填充物。原用陶瓷环。为了加快塔内的导热过程，提高填料环的耐蚀性，改用碳质或压型不透性石墨环。尚有活性炭雷氏圈，可在填充塔内同时进行脱色脱臭操作，不必再经活性炭压滤作业。

【活性炭】activated carbon；activated charcoal

具有特别发达的气孔结构，因而有很强的吸附或吸收能力的无定形碳材料。可由植物纤维质碳化和活化而成(木质活性炭)，原料包括木屑、硬果壳、花生壳、棉籽壳、谷壳等；也可以由褐煤、泥煤碳化和活化而成(煤质活性炭)。商品活性炭呈粒状，主要用于吸收、吸附作业，广泛地用于贵金属回收、金属精制、制药、制糖、溶剂回收、水处理、脱色、脱臭及其他化学提纯作业，并作为防毒面具的吸附剂。

18.1.12 特种碳石墨材料

【核石墨】nuclear graphite

用于核能技术中的特种石墨构件的总称。其中有原子核反应堆的石墨减速层、反射层、各种石墨零件、核燃料球壳和稀释剂、外套，屏蔽层等。主要要求是：(1)吸收中子的量小，因而杂质含量(特别是吸收中子量大的硼和稀土元素等)必须尽量减少(不应超过一千万分之一)；(2)具有较高的表观密度(1.7g/cm^3 以上)，快中子在致密度高的石墨中碰撞碳原子核的次数多，容易在较短距离内变为慢中子，因而可以缩小反应堆体积。制造核石墨采用多次浸渍-焙烧和通气石墨化提纯等方法来提高其致密度和纯度。

【各向同性石墨】isotropic graphite

块体石墨材料通常具有各向异性的特点。各向同性石墨是指石墨块体中的微晶无序地取向排列，具有各向同性特点的石墨材料。通常指异向度小于 1.10 的石墨材料。

【热解石墨】pyrolytic graphite

在石墨基体上进行气相化学沉积得到的一种高性能石墨。将石墨基体置于真空感应电炉内。加热至 750～1300℃，通入用氩氮稀释的碳氢化合物气体，则可在石墨基体表面分解沉积一层高度定向的热解碳层，热解温度超过 1800℃时生成的为热解石墨层。热解石墨具有三维有序排列结构，层间距离依温度的提高而减小，最小达 0.337nm，密度达 2.2g/cm^3 (2.2×10^{-9} kg/m^3)，电导率的各向异性系数(σ_a/σ_c)高达 1000，热导率也类似，即在 c 轴方向热导率甚低，而 a 轴方向则为热的良导体；抗拉强度比一般人造石墨高 5～10 倍(平行于层面达 800kg/cm^2 (8×10^9 Pa))，在 2750℃时，其强度比室温下增高一倍，其抗氧化性能也大大高于普通石墨；灰分含量视热解温度而定，介于 0.02%～0.005%之间。由于热解石墨有上述特性，可作为火箭喷嘴喉衬，核反应堆和等离子发电等高温设备的构件。

【高取向热解石墨】highly oriented pyrolytic graphite；HOPG

又称压缩退火热解石墨(compression-annealed pyrolytic graphite，简写为 CAPG)。碳原子排列具有高度方向性的人造石墨，具有类似石墨单晶的物理性质。普通的热解碳虽然晶粒已有良好定向，但仍属乱层结构，其层间距达 0.335 nm。将其在惰性气体保护下，于高温高压下加工后，再在 2500℃退火，就得到高取向热解石墨。其特点是对高能射线的反射率高，吸收率低(约为 LiF 单晶的 1/3)。对 X 射线具有很强的(002)晶面反射强度和较小衍射角。可作为 X 射线和中子射线单色器、高能光子偏振片等。

【再结晶石墨】recrystallized graphite

在高温高压下使多晶石墨晶粒长大和定向排列(即再结晶)的高密度石墨。石墨材料在 2500℃以上时，能在压力下蠕变，若在接近 3000℃高温下将石墨进行模压，石墨的视比重增大，由原来的 1.5～1.7g/cm^3 增至 1.85～

2.15g/cm³，晶粒重新定向。经过这一加工的再结晶石墨具有如下特性：(1)具有很显著的各向异性，沿颗粒平面方向上的热、电传导性和机械强度远大于其垂直方向；(2)致密度增大。石墨体内大的缺陷(砂眼、裂纹等)消失，其气孔直径不超过1μm，90%的孔径小于0.5μm，因此，大大提高了高温下的机械强度且减少了渗透性。可作为火箭推进器用的耐热零件。

【含硼石墨】boronated graphite

含有一定浓度和特定颗粒度的硼(或硼的化合物)的石墨制品。其含硼量在10%～20%范围内，用于核反应装置作为中子控制器和放射线防护体。

【浸硅石墨】silicon-impregnated graphite

在高温高压条件下把熔融态的液态硅或者有机硅，浸渍到石墨材料开放性气孔中，冷却后得到的石墨就是浸硅石墨。浸硅石墨是一种刚性材料，抗压强度和抗压弹性模量很高。

【聚合物碳】polymer-based carbon

是玻璃碳和纤维素碳制品的总称。高分子有机聚合物热解后所得的纯碳制品。液态人造树脂或纤维素按要求形状成型聚合后，在保护气氛中控制升温速度加热至1000℃左右热分解而成。碳化在固相中进行，产生极强的横向键，形成一种强度很高的玻璃状碳。碳化后体积收缩达50%，原来极微细的气孔闭合，故聚合物碳是不渗透的。聚合物碳可作为耐高温耐腐蚀器件，用于原子能、冶金、化学仪器等方面。

【玻璃碳】glassy carbon

由人造树脂或纤维素等有机高聚物碳化而得的具有玻璃状致密结构的碳素制品。其特点为：(1)机械强度高，在高温下仍能保持其原有强度；(2)耐高温，可在2500～3000℃温度下使用；(3)耐腐蚀，可抵抗氟及氢氟酸的腐蚀；(4)结构致密，不渗透气体和液体；(5)热导率比普通化学玻璃高10～20倍，耐热冲击性大，能经受急冷急热而不破碎；(6)具有很高的纯度，不污染工作物。玻璃碳制品可作为试验室器皿以代替铂制器皿，作为制备高纯物质的容器、反应器(如半导体的制造)；高温热电偶保护套管或光学高温计测温管，其他特殊用途如光谱分析电极、极谱分析仪用固体电极——代滴汞电极、感应加热板等。

【高导热石墨】high thermal conductive graphite

一般将热导率大于200W/(m·K)的石墨材料称为导热材料，也可将比导热率大于传统金属材料的石墨材料称为高导热石墨材料。

【高导热石墨膜】high thermal conductive graphite film

又称为聚酰亚胺基高导热石墨膜，是由聚酰亚胺薄膜经过高温碳化和石墨化制得的薄膜，具有很高的导热率和独特的晶粒取向，沿两个方向均匀导热，片状结构可以良好地适应任何表面，屏蔽热源与组件的同时改进消费类电子产品的性能。广泛应用在手机、平板电脑、LED照明等电子产品。

【高导热柔性石墨纸】high thermal conductive graphite foil

柔性石墨纸是一种新型石墨纸产品，一般是通过辊压膨胀石墨而形成的厚度接近纸的一种近乎纯炭的材料，具有制备工艺简单、制造成本低廉的优势，柔性石墨纸的特点就在于它具有很好的柔韧性，可以弯曲到一定弧度，这样可以使柔性石墨纸应用在弯曲面、平面等不同部位。柔性石墨纸具有良好的耐高温性能、导热性能、密封性能、耐腐蚀性能等。可将具有高热率的柔性石墨纸称为高导热柔性石墨纸。

【石墨乳】colloidal graphite

石墨乳是把石墨固体微粒加在液体中并在液体中呈分散状态，其主要成分是微粉石墨，因其呈乳状，所以常被称作石墨乳，也叫石墨胶体，分为溶剂型石墨乳和水性石墨乳。根据石墨的导电、润滑、防腐、耐高温等特点生产的系列石墨乳可广泛用于导电、电磁屏蔽、抗静电、锻造、润滑、防腐、密封、丝网印刷线路、彩色显示器件制造等领域，起到导电、抗静电、防腐、润滑、密封、屏蔽等作用。

【氮掺杂碳材料】nitrogen-doped carbon materials

氮掺杂是碳材料改性常用的方法之一，氮

原子比碳原子多一个价电子，氮掺杂进入石墨的六元环结构后可形成吡啶氮、吡咯氮、石墨氮等含氮官能团，不仅可以提高碳材料的表面化学活性，还可对其电子结构进行调节。主要制备方法包括气相的高温掺杂、液相浸渍氮源后进行热处理或者直接通过碳化/活化富氮前驱体获得。

18.1.13 碳纤维

【碳纤维】carbon fiber

是一种含碳量在95%以上的高强度、高模量的碳质纤维材料。它是由片状石墨微晶沿纤维轴向堆砌而成，经预氧化和碳化处理而得到。每一根碳纤维由数千条更微小的碳纤维所组成，直径为5～8μm。如果经过了高温石墨化处理，也可以制成石墨纤维。

它不仅具有碳材料的固有本征特性，又兼备纺织纤维的柔软可加工性，是新一代增强纤维。碳纤维具有许多优良性能，如碳纤维的轴向强度和模量高、密度低、比性能高、无蠕变、非氧化环境下耐超高温、耐疲劳性好、比热及导电性介于非金属和金属之间、热膨胀系数小且具有各向异性、耐腐蚀性好、X射线透过性好、电磁屏蔽性好等，在国防军工和民用方面都是重要材料。如果以纺丝的原料来分类，通常可以有聚丙烯腈基碳纤维、沥青基碳纤维和粘胶基碳纤维三类。如果以机械性能来划分，通常可以分为高强度和高模量碳纤维。

【聚丙烯腈基碳纤维】polyacrylonitrile-based carbon fiber

以聚丙烯腈(PAN)为原料，经过聚合、纺丝、预氧化、碳化、石墨化等一系列工艺而制备的具有高强、高模和耐高温的碳纤维。聚丙烯腈基碳纤维是用量最大的碳纤维。聚丙烯腈前躯体一般为共聚体，主要采用湿法纺丝，预氧化温度200～300℃，碳化温度1000～1500℃，石墨化温度2500～3000℃。

【沥青基碳纤维】pitch-based carbon fiber

是一种以石油沥青或煤沥青为原料，经精制、纺丝、预氧化、碳化或石墨化而制得的碳纤维。其中预氧化温度200～400℃，碳化温度1000～1700℃，石墨化温度2000～3000℃。制备各向异性的高性能沥青基碳纤维需先将沥青调制为可纺中间相沥青、预中间相沥青(苯可溶各向异性沥青)和潜在中间相沥青(喹啉可溶各向异性沥青)等。

【粘胶基碳纤维】rayon-based carbon fiber

和沥青、聚丙烯腈一样，也用作碳纤维的前驱体。粘胶基碳纤维以高纤维素含量的木浆或棉浆为原料，经湿法纺丝、水洗、浸渍、预氧化、碳化或石墨化表面处理等一系列加工工艺制得的。与聚丙烯腈基碳纤维相比，一般要增加水洗和浸渍两个工序。其中预氧化温度240℃，碳化温度400～2000℃，石墨化温度3000～3200℃。粘胶基碳纤维的生产率较低，只有10%～30%，力学性能也不如聚丙烯腈基碳纤维。作为烧蚀材料用的粘胶基碳纤维，其原丝要求不含碱金属离子。

【活性炭纤维】activated carbon fiber

是一种纤维状的活性炭，是继粉状活性炭和粒状活性炭之后的第三种形态的活性炭材料，具有碳纤维的形态和活性炭的结构特征。制备ACF的前躯体包括纤维素、聚丙烯腈、酚醛基、沥青等。其制备包括低温稳定化处理、碳化、活化过程。常用的活化方法主要有：物理活化法(CO_2、水蒸气等为活化剂)和化学活化法($ZnCl_2$、H_3PO_3、KOH等为活化剂)。

作为吸附和环保工程材料，活性炭纤维性能优于粉状和粒状活性炭。特别由于纤维形态，其吸脱附路径远小于粉状和粒状活性炭，动力学性能优异、再生容易，而且可方便地加工为毡、布、纸等不同的形状，并具有耐酸碱耐腐蚀特性，广泛用于环保工业、电子工业、化学工业与辐射防护、医用生理卫生等，具有广阔的发展前景。

【石墨纤维】graphite fiber

又称高模量碳纤维，是一种高性能碳纤维。高性能碳纤维又分为高强型(强度2000MPa、模量250GPa)和高模型(模量300GPa以上)。

高模型碳纤维按原丝种类可分为聚丙烯腈

基和沥青基两大类。其中聚丙烯腈基碳纤维，如：日本东丽公司的 M40（模量 377GPa）、M50（模量 475GPa）和 M60（模量 588GPa）等；沥青基碳纤维，如：美国联合碳化物公司的中间相沥青基石墨纤维 Thornel P120S（模量 827 GPa）和英石油阿莫科公司的中间相沥青基石墨纤维 Thornel K-1100（模量 933 GPa）等。

高模型碳纤维是一种具有独特性能的军民两用工业材料，已广泛用于航天、航空、运动器材、高档民用品等先进复合材料的增强体。高模型碳纤维除具有轻质、高强特性外，还具有超高模、高导热、高导电、低热膨胀系数等特性，最适用于昼夜温差大的太空环境，用它作为增强体可以制备出热膨胀系数为零的各种结构型和功能型复合材料，已成为解决外层空间结构和功能复合材料不可或缺的增强体。

【碳纤维增强复合材料】carbon fiber reinforced composite

用碳（石墨）纤维或碳布为增强骨料，与树脂、热解碳或其他碳素材料复合为一整体的制品。它具有如下特点：(1)强度高、质量轻，具有很高的强度/质量比，作为航空-空间技术材料有特殊的优越性，1kg 复合材料可代替 3kg 铝合金；(2)热膨胀系数低，在温度变化时，其尺寸和几何形状的稳定性好；(3)耐磨损、耐腐蚀和耐水性好，能在恶劣环境中工作；(4)抗扭、抗弯、抗冲击强度高，没有一般石墨和陶瓷材料的脆性和对裂纹的敏感性。碳纤维复合材料按其制法有两种类型：(1)碳纤维用热固性树脂浸透成为无纬布（按二向或三向成层重叠）热压固化成型；(2)将短碳纤维和碳素粉末加粘合剂混合、成型、焙烧，再用沥青或树脂浸渍或表面热解碳。这两类材料亦称碳-碳复合材料。以碳纤维增强，以金属或陶瓷为基体的制品，则分别称为碳纤维增强金属和碳纤维陶瓷。碳纤维增强复合材料用途甚广。可作为各种飞机结构材料，如方向舵、襟翼、起落架、刹车片、舱门以及机翼，水平和垂直安定面等，在火箭、导弹、载人宇宙飞船上作为鼻锥、机身、防热材料等，在民用工业方面使用在汽车、船舶、机械、电气、化工、体育器材和人造骨骼等中。

【碳毡】carbon fiber felt

由碳纤维组成的织物产品。制备方法主要有：(1)碳短丝气流成网后针刺；(2)预氧丝毡碳化；(3)原纤维毡预氧化和碳化。碳毡通常用作真空炉和惰性气体炉绝热材料、热的气体或液体和熔融金属滤材、燃料电池多孔电极、催化剂载体、耐腐蚀容器复合材料衬里和复合材料。以聚丙烯腈基碳毡为例，其性能指标为：面积质量 500g/m^2 和 1000g/m^2，纵向和横向强度（N/mm^2）各为 0.12，0.16 和 0.10，0.12，断裂伸长各为 3%、4%和 18%、16%，电阻率（Ω·mm）各为 4～6，3.5～5.5 和 7～9，6～8，导热系数各为 0.06W/(m·K)(25℃)，比表面积均 ＞ 1.5m^2/g，灰分＜0.3%，含硫量＜0.03%。

【碳/碳复合材料】carbon/carbon composites

是指以碳纤维（或石墨纤维）及其织物为增强材料，以碳（或石墨）为基体，通过加工处理和碳化处理制成的全碳质复合材料。这种以碳纤维（或石墨纤维）为骨架增强以碳或石墨为基质而构成的复合材料，在力学性能、抗热震性能和高压烧蚀性能上优于块状石墨。

碳/碳复合材料制备工艺主要有：(1)纤维编织：碳纤维的编织分为单向编织和多向编织。多向编织最少为 2 向，最多为 11 向。(2)致密处理：对形成的碳纤维编织品作致密化处理。致密化处理方法通常采用液态浸渍、固态浸渍和气态浸渍。目前应用较多的是化学气相沉积法。

碳/碳复合材料具有许多优异的性能，如耐高温、低密度、高导热、低热膨胀系数以及对热冲击不敏感等。由于其独特的性能，已广泛应用于航空航天、汽车工业、医学等领域，如火箭发动机喷管及其喉衬、航天飞机的端头帽和机翼前缘的热防护系统、飞机刹车盘等。

【石墨晶须】graphite whisker

高度定向的须状石墨单晶体。在适当条件下，碳氢化合物气体可在加热了的碳丝上热解形成晶须，或在直流碳弧产生的 3900K 高温和高压氩气中形成。石墨晶须的结构象是由六角碳原子网卷起来的小圆筒，在其主轴方向强度极高，初步测量其抗拉强度超过 2000kg/cm^2，杨氏弹性模量超过 7000t/cm^2，其电阻系数达 0.65Ω·mm^2/m，达到石墨单晶水平。

【气相生长碳纤维】vapour grown carbon fiber

是一种采用催化化学气相沉积技术，在高温下(873～1473K)，以过渡族金属(Fe、Co、Ni)或其化合物为催化剂，将低碳烃化合物(如甲烷、乙炔、苯等)裂解而生成的微米级碳纤维。与传统的碳纤维生产工艺相比，气相生长碳纤维的工艺路线简单、成本低廉，且生产出的碳纤维各种力学性能优越，导热导电性能良好，为碳纤维的大量应用和碳纤维工业的进一步发展创造了新的途径。

一般而言，气相生长碳纤维的制备方法有间歇和连续两种。间歇式的工艺为：将涂有催化剂的石墨或陶瓷基板放入反应炉，通入氢，加热到<1200℃，催化剂被还原，然后通入一定比例的低碳烃。低碳烃经高温而热解，在基板上生成气相生长碳纤维。连续式工艺不用基板，催化剂按一定比例从反应炉顶部送入，氢气则从底部或顶部送入，在反应炉高温区形成气相生长碳纤维，且聚集于底部。气相生长碳纤维的形成有生长和增粗两个阶段。

【纳米碳纤维】carbon nanofibers

是化学气相生长碳纤维的一种形式，是由通过裂解气相碳氢化合物制备的非连续碳纤维，其直径在 50～200nm 之间。是一种介于碳纤维和碳纳米管之间的纤维状碳材料。纳米碳纤维在成本和产量上与碳纳米管相比都有明显的优势。在复合材料(包括增强、导电及电磁屏蔽添加剂等)、门控场发射器件、电化学探针、超电容、催化剂载体、过滤材料等领域都有潜在的应用前景。制备方法主要有静电纺丝法、聚合物共混纺丝法和气相生长法。

【静电纺丝超细碳纤维】ultra-fine carbon fiber by electrostatic spinning

是指以高分子材料为原料，静电纺制得的纳米纤维为前驱体，再通过碳化制备而成的超细碳纤维。这种碳纤维很容易制成类似无纺布的纸状薄膜。原料主要包括聚丙烯腈、聚酯、聚酰胺、聚乙烯醇等柔性高分子材料。与所有具有近似一维结构的纳米碳材料的特性相类似，这种超细碳纤维可应用于电子器件、聚合物添加剂、储能材料、催化剂载体、电磁屏蔽材料、防静电材料、电磁波吸收材料等诸多领域。

18.1.14 石墨层间化合物与膨胀石墨

【石墨层间化合物】graphite intercalation compounds; GICs

利用化学或者电化学的办法，使得反应物质插入石墨层间，与层面内碳原子键合，形成并不破坏石墨层状结构的晶体化合物。石墨层间化合物可以分为两类：一类是反应物质与碳原子以共价键结合，石墨失去导电性，如湿式氧化产生的石墨酸、氧化石墨、氟化石墨；另一类是反应物质与碳原子以离子键合方式结合，石墨与反应物均不失去其原有特性(如导电性等)的分子化合物。如金属-石墨化合物 C_8K、$C_{64}Na$、$C_{24}Rb$、$C_{36}Cs$，石墨-卤素层间化合物等。这些化合物是石墨和反应物溶液或蒸汽直接反应而成。石墨层间吸收的物质形成单分子层，因此，石墨发生膨胀，其膨胀的程度视吸收反应物的量而定，若吸收太多，石墨即行崩坏。层间化合物不稳定，受热时，大部分反应物逸出，但已崩解的石墨不能恢复原状。

【石墨-卤素层间化合物】graphite-halogen lamellar compound

卤素物质插入石墨层间，与碳原子以共价键结合而形成的层间化合物。其中溴化石墨(如 C_8Br)、氟化石墨(如 CF、C_4F)是溴或氟的气体直接进入石墨层间而生成，氯化石墨(如 C_8Cl)是在电解氯化钠溶液时进入石墨阳极而生成。多量的卤素或卤化物(如 $FeCl_3$、$CuCl_2$、$AlCl_3$ 等)进入石墨，将使石墨膨胀而崩坏。

【石墨-金属层间化合物】graphite-metal lamellar compound

将石墨和金属(K、Rb 等碱金属)在真空下一起加热而获得的石墨层间化合物。碱金属作为插入物的石墨层间化合物是典型的供电子型。这类物质具有高导电性，甚至超导性质，也具有催化特性。

【氧化石墨】graphite oxide

又称为石墨酸，是一种由物质量之比不定的碳、氢、氧元素构成的化合物。氧化石墨是一种共价键型的化合物，可以通过用强氧化剂处理石墨来制备。所得到的产物中，氧化程度最高的产物是一种碳、氧数量之比介于2.1到2.9之间黄色固体，并仍然保留石墨的层状结构，但结构变得更复杂。氧化石墨的结构和性质取决于其合成方法。氧化石墨仍然保留石墨母体的层状结构，但是两层间的间距（约0.7nm)大约是石墨中层间距的两倍。氧化石墨的制备方法主要有三种：Brodie法，Staudenmaier法和Hummers法。其中Hummers法制备过程的时效性相对较好而且制备过程中也比较安全，是目前最常用的一种。

【氟化石墨】fluorographite

当石墨层间插入物为氟时，形成的石墨层间化合物即为氟化石墨，通常为白色固体。氟化石墨是共价键型化合物，其合成方法大体分为高温合成法(又称气相法)、低温合成法(又称固相法)和电解合成法，其化学结构式可用$(Cf_X)_n$来表示。其中X为不定值，大小为$0<X<1.25$。氟化石墨的性质随分子式中碳和氟的比值不同而不同。氟化石墨仍保持层状结构，但是其层间分子间力弱得多。由于氟原子的插入和层间相对滑动而使基面叠层发生变化，出现AAA构造。氟化石墨具有亲水亲油性，其独特之处是低表面能和高润滑性，是一种新型的功能材料。

【可膨胀石墨】expandable graphite

在适当的条件下，将酸、碱金属、盐类等多种化学物质插入石墨层间，并与碳原子结合形成新的化学相——石墨层间化合物(GIC)。这种层间化合物在加热到适当温度时，层间插入物可瞬间迅速分解，产生大量气体，使石墨沿轴方向膨胀成蠕虫状的新物质，即膨胀石墨。这种未膨胀的石墨层间化合物就是可膨胀石墨。为了便于运输，通常将可膨胀石墨销售给柔性石墨生产厂家，作为他们的生产原料。而柔性石墨是一种重要的无机非金属材料，它具有耐酸碱、耐高温、抗拉、抗压、抗辐射、弯曲弹性好等优良性能，广泛用于替代易致癌的石棉类密封材料。

【柔性石墨】flexible graphite

柔软如薄纸的人造石墨制品。将鳞片石墨先制成可膨胀石墨，经过高温瞬时制得膨胀石墨蠕虫，然后无需粘合剂，即可压延而成型。它具有挠曲性而非一般石墨制品固有的硬脆性质，同时仍保留石墨原来的一系列性能。可作为耐高温密封垫片，代替橡胶、石棉在高温下使用。

【柔性石墨垫片】flexible graphite gasket

将柔性石墨打孔或切割而制成的制品。它具有良好的耐腐蚀性，耐高/低温，良好的压缩回弹性和高强度性，各种各样的圆形或复杂的几何垫片被广泛用于管道、阀门、泵、压力容器、热交换器、冷凝器、发电机、空气压缩机、排气管、制冷机等。

【电化学石墨插层化合物】electrochemical graphite intercalation compound

电化学石墨插层化合物是指用电化学方法使异类原子、分子或离子插入石墨原子层间而生成的石墨插层化合物。其特点是插(脱)层过程易于控制，且可获得其动力学参数，若配合X射线衍射分析可以深入地考察层间化合物阶(相)的变化与其电位变化之间的关系。工业上常用浓硫酸或者浓硝酸作为电解液，将石墨作为阳极，在电流的作用下，可以将硫酸或者硝酸插入石墨层间，形成阶数可控的层间化合物。这种工艺不使用其他氧化剂，反应温和可控。

18.2 碳 素 原 料

18.2.1 晶质石墨

【鳞片石墨】flake graphite

亦称片状石墨。由地壳变动时含碳物质在高温下转化而成。其外观为黑色或银灰色，呈鳞片状或薄叶片状，石墨晶片多呈浸染状、片麻状分布于长石、石英或透闪石等岩石间，具有明显定向排列的晶体结构。是沉积在原岩中的大量有机质碳随着地壳变动，在高温高压下经深度变质作用，含碳物质气化逸出，在适宜的地质条件下冷却再结晶而形成的鳞片状石墨晶体。我国山东莱西市南墅石墨属于此类，亦盛产于印度洋马达加斯加岛。用于制造电刷，坩埚、润滑剂、石墨电极、软质铅笔等。我国鳞片石墨资源十分丰富，山东青岛市，黑龙江鸡西市、萝北县，内蒙古兴和县是主要产区，它是制造柔性石墨和石墨烯粉末的主要原料。

【脉状石墨】vein graphite

石墨结晶的形状呈颗粒状的致密结晶石墨称为脉状石墨，亦称块状晶质石墨，其外形为针状、叶状、束状、纤维状。它是地壳内部气成作用的产物。地球深处高温高压含碳气体沿裂隙上升，在接近地表温度和压力较低的岩缝中分解为很纯的粗大致密石墨晶体。矿体充填在片麻岩开口裂缝中，形成厚度几厘米至几米的晶体石墨矿脉，石墨含量一般达 60%以上，最高可达 80%～90%，主要产地为斯里兰卡。脉状石墨可用来制造机械装置或工业生产的润滑剂及电解电镀或者蓄电池的电极等。

18.2.2 焦炭

【石油焦】petroleum coke

是以石油裂解后的石油系重质油(石油渣油或沥青)为原料，经过加热分解和聚合(如先常压后减压蒸馏、常压直馏、热裂化等)的延迟焦化、流化焦化和灵活焦化工艺而制成的可燃性固体物质。主要元素为碳，灰分含量很低，一般在 0.5%以下，外观为黑色或暗灰色的蜂窝状结构，焦块内气孔多呈椭圆形，且互相贯通。

石油焦按其焦化方法的不同，可分为平炉石油焦、釜式石油焦、延迟石油焦、硫化石油焦四种。适合碳素工业使用的有釜式石油焦和延迟石油焦两类。釜式石油焦为蒸馏釜中焦化的产物，具有较好的成层结构，密度高，易石墨化、灰分低。延迟石油焦因渣油在管式炉中加热后"延迟"到流入焦塔内方始焦化而得名，含油类、水分和粉粒较多。这两种石油焦可作为各种碳素制品、碳化硅、碳化钙及其他碳化物工业原料，使用前须经 1000～1300℃煅烧。按硫分高低可分为高硫石油焦、中硫石油焦和低硫石油焦三种。按石油焦外观形态及性能的不同，可分为海绵状石油焦、蜂窝状石油焦和针状石油焦三种。此外，尚有液态石油焦、连续接触石油焦等，是近年来较新的焦化产物，回收油类多，但其焦化产物的石墨化性能差，只作燃料使用。

【釜式石油焦】retort coke

石油原油提炼后的残渣或污油进入铁制的焦釜后在釜外加热，经升温、均热、吹炼、冷却等过程，以重新取得一部分石油产品和含油气体，最后残留下来的固体碳素物质，称为釜式石油焦。釜式石油焦的焦化温度较高，可达 700℃左右，因此挥发分较低，为 3%～7%。

【延迟石油焦】delayed coke

将石油残渣送入一个管式加热炉内，加热至 482～510℃，然后从焦化塔的下部进入，在塔内温度为 455～482℃，压力为 3～5 大气压的条件下，渣油凭借本身热量供给焦化所需的反应热，在焦化塔内的沥青状物质在热油气吹喷 8～10h 后转变为焦炭，所谓"延迟焦化"就是指渣油在加热炉管内流速很快，虽被加热到热分解和所需的温度，但它变成焦炭的反应却来不及在炉管内进行，而是延迟到进入焦化塔内才焦化，这种延迟焦化得到的焦炭就称为延迟石油焦。

外观上，焦块小，粉焦多，焦块结构较疏松，纹理不明显。挥发分高，为 9%～18%，经 1300℃煅烧后其密度为 2.08 g/cm^3 及以上。延迟石油焦是一种易石墨化焦，是目前各种炭石墨制品的主要原料。

【针状石油焦】acicular coke; needle coke

是用富含芳烃而少含沥青质、胶质及喹啉等不溶物的热裂化渣油或催化裂化渣油经延迟焦化制得的优质石油焦，是一种高质量的石油焦，具有明显的层理结构。外观具有明显纤维状纹理，焦块孔径小分布均匀，多呈细长椭圆形，有较高的定向性，焦块受到锤击破碎时能按层理分裂成细长针状颗粒。在偏光显微镜下观察，针状石油焦平行于纤维状纹理方向的任一断面，大部分均呈各向异性的纤维状，也有部分各向异性很强的片状组织，与纤维方向垂直的是各向异性的镶嵌组织。

针状石油焦在平行于颗粒长轴方向上具有良好的导电和导热性能，热膨胀系数较低，具有很高的各向异性；在 2000℃以上的高温下容易石墨化，电阻率较低；在挤压成型时，大部分颗粒的长轴按挤出方向排列，故制成的电极在轴线方向上具有良好的导电和导热性能，抗热冲击能力强，可作为制造超高功率电极及其他高质量碳素制品的原料。

【沥青焦】pitch coke

主要是由煤系沥青在焦炉中经高温(>1100℃)焦化而得的焦炭。生产沥青焦主要用中温沥青或高温沥青为原料，将煤沥青加热至熔化，吹入空气氧化，使其软化点提高到 130～150℃，经加压槽送入焦化炉，加热、蒸馏、分解和缩聚焦化，可得到有机油类和沥青焦。沥青焦是一种具有低灰分、低硫分、机械强度高等特点的优质焦炭，其石墨化性能次于石油焦。沥青焦挥发分较低，约 3%，结构致密，气孔率小，颗粒机械强度及耐磨性比较高，使用时一般不需煅烧，是生产人造石墨制品、普通功率石墨化电极、铝电解工业用阳极糊及预焙阳极和某些电碳制品的主要原料之一。此外，在石油焦煅烧时掺入一定量的沥青焦可防止煅烧料结块。

【煤焦】coal coke

是冶金焦和铸造焦的统称。由几种不同挥发分和结焦性能的烟煤经配煤后在焦炉内经高温作用焦化，经过热解、缩聚、固化、收缩等一系列复杂的物理化学过程而形成焦炭。焦化温度 1100℃，其副产物为煤焦油和煤气。煤焦结构致密、机械强度高，外观为银灰色海绵状块体，灰分含量较高。90%以上的冶金焦均用于高炉炼铁。在碳素制品方面，用作冶金炉碳质耐火炉衬、电阻料和多灰电极糊原料。

【二次焦】secondary coke

沥青焦粉先粉碎至几十微米，用沥青或树脂混捏后焙烧，再破碎至数百微米，成为具有各向同性的二次焦，用于各向同性或近各向同性的石墨制品。通常，利用二次焦作为骨料炭来制备炭石墨材料，可以有效缓解骨料炭和粘结剂之间的体积收缩差异，提高骨料与粘结剂间的界面结合强度，进而提高材料的机械强度。

【冶金焦】metallurgical coke

是高炉焦、铸造焦、铁合金焦和有色金属冶炼及碳素制品生产用焦的统称。冶金焦具有金属光泽，一般为银灰色，坚硬而多孔，表面多裂纹。由于 90%以上的冶金焦均用于高炉炼铁，因此往往把高炉焦称为冶金焦。按块度大小将冶金焦分为 3 类：大于 40mm 的称为大块焦，25～40mm 的称为中块焦，小于 25mm 的称为碎焦或焦末，也有将 10～25mm 的称为小块焦，小于 10mm 的称为焦粉。

在碳素工业中可用于生产电极糊及其他糊类、各种炭块、炭电极等，但主要是用作填料、电阻料和保温料。对于碳素工业，冶金焦的灰分越低越好。其灰分高，会导致导电性和耐磨强度降低。

【铸造焦】casting coke

也称作煤焦、冶金焦。是专用于化铁炉熔铁的焦炭，其作用是熔化炉料并使铁水过热，支撑料柱保持其良好的透气性。因此，铸造焦应具备块度大、反应性低、气孔率小、具有足够的抗冲击破碎强度、灰分和硫分低等特点。铸造焦的质量是获得高温优质铁水的决定性因素，取决于所使用原料的性质，所用原料主要是低灰、低硫、发热量大、固定碳高的优质弱粘结性煤。

【无烟煤】anthracite coal

参见 3.4.1【无烟煤】。

【硬煤】hard coal

为烟煤和无烟煤的统称，指恒温无灰基高位发热量大于或等于 24MJ/kg 的煤。硬煤国际分类是以干燥无灰基挥发分为第一指标，表示煤的煤化程度，当挥发分大于 33%，则以恒温无灰基高位发热量为辅助指标，以表示煤粘结性的自由膨胀序数或罗加指数为第二指标，以表示煤的结焦性的格金焦型或奥阿膨胀度为第三指标。

【炭黑】carbon black

又名烟黑。为有机物质不完全燃烧或受热分解的产物。特征是乱层结构，颗粒极细，吸附性强，较难石墨化，热、电传导性能不良。主要用作橡胶制品的填充剂、黑色油墨和油漆的着色剂，还作为一部分电碳制品的原料和辅助材料。按其生产方法和原材料大致分为四类：(1)槽法炭黑：以天然气、城市煤气或加工煤焦油所得油类为原料，在炉膛内作不完全燃烧，用往复移动的槽铁、滚筒或转盘冷却收集而得。粒度细(约 25μm)，挥发分高。(2)炉法炭黑。以液体碳氢化合物或天然气为原料，喷入炉内，在不足量的空气供给下燃烧分解成炭黑，急速冷却后收集而得。粒度中等，气体炉黑为 50～80μm，液体炭黑约 25μm。(3)热解炭黑：碳氢化合物气体在无空气条件下热解而得，粒度较粗，平均 180μm，最粗达 470μm。(4)灯黑。以液体碳氢化合物(煤焦油及其蒸馏物)为原料，在炉内作不完全燃烧，形成的炭黑通入烟道冷却收集而得，平均粒度 200～350μm。

【槽法炭黑】canal black

主要以天然气、城市煤气或加工煤焦油所得油类为原料，通过数以千计的瓷质火嘴，在自然通风的炉膛内与空气进行不完全燃烧，形成鱼尾形扩散火焰，其还原层与缓慢往复运动的槽钢相接触，使裂解生成的炭黑沉积在槽钢表面，用往复移动的槽铁、滚筒或转盘冷却收集，而后用螺旋输送器输出、造粒为产品。粒度细(约 25μm)，挥发分高。

【炉法炭黑】furnace black

以气态烃、液态烃、天然气或其混合物为原料，喷入炉内，在不足量的空气供给下在反应炉内形成密闭的湍流系统，将一部分原料烃和空气燃烧产生高温，使另一部分燃烧裂解产生炭黑。生成的炭黑悬浮在烟气，经急速冷却、过滤后收集、造粒为产品。使用气态烃为主要原料的称为气炉法，使用液体烃为主要原料的称为油炉法。粒度中等，气体炉黑为 50～80μm，液体炉黑约 25μm。

【热解炭黑】pyrolytic black

在预先加热至 1550℃ 的热解炉中，通入天然气，在无空气条件下，天然气与强热格子砖表面接触而发生热解，生产的炭黑。因与传统的炭黑生产方法不同，称为热解炭黑。热解炭黑的平均粒径为 40～50nm，聚集体与 GPF 炭黑相似，由于灰分为 14%±2%，并以二氧化硅、钴盐类及锌类为主，所以表现在化学和物理性能上较为独特，有较高的交联度和扩散性。热解炭黑在橡胶配方中，不仅具有较好的填充补强作用，而且能改善混炼胶的炭黑分散均匀性，提高橡胶半制品的加工性能，所以热解炭黑已应用于尼龙斜交轮胎中的内层帘布胶、外层帘布胶、胎侧胶、内衬层胶及内胎胶等配方中，在不调整上述原配方中其他配合剂的条件下，以 20～30 质量分取代 N550/772 等常规炭黑，不影响成品轮胎质量。除此以外，热解炭黑还广泛应用于电缆、胶带、密封件、胶辊等橡胶制品中。

【灯黑】lamp black

以液体碳氢化合物(如萘油、蒽油、杂酚油或煤焦油及其蒸馏物等芳烃油)为原料，经油管注入开放式的浅锅皿中，再把锅皿放在密闭室内，通入适量的空气，在限制空气量的状态下使之在炉内作不完全燃烧得到的炭黑。通常开放式锅皿的直径为 0.5～2m，油的深度为 15cm。抽出生成的烟并导入沉降分离室，定期地取出沉降分离物。未沉降物用袋式过滤器捕集，平均粒度 200～350μm。产品以粉状或以半压缩状的形态用纸袋包装出厂，用作电机械用电刷等制品的原料。

【木炭】wood char；charcoal

由木材或坚果等木质材料在隔绝空气的条件下加热干馏制得的一种含 85%～98%孔隙的多孔性的主要成分为碳的固体材料。随原材料及制法的不同可分为黑炭(软炭)和白炭(硬炭)。黑炭是由小橡木、松木等软木在约 500℃炭化，在 800℃左右精炼、自燃熄火后制得，其相对密度为 1.1～1.4，含碳约 80%，挥发分 5%～10%，发热量约为 7000kcal/kg。白炭是橡木等硬木在约 300℃炭化，1000℃以上精炼，迅速熄火得到，相对密度为 1.2～1.9，含碳约 85%，挥发分 5%～7%。除作燃料外，木炭多用作气体吸附剂、液体脱色剂和金属还原剂等。在电碳工业中，使用某种致密的木炭作为整流困难的电机用电刷的原料，制成品电阻系数高，微孔隙多。

【甑碳】retort carbon

又称气碳。是一种质致密、坚硬、有灰色金属光泽、色黑、易碎，敲之有金属响声，在煤气洗净器或冷凝器壁上所积留的碳质物，属于从煤气厂或炼焦炉内所得的一种副产品。它积聚于炉壁或甑壁上，通常为不规则团块状。这些团块的表面根据甑的形状不同，可为平面或略呈弧形。它是碳素原材料中最坚硬密实的一种，常用来制造高强度耐磨碳素零件，如电力机车或无轨电车的受电弓滑板或滑块。

【煤焦油】coal tar

是烟煤干馏焦化的副产品。它是多种不同分子量的碳氢化合物的混合物，其中主要是芳香族化合物。常温下为黑色或深棕色黏稠半流体。相对密度 1.15～1.2。不溶于水，而部分地溶于苯、甲苯、石油醚、吡啶及其他有机溶剂。可用蒸馏方法从煤焦油中提炼出轻油、酚油、萘油、蒽油和煤沥青等上百种有机化合物。煤焦油中沥青的含量为 50%～60%，一般是煤焦油和沥青配合使用，经过脱水后的煤焦油在碳素制品工厂中主要用来调整煤沥青的软化点。煤焦油用作某些电碳制品的粘合剂或沥青的稀释剂，有利于提高粘结剂或沥青的流动性，使之易于浸入焙烧半成品的气孔中。使用前须蒸馏至 270℃，以除去萘、酚等轻馏分。用于电碳制造仅限高温煤焦油(烟煤干馏温度达 1000℃以上)，低温煤焦油(烟煤干馏温度达 600℃)不能用作粘合剂。

18.2.3 沥青

【煤沥青】coal tar pitch

由煤干馏得到的煤焦油加工过程中，经过蒸馏至 320～360℃去除液体馏分以后的残余物加工制成的沥青。它是煤焦油深加工的产品之一，是煤焦油的主要成分，占总量的 50%～60%。煤沥青是一系列分子量不同的碳氢化合物的混合物，一般认为其主要成分为多环、稠环芳烃及其衍生物，分子量随其组分的变化而变化，也就是说随软化点的不同而不同。煤沥青在常温下是体积密度为 1.25～1.35g/cm^3 的黑色高黏度半固体或固体，加热到一定温度时即呈软化状态。根据软化点的不同，煤沥青分为低温沥青、中温沥青、高温沥青三类：(1)低温沥青(软沥青)：环球法软化点为 35～75℃，为煤焦油蒸馏至 320℃的残留物；(2)中温沥青：环球法软化点为 75～95℃，为煤焦油蒸馏至 360℃以上的残留物；(3)高温沥青(硬沥青)：环球法软化点为 95～140℃，蒸馏至 380℃以上的残留物。

煤沥青化学组成复杂，常用溶剂组分分析法研究沥青结构组成。不溶于苯、甲苯和石油醚的称 α 组分，又称游离碳；溶于苯而不溶于石油醚的称 β 组分，又称沥青质；溶于苯和石油醚的称 γ 组分，又称石油质。α 组分中能溶于吡啶的部分称 C_2 组分，不溶组分称 C_1 组分。以上各组分都是分子量和性质不同的有机物。煤沥青在碳素工业中作为粘结剂和浸渍剂使用，其性能对碳素制品生产工艺及产品质量影响极大。碳素工业多用中温沥青作粘合剂，使用前须经脱水和静置使杂质沉淀分离。

【软沥青】soft pitch

环球法软化点为 35～75℃，为煤焦油蒸馏至 320℃的残留物，是石油和地沥青之间的过渡产物。由富含环烷烃和芳香烃的重质石油氧化而成，棕黑色至黑色，黏稠状液态到半固态，硬度小于1，相对密度近于1。在地下多呈脉状产出，并且部位较深，接近油藏，在地面大量聚集时则多分布于沥青湖或沥青丘的中心部位。

【中沥青】medium pitch

由环球法测得的软化点为75～95℃，由煤焦油蒸馏至360℃以上而得焦油沥青。作为粘结沥青在铝精炼电极、人造石墨电极制造等方面应用广泛。也是在直馏沥青中添加蒽油、焦油等(稀释)，经加压热处理，使软化点、黏度、炭收率等达到所需特性值的沥青。

【硬沥青】hard pitch

是由环球法测定的软化点在95～140℃，由煤焦油蒸馏至380℃以上而得的煤焦油沥青。在加热较低软化点沥青的同时吹入空气，通过缩聚反应使软化点上升，炭化率也提高。这样得到的硬质沥青是制造沥青焦、铸造焦的原料。

【石油沥青】petroleum asphalt

含有多量胶状物质的一种石油产品，是高分子烃类与其含氧、硫衍生物的混合物。在室温下呈固体，能全部溶于甲苯。软化点高于90℃。是石油渣油在150～200℃下通入空气氧化而得。具有胶合作用，通常作为建筑材料用，在碳素制造上作粘合剂使用较少。

【石油质】malthenes

又名马青烯，沥青物质中溶于石油醚的组分(γ组分)。深黄或棕色半流体，含有4～6个苯环，溶于石油醚、苯、三氯甲烷和乙醚。轻度加热可聚合为沥青质。石油质对碳素粉末的浸润能力强，能改善混合条件，并能在粉粒表面焦化成一层坚实的粘合焦炭。

【沥青质】asphaltine

指煤用有机溶剂萃取得到的萃取物的总称，狭义上是指煤用苯加压萃取得到的成分，与煤的粘结性有关。是煤焦油、煤沥青或石油沥青、地沥青中的一个组成部分，即β组分。为深褐色或黑色固体，含氧、硫、氮的饱和中性多环化合物。可溶于苯、甲苯、二硫化碳、四氯化碳，但不溶于石油醚和酒精，熔点140～150℃，相对密度稍大于1，在长期光照或氧化条件下，会逐渐失去其在苯中溶解的性质。加热至500℃分解为气体和碳青质。在碳质粘合剂中所起的焦结作用最大。

【游离碳】free carbon

一般指沥青中不溶于苯或甲苯的物质，但它并不是单体碳，而是含氧、氮、硫等元素的高分子碳氧化合物(α-组分)，能部分溶解于吡啶(C_2 组分)，故称此物质为游离碳并不恰当。游离碳对粘合剂的粘结性能有贡献，随着沥青中游离碳含量增加，料糊的粘结力增大，焙烧制品的机械强度增高。但游离碳含量过高，将使粘合剂对碳粉的浸润能力降低。

【碳青质】carboids

石油或煤焦油等碳氢化合物热解时缩合与聚合而产生的聚环结构高分子烃的复杂混合物。是石油焦炭、沥青焦炭、炭黑等物质的主要成分。依其热处理温度的不同，还含有一些油类和氢、氧、氮、硫等化合物。有较高程度的六角平面网层排列，但在垂直于平面方向上，以不同的角度无规则地扭转，层间距离等于3.44Å，具有一定的导电性。

【结焦值】coking value

即煤焦油、沥青的“粘合焦”产率。结焦值的大小与粘合剂中高分子芳香烃的含量成比例，在一定程度上反映粘合剂的“粘合焦”产率和粘合性能。其测定法依加热的速度和时间不同而区别，所得结果亦不相同，仅具有相对的意义。常用的有如附表所示的两种。

结焦值

方法	加热时间(min)	比较结焦值(%)	附注
析焦量	4.5	43	我国通用 ASTM D2416
固定碳	30	58	

注：加热温度850±20℃。

【碳材料树脂粘合剂】resinous binder

指各种作为碳素粘合剂的人造树脂。如酚

醛树脂、呋喃树脂、环氧树脂等。利用它们的固化性能，作为某些不透性碳素制品的粘合剂、浸渍剂和胶接剂。使用酚醛树脂（粘合、浸渍、胶接）的碳素制品能耐多种酸类的腐蚀，例如，任何浓度的盐酸、稀硫酸和各种有机酸，还耐酸性盐类和酸雾的腐蚀，耐各种有机溶剂的溶解，但耐碱能力差；呋喃树脂包括糠醇树脂、糠酮树脂、糠酮醛树脂等。这类树脂耐酸、耐碱、耐溶剂能力强，各种环氧树脂具有很高的粘合力，固化时收缩小，在碱溶液中稳定。

【中间相沥青】mesophase pitch

各向同性沥青加热后形成的光学异向性液晶态物质。是沥青在 350～500℃加热过程中形成的平面或近似平面的缩合多环芳烃分子，进行规则排列取向的结果。沥青中间相的溶解度和流动性与原料沥青的类型、加工条件及溶剂种类都有关系，可以在某些溶剂中溶解或熔融再析出，具有可逆相变化的液晶特性。通常因中间相用偏光显微镜观察、评价时是呈光学各向异性的结构，故也称为光学各向异性沥青，相对于此不具有中间相成分的则称为各向同性沥青。是制备针状石油焦和高性能沥青碳纤维的原料。

中间相沥青具有取向优异层状结构，通过高温处理容易石墨化，故是典型的易石墨化炭，是重要的炭原料之一。尤其，中间相沥青在纺丝过程中碳网面沿纤维轴方向取向，可得到高性能沥青基碳纤维。

【沥青溶剂分组】solvent fractionation of pitch

基于沥青中各组成化合物在不同有机溶剂中的溶解度的差异分离沥青的方式。选择某种合适的有机溶剂处理沥青，可把其分为可溶和不可溶的两部分，如果适当选择几种溶解度不同的溶剂，就可把沥青切割成几个具有不同性质的溶剂组分，见附表。

碳素工业用沥青特别是煤沥青的溶剂分组所采用的溶剂系统基本上同于摩根法，即采用喹啉或吡啶、苯或甲苯及石油醚或正己烷体系。不溶于喹啉或吡啶的部分称为 α 树脂或 C_1 组分；溶于喹啉或吡啶但不溶于苯或甲苯的部分称为 β 树脂或 C_2 组分，即前沥青质；溶于苯或甲苯但不溶于石油醚或正己烷的组分称为树脂质；石油醚或正己烷可溶组分称为结晶质。碳素工业也经常不再用石油醚或正己烷对苯可溶物进行分离，而把苯可溶部分称为 γ 树脂。

对于碳素工业常用的溶剂系统分离出来的溶剂组分来说，喹啉不溶物 QI（有时也用吡啶不溶物 PI 代替）即 α 树脂可分为原生 QI 和二次 QI；原生 QI 又可分为无机 QI 和有机 QI。无机 QI 来源于原料中的无机杂质或是煤焦化过程中带入焦油中的焦和煤的微粉，它的存在对沥青的利用是有害的。原生有机 QI 是炼油或炼焦过程中芳烃大分子裂解或裂解产物中低分子量芳烃高温热聚形成的；二次 QI 即为重油或沥青再次高温热加工时形成的中间相。无论是原生有机 QI 还是二次 QI，都是高度聚合的稠环芳烃，它们有非常类似的性质。一般采用偏光显微镜分析测定二次 QI 即中间相的含量，索利和托克勒普提出用微波吸收技术测定原生 QI 量，沥青中间相含量则可从溶剂分组法测得的总 QI 量与此值的差来估算。QI 作为一个整体可提高沥青粘结剂的粘结性能，但对于沥青碳纤维、针状石油焦或浸渍沥青的原料来说，一次 QI 的存在是不利的。

不同溶剂分离法中各组分命名对照表

溶剂	中国常用名称	摩根法	麦克尼尔和伍德法	迪肯森法	马利森法	其他名称
苯（或甲苯）不溶组分	苯不溶物	C_1 组分 + C_2 组分	C_1 组分 A+ C_1 组分 B+ C_2 组分	C_1 组分 + C_2 组分	H 树脂 + M 树脂	a 化合物 + b 化合物
喹啉（或蒽油）不溶组分	喹啉不溶物（或 α 树脂）		C_1 组分 B		H 树脂不溶于喹啉和蒽油的组分	

续表

溶剂	中国常用名称	摩根法	麦克尼尔和伍德法	迪肯森法	马利森法	其他名称
不溶于苯(或甲苯)而溶于喹啉(或蒽油)的组分	β树脂(用差减法求出)		C_1 组分 A＋＋C_2 组分		M树脂(不溶于苯而溶于上述混合物)	
吡啶不溶组分	α 树脂 ＋ $β_1$ 树脂	C_1 组分				a化合物
不溶于苯而溶于吡啶的组分	$β_2$ 树脂	C_2 组分		C_2 组分		b化合物
溶于苯的组分	低分子树脂(或γ树脂)	结晶质＋树脂质	结晶质组分＋树脂质组分	油＋A树脂＋B树脂	n油＋m油＋N树脂	
溶于苯(或甲苯)而不溶于正己烷(或轻石油馏分)的组分		树脂质	树脂质组分	B树脂		
溶于正己烷(或轻石油馏分)的组分		结晶质	结晶质组分(按石油馏分沸点又分为A、B)	油＋A树脂		
溶于苯而不溶于丙酮的组分	$γ_1$ 树脂					
溶于丙酮而不溶于甲醇的组分	$γ_2$ 树脂					
溶于甲醇的组分	$γ_3$ 树脂					

18.2.4 金属粉

【铜粉】copper powder

含铜的电碳原料和粉末冶金的原料。如铜-石墨电刷、电触点，铜-石墨轴承等，都是由铜粉、石墨粉及其他添加剂组成。对铜粉要求纯度高、粒度细(小于 0.045mm)、压制性能好(即在一定压力下成型后具有较高的密度和强度，不开裂)。铜粉的生产方法主要有两种：(1)电解法：在硫酸铜溶液中置纯铜阳极及阴极，在大的电流密度下即在阴极板上生成铜粉。其粒度和产量取决于电解液中铜离子浓度、硫酸浓度、温度及阴极电流密度。电解铜粉呈树枝状结构，纯度高、压制性能好。(2)喷雾法：将铜或铜合金熔化，用压缩空气将其喷成雾状，冷却即成铜粉，呈球状，粒度较粗，纯度及压制性能均不如电解铜粉，但能取得合金粉末是其优点。

【银粉】silver powder

银-石墨电碳制品的原料。如银-石墨电刷及电触点，都是银粉、石墨粉及其他添加剂等组成。银粉的生产方法主要有：(1)机械磨碎法，颗粒较粗，呈扁平状；(2)银盐溶液的置换还原法。在硝酸银溶液中加铜粉即得，颗粒呈不规则状。对银粉的要求与铜粉相同。

【锡粉】tin powder

制造锡青铜-石墨轴承和一部分电刷的原料，其制造方法有喷雾法和水溶液电解法。前者粒度较粗，达 250μm。后者粒度细，为 0.1～30μm。电碳用锡粉粒度应小于 45μm。

【铅粉】lead powder

制造铅青铜-石墨轴承和一部分电刷、电触点的原料。本身具有润滑作用。可用喷雾法或喷雾铅粉再经机械粉碎，亦可用氢气还原氧化铅制得。粒度应在 100～500μm 范围内。一部分高铜石墨电刷加入氧化铅粉，其作用与铅粉同，是小铅球在球磨中研磨氧化而得。

【石墨胶结剂】carbon cement

具有胶粘性能，受热分解后能转变为纯碳的材料。用作碳素制品填缝、粘合的胶结剂，如砌炉用粗缝糊、细缝糊等。根据使用要求亦可用人造树脂、水玻璃和石墨粉的混合物。在结合界面上这些胶结剂受热碳化成纯碳连接层，起到牢固的结合作用，而其性能与碳素制品砌体相同。

【石墨焊接用合金】brazing alloy for graphite

其熔融体能与石墨粘合焊接的合金。有如下类型：(1)作为金属与石墨焊料的有：钛 48 铜 49 铍 3；钛 48 锆 48 铍 4；金 35 镍 35 钼 30；(2)作为石墨-石墨焊料的有：金 60 镍 10 钼 30 等。

18.3 工艺及设备

18.3.1 成型工艺

【分级】screening

是指根据固体颗粒在流体介质中沉降速度的不同而进行粒度分离的过程。分级最常用的流体介质为水，称为湿法分级或水力分级。其次为空气，称为干法分级或风力分级。分级系粉碎工艺中不可缺少的组成部分。

【筛分】sieving

是将粒子群按粒子的大小、密度、带电性以及磁性等粉体学性质进行分离的方法。在炭石墨材料的生产中，需要将破碎后混在一起的物料按规定尺寸进行粒度分级，即为筛分。在筛分过程中，一部分小于某种筛孔的颗粒就通过筛孔而成为筛下料，而没有通过筛孔的仍留在筛面上的则称为筛上料。

【造粒】granulation

参见 6.2【造粒】。

【煅烧】calcination

是将各种碳质原料在高温下进行热处理，排出原料的水分、挥发分，使碳质原料体积收缩并趋向稳定，以达到提高原料的密度、强度、导电性能、抗氧化性能等物理化学性能的目的工艺。一般碳质原料的煅烧温度为 1250～1350℃，针状石油焦的煅烧温度应达到 1450℃左右，电炉煅烧无烟煤的温度达到 1500～2000℃。碳素工业的原料如石油焦、无烟煤、冶金焦、沥青焦等均需在 1000～1300℃温度下进行热处理。本工序在专用煅烧设备内进行，常用的有罐式煅烧炉、回转炉、电热煅烧炉等。

【混捏】kneading

是在碳素制品生产工艺中，将定量的碳质骨料及细分和定量的粘结剂在一定温度下搅拌、混合、捏合取得混合均匀的塑性糊料的工艺过程。混捏的目的是提高生坯的质量和成型工序成品率，并改善最终成品质量和提高后部工序的成品率。

通常在双搅刀混合机中进行。机内两搅刀每分钟转数均为不同的奇数(如 21∶11)，故在两搅刀搅动下，机内料糊能交错地捏合、分离，达到混均和塑化。还可在双螺旋混合机中进行，其操作方式是干粉和粘结剂按规定比例从一端连续送入，机内螺旋一面混捏一面推动料糊由另一端连续排出。密闭式混炼机的操作方式是干粉和粘结剂在机械压力下强制混捏，能起到混捏和辊压的双重作用。

【辊压】rolling

是在炭石墨制品生产中，为了克服粘结剂在粉末表面的不均匀分布及难以浸润到粉末孔隙中去的问题，使糊料达到最佳的塑性与密实度的一种工艺。它是细粒碳素粉末热混合的补充工序——在一对热辊间将糊料辊压成片。辊压是电炭和细结构类石墨生产中常见的重要工序，辊压时糊料中的粘结剂在热状态下再次加压排除糊料中的气体物质，使粘结剂进一步渗透在粉末表面和孔隙中并分布均匀，以提高压片的密实性，改善压粉的性能。使用细磨或超细磨干细料生产细粒结构制品时，只通过混捏还不能使粘结剂在粉末表面均匀分布，故另加辊压工序，以提高糊料的均匀性和可塑性。

【熟粉】prepared powder

碳素工业(尤指电碳工业)中的惯用语，指经煅烧或精选，磨细后储于贮料仓中等待配料的粉末，以别于其他加工工序的粉末。

【压粉】press powder

碳素工业(尤指电碳工业)中的惯用语，指经混合、辊压、磨粉、过筛后待压型的粉末，以和各种熟粉相区别。压粉是经混捏制成的糊料或糊料经辊压轧片冷却后磨成的粉料，是成型前的原材料。它还没有固定形状和尺寸，也没有达到较高的体积密度和整体强度。

【压形】pressing

是指将混捏后的糊料或粉料，通过某种方法和一定压力，将其在模具内压成具有一定形状、一定尺寸、一定密度和机械强度的块状(棒状)物体的工艺操作。压形工艺的目的是：(1)使制品具有一定的形状和规格；(2)使制品密实，具有一定密度、强度。在碳素制品生产中，常用的成型方法有模压法、挤压法、振动成型法、等静压成型法。

为了得到具有规定的形状、尺寸、密度和机械强度的碳素制品，将糊料或压粉在适当的压力机上加压成型的工序。压制棒材、管材、长条板材，如电极、碳棒、碳管、碳板等，常用卧式压力机热挤压(用糊料)；压制块状细粒结构制品，如电刷、密封环、石墨模具等，常用立式压力机模压(用压粉)；压制大型粗短制品常用振动成型(用热糊料)；压制外形复杂的特殊制品常用等静压成型(用压粉)。

【等静压成型】isostatic compaction

等静压成型是在高压容器中完成的，它将压粉装入橡胶或塑料制成的弹性模具内，封好放入高压容器内，用超高压泵打入高压液体介质(油或水)，其压强大小不变且均匀地传递到各个方向，使压粉受在各个方向上均匀受压成型。等静压成型分为冷等静压成型和热等静压成型两种。等静压成型可用于生产各向同性产品和异性产品，其制品的结构均匀，密度与强度特别高。一般用于生产特种石墨，特别是生产大规格特种石墨制品。

【振动成型】vibratory compaction

振动成型时将糊料装入放置在振动成型机的振动台上的模具内，然后在上面放置一重锤，利用振动台的高速振动，使糊料达到密实而成型的目的。振动成型机结构简单，只要对糊料施加的成型压力较小，适合生产长、宽、厚三个方向尺寸相差不大的粗短的大尺寸制品和异形产品，如预焙阳极、阴极、炭块及大规格或特大规格炭电极与坩埚。

18.3.2 碳化石墨化

【焙烧】baking

碳素制品毛坯在非氧化性气氛中的烧成工序。其目的是使粘合剂焦化，把碳素粉末固结起来，构成具有一定机械强度和理化性能的整体。焙烧时粘合剂的焦化反应受一系列因素的影响，如升温速度、焙烧体系中气氛的组成和压力等。要使制品结构均匀，无内外裂纹，不变形，得到规定的密度和理化性能，须严格控制这些可变因素。焙烧窑炉有隧道窑、多室轮窑等，焙烧温度达1300℃，焙烧周期视制品大小而定，一般为20～30天(包括升温和冷却时间)。某些特殊产品在焙烧初期施加机械压力，以提高制品的密度。

【焙烧炉】baking furnace

是碳素行业专用的连续作业焙烧炉。由16～38个有活动盖的倒焰炉室组成，分列两排，各室相通。用煤气加热，点火窑室的前方为用废气预热的窑室，点火窑室的后方为冷却窑室。外来的冷空气在这些窑室加热后进入点火窑室助燃。根据窑室数目和焙烧周期，可以设一个或两个火焰系统，以连续循环操作充分利用热能为其特点。制品装在耐火箱内，用砂焦混合物覆盖，以防氧化。此窑设有强制抽风设备。以控制窑内气流速度，并有出料用的吸料器和天车等附属机械。操作人员用机械装炉和出炉并在主控室内监视每一窑室温度。这种窑炉加热均匀，热利用率高，机械化操作，劳动条件好，工作人员少。还有一种无盖轮窑，结构与上述有盖窑类似，装料箱两侧有加热火道，可利用挥发物燃烧，窑室上下温差较小。

【多室轮窑】ring-type baking furnace

又称环式焙烧炉或利德汗姆窑，是一种由若干个结构相同的炉室呈双排布置，按移动的火焰系统运转，对压型生制品进行焙烧热处理的热工设备。组成环式焙烧炉炉子的各炉室之间既可连通，也可切断。生产时，把几个炉室串连起来组成一个火焰系统。环式炉的火焰系统按一定的作业周期这样周而复始的循环。火焰系统一个一个炉室地沿环形路线移动，所包含的炉室号逐渐在变换。对于环式焙烧炉的火焰系统而言是连续作业，而对于单个炉室来说则是间断式周期性作业。应用于碳素生产的环式焙烧炉按照炉型可分为：带盖炉和无盖炉，其中带盖炉又可分为火井式和无火井式两种。带盖炉装备碳素厂或铝厂里，既可焙烧电极，又可焙烧铝用阳极和阴极，适用多品种、多规格产品的生产。无盖炉则主要装备在铝厂，生产规格单一铝用阳极。

【浸渍】impregnation

将液态浸渍剂在一定温度和压力下渗入碳素制品微孔中的工序。如浸渍沥青后再焙烧，可使气孔填实，改善制品的一系列性能，浸渍润滑剂、树脂或金属等可以提高制品的抗磨性能和耐冲击强度；浸渍树脂可以提高化工用碳素制品的机械强度并防止渗漏。浸渍是在热压罐内进行，其温度、压力和浸渍时间视浸渍剂性质和制品尺寸而定。

【不熔化处理】infusible treatment

不熔化处理是碳纤维制造过程中的关键工序，目的是通过氧化脱氢环化或缩合反应使碳纤维前驱体转化为热固性物质以维持其在后续碳化时纤维的形状。通常，不熔化处理是在有关沥青基碳纤维制造中所使用的术语，在聚丙烯腈基碳纤维制造中多使用预氧化处理或稳定化。沥青基碳纤维不熔化处理的标准方法一般用空气作氧化性气氛，通过加热至纺丝温度前后(150～400℃)来进行。但应根据所用沥青的特性，例如变形的开始温度、经氧化生成交联反应的容易程度等调整升温程序。此外，为了缩短处理时间或制作石墨纤维时提高其物性，也采取同时和空气一起使用其他氧化性气体等措施进行不熔化处理。

【碳化】carbonization

大部分有机高分子化合物在非氧化性气氛中提高加热温度时，随着氢、氧、氮及其低碳化合物的脱离、减少，逐渐转变成含碳比率高的稳定结构，即变化成可看作是碳单体的物质，这一变化现象称为碳化。随有机物前驱体种类的不同，碳化大致可分为液相、固相和气相三种。以多环芳烃(PAH)和烷基多环芳烃及杂原子多环芳烃为主要组分的燃料沥青或重质渣油为原料，加热熔融形成液相，并在液相中进行加热分解和缩聚反应，在馏出低沸点馏分的同时，进行环化和芳构化，最终经由中间相至固态的炭前驱体而形成固体的炭的过程，称为液相碳化。有机固体在热处理过程(室温到1000℃左右)中，在反应物相态不改变的情况下经历各种复杂的化学反应和结构转变，最终生成富碳(90%以上)固体的全过程，称为固相碳化。低分子烃类在700～1600℃的温度范围内，通过气态分子的深度热解反应而最终导致生成固体炭的碳化过程，称为气相碳化。

【活化】activation

是指使富碳的热解物开孔、扩孔和创造新孔，从而形成发达孔隙结构的过程。活化的方法大致可分为物理活化法和化学活化法两种。

【物理活化法】physical activation

是将碳材料在600～1400℃高温下与水蒸气、二氧化碳、氧气等氧化性气体反应，通过炭质部分气化得到多孔活性炭。活化气体可采用水蒸气、二氧化碳、氧或它们的混合物，但也可采用氯、二氧化硫、硫磺蒸气等。

【化学活化法】chemical activation

是将碳材料浸渍高浓度化学试剂溶液后，混合加热到400℃以上进行活化的方法。在化学活化法中，用氯化锌、磷酸、硫化钾、氢氧化钾等作为活化剂。化学活化的特征是反应温度比物理活化法低，孔结构不仅与活化温度及时间相关，也与活化试剂的添加量有很大关系。

【化学气相沉积】chemical vapor deposition

参见 4.4.1【化学气相沉积】。

【致密化】densification

碳素制品通过浸渍、渗碳使基体材料的密度、强度和其他理化性能进一步提高的工序。主要方法有：(1)浸渍金属、树脂、沥青等物质；(2)渗碳，用碳氢化合物气体在热的碳素基体上分解，生成致密的热解碳(或热解石墨)层；(3)使浸入碳素基体内的物质在其后的热处理中与碳化合成碳化物，如浸入四氯化硅、四氯化钛、四氯化锆等分别生成碳化硅、碳化钛、碳化锆等，将气孔填实。

【石墨化】graphitization

在常压和 2000℃以上高温使无定形碳由二维乱层结构转化为多晶石墨的过程。一般认为，可石墨化碳素材料中的六角平面网"分子"实际上是一种"微晶"，在足够高的温度下，微晶边缘的碳原子热运动加剧，减少或消除微晶间缺陷使其互相键合成"大分子"，同时，平面分子上下方的金属键互相作用，使平面分子间距由约 3.44Å 缩小到约 3.35Å，成为三维有序排列的石墨晶粒。晶粒大小和密度均随热处理温度而增大，杂质气化逸出。材料的纯度因而提高。如在高温阶段通入活性气体(氯气或二氟二氯甲烷等)，则高沸点杂质将被化合成低沸点卤化物而汽化逸出，使材料达到更高纯度(含灰量达 0.002%以下)。

【石墨化度】degree of graphitization

碳素材料的晶体结构达到标准六方石墨的程度，以百分比表示。通常用它的层间距离 d_{002}，与标准六方石墨的层间距离 d'_{002} 相比较。标准六方石墨(石墨化程度 100%)的 $d'_{002}=3.354$Å，乱层构造的无定形碳(石墨化程度 0%)的 $d''_{002}=3.440$Å，其差值 $\Delta_0=0.086$Å，而 d''_{002} 与试样层间距 d_{002} 的差值 $\Delta d=3.440-d_{002}$，与 Δd 之比值 γ_0 即为样品的石墨化度。石墨化度用公式表达如下：

$$\gamma_0=\frac{\Delta d}{\Delta_0}=\frac{3.440-d_{002}}{0.086}\times 100$$

样品的 d_{002} 用 X 射线衍射法求得。

【石墨化炉】graphitizing furnace

使非石墨质原材料成型的碳素焙烧品经 2000～3000℃的高温热处理，转化为人造石墨制品的热工设备(见附图)。经过热处理的碳素制品，其碳原子发生再结晶，重新有序排列，才能呈现石墨的晶体结构。作为代表性的石墨化炉有间接通电方式的爱切逊电炉(Acheson furnace)、直接通电方式的 LWG 炉(直接通电石墨化炉)、高频感应加热式和 Tammann 管式石墨化炉。前两种用于大量生产，爱切逊型石墨化炉升温速度缓慢，用于热处理致密的炭制品，LWG 炉在处理定型的标准品时是节能的炉型。后两种炉型用于试验室中的特殊用途。生产石墨材料时需大量能量，多消耗在石墨化阶段。为此，为了提高能量效率，隔热材料的设计以及夜间电能的有效利用是重要的课题。

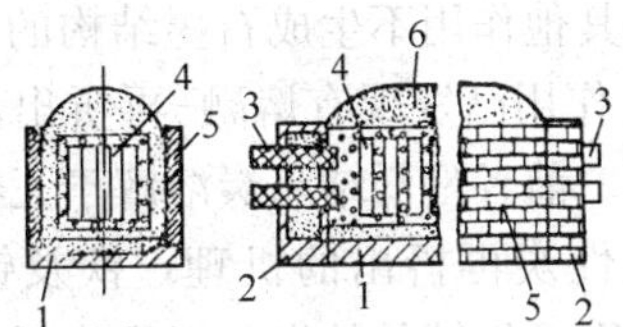

石墨化炉示意图

1—炉底；2—端墙；3—导电电极；4—制品；5—侧墙；6—保温填料

【爱切逊电炉】Acheson furnace

将无定形碳转化为石墨的高温电炉。以受石墨化的碳素制品及其周围的电阻料(焦炭颗粒)作为发热体，外围覆盖保温料(焦炭、硅砂和少量木屑的混合物或炭黑)，炉两端有石墨电极，直接通电加热至 2000～3000℃。连续石墨化炉是用石墨管作为加热元件，制品连续推进，可改善劳动条件，节约电能和辅助材料；真空石墨化炉可提高石墨化程度和制品纯度，用以生产特殊碳素制品。

【加压石墨化】graphitization with compression

在施加机械压力下进行的石墨化过程。利用碳素材料在 2600℃以上高温条件下能在压力下蠕变的特性，将制品通电加热至 3000℃同时施予一定的机械压力，使制品在压缩下进行结构重排，其视比重可从 1.7 增至 1.95 以上，各向异性因数增大，这样处理过的石墨称为再结晶石墨，可作为高强度的高温零件。

【催化石墨化】catalytic graphitization

是应用各种催化剂使碳素物质在较低温度下就能石墨化的方法。在非石墨质炭配料过程中添加某种具有催化作用的金属及其化合物等无机物后进行热处理，促使焙烧品在较低的温度下石墨化或在相同的温度下提高石墨化程度，比普通热处理更能促进结晶的现象。研究时对石墨化程度一般用测量石墨的晶格常数d_{002}或计算富兰克林P值来表示。其作用类型和002晶面的X射线衍射图如附图所示，有时也有几种作用共存。一般是生成石墨结构碳的G作用，但若使用微细无机物质时因尺度效应而引起T作用。另外，金属蒸气代替G和T作用而成为促进整个试样结晶化的A作用；Tn作用则是金属蒸气作用于纤维素，是在将纤维素磨碎后热处理时出现的作用。除G作用外，其他作用不生成石墨结构的炭。对G作用和T作用已发现有熔融-再析出和碳化物机理两种。前者是低结晶炭溶解于无机物中作为高结晶性炭再析出的机理，铁及镍等属于此。后者则是低结晶的炭和无机物反应生成碳化物，在碳化物分解时生成高结晶性炭，硅或钛等呈这种机理。这些都和化学反应中催化剂的机理不同有关。但习惯上仍称为催化石墨化。

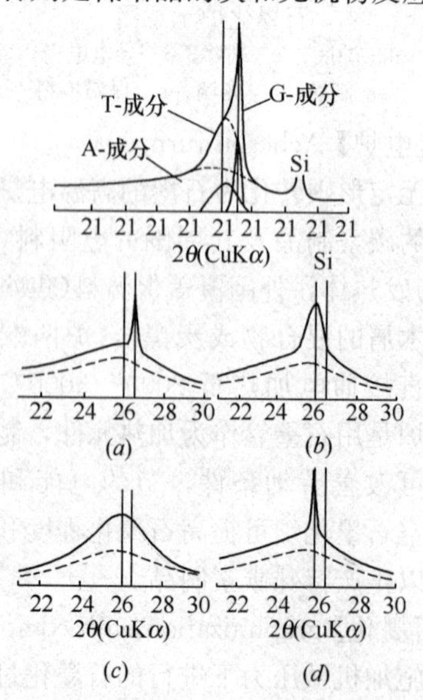

催化石墨化作用的类型及其002晶面的X射线衍射图

（虚线：无催化剂时）

(*a*)G作用；(*b*)T作用；(*c*)A作用；(*d*)Tn作用

相关研究结果表明某些金属、金属的氧化物或碳化物的催化效果随催化剂的用量增加而加强，催化效果比较好的是钛和钒两种金属，铁也有一定催化效果，国内外碳素厂生产石墨电极有时加入少量氧化铁粉主要是为了抑制原料中的硫在石墨化过程中引起的“气胀”，同时对改善某些物理化学指标也有一定效果。

【抗氧化涂层】anti-oxidation coating

为了抑制碳材料(主要是人造石墨或碳/碳复合材料)的氧化消耗而在碳素制品表面或孔内壁面形成抗氧化保护膜。通常是将一些耐高温性能较好的金属碳化物或氧化物喷涂或涂刷或经高温包埋反应结合在碳基体材料表面，以及通过粘结剂粘结在基体材料表面经高温处理形成涂层。这种抗氧化层多使用与碳材料结合良好、热膨胀系数相近、抗氧化性优良的碳化硅。除碳化硅以外，在高温下常使用如硼化锆、硅化钼、氮化硅、碳化钽、碳化硼、碳化锆、碳化铪等作为抗氧化涂层。碳素制品的抗氧化通常采用表面喷涂金属-陶瓷复合物的方法实现，如炼钢电极涂布铝基金属陶瓷。

【碳载催化剂】carbon loading catalyst

纳米碳材料和多孔碳材料通常被用作催化剂载体。在碳载体上负载金属、合金或者化合物粒子，可以形成碳载催化剂，例如负载铂金可以用作燃料电池催化剂、负载稀土化合物可以用作消除汽车尾气催化剂、负载其他粒子可以用作化工反应催化剂，等等。

【碳合金】carbon alloy

碳合金是20世纪90年代日本碳材料科学家提出的研究概念，是指碳材料基体与其他原子、分子等进行复合而改性，例如，与硼、氮、硫元素等进行掺杂；通过插层技术形成新的化合物；通过孔径控制和表面官能团改变形成新的功能等。

19 薄膜与涂层

19.1 基 本 概 念

【薄膜】thin film

是由离子、原子或分子的沉积过程形成的厚度为几十埃到几十微米的二维材料。按结晶态可分为单晶、多晶、微晶、纳米晶、非晶态和超晶格薄膜。按材料的种类可分为高分子、金属及合金、非金属、半导体、化合物、陶瓷薄膜等。按材料的性能可分为硬质薄膜、声学薄膜、热学薄膜、金属导电薄膜、半导体薄膜、超导薄膜、介电薄膜、磁阻薄膜和光学薄膜。薄膜材料是材料科学领域中的一个重要分支，在国防、通信、航空、航天、电子工业、光学工业等方面有重要应用。

【涂层】coating

是指用物理的、化学的或者其他方法，在金属或非金属基体表面形成的一层具有一定厚度(通常为数微米到数百微米)的不同于基体材料且具有一定的强化、防护或特殊功能的覆盖层。涂层材料按材料的种类可分为金属涂层、非金属涂层和复合材料涂层。涂层与薄膜有时有相同的含义，但有时又有些差别。薄膜可以是以膜形式单独存在及应用的，也可以是依附于基体材料而存在的，而涂层必须依附于基板，基板(或称衬底)是涂层的载体。

【复合薄膜/涂层】composite thin film/coating

是由两种或两种以上不同性质的材料，通过物理或化学的方法，在宏观(微观)上组成的具有新性能或新功能的薄膜/涂层。复合薄膜(涂层)主要可分为结构复合薄膜/涂层和功能复合薄膜/涂层两大类。结构复合薄膜/涂层是指能够增强耐磨、抗蚀、耐损伤、润滑等机械性能的复合薄膜/涂层，如在摩擦学领域应用广泛的硬质膜和润滑膜。功能复合薄膜/涂层是指增强除机械性能以外其他物理性能的复合薄膜(涂层)，如：导电、超导、半导、磁性、压电、阻尼、吸波、透波、摩擦、屏蔽、阻燃、防热、吸声、隔热等凸显某一功能的复合薄膜/涂层。

【薄膜厚度】thin film thickness

是指薄膜表面和衬底表面之间的距离，是一个与薄膜材料力学性能、光学性能、磁学性能、热学性能等都有着密切联系的重要参数。根据薄膜厚度的检测方法及应用领域，分为几何厚度、光学厚度和质量厚度。几何厚度是指薄膜的物理厚度；物理厚度与薄膜折射率的乘积是光学厚度；质量厚度是指单位面积上的膜质量，若薄膜密度已知，可从质量厚度转换计算出薄膜的几何厚度。薄膜厚度介于几个纳米至几十纳米之间的薄膜材料称为超薄薄膜。薄膜厚度大于 10μm 的膜材料称为厚膜。

【过渡层】transition buffer layer

是位于薄膜与衬底或膜层之间的一种较薄的膜层材料。用于释放薄膜和衬底之间由于晶格或热膨胀不匹配而产生的热应力的过渡层称为缓冲层；用于阻隔金属离子因后续高温工艺而造成的有害元素向涂层(薄膜)扩散的过渡层称为扩散阻挡层；通过连续地改变这两种(或多种)材料的组成和结构消除其界面，使材料的性能随组成和结构的变化而缓慢连续变化的过渡层称为梯度层(渐变层)。过渡层的材质、厚度、化学计量组成或沉积条件往往直接影响薄膜的生长特性。

【表面】surface

材料学中通常将气相(或真空)与凝聚相之间的分界面称为表面。习惯上把气-固、气-液界面称为表面。理想表面是一种理论的、结构完整的二维点阵平面。清洁表面指不存在任何污染的纯净表面，即不存在吸附、催化反应或杂质扩散等一系列物理、化学效应的表面。实际表面是指暴露在未加控制的大气环境中的固体表面，或者经过一定加工处理(如切割、研磨、抛光、清洗等)的表面。

【结合机理】bonding mechanism

是指薄膜(涂层)和衬底(基体)相互结合的原理，其主要结合机理有：(1)机械结合；(2)冶金结合；(3)扩散结合；(4)化学结合；(5)吸附结合。

【机械结合】mechanical bonding

利用衬底(基体)材料表面粗糙度而造成的镶嵌作用来实现薄膜(涂层)与衬底(基体)的结合，称为机械镶嵌作用产生的结合，简称机械结合。

【冶金结合】metallurgical bonding

是指在温度或压力的作用下，或者在温度和压力的共同作用下，通过原子的相互扩散在两种金属的界面之间形成的牢固结合。

【扩散结合】diffusion bonding

是涂层与基体表面的结合，由于两种材料中的分子相互扩散，中间的界面消失，并相互“交织”形成扩散层，从而将涂层与基底紧密连在一起。

【化学结合】chemical bonding

是指薄膜(涂层)和基体表面通过化学键结合或者发生化学反应在结合面上生成金属间化合物或固溶体的一种结合类型。参见13.1【化学结合】。

【吸附结合】adsorption bonding

是指涂层和基体表面通过物理吸附(分子吸附)和化学吸附(化学共价键)的结合。物理吸附由分子力-范德华力引起，化学吸附由共价键力引起，化学共价键力比分子力大得多。

【在线镀膜】on-line coating

参见10.4.6.2【在线镀膜】。

【离线镀膜】off-line coating

参见10.4.6.2【离线镀膜】。

【生长模式】growth model

是指离子、原子或分子组合形成薄膜过程的方式。薄膜生长有三种模式：岛状生长模式、层状生长模式和层岛复合生长模式。

【岛状生长模式】Volmer-Weber model

当被沉积的物质与衬底之间的浸润性较差时，到达衬底的被沉积物质的原子或分子会更倾向于自己相互键合起来，而不容易与衬底原子相键合，在衬底表面上凝聚成无数个孤立的小核，进而形成三维的岛，这些小岛不断接受新的沉积粒子逐渐合并和长大，最终形成薄膜，如附图所示。

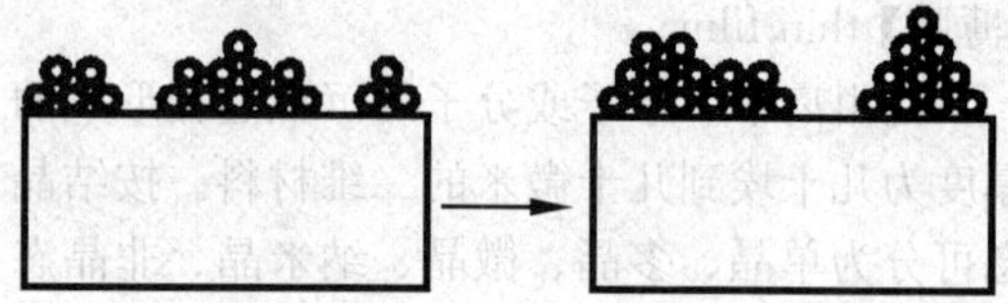

岛状生长模式

【层状生长模式】Frank-van der Merwe model

当被沉积物质与衬底之间浸润性很好时，被沉积物质的粒子更倾向于与衬底原子键合。因此，薄膜从形核阶段开始即采取二维扩展模式，沿衬底表面铺开。在随后的过程中薄膜生长将一直保持这种层状生长模式，如附图所示。

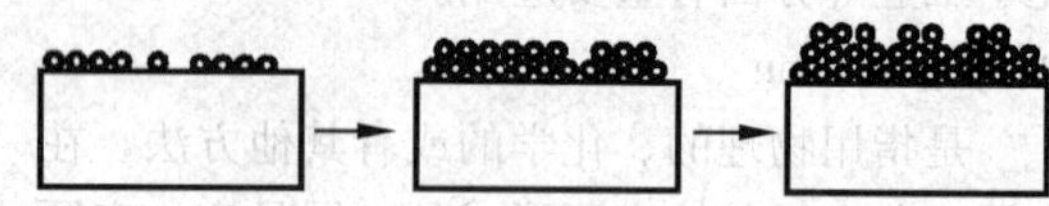

层状生长模式

【层岛复合生长模式】Stranski-Krastanow model

在层状复合生长模式中，在成膜初期，按二维层状生长，形成数层之后，生长模式转化为岛状模式，如附图所示。

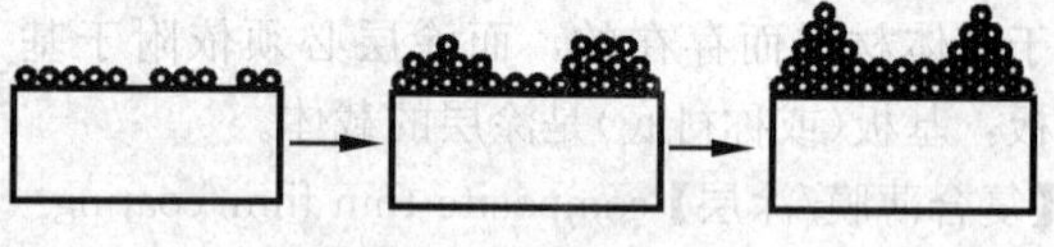

层岛复合生长模式

【涂料】paints

由有机或无机粘结剂和各种填料组成的具有一定黏度的釉浆状或泥团状物料。可直接用于喷涂、刷喷或涂抹于被保护的金属或其他材料的底材上，经室温或低温烘烧固化(<500℃)，而形成保护涂层。

【料浆】slurry

由涂层原料的固体粉末与粘结剂和溶剂组成的泥浆状悬浮液。常在涂层的熔烧工艺和料浆包渗工艺中应用。料浆用印刷、浸涂或喷涂法加涂在底材上，经过熔烧或扩散热处理能获得所需要的涂层。

【表观密度】apparent density

参见 8.5.1【表观密度】。

【容积密度】bulk density

容积密度表示材料单位宏观外形体积（包括内部封闭孔隙和开口孔隙）的质量。容积密度可按下式计算：$\rho_0=m/V_0$，式中：ρ_0 为容积密度（kg/m^3 或 g/cm^3）；m 为材料的质量（kg 或 g）；V_0 为材料在自然状态下的体积，包括材料实体及其开口孔隙、闭口孔隙（m^3 或 cm^3），见附图。

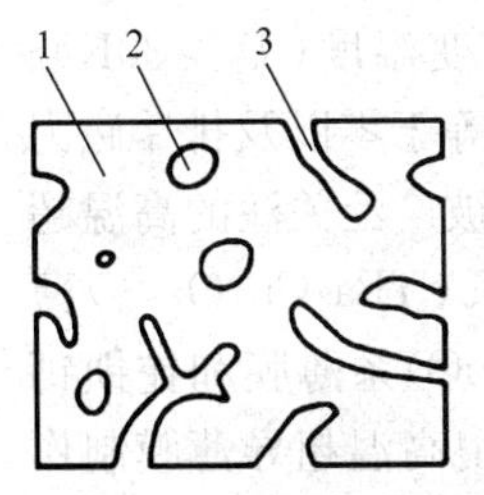

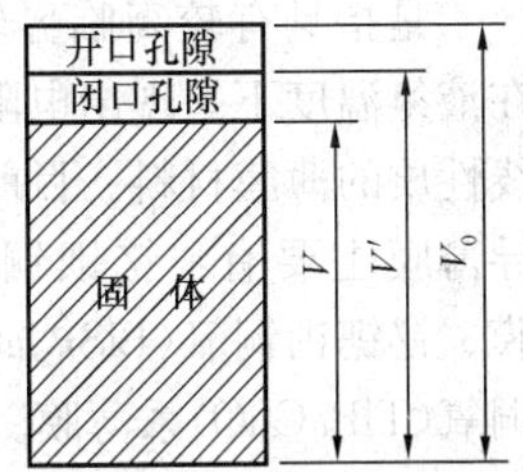

自然状态下体积示意图

1—固体；2—闭口空隙；3—开口空隙

【料浆黏度】slurry viscosity

浆料在流动时，在其分子间产生内摩擦的性质，称为浆料的黏性，黏性的大小用黏度表示。黏度越小，浆料的流动性越大。

19.2 种 类

19.2.1 电学薄膜

【导电涂层】conductive coating

又称为导电膜。导电涂层是加涂在绝缘材料表面具有一定导电能力的薄膜或涂层。导电涂层主要有两类：一类是掺合型，另一类是透明薄膜型。其中，掺合型导电涂层是将细颗粒的导电材料，如：石墨、炭黑、镍、银、锰等金属粉末掺入涂层的填料中，与有机或无机粘结剂、稀释剂一道涂刷或喷涂到材料表面，形成具有某种导电能力的导电层。透明薄膜型导电涂层是利用半导体化合物，如：氧化锡、氧化铟、氧化镉、锡酸镉等或者在这些化合物中掺少量氟、锑而制备的透明导电膜。涂层可以采用溅射、喷涂、刷涂、印刷等工艺，涂在各种刚性或柔性底材上。导电涂层的电阻可以加入不同种类和数量的导电颗粒材料来调节和控制。

【金属导电薄膜】metallic conductive thin film

具有高的导电性的金属或合金薄膜材料。常见的金属导电薄膜材料有：Au、Pd、Pt、Ni-Cr、Al 等，常用作电极、电磁屏蔽、传感器等。

【透明导电氧化物薄膜】transparent conductive oxide thin film

指对可见光（波长 λ 在 380～760nm）的透射率高（>80%）且电阻率低（电阻率在 $10^{-3}\Omega\cdot cm$ 以下）的氧化物薄膜，简称 TCO 薄膜。在 TCO 膜系中，研究较多并已实用化的主要有：In_2O_3：Sn（ITO）、ZnO：Al（AZO）、SnO_2：F（FTO）和 SnO_2：Sb（ATO）等透明导电氧化物薄膜，主要应用于太阳能电池、平板显示器、薄膜晶体管、气敏元件、抗静电涂层以及半导体异质结、热反射镜及现代战机和巡航导弹窗口等。

【柔性衬底透明导电氧化物薄膜】transparent conductive oxide thin film on flexible substrate

将 In_2O_3：Sn（ITO）、SnO_2：F（FTO）、ZnO：Al（AZO）等透明导电薄膜沉积在聚乙烯对二苯二甲酯（PET）和聚酰亚胺（PT）等有机衬底上形成的透明导电氧化物薄膜，称为柔性衬底透明导电氧化物薄膜。它不仅具有硬质衬底透明导电薄膜的光电性能，而且质量轻、可折叠、不易破碎、便于运输，可用于制造柔性发光器件、柔性电致发光显示器、塑料液晶显示器、可折叠太阳能电池和用作塑料大棚、玻璃粘贴膜等保温器材。

【高温超导薄膜】high temperature superconductor thin film

是指具有较高临界转变温度($T_c>30K$)、在液氮温度下呈现出电阻等于零以及排斥磁力线性质的薄膜材料。目前被广泛关注的高温超导薄膜主要有：钇钡铜氧($YBa_2Cu_3O_{7-\delta}$)薄膜、铋锶钙铜氧(BiSrCaCuO)系薄膜和铊钡钙铜氧(TlBaCuO)系薄膜。由高温超导薄膜制作的微波无源器件(如滤波器、谐振器、延迟线等)在高灵敏度接收机前端和卫星通信地面接收站等应用；制作的约瑟夫森结可以作为毫米、亚毫米和红外电磁波的灵敏检测器件；制作的超导量子干涉器件可以作为微弱电磁信号检测器件。

【热电薄膜】thermoelectric thin film

是一种利用固体内部载流子的运动实现热能和电能直接相互转换的功能薄膜材料，主要包括碲化铋及其合金、碲化铅及其合金、硅锗合金三类，主要应用于发电和制冷。热电性能的优劣用热电优值(ZT)来表示，$ZT=S^2T\sigma/k$，其中 S 为 Seebeck 系数；σ 为电导率；k 为热导率；T 为温度。材料的 ZT 值越大，热电性越好，热电转换效率越高。

【电介质薄膜】dielectric thin film

又称为介电薄膜。电介质是指在电场作用下能产生极化的一类材料，由电介质材料制作的薄膜就称电介质薄膜，包括绝缘膜、介电薄膜、压电薄膜、热释电薄膜、铁电薄膜和多铁性薄膜等。

【电绝缘膜】electrically insulating thin film

具有较高电阻率，能够起电绝缘作用的薄膜。电绝缘薄膜必须具有很高的电阻率(一般要求高于 $10^{10}\Omega\cdot cm$)、高击穿场强(一般应高于 $10^5V/cm$)和大禁带宽度。用于高频绝缘还要求材料具有低的介电损耗。常用的无机绝缘膜有氧化硅、氮化硅、氧化铝、氮化铝；常用的有机绝缘膜主要有聚酰亚胺、聚乙烯、聚偏二氟乙烯、聚四氟乙烯。

【压电薄膜】pizoelectric thin film

能将机械信号与电信号进行互相转换的一种薄膜材料。锆钛酸铅($PbTiO_3$ 和 $PbZrO_3$ 的固溶体，简称 PZT)是目前压电性能最好的压电薄膜。当膜厚只有几十个纳米(如 70nm)时仍具有良好的热释电性、压电性和铁电性。压电薄膜已在通信、导航、精密测量、机械、信息储存等众多领域得到广泛应用。

【热释电薄膜】pyroelectric thin film

指具有热释电效应的薄膜。热释电效应是指极化强度随温度改变而表现出的电荷释放现象，宏观上是温度的改变是在材料的两端出现电压或产生电流。常见的热释电薄膜有 $PbTiO_3$、$(Pb,La)TiO_3$、$(Ba,Sr)TiO_3$、$Pb(Zr,Ti)O_3$ 等，在防火、防盗、非接触开关、气体分析、红外焦平面成像等方面有广泛应用。

【铁电薄膜】ferroelectric thin film

指在一定的温度范围内，具有自发极化，且自发极化矢量取向随外电场的改变而变化的薄膜材料，即极化强度与外电场之间存在非线性的电滞回线关系。铁电薄膜具有铁电性、高介电性、压电性、热释电性、电光效应、声光效应、热光效应、光折变效应、非线性光学效应等优异性能。铁电薄膜已用来制备高容量电容器、非挥发性存储器、超声换能器件、热释电红外探测器以及微传感器件等。

【多铁性薄膜】multiferroic thin film

指兼具铁电性和铁磁性，而且还具有铁电性和铁磁性之间的耦合作用的薄膜材料，如通过外加电场能够改变材料的磁极化或磁阻，施加磁场能够产生电极化(即磁电效应)或使介电常数发生变化(即磁介电效应)，主要包括锰氧化物如 $BiMnO_3$ 和 $BiFeO_3$。

【半导体薄膜】semiconductor thin film

指具有半导体性质的薄膜，包括从单晶到多晶，从非晶态到纳米相，从窄禁带到宽带隙，从常规制备到人工设计的一类高质量和有重要实用价值的薄膜材料。包括宽禁带半导体薄膜、稀磁半导体薄膜、Ⅲ-Ⅴ族化合物半导体薄膜、Ⅱ-Ⅳ族化合物半导体薄膜、Ⅰ-Ⅲ-Ⅵ族化合物半导体薄膜等。备受关注的新型半导体薄膜材料有：金刚石与类金刚石薄膜、立方氮化硼薄膜、稀磁半导体薄膜、β-C_3N_4 薄膜、富勒烯薄膜和碳纳米管薄膜等。主要用于高温、高频、高功率、高强度和高耐辐射等器件和电路的研制中。

【硫系化合物薄膜】chalcogenide thin film

指含有 S、Se、Te 等硫系元素的化合物薄膜，包括二元系硫化物、三元系硫化物、四元系硫化物，常见的有 ZnS、ZnSe、$Ge_{33}As_{12}Se_{55}$ 和 $Ge_{28}Sb_{12}Se_6$ 等。硫系化合物薄膜在红外区域（1～20μm）具有透过率大（在 70%左右）、折射率高（n=2.1～2.7）、双光子吸收系数小、声子能量低、光学非线性系数高和光敏性优良等优点，是可替代硅材料实现全光器件的理想材料，已成功应用于光通信、光传感、集成光器件等多个领域。

【快离子导体薄膜】fast ionic conductor thin film

又称超离子导体薄膜或固体电解质薄膜，是指在一定的温度范围内具有能与液体电解质相比拟的离子电导率（0.01Ω・cm）和低的离子电导激活能（≤0.40eV）的导体材料。ZrO_2 等快离子导体薄膜可用作燃料电池的电解质隔膜，$LiCoO_2$、$LiNiO_2$、$LiMnO_2$ 等快离子导体薄膜可用作锂离子二次电池的阴极材料，LiC_6 等快离子导体薄膜可用作锂离子二次电池的阳极材料。快离子导体薄膜材料在能源转换与储存、冶金、环保、电化学器件等领域有广泛的应用前景。

【固体氧化物燃料电池薄膜】thin film for solid oxide fuel cell

用于固体氧化物燃料电池的固体电解质薄膜、阳极薄膜、阴极薄膜，统称为固体氧化物燃料电池薄膜，例如，Y_2O_3 稳定 ZrO_2（YSZ）、稀土元素掺杂 CeO_2、$LaGaO_3$ 基钙钛矿等固体电解质薄膜，$La_{1-x}Sr_xMnO_3$ 阴极薄膜，Ni-YSZ、Cu-YSZ、Cu-CeO_2 等阳极薄膜。固体氧化物燃料电池在大型集中供电、中型分布式供电、小型家用热电联供等方面，具有广阔的应用前景，也可用作车辆、船舶的动力电源。

【锂电池薄膜】thin film for lithium battery

用于锂电池中的阴极薄膜、固体电解质薄膜、阳极薄膜，统称为锂电池薄膜。如：$LiNiO_2$、$LiMn_2O_4$，嵌锂性能良好的 V_2O_5 和过渡金属氧硫化物（MO_yS_z，其中 M 代表过渡金属）等阴极薄膜材料，LiPON 固体电解质膜材料。全固态薄膜电池在规模储能、电动汽车、地质勘探、石油钻井、航空航天、国防安全中具有不可替代的应用。

19.2.2 光学薄膜

【光学薄膜】optical thin film

泛指在光学器件或光电子元器件表面用物理、化学等方法沉积的、利用光的干涉现象以改变其光学特性来产生增透、反射、分光、分色、带通或截止等光学现象的厚度薄而均匀的介质膜层。

【非线性光学薄膜】nonlinear optical thin film

利用非线性光学材料沉积制备的薄膜态材料仍然具备原材料具有的非线性光学特性，由这些薄膜态材料构成的光学薄膜称为非线性光学薄膜。

【减反膜】anti-reflective thin film

又称为增透膜，是利用薄膜干涉原理制备的减弱或消除反射光，达到增加光透过目的的薄膜。一般通过在光学元件表面镀制单层、双层或多层介质薄膜形成减反效果。

【单层减反膜】single-layer antireflective thin film

利用低折射率的 1/4 光学厚度的位相厚度调制，可以非常好地实现单波长单角度的减反效果，但是由于受到实际可选用的低折射率材料的限制，以及较窄的带宽，其实际应用有限。

【双层减反膜】double-layer antireflective thin film

因为其光谱呈现 V 形，又叫 V 形膜。先在衬底上镀制一层高折射率薄膜，提高衬底的有效导纳，再镀制一层合适的低折射率薄膜，可以在一定光谱范围内形成较低的反射率。双层减反膜的减反射性能比单层减反膜性能优越很多。

【多层减反膜】multi-layer antireflective thin film

一般减反膜有单层和双层膜结构，但在许多情况下，单层或双层膜不能满足要求，会形成过大的反射率或不适宜的光谱带宽度，因此这就需要用三层或更多层的膜层进行减反射的设计，这样的减反射薄膜称为多层减反膜。

【反射膜】reflective thin film

增加光学元件表面在特定光谱区域的反射率以达到强反射作用的薄膜。常规的反射膜有金属反射膜、介质膜和金属加介质反射膜。

【分束膜】beamsplitter film

将一束入射光按一定的比例分为反射光和透射光，通常以所需求的透射率和反射率之比作为技术指标。

【中性分束膜】neutral beamsplitter film

把一束光分成光谱成分相同的两束光，即在一定的波长区域内，对各波长具有相同的透射率和反射率比，因而反射光和透射光呈中性。可以通过金属膜或介质膜进行分束。金属膜有比较平坦的分光特性，但吸收损失较大，分光效率低；介质分束膜由于吸收小到可以忽略的程度，所以分束效率高，但它对波长较敏感，给中性分束带来困难，并且偏振效应较大。

【偏振分束膜】polarising beamsplitter film

主要功能是将S偏振和P偏振的光场分离为反射分量和透射分量，一般情况下反射光为S偏振光，透射光为P偏振光。可以通过棱镜结合多层膜堆，寻找一个入射角使之对于两种不同折射率的界面满足布儒斯特角条件，实现偏振分离效果。也可以利用S偏振高反膜和P偏振高反膜带宽的差异实现，并结合一定的薄膜优化设计抑制波纹，可以实现性能优良的偏振分离效果。

【薄膜滤光片】thin-film optical filter

又称干涉滤光片，是用来进行光谱或其他光学性质分割的一类光学薄膜。它是利用多层膜各个界面反射光之间的光程差干涉原理来实现特定光学功能，是实现颜色设计和颜色匹配的关键光学元件。在各种光学薄膜中，其种类最多，膜系结构最复杂。按分割光谱的形状可分为带通滤光片、截止滤光片、负滤光片和形状各异的特种滤光片。

【带通滤光片】band-pass filter

只允许光谱带中一段通过，而其他部分被滤掉。其基本结构类似于法布里-珀珞干涉仪，由两个对称的反射膜加一个能产生半波光程差的中间介质层构成。反射膜可以是金属的，也可以是电介质的。前者称金属滤光片，后者称全电介质滤光片。评价带通滤光片性能指标的主要参数有：峰值透过率 T_{max}、中心波长 λ_0、半峰值宽度 $\Delta\omega$、截止波长区和截止深度等。

【截止滤光片】cut-off filter

将光谱区域分开，满足某一波段具有高的透过率，另外波段具有高的反射率或吸收率要求的一类光学薄膜；可分为长波通带滤光片和短波通带滤光片，评价其性能的主要参数有：通带平均透过率、截止带深度、通带波纹度和截止带到通带的上升陡度。

【光学负滤光片】optical negative filter

与带通滤光片相反，它从一光谱范围中除去(反射)某一波段，而在反射带的两侧连接两个高透射带。负滤光片的特性由极小透过率 T_{min}、对应于透过率极小值的波长 λ_0 以及反射带区域的半宽度所表征。

【皱褶滤光片】rugate filter

具有周期性结构、折射率呈规律性变化的一类滤光片。这种结构的滤光片具有仅反射一窄的光谱区域而透射所有其他波段的性质，即具有优良的窄带滤光特性。

【防眩光滤光片】anti-dazzle filter

可以减弱背景与视野中心的亮度差的滤光片，一般用包含有吸收层的减反射膜作为防眩光滤光片。

【激光薄膜】laser thin film

应用在激光系统中的光学薄膜由于其特殊的要求称之为激光薄膜。它是激光系统进行能量传输的关键光学元件之一，也是影响激光系统稳定性和使用寿命的重要因素，薄膜元件的光学性能、力学性能，以及抗激光损伤性能的优劣在很大程度上决定了激光系统运行的负载强度、可靠性和光束质量的好坏，损伤严重时甚至会发生连锁反应，导致其他光学元件损伤，进而使整个系统崩溃。

【光通信薄膜】optical communication thin film

在光通信光学系统中使用到的光学薄膜统称为光通信薄膜。光通信薄膜基本上覆盖了各种常规的光学薄膜，包括：窄带滤光片、截止滤光片、减反射膜、高反射膜、中性分束膜、偏振膜、消偏振膜、位相膜等。

【光全息薄膜】optical holographic thin film

根据光的干涉效应，借助一束参考光束，使之与物光相干涉而把物光的振幅和相位都转换成强度变化，然后由感光薄膜记录其振幅和相位信息，得到光全息的薄膜材料称为光全息薄膜。当使物光再现时，仍借助同频率的参考光束，把记录的光强度变化再还原为包含振幅和相位信息的物光，这样就可以观察到全息图像。

【光折变薄膜】photorefractive thin film

指在相干光的照射下薄膜内的电子或者空穴重新分布形成空间电荷场，随后由于电光效应导致薄膜的折射率发生变化的一种非线性光学薄膜。研究发现，如果用光均匀照射材料，光折变薄膜的折射率又可以回到均匀态。这种薄膜材料在高密度光学数据存储、光学图像处理、相位共轭镜和激光器、动态全息、光计算处理和图形识别、中性网络的模拟、畸变图像的复原以及程序互联等方面具有重要的应用价值。

【光散射薄膜】light scattering film

指能够使光通过而又能有效散射光的薄膜材料。评估光散射薄膜材料的两项主要指标为透光率和雾度。透光率是指透过试样的光通量和射到试样上的光通量之比。它是表征薄膜透明程度的一个重要性能指标。雾度，又称浊度，是透过试样而偏离入射光方向的散射光与透射光通量之比，是薄膜材料内部或表面上的不连续性或不规则性所造成的。

【光催化薄膜】photocatalytic thin film

也称为光触媒薄膜。是具有光催化功能的半导体薄膜的总称。光催化薄膜被光辐照发生受激跃迁时将电子激发到导带且在价带中出现一个空穴，这样产生的电子具有还原作用，空穴具有氧化性，活泼的电子、空穴迁移至半导体薄膜和吸附物之间的界面上，使得吸附物发生氧化还原反应，同时出现电子、空穴的复合。光催化薄膜以 TiO_2 薄膜为典型代表。

【自洁净薄膜(涂层)】self-clean thin film(coating)

主要包括两种不同原理的薄膜。一是通过在物体表面形成纳米级微粒和纳米级微孔结构的光催化薄膜，利用光催化作用将物体表面的有机污染物降解为 CO_2 和 H_2O 等无害化合物，从而减轻对环境造成的二次污染，使物体表面具有超亲水性。二是利用荷叶表面结构原理制备的超疏水薄膜。

【光记录膜】optical recording thin film

以光为外部能量注入，可以实现信息存储的半导体薄膜。在非晶态半导体薄膜中以硫系化合物半导体薄膜为典型代表，当受到光辐照后会发生光黑化、光致结构变化、光聚合等现象，其中包括光致结晶现象，使得非晶态薄膜出现结晶化并且可以实现可逆相变。利用这种非晶半导体薄膜的可逆化相变进行可擦除重写型信息存储。

【发光涂层】luminescent coating

是一种光学功能涂层，有蓄光性和自发光性两类。前者的特点是在吸收日光、灯光、环境杂散光等各种可见光后，在黑暗处即可自动持续发光，给人以信息指示，无需电源，无毒，无放射性且化学性能稳定；后者因含有放射性物质，其使用受到严格限制。因此，一般所指的发光涂层主要是前者。

【介质光波导】dielectric optical waveguide

是在集成光路上形成的用于限制和传输光的元件，它包括具有圆形截面的波导(光纤)以及平板波导、条形波导等。介质波导中传输光的波长通常处于可见和近红外波段范围。

【多层平板波导】multi-layer planar optical waveguide

是在基板表面形成的由一个高折射率的平板夹在两个或多个低折射率的平板之间组成的薄膜型光学器件。最简单的波导是由三层均匀介质组成的，中间的介质层称为波导层或芯层，芯两侧的介质层称为包层。芯层的介电常数比芯两侧包层的介电常数稍高，使得光束能够集中在芯层中传输，因而起到导波的作用，常称这种波导为平板波导。当平板波导的层数超过三层时称为多层平板波导。

【渐变折射率波导】graded-index optical waveguide

也叫非均匀波导。传统的阶梯状折射率分布波导随着分界面不同规则程度的增加，光线在界面上的每次反射都将引起散射，从而使波导的传输损耗急剧增加。将这种阶梯状折射率分布波导改变为渐变折射率波导，在这种渐变折射率波导中，传播的光线不再是锯齿形的，而将变为连续的“弧形光线”，从而避免了因界面不规则引起的散射损耗。已经有多种成熟的工艺过程，比如扩散、离子交换和离子注入技术，可实现介质波导的渐变折射率分布。

【矩形介质波导】rectangular dielectric waveguide

在波导结构的横截面的两个相互垂直的方向上限制光场能量的条形波导。这类介质波导由于光场能量基本上集中于矩形横截面内，称之为矩形介质波导。

【金属包覆介质波导】metal coated dielectric waveguide

在一些需要金属电极的集成光学器件中，光仍以导波形式约束在无吸收的介质中传输，金属仅作为包覆层或外包覆层出现，这类结构称之为金属包覆或金属外包覆介质波导。

【周期性波导】modulated fiber

波导的一个界面上具有周期性起伏的皱纹式结构称为周期性波导。周期性波导的早期研究对导波光学的发展产生了重大的影响，已成为重要的集成光学元件，并在光栅耦合器、滤波器、分布反馈激光器以及分布布拉格反射激光器等功能器件中得到了广泛的应用。

【多量子阱光波导】multiple quantum well waveguide

利用分子束外延和金属化学气相沉积等超薄外延技术使周期折射率波导中的折射率阱层和垒层的尺寸达到量子尺寸(几埃到几十埃)就得到量子阱光波导。这时候量子阱尺寸效应明显地表现出来，并对模式特征产生明显的影响，因此多量子阱波导可以看成是量子尺寸的周期折射率波导。多量子阱光波导已在光学双稳器件、量子斯塔克(Stark)调制器、多量子阱激光器等领域获得广泛应用。

【光子晶体薄膜】photonic crystal thin film

是由高低折射率(或不同介电常数)介质在空间上按周期性排列的薄膜，其显著特点是具有光子带隙，频率落在禁带内的电磁波是禁止在其中传播的。

19.2.3 太阳能电池薄膜

【光伏硅薄膜】Si thin film for PV

以硅薄膜为太阳能电池(简称光伏电池)光吸收层的硅基薄膜材料，统称为光伏硅薄膜。根据硅薄膜结晶形态，可分为非晶硅薄膜、纳米晶硅薄膜、微晶硅薄膜和多晶硅薄膜。

【非晶硅薄膜】amorphous silicon thin film

又称无定形硅薄膜，是一种非晶态的硅薄膜，结构特征为短程有序而长程无序。与晶体硅相比，其性能随工艺条件变化而变化，它在太阳辐射峰附近的光的吸收系数比晶体硅大一个数量级，光学禁带宽度为1.7～1.8eV，而迁移率及少数载流子寿命远比晶体硅低。制备的主要方法是化学气相沉积，特别是辉光放电CVD、光CVD等。

【纳米硅薄膜】nano-crystalline silicon thin film

是介于非晶硅和单晶硅之间的一种混合相无序半导体材料，是晶粒尺寸在几纳米到100nm晶硅颗粒镶嵌在非晶硅薄膜中所组成的。其性质不同于大晶粒多晶硅，又不同于非晶硅。光吸收系数介于晶体硅和非晶硅之间。带隙可达2.4eV(晶体硅为1.12eV)，电子和空穴迁移率均高于非晶硅两个数量级以上。采用辉光放电化学气相沉积法、减压化学沉积法、磁控溅射法、非晶硅热处理法等制备。

【微晶硅薄膜】microcrystalline Silicon thin film

是介于非晶硅和单晶硅之间的一种混合相无序半导体材料，是由晶粒尺寸为100nm到几十微米量级的晶硅颗粒镶嵌在非晶硅薄膜中所组成的。微晶硅与非晶硅比，具有更好的结构有序性，用微晶硅薄膜制备的太阳电池几乎没有衰退效应。另外，微晶硅薄膜结构的有序性使得载流子迁移率相对较高，也有利于电极对光生电子、空穴对的收集。

【多晶硅薄膜】poly-crystalline Si thin film

是指由许多大小不等和具有晶面取向的不同的细小硅晶粒组成，直径一般为几百纳米到几十微米的硅薄膜。多晶硅薄膜既具有晶体硅的电学特性，又具有非晶硅薄膜成本低、设备简单可以大面积制备等优点，在集成电路和液晶显示领域有广泛的应用。多晶硅薄膜主要的制备有两种途径：一种途径是通过化学气相沉积等技术，在玻璃、陶瓷、廉价硅等低成本衬底材料上直接制备；另一种途径是首先制备非晶硅薄膜，然后通过固相晶化、激光晶化和快速热处理晶化等技术，将非晶硅薄膜晶化成多晶硅薄膜。

【铜铟硒薄膜】$CuInSe_2$ thin film

由铜、铟和硒构成的薄膜，代表性的化学组成为 $CuInSe_2$（CIS：copper indium di-selenide），属于Ⅰ-Ⅲ-Ⅵ族化合物半导体，它是由Ⅱ-Ⅵ化合物衍化而来，其中第Ⅱ族元素被第Ⅰ族(Cu)与第Ⅲ族(In)取代而形成三元化合物，具有黄铜矿和闪锌矿两个同素异形的晶体结构。其高温相为闪锌矿结构(相变温度为980℃)，属立方晶系，布拉菲格子为面心立方，晶格常数为 $a=0.58$nm，密度为 5.55g/cm^3；低温相是黄铜矿结构(相变温度为810℃)，属正方晶系，布拉菲格子为体心四方，晶格常数为 $a=0.5782$nm、$c=1.1621$nm。CIS 材料室温的禁带宽度为 1.04eV，适于太阳光的光电转换，而且不存在光致衰退问题。CIS 作为薄膜太阳能电池材料具有高转换效率、高光吸收系数等特点，其主要制备方法有真空蒸镀法和硒化法。

【铜铟镓硒薄膜】Cu(In，Ga)Se_2 thin film

铜铟硒($CuInSe_2$)薄膜中部分铟元素被金属镓取代从而形成铜铟镓硒[Cu(In，Ga)Se_2，简称 CIGS]薄膜。CIGS 材料属于Ⅰ-Ⅲ-Ⅵ族四元化合物半导体，具有黄铜矿的晶体结构，其禁带宽度可以在 1.04～1.67eV 范围内连续调整。CIGS 是一种直接带隙材料，其可见光的吸收系数高达 10^5/cm 数量级，吸收层厚度只需 1.5～2.5μm，具有转化效率高、抗辐照能力强、弱光特性好等特点。

【铜铟硫薄膜】$CuInS_2$ thin film

铜铟硫($CuInS_2$)是重要的Ⅰ-Ⅲ-Ⅵ族化合物半导体材料之一，为直接带隙半导体材料，禁带宽度约为 1.55eV，接近太阳能电池最佳的禁带宽度值(1.45eV)，且禁带宽度对温度的变化不敏感，适合作为太阳能电池的光吸收材料。在室温下，$CuInS_2$ 的晶体结构为黄铜矿结构。$CuInS_2$ 材料的吸收系数高达 10^5/cm 数量级，以其作为太阳能电池的光吸收层，厚度仅需 1～2μm。

【碲化镉薄膜】CdTe thin film

碲化镉(CdTe)是Ⅱ-Ⅵ族化合物半导体，禁带宽度约为 1.5eV，与太阳光谱非常匹配，最适合于光电能量转换，具有很高的理论转换效率(28%)。CdTe 是直接带隙半导体，具有很强的光吸收。CdTe 是 p 型的半导体薄膜，能和 CdS 形成 pn 异质结。CdTe 多晶薄膜的制备方法主要有近空间升华、电沉积、物理气相沉积、化学气相沉积、化学浴沉积、丝网印刷、溅射、真空蒸发等。

【硫化镉薄膜】CdS thin film

简称 CdS 薄膜。是Ⅱ-Ⅵ族半导体化合物，是一种直接带隙半导体材料，禁带宽度约 2.42eV，通常为立方或者六方结构。在正常的沉积条件下，生成的 CdS 薄膜为 n 型半导体，因此常与 CdTe 等 p 型半导体材料组成异质结太阳能电池。CdS 薄膜常见的制备方法有：近空间升华法、化学水浴沉积法、溅射法、电沉积法、金属有机化合物化学气相沉积法等。

【砷化镓薄膜】GaAs thin film

简称 GaAs 薄膜。是Ⅲ-Ⅴ族半导体化合物，是一种直接带隙半导体材料，禁带宽度约 1.42eV，属于闪锌矿晶体结构。GaAs 电子迁移率高，介电常数小，能引入深能级杂质，电子有效质量小，温度系数小，可在较高温度下正常工作，且抗辐射及抗酸侵蚀性能好。但其应用仍存在一些需要克服的问题，如资源稀缺，价格昂贵，砷化物有毒，机械强度较弱等。GaAs 常见的制备方法有：液相外延法、气相外延法、分子束外延法、金属有机化合物化学气相沉积法等。

【氮化镓薄膜】GaN thin film

简称 GaN 薄膜。是Ⅲ-Ⅴ族半导体化合物，是一种直接带隙半导体材料，存在纤锌矿(晶格常数为 $a=0.3189$nm，$c=0.5185$nm)和闪锌矿(晶格常数 $a=0.4520$nm)两种晶体结构，通常前者居多。GaN 的禁带宽度约3.36V，是典型的宽禁带半导体材料，具有很好的热环境下工作性能、抗击穿性能和抗辐射性能，而且电子迁移率高[约 $900cm^2/(V \cdot s)$]，介电常数小，质地坚硬，化学性质非常稳定。但单晶 GaN 的制备较为困难，常见的制备方法有：氢化物气相外延法、脉冲激光沉积法、溅射法、电泳沉积法、分子束外延法、金属有机化合物化学气相沉积法等。

【磷化铟薄膜】InP thin film

简称 InP 薄膜。是Ⅲ-Ⅴ族半导体化合物，是一种直接带隙半导体材料，禁带宽度约1.34eV，属于闪锌矿结构，晶格常数约0.5869nm。InP 按电学性质分为 n 型、p 型和半绝缘型，可分别通过掺杂 S 和 Sn、掺 Zn、掺 Fe 或高温退火来获得。InP 的热导率、太阳能转换效率及抗辐射特性均十分优异，适合制造集成电路、太阳能薄膜电池等。InP 堆垛层错能较低，容易产生栾晶，因此其单晶的制备较为困难，目前常见的制备方法有：溅射法、分子束外延法、金属有机化合物化学气相沉积法等。

【二氧化钛光阳极涂层】TiO_2 coating for photoanode

简称 TiO_2 涂层。是一种通常镀制在透明导电氧化物玻璃基底上的半导体电极涂层，它与光敏剂通过羧基、磷酸基或硼酸基等结合形成电荷转移络合物，再浸泡在氧化还原介质溶液中，作为染料敏化电池的光阳极。为提高 TiO_2 涂层的光电转换效率，常将其制备成为纳米多孔结构等具有较大比表面积的涂层，常用的制备方法有：热液法、溶胶-凝胶法、阳极氧化法、溅射法等。

【有机金属卤化物钙钛矿薄膜】metal organic halide perovskite thin film

是指一类具有钙钛矿结构的有机金属卤化物半导体薄膜，如 MA-PbX_3，其中 MA 为甲氨基，X 为 Cl、Br 或 I，具有空穴和电子混合导电类型，载流子迁移率高。有机金属钙钛矿薄膜一般是将钙钛矿前驱体通过溶液法或者蒸气法制备成薄膜，常用方法有蒸发法、旋涂法、连续沉积法和蒸汽辅助溶液法等。基于有机金属卤化物钙钛矿薄膜的太阳电池具有效率高、结构简单、成本低等优点。

【薄膜太阳能电池】thin film solar cell

参见 22.3.1【薄膜太阳能电池】。

【非晶硅薄膜太阳能电池】a-Si thin film solar cell

参见 22.3.1【非晶硅太阳能电池】。

【纳米硅(微晶硅)薄膜太阳能电池】nc-Si/μc-Si thin film solar cell

参见 22.3.1【纳米硅(微晶硅)薄膜太阳能电池】。

【多晶硅薄膜太阳能电池】polycrystalline slicon thin film solar cell

参见 22.3.1【多晶硅薄膜太阳能电池】。

【$CuInSe_2$ 薄膜太阳能电池】$CuInSe_2$ thin film solar cell

参见 22.3.1【$CuInSe_2$ 薄膜太阳能电池】。

【Cu(In，Ga)Se_2 薄膜太阳能电池】Cu(In，Ga)Se_2 thin film solar cell

参见 22.3.1【铜铟镓硒太阳能电池】。

【$CuInS_2$ 薄膜太阳能电池】$CuInS_2$ thin film solar cell

参见 22.3.1【$CuInS_2$ 薄膜太阳能电池】。

【CdS/CdTe 薄膜太阳能电池】CdS/CdTe thin film solar cell

参见 22.3.1【碲化镉太阳能电池】。

【GaAs 薄膜太阳能电池】GaAs thin film solar cell

参见 22.3.1【CaAs 薄膜太阳能电池】。

【GaN 薄膜太阳能电池】GaN thin film solar cell

参见 22.3.1【GaN 薄膜太阳能电池】。

【InP 薄膜太阳能电池】InP thin film solar cell

参见 22.3.1【InP 薄膜太阳能电池】。

【染料敏化太阳能电池】dye-sensitized solar cell

参见 22.3.1【染料敏化太阳能电池】。

【等离子体太阳能电池】plasmonic solar cell

参见 22.3.1【等离子体太阳能电池】。

19.2.4 磁性薄膜

【磁阻薄膜】magnetoresistive thin film

指电阻值随外加磁场变化而变化的薄膜，如 Fe/Cr 多层金属膜、Sm-Mn-Ge 金属间化合物以及钙钛矿结构的磁性氧化物膜 Nd-Pb-Mn-O、La-Ba-Mn-O、La-Ca-Mn-O 等。主要分为：常磁阻、巨磁阻、超巨磁阻、异向磁阻、隧穿磁阻薄膜等。主要应用在高密度读出磁头磁传感器、微弱磁场测量、各类运动的检测等领域。

【垂直磁记录薄膜】perpendicular magnetic recording thin film

是利用磁特性和磁效应记录和存储声音、图像、数字等信息的磁性薄膜材料，其磁性介质的磁化方向与磁盘表面(或介质的表面)垂直。垂直磁记录模式可以克服常规纵向磁记录材料的自退磁效应，提高记录密度，而且对磁记录介质中的磁层厚度的要求比较宽松。目前研究得较多的垂直磁记录薄膜材料主要包括 FePt、CoCr 基合金等。

【电磁波吸收涂层】electromagnetic wave absorbing coating

又称防电磁辐射涂层。可吸收电磁波的涂层材料，包括对 X 射线、γ 射线、紫外线、红外线、可见光、微波和无线电波等电磁波的吸收，最常用的是微波和无线电波吸收涂层。在涂料中加入易将电磁波能量转化为机械能、电能或热能的填料，如石墨粉、碳粉、铁氧体等，也可以选用几种填料混合在一起，以吸收电磁波，从而导致电磁波能量在涂层中损耗掉的一类涂层。电磁波吸收涂层在某一特定频段的吸收率与其材料成分有关，主要应用在军事隐身领域，如飞机隐身、舰船隐身、坦克隐身等，以及抗电磁干扰和人体保护等民用领域。

19.2.5 生物薄膜与涂层

【生物涂层】biomedical coating

指用物理、化学等方法在基体材料表面形成的特定厚度的异于基体材料且能显著改善其生物学性能的覆盖层。生物涂层不仅要有较高的结合强度，还应具有良好的化学稳定性，以确保其能够长时间耐受降解和吸收，并且其结合强度也不会发生大的衰变。生物涂层的制备方法较多，有等离子喷涂、爆炸喷涂、离子体注入、激光烧蚀、化学腐蚀、电化学、气相沉积、旋涂法和液相中分子自组装等。

【生物陶瓷涂层】bioceramic coating

将生物陶瓷材料加涂于基体材料表面形成的生物医用涂层。其基体材料一般选用具有高强度、高韧性、低密度的金属及其合金，如不锈钢、钛及合金、钴铬钼合金、钴铬合金等。依据生物陶瓷的性质可将生物陶瓷涂层分为生物活性陶瓷涂层、生物惰性陶瓷涂层和可吸收生物陶瓷涂层三类。

【生物活性陶瓷涂层】bioactive ceramic coating

基体材料表面加涂生物活性陶瓷制得的生物医用涂层，典型的生物活性陶瓷涂层有羟基磷灰石涂层、磷酸钙涂层、生物玻璃涂层等。涂层界面上可产生特殊的生物反应，促进组织和涂层材料之间的键合。

【生物惰性陶瓷涂层】bioinert ceramic coating

采用生物惰性陶瓷材料制得的生物医用涂层，典型的生物惰性陶瓷涂层有氧化铝、氧化锆、氧化钛等氧化物涂层和碳素材料涂层。生物惰性陶瓷涂层在生物环境中能保持良好的化学稳定性，不发生或仅发生微弱化学反应，能抑制金属基体材料的腐蚀溶解作用及金属离子的溶出。

【氧化物陶瓷涂层(生物医用)】oxide ceramic coating(biomedical application)

将氧化铝、氧化锆和氧化钛等单相或混合氧化物加涂于医用不锈钢、钛及其合金、钴合金等医用金属基体表面形成的生物惰性陶瓷涂层。氧化物陶瓷涂层在体内具有良好的化学稳定性、耐腐蚀性和耐磨性，并可以阻隔金属离子向周围组织溶出。通常的涂层制备工艺有激光熔覆法、溶胶凝胶涂覆法、热喷涂法、等离子喷涂法、离子束沉积法。

【生物陶瓷复合涂层】 bioceramic composite coating

由多种材料成分构成的生物陶瓷涂层，可以提高涂层与基体的结合强度，改善种植体的长期临床效果。以Ti-6Al-4V合金基体上制备羟基磷灰石(HAP)涂层为例，在HAP涂层中掺入金属或陶瓷等成分如Ti、TiO_2、ZrO_2制备出HAP/Ti、HAP/TiO_2、HAP/ZrO_2等复合涂层，缓和了涂层与基体之间的热膨胀系数失配，减少了因热膨胀系数失配导致的残余热应力在涂层与基体界面处的集中，有效地改善了涂层与基体之间的结合，并保持HAP涂层良好的生物相容性。

【梯度生物陶瓷涂层】 gradient bioceramic coating

指涂层材料的组成和结构从基体到表面连续变化，涂层的性能和功能也呈现梯度变化的生物陶瓷涂层。梯度变化包括成分梯度和结构梯度。成分梯度是一种成分的含量从基体表面逐渐增加，至涂层表面达到最大，而涂层中的另一种成分含量的变化趋势相反。结构梯度是指涂层的结构发生递变，如由致密结构到多孔结构，这种结构使层间的热膨胀系数相匹配，减小材料界面的残余应力，可以提高界面结合强度，减少因涂层脱落造成的种植体失效事件。

【生物玻璃涂层】 bioglass coating

生物玻璃或微晶玻璃材料经粉碎或制浆后，采用等离子体喷涂技术或熔融烧结等工艺将其沉积在医用金属基体表面形成的涂层。其目的是利用生物玻璃的生物活性以及金属基体优良的力学性能，以获得具有生物活性的可承载硬组织替换材料。

【羟基磷灰石涂层】 hydroxyapatite coating

羟基磷灰石(HAP)是构成骨骼和牙的主要无机质，通常采用等离子体喷涂、激光熔覆、电化学沉积、仿生沉积、溶胶-凝胶、物理气相沉积、离子束溅射沉积及水热合成等涂层制备方法，将其沉积在固体表面而获得羟基磷灰石涂层，主要用于改善基体材料的生物活性和生物相容性。

【碳涂层(生物医用)】 carbon coating(biomedical application)

以碳氢化合物或石墨为碳源，采用合适的涂层制备工艺将碳沉积于医用金属或高分子材料表面而获得的涂层，主要有低温各向同性(LTI)碳涂层、超低温各向同性(ULTI)碳涂层和类金刚石(DLC)薄膜等。碳涂层的生物相容性良好，特别是血液相容性优良，其表面具有非常好的抗凝血性，对血浆蛋白和血浆酶的活性无影响，与其良好的力学性能配合，成为重要的心血管系统修复材。此外，碳涂层韧性和耐磨性优良，可用于人工关节的减磨涂层。

【抗菌涂层】 antibacterial coating

具有杀灭或抑制微生物的黏附、活性、增殖等生理行为的功能性涂层。在涂层的制备或后续处理中添加抗菌剂以赋予涂层的抗菌能力。常见的抗菌涂层有抗生素类涂层、非抗生素类有机抗菌剂涂层、无机抗菌剂涂层等。

【防海洋生物涂层】 anti halobios coating

又称抗海洋生物涂层。为防止海洋生物对船舶、舰艇、码头等浸水结构物产生附着并污损的保护性涂层，能保护浸水结构物以维持其使用性能和使用寿命的生物涂层。防海洋生物涂层主要由防污剂、成膜剂、无机填料和溶剂组成，可分为含杀虫剂的防污涂层和不含杀虫剂的防污涂层(低表面能防污涂层)。例如氧化亚铜涂层、氟聚合物和硅聚合物涂层、导电涂层、仿生涂层等。

【生物相容性涂层】 biocompatible coating

具有生物相容性的生物医用涂层总称。基本特征是涂层材料在活体组织中不会引起不良的生物反应，能与周围组织形成良好的物理和化学匹配，呈现相容性。生物医用涂层的生物相容性和其使用目的以及使用条件密切相关。

【血液相容性涂层】 blood compatibility coating

又称为抗凝血涂层。用于心血管系统的生物相容性涂层。血液相容性涂层与血液直接接触，且与血液各成分，如血浆蛋白、血细胞和血管内皮细胞等相互作用，产生适宜的生物反应而不会引发凝血反应。

【组织相容性涂层】histocompatibility coating

常指用于除心血管系统之外活体组织的生物相容性涂层。组织相容性涂层与骨骼、肌肉、皮肤等组织直接接触且不引起组织不良反应。

19.2.6 硬质薄膜与耐磨涂层

【金属氮化物薄膜】metal nitride thin film

指金属元素与氮元素形成的二元化合物，重要的有氮化锂（Li_3N）、氮化镁（Mg_3N_2）、氮化铝（AlN）、氮化钛（TiN）、氮化钽（TaN）等，其中多数不溶于水，热稳定性高，可用作高温导电材料。金属氮化物薄膜具有良好的塑性、韧性和强度，以及对环境和物料的适应性，其用途十分广泛，如在保温节能玻璃、热敏电阻、电极材料、耐磨损材料上都有所应用。

【金属碳化物薄膜】metal carbide thin film

通常指由金属或非金属与碳组成的二元化合物，多为过渡金属碳化物，如碳化钙、碳化铬、碳化钽、碳化钒、碳化锆、碳化钨等，具有金属光泽、导电以及熔点高、硬度大的特点。金属碳化物薄膜的制备方法多采用化学气相沉积、热扩散涂层处理技术、磁控溅射等方法，多用在材料表面强化上。

【金属硼化物薄膜】metal boride thin film

是过渡金属与硼生成的硬质化合物，在高温下耐磨性好，此外其耐蚀性能也很显著。稀土元素硼化物中的硼化镧与六硼化钙，可用作半导体高温整流材料、掺杂材料、电子管材料、阴极射线材料以及高温核反应器中子的吸收材料。

【金属氧化物薄膜】metal oxide thin film

指由金属元素与氧元素组成的二元化合物，具有多种性质，其光学特性、电学特性、抗磨损、耐腐蚀等特性均有所应用，特别是在半导体上面的应用在近些年发展迅速。金属氧化物薄膜的制备方法有多种，常见有磁控溅射、化学气相沉积（CVD）、溶胶-凝胶（sol-gel）等方法，利用一定的加工技术和复合技术使得其功能和性质得以大大的扩展。

【金刚石薄膜】diamond thin film

采用一定的合成技术在衬底上制备的金刚石涂层。金刚石薄膜具有接近于天然金刚石的力学、热学、光学、电学等物理性能，其维氏硬度（HV）达 90～100GPa，热导率为 10～20W/（cm・K），为铜的 5 倍，禁带宽度为 5.47eV，室温电阻率高达 $10^{16}\Omega \cdot cm$，通过掺杂可以形成半导体材料。金刚石膜在从紫外到红外广阔频带里都有很高的光学透射率，它还是一种优良耐腐蚀材料。金刚石膜的制备方法主要有热丝化学气相沉积、射频等离子体增强化学气相沉积、微波等离子体化学气相沉积、直流弧光放电等离子体 CVD 法等。

【类金刚石薄膜】diamond-like carbon；DLC

类金刚石（DLC）是碳的一种非晶亚稳态结构，由于其性能与金刚石类似，因而被称为类金刚石。它的化学键主要是 sp^2 和 sp^3，一般认为 sp^3 键含量越高，膜层越坚硬致密，电阻率越高，宏观性质上更接近金刚石。类金刚石薄膜具有较高的硬度、良好的热传导率、极低的摩擦系数、优异的化学惰性和电绝缘性能、宽的半导体禁带宽度、高的化学稳定性及红外透光性能，因此在光学窗口、磁盘、汽车部件、生物医学和微机电系统等方面常用作保护涂层。

【氮化碳薄膜】CNx thin film

简称 CNx 薄膜。指硬度可与金刚石比拟的一种高硬度的薄膜材料，它主要包括 α-C_3N_4、β-C_3N_4、cubic-C_3N_4 等。其中，α 相具有负的泊松比，沿任何方向拉伸材料，都会引起材料在垂直方向上的膨胀，到目前为止没有哪种材料具有这种性质。而 β 相和立方相是很好的硬质材料，具有高弹性、高硬度、摩擦因数小、耐磨、防腐等优越性能。CNx 薄膜的制备方法主要有高温高压法和溅射法等，主要应用在耐磨防腐、航天器的导热材料以及平面显示领域。

【立方氮化硼薄膜】cubic boron nitride（c-BN）thin film

立方结构的氮化硼，分子式为c-BN，其晶体结构类似金刚石。立方氮化硼薄膜主要有以下特点：(1)硬度仅次于金刚石，可达到45GPa以上；(2)在1300℃以下不易氧化，有很强的高温抗氧化性能，不易与铁族金属及其合金材料发生反应；(3)可掺杂为n型、p型半导体，具有宽的光学禁带和优良的热导率；(4)从红外到紫外的波长范围内都具有很好的透光性。因此，立方氮化硼薄膜可用于切削刀具表面的耐磨涂层、MIS(金属-绝缘体-半导体)器件中的绝缘层材料，还可作为良好的集成电路热沉材料和绝缘涂覆层。

【硼碳氮薄膜】BCN thin film

简称BCN薄膜。具有与氮化硼和碳十分相似的结构，有六方和立方两种结构，其物理、化学性质介于碳和氮化硼之间，并具有可调的物化特性，可通过改变原子成分来改变禁带宽度和半导体性能，因而硼碳氮薄膜在力学、热学、光学、电学等领域具有广泛的应用前景。

【陶瓷耐磨涂层】ceramic wear-resisting coating

涂覆在陶瓷或其他材料表面，提高陶瓷耐磨性的涂层。陶瓷耐磨涂层兼有良好的抗腐蚀作用与优异的机械耐磨性能，主要分为氧化物陶瓷(氧化铝、氧化钛、氧化锆及其复合物)和非氧化物陶瓷(碳化硅、碳化钛等)，其制备方法主要有热喷涂、等离子体喷涂、激光熔覆、胶粘陶瓷涂层、化学气相沉积和溶胶-凝胶法等。

【高分子耐磨复合涂层】polymer wear-resistant composite coating

主要由基料、填料和其他助剂构成，其中有机高分子聚合物作为涂层的基料，将其他组分粘结在摩擦部件的表面形成连续薄膜。无机颗粒作为涂层的填料，主要起到减摩耐磨作用，它可以是硬质颗粒或纤维增强相，也可以是石墨、二硫化钼等减摩材料。助剂的用量很小，主要用来改善耐磨涂层某一方面的性能。高分子材料作为金属材料的替代品或换代品，在各种耐磨抗磨领域中的应用越来越多。

【减摩耐磨涂层】antifriction and wear resistant coating

指具有低的摩擦因数和高的耐磨特性的摩擦学涂层，它作为金属表面改性技术的一种，降低了摩擦阻力和能源消耗，大幅度提高了使用寿命。制备方法有以下两种：一是通过添加润滑剂或表面处理方式在摩擦副表面生成一层薄薄的固体润滑膜，降低表面的摩擦磨损；二是采用表面强化技术，如热喷涂、表面合金化、电镀、渗硫、渗氮等，改变其微观结构或在表面生成金属化合物、陶瓷等物质，提高摩擦副的耐磨性。

【金属硅化物高温耐磨涂层】metal silicide high-temperature wear-resisting coating

某些金属(如钼、钛、钨、铌等)与硅形成的二元化合物，统称为金属硅化物。这类金属硅化物涂层是一类极有前途的新型高温及耐磨结构材料，具有高熔点、高硬度、高蠕变强度以及良好的抗氧化性等优点。利用激光熔覆技术制备的以金属硅化物为耐磨增强相的涂层，既具有比碳化物增强复合涂层更高的高温抗氧化性和耐热腐蚀性，又具有比陶瓷复合材料更好的塑形和韧性。

【润滑涂层(膜)】lubricant coating (film)

指将固体润滑剂分散于有机或无机的粘结剂(成膜剂)中，再用类似于涂料的涂装工艺或其他工艺在工件表面形成的一种减摩耐磨涂层。一般由四部分组成：固体润滑剂、粘结剂、填料、溶剂和助剂。常用的固体润滑膜有MoS_2、石墨、聚四氟乙烯(PTFE)以及MoS_2-Au、MoS_2-Ni和MoS_2+TiN复合润滑膜等。

【碳基薄膜】carbon-based thin film

以碳为基础材料的薄膜统称为碳基薄膜。主要包括类金刚石薄膜材料、非晶氮化碳薄膜材料和硼碳氮薄膜材料等。碳基薄膜的制备方法主要有化学气相沉积法、物理气相沉积法等。

【富勒烯薄膜】fullerenes thin film

指具有富勒烯结构的薄膜。富勒烯是除石墨和金刚石之外的碳的第三种同素异形体，是一种很好的非线性光学材料，也是继硅、锗、砷化镓之后的一种半导体材料。富勒烯的纯固体形态是一种分子半导体，是由60个碳原子形成的类似足球的空心球状分子，其晶体在室温下是由C60分子以密堆积方式形成的面心立方结构。由于C60分子独特的结构和化学性质，可以从球内、球上或球外加上其他原子或基团，经化学修饰成为具有各种独特性质的化合物，提供给不同的应用领域。C60经过掺杂，可形成p型、n型半导体材料，如硼或氮替位碳形成硼或氮掺杂的C60。

【石墨烯薄膜】graphene thin film

指具有石墨烯结构的薄膜。石墨烯是一种由单层碳原子紧密堆积成二维蜂窝状晶格结构的碳质新材料，具有高载流子迁移率、量子霍尔效应、高透光率、超强的机械性能，另外还具有突出的热传导性能，其热导率为3080～5150W/(m·K)。在降低电噪声、高温超导材料、太赫兹光等领域，石墨烯也表现出了极高的研究价值。其制备方法主要有微机械剥离法、外延生长法、氧化还原法、化学气相沉积法等。

【碳纳米管薄膜】carbon nanotube thin film

指具有碳纳米管结构的薄膜。碳纳米管可以看作是由二维石墨层片通过卷曲而成的无缝管状结构。随着卷曲的石墨层片数量的不同，碳纳米管具有不同的壁数，可以分为单壁碳纳米管、双壁碳纳米管和多壁碳纳米管。二维的碳纳米管薄膜具有很好的透光性，又因其具有优异的电学性能，被应用于透明导电薄膜材料。碳纳米管的主要制备方法包括激光蒸发法、石墨电弧法和化学气相沉积法等。

19.2.7 高温薄膜与耐热涂层

【热障涂层】thermal barrier coating

在高温合金基体表面制备的抗高温、耐氧化、绝热性能好的高熔点金属陶瓷涂层，可有效"隔热"屏蔽基体。热障涂层材料主要应用于航空航天器、舰船、燃气轮机受热部件、冶金工业用喷氧枪、内燃机、增压涡轮等。热障涂层的要求：(1)耐高温、抗氧化、热导率低、绝热性能好；(2)与金属基体结合牢固；(3)热膨胀系数与金属基体匹配好、耐热循环次数高。

【防火阻燃涂层】fire retardant coating

加涂在某些易燃建筑材料的表面的、本身不会燃烧并能阻止火焰蔓延的涂层。防火阻燃涂层通常由石棉、云母、碳酸钙、石英、长石等硅酸盐矿物粉末加水玻璃调制而成。涂层自干后形成的涂层遇热时能发泡形成很厚的隔热层，同时又能起到隔离空气的作用，有良好的防火能力。

【耐侵蚀涂层】erosion-resistant coating

又称防腐涂层。是由各类高性能抗蚀材料与改性增韧耐热树脂进行共聚反应后生成的功能涂层。它通过形成互穿网络结构，产生协同效应，能有效提高聚合物的抗腐蚀性能。

【抗烧蚀涂层】ablation-resistant coating

指在高温和火焰中能够保持质量不变的涂层材料。目前所研究的抗烧蚀涂层，大部分都是以碳/碳复合材料为基材，因其具有高比强度、高比模量、低热膨胀系数、高导热导电能力、耐蠕变、耐热震、耐烧蚀以及非氧化介质条件下极好的高温力学性能和良好的尺寸稳定性等一系列优异性能，是迄今为止最理想的抗烧蚀材料之一。抗烧蚀涂层是为了能够有效提高碳/碳复合材料的抗烧蚀性而制备的涂层。其方法主要有包埋法、气相沉积法、等离子体喷涂法、液相反应法、激光熔化技术法等。

【烧蚀涂层】ablation coating

是一种利用物质遇高温熔化、分解、气化、升华等物理化学反应消耗大量的热，通过牺牲涂层表面材料而使底材保持完整，以达到防热目的的涂层。涂层主要由有机粘结剂或碳粘结剂和无机填料组成。无机填料主要是熔融氧化硅、氧化铝、氧化锆、碳化硅等有利烧蚀隔热或起增强作用的高温陶瓷粉末、空心小球或纤维状增强物，以及某些易升华、分解的无机盐类。此外，烧蚀涂层在烧蚀过程中形成的碳化结构具有较低的热传导系数。由于涂层在使用过程中大量烧蚀消耗，涂层外形也起变化，因此烧蚀涂层一般只能使用一次。此种涂层可用于火箭、导弹、空间飞行器等再入热防护。

【工艺性涂层】manufacturability coating

涂在金属零件或毛坯表面，在热加工或其他加工工艺过程中起保护作用或其他作用的临时性涂层。一般在工序间使用。工序结束时涂层一般需剥除。例如金属在热处理时为了抗氧化，防渗碳和脱碳用的热处理保护涂层；金属在压力加工时为了减少氧化和增加润滑的高温润滑涂层；金属在焊接时对不需焊接面的防粘涂层等。工艺性涂层能节约金属原材料，减少机械加工量，简化加工工序，提高产品质量。

【热处理保护涂层】heat treatment protective coating

加涂在金属零部件表面上，以保护金属在不同气氛中热处理时起到抗氧化、防渗碳、防渗氮、防脱碳等作用的临时性涂层。涂层组成通常是有机或无机粘结剂和硅酸盐、硼酸盐等无机填料，在高温下它能生成高黏度低膨胀系数的玻璃相致密涂层，以阻止热处理时气体的扩散。这类涂层有的在冷却时会从金属表面自动剥落，有的需进行机械或化学处理将其去除。热处理保护涂层可以避免金属表面性能降低，保持某些表面局部禁渗，从而节约金属原材料，减少零部件的机械加工量，提高表面质量。

【高温防粘涂层】high temperature anti-sticking coating

在高温条件下防止工件与工件、工件与模具、工件与周围介质之间黏附的涂层。一般由化学惰性原料如石英、锆英砂、镁砂、黏土、玻璃、氧化钛等，或部分燃烧的原料如石墨等作为填料，加上有机、无机粘结剂如水玻璃、树脂等组成。这类涂层适用于航空、机械、化工工业以及其他高温场合，例如石墨防粘涂层可使螺栓与螺母经高温工作后仍易拆卸；氧化铝、氧化硅或氧化钛基防粘涂层可在真空焊接时防止工件与工件、工件与模具的粘结，保证焊接质量，保护锅炉管子及其他零件不黏附熔渣或尘粒，或保证铸件表面洁净等。

【可刮削封严涂层】abradability sealing coating

涂于燃气涡轮发动机的压气机或燃气涡轮运转部件间隙处的一种起填充封严作用的涂层。用不同的粘结剂(有机或无机粘结剂)加入一定配合比的混合填料(金属，金属氧化物，纤维材料、云母，滑石或氮化硼等粉末材料)组成的涂层，以刮涂或喷涂的方法涂于零件的封严部位，经烘烤固化即可形成涂层。也可用热喷涂方法将某些复合粉末(铝粉与聚酯树脂、镍包硅藻土、镍包石墨、镍包合金等)喷涂形成涂层。此种涂层应具有高的抗氧化性、抗高速燃气冲刷性、抗燃气、燃油腐蚀性，特别是应具有良好的可刮削性能。

【自密封涂层】self-sealing coating

又称为自愈合涂层。自密封涂层是指涂层本身可以自动感知周围环境的变化，并作出迅速、恰当及适当的响应，且具有自我诊断、自我修复等功能。在恶劣环境下长期使用，涂层容易发生缺陷进而失效，如脱落、起泡、穿孔、丝状腐蚀等，通过技术改进赋予涂层自愈合功能，诱导涂层产生相应破坏抑制，对涂层完整性进一步再修复，又有可能对保护基体起到钝化作用。例如，在 Mg 表面沉积具有生物活性的 Ca-P 涂层，可以有效地提高 Mg 基体的耐腐蚀性；将具有热塑性的聚己内酯(PCL)随机分布于具有记忆功能的环氧涂层内，应用于碳钢表面，外部热量可以驱动修复过程，可以用来应对可能出现的机械损伤。

【自结合涂层】self-bonding coating

在喷涂条件下能与底材形成冶金结合的涂层材料，如镍包铝、镍包钛等。自结合材料除了用于修复磨损的机械零件外，大量用作底层或与其他粉料混合使用，以提高涂层的结合强度和抗热震性能。

【自熔合金涂层】self-fluxing alloy coating

是一类加热到熔点时不需外加熔剂就能润湿底材并形成良好结合的涂层合金材料。常用的有镍铬硼硅、铁铬硼硅等。自熔合金涂层可以用火焰或等离子体喷涂，喷后可再作重熔处理，以提高涂层与底材的结合强度，减少气孔率。这类涂层具有良好的耐磨和耐腐蚀性能。

【防脱碳涂层】anti-carbon coating

防止含碳金属在热处理时脱碳的保护层。通常由有机、无机粘结剂、玻璃陶瓷材料和填充料组成，在高温下会形成阻止气体扩散的隔离层。在碳钢、模具钢、结构钢等的热处理时使用。

【防渗涂层】anti-seepage coating

在高温下能防止氮、碳、硫、硅、铬等渗入金属基体的保护层，一般是由硅酸盐、硼酸盐和粘结剂组成。在碳钢、结构钢等的热处理时使用，在工件表面形成一层完整均匀的硼硅薄膜或者是硼氧链状结构的薄膜，使碳、氮、氧等原子不能通过，因而起到防渗作用。

【溶液陶瓷涂层】solation ceramic coating

用硼酸及金属硝酸盐的水溶液与碱性硅酸盐或原硅酸乙酯的矿物酸酒精溶液，按一定比例配成真溶液或胶体溶液，将此溶液喷涂或浸涂在工件表面，经干燥和高温熔烧，形成的一层约 1μm 厚的玻璃或陶瓷涂层。在溶液内加进适量胶体金属（例如铬），还能制备金属-玻璃涂层，其特点是涂层厚度较薄（1～5μm），涂层成分比较纯净，并由于各组元颗粒很细小，可采用较低的熔烧温度。

【耐热微晶玻璃涂层】heat resisting glass-ceramic coating

从硅酸盐玻璃体中受控析出分散晶相的涂层。按析出晶相的总体积又可分为微晶玻璃涂层（晶相体积大于 50%）、半微晶玻璃涂层（晶相体积 10%到 50%），通过控制析出晶相的种类可获得各种不同热膨胀系数（高、低、甚至负膨胀系数）。涂层的抗冲击及抗热震性能均比高温搪瓷的好，可作为各种金属和合金的保护涂层或电绝缘涂层，特别适合于作为电缘真空密封及抗热震封接涂层。

【陶瓷涂层】ceramic coating

是覆盖在基底材料表面的无机保护层或膜的总称。它能改变基体表面的形貌、结构及其化学组成，赋予基底材料新的性能（耐磨、耐蚀、防粘、高硬度、耐高温、生物相容性好）。其组成一般为：氧化物涂层、非氧化物涂层、硅酸盐系涂层、复合陶瓷涂层。制备方法主要有：熔烧涂层、喷涂涂层、气相沉积涂层、电化学工艺涂层、溶胶-凝胶涂层、原位反应涂层等。一般用作高温绝热涂层、耐磨耐冲刷涂层、热处理防护涂层、高温润滑涂层、原子能涂层。

【金属陶瓷涂层】cermet coating

化学组成属于金属陶瓷范畴的涂层总称，例如火焰喷涂镍-氧化铝涂层、等离子体喷涂钨-氧化锆涂层、电沉积氧化物-金属涂层，以及用熔烧工艺形成的各种金属-玻璃涂层等。金属陶瓷涂层中由于存在有金属相，能改善陶瓷涂层的韧性、导热性和抗热震性能，但相应会降低它的耐高温性能。

【金属间化合物涂层】intermetallic coating

化学组成是无氧金属间化合物（如金属铍化物、硅化物、硼化物、铝化物或锡化物等）的涂层。例如，在难熔金属、石墨或其他材料表面加涂的硅化物涂层，在高温合金或其他材料表面加涂的铝化物涂层等。涂层的性能和用途，主要取决于所加涂的金属间化合物的特性。

【有机硅酸盐涂层】organo silicate coating

组成为有机聚合物与硅酸盐原料，经过机械-化学反应及随后的热处理后形成的涂层。由于有机聚合体与硅酸盐原料之间发生化学反应变成一个整体，涂层兼具无机及有机材料的综合性能，可采用有机涂层的常温或低温加涂固化工艺，而保持硅酸盐材料的高温性能。常用的有机聚合体为有机聚硅氧烷，常用的硅酸盐原料为含有氢氧基团的层状结构硅酸盐矿物（如石棉、云母及其他金属氧化物等），依靠这些氢氧基团与有机聚硅氧烷的有机官能团相互反应涂层，可作为耐热、防湿、电绝缘、抗腐蚀、隔热、填隙封严、防冰等之用。有机-硅酸盐涂层在高温使用时会发生结构变化，最后形成纯硅酸盐涂层。

【无机胶凝粘结涂层】coating by inorganic cementitious bonding

利用无机粘结剂（如碱金属硅酸盐、硼硅酸盐、磷酸盐、硼磷酸盐、硫酸盐、胶体氧化硅或硅溶液、胶体氢氧化铝等）的胶凝性、可塑性、可掺性等特点，与具有一定特性的无机填料相结合，在低温下养护或烘烤固化形成的具有一定强度的涂层。此类涂层的工艺较简单方便，不需经高温处理，因此在现代化工业和尖端技术中广泛应用。但涂层的机械强度不太高，当要求较厚涂层时，一般采取金属丝、条或纤维加固补强。另外，涂层在高温下使用会发生结构变化。

【非晶态金属涂层】amorphous metallic coating

微观结构为远程无序、近程有序的非晶态金属所组成的涂层。因其制备中极快的降温速率，导致原子来不及按规则的点阵排列，没有晶界和堆垛层错，宏观上看非常均匀，各向同性，因而具有高强度、高抗腐蚀性能、高电阻率及良好的软磁性等特点。但受热易由亚稳态恢复结晶态，拾取非晶态的金属涂层的特性。非晶态金属涂层的制备工艺主要有：磁控溅射、多弧离子镀、电解沉积、激光熔敷和离子注入等方法。

【矿物涂层】mineral coating

以天然矿物为主要成分、利用矿物特性（如脱水、相变、导热系数低、对电磁波的吸收或透过能力等）以达到高温发汗、隔热、选择性吸收或透过电磁波、抗高温化学腐蚀等目的的涂层。例如，利用含水铝矿物或金红石矿物制备的涂层可在室温固化、高温使用，并具有良好的隔热性能。

【多层箔隔热涂层】multi-foil heat insulating coating

用于组合超级隔热材料系统。在隔热系统中金属箔起热辐射屏蔽作用，箔上的涂层使热通路上存在着较大的热阻，因此多层箔隔热涂层具有极低的真空热导率，使用温度可低至－270℃、高至1900℃。通常金属箔上的涂层厚度范围为1～50μm，一般均以氧化物粒子作原料，包括氧化铝、氧化锆、氧化钍和氧化镱等。例如，由10^3个单面施加氧化铝涂层、6μm厚的铝箔组元所构成的超级隔热系统，热面为22℃，冷面为－195℃时，平均热导率可小至2.76×10^{-8} cal/(cm·s·K)。由多层箔与涂层组成的超级隔热体可应用于空间和真空技术。

【热控涂层】thermal control coating

加涂于结构底材内外表面上，控制它们对外界热（光）能的吸收和发射能力的涂层，包括光谱选择吸收（或发射）涂层、隔热涂层、烧蚀涂层、发汗涂层、红外线辐射涂层等。这类涂层有的可用于控制航天器的温度和采集太阳能［如光谱选择吸收（或发射）涂层和隔热涂层］；有的可加涂于火箭、导弹头部，保护它们内部的仪器在重返大气时不致因高温而损坏（如烧蚀涂层和发汗涂层）；有的可加涂于加热器的表面，增加辐射强度（如红外线辐射涂层）。

【温控涂层】temperature control coating

加涂在航天器（如卫星、飞船）等的内外表面及仪器上，用来控制航天器及其仪表的工作温度的涂层。由于不同的涂层材料具有各自的太阳能吸收率（α_s）及远红外发射率（ε），涂层的α_s与ε的比值变化直接影响航天器工作环境温度，比值越大环境平衡温度越高，比值越小环境平衡温度越低。

【光谱选择吸收（发射）涂层】spectrally selective absorption (emission) coating

对于电磁波的某些波段（紫外到远红外），具有所要求的吸收率（α）或发射率（ε）的涂层。如太阳能采光器涂层，就需要高的紫外及可见光吸收率、低的远红外发射率及高α/ε比值，以提高采光器的光-热转换效率。在高轨道上运行的航天器外表面一般要求对可见光有低吸收率，对远红外有高发射率（ε）和低的α/ε比值，以保证航天器内部仪器在适当的温度下正常工作。也有根据需要制备高、中、低吸收率或发射率的涂层。

【红外辐射涂层】infrared radiating coating

指在整个红外波段有高的发射率或者在某些特定红外波段有高的发射率的涂层，由过渡金属氧化物、复合氧化物、半导体氧化物、碳化物、氮化物等组成。一般加涂在普通发热元件的辐射面上，涂层所辐射的红外线被加热物体选择性吸收后直接转换成热能，可达到快速加热、干燥、脱水、聚合等目的，在油漆烘烤、纺织、食品、塑料加工、机电、木材、玻璃、橡胶等工业中都有广泛的用途。

19.2.8 其他薄膜与涂层

【低辐射涂层】low-emissivity coating

指在红外线波段具有高反射率和在可见光波段具有低反射率的涂层。多用于玻璃衬底上，制成低辐射玻璃既能反射 0.78～2.5μm 的红外线，又能透射可见光，既可以阻挡日光中的红外线，又可以阻挡内部热量的外流，通过减少到达低热辐射表面的热传递或由该表面发出的热辐射，抑制该制品表面对中红外区辐射的吸收和发射，使该表面成为中红外光线的反射镜，从而减少了透过制品的热通量，是一种性能优良的建筑用玻璃涂层材料。

【阳光控制低辐射涂层】solar control low-emissivity coating

是一种既具有低辐射性能又具有阳光控制性能的镀膜。所谓阳光控制是指对透过玻璃进入封闭空间(如建筑物或汽车内部)的阳光分不同的波段进行反射、透过和吸收，通过控制太阳能获得能量，可使建筑物或汽车在夏冬季均能保持很好的舒适度，从而降低能耗。

【变色薄膜】chromotropic thin film

指在外界条件作用下能发生颜色变化或光学性能变化的材料，按照所受的刺激方式不同可分为电致变色薄膜、光致变色薄膜、气致变色薄膜、热致变色薄膜和溶剂致变色薄膜。目前应用十分广泛，如军事领域上光信息存储薄膜、光致变色伪装薄膜、强闪光防护、宇宙线的防护、辐射计量计等薄膜；民用品如光致变色涂层、光致变色纺织品、光致变色镀膜玻璃或夹层玻璃、墙体涂层、建筑物标示等。

【电致变色薄膜(涂层)】electrochromic thin film(coating)

指光学性质在外加电场的作用下发生稳定、可逆的变化，外观表现为颜色和透明度的可逆变化的材料。电致变色薄膜器件通常由以下几个部件组成：玻璃或透明衬底材料、透明导电层、电致变色层、离子导体层、离子存储层、透明导电层。器件工作时，在两个透明导电层之间加上一定的电压，电致变色层材料在电压作用下发生氧化还原反应，颜色产生变化。利用这种性质，电致变色薄膜器件可以广泛应用于建筑、汽车、航天、节能和热控等领域。

【热致变色薄膜】thermochromic thin film

指在一定温度范围内薄膜颜色或透光性能随温度变化而变化的功能薄膜材料。该类薄膜可大面积场测温度和调控环境温度，其独特的功能特性使其在智能窗、传感器、可擦重写光盘、太阳能集热器和医疗等领域具有重要的应用价值和广阔的发展前景。研究最多的无机热致变色薄膜是 VO_2 基薄膜，纯 VO_2 在 68℃时发生单斜相-金红石相结构的相转变，具有绝缘体-金属相变的特性，引起2～3 个数量级的电导率变化，使其透光性能也发生显著变化。

【光致变色薄膜】photochromic thin film

指具有光致变色现象的薄膜。光致变色现象是指一个化合物(A)在受到一定波长的光照下，进行光化学反应，生成产物(B)，由于化合物结构的改变导致其吸收光谱发生明显的变化即颜色变化，而在另一波长的照射下(或热的作用下)，又能恢复到原来状态的现象，包含有机、无机、生物、高分子等领域的光诱导化学和物理反应。光致变色薄膜可作为光电器件或质子导体应用于信息领域。同时各种光调制、光开关、光存储等控制器件的发展都依赖于光致变色薄膜技术的进展。

【气致变色薄膜】gaschromic thin film

指薄膜材料在与反应气体接触后，发生可逆反应而产生对一定波长光波吸收的显色效应的薄膜材料。常见的气致变色材料有三氧化钨和某些金属有机配合物，前者在注入氢气后从无色状态转变为着色(蓝色)，后者则与挥发性有机物气体(醇蒸汽)结合发生可逆的颜色变化。制备气致变色薄膜主要方法有：溅射法、脉冲激光沉积法、气体沉积法、阳极电镀法、高真空热蒸镀法和溶胶-凝胶法等，其中使用最普遍的是溶胶-凝胶法。气致变色薄膜器件可应用于建筑、汽车、航天、节能和热控等领域。

【防伪膜】anti-counterfeiting layer

指具有防伪功能、应用于产品包装及证件印制的薄膜。主要包括激光全息防伪包装膜(激光全息膜、激光全息电化铝膜、激光全息加荧光防伪包装膜、柔性激光全息防伪膜、原子核加密防伪激光全息膜等）、光学干涉变色薄膜、光学回反膜、揭显镂空膜、核微孔薄膜、光学透镜三维显示防伪薄膜（微透镜缩微图文组合薄膜、印刷品三维显示薄膜）、立体成像防伪薄膜、压敏高分子多孔复合薄膜等。

【装饰膜】decorative thin film

指通过多弧离子镀、磁控溅射等方法施加在金属基材上，或利用粘贴的方法贴附在玻璃或陶瓷上的具有装饰作用的薄膜。除了装饰性外，一般还具有隔热性能、保暖、隔紫外线、私密性、安全防爆等性能。

【包装膜】packaging thin film

主要由几种不同牌号的聚乙烯树脂混合挤出而成的薄膜。具有抗穿刺、超高强度性能，对堆放在托板上的货物进行缠绕包装，使包装物更加稳固整洁，更具超强防水作用，被广泛使用在外贸出口、造纸、五金、塑料化工、建材、食品医药行业。

【LB 膜】Langmuir-Blodgett film；LB film

是一种超薄的有机薄膜。成膜材料（通常是两亲分子）溶于适当有机溶剂中时，分子的亲水基团朝向水里，疏水基团朝向空气，在水面上铺展开形成漂浮在水面上的单分子层膜，采用适当的机械装置将气/液界面悬浮的单分子膜逐层转移、组装到基片上而形成规整有序的膜。LB 膜是单分子膜在基片上沉积得到的多层膜，其单层厚度在零点几到几纳米之间。

【分离膜】separation membrane

是一种特殊的、具有选择性透过功能的薄层物质，它能使流体内的一种或几种物质透过，而其他物质不透过，从而起到浓缩和分离纯化的作用。通常按分离机理和适用范围可分为微滤膜、超滤膜、纳滤膜、反渗透膜、渗透蒸发膜、离子交换膜等。分离膜的形式可以是固态的，也可以是液态的；被膜分割的流体物质可以是液态的，也可以是气态的。膜分离技术可在维持原生物体系环境的条件下实现分离，并可高效地浓缩、富集产物，有效地去除杂质，加之操作方便，结构紧凑，能耗低，过程简化，无二次污染，且不需添加化学物品。

【气体分离膜】gas separation membrane

是一种利用不同的高分子膜对不同种类的气体分子的透过率和选择性不同，从而从气体混合物中选择分离某种气体的薄膜材料。气体分离膜的使用方法是把能运载氧的人的血红素浸在聚氨酯海绵中，当血红素吸收海水中的氧后，通过弱电流使氧放出，以供水中呼吸之用。

【液体分离膜】liquid separation membrane

指能分离处于液-液状态、液-固状态的物质的薄膜材料。液体分离膜的分离过程是以选择性透过膜为分离介质，通过在膜两侧施加某种驱动力（如压力差、蒸汽分压差、浓度差、电位差等），使得原料侧组分有选择地透过膜，从而达到分离、提纯和浓缩的目的。

【气-液分离膜】gas-liquid separation membrane

指能分离处于液体状态和气体状态的物质的薄膜材料。气液分离膜组件由塑料外壳或不锈钢外壳与中空纤维膜束组成，中空纤维膜是由憎水性聚丙烯中空纤维组成的多孔管膜，内径 240μm，外径 300μm，纤维膜管壁布满 30～40nm 微孔，水不能通过微孔，气体可从孔中通过，从而实现气液分离。

【渗析膜】dialysis membrane

指一种以浓度差为驱动力，利用膜对溶质的选择透过性实现不同性质溶质的分离的半渗透膜。即利用半透膜能透过小分子和离子但不能透过胶体粒子的性质，从溶胶中除掉作为杂质的小分子或离子，从而达到提纯溶胶的目的。渗析膜分为天然渗析膜和人工合成渗析膜两种。

【反渗透膜】reverse osmosis membrane

是实现反渗透的核心元件，是一种模拟生物半透膜制成的具有一定特性的人工半透膜。一般用高分子材料制成，如醋酸纤维素膜、芳香族聚酰肼膜、芳香族聚酰胺膜。表面微孔的直径一般在 0.5～10nm 之间，透过性的大小与膜本身的化学结构有关。有的高分子材料对盐的排斥性好，而水的透过速度并不好；有的高分子材料化学结构具有较多亲水基团，因而水的透过速度相对较快。

【电渗析膜】electroosmosis thin film

是一种具有离子交换基团和网状立体结构的高分子膜，离子可以有选择地透过，即阴离子膜仅允许阴离子通过，而阳离子膜则仅允许阳离子通过。在分离或提纯时，溶液中的离子在直流电场的作用下，以电位差为动力，透过膜作定向运动，从而达到分离或浓缩的目的。它首先用于海水和苦咸水淡化，之后又用于海水制盐和工业给水与废水的处理。近年来我国在制碱和锅炉给水处理中推广应用电渗析膜，获得显著成效。

【渗透蒸发膜】pervaperation membrane

是应用在渗透蒸发技术中、对不同的溶剂有明显选择渗透性的薄膜。渗透蒸发膜必须具有较高的选择性、有较大的渗透通量、有良好的机械强度和化学稳定性(能抗溶胀、压力、酸碱腐蚀等)。

【超滤膜】ultrafiltration membrane

是一种孔径规格一致、额定孔径范围为0.001～0.02μm的微孔过滤膜。在膜的一侧施以适当压力，就能筛出小于孔径的溶质分子，以分离分子量大于500道尔顿(原子质量单位)、粒径大于10nm的颗粒。超滤膜的材质主要包括聚偏氟乙烯（PVDF)、聚醚砜（PES)、聚丙烯（PP)、聚乙烯(PE)、聚砜(PSF)、聚丙烯腈(PAN)、聚氯乙烯(PVC) 等。

【微滤膜】microfiltration membrane

一般指过滤孔径在0.1～1μm之间的过滤膜。微滤膜根据成膜材料分为无机膜和有机高分子膜，无机膜又分为陶瓷膜和金属膜，有机高分子膜又分为天然高分子膜和合成高分子膜；根据膜的形式分为平板膜、管式膜、卷式膜和中空纤维膜；根据制膜原理，有机高分子膜的制备方法分为溶出法(干-湿法)、拉伸成孔法、相转化法、热致相法、浸涂法、辐照法、表面化学改性法、核径迹法、动力形成法等，无机膜的制备方法主要有溶胶-凝胶法、烧结法、化学沉淀法等。应用较广的是有机高分子中空纤维膜，主要的微滤膜品种有聚偏氟乙烯(PVDF)、聚砜(PSF)、聚丙烯腈(PAN)、聚氯乙烯(PVC)、聚丙烯(PP)等。

【纳滤膜】nanofiltration membrane

孔径在1～2nm、允许溶剂分子或某些低分子量溶质或低价离子透过的一种功能性的半透膜，因能截留物质的大小约为纳米级而得名。纳滤膜截留有机物的分子量为150～500，截留溶解性盐的能力为2%～98%之间，对单价阴离子盐溶液的脱盐低于高价阴离子盐溶液。纳滤膜的应用范围很广泛，主要包括：地下水除硬度；地表水除有机物、色度；部分去除溶解性盐；油水分离；乙二醇回收；硫酸铜回收；有机、无机液体分离、浓缩；染料提纯、浓缩、脱盐；天然药物分离、浓缩；发酵液浓缩等。

【智能薄膜】smart thin film

是一种具备感知、驱动与信息处理能力的新型薄膜材料。智能薄膜可以通过传感器感知内外环境状态的变化，将变化所产生的信号通过信息处理器判断处理并发出指令，而后通过功能驱动器调整材料的各种状态，如改变薄膜的结构、组织形态、形状及性能等，以适应内外环境的变化，从而实现自检测、自诊断、自调节、自恢复、自我保护等多种特殊功能，以达到最佳的使用状态。

【形状记忆合金薄膜】shape memory alloy thin film

指具有记忆效应(某一材料在温度较低时发生塑性变形，然后对其升温，当温度达到某一值时，变形材料又能够恢复到原来形状的现象)的薄膜。主要包括TiNi基形状记忆合金薄膜、TiPd基高温形状记忆合金薄膜和NiMnGa基铁磁形状记忆合金薄膜等。最早制备形状记忆合金薄膜的方法是真空蒸发法，此外还有离子束增强沉积、激光熔融、直流和射频磁控溅射等方法。

【敏感涂层】sensitive coating

指能将各种物理的或化学的非电参量转换成电参量的涂层材料。按外界条件分为热敏、湿敏、气敏、压敏、光敏涂层等。利用外界温度、压力、湿度、气氛、电场、磁场、光及射线、声波、化学变化、生物反应等，使敏感材料制成的传感器具有信息感受、交换和传递的功能，在遥感技术、自动控制技术、化工检测、防爆、防火、防毒、防止缺氧以及家庭生活现代化等方面有着广泛应用。

【气敏涂层】gas sensitive layer

指当涂层表面产生气体吸附时，能够改变其电导率的一种涂层。一般的气敏涂层材料大多属于非化学计量比的氧化物半导体材料，可作为气敏传感器，因其厚度在微米级以下，且具有组成均匀、结构细微致密及晶格缺陷浓度高等优点，不仅显示出良好的选择性、重复性、可靠性、稳定性和较高的灵敏度，而且在小型化和集成化方面具有优势。

【湿敏涂层】humidity sensitive layer

指可以吸附、吸收或凝结空气中的水蒸气，并能够根据水蒸气量改变电阻值的敏感材料。它是在电绝缘物质中渗入容易吸潮的物质，如氯化锂、氧化锌等加工而成能将湿度的变化转换成电的信号，所以又叫湿度传感器。它可以实现湿度的自动指示、自动记录、自动控制与调节。湿敏涂层主要有涂覆膜型湿敏涂层和厚膜型湿敏涂层。

【光敏涂层】photosensitive coating

又称光敏膜。是具有将光能转换为电信号的光敏半导体材料或者是受到可见光或者紫外光等光能作用而发生化学变化、物理变化的薄膜材料。前者按半导体与光的相互作用可以分为光伏效应型和光电导效应型两种，常见的光敏电阻涂层和太阳电池光敏涂层分别为光电导效应型涂层和光伏效应型涂层。后者常见的光敏膜有光敏电阻薄膜以及光刻胶。

【热敏涂层】temperature-sensitive layer

又称温敏涂层。指对温度变化敏感的敏感涂层。热敏涂层是依据热敏半导体材料电阻、磁性、介电性等性质随温度而变化的特性制备而成的。它可以用于温度测定、线路温度补偿及稳频等，且具有灵敏度高、稳定性好、制造工艺简单、价格便宜等特点。按照热敏涂层的电阻-温度特性可分为：(1)温度和热敏电阻成正比的正温度系数(PTC)热敏电阻涂层；(2)温度和热敏电阻成反比的负温度系数(NTC)热敏电阻涂层；(3)在特定温度范围，热敏电阻急剧变化的临界温度热敏电阻(CTR)涂层。

【节能涂层】energy-saving coating

是一种新兴的建筑涂层材料，具有保温、节约成本等一系列传统涂层所不具备的特点，按其节能原理可分为阻隔型、辐射型、反射型。这三种节能涂层因隔热机理不同，性能特点、应用场合及节能效果也不相同。

【热反射型隔热涂层】thermal reflection heat insulation coating

是可使被涂物在太阳光照射下产生温度调节的涂层材料，是一种简便易行、效果明显的节能材料，包括太阳能屏蔽涂层、太阳热反射涂层、太空隔热涂层、节能保温涂层、红外伪装降温涂层等。最初，热反射涂层是为满足军事上的需求而发展起来的，涂装后可降低和削弱敌方热红外探测设备的效能，使自身的综合热散射特征与周围背景相适应。

【热辐射型隔热涂层】thermal radiant heat insulation coating

指波长在 8～13.5μm 区间，具有较高红外发射率的涂层。它可使热辐射体减少热量，以降低目标温度。理想的热辐射型隔热涂层的特征为波长在 8～13.5μm 区间有高发射率(等同于黑体)，而在此区间外，是理想的反射体，即它不发射(实际上也不吸收)太阳光辐射能。

【阻隔型隔热涂层】block type heat insulation coating

指具有较低热导率的涂层。该涂层中含有低热导率材料或空气泡，从而造成涂层整体的热导率低，有效阻隔传热过程，达到隔热的目的。一般来说，密度较大的材料，导热性能较好，而隔热保温性能较差；而密度较小(疏松、轻质、多孔)的材料，导热性能较差(导热率小)，而隔热保温性能好。

【相变型隔热涂层】phase type thermal barrier coating

指具有相变微胶囊的涂层。其芯材是相变材料，当环境温度高于相变材料时，相变材料发生熔融，吸收环境中的热量，产生降温的效果；当环境温度低于相变温度时，相变材料又发生结晶，向环境中发出热量，产生升温效果。这样，根据环境温度变化，涂层就具有一定调节温度、隔热的能力。

【热辐射型节能涂层】thermal radiation type energy-saving

亦称红外节能涂层、高温节能耐腐蚀涂层。是具有高发射率且能产生很强的红外辐射从而对物体进行加热的涂层。

【节能玻璃涂层】energy-saving glass coating

指在玻璃表面沉积功能性涂层以实现隔热性能提升及环境响应的光学性能动态调控的涂层。节能玻璃涂层可以分为三类：(1)基于隔热技术的节能玻璃涂层，即只考虑对热传导和对流传热的控制。通常采用双层方式，在玻璃表面镀制低辐射层使其辐射率降低，从而有效抑制双层玻璃的辐射传热。以遮阳为目的时需将镀有低辐射膜的玻璃放在窗子外侧，以保温为目的时需将镀膜层放在窗子内侧。(2)基于太阳的热静态调控的节能玻璃涂层，即根据环境条件有效调控太阳能摄入量。如在夏热冬暖地区，采用热反射玻璃涂层。(3)基于太阳的热动态调控的节能玻璃涂层，依靠沉积在玻璃上的功能性薄膜响应外界激励动态调控光的通断，如电致变色涂层、气致变色涂层、光致变色涂层、热致变色涂层等，一般用来减少太阳能的摄入量，适用于夏凉冬冷地区。

【防滑涂层】skid-resistant coating

指在干及水湿条件下具有高摩擦因数的涂层。具有耐磨、耐冲击、寿命长、易于维修等特点。一般由基料(成膜剂)、防滑剂("浮出"涂层表面，形成凹凸不平状态，以增加表面的摩擦阻力，从而达到防滑效果)和助剂(阻燃剂等)组成。

【高温润滑涂层】high temperature lubricating coating

能在较高温度下(700～1800℃)以薄层状态隔离并润滑相互接触的摩擦面，以减少表面间摩擦的润滑材料。有玻璃态润滑涂层，也有以氧化物、硫化物、硒化物、氟化物和石墨等具有可滑移晶面的晶体作为润滑介质加粘结剂组成的涂层。高温润滑涂层具有强粘着性、高熔点、高抗压强度及低抗剪力，可用于高温轴承，也可用于金属制品的高温锻造挤压工艺以提高模具寿命，改善锻压件金属表面的变形程度，细化晶粒，并防止金属加热时的氧化和脱碳。

【防水涂层】waterproof coating

指经固化后形成的膜层能够防止雨水或地下水渗漏的一种涂层材料。它具有一定的延伸性、弹塑性、抗裂性、抗渗性及耐候性，能起到防水、防渗和保护作用，而且有良好的温度适应性，操作简便，易于维修与维护。防水涂层有两大类：一类是聚氨酯类防水涂层，一般是由聚氨酯与煤焦油作为原材料制成；另一类为聚合物水泥基防水涂层，由多种水性聚合物合成的乳液与掺有各种添加剂的优质水泥组成，聚合物(树脂)的柔性与水泥的刚性结为一体，使得它在抗渗性与稳定性方面表现优异。

【憎水涂层】hydrophobic coating

又称疏水涂层。通常指在光滑表面上的静态水接触角大于 90°的一类低表面能涂层，具有防水、防雾、防雪、防污染、抗粘连、抗氧化、防腐蚀和自清洁以及防止电流传导等重要特点，在科学研究和生产、生活等诸多领域中有极为广泛的应用前景。

【亲水涂层】hydrophilic coating

指带有极性基团分子、对水有大的亲和能力的涂层。亲水涂层研究的最初目的是为解决空调热交换器铝箔出现的"水桥"及"白粉"等问题。随着亲水涂料研究的进一步发展，亲水涂料的应用范围日趋广泛，可用于金属、塑料、玻璃制品的表面处理或涂装。

【隐身涂层】stealth coating

是固定涂覆在武器系统结构上的隐身材料。按其功能可分为雷达隐身涂层、红外隐身涂层、可见光隐身涂层、激光隐身涂层、声纳隐身涂层和多功能隐身涂层，要求其具有：较宽温度的化学稳定性、较好的频带特性、面密度小、质量轻、粘结强度高、耐一定的温度和不同环境变化等特性。

【光学隐身涂层】optical stealth coating

又称迷彩隐身涂层。其隐身作用主要是防备光学侦查器材的探测，实质是以喷涂迷彩漆的方式尽量消除、降低目标与背景光之间的光学特征差别，使目标融合于背景中而难以被发现。其涂层配方要兼顾迷彩隐身对可见光的隐身性能、迷彩隐身涂层的耐候性、涂层的力学性能等相关性能。

【红外隐身涂层】infrared stealth coating

是用来改变物体红外辐射特征使其跟环境相似，以逃避红外侦查设备的涂层。按工作类型可分为吸收型和转换型。吸收型是指通过涂层本身或某些结构和工艺技术，使吸收的能量在涂层内部不断消耗或转换而不引起明显的升温，减少物体热辐射。转换型是指在吸收红外线能量后或改变其反射方向，或使吸收后释放出来的红外辐射向长波转移，使之处于红外探测系统的工作效应波段以外，最终达到隐身的效果。

【雷达隐身涂层】radar stealth coating

指对相应波段的雷达波具有低反射的涂层。涂层反射衰减的大小是雷达隐身性能的重要指标。主要有两种涂层：一是吸收型，即通过在粘结剂中加入电损耗或磁损耗填料，利用电损耗或磁损耗物质在电磁场作用下使进入涂层中的雷达波转换为热能消耗掉；二是干涉型，即当涂层厚度等于雷达波长的 1/4 时，通过谐振作用减少雷达波的反射。

【激光隐身涂层】laser stealth coating

是涂覆型吸收材料，既可以在目标表面涂覆涂层增加其粗糙度，又可以涂覆一层对激光具有强吸收和散射的涂层，减弱目标的激光反射回波强度。常用的隐身涂层材料包括某些金属氧化物、有机金属络合物和半导体薄膜，有时也可以在涂层材料中加入多种吸收剂，以提高吸收率。较好的激光隐身涂层不仅要有高的红外激光吸收率，还必须具有一定的化学稳定性、热稳定性和很好的力学性能。

【防放射线涂层】radiation-proof coating

防护中子和 γ 射线辐射的涂层。加涂在坦克、军舰，装甲车辆的钢壳表面，能防止原子辐射贯穿到内部，从而对人员和设备起到防护作用。γ-射线防护涂层必须含有铅、铁，甚至钨等重金属或它们的化合物。防护中子辐射的涂层一般含有硼、锂、钐等元素或它们的化合物，因为这些元素具有较高的中子吸收截面。

【防静电涂层】antistatic coating

根据成膜物质是否具有导电性，可以分为两大类：添加型防静电涂层和非添加型防静电涂层。非添加型防静电涂层的合成、施工存在很多困难，成本也比较高，性能不够理想，故尚未得到广泛的应用。添加型防静电涂层则是导电填料、绝缘性聚合物、助剂、溶剂的混合物，将其涂覆于高分子材料表面形成一层固化膜，利用导电填料的导电作用产生防静电的效果。

【融霜涂层】defrosting coating

分为亲水性和疏水性两种。亲水性涂层材料里含有强吸水性物质，在结霜初始阶段可将凝结在冷板表面上的水珠吸附到亲水涂层的内部，同时由于涂层内含有能使吸附的水珠不发生冻结的物质，因此能够延缓初始霜晶的形成。疏水性表面由于表面能差异以及水的表面张力，冷凝水与壁面会形成不同的固定接触角，接触角与临界脱落半径成反比，其表面能会越小，因而越容易脱落进而能够有效地抑制结霜。

【示温涂层】thermochromic coating

由粘结剂及着色剂组成的涂层。加涂于工件或装置上，在使用中承受不同温度时，根据涂层的颜色变化与标准试样对比来判断工件不同部位所承受的最高温度。一般采用有颜色的过渡元素化合物如镉、钴、铁等的氧化物、硒化物、硫化物作为着色剂，此类化合物在温度作用下有的改变自己的物理状态，有的转变成颜色迥异的新物质，从而达到涂层指示温度的目的。根据颜色变化的规律，示温涂层有可逆及不可逆的两种。此类涂层特别适用于转动部件、大面积的温度场显示，或一般仪器不易测定温度的场合。

【阻尼减振降噪涂层】damping vibration noise reduction coating

指具有内损耗、内磨损的材料。可将机械振动和声振的能量，转变成热能或其他可损耗的能量，从而达到减振及降噪的目的。应用最多的是黏弹材料，包括塑料和橡胶两类。

【应力指示涂层】stress indicating coating

能在特定温度下显示底材应力的涂层，通常为玻璃质，并应在玻璃的应变点以下使用的涂层。由于工件承受的机械应力作用能使涂层产生龟裂，可根据涂层龟裂条纹的多少、疏密程度来判断工件应力的分布及大小。一般适用于薄壁工件。

【连接体涂层】connection coating

在固体氧化物燃料电池(SOFC)的金属连接体表面涂覆的保护层，用以抑制金属连接体的氧化，降低连接体与SOFC电极之间的界面电阻，并隔绝金属中Cr向SOFC阴极表面的挥发、沉积与毒化，保持SOFC性能的长期稳定。这种涂层材料应该具备以下条件：(1)能够有效降低合金高温氧化速率，提高合金的抗氧化性能；(2)具有较高的电子电导，以降低接触电阻，提高合金的电性能；(3)涂层材料的热膨胀系数应与金属基体相匹配；(4)其本身应该致密，与金属基体结合牢固，并与金属基体有良好的化学兼容性。

【扩散涂层】diffusion coating

利用扩散过程，在底材表面发生化学成分及结构等变化的薄层。扩散涂层中底材是涂层的一个组成部分，并且涂层的形成速率服从一般的扩散定律，涂层化学成分和结构受相图制约。例如，用粉末包渗、流化床或其他涂层工艺，在难熔金属钨、钼、钽、铌或石墨表面扩散形成的硅化物涂层，在铁基、镍基或钴基高温合金表面扩散形成的铝化物涂层等，均属扩散涂层。

【相变涂层】phase transition coating

利用物质的相变特性以达到某种应用目的的涂层。例如，利用在某一定温度下的晶相转变而发生颜色变化或光学性能变化；或在某些温度范围内能发生固相与液相的转化而具有不同的折射率，影响太阳能的散射和吸收等。

19.3 工艺和设备

19.3.1 物理气相沉积

【热喷涂】thermal spraying

参见4.4.2【热喷涂】。

【等离子体喷涂】plasma spraying

是以电弧放电产生的等离子体为热源，以喷涂粉末材料为主的热喷涂方法，是热喷涂的一个重要分支。这种技术的特点是：射流温度高(几乎能熔化所有材料)，因而喷涂用材广泛，可制备各种具有耐磨、耐腐蚀、耐热、耐氧化、导电、绝缘等优异性能的涂层，而且操作简便、速度快、效率高；适用于各种基材(对金属和非金属的表面均可进行喷涂)；被喷涂的零件的尺寸范围宽(既可作大面积的喷涂，也可对大型构件作局部喷涂)；既可用于产品制造，也可用于旧件修复等。等离子体喷涂技术已广泛应用于航空、航天、军事、纺织、机械、电力、生物工程等领域。

【电弧等离子体喷涂】arc plasma spraying

又称等离子体喷涂。是用电弧等离子体喷枪作为热源的喷涂工艺。喷涂时，将涂层原料送入等离子射流，加热熔化和雾化，并以高速度冲击和黏附到结构底材上形成涂层。根据涂层原料形态的差别，可分为喷粉和喷丝(棒)两大类。前者得到的涂层较均匀，应用较广。后者热效率较高。等离子体喷涂工艺的优点是温度高、气氛可控、操作简便，能喷涂的材料品种很多，包括各种金属和合金、陶瓷及塑料等。

【等离子体喷枪/电弧等离子体喷枪】plasma gun/arc plasma gun

是用于形成和控制等离子弧以及喷涂材料和保护气输送的装置。等离子喷枪结构一般由前枪体、后枪体及绝缘体三部分构成。前、后枪体均由黄铜制造，前枪体中密封固定着由紫铜制的喷嘴，接电源正极；后枪体固定着由铈钨合金制成的钨极，接电源的负极。绝缘体一般由玻璃纤维棒等绝缘材料制成。

【等离子体喷涂电源】plasma spray power supply

在等离子体喷涂系统中，电源的功能是对电网输入的动力电进行变换，得到满足等离子体弧所需特性的直流电，然后通过在喷枪上产生的非转移高能压缩等离子体弧，为喷涂过程提供热能，再将粉末加热到熔融状态后，喷射到工件表面形成涂层。

【粉末火焰喷涂】powder flame spray

是采用气体燃烧火焰作热源，喷涂材料为粉末的热喷涂方法。喷涂粉末由送料罐内自然落下或自动送粉装置将粉末送入喷枪内部的气流中，在气流的作用下从喷嘴端部的燃烧火焰中喷出，在飞行中被加热、加速而成为快速飞行的熔融粒子，与基体表面撞击变形成为扁平状粒子而形成涂层。

【粉末火焰喷涂控制装置】powder flame spray control device

指在粉末火焰喷涂中控制温度、气体流速、喷速等要素的装置。

【氧-乙炔火焰喷涂】oxygen-acetylene flame spraying

指以氧-乙炔火焰作为加热涂层的热源，借助于压缩空气将熔化状态的涂层雾化成微粒，喷射到经过预处理的基材表面而形成牢固结合的涂层的喷涂方式。由于氧-乙炔火焰喷涂设备简单，工艺成熟，成本低廉，通常用来喷涂普通金属、合金及有机树脂材料等，用以机械零部件的维修和保护。

【爆炸喷涂】detonation spraying; flame plating

是将一定量的粉末注入喷枪的燃爆室中，燃爆室中的气体混合物发生时间间隔可控的爆炸燃烧，所产生的高速热气流将粉末粒子加热到塑性或熔化状态并使粉末粒子获得加速，喷射到经预处理的基体表面上形成涂层的方法。爆炸喷涂的喷涂枪由枪管和燃爆室所组成，利用电火花引爆注入的气体产生冲击波加速和加热输入枪管中的粉末粒子，直射到经预处理的基体表面上，如附图所示。每次爆喷后，用氮气冲洗燃爆室和枪管。

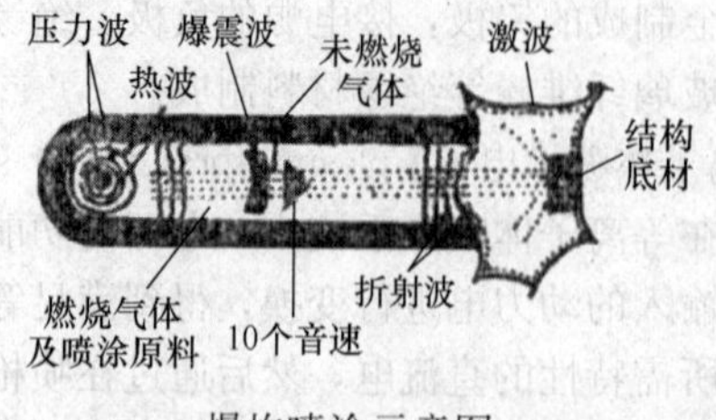

爆炸喷涂示意图

【爆炸喷枪】detonation gun

能将按一定比例混合的可燃气体（如乙炔等）和助燃气体（如氧气等）引入水冷枪管，经瞬间点火，间歇爆炸产生高温高速的热波和压力波交替的冲击波，将涂层粉末材料加热熔融并加速冲击在位于水冷枪管外一定距离的工件表面上形成涂层的喷枪。由一端封闭的水冷枪管、进气阀门、点火装置和送粉器组成，用于耐磨涂层的喷涂，如附图所示。

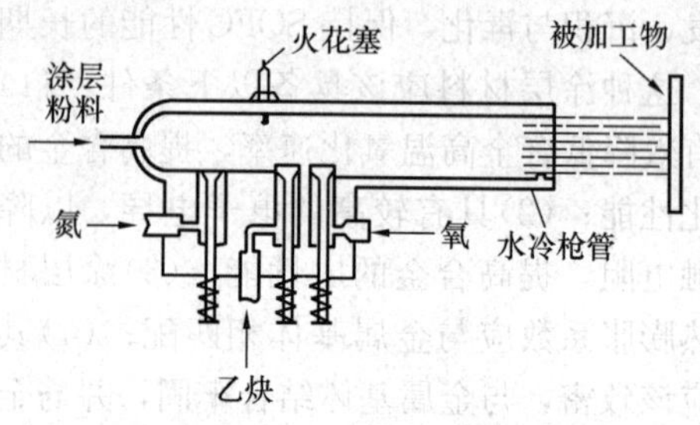

爆炸喷枪示意图

【超音速喷涂】supersonic spray

是利用特殊设计的喷枪，并采用高压和高能燃料，使喷涂的粉末粒子以高速度喷涂到工件表面而形成结合强度高和致密涂层的热喷涂技术，也称作高速火焰喷涂。包括超音速氧-燃料喷涂（high velocity oxy-fuel; HVOF）和超音速空气-燃料喷涂（high velocity air-fuel; HVAF）两种，他们的特征都是火焰束流（而不是被喷涂的粉末粒子）的速度超过声音传播速度（在25℃的空气中声速为346m/s）的。还包括超音速等离子体喷涂、超音速电弧喷涂、爆炸喷涂和冷喷涂等技术。

【超音速喷涂装置】supersonic spraying device

一般包括喷枪及喷枪冷却系统、送粉器、控制系统、气体供应系统等几部分，此外，还有工件旋转、喷枪转动等辅助机械装置。

【静电喷涂】electrostatic spray

是利用高压静电电场使带负电的涂料微粒沿着电场相反的方向定向运动，并将涂料微粒吸附在工件表面的一种喷涂方法。静电喷涂设备由喷枪、喷杯以及静电喷涂高压电源等组成。

【沉积速率】deposition rate

指沉积物对可容空间充填的速度，常作为

表征薄膜材料在基板上生长速度的物理量。当采用化学气相沉积(CVD)，物理气相沉积(PVD)和液相沉积(LPD)技术沉积薄膜时，沉积速率常用膜厚/时间来表示。沉积速率通常直接影响薄膜的制备效率与产量，为工业生产中关键参数，而且能够影响沉积速率的因素有很多，对于不同的生产工艺也不尽相同。

【送粉速率】feeding rate

送粉器喷嘴单位时间喷出粉末的质量。送粉速率的单位一般是 g/min。

【送粉器】powder feeder

是热喷涂时用来输送粉末原料的配套设备。大体可分为机械式和气流雾化式两类。前者包括刮板式、转轮式和振动杆式，以输送粒度适中流动性较好的粉末为主；后者则可用来输送粒度较细流动性较差的粉末。

【高频感应蒸发】high frequency induction evaporation

参见 4.4.2【高频感应蒸发】。

【闪蒸】flash evaporation

又称为瞬时蒸发。指将细小的合金颗粒，逐次送到非常炽热的蒸发器中，使颗粒在低压力条件瞬间完全蒸发的方法。常用于合金中元素的蒸发速率相差很大的场合，关键是选取粉末料的粒度、蒸发温度和进料的速率。钨丝锥形筐是作蒸发源的最好结构，若用蒸发舟或坩埚，未蒸发的粉末会残余下来成为普通蒸发。在化工领域，闪蒸是指一个发生于饱和液体的沸点因压力下降而降到周边温度以下，引起的部分蒸发。即：将饱和液体(如水)在有相当压力的情况下加热相当的温度后加进一些压力相对低的地方中，使一些饱和液体蒸发成为蒸汽。

【电弧蒸发】arc evaporation

将蒸发材料作为放电电极，在外加电压下，施加于放电电极(阳极)和引弧头(阴极)之上的工作电压将两者之间的空气击穿，产生电弧，瞬间的高温电弧使得电极端部(被蒸发材料)受热产生蒸发。

【空心阴极蒸发】hollow cathode evaporation

在中空金属钽(Ta)管制成的阴极和被蒸发物质制成的阳极之间加上一定幅度的电压，并在 Ta 管内通入少量 Ar 气时，可在阴极阳极之间产生放电现象。这时 Ar 离子的轰击会使 Ta 管的温度升高并维持在 2000K 以上，从而能够发射大量的热电子，轰击阳极即可导致物质的热蒸发。

【溅射镀膜】sputtering deposition

指荷能粒子(如 Ar^+ 离子)轰击固体(靶材)表面，使固体原子(或分子)从表面射出，并在衬底上形成薄膜的镀膜方法。该方法的优点在于任何物质均可以溅射，尤其是高熔点、低蒸气压元素和化合物。固体状态的块状和粒状物质都可以作为靶材；溅射得到的薄膜与基板之间的附着性好、薄膜致密；由于在溅射镀膜过程中，不存在真空镀膜时无法避免的坩埚污染现象，膜层的纯度较高；膜厚可控性和重复性好。

【直流溅射】direct current sputtering

参见 4.4.2【直流溅射】。

【三极/四极溅射】three pole sputtering/four pole sputtering

三极溅射又称热阴极直流溅射，借助于热阴极和阳极获得非自持气体放电，气体放电所产生的离子，由在阳极和阴极(靶)之间所施加的电压加速而轰击靶的溅射方法。四极溅射又称为等离子弧柱溅射，它是在原来二级溅射靶和基板垂直的位置上，分别放置一个发射热电子的灯丝(热阴极)和吸引热电子的辅助阳极，其间形成低电压、大电流的等离子体弧柱。大量电子碰撞气体电离，产生大量离子。这种溅射方法还是不能抑制由靶产生的高速电子对衬底的轰击，还存在因灯丝具有不纯物而使膜层沾污等问题。

【对向靶溅射】facing targets sputtering

两块同尺寸的圆板形靶上下同轴平行放置，在靶面轴线方向外加磁场，沉积所用基板放在两靶间的等离子体区域之外。溅射中，由于磁场的作用，使等离子体束缚在两平行靶之间的空间内做往复运动，既有效地抑制了高能电子对基板的有害轰击，又能促进气体电离，形成高密度的等离子体，从而实现了普通二级溅射所不具备的高速溅射。这种溅射镀膜的方法称为对向靶溅射。

【射频溅射】radio frequency sputtering

参见 4.4.2【射频溅射】。

【中频溅射】mid-frequency magnetron sputtering

由于溅射电压的频率范围处于 10~80kHz 范围，因此称为中频溅射。中频溅射常用于溅射两个靶，通常为并排的两个靶，尺寸和外形全部相同，因此这两个靶常称为孪生靶。孪生靶在溅射室中悬浮安装，在溅射过程中，两个靶周期性轮流作为阴极与阳极，抑制了打火，而且由于消除了普通直流反应磁控溅射中的阳极消失现象，中频溅射还可以使用金属、非金属靶材，对于镀制大尺寸的氧化膜有明显的优势。

【反应溅射】reactive sputtering

参见 4.4.2【反应溅射】。

【偏压溅射】bias sputtering

在溅射镀膜中，在靶材和衬底之间额外加一个电场偏压，目的是把溅射出的低能量的粒子筛选出去。加了偏压以后薄膜更加致密，与衬底结合更好。

【共溅射】co-sputtering

用两个或者两个以上的溅射靶材同时溅射，通过调节不同阴极靶上溅射放电电流，来改变薄膜的组分，是一种制备合金化合物的有效方法。另外还可以在一个主要的靶材的表面，固定粘贴或者镶嵌其他材料薄片，作为辅助靶构成复合靶，实现共溅射。

【离子束溅射】ion beam sputtering

利用离子源产生一定能量的离子束(一般为 Ar 离子束)轰击置于高真空中的靶材，使其原子溅射出来，沉积在衬底成膜的过程。该方法可以在较低的衬底温度下获得无定形膜层，膜的厚度和质量容易控制，但沉积速度较慢，不适宜沉积厚度均匀的大面积薄膜。

【气流辅助溅射】gas-assisted sputtering

溅射镀膜中，在阴极靶材表面通入气流，是一种改进的溅射镀膜方法。使用气流辅助可以增加溅射速度约 3 倍，气流辅助还可以使阴极表面气压分布更均匀，减少阴极表面由于压力梯度而造成的溅射非均匀性。

【离子束辅助沉积】ion beam assisted deposition

一种将离子注入和薄膜沉积相结合的先进的材料表面改性新技术。这种技术在气相沉积的同时，用带有一定能量的离子轰击被沉积的物质。离子轰击引起沉积膜与基体材料间的原子互相混合，界面原子互相渗透而融为一体，从而大大改善了膜与基体的结合强度。同时由于离子束的轰击作用，可在以后的薄膜生长过程中形成完全不同于基体的特殊表层，制备具有一定厚度的优质薄膜。

【脉冲激光沉积】pulsed laser deposition

参见 4.2.2【脉冲激光沉积】。

【辉光放电沉积】glow discharge deposition

是指给设备加电压后，在一定气压下产生辉光放电，形成辉光等离子体，使化合物源气体产生分解和电离，以沉积生长薄膜晶体的技术。该制备方法沉积速率高，薄膜质量高，分为直流辉光放电沉积和射频辉光放电沉积。

【料浆包渗】slurry package permeability

是指将料浆和工件放在一起，通过热扩散或熔烧的方法实现元素的反应扩散，改变合金表面层的化学成分和组织结构，从而得到抗腐蚀涂层的方法。扩散型料浆包渗工艺稳定，渗层质量好；熔烧型料浆包渗渗层表面质量较差，工艺稳定性差。

【粉末包渗】powder package permeability

将工件和金属粉末渗剂一起装入密封的渗箱中，经过加热、保温和扩散退火等工序，通过化学反应使渗层金属试剂成为活性原子的方法。粉末包渗操作简单，渗层成分和深度容易控制，表面质量好，但生产周期长，有孔工件包渗后较难清除渗剂。

【等离子体浸没离子注入】plasma immersion ion implantation

又称等离子体浸没离子注入沉积(plasma immersion ion implantation and deposition; PIII&D)。等离子体浸没离子注入(PIII)是通过应用高电压脉冲直流或纯直流电源，将等离子体中的加速离子作为掺杂物注入合适的基体或置有电极的半导体晶片的靶的一种表面改性技术。等离子体浸没离子注入/沉积费用低，绕镀能力好，薄膜厚度可控制，能处理大靶、复杂形状靶。

【压延成型】calendaring molding

是指借助于辊筒间强大的剪切力，并配以相应的加工温度，使黏流态的物料多次受到挤压和延展作用，最终成为具有宽度和厚度的薄片制品的一种加工方法。压延成型工艺常用于塑料薄膜或片材的生产。

【粉末涂覆工艺】powder coating process

即固态涂料涂覆。是指将涂料物质细粉末覆盖在工件上后，以超过粉末熔点的温度将之熔化，在工件上形成漆膜的工艺。包括静电喷涂、流态床与静电流态床三种工艺。粉末涂覆工艺粉料利用率高，不存在溶剂污染问题，但需要配置涂料粉末回收利用系统和预防爆炸系统。

【电火花强化】electrospark hardening

通过电火花放电将电极材料熔渗到工件表层，并与工件表层金属发生合金化作用，得到结合牢固的强化层的方法。电火花强化操作简单，强化层与基体结合力高，不易发生剥落，工件不易发生变形，适用范围广泛。

19.3.2 化学气相沉积

【热解沉积】pyrolysis and deposition

是指前驱体气体在高温作用下发生热分解反应，得到的产物在基板上沉积为固态薄膜。热解反应的主要优点是能够在低温下实现外延生长，但是在低温下外延生长有可能导致外延层的质量不够理想。

【超高真空化学气相沉积】ultra high vacuum CVD；UHV/CVD

是指在非常低压环境下(大多低于 10^{-6}Pa)的化学气相沉积制备工艺。

【常压化学气相沉积】atmospheric pressure chemical vapor deposition；APCVD

是指在常压条件下的化学气相沉积制备工艺，将反应物质通过气相输运到的衬底上制得固体薄膜材料的工艺。

【低压化学气相沉积】low pressure chemical vapor deposition；LPCVD

在低压(一般是低于一个大气压力)下，借助气态物质在基体表面或近表面空间进行化学反应生成固态膜的技术。在低压下，膜的沉积速率降低，膜的质量高于常压 CVD。

【热丝化学气相沉积】hot filament CVD；HFCVD

也称作触媒化学气相沉积或热丝化学气相沉积。是使用热丝提供能量实现来源气体的化学分解和气相沉积的技术。

【金属有机化学气相沉积】metalorganic CVD；MOCVD

又叫金属有机气相外延(metal organic vapor phase epitaxy；MOVPE)。是指前驱物使用可挥发金属有机化合物的化学气相沉积技术，目前主要用于化合物半导体(Ⅲ-Ⅴ簇、Ⅱ-Ⅵ簇化合物)薄膜气相生长上。

【光化学气相沉积】photo-CVD

又称光激发化学气相沉积(photo excitation CVD)。是指用光能激活反应气体，使其分解或发生化学反应，在衬底上沉积薄膜的化学气相沉积技术。光化学气相沉积特指用高能光子代替通常采用的电能和热能使气相源分解的气相沉积。

【等离子体增强化学气相沉积】plasma enhanced CVD；PECVD

参见 4.4.1【等离子体增强化学气相沉积】。

【微波等离子体化学气相沉积】microwave plasma CVD

将微波发生器产生的微波用波导管经隔离器进入反应器，并通入反应气体，在微波的激励下，在反应室内产生辉光放电，使反应气体的分子离化，产生等离子体，在衬底上沉积得到薄膜。

【电子回旋共振化学气相沉积】electron cyclotron resonance chemical vapor deposition；ECR-CVD

采用微波作为激励源，使工艺气体发生辉光放电，形成等离子体。用等离子体激活反应气体，促进在衬底表面或近表面空间进行化学反应，生成固态薄膜或涂层的化学气相沉积技术。对等离子体施加磁场，离子在磁场中发生回旋共振，可以增加离子行程和等离子体密度，并在一定程度上限制离子活动范围。

【原子层化学气相沉积】atomic layer chemical vapor deposition；ALCVD

简称原子层沉积(atomic layer deposition；ALD)。将反应气体交替脉冲式地通入到生长室中，使其交替在衬底表面吸附并发生反应，并在两气体束流之间清洗反应室，每个周期只沉积一个单原子层，其生长是自限制的。相对于普通 CVD，ALCVD 的优点是反应气的利用率很高，可进行原子层操作，因而可以方便地生长超薄外延层和各种异质结构，获得陡峭的界面过渡，外延层均匀性好，生长易于控制。此外，ALCVD 还有很好的保形性，不论衬底是平整的还是具有纳米多孔结构，都可以在不改变衬底原有表面形貌的前提下沉积薄膜。

【混合物理化学气相沉积】hybrid physical chemical vapor deposition；HPCVD

包括化学分解前驱体气体和蒸发固体源两种过程。指前驱体气体发生化学分解产生的气体与固体源蒸发产生的气体相互作用，发生反应，在衬底表面沉积成薄膜的一种方法。

【快速热反应化学气相沉积】rapid thermal CVD；RTCVD

使用加热灯或其他方法快速加热衬底的一种化学气相沉积方法。只对衬底加热，而不加热气体或腔壁，可以减少不必要的气相反应，以免产生不必要的粒子。

【燃烧化学气相沉积】combustion CVD

前驱体气体在氧化剂存在的条件下经电火花点火发生燃烧反应，生成氧化物分子，并在衬底表面沉积逐渐长大成纳米颗粒或者薄膜材料的方法。

19.3.3 液相沉积

【化学镀】chemical plating

又称自催化镀、无电镀。化学镀不用外来电流，借助溶液内的还原剂，使溶液中的金属离子被还原成金属状态，从而沉积在制件表面上或深凹部分上的一种方法。例如钢铁零件的化学镀镍等。该方法适用于形状复杂小零件的镀覆，以提高抗蚀性、耐用性、反光性和增加美观。

【电沉积】electrodeposition

是指金属、合金或金属化合物在电场作用下从其化合物水溶液、非水溶液或熔盐中沉积出来的过程。

【电镀】electroplating；plating

是借助电化学作用，在金属制件(阴极)表面上沉积一薄层其他金属或合金的方法，包括镀前处理(去油、去锈)、镀上金属层和镀后处理(钝化、去氢)等过程，用于纺织腐蚀，修复磨损部分，增加耐用性、反光性、导电性和钎焊性等。常用的有电镀铜、镍、铬、锌、铜锌合金、铜锡合金等。塑料、半导体、陶瓷等非金属制件表面经过适当的热处理(如粗化、活化、敏化、化学镀)形成导电层后也可以进行电镀。

【电泳沉积】electrophoretic deposition；electrophoresis deposition

电泳是指溶液中悬浮的固体粒子在电场力的作用下向与粒子带电符号相反的电极移动的现象。电泳沉积是在稳定的悬浮液中通过直流电场的作用，胶体的粒子沉积成薄膜材料的过程。

【阳极氧化】anodic oxidation

指阳极上发生氧化反应的过程，是将金属或合金的制件作为阳极，采用电解的方法使其表面形成氧化物薄膜的工艺过程。阳极氧化广泛用于金属材料和制品的表面处理，使其具有耐腐蚀、耐磨损、绝缘性、装饰性等性能。

【微弧氧化】micro-arc oxidation

在普通阳极氧化的基础上发展起来的一种表面处理技术。采用等离子体电化学的方法，在铝、镁、钛等金属或合金表面形成陶瓷质氧化物膜。微弧氧化形成的膜硬度高，致密性好，大大提高金属薄膜的耐磨、耐压、绝缘及抗高温冲击性能，在航空、航天、汽车纺织机械、化工等许多方面有着广阔的应用前景，特别适用于高速旋转并需要耐磨的铝合金部件的表面处理。

【薄膜离心生长】centrifugal thin film growth

工件经浸涂后利用高速离心旋转将多余的涂料甩出，使工件能得到较均匀涂膜的方法。

【溶胶-凝胶法】sol-gel method

是制备薄膜材料的一种湿化学方法，以金属有机化合物、金属无机化合物或上述两种混合物作为前驱物，溶于溶剂中形成溶胶，经过水解缩聚反应逐渐凝胶化，再经干燥、烧结或热处理等后续处理工序，制成薄膜的工艺方法。一般有三种方法：喷雾涂覆法、旋转涂覆法和浸渍提拉法。

【喷涂法】spraying

又称喷雾法。是利用高压气体雾化将待成膜的溶液喷射至工件表面上形成薄膜(涂层)的制备技术。

【旋涂法】spin-coating method

又称旋转涂覆。是常用的薄膜制备方法，将涂膜材料溶于适当溶剂中滴加到旋转着的衬底上成膜的方法。主要设备为匀胶机，包括配料、高速旋转和挥发成膜三个步骤，通过控制匀胶的时间、转速、滴液量以及所用溶液的浓度、黏度来控制成膜的厚度。

【浸涂法】dip coating

将被涂物体全部浸没在盛有涂料的槽中，经过很短的时间，再从槽中取出，并将多余的涂液重新流回槽内的方法。浸涂的特点是生产效率高，操作简单，涂料损失少，适用于小型的五金零件、钢质管架、薄片以及结构比较复杂的器材或电气绝缘体材料等。

【化学浴沉积】chemical bath deposition

又称化学池沉积，是利用一种合适的还原剂使镀液中的金属离子还原并沉积在基体表面上的化学还原过程。与电化学沉积不同，化学沉积不需要整流电源和阳极。

【流延法成型】tape casting; doctor-blade casting process

又称带式浇铸法、刮刀法，是一种薄膜成型工艺。将粉碎好的粉料与粘合剂、增塑剂以及除泡剂等以适当的比例均匀混合，经除泡处理制成浆料，再将浆料送入流延机的加料斗中并从流延机嘴流出。随着金属机带向前运动，被流延机嘴刮刀刮成一条连续的陶瓷薄层，干燥后形成固态薄膜，然后从衬底上剥离切片或收卷，经烧结后即得产品。可以制得 0.05mm 以下的薄膜，生产效率高，便于生产的连续化和自动化。该技术不仅形成陶瓷薄层，也可形成金属薄层。

【轧膜成型】rolling formation

一种陶瓷坯片的成型方法。首先把粉料和有机粘结剂混合均匀，然后把它们倒在两个反向滚动的轧辊上反复进行混练，使粘结剂和粉料充分均匀分布，溶剂逐步挥发，坯料由稀到稠，直至不粘轧辊。混练好的坯料经过折叠、倒向、反复进行粗轧，将其中气泡排除，以获得均匀一致的膜层，再逐渐缩小轧辊间的间距进行精轧，使之成为所需的薄膜(厚度可达十微米至几毫米)。主要用于薄片状电容器坯片、压电陶瓷扬声器(蜂鸣片)、滤波器坯片和厚膜电路基板坯片等的制备。

【丝网印刷】screen printing

印刷时通过刮板的挤压，使油墨通过图文部分的网孔转移到承印物上，形成与原稿一样的图文。丝网印刷设备简单、操作方便，印刷、制版简易且成本低廉，适应性强，应用范围广。常见的印刷品有：彩色油画、招贴画、名片、装帧封面、商品标牌以及印染纺织品等。

【熔烧】fusion sintering

是先将熔点低于基体金属熔点的欲渗金属自熔性合金粉末(加粘结剂)制成料浆，然后将料浆均匀涂敷于部件的工作表面，干燥后在惰性气体或真空环境中以稍高于料浆配方熔点的温度加热，使涂敷层合金熔化，并与基体金属进行液-固相扩散互溶而形成合金镀层的过程。这种方法最适用于制造具有很高结合强度和优良耐磨抗腐蚀性能的复合金属材料，可对基体金属所需局部表面进行镀层，对报废部件表面进行修复，颇受航空、冶金、机械和化工等许多工业部门重视。

【溶液喷涂】solution spraying

是将物料通过喷枪或碟式雾化器，借助于

压力或离心力，分散成均匀而微细的雾滴，施涂于被涂物表面的涂装方法。可分为空气喷涂、无空气喷涂、静电喷涂以及基于上述喷涂形式的各种派生的方式，如大流量低压力雾化喷涂、热喷涂、自动喷涂、多组喷涂等。

【液稳等离子体喷涂】stable liquid plasma spraying

用等离子体弧发生器(喷枪)将通入喷嘴内的气体(常用氩、氮和氢等气体)加热和电离，形成高温高速等离子体射流，熔化和雾化金属和非金属物料，使其以很高速度喷射到工件表面上形成涂层的方法。等离子体弧焰的温度高达15000～20000K。焰流速度最高达1000～2000m/s。粉末粒子飞行速度一般在200m/s左右。高能等离子体喷涂则可达610m/s。喷涂速率3.5～10kg/h，涂层结合强度16～80MPa，孔隙率1%～1.5%。能喷涂金属、陶瓷等难熔材料，可制备高耐磨、耐蚀、抗高温老化、绝缘、热障、热导、密封、润滑等功能性涂层。

19.3.4 外延生长

【外延生长】epitaxy

是指在一定条件下，在单晶衬底上，生长一层与衬底晶向相同的单晶层的方法。生长的这层单晶犹如原来的晶体向外延伸了一层，叫外延层。外延生长分为同质外延和异质外延。

【同质外延】homoepitaxy

参见4.4.3【同质外延】。

【异质外延】heteroepitaxy

参见4.4.3【异质外延】。

【固相外延】solid phase exitaxy

是指半导体单晶上的非晶层在低于该材料的熔点或共晶点温度下外延再结晶的过程。固相外延主要有两种生长方式：一种是非晶层直接与单晶衬底相接触，进行外延生长；另一种是将一层金属或碳化物夹在非晶层和单晶硅底之间进行固相外延，金属和碳化物起到输运介质的作用。

【气相外延】vapour phase epitaxy

参见4.4.3【气相外延】。

【液相外延】liquid phase epitaxy；LPE

一种从过冷饱和溶液中析出固相物质并沉积在单晶衬底上生成单晶薄膜的方法。

【分子束外延】molecular beam epitaxy

参见4.4.3【分子束外延】。

【原子层外延】atomic layer epitaxy

是使参与反应的气态源交替地以脉冲方式分别射向衬底进行单原子层或单分子层生长的技术。

【热壁外延】hot wall epitaxy

是指化学气相沉积时，通过电阻丝等方式加热反应腔传递能量至衬底的外延技术。外延沉积发生时，由于反应腔内壁也具有较高温度，制备的薄膜除会在衬底上，也会在反应腔壁上生成。

【均相外延】homoepitaxy

在单一固相、气相、液相中发生反应，在单晶衬底上生长一层有一定要求的、与衬底晶向相同的单晶层薄膜，犹如原来的晶体向外延伸了一段，故称均相外延。

19.3.5 自组装

【自组装】self-assembly

是指基本结构单元(分子、纳米材料、微米或更大尺度的物质)自发形成有序结构的一种技术。在自组装的过程中，基本结构单元在基于非共价键的相互作用下自发的组织或聚集为一个稳定、具有一定规则几何外观的结构。

【层层自组装】layer by layer self-assembly；LBL

是20世纪90年代快速发展起来的一种简易的、多功能的表面修饰方法，它基于带相反电荷的聚电解质在液/固界面通过静电作用交替沉积而形成多层膜。

【挥发诱导自组装】evaporation induced self-assembly；EISA

诱导不易挥发的溶质(胶粒、聚合物、碳纳米管等)进行自组装，形成各种复杂、规则有序的阵列和图案的方法。

【朗缪尔-布劳杰特技术】Langmuir-Blodgett technology；LB technology

利用特殊的装置将不溶物膜按一定的排列方式转移到固体支持体上组成单分子层膜的方式和手段。该膜因最早由朗缪尔(Langmuir)和布劳杰特(Blodgett)提出而得名。

19.3.6 镀膜前处理

【基片清洗】cleaning

是指去除基片表面上物理附着和化学附着的污物的前处理。基片的前处理质量对此后的薄膜(涂层)的制备有很大的影响。清洗的方法主要有化学清洗、超声波清洗和离子束清洗。

【化学清洗】chemical cleaning

指利用化学方法及化学药剂对基片进行处理，达到减少基片表面污染物(包括去掉氧化膜)、改善基片表面的物理和化学特性、激活基片表面以增加成核性等目的的方法。常辅以超声波以增强清洗液的润湿性，达到更好的清洗效果。

【超声波清洗】ultrasonic cleaning

是利用超声波在液体中的空化作用、加速度作用及直进流作用对液体和污物直接、间接的作用，使污物层被分散、乳化、剥离而达到清洗目的的方法。

【离子束清洗】ion beam cleaning

是指用离子轰击衬底，可以帮助清洁衬底，在沉积时使用还可以提高膜基间附着力的方法。

【粗化处理】roughening

用机械法或化学方法对基体表面进行处理(机械磨损或化学腐蚀)，从而使基体形成凹凸不平的粗糙的表面结构。目的：(1)增加涂层和基材表面之间的接触面；(2)使净化处理的表面更加活化，提高涂层的结合强度；(3)改变涂层中残余应力的分布。

【喷砂】blasting；abrasive blasting

利用高速砂流的冲击作用清理和粗化基体表面的过程。具体方式为：以高压流体(如压缩空气)为动力将磨料(铜矿砂、石英砂、金刚砂、铁砂、海南砂)高速喷射到需要处理的工件表面，以除掉工件表面污物、锈蚀、氧化皮并获得一定的粗糙度。

【湿喷砂】wet sandblasting

用悬浮于水中或水空气混合物中的非金属磨料对工件表面喷砂的方法。其特点是劳动条件好，但是由于水对磨料的冲击具有缓冲作用，因此比在干燥状态下用同样磨料所制备的表面粗糙度要低。磨料通常采用电熔刚玉，颗粒大小可根据要求选择。

【喷丸】shot blasting；shot peening

利用压缩空气或高压水将球形玻璃丸或钢丸加速喷向底材表面以增加表面粗糙度的过程。喷丸同时具有改进底材疲劳强度的作用。

【三氯乙烯蒸气除油】trichloroethylene vapor degreasing

利用三氯乙烯难溶于水、不燃、能与多种有机溶剂互溶、溶解度大等特点来除去底材表面的油脂和脂肪的过程。但三氯乙烯蒸汽具有麻醉作用，操作时要十分注意人身安全。

19.3.7 薄膜后处理

【再结晶】recrystallization

为了改善薄膜的结晶性能或增加薄膜与基底的附着力，通常对所制备的薄膜进行后续热处理。所谓再结晶是指当退火温度足够高、时间足够长时，使非晶薄膜转化为晶态薄膜的过程。再结晶技术主要包括固相晶化、金属诱导晶化、激光诱导晶化、区熔再结晶法等。

【固相晶化】solid phase crystallization；SPC

是指通过使固态下的非晶薄膜的原子被激活、重组，从而使非晶薄膜转化为多晶薄膜的晶化技术。它的特点是非晶体发生晶化的温度低于其熔融后结晶的温度。

【金属诱导晶化】metal induced crystallization；MIC

属于改良的固相晶化技术，是指在制备非晶硅薄膜之前、之后或同时，沉积一层金属薄膜(如Al、Ni等)，然后在低温下进行热处理的技术。在金属的诱导作用下，使非晶硅低温晶化而获得多晶硅。金属诱导非晶硅晶化的材料分为两大类：通过形成金属硅化物(如Ni、Pd等)；通过金属与非晶态硅界面的相互扩散(如Al、Ag、Au等)，原理都是利用非晶态硅的自由能高于晶态硅，降温时使硅薄膜从非晶态向晶态转变。金属诱导晶化技术的晶化温度低、所需时间短、晶粒大，制备出的多晶硅薄膜质量较好，不足之处是由于金属的诱导作用，金属粒子部分残留在硅材料中，形成缺陷能级，影响多晶硅薄膜的性能。

【激光诱导晶化】laser induced crystallization; LIC

也称激光晶化。主要是利用瞬间激光脉冲产生的高能量入射到非晶硅薄膜表面，仅在薄膜表层产生热能效应，使非晶硅薄膜达到结晶温度，从而实现非晶硅向多晶硅的转变。在此过程中，激光脉冲的瞬间能量被非晶硅薄膜吸收并转化为相变能，因此不会有过多的热能传导到薄膜衬底。合理选择激光的波长和功率，通过激光加热就能够使非晶硅薄膜达到结晶的温度，从而实现非晶硅向多晶硅的转变。

【区熔再结晶法】zone melting recrystallization; ZMC

是指将一束很窄的源能量在硅薄膜的表面移动以使硅薄膜材料的不同区域依次融化后再结晶的方法。根据能量的不同，可分为不同的形式：激光加热、条状灯丝加热、电子束加热以及射频加热等，其中比较成熟和用的较普遍的是激光加热，即所谓的激光晶化法。

【快速热处理】rapid thermal process; RTP

是一种升温速度非常快、保温时间很短的热处理方式。升温速率能达到 10～100℃/s。一般采用红外卤素灯或者电阻棒加热，加热时电流很大，功率很大。试验室一般采用专门的快速热处理炉进行试验。

【表面改性】surface modification

参见 6.2【表面改性】。

【激光束表面处理】laser surface treatment

以激光扫描零件表面，使材料表面吸收光能迅速升至高温，进而发生相变、熔化或覆盖甚至熔入其他金属或非金属元素，随后快速冷却以达到零件改性的目的。分为激光表面相变硬化、激光熔凝、激光合金化、激光表面涂覆等。

【电子束表面处理】electron beam surface treatment

电子束表面处理开始于 20 世纪 70 年代，其特点主要是利用高能电子束的热源作用使材料表面温度迅速升高，表层成分和组织结构发生变化，进而提高材料表面硬度，增强耐磨性，改善耐腐蚀性能，从而延长处理件的服役寿命。其主要优点是设备功率大、能量利用率高、加热和冷却速度快、定位准确、参数易于调节。

【离子注入表面改性】ion implantation surface modification

离子注入技术的基本原理是：用能量为 100keV 量级的离子束入射到材料中去，离子束与材料中原子或分子将发生一系列物理和化学的相互作用，入射离子逐渐损失能量，最后停留在材料中，并引起材料表面成分、结构和性能发生变化，从而优化材料表面性能，或获得某些新的优异性能。此项高新技术已经在半导体材料掺杂、金属、陶瓷、高分子聚合物等的表面改性上获得了极为广泛的应用，取得了巨大的经济效益和社会效益。

【硬面处理】hard-face treatment

利用涂层以提高工作表面抵抗磨蚀、冲刷、擦伤、冲击、异物压入等性能的工艺。可进行硬面处理的涂层工艺有：物理气相沉积、化学气相沉积、热喷涂、电火化-强化等。

【补强】reinforcement

为了减轻厚涂层的脆性和干缩问题，用纤维材料、玻璃布或金属介质对涂层进加固的工艺。

【涂后处理】post-coating treatment

在加涂层后，根据要求为改善涂层性能所作的工艺处理，例如热处理、浸渗树脂或低熔点金属、热等静压处理以及表面精整(车削和磨削)。通过涂后处理，可以降低涂层中的氧含量，提高涂层密度、减少或消灭穿透性气孔，改善涂层的织构和力学性能，消除内应力或保证涂层的尺寸和表面光洁度。

【封闭处理】sealing

是弥补涂层表面高孔隙率和高吸附力的缺陷的重要措施。是一种在喷涂完毕后，将封闭材料渗透到涂层孔隙中，以提高零部件的抗腐蚀性、耐晒性、耐磨性和绝缘性的工艺方法。

【碱热处理】alkali-heat-treatment

指的是将钛、钽等金属置于强碱溶液中一段时间后取出，再经高温热处理后，形成具有生物活性表面的改性技术。

19.3.8 薄膜器件加工

【微加工】micromachining

指以微小切除量获得很高精度尺寸和形状的加工工艺。从广义的角度来讲，微加工包括各种传统精密加工方法和与传统精密加工方法完全不同的方法，如切削技术、磨料加工技术、电火花加工、电解加工、化学加工、超声波加工、微波加工、等离子体加工、外延生产、激光加工、电子束加工、粒子束加工、光刻加工、电铸加工等。从狭义的角度来讲，微加工主要是指半导体集成电路制造技术，微细加工和超微细加工是在半导体集成电路制造技术的基础上发展起来的，特别是大规模集成电路和计算机技术的技术基础，是信息时代、微电子时代、光电子时代的关键技术之一。

【光刻】photolithography

是通过一系列操作步骤，将晶圆表面薄膜的特定部分除去的工艺。在此之后，晶圆表面会留下带有微图形结构的薄膜。通过光刻工艺过程，最终在晶圆上保留的是特征图形部分。一般的光刻工艺要经历硅片表面清洗烘干、涂底、旋涂光刻胶、软烘、对准曝光、后烘、显影、硬烘、刻蚀、检测等工序。

【刻蚀】etching

是半导体制造工艺、电子 IC 制造工艺以及微纳制造工艺中的一种相当重要的步骤，是与光刻相联系的图形化(pattern)处理的一种主要工艺。所谓刻蚀，狭义上讲，就是光刻腐蚀：先通过光刻将光刻胶进行光刻曝光处理，然后通过其他方式腐蚀处理掉所需除去的部分。随着微制造工艺的发展，广义上来讲，通过溶液、反应离子或其他机械方式来剥离、去除材料中不需要的区域的工艺都可统称为刻蚀。

【等离子体刻蚀】plasma etching

也称干法刻蚀，是集成电路制造中的关键工艺之一，是采用高频辉光放电反应，使反应气体激活成活性粒子，如原子或游离基。这些活性粒子扩散到需刻蚀的部位，在那里与被刻蚀材料发生反应，形成挥发性生成物而被取出。它的优势在于快速的刻蚀速度，同时可获得良好的物理形貌。

【反应离子刻蚀】reactive ion etching

是一种半导体生产加工工艺，它利用等离子体强化后的反应离子气体轰击目标材料，来达到刻蚀的目的。反应离子刻蚀是一种物理作用和化学作用共存的刻蚀工艺，兼有离子溅射刻蚀和等离子化学刻蚀的优点，不仅分辨率高，同时兼有各向异性和选择性好的优点，而且刻蚀速率快。随着大规模集成电路工艺技术的发展，为满足越来越小的尺寸要求，反应离子刻蚀已成为亚微米及以下尺寸器件制作中最主要的刻蚀方式。

【直接描绘技术】directly paint technology

微机控制的直接描绘技术是由 CAD 进行设计后，直接在衬底上描绘出厚膜图形，不需要制版、制网及丝网印刷等工艺步骤，从根本上改变传统丝网印刷图形的工艺方法。直接描绘技术的关键是高精度直接描绘装置及相应配套的电子浆料。由精密变量泵将浆料泵送至笔尖，可消除温度或黏度的可能变化。电磁控制笔尖将浆料压到基板表面，跟随布线表面轮廓时，产生恒定厚度的图形。该系统可精确地控制布线的线宽和间距。

19.4 特性和表征

【方块电阻】sheet resistance

均匀导体的电阻 R 正比于导体的长度 L，反比于导体的截面积 S，即 $R=\rho\frac{L}{S}$。如果这

个导体是一个宽为 W、厚度为 d 的薄层，则 $R=\rho\cdot\frac{L}{d\cdot W}=\frac{\rho}{d}\cdot\frac{L}{W}$，即薄层电阻正比于薄层的长宽之比($L/W$)，比例系数为($\rho/d$)。该比例系数 ρ/d 就叫方块电阻，简称方阻，用 R_{sq} 表示，单位为Ω/sq。因此，薄层电阻可表示为 $R=R_{sq}\cdot\frac{L}{W}$。当 $L=W$ 时，有 $R=R_{sq}$，此时 R_{sq} 表示一个正方形薄层的电阻，它与正方形边长的大小无关，只与材料类型和薄层厚度有关。方块电阻常用来衡量蒸发铝膜、导电漆膜、印制电路板铜箔膜等薄膜状导电材料的厚度。

【电导率】conductivity

参见 2.1.3【电导率】。

【平面磁各向异性】planar magnetic anisotropy

材料磁化时存在易磁化面，材料的这种性质就叫平面磁各向异性。其与材料和温度密切相关。具有平面磁各向异性的材料常用于制作自旋电子器件、吸波材料。

【涂层透射率】transmissivity of coating

透过涂层的光强度与总入射光强度之比，是一个 0～1 之间的无量纲数，表征涂层对外来的入射光的透射能力，与入射波长等有关。

【涂层反射率】reflectivity of coating

涂层表面的反射光强度与总入射光强度之比，是一个 0～1 之间的无量纲数，表征涂层对外来的入射光的反射能力，与入射波长等有关。

【涂层吸收率】absorptivity of coating

涂层吸收的光强度与入射于其上的光强度之比，是一个 0～1 之间的无量纲数，表征涂层对外来的入射光的吸收能力，与入射波长等有关。

【涂层辐射能】emissive power of coating

涂层在单位时间单位表面积上辐射出的总辐射能，常用符号 E 表示，单位 W/m^2。

【涂层辐射率】emissivity of coating; radiancy of coating

又称涂层发射率，衡量涂层表面以辐射/发射的形式释放能量相对强弱的能力，其数值等于涂层在一定温度下辐射/发射的能量与同一温度下黑体辐射能量之比。黑体的辐射率/发射率等于 1，其他涂层辐射率/发射率介于 0 和 1 之间。

【多向色性】pleochroism of coating

当一束光射入涂层内，因某些原因导致光束被分成速率、路径或吸收程度有别的多束光，因而当它们离开涂层时，显出了多种颜色的现象。

【涂层色差】chromatic aberration of coating

涂层对不同波长的光将以不同的程度色散，通常从明度、色调和彩度这三种颜色属性的差异来表示。明度差表示深浅的差异，色调差表示色相的差异(即偏红或偏蓝等)，彩度差表示鲜艳度的差异。

【涂层硬度】coating hardness

是指涂层材料局部抵抗硬物压入其表面的能力，是衡量涂层材料软硬程度的一个性能指标。涂层硬度关系到工件在使用过程中的耐磨、强度以及使用寿命等方面的问题。涂层的硬度与喷涂方法、喷涂条件等因素有关。这是因为涂层硬度决定于涂层的结晶微粒的大小与结构、气孔的大小与多少、氧化物的含量等，喷涂方法或喷涂条件的不同往往会造成以上各因素的差异，导致涂层硬度的不同。其测试方法主要有布氏硬度(HB)、洛氏硬度(HR)、维氏硬度(HV)、霍夫曼(Holffman)划痕硬度和锤击硬度等。

【薄膜附着力】film adhesion

又称结合强度，所谓薄膜附着力是指薄膜对衬底的附着能力的大小，即单位表面积的薄膜从衬底上剥落下来所需的力。附着力测试的方法有：划痕法、拉伸法和刮剥法。

【划痕法】scratching method

将一具有很小曲率半径、圆锥形端头的硬质材料针，立在膜层表面，施加一定的法向力，并使针沿着膜层表面进行刻划，通过划伤膜层来测量膜层对基体的结合力。

【刮剥法】scraping method

是将硬度较高的划针垂直置于薄膜表面，施加载荷对薄膜进行划伤试验的方法来评定薄膜的附着力。当划针前沿的剪切力超过薄膜的附着力时，薄膜将发生破坏和剥落。在划针移动的同时，逐渐加大所施加的载荷，并在显微镜下观察得出划开薄膜、露出衬底所需的临界载荷，即可以此作为薄膜附着力的量度。

【拉伸法】stretching method

是利用粘结或焊接的方法将薄膜结合于拉伸棒的端面，测量将薄膜从衬底上拉伸下来所需要的载荷的大小。薄膜的附着力 f 等于拉伸时的临界载荷 F 与被拉伸的薄膜面积 A 之比，即 $f=F/A$。

【结合强度】bonding strength

在涂层专业专指涂层与其底材之间的结合强度，是衡量涂层的基本性能之一。通常是根据使用条件间接地采用弯曲，拉伸、扭转、冲击、剪切等方法来相对测定。

【杯突试验】cup-test；cupping test

涂层与底材结合强度的定性检验方法，在杯突试验机上进行。试验时上模由加涂层的底材背面压入，用肉眼观察，以突起处的涂层的完好程度来评定。

【弯曲试验】bending test

测定涂层与基体金属间结合性的试验方法之一，常用于高温搪瓷等较薄的涂层。一般用三支点式或悬臂式弯曲试验设备，涂层面向外，在规定速度和支点曲率下进行单向弯曲，直至涂层开始产生裂纹或剥落时为止，如附图所示。测定试样的弯曲角度(或挠度)，值越大者反映涂层与底材的结合性越好。

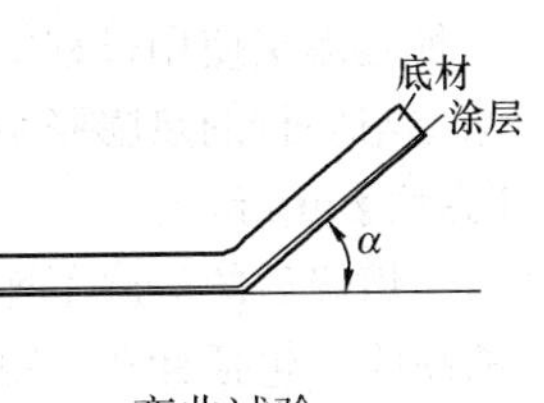

弯曲试验

【涂层抗热震性能】thermal shock resistance of coating

涂层承受一次或反复多次急剧加热和冷却的能力，也称作耐急冷急热性能。涂层与底材通常可看作是两种性质完全不同的材料的复合体，涂层与底材之间存在一定的残余应力。当急剧加热或冷却时，由于涂层内部产生严重温差造成应力，同时由于涂层与底材因热膨胀系数的不同，在涂层中会造成拉应力或压应力。这两种应力与残余应力加和作用于涂层，会造成涂层开裂、剥落等破坏。测定材料或涂层热震性能的检验方法是：将试样快速加热到规定温度，保温后迅速冷却(风冷、水冷或其他介质冷却)，如此反复循环，至试样达到规定的破坏标准为止。将试样能承受的热震循环次数作为热震性能指标。

【抗氧化性能】oxidation resistance

涂层在高温氧化气氛条件下保护底材、抵抗氧化的能力。一般是用质量变化和金相检查来评定。

【机械-化学反应】mechanochemical reaction

物质在机械应力作用下破裂而产生表面时，其断键与周围其他物质的活性基团形成新键的化学反应。

【热裂纹】hot crack

因热应力很容易使材料局部变形超过允许最大变形量，在其表面或内部产生的裂纹。多产生于材料接近固相线的高温下，有沿晶界分布的特征，有时也能在低于固相线的温度下沿着“多边化边界”形成。

【热应力】thermal stress

参见 2.1.2【热应力】。

【磨蚀】abrasion

摩擦或腐蚀过程中，金属同时与气体或液体介质发生电化学或化学作用的腐蚀磨损。

【点蚀】pitting corrosion

又称孔蚀或小孔腐蚀，多发生在含氯、溴、碘离子的介质中，腐蚀形态是材料表面沿重力方向形成的腐蚀小孔，其周围不腐蚀或轻微腐蚀，为局域性腐蚀。但发生点蚀后，材料表面会急剧发生腐蚀作用，形成大规模的腐蚀行为。通过减少不锈钢中的夹杂物，特别是硫含量，可提高其局部的耐点蚀能力。

【应力腐蚀裂纹】stress corrosion cracking

材料在应力如拉伸应力和特定的腐蚀环境共同作用下，外观上没有发生腐蚀或明显变形但产生的裂纹被称为应力腐蚀裂纹。应力腐蚀裂纹常为枯枝状和锯齿状，其走向垂直于应力方向。产生应力腐蚀的材料主要是金属合金，引起应力腐蚀裂纹的主要是拉应力。根据金属材料所处的腐蚀环境，可以是晶间型、穿晶型和混合型裂纹。应力腐蚀裂纹的产生机理分析主要有机械化学效应、闭塞电池理论、表面膜理论和氢脆理论。

【表面粗糙度】surface roughness

涂层(薄膜)表面具有的较小间距和微小峰谷的不平整度，属于几何形状误差。表面粗糙度越小，则表面越光滑。表面粗糙度的评定参数常用的分三个系列：(1)高度参数：为必须选用的评定参数，其中的轮廓算术平均偏差 R_a 为优先推荐选用参数；(2)间距参数：其中较多选用的是平均间距 S_m、轮廓单峰间距 S；(3)形状参数(综合参数)：其中以轮廓长度率 t_p 为最常用。表面粗糙度的测量有比较法、光切法、光波干涉法、针描法、激光全息干涉法等，分别适用于不同评定参数和不同粗糙度范围的测量。

【气泡】bubble

在涂层表面和涂层内部出现半空心球和空心球的缺陷，一般分为开口气泡和闭口气泡。在熔烧涂层中由于基体表面处理的不当、熔块未熔制完全、釉浆中含有杂质、陈腐时间短、涂层太厚、熔烧温度过低或过高、涂层烘干不足时的熔烧等，都会产生气泡缺陷。

【剥落】detaching; spalling

涂层表面呈点状、片状和半月形掉块的缺陷。它是由于釉浆组成不合格、颗粒度不符合要求、基体表面处理不当、陈腐时间短、搅拌不匀、熔烧温度低时间短、涂层过厚等原因所致。

【针孔】pinhole

涂料施工后涂膜上生成的圆形凹下小圈或针刺般小孔。清漆或含颜料份较低的色漆，在浸涂、辊涂和喷涂时易出现针孔。气泡的存在、颜料润湿性不良、涂料中混入水分等都能引起针孔。喷涂时喷嘴小、喷涂压力大，特别是喷枪与工件距离较远；溶剂选择不当，挥发快的溶剂用量过多；挥发性涂料施工时气温过高；烘漆喷涂后过早进入烘房或涂膜过厚都易产生针孔。针孔极易破裂，产生点蚀或斑蚀。

【脱皮】peeling

指涂层与基体(或底涂层)剥落的开裂状或非开裂状缺陷。脱皮通常是由于涂层与衬底材料的物理化学性能相差较大，或者是制备过程中前处理不彻底造成的。如在进行金属热喷涂时，若前处理的打砂粗糙度不够，则喷涂所得的金属涂层极易脱皮。

【缩釉】crawling; glaze crawling

参见 9.6【缩釉】。

【流釉】sagging; run-off

涂层表面产生定向流动的痕迹称为流釉。产生原因：涂料密度太小，喷涂时风压太大，喷涂用压缩空气的管道中积水太多等。

【发暗】obfuscation

涂层熔烧后表面无光泽。产生原因：涂层薄，熔烧时间长、温度高，浆料粒度大，底材易氧化等。

【涂层开裂】cracking

涂层表面在工艺和使用过程中形成的各种裂纹。涂层中常见的裂纹形成原因可分为两种情况：一种是涂层深加工中形成的裂纹，如无机胶粘结涂层和高温搪瓷涂层干燥后的裂纹；一种是涂层使用过程中形成的裂纹，大多由于涂层与底材的热膨胀系数不匹配或热震引起。

【露底】grinning

熔烧后的涂层不连续，肉眼可见暴露底材的缺陷，包括针孔、脱皮、剥落等。产生的原因是：高温搪瓷在熔烧前釉粉脱落，漏涂或因底材疏松在熔烧时熔釉渗入底材，残余应力引起的涂层从金属分离等。

【灾害性损毁】severe damage

指涂层在使用条件下受到损坏时，发生不可弥补的毁灭性破坏。

【粉化效应】pulverization effect

某些难熔金属的铝化物、铍化物和硅化物涂层在一定温度范围的氧化性气氛中，均会发生体积膨胀并形成粉状颗粒，使涂层的致密性和完整性受到破坏，这种现象称为粉化效应。例如：$MoSi_2$ 在 500～980℃，WSi_2 在 980～1315℃，$NbAl_3$ 和 $TaAl_3$ 在 540～980℃，$NbBe_{13}$ 和 $NbBe_{17}$ 在 540～980℃ 均有粉化效应。在这些化合物中加入少量的某些其他元素，可以减缓或消除这种粉化效应。

【影子效应】shadowing effect

由于喷涂角度太小而造成的涂层疏松的现象。在热喷涂操作中，涂层材料的粒子流和底材表面的交角应当尽可能接近直角，以利于得到致密的涂层。当角度小于45°时，先沉积的涂层粒子，会妨碍后来的粒子填满涂层上的凹坑，从而造成涂层组织疏松和结构不均匀的现象。

【涂层密度】coating density

是指单位体积涂层的物理质量。以 ρ 表示，其计算公式为：$\rho=m/V$，其中 m 和 V 分别是涂层的质量和涂层的体积。

【涂层孔隙率】coating porosity

是指涂层中所有孔隙体积与涂层材料总体积的百分比。涂层孔隙率直接反映涂层的密实程度。涂层的孔隙率高，则涂层致密度低，即密实程度小。涂层孔隙降低其耐蚀性、绝缘性，因此孔隙率是评价涂层性质的重要参数之一。涂层孔隙率的检测方法主要包括显微镜法、铁试剂法、涂膏法等。涂层孔隙率计算公式为：$P=\dfrac{V_0-V}{V_0}\times100\%=\left(1-\dfrac{\rho_0}{\rho}\right)\times100\%$，其中 P 为涂层孔隙率；V_0 和 ρ_0 分别是涂层体积和涂层密度；V 是涂层材料的绝对密实体积；ρ 为材料密度。

【薄膜厚度测量仪】thin film thickness gauge

通过机械测量方法、光学测量方法和电学测量方法测量薄膜厚度的仪器，统称为薄膜厚度测量仪。薄膜厚度的测量方法有很多种，可分为直接测量和间接测量。直接测量指的是采用测量仪器直接测出薄膜厚度，如螺旋测微法、轮廓扫描法、扫描电子显微技术等；间接测量是指根据薄膜厚度对应的物理关系，检测相关物理量，然后经过计算转化为薄膜厚度，如称量法、电容法、电阻法、光干涉法和椭圆偏振法等。

【轮廓仪】profilometer

是对材料表面结构及轮廓进行测量的仪器。原理是通过仪器的触针与被测材料表面的滑移进行测量，可直接测量材料表面并描绘出表面轮廓曲线的形状，具有测量速度快、结果可靠、操作方便等优点，但因为是接触测量，易划伤被测材料表面。此外还有激光轮廓仪，使用激光扫描技术，具有高精度的特点。轮廓仪可用于薄膜厚度的测量，其测量值为薄膜的物理厚度。

【台阶仪】step profiler

用来测量材料表面形貌的仪器，为接触式测量。原理是触针在被测材料表面滑动，根据触针的运动情况反馈得到材料表面形貌。根据仪器传感器的工作原理，可分为电感式、压电式和光电式三种，其敏感元件分别为电感位移传感器、压电晶体和光电元件。

【微量天平法】microbalance method

又称称重法。以微量天平为工具，测定已知密度的薄膜质量，通过计算以达到测定薄膜厚度的一种间接测量方法，其薄膜厚度的计算公式为：$d=\dfrac{m}{A\rho}$，式中：d 为薄膜的厚度；m 为薄膜的质量；A 为薄膜的面积；ρ 为薄膜材料的密度。

【石英晶体振荡法】quartz crystal oscillation

是一种测量薄膜厚度的方法。原理是利用石英晶体的压电效应和质量负荷效应，其振荡频率会随着晶体上薄膜质量的变化而变化。石英晶体振荡法可直接用于薄膜制备过程中的物理厚度监控，即通过测定其固有谐振频率或与固有谐振频率有关的参量变化来监控沉积薄膜的厚度。这种方法与工作波段无关，设置简单，精度高，而且监控产生的信号容易处理并可进行自动控制，目前在电学薄膜的厚度控制工作中得到广泛应用。

【椭偏仪】ellipsometer

是一种用于探测薄膜厚度、光学常数以及材料微结构的光学测量仪器。原理是利用线偏振光经薄膜样品反射后转变为椭圆偏振光这一性质以获得薄膜样品的厚度。椭偏仪具有测量精度高，非接触，无破坏且不需要真空的特点。椭偏仪可测的材料包括：半导体、电介质、聚合物、有机物、金属、多层膜物质等。

【光干涉法】optical interference method

利用光干涉现象进行薄膜厚度的测量方法。如利用薄膜等厚干涉现象可实时监测薄膜的沉积厚度，当薄膜厚度均匀一致，所形成的干涉光强呈均匀或平行、等间隔的直条纹；若某处薄膜厚度发生变化，则此处的干涉光强与别处不同或者干涉条纹在该处呈现弯曲，从干涉条纹就可以监测薄膜的沉积情况。光干涉法是非接触式测量，具有对膜表面无损伤，精度高等优点。

【X射线反射率法】X-ray reflectivity method; XRR

是利用X射线反射率曲线测量薄膜表面性质的方法。在薄膜测量中，不同界面处发生的反射与折射的X射线有可能发生干涉。在入射角度很小的对称耦合模式时，X射线衍射产生的曲线叫作X射线反射率曲线，据此可探测样品膜层的密度、膜层的厚度和样品表面的粗糙度等信息。

【薄膜厚度监控仪】thin film thickness monitoring

薄膜沉积制备过程中，薄膜厚度的在线测量和监控设备。监控薄膜厚度的方法主要有电阻法、称重法、石英晶体振荡法和光电极值法及其改进法、双色法、波长扫描法、电子模拟微分法、单色定值比较法、双色四光路控制法、电离感测器法等。经典的光学薄膜系统的监控方法主要有极值法，以及测量透射率和反射率对波长倒数的波长调制法。

20 生 物 材 料

20.1 基 本 概 念

20.1.1 生物医用材料

【生物医用材料】biomedical materials; biomaterials

又称生物材料，是一类与生物体结合，用于诊断、治疗、修复或置换人体组织、器官或增进其生理功能的材料。其治疗途径是通过与生物机体直接接触并产生相互作用来实现其功能。

【第一代生物材料】first-generation biomaterials

又称生物惰性材料，其最大特点是材料本身的“生物惰性”，可使受体对植入体的异物反应达到最低。这类材料具有良好的生物相容性，在人体生理环境中可长期保持物理、化学性质的稳定，不发生或仅发生微弱的腐蚀、降解及其他生物化学反应。其缺点是植入体内后材料与组织间会形成纤维性包裹层，与组织间结合强度较差。

【第二代生物材料】second-generation biomaterials

包括生物活性材料和生物可吸收材料(又称生物可降解材料)。生物活性材料最显著的特点是植入材料在生理环境中可发生特定化学反应并与组织相互作用形成化学键合，材料与组织之间不存在纤维性包裹层。生物可吸收材料可以在体内逐渐降解，并最终被新生组织所取代，与宿主间无明显界面。该类材料不能对生理负荷的改变或生物化学刺激产生应答。

【第三代生物材料】third-generation biomaterials

又称细胞激活材料、基因激活材料，将生物活性材料与生物可吸收材料(又称生物可降解材料)两个独立的概念结合起来，在生物可吸收材料上进行分子修饰，引起细胞整合素的相互作用，诱导细胞增殖、分化及细胞外基质的合成与组装。该类材料可在分子水平上激发特定细胞反应。包括组织工程支架材料和原位组织再生材料。

【生物医用衍生材料】biomedical derived materials

经过特殊处理去除抗原性并保留生物组织基本结构的天然生物材料，具备类似天然组织的构型和功能。具有良好的生物相容性、细胞亲和性、组织亲和性、可降解性且降解产物无毒副作用、炎性反应低、可诱导和促进组织结构再生和修复等特点。主要用于人工心瓣膜、血管修复体、皮肤掩膜、纤维蛋白制品、骨修复体、巩膜修复体、鼻种植体、血液系统、血浆增强剂和血液透析膜等。

【杂化生物材料】hybrid biomaterials

由人工合成的非活性材料与生物大分子、细胞等活性物质组成的复合生物材料。主要包括生物活性物质杂化材料如肝素杂化材料、前列腺素杂化材料、蛋白多肽杂化材料，生物体高分子杂化材料如酶杂化材料、抗体杂化材料、抗原杂化材料、激素杂化材料、细胞杂化材料如干细胞杂化材料。

【再生医学材料】regenerative biomedical materials

指可诱导或促进病损组织再生修复的生物医用材料。该类材料具有一定形态、结构及生物信号分子，可富集干细胞及生长因子，诱导干细胞增殖及定向分化，为组织再生提供必要的生理微环境，介导新生细胞按修复组织的多级结构重建，实现病损组织的再生修复。材料逐步降解并引导或诱导组织器官再生，达到结构、功能、形态的恢复。也可以认为这类材料是第三代生物材料。

【再生医学】regenerative medicine

是指利用生物学及工程学的理论方法，促进组织器官创伤修复、缺损再生与功能重建的学科。具体过程是通过研究生物体的正常组织特征与功能、创伤组织自我修复与再生机制以及干细胞定向分化机理，利用生命科学、材料科学、临床医学、计算机科学和工程学等学科的原理和方法，寻找有效的生物治疗方法，促进机体自我修复与再生，或构建新的组织与器官以维持、修复、再生或改善损伤组织和器官功能，解决因疾病、创伤、衰老或遗传因素所造成的组织器官缺损或功能障碍。

【组织诱导性生物材料】tissue inducing biomaterials

在生理微环境协同作用下，通过材料自身的组成、结构、表面性质等特性，诱导干细胞定向分化为特定组织细胞，最终形成特定组织的生物材料。该生物材料具有组织诱导性，植入体内缺损部位后具有诱导病损组织自我修复与再生的能力，可充分调动人体自身机能，从而加速组织愈合和再生，实现缺损或病变组织的形貌和功能重建。

【引导组织再生】guided tissue regeneration

指以支架材料为填充物，填满组织缺损区，为组织的形成提供必要的营养、信号分子和生长空间，使迁移速率慢的组织再生细胞优先迁移到损伤区域并优势生长，同时阻止迁移速率较快、干扰组织形成的结缔组织细胞和上皮细胞进入，实现组织引导再生。

【生物医用无机材料】biomedical inorganic materials

是指由无机物或混合其他物质制备而成、以医用为目的的无机非金属材料，是生物材料的重要组成部分。依照在生理环境中发生的生物化学反应水平分为生物惰性无机材料，包括氧化铝陶瓷、氧化锆陶瓷、氧化硅陶瓷、热解碳等；生物活性无机材料，包括羟基磷灰石陶瓷、生物玻璃、生物活性玻璃陶瓷等；生物可降解无机材料，包括可溶性铝酸钙陶瓷、磷酸三钙陶瓷等。

【有机-无机生物复合材料】organic-inorganic biocomposite

由两种或两种以上有机、无机材料以物理或化学的方式结合而成。以一种材料为基体，另一种材料为增强体组合而成。各种材料在性能上互相取长补短，产生协同效应，使复合材料的综合性能优于原组成材料以满足医疗的需要。

【生物医用金属材料】biomedical metallic materials

也称为外科植入金属材料或生物医学金属材料，是指用作生物医用材料的金属或合金，多数是惰性材料，具有高的机械强度和抗疲劳性能，是临床应用最广泛的承力材料。

【生物医用高分子材料】biomedical polymer materials

以医用为目的，用于和活体组织接触，具有诊断、治疗、替换机体中组织、器官或增进其功能的高分子材料，是生物医用材料的重要组成部分，主要用于人工器官、外科修复、理疗康复、诊断检查、患疾治疗等医疗领域。

【生物涂层】biomedical coating

参见 19.2.5【生物涂层】。

【纳米生物医用材料】nanobiomaterials

是对生物体进行诊断、治疗和置换损坏的组织、器官或增进其功能的具有纳米尺度的材料。基于纳米尺寸效应，与普通生物材料相比具有更好的塑韧性、强度，更低的毒性与更优的生物相容性等。分为纳米生物医用无机材料，包括纳米钙磷陶瓷材料、纳米生物活性玻璃、纳米碳材料；纳米生物医用高分子材料包括水溶性高分子、高分子胶束或基因/载体复合纳米粒子；纳米生物医用金属材料，包括纳米单质材料和纳米合金材料；纳米生物医用复合材料，包括有机基质上分散无机纳米颗粒，无机材料中添加纳米级有机物等。

【植入体】implant

又称种植体或植入物。由生物材料制备的或者经其表面改性的可部分或全部植入人体体表及体内的医疗器械。包括长期植入的替代器械，如人工心脏瓣膜、人工血管、人工关节、人工晶体等；短期植入的辅助器械，如接骨螺钉、接骨板、心脏起搏器等。高分子植入材料的比强度高、可塑性好，但是综合机械性能差、易氧化分解；金属植入材料的综合机械性能好、耐磨性好，但生物相容性低、比强度低、易腐蚀、易产生应力屏蔽效应；陶瓷植入材料的耐腐蚀性、耐压缩性、生物相容性好，但弹性差、难加工、拉伸强度低。

【矫形外科植入物】orthopaedic implant

又称骨科植入物，用于生物体硬组织诊断、治疗及修复的外科医疗器械，如人工关节、骨内固定、脊椎植入物、结构假肢及骨修复材料等。植入物应该拥有优良的机械性能、耐腐蚀性和生物相容性。按材料来源可分为金属植入物，包括不锈钢、钴锘钼合金、钛及钛合金等；陶瓷植入物，包括氧化铝、羟基磷灰石、磷酸三钙、生物玻璃等；高分子植入物，包括有机玻璃、聚乳酸等。

【口腔种植体】dental implant

又称牙种植体或人工牙根。是通过外科手术的方式将其植入人体缺牙部位的上下颌骨内，待其手术伤口愈合后，在其上部安装修复假牙的装置。口腔种植体由体部(种植义齿植入人体组织的部分)、颈部、基桩或基台部组成。按其材料不同，分为金属与合金材料，包括金、316L不锈钢(铁-铬-镍合金)、铸造钴铬钼合金、钛及合金等；陶瓷材料，包括生物惰性陶瓷、生物活性陶瓷、生物降解性陶瓷等；碳素材料，包括玻璃碳、低温各向同性碳等；高分子材料，包括丙烯酸酯类、聚四氟乙烯类、聚枫等；复合材料(以上两种或两种以上材料的复合，如金属表面喷涂陶瓷等)。目前口腔种植体常用的材料主要是纯钛及钛合金，生物活性陶瓷以及一些复合材料。口腔种植体按种植方式和植入部位分为：骨内种植体(种植体位于颌骨内)、骨膜下种植体(种植体位于粘骨膜下的骨面上)、根管内种植体(种植体位于经根管治疗的根管内)、穿骨种植(种植体从下颌骨下缘植入颌骨，传出牙槽脊顶粘骨膜)。

【自体移植】autograft

是指供体和受体属于同一个体且同一遗传基因的组织、器官移植。因组织相容性抗原相同，不会出现免疫排斥反应，移植后能长期存活。临床多用的有自体皮移植、骨移植、牙移植、血再输、外伤后脾移植、胰岛移植、自体趾指移植等。

【同种异体移植】allograft

是指供体和受体属于同一种族不同遗传基因的个体间的组织、器官移植。由于供体遗传基因与受体的不同，因而组织相容性抗原不同，故可发生排斥反应，成功率低。因此常用组织配型，来筛选组织相容性抗原相同或相近的移植组织，并用免疫抑制剂阻断特异性免疫应答。

【异种异体移植】xenograft

指供体和受体属于不同种族的个体间的组织、器官移植。具有强烈的排斥反应。移植前要去除组织的免疫原性，同时又要保存其组织活性，因此异种异体移植应用受到了很大的限制。异种组织的处理是移植取得成功的关键因素之一，目前常采用的处理方法有低温冷冻、煅烧、脱脂、脱蛋白、辐照或多种方法联合运用。

【人工器官】artifical organs

又称人造器官，是指模仿人体器官的结构和功能，用生物材料制成的能够部分或全部替代、修复或辅助人体自然器官的器械和装置。当常规方法不能医治损伤的人体器官时，可使用人工器官来替代、修复其功能。目前，除大脑、生殖器官等外，医学界已进行过多种人工器官的研究和应用。按照工作原理可分为机械式器官，包括人工心脏瓣膜、人工血管、人工骨、人工皮肤、人工晶体等；电子式器官，包括人工耳蜗、人工肾等。

【医疗器械】medical devices; medical appliance

是应用于医学治疗、诊断及修复的仪器设备、器具、材料等物品。采用非药理学、免疫学或者代谢的手段作用于人体体表或体内。应用于对疾病、损伤的预防、诊断、治疗及替代。国家对医疗器械实行分类管理，分为第一类医疗器械、第二类医疗器械、第三类医疗器械。

【人工假体】artifical prosthesis

是指植入人体体表或体内用于替代因外伤或病理因素缺损的组织或器官的人工器械或装置，如人工肌腱、人工血管、人工关节、人工骨等。人工假体置换已经发展成为一种成熟的手术方式，解决了普通治疗手段不能实现的难题。

【人工骨】artifical bone

指可以替代人体骨或者修复骨组织缺损的人工合成生物材料。按材料来源分为高分子材料，如聚甲基丙烯酸甲酯、聚乙烯、聚乳酸、聚乙醇酸等；无机材料，如羟基磷灰石、氧化铝生物陶瓷、磷酸三钙陶瓷、生物玻璃等。按其作用机理分为惰性材料，如聚甲基丙烯酸甲酯、氧化铝生物陶瓷、氧化锆生物陶瓷等；生物活性材料，如羟基磷灰石、生物玻璃、生物陶瓷等；可降解材料，如聚乳酸、聚乙醇酸、磷酸三钙骨水泥等。理想的人工骨应该具有一定的力学性能，良好的生物相容性和生物可降解性，具有贯通的多孔结构，降解速度与新骨生长速度相匹配，且易于加工成所需的大小和形状。

【生物矿化】biomineralization

是由生物体通过生物分子的调控生成无机矿物的过程，是在生物体内特定部位及物理化学条件下，无机晶体在有机基质上成核长大，得到具有特定晶体形态、尺寸和取向的固相矿物的过程。矿化过程分为四个阶段：(1)形成有机质基体，如蛋白质/多糖网络；(2)无机晶体依靠有机/无机界面的分子识别作用成核；(3)无机晶体生长、组装形成亚单元；(4)亚单元在细胞参与下组装成具有超结构和微结构的固相矿物。仿生材料学和仿生合成化学是在生物矿化的基础上发展起来的。

【仿生学】bionics

是模仿生物系统的结构、形态和功能等特征来设计并制造新型技术系统的科学。由于技术系统与生物系统在基本结构、控制方式、信息传导以及动力学等方面有共同之处，生物系统的优异结构、形态和功能，可为技术系统提供全新的设计原理。其研究范围包括信息仿生、控制仿生、力学仿生、分子仿生、器官仿生。仿生学为技术系统的革新提供了新型的思维模式，运用生物系统的方法来解决工程问题。

【仿生设计】bionic design

是通过对生物系统的结构、形态和功能等特征进行研究、模拟，从而设计出具有类似特征的设计思维和方法。它是在仿生学和设计学的基础上发展起来的一门新兴交叉学科，研究范围非常广泛，包括生物形态的仿生设计、生物结构的仿生设计、生物功能的仿生设计、生物色彩的仿生设计及生物意象的仿生设计等。

【仿生合成】biomimetic synthesis

是模仿生物体内的反应和天然物结构进行合成的过程，即基于对生物系统的结构、功能和生化过程的研究，构建与生物系统相似的人工体系的材料合成方法。仿生合成一方面研究生物系统的生物功能和生化过程用以合成材料，另一方面是采用其他的方法合成与生物系统成分、结构和功能相似的人工材料。与普通合成方法相比，由于仿生合成中的有机模板对材料的形成具有诱导作用，使得合成的材料具有特定的尺寸、取向和结构。

【生物制造】biological manufacturing

是指模仿生物系统的结构、控制和模式等来制造产品的制造方法，或直接利用并调控生物系统的功能来制造产品的方法。生物制造包括生物组织、器官及其医学替代装置的制造；材料的生物约束与生物去除制造；结构、形态及功能仿生制造等。

【模拟体液】simulated body fluid

简称 SBF 溶液，是模拟人体体液特征进而人工合成的溶液。是进行体外模拟试验的基础，使浸泡在其中的材料或者药物表现出和其在人体内所产生的相似反应或现象，以得到能说明其体内特性的初步试验结果。SBF 溶液可用于生物活性材料的评价与羟基磷灰石仿生合成、惰性材料腐蚀机理和生物材料的耐磨性质研究、材料的降解性能研究等。

【生理环境】physiological environment

生物体内影响细胞、组织及器官生命和机

能的血液或淋巴液循环的状况。血液和淋巴液向细胞和组织输入代谢必需物质，同时输出代谢产物以维持其正常机能，延续生命。生理环境中各方面应处于平衡状态。任何一方面超过一定限度，就会危害细胞的功能或生存，直至死亡。

【生物学环境】biological environment

是指生物材料在生物体中所接触的体液、温度、应力、酶、化学成分、气压、细胞等多种因素构成的环境。生物学环境的特点为化学活性高、物理条件稳定性高、机械应力复杂、特定部位的温度、pH 值、渗透压和成分等被精确控制。不同材料在同一部位应用以及同一材料在不同部位受到的生物学环境均不相同。生物学环境对生物材料的设计和制造起着指导作用。

【生物功能性】biofunctionality

是指生物材料在植入部位发挥诊断、治疗和置换损坏组织等生理功能的性质。材料除了具有生物安全性和相容性，更重要的是具有生物功能性。材料用处不同其生物功能性也不同，如载药材料的生物功能性就是药物的缓释性能；组织修复材料的生物功能性就是组织的诱导再生性能。材料自身的物理化学性质和其所处的生物学环境共同决定了材料生物功能性的优劣。

【分子自组装】molecular self-assembly

是指基本结构单元如分子、纳米、微米或宏观尺度的物质在非共价键作用力下自发形成稳定有序结构的过程。非共价键作用力包括静电引力作用、范德瓦尔斯力、疏水作用力、氢键等。通过分子自组装可以得到具有特殊的光、电、催化等功能的材料，已应用于非线性光学器件、化学生物传感器、信息存储材料以及生物大分子合成等方面。分子自组装也是生命活动的主要形式，大量复杂的生物大分子如核酸、蛋白都是通过分子自组装形成。

【特异性生物材料表面】specific biomaterial surface

是指能在生物学环境中与生物活性物质发生特异性反应的材料表面，如一些蛋白质能特异性地识别羟基磷灰石晶体表面的某些特殊结构，并在生物矿化过程中扮演重要角色；如将“精氨酸(R)-甘氨酸(G)-天冬氨酸(D)”三肽(RGD)序列固定于生物材料表面，可以促进细胞对材料表面的黏附，进一步促进材料与组织的整合性。

【转化医学】translational medicine

是结合了医学研究、药物研发和临床医疗三个独立领域的交叉学科。将基础研究和临床应用进行有效的结合并相互促进发展。从临床医疗中发现需要解决的医学难题，探索与疾病相关的病理机制，研发新的诊断、治疗方法和药物，解决临床医学难题。

【骨结构】bone structure

由骨膜、骨质和骨髓三部分组成。骨膜分为骨内膜和骨外膜。骨内膜指覆盖在骨髓腔、哈佛氏管和伏克曼氏管内表面的膜。骨外膜指覆盖在骨密质外表面的膜。骨质分为骨密质和骨松质。骨密质质地致密坚硬，抗压强度高、刚度好，分布于骨表层。骨松质由交错的骨小梁组成，构成骨的内部。骨髓分布于骨髓腔和骨松质的腔隙中，分为红骨髓和黄骨髓，前者具有造血功能，后者主要是不具有造血功能的脂肪组织。

【骨组成】bone composition

由骨盐和骨基质组成。骨盐为骨中的无机盐，主要成分是晶态羟磷灰石和非晶态的磷酸氢钙，占骨干重的 65%～70%，可增加骨的硬度和抗压强度。骨基质为骨中的有机质，主要成分是胶原纤维和多糖蛋白组成，占骨干重的 30%～35%，构成骨的支架，决定骨的形状和韧性。骨的特殊组成决定了骨组织不仅坚硬，而且具有良好的韧性。

【牙结构】dental structure

由牙釉质、牙骨质、牙本质和牙髓构成。牙釉质是牙结构中高度钙化且最坚硬部分，呈白色半透明状，覆盖在牙冠表面。牙骨质是覆盖在牙根表面的硬组织，呈黄色。牙本质是牙结构中主要硬组织，硬度低于牙釉质、高于牙骨质，具有一定的韧性，呈淡黄色，位于牙釉质和牙骨质的内面。牙髓是充满于牙髓腔内的软组织，由神经、淋巴管、血管、结缔组织和成牙本质细胞构成。

【牙组成】dental composition

由牙冠、牙根和牙颈组成。牙冠是牙体发挥咀嚼功能的主要部分，表面被牙釉质所覆盖，主要分为磨牙形态和切牙形态。牙根是牙体的支持部分，表面被牙骨质所覆盖，也称为解剖牙根，与其不同的临床牙根指牙体在口腔内不能见到的部分。牙颈是指牙冠与牙根的交界处的弧形曲线，又称牙颈线。

【组织修复与再生】tissue repair and regeneration

是指由致伤或致病因素导致的组织缺损后，机体通过附近未损伤细胞的分裂增生完成组织的结构和功能恢复。组织修复可以是完全性的，即损伤组织的结构和功能完全恢复；也可以是不完全性的，即缺损组织的结构和功能不能完全恢复，而是形成纤维组织替代缺损组织。上皮组织、结缔组织和骨组织再生能力较强，肌肉组织、软骨组织和神经组织再生能力较弱。

【同位素示踪】isotopic tracer

又叫原子示踪，用放射性核素或稳定核素的原子及其组成的分子，来代替相应的普通原子、分子和化合物，利用其相同的化学、生物学性质进行标记和示踪。稳定核素示踪通过探测该原子特征质量的方法追踪，但是灵敏度较低、种类少、价格昂贵，故应用受限制。而放射性核素示踪通过探测放射性射线的方法追踪，灵敏度高、容易获得、方法简单。

【基因芯片】gene chip

又称 DNA 微阵列，是依据碱基配对原理利用固定于支持物上已知序列的寡核苷酸片段或基因片段作为探针分子，与待测的标记核酸分子进行杂交，通过检测探针分子的杂交信号强度获取样品分子的表达数量和序列信息。按探针分子种类分为 DNA 阵列、cDNA 阵列和寡核苷酸阵列芯片等。按功能分为表达谱基因芯片和 DNA 测序芯片两种。通常用于疾病诊断和治疗、基因分型及表达分析、基因突变检测、基因测序等领域。

【接骨板】internal fixation plate

是指用于骨折后承担负荷临时执行骨力学功能的夹板。分为传统接骨板和锁定接骨板。前者是用皮质骨螺钉固定接骨板时会在其和骨之间产生压力，依靠摩擦力在骨与接骨板之间传递负荷，但会减少接骨板下骨组织供血。而在使用锁定接骨板时，依靠锁定螺钉和接骨板的相互锁定传递负荷，无须紧密贴合，减少了接骨板施加在骨表面的压力。

【骨螺钉】bone screw

是指用于在骨折表面固定接骨板及其类似装置或直接连接骨折片段的螺钉。其材料来源可以是金属材料螺钉，如不锈钢、钛合金、钛镍记忆合金；可以是无机非金属材料，如氧化铝陶瓷等；也可以是有机高分子材料，如聚甲基丙烯酸甲酯；还可以是复合材料，如羟基磷灰石和聚乳酸复合材料。按用途可分为皮质骨螺钉、松质骨螺钉及空心螺钉等。

【置换】replacement

是指将个体的细胞、组织、器官或材料用手术或其他方法，导入自体或异体的某一部分，以替代原已丧失功能的技术。其目的是用供体的细胞、组织、器官或材料替代损坏或功能丧失的组织器官。

【骨形态发生蛋白】bone morphogenetic protein；BMP

又称 BMP，是一种含十余种氨基酸的疏水性酸性多肽。分子质量 18000，等电点为 5，具有扩散性，可与羟基磷灰石和骨基质中的胶原结合。自身不能形成骨组织，但可以作为信号分子与间充质细胞的细胞膜表面受体相结合，改变细胞表面电荷，使 DNA 表达新的序列，诱导间充质细胞分化为软骨细胞、骨母细胞和骨细胞。目前，BMP 可与生物陶瓷、胶原、脱钙骨基质、骨髓等复合，制备生物医用骨修复材料。

20.1.2 生物相容性

【生物相容性】biocompatibility

是指生物材料在生物体内应用时，引起适度的宿主反应和材料反应的能力。用于表征材料的生物学性能，反映材料与宿主之间的相互作用。影响因素有：材料方面的影响，如材料种类、成分、形态和表面及物理、化学和力学性能等；宿主方面的影响，如宿主种类、作用部位等。按材料使用目的与应用条件分为血液相容性与组织相容性，当材料应用于心血管系统，主要考察其血液相容性；若材料用于肌肉、骨骼、皮肤等组织，则考察其组织相容性。生物相容性涉及的综合因素十分复杂，研究领域包括多个学科相互交叉范畴，是生物医学材料特有的性能评价。

【细胞相容性】cell compatibility

是指生物材料具有的通过引起细胞基因表达的差异使细胞表现出不同的黏附、生长、分化和分泌行为的能力。影响材料细胞相容性的因素包括：表面物理形貌、表面亲水性、表面能、表面电性及分布、表面化学基团和生物活性因子等。

【细胞亲和性】cell affinity

是指细胞在生物材料表面选择性黏附并生长的现象。细胞借助蛋白等理化因子选择性地黏着在材料表面，从而影响细胞的增殖、生长等功能。细胞与材料亲和性的大小、有无，与细胞和材料两方面因素有关，细胞因素包含细胞代谢活力、细胞膜表面电荷等因素；材料因素包含材料表面自由能、电荷特性、亲疏水性、物理及化学结构等因素。此外，对于可降解材料本身及其降解产物必须对细胞无毒性。

【细胞毒性】cytotoxicity

是指化学物质和物理特性对细胞结构、新陈代谢和分裂，生物大分子的合成、释放，离子调控等的干扰和破坏，并导致细胞死亡或功能的紊乱。通常用体外动物细胞培养方法评价生物材料的毒性，评价材料及其浸渍物对细胞生长的影响，如琼脂覆盖法、分子滤过法、细胞增生抑制法、免疫浊度测定法、细胞染色液光谱测定法、细胞形态观察法、细胞与材料直接接触法等。

【血液相容性】blood compatibility

是指生物材料与血液的生物学反应和保持有效性的能力。通常从抗凝血能力、不损坏血液成分和功能来判断血液相容性，包括抗血栓能力、红细胞破坏程度、白细胞数量、血小板机能、血液中蛋白和酶活性等方面。此外，也包括生物体对材料的免疫防御作用，局部反应引起的全身反应及其反应的时间顺序。影响材料血液相容性的因素包括材料表面粗糙度、表面亲疏水性、表面电荷、表面物理化学性质。

【组织相容性】tissue compatibility

指组织和器官移植时供体被受体接受的程度，若接受，则不出现排斥现象，供体存活并表现出原有功能和特性，称为组织相容。反之，即组织不相容。它是供者和受者细胞表面抗原类似性的反映，引起供体排斥反应的抗原称为组织相容性抗原。根据抗原引起免疫应答的强度，分为引起强移植排斥反应的主要组织相容性抗原、引起弱移植排斥反应的次要组织相容性抗原、ABO 血型抗原和组织特异性抗原。

【生物力学相容性】biomechanical compatibility

生物医学材料和所处部位的生物组织的弹性形变相匹配的性质和能力。修复体在体内所承受的应力，通过材料-组织界面进行传递，如果两者在应力作用下发生的弹性形变不匹配，将使植入体松动而导致植入失败。另外，力学相容性还决定于组织-界面的性质和所承受的负荷的大小。化学键结合的界面，其承受和传递应力的性质要优于形态结合的界面。在不承受或仅承受很小的负荷下，绝大多数生物医学材料都是能满足力学相容的，反之则对力学相容性的要求应予以重视。提高植入材料生物力学相容性通常要求材料具有和组织相同的弹性模量；或者不要求弹性模量一致，但需改进植入材料的形态设计。

【宿主反应】host response

指生物机体因植入材料而产生的反应。由植入材料及其降解产物的化学作用、机械作用或其他刺激作用而引起。按反应程期可分为急性反应和慢性反应；按反应范围可分为局部反应和全身反应。宿主反应可以是积极反应，也可以是消极反应。积极反应有利于组织生长和重建，如组织向材料内生长，人工动脉上新肉膜的生长，人工肌腱对软组织的附着等。消极反应表现出机体对材料的排斥作用以及对组织所产生的毒副作用，包括全身性毒性反应、凝血、溶血、致癌、致突变反应等。

【材料反应】materials response

指材料植入生物机体后，受生物环境作用表现出结构和性质的变化。材料反应包括：化学腐蚀，生理体液及生物分子对材料产生化学腐蚀使材料分解、氧化等；膨胀浸析，生物体液进入材料内部使其体积增大以及材料的部分成分溶解在体液中；降解，指在细胞作用下，材料结构破坏和性质蜕变；磨损，材料受到机械力作用，发生磨损和失效。对于惰性生物材料则希望材料具有较低的材料反应，而对于生物活性及可降解材料则希望材料具有可控的反应。

20.1.3 组织工程

【组织工程】tissue engineering

指利用生物学和工程学的原理和方法人工控制细胞增殖、分化成需要的组织，用来修复或替代生物组织或器官功能的技术。主要包括体外组织工程、体内组织工程和原位组织工程。体外/体内组织工程是将细胞接种在天然的或人工合成的支架材料，添加生长因子，在体外/体内培养成组织或器官。原位组织工程是将天然的或人工合成的支架材料，植入到组织损伤部位，诱导自体细胞增殖并分化成组织或器官。主要应用于生物人工器官的开发、人工血管矫形植入物、神经假体、药物传输等方面。组织工程三要素为种子细胞、信号分子、支架材料。

【原位组织工程】in situ tissue engineering

运用组织工程学基本原理，通过各种方法诱导移植的外源性种子细胞或内源性的缺损组织局部细胞(包括体细胞及成体干细胞)发生迁移、增殖、分化，形成新生组织修复缺损。其最大优点是不依赖体外的细胞装置生物反应器，利用体内微环境和精细的调节机制在组织缺损局部培养“种子细胞”，可避免离体组织工程中种子细胞来源、免疫排斥反应、变异、功能退化、培养、保存等问题。

【组织工程支架材料】scaffold materials for tissue engineering

是指应用于组织工程中细胞外基质的天然的或人工合成的三维多孔材料。材料最基本的特征是与活体细胞直接结合，因此要有良好的生物相容性和生物降解性，有利于细胞黏附、增殖和分化。通常用于骨组织、牙组织等硬组织以及用于皮肤、肌肉、血管、神经等软组织的修复和重建。按来源分为天然生物材料，如胶原、壳聚糖等；人工合成材料，如磷酸三钙、生物活性玻璃、聚乳酸、聚乙醇酸等；天然与人工复合材料，如胶原与聚乳酸、胶原与磷酸三钙、壳聚糖与聚乳酸复合材料等。

【硬组织工程材料】hard tissue engineering materials

是指具有良好的力学相容性，用于骨组织、牙组织等硬组织修复和重建的组织工程材料。除了满足组织工程材料的要求外，该材料应该具有良好的生物力学相容性，较低的弹性模量，较高的断裂韧性和抗拉强度。硬组织工程材料分为高分子材料，如聚乳酸、聚羟基乙酸、聚乙醇酸等；无机材料，如生物活性玻璃、羟基磷灰石、磷酸三钙、磷酸钾钠钙等；复合材料，如聚乳酸/羟基磷灰石、羟基磷灰石/云母、羟基磷灰石/胶原、羟基磷灰石/磷酸三钙等。

【软组织工程材料】soft tissue engineering materials

用于皮肤、肌肉、血管、神经、软骨等软组织修复和重建的组织工程材料。除了满足组织工程材料的要求外，还应具有良好的加工性，一定的力学性能，良好的降解性。软组织工程材料分为天然材料，如胶原、壳聚糖、氨基葡萄糖、聚羟基烷基酸酯等；合成材料，如聚羟基乙酸及其共聚物、聚氨基酸、聚己内酯、聚原酸酯等。

【生长因子】growth factor

指通过与细胞膜上的受体特异性结合，传递细胞增殖或分化信号的多肽类分子。生长因子属于细胞间信号分子，包括转化生长因子-β

(TGF-β)、成纤维细胞生长因子(FGF)、表皮细胞生长因子(EGF)、血管内皮细胞生长因子(VEGF)、神经细胞生长因子(NGF)、结缔组织生长因子(CTGF)等。通常细胞生长需要不同生长因子间的协调作用。生长因子对维持生物体正常生理状态有重要作用，包括生物体胚胎发育、生物体成长控制、组织分化和再生、激素分泌调节等。

【组织工程三要素】three key elements of tissue engineering

组织工程三要素为种子细胞、信号分子、支架材料。种子细胞是在特定条件下可以定向分化的干细胞，包括胚胎干细胞(ESC)、诱导多能干细胞(iPSC)、成体干细胞(ASC)等。信号分子是能够刺激、诱导生物细胞分化和生长的多肽分子，增强组织器官的修复和再生效果，包括：碱性成纤维细胞生长因子(bFGF)、转化生长因子-β_1(TGF-β_1)、骨形态发生蛋白(BMP)等。支架材料是作为细胞外基质的三维多孔材料，按来源分为天然生物材料，如胶原、壳聚糖等；人工合成材料，如磷酸三钙、聚乳酸、聚乙醇酸等；天然与人工复合材料，如胶原/聚乳酸、胶原/磷酸三钙、壳聚糖/聚乳酸等。

【干细胞】stem cells

是指具有自我更新与增殖分化能力的细胞，能分化成特定组织和器官的特化细胞。干细胞具有再生为各种组织、器官的潜能，其特点是增殖能力强，在适当条件下能反复大量地分裂增殖；可多向分化，能向多种细胞分化；具有自我更新能力，可产生与分裂前性质相同的干细胞。按照分化潜能的高低分为三类，全能干细胞，可以分化成不同胚层的干细胞；多能干细胞，可分化成同一胚层的干细胞；专能干细胞，未完全分化的前体细胞或祖细胞。

【成骨细胞】osteoblast

是指具有成骨功能，可以合成、分泌和矿化骨基质的细胞。胞体较大，直径20～40μm，常为球形，成簇分布，有时单个存在。主要功能是生成骨组织的纤维和有机基质，并经过钙化形成骨质，成骨细胞被包埋在其中，胞内活动停止，转变为骨细胞。成骨细胞分化的标志物包括胞浆强噬碱性、碱性磷酸酶、I型胶原、骨钙素(OCN)、骨涎蛋白(BSP)、骨桥蛋白(OPN)、甲状旁腺激素受体(PTHR)等。

【成纤维细胞】fibroblasts

又称纤维母细胞，是疏松结缔组织的主要细胞。成纤维细胞较大，形状呈星形或棱形，其细胞核呈规则的卵圆形，核仁大而明显。根据功能活动程度，可分为成纤维细胞和纤维细胞。前者功能活动旺盛，细胞质嗜弱碱性，具明显的蛋白质合成和分泌活动；后者功能活动静止，胞质弱嗜酸性，不进行蛋白质合成和分泌活动。在一定条件下，前后两者可以相互转化。成纤维细胞产生的胶原纤维、网状纤维、弹性纤维和蛋白多糖基质、糖蛋白基质，对细胞变性、坏死和组织缺损的修复有着十分重要的作用。

【细胞黏附】cell adhesion

是指细胞与细胞或细胞与细胞外基质之间依靠细胞表面黏附分子而相互黏着的现象。细胞黏附是形成组织和器官的基础，即细胞依靠特异性识别和黏附能力，将细胞与细胞、细胞与胞外基质聚集在一起，形成组织和器官。细胞与胞外基质的黏附对组织工程的修复效果至关重要，即当细胞与胞外基质黏附后，细胞才能迁移、生长、分化和增殖。因此，组织工程支架材料应该具有良好的细胞黏附性。

【细胞增殖】cell proliferation

是指细胞经过分裂将遗传物质平均分配到两个子细胞的过程。其分裂方式有三种：无丝分裂，分裂过程中不出现纺锤丝和染色体的变化；有丝分裂，分裂过程中细胞先出现纺锤体和染色体等一系列变化，继而出现核、质分裂；减数分裂，染色体数目减半的有丝分裂。细胞增殖从上次分裂结束开始到下次分裂完成为止称为细胞增殖周期，可以分为G_1、S、G_2和M四个时期。细胞增殖使细胞数目增加，是个体发育和生命延续的基本保证。

【细胞迁移】cell migration

是指细胞在接收到生长因子、趋化因子等迁移信号或某些外界物质的浓度梯度后而产生的移动。在迁移信号或外界物质的浓度梯度刺激下，细胞产生极化并分化出前部和后部，细胞前部伪足向前延伸，并黏附胞外基质，细胞发生前移，最后细胞尾部收缩，完成一次细胞迁移。细胞迁移是多种物质精密调节的运动过程。细胞迁移通常发生于机体的形态发生过程中，如机体产生新的结构、器官、组织创伤修复及免疫效应中等。

【细胞分化】cellular differentiation

是指同一来源的细胞在形态结构、生理功能和生化特征出现差异的过程。从分子水平看，细胞分化是某些基因在细胞生长特定阶段的表达，合成不同的形态结构和合成组织特异性蛋白质，演变成特定表型的细胞类型。生物体内不同细胞中有不相同的基因活性，表现出某些特异性蛋白质的合成，因此细胞分化就是某些基因在一定时间内被选择性激活的结果。细胞分化具有普遍性、持久性、稳定性和时空性等特点。

【细胞周期】cell cycle

又称细胞增殖周期，是指连续分裂的细胞从一次分裂结束到下一次分裂终止所经历的时间。该过程中，细胞的遗传物质复制并均等地分配给两个子细胞。细胞周期可分为两个阶段：分裂间期，包括 DNA 合成准备期（G_1期）、DNA 合成期（S 期）、分裂准备期（G_2期）；分裂期（M），包括染色质螺旋化（前期）、形成纺锤体（中期）、染色单体分裂（后期）、细胞分裂完成（末期）。

【细胞活性】cell viability

是指在细胞群体中活细胞数占总细胞数的百分比。是判断体外培养细胞在某些条件下是否能正常生长的重要指标，如药物处理、放射性或紫外线照射、培养条件变化等。细胞活性检测方法分为染色计数法，如化学染色法、荧光染色法；克隆（集落）形成试验，如平板克隆形成试验、软琼脂形成试验等；比色法，如 MTT、XTT、CCK-8、Alamar Blue 等方法；三磷酸腺苷计数法，如 ATP 荧光法；蛋白质含量法，如 Lowry 法、考马斯蓝测定法；蛋白质合成测定法，如放射性标记氨基酸法。

【生物反应器】bioreactor

是指一种培养环境可精密调节、操作条件可精确控制、培养参数可准确反馈的用于细胞、组织、酶催化等生物生化培养或反应的装置。生物体外实现生物体内反应的装置。常见的反应器主要有机械搅拌式、气升式、膜式、中空纤维式、旋转壁式。其应用包括细胞反应器、细胞培养装置、游离酶反应器、固定化酶或固定化细胞反应器、基因培养装置等。目前，生物反应器已成为组织工程的核心，可用于组织和器官的体外培养。

【血管化组织工程】vascularizated tissue engineering

是指组织构建过程中促进组织血管化，进而为组织提供营养，提高组织修复和再生效果的技术。在组织构建过程中，完善的血管网络能提供营养和氧气，还能输送细胞所需的生长因子。通常有三种构建方法：在组织工程支架中复合促血管生成因子；在组织工程支架中复合促血管生成因子的表达载体；在组织工程支架中复合内皮细胞。采用外科手术的方法将支架植入在血管丰富的部位，获取促血管生成因子。

【种子细胞】seed cells

是指具有自我更新与增殖分化能力，并在特定条件下可以定向分化的干细胞。按细胞来源分为异种异体、同种异体和自体细胞三种。异种细胞采用动物细胞，来源广泛，但容易引起免疫排斥反应。同种异体细胞采用人胚胎来源的细胞，分裂增殖能力强、可在体外连续传代培养、抗原性低，但存在伦理问题。自体细胞无免疫排斥反应，但来源有限。理想的种子细胞应具备：来源广泛，取材方便，具有较强的增殖和分化能力，无免疫排斥反应，适应环境能力强，安全性好。

【间充质干细胞】mesenchyme stem cell

是指具有多向分化潜能的干细胞。广泛存在于全身多种组织中，在体内或体外特定的诱导条件下，可分化为脂肪细胞、骨细胞、软骨细胞、肌肉细胞、肌腱细胞、韧带细胞、神经细胞、肝细胞、心肌细胞、内皮细胞等多种组织细胞。间充质干细胞可支持和促进造血，可抑制免疫反应并减少炎症发生，连续传代培养和冷冻保存后仍具有多向分化潜能，可作为理想的种子细胞用于组织器官损伤修复。

【骨髓间充质干细胞】bone marrow mesenchyme stem cell

是骨髓内的非造血干细胞，具有自我更新、高度增殖的能力和多向分化潜能的间充质干细胞。存在于结缔组织和器官组织通道中，以骨髓组织中含量相对丰富，因此得名。它仅占骨髓内细胞总数的0.001%～0.01%，需要对其进行体外分离培养并扩增。常用的分离方法有：密度梯度离心法，根据骨髓中细胞成分的密度不同进行筛选；贴壁筛选法，是根据其贴壁生长而造血系细胞悬浮生长的特性进行筛选；细胞表面特征分子筛选法，是根据细胞表面特征分子不同进行筛选；细胞大小筛选法，利用细胞直径大小不同进行筛选。

20.1.4 相关性能

【生物活性】bioactivity

在材料领域里主要指生物材料能够在组织界面上发生可控的生物、化学反应，形成化学键合的特性。从分子生物学角度来看，材料能够激发或调控细胞黏附、迁移、生长、分化等生理活动，增进细胞活性或新生组织的再生功能，从而帮助材料与组织产生化学结合。生物材料具有的生物活性，有利于人体组织的修复和再生，是生物材料研究和发展的一个重要方向。

【生物降解】biodegradation

是指生物材料在生物环境中发生的物理结构破坏、化学成分分解和性能衰变的过程。生物降解受生物环境多种因素影响，如液体性质、细胞、酶等因素共同作用。可降解聚合物的降解机理：发生水解，即主链和侧链不稳定键断裂、侧链基团离子化或质子化等形成可溶性小分子；酶催化水解，即水解酶促进聚合物水解；酶催化氧化，即多核细胞和巨噬细胞产生的过氧阴离子转化成过氧化氢，并由氧化酶加速这一过程，可引起聚合物氧化分解；自由基降解，即氢氧自由基引起聚合物降解。

【生物可吸收性】bioresobability

是指材料在生物环境中发生降解并被吸收，同时新组织逐渐长入而替代之，吸收的物质参与生物体代谢。可吸收无机材料通过发生溶解、晶粒界面化学侵蚀、晶粒脱落、巨噬细胞吞噬等被吸收。可吸收聚合物能在体液中被酶或细胞降解，主链断裂，分子量逐渐减小，最终代谢成水和二氧化碳或可溶性小分子。

【骨传导】osteoconduction

是指植入多孔生物材料周围组织的血管、成骨相关的细胞在材料的力学引导下长入其内部的过程，也被称作骨愈合的爬行替代。骨传导仅见于移植物植入骨骼系统内，若将无自身成骨作用和骨诱导性的材料植入非骨骼系统的异位，是不会出现骨传导现象，仅能引起纤维组织爬行替代，形成纤维瘤。具有骨传导的材料有自体骨、异体骨、羟基磷灰石、磷酸三钙等材料。

【骨诱导】osteoinduction

是指某些细胞受到活性材料或诱导因子刺激后可以增殖和分化成骨母细胞、软骨母细胞和成纤维细胞，现普遍特指在非骨组织或器官的异位植入体中形成骨组织。现有的生物材料包括某些具有特定微纳多级孔隙结构的钙磷陶瓷和生物活性玻璃等被发现具有一定的骨诱导作用。骨诱导需具备三个要素：诱导物质、间充质类细胞、有利于骨生长的血管环境。诱导物质分为直接诱导物质和间接诱导物质。直接诱导物质为信号分子，如骨形态发生蛋白、骨基质蛋白、骨源生长因子、膜内成骨因子、骨趋化因子、局部生长因子及骨连结素等，诱导属于信号转导机制；间接诱导物质是材料的多孔环境充满的血管、细胞，吸附的信号分子，释放的高浓度离子，为新骨形成创造了必要的生理微环境。

【骨性结合】osseointegration

是生物材料与骨组织发生生物化学结合，表现为材料和骨组织的连续性。骨性结合是生物活性材料的专有特征，这些材料包括磷酸钙陶瓷、生物活性玻璃和玻璃陶瓷、部分聚合物、生物活性水凝胶。骨性结合界面的形成是一个复杂的生物化学过程，包括物理化学反应以及细胞的作用，材料表面可形成类骨磷灰石层，界面区有不同的细胞外基质沉积，这些物质是由不同的骨源细胞产生，含有特殊蛋白，如骨桥蛋白、蛋白多糖等。

【骨键合】bone bonding

是生物材料与骨组织间通过物理化学反应达到化学结合。有两类具有骨键合的材料：钙磷陶瓷，如羟基磷灰石陶瓷和骨之间的结合是通过界面上厚 0.05～0.2μm 的非常薄的键结带实现的，界面结合强度达到甚至超过骨和材料的强度；生物活性玻璃，其与骨键合是通过在材料表面产生厚度 80～100nm 无定形表面凝胶层实现的，成骨细胞黏附到无定形键合层上，矿化成骨。

【形态结合】morphological fixation

是生物惰性材料与机体组织间的一种基本结合类型。生物惰性材料，如生物惰性陶瓷类和医用金属及合金，在生物环境中能够保持稳定，不发生或仅发生微弱化学反应，但组织会长入材料粗糙不平的表面，形成一种机械嵌合。形态结合要求材料和组织间紧密地配合，否则界面可能会发生移动，纤维组织长入材料表面，进而导致失效。

【生物结合】biological fixation

是通过组织长入多孔生物材料表面或内部连通的孔隙而实现的材料与组织的结合。生物结合也要求植入体和组织在界面上不发生相对移动，避免产生过大的切应力，否则会导致界面处的组织和血管被切断，造成孔隙内活体组织坏死、周围组织发炎，进而导致失效。生物结合是以组织侵入材料内部孔结构形成机械嵌合为特征，这种结合优于形态结合。

【蛋白吸附】protein adsorption

是指生物材料植入生物体后会对体内的蛋白产生吸附。材料吸附蛋白之后，继而发生细胞黏附。普通材料只能非特异性地随机吸附蛋白，会导致巨噬细胞、白细胞、血小板被蛋白吸附，产生炎症反应。而生物活性材料则能选择性吸附特定种类、构型及特征的蛋白，进而通过吸附蛋白触发信号通路控制和引导细胞反应，避免出现炎症反应。在材料表面覆盖特异性生物分子和蛋白质层，可实现材料对特定细胞的选择性黏附，如 RGD 选择性吸附纤维细胞、骨桥蛋白选择性吸附上皮细胞等。

【生物惰性】bioinertness

指材料的生物化学性能稳定，生物相容性好，在生物环境中能够保持稳定，不发生或仅发生微弱化学反应。材料种类包括生物惰性金属、陶瓷、碳质材料、高分子材料等。这类材料在体内能耐氧化和腐蚀，不发生降解和变性，也不参与体内代谢过程。例如，植入生物体的生物惰性陶瓷与骨组织不能产生化学结合，而是被纤维结缔组织膜所包围，形成形态结合。

【生物学效应】biological effectiveness

是生物材料植入到生物体内后所引起的生物学反应。分为积极效应和消极效应。前者包括激发或调控生物组织再生和重建过程中的细胞黏附、迁移、生长、分化等生理活动，增进细胞活性或新生组织的再生功能。后者包括过敏反应、炎症反应、溶血、细胞组织坏死、致畸、致突变等。

20.2 种 类

20.2.1 生物惰性陶瓷

【生物惰性陶瓷】bioinert ceramics

是指在生物体内理化性能的长期稳定，不发生或仅发生微弱生物化学反应的生物陶瓷。生物体一般会在生物惰性陶瓷的周围包裹一层大约几微米厚的纤维性组织，使材料与周围的组织隔离。该类陶瓷包括氧化物陶瓷、非氧化物陶瓷、长石齿、碳素材料等，可用于制作人工关节、人工骨、口腔种植体、全瓷牙及牙冠等。

【氧化物生物陶瓷】oxide bioceramics

由非金属氧化物组成的生物陶瓷。通常都属于惰性陶瓷，如氧化铝、氧化锆、氧化镁、氧化硅以及混合氧化物陶瓷(如组成为氧化硅50%～60%、氧化铝10%～20%、氧化钾7%～10%的陶瓷)，在性能上都具有自己的特点，通常作为永久替代的生物材料。

【非氧化物生物陶瓷】non-oxide bioceramics

非氧化物生物陶瓷主要有氮化硅、碳化硅、碳酸钙、铝酸钙等。它们具有高硬度、耐疲劳、耐腐蚀等特点，如碳化硅陶瓷硬度仅次于金刚石、氮化硼；碳化硅陶瓷耐磨性相当高；氮化硅陶瓷断裂韧性和抗折强度很高、耐磨性好。因此，非氧化物生物陶瓷常用于制备人工骨、人工关节等，但加工困难限制了它们的应用。

【氧化铝生物陶瓷】alumina bioceramics

又称纯刚玉陶瓷，是由高纯氧化铝制备的惰性生物陶瓷，包括纯度均为99.99%的单晶氧化铝和高铝瓷两种。它具有高硬度、高耐磨性、耐氧化、耐腐蚀的特点，在生物体内不发生降解，不参与新陈代谢，不与组织产生化学结合，仅在界面形成纤维结缔组织膜。氧化铝生物陶瓷临床用于制备人工关节，如人工髋关节、人工膝关节、人工指关节等。由于抗拉强度差，无法用于应力复杂的承载部位。

【氧化锆生物陶瓷】zirconia bioceramics

氧化锆属萤石型结构，具有优良的耐热性、绝缘性、耐蚀性等。用作生物医用材料的氧化锆陶瓷同氧化铝陶瓷一样具有优良的生物相容性，而在力学性能方面比氧化铝陶瓷有着更加突出的特点，如用氧化钇或氧化铈稳定的氧化锆陶瓷抗弯强度达120MPa，断裂韧性可达15MPa·$m^{1/2}$。

【生物惰性玻璃陶瓷】bioinert galss-ceramics

又称微晶玻璃，是在晶核形成剂作用下，在玻璃基体中析出微小晶体，形成玻璃与晶体共存的材料。析出微小晶体的种类、晶体尺寸、晶体含量和分布决定玻璃陶瓷的性能。与普通玻璃相比，具有良好的机械性能、耐磨性、耐腐蚀等特点。玻璃陶瓷按基础玻璃的成分，分为硅酸盐、铝硅酸盐、硼硅酸盐、硼酸盐和磷酸盐五大类。按照析出微小晶体的成分，分成氧化铝质、白榴石质、云母质、磷灰石质玻璃陶瓷。

【云母系生物玻璃陶瓷】mica bioglass-ceramics

云母的化学式为$X_{0.5}Y_{2-3}(Z_4O_{10})F_2$。X一般是碱金属元素，如K、Na等；Y一般是碱土金属，如Mg、Ca、Ba等元素；Z是玻璃网络形成体，一般是A1、B、Si等。Z全是Si元素时，材料称为四硅云母；当有Si被Al或B取代时，称为氟金云母。云母基玻璃陶瓷机械性能较好，遇到外力后首先引起其云母微晶的001晶面滑移，避免了材料破碎，从而具有可切削加工性能，可用于制作形状复杂部件。20世纪80年代由德国科学家首先研发出以氟金云母和氟磷灰石为主晶相的可切削生物活性微晶玻璃，材料兼具生物活性和可加工型，被成功用于制作脊柱修复部件，临床应用取得成功。此后由不同国家的研究小组相继开发出不同类型的云母微晶的可切削生物微晶玻璃(生物活性和惰性)，并成功用于骨及牙齿的修复。

【白榴石质生物玻璃陶瓷】leucite bioglass-ceramics

化学式为$K_2O \cdot Al_2O_3 \cdot 4SiO_2$，是指在陶瓷制备过程中以原位结晶或外加方式引入白榴石形成的增强型玻璃陶瓷。白榴石具有较高的热膨胀系数、良好的力学性能，可以提高其强度。分散在玻璃相中的白榴石热膨胀系数高，冷却时可使玻璃处于压缩状态，增加了其强度；均匀分散在玻璃相中的白榴石，可阻止陶瓷表面或内部裂纹扩展，提高断裂韧性。

【人工关节】artificial joint

用生物材料制备的用于置换病损和伤残关节的人工假体。按材料来源可分为金属材料，如钛合金、钴铬基合金、不锈钢等；无机非金属材料，如氧化铝、氧化锆、羟基磷灰石等；高分子材料，如丙烯酸尼龙、硅橡胶、超高分子量聚乙烯、碳纤维等。人工关节材料应有良好的生物相容性，优良的机械性能和物理化学稳定性。在临床上已广泛应用于人工髋关节、人工膝关节、人工踝关节、人工肩关节、人工肘关节、人工腕关节、人工指关节、人工趾关节等。

【人工髋关节】artificial hip joint

是指用生物材料仿照人体髋关节的结构，制成的关节假体。按照材料来源分为金属材料，包括不锈钢、钴铬基合金、钛合金等；高分子材料，包括超高分子量聚乙烯、碳纤维；陶瓷材料包括氧化铝、氧化锆、羟基磷灰石。常用于置换被疾病或外伤所破坏的关节或关节平面，缓解关节疼痛、矫正畸形假体、改善关节的活动功能。

【人工膝关节】artificial knee joint

是指用生物仿照人体膝关节的结构，制成的关节假体。用以替代人体受损的膝关节，解除膝关节病痛和恢复其功能，并且将其固定在人体中，有较长的使用寿命。按照固定方式分为骨水泥型，依靠骨水泥的自固化并与骨组织的化学键合进行固定；非骨水泥型，依靠紧密压配和骨长入微孔进行物理嵌合固定。

【人工踝关节】artificial ankle joint

是指用生物材料仿照人体踝关节的结构，制成的关节假体。踝关节假体必须提供良好的内在稳定性，除屈伸活动外还能轴向旋转，屈伸活动范围要求至少达到70°，轴向旋转活动度超过12°。因此要求踝关节假体顺应性不宜太高，即少限制性。

【人工肩关节】artificial shoulder joint

是指用生物材料仿照人体肩关节的结构，制成的关节假体。用以替代人体受损的盂肱关节，恢复其功能。假体的类型分为非限制型，包括人工肱骨头和人工全肩关节；限制型，分为位于肱骨的顺置式和位于肩盂侧的逆置式，制约型假体只有在肩袖失去功能无法重建时才应用，如破坏范围广的肱骨肿瘤。

【人工肘关节】artificial elbow joint

是指用生物材料仿照人体肘关节的结构，制成的关节假体。用于解除肘关节疼痛并恢复其功能。肘关节假体分为非限制性的假体，用于软骨病损导致的活动受限而骨质情况良好的病例；半限制型和完全限制型的铰链式假体，用于骨折缺损和关节不稳定的关节。

【人工腕关节】artificial wrist joint

是指用生物材料仿照人体腕关节的结构，制成的关节假体。用于重建关节表面，维持关节的稳定性并解除疼痛，恢复腕部活动。适用于腕关节脱位或半脱位导致腕关节不稳；腕关节偏斜畸形导致手指肌腱平衡功能失调；类风湿关节炎病人双侧上肢关节功能均严重受累，腕关节僵直于非功能位；腕关节的创伤或疾病导致桡骨远端关节面损伤或腕舟骨和月骨的损害。

【人工指关节】artificial knuckle joint

是指用生物材料仿照人体指关节的结构，制成的关节假体。用以置换指关节和指间关节，恢复其功能。制作材料有金属和硅胶两种。人工指关节适用于类风湿性或外伤性关节强直、畸形和陈旧性关节脱位，以及不能用于软组织手术纠正的关节偏斜，而其关节动力腱正常者。

【瓷牙】dental porcelain；dental ceramic

是高温熔化熔瓷，用真空烧制而成的人工陶瓷牙。在陶瓷基底表面烧结熔附与天然牙相似的低熔瓷粉。除了能恢复牙体的形态和功能，力学性能好，色泽逼真且稳定，表面光滑，耐磨性强，尺寸稳定性好。

【全瓷牙】all-ceramic crowns

又称全瓷冠，是全部用陶瓷制作且不含金属内冠的瓷修复体。根据内冠材料来源可分为玻璃陶瓷、氧化铝陶瓷、氧化锆陶瓷等。制备方法：氧化铝、氧化锆陶瓷，应用CAD/CAM技术切削形成内冠；玻璃陶瓷采用热压铸法制成内冠。全瓷牙色泽稳定，生物相容性好，但材料脆性大，仅用于前牙修复。

【种植牙】dental implant

是指用生物材料制成的用于植入到人体颌骨内支持、固位牙修复体的牙科种植体。它包括埋入骨组织的支持部分和露出骨组织的固定部分。通常用金属、陶瓷等制成种植体，经手术方法植入上下颌并与骨组织紧密结合，通过螺纹连接等方式固定牙修复体。种植牙的修复效果最接近天然牙的功能及色泽。

【烤瓷牙】metal-ceramic crown

用烤瓷技术在基底牙上烧结熔附自然牙色相似的陶瓷粉制得的假牙。按照基底牙的材质可分为金属烤瓷牙和非金属烤瓷牙。金属基底材料有钴铬合金、镍铬合金，钛及钛合金等。非金属基底材料包括氧化铝陶瓷、氧化锆陶瓷和铸造陶瓷等。前者力学性能好，但色泽不稳定，用于后牙修复；后者力学性能差，但色泽稳定，用于前牙修复。

20.2.2 生物活性陶瓷

【生物活性陶瓷】bioactive ceramics

是指能在材料与组织界面上诱发生化反应，从而在材料和组织间形成化学键合的陶瓷。材料与组织之间不存在类似惰性陶瓷表面的纤维组织层，而是形成良好的化学键合。生物活性陶瓷能够与生理体液发生元素置换，并含有羟基等活性基团。主要包括两类，一类如羟基磷灰石生物活性陶瓷，其表面能够与骨组织直接键合；另一类如生物活性玻璃，可通过在生理环境中发生生物矿化在表面形成类骨磷灰石，与骨组织间接键合。

【生物活性玻璃】bioactive glass

最初是指含 Na_2O、CaO、SiO_2 和 P_2O_5，能与骨组织发生化学键合，并促进新骨形成的一类玻璃。后来的研究表明，此类玻璃既能与骨形成化学键合，也能与软组织形成键合。当 SiO_2 含量为 42%～53%时，可以与骨和软组织形成键合，当 SiO_2 含量为 55%～60%时，只能与骨缓慢的形成键合，不能与软组织键合。生物玻璃植入生物内部，从玻璃的表面溶出 Na^+，生成富硅溶胶体层，与骨胶原纤维接触，随后胶原网络上形成羟基磷灰石晶体，由此产生骨键合。此类玻璃于 20 世纪 90 年代被成功开发成用于骨、齿(牙周骨、颌骨修复)和皮肤创面修复的临床产品，获得良好的临床疗效。以后又相继开发出溶胶-凝胶生物活性玻璃(SBG)、模板合成微纳米生物活性玻璃(MNBG)和硼酸盐系统生物活性玻璃等新型生物活性玻璃。组织学、细胞学研究表明，生物活性玻璃是一类具有介导干细胞(祖细胞)定向分化的新型生物活性材料，具有良好的应用前景。

【生物活性玻璃陶瓷】bioactive glass-ceramics

又称生物活性微晶玻璃。是按照生物活性玻璃的组成配比，经微晶化处理制得的多相复合材料。经微晶化处理后的玻璃基体中均匀地出现 0.1～2μm 的微晶，可以阻碍裂纹的扩展，增加了断裂功，提高断裂韧性。与生物活性玻璃相比，其具有致密的微晶结构、较高的机械强度和较低的溶解度。可用于牙科及骨科修复、整形外科及药物缓释载体等。通过调整其组成、结构和相成分，可制成 A-W 生物活性玻璃陶瓷(20 世纪 80 年代由日本科学家 Kokubo 教授研发)、可切削生物活性玻璃陶瓷(20 世纪 80 年代由德国科学家 W. Vegel 教授研发)及可铸造生物玻璃陶瓷等。

【45S5 生物玻璃】bioglass；BG

又称生物活性玻璃。是指 1970 年由美国佛罗里达大学的L. Hench教授研发的用于人体硬组织修复的玻璃材料。其最典型的代表——45S5 玻璃的成分是(质量分数)：SiO_2 45、Na_2O 24.5、CaO 24.5、P_2O_5 6。45S 是指 45%质量分数的 SiO_2，5 表示 Ca 和 P 的摩尔比为 5∶1。生物活性玻璃被植入体内后，可在与组织液之间的界面发生迅速的离子交换反应，由于 Na^+ 及 Ca^{2+} 的扩散及 SiO_2 的水化，最终在玻璃表面形成一个 100～120μm 厚的富 SiO_2 层(又称硅酸凝胶层)，其上覆盖一层 30μm 碳酸羟基磷灰石结晶层(HCA)，此 HCA 层对于材料与宿主骨的化学结合、促进骨祖细胞黏附和成骨分化、阻止纤维性包裹层的形成及促进新骨形成具有重要作用。45S5 生物活性玻璃于 20 世纪 90 年代被 Hench 教授开发成用于骨修复的临床产品(NovaBone®)，并广泛应用。以后又陆续开发出用于牙周缺损修复的 PerioGlas® 等。

【A-W 生物活性玻璃陶瓷】A-W(apatite/wollastonite) bioactive glass-ceramics

是指由日本京都大学的 Kokubo 等在 20 世纪 80 年代提出的在生物玻璃中析出磷灰石和硅灰石微晶形成的 $MgO-CaO-SiO_2-P_2O_5$ 系

玻璃陶瓷。由于析出晶粒阻碍玻璃相裂纹的扩展，因此较大提高了生物玻璃的抗压强度和弯曲强度等机械性能。由于不含 K、Na 等可溶性离子，材料溶解性较低，其力学性能在体液中表现出持久的稳定性，可用作节段性缺损的修复材料。

【可切削生物玻璃陶瓷】machinable bioglass-ceramics

最早由德国科学家 W. Vegel 研发。制备该生物活性玻璃陶瓷时，通过调整其组成、结构和相成分，经微晶处理后在材料内部形成均匀分布的磷灰石和云母微晶。云母晶体层间解理面(001)依靠 K、Na 离子的弱键进行连接，是可切削性的主要原因。在加工时，裂纹首先出现在解离面，然后扩展到其他解离面，不会像普通玻璃和陶瓷那样任意扩展，产生脆性断裂。因此，具有良好的切削加工性能，能够制成形状复杂且力学强度稳定的制品。

【可铸造生物玻璃陶瓷】castable bioglass-ceramics

是一种微晶玻璃，是指熔化铸造成型玻璃时进行结晶化热处理后在玻璃相析出微晶的玻璃陶瓷。高温熔化时具有良好的流动性，可采用模具浇铸成精密复杂的形状，主要用于制作人工牙冠。依据析出的微晶种类可分为两大类，一类是以 Dicor、Liko 等为代表的云母类，晶化后主晶相为硅氟云母；另一类是以 Cerapearl、Plat 等为代表的磷酸钙类，晶化后主晶相为磷酸钙或偏磷酸钙。

【溶胶-凝胶生物活性玻璃】sol-gel derived bioactive glass

是通过溶胶-凝胶方法制备的 $CaO\text{-}P_2O_5\text{-}SiO_2$ 系统生物活性玻璃。经热处理后主晶相为磷灰石及硅灰石。与传统的生物玻璃相比，其热处理温度低、比表面积大、化学组成更均匀、生物活性更优。制备过程包括正硅酸乙酯水解形成硅羟基和硅羟基缩聚两个过程。可用于骨修复、牙髓室穿孔覆盖、牙槽骨修复等。

【纳米生物活性玻璃】nano bioactive glass

是指具有纳米结构或纳米尺度的生物活性玻璃。常用的制备方法有溶胶-凝胶法、微乳液法、机械球磨法、有机模板法和火焰喷雾高温分解法。作为一种新型医用纳米材料，具有巨大的比表面积、良好的力学性能、优良的降解性和较高的生物活性，被誉为新一代生物活性玻璃。

【磷灰石】apatite

参见 6.1.1【磷灰石】。

【羟基磷灰石】hydroxyapatite；HA

化学式为 $Ca_{10}(PO_4)_6(OH)_2$ 的磷酸钙盐，简称 HA。微溶于水，易溶于酸，难溶于碱。六方晶系，$a=9.42$Å，$c=6.88$Å，钙、磷原子比值 1.67。容易出现离子替代和非化学计量现象：Ca^{2+} 可被 Na^{+}、Mg^{2+}、Sr^{2+} 和 Zn^{2+} 等阳离子替代，OH^{-} 可被卤素离子和 CO_3^{2-} 替代，PO_4^{3-} 可被 AsO_4^{3-}、VO_4^{3-} 和 CO_3^{2-} 替代。有很好的生物相容性，属生物活性物质，在生物医学领域被广泛应用。

【羟基磷灰石晶须】hydroxyapatite whisker

简称 HA 晶须。相对于普通 HA 来说，HA 晶须具有较高的力学强度和耐磨性。同时保留了良好的生物活性和生物相容性，可作为生物材料的增强材料。其合成方法有固相反应干式法、琼胶凝胶生长法、溶液均相沉淀法、水热合成法、海藻酸盐前驱体法等。

【类骨磷灰石】bone-like apatite；HCA

是指依据生物矿化理论，在模拟体液(SBF)中，以基质材料为模板，在其表面形成部分碳酸化的缺钙型 HA。由于钙磷原子比 1.5，类似于天然骨的羟基磷灰石，又称为类骨磷灰石或碳酸羟基磷灰石。植入材料表面形成 HCA 是在体内发生骨诱导的前提条件，因而对生物材料生物活性的研究往往是通过体外 SBF 浸泡和体内植入骨区或非骨区，观察 HCA 在材料表面上形成状况来判断。类骨磷灰石的形成需要晶体成核位点和过饱和钙磷浓度两个基本条件，其特征是含有一定比例的碳酸根及类似自然骨的低结晶度。

【磷硅酸钙钠】actimins

是由 SiO_2、Na_2O、CaO 和 P_2O_5 等基本成分组成的硅酸盐，也是一类能对机体组织进行修复、替代与再生、具有能使组织和材料之间形成键合作用的生物玻璃。磷硅酸钙钠降解产物能够促进生长因子的生成、促进细胞的增殖、增强成骨细胞的基因表达和骨组织的生长。用于牙齿中促进骨组织生长、牙周炎的缺损修复、囊肿切除后的填充、上颌窦提升；也可作为牙齿脱敏剂；同时，具有强大的非药物杀菌、抑菌、消炎作用。

【羟基磷灰石生物活性陶瓷】hydroxyapatite(HA) bioactive ceramics

是指表面可以发生生物化学反应并与组织形成化学键合的羟基磷灰石陶瓷。依据用途不同，可制成各种晶体尺寸的粉末(微米粉、纳米粉)，各种孔径的颗粒及各种结构形态的块体材料。羟基磷灰石生物活性陶瓷具有良好的生物相容性，无组织毒性，优良的骨传导性和骨结合性。主要用于人体硬组织的修复和替换、药物控释载体、生物荧光标记及经皮器件。

【磷酸钙基生物陶瓷】calcium phosphate based bioceramics

是指以磷酸钙盐为基体的生物陶瓷。磷酸钙盐按照钙磷原子比递增依次为：磷酸八钙(1.33)、磷酸三钙(1.5)、缺钙磷灰石(1.5～1.67)、羟基磷灰石(1.67)、磷酸四钙(2.0)等。磷酸钙基生物陶瓷物理化性能和生物性能，由钙磷原子比和自身结构决定。钙磷原子比越高，磷酸钙盐的溶解性越差，不易被降解和吸收，如钙磷原子比为1.67的羟基磷灰石陶瓷降解速率低于原子比为1.5的磷酸三钙陶瓷。磷酸钙基生物陶瓷的成分与生物硬组织无机成分类似，因此常用于硬组织修复材料。

【双相磷酸钙陶瓷】biphasic calcium phosphate ceramics

是β-磷酸三钙（β-TCP）与羟基磷灰石(HA)按不同比例混合制成的生物活性陶瓷。β-TCP在体内的降解速度较快，强度较低，因此限制了其临床应用。HA具有良好的生物相容性，强度高于β-TCP，但其降解速度远低于β-TCP。因此将两者按比例进行复合可以调节降解速度、强度等。此外，具有合适的HA/β-TCP比例及孔结构的磷酸钙陶瓷在一定条件下具有骨诱导性。

【硅酸钙基生物陶瓷】calcium silicate bioceramics

是一种含硅的生物活性陶瓷，包含硅酸三钙、硅酸二钙等多种陶瓷。硅酸钙(CS)基生物陶瓷释放出的高浓度硅离子可以激活骨相关基因表达，促进成骨细胞增殖和新骨形成。CS陶瓷在模拟体液中具有比生物活性玻璃和玻璃陶瓷更快的类骨磷灰石形成速度。传统工艺制备的CS多孔陶瓷，拥有比生物活性玻璃和玻璃陶瓷更好的力学性能。

20.2.3 生物降解陶瓷

【生物降解陶瓷】biodegradable ceramics

是指能够在生物体内发生降解并被吸收，同时被新生组织逐渐代替的生物陶瓷。生物降解陶瓷包括α-磷酸三钙、β-磷酸三钙、硫酸钙等。其降解机制由化学因素、物理因素及生物因素共同作用。此外，陶瓷自身成分、结晶度、比表面积都决定了其降解速率。理想的生物降解陶瓷的降解速度应与组织长入的速度相匹配，且降解过程中强度不会大幅度下降。

【多孔生物陶瓷】porous bioceramics

是指具有特定尺寸、数量、形状和分布的多孔生物材料。多孔生物陶瓷的成型方法包括有机泡沫浸渍法、发泡法、造孔剂法、溶胶-凝胶法和颗粒堆积法等。多孔生物陶瓷的孔结构决定其物理、化学和生物性能。孔隙率越大，材料的表面积越大，增大了其与体液的接触面积，生物降解性能也将增强，但力学性能会降低。多孔结构有利于细胞黏附，组织长入，营养物质的输入和代谢产物的输出，故多孔生物陶瓷常用于骨组织工程支架材料。

【β-磷酸三钙】β-tricalcium phosphate

化学式$Ca_3(PO_4)_2$，简称β-TCP，白色晶体或无定形粉末，属于六方晶系，晶胞参数a=1.034nm、c=3.69nm，密度为3.69g/cm^3。是磷酸三钙低温相(β相)，钙磷原子比为1.5，它在1200℃转变为高温相(α相)，在水溶液中的溶解度是羟基磷灰石的10～15倍。β-TCP具有良好的生物相容性，能与骨组织直接结合，是一种良好的骨修复材料。

【β-磷酸三钙生物陶瓷】β-tricalcium phosphate bioceramics

简称β-TCP生物陶瓷，是一种可降解或吸收的陶瓷材料。β-TCP生物陶瓷在生物体内降解释放的Ca、P进入代谢循环系统被生物体利用，具有比羟基磷灰石陶瓷更好的溶解度，但是力学性能不如羟基磷灰石陶瓷。通过控制β-TCP的组成、晶粒尺寸、结晶性和微观结构，制备出不同降解速率的材料，可满足不同代谢速率的部位。

【硅酸钙多孔陶瓷】porous calcium silicate ceramics

是一种可降解的生物活性多孔材料，包含硅酸钙、硅酸二钙及硅酸三钙多孔陶瓷。在模拟体液中能够快速的诱导类骨磷灰石层形成，有诱导多种干细胞的成骨分化能力并能够显著地诱导成血管化。制备硅酸钙多孔陶瓷的方法主要有造孔法、有机泡沫浸渍法以及三维打印法。

【硫酸钙生物陶瓷】calcium sulphate bioceramics

是含量一般大于98%的高纯度二水石膏，是最早使用的骨缺损填充材料。与普通硫酸钙相比，硫酸钙生物陶瓷的晶体为特定尺寸、形状及结构，因此它具有比较恒定的降解吸收速率，可作为骨缺损修复材料。与钙磷陶瓷相比，硫酸钙生物陶瓷具有较高的溶解度，能够在短时间降解并释放大量钙离子，对成骨细胞增殖具有显著作用。通常用于骨组织外形轮廓的重塑，软组织生长的阻碍，为成骨细胞和血管的长入提供细胞外基质。

【降解机理】degradation mechanism

是指生物材料植入机体后，受生物环境的影响发生降解和吸收，新组织逐步替代材料的过程。生物材料在机体内的降解和吸收是受生物环境作用的复杂过程，包括物理、化学和生物因素。物理因素是体液进入生物材料中的微孔，使得整体结构破坏，解体为微粒。化学因素是材料在体液中发生化学溶解，溶解速率与体液pH值、材料的孔隙率、材料的结晶度、材料的成分和结构等有关。生物因素是吞噬细胞参与吞噬微小材料颗粒的过程以及生物酶参与材料水解的过程。

20.2.4 骨水泥

【无机骨水泥】inorganic bone cement

是由一种或多种固体无机混合粉末与液相调和发生水化反应进而自固化的骨修复和骨固定材料。无机骨水泥能够以任意形状填充骨缺损区域，自固化后保持一定的力学强度，与组织紧密黏合并提供支撑作用，此外还具有良好的可降解性、生物相容性和骨传导性。无机骨水泥主要是磷酸钙系列、磷酸镁系列、硫酸钙系列、硅酸钙系列骨水泥。

【磷酸钙骨水泥】calcium phosphate bone cement；CPC

是由两种或两种以上磷酸钙粉体混合后，与液相调和，发生水解反应形成羟基磷灰石进而自固化的骨水泥。骨水泥的磷酸钙粉体包括磷酸四钙、磷酸三钙(α、β)、磷酸氢钙(二水或无水)、磷酸二氢钙、磷酸八钙、碳酸钙等，钙磷比为1.3～2.0。骨水泥的液相包括稀磷酸、磷酸盐溶液、蒸馏水、血清、血液等。磷酸钙骨水泥具有良好的生物相容性、骨传导性、可降解性、固化放热少等特点，但是机械强度不高，不能用于承力较高的骨缺损区域。

【磷酸钙镁基骨水泥】magnesium calcium phosphate bone cement；MCPC

是由氧化镁、酸式磷酸盐及磷酸钙粉体组成，与液相调和发生水解反应形成磷酸镁、含镁磷灰石或磷酸复盐进而自固化的骨水泥。具有快速凝结、早期强度高和降解性能好等优点。此外，磷酸钙镁基骨水泥中的钙、镁比例能够影响其对F-actin和integrin α5β1受体的吸附能力，表现出较磷酸钙更加优越的性能。

【硅酸钙骨水泥】calcium silicate bone cement；CSCs

是由硅酸钙等含钙固相粉料组成、与液相调和后生成水化硅酸钙进而发生自固化的骨水泥。CSCs分为三种：硅酸三钙骨水泥、硅酸二钙骨水泥、硅酸钙复合骨水泥。CSCs固化反应放热小，生物活性优越，生物降解性优良，力学相容性和生物相容性较好。可作为根管填充材料、骨组织填料、骨组织工程支架材料以及药物载体材料。

【α-磷酸三钙】α-tricalcium phosphate；α-TCP

化学式 $Ca_3(PO_4)_2$，白色晶体或无定形粉末，属于单斜晶系，晶胞参数 $a=1.239$nm、$b=2.728$nm、$c=1.522$nm。是磷酸三钙高温相(α相)，钙磷原子比为1.5，生物活性和生物降解性好于 HA、β-TCP。α-TCP 具有水化特性，易水解形成羟基磷灰石，水化反应活性高，可作为医用骨水泥材料，能被生物体组织吸收和取代。

【磷酸四钙】tetracalcium phosphate；TTCP

化学式 $Ca_4(PO_4)_2O$，属于单斜晶系，晶胞参数 $a:b:c=0.577:1:1.255$。钙磷原子比为2。TTCP 是骨水泥重要组成部分，即 TTCP 与无水磷酸氢钙按物质的量之比为1：1的混合物。将羟基磷灰石与碳酸钙按照钙、磷原子比为2：1进行混合，然后于1500℃下煅烧制备 TTCP 粉体。

【磷酸八钙】octacalcium phosphate；OCP

化学式 $Ca_8(HPO_4)_2(PO_4)$，晶胞参数 $a=1.239$nm、$b=2.728$nm、$c=1.522$nm。钙磷原子比为2.7。OCP 是牙齿和骨骼的主要成分之一，在骨组织生物矿化的前驱相，具有良好的生物活性和生物相容性，可以用于制作骨修复材料，作为明胶、胶原等生物材料的增强材料。OCP 制备方法主要有均相沉淀法、琼脂凝胶生长法、脉冲激光沉积法、水热生长法以及水解法等。

【磷酸氢钙】dicalcium phosphate；DCP

化学式 $CaHPO_4$，白色三斜晶体或白色粉末。微溶于水，溶于盐酸和硝酸。水溶液呈碱性。用氯化钙与磷酸氢二钠反应制得。DCP 通常用作食品添加剂、化工制品的稳定剂等。由于其具有生物可吸收性，还是 HAP 的前驱体，其表面能够在模拟体液中形成磷灰石层，因此具有很好的生物活性和骨传导作用，可用于制作钙磷骨水泥的固相成分等骨修复材料。

【焦磷酸钙】calcium pyrophosphate；CCP

化学式 $Ca_2P_2O_7$，分子量 254.12。无色四方晶系、单斜晶系结晶或白色粉末。不溶于水，溶于盐酸和硝酸。不同热处理温度下可生成γ、β、α三种晶型。γ型可用于牙膏的摩擦剂，可提高牙膏氟的稳定性。由于 CCP，Ca 和 P 之比为1：1，远低于 TCP、HAP，降解速率更大。因此，也可用于制作骨替代材料、骨修复及骨再生材料等。

【磷酸二氢钙】monocalcium phosphate；MCPA

化学式 $Ca(H_2PO_4)_2$，分子量 252.07。无色三斜晶体或白色粉末。溶于水和酸。水溶液呈酸性。用磷酸氢钙或磷酸三钙与磷酸进行酸溶反应，控制反应终点的 pH 在3.2左右，生成磷酸二氢钙。广泛用于饲料添加剂、食品膨松剂、缓冲剂、营养增补剂、乳化剂、稳定剂，也可用于钙磷骨水泥的固相成分。

【凝固时间】setting time

是骨水泥由流动态凝固至一定力学强度固态的时间。在满足临床使用的操作时间下，希望骨水泥在较短的时间内固化。缩短凝固时间的方法有减小粉末粒径，降低结晶度，提高凝固温度，增加液相和固相的成分及降低液固比等。为了满足临床操作的需要，骨水泥的凝结时间应控制在适当的范围内，通常在几分钟至一小时之内。

【可注射性】injectability

是指骨水泥通过注射的方式注入体内所需注射力的大小。由于注射力与注射系统相关，可注射性的表征目前尚无统一的方法。提高可注射性的方法有提高液固比，采用圆形颗粒，减小颗粒尺寸，扩大粒度分布范围，提高混合液的黏度和添加改性剂(多糖、甲基纤维素、柠檬酸盐)。

【抗溃散性】anti-washout

也称抗水性，是指骨水泥硬化过程中抵抗模拟体液、血液、生理盐水或其他液体的浸泡和冲刷而不破裂成小颗粒的能力。骨水泥的抗溃散性差，材料植入体内后，凝结前后遇到血液即被冲散，材料失效，冲散开的颗粒会堵塞血管，引发很多并发症。提高抗溃散性的方法有降低粉末粒径，降低液固比，提高混合液的黏度。目前，新型可注射镁基骨水泥具有抗溃散性能和粘结性能。

【液固比】liquid-solid ratio

是自固化材料的液相和固相比例，是可注射骨水泥的一项重要性能。对骨水泥强度影响较大：液固比较低时，固体表面不能够完全湿润，颗粒间距很大，因而导致孔隙率增加，强度降低；液固比适中时，强度最优；液固比较高时，液体含量较高，孔隙率较大，强度降低。

【自固化】self-setting

是指材料在物理和化学作用下，从流动状凝固成一定力学强度的固态物质的性能。在生物材料中，自固化材料有粉末型陶瓷、高分子凝胶和自固化磷酸钙等。自固化材料和普通的植入材料相比，直接注射到植入部位，具有更好的操作性能，材料和组织有非常理想的贴合性。可用于软、硬组织的修复材料、药物载体材料等。

【盖髓材料】pulp capping materials

又称盖髓剂，用于覆盖暴露的牙髓，以防止或消除感染和炎症，进而保持牙髓活力并促进牙本质修复的材料。盖髓材料能够诱导牙髓细胞分化为成牙本质样细胞，提供牙本质生物矿化所需要的微环境，促进牙本质修复，此外还具有抑菌特性。目前常用的盖髓材料有氢氧化钙、三氧化物凝聚体、牙本质胶粘剂、磷酸钙类材料等。

【根管充填材料】root canal fitting materials

是用于根管治疗后严密封闭主、侧根管及髓腔的材料。根管充填材料分为固体类，包括牙胶尖、银尖、钴铬合金尖、塑料尖等；糊剂类，包括氧化锌糊剂、树脂类糊剂、玻璃离子类糊剂、磷酸钙骨水泥等；液体类主要是酚醛树脂。根管填充材料应该具有良好的生物相容性、生物惰性、化学稳定性、尺寸稳定性及操作简便等性能。

【磷酸锌水门汀】zinc phosphate cement

是指由氧化物粉末与磷酸水溶液反应而固化的水门汀。粉剂的成分是75%～90%氧化锌、8.2%氧化镁、2%二氧化硅、1%氧化钡、1%氧化铝等。液剂主要由45%～60%正磷酸水溶液，及少量氧化铝和氧化锌组成的缓冲液。磷酸锌水门汀固化后强度较高，用于牙齿修复体及正畸带环的粘结固位，制作衬层或垫底以及根管充填材料。具有阻断力、冷、热、电等对牙髓的刺激作用。

20.2.5 药物载体材料

【药物控制释放系统】controlled release drug delivery system

是指可以控制药物在体内的释放速率和作用部位，提高药理活性，降低药物总剂量的药物释放系统。它可以使药物按一定速率缓慢释放到指定的部位，使体液或血液中药物的有效浓度稳定在某一水平，提高了治疗效率和安全度。按使用方式分为皮肤渗透体系、口服体系和植入体系；按释放机理主要分为扩散控制型药物释放系统、化学药物释放系统和溶剂活化药物释放系统三大类。

【药物载体】drug carrier

是指利用生物材料制作的可以控制药物在体内的释放速率和作用部位的载体。它可以将药物吸附、包埋或键合于载体上，利用载体的理化和结构特性对药物进行可控释放。药物载体是药物控制释放系统的关键技术，应该具有以下性质：良好的生物相容性、稳定的化学性能、丰富的功能基团及优良的亲水性。从来源上区分，可以分为合成材料和天然材料，前者包含聚酰胺、聚碳酸酯、聚内脂等，后者包含明胶、胶原、壳聚糖、藻酸盐。从材料的成分和性质上分类，可分为有机材料和无机材料，前者包含聚酰胺、聚碳酸酯、聚内脂、明胶、胶原等，后者包含磷酸钙骨水泥、硫酸钙骨水泥、生物玻璃及介孔硅等。

【扩散控制型药物释放系统】diffusion controlled drug delivery system

是指药物和载体进行物理结合，依靠药物在载体内扩散速率来控制药物释放的系统。一般分为容器包埋和基体分散两种形式。前者是指药物被载体材料包埋，药物通过在载体中的扩散释放到环境中，其扩散符合菲克第一定理，特点是释放速度不随时间变化。后者是指药物溶解或分散在基体中，特点是释放速度随时间变化，与其在材料中的溶解性或分散性有关。

【化学控制药物释放系统】chemically controlled drug delivery system

是指药物和载体进行化学键结合，在生理环境下发生化学变化来控制药物释放的系统。当药物释放完毕后，载体可以完全降解以致消失，无须二次手术将其从体内取出。一般分为降解体系和键合体系两种形式。前者是指药物分散在可降载体中，药物释放受载体材料降解速率控制。后者是指药物通过可水解或酶解的化学键与载体结合，药物释放受化学键水解或酶解速率控制。

【溶剂活化控制药物释放体系】solvent activation controlled drug delivery system

是指利用载体的亲水性能，在生理体液中发生渗透和溶胀来控制药物释放的系统。渗透释放体系是指药物被载体材料包埋，体液渗透进入后形成饱和溶液，然后在渗透压差的作用下释放出去，释放受到药物溶解度的影响，而与药物的其他性质无关。溶胀释放体系是指药物溶解或分散在载体材料中，体液扩散进入到材料中使其溶胀并松弛，药物释放出去，此种体系要求材料能够溶胀，但不能溶解。

【靶向给药系统】targeting drug delivery system

又称靶向制剂，是指能够实现药物运载及其在靶部位浓集并产生治疗作用的载体。靶向递送的载体包含聚合物、微囊、微球、细胞、纳米粒和脂质体等。根据靶向识别的精度分为：一级靶向制剂，即能够识别器官；二级靶向制剂，即能够识别器官中的部分组织；三级靶向制剂，即能够识别特定细胞；四级靶向制剂，即能够识别亚细胞。根据靶向识别的机制分为：被动靶向制剂，如脂质体、微球、毫微球、乳剂或复乳等；主动靶向制剂，如抗体介导、受体介导靶向制剂；物理化学靶向制剂，如磁靶向制剂、热敏靶向制剂、pH 靶向制剂。

【自调节药物释放】self-regulated drug delivery

是指能够根据人体自身体内的反馈信息进行调控的药物释放系统。依靠温度、pH 值、葡萄糖等作用下，向全身或特定部位单次或多次释放一种或多种药物，并且在特定时间内，使药物在血液和组织中的浓度能稳定于有效水平。该药物释放系统能够提高疗效，降低副作用，避免耐药性和首过效应，并降低给药次数。

【基因载体】gene delivery

是指能够携带并导入目的基因到受体细胞中，并进行自我复制和保留的中间介质。可以把目的基因导入并释放到受体细胞质内，也可以导入并整合到细胞核中，从而发挥目的基因的特定功能。依据来源可分为质粒载体、噬菌体载体、病毒载体、非病毒载体；依据用途可分为克隆载体、表达载体；依据性质可分为温度敏感型载体，融合型表达载体、非融合型表达载体。

【无机药物纳米载体】inorganic drug nano-carrier

是指可以吸附包裹药物的纳米无机材料。通常具有物理化学性质稳定，比表面积大，及具有光、电、磁性质。纳米载体可用于成像显影、药物靶向输运和药物协同释放等方面。按照材料来源分为磷酸钙基材料、生物活性玻璃、磁性纳米粒子、介孔二氧化硅、碳纳米材料及量子点等。通过表面有机分子修饰可进一步提高载药量及释放的可控性，使其更适于在生物体内进行药物输运。

【介孔药物载体】mesoporous drug carrier

是指孔径在 2～50nm，具有较高比表面积、较好生物相容性的多孔生物材料。其表面和孔道可以吸附药物分子以增加药物的载药量，通过调节孔径大小可以控制药物分子的吸附和释放行为。可分为硅基介孔材料，包括 M41S、SBA、MAU 和 MAS 等系列；非硅基介孔材料，包括介孔生物活性玻璃、介孔羟基磷灰石和介孔磷酸三钙。

【被动靶向制剂】passive targeting preparation

又称为自然靶向制剂，是指药物载体进入体内后依靠粒径大小和组织截留而产生定向分布的靶向制剂。制备该制剂的材料包括脂质体、类脂质、蛋白质、可降解聚合物。通常粒径大于10μm时，聚集于肾和肝；在3～10μm时，大部分集聚于肺；小于3μm时，大部分聚集于肝、脾中的巨噬细胞；小于100μm时则聚集于骨髓。除粒径外，微粒表面电荷分布、亲疏水性等对靶向分布也起着重要作用。

【主动靶向制剂】active targeting preparation

是指药物载体进入体内后依靠抗原抗体或配体受体等分子识别作用而产生定向分布的靶向制剂。包括对被动靶向制剂表面修饰和对药物修饰两种类型载体，前者减少巨噬细胞的吞噬作用，后者是让药物在特定区域被特定酶激活发挥作用。主动靶向制剂通常粒径不应大于3μm，以防止被毛细血管截留。

【物理化学靶向制剂】physical and chemical-targeting preparation

是指药物载体进入体内后依靠物理或化学性能而产生定向分布的靶向制剂。包括磁性、栓塞、热敏性和pH敏感性等靶向制剂。如使用磁性载药材料制成靶向制剂，在特定强度的体外磁场引导下，经血液循环聚集于特定部位；使用栓塞制剂阻断靶区的血供和营养，并释放药物，起到栓塞和化疗的双重作用；使用热敏材料制成热敏性制剂，在靶区温度作用下改变通透性释放药物；使用pH敏感的材料制备pH敏感制剂，在靶区pH作用下释放药物。

【磁性靶向药物纳米载体】magnetic targeted-drug nano-carrier

是利用磁性材料制成纳米药物载体，在特定强度的体外磁场引导下，经血液循环聚集于特定部位的靶向制剂。通常用铁粉、磁铁矿、铁钴合金及铁铝合金等磁性物质制成纳米尺度的微球、粒子、空囊、乳剂等。一般磁性纳米载体的直径在10～30μm磁性靶向制剂具有疗效高、持久性好、反应迅速、低毒等优势。

20.2.6 热解碳

【热解碳】pyrolytic carbon

是指将各种气相、液相、固相碳氢化合物在无氧环境下热处理沉积得到的碳材料。其性能和结构取决于热解温度：在2000～2200℃或更高温度下热处理的叫热解石墨，各向异性大；1400～2200℃下热处理的叫热解石墨，趋于各向同性；800～1400℃下热处理的叫低温各向同性热解碳，各向异性小；800℃以下热处理的叫超低温各向同性热解碳，各向异性小。热解碳具有高抗弯强度、低密度、低断裂强度、抗疲劳、耐磨以及良好生物相容性等特点，用于制造人工心脏瓣膜、人工肌腱、人工韧带及人工骨等。

【玻璃碳】glassy carbon

参见18.1.12【玻璃碳】。

【低温各向同性碳】low temperature isotropic pyrolytic carbon；LTIC

是指碳氢化合物在1400℃下热处理沉积得到的热解碳。具有高硬度、耐磨、抗疲劳以及良好生物相容性，可用作生物体材料。它是在流态床中沉积的，其结构和热解石墨不同，结晶度高，是各向同性的。石墨中的碳原子以共价键在平面六边形上排列，层与层以范德华力联结。而低温各向同性碳中的平面六边形碳原子层间存在无序的交联，结晶度低，是各向异性的。用于制造人工心脏瓣膜、人工肌腱、人工韧带及人工骨等。

【超低温各向同性碳】ultra low temperature isotropic pyrolytic carbon；ULTIC

是指采用催化剂在300～800℃的低温下进行气相沉积得到的成分、结构和性能与低温各向同性碳相近的热解碳。超低温各向同性碳比低温各向同性碳的制备温度低，且不需在流态床中沉积，可以选择更多的基体材料，因而具有更广的应用。常用于制备聚合物、织物及金属植入物等的具有类似玻璃结构的碳材料，用于制造人工心脏瓣膜、人工肌腱、人工韧带及经皮插件等。

【人工心脏瓣膜】prosthetic heart valves

是指植入心脏内代替心脏瓣膜使血液单向流动，具有天然心脏瓣膜功能的人工器官。根据材料来源分为机械瓣膜和生物瓣膜。前者是全部采用人造材料制成的刚性闭合装置，包括笼球瓣、侧倾碟瓣和二叶瓣等。后者是指全部或部分采用天然生物材料制成的瓣膜，分为异种异体瓣，取自猪、牛等异种动物瓣膜或组织制成；同种异体瓣，取同种异体瓣膜或组织所制成；自体瓣，由自体瓣膜或组织制成。

【生物传感器】biosensor

是指将生物活性物质作为识别元件，并将其与目标物质作用产生的物理化学信号换为电信号，以此进行检测的仪器。由感受器和转换器组成。前者是由可以与目标物质作用产生物理化学信号的生物活性物质，如酶、免疫体、线粒体、核酸、蛋白质、微生物和细胞等制成的膜。转换器是将感受器产生的物理化学信号，如电极活性物质、热、光、电、磁等转换成电信号的测量装置。生物医学中通常按照感受器的类型可分为：酶传感器、免疫传感器、基因传感器、蛋白传感器、微生物传感器和细胞传感器。

【血液净化材料】blood purification materials

是指采用透析、过滤和吸附的原理选择性清除人体血液中内源或外源性致病物质的生物材料。根据原理可以分为分离净化材料和吸附净化材料。前者依靠孔径大小分离致病物质，如纤维素膜、聚甲基丙烯酸甲酯膜、聚碳酸酯膜、聚砜膜等，后者依靠亲和性大小分离致病物质，如活性炭吸附材料、离子交换树脂材料、免疫吸附材料等。目前，血液净化材料主要用于人工肾或肝的辅助装置，清除因器官功能衰竭、尿毒症、药物中毒等原因在血液中产生的有毒物质。

20.3 生物材料表面修饰

20.3.1 表面图案化

【表面微纳米图案化】surface micro-nano pattern

通过在生物材料表面构建规则、有序的微纳米图案结构，模仿类似于细胞生长的有序化微环境，改善生物材料的生物相容性和组织亲和性。例如，改变表面粗糙度，控制孔洞大小及分布，构建取向沟槽。

【软刻蚀】soft lithography

利用由聚二甲基硅氧烷或聚甲基丙烯酸甲酯制得的弹性印章将刚性模板上的微图形转移到特定基片的表面。软刻蚀技术用弹性模板代替了光刻技术中的掩模板，是生物材料表面微纳米图案化研究的首选技术。

【纳米压印技术】nanoimprint technology

利用物理学的机理直接在衬底上构造纳米尺寸图形的方法。例如，热塑纳米压印技术、紫外固化压印技术和微接触纳米压印技术。

【热塑纳米压印技术】hot embossing lithography technology

将光刻胶以旋涂的方式涂覆在基板上，然后放置掩模板，在高于玻璃化转换温度50～100℃的温度下加热光刻胶并加压（500～1000kPa），使液态光刻胶填充掩模板图形空隙，降低温度至玻璃化转换温度以下后脱模，图形从模板转移到光刻胶上，采用反应离子刻蚀去除残留光刻胶，图形被转移到基板上。

【紫外固化压印技术】ultraviloet nanoimprint

在基板上旋涂一层黏度低、对紫外光敏感的液态光刻胶（厚度为600～700nm），放置对紫外光透明的掩膜板，利用较低压力将模板压在光刻胶上使液态光刻胶填满模板空隙，从模板背面用紫外光照射使光刻胶固化，脱模后用反应离子蚀刻方式除去残留光刻胶，图案被从模板转移到基板上。

【微接触印刷】microcontact printing

一种使用高分子弹性印章和自组装单分子膜技术在基片膜上印刷微米图纹、纳米图纹的软刻蚀技术。在蚀刻有精细图纹的硅片表面浇铸聚二甲基硅氧烷（PDMS）、加热固化后剥离，得到表面具有精细图纹的PDMS弹性印章。以烷基硫醇为墨水、用PDMS印章在基片的镀金表面上盖印，将精细图纹传递到金基片的表面。墨水中的硫醇基与金反应形成自组装单分子层，用蚀刻剂腐蚀后得到与原刻蚀图纹一样的结构。

【毛细微模塑】micromolding in capillaries

将掩模板放置在基板之上，滴加液态的聚合物(一般为聚甲基丙烯酸)在模板旁边，由于虹吸作用，聚合物将填充模板的空隙。聚合物固化后脱模，再经过蚀刻就将图案从模板转移到基板上。

【激光消蚀】laser ablation

以激光作为热源，材料受激光辐照后吸收激光能量，局部迅速升温达到汽化温度，材料汽化蒸发后在表面形成各种形状的微型坑、孔或沟槽。

【激光干涉平板印刷术】laser interference lithography

利用光干涉原理在材料上生成条带形纹路的方法，具有条纹周期性好、操作灵活以及能使材料发生光化学反应等特点，在组织工程中已得到应用。

【选区激光烧结】selective laser sintering

用激光(常选用二氧化碳激光器作为光源)辐照特定平面上的一层聚合物颗粒使之升温达到熔化，颗粒物熔化粘结在一起，冷却后形成具有随机三维结构的表面。

【蘸笔探针刻蚀】dip-pen nanolithography

基于原子力显微镜的一种扫描探针加工技术。针尖和样品表面通过吸附大气中的水分子，在毛细力作用下可以形成弯月液桥，黏附在针尖上的材料分子通过液桥传输、化学吸附固定在基底上形成稳定的表面结构。由于其过程类似于笔蘸墨水在纸上书写，故该刻蚀技术又被命名为蘸水笔技术。

20.3.2 表面固定生物分子

【生物惰性表面】bioinert surface

在生理环境下具有良好的物理化学稳定性，可以减弱材料表面与血浆蛋白尤其是与纤维蛋白原的相互作用，阻碍血小板在基材上的沉积，能有效抑制凝血的发生，不会引起任何细胞毒素作用、溶血作用和补体激活现象。把亲水性功能高分子固定在材料表面来提高表面亲水性是获得生物惰性表面的一种最常用的方法。

【氨基酸表面修饰】amino acid modified surface

氨基酸广义上是指既含有一个碱性氨基又含有一个酸性羧基的有机化合物，是构成蛋白质的结构单位。氨基酸表面修饰是一种利用氨基酸含有的双官能团：碱性氨基($-NH_2$)和酸性羧基(—COOH)来改善生物材料表面性质的方法。一般通过羧基与材料表面的阳离子或官能团反应来实现材料表面的氨基酸修饰，氨基可以进一步连接生物活性分子。

【聚乙二醇接枝】polyethylene glycol grafting

聚乙二醇(PEG)具有较好的亲水性和生物惰性，接枝固定在生物材料表面可以实现材料表面惰性化。接枝在材料表面的长链状 PEG 通过位阻效应，可以阻碍血浆蛋白在材料表面的黏附，抑制凝血的发生。

【白蛋白固定】albumin immobilization

通过物理涂覆或共价键接枝将白蛋白固定在材料表面，形成生物惰性表面，又称为白蛋白钝化。白蛋白固定能减少纤维蛋白原的表面吸附和变性，具有优异的抗血小板黏附和激活功能。物理涂覆的白蛋白在体内会很快与其他离子或蛋白发生交换作用而流失，共价接枝获得的白蛋白表面相对具有较长时间的抗凝血性能。

【抗凝活性表面】anticoagulation active surface

材料表面固定一些抗凝分子如肝素、水蛭素和尿激酶等，得到抗凝活性表面，能大大改善材料的抗凝血性能。在材料表面固定肝素，是最常用的构建抗凝活性表面的方法，常用在心血管材料表面。

【仿生化表面】biomimetic surface

对材料表面进行仿生化改性，形成一种类似生物体结构的仿生化表面，是一种理想的改善血液相容性的方法。一般通过构建磷脂化表面模仿生物膜结构或者在材料表面种植、培养内皮细胞来构建内皮化表面。

【表面磷脂化】surface phospholipid modification

磷脂胆碱是细胞磷脂双分子层中的成分，含有亲水极性头磷酸胆碱基团和疏水主链。通过在材料表面引入磷酸胆碱极性头构建磷脂化表面，可以优先吸附血液中的磷脂分子，在材料表面形成磷脂层，阻碍蛋白质与材料表面的相互作用，从而使蛋白质与血细胞不被吸附和激活，抑制凝血过程的发生。

【表面内皮化】 surface endothelialization

是指在生物材料表面种植、培养血管内皮细胞来获得类似于心血管系统内表面的形态和功能，改善材料的血液相容性。表面内皮化具有心血管系统重要的生物学功能：血液和组织间物质转运的屏障，使循环血液保持流动状态；合成与分泌多种结缔组织成分，参与一些物质的代谢及与白细胞相互作用；具有抗血栓形成性能；具有许多促凝因素，使血管在损伤时通过凝血和血栓形成以维护血管壁的完整性。表面内皮化通常分为两个过程：(1)由细胞与材料之间的一些物理、化学作用所引起的细胞迅速贴附；(2)由材料与一些生物活性分子相互作用而引起的细胞缓慢黏附。

【多肽修饰表面】 polypeptite modified surface

多肽由一些特定的氨基酸序列构成，具有显著的生物活性，在材料表面修饰多肽分子能够显著改善材料的生物相容性和生物活性，促进细胞在材料表面的黏附及材料与组织的融合。多肽修饰表面可以赋予材料抗菌、镇静、抗癌、激素活性、免疫活性功能，增强通透性，促进干细胞归巢等。

【静电组装】 electrostatic interaction assembly

一些生物分子如酶、蛋白质和DNA的结构决定其在水溶液中可带电荷，通过与带相反电荷的聚合物的静电吸引作用，可在材料表面交替沉积组装形成单层或多层聚集体。静电组装方法简单，条件温和，在室温下将带电荷的基材浸入到带相反电荷的生物分子的溶液中即可实现材料表面生物分子的固定。

【生物识别组装】 biological molecular recognition assembly

是指以生物体系中特殊的蛋白质-配体反应作为驱动力的组装方式。例如，通过抗体-抗原、生物素-亲和素以及凝集素-糖基等的识别，可将抗体、抗原、酶、蛋白质以及DNA组装在材料表面实现材料表面生物分子的固定。

【抗体-抗原识别】 antigen-antibody recognition

是免疫技术的基础，具有高度的特异性，利用抗原对抗体的识别功能和结合功能可在材料表面组装蛋白质。

【生物素-亲和素识别】 biotin-avidin recognition

利用生物素与亲和素分子的识别来构建组装体系。在组装生物分子时，首先将酶、蛋白质和DNA生物素化或亲和素化，接上生物素或亲和素后的生物大分子通过与固定在材料表面的亲和素或生物素作用而组装在材料表面。

【凝集素-糖基识别】 lectin-glycan recognition

利用凝集素与糖或糖蛋白的特异性识别可在生物材料表面组装糖、糖蛋白和一些含糖的生物物质。

【共价固定】 covalent immobilization

通过生物分子侧链基团含有的羧基或氨基与材料表面的氨基或羧基间的缩合反应，实现生物分子在材料表面的固定。

【光化学固定】 photochemical immobilization

通过把带有光活性基团的组分连接到生物分子上并利用紫外或可见光的照射产生光化学反应，实现在材料表面固定生物分子。该方法适用的生物分子有蛋白质、多糖、酶、抗体、多肽、DNA片段等。

【表面化学接枝法】 surface chemical grafting

一种表面固定生物分子的化学方法，通过控制自由基的数量和浓度及单体的扩散与渗透可以实现材料表面选择性接枝。偶合接枝是一种常用的表面化学接枝方法，通常以双官能团交联剂为中介在生物分子与材料表面之间形成共价化学键固定生物分子，交联剂的一端通过$-COOH$、$-OH$、$-NH_2$等官能团连接在基体材料表面，另一端与生物分子结合。

【硅烷化】 silanization

一种利用硅烷偶联剂对生物材料进行表面改性的方法。硅烷偶联剂是一类分子中同时含有两类不同化学性质基团(有机官能团和可水解基团)的硅烷，能够与生物材料表面的羟基发生化学反应而产生键合。

【物理吸附法】physical adsorption

经连续循环浸渍，将溶液中的化学成分通过物理吸附力(范德华力、静电作用、亲/疏水相互作用等)的作用引入到生物材料最外层表面。该法简易可行，但吸附不牢固、易脱落。

【物理截留法】physical entrapment

通过控制溶剂相和非溶剂相比例，使高聚物表面溶胀、分子链松弛，改性组分链段通过分子运动进入高聚物表面链段之间，然后用非溶剂相浸泡，使高聚物表面链段收缩，改性组分分子链与高聚物分子链相互缠结，形成表面互穿网络结构，从而达到固定的目的。

【高能辐射法】high-energy irradiation

利用放射线照射，使材料表面离子化、产生自由基，自由基与单体接枝聚合，达到改性目的。

20.4 生物材料的评价

20.4.1 体外试验评价

【体外试验】in vitro test

利用游离器官、培养的细胞、细胞器及微生物等进行毒性研究的方法。多用于评价生物材料对生物体的毒性、作用机制及代谢转化过程。采用哺乳动物或非哺乳动物细胞、细菌、酵母菌或真菌测定试验样品是否会引起基因突变、染色体结构畸变以及其他 DNA 或基因变化的试验。首先应采用体外系列试验，可选择方案 1(细菌基因突变试验、哺乳动物细胞基因突变试验和哺乳动物细胞诱裂性试验)或方案 2(细菌基因突变试验和哺乳动物细胞基因突变试验)。应至少在两项试验中使用哺乳动物细胞进行不同试验终点的研究。若体外试验结果均为阴性，通常不再进行动物遗传毒性试验。若体外试验结果均为阳性，则应进行体内诱变性试验。

【细菌回复突变试验】bacterial reverse mutation test

利用原核生物(细菌)作指示生物的体外遗传毒理学试验。常用的菌株有鼠伤寒沙门氏菌和大肠杆菌。通过观察生物材料能否纠正或补偿突变体所携带的突变改变，判断生物材料致突变性。

【体外哺乳动物细胞基因突变试验】in vitro mammalian cell gene mutation test

利用哺乳动物细胞作指示生物的体外遗传毒理学试验，遗传学终点为细胞基因突变，用于检测由生物材料诱导的基因突变。

【体外哺乳动物染色体畸变试验】in vitro mammalian chromosome aberration test

利用哺乳动物细胞作指示生物的体外遗传毒理学试验，遗传学终点为染色体畸变。用于检测生物材料引起的突变，包括碱基对突变、移码突变和缺失等，从而评价受试物引起突变的可能性。

【溶血试验】hemolysis test

用于判定生物材料的体外溶血程度。通过测定红细胞释放的血红蛋白量来判定材料的溶血程度，一般规定溶血率小于 5% 为合格。

【蛋白质吸附试验】protein adsorption test

通过蛋白质在材料表面的吸附来表征材料生物活性的方法。

【浸提液试验】test on extracts

用于细胞毒性定性和定量评价的方法。在模拟或严于临床使用条件但不应导致材料发生明显变化的浸提条件下，选择适宜的浸提介质在无菌、化学惰性的封闭容器中制备材料浸提液。将细胞悬浮液注入与浸提液接触的培养器皿内并均匀地分散在器皿的表面，培养至最少 24 h后，定性或定量评价材料细胞毒性。

【直接接触试验】direct-contact test

用于细胞毒性定性和定量评价的方法。多种形状、尺寸或物理状态(即液态或固态)的材料未经修整即可进行测试，固体样品应至少有一个平面，试验材料灭菌后在无菌条件下进行试验。将细胞悬浮液注入并均匀地分散在培养器皿的表面，培养直至细胞生长至近汇合，更换新鲜培养基后在器皿中央部位的细胞层上轻轻放置一个试验样品(确保样品覆盖细胞层表面约十分之一)，继续进行培养后(最少 24 h)，定性或定量评价材料细胞毒性。

【间接接触试验】test by indirect contact

用于材料的细胞毒性定性评价的试验方法。具体包括琼脂扩散试验和滤膜扩散试验。

【琼脂扩散试验】double immunodiffusion test

一种细胞毒性定性评价方法，不适用于不能通过琼脂层扩散的可沥滤物或与琼脂反应的物质。将细胞悬浮液注入并均匀地分散在培养器皿的表面，培养直至细胞生长至近汇合，弃去器皿中的培养基，将溶化琼脂与含血清的新鲜培养基混合(琼脂最终质量浓度为 0.5%～2%)后加入器皿内，然后将试验样品轻轻放在器皿的固化琼脂层上(样品应覆盖细胞层表面约十分之一)，继续培养 24～72h，从琼脂上小心地取下样品之前、之后检测细胞毒性。

【滤膜扩散试验】filter diffusion test

一种细胞毒性定性评价方法。在培养器皿内，放置一枚孔径 0.45μm、无表面活性剂的滤膜，将细胞悬浮液注入并均匀地分散在滤膜的表面，培养直至细胞生长至近汇合，弃去培养器皿内的培养基，将滤膜细胞面向下放在固化的琼脂层上，轻轻将试验样品放到滤膜无细胞面的上面，滤膜上放置不产生反应的环(用以保留浸提液和新加入的成分)，继续培养 2h±10min，轻轻从滤膜上取下样品，并从琼脂面上小心分离开滤膜，通过染色确定细胞毒性反应。

【细胞毒性定性评价】qualitative evaluation of cytotoxicity

用显微镜检查细胞(可使用细胞化学染色)诸如一般形态、空泡形成、脱落、细胞溶解和膜完整性等方面的变化来评价材料毒性的方法。一般形态的改变可描述性地在试验报告中记录或以数字记录(0 为无细胞毒性、1 为轻微细胞毒性、2 为中度细胞毒性、3 为重度细胞毒性)。

【细胞毒性定量评价】quantitative evaluation of cytotoxicity

通过对细胞数量、蛋白总量、酶的释放、活体染料的释放和还原或其他可测定参数进行定量测试，测定细胞死亡、细胞生长抑制、细胞繁殖或细胞克隆形成，定量评价材料的细胞毒性。

【MTT 试验】MTT cytotoxicity test

一种检测细胞存活和生长的方法。利用活细胞线粒体中的琥珀酸脱氢酶能使外源性 3-(4,5-二甲基-2-噻唑)-2,5-二苯基溴化四氮唑(MTT，商品名：噻唑蓝)还原为水不溶性的蓝紫色结晶甲瓒并沉积在细胞中、死细胞无此功能的原理，通过二甲基亚砜溶解细胞中的甲瓒后用酶标仪在 490nm 波长处测定其吸光度值。在一定细胞数范围内，MTT 结晶形成的量与细胞数成正比。根据测得的吸光度值，来判断活细胞数量，进而评价材料细胞毒性。

【致敏试验】sensitization test

测定器械、材料和/或其浸提液潜在的接触致敏性，评价材料是否引起变应性或致敏性反应。

【极限溶液试验】extreme solution test

研究低 pH 值下陶瓷生物材料降解情况的方法，可用作大多数材料的筛选试验。一般采用 pH 值为 3 的柠檬酸缓冲液，对于接触 pH 值低于 3 的环境中的器械，应采用更低 pH 值的溶液，并说明理由。使用颗粒状样品进行试验，使试验快速达到溶解极限终点。

【模拟溶液试验】simulation solution test

在模拟体内正常 pH 水平的缓冲溶液(pH 值为 7.4±0.1)中进行陶瓷生物材料降解情况研究。

20.4.2 体内试验评价

【激发】challenge；elicitation

诱导阶段后的过程，在这一阶段检验个体再次接触诱导材料的免疫学反应。

【迟发型超敏反应】delayed-type hypersensitization

个体接触一种变应原产生特异性 T 细胞介导的免疫学记忆感应，在再次接触该变应原后引起迟发型超敏反应。

【刺激】irritation

一次、多次或持续与一种物质(材料)接触所引起的局部非特异性炎症反应。

【半体内试验】ex vivo test

使用流动的本体血(提供了生理血流条件),通过改变试验容器,可评价多种材料并对一些状况进行实时监测。

【体内试验】in vivo test

将材料或器械植入动物体内,评价材料或器械对动物体的毒性作用。

【植入试验】implantation test

用外科手术法,将材料或最终产品的样品植入或放入预定植入部位或组织内(如特殊的牙科应用试验),在肉眼观察和显微镜检查下,评价对活体组织的局部病理作用。

【致癌性试验】carcinogenicity test

该试验是在试验动物的整个寿命期内,一次或多次将材料和/或其浸提液作用于试验动物,在接触期间或接触之后观察试验动物肿瘤性损伤的发展,测定其潜在的致肿瘤性。

【微核试验】micronucleus test

利用哺乳动物作指示的生物体内遗传毒理学试验,遗传学终点为染色体畸变或非整倍体。通过分析动物(通常为啮齿类)骨髓和/或周围血红细胞,用于检测生物材料引起的成红细胞染色体损伤或有丝分裂损伤。

【哺乳动物肝细胞程序外 DNA 合成试验】unscheduled DNA synthesis (UDS) test with mammalian liver cells in vivo

一种研究肝脏遗传毒性效应的体内试验方法,测试终点反映肝细胞发生 DNA 损伤及随后发生的修复,用于鉴定生物材料能否诱发染毒动物肝细胞 DNA 修复。

【最大耐受剂量】maximum tolerated dose; MTD

在急性毒性试验中,不引起试验动物出现死亡的最高剂量,以 mg/kg(体重)表示,常作为急性毒性试验中选择剂量范围的依据。

【生殖和发育毒性试验】reproductive and developmental toxicity test

该试验评价器械、材料和/或其浸提液对生殖功能、胚胎发育(致畸性),以及对胎儿和婴儿早期发育的潜在影响。生殖毒性试验包括生殖、生育力和致畸性几个方面。在缺乏排除生殖、发育毒性风险证据的情况下,应考虑进行生殖、发育毒性试验。下列材料或器械可能要进行生殖、发育毒性试验:(1)与生殖组织或胚胎(胎儿)直接长期或永久接触的器械;(2)储能医疗器械;(3)可吸收材料或可溶出物质。

【致畸性】teratogenicity

某种环境因素(化学因素、物理因素及生物因素)使动物和人产生畸形胚胎的能力。

【变应原】allerge

又称致敏原,能引起特异性超敏反应的物质/材料,当再次接触同一种物质材料时产生变态反应。

【半衰期($t_{1/2}$)】half-life($t_{1/2}$)

在同一体液或组织内,一种特定物质的浓度降为其初始值的50%所需的时间。

【平均滞留时间】mean residence time

与半衰期有关的统计时间,用于定量评价物质在体内的保留时间。

【热原试验】pyrogenic test

用于判定生物材料是否具有潜在的致热作用。选择适宜的浸提条件制备材料浸提液,将浸提液按 10mL/kg 注入家兔静脉,在规定的时间内观察家兔体温升高的情况,判定是否存在材料致热作用。

【生物学反应评价】biological response evaluation

通过对不同时间内的肉眼观察和组织病理学试验反应分级和记录来评价生物学反应,并比较试验材料和对照材料的生物学反应。

【组织学评价】histological evaluation

根据对植入物/组织界面至具有正常组织和血管特性未受影响区域距离的测量来确定组织反应程度。生物反应指标包括:(1)纤维化/纤维囊腔和炎症程度;(2)由组织形态学改变而确定的变性;(3)材料/组织界面炎性细胞类型,即嗜中性白细胞、淋巴细胞、浆细胞、嗜酸性白细胞、巨噬细胞及其他多核细胞的数量和分布;(4)根据核碎片和/或毛细血管壁的破裂情况确定是否存在坏死；（5）其他指标，如材料碎片、脂肪浸润、肉芽肿等；（6）对于多孔植入材料，定性、定量测定长入材料内的组织。对于骨组织，主要观测组织与材料的界面处，应评价植入物与骨的接触面积和植入物周围骨的数量以及其间的非钙化组织。

【皮下组织植入试验】skin implantation

用于评价皮下组织对植入材料的生物学反应。将植入物植入试验动物的皮下组织，对试验材料植入物与准许临床使用的对照材料植入物的生物学反应进行比较。可用于比较不同表面结构或条件的同种材料的生物学反应，或用于评价一种材料经各种处理或改性后的生物学反应。

【肌肉植入试验】muscle implantation

用于评价肌肉组织对植入材料的生物学反应。将植入物植入试验动物的肌肉组织，对试验材料植入物与准许临床使用的对照材料植入物的生物学反应进行比较。

【骨植入试验】bone implantation

用于评价骨组织对植入材料的生物学反应。将植入物植入试验动物的骨组织内，对试验材料植入物与准许临床使用的对照材料植入物的生物学反应进行比较，可用于比较不同表面结构或条件的同种材料的生物学反应，或用以评价一种材料经各种处理或改性后的生物学反应。

【刺激试验】irritation test

一种生物材料安全性评价方法，用于评价材料与组织接触后对组织可能产生的刺激反应及刺激强度，如皮肤与黏膜刺激、眼刺激和迟发型接触超敏反应。

【原发性刺激指数】primary irritation index

单次接触试验评价生物材料皮肤刺激反应时计算原发性刺激指数。材料与皮肤接触后，对每一接触部位在每一规定时间内皮肤红斑和水肿反应情况进行评分，首先计算出空白或阴性对照组的对照原发性刺激记分，将试验材料原发性刺激记分减去该记分，即得出原发性刺激记分，该值即为原发性刺激指数。

【累积刺激指数】cumulative irritation index

多次接触试验评价生物材料皮肤刺激反应时计算累积刺激指数。将每只动物在每一规定时间的红斑和水肿刺激记分相加后再除以观察总数，即为每只动物刺激记分。全部动物刺激记分相加后再除以动物总数即得出累积刺激指数。

【皮肤反应等级】grading scale of skin reactions

皮肤刺激反应的分级，包括 4 个等级。无反应为 0 级，微弱阳性反应(轻微红斑和/或接触区域大面积干燥)为 1 级，中度阳性反应(明显的红斑或干燥，可能超出接触区)为 2 级，重度阳性反应(重度及扩散性红斑伴水肿和/或焦痂形成)为 3 级。

【皮内反应试验】intracutaneous reactivity test

评价组织对器械浸提液的局部反应，适用于不适宜做表皮或黏膜刺激试验的情况(如连向血路的器械)，还适用于疏水性浸提物。通过皮内注射浸提液，对器械产生刺激反应的潜在性做出评价。任何显示为皮肤、眼、黏膜组织刺激物的材料，或是 pH≤2 或 pH≥11.5 的材料，不应进行皮内试验。

【眼刺激试验】ocular irritation test

眼刺激试验只有在用其他方法不能得到安全性数据的情况下才考虑进行，并且仅适用于预期与眼或眼睑接触的材料。对材料在试验条件下产生眼刺激反应的潜在性做出评价。在皮肤试验中已证实有明显腐蚀性或有重度刺激性的材料和/或最终产品不应再进行眼刺激试验。任何显示为皮肤刺激物或 pH≤2 或 pH≥11.5 的材料也不应再进行试验，这些材料被认定为眼刺激物。

【口腔黏膜刺激试验】oral mucosa membrane irritation test

口腔黏膜刺激试验只有在用其他方法不能得到安全性数据的情况下才考虑进行，并且仅适用于预期与口腔组织接触的材料。对材料在试验条件下产生口腔组织刺激反应的潜在性做出评价。任何已显示为皮肤或眼的刺激物，或 pH≤2 或 pH≥11.5 的材料不应再进行试验，可认定为潜在的口腔组织刺激物。

【直肠刺激试验】rectal irritation test

直肠刺激试验只有在用其他方法不能得到安全性数据的情况下才考虑进行，并且仅适用于预期与直肠组织接触的材料。对材料在试验条件下产生直肠组织刺激反应的潜在性做出评价。任何已显示为皮肤或眼的刺激物，或 pH≤2 或 pH≥11.5 的材料不应再进行试验，可认定为潜在的直肠刺激物。

【全身毒性】systemic toxicity

毒性物质在进入机体至远端部位的吸收与分布中产生的有害作用。

【急性毒性】acute systemic toxicity

一次、多次或持续接触试验样品后在 24h 内任何时间发生的不良作用。

【慢性毒性】chronic toxicity

在动物的主要寿命期内反复或持续接触试验样品后发生的不良作用。慢性毒性研究一般 6～12 个月。

【亚急性毒性】subacute toxicity

多次或持续接触试验样品后，在 24h～28d 内发生的不良作用。

【亚慢性毒性】subchronic toxicity

反复或持续接触试验样品后在动物寿命期的某一阶段发生的不良作用。啮齿动物亚慢性毒性研究一般为 90d，其他种属动物在不超过其寿命期的 10% 的阶段内。

【毒代动力学】toxicokinetics

可降解或存在明确溶出物的生物材料生物学评价的重要内容。结合预期使用目的并考虑最终产品及其化学组成成分，包括潜在的和预期的降解产物及可溶出物，确定并开展医疗器械毒代动力学评价。在进行毒代动力学研究之前，应先用体外试验方法(例如组织、匀浆或细胞)研究理论上的降解过程，测定一些很有可能产生的降解产物。

21 信 息 材 料

21.1 微电子与光电子信息材料

21.1.1 基本概念

【半导体】semiconductor

一种无晶格缺陷和外部污染的纯晶体材料。主要特点是在常温下其电导率为 10^5 ～ 10^{-7} S/m，介于金属导体（～10^9 Siemens/meter，Siemens（西门子）为国际单位，简写为 S，$1S=1\Omega^{-1}$）和绝缘体（＜10^{-15} S/m）之间。半导体可分为元素半导体（如 Si、Ge 等）和化合物半导体（如 GaAs，InP 等）。半导体有负的电阻温度系数，在绝对零度时成为绝缘体。与金属的费米能级在导带内不同，半导体的费米能级处在其带隙之中。对外部光辐射的吸收有一阈值波长（即长波限或红限）。半导体是信息领域中微电子与光电子器件的基础材料，还可利用其光敏、热敏特性制作传感器。

【本征半导体】intrinsic semiconductor

没有外掺杂且晶格完整的纯净半导体。其特点是费米能级居带隙中间，参与导电的电子和空穴浓度相等。在光电导器件、PIN 光探测器等方面应用。

【掺杂半导体】doped semiconductor

指掺入一定浓度某种杂质原子的半导体。其目的是改变其导电性和实现某种功能。为尽量减少因杂质掺入引起的内应力，应选择与本征半导体格点上某元素原子半径相近的杂质原子，并最好以替代方式掺入到本征半导体晶格中。掺杂半导体统一用 p 和 n，或 P 和 N 表示。只是在异质结半导体中用大写字母 P 和 N 表示宽禁带半导体，小写字母 p 和 n 表示窄禁带半导体，以示区别。

【N 型半导体】N-type semiconductor

也称电子型半导体，即掺有施主杂质的半导体，其导电由施主杂质电离后进入导带带负电的电子所为。

【P 型半导体】P-type semiconductor

也称空穴型半导体，即掺有受主杂质的半导体，其导电由受主杂质电离后进入价带带正电的空穴所为。

【直接带隙半导体】direct band gap semiconductor

该类型半导体的导带底与价带顶对应 k（动量）空间中同一波矢量 k，电子在这两个能量极值之间跃迁并直接产生光子的过程中能自持能量和动量守恒，因而有高的量子效率，这种跃迁被称为直接带隙跃迁，相应称这种半导体为直接带隙半导体，如用作半导体光发射器件有源材料的 $Ga_{1-x}Al_xAs$、$In_{1-x}Ga_xAs_yP_{1-y}$、$In_xGa_{1-x}N$ 等化合物半导体，其组元组分处于某一范围内（$0\leqslant x$，$y\leqslant 1$）。

【间接带隙半导体】indirect band gap semiconductor

该类型半导体的导带底与价带顶在 k 空间对应不同的 k 值，电子在这两个能量极值之间的跃迁必须有声子参与才能维持光子吸收或发射过程中保持能量和动量守恒，这种跃迁被称为间接带隙跃迁，相应称此类半导体为间接带隙半导体。如电子在 Ge、Si 中的跃迁为间接带隙跃迁而不适合作半导体光发射器件的有源材料。然而，在不涉及电子的带间跃迁而只涉及电子在带内运输的电子学器件中，Si 是获得最广泛应用的材料。

【体材料半导体】bulk semiconductor

半导体三维空间宏观尺寸大于电子平均自由程的半导体材料。电子在这种半导体中可相对自由地运动，即有三个自由度。常用作半导体器件的衬底材料，其宏观尺寸远大于电子的平均自由程。

【PN 结】PN junction

采用不同的掺杂工艺，通过扩散作用，将P型半导体与N型半导体制作在同一块半导体（通常是硅或锗）基片上，它们的交界面就形成空间电荷区，称为PN结。它涵盖P型一侧带负电的电离受主空间电荷区和N型一侧带正电的电离施主空间电荷区。PN结是半导体二极管的基本结构，具有单向导电性；也是半导体双极性晶体管、半导体激光器等的基本组成单元。

【同质结】homojunction

由两种带隙相同但掺杂类型不同的半导体的化学键连接的晶体界面，如PN结。

【异质结】heterojuction；heterostructure

由两种不同带隙半导体的化学键连接的晶体界面。因界面两边半导体材料折射率和带隙的差异，对注入窄带隙材料中的电子和在其内的空穴辐射复合产生的光子有双重限制作用，是高效率半导体光电子器件中的基础材料结构。要求异质结两边半导体有好的晶格匹配。

【载流子】carrier

载有电荷能传导电流的微观粒子（如电子、离子）。它们在电场作用下能作定向漂移运动而产生漂移电流；或存在浓度梯度时产生扩散电流。半导体导带中的电子和价带中的空穴均为载流子。

【本征吸收】intrinsic absorption

价带电子吸收大于或等于半导体禁带宽度的光子能量使电子从价带跃迁入导带的过程，其结果是在半导体导带和价带分别产生光生载流子电子和空穴，并引起半导体电导率变化或PN结空间电势的变化。这一现象是半导体本征型光电探测器的基本工作原理。

【非本征吸收】extrinsic absorption

光子能量不足以使价带中的电子激发到导带，从而产生对光的非本征吸收，包括杂质吸收、自由载流子吸收、激子吸收、晶格吸收等。这是半导体非本征型光电探测器的基本工作原理。相比本征吸收，非本征吸收系数要小得多。

【光电效应】photoelectric effect

某些材料受光照后产生光生载流子从而使材料电学性质（如电导率、电势差等）发生改变的现象。按光所激发的载流子是否逸出材料表面，可分成内光电效应和外光电效应两种。

【外光电效应】external photoelectric effect

又称光电发射效应，是指当入射在材料上的光子能量大于电子逸出功时，所激发的电子将克服原子核的束缚，逸出材料表面成为真空自由电子的现象。

【内光电效应】internal photoelectric effect

材料被光照射时无电子发射，但材料的导电性能发生变化（如改变电导率或产生电动势）的现象称为内光电效应。内光电效应主要有光电导效应和光生伏特效应。

【光电导效应】photoconductive effect

一种内光电效应。当半导体材料受光照时，由于对光子的吸收引起载流子浓度的变化，导致材料电导率变化，这种现象称为光电导效应。当光子能量大于材料禁带宽度时，价带中的电子被激发到导带，在价带中留下自由空穴，引起材料电导率的变化，称为本征光电导效应；若光子激发杂质半导体，使电子从施主能级跃迁到导带或从价带跃迁到受主能级，产生光生自由电子或空穴，从而引起材料电导率的变化，则称为非本征光电导效应，也称为杂质光电导效应。常见的光电导半导体材料有硅、锗、CdS、CdSe、PbS、InSb以及HgCdTe（碲镉汞）等。

【光生伏特效应】photovoltaic effect

一种内光电效应。当入射光辐射作用在半导体PN结上产生本征吸收时，价带中的光生空穴与导带中的光生电子在PN结内建电场的作用下分开，形成光生伏特电压的现象。光生伏特效应既可用于制作基于信息检测的光电池、光敏二极管、光敏三极管和半导体位置敏感传感器等，也可用于制作将光能转换成电能的太阳能电池。

【荧光】fluorescence

又作“萤光”，是一种光致发光的冷发光现象。物质（固体、液体或气体）吸收外部辐射后发射出比激励它的外部辐射波长更长的可见光辐射称荧光，并随外部激励源停止而熄灭。与磷光相比，荧光是直接由激励态返回基态所产生的光辐射，而磷光则是由缺陷形成的亚稳态发射且激励源停止后发光仍会持续一段时间。

【发光显示】light-emitting display

也称主动显示，是指材料通过电注入或光注入自身发光显示的过程。主要有阴极射线管显示、场发射显示、真空荧光显示、等离子体显示、电致发光显示，以及发光二极管显示。

【受光显示】passive display

又称为被动显示，是指材料自身不发光，而是在外界电或光的作用下材料的光学特性发生改变而实现的显示。受光显示主要分为液晶显示、电致色变显示，以及电泳显示等。

【光通量】luminous flux

光源单位时间内发出的可见光光能。代表符号为 ϕ，单位为流明(lm)。

【发光强度】luminous intensity

光源在给定方向立体角微元 $d\Omega$ 内所辐射的光通量 $d\phi$。代表符号为 I，单位为坎德拉(candela，缩写 cd)。用公式表示为：$I=\frac{d\phi}{d\Omega}$。1cd 是指单色光源(波长为 555nm)在给定方向上的辐射强度为(1/683)瓦特/球面度时单位立体角内所发出的光通量。

【光照度】lux

微面元 dS 上接收到的光通量 $d\phi$。代表符号为 E，单位为勒克斯(lx)。用公式表示为：$E=\frac{d\phi}{dS}$。

【光亮度】luminance

光发射微面元 dS 在与其法线方向呈 θ 角的传播方向上的立体角微元 $d\Omega$ 内发出光通量 $d\phi$，则光亮度定义为垂直于该传播方向正投影微元面积 $dS\cos\theta$ 上的发光强度。代表符号为 L，单位为坎德拉每平方米(cd/m^2)。用公式表示为：$L=\frac{d\phi}{dS\cdot\cos\theta\cdot d\Omega}$。人眼可感觉的亮度范围为 0.03～50000$cd/m^2$。室内观看显示器应有 70$cd/m^2$ 的亮度，室外亮度可达 300cd/m^2 以上。亮度与观测方向无关的发光物体称之为朗伯体。

【像素】pixel

图像元素(picture element)的简称，是构成图像的最小面积单位。单位面积内的像素越多，分辨率越高，图像的效果就越好。例如“640×480 显示器”，它表示横向 640 像素和纵向 480 像素，因此其总数为 640×480＝307200 像素。

【显示分辨率】display resolution

图像或显示器屏幕单位面积内基本像素单元的数量，描述分辨率的单位有：每英寸的点数(dpi)、每英寸的线数(lpi)和每英寸的像素(ppi)。

【对比度】contrast ratio

在暗室中，白色画面(最亮)的亮度除以黑色画面(最暗)的亮度即为对比度。因此白色越亮、黑色越暗，对比度就越高。例如某屏幕在全白屏状态时亮度为 500cd/m^2，全黑屏状态亮度为 0.5cd/m^2，则屏幕的对比度为 1000∶1。

【余辉】persistence

指发光材料在停止激发后，发光不会立即消失，而是持续较长时间的现象。余辉时间是指发光材料在外部激励源停止后，其亮度减小到激励时稳定亮度的 1/10 所经历的时间。按时间可分成三类：余辉时间长于 0.1s 的称为长余辉发光；余辉时间介于 0.1s 至 0.001s 的称为中余辉发光；余辉时间短于 0.001s 的称为短余辉发光。余辉太长，则发生像素重叠，图像便会模糊；若余辉时间太短，屏幕的平均亮度将会降低。

【偏振】polarization

横波(例如光波)的振动矢量在垂直传播方向的平面内可能存在各种不同振动方向的现象。它是横波区别于纵波的最明显标志。光学中，根据偏振度的大小可将光波分为完全偏振光、部分偏振光、非偏振光。在完全偏振光中，又根据光矢量的轨迹可分为线偏振光、圆偏振光和椭圆偏振光。

【色散】dispersion

参见 10.1.6【色散】。

【偏振模色散】polarization-mode dispersion

与严格意义上波长相关的色散不同，偏振

模色散是光纤内传输光的两个相互正交偏振模式传输单位距离后彼此产生的延时，单位为 ps/$\sqrt{\text{km}}$。在单模光纤中传输高比特率信号时需考虑该叠加色散的影响。

【光纤损耗】fiber loss

又称光纤衰耗，指光功率在纤内传输单位距离后的衰减量，单位为 dB/km，光纤的重要参数之一。源于纤内微观质点对入射光的瑞利散射损耗、氢氧根（OH^-）吸收损耗、紫外和红外光引起的吸收损耗和光纤掺杂离子的吸收损耗。目前石英单模光纤在 1550nm 波长有 0.16dB/km 以下的最低损耗。

【光纤数值孔径】fiber numerical aperture

用 NA 或 N.A. 表示。根据斯涅尔定律得出光纤端面所接收光线的最大入射角 α_m（又称光纤孔径角）与光纤纤芯折射率 n_1 和包层折射率 n_2 之间的关系：$n_0\sin\alpha_m=\sqrt{n_1^2-n_2^2}$，$n_0$ 为空气折射率。定义 $NA=\sqrt{n_1^2-n_2^2}$。因此，为提高光纤与半导体光发射器件的耦合效率，常对光纤端面拉锥，或进一步在拉锥后的顶端舐上融化状态的高折射率材料（如火石玻璃）而成的小球所做的微透镜处理以增大孔径角。

【衍射极限】diffraction limitation

指光学系统的性能受到衍射物理机制的限制，理想点经光学系统成像时不可能得到理想像点，而是得到一个夫朗和费衍射像斑，这一现象称之为衍射极限。该衍射像斑的艾里斑半径 r_0 与波长 λ、光阑直径 D 和系统焦距 f 有关，即 $r_0=1.22\dfrac{\lambda}{D}f$。

【存储密度】storage density

存储密度是衡量存储介质内所存数据对存储空间利用率的指标，即一个数据元素存储单元中数据所占空间与这个数据元素存储空间的百分比。

【微电子学】microelectronics

又称微系统电子学。电子学器件、电路或电子系统向微小型化发展所延伸的一个名词，集中体现在集成电路（IC）。当半导体电子学器件中对其性能有决定性影响的所谓特征尺寸（如 MOS 晶体管栅长）缩小至微米或亚微米量级而可与半导体中电子平均自由程或其德布罗意波长（de Broglie）相比拟时，电子器件及其集成系统特性和功能得到明显提升。微电子学具体体现在电子学器件或系统的微型化设计、微型化加工工艺和微型化封装。

【集成电路】integrated circuit；IC

用微加工工艺（如光刻、扩散、外延和薄膜沉积等）将电子学电路或系统中有源器件（如晶体管）和无源器件（电阻、电容、电感、二极管等）及它们之间的互联导体单片集成在半导体（通常为硅）衬底上。在同一衬底上所集成的晶体管数量定义为集成度。集成电路在提升微电子系统功能的同时能显著降低成本、提高可靠性和降低能耗。

【光子集成回路】photonic integrated circuit；PIC

简称光子集成。类比集成电路（IC），将光子器件通过平面光波导互联的单片集成，以期降低功耗、降低成本、减少体积并增加可靠性。然而，PIC 与 IC 相比难度很大：目前分立光子器件品种多且材料和工艺不一；光子器件之间的低损耗连接是依靠平面光波导的光场耦合，这将导致不同材料间光学界面上的反射损耗、光场不匹配的耦合损耗和各光学器件作用区（如半导体激光器有源区、探测器的吸收区等）离衬底高度不一所致互联波导难以平滑而产生的辐射损耗等。作为重要的长远发展方向，应在寻求不同功能光子器件在材料和制造工艺的兼容性基础上逐步提高集成规模。

【能带工程】energy-band engineering

人为改变半导体能带结构的材料改性工程。最典型的能带工程是在半导体衬底上生长出与其组元相同但组分不尽相同因而晶格常数略有差异的另一种晶体薄膜。控制薄膜厚度小于某一临界厚度，则薄膜内由于晶格失配所产生的内应力（或应变能）可通过膜内的弹性形变释放而不会明显产生影响晶体质量的位错。可控制应变量的大小和应变类型使半导体薄膜的能带结构发生有利于提高和控制半导体器件性能的变化。例如，使多重简并的能带分裂（去简并）、能带的曲率增加而使载流子的有效质量减少、相应迁移率增加，从而可提高模拟微纳电子器件的增益特性和响应频率、提高数字电子器件的开关速度、提高半导体光发射器件的跃迁速率等。在Ⅲ－Ⅴ族半导体中，应变可使轻/重空穴带在k空间原点口处的简并解除。根据应变类型(压应变或张应变)还可调整轻/重空穴带的相对位置，以此来调控受激发射光子的偏振特性，故有时又称这种调控价带的能带工程为价带工程。

【光纤通信】optical fiber communication

参见11.1.2【光纤通信】。

21.1.2 种类

21.1.2.1 半导体光电材料与器件

【低维量子材料】low-dimensional quantum material

相对半导体材料而言，若在其中三维空间中任一维、二维或三维上的几何尺寸小于电子的平均自由程，电子在这种材料中将相应失去一个、两个或全部三个自由度。统称电子自由度维数小于3的半导体材料为低维量子材料，包括自由度为2维的量子阱、1维的量子线和0维的量子点材料，可用来制作高量子效率的光发射器件的有源材料。

【量子阱】quantum well

指由2种不同带隙的半导体材料相间排列形成的、具有明显量子限制效应的电子或空穴的势阱。晶体生长时如果在两个宽带隙半导体之间的窄带隙薄层厚度小于电子平均自由程，则电子在垂直于该层方向上失去自由度。称有这种结构的材料为量子阱材料。

【多量子阱】multi-quantum well

晶体材料中量子阱数等于或大于2者为多量子阱。与超晶格不同的是通过控制势垒层厚度使量子阱之间波函数不发生相互作用，也不要求阱/垒厚度严格的周期性。

【应变量子阱】strained quantum well

一般要求由异质结构成的量子阱壁两边半导体材料的晶格常数要匹配以避免产生大的内应力和产生失配位错。但当阱层厚度小于某一临界厚度时，由晶格失配所产生的内应力可通过晶格弹性形变释放。据此，可在量子阱层和势垒层之间形成一定的晶格匹配，使阱层内产生所需的应变类型和应变量。这种应变量子阱能使半导体中价带结构发生有利于提高光发射器件内量子效率的变化。

【量子线】quantum line

使载流子在三维空间两个方向(如x，y方向)上的运动均受到约束，只能沿一个方向(z方向)自由运动的低维结构。

【量子点】quantum dot

使载流子在三维空间三个方向上的运动均受到约束的低维结构。也被称为“人造原子”“超晶格”“超原子”或“量子点原子”。

【半导体激光器】semiconductor laser

又称激光二极管，是以直接带隙半导体材料为有源工作物质，一般以晶体解理面为平行平面光学谐振腔而构成的受激发射光学器件。与其他激光器相比，半导体激光器具有体积小、寿命长、直接电注入激励因而外量子效率高、能直接以电信号调制、具有与其他半导体光电子器件单片集成的能力和廉价等优点。根据不同的半导体材料和材料组分能产生不同应用所需的带隙波长，作为信号光源在光纤通信网络获得广泛应用。大功率半导体激光器作为固体激光器、光纤放大器、光纤激光器的泵浦光源使这些器件在结构紧凑、高泵浦效率方面获得大的突破。

【低维量子半导体激光器】low-dimensional quantum semiconductor laser

用低维量子半导体材料作增益介质的半导体激光器。器件基本结构与体材料双异质结半导体激光器相同，只是两个宽带隙层之间的有源(增益)层是由载流子自由度为2维的量子阱或一维的量子线或0维的量子点材料构成。理论上半导体激光器有源(增益)介质中载流子自由度维数越小，就越能限制其扩散而产生损耗，使电子与光子的相互作用越强，因而使激光器具有量子效率和特征温度更高、直接调制能力越好等优点。多量子阱(MQW)半导体激光器(包括应变量子阱激光器)已广泛在光纤通信中用作光源、光纤放大器和光纤激光器中用作泵浦源。量子点材料生长工艺还在不断完善中，而真正意义的量子线的制备还有待工艺的突破。

【半导体光电探测器】semiconductor optical detector

利用半导体对光的吸收(本征吸收或非本征吸收)，将光辐射能(红外、可见及紫外辐射)转变成电信号从而实现对光辐射进行探测的器件。广泛用于光通信、信号处理、传感系统和测量系统。

【光电池】photovoltaic cell

一种基于半导体光伏效应的器件。它具有面积大、光电流大的特点。用于辐射探测的有硒光电池、硅光电池和硫化铊光电池等；用于将太阳能辐射转换成电能的太阳能电池则主要以硅材料太阳能电池为主，如单晶硅、多晶硅、非晶硅等。

【PIN 光电二极管】PIN photodiode

一种基于半导体光伏效应在光纤通信中常用的光电探测器。用半导体加工工艺在 PN 结之间生长轻掺杂而近乎本征的 N 层。在无外加偏压时该层已成耗尽层，其内电场使光生载流子漂移而非扩散至相应的外电极，借此提高对入射光信号的探测率和响应速度。需对 PIN 施以适当反向偏压来实现探测。在光纤通信中，PIN 与 FET 集成使用以提高探测器灵敏度。

【雪崩光电二极管】avalanche photodiode；APD

一种基于半导体光伏效应并由光生载流子产生内部增益的光电二极管。在高反压下，PN 结吸收外来光子产生高能电子-空穴对，由它们去碰撞处于束缚态的价电子而形成新的电子-空穴对。循环持续碰撞电离产生雪崩式倍增的光生载流子，再由近乎本征区的适当电场分布将光生载流子漂移至外部电极形成电流输出。对 Ge、Si 和 GaAs 材料的碰撞电离所需能量为其带隙能量 Eg 的 1.5～1.6 倍。因其工作需要高的反偏压以及光生载流子倍增产生的起伏噪声，限制其在光纤通信的应用。

【光敏电阻】photoconductor

利用具有光电导效应的材料(如硅、锗、硫化镉、硒化镉、硫化铅等半导体)制成的电导随入射光辐射变化的器件。按照光吸收原理可以分为本征型和杂质型。光谱响应范围宽，长波限可达 130μm，无极性之分，广泛应用于视觉光学系统、光电自动控制和红外跟踪成像等领域。

【光电倍增管】photomultiplier tube；PMT

一种内部有电子倍增机构的真空光电管。通常由光窗、光电阴极、电子光学系统、电子倍增系统和阳极组成。其内增益极高，是目前灵敏度最高的一种光电探测器。

21.1.2.2 光电子、微电子集成电路材料与器件

【平面光波导】planar optical waveguide

又称为二维光波导，由平面薄膜构成的限制光束传播的器件。一般包括导波层、覆盖层和衬底。导波层的折射率高于覆盖层与衬底的折射率，使光场被限制在导波层内以减少光子损耗(如双异质结半导体激光器的有源区)或限制光子在波导层内传输(如平面光波导回路 PLC)。

【硅】silicon；Si

硅属Ⅳ族元素，金刚石晶体结构，原子数为 14，电子轨道结构为[Ne]$3s^2 3p^2$。在布里渊区(亦称 k 空间)内，导带电子能量在晶体[100]方向有 6 个等值能量最小点(对应 k 空间横坐标 x 处)，并构成以[100]为主轴的椭球旋转对称等能面；价带电子在 k 空间原点 Γ 处有能量最大值，且轻空穴带和重空穴带在该点重叠(简并)。因导带电子能量最小值与价带电子能量最大值或价带空穴能量最小值不对应同一 k 空间坐标点而称间接带隙。硅的间接带隙宽度在 300K 温度时为 1.1242eV；而在 k 空间 Γ 点处导带与价带能量差即直接带隙能量为 4.135eV(190K 时)。硅已在晶体管和集成电路中成为最重要的基础材料。在光子学中，由于其间接带隙所限而不适合制作半导体激光器或发光二极管，但因其价廉可用作半导体光探测器、光开关和平面光波导回路(PLC)等。

【锗】germanium；Ge

锗属Ⅳ族元素，金刚石晶体结构，原子数为 32，电子轨道结构为[Ar]$3d^{10} 4s^2 4p^2$。布里

渊区内导带电子在[111]晶向有8个等值能量最小点(对应k空间横坐标L处),构成以[111]为主轴的椭球旋转对称等能面;价带电子在k空间原点Γ处有能量最大值,且轻空穴带和重空穴带在该点简并,属间接带隙半导体。间接带隙宽度为0.664eV(对应291K温度),在k空间Γ点的直接带隙宽度为0.805eV(293K)。锗虽成就了最早的晶体管,但在电子学和微电子学中早已为硅所取代,因其为间接带隙半导体且价格昂贵,在光子学中也难以找到合适应用。

【锗硅合金】germanium-silicon alloy; SiGe; $Si_{1-x}Ge_x$

Si和Ge同属金刚石晶体结构,但Ge的晶格常数(5.65791Å)比Si的晶格常数(5.43107Å)大4%。两者构成合金$Si_{1-x}Ge_x$($0\leqslant x\leqslant 1$)后的晶格常数比Si大,因此在Si衬底上生长的$Si_{1-x}Ge_x$膜内将产生压应变。其应变量$\varepsilon=\frac{a_{SiGe}-a_{Si}}{a_{Si}}=0.00501x^2+0.03675x$,其中$a_{SiGe}$为SiGe晶体的晶格常数,$a_{Si}$为Si晶体的晶格常数。以SiGe作基极材料所形成的Si/SiGe异质结双极晶体管(HBT)具有高电流增益和高截止工作频率特性,适合于模拟应用;在CMOS器件中,利用以Si作衬底的SiGe/Si的应变特性,能提高源-漏区间导电沟道内载流子的迁移率,有利于高速数字电路应用。由于上述两者在工艺上的兼容性,更可实现含SiGe的双极晶体管和CMOS的集成,即BiCMOS,而用于模拟/数字的混合应用。

【绝缘体上硅】silicon on insulator; SOI

又称硅在绝缘体上。在MOSFET中为避免因栅长减少所伴随的短沟效应所采取的一种芯片结构和工艺。在无需增加掺杂浓度的衬底上生长绝缘体SiO_2,再在其上生长重掺杂Si薄层而构成隐埋在源与漏区之间的沟道驱体材料,能提高CMOS的性能、适合规模化生产。尚可进一步在Si内产生适度应变而提高沟道内载流子迁移率,相应提高对电信号的处理速度。

【应变硅】strained silicon

指受到应力的硅。对MOSFET沟道区Si材料实施应变而改变其能带结构,可提高MOSFET沟道区载流子的迁移率,从而得到较大的开启电流。一种方法是在SiGe缓冲层或衬底上生长Si薄膜,而在Si膜内产生双轴张应变,结果使六重简并导带中低有效质量的二重简并椭球能量降低,因而导带电子多处于该子带能谷而具有高的电子迁移率。双轴张应变也使轻/重空穴简并解除,从而有更多空穴处于有效质量相对较小的轻空穴带内。这种双轴应变对nMOSFET和pMOSFET均有利。另一种方法是通过局部微加工对Si施以单轴(即一个方向)应变,张应变提高电子迁移率,对nMOSFET有利;而单轴压应变提高空穴迁移率而有利于pMOSFET。

【二氧化硅】silicon dioxide

参见10.3.2【二氧化硅】。

【镓铝砷】gallium aluminum arsenide; GaAlAs

由砷化镓(GaAs)和砷化铝(AlAs)组成的Ⅲ-Ⅴ族化合物,直接带隙半导体,闪锌矿晶体结构。以部分铝原子取代晶格点阵上的镓原子,即$Ga_{1-x}Al_xAs$($0\leqslant x\leqslant 1$),相应的直接带隙能量为Eg(eV)=1.424+1.247x,其中$0\leqslant x\leqslant 0.45$。由此可以得到从600nm至870nm光谱范围内不同的光发射波长,是最早针对石英光纤第一个低损耗窗口(850nm)实现光纤通信的激光器有源材料。

【磷化铟】indium phosphide; InP

由磷(P)和铟(In)组成的Ⅲ-Ⅴ族化合物,直接带隙半导体,闪锌矿晶体结构。导带最低能谷位于k空间原点Γ处,次低的能谷是L和X,其中X带与其他多数Ⅲ-Ⅴ族闪锌矿晶体不同,无"驼背"。轻空穴价带和重空穴价带在Γ点简并(重叠)。室温(300K)带隙宽度为1.344eV。InP被广泛用于光纤通信系统1250~1650nm各波段半导体激光源的衬底材料。

【铟镓砷磷】indium gallium arsenide phosphide; In GaAsP

由GaAs和InP组成的Ⅲ-Ⅴ族化合物,直接带隙半导体,具有与GaAs和InP相同的闪锌矿晶体结构和类似的能带结构。分别调整其中两个Ⅲ族元素(Ga和In)和两个Ⅴ族元素(As和P)的组分，即$In_{1-x}Ga_xAs_yP_{1-y}$($0\leqslant x, y\leqslant 1$)，由弗加定律可得到匹配目前石英光纤低损耗各波段(1250～1650nm)的光激射波长。以InP为衬底和以InGaAsP为有源工作物质的半导体激光器已广泛用于光纤通信。

【晶体管】transistor

由高纯度的半导体单晶所制成对外来电信号进行放大的全固态器件。通过对注入晶体管内载流子(电子或空穴)输运过程行为的控制实现电信号增益、开关等功能。具有线性增益高、工作频带宽、工作寿命长、功耗低和体积小等优点，是电子学和信息产业得以迅速发展的基础。包括双极晶体管和单极性晶体管(场效应晶体管)。

【双极晶体管】bipolar transistor

半导体材料中带负电的电子和带正电的空穴两种不同电荷极性载流子共同参与对电信号放大的晶体管。两个PN结构成NPN或PNP器件结构，又称双结晶体管或双极结型晶体管。包含重掺杂的发射极(E)、轻掺杂基极(B)和中度掺杂集电极(C)三个电极。对外加电信号有高的线性增益和高频响应特性，适合模拟和射频信号应用。器件结构和形成工艺相对复杂，不便规模化集成，多数应用已为MOSFET所取代。

【场效应晶体管】field-effect transistor; FET

利用垂直施加于半导体表面局部的直流电场改变其表面薄层内载流子浓度乃至改变其内载流子(电子或空穴)导电类型(反型)所成的晶体管。

【金属-氧化物-半导体场效应晶体管】metal-oxide-semiconductor field-effect transistor; MOSFET

一种以金属层(M)的栅极隔着氧化层(O)利用电场效应来控制半导体(S)的场效应晶体管。在半导体衬底两侧形成与衬底掺杂类型相反的重掺杂区，分别构成MOSFET的源(source)区(S)和漏(drain)区(D)，即为载流子的输入源和输出端。在两者之间的半导体表面上依次生长SiO_2绝缘层和金属层而形成控制电场效应的栅(gate)极(G)。当在栅极与衬底底部之间施以适当极性的电场且其大小达到阈值电压，则源与漏区间将形成与衬底杂质类型相反的载流子导电沟道。例如，源和漏区为重掺杂施主杂质的n^+区，场效应使p型衬底表面薄层形成电子导电沟道。用nMOS表示这种场效应晶体管；相反情况的场效应晶体管用pMOS表示。现在多用重掺杂多晶硅代替金属栅电极，但习惯仍以MOSFET称谓。相对双极晶体管，MOSFET功能只是由一种载流子(电子或空穴)来实现，因而是单极晶体管。因其完全基于平面加工工艺，适合规模化单片集成；FET为电场调控器件，功耗低，已获广泛应用。

【CMOS】complementary metal-oxide-semiconductor

将nMOSFET和pMOSFET单片集成在一起形成功能互补的器件。与双极晶体管数字电路相比具有功耗低、通过平面工艺实现规模化集成等优点。CMOS已成为通过对半导体材料的处理或微加工直接形成相关电路元件乃至电路的典范，是微纳电子学的基础，已获得最广泛的应用。

21.1.2.3 光电显示材料与器件

【阴极射线管显示】cathode ray tube display; CRT display

将电信号转变为光学图像的一类电子束管，即传统的电视机显像管。它主要由电子枪、偏转线圈、管壳、荧光屏和玻璃外壳构成。阴极射线管显示是利用电子枪在加速场作用下产生高速电子束，轰击荧光屏幕上的荧光粉而发光。通过电压调节电子枪发射电子束的功率，就会在屏幕上形成明暗不同的光点，形成各种图案和文字，但因其体积大和能耗高，除特殊应用外，多为液晶显示等平板显示所替代。

【场致发射显示】field emission display; FED

在发射与接收电极中施以高电压以产生电场，在真空中让电子撞击荧光粉发光而实现显示。显示原理与阴极射线管(CRT)显示类似，不同之处在于：阴极射线管由单一的电子枪发射电子束，通过偏转线圈来控制电子束发射扫描的方向，而场发射显示器则是冷阴极微尖阵列场发射，本质上是由许多微型 CRT 组成，实际是 CRT 的平板化，兼有 CRT 和固体平板显示器件的优点，不需要传统偏转系统；其次是工作电压低，阴极射线管显示大约需要15～30kV 左右的工作电压，而场发射显示的阴极电压约小于 1kV。

【等离子体平板显示】plasma display panel；PDP

利用气体放电产生等离子体激发荧光粉产生可见光进行显示。等离子体显示板是由很多等离子体管放电胞单元即像素单元组成的平板显示器件。每个像素单元内壁涂覆有红绿蓝三基色荧光粉并密封有惰性气体，如 Ne 和 Xe 或 He 和 Xe 的惰性气体。对放电胞施加电压，发生气体放电，惰性气体游离产生等离子体。等离子体产生的紫外光激发荧光粉产生可见光从而实现显示。

【发光二极管显示】light emitting diode display；LED display

利用发光二极管(LED)实现信号指示、普通照明或彩色显示。LED 是一种将电能转换成光能的固体电致发光 PN 结半导体器件，常由Ⅲ-Ⅳ族或Ⅲ-Ⅴ族化合物半导体单晶材料如磷化镓(GaP)、镓铝砷(GaAlAs)或砷化镓(GaAs)、氮化镓(GaN)等制成。其发光机理是：在 PN 结两端施加正向电压时，N 区的电子注入 P 区，与 P 区的空穴复合而发光。发光波长由 PN 结材料带隙宽度决定。

【电致发光显示】electroluminescence display；ELD

利用发光材料受电场激励后发出可见光来进行显示。电致发光又称电场发光，是指被电场激发的电子碰撞发光中心导致电子能级的跃迁、变化、复合导致发光的一种物理现象。

【电致变色显示】electrochromic display；ECD

利用材料的光学属性(反射率、透过率、吸收率等)在外加电场的作用下发生稳定、可逆的颜色变化的现象进行显示。电致变色器件是一种典型的光学薄膜和电子薄膜相结合的光电子薄膜器件，能够在外加低压驱动的作用下实现可逆的色彩变化，可以应用在被动显示、灵巧变色窗等领域。

【液晶显示】liquid crystal display；LCD

利用液晶在电场作用下光学性质的改变并转变为视觉变化，实现图像和数字的显示。液晶是一类具有液体的流动性和晶体的各向异性的化合物，常用的液晶为棒状分子热致液晶。在电场的作用下，液晶分子的排列状态会受到改变，从而产生双折射、旋光、二向色性、光散射等各种光学性质的变化并转变为视觉变化，实现图像和数字的显示。液晶显示的模式很多，目前主要有扭曲向列液晶显示(TN-LCD)、超扭曲向列液晶显示(STN-LCD)及薄膜晶体管扭曲向列液晶显示(TFT-TN-LCD)，这些液晶显示器件在手表、计算器、仪器仪表显示、计算机终端显示和液晶电视等得到了广泛的应用。

【电泳显示】electrophoretic display；EPD

利用电泳效应，使悬浮于液体中的电荷粒子在外电场作用下定向移动并附着在电极上来实现显示。将色素微粒混入适当液体制成胶质悬浮液，置于两平行板电极(其中至少有一个为透明电极)之间，其中色素微粒由于吸附液体中杂质离子而带同号电荷。当加上外电场，色素微粒便移向一个电极，该电极就呈色素微粒颜色；一旦电场反向，微粒也反向移动，该电极又变成悬浮液的颜色。悬浮颜色相当于背景颜色，微粒颜色就是欲显示的字符颜色，两者之间应有较大的反差，将透明电极制成需要的电极形状就可以显示出较复杂的图形，是类纸式显示器较早发展的显示技术。

【荧光粉】phosphor

一种在辐射作用下会激发出可见光且发光过程中温度不变的光致发光固体材料。常用的荧光粉有 YAG(钇铝石榴石)铝酸盐荧光粉、硅酸盐荧光粉、氮化物荧光粉等。荧光粉可用于各种显示、照明和检测。在 LED 白光照明中，荧光粉起着频率下转换作用，它吸收来自 LED 的紫外、紫光或蓝光再转换成波长更长的可见光。

21.1.2.4 存储信息材料

【光存储材料】optical memory material

一种用于光盘信息的写入、擦除、读出的功能材料。聚焦激光束作用到已刻写的光盘存储材料表面，其反射率发生变化，从而读出信号。依信息存储的类型，光盘存储材料可分为只读型(ROM)、一次写入型(WORM)和可擦写型(RW)，其中一次写入型材料通过发生不可逆的物理化学变化(如烧蚀、起泡、熔融等)来写入数据，因此信息一经写入便不可擦除；而可擦写型材料通常基于相变等可逆的物理化学变化，利用存储材料在两个稳态之间的可逆变化来实现反复的擦和写。从材料的属性出发，光盘存储材料可分为有机和无机两类，其中有机存储材料主要用于一次写入型光盘，主要有花菁、酞菁及偶氮；而无机存储材料在可擦写型光盘中占据优势，主要有 GeSbTe、AgInSbTe 等硫系化合物半导体相变材料。在激光作用下，相变材料发生晶相和非晶相之间的可逆转变，导致反射率变化，实现信息的擦和写。

【磁记录材料】magnetic recording material

指用于磁存储技术的磁性材料。利用磁性材料的磁滞回线的两个剩磁态 +Br 和 −Br 分别存储“1”和“0”状态，进行信息写入和读出。用于硬盘存储技术的磁性材料可分为纵向磁记录介质、垂直磁记录介质、图案化介质和热辅助磁记录介质等。纵向磁记录介质的磁化方向与介质表面平行，如 CoCr 基材料等。垂直磁记录材料的易磁化方向与介质表面垂直，能提高磁存储密度，主要有 CoCr 基合金介质(如 CoCrPt 等)、Co/Pt 多层膜、铁氧体材料(如钡铁氧体和锶铁氧体)、FePt 和 CoPt、$SmCo_5$ 等。图案化介质是由具有强的单轴磁各向异性材料如 FePt 和 CoPt、$SmCo_5$ 等构成，采用高分辨率的刻蚀技术，将介质划分成有序排列的多个彼此隔离的图案化磁单元，每个单元形成单个磁畴区域，用来储存 1 比特的信息。图案化介质增加了信息储存寿命，减小噪声，同时显著提高了记录密度。热辅助磁记录是利用激光辅助加热，温度的升高使垂直磁记录材料的矫顽力降低，从而实现利用较弱的磁场来写入数据。这既可以克服在高矫顽力介质上的写入困难，又能改善信息位的热稳定性，因此可以显著提高磁盘的记录密度。用于热辅助磁记录介质的主要有 FePt 和 CoPt、$SmCo_5$ 等高垂直各向异性材料。

【固态存储器材料】solid state memory material

常温下以固态形式存在的信息存储材料。根据存储机制的不同，可分为铁电存储器材料、相变存储器材料、磁随机存储器材料、阻变随机存储器材料等类型。

【铁电存储器材料】ferroelectric memory material

一种利用剩余极化特性存储信息的功能材料。典型材料有锆钛酸铅($PbZr_xTi_{1-x}O_3$，PZT)、钽酸锶铋($SrBiTa_2O_9$，SBT)、掺镧钛酸铋($Bi_{0.25}La_{0.75}Ti_3O_{12}$，BLT)以及掺钕钛酸铋($Bi_{0.15}Nd_{0.85}Ti_3O_{12}$，BNdT)等。属正四面体钙钛矿型晶体结构，在外电场作用下，晶胞中心原子会产生向上或向下的物理偏移，去除外电场后，原子不回到晶胞中心，整个晶胞的正、负电荷中心不再重合，而表现出一定的电极化特性。用这两个稳定态分别代表数字逻辑中的“1”和“0”，实现信息存储。

【相变存储器材料】phase change memory material

一种利用可逆转相变特性来存储信息的材料。在电脉冲产生焦耳热作用下，这种材料在非晶态和晶态之间发生快速可逆转变，且两态间存在较大电阻差异，可用于信息随机存储。相变存储器材料分两大类，一类以三元 GeTe-SbTe 合金为代表，如 $Ge_2Sb_2Te_5$、$Ge_1Sb_2Te_4$、$Ge_1Sb_4Te_7$，另一类以富 Sb 的 Sb_2Te 合金为代表，如 AgInSbTe 相变随机存储器具有优良的存储特性，器件尺寸可等比例缩小、动态数据范围大、读写速度快、结构简单、与 CMOS 工艺兼容性好。

【磁随机存储器材料】magnetic random access memory material; MRAM

一种利用磁致电阻效应来实现高低两种电阻状态的转换而达到二值存储的材料。在磁随机存储器中，基本存储单元为磁隧道结。它是由铁磁金属层/绝缘层/铁磁金属层形成的三明治(sandwich)结构。绝缘层两侧的 Co/Fe/Ni 合金铁磁薄膜层分别为参考层和存储层；绝缘层材料有 MgO、AlOx 等。当上下两层铁磁薄膜的磁化方向平行时，磁电阻比反平行时小，因而可以检测存储的信息。按写入方式分为传统 MRAM 和自旋力矩转移 MRAM（STT-MRAM)。传统 MRAM 是采用正交电流产生的奥斯特磁场翻转磁隧道结自由层完成信息写入。而 STT-MRAM 是利用自旋力矩转移翻转磁隧道结自由层完成信息写入。STT-MRAM 具有超高速度、擦写次数极高、低功耗、抗辐射等优良特性。

【阻变随机存储器材料】resistive random access memory material；ReRAM

一种利用在电激励下呈现不同电阻状态的转变现象来进行存储的材料。在电极一阻变材料一电极三层交叉结构的阻变随机存储器中，这种充当信息存储层的功能材料在电压扫描下，表现出伏安特性的电滞回线；在电脉冲作用下，存在两个及以上的电阻状态的可逆转变。以伏安特性作为区分，阻变材料可分为单极性和双极性。导致材料发生阻变的机制很多，主要可分为导电丝型、电荷俘获释放型、界面势垒调节型、电致化学转变型等。按材料类型分为无机和有机两大类，无机材料主要包括 $SrZrO_3$、$Pr_xCa_{1-x}MnO_3$（PCMO）和 $La_xSr_{1-x}MnO_3$(LSMO)等多元钙钛矿氧化物，TiO_2、Ta_2O_5、HfO_2、ZrO_2、CuO_x 等过渡金属氧化物，$GeSe_x$、Ag_2S、$Ge_2Sb_2Te_5$、AgInSbTe 等硫族固态电解质材料，AlN 等氮化物，以及非晶硅、非晶碳等材料。无机材料制备的阻变存储器结构简单、功耗低、擦写速度快、存储密度高、重复擦写次数高、存储时间长，并存在多值存储和三维存储潜力等优点。有机材料主要是 Alq_3、AIDCN 等有机小分子材料，以及聚苯乙烯、聚乙炔等有机聚合物材料。有机材料阻变存储器有高度的柔韧性、制备简单、成本低廉的特点。

21.1.2.5 光纤通信材料及器件

【光纤预制棒】optical fiber preform

参见 11.3.1【光纤预制棒】。

【光缆】optical fiber cable

参见 11.2.2【光缆】。

【石英光纤】silica fiber

参见 11.2.2【石英光纤】。

【包层掺杂石英光纤】doped-clad silica fiber

参见 11.2.2【石英光纤】。

【硬包层石英光纤】hard-clad silica fiber

参见 11.2.2【石英光纤】。

【聚合物包层石英光纤】polymer-clad silica fiber

参见 11.2.2【石英光纤】。

【树脂包层石英光纤】resin-clad silica fiber

参见 11.2.2【石英光纤】。

【复合光纤】compound fiber

在光纤纤芯 SiO_2 原料中，适当混合诸如氧化钠（Na_2O)、氧化硼（B_2O_2）、氧化钾(K_2O_2)等氧化物的多成分玻璃做成的光纤。特点是该多成分玻璃比石英的软化点低，且纤芯与包层的折射率差较大，更利于光在芯径中传输。主要用在医疗业务的光纤内窥镜。

【塑包光纤】plastic cladding fiber

一种大直径(200μm)石英纤芯和塑料包层(有机硅弹性体，直径 380μm)的光纤。衰耗和成本介于石英光纤和塑料光纤之间。衰耗为 5～8dB/km，曾用于 850nm 通信窗口。

【双包层光纤】double-clad fiber

在光纤激光器和光纤放大器中，为获得高的泵浦光效率，并使泵浦光在稀土掺杂石英纤芯内所产生的受激发射光有好的光学质量，而在纤芯外采用的一种内包层和外包层的双包层结构。内包层石英的折射率介于纤芯和外包层之间，数值孔径在 0.28 左右。泵浦光被耦合入内包层并在该层传输过程中对纤芯内的稀土离子泵浦。为使更多的内包层模耦合到芯区，不宜用圆对称性高的双包层结构，而多采用“D”形、偏心或椭圆内包层。内包层与纤芯截面面积比宜在 100～1000。该比值过大将使有效泵浦光被纤芯吸收长度变大，使纤芯内泵浦强度变小。外包层可采用掺氟石英材料。

【有源光纤】active optical fiber

参见 11.2.2【有源光纤】。

【稀土掺杂光纤】rare-earth doped fiber

在石英基质材料内掺入某些稀土元素，如铒（Er）、钕（Nd）、镨（Pr）、钬（Ho）、铕（Eu）、镱（Yb）、镝（Dy）、铥（Tm）等所拉制成的一种光纤增益介质或有源光纤，是制造光纤激光器和光纤放大器的关键材料。类似在固体激光基质材料（如 YAG、YVO4、玻璃）中掺入稀土离子钕（Nd），从而在泵浦光作用下使稀土离子在能级间跃迁和产生粒子数反转，最终产生受激发射（激光）。稀土掺杂光纤是根据所要求的输出波长和光泵浦效率而选择所掺入的稀土离子和相应的泵浦波长，如附表所示。要求稀土离子的激励态对泵浦光有强的吸收且不产生激励态自吸收，有高的亚稳态（激光上能级）寿命而产生高的粒子数反转。光纤有长的表面/体积比有利于散热，可以获得所需的增益长度；用双包层光纤和包层泵浦使泵浦光更有效与有源光纤作用；用半导体激光器泵浦，使整个光纤激光器或放大器结构紧凑和高效。掺铒光纤放大器（erbium-doped fiber, EDFA）为开拓光纤通信 C 波段发挥了关键作用。

几种常用的有源稀土离子、寄主材料和其重要发射波长

离子	寄主玻璃	重要发射波长（m）
钕（Nd^{3+}）	硅酸盐和磷化物	1.03～1.1，0.9～0.95，1.32～1.35
镱（Yb^{3+}）	硅酸盐和磷酸盐	1.0～1.1
铒（Er^{3+}）	硅酸盐和磷化物，氟化物	1.5～1.6，2.7，0.55
铥（Tm^{3+}）	硅酸盐和锗化物，氟化物等	1.7～2.1，1.45～1.53，0.48，0.8
镨（Pr^{3+}）	硅酸盐和氟化物	1.3，0.635，0.6，0.52，0.49
钬（Ho^{3+}）	硅酸盐和氟锌玻璃	2.1，2.9

【塑料光纤】plastic optical fiber；POF

一种纤芯和包层材料均为塑料（聚合物或高分子材料）的光纤，又称为聚合物光纤、高聚物光纤或有机光纤。按折射率分布分类，可分为阶跃折射率分布型塑料光纤和渐变折射率分布型塑料光纤；按芯材分类，则分为聚甲基丙烯酸甲酯（PMMA）芯塑料光纤、聚苯乙烯（PS）芯塑料光纤和聚碳酸酯（PC）芯塑料光纤。包层一般为含氟聚合物。塑料光纤有大的芯/包层直径（480/500、735/750、980/1000，单位为 μm），成本低，有柔韧性，小弯曲半径，但损耗大和具有可燃性。曾用作汽车音响系统或对带宽和距离要求不高的通信系统。

【聚合物光纤】polymer optical fiber；POF

参见 11.2.2【聚合物光纤】。

【塑料闪烁光纤】plastic scintillating fiber；PSF

参见 11.2.2【塑料闪烁光纤】。

【荧光光纤】fluorescence optical fiber

参见 11.2.2【荧光光纤】。

【液芯光纤】liquid core fiber

参见 11.2.2【液芯光纤】。

【氟化物光纤】fluoride fiber

由氟化物玻璃做成的光纤。这种光纤原料为氟化锆（ZrF_4）、氟化钡（BaF_2）、氟化镧（LaF_3）、氟化铝（$A1F_2$）、氟化钠（NaF）等氟化物玻璃原料。氟化物光纤曾被认为具有超低损耗的可能性，其理论上的最低损耗，在 3μm 波长时可达 10^{-2}～10^{-3} dB/km，但至今可达到的损耗仍在每公里数分贝水平。

【单晶光纤】single crystal optical fiber

参见 11.2.2【单晶光纤】。

【多晶光纤】multicrystal optical fiber

参见 11.2.2【多晶光纤】。

【阶跃折射率光纤】step-index optical fiber；SIOF

由具有折射率为 n_1 的均匀芯和折射率为 n_2（$n_2 < n_1$）的均匀包层构成的光纤。光波的电磁场在与传输方向垂直的方向上很快衰减。

【渐变折射率光纤】graded-index optical fiber；GIOF

又称自聚焦光纤。一种纤芯折射率连续变化的光纤。在光纤纤芯截面中心有最高的折射率，而沿径向折射率依幂指数衰减至与包层相匹配的折射率。幂指数为 2 的抛物线折射率分布有最好的带宽特性。多模石英光纤取此种折射率分布，可以减少多模光纤的模式色散。

【自聚焦光纤】self-focusing optical fiber

参见 11.2.2【自聚焦光纤】。

【W 型光纤】W-type optical fiber

一种在纤芯与包层之间设有一折射率低于包层缓冲层的光纤，为双包层光纤的一种。可以实现在 1.3～1.6μm 之间色散变化很小的色散平坦光纤，或把零色散波长位移到 1.55μm 的色散位移光纤。

【偏心光纤】eccentric-core fiber

纤芯设置在偏离中心且接近包层外线的偏心位置的一种异型光纤。由于纤芯靠近外表，部分光场会溢出包层传播，主要用于光学传感系统。

【锥形光纤】conical fiber

参见 11.2.2【锥形光纤】。

【多模光纤】multi-mode fiber

参见 11.2.2【多模光纤】。

【单模光纤】single-mode fiber

参见 11.2.2【单模光纤】。

【红外光纤】infrared optical fiber

参见 11.2.2【红外光纤】。

【紫外光纤】ultraviolet optical fiber

参见 11.2.2【紫外光纤】。

【侧面发光光纤】side-glowing optical fiber; side-emitting optical fiber

参见 11.2.2【侧面发光光纤】。

【全波光纤】full wave fiber

参见 11.2.2【全波光纤】。

【保偏光纤】polarization maintaining fiber; PMF

参见 11.2.2【保偏光纤】。

【光子晶体光纤】photonic crystal fiber; PCF

一簇用作包层材料的空心石英毛细管依周期有序地紧密排布在用作纤芯材料的实心纯石英棒周围，由此构成的预制棒所拉制的光纤称光子晶体光纤，又称作微结构光纤。因在光纤横截面上呈现类比电子晶体那样的周期点阵结构而得名光子晶体。其周期尺寸与光波长相比拟。石英空心毛细管可排列成三角、六角等“晶体”结构。空心管包层提高了光纤芯与包层间的折射率对比度。通过调整周期尺寸、空心光纤孔径和两者的比例，可灵活调控群速色散、产生高折射、高非线性、实现从紫外到红外的单模工作等普通光纤所不具备的特性。还可在实心纤芯棒内引入一个或多个空心管作为广义的掺杂，得到光子带隙(PBG)光纤，类似在半导体晶体进行掺杂那样可以开拓一些新的特性和应用。然而要按所设计的光子晶体点阵进行无畸变的长距离光纤的拉制有较大的工艺难度。

【色散补偿光纤】dispersion-compensated fiber; DCF

参见 11.2.2【色散补偿光纤】。

【色散平坦光纤】dispersion-flattened fiber; DFF

参见 11.2.2【色散平坦光纤】。

【色散位移光纤】dispersion-shifted fiber; DSF

参见 11.2.2【色散位移光纤】。

【非色散位移光纤】dispersion-unshifted fiber

参见 11.2.2【非色散位移光纤】。

【非零色散位移光纤】non-zero dispersion shifted fiber; NZ-DSF

参见 11.2.2【非零色散位移光纤】。

【截止波长位移光纤】cut-off shifted single-mode optical fiber; CSF

参见 11.2.2【截止波长位移光纤】。

【光无源器件】optical passive device

又称无源光器件。它是一种输出是输入信号或输入信号的函数，且不发生光电能量转换的器件。可实现对传输光信号或能量进行连接、分配、合并或衰减等，包括光纤连接器、光纤耦合器、光分路器、光纤滤波器、光衰减器和光隔离器等。

【光纤耦合器】fiber-optic coupler

参见 11.2.2【光纤耦合器】。

【光纤连接器】fiber-optic connector

参见 11.2.2【光纤连接器】。

【波分复用器】wavelength division multiplexer

将两种或多种不同波长的光载波信号在发送端汇合在一起，并耦合到同一根光纤中进行传输的器件，也称合波器，是波分复用系统中的核心部件。按制造方式主要分为：多层介质薄膜型、熔锥型、光纤光栅型。多层介质薄膜型多用于多模光纤通信系统，其插入损耗为1～2dB，波长隔离度可达50～60dB，但由于是分立元件调试较困难；熔锥型插入损耗低，无需波长选择器件，但尺寸较大，复用波长数少；光纤光栅型具有低损耗、易耦合、窄通带和高分辨率的优点，但动态范围较窄。

【解复用器】demultiplexer

从一根光纤的合路信号中分解出不同波长的单波信号的器件，也称分波器，是波分复用系统中的核心部件。其分类及特点见本节【波分复用器】。

【光隔离器】optical isolator

只允许光沿一个方向传输而禁止光反向传输的一种光学非互易传输器件。功能类似电学中单向工作的二极管。光隔离器包括起偏器、法拉第旋转器和减偏器。法拉第旋转器工作原理即为磁光材料(如石榴石单晶、尖晶石晶体等)的磁致旋光效应(也称法拉第效应)。当起偏器和检偏器透光轴方向相差45°时，正向传输光经法拉第旋转器后，偏振方向被旋转45°，可通过检偏器进入后续光路；而反射光由于再次经过法拉第旋转器，偏振方向旋转角将叠加而不抵消(旋转角加倍成90度)，导致反射光被阻断，无法从起偏器输出。光隔离器的特性是：正向插入损耗低，反向隔离度高。光隔离器被广泛应用于光通信系统，如：半导体激光器、光放大器、环形腔激光器等。

【光环行器】optical circulator

能够实现光沿着规定路径进行传输的一种多端口光学非互易传输器件。与光隔离器工作原理类似，只是光隔离器为双端口器件；光环行器为多端口(端口数N大于等于3)器件，常用的有三端口和四端口。如附图所示，光信号由端口1输入时，由端口2低损耗输出，其他端口被隔离无光输出；当光信号由端口2输入时，由端口3低损耗输出，其他端口处被隔离无光输出，以此类推，完成顺序传输光的功能。光环形器在光通信中单纤双向通信、上/下话路、合波/分波及色散补偿等领域有广泛的应用。

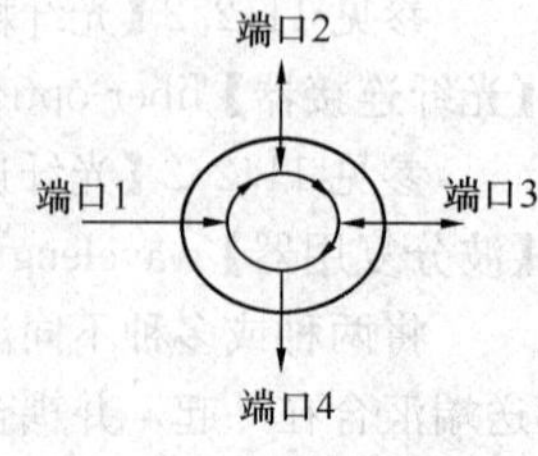

光环行器示意图

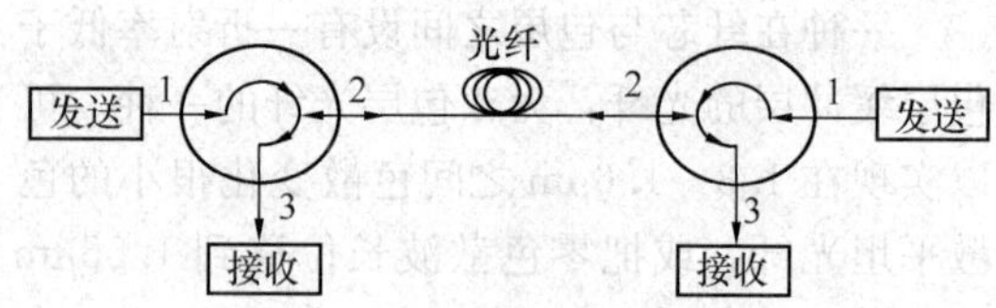

光环行器用于单纤双向通信示意图

【光纤衰减器】fiber attenuator

一种用来在光纤线路中对光功率进行预定量衰减的光无源器件。相当于电学中的电阻。从功能上可分为固定衰减型和可调衰减型(0～30dB)；从工作原理上主要分为位移型(在光纤对接时设置一定位置错位而衰减光能)、镀膜型(在光纤端面上镀制吸收或反射膜来衰减光能)、衰减片型(在对接光纤中插入中性滤光片来衰减光能)、液晶型(在对接光纤中插入液晶元件，利用液晶元件加电压时的双折射特性实现输出光功率衰减)。

【光有源器件】optical active device

又称有源光器件。它是一种需光电能量转换，才能将一个或多个光输入信号变换成一个或多个光输出信号的器件。包括光收发器、光调制器、光开关、光探测器、光纤激光器和光放大器等。

【光放大器】optical amplifier

对来自外部的光子能量(或功率)进行放大的光子器件。与激光器是对增益介质内产生的光子谐振放大不同，光放大器是由外来光子在增益介质内引起受激发射。光放大器一般采用没有谐振腔的行波放大方式，因而有较宽的增益谱宽和较好的温度稳定性。在信息领域用的光放大器有掺稀土元素的光纤放大器、光纤拉曼放大器和半导体光放大器。针对广泛采用的波分复用光纤通信系统所用的光放大器，除要求在尽可能低的激励(或泵浦)能量或功率下获取高的光增益外，还要求尽可能宽且平坦的增益谱、尽可能低的噪声指数、增益与光的偏振态相关性小等特性。

【半导体光放大器】semiconductor optical amplifier; SOA

一种基于半导体增益介质的光放大器。与半导体激光器不同的是需对半导体增益介质芯片的晶体解理面镀以增透膜，以避免谐振效应而成为有实用价值的行波式光放大器。张应变多量子阱半导体增益介质与体材料相比提高了增益系数和饱和增益，减少了增益与入射光偏振的相关性。原则上 SOA 可放大来自相同增益介质的半导体激光器的光子而成为“全波”光放大器。与光纤放大器相比，其突出优点是直接电注入泵浦，因而功耗低，体积小，且具有与其他半导体光子器件单片集成的能力。然而，与光纤放大器相比较，它与外光纤连接只能通过模场匹配进行耦合，输入和输出两次耦合造成大的耦合损耗，因而至少减少净增益 2×3.5dB 以上；同时，半导体材料的能带结构所固有的较大的自发发射光子影响，使 SOA 的噪声指数比 EDFA 大。基于这些缺点，SOA 还不宜用于光纤传输系统。然而，取其优点和利用它的非线性，SOA 在全光信号处理方面(如波长转换、光子逻辑、光交换等)有重要的应用价值。

【掺铒光纤放大器】Er^{+3} doped fiber amplifier; EDFA

一种在光纤内掺稀土离子 Er^{+3} 的光放大器。铒离子具有激励态、亚稳态和基态三能级结构。在外部泵浦能量激励下，将处于基态的粒子泵浦至激励态，再通过非辐射弛豫至亚稳态，在亚稳态平均寿命期内积累粒子数并与基态形成粒子数反转，从而实现对匹配于亚稳态与基态能级能量之差的外来光子能量放大。EDFA 可与外部传输光纤直接熔接，因而损耗小，这是光纤放大器的固有优点，与此同时还具有高的饱和输出功率，亚稳态寿命长(~10ms)，因而可获得高的光增益。亚稳态与基态能级差正与石英光纤低损耗的 C+L 带匹配，对 1530~1625nm 波长的光信号放大，噪声指数低，增益与光偏振的相关性小。EDFA 采用半导体激光器提供高效率的泵浦源。其中，波长为 1480nm 的泵浦源因价格相对便宜而适于在光纤通信中作线路放大器；波长为 980nm 的泵浦源虽成本略高，但因其有较低的噪声指数而选作光接收机的前置光放大器。

【拉曼光纤放大器】Raman fiber amplifier; RFA

利用光学非线性受激拉曼(Raman)效应将耦合到光纤内的强泵浦光能量转移到信号光束上，从而实现对弱光信号进行放大的一种光纤放大器。泵浦光耦合到石英光纤内分子振动模式上，并在比泵浦光波长长约 60~100nm Raman 平移量处获得 Raman 增益谱的峰值。原理上 RFA 可实现“全波”信号放大。RFA 的突出优点是有很低的噪声指数，因其泵浦功率高(瓦级)，只在超长距离光纤传输系统中辅以少量应用，以平衡 EDFA 的噪声。

【光纤激光器】fiber laser

参见 11.2.2【光纤激光器】。

【光调制器】optical modulator

对某一光波特性如振幅、频率、相位和偏振等实施调制而产生光信息的光子器件。在光通信中的光调制器常指振幅调制器。将幅度变化的编码信息加载于光调制器，使连续光依电信号振幅变化而“复制”出光信号。对低速(如 SDH 规范的 622Mbit/s 以下的速率)电信号可通过含电感(加直流偏置而阻交流)和电容(隔直流而加载交流信号)的匹配器(称 bias-T)直接加于半导体激光器电极上实施光调制，使电信号直接变成光信号，此为直接调制或内调制。但对更高速率的信号，由于直接调制将产生严重的频率啁啾使调制出的光信号畸变，需采用光调制器对半导体激光器输出的连续光进行外调制。实用的光调制器有基于铌酸锂($LiNbO_3$)材料和基于多量子阱半导体材料的电吸收(EA)调制器。

【铌酸锂光调制器】$LiNbO_3$ optical modulator

一种利用 $LiNbO_3$ 晶体一次(线性)电光效应或泡克尔斯效应(Pockels effect)所制成的光振幅或相位调制器。泡克尔斯效应仅存在于不具反演对称性晶体中，其特点是在某一晶向施加电场引起该晶体折射率随电场强度线性变化，其比例系数(电光系数)与方向有关，大小直接关联着调制器对外来电信号的调制深度和啁啾特性。$LiNbO_3$ 是 3m 点群对称的双折射晶体，在 1150～3390nm 的测试波长范围内，寻常光折射率 n_0 为 2.229～2.136、非寻常光折射率 n_e 为 2.150～2.073。利用其电光系数分量中其 γ_{33} 大的特点(6330nm 波长处 $\gamma_{33}=30.8$，3390nm 波长处 $\gamma_{33}=28$)，在 z 方向的电场能引起大的折射率变化。$LiNbO_3$ 晶体可采用 x 方向切割、y 方向传光或 z 方向切割、y 方向传光两种方式。常用钛(Ti)扩散法形成器件结构所需的光波导。在 x 向切割方式中，金属电极置于波导两侧的晶体表面；而对 z 向切割则金属电极通过缓冲层与波导对接。电信号通过减少输入阻抗的匹配电路加于电极。半波电压 V_π 为重要参数，表征光经过晶体长度 L 传输后其相位改变 π 所需的电压，与 γ_{33} 相关，V_π 越小，其插入损耗越小。

【电吸收光调制器】electroabsorption optical modulator；EA optical modulator

一种利用多量子阱半导体材料中量子限制斯塔克效应(QCSE)的光调制器。在量子阱中的这种效应，即电子和空穴束缚在一起形成激子的束缚能在未加电场时比体材料中因弗兰茨-凯尔迪什(Franz-Keldysh)效应所产生的激子束缚能大得多。在垂直于量子阱层的电场作用下，束缚的电子和空穴的束缚能减少，分别依相反方向通过量子隧道效应逸出阱外而分解，能对小于材料带隙能量的入射光子产生大的激子吸收，亦即使半导体材料吸收边红移至比带隙波长更长的波长。借此可设计出在无电场时半导体对外来入射光子透明(即光子能量小于带隙能量)、而有电场时对入射光子产生大的激子吸收的调制器。EA 调制器的最大优点是能批量生产，且可与半导体激光器单片集成为含电吸收调制器的激光器。EA 调制器的缺点是在高调制频率(如 40GHz 以上)作用下，将出现载流子频率啁啾，从而呈现大的啁啾噪声，使其应用受限。

【光纤传感器】optical fiber sensor

参见 11.2.2【光纤传感器】。

【光纤光栅】fiber grating

参见 11.2.2【光纤光栅】。

【均匀光纤光栅】uniform fiber grating

参见 11.2.2【光纤光栅】。

【非均匀光纤光栅】non-uniform fiber grating

参见 11.2.2【光纤光栅】。

【光纤探针】optical fiber probe

参见 11.2.2【光纤探针】。

【光纤传光束】light guide bundle；optical fiber bundle

参见 11.2.2【光纤传光束】。

【光纤传像束】optical fiber image guide

参见 11.2.2【光纤传像束】。

【光纤内窥镜】fiber endoscope

参见 11.2.2【光纤内窥镜】。

【光纤面板】fiber faceplate

参见 11.2.2【光纤面板】。

【光纤像转换器】optical fiber image converter

参见 11.2.2【光纤像转换器】。

【倒像器】image inverter

一种颠倒图像的刚性光纤元件。将硬质光纤传像束加热软化，固定一端，另一端扭转 180°，倒像器自中心向外，光纤逐渐被拉伸，两端粗、中间细，近似双圆锥形。倒像器截面不宜太大，否则影响光学性能。一般用于耦合微通道板倒像管，把倒立图像转正。

【光纤平场像增强器】optical fiber flattener

参见 11.2.2【光纤平场像增强器】。

21.2 电介质信息材料

21.2.1 基本概念

【电介质】dielectric

在外电场作用下，带电粒子不能长程移动形成电流，但可短程移动偏离平衡位置，使其正负电荷中心偏移形成极化。电介质的电阻率

大于 $10^{11}\Omega\cdot m$，常用介电性能参数表征其性能，包括介电常数、介电损耗、电阻率、击穿电场强度等，可用作绝缘材料或用于制造功能器件。

【介电损耗】dielectric loss

电介质材料在电场作用下，由于介质漏导和介质极化而损耗能量的现象，常用损耗角 δ 或损耗角正切值 $\tan\delta$ 来衡量其大小。对于一般电介质要求其损耗越小越好，但为权衡微波介质天线带宽和辐射效率，需使用介电损耗适中的电介质材料，而衰减陶瓷(见 21.2.2【衰减陶瓷】)则要求较大的介电损耗。通常分为本征介电损耗和非本征介电损耗。

【损耗角】loss angle

指电介质内电流向量与电压向量之间夹角的余角。

【损耗角正切值】loss angle tangent

指有功功率(电阻损耗的功率)与无功功率(理想电容和电感存储的功率)的比值，也等于复介电常数虚部与实部的比值。

【本征介电损耗】eigen dielectric loss; intrinsic dielectric loss

又称内部介电损耗，是指理想的无缺陷晶体的介电损耗，是由于声子在交变外电场作用下发生非谐振动而产生的损耗。

【非本征介电损耗】extrinsic dielectric loss

由晶体内部缺陷及其导致的内应力等因素产生的损耗，这些缺陷包括气孔、第二相杂质、结晶不完整度、晶格缺陷等。

【电学品质因数】electrical quality factor

简称为品质因数，介质损耗角正切值的倒数($1/\tan\delta$)，或者谐振频率相对于带宽的大小，常用 Q 表示。对于微波介质材料，品质因数随其体积和谐振频率而变化，难以定量评价其大小，但品质因数与谐振频率的乘积($Q\times f$)几乎为一定值，因此，常用 $Q\times f$ 作为评价微波介质材料品质因数的参数。

【铁电相变】ferroelectric phase transition

从高温顺电相转变为低温铁电相时所对应的从高对称相转变为低对称相的物相变化过程。铁电相变的临界温度 T_c 称为居里温度，相变后宏观上呈现出自发极化。根据相变时结构变化的剧烈程度，可分为一级相变(两相共存且有热滞现象)和二级相变(无两相共存和无热滞现象)。根据自发极化强度变化的剧烈程度，又可分为本征铁电相变、非本征铁电相变和赝本征铁电相变。

【本征铁电相变】intrinsic ferroelectric phase transition

自发极化强度发生剧烈变化的铁电相变。其特点为自发极化是相变的决定性因素，在相变温度附近出现介电常数峰值。

【非本征铁电相变】extrinsic ferroelectric phase transition

自发极化强度未发生剧烈变化，而点阵参量等发生剧烈变化的铁电相变。其特点为，自发极化是某个决定性因素耦合而来的次生因素，在相变温度附近介电常数只呈现台阶而无峰值。

【赝本征铁电相变】pseudo-intrinsic ferroelectric phase transition

与本征铁电相变行为相似，但与之存在本质区别的铁电相变。其特点为，相变时虽然自发极化强度会发生剧烈变化，但自发极化不是相变的决定性因素，而是由某个决定性因素耦合而来的次生因素。如磷酸二氢钾晶体(KDP)在 123K 的相变属于赝本征铁电相变，其质子有序化是相变的决定性因素，而自发极化是经质子有序化耦合而来的次生因素。

【蝴蝶曲线】butterfly loop

由于逆压电效应(应变与外电场强度呈线性关系)和电致伸缩效应(应变与外电场强度呈平方关系)的综合影响，铁电体应变随外电场变化而形成的蝴蝶状轨迹。它显示了应变和外电场之间的非线性关系，是电畴转向滞后于外电场变化的外在表现。

【铁电材料的优值指数】figure of merit for ferroelectric

综合评价材料或器件性能的无量纲参数。铁电材料相对介电常数随外电场场强变化的可调率($|\varepsilon_{rE}-\varepsilon_{r0}|/\varepsilon_{r0}$，其中 ε_{r0}、ε_{rE} 分别为外电场场强为 0 和 E 时的相对介电常数)与损耗

角正切值(tanδ)的比值。

【热释电材料的优值指数】figure of merit for pyroelectric

从热释电探测器的电流响应率、电压响应率和探测率中提取的仅仅与材料性能有关的参数，用于比较各种热释电材料特性的优劣。包括电流响应优值指数 $F_i=p/C_V$，电压响应优值指数 $F_v=p/(C_V\cdot\varepsilon_r)$ 和探测率优值指数 $F_d=p/[C_V\cdot(\varepsilon_r\cdot\tan\delta)^{1/2}]$，其中 p、C_V、ε_r 和 $\tan\delta$ 分别为热释电系数、体积比热、介电常数和介电损耗。

【热释电系数】pyroelectric coefficient

热释电材料的自发极化强度随温度的变化率。表示为 $p=\Delta P_S/\Delta T$，其中 ΔP_S 为自发极化强度的变化量，ΔT 为温度变化量。根据自发极化根源的不同，可分为一级热释电系数和二级热释电系数。一级热释电系数的自发极化来源于系统的熵变，二级热释电系数的自发极化来源于热应变产生的应力作用(压电效应)。

21.2.2 材料分类

【敏感陶瓷】sensitive ceramics

参见 9.2.4【敏感陶瓷】。

【微波介质陶瓷】microwave dielectric ceramics

参见 9.2.4【微波介质陶瓷】。

【衰减陶瓷】attenuating ceramics

一种高介电损耗的陶瓷材料，常在微波管中用于吸收部分不需要的电磁波能量，降低信号反射和抑制杂波，从而提高器件的高频稳定性。损耗角正切值 tanδ 是评价衰减材料性能优劣的主要参数。主要包括含碳衰减陶瓷(如 AlN-C)、半导体-介质衰减陶瓷(SiC 基和 TiO_2 基等)和金属陶瓷衰减陶瓷(如 Al_2O_3-W)。

【激光陶瓷】laser ceramics

参见 9.2.4【激光陶瓷】。

【共烧陶瓷】cofired ceramics

电子元器件或集成模块中，用作电路基板且能与金属电极涂层一起烧结成瓷的陶瓷材料。要求陶瓷材料的烧结温度低于金属电极涂层的熔点，两者不发生化学反应且具有良好的界面匹配特性。根据金属电极涂层的熔点高低，可将其分为高温共烧陶瓷和低温共烧陶瓷。高温共烧陶瓷(如氧化铝等)的金属电极涂层包括 Mo、W 和 Mo-W 合金等，烧结温度约为 1600℃。低温共烧陶瓷的金属电极涂层包括 Ag、Cu、Au 及其合金等，烧结温度在 900～1000℃以下，通常利用添加玻璃和低熔点氧化物等助烧剂来降低陶瓷材料的烧结温度。

【铁电移相器陶瓷】ferroelectric phase shifter ceramics

一类可用于制作铁电移相器的陶瓷，利用铁电材料的介电常数可随外加直流电场连续变化的特性，改变信号的相位，实现相位移动和工作频率的变化。$(Ba,Sr)TiO_3$(BST)基陶瓷是一种典型的铁电移相器陶瓷材料，它具有高介电常数、低介电损耗和高可调谐率，可应用于相控阵雷达等领域。

【铁电体压电材料】ferroelectric piezoelectric material

具有铁电性的压电材料。其特征表现为自发极化方向可随外电场转向且出现滞后的现象，能呈现出铁电体电滞回线。例如，钛酸钡($BaTiO_3$)、铌酸锂($LiNbO_3$)、磷酸二氢钾(KH_2PO_4)和层状钛酸铋($Bi_4Ti_3O_{12}$)晶体等。

【非铁电体压电材料】nonferroelectric piezoelectric material

不具有铁电性的压电材料。其特征表现为不具有自发极化，不存在电滞回线。如石英(SiO_2)、硫化镉(CdS)、氧化锌(ZnO)和氮化铝(AlN)等压电晶体。

【硬性压电材料】hard piezoelectric material

一类可以承受高的电场和机械应力的压电材料，其中"硬"是指矫顽场强 Ec 较大，因而在电场或应力作用下，预极化与去极化均困难，材料性质"硬"。这些材料主要用于高压或大功率的发生器和换能器。如 $Pb(Mn_{1/3}Sb_{2/3})O_3$-$Pb(Zr，Ti)O_3$(PMS-PZT)等。

【软性压电材料】flexible piezoelectric material

矫顽场强 Ec 较小，材料性能对电场或应力作用比较敏感的压电材料。在高驱动条件下，易受自热影响而超出它们的使用温度。此类材料主要用于低功率电机和某些感应器中。

如 $Pb(Zn_{1/3}Nb_{2/3})O_3$-$Pb(Zr, Ti)O_3$（PZN-PZT）等。

【热释电材料】pyroelectric material

一类具有自发极化特性的晶体材料，一般情况下，晶体自发极化所产生的表面束缚电荷被吸附在晶体表面上的自由电荷所屏蔽，当温度变化时，自发极化发生改变，从而释放出表面吸附的部分电荷。晶体冷却时电荷极性与加热时相反。热释电材料是一种压电材料，但压电材料不一定具有热释电效应。根据工作模式可分本征热释电材料和诱导热释电材料。

【本征热释电材料】intrinsic pyroelectric material

经极化处理后，去掉外加电场仍具有极化和热释电效应的材料。当这类材料应用于热释电红外探测器时，无需外加电场，但要求材料具有高的居里温度，才能保证其结构和性能的稳定性。如硫酸三甘肽（TGS）单晶、$LaTiO_3$单晶和锆钛酸铅（PZT）陶瓷等。

【诱导热释电材料】induced pyroelectric material

常称为场致热释电材料，需要外加电场来加强本征热释电效应的材料。由于外加电场消除了退极化的不利影响，所以在应用中没有高居里温度的要求，可工作在居里温度附近。但同时外加电场会导致漏电流的出现，如 $Ba_{1-x}Sr_xTiO_3$ 和 $PbSc_{1/2}Ta_{1/2}O_3$ 等。

【电容器陶瓷】capacitor ceramics

参见 9.2.4【电容器陶瓷】。

【贱金属内电极电容器陶瓷】base metal electrode capacitor ceramics

在还原气氛下能与贱金属（如 Ni、Cu）内电极实现共烧且具有优异介电性能的抗还原性介质陶瓷材料。能大幅降低内电极在多层电容器中所占的成本。例如，$BaTiO_3$ 基抗还原陶瓷材料等。

【透波材料】electromagnetic wave-transparent material

能透过电磁波且几乎不改变电磁波性质的材料。通常应用于恶劣复杂环境中，是保护天线和雷达等重要通信设备的罩体或窗口材料，其性能特点包括低介电常数（通常小于 10）、低介电损耗、高强度、防振动和抗老化能力等。例如，SiO_2、Al_2O_3、Si_3N_4 和 BN 基陶瓷透波材料。

【介质天线材料】dielectric antenna material

用于制作小型化、低剖面和易共形介质天线的微波介质材料，位于天线辐射电极与接地面之间的部分。为提高天线的辐射效率和带宽，通常选用介电常数小（$\varepsilon_r<20$）且介电损耗适中（损耗太大会导致辐射效率降低，太小会导致带宽太窄）的微波介质材料；为提高传输信号的温度稳定性，需控制材料的谐振频率温度系数至近零（$\tau_f \approx 0 \pm 10ppm/℃$）。例如，$Al_2O_3$、$ZnAl_2O_4$、$(Mg, Ca)TiO_3$ 基陶瓷介质天线材料。

【介质谐振器材料】dielectric resonator material

制作介质谐振器（产生谐振频率，在电路中起频率控制的作用）的微波介质材料。要求材料的介电常数适中、介电损耗小、谐振频率温度系数近零。与金属波导和金属谐振腔相比，利用微波介质材料制作的介质谐振器具有体积小、品质因数高、稳定性好、抗干扰能力强且易与微波集成电路集成等优点，常用于高频波段。如 $Ba(Co, Zn)_{1/3}Nb_{2/3}O_3$ 和 $Ba_{6-3x}(Nd, Sm)_{8+2x}Ti_{18}O_{54}$基微波介质陶瓷材料。

21.2.3 器件与应用

【压电换能器】piezoelectric transducer

利用压电材料的正或逆压电效应制成的可以进行能量转换的器件，包括压电驱动器、压电执行器和压电变压器等。

【压电频率元件】piezoelectric frequency component

利用压电材料的逆压电效应所产生的机械振动频率来工作的器件。由于机械振动频率与压电振子的尺寸、形状以及外界温度和压力等因素有关，所以可用来制作滤波器、谐振器、陷波器、鉴频器、延迟线和衰减器等压电频率器件。

【热释电型红外探测器】pyroelectric infrared detector

利用热释电材料制成的探测红外辐射信

号的热敏传感器。与利用响应元的温度升高值来测量红外辐射的常规探测器相比，热释电型红外探测器利用温度变化率来探测红外信号，因此具有可在室温条件下工作、无光谱选择性和响应速率快等特点。与致冷型半导体红外探测器相比，该探测器不需致冷、结构简单、使用方便，被广泛应用于红外热成像等应用领域。

【脉冲形成线】pulse forming line

能产生脉冲信号的电容性储能器件，要求其介质材料具有高的耐压强度和储能密度。常用作高功率微波、激光和X光机的驱动源。

【电介质储能密度】dielectric energy storage

在外电场作用下，单位体积电介质中存储的静电场能的大小，单位为J/m³。电介质储能密度(J)可表示为：

$$J=\int_0^{D_{\max}} E\mathrm{d}D=\int_0^{E_{\max}} \varepsilon_0\varepsilon_r E\mathrm{d}E$$

其中$D_{\max}$为电介质在最大外加电场强度$E_{\max}$处的电位移，ε_0和ε_r分别为真空的绝对介电常数(8.854×10^{-12}F/m)和电介质的相对介电常数。

21.3 磁介质信息材料

21.3.1 基本概念

【铁氧体】ferrite

以氧化铁和其他铁族或稀土族氧化物为主要成分的磁性材料。一般具有亚铁磁性、高电阻率、高频下涡流小等特点。铁氧体的晶体结构有尖晶石型、磁铅石型、石榴石型等。依铁氧体的物性和用途可分为永磁、软磁、矩磁、旋磁和压磁等类别。如附表所示。

铁氧体的晶体结构、典型化学式与主要用途

结构	晶系	典型化学式	材料用途
尖晶石型	立方	$NiFe_2O_4$	软磁、旋磁、矩磁、压磁
石榴石型	立方	$Y_3Fe_5O_{12}$	旋磁、磁泡
磁铅石型	六角	$BaFe_{12}O_{19}$	高频软磁、毫米波旋磁、永磁

铁氧体的高电阻率使其在雷达、通信、磁记录、航天、电子对抗、电视广播、自动控制、射电天文、电子计算机、仪器仪表、铁道号志、远程操纵等方面得到广泛的应用。

【尖晶石型铁氧体】spinel type ferrite

又称磁性尖晶石。与天然尖晶石晶体结构同型的金属氧化物。属于面心立方晶系，其化学式为$MeO\cdot Fe_2O_3$(Me代表二价金属离子，常见的有Mn、Co、Cu、Ni、Fe、Cd等)。每一个晶胞含八个$MeO\cdot Fe_2O_3$分子，由尺寸最大的氧离子紧密堆积成面心立方结构，形成四面体间隙(a位)和八面体间隙(b位)两种类型，分别被阳离子占据。

【石榴石型铁氧体】garnet type ferrite

参见9.2.5【石榴石型铁氧体】。

【磁铅石型铁氧体】magneto-plumbite type ferrite

又称六角铁氧体。与天然磁铅石$Pb(Fe_{7.5}Mn_{3.5}Al_{0.5}Ti_{0.5})O_{19}$晶体结构同型的铁氧体。属于六角晶系，根据氧离子密集层的堆垛重复次数和含Ba层出现次数的不同可分为六种类型：M(化学式$BaFe_{12}O_{19}$)、W(化学式$BaMe_2Fe_{16}O_{27}$)、X(化学式$Ba_2Me_2Fe_{28}O_{46}$)、Y(化学式$Ba_2Me_2Fe_{12}O_{22}$)、Z(化学式$Ba_3Me_2Fe_{24}O_{41}$)、U(化学式$Ba_4Me_2Fe_{36}O_{60}$)，其中Ba可用Sr或Pb代替，Me代表二价金属，如Mn、Fe、Co、Ni、Zn、Mg等。具有强烈的磁晶各向异性，适宜做永磁、高频软磁和微波旋磁材料。

【正铁氧体】orthoferrite

参见17.2.7或9.2.5【正铁氧体】。

【交换作用】exchange interaction

电子间的一种量子力学效应。自旋方向相同的一对电子和自旋方向相反的一对电子具有不同的能量，使晶体中原子或离子磁矩产生平行或反平行的有序排列。当温度较低，热(扰动)不至于破坏磁矩的有序排列时，晶体内就出现磁有序结构(铁磁、反铁磁或亚铁磁结构)。

【自发磁化】spontaneous magnetization

在无外加磁场作用时，物质内部电子相互作用而产生的磁有序现象。磁有序物质中，相邻离子未满壳层的电子之间，具有强烈的交换作用。在低于居里(或奈尔)温度且无外加磁场时，这种作用会使相邻原子或离子的磁矩在一定区域内趋于平行或反平行排列，处于自行磁化的状态。自发磁化所产生的单位体积内磁矩的矢量和为自发磁化强度。自发磁化随温度的升高而逐渐减小，超过居里(或奈尔)温度则消失。

【磁畴壁】magnetic domain wall

相邻磁畴间磁矩逐渐改变方向的过渡层。畴壁分为布洛赫壁和奈尔壁两种。在大块铁磁晶体内，畴壁中的磁矩方向保持与畴壁平面平行而逐渐过渡的畴壁，称为布洛赫壁，通常出现在大块铁磁晶体材料中。畴壁中的磁矩方向保持与薄膜材料的表面平行而逐渐过渡的畴壁，称为奈尔壁，通常出现在薄膜材料中。

【退磁场】demagnetization field

有限几何尺寸的磁性体在外磁场中被磁化后，由于表面磁极的存在，磁体内部产生与磁化强度方向相反的磁场，起着减弱磁化强度的作用。

【奈尔温度】Néel temperature

又称奈耳温度。反铁磁性材料转变为顺磁性材料时达到的临界温度，用 T_N 表示。在此温度时，晶体内部原子的内能将大到足以破坏材料内部总的磁性排列而发生相变，由反铁磁性转变为顺磁性。

【磁抵消点】magnetization compensation point

某些亚铁磁性材料在低于居里温度的某一温度下，次点阵的磁矩相互抵消，自发磁化强度为零。在抵消点附近，其他一些性质(如 g 因数、法拉第旋转效应等)也会呈现反常。该抵消点在石榴石和稀土金属-过渡金属混合物(RE-TM)中易被观测到。

【磁各向异性】magnetic anisotropy

磁体沿不同方向磁性不同的现象。对强磁体的技术磁化有很大影响，是强磁物质的重要基本特性之一。

【磁晶各向异性】magneto-crystalline anisotropy

磁性体中，由于晶体结构上的各向异性所产生的磁各向异性。表现在沿不同晶轴方向磁化的难易程度不同。容易磁化的晶轴方向称为易磁化方向；难于磁化的晶轴方向称为难磁化方向。对于对称性较高的晶体，如立方晶体，磁晶各向异性较小，对于对称性较低的晶体，如六方晶体，磁晶各向异性较大。

【磁晶各向异性常数】magneto-crystalline anisotropy constant

表示磁性单晶体各向异性强弱的常数。对于立方晶体，磁晶各向异性能与自发磁化强度和晶轴方向夹角的关系为

$$E_k=K_1(\alpha_1^2\alpha_2^2+\alpha_2^2\alpha_3^2+\alpha_3^2\alpha_1^2)+K_2(\alpha_1^2\alpha_2^2\alpha_3^2)$$

式中：α_1、α_2、α_3 分别为磁化强度的方向余弦；K_1、K_2 分别是一级与二级磁晶各向异性常数，标志着材料磁晶各向异性的程度。软磁材料 $|K|$ 值要求小，永磁材料具有大的 $|K|$ 值。

【磁晶各向异性能】magneto-crystalline anisotropy energy

将磁性单晶体沿某一方向磁化到饱和，其单位体积所需要的能量。磁晶各向异性能需要符合晶体的对称性要求，其大小与晶体类型有关。

【磁场强度】magnetic field intensity; magnetic field strength

表示磁场的大小和方向的量，单位为 A/m(SI 单位制)。空间某一点的磁场强度可由作用在已知强度的磁极上的电磁力或已知电流导线上的电磁力来衡量。对于已知形状且通有电流的导线在空间某点的磁场强度可以计算得出，例如对于一直径为 D(单位 m)的单匝环形线圈，当通有电流 I(单位为 A)时，在线圈中心点的磁场大小 $H=I/D$。若 $D=1\text{m}$，$I=1\text{A}$，则 $H=1\text{A/m}$，方向由右手螺旋法则

确定。

【磁极化强度】magnetic polarization

单位体积内磁偶极矩的矢量和，表示磁体磁化程度，常用 J 表示，单位是特斯拉(T)或 Wb/m^2(SI 单位制)。$J=\sum j_m/V=\mu_0\sum m/V=\mu_0 M$，即磁极化强度等于真空磁导率 μ_0 与磁化强度 M 的乘积(在 CGS 单位制中，由于真空磁导率的值为 1，磁极化强度和磁化强度相等)。

【磁感应强度】magnetic induction

又称磁通密度。表征磁场强弱程度和磁场方向的物理量，是磁体中单位面积中通过的磁力线数。常用 B 表示，单位是 T(SI 单位制)或 Gs(CGS 单位制)。测量磁感应强度的常见方法，有基于感应电动势效应的探测线圈法和基于霍尔效应的霍尔片法等。

【饱和磁感应强度】saturation magnetic induction

也称饱和磁通密度(saturation magnetic flux density)。材料磁化强度达到饱和的磁感应强度值，通常用符号 B_S 表示，单位为 T。即使在强磁场中 B 值也不能达到恒定不变，因此 B_S 值可依式 $B_S=\mu_0 H_S+\mu_0 M_S$(SI 单位制)或 $B_S=H_S+4\pi M_S$(CGS 单位制)确定，式中的 H_S 为使磁化强度达到饱和值时所需的最小磁场，在一些高导磁的软磁材料中，由于 $H_S \ll 4\pi M_S$，也可用 $4\pi M_S$ 代替 B_S。

【磁通量】magnetic flux

简称磁通。表征磁介质(或真空)中磁场分布情况的物理量，用 Φ 表示，单位为 Wb(SI 单位制)。通过磁场中任一面积元的磁通量等于磁感应强度矢量在该面积元法线方向上的分量与面积的乘积。

【磁化强度】magnetization intensity

参见 2.1.4【磁化强度】。

【比饱和磁化强度】specific saturation magnetization

单位质量磁粉的饱和磁化强度，用 σ_s 表示，单位为 $A\cdot m^2/kg$。磁粉是一种粉末状物质，其密度与堆积状态密切相关。采用比饱和磁化强度，可以避免密度的影响而便于测量。

【磁化曲线】magnetization curve

对处于磁中性状态的磁性体，从零开始单调增加静磁场，所得到的磁感应强度(或磁化强度)随磁场强度变化的曲线。

【内禀矫顽力】intrinsic coercivity

从磁性体的饱和磁化状态，将磁化强度单调减小到零所需要的磁场强度，用 H_{cM} 或 H_{cJ} 表示。

【剩余磁感应强度】remanent magnetic induction

又称剩余磁通密度。当对磁性体施加完磁场后，撤掉外加磁场所对应的磁感应强度，用 B_r 表示。

【磁滞】magnetic hysteresis

在磁化和去磁过程中，磁体的磁化状态不仅决定于磁场的大小，而且也决定于磁化状态经历过程的现象。磁性滞后的现象是由不可逆磁化过程引起的。

【最大磁能积】maximum magnetic energy product

在第二象限内的退磁曲线上 B(磁感应强度)与 H(磁场强度)乘积的最大值。由于这段退磁曲线很接近一段双曲线(见附图)，因此它的近似求法如下：从退磁曲线的 $-H_c$ 和 B_r 两点，分别做平行于 H 轴和 B 轴的直线，相交于 G 点，连接 OG，交退磁曲线于 X 点，再由 X 点向 B 和 H 做垂线，得截距 OY 和 OZ，这两截距的乘积即为最大磁能积，它是表征永磁材料性能的一个重要参数。

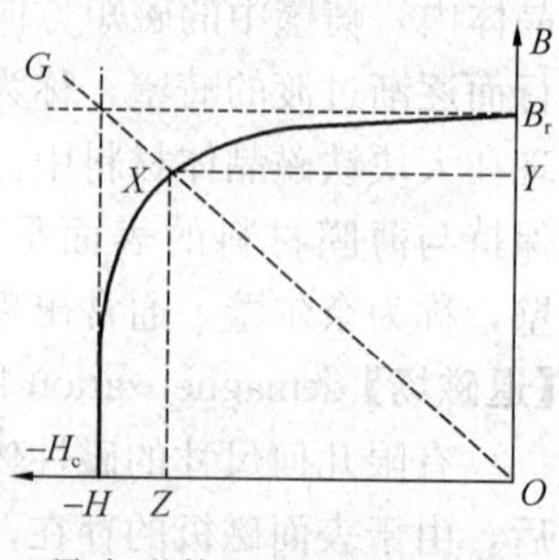

最大磁能积 $=OY\cdot OZ$

【技术磁化】technical magnetization

磁性物质受到外加磁场的作用时，磁畴通过某种机制逐渐趋向外磁场方向的磁性状态变化。该过程主要包括畴壁位移过程(简称壁移过程)和磁畴转动过程(简称畴转过程)两部分，通过壁移和畴转过程，自发磁化强度完全沿外磁场方向取向，此时达到技术磁饱和。技术饱和磁化强度就等于该温度下的自发磁化强度。壁移和畴转过程有可逆和不可逆两种。在极强的磁场中，由于强磁场的作用克服了热扰动的影响，还会使单位体积内平行于磁场的自旋磁矩数增加，此过程与顺磁性有类似之处，故称为顺磁过程。此时，铁磁体的磁化强度趋于其绝对零度时的自发磁化强度值。

【退磁因子】demagnetization factor

均匀磁化的物体的退磁场与其磁化强度之比：$H_d = -NM$，其中 H_d 为退磁场，N 为退磁因子，M 为磁化强度。N 决定于铁磁材料的几何形状，对于一般的椭球体，退磁因子与磁化无关，沿 3 个主轴的退磁因子之和总是等于 1。对于非均匀磁化材料，其内部的磁化强度分布不均匀，引起材料内部的退磁场也不均匀，N 沿不同方向有不同取值，为简化问题，可取各方向的平均值。

【温度稳定性】temperature stability

温度的改变引起被测物理量的相对变化与温度变化之比，用温度系数 α 来表示。被测物理量的温度系数以 α 并辅以物理量的下标表示，例如磁导率的温度系数为：$\alpha_\mu = \dfrac{\mu_\theta - \mu_{\gamma ef}}{\mu_{\gamma ef}(\theta - \theta_{\gamma ef})}$，其中 μ_θ 为 θ 温度时的磁导率，$\mu_{\gamma ef}$ 为参考温度 $\theta_{\gamma ef}$ 时的磁导率。

【起始磁导率】initial magnetic permeability

磁性体在趋近磁中性状态下磁导率的极限值：$\mu_i = \dfrac{1}{\mu_0}\lim\limits_{H\to 0}\dfrac{B}{H}$，其中 μ_0 为真空绝对磁导率（H/m），H 为磁场强度（A/m），B 为相应的磁感应强度（Wb/m^2）。在实际测量中，磁场强度 H 趋于零时的磁导率无法精确测量，一般以规定的弱磁场下的磁导率作为起始磁导率。

【真空磁导率】vacuum permeability

也称磁性常数。表示真空中磁感应强度与磁化力之比的因数，用符号 μ_0 表示。在 CGS 单位制中，真空磁导率取 1；在 SI 单位制中真空磁导率为 $4\pi \times 10^{-7}$ H/m。

【复数磁导率】complex magnetic permeability

磁性体在交变磁场的作用下，复数磁感应强度与磁场强度的比值。它表征的是在交流磁场磁化下磁性特征的一个物理量，同时反映了 B 和 H 之间振幅及相位的关系。$\tilde{\mu} = B/H = \mu' - i\mu''$ 中，μ' 为实数部分分量，它相当于恒定磁场作用下的磁导率，又称弹性磁导率，μ'' 为虚数部分分量，表示磁性体在交变磁场中的磁性损耗，又称黏滞性磁导率。

【振幅磁导率】amplitude permeability

当磁性体在交变磁场（无直流磁场存在）中被磁化时，在某一指定振幅的磁场下，磁感应强度和磁场强度之比。可表示为 $\mu_a = \dfrac{1}{\mu_0}\dfrac{B_a}{H_a}$，其中 μ_a 是磁感应强度（或磁场强度）振幅的函数，其最大值称为最大振幅磁导率，μ_0 为真空磁导率，B_a 和 H_a 分别代表指定振幅下的磁感应强度和磁场强度。

【磁损耗】magnetic loss

磁性材料在交变磁场中，由涡流、磁滞以及磁化弛豫或磁后效所引起的损耗（后者称为剩余损耗）。在弱磁感应强度及低频交变磁场中，磁损耗可表示为：

$$\frac{R_m}{\mu f L} = \frac{2\pi\tan\delta}{\mu} = ef + aB_m + c$$

式中：R_m 为相应于磁损耗的电阻；f 为交变磁场频率；L 为磁性元件的自感；B_m 为磁芯的最大磁感应强度；δ 为损耗角；$\tan\delta = R_m/2\pi fL$；等号右边第一项表示涡流损耗，e 为涡流损耗系数，涡流损耗的大小与交变磁场频率 f 成正比；第二项代表磁滞损耗，a 为磁滞损耗系数，磁滞损耗的大小与最大磁感应强度 B_m 成正比；第三项 c 代表剩余损耗，即由磁后效应或频散引起的损耗。在低频和弱磁场中，剩余损耗主要是磁后效损耗，且与频率无关。在高频及高磁导率的情况下，上述公式不适用。

【矩形比】squareness ratio

磁场等于零时，剩余磁化强度 M_γ 与饱和磁化强度 M_s 之比。表征磁滞回线矩形程度的一个重要参数。对于记忆磁芯，矩形比则用 $H = -\dfrac{1}{2}H_m$ 时的磁感应强度 $B_{(-H_m/2)}$ 与最大

磁感应强度 B_m 的比值表示，即 $R_s=\frac{B(-H_m/2)}{B_m}$，又称为记忆矩形比，一般要求值为 0.75～0.90 左右。

【磁阻效应】magnetoresistance effect

材料电阻随外加磁场变化而改变的效应。效应的大小用电阻随磁场变化的改变量和电阻本身的比值来量度。磁阻效应主要分为：常磁阻，巨磁阻，超巨磁阻，异向磁阻，穿隧磁阻效应等。

【超巨磁阻效应】colossal magnetoresistance effect

也称庞磁阻效应，即磁阻随外加磁场变化而有数个数量级的改变的效应。存在于具有钙钛矿 ABO_3 的陶瓷氧化物中，其他一些化合物如烧绿石结构的 $Tl_2Mn_2O_7$ 和尖晶石结构的 ACr_2Ch_4（A＝Fe、Cu、Cd，Ch＝S、Se、Te）也具有类似效应。其机制为外加磁场使局域自旋重新平行排列，导致传导电子的跳跃平均幅度变大，电阻率有数量级的改变，可应用于高容量磁性储存装置的读写头。

【磁弛豫】magnetic relaxation

磁场改变后，磁性物质内磁化矢量由非平衡态到达平衡态的过程。弛豫过程所需的时间称为弛豫时间。由于畴壁位移和磁化矢量转动对外磁场的突变不能实时响应，致使外磁场稳定后其相应的磁化强度尚需经历一定时间才趋于稳定。

【铁磁共振】ferromagnetic resonance

铁磁材料在互相垂直的恒定磁场和微波磁场的共同作用下，当交变磁场的频率与恒定磁场的强度满足一定条件时，铁磁材料将从交变磁场中强烈吸收能量的共振现象。利用铁磁共振效应可以制成共振式隔离器、旋磁滤波器等。某些铁氧体微波器件设计，则要求避开铁磁共振区。

【铁磁共振线宽】ferromagnetic resonance linewidth

当旋磁材料产生铁磁共振时，若交变场的频率固定，调节恒定磁场的强度，使磁导率虚部从最大值降至峰值一半处时，所对应的两个恒定磁场的之差。它表征了铁磁材料在高频运动状态的阻尼，其值越小，材料的磁共振损耗越低，是微波铁氧体性能的主要判据之一。

【自然共振】natural resonance

又称为内共振。强磁材料在磁晶各向异性场和退磁场作用下，对外加交变场所产生的铁磁共振现象。它是铁氧体材料在高频和微波频率下的一种损耗机制。

【一致进动】consistent precession

材料中所有的原子磁矩在围绕恒定磁场进动过程中始终保持方向一致，没有相位差异的现象。其特点是各个自旋磁矩在空间任何一点的位相相同，且任何时刻各个自旋磁矩彼此平行排列。

【张量磁导率】tensor permeability

各向异性介质中，磁感应强度与磁场强度并不在一个方向上，它们在空间上的关系为 $B=\mu_0\mu_{ij}H$，式中：μ_{ij} 为张量磁导率，矩阵表示如下：

$$\mu_{ij}=\begin{bmatrix}\mu_{xx} & \mu_{xy} & \mu_{xz}\\ \mu_{yx} & \mu_{yy} & \mu_{yz}\\ \mu_{zx} & \mu_{zy} & \mu_{zz}\end{bmatrix}$$

【旋磁效应】gyromagnetic effect

铁磁材料在恒定磁场与微波磁场共同作用时，与高频交变磁场对应的磁化率呈现非互易张量特性的现象。此效应与磁矩和角动量的相互耦合有关，改变其中一个的方向，另一个的方向也会随之改变。根据旋磁效应设计出来的非互易微波器件（如隔离器、环行器、移相器，调制器、开关、滤波器、延迟线等）已在雷达、通信、导航、电子对抗、遥测、导弹、制导和微波测量等微波电子设备中得到广泛的应用。

【磁谱】magnetic spectrum

广义指物质的磁性与磁场频率的关系，包括顺磁性物质的弛豫和共振现象以及铁磁共振等现象。狭义则仅指磁性物质在弱交变磁场中的起始磁导率随频率的变化关系。

【自旋波】spin wave

又称磁振子。由于热扰动或其他因素影响，磁有序体（铁磁、亚铁磁、反铁磁）中某些对磁性有贡献的电子自旋偏离了原来的有序排列方向，这个局部偏离的自旋进动，由于交换作用及磁偶极矩等相互作用，将以波的形式向磁有序体的其他部分传播，是磁性体中相互作用的自旋体系由于各种激发作用引起的集体运动。

【静磁模】magnetostatic mode

自旋波的长波(空间缓慢变化)部分，或者当样品几何尺寸远小于自旋模式的波长时，传播效应可以忽略，边界效应增强，须用静磁势处理，自旋模式相当于自旋波长波。

【磁阻抗效应】magneto-impedance effect

亦称巨磁阻抗效应。指磁性材料的交流阻抗随着外加直流磁场的变化而发生显著变化的效应。多出现在非晶薄膜、玻璃包裹非晶丝材料、纳米晶合金带材料中，具有灵敏度高、反应快和稳定性好等特点。在传感器技术和磁记录技术中具有巨大的应用潜能，特别是研制灵敏度高、稳定性好、低功耗、微型化的磁敏传感器。

【磁电效应】magnetoelectric effect

广义指电流磁效应，即磁场对通有电流的物体引起的电效应，如磁阻效应和霍尔效应；狭义指物体由电场作用产生的磁极化效应或有磁场作用产生的电极化效应，如电致磁电效应或磁致磁电效应，又称磁电耦合效应。

【磁致伸缩效应】magnetostrictive effect

对软磁体进行磁化时，其形状、大小会发生变化的物理现象。磁致伸缩效应具有各向异性，其引起的体积和长度变化虽是微小的，但其长度的变化比体积变化大得多，又称为线磁致伸缩。其逆效应即铁磁性材料受到机械力的作用时，它的内部产生应变，导致磁化状态发生改变的现象称为压磁效应，已在超声波发生器、各种水声器件、通信用的机械滤波器、电子计算机和自动控制件中得到应用。

【磁倍频效应】magnetic frequency-doubling effect

当较高功率的微波输入到处于恒磁场中的强磁介质中，高功率微波将在磁介质中激发非线性效应，该介质磁矩的进动频率将出现倍频分量并通过辐射产生倍频的电磁波。

【磁混频效应】magnetic frequency mixing effect

两种不同频率的微波通过铁氧体产生耦合后出现差频或和频的现象。由磁倍频效应产生的二倍频与输入波也可以产生混频，从而获得三倍频波。

【磁光克尔效应】magneto-optical Kerr effect; MOKE

偏振光从有磁畴的铁磁体反射后，偏振面发生旋转，进而引起光的强度变化的现象。从铁磁体表面反射的极化光，变成椭圆偏振光，并且其主轴发生转动，转动的大小与表面磁畴的磁化向量成分成正比。此源于磁圆二色效应。在磁性材料中，光和电子的自旋-轨道耦合，导致对左/右旋的极化光吸收不同。磁光克尔效应从铁磁体的磁化向量相对光的入射面和铁磁体表面的空间关系又可分成三大类。(1)极性的磁光克尔效应：磁化向量垂直于铁磁体表面，但与入射面平行；(2)纵向磁光克尔效应：磁化向量平行于铁磁体表面，同时和入射面平行；(3)横向磁光克尔效应：磁化向量平行于铁磁体表面，但与入射面垂直。一般用以观察表面深度为10～20nm的磁畴，最适合用于磁性薄膜的磁性研究；也可用此效应做成显微镜，作为研究磁化状态的一种手段。

【法拉第效应】Farady effect

又称法拉第旋转。当一束线极化电磁波通过被磁化的旋磁介质时，电磁波的极化方向就会随着平行于电磁波传播方向的磁场发生旋转的现象。所旋转的角度称之为法拉第旋转角。旋转方向由磁化方向及电磁波频率决定，与电磁波的传播方向无关。

21.3.2 分类

21.3.2.1 软磁铁氧体

【软磁铁氧体】soft magnetic ferrite

参见9.2.5【软磁铁氧体】。

【锰锌系铁氧体材料】manganese-zinc ferrite materials

具有尖晶石结构的 $MnFe_2O_4$、$ZnFe_2O_4$ 与少量的 Fe_3O_4 组成的单相固溶体。一般是以高纯氧化物或碳酸盐为原料，用固相反应法在特定气氛下制备而成。

【高磁导率锰锌铁氧体】high μ_i Mn-Zn ferrite

具有起始磁导率高(μ_i=1800～5000)，比损耗系数($\tan\delta/\mu_i$)低的一类锰锌系铁氧体。其稳定性好，适于电感器件的微型化、贴装化的要求等特点。广泛用于通信设备和其他无线电装置的电感器中。由于其稳定性好、品质因数高、产品尺寸小等特点在宽带变压器、1MHz以下共模扼流圈、小型脉冲变压器、延迟线、电源滤波器中大量使用。

【高饱和磁感应强度铁氧体】high B_S ferrite

饱和磁感应强度高的一类锰锌系铁氧体。其振幅磁导率高、在高频电源工作时功率损耗低，通常具有负温损耗特性(即随温度的增加功率损耗降低)。主要用于16kHz～1MHz不同频率的功率变压器、行输出变压器、开关电源变压器和在偏置场下使用的电感器件；其磁芯结构有EE型、EI型、EC型、PQ型RM型等。

【其他锰锌铁氧体】other Mn-Zn ferrite

具有适中的起始磁导率(400～2000)，根据不同使用要求，其特点各不相同，如宽温范围内温度稳定性较好、在给定频率下μQ值很高等，主要用于各类电感磁芯和磁性天线等。

【镍锌系铁氧体材料】nickel-zinc ferrite materials

具有尖晶石结构的$NiFe_2O_4$、$ZnFe_2O_4$、$CuFe_2O_3$所组成的单相固溶体。可采用固相反应法制备。

【抗电磁干扰用镍铜锌系铁氧体】anti-EMI NiCuZn series ferrite

一类专用于抗电磁干扰的镍铜锌系铁氧体。特点为：(1)起始磁导率较高(μ_i=100～1500)；(2)具有特定的损耗频率响应曲线(在需要衰减的EMI频段损耗较大，足以将EMI衰减至最低电平，而需要传输的频段损耗要小，信号易于通过)；(3)高电阻率、高居里温度以便在高温或大的偏场下工作。由NiZnCu系铁氧体做成的串珠型磁芯、管状磁芯、多孔铁氧体板、矩形电缆和圆形电缆中所使用圆形、矩形铁氧体抑制器磁芯等，广泛用于低阻抗电路的各种电器装置中。在工程应用中，通常将各种EMI铁氧体抑制磁芯套在受强干扰电器的输入和输出导线上。

【宽频带镍铜锌系铁氧体】broad band NiCuZn series ferrite

一类工作频带范围较宽的镍铜系铁氧体。特点为：(1)起始磁导率高(μ_i=100～2000)；(2)具有弛豫型磁谱，要求f_r低、μ_i高。在使用频率范围内，要求有特定阻抗频率变化曲线，即$\mu_i f$高。主要用于讯号传输和阻抗变换的宽频带变压器和阻抗变换器，被广泛用于几千赫兹至几千兆赫兹的各种宽频带铁氧体器件中，如功率合成器、功率分配器、射频放大器、混频器、定向耦合器等。

【高频镍锌铁氧体】high frequency NiZn ferrite

一类高频损耗小的镍铜锌系铁氧体。起始磁导率μ_i为10～350，要求f_r高，温度稳定性好，对于传输功率材料还要求B_S高。广泛应用于宽温范围内调谐电感器、高场强下大功率合成器、磁性天线、各种规格电感器件等。

【镁锌铁氧体】magnesium-zinc ferrite

具有尖晶石结构的$MgFe_2O_4$、$ZnFe_2O_4$、$MnFe_2O_4$所组成的单相固溶体。可采用固相反应法制备。它的起始磁导率适中，电阻率高，原材料价格低廉。主要用于电视机和各种显示器上的偏转磁芯和中短波天线以及匹配器磁芯等。

【特高频软磁铁氧体】UHF soft magnetic ferrite

由Co_2Z组成的一种平面六角晶系软磁铁氧体。可采用固相反应法制备。它的起始磁导率低，截止频率很高。主要用于扫频仪的电扫描磁芯和5～1500MHz宽带变压器磁芯以及微波天线等。

【磁流体】magnetic fluid

又称磁性液体、铁磁流体或磁液。磁性固体颗粒(通常为纳米量级)表面吸附一层表面活性剂后，均匀稳定地分散在某种基液(如二酯类或油性物质)中形成的一种弥散溶液，即磁性微粒的胶体溶液。该材料不但具有磁性，而且具有流动性，是液态体系、纳米材料和现代磁学技术的有机结合，是一种液态强磁性材料。该流体在静态时无磁性吸引力，当外加磁场作用时，才表现出磁性。广泛应用于航天、电子、遥控遥测、化工、能源、冶金、仪表、环保、医疗、卫生等多个领域。制备方法有：机械助碎法，湿式化学共沉法，阳离子交换树脂法，热分解法，紫外线辐射分解法，还原法，电解法，火花电蚀法，活性液面蒸镀法，水解金属醇法等。

21.3.2.2 硬磁铁氧体(永磁铁氧体)

【永磁铁氧体】permanent magnetic ferrite

又称硬磁铁氧体。一经磁化即能保持恒定磁性并在去掉外磁场后仍能对外长久显示较强磁性的铁氧体。如化学式为 $MFe_{12}O_{19}$(式中 M 为铅、锶、钡中的一种或多种)的 M 型磁铅石铁氧体。具有磁能积大、矫顽力大、剩余磁感应强度大、电阻率高、质量轻、温度系数较高等特点，是工业上大量生产的永磁材料之一。广泛用于扬声器、磁选机、直流电机、行波管、微波器件、医疗、农业等各方面。判断永磁铁氧体性能的参量有：(1)最大磁能积，要求越大越好；(2)矫顽力要求越高越好；(3)剩余磁感应强度要求越大越好；(4)对温度、震动、时间、辐照和其他各种干扰的稳定程度，要求越高越好。

【烧结永磁铁氧体】sintered permanent ferrite

由 Fe_2O_3、$SrCO_3$($BaCO_3$)、添加剂或预烧料粉和添加剂经烧结而成。性能中等，价格便宜，产量大。广泛应用于音响、电视、计算机、通信、测量控制设备、办公自动化、医疗、微波领域等。可采用固相反应法制备而得。

【粘结永磁铁氧体】bonded permanent ferrite

由 Fe_2O_3、BaO、SrO 和粘结剂组成的铁氧体材料。根据成型工艺中是否外加磁场而分为各向同性和各向异性两种制备方法。特点如下：(1)具有一定的硬磁性；(2)在磁体中，磁粉颗粒被粘结剂所包裹，磁体不会有裂纹、碎片，具有较高的冲击韧性及一定的弹性；(3)不需要进行后加工(即二次加工)，即能获得尺寸精度高的永磁元件产品；(4)形状自由度大，能制成形状复杂的或轻薄短小的元器件；(5)制造工艺简单，成品率高，适合于批量生产；(6)相对密度比烧结磁体轻，满足整机轻量化要求；(7)能与其他材料、零部件整体化成型或镶嵌插入成型。但比烧结磁体磁性能低，耐热性差。应用在传动设备中的小型精密电机、发电机等；音响设备方面的扬声器、耳机、话筒、拾音器等；通信设备方面的继电器、开关、传感器、仪器仪表等。

【永磁铁氧体复合材料】permanent magnetic ferrite composite materials

将永磁铁氧体粉末与合成橡胶、塑料或低熔点金属(Pb、Zn 等)材料混合并压成一定形状的永磁体。可制成易加工、尺寸较为准确的产品。主要用于转速表、电流表、曝光表、微电机、阴极射线管等器件中。

21.3.2.3 微波(旋磁)铁氧体

【微波铁氧体】microwave ferrite

又称旋磁铁氧体。在微波波段(包括从米波至毫米波)使用的铁氧休材料。有多晶和单晶两大类，可分为块体和薄膜两种形式。按结构分，则主要有尖晶石型、石榴石型和磁铅石型等三种类型。磁铅石型材料具有高的各向异性，一般适于作毫米波器件。微波铁氧体材料的主要要求是：(1)共振线宽 ΔH 小；(2)在低频段，要求饱和磁化强度 $4\pi M_S$ 和磁晶各向异性常数 K 低；在高颇段，要求 $4\pi M_S$ 和内场(K/MS)高；(3)损耗低；(4)稳定性高等。微波铁氧体单晶的 ΔH 比一般多晶材料的 ΔH 小十至百倍以上，因而损耗很低，目前使用的主要是石榴石型铁氧体材料，如钇铁石榴石，掺镓的钇铁石榴石以及钇钙铟钒和铋钙铟钒石榴石等。

【镍铁氧体材料系列】nickel ferrite material series

以镍铁氧体为基本配方，辅以少量 Mn、Co、Cu、Zn、A1 等组元组成。多采用固相反应法制备。具有磁损耗、介电损耗低、温度稳定性高、表观密度高、致密性好等特点。应用于同轴、带线、微带环形器和隔离器等。

【镍铁氧体高功率系列】nickel ferrite high power series

以镍铁氧体为基本配方，辅以 Co、Cu 等其他少量组元组成。多采用固相反应法制备。具有小的铁磁共振线宽、温度稳定性好、高的自旋波线宽、介电损耗小等特点。应用于高功率的微波环形器、隔离器、双工器等。

【锂铁氧体系列】lithium ferrite series

以锂铁氧体为基本配方，用 Ti、Zn、Co、Ni、Al 等离子置换制备的铁氧体。多采用固相反应法制备。具有居里温度高、磁致伸缩系数小、有较大的各向异性常数、具有良好的矩形磁滞回线、窄的本征线宽、低的性价比等特点。应用于低损耗同轴带线环形器与隔离器、开关等。

【通用石榴石材料系列】general garnet material series

以 YIG(钇铁石榴石)为基本配方，用 Al、Bi、Ca、V 等置换 Y、Fe 制成的铁氧体。多采用固相反应法制备。具有较窄的铁磁共振线宽、磁损耗和介电损耗小、高温度稳定性好、表观密度高、致密性好等特点。应用于同轴、带线、微带、波导环行器和隔离器等。

【窄线宽石榴石系列】narrow linewidth garnet series

以 YIG(钇铁石榴石)为基本配方，用 Ca、Ge 等置换 Y、Fe 制成的铁氧体。多采用固相反应法制备。具有铁磁共振线宽小、介电损耗小、高温度稳定性好、表观密度高、致密性好等特点。应用于同轴、带线、微带环行器和隔离器，小型化、宽频带器件。

【高功率/低温度系数石榴石材料系列】high power/low temperature coefficient garnet material series

以 YIG(钇铁石榴石)为基本配方，用 Gd、Al 等置换 Y、Fe 制成的铁氧体。多采用固相反应法制备。具有磁损耗和介电损耗小、高温度稳定性好、承受峰值功率高等特点。应用于高功率同轴、带线、微带、波导环行器和隔离器。

【微波高 Q 值铁氧体谐振子系列】microwave high-Q ferrite resonator series

以 YIG(钇铁石榴石)为基本配方，加入 Ga、In、Bi、Ca 等制成的铁氧体。多采用熔剂法制备。具有铁磁共振线宽小，温度稳定性高且工作频段内无静磁振荡。应用于电调谐滤波器、调谐振荡器、谐波发生器、限幅器、交叉调制器、微型微波组件。

21.3.2.4 新型磁性功能材料

【电磁波吸收材料】electromagnetic wave absorbing materials

简称吸波材料。能对入射到物体表面的电磁波能量进行有效转化，从而减少反射回波的电磁功能性材料，也称为狭义隐身材料。在军事领域，可借此有效缩减飞行器或武器装备等被探测目标的雷达散射截面，从而实现隐身的目的。传统的吸波材料按吸波原理可分为电阻型、电介质型和磁介质型。其中磁性材料因同时具备复介电特性与复磁特性而被广泛应用。吸收性能与入射波频率、材料的介电常数、磁导率及厚度密切相关，因此要求材料具有匹配的电磁特性，并具有高的磁导率与高磁损耗。如锰-锌、镍-锌铁氧体，六角晶系铁氧体或其复合物、金属磁性微粉等。

【磁屏蔽材料】magnetic shielding materials

为隔绝或减弱外界磁场对防护区域内仪器、设备与人员干扰的材料。可分为：静磁屏蔽、低频电磁屏蔽和高频电磁屏蔽三种类型。根据不同的情况选用不同的屏蔽材料。静磁屏蔽：为了使杂散磁场集中到屏蔽罩壳体上，屏蔽罩应具有尽可能高的磁导率。如电磁纯铁、球墨铸铁、坡莫合金、硅钢、软磁铁氧体等；低频电磁屏蔽：除屏蔽静磁场外，还需兼屏蔽变化的电磁场，如工频电磁场等。要求磁导率高外，同时电导率高。理想的材料是坡莫合金(含镍量高于 40%时，磁导率和电导率都很好)，考虑到价格和加工因素，大的屏蔽罩以电磁纯铁为宜；高频电磁屏蔽：以屏蔽电磁波为主要目的，依据楞次定理，利用屏蔽罩内的感生电磁场来抵消外来电磁干扰，选用良导体制作屏蔽罩，如铝和铜等。

【磁电子材料】magnetoelectronic materials

材料中的电子输运过程与自旋相关的电子

材料。磁电子技术采用磁电子材料制造全新或者高性能的器件，与传统半导体器件相比，具有大幅度降低能量消耗、增加集成密度和提高数据处理速度等优点。磁电子器件广泛应用于磁场感应、高速信号耦合和数据存储等领域。

【巨磁电阻材料】giant magneto-resistance materials

具有巨磁阻抗效应的材料。目前，已发现具GMR效应的材料主要有铁磁性/非铁磁性多层膜、自旋阀、颗粒膜、“非连续”多层膜、磁隧道结、钙钛矿型稀土-锰氧化物、熔淬薄带等。可用于磁电阻的读出磁头、自旋开关器件、全金属三极管等。

【庞磁电阻材料】colossal magneto-resistance materials

具有庞磁阻抗效应的材料。主要存在于钙钛矿结构的稀土-过渡族氧化物中，分子式为ABO_3，A为原子半径较大的三价稀土离子，如La、Nd等，B为原子半径较小的三价过渡族金属离子，如Mn、Fe、Co等。CMR效应与A离子的尺寸密切相关，离子半径小的效应大，且与材料的制备工艺有关，反铁磁态或半导体中也有CMR效应。为降低材料使用的磁场，将氧化物做成颗粒型，颗粒型和颗粒复合体系材料都是用软化学方法制备，如溶胶凝胶法、热分解法等。

【巨磁阻抗材料】giant magneto-impedance materials

具有巨磁阻抗效应的材料。巨磁阻抗效应只存在于软磁合金材料中，与材料的磁化密切相关。巨磁阻抗材料有：(1)细丝GMI材料，如钴基非晶态细丝。(2)薄带GMI材料，如钴基非晶合金薄带和铁基纳米晶软磁合金薄带等。(3)薄膜GMI材料。(4)多层膜GMI材料。在磁性层中插入一层良导体层可有效提高GMI效应。不过在夹层膜结构中，一般横向(外加磁场在膜面内垂直于高频电流方向)的GMI效应明显优于纵向的GMI效应。

【M型六角钡铁氧体薄膜材料】M-type hexagonal barium ferrite thin films

分子式为$BaFe_{12}O_{19}$，具有M型六角结构的钡铁氧体薄膜。可通过溅射、丝网印刷、流延法制成，厚度小于100μm。M型六角钡铁氧体材料具有高的电阻率、大的高频磁导率、强的单轴磁晶各向异性和稳定的物理、化学性质，广泛应用于单片微波集成电路(MMIC)、高密度垂直磁记录介质等方面。

【多铁材料】multiferroic materials

同一相中同时具有两种及两种以上铁电有序(反铁电有序)、铁磁有序(反铁磁有序)或铁弹有序基本性能的材料。现研究最多的是铁电和铁磁共存的多铁性材料。多铁性材料意味着：在有外加磁场时，能产生一种可以重排的自发磁化；在有外加电场时，能产生一种可以重排的自发极化；在有外加应力时，能产生可以重排的自发形变。基于多铁性材料的这些特殊性能，可以制成多态记忆元，电场控制的电磁共振装置和磁场控制的压电传感器等。

21.3.2.5 其他

【矩磁铁氧体】rectangular loop ferrite

具有矩形磁滞回线且矫顽力较小的铁氧体。在电子计算机、自动控制和远程控制等尖端科学技术中作记忆元件、开关元件和逻辑元件等。具有电阻率高、抗辐射性强、可靠性高、制造工艺简单、成本低廉等优点。缺点是体积大、开关速度慢，因穿线麻烦而未能实现全自动化生产，故生产效率低。主要有两大类：一类是常温矩磁铁氧体材料，如Mn-Mg系、Mn-Zn系、Cu-Mn系、Cd-Mn系等；另一类是宽温矩磁材料，如Li系(Li-Mn、Li-Ni、Li-Cu、Li-Zn等)、Ni系(Ni-Mn、N-Zn、Ni-Cd等)。目前大量使用的矩磁铁氧体材料主要是Mn、Mg系和Li系。从应用的观点来看，对这类材料有如下要求：(1)矩形度高；(2)矫顽力小；(3)开关系数小；(4)讯号杂音比高；(5)损耗低；(6)对温度、震动和时效的稳定性好。

21.3.3 工艺

【微波水热法】microwave hydrothermal assisted

将微波作为加热源引入水热反应体系中，使反应体系在短时间内被加热的方法。可实现分子水平上的搅拌，具有加热速度快，加热均匀，无温度梯度，无滞后效应等特点，并克服了水热容器加热不均匀的缺点，缩短了反应时间，提高了工作效率。可合成纳米铁氧体磁性粒子、制备银钒氧化物、微弧氧化(二氧化钛)等表面处理，提高表面陶瓷膜的耐蚀性。

【微波烧结技术】microwave sintering technology

用微波辐照来代替传统的热源，均匀混合的物料或预先压制成型的料坯通过自身对微波能量的吸收(或耗散)达到一定的高温，从而完成烧结的过程。因其加热原理独特，烧结具有时间短、加热均匀且加热过程可控等优点，很利于实现致密化。广泛应用于烧结各种高品质陶瓷、钴酸锂、氮化硅、碳化硅、氧化铝、氮化铝、氧化锆、氢氧化镁、铝、锌、高岭土、硫酸钴/草酸钴、五氧化二钒、磷石膏/硫石膏等；烧结电子陶瓷器件：PZT压电陶瓷、压敏电阻、锰锌铁氧体、钡铁氧体等。

【熔剂提拉法】flux pulling technique

也被称为盐熔法或熔剂法。将组成晶体的原料在高温下溶解于低熔点的助熔剂中，使之形成饱和溶液，然后通过缓慢降温或在恒定温度下蒸发熔剂等方法，使熔融液处于过饱和状态，从而使晶体析出生长的方法。特点是可在较低温度下生长高熔点晶体，但生长速率很慢。适用于生长熔融状态下容易分解的晶体。主要应用于制备钇铁石榴石、钽铌酸钾、铌酸钾和一些卤化物单晶。

【金属有机化合物分解法】metal organic decomposition

把所需元素的金属有机化合物溶于相应的溶剂中，并把这些溶剂以适当的比例混合起来，以获得与所要制得的薄膜成分正离子化学计量比相一致的均匀溶液。溶液中的成分可以用不同的方法沉积到衬底上产生湿膜，随加热除去未挥发的溶剂，并进一步加热使金属有机化合物分解而获得所需的无机薄膜。可以通过重复沉积和热分解来获得多层膜。优点：(1) MOD工艺中各种不同成分是在分子或胶粒水平上混合的，这使得反应活性高，制得的薄膜更致密；(2)可以制备大面积的成分特别单一的薄膜；(3)可以在10^{-6}或10^{-9}数量级上进行掺杂改性；(4)热处理温度较低，有效防止了不同物质的选择性挥发问题，同时也可以获得晶粒尺寸特别好的多晶薄膜；(5)无须具备真空条件，也不需要溶液经过凝胶或粉末阶段，因此工艺简单、成本低廉。

【脉冲激光沉积法】pulsed laser deposition

将脉冲激光器所产生的高功率脉冲激光束聚焦作用于靶材表面，使靶材表面产生高温及熔蚀，并进一步产生高温高压等离子体，这种等离子体定向局域膨胀发射并在衬底上沉积而形成薄膜的方法。该方法可以获得热力学理论上准稳定状态的组成和构造的人工合成新材料。

【盐类分解法】salts decomposition

用硫酸盐、硝酸盐、碳酸盐或草酸盐为原料，加热分解得到氧化物，然后再粉碎、成型和烧结，得到产品的方法。

【喷雾燃烧法】spray combustion

将金属盐溶液用氧气雾化后，在高温下燃烧分解而制得相应的超细粉体的方法。因为其原料制备过程是液相法，而其部分化学反应又是气相法。因此，该方法集中了气、液法两者的优点，表现为：可以方便地制备多种组元的复合物质粉末颗粒，颗粒分布均匀，颗粒形状好，一般呈理想的球状；制备过程简单，从配制溶液到颗粒形成，几乎是一步到位。

【自蔓延燃烧法】self-propagating combustion

又称为燃烧合成技术。利用反应物之间高的化学反应热的自加热和自传导作用来合成材料的一种技术。自蔓延燃烧反应发生时，燃烧引起的反应或燃烧波的蔓延相当快，一般为0.1～20.0cm/s，最高可达25.0cm/s，燃烧波的温度或反应温度通常都在2100～3500K以上，最高可达5000K。该方法的特点是：产品纯度高，易于从一种原料直接变温成另一种产品，易实现过程的机械化和自动化，成本低、经济效益好。主要应用于制备无机化合物高温材料。

【注凝成型】gelcasting

在低黏度高固相含量的料浆中加入有机单

体，在催化剂和引发剂的作用下，使料浆中的有机单体交联聚合成三维网状结构，从而使料浆原位固化成型的方法。注凝成型技术将传统的陶瓷工艺和有机聚合物化学结合，将高分子单体聚合的方法灵活地引入到陶瓷成型工艺中，通过制备低黏度、高固相含量的陶瓷料浆来实现净尺寸成型高强度、高密度、均匀性好的陶瓷坯体。然后再进行脱模、干燥、去除有机物、烧结，即可得到所需的陶瓷零件。工艺特点是：(1)无须贵重设备，且对模具无特殊要求，是一种低成本技术；(2)可用于成型多种陶瓷体系——单相的、复相的、水敏感性的和不敏感性的。同时，对粉体无特殊要求，因此适用于各类陶瓷厂制品，包括硬质合金及耐火材料厂；(3)凝胶定型过程与注模操作是完全分离的；(4)注凝成型的定型过程是靠料浆中有机单体原位聚合形成交联网状结构的凝胶体来实现的，所以成型坯体组分均匀、密度均匀，缺陷少；(5)制备的生坯强度高，可进行机械再加工，真正实现近尺寸成型。适用于大多数陶瓷颗粒(如氧化铝、氮化硅、碳化硅、氧化锆等)的成型，也有用于铁氧体颗粒成型的报道。

【低温燃烧合成法】low-temperature combustion synthesis

和自蔓延燃烧合成统称为燃烧合成法。以金属盐的饱和水溶液(氧化剂)和有机燃料(还原剂)为原料，利用氧化还原反应自身所放出的热量，使反应在较低温度下(1000～1600℃)以自蔓延燃烧的方式进行，制备成分均匀的超细粉体的燃烧合成法。主要应用于制备单一氧化物、铁氧体、钛酸盐、锰酸盐等各种纳米材料。

【微波辅助合成技术】microwave-assisted synthesis

微波辐射到介质内部，利用介质的极化特性转换能量从而进行化学合成反应的技术。微波辐射可在极短时间内使介质分子达到活化状态，加剧分子的运动与碰撞，可大大加快反应速度，缩短反应周期；同时微波加热是材料在电磁场中由介质损耗引起的体加热，从而加热均匀、无滞后效应。微波合成技术具有更快速、更洁净以及更经济的优点。合成材料包括碳化物、氮化物、复杂氧化物、硅化物、硅酸盐以及磷灰石等。

22 能 源 材 料

22.1 专 业 基 础 理 论

22.1.1 半导体

【光吸收】optical absorption

光子通过材料时，光子与材料中的原子(离子)、电子、声子等相互作用，光子的能量传递给材料的过程称为光吸收。例如，离子晶体长光学波的红外吸收，半导体的本征吸收(包括直接跃迁吸收和需要声子参与的间接跃迁吸收)、激子吸收、自由载流子吸收、杂质吸收等。

【上转换】up-conversion

即反-斯托克斯效应(anti-Stokes effect)，是指材料连续吸收两个或多个光子，使材料发射比激发光谱光子能量更高的光。上转换一般通过激发态吸收(ESA)、能量传递上转换(ETU)和光子雪崩(PA)等三种方式实现。上转换技术可用于红外探测、生物标识等领域。

【下转换】down-conversion

即斯托克斯效应(Stokes effect)。由 Stokes 在 1852 年提出一个后来被称为 Stokes 定则的规律：发光的波长一般情况下总是长于激发光的波长，即发光的光子能量总小于激发光光子的能量。

【光激发】photoexcitation

是指材料中的电子吸收光子而跃迁到更高能级的过程，该过程光子的能量低于引发光电离的能量。光激发是光致异构化的重要原因，广泛应用于染料敏化太阳能电池、光化学、发光材料、泵浦激光和一些光致变色的领域中。

【费米能级】Fermi level

是温度为绝对零度时固体能带中充满电子的最高能级。费米能级在半导体物理中是很重要的物理参数，知道了它的数值，在一定温度下，电子在各量子态上的统计分布就完全确定。它和温度、半导体材料的导电类型、杂质的含量有关。N 型半导体费米能级靠近导带边，过高掺杂会进入导带。P 型半导体费米能级靠近价带边，过高掺杂会进入价带。

【空穴浓度】hole concentration

单位体积内空穴的数目，一般指半导体材料中单位体积内带正电荷载流子的数量。其值由如下公式确定：$p=N_v\exp[-(E_F-E_v)/kT]$。式中：E_F 为费米能级；E_v 为价带顶；k 为玻尔兹曼常数；T 为开尔文温度；N_v 为价带顶态密度。

【空穴有效质量】hole effective mass

是指晶体中空穴的惯性质量。晶体中的空穴在外加电场、磁场中运动，常常可以用准经典运动规律在描述。根据晶体中电子运动加速度与外力之间的关系，与经典力学牛顿第二定律相类比，引入了有效质量 m^*。在半导体中，有效质量并不代表真正的质量，而是代表能带中电子受外力时，外力与加速度的一个比例系数。有效质量是一个很重要的概念，它把晶体中电子准经典运动的加速度与外力直接联系了起来。有效质量可以通过所谓回旋共振试验来直接进行测量。

【电子有效质量】electron effective mass

是指晶体中电子的惯性质量。电子有效质量并不代表其真正的质量，而是代表能带中电子受外力时，外力与加速度的一个比例系数(在准经典近似中，电子在外力 F 作用下具有加速度 a，所以参照牛顿第二定律定义 $m^*=F/a$，称作惯性质量)。有效质量概括了半导体内部周期性势场对电子的作用，使得在解决半导体中电子在外力作用下的运动规律时，可以不涉及内部势场的作用。

【电子给体】electron donor

又称施主，是半导体物理中的一种掺杂物，当它被添加到半导体中，能形成N型导电。例如，当具有4个价电子的硅需要进行N型掺杂时，氮族元素中的磷、砷由于具有5个价电子，因此可以作为电子给体。

【电子受体】electron acceptor

又称受主，是半导体物理中的一种掺杂物，当它被添加到半导体中，能形成P型导电。例如，当具有4个价电子的硅需要进行P型掺杂时，硼族元素中的铝、镓由于具有3个价电子，因此可以作为电子受体。

【激子】exciton

是一对电子与空穴由静电库仑作用相互吸引而构成的束缚态，它可被看作是存在于绝缘体、半导体和某些液体中呈电中性的准粒子。激子的概念最早由Yakov Frenkel于1931年提出，用于解释绝缘体中的原子激发，他指出激发态可以像实体粒子一样在晶格中穿行而不发生电荷转移。激子是凝聚体物理学中转移能量而不转移电荷的基本单位。激子具有电偶极矩，对固体的光学性质有重要的作用。激子有两类：Frenkel激子和Wannier激子。

【电荷复合】charge recombination

半导体在平衡态时总有一定数目的载流子——电子和空穴。它们在不停的运动中有一定的几率相遇，互相结合而湮灭，这个过程就是电荷复合，也叫载流子复合。在平衡态，载流子的产生率和复合率是相等的，电子和空穴的数目保持不变。如果有多余的非平衡载流子存在，平衡被破坏，复合率就会增加。和平衡态复合率相比，增加的部分称为非平衡载流子复合。

【电荷分离】charge separation

半导体中的电子和空穴通过扩散或漂移而转移到表面或另一个材料上的过程称为电荷分离。如在染料敏化太阳能电池中，染料上处于激发态的高能电子转移光阳极，空穴转移到电解质。

【功函数】work function

一个电子从金属的费米能级处移到无穷远处所需的最低能量就是功函数。简言之，是电子的真空能级与费米能级之间的能量差值。通常以eV表示。功函数在热电子发射、光电子发射，以及接触电势差等现象中早有认识。控制材料的功函数在工程技术中有重要意义，例如，热阴极、光阴极等的性能与功函数直接相关。

【载流子迁移率】carrier mobility

是指载流子(电子和空穴)在单位电场作用下的平均漂移速度，即载流子在电场作用下运动速度快慢的量度。运动快，迁移率大；运动慢，迁移率小，单位为$m^2/(V \cdot s)$

【自补偿效应】self-compensation effect

当材料中因掺杂增加载流子浓度时，材料中会自发地出现具有相反电荷的缺陷中心，以补偿自由载流子。如材料中掺入施主杂质，晶体中就会产生受主性缺陷和它补偿；如材料中掺入受主杂质，晶体中就会产生施主性缺陷和它补偿，这种现象称为自补偿效应。自补偿的存在不仅影响材料中载流子的浓度而且影响材料的导电类型。

【隧穿效应】tunneling effect

也称为隧道效应，是一种量子特性，是微观粒子(如电子、空穴等)能够穿过它们本来无法通过的“墙壁”的现象。这是因为根据量子力学，微观粒子具有波的性质，而有不为零的几率穿过势垒。

【势垒效应】heterojunction barrier effect；HBE

是指在半导体异质结中，由于价带和导带的带阶失配所形成的陡峭势垒，导致器件在低温时输出电流急剧降低的现象。每种材料的带阶失配形式、势垒位置都不一样，且都不随温度变化。

【漂移电流】drift current

载流子在电场作用下呈现出一种除热运动以外的附加运动，这种附加运动常称为漂移运动。由载流子漂移运动形成的电流称为漂移电流。漂移速度是指漂移电流中载流子运动的平均速度。漂移速度以及产生的电流，可通过迁移率来表现。

【欧姆接触】ohmic contact

是指一种金属和半导体的接触，这种接触的接触电阻与半导体体电阻或负载电阻相比可以忽略。欧姆接触是半导体器件中常用的一种接触，当半导体器件加上电压时，这种接触的电压降远小于器件任何作用区的电压降，它的电流-电压特性在正反两个方向偏置下都呈线性，这种非常小的电压降的存在，对半导体器件特性的影响一般可以忽略。

22.1.2 太阳能电池基础

【光伏效应】photovoltaic effect

又称为光生伏特效应，是指曝露在光照下的半导体或半导体与金属组合的部位间产生电势差的现象。光生伏特效应与光电效应密切相关，且同属内光电效应。在光电效应中，材料吸收了光子的能量产生了一些自由电子溢出表面。而在光生伏特效应中，由于材料内部的不均匀(例如当材料内部形成 PN 结时)，在自建电场的作用下，受到激发的电子和失去电子的空穴向相反方向移动，而形成了正负两极。光伏效应最早于 1839 年由法国物理学家亚历山大·贝克勒(Alexandre Becquerel)发现。光伏效应是太阳能电池工作最基本的原理之一。

【光生载流子】photo-generated carrier

参见 9.1.3.2【光生载流子】。

【载流子分离】charge carrier separation

参见本节【电荷分离】。

【光生电流】photocurrent

是指在光照情况下所产生的电流。光生电流可以是通过光敏、光电发射，或光伏效应实现。在合适的情况下，光生电流正比于光照的强度。在太阳能电池中产生光生电流包括两个重要的过程：(1)吸收入射光子产生电子-空穴对；(2)光生载流子的输送与收集。采用 PN 结产生的自建电场，可以在空间上分离电子与空穴从而阻止其复合。当太阳能电池的基极与发射极相联(即电池被短路)时，光生载流子将通过外电路形成光生电流。

【光生电压】photovoltage

在光生伏特效应中，电池吸收光子后，在电池的内建电场两侧，分别有空穴和电子的积累，由此产生的电压，称为光生电压。

【光谱响应】spectral response

光阴极量子效率与入射波长之间的关系，称为光谱响应。光谱响应表示不同波长的光子产生电子-空穴对的能力。定量地说，太阳能电池的光谱响应就是当某一波长的光照射在电池表面上时，每一光子平均所能收集到的载流子数。

【相对光谱响应】relative response spectra

每一波长以一定等量的辐射光能或等光子数入射到太阳能电池上，所产生的短路电流与其中最大短路电流比较，按波长的分布求得其比值变化曲线，称为该太阳能电池的相对光谱响应。

【光谱灵敏度特性】spectral sensitivity characteristic

光波波长和绝对或相对光谱灵敏度之间的关系称为光谱灵敏度特性，通常用曲线表示。太阳能电池对单色辐射通量的反应，称为光谱灵敏度，分为绝对光谱灵敏度和相对光谱灵敏度。对规定波长的单色光的辐射灵敏度，称为绝对光谱灵敏度；任意波长的辐射灵敏度对作为参照的某一波长(通常是最大响应的波长)的辐射灵敏度之比，称为相对光谱灵敏度。

【绝对光谱灵敏度特性】absolute spectral sensitivity characteristic

光波波长和绝对灵敏度之间的关系称为绝对光谱灵敏度特性，通常用曲线表示。

【量子效率】quantum efficiency；QE

太阳能电池产生的电荷载流子数目与照射在太阳能电池表面一定能量的光子数目的比率，称为量子效率。太阳能电池的量子效率与光的波长或者能量有关。若太阳能电池吸收了特定波长下的全部光子，并收集到由此产生的所有光生载流子，则太阳能电池在该波长下的量子效率为 1。能量低于带隙的光子无法被吸收，量子效率为 0。理想太阳能电池的量子效率在各个波长下为一个常数。但是，大部分情况下电池的量子效率会由于光生载流子的复合而降低，即该部分载流子无法传输到外电路中。太阳能电池的量子效率可以衡量电池对单一波长光的转化能力。

【外量子效率】external quantum efficiency；EQE

太阳能电池的电荷载流子数目与外部入射到太阳能电池表面的一定能量的光子数目之比，称为外量子效率。外量子效率低也表明太阳能电池的活性层对光子的利用率低，但也可能表明光的反射、透射比较多。

【内量子效率】internal quantum efficiency；IQE

是指光电器件在某一特定波长光的照射下，其活性层在单位时间内产生的平均光电子数与被吸收的光子数之比，或指光电器件在某一特定正向电压的驱动下，其活性层产生的光子数与注入载流子数量之比。内量子效率的高低表明了光电器件活性层对光子或注入载流子利用效率的高低。

【太阳常数】solar constant

指地球在日地平均距离处与太阳光垂直的大气上界单位面积上在单位时间内所接收太阳辐射的所有波长总能量。由于地球以椭圆形轨道绕太阳运行，因此太阳与地球之间的距离不是一个常数，而且一年里每天的日地距离也不一样。众所周知，某一点的辐射强度与距辐射源的距离的平方成反比，这意味着地球大气上方的太阳辐射强度会随日地间距离不同而异。然而，由于日地间距离太大(平均距离为 1.5×10^8km)，所以地球大气层外的太阳辐射强度几乎是一个常数。因此人们就采用所谓太阳常数来描述地球大气层上方的太阳辐射强度。近年来通过各种先进手段测得的太阳常数的标准值为 1353W/m^2。一年中由于日地距离的变化所引起太阳辐射强度的变化不超过 3.4%。

【大气质量】air mass；AM

指大气对地球表面接收太阳光的影响程度。大气质量为零的状态(AM 0)，指的是在地球外空间接收太阳光的情况，适用于人造卫星和宇宙飞船等应用场合。大气质量为 1 的状态(AM 1)是指太阳光直接垂直照射到地球表面的情况。

【辐射】radiation

自然界中的一切物体，只要温度在绝对温度零度以上，都以电磁波和粒子的形式时刻不停地向外传送热量，这种传送能量的方式被称为辐射。

【世界辐射测量基准】world radiometric reference

用 10 种不同类型的 15 台绝对直接辐射表多次比较的结果，定义为世界辐射测量基准。世界辐射测量基准被接收为全辐照度的物理单位，其不确定度不超过测量值的±0.3%。

【黑体辐射】black-body radiation

是指由理想放射物发射出来的辐射，在特定温度及特定波长放射最大量的辐射。所谓黑体是指入射的电磁波全部被吸收，既没有反射，也没有透射(当然黑体仍然要向外辐射)。根据基尔霍夫辐射定律(Kirchhoff)，在热平衡状态的物体所辐射的能量与吸收率之比与物体本身物性无关，只与波长和温度有关。按照基尔霍夫辐射定律，在一定温度下，黑体必然是辐射本领最大的物体，可叫作完全辐射体。同时，黑体是可以吸收所有入射辐射的物体，不会反射任何辐射，但黑体未必是黑色的。例如，太阳为气体星球，可以认为射向太阳的电磁辐射很难被反射回来，所以认为太阳是一个黑体(绝对黑体是不存在的)。理论上黑体会放射频谱上所有波长之电磁波。

【辐射表】radiometer

是测量辐射强度的仪器。总(反、散)辐射表、分光谱辐射表及长波辐射表都是采用光电转换感应原理，与各种辐射记录仪或辐射电流表配合使用，能够准确地测量出太阳的总辐射、反射辐射、散射辐射、红外辐射、可见光、紫外辐射、长波辐射等。辐射表被广泛地应用于太阳能利用、气象、农业、建筑、材料老化、大气污染及生态考察等部门。

【总日射表】pyranometer

总辐射表，又称天空辐射表，是用来测量水平面上，在 2π 立体角内所接收到的太阳直接辐射和散射太阳辐射之和的总辐射(短波)。总日射表是辐射观测最基本的项目。

【散射辐射】scattered radiation

是由于空气分子和气溶胶粒子的作用，或由于空气密度的涨落以及不均一，电磁辐射能量以一定规律在各方向重新分布的现象。散射波能量的分布与入射波长、强度及粒子的大小、形状和折射率有关，分别称为瑞利散射（分子散射）和大粒子的米散射。

【聚光率】concentration ratio

是指使用光学系来聚集辐射能时，每单位面积被聚集的辐射能量密度与其入射能量密度的比，是无量纲数。

【几何聚光率】geometric concentration ratio

聚光型集热器净采光面积与接收器面积之比，或称采光面积与吸收体的面积比。

【AM1.5 条件】AM1.5G test condition；air mass 1.5G test condition

世界公认的地面光伏组件标准测试条件（STC）：AM＝1.5，1000W/m²，25℃。AM＝1.5 指光线通过大气的实际距离为大气垂直厚度的1.5倍，1000W/m² 指标准测试太阳能电池的光线的辐照度，25℃指在 25℃温度下工作。

【太阳高度角】solar elevation angle，solar altitude

简称太阳高度，是指某地太阳光线与该地作垂直于地心的地表切线的夹角。太阳高度是决定地球表面获得太阳热能数量的最重要的因素。当太阳高度角为 90°时，此时太阳辐射强度最大；当太阳斜射地面时，太阳辐射强度就小。太阳高度角随着地方时和太阳的赤纬的变化而变化。太阳赤纬（与太阳直射点纬度相等）以 δ 表示，观测地地理纬度用 φ 表示（太阳赤纬与地理纬度都是北纬为正，南纬为负），地方时（时角）以 t 表示，则太阳高度角的计算公式为：$\sin h=\sin\varphi\sin\delta+\cos\varphi\cos\delta\cos t$

【太阳能电池温度】solar cell temperature

在进行性能测试时，太阳能电池的温度称为电池温度。太阳能电池的电性能参数（短路电流、开路电压、最大功率等）随着太阳能电池所处环境温度的变化而变化。在恒定辐照度下，通过改变太阳能电池的温度可以得到太阳能电池电性能参数与温度变化的关系曲线，由曲线的斜率可以求出太阳能电池电性能参数的温度系数。

【电流温度系数】current temperature coefficient

在恒定辐照度下，通过改变太阳能电池温度，得到太阳能电池电流与温度变化的关系曲线，由曲线斜率求出的温度系数，称为电流温度系数。

【电压温度系数】voltage temperature coefficient

在恒定辐照度下，通过改变太阳能电池温度，得到太阳能电池电压与温度变化的关系曲线，由曲线斜率求出的温度系数，称为电压温度系数。

【光源辐照度】light irradiance；spectral irradiance

光源在表面单位面积的入射功率，称为辐照度。用于表示光源到达一个表面的光强。可由单色通量密度对整个电磁波波谱积分求得。

【伏安特性曲线】voltage-current characteristic curve

在某个特定的温度和辐照度下，太阳能电池的输出电流和输出电压的关系曲线。

【光电转换效率】photoelectric conversion efficiency

受光照太阳能电池的最大输出电功率与入射到该电池受光平面几何面积上的全部光功率的百分比。

【太阳能电池转换效率】solar cell power conversion efficiency

太阳能电池的光电转换效率，为电池输出功率与入射光功率之比。

【本征转换效率】intrinsic conversion efficiency

电池略去串、并联电阻和光在电池表面反射损失等之后的功率转换效率。

【理论转换效率】theoretical conversion efficiency

是指物理器件能量转换效率的理论极限值。如热机的理论转换效率为卡诺效率。对于太阳能电池而言，假定太阳表面的温度为6000K，地球表面的温度为 300K，将太阳能电池视为一个热机，则其理论效率为 95%。Alexis de Vos 和 Herman Pauwels 于 1981 年发表论文表明，采用带隙从零到无限大的无数层叠层光电转换器件，并且在器件的所有方向上都受到 6000K 黑体辐射，则可以达到这一转换效率。通常情况下，太阳能电池为单带隙的光电器件。Shockley 和 Queisser 在考虑能量高于吸收层带隙光子的高能损失和能量低于吸收层带隙光子的低能损失后，得出单带隙太阳能电池的理论转换效率为 33.16%。

【组件效率】module efficiency

为了获得所需的电流、电压和输出功率，同时也为了保护电池不受机械损伤和环境损害，需要将若干单片电池串并联连接并封装成组件。光伏电池组件的基本功能是将外部输入的光能转变为电能，这过程中会有一定的能量损失，为了衡量电池组件的光电转换能力，将输出电能和输入的光能以比值的形式表示出来，这就是组件效率，它是光伏电池最为关键的指标之一。

【峰瓦】watts peak

太阳能装置容量计算单位，每天随着太阳照射的角度不同，输出的功率不尽相同。峰瓦表示最大输出功率。

【额定功率】rated power

电池组件正常工作时的输出功率。

【额定电压】rated voltage

电池组件正常工作时的输出电压。

【额定电流】rated current

电池组件正常工作时的输出电流。

【电池衰减】solar cell degradation

处于工作状态的太阳能电池，在光照情况下由于电池温度升高等原因，引起电池效率衰退的现象。

【电池参数】cell parameters

用来评估电池性能指标的具体数据参数，包括最大功率、最佳工作电流、最佳工作电压、短路电流、开路电压、填充因子、效率值、串联电阻、并联电阻、电池温度系数等。

【开路电压】open circuit voltage

在电池器件的电流-电压曲线上，电池组件电路开路（即 $I=0$）时的电压称为开路电压 V_{oc}。

【短路电流】short-circuit current

在电池器件的电流-电压曲线上，电池组件电路短路（即 $V=0$）时的电流称为短路电流 I_{sc}。

【电流密度】current density

为了描述电路中某点电流的强弱和流动方向，将单位时间内通过某一单位面积的电量称为电流密度，其方向为单位面积相应截面的法向方向。它在物理中一般用 J 表示，单位为安培每平方米，记作 A/m^2。

【填充因子】fill factor

在太阳能电池器件的电流-电压曲线中，可以得到该光伏器件的开路电压、短路电流和最大功率点，由最大功率点对应的电流和电压值的乘积与开路电压和短路电流的乘积之比可求出该光伏器件的填充因子。

【特征电阻】characteristic resistance

又称特征阻抗，通常表示为 Z_0。对于各向同性的传输线而言，传输线两端电压振幅与电流振幅的比值就是特征阻抗。特征阻抗的单位为 Ω。决定特征阻抗大小的是传输线的材料和几何形状，而不是传输线的长度。

【最佳工作电压】optimal working voltage

在光伏器件的电流-电压曲线中，可以得到该光伏器件的最大功率点，最大功率点所对应的电压值为最佳工作电压。

【最佳工作电流】optimal working current

在光伏器件的电流-电压曲线中，可以得到该光伏器件的最大功率点，最大功率点对应的电流值为最佳工作电流。

【最大功率点】maximum power point

在光伏器件的电流-电压曲线中，可以得到该光伏器件的最大输出功率，其值为最佳工作电压与最佳工作电流的乘积。

【串联电阻】series resistance

在物理电路中，电路元器件沿着单一路径互相连接，每个连接点最多只连接两个元件，此种连接方式成为串联电路，在此种串联电路连接中的电阻即为串联电阻。在太阳能电池中，光生电子要依次通过吸收层、缓冲层、窗口层、金属电极然后才能进入外电路，而这些材料层之间接触以及材料本身具有一定的电阻率，不可避免会引入附加电阻，因此当用一等效电路描述电池的工作状态时，可将它们的总效果用串联电阻来表示，主要来源于电池本身的体电阻、前电极金属栅线的接触电阻、栅线之间横向电流对应的电阻、背电极的接触电阻及金属本身的电阻。

【并联电阻】shunt resistance

在物理电路中，并联是元件之间的一种连接方式，其特点是将两个元件首首相接，同时尾尾亦相连的一种连接方式。在太阳能电池的等效电路中，由于电池边沿的漏电和制作金属化电极时，在电池的微裂纹、划痕等处形成的金属桥漏电等，使一部分本应通过负载的电流短路，这种作用的大小可用一并联电阻来等效。主要来源于电池 PN 结的漏电，包括 PN 结内部的漏电流(晶格缺陷与外部掺杂沉积物)和结边缘的漏电流。

【暗电流】dark current

在没有光照的条件下，给 PN 结加反偏电压(N 区接正，P 区接负)，此时会有反向的电流产生，这就是暗电流。对单纯的二极管来说，暗电流其实就是反向饱和电流。但是对太阳能电池而言，暗电流不仅仅包括反向饱和电流，还包括薄层漏电流和体漏电流。

【暗特性曲线】dark Ⅰ-Ⅴ characteristic curve

在无光照条件下，给太阳能电池施加外部偏压所得到的伏安特性曲线。

【负载电流】load current

在设备正常运行(即带负荷时)的情况下，负载所通过的电流。

【组合损失】assembling loss

为了获得所需的电流、电压和输出功率，同时也为了保护电池不受机械损伤和环境损害，必须将若干单片电池串并联连接并封装成组件。一般情况下，封装后的组件的输出功率(实际功率)小于所有电池片的功率值之和(理论功率)。计算方法为：(理论功率－实际功率)/理论功率。影响因素有电池片分档方式、组件封装材料、封装工艺与电池片之间的匹配等。

22.1.3 离子导体

【固态离子学】solid state ionics

是研究固体中离子输运的理论及其应用的一门学科，研究的对象包括离子导体及离子与电子或空穴的混合导体，其中迁移的离子可以是阳离子和阴离子，阳离子主要包括锂离子、钠离子、质子等，阴离子主要有氟离子、氧离子等。固态离子学是一门交叉学科，涉及固体物理、固体化学、电化学、结晶化学和材料科学等领域。固态离子学的应用涉及燃料电池、二次电池、太阳能电池、电致变色器件、气体分离器件、传感器(气体/离子/生物)、氧泵等各种离子及离子电子混合器件等。研究内容包括固体离子导体的设计、合成、结构和性能的表征的离子传输机理以及应用的开发等。

【离子导体空间电荷层模型】space charge layer model of ionic conductors

一种描述离子导体中电荷空间分布规模的模型，由于多晶离子导体晶界处周期性势场的中断，电荷平衡被打破，晶界核心处实际会积聚正(或负)性的有效电荷，晶体内带反号电荷的离子或缺陷会向晶界区扩散，在晶界核心两侧形成反号的空间电荷层，并实现电荷平衡。空间电荷层中离子或缺陷浓度与体相不同，对离子的传输有较大影响。如 Y 掺杂 ZrO_2 氧离子导体，晶界核心处常具有较高氧空位浓度，因而具有正电势，大量具有有效负电荷的 Y 离子易在晶界附近一定厚度内聚集，形成负电荷的空间电荷层，由于该层中氧空位浓度非常低，因而会对氧离子的传输起较大阻碍作用。如附图所示。

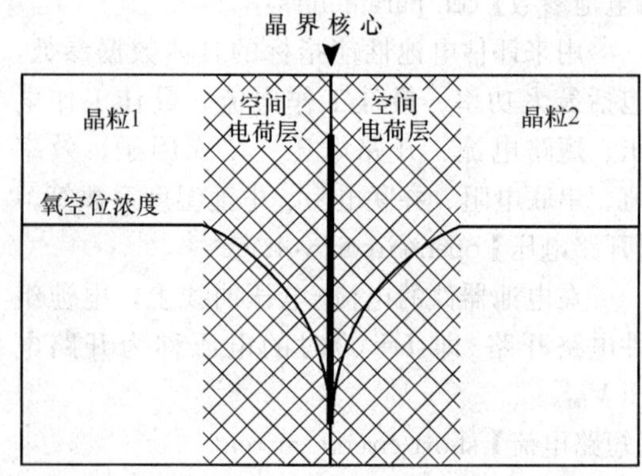

离子导体空间电荷层模型

【离子扩散】ion diffusion

是指离子在晶体中的迁移过程，晶体的许多物理性质都与离子扩散现象有关，扩散过程的实现与晶体中存在的缺陷密切相关。离子扩散的微观机制有三种：易位机制、空位机制和间隙机制。

【离子扩散系数】ionic diffusion coefficient

是描述离子在晶体中扩散运动难易程度的物理量。扩散系数 D 与温度 T 的关系式为：$D=D_0e^{-(u+\Delta u)/k_BT}$,式中：$u+\Delta u$ 为扩散激活能;u 是空位形成能；Δu 是势垒高度；k_B 是玻尔兹曼常数。

【离子导体传导模型】ionic transport model

离子晶体中描述离子运动的模型。离子导体中，正离子空位是一种带负电荷的缺陷，它的传导是通过近邻正离子的移动占据该空位来实现的。正离子要离开格点位置需要跨越势垒，在电场作用下，沿电场方向势垒小于反方向的势垒。因此，正离子沿电场方向跨越势垒的跳跃率大，产生沿电场方向漂移运动，实现传导。离子导体传导时，离子为载流子，电传导的同时伴随质量输运。离子导体中其他种类的缺陷也可用类似的传导模型。

【空位传导模型】vacancy transport model

是专门描述离子晶体中通过空位机理实现传导的模型。空位是晶体中点缺陷的主要类型，在空位周围的原子很容易占据这个空位，而原来的位置变成新的空位，通过空位的传导可以实现离子扩散。

【间隙离子传导模型】interstitial ion transport model

是专门描述离子晶体中通过间隔离子实现传导的模型。离子在晶格间隙中形成间隙离子，当间隙离子的离子半径比晶格离子的半径小很多时，间隙离子在不同的晶格间隙位置之间跳跃实现离子传导。

【电导率】conductivity

是描述材料导电性能的重要物理量，来源于载流子在外电场作用下的漂移运动。材料的电导率越高，导电性能越好。根据载流子的不同，电导率分为电子电导率和离子电导率。离子晶体中的电子电导的载流子主要是极化子，电子电导率用符号 σ_e 表示。离子电导的载流子主要是离子晶体中的点缺陷，离子电导率用符号 σ_I 表示。混合导电离子晶体的总电导率为 $\sigma=\sigma_e+\sigma_I$。电导率是电阻率的倒数 $\sigma=1/\rho$，常用单位是西门子/厘米(S/cm)。

【离子电导率】ionic conductivity

在离子晶体 A^+B^- 中，负离子空位和正间隙离子带正电荷，而正离子空位和负间隙离子带负电荷，在有外电场作用时，带不同电荷的点缺陷沿电场的正、反方向产生漂移运动，都对电流有贡献，总的离子电导率为各种离子电导率之和。

【电子电导率】electronic conductivity

离子晶体中的电子电导率贡献大的载流子主要是小极化子。例如在 $La_{1-x}Sr_xMnO_3$ 中，Sr^{2+} 替代 La^{3+} 离子，电荷补偿使晶体中同时存在 Mn^{3+}、Mn^{4+} 两种锰离子，引起晶格畸变产生局域的极化场，由电子与周围的晶格畸变极化场组成的区域称为小极化子。在电场的作用下，电子在 $Mn^{3+}-O^{2-}-Mn^{4+}$ 三个离子之间转移，产生电子电导。电子电导率 σ 与温度 T 的关系为 $\sigma=(\sigma_0/T)\exp(-E_\alpha/k_BT)$，式中：$\sigma_0$，$E_\alpha$ 和 k_B 分别为指前因子，小极化子的跃迁活化能和玻尔兹曼常数。

【晶界电导率】grain boundary conductivity

表征多晶体的晶界导电性能的物理量用 σ_{gb} 表示。晶粒之间的晶界是结构比较复杂的一种面缺陷，影响多晶体晶界电导率的主要因素是晶界处存在空间电荷层和杂质。用阻抗谱分析方法可以测定多晶离子晶体的晶界电导率。

【晶粒电导率】grain conductivity

是衡量多晶体的晶粒导电性能的物理量。多晶体由晶体结构相同，但晶粒大小、离子排列取向不同的晶粒组成。晶粒导电性能与晶粒组成元素、晶粒的晶体结构有关。用阻抗谱分析方法可以测定多晶离子晶体的晶粒电阻 R_{grain} 或 R_g，计算样品的晶粒电阻率 ρ_g，再取倒数得到晶粒电导率 σ_{gbulk}。

【体电导率】bulk conductivity

是表征离子导体的导电性能的物理量，体电导率高，导电性能好。导体的体电阻 R 与样品的厚度 L 成正比，与样品的横截面积 S 成反比，比例系数 ρ 称为体电阻率，写成 $R=\rho(L/S)$，ρ 取倒数得到体电导率 σ。

【面电导率】areal conductivity

是表征膜样品的导电性能的物理量，膜的面电导率高，则导电性能好。样品的体电阻 R 与其面积 S 的乘积称为面电阻 RS($RS=\rho L$，式中：ρ 为电阻率；L 为厚度)，单位为 $\Omega\cdot cm^2$。面电阻取倒数得到面电导率 $1/RS$。

【电阻率】resistivity

参见 2.1.3【电阻率】。

【准液态传导】quasi liquid conduction

离子在晶体中按照类似于在溶液或熔盐中进行传导。一般发生于离子电导率很高(室温下 $100\sim10^{-1}S/cm$)的快离子导体中，载流子可以是阳离子或阴离子。

【亚晶格液态模型】liquid sublattice model

由于迁移离子亚晶格内存在大量空位和无序度，将这种亚晶格视作液体或类似液体状态来描述离子传导机理的理论模型。它是 1934 年由 Strock 提出的。

【有序-无序转变】order-disorder transformation

快离子导体从非传导相到转变的传导相时迁移离子亚晶格从有序到无序的转变。按照亚晶格液态模型，从非传导相到传导相转变时初始晶格的非迁移离子发生重排，形成新晶型，同时迁移离子转变为无序的类液体状态。热力学上，这种亚晶格的有序无序转变常常对应于快离子导体的二级相变。

【迁移数】transference number

固体电解质或混合导体中，某类载流子的电导率占总电导率中的份额(分数)或百分数，通常以符号 t 表示，离子迁移数和电子迁移数分别为 t_i 和 t_e。它反映了这类载流子传导对材料总的传导能力的贡献。如果仅有一种离子性载流子和一种电子性载流子可以在亚晶格中传导，则 $t_i+t_e=1$。固体电解质的离子迁移数远大于电子迁移数，即 $t_i\geqslant t_e$，通常 $t_i\geqslant0.99$。

【离子迁移数】ionic transference number

离子性载流子的电导率(即离子电导率)占总电导率中的份额(分数)或百分数。测量离子迁移数的主要方法有电解重量法、热力学电动势测量法、Wagner 直流极化法以及渗透测量技术。

【电子迁移数】electronic transference number

电子性载流子的电导率(即离子电导率)占总电导率中的份额(分数)或百分数。测量电子迁移数的主要方法有电解重量法、热力学电动势测量法、Wagner 直流极化法以及渗透测量技术。

【能斯特-爱因斯坦方程】Nernst-Einstein equation

表达了电极电势与参与反应物种的活度之间的关系。在电极反应 $pP+qQ+ne=xX+yY$ 处于平衡条件下，电极反应方程两侧的电化学位总和相等，由此得到能斯特方程(Nernst-Einstein equation)：$\varphi=\varphi^o+\frac{RT}{nF}\cdot\ln\frac{(a_p)^p(a_o)^q}{(a_x)^x(a_y)^y}$。式中：$\varphi^o$ 为标准电极电势；a 为活度。

【电化学势】electrochemical potential

对于电极反应，除了化学反应，还有电荷在两相之间的转移，带电荷的物质进入某一相时，除了克服化学作用而引起的化学功，还要考虑静电和电场作用引起的电功。为此，引入了电化学位的概念：$\bar{\mu}=\mu+nf\phi$，式中：μ 代表化学位；ϕ 为内电位，代表带 n 个电荷的离子从无限远处移入某一相中所做的电功，包括克服该相的外电场作用所做的功和穿过表面偶极层所做的功。电化学势也叫电化学位，它决定了离子在有电势存在的相间传质的方向和限度，也是物种能否参与电极反应的判据。

【可逆电极】reversible electrode

是指正向进行的电极反应能完全反向发生，而没有留下其他变化的电极体系。主要表现在两个方面：一是电极反应本身可逆；二是超电势接近零。在循环伏安测试时，氧化峰与还原峰之间的间距不超过 2.3RT/nF 时，都可以视为可逆电极反应。通常，参比电极在一定条件范围内属于可逆电极，且可逆电极的电势符合能斯特方程。

【半阻塞电极】semi-block electrode

是指某种载流子(离子或电子)能够穿越电极/电解质界面，而另一种则不能穿越的电极体系。LiI 和 AgI 等是典型的固体电解质，而有的固体材料是离子和电子的混合导体(如 Li_xC、Ag_2S)。这样可以形成离子导通但电子绝缘的半阻塞离子电极(如 Ag、AgI、Ag_2S)或电子导通而离子绝缘的半阻塞电子电极(如 Pt、Li_xC)。

【电解质】electrolyte

又称离子导电隔膜，是一类阴离子或阳离子可以自由移动的化合物。这类化合物形成的溶液或熔融态能够产生离子的定向移动而传导电流，分别称之为电解质溶液和熔盐电解质。一些固体化合物在晶格中存在可移动的离子，主要通过离子迁移导电，这类化合物也称为固体电解质。一般液态电解质的离子电导率为 $10^1 \sim 10^{-5}$S/cm，固态电解质的离子电导率为 $10^{-3} \sim 10^{-7}$S/cm。作为离子输运的介质，电解质广泛用于电化学反应器(电池、电解池)、离子传感元件、光电化学转换与显示器等器件。

【阳极】anode

在电化学反应装置中用于发生氧化反应，向外电路输出电子的电极。如果阳极本身参加氧化反应，称之为活性阳极，反之则称为惰性阳极。活性阳极多为较低电势的金属及其化合物，主要用作电池中的负极、电解精炼与电镀工业中的正极；惰性阳极多为难溶性金属及其氧化物，为电化学氧化反应提供催化和集流作用，广泛用于有机电合成、工业电解、电化学传感器和光电化学能量转换装置。

【阳极氧化】anodic oxidation

泛指阳极上发生氧化反应的过程，特指在金属或合金制件进行氧化使其表面形成氧化膜的工艺过程。阳极氧化广泛用于金属材料和制品的表面处理，使其具有耐腐蚀、耐磨损、绝缘性、装饰性等性能。

【阳极电流】anodic current

即阳极上氧化反应所提供的电流，其数值可用于表征阳极反应速度的快慢。阳极电流的大小不仅受到电极电势的显著影响，而且与电极结构、表面状态、反应粒子浓度等因素密切相关。

【阴极】cathode

在电化学反应体系中，电子流入、发生还原反应的电极，称之为阴极。在电池中，电势较正的一极为阴极；在电解池中，电势较负的一极是阴极。阴极与阳极总是相互依存的一对电极，共同构成电化学反应的电流回路。但在金属电沉积、水电解制氢、材料阴极保护等应用场合，阴极反应性质是主要关注的对象，此时阳极只是起辅助作用。

【阴极还原】cathodic reduction

阴极上发生还原反应的过程。一些典型的阴极还原反应，如燃料电池氧阴极、电解水制氢、金属电沉积等，在能源与材料工业中具有重要的应用。

【阴极电流】cathodic current

在阴极上发生还原反应所产生的电流。阴极电流密度($mA \cdot cm^{-2}$)是阴极上还原反应速度的一种表征方法，受阴极电势的强烈影响。在一定的电极电势下，电极结构、催化方式、反应物浓度等均是重要的影响因素。

【阿伦尼乌斯方程】Arrhenius equation

又称为阿累尼乌斯方程。由瑞典化学家阿伦尼乌斯提出的描述化学反应速率常数随温度变化的经验公式：$k = A \cdot \exp^{-E_a/RT}$。该公式表明，化学反应速率随反应活化能($E_a$)的降低呈指数式增长；且活化能越高，化学反应速率随温度的升高增加得越快。因此，降低活化能可以显著提高化学反应的速率。通常在应用阿伦尼乌斯公式时，测量不同温度 T 下的速率常数 k，以 $\ln k$ 对 $1/T$ 作图应为一直线，由直线的斜率和截距可得到反应活化能 E_a 和指前因子 A。

【活化能】activation energy

化学反应过程中反应物分子由常态到达易于反应的活化状态所需的最小能量称为活化能。换言之，活化能是实现一个化学反应所需的能量阈值。通过改变反应途径等方式改变活化能，可以有效调控化学反应速率。

【极化】polarization

物质在受某些外界因素影响下发生两极分化，导致其性质偏离原始或平衡状态的现象。

【过电位】overpotential

又称过电势。电极的极化电位与处于平衡态时的工作电极电位的差值称为过电位。

【极化电位】polarization potential

电极发生电化学反应时，其电极工作电位偏离平衡态后、发生极化时所处的电极电位。

【电化学极化】electrochemical polarization

在外电场作用下，由于电荷传递过程迟缓滞后，导致电荷分布状态改变，引起反应电位偏离平衡电位，这一现象称为电化学极化。

【界面极化】interface polarization

指工作电极表面存在吸附或某种界面膜(物质)，导致电极界面电荷传递过程迟缓滞后，所产生的界面电位偏离平衡电位的极化现象。

【浓差极化】concentration polarization

指界面层离子浓度与本体离子浓度不同，离子输运过程受限而产生的工作电极电位偏离平衡电位的极化现象。

【欧姆极化】ohmic polarization

指工作电极本身欧姆电阻的存在所引起的工作电极电位偏离平衡电位的极化现象。

【分解电位】breakdown potential

指物质在电极上开始发生氧化或还原分解生成电解产物时所处的电位，该电位是相对某一参比电极的值(如标准氢参比电极)。

【电化学窗口】electrochemical window

指某种化学物质(如电解质)在通过电流时其能够稳定存在条件下，所能允许承受的最正电位和最负电位之间的一个电位区间(或电位差值)。电化学窗口是衡量物质在通过电流条件下其氧化还原稳定性的一个重要指标。

【分解电压】breakdown voltage

指的是使用两电极的电解池体系，当物质开始分解时电池的工作电压(或称槽压)。由于电极极化电位的存在，一般而言这种分解电压仅具有参考价值。

【Butler-Volmer 方程】Butler-Volmer equation

用于描述电极反应动力学的方程，由 Butler 提出，并由 Volmer 完善，该方程的形式为：

$$j_c=j_0\left\{\exp\left[-\frac{\alpha ZF\eta_c}{RT}\right]-\exp\left[-\frac{(1-\alpha)ZF\eta_c}{RT}\right]\right\}。$$

式中：α 为传递系数，是反应能垒对称性的度量，其值可从 0 到 1；η_c 为阴极反应的超电势(亦称过电位，单位为 V)，$\eta_c=\Phi_{平}\cdot\Phi$；Z 为电极反应中得失的电子数；F 为法拉第常数 $96485C\cdot mol^{-1}$；R 为气体常数 8.314 $J/(K\cdot mol)$；T 为绝对温度，单位为 K；j_0 为交换电流密度，单位为 A/cm^2；j_c 为阴极反应电流密度，单位为 A/cm^2。该公式常用来描述电化学极化控制下的电极反应，可用于处理大多数的多相动力学问题，且可作多种近似：电极反应达平衡时可以近似为 Nernst 公式；在强极化区可以近似为 Tafel 公式；当过电位 η 较小时，可近似为 i 和 η 成正比。

【Tafel 公式】Tafel formula

当电极反应具有较大的过电位时，过电位与电流密度的对数近似满足线性关系 $\eta=a+b\lg i$，称为 Tafel 公式。此关系式是 Tafel 在 20 世纪初从氢超电势试验中得出的，实际上是 Butler-Volmer 方程在强极化区的简化。

【二次电池】secondary battery

又称蓄电池，是一种可反复充放电使用的电池类型。常见的二次电池有镍氢电池、镍镉电池、铅酸电池、锂离子电池等。二次电池在放电时将化学能转变为电能，充电时则由外电路反向通电，使电池中的活性物质得到激活，将电能转变为化学能储存在电极中。目前二次电池广泛应用于各种电子产品、电动汽车与储能装置中。

【原电池】primary battery

又称一次电池，是放电后无法充电复原的电池。最简单的原电池由正极、负极和电解质组成，放电时负极发生氧化反应，电子经外电路到达正极，在正极发生还原反应。同时离子在电解质中运动，确保反应体系的电荷平衡。

【电极】electrode

可分为工作电极、对电极和参比电极等几种类型。这些电极是能让电流流进、流出或者通过微小电流时其电位不变的固体、熔融物和气体等导电/极化介质。作为反应或对电极的材料，可以是金属或非金属等电子导体或电子/离子混合导体。

【正极】positive electrode

电池在工作时发生还原反应的电极称为正极或阴极。

【负极】negative electrode

电池在工作时发生氧化反应的电极称为负极或阳极。

【集流电极】current collector

又称集流体，其作用是将活性材料产生的电流汇集成较大的电流并通过其向外输出。集流体一般采用金属、合金或者碳材料等。

【电动势】electromotive force；EMF

在一个闭合回路中将其他形式能量(如化学能)转化为电能所导致的电势差。在数值上等于非静电力将单位电荷从负极经电源内部移到正极做的功。

【固体电解质界面层】solid electrolyte interface；SEI

在锂电池/锂离子二次电池首次放电/充电过程中，电极材料与电解质在固液相界面上发生反应，会有一层钝化膜在电极材料表面生成，这层膜被称为钝化层或者固体电解质界面膜。SEI膜一般由电解质的分解产物构成，目前认为的SEI膜是由几种不同的有机或无机物如LiF、Li_2CO_3 以及电解质的还原产物(如 $ROCO_2Li$ 等)组成的“马赛克”混合物。SEI膜对锂离子是导通的，而对电子是绝缘的。SEI膜的形成对电极材料的性能有很大影响。一方面，SEI膜的形成消耗了部分锂离子，使得首次充放电的可逆效率降低；另一方面，SEI膜具有有机溶剂不溶性，在有机电解质溶液中能稳定存在，且溶剂分子不能通过该膜，避免了因溶剂分子的共嵌入对电极材料造成的破坏，提高了电极材料的循环性能和使用寿命。在固体电解质组成的二次电池中也可能存在SEI膜。

22.1.4 热电材料

【塞贝克效应】Seebeck effect

由德国科学家Seebeck在1821年首先发现。对由两种不同导体串联组成的回路，当两个接头处出现温差时，温度的梯度分布打破了原来平衡状态下的均衡载流子分布，高温端的载流子(电子或空穴)向低温端扩散，使低温端的载流子密度大于高温端，这样形成了一个和温度梯度相反的电场来抵消载流子受温度梯度驱动的扩散。当这两个反向扩散达到平衡时，两个接头处会存在电势差，驱动载流子在闭合回路中流动。利用塞贝克效应可将热能转换为电能。

【塞贝克系数】Seebeck coeficient

由两端温差引起的电势差和温差的比值为塞贝克系数，单位为V/K，用首先发现塞贝克效应的德国科学家Seebeck的名字而命名。

【帕尔贴效应】Peltier effect

由法国科学家Peltier在1834年首先发现，是塞贝克效应的逆效应。当电流通过由不同导体组成的回路时，除产生不可逆的焦耳热外，在两个接头处会出现吸热和放热现象。

【帕尔贴系数】Peltier coeficient

单位时间、单位电流时在接头处由帕尔贴效应引起的热量，单位为V。

【汤姆孙效应】Thomson effect

是存在于单一均匀导体中的热电转换现象。当存在温度梯度的均匀导体中通有电流时，除产生和电阻有关的焦耳热外，还要吸收或者放出热量，这部分热量称为汤姆孙热量。

【汤姆孙系数】Thomson coeficient

单位时间、单位电流时由汤姆孙效应引起的吸/放热量，单位为V/K。

【热电优值】thermoelectric figure of merit；ZT

无量纲参数，用于衡量材料的热电性能，由材料本征物理性能决定。$ZT=\frac{S^2\sigma}{\kappa}T$，式中：$S$ 为塞贝克系数；σ 为电导率；κ 为热导率；T为绝对温度。

【声子曳引效应】phonon-drag effect

声子在定向运动过程中与载流子发生碰撞，改变充当散射中心的载流子的平衡分布，使部分载流子在沿声子运动方向上的动量增大，如同载流子被声子“拖曳”运动，因此被称为声子曳引效应。

【玻尔兹曼方程】Boltzmann equation

用来表达非热力学平衡状态热力学系统统计行为的偏微分方程，由路德维希·玻尔兹曼于1872年提出。$\frac{\partial f}{\partial t}=-\vec{v}\cdot\nabla_{r}f-\vec{k}\cdot\nabla_{k}f+\left(\frac{\partial f}{\partial t}\right)_{s}$。式中：$f$为非平衡态时的分布函数；$t$为时间；$v$是粒子的平均速度；$k$为波矢；$\nabla$为哈密顿算符；$\left(\frac{\partial f}{\partial t}\right)_{s}$代表粒子的散射引起的变化。

【电子热导率】electronic thermal conductivity

通过电子运动进行的热传导，定义为电子在单位时间流过单位面积所携带的热能，单位为W/(m·K)。根据维德曼-弗兰兹(Wiedmann-Franz)定律，电子热导率可以表示为$\kappa_{e}=L_{0}\sigma T$，式中：L_0为洛伦茨常数，与材料本征电输运性质有关；σ为电导率，T为温度。

【晶格热导率】lattice thermal conductivity

通过晶格的振动(声子的运动)进行的热传导，定义为声子在单位时间流过单位面积所携带的热能，单位为W/(m·K)。参照气体分子的碰撞过程，固体中的晶格热导率可以表示为$\kappa_{L}=\frac{1}{3}C_{v}v_{s}l$，式中：$l$为晶格声子在两次碰撞(散射)中的平均自由程；$v_s$为声子行进的平均速度；$C_v$为恒容比热。

【载流子散射机制】carrier scattering mechanism

载流子受到碰撞或阻碍从而影响其运动统称为散射，主要包括以下几种：(1)电离杂质的散射：施主杂质在电离后是一个带正电的离子，受主杂质电离后则是负离子，在正离子或负离子周围形成一个库仑势场，载流子将受到这个库仑场的作用，即散射。(2)晶格振动的散射：光学波和声学波散射。随着温度的增加，晶格振动与载流子的作用越来越强，即散射越来越显著。(3)其他因素引起的散射，如等同的能谷间散射、中性杂质散射、位错散射、合金散射等。另外，载流子之间也有散射作用，但这种散射只在强简并时才显著。

【声子散射机制】phonon scattering mechanism

声子受到碰撞或阻碍从而影响其运动统称为散射。声子散射机制主要包括以下几种：(1)声子-声子散射：随着温度的升高，晶格原子振动的非简谐项将增加，格波之间的相互耦合加强，出现显著的能量和动量交换，这个交换即可视为吸收或发射声子的散射。(2)晶体缺陷的散射：最常见的是点缺陷，它包括晶体中引入的杂质原子、空格点、填隙原子等，点缺陷对声子产生的散射，只对声子频谱中的高频声子有效。(3)晶界散射：在低温时，声子的平均自由程将会随着温度的降低而增大，当增大到与晶体尺寸相当的范围时，声子将受到晶界的散射。(4)载流子散射：载流子对声子的散射会制约声子的平均自由程，载流子散射主要是对低频声子起作用，在低温时更显著。

【费米-狄拉克分布】Fermi-Dirac distribution

在统计力学中用来描述由大量满足泡利不相容原理的费米子组成的系统中，粒子处在不同量子态上的统计规律。这个统计规律的命名来源于恩里科·费米和保罗·狄拉克，他们分别独立发现了这一统计规律。根据费米-狄拉克分布，给定费米子组成的系统中处于量子态ε上的平均粒子数可以通过下面的公式计算：$g(\varepsilon)=\frac{1}{\exp[(\varepsilon-\mu)/k_{B}T]+1}$。式中：$\mu$为化学势；$k_B$为玻尔兹曼常数；$T$为绝对温度。当$T=0$K时，化学势就是系统的费米能。半导体中电子的费米能，也被称为费米能级。要应用费米-狄拉克统计，系统必须满足一定的条件：系统的费米子数量必须足够大，以至于再加入一个费米子所引起化学势的变化可以忽略不计。

【简约费米能级】reduced Fermi energy

能级用费米能量表示的一种方法。费米能级 E_F 是绝对零度下电子的最高占据能级，简约费米能级 $\xi=E_F/k_BT$，式中：k_B 为玻尔兹曼常数；T 为绝对温度。

【电子弛豫时间】electron relaxation time

载流子在实际晶体中的势场偏离严格的周期性，会对载流子的运动产生散射。散射过程的存在，将使载流子的平均自由程受到制约，电子两次散射间隔的时间称为电子弛豫时间，单位为 s。

【简并半导体】degenerate semiconductor

是杂质半导体的一种，它具有较高的掺杂浓度。对于 N 型半导体，费米能级进入导带，导带附近的量子态被电子所占据，$E_c-E_f<0$；对于 P 型半导体，费米能级进入价带，价带附近的量子态基本被空穴所占据，$E_v-E_f>0$。此时不能用玻尔兹曼分布函数，而必须用费米分布函数来分析导带中的电子及价带中的空穴统计分布问题。这种情况称为载流子的简并化，发生载流子简并化的半导体称为简并半导体。

【非简并半导体】non-degenerate semiconductor

半导体中掺入一定量的杂质时，使费米能级 E_f 位于导带和价带内，即 $E_v+3KT\leqslant E_f\leqslant E_c-3KT$ 时，半导体成为非简并的，载流子遵从经典 Boltzmann 统计。

【洛伦茨常数】Lorentz coefficient

金属中的电子热导率与电导率的比值与所处的温度成正比，比例常数被称为洛伦茨常数，单位为 V^2/K^2。洛伦茨常数是由材料本身的电输运性能决定的一个常数。

【双极扩散】bipolar thermodiffusion effects

当固体中同时存在两种载流子，即电子与空穴时，它们对热量的输运都有贡献。两种载流子在输运过程中存在产生和复合过程，这将会增加固体内额外的能量输运。这个过程称为双极扩散，当晶体材料处于本征激发态时尤为明显。

【最佳掺杂浓度】optimum doping concentration

热电材料的优值高低依赖于载流子浓度，只有进行适当掺杂，使载流子浓度达到最优值，才能得到好的热电性能。达到最优值时对应的载流子浓度即为最佳掺杂浓度，单位为 m^{-3}。

【单能谷能带结构】single-valley band structure

导带或价带仅存在一个能量极小值的能带结构。

【多能谷能带结构】multivalley band structure

导带或价带分别存在多个(一般为 6 个或 4 个)能量最小值，电子或空穴主要分布在这些极值附近。硅和锗的导带具有多能谷结构。

【单带模型】single-band model

仅考虑单能谷能带结构(导带或价带)的物理模型。

【双带模型】two-band model

考虑导带和价带共同作用或多能谷能带结构的物理模型。

【载流子平均自由程】carrier mean free path

对于半导体中的载流子，相邻两次碰撞之间的平均距离，即称为载流子的平均自由程，单位为 m。

【声子平均自由程和弛豫时间】phonon mean free path and relaxtion time

在凝聚态物质中，晶格中的原子和分子都按照单一的频率振动，声子就是对基本振动模式的量子动力学描述，是晶格振动的量子。晶格中的缺陷以及声子之间的相互作用都可以使声子受到散射，两次散射的时间内经过的路程的统计平均值被称作声子的平均自由程，单位为 m。声子两次散射间隔的时间称为声子弛豫时间，单位为 s。

【热电材料品质因子】quality factor of thermoelectric materials

决定了一个材料的本征热电性能所能达到的最佳值，用参数 β 表示，$\beta=\dfrac{\mu_0(m^*/m_e)^{3/2}T^{5/2}}{\kappa_L}$。式中：$m^*$ 为电子有效质量；m_e 为静止电子的质量；T 为绝对温度；κ_L 为晶格热导率；$\mu_0=\dfrac{\mu_H(1+\lambda)F_\lambda(\eta)}{(1/2+2\lambda)F_{2\lambda-1/2}(\eta)}$，其中 μ_H 为试验确定的载流子迁移率，λ 为散射因子，$F_n(\eta)=$

$\int_0^\infty \frac{x^n dx}{1+\exp(x-\eta)}$ 为费米积分，n 是积分级数，$\eta = E_F/k_B T$ 是简约费米能级，E_F 是费米能级，k_B 是玻尔兹曼常数。

【维德曼-弗兰兹定律】Wiedmann-Franz′s law

由 Gustav Wiedmann 和 Rudolph Franz 在比较多种金属的热导率与电导率的比值后于 1853 年提出，他们发现在相同温度下不同金属的热导率与电导率的比值几乎相同。Ludvig Lorenz 进一步完善了该理论，提出热导率与电导率的比值与温度的比例关系。该定律可表示为 $\kappa_e = L\sigma T$，式中：L 为洛伦兹常数，对于金属或简并半导体通常取值为 $2.45\times10^{-8}\Omega K^{-2}$；$\kappa_e$ 为电子热导；σ 为电导率；T 为绝对温度。

【最小晶格热导率】minimum lattice thermal conductivity

当声子在频繁散射的作用下，平均自由程被降低到最低值(约一个或半个声子波长量级)时，材料所具有的热导率被称作最小晶格热导率，单位为 W/m・K。

【电子晶体-声子玻璃】electron-crystal phonon-glass

由美国科学家 Slack 在 1994 年提出并应用于发现和改善热电材料的性能，指的是好的热电材料应该具有类似晶体的高电输运性能，同时，还应该具有类似玻璃的低热导率。该概念被成功应用于探索具有开放性结构的高性能热电材料，如方钴矿、笼形物等化合物等，并可推广至其他体系热电材料及纳米复合材料等。

【电子晶体-声子液体】electron-crystal phonon-liquid

是在美国科学家 Slack 提出的电子晶体-声子玻璃概念的基础上延伸而来。在以 Cu_2Se 和 Cu_2S 为代表的离子导体热电材料中，具有两套独立亚晶格点阵结构。其中硫族元素形成刚性亚点阵，维持好的晶体结构和电输运通道；而 Cu 离子具有可移动性而呈现类液体的特性，称为液态亚点阵，不仅对声子产生强烈的散射，致使声子平均自由程降低，同时造成部分横波振动模式的软化甚至消失，从而进一步降低了固体材料的热容，使得其热容值在高温下甚至可低于固体材料的 Dulong-Petit 理论极限值 $3NK_B$。该类离子导体热电材料因此被认为具有“电子晶体-声子液体”特征。

【功率因子】power factor

将材料在某一温度下的赛贝克系数的平方与电导率的乘积称为功率因子($PF=S^2\sigma$。)，反映材料电输运性能的好坏，高的功率因子具有好的电输运性能，单位为 W/(m・K^2)。

22.2 材料与部件

22.2.1 太阳能电池材料部件

【太阳能电池结构】solar cell configuration

指太阳能电池的器件结构。目前太阳能电池的器件结构主要有以下 3 类：(1)PN 结型。PN 结型太阳能电池的器件结构为：前电极—PN 结—背电极。目前绝大多数的太阳能电池均为 PN 结型太阳能电池，包括单晶硅电池、多晶硅电池、GaAs 电池、CdTe 电池、Cu(In, Ga)Se_2 电池等。(2)PIN 结型。PIN 结型太阳能电池的器件结构为：前电极—PIN 结—背电极。采用 PIN 结型的太阳能电池主要有非晶硅薄膜太阳能电池。(3)敏化型。敏化型太阳能电池的器件结构为：光阳极—敏化剂—电解质—背电极。采用敏化型的太阳能电池主要有染料敏化太阳能电池、量子点太阳能电池和新兴的钙钛矿太阳能电池。

【吸收层】absorbing layer

在太阳能电池中，负责吸收太阳光的功能层，称为吸收层。吸收层是太阳能电池中最关键的功能层。在 PN 结型太阳能电池中，大多采用 P 型半导体作为吸收层，这是由于电子的迁移率比空穴高，在光注入的条件下，P型半导体的少子(电子)自由程大，有利于电荷分离。在PIN结型电池结构中，一般采用I层作为光吸收层，I层往往具有更低的缺陷浓度，有利于光生载流子的分离。在敏化型电池中，吸光层往往就是敏化剂。

【缓冲层】buffer layer

由于吸收层吸光和窗口层透光的原因，二者的带隙相差较大，两者直接接触往往会有一定的带阶失配和晶格失配的问题，而影响效率。为了解决这种问题，两者之间会加上带隙介于其间的一层，称为缓冲层。例如，Cu(In, Ga)Se_2 薄膜太阳能电池利用CdS作为缓冲层，可以起到解决晶格、能带匹配问题，覆盖Cu(In,Ga)Se_2 薄膜表面，减少界面态，保护吸收层表面，避免在溅射I-ZnO薄膜时损伤Cu(In,Ga)Se_2 薄膜，增加电池耗尽区的宽度，减少隧道效应，提高接触势垒，避免漏电等。

【窗口层】window layer

在太阳能电池结构中，既允许太阳光入射，又具有导电功能的部分，称为窗口层，也就是所谓的前电极。通常是透明导电氧化物薄膜，如AZO、ITO等。例如，Cu(In, Ga)Se_2 薄膜太阳能电池的窗口层是由高阻ZnO(I-ZnO)和低阻ZnO(AZO)构成。对于Cu(In, Ga)Se_2 太阳能电池，I-ZnO膜层要求有较高的光透过率和电阻率。适当厚度的I-ZnO窗口层薄膜可以减小电池内部漏电流，而且对于改善电池的开路电压 V_{oc} 也起到重要作用。而AZO薄膜作为窗口层起着收集电流的作用，所以在保证能透过绝大部分太阳光谱的同时还要求尽可能低的电阻率。

【背电极】back electrode

在太阳能电池中无须承担太阳光入射，仅承担将电池产生的电流导出功能的一层，称为背电极。如Cu(In, Ga)Se_2 薄膜太阳能电池的Mo电极层就是背电极。背电极往往与太阳能电池的吸收层直接接触，因此要求背电极材料与吸收层之间可形成良好的欧姆接触，尽量减少两者之间的界面态。同时，背接触层作为整个电池的底电极，承担着输出电池功率的重任，因此它必须要有优良的导电性能。从器件的稳定性考虑，还要求背接触层既要与衬底之间有良好的附着性，又要求它与其上的吸收层材料不发生化学反应。

【前电极】front electrode

太阳能电池中透光的那一层电极。例如，Cu(In, Ga)Se_2 薄膜太阳能电池的低阻ZnO-(AZO)不仅作为窗口层，而且由于具有较低的电阻率，同时作为Cu(In, Ga)Se_2 薄膜太阳能电池的前电极。

22.2.2 离子导体与离子-电子混合导体

【固体电解质】solid electrolyte

在某些温度下以离子为主要载流子，并且具有一定电导率(10^{-6} S/cm)的固体物质。其特征是固体结构中存在刚性骨架和供载流子迁移的缺陷，电导率与缺陷种类及浓度密切相关。可以是陶瓷或者玻璃，也可以是聚合物。主要用于新型固体电池、燃料电池、化学传感器、超级电容器、电致变色器件等。

【快离子导体】fast ionic conductor

离子电导率在一定温度范围内不低于0.01S/cm，而且离子传导激活能不高于0.4eV的固体电解质。代表性的材料包括AgI和Na-β''-Al_2O_3 等。

【超离子导体】super ionic conductor

离子电导率在室温下不低于0.1S/cm，而且离子传导激活能较小(≈0.1eV)的固体电解质。代表性的材料包括 Ag^+ 离子导体 $RbAg_4I_5$、Cu^+ 离子导体 $RbCu_4Cl_3I_2$ 和 $Rb_4Cu_{16}Cl_{13}I_7$ 等。

【阴离子导体】anionic conductor

以阴离子如 F^-、O^{2-} 等为载流子的固体电解质。前者包括掺杂 CaF_2、BaF_2 等，后者包括掺杂 ZrO_2、CeO_2、$LaGaO_3$ 等。由于阴离子半径较大，一般只有在高温下才有明显的离子电导率。

【阳离子导体】cationic conductor

以 Li^+、Na^+、K^+ 等阳离子为载流子的固体电解质。由于阳离子半径较小，常常在室温下就可能表现出较高的离子电导率。

【氧离子导体】oxygen ion conductor

以氧离子为传导离子的快离子导体。最早发现的氧离子导体是氧化锆 ZrO_2，它具有很好的热稳定性和化学稳定性，是最早得到实际应用的快离子导体。它广泛用于熔融金属及气体中的氧含量分析仪，以及高温固体氧化物燃料电池、再生氧、真空检测和氧泵等的隔膜材料，磁流体发电装置和高温电极，氧化气氛下的高温加热元件等。大多数氧离子导体具有萤石结构（ThO_2 和 CeO_2），有些是扭曲的萤石结构（ZrO_2 和 HfO_2）。萤石型的四价氧化物 ZrO_2 中掺杂一些二价或三价金属氧化物（CaO、MgO、Y_2O_3），可在较宽的范围内形成阳离子置换型固溶体，掺杂二价或三价金属氧化物的 ZrO_2 具有更好的化学稳定性和离子导电性。钙钛矿型结构的 ABO_3 氧化物（A 为二、三价金属离子；B 为三价或四价金属离子）也是一类很重要的氧离子导体。

【稳定氧化锆】stabilized zirconia

氧化锆（ZrO_2）的晶型会随温度变化，从室温升至 900～1150℃时由单斜晶体转变为四方晶体，并产生约 7%～9%的体积收缩，高于 2370℃时变为立方晶体。降温度时，相变又会逆转。可见氧化锆的晶形是不稳定的。如果在 ZrO_2 中掺入阳离子半径与 Zr^{4+} 相差小于 12%的低价氧化物（稳定剂），如 Y_2O_3、Sc_2O_3、MgO 或 CaO 等，经高温煅烧后，它们将与 ZrO_2 形成代位固溶体，分别记作 YSZ、ScSZ、MgSZ 和 CaSZ。掺杂后的晶型变为萤石型立方晶系，且不再随温度变化而改变，故称为稳定 ZrO_2。若掺入的稳定剂不足，仍会存在部分未稳定相，称为部分稳定氧化锆。由于存在部分未稳定相，在升降温过程中因相变产生的体积变化与温变导致的体积变化具有相反的趋向而相互抵消，因而比全稳定氧化锆有更好的抗热震性。

【氧化铈】cerium oxide；ceria

别名二氧化铈。面心立方萤石结构，立方晶系，点群为 m3m，分子量 172.115，熔点 2400℃。在还原气氛下易形成三氧化二铈（Ce_2O_3），具有良好的氧化还原特性以及储存和释放氧的性能。在空气中的离子电导率和电子电导率都较低，掺入其他低价元素（如钐、钆）后可增加氧空位浓度及离子电导率。主要用于催化剂及载体、固体氧化物燃料电池电解质及电极、汽车尾气吸收剂、抛光材料、紫外线吸收剂等。

【锶镁稳定镓酸镧】lanthanum strontium gallate magnesite

化学式为 $La_{1-x}Sr_xGa_{1-y}Mg_yO_{3-\delta}$（$0.10 \leqslant x, y \leqslant 0.2$）。主要采用高温固相反应法或湿化学法合成。在相对较低的温度下（≤600℃）具有很高的氧离子电导率，在很宽的氧分压范围内（10^{-22}～1atm）氧离子迁移数≥0.99，主要用作低温固体氧化物燃料电池和氧传感器的电解质隔膜。不过，由于组成元素较多，成相较为困难，易产生 $LaSrGaO_3$ 和 $LaSrGa_3O_7$ 等杂相，从而导致电导率下降。

【钼酸镧】lanthanum molybdate

化学式为 $La_2Mo_2O_9$，氧离子导体。低温下为 α-$La_2Mo_2O_9$ 相，属于单斜晶系，空间群 $P2_1$，580℃左右转变为高温相 β-$La_2Mo_2O_9$，属于立方晶系，空间群 $P2_13$。该结构存在三种不同的氧离子，其中 O_1 位置被氧离子完全占满，O_2 位置则有 1/3 的空位，O_3 位置有 2/3 的空位。β-$La_2Mo_2O_9$ 在 800℃时的离子电导率约为 6×10^{-2} Scm^{-1}，比 α-$La_2Mo_2O_9$ 离子电导率高两个数量级左右。相变时，氧离子亚晶格发生有序至无序转变，体积发生约 4.6%的突变。为了稳定高温 β-$La_2Mo_2O_9$ 相结构，可采用在 La^{3+} 位掺杂 K^+、Sr^{2+}、Ba^{2+}、Bi^{3+} 或者 Mo^{6+} 位掺杂 V^{5+}、S^{6+}、Cr^{6+}、W^{6+} 等，来抑制相转变。可用作固体氧化物燃料电池、电化学传感器、氢泵等的氧离子导体材料。

【钒酸铋】bismuth vanadate；BIMEVOX

一种以 $Bi_4V_2O_{11}$ 为基体的中温（300～600℃）氧离子导体。$Bi_4V_2O_{11}$ 具有三种晶型：单斜 α 相、正交 β 相和四方 γ 相。在 570℃会转变为 γ 相，并表现出很高的氧离子导电性，其氧离子电导率为 10^{-3}～10^{-1} S/cm。为了将

γ相结构稳定至室温，常使用一定量的其他元素取代 V，因此以 BIMEVOX 表示掺杂后的 $Bi_4V_2O_{11}$ 材料，其中 Me 代表掺杂元素，如 Cu、Ni、Sb、Nb、Cr、Fe、Ti、Al、Ta 等，X 代表掺杂浓度。在固体氧化物燃料电池、氧泵、氧分离、氧传感器等领域具有较广泛的应用。

【氟离子导体】fluorine ion conductor

以氟离子为载流子的阴离子导体，研究较多的是萤石、氟铈矿和 YF_3 结构类型的氟化物。对这些结构中的阳离子进行异价离子掺杂，可在晶格结构中产生 F 离子空位或者间隙 F 离子，从而提高 F 离子电导率。如萤石结构的氟化物 MF_2（M=Ca、Sr、Ba、Pb 等），其阳离子可部分被离子 A（K、Na、Sn、In、Sb、Bi、Zr、Th 等）取代，形成 $M_{1-x}A_xF_2$ 固溶体，具有优良的 F 离子导电能力。与同结构的氧离子导体相比，氟离子导体在更低的温度下具有较高的离子电导率。如 $Pb_{0.75}Bi_{0.25}F_{2.25}$ 在 150℃下其电导率为 8×10^{-3} S/cm。氟离子导体可以用于热力学数据测量、全固态电池、气体传感器、特殊电极以及电致变色器件。

【质子导体】protonic conductor

以质子为载流子的导体。由于质子尺寸小、极化强，因而其传导特性与其他离子有很多不同，它一般是借助于 NH_4^+、H_3O^+ 或者氢键进行传输。无机质子导体分为低温和高温两类。低温类无机质子导体一般为水合物或铵盐的衍生物，这类质子导体在 200～400℃左右易分解为 H_2O 或 NH_3，从而失去导电特性。高温质子导体一般是钙钛矿类氧化物、稀土铌酸盐和钽酸盐 $ReMO_4$（M=Nb、Ta），具有耐高温、耐腐蚀、化学性能稳定等优点。质子缺陷主要通过环境中的水蒸气或氢气与材料中的氧空位和晶格氧相互结合而形成。在众多高温质子导体中，碱土金属铈酸盐和锆酸盐类钙钛矿材料表现出高的质子电导率，如掺杂的 $SrCeO_3$、$BaCeO_3$、$BaZrO_3$ 等。质子导体广泛应用于固体氧化物燃料电池、氢传感器、氢泵、水电解制氢、常压下合成氨、有机合成的催化加氢和脱氢等方面。

【铌酸镧】lanthanum niobate

正铌酸镧（$LaNbO_4$）在室温下为单斜相结构，点群为 2/m，在 500～530℃之间发生相变，成为点群为 4/mF2/m 的四方相。受主掺杂的 $LaNbO_4$ 在高温下具有较高的质子电导率，在 800℃和湿润气氛下，其质子电导率约为 10^{-3} S/cm。$LaNbO_4$ 基材料在被紫外线和 X 射线激发时，会发出蓝光和紫外射线。$LaNbO_4$ 还具有形状记忆效应，在升温到单斜相与四方相转变温度以上再冷却后，其形状会恢复到原始状态。可以用作固体氧化物燃料电池质子导体电解质、氢气传感器、高温下的形状记忆材料。

【掺杂锆酸盐】doped zirconate

一类立方钙钛矿结构的高温质子导体。化学式为 $AZr_{1-x}M_xO_{3-\delta}$，不溶于水和乙醇，无毒，不挥发，化学性质比较稳定。通过掺杂三价过渡金属离子（M^{3+}）部分替代锆离子，在锆酸盐（$AZrO_3$）中引入氧空位，提升电导率。可以通过固相法或液相法合成得到白色的粉体。一般认为其稳定性优化掺杂铈酸盐而电导率略低于掺杂铈酸盐，但是最新文献报道了掺 20mol%的 $BaZr_{0.8}Y_{0.2}O_3$ 电导率在 500℃时可以达到 10^{-2} S/cm。随着温度升高，质子迁移数减小，电子迁移数增大，成为电子-质子混合导体。主要用作固体电解质应用于固体氧化物燃料电池（SOFC）领域。

【铈锆酸盐】cerate zirconate

铈酸盐和锆酸盐形成的固溶体，化学式为 $AZr_{1-x}Ce_xO_3$，其结构与主相有关，当 x 较小时为立方钙钛矿结构，x 较大时为正交钙钛矿结构。其化学性质介于铈酸盐和锆酸盐之间，既有较高的电导率又有较好的稳定性，是应用较多的一类质子导电电解质材料。通过掺杂过渡金属离子（M^{3+}）可以进一步提高其电导率，掺杂后的化学式为 $AZr_{1-x-y}Ce_xM_yO_3$。随着温度升高，质子迁移数减小，电子迁移数增大，成为电子-质子混合导体。主要用作固体电解质应用于 SOFC 领域。

【掺杂铈酸盐】doped cerate

一类正交钙钛矿结构的高温质子导体，化学式为 $ACe_{1-x}M_xO_{3-\delta}$，不溶于水和乙醇，无毒，不挥发，高温下容易与 H_2O 和 CO_2 发生反应生成 $BaCO_3$ 和 CeO_2。通过掺杂三价过渡金属离子（M^{3+}）部分替代铈离子，在铈酸盐（$ACeO_3$）中形成大量的氧空位，从而可以在湿的气氛中引入质子，提升质子电导率。可以通过固相法（成相温度高于 1200℃，颗粒尺寸在微米级）或液相法（成相温度高于 900℃，颗粒尺寸在纳米级）合成得到淡黄色的粉体，一般认为掺杂铈酸盐是几种高温质子导体中电导率最高的，通常在 600℃时的电导率超过 10^{-2} S/cm。但是随着温度升高，质子迁移数减小，电子迁移数增大，成为电子-质子混合导体。主要用作固体电解质应用于 SOFC 领域。

【碱土金属铌酸盐】alkaline earth metal niobate

分子式 $A_3Ca_{1+x}Nb_{2-x}O_{9-\delta}$，一类复合钙钛矿结构固态电解质材料，A 表示 Ba 或 Sr，其导电的基本原理是，通过改变 Ca 和 Nb 的比例，在材料内部产生氧空位从而在湿的气氛中引入质子，材料此时表现为质子导体。在这类材料中，最引人关注的是 $Ba_3Ca_{1+x}Nb_{2-x}O_{9-\delta}$，其中 $x=0.18$ 时是这类化合物中电导率最高的一种质子导体，即常说的 BCN18。其质子迁移数大于 0.98，在 600℃的电导率达到了 10^{-2} S/cm。在实际应用方面，可以作为电解质用于 SOFC 中或作为催化剂合成氨等。

【杂多酸质子导体】heteropoly acid protonic conductor

杂多酸 $H_m[X_xY_yO_z]\cdot nH_2O$ 是一类由杂多酸阴离子、质子和水组成的化合物。杂多酸阴离子由杂原子 X（如 P、Si 等）和多原子 Y（如 Mo、W、V、Nb、Ta 等）分别与氧原子 O 组成的多面体缩合而成。固体杂多酸 $H_m[X_xY_yO_z]\cdot nH_2O$质子导体是通过结晶水与杂多酸阴离子之间的氢键网络进行质子传输。12-钼磷杂多酸 $H_3(PMo_{12}O_{40})\cdot 29H_2O$ 及 12-钨磷杂多酸 $H_3(PW_{12}O_{40})\cdot 29H_2O$ 的室温质子电导率达到 0.2S/cm。这类质子导体可用作常温型燃料电池的固体电解质。但其稳定性较差，在干燥气氛中及高于 100℃的温度下易失去结晶水，导致质子电导率降低甚至失效。

【质子交换膜】proton exchange membrane; PEM

是质子交换膜燃料电池的核心部件。主要类型包括：全氟磺酸型质子交换膜、nafion 重铸膜、非氟聚合物质子交换膜和新型复合质子交换膜。不同于一般化学电源中使用的隔膜，质子交换膜应具有良好的质子导电性、较小的水分子电渗透作用、尽可能小的气体渗透性、良好的电化学稳定性、良好的干湿转换性能、一定的机械强度、好的可加工性能和适当的价格。

【离子导电蒙脱石】ionic conductive montmorillonite

蒙脱石的层间阳离子具有离子导电的能力，从而形成了离子导电蒙脱石。蒙脱石的化学式为 $(Na, Ca)_{0.33}(Al, Mg)_2[Si_4O_{10}](OH)_2\cdot nH_2O$，是由铝氧八面体和上下的硅氧四面体组成的二八面体层状结构黏土矿物。由于部分铝氧八面体中的铝离子被镁离子取代，使蒙脱石骨架带有一定的负电性，含水分子的中层间内一定量的阳离子（天然蒙脱石为钠离子或钙离子）起平衡电中性的作用。层间阳离子在层间水环境（或有机环境）中具有一定的离子导电性，其电导率大小受水（或有机溶剂）含量影响。导电的阳离子具有离子交换性能，且有较高的离子交换容量，例如，将其中钠离子交换为锂离子后变为锂蒙脱石。层间水含量随层间阳离子种类、环境温度和湿度而变化，可以从一层水分子持续变化到多层水分子。层间水也具有交换性能，可以和一些极性有机分子交换，变成有机蒙脱石。

【锂离子导体】lithium ion conductor

以锂离子为载流子的固体电解质。它具有高离子电导率、低活化能、电极电位最负等特点。研究较多的有层状结构的 Li_3N、骨架结构的 Lisicon（$Li_{14}ZnGeO_4$）、以 $LiTi_2P_3O_{12}$ 或以石榴石结构 $Li_7La_3Zr_2O_{12}$ 为基的氧化物固溶体，以 $Li_{10}GeP_2S_{12}$ 为代表的硫化物等。此外，聚合物（如聚氧乙烯）与碱金属盐的络合物等有机锂离子导体，虽然它的电导率比无机锂离子导体低，但易加工成薄膜，且具有很好的黏弹性，也被广泛用于研制高比能、大容量电池。

【β锂霞石】β-eucryptite

β锂霞石的化学式为β-$LiAlSiO_4$。用Al^{3+}取代石英中一半的Si^{4+}，并引入Li^+进行电荷补偿，即得到类石英结构的β锂霞石。β锂霞石是一维锂离子导体，Li^+离子的通道是平行于c轴的，400℃时的锂离子电导率为10^{-2}S/cm数量级。

【铌钨酸锂】lithium niobate tungstate

一种具有钨青铜结构的锂离子导体，化学式为$Li_xNb_xW_{1-x}O_3$。钨青铜M_xWO_3（$0<x<1$）是混合导体，W是变价元素，容易产生自由电子，如果使W原子处于最高价态，则可避免电子导电。通过引入五价的Nb原子，W原子稳定在最高价态，形成的$Li_xNb_xW_{1-x}O_3$有很高的锂离子电导率，其迁移通道平行于c轴，具有二维导电的特征，室温下的离子电导率可达6×10^{-3}S/cm，但分解电压<0.5V。由于分解电压过低，限制了它作为固体电解质的应用。可以通过固相烧结、溶胶-凝胶、化学气相沉积、射频溅射沉积等方法制备。

【氮化锂】lithium nitride

化学式Li_3N，紫色或红色的晶状固体，在反射光下显浅绿色光泽，在透射光中呈红宝石色。分子量34.82，密度1.270g/cm^3，熔点845℃。易与水反应生成氢氧化锂并放出有刺激性、腐蚀性气体氨气，对眼睛、黏膜和呼吸系统有腐蚀性和毒性。特别是细粉状的氮化锂，在空气中加热可发生剧烈燃烧。氮化锂可以通过金属锂和纯净的氮气在高温下直接反应制得，产品的纯度可达95%～99%。可以以氮化锂为基，制备锂快离子导体。氮化锂也是六方氮化硼转化为立方氮化硼的有效催化剂。

【锂磷氮氧化物】lithium phosphorous oxynitride；LIPON

是一类锂磷氧氮化合物，也即氮化的磷酸锂（Li_3PO_4）。用磁控溅射的方法，在通入氮气的条件下，磷酸锂中的部分O原子被N原子取代，形成玻璃态结构。其室温电导率达2×10^{-6} S/cm，电化学稳定窗口为0～5V，一般可以做到1～2μm厚度，是很好的薄膜锂离子电池电解质。

【LISICON】LISICON

LISICON是元素Li（锂）和英文super ion conductor（超离子导体）的缩合词，特指Li_4GeO_4-Zn_2GeO_4（锗酸锂-锗酸锌）固溶体系统的锂离子导体，其中导电性最好的组成是$Li_{14}Zn(GeO_4)_4$。LISICON其结构中含有坚固的$Li_{11}Zn(GeO_4)_4$三维网络，形成三维的锂离子传导通道。它的烧成温度相对较低（1100～1200℃），制备方便，但它对熔融锂不稳定，在空气中对水和二氧化碳也很敏感，室温下电导率又偏低，因此应用受限。

【镧钛酸锂】lithium lanthanum titanate

一种钙钛矿结构（Perovskite型）的无机氧化物类固体电解质，化学式为$Li_{3x}La_{(2/3)-x}TiO_3$（$0<x<0.16$），经在900℃以上温度固相烧结得到的白色粉末或淡黄色块状固体，不溶于水，无毒，实际密度4.90～5.20g/cm^3。存在多种晶体结构，当$0.06<x<0.14$时，属四方相结构，空间群P4/mmm，为纯锂离子导体；$x=0.11$时，室温锂离子电导率最大，为10^{-3} S/cm，导电活化能为0.40eV。$Li_{3x}La_{(2/3)-x}TiO_3$中的Ti^{4+}易被金属锂还原为Ti^{3+}，导致电子电导和电池自放电。主要作为固体电解质应用于非锂金属负极全固态锂电池领域。

【镧锆酸锂】lithium lanthanum zirconate

一种石榴石结构（Garnet型）的无机氧化物类固体电解质。化学式为$Li_7La_3Zr_2O_{12}$。白色或淡黄色粉末，不溶于水。四方相或立方相，晶胞参数$a=13.207$Å，$b=13.209$Å，$c=12.659$Å（四方相）；$a=b=c=13.065$Å（立方相）。理论密度为5.31g/cm^3，实际密度为4.7～5.0g/cm^3。在100～150℃时，四方相会转变为立方相。立方相结构中，各向同性的三维离子传输通道和高浓度的空位，形成锂离子快速扩散通道，室温锂离子电导率可超过 1.0×10^{-3} S/cm，导电活化能约为 0.30eV。对金属锂、水、空气具有良好的化学稳定性。一般由高温固相反应合成。作为固体电解质应用于全固态锂电池，或作为隔膜应用于锂-空气电池。

【硫化物锂离子导体】sulfide lithium ionic conductor

一类具有超高锂离子导电特性的含硫无机化合物，又称硫化物固体电解质。灰色或灰白色粉末或块体，置于空气中有臭味，易被氧气氧化变质，遇水分解出硫化氢有毒气体。室温下具有大于 10^{-2} S/cm 的锂离子电导率、10V（*vs*- Li^+/Li）的电化学窗口和极低的电子电导率。按组成可分为二元系和三元系硫化物两类；按物相可分为玻璃、陶瓷或玻璃-陶瓷三类。主要由硫化物经高温固相反应合成。部分组分对金属锂的化学稳定性良好。主要作为固体电解质应用于全固态锂电池领域。

【硫化磷锗锂】lithium germanium phosphorus sufide

一种陶瓷类超锂离子导电固体电解质。化学式为 $Li_{10}GeP_2S_{12}$。灰色或灰白色粉末或块体。属四方结构，空间群 $P4_2/nmc$，晶胞参数 $a=b=8.28$Å，$c=15.89$Å，$\alpha=\beta=\gamma=90.00°$。理论密度 2.00g/cm³，理论弹性模量 20.80GPa，杨氏模量为 37.19GPa。晶格结构中，锂离子沿着 *c* 轴及 *ab* 晶面方向实现超高的锂离子传导性。室温锂离子电导率可达 12×10^{-3} S/cm，−45℃时为 0.4×10^{-3} S/cm，锂离子迁移活化能为 0.21eV，电化学窗口达 6V（*vs* Li^+/Li）。对金属锂不稳定，易被空气中的氧气氧化变质，遇水分解出硫化氢有毒气体。一般在惰性气氛下 550～700℃固相反应合成。主要作为固体电解质，应用于全固态锂电池。因原料成本、合成与使用环境要求高，限制其大规模应用。

【层状锰酸锂】layered Lithium manganese oxide

化学式为 $LiMnO_2$，具有二维锂离子通道的层状结构，其 270mAh/g 的理论容量远高于尖晶石结构的 $LiMn_2O_4$（约 150mAh/g），因此成为锂离子电池正极材料的研究热点之一。然而层状结构 $LiMnO_2$ 是热力学不稳定的相结构，难以制备和保存，所以纯的 $LiMnO_2$ 尚无法实际应用。用镍元素部分取代锰元素的 $LiMn_{1-x}Ni_xO_2$ 具有相近的容量和很好的稳定性，已经商品化应用，在市场上也被称为层状锰酸锂。

【钴酸锂】lithium cobaltate

又称锂钴氧，化学式为 $LiCoO_2$。常用作锂离子电池正极材料，具有层状二维锂离子通道的结构。$LiCoO_2$ 材料合成方法相对简单和容易控制，因此是最早商品化的锂离子电池正极材料。$LiCoO_2$ 具有较高的工作电压（配石墨类负极为 3.7V）和现有正极材料中最高的压实密度，因此电池的体积比能量最高，在 3C 类电子产品中得到广泛应用。由于锂离子完全脱出后的充电产物 CoO_2 热稳定性极差，通常实际应用时通过控制充电电压（相对石墨类负极为 4.2V）限制锂离子脱出量在 50%左右（可逆容量 145mAh/g）。$LiCoO_2$ 是安全性较差的锂离子电池正极材料，加上作为原料的稀有金属钴价格昂贵，一般不用于动力储能领域。体相掺杂和表面包覆氧化铝可以改善钴酸锂充电态产物的稳定性，允许使用 4.35V（对石墨类负极）或更高的充电电压，从而获得更高的可逆容量（4.35V 时约 157mAh/g）。

【111 锂镍钴锰酸】111 lithium nickel manganese cobalt oxide

又称 111 三元材料，化学式为 $LiNi_{1/3}Mn_{1/3}Co_{1/3}O_2$。由 3M 公司发明的一种常用锂离子电池正极材料，最早实用化的锂镍钴锰氧化物材料，具有与钴酸锂相似的层状二维锂离子通道的结构，分别有 1/3 的钴元素各自被镍元素和锰元素取代。该材料成本适中，具有较高的可逆容量（约 150mAh/g）、良好的循环特性及比钴酸锂优越的热稳定性，因此在 3C 和动力领域都得到应用。近年来，结构性能相近但成本更低、容量更高的 NMC532 三元材料得到了更广泛的应用，但是在寿命和倍率特性要求较高的动力电池领域，111 三元材料仍然是一种主流的正极材料。

【磷酸铁锂】lithium iron phosphate

又称磷酸亚铁锂或橄榄石锂铁磷氧，化学式为 $LiFePO_4$。常用作锂离子电池正极材料，具有橄榄石晶体结构。P—O 共价键具有很高的热稳定性，充电态产物 $FePO_4$ 是自然界中稳定存在的物质，充电时体积缩小的特性与碳负极材料充电时的体积膨胀相互配合，故 $LiFePO_4$ 是目前锂离子电池常用正极材料中安全性和循环特性最好的种类。原料来源丰富和环境友好也是 $LiFePO_4$ 的主要优点。纯的 $LiFePO_4$ 电子导电性很差，商品化材料中通常采用碳包覆和纳米化等手段来改善。工作电压低(配石墨类负极为 3.2V)加上较低的压实密度，使得电池的体积比能量仅为 $LiCoO_4$ 类电池的 1/2 或更低，限制了该材料在 3C 类产品中的应用，但在大型固定式储能装置中具有较好的前景。

【锂金属硅酸盐】lithium metal silicate

化学式为 Li_2MSiO_4 (M = Fe，Mn，Co，Ni)，目前主要应用于锂离子电池正极材料。当 Li^+ 在嵌入或脱出时，该材料展示两个电子转移过程(M^{2+} / M^{3+} / M^{4+})，其理论容量约为 330mAhg^{-1}。M^{3+}/M^{4+} 电子转移需要较高电压(相对于金属锂 6V 以上)，由于电解液的瓶颈，通常 Li_2MSiO_4 只进行一个锂的脱嵌。该类材料有三种空间群结构：Pmnb，$P2_1/n$，$Pmn2_1$。以 Li_2FeSiO_4 为例，结构为 Pmnb 的晶体常数为 a = 6.28Å，b = 10.66Å，c = 5.04Å；结构为 $P2_1/n$ 的晶体常数为 a = 8.23Å，b=5.02Å，c=8.23Å，β=99.3°；结构为 $Pmn2_1$ 的晶体常数为 a=6.27Å，b=5.34Å，c=4.96Å。结构为 $Pmn2_1$ 的 Li_2FeSiO_4 尼尔温度 T_N=25K，居里转变温度 θ_p = −93.5K，磁导率为 C_p=4.13emu K mol^{-1}。该类材料电子电导低，例如，在室温下，Li_2MnSiO_4 的电子电导约为 5×10^{-16} S/cm，Li_2FeSiO_4 的电子电导约为 6×10^{-14} S/cm。这类电极材料一般要进行包碳处理，充放电在 60℃ 下进行。Li_2FeSiO_4 第一周氧化电位约在 3.1V，第二周后氧化电位约在 2.8V。材料的取向，颗粒大小，形变以及具体的配位环境对 M^{2+}/M^{3+} 的平衡电势有很大的影响。

【氟化锂金属磷酸盐】lithium metal phosphate floride

一系列氟化磷酸盐聚阴离子正极材料的统称，化学式为 $LiM(PO_4)F$，具有双晶石结构。M 为过渡金属离子，可以是铁、钒等。在它的结构中，共角的 MO_4F_2 八面体沿 c 轴方向延伸，PO_4 四面体将不同链上的四个 MO_4F_2 八面体连接起来。这种结构的骨架较大，使得锂在其中有两个不同的晶体学位置，各以 50%的概率占据，离子电导较橄榄石结构有优势。氟原子的引入使得聚阴离子基团具有更强的电负性和诱导效应，从而可以有更高的嵌锂电压。

【磷酸钒锂】lithium vanadium phosphate

一种聚阴离子锂离子电池正极材料，化学式为 $Li_3V_2(PO_4)_3$。磷酸钒锂存在两种晶态物相：单斜相和正交相，后者电化学性能较差，不宜用作电极材料。通常意义上的磷酸钒锂是指具有单斜相 NASICON 结构的锂离子电池正极材料。其中，PO_4 四面体和 VO_6 八面体共用顶点氧原子形成以 A_2B_3 ($A=VO_6$，$B=PO_4$)为单元的三维网状结构，每单元具有 3 个锂离子晶体学位置，3 个锂离子都能可逆脱嵌，磷酸钒锂具有结构稳定、氧化还原电位高、理论比容量高(完全脱锂时为 197 mAh/g)、热稳定性和循环性能好等优点。其最主要的缺点是电子电导低。

【富锂材料】Li-rich material

一种层状结构的金属锂和过渡金属锰的复合氧化物，化学式为 Li_2MnO_3，空间群C2/m。富锂材料中，过渡金属层中有 1/3 的位置被 Li 占据，形成$[Mn_{2/3}Li_{1/3}]$的有序结构。富锂材料常与三元材料混合使用，形成三元富锂材料，首周充电比容量可以达到 350mAh/g。首周充电过程中，在 4.5V 会出现不可逆的充电平台，通常被认为是氧参与电子转移所导致。富锂材料目前为止仍处于研制阶段，由于其在循环过程中出现的电压衰减，严重影响了电池的比能量，因此尚难以得到实际应用。

【钛酸锂】lithium titanate

一种锂离子电池负极材料，化学式为$Li_4Ti_5O_{12}$，其空间点群为Fd3m空间群，晶胞参数a为0.836nm，其本身的电子电导率为10^{-9}S/cm，为不导电的白色晶体，在空气中可以稳定存在。结构类似于反尖晶石：在一个晶胞中，32个氧离子O^{2-}按立方密堆积排列(fcc)，占总数3/4的锂离子与四个氧离子紧邻作正四面体配体嵌入空隙，其余的锂离子和所有钛离子Ti^{4+}(原子数目1∶5)被六个氧离子紧邻，围成正八面体配体，嵌入空隙，其结构可以表示为$Li[Li_{1/3}Ti_{5/3}]O_4$。$Li_4Ti_5O_{12}$稳定致密的结构可以为有限的锂离子提供进出的通道，由于放电电压在1.55V左右，因此被用作锂离子电池负极材料。钛酸锂材料理论比容量为175mAh g^{-1}，实际比容量大于160mAh g^{-1}。钛酸锂材料有独特的优势：(1)具有循环寿命长，高稳定性能；(2)$Li_4Ti_5O_{12}$是一种零应变材料，锂离子具有很好的迁移性；(3)与碳负极材料相比，钛酸锂具有高的锂离子扩散系数(为$2\times10^{-8}cm^2/s$)，可高倍率充放电。

【石墨插层化合物】lithium graphite intercalation compound

石墨化的软碳材料与锂形成的一阶石墨层间化合物，化学式为LiC_6。呈铜黄色。锂位于上下两石墨层中六角环的对称中心，晶格常数$a=b=0.426$nm，层间距为0.3706nm。其结构如附图所示。

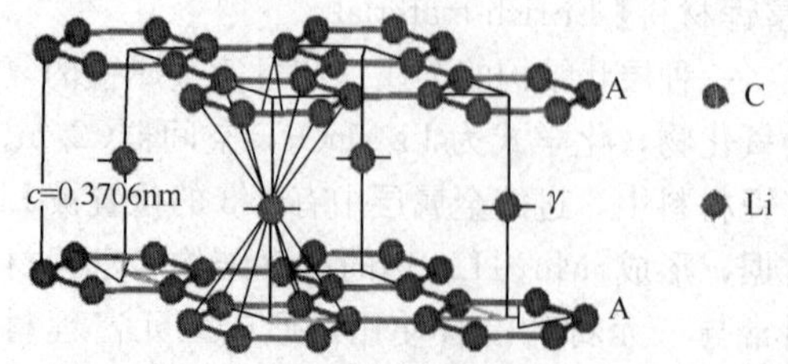

石墨插层化合物的结构

【石墨负极材料】graphite anode material

石墨类碳材料因导电性好、结晶程度高及具有良好的层状结构，是理想的锂离子电池负极材料。锂离子嵌入石墨(002)晶面形成系列嵌锂化合物Li_xC_6($x\text{Li}^+ + 6\text{C} + xe^- \xrightarrow[\text{放电}]{\text{充电}} \text{Li}_x\text{C}_6$)最大理论容量为372mAh/g($x$=1)。石墨负极材料包括人造石墨负极材料和天然石墨负极材料两大类。人造石墨是将易石墨化碳(如沥青焦炭等)在氮气气氛中于3000℃左右经高温石墨化处理制得，天然石墨负极材料则以天然鳞片石墨或微晶石墨为原料制得。

【天然石墨负极材料】natural graphite anode

天然石墨可以分为鳞片石墨和微晶石墨两类，将天然石墨经过整形、纯化和表面改性等处理工艺可以得到天然石墨负极材料。天然石墨具有较高的石墨化程度，其作为锂离子电池负极材料具有良好的嵌/脱锂循环稳定性和显著的价格优势，但其存在的一些缺陷结构导致其电化学性能不理想，如首次循环库伦效率低、因溶剂分子共嵌入导致的石墨层剥落等。

【锡负极材料】Sn anode material

单纯Sn，一种锂离子电池负极材料。与锂发生合金化反应，形成系列金属间化合物(Li_2Sn_5、LiSn、Li_7Sn_3、Li_5Sn_2、$Li_{13}Sn_5$、Li_7Sn_2、$Li_{22}Sn_5$)，其中，$Li_{22}Sn_5$对应最大理论比容量为990mAh/g。单质锡作为负极材料，其体积变化显著，会发生变形与开裂，从而逐渐崩塌、粉化、失效。

【一氧化锡负极材料】SnO andoe material

一种锂离子电池负极材料，化学式为SnO。在首次嵌锂过程中因发生不可逆还原，产物为单质锡和氧化锂，使得库伦效率较低，生成的单质锡与锂间的合金/去合金化反应可释放出稳定的可逆容量(最大理论比容量为875mAh/g)。

【硅负极材料】Si anode material

单纯Si，一种锂离子电池负极材料。单质硅与锂发生合金化反应，形成系列金属间化合物($Li_{12}Si_7$、Li_7Si_3、$Li_{13}Si_4$、$Li_{22}Si_5$)，其中，$Li_{22}Si_5$对应最大理论比容量为4190mAh/g。单质硅直接作为负极材料，其体积变化显著，易发生变形与开裂，从而逐渐崩塌、粉化、失效。

【一氧化硅负极材料】SiO andoe material

一种锂离子电池负极材料，化学式为 SiO。在首次嵌锂过程中因发生不可逆还原，产物为单质硅和氧化锂，使得库伦效率较低，生成的单质硅与锂间的合金/去合金化反应可释放出稳定的可逆容量（最大理论比容量超过 1400mAh/g）。

【钠离子导体】sodium ion conductor

一类载流子为 Na^+ 的固体材料，在一定的温度条件下具有与液体类似的钠离子导电率。这类材料一般为层状结构或者三维连通骨架结构，在层内或者三维连通的通道内实现 Na^+ 的快速迁移。最典型的固体钠离子导体有层状结构的 beta-Al_2O_3（$Na_2O \cdot xAl_2O$），300℃时电导率可达 0.2～0.3S/cm、三维连通骨架结构的 NASICON（参见本节【NASICON】），室温下电导率可达 10^{-3}～10^{-2} S/cm，300℃时与液体电解质相当。钠离子导体被广泛应用于各种离子导体器件中，如钠硫电池、钠氯化物电池、钠热机、钠提纯、电解、钠离子传感器、气体传感器辅助电解质、电致变色器件等。

【beta-氧化铝（β-氧化铝，β″-氧化铝）】beta-alumina（β-alumina，β″-alumina）；beta-Al_2O_3（β-Al_2O_3，β″-Al_2O_3）

一类典型的固体钠离子导体。发现于 1916 年，是一类具有层状结构特征、由氧原子四方密堆积的基块与离子疏松排列的中间层所形成的铝酸钠化合物。根据密堆积基块中氧原子层的数量及其排列方式，这类材料又分为 β-、β″-、β‴、β''''-Al_2O_3 等。β、β″-Al_2O_3 是两种最重要的并得到实际应用的体系，它们的化学式分别为：$Na_2O \cdot 11Al_2O_3$ 和 $Na_2O \cdot 5.33Al_2O_3$，β-Al_2O_3 的点阵结构为六方晶系，空间群为 P63/mmc，晶格常数为 a=5.59Å，c=22.53Å；β″-Al_2O_3 的点阵结构为三方晶系，空间群为 R3m，用六方晶系表示的晶格常数为 a=5.59Å，c=33.95Å。在 β-Al_2O_3 和 β″-Al_2O_3 的中间层内都含有具有大量的空位，为离子的迁移提供路径。β-Al_2O_3 和 β″-Al_2O_3 已在钠硫电池、钠氯化物电池、钠热机、钠提纯、电解、钠离子传感器、气体传感器辅助电解质方面获得了应用。

【NASICON】NASICON

是元素 Na（钠）和英文 super ion conductor（超离子导体）的缩合词。原指由两个具有相同结构的化合物 $Na_4Zr_2Si_3O_{12}$ 和 $NaZr_2P_3O_{12}$ 所组成的具有三维骨架结构的固溶体 $Na_{1+x}Zr_2Si_xP_{3-x}O_{12}$ 系统（$0<x<3$）的钠快离子导体。因为该系统 $x=2$ 的合成物 $Na_3Zr_2Si_2PO_{12}$ 具有最好的离子电导性，（在 300℃其离子电导率可达 10^{-1} S/cm 数量级），所以有时 NASICON 特指该合成物。后来该词义又有所扩展，有人把具有 NASICON 结构的钠快离子导体都称为 NASICON。通常采用高温固相反应或水热法制备，在能源、环保等诸多领域具有广阔的应用前景。例如，已应用于钠硫电池和环境监测的传感器的研制，近年又用于钠离子电池的研制。

【钾离子导体】potassium ion conductor

以钾离子（K^+）为传导离子的离子导体。由于钾离子（K^+）的离子半径 1.35Å 比钠离子（Na^+ 0.97Å）和锂离子（Li^+ 0.68Å）大得多，因此它在相应的离子通道的传导受到较大限制，其电导率比钠离子导体和锂离子导体的电导率低得多。以代表性的钾离子导体 K-βAl_2O_3 为例，它的电导率远比 Na-βAl_2O_3（一种钠离子导体）和 Li-βAl_2O_3（一种锂离子导体）的电导率低。近年发现，在 KNO_2 与 Gd_2O_3 和 KNO_2 与 Nb_2O_5 所生成的固溶体中，K^+ 离子的电导率有很大提高，特别是 KNO_2 与 Gd_2O_3 所生成的固溶体的 K^+ 离子电导率大大高于 K-βAl_2O_3，是目前发现的电导率最高的钾离子导体。

【银离子导体】silver ion conductor

是以银离子（Ag^+）为传导离子的离子导体。最典型的化合物是 AgI 晶体，它在 146℃时转变成 α 相（α 相存在于 146～555℃），电导率提高了三个数量级，达到 1.3S/cm。一系列银的卤化物（如 Ag_2S、Ag_2Se 和 Ag_2Te 等）都有此类型的离子导电性。银离子导体的化学稳定性较差，且价格高。因此它的应用受到一定的限制。

【碘化铷银】silver rubidium iodide

化学式 $RbAg_4I_5$。分子量 1151.46295，一种借助于 Ag^+ 迁移的高导电性的固体电解质，其室温导电率达 0.27/Ω·cm，其电导率是已知离子型晶体中室温电导率最高的。具有光学同向性。属四方晶系，空间群 $P4_132$，晶格常数 $a=11.24\pm0.02$Å，密度 5.30g/cm³。单个晶胞中包含 4 个 $RbAg_4I_5$ 分子，单个 $RbAg_4I_5$ 分子中包含 3 个 Ag 的晶格位，2 个 I 的晶格位，一个 Rb 的晶格位。在 −65～57℃ 范围内，离子活化能为 12.5±0.2kJ/mol (0.13eV±0.01eV)。可以通过以 RbI 与 AgI 为原料球磨 24h 制得。可用于全固态电池、传感器、探测器等。如附图所示。

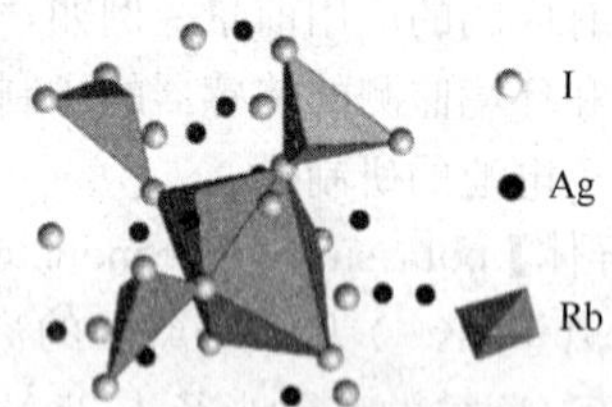

$RbAg_4I_5$ 的晶胞晶格图

【铜离子导体】copper ion conductor

以铜离子(Cu^+ 或 Cu^{++}，主要是 Cu^+)为传导离子的快离子导体。和 AgI 相似，CuI 在高温时也有相当高的电导率，但是室温电导率却很低。高温相 α-CuI 属于面心立方结构，通过离子交换法可将类似的结构稳定在室温，从而获得较高的室温电导率。目前室温电导率最高的铜离子导体是 $RbCu_4Cl_3I_2$(室温电导率为 0.44S/cm)和 $Rb_4Cu_{16}Cl_{13}I_7$(室温电导率为 0.34S/cm)。这两种材料的电子导电率很低，均小于 10^{-11}S/cm(对于快离子导体而言，其电子导电率愈低愈好，至少要比离子的导电率低两个数量级)。由于它们的电性能比 $RbAg_4I_5$ 还好，且价格较便宜，所以在固体电解质电池和其他固体离子器件上有着广泛的应用前景。

【离子-电子混合导体】mixed ionic electronic conductor

又称混合离子-电子导体，是介于离子导体和电子导体之间的一类固体材料，同时兼有离子导电性和电子导电性。有实用价值的混合导体的离子电导率和电子电导率都相当高。离子/电子混合导体材料主要包括钙钛型氧化物和萤石型氧化物，根据构成分为单相材料和复相材料。这类材料不仅具有导电性和催化活性，而且在高温下选择性透氧，主要应用于固体氧化物燃料电池(SOFC)的电极材料、氧传感器、透氧膜材料和超导材料等，在经济和环保方面比传统材料更具优势。

【混合导体透氧膜】mixed conducting oxygen permeation membrane

简称透氧膜，在氧分压梯度驱动下能选择性地渗透氧气的陶瓷膜。工作温度一般在 600～1000℃。氧渗透速率主要取决于膜材料的氧离子-电子电导率、膜厚度、表面积以及氧分压梯度等。按组成特点分为单相混合导体透氧膜和双相混合导体透氧膜。按外形分为管式透氧膜和平板型透氧膜。主要用于纯氧制备、富氧燃烧、二氧化碳的回收与捕获以及合成气制备等高温涉氧过程。

【聚合物电解质】polymer electrolyte

聚合物基体与碱金属盐络合形成的能传导离子的体系。又称高聚物离子导体，其链节单元通常含有可解离性离子基团。根据聚合物电解质的外部状态，可分为全固态聚合物电解质和增塑型聚合物电解质。增塑型聚合物电解质又可进一步分为微孔型和凝胶型聚合物电解质。聚合物电解质是聚合物锂离子电池的重要组成部分，目前商业化的聚合物锂离子电池大部分使用凝胶聚合物电解质。

【凝胶电解质】gel electrolyte

又称凝胶型聚合物电解质，是指由聚合物、增塑剂(如碳酸丙烯酯、碳酸乙烯酯等)和碱金属盐(如锂盐)通过一定的方法形成的具有合适微孔结构的凝胶聚合物网络体系，可分为交联和非交联两种类型。一般而言，非交联型的机械稳定性差，基本不能用于锂二次电池。交联型又可分为物理交联和化学交联两种形式。物理交联型是由分子间相互作用力形成的交联。当温度升高或长时间放置后，作用力减弱而发生溶胀、溶解，导致增塑剂析出。化学交联型则是通过化学键形成而产生的交联，不受温度和时间的影响，热稳定性好。

【聚氧乙烯】poly ethylene oxide；PEO

又称聚环氧乙烷。是由环氧乙烷开环聚合得到的不同聚合度的物质，化学通式$[CH_2-CH_2-O]_n$。是聚醚的一种，有一定的极性并具有热塑性。低分子量的 PEO 是稠状液体，为无定形结构，溶于水。高分子量的 PEO 是蜡状固体，具有晶态结构，溶于氯仿、二氯乙烷、热苯或甲苯等。可作为高聚物电解质的基体材料，与碱金属盐、丙烯碳酸酯、乙烯碳酸酯等混合，制备锂电池用的聚合物电解质，也可作为电池、电极材料胶粘剂使用。此外，可作为絮凝剂、润滑剂、增稠剂在采矿业、纺织业及日常生活用品中使用。

【插入化合物】intercalation compounds

又称嵌入化合物。在插入化合物中，外来原子、离子或分子可以可逆插入到化合物的晶格中或从晶格结构中脱嵌，化合物的晶格原子只发生位移而不产生扩散性重组。嵌入化合物按电子转移可以分为施主型和受主型两类。目前已发现几百种嵌入化合物，如 TiS_2、WO_3、石墨等。它们被广泛用作电极材料、敏感材料、发光材料、固体润滑剂、催化剂、储氢材料和同位素转移材料等。

【离子变色材料】ion chromic material

由于离子的内部电子跃迁致色或离子间的电荷转移致色的材料称为离子变色材料。电荷转移有多种形式，可以发生在金属与金属、金属与非金属、非金属与非金属离子之间。这种电荷转移对可见光产生强烈的吸收，使材料产生鲜艳的颜色。如当可见光照射到堇青石时，其 Fe^{2+} 的一个 d 电子吸收一定能量的光跃迁到 Fe^{3+} 上，此过程的吸收带位于 $17000cm^{-1}$（相当于黄光），使堇青石呈现蓝色。

22.2.3 热电材料

【碲化铋材料及其固溶体合金】bismuth telluride and bismuth telluride-based alloy material

碲化铋材料是一种分子式为 Bi_2Te_3，具有斜方晶系晶体结构的层状结构半导体化合物。具有易解离、强的各向异性等特点。一般通过区熔法或布里奇曼法制备 Bi_2Te_3 单晶材料，多晶材料则主要通过粉末冶金的方式制备。P 型碲化铋材料通常为 Bi_2Te_3 与 Sb_2Te_3 构成的固溶体合金 $Bi_{2-x}Sb_xTe_3$（$x\approx1.5$），N 型碲化铋材料则为 Bi_2Te_3 与 Bi_2Se_3 构成的固溶体合金 $Bi_2Te_{3-y}Se_y$（$y\approx0.3$）。由于该类化合物带隙较小，主要用于室温附近的制冷及发电。

【碲化铅材料及其合金】lead telluride and lead telluride-based alloy material

PbTe 基Ⅳ-Ⅵ族化合物具有氯化钠立方晶体结构，用于 300～900K 温度范围内的热电发电，化学稳定性较好，常采用 $PbCl_2$ 或$PbBr_2$作为施主掺杂，Na_2Te 或 K_2Te 等作为受主掺杂。将 $AgSbTe_2$ 与 PbTe 固溶可以得到 $AgPb_mSbTe_{m+2}$ 体系，由此可延伸出 $NaPb_mSbTe_{m+2}$、$AgPb_mSn_nSbTe_{m+n+2}$等体系，这些体系由于晶格热导大幅降低，从而具有比 PbTe 更好的热电性能。

【硅锗合金材料】silicon germanium alloys

硅锗合金为具有金刚石晶体结构的硅和锗的固溶体。可以采用区熔法或者粉末冶金的方式制备，可通过 B、Ga 等Ⅲ族元素进行受主掺杂，通过 P、As 等Ⅴ族元素进行施主掺杂。硅锗合金热电材料的服役温度在 900K 以上，主要用作空间同位素温差发电。

【方钴矿和填充方钴矿热电材料】skutterudite；filled skutterudite

方钴矿和填充方钴矿材料为中温热电材料。方钴矿材料的化学式为 MX_3（M 为金属元素，如 Ir、Co、Rh、Fe 等；X 是Ⅴ族元素，如 As、Sb、P 等），空间群为 $Im\overline{3}$，具有复杂的立方晶系结构，内部存在尺寸较大的孔洞。由于首先在挪威的 Skutterud 小镇被发现而得名。它的一个单位晶胞中有 32 个原子，包含 8 个 MX_3 单元，每个晶胞内有两个较大的孔洞。在方钴矿晶格孔洞中填入其他原子，一般为碱金属、碱土金属、稀土金属，得到填充方钴矿材料。

【笼合物】clathrate compounds

一般是指具有笼状结构的晶体化合物，其

具有电子晶体-声子玻璃特性，以Ⅰ型笼合物的研究最多，其通式为$A_8^{II}B_{16}^{III}B_{30}^{IV}$（$A^{II}$为Ba、Sr等，$B^{III}$为Al、Ga等，$B^{IV}$为Si、Ge等）。该类化合物结构由后两种原子组成的十四面体和十二面体构成笼状框架结构，可以填入碱金属或碱土金属作为晶格散射中心，对声子产生散射，降低热导率。

【半霍伊斯勒化合物】half-heusler compounds

是具有立方MgAgAs型结构的一种大晶胞的金属间化合物。空间群为F43m，由三套相互贯穿的面心立方亚晶格组成。其中，占据晶格中Mg位的元素为Zr、Hf、Ti、Nb等，占据晶格中Ag位的元素为Ni、Co、Pd等，而占据晶格中As位的元素可以为Sn、Sb等。

【锑化锌热电材料】zinc antimonide thermoelectric material

化学式为Zn_4Sb_3，是一种中温热电材料，至少有三种晶型（α、β、γ相），分别稳定存在于263以下、263～760K和760K以上。其中，β-Zn_4Sb_3是性能优异的P型热电材料，属六方晶系，R3C空间群。每个晶胞内有66个原子。具有声子玻璃特性，热导率低，室温下仅为$0.65Wm^{-1}K^{-1}$。

【硒化铟】indium selenide

化学式为In_4Se_3，其化合物为斜方结构，Pnnm空间群，一个In_4Se_3晶胞包含28个原子，含4个基本单元。在一个晶胞单元中，分别存在着4种不同的In原子位置与3种不同的Se原子位置。其中3种不同位置的In原子形成准一维的In原子链，与3个不同位置的Se原子以共价键结合。第4种In原子位置的In原子则填充在准一维链与链之间。准一维链与链所在的平面以分子间的范德华力相连接，形成类似于碲化铋的层状结构。In_4Se_3具有极其低的热导率，是一种有潜力的新型声子玻璃热电材料。

【类金刚石半导体材料】diamond-like semiconductors

由金属或半导体元素，以类似金刚石结构中sp^3杂化键构成的四面体为基础单元形成的一类化合物。按元素组成主要可分为Ⅱ-Ⅵ族和Ⅲ-Ⅴ族化合物两类。二元体系的化合物带隙都比较大，并且热导率很高，不符合好的热电材料的要求。而三元和四元体系的带隙明显降低，热导率也下降到一个较低的值，因而可具有较好的热电性能。

【银锑碲化物】silver antimony telluride

化学式为$AgSbTe_2$，是一种高温亚稳相，属于NaCl型立方岩盐相结构，空间群为Fm3m，其中Ag和Sb原子占据金属(Na)晶格位置。熔点为555℃，且在360℃以下会发生分解成为Ag_2Te和Sb_2Te_3。$AgSbTe_2$材料具有较低的晶格热导率，是一种非常有前景的P型中温热电材料，同时也是一些中高温高性能热电材料$(AgSbTe_2)_x(PbTe)_{1-x}$和$(AgSbTe_2)_x(GeTe)_{1-x}$的重要组分之一。目前该化合物的制备方法主要包括熔融法、高温高压技术以及机械合金化等，在中温段具有超过1的ZT值。

【碲化铅-银锑碲化物固溶合金】PbTe-AgSbTe2 alloys

即PbTe-$AgSbTe_2$固溶合金，具有高热电性能，耐热温度可达800～900K，耐热温度区间则高达500K。在基体材料中存在纳米尺度的富Ag-Sb区域，这种纳米尺度的富Ag-Sb区域以Ag^+Sb^{3-}偶极子的形式存在，它产生强的声子散射效应，降低晶格热导率，同时其能量过滤作用对提高塞贝克系数也有贡献。

【碲化锗-银锑红外线物固溶合金】GeTe-AgSbTe2 alloys

即GeTe-$AgSbTe_2$固溶合金，具有Seebeck系数大、载流子迁移率高、有效质量大和声子热导率低等特点，是一种性能优异的中温P型热电材料。一般认为GeTe-$AgSbTe_2$材料中存在的永久晶格应变是其声子热导率低的主要原因。

【二硅化铁】iron silicide

化学式为$FeSi_2$，直接禁带半导体，禁带宽度为0.85eV左右。β-$FeSi_2$拥有在200～900℃温度范围内的高温热电转换功能，具有高的抗氧化性，在大气中工作无须保护，不易中毒。可以通过在β-$FeSi_2$掺入不同杂质，同时制成P型和N型半导体，可避免由于两种半导体的热膨胀系数不同而引起的热电元器件制作上的困难。

【三硫化四镧】lanthanum telluride

化学式为La_4Te_3，是一种稀土元素硫族化合物，具有Th_3P_4型的晶体结构；晶胞中共有28个格点，12个La位和16个Te位；每个La被8个Te包围，每个Te被6个La包围。随着体系内镧空位的增加，呈现金属到绝缘体的转变。$La_{3-x}Te_4$是用于航空航天领域的新型高温热电材料，使用温度在1000℃，为N型半导体。

【稀土金属间化合物】rare-earth intermetallic compounds

由稀土元素与其他金属元素形成具有一定化学成分、晶体结构和显著金属键的物质。能与稀土金属形成金属间化合物的金属元素有数十种之多，包括半金属硅、硼、砷、硒、碲等。这些金属间化合物在稀土合金相图中被称为稀土金属中间相。稀土金属间化合物多达数千种，组成了一个特殊的化合物族。

【Zintl相热电材料】Zintl phase thermoelectric material

由电负性差别较大的阳离子和阴离子构成，其中阳离子为碱金属或碱土金属。由于电负性差别较大，阳离子的价电子几乎完全转移到阴离子，而转移过去的电子不能填满阴离子的最外层，就促使阴离子之间发生共价结合，以达到稳定状态，从而形成了离子与共价键共存的复杂晶体结构—Zintl相。此种材料大量的共价键形成稳定的结构框架，产生相应的电导率；结构内部嵌有大量结合较弱的离子区域，能够有效地散射声子，从而降低热导率。这种不同区域分别控制电导和热导的特性使得在提高Zintl相热电材料电导率的同时降低热导率成为可能，是一种典型的电子晶体-声子玻璃材料。

【硅化二镁】Mg_2Si

Mg_2Si是Mg-Si二元体系唯一的稳定化合物，具有反萤石型结构，是一种窄带隙间接半导体材料，拥有0.118～0.8eV隙宽度，但是在具体数值上一直存在争议。Mg_2Si基热电材料是适用于450～800K的中温区热电材料，具有较大的有效质量和小的晶格热导率，其热电品质因子$\beta= m^{*3/2}\mu/k_{ph}$(式中：$m^*$、$\mu$和$k_{ph}$分别是载流子有效质量、载流子迁移率和晶格热导率)，值也远高于其他热电体系的值，故近年来受到广泛关注。

【声子液体材料】phonon liquid material

具有可移动离子的一类热电材料。以Cu_2Se为例，它是一种典型的P型半导体材料，熔点为1113℃，禁带宽度为1.23eV。Cu_2Se在室温下为单斜层状结构，在400K左右存在一个二级相变，相变后变为反萤石型结构。在具有高温反萤石结构的硒化亚铜($Cu_{2-x}Se$)化合物中，Se原子形成相对稳定的面心立方亚晶格网络结构，这为电子提供了良好的输运通道。Cu离子则随机分布在Se亚晶格网络的间隙位置，进行自由迁移和随机扩散，这不但可以强烈散射晶格声子来降低声子平均自由程，而且由于消减了部分晶格振动横波模式而降低材料的晶格热容，突破了晶态和玻璃态材料的晶格声子热振动与输运限制。研究人员将这种具有局域类液体效应的热电材料称为“声子液体”材料。

【纳米结构热电材料】nano-structured thermoelectric material

指包含尺寸在100nm以下的微小结构的热电材料。也就是以纳米尺度的物质单元为基础，按一定规律构筑或组装一种新的体系。主要包括：一维纳米热电材料(纳米线、纳米管等)、二维热电材料(单层薄膜和超晶格等)以及纳米复合热电材料。纳米结构热电材料相对于块体热电材料，具有更好的热电性能，由于它的费米能级附近的态密度通过量子限域效应得到了增强，从而使塞贝克系数得到了增强，并且纳米结构热电材料中存在大量的界面，可有效散射声子，使热导率降低。

【纳米复合热电材料】nano-composite thermoelectric material

是在主相中分散纳米尺寸的第二相，一般要求它们具有相近的电学性能，使材料的声子在被大量界面散射的同时不影响电子的输运，保持材料的电学性能。此外，主相与纳米相还会在界面形成势垒，使能量较低的电子被过滤，费米能级附近的态密度提高，塞贝克系数增大。

【薄膜热电材料】thermoelectric thin film material

开发最早的一类低维热电材料，主要有超晶格和单层薄膜两类。薄膜热电材料一方面可以利用电子的量子效应改变状态密度，另一方面利用声子在界面(薄膜边界和晶粒边界)处的散射降低导热系数。薄膜热电器件非常适合局部微区的制冷，如微处理器制冷，可以把热电元件直接安装到需要冷却的部位上。

【超晶格和量子点热电材料】thermoelectric superlattice and quantun dots

超晶格热电材料具有两种不同组元以几个纳米到几十个纳米的薄层交替生长并保持严格周期性的多层异质结构。超晶格热电材料区别于块体热电材料的两个重要特性是存在许多界面和结构的周期性。这些特性有助于增加费米能级附近状态密度，从而增大塞贝克系数；有助于增加声子散射，同时又不显著地增加表面的电子散射，从而在降低材料的热导率的同时并不降低材料的电导率；当满足量子限制条件，在载流子浓度不变的情况下，可显著增大载流子的迁移率，从而可方便地通过掺杂进行调节。

量子点热电材料由有限数目的原子组成，三个维度尺寸均在纳米数量级。在量子点系统当中，由于三个维度都受到限制，能级呈现分裂的量子态，量子点俘获和释放的电荷量是以电子电荷整数倍的量子化方式，并在输运过程中表现出许多新颖的量子化输运。

【有机热电材料】organic thermoelectric material

主要由含碳、氢元素组成的热电材料，可能含有氧、氮、氯、磷、硫以及少量金属元素。具有较好的延展性和加工性以及较低的热导率，但是功率因子普遍偏低、不耐高温等缺陷制约了其发展。主要包括聚合物热电材料和有机半导体热电材料等。常见的有机热电材料有聚苯胺、聚噻吩、聚吡咯、聚乙炔等。

【氧化物热电材料】oxide thermoelectric material

由氧元素和其他化学元素形成二元化合物、含氧酸盐及其他复杂化合物所组成的热电转换材料。这一类材料具有耐高温、抗氧化等优点，但其热电性能相比传统的合金材料仍有一定差距。常见的氧化物热电材料有钴酸钙、钴酸钠、钛酸锶、氧化锌、氧化铟等。

22.3 工艺与器件

22.3.1 太阳能电池工艺和器件

【真空蒸镀法】vacuum deposition

在真空容器中，将欲蒸镀的材料加热直至汽化升华，并使此气体附着于放置在附近的基板表面上，形成一层薄膜，这种制备薄膜的方法称为真空蒸镀法。真空蒸镀法可用于制备Cu(In，Ga)Se_2 薄膜太阳能电池的吸光层，具体包括同步蒸镀法、三步共蒸法等技术。

【同步蒸镀法】co-evaporation

在薄膜沉积过程中，同时蒸镀几种元素，以期达到制备高质量薄膜的目的。例如，在Cu(In，Ga)Se_2 太阳能电池制备过程中，就是保持Cu、In、Ga、Se四蒸发源的流量不变，沉积过程中衬底温度和蒸发源流量变化。这种工艺控制相对简单，适合大面积生产，不足之处是所制备的薄膜晶粒尺寸小且不形成梯度带隙。

【三步共蒸法】three-stage co-evaporation

是特指一种制备Cu(In，Ga)Se_2 薄膜太阳能电池的吸光层的方法，最早由美国可再生能源试验室(NREL)开发成功。其特征在于：首先，在低温衬底(350℃左右)上，真空蒸发In、Ga、Se三种元素，形成(In，Ga)$_2Se_3$ 预置层；然后，将衬底温度提高到550～580℃，共蒸发 Cu、Se，形成表面富 Cu 的 Cu(In, Ga)Se_2 薄膜；最后，保持第二步的衬底温度不变，在富 Cu 的薄膜表面再根据需要补充蒸发适量的 In、Ga、Se，最终得到成分适宜的 Cu(In, Ga)Se_2 吸光层薄膜。与其他制备工艺相比，三步共蒸法沉积得到的 Cu(In, Ga)Se_2 薄膜，具有更加平整的表面，薄膜的内部非常致密均匀，并且具有带隙梯度可调的优势。

【溅射法】sputtering method

参见 4.4.2【溅射法】。

【硒化物墨水印刷法】the selenide ink printing method

特指 Cu(In, Ga)Se_2 薄膜太阳能电池吸光层的一种制备方法。其特征在于：首先制备铜、铟、镓、硒等元素的纳米粒子或量子点；再在该纳米粒子或量子点的表面包覆一层或多层含铜、铟、镓、硫、硒等元素的涂层，通过控制涂层的成分和涂层的厚度，控制包覆纳米粒子中各元素的化学计量比。将得到的包覆纳米粒子分散在一定溶剂中形成浆料，将制得的浆料经印刷、打印等非真空工艺形成前驱薄膜，然后通过快速退火形成铜铟镓硒薄膜。该工艺具有成本低廉、原料利用率高、可使用柔性衬底、易制备大面积薄膜等特点，但由于使用的是纳米颗粒，纳米颗粒的粒径大小、粒径分布、表面形貌、化学计量等多种参数都需要严格的控制，致使该工艺控制困难，过程复杂，可重复性难以得到保证。

【氧化物墨水印刷法】the oxide ink printing method

特指 Cu(In, Ga)Se_2 薄膜太阳能电池吸光层的一种制备方法，其特征在于：(1)制备含铜、铟、镓等各元素氧化物微粉的液相前驱体；(2)将液相前驱体通过各种非真空工艺涂敷在衬底上得到前驱薄膜；(3)将前驱薄膜经高温还原后硒化得到铜铟镓硒薄膜。虽然氧化物墨水印刷法制备铜铟镓硒薄膜光吸收层具有工艺成本低廉的特点，但该工艺方法的不足之处也显而易见：首先，氧化物前驱体薄膜需要在高温下用氢气(H_2)还原；其次，由于镓的氧化物非常稳定，甚至是在非常苛刻的条件下都难以被还原完全，这将导致目标铜铟镓硒薄膜杂质含量高，镓元素掺入困难；最后，由于反应动力学的问题，经还原所得到的铜铟镓合金薄膜也难以硒化完全。

【电化学沉积】electrochemical deposition

也称电镀，是利用电解的原理在电极的表面形成一个连续的薄膜镀层的方法。电化学沉积的基本过程如下：(1)把待镀金属接在阳极，或者把待镀金属的可溶性盐添加在槽液中；(2)被镀衬底接在阴极；(3)阴阳极以待镀金属的正离子组成的电解质溶液相连；(4)通以直流电的电源后，阳极的金属会释放电子，溶液中的正离子则在阴极还原(得到电子)成原子并积聚在阴极表层。电化学沉积也可用于制备 Cu(In, Ga)Se_2 薄膜太阳能电池的光吸收层，是非常有竞争力的方法之一。它的设备简单，对原料的纯度要求不高，对衬底的几何形状也没有特殊的限制，制备过程在非真空条件下进行，原料的利用率较高。

【太阳能电池带隙】band gap

半导体材料中存在着被称为价带(E_v)和导带(E_c)的能带，低带顶和导带底能级间的能量差，称为带隙，用符号 E_g 表示。

【单带隙电池】single-bandgap solar cell

在太阳能电池吸收层中，只存在一个带隙的太阳能电池，称为单带隙电池。对于单带隙电池材料，限制电池效率的因素主要有两个：一是能量低于带隙的光子不能被有效吸收；二是能量远高于带隙的光子一般只能激发出一个电子-空穴对，经过热弛豫释放出多余能量后，以略低于带隙的能量被收集。单带隙电池的理论效率极限为 33.7%。

【中间带电池】intermediate-band solar cell

采用中间带半导体作为吸光层的太阳能电池。中间带半导体是指在半导体材料的本征带隙中引入半满的中间带，使材料能够实现电子从价带激发到导带，电子从价带激发到中间带的空带以及从中间带的满态激发到导带，这三种激发过程能隙范围内的光子都能被该材料吸收，从而可以更好地吸收利用太阳光谱中包括紫外和红外波段在内的全光谱能量，减少能量损失，获得更高的转换效率，中间带太阳能电池的理论光电转换效率可达 63.1%。在普通的太阳能电池的能带结构中产生一个中间带，实现的方法大致有三种：(1)利用能带剪裁或量子尺寸效应，利用多量子阱或多量子点来产生中间带；(2)采用适宜组分配置的半导体合金(如 ZnTe：O，InGaAsN)；(3)利用杂质掺杂形成中间杂质能带。

【杂质带电池】impurity-band solar cell

是中间带电池的一种，其中间带能级是利用杂质掺杂形成中间杂质能带。利用杂质掺杂形成中间带的办法，实现的方式相对简单，可以避免复杂的外延材料制备，有利于降低太阳能电池的成本，因而杂质带电池是中间带电池最有希望的一种电池结构。

【迭层电池】tandem solar cell

又称带隙渐变电池、多结电池，由多个不同带隙的半导体材料形成多个 PN 结，并且不同带隙的 PN 结按照带隙递减的顺序从太阳光入射侧依次层叠而成。迭层电池通过采用不同禁带宽度的材料来吸收不同波长的光子，从而实现对太阳光谱的充分吸收，并充分利用每个光子的发电能力，减少热弛豫损失，可以大幅提高光电转换效率。理论上，无限增加太阳能电池的层数，可以获得的极限效率为 86.8%。到目前为止，迭层电池概念已成功应用于实际的电池制备，如目前的 GaInP/GaInAs/Ge 三结电池，电池之间通过隧道结连接，在高倍聚光的条件下达到了 44.7%光电转换效率。但该电池涉及 7 种材料和 20 余层薄膜，制备工艺非常复杂，成本高昂，只能应用于特殊场合。

【硅太阳能电池】silicon solar cell

是以硅为原材料，在硅片上通过扩散掺杂形成 PN 结，并在背面配有双电极结构的太阳能电池。当硅晶体中掺入硼时，硅晶体中就会存在空穴，形成 P 型半导体；当硅晶体中掺入磷时，硅晶体中就会存在电子，形成 N 型半导体。当晶片受光后，PN 结中 N 型半导体的空穴向 P 型区移动，P 型区中的电子向 N 型区移动，从而形成从 N 型区到 P 型区的电流，然后在 PN 结中形成电势差，在接通外电路时产生电流。硅电池包括多晶硅、单晶硅和非晶硅电池三种。

【单晶硅太阳能电池】single-crystalline silicon solar cell

以高纯的单晶硅棒为原料，纯度要求 99.999%，在硅片上进行掺杂和扩散。一般利用 1Ω·cm 左右的(100)晶面的掺杂硼的 P 型硅材料作为基质材料，在石英管制成的高温扩散炉中进行磷扩散，这样就在硅片上形成 PN 结。然后采用丝网印刷法，将配好的银浆印在硅片上做成栅线，经过烧结，同时制成背电极，并在有栅线的面涂覆减反射源，以防大量的光子被光滑的硅片表面反射。单晶硅电池是硅电池中转换效率和市场占有率最高的太阳能电池，产品已广泛用于宇宙空间和地面设施。

【多晶硅太阳能电池】polycrystalline silicon solar cell

是以多晶硅为原料的太阳能电池，多晶硅太阳能电池的制作工艺与单晶硅太阳能电池相似，兼具单晶硅电池的高转换效率和非晶硅薄膜电池的材料制备工艺相对简单的优点，转换效率稍低于单晶硅太阳能电池，没有明显效率衰退问题，其成本远低于单晶硅电池，效率高于非晶硅薄膜电池。在制造多晶硅太阳能电池时要尽量降低其晶界对光生载流子的复合损失。目前主要的解决方法有磷和铝吸杂、氢气钝化和建立界面场。多晶硅太阳能电池的使用寿命要比单晶硅太阳能电池短。

【紫光电池】violet solar cell

是一种在常规太阳能电池的基础上强化了短波段响应的太阳能电池。具有浅结(0.1～0.2μm)、密栅(30/cm)以及高效率的特点。紫光电池采用很浅的扩散结以避免“死层”的形成；为了克服浅扩散层带来薄层电阻增加的弊端，改用密集型的栅线电极，使电池的电阻低于传统电池；选用 Ta_2O_5 替代 SiO_2 减反层，使其对光的吸收更少，透明度更高；采用较低电阻率的衬底材料，提高电池在蓝光波段的抗辐射性。这种电池最早是专门为通信卫星开发的。

【多晶硅薄膜太阳能电池】polycrystalline slicon thin film solar cell

主要结构有玻璃等衬底、隔离层、籽晶层、多晶硅薄膜、增透膜和前电极。PN结可在沉积多晶硅薄膜的同时掺硼、磷等获得。多晶硅薄膜电池具有晶体硅电池的稳定性、材料资源丰富等优点，具有薄膜电池的材料省、成本低、无光致衰退效应问题等优点。多晶硅薄膜的沉积温度和沉积方式直接影响薄膜的质量，从而影响着多晶硅薄膜太阳能电池的光电转换效率。主要的多晶硅薄膜的制备方法有化学气相沉积法、再结晶法、液相外延法、溅射沉积法和等离子喷涂法。

【薄膜太阳能电池】thin film solar cell

是第二代太阳能电池，它是通过在玻璃、塑料或金属等衬底上沉积一层或多层光伏薄膜材料制成的。薄膜厚度从几纳米(nm)到几十微米(μm)不等，远低于传统的第一代晶体硅太阳能电池(硅片厚度高达200μm)，这使得薄膜太阳能电池具备轻、薄、柔等潜力。目前能够进行商业化生产的薄膜太阳能电池包括碲化镉(CdTe)、铜铟镓硒(CIGS)和非晶硅薄膜(a-Si,TF Si)等。

【铜铟镓硒太阳能电池】copper indium gallium selenide solar cell

是一种以铜铟镓硒为吸收层的太阳能电池，又称Cu(In, Ga)Se_2 薄膜太阳能电池。由铜铟硒发展而来，将镓替代铜铟硒中的部分铟，形成四元化合物，电池的典型结构为多层膜结构，包括衬底、钼导电层、铜铟镓硒吸收层、CdS缓冲层、ZnO窗口层、防反射层和电极。吸收层目前主要的制备方法有真空蒸发法和溅射后硒化法。铜铟镓硒太阳能电池具有以下特点：在1.04～1.67 eV之间带隙可调，可见光的吸收系数高，抗辐射能力强，高光电转换效率，电池稳定性佳，弱光特性好。

【碲化镉太阳能电池】cadmium telluride (CdTe) solar cell

是一种以P型CdTe和N型CdS的异质结为基础的薄膜太阳能电池。CdTe是Ⅱ-Ⅵ族化合物，带隙为1.47 eV，是理想的禁带宽度，与太阳光谱非常匹配，具有很高的理论效率(28%)。碲的稀缺性和镉的毒性是这种电池大规模应用的主要制约因素。

【非晶硅太阳能电池】amorphous silicon solar cell

是一种以非晶硅化合物为基本组成的薄膜太阳能电池。非晶硅太阳能电池对阳光的吸收系数较高，活性层只需要1μm厚，可以沉积在廉价材料的衬底上，制备成本低。非晶硅太阳能电池一般采用PECVD(等离子增强型化学气相沉积)方法使高纯硅烷等气体分解沉积而成。它的缺点是寿命短，在光的不断照射下会产生Staebler-Wronski效应，结构不稳定，光电转化效率下降。由于其光学带隙为1.7 eV，使得其对太阳辐射光谱的长波区域不敏感，光电转化效率远比晶硅太阳能电池低。

【第三代太阳能电池】third-gerneration solar cell

包含除了第一代和第二代电池之外的所有太阳能电池技术，主要有有机半导体(聚合物或小分子)太阳能电池、量子点太阳能电池、染料敏化太阳能电池、有机/无机杂化太阳能电池、双结/多结太阳能电池、中间带太阳能电池、热载流子太阳能电池等，这些电池分类之间既彼此独立又互有重叠。第三代太阳能电池有望在达到比第一代太阳能电池更高的光电转换效率的同时，保持第二代太阳能电池的低成本优势。

【有机太阳能电池】organic solar cell

又称聚合物太阳能电池，有机太阳能电池是成分全部或部分为有机物的太阳能电池。它们使用导电聚合物或小分子进行光的吸收和电荷转移，该类有机材料均具有共轭结构并且有导电性。当光透过ITO电极照射到活性层上时，活性层中的共轭聚合物给体吸收光子产生激子，激子迁移到聚合物给体/受体界面处，激子中的电子传递至受体LUMO(最低未占分子轨道)能级，空穴留在聚合物给体的HOMO(最高占据分子轨道)能级上，从而实现光生电荷分离。有机物的易于制备、价格相对低廉、柔软等性质使其在光伏应用方面很有前途。其主要缺点是能量转换效率较低、稳定性差、强度低。

【量子结构太阳能电池】quantum structure solar cell

是在PIN型太阳能电池的本征层中植入多量子阱结构或者多个量子点层，形成基质材料/量子点(量子阱)材料的周期结构的太阳能电池。量子阱太阳能电池可以通过阱层材料的选择和量子阱宽度来裁剪和扩展长波响应，能在很薄的有源层中获得较高的短路电流密度。另外，可以形成应变结构，扩充晶格匹配的容限选择。但器件的暗电流密度较大，降低了电池的开路电压。量子点太阳能电池相邻量子点层的量子点之间存在很强的耦合，使得光生电子和空穴可通过共振隧穿效应穿过垒层，提高光生载流子的收集效率，因而提高太阳能电池的短路电流。

【染料敏化太阳能电池】dye-sensitized solar cell

也叫Gratzel电池，是一种由纳米多孔半导体薄膜、染料敏化剂、氧化还原电解质、对电极和导电基底等几个部分组成的光电化学系统，是一种低成本的薄膜太阳能电池。其中，纳米多孔半导体薄膜通常由金属氧化物(TiO2、SnO2、ZnO等)纳米颗粒聚集在透明导电膜玻璃上形成，是电池的负极；对电极通常为镀铂的透明导电膜玻璃；染料敏化剂通常为含过渡金属元素的有机配合物，吸附在纳米多孔金属氧化物膜上；正负极间填充的是含有氧化还原电对(通常为I^-/I_3^-)的电解质。其主要优势是：原材料丰富、成本低、工艺技术相对简单，在大规模工业化生产中具有较大的优势。

【聚光太阳能电池】concentrator solar cell

通过聚光器使较大面积的阳光聚在一个较小的范围内，形成焦斑或焦带，并将太阳能电池置于焦斑或焦带上，以克服太阳辐射能流密度低的缺陷。聚光太阳能电池要求在高倍聚焦的高温环境下仍保持较高的光电转换效率，在电池结构方面常采用垂直结构，以减少串联电阻的影响。同时栅线也较密，典型的栅线约占电池面积的10%，以适应大电流密度需要。适合于聚光的太阳能电池有单晶硅的背接触电池、砷化镓和磷化铟多结电池。

【砷化镓太阳能电池】gallium arsenide (GaAs) solar cell

以砷化镓为基体材料的太阳能电池。GaAs太阳能电池主要使用液相外延、金属有机化学气相沉积和分子束外延技术来制备单晶GaAs，选择适当的掺杂剂，很容易实现N型或P型掺杂，从而制备PN结。N型掺杂剂通常采用Sn、Te、Si等元素，P型掺杂剂通常采用Zn、Mg等元素。具有直接带隙能带结构，有理想的带隙宽度1.42eV，是目前所有类型太阳能电池中效率最高的。具有光吸收系数大、抗辐射强、温度系数小等特点。但其材料价格昂贵、制备技术复杂，成本远高于硅太阳能电池。

【磷化铟太阳能电池】indium phosphide (InP) solar cell

是以磷化铟为基体材料的太阳能电池。获得高光电转换效率InP太阳能电池的前提条件是制备出高质量的InP单晶衬底。InP单晶制备主要包括In和P的合成以及单晶的生长。其中，P型InP单晶主要通过掺杂Zn等制备。InP单结点太阳能电池效率很低，一般设计为InP多结太阳能电池。制备InP多结太阳能电池的主要方法有反向生长技术和半导体键合技术。InP太阳能电池具有以下特点：InP材料禁带宽度约为1.3eV，直接跃迁型，化学性能稳定，抗辐射性能较好，可在工作状态下自动退火恢复电性能。

【肖特基太阳能电池】Schottky solar cell

是利用金属-半导体界面上的肖特基势垒而构成的太阳能电池。目前已发展为金属-氧化物-半导体(MOS)、金属-绝缘体-半导体(MIS)。当光照射到此类电池器件上时，光生电子空穴对会在金属-半导体之间所形成的结区(也称肖特基结)得以分离而实现光电转换。与传统硅电池相比，该类杂化电池的制备工艺大为简化，因而有望大幅度降低硅基光伏器件的成本。

【隔离二极管】isolated diode

在光伏系统中，当方阵工作电压高于 48V 时，应该安装隔离二极管。当方阵中一串组件或支路发生故障时，隔离二极管可将正常支路与故障支路隔离，从而防止正常支路组件电流的下降。系统中的二极管的额定电流至少应是预期通过的最大电流的 2 倍，二极管的耐压至少是能承受 2 倍的反向工作压。

【旁路二极管】bypass diode

当电池片出现热斑效应不能发电时，起旁路作用，让其他电池片所产生的电流从二极管流出，使太阳能发电系统继续发电，不会因为某一片电池片出现问题而产生发电电路不通的情况。当电池片正常工作时，旁路二极管反向截止，对电路不产生任何作用；若与旁路二极管并联的电池片组存在一个非正常工作的电池片时，整个线路电流由最小电流电池片决定，电流大小由电池片遮蔽面积决定；若反偏压高于电池片最小电压时，旁路二极管导通，此时非正常工作电池片被短路。

【纳米硅(微晶硅)薄膜太阳能电池】nc-Si /μc-Si thin film solar cell

纳米硅(微晶硅)薄膜是一种纳米晶(微米晶)粒镶嵌于非晶硅基质中的两相结构材料。利用纳米硅(微晶硅)制备的太阳能电池就是纳米硅(微晶硅)薄膜太阳能电池，它兼备了非晶硅和单晶硅太阳能电池的优点。

【$CuInSe_2$ 薄膜太阳能电池】$CuInSe_2$ thin film solar cell

是以具有黄铜矿结构的 $CuInSe_2$ 半导体薄膜制作的太阳能电池，具有高光电转换效率且成本较低的优势。$CuInSe_2$ 薄膜的光吸收系数是已知半导体材料中最高的，而且由于薄膜晶体结构和化学键稳定，尚未发现光致衰退效应，因而其使用寿命更长。$CuInSe_2$ 可以在玻璃基板上形成缺陷少、高品质的大晶粒，且在制作过程中不存在污染性的化学物质。

【$CuInS_2$ 薄膜太阳能电池】$CuInS_2$ thin film solar cell

是以 $CuInS_2$ 半导体薄膜为吸收层制作的太阳能电池，其抗辐射、抗干扰性能稳定，制成光伏器件的使用寿命长，并且适用于空间应用。

【GaAs 薄膜太阳能电池】GaAs thin film solar cell

是以 GaAs 半导体薄膜为吸收层制作的太阳能电池。

【GaN 薄膜太阳能电池】GaN thin film solar cell

是以 GaN 半导体薄膜为吸收层制作的太阳能电池。GaN 只能吸收紫外波段的太阳光，铟掺杂 GaN 半导体 $In_xGa_{1-x}N$ 带隙可在 0.7～3.4eV 的范围内连续可调，由其制备的太阳能电池吸收的波长范围为 1771～365nm，多结结构 InGaN/GaN 基薄膜太阳能电池的理论转化效率接近 50%。

【InP 薄膜太阳能电池】InP thin film solar cell

是以 InP 半导体薄膜为吸收层制作的太阳能电池。InP 基系太阳能电池的抗辐照性能比 GaAs 还好，但转换效率略低，而且价格比 GaAs 更贵。所以，长期以来对单结 InP 太阳能电池的研究和应用较少。但在叠层电池的研究开展以后，InP 基系材料得到了广泛的应用。用 InGaP 三元化合物制备的电池与 GaAs 电池相结合，作为两结和三结叠层电池的顶电池具有特殊的优越性。

【等离子体太阳能电池】plasmonic solar cell

将金属纳米颗粒应用于太阳能电池，利用其表面等离子体震荡效应、纳米颗粒及其之间的表面等离子体的相互作用，可以增强对入射光的散射，使更多的光散射到 Si 衬底，由此可以增强其对光的吸收，进而增强太阳能电池的光电流和效率。

22.3.2 离子导体器件

【钠硫电池】sodium sulfur battery

是以 Na-β(β″)-Al_2O_3 陶瓷(钠离子导体)为电解质和隔膜，分别以金属钠和单质硫为负极和正极的二次电池。其电极反应为如下：负极 $2Na \Longleftrightarrow 2Na^+ + 2e^-$；正极 $xS + 2e^- \Longleftrightarrow S_x^{2-}$；电池总反应 $2Na + xS \Longleftrightarrow Na2S_x$。钠硫电池的开路电压为 2.076V，理论能量密

度为 760Wh/kg，运行温度 300～350℃，无电化学副反应和自放电，具有 100%的库伦效率。主要采用中心钠电极的管式结构设计，以一端封闭的 Na-β(β″)-Al_2O_3 陶瓷管为电解质和隔膜将中心熔融钠(负极)室和熔融硫(正极)外室隔开，并通过各种封接技术和组装技术将各个电池部件组合起来，实际可达到 150Wh/kg 的比能量，已大规模应用于静态储能。

【钠热机】sodium engine

也称碱金属热电转换器，是一种利用浓差电池的原理将热能转化为电能的热电转化装置。当固体电解质的两端具有温度不同的相同电极时即出现热电势，离子即由高温区经电解质向低温区扩散。钠热机的两个电极都是金属钠，高温区的温度为 600～1000℃，低温区为 100～200℃，电解质为钠离子导电的 Na-β(β″)-Al_2O_3 陶瓷。单电池的理论能量转换效率在 800℃时可达 30～40%。由于其结构简单、重量轻，特别适用于作为空间电源，也可用于太阳能热电、边远地区的发电装置等。

【锂-硫化铁电池】lithium iron sulfide battery

以硫化铁(FeS_2)为正极，以金属锂为负极，电解质为有机电解液，其理论比容量和比能量分别达到 890mAh/g 和 1273Wh/kg(基于 4 电子反应，锂与硫化铁反应生成铁和硫化锂)，放电平台在 1.5V 左右。硫化铁电池的搁置寿命长，对环境友好，价格低廉。硫化铁在自然界中主要以黄铁矿的形式存在，存在杂质含量高、粒径大等问题，严重影响了锂-硫化铁电池的电化学性能，与硫化铁电池的理论优势相差较大。人工合成的硫化铁具有纯度高和较小的粒度，可以显著增大锂-硫化铁电池的有效反应面积，从而有效提高电池的放电容量和循环性能。目前一次锂-硫化铁电池已经商业化，二次锂-硫化铁电池处于研发阶段。

【ZEBRA 电池】ZEBRA cell

或称钠氯化物电池、钠镍电池，既是 Zeolite Battery Research Africa Project 的缩写，也代表 Zero Emission Battery Research Activities 的含义。诞生于 1978 年，它由熔融钠为负极，过渡金属氯化物($NiCl_2$ 和少量 $FeCl_2$)和相应的过渡金属为正极，钠离子导体 Na-β(β″)-Al_2O_3 陶瓷为固体电解质和隔膜，电池反应为 $2Na + NiCl_2 \Longleftrightarrow 2NaCl + Ni$，开路电压 2.58V，电池的理论比能量 790Wh/kg，可实现的实际能量密度达到 150Wh/kg，无自放电。最突出的优点是当电池损坏时呈低电流方式，不会有大量的热放出，呈现了突出的安全性能。因此，ZEBRA 电池成为电动汽车和静态储能的重要选择。

【钠离子电池】sodium ion cell

是一类以可插入/脱出钠离子的活性物质分别构成正负极的二次电池。与锂离子电池的结构类似，钠离子电池的充放电过程表现为钠离子在正负极活性物质结构中的插入和脱出，并伴随活性物质中元素的价态变化。负极材料包括碳基材料、Sb、Si、P 等单质、氧化物、硫化物等多种体系，正极材料包括 $NaCoO_2$、$NaVPO_4F$、$Na_2FeP_2O_7$、$NaTi_2(PO_4)_3$ 等代表性的氧化物、聚阴离子型材料。电解质可以是无机固体化合物、聚合物、水溶液、非水溶液、熔盐等各种体系。

【液流电池】flow battery

通过正、负极电解质溶液活性物质发生可逆的氧化还原反应，实现电能和化学能相互转化的储能装置。其特征为正极电解质溶液和(或)负极电解质溶液储存于电堆外部的储罐中，通过泵和管路输送到电堆内部进行反应。主要分为全钒液流电池、锌/溴液流电池、锌/氯液流电池、锌/铈液流电池、锌/镍液流电池、多硫化钠/溴液流电池、铁/铬液流电池、钒/多卤化物液流电池等。可广泛应用于可再生能源发电、电网削峰填谷、应急备用电站、通信基站以及偏远地区供电等场合。

【全钒液流电池】vanadium flow battery

通过正负极电解质溶液中不同价态钒离子的电化学反应来实现电能和化学能相互转化的储能装置，也称为全钒液流电池系统。其特征为正极电化学电对为 VO^{2+}/VO_2^+，负极电化学电对为 V^{4+}/V^{2+}，支持电解质主要为硫酸。主要由功率单元、储能单元、电解液输送单元和电池管理系统构成。

【锌溴液流电池】zinc bromine flow battery

通过正负极电解质溶液中溴离子和锌离子之间的电化学反应，实现电能和化学能互相转化的储能装置，也称为锌溴液流电池系统。其特征为正极电化学电对为 Br^-/Br_2，负极电化学电对为 Zn^{2+}/Zn。主要由功率单元、储能单元、电解液输送单元和电池管理系统构成。

【锂离子电池】lithium ion battery；RCB

又称摇椅电池，锂离子电池是指以 Li^+ 嵌入化合物为正、负极的二次电池。正极采用锂化合物 Li_xCoO_2、Li_xNiO_2、$Li_xMn_2O_4$ 或 Li_xFePO_4，负极采用锂-碳层间化合物 Li_xC_6，电解质为溶解有锂盐 $LiPF_6$、$LiClO_4$、$LiBF_4$ 等的有机溶液。在充放电过程中，Li^+ 在两个电极之间往返嵌入与脱嵌，所以被形象称为"摇椅电池"(rocking chair batteries)。锂离子电池具有工作电压高，比容量大，循环寿命长，安全性能好，自放电小，可快速充放电，无记忆效应，无污染等优点，它在手机、笔记本电脑等现代数码产品中被广泛应用。

【锂碘电池】lithium iodide battery

属于锂一次电池，负极为金属锂，正极为碘，中间的电解质为固态电解质(LiI)。在电池制作时并不加入 LiI，而是通过 Li 与碘发生反应在原位产生的。虽然 LiI 的电导率很低(室温下约 10^{-7} S/cm)，但 LiI 层极薄，足以维持一定的电流。如某型号电池能以 20μA 放电，工作电压(2.8V)基本不变，连续三年仅降 10mV。是固体电解质电池中目前唯一能长期商品化的一种电池。但是电池放电电流只能达到微安级。锂碘电池是对以前的电池的重大改进，可以用在心脏起搏器方面，但它的功率较低，不适于其他需要较大功率的用途，如人工肾、人工心脏等。

【薄膜锂电池】thin film lithium battery

电解质为几微米厚，总厚度为几十微米厚，负极为金属锂的电池。主要组成为薄膜正极，常用材料为 $LiCoO_2$，电解质为 LiPON，负极为金属锂。其制备方法有射频磁控溅射、脉冲激光沉积和电子束蒸发等方法。主要作为微电子机械体系的微型电源。具有以下优点：可快速充放电，可制成多种形状，可集成，循环寿命长。

【薄膜锂离子电池】thin film lithium ion battery

是采用薄膜化固体电解质隔膜的锂离子电池，电解质的厚度为几微米以下，正负极活性材料类似于常规的锂离子电池。参见本节【薄膜锂电池】【锂离子电池】

【锂硫电池】lithium sulfur battery

一种新型的锂电池，以硫为正极，金属锂为负极，电解质多为醚类电解液。放电时锂离子与硫反应生成一系列多留化物 Li_2S_x($1\leqslant x\leqslant 8$)，最终生成 Li_2S；充电时 Li_2S 分解，金属锂在负极沉积。锂硫电池工作电压 2.3V，硫作为正极活性材料的理论比容量为 1750mAh/g，它与传统锂离子电池相比较具有能量密度高的优点。但由于存在单质硫导电性差、多硫离子穿梭效应、金属锂负极带来的循环寿命短和安全性等问题，锂硫电池还处于研发阶段。

【锂氧电池】lithium oxygen cell

是一种用金属锂作为负极，以纯氧气作为正极反应物的二次电池。电池主要由金属锂负极、可以传导锂离子(Li^+)的电解质和多孔正极组成。在放电过程中，负极的锂失去电子成为锂离子，并通过电解质到达多孔正极表面，与空气中的氧气和来自外电路的电子反应，生成放电产物；充电过程中放电产物分解，重新生成金属锂和氧气。根据正极一侧使用电解质的不同，锂氧电池主要分为水系锂氧电池和非水系锂氧电池。水系锂氧电池的放电产物为氢氧化锂(LiOH)，充放电过程中的反应为：$2Li+O_2+H_2O \rightleftharpoons 2LiOH$，该反应的理论平衡电位为 3.2V(*vs.* Li^+/Li)。非水系锂氧电池的放电产物为过氧化锂(Li_2O_2)，充放电过程中的反应为：$2Li+O_2 \rightleftharpoons Li_2O_2$，该反应的理论平衡电位为 2.97V(*vs.* Li^+/Li)。

【锂空气电池】lithium air battery

是一种用金属锂作为负极，以空气中的氧气作为正极反应物的二次电池。电池主要由金属锂负极、可以传导锂离子(Li^+)的电解质和多孔正极组成。在放电过程中，负极的金属锂失去电子成为 Li^+，并通过电解质到达多孔正极表面，与空气中的氧气和来自外电路的电子反应，生成过氧化锂(Li_2O_2)放电产物。由于空气中水(H_2O)和二氧化碳(CO_2)的存在，初始放电产物很快会进一步反应生成氢氧化锂(LiOH)或碳酸锂(Li_2CO_3)。锂空气电池基于锂和氧气反应的理论能量密度为11500Wh/kg，是未来二次电池的有力竞争者。

【水系锂氧气电池】aqueous lithium oxygen cell

是一种用金属锂作为负极，以纯氧气作为正极反应物的二次电池。电池主要由金属锂负极、溶解有锂盐(LiCl 等)的水溶液电解质和多孔正极组成。由于金属锂不能直接与水溶液接触，因此在水体系锂氧电池中，通常还有由固态锂离子电解质制成的保护层，位于金属锂和水系电解液之间，阻止锂与水的直接接触。有时在锂负极与固体电解质之间，还会有缓冲层以降低阻抗。放电过程中，负极的锂失去电子成为锂离子，并通过固态保护层和水系电解质到达多孔正极表面，与空气中的氧气和来自外电路的电子反应，生成氢氧化锂(LiOH)放电产物；充电过程中放电产物分解，重新生成金属锂和氧气。充放电过程中的反应为：$2Li+\frac{1}{2}O_2+H_2O \Longrightarrow 2LiOH$，该反应的理论平衡电位为3.2V(VS. Li^+/Li)，基于LiOH放电产物质量的理论能量密度为3582Wh/kg。

【非水系锂空气电池】non-aqueous lithium air cell

是一种用金属锂作为负极，以空气作为正极反应物的二次电池。在实际的电池反应中，来自空气的 O_2 是正极的主要反应物，与来自负极的 Li^+ 离子反应生成 Li_2O 或 Li_2O_2，其他空气中所含的各种气体组分如 CO_2、NO_2、SO_x 等均可成为正极中的反应物，与来自负极的 Li^+ 离子发生反应，并可能受到空气中所含水份的影响，甚至发生电化学反应。电池所使用的电解质为非水溶液，通常为醚类或酯类电解液体系。实用化的锂空气电池可能需要对来自环境的空气进行净化等各种处理，目前仍处于研究阶段。

【镍氢电池】nickel metal hydride battery

是一种可充电式二次电池，其正极材料采用的是羟基氧化镍(NiOOH)，负极材料采用的是储氢合金。目前，常用的储氢合金是结构式为 AB_5 型的一类金属间化合物。其中，A代表镧、铈、钕、镨等稀土元素，B代表镍、钴、锰、铝等金属元素。

【银离子电池】silver ion cell

也称氧化银电池，是一种一次电池。其正极材料采用的是氧化亚银(Ag_2O)，负极材料采用的是金属锌，电解液一般为氢氧化钠(NaOH)或氢氧化钾(KOH)的水溶液。

【固体氧化物燃料电池】solid oxide fuel cell; SOFC

又称陶瓷燃料电池，是电解质采用陶瓷材料的燃料电池。代表性的电解质材料为 $Zr_{0.85}Y_{0.15}O_{2-\delta}$，阳极为 NiO-$Zr_{0.85}Y_{0.15}O_{2-\delta}$ 金属陶瓷，阴极为钙钛矿氧化物陶瓷(如 $La_{0.8}Sr_{0.2}MnO_{3-\delta}$)。工作温度一般在500～1000℃。按衬底材料分为阳极支撑 SOFC、电解质支撑 SOFC、阴极支撑 SOFC 和金属支撑 SOFC 等。按外形分为管式 SOFC 和平板型 SOFC。按电解质载流子的不同可以分为氧离子型 SOFC-(O-SOFC)和质子型 SOFC(H-SOFC)。主要优点是无须使用贵金属、燃料适应性广、高温余热可回收、全固态结构等。主要应用于分布式电站等。

【高温固体氧化物燃料电池】high temperature solid oxide fuel cell

指工作温度高于800℃的固体氧化物燃料电池(SOFC)，是一种传统的 SOFC。采用钇稳定化氧化锆(YSZ)为电解质，由于 YSZ 需要在很高的温度下才有足够的电导率(如800℃时 YSZ 的电导率为约 10^{-2} S cm)，因此由其作电解质的电池需要在很高的工作温度下运行。高温 SOFC 具有动力学过程快等优点，但由于对电池材料的要求很高，限制了其应用。

【中温固体氧化物燃料电池】intermediate temperature solid oxide fuel cell

指工作温度在600～800℃的固体氧化物燃料电池(SOFC)，可采用薄膜化的钇稳定化氧化锆(YSZ)电解质(约 10μm)、氧离子电导率较高的氧化铈基，如掺钆氧化铈(GDC)或掺钐氧化铈(SDC)或镓酸镧系列电解质。中温 SOFC 输出性能高，可使用的材料和燃料范围比较广，制备和运行成本较低，是目前研究和开发最多的 SOFC。

【低温固体氧化物燃料电池】low temperature solid oxide fuel cell

指工作温度低于 600℃的固体氧化物燃料电池(SOFC)。采用极薄的氧化锆、氧化铈镧锶镓镁等体系的陶瓷电解质膜(厚度≤5μm)，可采用激光镀膜法制备。低温 SOFC 可用于移动电源等方面。

【电解质支撑固体氧化物燃料电池】electrolyte-supported solid oxide fuel cell

在固体氧化物燃料电池(SOFC)的阳极-电解质-阴极三层结构中，电解质的厚度最大，对整个电池起到机械支撑作用。具有容易制备、稳定性好等优点。但由于电解质厚度大，欧姆电阻损失大，因此需要较高的工作温度。

【阳极支撑固体氧化物燃料电池】anode-supported solid oxide fuel cell

在固体氧化物燃料电池(SOFC)的阳极-电解质-阴极三层结构中，阳极的厚度最大，对整个电池起到支撑作用。由于阳极支撑 SOFC 的电解质很薄，因此可在较低的工作温度下达到较高的输出性能。

【平板型固体氧化物燃料电池】planar solid oxide fuel cell

采用平板型构造的固体氧化物燃料电池。主要采用流延、轧膜、丝印、喷涂等工艺制备。具有结构紧凑、电流路径短、欧姆损失小、输出功率高、生产成本低等优势。但存在高温密封困难等问题。目前一般采用压密封、自适应密封、硬密封等封接方式。

【管型固体氧化物燃料电池】tubular solid oxide fuel cell

采用管式构造的固体氧化物燃料电池。主要采用挤压、浇注、等离子喷涂、电化学气相沉积等工艺制备。具有易于密封、组装简单等优点。不过，由于电流路径较长，欧姆损失较大，严重限制了电池的功率输出。因此，工作温度一般也较高(850～1000℃)。

【燃料电池堆】fuel cell stack

多个单体电池通过集流件、气体分配件、密封件、连接板等以串联或并联形式连接而得到的模块。

【连接体】interconnector

又称双极板，是燃料电池堆的重要部件。主要有两种作用：一是连接相邻单体电池的电极，实现单体电池的串联或者并联，提高燃料电池堆的输出电压或电流；二是分隔相邻单体电池的燃料气体和氧化气体。要求双极板材料在氧化和还原气氛下稳定，具有高的电子电导率、低的离子电导率以及与其他电池组元相近的热膨胀系数。代表性的双极板材料是 $LaCrO_3$ 基陶瓷材料和高温合金材料(如 Cr 基合金、Ni 基合金和铁素体不锈钢)。

【质子导体燃料电池】proton conductor fuel cell

以质子导体为电解质的燃料电池称为质子导体燃料电池。质子导体是一种能够传导质子或含质子原子团(如水合氢离子 H_3O^+、铵离子 NH_4^+ 等)的化合物。根据存在状态可分为固态或液态质子导体，根据化合物类型可分为无机和有机质子导体。根据电解质种类的不同可分为磷酸燃料电池(电解质为磷酸质子导体)、固体氧化物燃料电池(电解质为固体氧化物质子导体)、质子交换膜燃料电池(电解质为全氟化磺酸膜等有机质子导体)。质子导体燃料电池工作原理是，燃料在阳极发生氧化反应，生成质子或含质子原子团并给出电子，电子通过外电路用负载后传输到阴极，质子或含质子原子团通过质子导体传输到阴极，与氧化剂及电子发生还原反应生成水等产物。

【质子交换膜燃料电池】proton exchange membrane fuel cell；PEMFC

是一种以质子交换膜为电解质的低温型燃料电池。通常以水为介质，以氢气为燃料，原理上相当于电解水的"逆"装置。其单电池由阳极、阴极和质子交换膜组成，阳极为氢燃料发生氧化的场所，阴极为氧化剂还原的场所，两极都含有加速电极电化学反应的催化剂，质子交换膜作为电解质。是燃料电池汽车动力的主要发展方向，在航空航天、家用电源、分散电站、移动电子设备、水下机器人及潜艇动力等方面有着广泛的应用前景。

【直接内重整固体氧化物燃料电池】direct internal reforming solid oxide fuel cell

以含碳量较多、分子结构较复杂的碳氢化合物作为燃料的固体氧化物燃料电池(SOFC)，通常需要在碳氢化合物中加入水蒸气进行重整反应，使之转化为更适于阳极电化学反应的氢气、一氧化碳等小分子。在SOFC的阳极上直接实现碳氢化合物燃料的重整时称为内重整，具有这种功能的SOFC即为直接内重整固体氧化物燃料电池。主要优点：(1)内重整所需热量直接来自SOFC；(2)内重整有助于简化SOFC系统结构，降低其制造成本。

【直接碳氧化固体氧化物燃料电池】direct carbon oxidizing solid oxide fuel cell

是固体氧化物燃料电池的一种，使用的固态碳燃料在阳极直接氧化，将化学能转变为电能。固态的碳燃料的使用有多种方式：(1)固态碳接触电解质，同时充当阳极和燃料；(2)固态碳只作为燃料，以金属陶瓷作阳极；(3)使用导电流体介质作阳极以增进阳极与碳的接触；(4)在阳极使用熔融碳酸盐构成混合直接碳燃料电池。碳燃料在阳极的氧化反应主要有两种方式：(1)通过固体电解质传递过来的氧离子与碳直接发生电化学反应；(2)固态碳燃料先与CO_2反应被化学汽化生成的CO，然后发生CO的电化学氧化。

【单室固体氧化物燃料电池】single chamber solid oxide fuel cell

也称为混合反应物固体氧化物燃料电池，是一种只有一个气室，阴极、阳极和电解质都暴露在由燃料和氧化剂以及稀释气体按照一定比例调配成的混合气体中的固体氧化物燃料电池，靠阴极和阳极分别对氧气的电化学还原和燃料的电化学氧化的催化作用所产生电位差实现发电。主要优点：(1)避免了器件密封难题；(2)结构简单，部件少，可迅速升降温，抗震性好；(3)降低了对电解质的致密性要求；(4)反应气体的流场结构简单；(5)电池器件形状和系统结构的选择余地更大；(6)便于堆叠成较高输出电压的电池组。单室固体氧化物燃料电池既可以采取与双室燃料电池相同的布局，把阴极和阳极布置在电解质薄的两个不同的面上(A型结构)；也可以采取其独特的布局，把两种电极布置在电解质的同一面上(B型结构)，并通过缩短电极之间的距离降低电池的内阻。单室固体氧化物燃料电池的性能主要受结构、运行温度和反应气体的配比的影响。

【固体电解质电解池】solid oxide electrolyzer

使用固体氧化物离子导体材料作为电解质的电解池，它可以通过电化学反应将水、二氧化碳等较复杂的气体分子电解成更简单的气体分子(如氢气、一氧化碳和氧气)，在此过程中可以将电能转化为便于存储的化学能，因此也可被视为逆向运行的固体电解质燃料电池。由于电解过程通常熵值增加，因此电解所需的电压随工作温度的升高而降低。固体电解质电解池主要用于高温电解水制氢，或污染气体(如一氧化氮)的分解。

【固体电解质传感器】solid-state electrolyte sensor

利用具有离子导电性的固体为电解质和敏感材料的传感器。其中固体电解质主要为氧离子或质子导电的体系，以氧气、氢气、NO_x气体传感器为主。

【双固体电解质传感器】double solid electrolyte sensor；bielectrolyte solid-state sensor

就是传感器中电池的电解质由两层不同的固体电解质叠合而成。其优点是：(1)为简单的片式结构，易于制备和微型化；(2)两个电极处于相同的气氛中，不用参比电极，没有密封问题；(3)响应速度快。以钠离子导体$Na\beta''$-Al_2O_3和氧离子导体氧化镁稳定的氧化锆(MSZ)构成的CO_2传感器为例，电池构成为：CO_2，O_2，Pt · Na_2CO_3 // $Na\beta''-Al_2O_3$ · MSZ//Pt，O_2，CO_2，其中的Na_2CO_3为辅助电极。电池的阳极反应为：$Na_2CO_3=2Na^++\frac{1}{2}O_2+CO_2+2e$；阴极反应为：$\frac{1}{2}O_2+2e=O^{2-}$；两电解质接界处存在反应：$2Na^++O^{2-}=Na_2O(Na\beta''-Al_2O_3)$；总电池反应为：$Na_2CO_3=Na_2O(Na\beta''-Al_2O_3)+CO_2$。根据经典热力学得到的电池电动势与 CO_2 分压的关系为：$E=E^0-\frac{RT}{2F}\ln\left[a_{Na_2O}\frac{P_{CO_2}}{P^0}\right]$，式中：$E^0=-\frac{\Delta G^0}{2F}$ 是传感器在纯 CO_2 气中电池的电动势。

【电压型氧传感器】voltage type oxygen sensor

是感知环境氧浓度的器件，输出信号为随环境氧浓度变化的电压，其本质是一个氧浓差电池，故又称浓差电池型氧传感器。当氧离子固体电解质的两侧与电子导体相接构成氧浓差电池时，在高氧位侧电极发生还原反应，氧获取电子生成氧离子并进入电解质，低氧位侧电极氧离子发生氧化反应，生成单质氧进入介质，固体电解质两侧电极间因此产生氧浓差电势 E。若高氧位侧为待测氧分压 P_{O_2}，低氧位侧为固定的参考氧分压 P_{ref}，且 $P_{O_2}>P_{ref}$，则 E 与两侧氧分压的关系服从能斯特公式：$E=\frac{RT}{nF}\ln\frac{P_{O_2}}{P_{ref}}$。式中：$R$ 为理想气体常数[8.314J/(mol·K)]；T 为电池的绝对温度(K)；F 为法拉第常数[96487J/(V·mol^{-1})]；n 为电极反应的交换电子数。E 的单位为伏(V)。

【氧传感器】oxygen sensor

能够检测气态或液态介质中氧分子浓度的传感器。一般特指以氧化钇稳定氧化锆等具有氧离子导电性的陶瓷为固体电解质和敏感材料的氧浓度传感器。根据工作原理的不同，分为电势型(或浓差型)、极限电流型、宽域型、氧分压型等。主要用于汽车发动机尾气监测、钢水定氧、烟道氧气监测等方面。

【浓差型氧传感器】concentration difference oxygen sensor

基于固体电解质两边气体浓度的差异而产生能斯脱(Nernst)浓差电势的氧传感器，浓差电势的大小为：$E=\left(\frac{RT}{4F}\right)\mathrm{Ln}\left[\frac{P_{O_2}(\mathrm{I})}{P_{O_2}(\mathrm{II})}\right]$。式中：$E$ 为传感器浓差电势，单位为 V；R 为气体常数[8.314J/(mol·K)]；T 为工作温度，单位为 K；F 为法拉第常数；$P_{O_2}(\mathrm{I})$ 为参比气体分压值；$P_{O_2}(\mathrm{II})$ 为被测气体分压值。若参比气体分压值已知，通过浓差电势 E 的测量即可实现对被测气体分压值的测量。

【极限电流型氧传感器】limiting current oxygen sensor

一种基于氧离子固体电解质构建回路，极限电流信号随被测气体氧浓度变化的传感器。具体结构如附图所示，在氧离子固体电解质(如钇稳氧化锆，简称 YSZ)两侧印刷电极，阴极侧覆盖一个有小孔(或多孔)的密闭气腔。当在固体电解质两侧施加工作电压时，阴极附近表面的氧分子 O_2 得到电子形成氧离子 O^{2-}，通过固体电解质中的氧空位扩散到阳极，在阳极表面附近，再失去电子以氧分子 O_2 形式释放出来，形成了回路电流。由于小孔(或多孔)对氧分子扩散的阻碍作用，当外加电压增大到某一数值时，电流的大小只受外围被测气体中氧分子通过小孔的扩散速率的影响，而与外加电压无关，此时电流达到某一极限值且保持基本不变，其大小与被测气体氧浓度有以下两种关系。正常扩散(小孔孔径≫气体平均自由程)时：$I_{\lim,N}=-\frac{4FD_{O_2}SP}{RTL}\ln(1-X_{O_2})$；Knudsen 扩散(小孔孔径<气体平均自由程)时：$I_{\lim,K}=\frac{4FD_{O_2}SP}{RTL}X_{O_2}$。式中：$F$ 为法拉第常数；D_{O_2} 为氧扩散系数；S 为扩散孔截面积；P 为环境

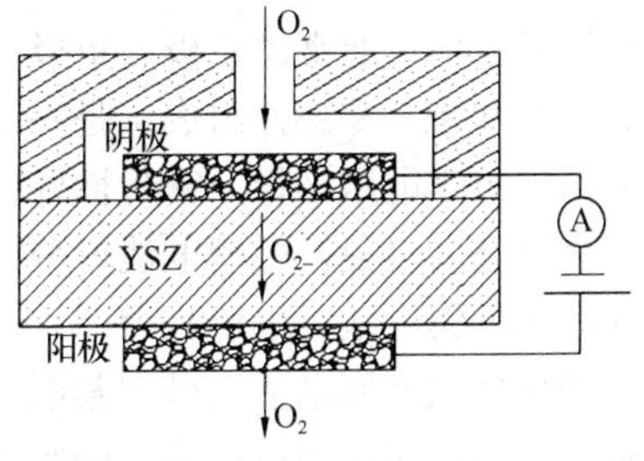

极限电流型氧传感器原理图

气体总压力；R 为气体常数；T 为绝对温度；L 为小孔长度；X_{O_2} 为被测气体氧浓度。阴极：$O_2+4e^-\rightarrow 2O^{2-}$；阳极：$2O^{2-}-4e^-\rightarrow O_2$。

【广域传感器】wide range sensor

基于极限电流的原理，将较大范围内变化气体浓度转换为单调对应的信号输出量的固体电解质传感器。其结构如附图(*a*)所示，输出关系如附图(*b*)所示。以广域 A/F 传感器为例，将浓差结构与泵氧结构相结合，通过闭环控制器比较浓差结构产生的浓差电势与参考电势的差值，进而控制泵氧结构的泵氧电压，使回路中电流的大小、方向与较大范围内变化的 A/F 值呈现单调对应关系。

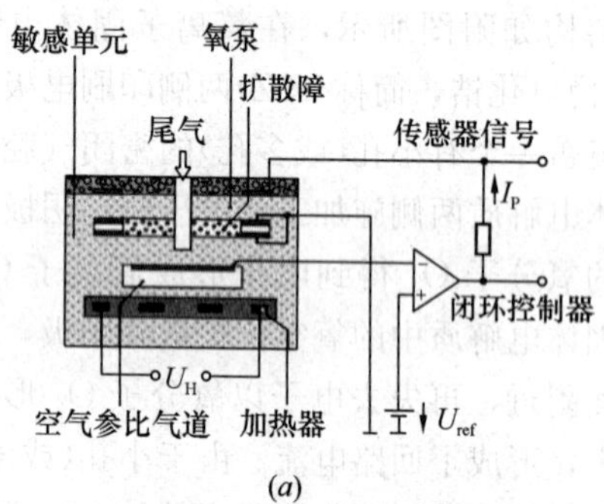

(*a*)

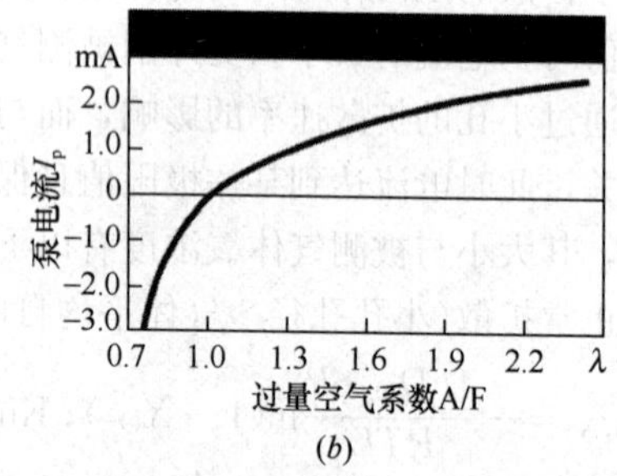

(*b*)

广域传感器

(*a*)广域 A/F 传感器结构图；(*b*)广域 A/F 传感器输出特性曲线

【微型电池】microbattery；microcell

俗称纽扣电池。通常由正极、负极、电解质溶液、隔膜和密封零部件组成。是一种体积小、比能高、工作电压平稳、密封性好、自放电小、可靠性高的电池。微型电池可分为微型碱性电池和微型锂电池，也可分为一次和二次电池，分别称作微型原电池和微型蓄电池。微型碱电池被广泛应用在如电子表、助听器、音乐卡、电子游戏机等装置的电源中。微型锂电池被广泛应用于计算器、照相机、电子手表等电子电器中。

【微型固体氧化物燃料电池】micro solid oxide fuel cell

一种小尺寸固体氧化物燃料电池，一般采用碳氢化合物作为燃料，可以是径向尺寸为1～5mm的薄片构型，也可以是直径为1～10mm的管式构型，具有能量密度高、冷启动快速（一般1～10min）、抗热震性能优异等特点。可用作无人机、汽车和便携式电子产品的电源以显著提高这些移动设备的续航时间。

【微型传感器】micro sensor

又称微传感器，是指尺寸微小的传感器，尺寸为微米级，甚至达到纳米级。主要采用精密加工、微电子以及微机电系统技术，实现传感器尺寸的缩小。具有体积小、重量轻、易于批量生产、成本低、便于集成化和多功能化，只需要少量的样品，大大降低有毒试剂的消耗，减少环境污染。同时具有分析成本低，响应时间快，检测下限低和适用于现场快速检测等特点。广泛应用于环境、生物医学和食品安全等领域。

【透氧膜分离器】oxygen permeable separator

是指用致密选择性氧分离膜材料制成的膜器件，如致密陶瓷片、板、管状膜等组建构造成的一类氧气分离器装置。这类材料的结构中存在大量的氧空位，如萤石结构的立方氧化锆和一些钙钛矿或类钙钛矿结构的复合氧化物，具有氧空位的快速扩散通道，在氧化学梯度下优先允许氧以分子-原子-离子转换形式通过以上结构扩散，而不允许其他质点通过。该类分离器在有或者无外加电路的条件下，在中高温时可以实现氧气从高氧分压端到低氧分压端的输运，而其他气体成分则无法通过该分离膜，从而实现从空气中直接分离出氧气的目的。

【电色显示器】electrochromic displayer

一种电化学电荷响应器件，原理是在外电场作用下，在显示材料中可逆地注入离子和电子，形成着色中心，并选择性吸收可见光作用，形成着色，且颜色可以从无色到深蓝色连续变化。改变电场方向，则离子和电子退出显示材料，着色消失。与光电二极管和液晶显示系统相比，它具有大视角、高对比度、制造简单、能作大面积平板显示等优点。尤其是它具有开路记忆，即着色后去掉器件工作电压仍保持原有颜色，只有加上反向电压时才褪色的特点。

【电致变色器件】electrochromic device

在外电场作用下能可逆地、反复地改变光吸收性质的器件。其应用的基础是电致变色材料，当向这种材料中注入或脱出离子时，它在可见光波段的透过率即发生变化。

【阳极着色】anode coloring

当电致变色材料处于阳极，失去电子氧化到高价态时致色称为阳极着色。

【阴极着色】cathode coloring

当电致变色材料处于阴极，得到电子还原到低价态时致色称为阴极着色。

【Zn 空气电池】zinc air battery

一种以锌金属单质为负极，氢氧化钾碱溶液或氯化铵溶液为电解液，多孔碳材料为正极构成的电池。根据电解液的不同分为中性和碱性锌空气电池。电池工作时主要以消耗负极的锌以及空气中的氧气或纯氧分别在正、负极发生电化学反应，释放出电能。由于这种电池的充电过程动力学缓慢，通常当作原电池使用，通过更换负极锌板或锌粒及电解液来更新电池。锌空气电池也是目前商业化应用的一种金属-空气电池。

【Al 空气电池】aluminum air battery

其化学反应原理与锌空气电池类似，是以铝单质为负极材料，氢氧化钾或氢氧化钠为电解液，正极活性物质来自空气中的氧气构成的一种电池。与其他金属空气电池类似，放电过程中正、负极发生电化学反应，消耗负极的铝单质和空气中的氧气，从而产生电能。铝空气电池比能量较大，理论比能量为 8100Wh/kg，实际比能量可达到 350Wh/kg，用在电动汽车上能有效地提高续航里程。铝回收方便且成本不高，因此采用更换铝电极的方法来更新电池。

【镁空气电池】magnesium air battery

一种负极采用镁金属单质，以氢氧化钾或氯化钠水溶液作为碱性或中性电解质，以负载了催化剂的碳材料作为正极气体扩散电极构成的电池。放电时镁金属单质失去电子形成镁离子进入电解液中，来自空气中的氧气在正极还原成氢氧根离子。由于正极活性物质氧气不储存在电池内部，所以正极的本质是催化氧气还原的催化剂组成的。镁空气电池具有原料丰富，安全环保，能量密度高等一系列特点，具有较好的商业化前景，但是目前仍处在研发阶段。

【二次镁电池】secondary magnesium battery

以金属镁或镁合金为负极，能够可逆储存镁离子的电活性材料为正极，组成可充电的镁电池，又称二次镁电池。此类电池通常在负极发生金属镁的可逆沉积和溶出反应，在正极上发生可逆的镁离子嵌入和脱出反应，或可逆的化合与解离反应。目前，此类电池电解液的溶质主要是由葛氏试剂或镁醇盐(包括镁苯酚盐)作为路易斯碱与三氯化铝等作为路易斯酸所形成的镁络合盐，溶剂主要为四氢呋喃或其他醚类有机物。

【电位记忆管】potential memory tube

一种利用离子导体构建的电位记忆元，其状态在电源停止供电后依然能保持下来，具有记忆性，该管可用于定时器、自动调谐装置、慢波发生器、积分电路和自动控制系统中。

【电荷双电层电容器】electric charge double layer capacitor

一种基于电极/电解质界面双电层中离子的可逆吸附与脱附实现能量的存储和释放的器件。普通电容器由两个金属板和中间的一层绝缘电介质层组成，其能量的存储和利用通过外电流将电子从一个金属板移动到另一个金属板形成电位差而实现。电荷双电层电容器不同于普通的电容器，其电介质之间存在一层尺度为纳米级的干涉绝缘层。因此，电荷双电层电容器只能承受一个非常小的电压降。

【超级电化学电容器】super electrochemical capacitor

由两个基板和中间的一层电解质层组成，

当在其两个基板端加载一定量的电压后，电解质层中的阴阳离子会分别向两个不同的基板方向迁移，并最终吸附在基板表面而实现电荷的分离。这种电荷分离即可用于能量的存储和利用。

【超级电容器】supercapacitor

是一种具有超高容量的超级电化学电容器，其在1.2V的电容量超过10000F。

【模块】module

由一个以上的单体电池通过串、并联并和必要的附属部件所组成的可独立运行的集合体。对于全密封设计的镍氢电池、锂离子电池、钠硫电池等，模块主要由单体电池、电路连接部件、电池管理系统等组成。对燃料电池及液流电池等具有流动性介质的体系而言，模块主要由电堆或单体电池、反应物及产物输送管路系统、电路连接部件、电池管理系统、温度调控系统等组成。

【电堆】stack

多用于燃料电池和液流电池等具有流动介质的电池体系，是由多个单电池以叠加的形式紧固而成并具有反应物与生成物输送管道和统一的电流输出的组合体，是实现化学能与电能相互转化的场所。

【电池组】battery

参见本节【电堆】。

【电动汽车】electric vehicles; EVs

是指以车载动力电池为动力源，采用驱动电机驱动车轮行驶，符合道路交通、安全法规各项要求的车辆。相对内燃机汽车，其对环境影响较小。电动汽车主要由动力电池系统、驱动电机系统、驱动力传动系统和电子控制系统构成。电力驱动及控制系统是电动汽车的核心，也是区别于内燃机汽车的最大不同点。

【纯电动车】pure electric vehicle

是以各种不同的动力电池组储存的电能作为动力源，采用电机驱动车轮行驶，符合道路交通、安全法规各项要求的车辆。

【混合动力电动车】hybrid electric vehicle

是指从两种或两种以上动力源获取驱动力驱动车轮行驶，符合道路交通、安全法规的车辆。车载动力源形式有多种，如蓄电池、燃料电池、太阳能电池、发动机、超高速飞轮和超大容量电容等。

22.3.3 热电材料器件

【制冷效率】coefficient of thermoelectric refrigeration performance

反映热电器件将电能转化为吸热量(或制冷量)的能力。热电器件的制冷效率η是冷端的吸热量Q_c与输入电能P的比值。

【最大制冷功率】maximum cooling power

热电器件能够实现的最大制冷量$Q_{c,max}$，单位为W。

【最佳制冷电流】optimum electrical cooling current

热电器件温差ΔT达到最大时所通入的电流，单位为A。最佳制冷电流$I_T=\alpha \cdot T_c/R$。式中：α为器件的塞贝克系数；T_c为冷端温度；R为器件的电阻。

【最大温差】maximum temperature difference

绝热条件下热电器件冷端和热端之间可以实现的最大温差，单位为度(K)。当器件中通入电流为最佳制冷电流I_T时，可以达到最大温差$\Delta T_{max}=0.5ZT_c^2$，式中：Z为热电优值；T_c为冷端温度。

【发电效率】power generation efficiency

反映热电器件将热能转化为电能的能力，是热电器件输出到外部负载上的电能P和热电器件热端吸热量Q_h的比值。

【输出功率】output power

热电器件单位时间所做的功，单位为W，其值$P_0=\alpha^2(\Delta T)^2R_L/(R_L+R)^2$。式中：$\alpha$为器件的塞贝克系数；$\Delta T$为器件两端的温差；$R_L$为负载电阻；$R$为器件自身的电阻。

【负载电阻】load resistance

热电器件外部所接负载的电阻R_L，单位为欧姆(Ω)。

【热电温差电偶】thermoelectric couple

一种测量温度的元件。温差电偶是利用金属(或金属合金)焊接而成，其一端为测量端，另一端为参考端。当测量端处于某一温度时，温差电偶由于塞贝克效应将产生微小电势差，该热电势的大小和方向只与两种材料的特性和测量端的温度有关，故通过测量热电势的大小即可达到测量温度的目的。

【π型元件】π-shape thermoelectric device

由N型和P型热电元件通过高温端导流片连接得到的、具有π型几何形状的热电单元。

【接触电阻】contact resistance

通常指金属化层（包括电极、连接层）、阻挡层和热电材料连接界面由于材料功函数差异形成肖特基接触、界面反应产生高阻产物或者界面劣化导致结构缺陷而引起的电阻，单位为欧姆(Ω)。

【附加电阻】additional capacitance

热电器件在引入各功能层(包括阻挡层、金属化层和导流片)后相对热电材料部分的电阻增加值。通常包括各功能层本身的电阻和不同界面间的接触电阻，单位为欧姆(Ω)。

【接触热阻】thermal contact resistance

参见3.2.1【接触热阻】。

【附加热阻】additional thermal resistance

热电器件在引入各功能层(包括阻挡层、金属化层和导流片)后相对热电材料部分的热阻增加值。通常包括各功能层本身的热阻和不同界面间的接触热阻，单位为(m·K)/W。

【器件失效机理】failure mechanism of thermoelectric device

半导体器件失效包括结构失效与功能失效。结构失效机理为引起器件断裂或变形过大而无法正常使用的机理；功能失效机理即为引起器件失效的电学、化学、热学、电磁学及金属学等方面的机理。

【器件加速寿命试验】accelerated aging of thermoelectric device

在不改变器件失效机理的前提下，通过强化加速应力条件(如温度、电压、电流、湿度等)使受试器件加速失效，以便在较短的时间内获得必要的信息，以评价产品在正常工作条件下的可靠性和寿命指标。

【单级与多级器件】single-and multi-stage thermoelectric device

所有温差电偶均采用热并联的方式连接，则为单级器件；如有部分温差电偶采用热串联的方式连接，则为多级器件。多级器件可分为多段器件和级联器件。多段器件是先将两种或两种以上热电材料进行串联组合形成沿热流方向的“多段材料”，再将多段材料集成制造热电器件。级联器件是将多个器件沿热流方向相互叠加使用，相邻两级器件之间，高温级器件的冷端与低温级器件的热端相联，使得两级或多级器件在热流方向上构成串联。

【微型制冷器】micro-and mini-thermoelectric cooling device

热电偶臂长为亚毫米量级或以下的制冷器。

【放射性同位素温差发电器】radioisotope thermoelectric benerator; RTG

利用半导体材料的塞贝克效应将放射性同位素衰变热直接转换成电能的发电装置。

【温差电制冷】thermoelectric cooling

利用材料的珀耳帖效应实现制冷的技术。在一个由热电材料构成的闭合回路中通入直流电时，电子会将材料一端的热量迅速转移到另一端，从而实现快速制冷。该技术具有无机械转动部件，工作无噪声，无制冷剂的腐蚀和污染，维修方便，寿命长，制冷容量可变，设计灵活性大，其形状可以任意变化，可小型化和微型化，容易控温等优点。但制冷量较小，制冷效率较低，适宜于微型制冷领域或有特殊要求的用冷场所。

22.4 评价与检测

【功率密度】power density

某种能量转换器件(包括电池、电容器、燃料电池、太阳能电池、电机、光源、电热丝、超声波换能器等)所能输出的最大功率与该器件的质量或体积的比值，又称为比功率。该指标是表征能量转换器件性能的重要指标，尤其是在一些对能量转换器件的体积或者质量有限制，同时又对能量转换器件的输出功率有要求的应用场合。

【比功率】specific power

等同于功率密度，不过更常指质量比功率。

【质量比功率】gravimetric specific power

某种能量转换器件(包括电池、电容器、燃料电池、太阳能电池、电机、光源、电热丝、超声波换能器等)所能输出的最大功率与该器件的质量的比值，又称质量功率密度。常用的单位是 W/kg。

【体积比功率】volumetric specific power

某种能量转换器件(包括电池、电容器、燃料电池、太阳能电池、电机、光源、电热丝、超声波换能器等)所能输出的最大功率与该器件的体积的比值，又称体积功率密度。常用的单位是 W/m^3。

【比能量】specific energy

等同于能量密度，不过更常指质量比能量。

【能量密度】energy density

某种能量储存器件或材料所能储存的最大能量与该器件或材料的质量或体积的比值，又称为比能量。该指标广泛应用于电池、电容、飞轮、超导线圈、压缩空气等储能器件的表征，也应用于各种燃料、核燃料等储能材料的表征。提升储能器件的能量密度是发展下一代储能技术的核心目标之一。

【质量比能量】gravimetric specific energy

某种能量储存器件或材料所能储存的最大能量与该器件或材料的质量的比值，又称为质量比能量或质量能量密度。常见的单位是 Wh/kg 或者 J/kg。

【体积比能量】volumetric specific energy

某种能量储存器件或材料所能储存的最大能量与该器件或材料的体积的比值，又称为体积能量密度，单位为 Wh/L 或者 J/m^3。

【比容量】specific capacity

电池、电容或者某种电极材料在其工作电压内所能释放的电量与其质量的比值。是电化学储能技术领域中的常见表征指标，既可以用于描述储能器件，也可以用于描述某种电极材料。在描述电池或电池的电极材料时，常见的单位是mAh/g，在描述电容或电容的电极材料时，常见的单位是 F/g。

【循环寿命】cycle life

是衡量二次电池性能的一个重要参数。在一定的充放电制度下，电池容量降至某一规定值(如 80%)之前，电池能经历的充电与放电循环的次数称为电池的充放电循环寿命。循环寿命与电池的放电深度、温度、充放电制度等因素有关。

【搁置寿命】calendar life

是指电池在没有负荷(或放电)的条件下放置后能达到规定指标所经历的时间长度。一次电池和二次电池都存在搁置使用寿命。由电极副反应引起的自放电是影响电池搁置寿命的主要因素。

【充放电深度】depth of charge or discharge

充电深度(DOC)是指二次电池(也叫蓄电池)在充电过程中从外电路接受的电量与其完全充电所需电量(即达到电池额定容量)的比值；放电深度(DOD)则指在电池使用过程中，电池放出的容量(或电量)占其额定容量(或电量)的百分比。放电深度的高低和二次电池的使用寿命有很大关系。

【自放电】self discharge

是电池中发生的一种自然现象，此过程由于电池内部发生的某些可逆或不可逆的化学反应而导致电池储存的电化学能在存储过程中会发生衰减。

【记忆效应】memeory effect

是二次电池中发生的一种自然现象，常见于镍镉电池和镍氢电池。即当电池在某次放电过程中没有放电完全而再次充电时，其充电容量不能回复到上次放电前的充电容量，即表示电池似乎“记住了”放电不完全而导致的部分容量损失。

【电池剩余容量】remainning capacity of cell

指当电池在某一特定温度和某一特定荷电态存储某一指定的存储时间后残余的容量。

【续驶里程】driving range

续驶里程对于不同种类汽车具有不同涵义。对于以燃料燃烧为动力的车辆，续驶里程是指油箱装满后在一定路况下连续行驶的里程；对于电动车辆，续驶里程是电池组充满一次电后在一定路况下连续行驶的里程。

【循环伏安法】cyclic voltammetry

是指从原始电势 E_0 开始，以一定速度 v 扫描到另一电势 E_1 后，再反方向扫描到原始电势 E_0（或进一步扫描到另一电势值 E_2），如此反复即为循环扫描。其施加电势和时间的关系为：$E = E_0 - vt$，式中：v 为扫描速度；t 为扫描时间。电势和时间关系如附图(a)所示。循环伏安法试验得到的电流-电位曲线如附图(b)所示。对于可逆电极反应，正扫方向出现的氧化峰对应于某物种的氧化，而负扫方向出现的还原峰对应于该物种的还原。循环伏安法常用于研究电极反应的可逆性、多电子电极反应以及电极表面吸附行为。但该法很少用于定量分析。

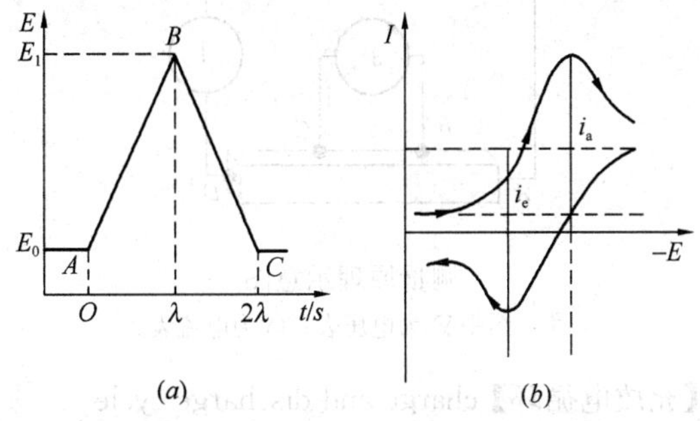

循环伏安法

(a)电势和时间关系图；(b)电流-电位曲线

【阻抗谱分析】impedance analysis; complex impedance analysis

用交流法测量固体电解质和电极组成的电池的阻抗与交流微扰频率的关系。用交流法测定离子电导率时，把不同频率下测得的阻抗(Z')和容抗(Z'')作复数平面图，利用测量电池的等效电路分析阻抗谱，求出样品的相应参数。一般在 300～500℃ 测量的阻抗谱，从高频到低频有两个圆弧组成，分别对应样品的晶界电阻(R_{gb})及晶界电容(C_{gb})，电极电阻(R_{el})及电极电容(C_{el})。高频弧的高频端与实轴的交点为样品的晶粒电阻 R_{bulk}，低频端与实轴的交点为总电阻 R_{tot}($R_{tot} = R_{bulk} + R_{gb}$)。

【弛豫分析】relaxation analysis

通过测定体样品在一定温度下的电导率，然后瞬间改变样品所在气氛的氧分压，并记录固定时间间隔处的电导率值，直到达到重新平衡后的电导率值。样品电导率变化与氧化物中的氧离子浓度变化有关，而氧离子浓度变化是由氧扩散进出氧化物来实现的，通过电导弛豫分析方法对扩散过程进行分析，可以求得样品的氧的表面交换系数和体相扩散系数。

【阻塞电极法】blocking electrode method

通常用于测定电解质、混合导体中某种载流子的电导率。阻塞电极是指对某种载流子绝缘的电极，该载流子电荷不能穿越电极/电解质界面进行电化学反应，交换电流接近零。当测试纯离子导体电导率时，可将电解质与两个金属电极组成全阻塞电池。当电解质为离子和电子混合导体时，可将一个离子或电子阻塞电极与一个可逆电极组成半阻塞电池，通过如附图所示的直流极化法，测定未阻塞载流子的电导率。例如，在测量氧离子电子混合导体的电子电导时，可以用氧源作为可逆电极，在界面维持一定的氧活度，氧源常由氧活度为已知的金属/金属氧化物或两种金属氧化物的混合物组成。

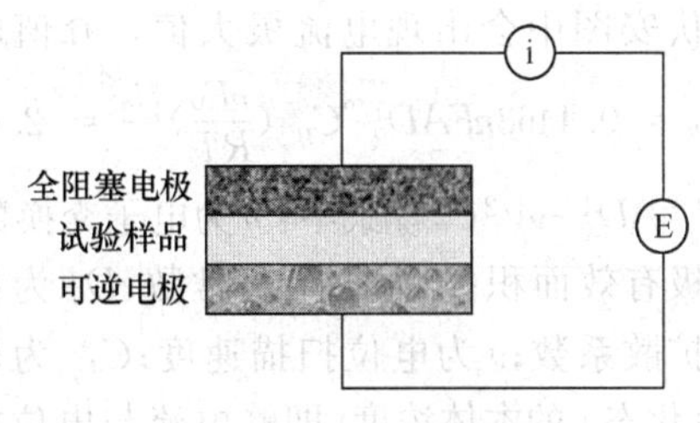

直流极化法

【图班特法(希托夫法)】Tubandt method(Hittorf method)

利用图班特或希托夫法测量迁移数时，是将待测的电解质设计成 M｜电解质(MX)｜M 对称原电池，当电流通过电解质时，阴、阳离子将分别做定向移动，并在电极上发生相应的电极反应，导致阴、阳两极附近的区域内电解质的浓度不断变化，而位于中间区域的电解质浓度几乎不变。通过一定电量后，准确称量或分析电极附近电解质含量在通电前、后的改变值，依据 Faraday 定律，由通过的总电量即可求出离子迁移数。

【离子迁移数电动势测定法】EMF method for transference number

将待测电解质设计为 M(s)|电解质(MX，c_1)|电解质(MX，c_2)|M(s)对称电池。式中：c_1 和 c_2 均表示电解质盐的浓度。假定体系中只有 M^+ 和 X^- 两种离子，则上述原电池的电动势 E 为：$\mathrm{d}E=\frac{2t_{-}RT}{F}d\ln a\pm$。式中：$R$ 为气体常数；T 为热力学温度；F 为 Faraday 常数；$a\pm$ 为电解质中盐的平均活度。为测定在相同条件下盐的平均活度，再设计电池 M(s)|电解质(MX，c_1)|P_x| 电解质(MX，c_2) | M(s)。式中：P_x 是对阴离子可逆的电极。上述电池电动势 E' 为：$\mathrm{d}E'=\frac{2RT}{F}d\ln a\pm$。结合上述两式，离子迁移数 $t_{-}=\frac{\mathrm{d}E}{\mathrm{d}E'}$。

【线性扫描伏安法】linear sweep voltammetry

在电极上施加一个线性变化的电压，同时记录工作电极上的电解电流随电极电位的变化的测量方法。电流随电极电位变化的曲线称为线性扫描伏安图。对于可逆电极反应，在线性扫描伏安图中会出现电流极大值，峰值电流为：$i_p=0.4463nFAD_o^{1/2}C_o^*(\frac{nF\nu}{RT})^{1/2}=2.69\times10^5n^{3/2}AD_o^{1/2}\nu^{1/2}C_o^*$。式中：$n$ 为电子交换数；A 为电极有效面积；F 为法拉第常数；D_o 为反应物的扩散系数；ν 为电位扫描速度；C_o^* 为反应物(氧化态)的本体浓度。即峰电流与电位扫描速度 ν 的 1/2 次方成正比，与反应物的本体浓度成正比。

【三电极法】three electrode method

参见 4.3.4【三电极法】。

【四端子法】four probe method

又称两端子法，是测量直流电导率的一种常规方法，常用于测量电导率数值较大的样品(如金属)。附图为测量原理示意图。在规则的长条形样品两端以及中央分别粘结四根测试电极，恒稳直流电流沿着电极 A 和 D 流过测试样品，电极 B 和 C 端的电压采用电压表测量。根据欧姆定律，样品的直流电导率采用下列公式计算：$R=\frac{U_{BC}}{I_{AD}}=\frac{1}{\sigma}\times\frac{l_{BC}}{S}$。式中：$R$ 为样品电阻；U_{BC} 为电极 B 和 C 端的电压；I_{AD} 为沿着电极 A 和 D 流过测试样品的电流；σ 为样品的直流电导率；l_{BC} 为电极 B 和 C 端的距离；S 为样品的横截面积。

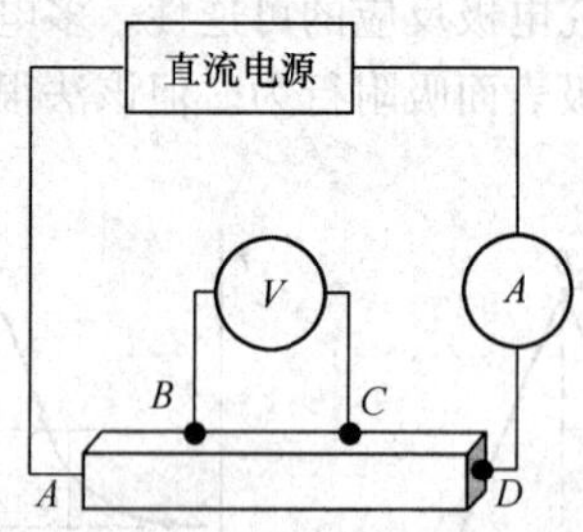

测量原理示意图

注：图中Ⓥ 为电压表；Ⓐ为电流表。

【充放电循环】charge and discharge cycle

二次电池对外(或负载)做功是放电过程，对应于化学能转变为电能；再次蓄电是充电过程，对应于电能转变为化学能。充放电循环就是电能与化学能之间的相互转换，以达到将电能储存并移动使用的目的。

汉语拼音索引

G

gai

gan

J

ji

jiang

jiao

shun

si

英 文 索 引

A

B

D

E

F

G

H

I

J

K

L

M

O

P

Q

R

S

U

V

W

X

Y

Z

others